电力工程施工组织设计实务

（附光盘）

《电力工程施工组织设计实务》编委会　编著

中国水利水电出版社
www.waterpub.com.cn
·北京·

内 容 提 要

本书是根据国家工程建设现行法律、法规、标准和电力行业施工组织设计相关的标准、规程和规范，以及发电工程和送变电工程施工的实际方案、施工经验和工程总结等编写而成的必备专业工具书。本书分为两大部分。第一部分为发电工程施工组织设计实务，内容包括：火电、水电、核电、风电和光伏发电、生物质发电，机组参数包括：150MW、200MW、300MW、600MW 和 1000MW 级。第二部分为送变电工程施工组织设计实务，内容包括：交流输电线路、直流输电线路和电力电缆线路、变电站、换流站等。电压等级包括：110kV、220kV、330kV、500kV、±500kV、±800kV 和 1000kV 级。

本书主要供电力工程建设施工单位技术人员在编制施工组织设计方案时借鉴参考，也可供与电力工程建设有关的管理部门、投资建设业主单位、设计单位、监理单位、咨询机构等单位的从业人员学习查阅，并可供大专院校电力工程专业师生学习参考。

图书在版编目（CIP）数据

电力工程施工组织设计实务 / 《电力工程施工组织设计实务》编委会编著. -- 北京 : 中国水利水电出版社, 2018.8

ISBN 978-7-5170-6776-4

Ⅰ. ①电… Ⅱ. ①电… Ⅲ. ①电力工程－施工组织 Ⅳ. ①TM7

中国版本图书馆CIP数据核字(2018)第201618号

书　　名	**电力工程施工组织设计实务**（附光盘） DIANLI GONGCHENG SHIGONG ZHUZHI SHEJI SHIWU
作　　者	《电力工程施工组织设计实务》编委会　编著
出版发行	中国水利水电出版社 （北京市海淀区玉渊潭南路 1 号 D 座　100038） 网址：www.waterpub.com.cn E-mail：sales@waterpub.com.cn 电话：（010）68367658（营销中心）
经　　售	北京科水图书销售中心（零售） 电话：（010）88383994、63202643、68545874 全国各地新华书店和相关出版物销售网点
排　　版	中国水利水电出版社微机排版中心
印　　刷	天津嘉恒印务有限公司
规　　格	210mm×285mm　16 开本　54.25 印张 2578 千字（所附光盘含 11702 千字）
版　　次	2018 年 8 月第 1 版　2018 年 8 月第 1 次印刷
定　　价	**980.00** 元（附光盘 1 张）

《电力工程施工组织设计实务》
编委会名单

曾广宇　张崇洋　郑　鹏　孙其胜　李运明　杜雪峰
刘作鹏　赵秀华　侯端美　王学亮　贾广明　杨风勇
许启斌　巩　磊　郭国勇　陈永亮　毛海岩　李小明
孔庆君　钟先晖　李　杰　仲丛健　东　琳　李　英
何　军　杜姜开林　孔庆敏　周　政　邵　威　张　凯
乔　钰　张志波　胡忠东　葛明泉　高健美　贾广俊
董昌龄　庄熙琳　赵冬梅　李永华　刘　颖　娄云高
丛建国　韩　冰　蔡　新　赵艳楠　宋　瓛　刘剑林
何振江　刘丰歌　刘兴隆　王金哲　张　超　欧　松
杨启儒　赵庆东　赵迎杰　陈晓明　刘志伟　孟祥彬
何　渊　张艳红　李　雪　雷宏斌　李忠民　李安民
贾亚民　姜　东　韩奎忠　魏安稳　陈爱社　刘　毅
郑　军　于　洋　张　虹　刘　建　施　坚　张　博
施伟民　刘　俊　张映诺　黄庆国　赵书成　李治国
赵　平　刘　祥　戴荣中　晋　毅　肖贵成　熊梦梦
丁宝民　李继征　迟玉龙　邢东华　马凤臣　栾　勇
单　军　杨启发　吕　念　骆　鹏　王爱洁　侯曼丽
傅启光　石娟玲　史欢学　张军柱　林立庭　赵　凯
任凯超　张筱建　任佳东　任庆明　毕雪昱　马小云
姚　晖　金晓兵　于舒涵　米和勇　张　鑫　于　勇
樊哲云　李大伟　曹　军　张继升　陈舒理　张小峰
李　强　胡　兵　谭小刚　焦　傲　常　成　郭乃芳
张青波　梁来先　曾生伟　韩学文　严得录　佘孝勇
靳义奎　赵世兴　张　忠　司连启　周　华　王靖宇
苏　明　杜庆存　李　磊　高智勇　赵立新　张德心
梅大川　肖玉桥　蔡国军　杨新奇　张　耸　张少华
张新国　陈彦群　李学文　张文新　李　炎　李广泽

主校审：毛海岩　李永华　马昕红　晋　毅　陈　皓　金晓兵

#《电力工程施工组织设计实务》
编审单位名单

主 编 单 位：西北勘测设计研究院有限公司
西北电力建设工程有限公司
山东电力建设第一工程公司
山东电力建设第二工程公司
东北电力第一工程有限公司
东北电力第二工程有限公司
东北电力第三工程有限公司
河南送变电工程公司
山东送变电工程公司
陕西送变电工程公司
新疆送变电工程公司
青海送变电工程公司
北京电力工程有限公司

副主编单位：西北电力建设第一工程有限公司
西北电力建设第四工程有限公司
四川电力建设第二工程有限公司
北京电力建设公司
天津电力建设有限公司
上海电力建设有限责任公司
河南省第二建设集团有限公司
西安热电有限责任公司
西安市热力总公司

主 审 单 位：山东电力建设第一工程公司
河南送变电工程公司
西北电力建设工程有限公司

前 言

电力工程施工组织设计是组织电力建设施工的总体指导性文件。编制和贯彻好施工组织设计、在施工过程中体现国家方针政策遵守合同规定、科学组织施工，从而达到预期的质量目标和工期目标、提高劳动生产率、降低消耗、保证安全，不断地提高施工技术和管理水平。

施工组织设计是用以指导施工组织管理、施工准备与实践、施工控制与协调、资源的配置与使用等全面性的技术经济文件，对施工活动的全过程进行科学的管理。

施工组织设计是对电力建设施工过程实行科学管理的重要手段，是编制施工预算和施工计划的重要依据，是电力施工企业施工管理的重要组成部分。施工组织设计应根据产品的生产特点，从人力、资金、材料、机械和施工方法这五个主要因素进行科学的安排，使之在一定的时间和空间内耗工少、工期短，质量上精度高、功能好，经济上资金省、成本低，这就是施工组织设计的任务。

实践证明，在工程投标阶段编制好施工组织设计，综合反映施工企业的综合实力，是实现中标、提高市场竞争力的重要途径。在工程施工阶段编制好施工组织设计，是实现科学管理、提高工程质量、降低工程成本、加快工程进度、预防安全事故的可靠保证。

电力工程施工组织设计是一门涉及专业门类很广的综合性科学。掌握电力工程设计和现代管理科学的基础理论、熟悉国家有关的方针政策和规程规范，并且能运用基本知识，根据千变万化的具体工程条件，解决实际问题，是对电力工程施工组织设计人员的客观要求。

为提高电力工程施工组织设计水平，中国水利水电出版社于2003年曾组织编辑出版了《电力工程施工组织设计手册》（火电卷和送变电卷）、2010年编辑出版了《新编火力发电工程施工组织设计手册》、2013年编辑出版了《送变电工程施工组织设计手册》，在这几本手册中，为广大读者提供了大量的施工组织设计经验。

新世纪以来，我国西电东送、南北互联工程接连启动，国家对电力建设的投资力度进一步加大，因此采用先进合理的施工组织设计，提高工程质量、节省投资、缩短工期、对加速我国电力建设步伐具有重大意义。

本书定名为《电力工程施工组织设计实务》，是适应广大读者需要，结合近年来高效环保、节能、节水、大容量、高参数机组工程施工组织设计的实践而编写的。

本书分为两大部分。第一部分为发电工程施工组织设计实务，内容包括：火电、水电、核电、风电和光伏发电、生物质发电，机组参数包括：150MW、200MW、300MW、600MW 和 1000MW 级。第二部分为送变电工程施工组织设计实务，内容包括：交流输电线路、直流输电线路和电力电缆线路、变电站、换流站等。电压等级包括：110kV、220kV、330kV、500kV、±500kV、±800kV 和 1000kV 级。

本书由《电力工程施工组织设计实务》编辑委员会组织编写。主要编写单位有：西北勘测设计研究院有限公司、西北电力建设工程有限公司、山东电力建设第一工程公司、山东电力建设第二工程公司、东北电力第一工程有限公司、东北电力第二工程有限公司、东北电力第三工程有限公司、河南送变电工程公司、山东送变电工程公司、陕西送变电工程公司、新疆送变电工程公司、青海送变电工程公司、北京电力工程有限公司、西北电力建设第一工程有限公司、西北电力建设第四工程有限公司、四川电力建设第二工程有限公司、北京电力建设公司、天津电力建设有限公司、上海电力建设有限责任公司、河南省第二建设集团有限公司、西安热电有限责任公司、西安市热力总公司等。

本书在编写过程中，得到上述单位领导和编者的大力支持，在此表示衷心的感谢。本书主要供电力工程施工企业的工程技术人员在编制发电工程、送变电工程施工组织设计时参考使用，也可以供发变电工程建设单位、设计单位、监理单位工程技术人员和大专院校有关专业师生参考使用。

作　者

2018 年 1 月

《电力工程施工组织设计实务》

篇 章 目 录

第 1 篇　火电工程施工组织设计概论

第 2 篇　150MW、300MW 和 350MW 火电机组工程施工组织设计范例

第 3 篇　600MW 级机组工程施工组织设计范例

第 4 篇　1000MW 级火电机组工程施工组织设计范例

第 5 篇　核电站常规岛工程施工组织设计范例

第 6 篇　水电站工程施工组织设计概论

第 7 篇　生物发电工程施工组织设计范例

第 8 篇　风电场工程和光伏发电工程施工组织设计范例

第 9 篇　送变电工程施工组织设计概论

第 10 篇　220～500kV 送电线路工程施工组织设计范例

第 11 篇　750kV、±800kV 送电线路工程施工组织设计范例

第 12 篇　1000kV 特高压输电线路工程施工组织设计范例

第 13 篇　电力电缆线路工程施工组织设计范例

第 14 篇　110kV 和 220kV 变电站（换流站）工程施工组织设计范例

第 15 篇　330kV 和 500kV 变电站工程施工组织设计范例

第 16 篇　750kV、1000kV 变电站和±800kV 换流站工程施工组织设计范例

《电力工程施工组织设计实务》

所附光盘篇章目录

第 1 篇　火电工程施工组织设计概论

第 2 篇　150MW、300MW 和 350MW 火电机组工程施工组织设计范例

第 3 篇　600MW 级机组工程施工组织设计范例

第 4 篇　1000MW 级火电机组工程施工组织设计范例

第 5 篇　核电站常规岛工程施工组织设计范例

第 6 篇　水电站工程施工组织设计概论

第 7 篇　生物发电工程施工组织设计范例

第 8 篇　风电场工程和光伏发电工程施工组织设计范例

第 9 篇　送变电工程施工组织设计概论

第 10 篇 220～500kV 送电线路工程施工组织设计范例

第 11 篇 750kV、±800kV 送电线路工程施工组织设计范例

第 12 篇 1000kV 特高压输电线路工程施工组织设计范例

第 13 篇 电力电缆线路工程施工组织设计范例

第 14 篇 110kV 和 220kV 变电站（换流站）工程施工组织设计范例

第 15 篇 330kV 和 500kV 变电站工程施工组织设计范例

第 16 篇 750kV、1000kV 变电站和±800kV 换流站工程施工组织设计范例

《电力工程施工组织设计实务》所附光盘目录

前言

第 3 篇 600MW 级机组工程施工组织设计范例

第7篇 生物发电工程施工组织设计范例

第 8 篇 风电场工程和光伏发电工程施工组织设计范例

第 9 篇　送变电工程施工组织设计概论

第 10 篇 220～500kV 送电线路工程施工组织设计范例

第11篇 750kV、±800kV送电线路工程施工组织设计范例

第12篇　1000kV特高压输电线路工程施工组织设计范例

第13篇 电力电缆线路工程施工组织设计范例

第 14 篇 110kV 和 220kV 变电站（换流站）工程施工组织设计范例

第 16 篇 750kV、1000kV 变电站和 ± 800kV 换流站工程施工组织设计范例

第1篇

火电工程施工组织设计概论

孟祥泽　薛兆民　王建新　王勇旗　隋萌萌　孙其胜
郭　瓒　王正志　郝子龙　等　编著

第1章　基　本　概　念

1.1　施工组织设计的定义任务及作用

施工组织设计是组织火电建设施工的总体指导性文件。编制和贯彻好施工组织设计是在施工过程中体现国家方针政策、遵守合同规定、科学组织施工，从而达到预期的质量目标和工期目标、提高劳动生产率、降低消耗、保证安全；是不断提高施工技术和施工管理水平的重要手段。

一、施工组织设计

用以指导施工组织管理、施工准备与实施、施工控制与协调、资源的配置与使用等全面性的技术经济文件；是对施工活动的全过程进行科学管理的重要手段。

二、施工组织设计的任务

施工组织设计是对火电建设施工过程实行科学管理的重要手段，是编制施工预算和施工计划的重要依据，是电力施工企业施工管理的重要组成部分。施工组织设计应根据产品的生产特点，从人力、资金、材料、机械和施工方法这五个主要因素进行科学的安排，使之在一定的时间和空间内，得以实现有组织、有计划、有秩序的施工，以期在整个工程施工上达到相对的最优效果，即时间上耗工少，工期短，质量上精度高，功能好；经济上资金省，成本低。这就是施工组织设计的任务。

三、编制施工组织设计重要性

实践证明，在工程投标阶段编制好施工组织设计，充分反映施工企业的综合实力，是实现中标、提高市场竞争力的重要的途径。

在工程施工阶段编制好施工组织设计，是实现科学管理、提高工程质量、降低工程成本、加速工程进度、预防安全事故的可靠保证。

1.2　施工组织设计的分类

火力发电工程施工组织设计划分为施工组织设计纲要、施工组织总设计和施工组织专业设计三个部分。

一、施工组织设计纲要

施工组织设计纲要是为施工总体做出战略性安排，适应投标的需要，指导施工组织总设计、施工组织专业设计的编制。

二、施工组织总设计

它是以一个建设项目或建筑群为编制对象，用以指导其施工全过程各项活动的技术、经济的综合性文件，它是整个建设项目施工的战略部署，其范围较广，内容比较概括。它是在初步设计或扩大初步设计批准后，由总承包单位的总工程师负责，会同建设、设计和其他分包单位的工程师共同编制。它也是施工单位编制年度施工计划和单位工程施工组织设计的依据。

三、施工组织专业设计

它是以一个专业为编制对象，用以指导其施工过程各项活动的技术、经济的综合文件。它是施工企业年度施工计划和施工组织总设计的具体化，其内容更详细。它是在施工图完成后，由工程项目主管工程师负责编制，作为施工单位编制季度、月份和单位工程作业设计的依据。

第2章　施工组织设计的编制

2.1　施工组织设计的编制依据和原则

一、施工组织设计的编制依据

（1）已经批准的初步设计和施工图纸及资料。

（2）工程相关的招、投标文件、施工合同、技术协议、会议纪要等文件。

（3）工程概算和主要工程量。

（4）设备清册和主要材料清册。

（5）主体设备技术文件和新产品的工艺性试验资料。

（6）施工定额资料。

（7）施工队伍情况和装备条件。

（8）《质量管理体系要求》（GB/T 19001—2016）。

（9）现场内外环境条件调查资料。

（10）《火力发电工程施工组织设计导则》（DL/T 5706—2014）。

二、施工组织设计的编制原则

（1）遵守和贯彻国家的有关法律、法规和规章。

（2）对项目工程的特点、性质、工程量、工作量以及施工企业的特点进行综合分析，确定本工程施工组织设计的指导方针和主要原则。

（3）符合施工合同约定建设期限和各项技术经济指标的要求。

（4）遵守基本建设程序，切实抓紧时间做好施工准备，合理安排施工顺序，及时形成工程完整的投产能力。

（5）在加强综合平衡，调整好各年的施工密度，在改善劳动组织的前提下，努力降低劳动力的高峰系数，做到连续均衡施工。

（6）运用科学的管理方法和先进的施工技术，努力推广应用“四新”，不断提高机械利用率和机械化施工的综合水平，不断降低施工成本，提高劳动生产率。

（7）在经济合理的基础上，充分发挥基地作用，提高工厂化施工程度，减少现场作业，压缩现场施工场地及施工人员数量。

（8）施工现场布置应紧凑合理，便于施工，符合安全、防火、环保和文明施工的要求，提高场地利用率，减少施工用地。

（9）加强质量管理，明确质量目标，消灭质量通病，保证施工质量，不断提高施工工艺水平。

（10）加强职业安全健康和环境保护管理，保证施工安全，实现文明施工。

（11）现场组织机构的设置，管理人员的配备，应力求精简、高效并能满足项目工程施工的需要。

（12）积极推行计算机信息网络技术在施工管理中的应用，不断提高现代化施工管理水平。

2.2　施工组织设计的主要内容

当工程规模较小或计划安排要求紧迫，视具体情况，可对施工组织设计纲要、施工组织总设计和施工组织专业设计这三个部分内容进行适当调整和合并。

一、火电工程施工组织设计纲要的内容

施工组织设计纲要依据初步设计和招标文件编制，为施工布局做出总体安排，适应投标的需要并指导编制总设计和专业设计。

（1）编制依据。

（2）工程概况。

（3）工程特点及估算工程量。

（4）施工组织机构和人力资源计划。

（5）主要施工方案及措施的初步选择。

（6）总平面布置方案及占地面积。

（7）主要工程项目控制进度。

（8）施工准备工作安排。

（9）能供应的需求和规划安排。

（10）大型机械设备和布置方案及工厂化、机械化施工方案。

（11）工程项目施工范围划分。

（12）临建数量及采用结构标准的规划。

（13）施工质量规划、目标和主要保证措施。

（14）施工安全、环境保护的规划、目标和保证措施。

（15）满足标书要求的其他内容。

二、火电工程施工组织总设计的内容

施工组织总设计依据初步设计、主要施工图、施工合同和施工组织设计纲要编制，对项目工程做出全面安排。

（1）编制依据。

（2）工程概况。

（3）工程规模和施工项目划分及主要工程量。

（4）施工组织机构设置和人力资源计划。

（5）施工综合进度计划。

（6）施工总平面布置图及其文字说明。

（7）主要大型机械配备和布置以及主要施工机具配备清册。

（8）力能供应方式及系统布置（包括水、电源、气、汽等）。

（9）主要施工方案和重大施工技术措施（包括主要交叉配合施工方案、重大起吊运输方案、关键性和季节性施工措施）。

（10）外委加工配制量与工厂化加工量划分及现场加工规模的确定。

（11）技术和物资供应计划，其中包括：

1）施工图纸交付进度。

2）物资供应计划（包括设备、原材料、半成品、加工及配制品）。

3）力能供应计划。

4）机械及主要工器具配备计划。

5）运输计划。

6）技术检验计划。

7）施工质量规划、目标和保证措施。

8）生产和生活临建设施的安排。

9）安全文明施工和职业健康及环境保护目标和管理。

10）降低成本和推广“四新”等主要计划和措施。

11）技术培训计划。

12）竣工后完成的技术总结初步清单。

三、火力发电工程施工组织专业设计的内容

施工组织专业设计依据总设计、技术合同、有关专业施工图和设备技术说明书编制，指导专业施工项目的施工。

专业设计一般分以下专业进行编写，即土建、锅炉、汽机、管道、电气、热控、焊接、保温、起重、加工配制等。凡总设计中已经明确并足以指导施工的内容，可不必重新编写。专业设计的内容一般包括：

（1）编制依据。

（2）工程概况。

1）专业施工项目规模、工程量（包括分包和外委加工量）。

2）专业施工项目设备及设计特点。

3）专业施工项目的主要施工工艺说明等。

（3）施工组织和人力资源计划。

（4）施工平面布置（总平面布置中有关部分的具体布置）和临时建筑布置。

（5）主要施工方案（措施）。

1）土石方开挖、特殊基础施工、主厂房框架、汽机基础施工、煤斗施工、预应力构件施工及吊装、烟囱施工、冷却塔施工、大型水工建筑及输卸煤系统施工等。

2）锅炉组合场布置和组件划分及组合吊装、保温、焊接工艺、水压试验、化学清洗和主要辅助设备安装等方案。

3）汽机安装、发电机定子运输起吊、发电机穿转子，主要辅助设备安装、油系统安装、高压管理道安装、焊接、热处理及检验等方案。

4）大型变压器运输、就位、吊罩检查、大型电气设备干燥、新型母线施工、新型电缆头制作、新型电气设备安装、电子计算机及新型自动化装置安装、调整试验等方案。

5）特殊材料或部件加工制作工艺。

6）季节性施工技术措施。

（6）有关机组启动试运的特殊准备工作。

（7）技术及物资供应计划参见《火电工程施工组织总设计》之（11）。

（8）专业施工项目综合进度安排和人力资源计划。

（9）保证工程质量、安全、文明施工、环境保护、降低成本和推广应用“四新”等主要技术措施。

（10）外委加工配制清册。

（11）工程竣工后完成的技术总结清单。

2.3　主要施工方案的编制概述

主要施工方案是施工组织设计的重要内容之一，其合理与否将直接影响到工程施工的安全、质量、工期和效率。同时也是体现施工企业能力和技术水平的重要标志，施工组织设计应对施工难度大、技术要求高，对整体工程项目起关键作用的主要施工项目拟订方案。

一、主要施工方案的一般范围

1. 土建主要施工方案的一般范围

（1）平面、高程测量控制网。

（2）主厂房开挖及基础施工（包括 A 排外）。

（3）汽机基座施工。

（4）主厂房结构施工（浇注、吊装）。

（5）烟囱、冷却水塔施工。

（6）深基坑施工。

（7）循环泵房沉井施工。

（8）循环水取水头部及进、出水管沟施工。

（9）大跨距干煤棚施工。

（10）翻车机室及卸煤沟施工。

2. 安装主要施工方案的一般范围

（1）锅炉钢架吊装（包括大板梁）。

（2）锅炉受热面安装（包括汽包）。

（3）锅炉水压试验。

（4）焊接与检验方案。

（5）保温与油漆施工。

（6）汽机本体安装。

（7）汽机油系统冲洗。

（8）凝汽器组装就位。

（9）除氧器及加热器就位。

（10）发电机定子卸车（船）、拖运、吊装、穿转子。

（11）循环水管及四大管道安装。

（12）主变就位、检查。

（13）电缆施工。

二、主要施工方案编制原则、依据及内容

1. 主要施工方案的编制原则

（1）遵守国家的有关法律法规和技术经济政策。

（2）体现科学性、先进性、合理性、针对性。

（3）安全可靠、易于操作、方便施工。

（4）在满足安全、质量和进度的前提下努力降低成本。

（5）在经济合理的基础上尽可能采用工厂化施工。

2. 主要施工方案的编制依据

（1）设计图纸。

（2）主要设备、材料、机械的技术文件和性能资料。

（3）工程的标书、合同。

（4）施工综合进度。

（5）相关的规程规范、技术工艺标准。

（6）主要设备、材料、施工图供应情况。

（7）施工环境及气象、水文、地质资料。

（8）类似工程的施工方案及工程技术总结。

3. 主要施工方案的编制内容

（1）工程概况及特点。

（2）主要工程量。

（3）施工机械的选用及场地布置。

（4）主要施工方法及工艺流程。

（5）施工进度控制。

（6）重要设备吊装的力学计算。

（7）主要质量标准、工艺要求、安全措施。

施工组织设计中的主要施工方案是原则性方案，其编制内容可以根据项目的特点，突出重点、难点进行舍取或补充。

施工单位要从工程的实际情况出发结合自身特点用科学的方法，综合分析，比较各种因素制定施工方案。必要时也可制定两个（或两个以上）方案，在施工组织设计审批时确定。

2.4　施工组织设计的编审及贯彻

一、施工组织设计的编审

（1）新建、扩建单机容量在 200MW 及以上的火力发电工程的施工组织设计纲要由施工总承包公司总工程师组织编制；施工组织总设计由施工总承包公司或其项目部总工程师组织编制。上述两种设计均由施工总承包公司总工程师主持审批。

（2）单机容量 200MW 以下火电工程的施工组织设计纲要和总设计分别由施工总承包公司和其项目部总工程师组织编制，施工总承包公司技术管理部门审查（或组织审查），分别由施工总承包公司和其项目部总工程师主持审批。

（3）无施工总承包单位的火电工程的施工组织总设计由建设单位负责组织和协调其编制工作。

各承包公司总工程师或其项目部总工程师负责组织本公司承包范围施工组织总设计的编制工作，由施工总承包公司总工程师主持审批。

（4）专业设计报施工总承包公司工程项目部技术管理部门审查，项目部工程师审批，报施工总承包公司备案。

（5）火电工程施工组织总设计一般应在施工准备和施工临时建筑开工以前；施工组织专业设计一般应在主体施工项目开工以前编制并审批完毕。

（6）施工组织设计一经批准，施工单位和工程各相关的单位应认真贯彻实施，未经审批不得修改。凡涉及增加临建面积，提高建筑标准、扩大施工用地、修改重大施工方案、降低质量目标等主要原则的重大变更，须履行原审批手续。

二、施工组织设计的交底

经过审核批准的施工组织设计，项目部应组织有关人员进行交底。交底内容包括讲解施工组织设计的内容、要求，施工的关键问题及保证措施，使各有关人员对施工组织设计有一个全面的了解，交底过程应进行记录。

三、施工组织设计的检查

在施工组织设计的实施过程中应进行中间检查。一般应在工程施工初期和中期各检查一次。检查的内容可包括工程进度、工程质量、材料消耗、机械使用与成本费用等。对检查中发现的问题，应及时进行原因分析并进行改正。

第 3 章　组织机构设置、人员组织与施工总平面布置

3.1　组织机构设置与人员组织

一、组织机构

现场施工组织机构设置的目的是为了充分发挥项目管理的功能，提高项目整体管理效率，以达到项目管理的最终目标，是施工项目管理的组织保证。

1. 现场施工组织机构设置原则

（1）有明确的目的性，应根据施工项目管理的总目标定任务（事），因任务（事）设机构、定编制，按编制设岗、定人员的原则。

（2）现场组织机构是一个完整的组织结构体系，应根据分层和设置职能部门，形成相互制约，相互联系的整体，人员配置上应选择合理的管理跨度。

（3）在能实现施工项目所要求的工作任务的前提下，尽量简化机构，减少现场管理人员。

（4）现场组织机构应相对稳定。

（5）要充分发挥施工企业自身的管理优势和特点，除合同有特殊要求外，现场组织机构的设置应尽量与施工企业内部组织机构有机结合起来。

2. 现场施工组织机构设置的一般要求

（1）管理层次不宜过多，一般可分为决策层、管理层、执行层三个层次，不同层次的职能和要求各不相同，标志着不同的职责和权限，管理层与作业层实行分离。

（2）根据需要协调的工作量，以及管理人员的能力和素质来确定适当的管理跨度。

（3）部门的划分应根据组织目标与工作内容来确定，形成既有相互分工，又有相互配合的组织系统。

（4）组织机构中各部门的职能应使纵向的领导、检查、指挥灵活，达到指令传递快、信息反馈及时。要使横向各部门间相互联系，协调一致，使各部门有职有责。

3. 施工总承包单位项目组织机构的设置

（1）决策层的设置：决策层的任务是制定和组织实施施工项目的方针和目标，它必须精干、高效，一般有下列人员组成：

1）项目经理是对施工项目管理全面负责的管理者，在整个施工活动中占有非常重要的地位。应选拔具有良好政治素质、领导素质、知识素质、身体素质及实践经验，并具有相应资质的人担任。项目经理人选的变更应征得建设单位的同意。需要时也可设项目副经理 1～2 人。

2）施工总承包单位项目组织机构中应设项目总工程师 1 名，在项目经理领导下全面负责技术管理工作，必要时也可设项目副总工程师 1～2 人。

3）必要时也可设项目总经济师 1 名，在项目经理领导下负责项目工地的经营管理工作。

（2）管理层的设置：项目管理部门是施工项目管理的职能部门，其任务是负责施工项目全过程施工生产和经营管理，一般可设下列部门。

1）经营管理部门：主要负责预算、合同、索赔、资金收支、成本核算、计划统计、人力资源调配等工作。

2）施工技术部门：主要负责施工协调、施工进度管理、技术管理、施工组织设计、施工总平面管理、施工机械管理、文明施工、技术监督、锅炉压力容器安全监督等工作。必要时也可把施工管理和技术管理分开，设置两个部门。

3）质量管理部门：主要负责质量体系管理、施工质量、计量、测量、试验等工作。必要时质量体系部门也可单独设立。

4）安全管理部门：主要负责安全管理、消防、环境保护、保卫等工作。

5）物资管理部门：主要负责材料、半成品、工具的采购、供应及设备的运输保管（建设单位委托时）等工作。

6）文件、信息管理部门：主要负责施工图纸、施工技术文件等资料的管理和计算机信息管理工作，该部门可单独设置或兼容在施工技术部门也可放在其他有关部门。

（3）执行层的设置：执行层一般应设土建、锅炉、汽机、电气、热控、机械化施工、焊接、修配等专业施工处。其人员应有实干精神，并能坚决贯彻管理指令。

4. 其他施工承包单位现场组织机构的设置

（1）土建、安置主体工程施工承包单位是项目施工的主要承包单位，现场组织机构的设置应与施工总承包单位项目组织机构相适应，并应征得施工总承包单位的同意，管理部门的设置在保证职能不变的前提下可适当调整、合并简化。

（2）一般施工承包单位的现场组织机构可根据其承包的范围及管理要求进行设置。管理部门可以合并简化，也可组建综合性管理部门。

5. 现场管理人员的配备

（1）现场组织机构管理人员的配备，要根据工程特点、施工规模、建设工期、管理目标以及合理的管理跨度进行配备，应在提高管理人员整体素质的基础上优化组合，组成精干高效的管理工作班子。

（2）现场组织机构管理人员的配备要有合理的专业结构，各专业人员应配套，并要有合理的技术职务、职称结构。

（3）现场组织机构的管理人员应具有其所承担管理任务相适应的技术水平、管理水平和相应资质。

二、人员组织

现场施工人员的数量，是工程施工组织水平的主要标志之一，按照合理组织施工的原则，依据现有施工企业当前的施工组织管理水平、技术装备和工厂化施工的一般水平确定。

当施工生产任务饱满、劳动生产率较高时，也可按照公式（3-1-1）核定现场施工全员高峰平均人数，按照公式（3-1-2）核定安装全员高峰平均人数。但计算人数不应超过《火力发电工程施工组织设计导则》（DL/T 5706—2014）中规定的人数。

$$N=QK/(\eta M) \tag{3-1-1}$$

$$N_1=PWK/(dM) \tag{3-1-2}$$

式中　N——现场施工全员高峰平均人数，人；

Q——施工企业承担的建安工作量，不包括施工准备工作的工作量，元；

K——高峰系数，取 1.2～1.3；

η——全员劳动生产率，元/人；

M——施工总工期（主厂房开工至两台机组投产），年；

N_1——安装全员高峰平均人数，人；

P——装机总容量，kW；

W——每千瓦安装耗工数，工日/kW；

d——每人每年工作日数，Ⅰ、Ⅱ类地区取251d/年，施工地区分类见表3-1-1。

表3-1-1　　施工地区分类表

地区		省、自治区、直辖市名称	气象条件	
类别	级别		每年日平均温度≤5℃的天数/d	最大冻土深度/cm
Ⅰ	一般	上海、江苏、浙江、安徽、江西、湖南、湖北、四川、云南、贵州、广东、广西、福建、海南、重庆	≤94	≤40
Ⅱ	寒冷	北京、天津、河北、山东、山西、河南、陕西、甘肃	95～139	41～109
Ⅲ	严寒	辽宁、吉林、黑龙江、宁夏、内蒙古、青海、新疆、西藏、甘肃（武威及以西）、陕北（延安、榆林、横山及以北）、晋北（朔县、大同及以北）、冀北（承德、张家口及以北）	140～179	110～189
Ⅳ	酷寒	黑龙江（哈尔滨、大庆、绥化、佳木斯及以北）、内蒙古（扎赉特旗及以北）、青海（格尔木、玛多及以西）、新疆（克拉玛依及以北）	≥180	≥190

注　1. 西南地区（四川、云南、贵州）的工程所在地如为山区，施工场地特别狭窄，施工区域布置分散或年降雨天数超过150d的可核定为Ⅱ类地区。

2. Ⅰ类地区中部分酷热地区，当气温超过37℃的天数达一个月，可核定为Ⅱ类地区。

3. 气象条件以工程初步设计或当地气象部门提供的资料为准。

4. 地区分类所依据气象条件的两个指标必须同时具备。

3.2　施工总平面布置的要求

一、施工总平面布置的任务

施工总平面布置的是施工组织设计各个主要环节经综合规划后反映在平面联系上的成果。其主要任务是完成施工场地的划分，交通运输的组织，各种临时建筑、施工设施、力能装置和器材堆放等方面的合理布设、场地的竖向布置等。施工总平面布置应当紧凑合理、符合流程、方便施工、节省用地、文明整齐。应当充分利用可以利用的社会资源。

二、施工总平面布置的依据

布置施工总平面时应收集和依据下列资料：

（1）厂址位置图、厂区地形图、厂区测量报告、地质材料、水文气象资料、厂区总平面图、厂区竖向布置图及厂区主要地下设施布置图等。

（2）电厂总规模、工程分期、本期工程内容、建设意图和投产日期要求等。

（3）总体工程施工综合进度。

（4）主要施工方案。

（5）大型施工机械选型、布置及其作业流程的初步方案。

（6）各专业施工加工系统的工艺流程及其分区布置的初步方案。

（7）大宗材料、设备的总量及其现场储备周期，材料、设备供货及运输方式。

（8）主要临时建设的项目、数量外廓尺寸。

（9）各种施工力能的总需用量、分区需用量及其布设的原则方案。

（10）各标段施工范围划分的资料。

（11）有关的规程规范和法规的要求。

三、施工总平面布置的原则

（1）施工总平面布置应符合国家防火、工业卫生等有关规定。

（2）施工现场的排水设施应全面规划。排水沟的截面与坡度应经计算确定，其设置不得妨碍交通。凡有可能承载荷重的排水沟都应设盖板或敷设涵管，盖板的厚度和涵管的大小埋设深度应经计算确定。

（3）总体布局合理，场地分配与各标段施工任务相适应，方便施工管理。

（4）合理组织交通运输，使施工的各个阶段都能做到交通便捷、运输畅通。大宗器材或半成品堆放场布设时要分析和选取经济合理的运输半径，使反向运输和二次搬运总量最少。

（5）施工区域的划分应既符合施工流程，又使各专业和各工种之间互不干扰，便于管理。

（6）注意远近结合（本期工程与下期工程）、前后照应（本期工程中的前后工序），努力减少或避免大量临时建筑拆迁和场地搬迁。

（7）尽量利用永久建（构）筑物和原有设施。

（8）合理利用地形，减少场地平整的土石方量。

（9）满足有关规程的安全、防洪排水、防火、防雷及环境保护的要求。

（10）合理地安排工程在部分机组投产后继续施工期间生产与基建的场地分区和铁路、道路交通运输，使之方便生产，有利施工。

（11）节约用地，少占或不占农田。

（12）努力改善各项施工技术经济指标。

四、施工总平面布置的内容

（1）待建和原有永久性建筑的位置、坐标与标高。

（2）永久厂区边界和永久征购地边界。

（3）施工区域分区、各类临时建筑、作业场、堆放场、主要大型吊装机械、道路、铁路、主要力能管线的位置及其坐标、标高。

（4）厂区测量控制网基点的位置、坐标。

（5）施工期间厂区及施工区竖向布置，排水管渠的位置、标高。

（6）施工临时围墙位置与征租地边界。

（7）施工总平面布置图应附有下列技术经济指标：

1）施工临时建筑与场地一览表。

2）施工铁路、道路一览表。

3）施工力能管线一览表。

4）有轨吊车轨道一览表。

5）施工用地一览表，包括生活区占地面积、施工区占地面积、施工用地总面积（扣除电厂永久占地面积后的施工征租地面积）等内容。

6）施工与生活区用地建筑系数。

7）施工场地利用系数。

8）单位千瓦施工用地。

分标段招标的工程，在没有施工总承包单位时，建设单位应将各标段的技术经济指标汇总，在施工组织设计有关文件中列出汇总资料。

五、施工总平面管理的组织与分工

1. 施工总平面管理的组织

（1）当工程有施工总承包单位时，施工总平面管理由施工总承包单位负责。当工程没有施工总承包单位时，施工总平面管理应有建设单位负责统一管理或委托某主体工程分包单位管理。

（2）施工总承包单位与各施工项目的分包单位都应有专门部门负责各自的施工总平面管理工作。

（3）施工总承包单位应设置专职的施工总平面管理人员，负责整个施工总平面布置的规划、组织和协调等日常管理工作，各分包单位应设置专职或兼职的施工总平面管理人员负责本单位施工区域的总平面管理工作。

2. 施工总承包单位的管理职能

（1）为保证施工总平面布置不被随意变动，保证各施工单位各专业之间合理交叉作业，满足交通运输、保卫、消防、防洪、环保、文明施工的要求，发挥施工总平面布置图对现场施工的指导作用，施工总承包单位应根据工程具体特点，制订切实可行的施工总平面管理制度。

（2）根据施工承包合同与已批准的《施工组织（总）设计》中有关总平面布置与管理规定的原则，结合各施工单位的专业特点、施工综合进度和实际的施工场地，规划各施工单位使用的施工小区及其面积，对不同时段由不同施工单位交叉使用的同一施工小区，应明确每一施工单位的使用时限和具体要求。

（3）审查批准各分包单位的施工小区平面布置图，检查督促各分包单位严格按照已经批准的施工小区平面布置实施。

（4）负责整个施工现场的总平面布置的日常管理和协调工作，对分包单位提出的调整总平面布置的要求进行审批。

（5）负责现场施工道路、施工用电、施工用水、生活用水、消防水及现场排水的施工与日常管理维护工作。总承包单位亦可根据实际情况委托分包单位承担施工及日常管理维护工作。

（6）审核和批复各分包单位提出的断路、断水、断电与临建搭设的申请；负责检查督促有关分包单位按照批准的要求实施，并在限定的时间内复原。

（7）对现场的各分包单位的总平面布置情况进行检查，对不符合项提出整改通知，并督促分包单位限期整改。

3. 施工分包单位的管理职能

（1）根据施工总承包单位（建设单位）制定的施工总平面管理制度，结合各自的特点制定本单位的施工区域内的施工平面布置管理制度。

（2）根据施工总承包单位划分的施工小区，规划布置属于本单位的施工下区，报施工总承包单位批准后执行。

（3）各分包单位施工小区的布置包括：所有临时建筑构物、施工生产与组合场地、设备材料堆场、临时废旧物与垃圾堆场、道路、施工用电（由 400V 配电间引出的施工及生活电源）、生活用水、施工用水、消防用水、排水、压缩空气、氧气、乙炔、蒸汽等，其规格与标准除必须符合有关技术标准、规范外，还应符合施工总承包单位制定的施工总平面布置与管理原则。

（4）对已经批准的施工平面布置不得随意变动。本单位的平面布置作变动前需向施工总承包单位提出书面报告申明理由，经批准后才能实施；凡需其他单位的平面布置作变动时，亦需向施工总承包单位提出书面报告申明理由，经批准后由总承包单位指定单位实施。

（5）凡因生产或生活需要断路、断电、断水、断气等影响到其他单位时，必须事前向总承包单位提出书面申请，经批准后在指定时间内实施，并按规定时间复原。凡在实施期间可能危及安全以及影响到他人正常生产和生活时，在实施前必须采取经批准的可靠措施。

（6）贯彻执行总承包单位制定的总平面布置规划与管理制度，接受其组织协调和监督检查并负责整改。

（7）负责本单位范围内的施工总平面管理的日常协调工作及对下属施工队（工地）的检查监督。

六、施工总平面的管理

1. 总则

（1）施工总承包单位和各分包单位应建立施工总平面管理的组织机构，明确管理部门和配备专职或兼职的施工总平面管理人员。

（2）施工总承包单位和各分包单位应制定施工总平面管理制度并认真贯彻执行。

（3）施工总平面管理宜实行模块化管理，各分隔区域应挂牌，严格区分施工区域、加工预制区域，设备材料构件的堆放区域、仓储区域、办公区域与生活福利区域，以保证区域的相对独立性，便于管理。

（4）施工总平面布置应进行动态管理。随着工程施工的进度，施工现场会经常发生变化，施工总平面布置也应作相应有序的调整，以适应科学合理地组织施工。可以根据不同的施工阶段绘制阶段性的施工总平面图。

2. 施工场地与临时建筑

（1）各施工单位按照划定的范围和批准的方案使用场地，未经批准的场地不得擅自占用。需临时增加使用场地或增设临建的，必须书面报施工总承包单位，经批准后方可实施。

（2）需要重新调整各使用单位的使用场地时，应在有利于生产并尽量减少各方损失的情况下由施工总承包单位与有关单位充分协商后作出决定，各有关单位必须遵照执行。

（3）各施工单位应在其施工场地范围内创建并保持整洁有序的文明施工环境。

（4）工程施工结束后，各施工单位应按期清理、归还使用的施工场地。

3. 道路

（1）施工道路应统一编号，道路编号标牌与限制车辆速度的警示牌应竖立在道路的明显部位。

（2）各施工单位都应保持施工现场的所有道路的畅通，不得占路堆物、堵路施工、挖掘断路。

（3）所有运输车辆必须自身整洁，同时要有防止运输物料散落的措施，以保证现场道路的整洁畅通，如发生散落，责任单位必须及时清理。

（4）所有道路上通行的车辆和施工机械不得损坏路面、路肩和路沟，损坏者应承担赔偿经济损失的责任。挖土机、推土机、压路机以及履带式起重机等重型机械需通过道路时，应向总承包单位提出申请并制定防止损坏道路的措施，经批准后方可通行。

4. 施工用电

（1）负责安装与管理 400V 临时变电站的单位，应对施工用电的安装、验收、运行、使用、维护、检修、拆除等过程制定具体的以安全为目的的管理制度，明确责任并挂牌执行。

（2）各单位在施工用电时，必须遵守国家电力行业有关技术规范，保护好现场的用电设施，临时电缆应排放整齐并有相应的保护措施。

（3）施工现场用电容量调整、临时变压器容量调整、临时变压器移位，必须先书面向总承包单位提出申请，经批准后才能实施。

（4）所有停、送电作业必须执行安全作业票制度，区域性停电须事先报总承包单位批准。

5. 供水

（1）各单位必须在指定的接口处引入自身施工小区内的各种供水并加装水表，不得擅自在供水主管道上开口或开、闭阀门，不得在本单位支管上设抽水增压装置。用途不同或水压不同的水源严禁连通。

（2）供水主管道需要断水时，应提前书面向总承包单位提出申请，经批准后方可进行。

（3）负责对供水设备与主管道运行管理的单位，应制定日常运行、维修保养、管理的具体措施报总承包单位，同时应做好供水设施维护保养工作，定期检查泵站、阀门、管道等设施的运行情况，以确保其工作的可靠性。

（4）供水的调度权归施工总承包单位。受委托负责对供水设备与主管道运行管理的单位必须接受总承包单位的调度。

6. 排水

（1）各单位对自身生活、办公、施工等小区的排水系统布置应保证顺利地排向主排水渠道并不得影响其他单位的排水畅通。

（2）凡有排水的施工项目，在施工方案或作业指导书中应有排水的技术措施，经批准后在施工中予以执行，严禁乱排水。

（3）各单位必须对全厂施工区域的排水渠、窨井、排水泵等设施加以保护，不得损坏和堵塞，如应施工需要更改时，必须事先向总承包单位提出申请，经批准后方能实施，实施前要采取临时措施，确保在实施过程中排水畅通不发生堵塞。

（4）受总承包单位委托对排水主渠、排水设施管理、保养维修的单位应对排水主渠、排水设施进行日常管理与保养，定期检查与维修，以确保下场排水畅通。

（5）各单位小区的排水设施管理、保养由各单位自行负责。

3.3 施工区域划分与施工用地面积指标

一、施工区域划分和场地布置的要求与施工区域划分的原则

1. *施工区域划分和场地布置的要求*

施工单位的生活区与施工区应保持一定间距。生活区宜布置在地区主导风向上风侧，应以有利生产、方便生活、有利职工健康安全为原则。

厂外工程的施工区按厂外工程的具体情况布置，但其设施应从简，尽量利用厂区内的施工设施。

对已明确将连续进行扩建的工程，场地布置应考虑扩建工程施工的需要。对近期内有扩建可能或预留扩建容量很大的工程，场地布置宜以近期需要为主，适当考虑扩建时施工的需要。

分标段招标的工程在施工区域划分时，应综合考虑施工工期对场地的要求及各施工阶段的衔接，应考虑重复利用施工场地的可能性。

厂区工程的施工区一般可划分为土建作业与堆放场、安装作业与堆放场、修配加工区、机械动力区、仓库区与行政生活服务区等。各区应以交通运输线为纽带，按工艺流程和施工方案的要求作有机联系的布置。

多台机组连续安装时，为了缩短工期，可以考虑从扩建端以外的方向（机、炉厂房的边柱外侧或固定端）运入设备器材，使安装、土建有各自的运输通道，借以扩大工作面、避免相互干扰。

施工区域应设临时的围墙（刺网或砖墙），出入口的布置应尽量使人流、车流分开，并设有专人管理。现场出入口一般不应少于两处，当电厂投产后施工区与电厂厂区应有各自的出入口。铁路进现场处的大门不得兼作人流出入口。

利用电厂生产区域布置临时施工场地时，应考虑机组投产后电厂生产管理的需要。

施工临时建筑物及易燃材料堆场的防火间距应符合《建筑设计防火规范》（GB 50016—2014）的规定，或者参照《火力发电工程施工组织设计导则》（DL/T 5706—2014）的相关规定确定。

两台机组分为不同的标段由不同施工单位施工时，为了同时施工的需要，应考虑从扩建端以外的方向布置设备组合场地，使施工单位有各自的施工区域。

施工现场需要设置放射源库时，放射源库房的设计以及放射源库的安全距离，必须符合国家、行业有关条例和标准的要求。

2. *施工区域划分的原则*

（1）汽机房和除氧间扩建端的延伸区作为主厂房钢结构堆放组装场地和汽机管道组合场地、设备堆放场地，先期可作为土建加工制作场地。锅炉房和除尘器扩建端的延伸区可作为锅炉设备堆放场地和组合场地。升压站扩建端外侧作为电气和土建施工区。

（2）当施工机具起吊半径够大时，应考虑将锅炉组合场向排烟除尘侧横向扩展，以减少组合场的长度，使场地更加紧凑。

（3）主厂房扩建端最后一个柱子中心线向外延伸 30m 左右以内的区域作为土建、安装共用的机动场地，不宜布置长久占用的施工设施。

（4）主厂房扩建端外侧场地按照专业施工先后次序以及专业内部工序的先后次序交替使用，以提高场地利用次数。

（5）各辅助及附属生产建筑附近的场地一般先期作土建施工场地，后期作安装场地。

（6）经由铁路运输的砂、石、水泥、木材、钢材等大宗材料的堆场或仓库以及设备堆场和仓库应沿铁路线布设。相应的搅拌站、钢筋加工间、铆焊间等应布置在邻近位置。

二、场地的竖向布置

施工阶段的场地竖向布置应考虑下列要求：

（1）各施工区域应有良好的雨水排水系统。一般可采用明沟排水，沟的坡降一般不小于 0.3%。

（2）在丘陵或山区，按台阶式布置施工场地，当高差大于 1.5m 时，一般应砌筑护坡或挡土墙。

（3）在丘陵或山区现场，当施工期间未能建成永久的排洪系统时，应在雨季前先建临时排洪沟。临时排洪沟的断面应通过计算确定。

（4）生活区应设有雨水及生活下水的排除系统。

（5）永久厂区的排水系统应创造条件尽早投入使用。如必须设置临时中继或终端排水泵站时，排水泵出力应以保证该区域在施工期内不发生内涝、不影响施工生产及职工正常生活为原则。

（6）污水排放应符合国家与地方的环保要求。

三、施工面积指标

按照目前施工方式参照各类现场实际用地水平，本着紧缩的原则制定各类地区不同机组容量工程的施工用地面积指标，见表 3-3-1。

表 3-3-1　　施工用地面积指标

序号	机组台数及容量	施工区用地/hm²	施工单位生活区用地/hm²	施工用地合计（施工区用地＋施工单位生活区用地）/hm²	单位千瓦施工用地/（m²/kW）
1	Ⅰ类地区				
1.1	2×300MW	20.0	6.0	26.0	0.43
1.2	2×600MW	23.0	7.0	30.0	0.25
1.3	2×900MW	27.0*	8.0	35.0*	0.19*
2	Ⅱ类地区				
2.1	2×300MW	21.5	7.0	28.5	0.48
2.2	2×600MW	24.0	8.0	32.0	0.27
3	Ⅲ类地区、Ⅳ类地区				
3.1	2×300MW	23.0	8.0	31.0	0.52
3.2	2×600MW	25.0	9.0	34.0	0.28

注　1. 施工区用地指厂区围墙外尚需征租供施工用的土地，不包括施工单位利用厂区围墙内空地作为施工场地的面积。

2. 当机组容量与本表不一致时，套用就近机组容量指标。

3. 带“*”指标为参考指标。

4. 当主厂房为钢结构时，按 0.9 系数调整施工生产用地。当单台机组施工时，按 0.8 系数调整施工生产区、生活区用地。

5. 施工生活区建筑物以楼房为主，平房为辅。

6. 如果施工单位已建成基地，或利用了社会资源，可相应减少生产或生活性施工临时建筑面积时，应相应地核减施工用地面积。

7. 本表取用的系数值如下：

（1）施工区用地建筑系数：临时建筑面积用地面积 $K_1=0.40$～0.45。

（2）施工场地利用系数：用地有效面积/用地面积 $K_2=0.65$～0.70。

（3）生活区用地占地系数：平房 $K_1=0.35$～0.40；二层楼房 $K_1=0.45$～0.55；三～四层楼房 $K_1=0.60$～0.65。

8. 山区或丘陵地区地面高差较大，其建筑系数 K_1 及场地利用系数 K_2 可降低 5%左右。

9. 本表施工用地中包括交通道路及动力能源管线，约占施工用地面积的 15%～90%。

10. 表中数值不包括厂区围墙外工程的施工用地。

因下列原因确需增大施工用地并突破表 3-3-1 的有关指标时，施工单位可向建设单位提出要求，由建设单位核定。

（1）由于工期安排或主厂房结构布置上的原因使大型构件预制场和锅炉组合场不能交替使用时。

（2）设备一次到货量大于表 3-3-2 的设备同时储存系数所规定的储存量时。

表 3-3-2　　设备同时储存系数表

序号	安装机组台数	系数 K	序号	安装机组台数	系数 K
1	1	1.00	3	3	0.60
2	2	0.75	4	4	0.50

（3）考虑扩建工程的需要，适当延伸临时端外侧的施工场地时。

（4）需要在现场设置大直径预应力混凝土管制作场、冷却水塔淋水网格板制作场或轧石场等其他特殊情况时。

（5）施工生活区的临时建筑不能以建楼房为主，面积确实不够时。

火电工程现场受到场地的限制，施工用地面积无法达到指标面积要求，给施工带来一定困难时，建设单位应采取相应措施使施工能够顺利进行。

3.4　交通运输组织

一、交通运输组织设计的依据

设计交通运输组织方式时，应取得并分析下列资料：

（1）由外部运至现场的材料、设备、加工件、施工机械等的运输总量及其运输方式。运输总量应按工程实际需要测算。运输方式包括使用的不同运输工具（如火车、汽车、船舶、马车）和卸车方法、堆集方法等。

（2）外部运入物资的日最大运输量及最大运输密度（按不同运输方式分别估算）。

（3）厂内各加工区及主要堆场的场内二次搬运总量、日最大运输量及日最大运输密度。

（4）超重、超高、超长、超宽的设备及外委加工件的明细表。

工地运输方式应根据材料的性质、运输量的大小、超重、超高、超大、超宽设备及构件的尺寸形状、运输距离和期限、现有机械设备、利用永久性道路的可能性、现场与场外道路的地形、地质与水文自然条件等因素确定。

运输总量按照工程的实际需要量来确定。同时还考虑每日的最大运输量以及各种运输工具的最大运输密度，每日货运量计算如下：

$$q=\Sigma Q_i L_i K/T$$

式中　q——日货运量，t·km；

Q_i——每种货物需要总量；

L_i——每种货物从发货地点到储存地点的距离；

T——有关施工项目的施工总工日；

K——运输工作不均衡系数，铁路可取 1.5，汽车运输可取 1.2。

运输方式确定后，可以计算运输工具的需要量，每一工作台班内所需要的运输工具数量计算如下：

$$n=q/(cbK_1)$$

式中　n——运输工具数量；

q——每日货运量；

c——运输工具的台班生产率；

b——每日的工作班次；

K_1——运输工具使用不均衡系数。对于汽车可取 0.6～0.81，拖拉机可取 0.65，马车可取 0.5。

二、交通运输组织设计的原则

厂外运输线应利用电厂的正式工程施工需要的厂外铁路专用线，厂外公路或电厂码头应先期建成投入使用，一般不再设厂外临时施工铁路、公路或码头。当情况特殊，或因正式运输设施在开工前无法建成而必须修建厂外临时运输设施时，应逐项列入施工组织设计，经建设单位核定。

厂内施工公路干线的位置宜尽量与正式工程永久道路的布置一致。主厂房区及货运量密集区如搅拌站、预制场、设备堆场均应设置环形道路。各加工区、堆放场与施工区之间应有直通道路连接，消防车应能直达主要施工场所及易燃物堆放场。

厂内道路与铁路尽量减少交叉。必须交叉时应遵守下列各条：

（1）尽量采用正交，必须斜交时其交叉角应大于45°。

（2）交叉点不宜设在铁路线群、道岔区、卸车线及调车作业频繁的区间。

（3）交叉道口处的铁路一般应为平坡，道口两侧道路的平道长度应不小于13m，连接平道的道路纵向坡度一般应不大于3%，困难地段不大于5%。

（4）道口应加铺砌层，铺砌宽度应与到路宽度相同。主要道口应设置有人管理的安全设施。

厂内施工区公路在交通频繁、通行大型起重机械或大型平板车时其主干道路面宽度不宜小于 8m，一般双行道路面宽取6～7m，路肩宽1～1.5m，单车道路面宽3.5m，路肩宽0.7m。到路两侧应有排水沟。弯道半径一般取15m，特殊情况下不小于10m，通过大件运输车辆的弯道半径根据使用车辆的要求确定。纵向坡度一般不大于4%，特殊地段（或山区）可取8%。会车视距不小于30m。

道路穿越栈桥或架空管道时其通行净空高度应按拟通过的最高运输件确定，一般应大于5m。该段行车路面宽度应加大0.5m。

运输大件设备的大型平板车通过的道路，起路基应根据大型平板车实际轮压进行设计。

厂区施工道路宜根据“永临结合”的原则进行布置。永临结合的道路路基除应满足永久道路的设计要求外，还应满足施工的特殊要求。

厂区施工道路一般采用泥结碎石路面或混凝土路面，永临结合的主干道路面，考虑到施工期道路的损坏情况，一般先浇筑一层混凝土路面，在工程后期按路面设计标高浇筑第二层混凝土。

当电厂主要设备以公路或内河运输方式运入时，且运输路途较长或沿途障碍较多时，应对公路全线的通过能力进行调查并进行技术经济比较，并提出运输机具选择方案。当建设单位委托时，应列入施工组织设计，并由建设单位核定。

当电厂设有铁路专用线时，宜设置临时铁路。施工临时铁路布置应尽量与电厂厂内专用线结合，其布设一般要求：

（1）通向主厂房汽机房、锅炉房的铁路各一条。

（2）各加工厂及大宗材料卸货区尽量设在电厂专用线及施工线的两侧。

通向汽机房、锅炉房铁路的布置应注意下列要求：

（1）通向汽机房的铁路一般应从通向锅炉房的铁路线上接出，以使锅炉线有较长的直线段。

（2）尽量加大汽机线与锅炉线之间的距离，以提高扩建端施工场地的使用宽度。

（3）铁路中心线位置应与主厂房内设备及平台吊装孔的位置相适应，尽可能避免受高于零米的设备基础、沟道的阻碍，并要考虑最宽设备组件进厂时不碰厂房柱子。

穿越组合场进入锅炉房的铁路应采用平坡。特殊情况下纵向坡度应不大于 2‰，但厂房内的铁路轨面标高宜稍高，以防止向主厂房方向溜车。

施工铁路按《工业企业标准轨距铁路设计规范》（GBJ 12—1987）的三级铁路标准进行设计。

厂内的货物装卸线一般应设在平直道上，在困难条件下也可设在不大于2.5‰的坡道上及半径不小于500m的曲线上。条件特殊困难时非主要卸货线可设在半径不小于 200m 的曲线上，必要时可设简易卸货栈台。

施工铁路直线段的中心线与建筑物的距离在无路堤路堑时应满足下列要求：

（1）距办公室及加工厂等房屋的凸出部分，在面向铁路侧有出入口时应不小于6m，无出入口时不小于3m。

（2）距卸货站台、仓库、设备材料堆放场的距离可尽量接近铁路建筑限界。卸货站台边缘距铁路中心线的最小尺寸在高于轨面1.1～4.8m部分为1.85m。

（3）距道路最近边缘距离应不小于3.75m（指同一标高上）。

（4）与地下平行管线边线之间的距离不小于3.5m。

建筑构件吊装和设备安装采用有轨起重机械时，其轨道位置、标高及吊车的转向移位等布设方案应与其附近的铁路布置相协调。

大型有轨起重机械、固定式起重机械、大型移动式起重机械，应根据其最大轮压和轮距进行路基压力验算，并确定路基的处理措施。在软土或回填土上布置大型起重机械时，应对路基或地基采取加固措施，使路基满足强度和稳定性要求。

经铁路运入超宽、超高设备及外委加工件时，应了解沿途桥梁、隧道的极限通过限界，并取得铁路运输部门的同意。

现场采用水路运输时，应了解江、河、湖、海的季节性水位变化情况与通航期限，并采取相应的水路运输措施。

水路运输应尽量采用电厂永久码头，如永久码头在施工时尚不能建成而必须设临时码头时，其形式、大小、构造按施工运输量和使用年限的实际需要设计，并应满足低水位时运输和装卸的要求。水运码头宜设置专用的装卸机械。码头与厂区连通的公路在码头附近应设回车道。

除岔枕采用木枕外，施工铁路应采用预应力混凝土轨枕。塔式起重机、门座式起重机、龙门式起重机等各种有轨起重机械应采用钢筋混凝土轨枕，轨枕的断面及配筋应通过计算确定。

3.5 施工管线布置的要求

施工管线包括架空电力及通信线，地下电缆、上下水道、蒸汽管道、压缩空气管道、氧气和乙炔施工力能管线，以及计算机网络线等。

施工管线应统一规划布置，对分标段招标的工程，应考虑各施工单位之间的管线接口，以及力能的计量。

计算机网络线与通信线路采取架空布设或地下埋设，宜统一考虑。

施工管线一般沿公路或铁路布置。管线穿越公路、铁路时应作适当的加固防护。长期使用的管道应埋入地下，Ⅱ、Ⅲ、Ⅳ类地区管线的埋置深度应满足防冻的要求。

多台机组连续施工的工程或在近期内将要扩建的工程，施工管线布置应以满足本期使用的需要为主，适当照顾续建工程的需要，或者采用一次规划分期实施的办法，做到经济合理、使用方便。

3.6 施工总平面管理

为保证施工总平面布置不被随意变动，保证各施工单位各专业之间合理交叉作业，满足交通运输、保卫、消防、防洪、环保、文明施工的要求，发挥施工总平面布置图对现场施工的指导作用，应根据工程的具体特点，制订切实可行的施工总平面管道制度。

厂区内工程由一个施工单位总承包时，总承包单位负责总平面的日常管理工作。

分标段招标的工程项目，没有施工总承包单位时，由建设单位（或委托有关单位）负责施工总平面日常管理与协调工作。并做好总体规划、统一标准、明确接口关系、确定共用场地与共用设施等工作。

施工总平面布置按不同施工阶段，实行动态管理，必要时应及时调整。

对分标段招标的工程项目，应注意以下方面：

（1）各标段的平面竖向布置及排水系统应与施工总平面布置一致，排水方向合理。

（2）施工用水（包含消防系统用水）、施工用电、通信系统、照明、排水系统、施工道路的日常维护保养及必要的计量等。

（3）各标段管辖范围内测量方格网点的复核、维修、保护等。

第4章 施工综合进度

4.1 施工综合进度的作用与分类

一、施工综合进度的作用

（1）施工综合进度是协调全部施工活动的纲领，是对施工管理、施工技术、人力、物力、时间和空间等各种主客观因素进行分析、计算、比较，予以有机地综合归纳后的成果。

（2）施工总进度是施工现场各项施工活动的时间上的体现。编制施工总进度计划就是根据施工部署中的施工方案和工程项目的开展程序，对全工地的所有工程项目做出时间上的安排。其作用在于确定各个项目及其主要工种工程、准备工作和全工地性工程的施工期限及其开工与竣工的日期，从而确定施工现场的劳动力、材料、成品、半成品、施工机械的需要数量和调配情况，以及现场临时设施的数量、水电供应数量和能源、交通的需要数量等。因此，正确地编制施工总进度计划是保证各项目以及整个建设工程工期按期交付使用，充分发挥投资效益，降低工程成本的重要条件。

二、施工综合进度的分类

施工综合进度一般有以下几种：

（1）总体工程施工综合进度（一级进度）：以工程合同投产日期为依据，对各个专业的主要环节进行综合安排的进度，应从施工准备开始到本期工程建成为止。

（2）主要单位工程施工综合进度（二级进度）：以总体工程施工综合进度为依据，对主要单位工程的土建，安装工程进行综合安排的进度，应明确施工流程以及主要工序衔接，交叉配合等方面的要求。

（3）专业工程施工综合进度（三级进度）：以总体工程施工综合进度为依据，分别编制土建、锅炉、汽机、电气、热控、机施等专业的施工综合进度，在满足主要控制工期的前提下，力求使各个专业自身均衡施工，工期安排尽量适应季节和自然条件的因素，以期工序合理，经济效果良好。

（4）专业工种工程施工综合进度（四级进度）：为保证实现施工总进度并做到均衡施工，可以根据需要编排重点专业工种的施工综合进度。

4.2 施工综合进度的形式

一、网络施工进度表

网络计划技术的基本原理是把一个项目中所要求做的工作，按照各项工作之间的关系，实施中需要遵守的先后顺序，用网络图的形式表达出来，构成项目计划网络图。

二、横道施工进度表

横道施工进度表是项目进度计划传统的形象表示方法，横道图中有一个横向的时间坐标，计划中的每项工作用沿时间坐标延伸的横条表示的长度相当于工作的持续时间，横条相对于时间坐标的位置，其左端对应于工作的时间，其右端对应于工作的完成时间。

由此可见，横道图可以形象地标明项目所包含的各项工作，以及这些工作的时间安排。项目管理人员、工程技术人员和一般操作人员，通常对横道图都很熟悉，即使初次接触的人员一般也能很快理解。

4.3 施工综合进度的编制

一、施工综合进度的编制

（一）施工综合进度的编制原则

（1）保持原定总控制工期的工程节奏。

（2）编制总体工程施工综合进度要以完整形成投产能力和建成本期工程为目标，对施工项目进行全面统筹安排。

（3）编制总体工程施工综合进度应遵循基建程序，考虑土建施工特点，注意合理组织施工，一般需要避免土建与安装工程在同一空间内同时作业的大交叉。

（4）施工综合进度应瞻前顾后，处理好施工准备与开工、地下与地上的关系，按照主要地下工程一次施工的原则进行安排。

1）主厂房零米以下的工程，包括厂房基础、设备基础（高于零米的辅机基础的施工分段视吊装机械及运输通道的要求而定）、主要沟管道、地下坑预埋管线以及回填土等，按本期工程范围一次完成。

2）锅炉房后侧的除尘、引风、除灰、烟囱、烟道等建（构）筑物的零米以下工程，按本期工程范围先深后浅相继一次完成。

3）其他辅助及附属建（构）筑物也应先完成零米以下的结构和各种预埋管线。

（5）厂区围墙内的地下设施应按先深埋后浅敷、地下沟管合槽一次施工的要求进行安排。

1）厂区雨水排水干线、循环水管道干线力争在开工初期完成，以保证厂区排水畅通，主干道路完好，并充分利用回填后的施工场地。

2）主厂房 A 排前及固定端的各种沟、管、线及基础等，尽量与主厂房零米以下工程同时施工。

3）主厂房锅炉外侧的地下沟、管、线，尽量与烟尘系统基础同时施工。

4）安装量大的沟道，如化学水管沟道、主电缆沟等，应在有关辅助生产建筑安装前完成。

5）厂区围墙内其他部位的地下沟管道可分区（分段）安排合槽施工，避免重复施工。

（6）综合进度表要按先土建、后安装、再调试的顺序进行安排。

（7）综合进度应使辅助工程与主体工程配套。当厂区外围工程量很大时，一些工程量大的外围工程项目有条件时可先于主厂房开工。辅助工程一般可参照下列要求进行安排：

1）电系统：一般以满足受电试运时间的要求作为控制工期来安排主控制室、升压站及厂用电系统的土建和安装进度。

2）化学水系统：按在锅炉水压或化学清洗前能制出合格的除盐水的要求来安排土建和安装进度。

3）启动锅炉：按燃油系统达到卸油条件或锅炉化学清洗前可投入来进行安排。Ⅱ、Ⅲ、Ⅳ类地区还应考虑机组试运前冬期防寒采暖的需要。

4）煤、灰、水、暖通等其他辅助生产系统按分部试运和整套启动计划的要求进行综合安排。

（8）综合进度安排应对施工过程的平面顺序、空间顺序和专业顺序作细致的考虑，使工程有条不紊地进行。一般应考虑以下几点：

1）在主体工程与辅助、附属工程之间分区组织流水施工。

2）在各专业工程内部组织不同工程之间的按比例的流水作业。

3）安排好高空作业和地面作业的关系。

4）调整非关键路径项目的开竣工日期（即利用非关键路径项目的时差），使之既符合控制进度，又达到均衡施工。

（9）综合进度安排还应考虑季节对某些施工项目的影响因素：

1）Ⅱ、Ⅲ、Ⅳ类地区的土方施工、人工地基处理、卷材防水、室外装修和烟囱、冷却水塔筒壁等工程，不宜列入冬期施工。

2）多风地区的高空吊装作业和高耸构筑物施工宜避开大风季节。

3）江湖岸边水工构筑物宜在枯水季节施工下部工程。

4）南方多雨地区在雨期尽可能不安排不宜于雨期施工的项目。

5）Ⅲ、Ⅳ类地区应尽量争取不在严寒季节进行第一台新机组的整套启动试运行工作。

（二）里程碑进度实现的外部配套条件

里程碑进度是工程施工进度编制的关键路线，土建、安装、调试作业的安排均应以确保里程碑进度的实现为目标。各个里程碑、关键点的实现应具备下列条件。

1. 土建里程碑进度与交付安装的条件

（1）主厂房开工（即主厂房挖土开始）前应充分完成现场施工准备工作，一般包括：施工组织总设计已批准，生活性施工临时建筑可满足施工人员陆续进场的需要，现场“五通一平”基本完成，土建与公用的生产性临时建筑完成70%以上，主要施工生产线已形成生产能力，完成相应的物资准备（材料、机械、工具等）和技术准备（厂区测量与控制网布设、混凝土及砂浆配合比试定、新技术的选定、施工预算的编制等），开工阶段的施工图已经到达，后续图纸可满足连续施工的需要。

（2）主厂房区域进入安装的条件（即土建交付安装）可因厂房类型、结构型式与施工方法的不同而有所差别，但以土建、安装不在同一空间进行同时作业的大交叉施工为原则，一般要求如下：

1）汽机房。零米以下基础、沟坑、地下室、毛地面完成；设备基础、吊车梁、运转层与加热器平台交付安装；围护结构（包括门窗）、屋面防排水及室内主要部位（包括顶棚）的粉刷完成；入冬前要形成建筑封闭，达到保温条件。

2）锅炉房。锅炉房基础、主要的地下沟管道的地下设施、设备基础与毛地面完成（高于零米的辅机基础交付安装条件由土建、安装双方商定）。

3）除氧煤仓间。厂房结构吊装或现浇混凝土结构浇灌完成并达到设计强度要求；原（粉）煤斗结构完成；屋面与电气防水完成；除氧器与水箱等大件设备的存放就位及各层间隔墙的施工交叉由土建、安装双方协商安排。安装所需要的起吊工具的施工留孔由双方商定。

（3）电气、热控系统交付安装的条件应符合电气、热控专业施工验收规范的有关规定，一般需达到下列要求：

1）零米以下的建筑物基础、设备基础、沟道、回填土及毛地面完成。

2）围护结构（包括门窗）、屋面防、排水完成，楼梯、平台、栏杆尽量完成。

3）室内粉刷、暖通、卫生设施与地面抹灰等工作，除由于进行设备安装将造成损坏的部位预留外，应先行完成。

4）修配厂、综合楼、试验室、仓库等附属生产建筑以一次竣工交付安装或使用为原则。

2. 安装调试里程碑进度实现的外部配套条件

（1）锅炉钢架吊装。锅炉基础地下设施（包括埋管、沟道、附属设备基础）全部完成，零米以上施工后不再重复进行开挖。

（2）受热面吊装。锅炉钢架大板梁吊装完成，炉顶吊杆吊装完成，炉顶钢架基础划线、锅炉主钢架整体找正、基准标高点验收结束，锅炉钢架高强螺栓安装检查合格，钢架柱脚二次灌浆完成并验收合格。

（3）汽机台板就位。汽机房屋面防、排水完成，汽机基础纵横中心线、标高基准点已验收，基础沉降观测原始记录齐全。基础与预埋件验收记录齐全。运转层平台、栏杆、步道完工，临时孔洞封闭。汽机房行车安装、荷载试验结束并验收合格，具备运行条件。

（4）锅炉整体水压试验。锅炉受热面完成安装，四大管道结束安装，受热面和管道上的温度元件插座和取源部件安装完毕，管道支吊架全部安装和调整完毕，并验收合格。

（5）DCS装置复原。控制室、电子室内的土建工作已经完成，室内DCS系统装置安装工作已经全部结束，相应的暖通系统投入运行，DCS受电电源设施已经调试工作，具备送电条件，系统接地已经完成并通过质量验收。

（6）厂用电受电。电气开关室、集控室必须完成安装工作，受电范围内的电气连锁和保护装置调试工作结束，开关室的暖通和消防、照明、通信应具备投用条件。

（7）汽机扣盖。轴系找正结束，高、中、低压缸完成找正，汽缸内部通流间隙调整结束，凝汽器与低压缸连接完成，低压缸抽汽管道连接结束，凝汽器灌水试验结束。

（8）分部试运转。试运转系统的安装工作结束并经验收合格，相关的技术记录等资料齐全，系统所涉及的机务、电气、热控仪表和联锁保护装置均能投入。

（9）汽机油冲洗。主油管、油泵等设备以及油管道安装工作结束（包括临时管道和热控测点）并经验收合格，轴承座内部清理工作完成并封闭，油泵已完成单机试运转，且必须要有可靠的消防措施。

（10）锅炉化学清洗。各相关系统均已经完成安装和分部试运转工作。

（11）点火吹管。锅炉系统安装基本完成，汽轮机投盘车，给水泵组调试完成，柴油发电机达到投用状态，相关的电气、热控系统完成调试工作，点火冲管必须投用相应的电气、热工连锁保护。

（12）整套启动。在机组整套启动前，正式照明、通信、消防均应投运，汽机真空试验，电气升压系统安装调试，电气、热控系统静态调试和机组大连锁试验工作均已完成。

（13）机组并网。在机组并网前完成汽机启动实验以及发电机所有的电气实验。

（14）168h运行。所有存在的问题已经处理完毕，机组保护必须100%符合投入；按运营规程和试运作业指导书检查各系统设备符合满负荷连续运作条件；运行品质满足正常运行要求；燃气机组已达到断油、投高压加热器、投电除尘，机组能带稳定的负荷。

（三）编制施工总进度计划的步骤

编制施工总进度计划的步骤是：

（1）收集编制依据。其内容前文已经说过。收集的方法是：施工合同和工期定额都不难得到。施工进度目标中的合同工期可从合同中得到；指令工期由企业法定代表人或项目经理确定。施工部署与主要工程施工方案可从施工项目管理实施规划中得到。有关技术经济资料除设计文件外，其余可进行调研、现场勘察及从档案资料中得到。

（2）确定进度控制目标。一般说来，合同工期不应是施工总进度计划的工期目标，指令工期，也不一定肯定是计划的工期目标。应在充分研究经营策略的前提下，确定一个既能有把握实现合同工期，又可实现指令工期，比这两种工期更积极可靠（更短）的工期作为编制施工总进度计划，从而确定作为进度控制目标的工期。

（3）计算工程量。施工总进度计划的工程量一般综合性较大。大到按栋号建筑面积（m^2），小到按分部工程确定工程量（如结构吊装的立方米数）。因此，既可利用工程量清单（招标文件中的），又可利用施工图预算或报价表中的工程量，也可以由编制计划者自算。

（4）确定各单位工程的施工期限和开、竣工日期。这项内容在投标书中已经具备，编制施工总进度计划时可套用，又可加以调整（调短施工期限），由施工总进度计划编制人员酌定，但要与“施工总进度计划表”一致。

（5）安排各单位工程的搭接关系。各单位工程的搭接关系以组织关系为主，主要是考虑资源平衡的需要。也有少量工艺关系，如设备安装工程与土建工程之间的关系等。在安排搭接关系时必须认真考虑这两种关系的合理性。

（6）编写施工进度计划说明书。该说明书应包含以下内容：本施工总进度计划安排的总工期；该总工期与合同工期和指令工期的比较，得出工期提前率；各单位工程的工期；开工日期、竣工日期与合同约定的比较及分析；人数、平均人数及劳动力不均衡系数；本施工总进度计划的优点和存在的问题；执行本计划的重点和措施；有关责任的分配；其他。

二、发电工程施工进度的内容和施工综合进度的关键节点

1. 发电工程施工进度的内容

（1）进度计划的编制说明。

（2）施工总进度表。

（3）施工工程的开工日期、完工日期及工期一览表。

（4）资源需要量及供应平衡表。

（5）单位工程施工进度计划的风险分析及控制措施。

2. 发电工程施工综合进度的关键节点

（1）主厂房开挖。

（2）主厂房基础垫层浇第一方混凝土。

（3）锅炉钢架吊装。

（4）锅炉受热面吊装。

（5）汽机台板就位。

（6）锅炉整体水压试验。

（7）DCS 装置复原。

（8）厂用电受电。

（9）汽机扣盖。

（10）分部试运转。

（11）汽机油冲洗。

（12）锅炉化学清洗。

（13）锅炉点火吹管。

（14）机组整套启动。

（15）机组并网。

（16）机组 168h 试运行。

4.4 资源供应计划

施工总体进度编制完成后，应编制劳动力需要量、材料、零部件、半成品、施工机械、工程设备、施工图纸等主要自愿需要量计划。

一、劳动力需要量计划

根据施工方案、施工进度和施工预算，依次确定专业工种、进场时间、劳动量和工人数，然后汇集成表格形式，作为现场劳动力调配的依据。编制劳动力需要量计划时应根据工种工程量汇总表中分别列出的各个专业工种的工程量，查相应的定额，可以得到各个项目几个主要工种的劳动量，再根据施工总进度计划表中各单位工程工种的持续时间，即可得到某单位工程在某段时间里的平均劳动力数。用同样的方法可计算出各个项目的主要工种在各个时期的平均人数。将总进度计划表纵坐标方向上各单位工程同工种的人数叠加在一起并连成一条曲线，就是某工种的劳动力动态曲线图和计划表。表格形式见表 4-4-1。

表 4-4-1　××工程劳动力需要量计划

序号	工程名称	施工高峰人数	年												年				
			月	月	月	月	月	月	月	月	月	月	月	月	月	月	月	月	月

二、施工机械需要量计划

根据施工进度计划、主要工序的施工方案和工程量，套用机械产量定额，计算出主要施工机械的需要量。运输机械、辅助机械的需要量根据运输量和实际需要计算。主要施工机械需要量计划表格形式见表 4-4-2。

表 4-4-2　主要施工机械需要量计划

序号	种类（名称）	数量	型号（规格）	出厂日期	现值/万元	进场计划

三、材料、零部件、半成品需要量计划

根据工程量汇总表中所列各工序分工种的工程量，按照定额要求，得出各工序所需要的材料、零部件、半成品用量，再根据进度计划表，估算出材料、零部件、半成品在某段时间内的需要量，编写出材料、零部件、半成品需用量计划。材料、零部件、半成品需要量计划形式见表 4-4-3。

表 4-4-3　材料、零部件、半成品需要量计划

序　号	材料、零部件、半成品名称	供货日期	备　注

四、主要设备交付进度计划

为保证工程施工能按照计划顺利进行，保证工程的施工进度得到有效控制，施工组织设计应对主要工程设备交付进度对建设单位提出要求。一般应满足在项目开工前 1 个月到达施工现场。主要设备交付进度计划形式见表 4-4-4。

表 4-4-4　主要设备交付进度计划

序　号	专　业	设备名称	供货日期	备　注

五、施工图纸、技术资料交付进度计划

施工图纸、技术资料按照计划交付，才能保证工程按照计划准点开工，因此，施工组织设计应根据综合进度的要求，提出施工图纸、技术资料交付进度计划，一般需要在单位工程开工前 2 个月交付施工单位。施工图纸、技术资料交付进度计划表形式见表 4-4-5。

表 4-4-5　施工图纸、技术资料交付进度计划

序号	专业	卷册号	卷册名称	交图日期

4.5　施工准备工作计划

一、施工准备工作的重要性

施工准备工作是生产经营管理的重要组成部分，是对拟建工程目标的资源供应、施工方案选择、空间布置和时间安排等诸方面进行决策的依据，是基本建设施工的重要阶段之一。认真地做好施工准备工作，对于发挥施工企业优势、合理供应资源、加快施工进度、提高工程质量、降低工程成本、增加企业经济效益、赢得社会信誉、实现企业现代化等具有重要的意义。

实践证明：凡是重视施工准备工作，积极为拟建工程创造一切施工条件，项目的施工就会顺利地进行；凡是不重视施工准备工作，就会给项目施工带来麻烦和损失，甚至给项目施工带来灾难，其后果不堪设想。

二、施工准备工作分类

1. 按施工项目施工准备工作的范围不同分类

按施工项目施工准备工作的范围不同，一般可分为工程总体施工准备，单位工程（专业）施工条件准备和分部分项工程作业条件准备等三种。

工程总体施工准备是以一个建筑安装工地为对象而进行的各项施工准备。其特点是它的施工准备工作的目的、内容都是为全场性施工服务的，它不仅要为全场性的施工活动创造有利条件，而且要兼顾单位工程（或各专业）施工条件的准备。

单位工程（专业）施工条件准备是以一个专业（建筑、锅炉、汽机、电气等）、建筑物或构筑物等为对象而进行的施工条件准备工作。其特点是它的准备工作的目的、内容都是为单位工程或专业施工服务的，它不仅为该专业、单位工程在开工前做好一切准备，而且要为分部分项工程做好施工准备工作。

分部分项工程作业条件准备是以一个分部分项工程或冬雨季施工为对象而进行的作业条件准备。

2. 按施工项目所处的施工阶段的不同分类

按施工项目所处的施工阶段不同，一般可分为开工前的施工准备和各施工阶段前的施工准备等两种。

开工前的施工准备是在拟建工程正式开工之前所进行的一切施工准备工作。其目的是为拟建工程正式开工创造必要的施工条件。它既可能是工程总体的施工准备，又可能是单位工程或专业工程施工条件的准备。

各施工阶段前的施工准备是在拟建工程开工之后，每个施工阶段正式开工之前所进行的一切施工准备工作。其目的是为施工阶段正式开工创造必要的施工条件。如每个施工阶段的施工内容不同，所需要的技术条件、物资条件、组织要求和现场布置等方面也不同，因此在每个施工阶段开工之前，都必须做好相应的施工准备工作。

综上所述，可以看出：不仅在拟建工程开工之前做好施工准备工作，而且随着工程施工的进展，在各施工阶段开工之前也要做好施工准备工作。施工准备工作既要有阶段性，又要有连贯性，因此施工准备工作必须有计划、有步骤、分期地和分阶段地进行，要贯穿拟建工程整个生产过程的始终。

三、施工准备工作的内容

施工项目施工准备工作按其性质及内容通常包括技术准备、物资准备、劳动组织准备、施工现场准备和施工场外准备。

（一）技术准备

技术准备是施工准备的核心。由于任何技术的差错或隐患都可能引起人身和机械安全事故与质量事故，造成生命、财产和经济的巨大损失。因此必须认真地做好技术准备工作。

1. 熟悉、审查施工图纸和有关的设计资料

（1）施工图纸是施工和质量验收的依据，为使施工人员充分领会设计意图，熟悉设计内容和技术要求，及时发现设计图纸中存在的问题和错误，使其改正在施工开始之前，确保工程质量，在工程正式开关之前应进行施工图纸的学习、熟悉和审查，为拟建工程的施工提供一份准确、齐全的设计图纸，确保工程施工的顺利进行。

（2）图纸的会检应由施工单位各级技术负责人组织，一般按照自班组至项目部，由专业到综合的顺序逐步进行，也可视工程规模和承包方式调整会检步骤。会检分以下三个步骤。

1）由班组专职工程师（专职技术员）主持专业会检。班（组）施工人员参加，并可邀请设计代表参加，对本班（组）施工项目或单位工程的施工图纸进行熟悉，并进行检查和记录。会检中提出的问题由主持人负责整理后报工地（施工处）专责工程师。

2）由工地（施工处）专责工程师主持系统会检。工地（施工处）全体技术人员及班组长参加，并可邀请设计、建设、监理等单位相关人员和项目部技术、质量管理部门参加。对本工地（施工处）施工范围内的主要系统施工图纸和相关专业间结合部的有关问题进行会检。

3）由项目部总工程师主持综合会检。项目部的各级技术负责人和技术管理部门人员参加。邀请建设、设计、监理、运行等单位相关人员参加。对本项目工程的主要系统施工图纸、施工各专业间结合部的有关问题进行会检。

一个工程分别由多个施工单位承包施工，则由建设（监理）单位负责组织对各承包范围之间结合部的相关问题进行会检。

2. 原始资料的调查分析

为了做好施工准备工作，除了要掌握有关拟建工程的书面资料外，还应该进行拟建工程的实地勘测和调查，获得有关数据的第一手资料，这对于拟定一个先进合理、切合实际的施工组织设计是非常必要的，因此应该做好以下几个方面的调查分析：

（1）自然条件的调查分析。建设地区自然条件的调查分析的主要内容有地区水准点和绝对标高等情况；地质构造、土的性质和类别、地基土的承载力、地震级别和裂度等情况；河流流量和水质、最高洪水和枯水期的水位等情况；地下水位的高低变化情况，含水层的厚度、流向、流量和水质等情况；气温、雨、雪、风和雷电等情况；土的冻结深度和冬、雨季的期限等情况。

（2）技术经济条件的调查分析。建设地区技术经济条件的调查分析的主要内容有：地方建筑安装施工企业的状况；施工现场的动迁状况；当地可利用的地方材料状况；材料供应状况；地方能源和交通运输状况；地方劳动力和技术水平状况；当地生活供应、教育和医疗卫生状况；当地消防、治安状况和参加

施工单位的力量状况等。

3. 编制施工预算

施工预算是根据中标后的合同价、施工图纸、施工组织设计或施工方案、施工定额等文件进行编制的，它直接受中标后合同价的控制。它是施工企业内部控制各项成本支出、考核用工、签发施工任务单、限额领料、基层进行经济核算的依据。

4. 编制中标后的施工组织设计

中标后的施工组织设计是施工准备工作的重要组成部分，也是指导施工现场全部生产活动的技术经济文件。电力工程建筑安装施工的全过程是非常复杂的物质财富再创造的过程，为了正确处理人与物、主体与辅助、工艺与设备、专业与协作、供应与消耗、生产与储存、使用与维修以及它们在空间布置、时间排列之间的关系，必须根据拟建工程的规模、结构特点和建设单位的要求，在原始资料调查分析的基础上，编制出一份能切实指导该工程全部施工活动的科学方案（施工组织设计）。

（二）物资准备

材料、构（配）件、制品、机具和设备是保证施工顺利进行的物资基础，这些物资的准备工作必须在工程开工之前完成。根据各种物资的需要量计划，分别落实货源，安排运输和储备，使其满足连续施工的要求。

1. 物资准备工作的内容

物资准备工作主要包括建筑安装材料的准备；构（配）件和非标制品的加工准备；建筑安装机具的准备和生产工艺设备的准备。

（1）建筑安装材料的准备。建筑安装材料的准备主要是根据施工预算进行分析，按照施工进度计划要求，按材料名称、规格、使用时间，材料储备定额和消耗定额进行汇总，编制出材料需要量计划，为组织备料、确定仓库、场地堆放所需的面积和组织运输等提供依据。

（2）构（配）件和非标制品的加工准备。根据施工预算提供的构（配）件和制品的名称、规格、质量和消耗量，确定加工方案和供应渠道以及进场后的储存地点和方式，编制出其需要量计划，为组织运输、确定堆场面积等提供依据。

（3）建筑安装机具的准备。根据采用的施工方案，安排的施工进度，确定施工机械的类型、数量和进场时间，确定施工机具的供应办法和进场后的存放地点和方式，编制建筑安装机具的需要量计划，为组织运输，确定堆场面积等提供依据。

（4）生产工艺设备的准备。按照施工项目生产工艺流程及工艺设备的布置图，提出工艺设备的名称、型号、生产能力和需要量，确定分期分批进场时间和保管方式，编制工艺设备需要量计划，为组织运输，确定堆场面积提供依据。

2. 物资准备工作的程序

物资准备工作的程序是搞好物资准备的重要手段。通常按如下程序进行：

（1）根据施工预算、专业（单位）工程施工方法和施工进度的安排，拟定材料、构（配）件及制品、施工机具和工艺设备等物资的需要量计划。

（2）根据各种物资需要量计划，组织货源，确定加工、供应地点和供应方式，签订物资供应合同。

（3）根据各种物资的需要量计划和合同，拟运输计划和运输方案。

（4）按照施工总平面布置图的要求，组织物资按计划时间进场，在指定地点，按规定方式进行储存或堆放。

（三）劳动组织准备

1. 建立施工项目的领导机构

施工组织机构的建立应根据施工项目的规模、结构特点和复杂程度，确定施工项目施工的领导机构人选和名额；坚持合理分工与密切协作相结合；把有施工经验、有创新精神、有工作效率的人选入领导机构；认真执行因事设职、因职选人的原则。

2. 建立精干的施工队组

施工队组的建立要认真考虑专业、工种的合理配合，技工、普工的比例要满足合理的劳动组织，要符合施工组织方式的要求，确定建立施工队组（是专业施工队组，或是混合施工队组），要坚持合理、精干的原则；同时制定出该工程的劳动力需要量计划。

3. 集结施工力量、组织劳动力进场

项目工地的领导机构确定之后，按照开工日期和劳动力需要量计划，组织劳动力进场。同时要进行安全、防火和文明施工等方面的教育，并安排好职工的生活。

4. 向施工队组、工人进行施工组织设计、计划和技术交底

施工组织设计、计划和技术交底的目的是把施工项目的设计内容、施工计划和施工技术等要求，详尽地向施工队组和工人讲解交待。这是落实计划和技术责任制的好办法。

施工组织设计、计划和技术交底的时间在单位工程或分部分项工程开工前及时进行，以保证工程严格地按照设计图纸，施工组织设计、安全操作规程和施工验收规范等要求进行施工。

施工组织设计、计划和技术交底的内容有：工程的施工进度计划、月（旬）作业计划；施工组织设计，尤其是施工工艺、质量标准、安全技术措施、降低成本措施和施工验收规范的要求；新结构、新材料、新技术和新工艺的实施方案和保证措施；图纸会检中所确定的有关部位的设计变更和技术核定等事项。交底工作应该按照管理系统逐级进行，由上而下直到施工班组。交底的方式有书面形式、口头形式和现场示范形式等。

施工班组、工人接受施工组织设计、计划和技术交底后，要组织其成员进行认真地分析研究，弄清关键部位、质量标准、安全措施和操作要领。必要时应该进行示范，并明确任务及做好分工协作，同时建立健全岗位责任制和保证措施。

5. 建立健全各项管理制度

项目工地的各项管理制度是否建立、健全，直接影响其各项施工活动的顺利进行。有章不循其后果是严重的，而无章可循更是危险的。为此必须建立、健全项目工地的各项管理制度。其内容一般包括：工程质量检查与验收制度；工程技术档案管理制度；技术验收制度；技术责任制度；施工图纸学习与会检制度；技术交底制度；职工考勤、考核制度；工地及班组经济核算制度；材料出入库制度；安全操作制度；机具设备使用保养制度；安全管理制度。

（四）施工现场准备

施工现场准备是施工的全体参加者为夺取优质、高速、低消耗的目标，而有节奏、均衡连续地进行战术决战的活动空间。施工现场的准备工作，主要是为了给施工项目创造有利的施工条件和物资保证。

1. 做好施工场地的控制网测量

按照设计单位提供的建筑总平面图及给定的永久性经纬坐标控制网和水准控制基桩，进行厂区施工测量，设置厂区的永

久性经纬坐标桩，水准基桩和建立厂区工程测量控制网。

2. 搞好“五通一平”

“五通一平”是指路通、水通、电通、铁路通、通信通和平整场地。

（1）路通。施工现场的道路是组织物资运输的动脉。施工项目开工前，必须按照施工总平面布置图的要求，修好施工现场的永久性道路（包括厂区铁路，厂区公路）以及必要的临时性道路，形成完整畅通的运输网络，为建筑材料进场、堆放创造有利条件。

（2）水通。水是施工现场的生产和生活不可缺少的。施工项目开工之前，必须按照施工总平面布置图的要求，接通施工用水和生活用水的管线，使其尽可能与永久性的给水系统结合起来，做好地面排水系统，为施工创造良好的环境。

（3）电通。电是施工现场的主要动力来源。施工项目开工前，要按照施工组织设计的要求，接通电力设施，做好其他能源（如蒸汽、氧气、乙炔、压缩空气）的供应，确保施工现场动力设备和通信设备的正常运行。

（4）铁路通。当电厂设有铁路专用线时，宜设置施工临时铁路线，施工项目开工前，要按照施工组织设计中总平面布置的规划完成临时铁路的布设工作，确保大件设备的运输和安装。

（5）通信通。通信畅通是现代化施工的必备条件。因此施工项目开工前也应按照施工总平面的要求完成计算机网络和通信线路的布设工作。

（6）平整场地。按照建筑施工总平面图的要求，首先拆除场地上妨碍施工的建筑物或构筑物，然后根据建筑总平面图规定的标高和土方竖向设计图纸，进行挖（填）土方的工程量计算，确定平整场地的施工方案，进行平整场地的工作。

3. 做好施工现场的补充勘探

对施工现场做补充勘探是为了进一步寻找枯井、防空洞、古墓、地下管道、暗沟和枯树根等隐蔽物，以便及时拟定处理隐蔽物的方案并实施。为基础工程施工创造有利条件。

4. 建造施工临时设施

按照施工总平面图的布置，建造临时设施，为正式开工准备好生产、办公、生活、居住和储存等临时用房。

5. 安装、调试施工机具

按照施工机具需要量计划，组织施工机具进场，根据施工总平面图将施工机具安置在规定的地点或仓库。对于固定的机具要进行就位、搭棚、接电源、保养和调试等工作。对所有施工机具都必须在开工之前进行检查和试运转。

6. 做好建筑安装材料、加工制品的储存和堆放

按照材料、构（配）件和加工制品的需要量计划组织进场，根据施工总平面图规定的地点和指定的方式进行储存和堆放。

7. 及时提供建筑安装材料的试验申请计划

按照建筑安装材料的需要量计划，及时提供建筑安装材料的试验申请计划。如钢材的机械性能和化学成分等试验；混凝土或砂浆的配合比和强度等试验。

8. 做好冬雨季施工安排

按照施工组织设计的要求，落实冬雨季施工的临时设施和技术措施。

9. 进行新技术项目的试制和试验

按照设计图纸和施工组织设计的要求，认真进行新技术项目的试制和试验。

10. 设置消防、保安设施

按照施工组织设计的要求，根据施工总平面图的布置，建立消防、保安等组织机构和有关的规章制度，布置安排好消防、保安等措施。

（五）施工的场外准备

施工准备除了施工现场内部的准备工作外，还有施工现场外部的准备工作。其具体内容包括：材料的加工和订货、做好分包工作和签订分包合同、提交开工申请报告。

四、施工准备工作计划

为了落实各项施工准备工作，加强对其检查和监督，必须根据各项施工准备工作的内容、时间和人员，编制出施工准备工作计划。施工准备工作计划见表4-5-1。

表4-5-1　　施工准备工作计划

序号	施工准备项目	简要内容	负责单位	负责人	起止时间		备注
					月.日	月.日	

综上所述，各项施工准备工作不是分离的、孤立的，而是互为补充、相互配合的。为了提高施工准备工作的质量、加快施工准备工作的速度，必须加强建设单位、设计单位和施工单位之间的协调工作，建立健全施工准备工作的责任制度和检查制度，使施工准备工作有领导、有组织、有计划和分期分批地进行，贯穿施工全过程的始终。

五、进入施工阶段的必备条件和开工报告

1. 主体工程开工的必备条件

（1）建设项目法人已成立，项目组织的管理机构已经健全，总经理已经过项目法人责任制培训并到位，具备承担本职工作的条件。

（2）初步设计已批准，经审计后同意开工，开工报告已经国家正式批准。

（3）资本金已注入，并符合资本金注入规定（注入期限、分期注入比例等），项目已纳入国家基本建设投资计划，利用外资项目的国外贷款合同已生效，年度投资计划的资金已落实。

（4）建设场地“五通一平”等准备工作已完成。

（5）主要设备经招标确定，供货合同已签订。

（6）主要施工队伍已经招标选定，施工承包合同已签订。

（7）项目的总体网络计划已编制完成，施工组织设计已审定。

（8）施工图及施工图预算交付计划已确定，图纸已经过会审，第一批可保证连续施工的图纸已交付，并进行了设计交底。

2. 单位工程开工的条件

单位工程的开工具备下列条件即可申请开工（申请报告经建设单位批准）。

（1）施工图纸已经会检，存在的问题已经改正，施工组织设计已经编制出版并交底。

（2）技术交底已经完成。

（3）施工预算已编制完。

（4）“五通一平”已满足施工要求。

（5）材料、成品、半成品、工艺设备能满足施工需要。

（6）大型临时设施能够满足施工和生活需求。

（7）施工机械设备已进入施工现场，经检修安装达到正常

运转。

（8）劳动力已调集，经过安全技术教育、安全设施已具备。

（9）永久性、半永久性坐标点和水准点已经设置。

（10）已经办理了开工许可证。

3. 开关报告

（1）主体工程开工报告，由建设单位提出，国家主管部门批准。

（2）单位工程开工报告，由施工单位向监理单位申报，并批准。

4.6 施工工期

合理的施工工期是确保工程施工安全、优质、准点、文明和优化投资、降低成本的重要条件，建设单位或主管部门在决策施工供求时应本着切合实际、科学合理的原则，制定在技术上可行、经济上合理的建设工期。受国家发展和改革委员会委托，由中国电力企业联合会颁布的《电力工程建设工期定额》（2006 年版），对电力建设工程工期作出了规定。

第 5 章　施工力能供应

5.1　施工用水

施工现场的供水量应满足整流器各工程的直接生产用水、施工机械用水、生活用水和消防用水的综合需要量。

一、直接生产用水

直接生产用水是指混凝土、砖石砌筑、混凝土养护、现场结构冲洗等用水。计算公式：

$$Q_1=k_1k_4\Sigma\left[n_1q_1/(8\times3600t)\right]$$

式中　Q_1——直接生产用水，L/s；

n_1——用水工程最大年度（季度或月）；

q_1——各项工程直接生产用水量定额（参考导则）；

k_1——每班直接生产用不均衡系数（参考导则）；

k_4——未计及的用水量系数，土建工程取 1.1，安装工程取 1.2；

t——与 n_1 相对应的工作延续天数。

直接生产用水应能满足主厂房基础浇灌大体积混凝土时的连续用水量，600MW 机组在连续三天浇灌 2500m^3 混凝土时的用水量，每天 3 班 24 小时作业，此用水量是可满足上述生产用量的总和。

二、施工机械用水量 Q_2 的计算

锅炉、吊车、热处理设备、汽车和其他机械的补水、冷却水及检修、清洗用水，即施工机械用水量 Q_2。计算公式：

$$Q_2=k_2k_4\Sigma\left[n_2q_2/(8\times3600t)\right]$$

式中　Q_2——施工机械用水量，L/s；

n_2——同类机械台数；

q_2——各类机械台班用水时定额（参考导则）；

k_2——每班机械用水不均衡系数（参考导则）；

k_4——未计及的用水量系数取 1.2。

三、生活用水量

计算公式：

$$Q_3=1.1k_3n_3q_3/(24\times3600t)$$

式中　Q_3——生活用水量，L/s；

k_3——每天生活用水量不均衡系数；

n_3——施工高峰月平均人数；

q_3——每天生活用水量定额（参考导则）；

1.1——备用系数。

施工用水总量：

$$Q=Q_1+Q_2+Q_3$$

根据计算用水总量，选择合适的管道，才能保证供水的及时。

流速计算公式：

$$V=Q/F$$

式中　V——流速，m/s；

Q——每天用水总量，L/s；

F——所选管道的断面面积，m^2。

四、消防用水量 Q_4

在供水管道的公称直径选用 DN100～DN250 时，其流量应不大于消防水正常流速 1.3m/s 时，可不考虑消防用水量。

总用水量的计算一般分两种情况：

施工区与生活区统一供水时：$Q=Q_1+Q_2+Q_3$，但不得小于 Q_4。

施工区、生活区公开供水时，生活用水量按两区内的居住人数分别计算。当工地施工区面积小于 10 万 m^2 时，施工区总用水量仍按 $Q=Q_1+Q_2+Q_3$ 公式计算。当工地施工区面积大于 10 万 m^2 时，应按下式计算：

$$Q=Q_4+(Q_1+Q_2+Q_3)/2$$

式中生活区总用水量按 Q_3 计算值，但不得小于生活区消防用水量 Q_4。

2×600MW 机组施工总用水量一般不超过 400～500t/h 的用水量指标，当主厂房为钢结构时取较低值。

5.2　临时供电

施工现场的电源应根据当地的情况而定，要符合当地地区供电电网的统一规划，以保证在施工时最大的负荷需要，才能稳定可靠。在 600MW 及以上机组施工现场应考虑修建专用的线路，以确保施工电源的可靠，电压等级可考虑 35～110kV 电源线路，经变电所降压后，用 6～10kV 向施工现场供电。施工现场尽可能采用箱式变压器，以保证现场施工安全。例如当有 2 台 600MW 机组同时施工时，变压器的容量应按 5000～7000kVA、高峰用电负荷按 4000～5600kW 考虑和设计。变电所应考虑设计在负荷相对集中的区域，以减少能源的消耗。

施工低压电源应采用三相五线制，以 380/220V 电压供电动力及照明用电，配电变压器的台数及容量应按负荷分布情况确定，变压器应靠近负荷中心，其合理供电半径以 500m 为宜，最大不超过 800m。从 400V 低压开关盘到现场主配电箱再到各分配电箱，以敷设电缆的方式供电；电缆敷设采用直埋为主，局部地区可采用沿墙明敷或沿电缆沟敷设，主要通道处穿管加固，防止重车压坏电缆；各用电设备均由同时具备过负荷、短路、漏电保护功能的漏电保护开关供电。

计算施工用电量应考虑下列项目：

（1）土建、安装工程的动力及照明负荷。

（2）焊接及热处理负荷。

（3）生活区照明及动力负荷。

（4）分部试运转负荷。

计算整个施工现场的综合负荷应考虑各供电区各类昼夜高峰的时间差异，按同时出现最大负荷叠加计算，施工用电量计算公式为：

$$S=1.05\left(\Sigma kP/\cos\Phi+0.8\Sigma P_1+\Sigma P_2\right)\text{(kVA)}$$

式中　P——每种类型负荷的合计数，kW；

k——该类负荷的综合系数（参考导则）；

$\cos\Phi$——该类负荷的平均功率（参考导则）；

P_1——室内照明负荷的合计数，kW；

P_2——室外照明负荷的合计数，kW。

5.3　氧气、乙炔、氩气与压缩空气

一、氧气

现场供氧方式可采用厂家液氧供给现场，现场设供氧中间

站，集中供氧。另一种供氧方法是集中瓶供氧，不设液氧中间站。用管道将氧气集中送往各作业区和施工点，它主要集中供应施工区集中的施工现场，如主厂房作业区、锅炉、锅炉组合场等。

当现场采用管道供氧气时，管道系统应力求简单、宜采用树枝状形式，管理要有明显的标识、有防冻等技术措施。一般采用1.6MPa以下的低压管道系统。

用氧高峰期间氧气需要量的计算公式如下：

$$Y=\Sigma[(K_1\times K_2\times G\times Y_1)/(25\times t)]$$

式中 Y——昼夜平均氧气需要量，m^3/d；

K_1——施工不均衡系数，取1～1.05；

K_2——管道漏泄系数，取1.05～1.1；

G——各类热机设备及土建金属结构加工安装总量，t；

Y_1——单位金属耗氧量，m^3/t；

t——各类工程作业工期，月。

二、乙炔

施工用乙炔的供应方式，优先采用乙炔瓶供应的方式，以降低现场环境污染和防止发生安全事故；对主厂房、组合场及铆焊场及土建工程大型金属结构加工场可就近设乙炔汇流供氧站；分散作业场所应选用瓶装气分散供应。集中供乙炔管道一般为树枝状单管系统，管道应有明显标识和防冻防火措施。

乙炔需要量可按氧气需要量计算，计算公式为

$$C=0.3Y$$

式中 C——乙炔需要量，m^3/h；

Y——氧气需要量，m^3/h。

乙炔需要量也可按焊炬和割炬同时使用的数量计算，公式如下：

$$C=K\times\Sigma(n\times u)$$

式中 C——乙炔需要量，m^3/h；

K——同时使用系数，一般取0.6～0.9；

n——焊炬和割炬的数量；

u——每个焊炬或割炬乙炔耗用量，$m^3/(h\cdot 个)$。

三、氩气

施工现场的氩气一般采用瓶装分散供应的方式，当施工现场需要量相对集中时，也可采用集中供气的方式。

氩气的需要量可按采用氩弧焊打底和焊口数乘以单耗值分别计算。氩气总需要量除可参考同类型现场的使用量确定外，也可按下式粗略估算：

$$A=(K_1+K_2+K_3+K_4+K_5)\times a\times n/50$$

式中 A——全工程氩气需要量，瓶；

a——安装热动设备的台数，台；

n——每台锅炉高压焊口总数，个/台；

K_1～K_5——氩弧焊打底范围系数（不采用氩弧焊时，相应的K值取零），K_1取1.0，K_2取1.0，K_3取0.4～0.7，K_4取0.2～0.4，K_5取0.1。

四、压缩空气

压缩空气的需要量计算公式如下：

$$Q=K\times\Sigma(Q_m\times K_1)+K_2\times\Sigma(Q_n\times K_3)$$

式中 Q——供气系统的总用气量，m^3/min；

K——备用系数，取1.4～1.5，包括漏泄、工具磨损增耗和未预见的用量；

Q_m——主要（大气用量）用气设备的额定耗气量，m^3/min；

K_1——同时施工系数；

K_2——消耗不平衡（或最大）系数，取1.25～1.40；

Q_n——其他（一般）机具的额定耗气量，m^3/min；

K_3——风动机具的利用系数，按各种设备每班实际利用时间计算，$K_3=t/T$；其中t为每班实际时间，T为每班工作时间。

使用压缩空气的范围为：各种风动工具；各区域施工用气，如通球试验、设备清扫；风压试验；设备喷砂、除锈等。

5.4 供 热

根据地区的不同供热范围也不同，在Ⅱ、Ⅲ、Ⅳ类地区工程冬季施工主要供热范围如下：

（1）土建工程冬季施工：混凝土及砂浆组成料的加热，现浇及预制混凝土构件的蒸汽养护，某些特殊部位少量冻土的蒸汽熔解以及其他作业；

（2）安装工程冬季作业：锅炉水压试验、保温防腐等；

（3）生产性施工临建取暖、需要保温的设备材料仓库、试验室等设备取暖；

（4）施工生活性临时取暖，包括：办公室、职工宿舍等；

（5）安装施工阶段厂房内的采暖。

冬季施工耗热量的计算可参照冬季施工的有关进行。

$$Q_1=[\Sigma(p_1\times q_1)+\Sigma(p_2\times q_2)]\times\Sigma K/T+\Sigma(V_3\times q_3)$$

式中 Q_1——总耗热量，W；

$\Sigma(p_1\times q_1)$——土建施工热耗总和，J；

p_1——土建工程的月施工总量，m^3；

q_1——土建工程单位体积热，J/m^3；

$\Sigma(p_2\times q_2)$——安装作业的热耗总和，J；

p_2——安装作业的月施工量，m^3或m^2；

q_2——安装作业的单位热耗，J/m^3或J/m^2；

$\Sigma(V_3\times q_3)$——生产性施工临建耗热量总和，W；

K——月施工的不平等系数，取1.1～1.3；

T——月施工的施工时间，s；

V_3——生产性施工临建的体积，m^3；

q_3——生产性施工临建的单位耗热量，W/m^3。

第 6 章　施工临时建筑与施工临时用地

6.1　生产临时建筑

生产临建设施包括综合办公区，材料、设备库等。因功能需要采用砖瓦房或活动房，各工程处办公室、工具室采用铁皮房，不足部分采用菱苦土房。

一、建筑工程

1. 钢筋（包括碰焊、点焊）加工间面积

$$F=QK/TR\alpha$$

式中　F——钢筋加工间面积，m^2；

Q——钢筋加工总量，t；

K——不均匀系数，取 1.5；

T——加工总工期，月；

R——每平方米月产量，取 0.7～0.9t/（m^2·月）；

α——场地有效利用系数，取 0.6～0.7。

2. 木作系统（包括细木、模板）加工间面积

$$F=QK/TR\alpha$$

式中　F——细木、木模板加工间面积，m^2；

Q——细木、木模板加工量，m^2；

K——不均匀系数，取 1.5；

T——加工总工期，月；

R——每平方米月产量，取刨板裁边 100m^2/（m^2·月），模板加工 60m^2/（m^2·月）；

α——场地有效利用系数，按表 6-3-1 取用。

二、安装工程

安装工程的生产性临时建筑主要有：管道加工间、阀门检修间、辅机阀门检修间、保温外装板加工间、电气加工与检修作业间、电气与热工试验作业间、金工、铆焊加工间、劳保库、工具库、锅炉房、水泵房、金属试验室、焊接间、热处理间、起重间、办公室、小车库、现场厕所等。

6.2　生活临建

为了施工方便，施工生活区宜设靠近厂区、生活便利的地方，生活临建用地一般占地 8～20hm^2，布置单、双职工宿舍、招待所、医务室、托儿所、食堂及其他临时设施。施工生活临建的布置，原则上要结合厂区和城镇建设规划而确定，从长计议、考虑永临结合。

一、施工人数的核定

按照合理组织施工的原则，依据现有施工企业当前的施工组织管理水平、技术装备和工厂化施工的一般水平确定。

当施工生产任务饱满、劳动生产率较高时，也可按公式 $N=QK/\eta M$ 核定现场施工全员高峰平均人数，按照公式 $N_1=PWK/dM$ 核定安装全员高峰平均人数。

上二式中　N——现场施工全员高峰平均人数，人；

Q——施工企业承担的建筑安装工作量，不包括施工准备工作的工作量，元；

K——高峰系数，取 1.2～1.3；

η——全员劳动生产率，元/（人·年）；

M——施工总工期（主厂房开工至两台机组投产），年；

N_1——安装全员高峰平均人数，人；

P——装机总容量，kW；

W——每千瓦安装耗工数，工日/kW；

d——每人每年工作日数，Ⅰ、Ⅱ类地区取 251d/年。

根据核定的现场全员高峰平均人数作为计算生活性临时建筑的依据。其专业高峰可调范围的超员人数短期居住用房，一般以内部调节或活动房屋解决。

二、职工宿舍及其他设施

1. 双职工宿舍

土建专业双职工户数按全员高峰平均人数 3.2%～4.0%计算，安装专业双职工户数按全员高峰平均人数 4.8%～6.0%计算。

2. 单职工宿舍

土建专业住宿人数按土建全员高峰平均人数 92.0%～93.6%计算，安装专业住宿人数按土建全员高峰平均人数 88.0%～90.4%计算。

3. 食堂（包括主副食加工、备餐间、仓库、管理员办公室、餐厅）

按全员高峰平均人数 100%计算，人均面积参考值 0.55m^2/人。

4. 医务所

按全员高峰平均人数 100%计算。

5. 浴室（包括男女浴室、更衣室、理发室）

按全员高峰平均人数 50%计算，人均面积参考值取 0.18～0.20m^2/人，但不宜大于 450m^2。

6. 招待所

土建专业按土建全员高峰平均人数的 2%计算。安装专业按安装全员高峰平均人数的 3%计算。人均面积参考值取 7～8m^2/人。

7. 托儿所

土建专业按土建全员高峰平均人数的 2%计算。安装专业按安装全员高峰平均人数的 3%计算。人均面积参考值取 4.5～5.5m^2/人。

8. 小卖部

按全员高峰平均人数 100%计算，人均面积参考值取 0.025～0.030m^2/人，但不宜大于 120m^2。

9. 文化娱乐设施

全员人数大于 4000 人时宜为 400～450m^2；全员人数为 3001～3999 人时宜为 350～400m^2；全员人数小于 3000 人时宜为 300～350m^2。

10. 体育设施

可设篮球场、足球场等，按实际需要布置场地。

11. 其他

按全员高峰平均人数 100%计算，人均面积参考值取 0.12～0.14m^2/人。

6.3　施工临时用地

一、组合场用地

组合场包括锅炉组合场、汽机组合场、铆工作业区、电除尘组合场、构件预制场，根据施工工序前后和工程进度，做好施工总平面布置的管理，做好施工区交叉作业场地的安排，提

高场地的利用率。

1. 现场中小型混凝土构件预制场面积

$$F=QK/TR\alpha$$

式中 F——中小型场面积，m^2；

Q——主厂房中小型混凝土构件预制量，m^3；

K——不均匀系数，取1.2～1.3；

T——主厂房中小型预制件生产工期，月；

R——每平方米场地月产量，取$0.5m^3$/（m^2·月）；

α——场地有效利用系数，取0.6～0.7。

2. 汽机厂用管道组合场面积

$$F=QK_b/P\alpha$$

式中 F——组合场面积，m^2；

Q——一台机组的高低压管道质量，t；

K_b——管道组合率，取0.3～0.4；

P——单位面积组合量，取$0.2～0.3t/m^2$；

α——场地利用系数，取0.6～0.7。

3. 当锅炉本体安装采用大组合方案时的场地面积

$$F=tQK_b/P\alpha=BL$$

式中 F——组合场面积，m^2；

t——堆放系数，取1.25；

Q——一台锅炉本体金属总质量，t；

K_b——锅炉组合率，取0.7～0.8；

P——单位面积组合量，取$0.2t/m^2$；

α——场地利用系数，用门座吊车时取0.81，用龙门吊车时取0.78～0.80；

B——组合场宽度，m（按照吊车工作范围选取）；

L——2000t/h，锅炉按照300～340m取。

二、材料、设备存放用地

材料、设备存放场地要根据工程材料、设备的到货进度合理安排并及时按工程进度进行调整，库房面积要符合《火力发电工程施工组织设计导则》（DL/T 5706—2014）要求和《电力基本建设火电设备维护保管规程》（DL/T 855—2004），同时参考类似工程的经验及建设协调司1996年出版的“电力工程建设监理统编教材之四”中“主要设备储存仓库分类”中的规定并留有余地，要做好防火、防洪、防地震工作，充分考虑进口设备的存放要求，以保证设备的完好无损。

（一）建筑工程

各类仓库及堆放场面积

$$F=QKN/TR\alpha$$

式中 F——仓库及堆放场面积，m^2；

Q——材料或半成品总量，t、m^2、m^3，当有部分工程量外委或在基地工厂化加工时，在总量中扣除之；

K——不均匀系数，按表6-3-1取用；

N——储备天数，按表6-3-1取，由于季节性原因或供货运输条件限制时，储备天数可根据实际情况适当调整；

T——按计算对象确定适当的施工总工日数；

R——每平方米储存量定额，按表6-3-1取用，为节约用地应采用机械方法增加堆高；

α——场地有效利用系数，按表6-3-1取。

表6-3-1 土建工程各类仓库及堆放场地面积计算系数表

序号	材料及半成品名称	单位	储备天数N	不均匀系数K	每平方米储存量定额R	有效利用系数α	仓库类型	堆高/m	附注
1	水泥	t	30～60	1.3～1.5	1.40～1.80	0.65	封闭加垫	1.5～2.0	
2	生石灰	t	30	1.4	1.40～1.50	0.70	棚、露天	—	
3	砂子（人工堆放）	m^3	15～30	1.4	1.50	0.70	露天	1.0～1.5	
4	砂子（机械堆放）	m^3	15～30	1.4	3.00～4.00	0.80～0.90	露天	3.0～5.0	
5	石子（人工堆放）	m^3	15～30	1.5	1.50	0.70	露天	1.0～1.5	
6	石子（机械堆放）	m^3	15～30	1.5	3.00～4.00	0.80～0.90	露天	3.0～5.0	
7	块石	m^3	15～30	1.5	1.00～1.20	0.70	露天	1.0～1.3	
8	砖	$10m^3$块	15～30	1.2	0.70～0.80	0.60	露天	1.5～1.8	
9	板类预制件	m^3	20～30	1.3	0.26～0.30	0.60	露天	1.5～2.0	
10	梁、柱类预制件	m^3	20～30	1.3	0.80～1.20	0.60	露天	1.5～2.0	
11	钢筋（直条）	t	30～60	1.4	2.40	0.60	露天	1.0～1.2	
12	钢筋（盘条）	t	30～60	1.4	0.90～1.20	0.60	露天	1.0～1.2	高强钢丝入库
13	型钢及板材	t	50～70	1.4	1.50	0.60	露天	—	
14	金属结构	t	30～45	1.4	0.40	0.60	露天	—	
15	成材	m^3	15～20	1.4	0.70～0.80	0.50	露天	2.0～3.0	方材及板料
16	木模板	m^2	10～15	1.2	10.00～12.00	0.6	露天	1.5～2.0	
17	钢模板（使用时）	m^2	10～15	1.2	15.00～20.00	0.60	露天	1.1～1.3	
18	钢模板（库存时）	m^2		—	25.00～30.00	0.70	半封闭	1.6～1.8	
19	钢筋成品（粗）	t	7～10	1.2	0.60～1.20	0.60	半封闭	—	
20	钢筋成品（骨架）	t	7～10	1.2	0.40～0.60	0.60	半封闭	—	
21	水暖零件	t	30～60	—	0.70～1.00	0.70	库	1.4～1.6	

续表

序号	材料及半成品名称	单位	储备天数 N	不均匀系数 K	每平方米储存量定额 R	有效利用系数 α	仓库类型	堆高/m	附 注
22	五金	t	30～60	—	1.00～1.30	0.70	库	—	
23	玻璃	箱	30～60	—	10.00～15.00	0.60	棚、露天	0.8	露天堆放时，要加保护
24	卷材	卷	30～60	—	15.00～24.00	0.70	棚、露天	2.0	
25	沥青	t	30～60	—	0.80～1.00	0.60	露天	1.2～1.5	

注 1．当采用散装水泥时设水泥罐，其容积按水泥周转量计算，不再设集中水泥库。

2．块石、砖、水泥管等以在建筑物附近堆放为原则，一般不设集中堆放场。

3．雷管、炸药库设置由专业单位根据公安部门有关规定执行。

（二）安装工程

1．安装工程的设备仓库及堆放场面积

$$F=QK\beta/P\alpha$$

式中 F——仓库或堆放场总面积，m^2；

Q——全部设备金属总质量，t；

K——同时储存系数，按照表6-3-2取；

β——各类仓库或堆放场存放设备总质量的百分率，按6-3-3取；

P——单位面积储量，t/m^2，按表6-3-3取；

α——场地利用系数，取0.70～0.75。

表6-3-2 设备同时储存系数表

序 号	安装机组台数	系数 K
1	1	1.00
2	2	0.75
3	3	0.60
4	4	0.50

表6-3-3 安装设备仓库及堆放场面积计算 β 及 P 值表

序号	仓库类别	热机设备		电气、热控设备	
		β/%	P/（t/m^2）	β/%	P/（t/m^2）
1	保暖仓库	1～2	0.5	2.5	0.3
2	封闭仓库	9～12	0.6	20.0	0.5
3	敞棚仓库	10～16	0.8	25.0	0.6
4	露天堆放场	80～70	0.6	52.5	0.8

注 电气、热控设备堆放场不包括电缆堆放场，电缆堆放场按0.4t/m^2计算。

2．安装工程的材料堆放场及仓库面积

$$F=QK/P\alpha$$

式中 F——仓库或堆放场面积，m^2；

Q——材料质量，t；

K——同时储存系数，按照表6-3-2取；

P——单位面积储量，t/m^2，型钢板材取1.8t/m^2，钢管取1.0t/m^2，保温材料取0.4～0.5t/m^2，耐火材料取1.4t/m^2，弯制管道取1.5t/m^2；

α——场地利用系数，取0.6～0.7。

第7章 管理体系与特种设备安装质量保证体系

7.1 质量管理体系

质量管理体系是指为实施质量管理的组织结构、职责、程序、过程和资源。

质量管理体系的基本内容是：①它是影响产品质量产生、形成和实施的诸要素的综合体。这些要素构成质量体系的基本单元；②实施质量职能的组织结构，人员配备，明确界定其职责权限，规定完成各项任务的程序、物力、财力保障和活动方式。

一、建立质量管理体系的目的

企业建立质量管理体系是为了对影响产品质量的技术、人、管理等因素进行控制，实现以下目标：

（1）满足规定的需要和用途。

（2）满足用户的期望。

（3）符合有关的标准和技术法规。

（4）符合社会有关安全、环境保护等方面的法令或法规的规定。

（5）产品质价相符，具有竞争力。

（6）能使企业获得良好的经济效益。

影响上述目标完成程度的内部因素是人、技术和管理。而建立质量管理体系正是为了控制这些因素。为了实现上述目标建立的质量管理体系要具有系统性、突出预防性，符合经济性和保持适用性。

二、建立质量管理体系的原则

（1）根据产品结构确定相应的质量环。

（2）建立完善的体系结构，并使之有效运行。

（3）质量管理体系必需文件化。

（4）必须坚持质量管理体系审核。

（5）认真做好质量管理体系评审。

根据上述原则，质量管理体系应符合系统、有效、经济和适用四个方面的要求。

三、质量体系要素

根据《质量管理体系　要求》（GB/T 19001—2008）的规定，火电施工企业的质量管理体系要素应包括以下内容：

5 管理职责：

5.1 管理承诺；5.2 以顾客为关注焦点；5.3 质量方针；5.4 策划；5.5 职责、权限和沟通；5.6 管理评审。

6 资源管理：

6.1 资源的提供；6.2 人力资源；6.3 基础设施；6.4 工作环境。

7 产品实现：

7.1 产品实现的策划；7.2 与顾客有关的过程；7.3 设计和开发；7.4 采购；7.5 生产和服务提供；7.6 监视和测量装置的控制。

8 测量、分析和改进：

8.1 总则；8.2 监视和测量；8.3 不合格品控制；8.4 数据分析；8.5 改进。

7.2 环境管理体系

一、环境管理体系

环境管理体系是一个组织内全面管理体系的组成部分，它包括制定、实施、实现、评审和保持环境方针、目标和指标等管理方面的内容。环境管理体系是一个组织有计划，而且协调动作的管理活动，其中有规范的动作程序，文件化的控制机制。它通过明确职责、义务的组织结构来贯彻落实，目的在于防止对环境的不利影响。环境管理体系是一项内部管理工具，旨在帮助组织实现自身设定的环境表现水平并不断地改进环境行为，不断达到更新更佳的高度。

二、环境管理体系的内容

环境管理体系标准ISO 14000规范及使用指南中对环境管理体系的内容有明确的规定，它包括五大部分，17个要素。五大部分是指：①环境方针；②规划；③实施与运行；④检查与纠正措施；⑤管理评审。

这五个基本部分包含了环境管理体系的建立过程和建立后有计划地评审及持续改进的循环，以保证组织内部环境管理体系的不断完善和提高。

17个要素是指：①环境方针；②环境因素；③法律与其他要求；④目标和指标；⑤环境管理方案；⑥组织结构与职责；⑦培训、意识与能力；⑧信息交流；⑨环境管理体系文件编制；⑩文件管理；⑪运行控制；⑫应急准备与响应；⑬监测；⑭违章、纠正与预防措施；⑮记录；⑯环境管理体系审核；⑰管理评审。

环境管理体系是“整个管理体系的一个组成部分，包括为制定、实施、实现、评审和保持环境方针所需的组织结构、计划活动、职责、惯例、程序、过程和资源”。环境管理体系围绕环境方针的要求展开环境管理，管理的内容包括制定环境方针、根据环境方针制定符合本企业的目标指标、实施并实现环境方针及目标指标的相关内容、对实施情况和实现过程予以保持等。

7.3 职业安全健康管理体系

职业健康安全管理体系是组织全部管理体系的一个组成部分，包括为制定、实施、实现、评审和保持职业健康安全卫生方针所需的组织机构、规划、活动、职责、制度、程序、过程和资源。从这一定义可以看出，作为一个职业健康安全管理体系，首先要以实施组织职业健康安全卫生方针为目的，其次是要能够保证这一方针得以有效实施，它不仅应与组织的全面管理职能有机的结合，而且它也是一个动态的、自我调整和完善的管理体系，涉及组织职业健康安全卫生的一切活动。它要求把组织职业健康安全卫生管理中的计划、组织、实施和检查、监控等活动，集中、归纳、分解和转化为相应的文件化的目标、程序和作业文件。

OHSAS 18001标准由范围、术语和定义、职业健康安全管理体系要素三部分组成。

OHSAS 18001标准适用于所有领域和行业，如制造业、加工业等。它适用于任何组织或部门在特定的生产活动现场进行的任何活动。

职业健康安全管理体系的内容由五大功能块组成，即方针、计划、实施与运行、检查与纠正措施和管理评审，而每一功能又是由若干要素组成，这些要素之间不是孤立的，而是相互有联系的，只有当一个体系或一个系统的所有要素组成一有机的整体，使其相互依存、相互作用时，才能使所建立的体系完成一个特定的功能。其特点如下。

一、系统性

OHSAS 18001 标准强调结构化、程序化、文件化的管理手段。

第一，它强调组织机构方面的系统性即要求组织在职业健康安全管理中，不仅要有从基层岗位到组织最高管理层之间的动作系统，同时还要有一个监控系统。组织的最高管理层依靠这两个系统，来确保职业健康安全管理体系的有效运行。第二，它要求组织实行程序化管理，从而实现管理过程全面的系统控制。第三，文件化的管理本身就是一个系统。按照 OHSAS 18001 标准的规定要求，组织不仅要制定和实施职业健康安全方针，还要有一系列的管理程序，以使得该方针在管理活动中得到落实，保证管理操作和组织按照已制定的手册、程序、作业文件运行，从而符合强制性规定和规则。OHSAS 18001 标准的逻辑结构为编写职业健康安全管理手册提供了一个系统的结构基础。

二、先进性

按 OHSAS 18001 所建立的职业健康安全管理体系，是改善组织的职业健康安全管理体系的一种先进、有效的管理手段，该体系把组织活动中的职业健康安全工作当作一个系统工程问题，来研究确定影响职业健康安全所包含的因素，将管理过程和控制措施建立在科学的危险辨识、风险评价基础上。为了保障安全和健康，对每个要素规定了具体要求，并建立和保持一套以文件支持的程序。对于一个已建有管理体系的组织，必须严格按照程序文件的规定执行，坚持“文件写到的要做到”的原则，才有可能确保体系的有效性。

三、持续改进

OHSAS 18001 明确要求组织的最高管理者在组织制定的 OHS 中应包含对持续改进的承诺、对遵守有关法律、法规和其他要求的承诺，并制定切实可行的目标、指标和管理方案，配备相应的各种资源。这些内容是实施 OHS 管理体系的依据，也是基本保证。同时，在 OHSAS 18001 标准中的管理评审要素中又规定，组织的最高管理者应定期对 OHS 管理体系进行评审，以确保体系的持续适用性、充分性和有效性，通过评审使体系日臻完善、改进，使组织的职业安全卫生管理进入一个新水平。

OHSAS 18001 按 PDCA 运行模式所建立的 OHS 管理体系，就是在 OHS 方针的指导下，周而复始地进行体系所要求的“计划、实施与运行、检查与纠正措施和管理评审”活动。体系在运行过程中，也会随着科学技术水平的提高，职业安全卫生法律、法规及各项技术标准的完善，组织管理者及全体员工的安全意识的提高，而不断地、自觉地加大职业安全卫生工作的力度，强化体系的功能，达到持续改进的目的。

四、预防性

危害辨识、风险评价与控制是 OHS 管理体系的精髓，它充分体现了“预防为主”的方针。实施有效的风险辨识评价与控制，可实现对事故的预防和生产作业的全过程控制，对各种作业和生产过程实行评价，并在此基础上进行 OHSAS 策划，形成 OHSAS 作业文件，对各种预知的风险因素做到事前控制，实现预防为主的目的，并对各种潜在的事故制定应急程序，力图使损失最小化。

五、全过程控制

OHSAS 18001 标准要求实施全过程控制。职业安全管理体系的建立，引进了系统和过程的概念，即把职业安全卫生管理作为一项系统工程，以系统分析的理论和方法来解决职业安全卫生问题。从分析可能造成事故的危险因素入手，根据不同情况采取相应的解决方案。在形容组织的活动、产品和服务对职业安全卫生的影响时，通常把可能造成事故的危险因素分为两大类：一类是和组织与管理有关的危险因素，它可通过建立管理体系，加强内部审核、管理评审和人的行为评价来解决；另一类是针对原材料、工艺过程、设备、设施、产品，研究整个生产过程的危险因素，它通过采取管理上和工程技术上的措施而得以消除或减少。为了有效地控制整个生产活动过程的危险因素，必须对生产的全过程进行控制，采用先进的技术、先进的工艺、先进的设备及全员参与，才能确保组织的职业安全卫生状况得到改善。

在组织内部，体系的实时应以组织全员（包括派出的职员，各协力部门的职员）活动为原则，并在一个同一的方针下开展活动，这一方针应为职业安全与卫生管理工作提供框架和指导作用，同时要向全体相关方公开。标准要求组织建立并保持职业安全与卫生管理体系，识别危险源并进行风险评价，制定相应的控制对策和程序，以达到法律法规要求并持续改进。

7.4 测量管理体系

在 ISO 10012 标准“引言”中对测量管理体系的目的作了以下说明：

一个有效的测量管理体系确保测量设备和测量过程适应预期用途，它对实现产品质量目标和管理不正确测量结果的风险是重要的。

测量管理体系的目标是管理由于测量设备和测量过程可能产生的不正确结果而影响该组织的产品质量的风险。

根据 ISO 10012 标准，企业建立测量管理体系的目的是为了确保测量设备和测量过程能够满足预期用途。测量管理体系是通过对测量设备和测量过程的管理，管理由于不正确测量结果给组织带来风险，把可能产生的不正确的测量结果降低到最低程度；把不准确测量造成的产品质量风险降低到最低程度，以便使测量管理体系在组织实现产品质量目标和其他目标时起着重要的保证作用。

测量管理体系的要素包括：计量法制要求、技术能力要求、管理职责、资源管理、计量确认和测量过程的实现、测量管理体系分析和改进等内容。

7.5 特种设备安装质量保证体系

特种设备安装单位应按照《特种设备制造、安装、改造、维修质量保证体系基本要求》（TSG Z0004—2007）的要求，结合本单位实际情况，按照以下要求建立质量保证体系，并且得到有效实施：

（1）符合国家法律、法规、安全技术规范和相应标准。

（2）能够对特种设备安全性能实施有效控制。

（3）质量方针、质量目标适合本单位实际情况。

（4）质量保证体系组织能够独立行使职责。

（5）质量保证体系责任人（质量保证工程师和各质量控制系统责任人员）职责、权限及各质量控制系统的工作接口明确。

（6）质量保证体系基本要素设置合理，质量控制系统、控制环节控制点的控制范围、程序、内容、记录齐全。

（7）质量保证体系文件规范、系统、齐全。

（8）满足特种设备许可制度的规定。

特种设备安装单位法定代表人（或其授权代理人）是承担安全质量责任的第一责任人，应当在管理层中任命 1 名质量保证工程师，协助最高管理者对特种设备安装质量保证体系的建立、实施、保持和改进负责，任命各质量控制系统责任人员，对特种设备安装过程中的质量控制负责。

特种设备安装质量保证体系要素至少包括管理职责、质量保证体系文件、文件和记录控制，合同控制、设计控制、材料（零、部件）控制、作业（工艺）控制，检验与试验控制、设备和检验试验装置控制、不合格品（项）控制、质量改进与服务，人员培训、考核及其管理、执行特种设备许可制度等基本要求，并且还应当包括特种设备安全技术规范所规定的其他主要过程控制内容。

第 8 章　施工质量管理与科技创新

8.1　施 工 质 量 管 理

一、施工质量管理措施

施工企业所采取的施工质量管理措施包括：①认真熟悉和审查图纸，发现问题及时向设计单位提出；②在施工组织设计和冬、雨季施工方案中，以及对新技术、新材料的应用，制定保证质量的技术措施；③逐级进行技术交底，包括口头和书面交底，必要时要进行样板交底；④对施工队组的成员进行技术考核；⑤检查施工机具和施工工艺是否能按质量标准完成任务；⑥根据质量标准，对各种进入现场的建筑材料、建筑构配件及建筑设备进行检查验收，保证以合格的产品用在工程上；⑦在施工组织上实行岗位责任制，加强全面质量控制，严格队组自检、互检、交接检查；⑧设立专职质量检查机构，进行施工过程中的检查、监督和质量评定工作，把好工程质量关；⑨提出进场建筑材料、建筑构配件和建筑设备的检验记录，现场分部、分项工程检查记录，施工试验记录，隐蔽工程验收记录。

为了统一建筑安装工程施工质量的验收评价工作，国家能源局制定并陆续颁发了《电力建设施工技术规范》（DL 5190）和《电力建设施工质量验收及评价规程》（DL/T 5210），作为验收及评价施工质量的依据。

二、施工质量事故处理

发生施工质量事故后，处理的方式一般有：返工处理、返修处理、让步处理、降级处理、不作处理五种情况。

（1）在检验批验收时，对严重的缺陷应推倒重来，一般的缺陷通过翻修或更换器具、设备予以解决后重新进行验收。

（2）个别检验批发现试块强度等不满足要求等难以确定是否验收时，应请有资质的法定检测单位检测鉴定，当鉴定结果能够达到设计要求时，应通过验收。

（3）当检测鉴定达不到设计要求、但经原设计单位核算仍能满足结构安全和使用功能的检验批，可予以验收。

（4）严重质量缺陷或超过检验批范围内的缺陷，经法定检测单位检测鉴定以后，认为不能满足最低限度的安全储备和使用功能，则必须进行加固处理，虽然改变外形尺寸，但能满足安全使用要求，可按技术处理方案和协商文件进行验收，责任方应承担经济责任。

（5）通过返修或加固后仍不能满足安全使用要求的分部工程、单位工程，严禁验收。

8.2　科 技 创 新

施工企业技术创新是以产业化为目的的。施工企业的产品就是服务项目，施工企业技术创新的根本目的就是要提高服务能力，而不是仅仅着眼于建好某一个特定的建筑物。

施工企业宜建立专门的科研机构。其职能应包括：第一是领导和组织在建项目技术攻关，提高常规作业的技术含量，改进现有的服务产品；第二是选择有商业价值和有发展潜力的技术开发项目进行研究，开发新的服务产品为承揽任务进行技术储备。一方面施工企业技术创新的首要任务是满足在建项目施工需要；另一方面引进或开发具有国际水平或国内领先优势的技术成果，推出新的服务产品，形成超出对手的服务能力、有自主知识产权或独占性的核心技术，依靠技术上的跨越实现服务产品的升级换代，在一定时期内形成垄断或独占优，创造出高额的利润。

第2篇

150MW、300MW和350MW火电机组工程施工组织设计范例

高健美　董昌龄　庄熙琳　赵冬梅　李永华　娄云高　丛建国
韩　冰　蔡　新　赵艳楠　宋　巘　雷宏斌　李忠民　李安民
贾亚民　姜　东　韩奎忠　魏安稳　陈爱社　刘　毅　郑　军
于　洋　等　编著

第 1 章　西乌金山发电有限公司新建 2×150MW 空冷发电机组工程施工组织设计

1.1　施工总平面布置

1.1.1　场地布置

1.1.1.1　布置依据

（1）《火力发电厂施工组织设计导则》（DL/T 5706—2014）。

（2）《电力建设安全技术规程》。

（3）本工程施工招标文件和答疑文件。

（4）施工现场条件及周围环境，项目施工范围及现场情况。

（5）本工程的施工综合进度要求。

（6）公司的施工能力及机械、人员状况。

1.1.1.2　布置原则

（1）按施工区域并根据厂内设备、材料、成品、半成品的二次运量与施工点距离间距乘积的最小原则，确定其堆放位置。

（2）科学确定施工区域和场地面积，减少各专业工程之间交叉作业。

（3）总体布置满足有关规程对安全、防洪、防火等的要求。

（4）合理配置施工机械。

1.1.1.3　场地布置

根据本工程的招标文件施工总平面布置图的规划，本标段的施工场主要布置在主厂房扩建端区域，办公区及生活区集中布置在厂外南侧。

锅炉设备堆放场地及锅炉设备组合场地布置在锅炉扩建端，占地 6700m^2。

电气热控设备检修存放场、烟风六道配制加工场、汽机设备组合及设备堆放场布置在主厂房扩建端，占地 5200m^2。

在空冷岛扩建侧布置建筑施工区，包括钢筋加工场、模板堆放场、建筑工程处办公区、混凝土搅拌站、保温材料堆放场地、试验室办公区、乙炔氧气库区。其中，钢筋加工场占地 2700m^2、模板堆放场占地 2500m^2、混凝土搅拌站区占地 5400m^2、保温材料堆放场占地 1200m^2、其他用地 4000m^2。

在灰库北侧布置各专业工程处办公区，占地 5500m^2。

本标负责甲供设备材料代保管，在露天油库北侧布置设备堆放场，占地 15000m^2。

职工生活区布置在厂外南侧，占地 15000m^2。

项目部办公区布置厂外南侧，占地 1500m^2。

1.1.2　施工道路

施工道路设计本着临时路结合永久路的思路，设计为环网形。主要施工道路为 8.0m 的混凝土道路，转弯半径满足大型运输车辆通过，次干道宽 6.0m，采用泥结碎石铺设，转弯半径不小于 10m。临时道路尽可能和永久道路重叠布置，共用路基，节约工程费用，施工道路修筑时预留 3‰排水坡度。

1.2　主要专业施工方案

1.2.1　土建专业主要施工方案

1.2.1.1　工程概况

本工程为西乌金山发电有限公司新建 2×150MW 空冷发电机组工程，地点内蒙古自治区锡林郭勒盟西乌珠穆沁旗，本期为 2×150MW 循环流化床锅炉发电机组。本标工程项目定于 2009 年 5 月正式开工建设，1 号机组定于 2010 年 10 月 31 日前投产，2 号机组定于 2010 年 12 月 31 日前投产。

本标段建筑工程范围及内容：厂区内全部建筑工程。

1.2.1.2　施工控制测量及放样

一、测量依据及规范标准

制定控制测量施工方案的依据业主提供的厂区总平面布置图、国家大地测量资料以及国家黄海高程系统资料中的能有效控制电厂区域不低于一级导线控制网详细资料，并结合本厂区具体的实际情况。

控制测量施工的规范标准是火力发电厂工程规范及工程测量国家规范。

二、测量仪器及人员编制

平面控制测量仪器采用瑞士徕卡全站仪 TCR402 型；高程控制测量仪器采用瑞士产 SD3 型水准仪；沉降观测仪器采用瑞士产 N3 型水准仪；测量人员编制为专责工程师一名、测量员四名。

三、控制测量施工内容

控制测量包括平面控制测量及高程控制测量。

平面控制测量包括主厂房施工控制网的建立，以及施工网点的建立。

主厂房测量控制网施测，用轴线法布设主厂房控制网，先确定主厂房控制网的主轴线 C 轴，由厂区控制网测出，然后在施测主厂房四个边，从而形成一个主厂房控制网。主厂房施工测量方格网控制网布置示意如图 1-2-1 所示，根据主厂房四角控制点 Z1、Z2、Z3、Z4 经测量平差后，对需控制方格网点用直角坐标法进行加密。

平面控制网测设的精度要求如下：

（1）主厂房轴线控制网边长精度 $m_s \leqslant S/20000$。

（2）主厂房轴线控制网测角精度 $m_\beta \leqslant \pm 5''$。

根据总平面图、国家黄海高程系统资料中水准基点的详细资料及现场具体情况，为了保证施工水准网能得到可靠的起算数据，为了检查施工水准点的稳定性，在厂区内适当地方建立首级永久水准基点组，点数至少为 3 个（此水准基点可作为沉降观测水准基点），点间距离为 500～1000m，高程测量按三等水准测量标准施测。而主厂房的高程控制网采用四等水准测量方法建立，在主厂房附近设点，作为施工水准基点，其水准基点的选取应根据设计、现场的实际情况而定，并符合规范要求，组成环型闭合水准网，其需附合在首级水准点上。主厂房的沉降观测点的选取应根据设计要求进行，其观测按二等水准测量标准施测。

四、沉降观测

沉降观测工作是一项长期系统观测工作，为了保证观测成果正确性，做到“四定”：固定人员观测和整理成果；固定使用水准仪和水准尺；使用固定水准点；按规定日期、方法和路线进行观测。

沉降观测控制点是建立在各建构物周围附近，布设距离建构物需在100m以内，在受压、受震范围以外，埋设深度达到冰冻线0.5m以下。并认真做好保护测量设施。

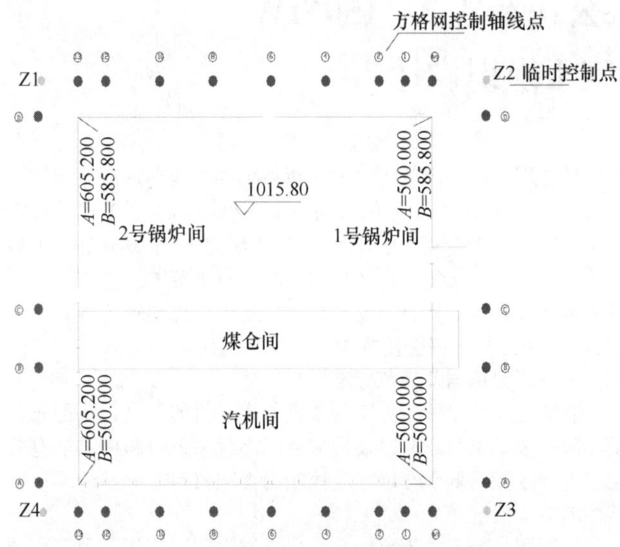

图1-2-1 主厂房施工测量方格网控制网布置示意图

1．主厂房施工测量方格网按一级导线精度进行施测。沉降观测按二等高程精度控制。普通水准测量按四等水准精度施测。

2．厂区建筑坐标系和1956年黄海高程系，与1954年北京坐标系的换算关系如下：

由建筑坐标换算1954国家坐标（117°带中央子午线）为

$X=a+A\cos\alpha-B\sin\alpha$

$Y=b+A\sin\alpha+B\cos\alpha$

由1954国家坐标换算建筑坐标为

$A=(X-a)\cos\alpha+(Y-b)\sin\alpha$

$B=(Y-b)\cos\alpha-(X-a)\sin\alpha$

其中：$a=4935791.425$

$b=549948.562$

$\alpha=-45°$

3．方格网控制点按隔点轴线控制，施工测量采用全站仪进行观测。

4．以C-C轴线外两点为起始轴线，经两个测回确定Z1、Z2、Z3、Z4后，加密各轴线。

五、测量放线工作

按施工图及总平面布置图给出坐标点、高程控制点进行轴线网布设和水准点引测，并用混凝土浇筑成坐标点桩，在桩上预埋铁钉或打十字线，确定位置。放线时，在建筑物的外轮廓周围确定半永久控制点，确定建构筑物的方位、朝向及主要轴线，用经纬仪、水平仪及钢尺分别测放建筑物的次要轴线及详细尺寸。永久及半永久控制点标志设置必须牢固、稳定、不下沉、不变位。必要时可加防护栏维护。

基坑（槽）开挖完成后，基底开挖宽度应通线校核，坑底深度应经测量校核无误后，并把轴线和标高引移到基坑，在基坑中设置轴线基础边线及高程标记。并在垫层面上放出（弹墨线）墙或基础平面尺寸。

建筑物的高程施工测量及沉降观测点的设置，根据正式施工图要求而定。

框架结构工程砌砖前，将水平标高引测在混凝土墙、柱的一定高度位置上，与混凝土柱相连接的墙体相应位置应放出墙体的垂直边线、窗台、窗顶、门顶、洞口底、顶等标高作为砌砖的依据。根据各层平面的轴线和各层建筑施工平面图，放出墙体的平面轴线，墙边线及门窗、洞口等位置（先按装门框后砌砖的应标记门的开启方向）。

根据建筑施工图弹出相应的全部墨线，踢脚线、墙裙线、棚顶高程线、梁底水平线、装饰线及窗台、门窗顶、压顶、楼梯步级等的墨线。

屋面防水层、找平（坡）层等应按图纸要求放控制线，并按图纸和规范要求，结合各种隔热层块料规格放出伸缩缝、饰面层收口及分隔缝的控制线。

水准仪、经纬仪等要按计量要求进行检定合格后才能投入施工使用，并要注意进行妥善保管和使用。

1.2.1.3 土方开挖、回填方案

1.2.1.3.1 工程范围和工作内容

一、工程范围

（1）汽机间基础开挖。

（2）煤仓间基础开挖。

（3）锅炉间基础开挖。

（4）锅炉房后侧的除尘间、引风机室、灰控制室等建（构）筑物基础开挖。

（5）输煤系统部分基础开挖。

（6）除灰系统、水系统、燃油系统的基础土方的开挖。

二、工作内容

（1）基础土方开挖和外运及整平。

（2）排水沟（含排水泵）施工，排水设施维护和管理。

（3）基础土方边坡维护。

（4）简易施工道路铺设和维护。

（5）砂（垫层）回填及压实。

1.2.1.3.2 施工顺序

施工放线、验线→施工通道铺设→挖土方（含排水沟）→验槽→砂（垫层）回填→碾压→排水沟→边沟维护。

按现场情况，本工程采用挖掘机挖土，先挖锅炉房后侧的除尘间、引风机室、灰控制室，再开挖锅炉间、汽机间、主控楼、煤仓间开挖。

对于土质较好可回填的土方，运至厂区临时场地暂时堆放待回填用，其余土方运至甲方指定地点。

1.2.1.3.3 土方开挖

一、施工准备

土方开挖的施工准备主要为按施工平面布置图布置好施工道路，确认车辆行走路线和弃土场地能不能满足施工需要。

对所开挖区域内的地下构筑物及土层情况要有较准确的掌握。

土方工程开工前，要仔细查阅地质资料，并根据施工图纸及轴线位置，测放场地开挖的边线以及放坡开挖的上下口白灰线。

二、土方开挖方法

（1）土方开挖方法示意如图1-2-2所示，主厂房土方开挖从1号机向2号机方向，先挖锅炉房后侧的除尘间、引风机室、灰控制室，再开挖锅炉间、汽机间、主控楼、煤仓间开挖。对于较深基础开挖分层进行，较浅基础开挖均一次开挖到位，开挖时标高要随时监测，杜绝超挖。

（2）根据开挖土质情况及开挖深度，放坡系数拟定为1∶（0.8～1.5），边坡形状规范，平整美观；基底基础工作面按2m宽预留。

（3）开挖施工前先开挖好永久边坡上部的截水沟，以防止雨水漫流冲刷边坡，施工过程中，在坡脚、施工现场周边和道路的坡脚，均开挖好排水沟槽和设排水设施以及及时排除坡底积水，保护边坡和稳定。

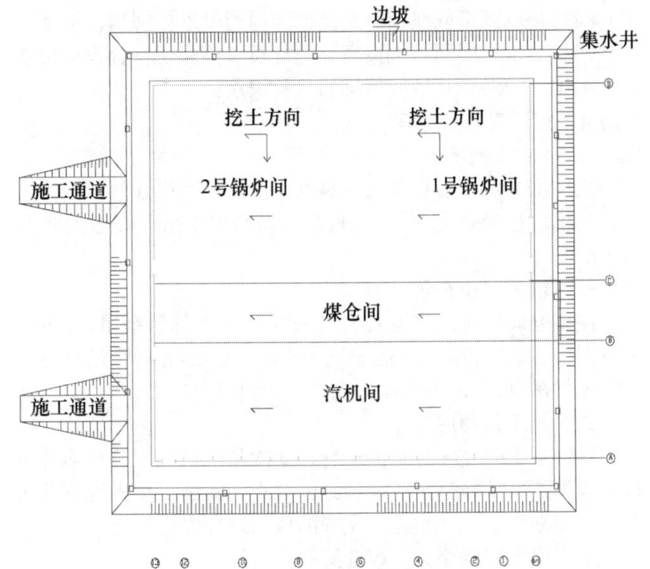

图 1-2-2　土方开挖方法示意图

说明：

1．主厂房基坑采用大开挖方案。

2．土方边坡 1∶1.0。

3．在汽机间和锅炉间设施工通道各一个。

4．挖土方向从 1 号锅炉向 2 号锅炉和汽机间方向开挖。

5．基坑里设明排水将水排至集水坑并用潜水泵抽水排出指定地方。

（4）土方开挖时由测量员负责全程跟踪，随时测量和校核其平面位置以及相应标高和边坡坡度，并在将要挖到坑底时，在坑边钉桩将标高、轴线引至坑底。标高控制桩间距按 5～10m 布设，特别是当挖掘机挖土至垫层上 300mm 标高时，要加强挖斗处标高的控制防止超挖。

（5）基坑挖至设计标高时，通知地质勘察单位、设计单位及有关部门验槽合格后，方可进行上部垫层施工。

（6）夜间施工时，应有专业人员值班以严格控制标高以防止超挖，若有超挖，要征求建设单位、监理单位、设计单位、勘察单位处理意见，经监理单位验收后方可进入下道工序施工。

（7）基础土方开挖机械设备以反铲挖掘机为主，使用自卸汽车运输至指定位置卸弃，利用推土机平整场地。土方开挖应遵循从上到下，依次分层开挖的原则。土方开挖后，一边伴以人工修整及挖排水沟等工作。

（8）当对输煤系统部分的深基坑土方开挖时，应分层分阶段开挖，在分层层面间边坡上设立 2～3m 宽的水平台阶，必要时进行砌砖膜或垒砌砂袋进行对边坡支护，以增加边坡的抗滑和抗塌能力。同时可根据现场实际情况配合深井降水。基坑边坡明排水示意如图 1-2-3 所示。

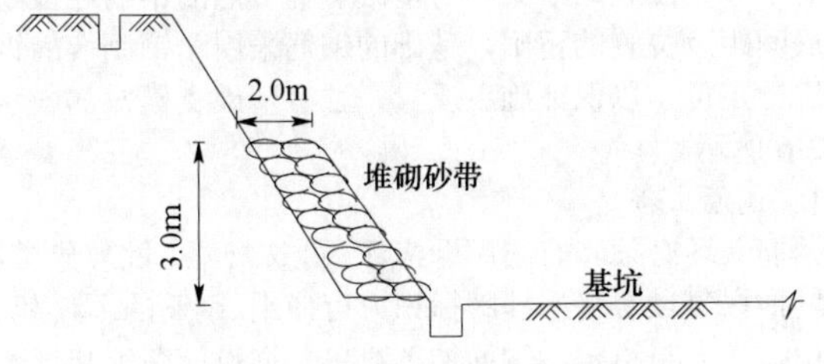

图 1-2-3　基坑边坡明排水示意图

三、降排水措施

由于基础开挖会遇到地下水和地表水大量渗入，造成基坑浸水，破坏边坡稳定，影响施工正常进行，因此基坑开挖时，应在坑内及坑周设排水沟，做好坑内排水工作。

（1）地面排水。地面排水结合现场施工条件，在不影响各建筑物施工道路的情况下，以施工区域划分考虑布置。使得在整个施工过程中，能顺利排出地表积水和从基坑中抽出的水。

临时施工道路形成后，在临时施工道路两旁做临时排水明沟，排入厂内施工主干道旁边的排水系统。同时在堆土场的迎水面设一挡水围堰，在围堰外 1m 处设一条截水沟，水沟尺寸为宽 0.5m×深 0.5m。

地面排水系统暂时考虑做成半永久性，在布置上离各建筑物有一定距离，以免造成施工改道。

基坑顶面四周也挖临时水沟，以拦截附近地表水，并尽可能将其导入系统排水沟内，以防止地表水浸入基坑内。

（2）基坑明沟排水。在基坑底部开挖轮廓线外缘的四周设临时排水沟，在四角或根据建筑物的大小，地下水位情况每隔适当的距离（25～30m）设一尺寸为 2m×2m×2m 的集水井，如图 1-2-4 所示，排水沟做成一定坡度，将水导入集水井内，用抽水泵将水井内水抽入基坑外排水沟内。

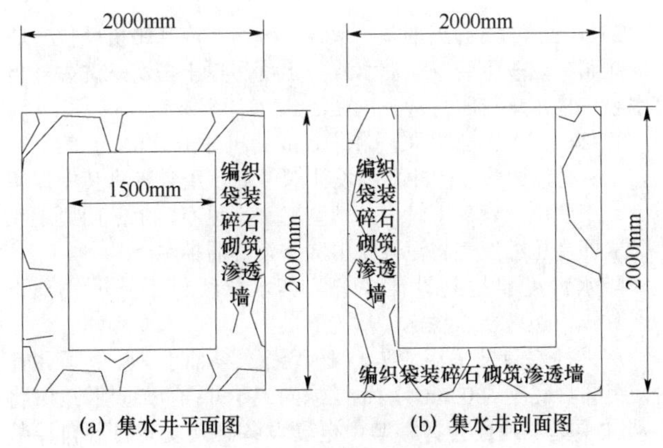

图 1-2-4　集水井示意图

（3）集水井挖好后在井的四周做渗透墙（采用编织袋盛装碎石直径 10～30mm），防止淤泥及流沙流至集水井内堵塞降水设施，保证降水效果。同时要做降水沉笼，将降水沉笼放在集水井内，防止渗透墙坍塌。集水井周围要做好安全防护及警示，以防人员误入。

（4）降水沉笼的制作。沉笼尺寸 400mm×400mm，由竖向钢筋$\phi16$ 和横向钢筋$\phi14$ 焊接组成方形骨架，下加钢桶封底，骨架采用 30mm×30mm 铁丝网外包、必要时可增加 40～50 孔/cm^{2}尼龙网布和 15mm×15mm 铁丝网各一层。

基坑降水期间，我们对附近建筑物进行沉降观测。项目部把此事作为开工阶段大事来抓，做到观测人员固定、观测仪器固定、观测时间固定、观测成果按周累积固定并及时汇报。

（5）深井降水。深井降水初步考虑井点每隔（暂定）25m 埋设一个无砂大孔混凝土深井，井深 15～18m，根据现场实际情况布置，以单孔深井用潜水泵抽水至连续总管内，然后排至沉淀池内，再排送至下水道。

1）深井构造。深井构造如图 1-2-5 所示，其滤管为无砂大孔混凝土，采用粒径为 8～5mm 的豆石加水泥按 6∶1 左右比例预制而成，强度大于 2MPa，每节长 1m 左右。最下部一节为有孔滤管，其空隙率为 20%～25%。管接头处用两层麻布浇沥青包裹，外夹竹片用 10 号铅丝扎牢，以免接缝处挤入泥沙淤塞深井，其内径为 500mm。

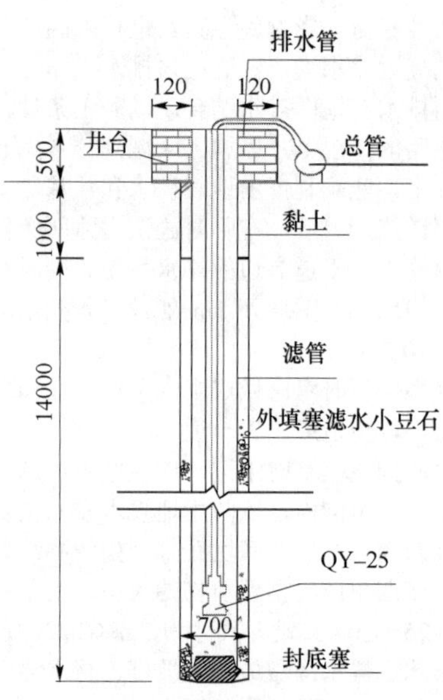

图 1-2-5　深井构造示意图

2）工艺流程。施工准备→放线→冲击式成孔钻机就位→成孔→泥浆护壁→下管→下滤水层→上部用厚土填实→洗井→下潜水泵→抽水→排水总管→沉淀池。

3）施工方法。深井采用冲击式成孔机冲击成孔，孔的直径约 1m，泥浆护壁。待冲孔到设计深度后，用吸管将其中泥浆吸净，下底座，然后下管，外填塞滤水小豆石，上部用厚土填实，立即用压缩空气将泥浆吹出洗井，然后抽水。

降水深度要达到设计要求，其水位线位于基坑底部下 0.05～1m，边坡要求稳定。基坑干燥。

深井抽水目前采用 QY-25 扬程潜水泵抽水。泵位于井管内，距井盘底座约 0.5m，用钢丝绳固定于井面，通过胶皮管将水从井中提至地面排掉，其中电器设备必须安装自制自控装置，根据水量大小，调整自控装置线、使之抽水和停抽时间相配达到施工需要。

不允许出现死井，洗井一定要及时，抽水及时，从而保证降水效果良好。

冬期施工，井点联结总管上要覆盖保温材料，以防冻坏管道。

1.2.1.3.4　土方回填

主厂房基础隐蔽验收完毕，进行回填时，土料应符合设计要求，回填前应清理基坑内杂物、积水，并防止地表水流入填方区，浸泡地基造成基土下沉。回填土应分层夯实，每层厚度不超过 30cm，按规定取样检验，在回填土上施工浅基础与沟道时，必须采取相应措施，防止产生不均匀下沉。

按现场具体情况，大面积回填采用振动压路机进行压实，小面积用蛙式打夯机进行机械振实。土方回填时虚铺土厚度按照施工规范要求，每 30cm 为一层，当每层土方回填完毕，随即进行回填抽样试验，压实系数、干容重、含水率达到设计要求，方可回填上一层。基坑应没有积水和淤泥，之后进行回填工作。

保证回填土质量的措施如下：

（1）基坑清理干净，回填土质量符合设计要求及规范规定。

（2）填方从最低处开始，由下向上水平分层铺填碾压。

（3）在基坑起伏处，做好接槎，修筑阶梯形边坡，分段回填每层接缝作成斜坡，上下层错缝距离不小于 1m。

（4）基坑回填应在相对两侧或四周同时进行回填、夯实。

（5）对每一层回填土按规定进行质量检验，符合设计要求后，回填上一层，并做好每层的试验记录。

1.2.1.4　主厂房施工方案

1.2.1.4.1　施工概况

主厂房为电厂最重要的建筑物，由汽机间煤仓间和锅炉组成。汽机房框架柱距 8m，汽机房主跨跨度 27m，煤仓间跨度 13.5m。

一、机械设备布置

在煤仓间固定端靠近 C 柱旁布置一台 8t 建筑塔吊，在主厂房 A 排外 9 轴布置一台 8t 建筑塔吊，一台 250t 履带吊负责主厂房屋架吊装，30t 汽车吊车配合吊运建筑材料。

二、施工段顺序

锅炉是土建交安最早的项目，其次是汽机间，三个项目同时安排施工，才能满足工期计划的要求，其施工按先地下后地上，主要地下设施一次施工完毕的原则进行安排。

主厂房吊装顺序为：煤仓间→汽机间。

吊车梁及屋架均采用 250t 履带吊安装。安装工作在汽机间回填，汽机间 A 排柱及脱氧煤仓间 B 排柱强度达到 100%后进行。250t 履带吊布置在汽机房 A 排外侧从固定端向扩建端依次进行安装，先安装一跨内的吊车梁，再进行整跨组合钢屋架的吊装。在煤仓间施工中插入钢煤斗的吊装。

汽机房吊车梁穿插在汽机房钢结构吊装中进行。

汽机机座基础施工安排在 B 列基础施工完后，施工时考虑循环水泵坑凝结水泵坑汽动给水泵等零米以下基础，尽量安排同步施工，避免重复回填和开挖，以缩短工期。

主厂房 A 列柱外变压器区基础施工在各方面施工条件许可的情况下，可与汽机间基础同时开挖一并施工。

在主厂房 A、B 两列柱结构施工到顶后，可以进行钢屋架吊装和屋面结构的施工，以保证后续施工工作的顺利进行。

1.2.1.4.2　主厂房基础

一、主厂房独立基础施工

1. 模板工程

基础模板采用酚醛树脂覆膜胶合板模板。施工前，先检查基础垫层的标高、位置无误后，给定基础中心线和边线，按基础设计几何尺寸及标高进行配模。模板使用前按规格分类堆放好，并刷好脱模剂。施工人员按给定的基础中心线和边线及设计标高组合安装模板，用线坠、盘尺（卷尺）、水平尺、水平仪控制好模板的整体几何中心、对角线、外形几何尺寸、侧模垂直度、标高等。用ϕ48×3.5mm 钢管（或木方）加固模板，配置合理支撑系统，用密封胶条或海绵条封堵模板拼缝以保证混凝土基础的外形尺寸、浇筑质量和表面工艺质量。对于截面较大的基础和特殊部位，用对拉螺栓进行模板加固。对拉螺栓和支撑系统均须经过验算后布设。保证外形尺寸准确，防止胀模。特别对于除氧煤仓间框架柱与基础短柱节点的钢筋连接，为保证钢筋间距及位置的正确，基础的钢筋采用角钢制作的钢筋限位器进行定位，以保证施工质量。独立基础支模板加固示意如图 1-2-6 所示。

2. 钢筋工程

钢筋入场必须具有出厂合格证，并按规格、批号分类堆放，经现场抽样复试合格后挂牌标识方可使用。钢筋的下料和加工，按工程技术人员给定的钢筋加工料单（据设计图纸和规范计算得出）进行。各类型钢筋加工成型后应分批编号、分类堆放，并挂牌标明钢筋的使用部位、编号、直径、长度。钢筋就位绑扎前应按设计图纸检查基础垫层的强度、标高、基础中心线和

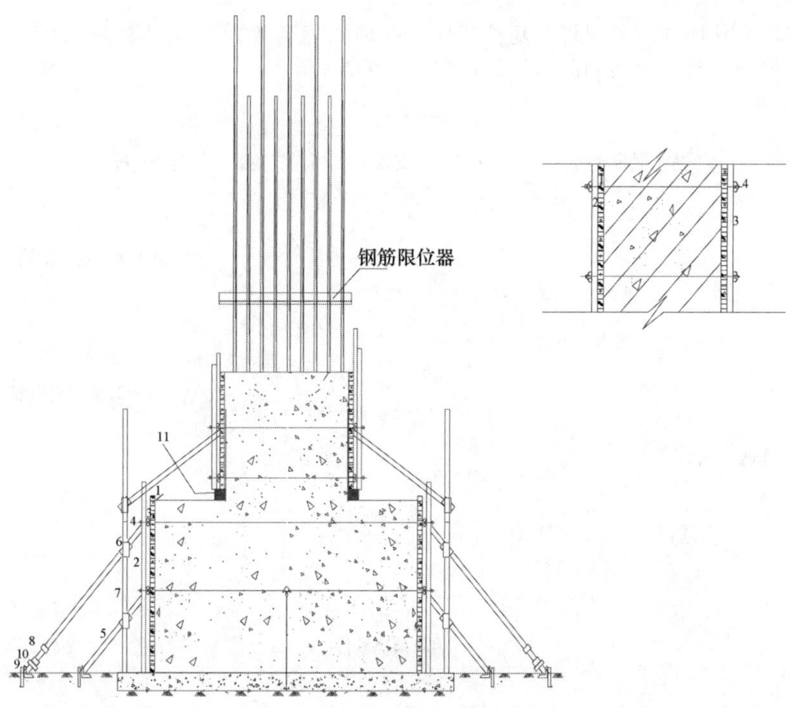

图 1-2-6　独立基础支模板示意图

1—复合胶合模板；2—ϕ48×3.5mm 钢管外楞；3—ϕ48×3.5mm 钢管内楞；4—对拉螺栓；5—ϕ48×3.5mm 钢管斜撑；6—钢管扣件；7—ϕ48×3.5mm 钢管加强杆；8—可调螺栓；9—预埋钢筋；10—通长角钢；11—100mm×100mm 木方（通长放置）

注：基础吊模座在横担于钢管支架上的木方上，对拉螺栓可采用 M12 套扣螺栓。斜撑支在通长角钢上，并设有可调螺栓用以调节支撑长度。角钢可用间隔布置的预埋短钢筋定位。伸出部分钢筋可用角钢制作的限位器固定。

边线，确定钢筋绑扎顺序和方法及接头形式。钢筋的保护层采用垫块加以控制。钢筋的接头按规范规定和图纸要求进行合理布置和施工。钢筋焊接接头以闪光对焊为主。钢筋接头焊接，按要求进行抽样检验，确保钢筋接头的焊接质量。

3. 混凝土工程

混凝土的供应：由搅拌站集中供应，混凝土罐车运输，混凝土输送泵车或地泵加输送管浇筑入模。

原材料：水泥、砂、石、粉煤灰、外加剂等进场必须具有出厂合格证明书，经现场抽样复试，合格后挂牌标识，待用。

混凝土的搅拌：必须按设计要求的强度和试验室给定的配合比进行搅拌，并根据实际情况在有关技术人员（试验室专职人员）指导下调整混凝土配合比，以保证混凝土的施工强度和施工稠度及施工要求的初、终凝时间。

混凝土的浇筑：在混凝土浇筑前，应对模板、钢筋、预埋件、预留孔等进行检查验收，必须符合设计与施工规范要求。混凝土浇筑时均匀布料，适当控制浇筑速度，入模高度控制在 2m 以内。混凝土分层浇筑时每层厚度不得超过振捣棒长度的 1.25 倍，振捣上层混凝土要在下层混凝土初凝前进行，并插入下层混凝土中 5cm 左右。放角基础浇筑时，每浇灌完一步放角应稍做停顿，再浇筑上一层放角，以防止下层放角混凝土溢起，在上层放角根部产生缺陷。每一放角浇筑完后，表面抹平压光。混凝土浇灌完终凝后及时浇水养护。

试块：标养试块每一作业班或每拌制 100m^3 混凝土，试块留置不少于一组；不同强度的基础每种试块留置不少于一组。同条试块根据施工要求和实际情况留置。

拆模按不同部位的具体要求进行。

二、锅炉钢架预埋地脚螺栓

锅炉钢架安装用地脚螺栓设计为直埋式，施工精度要求高，施工难度大。施工稍有不慎，造成施工误差过大，就会给安装工作带来极大的困难，而且难于修正。所以预埋地脚螺栓施工是一项重要的环节，必须采取可靠的加固措施。

施工时采用先在基础垫层上或基础柱根部位置预埋带锚筋的铁件四块，用以固定基础地脚螺栓支架的四脚，再在基础四周及表面用经纬仪打出地脚螺栓组中心线。地脚螺栓支架采用角钢、钢筋或槽钢焊制而成，地脚螺栓上下两端采用在车间加工钻孔完成的限位钢板焊接固定在支架上，并根据基础上给定的中心线，确定所安装的螺栓组的中心线与所给定的中心线一致，然后焊接固定。同时，利用各个地脚螺栓的螺帽和螺扣将其标高调到设计标高，并相对拧紧。在混凝土浇灌前，应重新对各个地脚螺栓的中心及标高进行复测，准确无误后，方可浇筑混凝土。地脚螺栓加固示意如图 1-2-7 所示。

三、附属设备基础及地下设施结构施工

1. 施工内容

包括电缆沟、工业回水沟、设备基础、水池、油池等。施工前应进行地耐力试验，当承载力满足设计要求时方可施工，如不满足设计承载力，应采取相应措施进行处理。

模板工程：模板采用酚醛树脂覆膜胶合模板，模板采用对拉螺栓与钢管配套使用的方式加以固定。模板及支撑系统要经过验算，确保有足够的承载能力、刚度和稳定性，能可靠地承受新浇筑混凝土的自重和侧压力，以及在施工过程中所产生的荷载。模板表面平整、光滑、无弯曲变形。模板与混凝土的接触面应涂隔离剂。对拉螺栓采用ϕ12 圆钢套扣螺栓，对拉螺栓靠模板里侧加一小木块，拆模后，将木块抠出，用与混凝土相同配合比的水泥砂浆抹平压光。支箱体侧壁模板时，应在底部留设清扫孔，沿柱高方向应留设浇捣孔。模板拆除时间应符合设计规范要求。预埋件加工严格按设计要求进行，按图纸标注的位置（首先在模板上用墨斗弹出预埋件中心线和边线）安装固定好预埋件，预埋管并复检其规格和定位。地下沟道、池槽施工时，为达到防水目的，穿墙预埋套管及对拉螺栓应加焊止水环。止水环结点如图1-2-8所示。

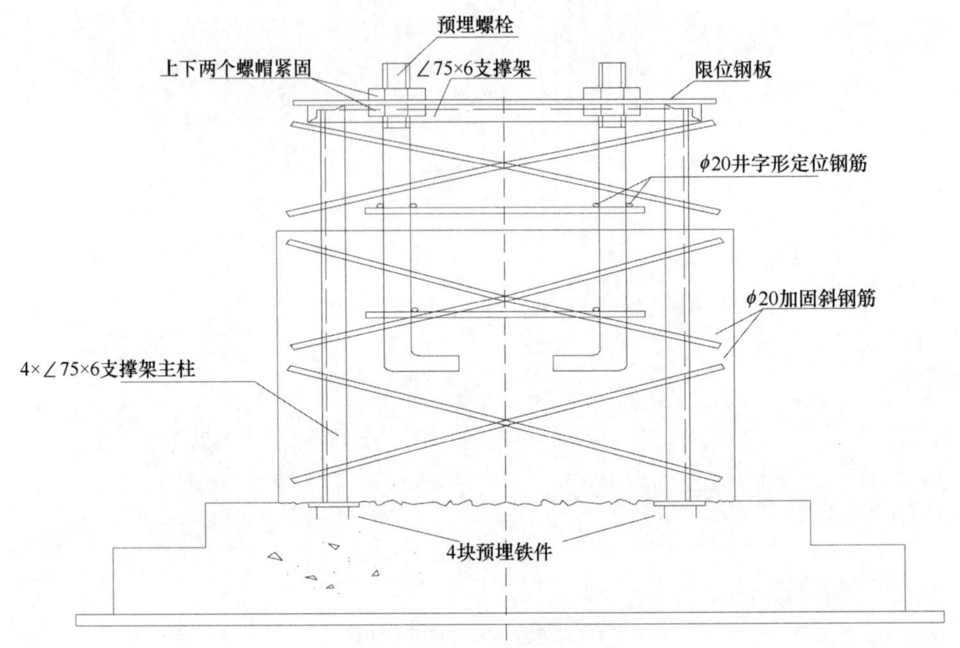

图 1-2-7　地脚螺栓加固示意图

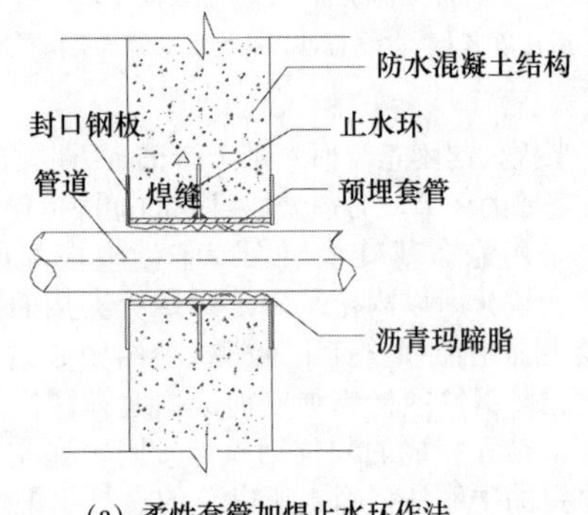

(a) 柔性套管加焊止水环作法

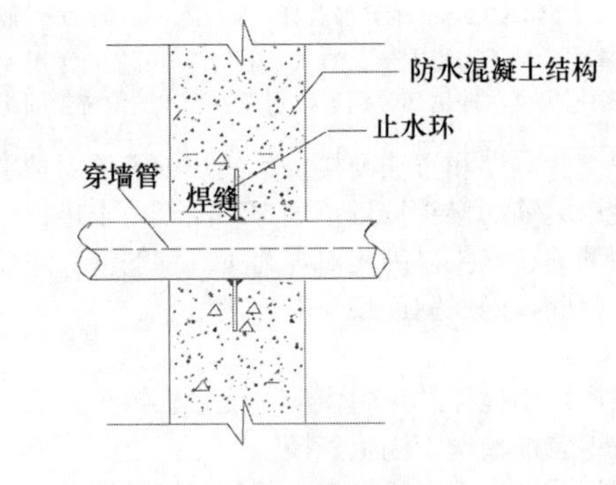

(b) 刚性套管预埋

说明:

1. 止水环应与套管满焊严密，止水环数量按设计规定。
2. 采用单管现浇固埋法时，应注意将管及止水环周围的混凝土振捣密实，对管道底部的浇捣尤其应该加以注意。

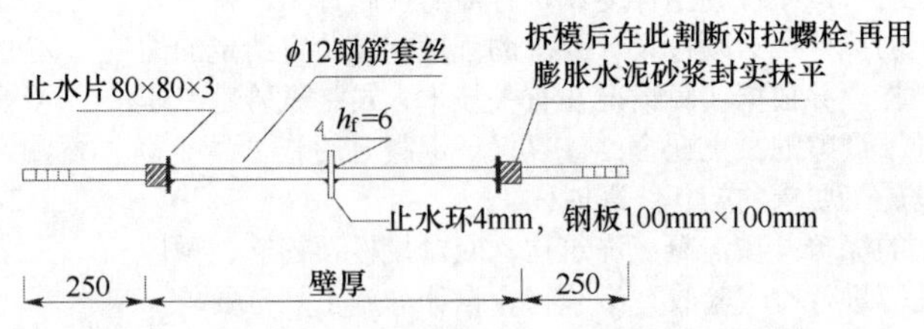

(c) 地下设施用对拉螺栓作法

图 1-2-8　止水环结点图

2. 钢筋工程

钢筋领料时索取出厂质量证明书，并按规定进行复试，复试合格后方可使用。所有钢筋加工制作均在钢筋加工厂进行，然后运输到现场。钢筋加工前，根据图纸及规范的要求，制成下料表，按表下料加工，加工完的钢筋要分区堆放，做好标识；钢筋绑扎时位置准确，各相交点绑扎牢固，并按设计要求留好保护层，保护层用垫块将钢筋垫起而成。箱体侧壁竖向钢筋接头按设计要求或搭或焊。

3. 混凝土工程

箱体混凝土都属抗渗混凝土，其配比经试验室试配后确定。混凝土由搅拌站集中供应，罐车运输，泵车泵送入模，现场采用机械振捣。浇筑墙壁混凝土时，混凝土由浇捣孔进入或接软管直接插入墙内，确保混凝土自由倾落高度不超过 2m，混凝土采用分层浇灌分层振捣，上层混凝土浇筑期限不能超过下层混凝土的终凝，保证混凝土浇筑的连续性。施工缝留设在各层平台上部，二次混凝土浇灌前先填以 50～100mm 厚与混凝土内砂浆成分相同的水泥砂浆。混凝土振捣要密实，振动棒插点均匀，做到无漏振、欠振，防止混凝土表面出现蜂窝、麻面。混凝土浇筑完毕应及时浇水养护（抗渗混凝土养护期限不小于14d）。并按要求制作混凝土试块。

四、汽机基础施工

(一)汽机基础施工作业流程

底板垫层→底板钢筋支撑架安装→底板钢筋绑扎→底板模板→底板混凝土浇筑→基座架构柱钢筋→架构柱模板→汽机运转层底模→预埋地脚螺栓套管→汽机运转层钢筋→汽机运转层侧模→柱、板混凝土→养护后拆模。

(二)汽机基础底板

放线定位:混凝土垫层施工完毕后,根据测量控制桩在垫层上投放基础轴线,根据轴线确定基础模板的外边线。经质检人员、监理工程师验线合格后,方可进行下道工序施工。

钢筋工程:钢筋采用钢筋加工厂进行制作,然后运到施工现场,进行绑扎。底板钢筋就位绑扎前应按设计图纸检查基础垫层的强度、标高、基础中心线和边线,确定钢筋绑扎顺序和方法及接头形式。

底板钢筋上部、下部均为双层钢筋垂直布置绑扎而成的钢筋网片,绑扎时上部钢筋架在设置垂直于上部下层钢筋的钢筋支撑架上。钢筋支撑架用粗钢筋焊制@3600。钢筋挂白线绑扎,钢筋接长采用闪光对焊连接。

模板采用酚醛树脂覆膜胶合板,60mm×90mm木方做背楞的大模板体系:按照基础截面尺寸现场设计模板,并在车间加工制作完毕,然后运到现场组合拼装在一起。拼组后的模板要求表面平整无错台。

组合后的模板质量要求见表1-2-1。

表1-2-1　　组合后的模板质量要求

项　目	偏　差	单　位
相邻模板表面高低差	≤1	mm
模板截面尺寸	≤5	mm

底板混凝土整体连续浇灌不留施工缝,采用两台泵车从两端同时向中间斜面分层浇灌,分层厚度不超过300mm。因底板混凝土体积较大,混凝土搅拌采用"双掺"技术,加强保温养护,降低内外温差。使混凝土内外温差不超过25℃,测温用埋设电子测温线测温,详细施工工艺见大体积混凝土施工。利用插入式振捣器人工进行振捣。在进行混凝土浇筑施工时,施工机械不得碰撞模板。施工过程中要求有模板工维护,并且要求随时校验模板有无变形及位移。发现问题及时处理。

(三)汽机基础上部结构

1. 模板施工

汽机基础上部施工采用钢管满堂脚手架,梁托用槽钢14号。钢管为$\phi48\times3.5$mm,钢管布置水平尺寸暂按0.5m×0.5m,水平钢管高度不大于1.5m。钢管脚手架三向布置剪刀撑。四周布置操作平台,平台宽度1m,平台钢管脚手架与主体脚手架脱离。所有钢管脚手架跟部放置道木垫板。

汽机基础采用树脂覆膜木模板作为模板材料进行施工,在地面按预先设计尺寸进行拼装后,用吊车配合安装。支撑系统用专门设计的钢管脚手架。钢筋在钢筋场统一制作,运至现场绑扎,钢筋接头按图纸设计要求采用相应的连接方式。汽机基座预埋件较多,为保证预埋件位置准确且与混凝土表面平齐,埋件用M6螺栓对角固定在模板上。角钢埋件固定螺栓@500,转角处切割成45°角焊接连接。运转层顶面埋件操平后设钢筋架与主筋固定,并在施工过程中防止踩踏。地脚螺栓预埋采用样板架加套管固定的方法,在汽机基础的框架柱上预埋样板架生根用铁件,样板架必须固定牢固,确保固定于样板架上的地脚螺栓在混凝土浇灌过程中不发生移位现象。

2. 预埋螺栓及套管的施工

预埋螺栓及套管的施工是关键,在施工前要认真核对图纸,并与汽机专业人员核对无误后方可进行。采用[20槽钢制作支架,将预埋螺栓及套管悬挂固定好,并复检其规格和定位,固定方法参照锅炉基础地脚螺栓的固定方法,要严格控制预埋螺栓及套管垂直度满足设计要求。模板整浇示意及柱梁模板详图如图1-2-9所示。

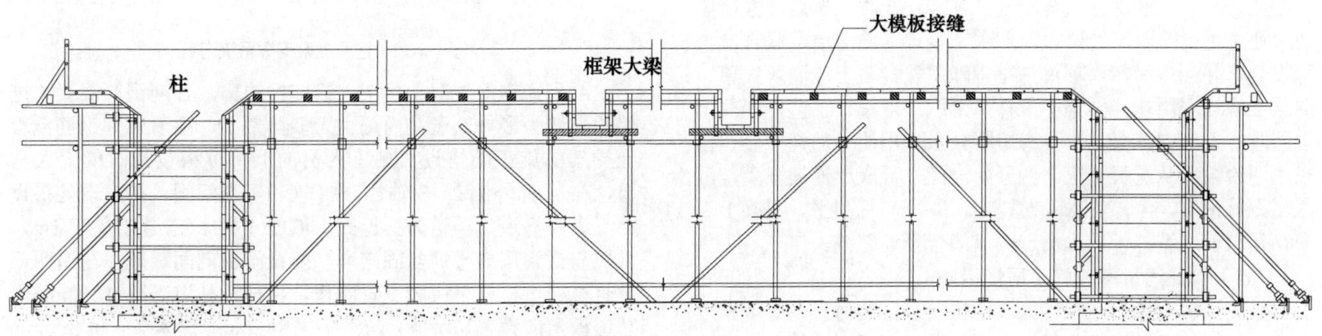

图1-2-9　模板整浇示意及柱梁模板详图

3. 钢筋工程

钢筋入场必须具有出厂合格证,并按规格、批号分类堆放,经现场抽样复试合格后挂牌识方可使用。钢筋由钢筋加工厂集中加工,运至施工现场进行绑扎。运输使用小拖拉机拉长板车运料的方法。

加工:钢筋的下料和加工,按工程技术人员给定的钢筋加工料单(据设计图纸和规范计算得出)进行。各类型钢筋加工成型后应分批编号、分类堆放,并挂牌标明钢筋的使用部位、编号、直径、长度。

接头:钢筋的接头按规范规定和图纸要求进行合理布置和施工。钢筋加工焊接接头以闪光对焊为主,现场接头采用电渣压力焊连接或按设计要求。

现场钢筋绑扎时,梁受力筋采用对焊、柱立筋的现场接头采用电渣压力焊接或按设计要求。

绑扎:在现场绑扎钢筋前要先将脚手架搭设好,一方面作为操作平台用;另一方面做钢筋的临时固定用,防止作业时钢筋倒覆伤人。

钢筋用22号镀锌铁丝4股满绑,钢筋绑扎位置正确,间距均匀。绑丝要用专用工具切成,切时要一次切成,避免有毛须,影响绑扎质量,切绑丝的长度要根据钢筋的直径计算,不能过长和过短。梁柱钢筋保护层用垫块，有多层钢筋时，上层钢筋设钢筋支撑架。其中梁板上部钢筋用钢筋铁马凳支撑，梁钢筋呈两层或多层布置时，两层钢筋之间用同直径钢筋垫起，留出间隙。

4. 混凝土工程

混凝土的供应：原材料水泥、砂、石、粉煤灰、外加剂等进场必须具有出厂合格证明书，经现场抽样复试，合格后挂牌标识，待用。由搅拌站集中搅拌，混凝土罐车运输，混凝土输送泵车或地泵加输送管浇筑入模。

混凝土的搅拌：必须按设计要求的强度和试验室给定的配合比进行搅拌，并根据实际情况在有关技术人员（试验室专职人员）指导下调整混凝土配合比，以保证混凝土的施工强度和施工稠度及施工要求的初、终凝时间。定期对原材料的质量和计量器具的准确性进行监督检查以保证混凝土强度、坍落度，配合比等符合质量要求。混凝土运输由罐车运输，运输过程不能超过 20min，保证混凝土运到现场的质量，保证不初凝，同时做到混凝土坍落度损失尽量小，保证现场施工。

混凝土的浇筑：在混凝土浇筑前，应对模板、钢筋、预埋件、预留孔等进行检查验收，必须符合设计与施工规范要求。混凝土浇筑时均匀布料，适当控制浇筑速度，入模高度控制在 2m 以内。混凝土分层浇筑时每层厚度不得超过振捣棒长度的 1.25 倍，振捣上层混凝土要在下层混凝土初凝前进行，并插入下层混凝土中 5cm 左右。

混凝土由浇捣孔进入或接软管直接插入墙内，确保混凝土自由倾落高度不超过 2m，混凝土采用分层浇灌分层振捣，上层混凝土浇筑期限不能超过下层混凝土的终凝，保证混凝土浇筑的连续性。施工缝留设在各层平台上部，二次混凝土浇灌前先填以 50～100mm 厚与混凝土内砂浆成分相同的水泥砂浆。混凝土振捣要密实，振动棒插点均匀，做到无漏振、欠振，防止混凝土表面出现蜂窝、麻面。

（四）汽机基础灌注混凝土前组织验收

汽机基础混凝土施工前，应组织汽机专业、电气专业、热控专业、水暖专业进行联合验收，各专业验收无误后，报请监理、业主进行验收，经监理、业主、设计、施工单位联合检查验收合格并会签后，由项目总工程师签发混凝土浇灌通知单。混凝土搅拌采用搅拌站集中搅拌，采取“双掺”工艺，混凝土中同时掺入磨细粉煤灰和具有缓凝减水作用的外加剂。浇筑时，采用两台泵车从汽机基座一侧开始浇灌，混凝土连续浇灌，混凝土振捣密实，上部泌水及时排走，并用刮杆刮平，混凝土表面在初凝前用铁抹子抹压两遍，以闭合干缩裂缝。

（五）保证汽机基础施工质量措施

（1）汽机基础外形尺寸大，结构复杂，几何尺寸要求精度高，预埋螺栓及预埋件数量多，埋设要求精度高，施工前，认真熟悉图纸并会审。

（2）对基座施工轴线及标高点控制体系，保证其独立性不受施工干扰，使用仪器、测尺专一。

（3）模板支撑及加固必须经计算制订方案，实施过程中按方案认真执行。

（4）模板在安装前修整、编号、拼装模板对号入座，接缝处贴胶带或夹海绵胶条，保证模板严密平顺。

（5）预埋件用螺栓固定在模板内侧，位置及标高准确，与模板面结合紧密，拆模后与混凝土表面齐平。

（6）保证样板架的强度、刚度及稳定性，经计算确定所用钢材型号、规格，制作、安装尺寸准确。

（7）预埋螺栓设专人埋设，使其负责到底，并经常复核其标高和位置的准确性。混凝土施工过程中，技术人员 24h 观测其位置及标高，发现问题及时纠正。

（8）应优选水泥及外加剂，混凝土浇筑从一端开始，直到另一端，沿两纵梁方向同步进行，并确保混凝土浇筑的连续性。

1.2.1.4.3 煤仓间框架施工

本工程煤仓间为钢筋混凝土框架结构，现浇钢筋混凝土梁板式楼面结构。

一、施工顺序

施工顺序为：首层框架现浇→运转层框架现浇→煤斗层框架现浇→皮带层框架现浇→煤仓间屋面层框架现浇。

二、脚手架施工

煤仓间框架上部结构的支撑体系采用ϕ48×3.5mm 卡扣式钢管脚手架。脚手架由立杆、横杆组成，为保证排架的整体稳定性需设横竖向剪力撑。经计算确定框架立杆的排距和间距，横杆的步距，立杆顶标高要根据各层平台底标高，经计算确定。梁底立杆顶端设置［10 槽钢制成的梁托，铺设梁底时，框架梁长大于 4m，应起拱（1/1000～3/1000）防止因梁自重而引起下沉。底层立杆地基应平整夯实，垫 200mm 厚碎石，抄平后加设垫木。柱及纵梁支撑系统布置如图 1-2-10 所示。

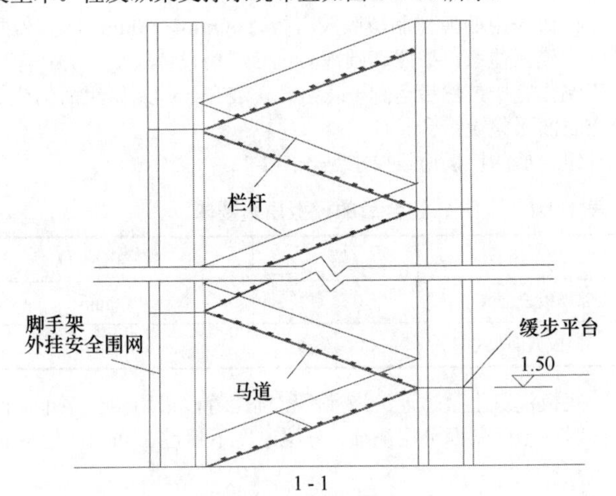

图 1-2-10 柱及纵梁支撑系统布置

A 列为钢筋混凝土排架—钢支撑结构，A 列钢筋混凝土排架的外侧为多排架子，内侧也为多排架子，随着 A 列钢筋混凝土排架的施工随搭设。施工人员的上下可搭设临时的上人马道，在 A 列外侧 2～3 轴、7～8 轴和煤仓间固、扩定端处搭设上下人用马道，马道为折返式，坡度 1∶3，走道的宽度 1m，跳板与横管用 8 号铁丝固定牢，防止施工期间踩翻，马道两侧设有栏杆，栏杆采用脚手管制作，栏杆距马道高度 1200mm，马道板上应设置防滑条，防滑条采用 30mm 厚木条，每 300mm 布置一道。

为了确保施工安全及保持良好的施工环境，在脚手架四周布设安全网完全封闭。安全马道平面图如图 1-2-11 所示。

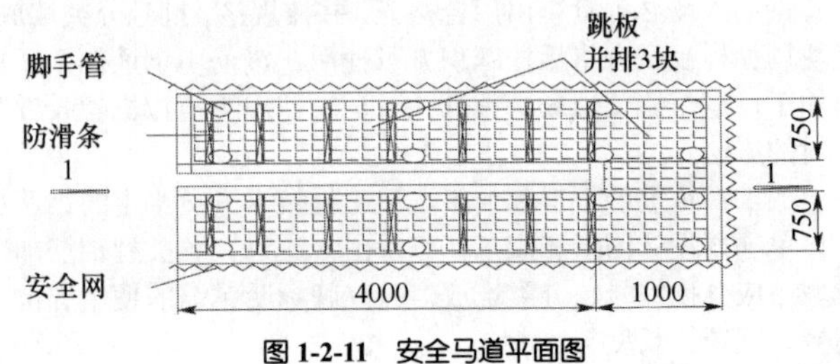

图 1-2-11 安全马道平面图

除氧煤仓间端脚手架，采用普通脚手架。当承托框架梁时，梁两侧钢管底部应加槽钢支托。平台下排架立杆的间距和步距由计算确定，立杆用对接卡扣进行连接，不允许搭接，注意相邻立杆的搭接不可在同一高度上，应相互错开500mm，以保证排架刚度及稳定性，排架的施工严格按照钢脚手架施工规范进行，排架的四脚、八面采用斜支撑，确保排架的整体稳定性，顶层管的标高，根据梁底标高及使用的木方尺寸进行配料。钢管支撑系统成型后根据梁、板的底标高在梁下设纵方三道，纵方下用木方作横担。

剪刀撑应自下而上连续设置，并保证连接可靠。平台下在为满堂脚手架时，应在其下设置适当水平拉杆，水平拉杆每3～5跨布置一道。在脚手架立杆底端之上100～300mm处遍设纵向和横向扫地杆，并与立杆连接牢固。

三、除氧煤仓间混凝土框（排）架现浇施工

除氧煤仓间框（排）架分层施工顺序：框架柱钢筋→框架柱支模→梁底模→梁钢筋→梁侧模→板底模→板钢筋→柱梁板混凝土浇筑→拆模。

（一）模板施工

1. 柱、梁、板模板

柱、梁、板采用18mm厚酚醛树脂覆膜的木胶合板，60mm×90mm木方做背楞，木方要防止受潮变形，背楞60mm面要用压刨压平直和模板贴紧，以加大模板的平整度和刚度，背楞间净距200mm。按梁、柱、板形状、尺寸绘制模板加工小样图，交模板加工厂统一制作加工。模板下料用裁板机，保证模板边角平直。模板接缝处粘贴5mm双面胶海绵条，防止漏浆。柱、梁、板整浇胶合板模板支模如图1-2-12所示。

2. 柱模板支撑及加固

柱模板采用加固螺栓、型钢（或短钢脚手管）、木方共同加固，槽钢的规格与布置间距、加固螺栓直径通过力学计算确定。为保证柱模板的刚度与稳定性，在柱下部可以适当加密、加粗加固螺栓。在柱模板底部预留清扫孔，浇筑前封堵。柱二次施工接头处模板与上次混凝土相接触处模板向下延伸500mm并加双面胶海绵条，此处加设两道型钢柱箍，向下延伸模板端部一道，混凝土柱顶一道，同时加固螺栓规格加大；另外利用钢脚手管加顶丝与支撑排架对柱进行找正。

梁模板采用加固螺栓、型钢（或短钢脚手管）、木方共同加固，加固方式与柱相似。梁侧模夹紧底模，并使侧模木肋与梁底木方钉在一起。梁底模板按梁跨度的0.3%起拱。

（二）钢筋工程

1. 钢筋加工

钢筋成型在现场钢筋加工厂进行，钢筋采用机械加工、机械调直，严格保证加工形状和尺寸。

钢筋加工完毕分类堆放，钢筋标牌清晰准确。堆放时至少架离地面100mm。

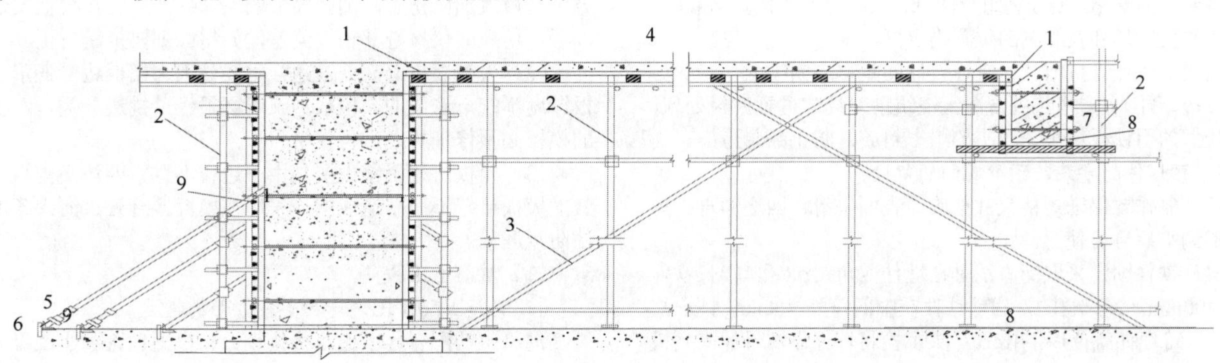

图1-2-12 柱、梁、板整浇胶合板模板支模

1—柱梁板大模板；2—结构支撑$\phi48\times3.5$mm钢管；3—结构斜支撑$\phi48\times3.5$mm钢管；4—梁板支撑木方100mm×100mm；5—可调螺栓；6—预埋钢筋；7—钢管支座；8—模板缝用泡沫条粘贴；9—木方后背槽钢作围箍

2. 钢筋绑扎

为了提高钢筋的绑扎工艺水平和施工速度，当设计无要求时，钢筋连接梁筋采用闪光焊接，采用竖向钢筋采用电渣压力焊钢筋接头。

柱钢筋的绑扎分段进行，以施工缝作为分段依据。绑扎时要保证钢筋位置准确，搭接长度、锚固长度、预留长度一定要满足设计和规范要求，并做到横平竖直。绑线均折向骨架内部，防止影响混凝土表面质量。杜绝随意在钢筋上焊接或切割。为确保框架柱上下层钢筋位置准确，采用角钢制作框对柱主筋进行固定，固定框按柱的断面尺寸和钢筋位置设计制作。

主厂房框架梁钢筋规格较大，配筋较多，出现二层钢筋的时候较多，绑扎时可以利用脚手架形成临时钢筋支架，便于施工并防止钢筋倒排。

板上层筋用钢筋马凳支起，板底筋弯钩朝上。钢筋相交点用22号铁线绑牢，不允许隔点交错绑扎。

钢筋保护层采用垫块，防止空气通过垫块腐蚀钢筋。施工时保证垫块数量及固定牢固，防止露筋现象发生。

（三）混凝土工程

采用混凝土搅拌站集中搅拌，混凝土运输车运输，混凝土泵车浇筑，泵车浇筑不到位置采用混凝土输送泵输送混凝土。

浇筑同一层框架时，要做到对称浇筑。

混凝土采用插入式振捣棒振捣，控制混凝土振捣时间，以混凝土不再明显下沉、不出现气泡为宜。由于模板采用木模，存在排水性、透气性差的特点，振捣时适当加长10s左右，同时严格控制下混凝土高度（以500mm为宜）。振捣棒至少插入下层混凝土50mm。振捣棒采用D=50mm、D=30mm两种，钢筋较密处采用D=30mm振捣棒或采用人工振捣和振动外模相结合的方法。

浇筑完毕后排除泌水，对截面较大的构件可以采用二次振捣以便增加混凝土的密实性，终凝前混凝土表面抹压，终凝后及时做好养护。

（四）养护、拆模

混凝土终凝后即进行养护，框架柱梁的养护采用混凝土养护液，现浇混凝土板采用浇水满铺麻袋、覆塑料布养护。养护期根据气候条件确定，养护时间不少于14d。

混凝土浇灌后及时浇水养护，拆模按不同部位的具体要求进行。

混凝土试块的养护：所有混凝土结构工程，应按照规范要求

制作试块，试块取样应在浇筑现场，试块制作组数应符合规范要求，并应制作同条件试块。混凝土标养试块养护应在标养室进行。

1.2.1.4.4 运转平台施工

主厂房内运转平台为钢梁浇制板。

一、运转层平台施工顺序

钢管脚手架支设→混凝土柱模板、钢筋→混凝土梁模板、钢筋→平台底模复合模板铺设→钢筋绑扎→预埋件安装→混凝土浇筑。

二、钢梁现浇板的施工

1. 各层平台次梁采用钢梁

加工件的原材材质符合设计要求，根据梁尺寸，进行下料，焊堵板，焊缝要检查合格。剪力件可以根据实际情况采用专用工具现场安装或组合场安装。

钢梁的安装时，在梁的两头画好中心线，在主梁底模板上也画好次梁的中心线，用 8t 塔吊或 30t 吊车将钢梁就位找正。

2. 多层板铺设

18mm 酚醛树脂覆膜多层板如图 1-2-13 所示，多层板支座利用 H 字钢上下翼缘板木方立撑顶紧。方法是用 100mm×100mm 木方作立撑上部用 100mm×100mm 木方做多层板背枋，距离按实际情况计算，立撑下部用木楔垫块抄紧。上下节点均需铁钉钉牢。

图 1-2-13 酚醛树脂覆膜多层板

多层板铺安前，要仔细审查图纸，在地面上就把安铺顺序、每块板的位置尺寸及孔洞的位置确定好。

钢梁上用栓钉抗剪，栓钉按设计间距焊在钢梁上。

板边、洞口边、搭接处混凝土浇筑前对缝隙进行密封处理，缝隙较大的用铁板堵牢，较小的用密封胶，防止漏浆污染。

3. 预埋件的安装及预留孔洞的留设

埋件制作要保证规格尺寸准确、表面平滑、四边顺直。焊接变形调平后方可使用。

梁柱铁件固定采取的方法是在埋件四角钻ϕ8 孔（较长铁件每隔 400mm 钻一次孔），扁铁铁件在中间每隔 400mm 钻一次固定孔，待埋件就位后，用ϕ6 带头螺栓将埋件靠螺母加固到模板上，保证拆模后埋件与混凝土表面平整。

4. 混凝土板施工

混凝土运输采用泵车直接入模或采用输送混凝土泵铺送管道浇注混凝土。混凝土注入点应分散摊平，不得集中堆放，避免引起梁板变形。混凝土抹平，首先用水平仪抄平，抄平点用短钢筋固定，抄平点不大于 3m 一个点。用大刮板摊平，平板振捣器捣平，用木抹子搓平，大面积抹灰用抹灰机作业。根据地表装饰要求，混凝土地面抹成光面表面和粗糙表面。混凝土养护应及时进行，并做好防护措施。

1.2.1.4.5 消除质量通病的措施

一、模板工程

基础上部结构要求做清水混凝土，表观质量要求高。采用 18mm 厚高强覆塑木夹板支模，增强表面的观感效果，模板制作按主体建筑造型设计图进行配模设计，合理布置模板的拼缝位置和施工缝留设位置对拉螺栓孔位置。

1. 质量通病

（1）模板的大面扭曲和平整度垂直度超标。

（2）模板拼缝高低差超标。

（3）模板拼缝处漏浆。

2. 消除措施

（1）框架结构柱段混凝土垂直方向一次分段，横板纵向较大，容易出现垂直度超标的现象。为此使用 100mm×100mm 的方钢作模板加固楞条，加强模板的整体性；同时在模板安装加固后，用经纬仪检查其轴线偏差，如超标则要重新校正。

（2）大模板拼缝高低差超标主要是因为模板边沿变形，模板厚度不统一造成的，模板加工时必须经过挑选分类，对变形的模板必须修理好之后再使用。

（3）模板拼缝漏浆主要是由于边线不直、四边不垂直而导致的模板接缝不严密造成的，采用在模板接缝处夹海绵条的方法防止漏浆。

二、混凝土工程

1. 混凝土配合比设计和生产方面的措施

混凝土的配合比应进行优化设计，根据理论和实践经验，采用 *R*42.5 强度等级普通硅酸盐水泥或矿渣水泥，掺入高效减水剂和符合要求的适量的粉煤灰，采用级配良好的粗细骨料，在满足施工要求的情况下，采用较小的水灰比，从而降低单位水泥用量，减少水化热的产生量，控制混凝土的绝热升温。

本工程全部采用现场搅拌，在混凝土成品过程中要求派试验室专业工程师进行全程监控。

2. 混凝土的浇筑和养护措施

原材料备料充足，混凝土生产供应连续，保证混凝土一次浇筑完成。

混凝土分层浇筑，每层不大于 30cm，分层浇筑推进，分层振捣，用直径 50mm 振捣棒插入振捣，每点留振时间 20～30s 以上，每点间距 30cm 左右。

浇筑混凝土 12h 左右后，开始将混凝土的暴露面浇清水养护，并覆盖塑料薄膜，以减少混凝土表面的水分散发，起到保温作用，以减慢混凝土表面的降温梯度和缩减混凝土内外温度极差。

混凝土的浇水养护由混凝土班派专人进行，以保持混凝土暴露表面湿润为目的。计划：白天三次，中班一次，连续湿水养护 14d，做好养护记录。若遇高温或烈日天气或大风天气，适当增加浇水次数。

推迟拆模时间，混凝土内部温度明显下降两天后方可进行模板的拆除。

为了掌握混凝土的内部和表面温度极差，拟在底板上设四组测温点，每组测温点沿底板高度方向按上中下分别布置3个电阻测温探头，以监测混凝土的内部温度变化，当发现内外温度差接近25℃时，及时采取混凝土四周加盖塑料薄膜，塑料薄膜外层铺设麻包袋封闭保温措施。

三、各层平台顶部混凝土标高的控制

各层顶部混凝土标高要求极高，严禁出现过低或超高现象。

消除措施如下：

预留混凝土凝固收缩量，运转层顶部混凝土标高施工放线时比设计高程高5～8mm。

测量施放高程时加密放点，可以在模板周边混凝土顶标高线处钉三角线来控制，以木线条为高程控制线，用靠尺刮平。

各层混凝土浇筑到标高时，将顶层浮浆铲走，再用较低坍落度的细石混凝土补充压实。

在各层的混凝土浇筑过程中，派专业测量人员跟班观察各层顶部混凝土的高程，保证顶部混凝土偏差符合设计和《火电施工质量检验及评定标准（土建工程篇）》中的标准要求。

四、钢筋的制作和安装

钢筋应严格按照施工图和规范要求下料加工，应考虑上下内外层钢筋交叉时的保护层要求。在安装时关键是控制钢筋接头的位置和接头的质量焊接质量搭接长度，以及避免出现露筋现象。

施工时必须加密钢筋的保护层垫块并将其绑扎牢固，防止混凝土浇捣过程中脱落而导致钢筋产生侧向位移露筋。

五、雨季施工质量管理措施

钢结构钢筋埋件等制作加工设在车间内进行，作业场地采用硬地化，同时尽可能避免露天存放和加工作业。

现场临时摆放的钢筋埋件等应用木方或其他材料垫高隔离，钢筋绑扎或埋件安装期间粘上泥土时，混凝土浇灌前用钢丝刷冲水洗刷干净或作打毛处理。

水泥、焊条、油类、涂料、木材、化学品、危险品等的存放保管特别要注意防潮防雨，室外四周排水畅通。

在雨天进行电焊混凝土浇灌露天作业时，搭设临时遮雨棚挡风防雨。

本章其余内容见光盘。

第 2 章　黄陵矿业集团 2×300MW 低热值资源综合利用电厂工程施工组织设计总体规划

本《施工组织设计总体规划》是黄陵矿业集团有限责任公司 2×300MW 低热值资源综合利用电厂新建工程各参建单位实施本工程各项工作的总体策划和总的管理思路，是本工程管理的纲领性文件。本《施工组织设计总体规划》是根据施工图交付计划和设备到货计划，以及国内 2×300MW 机组的施工管理经验，两台机组按照 2011 年 8 月、10 月发电投产的总体进度要求进行编制的。但在执行过程中需根据施工进度的实际情况进行一定的调整。本《施工组织设计总体规划》由黄陵矿业集团有限责任公司 2×300MW 低热值资源综合利用电厂筹建处负责解释。

编写依据如下：

（1）陕西省国土资源局“关于黄陵矿业集团有限责任公司 2×300MW 低热值资源综合利用电厂项目建设用地预审的复函”（陕国土资规发〔2009〕26 号）。

（2）关于《陕西煤业化工集团黄陵低热值资源综合利用电厂（2×300MW）新建工程初步可行性研究报告专家组评估意见》。

（3）国家、行业或企业颁发的有关法律、法规、规程、规范、规定或标准。

（4）黄陵矿业集团有限责任公司 2×300MW 低热值资源综合利用电厂主机设备和主要辅机的采购合同及技术协议。

（5）《火电工程质量监督站质量监督检查典型大岗》（建质〔1995〕84 号）。

（6）《火电机组达标投产考核标准及其相关规定》（2006 年版）。

（7）《电力建设安全施工管理规定》（电建〔1995〕671 号）和相关补充规定。

（8）黄陵县水政水资源管理局文件黄水资字〔2008〕24 号“黄陵县水政水资源管理局关于沮河流域水资源的配水方案的报告”（2008 年 11 月 19 日）。

（9）《黄陵矿业集团有限责任公司 2×300MW 低热值资源综合利用电厂初步可行性研究报告》。

（10）《黄陵矿业集团有限责任公司 2×300MW 低热值资源综合利用电厂可行性研究报告》。

（11）《黄陵矿业集团有限责任公司 2×300MW 低热值资源综合利用电厂工程初步设计》。

（12）黄陵矿业集团有限责任公司与陕西省电力勘测设计院的工程设计合同。

2.1　工 程 概 况

2.1.1　工程性质、规模和特点

黄陵矿业集团有限责任公司 2×300MW 低热值资源综合利用电厂工程是黄陵矿业集团有限责任公司（简称黄陵矿业集团）利用循环流化床锅炉技术，燃烧煤矸石、煤泥和中煤的投资建设的发电工程。建设规模为 2×300MW，配上海电气集团生产的亚临界直接空冷汽轮发电机组和东方锅炉股份有限公司生产的 1058t/h 循环流化床锅炉。锅炉燃用黄陵矿业集团公司 1 号和 2 号煤矿的煤矸石、2 号煤矿的煤泥和中煤，凝汽冷却方式采用直接空冷。厂区围墙内规划用地约 32hm^2，其中施工生产、生活用地约 10hm^2。不考虑扩建条件。动态投资 29 亿元人民币。

2.1.2　交通运输

2.1.2.1　铁路

黄陵地区国铁有包（头）至西（安）铁路的西（安）延（安）段自南向北通过，还有地方铁路秦七线和矿区专线横贯矿区，并与国铁联接。为矿井生产和煤炭运输及当地经济发展，以及电厂建起创造了良好铁路运输条件。

秦七线由西延铁路秦家川站接轨至七里镇，全长 30.1km。1 号矿井专用线，由七里镇接轨至店头镇，全长 3.32km。2 号矿井专用线，由店头镇接至 2 号矿，全长 14.46km（两站中心 14.25km）。

电厂大件及外埠设备材料通过铁路经 2 号井专用线，运至黄陵矿业集团有限责任公司 2 号井专用线电厂区卸车，然后经厂区公路转运至厂内。

2.1.2.2　公路

黄陵交通发达，县境内有以铜黄高速公路和 210 国道为主的 9 条主干公路通过，全长达 218km，并与十多条支线相连。西—延铁路从县境东部横贯县境南北通过，秦七运煤专线铁路年运量可达 500×10^{4}t。

电厂东距店头镇约 25km，距黄陵县城约 55km，北距延安约 226km，南距铜川约 104km，距西安约 226km。电厂专用道路拟由黄畛公路引接，交通方便。

2.1.2.3　电厂专用道路

电厂进厂道路、燃料及灰渣运输道路，拟就近由黄畛公路引接。道路宽分别为 12m、9m、9m。均为汽–20 级郊区型混凝土路面。其中厂外运灰道路至灰场段，为泥结石路面。

2.1.3　厂址自然条件

2.1.3.1　厂址

黄陵矿业集团有限责任公司 2×300MW 低热值资源综合利用电厂位于陕西省黄陵县双龙镇西峪村，距黄陵县城以西偏北约 30km，与黄陵矿业集团 2 号煤矿相邻。

2.1.3.2　水文条件

黄陵矿业集团有限责任公司 2×300MW 低热值资源综合利用电厂位于沮河流域川道内，沮河为北洛河第二大支流，发源于陕甘边界的子午岭上的柏树庄，自西向东横贯黄陵县全境，于龙首镇境内注入北洛河，全长 140km，河道平均比降 0.3%，流域面积 2488km^2。沮河是黄陵县最重要的水源河流之一，常年流水，含沙量小，水质较好。沮河流量补给以大气降水为主，其次是泉水，汛期洪水暴涨暴落。根据沮河黄陵水文站（位于黄陵县县城城关，1966 年建站至今）多年资料统计，多年年平均流量 3.7m^3/s，多年平均含沙量为 4.7kg/m^3，最大流量 607m^3/s（1976 年 8 月），百年一遇流量 297m^3/s。

2.1.3.3　电厂水源

本工程供水水源主要利用黄陵矿业集团 2 号煤矿矿井疏干水，备用水源利用上畛子水源地的供水。

2.1.3.3.1　黄陵2号矿井矿坑疏干水

本工程选用黄陵2号矿井疏干水作为电厂生产用水的主要水源。

根据黄陵2号矿井初步设计文件，疏干水正常涌水量$320m^3/h$，最大涌水量$400m^3/h$。

黄陵2号矿井可开采储量644.39Mt，每年批准开采7Mt/a，服务年限约70.81年，满足电厂设计年限内用水的需求。

黄陵矿井的疏干水由黄陵矿业公司按不同用途统一考虑分配，并同意电厂$240m^3/h$补给水由矿区疏干水供给。

2.1.3.3.2　上畛子水源地地下水

黄陵矿业集团有限责任公司2×300MW低热值资源综合利用电厂分布在上畛子水源地至1号矿井的供水管线沿线，选用上畛子水源地地下水作为备用水源及生活用水。

上畛子水源地设计深井28座，其中强富水区布置有3座井，单井涌水量$Q>1500m^3/d$，富水区布置有6座井，单井涌水量$Q=1000\sim1500m^3/d$，中等富水区布置有19座井，单井涌水量$Q=500\sim1000m^3/d$。

根据水源的资料，水源地向矿区供水$20000m^3/d$，除去矿区生产、生活用水、井下消防洒水及洗煤补充用水共计$4823.83m^3/d$，还剩余水量$15176.17m^3/d$，完全能满足本工程作为补给水备用水源的要求。

2.1.4　气象条件

黄陵矿业集团有限责任公司2×300MW低热值资源综合利用电厂位于黄陵县气象站以西偏北30～35km，沮河川道内，基本气象要素直接采用黄陵县气象站的基本要素资料进行统计。

2.1.4.1　黄陵县气象站位置

黄陵县气象站站址设在县城东南5km处的候庄乡黄渠，北纬35°33′，东经109°19′，观测场海拔高度1081.8m。

2.1.4.2　黄陵县气候概况

黄陵县位于延安市的最南部，属于渭北黄土高原沟壑区，北靠富县，东连洛川，南与宜君、铜川旬邑接壤，西与甘肃省的正宁县毗邻，总面积为$2275.39km^2$，海拔在740～1762m之间。由于黄陵县介于关中与陕北的过渡地区，在气候上属于中温带大陆性季风气候，全年四季分明，光照充足；降水不均，旱涝易现；炎热季节短，寒冷期长。春季多风，有寒潮、霜冻出现，危害农作物生长；夏季雨量多而且集中，有局部地区性雷暴雨、冰雹和7级以上阵风出现；秋季容易出现连阴雨天气，中秋至深秋，降温加快，霜冻来临；冬季降水极少，日照充足，寒冷干燥。

2.1.4.3　基本气象要素

通过统计计算，各基本气象要素值如下：

多年平均气压	894.7hPa
多年平均气温	9.3℃
极端最高气温	39.4℃
极端最低气温	－21.4℃
平均最高气温	15.3℃
平均最低气温	4.2℃
平均水汽压	9.1hPa
最大水汽压	28.9hPa
平均相对湿度	72%
最小相对湿度	2%
平均雷暴日数	28.9d
平均雾日数	45.2d
实测最大风速	22.0m/s
平均风速	3.0m/s
主导风向	NW、SSE
多年平均降水量	596.3mm
一日最大降水量	176.9mm
多年平均蒸发量	1416.0mm
最大冻土深度	69cm
最大积雪深度	20cm

2.1.4.4　设计风速

根据实测资料统计计算，黄陵县气象站50年一遇距地10m高10min平均最大风速设计值为26.1m/s，相应的风压为$0.43kN/m^2$。

2.1.4.5　主导风向

厂址处的风向受地形，沮河川道影响较大，风向频率暂以用黄陵气象站多年风向统计资料作为参考。根据黄陵县气象站观测的各风向频率资料统计，全年主导风向为NW与SSE，次主导风向为NNW与SE，夏季主导风向为SSE，次主导风向为SE。

2.1.5　工程地质条件

2.1.5.1　区域地质构造及地震

2.1.5.1.1　区域地质构造

黄陵县在大地构造环境中位于中朝准地台鄂尔多斯地块内部。近场区位于鄂尔多斯地块的东南部，在地质构造上属向西缓倾的单斜构造。此范围涉及的主要地质构造单元有鄂尔多斯地块、渭河断陷盆地带和山西断陷盆地带。

鄂尔多斯地块是华北地台的一部分，在中生代以前，地质发展与华北地台是同升降共沉浮。中生代时期，鄂尔多斯地块逐渐沉降成为一大型凹陷盆地，其中主要接受内陆河湖相沉积，构成一个大的沉积旋回。鄂尔多斯为一稳定的地块，尽管在中生代发生了印支运动和燕山运动，鄂尔多斯地块仍以整体升降运动为主，振荡幅度小，地块内部没有明显分化；新生代时期，鄂尔多斯地块转变为以整体性隆升运动为主。因而地质构造简单，无大型剧烈的褶皱和断层，长期以来是一个比较稳定的地区。

厂址和灰场及其周边（1～2km范围内）无活动性断裂分布，厂址及灰场相对稳定，适宜建厂。

2.1.5.1.2　地震

以拟建场地为中心的150km范围内，涉及到的地震带主要是汾渭地震带。

汾渭地震带位于大华北地块中部，是其主要强震带之一。汾渭带内的地震记载可追溯到公元前1200年，至今记到$4^3/_4$级以上地震158次，其中5～5.9级73次，6～6.9级21次，7～7.9级8次，1556年华县$8^1/_4$级地震和1303年洪洞8级地震是带内最大的地震，这些地震主要分布在忻定盆地、临汾盆地和渭河盆地东部地区。对工程场地的最大影响为1556年的华县$8^1/_4$级地震，影响烈度为7度。

渭河地震亚带是以渭河断陷盆地为单元划分的，它位于汾渭地震带的西南端。渭河断陷盆地是陕西省地震活动最强烈的地区。若以6级为活跃期标志的下限震级，则渭河地震亚带的地震活动分期表现有700～800年时间间隔；按这种间隔，目前该带处于非6级以上地震活动时段。因此发生6级以上地震可能性较小。

根据《中国地震动参数区划图》（GB 18306—2015）图A1，该场地地震动峰值加速度为0.05*g*，对应的地区地震基本烈度为6度；据《中国地震动参数区划图》（GB 18306—2015）图B1，该场地地震动反应谱特征周期为0.45s。拟选厂址场地土类型可按中软～中硬土考虑，属抗震有利地段，建筑场地类别可按Ⅱ类考虑。

2.1.5.2 厂址区工程地质条件

2.1.5.2.1 地形地貌

厂址地处沮河河谷地带，地貌上属于沮河河漫滩滩地，主要由沮河河床及两侧漫滩组成，整个场地勘察期间已经过初步平整，开阔平缓，总体上北高南低，微向沮河河床微倾。本次勘察未发现严重不良地质作用。

2.1.5.2.2 地基土的构成

根据初设阶段勘察结果及西北电力设计院可行性研究阶段《黄陵矿业集团有限责任公司2×300MW CFB低热值资源综合利用电厂工程岩土工程勘察报告书》，主厂房及空冷岛地段的地层岩性主要为：上部为第四系冲积成因的黄土状粉质黏土、砾石（Q4al），下伏侏罗系（J）泥岩及砂岩。现将其分布特征分述如下：

（1）黄土状粉质黏土：褐黄色，稍湿～饱和，可塑，水位附近时呈软塑，土质不均，可见针状孔隙，该层底部0.5～1.0m段一般混有少量砾石，砾石含量10%～15%。该层在整个场地内均有分布，具有自重湿陷性，层厚0.7～3.1m，平均厚度1.72m，层底标高1007.08～1008.56m。

（2）填土：褐色，土质不均，以黏性土为主，混植物根系及砾石等。仅分布于局部建筑物地段。该层层厚0.5～1.7m，平均层厚0.93m，层底标高1007.15～1008.08m。

（3）圆砾：杂色，饱和，稍密～中密，母岩成分以砂岩为主，泥岩次之，粒径一般5～20mm，混少量卵石，呈亚圆状，局部磨圆较差，呈棱角～次棱角状，粉质黏土（含量约占总重的15%～20%）及砾砂充填，局部夹有粗砂或透镜体状饱和粉土团块或薄层，土质不均。该层在整个场地均有分布，层厚4.3～6.5m，平均层厚5.10m，层底标高1001.28～1003.96m。

（4）泥岩：紫红色～灰绿色，强风化，岩芯呈薄片状、碎块状，结构破碎，裂隙发育，遇水易软化。该层层厚约1.2～5.6m，层底标高996.19～1001.95m。

（5）泥岩：紫红色～灰绿色，中等风化，岩芯较完整，呈短、长柱状，铁质胶结，遇水易软化。该层未揭穿，揭露层层厚约0.6～2.1m，层底标高996.98～1000.33m。

（6）砂岩：紫红色～灰绿色，中等风化，块状结构，一般与泥岩呈互层状分布。厚度0.3～0.7m。

注：圆砾在个别钻孔出露有饱和软塑状粉质黏土及细砂层。详见剖面图。

地基土物理力学性质指标如下：

（1）层物理力学指标见表2-1-1。

表2-1-1　（1）层物理力学指标

指标类型	值别	
	范围值	平均值
天然含水量 w/%	16.0～30.3	21.3
天然重度 γ/（kN/m³）	15.3～15.9	17.6
干重度 γ_d/（kN/m³）	13.2～15.8	14.5
孔隙比 e	0.706～1.052	0.856
黏聚力 c/kPa	7.65～57.49	25.7
内摩擦角 φ/（°）	18.6～33.0	27.3
湿陷系数 δ_s	0.002～0.061	0.011
自重湿陷系数 δ_{zs}	0.001～0.061	0.008
压缩系数 a_{1-2}/MPa^{-1}	0.331～0.869	0.608
压缩模量 E_{s1-2}/MPa	2.19～5.17	3.47

注　表中 c、φ 值为标准值。

（2）层物理力学指标见表2-1-2。

表2-1-2　（2）层物理力学指标

层号	天然重度 γ/（kN/m³）	内摩擦角 φ/（°）	重型动力触探平均值 $N_{63.5}$/击	压缩模量 E_{s1-2}/MPa	承载力特征值 f_{ak}/kPa
（2）	19.0～20.0	30～35	6.3～7.4	30～35	250～300

（4）、（6）层物理力学性质指标见表2-1-3。

表2-1-3　（4）、（6）层物理力学性质指标

指　　标	层　　号	
	（4）层	（6）层
饱和重度/（g/cm³）	2.46～2.52	2.52～2.56
干重度/（g/cm³）	2.39～2.43	2.42～2.49
饱和抗压强度/MPa	10.2～18.8	21.0～33.9
软化系数	0.55～0.58	0.64～0.70

根据收集资料及原位测试结果，提供地基土承载力特征值，见表2-1-4。

表2-1-4　地基土承载力特征值表

地层	（1）	（2）	（4）	（5）	（6）
承载力特征值 f/kPa	90～130	250～300	250～350	300～450	400～500

2.1.5.2.3 地基湿陷性评价

根据可研阶段勘察结果，本场地的湿陷类型为自重湿陷性场地，地基湿陷等级为Ⅱ级，湿陷下限为地下水位埋深处。

2.1.5.2.4 砂土液化

无饱和粉土和砂土层，应判为场地土不存在液化问题。

2.1.5.2.5 设计采用的主要数据

基本风压值　0.43kN/m²

基本雪压值　0.25kN/m²

抗震设防烈度　6度

场地土类别　中硬场地土，建筑场地类别为Ⅱ类

对主要建筑物在不考虑地面整平的条件下可考虑采用碎石垫层或桩基础。

2.1.6 主机选型及供应厂商

2.1.6.1 锅炉

本工程锅炉采用东方锅炉股份有限公司生产的1058t/h循环流化床锅炉，型号为DG 1057/17.5-Ⅱ1型为单炉膛、一次再热、旋风气固分离器、平衡通风、露天布置、固态排渣、全钢构架、全悬吊结构Π型锅炉。主要参数如下：

锅炉型式　亚临界自然循环一次再热流化床锅炉

最大连续蒸发量　1058t/h

过热器出口蒸汽压力　17.5MPa（a）

过热器出口蒸汽温度　540℃

再热蒸汽流量　867t/h

再热器进口/出口蒸汽温度　330/540℃

给水温度　278℃

通风方式　平衡通风

2.1.6.2 汽轮机

本工程汽轮机采用上海电气集团生产的直接空冷式汽轮机。

汽轮机型式：亚临界参数、中间一次再热、单轴、双缸、双排汽、直接空冷凝汽式汽轮发电机组。

功率	300MW
主蒸汽流量	937t/h
主汽门前蒸汽压力	16.7MPa（a）
主汽门前蒸汽温度	537℃
再热蒸汽流量	775t/h
再热汽门前蒸汽压力	3.299MPa（a）
再热汽门前蒸汽温度	537℃
排汽流量	646t/h
排汽压力	16kPa（a）
热耗值	8174kJ/（kW・h）

2.1.6.3　发电机

本工程采用上海电气集团生产的水氢氢冷却发电机，其主要参数如下：

型式	三相交流同步发电机
额定容量	353MVA
额定功率	300MW
最大连续输出功率	330MW
额定功率因数	0.85（滞后）
转速	3000r/min
额定电压	20kV
冷却方式	水氢氢
励磁方式	机端自并励静止励磁

2.1.7　系统简述

2.1.7.1　电气部分

本期工程安装 2×300MW 机组，均以发电机—变压器组接入 330kV 母线，以 330kV 电压等级接入电力系统，本期 330kV 出线 2 回。330kV 主接线采用双母线接线。

发电机出口不装设断路器，发电机引出线与主变的联结采用全连式离相封闭母线。

本期工程起动/备用电源由 330kV 母线引接。高压厂用工作电源由发电机出口引接，每台机组设一台高压厂用变压器。高压厂用电压为 6.3kV，低压厂用电压为 380/220V。

330kV 配电装置拟采用屋外 GIS 配电装置。

主变压器，工作厂高变、启/备变布置在汽机房 A 排外空冷器平台下。

高压厂用设备及机、炉低压厂用设备布置在主厂房内。辅助厂房厂用设备布置在相应的辅助厂房内。

2.1.7.2　输煤系统

电厂的燃煤由黄陵矿业公司 2 号矿井的选煤厂供应。选煤厂年工作 330d，每天工作 16h，每天两班生产，一班检修。电厂燃用煤矸石、煤泥和中煤。由于上述各种煤质发热量和灰分相差很大需要混煤，设计煤矸石:煤泥:中煤比例为 0.45:0.2:0.35。

两台炉设计耗煤量 489.6t/h，年耗煤量约为 269.28×10^4^t（其中煤矸石 123.86×10^4^t/a；煤泥 43.12×10^4^t/a 和中煤 102.3×10^4^t/a）。

注意：（1）日利用小时按 20h 计。

（2）年利用小时按 5500h 计。

2.1.7.3　卸煤系统

黄陵矿业公司 2 号矿的选煤厂洗出的中煤（中煤、煤矸石）考虑采用带式输送机运输到电厂的斗轮堆取料机煤场。

2 号煤矿的煤矸石用量不足时，由 1 号煤矿的煤矸石来补充，将大块矸石破碎到小于 50mm 以下采用自卸载重汽车运输至电厂的煤场。

2.1.7.4　储煤系统

储煤场按 2 个条形煤场设置。堆煤高度按 12m 设计，总储煤量约为 10×10^4t，可满足电厂 2×300MW 机组锅炉最大连续蒸发量时 10d 的耗煤量。

储煤场作业机械采用 1 台 DQL800/1000.30 悬臂式通过式斗轮堆取料机，堆煤能力 1000t/h；取煤能力为 800t/h，悬臂长度为 30m。

煤场配备 2 台推煤机和 1 台铲车，作为煤场的辅助设备。

在煤场迎风面设挡风抑尘网。

本工程还设有一个煤泥库，面积为 1044m^2，约存煤泥 1740t，可满足电厂一天的耗煤泥量，煤泥库内有地下煤斗，采用推煤机给料，并通过煤斗下的螺旋给煤机、带式输送机向煤泥泵房供煤泥。

2.1.7.5　混煤

本工程电厂的输煤系统的输送量为 450t/h，中煤和（煤泥、煤矸石）需要混煤，按照 0.35:0.65 的比例进行混煤，系统中除中煤、矸石混合前、煤场、煤斗下以及输送煤泥的带式输送机为单路布置外其余全部为双路布置，一路运行，一路备用。

由 2 号矿中煤仓和矸石仓同时给料，通过调节中煤仓、矸石仓下的给煤机出力，按煤矸石和中煤 45%:35%的比例混合后向主厂房供煤或堆至煤场，达到锅炉中煤、矸石混煤的要求。

当 2 号矿无煤矸石时，采用中煤仓和地下煤斗（供矸石）同时给料，通过调节中煤仓、地下煤斗下的给煤机出力，按煤矸石和中煤 45%:35%的比例混合后向主厂房供煤，达到锅炉中煤、矸石混煤的要求。

2.1.7.6　厂内输送系统

汽车来煤可通过汽车卸煤沟经过碎煤机至主厂房，也可经过斗轮堆取料机煤场通过碎煤机至主厂房。

本工程输送系统采用带式输送机。从 2 号矿中煤仓、矸石仓接出的 1 号、2 号带式输送机的主要技术参数分别为：B=1000mm，V=2.0m/s，Q=550t/h；B=1000mm，V=2.0m/s，Q=450t/h；从中煤、矸石混合后至煤场的带式输送机主要技术参数为：B=1000mm，V=2.5m/s，Q=1000t/h；煤场后至主厂房的带式输送机主要技术参数为：B=1000mm，V=2.0m/s，Q=800t/h；输送煤泥的带式输送机主要技术参数为：B=800mm，V=2.0m/s，Q=200t/h。并有双路同时运行的可能。输煤系统的控制方式采用程序控制，LCD 显示。其控制室设在输煤综合楼内，在控制室和就地均能控制设备起停。斗轮堆取料机采用单独的程序控制，并与输煤程控室有信号和通信联系。

2.1.7.7　筛碎系统

本工程输煤系统筛碎设备采用单级双路布置。由于本电厂采用流化床锅炉，来煤由黄陵矿业集团 2 号煤矿洗煤厂供煤，输煤系统拟采用双筛双破，破碎系统采用 2 台，1 台运行，1 台备用。其出力为 Q=800t/h，出料粒度不大于 8mm。

2.1.7.8　辅助设施

输煤系统设有三级除铁。

系统中设有汽车入厂煤、胶带入厂煤采样装置、入炉煤采样装置。

系统中两处设有电子皮带秤作为带式输送机入厂煤、入炉煤的计量，并装有链码校验装置。

系统中设有 2 台汽车衡分别作为重车、空车的计量设备。

系统中所有胶带输送机上装有以下带式输送机保护装置：

（1）双向拉绳开关，在胶带机的运行和检修通道两侧均设有双向拉绳开关。

（2）跑偏开关，用于检测跑偏量，可实现自动报警和停机。

（3）带速检测装置，可对胶带输送机各种不同的带速进行打滑检测及带速显示。

（4）料流信号检测器，可监视胶带上的载煤情况。

（5）溜槽堵塞检测器，在转运站三通管下易堵煤部位，设有该信号装置，并与防闭塞装置连锁，若发生堵煤，启动防闭塞装置予以消除。

（6）在每个原煤仓顶部装有料位计，能测出每个原煤仓的任意煤位高度，并发出低煤位报警信号；同时每仓装有两个射频导纳高料位开关，发出高料位报警信号。

为便于设备的安装、检修，在各个转运站、碎煤机室、主厂房煤仓间内设有检修起吊设施。

2.1.7.9 除灰系统与贮灰场

2.1.7.9.1 锅炉排灰渣量

锅炉灰渣量分配比为：灰 60%；渣 40%。

根据燃煤量和灰渣分配比例，计算灰渣量见表 2-1-5。

表 2-1-5　　灰渣量计算

煤种	锅炉容量/（t/h）	小时灰渣量/（t/h）			日灰渣总量/（t/h）			年灰渣量/（$\times10^4$t/h）		
		灰渣	灰	渣	灰渣	灰	渣	灰渣	灰	渣
设计	1×1058	121.77	72.95	48.71	2435.47	1459.09	974.19	66.98	40.12	26.79
	2×1058	243.55	145.91	97.42	4870.94	2918.18	1948.38	133.95	80.25	53.58
校核	1×1058	123.77	74.15	49.51	2475.49	1483.07	990.20	68.08	40.78	27.23
	2×1058	247.55	148.31	99.02	4950.99	2966.14	1980.40	136.15	81.57	54.46

注　日利用小时为 20h，年利用小时为 5500h。

2.1.7.9.2 除灰渣系统

结合目前我国的环保政策及近年来对大型燃煤电厂除灰系统的优化配置，按照力求系统简单，安全可靠，节约用水，并为灰渣综合利用创造条件的原则，本工程拟采用灰渣分除、灰渣分储，干灰干排、粗细分储，机械干式除渣系统、正压气力除灰和厂外汽车转运方式。

2.1.7.9.3 除渣系统

锅炉采用机械除渣系统，每台炉为一个干式处理单元，处理量为 150t/h，满足 BMCR 工况下 250%以上的处理要求。

每台锅炉设 6 台水冷式滚筒冷渣机：排渣温度不大于 150℃，连续排放。冷渣机，正常工况下 3 运 3 备，6 台冷渣器可同时运行。

6 台滚筒式冷渣机出口分别跨接在两条全封闭链斗输送机上（1 运 1 备），把冷却后的渣送出锅炉房，再由斗式提升机装入炉侧布置的中转渣仓中。中转渣仓为全钢结构，总容积 530m^3，其下部卸料分两路，一路为处理量 200t/h 的散装机，直接外运；另一路接处理量为 90t/h，口径为 250mm 的管状皮带机（可达到 BMCR 工况下最大排渣量 150%以上的处理能力）。1 号炉管状皮带机总长约 271m、升高 35m，转弯半径 110m；2 号炉管状皮带机总长约 165m、升高 35m。

两台炉的管带机，最终汇合在炉后煤场东侧设置的大渣仓上，大渣仓同样为全钢结构直径 15m、高 38.5m，总容积 3100m^3，可满足两台炉 MCR 工况下最大排渣量贮存 24h 的需求。大渣仓卸料分干、湿两路：分别设有处理量为的 200t/h 散装机和双轴加湿搅拌机。

2.1.7.9.4 除灰系统

本工程采用正压浓相除灰系统，每个空预器及电除尘器灰斗下均设有 1 台仓泵，每台炉为一个输送单元，处理量不小于 120t/h，可满足按设计煤种计算 BMCR 工况下最大排渣量的 150%的要求。

每台炉空预器下 4 台 1.0m^3 仓泵，用一根管道输送至中转渣仓。

每台炉电除尘器下：一电场 8 台 3.0m^3 仓泵，每 4 台泵串联成 1 根管道（共 2 根）；二电场 8 台 3.0m^3 仓泵串联成 1 根管道；三电场 8 台 1.0m^3 仓泵与四、五电场共 16 台 0.5m^3 仓泵合并用一根管道。每台炉电除尘器共 4 根管道将灰接引至灰库。

全厂两台锅炉共设三座混凝土结构灰库，输灰管道设用切换阀，可以选择将管道中的灰装入任意一座灰库。灰库：直径 15m、高 32m，每座灰库总容积近 3500m^3，可满足贮存两台炉 MCR 工况下系统最大排灰量近 30h。

每座灰库卸料分为干、湿两路，分别设有处理量为 200t/h 的散装机和双轴加湿搅拌机各两台，1 运 1 备。

2.1.7.10 贮灰场工程设想

本工程除灰方案为干除灰。用汽车将综合利用后剩余的灰渣运送到贮灰场，采用推土机推铺摊平，再用压路机逐层碾压堆筑。为便于装卸和防止扬灰，在厂内对灰渣先行加水调湿，再运往灰场。所以干除灰贮灰场的运行实际上是一常年摊铺、碾压调湿灰的施工过程。在灰渣摊碾、堆筑过程中，按实际需要，采用洒水车洒水，防止飞灰。

工程初期先开发利用焦沟贮灰场，在沟口处筑初期堆石坝。坝高约 5m，坝长约 26m，顶宽取 3.0m。下游坡采用干砌块石护坡，上游坡铺设聚乙烯土工膜，与沟底防渗土工膜连成整体。初期坝形成一定的库容，滞留雨洪，并防止灰场内灰渣流失，同时起着稳固库内灰渣堆筑坝体坡趾的作用。

拟在焦沟灰场设一灰场管理站，管理站占地 2000m^2。

贮灰场主要碾压设备：T140 履带式推土机 2 台，14t 自行式压路机 2 台。

2.1.8 给排水系统

本工程汽轮机推荐采用机械通风直接空冷系统（ACC），辅机冷却水采用带机力通风冷却塔的再循环供水系统。

2.1.8.1 辅机冷却水系统

本工程 2×300MW 机组辅机冷却水量约 5000m^3/h。按 2 个单元配 3 段冷却塔和 3 台辅机冷却循环水泵，以满足各辅机对冷却水量、水温及水压的要求。机械通风冷却塔和辅机冷却水泵房布置在主厂房附近。

2.1.8.2 消防系统

本期工程不设专用的消防蓄水池，以厂区 2 个 1500m^3 生水消防蓄水池作为消防用水水源。该系统由消防泵、稳压装置、室内外消火栓、室内外消防给水管网及必要的管段隔绝阀等组成。本工程设有 2 台消防泵，其中 1 台为电动消防泵，另 1 台为柴油消防泵，柴油消防泵设水喷雾灭火设施，2 台消防泵，1 用 1 备；并采用 1 套稳压装置（包括气压罐和稳压泵），用于稳定消火栓系统管网的流量和压力。电动消防泵在集中控制楼设置紧急启动按钮。

（1）消防泵规格如下：

流量　$Q=470m^3/h$

扬程　$H=110m$

电动机及柴油机功率　$N=185kW$（200kW）

电动机电压　$V=380V$

（2）消防系统稳压装置规格如下：

气压罐调节容积　$V=450L$

稳压泵流量　$Q=5L/s$

稳压泵扬程　$H=110m$

稳压泵电动机功率　$N=15kW$

稳压泵电动机电压　$V=380V$

设独立的消防给水管网，在主厂房、煤场及油罐区周围形成环状管网，并由阀门分成若干独立段，当某管段或消火栓事故检修时，停止使用的消火栓数量不超过 5 个。室外消火栓布置间距在主厂房及煤场周围不大于 80m，在油库区周围不大于 30m，在其他建筑物周围不大于 120m。主厂房内消防水管布置成环状，且有 2 条进水管与室外管网连接。

本工程主厂房、转运站、碎煤机室、输煤综合楼、化学试验楼、材料库、生产办公楼、生活服务综合楼等均设有室内消火栓系统。主厂房及各辅助、附属建筑的室内消火栓均采用减压稳压型，以保证消火栓使用压力不大于 0.5MPa。

2.1.8.3　生产、生活给水

电厂生活给水系统主要用水点包括主厂房、化水试验楼、生产办公楼、生活服务综合楼、输煤综合楼等，高峰用水量约为 $40m^3/h$，因此为了满足电厂的生活用水，在厂区设 1 座 $100m^3$ 生活蓄水池，在综合水泵房内设 1 套全自动变频恒压给水装置（含 2 台生活泵、1 台气压罐）及 2 套二氧化氯消毒装置，经生活水管网输送至各生活用水点，其设备参数如下。

（1）全自动变频恒压给水装置。流量：$Q=40m^3/h$；扬程：$H=70m$；功率：$N=20kW$。共 1 套，其中生活泵 2 台，1 运 1 备。

（2）二氧化氯消毒装置。加药量：$Q=1000g/h$；功率：$N=12.5kW$；共 2 套，1 运 1 备。

2.1.8.4　排水系统

电厂排水系统采用分流制，主要包括生活污水排水系统、工业废水排水系统、含煤废水排水系统及雨水排水系统等。

2.1.8.4.1　生活污水排水

电厂生活污水排水系统主要排水点包括主厂房、化水试验楼、生产办公楼、生活服务综合楼、输煤综合楼等，最高日平均排水量约为 $4m^3/h$。生活污水排水经管网自流至生活污水调节池。

2.1.8.4.2　工业废水排水

电厂工业废水排水系统主要排水点包括主厂房地面冲洗、过滤器反冲洗排水等，最高日平均排水量约为 $14m^3/h$。工业废水排水经管网自流至工业废水调节池。

2.1.8.4.3　含煤废水排水

电厂含煤废水排水系统主要排水点包括各转运站、碎煤机室、栈桥及主厂房输煤系统的冲洗排水等，最高日平均排水量约为 $10m^3/h$。含煤废水排水为有压排放，经管网至含煤废水调节池。

2.1.8.4.4　雨水排水

电厂雨水排水系统主要负责收集厂区的雨水，雨水经雨水管网自流至雨水调节池，经雨水泵加压排放至沮河。煤场雨水排至 1 座 $2000m^3$ 煤场雨水调节池（兼锅炉酸洗废液池），自然沉淀后回用。

厂区占地面积共约 $22hm^2$，按照设计重现期 2.5 年计，厂区雨水流量共 $6252m^3/h$。

2.1.8.4.5　雨水泵房

本工程设 1 座雨水泵房，内设 3 台雨水泵，其中 1 台大雨水泵，2 台小雨水泵。其参数如下。

（1）大雨水泵。流量：$Q=3200m^3/h$；扬程：$H=12m$；功率：$N=132kW$。

（2）小雨水泵。流量：$Q=1600m^3/h$；扬程：$H=12m$；功率：$N=90kW$。

2.1.8.5　污废水处理

2.1.8.5.1　生活污水处理

本工程生活污水处理系统采用二级生物接触氧化法进行处理。

生活污水经地埋式生活污水处理装置处理后作为电厂的生水消防蓄水池补水，处理能力为 $2\times5m^3/h$。

生活污水处理流程为：生活污水→调节池→提升泵→初沉池→生物接触氧化池→二沉池→消毒池→回用。

2.1.8.5.2　工业废水处理

本工程工业废水采用集中处理方式，设工业废水处理站，处理范围为主厂房地面冲洗、过滤器反冲洗排水及含油污水处理设施出水等一般废水。工业废水处理能力为 $2\times20m^3/h$。

工业废水处理站中设置污水泵房及调节池、澄清池、气浮沉淀池、过滤池、消毒装置、清水泵房及清水池，以及溶气泵房、加药间等。来自工业废水排水系统的废水经提升泵与添加的药剂一同进入澄清池絮凝沉淀，其上清液进入气浮池。在气浮池内废水中的油粒凝聚成较大的油膜，漂浮在池面上，利用浮油收集装置将废油收集后排至废油池。气浮池处理后的工业废水进入滤池过滤，最后进入消毒池消毒后回用至生水消防蓄水池。

2.1.8.5.3　含煤废水处理

含煤废水是输煤系统的冲洗排水，煤水经过初始沉淀，然后由煤水提升泵提升至煤水处理设备，经加药、混凝、沉淀、澄清、过滤处理后进入清水池内，再经回水泵升压后作为输煤系统冲洗用水及输煤系统除尘喷洒用水等。煤水处理系统处理能力约 $2\times10m^3/h$。

2.1.9　建设、设计、监理与施工单位

略。

2.2　工程建设实施目标

2.2.1　总体目标

以黄陵矿业集团公司的文化理念、打造一流的煤矸石发电企业、建设一流的电源工程、造就一流的员工队伍，构筑延长产业链最可靠的电源支撑，塑造黄矿品牌。

2.2.2　工程质量目标

创国优工程、建精品项目，实现“三个零”移交、实现高水平达标投产。

工程建设中，要认真贯彻“百年大计，质量第一”的方针，牢固树立“持续改进、精益求精”的理念，以“严、细、实、新”的工作作风，加强科学管理及过程控制，实现化学制水、锅炉水压试验、锅炉风压试验、锅炉清洗、厂用带电、汽机扣盖、锅炉点火、汽机冲转、机组并网、满负荷试运十个一次成

功，杜绝施工质量和设备损坏等重大质量事故，整体工程按国家《火电机组达标投产考核标准》高水平达标投产。打造黄矿品牌，创一流优质工程。

2.2.2.1 建筑工程质量目标

（1）单位工程合格率100%，优良率不小于95%。

（2）分项工程合格率100%，优良率不小于95%。

（3）所有外露混凝土结构不装修，达到"清水混凝土"标准。

（4）混凝土生产水平统计优良率不小于90%，混凝土强度验收合格率100%。钢筋焊接合格率100%，钢筋焊接一次合格率大于98%，各单位工程观感得分率大于90%。

2.2.2.2 安装工程质量目标

（1）单位工程合格率100%；单位工程优良率100%。

（2）受检焊口探伤一次合格率不小于98%。

（3）空气预热器的漏风率达到厂家设计要求。

（4）汽机润滑油清洁度达到MOOG3级、抗燃油清洁度达到MOOG2级。

（5）设备及管道保温外表面温度低于45℃（当环境25℃时）。

（6）主厂房室温不超标。

（7）设备运行噪声及厂区内环境噪声小于规定值。

（8）工程外观检查，观感优良。

2.2.2.3 机组168h整套试运目标

（1）热控自动投入率不小于95%、机组保护投入率100%、监测仪表投入率100%、电气自动投入率100%、电气保护投入率100%、消防自动投入率不小于95%。

（2）空冷系统严密性不大于0.2kPa/min。

（3）主机振动值达到轴振小于0.076mm。

（4）首次冲转至完成168h试运天数小于120d。

（5）首次吹管至完成168h试运燃油耗量小于600t。

（6）机组168h连续平均负荷率不小于90%。

（7）机组168h连续带满负荷时间不小于96h。

（8）机组完成满负荷试运启动次数不多于3次。

2.2.2.4 重点监检项目

重点监检项目一次成功率100%。

2.2.2.5 安全目标

（1）重大人身死亡事故为零。

（2）重大机械、设备事故为零。

（3）重大火灾事故为零。

（4）重大交通、运输事故为零。

（5）重大垮塌事故为零。

（6）重大职业卫生伤害事故为零。

（7）环境污染事故为零。

2.2.3 计划进度目标

（1）工程进度运用P3软件实施四级工程进度管理模式。一级进度控制二级，二级控制三级，三级控制四级。

（2）本工程计划1号机组从2010年3月1日正式开工，2011年8月完成168h试运投产，2011年10月2号机组完成168h试运投产，建设总工期合计为20个月。

2.2.4 安全文明施工目标

创建省级安全文明施工现场，营造优质、高效、健康、环保的施工秩序，在工程施工组织过程中以"以人为本，尊重人，关心人，爱护人"为宗旨，按照"总平面管理模块化、现场设施标准化、工程施工程序化、文明区域责任化、作业行为规范化、材料堆放定置化，环境卫生一贯化"的管理模式，实现一流安全文明施工现场，营造优质、高效、环保的施工秩序。

2.2.5 投资控制目标

静态控制，动态管理，降低造价，确保工程造价较批复概算降低5%，力争降低8%。

本工程建设过程中认真贯彻执行招标法，工程建设项目全部通过招投标，择优确定中标单位，采用优化设计。这为保证投资效益、控制工程造价、使工程结算不超概算创造了有利条件。为降低工程造价，减少投资风险，提高投资回报率，工程中将采取各种相应的管理手段及措施，确保工程建设总费用不突破概算，严格执行《工程技经管理办法》，单价工程合同费用不超工程项目施工图预算；总价工程合同不突破总费用限额。为此要做到：

（1）严格控制设计变更与工程变更，不随意扩大建设规模、提高建设标准。

（2）减少及避免工程返工、返修及合同外费用的发生。

（3）加强工程协调及预控，均衡施工，降低工程施工成本。

（4）加强资金流控制，保证资金的合理投入，减少建设期贷款利息的支出。

（5）单价工程合同费用不超工程项目施工图预算。

（6）总价工程合同不突破总费用限额。

（7）施工、调试阶段，严格按规定要求标准，优质、准点完成各工程建设、试运投用项目，争取机组能在试生产期间就形成稳定的商业运行能力，开始还贷。

2.3 工程总体部署

2.3.1 主要标段划分

本工程项目分为9个标段，各标段范围如下：

1号标段：1号机组建筑、安装工程。

2号标段：2号机组建筑、安装工程。

3号标段：烟囱的建筑、安装工程；1号、2号机组空冷岛钢筋混凝土柱。

4号标段：输煤系统建筑、安装工程。

5号标段：供水系统、开式循环供水系统（含机力塔、开式循环水管道）、生产、生活给排水系统、废水、污水处理系统、厂房（含输煤系统）区域外消防水和暖气系统、供氢系统、供燃油系统、厂用、仪用空气系统建筑、安装工程以及1号、2号、3号、4号、6号、7号标段以外的地下、地上设施，相应的电缆沟、管沟及管道安装；综合管架土建安装；厂房（含输煤系统）区域外主接电网建筑、安装工程。

6号标段：办公楼、生活楼、材料库、检修间建筑、安装工程。

7号标段：全厂道路、道路内的排雨水管、井；围墙大门。

8号标段：全厂道路照明、通信、网络光缆。

9号标段：全厂绿化灌溉系统。

EPC脱硫系统建筑、安装工程，主厂房气体消防系统、油库泡沫消防系统安装工程不在以上标段范围。

2.3.2 工程建设管理模式

2.3.2.1 工程建设管理组织结构

根据本期工程建设的具体情况，建设管理组织采用小业主、大监理模式进行管理。工程建设组织管理关系如图2-3-1所示。

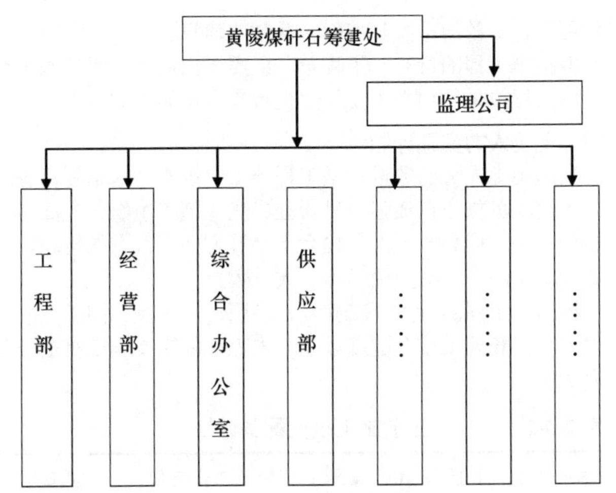

图 2-3-1　工程建设组织管理关系图

2.3.2.2　各单位主要职责

建设单位：是工程建设管理的主体，对工程建设中的重大问题进行决策。

设计单位：负责本工程的设计工作，配合建设单位进行设备招标，提供现场服务。

监理单位：对工程建设进行全过程监理，协助建设单位负责施工阶段现场的“四控制，两管理，一协调”及合同约定的其他工作。

施工单位：负责本项目各承包商标段范围内建筑、安装工程的建设工作；负责设备的催交、运输和现场仓储管理的组织、协调和指导等工作。

调试单位：负责全厂工艺系统调试。

2.3.3　工程建设总体目标

2.3.3.1　工程建设总体目标

为把本工程建成设计先进、设备优良、工程优质、造价合理、运行可靠、指标先进、管理一流、符合国家环境保护要求的火力发电厂，特制订如下的工程整体目标：高水平达标投产，创集团公司样板工地，创行业优质工程，创国家优质工程。

2.3.3.2　安全文明施工和职业健康环境管理目标

2.3.3.2.1　安全文明施工方针

以人为本，遵规守法，控制风险，预防事故，关注环境，预防污染，持续改进，提高绩效。

2.3.3.2.2　安全健康目标

（1）杜绝违章指挥、装置性违章和违章操作，以零违章保证零事故。

（2）人身重伤、死亡事故为零。

（3）重大机械、设备事故为零。

（4）重大火灾、压力容器爆炸等灾害事故为零。

（5）负同等及以上责任的重大交通事故为零。

（6）重大坍陷、水浸及环境污染事故为零。

（7）因焊接、射线、油漆、保温等作业造成员工永久性职业伤害事故为零。

（8）严格执行“两票三制”，恶性误操作事故为零。

（9）在防止机械伤害方面做到转动设备防护罩完好率100%。

（10）严格控制习惯性违章；减少恶性人身未遂事故。

（11）年度人身伤害事故率不大于 2‰。

（12）不发生重大职业卫生伤害事故；不发生大面积传染病。

（13）在防止高处坠落和高空落物做到：安全设施的设置及保持率达 100%；因高处坠落、高处落物原因造成的事故为零。

（14）主厂房和防火重点部位的消防设施和通道符合规范要求，齐全、有效，消防报警系统验收合格。

（15）主要施工、生产区内的遮栏、护栏、栏杆、沟（洞）盖板符合设计要求，齐全、可靠；安全警告牌、标示牌齐全、醒目。

2.3.3.2.3　文明施工目标

实现本项目“文明施工创行业一流、文明施工和环境保护达到法律法规要求、创建省级安全文明施工样板工地”的总体文明施工目标。具体符合以下要求：

施工场区：场地平整，排水沟渠通畅，无淤泥积水，无垃圾、废料堆积；材料、设备定点放置，堆放有序；力能管线布置整齐合理，危险处所防护设施齐全、规范，安全标志明显美观。

现场道路：规划合理，平坦畅通，无材料、设备堆积、堵塞现象，交通要道铺筑砂石或水泥，消除泥泞不堪或尘土飞扬的现象。

现场工机具：布置整齐，外表清洁，铭牌及安全操作规程齐全，有专人管理，坚持定期检查维护保养，确保性能良好。

已装设备及管道：设备、管道表面清洁无污渍，外表光洁完好，运行设备及各种管路无漏煤、漏灰、漏烟、漏风、漏气、漏氢、漏水、漏油等“八漏”现象。

工程竣工后若业主没有特殊要求，45d 内撤离施工现场，消除基建痕迹。

在整个建设和半年试生产期间非文明状态为零。

2.3.3.2.4　环境管理目标

合理处置废弃杂物，有效控制污染排放，节能降耗除尘降噪，实施现场绿色施工，实现基建全过程环境污染零投诉。环境保护设施实现“三同时”，气、水、声、渣、尘达标排放。具体符合以下要求：对工程建设活动和服务中涉及到的包括物资供应、周边组织及居民在内的相关方施加环境影响，改善相关方对本工程建设活动和服务的环境质量的影响，并接受业主、监理对本工程的环境管理的监督检查，以利提高工程建设活动和服务的环境质量。

在作业指导书中根据环境管理的规定，编制环境控制措施，在作业中一并贯彻执行。

施工和生活用水、用电、分单位实行计量收费。钢材、木材、油品、纸张的消耗经审批，充分利用能源，合理消耗，减少污染物的排放量。

厂房内和主要场所设垃圾桶，设备包装物和施工废料送回收场，对垃圾、施工废料等固体废弃物进行分类存放及处理。生活垃圾、建筑垃圾、土方转运采用封闭的运输方式送业主和地方指定的处理场所。危险固体废弃物送有资质的单位进行处理。

对施工机械的噪声采取安装防噪声罩壳的控制措施，布置时远离居民区，并尽量安排在昼间使用。对锅炉冲管采用消音器降低噪声，夜间（22 时后）作业事先向监理提出申请，同意后方可进行。

定期检测现场噪声，发现超标时及时采取纠正措施。

在机械车辆、设备的维修、解体检修处设废油箱，收集工程中的废油。砂浆搅拌站和现场含泥浆水的抽水处，设澄清池。不在现场焚烧垃圾等产生烟尘和恶臭气体的物质，对可能产生粉尘、废气、废水、固体废弃物及噪声振动对环境有污染和危害的设备及场所，采取相应的控制措施。对现场道路每天洒水降尘。

在工程中尽量采用绿色环保的材料，不使用石棉制品的建筑材料和保温材料。

主要道路采用混凝土道路，其他道路进行硬化处理，控制车辆在厂内的行驶速度在 15km/h 以下，对施工道路采用洒水车或专人洒水，减少扬尘。

土方开挖作业，在厂内运输时，控制装车容量，做到运输时不抛洒、不扬尘。

在施工人员集中位置，设立水冲洗厕所和化粪池，派专人清扫，做好保洁工作。

施工中产生的酸性或碱性液体，经集中中和、满足污水综合排放标准要求后再行排放。

油漆、稀释剂密封完好，集中存放，工程建设中优先采用环保型油漆。

采用罐装水泥，维护好装卸、运输、使用的相关设备，防止扬尘；袋装水泥在运输、使用过程中要采用封盖措施，装卸时轻拿轻放，并采取必要的挡风防尘措施。

存放可溶性物品或废渣的场所，采取防水、防渗漏等措施；贮存过油类或有毒污染物的车辆或容器，不得在水体清洗，以减少对水体的污染；制定环境应急预案，其演练、评价和完善符合总体应急救援预案的要求。

2.3.3.2.5 进度控制目标

本项目建设，从主厂房开挖浇筑第一混凝土开始至最后一台机组 168h 试运结束投入试生产，总工期 20 个月。

2.3.3.2.6 合同管理目标

合同条款严谨、权利义务明确、支付控制严密，合同执行严格，建立风险控制和索赔管理机制，与合同履行和变更有关的文件、资料和证据收集、反馈及时。

2.3.3.2.7 技经管理目标

项目划分清晰，造价控制有力，资金使用高效；计划统筹协调，控制调整及时，执行严格准确；统计指标完善，报表及时可靠，分析决策科学。工程同比造价不高于国内同类机组水平，技术经济指标达到或超过国内先进水平。

2.3.3.2.8 技术管理目标

管理制度规范完善，管理手段先进高效，程序执行严格有序，技术保障及时严谨。工程技术资料管理应做到：记录规范、审批严格，收集完整、分类清晰、装帧精美、归档及时、保存可靠、查询方便。

2.3.3.2.9 总平面管理目标

统一规划、合理布局、动态调配、科学高效地使用场地，保证施工现场的力能供应及交通运输的畅通，建立一个良好的施工环境，确保工程顺利进行。

2.3.3.2.10 设备和材料管理目标

制造精良、检验严格、交付及时、防护可靠、贮存规范，摆放定置、配件齐全、库存合理、工完料尽、台账齐全、信息准确。

2.3.3.2.11 信息档案管理目标

竣工资料在机组移交后 30d 内移交；机组达标投产复查“工程档案”部分得分不低于 90 分；竣工资料移交的完整率、合格率均达到 100%；按原电力工业部电建〔1996〕666 号文规定，按期保质完成竣工图、施工图预算。

全面应用计算机网络进行工程信息管理，建立工程建设管理 MIS 系统，并在图纸和文件资料管理、造价控制和资金管理、计划和统计管理、进度控制、质量管理、安全管理、设备和材料管理等方面全面应用计算机软件进行管理，建立完整的计算机信息存储、整理、查询、分析和发布体系，为工程建设管理提供可靠、高效的手段和准确、及时的信息。

根据本工程的特点、工程量，参照国内同类机组的施工经验，本工程拟采用如下主要施工机械来满足施工的需求。

2.3.4 现场人力资源计划

现场施工人员的数量，是工程施工组织水平的主要标志之一，各施工单位应在加强项目管理、优化施工组织、提高施工机械化水平、提高施工人员技术水平等方面采取有效措施，以提高劳动生产率，减少现场施工人员数。

根据本工程的特点、工程量、参照人工定额、同类工程的劳动力数据和施工综合进度计划，本工程的主要施工机械配备见表 2-3-1。

表 2-3-1　　主要施工机械配备计划

序号	机 械 名 称	型号/工作能力	数量/台
1	塔吊	FZQ1650	2
2	履带吊	400t	1
3	履带吊	250t	2
4	平臂吊	TC6013	2
5	龙门式起重机	40t/42m～63t/42m	2～4
6	龙门式起重机	10t/21m～20t/21m	2
7	挖掘机	1.0～1.6m^3	2～4
8	推土机	80～100kW	4～6
9	自卸卡车	10～15t	8～15
10	混凝土泵车	85～100m^3/h	4～8
11	混凝土固定泵	40～60m^3/h	2～3
12	混凝土搅拌输送车	6m^3	6～10
13	直流电焊机	300～400A	100～150
14	热处理机	120～180kW	6～8
15	X 射线探伤机		6～12
16	超声波探伤机		1～3
17	施工电梯	100m，2t	2
18	汽车式起重机	90～120t	1
19	汽车式起重机	40～50t	2
20	汽车式起重机	20～25t	2～4
21	烟囱施工专用机械		1
22	混凝土搅拌楼	50m^3/h	4

2.4 施工进度计划

本工程计划 1 号机组从 2010 年 3 月 1 日正式开挖，2011 年 8 月至完成 168h 试运投产移交。2011 年 10 月 2 号机组投产移交，建设总工期合计为 20 个月。

2.4.1 里程碑控制工期

项目里程碑控制工期见表 2-4-1。

表 2-4-1　黄陵矿业集团有限责任公司 2×300MW 低热值资源综合利用电厂里程碑控制工期

序号	里程碑节点名称	1 号机组控制工期/（年.月.日）	2 号机组控制工期/（年.月.日）
1	主厂房开挖、碎石垫层	2010.3.1	2010.3.1
2	主厂房浇第一罐混凝土	2010.4.1	
3	主厂房结构出零米	2010.6.15	
4	主厂房主体结构完屋面初断水	2010.10.30	2010.10.30
5	锅炉基础交安	2010.5.25	2010.7.25
6	锅炉钢架开始吊装	2010.6.1	2010.8.1
7	锅炉汽包吊装就位	2010.9.15	2010.11.15
8	锅炉水压试验结束	2011.3.15	2011.5.15
9	锅炉酸洗结束	2011.6.15	2011.8.15
10	锅炉烘炉结束/点火冲管完成	2011.6.25/2011.7.5	2011.8.25/2011.9.5
11	汽机台板就位	2010.11.15	2011.1.15
12	汽机扣盖完成	2011.3.15	2011.5.15
13	汽机油循环开始	2011.4.1	2011.6.1
14	厂用电受电完成	2011.3.15	2011.5.15
15	DCS 系统带电	2011.3.20	2011.5.20
16	化学水制水合格	2011.3.10	
17	输煤系统投运	2011.6.20	
18	机组整套启动	2011.7.20	2011.9.20
19	机组并网	2011.7.25	2011.9.25
20	机组 168h 试运完	2011.8.30	2011.10.30

注　1．本表 1 号、2 号机组投产工期为考核工期，投标单位应在此基础上按提前半个月安排目标进度。1 号机组工期为 18 个月（开挖始起）；2 号机组工期为 20 个月。

2．1 号、2 号机组交货间隔不大于 2 个月。

2.4.2　总体工程施工综合进度计划

施工综合进度计划见《黄陵矿业集团有限责任公司 2×300MW 低热值资源综合利用电厂工程施工综合进度计划》。

2.4.3　施工图纸交付计划

2.4.3.1　图纸交付原则

图纸交付满足工程开工的要求，土建单位工程开工前 40 天交付施工图，设备安装前 1 个月交付设备安装图。

2.4.3.2　施工图纸交付计划

根据一级网络施工进度计划的要求，提出施工图计划，见表 2-4-2。

表 2-4-2　　施工图纸交付计划

序号	专业	图 纸 名 称	计划到图日期/（年.月.日）
1	土建	施工图总说明	2010.1.1
2	土建	全厂总体规划图	2009.11.1
3	土建	厂区总平面布置图	2009.11.1
4	土建	厂区竖向布置图	2009.11.1
5	土建	施工图总说明及卷册目录	2009.11.25
6	土建	主厂房基础施工图	2009.12.25
7	土建	主厂房上部结构施工图	2010.1.25
8	土建	主厂房地下设施基础施工图	2010.2.25
9	土建	汽机房基础施工图	2010.2.25
10	土建	汽机地下设施基础施工图	2010.3.25
11	土建	汽机机座基础施工图	2010.2.25
12	土建	炉后设备基础施工图	2010.4.25
13	土建	锅炉基础施工图	2009.12.25
14	土建	锅炉地下设施施工图	2010.3.25
15	土建	构筑物（变压器）基础图	2010.3.25
16	土建	汽机房钢屋架施工图	2010.4.25
17	土建	加热器平台施工图	2010.4.25
18	土建	汽机房锅炉运转层施工图	2010.5.25
19	土建	主厂房屋面施工图	2010.5.25
20	土建	主厂房照明施工图	2010.6.25
21	土建	主厂房通风/空调器施工图	2010.7.25
22	土建	空冷凝汽器基础施工图	2010.2.25
23	土建	空冷凝汽器上部结构施工图	2010.3.25
24	土建	输煤系统基础施工图	2010.2.25
25	土建	输煤系统结构施工图	2010.3.25
26	机务	锅炉总图及说明书	2010.3.25
27	机务	锅炉钢架及平台楼梯图纸	2010.4.15
28	机务	锅炉受热面安装图	2010.6.25
29	机务	除灰除渣系统安装图	2010.8.15
30	机务	锅炉砌筑保温施工图	2010.9.25
31	机务	施工总图说明及卷册目录	2010.3.25
32	机务	主蒸汽管道安装图	2010.8.25
33	机务	再热蒸汽管道安装图	2010.9.25
34	机务	抽汽系统安装图	2010.10.25
35	机务	给水系统安装图	2010.10.25
36	机务	开式循环冷却水系统安装图	2010.8.25
37	机务	闭式循环冷却水系统安装图	2010.9.25
38	机务	锅炉疏放水系统安装图	2010.10.25
39	机务	凝结水系统管道安装图	2010.10.25
40	机务	全厂排汽管道安装图	2010.10.25
41	机务	仪用及杂用压缩空气系统安装图	2010.12.25
42	机务	润滑油及油净化系统安装图	2010.12.25
43	机务	热机保温、油漆清册	2010.12.25
44	机务	锅炉烟风系统安装图	2010.9.25
45	机务	锅炉给煤系统管道安装图	2010.9.25
46	机务	输煤系统设备安装图	2010.12.25
47	电气	主厂房接地图	2010.4.25
48	电气	厂区接地图	2010.7.25

续表

序号	专业	图 纸 名 称	计划到图日期/（年.月.日）
49	电气	A 列外接地图	2010.7.25
50	电气	全厂电缆布置总图	2010.11.25
51	电气	主厂房电缆敷设图	2010.10.25
52	电气	主厂房电缆托架安装图	2010.10.25
53	电气	主厂房零米埋管图	2010.6.25
54	电气	锅炉方零米埋管图	2010.5.25
55	电气	主厂房控制电缆清册	2010.10.25
56	电气	主厂房动力电缆清册	2010.8.25
57	电气	锅炉房照明	2010.8.25
58	电气	厂用受电接线图	2010.10.25
59	电气	蓄电池安装图	2010.10.25
60	电气	主厂房照明	2010.8.25

续表

序号	专业	图 纸 名 称	计划到图日期/（年.月.日）
61	电气	汽机房天车滑线安装图	2010.6.25
62	电气	输煤系统电气施工图	2010.10.25
63	电气	输煤系统电缆敷设图	2010.11.25
64	电气	输煤系统电缆清册	2010.10.25
65	电气	输煤系统程控图	2010.12.25
66	热控	DCS 图册	2010.12.25
67	热控	热控设备清册	2010.12.25
68	热控	热工设计说明	2010.12.25
69	热控	热工保护系统图册	2010.12.25
70	热控	控制盘柜施工图	2010.12.25
71	热控	DCS 图册	2010.12.25

本章其余内容见光盘。

第3章　黄陵矿业集团2×300MW低热值资源综合利用电厂工程1号300MW机组安装工程施工组织设计

本《施工组织设计》是按《火力发电工程施工组织设计导则》的要求，依据《黄陵矿业集团有限责任公司2×300MW低热值资源综合利用电厂（3号标段、4号标段）工程施工投标文件》和业主编制的《黄陵矿业集团有限责任公司2×300MW低热值资源综合利用电厂工程施工组织设计总体规划》，结合本工程现有的技术资料及我公司类似机组的施工经验而编写。

由于现有的工程资料有限，故本《施工组织设计》为初始版，项目部将在执行过程中不断地修订完善。

汽机、锅炉、电气、热控、焊接及金属检验专业应根据工程需要编制各自的《专业施工组织设计》，作为《施工组织设计》的分支文件，同时要对每个施工项目编制详细的作业指导书，用来指导施工。

3.1　编制依据

3.1.1　黄陵矿业集团有限责任公司2×300MW低热值资源综合利用电厂工程施工招标文件（3号标段、4号标段）。

3.1.2　黄陵矿业集团有限责任公司2×300MW低热值资源综合利用电厂（3号标段、4号标段）工程施工投标文件。

3.1.3　黄陵矿业集团有限责任公司2×300MW低热值资源综合利用电厂工程3号标段施工合同书［合同编号：黄矿电（III）施合字（2010）第011号］。

3.1.4　黄陵矿业集团2×300MW低热值资源综合利用电厂工程初步设计资料。

3.1.5　黄陵矿业集团有限责任公司2×300MW低热值资源综合利用电厂工程施工组织设计总体规划。

3.1.6　《火力发电工程施工组织设计导则》（国电电源〔2002〕849号）。

3.1.7　《电力建设工程施工技术管理导则》（国家电网工〔2003〕153号）。

3.1.8　《电力建设安全工作规程　第1部分：火力发电》（DL 5009.1—2014）。

3.1.9　《国家电网公司基建安全管理规定》（国家电网基建〔2010〕1020号）。

3.1.10　《火电机组达标投产考核标准》（国电电源2006版）。

3.1.11　与本工程有关的截止合同签订时最新版的国家及部颁设计、施工及验收技术规范、相关标准等。

3.1.12　西北电力建设第一工程公司《施工组织设计编审制度》（Q/YS2.04—2008）。

3.1.13　公司类似机组的施工经验。

3.2　工程概况

3.2.1　工程建设规模

黄陵矿业集团煤矸石电厂2×300MW机组工程由陕西煤化工集团下属的黄陵矿业集团出资建设。属新建，坑口，煤矸石、煤泥和洗中煤资源综合利用项目，建设规模为2×300MW直接空冷凝汽式机组，配2×1069t 10578t/h亚临界、一次中间再热循环流化床锅炉，不考虑扩建条件。

3.2.2　主要参建单位

设计单位：陕西省电力设计院。

监理单位：西北电建监理公司。

1号、2号主厂房土建：中建三局。

1号机组安装：西北电建一公司。

2号机组安装：四川电建二公司。

烟囱、空冷柱：西北电建四公司。

3.2.3　厂址条件

3.2.3.1　地理位置

厂址位于陕西省黄陵县双龙镇西峪村，与黄陵矿业2号煤矿相邻。东距店头镇约25km，距黄陵县城约55km。该厂位于2号矿以东的沮河滩地上，坐南朝北，南靠山坡，北临沮河，场地呈不规则梭形，场地长宽约600m×400m，场地面积约24hm^2。

3.2.3.2　交通运输条件

铁路由西延铁路秦家川站接轨至七里镇，全长30km。再由七里镇接轨至店头镇，为1号矿井专用线，全长3.3km。再由店头镇接轨至2号矿，为2号矿井专用线，全长14km。电厂大件及外埠设备材料可经铁路运至矿区车站卸车，然后经公路转运至厂内。

公路由黄陵县城直通厂址，虽为山路，但路况较好，转弯半径满足电厂大件运输。

3.2.3.3　水文条件

场地地下水类型为第四系孔隙型潜水。含水层主要为圆砾层，主要通过大气降水入渗及沮河径流补给，以蒸发及向沮河下游径流、渗流形式排泄。场地地下水水位埋深约0.7～5.6m，标高约1005.42～1009.16m；主建筑物地段地下水水位埋深1.3～2.3m，标高约1006.43～1008.21m，地下水水位年变幅约1.0～1.5m。

厂区地下水对混凝土结构及钢筋混凝土结构中的钢筋皆具弱腐蚀性。地基土对混凝土结构及钢筋混凝土结构中的钢筋均具微腐蚀性。对钢结构具弱腐蚀性。

3.2.3.4　地质条件

场地地处黄陵县双龙镇以西约3km的山间河谷地带。河谷地形平缓开阔，起伏不大，宽约500～600m；两侧为相对高差约100～150m的中低山，山势陡峻，基岩裸露，植被发育。沮河从河谷的中部偏北由西向东经过。

场地为非自重湿陷性黄土场地，地基湿陷等级为Ⅰ级。

3.2.3.5　气象条件

黄陵县位于东亚暖温带半湿润气候向内陆干旱气候的过渡带上，属中温带大陆性季风气候。四季冷暖干湿分明，光照充足，降水不均，旱涝易现。春季多风，有寒潮、霜冻出现；夏季雨量多且集中，有局部地区性暴雨；秋季容易出现连阴雨天气；冬季降水少，寒冷干燥。

其主要气象参数见表3-2-1。

表 3-2-1　洛川气象站常规气象要素统计表

序号	项　目	单位	数值	出现日期/（年.月.日）
1	累年平均气压	hPa	886.4	
2	累年平均气温	℃	9.9	1976.11.21
3	极端最高气温	℃	37.5	2006.6.17
4	极端最低气温	℃	−23	2002.12.26
5	平均相对湿度	%	59	
6	最小相对湿度	%	0	1976.11.21
7	累年平均降水量	mm	588.6	
8	一日最大降水量	mm	131.6	2001.7.27
9	累年平均蒸发量	mm	1478.9	
10	累年平均风速	m/s	1.9	
11	最大风速	m/s	16.0	1973.12.20
12	最大积雪深度	cm	25	2008.1.21
13	最大冻土厚度	cm	93	1995.2.10
14	主导风向		N	
15	累年平均雷暴日数	d	23	
16	累年最多雷暴日数	d	28	2002

3.2.4　厂区布置特点

3.2.4.1　厂区总平面

厂区采用四列式布置格局，由东向西依次是：330kV 升压站、空冷岛、主厂房、露天煤场。厂区固定端朝北，扩建端朝南，出线（架空）向东。

厂区竖向布置采用平坡式，场地由西南向东北倾斜，场地设计坡度采用 3‰～5‰。主厂房零米标高 1011.00m。

3.2.4.2　主厂房布置

主厂房依次按汽机房、除氧煤仓框架、锅炉房、除尘器、引风机及烟囱顺列布置。集控楼布置于两台锅炉中间。汽机房跨度 27m，BC 框架跨度 10.5m，炉前通道 6.6m，炉后除尘器前设 7m 宽消防通道，A 排至烟囱总长 157.5m。主厂房总长 150.3m。

3.2.5　三大主机简况

3.2.5.1　锅炉

本工程锅炉采用东方锅炉股份有限公司生产的循环流化床锅炉，为单炉膛、一次再热、旋风气固分离器、平衡通风、露天布置、固态排渣、全钢构架、全悬吊结构Π型锅炉。主要参数如下：

锅炉型式：亚临界自然循环一次再热流化床锅炉。

最大连续蒸发量：1058t/h。

过热器出口蒸汽压力：17.5MPa（a）。

过热器出口蒸汽温度：540℃。

再热蒸汽流量：867t/h。

再热器进口/出口蒸汽温度：330/540℃。

给水温度：278℃。

通风方式：平衡通风。

3.2.5.2　汽轮机

本工程汽轮机采用上海电气集团生产的直接空冷式汽轮机。

汽轮机型式：亚临界参数、中间一次再热、单轴、双缸、双排汽、直接空冷凝汽式汽轮发电机组。

功率：300MW。

主蒸汽流量：937t/h。

主汽门前蒸汽压力：16.7MPa（a）。

主汽门前蒸汽温度：537℃。

再热蒸汽流量：775t/h。

再热汽门前蒸汽压力：3.299MPa（a）。

再热汽门前蒸汽温度：537℃。

排汽流量：646t/h。

排汽压力：16kPa（a）。

热耗值：8174kJ/（kW・h）。

3.2.5.3　发电机

本工程采用上海电气集团生产的水氢氢冷却发电机，其主要参数如下：

型式：三相交流同步发电机。

额定容量：353MVA。

额定功率：300MW。

最大连续输出功率：330MW。

额定功率因数：0.85（滞后）。

转速：3000r/min。

定子额定电压：20kV。

定子额定电流：10189A。

冷却方式：水氢氢。

励磁方式：自并励静态励磁。

3.2.6　主要系统简况

3.2.6.1　热力系统

3.2.6.1.1　主蒸汽、再热蒸汽及旁路系统

主蒸汽系统：主蒸汽管道采用 2-1-2 连接方式，从过热器出口集箱双管接出，合成一路后在进汽机前分成两路，分别接至汽轮机左右侧主汽门。

再热蒸汽系统：再热冷段采用 2-1-2 连接方式，汽机排汽口为 2 个，双管接出后，合成一路，又分两路接入锅炉；再热热段管道采用 2-1-2 连接方式，锅炉和汽机接口均为 2 个，从再热器出口集箱双管接出，合成一路后在进汽机前分成两路接入。

采用高、低压二级串联旁路系统，其中旁路容量为 40%BMCR（暂定）。

3.2.6.1.2　抽汽系统

汽轮机具有七级非调整抽汽。一、二、三级抽汽供 3 台高压加热器；四级抽汽供除氧器，同时向辅助蒸汽系统供汽；五、六、七级抽汽分别向 5 号、6 号、7 号低压加热器供汽。

3.2.6.1.3　辅助蒸汽系统

每台机设 1 个（0.8～1.3MPa，350℃）辅汽联箱。两台机组的辅汽联箱设联络管道。通过减温减压后，另设置一根 0.6MPa（g）的辅助蒸汽母管，主要由汽轮机五段抽汽供汽，以满足机组压力较低的辅汽用户用汽，主要为厂区采暖、矿区采暖及燃油加热等供汽。

锅炉设有邻炉加热系统。

本系统主要汽源来自再热冷段、汽机四段抽汽及启动锅炉房来汽。

3.2.6.1.4　给水系统

给水系统中配有 3 台 50%容量的电动调速给水泵，3 台 50%容量的给水前置泵。给水系统提供锅炉过热器各级减温器的减温水，从给水泵中间抽头提供再热器事故减温器和正常减温器的减温水。还提供高压旁路系统的减温水，用以降低高压

旁路阀后蒸汽温度。

给水系统中的3台高压加热器采用大旁路系统。

3.2.6.1.5　凝结水系统

凝结水系统设两台100%容量变频调速凝结水泵(一拖二)，3台低压加热器，1台轴封冷却器，1台卧式无头式除氧器。轴封冷却器和低压加热器设有凝结水旁路。

3.2.6.1.6　加热器疏水、放气系统

高压加热器疏水采用逐级串联疏水方式，最后一级高加疏水至除氧器。每台高加设有事故疏水管路。高加水侧、汽侧均设有放气管道。

低压加热器疏水采用逐级回流方式疏至下一级加热器及设在排汽装置内部的凝结水箱。每台低加除正常疏水外，还设置独立的事故疏水。

3.2.6.1.7　抽真空系统

本工程抽真空系统设有3台机械式真空泵，机组启动时，3台真空泵同时投入运行，机组正常运行时，投入1台真空泵运行。

3.2.6.1.8　开式冷却水系统

开式冷却水来自辅机冷却水塔的冷却水泵，经滤网后给闭式循环冷却水热交换器、主机冷油器、真空泵、给水泵电机润滑油工作油冷却器、发电机密封油冷却器和发电机氢气冷却器供水，回水接至供水专业回水母管。

3.2.6.1.9　闭式冷却水系统

闭式循环冷却水系统设有2台100%容量的闭式循环冷却水泵、1台闭式循环膨胀水箱、2台65%容量的闭式循环冷却水热交换器，除向发电机定子冷却水外，还向其他汽机及锅炉辅助设备提供冷却水。系统初始充水和补充水来自凝结水系统。

3.2.6.1.10　排汽装置有关系统

排汽装置两侧设疏水扩容器，喉部设有低压旁路接口，底部设置凝结水箱，排汽装置壳侧接有电动真空破坏阀。

疏水扩容器收集主蒸汽管道、再热蒸汽管道、各级抽汽管道、汽轮机本体疏水管道、加热器疏水等管道的疏水。

3.2.6.1.11　润滑油净化、贮存及排空系统

每台机组装设1套润滑油净化装置，1台润滑油贮存油箱。主厂房外设有事故放油池，汽轮机主油箱、润滑油贮油箱分别设有事故放油管道，排油至主厂房外的事故放油池。事故时及时排空管道和油箱中的润滑油。

3.2.6.1.12　管道疏放水、放气系统

系统启动（或水压试验）期间排除管道内的空气，系统检修时排除管道内的存水。水管道的高位点设置放气管道，低位点设置放水管道。

3.2.6.1.13　供热系统

本机组承担向二矿区和选煤厂供暖，两台机组的五段抽汽接至低压辅汽系统，对外采暖供汽从母管接至厂区围墙外1m与外网接口处。

3.2.6.1.14　锅炉疏水、排污、放气系统

锅炉排污系统包括指汽包的排污管道和连续排污扩容器、定期排污扩容器以及排污水系统。

3.2.6.1.15　空冷凝汽器系统

空冷凝汽器总体上在汽机房“A”列外且平行“A”列布置，采用钢筋混凝土空心柱支撑。

汽轮机排出的乏汽经由主排汽管道引出汽机房“A”列外，垂直上升至一定高度后，水平分管，再从水平分管分出支管，垂直上升，引至空冷凝汽器顶部。蒸汽从空冷凝汽器上部联箱进入，与空气进行表面换热后冷凝。冷凝水由凝结水管汇集，排至凝结水箱（排汽装置内），由凝结水泵升压，送至锅炉给水系统。空冷凝汽器由顺流（指蒸汽和凝结水的相对流动方向一致）管束和逆流管束两部分组成。顺流管束是冷凝蒸汽的主要部分，可冷凝75%～80%的蒸汽。满发背压30kPa，每台机组设置顺流风机组和逆流风机组。

排汽主管道为管外部加加固环的焊接钢管，排汽主管道水平穿过汽机房至A列外，排汽主管垂直上升至设计标高后，又分为两条水平管，从水平管上接出上升支管，向上引接至空冷凝汽器，水平与每组空冷凝汽器上联箱连接。

空冷凝器系统主要设备有：空冷凝器、轴流风机（包括电机、减速机、扇叶、风筒等）、上下联箱、(用压形涂层钢板制成）及框架（由工字钢梁和槽型钢梁组成)、蒸汽管道（由母管和配气管道组成)。

3.2.6.2　燃烧系统

3.2.6.2.1　给煤系统

每台锅炉配备4个原煤斗，炉前8点给煤，每个煤斗下接2套称重式给煤机；每个锅炉炉顶（暂定）设两个煤泥入料口。

矸石与中煤的混煤从煤斗经电动煤闸门落入称重给煤机，给煤机出口经手动插板门和电动插板门后与炉前落煤口相连进炉膛。

煤泥从输煤皮带进入煤泥泵房刮板机，均匀落入膏浆制备机制备成利于管道输送的膏体后落入储料仓。然后通过正压给料机压入膏体泵，膏体泵将煤泥送入输送管道送至锅炉炉顶，经立式给料机、锅炉接口器送入锅炉燃烧。

3.2.6.2.2　一次风系统

一次风系统设2台50%容量的双吸双支撑离心式风机，一次风量采用液力耦合器调节。风机入口设消音器，出口设电动双密封挡板门。冷一次风依次经暖风器、管式空预器加热后分成两路送入炉膛：第一路从热一次风母管引出，经播煤风机升压后，用于炉前播煤装置的气力播煤，每台炉设一台单吸双支撑播煤风机；第二路从热一次风母管引出，直接去两侧风道点火器，进入炉膛；一次风机出口的冷一次风联络母管上还接出一路至电子称重式给煤机的密封风。

3.2.6.2.3　二次风系统

二次风系统配2台50%容量的双吸双支撑离心式风机，二次风量采用液力偶合器调节。风机入口设消音器，出口设电动双密封挡板门。冷二次风依次经暖风器、管式空预器加热后通过二次风风箱送入炉膛，为燃料燃烧提供氧气。

3.2.6.2.4　流化风系统

每炉配置3台多级离心式流化风机，2台运行，1台备用。流化风机出口设母管。返料器、分离器等处的流化风、风道点火器和床上油枪所需的冷却风均从母管接出。

3.2.6.2.5　烟气系统

每台炉设2台电除尘器及2台50%容量的静叶可调轴流引风机，烟气从炉膛出口通过尾部受热面、管式空气预热器，再通过烟道进入静电式除尘器，然后由静叶可调轴流引风机至烟气脱硫装置或直接经烟囱排至大气。

3.2.6.2.6　石灰石系统

厂内每台炉设置一座830m^{3}石灰石粉库，每座粉库贮粉量满足锅炉最大连续蒸发量下3d的需用量，每座石灰石粉库下设1套石灰石气力输送系统，气源采用厂用压缩空气，系统出力25t/h。

3.2.6.2.7　启动床料系统

每台炉在除氧煤仓间煤斗旁设1个启动床料小斗(200m^3)，启动床料由输煤皮带输送至启动床料小斗，经下降管、给煤机

送入炉膛。

3.2.6.2.8 冷渣系统

每台炉设置6台滚筒式冷渣器，每台冷渣器的出力不小于25t/h，正常运行时，任意一台冷渣器均能保证排渣温度不大于150℃。每个冷渣器入口设置事故排渣口，如果冷渣器出现故障，炉膛内的高温渣可从事故排渣口排出。

3.2.6.2.9 点火及燃油系统

点火、助燃采用轻柴油，采用床枪和风道燃烧器的联合点火方式。采用两侧进风的一次风布风方式，在两侧一次风道中各布置有一台床下风道点火器，床下点火油枪共两组（4只）。考虑到缩短启动时间，在锅炉前后墙水冷壁各布置4只（共8只）床上助燃油枪。床下点火油枪及床上助燃油枪均采用机械雾化方式。

设有燃油泵房及油库区，设2座800m^{3}的贮油罐。

3.2.6.3 运煤系统

黄陵2号矿的中煤、煤矸石采用带式输送机输送至电厂，煤泥采用刮板输送机和带式输送机相结合的输送方式运至煤泥泵房。黄陵1号矿的补充矸石采用汽车直接运输至电厂。

3.2.6.4 除灰渣系统

3.2.6.4.1 除渣系统

每台锅炉设6台水冷式滚筒冷渣机，排渣温度不大于150℃，连续排放。正常工况下冷渣机3运3备，6台可同时运行。6台滚筒式冷渣机出口分别跨接在两条全封闭链斗输送机上（1运1备），把冷却后的渣送出锅炉房，再由斗式提升机装入炉侧布置的中转渣仓中。

中转渣仓为全钢结构，总容积530m^3，其下部卸料分两路，一路为处理量200t/h的散装机，直接外运；另一路接处理量为90t/h，口径为250mm的管状皮带机（可达到BMCR工况下最大排渣量150%以上的处理能力）。1号炉管状皮带机总长约271m、升高35°，转弯半径110m；2号炉管状皮带机总长约165m、升高35°。

两台炉的管带机，最终汇合在炉后煤场东侧设置的大渣仓上，大渣仓同样为全钢结构直径15m、高38.5m，总容积3100m^3，可满足两台炉MCR工况下最大排渣量贮存24h的需求。大渣仓卸料分干、湿两路，分别设有处理量为的200t/h散装机和双轴加湿搅拌机。

3.2.6.4.2 除灰系统

本工程采用正压浓相除灰系统，每个空预器及电除尘器灰斗下均设有1台仓泵，每台炉为一个输送单元，处理量不小于120t/h，可满足按设计煤种计算BMCR工况下最大排渣量的150%的要求。每台炉空预器下4台1.0m^{3}仓泵，用一根管道输送至中转渣仓。每台炉电除尘器下：一电场8台3.0m^{3}仓泵，每4台泵串联成1根管道（共2根）；二电场8台3.0m^{3}仓泵串联成1根管道；三电场8台1.0m^{3}仓泵与四、五电场共16台0.5m^{3}仓泵合并用一根管道。每台炉电除尘器共4根管道将灰接引至灰库。

全厂两台锅炉共设三座混凝土结构灰库，输灰管道设用切换阀，可以选择将管道中的灰装入任意一座灰库。灰库：直径15m、高32m，每座灰库总容积近3500m^3，可满足贮存两台炉MCR工况下系统最大排灰量近30h。

每座灰库卸料分为干、湿两路，分别设有处理量为200t/h的散装机和双轴加湿搅拌机各两台，1运1备。

3.2.6.5 化学水系统

3.2.6.5.1 水处理系统

电厂水源采用矿井疏干水作为主水源，地下水作为备用水源，矿井疏干水虽经过澄清处理，但溶解性总固体较高，不满足工业用水要求，采用反渗透预脱盐处理后作为全厂工业用水。

化学制水工艺流程：预脱盐处理系统→淡水箱→淡水泵→无顶压逆流再生阳离子交换器→除二氧化碳器→中间水箱→中间水泵→无顶压逆流再生阴离子交换器→混合离子交换器→除盐水箱→除盐水泵→主厂房热力系统。

3.2.6.5.2 凝结水精处理

采用粉末树脂覆盖过滤器，每台机组设置有2×50%中压粉末树脂覆盖过滤器和100%旁路系统，其中过滤器1台运行，1台备用。每台机组设有一套包括铺膜装置、废水收集排放装置及反洗装置等的辅助系统。

3.2.6.5.3 加药系统

给水、凝结水设置一套加氨装置、一套加联胺装置、一套炉水加药装置。氨、联胺、炉水加药设备等布置在主厂房辅楼的加药间内。

3.2.6.5.4 汽水分析系统

每台机组设置一套集中式水汽取样分析装置，高温高压架与仪表架分开布置。

3.2.6.6 电气系统

3.2.6.6.1 电气主接线

3.2.6.6.1.1 采用发电机—变压器单元接线接入330kV母线，出线两回至330kV黄陵变。电厂330kV配电装置采用户外GIS设备，双母线接线。启动/备用电源取自330kV配电装置。

3.2.6.6.1.2 主要设备

主变压器容量为370MVA，无载调压，强迫油循环风冷（ODAF，65℃温升），主变压器将配有智能式在线诊断装置，以连续监视主变压器油中溶解的氢气浓度等状态量。可通过DC 4～20mA模拟量信号送入机组DAS系统并与DCS进行通信连接。

3.2.6.6.2 厂用电系统

3.2.6.6.2.1 高压厂用电系统

高压厂用电采用6kV电压（母线额定电压6.3kV），变压器中性点经低电阻接地。

每台机组设置1台容量为55/31.5-31.5MVA的高压厂用工作变压器（采用分裂绕组变压器），变压器高压侧接于本机组发电机出口。每台机组在主厂房设置二段高压厂用工作母线，分别由高厂变两个低压绕组供电。

两台机组设置1台容量为55/31.5-31.5MVA高压启动/备用变压器（采用有载调压分裂绕组变压器），启动/备用变压器高压侧电源引自厂内330kV母线。高压启动/备用变压器的2个低压绕组分别为2台机的高压厂用工作A段和B段提供备用电源。

3.2.6.6.2.2 低压厂用电系统

低压厂用电系统电压采用380/220V（母线额定电压400/230V）。主厂房低压厂用电系统的中性点采用直接接地方式。

电动机控制中心和容量为75kW及以上的电动机由动力中心PC供电，75kW以下的电动机由电动机控制中心MCC供电。

动力中心接线采用单母线分段，每段母线由1台低压变压器供电，2台低压变压器互为备用。

主厂房每台机设置2台容量为1250kVA机组汽机变压器，为机组的低压汽机负荷供电。

主厂房每台机设置2台容量为1600kVA机组锅炉变压器，为机组的低压锅炉负荷供电。

主厂房内设置2台容量为1600kVA厂用公用变压器，主要为主厂房的公用负荷供电。主要有暖通负荷、化水凝结水精处

续表

序号	名　　称	型　号　及　规　范	单位	数　量	
				单台	总计
	二次风机及电机	双吸离心式 369584N·m^3/h，19655Pa	台	2	
	播煤风机及电机	单吸双支撑离心式 82879N·m^3/h，21702Pa	台	1	
	流化风机及电机	多级离心式 12696N·m^3/h，65112Pa	台	3	
3	其他辅机				
	称重式皮带给煤机	耐压称重式出力：6.5～65t/h	台	8	
	刮板给煤机	出力：6.5～65t/h	台	1	
	暖风器疏水泵	Q=31t/h，P=120mH_2O	台	2	
	暖风器疏水箱	4m^3 设计压力 1.6MPa，工作温度 200℃	台	1	
	一次风暖风器	301189N·m^3/h 进风－22℃；出风 35℃	台	2	
	二次风暖风器	369584N·m^3/h 进风－22℃；出风 35℃	台	2	
	煤斗疏松机		台	8	
	电除尘器	五电场电除尘器 656855N·m^3/h	台	2	
	刮板机	宽 1.0m、输送量 Q=750m^3/h	台		1
	膏浆制备机	出料能力 Q=120m^3	台		3
	渣浆分离机	出料能力 Q=120m^3	台		3
	储料仓	容积 150m^3	台		3
	正压给料机	输送量 Q=30m^3/h	台		6
	膏体泵	Q=30m^3/h	台		6
4	锅炉检修起吊设施				
	一次风机电机电动葫芦	起重量 10t，高度 16m	台	2	
	二次风机电机电动葫芦	起重量 10t，高度 16m	台	2	
	一、二次风机转子电动葫芦	起重量 10t，高度 16m	台	2	
	引风机电机电动葫芦	起重量 10t，高度 16m	台	2	
	引风机转子电动葫芦	起重量 10t，高度 16m	台	2	
	高压流化风机电机电动葫芦	起重量 5t，高度 16m	台	2	
	高压流化风机转子电动葫芦	起重量 5t，高度 16m	台	2	
	播煤风机电机电动葫芦	起重量 10t，高度 16m	台	2	
	客货两用电梯	1.6t	台	1	
5	锅炉主要管道材料				
	烟道	Q235-A	t	325	
	给煤管道	Q235-A	t	25	
	冷风道	Q235-A	t	150	
	热风道	Q235-A	t	175	
	燃油管道	20	t		
	支吊架材料		t	50	
	型钢	（平台扶梯、辅机安装）	t	5	
	阀门		t	25	
	煤泥输送管道	DN300mm	t	171	

续表

序号	名　称	型 号 及 规 范	单位	数　量	
				单台	总计
（二）	汽轮发电机组				
1	主要设备及辅机				
	汽轮机本体	NZK300-16.67/538/538 型，亚临界、单轴、双缸、双排汽，一次中间再热，直接空冷式	台	1	
	发电机	QF5N-300-2 型水氢氢汽轮发电机，自并励磁系统定额电压 20kV，额定功率 300MW，额定容量 353MVA，转速 3000r/min，最大输出功率 330MW，额定功率因数 0.85，效率 98.95%	台	1	
	排汽装置	ϕ5532×16，附内置式疏水扩容器、高加紧急疏水扩容器、凝结水箱、三级减温减压装置和除氧器装置	台	1	
	1 号高压加热器	卧式 U 形管	台	1	
	2 号高压加热器	卧式 U 形管	台	1	
	3 号高压加热器	卧式 U 形管	台	1	
	除氧器	型号：内置式、卧式、盘式恒速喷嘴设计压力 1.11MPa，设计温度 365℃，水箱有效容积 150m^3，最大出力 1240t/h，额定出力 1125t/h，出水温度 172.3℃	台		
	5 号低压加热器	卧式，LP5	台	1	
	6 号低压加热器	卧式，LP6	台	1	
	7 号低压加热器	卧式，LP7	台	1	
	锅炉电动调速给水泵	流量 590t/h，出口压力 20.5MPa 型式：卧式双壳体，筒形全抽芯，多级离心泵	台	3	
	电动给水泵前置泵	机械密封	台	3	
	电动给水泵液力耦合器	升速型液力耦合器	台	3	
	电动给水泵工作油冷却器	管式	台	3	
	电动给水泵润滑油冷却器	管式	台	3	
	凝结水泵	立式泵，流量 935t/h，出口压力 2.75MPa	台	2	
	电动机	立式鼠笼型异步电动机 1000kW，6000V	台	2	
	汽轮机油净化装置	处理量不小于 7800L/h，380V	台	1	
	水环式真空泵	单级水环式旋转泵	台	3	
	电动机	160kW，380V，590r/min	台		
	闭式循环膨胀水箱	容积 V=10m^3，不锈钢质圆筒形直径 DN2380，高 2610mm	台	1	
	闭式冷却水冷却器	板式，TP316L，有效冷却面积 220m^2，被冷却水 880t/h	台	2	
	汽机房行车	75/20t，跨度 25.5m	台	1	
	开式循环电动滤水器	设计压力 1.0MPa，设计温度 40℃，直径 800mm，额定流量 2010t/h TP316L	台	1	
	汽封冷却器	管壳式，卧式	台	1	
	高压旁路减温减压装置	Q=426t/h，P=16.67/4.128MPa，t=539/333.9℃	台	1	
	低压旁路减温减压装置	Q=491t/h，P=4.128/0.8MPa，t=538/180℃	台	1	
	发电机氢气干燥机与循环风机		台	1	
	辅助蒸汽联箱	卧式，ϕ720×10，1.1MPa，350℃	台	1	
	汽机润滑油组合油箱（主油箱）	卧式，油箱最大容积 39m^3，有效容积 32m^3	台	1	
	冷油器	板式	台	2	
	发电机密封油装置	包括氢侧、空侧密封油装置及相关管道	台	1	
	润滑油输送泵	70m^3/h，0.34～0.3MPa，电动机：防爆型，9kW	台	2	

续表

序号	名　　称	型 号 及 规 范	单位	数　量	
				单台	总计
	发电机定子冷却水供水装置	含冷却水泵、水冷却器、滤水器各 2 台	台	1	
	闭式循环冷却水泵	流量 390t/h，出口压力 0.4MPa	台	2	
	润滑油储油箱	容积 $50m^3$	台	1	
	汽机控制用抗燃油系统	集装式含油箱、油泵、滤油器、电机等	台	1	
	顶轴油装置		台	3	
	排污水泵		台	2	
	凝结水输送泵	流量 100t/h	台	1	
	凝结水储水箱	容积 $200m^3$	台	1	
	定期排污扩容器	$15m^3$，卧式	台	1	
	连续排污扩容器	立式，有效容积 $3m^3$，1.6MPa，350℃	台	1	
	管道疏水扩容器	SS-2.0 型，$2m^3$	台	1	
	空冷凝汽器系统		套	1	
	采暖加热站系统		套	1	
2	汽机检修起吊设施				
	汽机房电动双梁桥式起重机	75t/20t	台	1	
	检修电动葫芦	CD10-6，10t，6m（电动给水泵组）	台	6	
	检修电动葫芦	CD3-6，3t，6m（真空泵）	台	2	
	检修电动葫芦	CD5-6，5t，6m（1 号、2 号高加）	台	1	
	检修电动葫芦	CD5-12，5t，12m（3 号高加、除氧器）	台	1	
	检修用手动葫芦	环链手拉葫芦 HS3，3t，6m	台	2	
3	主要汽水管道材料				
	主给水	WB36	t	105	
	主蒸汽	A335P91	t	79	
	再热热	A335P22	t	115	
	再热冷	A672B70CL32	t	71	
	锅炉排污管道	12Cr1MoV	t	40	
	中、低压汽水管道	20	t	430	
	发电机外部水冷管道	不锈钢	t	5	
	支吊架材料		t	240	
	型钢	（平台扶梯、辅机安装）	t	100	
	中低压阀门		t	75	
4	保温材料				
	岩棉制品		m^3	2600	
	硅酸铝制品	管壳或缝毡	m^3	530	
	设备管道金属外护层	0.5/0.7mm 白铁皮	m^2	36000	
	管道油漆		t	27	
	金属附件		t	25	
二	除灰除渣系统				
（一）	主要设备				
1	除渣系统				

续表

序号	名　称	型 号 及 规 范	单位	数　量	
				单台	总计
	滚筒冷渣机	水冷式：10～30t/h 变频可调、功率 11kW	台	6	
	全封闭链斗机	50～150t/h 变频可调、功率 37kW	台	2	
	斗式提升机	50～150t/h 变频可调、功率 37kW	台	2	
	钢结构渣仓	直径 9m、高 25m，总容积 530m^3	座	1	
	钢结构渣仓	直径 15m、高 38.5m，总容积 3130m^3	座		1
	微米级干雾抑尘装置		套		1
	脉冲布袋除尘器	过滤面积 48m^2，风量 1080m^3/h，除尘效率 99.5%	台		3
	真空压力释放阀	Dn500	台		3
	电动葫芦	起重量 1t，起升高度 36m，1.5kW/0.38kV	台		3
	仓壁振动器	0.75kW/0.38kV	台	6	
	1 号炉输渣管状皮带	60～90t/h 变频可调、功率 55kW	套	1	1
	2 号炉输渣管状皮带	60～90t/h 变频可调、功率 55kW	套	1	1
	振动给料机	出力 200t/h，8kW/0.38kV	台		4
	散装机	出力 200t/h、功率 8kW/0.38kV	台		3
	加湿搅拌机	出力 200t/h、功率 37kW/0.38kV	台		1
	手动插板门	400×400	台		4
	气动插板门	400×400	台		4
	高料位计		支		3
	低料位计		支		3
	连续料位计		支		3
	除渣系统 PLC		套		1
2	除灰系统				
	灰斗气化风机	14m^3/min，P=60kPa，30kW/0.38kV	台		3
	灰斗电加热器	14N·m^3/min、180℃、70kW/0.38kV	台		2
	仓泵	3.0m^3，一、二电场灰斗下布置	台	16	
	仓泵	1.5m^3，三电场灰斗下布置	台	8	
	仓泵	1.0m^3，四、五电场灰斗及空预器灰斗下布置	台	20	
	脉冲布袋除尘器	过滤面积 144m^2，风量 8400m^3/min，除尘效率 99.5%	台		3
	真空压力释放阀	Dn500	台		3
	电动葫芦	起重量 1t，起升高度 36m，1.5kW/0.38kV	台		1
	电动给料机	出力 200t/h，8kW/0.38kV	台		12
	散装机	出力 200t/h，功率 8kW/0.38kV	台		6
	加湿搅拌机	出力 200t/h，功率 37kW/0.38kV	台		6
	手动插板门	400×400	台		12
	气动插板门	400×400	台		12
	高料位计		支		3
	低料位计		支		3
	连续料位计		支		3
	灰库气化风机	18m^3/min，P=80kPa，80kW/0.38kV	台		6
	灰库电加热器	18N·m^3/min、180℃、70kW/0.38kV	台		3

续表

序号	名　称	型 号 及 规 范	单位	数　量	
				单台	总计
	微米级干雾抑尘装置		套		3
	气力除灰系统PLC		套		1
3	石灰石粉输送系统				
	罗茨风机	81.86N·m^3/min，P=80kPa，185kW/0.38kV	台	2	
	连续输粉装置	含：上下容器、旋转给料阀，混合器，10～23.5t/h 变频可调、功率22kW	台	1	
	钢结构贮粉仓	直径9m、高19m，总容积830m^3	台	1	
	脉冲布袋除尘器	过滤面积60m^2，风量3200m^3/min，除尘效率99.5%	台	1	
	真空压力释放阀	Dn500	台	1	
	电动葫芦	起重量1t，起升高度24m，1.0kW/0.38kV	台	1	
	气化风机	6.5m^3/min，P=60kPa，18.5kW/0.38kV	台	2	
	电加热器	6.5Nm^3/min，180℃，35kW/0.38kV	台	1	
	高料位计		支	1	
	低料位计		支	1	
	连续料位计		支	1	
（二）	主要材料				
1	除渣系统				
	管材		t		5
	阀门		t		0.1
	型材		t		20
2	除灰系统				
	管材		t		155
	阀门		t		1
	型材		t		30
3	石灰石粉输送系统				
	管材		t		20
	阀门		t		0.9
	型材		t		10
三	化学水处理系统				
（一）	凝结水精处理				
	粉末树脂覆盖过滤器	ϕ1700，4.1MPa	台	2	
	铺膜箱	3m^3	台	1	
	辅助箱	0.6m^3	台	1	
	压缩空气罐	15m^3	台	1	
	注射泵	Q=16m^3/h，P=0.13MPa	台	1	
	铺膜泵	Q=300m^3/h，P=0.18MPa	台	1	
	保持泵	Q=35m^3/h，P=0.22MPa	台	2	
	反洗泵	Q=50m^3/h，P=0.3MPa	台	2	
	废水输送泵	Q=30m^3/h，P=0.3MPa	台	2	
（二）	加药系统				
1	炉水加药装置	两箱三泵，自动调节加药	套		1

续表

序号	名　称	型号及规范	单位	数　量	
				单台	总计
	电动搅拌溶液箱	V=1.5m^3	台		2
	加药泵	Q=50L/h，P=25MPa	台		3
2	给水、凝结水加氨装置	两箱六泵，自动调节加药	套		1
	电动搅拌溶液箱	V=1.5m^3	台		2
	凝结水加氨计量泵	Q=60L/h，P=4.1MPa	台		3
	给水加氨计量泵	Q=60L/h，P=1.4MPa	台		3
3	给水、凝结水加联胺装置	两箱六泵，自动调节加药	套		1
	电动搅拌溶液箱	V=1.5m^3	台		2
	凝结水加联胺计量泵	Q=60L/h，P=4.1MPa	台		3
	给水加联胺计量泵	Q=60L/h，P=1.4MPa	台		3
4	闭冷水加联胺装置	两箱三泵，自动调节加药	套		1
	电动搅拌溶液箱	V=1.0m^3	台		2
	闭冷水加联胺计量泵	Q=20L/h，P=1.4MPa	台		3
5	停炉加药装置	一箱两泵	套		1
	电动搅拌溶液箱	V=1.0m^3	台		1
	加药泵	Q=120L/h，P=1.4MPa	台		2
（三）	汽水取样系统				
	汽水取样装置高温架	15 点，带预冷却装置	套	1	
	汽水取样装置仪表架	带恒温装置，微机监控	套	1	
	就地取样架		套	1	

本章其余内容见光盘。

第 4 章　黄陵矿业集团 2×300MW 低热值资源综合利用电厂工程 2 号 300MW 机组安装工程施工组织设计

4.1　编 制 依 据

4.1.1　和业主签订的《黄陵矿业集团有限责任公司 2×300MW 低热值资源综合利用电厂 4 号标段工程施工合同》[黄矿电(Ⅲ)施合字第 012 号]。

4.1.2　业主提供的招标图纸资料。

4.1.3　业主提供的《建设工期里程碑网络图》。

4.1.4　我公司的投标文件。

4.1.5　《基本建设大中型项目施工组织设计大纲主要内容与编制要求》(国家计划委员会档计建设〔1997〕325 号)。

4.1.6　《火力发电工程施工组织设计导则》(国电电源〔2002〕第 849 号)。

4.1.7　《电力工程项目建设工期定额》。

4.2　工 程 概 况

4.2.1　工程简况

4.2.1.1　工程性质：本工程系新建工程，建设规模为 2×300MW 循环流化床直接空冷汽轮发电机组，不再扩建。同步建设脱硫、脱硝设施。

4.2.1.2　工程名称：黄陵矿业集团有限责任公司 2×300MW 低热值资源综合利用电厂项目 4 号标段工程。

4.2.1.3　工程地点：陕西省黄陵县双龙镇。

4.2.1.4　工程范围：2 号机组安装工程。

4.2.1.5　工程内容：2 号机、炉从 330kV 升压站至烟囱之间；所有主机、辅机的设备安装工程及配套的电气、热工控制系统；接地网；主厂房地面以上和地下设施安装工作自 9 号与 9a 号柱之间伸缩缝处分界，若有和 1 号机组有联系的，由 4 号标段施工单位负责接口施工。包括：

（1）2 号机组汽水取样系统、加药系统设备、管道等安装工程。

（2）2 号机组凝结水精处理系统设备、管道等安装工程。

（3）2 号机组空冷岛安装工程。

（4）2 号机组电除尘系统。

（5）2 号机组正压浓相气力除灰系统（从电除尘灰斗下法兰到灰库卸灰口；气化风机房设备、管道安装等）。

（6）空压机站安装，除灰配电装置。

（7）2 号机组除渣系统。

（8）2 号机组主变、厂高变及 A 排外的安装。

（9）启动锅炉房和厂外辅汽管建筑安装工程。

（10）设备、管道、钢结构的防腐油漆。

（11）设备、管道保温。

4.2.1.6　施工工期：14 个月。开工日期：2010 年 8 月 25 日，竣工日期：2011 年 10 月 31 日。

4.2.2　电厂地理位置

黄陵矿业集团有限责任公司 2×300MW 低热值资源综合利用电厂工程厂址位于陕西省延安市黄陵县境内。厂址位于黄陵县双龙镇西峪村。厂址北紧邻沮河，靠黄畛公路。

电厂大件及外埠设备材料可经铁路运至矿区车站卸车，然后经公路转运至厂内。

4.2.3　主要工程量

因暂无图纸，略。

4.2.4　工程特点

4.2.4.1　采用石灰石—石膏湿法脱硫，按锅炉 BMCR 工况全烟气量脱硫，根据环保要求，脱硫装置脱硫效率不低于 90%，脱硫系统可用率不小于 95%。

4.2.4.2　本工程汽机冷却系统采用机械通风直接空冷系统（ACC），极大地降低了耗水量。

4.2.4.3　本工程位于陕西能源基地，属典型坑口电厂，按煤电一体的特点进行工艺设计。

4.2.4.4　厂址地处陕北南部，冬季寒冷，且时间长，给施工带来一定影响。

4.2.5　水文、地质及气象条件

4.2.5.1　地形地貌

厂址位于工业场地以东约 500m 的沮河滩地上，场地较开阔。厂址东临沮河及槐树道村，西与工业场地以沮河之隔，南靠山坡，北邻黄畛公路及西峪村，场地呈不规则梭形，南北由工业场地铁路站场及沮河分为三块。可利用场地长宽约 600m×400m，场地面积约 24hm^2，可以满足 2×300MW 机组厂区及施工用地要求。

场地由西南向东北倾斜，自然标高在 1020～1006m 之间，自然坡度 0.03 左右，平整土方工程量不大。场地由坡地、平川地及河沟组成，现各场地宽不足 200m，必须将沮河向北改道，以满足主厂区布置要求，根据黄陵县气象站所提供的夏季主导风向，厂区拟采用正方位布置，以适环境及空冷机组对风向要求，并减少土方工程量。

拟建厂区地貌单元属沮水河河床、河漫滩及Ⅰ级阶地，场地较为平坦开阔。

厂址区位于沮水河形成的川道之中，川道两侧的山体雄厚，边坡稳定，现场调查未见滑坡、泥石流等危害厂址的重大不良地质作用或地质灾害发生。

此外，未发现有其他不良地质作用。

4.2.5.2　水文气象

黄陵县位于延安地区的最南部，属于渭北黄土高原沟壑区，海拔在 740～1762m 之间。由于黄陵县介于关中与陕北的过渡地区，在气候上属于中温带大陆性季风气候，全年四季分明，光照充足。

黄陵县气象站站址设在县城东南 5km 处的候庄乡黄渠，北纬 35°33′，东经 109°19′，观测场海拔高度 1081.8m。

基本气象要素统计如下：

多年平均气压	894.7hPa
多年平均气温	9.3℃
极端最高气温	31℃

极端最低气温 －21.4℃
平均最高气温 15.3℃
平均最低气温 4.2℃
平均水汽压 9.1hPa
最大水汽压 28.9hPa
平均相对湿度 72%
最小相对湿度 2%
平均雷暴日数 28.9d
平均雾日数 45.2d
实测最大风速 22.0m/s
平均风速 3.0m/s
主导风向 NW、SSE
多年平均降水量 596.3mm
一日最大降水量 176.9mm
多年平均蒸发量 1416.0mm
最大冻土深度 69cm
最大积雪深度 20cm

根据黄陵县气象站实测资料统计计算：50 年一遇距地 10m 高，10min 平均最大风速设计值为 26.8m/s，相应风压为 0.45kN/m^2；100 年一遇距地 10m 高 10min 平均最大风速设计值为 29.0m/s，相应风压为 0.53kN/m^2。

根据黄陵县气象站历年最大积雪深度，采用极值Ⅰ型法统计计算，求得 50 年一遇最大积雪深度 22.8cm，相应雪压为 0.3kN/m^2。

4.2.6 厂区及主厂房总平面布置

4.2.6.1 厂区总平面布置

厂区采用自西向东依次为煤场、主厂房、空冷器、330kV GIS 的四列式布置格局。固定端朝北，出线向东。

主厂房布置在厂区中部；330kV 升压站布置在主厂房的东侧；空冷器支架布置在主厂房与升压站之间。

煤场和上煤设施区：煤场及汽车卸煤沟布置在厂区西侧，输煤栈桥由主厂房固定端进入主厂房煤仓间；推煤机库与联合建筑煤水处理间、雨水调节池及酸洗废水贮存槽，输煤综合楼、布置于主厂房西侧区域；汽车衡布置于煤场西北角。

除灰、渣、石灰石系统：渣仓、石灰石仓布置在两锅炉房外侧；除灰空压机室与电除尘配电室组成联合建筑，布置在两电除尘器之间。灰库区布置在烟囱以东，煤场西侧。

水工建构筑物区：主厂房固定端一侧，由西向东依次布置锅炉补给水处理区、净化站、辅机综合水泵房及蓄水池、辅机冷却塔。

电气建构筑物区：主变、330kV GIS 布置在主厂房东侧，330kV 出线向东朝向用户，出线顺畅；厂高变、启动备用变呈"一"字形布置在汽机房 A 排外空冷器平台下；空冷器配电室布置在空冷器平台下。

脱硫区：采用炉内喷钙脱硫法，每台锅炉设计一套石灰石输送系统。

脱硝同步建设，采用 SNCR 工艺系统脱硝。

辅助、附属建构筑物：备品备件库及检修车间布置在 330GIS 南侧；氢库、启动锅炉房、燃油库区布置在厂区西南区域，除灰汽车库布置厂区的东南区域。

生产办公楼布置在主厂房固定端与之毗邻；综合服务楼布置在水处理东侧，设行政办公楼和检修宿舍及招待所、食堂及浴室、夜班休息楼。

进厂道路正对生产办公楼，侧入式进厂，主入口朝南。

本期厂区围墙内用地面积 32hm^2。

4.2.6.2 主厂房布置

（1）本工程汽机房布置。跨距为 27m，主厂房布置柱距为 9m，每台机组 8 档，考虑空冷岛的布置，汽机房的长度方向要有足够距离，两机之间设公用档，共 17 档，总长为 150.3m。集中控制室布置在主厂房固定端与生产综合楼合并。两机组合用一个集控室。

（2）主厂房按汽机房、煤仓框架和锅炉房的顺序排列。

（3）汽轮发电机组按纵向顺列布置，汽机头部朝向固定端。汽机房运转层标高为 12.6m，采用大平台布置方式，中间夹层标高为 6.3m。

（4）在锅炉钢构架范围 12.6m 运转层设混凝土平台。

（5）主厂房为钢筋混凝土结构，锅炉构架为钢结构。

（6）厂用配电装置布置在汽机房零米靠发电机端。凝结水精处理装置在汽机房机零米。

4.2.6.2.1 主厂房主要尺寸汇总表

见表 4-2-1。

表 4-2-1 主厂房主要尺寸汇总表

名称		单位	数量	备注
汽机房	柱距	m	9.0	1～2、7～8 及 16～17 柱距 10.5
	跨度	m	27.0	
	总长度	m	150.3	
	运转层标高	m	12.6	
	中间层标高	m	6.3	
	屋架下弦标高	m	28.9	
	钢吊车梁轨顶标高	m	24.6	2×75/20t
除氧间煤仓间	柱距	m	9.0	1～2、7～8 及 16～17 柱距 10.5
	跨度	m	10.5	
	总长度	m	150.3	
	除氧层标高	m	12.6	
	给煤机层标高	m	24.0	
	皮带层标高	m	44.0	
	9 号皮带头部层标高	m	51.2	
	屋面标高	m	57.2	
	钢煤斗容积	m^3	540×4	每台炉
	启动床料小斗	m^3	200×1	每台炉
炉前通道	柱距	m	9.0	1～2、7～8 及 16～17 柱距 10.5
	跨度	m	6.6	

4.2.6.2.2 汽机房布置

汽轮发电机组纵向布置，机头朝向固定端，汽机房运转层为大平台结构。

汽机房跨度为 27m，汽轮发电机组中心线距 A 排柱为 15m。

汽机房分三层，即零米层，中间夹层 6.3m，运转层 12.60m。

零米层布置闭式交换器、闭式水泵、开式水电动滤网、机械真空泵、主油箱、汽轮机润滑油冷却器、发电机辅机等设备及电气 400V 配电室，凝结水泵布置在凝结水坑里。

运转层 12.60m 层布置 5 号、6 号低压加热器。

A 排外设置毗间，零米层布置有凝结水精处理设施、厂区采暖换热器组和空冷配电设备，6.3m 层为空冷配电设备和 MCC 间。

4.2.6.2.3　煤仓间分布置

零米层布置电动给水泵组。

B-C 框架 7.3m 层布置 1 号、2 号高压加热器。汽机房 6.3m 层为主要管道层，除布置大量系统管道外还布置有高低压旁路装置等设备及电气 6kV 配电室。

运转层 12.60m 层布置 3 号高压加热器、除氧器及锅炉连续排污扩容器。

24.00m 层布置给煤系统。

由于除氧器外型尺寸很大，必须在 BC 框架 12.6m 层端部土建楼梯施工前将其就位。

4.2.6.2.4　锅炉布置

锅炉房 12.6m 以下砖墙封闭，12.6m 以上紧身封闭布置，炉顶设轻型钢屋盖，锅炉岛式布置，运转层不采用大平台。锅炉顶部设炉顶盖，其四周设防雨罩。汽包两端设汽包小室。2 号锅炉 K1 柱处设 1 部客货两用电梯。锅炉零米布置有机械输渣机等。定排露天布置于炉侧。每台炉尾部锅炉钢架两侧分别布置一、二次风机，每侧布置一台一次风机和一台二次风机，风道支架采用钢筋混凝土结构，梁底分别设置了两台风机叶轮及电动机的检修设备。每台炉设 3 台高压流化风机，集中布置于锅炉 K6 轴后，3 台炉流化风机顺列布置。播煤风机布置在 K1-K2 之间的锅炉副跨，两台炉对称布置。每台炉设一台暖风器疏水箱，两台疏水泵，集中布置于锅炉 K6 轴后。

4.2.6.2.5　炉后布置

按工艺流程炉后依次布置静电除尘器，引风机和烟囱。引风机布置在烟道下方，除尘器 1.2m 以下采用砖墙封闭，1.2m 以上采用压型钢板封闭。总烟道采用钢烟道结构型式。本工程两台机组合用一座 210m 钢筋混凝土钢套筒烟囱。

4.2.6.3　烟风系统

一次风系统设 2 台 50%容量的双吸双支撑离心式风机，一次风量采用液力偶合器调节。风机入口设消音器，出口设电动双密封挡板门。冷一次风依次经暖风器、管式空预器加热后分成两路送入炉膛：第一路从热一次风母管引出，经播煤风机升压后，用于炉前播煤装置的气力播煤，每台炉设一台单吸双支撑播煤风机；第二路从热一次风母管引出，直接去两侧风道点火器，进入炉膛；一次风机出口的冷一次风联络母管上还接出一路至电子称重式给煤机的密封风。

二次风系统配 2 台 50%容量的双吸双支撑离心式风机，二次风量采用液力偶合器调节。风机入口设消音器，出口设电动双密封挡板门。冷二次风依次经暖风器、管式空预器加热后通过二次风风箱送入炉膛，为燃料燃烧提供氧气。

每炉配置 3 台多级离心式流化风机，2 台运行，1 台备用。流化风机出口设母管。返料器、分离器等处的流化风、风道点火器和床上油枪所需的冷却风均从母管接出。

每台炉设 2 台静电除尘器及 2 台 50%容量的静叶可调轴流引风机，烟气从炉膛出口通过尾部受热面、管式空气预热器，再通过烟道进入静电式除尘器，然后由静叶可调轴流引风机至烟气脱硫装置或直接经烟囱排至大气。

4.2.7　主要工艺系统

4.2.7.1　主要热力系统

4.2.7.1.1　主蒸汽、再热蒸汽及旁路系统

主蒸汽管道从过热器联箱两个接口接出，并在炉顶合并成一根后接至汽机房，在主汽门前分成两根分别接至汽轮机主汽门。再热冷段管道从汽机高压缸排汽口接出两根在机头合并成一根至锅炉，在炉前分成两根分别接至再热器入口联箱。再热热段管道从锅炉再热器出口联箱两个接口接出，在炉前汇集成一根母管，至汽轮机中压汽门前分成两根分别接至汽轮机左右侧中压汽门。

汽轮机旁路系统的功能是改善机组的起动性能，缩短起动时间和减少汽轮机的循环寿命损耗，回收工质，保护再热器不超温，保证空冷器冬季最小流量要求。本工程旁路系统采用高、低压串联两级旁路装置，高、低压旁路系统容量暂为 30%B-MCR，可以满足机组高中压缸联合及空冷器冬季启动的防冻要求。

4.2.7.1.2　抽汽系统

本工程采用空冷机组，汽轮机具有七级非调整抽汽。一、二、三级抽汽供三台高压加热器；四级抽汽供除氧器，同时向辅助蒸汽系统供汽；5 号、6 号、7 号低压加热器的汽源分别为汽轮机的五级、六级、七级抽汽。

为防止汽轮机超速和进水，除七级抽汽管道外，其余抽汽管道上均设有气动止回阀和电动隔离阀。前者作为防止汽轮机超速的一级保护，同时也作为防止汽轮机进水的辅助保护措施；后者是作为防止汽轮机进水的隔离措施。为防止汽轮机甩负荷或除氧器满水等事故状态时水或蒸汽倒流进入汽机，四级抽汽管道多加一个气动止回阀。在五段抽汽各用汽点的管道上亦均设置了一个止回阀和电动隔离阀。

4.2.7.1.3　辅助蒸汽系统

本工程辅助蒸汽系统为全厂性的公用蒸汽系统，该系统每台机设一个（0.8～1.3MPa，350℃）辅汽联箱。其中两台机组的辅汽联箱用管道相互连接，之间设隔离门，以便实现两机之间的辅汽互用。通过减温减压后，另设置一根 0.6MPa（g）的辅助蒸汽母管，主要由汽轮机五段抽汽供汽，以满足机组压力较低的辅汽用户用汽，主要为厂区采暖、矿区采暖及燃油加热等供汽。

锅炉设有邻炉加热系统。

本系统主要汽源来自再热冷段、汽机四段抽汽及启动锅炉房来汽。

4.2.7.1.4　给水系统

给水管道系统的功能是从除氧器下水口吸水并把给水送到锅炉省煤器联箱进口。在这个输送过程中，给水被加热以提高循环热效率。加热给水的蒸汽来自汽机抽汽。给水管道按工作压力划分，从除氧器水箱出口到前置泵进口管道，称为低压给水管道；从前置泵出口到锅炉给水泵入口管道，称为中压给水管道；从给水泵出口到锅炉省煤器的管道，称为高压给水管道。高压给水管道材料选用 WB36。

给水系统还提供锅炉过热器各级减温器的减温水，从给水泵中间抽头提供再热器事故减温器和正常减温器的减温水，用以调节过热蒸汽，再热蒸汽温度。

给水系统还提供汽轮机高压旁路系统的减温水，用以降低高压旁路阀后蒸汽温度。

鉴于本工程采用空冷机组，故给水系统中配有 3 台 50%容量的电动调速给水泵。3 台 50%容量的给水前置泵。

给水管道上的电动闸阀（省煤器入口）设有一个旁路调节阀。用于调节给水流量。给水系统可以满足机组启动和各种工况对给水调节的要求，每台给水泵出口设有最小流量阀。保证给水泵出口流量不小于给水泵的最小流量，以免泵过热。

给水系统中的 3 台高压加热器采用大旁路系统。系统简单，阀门数量少，当 3 台高压加热器全部解列后，机组仍能发出额

定功率。

4.2.7.1.5 凝结水系统

凝结水系统设两台100%容量变频调速凝结水泵(一拖二),三台低压加热器,一台轴封冷却器。一台卧式无头式除氧器。

轴封冷却器和低压加热器设有凝结水旁路。

本工程选择无头式除氧器,其具有除氧效果好、可靠性高;适应负荷变化能力强;使用寿命长;节能等特点。

轴封冷却器出口凝结水管道上有一路最小流量再循环管至排汽装置,以冷却机组启动及低负荷时轴封排汽和门杆漏汽。至7号低压加热器的管路上设有流量调节阀用以调节除氧器水位。

凝结水箱位于汽轮机排汽装置下部,它一方面可以接受疏水扩容器的疏水和减温减压器的未汽化水;另一方面也可以作为承压载箱,对汽机起到一定的压载作用。

在排汽装置内两侧放置两个疏水扩容器,用于接受汽机本体、抽汽接管、各阀门中的疏水和低加的正常、事故疏水及高加事故疏水。

排汽管直径为DN5500,设计出口标高为3.50m。

4.2.7.1.6 开式循环冷却水系统

开式冷却水采用开式单元制系统。开式冷却水来自辅机冷却水塔的冷却水泵,经滤网后给闭式循环冷却水热交换器、主机冷油器、真空泵、给水泵电机润滑油工作油冷却器、发电机密封油冷却器和发电机氢气冷却器供水,回水接至供水专业回水母管。

4.2.7.1.7 闭式循环冷却水系统

闭式循环冷却水系统主要向对冷却水品质要求较高的辅机提供冷却水。闭式循环冷却水系统设有两台 100%容量的闭式循环冷却水泵、一台闭式循环膨胀水箱、两台65%容量的闭式循环冷却水热交换器,除向发电机定子冷却水外,还向其他汽机及锅炉辅助设备提供冷却水。系统初始充水和补充水来自凝结水系统。

4.2.7.1.8 凝汽器有关系统及抽真空系统

排汽装置两侧设疏水扩容器,喉部设有低压旁路接口,底部设置凝结水箱,排汽装置壳侧接有电动真空破坏阀,在机组事故情况下破坏真空,增加汽轮机排汽背压,缩短汽轮机的惰走时间。

水扩容器收集主蒸汽管道、再热蒸汽管道、各级抽汽管道、汽轮机本体疏水管道、加热器疏水等管道的疏水。

在汽轮机启动和正常运行时,要使空冷汽轮机低压缸尾部,排汽管道、空冷凝汽器等设备内部形成真空,须采用较大抽干空气量的真空泵。

本工程抽真空系统设有三台机械式真空泵,机组启动时,三台真空泵同时投入运行,以便在短时间内将空冷凝汽器压力抽到34kPa。机组正常运行时,投入一台真空泵运行。

在排汽管水平管段各接有一个电动真空破坏阀,在机组事故情况下破坏真空,增加排汽管背压,缩短汽轮机的惰走时间。

4.2.7.1.9 汽轮机润滑油净化、贮存、排空系统

每台机组装设一套润滑油净化装置,一台润滑油贮存油箱。该系统提供净油的贮存和污油的贮存。该系统也保证润滑油的质量符合汽轮机制造厂对润滑油清洁度要求。

主厂房外设有事故放油池,汽轮机主油箱、润滑油贮油箱分别设有事故放油管道,排油至主厂房外的事故放油池。事故时及时排空管道和油箱中的润滑油。

4.2.7.1.10 管道疏放水、放气系统

系统启动(或水压试验)期间排除管道内的空气,系统检修时排除管道内的存水。

水管道的高位点设置放气管道,低位点设置放水管道。

安装完毕后需作水压试验的蒸汽管道在管道的高位点设置临时放汽点(水压试验后堵上),低位点设置放水管道(可与疏水点统一考虑)。

放水点的设置满足国家相应的标准规范。

设计压力不小于 4MPa 等级的管道上设置的放水、放气阀门需串联两道阀门。

与负压系统连接的放水、放气门(靠近负压系统的第一道放水、放气门)需采用真空门。

4.2.7.1.11 供热系统

根据可研报告,机组需要向二矿区和选煤厂供暖,折合21t/h。机组建成承担该部分采暖热负荷。

作为采暖汽源,两台机组的五段抽汽接至低压辅汽系统,对外采暖供汽从母管接至厂区围墙外1m与外网接口处。

二矿区和选煤厂供暖外网以及供热方式需要进一步落实,本阶段暂按供0.6MPa、250℃蒸汽、21t/h,不考虑回水设计。

4.2.7.1.12 锅炉疏水、排污、放气系统

锅炉排污系统是指汽包的排污管道和连续排污扩容器、定期排污扩容器以及排污水系统。

连续排污管道经过流量测量孔板、电动截阀、电动高压差调节阀、手动截止阀后排至连续排污扩容器,连排产生的二次蒸汽进入除氧器,连排扩容器的排污水经扩容器的水位控制阀排至定排扩容器。连续排污扩容器前排污管道设置备用旁路,同样布置有电动截止阀、电动高压差调节阀、手动截止阀,事故情况下不经过连排直接进入锅炉定期排污扩容器。

定排扩容器接受来自锅炉疏水母管的排水、水冷壁下联箱来的定期排污水,连排扩容器的排污水,汽包紧急放水等。为了满足排放水要求,向定期排污扩容器的排水管参混工业水进行冷却(防止定期排污扩容器排水温度超过允许值),交由水工专业处理。

4.2.7.1.13 加热器疏水、放气系统

高压加热器疏水采用逐级串联疏水方式,最后一级高加疏水至除氧器。每一高压加热器水位通过其疏水管道上的加热器水位汽液两相流自动调节装置控制。每台高加设有至高加事故扩容器的事故疏水管路。高加水侧、汽侧均设有放气管道。汽侧还设有停机期间充氮保护管道。高压加热器连续运行排汽至除氧器。

低压加热器疏水采用逐级回流方式疏至下一级加热器及设在排汽装置内部的凝结水箱。每一低压加热器水位通过其疏水管道上的加热器水位汽液两相流自动调节装置控制。每台低加除正常疏水外,还设置独立的事故疏水,当低加故障而使其水位超过其规定值时,事故疏水阀全开以控制加热器水位,事故疏水单独接入扩容器或排汽装置。事故疏水调节阀布置位置尽量靠近排汽装置,以减少两相流体管道的长度。调节阀后管径放大一级,并采用厚壁管。5号、6号低加水侧和壳侧均设有放气、放水接口,并设有超压保护装置,壳侧还设有连续排气接口,连续排气接入凝汽器。7号低加布置于排汽装置颈部。

加热器管侧、壳侧均设有放水、放气管道,壳侧还设有停机保护接口。

4.2.7.2 除灰渣系统

锅炉采用机械除渣系统,每台炉为一个干式处理单元,处理量为150t/h,满足BMCR工况下250%以上的处理要求。

每台锅炉设6台水冷式滚筒冷渣机:排渣温度不大于150℃,连续排放。冷渣机,正常工况下3运3备,6台冷渣器可同时运行。

6 台滚筒式冷渣机出口分别跨接在两条全封闭链斗输送机上(1运1备),把冷却后的渣送出锅炉房,再由斗式提升机装入炉侧布置的中转渣仓中。中转渣仓为全钢结构,总容积

530m^3，其下部卸料分两路，一路为处理量 200t/h 的散装机，直接外运；另一路接处理量为 90t/h，口径为 250mm 的管状皮带机（可达到 BMCR 工况下最大排渣量 150%以上的处理能力）。2 号炉管状皮带机总长约 165m、升高 35m。

两台炉的管带机，最终汇合在炉后煤场东侧设置的大渣仓上，大渣仓同样为全钢结构直径 15m、高 38.5m，总容积 3100m^3，可满足两台炉 MCR 工况下最大排渣量贮存 24h 的需求。大渣仓卸料分干、湿两路：分别设有处理量为的 200t/h 散装机和双轴加湿搅拌机。

4.2.7.3 除灰系统

本工程采用正压浓相除灰系统，每个空预器及电除尘器灰斗下均设有 1 台仓泵，每台炉为一个输送单元，处理量不小于 120t/h，可满足按设计煤种计算 BMCR 工况下最大排渣量的 150%的要求。

每台炉空预器下 4 台 1.0m^3 仓泵，用一根管道输送至中转渣仓。

每台炉电除尘器下：一电场 8 台 3.0m^3 仓泵，每 4 台泵串联成 1 根管道（共 2 根）；二电场 8 台 3.0m^3 仓泵串联成 1 根管道；三电场 8 台 1.0m^3 仓泵与四、五电场共 16 台 0.5m^3 仓泵合并用一根管道。每台炉电除尘器共 4 根管道将灰接引至灰库。

全厂两台锅炉共设三座混凝土结构灰库，输灰管道设用切换阀，可以选择将管道中的灰装入任意一座灰库。灰库：直径 15m、高 32m，每座灰库总容积近 3500m^3，可满足贮存两台炉 MCR 工况下系统最大排灰量近 30h。

每座灰库卸料分为干、湿两路，分别设有处理量为 200t/h 的散装机和双轴加湿搅拌机各两台，1 运 1 备。

4.2.7.4 石灰石输送系统

CFB 锅炉掺烧石灰石粉采用外购的成品，输粉系统，每台炉为一个贮存输送的处理单元：每台炉设有一座全钢结构贮粉仓，直径 9m、总高 20m，总容积 830m^3，可满足贮存 BMCR 下系统最大耗粉量 3d 的要求。输送采用两台 81.86N • m^3/min、80kPa 的罗茨风机，1 运 1 备，连续输送装置出力为 10～23t/h，可调。

4.2.7.5 化学水处理系统

4.2.7.5.1 凝结水精处理系统

本工程采用直接空冷机组，凝结水含盐量低，凝结水中 CO_2 含量较高，铁的腐蚀产物含量较高。每台机组设置有 2×50% 中压粉末树脂覆盖过滤器和 100%旁路系统。其中过滤器 1 台运行，1 台备用。每台机组设有一套包括铺膜装置、废水收集排放装置及反洗装置等的辅助系统。

4.2.7.5.2 化学加药

本工程化学加药系统为两机共用方式。给水和凝结水设有加氨装置，另设有给水加联氨及闭式水加药装置。

4.2.7.5.3 汽水取样

根据机组型式及参数，本期工程每台机组设置一套集中式水汽取样分析装置，高温高压架与仪表架分开布置。全套水汽集中取样装置带有冷却器、阀门、减压装置、水槽、排水设施以及所有必需的传感器、发送器、样品分析仪及附件。此外，本工程设置部分就地取样架以方便运行检测低压加热器疏水、高压加热器疏水、凝结水箱、暖风器疏水、辅助蒸汽疏水等水质。

4.2.7.6 电气部分

4.2.7.6.1 电气主接线

根据接入系统推荐方案，本期工程采用发电机—变压器单元接线接入 330kV 母线，出线两回至 330kV 黄陵变。电厂 330kV 配电装置采用户外 GIS 设备，双母线接线。启动/备用电源取自 330kV 配电装置。

4.2.7.6.2 厂用电接线及布置

每台机组设 1 台高厂变，容量为 55/31.5-31.5MVA，设 2 段高压厂用母线的接线方案考虑，高压厂用电电压采用 6kV 一级。

两台机组设置 1 台容量为 55/31.5-31.5MVA 高压启动/备用变压器。

低压厂用电系统电压采用 380/220V（母线额定电压 400/230V）。

电动机控制中心和容量为 75kW 及以上的电动机由动力中心 PC 供电，75kW 以下的电动机由电动机控制中心 MCC 供电。成对的电动机分别由对应的动力中心和电动机控制中心供电。

动力中心接线采用单母线分段，每段母线由 1 台低压变压器供电，2 台低压变压器间互为备用。

主厂房低压厂用电系统采用动力中心（PC）和电动机控制中心（MCC）的供电方式。动力中心和电动机控制中心成对设置，建立双路电源通道。

主厂房每台机设置 2 台容量为 1250kVA 机组汽机变压器，为机组的低压汽机负荷供电。

主厂房每台机设置 2 台容量为 1600kVA 机组锅炉变压器，为机组的低压锅炉负荷供电。

主厂房内设置 2 台容量为 1600kVA 厂用公用变压器，主要为主厂房的公用负荷供电。主要有暖通负荷、化水凝结水精处理负荷、煤仓层负荷、网控室负荷。

主厂房设置 2 台容量为 630kVA 照明变为照明负荷供电，2 台照明变互为备用。设置 2 台容量为 400kVA 的检修变压器为检修负荷供电，2 台检修变互为备用。

每台机组设置 4 台容量为 2500kVA 低压空冷变压器，为机组的低压空冷负荷供电。

辅助车间的低压厂用变压器设置及供电范围如下：每台机组的电除尘系统设置 2 台 1600kVA 除尘变压器，为本机组的电除尘系统负荷以及附近的低压负荷供电。

启动锅炉房设置 2 台 630kVA 启动锅炉变，启动锅炉房及附近负荷供电。

厂用电配电室布置位置如下：6kV 段布置在汽机房 1（10）号与 2（11）号轴之间的 6.3m 层，380V 汽机 PC 段布置在汽机房 1（10）号与 2（11）号轴之间的 0m 层，380V 空冷 PC 段布置在汽机房 A0～A 排柱，1（10）号与 4（13）号轴之间的 0m 层，公用 PC 段布置在两炉之间的辅楼 0m，保安、锅炉、照明、检修 PC 段布置在辅楼的 6.3m 层。

辅助厂房厂用配电装置布置如下：

380/220V 电除尘 PC 布置在炉后除尘综合楼内。

380/220V 除灰 PC 布置在除灰设施的配电室内。

380/220V 启动锅炉 PC 布置在启动锅炉房的配电室内。

每台机组设置一套 640kW 快速启动的柴油发电机组作为事故保安电源。

主变压器和启动/备用变压器呈一列式布置在 A 排外空冷平台下；主变与高压厂用变压器采用前后布置；启动/备用变压器布置在 A 排柱外两机之间。

主变压器、启动/备用变压器与 330kV 屋外 GIS 配电装置采用架空线连接。330kV 屋外 GIS 配电装置布置空冷平台外东侧。

主变压器和高厂变之间设防火隔墙。

发电机 PT 及避雷器柜、发电机中性点柜布置、静态励磁变压器布置在 6.3m 层。励磁柜布置在 6.3m 层励磁小室。

4.2.7.7 热工控制

4.2.7.7.1 控制方式

采用厂级信息监控系统（SIS）、分散控制系统（DCS）以及辅助车间控制系统组成的自动化网络，炉、机、电、网及辅助车间集中控制方式，实现LED监控。

4.2.7.7.2 热工自动化设备的布置

本工程两台机组合设一个集中控制室。控制室布置在集控综合楼运转层（标高12.6m），工程师室和网络机房布置在集控室后方。

各辅助车间控制设备室布置在各车间内。对某些比较分散的辅助系统，将采用远程I/O机柜，机柜布置在现场。

4.2.7.8 空冷系统

本工程冷却系统采用机械通风直接空冷系统。空冷凝汽器总体上在汽机房“A”列外且平行“A”列布置（本工程主厂房朝东布置）。

汽轮机低压缸为双排汽结构，两个排汽口进入一个排汽装置，排汽装置下方设汽机本体疏水箱（兼凝结水箱），可接纳空冷排汽管道凝结水和加热器疏水及空冷系统凝结水回水等。排汽主管道从排汽装置上接出。

排汽主管道为一条直径 DN5500，管外部设加固环的焊接钢管，排汽主管道水平（管中心标高 3.2m）穿过汽机房至 A 列外，排汽主管垂直上升至20m标高后，又分为两条水平管，从水平管上接出6条DN2400上升支管，上升至44.01m，水平与每组空冷凝汽器上联箱连接。排汽管道热补偿的设计原则是：排汽管道由于温度变化引起的位移由A列外排汽竖直管设置的补偿器吸收，其位移和室外排汽管道上作用的风荷载所产生的力和力矩，都不允许在汽轮机低压缸座上产生不能承受的反作用力和力矩。故拟在 DN5500 竖管下部设固定支撑，在 6 条 DN2400 竖管上设补偿器，可保证竖管上下移动，将热应力排除在汽轮机之外。

每台机的空冷凝汽器布置在散热器平台之上，平台标高初步定为32m，30个空冷凝汽器单元分6列垂直于A列布置，每列有5个空冷凝汽器单元，其中4个为顺流，1个为逆流，逆流空冷凝汽器放置在单元中部。30台风机设置在每个空冷凝汽器单元下部。

抽真空管道接自每个冷却单元逆流空冷凝汽器的上部，运行中不断地把空冷凝汽器中的空气和不凝结气体抽出，保持系统真空。凝结水经空冷凝汽器下部的各单元凝结水管汇集至凝结水竖直总管，接至汽机房内的排汽装置下部凝结水箱内。排汽主管道内的疏水通过疏水管道也排至排汽装置下部的凝结水箱内。

4.2.7.9 辅机冷却系统

主厂房内的辅机冷却水分为两个部分。一部分采用闭式冷却水系统，需要给热交换器提供冷却水；另一部分为开式冷却水系统，直接供给辅机冷却水。

4.2.8 主机型号及主要参数

本工程2×300MW机组的锅炉、汽轮机、发电机分别由东方锅炉厂有限公司、上海汽轮机有限公司和上海汽轮发电机有限公司供货。

无资料，暂略。

4.3 施工总平面布置

4.3.1 施工总平面布置原则

4.3.1.1 施工总平面布置目标

统一规划、合理布局、动态调配、高效地使用场地，保证施工现场的力能供应及交通运输的畅通，建立一个良好的施工环境，确保工程顺利进行。

4.3.1.2 施工总平面布置原则

施工总平面布置采取以下原则：

（1）本着“因地制宜，见缝插针，统筹兼顾，合理安排”的方针，尽可能使各施工区域围绕主厂房主体结构布置。

（2）平面布置力求紧凑合理，各施工区域划分尽量符合施工工艺流程，减少二次搬运。

（3）根据施工工艺对场地的要求，因地制宜的布置各施工区。

（4）主吊机具布置位置合理，留出进出场通道，满足施工要求。

（5）合理布置场内外交通运输，使各阶段交通方便，运输畅通。

（6）合理交叉使用场地，原则上前期以土建使用为主，后期以安装使用为主，提高场地利用率。

（7）尽最大努力安排好施工顺序，衔接好设备、材料交货与现场制作安装的时间，提高仓库、堆场的周转利用率。

4.3.2 施工总平面布置说明

施工总平面规划，根据合同、招标文件及图纸进行施工总平面的布置。

本标段施工生产用地布置在《施工总平面规划布置图》主厂房标段区域内，修建包括锅炉组合场及锅炉设备堆放场、汽机组合场及汽机设备堆放场、班组工具室、材料库、机具站等部分。施工场地使用围栏及彩板与其他单位进行分隔，以便管理。

4.3.3 施工场地划分及规划

4.3.3.1 施工生产用地规划

主要布置有锅炉设备组合场，汽机设备组合场，设备堆放场，电除尘设备组合场、班组工具室，实验室，电热设备加工及堆场、设备材料库，机具维修及堆放场等。场地面积约45500m^2。

4.3.3.1.1 生产性临时设施

主要布置有锅炉设备组合场，汽机设备组合场，设备堆放场，电除尘设备组合场、班组工具室，实验室，电热设备加工及堆场、设备材料库，机具维修及堆放场等。

4号标段组合场区锅炉、汽机组合场修建间距40m的轨道；布置1台60t/40m的龙门吊。

设备堆放场修建间距40m的轨道，布置1台40t/40m的龙门吊。另布置1台50t履带吊或65t汽车吊。

在2号锅炉左侧布置1台M900塔吊，作为锅炉的主要吊装机械，在2号锅炉右侧布置1台CC1000履带吊，作为锅炉的辅助吊装机械（CC1000 履带吊还要作为空冷的主要吊装机械。如果锅炉吊装和空冷吊装时间发生冲突，锅炉的辅助吊装机械改为C7150）。

2号电除尘器左侧布置一台5015建筑塔吊，作为电除尘器的主吊机具。2号电除尘器大件利用锅炉左侧M900塔吊进行吊装。

4.3.3.1.2 生产办公室

办公区统一规划布置，本标段需用建筑面积1000m^2。项目经理部办公区包括生产管理部、质量监察部、安全监察部、经营管理部、综合办公室等。

4.3.3.1.3 临时用地

施工临时用地见表4-3-1。

4.3.3.2 生活临建布置

根据招标文件及施工现场的情况，本标段需生活区建筑面积约8000m^2。

表 4-3-1　　　　施工临时用地表

用　　途	面积/m^2	位置	需 要 时 间
生活临建区用地	8000	施工临建区	2010年4月至2011年9月
综合办公室	1000	施工临建区	2010年4月至2011年9月
锅炉设备组合场	7000	施工临建区	2010年4月至2011年9月
汽机设备组合场	7000	施工临建区	2010年4月至2011年9月
班组工具室等	1800	施工临建区	2010年4月至2011年9月
设备堆放场地	12000	施工临建区	2010年4月至2011年9月
机具维修及堆放场	1500	施工临建区	2010年4月至2011年9月
电除尘设备组合场	3000	施工临建区	2010年4月至2011年9月
电热设备加工节堆场	2000	施工临建区	2010年4月至2011年9月
实验室	200	施工临建区	2010年4月至2011年9月
设备材料库房	2000	施工临建区	2010年4月至2011年9月
合计	45500		

4.3.3.2.1　生活性施工临建设施范围

单身宿舍、双职工宿舍、食堂（包括主副食加工、备餐间、仓库、管理员办公室、餐厅等）、浴室、招待所、体育设施、其他（包括生活锅炉房、开水间、厕所等）。

4.3.3.2.2　本工程生活性临建设施说明

根据招标文件要求，各种设施的面积和通道间距等均在满足消防要求的前提下尽量压缩，以达到节约用地、提高场地利用率的目的。

全部单身宿舍均为宽4m，长6m的形式，10间宿舍并列构成一幢建筑，并按照业主统一规划，修建成彩板钢结构活动房。宿舍内设单人床4张。每间单身宿舍平时可安置4名职工居住。

施工生活临建区设置职工宿舍共计320间。

职工食堂（包括相应的辅助设施）：面积为550m^2，采用混凝土地面。

浴室（包括更衣室等）：面积为100m^2。

招待所：面积为110m^2。

体育设施：初步设计篮球场地两块，预留活动场地两块（机动使用），单双杠等室外体育设施根据实际情况布置。

其他（包括生活锅炉房、开水间、卫生间等）：建筑面积为120m^2。

4.3.4　现场道路及交通运输

施工现场道路布置原则如下：

（1）场区施工道路根据“永临结合”的原则进行布置。

（2）施工期厂区内施工道路原有道路不变，并根据现场实际情况对其进行修整与增设。

（3）组合场地内道路将根据实际情况选择混凝土路面。

（4）施工道路两侧设置排水沟，以利于排水。

（5）施工区及设备置场内的施工道路将根据需要临时修建。

（6）详细情况参见《施工总平面布置图》。

4.3.4.1　施工场地内的现场道路

根据以往经验，为方便施工在扩建端第一块场地中布置锅炉设备堆放组合场与工具室、汽机设备堆放组合场与非标设备制作场之间均设置施工临时道路，在第二块场地中沿材料科和机具站库房布置一条临时道路，然后在材料堆场、设备堆放场和机具站之间均设临时道路（如附图所示），作为组合场地内的设备、材料、加工件调转通道。

现场施工道路采用片石形成路基，使用碎石及灰渣形成垫层，碾压后浇注C20混凝土进行表面硬化。路基两边采用埋设混凝土排水管。

根据经验，为避免施工吊装机械轨道及行走对地下设施施工的影响采取先施工事业部下设施再加固后铺设轨道的措施。

厂内设备卸货栈台靠近铁路线的道路由于其需频繁地承载重载车辆，应对其进行适当地加固。

其余道路按业主规划的总平面布置，见《施工总平面规划布置图》。

4.3.4.2　交通运输

大件设备从各制造厂将大件设备通过铁路经电厂专用线直接运抵本期施工现场。

其他设备材料根据编制的设备材料到货计划，安排运至安装指定位置；如暂时不能安装或需要组合的设备材料，采用汽车运至设备临时堆放场或锅炉、汽机龙门吊下储存或组合。

4.3.4.3　设备卸车

采用汽车运输方式到达的设备材料直接运至安装、储存地点采用门型起重机、行车、履带吊、附臂吊卸车。采用铁路运输的一般设备用50t履带吊或65t汽车吊卸车，采用100t拖车转运至设备堆放场地。大型设备如大板梁、发电机定子等则采用平移卸车，利用100t拖车转运至汽机房、液压提升装置卸车。

4.3.5　施工区排水

根据当地水文气象特点，对施工区域的排水系统作如下考虑：

（1）针对该地区的降水量特点，在临建区域的适当位置设置排水设施。

（2）施工现场用水地点附近设置排水系统。

（3）在施工区、大型起重机械旁设置排水管（排水管用混凝土制作），将降水进行导流汇集后，排入厂区排水系统。雨排水主要依靠地面自然渗水。

（4）负责本标施工区、生活区排水管的维护疏通，生活污水，特别是粪便水，通过化粪池处理合格后，排入业主指定的地点。

（5）详见《施工总平面布置图》。

4.4　力能供应及通信

4.4.1　施工用电

4.4.1.1　施工电源的选择及布置

本工程施工高峰用电量约1700kW，配置2台箱式变压器，箱式变压器进线电源接引点有业主提供。同时配置柴油发电机作为备用应急电源。

本标段用电引接状况：

1号箱式变（1600kVA），布置在生活临建区东南侧：主要供生活临建及生产临建区施工用电。

2号箱式变（1250kVA），布置在2号机组汽机房南侧：主要供2号机组锅炉、空冷岛、升压站等施工用电。

为了保证安装质量对于热处理及其他重要的大容量负荷考虑双回路供电。

4.4.1.2　施工用电容量估算

（1）安装组合场350kW。其中龙门吊200kW，汽机组合场热处理150kW。

（2）锅炉及炉后安装500kW。其中主吊机具250kW，锅炉及炉后安装100kW，热处理150kW。

（3）汽机安装550kW。其中汽机安装200kW，行车110kW，热处理240kW。

（4）生活区300kW。以上用电负荷的总容量为1700kW。因此，本标段用电高峰期用电负荷为1700kW。

4.4.1.3 用电设施

施工电源用电设施的设置应满足《建设工程施工现场供用电安全规范》（GB 50194—2014）的安全要求。

施工电源采用三相五线制供电，以380/220V的电压提供施工机械的动力负荷和照明用电。

施工电源电缆应沿现场的排水沟道或沿公路边直埋相结合的方式敷设，横穿厂区公路的电源电缆应用厚壁钢管加以保护。

现场施工电源应按三级的原则进行设置，二级、三级配电箱应设漏电保护开关，各级配电箱的漏电保护应选择合适的漏电保护开关，以免在事故情况下能准确动作。

配电及用电设施应可靠接地，接地电阻满足《建设工程施工现场供用电安全规范》（GB 50194—2014）的安全要求。高压配电装置还应装设防雷保护装置。

为了施工电源安全稳定运行，在配电箱内接入电源时应尽量考虑三相负荷分配均匀。

4.4.2 施工用水

4.4.2.1 施工用水计算

直接生产用水量 $Q_1=K_1K_4$（n_1q_1）/（8×3600t）=120t/h。

施工机械用水量 $Q_2=K_2K_4$（n_2q_2）/（8×3600t）=40t/h。

生活用水量 $Q_3=1.1K_3n_3q_3$/（8×3600）=40t/h。

消防水量 Q_4=（20+10）L/s=30×3600/1000=40t/h。

总用水量 $Q=Q_1+Q_2+Q_3$=200t/h。

4.4.2.2 施工用水原则

厂区内施工、消防用水主干管网由招标人统一规划建设，支线由各标段自行负责。招标人提供施工、生活用水接口，投标人装表使用。

工程建设中，各区域供水系统由招标人、监理统一进行调度管理，并由招标人委托某一施工单位统一进行管理、维护，同时按表计结算水费，但结算水费内包含一定比例的线损分摊及用水管理费用。

4.4.2.3 施工用水管道的设置

施工用水与消防用水合用一根水管。施工用水及消防用水、生活用水管道等主管从矿业集团生活服务公司的供水管道DN300供水管接引。主管采用DN250镀锌钢管，支管采用DN100镀锌钢管。

本标段施工用水管道的布置，详见主厂房标施工平面布置示意图：

现场施工用水管道沿公路边缘埋地敷设，水表布置在引入管口处，并在水表前后设隔断阀。在沿公路敷设的管道上每20m设一备用接口，以供道路冲洗等用水。

每隔100m布置一个消防栓，消防栓采用SS-100、DN-100。消防水压保持0.5MPa，当压力不能满足时，加装升压泵。

4.4.3 施工用气

4.4.3.1 氧气

采用瓶装气，设置氧气汇流供气站集中供应，通过管道向锅炉组合场、汽机组合场、加工组合场、主厂房和电除尘施工场地供气，其他零星施工直接使用氧气瓶。氧气汇流供气站的设置应满足相关规定。

4.4.3.2 乙炔

采用瓶装气，设置乙炔汇流供气站集中供应，通过管道向炉组合场、汽机组合场、加工组合场、主厂房和电除尘施工场地供气，供气站设置应符合相关的防火、防爆的安全要求。现场不应设置乙炔发生站，以降低环境污染和防止发生安全事故。分散作业的场所应选用瓶装气分散供应。

4.4.3.3 氩气

由于用量不大，采用购瓶装气分散供应。

4.4.3.4 压缩空气

根据施工的要求和用气量采用移动式压缩空气机分区供应，在需用气点就近放置使用，不设空压机站。

4.4.4 施工通信

现场通信及网络主体设施由招标人统一建设、管理和施工，并提供接口。

通过租用中国电信10M宽带数据通信口与Internet网连接，实现对外信息交流。

对外联络：向业主申请5部外线电话，10部内部电话，实现国际、国内长途及业主联络用。

现场联络：配备适当数量对讲机进行现场各自通信联络和吊装作业指挥联络（专用频道）。

现场项目部负责人配备手机。

4.5 工程总进度计划

4.5.1 工程里程碑计划

本工程计划2号机组从2010年8月25日正式开工，至2011年10月31日完成168h试运投产移交，共14个月。

本工程主要里程碑计划安排见《黄陵电厂主要里程碑计划》P3。

4.5.2 施工综合进度网络图

详见《黄陵电厂2×300MW机组施工综合进度网络图》P3。

4.5.3 设备到货进度

见《黄陵电厂主要设备交货进度图》P3。

4.5.4 图纸交付进度要求

4.5.4.1 图纸交付原则

图纸交付满足工程开工的要求，单位工程开工前2个月交付施工图，设备安装前1.5个月交付设备图。

4.5.4.2 施工图纸交付计划

总的原则除厂区地下设施图及脱硫岛外，2010年6月开始交安装图。

根据以上原则及一级网络施工进度计划的要求，提出以下施工图纸交付计划：

见《黄陵电厂图纸交付进度计划》P3。

4.6 施工组织机构及资源配置计划

4.6.1 项目部组织机构图

项目部组织机构如图4-6-1所示。

4.6.2 劳动力配置计划

4.6.2.1 施工组织机构人员配置

施工组织机构人员配置见表4-6-1。

4.6.2.2 施工劳动力来源及安排计划

劳动力安排计划第一个月为2010年7月，来源及组成见表4-6-2。

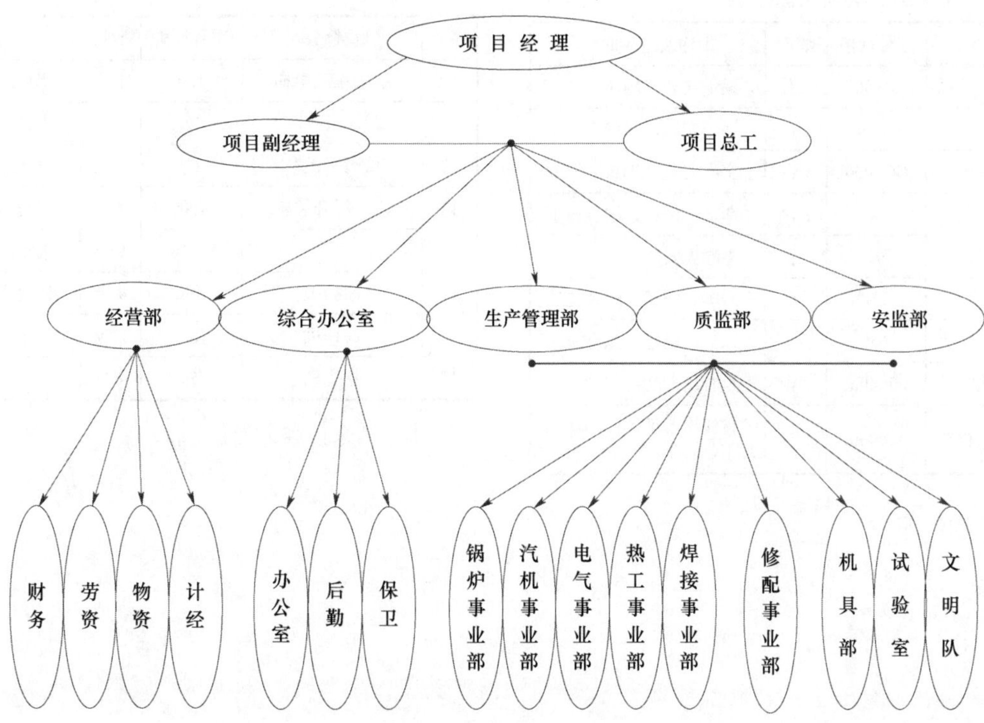

图 4-6-1　项目部组织机构图

表 4-6-1　　施工组织机构人员配置表

科室及专业事业部	人数	人员构成
一、决策层	3	
高级管理人员	3	项目经理 1 人，项目副经理 1 人，项目总工 1 人
二、管理层	43	
1．综合办公室	6	主任 1 人，副主任 1 人，办公室 4 人
2．生产管理部	8	部长 1 人，副部长 1 人，施工工程师 4 人，资料管理人员 2 人
3．质监部	8	部长 1 人，副部长 1 人，质监员 6 人
4．安监部	10	部长 1 人，副部长 1 人，安监员 8 人
5．经营部	17	部长 1 人，副部长 1 人，财务 2 人，计经 2 人，物资 10 人，劳动人事 1 人
三、执行层	840	
锅炉事业部	240	
汽机事业部	200	
焊接事业部	110	
电气事业部	100	
热工事业部	100	
试验室	20	
机具站	30	
修配事业部	30	
文明队	10	
合计	892 人	

表 4-6-2　　劳动力来源及组成表

序号	工　种	来　源	进场时间/（年.月.日）	人　数
1	高级管理人员	本公司	2010.8.1	3
2	综合办公室	本公司	2010.7.20 后	6
3	生产管理部	本公司	2010.7.20 后	8
4	质监部	本公司	2010.7.20 后	8
5	安监部	本公司	2010.7.20 后	10
6	经营部	本公司	2010.8.20	17
7	锅炉事业部	本公司	2010.7.20 后	240
8	汽机事业部	本公司	2010.9.20 后	200
9	焊接事业部	本公司	2010.7.20 后	110
10	电气事业部	本公司	2010.8.20 后	100
11	热工事业部	本公司	2010.10.20 后	100
12	试验室	本公司	2010.8.20 后	20
13	机具站	本公司	2010.8.1	30
14	修配事业部	本公司	2010.9.1	30
15	文明队	当地	2010.9.1	10

4.6.3　主要施工机械配备计划

为满足本工程安装、土建施工的需要，结合工程的实际情况和一级网络施工进度计划，计划配备的主要施工机械见表 4-6-3。

表 4-6-3　　主要施工机械配备计划

序号	机械名称	型号规格	数量	用途及进场时间
1	行走式塔式起重机	M900	1台	锅炉安装，2010年7月
2	履带吊（暂定）	C7150	1台	锅炉安装，2010年7月
3	履带式起重机	CC1000	1台	空冷安装，2010年10月
4	履带式起重机	50t	1台	卸车、倒运、配合施工
5	塔式起重机	5015	1台	电除尘安装
6	汽车吊	25t	1台	卸车、倒运、配合施工
7	汽车吊	65t	1台	卸车、倒运、配合施工
8	龙门式起重机	60t/40m	1台	组合场，2010年7月
9	龙门式起重机	40t/40m	1台	材料设备堆场，2010年7月
10	锅炉施工电梯	1.5t	1台	锅炉施工
11	平板车	40t	1台	大件运输
12	低驾平板车	25t	1台	设备运输
13	液压提升装置	100t	4套	汽包吊装
14	汽车	5～10t	5台	现场运输
15	卷扬机	10t	4台	汽包吊装
16	卷扬机	8t	2台	
17	卷扬机	5t	4台	

本章其余内容见光盘。

第 5 章　陕西新元洁能府谷清水川低热值燃料资源综合利用项目 2×300MW 电厂工程施工组织总体设计

编制依据如下。

一、初步设计、施工图纸和其他设计资料

（1）中国电力工程顾问集团西北电力设计院出版的《府谷清水川低热值煤炭资源综合利用项目 2×300MW 电厂工程可行性研究报告》及审查资料。

（2）中国电力工程顾问集团西北电力设计院出版的“府谷清水川低热值煤炭资源综合利用项目 2×300MW 电厂工程初步设计”及审查资料。

（3）中国电力工程顾问集团西北电力设计院出版的“初步设计阶段勘测报告”。

二、招、投标文件，施工合同，技术协议，会议纪要等文件

（1）业主确定的承包模式、施工标段划分、物资采购规划，业主关于水、电、路原则性意见和总平面布置的原则性意见等。

（2）施工招投标文件。

（3）设计服务合同“府谷清水川低热值煤炭资源综合利用项目 2×300MW 电厂工程设计合同”。

（4）工监理服务合同“府谷清水川低热值煤炭资源综合利用项目 2×300MW 电厂工程监理合同”。

（5）施工合同“府谷清水川低热值煤炭资源综合利用项目 2×300MW 电厂工程 210m 烟囱工程施工合同”、一标段到五标段施工合同、脱硫岛施工合同等。

（6）调试服务合同“府谷清水川低热值煤碳资源综合利用项目 2×300MW 电厂工程调试合同”。

（7）其他合同类文件。

三、现场内外环境条件

（1）场地条件。

（2）交通条件。

（3）水、电供应条件。

（4）排洪条件。

（5）地材供应条件。

四、《火力发电工程施工组织设计导则》

略。

五、项目前期文件

（1）陕西省发展和改革委员会，陕发改煤电函〔2011〕206 号，关于府谷清水川低热值燃料资源综合利用项目开展前期工作有关问题的复函，2011 年 3 月 11 日。

（2）陕西省发展和改革委员会文件，陕发改能源〔2008〕184 号，“关于《陕北能源化工基地府谷煤电化载能工业区总体规划》的批复”，2008 年 2 月 20 日。

（3）陕西省环境保护厅，陕环函〔2011〕145 号，陕西省环境保护厅关于陕西煤业化工集团有限责任公司府谷清水川低热值燃料资源综合利用项目开展前期工作的复函，2011 年 3 月 3 日。

（4）陕西省国土资源厅《关于陕煤化集团清水川 2×300MW 煤矸石电厂工程项目建设用地有关问题的复函》，2009 年 1 月 12 日。

（5）陕西省国土资源厅，陕国土资况函〔2011〕24 号，关于府谷清水川低热值燃料资源综合利用项目有关问题的复函，2011 年 4 月 8 日。

（6）陕西省国土资源厅文件，陕国土资储函〔2011〕48 号关于陕西新元洁能有限公司府谷清水川低热值燃料资源综合利用项目 2×300MW 电厂工程压覆矿产资源储量的复函，2011 年 6 月 2 日。

（7）陕西省地震局抗震设防要求审批书，陕震设防字〔2011〕06 号，关于府谷清水川低热值燃料资源综合利用项目 2×300MW 电厂抗震设防要求批复的函，2011 年 3 月 16 日。

（8）陕西省水利厅，陕水资函〔2009〕25 号《陕西省水利厅关于陕煤化集团清水川 2×300MW 煤矸石电厂工程项目有关问题的复函》，2009 年 2 月 14 日。

（9）陕西省文物局文件，陕文物函〔2009〕8 号，关于对《陕煤化集团清水川 2×300MW 煤矸石电厂文物影响评估报告》的批复，2009 年 1 月 12 日。

（10）府谷县交通管理局，府政交函〔2011〕19 号，关于准许境内公路运输的函，2009 年 1 月 15 日。

（11）电力工业发电用煤质量监督检验中心 TPRI/CQ-RA-074A(B、C)-2011《煤质检测报告》。

（12）电力工业热力发电设备及材料质量检验测试中心 TPRI/Q3.6-RA-046W-2011《水质分析报告》。

（13）府谷县清水川工业集中区管理办公室文件，府清水区函〔2008〕17 号《关于承诺向陕煤化集团清水川 2×300MW 煤矸石电厂提供中水的函》，2008 年 12 月 9 日。

（14）陕西涌鑫矿业有限责任公司，陕涌司函〔2008〕12 号《陕西涌鑫矿业有限责任公司关于供水的承诺函》，2008 年 12 月 14 日。

（15）陕西新元洁能有限公司、陕西冯家塔矿业有限公司，《燃料供应合同》。

（16）陕西新元洁能有限公司、府谷县海则庙乡大庄沟采石场，石灰石供应协议，2011 年 2 月 28 日。

（17）陕西新元洁能有限公司、陕西省府谷县天桥水泥厂，粉煤灰渣供销协议书，2011 年 3 月 1 日。

（18）陕西新元洁能有限公司、府谷县大庄水泥有限责任公司，粉煤灰渣供销协议书，2011 年 3 月 6 日。

（19）陕西新元洁能有限公司、府谷县长城建材有限责任公司，粉煤灰渣供销协议书，2011 年 3 月 10 日。

5.1　工程概况

5.1.1　工程性质、规模、特点

5.1.1.1　工程性质

本工程为新建工程，建成后不再考虑扩建。

5.1.1.2　规模

本期工程的建设规模为 2×300MW 亚临界空冷机组。

5.1.1.3　本工程特点

5.1.1.3.1　工程投资：陕煤化集团府谷能源开发有限公司占

51%，府谷县煤电冶化集团有限责任参股 49%。

5.1.1.3.2 本工程采用距离电厂 5km 远的冯家塔煤矿的矸石、煤泥、中煤，初期采用汽车运煤，即本工程为低热值燃料资源综合利用项目。

5.1.1.3.3 本工程建筑于半山坡，通过挖填整理电厂用地，即本工程未占用耕地，节约土地资源。

5.1.1.3.4 工程地区水资源贫乏，施工生活、生产用水引自城市供水系统，必须采取节约用水的措施。

5.1.1.3.5 本工程设计特点见专门章节。突出特点是：采用直接空冷方式，节约用水；采用流化床锅炉—锅炉脱硫，同时设计外部脱硫系统，减少环境污染等。

5.1.1.3.6 本期工程机组采用东方电气集团东方锅炉股份有限公司生产的国产亚临界循环流化床锅炉，采用上海电气集团生产的汽轮发电机组，同步建设烟气脱硫、脱硝设施。

5.1.1.3.7 本工程属于煤炭行业项目，接受电力建设专业监督。

5.1.1.3.8 本工程目标先进：高水平达标投产，实现行业优质工程，争创国家级优质工程；创集团样板工地，创省级文明工地。

5.1.1.3.9 本工程部分建构筑物位于回填区，该处地基处理需要特别重视。

5.1.2 厂址概述

府谷清水川低热值燃料资源综合利用项目 2×300MW 电厂工程位于陕西省榆林市府谷县境内，属府谷县清水乡，距现有冯家塔煤矿直线距离约 4.5km，距府谷县城约 22km；工程场地处在府谷规划的清水川工业集中区内，东临温家峁村，西靠府准公路，交通较便利。

厂址地形地貌特征为：黄土干旱山区，地形破碎，沟道多、狭、深、窄，呈树枝状黄土冲刷地貌。沟道内杨树林较多，树高 7～10m，厂址中心区域已经推平，呈现两个平台；其余为沟梁地貌。路边电杆等线性地物较多。

地形总体上呈东高西低之势，冲沟较为发育，冲沟沟壁一般可见基岩出露。厂区内梁、峁顶部及山坡上均被黄土覆盖，地面大部分为荒山，少部分开辟为耕地。本次勘察时场地已被整平为阶梯状的三级平台，其中拟建电厂布置在二级平台上，二级平台的整平高程为 941.26～943.68m，三级平台整平标高为 966.09～968.58m。

电厂东侧拟规划建设电石厂。

5.1.3 交通运输

5.1.3.1 电厂铁路专用线

电厂燃煤由冯家塔煤矿工业场地采用管状带运输至厂，本工程不设铁路专用线。

5.1.3.2 公路运输

府谷县公路交通较为便利，有府新公路（府谷—内蒙古新街）、神府公路（神木—府谷）、野大三级公路（野芦沟—大昌汗），府准公路（府谷—准格尔）。规划的公路有府墙沿黄三级公路（府谷—墙头）、府白沿黄公路（府谷—白庙乡）府谷三级公路(府谷—古城乡)。从府谷县城至电厂工地为府准二级公路。

进厂道路：电厂进厂道路，拟就近由府准二级公路东南侧由南向北引接至电厂北侧主入口，长约 450m。设计采用汽–20 级，城市型 7m 宽混凝土路面。

运灰道路：拟就近由府准二级公路引接至陈家畔灰场，道路长约 4km。其中新建道路 1.2km。设计采用汽–15 级，郊区型 7m 宽混凝土路面。

规划运煤道路：运煤道路拟从进厂道路引接至电厂南侧入口，其中新建道路长约 100m，采用汽–20 级，郊区型 7m 宽混凝土路面。

5.1.3.3 燃料运输

本期工程 2×300MW 机组年设计煤种耗煤量约 277.6×10^4t，拟由冯家塔煤矿提供，采用汽车运输。

5.1.3.4 电厂大件设备运输

大件设备及大宗材料拟在府谷车站卸车，由公路转运进厂，运距 28～37.5km。

5.1.4 工程地质

5.1.4.1 建筑场地类别及地震动参数

5.1.4.1.1 建筑场地类别

根据《府谷清水川低热值燃料资源综合利用项目 2×300MW 电厂工程场地地震安全性评价工程报告》（陕西地震工程勘察中心，2011 年 3 月）中的结论，工程场地及灰场坝址均为Ⅰ类场地。考虑到场地整平后挖（填）厚度差别较大，由此各建筑地段场地类别会有较大差异，建议回填区及基岩埋藏深度大于 3m 的区域按Ⅱ类场地考虑，下阶段随着勘探点的加密，进行分区确定建筑场地类别。由于场地存在回填土，属半开半挖地基，其回填土厚度在 0.9～20.0m，为抗震不利地段，应采取相应的抗震措施。

5.1.4.1.2 地震动参数

根据《府谷清水川低热值燃料资源综合利用项目 2×300MW 电厂工程场地地震安全性评价工程报告》（陕西地震工程勘察中心，2011 年 3 月）的结论，厂区及灰场坝址区 50 年超越概率 10%的地震动峰值加速度为 0.076*g*，对应的地震基本烈度为 6 度。

由于地震基本烈度为 6 度，而且地下水位埋深大于 20m，可不考虑场地砂土液化而引起的地面沉陷问题。

5.1.4.2 厂区岩土工程条件及评价

5.1.4.2.1 地形地貌特征及不良地质作用

厂区原始地貌主要为黄土低山丘陵，地形较破碎，高低起伏较大，最大高差约 75m，地形总体上呈东高西低之势，冲沟较为发育，冲沟沟壁一般可见基岩出露。

厂区内梁、峁顶部及山坡上均被黄土覆盖，地面大部分为荒山，少部分开辟为耕地。本次勘察时场地已被整平为阶梯状的三级平台，其中拟建电厂布置在二级平台上，二级平台的整平高程为 941.26～943.68m，三级平台整平标高为 966.09～968.58m。电气出线部分位于二级平台，该平台紧靠紧邻府准公路。

厂区内发育有两条自东向西的深沟，分别位于厂址的南北两端，沟壁陡峭，高差较大。沟内黄土分布于山梁两侧，范围不大，局部形成黄土边坡，伴有小规模冲沟和崩塌；基岩边坡风化剥落现象较普遍，沟谷中出露有陡倾基岩面，高差陡降约 10m，局部有小规模的崩塌，目前由于厂区整平，沟口及出口地段已被回填，建议修建防洪设施。

根据《地质灾害危险性评估报告》，并经本次现场调查确认，厂区范围内发现古滑坡两处，一处位于拟建场地的东北侧边坡，另一处位于场区南支沟南边坡。

另外在经过场地整平后，又形成潜在滑坡，这些潜在的滑坡位于厂区东侧的高边坡和填土区边坡，这些由于场地开挖整平形成潜在的滑坡对场地有危险性。滑坡体物质主要为黄土、素填土、风化砂岩、泥岩。厂区周围存在着崩塌，均为岩质崩塌，均因边坡陡立，地表风化破碎，岩体裂隙发育，在水流冲刷作用及重力作用下引发崩塌，但崩塌对场地危险性小。

因此结合厂区建筑物的布置情况，进行排洪和地质灾害的防治工作，应作专门勘察评价和治理方案设计。

5.1.4.2.2　地层岩性及其分布情况

根据本次勘察结果并结合可研资料，在勘探深度 40m 的范围内，所揭露的地层主要为：上部为新近形成的回填土及第四系晚更新统风积黄土、冲洪积成因的粉土及粉细砂混砾石，黄土最大厚度约 21.2m，各层土成层性差，厚度变化大，密实度较差；下伏二叠系（P2）砂质泥岩及砂岩或两者的互层，局部地段黄土与基岩之间夹薄层细中砂；在靠近河道地段及厂区沟壑中局部地段可见二叠系上石盒子组（P2s2＋3）和石千峰组（P2sh）的泥岩、砂岩直接出露。根据本次勘察钻孔及探井揭露显示，地层特征由上至下叙述如下：

①层：素填土（Q4ml），为场地整平过程中现场的填土，灰黄色～杂色，以灰黄色为主，稍湿，松散～稍密。成分比较复杂，岩性以黄土、风化基岩碎块为主，结构疏松，分布不均，呈欠固结状。层厚一般为 0.9～20.0m，平均厚度为 7.9m；层顶标高为 917.48～968.82m。

②层：黄土（Q3eol），灰黄色，稍湿，可塑，土质均匀，含砂量较高，局部夹有粉细砂薄层。主要分布于厂区北部和南部部分区域。层厚一般为 1.4～21.2m，平均厚度为 8.4m，层顶标高为 923.04～942.87m，本次勘察中，仅见于 6 个勘探点中。

③层：粉土（Q4al＋pl），灰黄色，稍湿，稍密，土质均匀，含砂量较高，局部夹有粉细砂薄层。主要分布于厂区南部，原始地貌为深沟底部。层厚一般为 0.8～12.1m，层顶标高为 908.88～930.60m，仅见于 K010、K013、K014、K054 和 K056 中。

④层：粉细砂（Q4al＋pl）：局部为中粗砂，褐黄～褐红色，稍密～中密，稍湿，砂质不纯，混少量砾石，主要矿物成分为石英、长石及少量基岩风化碎屑。该层主要分布于厂区南部，原始地貌为深沟底部。层厚一般为 1.5～4.6m，层顶标高为 910.48～926.60m。

⑤层：砂岩、砂质泥岩或两者互层（P2），该层岩性主要为砂岩，其次为砂质泥岩，个别勘探点见有砾岩。厂区整平后基岩出露较多，砾岩以巨大团块状在厂区内分布。砂岩、砾岩：颜色以灰～灰绿色为主，其次为褐红色，碎屑结构，水平层理构造。泥岩：颜色以褐红色为主，其次为褐色、灰色、灰绿色，泥质结构，水平层理构造。层顶标高在 905.98～969.14m。根据勘察结果，绘制了基岩顶面标高等值线图，见图 F9451C-G01-21 根据勘察结果将岩石分为砂质泥岩和砂岩，并按风化程度分为两个风化带，详细描述如下：

⑤1 层：红褐色砂质泥岩，局部分布炭灰色的砂质泥岩，按分化程度分为两个风化带：

其一，强风化红褐～深褐色的砂质泥岩，中厚层，见水平层理，裂隙发育，呈碎块状，遇水易软化，岩芯完整性差，岩芯采取率较低，岩石中见有灰绿色砂颗粒团块，局部夹灰绿色泥质条带；该层厚度一般在 5m 左右。

其二，为中等风化的砂质泥岩，岩芯完整性好，采取率在 85%以上，锤击易碎。

⑤2 层：为灰绿～黄绿色细砂岩，为中～巨厚层，块状，钙质胶结，在整个厂区均有分布，局部见粗砂岩和砾岩，该层暴露在空气中或者遇水后易软化，按照分化程度分为两个风化带：

其一，为强风化砂岩，呈块状或者碎块状，接近地表面分化强烈，岩石完整性差，采取率较低，手可掰，敲即碎。强风化厚度为 4.0～5.5m。

其二，为中等风化的砂岩，岩芯完成，采取率达到 95%，但暴露在空气中和遇水后强度降低。

根据规范，砂质泥岩和强风化～中等风化的砂岩划分为软质岩。

5.1.4.2.3　地下水埋藏条件

厂区地下水主要为第四系孔隙型潜水和基岩裂隙水，主要接受大气降水的补给，向西侧低洼处排泄。本次勘察深度内未见地下水。但是由于受大气降水及地层结构的影响，局部地段沿基岩顶面有渗水现象发生。厂区内可不考虑地下水对基础的影响。

5.1.4.2.4　岩土工程评价

（1）地基土承载力评价。根据原位试验成果和室内试验成果结合上个阶段的勘察和周围电厂的勘察资料，地基承载力特征值见表 5-1-1。

表 5-1-1　地基承载力特征值 f_{ak}

层号	岩性	地基承载力特征值 f_{ak}/kPa
①层	黄土	140
③层	粉土	110
④层	粉细砂	140
⑤1、⑤2 层	强风化砂质泥岩、砂岩	300
	中风化砂质泥岩、砂岩	≥600

（2）地基土腐蚀性评价。根据室内地基土化学分析试验结果，依据《岩土工程勘察规范（2009 年版）》（GB 50021—2001），场地环境类别为Ⅲ类（稍湿的弱透水层）。

地基土对混凝土结构具有微腐蚀性，对钢筋混凝土结构中的钢筋具有微腐蚀性。根据土壤电阻率测试初步成果，土对钢结构按中等腐蚀性考虑。

（3）地基土湿陷性评价。本阶段厂区黄土的湿陷性评价基于所挖探井中采取不扰动土样的室内土工试验成果。湿陷量计算时，自重湿陷量的计算值自整平地面算起；湿陷量的计算值自整平地面下 1.5m 起算。

场地的湿陷等级与黄土分布的厚度有直接关系。根据本次勘察结果显示，黄土主要集中分布在场地北侧和南侧，但南侧范围相对较小，而且只有在钻孔 K056、K063 和 K68 中出现，而且所遇厚度在 4.0～6.5m 之间，局部被回填土所覆盖。场地北部黄土分布较厚，局部区域黄土被素填土所覆盖，本次勘探所揭露的最大厚度为 21.2m，从湿陷性计算结果来看，只有 J073 的自重湿陷量为 72mm，而且在界线附近，经综合考虑，场地属于非自重湿陷性场地，湿陷等级为Ⅱ级（中等）。湿陷下限为该层的底部。

（4）素填土的工程性能评价。由于场地整平，在地表面堆积了大量的回填土（①层素填土），其主要组分为强风化的砂质泥岩和砂岩并混有黄土，其成分杂乱，级配差异性较大，质地不均，结构疏松、欠固结。

另外由于回填后未进行分层碾压，受重力影响，自然下沉，尤其遇水浸泡后，差异沉降很大，地表出现无规则裂缝。结合工程经验来看，该层土不宜作为天然地基持力层或下卧层使用。

（5）地基土的工程性能评价。本次勘察，针对地形条件和建筑物的布置情况，对地基土采用了不同的手段和方法来查明其分布规律以及各层地基土物理、力学性能的差异性，具体评价如下。

②层为黄土，其分布不稳定，厚度变化较大，主要集中在南北两个区域，北部厚度较大，最大厚度约 21.2m；南部区域最大厚度约 8.0m；该层地基土具有湿陷性，因此不宜作为重要建筑物天然地基使用，应采取处理措施。

③层和④层分别为粉土和粉细砂，其分布在冲沟或者沟谷底部，埋深较深，为新近堆积物，只有在少数孔中出现，呈稍密状态，强度低。不宜作为天然地基持力层使用。

⑤层为二叠系红褐色泥质砂岩和灰绿色细砂岩，属强风化厚度大，为软质岩。该层是良好的天然持力层，强度高变形小，但该层暴露在空气中或者遇水后易软化，强度会明显降低。

（6）厂区边坡稳定性分析。厂区边坡除南端为沟壑切割成的天然边坡外，其余边坡形态均为挖（填）方所形成的人工边坡，填土坡度约为40°，基岩边坡约65°～85°。

挖方边坡：由于场地整平挖方而形成的边坡，这种类型的边坡位于厂区三级台阶东侧，坡体岩性组成为中下部是基岩，中上部至坡顶为黄土，岩层产状约10°，倾向西并与开挖面相同，不利于边坡稳定。勘察期间三级平台崩塌或塌滑现象较多，而且见有危石，二级平台的东北部局部可见塌滑痕迹。

填方边坡：厂区南侧深沟及西北侧地段填土范围较大，厚度达15～26m，原始地形往往较陡，原始地表及回填土的交界面往往就是潜在的滑动面。勘察期间在厚层填土区地表可见规模不一的裂缝，裂缝长度一般可达10～20m，裂缝宽度一般为1～2cm。另外，也可看到，边坡的部分地段有滑动痕迹，回填土区整体变形迹象明显。

自然边坡：厂区南侧为原始冲沟岸坡，由于冲沟回填后形成单一的岸坡，岸坡高度约27m，坡度约45°。坡体主要有砂岩、砂质泥岩及上覆黄土组成。沿边坡有崩塌和滑塌现象，而且局部见危石，对邻近建筑物可能构成危害。

由于厂区东、西、南、北四边边坡的稳定与否均直接影响到电厂安全，对其应采取必要的支护、治理措施，总平面布置应预留边坡治理占地宽度（宽度不小于高度的2倍）并考虑建（构）筑物离开边坡的安全距离。

（7）厂区地基基础方案分析。勘察资料显示，由于场地整平，形成了填土地基，另外，原始地形起伏较大，原始地表黄土覆盖层薄厚不均且具有湿陷性，而且地形破碎，基岩面起伏变化大。场地整平时对梁峁区进行削挖，沟壑及低洼地段则进行了回填，挖方区部分地段可见基岩露头，或者仍覆盖有薄厚不均的黄土层。因此可能存在黄土地基、土岩组合地基、填土地基以及天然岩基等不同地基形式，应根据建（构）筑物的受力变形特性、地基土的性能等条件，考虑并选用适宜的地基基础处理方案，可分几种情况考虑：

1）对于挖方区域，即主要靠近三级平台的坡脚一带，基岩直接出露地表，局部强风化基岩已被清除，中等风化的岩石直接出露于地表或基岩埋深不大的地段，可采用天然地基。

2）对于黄土和回填土厚度不大的地段，即基础埋置深度以下该类土层厚度不大时，可进行换填处理。处理深度应达到基岩顶面，或具体厚度视建筑物对沉降要求决定。

3）填方区域或者黄土较厚的地段，即基岩埋深相对较深的地段，由于地基土①、②、③和④层工程性能差，分布不均，不能满足建筑物对地基土承载力和沉降的要求，可以采用桩基或者复合地基方案，⑤层可作为桩端持力层。

如果采用桩基础方案，可考虑采用钻孔灌注桩，以强风化～中风化基岩作桩端持力层，桩长根据基岩埋深及单桩承载力要求确定。

4）需注意的是当为半填半挖地基、基岩面陡倾或者岩性不同的地基时需注意建筑物差异沉降的问题。

不论采用何种人工地基，应通过现场试验确定设计、施工、检测参数。

5.1.5 水文气象

5.1.5.1 水文

5.1.5.1.1 流域概况

府谷县河流错综，沟壑密布，流域面积超过10km^{2}的河流有62条，但多属于季节性河流，雨季暴涨，旱季断流，且含沙量很高。主要河流有黄河、皇甫川、清水川。

流域径流系由降水形成，且降水多为暴雨，加之流域地貌为丘陵沟壑区，地形破碎，沟壑纵横，梁峁林立，植被稀疏，水土流失严重，导致径流泥沙含量高。

5.1.5.1.2 基本水文资料

府谷县属黄河中游地区。黄河中游地区位于青藏高原东部的西风带内，属于大陆季风区，影响本区域的天气系统主要有西风带系统和副热带高压系统，夏季副热带高压是最主要的影响因素，其强弱变化直接影响和控制着大范围雨区的位置、走向、强度及范围大小。而清水川恰是局部暴雨的中心。其形成因素主要有三：一是盛夏此处位于副高边缘的西风急流的南侧，有利于空气的上升而产生降水；二是副高到达最北时，南缘暖湿气流不断地从四川盆地经嘉陵江河谷北上到达此处；三是该地区植被稀少，地面冷热变化大，增温快，大地增温显著，造成大气的更不稳定，此处气温与地温差达6.4℃，是个温差中心，上述要素综合作用，配合有利天气形势，极易形成暴雨中心。

5.1.5.1.3 厂址洪水

厂址东面及北边分别有洪水冲沟正对厂址区域。厂址区东面和北面的小冲沟，沟短坡陡且较破碎，根据万分之一地形图上量测的流域面积、长度及流域比降，按小流域暴雨洪水计算公式，计算出设计洪水流量。

以厂址东沟洪水为基准，与厂址对面冲沟暴雨洪水进行洪水叠加，叠加后的百年一遇排洪水流量为28.9m^3/s。

厂址对面冲沟的暴雨洪水在厂大门上游约10m处，通过厂址西侧府—准公路的排洪涵洞（2.9m×2.0m）由西向东排泄，与厂址区东面冲沟的暴雨洪水汇合后，在厂址与府—准公路之间由南向北至厂大门下游约335m处，再次通过府—准公路的排洪涵洞（2.6m×2.6m）由东向西排泄。

由于涵洞有淤泥，使涵洞的过水面积减小，影响洪水时的排水能力，为使其能够保障畅通，应尽量即时清淤。

5.1.5.2 气象

5.1.5.2.1 气候概况

府谷县属半干旱大陆性季风气候，由于受极地大陆冷气团控制时间长，加之地势偏高，河流湖泊少，森林植被差等下垫面因素影响，其气候特点表现为冬季寒冷，时间长；夏季炎热，干燥多风，时间短；春季干旱少雨雪，温差大。由于深居内陆，区域降水受东南沿海季风影响较弱，故年降水量少，但暴雨强度很大，集中于7—9月。

府谷气象站位于县城北面高台地上，地理位置为东经110°05′，北纬39°02′，观测场海拔高度为981.0m。电厂厂址在其北面，相距约20.0km，中间无大的山脉阻挡，属同一气候区域，因此，采用府谷县气象站的长系列实测资料作为基础资料，分析统计出电厂设计需要的各项基本气象要素和气象条件是可行的，并具有较好的代表性；而对易受海拔、地形和植被等影响的风速、风向及气温等要素，应通过对比观测确定两地之间的差异。

5.1.5.2.2 基本气象要素统计值

根据府谷县气象站多年实测资料统计，其累年基本气象要素特征值见表5-1-2。

表 5-1-2　　基本气象要素特征值统计表

序号	项　目	单位	数值	备　注
1	平均气压	hPa	905.4	
2	平均气温	℃	9.3	
3	平均最高气温	℃	15.1	
4	平均最低气温	℃	3.9	
5	极端最高气温	℃	38.9	1966 年 6 月 21 日
6	极端最低气温	℃	−24.3	1998 年 1 月 18 日
7	最热月平均气温	℃	24.0	
8	最冷月平均气温	℃	−8.1	
9	平均水汽压	hPa	7.2	
10	最大水汽压	hPa	28.8	
11	平均相对湿度	%	49	
12	最小相对湿度	%	0	
13	年降水量	mm	409.3	
14	一日最大降水	mm	181.8	1995 年 7 月 29 日
15	年平均蒸发量	mm	2446.5	
16	平均风速	m/s	2.4	
17	最大积雪深度	cm	13	1993 年 1 月 9 日
18	最大冻土深度	cm	142	1977 年 3 月 4 日
19	平均雷暴日数	d	40.4	
20	最多雷暴日数	d	56	
21	平均大风日数	d	29.4	
22	最多大风日数	d	54	
23	平均雾日数	d	11.4	
24	最多雾日数	d	32	
25	全年主导风向		SSW	
26	夏季主导风向		SSW	
27	冬季主导风向		SSW	

5.1.5.2.3　五十年一遇 10m 高 10min 平均最大风速及相应风压

根据现场踏勘、大风调查及府谷县气象站实测风速资料，采用极值Ⅰ型法进行统计计算，并参照国家《建筑结构荷载规范》（GB 50009—2012）中的风压等值线图，确定电厂厂址处五十年一遇 10m 高 10min 平均最大风速为 25.8m/s，其相应的风压为 0.42kN/m^2，相应最低气温为−12.0℃；百年一遇 10m 高 10min 平均最大风速为 27.0m/s，其相应的风压为 0.46kN/m^2。

5.1.5.2.4　三十年一遇最低气温

根据府谷县气象站实测年最低气温资料统计计算，采用 P—Ⅲ型曲线适线，得三十年一遇最低气温为−24.6℃，相应风速为 10.0m/s。

5.1.5.2.5　全年风向频率图

府谷气象站全年风向玫瑰图如图 5-1-1 所示。

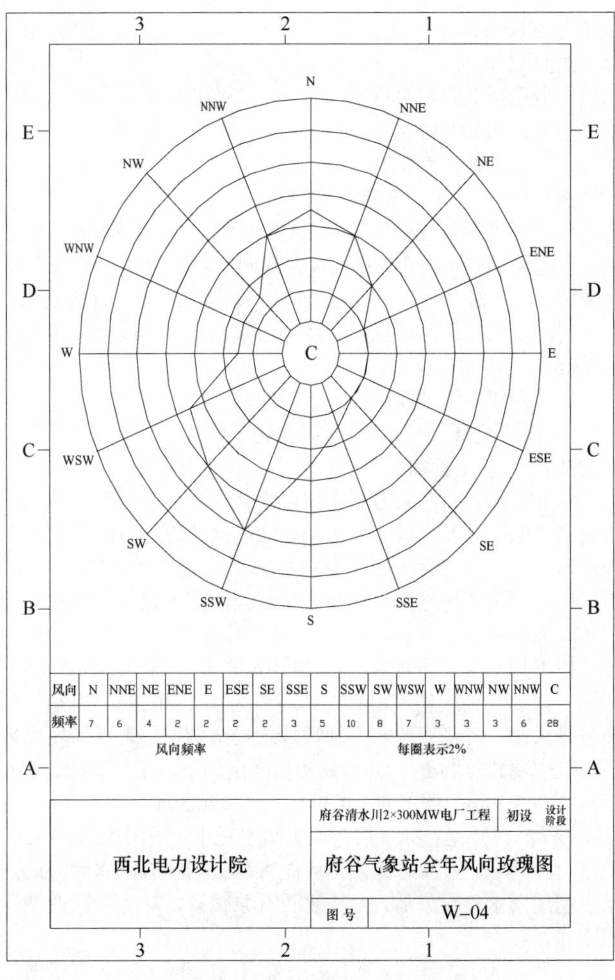

图 5-1-1　府谷气象站全年风向玫瑰图

5.1.6　建设、设计、监理与施工单位

5.1.6.1　本工程建设单位为陕西新元洁能有限公司。

5.1.6.2　本工程主设计单位为西北电力设计研究院。

5.1.6.3　本工程施工单位为西北电力建设工程监理有限责任公司。

5.1.6.4　本工程主要施工单位

见第三章“工程建设总体部署”之标段划分。

5.1.7　电厂系统简述

本章详见设计出版的初步设计第一卷“总的部分”。

5.1.7.1　电厂与电力系统的连接

暂考虑以下接入系统方案：电厂本期 2×300MW 机组以 330kV 电压等级两回出线接入郝家 330kV 变电所。

电厂电气原则主接线考虑两个方案：方案一：双母线接线；方案二：一倍半断路器接线。电厂最终接入系统方案及电气原则主接线方案待电厂接入系统设计中论证并经相关部门审查后确定。现阶段按双母线接线方案开展工作。

5.1.7.2　主机规范

5.1.7.2.1　锅炉

制造厂：东方锅炉厂。

型号：DG1058/17.4-II1 型。

型式：循环流化床、亚临界参数，一次中间再热自然循环汽包炉、紧身封闭、平衡通风、固态排渣、全钢架悬吊结构、炉顶设轻型金属屋盖。

5.1.7.2.2　汽轮机

制造厂：上海汽轮机厂。

型式：亚临界、一次再热、双缸双排汽、直接空冷凝汽式汽轮发电机组，汽轮机具有七级非调整回热抽汽，汽轮机额定转速为 3000r/min。

5.1.7.2.3 发电机

制造厂：上海发电机厂。

型号：QFSN-330-2。

5.1.7.3 厂区总平面布置

5.1.7.3.1 厂区总平面布置方案

厂区总平面布置按容量为 2×300MW 设计，不考虑扩建条件。厂区采用三列式布置格局，由西向东依次为 330kV 屋外配电装置、空冷器平台、主厂房。露天煤场布置在厂区的东南侧。主厂房固定端朝北，汽机房朝西，出线向西经出线走廊接入郝家 330kV 变电站。

厂区围墙内用地面积为 19.19hm^2。

设计优化过程中可能做局部调整。

5.1.7.3.2 厂区竖向布置

（1）厂区竖向布置方案采用台阶式布置。升压站至炉后检修通道之间区域及厂区主要生产辅助附属建、构筑物位于二平台场地上，主厂房设计标高为 943.5m，接近二平台自然标高；主厂房炉后区域场地整平标高为 946.0m。露天煤场场地整平标高 946.0m。

根据规范及工艺要求，主要建构筑物室内外设计高差 0.3～0.5m，次要建构筑物室内外设计高差为 0.2～0.3m，当室内外高差较大时，可采用散水下加矮墙或局部调整场地设计坡度来解决。主要建筑物±0.00 标高初步确定如下：主厂房的±0.00 标高为 943.50m，烟囱的±0.00 标高为 946.30m。

（2）厂区场地排水。厂区地表雨水排水，采用场地、路面、雨水管道的综合排水方式，厂区绝大部分均设有雨水管，厂内雨水利用雨水管收集后，经雨水提升泵提升，排入厂区西侧排洪暗涵。

（3）厂区土方计算。本工程土方采用 20m×20m 方格网进行计算（按方案一 A 设计）。

厂区挖方量：1530637.90m^3

厂区填方量：86572.28m^3

施工区挖方量：252486.71m^3

施工区填方量：38282.53m^3

厂区基槽余土：80000m^3

厂区挖方量大于填方量，需弃土 173.8 万 m^3。

5.1.7.3.3 管线及沟道布置

本工程管线设计采用地下敷设和架空敷设两种方式，地下敷设分沟道敷设和直埋两种类型，其中：采用沟道敷设的管线为电缆、采暖管；架空敷设有灰管、电缆、采暖管；采用地下直埋的管线有生活及工业上、下水管，消防水管等。

5.1.7.4 主厂房布置

考虑循环流化床机组没有磨煤机的特点，本次初设主厂房布置推荐煤仓间和除氧间合并，采用单框架方案。

5.1.7.4.1 汽机房布置

汽机房跨度 25.0m，汽轮发电机组中心线距 A 列中心 13.0m，汽机房共 16 档，其中 13 档柱距 9m，另外 3 档柱距 10.5m，两机中间有 1.5m 的伸缩缝。主厂房总长 150m，中间一档用于检修场地。

5.1.7.4.2 除氧煤仓框架布置

除氧煤仓框架共分五层，0m、7.20m、12.60m、24.0m、43.0m。除氧煤仓框架采用混凝土结构布置于炉前。

5.1.7.4.3 锅炉岛布置

锅炉紧身封闭布置，各层平台根据设备运行维护的需要设置。设炉前低封，炉顶设轻型钢屋盖。

5.1.7.4.4 锅炉尾部布置

炉后依次布置半干法脱硫布袋除尘岛、引风机及烟囱。

除灰综合楼布置于两台炉除尘器间。

5.1.7.5 燃料及烟风系统

5.1.7.5.1 燃料系统

本工程采用循环流化床锅炉，每台锅炉配备 4 个原煤斗，炉前 8：00 给煤，每个煤斗下接 2 套称重式给煤机。

5.1.7.5.2 烟风系统

烟风系统按平衡通风设计。空气预热器系管式，分为一次风、二次风和烟气系统。

一次风系统：每炉配 2 台 50%容量的双吸双支撑离心式风机，一次风机采用变频器调节。风机入口设消音器，出口设电动双密封挡板门。冷一次风依次经暖风器、管式空预器加热后分成两路送入炉膛：第一路从热一次风母管引出，用于炉前播煤装置的气力播煤；第二路从热一次风母管引出，直接去风道点火器，进入炉膛；一次风机出口的冷一次风道上还接出一路至电子称重式给煤机的密封风。

二次风系统：每炉配 2 台 50%容量的双吸双支撑离心式风机，二次风机采用变频器调节。风机入口设消音器，出口设电动双密封挡板门。冷二次风依次经暖风器、管式空预器加热后通过二次风风箱送入炉膛，为燃料燃烧提供氧气。

流化风系统：每炉配置 3 台多级离心式流化风机，2 台运行，1 台备用。流化风机出口设母管。返料器、分离器等处的流化风、风道点火器、床上油枪和火检所需的冷却风均从母管接出。

烟气系统：每炉配 2 台 50%容量的动叶可调轴流式引风机。烟气从炉膛出口通过尾部受热面、管式空气预热器，再通过烟道进入半干法烟气脱硫系统，然后由动叶可调轴流引风机经烟囱排至大气。因半干法脱硫工艺主要设备由吸收塔和布袋除尘器组成，所以本工程无需再额外配烟气除尘设备。本期工程 2 台炉合用一座高 210m、出口内径 8.0m 的烟囱，进入烟囱的总烟道采用混凝土烟道。

5.1.7.5.3 床料系统

本工程设计煤和校核煤灰分较高，床料系统仅在机组启动时用，每台炉在除氧煤仓间煤斗旁设 1 座启动床料斗（几何容积 200m^3），启动床料由输煤皮带输送至启动床料斗，经下降管、床料给料机输送至给煤机再送入炉膛。

5.1.7.5.4 石灰石给料系统

本工程炉内脱硫吸收剂采用外购成品石灰石粉。石灰石输送系统采用一级输送，每台炉设置 1 座石灰石粉库，每座石灰石粉库下设 2 套石灰石气力输送系统，输送气源采用压缩空气。

5.1.7.5.5 锅炉点火助燃系统

本工程采用床枪和风道燃烧器的联合点火方式。

5.1.7.6 热力系统

本期工程热力系统除辅助蒸汽系统外，其余系统均采用单元制系统。

5.1.7.7 脱硝系统

脱硝工艺采用 SNCR 法。

5.1.7.8 除灰渣系统

5.1.7.8.1 除渣系统

每台锅炉共有 6 台冷渣器，一排布置，每台冷渣器设 2 个排渣口，分别进入 2 台链斗输送机。两套设备出力按 250%的锅炉设计煤种排渣量考虑，当一套设备故障时，另一套设备仍能输送锅炉设计煤种 125%的排渣量，以此延长设备使用时间。

每台炉一座钢结构渣库。

5.1.7.8.2　除灰系统

布袋除尘器（3 组布袋）灰斗的灰采用正压浓相气力输送系统输送至灰库方案。每台炉为一个独立除灰单元，设 1 套气力输送系统。

全厂共设 9 台螺杆式空压机，本现阶段暂定设 6 台流量为 Q=60N・m³/min，压力 P=0.8MPa，4 台运行，1 台除灰备用，1 台与仪用空压机公共备用；设 3 台流量为 Q=40N・m³/min 的仪用空压机，2 台运行，1 台备用。9 台空压机出口通过大母管相连，为全厂提供仪表控制用气、检修吹扫用气和输灰用气。

每台炉设 4 根输灰管道，除尘器下 3 根，空预器下 1 根。

两台炉共设 3 座灰库，高 24m，有效容积约 1130m³。

5.1.7.8.3　石灰石粉库系统

外购成品石灰石粉经由罐装汽车运送并卸至石灰石粉库储存。每台炉设 1 台直径为 6m 的石灰石粉库，有效容积为 75m³，可储存 1 台炉 BMCR 工况下燃用设计煤质时 27.9h 的石灰石粉用量。

5.1.7.8.4　煤泥输送系统

2 台炉为一个单元，设置 1 套煤泥输送系统，煤泥输送系统设备集中布置在煤泥泵房内。

5.1.7.9　燃料运输系统

5.1.7.9.1　带式输送机系统

带式输送机系统按照 2×300MW 机组一个上煤单元设计。除厂外管状及 0 号带式输送机单路布置外，其余均为双路布置，一路运行，一路备用，并具备双路同时运行的条件。

输煤栈桥从主厂房固定端上煤。煤仓间采用电动双侧犁式卸料器卸料。输煤栈桥为全封闭形式。

5.1.7.9.2　混煤设施

本工程需要混煤，共有原煤、矸石、煤泥三种燃料，掺烧比例为 45%原煤＋45%矸石＋10%煤泥，其中煤泥以煤泥浆管道输送方式送入炉内燃烧，矸石和原煤在输煤系统进行混煤。采用斗轮堆取料机、斗轮取料机，在带式输送机上实现混煤。

5.1.7.9.3　筛碎设备

为满足管状带式输送机关于物料粒度的要求，在厂外设置一级初步筛碎设施。

本工程机组为循环流化床机组，输煤系统设置两级破碎筛分，筛碎设备双路布置，每路各 1 台，两路互为备用。

5.1.7.10　电厂化学部分

5.1.7.10.1　水源及水质资料

本工程生产供水水源拟优先利用安山、沙梁两矿井的矿坑排水和清水川工业集中区污水处理厂的中水，不足部分和生活用水、中水备用水源由清水川和浪湾水源地岩溶水解决。

5.1.7.10.2　锅炉补给水处理系统

5.1.7.10.2.1　水处理系统的选择

根据机组的水汽质量标准，结合补给水源的水质状况，锅炉补给水处理选用如下系统：加热后生水→生水箱→生水泵→双介质过滤器→保安过滤器→超滤装置→清水箱→清水泵→精密过滤器→反渗透高压泵→反渗透装置→逆流再生阳离子交换器→除二氧化碳器→除碳水箱→除碳水泵→逆流再生阴离子交换器→混合离子交换器→除盐水箱→除盐水泵→热力系统。

5.1.7.10.2.2　系统出力及设备配置

根据本期电厂汽水平衡，锅炉补给水处理系统正常除盐水补水量 57.22t/h。

考虑本工程的补给水量、系统自用水量及水箱积累水量等因素，锅炉补给水系统最大可连续供给除盐水约 110t/h。

本工程设置 5 台 ϕ3000 双介质过滤器，2 套出力为 90t/h 的超滤装置，2 套出力为 60t/h 的反渗透装置，超滤及反渗透装置正常情况下可连续运行，当一台清洗或检修时，另一台可保证机组正常运行补水的要求。设置 ϕ2500 阴阳离子交换器各 2 台，ϕ1800 混合离子交换器 2 台，其中 2 台运行，1 台备用。

5.1.7.10.3　凝结水精处理系统

本工程的凝结水精处理系统采用具有以除铁为主，又可除去水中溶解杂质的粉末树脂覆盖过滤系统。

本工程每台机采用 2 台 100%中压粉末树脂覆盖过滤器、设一套 100%自动旁路系统，每台设备最大处理为 830t/h。每台机设一套铺膜装置。正常运行时，1 台运行，1 台备用。

5.1.7.10.4　辅机冷却水处理系统

本工程辅机冷却水系统为二次循环冷却系统，全厂循环水量：4220t/h（2 台机）。蒸发损失量 33t/h，风吹损失量 4.5t/h，排污损失量 102t/h，补充水量（m³/h）139.5t/h，辅机循环水系统的浓缩倍数为 1.3 倍。

5.1.7.10.5　氢气系统

本工程设置 1 套产氢量 10N・m³/h 的中压电解制氢装置，并配备相应的氢气干燥装置，还设置了 13.9m³ 的氢气贮存罐及 1 台 7m³ 压缩空气贮存罐。

5.1.7.10.6　化学加药系统

本工程共设 1 套化学加药装置。给水和凝结水设有加氨、加联氨装置，炉水设有加磷酸盐装置。本工程另设有停炉保护加药装置。

2 台化学加药设备布置在主厂房 BC 框架 0.0m 层。

5.1.7.10.7　汽水取样系统

每台机组设置一套集中汽水取样架，取样架分为高温盘和低温盘，样品水首先到高温盘经减压冷却后，再至低温盘，低温盘上设有恒温装置、分析仪表及手操取样阀。汽水取样系统的参数在凝结水系统进行监控，系统内设置超压超温、冷却水断流、停机停炉等保护。

5.1.7.10.8　化学废水处理系统

针对不同水质，本工程化学废水采用分散处理。

锅炉补给水处理系统反渗透浓水、离子交换设备再生废水为高含盐量废水，就地中和处理达标后，由供水专业统一回收至脱硫系统作为工艺用水。

过滤器反洗水、超滤反洗排水、凝结水设备爆膜废水冲洗排水均为悬浮物含量比较高的污水，送至工业废水处理系统，处理后综合利用。

锅炉酸洗废水利用酸洗废水池（雨水调节池）进行贮存、处理，处理后由供水专用统一综合利用。

5.1.7.11　电气部分

5.1.7.11.1　电气主接线

电厂本期建设 2 台 300MW CFB 空冷机组。本期 2 台机组均以发电机—变压器组单元接线接入厂内 330kV 配电装置，发电机出口与高厂变高压侧均不设断路器和隔离开关，但有一处可拆结构。本期 2 台 300MW 机组设 1 台启动/备用变压器，电源由厂内 330kV 配电装置引接。

330kV 配电装置采用双母线接线，屋外全封闭组合电器（GIS），330kV 出线两回，设专用母联断路器。330kV 配电装置共 8 个间隔：2 个发变组进线间隔，2 个出线，1 个母联间隔，1 个启备变进线间隔，2 个母线 PT 间隔。

综合考虑，本工程推荐采用 GIS 方案。

5.1.7.11.2　厂用电接线

5.1.7.11.2.1　高压厂用电接线

高压厂用电电压采用 6kV，本期每台机设置 2 段 6kV 工作段，不设 6kV 公用段。6kV 高压厂用电系统采用中性点经低电阻接地的方式。

6kV 高压厂用工作电源由发电机回路支接的 1 台 50/31.5-31.5MVA 高压厂用工作变压器供给，变压器为分裂绕组变压器。高压厂用母线为单母线，每台机设 A、B 段母线，分别接在高压厂用工作变压器的 2 个低压分裂绕组上。每台机炉的双套辅机分别接在 2 段母线上，本期工程的公用负荷分别接在 1 号、2 号机组的 6kV 工作母线上。

5.1.7.11.2.2 低压厂用电接线

低压厂用电电压采用 380/220V，中性点直接接地。

（1）主厂房低压厂用电接线。主厂房低压厂用电采用动力与照明、检修分开的供电方式。

每台机组设置 2 台低压汽机变压器及相应的 2 段 400V 汽机 PC 段，供给每台机组的汽机低压负荷用电。

每台机组设置 2 台低压锅炉变压器及相应的 2 段 400V 锅炉 PC 段，供给每台机组的锅炉低压负荷用电。

每台机组设置 3 台低压空冷变压器及相应的 2 段 400V 空冷 PC 段，供给每台机组的锅炉低压负荷用电。

（2）辅助厂房低压厂用电接线。辅助厂房采用动力与照明、检修合并的供电方式。

对远离主厂房的辅助厂房 380/220V 低压负荷按区域分片，在负荷中心成对设置低压变压器，对本区域的负荷进行供电。

5.1.7.11.2.3 输煤系统及电除尘器控制

（1）输煤系统控制方式。本期工程设置输煤程控系统（采用 DCS 硬件完成）及工业电视监视系统。

输煤控制系统在主厂房煤仓间及各转运站设远程 I/O 站，通过通信接口与输煤控制室主机连接。

输煤系统较重要的场所装设工业电视摄像头，煤场设彩色摄像机；其他场所设黑白摄像机，在控制室内通过 TV 对这些场所运行情况进行监视，同时可在集控室 TV 对输煤现场进行监视。

（2）布袋除尘控制方式。布袋除尘器控制采用微机自动控制，2 台炉的布袋除尘器厂配套的控制设备集中布置在炉后空压机室上一层的除尘脱硫配电室，上位机布置在除尘脱硫配电室旁的除尘控制室内。

5.1.7.11.2.4 脱硫电气部分

本工程采用半干法脱硫，脱硫系统无高压负荷，故不设 6kV 脱硫段。

脱硫系统低压厂用电电压采用 380/220V。

每台机组 2 台除尘脱硫变压器互为备用，手动切换。

5.1.7.11.3 事故保安电源和不停电电源

每台机组设置 400V 保安 PC A、B 段，机组的全部保安负荷（含脱硫系统）均由这 2 段供电。正常时保安段的电源由本机组的 400V 锅炉 PC A、B 段供电，事故时由各 2 台机组公用的柴油发电机组供电。

每台机组设置 1 台 650kW 的柴油发电机组。

5.1.7.11.4 直流电系统及不间断电源

5.1.7.11.4.1 主厂房 220kV 直流系统

本工程每台机组装设 2 组 220V 1500Ah 免维护阀控式密封铅酸蓄电池，2 组高频开关电源充电装置（$N+2$ 冗余），220V 直流控制、动力合用。直流系统采用单母线分段接线，2 组蓄电池间经联络刀开关进行连接。

蓄电池暂按 GM 型选择，每组蓄电池设 1 套 270A 充电装置。

5.1.7.11.4.2 升压站直流系统

本工程升压站 2 组 220V 300Ah 免维护阀控式密封铅酸蓄电池，3 组高频开关电源充电装置，220V 直流控制、动力合用。直流系统采用单母线分段接线，2 组蓄电池间经联络刀开关进行连接。

蓄电池暂按 GM 型选择，每组蓄电池设一套 150A 充电装置；2 套蓄电池设置 1 套共用备用充电装置。

5.1.7.11.4.3 交流不间断电源

每台机组设 1 套交流不停电电源装置（UPS），本系统包括整流器、逆变器、静态转换开关、旁路变压器、手动旁路开关、交流配电屏等。

5.1.7.11.5 二次线、继电保护及自动装置

5.1.7.11.5.1 二次线

本工程不设常规屏（台）控制模式，由 DCS 系统完成电厂电气设备监控和管理。与机组相关的 330kV 断路器由机组 DCS 控制。启备变 330kV 断路器由机组 DCS 控制。所有 330kV 隔离开关操作由 NCS 控制。

5.1.7.11.5.2 元件保护配置原则及选型

根据《继电保护和安全自动装置技术规程》（GB/T 14285—2006）及相关反措要求，发电机变压器组、厂高变、励磁变压器主设备保护按全面双重化（即主保护和后备保护均双重化）配置。启备变保护按双套配置。

发变组保护和启备变保护采用微机型保护装置；低压厂用变压器保护采用微机型综合保护测控装置并装设于 6kV 开关柜内。

低压厂用系统保护利用低压空气开关自身的保护或熔断器保护。厂用低压动力中心进线和 PC 至 MCC 馈线开关采用智能型电子脱扣器智能。电动机回路采用智能马达控制器。

5.1.7.11.5.3 自动装置

发电机装设有自动准同期装置（ASS），自动调节励磁装置（AVR），AVR 装置内附有系统稳定器（PSS）。发变组装设自动故障录波装置。

6kV 工作母线 A、B 段装有厂用电源快切装置。

空冷 PC 段备用电源自动切换装置安装在备用电源进线开关柜内。

保安电源设置电源自动切换开关，布置在 380V 开关柜内。

由于电气元件采用了 DCS 控制方式，因而本工程只设自动准同期装置，自动准同期装置装于同期屏上。控制台上不设同期开关，同期装置的交流电压回路及直流电源的接入方式由 DCS 完成。

5.1.7.11.5.4 在线监测装置

发电机配置绝缘过热监测仪，局部放电监测仪，转子匝间短路在线监测装置，并应将信号送至 DCS，以便运行人员监测发电机运行状况。

主变压器、高压厂用工作变压器及高压启动/备用变压器拟配置在线监测装置，并应将信号送至 DCS，以便运行人员监测发电机运行状况。

5.1.7.11.6 过电压保护及接地

5.1.7.11.6.1 直击雷保护装置

主、辅建（构）筑物的防雷保护设施按《交流电气装置的过电压保护和绝缘配合》（DL/T 620—1997）的规定。

5.1.7.11.6.2 雷电侵入波的过电压保护

本期工程 330kV 母线侧、出线、主变及启动/备用变高压侧均装有氧化锌避雷器以保护配电装置内全部设备。此外，在发电机出口处装设氧化锌避雷器以防止雷电侵入波对发电机的损坏。

5.1.7.11.6.3 绝缘配合

绝缘配合以避雷器 10kA 残压为基础，雷电过电压绝缘配

合系数不小于 1.4。操作过电压绝缘配合系数不小于 1.15。

5.1.7.11.6.4　接地

全厂接地网设计原则为以水平接地体为主，辅以垂直接地体的人工复合接地网。水平接地体采用镀锌扁钢，垂直接地体采用镀锌钢管。

5.1.7.11.7　照明和检修

正常照明网络电压为 380/220V，交流事故照明网络电压为 380/220V，直流事故照明网络电压为 220V，安全电压网络采用交流 24V。

5.1.7.12　热工自动化

本工程采用由厂级监控信息系统（SIS）、分散控制系统（DCS）、辅助车间 DCS 系统组成的自动化网络，实现控制功能分散，信息集中管理的设计原则。

5.1.7.13　供水部分

5.1.7.13.1　辅机冷却水系统

本工程辅机冷却水系统采用带机械通风冷却塔的循环供水系统，2 台机组为一个单元。辅机冷却水泵房内设置 3 台辅机冷却水泵，2 台运行、1 台备用；2 台机组共配置 3 格机力通风冷却塔，总冷却水量为设计水量的 130%。

5.1.7.13.2　补给水系统

本工程生产用水采用清水川集中区污水处理厂处理后的中水及安山矿井、沙梁矿井的矿井排水作为电厂工业用水的主要水源，生活用水由清水川工业集中区统一供给，备用水源为岩溶水。

5.1.7.13.3　生产、生活给排水

电厂生产、生活给水包括生活、消防、工业、生水、输煤系统冲洗及除灰用水等系统。

综合水泵间内设置 3 台工业水泵（2 用 1 备），2 台生水泵（1 用 1 备）及 1 套变频生活供水装置。泵房集水坑内还设置 2 台排水泵。

厂区排水系统采用分流制，设有生活污水排水系统，工业废水排水系统、雨水排水系统及输煤冲洗水排水系统。

生活污水通过生活污水管网收集至污水处理站处理合格后作为回用水。

5.1.7.13.4　回用水系统

本工程辅机排污水的一部分回用至煤水处理系统作为其补给水，另一部分供给脱硫系统补水或作为干灰渣加湿用水等。

5.1.7.13.5　煤水回用管道

各转运站的冲洗水经管道收集至废水处理站的煤水调节池，进入煤水处理系统进行处理。处理后的水回用至输煤系统，作为冲洗水重复使用。

5.1.7.14　脱硫系统

具体见《烟气循环流化床半干法脱硫工艺特点专题报告》。

5.1.7.15　建筑结构

5.1.7.15.1　主厂房布置

主厂房采用三列布置，即汽机房、煤仓间和锅炉房。汽机房运转层和中间层均采用大平台布置；锅炉半露天布置；集中控制楼布置在两炉之间。锅炉紧身封闭，每台锅炉设一部客货两用且可供消防使用的电梯，可直达锅炉各主要平台层及运转层。两台机共用一座集中控制楼。集中控制楼为五层。

5.1.7.15.2　土建结构

5.1.7.15.2.1　地基及基础

根据本工程《初步设计阶段岩土工程勘察报告》钻孔资料，本工程有天然地基，持力层⑤1 或⑤2，局部超挖可采用 C10 素混凝土或毛石混凝土垫至基底；桩基；孔内深层强夯地基；强夯地基；换填地基等。

5.1.7.15.2.2　主要建（构）筑物结构选型

主厂房采用钢筋混凝土结构，横向抗侧力体系：汽机房外侧柱—汽机房屋盖—除氧煤仓框架组成的现浇钢筋混凝土单跨框排架结构。汽机房屋架与 A、B 排铰接，其他混凝土梁柱之间均为刚接。纵向抗侧力体系：纵向 A 排按单层厂房要求设柱间支撑，形成框架—支撑结构体系。B、C 排均为框架结构体系。

与煤仓间框架相连的炉前平台，与框架铰接，与锅炉炉架采用滑动连接。

汽机房屋面支承结构采用钢屋架，屋面采用复合自防水保温压型钢板封闭。

除氧煤仓间屋面及各层楼板采用钢梁—现浇钢筋混凝土楼板组合结构，局部采用钢格栅或花纹钢板。

汽机房大平台楼板为钢梁—现浇钢筋混凝土楼板组合结构，局部采用钢格栅或花纹钢板。

汽机房吊车梁采用钢吊车梁。

煤斗采用悬吊式钢煤斗，斜锥部分的内衬采用 3mm 厚不锈钢板或斜锥部分采用复合钢板。

汽轮发电机厂家为上海汽轮发电机有限公司，汽轮发电机基础采用现浇钢筋混凝土框架式结构，四周用变形缝与周围建筑分开，中间平台与基座现浇。

空冷支架采用钢筋混凝土空心圆柱结构；空冷平台采用空间钢桁架，风墙采用压型钢板。钢筋混凝土独立基础。

锅炉为独立岛式布置，炉架、炉顶盖均由锅炉厂设计与供货。锅炉运转层平台为钢梁—现浇钢筋混凝土楼板，锅炉运转层平台范围内钢梁由锅炉厂设计供货。

5.1.7.15.3　厂区防排洪设计

经初步分析，结合厂区布置，拟沿厂区东、南边缘、山坡脚布置 4m 宽矩形明渠、将洪水引至厂区西侧第 1 个台阶、与府准公路西侧来的洪水会合后（会合后的百年一遇洪峰流量为 27.9m^3/s）、通过暗涵、顺地势向北将洪水引向下游。明渠拟用现浇钢筋混凝土结构，长度约为 825m，平均底坡约为 1.8%。

5.1.7.16　采暖与通风

本工程设计集中采暖。

本工程主厂房、输煤系统栈桥、各转运站、碎煤机室、汽车卸煤沟及厂区辅助和附属等建筑均采用热水采暖。采暖热媒温度为供水 110℃，回水 70℃。采暖热源由厂区集中采暖加热站供给。

5.1.7.16.1　采暖加热站

主厂房 B/C 框架 7～8 轴设有集中采暖加热站，为全厂供暖建筑提供采暖热源。采暖热源参数为：供水温度 110℃，回水温度 70℃。另为电石厂及生活区预留采暖汽源。

5.1.7.16.2　主厂房通风

汽机房通风采用自然进风，屋顶风机机械排风的通风方式。

锅炉房运转层以下屋内式布置，夏季采用自然进风，轴流风机机械排风的通风方式。运转层以上为紧身封闭，采用自然进风，屋顶风机机械排风的通风方式。

5.1.7.16.3　汽机房及集控楼电气配电装置室通风

电气配电室在夏季采用降温通风措施，过渡季节采用轴流风机进行通风换气，降温设备采用蒸发冷却机组。汽机房内励磁小室设备间设全年性降温通风措施。

5.1.7.16.4　集中控制室和电子设备间空气调节系统

集中控制室和电子设备间按全年性空气调节系统分别设置，均采用屋顶式风冷恒温恒湿空调机组。空调系统划分：集

中控制室为一个独立的空调系统；锅炉电子设备间为一个独立的空调系统；汽机电子设备间为一个独立的空调系统；三系统均为独立运行。三空调系统均为集中式全空气中央空调，全年运行。屋顶式风冷恒温恒湿空调机组设备均为1台运行，1台备用。

5.1.7.16.5 凝泵变频装置室通风

根据气候概况和室外气象条件以及凝泵变频间的设备散热量较大及空间等因素，采用蒸发冷却机组进行降温。

5.1.7.16.6 输煤系统采暖通风除尘

采暖热媒为热水，供水温度110℃，回水温度70℃，热源由厂区采暖室外热力网管道引接。采暖设备一般选用易清扫的散热器。

煤仓间两侧均开窗，采用自然对流通风方式。

5.1.7.17 消防及火灾报警

5.1.7.17.1 本工程采用的消防系统

（1）消火栓灭火系统。

（2）自动喷水灭火系统。

（3）气体灭火系统。

（4）低倍数空气泡沫灭火系统。

（5）移动式灭火器。

（6）火灾探测及报警系统。

5.1.7.17.2 消防给水和灭火设施

本工程水消防系统采用独立的消防给水系统，消火栓系统与自动水灭火系统的水源、消防泵及主管网系统合并设置。

（1）消火栓系统。室外消防给水管道在主厂房、煤场及油罐区等区域布置成环网管网，以保证重要的建筑物可从不同方向供水。

室内消火栓采用SN65型消火栓，在集控楼内的消防栓箱还将配有自救式消防软管卷盘。

（2）自动水灭火系统。自动水灭火系统采用如下4种形式：湿式洒水灭火系统、雨淋系统、水喷雾灭火系统及水幕系统。

5.1.7.17.3 气体消防系统

本工程在集控楼设置1套IG541混合气体灭火系统，采用组合分配系统，保护集控楼的锅炉电子设备间、汽机电子设备间、工程师室、直流及UPS室、锅炉PC段配电室及汽机房零米层空冷电子设备间，共6个防护区。另外在升压站继电器室设置1套IG541混合气体灭火系统，保护继电器室。

在主厂房设置1套低压二氧化碳灭火/惰化系统，采用组合分配系统，对集控楼内电缆夹层、保安PC段配电室及公用PC段配电室提供灭火保护，及对煤仓间的8只煤斗提供CO_2惰化保护。

在主厂房及集控楼的电缆竖井内设置超细干粉自动灭火装置。

5.1.7.17.4 泡沫灭火系统

本工程油罐区设有2个300m^3的储油罐，均为固定顶罐，地上式布置，尺寸为：D=7.5m，H=97.25m。燃油闪点小于60℃，为乙类液体。

油罐区设置固定式低倍数泡沫灭火系统，液上喷射灭火，采用氟蛋白泡沫液，泡沫混合液中水与泡沫的比例为94∶6。泡沫混合液供给强度为6L/（min·m^2），供给时间为45min。辅助泡沫枪的泡沫混合液流量为240L/min，供给时间为10min。

每个油罐内设置1只PCL8型泡沫产生器，油罐区围堤外设有5个DN65消火栓，间距不大于60m，供PQ4型泡沫枪接口，用来扑灭油罐区流散液体火焰。

5.1.7.17.5 火灾检测报警及消防控制系统

本期工程火灾报警系统由1块中央监控盘及监视计算机，以及若干区域控制盘组成。中央监控盘及监视计算机位于集中控制室内，是全厂火灾报警和消防控制的中心，与电厂的运行指挥密切结合，通过计算机可监视所有火灾报警区域的火警信号，也可控制所有自动消防设施。区域控制盘位于各火灾报警区域内，是本区域的火灾报警及控制系统（包括报警触发装置手动和自动两种）、区域报警装置、中央监控装置、电源装置等。区域报警装置布置在各个报警区域盘上，中央监控盘布置在集中控制室内。中央监控盘上设有消防水泵的起停按钮。

5.1.7.18 信息系统与安全防护

5.1.7.18.1 全厂管理信息系统（MIS）

MIS系统包括建设期MIS和运行期MIS。

建设期MIS：以进度计划软件为核心，对基建期整个过程进行信息管理。系统主要包括：进度计划管理子系统、质量管理子系统、费用管理子系统、合同管理子系统、设备管理子系统、材料管理子系统、办公自动化管理、财务管理子系统、档案管理子系统、企业网站/综合查询。

运行期MIS：管理信息系统将涉及整个电厂的经营、生产、行政等方面的业务工作。除了传统意义上的管理信息系统以外，还包括生产经营信息系统、互联网接入，从而构成一个横向信息和纵向信息相互交叉的、集成的综合企业信息网。系统大致可分为五部分，即生产管理部分、资产管理部分、经营管理部分、行政管理部分及系统维护部分。

5.1.7.18.2 全厂信息监控系统（SIS）

包括SIS网络、存储生产过程数据的实时/历史数据库、接口站、SIS应用服务器、SIS管理站、值长站等。与SIS连接的有以下控制系统：单元机组分散控制系统（DCS）、辅助车间分散控制系统（DCS）、电气网控系统（NCS）、汽机振动检测和故障诊断系统（TDM）、全厂管理信息系统（MIS）。

功能包括：生产过程实时数据采集与监视功能与厂级性能计算和分析功能为基本功能。其余负荷分配调度功能、主机和主要辅机故障诊断功能、设备寿命计算和状态检修功能将根据电厂实际情况在以后的运行过程中逐步实施。

5.1.7.18.3 网络

建设一个覆盖全厂的局域网（LAN）系统，网络中心设在网络数据中心，其拓扑结构是以网络数据中心为中心，采用星形方式向外展开连接。从网络层次上，网络可设计为两级，即网络主干级和工作组级。所有主干网全部采用光纤，连接工程有关建筑物。

5.1.7.18.4 全厂闭路电视系统及安防系统

在无人值班场所和影响机组安全的场所设置监视点，对其进行监视。

5.1.7.18.5 信息安全防护

采用五层防护系统：环境/硬件（系统/网络设备的灾难恢复）、网络层（防火墙/VPN/动态安全管理）、操作系统层（安全操作系统/操作系统安全）、数据/数据库（密码技术/目录服务）、应用层（目前，应用层安全建筑在网络、操作系统、数据库的安全基础之上，应用系统复杂多样，针对特定的安全技术能够解决一些特殊应用系统的安全问题，同时进行制度建设，尽可能提供相应的保护系统）、操作层（身份认证/授权认证/审计/人员组织）。

5.1.7.19 空冷系统

5.1.7.19.1 空冷系统的选择

本工程主机冷却拟采用机械通风直接空冷系统。

5.1.7.19.2 直接空冷系统主要参数（单台300MW机组）

空冷凝汽器面积（单台机）：860000m^2

迎风面风速：2.20m/s

设计气温：14.00℃

设计背压：13.0kPa

夏季设计气温：30.50℃

夏季设计背压：33.00kPa

5.1.7.20　厂区边坡治理

对厂区东侧挖方边坡根据其可占用的平面位置，可考虑采用锚杆框架格构＋1∶1.75 分台阶放坡＋框架内填充六棱砖＋植草绿化＋截排水沟和仰斜排水孔排水的治理措施。

对厂区西侧边坡根据其可占用的平面位置，可采用 1∶1.75 分台阶放坡＋土坡内设置土工格栅＋坡脚挡土墙（根据高度设置重力式挡土墙或扶壁式挡土墙）＋菱形方格网护坡＋植草绿化＋截排水沟，填方区可根据总平面布置和边坡变形影响范围内采取强夯处理，具体措施在后续工作中进一步论证确定。

对厂区南侧边坡，初步考虑设置 2 级重力式挡土墙，两级重力式挡土墙之间植草绿化，种植树木，并设置必要的截排水措施。对古滑坡地段拟考虑采用抗滑桩进行支护。

5.2　工程建设管理目标体系

5.2.1　工程总体管理目标

高水平达标投产、实现行业优质工程、争创国家优质工程；实现省级文明工地。

5.2.2　工程质量管理目标

工程质量管理水平和实物水平达到行业优质工程标准；土建单位工程优良率不小于 92%；安装单位工程优良率不小于 96%；不发生重大质量事故。

5.2.3　工程进度管理目标

2013 年实现“双投”，即 2013 年 8 月 31 日 1 号机组完成 168h 整套试运；2013 年 10 月 31 日完成 2 号机组完成 168h 整套试运；湿法脱硫同时投运。

5.2.4　安健环管理方针和管理目标

5.2.4.1　安健环管理方针

安全第一，预防为主，综合治理，环境友好。

5.2.4.2　安健环管理目标

“七不发生”：不发生人身死亡事故；不发生一般及以上机械设备损坏事故；不发生一般及以上火灾事故；不发生压力容器爆炸事故；不发生负同等及以上责任的重大交通事故；不发生环境污染事故和垮塌事故；不发生大面积传染病和集体中毒事故；实现陕西省文明工地；实现陕煤集团样板工地。

“两减少”：减少交通事故；减少人为责任事故。

“一控制”：轻伤、负伤率不大于 3‰。

5.2.4.3　职业健康管理目标

办公、生活、生产区域清洁卫生；不发生职业病；不发生员工集体中毒事件；不发生大面积传染病。

5.2.4.4　环境管理目标

合理处置废弃杂物，有效控制污染排放，节能降耗除尘降噪，实施现场绿色工程，实现基建全过程环境零投诉。

不发生环境污染事故和垮塌事故。

5.2.4.5　文明施工管理目标

文明施工管理目标：施工场地布置合理，设备材料堆放整齐，施工环境文明整洁，生活卫生设施齐全，安全警示标志规范，施工道路硬化畅通，创省级文明工地。

概括为“八化”：施工总平面模块化；现场设施标准化；施工区域责任化；物资堆放定置化；作业行为规范化；工程施工程序化；环境卫生经常化；作业人员着装统一化。

5.2.5　工程投资控制目标

工程采购价格合理，工程款支付及时、合理；工程款支付与进度平衡；工程造价控制在执行概算以内；按规定时间结算；预算外工程签证实事求是、适当控制。

5.2.6　工程信息、工程资料与档案管理目标

5.2.6.1　建立基建 MIS 系统及管理办法，将图纸和文件资料管理信息、造价控制和资金管理管理信息、计划和统计管理信息、进度管理信息、质量管理信息、安全管理信息、设备和材料管理信息等工程建设信息全面录入该系统，为工程建设管理者查询、分析和发布指令提供管理平台，同时，高效共享工程信息。

5.2.6.2　竣工资料在机组移交后 45d 内移交。

5.2.6.3　机组达标投产复查“工程档案”部分得分不低于 92 分。

5.2.6.4　竣工资料移交的完整率、合格率均达到 100%。

5.2.6.5　按期保质完成竣工图、施工图预算（具体规定见原电力工业部电建〔1996〕666 号文规定）。

5.2.6.6　符合《火电机组达标投产管理规定》(2006 版）的要求。

5.2.6.7　信息管理网络化；信息查询、处理制度化；信息收集及时、准确、规范；信息流传程序明确、高效。

5.2.6.8　工程资料真实规范、审批严格、收集完整、分类清晰、装帧精美、归档及时、保存可靠、查询方便。

5.2.6.9　按《电力工程竣工图文件编制规定》(DL/T 5229—2016）规定，按期保质完成竣工图归档工作。

5.2.6.10　国家档案局组织的档案验收得分不低于 90 分。

5.2.6.11　本期工程投产后一年，达到国家二级标准。

5.2.7　工程物资管理目标

计划周密、管理规范、交付及时、服务到位、质量合格、造价合理。

5.2.8　总平面管理目标

统一规划、合理布局、动态调配、高效使用场地；施工流向合理、交通运输便捷、通畅，避免过多交叉作业；力能供应充足但不浪费；施工环境良好但不浮华。

本章其余内容见光盘。

第6章 陕西府谷新元洁能电厂2×300MW工程主厂房及空冷建筑标段施工组织设计

6.1 编制依据

本施工组织设计根据甲乙双方签订的建筑工程承包合同及其附件、相关的设计文件、国家相应规范、规程等进行编制，具体包括：

（1）府谷清水川低热值燃料资源综合利用项目（2×300MW）电厂工程（A标段）招标文件及投标文件、施工合同。

（2）府谷清水川低热值燃料资源综合利用项目（2×300MW）电厂工程（A标段）施工组织总设计要求。

（3）《火力发电工程施工组织设计导则》（国家电力公司国电电源〔2002〕849号）。

（4）《电力建设安全施工规定》和相关《补充规定》。

（5）国家及部、电力行业颁布现行规范、规程、标准。

（6）集团公司《质量环境职业健康安全管理手册及程序文件（2011版）》。

（7）集团公司各部门有关管理制度，以及建设、监理单位相关管理制度。

6.2 工程概况

6.2.1 总体简介

工程总体简介见表6-2-1。

表6-2-1 工程总体简介

序号	项目	内容
1	工程名称	府谷清水川低热值燃料资源综合利用项目（2×300MW）电厂工程
2	建设地点	陕西省府谷县黄甫镇
3	工程规模	低热值燃料资源综合利用项目（2×300MW）电厂
4	项目名称	府谷清水川低热值燃料资源综合利用项目 2×300MW 电厂工程1号、2号机组主厂房建筑施工
5	建设单位	陕西新元洁能有限公司
6	设计（勘察）单位	中国电力工程顾问集团西北电力设计院
7	监理单位	西北电力建设工程监理有限责任公司
8	施工单位	河南省第二建设集团有限公司
9	质量监督单位	陕西省质监中心站
10	试验单位	河南省科建建设工程质量检测有限责任公司
11	资金来源	企业自筹
12	质量目标	单位工程优良率不小于92%，高水平达标投产、实现行业优质工程、争创国家级优质工程
13	安全文明施工目标	实现集团公司安全文明样板工地，争创省级文明工地
14	工期要求	2012年3月1日开工（浇筑第一罐混凝土），2013年8月31日1号机组168h试运结束移交试生产，2013年10月31日2号机组168h试运结束移交试生产

6.2.2 工程特点

6.2.2.1 地基处理与基础

（1）主要建构筑物地基与基础。主厂房至烟囱之间的主厂房区域、锅炉房区域等主要建构筑物的基岩埋藏较浅或已出露，采用天然地基，局部超挖可采用C15素混凝土或毛石混凝土垫至基底。变压器基础、空冷支架区域基岩埋藏深度较大，基岩以上覆盖分布厚度差异较大的地质层，局部较厚，由于其承载力及变形要求较高，采用桩基。桩基采用钻孔灌注桩，桩径800mm。

基础选型：主厂房柱基础、汽机平台柱基础、电除尘器支架柱基础等均采用钢筋混凝土单独或条形基础；汽轮发电机基座底板为钢筋混凝土整板基础；荷重小、高度小的建构筑物采用独立或条形基础。

本工程锅炉为独立岛式布置，基础根据荷载及布置要求分别采用单独基础或联合基础。

空冷架构柱基础采用钢筋混凝土独立基础。柱埋深−8.6m，地基采用桩基。

一次风机、二次风机、高压硫化风机均为大块式现浇钢筋混凝土基础。其余风机基础为现浇钢筋混凝土基础或素混凝土基础。

（2）辅助及附属建筑地基与基础。处于挖方区或基岩埋藏较浅的区域，采用天然地基，局部超挖可采用C15素混凝土垫至基底。处于填方区域布置的建构筑物复合地基方案，根据基岩埋藏深度拟采用孔内深层强夯、强夯进行地基处理。

6.2.2.2 主厂房建筑特点

一、主厂房布置

（1）汽机房布置：汽机房跨度25.0m，汽轮发电机组中心线距A列中心13.0m，汽机房共16挡，其中13挡柱距9m，另外3挡柱距10.5m，两机中间有1.5m的伸缩缝。主厂房总厂150m，中间一挡用于检修场地。汽机房分为0.00m、6.30m、12.60m三层，汽轮发电机组纵向顺列布置。

（2）除氧煤仓间布置：除氧煤仓间框架共分五层，0m、7.30m、12.60m、24.0m、43.0m。除氧煤仓框架采用混凝土结构布置于炉前。

（3）锅炉紧身封闭，炉膛区域标高为12.60m混凝土大平台和炉前平台，炉前低封顶部标高为34.50m。

二、主厂房交通与运输

汽机房、煤仓间零米层设有可进出汽车的检修场地，炉前有可进出汽车的纵向通道，作为施工机具及设备安装盒运行检修出入之用。汽机检修场地布置在7～8轴间，由此可从A排穿越各车间通至炉前，纵横向通道两端均与厂房室外出口连接，垂直通道与水平通道相互贯通，检修场地处设有设备主要出入口。

三、主厂房通风与采光

汽机房通风采用自然进风、自然排风方式。即：汽机房的进风有零米层、6.30m层和12.60m层的塑钢推拉窗进入室内，吸收流经区域的余热、余湿后在汽机房上部汇合，然后经汽机房屋面上设置的屋顶风机排至室外。

煤仓间皮带层等均采用自然进风、自然排风。

汽机房采光：汽机房底层、夹层均通过 A 排外墙的塑钢推拉窗及人工照明采光；汽机房运转层通过 A 排带形窗采光。

四、主厂房防水与排水

屋面排水方式均为有组织排水。汽机房屋面为带保温防水压型钢板。

其他屋面防水材料采用氯化聚乙烯卷材，主厂房及集控楼屋面为二级防水（做两道防水）。运煤皮带层等有水冲洗要求的楼面均设 3mm 厚聚氨酯涂膜防水层。

室内外楼地面交界处的高差不小于 20mm，与室内楼地面衔接的室外楼地面、走道、台阶等应做不小于 0.5%的排水坡度，防止积水。

有可能溅水、积水以及需要用水冲洗的楼地面与相邻楼地面交接处的高差不小于 20mm，并做不小于 0.5%的排水坡度，坡向地漏或排水沟。

有冲洗水的楼地面留洞时，洞口均做不小于 150mm 高的护沿，屋面洞口护沿做 400mm 高。

变形缝严密，防止渗漏。

五、主厂房防火与防爆

主厂房的火灾危险性分类为丁类，耐火等级为二级。

配电装置室、发电机出线小室、电缆夹层、电缆竖井与主厂房各车间隔墙上的门均采用丙级防火门，气瓶间、空调机房、通风机室等通向走廊的门均采用外开乙级防火门。

集中控制室和电子设备间等室的装修材料采用非燃烧体材料，内装修严格执行现行国家标准《建筑内部装修设计防火规范》。

主厂房楼梯、通道、出入口及防火门布置根据相关规程、规范要求进行设计。对汽机房油管路附近的钢结构及主油箱上方的钢屋架涂防火涂料。配电室、电缆竖井、楼梯间及空调机房等采用乙级防火门。集中控制室、电子设备间及工程师室室内装修采用燃烧性能等级为 A 级材料装修。

主厂房及其他建筑物的安全疏散执行现行国家标准。主楼梯为封闭楼梯间，并设向疏散方向开启的乙级防火门。主厂房 C 排运转层以下纵向隔墙设耐火极限不小于 4h 墙体，运转层以上隔墙设耐火极限不小于 1h 墙体。

六、主厂房抗震设计

在平面布置中将主厂房分为两个独立单元，单元间设伸缩缝，采用双柱，双屋面梁，插入距 1.5m；汽机基座采用岛式布置，与主厂房结构完全分开。

主厂房横向抗震体系为由 A 排柱——除氧煤仓间框架组成的框排架结构；A 排纵向抗震体系为框架——钢支撑，B、C 为钢筋混凝土框架结构，符合多道设防的原则。

主厂房各层楼板采用现浇结构以增加其整体刚度；汽机房屋盖采用钢屋架有檩体系，并加设水平支撑和必要的垂直支撑。汽机房屋面采用质量较轻的屋面，减少了屋面的参振质量，并增加屋面的整体刚度。

七、主厂房色彩与造型

在满足工艺要求的前提下，全厂建筑色彩和造型进行统一协调，力求建筑造型立面简洁、大方。色彩采用白色、灰色作为主色调，色带为红色。

6.2.2.3　其他生产建筑物特点

其他建筑物外墙围护为 250mm 厚蒸压加气混凝土砌块，建筑物内墙做中级抹灰内墙涂料，外墙面均刷外墙涂料。建筑物楼地面为带防水层的耐磨混凝土、水泥石屑楼、地面或地砖等。门窗均采用彩板保温钢门及塑钢窗。

6.2.2.4　本标工程的施工特点

（1）根据业主提供图纸可以测出汽机基座柱边距 B 列柱仅 4.5m，不足以满足行走式塔吊轨道安装要求，故汽机房内不能布置行走式塔吊。计划在 A 列通过两台机组空冷区域中心布置一台 C7022 行走式塔吊以满足钢筋加工垂直运输、主厂房区域施工、空冷区域施工、主厂房钢屋架、钢次梁等施工材料垂直运输的需要。由于塔吊吊重无法满足煤斗吊装需要，故计划利用大吨位吊车进入汽机间内部进行煤斗吊装。

（2）本标主厂房梁柱、汽轮机基础、空冷支架柱、设备基础地上部分等结构外露表面达到清水混凝土工艺质量，施工前应编制详细可行的清水混凝土施工方案，并报甲方、监理审批后实施；大面积施工前先做清水混凝土样板。

（3）本标工程除氧煤仓间现浇楼层板均采用压型钢板底模，故钢梁上的栓钉焊接需要在压型钢板铺设后进行施工。

（4）厂址区域冬季寒冷且周期较长，主厂房不可避免将跨越冬期和春节期间施工，需要根据现场实际施工工程量、工程进度安排等因素制定完善的施工措施以保证按时完工。

（5）厂址区域 7—9 月的暴雨强度很大，本标工程 3 月 1 日开工（浇筑第一罐混凝土），暴雨期间正处于基础或主体施工阶段，我方将采取有效措施确保施工质量、安全及工程进度符合业主要求。

6.2.3　施工范围

6.2.3.1　本标合同范围

1 号、2 号机组主厂房（汽机房、除氧煤仓间和锅炉房）地基处理（不含基坑土石方开挖；如为桩基工程，则不含在本标段范围内）；1 号、2 号机组主厂房结构及基础（A 排柱及基础，除氧煤仓间结构及基础，锅炉基础、加热器平台及基础、锅炉运转层平台等）；1 号、2 号机组汽机基座；1 号、2 号机组地下设施（包括设备基础、支墩、隧道、沟道、坑池、回填土、地坪等）；1 号、2 号机组锅炉电梯井基础；集中控制室；1 号、2 号机组维护及装饰工程；1 号、2 号机组上下水（含普通消防）、采暖（含主厂房内采暖热交换站）、通风、空调、照明等；机组排水槽；渣仓基础、石灰石粉库基础；化水精处理室、空冷配电间、一二次风机室；A 排外构筑物、构架（主变压器、厂高工作变、厂高公用变、启动备用变压器基础，防火墙及事故油池）；1 号、2 号机组空冷基础、支架（不含基坑土石方开挖；如基础下需打桩，则桩基工程不含在本标段范围内）；1 号、2 号机组空冷区域其他建筑工程（空冷钢梯及排气管支墩基础、空冷钢梯井基础）；主厂房及空冷区域的地坪。

6.2.3.2　施工接口

（1）所有室内地下管（沟）道以建构物墙外 3m 内第 1 个阀门井（检查井）为界，如无阀门井（检查井），则以墙外 3m 为界，以内属室内，以外属厂区，接口由后完成施工单位承担。

（2）主厂房自喷水消防的母管属本标施工范围。

（3）主厂房（锅炉房、煤仓间）建筑物内负压吸尘（清扫）系统属本标施工范围。

（4）建（构）筑物接地极、接地井由土建单位负责。

（5）设备基础的二次灌浆，由土建单位负责。设备螺栓固定架由安装单位完成，土建单位配合。

（6）建筑工程的照明、通风、除尘、空调等的动力、控制电缆敷设，“按照送电源、送信号的原则”，由相应安装单位将动力、控制电缆施工至各建构筑物上述系统的第一台（级）配电箱、动力柜（箱）、控制柜（盘）、开关处，并负责接线；第一台（级）配电箱、动力柜（箱）、控制柜（盘）、开关及以后部分由土建单位完成。

6.2.4 自然及现场条件

6.2.4.1 厂址自然条件

一、厂址简述及地质情况

场地平为阶梯状的三级平台，其中拟建电厂布置在二级平台上，二级平台的整平高程为 941.26～943.68m，三级平台整平标高为 966.09～968.58m。

工程场地及灰场坝址均为Ⅰ类场地。由于场地存在回填土，属半开半挖地基，其回填土厚度在 0.9～20.0m，为抗震不利地段，应采取相应的抗震措施。上部为新近形成的回填土及第四系晚更新统风积黄土、冲洪积成因的粉土及粉细砂混砾石，黄土最大厚度约 21.2m，各层土成层性差，厚度变化大，密实度较差；下浮二叠系（P2）砂质泥岩及砂岩或两者的互层，局部地段黄土与基岩之间夹薄层细中砂；在靠近河道地段及厂区沟壑中局部地段可见二叠系上石盒子组合（P2s2＋3）和石千峰组（P2sh）泥岩、砂岩直接出露。土方开挖单位完成开挖后移交我单位，我单位根据图纸设计进行基础底部 C15 地基换填工作。地基承载力特征值见表 6-2-2。

表 6-2-2　　地基承载力特征值一览表

指标＼层数	①	②	③	④	⑥-1	⑥-2
地基承载力特征值 f_{ak}/kPa		140	110	140	300	≥600

二、水文气象

该地区属于半干旱大陆性季风气候，由于受极地大陆冷气团控制时间长，加之地势偏高，河流湖泊少，森林植被差等下垫面因素影响，其气候特点表现为冬季寒冷，时间长；夏季炎热，干燥多风，时间短；春季干旱少雨雪，温差大。由于深居内陆，区域降水受东南沿海季风影响较弱，故年降水量少，但暴雨强度很大，集中于 7—9 月。

6.2.4.2 现场条件

一、概述

本标段提供的施工区的总平面布置是原则性的方案，我方提交的施工组织设计、总平面布置经业主同意后将作为最后确定的总平面布置，最后确定的总平面和施工组织设计各方应严格执行。根据工程进展实际情况，业主有权对施工区进行调整测量基准点。

根据厂内一级方格网自行测定二级方格网，作为施工测量放线和建筑物定位的依据，并应仔细保护。

业主以书面提供施工测量基准点，我方以此作为施工测量放线和建（构）筑物定位的依据，并应仔细保护。

二、施工用地

（1）施工生产用地详见施工总平面规划图。

（2）由业主批准的施工组织设计布置图，我单位不自行扩大范围，不损坏邻近的工程（或生产）设施。施工时做到文明生产，各类废弃物必须运至业主指定地点，竣工时必须工完料尽场地清，所有临时建筑根据建设单位意见拆除清理并恢复原状。

三、道路

本工程场地主干道由业主建设，施工区内道路原则上采取永临结合方式，在厂区内形成环型主干道路网。

四、施工用水

业主提供施工水源取水接口，施工用水支管按业主指定的位置与主干管道连接，并设置经业主认可的计量装置。

五、排水

排水走向由业主提供，按业主提供的排水点自行建设所承担区域的排水。

六、施工用电

本标工程施工前期，业主将按照就近原则，安排从已投用的施工用变压器接引施工电源。

七、施工用气、汽、油

施工用氧气、乙炔、氩气，油电厂不设集中供应站，我单位根据需要自行到市场采购。但各种气瓶管道及各种气体使用的安全性，我单位将制定相应的管理措施。

八、弃土（石）方场

业主为本工程提供专用弃土（石）方场。

九、施工生活区

业主为本工程提供施工生活场地，生活用地面积须经业主批准后启用。生活设施建设费用由我方自理。我方将根据劳动力计划安排和生活临建的设置向业主提供生活用水量、生活用电容量。

6.3 施工组织机构

6.3.1 施工管理机构

本工程项目施工管理机构的建立以全面实现本工程的各项建设目标，以满足用户需要为宗旨，以“出范本、树样板、创精品、创业主满意工程”为目的，确保工程项目计划、组织、生产、协调高效率的进行。

为了实现既定目标，本工程按项目法组织施工并成立由公司副总经理任群力总负责，在现场成立“河南省第二建设集团有限公司府谷新元洁能电厂项目部”，在公司的领导下全面负责本工程的一切施工要素的组织和管理，最终实现既定的施工质量、安全、工期和文明施工目标，项目部分为决策层、各科室及现场生产管理层、作业层。

项目部决策层由项目经理、总工、项目副经理组成，具体设置为：项目经理一人，总工一人，项目副经理两人。

项目部设置五科一室，即：施工技术科（科长一人，技术员一人，资料员两人）、质量管理科（科长一人，质检员三人）、安全监察科（科长一人，专职安全员三人）、物资设备科（科长一人，科员三人）、计经管理科（项目计经副经理兼科长，科员两人）、综合办公室（办公室主任一人，保卫一人）。各科室的业务范围根据公司《管理手册》的职责确定，并应与甲方、监理的管理部门业务对口。

项目部现场生产管理分区域和专业设置，项目副经理任主管，具体设置为：除氧煤仓间主管工长两人，汽机房主管工长一人，空冷区域主管工长一人，集控楼主管工长一人，钢筋铁件加工主管工长一人，搅拌站及试验主管一人（试验员一人），钢构制安工程处主管一人，水电安装工程处主管一人。

作业层为各专业施工队伍，包括框架队 4 个，钢筋铁件施工队 1 个，土方施工队 1 个，钢结构制安施工队 1 个，钢结构防腐队 1 个，水电安装施工队 1 个，装饰工程施工队 1 个，共 10 个专业施工队。

6.3.2 专业施工队任务划分

框架一队：负责 1 号机组的锅炉基础、除氧煤仓间、汽机房所有建构筑物的土建施工。

框架二队：负责2号机组的锅炉基础、除氧煤仓间、汽机房所有建构筑物的土建施工。

框架三队：负责1号、2号机组空冷区域及A列柱所有建构筑物的土建施工。

框架四队：负责集控楼、输煤及附属所有建构筑物的土建施工。

钢筋铁件加工队：负责本标段所有工程钢筋加工成型、零星铁件加工。

土方施工队：负责本标段所有工程土方工程。

钢结构制安施工队：负责本标段所有钢结构制作、钢构件及混凝土构件安装。

防腐防水施工队：负责本标段工程的全部钢结构防腐、建筑结构防水等工作。

水电安装施工队：负责本标段所有建构筑物的水、电、暖、通等安装工程的施工。

装饰工程施工队：负责本标段所有建、构筑物的细装修及高级装饰。施工组织机构图如图6-3-1所示。

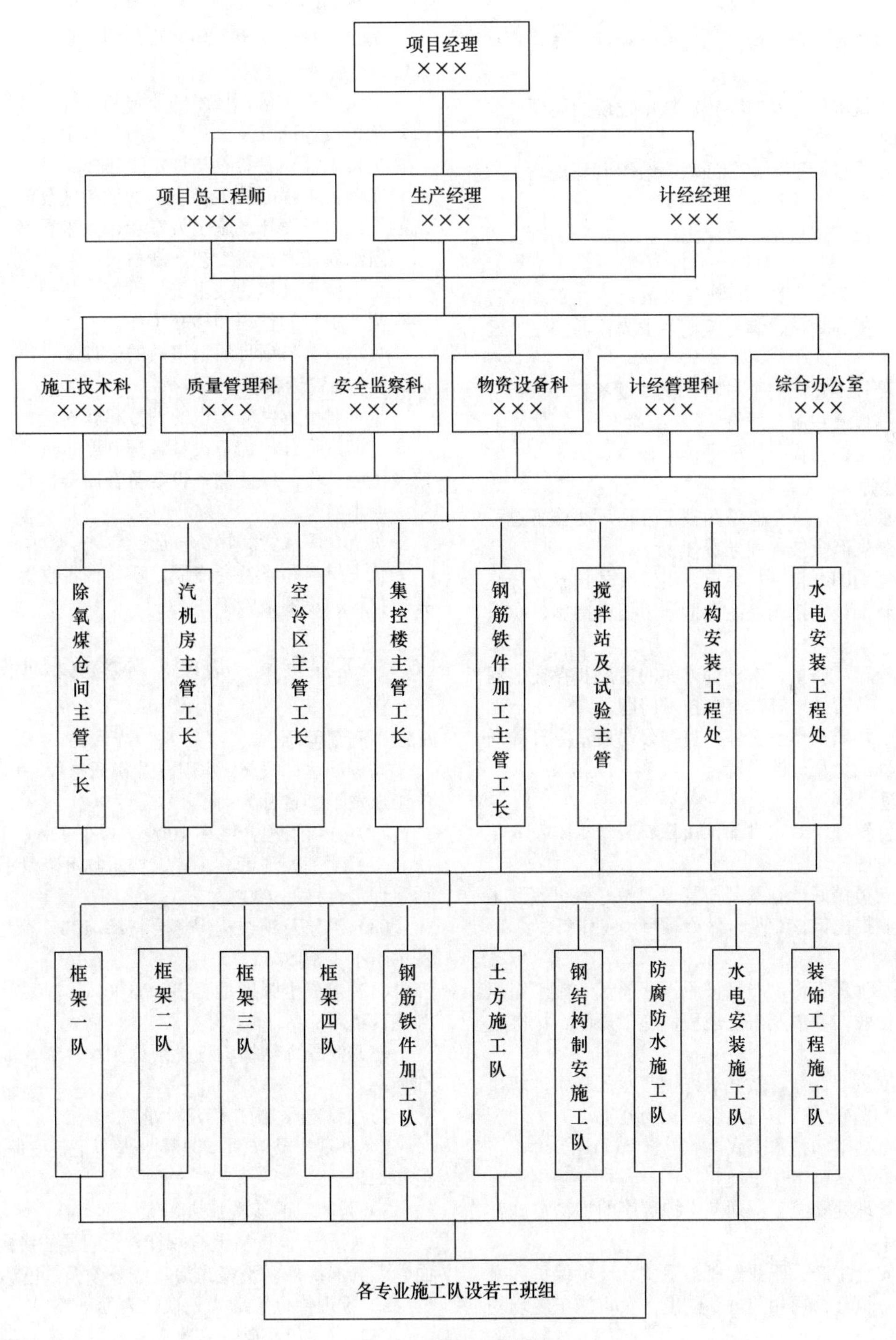

图6-3-1　施工组织机构图

6.3.3 部门岗位职责

6.3.3.1 项目经理

负责对工程项目进行管理，承担建设工程施工合同和公司内部责任状对项目部要求的全部责任。对工程质量、服务质量和安全生产负全面责任。

合理调配生产资源，为项目施工生产等各个环节正常运行创造和提供必要的条件，满足工程质量要求。

领导实施《施工组织设计》，明确各级人员的质量职责，正确处理质量、进度、安全、成本和文明施工的关系，确保工程工期及质量目标。

深入现场，监督检查各项措施落实情况，保证本质量目标的实现。

接受公司内部质量审核，及时纠正审核中发现的问题。

6.3.3.2 生产副经理

根据国家、行业质量标准、安全法规，组织制订提高工程质量的计划及确保施工安全的措施。

对施工过程中忽视工程质量、安全生产、违章施工等行为有权制止，并处罚。

负责组织实施旬、月生产计划。组织开展以强化管理、提高质量、降低消耗、提高效益、满足工期要求为目的的生产经营活动。

合理进行资源配置，建立健全材料、机械设备和外来劳务队的评审，确保工程质量和服务质量。

对公司质量体系文件的执行情况进行监督检查。

6.3.3.3 项目总工程师

负责本工程质量监督、安全监督和技术管理，对施工过程中的工程质量、安全生产负技术领导责任。

组织参加本工程的图纸自审与会审，组织有关技术人员编制施工组织设计、施工技术措施、冬雨期施工技术措施，负责二级技术交底。

全面了解掌握施工、质量、安全等方面的情况和存在的问题，及时反映情况，负责处理解决有关技术问题。

认真执行实施公司质量体系文件，贯彻公司质量方针和质量目标，确保本工程质量目标的实现。

6.3.3.4 技经副经理

负责本工程造价管理，对项目部预决算、劳动工资及人工费结算负部门领导责任。

领导项目计经人员搞好计划编制与管理，做好变更签证工作，对项目成本控制提出审核意见，做好项目竣工审计。

6.3.3.5 施工技术科

负责项目部施工管理工作，严格按照设计图纸、施工组织设计、施工方案、作业指导书及工艺规程、施工规范、标准组织施工。

编制季度和月度生产计划，做好对外生产业务联系，解决生产中存在的问题，做好生产平衡调度，文明施工。

组织和参加图纸会审和技术交底。

负责项目部测量、试验工作管理。

负责公司施工管理处和总工程师室主控程序的贯彻实施。

6.3.3.6 安全监察科

贯彻执行国家安全生产、职业健康与卫生、环境保护和文明施工规定和制度，执行公司相关规章制度，负责施工现场安全文明施工。

负责项目工期履约，加强施工现场的总平面管理，做好生产平衡调度及工程进度控制，及时解决生产中存在的问题。

执行公司劳务管理制度，负责劳务管理和调配，并对工程分包和劳务分包队进行管理和评定，参与对外分包合同评审，负责审核相关条款。

执行公司机械设备和周转材料管理制度，负责现场机械设备和周转材料的调配和管理。

配合完成本项目的施工组织设计，负责编制本项目安全专项施工方案。

负责填写施工记录、施工日志，向班组进行技术交底。

负责与质量有关的称量器具及安全、环境仪表的管理工作以及搅拌站的维护保养。

负责或参与安全、环境事故的调查处理。

6.3.3.7 质量管理科

负责工程质量、技术的监督与管理，贯彻执行国家质量验收规范、技术标准及公司有关质量技术管理的规章制度。

负责工程质量验收与评定工作。

在项目工程师的主持下，参加图纸会审，负责技术核定，编制施工组织设计、施工方案和作业指导书。

组织新技术、新工艺、新材料、新方法的推广应用。

负责施工过程的技术资料收集、整理、编目和保管，负责工程竣工资料的整理和移交工作。

负责或参与项目质量事故的处理。

6.3.3.8 物资设备科

负责对甲方供应物资的调拨和管理。

贯彻执行公司物资设备管理制度。负责工程材料招标、采购及供应工作，保证物资设备符合质量、安全要求，并对物资采购成本负责。

负责仓库保管和物资发放。

负责材料和设备合格证、质检报告收集，配合质量技术部完成材料、设备报验工作。

6.4 工程质量、进度、环境及职业健康安全目标

6.4.1 质量目标

高标准达标投产，实现行业优质工程，争创国家优质工程。施工质量控制目标为：

（1）分项工程合格率100%，单位工程优良率不小于92%。

（2）地基处理可靠，建、构筑物沉降量小且均匀，回填土质量评定合格率100%。

（3）钢筋及钢结构焊接合格率 100%，钢筋直螺纹接头优良率不小于90%。

（4）混凝土强度批合格率 100%，混凝土生产质量水平达到优良级。

（5）混凝土结构工程必须达到优良级，混凝土工艺质量标准为：

1）混凝土结构几何尺寸准确。

2）外观平整光滑，混凝土表面平整度偏差小于 0.1mm，色泽均匀一致。

3）无明显的接槎痕迹，无气泡，杜绝蜂窝麻面。

4）混凝土模板拼缝有规律，无明显的接槎痕迹，无蜂窝麻面，无气泡；外观平整光滑，线条顺畅，色泽均匀一致。

5）预埋件位置准确无误、表面平整。

（6）汽轮机基础、空冷支柱、主设备基础等结构外露表面达到清水混凝土工艺质量。

（7）建筑物墙面地面平整、无裂缝、无积水，屋面无渗漏；

地下室（沟、池、坑）无渗漏、无积水；沟、孔洞盖板包角钢制作，铺设平整无松动、齐全无破损；道路平整、排水顺畅。

（8）管沟、电缆隧道（沟）：内壁平整光洁；沟沿方正平整，线条顺畅笔直；沟盖板方正平整，安装稳固；沟底排水通畅，无积水现象。

（9）上下水工程：水流通畅，排水管道无积水现象。

（10）暖通、照明系统：性能可靠、工艺美观达到设计要求，电气照明要求达到：

1）布线整齐、清晰、美观。

2）导线符合设计要求，绝缘良好，无损伤。

3）布线前的弹线痕迹应及时清除。

4)不得遗漏预埋导线管，更不得随意凿孔槽损坏主体结构。

（11）杜绝重大质量事故，严格控制记录性事故和一般质量事故（按分项工程计算）。

（12）全面消除质量通病。

（13）试运结束后，未完工程、基建痕迹、投产缺陷为零，杜绝机组移交时存在未完项目。

（14）移交的竣工资料、文件资料齐全、完整、准确、系统，达到工程档案管理要求。

6.4.2　进度目标

根据招标文件的规定，本标段工程拟定于 2012 年 3 月 1 日主厂房浇筑第一罐混凝土，2013 年 8 月 31 日 1 号机组 168h 试运结束，2013 年 10 月 31 日 2 号机组 168h 试运结束。

6.4.3　环保目标

施工过程中严格执行公司安全环境方针“以人为本，关爱生命，追求和谐共生；节能降耗，绿色施工，实现持续发展”。严格遵守《中华人民共和国环境保护法》《中华人民共和国水污染防治法》《中华人民共和国大气污染防治法》《中华人民共和国噪声污染防治法》《中华人民共和国水土保持法》及《中华人民共和国森林法》等国家有关环境保护的法律、法规和规章，在施工中做好环境保护，达到国家和地区对环境的要求。

6.4.3.1　严格执行建设单位环保目标：①杜绝施工过程对环境的污染和破坏；②噪声控制及粉尘、有毒有害气体、污水排放达到国家环保标准；③固体废弃物分类处置；④不使用国家明令禁止的对环境产生较大污染的建筑材料；⑤提倡节能、降耗和废物利用；⑥企业员工的环境保护意识和行为符合现行法律规范要求。

6.4.3.2　环保目标各项指标：①降低施工场界噪声：土石方施工阶段（昼间小于 75dB/夜间小于 55dB），结构施工（昼间小于 70dB/夜间小于 55dB）；②资源消耗目标：水的消耗降低 1%，电的消耗降低 0.5%，立方米消耗水泥降低 0.5%，立方米消耗钢筋降低 0.5%；③固体废弃物实现分类管理，回收利用：危险废弃物分类收集，可再利用的废弃物进行回收；④努力减少油品、化学品的泄漏：施工现场的油品、化学品和含有化学成分的特殊材料一律实行封闭式、容器式管理和使用。

6.4.4　安全施工目标

安全工作总方针“安全第一、预防为主、综合治理”，达到以下目标。

（1）“六不发生”：不发生人身死亡事故；不发生一般及以上机械设备损坏事故；不发生一般及以上火灾事故；不发生负同等及以上责任的重大交通事故；不发生环境污染事故和垮（坍）塌事故；不发生大面积传染病和集体食物中毒事故。

（2）“两减少”：减少交通事故；减少人为责任事故。

6.4.5　文明施工目标

实现“集团安全文明施工样板工地”，争创省级文明工地称号。

6.5　施工部署

根据本工程的特点及工程建设目标，选择先进合理的施工方法，充分利用空间、时间和资源条件，在确保工程质量的前提下，加快施工进度，保证安全施工，尽可能组织均衡施工，同时降低成本。

6.5.1　开工次序安排

本工程施工项目较多，根据业主提供的开工条件，安排关键工程先行开工，其余工程在满足交安工期的前提下，根据均衡施工的原则分批开工。

第一批开工项目：主厂房基础、1 号机组锅炉基础、集中控制楼、靠近 A 列空冷基础。

其他项目开工根据具体情况陆续安排，详见“府谷清水川低热值燃料综合利用项目（2×300MW）电厂工程 1 号、2 号主机组厂房建筑工程（A 标段）施工进度计划图”。

6.5.2　施工准备

资源准备工作：施工准备阶段的资源准备工作内容主要包括人员准备、施工机械准备、施工物资准备等工作。

技术准备工作：施工准备阶段的技术准备工作主要是根据施工组织总设计，了解场地及初步设计情况，工期要求及与其他单位配合实施情况，力能供应设计情况及现场条件等，进行施工组织设计及质量策划的编制工作，如图纸到位，应及时组织相关人员熟悉图纸，为施工图纸会审做准备。

人员准备工作：项目部根据承建工程情况，组织相关管理人员及技术人员进场。施工作业队中的主体施工队已经招标确定施工队伍，其他施工队伍也根据需要进场，现场人员能够满足开工需要。

机械设备准备工作：搅拌站已建成，并试运行结束，可以正式投入运行。钢筋车间机械已安装并调试完毕。

材料准备工作：材料仓库等已建成，砂石已进场并复验，水泥、钢材等已部分进场，并复验，混凝土配合比试验报告已正式提供。

6.5.3　主要工程部位的交叉施工

6.5.3.1　主厂房基础阶段的工序安排

包括：A～C 列基础、主厂房内深基础及地下设施。各工序安排如下：

（1）要确保工程施工进度，项目部应在业主、监理单位的统一协调下进行施工。

（2）以主厂房 A、B、C 列作为重点工作面，山墙及平台基础在此施工阶段应同时完成。

主厂房基础完成后，回填土应及时插入，并铺设吊车行走轨道。行走式吊车轨道下的基础及需要跨越的基坑应先行安排完成施工，并采取相应跨越措施。由于塔吊安装、检测需要一段时间，故 A 列外吊车轨道宜在一端尽早铺设一节以尽早开始吊车安装。固定塔吊基础应在框架基础开挖后即进行安排，以保证施工需要。

6.5.3.2　主厂房上部施工阶段

（1）A 列柱、除氧煤仓间等框架竖向以自然层及框架梁、牛腿、伸缩缝等为流水段，分段施工。在煤仓间煤斗梁到达强度后插入钢煤斗吊装；在 A～B 列框排架结构到达一定高度时开始钢筋混凝土吊车梁的施工；考虑到钢煤斗要依靠吊车进入汽机房内部进行吊装，则汽机房屋面系统结构吊装安排在钢煤斗吊装完成后进行。

（2）钢煤斗、钢屋架及楼层钢次梁从开工开始制作准备，根据土建进度需要及时提供构件。

（3）钢筋混凝土吊车梁完成后立即进行轨道安装，必要时可先安排部分轨道安装，以利于桥式吊车的提前就位。

（4）集中控制楼基础施工随主厂房基础施工进度进行，上部主体结构施工合理安排时间，确保在 2 号锅炉钢架开始吊装前完成。主体施工过程中当与锅炉钢架安装同时进行阶段应服从锅炉安装危险区施工的管理要求。

（5）装饰工程施工工序：外粉待结构完成后自上而下进行；塑钢窗采用塞口法安装，随外粉逐层自上而下进行。室内装修逐层组织各工种流水作业。

（6）水电通风工序安排：基础及主体施工时进行配合留孔留洞、埋管埋铁件，初装修后进行管道铺设，细装修阶段进行灯具等安装。

（7）土建与电建安装有关的工序安排：安装大件在主体施工阶段插入就位，土建应注意留洞留口留通道，大件就位后再完成局部结构施工；地面施工前应插入安装盘柜底座；设备安装后进行基础饰面；面砖地面待安装大件就位后进行；面层涂料、油漆易污染部位留一遍交工前完成；门窗塑料保护膜或其他保护清除在交工前进行。

6.5.3.3 汽机基座及附属设备基础

（1）1 号、2 号汽机底板随两侧相应部位的基础先后插入施工，汽机基座随后施工。在汽机房钢结构吊装完成后，进行汽机房封闭。

（2）主厂房地下设施施工，以汽机零米以下基础、运转层平台基础为重点，包括埋深较深的其他设备基础、凝结水泵坑等，组织 1 号、2 号汽机间的流水施工。

汽机间回填土待汽机底板及其他深地下设施完成后进行；浅基础及地下设施采用二次开挖施工，重要的浅基础在回填阶段应进行局部地基处理。

6.5.3.4 配合安装阶段的土建工序安排

土建交安后即进入土建配合安装施工阶段，直至达标投产为止。

土建配合安装施工可分为两个阶段：

第一阶段由汽机间全封闭至吹管前。其间土建配合施工尚有相当的工作量，主要为精细装饰施工尾工。土建的各工序随安装需要，在限定的时间及给定的施工区域范围，组织充足的劳动力，组织各工种施工，保证质量一次合格，并注意成品保护的交接。

第二阶段为吹管至达标投产。主要为安装需要的土建预留尾工及达标需要的缺陷消除。土建单位准备相应工种的劳动力或及时组织人员到位的其他措施。

6.5.4 主要部位流水作业安排

本着先地下、后地上、先深后浅的原则，尽可能减少立体交叉作业。

一、基础施工阶段

A、B、C 列基础以伸缩缝为界分为两个施工段，错开混凝土浇筑工序时间，由框架一、二、三队组织各工种的流水作业。首先安排 A 列基础施工，尽快完成 A 列至钢筋加工车间两空冷之间轨道吊基础施工。

以 B、C 列基础为关键线路、柱基础调节施工。

集控楼基础由框架四队组织各工种流水施工。

二、主体结构施工阶段

A 列柱以混凝土浇筑施工缝划分为若干流水段，组织各工种流水作业。

B、C 列以伸缩缝分界分为两部分，每段以自然层划分流水段，组织流水作业。

三、汽机基座及地下设施

汽机零米以下及深基础设施在 1 号、2 号机内部，组织各工种流水施工；浅基础及地下设施按 1 号、2 号机顺序分别施工。

四、装饰工程施工工序

外粉待结构完成后自上而下进行；塑钢窗采用塞口法安装，随外粉逐层自上而下进行。室内装修先进行湿作业，后进行干作业，分层或逐层组织各工种流水作业。

五、水电暖通工序安排

基础及主体施工时进行配合留孔留洞、埋管埋铁件，初装修后进行管道铺设，细装修阶段进行灯具、洁具安装。

六、土建与电建安装有关的工序安排

安装大件在主体施工阶段插入就位，土建应注意留洞留口留通道，大件就位后再完成局部结构施工；地面施工前应插入安装盘柜底座；设备安装后进行二次灌浆及基础饰面；面砖地面待安装大件就位后进行；面层涂料、油漆易污染部位留一遍交工前完成；门窗塑料保护膜或其他保护清除在交工前进行。

6.5.5 主要机械和施工方法选择

（1）混凝土集中搅拌，在现场钢筋车间南侧设 HZS75B 自动搅拌楼（主楼）一座；混凝土运输采用搅拌运输车；主要部位混凝土浇筑采用拖式泵、臂架式汽车泵布料。

（2）主要垂直运输机械：在汽机房 A 列外至钢筋车间在两机组空冷之间布置一台 C7022 行走式塔吊；在主厂房固定端、扩建端各布置一台 QTZ80 固定自升塔吊；在集中控制楼东北侧布置一台 QTZ40 固定自升塔吊。

煤仓间固定端、扩建端各布置 SCD200/200 施工电梯一部，主要用于零星材料和人员上下。

（3）主要施工工艺及方法。

1）主厂房框架、汽轮机基础、空冷支柱、主设备基础等结构外露表面达到清水混凝土工艺质量，即混凝土表面不装饰则达到装饰后的标准。

2）大面积回填土夯实采用振动压路机，其余的一般采用蛙夯或人工夯实。回填土采用核子密度仪检测。

3）钢筋、金属结构集中制作。粗钢筋加工时水平连接采用闪光对焊或直螺纹连接，现场绑扎时水平连接按设计要求或采用绑扎搭接或搭接焊；竖向连接Ⅱ级钢及Ⅲ级钢采用直螺纹连接。金属结构制作采用自动切割机、自动埋弧焊。

6.6 施工进度计划

6.6.1 施工进度计划管理体系的建立

项目经理部建立以项目经理为第一责任人、各单位工程负责人、计划统计员、班组长参加的项目进度控制体系。

6.6.2 施工进度计划的编制依据

6.6.2.1 施工总进度计划应依据施工合同、业主制订的一级进度计划、施工进度目标、有关技术经济资料、施工部署等编制。

6.6.2.2 各单位工程的施工进度计划应依据项目管理目标责任书、施工总进度计划、施工组织设计、主要材料和设备的供应能力、施工人员的技术素质及劳动效率、施工现场条件、气候条件、环境条件等编制。

6.6.3 施工进度计划的编制内容

6.6.3.1 施工总进度计划的内容包括：编制说明、施工总进度计划表、各单位工程的开工日期、完工日期及工期一览表、资源需要量及供应平衡表等。

6.6.3.2　单位工程施工进度计划的内容应包括：编制说明、进度计划图、单位工程施工进度计划的风险分析及控制措施。

6.6.4　施工进度计划的实施

6.6.4.1　项目部依据施工总进度计划、单位工程施工进度计划编制年、季、月施工进度计划，并经项目经理审核后，报业主、监理批准实施。关键工程部位必要时可编制旬日作业计划。

6.6.4.2　年、季、月、旬日施工进度计划应逐级落实，最终通过施工任务书由班组实施。在逐级落实进度计划的过程中，应制订严格的检查办法和考核办法并严格执行。

6.6.4.3　项目部计划统计员负责跟踪监督计划的实施情况，当发现进度计划的执行受到干扰时，应及时采取调度措施，并在计划图上进行实际进度记录，跟踪记载每个施工过程的开始日期、完成日期、记录每日完成数量、施工现场发生的情况、干扰因素的排除情况；负责跟踪形象进度对工程量、总产值、耗用的人工、材料和机械台班等的数量进行统计与分析，编制统计报表。

6.6.4.4　项目部在进度计划的控制中，要确保资源供应进度计划的实施，并针对以下情况采取相应的处理措施：

（1）当发现资源供应出现中断、供应数量不足或供应时间不能满足要求时。

（2）由于工程变更引起资源需求的数量变更和品种变化时，应及时调整资源供应计划。

（3）当业主提供的资源供应进度不能满足施工进度要求时，应及时督促业主执行原计划或工期相应顺延。

6.6.5　施工进度计划的检查与调整

6.6.5.1　项目部生产副经理和计划统计员应依据施工进度计划实施记录负责对施工进度计划进行检查。检查应采取日检查或定期检查的方式进行，检查内容如下：

（1）检查期内实际完成和累计完成工程量。

（2）实际参加施工的人力、机械数量及生产效率。

（3）窝工人数、窝工机械台班数及其原因分析。

（4）进度偏差情况。

（5）进度管理情况。

（6）影响进度的特殊原因及分析。

6.6.5.2　实施检查后，应向项目经理、公司提供月度施工进度报告。月度施工进度报告应包括下列内容：

（1）进度执行情况的综合描述。

（2）实际施工进度图表。

（3）工程变更、价格调整、索赔及工程款收支情况。

（4）进度偏差的状况和导致偏差的原因分析。

（5）解决问题的措施。

（6）计划调整意见。

6.6.5.3　项目经理依据施工进度计划检查的结果，及时组织生产副经理、单位工程负责人、计划统计员、施工队长、班组长等采用科学的调查方法进行调查，并应编制调整后的施工进度计划，经业主、监理同意后，立即采取措施组织实施。

6.6.6　施工进度计划的总结

在施工进度计划完成后，项目部应及时进行施工进度控制的总结。

6.6.6.1　总结应依据下列资料：

（1）施工进度计划。

（2）施工进度计划执行的实际记录。

（3）施工进度计划检查结果。

（4）施工进度计划的调整资料。

6.6.6.2　总结的内容应包括：

（1）合同工期目标及计划工期目标完成情况。

（2）施工进度控制经验。

（3）施工进度控制中存在的问题及分析。

（4）科学的施工进度计划方法的应用情况。

（5）施工进度控制的改进意见。

6.6.7　主要图纸需用计划

（1）锅炉基础工程：2011 年 12 月 20 日。

（2）主厂房基础工程：2011 年 12 月 20 日。

（3）锅炉及主厂房地下设施：2011 年 12 月 20 日。

（4）A 列上部结构：2012 年 4 月 10 日。

1）除氧煤仓间上部结构：2012 年 4 月 10 日。

2）汽机间外侧柱上部结构：2012 年 4 月 10 日。

3）汽轮发电机基座基础：2012 年 2 月 10 日。

4）汽动给水泵上部结构：2012 年 4 月 15 日。

5）汽机大平台上部结构：2012 年 5 月 10 日。

6）集控楼上部结构：2012 年 3 月 20 日。

6.6.8　施工进度网络计划图

略。

6.7　施工方案及分部分项工程施工方法

6.7.1　主要单位工程施工方法

6.7.1.1　锅炉基础

（1）施工顺序。先浇筑基础承台，然后进行短柱施工。基础承台施工到锅炉钢架地脚螺栓固定支架底标高，待安装单位埋螺栓及固定支架安装完成并调整完毕，经监理、安装单位、土建单位验收合格并办理完有关手续后继续施工以上承台及短柱部分。

（2）柱位置的确定。在柱子支模前，测量人员首先在承台上弹出各条轴线及锅炉中心线，在锅炉四周建立加密控制网，依据锅炉中心线校核每个柱子的中心线及边线，核对无误并对施工缝认真处理后，再支设模板。

（3）模板的支设和加固。模板采用胶合板，50mm×70mm 方木及ϕ48 钢管背楞，普通钢管脚手架支撑，模板拼缝间加设海绵条以防止漏浆。锅炉基础模板在支设前应根据基础情况进行合理配模，确保模板拼缝规则一致，并将模板表面清理干净，涂刷优质隔离剂。短柱模板用双排脚手架进行固定，采用螺栓加固，模板支设完毕校正无误后再用水准仪在模板上口四周找平，以控制混凝土的浇筑标高。

对于较大基础模板加固：模板四周采用ϕ16 对拉螺栓加固；顶部采用ϕ48 钢管对拉锁口。

基础柱段模板加固：

1）由于基础柱段截面尺寸较大，对于柱子四周模板的加固采用［18 槽钢，用ϕ16 螺栓对拉（螺纹钢），间距 500mm。

2）基础柱段截面尺寸小于 1.6m 的柱子四周模板的加固采用［18 槽钢，槽钢用ϕ16 对拉螺栓对拉，间距 500mm。大于 1.6m 的柱子采用ϕ16 双向对拉螺栓加固，间距不大于 600mm。

具体加固方式如图 6-7-1 所示。

（4）锅炉基础预埋螺栓的安装与加固。根据招标文件附件三：招标范围及施工接口的说明，螺栓固定架由安装单位完成，我方配合安装。

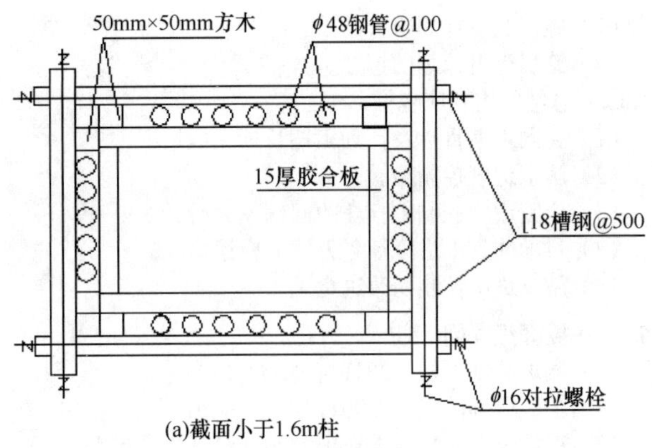

(a)截面小于1.6m柱

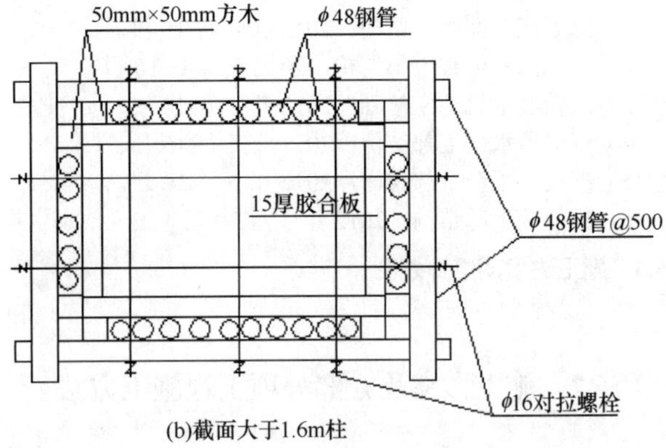

(b)截面大于1.6m柱

图 6-7-1 基础板加固方式

（5）锅炉基础承台混凝土浇筑采用泵送，对于大体积混凝土施工，主要是解决混凝土中水泥水化热引起的温差应力等特有的施工技术问题，在施工中应针对结构断面、材料选用、施工工艺、周围环境等条件估算混凝土内部的最高温度，采取有效措施，降低水化热，控制混凝土中心温度与表面温度之差，使其不大于 25℃，混凝土浇筑后降温速率不宜大于 2.0℃/d，混凝土表面和大气温差不宜大于 20℃，防止混凝土裂缝，在施工过程中要编制专项方案并通过评审后方可施工。

6.7.1.2 主厂房工程

一、主厂房基础工程

1. 施工顺序

A、B、C 列框排架基础：独立基础及连系梁→基础短柱→回填。

2. 施工要点

模板采用胶合板，方木背楞，普通钢管脚手架支撑，设置对拉螺栓加固，模板拼缝间加设海绵条以防止漏浆，框架基础柱施工缝留设在基础承台顶面。施工缝处应先将混凝土表面的松动石子及浮浆凿除并清扫干净，提前 24h 浇水湿润，在重新浇混凝土前，施工缝处应先浇筑 100mm 厚与原混凝土配合比相同的水泥砂浆，以保证新旧混凝土结合密实。

台阶式基础混凝土浇筑时，上台阶混凝土浇筑应待下台阶混凝土接近初凝时浇筑，每层浇筑厚度 400mm，基础浇筑采用臂架式输送泵。混凝土终凝后在混凝土面先铺一层塑料薄膜，再铺一层棉被覆盖，浇水养护，所有基础养护时间不得少于 14d。待拆除模板后，在混凝土侧面采用塑料薄膜包裹。

二、框排架施工

主厂房框排架结构采用覆膜胶合板，扣件式钢管脚手架、槽钢加对拉螺栓联合加固方式，各楼层及汽机基座采用满堂钢管脚手架支撑体系，钢筋连接以直螺纹连接为主。

A 列排架按纵梁标高留设施工缝于梁顶位置或变截面位置。

B、C 列框架按层留设施工缝于梁板顶；所有施工缝在二次施工前均应进行认真处理，符合要求后才允许进行下一道工序施工。

除氧煤仓间各层楼板采用钢梁—现浇板组合结构，无楼板时采取梁、柱一次浇筑；有楼板时采取梁、板、柱一次浇筑；浇筑混凝土时，从短边沿长边方向推进，应先进行相应部位的柱混凝土浇筑，一次浇筑 1m 左右停歇，转向第二、三根柱。应注意下层混凝土必须在凝结前进行上层混凝土浇筑。钢次梁在主框架梁钢筋、模板施工完成后安装，支撑体系采用钢管脚手架。

汽机间运转层平台底模采用压型钢板底模。

除氧煤仓间施工至第三层和 A 列柱施工完后，即可插入墙体砌筑和内墙抹灰。

三、结构安装

主要项目有：主厂房各层钢次梁、汽机房屋面结构、钢煤斗、钢吊车梁等。

钢次梁安装：在除氧煤仓间楼层横向框架梁模板施工完成后，利用行走式塔吊及固定塔吊就位。吊装时用钢丝绳及横吊、竖吊起重钳吊钢梁两端起吊，起重人员在复核梁面、柱顶标高和定位中心后，搁置在安装位置上。钢次梁的抗剪连接件为剪力钉，施工时采用特制的射钉枪，在压型钢板底模铺设完毕后施工。

汽机房屋面结构吊装：钢实腹梁在钢结构区分两段制作，吊装前运至现场拼接场地进行拼装。拼装场地在汽机间内中间检修场地及扩建端外，汽机屋面结构吊装采用综合吊装法逐间进行，采取大吨位的汽车吊或者履带吊在汽机房内或者固定端、扩建端组织吊装。

钢煤斗安装：利用安装单位吊车或者采取大吨位汽车吊（履带吊）对煤斗进行分节吊装。

钢吊车梁安装：吊车梁主要采用大吨位汽车吊或者履带吊进行，安装时应严格控制两列梁的标高一致，梁中间距符合设计、规范要求。

四、主厂房施工其他注意事项

主厂房结构屋面在竣工移交前须经冲水检验，监理旁站见证签证。

煤仓间输煤皮带层，在施工粉饰面层前，须经过冲水检验，监理旁站见证，方可进行饰面作业。

厕所间、洗涤间地面须经储水试验，24h 检测，监理旁站见证，方可进行饰面作业。

6.7.1.3 汽机基础

汽机基础体形较大，结构复杂，预留预埋精度要求高。混凝土施工应按照大体积混凝土施工的有关要求进行。汽机基础为清水混凝土，模板采用 18mm 厚涂膜胶合板，加固采用钢管、槽钢及对拉螺栓加固，以保证加固质量。

一、施工顺序

测量放线→底板工程施工→中间层以下脚手架→中间层及以下柱、梁、板施工→中间层以上脚手架→中间层以上至运转层施工→交付安装→二次灌浆。

二、施工要点

为施工方便，征得设计及监理同意采取必要措施，采取分三阶段施工，先施工汽机基础底板和零米以下短柱，第二次施工中间层平台以下梁柱，最后施工运转层平台及支柱。施工时必须在汽机运转层平台（A 列和 B 列）做好控制网点，专职测量人员配合，制作螺栓套管预埋固定钢架，将所有的螺栓套管均连接成一个整体。施工时认真校正每一个预埋件、预埋螺栓及螺栓套管，在监理、安装单位等验收合格后，将固定支架焊接成整体，防止位移。模板支撑系统用 50mm×50mm 方木配合ϕ48×3.5mm 钢管进行搭设支撑，加固方法用型钢配合对拉螺栓进行，间距 500mm。

为防止汽机基座在浇筑混凝土时发生水平位移、出现冷缝、温度应力裂缝及梁柱接头部位产生伸缩裂缝，模板支撑体系应进行设计，确保稳固；混凝土应分层连续浇筑，柱浇筑至梁底后应停歇 1～2h 再浇筑梁板。泵送混凝土浇筑汽机基座时，基座面层（放置台座部分）二次灌浆部位应比设计标高浇高 30～50mm，在设备安装前将其浇高部分凿去，使混凝土露出坚硬的表面。

6.7.1.4　地下设施及各类附属设备基础

主厂房地下设施及各类设备基础类型多，数量大，在各系统工程中占有相当重要的地位，其施工进度直接影响到设备安装。工程施工中应按照先深后浅的原则组织施工。

对埋置较深的设备基础及坑室，在主厂房基础施工时尽早穿插施工，以便进行第一次回填。该类设备基础和坑室主要有：凝汽器坑、凝结水泵坑、循环水坑、汽动给水泵基础、各类风机基础等。对主厂房内埋设较浅（1.2m 左右）的小型设备基础和沟道，可安排在汽机平台结构施工前后进行。

各类设备基础施工应严格控制轴线、标高、预埋件、预留孔位置。预埋螺栓、预留孔采用型钢固定支架。

各类预留孔洞均用专用盖板盖好，防止杂物进入预留孔洞内。

6.7.1.5　集控楼

集控楼位于两炉之间，为钢筋混凝土框架结构。

本工程交安要求较高，工序多，土建施工中安装施工需配合埋件及插入配电柜就位等工序。产品保护要求严格。

一、施工工序安排

测量放线→基础施工→各层框架柱、梁、板施工→建筑装修施工→交付安装。

二、工期控制

施工前应编制严密的工序进度控制网络计划，并按各工序下达旬日作业计划，根据安装需要进入的时间要求，优先进行部分室内装饰作业，必要时组织三班倒施工。

三、主要施工方法和注意事项

框架施工采用常规方法，楼板采用清水混凝土模板工艺。

框架结构垂直运输采用 QTZ40 塔吊，其余采用物料提升机。

安全注意事项：集控楼周围施工场地狭窄，应划定施工通道，设置围护和标志，严禁施工人员无序通行。必要的地段须搭设安全通道、安全隔离棚。集中拆架、吊物时地面应设监护人员。集控楼上部结构施工时，锅炉安装吊车同时在工作，土建施工时应注意遵守与安装的交叉安全事项。

工序产品保护：进入二次装修前，应认真进行策划。主要内容有合理的工序安排顺序；工序自身的保护措施；工序交接责任措施；下一道工序对前道工序产品的保护措施等。

进度控制注意事项：本工程的施工力量应根据工序搭接及时到位，并保证在规定时间内完成各道工序施工。需从外部调集的专业施工人员，应提前安排。各种材料要及时组织到位。

6.7.1.6　送风机室施工技术方案

一、施工顺序

土方开挖→独立基础、基础梁及支架短柱施工→回填土→上部钢结构安装→围护、装饰工程等。

二、施工方法

1. 模板工程

模板选用覆膜胶合板，用 50mm×50mm 方木及ϕ48 钢架管做背楞，模板支撑系统采用地锚加斜撑加固。

台阶模板支设：上层台阶的方木固定在模板下口向上 50mm 处，通长放置在下口模板上，下垫 50mm 厚的木方，背楞方木平放，间距 250mm，用钢管扣件斜撑加固。

柱：采用槽钢加固法，一般选用［14a 槽钢加固，间距 500mm，背楞用 50mm×50mm 方木ϕ48 钢架管，槽钢间用ϕ16 对拉螺栓加固。

2. 钢筋工程

钢筋连接按设计要求进行。如设计无要求，则基础网片钢筋接头采用闪光对焊，柱子竖向钢筋的接头采用剥肋直螺纹连接。

3. 混凝土工程

在台阶吊模处振捣要多注意，该处不能多振，也不能将振动泵插入下层台阶的混凝土中，以防造成烂根。

在台阶顶面留设水平施工缝，在该施工缝处螺栓位置的外侧应埋设埋件，用于固定螺栓支架。

混凝土振捣结束后应及时用木抹子搓平，清除多余的浮浆并复核混凝土面标高，防止混凝土面层出现裂缝，浮浆过多部位可适当撒一层清洗过的碎石。抹面人员掌握好收面时间，压面不得少于三道，待混凝土达到一定强度后及时进行养护。

混凝土浇筑完毕 12h 以内，及时在混凝土表面上覆盖一层塑料薄膜，再包裹两层棉被进行保温保湿养护。其养护时间不少于 14d。

4. 地脚螺栓安装

安装单位安装完成后，经验收合格移交我单位并办理好移交手续。

地脚螺栓及固定架的柱段混凝土浇筑时必须小心振捣，防止损坏螺栓及造成螺栓移位。

5. 上部钢支架

上部钢支架的施工按常规钢结构施工工艺进行。

6. 送风机基础

按常规施工工艺进行施工，混凝土施工采用大体积混凝土施工方法。送风机基础混凝土待设备到货核对开箱图无误后方可浇灌混凝土。送风机基础二次灌浆采用高强无收缩灌浆料。

7. 围护、装饰工程施工

内外墙围护采用空心砖砌体，具体施工方法详见“围护结构施工”。

其他装饰工程按常规施工工艺进行施工。

6.7.1.7　主厂房 A 排外电气系统构筑物施工技术方案

主厂房 A 排外电气系统构筑物布置在空冷平台下方，施工时考虑到空冷柱浇筑和空冷平台的安装工期合理安排时间，一般安排在相邻空冷柱浇筑完成后再进行施工。施工时采用先深后浅的原则，相碰基础同时浇筑。

一、模板工程

电气构筑物基础地上部分采用覆膜胶合板外加方木背楞的清水混凝土模板体系。

1. 垫层支模

垫层支模前，首先由专业测量人员定位出垫层中心线，再用白灰撒出垫层模板边线，并保证其位置正确，用ϕ18 钢筋头（长 300mm）地锚固定模板。安装完毕后，测量人员要复测模板基底标高。

2. 主变、厂高变、启备变基础

主变、厂高变、启备变基础分两次施工，施工缝留置在油坑底板下，施工缝部位留设 50mm×50mm 通长交圈方形凹槽。一次浇筑施工基础底板及油坑底板以下部分，待其具有一定强度后，在油坑底板下回填砂砾石土，并用砂土找平，再进行二次浇筑施工。施工过程中要注意油坑底板的找坡，并要注意坑底钢管的预埋。油坑内填不小于 250mm 厚的 50～80mm 粒径洁净卵石。

3. 防火墙模板

略。

4. 防火墙

采用覆膜胶合板，防火墙模板的加固采用方木背楞，ϕ48×3.5mm 钢管支撑配合双排脚手架进行。支架基础模板。

支架基础均为杯形基础，杯口模板可做成无底式整体杯芯模板，吊在加固模板的水平拉杆上。为便于周转宜做成工具式的，支模时杯口模板要固定牢固。

5. 事故油池池体模板

事故油池池壁模板要根据图纸进行整体模板组合设计，采用木模板，模板之间用 50mm 厚方木间隔，以便穿ϕ16 对拉螺栓，但对拉螺栓必须在池壁中间加焊钢板止水片。

底板与池壁连接处的施工缝可留置在底板上口 20cm 处，施工缝部位留设 50mm×50mm 通长交圈方形凹槽。池体底板混凝土达到一定强度后，在底板上搭设满堂脚手架，用以支撑池体内侧壁和顶部板结构，池壁外侧搭设双排脚手架。池壁内侧在两侧池壁之间搭设水平及斜向对顶钢管支撑，用以加固池壁内侧模板。

二、钢筋工程

底板钢筋绑扎成型后，开始立筋，沿竖向筋间隔 1000mm 绑扎水平筋固定池壁竖向钢筋，然后再按设计间距绑扎立壁钢筋。架构基础的杯口加强钢筋可吊在加固模板的水平拉杆上。

事故油池尺侧壁钢筋伸到集水坑底板板底并弯起，池底板上层钢筋遇积水坑弯向积水坑底板板底并弯起，池底板下层钢筋遇积水坑截断。

三、混凝土工程

零米以下浅基础采用溜槽输送混凝土，高度较大的基础及防火墙要采用汽车泵。壁式结构混凝土浇筑采用分层循环浇筑，每层厚度不超过 500mm。杯形基础应按台分层浇筑。浇筑杯口混凝土时，应注意杯口模板的位置。由于杯口模板仅上端固定，浇筑混凝土时，四周应对称均匀下混凝土，避免将杯口模板挤向一侧。浇筑至杯口时，要仔细控制标高，先将杯底混凝土振实，浇完停 0.5～1h，然后浇筑杯口四周的混凝土，此时宜采用低流动性混凝土，避免混凝土从杯底挤出，造成蜂窝麻面。基础浇筑完毕后，将杯口底冒出的少量混凝土掏出，使其与杯口模下口齐平。基础振捣完毕，检查杯口基础底标高不得有正误差，混凝土终凝前用倒链将杯口模板取出，并将杯口内侧表面混凝土拉毛，终凝后用细石混凝土找平杯口底标高。

事故油池浇筑混凝土时应沿池壁四周均匀对称的进行，每层高度 30～50cm。

对于变压器基础等大型设备基础施工时应按照大体积混凝土工艺，防止温度收缩裂缝产生，基础顶面埋件标高应严格控制，埋件在制作时表面应设排气孔，保证埋件与混凝土结合密实。

四、钢构安装

构架要求按零垫铁误差进行施工，严格控制基底高、杆件长度及钢梁的误差超标准，并注意逐根杆件吊装前的复核修正，防止误差累积超过标准。由于支架及支架基础相对独立，因此各个架构基础的轴线、标高控制是基础施工的关键。

1. 构件进场、验收及堆放

构支架进场时，应检查出厂合格证、构架安装说明、螺栓清单等出厂资料，以及构件的防腐质量、碰伤及变形情况；镀锌层不得有黄锈、锌瘤、毛刺及漏锌现象。堆放时用道木垫起，构件不允许与地面直接接触，按类别进行堆放，堆放不得超过三层。

2. 基础复测

基础杯底标高复测：基础复测时基础杯底标高用水平仪进行复测，基础杯底标高取最高点数据，并做好记录。杯底标高找平时在杯口四周做好基准点标识，然后依据构支架埋深尺寸进行量测找平，找平采用水泥砂浆抹平。

基础轴线的复测：复测时将每个基础的中心线标出后，根据构架支柱直径及 A 字柱根开尺寸进行安装限位线的标注，划线在基础表面用红漆标注。

3. 构支架吊装

为保证架构表面镀锌的质量，计划构支架在场外选择有制作资质的厂家定做。

根据场地条件和构件重量及起吊高度选择起重机械，本工程采用 25t 汽车吊；吊装宜采用旋转法或滑移法，选择合理吊点，进行强度验算。依据作业指导书的吊装排杆图按照轴线和“先高后低”的吊装原则依次进行钢支架、钢梁等构件的吊装。

当柱脚接近杯底时，应从柱四周向杯口放入 4～5 个木楔，同时收紧四周的缆风绳，确认缆风绳全部固定并使立柱基本垂直后，才能松大钩。

4. 构支架的调整、校正

平面校正根据基础杯口安装限位线进行根部的校正，立体校正用两台经纬仪同时在相互垂直的两个面上检测，单杆进行双向校正，人字柱以平面内和平面外进行。校正时从中间轴线向两边校正，每次经纬仪的放置位置应做好记号，否则在测 A 型柱会造成误差，校正最好在早晚同一时间进行，避免日照影响；柱脚用千斤顶或起道机进行调整，上部用缆风绳纠偏。

5. 基础杯口的灌浆及养护

待构支架校正结束后，清除杯口内掉进的泥土或积水后再进行混凝土灌浆。灌浆时用振动棒振实，不要碰击木楔，以免木楔松动杆子倾斜。灌浆应分二次进行，第一次灌至 2/3 杯口高度，一定注意检查支架是否有偏移；养护 7d 后将木楔取出进行第二次灌浆，及时做好试块。

6. 缆风绳的拆除

基础杯口的二次灌浆结束后构架整体形成稳定结构，待钢梁及节点上所有紧固件都复紧后方可拆除缆风绳。

6.7.1.8 空冷基础及空冷柱施工方案

每个机组设计 9 根空冷柱，从 A 列向外呈 3m×3m 布置，柱间距为 23.4m×25m，空冷柱为空心柱，柱子外半径 1.8m。柱子施工采用定型钢模板工艺，单节翻板施工完成，每节由四块模板组成，每节之间设置 30mm 宽的明缝，竖向施工缝按照轴线方向设置。

一、施工顺序

柱底凿毛清理→架子搭设→柱钢筋绑扎→验收钢筋及埋件安装验收→外模支设→内模支设→验收模板→柱混凝土浇筑→混凝土养护→循环→柱头底模支设→柱头钢筋安装→柱头螺栓安装→验收螺栓→柱头养护→台板安装→二次浇灌。

二、主要施工方法

1. 柱底凿毛清理

施工上层柱时要对柱底进行清理，在已硬化的混凝土表面上应清除垃圾、水泥薄膜、表面松动砂石和软弱混凝土层，同时还应加以凿毛，并用手提吹风机配以毛刷将杂质清理干净，钢筋上的油污、水泥砂浆及浮锈等杂务要用钢丝刷、棉纱将其清理干净。上述工作完成后方可进行柱钢筋的绑扎。为保证环向水平施工缝水平，接缝水平齐整严密，浇筑混凝土时要严格控制浇筑标高并将混凝土上平压实赶光，圆柱露在外面一侧部分的钢筋外侧的混凝土面不凿毛。

2. 支架柱模板工程

空冷支架柱上部施工外模采用特制的定型钢模板，施工采取单节翻模施工方法，每节模板高度 3m，有效高度为 2.95m，一周四块模板组成。外模靠自身的强度来保证浇筑混凝土时不走形，内模采用 P1015 的模板立拼，内钢楞采用双根 $\phi48\times3.5$ 架管，内钢楞用 $\phi48\times3.5$ 架管弯制而，每块模板 2 道，3m 模板共 4 道，内钢楞与模板用钩头螺丝、3 形扣件拉紧，每层内钢楞与内脚手架之间用架管与托座设对称顶杆顶牢，形成对顶，顶杆间距不大于 600mm，柱模板设 18 道顶杆。柱子找中采用吊重 10kg 线坠对准柱基础中心的方法，在控制垂直度和轴线还可以采用严格控制四道模板竖缝的方法，在基础弹出十字线控制。

3. 钢筋工程

①钢筋成型：环向钢筋采用搭接，竖向钢筋采用直螺纹连接，环向钢筋成型要计算出其弧度，严格按照弧度成型。②钢筋安装：首先安装内外竖向钢筋，然后安装外环向钢筋控制好钢筋保护层厚度，最后安装内环向钢筋及拉筋。③保护层控制：不使用垫块，制作专用控制钢筋间距的钢卡具。④施工过程中严格控制绑扎丝的绑扎质量，外模要求从内侧绑扎。

4. 混凝土工程

（1）混凝土浇筑采用 41m 臂长泵车完成，为防止浇筑过高混凝土离析，可把泵管软管深入模板内部（让开拉筋位置）。

（2）浇筑过程中混凝土布料要均匀，每次浇筑高度控制在 500mm 以内。

（3）一圈振捣布置 4 根振捣棒，振捣时必须坚持“快插慢拔”的原则，插点要均匀排列，移动间距不宜大于 300mm，不得漏振和过振。采用二次振捣法，以减少表面气泡，即第一次在混凝土浇筑时振捣，第二次待混凝土静置一段时间再振捣，而顶层一般在 0.5h 后进行第二次振捣。

（4）浇筑过程中，要有专人查看模板情况。

（5）水平缝设置明缝，每节浇筑高度低于压条 30mm，在混凝土初凝前对外模保护层范围内施工缝进行找平，在每次翻模施工安装模板前要再次清理干净该部位混凝土渣滓，确保上下层接缝顺直密实。

（6）每板之间留设水平施工缝，每板浇筑完成在混凝土初凝时对施工缝进行拉毛，在下层混凝土浇筑之前，将施工缝上的浮灰、混凝土块等清理干净，然后洒水湿润，之后先浇筑 20～30mm 厚同配比减半石子混凝土，然后采取分点斜面推进方法进行连续浇筑。

5. 养护措施

由于该地区气候干燥，且风沙较大，养护采用保湿覆膜养护，养护方法贴专用封闭膜，起到保湿养护及成品保护作用，内壁可涂刷养护液进行养护，外壁最后用吊篮清除封闭膜。

6.7.1.9　其他工程

本部分工程主要有：渣仓、机组排水槽、厂区消防管路、厂区沟道、厂区上下水管道、厂区部分区域地坪等。

一、渣仓

渣仓基础模板采用 18mm 厚胶合板背楞 50mm×50mm 方木及 $\phi48$ 钢管支设、$\phi48$ 钢管加固，基础混凝土分两次浇筑完成，第一次浇筑独立基础，第二次浇筑基础短柱。施工过程中应加强隐蔽工程的检查和验收。

二、机组排水槽

机组排水槽下部为钢筋混凝土池体，上部为框架结构。

池体混凝土施工应按《水工混凝土施工规范》（DL/T 5144—2015）的要求，注重自防水混凝土的抗渗等性能要求；模板采用胶合板配制，按清水混凝土工艺要求施工。施工缝、伸缩缝的处理是防水的关键，应编制作业指导书详细交底，施工过程中应加强隐蔽工程的检查和验收。

为保证钢筋混凝土池壁施工投入使用后长期不漏水，对拉螺栓的设置处理是一个施工难点和关键点。我公司采用三节式防水螺栓（两端丝杆可重复利用）或如下方法进行处理：

对拉螺栓为 $\phi12$ 圆钢，两端套丝，中部焊厚度 $\delta=3$mm，平面尺寸为 50mm×50mm 的止水片。池壁两侧采用圆台形木塞留凹槽，待混凝土外模板拆除后，取出木塞，从内部切断对拉螺栓，然后将凹槽内壁凿毛，再用高强膨胀水泥砂浆填补，确保水池长期使用而对拉螺栓又不被腐蚀，达到在水池使用期间对拉螺栓处不漏水。

将预先拼装好的内侧模板，按位置安装就位，清扫墙壁内杂物，安装外侧模板，然后进行模板加固。模板支撑、加固体系的间距经过计算确定，确保模板的刚度和稳定性。钢筋混凝土池壁模板体系加固处理简图如图 6-7-2 所示。

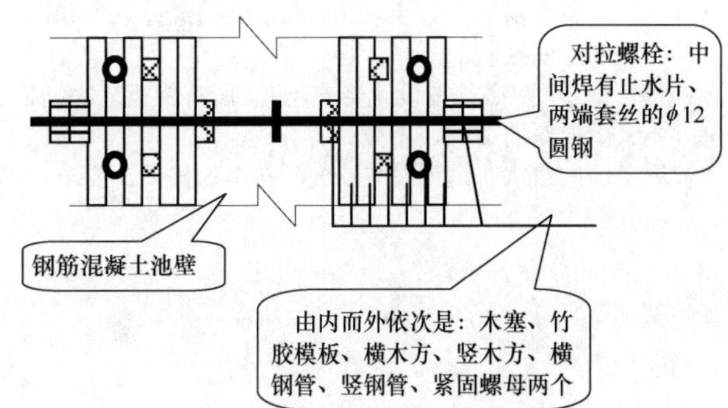

图 6-7-2　钢筋混凝土池壁模板体系加固处理简图

池壁支撑加固杆不得与施工脚手架及池顶支撑杆连接，防止池壁模板变形。

为防止模板根部漏浆，可在底部贴水平海棉条一道。

池底板钢筋绑扎时，首先在垫层上定出中心点，按设计要求放出钢筋位置线。先布环向筋，再布放射筋，绑扎成整体，下层钢筋网片保护层用砂浆垫块垫起，上层钢筋网片用 $\phi16$ 马凳筋支撑，纵横间距 1m，以保证上下层钢筋位置准确。

池壁钢筋绑扎时，先立几根竖筋，与基础底板钢筋连接，划好水平筋间距，然后在下部及中部绑扎两根定位水平筋，并在水平筋上划上竖筋间距，接着绑扎其余竖筋，最后绑扎其余水平筋。钢筋应逐点绑扎，对称进行，避免钢筋向一个方向倾斜。

池壁混凝土采用池壁循环分层浇筑的施工方法，具体的分层高度根据设备供应能力和工程具体设计进行方案确定。

水池的模板采用“清水混凝土模板工艺”，此外，水池的结构施工需要按“大体积混凝土”进行施工及其养护、测温控制。水池中的悬挑构件需严格控制梁（板）面钢筋的混凝土保护层厚度，施工中不得将梁（板）面钢筋踩塌，悬挑构件需待上部结构完工且混凝土 100%达到设计强度后方可拆除支撑，悬挑构件在施工中不得作承重构件使用。

所有孔洞及预埋铁件、预埋套管，均应在土建施工时预留或预埋，不得事后补凿或补埋。施工时应与工艺专业、电气专业密切协作，结构施工图、工艺和电气施工图之间应密切结合，配合施工。

在钢筋绑扎时，应按设计要求和现行施工规范规定在预留孔洞、预埋套管处增设加强钢筋。预留孔洞、预埋套管处的钢筋应尽量绕过而不截断；如必须截断时，应将截断钢筋加弯钩，并焊在加强环筋上。

水池施工时注意保持基底的干燥，采取措施防止雨水及施工用水进入基坑，水池施工结束，及时回填并夯实，避免水池漂浮。

上部主体结构施工、装饰装修按常规施工工艺进行施工。

三、厂区消防管路

本工程厂区消防管路为焊接钢管。进场后须编制详细的施工方案以指导施工，先将其施工方法简述如下：

做好与业主及管材供应单位的沟通工作，在开始安装前将整个管线的安装进度计划和安装顺序及安装方向通知生产厂家，以便生产厂家合理地确定管材生产计划和生产顺序，确保管线安装所需管材的及时供应。每批管材至少在进行安装前5日通知生产厂家发运管材。

生产厂家的运输车辆到达工地后用吊车卸车，按安装顺序沿沟槽一侧排放。

每批进场钢管及其零件材料，应符合我国现行标准。钢板应具有出厂检验合格证并必须取样试验，必须经过业主和监理组织的验收后才能接收。

钢管管壁厚度：必须按设计要求选用，所有钢板上的划痕、凹坑度不大于板厚的20%，不允许有裂缝。

管道防腐：给水管道铺设与安装的防腐均按设计要求及国家验收规范施工，所有型钢支架及管道镀锌层破损处和外露丝扣要补刷防锈漆。

管材及附件接收后必须妥善保管，防止管材及附件的损坏，必要时管材在接收后堆放于临时堆场露天排放并有遮雨设施，管材附件必须存放于专用库房内，指派专人保管以防丢失。

四、厂区沟道

本标工程沟道为钢筋混凝土结构。

1. 施工工序

挖土→垫层→沟底支模→绑扎钢筋（含沟壁钢筋）→沟底浇筑混凝土→支沟壁模板→沟壁浇筑混凝土→养护→拆模。

2. 施工要点

模板采用覆膜胶合板，支模、浇筑时严格控制轴线、标高。

底标高应认真查对，保证底坡度使积水排入相应的下水道。

沟道以伸缩缝为界分段组织施工。在底板与墙壁交接处以上300mm设置水平施工缝，沟道内安装用的预埋扁铁应电焊连接贯通。

预埋扁铁应保证表面与沟壁面层平整一致，埋件一次埋平。

沟道盖板及沟沿是影响观感的主要部位，采用钢制模具按清水混凝土工艺施工以保证观感。沟沿施工是电缆沟的软弱部位，按普通做法沟道的沟沿容易出现裂纹，且不能一次做成，又与沟壁结合不牢固。故在本工程中计划采用角铁加固一次成型的方法，在混凝土沟壁浇筑到距沟顶5cm时铺一层与混凝土同强度的水泥砂浆，然后用30mm厚铝合金与30mm×3mm角铁背靠背接连，铝合金起保证厚度、宽度和支撑角铁的作用，这样就消除了沟沿不平整、与沟壁不一体的通病，按上述方法浇筑的混凝土电缆沟沟沿坚固、美观、平整，盖板支垫平稳。

本章其余内容见光盘。

第7章　陕西府谷新元洁能电厂2×300MW工程1号机组建筑、安装标段施工组织设计

7.1　编制依据

（1）《火力发电工程施工组织设计导则》（国电电源〔2002〕849号）。

（2）《电力建设工程施工技术管理导则》（国家电网工〔2003〕153号）。

（3）《特种设备质量监督与安全监察规定》（国家质量技术监督局令第13号）。

（4）《工程建设标准强制性条文（电力工程部分）》（建标〔2006〕102号）。

（5）《工程建设标准强制性条文（房屋建筑部分）》（建标〔2002〕219号）。

（6）《建设工程质量管理条例》（国务院令第279号）。

（7）《建设工程勘察设计管理条例》（国务院令第293号）。

（8）《建设工程安全生产管理条例》（国务院令第393号）。

（9）《建设项目环境保护管理条例》（国务院令第253号）。

（10）《特种设备安全监察条例》（国务院令第373号）。

（11）《电力建设施工质量验收及评价规程》（DL/T 5210—2009）。

（12）《电力建设施工质量验收及评定规程（土建工程部分）》（DL/T 5210.1—2005）。

（13）《火电施工质量检验及评定标准焊接篇》（建质〔1996〕111号）。

（14）《电气装置安装工程质量检验及评定规程》（DL/T 5161.1～5161.17—2002）。

（15）《火力发电建设工程启动试运及验收规程》（DL/T 5437—2009）。

（16）《电力建设施工及验收技术规范》。

（17）《电力建设文明施工考核标准》（电建〔1995〕543号）。

（18）陕西新元洁能有限公司府谷清水川低热值燃料资源综合利用项目2×300MW电厂工程施工招标文件、图纸及答疑。

（19）陕西新元洁能有限公司府谷低热值煤炭资源综合利用项目2×300MW电厂工程施工组织总体设计。

（20）府谷清水川低热值燃料资源综合利用项目2×300MW电厂工程1号机组安装工程施工合同（B标段）。

（21）府谷清水川低热值燃料资源综合利用项目2×300MW电厂工程燃料供应系统及附属生产建筑工程施工合同（D标段）。

（22）府谷清水川低热值燃料综合利用项目2×300MW电厂工程初步设计总的部分。

（23）设计院及厂家相关图纸资料。

（24）《管理手册》（北京电力建设公司 Q/JDJ 200.019—2010）。

7.2　工程概况

7.2.1　工程规模及特点

工程名称：府谷清水川低热值燃料资源综合利用项目2×300MW电厂工程。

建设地点：陕西省府谷县清水川工业园区赵寨村。

工程规模：2×300MW亚临界空冷机组。

工程总体目标：高水平达标投产、实现行业优质工程、争创国家级优质工程；创省级文明工地，创安全文明样板工地。

工期要求：2012年3月1日开工（主厂房浇筑第一罐混凝土），2013年8月31日1号机组168h试运结束移交试生产，2013年10月31日2号机组168h试运结束移交试生产。

本工程采用距离电厂4km远的冯家塔煤矿的矸石、煤泥、中煤，采用管状皮带运输，配套汽车运煤，即本工程为低热值煤炭资源综合利用项目。

7.2.2　工程自然条件

7.2.2.1　厂址概述

府谷清水川低热值燃料资源综合利用项目2×300MW电厂工程位于陕西省榆林市府谷县境内，属府谷县清水乡，距现有冯家塔煤矿直线距离约4.5km，距府谷县城约22km；工程场地处在府谷规划的清水川工业集中区内，东近温家峁村，西靠府准公路，交通较便利。

厂址地形地貌特征为：黄土干旱山区，地形破碎，沟道多、狭、深、窄，呈树枝状黄土冲刷地貌。沟道内杨树林较多，树高约7～10m，厂址中心区域已经推平，呈现两个平台；其余为沟梁地貌。路边电杆等线性地物较多。

地形总体上呈东高西低之势，冲沟较为发育，冲沟沟壁一般可见基岩出露。厂区内梁、峁顶部及山坡上均被黄土覆盖，地面大部分为荒山，少部分开辟为耕地。本次勘察时场地已被整平为阶梯状的三级平台，其中拟建电厂布置在二级平台上，二级平台的整平高程为941.26～943.68m，三级平台整平标高为966.09～968.58m。

电厂东侧拟规划建设电石厂。

7.2.2.2　交通运输

7.2.2.2.1　电厂铁路专用线

电厂燃煤由冯家塔煤矿工业场地采用管状带运输至厂，本工程不设铁路专用线。

7.2.2.2.2　公路运输

府谷县公路交通较为便利，有府新公路（府谷—内蒙古新街）、神府公路（神木—府谷）、野大三级公路（野芦沟—大昌汗），府准公路（府谷—准格尔）。规划的公路有府墙沿黄三级公路（府谷—墙头）、府白沿黄公路（府谷—白庙乡）府谷三级公路（府谷—古城乡）。从府谷县城至电厂工地为府准二级公路，破损严重，工程施工前期、初期进行改造。

进厂道路：电厂进厂道路，拟就近由府准二级公路东南侧由南向北引接至电厂北侧主入口，长约450m。设计采用汽–20级，城市型7m宽混凝土路面。

运灰道路：拟就近由府准二级公路引接至陈家畔灰场，道路长约4km。其中新建道路1.2km。设计采用汽–15级，郊区型7m宽混凝土路面。

规划运煤道路：运煤道路拟从进厂道路引接至电厂南侧入

口，其中新建道路长约100m，采用汽–20级，郊区型7m宽混凝土路面。

7.2.2.2.3 燃料运输

本期工程 2×300MW 机组年设计煤种耗煤量约 277.6×104t，拟由冯家塔煤矿提供，采用管状带直接运至电厂厂区。

7.2.2.2.4 电厂大件设备运输

大件设备及大宗材料拟在府谷车站卸车，由公路转运进厂，运距约28～37.5km。

7.2.2.3 工程地质

7.2.2.3.1 建筑场地类别及地震动参数

一、建筑场地类别

根据《府谷清水川低热值燃料资源综合利用项目 2×300MW电厂工程场地地震安全性评价工程报告》（陕西地震工程勘察中心，2011年3月）中的结论，工程场地及灰场坝址均为Ⅰ类场地。考虑到场地整平后挖（填）厚度差别较大，由此各建筑地段场地类别会有较大差异，建议回填区及基岩埋藏深度大于3m的区域按Ⅱ类场地考虑，下阶段随着勘探点的加密，进行分区确定建筑场地类别。由于场地存在回填土，属半开半挖地基，其回填土厚度在0.9～20.0m，为抗震不利地段，应采取相应的抗震措施。

二、地震动参数

根据《府谷清水川低热值燃料资源综合利用项目 2×300MW电厂工程场地地震安全性评价工程报告》（陕西地震工程勘察中心，2011年3月）的结论，厂区及灰场坝址区50年超越概率10%的地震动峰值加速度为0.076*g*，对应的地震基本烈度为Ⅵ度。

由于地震基本烈度为Ⅵ度，而且地下水位埋深大于20m，可不考虑场地砂土液化而引起的地面沉陷问题。

7.2.2.3.2 厂区岩土工程条件及评价

一、地形地貌特征及不良地质作用

厂区原始地貌主要为黄土低山丘陵，地形较破碎，高低起伏较大，最大高差约75m，地形总体上呈东高西低之势，冲沟较为发育，冲沟沟壁一般可见基岩出露。

厂区内梁、峁顶部及山坡上均被黄土覆盖，地面大部分为荒山，少部分开辟为耕地。本次勘察时场地已被整平为阶梯状的三级平台，其中拟建电厂布置在二级平台上，二级平台的整平高程为 941.26～943.68m，三级平台整平标高为 966.09～968.58m。电气出线部分位于二级平台，该平台紧靠紧邻府准公路。

厂区内发育有两条自东向西的深沟，分别位于厂址的南北两端，沟壁陡峭，高差较大。沟内黄土分布于山梁两侧，范围不大，局部形成黄土边坡，伴有小规模冲沟和崩塌；基岩边坡风化剥落现象较普遍，沟谷中出露有陡倾基岩面，高差陡降约10m，局部有小规模的崩塌，目前由于厂区整平，沟口及出口地段已被回填，建议修建防洪设施。

根据《地质灾害危险性评估报告》，并经本次现场调查确认，厂区范围内发现古滑坡2处，一处位于拟建场地的东北侧边坡，一处位于场区南支沟南边坡。

另外在经过场地整平后，又形成潜在滑坡，这些潜在的滑坡位于厂区东侧的高边坡和填土区边坡，这些由于场地开挖整平形成潜在的滑坡对场地有危险性。滑坡体物质主要为黄土、素填土、风化砂岩、泥岩。厂区周围存在着崩塌，均为岩质崩塌，均因边坡陡立，地表风化破碎，岩体裂隙发育，在水流冲刷作用及重力作用下引发崩塌，但崩塌对场地危险性小。

因此结合厂区建筑物的布置情况，进行排洪和地质灾害的防治工作，应作专门勘察评价和治理方案设计。

二、地层岩性及其分布情况

根据本次勘察结果并结合可研资料，在勘探深度40m的范围内，所揭露的地层主要为：上部为新近形成的回填土及第四系晚更新统风积黄土、冲洪积成因的粉土及粉细砂混砾石，黄土最大厚度约21.2m，各层土成层性差，厚度变化大，密实度较差；下伏二叠系（P2）砂质泥岩及砂岩或两者的互层，局部地段黄土与基岩之间夹薄层细中砂；在靠近河道地段及厂区沟壑中局部地段可见二叠系上石盒子组（P2s2＋3）和石千峰组（P2sh）的泥岩、砂岩直接出露。根据本次勘察钻孔及探井揭露显示，地层特征由上至下叙述如下：

①层：素填土（Q4ml），为场地整平过程中现场的填土，灰黄～杂色，以灰黄色为主，稍湿，松散～稍密。成分比较复杂，岩性以黄土、风化基岩碎块为主，结构疏松，分布不均，呈欠固结状。层厚一般为0.9～20.0m，平均厚度为7.9m；层顶标高为917.48～968.82m。

②层：黄土（Q3eol），灰黄色，稍湿，可塑，土质均匀，含砂量较高，局部夹有粉细砂薄层。主要分布于厂区北部和南部部分区域。层厚一般为1.4～21.2m，平均厚度为8.4m，层顶标高为923.04～942.87m，本次勘察中，仅见于6个勘探点中。

③层：粉土（Q4al＋pl），灰黄色，稍湿，稍密，土质均匀，含砂量较高，局部夹有粉细砂薄层。主要分布于厂区南部，原始地貌为深沟底部。层厚一般为0.8～12.1m，层顶标高为908.88～930.60m，仅见于K010、K013、K014、K054和K056中。

④层：粉细砂（Q4al＋pl）：局部为中粗砂，褐黄～褐红色，稍密～中密，稍湿，砂质不纯，混少量砾石，主要矿物成分为石英、长石及少量基岩风化碎屑。该层主要分布于厂区南部，原始地貌为深沟底部。层厚一般为 1.5～4.6m，层顶标高为910.48～926.60m。

⑤层：砂岩、砂质泥岩或两者互层（P2），该层岩性主要为砂岩，其次为砂质泥岩，个别勘探点见有砾岩。厂区整平后基岩出露较多，砾岩以巨大团块状在厂区内分布。砂岩、砾岩：颜色以灰～灰绿色为主，其次为褐红色，碎屑结构，水平层理构造。泥岩：颜色以褐红色为主，其次为褐色、灰色、灰绿色，泥质结构，水平层理构造。层顶标高为 905.98～969.14m。根据勘察结果，绘制了基岩顶面标高等值线图，根据勘察结果将岩石分为砂质泥岩和砂岩，并按风化程度分为两个风化带，详细描述如下：

⑤1层：红褐色砂质泥岩，局部分布炭灰色的砂质泥岩，按分化程度分为两个风化带：

其一，强风化红褐～深褐色的砂质泥岩，中厚层，见水平层理，裂隙发育，呈碎块状，遇水易软化，岩芯完整性差，岩芯采取率较低，岩石中见有灰绿色砂颗粒团块，局部夹灰绿色泥质条带；该层厚度一般在5m左右。

其二，为中等风化的砂质泥岩，岩芯完整性好，采取率在85%以上，锤击易碎。

⑤2层：为灰绿～黄绿色细砂岩，为中～巨厚层，块状，钙质胶结，在整个厂区均有分布，局部见粗砂岩和砾岩，该层暴露在空气中或者遇水后易软化，按照分化程度分为两个风化带：

其一，为强风化砂岩，呈块状或者碎块状，接近地表面分化强烈，岩石完整性差，采取率较低，手可掰，敲即碎。强风化厚度约4.0～5.5m之间。

其二，为中等风化的砂岩，岩芯完成，采取率达到95%，但暴露在空气中和遇水后强度降低。

根据规范，砂质泥岩和强风化～中等风化的砂岩划分为软质岩。

三、地下水埋藏条件

厂区地下水主要为第四系孔隙型潜水和基岩裂隙水，主要接受大气降水的补给，向西侧低洼处排泄。本次勘察深度内未见地下水。但是由于受大气降水及地层结构的影响，局部地段沿基岩顶面有渗水现象发生。厂区内可不考虑地下水对基础的影响。

四、岩土工程评价

1. 地基土承载力评价

根据原位试验成果和室内试验成果结合上个阶段的勘察和周围电厂的勘察资料，地基承载力特征值推荐于表7-2-1中。

表7-2-1　　地基承载力特征值f_{ak}

层　号	岩　性	地基承载力特征值f_{ak}/kPa
②层	黄土	140
③层	粉土	110
④层	粉细砂	140
⑤1层、⑤2层	强风化砂质泥岩、砂岩	300
	中风化砂质泥岩、砂岩	≥600

2. 地基土腐蚀性评价

根据室内地基土化学分析试验结果，依据《岩土工程勘察规范（2009年版）》（GB 50021—2001），场地环境类别为Ⅲ类（稍湿的弱透水层）。

地基土对混凝土结构具有微腐蚀性，对钢筋混凝土结构中的钢筋具有微腐蚀性。根据土壤电阻率测试初步成果，土对钢结构按中等腐蚀性考虑。

3. 地基土湿陷性评价

本阶段厂区黄土的湿陷性评价基于所挖探井中采取不扰动土样的室内土工试验成果。湿陷量计算时，自重湿陷量的计算值自整平地面算起；湿陷量的计算值自整平地面下1.5m起算。

场地的湿陷等级与黄土分布的厚度有直接关系。根据本次勘察结果显示，黄土主要集中分布在场地北侧和南侧，但南侧范围相对较小，而且只有在钻孔K056、K063和K68中出现，厚度在4.0～6.5m之间，局部被回填土所覆盖。场地北部黄土分布较厚，局部区域黄土被素填土所覆盖，本次勘探所揭露的最大厚度为21.2m，从湿陷性计算结果来看，只有J073的自重湿陷量为72mm，而且在界线附近，经综合考虑，场地属于非自重湿陷性场地，湿陷等级为Ⅱ级（中等）。湿陷下限为该层的底部。

4. 素填土的工程性能评价

由于场地整平，在地表面堆积了大量的回填土（①层素填土），其主要组分为强风化的砂质泥岩和砂岩并混有黄土，其成分杂乱，级配差异性较大，质地不均，结构疏松、欠固结。

另外由于回填后未进行分层碾压，受重力影响，自然下沉，尤其遇水浸泡后，差异沉降很大，地表出现无规则裂缝。结合工程经验来看，该层土不宜作为天然地基持力层或下卧层使用。

5. 地基土的工程性能评价

本次勘察针对地形条件和建筑物的布置情况，对地基土采用了不同的手段和方法来查明其分布规律以及各层地基土物理、力学性能的差异性，具体评价如下。

②层为黄土，其分布不稳定，厚度变化较大，主要集中在南北两个区域，北部厚度较大，最大厚度约21.2m；南部区域最大厚度约8.0m；该层地基土具有湿陷性，因此不宜作为重要建筑物天然地基使用，应采取处理措施。

③层和④层分别为粉土和粉细砂，其分布在冲沟或者沟谷底部，埋深较深，为新近堆积物，只有在少数孔中出现，呈稍密状态，强度低。不宜作为天然地基持力层使用。

⑤层为二叠系红褐色泥质砂岩和灰绿色细砂岩，属强风化厚度大，为软质岩。该层是良好的天然持力层，强度高变形小，但该层暴露在空气中或者遇水后易软化，强度会明显降低。

6. 厂区边坡稳定性分析

厂区边坡除南端为沟壑切割成的天然边坡外，其余边坡形态均为挖（填）方所形成的人工边坡，填土坡度约为40°，基岩边坡65°～85°。

挖方边坡：由于场地整平挖方而形成的边坡，这种类型的边坡位于厂区三级台阶东侧，坡体岩性组成为中下部是基岩，中上部至坡顶为黄土，岩层产状约10°，倾向西并与开挖面相同，不利于边坡稳定。勘察期间三级平台崩塌或塌滑现象较多，而且见有危石，二级平台的东北部局部可见塌滑痕迹。

填方边坡：厂区南侧深沟及西北侧地段填土范围较大，厚度达15～26m，原始地形往往较陡，原始地表及回填土的交界面往往就是潜在的滑动面。勘察期间在厚层填土区地表可见规模不一的裂缝，裂缝长度一般可达10～20m，裂缝宽度一般为1～2cm。另外，也可看到边坡的部分地段有滑动痕迹，回填土区整体变形迹象明显。

自然边坡：厂区南侧为原始冲沟岸坡，由于冲沟回填后形成单一的岸坡，岸坡高度约27m，坡度约45°。坡体主要有砂岩、砂质泥岩及上覆黄土组成。沿边坡有崩塌和滑塌现象，而且局部见危石，对邻近建筑物可能构成危害。

由于厂区东、西、南、北四边边坡的稳定与否均直接影响到电厂安全，对其应采取必要的支护、治理措施，总平面布置应预留边坡治理占地宽度（宽度不小于高度的2倍）并考虑建（构）筑物离开边坡的安全距离。

7. 厂区地基基础方案分析

勘察资料显示，由于场地整平，形成了填土地基，另外，原始地形起伏较大，原始地表黄土覆盖层薄厚不均且具有湿陷性，而且地形破碎，基岩面起伏变化大。场地整平时对梁峁区进行削挖，沟壑及低洼地段则进行了回填，挖方区部分地段可见基岩露头，或者仍覆盖有薄厚不均的黄土层。因此可能存在黄土地基、土岩组合地基、填土地基以及天然岩基等不同地基形式，应根据建（构）筑物的受力变形特性、地基土的性能等条件，考虑并选用适宜的地基基础处理方案，可分几种情况考虑：

（1）对于挖方区域，即主要靠近三级平台的坡脚一带，基岩直接出露地表，局部强风化基岩已被清除，中等风化的岩石直接出露于地表或基岩埋深不大的地段，可采用天然地基。

（2）对于黄土和回填土厚度不大的地段，即基础埋置深度以下该类土层厚度不大时，可进行换填处理。处理深度应达到基岩顶面，或具体厚度视建筑物对沉降要求决定。

（3）填方区域或者黄土较厚的地段，即基岩埋深相对较深的地段，由于地基土①层、②层、③层和④层工程性能差，分布不均，不能满足建筑物对地基土承载力和沉降的要求，可以采用桩基或者复合地基方案，⑤层可作为桩端持力层。

如果采用桩基础方案，可考虑采用钻孔灌注桩，以强风化～中风化基岩作桩端持力层，桩长根据基岩埋深及单桩承载力要求确定。

（4）需注意的是当为半填半挖地基、基岩面陡倾或者岩性不同的地基时建筑物差异沉降的问题。

不论采用何种人工地基，应通过现场试验确定设计、施工、检测参数。

7.2.2.4 水文气象

7.2.2.4.1 水文

一、流域概况

府谷县河流错综，沟壑密布，流域面积超过 $10km^2$ 的河流有 62 条，但多属于季节性河流，雨季暴涨，旱季断流，且含沙量很高。主要河流有黄河、皇甫川、清水川。

流域径流系由降水形成，且降水多为暴雨，加之流域地貌为丘陵沟壑区，地形破碎，沟壑纵横，梁峁林立，植被稀疏，水土流失严重，导致径流泥沙含量高。

二、基本水文资料

府谷县属黄河中游地区。黄河中游地区位于青藏高原东部的西风带内，属于大陆季风区，影响本区域的天气系统主要有西风带系统和副热带高压系统，夏季副热带高压是最主要的影响因素，其强弱变化直接影响和控制着大范围雨区的位置、走向、强度及范围大小。而清水川恰是局部暴雨的中心。其形成因素主要有三：一是盛夏此处位于副高边缘的西风急流的南侧，有利于空气的上升而产生降水；二是副高到达最北时，南缘暖湿气流不断地从四川盆地经嘉陵江河谷北上到达此处；三是该地区植被稀少，地面冷热变化大，增温快，大地增温显著，造成大气的更不稳定，此处气温与地温差达 6.4℃，是个温差中心，上述要素综合作用，配合有利天气形势，极易形成暴雨中心。

三、厂址洪水

厂址东面及北面分别有洪水冲沟正对厂址区域。厂址区东面和北面的小冲沟，沟短坡陡且较破碎，根据万分之一地形图上量测的流域面积、长度及流域比降，按小流域暴雨洪水计算公式，计算出设计洪水流量。

以厂址东沟洪水为基准，与厂址对面冲沟暴雨洪水进行洪水叠加，叠加后的百年一遇排洪水流量为 $28.9m^3/s$。

厂址对面冲沟的暴雨洪水在厂大门上游约 10m 处，通过厂址西侧府—准公路的排洪涵洞（2.9m×2.0m）由西向东排泄，与厂址区东面冲沟的暴雨洪水汇合后，在厂址与府—准公路之间由南向北至厂大门下游约 335m 处，再次通过府—准公路的排洪涵洞（2.6m×2.6m）由东向西排泄。

由于涵洞有淤泥，使涵洞的过水面积减小，影响洪水时的排水能力，为使其能够保障畅通，应尽量即时清淤。

7.2.2.4.2 气象

一、气候概况

府谷县属半干旱大陆性季风气候，由于受极地大陆冷气团控制时间长，加之地势偏高，河流湖泊少，森林植被差等下垫面因素影响，其气候特点表现为冬季寒冷，时间长；夏季炎热，干燥多风，时间短；春季干旱少雨雪，温差大。由于深居内陆，区域降水受东南沿海季风影响较弱，故年降水量少，但暴雨强度很大，集中于 7—9 月。

府谷气象站位于县城北面高台地上，地理位置为东经 110°05′，北纬 39°02′，观测场海拔高度为 981.0m。电厂厂址在其北面，相距约 20.0km，中间无大的山脉阻挡，属同一气候区域，因此，采用府谷县气象站的长系列实测资料作为基础资料，分析统计出电厂设计需要的各项基本气象要素和气象条件是可行的，并具有较好的代表性；而对易受海拔、地形和植被等影响的风速、风向及气温等要素，应通过对比观测确定两地之间的差异。

二、基本气象要素统计值

根据府谷县气象站多年实测资料统计，其累年基本气象要素特征值见表 7-2-2。

表 7-2-2 基本气象要素特征值统计表

序号	项 目	单位	数值	备注
1	平均气压	hPa	905.4	
2	平均气温	℃	9.3	
3	平均最高气温	℃	15.1	
4	平均最低气温	℃	3.9	
5	极端最高气温	℃	38.9	1966 年 6 月 21 日
6	极端最低气温	℃	−24.3	1998 年 1 月 18 日
7	最热月平均气温	℃	24.0	
8	最冷月平均气温	℃	−8.1	
9	平均水汽压	hPa	7.2	
10	最大水汽压	hPa	28.8	
11	平均相对湿度	%	49	
12	最小相对湿度	%	0	
13	年降水量	mm	409.3	
14	一日最大降水	mm	181.8	1995 年 7 月 29 日
15	年平均蒸发量	mm	2446.5	
16	平均风速	m/s	2.4	
17	最大积雪深度	cm	13	1993 年 1 月 9 日
18	最大冻土深度	cm	142	1977 年 3 月 4 日
19	平均雷暴日数	d	40.4	
20	最多雷暴日数	d	56	
21	平均大风日数	d	29.4	
22	最多大风日数	d	54	
23	平均雾日数	d	11.4	
24	最多雾日数	d	32	
25	全年主导风向		SSW	
26	夏季主导风向		SSW	
27	冬季主导风向		SSW	

三、50 年一遇 10m 高 10min 平均最大风速及相应风压

根据现场踏勘、大风调查及府谷县气象站实测风速资料，采用极值Ⅰ型法进行统计计算，并参照国家《建筑结构荷载规范》（GB 50009—2012）中的风压等值线图，确定电厂厂址处 50 年一遇 10m 高 10min 平均最大风速为 25.8m/s，其相应的风压为 $0.42kN/m^2$，相应最低气温为−12.0℃；百年一遇 10m 高 10min 平均最大风速为 27.0m/s，其相应的风压为 $0.46kN/m^2$。

四、30 年一遇最低气温

根据府谷县气象站实测年最低气温资料统计计算，采用 P—Ⅲ型曲线适线，得 30 年一遇最低气温为−24.6℃，相应风速为 10.0m/s。

五、全年风向频率图

府谷气象站全年风向玫瑰图如图 7-2-1 所示。

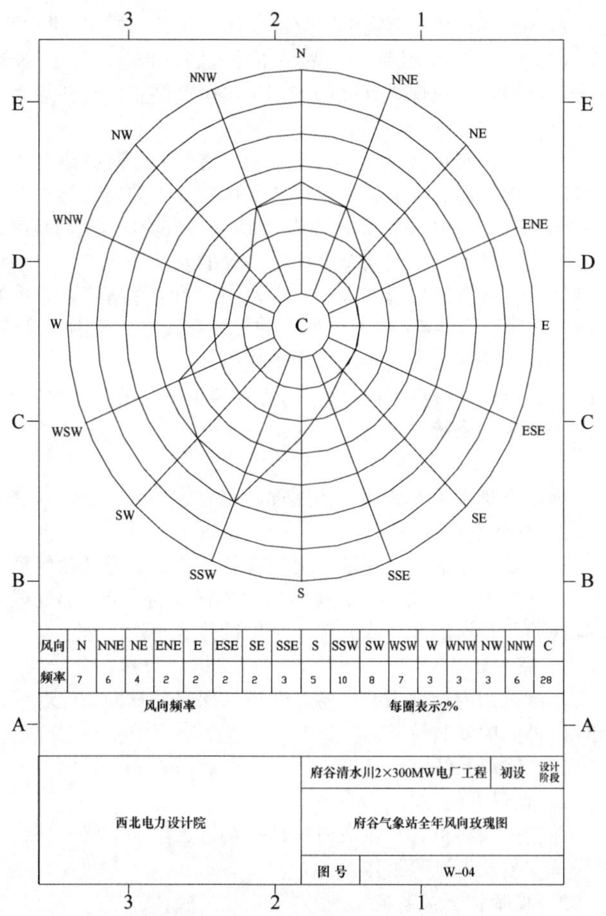

图 7-2-1　府谷气象站全年风向玫瑰图

7.2.3　本标段工程范围

7.2.3.1　建筑部分（以下内容包括但不限于此）

（1）1 号机组锅炉紧身封闭：包括锅炉房屋面板安装（有组织排水，雨水管引至零米）、紧身封闭的安装。

（2）1 号机组锅炉电梯井：包括电梯井钢骨架、压型钢板墙面、屋面压型钢板、联络通道、楼板、楼面、门、窗等。

（3）1 号机组空冷钢桁架及空冷挡风墙：包括空冷钢桁架、挡风墙单层压型钢板、挡风墙用钢梁钢柱等。

（4）空冷电梯井：包括电梯井钢骨架、压型钢板墙面、屋面压型钢板、屋面防水、楼板、楼面、门、窗等。

（5）1 号渣仓紧身封闭：包括渣仓房屋面板安装（有组织排水，雨水管引至零米）、紧身封闭的安装。

（6）1 号石灰石粉库紧身封闭：包括石灰石粉库房屋面板安装（有组织排水，雨水管引至零米）、紧身封闭的安装。

（7）燃料供应系统：除输煤综合楼外，该系统范围内全部建筑工程。

附属生产工程：制氢站及室外构筑物、启动锅炉房及室外构筑物，警卫传达室，溶解设备间、污废水处理间、地埋式污水处理装置基础，厂区消防管路、泡沫消防室，围墙及大门、厂区综合管道支架、厂区沟道、隧道、厂区挡土墙、室外给排水管道、厂区雨水系统、厂区防排洪、厂区采暖工程。

7.2.3.2　安装部分（以下内容包括但不仅限于此内容）

7.2.3.2.1　热力系统

一、1 号锅炉机组

1. 1 号机组锅炉本体

1 号机组锅炉全套完整的设备、管道及附件等安装。其主要工作范围如下：

（1）1 号机组锅炉本体组合安装：锅炉钢结构（含屋面钢结构）、启动系统、水冷系统、过热系统、再热系统、省煤器系统、空气预热器、本体管路系统、循环硫化床系统各种金属结构、本体平台扶梯、燃烧装置（煤粉、燃油）、除灰装置、吹灰器、吹灰器平台、本体排汽消音器、膨胀检测装置，垫铁配置及安装、炉顶检修起吊设施，锅炉本体钢结构和需要油漆的金属结构、平台扶梯油漆等。

（2）1 号机组锅炉本体分部试验及试运：锅炉本体水压试验、风压试验、炉前碱洗及酸洗、蒸汽严密性试验、安全门调整等。其中锅炉水压、酸洗的临时系统管道、阀门、管件、堵板、临时加固材料，临时电源，就地检测仪表等材料由施工单位自购并负责安装。

2. 1 号机组风机安装

送风机、引风机、一次风机、二次风机、高压硫化风机、风机维护平台、扶梯、栏杆的制作安装，润滑油站、油管道及冷却水管道的安装等。

3. 1 号机组制粉系统安装

包括电子称重式给煤机、石灰石粉输送系统、刮板式给煤机等的安装，设备本体平台扶梯及围栅、油站设备及油管道安装等。

4. 1 号机组烟风煤管道

包括冷风道、烟道、原煤管道、密封风、冷却风管道、石灰石管道、流化风管道、播煤风管道的安装及配制及锅炉厂供热风道安装，以及烟风煤粉管道上的防爆门、人孔门、伸缩节、风门、挡（闸）板、锁气器、测粉装置、传动操作装置、配风箱、法兰、补偿器、混合器的安装，支吊架、平台、扶梯、栏杆的制作安装等。

5. 1 号机组锅炉其他辅机

包括各种水箱、水泵、定排扩容器、暖风器系统设备、空预器冲洗水箱及水泵，磨煤机、送风机，引风机及锅炉房其他设备的单、双梁电动、手动检修起吊设施（材料库、检修间）、轨道和设备支架，基础框架，操作、维护平台，栏杆、平台、扶梯制作安装。另包括客货两用电梯（1 号机组）安装及调试工作等。

二、1 号汽轮发电机组

1 号汽轮发电机组全套完整的设备、管道及附件等安装。其主要工作范围如下：

（1）汽轮发电机本体。汽轮机、发电机、励磁机本体及附属系统设备、发电机冷却系统和 EH 抗燃油系统的设备安装，随汽轮机本体供货的管道、管件、阀门、支吊架等的安装和无损检测，汽轮机、发电机空负荷试运转，桥式起重机超负荷起吊时的加固措施及负荷试验费用，汽轮机罩壳的整修、安装、喷漆，基础预埋框架（含主材）和安装等。并含发电机定子厂区运输、超负荷起吊就位时的临时措施等。

（2）汽轮发电机辅助设备。汽轮机排气装置及内置设备、高压加热器、低压加热器、凝结水泵、凝结水输送泵、凝结水坑排污泵、凝结水补充水箱、凝结水补水泵、轴封冷却器、低压加热器疏水泵、汽封系统设备、油系统设备（润滑油、密封油）、抽真空设备、冷却水系统设备、闭式冷却水系统、开式冷却水系统设备的安装等。

（3）旁路系统。高、低压旁路阀门及装置的检修、安装，减温器、扩散管等系统设备的检修、焊接（焊前预热和焊后热处理）、安装等。

（4）除氧给水装置。除氧器、给水箱及其附件的安装，电动调速给水泵组安装等（包括：前置泵、电动给水泵、液力耦合器、工作油、润滑油冷却器、给水泵出口止回阀、最小流量装置等）。

（5）汽机其他辅机。汽机房行车滑线安装及行车滑线的回路安装，汽机房行车两台安装，排气装置坑排水泵，设备安装检修用的手（电）动葫芦及轨道，汽轮发电机所有设备的支架、平台、栏杆、扶梯的制作安装。包括辅助蒸汽联箱，减温减压温器等的安装。

三、热力系统汽水管道

1. 1号机组主蒸汽、再热（热、冷段）蒸汽、主给水管道

（1）主蒸汽管道：锅炉出口联箱至汽轮机主汽门接口止（包括主蒸汽母管、压力平衡管、减温减压器入口侧蒸汽管及上述管道的疏水、放气管道），包括管道、管件、阀门、支吊架、阀门传动装置等的安装，热处理及无损检验，管道的冲（吹）洗、水压试验、疏放水排污漏斗的配置等工作。

（2）再热冷段管道：从汽轮机高压缸两侧排汽口至锅炉再热器两侧进口集箱（含上述管道的疏水、放气管道），包括管道、管件、阀门、支吊架、阀门传动装置等的安装，热处理及无损检验，管道的冲（吹）洗、水压试验、疏放水排污漏斗的配置等工作。

（3）再热热段管道：从锅炉再热器两侧出口集箱汽轮机中压缸联合进汽门进口（含压力平衡管及上述管道的疏水、放气管道），包括管道、管件、阀门、支吊架、阀门传动装置等的安装，热处理及无损检验，管道的冲（吹）洗、水压试验、疏放水排污漏斗的配置等工作。

（4）主给水管道：由给水泵出口至锅炉入口的全部给水管道（包括给水母管、给水再循环管、减温水管、给水杂项管道以及上述管道的防水、放气管道），包括管道、管件、阀门、支吊架、阀门传动装置等的安装，热处理及无损检验，管道的冲（吹）洗、水压试验、疏放水排污漏斗的配置等工作。

2. 1号机组旁路系统管道

主蒸汽接至高压旁路阀进口管、高压旁路阀出口管、高压旁路阀出口接至再热蒸汽冷段的旁路蒸汽管道，包括管件、阀门、支吊架、阀门传动装置等的安装，热处理及无损检验，管道的冲（吹）洗、水压试验、疏放水排污漏斗的配置等工作。

3. 中、低压汽水管道

抽汽管道，厂用辅助蒸汽管道，低压旁路阀出口接至汽轮机排气装置进口的蒸汽管道，中低压给水管道，凝结水相关管道（含空冷凝汽器凝结水管道），加热器疏水、排气、排氧器溢放水管道，空冷凝汽器抽真空管道，疏放水管道，对空排气管道，有压及无压放水管道，厂房内的压缩空气、氢气、事故排油管道，闭、开式循环冷却水管道，发电机氢冷器冷却水管道，锅炉暖风器汽水管道，锅炉空气预热器、汽机空冷系统冲洗水管道，发电机外部水冷管道，汽轮机本体定型管等。包括管道、管件、阀门、支吊架、阀门传动装置等的安装，热处理及无损检验，管道的冲（吹）洗、水压试验、碱洗、疏放水排污漏斗的配置等工作。

4. 空冷排汽管道

汽轮机排汽装置至空冷凝汽器蒸汽分配管道（含真空蝶阀、薄膜安全阀），包括空冷排汽管道的配置，管道、补偿器、阀门、支吊架、阀门传动装置等的安装，热处理及无损检验，管道的冲（吹）洗、水压试验、碱洗等工作。

四、热力系统保温及油漆

（1）锅炉炉墙砌筑：1号锅炉炉墙敷设，包括耐火耐磨材料，保温材料、填料、抹面材料、密封材料的安装、炉墙及保温工程热态测试等，由锅炉厂负责设计、供货、施工、烘炉等。

（2）锅炉本体保温：1号锅炉本体范围的设备、管道保温、抹面、保温层金属保护外壳的安装等，所需装置性材料除铝合金板外，全部由锅炉厂供。

（3）锅炉辅机及烟风煤管道保温油漆。1号锅炉辅机、烟风煤管道的保温、抹面、保温层金属保护外壳的安装等。

（4）汽轮发电机组设备保温油漆。1号汽轮发电机组范围的设备保温、抹面、保温层金属保护外壳的安装等。

（5）汽水管道保温油漆。本标范围内热力系统汽水管道的保温、抹面、保温层金属保护外壳的安装以及本标范围内设备、管道色环、介质流向箭头的涂刷工作等。

7.2.3.2.2 燃料供应系统（以下内容包括但不仅限于此内容）

一、燃油系统

1. 燃油系统设备

燃油系统设备安装及罐体配置。

2. 燃油系统管道

厂区及1号锅炉房燃油管道的安装，包括管道（含伴热管道）、管件、阀门、支吊架、阀门传动装置等的安装，热处理及无损检验，管道的冲（吹）洗、水压试验等工作。

3. 保温油漆

本标范围内燃油系统设备、管道的保温、抹面、保温层金属保护外壳的安装等。

二、输煤系统

1. 储煤系统

斗轮堆取料机、斗轮取料机、布料器、电动单梁悬挂起重机设备安装及调试等工作。

2. 皮带机上煤系统

带式输送机、皮带中间构架、电子皮带秤、动态循环链码校验装置、单元式入炉煤取样装置、带式除铁器、刮水器、犁煤器、锁气器、电动单梁悬挂起重机、电动葫芦、手动单轨小车等设备的安装及调试工作。落煤管的安装及配置、设备支架、平台栏杆安装及配置工作。

3. 碎煤系统

环式碎煤机、粗筛煤机、细碎机、除大物器、细筛煤机、电动桥式起重机、手动单轨小车、环链手拉葫芦等设备的安装调试工作，落煤管的安装及配置工作。

4. 水力清扫系统

无堵塞液下泵、喷水器、冲洗卷盘箱设备的安装调试工作。水里清扫系统，管道的安装，包括管道、管件、阀门、支吊架、阀门传动装置等的安装，热处理及无损检验，管道的冲（吹）洗、水压试验、疏放水排污漏斗的配置等工作。

5. 煤泥输送系统

煤泥输送系统设备及安装。

7.2.3.2.3 除灰系统（以下内容包括但不仅限于此内容）

一、除渣系统

按单元机组划分，1号机组排渣机及其附件（液压关断门、渣井、机械密封）、渣斗、链斗输送机、斗式提升机、袋式排气过滤器、双轴搅拌机、干灰散装机、石灰石粉库、粉库气化风机、空气电加热器、排气过滤器、空气炮、气化板、电动葫芦、设备的平台、栏杆、扶梯及以上设备之间连接的各类管道、阀门、管件、支架的安装工作等。

二、气力除灰系统

1. 气力除灰设备

按单元机组划分的1号机组仓泵及其附件、灰斗气化板、灰斗电加装置，1号、2号机组公用的仪用、厂用、输灰用空压

机、干燥器、储气罐，灰斗气化风机、灰斗气化风电加热器，灰库气化风机、灰库气化风电加热器，灰库及飞灰分选系统设备（包括排气过滤器、真空压力释放阀、湿式搅拌机、干灰散装机、灰库气化槽、离心风机、分选机、旋风分离器等），灰库、灰斗气化风机、灰库气化风机用起重设备，以上设备的支架、平台、栏杆、扶梯的制作安装等。

2. 气力除灰系统管道

按单元机组划分的 1 号机组气力除灰管道（从电除尘器灰斗出口的仓泵到灰库顶的管道、省煤器下灰斗出口的仓泵到灰库顶的管道、相应的灰斗气化风管、伴吹管、除灰空气管等）、前述气力除灰设备各设备间连接管道，空压机房（除灰、仪用、厂用、灰斗气化）、灰库气化风机房至各建筑（构）物或使用区域的管道等。包括管道系统上连接的阀门、附件、支架的安装等工作。

3. 保温油漆

本标范围内除灰系统设备、管道的保温、抹面、保温层金属保护外壳的安装等。

7.2.3.2.4　化学水处理系统（以下内容包括但不仅限于此内容）

一、凝结水精处理系统管道

1 号机组凝结水精处理系统相接的进、出口管道及其附件安装。包括管道、管件、阀门、支吊架、阀门传动装置等的安装，热处理及无损检验，管道的冲（吹）洗、水压试验、碱洗、疏放水排污漏斗的配置等工作。

二、给水炉水校正处理系统

1 号机组的汽水取样系统设备及 1 号机组单元制加药、取样管道的安装。包括管道、管件、阀门、支吊架、阀门传动装置等的安装，热处理及无损检验，管道的冲（吹）洗、水压试验、碱洗、疏放水排污漏斗的配置等工作。

三、保温油漆

本标范围内化水系统设备、管道的保温、抹面、保温层金属保护外壳的安装等。

7.2.3.2.5　供水系统（以下内容包括但不仅限于此内容）

直接空气冷却系统设备按单元机组划分的，1 号空冷机组的冷却风机机组、冷凝器管束及联箱、“A 型”支撑墙、单元分隔墙、清洗装置、蒸汽分配管的安装和严密性试验，以及空冷电梯、起重设备等的安装。

7.2.3.2.6　电气系统（以下内容包括但不仅限于此内容）

一、发电机电气与引出线

1. 发电机电气与出线间

按单元机组划分，1 号机组发电机电气设备安装及调试工作。

2. 发电机引出线

按单元机组划分，1 号机组发电机主回路封闭母线，分支回路封闭母线，中性点回路封闭母线，交、直流励磁共箱母线，微正压装置的等安装。

二、主变压器系统

1. 主变压器

按单元机组划分，1 号机组主变压器，铝锰合金管，支柱绝缘子，主变防护网的安装等。

2. 厂用高压变压器

1 号机组厂用变压器，一台 330kV 启备变压器、电压（电流）互感器、避雷器，中性点电阻箱等的安装。启备变分支母线由各自标段负责安装，主母线由 1 号机组负责安装。

三、主控及直流系统

1. 网络继电器室

330kV 线路保护屏、330kV 母联保护柜、微机安全自动装置柜、保护及录波信息子站柜、线路故障录波器柜、试验电源屏、网控计算机系统、厂用电管理系统设备安装。

2. 单元控制室

按单元机组划分的 1 号机组保护及控制屏台安装，以及 1 号、2 号机组公用的保护及控制屏台安装。

3. 输煤集中控制

工业电视系统设备安装。

4. 远动装置

电能量计量计费系统、电厂数据网络设备（数据网接入设备）、功角测量系统、安全防护设备安装。

5. 直流系统

主厂房直流系统按单元机组划分 1 号机组范围，包括：110V、220V 蓄电池，110V、220V 蓄电池充、放电装置，直流配电柜安装等。

四、厂用电系统

（一）主厂房厂用电系统

1. 高压配电装置

按单元机组划分，1 号机组范围 10kV 高压成套配电装置，10kV 共箱母线等的安装。

2. 低压成套配电装置

按单元机组划分，1号机组低压成套配电装置，以及主厂房内 1 号、2 号机组公用的低压成套配电装置安装。

3. 低压厂用变压器

按单元机组划分，1 号机组低压厂用变压器，以及主厂房内 1 号、2 号机组公用的低压厂用变压器安装。

4. 机炉车间电气设备

主厂房固定端与主厂房纵向中心线间机炉车间电气设备的安装。

（二）主厂房外厂用电及控制

1. 除灰系统厂用电及控制

除灰系统控制中心（MCC）开关柜，车间专用屏（负荷开关箱）等的安装。

2. 空冷系统厂用电及控制

按单元机组划分的 1 号机组空冷低压干式变压器，低压成套配电装置，空冷变频柜、车间专用屏（负荷开关箱）等的安装。

3. 附属生产系统厂用电及控制

低压干式变压器安装 SCB9-500/10，承包范围内附属生产系统动力中心（PC），控制中心（MCC），车间专用屏等安装及调试。

4. 输煤系统厂用电及控制

动力中心（PC）、控制中心（MCC）、低压干式变压器安装 SCB9-2000/10、车间专用屏安装。

（三）事故保安电源装置

按单元机组划分，1 号机组事故保安电源装置的安装。

（四）不停电电源装置

按单元机组划分，主厂房内 1 号机组不停电电源装置的安装。

（五）全厂行车滑线

本标段范围内的滑线安装。并包括 1 号机组和 2 号机组主厂房行车滑线的回路安装。

（六）设备及构筑物照明

按单元机组划分，1 号机组锅炉本体、汽机本体、空冷，包括灯具、照明配电箱、接线盒安装、保护管敷设、管内配线、支架制作、电缆敷设等。

五、全厂电缆及接地

1. 全厂电缆

本标范围内的电力电缆、控制电缆、电缆辅助设施、电缆防火设施等的安装。

2. 全厂接地

本标范围内的全厂接地系统的施工主要包括全厂接地系统主网。

六、通信系统

1. 厂内行政通信系统

全厂行政通信系统的安装，包括设备、管道、布线、接线盒等安装。

2. 光纤通信

全厂光纤通信的安装，包括光端机、PCM 基群设备、综合配线架、光缆敷设［包括各建（构）筑物间 MIS、SIS 光纤］、光缆头制作等安装工作。

七、330kV 屋外 GIS 配电装置

GIS 配电装置、PT 间隔、SF_6 气管母线、避雷器安装 Y10W-300/727W 等安装工作。

八、厂外动力架空线

灰场 6kV 架空线路安装工作。

九、单体调试

上述所安装设备、设施的单体调试。

7.2.3.2.7 热工控制系统（以下内容包括但不仅限于此内容）

一、主厂房热工控制系统

1. 机、炉、电机组控制系统

按单元机组划分 1 号机组机、炉、电机组控制系统的安装。

2. 单项自动控制装置

按单元机组划分 1 号机组自动控制装置，以及 1 号、2 号机组公用的自动控制装置。包括汽机数字式电液调节系统 DEH、汽机紧急跳闸系统 ETS、汽机安全监视仪表 TSI、汽机振动数据采集与故障诊断系统 TDM、汽机直接空冷系统、汽机旁路控制系统 TBP、炉膛火焰电视监视装置、锅炉吹灰控制系统、空预器火灾报警探测控制装置 PLC、锅炉飞灰含碳在线检测系统、锅炉炉管泄漏自动报警系统、烟温探针控制系统、空预器间隙调整装置 PLC、锅炉 PCV 控制装置、炉膛火焰电视系统、火检探头及火检冷却风机控制系统、凝结水精处理等。

3. 现场仪表及执行机构

本标范围的现场仪表及执行机构的安装。

二、辅助车间控制系统及仪表

包括辅助系统（车间）监控网络、1 号机组除灰控制系统、1 号机组除渣控制系统及除灰空压机控制系统、煤泥控制系统、制氢站程控系统、采暖加热站控制系统、燃油泵房就地控制设备、煤水处理系统、1 号石灰石输送系统、1 号尿素储存控制系统及仪表等的安装。

三、电缆及辅助设施

本标范围内的热工电缆、热工电缆辅助设施、电缆防火及其他材料的安装。

四、单体调试

上述所安装设备、设施的单体调试。

7.2.3.2.8 附属生产系统（以下内容包括但不仅限于此内容）

一、制氢站

制氢站内的设备及管道安装，制氢站至主厂房的管道安装等。

二、环境保护与监测装置

1. 机组排水槽

1 号机组单元制内所有设备及管道安装单体调试工作。

2. 煤水处理系统

全自动煤水处理设备、煤水提升泵、回用水泵、煤泥浆泵、加药装置包括药箱、药液搅拌机、计量泵、阀门及管道、刮泥机、手动单梁悬挂式抓斗机、中间水箱、中间水泵、过滤器设备等安装；煤水处理系统全部管道安装包括管道（含伴热管道）、管件、阀门、支吊架、阀门传动装置等的安装，热处理及无损检验，管道的冲（吹）洗、水压试验等工作。

三、消防系统

电动消防泵组、柴油消防泵组、稳压设备、电动单梁起重机、泡沫液储罐、压力比例混合器、空气泡沫枪、手动单轨小车设备安装；消防水泵房系统管道（含伴热管道）、管件、阀门、支吊架、阀门传动装置等的安装，热处理及无损检验，管道的冲（吹）洗、水压试验等工作。

7.2.4 电厂总体布置及主要系统简述

7.2.4.1 电厂与电力系统的连接

接入系统方案：电厂本期 2×300MW 机组以 330kV 电压等级两回出线接入郝家 330kV 变电所。

电厂电气原则主接线考虑两个方案：方案一，双母线接线；方案二，一倍半断路器接线。电厂最终接入系统方案及电气原则主接线方案待电厂接入系统设计中论证并经相关部门审查后确定。现阶段按双母线接线方案开展工作。

7.2.4.2 主机规范

7.2.4.2.1 锅炉

制造厂：东方锅炉厂。

型号：DG1058/17.4-II1 型。

型式：循环流化床、亚临界参数，一次中间再热自然循环汽包炉、紧身封闭、平衡通风、固态排渣、全钢架悬吊结构、炉顶设轻型金属屋盖。

7.2.4.2.2 汽轮机

制造厂：上海汽轮机厂。

型式：亚临界、一次再热、双缸双排汽、直接空冷凝汽式汽轮发电机组，汽轮机具有七级非调整回热抽汽，汽轮机额定转速为 3000r/min。

7.2.4.2.3 发电机

制造厂：上海发电机厂。

型号：QFSN-330-2。

7.2.4.3 厂区总平面布置

7.2.4.3.1 厂区总平面布置方案

厂区总平面布置按容量为 2×300MW 设计，不考虑扩建条件。厂区采用三列式布置格局，由西向东依次为 330kV 屋外配电装置、空冷器平台、主厂房。露天煤场布置在厂区的东南侧。主厂房固定端朝北，汽机房朝西，出线向西经出线走廊接入郝家 330kV 变电站。

厂区围墙内用地面积为 19.19hm^2。

设计优化过程中可能做局部调整。

7.2.4.3.2 厂区竖向布置

（1）厂区竖向布置方案采用台阶式布置。升压站至炉后检修通道之间区域及厂区主要生产辅助附属建、构筑物位于二平台场地上，主厂房设计标高为 943.5m，接近二平台自然标高；主厂房炉后区域场地整平标高为 946.0m。露天煤场场地整平标高 946.0m。

根据规范及工艺要求，主要建构筑物室内外设计高差 0.3～0.5m，次要建构筑物室内外设计高差为 0.2～0.3m，当室内外高差较大时，可采用散水下加矮墙或局部调整场地设计坡度来解决。主要建筑物±0.00 标高初步确定如下：主厂房的±0.00 标高为 943.50m，烟囱的±0.00 标高为 946.30m。

（2）厂区场地排水。厂区地表雨水排水，采用场地、路面、雨水管道的综合排水方式，厂区绝大部分均设有雨水管，厂内雨水利用雨水管收集后，经雨水提升泵提升，排入厂区西侧排洪暗涵。

（3）厂区土方计算。本工程土方采用 20m×20m 方格网进行计算（按方案一 A 设计）。

厂区挖方量：1530637.90m^3。

厂区填方量：86572.28m^3。

施工区挖方量：252486.71m^3。

施工区填方量：38282.53m^3。

厂区基槽余土：80000m^3。

厂区挖方量大于填方量，需弃土 173.8 万 m^3。

7.2.4.3.3　管线及沟道布置

本工程管线设计采用地下敷设和架空敷设两种方式，地下敷设分沟道敷设和直埋两种类型，其中：采用沟道敷设的管线为为电缆、采暖管；架空敷设有灰管、电缆、采暖管；采用地下直埋的管线有生活及工业上、下水管、消防水管等。

7.2.4.3.4　主厂房布置

考虑循环流化床机组没有磨煤机的特点，本次初设主厂房布置推荐煤仓间和除氧间合并，采用单框架方案。

7.2.4.3.5　汽机房布置

汽机房跨度 25.0m，汽轮发电机组中心线距 A 列中心 13.0m，汽机房共 16 挡，其中 13 挡柱距 9m，另外 3 挡柱距 10.5m，两机中间有 1.5m 的伸缩缝。主厂房总长 150m，中间一挡用于检修场地。

7.2.4.3.6　除氧煤仓框架布置

除氧煤仓框架共分五层，0m、7.30m、12.60m、24.0m、43.0m。除氧煤仓框架采用混凝土结构布置于炉前。

7.2.4.3.7　锅炉岛布置

锅炉紧身封闭布置，各层平台根据设备运行维护的需要设置。设炉前低封，炉顶设轻型钢屋盖。

7.2.4.3.8　锅炉尾部布置

炉后依次布置半干法脱硫布袋除尘岛、引风机及烟囱。

除灰综合楼布置于两台炉除尘器间。

7.2.4.4　燃料及烟风系统

7.2.4.4.1　燃料系统

本工程采用循环流化床锅炉，每台锅炉配备四个原煤斗，炉前 8 点给煤，每个煤斗下接 2 套称重式给煤机。

7.2.4.4.2　烟风系统

烟风系统按平衡通风设计。空气预热器系管式，分为一次风、二次风和烟气系统。

一次风系统：每炉配 2 台 50%容量的双吸双支撑离心式风机，一次风机采用变频器调节。风机入口设消音器，出口设电动双密封挡板门。冷一次风依次经暖风器、管式空预器加热后分成两路送入炉膛：第一路从热一次风母管引出，用于炉前播煤装置的气力播煤；第二路从热一次风母管引出，直接去风道点火器，进入炉膛；一次风机出口的冷一次风道上还接出一路至电子称重式给煤机的密封风。

二次风系统：每炉配 2 台 50%容量的双吸双支撑离心式风机，二次风机采用变频器调节。风机入口设消音器，出口设电动双密封挡板门。冷二次风依次经暖风器、管式空预器加热后通过二次风风箱送入炉膛，为燃料燃烧提供氧气。

流化风系统：每炉配置 3 台多级离心式流化风机，2 台运行，1 台备用。流化风机出口设母管。返料器、分离器等处的流化风、风道点火器、床上油枪和火检所需的冷却风均从母管接出。

烟气系统：每炉配两台 50%容量的动叶可调轴流式引风机。烟气从炉膛出口通过尾部受热面、管式空气预热器，再通过烟道进入半干法烟气脱硫系统，然后由动叶可调轴流引风机经烟囱排至大气。因半干法脱硫工艺主要设备由吸收塔和布袋除尘器组成，所以本工程无需再额外配烟气除尘设备。本期工程两台炉合用 1 座高 210m、出口内径 7.0m 的烟囱，进入烟囱的总烟道采用混凝土烟道。

7.2.4.4.3　床料系统

本工程设计煤和校核煤灰分较高，床料系统仅在机组启动时用，每台炉在除氧煤仓间煤斗旁设 1 座启动床料斗（几何容积 200m^3），启动床料由输煤皮带输送至启动床料斗，经下降管、床料给料机输送至给煤机再送入炉膛。

7.2.4.4.4　石灰石给料系统

本工程炉内脱硫吸收剂采用外购成品石灰石粉。石灰石输送系统采用一级输送，每台炉设置一座石灰石粉库，每座石灰石粉库下设 2 套石灰石气力输送系统，输送气源采用压缩空气。

7.2.4.4.5　锅炉点火助燃系统

本工程采用床枪和风道燃烧器的联合点火方式。

7.2.4.5　热力系统

本期工程热力系统除辅助蒸汽系统外，其余系统均采用单元制系统。

7.2.4.6　脱硝系统

脱硝工艺采用 SNCR 法。

7.2.4.7　除灰渣系统

7.2.4.7.1　除渣系统

每台锅炉共有 6 台冷渣器，一排布置，每台冷渣器设 2 个排渣口，分别进入 2 台链斗输送机。两套设备出力按 250%的锅炉设计煤种排渣量考虑，当一套设备故障时，另一套设备仍能输送锅炉设计煤种 125%的排渣量，以此延长设备使用时间。

每台炉一座钢结构渣库。

7.2.4.7.2　除灰系统

布袋除尘器（3 组布袋）灰斗的灰采用正压浓相气力输送系统输送至灰库方案。每台炉为一个独立除灰单元，设 1 套气力输送系统。

全厂共设 9 台螺杆式空压机，本现阶段暂定设 6 台流量为 $Q=60N\cdot m^3/min$，压力 $P=0.8MPa$，4 台运行，1 台除灰备用，1 台与仪用空压机公共备用；设 3 台流量为 $Q=40N\cdot m^3/min$ 的仪用空压机，2 台运行，1 台备用。9 台空压机出口通过大母管相连，为全厂提供仪表控制用气、检修吹扫用气和输灰用气。

每台炉设 4 根输灰管道，除尘器下 3 根，空预器下 1 根。

两台炉共设 3 座灰库，高 24m，有效容积约 1130m^3。

7.2.4.7.3　石灰石粉库系统

外购成品石灰石粉经由罐装汽车运送并卸至石灰石粉库储存。每台炉设 1 台直径为 6m 的石灰石粉库，有效容积为 75m^3，可储存 1 台炉 BMCR 工况下燃用设计煤质时 27.9h 的石灰石粉用量。

7.2.4.7.4　煤泥输送系统

两台炉为一个单元，设置 1 套煤泥输送系统，煤泥输送系统设备集中布置在煤泥泵房内。

7.2.4.8　燃料运输系统

7.2.4.8.1　带式输送机系统

带式输送机系统按照 2×300MW 机组一个上煤单元设计。

除厂外管状及0号带式输送机单路布置外，其余均为双路布置，一路运行，一路备用，并具备双路同时运行的条件。

输煤栈桥从主厂房固定端上煤。煤仓间采用电动双侧犁式卸料器卸料。输煤栈桥为全封闭形式。

7.2.4.8.2 混煤设施

本工程需要混煤，共有原煤、矸石、煤泥三种燃料，掺烧比例为 45%原煤＋45%矸石＋10%煤泥，其中煤泥以煤泥浆管道输送方式送入炉内燃烧，矸石和原煤在输煤系统进行混煤。采用斗轮堆取料机、斗轮取料机或地下煤斗，在带式输送机上实现混煤。有以下三种方式进行混煤：

（1）斗轮堆取料机＋斗轮取料机。

（2）地下煤斗＋斗轮取料机。

（3）斗轮堆取料机＋地下煤斗。

7.2.4.8.3 筛碎设备

为满足管状带式输送机关于物料粒度的要求，在厂外设置一级初步筛碎设施。

本工程机组为循环流化床机组，输煤系统设置两级破碎筛分，筛碎设备双路布置，每路各1台，两路互为备用。

7.2.4.9 电厂化学部分

7.2.4.9.1 水源及水质资料

本工程生产供水水源拟优先利用安山、沙梁两矿井的矿坑排水和清水川工业集中区污水处理厂的中水，不足部分和生活用水、中水备用水源由清水川和浪湾水源地岩溶水解决。

7.2.4.9.2 锅炉补给水处理系统

一、水处理系统的选择

根据机组的水汽质量标准，结合补给水源的水质状况，锅炉补给水处理选用如下系统：

加热后生水→生水箱→生水泵→双介质过滤器→保安过滤器→超滤装置→清水箱→清水泵→精密过滤器→反渗透高压泵→反渗透装置→逆流再生阳离子交换器→除二氧化碳器→除碳水箱→除碳水泵→逆流再生阴离子交换器→混合离子交换器→除盐水箱→除盐水泵→热力系统。

二、系统出力及设备配置

根据本期电厂汽水平衡，锅炉补给水处理系统正常除盐水补水量57.32t/h。

考虑本工程的补给水量、系统自用水量及水箱积累水量等因素，锅炉补给水系统最大可连续供给除盐水约110t/h。

本工程设置5台ϕ3000双介质过滤器，2套出力为90t/h的超滤装置，2套出力为60t/h的反渗透装置，超滤及反渗透装置正常情况下可连续运行，当一台清洗或检修时，另一台可保证机组正常运行补水的要求。设置ϕ2500阳阴离子交换器各2台，ϕ1800混合离子交换器2台，其中2台运行，1台备用。

7.2.4.9.3 凝结水精处理系统

本工程的凝结水精处理系统采用具有以除铁为主，又可除去水中溶解杂质的粉末树脂覆盖过滤系统。

本工程每台机采用 2 台 100%中压粉末树脂覆盖过滤器、设1套100%自动旁路系统，每台设备最大处理为830t/h。每台机设1套铺膜装置。正常运行时，1台运行，1台备用。

7.2.4.9.4 辅机冷却水处理系统

本工程辅机冷却水系统为二次循环冷却系统，全厂循环水量：4220t/h（2台机）。蒸发损失量33t/h，风吹损失量4.5t/h，排污损失量102t/h，补充水量（m^3/h）139.5t/h，辅机循环水系统的浓缩倍数为1.3倍。

7.2.4.9.5 氢气系统

本工程设置1套产氢量10N・m^3/h的中压电解制氢装置，并配备相应的氢气干燥装置，还设置了13.9m^3的氢气贮存罐及1台7m^3压缩空气贮存罐。

7.2.4.9.6 化学加药系统

本工程共设1套化学加药装置。给水和凝结水设有加氨、加联氨装置，炉水设有加磷酸盐装置。本工程另设有停炉保护加药装置。

2台机化学加药设备布置在主厂房BC框架零米层。

7.2.4.9.7 汽水取样系统

每台机组设置1套集中汽水取样架，取样架分为高温盘和低温盘，样品水首先到高温盘经减压冷却后，再至低温盘，低温盘上设有恒温装置、分析仪表及手操取样阀。汽水取样系统的参数在凝结水系统进行监控，系统内设置超压超温、冷却水断流、停机停炉等保护。

7.2.4.9.8 化学废水处理系统

针对不同水质，本工程化学废水采用分散处理。

锅炉补给水处理系统反渗透浓水、离子交换设备再生废水为高含盐量废水，就地中和处理达标后，由供水专业统一回收至脱硫系统作为工艺用水。

过滤器反洗水、超滤反洗排水、凝结水设备爆膜废水冲洗排水均为悬浮物含量比较高的污水，送至工业废水处理系统，处理后综合利用。

锅炉酸洗废水利用酸洗废水池（雨水调节池）进行贮存、处理，处理后由供水专用统一综合利用。

7.2.4.10 电气部分

7.2.4.10.1 电气主接线

电厂本期建设2台300MW CFB空冷机组。本期2台机组均以发电机—变压器组单元接线接入厂内330kV配电装置，发电机出口与高厂变高压侧均不设断路器和隔离开关，但有一处可拆结构。本期2台300MW机组设1台启备变，电源由厂内330kV配电装置引接。

330kV 配电装置采用双母线接线，屋外全封闭组合电器（GIS），330kV 出线两回，设专用母联断路器。330kV 配电装置共8个间隔：2个发变组进线间隔，2个出线，1个母联间隔，1个启备变进线间隔，2个母线PT间隔。

综合考虑，本工程推荐采用GIS方案。

7.2.4.10.2 厂用电接线

一、高压厂用电接线

高压厂用电电压采用6kV，本期每台机设置2段6kV工作段，不设6kV公用段。6kV高压厂用电系统采用中性点经低电阻接地的方式。

6kV 高压厂用工作电源由发电机回路支接的 1 台 50/31.5-31.5MVA 高压厂用工作变压器供给，变压器为分裂绕组变压器。高压厂用母线为单母线，每台机设A、B段母线，分别接在高压厂用工作变压器的2个低压分裂绕组上。每台机炉的双套辅机分别接在2段母线上，本期工程的公用负荷分别接在1号、2号机组的6kV工作母线上。

二、低压厂用电接线

低压厂用电电压采用380/220V，中性点直接接地。

1. 主厂房低压厂用电接线

主厂房低压厂用电采用动力与照明、检修分开的供电方式。

每台机组设置2台低压汽机变压器及相应的2段400V汽机PC段，供给每台机组的汽机低压负荷用电。

每台机组设置2台低压锅炉变压器及相应的2段400V锅炉PC段，供给每台机组的锅炉低压负荷用电。

每台机组设置3台低压空冷变压器及相应的2段400V空

冷PC段，供给每台机组的锅炉低压负荷用电。

2. 辅助厂房低压厂用电接线

辅助厂房采用动力与照明、检修合并的供电方式。

对远离主厂房的辅助厂房380/220V低压负荷按区域分片，在负荷中心成对设置低压变压器，对本区域的负荷进行供电。

7.2.4.10.3 输煤系统及电除尘器控制

一、输煤系统控制方式

本期工程设置输煤程控系统（采用DCS硬件完成）及工业电视监视系统。

输煤控制系统在主厂房煤仓间及各转运站设远程I/O站，通过通信接口与输煤控制室主机连接。

输煤系统较重要的场所装设工业电视摄像头，煤场设彩色摄像机；其他场所设黑白摄像机，在控制室内通过TV对这些场所运行情况进行监视，同时可在集控室TV对输煤现场进行监视。

二、布袋除尘控制方式

布袋除尘器控制采用微机自动控制，2台炉的布袋除尘器厂配套的控制设备集中布置在炉后空压机室上一层的除尘脱硫配电室，上位机布置在除尘脱硫配电室旁的除尘控制室内。

7.2.4.10.4 脱硫电气部分

本工程采用半干法脱硫，脱硫系统无高压负荷，故不设6kV脱硫段。

脱硫系统低压厂用电电压采用380/220V。

每台机组2台除尘脱硫变压器互为备用，手动切换。

7.2.4.10.5 事故保安电源和不停电电源

每台机组设置400V保安PC A、B段，机组的全部保安负荷（含脱硫系统）均由这2段供电。正常时保安段的电源由本机组的400V锅炉PC A、B段供电，事故时由各2台机组公用的柴油发电机组供电。

每台机组设置1台650kW的柴油发电机组。

7.2.4.10.6 直流电系统及不间断电源

一、主厂房220kV直流系统

本工程每台机组装设2组220V 1500Ah免维护阀控式密封铅酸蓄电池，2组高频开关电源充电装置（$N+2$冗余），220V直流控制、动力合用。直流系统采用单母线分段接线，2组蓄电池间经联络刀开关进行连接。

蓄电池暂按GM型选择，每组蓄电池设1套270A充电装置。

二、升压站直流系统

本工程升压站2组220V 300Ah免维护阀控式密封铅酸蓄电池，3组高频开关电源充电装置，220V直流控制、动力合用。直流系统采用单母线分段接线，2组蓄电池间经联络刀开关进行连接。

蓄电池暂按GM型选择，每组蓄电池设1套150A充电装置；2套蓄电池设置1套共用备用充电装置。

三、交流不间断电源

每台机组设1套交流不停电电源装置（UPS），本系统包括整流器、逆变器、静态转换开关、旁路变压器、手动旁路开关、交流配电屏等。

7.2.4.10.7 二次线、继电保护及自动装置

一、二次线

本工程不设常规屏（台）控制模式，由DCS系统完成电厂电气设备监控和管理。与机组相关的330kV断路器由机组DCS控制。启备变330kV断路器由机组DCS控制。所有330kV隔离开关操作由NCS控制。

二、元件保护配置原则及选型

根据《继电保护和安全自动装置技术规程》（GB/T 14285—2006）及相关反措要求，发电机变压器组、厂高变、励磁变压器主设备保护按全面双重化（即主保护和后备保护均双重化）配置。启备变保护按双套配置。

发变组保护和启备变保护采用微机型保护装置；低压厂用变压器保护采用微机型综合保护测控装置并装设于6kV开关柜内。

低压厂用系统保护利用低压空气开关自身的保护或熔断器保护。厂用低压动力中心进线和PC至MCC馈线开关采用智能型电子脱扣器智能。电动机回路采用智能马达控制器。

三、自动装置

发电机装设有自动准同期装置（ASS），自动调节励磁装置（AVR），AVR装置内附有系统稳定器（PSS）。发变组装设自动故障录波装置。

6kV工作母线A、B段装有厂用电源快切装置。

空冷PC段备用电源自动切换装置安装在备用电源进线开关柜内。

保安电源设置电源自动切换开关，布置在380V开关柜内。

由于电气元件采用了DCS控制方式，因而本工程只设自动准同期装置，自动准同期装置装于同期屏上。控制台上不设同期开关，同期装置的交流电压回路及直流电源的接入方式由DCS完成。

四、在线监测装置

发电机配置绝缘过热监测仪，局部放电监测仪，转子匝间短路在线监测装置，并应将信号送至DCS，以便运行人员监测发电机运行状况。

主变压器、高压厂用工作变压器及高压启动/备用变压器拟配置在线监测装置，并应将信号送至DCS，以便运行人员监测发电机运行状况。

7.2.4.10.8 过电压保护及接地

一、直击雷保护装置

主、辅建（构）筑物的防雷保护设施按《交流电气装置的过电压保护和绝缘配合》（DL/T 620—1997）的规定。

二、雷电侵入波的过电压保护

本期工程330kV母线侧、出线、主变及启动/备用变高压侧均装有氧化锌避雷器以保护配电装置内全部设备。此外，在发电机出口处装设氧化锌避雷器以防止雷电侵入波对发电机的损坏。

三、绝缘配合

绝缘配合以避雷器10kA残压为基础，雷电过电压绝缘配合系数不小于1.4。操作过电压绝缘配合系数不小于1.15。

四、接地

全厂接地网设计原则为以水平接地体为主，辅以垂直接地体的人工复合接地网。水平接地体采用镀锌扁钢，垂直接地体采用镀锌钢管。

7.2.4.10.9 照明和检修

正常照明网络电压为380/220V，交流事故照明网络电压为380/220V，直流事故照明网络电压为220V，安全电压网络采用交流24V。

7.2.4.11 热工自动化

本工程采用由厂级监控信息系统（SIS）、分散控制系统（DCS）、辅助车间DCS系统组成的自动化网络，实现控制功能分散，信息集中管理的设计原则。

7.2.4.12 供水部分

7.2.4.12.1 辅机冷却水系统

本工程辅机冷却水系统采用带机械通风冷却塔的循环供水

系统，2 台机组为一个单元。辅机冷却水泵房内设置 3 台辅机冷却水泵，2 台运行、1 台备用；2 台机组共配置 3 格机力通风冷却塔，总冷却水量为设计水量的 130%。

7.2.4.12.2 补给水系统

本工程生产用水采用清水川集中区污水处理厂处理后的中水及安山矿井、沙梁矿井的矿井排水作为电厂工业用水的主要水源，生活用水由清水川工业集中区统一供给，备用水源为岩溶水。

7.2.4.12.3 生产、生活给排水

电厂生产、生活给排水包括生活、消防、工业、生水、输煤系统冲洗及除灰用水等系统。

综合水泵间内设置三台工业水泵（2 用 1 备），两台生水泵（1 用 1 备）及一套变频生活供水装置。泵房集水坑内还设置两台排水泵。

厂区排水系统采用分流制，设有生活污水排水系统，工业废水排水系统、雨水排水系统及输煤冲洗水排水系统。

生活污水通过生活污水管网收集至污水处理站处理合格后作为回用水。

7.2.4.12.4 回用水系统

本工程辅机排污水的一部分回用至煤水处理系统作为其补给水，另一部分供给脱硫系统补水或作为干灰渣加湿用水等。

7.2.4.12.5 煤水回用管道

各转运站的冲洗水经管道收集至废水处理站的煤水调节池，进入煤水处理系统进行处理。处理后的水回用至输煤系统，作为冲洗水重复使用。

7.2.4.13 脱硫系统

具体见《烟气循环流化床半干法脱硫工艺特点专题报告》。

7.2.4.14 建筑结构

7.2.4.14.1 主厂房布置

主厂房采用三列布置，即汽机房、煤仓间和锅炉房。汽机房运转层和中间层均采用大平台布置；锅炉半露天布置；集中控制楼布置在两炉之间。锅炉紧身封闭，每台锅炉设一部客货两用且可供消防使用的电梯，可直达锅炉各主要平台层及运转层。两台机共用一座集中控制楼。集中控制楼为五层。

7.2.4.14.2 土建结构

一、地基及基础

根据本工程《初步设计阶段岩土工程勘察报告》钻孔资料，本工程有天然地基，持力层⑤1 层或⑤2 层，局部超挖可采用 C10 素混凝土或毛石混凝土垫至基底；桩基；孔内深层强夯地基；强夯地基；换填地基等。

二、主要建（构）筑物结构选型

主厂房采用钢筋混凝土结构，横向抗侧力体系：汽机房外侧柱—汽机房屋盖—除氧煤仓框架组成的现浇钢筋混凝土单跨框排架结构。汽机房屋架与 A、B 排铰接，其他混凝土梁柱之间均为刚接。纵向抗侧力体系：纵向 A 排按单层厂房要求设柱间支撑，形成框架—支撑结构体系。B、C 排均为框架结构体系。

与煤仓间框架相连的炉前平台，与框架铰接，与锅炉炉架采用滑动连接。

汽机房屋面支承结构采用钢屋架，屋面采用复合自防水保温压型钢板封闭。

除氧煤仓间屋面及各层楼板采用钢梁—现浇钢筋混凝土楼板组合结构，局部采用钢格栅或花纹钢板。

汽机房大平台楼板为钢梁—现浇钢筋混凝土楼板组合结构，局部采用钢格栅或花纹钢板。

汽机房吊车梁采用钢吊车梁。

煤斗采用悬吊式钢煤斗，斜锥部分的内衬采用 3mm 厚不锈钢板或斜锥部分采用复合钢板。

汽轮发电机厂家为上海汽轮发电机有限公司，汽轮发电机基础采用现浇钢筋混凝土框架式结构，四周用变形缝与周围建筑分开，中间平台与基座现浇。

空冷支架采用钢筋混凝土空心圆柱结构；空冷平台采用空间钢桁架，风墙采用压型钢板。钢筋混凝土独立基础。

锅炉为独立岛式布置，炉架、炉顶盖均由锅炉厂设计与供货。锅炉运转层平台为钢梁—现浇钢筋混凝土楼板，锅炉运转层平台范围内钢梁由锅炉厂设计供货。

7.2.4.14.3 厂区防排洪设计

经初步分析，结合厂区布置，拟沿厂区东、南边缘、山坡脚布置 4m 宽矩形明渠、将洪水引至厂区西侧第 1 个台阶、与府准公路西侧来的洪水会合后（会合后的百年一遇洪峰流量为 27.9m^3/s）、通过暗涵、顺地势向北将洪水引向下游。明渠拟用现浇钢筋混凝土结构，长度约为 825m，平均底坡约为 1.8%。

7.2.4.15 采暖与通风

本工程设计集中采暖。

本工程主厂房、输煤系统栈桥、各转运站、碎煤机室、汽车卸煤沟及厂区辅助和附属等建筑均采用热水采暖。采暖热媒温度为供水 110℃，回水 70℃。采暖热源由厂区集中采暖加热站供给。

7.2.4.15.1 采暖加热站

主厂房 B/C 框架 7～8 轴设有集中采暖加热站，为全厂供暖建筑提供采暖热源。采暖热源参数为：供水温度 110℃，回水温度 70℃。另为电石厂及生活区预留采暖汽源。

7.2.4.15.2 主厂房通风

汽机房通风采用自然进风，屋顶风机机械排风的通风方式。

锅炉房运转层以下屋内式布置，夏季采用自然进风，轴流风机机械排风的通风方式。运转层以上为紧身封闭，采用自然进风，屋顶风机机械排风的通风方式。

7.2.4.15.3 汽机房及集控楼电气配电装置室通风

电气配电室在夏季采用降温通风措施，过渡季节采用轴流风机进行通风换气，降温设备采用蒸发冷却机组。汽机房内励磁小室设备间设全年性降温通风措施。

7.2.4.15.4 集中控制室和电子设备间空气调节系统

集中控制室和电子设备间按全年性空气调节系统分别设置，均采用屋顶式风冷恒温恒湿空调机组。空调系统划分：集中控制室为一个独立的空调系统；锅炉电子设备间为一个独立的空调系统；汽机电子设备间为一个独立的空调系统；三系统均为独立运行。三空调系统均为集中式全空气中央空调，全年运行。屋顶式风冷恒温恒湿空调机组设备均为 1 台运行，1 台备用。

7.2.4.15.5 凝泵变频装置室通风

根据气候概况和室外气象条件以及凝泵变频间的设备散热量较大及空间等因素，采用蒸发冷却机组进行降温。

7.2.4.15.6 输煤系统采暖通风除尘

采暖热媒为热水，供水温度 110℃，回水温度 70℃，热源由厂区采暖室外热力网管道引接。采暖设备一般选用易清扫的散热器。

煤仓间两侧均开窗，采用自然对流通风方式。

7.2.4.16 消防及火灾报警

7.2.4.16.1 本工程采用的消防系统

（1）消火栓灭火系统。

（2）自动喷水灭火系统。

（3）气体灭火系统。

（4）低倍数空气泡沫灭火系统。

（5）移动式灭火器。

（6）火灾探测及报警系统。

7.2.4.16.2　消防给水和灭火设施

本工程消防系统采用独立的消防给水系统，消火栓系统与自动水灭火系统的水源、消防泵及主管网系统合并设置。

一、消火栓系统

室外消防给水管道在主厂房、煤场及油罐区等区域布置成环网管网，以保证重要的建筑物可从不同方向供水。

室内消火栓采用SN65型消火栓，在集控楼内的消防栓箱还将配有自救式消防软管卷盘。

二、自动水灭火系统

自动水灭火系统采用如下4种形式：湿式洒水灭火系统、雨淋系统、水喷雾灭火系统及水幕系统。

7.2.4.16.3　气体消防系统

本工程在集控楼设置1套IG541混合气体灭火系统，采用组合分配系统，保护集控楼的锅炉电子设备间、汽机电子设备间、工程师室、直流及UPS室、锅炉PC段配电室及汽机房0.00m层空冷电子设备间，共6个防护区。另外在升压站继电器室设置1套IG541混合气体灭火系统，保护继电器室。

在主厂房设置1套低压二氧化碳灭火/惰化系统，采用组合分配系统，对集控楼内电缆夹层、保安PC段配电室及公用PC段配电室提供灭火保护，及对煤仓间的8只煤斗提供CO_2惰化保护。

在主厂房及集控楼的电缆竖井内设置超细干粉自动灭火装置。

7.2.4.16.4　泡沫灭火系统

本工程油罐区设有2个300m^{3}的储油罐，均为固定顶罐，地上式布置，尺寸为：D=7.5m，H=97.35m。燃油闪点小于60℃，为乙类液体。

油罐区设置固定式低倍数泡沫灭火系统，液上喷射灭火，采用氟蛋白泡沫液，泡沫混合液中水与泡沫的比例为94∶6。泡沫混合液供给强度为6L/（min·m^2），供给时间为45min。辅助泡沫枪的泡沫混合液流量为240L/min，供给时间为10min。

每个油罐内设置1只PCL8型泡沫产生器，油罐区围堤外设有5个DN65消火栓，间距不大于60m，供PQ4型泡沫枪接口，用来扑灭油罐区流散液体火焰。

7.2.4.16.5　火灾检测报警及消防控制系统

本期工程火灾报警系统由1块中央监控盘及监视计算机，以及若干区域控制盘组成。中央监控盘及监视计算机位于集中控制室内，是全厂火灾报警和消防控制的中心，与电厂的运行指挥密切结合，通过计算机可监视所有火灾报警区域的火警信号，也可控制所有自动消防设施。区域控制盘位于各火灾报警区域内，是本区域的火灾报警及控制系统（包括报警触发装置手动和自动两种）、区域报警装置、中央监控装置、电源装置等。区域报警装置布置在各个报警区域盘上，中央监控盘布置在集中控制室内。中央监控盘上设有消防水泵的起停按钮。

7.2.4.17　信息系统与安全防护

7.2.4.17.1　全厂管理信息系统（MIS）

MIS系统包括建设期MIS和运行期MIS。

建设期MIS：以进度计划软件为核心，对基建期整个过程进行信息管理。系统主要包括：进度计划管理子系统、质量管理子系统、费用管理子系统、合同管理子系统、设备管理子系统、材料管理子系统、办公自动化管理、财务管理子系统、档案管理子系统、企业网站/综合查询。

运行期MIS：管理信息系统将涉及整个电厂的经营、生产、行政等方面的业务工作。除了传统意义上的管理信息系统以外，还包括生产经营信息系统、互联网接入，从而构成一个横向信息和纵向信息相互交叉的、集成的综合企业信息网。系统大致可分为五部分，即生产管理部分、资产管理部分、经营管理部分、行政管理部分及系统维护部分。

7.2.4.17.2　全厂信息监控系统（SIS）

包括SIS网络、存储生产过程数据的实时/历史数据库、接口站、SIS应用服务器、SIS管理站、值长站等。与SIS连接的有以下控制系统：单元机组分散控制系统（DCS）；辅助车间分散控制系统（DCS）；电气网控系统（NCS）；汽机振动检测和故障诊断系统（TDM）；全厂管理信息系统（MIS）。

功能包括：生产过程实时数据采集与监视功能与厂级性能计算和分析功能为基本功能。其余负荷分配调度功能、主机和主要辅机故障诊断功能、设备寿命计算和状态检修功能将根据电厂实际情况在以后的运行过程中逐步实施。

7.2.4.17.3　网络

建设一个覆盖全厂的局域网（LAN）系统，网络中心设在网络数据中心，其拓扑结构是以网络数据中心为中心，采用星形方式向外展开连接。从网络层次上，网络可设计为两级，即网络主干级和工作组级。所有主干网全部采用光纤，连接工程有关建筑物。

7.2.4.17.4　全厂闭路电视系统及安防系统

在无人值班场所和影响机组安全的场所设置监视点，对其进行监视。

7.2.4.17.5　信息安全防护

采用五层防护系统：

（1）环境/硬件（系统/网络设备的灾难恢复）。

（2）网络层（防火墙/VPN/动态安全管理）。

（3）操作系统层（安全操作系统/操作系统安全）。

（4）数据/数据库（密码技术/目录服务）。

（5）应用层：目前，应用层安全建筑在网络、操作系统、数据库的安全基础之上，应用系统复杂多样，针对特定的安全技术能够解决一些特殊应用系统的安全问题。同时进行制度建设，尽可能提供相应的保护系统。

操作层（身份认证/授权认证/审计/人员组织）。

7.2.4.18　空冷系统

7.2.4.18.1　空冷系统的选择

本工程主机冷却拟采用机械通风直接空冷系统。

7.2.4.18.2　直接空冷系统主要参数（单台300MW机组）

空冷凝汽器面积（单台机）：860000m^2。

迎风面风速：2.20m/s。

设计气温：14.00℃。

设计背压：13.0kPa。

夏季设计气温：30.50℃。

夏季设计背压：33.00kPa。

本章其余内容见光盘。

第8章 广西方元电力鹿寨热电联产2×350MW工程施工组织设计

8.1 编制依据

8.1.1 编制说明

本工程施工组织实施方案根据招标文件、澄清文件编制，并参考了我公司施工的同类型国内工程施工经验。

8.1.2 技术规范及标准

本工程执行下列有关规范、规程但不限于以下规程、规范。

8.1.2.1 国家法律法规

（1）《建筑法》。

（2）《合同法》。

（3）《招标投标法》。

（4）《建设工程质量管理条例》（国务院第279号令）。

8.1.2.2 行业规程、规范、标准等

行业规程、规范、标准见表8-1-1、表8-1-2。

（1）土建工程。

表8-1-1 土建工程行业规程、规范、标准

序号	名 称	编 号
1	《火电施工质量检验及评定标准（土建工程篇）》（原电力工业部，1995-4-1）	
2	《工程测量规范》	GB 50026—93
3	《制冷设备安装工程施工及验收规范》	GBJ 66—84
4	《混凝土强度检验评定标准》	GBJ 107—87
5	《混凝土外加剂应用技术规范》	GBJ 119—88
6	《土工试验方法标准》	GB 50123—99
7	《给水排水构筑物施工及验收规范》	GBJ 141—90
8	《粉煤灰混凝土应用技术规范》	GBJ 146—90
9	《混凝土质量控制标准》	GB 50164—92
10	《火灾自动报警系统施工及验收规范》	GB 50166—92
11	《电缆线路施工及验收规范》	GB 50168—92
12	《工业金属管道工程质量检验评定标准》	GB 50184—93
13	《建设工程施工现场供用电安全规范》	GB 50194—93
14	《土方与爆破工程施工及验收规范》	GBJ 201—83
15	《建筑地基基础工程施工质量验收规范》	GB 50202—2002
16	《砌体工程施工及验收规范》	GB 50203—98
17	《混凝土结构工程施工质量验收规范》	GB 50204—2002
18	《木结构工程施工质量验收规范》	GB 50206—2002
19	《钢结构工程施工质量验收规范》	GB 50205—2002
20	《屋面工程质量验收规范》	GB 50207—2002
21	《地下防水工程质量验收规范》	GB 50208—2002
22	《建筑地面工程施工及验收规范》	GB 50209—2002
23	《装饰工程施工质量验收规范》	GB 50210—2001
24	《建筑防腐蚀工程施工及验收规范》	GB 50212—91
25	《钢结构工程质量检验评定标准》	GB 50221—95
26	《建筑防腐蚀工程质量检验评定标准》	GB 50224—95
27	《组合钢模板技术规范》	GB 50214—2001
28	《工业金属管道工程施工及验收规范》	GBJ 235—97
29	《建筑给排水及采暖工程施工质量验收规范》	GBJ 242—2002
30	《通风与空调工程施工质量验收规范》	GBJ 50243—2002
31	《自动喷水灭火系统施工及验收规范》	GB 50261—96
32	《给水排水管道工程施工及验收规范》	GB 50268—97
33	《建筑安装工程质量验收统一标准》	GB 50300—2001
34	《建筑工程质量检验评定标准》	GBJ 301—88
35	《建筑电气安装工程施工质量验收规范》	GB 50303—2002
36	《通风与空调工程质量检验评定标准》	GBJ 304—88
37	《预制混凝土构件质量检验评定标准》	GBJ 321—90
38	《混凝土排水管道工程闭气检验标准》	CECS 19：90
39	《钢结构防火涂料应用技术规范》	CECS 24：90
40	《混凝土及预制混凝土构件质量控制规程》	CECS 40：92
41	《混凝土泵送施工技术规程》	JGJ/T 10—95
42	《钢筋焊接及验收规程》	JGJ 18—96
43	《粉煤灰在混凝土和砂浆中应用技术规程》	JGJ 28—86
44	《建筑机械使用安全技术规程》	JGJ 33—2001
45	《施工现场临时用电安全技术规范》	JGJ 46—88
46	《建筑施工安全检查评分标准》	JGJ 59—99
47	《建筑装饰工程施工及验收规范》	JGJ 73—91
48	《建筑施工高处作业安全技术规范》	JGJ 80—91
49	《建筑地基处理技术规范》	JG 79—2002
50	《钢结构高强度螺栓连接的设计、施工及验收规程》	JGJ 82—91
51	《龙门架及井架物料提升机安全技术规范》	JGJ 88—92
52	《塑料门窗安装及验收规程》	JGJ 103—96
53	《电力建设施工及验收技术规范（水工结构工程篇）》	SDJ 280—90
54	《电力建设安全工作规程（火力发电厂部分）》	DL 5009.1—92

续表

序号	名　　称	编　　号
55	《电力建设安全施工（生产）管理制度》	
56	《火力发电工程施工组织设计导则（试行）》	
57	《火力发电厂基本建设工程启动及竣工验收规程》	
58	《火力发电厂工程测量技术规程》	DL 5001—91
59	《建设工程施工现场供用电安全规范》	GB 50194—93
60	《继电保护及安全自动装置检验条例》	（87）水电生生字第108号
61	《钢结构用高强度大六角头螺栓、螺母、垫圈与技术条件》	GB 1128～1231—84
62	《钢结构用扭剪型高强度螺栓连接与技术条件》	GB 3622～3632—83
63	《电力建设施工及验收技术规范（建筑工程篇）》	SDJ 69—87
64	《电力建设施工及验收技术规范（管道焊接接头超声波检验篇）》	DL/T 5048—95
65	《电力建设施工及验收技术规范（钢制承压管道对接焊缝射线检验篇）》	DL/T 5069—96
66	《电力建设施工及验收技术规范火力发电厂焊接篇》	DL 5007—92
67	《火力发电厂金属技术监督导则》	DL 438—2000
68	《电站金属钢结构焊接通用技术条件》	DL/T 678—1999
69	《焊工技术考核规程》	DL/T 679—1999
70	《火电施工质量检验及评定标准（调整试运篇）》	电建质（96）111号文
71	《火电施工质量检验及评定标准（焊接工程篇）》	电建质（96）111号文
72	《火电施工质量检验及评定标准（管道篇）》	水电建火字（83）137号文
73	《火电施工质量检验及评定标准（电气工程篇）》	水电建火字（83）137号文
74	《火电施工质量检验及评定标准（加工配制篇）》	水电建火字（83）137号文
75	《电气装置安装工程接地装置施工及验收规范》	GB 50169—92
76	《电气装置安装工程施工及验收规范》	GB 50254～50259—96
77	《电气装置安装工程电气照明装置施工及验收规范》	GB 50259—96
78	《火电工程启动调试工作规定》	建质（1996）40号文

（2）安装工程。

表8-1-2　　安装工程行业规程、规范、标准

序号	名　　称	编　　号
1	《锅炉压力容器安装监督暂行条例》和实施细则（国务院）	
2	《蒸汽锅炉安全技术监察规程》	劳部发（1996）276号
3	《电力工业锅炉压力容器监察规程》	DL 612—1996
4	《压力容器安全监察规程》	劳锅字（1990）8号
5	《火力发电厂金属技术监督规程》	DL 438—91
6	《锅炉压力容器焊工考试规则》	原劳动人事部
7	《电力建设施工及验收技术规范（锅炉机组篇）》	DL/T 5047—95
8	《电力建设施工及验收技术规范（汽轮机组篇）》	DL 5011—92
9	《电力建设施工及验收技术规范（管道篇）》	DL 5031—94
10	《电力建设施工及验收技术规范（火力发电厂焊接篇）》	DL 5007—92
11	《电力建设施工及验收技术规范（火力发电厂化学篇）》	DLJ 58—81
12	《电力建设施工及验收技术规范（钢制承压管道对接焊缝射线检验篇）》	DL/T 5048—95
13	《电力建设施工及验收技术规范（管道焊缝超声波检验篇）》	DL/T 5048—95
14	《电力建设施工及验收技术规范（热工仪表及控制装置篇）》	SDJ 279—80
15	《电力建设施工及验收技术规范（电气装置安装工程高压电器施工及验收规范）》	GBJ 147—90
16	《电力建设施工及验收技术规范（电气装置安装工程电力高压器、油浸电抗器、互感器施工及验收规范）》	GBJ 148—90
17	《电力建设施工及验收技术规范（电气装置安装工程母线装置施工及验收规范）》	GBJ 149—90
18	《电气装置安装工程电气设备交接试验标准》	GB 50150—91
19	《电气装置安装工程电缆线路施工及验收规范》	GB 50168—92
20	《电气装置安装工程接地装置施工及验收规范》	GB 50169—92
21	《电气装置安装工程旋转电机施工及验收规范》	GB 50170—92
22	《电气装置安装工程盘、柜及二次回路接线施工及验收规范》	GB 50171—92
23	《电气装置安装工程蓄电池施工及验收规范》	
24	《火电施工质量检验及评定标准》共十一篇（按最新版执行）	
25	《火电工程调整试运质量检验及评定标准》	建质〔1996〕111号
26	《电力工业技术管理法规（试行）》	（80）电技字第26号
27	《火力发电厂基本建设工程启动及竣工验收规程》	电建〔1996〕159号
28	《火电工程启动调试工作规定》《锅炉压力容器安装监督暂行条例》和实施细则（国务院）	建质〔1996〕40号
29	《蒸汽锅炉安全技术监察规程》	劳部发（1996）276号
30	《电力工业锅炉压力容器监察规程》	DL 612—1996
31	《压力容器安全监察规程》	劳锅字（1990）8号

8.1.2.3 业主和地方

业主和地方的有关规定、标准、管理体系文件等。

8.2 工程概况

8.2.1 概述

广西方元电力鹿寨上大压小热电联产 2×300MW 级机组工程拟建厂址位于广西壮族自治区柳州市鹿寨县经济开发区规划范围内。本工程规划容量 4×350MW 机组，分期实施，一期工程建设 2×350MW 超临界湿冷燃煤热电联产机组。一期工程计划于 2011 年 3 月开工，2013 年 3 月第一台机组建成投产，2013 年 7 月第二台机组完成投产。

8.2.2 工程条件

8.2.2.1 总体条件

一、电厂方位

厂区主厂房横轴北偏西 17°，主厂房固定端朝东，向西扩建；主厂房 A 排朝北，出线向北；厂区主入口朝北，进厂道路由厂址北侧规划的沿江道路引接。

二、输煤设施布置

电厂铁路专用线由鹿寨站二场接轨，铁路专用线由厂区东南角进入厂区。铁路电厂站位于厂区南侧。卸煤采用翻车机卸煤，翻车机布置在站场东侧，厂内铁路按 4×350MW 机组规划 5 股道，2 重 2 轻 1 走行，本期建设 3 股道，即 1 重 1 轻 1 走行和一台单翻，为二期预留 1 重 1 轻和一台单翻位置。铁路电厂到线路有效长 850m。

三、厂区竖向布置

发电厂的等级按Ⅱ级考虑(规划容量介于 400～2400MW)，厂址防洪标准按不小于 100 年一遇的高水位设防。结合开发区整体竖向规划要求、电厂防洪、铁路专用线接轨、进厂道路及厂址地形等因素，厂区采用平坡式布置方式，厂区按 1%设计洪水水位 89.82m 加 0.5m 的安全超高设防标准确定场地整平标高为 90.6m。

四、厂区辅助建筑

厂前区建筑，包括行政办公楼、食堂及夜班休息楼，按规划容量 4×350MW 机组规模一次设计；取水设施按规划容量一次建成；油罐区按 2 个油罐规划新建。

五、厂区管线

厂区管线尽量架空敷设，采用综合管架布置，不能架空的管线采用地下沟道或直埋敷设。

六、道路

进厂道路采用 9.0m 宽郊区型混凝土道路。

运灰道路采用 7.0m 宽郊区型混凝土道路。

厂区道路主干道、主厂房周围环行道路采用 6.0m 宽城市型混凝土道路；其余采用 4.0m 宽城市型混凝土道路。

8.2.2.2 厂区总平面布置方案

根据总平面布置确定的原则，结合场地现状，厂区总平面按 4×350MW 供热燃煤机组进行规划，本期建设规模为 2×350MW 供热燃煤机组。

厂区总平面布置由北向南采用 220kV 屋内 GIS、主厂房区(包括炉后设施及脱硫设施)、悬臂式斗轮机条形露天煤场及卸煤铁路三列式布置格局。本期 2×350MW 机组主厂房固定端朝东，向西扩建，厂区主入口朝北。

8.2.2.3 主机规范

主机为哈尔滨汽轮机厂有限责任公司生产的超临界、一次中间再热、双缸双排汽、单轴、单背压、抽凝式、八级回热、抽气供热汽轮机，哈尔滨锅炉厂有限责任公司生产的超临界参数变压直流锅炉，双拱单炉膛、W 形火焰燃烧、一次再热、平衡通风、固态排渣、全钢架结构、Π 型布置的煤粉锅炉及哈尔滨电机厂有限责任公司生产的 QFSN-350-2（水-氢氢冷却方式）发电机。

8.2.2.4 电气部分

本期 2×350MW 机组均以发电机—变压器组单元接线接入厂内新建 220kV 升压站，220kV 配电装置为双母线接线方式。每台机设置 1 台高压厂用工作变压器，2 台机设 1 台启动/备用变压器，启动/备用电源从本期 220kV 母线上引接。

8.2.2.5 仪表与控制部分

本工程采用厂级监控信息系统(SIS)、分散控制系统(DCS)以及辅助车间控制系统组成的自动化网络。实行控制功能分散，信息集中管理的设计原则。

8.2.2.6 土建结构部分

主厂房为现浇钢筋混凝土框排架结构；各层楼板（含煤仓间及汽机房）采用 H 型钢梁-现浇钢筋混凝土板组合结构；汽机房屋面采用实腹钢梁与钢支撑、型钢檩条组成有檩屋面系统；屋面采用压型钢板做底模上浇筑钢筋混凝土刚性层再加防水、保温屋面。

8.2.2.7 建筑部分

除氧间内设三部能通往各层的钢筋混凝土楼梯，固定端和扩建端设楼梯间，中间楼梯为开敞楼梯。每台机各有一部楼梯可通至各层及屋面，并能直通室外。每台锅炉设一部电梯。各车间的安全出口不少于两个，为保证厂房内的运行、检修及安全疏散，设置必要的垂直交通和水平交通。

8.2.2.8 电厂供水水源

本期工程的冷却塔补水和工业用水的补给水等供水水源采用洛清江河流地表水；生活用水由鹿寨县城市自来水供给。

锅炉补给水处理系统的补给水由电厂主机的循环冷却水系统的排污水补给。

8.2.2.9 自然通风冷却塔

本期工程布置 2 座淋水面积为 5500m^2 的逆流式自然通风冷却塔，供 2 台机组使用。

8.3 施工现场平面规划

8.3.1 施工总平面布置及管理

8.3.1.1 施工总平面的管理

施工总平面是在符合有关规程、规范的前提下，合理规划施工现场、交通运输、各种生产临建、施工设施、力能配备和设备、材料、机器堆放等综合反映在平面联系上的成果。其管理的主要任务是如何保证上述成果有效地实施。

8.3.1.1.1 管理原则

施工总平面布置经项目总工批准并上报业主确认后，由业主统一协调和管理。

施工道路、供水管路、通信线路、供气管路等公用设备，应始终处于完好状态。如需要临时切断、改路时，必须事先报请项目工程部批准并上报业主和监理确认后实施，由工程部协调具体施工时间。

施工过程中严格按照施工总平面布置图进行施工平面管理，明确责任区负责人，物品应堆放在指定区域并做到整齐有序，作业面施工做到“工完料尽场地清”，现场工业垃圾应及时清理。

建筑材料、预制构件、施工设施构件等都按施工平面布置图规定的地点分类堆放整齐稳固，并符合搬运及消防要求。各类材料的堆放不得超过规定高度。

8.3.1.1.2 公用设施的管理分工

道路、供排水管路及配套设施、测量用的标准点、水准点、沉降观测点等公用设施由建筑专业负责管理及维护。

变压器、供电线路、配电装置、公用照明设施、防雷接地设施、通信线路等由电气专业进行维护和管理。

项目部设置专人负责供电、供水系统的控制与管理工作。

施工现场的安全保卫、消防工作由项目部综合统一负责。

现场文明施工由项目工程部主管，施工中根据现场实际使用情况划分成若干区域，分配于各部室、各专业施工单位包干管理。

8.3.1.2　总平面布置依据及原则

一、布置依据

（1）《火力发电厂施工组织设计导则》。

（2）《电力建设安全技术规程》。

（3）本工程施工招标文件和答疑文件。

（4）施工现场条件及周围环境，项目施工范围及现场情况。

（5）本工程的施工综合进度要求。

（6）公司的施工能力及机械、人员状况。

二、布置原则

（1）充分利用现场用地，力求方便施工和生活。

（2）力求紧凑，符合流程，减少二次搬运。

（3）充分利用现有施工机械。

（4）符合安全文明施工规定，满足消防要求。

（5）场地划分明确，减少承包方之间的争议。

（6）力求开挖和回填土石方施工的平衡。

（7）采用永临结合的原则建设施工道路。

8.3.1.3　场地布置

本标的施工区布置厂区西侧具体布置如下：

锅炉设备组合场及堆放场布置在锅炉扩建端，占地 1.40hm^2；

烟风道加工场布置在汽机房扩建端，占地 1.0hm^2；

建筑钢筋加工及铆焊场布置在汽机房扩建端，占地 0.54hm^2；

模板堆放场布置在钢筋加工场西侧，占地 0.33hm^2；

混凝土搅拌站布置在厂区西南端，占地 1.55hm^2；

施工生活区及项目经理部办公区布置在烟风道加工场西侧，占地 0.91hm^2。

8.3.2　临时施工道路

施工临时道路干线的位置尽量与永久道路的布置一致。主厂房及货运量密集区如搅拌站、预制场、设备堆放场均设置环形道路。各加工区、堆放场与施工区之间有直通道路连接，消防车能直达主要施工场所及易燃物堆放场。

施工临时道路根据“永临结合”的原则进行布置。永临结合的道路路基除满足永久道路的设计要求外，还要满足施工的特殊要求。施工临时道路采用泥结碎石铺设，共用路基，施工道路修筑时预留 3‰排水坡度，施工区施工道路设计 6m 宽，转弯半径不小于 10m。我方负责本标段内路段施工、维护、清扫以及设立各种标志、标牌等。

8.3.3　临时设施布置

8.3.3.1　现场办公区临建

办公区采用钢结构彩钢板房屋，集中办公。办公室地面铺地板砖，卫生设施及水电暖通信齐全；办公区域院落进行硬化、绿化，围墙采用栅栏进行隔离。办公区修筑旗台，分别升挂国旗、企业标识和彩色劳动保护旗帜，旗杆一律使用不锈钢管材。

8.3.3.2　设备库临建

由于本工程场地狭窄，B 标段负责甲供设备材料现场卸车保管，大件设备二次倒运，全厂设备的物资管理，故本标段的设备材料库考虑布置在锅炉设备堆放场内。

设备材料库房，建筑材料为轻质钢结构立柱和屋顶龙骨，墙体采用双层模压泡沫夹层彩钢板，屋顶采用防水型保温彩钢板；备品备件、专用工具库，结构类型为轻型钢结构，保温彩钢板；特殊材料库，结构类型为轻型钢结构，保温彩钢板，防火隔墙。

8.3.3.3　职工生活区临时建筑

本标段人员高峰人数：1715 人，人均面积参考值 4m^2/人，职工宿舍临时建筑面积：6860m^2，职工宿舍临时建筑区采用钢结构彩钢板房屋，水暖电照设施齐全，生活区采用栅栏进行隔离，院落考虑绿化布置。

8.3.3.4　其他

在锅炉组合场布置一个乙炔库房，为砖混结构。为满足加工配制的需要在烟风道加工场布置一个 500m^2 的铆焊平台和一个喷砂车间。在木工加工场布置一个木工加工车间。

8.3.4　排水

我公司于 2002 年通过 ISO 14001 环境管理体系认证，在排水设计上突出环保意识，使得施工、生活行为符合环保规定要求。

根据当地水文气象特点，对施工区域的排水系统作如下考虑。

（1）本期工程施工场地排水将分区域考虑，各区域采用明沟结合管道排水，明沟（沿厂区道路设 600mm×500mm 的明渠，穿过道路埋设 DN500 的混凝土管道，截面图如图 8-3-1 所示）沿道路布设，过道路处设涵管，明沟坡降不小于 0.3%。

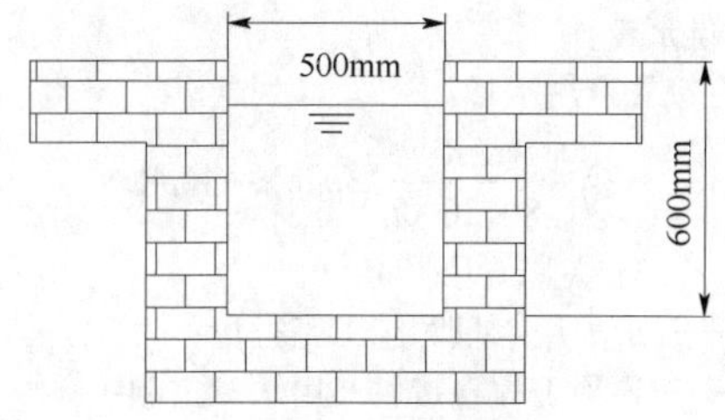

图 8-3-1　明渠截面图

（2）我方负责本标段区域内的施工期临时排水设施的建设、运行及维护，保证排水满足当地环保要求。

（3）施工现场用水地点附近设置排水系统，施工区生产、生活排水排入经业主同意的排水主干管。

（4）污水干管选用管径 DN300mm 的铸铁管，支管采用管径 DN200mm 的铸铁管，坡度为大于 3‰。

8.3.4.1　化粪池

办公室、生活区排水采用化粪池，化粪池是一种利用沉淀和厌氧发酵原理去除污水中悬浮性有机物的最初级处理构筑物，示意图如图 8-3-2 所示。化粪池内污泥清掏周期确定为 180d。采用 3 格的化粪池，第一格尺寸为 2m×2.5m×5m 其余两格尺寸为 2m×2.5m×2.5m。

8.3.4.2　隔油井

食堂排放的污水中含有植物油和动物油脂，污水中含油量为 150mg/L，厨房洗涤水含油 750mg/L。含油量大于 400mg/L 的污水排入下水道后，随着水温的下降，污水中挟带的油脂颗粒便开始凝固，黏附在管壁上，使管道过水断面减少，阻塞管道。设置隔油井以回收油脂，示意图如图 8-3-3 所示。含油污水经过隔油井除油以后，进入排水管道。

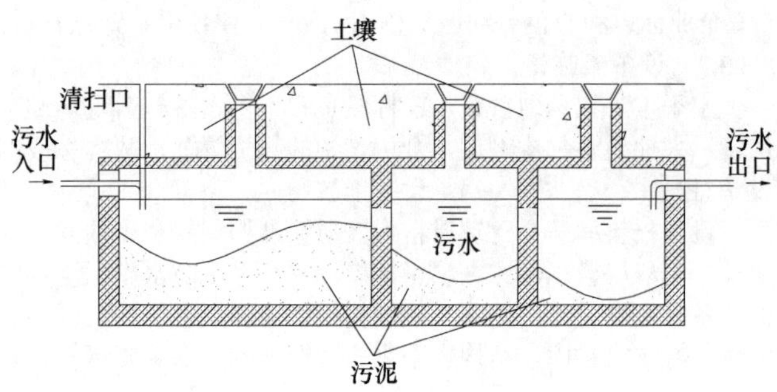

图 8-3-2　化粪池示意图

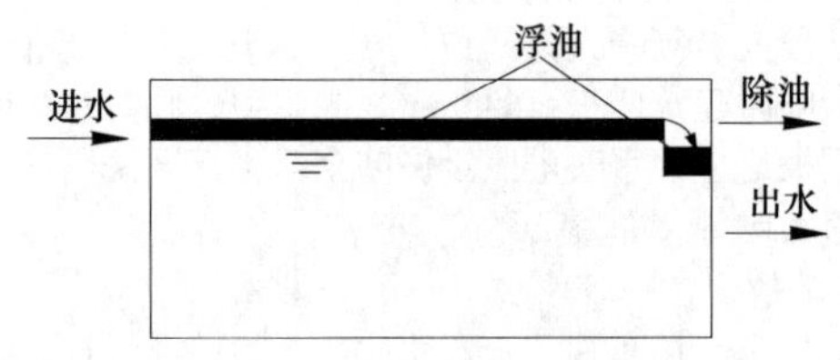

图 8-3-3　隔油井示意图

隔油池容积为

$$V=Q_{\max}\times 60\times t=0.65\text{m}^3$$

式中　V——隔油井有效容积；

$Q_{\max}$——含油污水设计最大流量；

t——污水在隔油井中停留时间，1.0min。

隔油池内净尺寸设定为：长 3.0m，宽 0.4m，深 0.6m（容积为 0.72m^3）。

8.3.5　施工力能供应

8.3.5.1　供水

8.3.5.1.1　供水设计

（1）直接生产用水量。

$$Q_1=\frac{K_1K_4}{8\times 3600t}\Sigma(n_1q_1)=46.4\text{L/s}$$

式中　Q_1——直接生产用水量；

n_1——最大用水量时施工工程量；

q_1——各项工程直接生产用水量定额；

K_1——每班直接生产用水不均衡系数；

K_4——未计及的用水量系数；

t——与 n_1 相对应的工作延续天数，按每天一班计。

（2）施工机械用水量。

$$Q_2=\frac{K_2K_4\Sigma(n_2q_2)}{8\times 3600}=1.9\text{L/s}$$

式中　Q_2——施工机械用水量；

n_2——同类机械台数；

q_2——各类机械台班用水量定额；

K_2——每班机械用水不均衡系数；

K_4——未计及的用水量系数。

（3）生活用水量。

$$Q_3=\frac{1.1\times K_3n_3q_3}{24\times 3600}=6.3\text{L/s}$$

式中　Q_3——生活用水量；

K_3——变化系数；

n_3——最大职工人数；

q_3——生活用水量标准。

（4）消防用水量。

$$Q_4=25.0\text{L/s}$$

（5）总用水总量。

$$Q=Q_1+Q_2+Q_3=54.6\text{L/s}>Q_4$$

取 $Q=54.6$L/s。

（6）管径选择。

1）生产、消防用水管径：本标段供水母管选用 DN200mm 即可满足要求。各支管管径分别选用 DN150mm、DN100mm、DN80mm、DN50mm、DN32mm 的焊接钢管。

2）生活、消防用水管径：供水母管选用 DN100mm 即可满足要求。支管分别选用管径为 DN60mm、DN32mm 和 DN25mm 的焊接钢管。

8.3.5.1.2　水源布置

（1）水源。施工水源由主供水管网上引接。

（2）供水管网布置。

1）施工区生产给水和施工区消防给水公用一套管网，生活区生活给水和生活区消防给水公用一套管网。

2）施工、生活区域内每隔 100m 设一个消火栓，并在主厂房等有可能发生重大火灾的地区设置消火栓，且设置醒目的标识。室外消火栓应沿道路设置并靠近十字路口，距路边不超过 2m，距建筑物外墙不小于 5m。

（3）供水管道安装要求。

1）施工用水管网均采用地下敷设，所有管线均埋于地下。

2）管道敷设路径应避开开挖区和交通繁忙区，沿现场道路在排水沟外侧敷设，与其他管道同沟或共架敷设时，应敷设在排水管的上面或蒸汽管的下面。

3）供水管道须经防腐处理，安装过程破损的防腐层应修补和处理。

4）供水管线安装完后按要求进行冲洗和打压试验。

5）供水主管网施工时须结合全场地下管网施工图进行。

6）给水管道可沿路面敷设，通过铁路、承重道路的下面时，应敷设在套管内（如果道路施工在前，则先预埋）。

8.3.5.2　供气

8.3.5.2.1　氧气、乙炔、氩气等供应与布置

考虑到施工安全、效率以及常规施工经验等因素，使用乙炔作为切割气体。氧气、乙炔、氩气由市场购买，瓶装运输，现场不设制气站。该工程使用的气体主要涉及氧气、乙炔、氩气。针对不同的气体种类，拟采用以下方式供气：

（1）氧气、乙炔、氩气选择瓶装供气，现场不设制气站，在组合场区域设置一处气体集中供应站，气站设置距离按国家安全施工管理的相关规定执行，氧气、乙炔分库储存。储气站安全防火、防爆设施齐全。

（2）选择质量可靠的气体生产厂家，使用符合安全规定的车辆运输，及时提供满足现场需求的用气，采用瓶装运输到指定地点卸货。

（3）锅炉、汽机等其他施工区域用户使用气体，采用到储气站领取散瓶的方法管理。

（4）布置：

1）计划在锅炉炉后侧设置氧气、乙炔统一供应站。在锅炉零米设置氩气、氧气、乙炔分开的存放点。设专人负责管理发放回收空瓶。

2）在汽机运转平台，除氧平台各设置氧气、乙炔分开的存放点；在汽机运转平台设置氩气存放点。

3）组合场按场地条件分别设置氧气、乙炔集中供气站。

（5）气体垂直运输使用特制的吊笼，吊笼容量乙炔吊笼装 10 瓶，氧气吊笼装 20 瓶，氩气吊笼装 10 瓶。其中乙炔、氧气

吊笼上部封闭采取防火措施。每个乙炔瓶出口安装回火器。

8.3.5.2.2　压缩空气供应与布置

压缩空气由施工用空压机供给，拟采用2台6m^3/min和1台9m^3/min的空压机，分别布置在锅炉侧和汽机侧和水塔施工区。

8.3.5.3　施工临时用电供电设施布置

8.3.5.3.1　布置原则

招标方在现场布置4台箱式变压器，1号箱式变压器容量为800kVA、2～4号箱式变压器容量为1250kVA，且负责接引一路10kV线路至各变压器。本标段施工电源从招标人指定的施工变压器低压配电柜上引接及维护，并按要求设置符合要求的围栏、标志、标牌等配套设施。施工用电按表计量计算费用，费用由承包方自理。我们本着安全、合理、实用、便于文明施工、节能降耗的原则，对施工现场的施工用电进行合理布置和使用。

8.3.5.3.2　本标范围内用电管理

用电管理如图8-3-4所示，公司施工用电由施工临时电源班负责管理、维护，各施工单位的各个负荷点由各工地负责。

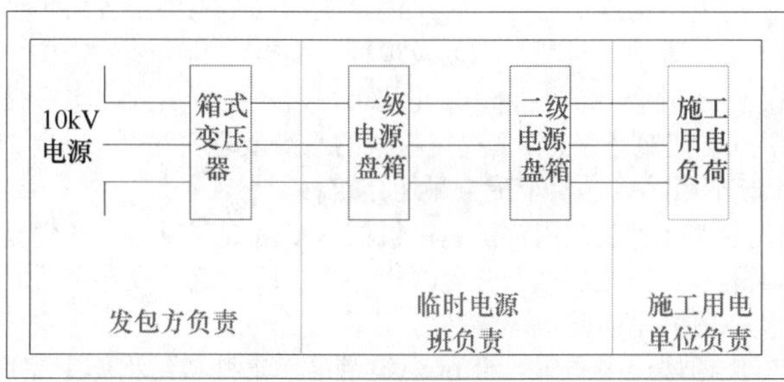

图8-3-4　用电管理示意图

8.3.5.3.3　本标用电负荷计算说明

本期工程施工高峰期的用电量主要包括以下几部分：

（1）土建、安装工程的动力及照明负荷。

（2）焊接及热处理负荷。

（3）生活区照明及动力负荷。

施工现场室内照明：包括现场休息室、施工生活区照明等。照明总面积约为4830m^2。室内照明用电按照12.0W/m^{2}进行计算，得出施工现场室内照明总功率为12.0×4830＝57960W，此处按照58kW考虑。

施工现场室外照明：室外照明范围包括锅炉组合场、汽机组合场及附近区域，由施工总平面布置情况计算得出各部分室外照明总面积约为31000m^2，室外照明用电按照2.0W/m^{2}进行计算。施工现场室外照明总功率为2.0×31000＝62000W，此处按照62kW考虑。

不同用电负荷用电量见表8-3-1。

表8-3-1　　　不同用电负荷用电量

序号	用电负荷名称	容量 P/kW	投入数量	综合需要系数 k	暂载率 JC/%	功率因数 $\cos\varphi$	用电需求 /kVA
1	塔式起重机（FZQ2000）	247	1	0.4	25	0.4	61.75
2	龙门起重机（50t）	97	1	0.4	25	0.4	24.25
3	龙门起重机（30t）	54	1	0.4	25	0.4	13.50
4	龙门起重机（20t）	30	1	0.4	25	0.4	7.50
5	建筑塔吊（FO23B）	36.7	3	0.4	25	0.4	27.53

续表

序号	用电负荷名称	容量 P/kW	投入数量	综合需要系数 k	暂载率 JC/%	功率因数 $\cos\varphi$	用电需求 /kVA
6	建筑塔吊（QTZ630）	32	2	0.4	25	0.4	16.00
7	建筑塔吊（QTZ400）	28.7	1	0.4	25	0.4	7.18
8	卷扬机（5t）	11	3	0.4	25	0.4	8.25
9	卷扬机（3t）	7.5	3	0.4	25	0.4	5.63
10	SCPT施工升降机	30	1	0.4	25	0.4	7.50
11	高空作业吊篮	40	2	0.4	25	0.4	20.00
12	电梯	50	1	0.4	25	0.4	12.50
13	混凝土搅拌站	75	2	0.6	30	0.8	33.75
14	直流电焊机	23.5	10	0.3	30	0.4	52.88
15	逆变电焊机	12.5	170	0.3	30	0.4	478.13
16	热处理机	240	2	0.2	100	1	96.00
17	空压机	45	2	0.7	30	0.8	23.63
18	空压机	75	1	0.7	30	0.8	19.69
19	钢筋碰焊机	150	2	0.6	40	0.7	102.86
20	钢筋加工机械	120	1	0.6	60	0.8	54.00
21	高真空净油机	150	1	0.1	100	0.8	18.75
22	小型电动工具	200	1	0.5	50	0.8	62.50
合计	P						1153.74
23	室内照明负荷 P_1	58					58
24	室外现场照明 P_2	62					62
$S_1=1.05\,[\Sigma(k_P/\cos\varphi)+0.8\Sigma P_1+\Sigma P_2]$ $=1.05\times(1153.74+46.4+62)=1325.25\text{kVA}$							

注　P为每种类型负荷的合计数，kW。

施工用电容量根据施工机械表及现场用电情况，按照以下公式计算：

$$S=1.05\,[\Sigma(k_P/\cos\varphi)+0.8\Sigma P_1+\Sigma P_2]$$

式中　S——本区域的用电容量，kVA；

k_P——该类型负荷的综合需要系数，包括设备效率、负荷数、同时使用率等因数；

$\cos\varphi$——该类型负荷的平均功率因数；

P_1——室内照明负荷的合计数，kVA；

P_2——室外照明负荷的合计数，kVA。

本工程总用电量为1325.25kVA，我公司将根据现场实际情况，对施工用电进行科学的布置。

8.3.5.3.4　安全保证措施

（1）施工低压电源以380/220V电压供动力电源及照明用电。

（2）施工电源设备装设避雷和防风措施。

（3）动力盘、操作盘及户外轨道式起重机的轨道接地可靠。

8.3.6　主要施工机械布置

8.3.6.1　建筑工程

在土建钢筋加工场布置一台20t/24m龙门吊负责建筑材料的倒运及卸车。

汽机间吊车梁及屋架均采用250t履带式起重机安装。吊装工作在A排外或汽机间进行，时间选在A排外结构施工前、汽机间回填完成，汽机间A排柱及除氧间B排柱强度达到100%后进行。

建筑结构施工方面：为了满足主厂房结构施工各层平台钢梁吊装、脚手架材料、钢筋及模板安装拆除等吊装的需要，在主厂房A排外布置一台10t建筑塔吊，在主厂房固定端B排处布置10t建筑塔吊，负责建筑材料的水平及垂直吊装。一台25t、50t汽车吊，运输板车配合吊运建筑材料。

钢煤斗吊装采用锅炉主吊机械80t塔式起重机，在煤仓间煤斗梁施工完成后插入分段（煤斗椎体段、煤斗支座节段和煤斗柱体段）吊装就位。

集控楼施工布置一台6t建筑塔吊，集控楼结构施工完后，转入锅炉作为辅助吊装机械。

在锅炉补给水施工区布置一台4t建筑塔吊，负责建筑材料的水平和垂直搬运。

在混凝土搅拌站布置二台50m³/h混凝土搅拌机。

8.3.6.2　安装工程

锅炉吊装机械的布置及选型根据锅炉的结构型式并满足施工要求，采用80t塔式起重机及250t履带吊作为锅炉的主吊机械，80t吊车布置于锅炉固定端侧k3与k4间靠近k3处，250t履带吊布置于锅炉后，共同完成锅炉钢结构及锅炉其他设备的吊装。

6t平臂吊布置于集控楼后侧，前期用于集控楼土建结构施工，后期转入锅炉辅助吊装。

在除尘器固定端后部布置一台10t塔式起重机作为除尘器的主要吊装机械。一些重量较大的设备由250t履带吊吊装。

汽机安装利用定子吊装工具吊装定子，用250t履带式起重机吊装除氧器、高低加及主厂房桥吊。

在锅炉组合场布置一台50t/42m龙门吊，前期用于土建钢煤斗、循环水管制作、平台钢梁制作，后期用于锅炉设备组合安装。

在烟风道加工场布置一台30t/35m龙门吊，用于烟风六道加工配置，前期用于建筑钢筋加工及铆焊。

在现场还配备一台80t履带式起重机，一台50t履带式起重机，一台50t汽车吊，一台25t汽车吊用于设备的倒运及卸车。

8.4　主要施工方案和措施

8.4.1　总体施工方案

8.4.1.1　总体施工组织

为了安全、优质、快速、经济、规范地完成建筑工程，拟在施工中积极采用新的施工技术、工艺方法，优化施工方案。在管理上使用P3项目管理软件，认真研究专业之间、工序之间的逻辑关系，优化资源配置，精心组织，精心施工，科学交叉。

根据本标段的特点和总进度要求，结合当地自然条件和主厂房主体结构选型，土建工程施工进度要求快，施工难点多，土建工序之间、土建与安装工序之间相互交叉多、相互制约多。

本标段土建施工总的原则是先地下，后地上，先主体，后装饰和周边工程统筹协调的施工原则，采用流水作业法组织施工。

零米以下结构及地下设施可根据图纸供应情况采用一次出零米，其施工进度安排应首先满足土建上部结构施工专用吊车进场的需要。汽机间、除氧煤仓间、锅炉房基础及地下设施施工是重点，应集中力量，突击完成。

本标段土建施工的前期重点是确保汽机间、除氧间、煤仓间及锅炉基础尽快出零米，以确保主厂房主体结构施工和锅炉安装施工能尽快开始。主体结构开工后，土建施工的重点是主厂房框架，它是整个主厂房工程土建施工的关键路径，同时与锅炉安装交叉，必须保证按期完成。

施工时必须安排好各施工工序的合理交叉，确保各工序合理、有效地施工。

8.4.1.2　工期安排

本工程于2013年7月5日开工，2015年1月18日竣工。为满足机组按时投入运行，拟通过加大机械和人力投入，合理安排施工工序，为安装专业提供高质量的土建安装平台，从而满足工期要求。

8.4.1.3　机械布置方案

8.4.1.3.1　建筑工程

在土建钢筋加工场布置一台20t/24m龙门吊负责建筑材料的倒运及卸车。

汽机间吊车梁及屋架均采用250t履带式起重机安装。吊装工作在A排外或汽机间进行，时间选在A排外结构施工前、汽机间回填完成，汽机间A排柱及除氧间B排柱强度达到100%后进行。

建筑结构施工方面：为了满足主厂房结构施工各层平台钢梁吊装、脚手架材料、钢筋及模板安装拆除等吊装的需要，在主厂房A排外布置一台10t建筑塔吊，在主厂房固定端B排处布置10t建筑塔吊，负责建筑材料的水平及垂直吊装。一台25t、50t汽车吊，运输板车配合吊运建筑材料。

钢煤斗吊装采用锅炉主吊机械80t塔式起重机，在煤仓间煤斗梁施工完成后插入分段（煤斗椎体段、煤斗支座节段和煤斗柱体段）吊装就位。

集控楼施工布置一台6t建筑塔吊，集控楼结构施工完后，转入锅炉作为辅助吊装机械。

在锅炉补给水施工区布置一台4t建筑塔吊，负责建筑材料的水平和垂直搬运。

在混凝土搅拌站布置二台50m³/h混凝土搅拌机。

8.4.1.3.2　安装工程

脱硝、空气预热器先不进行安装，预留在锅炉尾部k4～k6间的场地作为250t履带吊通道。

根据锅炉的结构型式并满足施工要求，采用80t塔式起重机及250t履带吊作为锅炉的主吊机械，80t吊车布置于锅炉固定端侧k3与k4间靠近k3处，250t履带吊布置于锅炉后，共同完成锅炉钢结构及锅炉其他设备的吊装。

锅炉大板梁采用80t塔式起重机及250t履带吊抬吊或单吊吊装就位。

6t平臂吊布置于集控楼后侧，前期用于集控楼土建结构施工，后期转入锅炉辅助吊装。

在除尘器固定端后部布置一台10t平臂吊作为除尘器的主要吊装机械。一些重量较大的设备由250t履带吊吊装。

发电机定子吊装。第一种方案，如果行车桥架已加固可以满足吊装载荷，并且行车梁结构在设计时已经考虑单车行车起吊时所承受的负荷，则可以用两台桥吊抬吊定子就位。第二种方案，当不能满足第一种吊装条件时，利用我公司自制的定子吊装工具吊装定子。

用250t履带式起重机吊装除氧器、高低加及主厂房桥吊等设备。

主变压器用液压顶升装置就位。

在锅炉组合场布置一台50t/42m龙门吊，前期用于土建钢煤斗、循环水管制作、平台钢梁制作，后期用于锅炉设备组合安装。

在烟风道加工场布置一台30t/35m龙门吊，用于烟风六道加工配置，前期用于建筑钢筋加工及铆焊。

在现场还配备一台 80t 履带式起重机，一台 50t 履带式起重机，一台 50t 汽车吊，一台 25t 汽车吊用于设备的倒运及卸车。

8.4.2　建筑专业主要施工方案及措施

8.4.2.1　施工控制测量及放样

一、测量依据及规范标准

制定控制测量施工方案的依据业主提供的厂区总平面布置图、国家大地测量资料以及国家黄海高程系统资料中的能有效控制电厂区域不低于一级导线控制网详细资料，并结合本厂区具体的实际情况。

控制测量施工的规范标准是火力发电厂工程规范及工程测量国家规范。

二、测量仪器及人员编制

平面控制测量仪器采用瑞士徕卡全站仪 TCR402 型。

高程控制测量仪器采用瑞士产 SD3 型水准仪；沉降观测仪器采用瑞士产 N3 型水准仪。

测量人员编制为专责工程师一名、测量员六名。

三、控制测量施工内容

控制测量包括平面控制测量及高程控制测量。

平面控制测量包括主厂房施工控制网的建立，以及施工网点的建立。

主厂房测量控制网施测，用轴线法布设主厂房控制网，先确定主厂房控制网的主轴线，由厂区控制网测出，然后在施测主厂房四个边，从而形成一个主厂房控制网。根据主厂房四角控制点 Z1、Z2、Z3、Z4 经测量平差后，对需控制方格网点用直角坐标法进行加密，而形成一个主厂房方格网。

平面控制网测设的精度要求：

主厂房轴线控制网边长精度 $m_s \leqslant S/20000$。

主厂房轴线控制网测角精度 $m_\beta \leqslant \pm 5''$。

高程控制测量施工：根据总平面图、国家黄海高程系统资料中水准基点的详细资料及现场具体情况，为了保证施工水准网能得到可靠的起算数据，为了检查施工水准点的稳定性，在厂区内适当地方建立首级永久水准基点组，点数至少为 3 个（此水准基点可作为沉降观测水准基点），点间距离为 500～1000m，高程测量按三等水准测量标准施测。而主厂房的高程控制网采用四等水准测量方法建立，在主厂房附近设点，作为施工水准基点，其水准基点的选取应根据设计、现场的实际情况而定，并符合规范要求，组成环形闭合水准网，其需附合在首级水准点上。主厂房的沉降观测点的选取应根据设计要求进行，其观测按二等水准测量标准施测。

四、沉降观测

沉降观测工作是一项长期系统观测工作，为了保证观测成果正确性，做到“四定”：固定人员观测和整理成果；固定使用水准仪和水准尺；使用固定水准点；按规定日期、方法和路线进行观测。

沉降观测控制点是建立在各建构物周围附近，布设距离建构物需在 100m 以内，在受压、受震范围以外，埋设深度达到冰冻线 0.5m 以下。并认真做好保护测量设施。

五、测量放线工作

按施工图及总平面布置图给出坐标点、高程控制点进行轴线网布设和水准点引测，并用混凝土浇筑成坐标点桩，在桩上预埋铁钉或打十字线，确定位置。放线时，在建筑物的外轮廓周围确定半永久控制点，确定建构筑物的方位、朝向及主要轴线，用经纬仪、水平仪及钢尺分别测放建筑物的次要轴线及详细尺寸。永久及半永久控制点标志设置必须牢固、稳定、不下沉、不变位。必要时可加防护栏维护。

基坑（槽）开挖完成后，基底开挖宽度应通线校核，坑底深度应经测量校核无误后，并把轴线和标高引移到基坑，在基坑中设置轴线基础边线及高程标记，并在垫层面上放出（弹墨线）墙或基础平面尺寸。

建筑物的高程施工测量及沉降观测点的设置，根据正式施工图要求而定。

框架结构工程砌砖前，将水平标高引测在混凝土墙、柱的一定高度位置上，与混凝土柱相连接的墙体相应位置应放出墙体的垂直边线、窗台、窗顶、门顶、洞口底、顶等标高作为砌砖的依据。根据各层平面的轴线和各层建筑施工平面图，放出墙体的平面轴线，墙边线及门窗、洞口等位置（先按装门框后砌砖的应标记门的开启方向）。

装饰施工抄平放线：根据建筑施工图弹出相应的全部墨线，踢脚线、墙裙线、棚顶高程线、梁底水平线、装饰线及窗台、门窗顶、压顶、楼梯步级等的墨线。

屋面防水层、找平（坡）层等应按图纸要求放控制线，并按图纸和规范要求，结合各种隔热层块料规格放出伸缩缝、饰面层收口及分隔缝的控制线。

水准仪、经纬仪等要按计量要求进行检定合格后才能投入施工使用，并要注意进行妥善保管和使用。

8.4.2.2　主厂房施工方案

8.4.2.2.1　基础开挖降水施工

一、方案概述

根据招标文件和业主提供的相关资料表明，本工程拟建场地浅部地基工程性质较差，强度低，压缩性高，对于变形和承载力较高的主厂房区域建（构）筑物如：汽机房（包括汽机基础）、煤仓间、锅炉基础等均按桩基础施工。

本工程场地地下水稳定水位埋深为 1.2～3.20m。

基坑开挖时采用以管井降水为主，明排为辅的结合形式。

二、土方开挖

本工程主厂房部分均为桩基础。土方开挖时，根据测量控制点，放出基础的开挖边线，同时为了避开桩基础，防止碰撞或扰动，开挖前用白灰撒出桩位线。挖掘机在桩位处开挖时，操作司机放慢挖掘速度，并设专人监视开挖范围，确保不碰动桩基础。

基坑开挖完毕后，还需在基坑设集水井，四周设排水沟，在施工过程中明排地表水、雨水等，如图 8-4-1 所示。在基坑上沿布置排水埋设管道，塑料管 ϕ219mm（或胶管）敷设线路终端有沉淀池。经净化后的水，排到业主指定地方。

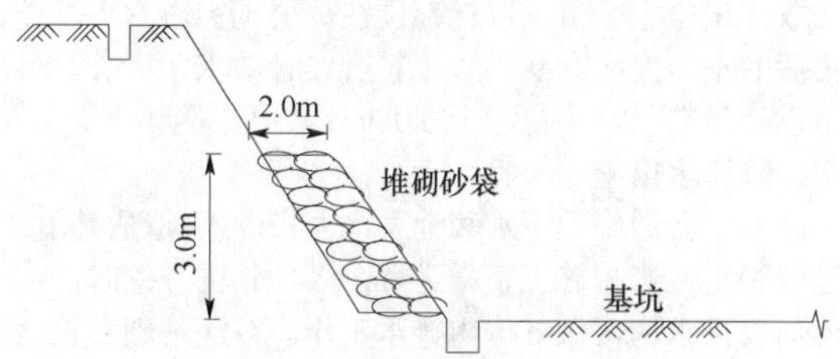

图 8-4-1　基坑边坡明排水示意图

基础土方开挖机械设备以反铲挖掘机为主，使用自卸汽车运输至业主指定位置卸弃，利用推土机平整场地。土方开挖应遵循从上到下，依次分层开挖的原则。土方开挖后，一边伴以人工修整破桩头挖排水沟等工作。

对使用时间较长的临时性挖方边坡坡度，应根据工程地质和边坡高度，结合当地同类土体的稳定坡度值确定。当设计有要求时，应按设计要求进行放坡，如设计无要求，则临时性挖方的边坡值应符合规范要求。

如遇到特殊基础边坡土体及不稳定的情况下，可采用砖膜或堆砌砂袋进行护坡。

挖土注意以下环节：

（1）进行土方工程的测量放线，放出承台地梁挖土白灰线和水准标志，作为挖土的控制依据。

（2）土方开挖应有水平标准严格控制基底的标高，以防超挖。

（3）土方工程一般不宜在雨天进行。在雨季施工时，工作面不宜过大，应逐段逐片地完成，并应切实制订雨季施工的安全技术措施。

（4）基础地梁开挖修整填平后，应及时浇筑垫层混凝土。

（5）当基坑土方开挖深度大于 4m 时，可根据土质情况必要时分层分阶段开挖，在分层层面间边坡上设立 2m 宽的水平台阶。

三、土方回填

基础隐蔽验收完毕，应立即进行回填。回填应符合设计要求进行，回填前应清理基坑内杂物、积水，并防止地表水流入填方区，浸泡地基造成基土下沉。回填土应分层夯实，每层厚度不超过 30cm，按规定取样检验，在回填土上施工浅基础与沟道时，必须采取相应措施，防止产生不均匀下沉。

按现场具体情况，大面积回填采用振动压路机进行压实，小面积用蛙式打夯机进行机械振实。土方回填时虚铺土厚度按照施工规范要求，每 30cm 为一层，当每层土方回填完毕，随即进行回填抽样试验，压实系数、干容重、含水率达到设计要求，方可回填上一层。基坑应没有积水和淤泥，进行回填工作。

保证回填土质量的措施如下：

（1）基坑清理干净，回填土质量符合设计要求及规范规定。

（2）填方从最低处开始，由下向上水平分层铺填碾压。

（3）在基坑起伏处，做好接槎，修筑阶梯形边坡，分段回填每层接缝做成斜坡，上下层错缝距离不小于 1m。

（4）基坑回填应在相对两侧或四周同时进行回填、夯实。

（5）对每一层回填土按规定进行质量检验，符合设计要求后，回填上一层，并做好每层的试验记录。

回填土的质量控制与检验。

施工现场有专职人员检验回填料的质量是否符合要求，回填材料必须级配良好。用插钎检验铺料厚度，符合设计要求后，才能填筑上层。

每层填方夯实之后，要对夯实质量进行检验，其方法采用环刀法取样试验干密度。取样部位在每层压实后的下半部。填土压实后的干密度应有 90%以上符合设计要求，其余 10%的最低值与设计值之差，不得大于 $0.08t/m^3$，且不应集中。

四、降排水措施

基础开挖会遇到地下水和地表水大量渗入，造成基坑浸水，破坏边坡稳定，影响施工正常进行，因此基坑开挖时，应在坑内及坑周设排水沟，做好坑内排水工作。对深基础布设适量降水井。

1. 地面排水

地面排水结合现场施工条件，在不影响各个建筑物施工道路的情况下，以施工区域划分考虑布置。使得在整个施工过程中能顺利排出地表积水和从基坑中抽出的水。

地面排水系统暂考虑做成半永久性，在布置上离各建筑物有一定距离，以免造成施工改道。

基坑顶面四周也可挖临时水沟，以拦截附近地表水，并尽可能将其导入系统排水沟内，以防止地表水浸入基坑内。

2. 基坑明沟排水

在基坑底部开挖轮廓线外缘的一侧或四周设临时排水沟，在四角或根据建筑物的大小，地下水位情况每隔适当的距离（25～40m）设一个直径或边长 300～800mm，深 300～500mm 的集水井，排水沟做成一定坡度，将水导入集水井内，用抽水泵将水井内水抽入基坑外排水沟内。

3. 降排水施工

深基坑降水工作可根据现场地下水情况而定，在土方施工前数天进行，基坑降水顺序根据开挖顺序而定。

招标文件介绍，本工程场地内地下水年平均最高水位埋深 1.2～3.2m，由于汽机基础等超过地下水位埋深，因此开挖之前，基坑超深部分如汽机间、锅炉等采用管井降水措施。

为取得必要的试验数据，施工时采用冲击钻机钻孔，先打试验井 3 眼（试验井在降水时可作为降水管井使用），根据所取得数据，以此作为布置井距的依据。

开挖后在坑底布设明沟和集水井排水，用泥浆泵进行抽水，用以施工时有组织排除基坑积水，以并防止基坑边坡垮塌。

管井井点布置及埋设：主厂房降水现暂按距基坑 1.5m 布设井点，按降水井点深度 13m 左右，井孔直径 0.7m，井间距不大于 20m，管井抽水用 2″潜水泵抽水。基坑开挖完毕后，还需在基坑四角设集水井，四周设排水沟，在施工过程中排除地表水、雨水等。集中排水埋设管道，塑料管 ϕ219mm（或胶管）敷设，线路端点有沉淀池。经净化后的水，排到业主指定地方。

采用回转钻机钻孔，为取得必要的试验数据，先打试验井 5 眼（试验井在降水时可作为降水使用），根据所取得数据，以此作为布置井距的依据，具体布置位置及管线依据试验井数据确定。

管井的滤管为无砂大孔混凝土，采用粒径为 8～5mm 的豆石加水泥按 6:1 左右比例预制而成，强度大于 2MPa，每节长 1m 左右。最下部一节为有孔滤管，其空隙率为 20%～25%。管接头处用两层麻布浇沥青包裹，外夹竹片用 10 号铅丝扎牢，以免接缝处挤入泥沙淤塞管井，其内径为 400mm。

降水预控措施：基坑降水后地下水应低于基础底 1m。基坑内中心地区布置观察井，设专人观察，每天不少于四次，并认真做好记录。

8.4.2.2.2 桩基础承台施工

一、验桩

开挖露出的桩基础，及时清理掉桩身上的泥土，采用人工利用风镐、尖镐、铁锹等破除桩头。破除桩头所造成的混凝土块及时清理出现场，基底保持干净、干燥、道路畅通，确保测桩设备进出通畅。如出现短桩、短筋现象，首先上报现场监理和业主，并及时进行接桩处理：将桩挖至接桩部位，混凝土凿毛并用清水清理干净，钢筋采用搭接焊，接长至设计标高处，模板支成方形，混凝土强度采用比设计高一级标号，浇筑到设计部位。要配合测桩单位及早清出需要做试验的桩头，并为测桩单位提供力所能及的帮助。

由于本工程主厂房基础部分为桩基础，因此，桩基的验收必须经监理、业主、施工单位联合验收合格后，开始桩承台基础施工。

二、模板工程

基础模板采用酚醛树脂覆膜木模板。组合安装前，先检查基础垫层的标高、位置无误后，给定基础中心线和边线，按基础设计尺寸和模板模数进行配模。不足模数的部位和特殊部位用木模板加以辅助。检查所用模板的规格和外观质量，进行维修、校正。模板加固示意如图8-4-2所示。

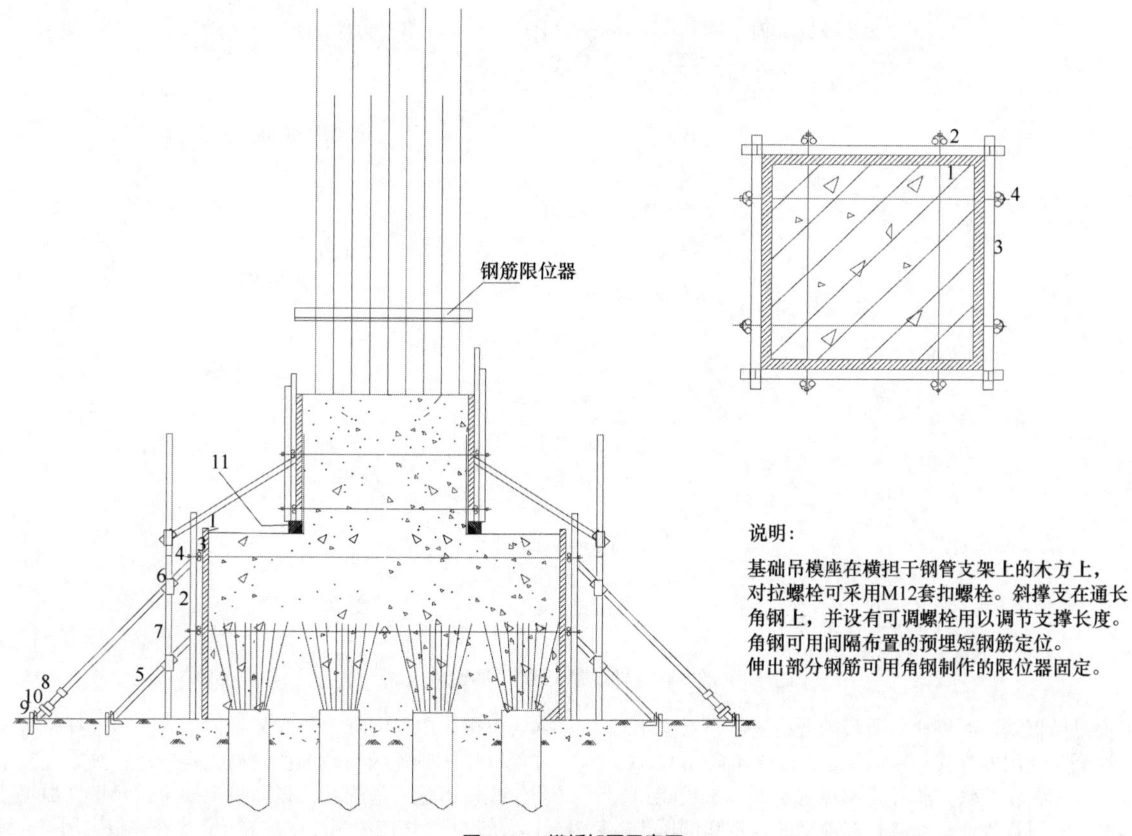

图8-4-2　模板加固示意图

1—钢模板；2—ϕ48×3.5mm钢管外楞；3—ϕ48×3.5mm钢管内楞；4—对拉螺栓；5—ϕ48×3.5mm钢管斜撑；6—钢管扣件；7—ϕ48×3.5mm钢管加强杆；8—可调螺栓；9—预埋钢筋；10—通长角钢；11—100mm×100mm木方（通长放置）

三、钢筋工程

钢筋就位绑扎前应按设计图纸检查基础垫层的强度、标高、基础中心线和边线，确定钢筋绑扎顺序和方法及接头形式。钢筋的保护层采用同厚度高标号水泥砂浆垫块加以控制。钢筋焊接接头以电渣压力焊、直螺纹连接为主。钢筋接头焊接按要求进行抽样检验，确保钢筋接头的焊接质量。

桩头预留钢筋不得弯折，钢筋预留长度应符合设计长度。承台施工前应将钢筋整直加上设计要求箍筋。

四、混凝土工程

混凝土的供应：由搅拌站集中供应，混凝土罐车运输，混凝土输送泵车或地泵加输送管浇筑入模。

原材料：水泥、砂、石、粉煤灰、外加剂等进场必须具有出厂合格证明书，经现场抽样复试，合格后挂牌标识，待用。

混凝土的搅拌：必须按设计要求的强度和试验室给定的配合比进行搅拌，并根据实际情况在有关技术人员（试验室专职人员）指导下调整混凝土配合比，以保证混凝土的施工强度和施工稠度及施工要求的初、终凝时间。

混凝土的浇筑：在混凝土浇筑前，应对酚醛树脂覆膜多层板、钢筋、预埋件、预留孔等进行检查验收，必须符合设计与施工规范要求。混凝土浇筑时均匀布料，适当控制浇筑速度，使混凝土自由下落高度控制在2m以内。混凝土分层浇筑时每层厚度不得超过振捣棒长度的1.25倍，振捣上层混凝土要在下层混凝土初凝前进行，并插入下层混凝土中5cm左右。放角基础浇筑时，每浇灌完一步放角应稍做停顿，再浇筑上一层放角，以防止下层放角混凝土溢起，在上层放角根部产生缺陷。每一放角浇筑完后，表面抹平压光。混凝土浇灌完终凝后及时浇水养护。

试块：每一作业班或每拌制100m^{3}混凝土，试块留置不少于一组；不同强度的基础每种试块留置不少于一组。同条试块根据施工要求和实际情况留置。

拆模按不同部位的具体要求进行。

五、锅炉钢架预埋地脚螺栓

地脚螺栓支架施工：锅炉钢架安装用地脚螺栓设计为直埋式，施工精度要求高，施工难度大。施工稍有不慎，造成施工误差过大，就会给安装工作带来极大的困难，而且难以修正。所以预埋地脚螺栓施工是一项重要的环节，必须采取可靠的加固措施。

施工时先在基础垫层上或基础柱根部位置预埋带锚筋的铁件四块，用以固定基础地脚螺栓支架的四脚，再在基础四周及表面用经纬仪打出地脚螺栓组中心线。地脚螺栓支架采用角钢、钢筋或槽钢焊制而成，地脚螺栓上下两端采用在车间加工钻孔完成的限位钢板焊接固定在支架上，并根据基础上给定的中心线，确定所安装的螺栓组的中心线与所给定的中心线一致，然后焊接固定。同时，利用各个地脚螺栓的螺帽和螺扣将其标高调到设计标高，并相对拧紧。在混凝土浇灌前，应重新对各个地脚螺栓的中心及标高进行复测，准确无误后，方可浇筑混凝土。支架加固如图8-4-3所示。

六、附属设备基础及地下设施结构施工

施工内容：电缆沟、工业回水沟、设备基础、水池、油池等。施工前应进行地耐力试验，当承载力满足设计要求时方可施工，如不满足设计承载力，应采取相应措施进行处理。

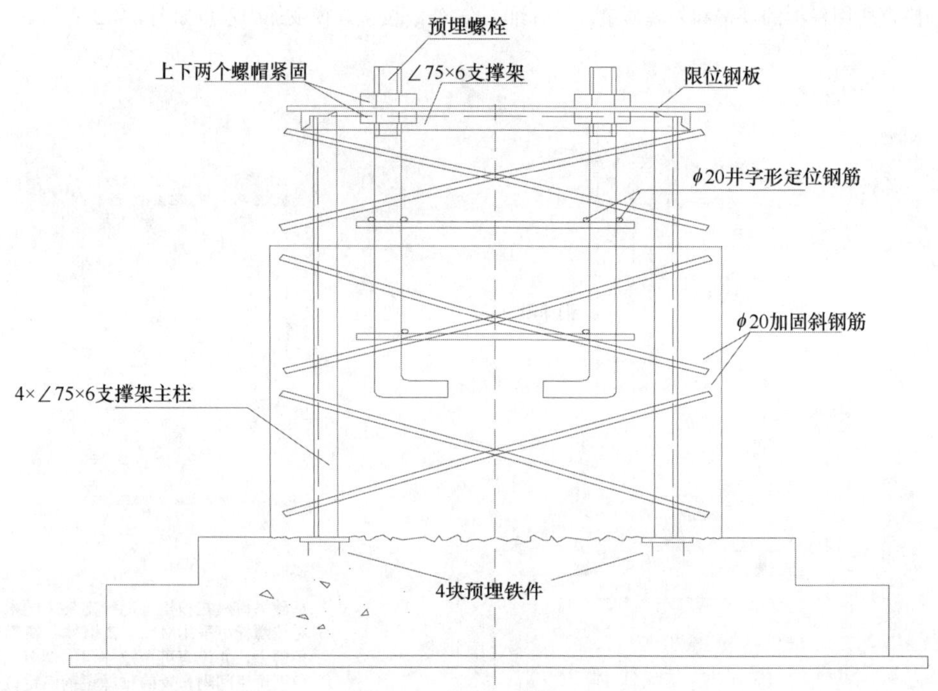

图 8-4-3　地脚螺栓加固示意图

模板工程：模板采用酚醛树脂覆膜胶合模板，模板采用对拉螺栓与钢管配套使用的方式加以固定，如图 8-4-4（b）、（c）所示。模板及支撑系统要经过验算，确保有足够的承载能力、刚度和稳定性，能可靠地承受新浇筑混凝土的自重和侧压力，以及在施工过程中所产生的荷载。模板表面平整、光滑、无弯曲变形。模板与混凝土的接触面应涂隔离剂。对拉螺栓采用ϕ12圆钢套扣螺栓，对拉螺栓靠模板里侧加一小木块，拆模后，将木块抠出，用与混凝土相同配合比的水泥砂浆抹平压光。支箱体侧壁模板时，应在底部留设清扫孔，沿柱高方向应留设浇捣孔。模板拆除时间应符合设计规范要求。预埋件加工严格按设计要求进行，按图纸标注的位置（首先在模板上用墨斗弹出预埋件中心线和边线）安装固定好预埋件，预埋管并复检其规格和定位。地下沟道、池槽施工时，为达到防水目的，穿墙预埋套管及对拉螺栓应加焊止水环，止水环结点如图 8-4-4（a）所示。

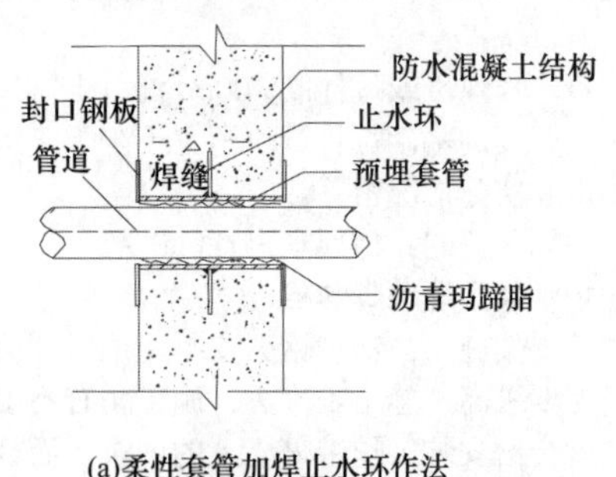

(a)柔性套管加焊止水环作法

防水混凝土结构
止水环
穿墙管
焊缝

(b)刚性套管预埋

说明：

1. 止水环应与套管满焊严密，止水环数量按设计规定。
2. 采用单管现浇固埋法时，应注意将管及止水环周围的混凝土振捣密实，对管道底部的浇捣尤其应该加以注意。

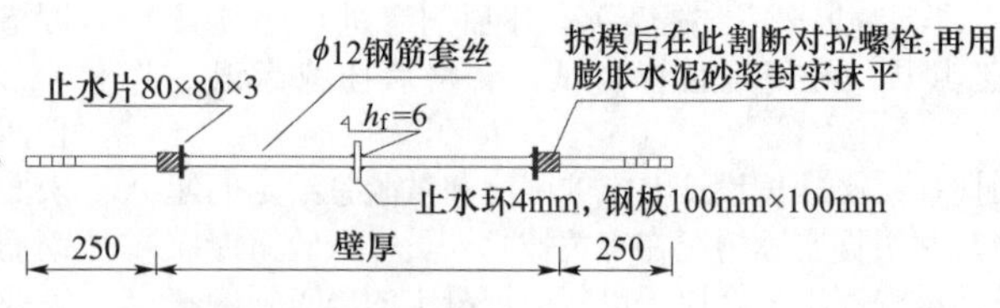

(c)地下设施用对拉螺栓作法

图 8-4-4　模板工程

钢筋工程：钢筋领料时索取出厂质量证明书，并按规定进行复试，复试合格后方可使用。所有钢筋加工制作均在钢筋加工厂进行，然后运输到现场。钢筋加工前，根据图纸及规范的要求，制成下料表，按表下料加工，加工完的钢筋要分区堆放，做好标识；钢筋绑扎时位置准确，各相交点绑扎牢固，并按设计要求留好保护层，保护层用垫块将钢筋垫起而成。箱体侧壁竖向钢筋接头按设计要求或搭或焊。

混凝土工程：箱体混凝土都属抗渗混凝土，其配比经试验室试配后确定。混凝土由搅拌站集中供应，罐车运输，泵车泵送入模，现场采用机械振捣。浇筑墙壁混凝土时，混凝土由浇捣孔进入或接软管直接插入墙内，确保混凝土自由倾落高度不超过 2m，混凝土采用分层浇灌分层振捣，上层混凝土浇筑期限不能超过下层混凝土的终凝，保证混凝土浇筑的连续性。施工缝留设在各层平台上部，二次混凝土浇灌前先填以 50～100mm 厚与混凝土内砂浆成分相同的水泥砂浆。混凝土振捣要密实，振动棒插点均匀，做到无漏振、欠振，防止混凝土表面出现蜂窝、麻面。混凝土浇筑完毕应及时浇水养护（抗渗混凝土养护期限不少于 14d）。并按要求制作混凝土试块。

8.4.2.2.3 汽机基础施工

汽机基座底板属大体积混凝土，必须按大体积混凝土的施工技术措施进行施工。

一、工艺流程

汽机垫层→汽机底板→汽机底板顶至±0.00m 柱边墙支墩→±0.00～6.3m 柱梁板→6.3～12.6m 梁底汽机基座柱→汽机基座 12.6m 运转层。

二、施工方法

基坑开挖→测量放样→安装垫层四周模板→投测垫层面中心线和高程→清除杂物积水→浇筑垫层混凝土。

在垫层面上投测汽轮机发电机中心线与凝汽器中心线→测量复测校核→在垫层面上画出基础边线及柱边线→绑扎底板底层钢筋→安装钢筋架→绑扎中间各层钢筋→绑扎底板面层钢筋→模板安装在底板内放入柱箍筋→插入柱筋及冷凝器支墩主筋→绑扎成型→钢筋分项工程隐蔽验收并现场取接头样品送检→全面安装模板→全面加固模板及补充支撑→搭设脚手架走道平台→测量柱位轴线及高程→进行柱位轴线及高程复测校核→误差改正→四级检查验收合格后→浇筑底板混凝土并加各种插筋→养护→拆模。

钢筋制造在钢筋厂内进行加工制作，汽车运输到现场基坑边，人工或机械搬运至安装点进行散件组合形成钢筋骨架，钢筋安装时，先安装板底钢筋，再安装支撑钢筋，支撑钢筋按设计考虑制作，如无设计考虑，按底板纵断面钢筋内框尺寸用 ϕ25mm 钢筋加工成榀钢筋支撑，按 1.5m 间距布置，横向每 3m 间距设置一道剪刀撑，以保证整个钢筋骨架的稳定性；最后安装底板面层钢筋和柱子边墙插筋。钢筋的连接必须符合设计图纸和规范要求，ϕ18mm 及以上钢筋拟采用钢筋直螺纹连接。

模板工程主板采用 18mm 厚高强酚醛覆膜木胶合板作为模板。60mm×100mm 木方做背楞的大模板体系，板缝粘贴胶纸；模板加固采用钢筋利用中间各层钢筋焊接进行纵横两向对拉，方钢压紧，周边上下用钢顶撑支撑在专门设计的加固排架上，周围模板底外侧在垫层混凝土施工时预埋ϕ25mm 的限位钢筋头。

本章其余内容见光盘。

第 3 篇

600MW 级机组工程施工组织设计范例

高健美　董昌龄　庄熙琳　赵冬梅　李永华　娄云高　丛建国
韩　冰　蔡　新　赵艳楠　宋　巘　孟祥泽　薛兆民　王建新
倪达明　赵西文　王勇旗　唐建明　张俊强　孙福梓　尚林波
孙学庆　胥建武　魏广苓　吴　杰　曾广宇　李笑飞　康利利
王金哲　张　超　欧　松　赵迎杰　陈晓明　孟祥彬　张艳红
赵　平　刘　祥　等　编著

第1章　国投哈密电厂660MW机组工程主体施工组织设计

1.1　主要施工方案

1.1.1　建筑专业施工方案

1.1.1.1　工程概况

本工程为国投哈密电厂一期（2×660MW）工程为新建工程，建设地点位于新疆维吾尔自治区哈密市境内大南湖矿区，规划容量为2×660MW+2×1000MW高参数空冷机组，一期工程建设2×660MW超临界间接空冷机组，同步建设石灰石—石膏湿法脱硫及SCR工艺脱硝设施。建成后通过哈密—郑州±800kV特高压直流线路将电力送往华中地区。

本工程计划于2012年6月28日浇筑第一方混凝土，2014年7月28日1号机组通过168h试运并移交生产。2号机组于2014年10月28日通过168h试运并移交生产。

1.1.1.2　编制依据

国投哈密能源开发有限责任公司国投哈密电厂一期（2×660MW）工程主体施工A标段招标书。

国家和电力行业现行规范、标准清单。

设计院和制造厂技术文件上的质量标准和要求适用于本标工程。

本标段工程质量全面达到国家和电力行业颁发的标准，达标投产。

质量目标：建精品工程，做一流企业，确保电力行业优质工程，争创国家优质工程、“鲁班奖”。

1.1.1.3　工程范围及内容

施工范围：1号机组的建筑安装工程；2号机组主厂房建筑工程（包括集控楼和炉后风机房建筑）；烟囱建筑安装工程；启动锅炉房建筑工程；启备变建筑安装工程；除尘配电间建筑安装工程；1号机组循环水管道建筑安装工程（不含间冷塔和辅机冷却塔建筑工程）；全厂设备、物资卸车及代保管。

1.1.1.4　主要施工措施

本标段工程以全面执行公司及项目经理部制定的安全、质量及施工管理方面的有关规定为基础，提前做好策划，抓好过程管理，干出水平，突出特色。

1.1.1.5　施工管理方面

充分利用计算机技术进行工程管理，各往来文件及各归档资料均做到标准、规范。

利用P3软件对施工进度进行科学控制与管理。

安排有经验、有能力的人员承担施工管理工作。

编制完善的施工管理制度，认真规划施工总平面布置图。

合理配置人力、机械，合理安排工序。

1.1.1.6　主要施工技术

现场设置钢筋加工厂，由专业人员集中加工制作，保证钢筋加工准确标准。钢筋的连接方式如设计无具体要求，拟现场钢筋用直螺纹机械连接，在钢筋车间钢筋采用闪光对焊等工艺。

模板选用酚醛树脂覆膜大木模板，模板加工工厂化，施工人员根据结构、原材料尺寸综合考虑配模，减少模板的拼缝数量。梁柱模板的加固以型钢抱箍加固为主。

混凝土采用集中搅拌，输送车运输与输送泵车配合、机械振捣的施工方法，掺加早强减水剂、泵送剂，改善混凝土的性能，以便进一步提高混凝土表面工艺；同时，根据不同的结构形式及结构部位，配制不同的混凝土，如大体积混凝土采用矿渣水泥掺加粉煤灰来降低混凝土的水化热。部分冬期施工混凝土掺入复合型防冻剂、材料加热和机械防护、混凝土养护措施。

地下池井均为防水混凝土结构，为保证防水效果，从混凝土的原材料、外加剂、配合比、振捣及养护、施工缝留设及处理、预埋件及穿墙套管防水处理等多方面都采取了相应措施。

钢结构制作中，钢板采用半自动火焰切割机下料，弧形板采用卷板机卷制，焊接采用手工电弧焊或自动埋弧焊，除锈采用喷砂除锈或手工除锈。

1.1.1.7　施工控制测量及放样

一、测量依据及规范标准

制定控制测量施工方案的依据业主提供的厂区总平面布置图、国家大地测量资料以及国家黄海高程系统资料中的能有效控制电厂区域不低于一级导线控制网详细资料，并结合本厂区具体的实际情况。

控制测量施工的规范标准是火力发电厂工程规范及工程测量国家规范。

二、测量仪器及人员编制

平面控制测量仪器采用瑞士徕卡全站仪TCR402型。

高程控制测量仪器采用瑞士产SD3型水准仪；沉降观测仪器采用瑞士产N3型水准仪。

测量人员编制为专责工程师一名、测量员六名。

三、控制测量施工内容

控制测量包括平面控制测量及高程控制测量。

平面控制测量包括主厂房施工控制网的建立，以及施工网点的建立。

主厂房测量控制网施测，用轴线法布设主厂房控制网，先确定主厂房控制网的主轴线，由厂区控制网测出，然后在施测主厂房四个边，从而形成一个主厂房控制网。根据主厂房四角控制点Z1、Z2、Z3、Z4经测量平差后，对需控制方格网点用直角坐标法进行加密，而形成一个主厂房方格网。

平面控制网测设的精度要求。

主厂房轴线控制网边长精度：$m_s \leqslant S/30000$。

主厂房轴线控制网测角精度：$m_\beta \leqslant \pm 5''$。

高程控制测量施工：根据总平面图、国家黄海高程系统资料中水准基点的详细资料及现场具体情况，为了保证施工水准网能得到可靠的起算数据，为了检查施工水准点的稳定性，在厂区内适当地方建立首级永久水准基点组，点数至少为3个（此水准基点可作为沉降观测水准基点），点间距离为500～1000m，高程测量按三等水准测量标准施测。而主厂房的高程控制网采用四等水准测量方法建立，在主厂房附近设点，作为施工水准基点，其水准基点的选取应根据设计、现场的实际情况而定，并符合规范要求，组成环型闭合水准网，其需附合在首级水准点上。主厂房的沉降观测点的选取应根据设计要求进行，其观测按二等水准测量标准施测。

四、沉降观测

沉降观测工作是一项长期系统观测工作，为了保证观测成果正确性，做到“四定”：固定人员观测和整理成果；固定使用水准仪和水准尺；使用固定水准点；按规定日期、方法和路线进行观测。

沉降观测控制点是建立在各建构物周围附近，布设距离建构物需在100m以内，在受压、受震范围以外，埋设深度达到冰冻线0.5m以下。并认真做好保护测量设施。

五、测量放线工作

按施工图及总平面布置图给出坐标点、高程控制点进行轴线网布设和水准点引测，并用混凝土浇筑成坐标点桩，在桩上预埋铁钉或打十字线，确定位置。放线时，在建筑物的外轮廓周围确定半永久控制点，确定建构筑物的方位、朝向及主要轴线，用经纬仪、水平仪及钢尺分别测放建筑物的次要轴线及详细尺寸。永久及半永久控制点标志设置必须牢固、稳定、不下沉、不变位。必要时可加防护栏维护。

基坑（槽）开挖完成后，基底开挖宽度应通线校核，坑底深度应经测量校核无误后，并把轴线和标高引移到基坑，在基坑中设置轴线基础边线及高程标记。并在垫层面上放出（弹墨线）墙或基础平面尺寸。

建筑物的高程施工测量及沉降观测点的设置，根据正式施工图要求而定。

框架结构工程砌砖前，将水平标高引测在混凝土墙、柱的一定高度位置上，与混凝土柱相连接的墙体相应位置应放出墙体的垂直边线、窗台、窗顶、门顶、洞口底、顶等标高作为砌砖的依据。根据各层平面的轴线和各层建筑施工平面图，放出墙体的平面轴线，墙边线及门窗、洞口等位置（先按装门框后砌砖的应标记门的开启方向）。

装饰施工抄平放线：根据建筑施工图弹出相应的全部墨线，踢脚线、墙裙线、棚顶高程线、梁底水平线、装饰线及窗台、门窗顶、压顶、楼梯步级等的墨线。

屋面防水层、找平（坡）层等应按图纸要求放控制线，并按图纸和规范要求，结合各种隔热层块料规格放出伸缩缝、饰面层收口及分隔缝的控制线。

水准仪、经纬仪等要按计量要求进行检定合格后才能投入施工使用，并要注意进行妥善保管和使用。

1.1.1.8 主厂房施工方案

主厂房土方开挖后，经业主、监理公司及施工单位三方共同验收合格后，根据图纸设计要求进行换填或基础施工。

1.1.1.8.1 主厂房独立基础施工

一、模板工程

基础模板采用酚醛树脂覆膜胶合板模板。施工前，先检查基础垫层的标高、位置无误后，给定基础中心线和边线，按基础设计几何尺寸及标高进行配模。模板使用前按规格分类堆放好，并刷好脱模剂。施工人员按给定的基础中心线和边线及设计标高组合安装模板，用线坠、盘尺（卷尺）、水平尺、水平仪控制好模板的整体几何中心、对角线、外形几何尺寸、侧模垂直度、标高等。用$\phi48\times3.5$钢管（或木方）加固模板，配置合理支撑系统，用密封胶条或海绵条封堵模板拼缝以保证混凝土基础的外型尺寸、浇筑质量和表面工艺质量。对于截面较大的基础和特殊部位，用对拉螺栓进行模板加固。对拉螺栓和支撑系统均须经过验算后布设。保证外形尺寸准确，防止胀模。特别对于除氧煤仓间框架柱与基础短柱节点的钢筋连接，为保证钢筋间距及位置的正确，基础的钢筋采用角钢制作的钢筋限位器进行定位，以保证施工质量。模板加固示意如图1-1-1所示。

图1-1-1 模板加固示意图

1. 钢筋工程

钢筋入场必须具有出厂合格证，并按规格、批号分类堆放，经现场抽样复试合格后挂牌标识方可使用。钢筋的下料和加工，按工程技术人员给定的钢筋加工料单（据设计图纸和规范计算得出）进行。各类型钢筋加工成型后应分批编号、分类堆放，并挂牌标明钢筋的使用部位、编号、直径、长度。钢筋就位绑扎前应按设计图纸检查基础垫层的强度、标高、基础中心线和边线，确定钢筋绑扎顺序和方法及接头形式。钢筋的保护层采用垫块加以控制。钢筋的接头按规范规定和图纸要求进行合理布置和施工。钢筋焊接接头以闪光对焊为主。钢筋接头焊接按要求进行抽样检验，确保钢筋接头的焊接质量。

2. 混凝土工程

混凝土的供应：由搅拌站集中供应，混凝土罐车运输，混凝土输送泵车或地泵加输送管浇筑入模。

原材料：水泥、砂、石、粉煤灰、外加剂等进场必须具有出厂合格证明书，经现场抽样复试，合格后挂牌标识，待用。

混凝土的搅拌：必须按设计要求的强度和试验室给定的配合比进行搅拌，并根据实际情况在有关技术人员（试验室专职人员）指导下调整混凝土配合比，以保证混凝土的施工强度和施工稠度及施工要求的初、终凝时间。

混凝土的浇筑：在混凝土浇筑前，应对模板、钢筋、预埋件、预留孔等进行检查验收，必须符合设计与施工规范要求。混凝土浇筑时均匀布料，适当控制浇筑速度，入模高度控制在2m以内。混凝土分层浇筑时每层厚度不得超过振捣棒长度的1.25倍，振捣上层混凝土要在下层混凝土初凝前进行，并插入下层混凝土中5cm左右。放角基础浇筑时，每浇灌完一步放角应稍做停顿，再浇筑上一层放角，以防止下层放角混凝土溢起，在上层放角根部产生缺陷。每一放角浇筑完后，表面抹平压光。混凝土浇灌完终凝后及时浇水养护。

试块：每一作业班或每拌制100m^{3}混凝土，试块留置不少于一组；不同强度的基础每种试块留置不少于一组。同条试块根据施工要求和实际情况留置。

拆模按不同部位的具体要求进行。

主厂房基础和地下设施施工完，均按图纸设计要求对基础外表面进行防腐后回填。

二、锅炉钢架预埋地脚螺栓

地脚螺栓支架施工：锅炉钢架安装用地脚螺栓设计为直埋式，施工精度要求高，施工难度大。施工稍有不慎，造成施工误差过大，就会给安装工作带来极大的困难，而且难于修正。所以预埋地脚螺栓施工是一项重要的环节，必须采取可靠的加固措施。

施工时先在基础垫层上或基础柱根部位置预埋带锚筋的铁件四块，用以固定基础地脚螺栓支架的四脚，再在基础四周及表面用经纬仪打出地脚螺栓组中心线。地脚螺栓支架采用角钢、钢筋或槽钢焊制而成，地脚螺栓上下两端采用在车间加工钻孔完成的限位钢板焊接固定在支架上，并根据基础上给定的中心线，确定所安装的螺栓组的中心线与所给定的中心线一致，然后焊接固定。同时，利用各个地脚螺栓的螺帽和螺扣将其标高调到设计标高，并相对拧紧。在混凝土浇灌前，应重新对各个地脚螺栓的中心及标高进行复测，准确无误后，方可浇筑混凝土。支架加固如图1-1-2所示。

三、附属设备基础及地下设施结构施工

施工内容：电缆沟、工业回水沟、设备基础、水池、油池等。施工前应进行地耐力试验，当承载力满足设计要求时方可施工，如不满足设计承载力，应采取相应措施进行处理。

模板工程：模板采用酚醛树脂覆膜胶合模板，模板采用对拉螺栓与钢管配套使用的方式加以固定。模板及支撑系统要经过验算，确保有足够的承载能力、刚度和稳定性，能可靠地承受新浇筑混凝土的自重和侧压力，以及在施工过程中所产生的荷载。模板表面平整、光滑、无弯曲变形。模板与混凝土的接触面应涂隔离剂。对拉螺栓采用$\phi12$圆钢套扣螺栓，对拉螺栓靠模板里侧加一小木块，拆模后，将木块抠出，用与混凝土相同配合比的水泥砂浆抹平压光。支箱体侧壁模板时，应在底部留设清扫孔，沿柱高方向应留设浇捣孔。模板拆除时间应符合设计规范要求。预埋件加工严格按设计要求进行，按图纸标注的位置（首先在模板上用墨斗弹出预埋件中心线和边线）安装固定好预埋件，预埋管并复检其规格和定位。地下沟道、池槽施工时，为达到防水目的，穿墙预埋套管及对拉螺栓应加焊止水环。止水环结点如图1-1-3所示。

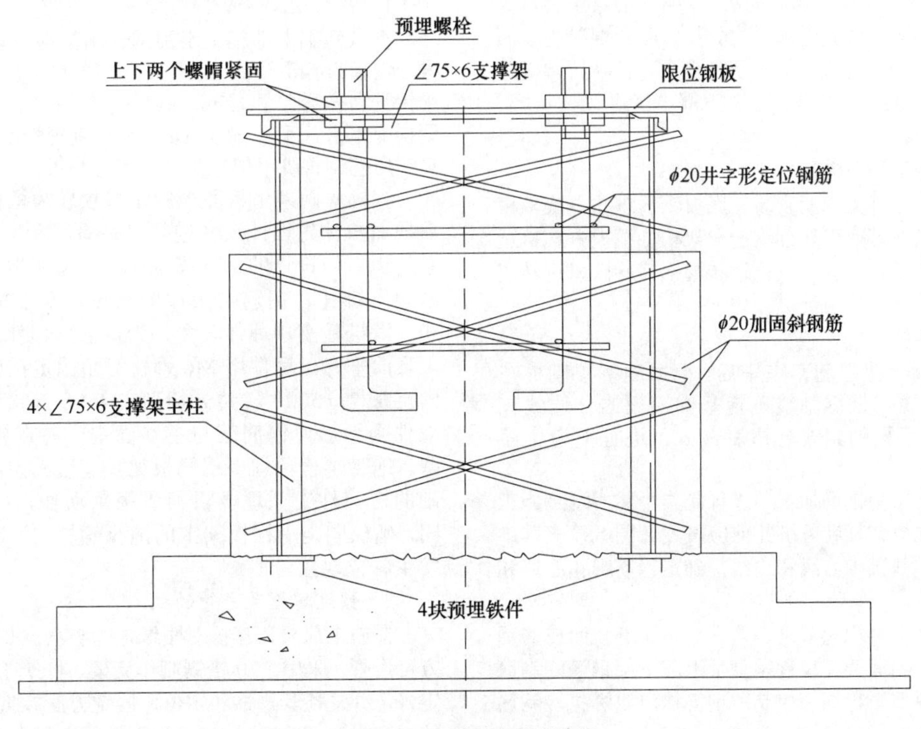

图1-1-2　地脚螺栓加固示意图

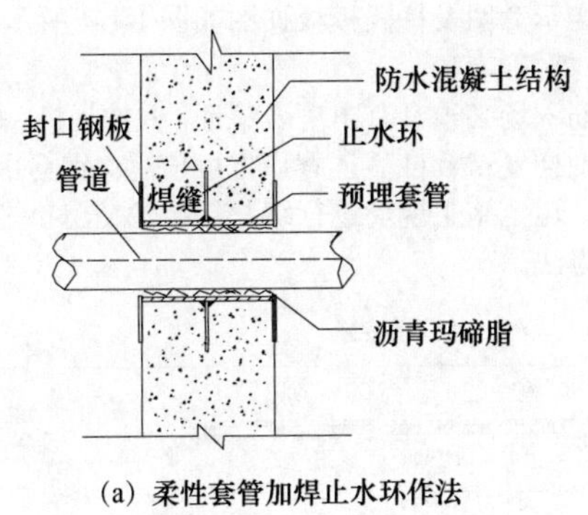

(a) 柔性套管加焊止水环作法

(b) 刚性套管预埋

说明：
1. 止水环应与套管满焊严密，止水环数量按设计规定。
2. 采用单管现浇固埋法时，应注意将管及止水环周围的混凝土振捣密实，对管道底部的浇捣尤其应该加以注意。

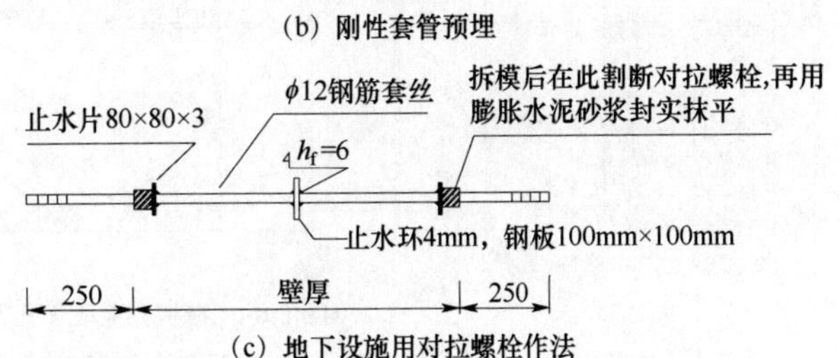

(c) 地下设施用对拉螺栓作法

图1-1-3　止水环结点图

钢筋工程：钢筋领料时索取出厂质量证明书，并按规定进行复试，复试合格后方可使用。所有钢筋加工制作均在钢筋加工厂进行，然后运输到现场。钢筋加工前，根据图纸及规范的要求，制成下料表，按表下料加工，加工完的钢筋要分区堆放，做好标识；钢筋绑扎时位置准确，各相交点绑扎牢固，并按设计要求留好保护层，保护层用垫块将钢筋垫起而成。箱体侧壁竖向钢筋接头按设计要求或搭或焊。

混凝土工程：箱体混凝土都属抗渗混凝土，其配比经试验室试配后确定。混凝土由搅拌站集中供应，罐车运输，泵车泵送入模，现场采用机械振捣。浇筑墙壁混凝土时，混凝土由浇捣孔进入或接软管直接插入墙内，确保混凝土自由倾落高度不超过 2m，混凝土采用分层浇灌分层振捣，上层混凝土浇筑期限不能超过下层混凝土的终凝，保证混凝土浇筑的连续性。施工缝留设在各层平台上部，二次混凝土浇灌前先填以 50～100mm 厚与混凝土内砂浆成分相同的水泥砂浆。混凝土振捣要密实，振动棒插点均匀，做到无漏振、欠振，防止混凝土表面出现蜂窝、麻面。混凝土浇筑完毕应及时浇水养护（抗渗混凝土养护期限不少于 14d）。并按要求制作混凝土试块。

1.1.1.8.2 汽机基础施工

一、汽机基础施工作业流程

底板垫层→底板钢筋支撑架安装→底板钢筋绑扎→底板模板→底板混凝土浇筑→基座架构柱钢筋→架构柱模板→汽机运转层底模→预埋地脚螺栓套管→汽机运转层钢筋→汽机运转层侧模→柱、板混凝土→养护后拆模。

二、汽机基础底板

放线定位：混凝土垫层施工完毕后，根据测量控制桩在垫层上投放基础轴线，根据轴线确定基础模板的外边线。经质检人员、监理工程师验线合格后，方可进行下道工序施工。

钢筋工程：钢筋采用钢筋加工厂进行制作，然后运到施工现场，进行绑扎。底板钢筋就位绑扎前应按设计图纸检查基础垫层的强度、标高、基础中心线和边线，确定钢筋绑扎顺序和方法及接头形式。

底板钢筋上部、下部均为双层钢筋垂直布置绑扎而成的钢筋网片，绑扎时上部钢筋架在设置垂直于上部下层钢筋的钢筋支撑架上。钢筋支撑架用粗钢筋焊制。钢筋挂白线绑扎，钢筋接长采用闪光对焊连接。

模板采用酚醛树脂覆膜胶合板，60mm×90mm 木方做背楞的大模板体系：按照基础截面尺寸现场设计模板，并在车间加工制作完毕，然后运到现场组合拼装在一起。拼组后的模板要求表面平整无错台，质量要求见表 1-1-1。

底板混凝土整体连续浇灌不留施工缝，采用两台泵车从两端同时向中间斜面分层浇灌，分层厚度不超过 300mm。因底板混凝土体积较大，混凝土搅拌采用“双掺”技术，加强保温养护，降低内外温差。使混凝土内外温差不超过 25℃，测温用埋设电子测温线测温，详细施工工艺见大体积混凝土施工。利用插入式振捣器人工进行振捣。在进行混凝土浇筑施工时，施工机械不得碰撞模板。施工过程中要求有模板工维护。并且要求随时校验模板有无变形及位移。发现问题及时处理。

表 1-1-1　　组合后的模板质量要求

项　目	单　位	偏　差
相邻模板表面高低差	mm	≤1
模板截面尺寸	mm	≤5

三、汽机基础上部结构

1. 模板施工

汽机基础上部施工采用钢管满堂脚手架，梁托用槽钢 14 号。钢管为ϕ48×3.5，钢管布置水平尺寸暂按 0.5m×0.5m，水平钢管高度不大于 1.5m。钢管脚手架三向布置剪刀撑。四周布置操作平台，平台宽度 1m，平台钢管脚手架与主体脚手架脱离。所有钢管脚手架跟部放置道木垫板。

汽机基础采用树脂覆膜木模板作为模板材料进行施工，在地面按预先设计尺寸进行拼装后，用吊车配合安装。支撑系统用专门设计的钢管脚手架。钢筋在钢筋场统一制作，运至现场绑扎，钢筋接头按图纸设计要求采用相应的连接方式。汽机基座预埋件较多，为保证预埋件位置准确且与混凝土表面平齐，埋件用 M6 螺栓对角固定在模板上。角钢埋件固定螺栓@500，转角处切割成 45°角焊接连接。运转层顶面埋件操平后设钢筋架与主筋固定，并在施工过程中防止踩踏。地脚螺栓预埋采用样板架加套管固定的方法，在汽机基础的框架柱上预埋样板架生根用铁件，样板架必须固定牢固，确保固定于样板架上的地脚螺栓在混凝土浇灌过程中不发生移位现象。

2. 预埋螺栓及套管的施工

在施工前要认真核对图纸，并与汽机专业人员核对无误后方可进行。采用［20 槽钢制作支架，将预埋螺栓及套管悬挂固定好，并复检其规格和定位，固定方法参照锅炉基础地脚螺栓的固定方法，要严格控制预埋螺栓及套管垂直度满足设计要求。模板整浇示意图及柱梁模板详图如图 1-1-4 所示。

3. 钢筋工程

钢筋入场必须具有出厂合格证，并按规格、批号分类堆放，经现场抽样复试合格后挂牌识方可使用。钢筋由钢筋加工厂集中加工，运至施工现场进行绑扎。运输使用小拖拉机拉长板车运料的方法。

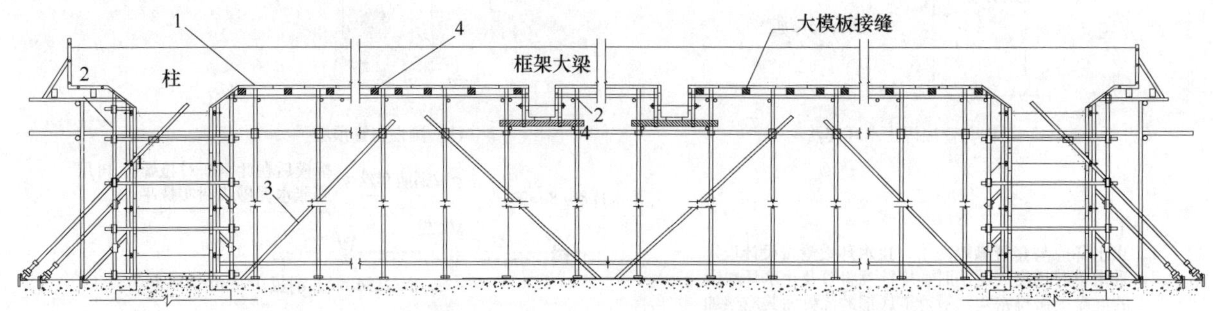

图 1-1-4　模板整浇示意图及柱梁模板详图

1—木制复合大模板；2—结构支撑ϕ48×3.5mm 钢管；3—结构斜支撑ϕ48×3.5mm 钢管；4—梁板支撑木方 100mm×100mm

加工：钢筋的下料和加工，按工程技术人员给定的钢筋加工料单（据设计图纸和规范计算得出）进行。各类型钢筋加工成型后应分批编号、分类堆放，并挂牌标明钢筋的使用部位、编号、直径、长度。

接头：钢筋的接头按规范规定和图纸要求进行合理布置和施工。钢筋加工焊接接头以闪光对焊为主，现场接头采用电渣压力焊连接或按设计要求。

现场钢筋绑扎时，梁受力筋采用对焊、柱立筋的现场接头采用电渣压力焊接或按设计要求。

绑扎：在现场绑扎钢筋前要先将脚手架搭设好，一方面作为操作平台用，另一方面做钢筋的临时固定用，防止作业时钢筋倒覆伤人。

钢筋用22号镀锌铁丝4股满绑，钢筋绑扎位置正确，间距均匀。绑丝要用专用工具切成，切时要一次切成，避免有毛须，影响绑扎质量，切绑丝的长度要根据钢筋的直径计算，不能过长和过短。梁柱钢筋保护层用垫块，有多层钢筋时，上层钢筋设钢筋支撑架。其中梁板上部钢筋用钢筋铁马凳支撑，梁钢筋呈两层或多层布置时，两层钢筋之间用同直径钢筋垫起，留出间隙。

4. 混凝土工程

混凝土的供应：原材料水泥、砂、石、粉煤灰、外加剂等进场必须具有出厂合格证明书，经现场抽样复试，合格后挂牌标识，待用。由搅拌站集中搅拌，混凝土罐车运输，混凝土输送泵车或地泵加输送管浇筑入模。

混凝土的搅拌：必须按设计要求的强度和试验室给定的配合比进行搅拌，并根据实际情况在有关技术人员（试验室专职人员）指导下调整混凝土配合比，以保证混凝土的施工强度和施工稠度及施工要求的初、终凝时间。定期对原材料的质量和计量器具的准确性进行监督检查以保证混凝土强度、坍落度，配合比等符合质量要求。混凝土运输由罐车运输，运输过程不能超过20min，保证混凝土运到现场的质量，保证不初凝，同时做到混凝土坍落度损失尽量小，保证现场施工。

混凝土的浇筑：在混凝土浇筑前，应对模板、钢筋、预埋件、预留孔等进行检查验收，必须符合设计与施工规范要求。混凝土浇筑时均匀布料，适当控制浇筑速度，入模高度控制在2m以内。混凝土分层浇筑时每层厚度不得超过振捣棒长度的1.25倍，振捣上层混凝土要在下层混凝土初凝前进行，并插入下层混凝土中5cm左右。

混凝土由浇捣孔进入或接软管直接插入墙内，确保混凝土自由倾落高度不超过2m，混凝土采用分层浇灌分层振捣，上层混凝土浇筑期限不能超过下层混凝土的终凝，保证混凝土浇筑的连续性。施工缝留设在各层平台上部，二次混凝土浇灌前先填以50～100mm厚与混凝土内砂浆成分相同的水泥砂浆。混凝土振捣要密实，振动棒插点均匀，做到无漏振、欠振，防止混凝土表面出现蜂窝、麻面。

四、汽机基础灌注混凝土前组织验收

汽机基础混凝土施工前，应组织汽机专业、电气专业、热控专业、水暖专业进行联合验收，各专业验收无误后，报请监理、业主进行验收，经监理、业主、设计、施工单位联合检查验收合格并会签后，由项目总工程师签发混凝土浇灌通知单。混凝土搅拌采用搅拌站集中搅拌，采取“双掺”工艺，混凝土中同时掺入磨细粉煤灰和具有缓凝减水作用的外加剂。浇筑时，采用两台泵车从汽机基座一侧开始浇灌，混凝土连续浇灌，混凝土振捣密实，上部泌水及时排走，并用刮杆刮平，混凝土表面在初凝前用铁抹子抹压两遍，以闭合干缩裂缝。

五、保证汽机基础施工质量措施

（1）汽机基础外形尺寸大，结构复杂，几何尺寸要求精度高，预埋螺栓及预埋件数量多，埋设要求精度高，施工前，认真熟悉图纸并会审。

（2）对基座施工轴线及标高点控制体系，保证其独立性不受施工干扰，使用仪器、测尺专一。

（3）模板支撑及加固必须经计算制订方案，实施过程中按方案认真执行。

（4）模板在安装前修整、编号、拼装模板对号入座，接缝处贴胶带或夹海绵胶条，保证模板严密平顺。

（5）预埋件用螺栓固定在模板内侧，位置及标高准确，与模板面结合紧密，拆模后与混凝土表面齐平。

（6）保证样板架的强度、刚度及稳定性，经计算确定所用钢材型号、规格，制作、安装尺寸准确。

（7）预埋螺栓设专人埋设，使其负责到底，并经常复核其标高和位置的准确性。混凝土施工过程中，技术人员24h观测其位置及标高，发现问题及时纠正。

（8）应优选水泥及外加剂，混凝土浇筑从一端开始，直到另一端，沿两纵梁方向同步进行，并确保混凝土浇筑的连续性。

1.1.1.8.3　除煤仓间框架施工

一、混凝土框（排）架机械布置

在A排外3～4轴和12～13轴处各布置一台10t建筑塔吊，共同负责汽机间、除氧煤仓间结构吊装。一台50t汽车吊车配合吊运建筑材料、金属压型板安装等。

二、施工顺序

6.9m层框架现浇→13.7m运转层框架现浇→除氧器层框架现浇→煤斗支撑层→下部各层平台的施工。

41.5m皮带层框架现浇→48.32m煤仓间屋面层框架现浇→输煤转运站柱梁板现浇。

三、脚手架施工

除氧煤仓间框架上部结构的支撑体系采用ϕ48×3.5mm卡扣式钢管脚手架。脚手架由立杆、横杆组成，为保证排架的整体稳定性需设横竖向剪力撑。经计算确定框架立杆的排距和间距，横杆的步距，立杆顶标高要根据各层平台底标高，经计算确定。梁底立杆顶端设置［10槽钢制成的梁托，铺设梁底时，框架梁长大于4m，应起拱1/1000～3/1000防止因梁自重而引起下沉。底层立杆地基应平整夯实，垫200mm厚碎石，抄平后加设垫木。

A列为现浇钢筋混凝土排架结构，A列钢筋混凝土排架的外侧为多排架子，内侧也为多排架子，随着A列钢筋混凝土排架的施工随搭设。施工人员的上下可搭设临时的上人马道，在A列外侧，除氧煤仓间1轴和17轴端处搭设上下人用马道，马道为折返式，坡度1∶3，走道的宽度1m，跳板与横管用8号铁丝固定牢，防止施工期间踩翻，马道两侧设有栏杆，栏杆采用脚手管制作，栏杆距马道高度1200mm，马道板上应设置防滑条，防滑条采用30mm厚木条，每300mm布置一道。

为了确保施工安全及保持良好的施工环境，在脚手架四周布设安全网完全封闭。安全马道示意图如图1-1-5所示。

除氧煤仓间脚手架，采用普通钢管脚手架。当承托框架梁时，梁两侧钢管底部应加槽钢支托。平台下排架立杆的间距和步距由计算确定，立杆用对接卡扣进行连接，不允许搭接，注意相邻立杆的搭接不可在同一高度上，应相互错开500mm，以保证排架刚度及稳定性，排架的施工严格按照钢脚手架施工规范进行，排架的四脚、八面采用斜支撑，确保排架的整体稳定性，顶层管的标高，根据梁底标高及使用的木方尺寸进行配料。钢管支撑系统成型后根据梁、板的底标高在梁下设纵方三道，纵方下用木方作横担。

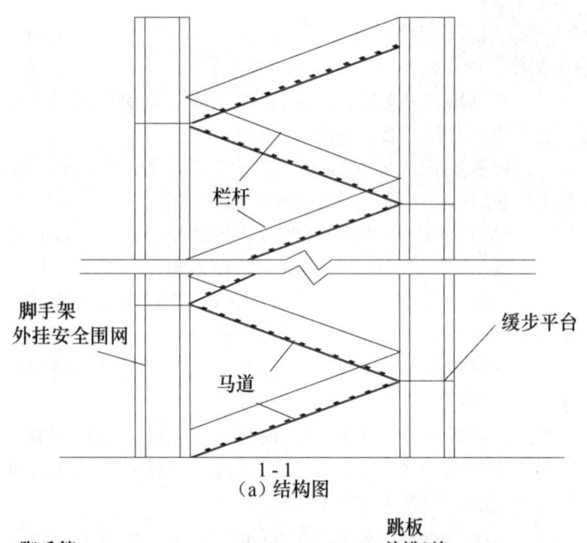

（a）结构图

（b）安全马道平面图

图 1-1-5 安全马道示意图

剪刀撑应自下而上连续设置，并保证连接可靠。平台下在为满堂脚手架时，应在其下设置适当水平拉杆，水平拉杆每 3～5 跨布置一道。在脚手架立杆底端之上 100～300mm 处遍设纵向和横向扫地杆，并与立杆连接牢固。

四、除氧煤仓间混凝土框（排）架现浇

（一）每一层框（排）架施工段的施工顺序

框（排）架分层施工顺序：框架柱钢筋→框架柱支模→梁底模→梁钢筋→梁侧模→柱梁混凝土浇筑→拆模。

有板平台分段施工顺序：钢梁安装完→安铺压型钢板→钢梁上焊抗剪栓钉→钢筋绑扎→混凝土浇筑→混凝土养护。

（二）施工缝留设

（1）柱的施工缝均为水平施工缝。

（2）第一道施工缝留在基础顶面。

（3）纵梁下表面 100mm 范围（牛腿标高＋纵梁断面高＋100mm）。

（4）横梁上表面施工缝的处理。

（5）将混凝土凿去浮灰、松动的砂石及软弱混凝土层，清理附着在预埋钢筋上的浮灰、油污及铁锈，然后绑扎钢筋。

（6）支模前将混凝土上表面清理干净，柱模板底部留清扫孔。

（7）混凝土浇筑前用水冲浇混凝土表面，并保持湿润 24h 以上。

（8）铺设 10～15mm 厚水泥砂浆一层，其配合比与混凝土内砂浆成分相同。

（三）柱、梁模板

柱、梁模板采用酚醛树脂覆膜的木胶合板，60mm×90mm 木方做背楞，木方要防止受潮变形，背楞 60mm 面要用压刨压平直和模板贴紧，以加大模板的平整度和刚度，背楞间净距 200mm。按梁、柱、板形状、尺寸绘制模板加工小样图，交模板加工加工厂统一制作加工。模板下料用裁板机，保证模板边角平直。模板接缝处粘贴 5mm 双面胶海绵条，防止漏浆。

柱角部及梁底两端采用倒角施工工艺，即在柱角部及梁底两端安装倒角用木线条。柱角木线条安装是将木线条钉在柱小面模板（等口模板）上，用大面模板（盖口模板）压紧木线条；梁钢筋绑扎完毕后，梁侧模支模前将木线条钉到梁底模上。木线条与模板接触面用 5mm 厚双面胶海绵条粘贴，防止漏浆。木线贴近混凝土表面因没有酚醛树脂覆膜模板光滑需要贴透明宽胶带处理，贴胶带时要细心，不能起皱。

柱模板支撑及加固：柱模板采用加固螺栓、型钢（或短钢脚手管）、木方共同加固，槽钢的规格与布置间距、加固螺栓直径通过力学计算确定。为保证柱模板的刚度与稳定性，在柱下部可以适当加密、加粗加固螺栓。在柱模板底部预留清扫孔，浇筑前封堵。柱二次施工接头处模板与上次混凝土相接触处模板向下延伸 500mm 并加双面胶海绵条，此处加设两道型钢柱箍，向下延伸模板端部一道，混凝土柱顶一道，同时加固螺栓规格加大；另外利用钢脚手管加顶丝与支撑排架对柱进行找正。

梁模板采用加固螺栓、型钢（或短钢脚手管）、木方共同加固，加固方式与柱相似。梁侧模夹紧底模，并使侧模木肋与梁底木方钉在一起。梁底模板按梁跨度的 0.3%起拱。

（四）钢筋工程

1. 钢筋加工

钢筋成型在现场钢筋加工厂进行，钢筋采用机械加工、机械调直，严格保证加工形状和尺寸，加工中不准对钢筋进行热处理。

钢筋加工完毕分类堆放，钢筋标牌清晰准确。堆放时至少架离地面 100mm。

2. 钢筋绑扎

为了提高钢筋的绑扎工艺水平和施工速度，直径大于 25mm 以上的钢筋的接头方式如果设计无具体要求，采用直螺纹连接或电渣压力焊。

柱钢筋的绑扎分段进行，以施工缝作为分段依据。绑扎时要保证钢筋位置准确，搭接长度、锚固长度、预留长度一定要满足设计和规范要求，并做到横平竖直。绑线均折向骨架内部，防止影响混凝土表面质量。杜绝随意在钢筋上焊接或切割。为确保框架柱上下层钢筋位置准确，采用角钢制作的钢筋间距固定框对柱主筋进行固定，固定框按柱的断面尺寸和钢筋位置设计制作。

主厂房框架梁钢筋规格较大，配筋较多，出现二层钢筋的时候较多，绑扎时可以利用脚手架形成临时钢筋支架，便于施工并防止钢筋倒排。

板上层筋用钢筋马凳支起，板底筋弯钩朝上。钢筋相交点用 22 号铁线绑牢，不允许隔点交错绑扎。

钢筋保护层采用预制水泥砂浆或细石混凝土垫块，绑扎丝在制作垫块时，预埋在垫块中。砂浆垫块必须密实且方整，防止空气通过垫块腐蚀钢筋。施工时保证垫块数量及固定牢固，防止露筋现象发生。

（五）混凝土工程

采用混凝土搅拌站集中搅拌，混凝土运输车运输，混凝土泵车浇筑，泵车浇筑不到位置采用混凝土输送泵输送混凝土。

浇筑同一层框架时，要做到对称浇筑。

混凝土采用插入式振捣棒振捣，控制混凝土振捣时间，以混凝土不再明显下沉、不出现气泡为宜。由于模板采用木模，存在排水性、透气性差的特点，振捣时适当加长 10s 左右，同时严格控制下混凝土高度（以 500mm 为宜）。振捣棒至少插入下层混凝土 50mm。振捣棒采用 D=50mm、D=30mm 两种，钢筋较密处采用 D=30mm 振捣棒或采用人工振捣和振动外模相结合的方法。

浇筑完毕后排除泌水，对截面较大的构件可以采用二次振捣以便增加混凝土的密实性，终凝前对梁混凝土表面保证至少三次抹压，终凝后及时做好养护。

（六）养护、拆模

混凝土终凝后即进行养护，框架柱梁的养护采用混凝土养护液，现浇混凝土板采用浇水满铺麻袋、加覆塑料布养护。养护期根据气候条件确定，养护时间不少于7d。

混凝土浇筑时，做同期自然养护试块，试块试压满足$2N/mm^2$强度后，方可进行梁拆模；柱拆模混凝土不出现缺棱掉角。为保证混凝土外观质量，延长混凝土拆模时间1～2d，并保持所有混凝土构件拆模时间一致。

1.1.1.8.4　运转平台施工

主厂房内汽机运转平台为钢梁浇制板。运转层平台施工顺序：钢管脚手架支设→混凝土柱模板、钢筋→混凝土梁模板、钢筋→平台底模复合模板铺设→钢筋绑扎→预埋件安装→混凝土浇筑。

钢梁现浇板的施工：

（1）各层平台次梁采用钢梁。加工件的原材材质符合设计要求，根据梁尺寸进行下料，焊堵板，焊缝要检查合格。剪力件可以根据实际情况，采用专用工具现场安装或组合场安装。

钢梁的安装时，在梁的两头画好中心线，在主梁底模板上也画好次梁的中心线，用6t塔吊或4t吊车将钢梁就位找正。

（2）多层板铺设。18mm酚醛树脂覆膜多层板，多层板支座利用H字钢上下翼缘板木方立撑顶紧，如图1-1-6所示。方法是用100mm×100mm木方作立撑上部用100mm×100mm木方做多层板背枋，距离按实际情况计算，立撑下部用木楔垫块抄紧。上下节点均需铁钉钉牢。

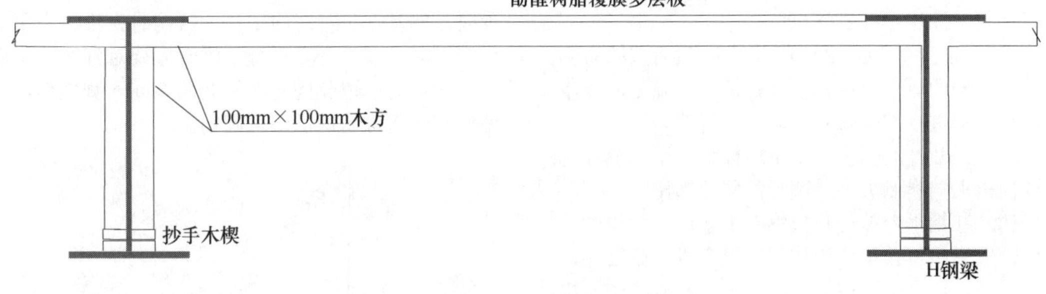

图1-1-6　酚醛树脂覆膜多层板支座结构

多层板铺安前，要仔细审查图纸，在地面上就把铺安顺序、每块板的位置尺寸及孔洞的位置确定好。

钢梁上用栓钉抗剪，栓钉按设计间距焊在钢梁上。

板边、洞口边、搭接处混凝土浇筑前对缝隙进行密封处理，缝隙较大的用铁板堵牢，较小的用密封胶，防止漏浆污染。

（3）预埋件的安装及预留孔洞的留设。埋件制作要保证规格尺寸准确、表面平滑、四边顺直。焊接变形调平后方可使用。

梁柱铁件固定采取的方法是在埋件四角钻$\phi8$孔（较长铁件每隔400mm钻一次孔），扁铁铁件在中间每隔400mm钻一次固定孔，待埋件就位后，用$\phi6$带头螺栓将埋件靠螺母加固到模板上，保证拆模后埋件与混凝土表面平整。

（4）混凝土板施工。混凝土运输采用泵车直接入模或采用输送混凝土泵铺送管道浇筑混凝土。混凝土注入点应分散摊平，不得集中堆放，避免引起梁板变形。混凝土抹平，首先用水平仪抄平，抄平点用短钢筋固定，抄平点不大于3m一个点。用大刮板摊平，平板振捣器捣平，用木抹子搓平，大面积抹灰用抹灰机作业。根据地表装饰要求，混凝土地面抹成光面表面和粗糙表面。混凝土养护应及时进行，并做好防护措施。

1.1.1.8.5　钢屋架、钢煤斗、钢吊车梁制作

一、主厂房钢结构制作

主厂房钢结构包括汽机钢屋架、钢吊车梁、钢煤斗、电梯井筒身钢结构、各钢平台梯子等制作。

二、工艺流程

原材料验收、分类堆放、原材料矫正→放样、制作样板→号料、切割、制孔、零件矫正→组装、调整、焊接、矫正→除锈、油漆、编号→构件分类堆放。

三、加工前准备工作

审查图纸：构件制作前必须对设计图纸进行审查，即对图纸中的构件数量，各种构件的相互关系，接头细部尺寸等进行核对，无误后方可进行下一步。

绘制加工工艺图，备料。

四、零件加工

根据设计图纸，按加工工艺图，按1∶1放出各种接头节点的实际尺寸，对图纸尺寸进行核对。钢屋架要在平台上放出整个结构大样，做出样板，作为下料、剪切、钻孔等加工依据。

切割下料：采用自动切割工具进行钢板切割，手动切割工具进行型钢切割，切口要光滑，平整。

矫正平直：钢材切割下料后，在组拼前要进行矫正和平直工作，可采用热矫和冷矫。

零件钻孔：采用钻床或磁力钻进行钻孔。

五、焊接组拼

检查钢构件翼板、腹板的零件加工质量并清理干净。

根据钢构件长、宽、高尺寸要求，设置焊接架。构件零件放在焊接架上时，在构件的截面方向预留焊缝收缩量，进行点焊定位，并加撑杆。焊接后进行矫正，构件长度方向应在焊接成型检验合格后进行端头加工。

钢屋架要根据制作平台上放出的大样，用角钢或槽钢做出胎膜进行焊接组拼。钢屋架制作要根据设计或规范要求起拱$L/1000$。

六、构件成品的除锈、油漆

钢结构在涂刷防锈油漆前，必须将构件表面的毛刺、铁锈、油污以及附着物清理干净，使表面露出钢材本色，以增加油漆与构件表面的黏结力。

除锈：一般结构面均采用喷砂除锈，高强螺栓连接面亦采用喷砂除锈，摩擦系数达到设计要求，且不刷油漆。

刷油：按设计要求采用人工刷涂法或喷涂法进行油漆涂刷。构件制作完成经除锈后涂刷底漆，安装完成后按施工进度要求涂刷面漆。

钢结构防火涂料的黏结强度、抗压强度应符合国家现行标准《钢结构防火涂料应用技术规程》（CECS 24090）规定。

薄涂型防火涂料的涂层厚度符合有关耐火极限的设计要求。

薄涂型防火涂料涂层表面裂纹宽度不大于 0.5mm，厚涂型防火涂料涂层表面裂纹宽度不大于 1mm。

涂料不得有漏涂、误涂现象，涂层须闭合、无脱层、空鼓、凹陷等缺陷。

七、构件的验收和编号

构件验收是根据设计图纸检查外形尺寸，钢材及焊条的质量证明书，焊缝质量，检验报告，组合构件的质量检验报告，对合格品进行编号堆放。

八、钢煤斗制作

本工程共 12 个钢煤斗，每个煤斗约 45t 重，每个煤斗分两段制作，圆形部分一段，锥体部分一段，锥斗采用倒装法制作，即大斗在下，小斗在上。并根据吊装的要求合理考虑分节。

煤斗制造流程为：钢材验收→钢材矫正→放样→号料→切割→钢板卷制→拼装焊接→清焊根→焊缝检验→拼加筋环→焊加筋环→清焊根基面→涂漆→编号→出厂。

圆筒形煤斗下料：按 1∶1 放出大样展开图，然后按照实际进料尺寸；对煤斗展开面进行分块，制作样板，交施工班组放线。下料前须对每块板进行准确编号，以便于拼装。

卷板：根据分段尺寸，制作锥斗上下口样板，用样板控制每块扇形板在卷板机上的卷制弧度。圆形段同理制作。

锥体煤斗制作：在钢平台放出每截锥斗上下口的大样图，周围点角钢定位，然后将每截锥斗板按顺序组合成一截锥斗，最后再将各截锥斗依次组合成整截倒锥斗，上下两截的竖向拼缝应错开 300mm 以上。

拼装：要严格控制煤斗圆段和锥斗各截上下口尺寸，以保证顺利对接，减小错口量。

九、吊车梁制作

1. 钢吊车梁制作

焊接吊车梁生产工艺流程：钢板→下料→拼装点焊→焊接→矫正→吊车梁成品。

2. 编制焊接工艺评定指导书

应包括焊接结构制作、设计节点形式、钢材类型、规格、采用的焊接方法、焊接位置等，施工前并根据相应规定施焊试件、制定焊接试样并由具有国家技术质量监督部门认证的检测单位进行检测试验。

3. 评定报告

根据检测结果提出焊接工艺评定报告。

并应在钢结构构件制作及施工安装之前完成。指导书经正式批准后，认真交底，严格执行。

4. 无损检测工作

无损检测工作应在外观检查完成后进行。按照设计要求和规范规定执行。

1.1.1.8.6 主厂房结构吊装方案

一、本工程涉及项目

汽机间钢屋架、汽机间吊车梁、钢煤斗、锅炉电梯井钢构、金属墙板等。

二、主要施工机具和吊装顺序

吊车梁及屋架均采用 250t 履带吊安装。安装工作在汽机间回填，汽机间 A 排柱及脱氧煤仓间 B 排柱强度达到 100%后进行。250t 履带吊布置在汽机房 A 排外侧从固定端向扩建端依次进行安装，先安装一跨内的吊车梁，再进行整跨组合钢屋架的吊装。

三、钢屋架吊装

钢屋架吊装采用组合方法：两榀组合吊装。

屋架组合：将平台每段制作的钢屋架运至现场就地组合。钢屋架组合前应认真检查各构件的位置、编号。组合时要对屋架用脚手杆将屋架上下弦加以固定，形成稳定结构，防止屋架倾斜。屋架组合支撑搭设时应形成脚手架，以利于组合节点施工。组合后应测量屋架的跨距及轴线距离，检查螺栓位置，确定无误后方可进行屋架的焊接及螺栓的终拧或焊接。

屋架吊装：如图 1-1-7 所示，对吊车边吊装屋架，边施工屋架支撑及檩条及支撑，使之成为稳定结构。屋架的绑扎应在节点或靠近节点，翻身或立直屋架时，每两榀组合屋架吊装绑扎为四点，吊索与水平线的夹角不宜小于 45°，绑扎中心在屋架重心以上。上下弦应绑钢爬梯，上弦应设安全绳，为了防止屋架在吊装过程产生变形，应加设撑木加固。起吊后，先将屋架吊离地面 50cm 左右，将屋架中心对准安装位置中心，然后徐徐升钩，将屋架吊至柱顶以上，再用溜绳旋转屋架使其对准柱头，以便落钩就位。落钩时应缓慢进行，并在屋架刚接触柱顶时，即刹车进行对线工作。落钩时先将组合屋架缓慢就位 A 排 B 排四个支座临时固定。组合屋架对好线找正后即作最后固定。作业时应避免同时在屋架两端同一侧施焊，以免焊缝收缩使屋架倾斜，施焊后即可卸钩。

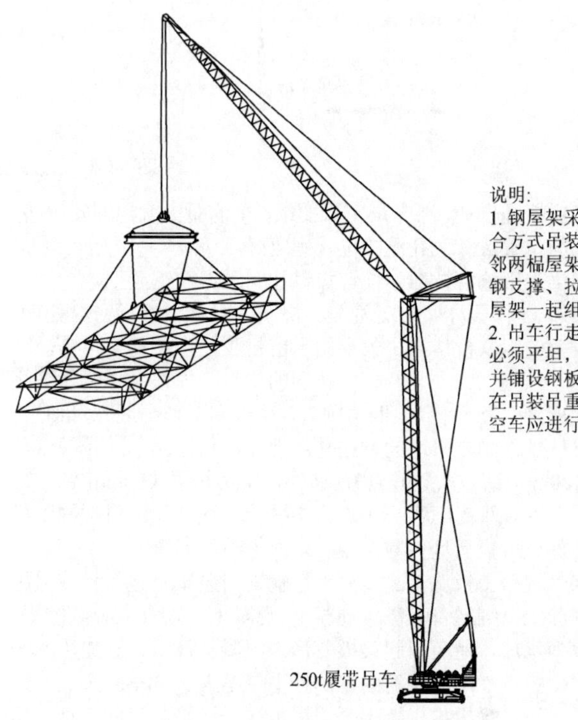

图 1-1-7　吊装示意图

四、钢煤斗吊装

钢煤斗吊装从固定端向扩建端方向吊装。钢煤斗共分三节，将锥形段吊起从顶上向下放至煤仓间钢煤斗支撑大梁安装找正，然后将圆形筒段用锅炉 500t 履带吊车吊至相应的地方向下落与锥体上部接口，对准、找正后及时焊接，吊装示意如图 1-1-8 所示。

煤斗分段吊装并找正，分段焊接。对所有焊缝进行修磨，经整体验收合格后，按设计规定进行耐磨层施工。

当除氧间框架满足强度要求时，除氧器从框架两端拖运。如果设备到货晚，则在框架砌筑时留孔洞，待设备就位后封闭。

五、钢吊车梁吊装

标高调整、纵横轴线和垂直度测定。

吊装前，在柱牛腿旁设立操作平台，绑扎钢爬梯和安全网。

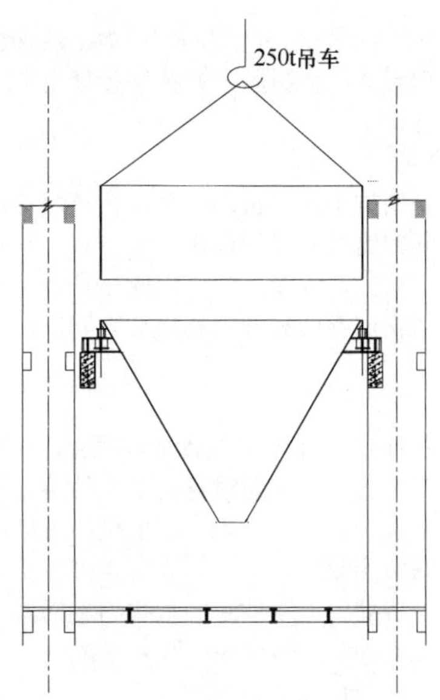

图1-1-8　钢煤斗吊装示意图

钢吊车梁在屋面钢屋架前吊装。为保证吊起吊车梁空中稳定，用溜绳牵引。钢吊车梁就位后，需用垫铁找正。然后用设计要求方法将吊车梁与柱牛腿连接，吊装示意如图1-1-9所示。

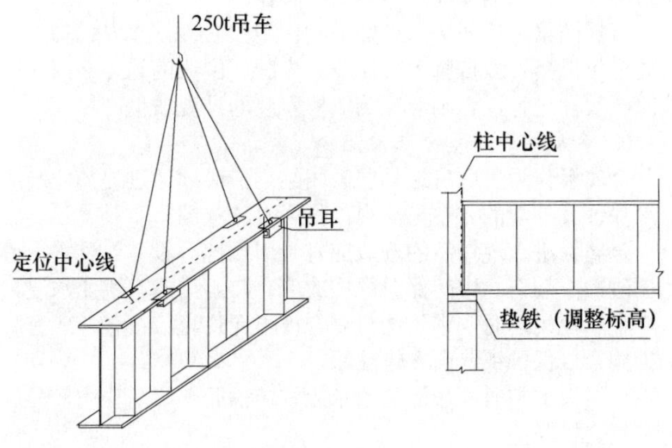

说明：

1. 根据给定的柱标高及梁标高确定梁底垫铁的厚度。
2. 梁吊装要求采用吊耳吊装。

图1-1-9　钢吊车梁吊装定位示意图

1.1.1.8.7　主厂房砌筑、金属保温墙板工程

一、主厂房砌筑

（一）外墙砌筑

1. *砌筑准备*

（1）砌筑时搭设双排脚手架，平台用钢架板或竹架板进行搭设。

（2）砖的强度等级必须符合设计要求，准备好所用材料及工具，施工中所需门窗框，预制过梁、插筋、拉结筋、预埋铁件、配合砌筑及时到现场。砌筑前，根据砖墙位置弹出墙身轴线及边线，并立皮数杆。

2. *施工要求*

（1）砌筑前应对砖进行选择，保证砖的边角整齐、规格一致、色泽均匀。

（2）提前两天对砖浇水，使渗水深度不小于8mm。

（3）按设计要求的强度拌制好每天所用的砂浆。

（4）施工前，应将砌筑部位清理干净，放出墙身中心线，浇水湿润。

（5）设置皮数杆，砖规格和灰缝厚度在皮数杆上标明皮数及竖向构造的变化部位。

（6）按每面墙的平面尺寸认真计算好砖墙水平灰缝和竖向灰缝，灰缝的宽度宜在8～12mm之间。同一面墙和相邻两面墙的水平灰缝和竖向灰缝应大小一致。

（7）水平灰缝的砂浆饱满度不得小于80%；竖缝宜采用挤浆或加浆方法，不得出现透明缝，严禁用水冲浆灌缝。并做到上下错缝，内外搭接，灰缝平直。

（8）砌体宜采用“三一”砌筑法砌筑。砌筑用砂浆应随拌随用，水泥砂浆和水泥混合砂浆必须在拌后3～4h内使用完毕。

（9）砖墙的转角处和交接处应同时砌筑，对不能同时砌筑而必须留槎，应砌成斜槎，其长度不应小于高度的2/3。

（二）内墙加气混凝土砌块施工

（1）砌筑前应弹好墙身位置线及门口位置线，在楼板上弹上墙体主边线。

（2）砌筑前一天，应将预砌墙与原结构相接处，洒水湿润以保砌体黏结。

（3）砌筑前按实际尺寸和砌块规格尺寸进行排列摆块，不够整块可以锯裁成需要的规格，但不得小于砌块长度的1/3。最下一层砌块的灰缝大于20mm时，应用细石混凝土找平铺砌。

（4）砌筑前设立皮数杆，皮数杆应立于房屋四角及内外墙交接处，间距以10～15m为宜，砌块应按皮数杆拉线砌筑。

（5）砌筑砂浆必须用机械拌和均匀，随拌随用。砂浆稠度一般为70～100mm。

（6）砌筑时铺浆长度以一块砌块长度为宜，铺浆要均匀，厚薄适当，浆面平整，铺浆后立即放置砌块，一次摆正找平，严禁采用水冲缝灌浆的方法使竖向灰缝砂浆饱满。

（7）纵横墙应整体咬槎砌筑，外墙转角处和纵墙交接处应严格控制分批、咬槎、交错搭砌。临时间断应留置在门窗洞口处，或砌成阶梯形斜槎。如留斜槎有困难时，也可留直槎，但必须设置拉结网片或其他措施，以保证有效连接。接槎时，应先清理基面，浇水湿润，然后铺浆接砌，并做到灰缝饱满。因施工需要留置的临时洞口处，每隔50cm应设置2ϕ6拉筋，拉筋两端分别伸入先砌筑墙体及后堵洞砌体各700mm。

（8）凡有穿过墙体的管道，在严格防止渗水、漏水。

（9）砌体与混凝土墙相接处，必须按照设计要求留置拉结筋或网片，且必须设置在砂浆中。设于框架结构中的砌体填充墙，沿墙高每隔60cm应于柱预留的钢筋网片拉结，伸入墙内不小于70cm。铺砌时将拉结筋埋直、铺平。

（10）墙顶与楼板或梁底应按设计要求进行拉结，每60cm预留1ϕ8拉结筋伸入墙内240mm，用C15素混凝土填塞密实。

（11）在门窗洞口两侧，将预制好埋有木砖或铁件的砌块，按洞口高度在2m以内每边砌筑三块，洞口高度大于2m时砌四块。混凝土砌块四周的砂浆要饱满密实。

（12）作为框架的填充墙，砌至最后一皮砖时（即梁底），可采用实心辅助砌块楔，每砌完一层厚，应校核检验墙体的轴线尺寸和标高，允许偏差可在楼面上予以纠正。砌筑一定面积的砌体以后，应随即用厚灰浆进行勾缝。一般情况下，每天砌筑高度不宜大于1.8m。

（13）砌好的砌体不能撬动、碰撞、松动，否则应重新砌筑。

二、主厂房金属压型板安装

（一）施工顺序

汽机间墙→汽机间屋面压型钢板底模→除氧煤仓间墙→锅炉间→电梯井。

（二）金属板屋面安装

（1）檩条安装时，必须垂直于屋脊拉线，确保屋檩在一平面内，首先安装屋脊檩条，焊接屋脊撑杆，然后依次安装屋檩、屋面洞口加强檩，在安装下坡檩条时，必须安装拉条，并调平拉紧，保证檩条不扭曲变形，有效防止屋檩受压翼失稳。

（2）对进场的屋面板，复核几何尺寸、数量、颜色等，对运输中变形严重、涂层划伤等严重缺陷的，退场调换。

（3）设置安装基准线，基准线设在山墙端屋脊线的垂直线上，并根据此基准线，在檩条的横向标出每块或若干块压型钢板的截面有效覆盖宽度定位线，安排板图依次铺设，并应边铺设边调整其位置，边固定，应首先安装屋脊托板。

（4）铺设屋面压型钢板时，应在压型钢板上设置临时人行木板，施工人员必须穿软底鞋，不得聚集在一起。在压型钢板行走频繁地部位，应设临时板。

（5）屋脊板、泛水板与屋面压型钢板的连接采用搭接连接，其搭接长度不小于200mm，搭接部位应设置挡水板，并设置防水堵头及密封条，屋脊板之间搭接部位的搭接长度不小于60mm，其连接件间距不大于250mm。搭接处填密封胶。天沟板的安装应注意纵向坡度。

（6）当汽机屋面轻型混凝土采用陶粒混凝土。

工艺流程：金属底模铺设→钢筋铺设→设水泥墩标高→陶粒水闷→搅拌→铺设陶粒混凝土→养护。

陶粒水闷：在浇筑前应对陶粒堆上均匀浇水，将陶粒闷透，水闷时间应不少于5d。

搅拌：先将骨料、水泥、水和外加剂均按重量计量。骨料的计量允许偏差应小于±3%，水泥、水和外加剂计量允许偏差应小于±2%。由于陶粒预先进行水闷处理，因此搅拌前根据抽测陶粒的含水率，调整配合比的用水量。搅拌时间约3min。

铺设、振捣或滚压：铺已搅拌好的陶粒混凝土，用8t建筑塔吊或其他吊车吊斗吊放在压型板上，并注意混凝土滩放，避免集中堆混凝土。以已做好的找平墩为标准将灰铺平，比找平堆高出3mm，然后用平板振捣器振实找平。特制木拍板拍压密实，并随即用大杠找平，用木抹子搓平或用铁滚滚压密实，全部操作过程要在2h内完成。

浇筑陶粒混凝土时尽量不留或少留施工缝，如必须留施工缝时，应用木方或木板挡好断槎处，施工缝留在屋架轴线中间，接槎时应在施工缝处应凿毛、清洗、涂刷水泥浆结合层，再继续浇筑。浇筑后应进行洒水养护。

在屋檐四周布置防护栏，挂安全网。

（三）金属板墙面安装

1. 安装放线

墙面檩条安装：檩条截面较小，重量较轻，采用一钩多吊或成片吊装的方法吊装。檩条的校正主要是间距尺寸及自身平直度。间距检查用样杆顺着檩条杆件之间来回移动，如有误差，放松或拧紧螺栓进行校正。平直度用拉线和钢尺检查校正，最后用螺栓固定。

2. 板材安装

根据排板设计确定排板起发始线的位置，应标定支承面的垂直度，以保证形成墙面的垂直平面。

实测安装板材长度，应符合设计板长。用紧固件紧固两端后，再安装第二块板，其安装顺序为先自左至右，自下而上。安装到下一放线标志点处，复查板材安装偏差，当满足设计要求后，进行板材的全面紧固。安装夹芯板时，应将板缝挤密，当就位仍有缝隙时，采用保温材料填充。紧固自攻螺丝，应掌握紧固程度，不可过度，过度会使密封圈上翻，甚至将板面压得下凹，紧固不够会使密封不到位而出现漏雨。板的纵向搭接，应按设计铺设密封条和密封胶，并在搭接处用自攻螺丝或带密封垫的拉铆钉连接。

3. 门窗安装

在墙板围护结构中，门窗的外廊尺寸与洞口尺寸为紧密配合，一般应配制门窗尺寸比洞口尺寸小 5mm 左右。门窗的位置一般安装在钢梁上，门窗在墙梁上应在安装门窗四周的包边件，并使泛水边在门窗的外边沿处。安装的门窗应对门窗周边做密封。

4. 泛水件安装

在墙板泛水件安装前应在泛水件的安装处放出准线，如檐口线、窗上下口线等。安装前检查泛水件的端头尺寸，挑选搭接口处的合适接接头。安装泛水件的搭接口时应在被搭接处涂上密封胶或设置双面胶条，搭接后立即紧固。安装泛水件至拐角处时，应接交接处的泛水件断面形状加工拐折处的接头，以保证拐点处有良好的防水效果和外观效果。

5. 安装注意事项

搬运墙板制品应轻抬轻放，不得在上面随意走动。现场切割过程中，切割过程中，切割机械的底面不宜与墙板直接接触，板面切割产生铁屑，必须及时清除。用密封胶封堵缝时，应将附着面擦干净，电动工具连接插座应加防雨防潮措施，并应加设防漏电开关。墙板表面塑料保护膜在竣工后应全部清除。

墙板围梁在地面按图纸加工制作，安装采用电动吊篮施工，低处也可以搭设双排脚手架作业。牛腿、围梁的施工必须严格按照图尺寸进行，否则会影响墙板安装的外观质量。

6. 金属板的质量保证措施

金属板作为主厂房最外层封闭结构，必须通过提高安装质量来保证其外观的完整与美观，体现设计意图。

金属板进入现场后的堆放应有专用场地，设专人维护，避免被碰撞、划伤，中间保温层堆放应有防雨措施，避免水浸。

金属板吊运时，钢丝绳与复合板不允许直接接触，应有防护措施，以保护镀锌面和烤漆面。

金属板安装时，吊篮的四角应安装橡胶垫，防止吊篮与施工完复合板碰撞。

1.1.1.8.8 集中控制室施工

本工程集控楼与除尘器配电间相连，在除尘器配电间外侧布置一台4t建筑塔吊，供集控楼除尘器配电间提料使用。

（1）混凝土框架结构、楼面、屋面板现浇板地砖楼面等。

（2）本工程基础为独立钢筋混凝土基础，施工方式同主厂房基础。

（3）钢筋混凝土框架结构。

施工按框架柱梁顶分层。柱、梁钢筋接头采用闪光对焊和电渣压力焊接头，闪光对焊接头在钢筋场施工，电渣压力焊接在现场施工。

本工程每层梁、板、柱结构一次现浇完成。钢筋采用在钢筋加工厂制作，现场绑扎。梁板柱现浇用覆膜木模板。支撑采用ϕ48×3.5mm脚手架，采用ϕ12的对拉螺栓和钢管背楞柱箍紧固，以确保柱子截面尺寸。集控楼是装修比较集中的工程，基底应保持平整，砂浆达到设计强度，饰面施工严格保证质量，做到表面平直，接缝严密，灰浆饱满。顶棚为吸音板，施工前应绘制轻钢龙骨吊顶图，集控室、电子设备间大空间的吊顶主龙骨应起拱，吊顶应保证平直、牢固，误差在允许范围内。施工中要充分考虑结构、装修工程与表盘等精密设备安装的交叉作业。已到货的表盘设备要在集控室等墙板施工结束前运至安装场地，并设专人看管。未及时到货的设备，根据设备尺寸在墙板上预留孔洞。设备的安装应在装修工程结束后进行，以免损坏设备。在交叉作业中，要注意对已结束的装修工程的成品保护，并挂警示牌。

1.1.1.9　除尘排烟系统建筑

1.1.1.9.1　除尘器基础

除尘器基础为钢筋混凝土独立基础。

在除尘器基础施工前桩基须经监理、业主、施工单位联合验收合格后，开始基础施工。

一、模板工程

基础模板采用钢模板。组合安装前，先检查基础垫层的标高、位置无误后，给定基础中心线和边线，按基础设计尺寸和模板模数进行配模。不足模数的部位和特殊部位用木模板加以辅助。检查所用模板的规格和外观质量，进行维修、校正。

二、钢筋工程

钢筋就位绑扎前应按设计图纸检查基础垫层的强度、标高、基础中心线和边线，确定钢筋绑扎顺序和方法及接头形式。钢筋的保护层采用同厚度高标号水泥砂浆垫块加以控制。钢筋焊接接头以闪光对焊、电渣压力焊为主。钢筋接头焊接，按要求进行抽样检验，确保钢筋接头的焊接质量。

桩头预留钢筋不得弯折，钢筋预留长度应符合设计长度。承台施工前应将钢筋整直加上设计要求箍筋。

三、混凝土工程

混凝土采用集中搅拌，罐车运输，混凝土输送泵车浇筑入模。

原材料：水泥、砂、石、粉煤灰、外加剂等进场必须具有出厂合格证明书，经现场抽样复试，合格后挂牌标识，待用。

混凝土的搅拌：必须按设计要求的强度和试验室给定的配合比进行搅拌。

混凝土的浇筑：在混凝土浇筑前，应对模板、钢筋、预埋件、预留孔等进行检查验收，必须符合设计与施工规范要求。混凝土浇筑时均匀布料，适当控制浇筑速度，入模高度控制在2m以内。

试块：每一作业班或每拌制100m^{3}混凝土，试块留置不少于一组；不同强度的基础每种试块留置不少于一组。同条试块根据施工要求和实际情况留置。

四、土方回填

按现场具体情况，大面积回填采用振动压路机进行压实，小面积用蛙式打夯机进行机械振实。土方回填时虚铺土厚度按照施工规范要求，每30cm为一层，当每层土方回填完毕，随即进行回填抽样试验，压实系数、干容重、含水率达到设计要求，方可回填上一层。

保证回填土质量的措施：

基坑清理干净，回填土质量符合设计要求及规范规定。

填方从最低处开始，由下向上水平分层铺填碾压。

在基坑起伏处，做好接槎，修筑阶梯形边坡，分段回填每层接缝作成斜坡，上下层错缝距离不小于1m。

基坑回填应在相对两侧或四周同时进行回填、夯实。沟道周围回填从两边对称同时进行。

对每一层回填土按规定进行质量检验，符合设计要求后，回填上一层，并做好每层的试验记录。

五、除尘支架螺栓施工

支架及基础的直埋螺栓是施工的关键。要求螺栓的埋设精度很高。为了保证其轴线位移和垂直度偏差满足设计及规范要求，采用钢制固定架将螺栓先固定成组，形成一个相对位置准确的组合体，然后整体预埋。

安装固定钢架时，除了对准预埋铁板上的中心线外，还用ϕ1.0细钢丝拉纵、横向中心线作基准。安装顺序是先安装固定轴线两端的固定钢架，再安装中间其他柱位的固定钢架，钢架垂直度用靠尺找正。

钢固定架固定后，安装地脚螺栓，穿好螺栓定位板，按设计标高初步固定螺栓，并将定位板中心与固定钢架中心对准重合。经验收合格后，将螺栓上下定位板焊接固定在钢架上，且涂上黄油，加钢管套保护。在浇筑混凝土时，要注意使混凝土从固定架四周匀称地进入中间，防止撞击固定架。为保证螺栓的预埋精度，应适当调整螺栓处的钢筋间距。对于粗而密、净距小，与螺栓相碰的上下主钢筋，要让开预埋螺栓，保证螺栓不发生偏移。

1.1.1.9.2　电除尘控制楼、引风机室的施工

电除尘控制楼、引风机室基础均为独立混凝土基础施工同上。

一、混凝土框架的施工

梁、柱模板采用酚醛树脂覆膜的木胶合板模板，60mm×90mm木方做背楞，木方要防止受潮变形，背楞60mm面要用压刨压平直和模板贴紧，以加大模板的平整度和刚度，背楞间净距200mm梁、柱模板支撑及加固：柱模板采用短钢脚手管、木方共同加固，脚手管的间距、通过力学计算确定。为保证柱模板的刚度与稳定性，在柱下部可以适当加密。梁模板采用加固螺栓、短钢脚手管、木方共同加固，加固方式与柱相似。梁侧模夹紧底模，并使侧模木肋与梁底木方钉在一起。梁底模板按梁跨度的0.3%起拱。

二、预埋件的安装及预留孔洞的留设

埋件制作要保证规格尺寸准确、表面平滑、四边顺直。焊接变形调平后方可使用。

三、钢筋加工

钢筋成型在现场钢筋加工厂进行，钢筋采用机械加工、机械调直，严格保证加工形状和尺寸，加工中不准对钢筋进行热处理。

钢筋加工完毕分类堆放，钢筋标牌清晰准确。堆放时至少架离地面100mm。

柱钢筋的绑扎分段进行，以施工缝作为分段依据。绑扎时要保证钢筋位置准确，搭接长度、锚固长度、预留长度一定要满足设计和规范要求，并做到横平竖直。绑线均折向骨架内部，防止影响混凝土表面质量。

钢筋保护层采用细石混凝土垫块，绑扎丝在制作垫块时，预埋在垫块中。砂浆垫块必须密实且方整，防止空气通过垫块腐蚀钢筋。施工时保证垫块数量及固定牢固，防止露筋现象发生。

四、混凝土工程

采用集中搅拌站统一供料，混凝土运输车运输，混凝土泵车浇筑，泵车浇筑不到位置采用混凝土输送泵输送混凝土。

浇筑同一层框架时，要做到对称浇筑。

混凝土采用插入式振捣棒振捣，控制混凝土振捣时间，以混凝土不再明显下沉、不出现气泡为宜。

浇筑完毕后排除泌水，对截面较大的构件可以采用二次振捣以便增加混凝土的密实性，终凝前混凝土表面保证至少三次抹压，终凝后及时做好养护。

五、养护、拆模

混凝土终凝后即进行养护，框架柱、梁采用浇水满铺麻袋、加覆塑料布养护。养护期根据气候条件确定，养护时间不少于14d。

混凝土浇筑时，做同期自然养护试块，试块试压满足2N/mm^{2}强度后，方可进行梁拆模；柱拆模混凝土不出现缺棱掉角。为保证混凝土外观质量，延长混凝土拆模时间1～2d，

并保持所有混凝土构件拆模时间一致。

1.1.1.9.3 烟囱工程施工方案

烟囱基础为钢筋混凝土环板式基础。

一、施工顺序

烟囱施工顺序：定位→土方开挖→验槽→基础垫层→钢筋施工→模板施工→基础混凝土施工→灰斗平台→筒壁电动提模→钢内筒安装→钢内筒防腐→附属设施工程等。

二、烟囱主要施工方法

（一）基础工程

1. 垫层施工

基槽开挖结束后，浇筑素混凝土垫层。根据烟囱中心，放出垫层的边线，由混凝土罐车运输混凝土浇筑，平板振捣器振捣，上表面用铝合金框材刮平并压光，垫层标高用钢筋桩控制，采用覆盖草袋浇水法养护。

2. 基础钢筋施工

基础底板、环壁钢筋绑扎一次完成。因基础框架筋较重，为防止其倾覆，每 2m 设置一组钢管或钢筋马凳，在环向加设斜支撑钢筋，立筋每隔 3m 加斜支撑钢筋。浇筑混凝土前需经联合检查，合格后方可进行混凝土施工。基础钢筋环向可采用 10*d* 单面焊接或 30*d* 搭接绑扎，竖向直径大于 16mm 采用滚压直螺纹或 35*d* 搭接方法施工。如图 1-1-10 所示。

桩头预留钢筋不得弯折，钢筋预留长度应符合设计长度。承台施工前应将钢筋整直加上设计要求箍筋。

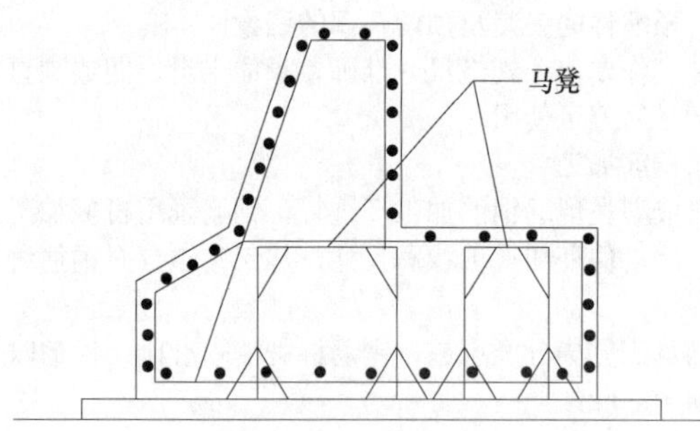

图 1-1-10　钢筋绑扎加固施工示意图

3. 基础模板

基础模板分两次支设，第一次支设基础底板，采用定型钢模板组合，内外用硬支撑加固。

第二次支设基础环壁模板，采用定型钢模板与自制收分模板组合支设，通过 M14 对拉螺栓加固内外模板。对拉螺栓水平间距 500mm，垂直间距 500mm。为防止漏浆模板间加密封条。如图 1-1-11 所示。

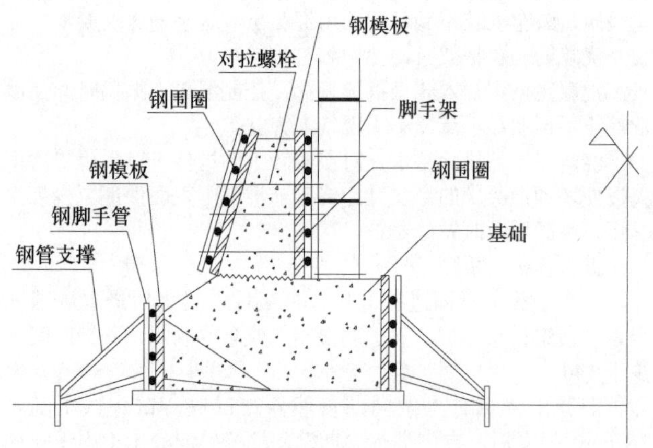

图 1-1-11　烟囱基础模板支设示意图

4. 基础混凝土

混凝土由现场搅拌站集中供应，混凝土罐车运输，混凝土泵车或拖式泵浇筑。考虑基础混凝土量较大，为保证连续施工及满足浇筑能力而不出现冷缝，施工前进行认真交底，机械配备、混凝土供应可靠、及时。

混凝土浇筑配备 2 台泵车（其中 1 台大臂杆）同时 6 辆灌车运输混凝土，确保基础混凝土不留施工缝。内筒采用大臂杆和接地泵管浇筑。

采用斜面分层赶浆法流水施工，每层坡角 15°～20°，每层浇筑厚度 200～300mm，层间间隔时间以混凝土未初凝为准。

混凝土振捣：采用分层斜坡式振捣，每个浇筑方向配置 4 台插入式振捣器。振捣方式、时间及间距要满足规范要求。

混凝土养护：混凝土浇筑完成后要及时进行养护，方法为：洒水并用塑料薄膜及 PVC 包封的草垫子覆盖养护，始终保持混凝土湿润。养护时间不得少于 14d。

激光室施工。基础混凝土完成后，在底板中心位置用砖砌筑激光室，高至零米地面。

拆除模板后，基础承台四周外表面及时涂刷防腐涂料。

5. 回填土

按设计要求进行基础内外的回填土工作，回填土分层夯实，每层厚 250～300mm，保证压实系数达到设计要求。

（二）烟囱筒壁工程

筒壁采用搭设满堂红脚手架，无井架悬挂式三脚架倒模和电动提升模施工方法。筒壁施工分两个阶段：

烟道口以下采用无井架悬挂式三脚架倒模施工工艺。烟道口以上采用电动提升模施工工艺。

第一阶段：烟道口以下筒身施工—倒模施工工艺。

模板采用 1.5m 高定型钢模板，4 节模板向上翻，对拉螺栓采用 $\phi16$ 钢筋，模板间的收分靠收分模板自身调节，三脚架之间的间距不得大于 1.2m，围檩采用 $\phi48$ 脚手管，调半径采用花篮螺栓，如图 1-1-12 所示。

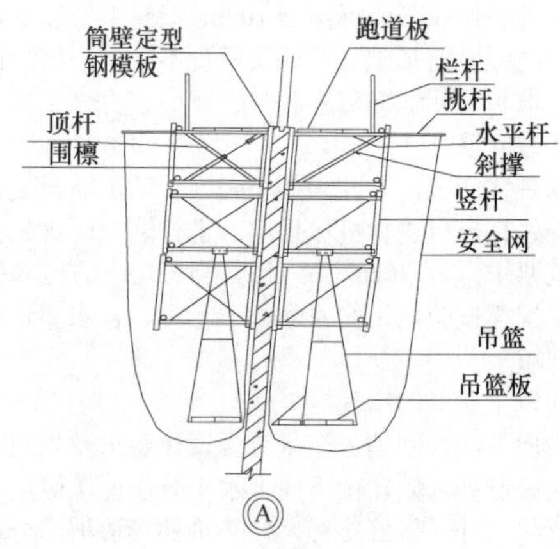

图 1-1-12　烟囱筒壁模板示意图

为加快施工进度，筒壁施工的垂直运输由 50t 汽车吊配合。烟道口以下筒壁混凝土采用泵车输送或 50t 汽车吊吊料斗浇筑混凝土，罐车运输。烟道口以下烟囱施工人员上下可以由筒壁外侧步道上下，步道搭设的宽度为 1200mm，休息平台宽度为 1000mm。当电动提升装置安装就位投入使用后，垂直运输主要由双笼电梯负责，50t 汽车吊退出烟囱区。

混凝土施工方法：混凝土浇筑对称进行，即由一点向两边同时进行，每节混凝土浇筑要连续进行，分层浇入模板内，严格控制每层高度在 300～400mm 内的一次投放量，浇筑高度控制在混凝土表面低于内模板 30～50mm，混凝土振捣要及时，振捣时应避免碰动模板及钢筋骨架。

第二阶段：烟道口以上采用电动提升模施工方法，施工示意图如图 1-1-13 所示。

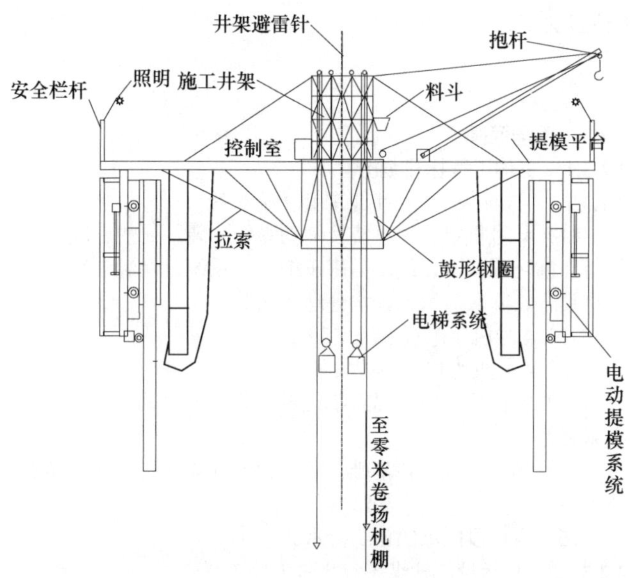

图 1-1-13 电动提升模施工示意图

施工程序：拆除模板→绑扎钢筋→安装轨道→组装内外模板→模板系统加固找正→混凝土浇筑→施工缝处理、堵孔→爬升架电动提升→混凝土养护→进入新一节。

烟道口以下的筒壁施工完后，电动提升装置就可以在烟囱内部搭设的满堂红架子上进行组装，由 50t 汽车吊进行配合组装。

1. 电动提模机具的选择

电动提模系统设置 24 榀提升架及操作架，96 榀轨道，电动提模平台由一个中心鼓圈和 24 对辐射梁组成，其上设置随升三孔井架一座，垂直运输利用两台电梯，为保证施工安全，电梯安装 JFS-1.5 型建筑防坠器，在平台上设上料扒杆，模具为专业模具，设 24 个单元。

平台系统的加工组装及提升过程控制：电动提模平台系统的加工必须严格按设计图纸进行，设计时必须考虑烟囱的结构、构造及荷载组合情况，保证平台系统使用时安全与质量的可靠性，电动提模平台的制作加工，严格执行机具制作加工标准的规定；电动提模系统的组装质量控制，严格执行《电动提模施工技术规程》规定，电动提模平台示意图。电动提模平台系统组装验收后，必须经荷载试验，合格后方可投入使用。

2. 垂直运输、电气、通信信号系统

内部用 4 台 5/2t 卷扬机，每 2 台吊运一个吊笼。电气、通信信号系统：由配电柜分别向卷扬机棚、烟囱零米配电箱及台上三处供电。平台的动力电缆、信号电缆与烟囱零米配电箱及卷扬杨机棚连接，随提模平台一同提升，两电缆用ϕ7 钢丝绳每 5m 捆绑一点，以避免平台提升时电缆拉断。提模平台上、零米、卷扬机棚分别设电铃及信号灯和有线电话，提模平台上与激光室设有线电话。台上与地面设无线对讲机一套。

3. 混凝土工程

（1）模板。采用专业钢模板，分为滑道可调模板、收分模板和定型模板；每个单元由三层轨道和三层专业模板组成的；轨道按 3-3 型布置的榫接法安装，每层轨道与特制内模板用 M16 高强螺栓通过剪力环连接；专业模板根据模板安装指示图表进行安装，先组外后组内，内外模板用两层 M12 对拉螺栓拧紧，水平距离为 500～600mm；模板安装前应在模板表面涂刷脱模剂，以利拆模后混凝土表面光滑；在电动提模施工开始前，由技术人员根据烟囱筒身施工图制定电动提模施工指示图表，质量工程师依据电动提模施工指示图表对照施工及检查；每电动提升平台一次循环后，进行一次轨道和模板组装，同时对其半径、坡度、厚度进行找正调整及检查；模板围圈的弧度根据烟囱筒壁结构情况定期调整，施工损坏的模板要及时更换。

（2）钢筋。钢筋垂直运输采用电动提模平台扒杆吊料，运至电动提模平台，钢筋摆放要均匀。筒壁钢筋搭接方式及组数按照施工图设计要求进行。筒壁每一截面的钢筋根数、规格、间距、保护层等均要符合图纸设计要求。

（3）混凝土工程。

1）混凝土搅拌。混凝土强度等级按设计选用，严格控制混凝土搅拌质量，混凝土配合比采用重量法控制，水灰比控制在 0.5 以内，坍落度控制在 5～7cm，搅拌混凝土使用合格的满足设计要求的骨料，严格控制其含泥量及级配，其中粗骨料的最大粒径不得超过规范要求，筒壁宜用同厂、同标号普通硅酸盐水泥。最大水泥用量不超过 450kg。

2）混凝土运输。混凝土搅拌站设在平面布置图中指定的位置，混凝土水平运输为人力手推车送至灰斗（电梯）内，再由垂直运输的电梯送至操作平台。电动提模平台设一个储料斗储存混凝土，平台上混凝土水平运输为人力手推车。

3）混凝土浇筑。混凝土浇筑对称进行，即由一点向两边同时进行，每节混凝土浇筑要连续进行，分四层浇入模板内，严格控制每层高度在 300～400mm 内的一次投放量；浇筑高度控制在混凝土表面低于内模板 30～50mm；混凝土振捣以泛浆、不下沉、无气泡为宜，并且要及时；振捣时应避免碰动模板及钢筋骨架。

4）混凝土养护。筒壁外表面模板拆完堵孔后立即涂刷混凝土养生液。

（4）螺栓孔、水平施工缝处理及内筒内壁防腐。

螺栓孔处理：首先将 M16 对拉螺栓从筒壁中取出，然后用水：石棉绒：水泥＝1∶3∶7 的配比搅拌均匀，从筒壁内外两侧分层（3～5cm）同时填补打实，进行封堵螺栓孔。

水平施工缝处理：每节混凝土浇筑完毕后，将混凝土表面进行拉毛处理，支模前将混凝土表面处理干净，浇筑新一节混凝土前始终保持表面湿润，但不得有积水，混凝土浇筑前要在水平施工缝上先铺一层 20～30mm 厚同配合比的水泥砂浆，然后再分层浇筑本节混凝土。

本章其余内容见光盘。

第2章　国电山东聊城电厂600MW机组土建安装工程施工组织设计

2.1　编制依据

略。

2.2　工程概况

2.2.1　厂址位置

略。

2.2.2　厂区自然条件

略。

2.2.2.1　工程地质

略。

2.2.2.2　水文地质条件

略。

2.2.2.3　地震地质条件

2.2.2.3.1　地层及岩性特征

略。

2.2.2.3.2　地震基本烈度

略。

2.2.2.4　气象资料

2.2.2.4.1　气象条件

略。

2.2.2.4.2　气象特征值

略。

2.2.2.5　运输

2.2.2.5.1　公路运输

厂址南侧紧靠309国道（济南—聊城—馆陶），济（南）聊（城）高速公路从厂址南面1.5km处经过。电厂现有主要进厂道路、货运道路及施工进厂道路皆从厂址南侧的309国道引接。

本工程主要进厂道和货运道路皆可利用现有道路，无需扩建；施工进厂道路需向北延长800m，按二级厂矿道路标准设计，设计路面宽9m，采用沥青路面。

2.2.2.5.2　铁路运输

聊城市地处京九铁路和济邯铁路的交汇处，铁路交通运输条件便利。济邯铁路从厂址北侧经过，并在厂址东北5km处设有解庄站；京九铁路从厂址以东、聊城市西侧经过，并在厂址东偏南10km处设有聊城站。电厂运煤铁路专用线从解庄站引接。

2.2.2.5.3　大件运输

本工程大件设备主要包括：锅炉大板梁，发电机定子、转子，主变压器。本工程的锅炉产地为自贡，汽轮机、发电机产地为上海大件运输采用铁路运输方案，由上海、自贡通过国铁干线运至解庄站，最后经电厂铁路专用线进厂。主变压器可根据设备产地交通运输条件的不同，可考虑采用铁路或公路运输进厂。所有大件运输均已在合同中约定由设备厂家负责，交货地点为工地现场。

2.2.3　工程范围

2.2.3.1　主体工程标段划分

2.2.3.1.1　B标段：4号机组安装主体工程

（1）4号机组热力系统及辅助系统安装。锅炉、汽轮发电机组、循环冷却水系统、厂用压缩空气系统、保温油漆工程、起重设备、除灰渣系统、水处理系统等。

（2）4号机组电气系统安装。

（3）4号机组控制系统安装。

（4）本标段区域所属系统设备的分系统调试及参加整套机组试运行。

（5）本标段区域各基础、建筑物的沉降观测、网格控制点维护。

（6）本标段区域的施工降水。

2.2.3.1.2　E标段：输煤系统建筑安装工程

翻车机室、翻车机控制室、碎煤机室、推煤机库、输煤转运站、输煤驱动间、输煤栈桥、筒仓、入厂煤取样装置轨道、空车迁车台及推车机轨道、重车拨车机轨道、板式输送机廊道及传动间、煤场及煤场辅助设施、煤场沉淀池、斗轮机轨道、煤场周边的挡煤墙及排水沟、室外地沟及埋管等建筑构筑物的建筑及设备安装。

2.2.3.2　各标段主要接口划分

2.2.3.2.1　建筑工程

A、B标段与其他标段接口原则上在主厂房墙外1m。

2.2.3.2.2　安装工程

原则上按照主厂房［25］a、［25］b柱之间的伸缩缝为界，主厂房内按照3号、4号机组的地理位置分区，各机组施工范围内的工程由各标段完成，公用部分由A标段完成。

A、B标段与其他标段接口原则上在主厂房墙外1m（注：以图纸设计形成的自然分界为主要划分原则；输煤系统分界在皮带层落煤口处；燃油系统分界在设计院与锅炉厂设计分界处；消防系统分界按设计院与主设备的设计分界处）。

2.2.3.3　其他需要说明的事项

（1）两端都在本标段范围内则由本标段负责安装；如另一端在其他标段，管道和沟道至另一标段墙外1m，由介质流向上游端施工的单位来接口（如果合同或设计文件中已有明显分界的情况除外）；中标标段既要负责本标本体设备安装，同时要负责其相连的管道（包括保温、防腐、管道、阀门、附件、油漆）、热工、电气、消防及其他配套设施。

（2）电缆敷设：主厂房（含集控室）内连接A标段设备与B标段设备之间的各类电缆均由A标段负责敷设；主厂房外各系统内部的电缆各施工单位自行敷设。标段A负责延伸到其他标段的动力电缆、控制电缆（热工控制电缆）、电缆辅助设施及电缆防火阻燃设施，电缆接口为其他标段的第一个接线屏或对方设备处并按规定留有余量，由对方负责接线。各类屏、盘、柜的孔洞封堵谁安装谁负责。

（3）电缆桥架：主厂房内按3号、4号机炉地理位置分区。公用桥架电缆隧道、沟道、竖井等原则上由A标段负责。由综合管架或电缆沟道引至其他各标段的电缆桥架由敷设电缆的单位负责。

（4）电缆防火：各标段范围内的电缆桥架、电缆沟道、竖井的防火阻燃施工由敷设电缆的单位负责。建筑物的孔洞封堵及防火由本建筑物施工单位负责。

（5）接地：A 标段和 B 标段各自负责施工范围内的室内接地线敷设和电气设备接地连接，主厂房外地下接地网的埋设有 A 标段并按图纸留出接头。两标段间连接由 A 标段负责。全厂厂区接地主网由 A 标段负责。各辅助车间的地下接地网由各标段自行负责，并与厂区主网连接。全厂总接地电阻的测量由 A 标段负责。

2.3 主要设备、系统介绍

2.3.1 建筑专业

本期工程主厂房接一期工程主厂房扩建端向北扩建，一、二期工程主厂房 A 列柱至 D 列柱轴线及烟囱中心线皆对齐。主厂房汽机房面向西，固定端朝南，向北扩建。

主厂房固定端上煤，总长 167.2m，主厂房 A 列柱至烟囱中心线的距离为 198.72m。

汽机房、除氧间、煤仓间纵向柱距 12.0m、10.0m，煤仓间固定端头部第一跨柱距 12.0m，汽机房跨度 30.60m，除氧间跨度 10.50m，煤仓间跨度 15.0m，炉前跨度 8.0m 两台机组纵向总长 165.2m。

本工程设独立的集中控制楼。单元控制室布置在集控楼的 13.7m 运转层上。

2.3.2 锅炉专业

2.3.2.1 锅炉

本期工程装设二台 600MW 燃煤汽轮发电机组，锅炉为超临界参数变压直流炉，单炉膛、一次中间再热、平衡通风、露天布置、固态排渣、全钢构架、全悬吊结构 Π 型锅炉。

锅炉（B-MCR 工况）主要参数（略）。

采用前、后墙对冲燃烧方式，24 只燃烧器分别布置于炉膛前、后墙。锅炉采用二级点火方式：点火方式为高能电火花点燃轻油，最后点燃煤粉，点火系统满足程序控制。点火油枪采用压缩空气雾化，油枪出力从 0.3～1.5t/h 可调。锅炉不投油最低稳定燃烧负荷为 50%B-MCR。

制粉系统采用双进双出钢球磨冷一次机风正压直吹制粉系统，每台锅炉配 6 台钢球磨。每台炉配 12 台给煤机。每台炉配 2 台双吸离心式一次风机、2 台动叶可调轴流式送风机、2 台静叶可调轴流式吸风机。

烟风系统采用平衡通风方式，采用容克式三分仓回转式空气预热器，一次风和二次风同时在空气预热器内被加热。为防止空气预热器冷端腐蚀，在一次风道和二次风道上设置暖风器，在启动和低负荷运行和冬季时适当提高进风温度。

2.3.2.2 锅炉主要附属设备

锅炉主要附属设备见表 2-3-1。

表 2-3-1　　锅炉主要附属设备

名　称	说　明
空气预热器	三分仓回转式空预器，2 台/炉，中心筒驱动，扇形板间隙动态调节，东锅制造
双进双出钢球磨	型号 BBD4360，6 台/炉，磨煤机铭牌出力 75t/h（HGI＝50，H_2O＝8%，75%通过 200 目），上海重型机器厂有限公司制造，采用动静态分离器

续表

名　称	说　明
电气除尘器	双室四电场静电除尘器，型号 BEL459/2-4，2 台/炉，处理烟气量设计煤种 857m^3/s，除尘器效率不小于 99.73%，福建龙净环保股份有限公司制造
一次风机	单速双吸离心式冷一次风机，2 台/炉，BMCR 工况流量 68m^3/s，风机全压 11.87kPa，成都电力机械厂制造，入口加装暖风器和消音器
送风机	动叶可调轴流式，型号 FAF26.6-13.3-1，2 台/炉，BMCR 工况流量 244m^3/s，风机全压 3.427kPa，上海鼓风机厂有限公司制造，入口加装暖风器和消音器
吸风机	静叶可调轴流式，型号 AN37e6（V13＋4°），2 台/炉，BMCR 工况流量 451m^3/s，风机全压 3.541kPa，成都电力机械厂制造
给煤机	电子称重皮带式给煤机，型号 GM-BSC22-26，12 台/炉，出力 10～85t/h，上海大和衡器有限公司制造
刮板捞渣机	单级水浸刮板式，1 台/炉，出力 6～56.4t/h，长度 65m，重量约 240t，青岛四洲电力设备有限公司制造
空压机	本期工程仪用气与除灰用气合用 7 台螺杆式空压机，型号 MM250SG-2S W/C-6kV，排气量 47.4m^3/min，额定压力 0.85MPa，由上海英格索兰压缩机有限公司制造
输灰系统	厂内采用双套管气力输灰系统，由北京国电富通科技发展有限公司制造，厂外采用干灰散装、加湿外运和水力输灰系统

2.3.2.3 输煤主要辅机设备

输煤主要辅机设备见表 2-3-2。

表 2-3-2　　输煤主要辅机设备

翻车机	
型式	C 型转子式
型号	FZ15-100
回转驱动方式	齿轮齿条
设备总重	120t
重车调车机	
型式	齿轮齿条传动
型号	DZC
安装方式	A 型
空车调车机	
型式	齿轮齿条传动
型号	DKC-120
安装方式	A 型
迁车台	
型式	销齿传动
型号	QTC-30
安装方式	A 型
斗轮堆取料机	
堆料能力	1500t/h
取料能力	1500t/h
回转半径	35m
门座型式	4 支腿
尾车型式	机械式折返尾车

续表

碎煤机	
型号	HCSC6
型式	环锤式
额定出力	600t/h
转子直径	900mm
转子有效长度	1660mm
转子重量	4273kg
最大分离件质量	4273kg
设备总质量	18020kg
滚轴筛	
设备型式	XGS1410
出力	1000t/h
设备重量	12414kg
最大分离件重量	3172kg

2.3.2.4 燃烧制粉系统

制粉系统采用双进双出钢球磨式冷一次风机正压直吹制粉系统，每台锅炉配 6 台 BBD4360 型钢球磨，制粉系统密封风取自冷一次风，不再设置单独的密封风机。

2.3.2.5 烟风系统

烟风系统采用平衡通风烟风系统；送风机采用动叶可调轴流式风机，吸风机采用静叶可调轴流式风机。一次风机采用单速双吸离心风机。送风机与一次风机并联布置。

2.3.2.6 燃料供应系统

采用铁路进煤，设翻车机卸煤系统，经输煤皮带输送到原煤仓。一期工程已建成运煤铁路专用线，接轨站为邯济线上的解庄站。由于二期运量的增加，需在解庄站内增加一股线路，以满足车站运行的需要；采用 0 号轻柴油作为点火及助燃用油，本期燃油系统不再扩建。

2.3.2.7 除灰和除渣系统

本期工程除灰渣系统采用灰、渣分除系统，除渣系统采用单级刮板捞渣机将渣输送至渣仓，在渣仓下装车运至灰场。除灰系统采用气力除灰系统将灰输送至灰库。本工程灰渣综合利用，剩余的灰采用水力高浓度输送系统将灰送往灰场。

2.3.3 汽机专业

2.3.3.1 汽轮机

汽轮机为上海汽轮机有限责任公司生产的型号为 N600-24.2/566/566，型式为超临界、一次中间再热、单轴、三缸四排汽、凝汽式汽轮机。

汽轮机主要参数（略）。

汽轮发电机是上海汽轮发电机有限公司生产的型号为 QFSN-600-2，额定功率是 600MW 的定子线圈水冷、定子铁芯及转子绕组氢冷发电机。汽轮发电机的具体参数略。

2.3.3.2 汽机主要辅机设备

2.3.3.2.1 凝结器为单流程、双背压结构形式，换热管材采用 TP316L 不锈钢材质，见表 2-3-3。

2.3.3.2.2 低压加热器型式为管壳式、U 形管，见表 2-3-4。

2.3.3.2.3 除氧器型式为内置式卧式无头除氧器，见表 2-3-5。

表 2-3-3　凝 结 器 参 数

名　称	参　数
换热面积	38000m^2
凝汽器管内流速	≤2.05m/s
清洁系数	0.9
凝汽器温升	<9℃
设备厂家	上海电气集团股份有限公司

表 2-3-4　低压加热器参数

名　称	参　数
5 号低加型号	JD-1112 型
总传热面积	1112m^2
设计压力（管侧/壳侧）	4.0/0.581MPa
设计温度（管侧/壳侧）	160/280℃
设计流量（管侧/壳侧）	1559.5/80.7t/h
设备净重	26160t
6 号低加型号	JD-985
总传热面积	985m^2
设计压力（管侧/壳侧）	4.0/0.245MPa
设计温度（管侧/壳侧）	130/190℃
设计流量（管侧/壳侧）	1559.5/78.9t/h
设备净重	23640t
7 号低加型号	JD-735
总传热面积	735m^2
设计压力（管侧/壳侧）	4.0/0.086MPa
设计温度（管侧/壳侧）	100/100℃
设计流量（管侧/壳侧）	779.8/35t/h
设备净重	35854t（7 号、8 号组合低加）
8 号低加型号	JD-872
总传热面积	872m^2
设计压力（管侧/壳侧）	4.0/0.086MPa
设计温度（管侧/壳侧）	100/100℃
设计流量（管侧/壳侧）	779.8/32t/h
设备净重	35854t（7 号、8 号组合低加）
设备厂家	上海电气集团股份有限公司

表 2-3-5　除 氧 器 参 数

名　称	参　数
型号	GC-2050/GS-255
设计压力	1.26MPa
设计温度	382℃
外形尺寸	3856mm/33656mm/28mm（直径/长度/厚度）
重量（净重）	115000t
设备厂家	上海电气集团股份有限公司

2.3.3.2.4 高压加热器为卧式、U形管、双流程管壳式加热器，见表2-3-6。

表2-3-6　　高压加热器参数

名　称	参　数
1号高加型号	JG-2063-1-3
设计压力（管侧/壳侧）	29.9/7.47MPa
设计温度（管侧/壳侧）	290/420℃
运行荷重	99260t
2号高加型号	JG-2231-1-2
设计压力（管侧/壳侧）	29.9/4.73MPa
设计温度（管侧/壳侧）	265/360℃
运行荷重	95200t
3号高加型号	JG-1745-1-1
设计压力（管侧/壳侧）	29.9/2.66MPa
设计温度（管侧/壳侧）	230/490℃
运行荷重	73020t
设备厂家	上海电气集团股份有限公司

2.3.3.2.5 给水泵汽轮机型式：单缸、单流、冲动式、纯凝汽，见表2-3-7。

表2-3-7　　给水泵汽轮机

名　称	参　数
型号	ND84/79/07
最大连续功率	11MW
主机额定工况功率	6698kW　转速5178r/min
主机TMCR工况功率	6918kW　转速5280r/min
主机BMCR工况功率	7225kW　转速5389r/min
给水泵汽轮机VWO功率	11000KW　转速6000r/min
主机额定工况内效率	83.00%　汽耗4.815kg/（kW·h）
给水泵汽轮机调速范围	2800～6100r/min
额定转速	5178r/min
设备厂家	上海电气集团股份有限公司

2.3.3.2.6 给水系统配置两台50%汽动给水泵组和1台25%电动给水泵组，见表2-3-8。

表2-3-8　　给水泵

名　称	参　数
电泵型号	FK6D32M
流量	484t/h
扬程	2352.4m
转速	5208r/min
效率	82.5%
汽泵型号	HPT300-330-5S
流量	927t/h
扬程	2300.9m
转速	5392r/min
效率	84%
设备厂家	上海电力修造总厂有限公司

2.3.3.2.7 凝结水泵，见表2-3-9。

表2-3-9　　凝结水泵

名　称	参　数
型式	立式、可抽芯结构
型号	800×400VYDB4M
出口流量	1750t/h（考虑了裕量）
水泵出口压力	3.3MPa（a）
水泵转速	1490r/min
效率	83%
设备厂家	荏原博泵泵业有限公司

2.3.3.2.8 循环水泵，见表2-3-10。

表2-3-10　　循环水泵

名　称	参　数
循环水泵型式	立式斜流泵
循环水泵型号（大泵）	80LKXA-25.1
流量	7.33m³/m
扬程	27.30m
效率	86%
循环水泵型号（小泵）	56LKXA-25.1
流量	3.65m³/m
扬程	27.30m
效率	87%
设备厂家	长沙水泵厂有限公司

2.3.3.2.9 凝结水精处理装置，见表2-3-11。

表2-3-11　　凝结水精处理装置

高速混床参数	
流体	凝结水
流速	额定100m/h，最大120m/h
温度	最低5℃，最高60℃
设计压力	4.0MPa
H/OH运行周期	≥12d
NH4＋型化运行期	≥45d
外壳材料	碳钢
离子交换树脂	每台混床树脂体积7.8m³，体积比1∶1
外部管道流速	额定2.3m/s，最大2.5m/s

续表

凝结水精处理系统		
H/OH 运行周期	≥12d	
NH4＋型化运行期	≥45d	
外壳材料	碳钢	
离子交换树脂	每台混床树脂体积 7.8m^3，体积比 1∶1	
外部管道流速	额定 2.3m/s，最大 2.5m/s	
树脂分离塔		
流体	水、树脂、碱溶液和空气	
压力	额定不大于 0.5MPa，最大 0.60MPa	
温度	额定不大于 40℃，最大 60℃	
材料	碳钢	
再生剂	30%～40%NaOH 或 HCl	
外部管道流速	额定 2.3m/s，最大 2.5m/s	
锅炉补给水系统		

名称		参数	单位
超滤装置	超滤装置出力	2×120	m^3/h
	产水水质	SDI≤2	
	浊度	≤0.15	NTU
	系统自用水率	≤5%	
反渗透装置	系统脱盐率	≥98%	
	反渗透装置出力	2×80	m^3/h
	水的回收率	≥75%	

2.3.3.2.10 中压水电解制氢系统的产品氢达到的品质指标略。

2.3.3.3 主汽、再热及旁路蒸汽系统

主蒸汽及高、低温再热蒸汽管道均按单元制设计，配管方式为 2-1-2。主蒸汽管道和热再热蒸汽管道分别从过热器和再热器出口联箱的两侧引出，然后汇成一根母管，到汽轮机前再分成两根支管分别接入高压缸和中压缸左右侧主汽关断阀和再热关断阀。冷再热蒸汽管道从高压缸的两个排汽口引出，在机头处汇成一根总管，到锅炉前再分成两根支管分别接入再热器入口联箱。

汽轮机旁路装置采用高、低压两级串联旁路系统，旁路容量为 15%BMCR。

2.3.3.4 给水系统

给水系统采用回热加热系统，配两台 50%汽动给水泵和 1 台 25%电动给水泵，每台主给水泵配置 1 台前置泵，汽动给水泵与前置泵不考虑交叉运行。电动给水泵采用调速给水泵，电动机拖动前置泵并通过液力偶合器拖动主泵。

给水系统设 3 台全容量、单列、卧式、双流程高压加热器。

2.3.3.5 凝结水系统

凝结水系统采用回热加热系统，配两台凝结水泵，一台运行一台备用。

2.3.3.6 抽汽及加热器疏水系统

汽轮机组具有八级非调整抽汽，一、二、三级抽汽分别供给三台高压加热器，四级抽汽供给水泵汽轮机、除氧器和辅助蒸汽系统，五、六、七、八级抽汽分别供给四台低压加热器。

2.3.3.7 辅助蒸汽系统

辅助蒸汽系统按母管制设计，每台机组设一台辅汽联箱，两台联箱之间设有联络管，且 4 号机的辅汽联箱上预留有下期工程用辅汽连接接口。本期工程的暖通用汽、化学用汽、燃油用汽从一期工程的辅助蒸汽系统供给，本期工程不予考虑。

2.3.3.8 辅机冷却水系统

辅机冷却水系统由开式循环冷却水和闭式循环冷却水系统组成。

2.3.3.9 化水处理系统

锅炉补给水处理系统，水源为放马场水库水，与一期工程水源一致。预处理系统新增设备在一期预留位置扩建，备用设备一、二期共用；系统采用单元制连接；控制方式为程序控制。

加氯 凝聚剂 助凝剂

↓ ↓ ↓

放马场水库水→机械搅拌澄清器→双阀过滤（重力式）

→超滤装置阻垢剂

↓

→活性炭过滤→反渗透预脱盐→单室阳离子交换

→除二氧化碳→单室阴离子交换→混合离子交换。

2.3.3.10 制氢系统

电厂一期已安装一套出力 10N·m^3/h 中压水电解制氢装置，运行压力 3.2MPa；并配有 1 套氢气干燥装置和 V=13.9m^3、运行压力 3.2MPa 的储氢罐 4 台。

二期再增加一套相同出力的设备，在一期预留场地扩建。制氢站按无人值守方式设计和运行，并与一期储氢、供氢系统并联，互为备用。

2.3.3.11 废水处理系统

一期工程所排废水全部为循环水排污水，排放量为 400m^3/h，年排放量 205 万 m^3，二期工程通过实施对一期工程的节水改造及水源替代计划，采用中水替代新鲜用水，将一期循环水排污水经处理后回收利用。

二期工程产生的生产、生活废水进入一期废水处理系统，经各处理系统处理后的废水将首先考虑重复利用，回用剩余部分外排，其水质能满足《污水综合排放标准》（GB 8978—1996）中二级标准。

2.3.3.12 厂外和厂内供水系统

地表水：补充水泵房按规划容量 4×600MW 一次建成，设备分期安装。补充水泵房内设有 10 台补充水泵位置，补充水泵的型号为 14SAP-10B，Q=972～1476m^3/h，H=50～37m，其中一期工程 5 台，为二期工程预留 5 台。根据一期工程的运行情况，本期工程安装 3 台同型号的补充水泵。

污水回用水：聊城市污水回用水，由电厂在污水处理站建水泵站供给。设 1000m^3 水池、水泵房各一座，在泵房安装升压泵 3 台，2 台运行，1 台备用。采用一条 DN700 的钢筋混凝土管，管道长度约 30km，作为循环水补充水。

根据水源条件和机组容量，供水系统采用带逆流式双曲线自然通风冷却塔的单元制循环供水系统。循环水系统流程为：循环水泵→液控蝶阀→循环水压力进水管→凝汽器→循环水压力回水管→冷却塔→循环水泵房前池→转刷网篦清污机→循环水泵。

循环水泵运行方式：循环水泵的配置为每台机组配 2 台 40%+1 台 20%的循环水泵，夏季 3 泵运行，春秋季 2 台 40%的循环水泵运行，冬季 1 台 40%+1 台 20%的循环水泵运行。

2.3.4 电气专业

2.3.4.1 主变压器

供应商：常州东芝变压器有限公司。

变压器基本技术参数见表 2-3-12。

表 2-3-12　　变压器基本技术参数

名　称	参　数
型式	三相一体（ASA），双线圈铜绕组低损耗无励磁调压油浸式变压器
冷却方式	强迫油循环导向风冷 ODAF
额定频率	50Hz
额定容量	720MVA（环境温度 40℃，绕组温升 65K 时）
额定电压	高压侧：525kV
额定电流	高压侧：792A（长期运行电流 831A，绕组温升 65K） 低压侧：20785A
额定电压比	（525＋2×2.5%）/20kV
短路阻抗	18%　额定分接位置阻抗值的允许偏差 0～＋10% 极分接阻抗偏差范围不超过主分接阻抗值的±7.5%
调压方式	无励磁调压
调压范围	525＋2×2.5%
中性点接地方式	直接接地
极性	负极性
三相联接组标号	YN d11
端子连接方式	高压侧：500kV 架空线 低压侧：20kV 分相封闭母线 高压侧中性点经接地扁钢接地

2.3.4.2 电气主要辅机设备

2.3.4.2.1　高压厂用变压器，见表 2-3-13。

表 2-3-13　　高压厂用变压器

名　称	分 裂 变	双 卷 变
额定频率/Hz	50	
额定电压/kV	20/6.3	
冷却方式	ONAF	
额定容量/MVA	46/28-28	28
相数	3	
联接组标号	D，yn1-yn1	D yn1
尺寸：长×宽×高/m	6.06×4.82×5.3	
安装总重量/t	62.5	
启动/备用变压器	3 号启/备变	4 号启/备变
额定频率/Hz	50	
额定电压/kV	230±8×1.25%/6.3	
调压方式	有载调压	
冷却方式	ONAF	

续表

名　称	分 裂 变	双 卷 变
额定容量/MVA	46/28-28	28
相数	3	
联接组标号	YN yn0 yn0	YN yn0
阻抗电压	21%	11.5%
尺寸：长×宽×高/m	7.18×5.3×7.62	6.45×5×7
安装总重量/t	115	85

2.3.4.2.2　500kV 断路器，见表 2-3-14。

表 2-3-14　　500kV 断 路 器

型式	柱式　防污型
型号	3AT2-EI
额定电压	550kV
最高运行电压	550kV
额定电流	3150A，＞40℃；4000A，≤40℃
额定开断电流	63kA，有效值
总重	12000kg

2.3.4.2.3　220kV 断路器，见表 2-3-15。

表 2-3-15　　220kV 断 路 器

型式	柱式　防污型
型号	LW10B-252WYT
额定电压	252kV
最高运行电压	252kV
额定电流	3150A
额定开断电流	50kA，有效值
额定关合电流（至少持续 0.1s）	125kA，峰值
总重	5100kg

2.3.4.3 电气系统

本期工程新建 2×600MW 超临界凝汽式汽轮发电机组，二台机组均采用发电机—变压器组单元接线，经主变升压后接入电厂 500kV 母线，再接入系统。同时根据接入系统推荐方案，一期 2 号机升压接入电厂 500kV 母线。500kV 系统采用双母线接线，3 回主变进线，1 回母联，2 回出线。

主变压器采用单相变压器组形式。本期工程每台机共设置二台高压启/备变，其中一台为双分裂变压器，容量为 43/25-25MVA，另一台为双卷变，容量为 28MVA。本期工程的启/备电源由厂内 220kV 配电装置采用交联电缆引取。

2.3.5 热控专业

本期工程为炉、机、电、网及辅助系统集中控制。两台机组合设一个单元控制室，辅助系统（车间）设水、煤、灰、中水处理及烟气脱硫辅助控制室。

单元控制室内两台机组的监控盘和操作台从左侧起按炉、机、电顺序布置。运行人员在单元控制室内实现对机组运行的监视控制，每台单元机组采用一人为主，两人为辅的运行管理方式。

2.4 主要工程量

2.4.1 建筑专业
略。

2.4.2 锅炉专业
略。

2.4.3 汽机专业
略。

2.4.4 电气专业
略。

2.4.5 热控专业
略。

2.5 施工进度计划

2.5.1 施工进度安排

2.5.1.1 计划编制依据

业主提供的国电聊城发电厂二期 2×600WM 机组里程碑进度计划。

业主提供的本工程招标文件。

业主提供的图纸及初步设计说明。

火力发电厂工程施工组织设计导则。

电力工程项目建设工期定额。

我公司承接施工的同类型机组的施工经验。

我公司的机械、劳动力等资源情况。

我公司编制的本工程施工技术方案。

2.5.1.2 主要工期安排

根据招标文件工期要求，依据业主提供的里程碑计划，结合公司编制的施工技术方案，借鉴我公司施工常熟电厂、岱海电厂、王曲电厂、首阳山电厂等同类型机组的施工经验，本着为业主着想，为工程负责的态度，我们在充分分析了本工程的特点及工作量的前提下，确定了以下工期。

本标段工程4号锅炉钢架2007年10月20日开始吊装，2008年12月28日4号机组完成168h试运移交，总工期为14个月，总日历天数578d。本标段主要里程碑安排（略）。

2.5.2 保证工期的措施

保证施工进度的主要措施有组织措施、技术措施、合同措施、经济措施和季节性施工措施等。

2.5.2.1 组织措施
略。

2.5.2.2 技术措施
略。

2.5.2.3 行政方法
略。

2.5.2.4 质量保证措施
略。

2.5.2.5 经济措施
略。

2.5.2.6 资源保证措施
略。

2.5.2.7 采用先进的进度计划管理技术
略。

2.5.2.8 建立完善的信息管理平台，加强各方交流
略。

2.6 施工总平面布置

2.6.1 施工总平面布置原则

所有临建设施均在业主指定区域内进行布置，并完全服从业主对施工现场的总体规划和协调。

总体布置满足有关规程对安全、防洪、防火、文明施工和环境保护的要求。总体指标参照《火力发电工程施工组织设计导则》的相关规定。

合理组织交通运输，使施工各个阶段都能做到交通方便、运输通畅，减少二次搬运及反向运输。

施工临时设施完整，现场布置合理、整齐。

施工道路尽量采用永临结合的方式，各施工区有良好的消防及排水系统。

2.6.2 施工区域布置

本标段施工场地主要位于扩建端及煤场附近，具体布置如下。

2.6.2.1 安装部分

锅炉作业线（南北方向）：布置2台40t/42m龙门吊，主要作为锅炉、汽机设备组合、检修场地等。

2.6.2.2 建筑部分

本标段土建施工场地位于煤场西侧的场地及煤场区域，主要布置混凝土搅拌站、钢筋场、木工场及钢结构制作场等，并布置1台30t/32m龙门吊，配合施工。

2.6.2.3 公共部分

主要包括项目工地及各施工处办公室、工具房、仓库及堆场、生活区等。

项目工地布置在业主统一规划的区域，施工处办公室布置在汽机作业线西侧，仓库区及材料堆放场、周转材料堆场及保温材料堆场均布置在煤场附近的施工区域内。

生活区利用一期原有生活区，可以满足本标基本职工生活需要，外协队生活区考虑在附近村庄租用。

以上布置详见附图《施工总平面布置图》。

2.6.3 交通运输

本工程主要进厂道路和货运道路皆可利用现有道路，无需扩建；施工进厂道路需向北延长520m。

主厂房周围道路采取永临结合的方式布置，先修建0.15m厚混凝土施工用道路，待施工完毕后再修建正式路，以满足整个的现场施工运输和文明施工要求。

在施工生产区增加部分施工道路，主干道路面宽8.0m，转弯半径满足大型运输车辆通过，次干道宽6.0m，采用泥结碎石铺设，转弯半径不小于10m。

道路布置详见《施工总平面布置图》。

2.6.4 临建设施

生产性施工临建结构统一标准分为4种，分别为彩板结构、砖混结构集装箱改制的活动房屋。所有临建均由公司设计室负责设计，符合设计规范及各项安全规程的要求。

生活区利用一期原有生活区，可以满足本标施工需要。

2.6.5 厂内消防

施工场地，辅助建筑施工、施工临建消防用水，主要由施工水源供给。主厂房消防用水仍以施工用水为主，并配备一定数量的消防器材。各高层供水系统安装高压消防泵，以利安全。

锅炉本体消防也以施工用水为主配备若干消防水箱和消防器材，室外消火栓布置间隔不超过120m，布置在靠近十字路口、路边。消火栓距路边一般不大于2m，距建筑物外墙不小于5m。

仓库、值班宿舍等按规定配备相应的消防器材。

本标设专职消防员和义务消防队，负责日常和紧急的消防工作。

2.6.6　厂区排洪

在本标施工区的主干道旁修建好排水明沟，各施工区域内的水均汇流排至施工区围墙外。施工期间定期对排水沟道进行维护，保证排水沟道的通畅。

2.7　力能供应

2.7.1　施工用电

根据现场的布置情况及《火力发电工程施工组织设计导则》和招标文件的要求，本标在4号机主厂房扩建端布置1座6kV变电所，容量1000kVA，电源引自2号机6kV；在煤水收集及处理室北侧布置一台10kV变电所，容量1000kVA，电源引自3号机冷水塔东侧35kV变电站。项目部办公区、生活区用电引自其他标段施工变，装表计量使用。

考虑生产安全、厂区美观及大件运输方便，现场电源线路选用电缆，电缆敷设采用沿墙直埋或沿路边电缆沟敷设的方式，直埋电缆埋深在0.7m以下，按要求铺沙盖砖，过路处采取加固措施，直埋段在沿途设置明显的标志桩，保证电缆安全运行。

从变电所引出的400V低压电源采用TN-S方式（三相五线制）放射式供电系统，从400V低压开关室到现场主配电箱再到各分配电箱。

变电所配备相应容量的电容自动补偿装置，经过补偿使施工用电功率因数达到0.85以上，同时亦可提高供电线路末端电压。现场负荷尽量做到三相平均分配，零线电流在负荷电流的25%以下。现场配电盘全部采用自动空气开关或带短路、过载保护的漏电保护开关供电，并做到“一机一闸”，各用电单元均装设漏电保护开关，小型手持电动工具经两级漏电保护，以保证用电安全。锅炉施工时在锅炉左右两侧各布置一路安全电压母线，供炉内照明使用。

电源具体布置见附图：施组-002《施工电源平面布置图》（略）。

施工用电负荷初步考虑见表2-7-1。

表2-7-1　　施工用电负荷统计表

配电室编号	容量/kVA	使用区域	主要用电设备	需用量/kW	合　计
A变	1000	4号机运转层	照明10kW、热处理机1×180×0.3=54kW、焊机20×5.1=102kW	166	1000×0.8/0.85=941（kVA）
		4号机零米	照明10kW、行车1×70×0.4=28kW、热处理机1×180×0.3=54kW，焊机15×5.1=76.5kW	168.5	
		4号炉运转层以上施工	焊机45×5.1=229.5kW、热处理机1×180×0.3=54kW，其他10kW	293.5	
		汽机作业场	龙门吊52.5×0.4=21kW，焊机10×5.1=51kW，其他10kW	82	
		铆焊作业场	龙门吊40×0.4=16kW，焊机10×5.1=51kW，其他10kW	77	
		施工处工具房	焊条烘箱20kW，综合试验设备20kW，空调50kW，照明等20kW	110	
		煤仓间	卷扬机2×7×0.7=9.8kW，焊机8×5.1=40.8kW，其他10kW	60.6	
		A排外	真空滤油机铝焊机17kW，焊机5×5.1=25.5kW	42.5	
B变	1000	锅炉组合场	龙门吊105×0.4=42kW，焊机20×5.1=102kW，其他10kW	154	814.8×0.8/0.85=766（kVA）
		4号炉零米	1650塔吊247×0.4=98.8kW，焊机15×5.1=76.5kW	175.3	
		集控楼	照明10kW、焊机5×5.1=25.5kW	35.5	
		设备堆放场	龙门吊52.5×0.4=21kW，其他10kW	31	
		电除尘区域	焊机20×5.1=102kW，8吨塔吊等20kW，其他10kW	132	
		碰焊间、钢筋场	碰焊机150×0.4=60kW，金属、木工机械15kW，其他10kW	85	
		搅拌站	HZS50搅拌楼1×100×0.7=70kW，其他10kW	80	
		输煤区域	焊机20×5.1=102kW，其他20kW	122	
引自其余标段变电所		项目办公区、生活区			

说明：焊机设备功率$P=17\times0.3=5.1$kW，区域需用量按区域施工高峰计算，变压器负荷合计时非同期施工视情况考虑，同期施工部分根据以往施工经验考虑同时率为0.8，功率因数经补偿为0.85。

2.7.2　施工供水

施工和生活用水计算如下：

土建工程工作量折合混凝土150m³/台班计算：

$$Q_1=K_1K_4n_1q_1/8$$
$$=1.5\times1.2\times150\times2.4/8$$
$$=81\ (\mathrm{m^3/h})$$

机械用水量估计$Q_2=10\mathrm{m^3/h}$。

施工现场生活用水量估算：

$$Q_3=1.1\times2.5\times1600\times0.12/24=23\ (m^3/h)$$

$$Q=Q_1+Q_2+Q_3=114\ (m^3/h)$$

本标段敷设DN200施工生产用水管道，供水管采用无缝钢管，二布三油防腐，埋深不小于450mm。从沿围墙敷设的主管道引接，装表计量。

2.7.3 施工供气

氧气、乙炔、氩气均在当地采购，瓶装供应。设移动式空压机供应压缩空气。

项目公司提供施工用汽汽源。施工高峰期提供15t/h蒸汽。

B、E标段供热量计算：

$$Q=(1.2\times110\times45000/8)+25\times(4000\times3)$$
$$=9.75\times105\ (kcal/h)$$

2.7.4 施工通信

施工现场及生活区的对外通信和传真联络线路，从业主指定的接点引接，并按标准交费。另外配备部分对讲机及手机，供现场施工调度用。

在办公区设立计算机局域网，安装LOTUS NOTES软件，保证项目工地各部门之间、项目工地与总部之间的信息传递交流。

2.8 主要施工方案及重大技术措施

2.8.1 大型机具布置

2.8.1.1 机具的选择

为满足4号机组主体工程及输煤系统系统土建、安装的施工需要，特选择以下主要机械：

（1）FZQ1380/63t型附着自升式塔式起重机1台。

（2）MC320K16/16t型附着塔式起重机1台。

（3）M2250/450t型液压履带式起重机1台。

（4）P&H5170/150t履带式起重机1台。

（5）TG-500E/50t汽车吊1辆。

（6）发电机定子专用起吊装置1台。

（7）25t低架平板车1辆。

（8）龙门吊3台：其中40t/42m龙门吊2台、30t/32m龙门吊1台。

2.8.1.2 机具布置

FZQ1380/63t型附着自升式塔式起重机作为锅炉施工的主吊机械。布置在4号炉炉左扩建端，其纵向中心线距锅炉外柱轴线7m，横向中心线布置在K3轴线上（暂定），选择塔身高度约97m，其起吊性能见表2-8-1。

表2-8-1 FZQ1380/63t型附着自升式塔式起重机起吊性能

主钩回转半径/m	7～20	25	30	35	40	45	50
主钩起重量/t	63	48	38	32	27	22	20
副钩回转半径/m	12.1～54						
副钩起重量/t	12.5						

M2250/450t型液压履带式起重机作为配合锅炉施工的主要机械。布置在炉右后部，配合锅炉右边部分钢结构吊装及抬吊大板梁，选用塔式工况，主臂为79.2m、副臂为39.6m时，吊装性能见表2-8-2。

MC320K16/16t型附着塔式起重机布置在电除尘中心线后部，配合电除尘的施工，采用塔身高度54.8m，臂长50m（暂定），其起重性能见表2-8-3。

表2-8-2 M2250/450t型液压履带式起重机吊装性能

主臂角度	85°				80°			
半径/m	24	28	32	34	36	42	48	54
起重量/t	68.9	63.4	57.9	55.3	76.5	68.9	60.7	51.5

表2-8-3 MC320K16/16t型附着塔式起重机性能

半径/m	17.1	22	27	32.9	37	42	47	50
起重量/t	16	11.7	9	8	7	6	5.2	4.9

P&H5170/150t履带式起重机主要配合输煤系统的施工，根据需要选择工况。

KH180-2/50t液压履带起重机布置在炉底，配合63t塔吊及M2250/450t履带吊吊装受热面时的辅助抬吊。

50t汽车吊配合现场施工。

2.8.1.3 龙门吊布置

主厂房扩建端共布置2条龙门吊作业线。

锅炉作业线（南北方向）：布置2台40t/42m龙门吊，主要作为锅炉、汽机设备组合、检修场地等。

在输煤系统施工场地的钢筋场上，布置布置1台30t/32m龙门吊配合施工。

2.8.2 建筑专业施工方案

2.8.2.1 总体施工方案

2.8.2.1.1 施工降排水

场地地下水类型主要为第四系孔隙潜水，地下水主要赋存于砂层和粉土层中，大气降水和灌溉入渗为主要补给来源。厂址区近期年最高水位埋深为1.00m，地下水位变化幅度为2.00m。地下水对混凝土和钢筋混凝土结构中的钢筋无腐蚀性，对钢结构有弱腐蚀性。

由以上资料可知，该区域土方开挖前应降低地下水位，降水方法根据基础埋深情况及土层的渗透系统确定，根据该区域的情况，对于降水方法的选择，我们以下提供两种，在具体开挖时我们将编制详细的土方开挖和施工降排水措施。

首先，可考虑采用轻型井点降水，由于降水深度较大，若单层轻型井点不能满足要求，则考虑采用多层井点进行降水。轻型井点降水系统采用真空泵设备JSJ70型水喷射泵机组，每套设备连接井点管80根，直径1.5″，深约10m。滤管直径2.5″，长0.8m。井点管沿厂房四周布置，距土方开挖线1.5m。在施工前，先打井做抽水试验，依据试验计算确定井点管的数量及间距。

附：JSJ70井点水喷射泵机组技术参数见表2-8-4。

表2-8-4 JSJ70井点水喷射泵机组技术参数

项目 型号	绝压/（mmHg）	最大排水量/（m^3/h）	最大抽吸深度/m	最大提升高度/m	工作水压/（kg/cm^2）	配用离心泵	
						型号	功率/kW
A jsj70	23	70	9.6	20	≥4.5	I IS65-40-200	7.5

井点抽水经总管汇集后，有组织地排入厂区统一规划的排水系统。此外，施工时在基坑底四周设明排水沟，并间隔设集水井，用潜污泵抽水排至地面上的排水系统。

另外，为了防止地面雨水倒灌入基坑内，在基坑上口外侧四周设截水明沟，地面截水明沟接入全厂临时排水系统中。

其次，可以考虑采用管井井点与排水明沟相结合的方式，在土方的开挖过程中，沿工程基坑边坡上缘1m左右的距离设环形管井，使整个开挖的区域的降排水连成整体，保证水及时排水，避免浸泡基坑底，井点深度深入到透水层。间距按具体情况在 10～15m 左右，当然还可以在工程施工的过程中按实际情况进行增加或减少管井的个数，井管采用直径不小于 500mm 的混凝土管。每个管井中放置潜水泵及时将井中的水排至周围的排水明沟。当然，由于本标段中的翻车机室等建（构）物中可能有的基础埋深较大，采用管井井点不能达到降水深度的要求，我们可采用深井井点降水，其降水深度可达 15m 以上。

2.8.2.1.2　土方开挖

本标段中主要包括：翻车机室、翻车机控制室、碎煤机室、输煤综合楼、推煤机库、输煤转运站、输煤驱动间、输煤栈桥、筒仓、入厂煤取样装置轨道、空车迁车台及推车机轨道、重车拨车机轨道、板式输送机廊道及传动间、煤场及煤场辅助设施、煤场沉淀池、斗轮机轨道、煤场周边的挡煤墙及排水沟、室外地沟及埋管等建筑构筑物的建筑工程。

其特点是：结构形式多样，施工点多线长。在施工的过程中，考虑到现场的条件及施工的工期要求，合理安排各建（构）筑物的开挖时间。

土方采用机械大面积开挖，配自卸汽车运土至堆土场。机械开挖时预留 300mm 厚的人工清基层，不得扰动基底。

根据地下输煤道斜坡式布置特点，挖土边坡为斜向上设置，这样布设既能满足挖运土施工的需要，又保证地下输煤道土方的正常开挖，并能减少挖土量。该标段中地基处理的方法有多种，如预制桩基、砂石换填等。对于是桩基处理的建（构）筑物，由于桩基不在本标段内，因此土方开挖时考虑到满足施工需要同时又方便施工，对于桩顶以上部分土方开挖采用机械大面积开挖，配自卸汽车运土至业主指定的堆土场。开挖桩基以上土方时，随时观测挖方标高，挖至桩顶以上 30cm，用人工挖除，机械配合。在开挖的过程中，注意保护桩身不受破坏。

土方开挖的一般顺序为：开挖前先对照桩基的施工实际标高的有关记录，确定一次开挖的标高，然后根据图纸设计和实测记录，编写土方开挖的施工措施，根据措施和图纸设计进行测量定位，抄平放线，定出开挖的宽度，按放线分层开挖。

土方开挖过程中，对土质情况、地下水位和标高的变化随时测量，做好原始记录及绘出断面图，如发现地基的土质与设计不符时，及时与设计单位联系处理。

2.8.2.1.3　垫层施工

土方开挖经地基验槽合格后即进行垫层施工，可用 5mm×10cm 方木或模板支好侧模，木枋接头处应固定，防止混凝土浇筑时偏位。用水准仪打上标高线，垫层浇混凝土时必须压实、压平。

2.8.2.1.4　桩头处理

为使桩基与承台共同工作，开挖后按设计要求的方式进行桩头的处理，以保证连接可靠。

2.8.2.1.5　土方回填

各建（构）筑物基础和主要地下设施施工完毕，即可进行回填土的施工，具体施工顺序随着柱基与地下设施的施工进展情况确定。土方回填按照先深后浅的方法进行施工，尤其翻车机室和地下输煤道，结构混凝土达到一定强度后及早回填，以便进行翻车机室附属建筑的施工。

按现场具体情况，大面积用 YZ12J 型振动式压路机进行压实，小面积用蛙式打夯机进行机械振实。土方回填时虚铺土厚度按照施工规范要求，每 30cm 为一层，当每层土方回填完毕，随即进行回填抽样试验，压实系数、干容重、含水率达到设计要求，方可回填下一层。

2.8.2.2　翻车机室施工方案

2.8.2.2.1　翻车机室支护方案

由现场提供的资料和总平面布置图看出，翻车机室距铁路线较近，且根据经验，翻车机室的开挖深度一般较大，为了很好地解决此处开挖的问题，保护铁路并确保施工安全，所以在开挖翻车机室时，我们将采用钢筋混凝土钻孔灌注桩加土层锚杆支护。钻孔灌注桩刚度较大，抗弯能力强，变形相对较小，有利于保护周围环境。

施工时，钻孔灌注桩的间距由计算确定，先按翻车机室的开挖深度确定钢筋混凝土钻孔灌注桩的长度、间距，等钻孔桩的混凝土强度达到设计值后进行第一次挖土，并对开挖处进行土锚杆施工，等土锚杆灌注的水泥浆达到规定的强度后，再继续向下挖土直至基槽底。

在翻车机室施工时，我们将根据图纸设计及现场的具体施工条件编制详细的土方开挖及支护的作业指导书，以指导施工，确保施工质量和安全。

2.8.2.2.2　施工顺序

施工降水及土方开挖→垫层施工→底板施工→板墙施工至煤斗梁底→煤斗部分→煤斗以上板墙及零米层施工→上部结构施工→屋面施工→围护结构施工→装饰粉刷。

土方开挖、施工降排水及回填方案同总体施工方案。

2.8.2.2.3　主体结构施工

根据翻车机室结构特点，地下结构分三次施工，第一次施工底板，第二次施工煤斗梁以下板墙、柱、煤斗壁，第三次施工煤斗梁以上板墙及零米大梁。模板支撑系统采用普通脚手架杆，板墙、煤斗大梁用 ϕ14 对拉螺杆。

施工完底板后在翻车机室内搭设满堂脚手架，施工前对脚手架支撑安装进行整体设计并计算，统筹考虑煤斗部位支撑形式，避免脚手架二次搭拆，画出脚手架搭设施工图，该图经审核批准后方可进行搭设。

深层地下结构防水是关键，板墙与底板间的施工缝应设置在底板上 300mm 位置处，并进行严格处理；可增设止水片（铁皮），止水片两侧设两道凹槽并拉毛。对于埋设止水带的垂直变形缝处，止水带搭接接头应留设到顶板处搭接；板墙砼应一次连续浇灌完成。为防止板墙根部石子离析造成烂根、渗水，混凝土浇灌要采取分层赶浆法。

煤斗板模板拼装时，应在上模板上预留门子板，门子板呈梅花形布置，便于煤斗板的混凝土浇灌，门子板随煤斗板混凝土的浇灌及时封堵密实，煤斗板坡度较大易形成气孔浇灌时将浇灌速度放慢，适当延长振捣时间，但在施工时不允许出现施工缝。皮带支架地坪在地下结构的模板、脚手架拆除后一次浇灌压光成型。

翻车机室地上为钢筋混凝土排架结构，分层施工到顶。钢屋架及支撑在加工的钢平台上制作，用低架托盘车运到吊装现场，然后用 150t 履带吊逐跨进行吊装。

150t 履带吊采用主臂工况，选用 64.01m 的主臂，其起重性能见表 2-8-5。

表 2-8-5　　起重性能

回转半径/m	18.0	22.0	24.0	28.0	32.0	36.0
起吊重量/t	30.1	22.6	20.0	15.9	13.0	10.7

墙体封闭及建筑装饰按常规方法施工，搭设一座门型提升架作为上部和屋面建筑材料的垂直运输工具。

2.8.2.2.4 黏土砖砌体施工

砌筑用脚手架采用外双排脚手架。脚手架立杆距墙距离0.50m。立杆横距1.2m，纵距1.5m。大横杆上下步距1.5m。剪刀撑每15m设置一道，以增加局部稳定性。连墙杆沿柱设置，每4.5m即3根小横杆设置一道。

排架搭设前应将排架下部场地整平夯实并用脚手板铺垫。立杆支撑在脚手板上，脚手板长度不小于2.5m。脚手架搭设高度应高出女儿墙1m左右。

砌筑前应将墙身位置处清理干净，并弹出砖墙外边线；砌墙前要立皮数杆，皮数杆立在砖墙拐角处，并且皮数杆间距不能超过15m。皮数杆上应划有砖厚度、灰缝厚度、门窗、圈梁等位置。立皮数杆时，要用水准仪进行找平，以保证皮数杆的底部标高为0.5m。皮数杆也可利用泵房排架柱代替，施工前将每根排架柱上标出上述尺寸。砌筑方法采用“三一”砌砖法，即“一铲灰、一块砖、揉一揉”的操作方法。竖缝采用挤浆或加浆法，使其砂浆饱满，严禁用水冲浆灌缝。砖墙每天的砌筑高度不宜大于1.8m。

2.8.2.2.5 铝合金门窗安装

砌体施工时预留铝合金窗洞口，砌体施工完后进行铝合金窗安装。

铝合金窗安装前应对铝合金窗质量进行检查，凡有翘曲、变形者，应进行调直、校正，修复后方可进行安装。

安装时，先用木楔在窗框四角临时塞住，然后用水平尺和线锤来校验其水平度和垂直度，调整木楔，使铝合金窗横平竖直，高低一致，进出一致。安装后开启扇密闭缝隙不大于1mm，且开关灵活，无阻滞和回弹现象。

窗框立好后，将铁脚置入预留孔（或根据铁脚位置凿洞）并用1∶2水泥砂浆填实。至少3d后方可将四周的木楔取出，并用1∶2水泥砂浆把四周缝隙填嵌密实。

2.8.2.2.6 抹灰施工

墙面抹灰前应清理干净，并洒水湿润。脚手架孔、水暖通风孔堵塞严密。

用托线板检查墙面平整垂直程度，大致决定抹灰厚度（最薄处不小于7mm），再在墙的上角各做一个标准灰饼（用打底砂浆），大小5cm见方，厚度由墙面平整垂直度决定，然后根据这两个灰饼用托线板或线锤挂垂直做墙面下，两个标准厚度以垂直为准。再用钉子在左右灰饼附近的墙缝里，拴好小线挂上通线，并根据小线位置每隔1.2～1.5m下加做若干标准灰饼，待灰饼稍干后，在上下灰饼间抹上宽约10cm的砂浆冲筋，用刮尺刮平，厚度与灰饼相平，待稍干后可进行底层抹灰。

墙面阳角抹灰时，先将靠尺在墙角一面用线锤吊直，然后据墙角另一面顺靠尺抹上砂浆。

水泥砂浆罩面前应将混合砂浆基层打毛，罩面应注意接槎位置，表面压光不少于两遍，罩面后次日应浇水养护。

2.8.2.2.7 涂料施工

涂料施工前应将基层清理干净，不得含有泥土、灰尘、油迹等杂物脏迹；施工时控制涂料稠度，太稠不便施工，太稀影响涂层厚度，且易流淌。

内外墙刷涂采用滚刷，刷涂时在辊子上蘸少量涂料后再在墙面上轻轻平稳地来回滚动，直上直下，以保证涂层厚度一致，色泽一致，质感一致。

涂料施工前应先将地面上均匀地覆盖一层锯末，防止下落的涂料污染地面，施工过程中也应注意保护门窗等以防污染。

2.8.2.2.8 楼、地面工程

楼、地面工程分为环氧耐磨楼面，施工过程中严格按照规范中的相关要求进行施工。

2.8.2.2.9 屋面施工

施工工序为：保温隔热层施工→水泥砂浆找平层→卷材施工。

卷材防水层施工的一般工艺流程：基层表面清理、修补→喷、涂基层处理剂→节点附加增强处理→定位、弹线、试铺→铺贴卷材→收头处理、节点密封→清理、检查、修整→保护层施工。

防水层施工时，应先做好节点、附加层和屋面排水比较集中部位（屋面与水落口连接处、天沟、屋面转角处、周边等）的处理，然后由屋面最低标高处向上施工。

2.8.2.2.10 质量保证措施

翻车机室地下结构复杂，埋置深度较深，再根据其使用要求，为此应重点加强以下几方面的施工。

结构施工保证不带水作业，防止塌方影响施工和质量。

回填土应在结构强度达到100%后回填。应从四周对称分层夯实回填。

施工缝处理应十分注意，必须做到要放止水铁皮作凹槽并拉毛，上部结构施工模板安装前对施工缝进行清理，并用空压机气吹干净，最后再用清水冲洗。

混凝土浇筑要用2台泵车，两侧同时对称分层浇筑，采用赶浆法施工。

本章其余内容见光盘。

第 3 章　华能伊敏电厂 600MW 机组建筑安装工程施工组织设计

3.1　编制依据及执行标准

3.1.1　编制依据

（1）《华能伊敏煤电联营三期 2×600MW 超临界燃煤发电机组工程施工招标文件》。

（2）《华能国际电力股份有限公司火电工程建设考核标准（试行）》（2007 年 5 月）。

（3）《电力建设工程质量监督规定（暂行）》。

（4）《电力建设安全健康与环境管理工作规定》。

（5）《建设工程质量管理条例》。

（6）《电力建设安全工作规程》（火力发电厂部分）。

（7）《电力安全工作规程》及《电力设备典型消防规程》。

（8）《电力建设安全施工（生产）管理制度》。

（9）《电力建设施工企业全面质量管理办法》及《电力施工质量检验技术评定标准》。

（10）施工队伍情况和装备条件。

（11）伊敏二期工程以及类似工程的施工方案、施工经验和工程总结以及对本工程施工的掌握情况。

3.1.2　执行的标准、规程、规范

本工程设计规范采用国家、原电力部、国电公司等有关标准、规范、规程、规定及其他相关的设计要求文件。本工程国外供货部分按合同规定的国外设计、制造、安装标准、规程、规范及其他有关的文件执行。施工中国内、国外有关规范、规程及标准发生矛盾时，由监理工程师及业主负责协调解决。

国家及部颁与本工程相关的各种有效版本的技术规范、规程、设计院和制造厂技术文件上的质量标准和要求适用于本标工程。

国外电力设备和安装，原则上按制造厂的质量标准执行，如无要求，则按我国的现行国家、部颁质量标准实施，质量标准发生矛盾时由监理工程师及业主负责协调解决。

本工程施工质量检验评定标准按国家电力公司颁发的《电力施工质量检验技术评定标准》十一篇验评标准以及原电力部、国电公司颁发的其他有关规定等执行，本工程要求达到优良等级。

除国家及电力工业部颁发的规范、规程以外，检查验收仍需要遵照如下图纸、文件：

（1）经会审签证的施工图纸和设计文件。

（2）批准签证的设计变更。

（3）设备制造厂家提供的图纸和技术文件；业主与施工单位、设备材料供货商单位签订的合同有关质量的条款。

（4）业主与监理单位签订的合同文件及相关监理文件等。

3.2　工程概况及工程范围

3.2.1　工程概况

本工程电厂位于内蒙古自治区呼伦贝尔市鄂温克旗伊敏河畔的旗马场。厂址北距呼伦贝尔市约 85km，西北距伊敏河露天煤矿 3km，东距伊敏河 1km。

伊敏发电厂是一座大型坑口电厂，电厂规划容量 7000MW，电厂一期工程安装 2×500MW 俄罗斯生产的超临界汽轮发电机组，厂区围墙以内由莫斯科火电设计院设计，东北电力设计院负责总体设计。两台机组分别于 1998 年 11 月和 1999 年 9 月全部投产发电。伊敏发电厂二期工程扩建 2×600MW 国产亚临界机组，于 2005 年 4 月开工建设，两台机组分别于 2007 年 6 月和 11 月投入运行。电厂三期扩建工程将安装 2×600MW 国产超临界燃煤机组。

3.2.2　厂址条件

本工程在一期工程已批复的征地范围内扩建，无需再征地。土地性质为永久工业用地，已纳入伊敏河城镇总体规划。

本期工程沿电厂二期厂房扩建，电厂占地面积 18.98hm^2。本工程不设置灰场，灰渣直接综合利用或回填到露天煤矿采空区。现厂址周围均为草原、牧场，周围无村庄，无动迁。由于本期工程为扩建工程，无需再建设厂前区及生活福利区等相关配套设施。

3.2.3　水文气象条件

一、水文条件

华能伊敏煤电联营电厂位于伊敏河的左岸，距伊敏河约 1km。伊敏河 1939 年发生历史特大洪水，伊敏牧场水文站洪水调查还原后的洪峰流量为 1430m^3/s，据考证，重现期约为 100 年一遇。伊敏牧场水文站位于电厂下游约 14.6km 处，根据该水文站实测洪峰资料，并考虑 1939 年大洪水的洪峰流量，经频率分析计算，采用面积比法推算到厂址断面 100 年一遇设计洪峰流量为 1100m^3/s。

根据现场洪水调查，电厂建成后本区域除 1988 年、1990 年和 1998 年洪水之外，未发生较大洪水。这三个年份的最大洪峰流量均在 640m^3/s 以下，洪水对电厂防洪未产生大的影响。电厂前期工作的设计洪水成果是可靠的。

根据电厂一、二期工程所作伊敏河设计洪水成果，100 年一遇设计洪水位为 680.27m，三期工程位于一、二期工程的上游，经推算三期厂区 100 年一遇设计洪水位为 680.30m，两者的差距甚小，可仍采用一期、二期的设计洪水位 680.27m。高程系统与一期工程厂区的高程系统一致。

华能伊敏煤电联营电厂不受内涝洪水的影响。

二、气象条件

华能伊敏煤电联营电厂位于内蒙古自治区呼伦贝尔市鄂温克旗伊敏河畔。本地区为欧亚大陆东部中纬度地带，属寒温带大陆性季风气候。

主要气候特点为冬季严寒漫长，夏季温凉短促，春季干旱多大风，秋季降温急骤，霜冻早。多年平均气温－1.5℃，极端最高气温 36.7℃，极端最低气温－48.5℃，多年平均相对湿度 68%，多年平均降水量 355.4mm，降水分布极不均匀，主要集中在 6—9 月，约占全年降水量的 80%以上。最大冻土深度 2.42m。

其 50 年一遇 10m 高 10min 平均最大风速为 33.3m/s；100 年一遇 10m 高 10min 平均最大风速为 35.7m/s。

厂址区域的 50 年一遇基本风压为 0.65kN/m^2。100 年一遇

基本风压为 0.75kN/m^2。

根据海拉尔气象站 1951—2000 年实测气象资料，统计各气象特征值。

（1）平均最高气温：4.8℃。

（2）平均最低气温：−9.1℃。

（3）极端最高气温：36.7℃。

（4）极端最低气温：−48.5℃。

（5）平均相对湿度：68%。

（6）平均气压：941.7hPa。

（7）年平均风速：3.3m/s。

（8）最大风速：33.9m/s。

（9）最大日降雨量：109.4mm。

（10）最小年降雨量：230mm。

（11）基本风压值：0.65kPa。

（12）基本雪压值：0.5kPa。

（13）最大冻结深度：−3.2m。

（14）场地标准冻深：−2.8m。

（15）累年极端最高气温：36.7℃（1955 年 7 月 22 日）。

（16）累年极端最低气温：−48.5℃（1951 年 1 月 3 日）。

（17）地震基本烈度为 6 度。

（18）夏季主导风向为 E，出现频率为 9%。

（19）冬季主导风向为 S，出现频率为 18%。

（20）全年主导风向为 S，出现频率为 11%。

（21）累年平均相对湿度为 68%。

（22）累年最小相对湿度为 0。

（23）累积频率 10%的日平均湿球温度为 19.3℃。

3.2.4 交通运输条件

国铁海伊线（海拉尔至伊敏矿）距电厂约 5km，现有电厂铁路专用线由矿铁线上引接，电厂专用线总长为 1.65km（包括厂内、厂外两部分）。由于电厂燃用伊敏煤矿褐煤，燃料通过伊敏煤矿至电厂的输煤皮带将煤送往厂内的受煤装置，再由它转向煤场及主厂房的煤斗间。所以该铁路不作为燃料运输，主要用于电厂建设期间的设备与材料运输和电厂生产期间的点火重油、化学药品及日常消耗材料的运输，年运输量在（2～3）×10^{4}t 左右，本期工程不需新建铁路。

由于电厂已运行多年，现以电厂为中心的公路网均已经形成，公路交通运输四通八达，厂区周围公路运输十分便利。海伊公路在厂区西侧通过，电厂进厂公路由此引接。

厂区内的交通运输道路已经形成，本次将重点对新建部分厂区进行道路规划，主厂房周围设 7.0m 宽环行道路，用以保证交通运输的顺畅及满足消防的要求，其余均根据各区域交通运输及消防的要求，设置宽 3.5～4.0m 道路。

3.2.5 工程地质

厂址区地貌为伊敏河一级阶地，其地层的构成均为河流堆积作用而成的冲积物。其岩性主要为细粒的河漫滩相冲积物，即黏性土及粉细砂、中砂等，粗粒的河床相冲积物，即圆砾及粗砂、砾砂等，电厂场址地形平坦，地质条件简单，无不良地质作用。

冻土为不冻胀土。场地不存在滑坡、砂土液化等影响厂址稳定性的不良地质作用。亦无环境地质问题。

三期建设场地土类型为中硬场地土，建筑场地类别为Ⅱ类。场地地质条件简单，为建筑抗震有利地段。

场地地下水类型为第四系孔隙潜水，含水层为砂类土和碎石土，透水性强，水量丰沛。场地内地下水稳定水位埋深 4.50～7.80m。地下水位年变幅一般为 1.0～2.0m。场地内地下水对混凝土结构无腐蚀性。

3.3 本标段工程施工总体安排

3.3.1 施工总体程序

根据本标段工程特点以及我公司对大型机组丰富的施工经验，在结合招标文件中提供的工程项目里程碑进度基础上，我公司采用先进的 P3e/c 软件编制了本安装工程施工综合进度计划网络图。关键性节点工期严格遵循业主提供的里程碑进度，每个施工环节都充分考虑到可能出现的各种情况。

本标段安装工程施工总体程序总结起来就是：一条主线，两条支线。

一条主线是指以锅炉间、煤仓间基础及地下设施、锅炉大件吊装、锅炉水压试验、锅炉酸洗、点火、吹管为龙头。

两条支线是指汽机间现浇混凝土框架及楼板、汽机台板就位、汽机扣大盖、机组油循环为关键控制工期；电热专业以 A 排外变电设施、厂用电系统受电为关键控制工期。

3.3.1.1 土建施工总体程序

本工程钢筋混凝土工程模板采用大模板，先施工地下，后施工地上（主厂房、煤仓间同时施工）周转两次以后再使用时采用内衬 PVC 板方法，混凝土采用集中搅拌站供应、混凝土运输车运输、泵车泵送浇筑。支撑结构采用ϕ48×3.5 脚手管、模板加固采用轻型槽钢及对拉螺栓。

主厂房屋架采用 600t 与 250t 履带式起重机安装；钢煤斗采用 250t 履带式起重机安装。采用 FO/23B 悬臂式起重机与 120t 汽车吊承担土建施工材料的垂直运输。主厂房围护复合保温型金属墙板采用吊篮或挂梯配合安装。

暖通、照明工程施工与主体土建工程施工穿插进行。

3.3.1.2 锅炉安装施工总体程序

锅炉安装先期以锅炉吊装为主线，钢架吊装期间穿插空气预热器底梁等大件、烟风道、风箱、钢性梁、部分受热面等大的组件（部件）存放。钢架吊装完毕后，进行受热面安装，尾部竖井内受热面安装与水冷壁安装可同时进行。锅炉吊装完毕后，集中人力进行本体管道施工，尽早具备水压条件，为其他专业在锅炉区域施工创造一个良好的施工环境。

空气预热器在锅炉大件吊装完毕后进行正式安装。

烟风道在锅炉大件吊装完毕后进行正式安装。

磨煤机、风机安装在锅炉水压完毕，磨煤机、风机基础施工完毕后进行安装。

电除尘器安装安排在锅炉大件吊装后期进行，为锅炉受热面组合提供场地。

锅炉房内燃油管道在锅炉具备水压条件后施工，保证燃油系统能够尽早具备使用条件。

捞渣机和输送机在锅炉水压试验后进行就地组装。

锅炉本体保温、砌筑在水压试验结束后进行；烟风道保温在锅炉通风试验结束后进行；其他设备及管道保温在安装结束后进行。

油漆施工在设备及管道安装完毕并消除基建施工痕迹后再进行。

3.3.1.3 汽机专业施工总体程序

汽机安装时，以低压缸作为整体汽轮发电机组轴系安装的基准缸，在基础台板上就位组合。以低压缸及其前后轴承座为基准，安装高中压缸，高中压缸及低压缸分别进行外缸内缸组合，间隙调整，纵向、横向找正以及轴系找中心等工艺后，进行汽缸的试扣盖，核对无误后进行正式扣盖及其他附件和管道的安装工作。

（1）发电机定子为哈尔滨汽轮机厂制造，发电机定子作为电厂安装中的大型设备，其吊装方案的选择非常重要，我们采用 GYT-200 型钢索式液压提升装置进行定子的吊装。在汽机间两台机组之间 0m 检修场地布置液压提升装置，大件运输车将定子直接运至提升装置正下方起吊至 13.7m 以上后，再利用卷扬机、滑道水平拖运定子至发电机基础上并正式就位。

（2）发电机转子的穿装使用厂家提供的专用工具，利用汽机房内的桥吊及厂家提供的其他专用工具穿装就位。

（3）凝汽器以散件方式供货，在现场凝汽器基础平台上完成凝汽器的安装工作。

（4）除氧器采用 600t 履带吊吊装就位。

（5）高压加热器采用汽机间 80t 桥吊安装就位。

（6）为了提高油系统的清洁度，减少油循环的时间，要在制造、加工、运转、保管、安装施工、分部试运等主要过程中，严格把关，从管路配制安装工艺到管道选材、加工、焊接、除锈、清扫、冲洗、检验等环节在安装开始时就高标准要求，真正做到优质施工。

（7）对于热力系统管道（含四大管道），我公司已有成熟的施工经验与方案，同时对中小径管和支吊架全部采用机械下料。

（8）电动、汽动给水泵组按厂家说明及业主要求安装。

3.3.1.4　电气专业施工总体程序

（1）电气专业在开工伊始，要安排进行接地极制作及电缆管制作，依据土建专业进度进行电缆管预埋及接地系统的施工。

（2）在建筑物初具规模时，进行电缆托架的安装；在建筑物地面初步形成后，进行盘、台、柜的基础安装；盘、台、柜安装固定后进行柜内母线的安装。

（3）主变及厂用变安装完，现场试验项目验收合格。启备变安装完并经调试验收合格。蓄电池安装必须牢固可靠，然后进行充、放电。对直流系统及蓄电池容量进行试验。

（4）厂用系统受电前，先敷设受电电缆，然后进行电缆接线，尽可能扩大第一次受电的范围，集中人力、物力保证厂用系统按时受电。

3.3.1.5　热工专业施工总体程序

一、准备阶段

主要进行施工图纸会审，编制材料、设备供货、施工进度计划，根据业主和监理单位的相关施工、质量、安全等文件，并结合本公司和项目部的相关文件编制本专业的质量、安全、施工措施技术文件以及热工标准件的配制、加工，工、器具的配置，各种规章制度的建立和职工的技术培训等。

二、施工前期

配合土建进行电缆管预埋，各种底座、支架的铁构件预埋及电缆孔等相关孔洞的预留；单元控制室及电子设备间盘、台底座的制作安装及电缆夹层桥架安装；配合机务专业进行部分取源部件安装。

三、施工高峰期

控制盘、台、DCS 机柜安装，盘间电缆、预制电缆的敷设及接线；主厂房内电缆桥架安装；就地设备、仪表、元件安装；电缆保护管、仪表管敷设；电缆敷设及接线。

四、施工后期

电缆防火施工，设备的单体调试，配合调试单位进行各系统的分部试运及机组的整套启动、运行。

3.3.2　施工组织安排

基于本标段工程施工难度大以及安装质量要求高的特点，我公司着重在以下几个方面进行科学组织、合理安排，以保证施工总体工期和施工质量以及施工安全。

（1）人力资源配备上，本工程投入大量的具有丰富的超临界机组施工经验的施工人员，施工高峰期人数达到 1932 人。详见施工组织机构及劳动力计划。

（2）施工机械配备上，本工程投入起吊性能优异的 600t 履带吊 1 台，CKP-2200/75t 塔式起重机 1 台，250t 履带吊 1 台，CKP3500/95t 塔式起重机 1 台，FO/23B10t 悬臂式起重机 1 台，50t 龙门吊 3 台，120t 汽车吊 1 台，50t 汽车吊 2 台，50t 拖车 3 台以及若干其他起重、运输、加工机械。（详见主要施工机械设备配备计划）。

（3）施工场地规划上，严格遵照业主规划的施工区域，合理安排有限的施工场地，统筹兼顾。详见施工总平面及临时设施布置总体安排。

（4）施工网络进度计划编制上，依据业主制订的总体工期，充分考虑冬季施工的不利条件，利用目前世界上最先进的 P3E/C 软件，根据图纸、设备、资金到货情况，自动生成最优化的网络工期，保证工程如期完成。详见施工综合进度计划。

（5）施工方案编制上，依据本工程我公司配备的起吊性能优异的吊装机械，以及根据我公司丰富的同类型机组施工经验，合理安排工序，在保证施工质量前提下，加快施工进度。在编制施工方案同时，统筹考虑了安装与土建和安装各专业之间的施工协调。

3.3.3　施工总平面及临时设施布置方案

3.3.3.1　施工场地划分一览表

施工场地划分一览表见表 3-3-1。

表 3-3-1　　施工场地划分一览表

序号	名　称		长/m	宽/m	面积/m^2	备　注
a	土建工程施工场地				24000	
1	混凝土搅拌站场地		100	100	10000	
2	钢筋加工、堆放场地		60	50	3000	
3	木工加工及周转材料堆放场地		60	50	3000	
4	铆焊加工场地		80	50	4000	
5	钢屋架制作场地					利用铆焊加工场地
6	预制构件场地		200	20	4000	
b	安装工程施工场地				43452	
1	汽机设备组合场及设备置场		196	60	11760	
2	锅炉设备组合场及置场	受热面组合场地	100	50	5000	
		钢架组合场地	64	50	3200	
		烟风道加工场地	64	50	3200	
		锅炉设备置场	228	40	9120	后期作为保温材料置场
3	电除尘设备堆放场地		98	57	5586	
4	电气、热工设备堆放场地		98	57	5586	
c	库房区		150	26	3900	
d	施工机械停放场地		78	26	2028	
e	生活区及生产办公区					租用甲方提供的临时建筑
	合　计				73380	

3.3.3.2 施工现场主要起重及垂直运输机械布置

3.3.3.2.1 主厂房吊装机械布置

汽机间钢屋架吊装采用250t履带吊。主厂房材料的垂直运输采用QTZ63型塔式起重机，布置在汽机间外侧。在集控楼布置一台QTZ63型塔式起重机，承担集控楼施工。

3.3.3.2.2 锅炉吊装机械布置

锅炉吊装机械采用CKP-3500塔式起重机、1台CKP-2200型/75t移动塔式起重机，LS368RH-5型250t履带吊为辅吊机械，承担锅炉设备的安装。

3.3.3.2.3 电除尘吊装机械布置

电除尘吊装机械采用CKP-2200型/75t移动塔式起重机。

3.3.3.2.4 锅炉设备组合场及置场起重机械布置

同轨布置两台KC50-42B型龙门式起重机，承担锅炉设备的组合及装卸车。

3.3.3.2.5 汽机设备置场及组合场起重机械布置

汽机组合场布置1台KC50-42B型龙门式起重机，承担汽机设备的组合。电气、热工设备堆放场布置一台120t汽车吊，承担电气、热工设备的装卸车。

3.3.3.2.6 施工现场主要起重机械作业范围一览表

主要起重机械作业范围一览表见表3-3-2。

表3-3-2　主要起重机械作业范围一览表

序号	名称	型号	最大起重量/t	数量/台	作业范围
1	履带式起重机	CC2800-1	600	1	承担锅炉设备安装
					汽机除氧器、高低加安装
					除氧煤仓间楼层梁安装
2	履带式起重机	LS368RH-5	250	1	锅炉设备安装的辅助机械
					除氧煤仓间楼层梁、汽机间网架安装
					钢煤斗安装
					汽机设备安装
3	塔式起重机	CKP-3500	95	1	承担锅炉设备安装
4	塔式起重机	CKP-2200	75	1	锅炉及电除尘设备安装
5	悬臂式起重机	FO/23B	10	2	主厂房及集控楼材料垂直运输
6	汽车式起重机	AC-395	120	1	电气、热工等装卸车
7	汽车式起重机	TG-500E	50	2	设备装卸车
					各专业临时配合
8	汽车式起重机	JKZ25H	25	2	设备装卸车
					各专业临时配合
9	汽车式起重机	QY-8	8	2	各专业临时配合
10	龙门吊	KC50-42B	50	3	承担锅炉设备的组合及装卸
					承担汽机设备的组合及装卸
					烟风道的制作加工
11	施工电梯	SC150/150		1	承担施工人员的垂直运输

3.3.3.3 施工道路、临时围墙及对外通道

一、厂外施工公路

由于电厂已运行多年，现以电厂为中心的公路网均已形成，公路交通运输四通八达，厂区周围公路运输十分便利。

二、厂内施工道路

厂内施工道路主干线与厂区道路采取永临结合的方式建设，道路宽为6m。厂内新老道路系统连接，采用混凝土路面，设置路缘石，便于利用道路有组织的排除地面积水。

三、临时围墙

我公司库房区围墙做成砖砌和栏杆型式。厂区围墙根据设计要求业主统一规划。

3.3.3.4 临时用地表

临时用地表见表3-3-3。

表3-3-3　临时用地表

序号	用途		面积/m²	需用时间/(年.月)
1	混凝土搅拌站场地		10000	2008.5—2010.5
2	钢筋加工、堆放场地		3000	2008.5—2010.5
3	木工加工及周转材料堆放场地		3000	2008.5—2010.5
4	铆焊加工场地		4000	2008.5—2010.5
5	预制构件场地		4000	2008.5—2010.5
6	汽机设备组合场及置场		11760	2008.5—2010.5
7	锅炉设备组合场及置场	受热面组合场地	5000	2008.5—2010.5
		钢架组合场地	3200	2008.5—2010.5
		烟风道加工场地	3200	2008.5—2010.5
		锅炉设备置场	9120	2008.5—2010.5
8	电除尘设备堆放场地		5586	2008.5—2010.5
9	电气、热工设备堆放场地		5586	2008.5—2010.5
10	库房区		3900	2008.5—2010.5
11	施工机械停放场地		2028	2008.5—2010.5
12	生活区及生产办公区			2008.5—2010.5
	合计		73380	

3.3.3.5 场地平整及排水方案

场地平整已由业主完成，我公司施工区域做成3‰坡度，坡向厂区道路两侧排水明沟，由道路上的雨水口排入厂区排水管道。

3.3.3.6 施工电源布置及管理维护方案

3.3.3.6.1 施工电源布置

根据招标文件，本工程施工用电规划，由甲方提供的电源处接引电源，用电缆引至各变电站，厂区内电缆均用地下敷设。现场布置4个10kV/0.4kV变电站。

其中1号变电站在本工程组合场区域，配置一台1000kVA变压器供施工组合场用电；2号变电站在本工程搅拌站区域配置一台630kVA变压器，供搅拌站用电；3号变电站在主机主炉安装区域，配置二台1000kVA油浸变压器，分别供主机主炉电力安装及土建施工单位施工用电及现场塔吊和龙门吊等大型机具电源；4号变电站在炉后安装区域，配置一台630kVA油浸变压器，供除尘、等附属设施安装电源；施工电源平面布置将依据施工现场实际情况进行定位。

3.3.3.6.2　施工供电方式

（1）0.4kV施工电源线路大多数采用电缆直埋敷设方式，在特殊区域使用电缆明敷设方式。

（2）施工用配电盘共有四种形式，第一种为区域性配电盘作为一个区域内施工总电源盘；第二种为负荷配电盘，内设胶盖开关及自动空气开关供0.4kV动力负荷使用；第三种为插座配电盘，内设漏电保安器及各种型式插座，主要为电动工具供电；第四种为吊车负荷盘，根据吊车的容量设置自动空气开关。

（3）为保证施工现场的重要负荷的供电可靠性，它们的临时电源盘、柜设计成双电源互为备用供电回路。当一台施工变压器故障或检修时，能确保重要负荷不停电。

3.3.3.6.3　施工用电维护管理

（1）施工电源主干线规划布设完后，绘制完整的配电系统图并提交给业主。施工用电应服从业主现场管理的有关规定，并且制定出完善的符合现场实际情况的施工电源运行维护管理制度，严格执行保证安全的组织措施和技术措施。

（2）成立施工电源维护班，对施工电源进行统一管理维护。班内配一名电源维护工程师以及一定数量的技工，对维护人员定期进行培训，使之熟悉该配电系统。

（3）施工电源施工及验收应按照《电气装置安装工程施工及验收规范》执行。施工现场配电盘、箱应型式统一、颜色一致，并且标有明显的警示标志。

（4）直埋敷设电缆，其埋深不应小于0.7m，穿越公路、铁路等应穿管保护，沿埋设路径设标示桩。明敷设电缆应横平竖直，严禁乱拉乱扯。在电缆集中并且具备条件的施工地点装设电缆支、吊架，电缆沿支、吊架敷设。

（5）施工用电安装计量表计，电价按有关规定执行。

（6）做好现场施工电源春、秋检工作，坚持每周一次的现场安全巡视制度，杜绝用电安全隐患的出现。

3.3.3.7　施工水源布置及管理维护方案

按标书规定，施工水源从甲方指定地点引接。各施工区用水在其就近母管接水并加检验合格的水表及阀门，原则保证经济合算。

3.3.3.7.1　施工水源用水量计算

一、施工用水量

$$Q_1=\frac{K_1K_4\Sigma\ (n_1q_1)}{t\times 8\times 3600}$$

式中　Q_1——施工用水量，L/s；

K_1——用水量不均衡系数，取1.5；

K_4——未计及用水量参数，取1.3；

n_1——用水量最大月份总工程量，取7000m^3；

q_1——各项直接生产用水定额，L/m^3，取500；

t——天数，取30d。

经计算Q_1=7.9L/s。

二、现场生活用水量

$$Q_2=\frac{1.1K_2n_2q_2}{8\times 3600}$$

式中　Q_2——现场区域生活用水量，L/s；

K_2——用水量不均衡系数，取1.4；

n_2——施工高峰期人数，取1900人；

q_2——用水定额，取30L/（人·日）。

经计算Q_2=2.94L/s。

三、消防用水量

按照我国《建筑设计防火规范》（GB 50016—2014）的要求及消防用水定额规定，消防用水量为10L/s，由此确定，Q_3=10L/s。

3.3.3.7.2　施工水源的布置

从甲方提供的管道上引接，并分别加阀门控制各段用水和检修，管道过公路处加钢套管。给水管道埋深在冰冻线1.43m以下，立管和阀门井用岩棉管壳保温，或加伴热管道。

（1）主厂房区域施工水源。从主管线接引一条DN125mm管道，管道始端安装DN125mm法兰闸阀一个。该管线围绕汽机间、锅炉间、脱氧煤仓间形成支状管网，管径均为DN125mm。其中脱氧煤仓间设置一条DN80mm的供水支管，变压器施工区设置一条DN50mm供水支管。各施工区域的用水从支管上接引，主厂房的施工区域设地上式消火栓5个，如需要在各层平台或主要施工区域放置一定数量灭火器。

（2）搅拌站引设一条DN65mm水管。设置1个消火栓。

（3）组合厂施工区域设置地上消火栓4个，如需要主要施工区域放置一定数量灭火器。

3.3.3.7.3　供水管径计算

一、主厂房消防水管管径

$$d=\sqrt{\frac{4Q}{\pi v\times 1000}}$$

式中　Q——主厂房区域用水量，Q=7.9+10=17.9(L/s)；

v——供水流速，取2m/s。

经计算d=106.7mm，选取管径为DN125mm。

二、现场生活及消防管径

$$d=\sqrt{\frac{4Q}{\pi v 1000}}$$

式中　Q——现场生活及消防用水量，Q=10+2.94=12.94(L/s)；

v——供水流速，取2m/s。

经计算d=90.7mm，选取管径为DN100mm。

3.3.3.8　施工气体供应

（1）施工用氧气、乙炔气、氩气、氮气、二氧化碳气等气体均在当地以瓶装方式购买。

（2）结合现场各作业区工程量情况和有利于提高并保持现场文明施工面貌，在锅炉间、汽机间、锅炉组合场、汽机组合场采用管道集中供应氧气、乙炔气。其他作业区为瓶装分散供气方式。

（3）分别在锅炉组合场和汽机组合场设置氧气和乙炔气供应站，供应站以集装箱形式设置。输气管道布置应合理、排列有序，应尽量避开道路、施工图设计的各种管道、支吊架及设备。

（4）输气管道应刷上不同颜色油漆和色标，以示区别。

（5）各作业区所用氩气、氮气、二氧化碳气体由于用量较少，采用瓶装分别供气形式施工。

（6）在锅炉组合场设置空压机，用管道分别向锅炉间、锅炉组合场输送压缩空气，用于管道喷砂和管道吹扫作业。

（7）在汽机组合场设置空压机，用于管道喷砂和吹扫工作。

（8）在汽机间设置空压机，用于安装中的吹扫及设备的风压作业。

3.3.3.9　临时供热及采暖

依据设计说明书要求，冬期搅拌站、厂房等通暖气，冬季混凝土施工采用热搅拌和蒸汽养护。

考虑到冬季汽机房本体设备安装需在5℃以上环境下施工，新建厂房与老厂间距较近，为此临时采暖采用蒸汽采暖方式供热。热源选自老厂蒸汽、管道均采用无缝钢管，管道宜采用地面或高支架敷设，接管处设阀门及流量表，以便计取费用。供暖管道保温$\delta=60$mm，并加保护层，主厂房零米临时采暖。各设备基础及平台冬季混凝土施工，需做养护供热，汽源由主蒸汽管引入，环形布置，在适当位置设好立管，且有阀门控制。主汽管与立管采用无缝钢管，养护管采用ϕ25 耐热软管，在半管壁处钻孔制成喷淋式供热。养护管置于模板外侧，并用草袋子及塑料布包严。采暖凝结水管道末端加疏水器，合理布置降低工程造价为目的。

3.3.3.9.1 采暖热负荷计算

一、主厂房汽机间临时采暖热负荷计算

1. 耗热量计算

$Q_1=qA=180\times2160=388800(W)=1.4\times10^6$(kJ/h)

式中 Q_1——建筑物采暖耗热量，W（1kg/h=0.279W）；

q——单位面积耗热量指标，W/m^2，$q=180$；

A——估算建筑面积［80×27=2160(m^2)］。

2. 蒸汽用量

$W_1=Q_1/IH=1.4\times106/2076\times0.4=1686$(kg/h)

式中 W_1——蒸汽用量，kg/h；

Q_1——计算所需热量，kJ/h；

I——在一定压力下蒸汽含热量，kJ/kg，取$I=2076$；

H——有效利用系数，取$H=0.4$。

3. 散热器选择

散热器为ϕ426-6000-3A 型光排管散热管散热器共 28 组。

二、主厂房锅炉间临时采暖热负荷计算

1. 耗热量计算

$Q_2=qA=200\times1000=200000(W)=7.2\times10^5$(kJ/h)

式中 Q_2——建筑物采暖耗热量，W（1kg/h=0.279W）；

q——单位面积耗热量指标，W/m^2，$q=200$；

A——估算建筑面积（80×8.5=1000m^2）。

2. 蒸汽用量

$W_2=Q_2/IH=7.2\times105/2076\times0.4=867$(kg/h)

3. 散热器选择

散热器为ϕ426-6000-3A 型光排管散热管散热器共 12 组。

三、各工程处办公区域项目部采暖热负荷计算

1. 耗热量计算

$Q_3=q\cdot A=160\times(792+3168)=633600(W)=2.28\times10^6$(kJ/h)

2. 蒸汽用量

$$W_3=\frac{Q_3}{IH}=\frac{2.28\times10^6}{2076\times0.4}=2746(\text{kg/h})$$

3. 室内散热器选择

采用ϕ108-4000-3A 型光排管散热管散热器 94 组。

四、混凝土施工热负荷计算

1. 材料加热的耗热量及蒸汽用量

$Q_4=qA=75\times10800\times4.1868=403200(W)=3.39\times10^6$(kJ/h)

$$W_4=\frac{Q_4}{IH}=\frac{3.39\times10^6}{2076\times0.5}=3266(\text{kg/h})$$

2. 混凝土养护耗热量及蒸汽用量

$Q_5=qA=150\times3000\times4.1868=403200(W)=1.88\times10^6$(kJ/h)

$$W_5=\frac{Q_5}{IH}=\frac{1.88\times10^6}{2076\times0.5}=1811(\text{kg/h})$$

3.3.3.9.2 蒸汽管道管径计算

一、老厂接引蒸汽管道管径计算

$$d=\sqrt{\frac{4wu}{3600\pi v}}=\sqrt{\frac{4\times10376\times0.91}{3600\times3.14\times40}}=0.289(\text{m})$$

取主蒸汽管 $d=325$。

二、汽机间蒸汽管道管径计算

$$d=\sqrt{\frac{4w_1u}{3600\pi v}}=\sqrt{\frac{4\times1686\times0.91}{3600\times3.14\times30}}=0.135(\text{m})$$

取 $d=159$。

三、锅炉间蒸汽管道管径计算

$$d=\sqrt{\frac{4w_2u}{3600\pi v}}=\sqrt{\frac{4\times867\times0.91}{3600\times3.14\times30}}=0.093(\text{m})$$

取 $d=108$。

四、搅拌站蒸汽管道管径计算

$$d=\sqrt{\frac{4w_4u}{3600\pi v}}=\sqrt{\frac{4\times3266\times0.47}{3600\times3.14\times30}}=0.134(\text{m})$$

取 $d=133$。

五、混凝土养护供热管径计算

$$d=\sqrt{\frac{4w_5u}{3600\pi v}}=\sqrt{\frac{4\times1811\times0.47}{3600\times3.14\times30}}=0.100(\text{m})$$

取 $d=108$。

3.3.3.10 施工通信

为了方便施工人员与业主、监理工程师的联系，保证项目部与总部的信息畅通、加强工地内部协调，本工程计划以电话、传真、网络、无线对讲机作为主要的通信方式。

3.3.3.10.1 本工程施工通信从业主提供的通讯网上引接。我公司设置临时总机与该交换机以中继线接通，项目部的机房设一台 100 线的程控电话交换机，形成内部通讯总机，并引接到各施工处作为主要通信手段。

3.3.3.10.2 如能取得当地有关部门的同意，再配备一定数量的无线对讲机，用于各部门主要管理人员及工程技术人员在施工现场的移动通信。

3.3.3.10.3 借助个人手机加大覆盖面，以保证施工管理的通信迅速、畅通。

3.3.3.10.4 项目部设置局域网，以网络信息技术为手段，实现与业主、工程公司、监理公司、设备驻现场代表、局本部信息的快速有效传递，实现零时差。

3.3.3.10.5 安装 2 门带传真机的外线电话以保证必要的工程信息和行政文件能及时送到项目部；并保证项目部小总机或业主总机故障时对外通讯不会完全中断。

3.3.4 季节性施工方案

3.3.4.1 当地气象概况

伊敏地区地处中纬度欧亚大陆东缘，在全国气候区划中属于北温带大陆季风气候区。受大气环流的影响，在冷暖气团交替影响下，四季气候变化十分明显，其特点是：春季干燥多风沙，夏季炎热短暂少雨，秋季凉爽日温差大，冬季严寒漫长。一年中寒暑温差悬殊，春秋两季短促，冬季受西北季风影响，流域处于西伯利亚大陆气团控制之下，气候寒冷，日平均气温低于零度的时间，一般从每年 11 月上旬到翌年 3 月下旬，长达五个月之久。

为确保本工程节点工期顺利进行，特制定以下冬、雨季和夏季施工措施。

3.3.4.2 冬季施工措施

根据招标文件要求，工程进度计划较宽松，主要建筑结构应尽可能避开冬季施工，以保证施工质量和降低施工成本。少部分可能因特殊情况进行冬季施工的项目特制定如下措施。

3.3.4.2.1 冬季施工前的准备工作

（1）现场暖气管道在入冬前进行彻底检修，并进行水压试

验，管道保温后可运行。

（2）将暖气管引至搅拌站储水箱内，储水箱进出水管道及水箱保温提前做好。

（3）搅拌机上的各种管道亦作好保温。

（4）提前对防冻剂的性能进行检验，通过试配给出混凝土合理配合比。防冻剂提前组织进场。

（5）提前计算冬施期混凝土的浇筑方量，提请搅拌站备足冬季施工所需砂子、石子、防冻剂等材料。

（6）回填级配砂石的货源提前采购，源点的级配砂石在使用前进行保温苫盖。

（7）提前准备足够的冬季施工措施用料：如塑料布、防火苫布、保温棉被等，冬施期使用的棉被提前进行晾晒。

（8）冬季施工前，进行各种车辆的换季或保养工作，对空气滤清器、柴油滤清器及机器滤清器的清洗或更换工作，更换机油、齿轮油及符合冬季使用的燃油。检查电瓶电解液的浓度，冬季浓度要高。水箱内加入防冻液。

（9）现场使用的各种机械入冬前作好维护和检修，更换符合冬季运行要求的机油或齿轮油，各种施工机械的减速箱要及时加注冬季防冻液，保证其正常工作。

（10）混凝土罐车及泵车的泵管包裹保温棉被。

（11）准备多台热耦式电子测温仪，供混凝土施工测温之用。

（12）准备多只普通温度计，测量记录气温。

（13）为在场施工人员准备好棉衣、手套、棉鞋等防寒物品。

（14）暴露在外面的临时水源在入冬之前作好管道和阀门的保温防冻工作。

（15）入冬前应对现场和施工区域、仓库、组合场、设备堆放场、吊车等处的消防器材进行全面检查，对不合格的应及时更换。将室外存放的消防设施放入专用的箱内，做好保温防冻工作。并对现场所有区域进行全面清理，清除易燃物品。

3.3.4.2.2　建筑专业冬季施工措施

为保证混凝土工程施工质量，首先应调整施工计划，在进入冬季施工前，尽可能将不易保温混凝土施工停止。冬季混凝土施工采取如下措施。

一、搅拌站的搅拌机

在冬季施工期间应进行全封闭保温，内设暖气确保搅拌机正常使用。

二、水箱

在搅拌站安装一个 $5m^3$ 容积的水箱，将暖气通入其中加热混凝土搅拌用水，水箱的进出水管道、暖气管道都要有保温措施，水箱外侧用岩棉进行保温，外抹一层砂浆，保温层厚度不小于 50mm；水箱进出水管道及暖气管道用岩棉管保温，外缠玻璃丝布涂防腐漆。当较长时间不进行混凝土生产时，应将水箱、搅拌机等内部的水放掉，防止结冰。

三、混凝土冬季施工材料要求

水泥：冬期施工应选择活性高、水化热相对较大的普通硅酸盐水泥。

骨料：选择清洁、级配良好、质地坚硬的砂石作为混凝土骨料，在不浇筑混凝土时骨料表面用苫布进行苫盖。骨料中不得有冰块、雪团及有机物等。

水：水加热至 70℃后使用。

外加剂：选用复合型外加剂。外加剂应是通过技术鉴定，符合质量标准，并经试验室试验掌握其性能的产品。

四、混凝土的搅拌

混凝土采用热水搅拌。当水温达到或超过 80℃时，热水不得与水泥直接接触。可以采用先将热水与骨料拌和而后再掺入水泥的方法搅拌混凝土，以避免水泥假凝，搅拌时间不得少于 3min。

每次搅拌混凝土前，应将搅拌机转动部分上好黄油，加热水运行 5～10min，然后将搅拌机内的水放掉，再开始搅拌混凝土。

混凝土生产时每台搅拌机不能少于 2 人，一人操作，另一人检查水温、混凝土出机温度，并做好记录。

搅拌站搅拌系统全部为微机控制，室风用电暖气采暖，以保证操控室内的温度不低于 10℃。

五、混凝土的运输

混凝土运输过程中，要注意防止混凝土热量散失，所以要加快运输速度，缩短混凝土从搅拌完毕到入模的时间。本工程采用混凝土搅拌车运输混凝土。混凝土运输车外面采用专用保温被进行保温。当采用泵送混凝土时，泵管用棉毡和岩棉被进行保温。

六、混凝土的浇筑

做好天气预报的查询工作，避免在有寒流或大风、大雪天浇筑混凝土。尽量选择在白天温度高的时候施工。做好浇筑前的准备工作：人员到位，保温材料充足，机具运转良好。施工现场道路、场地安全通畅，电源充足，保温材料充足质量好，采用机械振捣，振捣要密实而迅速。混凝土分层浇筑，每层厚度不大于 500mm。

混凝土浇筑前，对基础模板的外形尺寸、钢筋、埋件等项目进行验收，四级验收合格后方可进行浇筑，浇筑混凝土前，应清除模板和钢筋上的冰雪和污垢及施工缝处松动石子水泥膜。由于白天气温较夜间高，所以浇筑混凝土时间控制在上午 8：00 至下午 3：00 之间，以防止混凝土热量损失过大。混凝土拌和物入模后一定要加强振捣，使其内部密实。混凝土的入模温度控制在 10～15℃之间。

因当地冬季风沙较大，冬季施工期间混凝土浇筑尚应采取防风沙措施：

（1）如遇恶劣天气，如沙尘暴天气，应调整混凝土浇筑时间。

（2）现场准备一台空压机，将混凝土接槎表面沉积的沙尘吹洗干净，以保证混凝土浇筑质量。

（3）在浇筑现场的迎风面用脚手管和帆布搭设临时挡风帘阻挡风沙，特殊情况下应考虑搭设暖棚或防沙棚。

七、混凝土的养护

混凝土冬季施工养护措施：在混凝土浇筑完成之后，尽快在混凝土表面覆盖一层塑料布防止水分散失，在模板的侧面及混凝土的顶面覆盖一层岩棉被进行保温。混凝土中掺加防冻外加剂提高混凝土抗冻性能，设专人负责混凝土测温工作，每昼夜不少于 4 次。对于混凝土出机及入模温度每 2h 测量一次，对于大气温度测量每天不少于 4 次，混凝土测温点应设在温度较低和有代表性的地方，当温度出现异常时，应立即通知有关人员，及时采取有效措施，如加盖电热毯、电热板，蒸汽养护法采用电暖气取暖或点炉火等措施。冬季混凝土施工侧要做好测温记录。

八、混凝土试块

每一班或混凝土量为 $100m^3$ 做 3 组试块，其中标准养护试块 1 组，同条件试块为 2 组，为测定拆模强度时使用。

冬季混凝土施工质量控制要求为：

（1）检查搅拌用水温度及粗细骨料温度，控制混凝土出机及入模温度并做好记录。

（2）检查混凝土配合比执行情况，控制好搅拌时间，提高混凝土和易性。

（3）检查混凝土振捣情况，提高混凝土内部密实度。

（4）检查混凝土测温记录是否有异常。

（5）根据同条件试块试压强度，控制拆模时间。

（6）混凝土原材材质符合设计要求，配合比准确，试块强度达标准值，混凝土测温齐全，准确、真实。

（7）控制混凝土入模温度为10～15℃。

（8）气温、原材料和混凝土温度的测量工作应按如下规定执行：

1）气温测量每隔断4h测一次，每日6次。

2）对拌和材料和外加剂的测量，每工作班不得少于3次。

3）对出搅拌机时的混凝土拌和料的温度，至少每2h测量一次。

4）对浇筑完和振捣完毕的温度，至少每2h测量一次。

5）对于养护期间混凝土温度的测量：在终凝前，每4h测一次，以后每昼夜测量两次。

（9）钢筋加工制作。钢筋随着温度的降低，屈服点、抗拉强度提高，伸长率和冲击韧性下降，存在着冷脆倾向。因此钢筋冬期施工时，加工配制和焊接都应按照施工规范及措施进行，以保证工程质量。

1）保证钢筋加工质量的措施。

a. 作严格按图纸要求，根据实际翻样制作，绑扎时不得用重锤敲击，防止发生裂痕、撞击凹陷等缺陷。

b. 在运输过程中防止产生撞击。

c. 钢筋焊接施工的焊工必须持有焊工上岗证，才能上岗操作。

d. 温度低于－15℃时，停止焊接工作。

e. 筋闪光对焊棚和直螺纹接头加工车间中加装暖气，保证操作场所环境温度适宜。

f. 拉温度不宜低于－20℃，预应力钢筋的冷拉温度不宜低于－15℃。钢筋在采用闪光对焊时，当环境温度低于－5℃时，采用预热闪光焊工艺。

g. 电弧焊时，必须清除钢筋表面的锈斑、油污、杂物。当钢筋表面端部有弯曲、扭曲时应予以矫正或消除。焊接接地与钢筋应接触良好，防止因接触不良而烧伤主筋。当现场焊接时，风速超过7.0m/s时，应采用有效遮蔽措施。

h. 到场后的钢筋不得直接堆放在地面或冰雪上。

i. 温度低于－20℃，不得对低合金钢筋进行冷弯操作，以避免在钢筋弯曲处发生强化造成钢筋断裂。

2）负温焊接。冬季钢筋焊接，应尽量安排在室内进行。如果必须在室外进行焊接，其环境温度不宜低于－20℃，风力超过3级时应有挡风措施

a. 闪光对焊采用预热闪光焊，或闪光—预热—闪光焊工艺，并采取如下措施：

调伸长度增加10%～20%。

变压器级数应降低1～2级。

调整钢筋闪光对焊的参数。

b. 电弧焊采取：

必须防止过热、烧伤、咬肉和裂纹等缺陷。

钢筋焊接参数根据气温情况进行调整。

（10）季钢筋加工制作质量控制要求。

1）钢筋焊接（包括闪光对焊和电弧焊）电流和通电时间以及焊接外观质量。

2）钢筋机械连接的套筒质量、螺纹长度，以及钢筋端头是否平齐，螺纹是否有损伤。

3）绑扎时，检查钢筋绑扎长度、钢筋间距、钢筋规格、品种数量、是否有缺扣现象。

4）焊接前，必须根据施工现场条件下做焊接试件，经试验合格后方可施焊，钢筋焊接无偏心、弯折、咬边、未熔合、气孔、烧伤等缺陷。

5）规格数量符合设计要求，机械性能符合施工规范规定，钢筋接头百分率符合设计要求，钢筋绑扎无缺扣、松扣。

（11）砌筑工程。

1）上墙温度不低于＋5℃，砖在负温条件下不浇水，适当加大砂浆稠度。

2）的砌体要覆盖保温。

（12）装修工程。

1）气温低于5℃时，不得进行外墙面装修（面砖及涂料），以免砂浆或涂料受冻。

2）湿作业装修时关好门窗及采取保温措施。

（13）装作业关键是焊接要有挡风措施及防滑措施，以确保焊接接头质量和安全施工。

（14）土方施工，尽量采用分单元流水施工，即挖完一个单元土方后，随即验槽，打垫层的分段施工方法，若挖槽不能连续施工时，槽底覆盖保温。

（15）取暖设施进行全面检查并加强用火管理，及时清除火源周围的易燃物。

（16）场道路以及脚手架、跳板和走道，及时清除积水、霜雪并采取防滑措施。

（17）工机械及汽车的水箱预保温。停用后，无防冻液的水箱将存水放尽。油箱或容器内的油料冻结时，采用热水或蒸汽化冻，严禁用火烤化。

（18）车及轮胎机械在冰雪路面上行驶时装防滑链。

3.3.4.2.3 锅炉专业冬季施工措施

（1）冬季来临前，做好冬期施工的物资、机具等各方面的准备工作，提前加强对职工冬期施工的安全、技术、质量等方面的培训工作。

（2）工地专职安全员负责与项目或当地气象部门的联系，及时接收天气预报，做好预防工作，防止寒流突然袭击。

（3）技术人员编制跨冬季的施工项目作业指导书时应针对冬季施工特点及作业内容制定相应的保证质量、安全的技术措施。

（4）设备表面、受热面构件上有积雪、结冰、结露时，施工前应清除干净，但不得损伤设备。对设备管道的管口进行及时封堵，防止雨雪进入产生腐蚀。

（5）焊条应用合格的保温筒盛装以便保温，当焊接温度低于允许温度时必须对焊接部位进行预热，预热标准应符合不同钢号的预热温度及焊后保温温度、保温时间。

（6）在负温度下进行焊接作业时及钢性结构安装时，要注意温度变化引起的钢结构外形尺寸的偏差。如受热面管排水冷壁对口在负温下安装时，以及刚性梁在焊接时，要采取措施调整偏差。

（7）钢构件焊接时，应保证焊接区不受恶劣天气影响。当环境温度较低时应采取适当措施（如预热、暖棚、加热），保证焊接所需的足够温度。

（8）焊接作业时，采取搭设严密的防护棚进行防风、防砂；中、高合金钢的焊接时，外部环境温度应为0℃以上，必要时棚内采用电暖器加热维持温度。

（9）受热面管排、水冷壁对口焊接时，焊口上下300mm范围内均用火焊预热，以防焊口周围有结冰现象。

（10）加强对工机具的日常检查维护，对发现的问题及时进行整改，不合格的进行更换，不带病使用。

（11）对各类气体管道、阀门进行防冻检修，及时排除积水，保证正常供气。氧气带、乙炔带在冬季易裂和折断，使用时应认真检查，防止漏气引起着火和爆炸事件。

（12）冬季气温低钢材有冷脆现象，设备装卸、起吊过程中要缓慢稳妥，做好防护措施防止磕碰。

（13）施工用的计量器具尤其是精密量具，必须有计量检测部门签发的合格证，并定期维护保养，不超条件使用。钢架、受热面在组合、安装调整及检查验收时应考虑气温对设备及计量器具所造成的影响。

（14）复核图纸是否能适应冬季施工要求（或过冬），必要时通过图纸会审解决。

（15）在工程安装需要时用防火苫布沿炉架围绕，特别是迎风面，以便安装锅炉设备时用来挡风。

（16）采用高强螺栓连接的设备，在负温下对螺栓进行扭矩系数、轴力的复验，合格后方能使用。

（17）锅炉钢架在冬季施工过程中，未紧固的高强螺栓施工节点应根据天气预报在雪天前用塑料布包扎严密，防止浸水或潮湿生锈。

（18）电动扳手在环境温度低于－10℃时，扳手扭矩会发生变化，应及时进行校验及调整，确保施工扭矩在规定范围内。

（19）保温层敷设完，外护板未安装时，用苫布将保温材料苫盖，防止霜雪进入保温层。

（20）冬季保温混凝土、耐火混凝土、灰浆施工应采取防寒保暖措施，确保施工部位及周围的平均气温达到5℃方可施工。耐火混凝土、保温混凝土养生结束和抹面完工后尚未干燥前严禁受冻。

（21）冬季施工油漆涂料中不可随意加稀释剂，也不可将油漆涂料进行加热。当使用油脂漆时，可酌加一些催干剂，以使油漆快速干燥，必要时搭设防风棚，加设暖气。

冬季油漆、涂料工程的施工应在采暖条件下进行，室内温度保持均衡，不得突然变化。室内相对湿度不大于80%，以防止产生凝结水。刷油质涂料时，环境温度不宜低于＋5℃，刷水质涂料时不宜低于＋3℃，并结合产品说明书所规定的温度进行控制。－10℃时各种油漆均不得施工。

（22）冬季施工时露天管道或易冻的管道在不用时把管道内的水放掉，用压缩空气将管道中的水吹扫干净；水罐或水池中的水不用时要把水放掉。

（23）油箱或容器内的油料冻结时，应采用热水或蒸汽化冻，严禁用火烤。

（24）使用车辆运输设备时，要将设备固定牢固，并且严禁车辆急起急停，车速不能超过15km/h。

（25）取暖设施要求安全，并且要加强用火管理，及时发现并清除火源周围的易燃物。施工现场不准采用明火采暖，必须生火时，应办理许可证。

（26）现场脚手架上的霜雪要及时清理，从事高空作业必须系好安全带，穿防滑鞋。

3.3.4.2.4　汽机专业冬季施工措施

（1）环境温度低于－10℃或母材厚度大于16mm时，焊条应用保温筒盛装，保温筒预热温度为180℃，且焊接前必须对焊接部位进行预热。

（2）焊前对各种设备（材料）进行检查，尤其是设备的连接部位及内部，保证其清洁无杂物并对其敞口部位进行及时封堵。

（3）阀门间阀门打压用设备、管道必须用保温材料保温，在阀门间检修阀门时，阀门间内温度低于4℃时，必须采用电暖器/蒸汽辅助采暖。

（4）如使用电暖器，电暖器在使用时必须装设漏电保护装置，电暖气上面及周围严禁放置易燃易爆物品。

（5）安装调整及检查验收时应考虑气温对设备及计量器具所造成的影响。

（6）技术人员编制专项作业指导书时应针对冬季施工特点及作业内容制定相应的质量保证措施。起吊作业时应考虑大风对吊车及起重能力的影响；负温下安装用的吊环必须有韧性较好的钢材制作，防止低温脆断；构件起吊前应仔细检查吊环、吊耳有无裂纹及损伤；冬季施工尤其是火焊切割、焊接作业应采取可靠的隔离措施，作业场所附近应设防火装置；高空作业，施工人员的安全防护用品必须佩戴齐全并将鞋底的泥、雪清除干净，且鞋底不能是硬塑。

3.3.4.2.5　电气、热控专业冬季施工措施

一、变压器安装冬季施工措施

（1）器安装施工由于在户外，冬季施工难度较大，也容易发生人员滑落危险，所以施工过程中应格外注意防滑。

（2）检查脚手架是否牢固，清除脚手架上的杂物及积雪，配备好安全防护用品。

（3）过程中要注意防冻，搭设防护棚，24h派人监护，可用电热器取暖，严禁炉火。

（4）主、辅设备时一定要注意防滑，即时清理，物件上的积雪、杂物严防伤人。

（5）提高热油循环的效率，必要时，须对变压器器身采取必要的“保温”措施，防止变压器器身温度由于外界环境温度过低而降低。

二、盘柜安装冬季施工措施

（1）安装前，相应小室的门窗必须安装完毕，密封性能良好。

（2）就位后，如盘柜中有电加热，应及时用临时电源投运电加热。如条件许可，也可投运室内永久取暖设施。

（3）安装的盘柜应有防冻措施。

（4）随意弯折盘柜中的配线，以免电缆/电线绝缘受损。

（5）精密设备、部件要放到有采暖设施的屋里或用棉被盖好。

三、蓄电池及直流盘柜安装冬季施工措施

（1）蓄电池和直流室安装正式门，若安装临时门，加棉门帘，相关施工人员进出随手关门。

（2）蓄电池安装及运行温度必须保证室内温度在5℃以上，室内最好采用正式采暖；若是由于条件限制正式采暖无法投入，采用电暖器采暖，严禁采用火炉采暖。避免发生火灾，烧毁设备。

（3）蓄电池和直流室必须有巡检人每天巡检并做记录，环境温度降到－20℃以下，必须每天早晚各巡检一次做好记录。

四、电缆敷设、做头冬季施工措施

（1）道路以及脚手架、走道上的积水、霜雪应及时清除并采取防滑措施。

（2）电缆盘放在厂房温暖的地方，防止电缆冻裂，电缆敷设时环境温度不得低于电缆的使用条件。

（3）存放地点环境温度低于电缆的使用条件时，不要放电缆，等电缆在温暖地方存放24h后再敷设。

（4）户外作业人员要注意保暖，以防冻伤。

（5）敷设电缆时不得用力摔打电缆以免将电缆皮摔裂损坏

绝缘。

（6）做头时环境温度不得低于电缆的使用条件，高压电缆终端头制作时，环境温度必须严格按相关标准执行，特殊情况，可采用临时取暖设施。

五、仪表管、仪表冬季施工措施

（1）仪表管安装完毕，应及时排除内部积水。

（2）进入运行的仪表管路应投电伴热或汽伴热，并检查保温是否符合要求，保证仪表管路不受冻，系统运行正常。

（3）配电箱安装完毕，须及时投运保温设施。

（4）仪表管路的正、负压管受热应一致。

（5）与伴热设施应一起保温，并要求保温良好和保护层完整。

（6）伴热管路应采用单回路供汽和回水，不应串联连接。伴热管路的集液处应加排液装置；伴热管路的连接宜焊接，固定时不应过紧，应能自由伸缩。

（7）线应紧贴管路，均匀敷设，固定牢固。

（8）温度传感器的安装位置应避免受电热线直接加热，并调整到设定温度值上。

（9）运行的仪表保护箱内的变送器要定期派人巡查，锁好保护箱的门。

3.3.4.2.6 焊接专业冬季施工方案

在各类钢材的焊接施工过程中，当环境温度较低时，将会导致熔敷金属的结晶速度加快，从而导致淬硬金属组织及大的温度梯度应力的产生，这将使焊接接头的质量达不到规范要求。为了有效防止此类现象的发生，确保机组的焊接质量，我们将在焊接施工过程中采取以下措施。

一、冬季焊接施工的技术措施

（1）冬季施工周期时，将每日由工地焊接质检员负责对焊接环境温度进行测量。

（2）焊接施工环境温度达不到《火力发电厂焊接技术规程》（DL/T 869—2004）要求时，将采取必要的保暖措施，确保焊接时的环境温度达到标准的要求。具体温度标准为：

A-Ⅰ类钢焊接时：环境温度不小于－10℃以上；

A-Ⅱ、A-Ⅲ、B-Ⅰ类钢焊接时：环境温度不小于0℃以上；

B-Ⅱ、B-Ⅲ类钢焊接时：环境温度不小于5℃以上；

C类不作规定。

（3）措施为搭设保温棚。保温棚搭设在施工点周围，保温棚的尺寸以方便焊接操作为主，保温棚一定要密封，缝隙处用岩棉来堵塞。保温棚内设置电暖器，电暖器的数量以能满足温度要求为主。

（4）附近设置温度表，当温度满足如上“2”所要求的温度范围时方可开始焊接施工。

（5）施工时要严格按照工艺卡上的要求进行操作，焊前预热温度、层间温度必须得到有效保证。

（6）情况下的焊前预热要求：

1）10℃及以下低温时，对于壁厚不小于6mm的耐热钢管子、管件和厚度不小于34mm的板件焊接时，预热温度应在原有预热温度基础上提高30～50℃。

2）10℃及以下低温时，对于壁厚小于6mm的耐热钢管子及厚度大于15mm的碳素钢焊接时应适当预热。

二、其他

（1）施工现场每个施工点应准备一套火焰加热设备，防止突然停电，环境温度骤然降低。

（2）保温棚应在地面统一制作好，安装焊接前进行简单的组装即可使用，这样可避免耽误施工进度。

3.3.4.3 主厂房冬季临时采暖方案

根据1号机里程碑工期的要求；主厂房浇注第一罐混凝土时间为：2008年6月30日、汽机台板就位时间为：2009年9月1日、汽机扣盖结束时间为：2010年1月31日、锅炉点火冲管结束时间为：2010年4月20日。从里程碑工期的安排来看，主厂房内汽机安装施工在2009年要经历一个冬季。从浇注第一罐混凝土到汽机台板就位，本工程已经施工了14个月，届时主厂房建筑维护结构、汽机房内的正式采暖工程已经基本形成。此时，从启动锅炉房接引汽源，直接利用汽机房内的正式采暖设施进行采暖。如果厂房内正式采暖温度达不到安装要求，可考虑增加临时采暖管排的方法，以解决厂房内温度不足的问题。

3.4 施工组织机构

为科学组织施工，在本工程我公司实行项目经理负责制的模式进行工程施工的全面管理。同时配备精干的科学合理的项目部施工组织机构及相应的管理人员和技术人员参加本工程的施工建设，见表3-4-1。

表3-4-1　　人员配置

<table>
<tr><td colspan="5">项目部主要领导成员及技术、管理人员设置（人员简历及证件见商务文件一）</td></tr>
<tr><td>a</td><td>项目经理</td><td colspan="3">1人</td></tr>
<tr><td>b</td><td>项目生产副经理</td><td colspan="3">1人</td></tr>
<tr><td>c</td><td>项目管理副经理</td><td colspan="3">1人</td></tr>
<tr><td>d</td><td>项目总工程师</td><td colspan="3">1人</td></tr>
<tr><td>e</td><td>工程管理部</td><td colspan="3">11人（设部长1人、副部长1人、专责工程师1人、专业工程师6人、施工调度计划员1人、资料员1人）</td></tr>
<tr><td>f</td><td>质量管理部</td><td colspan="3">11人（设部长1人、副部长2人、专责工程师1人、专业质检员6人、资料员1人）</td></tr>
<tr><td>g</td><td>安全保卫部</td><td colspan="3">15人（设部长1人、副部长2人、专职安全监察员2人、专业安全监察员8人、安全统计员1人、资料员1人）</td></tr>
<tr><td>h</td><td>物资供应部</td><td colspan="3">12人（含保管员）</td></tr>
<tr><td>i</td><td>经营管理部</td><td colspan="3">12人（含劳资、财务）</td></tr>
<tr><td>j</td><td>经理工作部</td><td colspan="3">3人</td></tr>
<tr><td>k</td><td>行政事务部</td><td colspan="3">3人</td></tr>
<tr><td colspan="2">合计</td><td colspan="3">71人</td></tr>
<tr><td colspan="5">项目经理等主要管理人员安排详见商务标文件</td></tr>
<tr><td colspan="5">作业层技术及管理人员设置</td></tr>
<tr><td>a</td><td>锅炉工程处</td><td>19人</td><td>金属加工公司</td><td>5人</td></tr>
<tr><td>b</td><td>汽机工程处</td><td>19人</td><td>机械租赁公司</td><td>5人</td></tr>
<tr><td>c</td><td>电气工程处</td><td>16人</td><td>保温防腐公司</td><td>5人</td></tr>
<tr><td>d</td><td>热工工程处</td><td>14人</td><td>混凝土搅拌站</td><td>4人</td></tr>
<tr><td>e</td><td>焊接工程处</td><td>14人</td><td>金属试验室</td><td>4人</td></tr>
<tr><td>f</td><td>土建工程处</td><td>18人</td><td>水暖工程处</td><td>8人</td></tr>
<tr><td>g</td><td>调试所</td><td>4人</td><td></td><td></td></tr>
<tr><td colspan="2">合计</td><td colspan="3">135人</td></tr>
</table>

3.5　施工准备工作计划

3.5.1　施工人员进场计划

（1）第一阶段：2008 年 4 月 1 日开始下列人员陆续进入施工现场。

1）项目部管理人员。

2）作业层管理及技术人员。

3）实验室人员。

4）土建施工工程处人员。

5）机械租赁公司人员。

6）电气安装工程处人员。

7）水暖工程处人员。

8）混凝土搅拌站人员。

9）锅炉安装工程处人员。

10）焊接工程处。

11）金属加工公司。

12）物质管理员。

（2）第二阶段：2008 年 12 月汽机安装工程处人员陆续进入施工现场。

（3）第三阶段：2009 年 2 月热工工程处施工人员陆续进入施工现场。

（4）第四阶段：2009 年 4 月调试所调试人员陆续进入施工现场。

（5）第五阶段：2009 年 3 月防腐保温公司施工人员陆续进入施工现场。

3.5.2　施工现场“五通一平”工作安排

（1）施工水源布设完：2008 年 5 月 1 日前。

（2）施工电源布设完：2008 年 5 月 1 日前。

（3）施工通信服务台（站）布设完：2008 年 5 月 1 日前。

（4）施工道路铺设完：2008 年 5 月 1 日前。

（5）本标段范围内场地平整完：2008 年 5 月 1 日前。

3.5.3　生产、临时设施施工进度安排

（1）项目部各职能部门办公室布设完：2008 年 5 月 1 日前。

（2）试验室布设完：2008 年 5 月 1 日前。

（3）各专业工程处办公室、班组工具、休息室布设完：2008 年 5 月 1 日前。

（4）物资供应部的办公室及库房、储料场的布设完：2008 年 5 月 1 日前。

（5）计算机管理网络中心服务、控制室布设完：2008 年 5 月 14 日前。

（6）钢筋加工场地的布置完：2008 年 5 月 1 日前。

（7）车、钳加工车间布设完：2008 年 5 月 1 日前。

（8）混凝土搅拌站及堆料场（砂、石）布设完：2008 年 5 月 1 日前。

（9）锅炉组合场的布置及吊车轨道的铺设完：2008 年 5 月 10 日前。

（10）钢结构组合场布置完：2008 年 6 月 10 日前。

（11）金属加工场的布置完：2008 年 6 月 10 日前。

（12）设备、材料进厂堆放场的布置完：2008 年 5 月 10 日前。

（13）混凝土预制场、平整完：2008 年 5 月 1 日前。

3.5.4　主要施工机械进场计划

根据公司编制的《综合施工进度计划》，结合施工技术方案，同时考虑施工机械设备置场场地的利用效率，计划将施工所需的机械设备分期、分批进入施工现场，主要施工机械进场计划见表 3-5-1。

表 3-5-1　　主要施工机械进场计划表

序号	机械装备（试验仪器）名称	型号规格	数量	进/退场日期/（年.月）	施工任务
a. 起重机械					
1	履带式起重机	CC2800-1/600t	1	2008.6/2010.4	锅炉吊装、大件卸车
2	履带式起重机	Ls-368RH5/250t	1	2008.5/2010.6	建筑、锅炉汽机、吊装
3	塔式起重机	CKP-2200 型/75t	1	2008.5/2010.6	建筑、锅炉吊装
4	履带式起重机	CKГ-631/63t	1	2008.6/2010.6	电除尘施工
5	液压提升装置	GYT-200/200t	4	2009.7/2009.9	定子吊装
6	悬臂式起重机	FO/23B/10t	3	2008.5/2009.9	土建材料垂直运输
7	龙门式起重机	KC50-42B/50t	3	2008.5/2010.2	组合场吊运
8	汽车式起重机	AC395/120t	1	2008.5/2010.6	吊装、运输
9	汽车式起重机	TG500E/50t	2	2008.8/2010.6	吊装、运输
10	汽车式起重机	JKZ25H/25t	2	2008.8/2010.6	吊装、运输
11	汽车式起重机	QY-8/8t	2	2008.8/2010.2	吊装、运输、
12	手动液压叉车		2	2008.8/2010.2	吊装、运输
13	施工升降机	SCD150/150	1	2008.8/2010.1	垂直运输
14	卷扬机	10t	4	陆续进/退场	设备就位
b. 土方机械					
1	液压挖掘机	PC-300-6	2	2008.5/2008.10	土方施工
2	装载机	WA-300-1	3	2008.5/2008.10	土方施工
3	碾压机	YZ10B	2	2008.5/2008.10	土方施工
4	推土机	TY-220	3	2008.5/2008.10	土方施工
5	自卸车	DTWD15L1	8	2008.5/2008.10	土方施工
c. 运输机械					
1	拖车组	T815-50	2	2008.5/2010.6	水平运输
2	解放半挂车	SP9134B	3	2008.5/2010.6	水平运输
d. 混凝土机械					
1	混凝土搅拌机	HZX-50T	2	2008.5/2009.12	混凝土生产
2	混凝土运输车	三菱	4	2008.5/2009.12	混凝土运输
3	混凝土运输车	T815	4	2008.5/2009.10	混凝土运输
4	混凝土泵车	IPF85B-2	3	2008.5/2009.10	混凝土浇筑
5	拖式泵	BQA1405E	2	2008.5/2009.10	混凝土浇筑
6	砂浆搅拌机	HL-200	2	2008.5/2010.4	装修装饰
7	机动翻斗车	FC10B	6	2008.5/2009.12	材料运输
e. 焊接机械					
1	电焊机			陆续进/退场	

3.6 土建专业主要施工技术方案

3.6.1 概况综述

本期工程主厂房按 2×600MW 超临界机组布置。

本期工程设计的主要建构筑有主厂房、集控室、除尘器、锅炉基础、送风机基础及检修支架、引风机基础及检修支架、烟道支架、烟囱等。

主厂房布置：从 A 排起依次为汽机房、炉前通道、锅炉房、炉后风机室、电除尘、引风机室，并采用侧煤仓。汽机房采用钢筋混凝土框架，锅炉房及煤仓间构架为钢结构。汽机房运转层采用大平台。两台机组合用一个集中控制楼（集控室在本标段内）。汽机房跨距为 30.60m。汽轮发电机组中心线到 A 排中心线 15.40m。汽机房轨顶标高为 26.40m。汽机房总长度为 168.200m。

锅炉皮带层 57.90m 以上为紧身封闭，皮带层 57.90m 以下为大厂房布置。在锅炉范围内，在 28m 给煤机层设岛式混凝土平台。送风机布置在锅炉房后部，脱硝装置（预留）布置在炉后风机室上方，吸风机布置在电气除尘器后。每炉采用两台双室五电场电气除尘器。两台炉合用一个单管烟囱。

炉前通道采用 12m 跨距，B 排采用双排柱，33.00m 层高位布置除氧器及 1 台高压加热器，23.30m 层布置 2 台高压加热器，13.70m 层布置 2 台低压加热器，中间层 6.90m 层为管道层，零米为磨煤机检修通道。

3.6.2 主厂房测量控制网布设方案

3.6.2.1 概述

伊敏电厂三期扩建工程，根据电厂提供的 I 级导线点，黑龙江火电三公司布设主厂房测量控制网，我方依次加密控制网布置。

在主厂房测量控制网施测前，应对设计院、监理公司提供的厂区测量控制网技术资料，认真校核，确认满足《工程测量规范》（GB 50026—2007）第 7.2.4 条建筑方格网的主要技术要求规定，方可使用。

主厂房测量控制网施测，用轴线法布设主厂房控制网，先确定主厂房控制网的主轴线，由厂区控制网测出，然后在施测主厂房四个边，从而形成一个主厂房控制网。用轴线法控制主厂房四个边，这种布网方法误差分布比较均匀。

不应大于测角中误差的 4 倍时，再测设主厂房轴线距离指标桩。

3.6.2.2 高程控制测量

（1）主厂房高程控制网，以厂区控制点为基准点，在主厂房周围，以 Z1、Z2、Z3、Z4 控制点组成一条三等闭合水准导线，测出四点的高程，施测方法采用三等水准进行观测，精度应达到每千米高程中误差 6mm，闭合差 $12\sqrt{L}$（L 水准路线长度，km），经简易平差，算出各个水准控制点的高程。

（2）技术措施。为保证高程控制网精度满足规范要求，采用日本索佳 B1 型水准仪，并配备钢尺，严格按三等水准测量技术要求和观测程序进行施测。

3.6.3 主厂房及锅炉间零米以下钢筋混凝土工程施工方案

3.6.3.1 工程控制概况及井点降水

主厂房基础埋深 5.1m，汽轮机基础埋深 9.1m、锅炉钢架埋深 6.5m，地下水位大约在－6.5m。本次施工降水采用深井点降水方案，设立 13 个深井点，13 台潜水泵抽水。

3.6.3.2 土方工程

3.6.3.2.1 土方开挖

土方工程由甲方施工，为防止原土扰动，留有 300mm 由施工单位清理。

施工期间，在距基坑边缘 1m 处周围设置挡水坎和围栏，并设提醒标志，挡水坎下口宽 500mm，上口宽 300mm，高 500mm，以防雨水流入。为防止雨水冲刷边坡，用彩条布覆盖边坡增加防护。

3.6.3.2.2 土方回填

基坑验槽由设计院、监理、质检部门进行，验收合格后进行下道工序。土方的回填在隐蔽验收完成合格后进行，土质要符合设计要求。

回填土验收，分层验收，完工一层，验收一层，未经验收，不进行下一道工序。

土方回填的顺序原则上与混凝土的浇筑顺序一致，在土方回填前，对地下工程进行检查，作好隐蔽工程记录，并清理基底上的杂物。在边坡上口采取挡水措施，加固防洪堤，防止地表水流入基坑，浸泡地基。

回填土原则上采用开挖出来的土，沟坑底面和附属设备基础底面根据设计要求进行回填。回填土粒径要求均匀，最大粒径小于 50mm。土的含水率大小，直接影响到夯实质量，填土应严格控制含水率。回填施工前应通过试验的方法确定土的含水率。当土的含水率大于最优含水率范围时，应采取晾晒，风干法降低含水率；当土含水率小于最优含水率时，可采取洒水润湿方法。

土方夯填主要采用 2 台 11t 压路机碾压及 5 台电动打夯机进行夯实。

（1）基础密集区采用手推车运土、手工工具分层铺填的方法，每层虚铺土厚度为 200mm，离基础较近的边角处用人工夯实，其余采用电动打夯机夯实。打夯前将填土初步整平，打夯要按一定方向进行，一夯压半夯，夯夯相连，行行相连，两遍纵横交错。基础两侧要同时进行回填和夯实，夯实遍数为 3～4 遍。

（2）大面积回填采用自卸汽车运土、推土机分层铺土的方法，每层铺土厚度为 300mm，用 11t 压路机进行碾压，碾压方向应从两边逐渐向中间进行，压实遍数为 6～8 遍。

（3）土方回填时，要对每层回填土进行质量检验，用环刀法取土样测定其干密度，符合设计要求后方可回填上层土。每 500m^2 取样一组，测出实际干密度，计算出压实系数，当有设计要求时须符合设计要求，无设计要求时压实系数不小于 0.93。

本章其余内容见光盘。

第 4 章　大唐彬长发电厂 2×600MW 新建工程施工组织总设计

（1）本《施工组织总设计》是中国大唐集团公司彬长煤电水一体化项目筹建处对大唐彬长发电厂（2×600MW）机组新建工程各相关单位，实施本工程各项工作的纲领性文件总体策划和管理思路，是纲领性的文件。

（2）本《施工组织总体设计》中对于施工图交付计划和设备到货计划，按照集团公司提出的 2009 年 1 月底并网发电的总体进度要求，进行编制的。但在实际的执行过程中需根据施工进度的发展进行一定的调整。

（3）因缺乏有关施工图纸和设备资料，有些内容需在承包商的专业施工组织设计中修改、补充和完善。

（4）本施工组织总设计由中国大唐集团公司彬长煤电水一体化项目筹建处工程设备部归口负责解释。

4.1　编 制 依 据

（1）《大唐彬长煤电水一体化项目彬长新建电厂工程可行性研究阶段可行性研究报告》（西北电力设计院）。

（2）《基本建设大中型项目施工组织设计大纲主要内容与编制要求》（计建设〔1997〕325 号）。

（3）《火力发电工程施工组织设计导则》（国电电网工〔2003〕153 号）。

（4）《电力工程“达标投产”管理办法》（2006 版）。

（5）中国大唐集团公司《火电工程施工组织设计指导意见》。

（6）大唐陕西发电有限公司基工〔2007〕15 号文。

（7）与本工程有关的国家及行业施工及验收技术规范、相关标准等。

（8）中国大唐集团公司有关管理制度。

4.2　工 程 概 况

4.2.1　工程性质、规模和特点

大唐彬长发电厂（2×600MW）新建工程拟建厂址位于陕西省关中西北部彬长矿区长武县境内。

该地区沟壑纵横、土地贫瘠，工业基础薄弱，为陕西关中经济欠发达地区。目前该地区尚无铁路，交通运输主要依靠西（安）—兰（州）公路（312 国道）。彬长矿区受到运输条件限制，煤炭外运运力严重不足，制约了矿区整体开发，也影响了整个陕西省经济发展战略的实施。因而实施煤电一体化开发，使煤炭资源就地转化，变资源优势为经济优势，推动该地区乃至陕西经济的发展显得尤为必要和迫切。按照陕西省政府关于彬长矿区的整体开发规划，省发改委将本工程安排在 2007 年开工建设。

大唐彬长发电厂作为未来西北电网的主力电源之一，将接入西北 750kV 电网，在电网中的位置优越，不但可以优化陕西电源布局和电网结构，而且可近距离输送甘肃电网，对西北电网的安全稳定运行将起到十分重要的作用。该项目建成后，可以满足西北和陕西电网电力负荷增长的需要，保证“十一五”末和“十二五”期间电力电量的基本平衡。同时为实现川陕联网、水火电并济创造良好的条件。

本工程建设规模为 2×600MW 国产超临界空冷机组，并留有扩建的余地。

4.2.2　交通运输条件

4.2.2.1　铁路

彬县及长武县目前尚无铁路，为开发彬长煤田，铁道部第一勘测设计院于 2005 年 7 月完成了《新建铁路西安至平凉线预可行性研究报告》，并于 2005 年 11 月通过铁道部组织的审查。同年 12 月，铁道部向国家发展和改革委员会上报了《西平铁路项目建议书》，中国国际工程咨询公司于 2006 年 3 月份对该项目进行了评估。西平铁路由陇海线茂陵站引出，沿途经过陕西兴平、礼泉、乾县、永寿、彬县、长武六县及甘肃泾川、平凉两县市，接轨于宝中铁路平凉南站。正线全长 275.5km，其中引入枢纽正线及配套工程 15.76km，陕西境内 156.24km，甘肃境内 103.5km。西平铁路穿过彬长矿区，并在矿区设彬县东、彬县、大佛寺、上孟 4 处车站。

规划铁路沿所选彬长电厂厂址东侧通过。

本工程不设运煤铁路专用线，燃煤通过皮带或汽车运输进厂。

电厂大件设备通过铁路运至平凉南站卸车，然后经过西—兰公路运输进厂。

4.2.2.2　公路

彬长地区对外交通以公路为主。西兰公路（312 国道）由东南向西北横穿彬长地区。西兰公路为二级公路。

彬县目前的对外交通以公路为主，西兰公路（312 国道）从南塬下塬至县城后再转西纵贯全城，为县城由南向西的主要出入口，县城距西安市公路里程为 138km。彬县至曹家店公路向东 4.5km 跨泾河，泾河桥建于 1976 年，桥长 220m，9 孔 20m 钢筋混凝土双曲拱桥，转向北即达彬县所辖的 7 个乡及旬邑、淳化县，为县城东北方向的唯一出入口，彬县至水口公路为勾通南塬的两个乡及联系西兰公路的南向次要出口，彬县至新民公路在火石嘴设跨泾河公路桥，桥面宽 9m，其中两侧人行道各 1.0m，钢筋混凝土结构，泥结碎石路面，为县城的北向出口，从县城到东北方向、南向、北向、西向、西南向都有较为方便的交通联系，成为本地区的交通中心。

长武县对外交通以路为主，西兰公路（312 国道）从亭口镇入境由东北向西北横贯全县，长武县城距西安公路里程为 176km，西兰公路为长武县交通运输的主要出入口。境内南向有新西兰公路，长武至枣元公路和亭口至巨家公路，北向有长武至芋元公路，冉店至相公塬公路正在修建之中，并计划修建亭口至马屋、孟村至马屋两条公路专线。

平凉至长武县公路里程约 115km，其间无隧道；桥涵共 36 座，其中 50m 长以上 1 座，10m 长以上 13 座，10m 长以下 22 座。咸阳至长武县公路里程约 135km，其间有永坪及太峪二座隧道；桥涵共 23 座，其中 50m 长以上 2 座，10m 长以上 17 座，10m 长以下 4 座。

银（川）武（汉）高速公路已于 2004 年底开工建设，该公路在电厂煤场北面的煤炭工业场地立井边高架通过，计划于 2008 年年底建成通车。

长武县马屋厂址到 312 国道修有 2.5km 简易公路，坡大弯

急，路面宽度 5m。亭相公路开通前，所有进入现场的设备、材料、施工机械及车辆均从此路通过。

电厂进厂公路（亭相公路）从西兰公路亭口镇引接，沿塬底与泾河西岸之间而上，从厂区扩建端进入厂区，长约 2.5km，计划 2008 年 6 月通车。

4.2.3 厂区自然条件

4.2.3.1 厂址地理位置和地质条件

4.2.3.1.1 厂址地理位置

厂址位于陕西省长武县与彬县交界处，属长武县冉店乡管辖，距长武县东南约 15km 的泾河西岸，场地开阔，平坦，厂区地形狭长，西北高东南低，自然地面标高为 854.2～881.8m（1956 年黄海高程系，下同），低于泾河百年一遇洪水位。厂址受洪水威胁，需修筑防洪设施。

4.2.3.1.2 工程地质条件

（1）厂址区的区域稳定性良好，适宜建厂。

（2）厂址区的地震基本烈度为 6 度，地震动峰值加速度为 0.072g，地震动反应谱特征周期为 0.47s，属建筑抗震有利地段。依据本次波速测试结果，场地覆盖层厚度为 13～18m，场地土类型为中硬场地土，建筑场地类别为Ⅱ类。

（3）马屋厂址邱渠沟灰场地下水对混凝土结构、钢筋混凝土结构中的钢筋无腐蚀性，对钢结构具弱腐蚀性；净化站可以不考虑地下水的影响。

（4）马屋厂址邱渠沟灰场、净化站的地基土对混凝土结构、钢筋混凝土结构中的钢筋均无腐蚀性，按 pH 值评价对钢结构无腐蚀性。

（5）马屋厂址可按非自重湿陷性黄土、湿陷等级Ⅰ级考虑；邱渠沟灰场可按自重湿陷性黄土，湿陷等级为Ⅳ（很严重）级考虑；净化站可按自重湿陷性黄土、湿陷等级为Ⅳ（很严重）级考虑。

（6）马屋厂址可不考虑地基土的液化和地基土震陷问题。

（7）马屋厂址的地基方案可考虑采用降水大开挖换填和短桩方案，邱渠沟灰场应考虑采用干贮灰的方式，在进行工程量估算时应考虑坝基处的软土和附近的小型塌滑体的清除量。净化站可考虑采用整片垫层、强夯等方法进行处理。

（8）彬长地区的标准冻结深度为 0.60m。

4.2.3.1.3 水文地质条件

地下水类型属第四系松散层孔隙潜水。地下水位埋深为 3.3～5.1m，其标高为 556.6～560.7m，水位年变化幅度一般不超过 1m。地下水主要接受千河水补给及大气降水补给。

由于场地地下水位较浅，需考虑施工降水问题。

4.2.3.2 厂址水文气象条件

4.2.3.2.1 水文条件

厂址附近的地表水有泾河、黑河。泾河是渭河的最大支流，发源于宁夏六盘山东麓，在长武县境内南北流向，在彬县境内自西北向东南斜贯全县，将彬县分为“南北二塬一川道”；泾河亭口镇河段多年平均径流量为 $11.94\times10^8m^3$，在陕西省高陵县注入渭河；黑河是泾河的一级支流，多年平均径流量为 $3.15\times10^8m^3$，在长武县亭口镇汇入泾河。

4.2.3.2.2 气象条件

4.2.3.2.2.1 长武县位于陕西省关中西北部，地处大陆腹地，远离海洋，在气候上属于暖温带半湿润大陆性季风气候区。一年四季冷暖干湿分明，光照充足，温度适宜。冬季受西伯利亚冷气团控制，寒冷干燥，雨雪稀少；春季常会受到冷暖空气交替影响，气温日较差变化较大，最大气温日较差为 28.8℃；夏季主要受副热带高压影响，高温多雨，但雨量的年际年内分配很不均匀，时常造成当地洪涝、干旱灾害的发生，如 1964 年年降水量就达到 813.2mm，而 1979 年全年降水量只有 369.5mm；根据多年平均逐月降水量统计，5—10 月份的降水量占全年降水量的 82%，7—9 月份降水量占全年降水量的 53.7%。根据地区的气温分析，长武县冬季是属于寒冷气候区。

长武气象站 1956 年 9 月设站至今，地理位置为北纬 35°12′，东经 107°48′，观测场海拔高度为 1206.5m。该气象站处于长武塬上，已有较长系列的各种实测气象要素，资料精度可靠，具有一定的代表性，马屋厂址位于泾河川道之中，距气象站直线距离在 20km 以内。

4.2.3.2.2.2 常规气象条件的统计计算

根据长武气象站从建站以来的实测气象要素统计计算，得各种常规气象数据见表 4-2-1。

表 4-2-1 长武气象站常规气象要素统计表

名　称	单位	数据	备　注
多年平均气压	hPa	881.4	
多年平均气温	℃	9.2	
极端最高气温	℃	37.6	1997.7.21
极端最低气温	℃	−25.2	1991.12.28
平均水汽压	hPa	9.4	
平均相对湿度	%	69	
多年平均降水量	mm	566.3	
一日最大降水量	mm	102.2	1992.8.12
多年平均蒸发量	mm	1358.1	
最大积雪深度	cm	20	1993
最大冻土深度	cm	68	1980.2.4
最大风速	m/s	17.3	1983.3.5
多年平均风速	m/s	2.2	
主导风向		SE	
平均大风日数	d	2.7	
最多大风日数	d	22	
最多雨凇日数	d	11	
平均雷暴日数	d	23.4	
最多雷暴日数	d	38	
平均雾日数	d	34.4	
冻融循环次数		109	

4.2.3.2.2.3 风向玫瑰图

根据资料统计计算并进行绘制。

4.2.3.2.2.4 逐月气象要素统计值

根据长武县气象站多年实测气象资料，统计出多年逐月平均的气象条件成果见表 4-2-2。

厂址地区属暖温带半干旱大陆气候，特点是冬季寒冷，夏无酷暑，春季升温慢，秋季降温快，干燥少雨，温差大，降水量小而集中。

表 4-2-2　　多年逐月气象要素表

项目 \ 月份	1	2	3	4	5	6	7	8	9	10	11	12	年
平均气压/hPa	885.7	883.8	881.8	879.5	878.1	875.1	873.8	876.6	881.8	885.7	887.3	887.3	881.4
平均气温/℃	−4.7	−1.7	3.8	10.7	15.4	19.7	21.9	20.7	15.4	9.4	2.5	−3.0	9.2
平均最高气温/℃	0.9	3.6	10.2	16.7	21.4	26.6	27.7	26.4	20.1	14.8	7.8	2.1	14.9
平均最低气温/℃	−10.0	−6.9	−0.5	5.0	9.3	13.3	17.1	16.1	10.7	5.0	−1.6	−8.0	4.1
平均相对湿度/%	60	61	64	62	65	67	74	77	80	77	71	63	69
平均风速（m/s）	1.9	2.2	2.5	2.7	2.5	2.4	2.5	2.3	2.0	1.9	2.0	1.9	2.2
平均降雨量/mm	6.7	8.7	23.4	39.7	54.1	65.7	110.1	96.5	85.5	50.3	20.0	5.5	566.3
平均蒸发量/mm	38.7	53.7	92.4	152.8	183.8	195.3	193.0	165.7	110.4	80.6	53.5	38.3	1358.1

根据长武县气象站最近 5 年的实测气象资料统计：年平均气温 9.7℃，年平均气压 881.3hPa，相对湿度 69%，年总降水量 618.0mm，蒸发量 1363.1mm，年平均风速 2.7m/s，全年主导风向 SE，静风频率不高。

4.2.3.3　区域特征及施工配套条件

4.2.3.3.1　地方建材供应

厂区周围砂子、水泥、石料等地方性建材短缺，无法满足现场施工的需要，需在西安、咸阳周边地区采购。

4.2.3.3.2　加工配制能力

厂址周边地区工业基础薄弱，加工配制能力欠缺，不能满足电厂建设的加工配套需要，需在现场布置加工配制设施。

4.2.3.3.3　其他条件

施工水源由业主统一规划建设供水泵房和水管，施工单位根据需要在母管上引接。

施工用电设施由业主统一规划布置 10kV 线路及箱式变压器，施工和生活用电从低压侧业主指定的位置直接引接。

通信（程控交换机和宽带）由业主统一规划布置，施工单位根据需要在指定的位置引接。

进场道路及厂区内的主干道由业主统一规划建设，各施工、生活区域内的道路由各施工单位自行解决。

4.2.4　设计概况

4.2.4.1　土建部分

4.2.4.1.1　地基处理

主厂房、空冷导烟囱等主要建筑物地基处理采用碎石碾压方案；其余辅助、附属建筑物根据荷载等级，地基处理采用碎石换填或天然地基。

4.2.4.1.2　基础选型

主厂房柱基础、汽机大平台柱基础、电除尘器支架柱基础、锅炉柱基础采用钢筋混凝土独立基础；输煤系统柱基等均采用钢筋混凝土独立基础；汽轮发电机基座底板为钢筋混凝土整板式基础。

其余采用天然地基或砂砾石垫层的辅助建筑物基础采用柱下独立基础或条基。

4.2.4.1.3　厂区总平面

主厂房固定端朝西，汽机房、空冷器朝南，机力塔布置在主厂房西侧。升压站布置在主厂房以南，出线向东。煤场布置在本期厂区北面，输煤皮带从厂区西北面引入，从固定端进入主厂房。

辅助附属生产建构筑物布置在主厂房周围。按照建筑行政办公楼与化验楼合并布置，材料库与检修间合并。食堂、浴室、夜班宿舍合并方案，布置生产行政试验楼（含化验楼）、警卫传达室及大门建筑。

4.2.4.2　主厂房布置

4.2.4.2.1　主厂房采用单框架，汽机房框架为混凝土结构，从汽机房向锅炉看右侧为扩建端，煤仓间炉前布置、锅炉岛式布置，按汽机房、煤仓间、锅炉房顺序排列。

4.2.4.2.2　汽机房布置：分为三层，即底层（0.00m）、中间层（6.90m）、运转层（14.70m）。汽轮发电机组为纵向顺列布置，机头朝向固定端，运转层采用大平台布置，在两台机底层间设有零米检修场。

4.2.4.2.3　锅炉房布置：锅炉为半露天布置，不设负压除灰系统，运转层为钢梁现浇混凝土板结构，运转层与煤仓框架连通。

4.2.4.2.4　煤仓间布置：底层布置磨煤机及其辅助设备，运转层布置给煤机，输煤皮带布置于皮带层。

4.2.4.2.5　锅炉尾部布置。

送风机、一次风机布置在锅炉尾部之后零米层，室内布置。

本工程按预留脱硝方案设计，SCR 装置布置在送风机支架上部，送风机支架基础和送风机支架本身均考虑 SCR 装置荷载及其连接烟道荷载。

炉后布置电除尘器，吸风机和烟囱，吸风机室内布置。

烟囱水平总烟道为混凝土砖烟道，两台炉合用一座 240m 高的烟囱。

4.2.4.2.6　主厂房主要尺寸。

一、跨距

汽机房（A-B 柱）	单框架 34m
煤仓间（B-C 柱）	13.5m
挡数	17
主厂房总长	171.5m

二、主厂房各层标高

运转层	汽机房 14.70m、锅炉房 14.70m
汽机房中间层	6.90m

4.2.4.3　主要设备及系统

4.2.4.3.1　主机

4.2.4.3.1.1　锅炉：上海锅炉厂有限公司生产的超临界参数变压直流炉，单炉膛、一次再热、平衡通风、配等离子点火装置、半露天布置（锅炉运转层以下封闭，运转层以上露天布置）、固态排渣、全钢构架、全悬吊结构 π 形锅炉。最大连续蒸发量（B-MCR）2084t/h，额定蒸发量（BRL）1930t/h，额定蒸汽压力25.4MPa，额定蒸汽温度571℃。

4.2.4.3.1.2 汽轮机：东方汽轮机有限公司生产的TC4F-26（24.2/566/566）型超临界、一次中间再热、单轴、三缸四排汽、直接空冷凝汽式汽轮机，机组的铭牌出力（TRL）为600MW。

4.2.4.3.1.3 发电机：东方电机股份有限公司生产的QFSN-600-2-22D型汽轮发电机，额定功率为615MW，采用水氢氢冷自并励静态励磁系统汽轮发电机。

4.2.4.3.2 热力系统

本工程热力系统除辅助蒸汽系统采用母管制外，其余系统均采用单元制。

4.2.4.3.2.1 主蒸汽、再热蒸汽及旁路系统

主蒸汽系统、再热冷段和再热热段管道，按2-1-2连接方式考虑，锅炉和汽机接口均为2个。主蒸汽、再热热段按A335P91管材设计；再热冷段按A672-B70-CL32管材设计。

旁路系统：采用高、低压二级串联简化旁路系统，其容量按满足启动要求选择。容量为锅炉BMCR的40%。

4.2.4.3.2.2 给水系统

系统设置2×50%BMCR汽动给水泵（汽轮机为东方汽轮机有限公司G16-1型，给水泵为上海电力修造总厂HPT300-340M型）＋30%电动给水泵（启动/备用）。汽动给水泵排汽设置单独凝汽器，配三台100%BMCR的高压加热器并采用大旁路，设计电动三通阀、电动闸阀各一个。

4.2.4.3.2.3 凝结水系统

系统设两台100%容量NLT500-570X4S型立式凝结水泵，并采用中压精处理装置。除氧器为内置式除氧器；设凝结水贮水箱、两台凝结水补充水泵和一台凝结水输送泵。其中两台凝结水补充水泵一台运行，一台备用。

4.2.4.3.2.4 辅汽系统

采用母管制，每台机设置一个辅汽联箱，并设有启动锅炉。

4.2.4.3.2.5 高、低压加热器疏水系统

高、低压加热器疏水采用逐级串联疏水方式。每台高、低加设有单独至疏水扩容器的疏水管路。

4.2.4.3.2.6 冷却水系统

系统向主厂房内所有需要冷却的设备提供冷却水，冷却水来自辅机冷却水塔的冷却水泵。冷却水系统的设备排水均为压力排水，排至辅机冷却水塔。

本系统采用开、闭式循环冷却水系统。

4.2.4.3.2.7 排汽系统

低压缸排汽经排汽管道排至A排外的空冷凝汽器，空冷凝汽器内轴流冷却风机使空气流过冷却器外表面，将排汽冷凝成水，凝结水再自流至排汽装置下方的凝结水箱，凝结水箱内设除氧装置。

4.2.4.3.2.8 空冷系统抽真空系统

设有三台100%容量的机械真空泵。

4.2.4.3.3 燃烧制粉系统

4.2.4.3.3.1 制粉系统

采用中速磨煤机冷一次风正压直吹式制粉系统。每台炉采用6台中速磨煤机（五台运行，一台备用）、6个钢制原煤仓、6台电子称重皮带给煤机。

4.2.4.3.3.2 烟风系统

空预器为三分仓回转式。一次风系统设两台50%容量动叶可调轴流式一次风机，空预器入口冷一次风道上加装暖风器。二次风系统设两台50%容量的动叶可调轴流式送风机，空预器入口冷二次风道上加装暖风器。设两台双室四电场静电除尘器，除尘效率99.60%，两台50%静叶可调轴流式风机。

4.2.4.3.3.3 锅炉预留安装脱硝装置的空间。锅炉钢架设计、空预器设计考虑脱销装置及连接烟道的阻力。

4.2.4.3.4 辅助设施

4.2.4.3.4.1 燃油设施

采用等离子点火和燃油助燃相结合。设一公用油库区、燃油泵房及卸油设施。油库区设2台300m^{3}钢质拱顶油罐及其辅助设施。

4.2.4.3.4.2 启动锅炉房

本工程启动锅炉房设2台1.6MPa、350℃的35t/h燃油快装炉。

4.2.4.3.5 运煤专业

4.2.4.3.5.1 一期输煤系统按2×600MW机组容量规划设计，设计分界点在电厂煤场围墙与厂外煤矿交界处。

4.2.4.3.5.2 燃煤采用长距离带式输送机由胡家河煤矿工业场地直接运输至电厂，厂内设卸煤设施。

4.2.4.3.5.3 电厂设有筛分、破碎设备。

4.2.4.3.6 除灰渣系统

4.2.4.3.6.1 除渣系统采用一级风冷干式排渣系统。渣由自卸汽车运至厂外灰场或综合利用用户。

4.2.4.3.6.2 在灰库增设一套40t/h的分选系统。

4.2.4.3.6.3 除石子煤系统采用活动石子煤斗加电瓶叉车转运至自卸汽车外运到灰场。

4.2.4.3.6.4 全厂空压机系统按集中方式、统一布置。

4.2.4.3.7 脱硫系统

4.2.4.3.7.1 二氧化硫吸收剂采用外购石灰石干粉方案进行设计。

4.2.4.3.7.2 脱硫系统不设独立的压缩空气系统，由主机空压机站提供。

4.2.4.3.7.3 脱硫采用设计、供货、施工总承包方式。承包商为浙大网新。

4.2.4.3.8 电气系统

4.2.4.3.8.1 电气主接线

电厂接入系统电压为750kV。主接线采用一机一变单元接线方案。发电机出口不设断路器。主变压器为单相变压器，不设备用相。

启动/备用电源拟由110kV亭口变引接。

110kV和750kV配电装置采用GIS。

4.2.4.3.8.2 厂用电接线

一、高压厂用系统

每台机组设置1台高压厂用工作变压器和1台高压厂用公用变压器。

高压厂用电电压采用10kV，其中性点采用中电阻接地方式。不单独设置10kV脱硫段。脱硫系统的负荷接入厂用高压变压器。

二、低压厂用系统

低压厂用电系统采用380/220V。主厂房及辅助厂房低压系统均采用中性点直接接地方式。

三、事故保安电源

每台机组设一台柴油发电机组。

四、交流不停电电源（UPS）

每台机设一套交流不停电电源装置（UPS）。

4.2.4.3.8.3 二次系统

一、直流系统

每台机设一组动力用220V蓄电池组，两组110V机组和两

组 110V 升压站控制用蓄电池组。

二、控制方式

发变组、厂用电源系统纳入 DCS 监控。本期 2 台 750kV 断路器纳入 DCS 监控。

辅助厂房的 PC 电源进线及分段开关就近在相应的辅助厂房 PLC 系统中控制。

每台机设一套厂用电监控系统（ECS）。

4.2.4.3.8.4　厂内通信

（1）生产和行政管理通信系统设一套 800 门程控交换机（可扩展到 1200 门）。

（2）生产调度通信系统设一套 120 门程控调度总机作为本期的生产调度通信用。输煤设置 60 门程控调度总机一套。

4.2.4.3.8.5　电缆

主厂房内全部采用电缆桥架，辅助厂房和厂区主要采用与综合管架并列敷设的电缆桥架，升压站和部分厂区采用电缆沟。

4.2.4.3.9　热控系统

4.2.4.3.9.1　控制方式及控制水平

采用炉、机、电、网及辅助车间集中监控方式，两台单元机组、辅助车间（系统）、电气网控系统合设一个集中控制室。辅助车间（系统）中的烟气脱硫/除灰/电除尘系统、输煤系统、化学补给水处理系统采用程控系统，还分别设有就地控制室，仅在系统调试、试运及故障处理期间使用。

机组监控采用分散控制系统（DCS）实现。单元机组设 2～3 名运行人员，在就地人员的巡回检查和配合下，实现以 LCD/键盘为中心的集中监视和控制，在值班人员少量干预下自动完成机组的启动、停止、正常运行的监视控制和异常工况处理。

辅助车间（系统）监控采用以可编程序控制器（PLC）为基础的计算机控制系统实现，并根据本期工程规划采用一套辅助车间监控网络实现对各类辅助系统（车间）的集中监视和控制。本工程辅助车间（系统）设 3～4 名运行人员，在就地人员的巡回检查和配合下，实现以 LCD/键盘为中心的集中监视和控制，在值班人员少量干预下自动完成辅助车间（系统）的启动、停止、正常运行的监视控制和异常工况处理。

4.2.4.3.9.2　热工自动化系统的配置

厂级监控信息系统（SIS）、分散控制系统（DCS）、辅助车间控制系统、烟气脱硫控制系统（采用 DCS 硬件）共同组成全厂自动化系统及其计算机网络，实现控制功能分散，信息集中管理的设计原则。

（1）厂级监控信息系统（SIS）除采集本期的分散控制系统（DCS）、辅助车间控制系统数据信息外，还留有与厂级管理信息系统（MIS）的通信接口，并采用经国家有关部门认证的专用、可靠的安全隔离设施。

（2）程锅炉、汽机、发电机—变压器组及厂用电（包括起停/公用变）等的监视、控制和保护将以分散控制系统（DCS）为主，辅以少量的其他控制系统和设备完成。机组控制系统主要由以下系统或装置构成：

DCS 分散控制系统，包括数据采集系统（DAS）、模拟量控制系统（MCS）、顺序控制系统（SCS）、锅炉炉膛安全监控系统（FSSS）等。汽机数字电液控制（DEH）由主辅机厂成套，采用与 DCS 相同的硬件。汽机旁路控制（BPS）根据主机情况若采用专用装置，则通过通信接口或硬接线与 DCS 系统相连，否则直接纳入 DCS 监控。发变组及厂用电系统、主机直接空冷系统、锅炉排污系统、锅炉吹灰系统纳入 DCS 监控。DCS 还设置公用网络，厂用电公用部分、辅机冷却水泵房、空压机站、采暖加热站等辅助公用系统纳入公用网络监控，可同时由各单元机组 DCS 操作员站进行监视，但其操控权限通过软件闭锁赋予 1 号机组 DCS，当 1 号机组检修时，操控权限切换至 2 号机组 DCS。

相对集中的主辅机本体温度测点采用远程 I/O 采集。

汽机监视系统（TSI）、汽机紧急跳闸系统（ETS）随汽机成套提供。

汽机振动采集和故障诊断系统、锅炉炉管泄漏检测系统采用独立的监控系统，通过通信口与 SIS 系统进行通信。

空预器间隙调整控制系统采用可编程序控制器（PLC）实现，并通过硬接线及通信方式接入 DCS 监视。

锅炉等离子点火控制纳入 DCS；空冷系统纳入 DCS 控制。

发电机励磁调压系统（AVR）、发电机自动同期系统（ASS）、厂用电快切装置等电气设备均为专用控制设备，与 DCS 的重要接口信号（重要的监视、报警信号及操作指令）均采用硬接线方式实现。

采用 DCS 后，设置少量独立于 DCS 的后备操作手段，当 DCS 故障时确保机组安全停机。

（3）辅助车间（系统）采用若干套可编程控制器（PLC）系统实现对输煤系统（含煤水处理系统）、电除尘系统、除灰系统、除渣系统、化学补给水处理、凝结水精处理系统（含汽水取样、化学加药、机组排水槽）、制氢站、净化站/综合水泵房、工业废水/生活污水处理系统、燃油泵房等辅助系统（车间）的控制，并设置一套辅助车间集中监控网络实现对上述辅助系统（车间）的集中监视和控制。

（4）烟气脱硫系统由一套独立的控制系统（DCS 硬件）实现监控，通过控制系统的 LCD/键盘并辅以少量的就地监视和控制实现脱硫系统设备的启、停和正常运行时的监视和控制。与单元机组 DCS 的重要控制及联锁保护用信号均采用硬接线方式实现，并通过相应的通信口与 SIS 系统进行通信。

（5）设置全厂闭路电视监视系统，对监视区域进行实时视频监视，对重点监视对象进行可控的视频图像存储。

（6）火灾报警及空调控制系统。两台机组设置一套火灾报警系统，监测范围包括集控楼、主厂房、输煤系统、脱硫/除灰电控楼等。监控点设在集控室。

空调控制系统采用 PLC 实现，两台机组设置一套空调控制系统。

4.2.4.3.9.3　本期工程热工试验室按不承担检修任务设置。

4.2.4.3.10　供水系统

4.2.4.3.10.1　水源及补给水管

电厂水源为矿井疏干水和鸭儿沟水库水。正常情况下优先使用矿井疏干水，不足部分由鸭儿沟水库水补充，同时鸭儿沟水库也作为电厂的备用水源。

矿井疏干水由各煤矿送至厂区围墙外 1m，其水质在各矿区经处理后满足电厂的锅炉补给水和冷却用水要求。

4.2.4.3.10.2　辅机冷却水系统

给水泵采用汽动给水泵，其冷却系统采用机力通风冷却塔的扩大单元制再循环供水系统。

4.2.4.3.10.3　本工程净化站布置在厂区内。

4.2.4.3.11　化水

4.2.4.3.11.1　炉补给水处理系统

锅炉补给水处理系统出力设计以及布置按 2×600MW 机组考虑。

4.2.4.3.11.2　精处理系统

凝结水精处理系统以除铁为主，又可除去水中溶解杂质的系统和设备。本工程凝结水处理系统选择 3 台 50%前置粉末覆盖过滤器（2 运 1 用）+3 台 50%高速混床（2 运 1 用）。铺、爆膜辅助系统每台机分别配一套，再生系统两台机共用一套。

4.2.4.3.12 制氢系统

本期设置 1 套产氢量 10N·m^3/h 的中压水电解制氢装置、3 台 13.9m^3 的氢气贮存罐，1 台 8m^3 压缩空气贮存罐。预留扩建一套制氢装置的位置。

4.2.4.3.13 MIS 系统

MIS 系统包括建设期 MIS 系统和生产期 MIS 系统两部分，重点做好生产期 MIS 系统的配置工作。

4.3 工程总体部署

4.3.1 主要标段划分

本工程项目分为六个标段，各标段范围如下：

（1）Ⅰ标段：1 号机组（含辅机冷却系统及管道、全厂压缩空气系统、气力除灰系统、燃油系统、供水系统）建筑、安装工程。

（2）Ⅱ标段：2 号机组（含锅炉补给水处理系统、启动锅炉房建筑安装、制氢系统、污废水处理系统、制氢站系统的建筑和安装）建筑、安装工程。

（3）Ⅲ标段：烟囱建筑、安装工程。

（4）Ⅳ标段：输煤建筑、安装工程。

（5）Ⅴ标段：750kV、110kV GIS 配电装置建筑、安装工程。

（6）脱硫标段：建筑、安装工程为 EPC 项目

4.3.2 工程建设管理模式

4.3.2.1 工程建设管理组织结构

根据本期工程建设的具体情况，建设管理组织采用小业主，大监理模式进行管理。工程建设组织管理关系如图 4-3-1 所示。

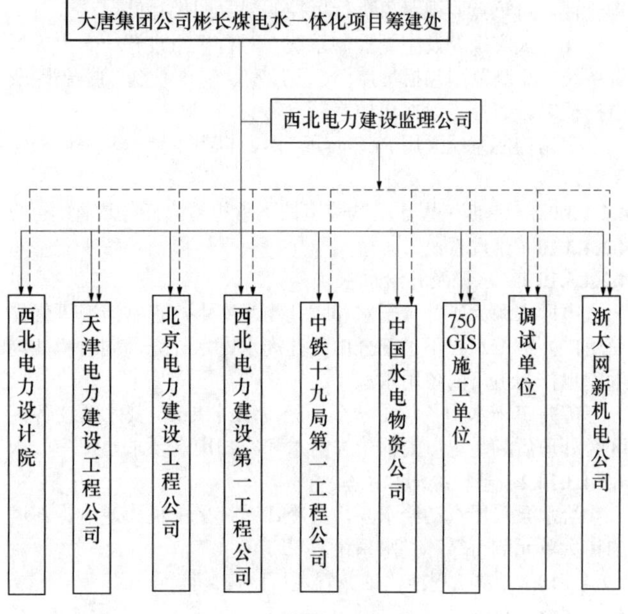

图 4-3-1 工程建设组织管理关系

4.3.2.2 各单位主要职责

建设单位：是工程建设管理的主体，对工程建设中的重大问题进行决策。

设计单位：负责本工程的设计工作，配合建设单位进行设备招标，提供现场服务。

监理单位：对工程建设进行全过程监理，协助建设单位负责施工阶段现场的“四控制，两管理，一协调”及合同约定的其他工作。

物资代理单位：负责设备的催交、运输和现场仓储管理的组织、协调和指导等工作。

施工单位：负责本项目各承包商标段范围内建筑、安装工程的建设工作。

调试单位：负责全厂工艺系统调试。

4.3.3 工程建设总体目标

4.3.3.1 工程建设总体目标

为把本工程建成设计先进、设备优良、工程优质、造价合理、运行可靠、指标先进、管理一流、符合国家环境保护要求的火力发电厂，特制订如下的工程整体目标：高水平达标投产，创集团公司样板工地，创行业优质工程，争创国家优质工程。

4.3.3.2 安全文明施工和职业健康环境管理目标

4.3.3.2.1 安全文明施工方针

以人为本　遵规守法　控制风险　预防事故

关注环境　预防污染　持续改进　提高绩效

4.3.3.2.2 安全健康目标

（1）杜绝违章指挥、装置性违章和违章操作，以零违章保证零事故。

（2）人身重伤、死亡事故为零。

（3）重大机械、设备事故为零。

（4）重大火灾、压力容器爆炸等灾害事故为零。

（5）负同等及以上责任的重大交通事故为零。

（6）重大坍陷、水浸及环境污染事故为零。

（7）因焊接、射线、油漆、保温等作业造成员工永久性职业伤害事故为零。

（8）严格执行“两票三制”，恶性误操作事故为零。

（9）在防止机械伤害方面做到转动设备防护罩完好率 100%。

（10）严格控制习惯性违章；减少恶性人身伤害事故。

（11）年度人身伤害事故率不大于 2‰。

（12）不发生重大职业卫生伤害事故；不发生大面积传染病。

（13）在防止高处坠落和高空落物做到：安全设施的设置及保持率达 100%；因高处坠落、高处落物原因造成的事故为零。

（14)主厂房和防火重点部位的消防设施和通道符合规范要求，齐全、有效，消防报警系统验收合格。

（15）主要施工、生产区内的遮拦、护栏、栏杆、沟（洞）盖板符合设计要求，齐全、可靠；安全警告牌、标示牌齐全、醒目。

4.3.3.2.3 文明施工目标

实现本项目“文明施工创行业一流、文明施工和环境保护达到法律法规要求、创建大唐安全文明施工样板工地”的总体文明施工目标。具体符合以下要求：

（1）施工场区：场地平整，排水沟渠通畅，无淤泥积水，无垃圾、废料堆积；材料、设备定点放置，堆放有序；力能管线布置整齐合理，危险处所防护设施齐全、规范，安全标志明显美观。

（2）现场道路：规划合理，平坦畅通，无材料、设备堆积、堵塞现象，交通要道铺筑砂石或水泥，消除泥泞不堪或尘土飞扬的现象。

（3）现场工机具：布置整齐，外表清洁，铭牌及安全操作规

程齐全，有专人管理，坚持定期检查维护保养，确保性能良好。

（4）已装设备及管道：设备、管道表面清洁无污渍，外表光洁完好，运行设备及各种管路无漏煤、漏灰、漏烟、漏风、漏气、漏氢、漏水、漏油等八漏现象。

（5）工程竣工后若业主没有特殊要求，45d内撤离施工现场，消除基建痕迹。

（6）在整个建设和半年试生产期间非文明状态为零。

4.3.3.2.4 环境管理目标

合理处置废弃杂物，有效控制污染排放，节能降耗除尘降噪，实施现场绿色施工，实现基建全过程环境污染零投诉。环境保护设施实现“三同时”，气、水、声、渣、尘达标排放。具体符合以下要求：

（1）对工程建设活动和服务中涉及到的包括物资供应、周边组织及居民在内的相关方施加环境影响，改善相关方对本工程建设活动和服务的环境质量的影响，并接受业主、监理对本工程的环境管理的监督检查，以利提高工程建设活动和服务的环境质量。

（2）在作业指导书中根据环境管理的规定，编制环境控制措施，在作业中一并贯彻执行。

（3）施工和生活用水、用电、分单位实行计量收费。钢材、木材、油品、纸张的消耗经审批，充分利用能源，合理消耗，减少污染物的排放量。

（4）厂房内和主要场所设垃圾桶，设备包装物和施工废料送回收场，对垃圾、施工废料等固体废弃物进行分类存放及处理。生活垃圾、建筑垃圾、土方转运采用封闭的运输方式送业主和地方指定的处理场所。危险固体废弃物送有资质的单位进行处理。

（5）对施工机械的噪声采取安装防噪声罩壳的控制措施，布置时远离居民区，并尽量安排在昼间使用。对锅炉冲管采用消音器降低噪声，夜间（22点后）作业事先向监理提出申请，同意后方可进行。

（6）定期检测现场噪声，发现超标时及时采取纠正措施。

（7）在机械车辆、设备的维修、解体检修处设废油箱，收集工程中的废油。砂浆搅拌站和现场含泥浆水的抽水处，设澄清池。不在现场焚烧垃圾等产生烟尘和恶臭气体的物质，对可能产生粉尘、废气、废水、固体废弃物及噪声振动对环境有污染和危害的设备及场所，采取相应的控制措施。对现场道路每天洒水降尘。

（8）在工程中尽量采用绿色环保的材料，不使用石棉制品的建筑材料和保温材料。

（9）主要道路采用混凝土道路，其他道路进行硬化处理，控制车辆在厂内的行驶速度在15km/h以下，对施工道路采用洒水车或专人洒水，减少扬尘。

（10）土方开挖作业，在厂内运输时，控制装车容量，做到运输时不抛洒、不扬尘。

（11）在施工人员集中位置，设立水冲洗厕所和化粪池，派专人清扫，做好保洁工作。

（12）施工中产生的酸性或碱性液体，经集中中和、满足污水综合排放标准要求后再行排放。

（13）油漆、稀释剂密封完好，集中存放，工程建设中优先采用环保型油漆。

（14）采用罐装水泥，维护好装卸、运输、使用的相关设备，防止扬尘；袋装水泥在运输、使用过程中要采用封盖措施，装卸时轻拿轻放，并采取必要的挡风防尘措施。

（15）采用罐装水泥，维护好装卸、运输、使用的相关设备，防止扬尘；袋装水泥在运输、使用过程中要采用封盖措施，装卸时轻拿轻放，并采取必要的挡风防尘措施。

（16）存放可溶性物品或废渣的场所，采取防水、防渗漏等措施；贮存过油类或有毒污染物的车辆或容器，不得在水体清洗，以减少对水体的污染；制定环境应急预案，其演练、评价和完善，符合总体应急救援预案的要求。

4.3.3.2.5 进度控制目标

本项目建设，从主厂房浇筑第一罐混凝土开始至最后一台机组168h试运结束投入试生产，总工期17个月，具体见附件中的工程里程碑。

4.3.3.2.6 合同管理目标

合同条款严谨、权利义务明确、支付控制严密，合同执行严格，建立风险控制和索赔管理机制，与合同履行和变更有关的文件、资料和证据收集、反馈及时。

4.3.3.2.7 技经管理目标

项目划分清晰，造价控制有力，资金使用高效；计划统筹协调，控制调整及时，执行严格准确；统计指标完善，报表及时可靠，分析决策科学。工程同比造价不高于国内同类机组水平，技术经济指标达到或超过国内先进水平。

4.3.3.2.8 技术管理目标

管理制度规范完善，管理手段先进高效，程序执行严格有序，技术保障及时严谨。工程技术资料管理应做到：记录规范、审批严格，收集完整、分类清晰、装帧精美、归档及时、保存可靠、查询方便。

4.3.3.2.9 总平面管理目标

统一规划、合理布局、动态调配、科学高效地使用场地，保证施工现场的力能供应及交通运输的畅通，建立一个良好的施工环境，确保工程顺利进行。

4.3.3.2.10 设备和材料管理目标

制造精良、检验严格、交付及时、防护可靠、贮存规范，摆放定置、配件齐全、库存合理、工完料尽、台账齐全、信息准确。

4.3.3.2.11 信息档案管理目标

竣工资料在机组移交后30d内移交；机组达标投产复查“工程档案”部分得分不低于90分；竣工资料移交的完整率、合格率均达到100%；按原电力工业部电建〔1996〕666号文规定，按期保质完成竣工图、施工图预算。

全面应用计算机网络进行工程信息管理，建立工程建设管理MIS系统，并在图纸和文件资料管理、造价控制和资金管理、计划和统计管理、进度控制、质量管理、安全管理、设备和材料管理等方面全面应用计算机软件进行管理，建立完整的计算机信息存储、整理、查询、分析和发布体系，为工程建设管理提供可靠、高效的手段和准确、及时的信息。

4.3.4 现场人力资源计划

现场施工人员的数量，是工程施工组织水平的主要标志之一，各施工单位应在加强项目管理、优化施工组织、提高施工机械化水平、提高施工人员技术水平等方面采取有效措施，以提高劳动生产率，减少现场施工人员数。

根据本工程的特点、工程量、参照人工定额、同类工程的劳动力数据和施工综合进度计划，本工程的劳动力配置计划见表4-3-1，劳动力投入柱状图及累计工日折线图如图4-3-2所示。

4.3.5 主要施工机械配备计划

根据本工程的特点、工程量，参照国内同类机组的施工经验，本工程拟采用表4-3-2的主要施工机械来满足施工的需求。

表 4-3-1　　　　本工程施工阶段劳动力投入计划

项目	2007年						2008年												2009年		
	7月	8月	9月	10月	11月	12月	1月	2月	3月	4月	5月	6月	7月	8月	9月	10月	11月	12月	1月	2月	3月
人员合计	700	850	1000	1500	1800	2200	3000	3200	4000	4000	4500	4700	4800	4600	4400	3700	3500	3000	2500	700	200
累计工日	21000	46500	76500	1×10^5	2×10^5	2×10^5	3×10^5	427500	547500	7×10^5	802500	9×10^5	1×10^6	1×10^6	1×10^6	1×10^6	2×10^6	2×10^6	2×10^6	2×10^6	2×10^6
土建高峰人数	700	700	700	1000	1000	1200	1800	2000	2500	2500	2700	2700	2300	2100	1900	1200	1000	800	500	200	100
安装高峰人数	0	150	300	500	800	1000	1200	1200	1500	1500	1800	2000	2500	2500	2500	2500	2500	2200	2000	500	100

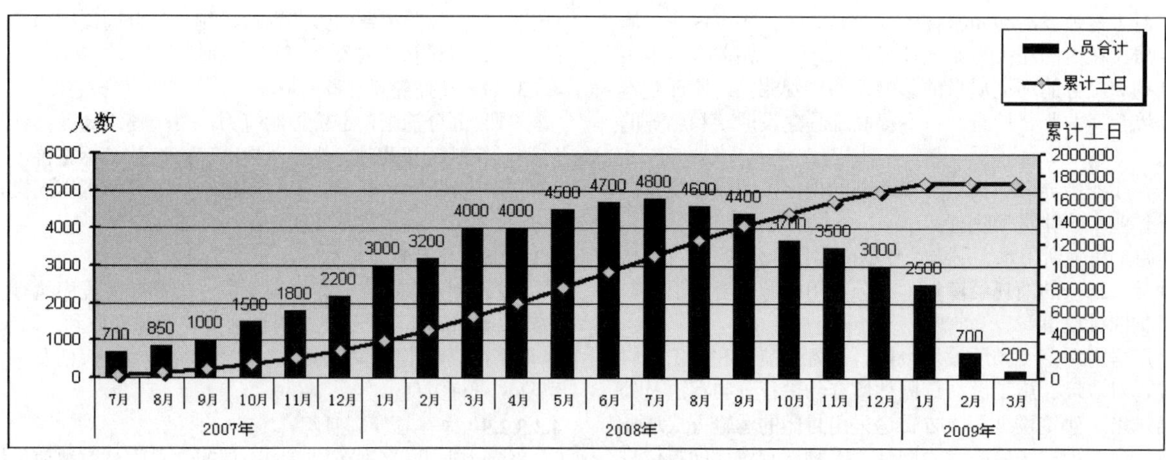

图 4-3-2　本工程劳动力投入柱状图及累计工日折线图

表 4-3-2　　　　主要施工机械配备表

I标段主要施工机械配备表			
序号	机械名称	型号规格	数量
1	50t 圆筒吊	FZQ1250/50t	1
2	450t 履带吊	CC2500/450t	1
3	250t 履带吊	SCX2500	1
4	63 龙门吊	LMQ6342	1
5	50t 龙门吊	LQ5042	2
6	10t 龙门吊	LQ1022	3
7	平臂吊	B7050	3
8	双笼施工电梯	SCD200/200	3
9	摇臂钻	Z3032×10	1
10	立式钻床	Z	2
11	剪板机	QC12P-20×2500N	1
12	半自动坡口机	SDJ800-2	1
13	磁力切割机	CGJ-100	6
14	阀门研磨机	SAG-A	2
15	等离子切割机	LGK-100B	2
16	卷板机	CDW12NC-20×2500C	2
17	卷扬机	JJM10	4
18	空气压缩机	4L-20/8	2

续表

I标段主要施工机械配备表			
序号	机械名称	型号规格	数量
19	空气压缩机	W-9/7G	2
20	耐酸泵	CHZ100-400B	2
21	耐酸泵	FM150-90	2
22	逆变电焊机	V300-1	4
23	逆变电焊机	ZX7-400ST2	150
24	直流电焊机	AX-320	40
25	交流电焊机	BX1-500-2	20
26	半自动对焊机	VN17-150-1	2
27	钛管密封焊机	YZAM-1	2
28	铝母线焊机	CKA10-500	1
29	CO_2 气体保护焊机	YD-350KR	20
30	大流量冲洗设备	YDC-700	1
31	高精度滤油机	GLYJ-450	2
32	高精度滤油机	LYJ50	1
33	真空净油机	LJB9BY	1
34	真空净油机	ZYD-200	1
35	打号机	YZ-10-13	2
36	钢筋切断机	GQ40B	4
37	钢管校直除锈机	FZJ48-51	1

续表

Ⅰ标段主要施工机械配备表			
序号	机械名称	型号规格	数量
38	模板整形机	GMTC-1	1
39	木工平刨	MB50-1B	2
40	木工圆锯	MJ50-1	2
41	钢筋弯曲机	GJB-40	4
42	钢筋弯曲机	GJB-14	2
43	钢筋调直机	ϕ14	2
44	拖式混凝土泵	3080B-HP	1
45	混凝土泵车	1PF-85B-2	2
46	混凝土运输车	JQC6	8
47	混凝土搅拌站	HZ50	1
48	混凝土搅拌站	HZS75	1
Ⅱ标段主要施工机械配备表			
序号	机械名称	型号规格	数量
1	履带式起重机	CKE4000C　400t 400t	1
2	履带式起重机	LS-368RH　250t	1
3	履带式起重机	CKE2500　250t	1
4	履带式起重机	BM-700　65t	1
5	塔式起重机	FZQ1650　75t	1
6	塔式起重机	QTZ160　10t	1
7	塔式起重机	TC6013　8t	2
8	塔式起重机	TC5613　8t	1
9	龙门式起重机	MDG60/42　60t	1
10	龙门式起重机	MDG40/42　40t	1
11	龙门式起重机	G20/32　20t	1
12	液压提升装置	GYT-200　200t	4
13	施工电梯	SCD200/200J 2t	1
14	汽车式起重机	TL-500E　50t	1
15	汽车式起重机	TL-300E　30t	1
16	叉式起重机	CPCD60A　6t	1
17	电动卷扬机	JM15　15t	2
18	电动卷扬机	JM5　5t	2
19	电动卷扬机	JM3　3t	2
20	平板拖车	CWB520PHL　40t	1
21	重型载货汽车	CWB520PHL　16t	2
22	重型载货汽车	EQ1141G1　8t	2
23	低驾平板汽车	DJZ1400　25t	2
24	剪板机	QC12Y-16×3200	1
25	卷板机	W11S25-3000	1
26	空气压缩机	2V-10/7　10 m^3	1
27	空气压缩机	2V-6/8　6 m^3	2

续表

Ⅱ标段主要施工机械配备表			
序号	机械名称	型号规格	数量
28	大流量冲洗机	YDC-700II	1
29	真空滤油机	ZJA12BY	1
30	分子净油机	FJD1BY-1	1
31	电动试压泵	DSY-600B	2
32	CO_2气保焊机	NB-500	2
33	逆变直流焊机	ZX7-400STG	100
34	交流电焊机	BX3-500 等	50
35	等离子切割机	PC250-D	2
36	热处理设备	DWK-D-360	2
37	热处理设备	DWK-240	3
38	热处理设备	DWK-30	1
39	X 射线探伤机	250EG-S3	2
40	γ 射线探伤机	DL-VASE	2
41	超声波探伤仪	CDUT-97 增强型	2
42	涡流探伤机	STAR-NDT555H	1
43	混凝土搅拌站	HZS75　75 m^3/h	2
44	混凝土罐车	XZJ5270GJ5　8 m^3	5
45	混凝土泵车	IHI85B　90 m^3/h	1
46	混凝土拖式泵车	BP3000　60 m^3/h	1
47	钢筋对焊机	UN1-100	2
48	钢筋切断机	ϕ40	2
49	钢筋调直机	ϕ14	2
50	钢筋弯曲机	ϕ40	4
51	钢筋弯箍机	ϕ12	2
52	全站仪（拓普康）	GTS-226	1
53	栓钉焊机	RSNL-2500	1
54	万能试验机	EWS-10007	1
55	压力试验机	200t	1
56	标准养护箱	BYX-35	1
57	水泥净浆搅拌机	SS-160 型	1
58	电动抗折仪	KZJ-6 型	1
59	负压筛析仪	FSY150-A	1
60	恒温恒湿养护箱	YH-4	1
61	水泥胶砂搅拌机	TT-5ISO-679	1
62	混凝土振动台	HCZT	1

4.4　施工综合进度以及技术和物资供应计划

4.4.1　施工综合总进度计划

本工程计划 1 号机组从 2007 年 7 月 20 日正式开工至完成 168 小时试运投产移交共 17 个月，相隔 1 个月后 2 号机组投产移交，建设总工期合计为18个月。

4.4.1.1 里程碑控制工期

大唐彬长新建电厂工程里程碑控制工期见表4-4-1。

表4-4-1 大唐彬长新建电厂工程里程碑控制工期

序号	里程碑节点名称	1号机组控制工期/（年.月.日）	2号机组控制工期/（年.月.日）
1	主厂房浇第一罐混凝土	2007.7.27	
2	主厂房出零米	2007.9.15	
3	锅炉基础交安	2007.10.10	2007.11.10
4	锅炉钢架开始吊装	2007.10.13	2007.12.5
5	锅炉水冷壁开始吊装	2008.2.1	2008.2.1
6	主厂房封闭	2008.2.1	2008.2.1
7	汽机台板就位	2008.4.20	2008.5.20
8	化学水制水合格	2008.6.20	
9	锅炉水压试验结束	2008.6.30	2008.8.20
10	DCS系统恢复	2008.6.20	2008.7.26
11	厂用电受电完成	2008.7.10	2008.8.10
12	汽机扣盖完成	2008.10.10	2008.10.20
13	汽机油循环开始	2008.8.1	2008.11.15
14	锅炉酸洗结束	2008.10.15	2008.11.10
15	输煤系统投运	2008.10.25	
16	空冷系统投运	2008.11.25	2008.12.25
17	锅炉点火冲管完成	2008.11.10	2008.12.10
18	机组整套启动	2008.11.25	2008.1.1
19	机组并网	2008.12.1	2009.1.10
20	机组168h试运完	2008.12.31	2009.1.31

说明：2号机组工期是按照汽轮机、发电机本体设备、附属设备交货时间比1号机组推后2个月进行编制。

4.4.1.2 总体工程施工综合进度计划

施工综合进度计划见《大唐彬长电厂工程施工综合进度计划》。

4.4.2 施工图纸交付计划

4.4.2.1 图纸交付原则

图纸交付满足工程开工的要求，单位工程开工前1个月交付施工图，设备安装前1个月交付设备图。

4.4.2.2 施工图纸交付计划

根据一级网络施工进度计划的要求，提出施工图计划见表4-4-2。

表4-4-2 施工图纸交付计划

序号	专业	图 纸 名 称	计划到图日期/（年.月.日）
1	土建	施工图总说明	2007.11.1
2	土建	全厂总体规划图	2007.9.1
3	土建	厂区总平面布置图	2007.9.1
4	土建	厂区竖向布置图	2007.9.1
5	土建	施工图总说明及卷册目录	2007.9.25
6	土建	主厂房基础施工图	2007.7.25
7	土建	主厂房上部结构施工图	2007.8.25
8	土建	主厂房地下设施基础施工图	2007.8.25
9	土建	汽机房基础施工图	2007.8.25
10	土建	汽机地下设施基础施工图	2007.8.25
11	土建	汽机机座基础施工图	2007.8.10
12	土建	汽机房上部结构施工图	2007.9.10
13	土建	炉后设备基础施工图	2007.9.10
14	土建	锅炉基础施工图	2007.7.25
15	土建	锅炉地下设施施工图	2007.7.25
16	土建	构筑物（变压器）基础图	2007.9.25
17	土建	汽机房钢屋架施工图	2007.10.25
18	土建	加热器平台施工图	2007.9.10
19	土建	汽机房锅炉运转层施工图	2007.9.10
20	土建	主厂房屋面施工图	2007.11.10
21	土建	主厂房照明施工图	2008.1.10
22	土建	主厂房通风\空调器施工图	2008.2.10
23	土建	空冷凝汽器基础施工图	2007.10.10
24	土建	空冷凝汽器上部结构施工图	2007.11.5
25	土建	输煤系统基础施工图	2007.10.10
26	土建	输煤系统结构施工图	2007.11.5
27	机务	锅炉总图及说明书	2007.9.15
28	机务	锅炉钢架及平台楼梯图	2007.9.15
29	机务	锅炉受热面安装图	2007.10.25
30	机务	除灰除渣系统安装图	2008.3.15
31	机务	锅炉砌筑保温施工图	2008.3.10
32	机务	施工总图说明及卷册目录	2007.12.25
33	机务	主蒸汽管道安装图	2007.11.25
34	机务	再热蒸汽管道安装图	2007.11.25
35	机务	抽汽系统安装图	2007.11.25
36	机务	给水系统安装图	2007.11.25
37	机务	开式循环冷却水系统安装图	2008.1.10
38	机务	闭式循环冷却水系统安装图	2008.1.10
39	机务	锅炉疏放水系统安装图	2008.1.10
40	机务	凝结水系统管道安装图	2008.2.20
41	机务	全厂排汽管道安装图	2008.3.10
42	机务	仪用及杂用压缩空气系统安装图	2008.1.15
43	机务	润滑油及油净化系统安装图	2008.4.10
44	机务	热机保温、油漆清册	2008.3.15
45	机务	锅炉烟风系统安装图	2007.8.30
46	机务	锅炉制粉系统管道安装图	2008.1.25
47	机务	输煤系统设备安装图	2008.1.20

续表

序号	专业	图 纸 名 称	计划到图日期/（年.月.日）
48	电气	主厂房接地图	2007.10.5
49	电气	厂区接地图	2007.8.1
50	电气	A 列外接地图	2007.10.1
51	电气	全厂电缆布置总图	2008.2.15
52	电气	主厂房电缆敷设图	2007.12.25
53	电气	主厂房电缆托架安装图	2007.12.15
54	电气	主厂房 0m 埋管图	2007.8.15
55	电气	锅炉方 0m 埋管图	2007.8.15
56	电气	主厂房控制电缆清册	2007.12.15
57	电气	主厂房动力电缆清册	2007.12.15
58	电气	锅炉房照明	2007.12.25
59	电气	厂用受电接线图	2008.2.15
60	电气	蓄电池安装图	2008.1.15
61	电气	主厂房照明	2008.1.5
62	电气	汽机房天车滑线安装图	2007.11.20
63	电气	输煤系统电气施工图	2008.3.15
64	电气	输煤系统电缆敷设图	2008.3.15
65	电气	输煤系统电缆清册	2008.3.15
66	电气	输煤系统程控图	2008.3.15
67	热控	DCS 图册	2008.3.15
68	热控	热控设备清册	2008.1.10
69	热控	热工设计说明	2008.3.10
70	热控	热工保护系统图册	2008.3.25
71	热控	控制盘柜施工图	2008.1.20
72	热控	DCS 图册	2008.1.15

4.4.3　物资供应计划

本工程设备供应计划是根据施工综合进度计划编制，编制的原则是：在满足设备安装的前提下，一般按每项工程开工前 30～45d 到达现场，缩短存放周期，减少设备二次倒运的工作量。

4.4.3.1　主要设备供应计划

主要设备交货进度见表 4-4-3。

表 4-4-3　　主要设备交货进度

序号	专业	设 备 名 称	到货计划/（年.月.日）
1	锅炉	锅炉地脚螺栓及柱底板	2007.8.10
2	锅炉	第一层钢结构	2007.10.5
3	锅炉	第二层钢结构	2007.10.20
4	锅炉	第三层钢结构	2007.11.5
5	锅炉	第四层钢结构	2007.11.10
6	锅炉	第五层钢结构	2007.11.20
7	锅炉	第六层钢结构	2007.11.25
8	锅炉	第七层钢结构	2007.12.1
9	锅炉	大板梁及次梁	2007.12.15
10	锅炉	受热面吊挂梁	2008.1.5
11	锅炉	刚性梁	2008.1.25
12	锅炉	水冷壁系统	2008.2.5
13	锅炉	过热系统	2008.3.15
14	锅炉	再热器系统	2008.3.15
15	锅炉	省煤器系统	2008.3.15
16	汽机	锚固板、地脚螺栓	2007.11.15
17	汽机	垫铁	
18	汽机	轴承座及台板	2008.4.15
19	汽机	低压内、外缸、隔板（套）及附件	2008.4.15
20	汽机	专用工具及起吊工具	2008.4.15
21	汽机	中压缸、隔板、持环、附件	2008.4.15
22	汽机	高压缸、隔板、持环、附件	2008.4.15
23	汽机	前轴承箱、主油泵、轴承组件	2008.4.15
24	汽机	中轴承座、轴承组件	2008.4.15
25	汽机	低压转子	2008.4.15
26	汽机	高、中压转子	2008.4.15
27	汽机	润滑油系统	2008.5.5
28	汽机	润滑油储存及处理系统	2008.5.5
29	汽机	导汽管	2008.5.5
30	汽机	备品备件	2008.5.5
31	汽机	其他设备	2008.5.5
32	汽机	汽封冷却器	2008.5.5
33	汽机	连通管	2008.5.5
34	汽机	主汽阀、再热器阀	2008.5.5
35	汽机	调节、保安、控制系统	2008.5.5
36	汽机	排汽装置	2008.1.15
37	汽机	低压加热器	2008.3.15
38	汽机	其他设备	2008.5.15
39	汽机	发电机地脚螺栓等基础预埋件	2007.11.15
40	汽机	定子底板	2008.5.25
41	汽机	定子	2008.5.25
42	汽机	转子	2008.5.25
43	汽机	端盖、冷却器等附件	2008.5.25
44	汽机	定子出线罩	2008.5.25
45	汽机	滑环装置	2008.5.25
46	汽机	专用工具	2008.5.25
47	汽机	氢系统	2008.5.25
48	汽机	密封油系统	2008.5.25
49	汽机	冷却水系统	2008.5.25

续表

序号	专业	设备名称	到货计划 /（年.月.日）
50	汽机	励磁系统	2008.6.10
51	汽机	备件及其他附属设备	2008.6.10
52	建筑	主厂房暖通设备	2008.2.10
53	电气	厂用变压器及附件	2008.3.25
54	电气	主变压器及附件	2008.4.15
55	热控	DCS 系统设备	2008.3.10

注 2 号机组主要设备交货计划比 1 号机组相应推后一个月。

4.4.3.2 主要材料供应计划

本工程材料供应计划是根据施工综合进度计划编制而成，编制原则是：在满足施工进度计划的前提下，一般按每项工程开工前 30d 到达现场，减少材料存放时间，减少资金占用时间。供应计划见表 4-4-4。

表 4-4-4 主要材料供应计划

序号	材料名称	供货日期 /（年.月.日）
一	建筑材料	
1	基础结构：钢筋、水泥、灌浆材料	2007.6
2	框架结构：钢筋、水泥、保温层面、外墙板及附件	2007.8
3	煤斗：钢板、钢筋、内衬防磨板	2007.8
4	各层平台：钢筋、水泥、瓷砖、花岗岩板	2007.7 陆续到货
5	地面及地下设施：钢筋、水泥、花岗岩板、压型板	
6	层面结构：钢筋、水泥、屋架天窗、压型板	
7	维护及地下设施：门窗、墙面材料、内装饰材料	
8	集控室建筑：钢筋、水泥、内装饰、门窗	2008.1—3
9	照明通风空调除尘：空调设备、风机、灯具	2008.3
10	水消防：阀门、电缆、自喷消防装置	2008.3

续表

序号	材料名称	供货日期 /（年.月.日）
二	安装材料	
1	烟风道配制用料（非标）	2007.6.31
2	支吊架配制用料（非标）	2007.7.31
3	支吊架标准件（弹簧、螺丝等）	2007.12.1
4	锅炉汽水管道、管件、阀门	2007.12—2008.3
5	压缩空气管道、管件、阀门	2008.2—5
6	除渣管道、管件、阀门	2008.2—5
7	烟风煤系统管道、管件、阀门	2007.12.1
8	锅炉机组保温材料及油漆	2008.5.15
9	主厂房工业管道保温材料油漆	2008.5.15
10	设备管道用白铁皮	2008.6.15
11	汽机机组保温材料及油漆	2008.5.15
12	四大管道	2008.1
13	中低压管道	2008.1
14	电缆槽架及其附件	2008.2
15	高低压动力电缆	2008.1.31
16	电气控制电缆	2008.1.31
17	起吊设施用滑线	2008.1.31
18	行车滑线	2007.12.31
19	电缆防火材料	2008.4.15
20	型钢	2008.1.1
21	电缆软管及其附件	2008.1.31
22	热控空气管路及脉冲管路	2008.2
23	热控电缆、导线	2008.3.31
24	截止阀及仪表阀等	2008.2
25	截止阀及仪表阀等	2008.2

本章其余内容见光盘。

第4篇

1000MW级火电机组工程施工组织设计范例

刘兴隆　杨启儒　赵庆东　刘志伟　何　渊　李　雪　孟祥泽
王建新　张崇洋　薛兆民　孙福梓　倪达明　郑　鹏　吕　冰
曾广宇　罗佃华　郭　瓒　胥建武　王学亮　贾广明　杨风勇
许启斌　张　虹　刘　建　施　坚　张　博　赵书成　李治国
刘　俊　黄庆国　施伟民　张映诺　等　编著

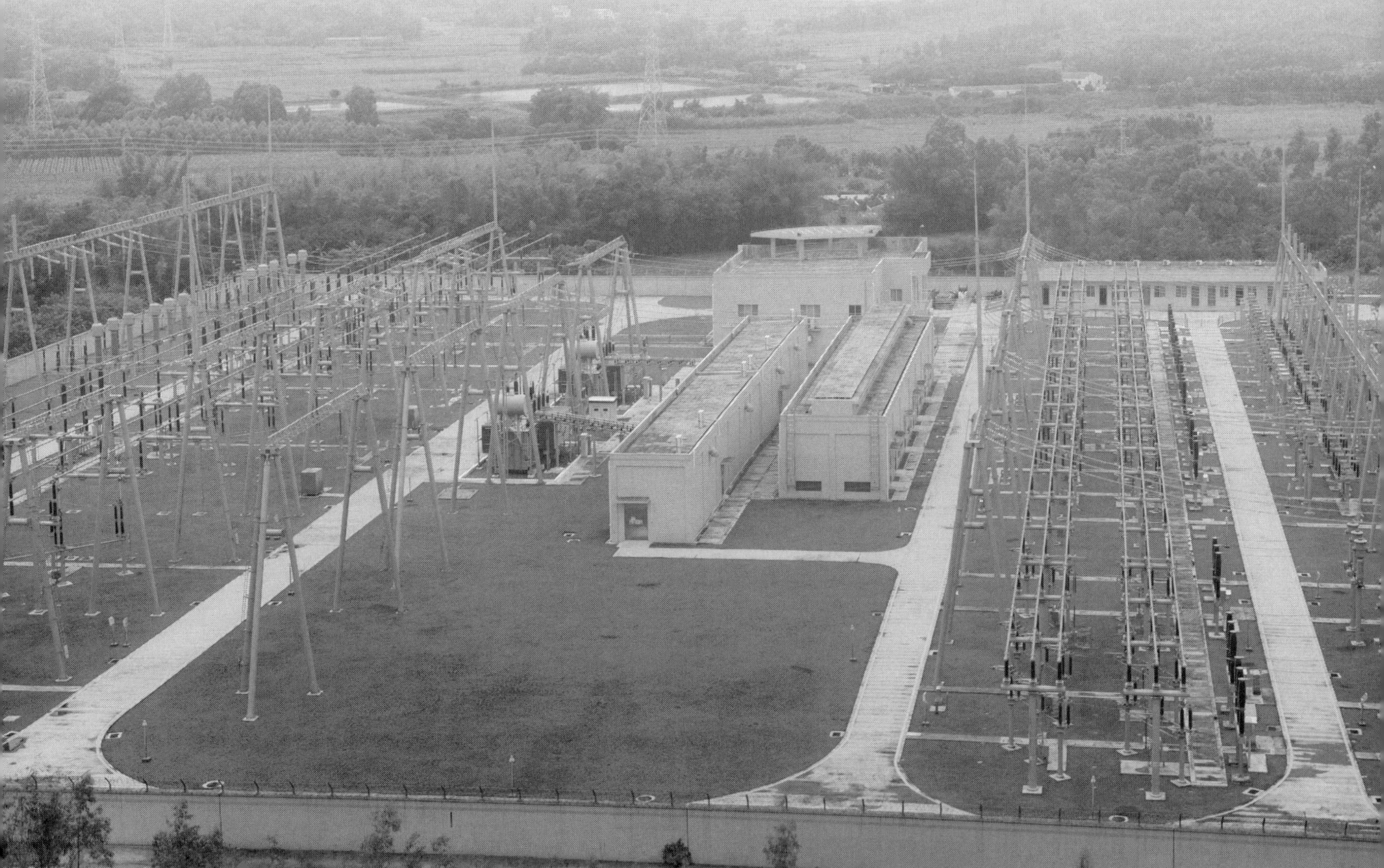

第 1 章　华能金陵电厂二期 2×1000MW 工程 2 号机组安装工程施工组织设计

华能金陵电厂二期工程（2×1000MW）燃煤发电机组，为大型超超临界机组，其特点是：技术含量高、钢结构工程量大、单件构件重、焊口数量大、焊接材料材质特殊，除需要施工安装单位具有同类大型机组安装施工经验和拥有大量高水平的焊接人员以外。尤其对主要吊装机械的提升高度、起重能力、站位方便、吊装覆盖范围等方面有着特殊的要求。我公司对该机组的施工进行了较为充分的研究和分析，为使工程质量达到华能集团节能环保型电厂标准，确保电力系统优质工程，争创国家优质工程、鲁班奖的目标，依据相关技术文件，特编制本施工组织设计。

本《施工组织设计》结合施工现场的实际情况，为保证里程碑进度、施工质量、安全、环保等方面的顺利实施，制定了一系列的施工技术措施及质量保证措施、安全保证措施，以消除地理、气候、设计、设备供货等原因造成的不利因素影响，确保该工程施工达到业主满意、如期竣工。

当然本《施工组织设计》还不能作为具体的施工指导性文件，随着工程的进一步展开，我们还将陆续出版各《专业施工组织设计》,《施工作业指导书》等能详细指导施工的技术措施文件，以达到指导施工的目的。

由于时间和水平有限，施工组织设计中尚存在一定的不足，仍存在不妥之处，欢迎各级领导、专家及广大同行提出宝贵意见，同时对在这次施工组织设计编写中给予支持和帮助的领导和专家们表示诚挚的感谢。

1.1　工 程 概 况

1.1.1　编制依据

1.1.1.1　招投标文件

1.1.1.2　现行国家、地方及与之相关的行业规程、规范、规定。

1.1.1.3　华东电力设计院/江苏省电力设计院的部分图纸

1.1.2　工程建设条件

1.1.2.1　工程简述

华能金陵电厂处在南京市东北郊栖霞区栖霞四段圩村，位于长江南京段龙潭水道南岸，背靠长江大堤，南临便民河及新建的疏港公路，西侧与七乡河相邻，七乡河西岸为华能金陵电厂一期工程（燃机电厂），东面与南京龙潭港区相邻，距离南京市中心约 27km，龙潭镇 2km。

1.1.2.2　场区自然条件

1.1.2.2.1　水文气象条件

一、气象条件

厂址北靠长江大堤，南到便民河及新建的疏港大道；西邻七乡河，与燃机电厂隔河相望；东面与南京龙潭港区为邻；厂址西南为正在规划的栖霞经济技术开发区和仙林新市区。厂址在长江大堤以内，厂址段大堤防浪墙顶标高 9.96m，满足百年一遇堤防要求，堤身基本达到 I 级堤防标准。

厂址 1%频率高潮位：7.96m。

厂址 1%频率内涝高水位：4.80m。

厂区地下水位：地面以下 0.5m 左右。

根据当地实测资料统计，各主要气象要素特征值如下：

1. 气压（hPa）

历年平均气压：1014.8。

极端最高气压：1045.7（2000 年 1 月 31 日）。

极端最低气压：975.0（1956 年 8 月 2 日）。

2. 气温（℃）

历年平均气温：15.4。

极端最高气温：40.7（1959 年 8 月 22 日）。

极端最低气温：−14.0（1955 年 1 月 6 日）。

历年平均最高气温：20.3。

历年平均最低气温：11.5。

3. 相对湿度（%）

历年平均相对湿度：77。

最小相对湿度：4（1995 年 11 月 7 日）。

4. 降水量（mm）

历年平均降水量：1047.0。

历年最大年降水量：1825.8（1991 年）。

历年最小年降水量：534.0（1978 年）。

历年最大月降水量：608.4（1969 年 7 月）。

历年最大一日降水量：79.3（1982 年 7 月 19 日）。

历年最大一次连续降水量：324.3（1991 年 7 月 6—13 日）。

历年最大一小时降水量：68.2（1965 年 8 月 10 日）。

历年最大十分钟降水量：31.5（1989 年 10 月 13 日）。

历年最长一次连续降雨量：139.2（1992 年 3 月 14—28 日）。

5. 蒸发量（mm）

历年平均蒸发量：1527.9。

历年最大蒸发量：1958.7（1978 年）。

6. 日照

历年平均日照时数：2074.8h。

历年平均日照百分率：46.9%。

7. 雷暴（d）

历年平均雷暴日数：32.2。

最多雷暴日数：54（1956 年）。

8. 历年最大积雪深度

51cm（1955 年 1 月 1 日）。

9. 最大冻土深度

9cm（1956 年 1 月 11 日）。

10. 雾（d）

历年平均雾日数：26.6。

最大年雾日数：69（1951 年）。

最小年雾日数：12（1969 年）。

一般连续持续雾日数：1.24。

最长连续持续雾日数：5（1954 年 1 月 26—30 日）。

一日雾最长持续时间：16h50min（1994 年 1 月 10 日 00：30—17：20）。

11. 电线结冰

历年最大电线结冰直径：17mm 雨凇（1988 年 3 月 16 日）。

历年最大电线结冰重量：40g/m 雨凇（1988 年 3 月 16 日）。

12. 仪征气象台风要素统计特征值

历年平均风速：3.1m/s。

历年实测 10min 平均最大风速：20m/s NNE（1974 年 6 月 17 日）。

30 年一遇 10m 高 10min 平均最大风速：26.5m/s。

50 年一遇 10m 高 10min 平均最大风速：28.5m/s。

全年主导风向：ENE、E、ESE（频率 10%）。

夏季主导风向：ESE（频率 13%）。

冬季主导风向：ENE（频率 11%）。

二、水文条件

1. 径流

根据南京水位站上游 226km 处的大通水文站的实测资料，长江径流特征为：

多年平均径流量：9057 亿 m^3。

多年平均流量：28700m^3/s。

多年洪季平均流量：45700m^3/s。

多年枯季平均流量：12400m^3/s。

历年最大年平均流量：43100m^3/s。

历年最小年平均流量：21400m^3/s。

历年最大洪峰流量：92600m^3/s（1954 年 8 月 1 日）。

历年最小枯水流量：4620m^3/s（1979 年 1 月 31 日）。

长江最大与最小的流量之比为 20∶1，是国内主要河流中变幅最小、最均匀的河流之一。频率为 97%和 99%的设计最小流量分别约为 5610m^3/s 和 5160m^3/s。

2. 潮汐

长江南京河段为长江下游感潮河段，距出海口约 398km，江水水质不受海水倒灌影响，该河段潮汐属非正规半日潮混合型，每日潮位两涨两落，涨潮历时约 3h，落潮历时近 9h。每年 5—9 月是汛期，10—4 月（次年）为枯期。水面比降汛期大于枯期，落潮比降大于涨潮比降。河段内水流基本上是单向流，枯季可以测到反向流。枯水期江面一般无漂浮物，也无冰凌。

3. 潮位

根据南京水位站 1950—1999 年潮位资料统计得潮位特征值如下：

历年最高高潮位：8.31m（1954 年 8 月 17 日）。

历年最低低潮位：－0.37m（1956 年 1 月 9 日）。

多年年平均潮位：3.39m。

多年平均高潮位：3.65m。

多年平均低潮位：3.14m。

多年平均落潮差：0.52m。

多年平均涨潮差：0.52m。

历年最大涨潮差：1.56m（1962 年）。

历年最小涨潮差：0.00m（1965 年）。

历年最大落潮差：1.40m（1962 年）。

历年最小落潮差：0.01m（1969 年/1987 年）。

历年最大年变幅：7.81m（1999 年）。

历年最小年变幅：4.89m（1972 年）。

多年平均变幅：6.28m。

4. 水文泥沙

长江南京段泥沙主要来自上游水体的泥沙，洪季含沙量多，枯季含沙量少，断面上含沙量分布不平衡。长江南京段含沙量较少，根据大通水文站（1951—2000 年）水文资料统计：

多年平均含沙量：0.49kg/m^3。

年最大含沙量：3.24kg/m^3（1959 年 8 月 6 日）。

年最小含沙量：0.016kg/m^3（1999 年 3 月 3 日）。

多年平均输沙率：14.9t/s。

最大输沙量：6.78 亿 t。

多年平均输沙量：4.35 亿 t。

另外根据长江南京段不定期水文测验资料：

最大断面平均含沙量：1.41kg/m^3（1980 年 7 月 4 日）。

最小断面平均含沙量：0.024kg/m^3。

最大测点含沙量：4.24kg/m^3（1971 年 9 月 2 日）。

5. 水温

根据南京水位站 1964—2000 年对长江南京段水温的观测资料统计，最高水温为 32.2℃，最低水温为 2.2℃，年平均水温 17.7℃。

1.1.2.2.2 工程地址及评价

一、主厂区部分岩土工程条件

厂址所处区域地层属扬子地层区，出露地表前第四系地层，主要有侏罗系、三叠系及石炭系、二叠系、泥盆系组成。

二、水文地质条件及地下水腐蚀性评价

厂址区域地下水类型主要是松散岩类孔隙水和基岩裂隙水。

三、地震砂土液化与软土震陷

拟建厂区所处区域地质背景相对简单，地震构造相对稳定，地震活动水平较低，厂区未发现区域性活动断裂。

1.1.2.2.3 交通运输条件

华能南京金陵电厂距南京市区约 27km，厂址周围公路交通比较发达，厂址南面紧邻通龙潭港区的疏港公路，向南约 1km 为 312 国道（上海—乌鲁木齐），通过该路可与南京市其他主要交通干线相通。厂址前沿岸线紧靠长江内航道，距南京大件起重运输集团有限公司栖霞重件码头约 9km，距治江河河口直立式码头约 2km，距南京化肥厂港池码头约 15km。周围铁路、公路交通十分便利。

1.1.3 工程设计及主要设备概况

1.1.3.1 工程规模

本工程建设 2×1000MW 超超临界国产燃煤机组。

1.1.3.2 工程设计单位

主体设计单位：华东电力设计院/江苏省电力设计院。

码头设计单位：中交第二航务工程勘察设计院有限公司。

1.1.3.3 工程建设依据

依据各部委对华能金陵电厂二期工程项目批复的有关文件。

1.1.3.4 锅炉

炉型：超超临界变压运行垂直管圈直流炉、一次再热、采用八角双火球燃烧方式、烟气挡板调节再热汽温、平衡通风、固态排渣、全钢结构、全悬吊结构Π型锅炉。

设计煤种：神府东胜煤，校核煤种：混煤。

1.1.3.5 汽轮机

型式：超超监界、一次中间再热、单轴、四缸四排汽、双背压凝汽式汽轮机。

型号：N1000-26.25/600/600。

额定功率：1030MW。

转速：3000r/min。

凝汽器压力：4.7kPa（a）。

回热系统：三级高加、四级低加和一级疏水加热器、一级除氧。

保证热耗：7318kJ/（kW·h）。

1.1.3.6 发电机

型号：THDF 125/67。

型式：水氢氢冷汽轮发电机，旋转励磁。

铭牌容量：1145MVA。
铭牌功率：1030MW。
最大连续输出出力：1100MW。
性能考核功率：1000MW。
额定电压：27kV。
额定功率因数：0.9（滞后）。
频率：50Hz。
额定转速：3000r/min。
短路比：0.53。
额定氢压：0.50MPa（g）。
保证效率：不小于 98.98%。
冷却方式：水氢氢。
励磁方式：旋转励磁。
定子净重：431t（最大运输重量：462t）。

1.1.4　主要工程量

1.1.4.1　热力系统

1.1.4.1.1　2 号机组锅炉（含电除尘、风机、捞渣机等）设备及系统安装。

1.1.4.1.2　2 号机组汽轮发电机设备及系统安装。

1.1.4.1.3　2 号机组范围内设备及系统保温油漆（含炉墙砌筑）。

1.1.4.1.4　2 号炉电梯井钢结构及围护安装（含电梯安装调试）。

1.1.4.1.5　2 号炉范围内 SCR 装置的安装，包括但不限于：所有钢支架、平台、楼梯、钢结构、烟道、反应器的安装；所有机械设备、管道、阀门、电气、热控/仪表安装；以及相关防腐、保温工程。

1.1.4.2　燃料供应系统

2 号锅炉燃油系统安装。

1.1.4.3　除灰系统

2 号炉除渣系统安装（除渣设备及渣仓等）。

1.1.4.4　电气系统

1.1.4.4.1　2 号发电机电气与引出线（发电机电气与出线间、发电机引出线、发电机出口断路器）。

1.1.4.4.2　2 号机组变压器系统（主变压器、厂用高压变压器）。

1.1.4.4.3　2 号机组单元控制及直流系统。

1.1.4.4.4　2 号机组厂用电系统。

1.1.4.4.5　2 号机组、空压机系统电缆（电力电缆、控制电缆）、电缆桥架、电缆支架、电缆防火。

1.1.4.4.6　2 号机组、空压机系统接地（电缆接地、电缆桥架接地、设备接地、厂房内地网）。

1.1.4.5　热工控制系统

2 号机组及两台机公用（公用 DCS、中央空调系统、压缩空气系统、凝结水精处理再生等）控制系统及仪表，全厂 SIS 系统；

集控室 2 号机组及两台机公用控制屏台安装，2 号机组及两台机公用控制电缆及辅助设施（控制电缆、电缆桥架、电缆支架、其他材料等）。

1.1.4.6　电厂化学

1.1.4.6.1　2 号机组凝结水精处理系统。

1.1.4.6.2　2 号机水汽取样分析装置。

1.1.4.7　附属生产工程

2 号机组排水槽设备系统及排水母管系统。

1.1.4.8　其他

1.1.4.8.1　本标范围内直埋管道的土方挖填等建筑工程。

1.1.4.8.2　本标范围内检修起吊设备安装（含轨道制安），安全检测。

1.1.4.8.3　本标范围内各种试验用测点制作安装。

现场施工、生活用电公用系统部分的管理、维护工作。

1.1.4.9　分部试验、试运范围：按规程、规范要求进行分部试验、试运

1.1.4.9.1　化学清洗

1.1.4.9.2　酸洗范围包括：按规程、规范要求的炉本体水系统、凝汽器至炉本体所有高中低压管道、精处理管道。

1.1.4.9.3　碱洗范围包括：按规程、规范要求的凝汽器汽侧、凝结水泵、精处理旁路、轴封加热器水侧、8 号、7 号、6 号、5 号低压加热器水侧，除氧器给水箱、低压给水管道、给水泵前置泵，中压给水管道。1 号、2 号、3 号高压加热器汽侧、疏水管道、紧急疏水管道、疏水扩容器，5 号、6 号低压加热器汽侧、疏水管道、紧急疏水管道及其他管道。

1.1.4.9.4　负责本标段锅炉水压、酸洗、吹管所需临时系统设计、备料、安装、拆除。

1.1.4.9.5　负责本标分部试验、试运，配合分系统调试及整套机组的试运行配合及消缺工作。

1.2　施工组织机构

1.2.1　组织机构

组织机构如图 1-2-1 所示。

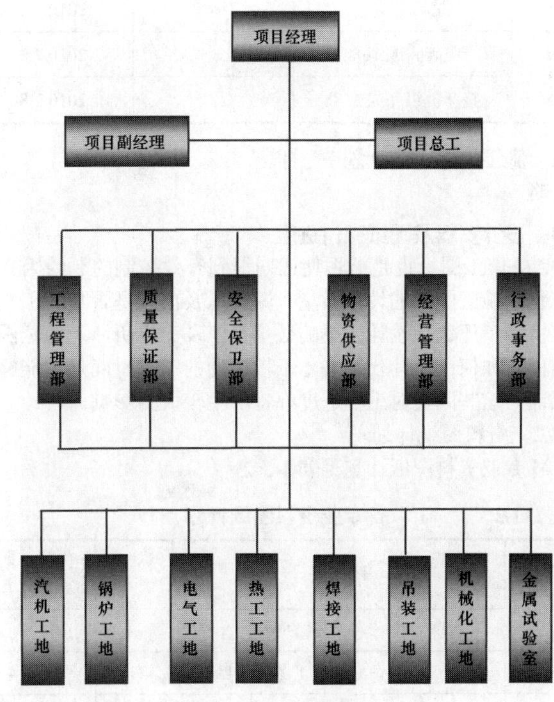

图 1-2-1　组织机构图

1.2.2　劳动力计划

劳动力计划见附录 1。

1.3　工程综合进度

1.3.1　里程碑工程进度

工期目标：按照投标文件 2 号锅炉钢结构将于 2008 年 7 月 6 日开始吊装，整套机组于 2010 年 2 月 8 日投产。工程里程碑节点见表 1-3-1。

表 1-3-1　　工程里程碑节点

序号	里程碑节点	第一台机组	第二台机组
1	锅炉钢架吊装		2008.7.6
2	锅炉受热面吊装		2008.11.26
3	烟囱到顶	2009.3.28	
4	主厂房封闭	2008.11.31	2008.12.30
5	汽机台板就位	2009.2.18	2009.4.18
6	化学制出合格水	2009.5.10	
7	机组 DCS 受电		2009.6.6
8	机组厂用电受电		2009.7.6
9	循环水系统开始供水		2009.8.20
10	汽机扣缸完		2009.9.18
11	锅炉水压试验完		2009.8.28
12	锅炉酸洗结束		2009.10.28
13	汽机油冲洗合格		2009.11.18
14	锅炉冲管完		2009.11.28
15	机组整组启动		2009.12.28
16	脱硫通烟气		2010.1.6
17	脱硫完成 168h		2010.2.8
18	整套机组完成 168h		2010.2.8

1.3.2 施工网络进度计划

略。

1.3.3 设计资料及图纸交付进度

1.3.3.1 施工图纸也是能否使工期得到有效控制的制约因素，其中包括施工图纸的设计质量、深度以及出图是否与施工整体进度协调；还包括设计变更的数量，以及变更所涉及的范围，影响程度如何；设计代表在本工程现场的工作时间是否能够有效保证，这些因素对工程进度都将产生较大的影响。

1.3.3.2 资料图纸计划。

各专业资料图纸计划见表 1-3-2。

表 1-3-2　　各专业资料图纸计划

序号	图纸名称	计划日期/(年.月)
	锅炉专业	
1	锅炉专业施工图卷册目录	2008.4
2	锅炉专业施工图总说明	2008.4
3	锅炉专业设备清册	2008.4
4	锅炉专业材料清册	2008.4
5	风门及阀门清册	2008.4
6	锅炉专业系统流程图	2008.4
7	锅炉房布置图	2008.4
8	锅炉房附属机械及辅助设备安装图	2008.4
9	锅炉房平台扶梯安装图	2008.5
10	锅炉房检修起吊设施	2008.5

续表

序号	图纸名称	计划日期/(年.月)
	锅炉专业	
11	锅炉启动分离器有关管道安装图	2008.9
12	锅炉疏水扩容器排汽管道安装图	2008.9
13	锅炉本体露天防护设施	2009.4
14	锅炉疏水扩容器排水管道安装图	2008.4
15	锅炉燃烧系统流程图和风门表	2008.3
16	锅炉冷二次风管道安装图	2008.3
17	锅炉热二次风管道（包括 SOFA 管道）安装图	2008.3
18	锅炉冷一次风管道安装图	2008.3
19	锅炉热一次风管道安装图	2008.3
20	密封风管道安装图	2008.3
21	锅炉烟道安装图	2008.3
22	锅炉热风再循环管道安装图	2008.3
23	锅炉制粉系统流程图和风门表	2008.3
24	锅炉送粉管道安装图（包括非标制造图）	2008.3
25	锅炉燃油系统流程图和阀门表	2008.9
26	锅炉房燃油管道安装图	2008.9
27	供锅炉吹灰蒸汽管道安装图	2008.11
28	磨煤机蒸汽灭火管道安装图	2008.12
29	压缩空气系统流程图和风门表	2008.12
30	主厂房压缩空气管道安装图	2008.12
31	厂区压缩空气管道安装图	2008.12
32	锅炉房低位放水管道安装图	2008.4
33	静电除尘器安装图	2008.10
34	输煤系统设备管道安装图	2008.8
35	渣系统设备管道安装图	2008.9
36	灰系统设备管道安装图	2008.11
	汽机专业	
1	汽轮发电机埋件安装图	2008.6
2	汽轮机总装/安装图等设备资料	2008.11
3	发电机及转子总装/安装图等设备资料	2009.2
4	汽机专业施工图卷册目录	2008.9
5	汽机专业施工图总说明	2008.9
6	汽机专业设备清册	2008.9
7	汽机专业材料清册	2008.9
8	汽机专业进口阀门清册	2008.9
9	汽机专业阀门清册	2008.9
10	汽机专业系统流程图	2008.9
11	汽机房布置图	2008.9
12	主厂房附属机械及辅助设备安装	2008.9
13	主蒸汽管道安装图	2008.8

续表

序号	图 纸 名 称	计划日期/（年.月）
	汽机专业	
14	高温再热蒸汽管道安装图	2008.8
15	低温再热蒸汽管道安装图	2008.8
16	汽轮机高压旁路系统管道安装图	2008.8
17	汽轮机低压旁路系统管道安装图	2008.9
18	给水系统管道安装图	2008.8
19	凝结水管道安装图	2008.9
20	除氧器、加热器疏水排气系统	2008.8
21	汽轮机抽汽系统	2008.9
22	辅助蒸汽系统	2008.9
23	汽轮机加热轴封系统及疏水系统	2008.10
24	汽轮机抽真空系统及凝结水收集系统	2008.10
25	厂内循环水管道安装图（含凝汽器胶球清洗）	2008.8
26	开式循环冷却水管道安装图	2008.9
27	凝汽器水室抽真空管道安装图	2008.9
28	汽轮机发电机顶轴油系统	2008.12
29	汽轮发电机润滑油系统管道安装图	2008.12
30	汽轮机事故油管道安装图	2008.12
31	发电机密封油管道安装图	2008.12
32	发电机氢气系统有关管道安装图	2008.12
33	发电机定子线圈水冷系统管道安装图	2008.10
34	给水泵汽轮机系统安装图	2008.11
35	闭式循环冷却水系统安装图	2008.9
36	厂区蒸汽管道安装图	2008.9
37	汽机房行车图	2008.6
38	锅炉补给水处理系统设备管道安装图	2008.6
39	空压机房设备管道安装图	2008.9
	电气专业	
1	施工图设计说明及卷册目录	2008.9
2	电气总图	2008.10
3	设备及材料清册	2008.11
4	启/备变安装图	2008.12
5	主厂房 6kV 用配电装置安装图	2008.12
6	主厂房 400V 厂用配电装置安装图	2008.12
7	主变、高厂变及母线桥	2009.1
8	电除尘电气设备安装图	2009.1
9	电缆敷设	2008.5
10	接地	2008.4
11	照明	2008.5

续表

	图 纸 名 称	计划日期/（年.月）
	热控专业	
1	施工图设计说明及卷册目录	2008.10
2	主厂房盘台箱柜及单元控制室平面布置	2008.10
3	主厂房热控电线导管敷设	2008.10
4	主厂房热力系统仪控系统图	2008.10
5	全厂火灾报警	2008.10
	设备图	
1	锅炉图	2008.3
2	汽机图	2008.10
3	主变压器图	2008.10
4	DCS 硬件配置图及设备清单	2008.11

1.3.4 主要设备材料供应计划

1.3.4.1 根据我公司多年大型火电机组的施工经验，按计划完成施工任务，设备交付是关键，首先是锅炉本体是否能够按期、按序运抵本施工现场；其次是附属工程设备是否能够满足现场的施工进度要求，否则将造成主体安装受制于附属工程的局面，从而影响到总工期的控制。

1.3.4.2 锅炉主要设备计划。

锅炉主要设备计划见表 1-3-3。

表 1-3-3 锅炉主要设备计划

序号	设 备 类 型	交货日期/（年.月）
1	地脚螺栓、安装架与柱底板	2008.4
2	第一层钢架	2008.6
3	第二层钢架	2008.7
4	第三层钢架（含第一层平台扶梯）	2008.8
5	第四层钢架（含第二层平台扶梯）	2008.8
6	第五层钢架（含第三层平台扶梯）	2008.9
7	第五层钢架	2008.9
8	顶板梁（含第四层，第五层平台扶梯）	2008.10
9	炉顶钢结构	2008.9
10	水冷壁	2008.10
11	过热器系统	2008.10
12	炉水循环泵	2009.5
13	再热器	2008.10
14	省煤器	2008.9
15	汽水连接管道	2009.3
16	空气预热器	2008.8
17	燃烧器	2008.8
18	二次风热风道	2008.7
19	锅炉内、外护板及炉顶罩壳	2009.4
20	轻型屋盖	2009.4
21	吹灰器、减压站、程控装置及管道	2009.4

续表

序号	设　备　类　型	交货日期/（年.月）
22	烟温探针及控制设备	2009.1
23	FSSS 系统炉前设备（包括高能点火器）	2009.3
24	（无过热器出口动力排放阀 PCV）	2009.3
25	安全阀	2009.2
26	其他进口阀门	2009.1
27	消音器，排放管道及支吊架	2009.3
28	燃烧器二次风门及摆动燃烧器执行机构	2009.4
29	炉内可升降检修平台	2009.3
30	备品备件及其他	2009.5
31	脱硝系统	2008.9
32	炉侧四大管道等	2009.2
33	渣系统设备	2009.3
34	灰系统设备	2009.3

1.3.4.3 汽机主要设备材料计划。

汽机主要设备材料计划见表 1-3-4。

表 1-3-4　　汽机主要设备材料计划

序号	设　备　名　称	交货日期/（年.月）
1	埋设在基础内的地脚螺丝等	2008.5
2	汽轮机随机安装工具	2008.12
3	轴承座及轴承	2008.12
4	低压外下缸	2008.11
5	低压内下缸	2008.12
6	低压内上缸	2008.12
7	低压外上缸	2008.12
8	低压隔板	2008.12
9	低压转子	2008.12
10	汽机高中低压缸连通管	2009.6
11	高中压缸、高中压转子和高中压主汽门、调门	2009.6
12	主机油系统组件包括油箱、油箱内外设备、冷油器、系统管道等	2008.12
13	DEH，TSI、ETS 及本标中其他控制装置	2009.7
14	轴封加热器	2008.12
15	盘车装置	2009.8
16	凝汽器内低压加热器	2008.9
17	抗燃油系统设备及管道	2008.12
18	独立设置的低压加热器	2008.11
19	除氧器	2008.11
20	高加	2008.10
21	凝泵	2008.11
22	锅炉补给水处理系统离子交换设备	2008.7
23	锅炉补给水处理系统其他设备	2008.11

1.3.4.4 电气主要设备材料计划。

电气主要设备材料计划见表 1-3-5。

表 1-3-5　　电气主要设备材料计划

序号	设　备　名　称	交货日期/（年.月）
1	启/备变	2009.2
2	主控室保护及自动设备	2009.2
3	蓄电池及直流系统电气设备（包括：UPS 系统设备）	2009.2
4	6kV 高压配电装置	2009.2
5	400V 低压压配电装置	2009.2
6	低压厂变	2009.2
7	主变、高厂变及附件	2009.2
8	机、炉 MCC 柜	2009.4
9	发电机本体及附件设备	2009.6
10	发电机出线系统分相母线	2009.6
11	发电机励磁系统（包括：励磁变、盘柜）	2009.6
12	静电除尘系统电气设备	2009.6
13	主厂房阴极保护系统设备	2008.7
14	柴油发电机系统	2009.5
15	电缆	2009.1

1.3.4.5 热工主要设备材料计划。

热工主要设备材料计划见表 1-3-6。

表 1-3-6　　热工主要设备材料计划

序号	设　备　名　称	交货日期/（年.月）
1	DCS 盘柜及外部设备	2009.3
2	DEH、MEH 盘柜	2009.4
3	TSI 盘柜（大小机）	2009.4
4	ETS 盘柜（大小机）	2009.4
5	电子间其他控制系统盘柜	2009.4
6	集控室大屏幕及操作员站设备	2009.5
7	就地 MCC 柜	2009.5
8	就地各类其他盘柜	2009.5
9	就地各类一次元件	2009.4
10	就地各类执行机构	2009.4
11	仪表阀门	2009.4
12	精处理盘柜及就地电磁阀箱	2009.4
13	火灾报警	2009.4
14	仪表阀门	2009.3

1.4 施工总平面布置

1.4.1 施工总平面布置

略。

1.4.2 施工现场主要起重机械配备及布置

施工现场主要起重机械配备及布置见表 1-4-1。

表 1-4-1　施工现场主要起重机械配备及布置

序号	名称	型号	最大起重量/t	数量/台	作业范围
1	履带式起重机	CC2800-1	600	1	大板梁、炉架等设备安装 汽机设备安装及大件设备装卸车
2	自升塔式起重机	FZQ-2400	140	1	锅炉本体钢架、大板梁等吊装 受热面等吊装
3	履带式起重机	LS368RH-5	250	1	为主吊机械运送设备材料配合锅炉汽机设备安装及大件设备装卸
4	悬臂式起重机	FO/23B	10	1	电除尘设备安装
5	履带式起重机	CKr-631	63	1	电除尘设备安装及设备装卸车
6	汽车式起重机	AC395	120	1	设备装卸车及各专业配合
7	汽车式起重机	TG500E	50	22	设备装卸车及各专业配合
8	汽车式起重机	JQZ25H	25	2	设备装卸车及各专业配合
9	汽车式起重机	QY8	8	2	各专业配合
10	龙门式起重机	KC50-42B	50	3	汽机及锅炉设备组合 烟风六道及钢架组合及装卸车
11	施工升降机	SCD150/150	1.5	2	人员垂直运输

1.5　力 能 供 应

1.5.1　施工电源布置及管理维护方案

1.5.1.1　施工电源布置

1.5.1.1.1　根据招标文件的规定，业主在施工现场布置了施工电源，为施工单位提供施工用电、生活用电，施工单位在指定地点接线。

1.5.1.1.2　本工程已建设双回 10kV 施工电源专用线路，于栖霞区龙王山变电站 10kV 侧引接，规划容量为 9300kVA。在施工区二、三期交界处西侧设置施工两进四出变电站一座，厂区施工电源线路分四路布置。

（1）第一路：电源取自变电站出线 1，10kV 采用架空线路厂区南侧施工区域敷设，变压器高压侧采用电缆接至架空线路，低压侧采用电缆直接埋地至施工现场。

（2）第二路：电源取自变电站出线 2，10kV 采用架空线路沿厂区南侧施工区域、厂区 A 排外敷设，变压器高压侧采用电缆接至架空线路，低压侧采用电缆直接埋地至施工现场。

（3）第三路：电源取自变电站出线 3，10kV 采用架空线路沿厂区扩建端围墙敷设，变压器高压侧采用电缆接至架空线路，低压侧采用电缆直接埋地至施工现场。

（4）第四路：电源取自变电站出线 4，10kV 采用架空线路沿厂区扩建端围墙、厂区北侧红线内敷设，变压器高压侧采用电缆接至架空线路，低压侧采用电缆直接埋地至施工现场。

现场共设置 13 台箱式变压器，本标段统一购置三台变压器。以下是各个箱箱式变电站施工高峰期时最大用电负荷量，计划用电日期为开工前一个月。

一、5 号箱式变电站（组合场）

主要负荷情况见表 1-5-1。

表 1-5-1　5 号箱式变电站主要负荷情况

馈线号	馈线名称	主要负荷情况	计算功率	总容量
1	平台电源	50 台电焊机（额定容量为 21kVA）	360kW	1176kVA
2	平台热处理电源	2 台中频机（480kW）	960kW	
3	吊车电源	3 台 50t 龙门吊车	180kW	
4	组合场照明电源		30kW	
5	施工办公区		150kW	

总容量＝（360＋960＋180＋30＋150）×0.7＝1176（kVA）。

二、7 号箱式变电站（主厂房）

主要负荷情况见表 1-5-2。

表 1-5-2　7 号箱式变电站主要负荷情况

馈线号	馈线名称	主要负荷情况	计算功率	总容量
1	主厂房电源	10 台电焊机（额定容量为 21kVA）	1296kW	2475kVA
2	热处理电源	4 台中频机（180kW）	1920kW	
3	140t 附臂吊	1 台	60kW	
4	照明		40kW	
5	施工电梯	2 台	60kW	
6	滤油机	1 台	120kW	
7	项目部电源		40kW	

总容量＝（1296＋1920＋60＋40＋60＋120＋40）×0.7＝2475(kVA)。

三、4 号箱式变电站（生活区）

主要负荷情况见表 1-5-3。

表 1-5-3　4 号箱式变电站主要负荷情况

馈线号	馈线名称	主要负荷情况	计算功率	总容量
1	生活区电源	食堂、浴池、宿舍	388kW	350kVA

总容量＝388×0.9＝350(kVA)。

1.5.1.2　施工供电方式

1.5.1.2.1　施工电源线路大多数采用电缆直埋敷设方式，在特殊区域使用电缆明敷设方式。

1.5.1.2.2　施工用配电盘共有四种形式，第一种为区域性配电盘作为一个区域内施工总电源盘；第二种为负荷配电盘，内设胶盖开关及自动空气开关供动力负荷使用；第三种为插座配电盘，内设漏电保安器及各种型式插座，主要为电动工具供电；第四种为吊车负荷盘，根据吊车的容量设置自动空气开关。

1.5.1.2.3　为保证施工现场的重要负荷的供电可靠性，它们的临时电源盘、柜设计成双电源互为备用供电回路。当一台施工变压器故障或检修时，能确保重要负荷不停电。

1.5.1.3　施工用电维护管理

1.5.1.3.1　施工用电应服从业主现场管理的有关规定，并且制定出完善的符合现场实际情况的施工电源运行维护管理制度，严格执行保证安全的组织措施和技术措施。

1.5.1.3.2　成立施工电源维护班，对施工电源进行统一管理维护。班内配一名电源维护工程师以及一定数量的技工，对维护人员定期进行培训，使之熟悉该配电系统。

1.5.1.3.3 施工电源施工及验收应按照《电气装置安装工程施工及验收规范》执行。施工现场配电盘、箱应型式统一、颜色一致，并且标有明显的警示标志。

1.5.1.3.4 直埋敷设电缆，其埋深不应小于 0.7m，穿越公路、铁路等应穿管保护，沿埋设路径设标示桩。明敷设电缆应横平竖直，严禁乱拉乱扯。在电缆集中并且具备条件的施工地点装设电缆支、吊架，电缆沿支、吊架敷设。

1.5.1.3.5 施工用电安装计量表计，电价按有关规定执行。

1.5.1.3.6 做好现场施工电源春、秋检工作，坚持每周一次的现场安全巡视制度，杜绝用电安全隐患的出现。

1.5.2 施工水源布置及管理维护方案

按标书规定，施工水源从甲方指定地点引接。各施工区用水在其就近母管接水并加检验合格的水表及阀门，原则保证经济合算。

1.5.2.1 施工水源用水量计算

1.5.2.1.1 施工用水量

$$Q_1=\frac{K_1K_4n_1q_1}{t\times 8\times 3600}$$

式中 Q_1——施工用水量，L/s；

K_1——用水量不均衡系数，取 1.5；

K_4——未计及用水量参数，取 1.2；

n_1——用水量最大月份总工程量，取 12000m^3；

q_1——各项直接生产用水定额，L/m^3，取 500L/m^3；

t——天数，取 30d。

经计算 Q_1＝12.5L/s。

1.5.2.1.2 现场生活用水量

$$Q_2=\frac{1.1\times K_2n_2q_2}{8\times 3600}$$

式中 Q_2——场区域生活用水量，L/s；

K_2——用水量不均衡系数，取 1.4；

n_2——施工高峰期人数，取 1700 人；

q_2——用水定额，取 120L/（人·日）。

经计算 Q_2＝10.08L/s。

1.5.2.1.3 消防用水量

按照我国《建筑设计防火规范》的要求及消防用水定额规定，消防用水量为 10L/s，由此确定，Q_3＝10L/s。

1.5.2.2 施工水源的布置

从甲方提供的管道上引接，并分别加阀门控制各段用水和检修，管道过公路处加钢套管。给水管道埋深在冰冻线以下，立管和阀门井用岩棉管壳保温，或加伴热管道。

1.5.2.2.1 主厂房区域施工水源。

从主管线接引一条 DN150mm 管道，管道始端安装 DN150mm 法兰闸阀一个。该管线围绕汽机间、锅炉间形成支状管网，管径均为 DN125mm。各施工区域的用水从支管上接引，主厂房的施工区域设地上式消火栓，如需要在各层平台或主要施工区域放置一定数量灭火器。

1.5.2.2.2 组合场施工区域设置地上消火栓，如需要主要施工区域放置一定数量灭火器。

1.5.2.3 供水管径计算

生产、生活及消防水管管径计算公式为

$$d=\sqrt{\frac{4Q}{\pi v\times 1000}}$$

式中 Q——主厂房区域用水量，Q＝10.08/2＋12.5/2＋10＝21.29（L/s）；

v——供水流速，取 2m/s。

经计算 d＝116.4mm，选取管径为 DN150。

1.5.2.4 施工水源维护管理

1.5.2.4.1 由项目经理部委派专人为对水源进行管理，主供水管道接引时必须安装经校核合格的水表。

1.5.2.4.2 应按施工组织设计布设临时施工水源主干管。

1.5.2.4.3 各施工单位如因工作需要专用管线时，需向项目经理部提出申请，使用单位负责日常维护管理。

1.5.2.4.4 划分供水管线责任分担区，对由于管理不当造成跑、冒、漏水现象的，项目经理部将给予必要的经济处罚。

1.5.2.4.5 施工水源供水系统应由专业工程技术人员设计制图，项目经理部总工审核批准后方可施工。供水系统图由项目经理部施工管理部统一保管存档。

1.5.2.4.6 施工水源供水干管上设置必要的隔离阀，以便于检修接引。

1.5.2.4.7 地埋管道施工中做好施工记录，隐蔽后应做好标识，标识标牌要求统一规格，做到施工水源布置清晰、阀门井位置明确。

1.5.3 施工用气

1.5.3.1 施工用气包括压缩空气、氧气、乙炔和氩气。

1.5.3.2 压缩空气采用移动式空压机供气，可在组合场与设备置场内各布置 1 台 6m^3/min 空压机，负责受热面管排通球。

1.5.3.3 为了方便锅炉施工过程中氧、乙炔的使用，提高现场施工效率，减少氧、乙炔瓶子的运输，决定在锅炉本体安装氧乙炔临时管道，给锅炉上的施工小组集中送气。具体布置位置与数量见临时氧乙炔管道安装作业指导书。

1.5.3.4 汽机侧氧、乙炔采用瓶装供应的方式，各处氩气用气采用瓶装供应的方式，其他零星用气采用瓶装运输使用。

1.5.4 施工通信

为了方便施工人员与业主、监理工程师的联系，保证项目部与总部的信息畅通、加强工地内部协调，本工程计划以电话、传真、网络、无线对讲机作为主要的通信方式。

1.5.4.1 本工程施工通信从业主提供的通信网上引接。我公司设置临时总机与该交换机以中继线接通，项目部的机房设一台 100 线的程控电话交换机，形成内部通信总机，并引接到各施工处作为主要通信手段。

1.5.4.2 如能取得当地有关部门的同意，再配备一定数量的无线对讲机，用于各部门主要管理人员及工程技术人员在施工现场的移动通信。

1.5.4.3 借助个人手机加大覆盖面，以保证施工管理的通信迅速、畅通。

1.5.4.4 项目部设置局域网，以网络信息技术为手段，实现与业主、工程公司、监理公司、设备驻现场代表、局本部信息的快速有效传递，实现零时差。

1.5.4.5 安装 2 门带传真机的外线电话以保证必要的工程信息和行政文件能及时送到项目部；并保证项目部小总机或业主总机故障时对外通信不会完全中断。

1.6 主要施工方案和技术措施

1.6.1 锅炉钢结构及大板梁吊装方案

1.6.1.1 工程概况

（1）本工程锅炉为哈尔滨锅炉厂有限公司生产的 HG-3120/

27.56 型超超临界变压运行垂直管圈直流炉、一次再热、采用八角双火球燃烧方式、烟气挡板调节再热汽温、平衡通风、固态排渣、全钢结构、全悬吊结构 Π 型锅炉，炉膛断面（炉宽×炉深）34220mm×15670mm。锅炉炉膛采用全焊接的膜式水冷壁垂直管圈（水冷壁入口装设节流孔圈），在上、下部水冷壁之间加装带有二级混合器的中间混合集箱，对下部水冷壁出口的工质进行两次混合后再送往上部水冷壁；炉膛断面呈长方形，炉膛宽×深：34.22m×15.67m。

（2）在炉前布置两台汽水分离器，汽水分离器下方布置 1 台储水箱。储水箱重约 90.5t。

（3）尾部双竖井烟道布置，尾部竖井前烟道内从上向下依次布置低温再热器垂直管组和低温再热器水平管组；尾部竖井后烟道内从上向下依次布置低温过热器垂直管组和低温过热器水平管组以及省煤器管组，二者皆由吊挂管悬吊。

（4）炉膛上部从前向后依次布置屏式过热器，高温过热器。水平烟道内布置高温再热器。

（5）两台三分仓回转式空气预热器布置在锅炉尾部竖井烟道下方的空气预热器支撑结构上。

锅炉安装阶段如下：

（1）第一个阶段为钢结构开始吊装至顶板结构吊装完，此阶段以钢结构安装为主，中间穿插吊装平台扶梯、烟风道及大型管道等。

（2）第二个阶段吊装受热面。

（3）第三个阶段吊装附属管道、炉顶罩壳、钢屋顶等。

（4）锅炉本体承压部件安装采用散装为主、小面积组合为辅、锅炉前后两个工作面同时施工的方案。

（5）受热面吊装采用从炉底起吊或炉顶灌入直接就位或由电动葫芦接钩就位的方式。

（6）1000MW 机组超超临界变压直流锅炉宽 71.6m，纵深度 77.4m。考虑到锅炉的宽度和深度，锅炉安装主吊机具为一台 600t 履带吊、一台 250t 履带吊（布置在炉后）、一台 FZQ2400 型附臂式塔吊（布置在锅炉扩建端），锅炉吊装前期（1 至 4 层钢结构）和后期（本体受热面、烟风煤粉管道等）采用 250t 履带吊与 600t 履带吊配合作业。

（7）锅炉吊装中期（5 层以上钢结构及炉顶大板梁）采用 600t 履带吊与 FZQ2400 塔吊配合作业，可以覆盖整个锅炉施工区域。

1.6.1.2　机具平面布置图

机具平面布置图如图 1-6-1 所示。

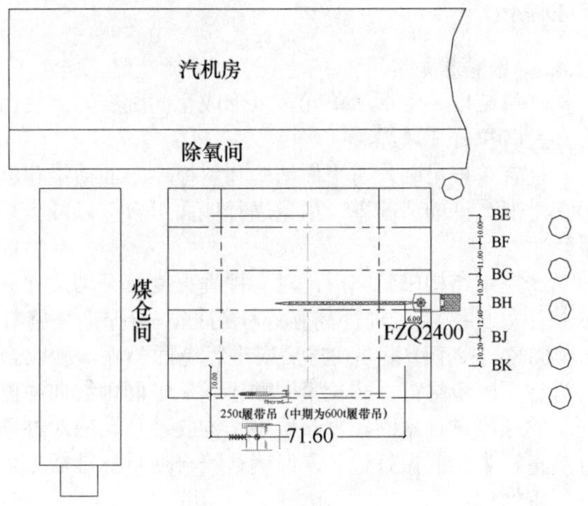

图 1-6-1　机具平面布置图

钢架吊装时，尽量根据吊车工况增加钢架组合，减少高空作业。为了确保安全，平台扶梯，做到同步安装。

1.6.1.3　机具性能

机具各性能曲线如图 1-6-2～图 1-6-4 所示。

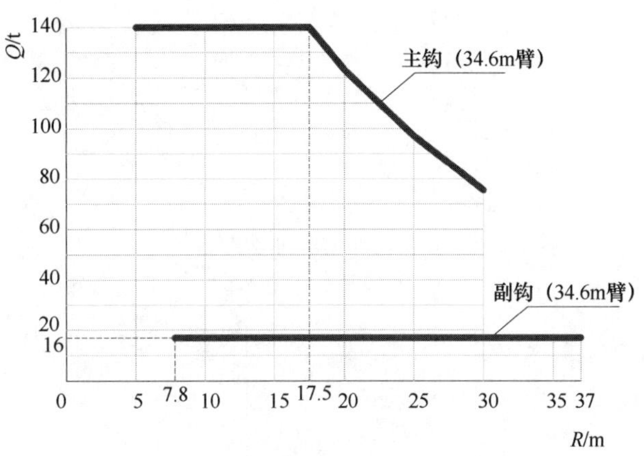

图 1-6-2　FZQ2400 型附臂吊不同幅度时起重特性曲线图

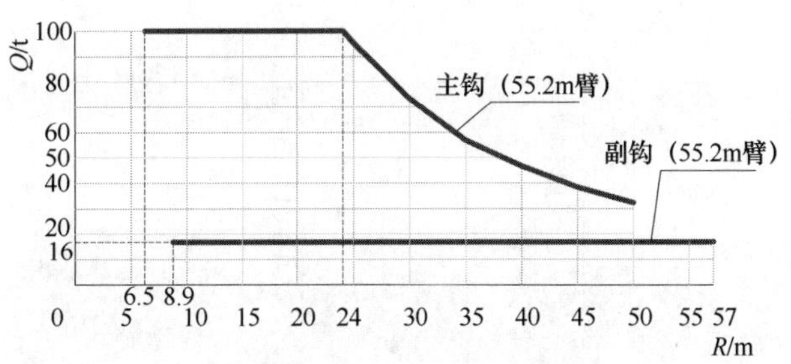

图 1-6-3　主臂 34.6m 时的起重特性曲线

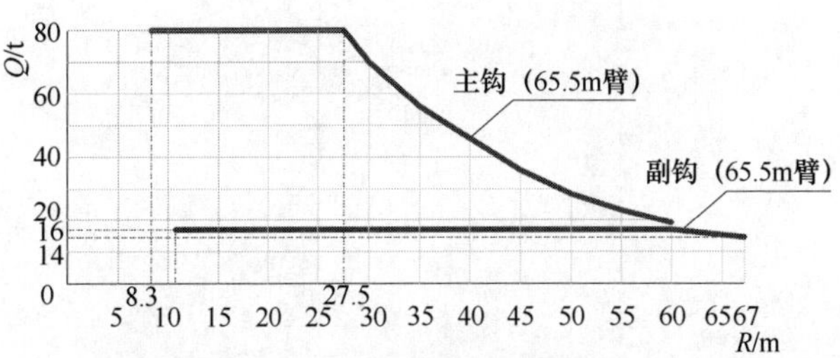

图 1-6-4　主臂 55.2m 时的起重特性曲线（标准型）

FZQ2400 型附臂吊外形如图 1-6-5 所示。

1.6.1.4　锅炉钢结构吊装

1.6.1.4.1　机具布置

在锅炉扩建端 BH 轴线布置 1 台 FZQ2400 塔吊，用于吊装钢结构和受热面；在炉后布置 1 台 250t 履带吊，用于前期钢结构（一至四层）、空预器及烟道吊装，吊装结束后退出；250t 履带吊退出后，在炉后布置 1 台 600t 履带吊，用于后期钢结构、大板梁及分离器吊装，分离器吊装结束后退出；在炉顶布置 1 台 ST80/27（20t）建筑塔吊，用于后炉室蛇行管排及炉顶小件等吊装。锅炉吊装区域同时配备 2 台 50t 汽车吊作为辅助吊具，用于设备的卸车、转移、组合等。在扩建端布置 1 台施工电梯用于施工人员的上下。在尾部烟道区域布置 250t 履带吊、1 台 55t 汽车吊，用于尾部烟道及吸风机吊装。

1.6.1.4.2　钢结构吊装顺序

钢结构吊装顺序如图 1-6-6 所示。

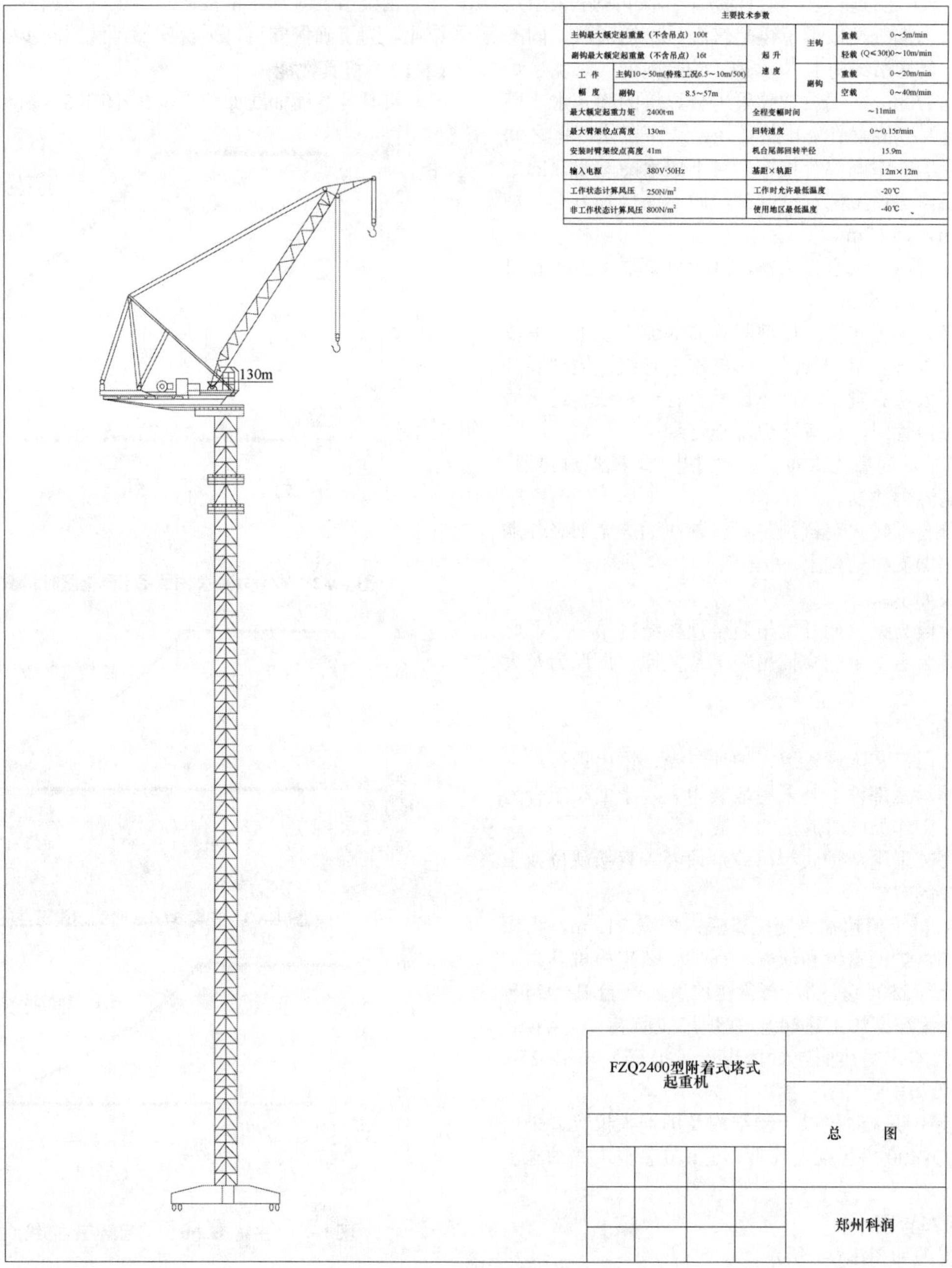

主要技术参数				
主钩最大额定起重量（不含吊点）100t		起升速度	主钩	重载　0～5m/min
副钩最大额定起重量（不含吊点）16t				轻载（Q≤30t）0～10m/min
工作幅度	主钩10～50m(特殊工况6.5～10m/50t)		副钩	重载　0～20m/min
	副钩　8.5～57m			空载　0～40m/min
最大额定起重力矩　2400t·m		全程变幅时间		～11min
最大臂架铰点高度　130m		回转速度		0～0.15r/min
安装时臂架铰点高度　41m		机台尾部回转半径		15.9m
输入电源　380V·50Hz		基距×轨距		12m×12m
工作状态计算风压　$250N/m^2$		工作时允许最低温度		-20℃
非工作状态计算风压　$800N/m^2$		使用地区最低温度		-40℃

130m

FZQ2400型附着式塔式起重机

总　图

郑州科润

图 1-6-5　FZQ2400 型附臂吊外形图

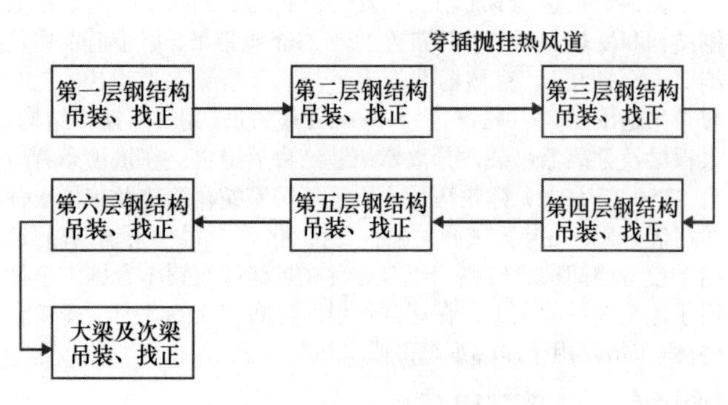

图 1-6-6　钢结构吊装顺序

1.6.1.4.3　钢结构吊装

构件吊装以井字形为单元，以形成空间刚度。立柱吊装就位后要及时拉好缆风绳。

立柱宜单根吊装，对平面结构和斜撑，立面横梁和倒插件在吊车工况允许的情况下，尽量进行地面组合，以减少高空作业量。

当一层钢结构吊装完后，对立柱垂直度及开档尺寸测量找正，找正好的区域应进行高强螺栓初拧，初拧值是终拧值的50%～60%，找正结束并初拧后应进行全面验收，验收合格后方可进行下一步终拧。螺栓紧固顺序以从中间轴线向两侧和从上向下的顺序进行紧固。每一层钢结构安装后，应对柱顶标高进行测量检查，并做好记录，经确认符合质量标准后方可安装上一层钢结构。

为确保安全，各层平台扶梯须同步进行。

1.6.1.4.4 锅炉大板梁吊装

锅炉大板梁运到现场后，由 FZQ2400 塔吊或 600t 履带吊卸车。

炉顶钢结构主要有大板梁、支撑梁、支吊梁、横梁及水平支撑等部件组成，根据以往同类炉型的构造，沿锅炉前后方向分四排布置，分别为 BF、BG、BH、BJ。

考虑扩建端 BF-BG 间作为锅炉受热面设备运输通道，故将 FZQ2400 塔吊布置在扩建端 BH 轴线，大板梁的吊装由 600t 履带吊与 FZQ2400 塔吊吊装。

根据澄清文件，大板梁为叠梁，重约 360t，根据以往同类炉型的构造，大板梁单根最重件约为 180t，BH 大板梁为最重件。采用 600t 履带吊和 FZQ2400 塔吊抬吊就位。

吊装 BH 大板梁时，因本期工程为侧煤仓设计，600t 履带吊布置在炉后，选用主臂 72m、副臂 36m，超起配重 200t 工况。大板梁放置于炉后；FZQ2400 塔吊选用主臂 34.6m 工况。

吊点选择：BH 大板梁 FZQ2400 塔吊吊点侧就位时吊点选取距大板梁中心 $L_1=20$m 处；600t 履带吊吊点选取距大板梁中心 $L_2=20$m 处。此时 FZQ2400 塔吊起重半径 $R_1=22$m，查 FZQ2400 性能曲线在 $R_1=22$m 时额定载荷 $Q_1=120$t，600t 履带吊起重半径 $R_2=32.6$m，查 600t 履带吊性能曲线在 $R_2=32.6$m 时额定载荷 $Q_2=122$t。

$F_1+F_2=180$t（F_1 为 FZQ2400 所受载荷，F_2 为 600t 履带吊所受载荷）

$$F_1\times L_1=F_2\times L_2$$
$$F_1=90\text{t}$$
$$F_2=90\text{t}$$

600t 履带吊负荷率：(90+4)/122=77.0%（4t 为钩头+吊具）<80%；

FZQ2400 负荷率：(90+0.5)/120=75.4%（0.5t 为吊具）<80%；

根据 600t 履带吊资料及计算知道 600t 履带吊钩头上限位为 96.7m>89+3.5=92.5（m）。

通过以上计算，600t 履带吊和 FZQ2400 塔吊能够满足大板梁吊装需要。

大板梁吊装顺序按 BF（下）→BF（上）→BG（下）→BG（上）→BH（下）→BH（上）→BJ（下）→BJ（上）进行，考虑到大板梁的实际吊装顺序，因此大板梁运输应按照以上顺序运到现场。大板梁吊装如图 1-6-7 所示。

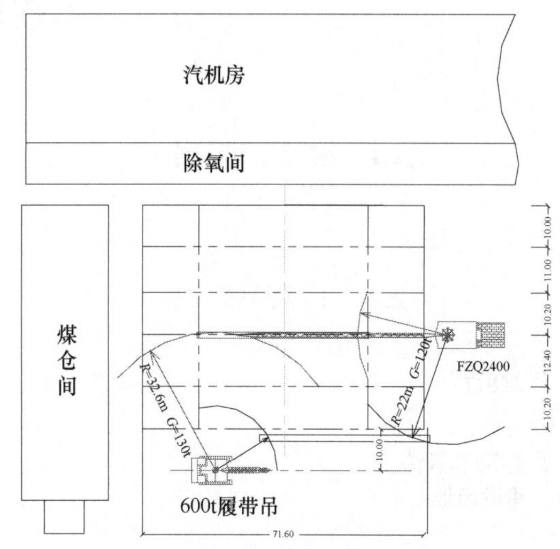

图 1-6-7 大板梁吊装图

1.6.1.4.5 钢构缓装件开口

为了保证锅炉大板梁、水冷壁、尾部受热面等承压部件的顺利安装，下列锅炉钢构件需缓装，作为安装开口：

锅炉扩建端 BF、BG 柱间，6m 层以下包括 10.5m 层的横梁、水平支撑、垂直支撑缓装，作为前炉膛的运输通道；BH-BJ、0～41m 标高影响尾部管排垂直起吊的小平台缓装。

炉后空预器钢结构、空预器、脱硝钢结构在大板梁吊装完毕后进行吊装。

炉顶影响低过、低再垂直端、高再吊装的小梁缓装。

炉后 BK 轴线 72m 以上影响大板梁吊装横梁缓装。

炉膛内影响 BF、BG 大板梁吊装的内伸平台需缓装。

本章其余内容见光盘。

第2章 平顶山第二发电厂一期2×1000MW机组工程施工组织设计

2.1 编制依据

略。

2.2 工程概况

2.2.1 厂址位置

略。

2.2.2 厂区自然条件

2.2.2.1 建设场地

略。

2.2.2.2 交通运输

略。

2.2.2.3 气象条件

略。

2.2.2.4 电厂水源

略。

2.2.2.5 贮灰渣

略。

2.2.2.6 设备大部件情况

设备大部件情况见表2-2-1。

表2-2-1　设备大部件情况

序号	设备名称	外形尺寸/m	重量/t	生产厂家/备注
1	发电机定子	11.231×4.900×4.455	430	哈尔滨电机厂
2	发电机转子	15.420×1.750×2.000	102	哈尔滨电机厂
3	高压外缸上半	6.2×4.4×3.9（包装）/6.2×4.4×3.9	55.7/55.6	哈尔滨汽轮机厂有限公司
4	高压外缸下半	5.8×4.0×3.5（包装）/5.8×4.0×3.0	53.0/50.0	哈尔滨汽轮机厂有限公司
5	中压外缸上半	6.1×4.1×2.2（包装）/6.1×4.0×2.2	40.8/40.7	哈尔滨汽轮机厂有限公司
6	中压外缸下半	5.7×4.4×4.2包装/5.7×4.4×3.7	60.9/55.9	哈尔滨汽轮机厂有限公司
7	低压转子	11.1×5.5×5.5（包装）/11.1×4.4×4.4	93.5/87.5	哈尔滨汽轮机厂有限公司
8	低压外缸上半（调端）	3.5×10.4×4.4（包装）/3.5×10.4×4.4	33.5/33.4	哈尔滨汽轮机厂有限公司
9	低压外缸上半（中部）	3.0×10.4×4.4（包装）/3.0×10.4×4.4	18.7/18.6	哈尔滨汽轮机厂有限公司
10	低压外缸上半（电端）	3.5×10.4×4.4（包装）/3.5×10.4×4.4	33.5/33.4	哈尔滨汽轮机厂有限公司
11	低压外缸下半（中部）	3.8×10.6×4.0（包装）/3.8×10.6×4.0	70.7/70.6	哈尔滨汽轮机厂有限公司
12	低压外缸下半（调端）	2.7×10.6×4.0（包装）/2.7×10.6×4.0	52.3/52.2	哈尔滨汽轮机厂有限公司
13	低压外缸下半（电端）	3.8×10.6×4.0（包装）/3.8×10.6×4.0	70.7/70.6	哈尔滨汽轮机厂有限公司
14	锅炉大板梁Ⅰ	43.3×1×2.8/43.3×1×2	81/70	东方锅炉厂
15	锅炉大板梁Ⅱ	43.3×1.5×4/43.3×1.5×3.5	135/115	东方锅炉厂
16	锅炉大板梁Ⅲ	43.3×1.6×4	150	东方锅炉厂
17	锅炉大板梁Ⅳ	43.3×1.6×4.2/43.3×1.6×4.2	160/154	东方锅炉厂
18	锅炉大板梁Ⅴ	43.3×1.2×3/43.3×1.2×2.2	90/77	东方锅炉厂
19	除氧器水箱		140.0	参考同类型机组
20	单相主变压器（参考）	7.2×3.62×4.16	219（充氮）	保定变压器厂/DFP-380MVA-500
21	单相主变压器（参考）	9.5×3.59×4.05	200（充氮）	西安变压器厂/SFP-380MVA-500

2.2.3 工程范围

本标段的施工范围主要包括：1号机组安装；主厂房公用系统设备安装；燃油系统设备管道安装；1号机组除灰系统及公用部分设备、管道安装；化学水处理系统（凝结水精处理分机组、汽水取样系统分机组）；厂内补充水系统设备、管道安装；1号机组主变、高厂变、启备变等A排外设备安装；500kV升压站设备安装和厂区围墙内铁塔（含基础）；全厂接地敷设安装；启动汽源（启动锅炉房及其管道）；贮氢库；以上区域系统内的保温油漆工程、电缆及辅助设施工程（包括电缆（含光缆）、电缆辅助设施（含桥架、支架、电缆保护管等）、脉动管路、电缆防火封堵等。

2.3 主要设备、系统介绍

2.3.1 锅炉专业

2.3.1.1 锅炉

本工程装为东方锅炉（集团）股份有限公司生产的DG3000/26.15-Ⅱ1型，超超临界参数、变压直流炉、单炉膛、一次再热、平衡通风、露天岛式布置、固态排渣、全钢构架、全悬吊结构、对冲燃烧方式，Π型锅炉。

主要技术参数（略）。

2.3.1.2 制粉系统

（1）每台炉配六台中速磨，五台运行，一台备用。

（2）每台锅炉配六台电子称重式给煤机。

（3）每台锅炉配二台100%容量的离心式密封风机。一台运行，一台备用。

2.3.1.3　烟风系统

烟风系统按平衡通风设计。每台炉配二台容克式三分仓回转式空气预热器，分为一次风、二次风和烟气系统。

2.3.1.3.1　一次风系统

一次风系统设两台 50%容量的动叶可调轴流式一次风机。

2.3.1.3.2　二次风系统

二次风系统设两台 50%容量的动叶可调轴流式送风机。

2.3.1.3.3　烟气系统

从空预器出来的烟气，经过静电除尘器、引风机（含脱硫增压风机功能）后进入脱硫系统，脱硫后烟气经烟囱排向大气。每台炉设两台 50%容量的静叶可调轴流式引风机。

2.3.1.4　锅炉点火及助燃油系统

点火及低负荷助燃油拟采用 0 号或－10 号轻柴油。锅炉采用少油点火装置。

2.3.1.5　空压机系统

全厂共建一个空压机室，设置 $40m^3$/min 0.8MPa（a）的螺杆式空气压缩机，台数及组合式干燥器台数见工艺系统说明，仪用压缩空气经净化处理。正常工况下储气罐内压缩空气压力为 0.8MPa。

2.3.1.6　燃油设施

油罐区拟设置二个 $500m^3$ 油罐，其他相应配套的系统和设备有：卸油、供油、消防、排污和冷却等。

2.3.1.7　灰渣系统

灰渣系统为灰渣分除方式，气力除灰，干式除渣，干灰、渣采用汽车运输，石子煤和石膏则全部由汽车运往灰场。

2.3.2　汽机专业

2.3.2.1　汽轮机

汽轮机：哈尔滨汽轮机厂有限责任公司。

型号：CCLN1000-25/600/600 型。

型式：超超临界、一次中间再热、单轴、四缸四排汽、凝汽式汽轮机。

额定功率（TRL 工况）：1000MW。

最大功率（VWO 工况）：1111.23MW。

额定工况参数（略）。

2.3.2.2　发电机

发电机：哈尔滨电机厂有限责任公司。

型号：QFSN-1000-2 型。

额定功率：1000MW。

最大连续功率：1222.2MVA。

其他参数（略）。

2.3.2.3　凝汽器

凝汽器为双壳体、双背压、单流程、表面冷却式。凝汽器传热管采用不锈钢管。凝汽器由哈尔滨汽轮机厂有限责任公司配供。主要技术参数（略）。

2.3.2.4　主要热力系统

2.3.2.4.1　主蒸汽、再热蒸汽及旁路系统

主蒸汽及再热蒸汽系统采用单元制。主蒸汽管道和热再热蒸汽管道分别从过热器和再热器的出口联箱的两侧引出，平行接到汽轮机前，分别接入高压缸和中压缸左右侧主汽关断阀和再热关断阀，在汽轮机入口前设压力平衡连通管。冷再热蒸汽管道从高压缸的两个排汽口引出，在机头外汇成一根总管，到锅炉前再分成两根支管分别接入再热器入口联箱。

本工程拟采用高、低压两级串联简化旁路系统，容量为锅炉额定蒸发量的 30%。

2.3.2.4.2　给水系统

给水系统采用单元制，系统设置两台 50%容量的汽动给水泵、一台 25%容量的电动启动给水泵，三台高压加热器。高压加热器采用大旁路系统。

2.3.2.4.3　抽汽系统

汽机回热系统设有八级抽汽，一、二、三段抽汽向三台高压加热器供汽，四段抽汽供至给水泵小汽机、除氧器、辅助蒸汽系统等，五、六、七、八段抽汽向低压加热器供汽。作为防止汽机进水和防止停机或甩负荷时汽机超速的措施，一至六段抽汽管道上设有止回阀。

2.3.2.4.4　辅助蒸汽系统

全厂辅助蒸汽系统最初汽源由启动锅炉来汽，机组运行后由四段抽汽供汽。该系统提供机组起动用汽和低负荷下某些系统用汽。

2.3.2.4.5　凝结水系统

凝结水泵选用三台 50%容量、定速电动筒式泵，两台运行，一台备用。正常运行时凝结水由凝汽器热井引出，由凝结水泵升压后，经凝结水精处理装置、汽封加热器和低压加热器至除氧器。

2.3.2.4.6　加热器疏水系统

高压加热器疏水采用逐级自流方式，最终疏至除氧器。低压加热器疏水亦采用逐级自流方式，最终疏至凝汽器。各加热器均设有事故疏水，分别引入与凝汽器相连的本体疏水扩容器经扩容释压后排入凝汽器。

2.3.2.4.7　闭式循环冷却水系统

闭式循环冷却水系统采用除盐水作为冷却工质，对水质要求较高的设备供冷却用水。如化学取样冷却器、给水泵机械密封冷却器等。

闭式循环冷却水热交换器设两台板式热交换器，板式热交换器具有换热效率高、占地面积小等优点。系统中还设有一台高位水箱和两台闭式循环冷却水泵。

闭式循环冷却水热交换器和闭式循环冷却水泵为一台运行，一台备用。

2.3.2.4.8　开式循环冷却水系统

开式循环冷却水系统的供水取自凝汽器循环水进水管，向汽轮发电机组润滑油冷却器、发电机定子水冷却器、发电机密封油冷却器、机械真空泵冷却器、闭式循环冷却水热交换器等设备供冷却水，回水到冷却塔。系统中还设有两台开式循环冷却水泵对冷却水压力要求较高的设备如氢气冷却器、锅炉房冷却设备等供冷却水，回水到冷却塔。

2.3.2.4.9　凝汽器抽真空系统

每台机组设三台 50%容量水环式真空泵，两运一备。

2.3.3　电气专业

2.3.3.1　主变压器

主变压器选用单相变压器组，强迫油循环导向风冷，无载调压低损耗变压器。

主变主要参数如下：

型号：DFP10-390000/500。

额定容量：390MVA。

额定电压：$550/\sqrt{3}$ ±02×2.5%/27kV。

相数：单相。

额定频率：50Hz。

接线组别：Ynd11。

阻抗电压：u_d=20%。

2.3.3.2 高厂变

型号：SFF9-73000/27。

额定容量：73/42-42MVA。

额定电压：27±2×2.5%/10.5－10.5kV。

额定频率：50Hz。

阻抗电压：（半穿越）18%。

接线组别：D yn1 yn1。

2.3.3.3 起备变

型号：SFFZ9-73000/500。

额定容量：73/42-42MVA。

额定电压：525±8×1.25%/10.5－10.5kV。

额定频率：50Hz。

阻抗电压：（半穿越）19%。

接线组别：YN yn0 d。

2.3.4 热控专业

2.3.4.1 集控室

本工程采用炉、机、电集中控制方式，两台机组及辅助系统设置一个集中控制室，它是全厂的控制中心。

在集控室内设有机组操作台、辅控网操作台、值长台、网控台、火灾报警盘等。

操作台前部设置装饰墙，墙上设置等离子显示器、炉膛火焰工业电视、全厂闭路电视监视系统监视器等。

机组操作台直线型布置，每台机组分设七台21寸彩色LCD操作员站（其中包括五台机组DCS操作员站、二台DEH操作员站），两台机组操作员站之间布置网控（NCS）的二台操作员站和三台辅助生产系统操作员站。

每台机组拟设置等离子显示器二套（组）。

在机组操作台上，布置少量独立于DCS的开关/按钮，以备在DCS发生重大故障时，确保机组、设备的紧急安全停运。

两台机组设置一个值长台，上设一台SIS终端，一台MIS终端。

2.3.4.2 工程师站

两台机组合设一间工程师站。每台机组配二台DCS工程师站和一台DEH工程师站。汽机振动监测和故障诊断分析站也放在工程师室内。

2.3.4.3 电子设备间

本工程电子设备间采用分散方式布置，每台机组设有锅炉和汽机电子设备间。锅炉电子设备间主要布置锅炉部分的机组控制系统机柜、锅炉成套配供的控制机柜（如锅炉炉管泄漏监测系统机柜、火焰检测系统机柜等）；汽机电子设备间主要布置汽机部分机组控制系统机柜、汽机成套配供的控制机柜（如汽轮机数字电液控制系统（DEH）机柜、汽机紧急跳闸系统（ETS）机柜、汽机本体监测仪表（TSI）机柜、汽机振动监测和故障诊断系统机柜等）等。另外还设有小汽机侧电子设备间主要布置给水泵汽轮机电液控制系统（MEH）机柜、给水泵汽轮机紧急跳闸系统（METS）机柜、给水泵汽机本体监测仪表（MTSI）机柜等。所有机柜的电缆均从底部进线。

2.3.4.4 电缆桥架及电缆主通道

锅炉汽机电子设备间下设电缆桥架。通往现场的电缆全部经电缆桥架至电缆主通道。

2.3.4.5 各辅助车间控制系统

分别采用DCS控制，使控制系统具有较好的灵活性和可实施性，同时也方便组成辅控网。鉴于输煤系统的可控性较差，电厂运行管理模式等需要，输煤设置就地控制室，控制室内设置操作员站，完成对输煤系统的监控；水、凝结水精处理、灰渣、脱硫控制系统在就地电子设备间设置供调试和巡检的操作员站，就地不再设置控制室和值班人员。

2.4 主要工程量

略。

2.5 施工进度计划

2.5.1 施工进度计划安排

2.5.1.1 施工安排说明

本工程1号锅炉钢架2008年11月1日开始吊装，1号机组2010年6月30日完成168h试运，总安装工期20个月，日历天数为607d。

锅炉基础2008年10月份交付安装，进行柱底板安装工作，提前进行锅炉主吊机具调运组装，确保1号锅炉钢架2008年11月1日开始吊装，2009年3月30日大板梁吊装就位。大板梁吊装就位后进行钢架缓装件的吊装，平台扶梯、炉内烟风道、空预器吊装等工作与钢架吊装穿插进行。2009年4月开始受热面吊装工作，2009年10月31日锅炉水压试验完，化水2009年9月30日出水，满足锅炉水压试验用水，2010年2月锅炉砌筑完、保温完，启动锅炉达供汽条件，满足2010年2月20日锅炉酸洗完。在受热面安装过程，锅炉附属管道、燃烧器、吹灰器、煤粉管道等安装工作交叉进行，受热面大件吊装完后进行炉顶钢结构及屋盖的安装工作。锅炉钢架吊装完毕后进行烟风道安装工作，特别是电除尘前烟道的安装与电除尘配电室、输煤栈桥施工交叉作业较多，待炉后钢结构吊装完毕，电除尘配电室框架施工完毕后进行前烟道支架及烟道安装工作，输煤栈桥的吊装与烟道吊装交叉进行。电除尘、风机、磨煤机等安装工作2008年12月逐步展开，2010年1月4日电除尘升压试验完，2010年2月18日锅炉动力场试验完，燃油系统油循环完，制粉系统调试完，为2010年3月30日点火冲管工作创造必要条件。

汽机房、除氧间行车轨道待土建安装完后，将汽机房行车、除氧间行车吊装就位，进行安装调试，土建单位将汽机房2009年3月份交付安装，2009年4月开始汽机房设备及管道安装，汽机台板2009年5月30日就位，发电机定子2009年7月5日吊装就位，汽轮机2009年12月10日扣缸完。除氧间内的附属设备首先将除氧器、高低压加热器吊装就位，电泵、凝泵、汽泵等设备尽早到货，以便尽早安装，真空泵、开、闭式泵、油系统设备、发电机附属设备等附机到货后，随即就位安装，管道的安装根据设备就位情况交叉展开。机组倒送电完，循环水具备通水条件后，开始汽机附机设备分部试运工作，炉前系统碱洗2010年2月完成，大机油系统2009年11月30日达到油循环条件。

电子间、配电室电气、热控设备2009年6月开始安装，DCS系统2009年11月10日受电，1号机组2009年12月20日倒送厂用电完，由于本工程电子间、配电室分散控制，主厂房电缆沟尽早贯通，电缆支托架尽早安装，以保证电缆敷设接线工作，确保机组分部试运工作顺利进行。

2.5.1.2 里程碑工期

略。

2.5.1.3　施工进度表

见《平顶山第二发电厂一期 2×1000MW 机组工程 4 号标段施工进度计划》(略)。

2.5.2　保证工期的主要措施

保证施工进度和工期的主要措施有组织措施、技术措施、合同措施、经济措施、季节性施工措施及信息措施等。

2.5.2.1　组织措施

组成富有施工管理经验的项目经理部，借鉴邹四、河源等工程的成功组织、管理经验，配备精干的、有超超临界机组施工经验的技术管理人员到现场，建立项目经理层—技术管理层—施工作业层三个层次的施工进度控制体系，将进度目标分解，责任到位，从施工组织上保证工期。

该工程进度控制管理机构分为三个层次。

第一个层次：以甲方、项目工程公司、监理方为中心，我公司项目部接受上述三方的规划、指示和控制。

第二个层次：以进度控制管理组（P3 管理组）为中心，对施工处和部室进行管理。

第三个层次：以专业施工处为中心，管理班组的进度计划编制和执行控制。

2.5.2.2　技术措施

采取合理的、先进的施工方案，加强交叉作业的管理，配备精良的施工机械，并针对工程特点，采用新技术、新材料、新工艺，从技术措施上保证工期。

在工程施工过程中，尤其是在施工主线上的关键项目施工中，为保证工期，控制质量，我们将合理地选择施工方案。如：为保证锅炉炉架、受热面安装，我公司投入多台大型吊装机械同时进行吊装，以加快锅炉安装进度。在大机油循环过程中应用大流量冲洗技术，确保油系统冲洗彻底，油质合格，缩短分部试运时间。

加强交叉作业管理：本工程交叉工作较多，特别是侧煤仓施工与锅炉吊装的交叉，炉后部分的交叉较多，我们将提前考虑好交叉施工措施。为确保整个施工现场的管理工作有条不紊，充分发挥各方的能力和优势，均衡施工，必须做好施工现场的交叉和接口管理工作。

为方便现场协调管理，我公司将单独设置现场协调调度员，负责本工程中各专业之间协调管理和安全生产、文明施工等工作。

在应用 P3 E/C 进行项目进度管理中，我方将在制定详细的施工作业计划，理顺作业间的逻辑关系，尽量避免交叉作业，利用 P3 软件建立统一的作业代码编码体系，以便于甲方、监理协调工作。

我们将积极参加由甲方主持召开的各种施工协调会议。在会上以书面形式向项目监理公司及监理反映工程进展情况和存在的问题（包括设计、施工问题等），使项目工程公司及监理能较充分地掌握工程动态状况，并及时协调和解决工程中存在的问题，有效地控制工程施工进度计划目标。

2.5.2.3　行政方法

公司总部及项目经理部利用其行政地位和权力，通过发布行政指令，对项目工地进行指导、协调、考核，利用激励手段、监督、督促等方式进行进度控制，将工期的考核纳入干部的绩效考核。

2.5.2.4　质量保证措施

建立健全质量保证体系，加强施工过程中的质量检查、监督，在施工过程中，制定项目创优措施，坚决杜绝质量通病，确保不因质量问题而影响工期。

2.5.2.5　经济措施

将工期考核纳入公司内部经济承包体系，利用经济杠杆，保证工期的实现，我公将业主的给定的工期考核点分解到各专业，并将月度奖金、工期质量奖等与考核点的完成直接挂钩。

2.5.2.6　资源保证措施

充分利用我公司的资源优势，合理配置，加强调配，从资源上保证工期的实现。

把该项目作为公司的一号工程，作为上台阶工程，在机具及人员方面优先保证该项目，我们将根据工程进展，安排各大型机具进场，确保按业主要求，优质、高效地完成本标段工程的施工。

标书中已安排了详细的机械进出场计划及劳力供应计划。

2.5.2.7　采用先进的进度计划管理技术

选择国际先进的 P3 E/C 工程项目管理软件，项目经理部成立 P3 工程项目管理小组，利用 P3 软件强大的信息管理功能及进度控制管理技术，实现工程进度的可控在控。

主要计划管理技术措施有：

（1）将图纸、设备、材料、工作面移交等信息条件作为任务编制到综合进度计划中，随时间进度进行动态管理，定期与目标计划比较，如发现差异，分析原因，采取对策，使现行进度符合目标进度。

（2）电厂建设是一个复杂的施工过程，工期的实现难免要受到各种因素的影响，对此，我们将及时制定关键项目的赶工计划，集中资源，确保目标工期的实现。

（3）对不同项目采用不同的工作日历。对关键项目，增加施工的日历天数；在正常工作制的基础上，实行每天两班或三班工作制，最大限度的利用机械、施工作业面等资源。

（4）加大每天工作量，缩短单项工程的施工周期，从而达到缩短整个项目工期的目的。

（5）对资源进行重组，把有自由时差的非关键作业项目的资源优先满足关键路径上的施工项目的资源需求。

（6）加大劳力、机械投入，在单机单人日完成工作量不变的情况下，缩短项目的施工工期。

（7）优化施工方案，调整作业间的逻辑关系，把串行工作改为并行工作，从组织安排上缩短施工工期。

2.5.2.8　做好季节性施工措施，确保工程顺利进行

做好冬雨季施工措施，确保机械、设备安全，通过采取有效的季节性施工措施，确保工程施工进度。

2.5.2.9　建立完善的信息管理平台，加强各方交流

在工地将建立工地的 MIS 系统与业主相连，将公共信息上网，以达到工程信息共享。根据业主要求对 PAP 软件及 P3 E/C 数据进行定期更新。以网络为平台，加强与业主、监理及各参建方的信息交流，使问题协调更加便捷，以更好地保证工程顺利进展。

2.5.3　赶工专项措施

当工程进度发生拖延时，我公司将针对工程进度拖延的原因进行全面具体详细的分析，提出合理的赶工方案，编制合理安全可行的赶工计划，制定具体的赶工措施。

2.5.3.1　总体赶工措施

（1）编制科学合理、安全可行、保证质量的赶工计划，包括进度计划、资源投入计划、设备材料供应计划等。

（2）加大资源投入，从总公司及时调拨或者向市场采购新的大型机械设备和机具设备，从总公司及时调配其他骨干力量

及时增派到现场。

（3）施工班组采用两班工作制或三班工作制，局部区域在保证安全施工的前提下实施立体交叉作业；同时，根据具体情况，制定新的夜间施工措施。

（4）进一步加强组织措施管理：调整管理机构、增加管理及技术人员、加强施工班组管理力度。加强工程技术管理人员的技术攻关和技术创新，调整施工技术方案，加强施工现场管理力度。及时更换不合格或不适合的管理、技术、施工班组人员。

（5）加大赶工宣传力度，实施进一步的劳动竞赛活动，树立全体员工的"安全为天、质量是本、进度为关键"的意识，确保在无安全和质量事故的前提下完成赶工过程。

（6）实行奖励措施，我公司将对在赶工过程中做出重要贡献的技术管理人员、施工班组、个人实施嘉奖。

2.5.3.2　受天气因素影响的赶工措施

（1）受天气因素影响时，采用在施工现场搭设防雨棚、防雨布等设施，增加安全设施，确保施工如期进行。

（2）在受天气因素影响确实无法施工时，本工程将调整作息时间。

（3）增加雨天员工个人防护措施。

（4）加强对雨季的预测防范工作，加大雨季施工的安全、质量保证措施。

2.5.3.3　受施工图纸交付使用推迟、安装需用的文件资料不足影响的赶工措施

（1）利用我公司邹四7号机组的工程施工经验，提前进行材料备料，充分做好施工前的准备。

（2）编写新的施工技术措施方案或采用临时技术措施，调整施工顺序和进度计划中的工序逻辑关系。

（3）加强图纸文件资料管理软件的使用，提前预测图纸文件资料的需求计划，做到提前与设计单位、业主及材料供应商进行图纸文件资料需求的沟通。

（4）加强与业主、监理工程师、设计单位、设备供应商及其他施工承包商之间的协调，减少各方的接口问题，加强沟通与联系，加快文件图纸审批与问题的解决。

2.5.3.4　受设备交货延期、交货顺序不合理、设备缺陷影响的赶工措施

（1）加强设备材料管理软件系统的使用，提前预测设备、材料的需求计划，做到提前与设备、材料供应商进行沟通，准确掌握设备、材料到货信息。

（2）设备交货延期时，充分做好施工准备，待设备到货验收后立即开展安装调试工作，从而缩短安装工期；同时在确保安全、质量的前提下，及时调整施工计划，优化施工方案，以消除其对进度的影响。

（3）设备交货顺序不合理时，编写新的施工技术措施方案或采用临时技术措施，调整施工顺序和进度计划中的工序逻辑关系。

（4）发现设备存在缺陷时，不分何方责任，本工程将立即采取措施配合设备供应商进行缺陷处理，紧急情况下可采用调用备品备件的办法，保证不因设备缺陷而影响赶工。

2.5.3.5　受土建移交拖期的赶工措施

（1）提前做好交叉措施，在工作面具备进入条件后立即开始安装，同时做好设备保护措施，将安装工作与土建施工交叉进行。

（2）提前做好准备工作，工作面移交后，采用加班等方式，以最短的时间完成安装工作，将土建影响的工期抢回来。

（3）提前开展工作，将能组合的尽早组合，以缩短设备就位后的安装工期。

（4）适当增加劳力，加快安装工作的速度，抢回影响的工期。

2.5.4　工程进度管理

2.5.4.1　工程进度管理机构

在项目工地成立工程进度管理小组，由项目经理任组长，施工科设2名专职计划统计员，各施工处、专业公司设置1名专职或兼职计划统计人员，负责施工进度管理工作。我们将采用P3 E/C软件进行工程进度管理，并按业主的要求做好软件的实施规划及数据更新等工作。

2.5.4.2　合同计划

合同计划应是实现合同中规定的担保完工日而要求的关键日期的总体计划，由项目工地来完成。该合同计划应分成几个主要部分，清楚表明该工程各阶段的关键日期。对该合同计划的任何更改，我们将通知业主和监理工程师。

2.5.4.3　施工计划

公司项目部在开工日后7d内向业主和监理工程师提交施工计划。

在业主和监理工程师提出书面要求时，向其提供施工计划的更具体内容。

该施工计划应包括建筑施工顺序图和任何承包商认为合适的某特定工作的独立计划，清楚地表示该项工程各方面的工作，并且应考虑到但不限于下述各方面：承包商和所有分包商的工作；分别由各工种完成的该项工程各关键部分的工作；合同中描述的所有工作的顺序和时间；清楚表明该项工程的各项工作，重点突出承包商认为适当的重要活动关系。

为了保证这一要求得到执行，各项工作的时间坐标应表明：工作周内每项工作持续时间，应反映出计划的物资设备分配情况；每项工作开始和结束的最早和最迟日期；关键工作顺序应单独标明；主要设备如塔式起重机、临时载人电梯、材料起重机、垃圾箱等设备的安装和拆卸时间；标出关键日期，具体为承包商在整个工程建设过程中的重大施工节点日期；在设施场地以外的材料预加工（如果有）和材料运输等重要工作；为完成施工计划而需要的，并且需要其他方提供的关键信息、批文、供货或设备。应明确标出依靠这些条件才能进行的工作；我方和/或业主之间以及向有关部门提交申请、报表、报告和/或试验资料及其审核的时间以及对施工进行批准、验收或同意的时间；消防设施的检查和合格证明、（临时或长期）占用许可的检查和证明以及其他由有关部门签发的检查和证明；我方与业主及监理工程师为设施完工而进行的缺陷和遗留问题检查及其清单。

2.5.4.4　施工计划的更新

施工计划应每周更新提交一次，具体要求如下：数据更新应在工程每周生产协调例会的前一天完成。

每个更新的施工计划应是当时实施的，并反映当前工程的实际计划和完成设施（及设施各机组）拟采用的计划，明确承包商当时预计完成设施和/或达到预定目标的具体日期。

在不损害《施工计划的更新》一般原则的前提下，我方提供施工计划与实际计划的月比较表，并对未实现计划的进度做出适当的解释。

每个更新的施工计划应按照本规定中《施工计划》的要求及下述要求进行准备：

（1）标明每项工作的实际开始和结束时间。

（2）各项工作的所需时间要根据承包商拟采用的进度进行调整。

（3）由于调整正在进行或未开始的工作的预计所需时间而引起的计划变动。

（4）根据合同条款做出的指示引起工作顺序或拟采用方法的调整而导致的计划变动。

2.5.4.5　施工方法

我主在开工日之前 7d 向业主和监理工程师提供施工方法，该施工方法应包括下述辅助资料：

（1）月劳务分析。

（2）施工设备分析。

（3）含时标细化的工程网络图表（本合同签订后 7d 完成）。

2.5.4.6　施工方法及其更新的支持文件

（1）劳务分析。劳务月分析制作成图表形式，表明我主进行和完成施工准备使用的从事各工种工作的工人数量。

（2）施工设备分析。施工设备分析应说明设备的类型、生产能力和数量，并附以条形图，承包商施工时计划使用的每种设备都用一组条形对应时间坐标表示。

（3）业主和监理工程师的要求的其他信息资料。

2.5.4.7　修改进度计划

如果工程的进展不符合进度计划时，我方将根据业主和监理工程师的指示修改计划，重新报监理及业主审核批准。

2.5.4.8　施工进度报告格式

2.5.4.8.1　周进度报告

周进度报告应在每周规定的时间前向业主和监理工程师提交一式两份。

周进度报告应包括，但不限于下述内容：

（1）上周每日使用劳力小结：包括指定的分包商人数和工作小时总数。

（2）完成的工作小结。

（3）使用的施工机具小结。

（4）运到设施场地或指定存储区的设备和材料。

（5）重点指出有关进度的问题/延误。

（6）天气情况小结及因此损失的时间。

（7）下周进度计划安排。

（8）下周所需的检查。

（9）设施场地来访人员。

（10）收到的业主的指示。

（11）其他业主和监理要求的汇报内容。

2.5.4.8.2　月进度报告

在规定的时间之前向业主和监理工程师提交一式五份月进度报告(包括每月的项目计划的更新修改)。月进度报告应包括，但不限于下述内容：

（1）对目前进度的总结，重点指出本月问题所在及具体情况。

（2）实际进度与计划进度的对比曲线。

（3）承包商成员驻留设施场地的情况。

（4）签订和执行的合同订单（累计）的清单。

（5）设施场地所有施工机具的数量。

（6）订购的材料和设备累计清单（包括交付情况）。

（7）设施场地或指定存储区的主要设备和材料汇总。

（8）实际进度和计划进度的对照总结，注明提前和滞后的工作（包括分包商的工作）。

（9）当前出现的问题/延误小结并注明原因。

（10）所有资料索要情况，指明要求的日期或要求日期，和对工程进度关键或尚未解决的事项的总结。

（11）本月业主所有书面指示的附表。

（12）下月进度计划。

（13）本月安全报告。

2.5.4.8.3　年度报告

我方每年编制一份工程年度进展报告提交业主，该报告应全方位反映工程年度进展情况：

一、工程执行情况概述

（1）为完成进度采取的措施。

（2）主要工程进度描述。

（3）现场人员概况。

（4）现场施工机械概况。

二、工程进度

（1）最新的总项目进度计划。

（2）关键项目里程碑实际进度。

（3）各单位工程完成进度。

（4）本年度进度计划完成情况。

（5）延期项目延期说明。

三、设计和图纸

（1）总的图纸接受情况说明及设计施工图交底情况。

（2）本年度设计图纸接受清单。

四、设备和材料

（1）本年度主要材料设备到货清单。

（2）下年度主要材料设备计划要求到货清单。

五、工程质量

（1）工程质量验收情况表。

（2）工程质量情况说明。

六、建设项目施工工作量完成情况

见工程量表。

七、安全、文明生产、卫生情况报告

八、年度重要事件说明

九、施工中其他事宜

我方将根据业主、项目工程公司、监理公司的要求，对工程进度管理程序进行修改，确保满足其要求。

2.5.4.9　考核奖惩制度

制定考核奖惩管理办法，施工科负责对施工处及相关部门进行考核，每月末根据工程进度完成情况、资料上报、配合工作完成情况等方面综合考核，考核结果与部门月度奖金挂钩。

2.5.5　P3E/C 软件管理规划

2.5.5.1　进度计划管理机构设置

我公司在该工程进度管理中将采用 P3 E/C 软件作为本项目进度管理软件，并按业主要求进行规划，建立计算机管理网络，通过接口与招标人的计算机网络相连。我公司负责按招标人的要求将每天的工程相关基础数据通过网络提供给招标人，达到招标人要求的数据共享，实现工程进度的动态管理。

P3 软件是国外 20 世纪 80 年代应运而生的大型工程进度管理软件，由于它融会了网络计划技术和计算机技术，融合了项目管理思维和方法，并在近二十年的中外大型工程的应用实践中证实了其效用，因此被广为采用，它是体现工程管理水平的标志。

在项目部工程科设立进度计划管理组（P3 管理组），作为计划统计工作的归口管理部门，定员 2 人，配备 2 台微机。在各专业施工部门设立专职（或兼职）的计划统计专工，在质量、合同、供应等部门设立兼职的计划统计员，建立起完善的计划统计管理网络。在工地建立覆盖项目经理部、所有管理部室及所有施工处的局域网，服务器设在项目部，设立专职的计算机管理员。

为此，本工程进度管理机构设想分为三个层次：

第一个层次：以甲方、监理方为中心，我公司项目部作为甲方、监理方的一个部门，接受上述两方的规划、指示和控制。

第二个层次：以 P3 管理组为中心，对施工处和部室进行管理。

第三个层次：以专业施工处为中心，管理班组的进度计划编制和执行控制。

2.5.5.2 P3 软件进度计划管理

利于 P3 软件的多级计划管理功能，本工程的计划管理可分为四级。具体分层如下：

（1）一级进度计划——里程碑进度计划（甲方控制性计划）。

（2）二级进度计划——甲方与监理方控制性计划。

（3）三级进度计划——项目部控制的总体进度计划。

（4）四级进度计划——专业施工处实施进度计划。

一、二级进度计划由甲方和监理方控制管理，三、四级进度计划由项目部制定和控制，并报甲方、监理方审批后实施。各级计划采用 WBS 或串集作业对应。对各级进度计划的编制、调整和应用方法说明如下：

一级进度计划：由甲方在合同签订时制定，是总体工程进度。

二级进度计划：一级进度计划的细化，该进度与一级进度保持一致，但有更详细的活动分项，包括工程的所有阶段。它将作为工程进展的基础，对各专业工程进行协调和接口控制。

三级进度计划：由承包商制定。是对二级进度计划的细化，是承包商本工程的总体计划。是根据各子项、各系统的主要工作量、供货计划、图纸供应计划和设备布置及施工具体方案和土建、安装顺序等列出的主要项目的施工计划，加入了工序之间的逻辑关系。随甲方对二级计划的调整进行修改，也要根据承包商对现场进度的盘点反馈进行更新。它的编制均要符合二级进度的要求，在甲方、监理方批准后正式生效。三级进度计划每月进行一次盘点更新，并形成月进度报告，向甲方和监理提交。

四级进度计划：是由专业施工处在三级进度计划的基础上根据项目开工的先后进一步细化，此计划三个月一滚动，一个月一细化，最终形成周计划由施工班组实施。对三级进度计划中的某一道作业进行三个月细化时要分解到分项或分段工程，每道分项或分段作业工期原则上不超过一个月；在月度细化时，要将每一道分项或分段作业分解到工序，工期原则上不超过 7d，要能满足安排班组施工的要求。四级进度计划每周进行一次数据更新，检查周计划完成情况，并形成周进度报告。

2.5.5.3 计划编制管理程序

借助于邹四、首阳山、南阳、蓬莱工地已成功应用的管理方案，制定出有针对性的本工程 P3 进度管理方案。届时编制符合本工程的计划编制管理程序。其内容主要包括：

（1）对计划进行分级、分类，确定计划编制的内容和责任单位，确定各级计划的审核、批准权限。

（2）确定各级计划的编制、审核和发放时间、发放形式及发放范围。

（3）数据的传输、备份及权限设置。

（4）目标计划的建立及更新程序。

（5）确定各级计划的编制格式、编码原则。

（6）制定计划执行情况的检查和落实措施。

（7）周、月进度分析报告的形式和内容。

（8）各部门在 P3 项目管理中的分工

（9）P3 管理人员的岗位职责。

（10）有关的奖惩措施。

2.5.5.4 利用 P3 编制进度计划情况

项目的实施首先要有一个好的总体规划，进度计划的管理是其中一个子项。为此我方按照“尽量全面、具有深度”的思路进行了本工程进度计划的编制。充分利用 P3 的信息管理化功能，编制了 WBS 码、作业分类码、资源代码及自定义数据码，以便将来将这些码值以及工程量、劳动力、机械台时和主要耗材加载到具体的作业中。

WBS 码的编制在投标阶段我们是按业主工程量的划分表进行了划分，按着业主要求，加载各类信息编码，并加载工程量，WBS 层次结构打算以预规为基础，进行项目划分，以便于费用管理，在具备项目的划分时采用验标，以便加强工序的验收。

根据管理需要设备多种作业分类码，反映了每道作业的特征，可用于作业的组织、汇总、过滤等。

资源代码拟设置工程量和劳动力、机械台时、主要耗材、费用等，以便对计划进行优化和工程实施过程中的定量控制、定量分析。

设置自定义数据项，以灵活的方式应用于数据更新和进度、费用分析。

2.5.5.5 P3 进度计划控制

动态跟踪和计划更新是避免计划流于形式和严格执行合同的关键。为了及时发现现行工程的进度与目标工程进度的差异，要定期地对现行工程进度跟踪，将已完成的情况输入计划，通过 P3 预示对进度计划的影响，分析原因，采取对策，使现行进度逐渐符合目标进度。

对进度分析可采用横道比较法和曲线分析法等多种形式，从中可直观地看到具体哪道作业超前或滞后，以及分析出整个进度的超前或滞后。结合现场的资源，进行资源重组，实现围绕合同关键日期和系统完工日期的计划调整。同时，利用 P3 软件的强大功能，输出进度、资源、费用等的各类统计图表，作为决策层制定决策和向甲方、监理方提交各类报告的资料。

2.5.5.6 工程进度报告

由于我方将在本工程的施工中建立计算机网络，并实现与甲方和监理方的联络，利用 P3 多用户操作功能，甲方、监理方可根据设定的权限直接参与我方的进度计划管理。工程报告包括 P3 直接生成的报表和一些与工程相关的书面报告。

2.6 施工总平面布置

2.6.1 施工总平面布置原则

2.6.1.1 施工总平面管理

为保证施工总平面各场地划分合理，满足各专业之间交叉作业、交通运输、保卫、消防、文明施工的要求，发挥施工总平面布置图对现场施工的指导作用。根据本工程具体特点，制订可行的施工总平面管理措施。

2.6.1.1.1 管理原则

现场总平面管理实行标识化系统管理，经业主批准的总平面内所有模块化区域及道路，均按要求设置明显、醒目的标准标识牌，并在施工总平面布置图中对应标识。

项目工地施工科负责施工总平面布置的协调与管理，并根据现场施工情况进行文明施工管理划分及相关设施布置。

各单位必须严格按照批准的总平面布置方案组织施工，并服从项目工地调配。

2.6.1.1.2　管理措施

项目工地根据批准的总平面布置方案组织施工，不得随意变更、突破指标，重大方案变更必须经总工程师批准，并报业主、监理同意。由于现场的施工情况变化，结合各阶段的不同需要，由施工科对总平面布置作适当平衡调整，必要时可按不同施工阶段绘制施工总平面布置图，实现动态管理。

各专业施工处（站、场、队）必须在指定的区域内进行施工作业和堆放器材，如遇问题，应及时提请施工科协调（包括设备堆放）。

施工道路、供电线路、供水系统等公用设施，应时刻保持良好使用状态，如需临时切断、改路时，应事先征得施工科同意，且应办理安全作业票。

临时建筑物，各专业施工处（站、场、队）分配后仅有使用权，无权拆除或增建。其维护由使用部门负责。

施工总平面内设立的测量用标准点、水准点、沉降观测点等任何单位不得移动、损坏和拆除。如施工需要确须移动破坏时，应事先征得施工科的同意，且同时安排补立。

2.6.1.1.3　管理分工

（1）道路、供水管道、厂区排水系统、暖气设施由施工科负责管理及维护。

（2）龙门吊、吊车轨道等管理、维护、整修、改造、搬迁由机械化公司负责。

（3）变压器、配电室、供电线路、施工用电设施、照明装置等防雷设施的安装、维护、管理、拆迁电气施工处负责。

（4）氧气库、乙炔库的管理、维护、拆迁由物资供应科负责。

（5）生活区的管理和维护由综合办公室负责。

（6）施工现场及生活区的安全保卫、消防由综合办公室负责，安全管理部门有协助、检查、督促之责。

（7）文明施工由工程技术管理部门根据现场实际情况划分若干部分，分配于各部室、施工处（队、场、站）具体负责。安全管理部门负责文明施工的检查、考核工作。

2.6.1.2　布置原则

所有临建设施均在业主指定区域内进行布置，并完全服从业主对施工现场的总体规划和协调。

总体布置满足有关规程对安全、防洪、防火、文明施工和环境保护的要求。总体指标参照《火力发电工程施工组织设计导则》的相关规定。

合理组织交通运输，使施工各个阶段都能做到交通方便、运输通畅，减少二次搬运及反向运输。

施工临时严格业主标准要求，设施完整，现场布置合理、整齐。

施工道路采用永临结合的方式，各施工区有良好的消防及排水系统。

2.6.2　施工区域布置

2.6.2.1　施工区域划分

根据业主提供施工区域划分图对布置各施工区，分别为：汽机、锅炉组合场地、电气、仪控和仓库场地、办公区和生活区。

见附图《施工总平面布置图》施组-001。

2.6.2.1.1　安装部分

安装组合场位于扩建端施工场地，组合场区域布置 3 条龙门吊作业线分别为锅炉线、汽机线和铆焊作业线。锅炉线布置 2 台 60t/41m 龙门吊，汽机线布置 2 台 30t/32m 龙门吊；铆焊作业线布置 1 台 30t/32m 龙门吊，作为烟风道制作加工场和钢结构制作场。场地布置有各施工处班组工具房，汽机作业区布置阀门检修车间。

电气、仪控和仓库场地布置在场区西南侧，前期作为场平阶段土方临时堆场，2008 年 9 月底需交付使用。主要布置电气作业区、设备堆场和机械检修区。分别布置电气试验室、校表室、金属试验和班组工具房；设备堆场布置 40t/42m 龙门吊一台，2000m^2 仓库一座。

2.6.2.1.2　公共部分

主要包括项目部办公室、生活区等。办公区和生活区均布置在业主指定区域，并严格按业主提供标准规划施工。

2.6.2.1.3　主要建筑、安装交叉施工作业区

（1）锅炉钢架的吊装与建筑侧煤仓间结构施工存在交叉影响（A 区）。

（2）M2250/450t 履带吊行走至炉内吊装与栈桥的施工存在交叉影响（B 区）。

（3）2 号、3 号高压加热器基础、5 号、6 号低压加热器基础暂不施工，在高压加热器及低压加热器就位后在进行施工。汽机房、除氧间固定端或 A0 排外零米现场场地平整（视现场具体情况），便于运输及起重机械作业（C 区）。

（4）汽机房行车属于 4 号标段的施工范围，在固定端侧进行汽机房行车吊装时会与生产综合楼的施工存在交叉，为了避免交叉，不影响建筑施工，将汽机房行车吊装工作移在汽机房扩建进行吊装（D 区）。

各交叉区详见施组-001《施工总平面布置图》。

2.6.2.2　用地面积指标

临时施工场地主要布置在二期工程的扩建场地和部分外租地，总面积约 6.42hm^2，单位千瓦施工用地 0.064m^2。其中，施工生产用地 0.058m^2/kW，施工生活用地 0.006m^2/kW。

2.6.3　交通运输

厂内施工道路干线的位置尽量与工程永久道路的布置一致，各加工区、堆放场与施工区之间有直通道路连接，消防车能直达主要施工场所及易燃物堆放场。

由于本标段组合场内设备需通过主厂房区道路运往吊装现场，施工期间必须保证道路畅通。

2.6.4　临建设施

2.6.4.1　生产及生活临时建筑

根据招标方要求，所有临建在满足招标方要求的前提下按照我公司《临建标准图集》要求，标准统一。主要临建标准形式分为 4 种，分别为彩板结构、轻钢结构、砖混结构和集装箱改制房。

办公区统一布置，采用彩色压型钢板房屋、蓝白色彩钢板，建筑标准统一、美观、坚固，与业主办公室色调一致。

生活区职工宿舍为三层砖混结构，设有食堂、浴室等生活配套设施。

附：主要生产临建一览表（略）。

主要生活临建一览表（略）。

主要临时设施布置详见《施工总平面布置图》施组-001（略）。

2.6.4.2　临时用地表

略。

2.6.5　厂内消防

施工场地，辅助建筑施工、施工临建消防用水，主要由施工水源供给。各高层供水系统安装高压消防泵，以利安全，现场配备若干消防水箱和消防器材。

消火栓布置间距不超过 120m，布置在靠近十字路口、路边。消火栓距路边一般不大于 2m，距建筑物外墙不小于 5m。

仓库、值班宿舍等按规定配备相应的消防器材。

我方设专职消防员和义务消防队，负责日常和紧急的消防工作。

2.6.6 厂区排洪

根据招标文件，各施工标段施工区域内的雨水排放由各标段负责排至主干道排水沟道内。本标段施工区域内的雨水由各场地汇集至排水明沟，经排水明沟排至主干道排水沟道内。场地排水坡度为 0.5%；排水沟采用黏土砖砌筑，沟断面 400mm×400mm。施工现场和施工生活区的雨水及施工废水必须经过处理，符合排放标准。

2.7 力能供应

2.7.1 施工用电

本工程施工电源由甲方现场布置的 10kV 主干网引接，主干网以下的变配电设备及引接的高、低压电缆由乙方自行负责。10kV 电缆采取直埋方式。

按照甲方策划和《建设工程施工现场供用电安全规范》的要求，本标段布置 3 台箱式变压器：A1 变 1250kVA、A2 变 1000kVA、A3 变 1000kVA，总容量为 3250kVA。箱变内部配置无功补偿装置以提高变压器功率因数。从变电所引出的 400V 低压电源采用 TN-S 方式（三相五线制）。电源由变电所低压柜（一级盘）引到现场总配电盘（二级盘），再到分支配电盘（三级盘），然后到用电设备或现场移动电源盘。

现场配电盘安装牢固，便于操作和维修；进线口和出线口设在箱体下方，电源的引出线设防水弯头；内部导线绝缘良好、排列整齐、固定牢固，导线端头采用螺栓连接或压接；现场总配电盘（二级盘）的出线开关采用具有漏电保护功能的塑壳式漏电断路器（漏电动作电流 100～300mA，动作时间小于 0.1s），二级盘原则上不直接接用户。总配电盘以下的分支配电盘（三级盘）的出线开关采用具有漏电保护功能的塑壳式漏电断路器（漏电动作电流 50～100mA，动作时间小于 0.1s），三级盘内的单相插座要经过高灵敏度漏电保护开关（额定漏电动作电流为 30mA，动作时间小于 0.1s）。现场使用的移动式电源盘全部装设高灵敏度漏电保护开关，做到用电设备不少于 2 级漏电保护。金属容器内施工用的移动式电源盘，配置的高灵敏度漏电保护开关的额定动作电流不大于 15mA，动作时间不大于 0.1s。400V 施工用电系统满足三级配电二级保护的要求。

锅炉施工时在锅炉左右两侧各布置一路安全电压母线，供炉内照明使用。

考虑生产安全、厂区美观及大件运输方便，现场电源线路选用电缆，电缆敷设采用沿墙直埋或沿路边电缆沟敷设的方式。直埋电缆埋深在 0.7m 以下，按要求铺沙盖砖，过路处采取加固措施，直埋段在沿途设置明显的标志桩，保证电缆安全运行。

所有用电设备做到“一机一闸”，严禁一个开关控制多台设备。

所有现场配电盘均挂明确的标识牌。标识牌中要注明配电盘的编号、用途、上级电源接口、负责人及负责人的联系方式。所有配电盘都具有防水功能，三级配电盘内的插座满足防水、防尘、防电弧伤人的要求。

现场负荷尽量做到三相平均分配，零线电流在负荷电流的 25%以下。

电源具体布置见附图：施组-002《施工电源平面布置图》（略）。

施工负荷初步考虑如下表（略）。

2.7.2 施工供水

厂区内环形供水管网由招标人负责建设，施工用水从业主提供环网装表引接 DN150mm 支管，在各用水点留 DN100mm 阀门。

生活供水由生活水泵房引出 DN133mm 主供水管，本标段从供水主管向下引接 DN100mm 供水管，在各用水点留 DN80mm 阀门。

施工期间不单独设置消防水管道，消防水与供水管道共用。

对特殊高空作业用水我公司将自备增压泵来保证施工用水。

2.7.3 施工供气

按照招标文件要求，氧气、乙炔、氩气均在当地采购，瓶装分散供应。

设移动式空压机向主厂房、锅炉及作业场供应压缩空气。

2.7.4 施工通信

施工现场的对外通信和传真联络，从甲方提供的通讯接口引接，按标准交费。另外再配备适量的对讲机、手机以便用于现场施工调度。

从业主提供的 INTERNET 网络接口引接网络，并在办公区设立计算机局域网，安装 LOTUS NOTES 软件，保证项目工地各部门之间、项目工地与总部之间的信息传递交流。

2.8 主要施工方案及重大技术措施

2.8.1 大型机具布置

2.8.1.1 主吊机具布置

（1）FZQ2200/100t 塔吊布置在 1 号炉炉右固定端，其纵向中心线距锅炉外柱轴线 7m，横向中心线布置在 K3 轴线后 700mm 处，选择塔身高度约 97.533m。

（2）M2250/450t 履带吊布置在炉膛后左侧，配合锅炉炉架的吊装和抬吊大板梁。

（3）50t 平臂吊布置在炉顶 K4-K5 轴线、炉中心柱与左内侧柱中间（暂定），塔身高度约 20m。

（4）MC320K16/16t 型附着塔式起重机布置在电除尘中心线后部，配合电除尘的施工，采用塔身高度 55m，臂长 37m（暂定）。

（5）为配合 FZQ2200/100t 塔吊、50t 平臂吊吊装受热面，炉底布置 1 台 50t 履带吊，作为辅助起立之用。

（6）QUY70/70t 履带吊、50t、25t 汽车吊等配合燃油、水处理、除灰渣系统，启动锅炉房设备及管道的安装。

2.8.1.2 龙门吊布置

在主厂房扩建端布置 4 条龙门吊作业线，依次为：

锅炉作业线：布置 2 台 60t/41m 龙门吊，主要作为锅炉作业场、设备堆放场等。

汽机作业线：布置 2 台 30t/32m 龙门吊，主要作为汽机作业场、设备堆放场等。

烟风道制作场：布置 1 台 30t/32m 龙门吊，主要作为烟风道、电除尘灰斗等钢构件的制作、组合。

设备堆放场：布置 1 台 40t/42m 龙门吊，主要用于设备堆放场。

具体布置详见附图：施组-001 施工总平面布置图（略）、施组-003 004 主要施工机械布置图（略）、施组-005　1 号锅炉钢架吊装机械布置（略）、施组-006　1 号锅炉本体吊装机械布置方案（略）。

2.8.2 锅炉专业施工方案

2.8.2.1 简述

锅炉采用东方锅炉（集团）股份有限公司制造的超超临界参数、变压直流炉、单炉膛、一次再热、平衡通风、露天岛式布置、固态排渣、全钢构架、全悬吊结构、对冲燃烧方式，Π 型锅炉。锅炉过热蒸汽出口最大连续蒸发量 3110t/h，过热蒸汽出口压力为 26.25MPa（a），过热蒸汽出口温度为 605℃。

锅炉型号：DG3000/26.15-Ⅱ1 型。

锅炉安装主要分为三个阶段：第一个阶段为钢结构开始吊装至顶板结构吊装完，此阶段以钢结构安装为主，中间穿插平台扶梯、烟风道、四大管道等的吊装；第二个阶段为受热面安装；第三个阶段为附属管道、钢屋顶等的安装。

机具配置方案（与之对应的锅炉钢架吊装方案详见本节第 3 部分）：FZQ2200/100t 型附着自升式塔式起重机 1 台，M2250/450t 液压履带式起重机 1 台，50t 平臂吊 1 台，1 台 50t 履带吊在炉底辅助吊装。

锅炉本体部件安装采用以散件安装为主，组合安装为辅、多个工作面同时展开的施工方案。受热面吊装采用炉顶、炉底局部开口，吊车、履带吊和卷扬机同时作业的方案。

根据工期要求，将喷燃器、大风箱、刚性梁、大灰斗进行临时吊挂，水冷壁、包墙管排在地面分别与上下集箱组合，各屏式管排在地面按照吊挂装置的设计成组组合，水平低温过热器和水平低温再热器在地面按照上下顺序成组组合，除 FZQ2200/100t 塔吊、50t 平臂吊外，在进行后竖井的吊装时炉后区域安装两台电动葫芦。

大板梁几何尺寸长、重量重，吊装时由 FZQ2200/100t 塔吊与 M2250/450t 履带吊进行抬吊。

电除尘安装主要由 16t 塔吊配合，因为输煤栈桥的影响，部分组件及大件由 M2250/450t 履带吊或 150t（P&H5170A）履带吊负责。

2.8.2.2 锅炉施工机具及场地要求

2.8.2.2.1 机具的选择

为满足 1 号机组 1000MW 主体工程的施工需要，特选择以下主要机械：

（1）FZQ2200/100t 型附着自升式塔式起重机 1 台。

（2）M2250/450t 型液压履带式起重机 1 台。

（3）150t（P&H5170A）型液压履带式起重机 1 台。

（4）50t 平臂吊 1 台。

（5）MC320K16/16t 型附着塔式起重机 1 台。

（6）QUY70/70t 履带吊 1 台。

（7）KH180-2/50t 液压履带起重机 1 台。

（8）TG-500E/50t 汽车吊 2 辆。

（9）TL252/25t 汽车式起重机 1 台。

（10）100t、40t 拖车车组各 1 辆。

（11）25t 低架平板车 1 辆。

2.8.2.2.2 机具布置介绍

（1）FZQ2200/100t 塔吊布置在 1 号炉炉右固定端，其纵向中心线距锅炉外柱轴线 7m，横向中心线布置在 K3 轴线后 0.7m，选择塔身高度约 97.533m；其起吊性能见表 2-8-1。

表 2-8-1　FZQ2200/100t 塔吊塔身高度约 97.533m 起吊性能

主钩回转半径/m	7～22	25	30	35	40	45	50
主钩起重量/t	100	85.2	67.8	55.3	46	38.7	32.9
副钩回转半径/m	10.5～58						
副钩起重量/t	16（不含吊具）						

（2）50t 平臂吊布置。在 M2250/450t 履带吊与 FZQ2200/100t 塔吊完成顶板结构吊装之后，在顶板梁上选择适当位置（K4-K5 轴线）进行安装，配合受热面的安装。选用臂长 60m，其起吊性能见表 2-8-2。

表 2-8-2　50t 平臂吊起吊性能

回转半径/m	20	30	40	50	60
起重量/t	50	32.5	23	17.6	14

（3）M2250/450t 履带吊主要负责炉左部分钢结构的吊装，抬吊大板梁时进入炉膛。为满足进入炉膛的要求，炉中心柱至炉左内侧柱 K4-K6/G3-G4 轴线间杆件需缓装。抬吊大板梁时采用主臂超起工况，主臂长 97.5m，起吊半径 18～24m，起吊重量 129.2t。M2250/450t 履带吊或 150t（P&H5170A）履带吊需在 A0 轴线外负责除氧器及高加的吊装工作。M2250/450t 履带吊性能见表 2-8-3、表 2-8-4。

表 2-8-3　吊装左侧部分钢结构时采用普通塔式工况状态（主臂 64＋副臂 45.7m）

主钩回转半径/m	18	24	30	36	42	48	56	62
主钩起重量/t	31.2	26.7	29.8	25.5	20.1	15.9	13.5	11.4

表 2-8-4　抬吊大板梁时，采用超起主臂工况（主臂 97.5m）其起重性能

主钩回转半径/m	15.2～24	26	28	30	32	34	36
主钩起重量/t	129.2	122.3	111.9	102.9	95	88	81.8

（4）MC320K16/16t 型附着塔式起重机布置在电除尘中心线后部，配合电除尘的施工，采用塔身高度 55m，臂长 47m（暂定），其起重性能为见表 2-8-5。

表 2-8-5　MC320K16/16t 型附着塔式起重机高度 55m，臂长 47m 起重性能

半径/m	17.1	22	27	32.9	37	42	47
起重量/t	16	11.7	9	8	7	6	5.2

（5）为配合 FZQ2200/100t 塔吊、50t 平臂吊吊装钢结构、受热面。炉底布置 1 台 50t 履带吊，作为辅助起立之用。

（6）150t（P&H5170A）履带吊、QUY70/70t 履带吊、50t/25t 汽车吊等配合汽机除氧器高加、燃油、除灰渣系统，启动锅炉房设备及管道的安装。

2.8.2.2.3 锅炉安装前场地要求

为保证锅炉钢结构吊装顺利进行，锅炉基础及相关周边土建设施需完善并回填结束—即锅炉零米地坪及炉底其他小型基础完、渣仓及电梯基础完成并回填完、及电除尘前烟道支架出零米并回填完（保证履带吊行走安全）。

2.8.2.3 钢结构安装

FZQ2200/100t 塔吊 1 号炉布置在炉右固定端，塔身初始安装高度 21.68m，随着炉架的升高而升高，其支撑结构随着塔身的升高逐步安装。炉左部分部件吊装主要由 M2250 履带吊完成。

2.8.2.3.1 锅炉炉架安装

钢架安装按照从前至后、由下至上的顺序逐层安装，最后吊装顶板结构。

锅炉炉架按照自下而上的顺序逐层安装，下面一层吊装找正完毕再吊装上一层，最后吊装顶板结构。其他缓装部分的钢结构随着受热面或大板梁等的安装而逐步安装。

锅炉炉架安装采用散件安装为主，梁、斜撑等构件小面积组合为辅的施工方案，根据具体情况进行合理组合，优化施工，确保吊装的顺利进行。

在锅炉基础验收合格后，进行柱底板的安装、找正和划线，三级验收合格后，并经业主、监理工程师验收合格签证后进行炉架的安装。

第一层钢架安装完后，进行基础的二次灌浆。同时按图纸、规范要求，安装锅炉基础沉降观测点，做出明确标识，依次在受热面吊装前、锅炉水压试验上水前、水压试验上水后、水压试验完放水后进行炉架的沉降观测并作好记录。

钢结构立柱分段、部分梁与支撑进行地面局部组合吊装，每吊完一个框架及时找正，每吊完一层进行整体找，验收合格后，紧固高强度螺栓，并及时抽检高强螺栓紧固力矩。

2.8.2.3.2 锅炉大板梁吊装

炉顶钢结构主要由大板梁、支撑梁、支吊梁、横梁及水平支撑等部件组成。每台炉设计大板梁 10 件，沿锅炉前后方向分五排布置，分别为 K1、K2、K3、K4 和 K5，大板梁均采用叠置形式，叠梁之间采用大六角头高强螺栓连接。

大板梁几何尺寸、重量如表 2-8-6。

表 2-8-6　　大板梁几何尺寸、重量

序号	设备名称	外形尺寸/m	重量/t	备　注
1	锅炉大板梁 I	43.3×1×2.8 43.3×1×2	81 70	东方锅炉厂
2	锅炉大板梁 II	43.3×1.5×4 43.3×1.5×3.5	135 115	东方锅炉厂
3	锅炉大板梁 III	43.3×1.6×4 43.3×1.6×4	150 150	东方锅炉厂
4	锅炉大板梁 IV	43.3×1.6×4.2 43.3×1.6×4.2	160 154	东方锅炉厂
5	锅炉大板梁 V	43.3×1.2×3 43.3×1.2×2.2	90 77	东方锅炉厂

锅炉大板梁部件几何尺寸长，重量重，因此考虑大板梁吊装由 FZQ2200/100t 塔吊和 M2250/450t 履带吊抬吊完成。叠梁吊装时，先吊下半部分，找正合格后再吊上半部分，在空中对接。此吊装方案在我公司施工的常熟、首阳山、新乡 600MW 超临界工程和邹县四期 1000MW 超超临界工程中成功实施。

根据《电力建设安全工作规程》要求，两台吊车抬吊时不能超过其额定负荷的 80%。

大板梁吊装中，在第二根大板梁吊装完后，以相邻两根为一个单元，及时连接两侧支撑梁、支吊梁、横梁及水平支撑等部件，形成稳固的框架结构，并进行单元找正，初紧高强度螺栓。然后进行下一步的吊装。

大板梁吊装完毕，进行顶板结构的整体找正，验收合格后，终紧高强度螺栓，最终完成钢架的安装。

顶板结构吊装中局部位置预留开口，作为锅炉承压部件进档空间，并随承压部件安装的进行情况逐步安装封闭。

顶板结构安装完后，依次在承压部件安装前、水压试验上水前、水压试验上水后、水压试验完放水后进行顶板梁挠度测量，并记录测量结果。

2.8.2.4　锅炉安装顺序

2.8.2.4.1 第一阶段：前期工作

第一层钢架安装（包括柱底板）→第二层钢架安装→热风道、空预器入口烟道临抛到位→省煤器灰斗临抛到位→第三层钢架安装→第四层及以上钢架安装→顶板结构安装→空预器入口风道、出口烟道临抛到位→空预热器主体安装→空预器进出口烟风道安装→电除尘器安装→尾部烟道支撑结构及烟道安装。

2.8.2.4.2 第二阶段：前期工作完成后分三个作业面开始工作

2.8.2.4.2.1 炉前水冷系统作业面

水冷壁地面组合→前水、侧水冷壁上集箱吊挂装置安装→前后水钢性梁、风箱桁架组件组合及安装→前水、两侧上部管屏组合件安装→后水上部安装→后水折焰角安装→前水、两侧中下部水冷壁安装→前水及两侧水水冷壁刚性梁安装→后水刚性梁及中下部水冷壁安装→冷灰斗水冷壁安装。

2.8.2.4.2.2 炉后竖井作业面

包墙地面组合→包墙吊挂装置安装→侧包、前后包及中隔墙安装（右侧包墙缓装）→低再、低过及省煤器蛇形管排组合→蛇形管排吊挂管安装→立式低过低再安装→蛇形管排起吊设施（单轨吊）安装→低再、低过及省煤器蛇形管排安装→右侧包墙安装。

2.8.2.4.2.3 顶部作业面安装

屏过、高过及高再管排地面组合→高再安装→水冷壁底包墙安装→高过安装→屏过安装→顶棚过热器安装→连接管道安装→疏放水管路安装。

2.8.2.4.3 第三阶段

锅炉水压试验→炉顶大包、钢屋顶、四大管道（非水压试验范围内部分）→燃烧器→附属管道→烟、风、煤、粉管道→锅炉化学清洗→除灰渣系统和其他。

磨煤机、给煤机、风机等附属机械可根据设备到货情况安排施工。

2.8.2.5　锅炉受热面安装

2.8.2.5.1 施工工序

施工组织方案编制→施工安全技术交底→组合架搭设→设备领用→核对图纸清点、检查→光谱复检→受热面通球和集箱清理（内窥镜检查）→地面组合→组合件吊装→高空就位、安装→找正、验收。

（1）水冷壁吊装顺序流程图：按自上而下的顺序。

刚性梁临时吊挂→前墙上部水冷壁组合件→左右侧墙上部水冷壁组合件→后水悬吊管组合件→水平烟道组合件→折焰角水冷壁组合件→左右侧中部螺旋水冷壁组合件→前后墙螺旋水冷壁组合件→冷灰斗区域螺旋水冷壁组合件→水冷壁下集箱及炉底引入连接管→炉顶连接管（在炉膛顶棚管就位后安装）。

（2）后竖井受热面吊装流程图：按从炉后往前的顺序。

后烟井刚性梁临时吊挂→低再和省煤器进口集箱吊装标高 30m 层钢架上→后包墙组合件吊装临时吊挂 K5 大板梁上→吊装 K5～K6 之间的次板梁→后包墙组合件就位→低过进口集箱吊挂后包墙上→省煤器出口集箱组合件吊挂→中隔墙组合件吊装临时吊挂 K4 大板梁上→前包墙组合件吊装临时吊挂 K4 大板梁上→吊装 K4～K5 之间的次板梁→省煤器出口集箱组合件就位→低过出口集箱吊装中隔墙组合件就位→前包墙组合件就位→延伸侧包墙组件安装→右包墙组合件就位→低再蛇行管排吊装（利用 FZQ2200/100t 塔吊或 50t 平臂吊）→省煤器蛇行管和低过蛇行管安装（利用临时单轨吊安装）→左包墙组合件安装→右包墙组合件安装→高温再热器进出口集箱安装→高温再热器管排组合件吊装→高温过热器进出口集箱→高温过热器管排组合件吊装→屏式过热器进出口集箱→屏式过热器管排组合件吊装→顶棚进口集箱→顶棚前部→顶棚中部→顶棚后部→

顶棚出口集箱→各连接管道。

2.8.2.5.2　施工方法

2.8.2.5.2.1　水冷系统安装

一、下水管安装

下水管从省煤器出口集箱引出后分左右两路，向下引至标高 5m 位置。选择下水管拼接段，每两段在地面组合一起，并使拼接长度误差控制在±10mm 之内。临时吊挂按由下到上的顺序进行，安装按由上到下的顺序进行。在起吊前，根据下水管规格做管卡，吊装和吊挂前用管卡卡在钢丝绳的上方，来防止钢丝绳的滑落。

二、水冷壁

水冷壁安装采用上部垂直管排组合为主，散装为辅；中部和冷灰斗螺旋水冷壁散装为主，局部组合为辅的施工方案。水冷壁吊装前将刚性梁临时吊挂到对应标高位置，刚性梁及下部螺旋水冷壁大部分由炉底提升，一部分水冷壁管根据顶板框架空间的大小由炉顶灌入，水冷壁自上而下吊装，吊完一层及时对口找正，安装刚性梁，固定吊装下一层。在炉底安装两台 5t 卷扬机用来辅助水冷壁管排的起吊。

1. 前水安装

前水上部组合件右侧组件由 FZQ2200/100t 塔吊吊装，左侧组件由 50t 平臂吊吊装，按从中心到两边的顺序。组件起吊后，至炉顶开档灌入，直接与吊杆连接就位。等管排全部吊装完后，再找正并固定好，进行鳍片拼接（采用花焊和跳焊的方式进行，刚性梁位置必须焊接完毕），随后进行刚性梁的安装，按自上而下的顺序安装。上部水冷壁及刚性梁安装完毕后，从炉底起吊前水中部和下部螺旋水冷壁，中部螺旋水冷壁吊挂在中部过渡段集箱下方，等中部安装对口完后，再吊装冷灰斗螺旋水冷壁和下集箱。

2. 侧水安装

侧水上部组合件右侧组件由 FZQ2200/100t 塔吊吊装，左侧组件由 50t 平臂吊吊装，组件起吊后，至炉顶缓装件空档灌入，直接与吊杆连接就位。等管排全部吊装完后，再找正并固定好进行鳍片拼接，随后进行刚性梁的安装，也是按自上而下的顺序安装。侧水中部和冷灰斗区域螺旋水冷壁，中部螺旋水冷壁吊挂在中部集箱下方，等中部安装对口完后，再吊装冷灰斗区域螺旋水冷壁和下集箱。冷灰斗区域螺旋水冷壁吊挂在中部螺旋水冷壁下方，下集箱吊挂在冷灰斗区域水冷壁下方，然后调整对口。

3. 后水安装

后水悬吊管组合件在锅炉零米炉膛内进行，右侧组件由 FZQ2200/100t 塔吊吊装，左侧组件由 50t 平臂吊提升就位。

水平烟道水冷壁吊装前在炉底进行组合成 1～2 件，由 FZQ2200/100t 塔吊吊装，此组合件在前包墙吊装完后再吊，当起吊到标高位置后，吊挂在梁上。

折焰角水冷壁分上下两段出厂，为便于吊装在地面组合一道焊口，然后再把后水吊挂管下段与折焰角组合件组合一起。组合件运到炉底后，右侧组件由 100t 塔吊起吊，左侧组件由 50t 平臂吊起吊，利用炉低 5t 卷扬机配合，提升到标高后，利用 4 个 5t 的链条葫芦临时吊挂在后水悬吊管上集箱和上部次梁上。等折焰角吊挂完后，利用 10t 链条葫芦与悬吊管调整焊口。

后水中部和冷灰斗螺旋水冷壁等折焰角与水平烟道水冷壁安装完后，便开始吊装。主要采用散装方式进行。管排利用拖车运至炉低，用布置在炉底的 5t 卷扬机吊装，到位后先吊挂在中间集箱上，再调整对口。等中部吊装安装完后在吊装吊挂冷灰斗区域的管排，下部管排吊挂到中部管排的吊攀上，利用两只 5t 的链条葫芦调整对口。下集箱也是利用 5t 卷扬机吊挂到冷灰斗螺旋水冷壁下部，用 10t 链条葫芦调整对口。

4. 螺旋水冷壁安装

螺旋水冷壁采用小片组合大片散装的方式安装，安装的顺序从上到下、先两侧后前后墙且按环形的方式进行。在安装中部螺旋水冷壁以前，先把中部过渡段集箱找正并加固好，加固时用 12 号槽钢框住集箱两侧，找正好中心线和标高尺寸后，与钢架连接固定，安装前先把燃烧器必须吊至安装位置附近平台上，再开始。螺旋水冷壁安装工序复杂、安装质量要求高，安装当中对应管排及附件的标高应严格控制，测量管排标高时按照图纸以及管排上的安装基准线，相对管排上标高点至少测量四个点，来保证标高的准确度。

螺旋管圈水冷壁是超超临界、直流锅炉的重要承压部件，其过渡段、燃烧器区域管屏、冷灰斗区域管屏安装工艺复杂，安装质量直接影响到燃烧器的安装质量。要装好螺旋管圈水冷壁必须解决炉膛安装时的中心整体扭转、管屏大面积焊接变形等问题。结合国内成熟的安装经验，在安装过程中，我们采取以下措施：

严格按照刚性梁上标识的锅炉中心线和管屏安装基准线找正螺旋水冷壁，在不同的标高设置多个控制点，控制管屏的螺旋角度，逐层找正、固定，防止安装时炉膛中心整体扭转。根据吊装顺序在水冷壁管排上做标记，组件上标明上下段，用临时拖排车运至炉膛用 5t 卷扬机起吊。起吊后，用链条葫芦接钩并调整片缝间间隙，根据地面求得的安装基准线进行上下片实际的中心线找正，用水平管测量每组螺旋水冷壁的螺旋角的两个端点的标高是否和理论计算所得的标高（标在相邻的立柱上）是否一致，如发现误差就利用鳍片间的间距来调整，从而保证螺旋升角的准确性。

管屏找正、对口后及时安装刚性梁，然后进行管屏密封焊接调整管子节距，使之符合设计要求。鳍片和管子的镶嵌间隙尽量小，满足 90%的长度和管子吻合，局部间隙允许在 1～2mm 间隙之间，否则将鳍片用砂轮打磨进行修正，防止焊后节距收缩。

喷燃器管屏组件安装之前，对燃烧器区域上、下部的炉膛进行整体找正，根据炉膛尺寸和图纸找正固定喷燃器管屏组件。

冷灰斗螺旋水冷壁安装前，先把冷灰斗刚性梁框架在炉膛低部组合成两组，吊挂固定后再吊螺旋水冷壁管排，管排直接固定在刚性梁框架上。吊装一片及时安装一片，并做好加固措施。

2.8.2.5.2.2　省煤器、低温过热器、低温再热器

省煤器出口集箱组合件在锅炉零米组合。共 2 件，由 FZQ2200/100t 塔吊进行起吊。组合件起吊时 50t 履带吊辅助起立，从炉顶灌入，先吊挂在大板梁上，两件吊挂后，再吊装缓装梁和吊杆梁，然后塔吊配合就位。

省煤器管排和低温过热器、低温再热器管排吊装是利用省煤器水平吊挂管下方安装的两个 10t 电动葫芦来完成，蛇行管组合件主要利用 100t 或 50t 平臂吊从炉顶灌入，利用两个 10t 电动葫芦接钩。管排吊到对应的位置后立即与悬吊管对接焊口。管排吊装从炉左到炉右的顺序，低过、低再、省煤器穿插进行。等管排吊装完以后便开始整体找正管排，调整管排间间距及管排与前包、后包、中隔墙间间距，安装水平段每层定位钢板、U 形夹和定位块，然后安装低过、低再烟气阻流挡板。

2.8.2.5.2.3　顶棚过热器

顶棚过热器管排分前部、中部、后部三部分，前部和中部为管屏，后部是散管，安装是从后向前的安装顺序进行。低过、

低再和省煤器吊装完后便开始吊装顶棚后部散管，以锅炉中心线为界，炉左用 50t 平臂吊，炉右用 FZQ2200/100t 塔吊，直接从炉顶灌入到位后，中部吊挂到省煤器水平悬吊管上，前后两头直接放到先前搭好的架子上，吊装一部分后把出口集箱找正加固，用链条葫芦调整焊口，等后部顶棚管全部安装完后，及时安装吊挂装置和密封装置；高过和高再管排安装完后再吊装中部顶棚管排，中部顶棚管排吊装也是从炉顶灌入，后部钢丝绳吊挂到前包上集箱上，前部吊挂到高过进口小集箱上，吊一部分后便及时调整对口；顶棚进口集箱找正加固后以及屏过管排吊装就位后，吊装顶棚前部管排，管排从炉顶之间灌入，前头吊挂在进口集箱上，后头吊挂在高过进口小集箱上，边吊装边对口。等焊口安装完毕后及时安装吊挂装置和密封装置。

2.8.2.5.2.4 包墙过热器

后包、前包、中隔墙组合件上集箱和下集箱分三段共货，组合件共三件，即上集箱和下集箱三段以及对应的上下两段管排组成。侧包上集箱和下集箱分两段出厂，组合件由上集箱和下集箱的两段与对应的上下管排组成，左右侧共 4 件组件起吊前检查核对管排编号、方向及管子数量，确认标记方向正确，管排验收合格的前提下开始吊装。

由 FZQ2200/100t 塔吊或 50t 平臂吊起吊，50t 履带吊辅助起立。

右包当后竖井内的所有管排吊装完以后，再吊装就位。

2.8.2.5.2.5 屏式过热器

屏过进出口集箱各分左右两段，炉左集箱用 50t 平臂吊，炉右用 FZQ2200/100t 塔吊直接从炉顶灌入后，需要两吊车配合抬吊到位后直接穿销就位。

屏过管排组合件从炉底起吊，由 FZQ2200/100t 塔吊直接吊挂到位，50t 履带吊辅助起立。

2.8.2.5.2.6 高温过热器

高过进口集箱各分左右两段，出口集箱分三段。进口集箱布置在出口集箱的下方，两个集箱公用一副 U 形吊架。集箱由 FZQ2200/100t 塔吊或 50t 平臂吊从炉底起钩，先吊出口集箱，把出口集箱临时吊挂到次梁上后，再吊进口集箱，进口集箱也是吊挂到次梁上，在进口集箱下方。等高过管排吊装完以后，即安装高过出口集箱和入口集箱承重隔条梁及高过吊杆，然后集箱就位。

高过管排的吊杆安装到位后，开始安装高过管排。

2.8.2.5.2.7 高温再热器

高温再热器集箱吊装和高过集箱相似，进出口集箱公用一副 U 型吊架。先吊装出口集箱再吊装进口集箱，集箱利用 FZQ2200/100t 塔吊或 50t 平臂吊从炉顶板梁之间灌入后，先吊挂到次梁上。然后安装高再管排及集箱的吊挂装置。

高再管排吊装是利用 FZQ2200/100t 塔吊或 50t 平臂吊进行，管排按由炉左到炉右顺序吊装。

2.8.2.5.2.8 分离器、贮水箱安装

分离器和贮水箱位于炉前，由于不受其他设备吊装的约束可提前安装就位，分离器需用 50t 平臂吊或 FZQ2200/100t 塔吊从炉顶贯入。贮水箱重达 80t 左右，建议提前到货后立放于炉前 K2 轴线处，由卷扬机组吊装就位。

重点控制汽水分离器的垂直度、水平度、标高。

2.8.2.6 锅炉整体水压试验

按设备供应商提供的技术文件，编制锅炉水压试验措施，报业主批准后实施。

水压试验的环境温度在 5℃以上（或按厂家技术文件的要求）。水温一般不低于厂家的要求，且不大于 80℃，合金钢受压元件应符合设备技术文件及《蒸气锅炉监察规程》的规定。对奥氏体钢，水质的选择应严格控制氯离子浓度，氯离子浓度应不大于 0.2mg/L，同时过热器系统用 pH 值 10～10.5 的联胺水保护。水压试验试验时，按照电力部颁发的《火电工程锅炉水压试验前质量监督检查典型大纲》的要求检查合格后，按下列步骤进行。

2.8.2.6.1 气压试验

锅炉水压试验前，对锅炉进行一次 0.2～0.3MPa 气压试验对水压系统进行预检查，根据施工现场空压机的额定压力和管道系统的泄漏损失，可提供约 0.6MPa 的压缩空气，能保证锅炉风压试验所需要的压力。

开启锅炉气压系统进气阀门向锅炉进气，压力升至 0.2～0.3MPa 时，关闭锅炉各系统出口阀门，组织人员对系统进行检查。检查方法采用以下方式：

听：一般泄漏处有空气泄出时会发出尖嘘声。

摸：试用薄纸片放在泄漏处就会有轻微的抖动。

看：对轻微泄漏或有可能泄漏的部位在其附近用肥皂水涂抹，若泄漏则在漏处形成肥皂泡。

2.8.2.6.2 锅炉上水

锅炉水压试验一般采用加联胺、氨水配备合格的除盐水（联胺浓度为 200～300mg/L，pH 值为 10～10.5）。

锅炉上水通过临时系统向锅炉上水，直至炉顶放空气管全部出水并不带气泡为止。试验水温不低于厂家要求的最低水温，厂家无说明时根据规范、验标进行。

2.8.2.6.3 升压试验

将水压系统图、升降压曲线图、工序操作卡以及人员组织分工悬挂在施工现场。

检查和确认锅炉满水后，对过热蒸汽、再热蒸汽系统进行升压。升压过程要严格按升压曲线和锅炉厂的要求进行，控制升压速度在 0.2～0.3MPa/min 之间，当达到试验压力的 10%左右时，作初步检查。检查合格后，继续升压至再热蒸汽系统工作压力并进行全面检查，确保无泄漏和设备变形后，继续对系统进行缓缓升压至再热蒸汽系统试验压力，稳压 20min，观察压力表变化情况，然后按 0.2～0.3MPa/min 速度泄压至工作压力，进行系统的全面检查。

再热蒸汽系统试验合格后，切断与过热蒸汽系统的联系，按 0.2～0.3MPa/min 速度泄压。同时，对过热蒸汽系统进行升压达到过热蒸汽系统的工作压力后，检查过热蒸汽系统情况，确保无泄漏和设备变形后，继续对过热蒸汽系统进行缓缓升压至试验压力，稳压 20min，无异常后再降至系统工作压力，进行验收性检查，合格后办理水压试验签证。

2.8.2.6.4 锅炉保护

水压试验合格后，对系统表压泄至零位，锅炉放水（锅炉采用湿保护时可不放水），如水压试验距化学清洗时间超过 30d 时，应进行保护。

本章其余内容见光盘。

第 3 章　华电莱州电厂一期 2×1000MW 级工程施工组织总设计

3.1 编 制 依 据

3.1.1 华电莱州发电有限公司一期 2×1000MW 工程招标文件、图纸、关于招标文件的有关通知及有关答疑澄清文件。

3.1.2 中国有关基本建设的方针、政策、法令、法规及有关行业规章制度（现行版本）。

3.1.3 与本工程有关的施工及验收技术规范、规程、标准。

3.1.3.1 依据建筑工程施工与验收的主要技术规范、规程、标准。

《电力建设施工质量检验及评定规程（土建工程）》（DL/T 5210.1—2005）

《建筑地基基础工程施工质量验收规范》（GB 50202—2002）

《混凝土结构工程施工质量验收规范》（GB 50204—2002）

《钢结构工程施工质量验收规范》（GB 50205—2001）

《地下防水工程施工质量验收规范》（GB 50208—2002）

《建筑地面工程施工质量验收规范》（GB 50209—2002）

《建筑装饰装修工程质量验收规范》（GB 50210—2001）

《钢筋焊接及验收规程》（JGJ 18—2003）

《建筑防腐工程施工及验收规范》（GB 50212—2002）

《建筑给水排水及采暖工程施工质量验收规范》（GB 50242—2002）

《通风与空调工程施工质量验收规范》（GB 50243—2002）

《建筑节能工程施工质量验收规范》（GB 50411—2007）

3.1.3.2 安装工程施工及验收的主要技术规范、规程、标准。

《特种设备安全监察条例》（国务院）2009 年 5 月 1 日起施行

《电站锅炉压力容器检验规程》（DL 647—2004）

《固定式压力容器安全技术监察规程》（TSG R0004—2009）

《火力发电厂金属技术监督规程》（DL/T 438—2009）

《锅炉压力容器压力管道焊工考试与管理规则》国质检〔2002〕109 号

《电力建设施工质量验收及评定规程（焊接篇）》（DL/T 5210.7—2010）

《火力发电厂焊接技术规程》（DL/T 869—2004）

《火力发电厂烟气脱硫设计技术规程》（DL/T 5196—2004）

《电力建设施工及验收技术规范 第四部分 电厂化学》（DL/T 5190.4—2004）

《电力建设施工及验收技术规范 第五部分 热工自动化》（DL/T 5190.5—2004）

《钢制承压管道对接焊接接头射线检验技术规程》（DL/T 821—2002）

《管道焊接接头超声波检验技术规程》（DL/T 820—2002）

《电气装置安装工程质量检验及评定规程》（DL/T 5161—2002）

《电气装置安装工程电气设备交接试验标准》（GB 50150—2006）

《电气装置安装工程电缆线路施工及验收规范》（GB 50168—2006）

《电气装置安装工程接地装置施工及验收规范》（GB 50169—2006）

《电气装置安装工程旋转电机施工及验收规范》（GB 50170—2006）

《电力建设施工质量验收及评价标准 第二部分 锅炉机组》（DL/T 5210.2—2009）

《电力建设施工质量验收及评价标准 第三部分 汽轮发电机组》（DL/T 5210.3—2009）

《电力建设施工质量验收及评价标准 第四部分 热工仪表及控制装置》（DL/T 5210.4—2009）

《电力建设施工质量验收及评价标准 第五部分 管道及系统》（DL/T 5210.5—2009）

《电力建设施工质量验收及评价标准 第六部分 水处理及制氢设备和系统》（DL/T 5210.6—2009）

《电力建设施工质量验收及评价标准 第八部分 加工配制》（DL/T 5210.8—2009）

3.1.3.3 安全、防火、防爆、环境保护及卫生的主要技术规范、规程、标准。

《电力建设安全工作规程 第 1 部分 火力发电厂》（DL 5009.1—2002）

《电力设备典型消防规程》（DL 5027—93）（2005 年确认）

《施工现场临时用电安全技术规范》（JGJ 46—2005）

《中华人民共和国环境保护法》（国家主席令第 22 号）

《中华人民共和国大气污染防治法》（国家主席令第 32 号）

《中华人民共和国水污染防治法》（国家主席令第 66 号）

《中华人民共和国环境噪声污染防治法》（国家主席令第 77 号）

《中华人民共和国固体废弃物污染环境防治法》（2005 年 4 月 1 日起执行）

《中华人民共和国水土保持法》（1991 年 6 月 29 日）

《中华人民共和国清洁生产促进法》（2003 年 1 月 1 日起执行）

《建设项目环境保护管理条例》（国务院令第 253 号，1998 年 11 月 29 日）

《建设项目竣工环境保护验收技术规范 火力发电厂》（HJ/T 255—2006）

《中华人民共和国水土保持法实施条例》（1993 年 8 月 1 日国务院令第 120 号）

《山东省实施〈中华人民共和国水土保持法〉办法》（1999 年 6 月 18 日山东省 9 届人大常委会第 9 次会议修订通过）

《关于印发〈电力建设项目水土保持工作暂行规定〉的通知》

3.1.4 《中国华电集团公司火电工程施工组织总设计管理规定》（试行）。

3.1.5 《华电国际电力股份有限公司安全管理评估标准》。

3.1.6 《华电莱州发电有限公司一期（2×1000MW）工程施工组织设计大纲》。

3.1.7 华电莱州发电有限公司一期（2×1000MW）工程《工程建设管理制度汇编（A 版）》。

3.1.8 2006 年版《工程建设标准强制性条文》（电力工程部分）。

3.1.9 2009 年版《工程建设标准强制性条文》（房屋建筑部分）。

3.1.10 《绿色施工导则》（建质〔2007〕223 号）。

3.1.11 华电莱州发电有限公司《工程建设质量工艺要点手册》。

3.1.12 华电莱州发电有限公司《亮点工程质量工艺手册》。

3.1.13 《华电莱州发电有限公司创无违章工地实施方案》

3.1.14 《华电莱州发电有限公司一期（2×1000MW）工程安全文明建设总体策划》

3.1.15 《华电莱州发电有限公司一期（2×1000MW）工程环境保护“三同时”实施方案》

3.1.16 《华电莱州发电有限公司一期工程基建工程“对标管理年”活动实施方案》

3.1.17 华电莱州发电有限公司《安全文明施工标准图集》

3.1.18 B标段施工合同

3.2 工程概况

3.2.1 电厂厂址及自然环境

3.2.1.1 工程规模

华电莱州发电有限公司一期 2×1000MW 国产超超临界燃煤发电机组。厂址位于莱州市金城镇海北嘴村北面。2010年3月开工，1号机组于2011年12月、2号机组于2012年3月投产。

3.2.1.2 厂址及自然环境

3.2.1.2.1 厂址

华电莱州发电有限公司的厂址，位于莱州市金城镇海北嘴村北面，西侧和北两侧濒临渤海莱州湾，东侧和西南侧为海边防风林带。厂址南距莱州市中心 27km，西距莱州港区 8km。厂址自然地形的情况：中部高四周低，地面高程在3.1～16.3m之间，地貌成因类型为侵蚀丘陵和海积冲积平原，地貌类型为低丘和滨海低地，可供选择利用的场地东西方向长约3000m，南北方向宽约1100m，满足建设8×1000MW机组的场地要求。厂址位于城市规划区之外，符合城市规划。

3.2.1.2.2 燃料

电厂本期工程 2×1000MW 燃煤机组锅炉年耗煤量为435.60万t，煤源主要为神府东胜煤田。

本期工程燃煤采用铁路运输，电厂燃煤具体运煤通道方案为：经神华铁路神朔段—朔黄段—黄大铁路—朱桥站（龙口端接轨）—新建电厂运煤铁路专用线运至电厂，通道全长约1195.9km。其中电厂运煤铁路专用线长度7.084km。

3.2.1.2.3 水源

循环水采用直流一次循环系统，所用海水取自电厂北侧的莱州湾。本期工程2×1000MW燃煤机组夏季、春秋季循环水冷却水量为59.30m^3/s，冬季循环冷却水量为44.97m^3/s。

本期工程淡水用水量 507m^3/h，其中利用城市深度处理回用水312m^3/h；海水淡化水171m^3/h；自来水公司来水24m^3/h。全年用水量360万m^3，供水保证率为97%，其中海水淡化系统年提供120万m^3，作为锅炉补充水处理室及空压机、汽水取样、柴油发电机冷却等工业用水；年提供深度处理回用水220万m^3，作为绿化、渣系统冷却、脱硫岛工艺、灰场喷洒及预留码头工艺等用水；自来水公司年提供20万m^3，作为厂区及码头生活用水，自来水公司400m^3/h的供水能力作为城市中水事故时的备用水源及施工水源。本期工程百万千瓦耗水指标为 0.07m^3/(s·GW)（含湿法脱硫）。

海水淡化用海水取自凝汽器排水管道、自来水及中水由莱州市自来水公司送至电厂围墙外1m。

山东省水利厅文件以鲁水资字〔2005〕11号文批复同意了本工程城市二级排放水用量300万m^3，城市自来水用量20万m^3。该指标满足电厂用水要求。供水保证率为97%。

3.2.1.2.4 灰场

电厂采用干除灰系统，灰渣分除系统。一期工程年排灰渣总量约为58.85万t，折合体积65.3万m^3。石灰石湿法脱硫系统年排脱硫石膏总量约为13.9万t，折合11.1万m^3。灰渣和脱硫废弃物首先考虑通过汽车运至综合利用现场，对于综合利用不及时或剩余部分运至仓上灰场储存堆放。

仓上矿坑灰场位于莱州市北25km，东北距海北嘴厂址直线距离约13km。该矿坑容积达2500万m^3，满足一、二期工程机组的长期贮灰要求。

3.2.1.2.5 交通运输

莱州市境内港口主要有莱州港和海庙港，年吞吐能力达到300万t，主要港口莱州港位于海北嘴厂址以西约8km，为国家一类开放港口，拥有万t级泊位一个，3000～5000t级泊位四个，年吞吐能力 260 万 t，主要承担莱州市原盐、石材、建材等大宗物资的运输任务，以及临近县市、潍坊市乃至华东地区和东北地区的物资转运任务。

大莱龙铁路自西南向东北纵贯市域全境。在莱州市域内自西南向东北共设置了东宋站、莱州站、过西站、朱桥站和金城站共五个区间小站。铁路专用线自大莱龙铁路的朱桥站龙口端引出，以一个半径为500m的曲线在高家村东面折向西北，小填方走行于田地中，于吴家庄子村东北折向北，线路跨越文三公路后，于花山庙村和海北嘴村之间由南向北进入厂区，线路全长7.084km。

莱州市地处青岛、烟台、潍坊三地市之间，是烟台往西对外联系的要道，公路交通比较发达。同三高速公路、206国道和建设中的烟潍高速公路自境内由东北向西南通过，市域内国道、省道基本构成“四横三纵”公路骨架，四横是指省道文三线（S304）、省道海莱线（S306）、省道小莱线（S307）、和省道夏士线（S308）莱州段；三纵是指国道烟汕线（G206）、省道三城线（S218）和省道朱诸线（S217）莱州段。

电厂进厂道路自厂址南面的304国道（文三公路）接引，沿进海北嘴村的道路向北然后折向西北再折向北进入电厂，自文三公路接出到电厂主入口长度约 3.8km。运灰渣道路由厂区南围墙引出后折向西接进厂道路，运灰渣道路自文三公路向西接三城公路后转向南，再转向西至仓上矿坑灰场，公路运输距离19km。

3.2.1.2.6 地质条件

一、地层及岩性特征

根据初设阶段《岩土工程勘测报告》，由于场地内覆盖层厚度差别较大，其工程物理力学性质差异也比较大，根据其厚度及力学性质的差异将厂址分为Ⅰ区和Ⅱ区（详见勘探点平面布置及工程地质分区图）。Ⅰ区主要分布在厂址的中部及南部，地貌类型一般为低丘，覆盖层厚度小于 3m，Ⅱ区主要分布在厂址的北部和西南部，地貌类型一般为海滩地和海积平原，覆盖层厚度大于3m。

场地上覆地层为第四系人工填土（Q4s）、第四系全新统海相沉积（Q4m）的中粗砂及第四系全新统残积层（Q4al）形成的粉质黏土、中粗砂，下伏燕山期（γ）花岗岩，局部有煌斑岩。

场地地下水类型主要为基岩裂隙水及第四系孔隙潜水，地下水补给来源为大气降水，大气降水大部分通过地表径流流入海中。地下水排泄方式主要是人工开采和地表蒸发，其次是沿基岩裂隙以潜流方式排至海中。勘测期间地下水稳定水位0.80～5.50m，据调查该厂址常年最高地下水稳定水位埋深可接近地表。

地下水对混凝土结构无腐蚀性，对混凝土结构中的钢筋无腐蚀性，对钢结构有弱腐蚀性。

二、场地土类型与建筑场地类别

根据场地的地形、地貌及岩土工程条件等分析，场地Ⅱ区位于抗震不利的地段，Ⅰ区位于抗震有利的地段。

厂址Ⅱ区的土层的等效剪切波速值 140m/s≤v_{se}≤250m/s，场地土类型为中软场地土，建筑的场地类别为Ⅱ类。Ⅰ区场地土类型为岩石，建筑的场地类别为Ⅰ类。

三、地震动参数

厂址工程场地 50 年超越概率为 10%的平均土条件下的地震基本烈度为Ⅶ度，设计地震动峰值加速度为 115.6cm/s^2，地震动反应谱特征周期为 0.37s；基岩设计地震动峰值加速度为 77.4cm/s^2。

四、地震液化判别

Ⅰ区可不考虑液化影响，Ⅱ区应进行液化的可能性判别。液化层为②层中粗砂，液化指数为 10.4～11.6，厂址Ⅱ区内②砂土在地震烈度达Ⅶ度时，将产生地震液化，液化等级为中等液化，最大液化深度为 3.30m。

五、地基方案建议

厂址Ⅰ区花岗岩由于埋深比较浅，地基强度高，承载力高，工程地质性质较好，可以作为主要建（构）筑物及一般建（构）筑物的天然地基持力层。

厂址Ⅱ区①层杂填土在场地分布不均匀，埋深较浅，不宜作为天然地基持力层，建议施工时挖除；②层中粗砂在场地分布不均匀，且为地震液化层，液化等级为中等液化，不经处理不宜作为天然地基持力层，建议采取换填处理或采用振冲挤密桩复合地基。

对于横跨Ⅰ区、Ⅱ区的建筑物，考虑所采用地基的不均匀性，建议进行相应处理措施。

坐落在采石坑区的建筑物，应根据在采石坑的深度、回填厚度的不同，根据建筑物的安全与结构等级，建议采取不同的地基处理措施。

六、本地区累年最大冻土深度

本地区累年最大冻土深度为 68cm（1980 年 2 月）。

3.2.1.2.7 水文气象

莱州市地处莱州湾的东岸，枕山襟海，山海相映，四季分明。气候属暖温带季风区域大陆性气候区，四季变化明显。具体表现为冬季干冷雨雪稀少；春季风大，气候干燥；夏季高温高湿，雨水集中，灾害性天气较多；秋季常常受旱涝和连阴雨天气的威胁。全年平均气温 12.4℃，累年极端最高气温 38.9℃（1961 年 6 月 12 日），累年极端最低气温－17℃（1970 年 1 月 16 日），累年平均最高气温 17.7℃，累年平均最低气温 8.6℃；累年平均最低平均降水量 587.0mm，累年年最大降水量 1204.8mm（1964 年），累年年最小降水量 313.89（1977 年），累年最大一日降水量 173.4mm（1998 年 7 月 24 日），累年最大一小时降水量 58.8mm（1976 年 7 月 30 日），累年最大 10min 降水量 35.7mm（1974 年 6 月 17 日），最长连续降水日数为 11 天，相应降水量 164.1mm（1964 年 8 月 25 日—1964 年 9 月 4 日）；累年平均气压 1011.4hPa；累年平均相对湿度 63%，累年最小相对湿度 4%（1984 年 2 月 29 日）；累年平均蒸发量 1961.0mm；累年平均风速 3.2m/s，累年最大风速 21.3m/s 全年主导风向为 S，频率 14%；冬季主导风向为 SSW，频率 14%；夏季主导风向为 S；频率 16%；累年最大积雪厚度 36cm（1972 年 2 月 5 日），累年最大冻土深度 68cm（1980 年 2 月）。

厂址区域主要受厂址东侧朱桥河洪水及当地区域暴雨积水的影响，100 年一遇洪水位为 4.96m。厂址与朱桥河隔一地面高程为 7～16.3m 小山包，起到隔水作用，厂址不受其他洪水的威胁。海北嘴厂址靠近渤海，厂址排水可直接排入海中。

平均高潮位：53cm。

平均低潮位：－48cm。

平均潮差：101cm。

200 年一遇高潮位：291cm；低潮位：－271cm。

100 年一遇潮位：274cm；低潮位：－271cm。

50 年一遇高潮位：257cm；低潮位：－244cm。

33.3 年高潮位：247cm；（97%低）潮位：－236cm。

莱州湾位于山东半岛西北，渤海南部，其波浪主要受季风控制，全海区的波浪以风浪为主，其风浪频率在 80%以上。

常浪向为 NE，年出现频率为 14%，强浪向为 NE，次强浪向为 NNE。

设计低水位时，100 年、50 年、一遇的 H1%波高和 H5%波高在海图水深 5m、4m 和 3m 处，波浪均已破碎。设计波高分别为 3.17m、2.52m 和 1.87m。

设计高水位时，于 4m、3m 等深线处设计高水位时设计波要素均已破碎。

3.2.2　工程规模及主要设备

3.2.2.1　工程规模

本工程安装 2 台 1000MW 国产超超临界燃煤发电机组，同步建设全烟气脱硫设施，并预留脱硝空间。

业主是由华电国际电力股份有限公司控股组建。

项目法人：华电莱州发电有限公司（简称业主）。

设计单位：国核电力规划设计研究院（简称设计院）。

3.2.2.2　主设备简况

本工程三大主机设备及一、二、三批辅机已招标。

3.2.2.2.1　锅炉

型式：超超临界参数变压运行直流炉、单炉膛、一次再热、平衡通风、固态排渣、全钢构架、全悬吊结构、对冲燃烧方式，锅炉采用半露天、Π 形布置。

供货商：东方锅炉（集团）股份有限公司。

锅炉最大连续蒸发量：3033t/h。

过热蒸汽出口压力：26.25MPa（a）。

过热蒸汽出口温度：605℃。

再热蒸汽出口压力：4.783MPa（a）。

再热蒸汽出口温度：603℃。

给水温度：302℃。

排烟温度（修正后）：121℃。

锅炉保证热效率：93.80%。

3.2.2.2.2　汽轮机

型式：1000MW 级、超超临界、一次中间再热、单轴、四缸四排汽、凝汽式。

供货商：东方汽轮机有限公司。

额定功率（THA）：1039MW。

主汽门前额定蒸汽压力：25MPa（a）。

主汽门前额定蒸汽温度：600℃。

中压联合阀前额定蒸汽温度：600℃。

再热蒸汽压力（THA）：4.388MPa（a）。

THA 工况下的保证热耗：7297kJ/kWh。

额定平均背压：4.725kPa（a）。

夏季运行最高平均背压：9.0kPa（a）。

额定转速：3000r/min。

额定冷却水温：17℃。

最高冷却水温：30℃。

3.2.2.2.3 发电机

型式：自并励静态励磁、水氢氢冷汽轮发电机。

供货商：东方电机股份有限公司。

型号：QFSN-1000-2-27。

额定容量：1155MVA。

额定功率：1039MW。

额定电压：27kV。

额定功率因数：0.90（滞后）。

频率：50Hz。

效率：不小于99%。

冷却方式：水氢氢。

3.2.3 厂区总平面布置

电厂主厂房方案采用侧煤仓方案；煤场卸煤系统和上煤系统按照一、二期工程分别单独设置，铁路专用线自南向北进入厂内，电厂铁路站南北向布置，电厂行政办公及生活福利设施布置在厂区西北侧的海北嘴角位置。

厂区南北方向定位：厂区内西侧和北侧主厂区尽量靠近海岸线布置，以缩短循环水取排水管线长度；并且厂区内一期工程主厂房等主要建（构）筑物尽量布置在Ⅰ区场地内。

厂区东西方向定位：铁路电厂站南北向布置，铁路专用线由南向北进入厂区，为满足8台机组的出线要求和循环水进水管的布置以及进厂通道和环境景观的要求，厂区西围墙到西侧海岸线最近距离约90m，铁路电厂站西距海北嘴村距离约90m。

电厂厂区呈一“┓”形，为“三列式”布置格局，主要生产设施由西向东依次布置为500kV屋内GIS配电装置—主厂房区—燃料设施区（煤场及厂内铁路），主厂房固定端朝北，向南扩建，厂区由北向南依次为辅助生产区—主厂房区—施工区，电厂行政办公及生活福利设施布置在厂区西北侧的海北嘴角位置，电厂扩建端场地具备再扩建6×1000MW机组的条件，厂区总平面布置按功能分区分别叙述如下。

3.2.3.1 主厂房区定位及布置

一、二期主厂房脱开布置，主厂房南北向平行于基岩等高线布置，主要坐落在4～10m基岩等高线上，主厂房西侧和北侧分别布置500kV屋内GIS配电装置和辅助生产设施区，厂区西围墙距西侧海岸线约90m，北围墙至北侧海岸线约20m，该处标高在3m以上，厂区西侧和北侧护岸按浆砌块石挡墙设计即可，不需设置防浪墙。

主厂房采用侧煤仓方案，煤仓间布置在两台锅炉之间，主厂房区由西向东依次布置了汽机房、锅炉、除尘器、烟囱。汽机房长度203.5m，汽机房A列柱中心线至烟囱中心线距离为185.22m，电除尘配电室、机组排水槽布置在炉后送风机支架东侧和炉后道路之间，全厂空压机房布置在2号炉脱硫设施的南侧，集控楼布置在厂区固定端侧，燃油设施布置在厂区的东北侧，启动锅炉房布置在1号炉脱硫设施的东北侧。

3.2.3.2 脱硫设施布置

主厂房烟道支架外侧约90m宽范围内为脱硫岛主体区域，脱硫装置采用一炉一塔方案，两座脱硫吸收塔布置在烟囱两侧，石灰石浆液制备和石膏脱水为两套脱硫装置公用，布置在烟囱的东侧。

3.2.3.3 除灰设施布置

除渣系统采用干除渣，每台锅炉外侧设一座渣仓，靠近主厂房两侧环行道路布置，运输便捷。

三座干灰库位于烟囱外侧脱硫岛的东南侧，吸收剂制备车间的南侧，每座灰库设贯通式运灰道路，运灰道路向南，南转向西接进厂道路，运输线路便捷，对生产区干扰小。

3.2.3.4 电气设施布置

主变、高厂变和启备变等电气构筑物布置在主厂房A列柱的外侧，500kV电力进线向西进入500kV屋内GIS配电装置，布置500kV进线架构之后，能够满足规划容量下布置A列外管线走廊的用地要求，网控楼布置在500kV屋内GIS配电装置的北侧，起备电源采用500kV电压等级。

3.2.3.5 主要水工设施布置

循环水取水泵房布置在厂区北面西部，靠近北侧海岸线，一、二期循环水泵房分别布置；循环水排水口设在厂区西侧小港湾内，综合水泵房布置在主厂房的东北侧，循环水泵房的东侧，废水处理车间布置主厂房东北侧，综合水泵房的东侧。

3.2.3.6 化学设施的布置

锅炉补给水处理布置在锅炉房的北侧，循环水泵房的正东侧，循环水制氯车间布置在化验楼北侧，贮氢罐布置在公用水泵房的北侧，循环水泵房的西北侧，凝结水精处理设施布置在主厂房内。

3.2.3.7 卸煤和输煤系统布置

卸煤和输煤系统布置在主厂房的东北侧。

电厂一期工程卸煤系统为2套单车翻车机系统，设2股重车线、2股空车线、1股机车线，共计5股道，卸煤铁路线有效长满足5000t整列卸车的条件，翻车机系统采用折返式对称布置，2套翻车机系统可以同时运行，每套系统由“C”形翻车机本体及调车设备重车调车机、空车调车机、迁车台、喷雾抑尘、程序控制、工业电视监控系统等组成。二期工程采用海上来煤的方式，设3.5万t级码头泊位两个。

一期工程设2座直径120m的圆形煤场，布置在厂区的东北侧，从固定端上煤。

3.2.3.8 其他辅助生产设施布置

厂区辅助、附属设施主要布置在厂区固定端一侧，靠近北侧海岸线布置，全厂的行政办公生活福利设施布置在厂区的西北角，海北嘴嘴角的位置。

3.2.3.9 厂区围墙及围墙内占地面积

厂区东侧及南侧围墙采用实体围墙，西侧和北侧均采用透空围栅，以与周围环境景观相协调，厂区围墙内占地面积为38.85hm^2。

3.2.3.10 电厂出入口的设置

电厂进厂道路由厂区南侧文三公路接入，自南向北折向西北绕过海北嘴村再折向北进入厂区，电厂主入口设在厂区西侧位置，电厂进厂道路北段西临大海，东为电厂，沿途景观较好，货运出入口设在厂区南侧中段，运灰渣路由厂区向南转向西接进厂道路。

3.2.4 厂区总布置指标

厂区主要经济指标见表3-2-1。

表3-2-1　　厂区主要技术经济指标表

序号	项　　目	单位	指标	备　　注
1	一期厂区用地面积	hm^2	45.1	含铁路厂内站
2	单位容量占地	m^2/kW	0.175	
3	A排至烟囱距离	m	185.22	
4	建筑系数	%	46.80	
5	厂区建构筑物占地	hm^2	16.4	
6	厂区道路面积	m^2	43030	含广场

续表

序号	项　　目	单位	指标	备　　注
7	厂区（包括施工区）初平挖方	10^4m^3	102.5	
8	厂区（包括施工区）初平填方	10^4m^3	21.43	
9	绿化面积	m^2	70080	
10	施工生活区面积	m^2	50000	
11	施工生产区面积	m^2	220000	

3.2.5　施工范围及主要工程量

3.2.5.1　标段划分情况

3.2.5.1.1　标段划分原则

单元制系统的设施原则上随机组安装，两台机公用设施及母管制系统设施（单独说明除外）由 A 标段负责。

设备安装属哪个标段，相应的电气高压配电盘、厂用工作变压器、动力中心 PC 柜、马达控制中心 MCC 柜则属那个标段。高压配电盘引接至高压马达或工作变的电缆属高压配电盘的安装；厂用工作变压器接至 PC 柜的铝母排属 PC 柜的安装；PC 柜至电动机或 MCC 柜的电缆及 MCC 柜引出的电缆属 MCC 柜的安装。

全厂接地网原则随各标段区域、设备，B、C、D、E 标段负责与近处主接地网的接口。

各构筑物的污水、雨水、水消防属各标段，接至各构筑物外 1m，构筑物之外的污水、雨水、水消防原则随厂区道路，主系统标段负责接口工作。

3.2.5.1.2　B 标段

3.2.5.1.2.1　土建工程

（1）2 号锅炉房及炉架基础，2 号锅炉房及基础施工前后的土方开挖、回填、夯实和 0m 地面处理，2 号炉侧低封。

（2）汽机房：2 号汽机房中间层与运转层面层处理。2 号汽机房除大机基础外的所有设备基础。2 号汽机房及基础施工完后的土方回填、夯实和 0m 地面处理。

（3）2 号炉侧电子设备间，2 号机侧电子设备间，侧煤仓间 0m 区域和 17m 区域的面层处理。

（4）整个 2 号机主厂房土方开挖量约 $50000m^3$，回填量约 $78000m^3$，钢筋混凝土基础为 $9381m^3$，各层地面、平台、楼面、屋面为 $33238m^2$。

（5）A 排外 2 号主变压器基础，厂高变基础，启备变基础，防火墙，从主厂房中间为分界线的电缆沟道；2 号机组主变及启备变至 500kV 配电装置线路的门型架构基础（不含靠近 GIS 室的第一个门型架构基础）。

（6）2 号机组电除尘器基础及土方开挖、回填，2 号机组除尘器前烟道支架和综合管架（与 A 标段接口位置在侧煤仓向南 1m），2 号机组引风机基础及支架，除尘器出口烟道至脱硫旁路挡板门前法兰的水平烟道支架及基础，除尘器出口烟道至增压风机出口挡板门后法兰的支架及基础。

（7）机组排水槽及内部设备基础。

（8）烟囱。

（9）灰库，灰库设备基础，灰库电梯基础，侧煤仓向南 1m 的支架至灰库管道支架。

（10）本标段建构筑物内的生活给水、生活污水、工业废排水、水消防、除尘、通风设施、空调设施、照明设施。

（11）本标段设备地脚螺栓固定用预埋件的埋设，以及设备的二次灌浆。

（12）化学加药系统的基础。

（13）空压机房构建物及设备基础，压缩空气储气罐基础。

（14）一期圆形煤场的土建工作（不包含其上的圆形煤场网架的供货和安装）。

3.2.5.1.2.2　安装工程

（1）2 号机组脱硫岛前的所有设备及管道安装保温油漆，2 号机组电除尘安装保温油漆，2 号机组除尘器出口烟道至脱硫旁路挡板门前法兰的水平烟道安装保温油漆，2 号机组除尘器出口烟道至增压风机出口挡板门后法兰的安装保温油漆。

（2）除灰渣系统设备安装：2 号机组除渣系统；2 号机组除尘器及省煤器下压力输送装置至灰库的所有设备及管道。1 号机组除尘器及省煤器下气力除灰装置从侧煤仓向南 1m 管道至灰库的管道。

（3）2 号机组主变（至高压侧绝缘子止）、厂高变等 A 排外设备安装。2 号机组 500kV 出线及门型架构（不含靠近 GIS 室的第一个门型架构基础）。启备变低压侧共箱母线与 A 标段的分界点在 2 号机主厂房外第一个接点。

（4）辅助蒸汽母管与 1 号机组的分界以主厂房双柱中心为界。

（5）机组排水槽内部设备安装，管道接至机组排水槽外 1m。

（6）灰库设备安装，灰库电梯井道施工。

（7）连接 2 号机组与 1 号、2 号机组公用系统的电缆、光缆、仪表管路、桥架等连接设备、设施的安装。

（8）连接 2 号机组与主厂房外 BOP 之间的电缆、光缆、仪表管路、桥架等连接设备、设施的安装。

（9）公用 PC A 段、B 段及 1 号、2 号机事故保安 PC 段至 2 号机组电动机或 MCC 柜的电缆。

（10）2 号机凝水精处理至凝水再生系统的管道，以再生系统出口 1m 为界（如有联络门，以联络门后法兰为界）。

（11）化学加药系统（至 1 号的加药管道接口为加药泵房外 1m）；2 号汽水取样系统的设备安装保温油漆。

（12）2 号机组的氢气管道安装、油漆，与 1 号机组的接口以联络门后法兰为界。

（13）2 号机的除盐水补水管道（以 1 号、2 号机联络门后法兰为界）。

（14）工业水系统（含生活、消防水系统）从 1 号、2 号机组的联络门后法兰引接。

（15）燃油系统与 A 标段接口在 1 号、2 号机组进油、回油联络门后法兰。

（16）空压机房内设备安装油漆。压缩空气储气罐安装，压缩空气管道接至 1 号、2 号机组压缩空气系统阀门分配站的阀门后法兰，及从 1 号、2 号机组压缩空气系统阀门分配站的阀门后法兰开始引接的 2 号机组压缩空气管道。

（17）负责本标段土建区域的热网施工，与 A 标段接口在主厂房双列柱中间。

（18）全厂各种电缆总长 1076.7km。

3.2.5.2　主要工程量清单

3.2.5.2.1　B 标段土建主要工程量清单

B 标段土建主要工程量见表 3-2-2。

表 3-2-2　　　　B 标段土建主要工程量

序号	项目名称及规范	单位	工程量
一	热力系统		
1	主厂房本体及设备基础		

续表

序号	项目名称及规范	单位	工程量
1.1	主厂房本体		
1.1.1	基础工程		
	土石方开挖	m^3	50000.00
	土方回填	m^3	78000.00
1.1.2	框架结构		
	锅炉房楼面板　现浇板	m^2	250.00
	其中：混凝土（高含量钢筋）	m^3	28.25
1.1.3	运转层平台		
	锅炉房运转层平台（钢梁浇制板）	m^2	4618.00
	其中：混凝土（高含量钢筋）	m^3	154.00
	钢次梁	t	235.62
1.1.4	地面及地下设施		
	煤仓间（无地下室）彩色水泥自流平地面	m^2	2760.00
	汽机房（无地下室）彩色水泥自流平地面	m^2	2690.00
	除氧间（无地下室）高强橡胶地面	m^2	940.00
	炉前平台（无地下室）彩色水泥自流平地面	m^2	495.00
	锅炉房室外混凝土硬化地面	m^2	1800.00
	锅炉房（无地下室）彩色水泥自流平地面	m^2	3280.00
	凝结水泵坑钢筋混凝土侧壁	m^3	35.00
	凝结水泵坑底板　钢筋混凝土	m^3	24.00
	循环水管坑钢筋混凝土侧壁	m^3	540.00
	循环水管坑底板　钢筋混凝土	m^3	360.00
	循环水管坑钢平台	t	10.00
	循环水管坑钢梯	t	10.00
1.1.5	屋面结构		
	锅炉房屋面保温防水（建比特）	m^2	2820.00
	锅炉房细石混凝土屋面	m^2	5080.00
	炉前平台屋面（建比特）	m^2	490.00
	炉前平台细石混凝土屋面	m^2	490.00
1.1.6	围护及装饰工程		
	锅炉房外墙　金属墙板　保温	m^2	2303.27
	240 内墙　加气混凝土墙	m^2	252.20
	240 外墙　加气混凝土墙	m^2	175.09
	煤仓间地砖楼面	m^2	245.00
	煤仓间水泥楼面	m^2	680.00
	汽机房中间层平台板水泥楼面	m^2	1055.00
	汽机房　高强橡胶楼面	m^2	6035
	炉侧低封	m^2	605
	墙面粉刷　水泥砂浆	m^2	175.09
	墙面粉刷　涂料（防火型涂料）	m^2	854.57
	墙面粉刷　中级抹灰	m^2	854.57
1.1.7	厂房内管沟		

续表

序号	项目名称及规范	单位	工程量
	浇制素混凝土沟道	m^3	500.00
1.2	锅炉电梯井基础		
	钢筋混凝土侧壁	m^3	17.5
	底板　钢筋混凝土	m^3	12
1.3	锅炉基础		
	锅炉基础（独立基础钢筋混凝土）	m^3	6345
	基础抗震墙	m^3	325
1.4	其他		
	设备基础固定架	t	20.00
	基础外防腐（沥青漆）	m^2	2500.00
1.5	锅炉附属设备基础		
	锅炉排污扩容器基础开挖	m^3	70
	锅炉排污扩容器基础　钢筋混凝土	m^3	48.5
	扩容器水箱基础开挖	m^3	175
	扩容器水箱基础　钢筋混凝土	m^3	126
1.6	汽机附属设备基础		
	凝结水泵基础　钢筋混凝土	m^3	98
	汽动给水泵机座	m^3	218
	汽动给水泵弹簧隔震（甲供）	套	2
	汽动给水泵基座支撑钢梁	t	34
	其他设备钢筋混凝土基础	m^3	732
2	除尘排烟系统		
2.1	除尘器建筑		
	电除尘支架基础		
	基础开挖	m^3	10430
	独立基础　钢筋混凝土	m^3	830
	固定螺栓钢支架及钢筋支架	t	3
	混凝土地面	m^2	2590
2.2	钢烟道支架		
	基础开挖	m^3	2928
	独立基础　钢筋混凝土	m^3	410
	钢框架	t	520
	混凝土地面	m^3	145.5
	吊车梁	t	17
2.3	送风机、一次风机基础		
	送风机基础　钢筋混凝土	m^3	465.6
	一次风机基础　钢筋混凝土	m^3	291
2.4	引风机基础及检修支架		
	基础开挖	m^3	1680
	独立基础　钢筋混凝土	m^3	285
	吊车梁	t	7.3

续表

序号	项目名称及规范	单位	工程量
	引风机基础　钢筋混凝土	m^3	737.2
	钢梯	t	3
	混凝土地面	m^2	1664
2.5	烟囱（240m－2×7.6）		
2.5.1	一般土建		
	土石方开挖	m^3	6400
	240m 及以下　基础	m^3	3960
	240m 及以下　筒身	m^3	7180
	耐硫酸露点钢材钢内筒	t	1380
	不锈钢内筒	t	24
	钢梁	t	144
	钢混组合楼板	m^2	363
	钢梯	t	22.5
	钢格栅	t	150
	防腐层	m^2	11155
	加劲肋	t	32
2.5.2	照明		
	烟囱（100m）照明	m	240
3	地基处理		
	级配砂石换填夯实	m^3	8606.00
	主厂房地下设施毛石混凝土换填	m^3	2000
二	渣仓基础		
1	渣仓基础		
	基础开挖	m^3	38
	独立基础　钢筋混凝土	m^3	29
2	渣机基础		
	渣机基础　钢筋混凝土	m^3	140.65
3	灰库		
3.1	一般土建		
	土石方开挖	m^3	2666
	钢筋混凝土圆环基础	m^3	2020
	钢筋混凝土筒壁（400mm）	m^3	700
	钢筋混凝土筒壁（350mm）	m^3	1305
	现浇钢筋混凝土框架	m^3	630
	屋面板　现浇板	m^2	565
	楼面板　现浇板	m^2	565
	现浇钢筋混凝土楼面板（库底板）	m^3	514
	细石混凝土找坡	m^2	388
	屋面保温防水	m^2	565
	水泥楼面	m^2	565
	加气混凝土外墙　24 墙	m^2	210

续表

序号	项目名称及规范	单位	工程量
	墙面粉刷　水泥砂浆	m^2	3940
	墙面粉刷　涂料	m^2	7548
	墙面粉刷　中级抹灰	m^2	5695
	外墙珍珠岩板保温	m^2	3730
	钢梯	t	6
	平台	t	8
	栏杆	t	6
	毛石带型基础	m^3	29
	复杂地面　混凝土面层	m^2	565
	塑钢门窗（甲供）	m^2	95
3.2	小安装		
	通风	m^3	3179.25
	照明	m^3	3179.25
	设备：		
	风冷壁挂式冷暖空调器 Q_L=3.6kW	套	2
4	除灰空压机房		
4.1	一般土建		
	一般开挖	m^3	1655
	独立基础　钢筋混凝土	m^3	192
	复杂地面　水泥砂浆面层	m^2	460
	屋面板　现浇板	m^2	460
	屋面保温防水	m^2	460
	外墙　24 墙	m^2	1065
	墙面粉刷　水泥砂浆	m^2	1065
	墙面粉刷　涂料	m^2	2130
	墙面粉刷　中级抹灰	m^2	1065
	现浇钢筋混凝土框架	m^3	160
	钢梯	t	1.8
	钢栏杆	t	1.8
	钢平台	t	1.8
	塑钢门窗（甲供）	m^2	115
	钢轨	t	2
4.2	小安装		
	上下水	m^2	475.2
	采暖	m^2	475.2
	通风	m^2	475.2
	照明	m^2	475.2
	设备：		
	T35-11 型钢制轴流风机 4.5 号	台	3
5	除灰管道支架		
	混凝土支架	m^3	120

续表

序号	项目名称及规范	单位	工程量
	钢支架（含防腐）	t	210
三	电气系统		
1	变配电系统建筑		
1.1	汽机房A排外构筑物		
1.1.1	主变基础		
	土石方开挖	m^3	5553
	钢筋混凝土地坑	m^3	102
	钢筋混凝土带型基础	m^3	340
	鹅卵石	m^3	38.8
	钢格栅	t	145.5
1.1.2	高压厂变基础		
	机械土石方	m^3	153
	钢筋混凝土地坑	m^3	22.8
	钢筋混凝土带型基础	m^3	43.7
	鹅卵石	m^3	14.5
	钢格栅	t	19
1.1.3	高压备变基础		
	机械土石方	m^3	153
	钢筋混凝土地坑	m^3	22.8
	钢筋混凝土带型基础	m^3	43.7
	鹅卵石	m^3	14.5
	钢格栅	t	19
1.1.4	A列外构支架		
	母线钢梁	t	29.1
	钢栏杆	t	6
	母线钢管独立柱ϕ500×9	t	57.5
	母线钢管独立柱ϕ351×8	t	8
1.1.5	防火墙		
	外墙　37墙（防火墙）	m^2	155.2
	墙面粉刷　水泥砂浆	m^2	310.4
	墙面粉刷　涂料	m^2	310.4
1.1.6	电缆沟		
	混凝土电缆沟	m^3	110
1.2	电除尘配电室		
1.2.1	一般土建		
	机械土方	m^3	582
	独立基础　钢筋混凝土	m^3	77.6
	现浇钢筋混凝土梁柱	m^3	24.25
	屋面板　现浇板	m^2	189.15
	屋面保温防水	m^2	189.15
	复杂地面　地砖面层	m^2	189.15

续表

序号	项目名称及规范	单位	工程量
	外墙　24墙	m^2	318.16
	墙面粉刷　水泥砂浆	m^2	318.16
	墙面粉刷　涂料	m^2	636.32
	墙面粉刷　中级抹灰	m^2	318.16
	塑钢门窗（甲供）	m^2	32.01
1.2.2	小安装		
	通风	m^2	195
	照明	m^2	195
	设备：		
	T35-11型钢制轴流风机4.5号	台	3
	节能吊顶式风机箱$L=20390m^3/h$	台	1
2	变压器事故油池		
	浇制钢筋混凝土井池	m^3	120
3	汽机事故油池		
	土石方开挖	m^3	150
	钢筋混凝土侧壁	m^3	36.5
	顶板　钢筋混凝土	m^3	7.5
	半砖防水护壁	m^2	180
	钢梯	t	0.5
4	地基处理		
	A列外场地构筑物超挖回填：浆砌毛石	m^3	825
	级配碎石换填分层夯实	m^3	4477
四	附属生产工程		
1	消防系统		
1.1	厂区消防设备		
	室外消火栓	套	35
	设备：		
	推车式磷酸铵盐灭火器　25kg	个	110
	化学移动式灭火器　91	个	35
	水型移动式灭火器71	个	35
	CO_2灭火器5kg	个	310
	磷酸盐移动式灭火器　4kg	个	310
	主厂房自动喷水、水喷雾	套	12
	集控楼电缆夹层自动喷水	套	2
	主变压器、厂用变压器、启备变	套	5
1.2	厂区消防管路		
	室外消防给水（含敷设）	m	3000
2	厂区性建筑		
2.1	厂区公用水管路建筑		
	阀门井ϕ1500圆形砖砌　3m深	m^3	90
	排水检查井ϕ1500圆形砖砌　3m深	m^3	180

续表

序号	项目名称及规范	单位	工程量
	排水检查井 ϕ1000 圆形砖砌　2.5m 深	m^3	133
	钢骨架塑料管 ϕ426×8 安装（含敷设）	m	170
	钢骨架塑料管 ϕ377×7 安装（含敷设）	m	340
	钢骨架塑料管 ϕ325×6 安装（含敷设）	m	510
	钢骨架塑料管 ϕ273×6 安装（含敷设）	m	340
	钢骨架塑料管 ϕ219×6 安装（含敷设）	m	680
	钢骨架塑料管 ϕ159×6 安装（含敷设）	m	340
	钢骨架塑料管 ϕ108×4 安装（含敷设）	m	340
	钢筋混凝土管 DN800 安装（含敷设）	m	170
	钢筋混凝土管 DN600 安装（含敷设）	m	272
	钢筋混凝土管 DN500 安装（含敷设）	m	340
	钢筋混凝土管 DN400 安装（含敷设）	m	680
	钢筋混凝土管 DN300 安装（含敷设）	m	680
	钢筋混凝土管 DN200 安装（含敷设）	m	340
3	炉后机组排水槽		
	钢筋混凝土池	m^3	972
4	圆形煤场		
	土方开挖及回填		
	环基施工		
	挡煤墙施工		
	中心柱及地下廊道施工		

3.2.5.2.2　B 标段安装主要工程量清单

B 标段安装主要工程量见表 3-2-3。

表 3-2-3　　　　B 标段安装主要工程量

序号	项目名称及规范	单位	工程量
一	热力系统		
1	锅炉机组		
1.1	锅炉本体		
1.1.1	锅炉本体	台	1
	超超临界参数变压直流锅炉，一次再热、平衡通风　3033t/h，全钢构架、全悬吊结构 Π 型、过热蒸汽压力/温度：26.15MPa（g）/605℃，再热器出口压力/温度：4.783MPa（g）/603℃，锅炉保证效率：93.8%（BRL 工况）		
	锅炉受热面、本体高压低压管道、空预器等安装	t	11000
	锅炉钢架、平台、楼梯、栏杆、炉顶罩壳等	t	13790
	随锅炉成套供货的设备（吹灰器、火焰监测、微油点火装置等锅炉本体所有附属设备及热工测量控制元件）	套	1
1.1.2	分部试验及试运	台	1
1.2	风机		
（1）	动叶可调轴流式送风机：351.44N・m^3/s	台	2
	电动机：2900kW、10kV、985r/min		

续表

序号	项目名称及规范	单位	工程量
	包括入口吸风口和消音器		
	液压控制油和润滑油油站	套	2
（2）	静叶可调轴流式引风机：554.1N・m^3/s	台	2
	风机预留脱硝		
	电动机含脱硝：7000kW 10kV 745r/min		
	润滑油油站	套	2
（3）	动叶可调轴流式一次风机：154N・m^3/s	台	2
	电动机：4000kW 10kV 1485r/min		
	包括入口吸风口和消音器		
	液压控制油和润滑油油站	套	2
（4）	火焰检测冷却风机	台	2
1.3	电除尘器		
	除尘装置安装	台套	1
	电气除尘器灰斗蒸汽热器	套	32
	电气除尘器　双室四电场	t	3350
	电气除尘器支架	t	430
1.4	制粉系统	套	1
（1）	中速磨煤机　ZGM133G，出力 87.12t/h	台	6
	电动机：950kW　10kV　985r/min	台	6
	润滑油油站	套	6
（2）	给煤机　电子称重式　出力：10～110t/h	台	6
（3）	密封风机　50600m^3/h　190kW	套	2
（4）	动态分离器　变频调速　56kW　380V	套	6
1.5	烟风煤管道		
	冷风道安装	t	310
	冷风道主材	t	290
	热风道安装	t	1115
	热风道主材	t	623
	烟道安装	t	1887
	烟道主材	t	1150
	送粉管道安装	t	630
	送粉管道主材	t	600
	其中不需计价的甲供风门：		
	挡板式电动矩形风门 5000mm×6000mm	只	4
	挡板式电动矩形风门 2500mm×3000mm	只	4
	挡板式电动矩形风门 2000mm×2000mm	只	2
	挡板式电动矩形风门 5000mm×4000mm	只	2
	挡板式电动矩形风门 3000mm×3000mm	只	1
	挡板式电动矩形风门 4000mm×7950mm	只	2
	挡板式电动圆风门 DN1100	只	2
	气动快关阀 ϕ530	只	30

续表

序号	项目名称及规范	单位	工程量
	气动插板式隔绝门 600mm×800mm	只	6
	挡板式电动矩形风门 600mm×800mm	只	6
	气动插板式隔绝门 1200mm×2000mm	只	6
	气动插板式隔绝门 1400mm×2000mm	只	2
	挡板式电动矩形风门 1200mm×2000mm	只	6
	挡板式电动矩形风门 1220mm×652mm	只	2
	挡板式电动风门ϕ273	只	2
	挡板式手动风门ϕ273	只	6
	挡板式电动风门ϕ273	只	6
	挡板式手动风门ϕ108	只	6
	挡板式手动风门ϕ108	只	6
	挡板式电动风门ϕ108	只	6
	气动插板式隔绝门ϕ610	只	6
	电动插板式隔绝门ϕ943	只	6
	其中甲供补偿器：		
	矩形非金属补偿器 9512mm×3012mm	只	2
	矩形非金属补偿器 7000mm×4200mm	只	2
	矩形非金属补偿器 4100mm×4100mm	只	16
	矩形非金属补偿器 5000mm×6000mm	只	4
	矩形非金属补偿器 5200mm×5800mm	只	2
	矩形非金属补偿器 5200mm×11600mm	只	1
	矩形非金属补偿器 4655mm×7944mm	只	2
	矩形圆角双波补偿器 4000mm×7950mm	只	2
	矩形圆角三波补偿器 4000mm×4500mm	只	4
	矩形圆角三波补偿器 2000mm×4500mm	只	2
	矩形圆角三波补偿器 2000mm×4800mm	只	1
	矩形双波补偿器 3996mm×2624mm	只	2
	矩形四波补偿器 600mm×800mm	只	6
	矩形双波补偿器 3996mm×2624mm	只	2
	矩形非金属补偿器 2000mm×2000mm	只	6
	矩形三波补偿器 2000mm×2000mm	只	4
	矩形三波补偿器 800mm×2000mm	只	1
	矩形非金属补偿器 800mm×2000mm	只	12
	非金属补偿器ϕ630	只	2
	圆形单波补偿器 DN700	只	2
	非金属补偿器ϕ1120	只	4
	圆形三波补偿器ϕ1120	只	6
	圆形双波补偿器ϕ1120	只	14
	矩形四波补偿器 1400mm×2000mm	只	1
	非金属补偿器 1400mm×2000mm	只	1
	三维球形补偿器 DN500	只	30

续表

序号	项目名称及规范	单位	工程量
	A 型挠性补偿器 DN500	只	40
1.6	锅炉其他辅机	套	1
	锅炉疏水扩容器 65m^3（随锅炉供货）	台	1
	锅炉疏水扩容器水箱 80m^3（随炉供货）	台	1
	锅炉启动循环泵 612t/h（随炉供货）	台	1
	扩容器凝结水疏水泵　390m^3/h　150kW	台	2
	二次风暖风器：305.6N·m^3/s	台	2
	二次风暖风器疏水箱　6m^3	台	1
	二次风暖风器疏水泵　35m^3/h	台	2
	微油点火用暖风器 加热空气量 37.4N·m^3/s	台	1
	锅炉房电梯　2t、客货两用	部	1
	电动葫芦　20t　10m（送风机电机用）	台	2
	电动葫芦　8t　10m（送风机叶轮用）	台	2
	电动葫芦　8t　10m（一次风机叶轮用）	台	2
	电动葫芦　8t　10m（吸风机叶轮用）	台	2
	电动葫芦　30t　10m（一次风机电机用）	台	2
	电动葫芦　40t　10m（吸风机电机用）	台	2
	炉顶检修起吊　2t　90m（随锅炉供货）	台	1
	电动卷扬机　5t（随锅炉供货）	台	1
	锅炉停炉充氮保护装置	套	1
	平台扶梯	t	90
2	汽轮发电机组		
2.1	汽轮发电机组安装	台套	1
	汽轮机　型号：N1039-25/600/600	台	1
	超超临界、一次中间再热、单轴		
	四缸四排汽、双背压、凝汽式		
	最大连续功率（VWO）：1096.388MW		
	主汽门前压力：25MPa（a）		
	主汽门前温度：600℃		
	罩壳	套	1
	随汽轮机成套供货设备	套	1
	发电机　静止自并励　水氢氢冷却	台	1
	额定功率：1039MW　额定电压：27kV		
	发电机密封油装置（发电机厂配套）	套	1
	定子冷却水装置（发电机厂配套）	套	1
	氢气冷却器（发电机厂配套）	套	1
	氢气干燥器（发电机厂配套）	套	1
	气体控制站（发电机厂配套）	套	1
	发电机配套附件（发电机厂配套）	套	1
	汽轮发电机组透平油	t	110
	抗燃油	t	15

续表

序号	项目名称及规范	单位	工程量
2.2	汽轮发电机辅助设备	套	1
	主油箱　卧式圆筒形　组合式　容量：69m^3	台	1
	冷油器　冷却面积：1300m^2	台	2
	交流启动泵 420m^3/h　50kW	台	1
	交流辅助油泵 465m^3/h　90kW	台	1
	直流事故油泵 384m^3/h　75kW	台	1
	主油箱排烟风机　2100m^3/h	台	2
	油箱电加热器 60kW	只	1
	顶轴油装置 4700kg/h　37kW	套	1
	汽封蒸汽冷却器：200m^2	台	1
	汽封辅汽调节站	组	1
	汽封主汽调节站	组	1
	汽封溢流站	组	1
	汽封减温站	组	1
	汽封排风风机 2000m^3/h	台	2
	抗燃油泵 8.7m^3/h	台	2
	抗燃油输送泵 1860kg/h	台	1
	抗燃油冷却器 6m^2	台	2
	抗燃油箱　1.6m^3	台	1
	抗燃油用滤油器	台	2
	抗燃油用蓄能器	套	6
	盘车装置　30kW	套	1
	凝汽器　45000m^2　钛管（施工单位现场组装）	台	1
	双背压、双壳体、单流程、表面式		
	高压加热器	套	1
	1 号高压加热器加热面积：1700m^2　双列	台	2
	2 号高压加热器加热面积：1750m^2　双列	台	2
	3 号高压加热器加热面积：1300m^2　双列	台	2
	低压加热器	套	1
	5 号低压加热器　加热面积：1650m^2	台	1
	6 号低压加热器　加热面积：1800m^2	台	1
	7 号低压加热器　加热面积：1000m^2	台	2
	8 号低压加热器　加热面积：1600m^2	台	2
	轴封冷却器　200m^2	台	1
	凝结水泵 1253.25t/h　1600kW　10kV	台	3
	型式：立式筒袋型多级离心水泵		
	卧式凝结水输送泵　400m^3/h　200kW	台	2
	机械真空泵　≥75kg/h　160kW	台	3
	凝汽器水室真空泵　20kg/h　37kW	台	1
	闭式循环冷却水泵 2145t/h　355kW　10kV	台	2

续表

序号	项目名称及规范	单位	工程量
	开式循环冷却水泵 3730t/h　355kW　10kV	台	2
	闭式循环冷却水热交换器钛板 1950t/h	台	2
	闭式循环膨胀水箱　20m^3	台	1
	开式循环冷却水滤水器　电动　3800t/h	台	2
	循环水二次滤网　DN2600　耐海水	台	2
	循环水坑排水泵　50m^3/h　5.5kW	台	2
	循环水胶球清洗装置　DN2600	套	2
	包括：胶球泵、收球网、装球室等		
	辅汽联箱　0.6～1.40MPa（a）	个	1
	减温减压器　包括燃油、磨煤机消防用汽等	台	2
	油净化装置　离心式、净化能力：13m^3/h	套	1
	润滑油贮油箱卧式圆筒形（50＋50）m^3	台	1
	储油箱排烟风机　824m^3/h　3.3kW	台	2
	储油箱输送泵 20m^3/h　22kW	台	2
	小机输油泵 12m^3/h　18kW	台	2
	凝结水泵入口滤网　0.6MPa　DN1000	台	2
	闭式水入口滤网　0.6MPa　DN800	台	2
2.3	旁路系统		
	旁路装置　一级大旁路　30%BMCR	t	13
	包括：旁路阀及控制装置		
	减温水隔离阀及调节阀等		
2.4	除氧器给水装置		
	除氧器及给水箱	套	1
	内置式除氧器额定出力 3033t/h	台	1
	给水泵组安装	套	2
	汽动给水泵组（进口）2×50% 包括：	套	2
	汽动给水泵前置泵　入口流量：1714t/h	台	2
	卧式双吸泵　电动机：710kW　10kV		
	汽动给水泵　出口流量：1714t/h	台	2
	卧式多级筒式泵、汽轮机驱动、带中间抽头		
	汽动给水泵汽轮机　20MW	台	2
	单缸、冲动、凝汽式、双进汽自动切换		
	小汽机供油集装装置	台	2
	电动给水泵组 1×30% 包括：	套	1
	电泵前置泵　双吸单级　流量：985t/h	台	1
	电动给水泵　流量：985t/h	台	1
	卧式多级筒式泵、电机驱动		
	液力耦合器	台	1
	电泵工作油冷却器	台	1
	电泵润滑油冷却器	台	1
	电动给水泵电动机　5915kW　10kV	台	1

续表

序号	项目名称及规范	单位	工程量
	小机用透平油	t	10.8
2.5	汽机其他辅机	套	1
	高压疏水扩容器　36m³	台	1
	低压疏水扩容器　36m³	台	1
	辅汽疏水扩容器　1.0MPa　3m³	台	1
	压缩空气罐 10m³	台	1
	电动葫芦　5t　9m（汽泵前置泵检修用）	台	1
	电动葫芦　5t　9m（闭式循环水泵检修用）	台	1
	电动葫芦　5t　9m（开式循环水泵检修用）	台	1
	电动葫芦　5t　9m（真空泵检修用）	台	1
	手动葫芦及手拉小车　1t/9m	台	1
	电动葫芦　5t　9m（电动滤水器检修用）	台	1
	电动葫芦　16t　15m（电动蝶阀检修用）	台	2
	电动葫芦　27t　9m（电动给水泵检修用）	台	1
	手拉葫芦　3t　9m（凝结水输送泵检修用）	台	1
	手拉葫芦　3t　6m（旁路检修用）	台	1
	手动葫芦及手拉小车　1t/6m	台	1
	卷扬机 型号：JJM-10　10t	台	1
	卷扬机 型号：JJM-10　5t	台	1
	设备平台、扶梯、栏杆、支架（含加工配制）	t	20
2.6	其他		
	其他辅机检修钢轨	t	50
3	热力系统汽水管道		
3.1	高压管道		
3.1.1	主蒸汽管道		
	主蒸汽管道安装（含高旁、疏水管道）（P92）	t	339
	主蒸汽附属管道主材（放气、疏水管道及附件）	t	15

续表

序号	项目名称及规范	单位	工程量
3.1.2	再热（热、冷）蒸汽管道（含旁路）		
	再热热段蒸汽管道安装（含疏水管道）P92	t	315
	再热蒸汽管道安装（冷段含旁路）（A672B70CL32）	t	163
	再热（热、冷）蒸汽管附属管道主材（放气、疏水管道、及附件）	t	30
3.1.3	主给水管道		
	主给水管道安装　15NiCuMoNb5-6-4	t	435
	主给水管道附属管道主材（放气、疏水管道及附件）	t	22
3.1.4	锅炉排污管道		
	锅炉排污管道安装	t	97
	锅炉排污管道附属管道主材（放气、疏水管道及附件）	t	8
3.2	中、低压管道		
	中、低压管道安装	t	1120
	中、低压管道主材	t	850
	汽机抽汽管道	t	120
	厂用蒸汽管道	t	90
	中低压给水管道（含凝结水）	t	270
	疏放水管道	t	120
	生水管道	t	50
	主厂房内除盐水管道	t	5
	主厂房内空气管道　不锈钢	t	5
	主厂房内空气管道　碳钢	t	25
	主厂房内油管道	t	30
	主厂房内循环水管道	t	135
	中、低压管道阀门	t	75

本章其余内容见光盘。

第 4 章　陕西府谷清水川煤电一体化项目电厂二期 2×1000MW 工程施工组织总设计

4.1　工程建设目标

4.1.1　总体目标

（1）高标准达标投产，创建中国电力优质工程，争创国家级优质工程。

（2）创省级文明工地。

4.1.2　分项目标

4.1.2.1　工程进度目标

（1）优化布置，科学调度，安全文明，合理交叉。

（2）项目总工期 31 个月，其中：第一台机组 29 个月投产，第二台机组间隔 2 个月投产。

4.1.2.2　工程质量目标

4.1.2.2.1　建筑工程质量目标

（1）单位、分部、分项工程合格率 100%。

（2）土建单项工程评价为高质量等级的优良工程。

（3）烟囱筒壁、汽轮机基础、空冷支柱、主设备基础、输煤栈桥支架、灰库等结构达到清水混凝土工艺标准。

（4）杜绝重大质量事故。

（5）全面消除质量通病。

4.1.2.2.2　安装工程质量目标

（1）单位、分部、分项工程合格率 100%。

（2）安装各单项工程均评价为高质量等级的优良工程。

（3）杜绝“九漏”，即漏烟、漏风、漏煤、漏粉、漏灰、漏气、漏汽、漏水、漏油。

（4）受监焊口无损检验率 100%，受监焊口检验一次合格率不小于 99%。

（5）杜绝重大质量事故。

（6）全面消除质量通病。

4.1.2.3　安全文明环境目标

4.1.2.3.1　安全目标

实现“六不发生”“两减少”“一控制”。

“六不发生”：

（1）不发生人身死亡事故。

（2）不发生一般及以上机械设备损坏事故。

（3）不发生一般及以上火灾事故。

（4）不发生负同等及以上责任的重大交通事故。

（5）不发生环境污染事故和垮（坍）塌事故。

（6）不发生大面积传染病和集体食物中毒事故。

“两减少”：

（1）减少交通事故。

（2）减少人为责任事故。

“一控制”：轻伤、负伤率不大于 3‰。

4.1.2.3.2　文明施工目标

实现“八化”“一目标”。

“八化”：

（1）施工总平面模块化。

（2）现场设施标准化。

（3）施工区域责任化。

（4）物资堆放定置化。

（5）作业行为规范化。

（6）工程施工程序化。

（7）环境卫生经常化。

（8）作业人员着装统一化。

“一目标”：获得省级文明工地称号。

4.1.2.3.3　环境保护目标

（1）杜绝建设过程对环境的污染和破坏。

（2）噪声控制及粉尘、有毒有害气体、污水排放达到国家环保标准。

（3）固体废弃物分类处置。

（4）不使用国家明令禁止的对环境产生较大污染的建筑材料。

（5）提倡节能、降耗和废物利用。

（6）企业员工的环境保护意识和行为符合现行法律规范要求。

4.1.2.4　工程造价目标

实施“静态控制、动态管理”，工程造价控制在项目概算之内。

4.1.2.5　实现“十个一次成功”

（1）锅炉水压一次成功。

（2）汽机扣盖一次成功。

（3）厂用电受电一次成功。

（4）机组化学清洗一次成功。

（5）锅炉点火一次成功。

（6）汽机冲转一次成功。

（7）发电机并网一次成功。

（8）脱硫系统投运一次成功。

（9）脱硝系统投运一次成功。

（10）机组 168h 试运一次成功。

4.1.2.6　八个“零目标”

（1）安全事故零目标。

（2）质量事故零目标。

（3）大件设备返厂整修零目标。

（4）移交生产缺陷零目标。

（5）设备系统渗漏零目标。

（6）投产后基建痕迹零目标。

（7）投产后半年内非停零目标。

（8）投产后一年内重大技改零目标。

4.1.2.7　工程档案资料目标

（1）机组完成 168h 满负荷试运后 40d 内移交竣工资料。

（2）竣工资料移交的完整率、合格率均达到 100%。

（3）机组达标投产复查“工程档案”部分得分不低于 92 分。

（4）国家档案局组织的档案验收得分不低于 90 分。

4.2 编制依据

4.2.1 陕西府谷清水川煤电一体化项目电厂二期（2×1000MW）工程可行性研究报告。

4.2.2 《火力发电工程施工组织设计导则》（国电电源〔2002〕849号）。

4.2.3 《建设工程项目管理规范》（GB/T 50326—2006）。

4.2.4 《建设工程质量管理条例》（国务院令〔2000〕第279号）。

4.2.5 《建筑工程施工质量评价标准》（GB/T 50375—2006）。

4.2.6 《电力建设工程监理规范》（DL/T 5434—2009）。

4.2.7 《电力建设工程质量监督规定》（电建质监〔2005〕52号）。

4.2.8 《电力建设工程质量监督检查典型大纲》（火电2005版及2007增补版）。

4.2.9 《工程建设标准强制性条文（电力工程部分）》（建标〔2006〕102号）。

4.2.10 《工程建设标准强制性条文（工业建筑部分）》（建标〔2001〕40号）。

4.2.11 《工程建设标准强制性条文（房屋建筑部分）》（建标〔2002〕219号）（2009年修订）。

4.2.12 《电力建设施工及验收技术规范》（电力建设工程系列标准现行有效版）。

4.2.13 《电力建设施工质量验收及评价规程》（中华人民共和国电力行业系列标准现行有效版）。

4.2.14 《清水混凝土应用技术规程》（JGJ 169—2009）。

4.2.15 《大体积混凝土施工规范》（GB 50496—2009）。

4.2.16 《建筑工程检测试验技术管理规范》（JGJ 190—2010）。

4.2.17 《烟囱工程施工及验收规范》（GB 50078—2008）。

4.2.18 《电力建设工程施工技术管理导则》（原国家电力公司电源〔2002〕896号）。

4.2.19 《火力发电建设工程启动试运及验收规程》（DL/T 5437—2009）。

4.2.20 《火电机组达标投产考核标准》（2006版）。

4.2.21 《火电工程达标投产验收规程》（中电建协2010年初稿）。

4.2.22 《中国电力优质工程奖评选办法》（中电建协2011年版）。

4.2.23 《国家优质工程审定与管理办法》（中国施工企业管理协会2010年修订稿）。

4.2.24 《中国建设工程鲁班奖（国家优质工程）评选办法》（建协〔2008〕17号）。

4.2.25 《建设工程安全生产管理条例》（国务院令〔2003〕第393号）。

4.2.26 《电力建设安全健康与环境管理工作规定》（国家电网〔2004〕488号）。

4.2.27 《压力容器安全监察规程》（劳锅字〔1990〕8号）。

4.2.28 《电站锅炉压力容器检验规程》（DL 647—2004）。

4.2.29 《焊接工艺评定规程》（DL/T 868—2004）。

4.2.30 《绿色施工导则》（建质〔2007〕223号）。

4.2.31 《电力建设工程工期定额》（2006年版）。

4.2.32 《火电工程限额设计参考造价指标》（2008年）。

4.2.33 《建设工程文件归档整理规范》（GB/T 50328—2001）。

4.2.34 《中华人民共和国合同法》。

4.2.35 《中华人民共和国招标投标法》。

4.2.36 《中华人民共和国建筑法》。

4.2.37 《中华人民共和国安全生产法》。

4.2.38 工程初步设计文件。

4.2.39 设备合同及招、投标文件和已提供的设备资料。

4.2.40 工程施工合同及招、投标文件和已签约的与工程有关的协议。

4.3 工程范围

4.3.1 工程概况

4.3.1.1 陕西府谷清水川煤电一体化项目电厂二期（2×1000MW）工程位于陕西省府谷县北约20km处，二期工程在一期工程东南侧的预留场地上扩建，二期工程装设2台1000MW国产燃煤空冷超超临界发电机组，电厂规划容量为2600MW。

4.3.1.2 一期工程2台300MW直接空冷国产燃煤发电机组，1号、2号机组已于2005年11月开工建设，并分别于2008年4月11日、4月29日投入运行。

4.3.1.3 二期工程建设2台1000MW直接空冷国产燃煤发电机组，同步建设脱硫、脱硝装置。工程属煤电一体化项目，高效、环保，符合国家产业政策。

4.3.1.4 二期工程计划于2011年5月开工；第一台1000MW机组计划于2013年10月31日建成投产，第二台1000MW机组计划于2013年12月31日建成投产。

4.3.1.5 交通运输。厂址区域已形成四通八达的交通道路。有府准二级公路（府谷—内蒙古沙圪堵）、府新公路（府谷—内蒙古新街）、神府公路（神木—府谷）、野大三级公路（野芦沟—大昌汗），规划的公路有府墙沿黄三级公路（府谷—墙头）、府白沿黄公路（府谷—白庙乡）府谷三级公路（府谷—古城乡）。

进厂公路从府准二级公路引接，跨清水川河进入厂区，为汽—20级郊区型7.0m宽混凝土路面。

4.3.1.6 主要设备。本工程2×1000MW机组的锅炉、汽轮机、发电机分别由上海电气集团上海锅炉厂有限公司、东方电气集团东方汽轮机有限公司和东方电气集团东方发电机有限公司供货。

4.3.1.6.1 锅炉主要技术规范

锅炉为超超临界、一次再热、平衡通风、固态排渣、全钢构架、全悬吊、变压直流塔式锅炉。锅炉主要技术规范见表4-3-1。

表4-3-1　　锅炉主要技术规范

序号	名　称	单　位	数　值
1	锅炉蒸发量（BMCR/BRL）	t/h	3192/3099
2	过热器出口蒸汽压力	MPa（a）	27.56
3	过热器出口蒸汽温度	℃	605
4	再热蒸汽流量（BMCR/BRL）	t/h	2580/2509
5	再热器出口蒸汽温度	℃	603
6	省煤器进口给水温度（BMCR/BRL）	℃	305/303
7	锅炉保证热效率（按低位发热量）（BRL）	%	≥94.0
8	排烟温度（修正后）（BMCR/BRL）	℃	125/124

4.3.1.6.2 汽轮机主要技术规范

汽轮机为1000MW级超超临界、一次中间再热、单轴、四缸四排汽、直接空冷凝汽式汽轮机。汽轮机主要技术规范见表4-3-2。

表 4-3-2　　　　汽轮机主要技术规范

序号	名　称	单　位	数　值
1	额定功率	MW	1000
2	高压主汽阀前主蒸汽压力	MPa（a）	26.25
3	高压主汽阀前主蒸汽温度	℃	600
4	主蒸汽流量（TMCR）	t/h	3098.4
5	主蒸汽流量（THA）	t/h	2775.8
6	中压主汽阀前再热蒸汽温度	℃	600
7	额定背压	kPa（a）	13
8	转速	r/min	3000
9	给水加热级数		7 级

4.3.1.6.3 发电机主要技术规范

主发电机为自并励静止励磁、水氢氢冷、三相交流同步发电机。发电机主要技术规范见表 4-3-3。

表 4-3-3　　　　发电机主要技术规范

序号	名　称	单　位	数　值
1	铭牌容量	MVA	1112
2	铭牌功率	MW	1000
3	额定功率因数		0.9（滞后）
4	定子额定电压	kV	27
5	定子额定电流	A	23759
6	额定频率	Hz	50
7	额定转速	r/min	3000
8	额定效率		≥99%
9	短路比 SCR		≥0.50
10	绝缘等级		F（按 B 级温升使用）

4.3.2 设计概况

4.3.2.1 厂区总平面布置及竖向布置

4.3.2.1.1 厂区总平面布置

二期在原预留的场地上扩建，一期工程已整平，地形较平坦，地势开阔，东西长约 360m，南北宽约 440m，可利用面积约 $16.00hm^2$。厂区北侧是一期的输煤栈桥及一期已形成的高边坡，西侧是一期主厂房，南侧是地方新建公路及清水川，东侧是护坡。

二期主厂房与一期主厂房脱开 139.60m，A 排较一期向西南伸出 19.00m。

总平面布置采用三列式布置，厂区由西南向东北，依次为升压站（750kV GIS 配电装置）、空冷岛、主厂房及炉后设施（送风机室、电除尘、引风机及机务空压机室、脱硫装置等）。主厂房固定端朝西北，向东南扩建；主厂房长度 205.80m，A 排至烟囱中心为 223.56m。

主变、厂高变、启备变、继电器室和空冷配电室布置在空冷器下。

辅机冷却泵房及机械通风冷却塔、锅炉补给水处理室布置在主厂房固定端外。

脱硫及 3 号电除尘配电室布置在脱硫的西侧。

4 号电除尘配电室及输煤控制室布置在输煤栈桥下方。

灰库、气化风机房布置在电除尘器西北侧。

材料库及电气实验室利用一期空地。

厂区地表雨水排水，采用场地、路面散流的排水方式，将雨水散流排至厂外排洪沟。

4.3.2.1.2 厂区竖向布置

根据场地地形特点，厂区竖向布置仍按一期的设计原则，采用台阶式布置；在炉后设一纵贯厂区纵轴方向高 2.0m 的挡土墙，将厂区分为两个台阶：即升压站、空冷岛、主厂房及锅炉、送风机为一个台阶，标高在 859.80～864.20m 之间，其中纵向坡度为 3‰，横向坡度为 4‰；电除尘、引风机、烟囱、脱硫设施、灰库为一个台阶，标高在 863.20～864.80m 之间，纵向坡度为 3‰，横向坡度为 4‰。主厂房 0m 标高为 861.60m。

4.3.2.2 主厂房布置

4.3.2.2.1 主厂房布置原则

主厂房按 2×1000MW 机组布置，并考虑扩建条件。从汽机房向锅炉房看右为扩建端，输煤由二期扩建端接入。在锅炉房 K4 轴至 K5 轴之间、空预器上方布置脱硝装置。

主厂房区域采用常规四列式布置，按汽机房、除氧框架、煤仓框架和锅炉岛的顺序排列，两台机组之间布置一个 0m 检修场。汽机头部朝向固定端。

汽机房、除氧框架、煤仓框架、集控楼为钢筋混凝土结构，锅炉构架为钢结构。主厂房布置的主要尺寸见表 4-3-4。

表 4-3-4　　　　主厂房布置的主要尺寸

名　称	项　目	数值/m
汽机房	柱距	9、10、11
	挡数	20
	跨度	29
	双柱间柱距（2 个双柱）	1.4
	总长度	205.8
	中间层标高	高程＋8.6
	运转层标高	高程＋16.5
	行车轨顶标高	高程＋29.7
除氧框架	柱距	9、10、11
	挡数	20
	跨度	11.5
	总长度	205.8
	加热器层标高	高程＋8.6、高程＋16.5
	运转层（加热器）标高	高程＋16.5
	除氧器层标高	高程＋25.5
	除氧器层轻型屋面标高	高程＋36.5
煤仓间	柱距	9、10、11
	挡数	22
	跨度	13.5
	总长度	223.8
	运转层（给煤机）标高	高程＋16.5
	皮带层标高	高程＋43.3

续表

名 称	项 目	数值/m
锅炉部分	运转层标高	高程+16.5
	炉前跨度	8
	锅炉宽度	70
	锅炉深度	74.8
炉K1柱中心线至烟囱中心线间距		158.8
汽机房A排柱中心线至烟囱中心线间距		223.56
烟囱出口标高		210.0

4.3.2.2.2 汽机房布置

汽轮机为纵向顺列布置，机头朝向固定端，两台机组之间布置一个0m检修场。汽机房分三层：0.00m（底层），8.60m（中间层），16.50m（运转层）。

0.00m（底层）为设备层；布置排汽装置，排汽管道从低压缸接出后引到A排外空冷岛。在发电机侧靠B排柱布置三台凝结水泵。发电机端布置发电机定子冷却水供水装置、氢气控制站、密封油供油装置等。汽轮机机头侧布置有凝结水精处理装置、开式水电动滤网、闭式循环冷却水热交换器、主汽轮机润滑油箱、冷油器、油净化装置、顶轴油泵、抗燃油装置等设备。在排汽装置内部布置两台汽机本体疏水扩容器。发电机尾部布置400V厂用配电装置。在两台机组之间设检修场，供起吊重物或大件使用。

8.60m（中间层）为管道层；布置的设备有汽封加热器、发电机引出的封闭母线及励磁设备。发电机尾部布置10kV工作段配电室。

16.50m（运转层）；布置汽轮机本体设备。

4.3.2.2.3 除氧框架布置

除氧间跨距为11.5m，设为四层：

（1）0.00m为转动设备层；设有闭式循环水泵、电动给水泵组。

（2）8.60m为加热器及管道层，布置有5号、6号低加及其管道。

（3）16.50m（运转层）为加热器及管道层，布置有1A、1B、2A、2B、3A、3B高加及其管道。

（4）25.50m为除氧器层，布置有除氧器和、闭式水膨胀水箱及其管道。

4.3.2.2.4 煤仓框架布置

煤仓间跨距为13.5m，设为三层：

（1）0.00m为磨煤机层。

（2）16.50m（运转层）为给煤机层，每台磨煤机配一台给煤机。

（3）运煤皮带层为43.30m，16.50m至45.30m层间布置有6台煤斗，煤斗梁顶标高31.5m。

4.3.2.2.5 锅炉布置及其尾部布置

锅炉构架采用钢结构，紧身封闭，一次风机和送风机布置在锅炉房0m副跨内。

锅炉采用紧身封闭布置。在锅炉钢构架范围16.50m运转层设混凝土大平台，炉前设置有低封。两炉中间布置集控楼。脱硝装置布置在锅炉构架内预热器的上方。

锅炉0m布置有两台磨煤机密封风机、干式排渣机等。两台送风机及两台一次风机对称布置在锅炉钢架副跨，3号炉固定端侧及4号炉扩建端侧各布置有一个渣仓，3号炉扩建端和4号炉固定端各布置一台排污扩容器。

炉后沿烟气流向依次露天布置两台三室五电场静电除尘器及两台引风机。引风机横向室内布置。总烟道采用钢结构型式，不设旁路烟道。

二期两台机组合用一座高210m的双管钢内筒、单孔出口直径约7.8m的烟囱。

4.3.2.3 电气部分

4.3.2.3.1 电气主接线

二期工程以750kV一级电压接入系统，电厂出两回750kV线路接入拟建的神木750kV变电所。

厂内750kV方案采用四角形接线方式，配电装置采用屋外750kV GIS配电装置。750kV配电装置留有扩建的可能。

二期工程2×1000MW机组均以发电机—变压器组单元接线形式接入厂内750kV配电装置，发电机出口不装设断路器，每台机组设三台单相380MVA主变压器。

二期两台机设两台有载调压启动/备用变压器，容量为70/40-40MVA。高压启动/备变电源直接从一期330kV配电装置引接。

330kV配电装置一期已经建成，采用一个半断路器接线方式。由于两台启动/备用变压器在330kV配电装置组成一个完整串，二期330kV配电装置扩建一个完整串。330kV配电装置与两台启动/备用变压器之间经过架空线连接。

二期每台机设置两台容量为70/40-40MVA的高压厂用工作变压器（采用分裂绕组）。二期每台机设四段10kV工作母线，机组负荷接在10kV工作母线，公用负荷平均分配在两台机组的10kV工作母线上。

主变中性点直接接地，启动/备用变中性点直接接地。

高压厂用电采用10kV电压等级，采用中性点经电阻接地方式。

低压厂用电系统采用380/220V。主厂房及辅助厂房低压系统均采用中性点直接接地方式。

厂用电率：7.25%（含脱硫）。

4.3.2.3.2 电工构筑物布置

主变压器、厂用高压工作变压器、启动/备用变压器及其中性设备等布置在主厂房A排外空冷器下。

主变和发电机通过离相封闭母线连接。厂高工作、公用变高压侧分支封闭母线从发电机主回路封闭母线上“T”接，低压侧通过共箱母线与10kV厂用开关柜连接。

主变与750kV配电装置以架空线连接，启/备变与330kV配电装置以架空线连接。启/备变低压侧通过共箱母线与10kV厂用开关柜连接。

4.3.2.3.3 主设备选型

4.3.2.3.3.1 主发电机

主发电机为自并励静止励磁、水氢氢冷却、三相交流同步发电机。

4.3.2.3.3.2 主变压器

三台单相强迫油循环风冷变压器3×380MVA。

4.3.2.4 热力系统

二期工程热力系统除辅助蒸汽系统采用母管制外，其余系统均采用单元制。

4.3.2.4.1 主蒸汽、再热蒸汽系统及旁路系统

主蒸汽系统：主蒸汽管道从过热器出口集箱接出两根后，两路主蒸汽管道在汽轮机机头分成四路分别接入布置在汽轮机机头的四个主汽门，在靠近主汽门的两路主蒸汽主管道上设有相互之间的压力平衡连通管。

再热蒸汽系统：再热冷段管道由高压缸排汽口以双管接出，合并成单管后直至锅炉前分为两路进入再热器入口联箱。再热热段管道，由锅炉再热器出口联箱接出两根后，两路分别接入汽轮机左右侧中压联合汽门，在靠近中压联合汽门的两路管道上设有相互之间的压力平衡连通管。

旁路系统为高低压二级串联旁路，高旁容量为 40%BMCR。

主蒸汽、再热蒸汽及旁路系统管道材料的选择如下：

主蒸汽管道和高旁进口管道	A335P92
高温再热蒸汽管道和低旁进口管道	A335P92
再热蒸汽冷段管道和高旁出口管道	A672B70CL32＋ A6911-1/4CrCL22

4.3.2.4.2　抽汽系统

汽轮机具有七级非调整抽汽。一、二、三级抽汽分别向三级高压加热器供汽，每级高加由两个 50%容量的高压加热器组成。四级抽汽除供除氧器外，还向辅助蒸汽系统供汽。二级抽汽还作为辅助蒸汽系统的备用汽源。五至七级抽汽分别向四台低压加热器供汽。正常运行时，暖风器汽源由五级抽汽提供。

为防止汽轮机超速和进水，除七级抽汽管道外，其余抽汽管道上均设有气动止回阀和电动蝶阀。在四级抽汽管道上多设一个气动止回阀，且在四段抽汽各用汽点的管道上均设置了一个电动隔离阀和止回阀。由于是双列 50%容量的高加，为实现单列切除的工况，在抽汽管道至每个高加的支管上均设置了一个电动蝶阀和止回阀。

按 ASME 标准为防止汽轮机进水，系统设计有完善的疏水系统。

4.3.2.4.3　给水系统

给水系统采用单元制，每台机组配置三台 35%容量的电动调速给水泵组。在 3 号高加入口、1 号高加出口设有三通和电动闸阀，并设有 25%BMCR 容量的启动旁路。给水系统设置双列、三级、六台高压加热器，每列高压加热器均各自采用大旁路系统。系统运行维护方便。

4.3.2.4.4　凝结水系统

凝结水系统设三台 50%容量的凝结水泵，三台变频装置，四台低压加热器，一台轴封冷却器，一台内置式除氧器，凝结水精处理采用中压系统。除氧器水箱有效容积为 320m^3，相当于约 5min 的锅炉最大给水量。

轴封冷却器出口凝结水管道上设有最小流量再循环系统至排汽装置。最小流量再循环取凝泵和轴封冷却器要求的最小流量较大者。以冷却机组启动及低负荷时轴封漏汽和门杆漏汽，满足凝结水泵低负荷运行的要求。

4.3.2.4.5　辅助蒸汽系统

辅助蒸汽系统为母管制的公用蒸汽系统，每台机设一根中压辅汽联箱。其中两台机组的辅汽联箱通过母管连接，之间设隔离门，以便实现各机之间的辅汽互用。

汽源来自再热冷段、汽机四级抽汽及一期来汽。机组正常运行时，辅助蒸汽联箱由四级抽汽供汽。

二期工程为扩建，第一台机组启动蒸汽由一期辅汽母管供给。

4.3.2.4.6　加热器疏水系统

加热器疏水在正常运行时采用逐级串联疏水方式，最后一级高加疏水至除氧器，最后一级低加疏水至排汽装置，不设低加疏水泵。每台加热器均设有单独事故疏水管道，事故疏水分别单独接至排汽装置。

4.3.2.4.7　低压缸排汽系统

低压缸排汽从两个低压缸分别接出，通过 DN7800 的两根排汽管道接入空冷凝汽器进行冷却。

4.3.2.4.8　开式循环冷却水系统

开式冷却水系统主要为冷油器、发电机氢气冷却器、定子冷却器、密封油冷却器、闭式水热交换器、机械真空泵、电泵的润滑油、工作油冷却器电泵电机冷却器等设备提供冷却水。冷却水来自辅机冷却水系统，经设备吸热后排至机力通风塔冷却。主厂房内冷却水系统不设升压泵，该系统设有电动旋转滤网。

4.3.2.4.9　闭式循环冷却水系统

辅机轴承的冷却，采用闭式水（除盐水）。系统设置有两台 100%容量闭式水泵、两台 65%容量的板式换热器、一台 10m^3 的闭式水箱。闭式泵出口的水经板式换热器冷却后，主要供凝结水泵电机、电泵前置泵机械密封冷却器、磨煤机电机及油站、空预器轴承冷却器、一次风机和送风机轴承及电机冷却器等设备冷却用。

4.3.2.5　燃烧系统

4.3.2.5.1　制粉系统

煤种的磨损指数 K_e 值为 0.93～1.03，采用中速磨煤机冷一次风正压直吹式系统，每台炉配备六台中速磨煤机，磨煤机配备动态分离器，五台磨煤机运行能满足锅炉 BMCR 时对燃煤量的要求，六台磨煤机中任何一台均可作为备用。

4.3.2.5.2　烟风系统

空气预热器采用容克式三分仓。烟风系统为平衡通风系统，分成一次风、二次风和烟气系统三个部分。

4.3.2.5.2.1　一次风系统

设两台 50%容量的动叶可调轴流式一次风机，其进口装有消声器。为使两台一次风机出口风压平衡，并可以单台风机运行，在风机出口设有联络风道。空预器出口的热一次风和调温用冷一次风均设有母管。

4.3.2.5.2.2　二次风系统

设有两台 50%容量的动叶可调轴流送风机，其进口装有消声器。为使两台送风机出口风压平衡，在其出口风门后设有联络风管。

4.3.2.5.2.3　火焰检测冷却风系统

火焰检测冷却风系统设两台火焰检测冷却风机，为火焰检测探头提供冷却风。

4.3.2.5.2.4　烟气系统

包括尾部受热面、脱硝装置、空气预热器、静电除尘器、脱硫装置和烟道、烟囱。在除尘器后设有两台 50%容量的脱硫、引风合二为一动叶可调风机。在两台除尘器出口烟道上设有联络管和电动隔离门。两台炉合用一座 210m 高的双内筒烟囱，在引风机出口装有挡板风门。

脱硝装置布置在锅炉省煤器出口尾部烟道和空气预热器的入口之间。脱硝装置按采用氨触媒法（SCR）。在 BMCR 工况下，脱硝装置的设计效率不小于 50%，并预留有效率达到不小于 70%的空间。

本工程不设置烟气脱硫系统烟气旁路。

4.3.2.5.2.5　密封风系统

该系统供磨煤机的密封风。每炉设置 2×100%容量增压密封风机，风源取自一次风机出口冷风系统。密封风机由磨煤机制造制造厂配套提供。

4.3.2.5.2.6　锅炉尾部防腐蚀

为避免空气预热器冷端腐蚀，一次风、送风系统均采用暖风器。同时，鉴于脱硝装置的同步建设，冷端传热元件的材料采用搪瓷材料元件，防止预热器低温腐蚀和铵盐的腐蚀及堵塞。

4.3.2.6 燃料运输系统

一期所建输煤系统已不能满足二期工程扩建要求，二期从矿区工业站接口，新建一套输煤系统。

4.3.2.6.1 机组耗煤量

机组耗煤量见表4-3-5。

表4-3-5　　　机组耗煤量

项　目	一期工程 2×300MW		二期工程 2×1000MW		一、二期工程 2×300MW+2×1000MW	
	设计煤种	校核煤种	设计煤种	校核煤种	设计煤种	校核煤种
小时耗煤量/t	294.6	329.6	878.75	983.23	1173.35	1312.83
日耗煤量/t	5892	6592	17575.08	19664.57	23467.08	26256.57
年耗煤量/10^4t	162.03	181.28	483.31	540.78	645.34	722.06

注：日利用小时按20h计，年利用小时按5500h计。

4.3.2.6.2 储煤场及煤场设施

一期工程在煤矿工业站煤场可满足一、二期工程需要，二期电厂厂区内不设煤场和筛分破碎系统。

4.3.2.6.3 厂内上煤系统

一期工程厂内已建上煤系统已不能满足二期工程扩建要求，二期另建一套上煤系统。带式输送机规格为：带宽 B=1400mm，带速 V=2.8m/s，出力 Q=1800t/h。双路布置，一路运行，一路备用，并具备双路同时运行的能力。

二期主厂房扩建端上煤，煤仓层采用可变槽角电动犁式卸料器卸料。

4.3.2.6.4 输煤辅助设施

二期输煤系统（电厂范围内）控制室位于输煤栈桥下方的4号电除尘配电室。输煤系统设有电子皮带秤、入炉煤采样装置、动态链码校验装置、除铁器以及带式输送机各类保护装置、原煤仓高、低煤位计等设备。各转运站、煤仓层必要的起吊设施。厂内输煤系统采用水力清扫。

4.3.2.7 除灰渣系统

采用灰渣分除、粗细分储、风冷式机械除渣、正压气力除灰、汽车运输方式。

4.3.2.7.1 除渣系统

除渣系统采用风冷式除渣系统方案，锅炉排出的渣经干式风冷式排渣机冷却、碎渣机破碎后，输送至渣仓储存，渣仓的渣由卸渣设备卸至汽车，再输送至灰场或综合利用用户。

每台炉设1台干式风冷式排渣机。干式排渣机与锅炉出渣口用渣斗相连，采用机械密封，渣斗独立支撑，渣斗容积可满足锅炉BMCR工况4h排量。在传送带下和排渣机头部设有进风口，利用炉内负压就地吸入冷风，进风量约为锅炉总燃烧风量1.5%左右，使炉渣在传送中燃尽并冷却，回收渣的热量，提高锅炉效率。在风冷式排渣机出口设有一级碎渣机，经破碎后的干渣粒径小于20mm。

每台炉设一座钢结构渣仓，直径为ϕ10m，有效容积为400m^3，满足锅炉BMCR工况燃用设计煤种条件下储存1台炉24.6h渣量及省煤器灰量。每座渣仓的底部设有2个排出口，其中1路接至湿式搅拌机，加水搅拌后由自卸汽车运至灰场，另1路接至干灰散装机，直接装密封罐车运至综合利用用户，设备出力均为100t/h。

4.3.2.7.2 除石子煤系统

二期工程的石子煤处理系统采用气力输送方式。

4.3.2.7.3 除灰系统

除灰系统采用正压浓相气力输灰系统。每台炉为一个独立除灰单元，设1套气力输送系统。输送空压机、灰斗气化风系统及灰库区反吹空压机系统为二台炉一个单元。

每台炉的输灰系统包括电除尘器灰斗和空预器前置灰斗的飞灰输送。每1套系统设计出力约为187t/h，为每台锅炉设计煤种飞灰量的150%。每套系统设5根输灰管道，为2根粗灰管，2根细灰管，1根空预器前置灰斗灰管，通过库顶的切换阀，可以将干灰输送至原灰库、粗灰库或细灰库。整个系统采用程序控制，既可连续运行，也可定期运行。

两台炉共设6台输灰空压机，选择 Q=60m^3/min级，P=0.7MPa的螺杆式空压机。4～5台运行，1～2台公共备用。

两台炉共设3座灰库，1座原灰库，1座粗灰库，1座细灰库，每座灰库直径为18m，有效容积约3700m^3。电除尘器一电场及空预器前置灰斗排出的粗灰储存于原、粗灰库，其余为细灰储存于细灰库。原、粗两座灰库能够贮存2台炉设计煤种BMCR时29.4h的粗灰；细灰库能够贮存2台炉设计煤种60h的细灰。

粗、细灰库均采用混凝土结构。灰库内设有气化装置，使灰库内干灰流态化，以保证卸灰的均匀和畅通；每座灰库库顶设2台排气过滤器，以净化库内排气，达到排放要求；同时为保证灰库的安全运行，每座灰库库顶设有1只真空压力释放阀；灰库内设有高、高高及连续料位信号装置。原灰库库底设有1台出力为200t/h的干灰散装机和2台出力为200t/h湿式搅拌机；粗灰库库底设有2台出力为200t/h的干灰散装机和2台出力为200t/h湿式搅拌机；细灰库库底设有3台出力为200t/h的干灰散装机和1台出力为200t/h湿式搅拌机。本工程设有一套200t的粉煤灰分选系统，将原灰库的原灰进行分选，分选出的细灰进入细灰库，分选出的粗灰落入粗灰库。

干灰散装机将干灰直接装入罐车，运至综合利用用户；湿式搅拌机将灰加水混合成为含水25%左右的湿灰直接装入自卸汽车，运至灰场碾压堆放。

两台炉灰库系统中仪表用气、排气过滤器的脉冲反吹用气接自机务空压机室（引风机室）专用螺杆式反吹空压机及空气干燥器，共设2套，1套运行，1套备用。

3座灰库设4台灰库气化风机，3台运行，1台备用，提供灰库库底气化装置用气。2台炉设3台灰斗气化风机提供除尘器灰斗气化装置用气，2台运行，1台备用。气化风经电加热器加热，进入气化板和气化槽。

每座灰库下部3m层设有装车操作室，操作室内设有操作台，灰库零米设有汽车通道。

4.3.2.7.4 除灰渣系统的供排水系统

由于二期工程除渣系统采用风冷式除渣系统，除灰系统采用正压浓相气力除灰系统，所以除灰渣系统达到了很好的节水要求。空压机等辅机冷却用水由辅机冷却水系统供给可回收使用。

除灰渣系统中干灰干渣需加湿外运，调湿灰的含水率在25%左右，加湿用水来自供水专业处理后的废水。

4.3.2.8 贮灰场

二期工程除灰渣采用干除灰方式，电厂所排出的灰、渣及石膏通过汽车运输至一期已建丁家沟灰场堆放，其中石膏在灰场中部单独存放。

灰场沿用一期设计排洪设施，随灰面增高而增加竖井高度。堆灰始终保持边坡区灰面高于库区灰面。永久性外边坡采用300mm厚干砌石护面。当灰场不再加高，其顶面覆耕土500mm

厚以还田。

随着灰面的堆高，在堆灰至黄海高程944m时，在右坝肩上设一道围堤，以形成新灰场。

运灰道路、灰场管理站及灰场碾压设备沿用一期工程设施。

4.3.2.9　供水系统

4.3.2.9.1　补给水系统

4.3.2.9.1.1　厂外补给水系统

本工程生产用水等主水源为清水川工业集中区污水处理厂处理后的再生水和配套煤矿（冯家塔煤矿）的矿井排水，补充及备用水源为清水川水源地的岩溶水。

清水川工业集中区污水处理厂处理后的再生水在污水处理厂进行深度处理，处理后达到污水再生利用水水质标准后由污水处理厂通过DN300mm管道送至电厂围墙外2m。冯家塔煤矿的矿井排水在煤矿污水处理厂进行深度处理，处理后达到污水再生利用水水质标准后由污水处理厂通过DN150mm管道送至电厂围墙外2m。

清水川水源地距离电厂约6km，二期设一根DN450mm的厂外补给水管道，沿清水川河滩地覆设，长约8km，管道埋深根据冻土深度及河道冲刷深度确定，平均为深度为2.5～3.5m。

4.3.2.9.1.2　厂内补给水系统

厂外来水一部分作为辅机冷却水系统补充水直接补充至机力塔的集水池内，另一部分进入工业蓄水池。一期已建2座1000m^{3}工业、消防水蓄水池，1座200m^{3}生活蓄水池。二期新建1座1000m^{3}工业蓄水池。

4.3.2.9.2　主机空冷系统

二期工程主机采用与一期相同型式的机械通风直接空冷系统。

一、空冷系统配置

冷却单元数量：每台机组配10列冷却单元组，每列由8个冷却单元组成，每台机组共计10×8=80个冷却单元。

空冷凝汽器总散热面积：2416176m^2。

迎风面风速：2.25m/s。

空冷平台高度：50m。

每列空冷凝汽器顶部配汽管直径：DN1600～DN3000m。

风机型式：轴流风机，变频调速。

风机直径：9.14m。

风机功率：132kW。

每台机组平面面积：11300～12100m^2。

二、空冷系统的主要参数

设计空气干球温度：14℃。

设计背压（汽轮机排汽装置出口处）：13kPa（a）。

夏季空气干球温度：30℃。

夏季TRL工况设计背压（汽轮机排汽装置出口处）：33kPa（a）。

4.3.2.9.3　辅机循环冷却水系统

二期工程辅机冷却水采用带机械通风冷却塔的循环供水系统，二台机组配三段机械通风冷却塔，三台冷却水泵，冷却后的水由水泵升压后送至主厂房及除灰系统供辅机冷却，升温后返回机械通风冷却塔冷却，再循环使用。

辅机冷却水系统顺水流布置为进水前池→辅机冷却水泵→冷却水压力进水管→辅机冷却器→冷却水压力回水管→机力冷却塔→滤网→前池。

一、机械通风冷却塔性能参数

型式：逆流式机械通风冷却塔。

冷却流量：3600m^3/h。

冷却面积：225m^2。

平面尺寸：15m×15m。

水池深度：2m。

塔总高：约17.4m。

冷却塔风筒材料：玻璃钢。

风机直径：ϕ8530mm。

功率：132kW。

二、辅机循环水泵

二台机组设三台辅机冷却水泵，其性能参数如下：

流量：Q=4300m^3/h。

扬程：H=40mH$_2$O。

功率：N=693.5kW。

循环水主管径：DN900。

4.3.2.9.4　生产、生活给排水

4.3.2.9.4.1　生产、生活给水系统

电厂生产、生活给水包括生活、消防、工业及除灰用水等系统。

一、生产给水系统

工业给水系统

主厂房内工业用水主要由辅机冷却水系统供给。厂区工业水系统主要供给主厂房外的各项工业用水。

除灰系统空压机冷却水水源为辅机冷却水。

二、生活给水系统

二期生活用水由电厂一期供给，将一期生活水管网延伸至二期即可。

4.3.2.9.4.2　排水系统

厂区排水系统采用分流制，设有生活污水排水系统，工业废水排水系统，化水废水集中水处理站的排水。

4.3.2.9.5　生活污水处理、工业废水处理

4.3.2.9.5.1　生活污水处理

一期生活污水处理按2×10m^3/h容量设计，满足一、二期生活污水处理，二期生活污水经管道收集后排至二期新增生活污水泵间，打入一期生活污水处理系统。

4.3.2.9.5.2　工业废水处理

二期工业废水经管道收集后排至二期新增工业废水泵间，经水泵提升后进入二期新增工业废水处理系统处理后回收利用。

4.3.2.9.6　消防系统

一、二期工程采用的消防系统

（1）室内外消火栓系统。

（2）自动喷水灭火及水喷雾灭火系统。

（3）洁净气体灭火系统。

（4）移动式灭火器。

（5）火灾探测及报警系统。

二、消防给水和灭火设施

一期消防水泵容量及扬程不能满足二期消防系统的要求，二期需新增消防系统。

厂区设室内外消火栓系统，在主变、厂高变、主厂房内重要油设备、燃油装置和油管路密集区域和煤仓层等，设固定式自动水消防系统，集控楼内工程师室等重要房间设洁净气体灭火系统。

4.3.2.10　化学水处理系统

4.3.2.10.1　水源及水质

水源：冯家塔煤矿二期工程及附近煤矿矿井疏干水、清水川工业集中区和黄甫川工业集中区污水处理厂的中水作为工业

水水源，天桥岩溶水作为锅炉补充水、生活水水源及中水的备用水源。在满足电厂的供水水质要求后，送至电厂围墙外2m处。

4.3.2.10.2 锅炉补给水处理系统

二期工程水处理室完全新建。

一、反渗透预脱盐系统

反渗透预除盐系统出力为 $2\times75m^3/h$，并预留增加超滤系统的空间。

二、锅炉补给水除盐系统

锅炉补给水除盐系统采用一级除盐加混床，出力为 $2\times150m^3/h$。室外除盐水箱为 $3\times3000m^3$。

三、系统的布置

锅炉补给水处理车间为一个独立的建筑区域，锅炉补给水处理车间包括过滤除盐间、附属设备间、配电控制室、室外水箱、酸碱贮存间及废水中和池等。

四、化验室主要仪器设备的配置

二期化验楼不扩建，利用一期设施，适当增补化验仪器。

4.3.2.10.3 辅机循环水处理系统

本工程为空冷机组，由于循环水量较小，不考虑浓缩倍率，循环水系统仅采用加稳定剂处理即可。杀菌剂可根据需要，临时性加入，不设置固定设备。

4.3.2.10.4 凝结水精处理系统

每台机组设4×33%粉末树脂过滤器，3运1备；设4×33%精处理混床，3运1备。凝结水精处理过滤和混床系统与热力系统连接采用单元制，即每台机组对应设一套精处理过滤和混床系统，两台机共用一套再生装置。

凝结水精处理设备均采用自动程序控制。

4.3.2.10.5 化学加药系统

本工程化学加药系统两台机组设一套加药装置，其中包括凝结水、给水加氨；凝结水、给水、闭式水加联氨；凝结水、给水加氧。

两台机组化学加药装置集中布置于一室，位于汽机房0m，9～10轴之间的取样加药间内。

4.3.2.10.6 汽水取样监测系统

每台机组设置一套水汽取样分析装置。包括自动取样分析仪表和人工取样点。

两台机组汽水集中取样装置集中布置于一室，位于汽机房0m，9～10轴之间的取样加药间内。

4.3.2.10.7 化学废水集中处理系统

二期废水按零排放设计，二期工程化学废水集中处理利用一期系统。二期工程的废水处理设施仅增加炉后的机组排水槽及相应的废水输送设备。二期工程的凝结水再生废水、锅炉酸洗废水排入机组排水槽，输送到一期化学废水处理系统；空气预热器的清洗水、锅炉启动排水等杂用水排入机组排水槽，作为辅机冷却水的补充水源。

4.3.2.10.8 制氢系统

在一期制氢站预留场地增加3台 $V=13.9m^3$ 氢贮罐。

4.3.2.10.9 脱硝还原剂贮存供给系统

本工程脱硝工艺采用SCR法。还原剂为无水液氨。

区布置在二期固定端外化学和除灰区之间，氨贮存罐布置在顶棚敞开式房间，氨气制备设备布置在室内，在氨贮存区设有排放及自动事故喷水消防系统。

4.3.2.11 热工控制

发电厂热工自动化水平是通过控制方式、热工自动化系统的配置与功能、运行组织、控制室布置及主辅设备可控性等多个方面综合体现。

4.3.2.11.1 控制方式

（1）本工程采用炉（含脱硝 SCR）、机、电、网及辅助车间集中控制方式。两台机组合设一集中控制室，不单独设电气网络控制室及辅助车间的控制室。

（2）本工程运行组织按单元机组设岗，单元机组设2名运行人员，在就地人员的巡回检查和配合下，实现以LCD/键盘和大屏幕为中心的集中监视和控制，在值班人员少量干预下自动完成机组的启动、停止，正常运行的监视控制和异常工况处理。

（3）根据目前国内外DCS功能和应用经验，本工程将采用远程I/O技术，在部分系统考虑采用现场总线方式，减少电缆和桥架数量及其相应的现场安装费用。

4.3.2.11.2 控制系统的配置与功能

本工程控制系统由厂级监控信息系统（SIS）、分散控制系统（DCS）组成的控制网络组成。实现控制功能分散，信息集中管理的设计原则。

一、厂级监控信息系统SIS

本工程设置厂级监控信息系统SIS作为面向生产过程的信息系统。与一期SIS联网，同时将与新增各控制系统联网，实现数据信息共享。与二期SIS联网的控制系统包括单元机组分散控制系统（DCS）、网络计算机监控系统（NCS）、辅助车间监控网、汽机振动分析及故障诊断系统（TDM）、锅炉炉管泄漏检测系统等全厂各生产环节的实时监控系统。同时，SIS为厂级管理信息系统（MIS）提供所需的生产过程信息。

SIS主要功能包括生产过程信息监测、统计和分析功能，厂级性能计算和分析功能；全厂负荷调度分配；机组寿命管理功能等。

二、单元机组分散控制系统

本工程锅炉（含脱硝SCR）汽机及空冷凝汽器、发电机—变压器组及厂用电（包括起停/公用变）、直接空冷系统和烟气脱硫控制的监视、控制和保护将以分散控制系统（DCS）为主，辅以少量的其他控制系统和设备完成。由于二期工程烟气脱硫系统不设脱硫旁路增压风机，这相当脱硫系统是单元机组（锅炉）的不可分割一部分，即烟气脱硫系统故障导致该系统停运必然要停锅炉。烟气脱硫控制系统纳入机组DCS，控制点设在集控室，监控采用单元机组DCS的LCD操作员站上完成，单元机组DCS设五台LCD操作员站，其中1台LCD操作员站用于烟气脱硫监控。

机组控制系统主要由以下系统或装置构成：

（1）分散控制系统DCS的功能包括数据采集系统（DAS）、模拟量控制系统（MCS）、顺序控制系统（SCS）、锅炉炉膛安全监控系统（FSSS）。汽机旁路控制系统（BPS）可根据旁路系统配置情况最终确定采用专用装置（通过通信接口或硬接线与DCS系统相连）或采用与DCS相同的硬件。DCS设置公用网络，辅机冷却水，烟气脱硫石灰石浆液制备、石膏脱水系统和厂用电公用部分等辅助公用系统纳入公用网络监控，可分别由各单元机组DCS操作员站进行监控并且互相闭锁。

（2）汽机数字电液控制系统（DEH）、汽机监视系统（TSI）（进口）、汽机紧急跳闸系统（ETS）随主机成套提供。DEH采用与DCS相同硬件，紧急跳闸系统（ETS）采用与DCS相同硬件。

（3）吹灰控制系统纳入DCS，由DCS统一监控。

（4）设置少量独立于DCS的后备操作手段，当DCS故障时确保机组安全停机。

三、辅助系统和辅助车间自动化系统

辅助车间采用远程 I/O 技术，各辅助车间的控制系统（水控、灰控、煤等各系统）通过计算机网络进行联网，实现集中控制室集中监控。在集中控制室里，运行人员可通过辅助车间监控网 LCD 操作员站对网络内各辅助车间的工艺过程进行监控。

输煤系统设置了专门的输煤控制室并配以监控上位机，在电厂建成投产初期可在输煤控制室监视和控制，待积累了成熟的运行经验后，也可将控制权移至集中控制室。总之，输煤系统是否设运行值班员可由电厂的管理模式灵活确定。在其他工艺系统比较复杂，需要监视和操作的内容较多的辅助车间（系统）设置辅助控制点，即在就地控制设备间内设置现场 LCD 操作站，在机组调试、启动和网络故障情况下，可在就地 LCD 上进行监控。正常情况下以集控室监控为主。

四、全厂闭路电视系统

本工程在重要工艺位置设闭路电视摄像机，对监视区域点进行实时摄像，并连成网络，通过单元控制室闭路电视显示器可监视设备运行情况的图像。

五、火灾报警及空调控制系统

火灾报警系统由布置在集中控制室的中央监控盘、电源装置、报警触发装置（手动和自动两种）及探测元件等组成。

空调控制系统由布置在集中控制室内的集中空调监控器和现场仪表设备组成。

4.3.2.11.3　控制室布置

一、集中控制室布置

本工程两台机组合设一个单元控制室。控制室布置在两机之间的集中控制楼内。在单元控制室内布置有单元机组操作员站，电气网络监视和控制操作员站，全厂的火灾报警主控盘、空调控制及消防监控站、全厂闭路电视系统等。在单元控制室附近布置有工程师室和 SIS 机房等。

二、电子设备间

1. 机、炉电子设备间布置

单元控制室同层设置两台机组的电子设备间。控制室和电子设备间下相应位置设置电缆夹层。

2. 辅助车间电子设备间布置

各辅助车间电子设备间布置在各车间内，在主要辅助车间如：煤、灰、水的电子间内分别布置有 LCD，作辅助监控用。

4.3.2.12　烟气脱硫系统

采用石灰石—石膏湿法脱硫，按锅炉 BMCR 工况全烟气量脱硫，脱硫装置脱硫效率不低于 95%，脱硫系统可用率不小于 98%。脱硫工程与机组同步建设，二氧化硫吸收系统采用单元制，每炉配备 1 套 FGD，共 2 套。

系统由烟气系统、SO_2 吸收氧化系统、石灰石浆液制备系统、石膏脱水系统、排空系统、工艺水系统、仪用压缩空气系统等组成。

烟气脱硫系统不设置烟气换热器 GGH。

4.3.2.13　烟气脱硝

本工程脱硝系统采用选择性催化还原脱硝（SCR）法，SCR 工艺系统主要包括：SCR 催化反应器及催化组件，氨制备、存储系统，氨喷射及稀释空气系统、脱硝公用系统等。

4.3.3　标段划分及主要工程量

4.3.3.1　标段划分

A 标段：主厂房及空冷建筑工程。包括：3 号、4 号机组主厂房本体、锅炉至集控楼电缆通道、集中控制楼、锅炉电梯井基础、锅炉基础、汽轮发电机基础、主厂房附属设备基础，4 号机组电除尘配电室，送风机室，厂内输煤栈桥及转运站，渣仓，空冷基础及空冷柱、空冷电梯井基础、空冷楼梯基础、空冷配电室、空冷排气管基础，A 排外构筑物、继电器室，机组排水槽，附属于上述建（构）筑物的上下水（含常规消防）、采暖（含主厂房内采暖热网交换站）、通风、空调、除尘、电气、照明，主厂房及空冷区域的地坪、地下设施等。

B 标段：电除尘、除灰、脱硫等系统建筑工程、1000m^3 工业蓄水池。包括：引风机基础、引风机室、除尘器基础、电除尘配电室，输煤控制室、燃油管道支架，灰库气化风机房、贮灰库、除灰空压机室，锅炉补给水处理室、化学水配电室、酸碱储存间、化水系统室外构筑物，辅机冷却水泵房、机力通风冷却塔、辅机冷却水管道建筑、供水系统阀门井，全厂独立避雷针，工业蓄水池、消防蓄水池、污水泵房及污水池、消防泵房、综合管道支架、除主厂房及空冷区域外的厂区地下设施（包括厂区消防管道、厂区沟道、厂区上下水及井池等）、厂区热网管道等建（构）筑物，脱硫区的吸收塔循环泵房（含在循环泵等设备基础）、脱硫综合管架、事故浆液箱基础、吸收塔基础、钢烟道支架、水坑，脱硝氨制备间、氨区配电室，附属于上述构建筑物的上下水（含常规消防）、采暖、通风、空调、除尘、电气、照明等。

C 标段：3 号机组安装工程：包括：按单元机组划分的 3 号机组热力、除灰、燃料供应（3 号机锅炉房燃油管道）、化学水处理、供水、电气、热工控制、脱硫、脱硝等系统；除输煤系统外，主厂房内两机公用设施；燃料供应系统中燃油系统（不含 4 号机锅炉房燃油管道）；脱硫及脱硝系统中两机公用设施；除灰系统中除灰（含厂用、仪用）空压机、灰库及灰斗气化风机、灰库、飞灰分选等设施；电气系统中 330kV 启备变、全厂接地、通信系统；热工系统中各建（构）筑物间 MIS、SIS 光纤，附属生产工程中制氢站等。3 号锅炉紧身封闭、3 号锅炉电梯井（除基础外）、3 号电除尘紧身封闭、3 号机渣仓紧身封闭、3 号机组空冷钢桁架、空冷电梯井及 3 号机组空冷爬梯（除基础外）。所安装设备、设施的单体调试，配合分系统调试，参加整套启动试运。

D 标段：4 号机组安装工程：包括：按单元机组划分的 4 号机组热力、除灰、燃料供应（4 号机组锅炉房燃油管道）、化学水处理、供水、电气、热工控制、脱硫、脱硝等系统；燃料供应系统中输煤系统，主厂房外化学水处理系统，供水系统中直接空冷辅机循环冷却水系统、供水系统防腐，附属生产工程中机组排水槽、综合水泵房、污废水处理系统、消防水泵房设备及管道等。4 号锅炉紧身封闭、4 号锅炉电梯井（除基础外）、4 号机组电除尘紧身封闭、4 号机组渣仓紧身封闭、4 号机组空冷钢桁架、4 号机组空冷爬梯（除基础外）。所安装设备、设施的单体调试，配合分系统调试，参加整套启动试运。

E 标段：烟囱工程。

F 标段：升压站系统土建、安装。

G 标段：厂外煤场及管状带建筑工程。（输煤管状带式输送机安装工程含在设备标中）。

其他标段：其他项目（含厂区道路及照明、绿化、围墙、1000m^3 工业蓄水池、材料库、厂外补给水、机炉检修间等）。

常规消防随建筑标段，特殊消防单独招标。

4.3.3.2　各标段界限划分

4.3.3.2.1　安装与土建接口

4.3.3.2.1.1　建（构）筑物接地极、接地井由土建单位负责；建（构）筑物室内接地网由该区域安装单位完成，厂区接地网、厂区接地网与各建（构）筑物接地网的连接 C 标段负责完成；设备的接地连接由相应设备安装单位完成。

4.3.3.2.1.2 建筑工程的照明、通风、除尘、空调等的动力、控制电缆敷设，“按照送电源、送信号的原则”，由相应安装单位将动力、控制电缆施工至各建构筑物上述系统的第一台（级）配电箱、动力柜（箱）、控制柜（盘）、开关处，并负责接线；第一台（级）配电箱、动力柜（箱）、控制柜（盘）、开关及以后部分由土建单位完成。

4.3.3.2.1.3 磨煤机过轨吊及机务专业施工图中标明的行车、吊车轨道及滑线预埋件由安装单位完成，其余专业施工图中标明的行车、吊车轨道及滑线预埋件由土建单位完成。

4.3.3.2.1.4 所有土建设施中预埋件，均由土建单位完成。

4.3.3.2.1.5 设备螺栓固定架由安装单位完成，土建单位配合。

4.3.3.2.1.6 设备基础的二次灌浆，由土建单位负责。

4.3.3.2.1.7 电气及热工盘、柜等设备支架的制作安装由相应设备的安装单位负责。

4.3.3.2.1.8 土建施工图中标明预留的孔洞如果建筑标段未进行预留，应由土建单位负责开孔和恢复。土建施工图中无预留要求，而安装工程确实需要的，经业主同意后，土建单位施工时预留；如果建筑施工已经完成，安装工程需要开孔时，需提出书面申请，经业主审批同意后由安装单位进行开孔，由原土建单位负责恢复。

4.3.3.2.1.9 锅炉电梯井制作、电梯门套装饰、电梯井道照明由安装单位负责完成。

4.3.3.2.2 安装与安装接口

4.3.3.2.2.1 各标段范围内设备、管道色环、介质流向箭头的涂刷工作由相应标段安装单位承担。

4.3.3.2.2.2 厂区内油、气、汽、水管道以建构物墙外 3m 内第 1 个阀门为界，无阀门以墙外 3m 为界，管道接口由后完成施工单位承担。

4.3.3.2.2.3 C 标段与 D 标段燃油管道的分界点为厂区供、回油母管至 4 号锅炉的炉前燃油的第一个阀门，该阀门属 C 标段。

4.3.3.2.2.4 主厂房内 C 标段与 D 标段的油、气、汽、水等各种管道以主厂房纵向中心线为界（如有联络门，需施工至联络门后一米处），连接工作由后施工的单位承担。

4.3.3.2.2.5 各标段间电气、热工专业的施工界限随机务专业施工界限进行确定。

4.3.3.2.2.6 不论开关柜供电对象是否本标内设备，均由负责安装开关柜的施工单位负责完成开关柜内的自身接线及本体调试（含二次设备），并要配合其他标段供电回路的调试工作。

4.3.3.2.2.7 C 标段与 D 标主厂房内电缆桥架（支架）以主厂房纵向中心线为界，连接工作由后施工的单位承担。

4.3.3.2.2.8 厂区综合管架上的电缆桥架（含电缆竖井）由 C 标段负责完成。

4.3.3.2.2.9 厂区沟道电缆支架，由电缆敷设单位进行安装，如支架为 C 标段、D 标段公用，则由 C 标单位负责安装；如为 C 标段与其他标段公用，则由 C 标单位负责安装；如支架为 D 标段与除 C 标外的其他标公用，则由 D 标段单位负责安装。

4.3.3.2.2.10 电气、热工盘柜的防火封堵，由相应盘柜安装单位完成；各标段间电缆防火的施工界限根据电缆桥架（支架）的施工界限进行确定。

4.3.3.2.2.11 D 标段与升压站标段架空线的分界点：750kV 架空线的分界在主变压器高压套管引接端子。

4.3.3.2.2.12 各标段内设备之间的电缆、导线、管路、管道属于各相应标段。

4.3.3.2.2.13 D 标段设备至启备变的电缆由 D 标段敷设

4.3.3.2.2.14 主厂房内公用设施引入 D 标段设备的电缆由 D 标段敷设。

4.3.3.2.2.15 输煤管状带的安装由业主另委专业制造厂承担，但输煤管状带驱动装置的电源电缆、输煤管状带与输煤程控装置间的连接电缆由 D 标承担。

4.3.3.2.2.16 各安装标段设备之间的连接电缆，按照“取电源、送信号”的原则，由用电设备安装单位、发送信号设备安装单位分别负责相应电缆敷设。其中控制电缆始端所接设备为发送信号设备。

4.3.3.2.2.17 对于电力电缆、控制电缆，由电缆敷设单位负责电缆敷设及两端电缆终端的制作、接线、试验。盘柜的安装单位监督、配合。

4.3.3.2.2.18 3 号、4 号汽机房行车由 C、D 标分别安装，但全部行车滑线及其供电回路由 C 标负责完成，

4.3.3.2.2.19 一、二期工程辅汽系统的连接管道由 C 标负责完成。

4.3.3.2.3 其他

4.3.3.2.3.1 根据订货协议由供货制造厂负责安装调试的本标段设备，由本标段负责配合与协助工作，包括提供必要的劳力、起吊设施、通用工器具、电、气源及一般性消耗材料。对制造厂安装调试好的设备，本标段负责成品保护与维护。

4.3.3.2.3.2 供货制造厂现场技术服务人员的安全监护，由相应标段安装单位负责。

4.3.3.2.3.3 标段之间的接口工作除有说明外均由后施工者完成。

4.3.3.2.3.4 特殊消防系统由业主另行委托，相关区域的安装单位配合。

4.3.3.2.3.5 SIS、MIS、视频监控系统业主另行委托，相关区域的安装单位配合。

4.3.3.2.3.6 施工接口未明确的以施工图的专业分工为准。

4.3.3.3 主要工程量

主要工程量见表 4-3-6。

表 4-3-6　　主 要 工 程 量

序号	项　目	单　位	工程量
1	建筑工程		
1.1	土石方开挖	m^3	735000
1.2	土方回填	m^3	520000
1.3	混凝土及钢筋混凝土	m^3	230000
1.4	砌体	m^3	18500
1.5	钢筋	m^3	25300
1.6	型钢	t	21730
1.7	木材	m^3	2950
1.8	水泥	t	95000
2	设备安装工程		
2.1	高压管道	t	2620
2.2	中低压汽水管道	t	2700
2.3	烟风煤管道	t	4750
2.4	电力电缆	km	472
2.5	控制电缆	km	2290
2.6	保温材料	m^3	28500

4.3.3.4　供货范围

4.3.3.4.1　本工程设备、材料供应方式

4.3.3.4.1.1　设备

除非标设备由施工单位加工配制外，本工程的其余设备均由业主提供。

4.3.3.4.1.2　材料

4.3.3.4.1.2.1　业主供应的材料

(1)本工程维护结构的压型钢板(含配套的钢支撑及檩条)、压型钢板屋面保温板，空冷钢桁架。

（2）四大管道及管件（主蒸汽管道、高压给水管道、再热冷热段管道、高低压旁路管道、支吊架）；水压堵板、高压汽水取样管道（原材料、至一次门前）。

（3）进口阀门（含执行机构）。

（4）高压阀门（PN6.4MPa 及以上）、高温阀门（t>450℃）、DN300 及以上的中、低压阀门；电动阀门，调节阀门、不锈钢阀门。

（5）锅炉及脱硝装置、汽轮机、发电机、电除尘等设备供货范围内的油漆、外装板、防腐材料、管道及管配件、阀门。

（6）烟风煤管道中的补偿器（伸缩节）、各种风门及挡板，煤粉耐磨管道及管件，空冷膨胀节。

（7）电力电缆、控制电缆、计算机电缆、补偿电缆、伴热电缆、光缆、电缆桥架（不含桥架的支架）。

（8）共箱、离相封闭母线、交直流励磁母线。

（9）变压器油、透平油、化水填料（仅提供一次填充物），用于分部试运和整套启动的酸、碱、石灰石、水、煤、汽、燃油等。

4.3.3.4.1.2.2　施工单位供应的材料

除业主采购的材料外，本工程其他材料均由施工单位采购供应，其中钢材必须是国内知名制造厂生产的名优产品，阀门供货厂商需在业主提供的供货商名单中选择。施工单位采购供应的材料，施工单位自主报价，计入总报价；报价时其材料应考虑工程建设期内市场变化因素，材料实际价格应计算（或预计）到本工程所在地的合同施工当期价格水平，在整个合同期内不予调整；数量及品种规格视为已满足施工要求，在整个合同期内亦不调整。

4.3.3.4.2　业主供应材料的使用

4.3.3.4.2.1　施工单位在施工过程中使用业主供应材料，需按业主管理规定提前编制需用计划，报业主及监理部批准后由业主进行采购。

4.3.3.4.2.2　业主在竣工结算时按施工单位的实际材料领用量核算材料费用。如果施工单位领用的业主供应材料量超出施工图分析量，其超出部分将按照业主实际采购价格，加上采购价的 15%作为管理费，进行核算，并从施工单位结算款中予以扣除。

4.3.3.4.3　设备、材料的运输、保管

4.3.3.4.3.1　C 标段施工合同中包含物资代保管。

4.3.3.4.3.2　业主供应的设备、材料，施工单位从业主的仓库（或堆放点）领取时，到其施工点（或仓库）的装卸、运输、保管等由施工单位负责并承担相应费用。

4.3.3.4.3.3　业主供应的单件在 30t 以上及超宽、超限设备和施工单位采购材料的现场卸车、运输、仓储、维护、保管等由施工单位负责并承担费用。

4.3.3.4.3.4　施工单位负责采购的材料，其运输、仓储、保管等由施工单位负责并承担相应费用。

4.3.3.4.3.5　对进入现场的所有材料和设备，未经业主同意，不得擅自运离现场。

本章其余内容见光盘。

第5章 陕西府谷清水川煤电一体化项目电厂二期2×1000MW工程主厂房及空冷建筑施工组织设计

5.1 工程概况

5.1.1 总体简介

工程总体简介见表5-1-1。

表5-1-1 工程总体简介

序号	项目	内容
1	工程名称	陕西府谷清水川煤电一体化项目电厂二期（2×1000MW）工程
2	建设地点	陕西省府谷县黄甫镇
3	工程规模	扩建2×1000MW国产燃煤直接空冷超超临界发电机组
4	项目名称	主厂房及空冷建筑施工（A标段）
5	招标单位	陕西清水川发电有限公司
6	设计单位	中国电力工程顾问集团西北电力设计院
7	监理单位	西北电力建设工程监理有限责任公司
8	资金来源	由陕西投资集团（有限）公司和陕西煤业化工集团公司共同出资
9	质量目标	高标准达标投产，创建中国电力优质工程，争创国家级优质工程
10	工期要求	2011年5月1日开工（浇注第一罐混凝土），2013年7月1日3号机组168h试运结束移交试生产，2013年11月1日4号机组168h试运结束移交试生产

5.1.2 工程特点

5.1.2.1 地基处理与基础

一、主要建构筑物地基与基础

主厂房零米标高为1956年黄海高程861.60m，主厂房埋深－8.6m，考虑采用天然地基，以⑥-1泥岩为持力层，局部超挖部分可考虑采用混凝土换填，主厂房基础根据布置采用单独基础或局部条形基础。

本工程锅炉采用上海锅炉厂有限公司的塔式锅炉，埋深－8.6m，其中较大荷载的基础为整板式基础，其余的基础根据荷载及布置要求分别采用单独基础或联合基础。

空冷架构柱基础采用钢筋混凝土独立基础。柱埋深－8.6m，地基采用天然地基，以⑥-1泥岩为持力层。

二、辅助及附属建筑地基与基础

辅助及附属厂房的结构荷重相对主厂房较小，建筑物地基均采用天然地基。多层建筑物根据埋深不同可将其置于③层中砂或④层砾砂上，局部超挖部分采用碎石碾压换填。

输煤转运站及栈桥等建筑物均可采用天然地基，持力层为③层中砂或④层砾砂，部分超挖部分采用碎石碾压换填。

建（构）筑物基础原则上采用钢筋混凝土单独基础，荷载较大时可采用柱下钢筋混凝土条形基础。

5.1.2.2 主厂房建筑特点

一、主厂房布置

主厂房区由汽机房、除氧间、煤仓间、锅炉房组成。

1. 汽机房、除氧间布置

主厂房柱距为10、11m和9m，伸缩缝宽度为1.40m，汽机房总长度为205.8m，跨度为29m。除氧间总长度为205.8m，跨度为11.5m。

在零米层布置有凝汽器、机械真空泵和400V汽机照明、密封油供油装置、顶轴油装置、定子冷却水集装装置、闭式水泵、开式水滤网、机械真空泵、抗燃油装置、凝结水精处理设备、冷油器、油净化装置等。在汽机机头侧3.5m层布置有润滑油集装油箱。

8.60m层主要是管道层，布置的设备有轴封冷却器及轴封风机、高压旁路阀、5号、6号、7号低压加热器、10kV配电装置、发电机封闭母线等。

16.50m为汽机运转层大平台，布置有汽轮发电机组、低压旁路阀、1号、2号和3号高压加热器等设备。

除氧器及闭式水箱布置于除氧间25.50m层。

2. 煤仓间布置

煤仓间长度为223.8m，跨度为13.5m。

零米层放置2台炉的磨煤机。16.5m运转层是给煤机层，原煤斗支撑于31.5m煤斗梁上，43.30m层为输煤皮带层，输煤转运层设在标高51.70m。

3. 锅炉运转层标高

锅炉运转层标高为16.50m，为全封闭。

二、主厂房交通与运输

根据相关规程、规定和按照工艺要求，组织水平和垂直交通，形成便利、顺畅的交通网络，主厂房的疏散楼梯，满足主厂房内最远工作地点到外部出口或楼梯的距离不超过50m。一台锅炉设一部电梯。各车间均设置两个或两个以上安全出口，为保证厂房内的安全疏散，设置必要的垂直通道和纵横水平通道。

三、主厂房生活、卫生设施

主厂房在零米、运转层、皮带层布置了卫生间，在汽机房、锅炉区零米层，运转层、输煤转运层的适当位置设洗手池，并设有地漏。

四、主厂房通风与采光

主厂房各分区以天然采光为主，天然采光不足加以人工照明作为补充。汽机房运转层以下开窗尽量满足通风要求，运转层以上水平带窗，汽机房屋面设点式采光天窗，汽机房为自然进风机械排风，在相应楼面设置楼面通风格栅。

五、主厂房防水与排水

屋面防水等级为二级，采用有组织排水。主厂房锅炉房零米层设0.5%分区找坡，坡向排水沟；输煤皮带层及煤仓间转运站采用水冲洗；除氧器下方楼面考虑防排水措施。

六、主厂房防火与防爆

主厂房楼梯、通道、出入口及防火门布置根据相关规程、规范要求进行设计。对汽机房油管路附近的钢结构及主油箱上方的钢屋架涂防火涂料。配电室、电缆竖井、楼梯间及空调机房等采用乙级防火门。集中控制室、电子设备间及工程师室室内装修采用燃烧性能等级为A级材料装修。

主厂房建筑构造及建筑装饰汽机房外围护 1.2m 以下采用 370mm 厚多孔砖墙体外刷丙烯酸外墙涂料，1.2m 以上采用带保温彩色复合压型钢板，墙面齐平。内墙采用 240mm 厚多孔砖。

汽机房、锅炉房及煤仓间在零米及 8.60m 层采用耐磨混凝土楼地面，汽机房和除氧框架运转层使用全瓷地砖楼面，炉前通道、部分运转层采用耐磨混凝土面层。输煤皮带层及主厂房其他有水冲洗要求的用房采用水泥石屑面层。汽机基座平台采用地砖面层。

集控室采用高级全瓷防滑地砖，墙面采用燃烧性能等级为 A 级的金属板装饰，顶棚采用燃烧性能等级为 A 级的金属板吊顶。

电子设备间采用防静电地砖，墙面采用功能性涂料，燃烧性等级能为 A 级，顶棚采用轻钢龙骨铝合金吸音板吊顶。

屋面防水材料：高分子防水卷材，聚氨酯防水涂膜。

屋面保温材料：憎水珍珠岩保温板。

外窗：采用单框中空玻璃塑钢窗，值班室、控制室、办公室、会议室等场所还应设置窗纱；根据使用功能，在防盗、防小动物等方面，满足规范要求。

内墙采用普通内墙涂料，有防火、防腐要求的房间墙面采用功能性材料。

七、主厂房抗震设计

按《建筑抗震设计规范》（GB 50011—2010）进行设计，特别重视砖砌填充墙、圈梁、构造柱等非结构构件的抗震措施。

八、主厂房色彩与造型

在满足工艺要求的前提下，力求建筑造型及立面简洁、大方、具现代感。色彩上与本工程一期建筑物相协调。利用电厂建筑宏伟高大多变的外型特点，设计出富有时代气息的现代工业建筑。

5.1.2.3 其他生产建筑物建筑特点

其他建筑物外墙围护为 370mm 厚烧结多孔砖，建筑物内墙做中级抹灰内墙涂料。建筑物楼地面为带防水层的彩色耐磨混凝土、水泥石屑楼、地面或地砖等。建筑外墙面均刷外墙涂料。门窗均采用彩板保温钢门及塑钢窗。

5.1.2.4 主厂房结构特点

主厂房采用现浇钢筋混凝土结构，横向形成框排架结构体系，汽机房屋架与 A、B 排柱铰接，其他混凝土梁柱之间均为刚性连接。

纵向 A 排按单层厂房要求设垂直支撑，形成框架— 支撑结构体系。B、C、D 排均为纯框架结构体系。

一、主厂房

汽机房设 8.0m 管道层、16.5m 运转层楼面。汽机平台采用现浇钢筋混凝土框架结构，与 A 排、B 排柱简支连接。各层楼板采用钢梁现浇板组合结构。

汽机房屋面采用由实腹式钢梁、水平支撑及型钢檩条组成的有檩屋面系统，屋面实腹钢梁与 A、B 柱铰接。汽机房屋面板采用保温自防水的复合压型钢板轻型屋面。

汽机房吊车梁采用钢结构吊车梁，轨顶标高 29.7m。

除氧间及煤仓间的各层楼（屋）面均采用钢梁— 现浇钢筋混凝土组合结构。

炉前运转层平台采用钢梁—混凝土现浇楼板结构，楼板的钢梁由锅炉厂设计，炉前运转层平台与煤仓间框架采用滑动连接方式；另一端与锅炉钢架连接（由锅炉厂设计）。

对于主厂房的钢结构构件均考虑涂刷防腐涂料，并按《火力发电厂与变电所设计防火规范》的要求喷涂防火涂料。

主厂房主要结构尺寸见表 5-1-2。

表 5-1-2　　主厂房主要结构尺寸

名　称	单　位	数　值	备　注
汽机房长度	m	205.80	
汽机房跨度	m	29.00	
除氧间长度	m	205.80	
除氧间跨度	m	11.50	
煤仓间长度	m	223.80	
煤仓间跨度	m	13.50	
柱距	m	9/10/11	
双柱处插入距	m	1.40	
汽机房运转层标高	m	16.50	
除氧间运转层标高	m	16.50	
煤仓间运转层标高	m	16.50	
炉前低封运转层标高	m	16.50	
汽机房夹层	m	8.60	
汽机房行车轨顶	m	29.70	
汽机房屋架下弦	m	32.50	
输煤皮带层	m	43.30	

二、锅炉房

锅炉为独立岛式布置，锅炉运转层楼面为钢格栅，炉架、楼面、炉顶盖均由锅炉厂设计与供货。锅炉基础为钢筋混凝土筏板式基础。

三、煤斗

煤仓间每台炉各设六座支承式结构的钢煤斗。其上部为方形，下部为圆锥形，钢材采用 Q345B 或 Q235B，除垂直段以外的锥斗部分内衬 3mm 厚不锈钢板。

四、汽轮发电机基座

汽轮发电机基础采用钢筋混凝土框架结构，整板式基础，四周用变形缝与周围结构完全脱开。

五、汽机房端墙

汽机房固定端采用现浇钢筋混凝土框架结构，上部设钢结构抗风桁架，柱顶与屋面梁连接。

汽机房扩建端采用现浇钢筋混凝土框架结构，上部设钢结构抗风桁架，柱顶与屋面梁连接。

六、锅炉电梯井结构

电梯井结构采用钢结构，通过水平支撑与锅炉钢架连接，以保证其侧向稳定。井道和机房采用单层彩色压型钢板封闭。基础为钢筋混凝土板式基础。

七、大型辅机基础

磨煤机基础为大块式现浇钢筋混凝土基础，二次灌浆均采用高强度自流平灌浆剂。

对于磨煤机等振动设备，为减少其振动对周围建筑物的影响，改善设备运行效果，磨煤机基础设计时根据布置情况采用橡胶隔振垫减振措施。

八、集控楼

集控楼布置在两炉之间，与主厂房设缝脱开，自成独立的受力体系。集控楼为钢筋混凝土框架结构，楼板为钢筋混凝土现浇梁、板。

九、电动给水泵基础

电动给水泵布置在除氧间零米层上，其基础为大块式现浇钢筋混凝土基础，二次灌浆均采用高强度自流平灌浆剂。为减少其振动对周围建筑物的影响，基础设计时根据布置情况采用橡胶隔振垫减振措施。

十、空冷平台

空冷架构采用钢筋混凝土空心管柱与钢桁架组成的空间结构体系。平台承重结构由空间交叉钢桁架组成。钢桁架上设置平台板，以满足工艺要求，并保证钢桁架的平面外的侧向稳定，平台为钢梁上铺花纹钢板。

柱基础采用钢筋混凝土独立基础。

5.1.2.5 其他主要生产建（构）筑物结构特点

（1）送风机支架采用现浇钢筋混凝土框架结构，基础为单独基础或联合基础。送风机设备基础采用大块式钢筋混凝土基础。设备基础的二次灌浆均采用高强自流平灌浆料。

（2）煤矿来煤通过煤矿转运站、地下隧道、管状带送至本期新建转运站，由转运站通过钢栈桥输送至主厂房内。转运站为钢筋混凝土框架结构，钢筋混凝土独立基础。输煤栈桥均采用钢桁架栈桥，两侧用带保温复合压型钢板封闭，现浇钢筋混凝土楼面压型钢板作底模，其屋面采用压型钢板加保温和防水的轻型屋面，栈桥支柱为钢筋混凝土结构。基础为钢筋混凝土独立基础。地下输煤隧道等采用现浇钢筋混凝土箱型结构。

（3）电除尘配电室等采用现浇钢筋混凝土框架结构，基础为单独基础或联合基础。

（4）渣仓为钢结构，由制造厂设计供货，基础为钢筋混凝土独立基础或联合基础。

（5）机组排水槽上部等采用现浇钢筋混凝土框架结构。防腐沟道及机组排水槽下部等为现浇钢筋混凝土箱型结构，抗渗等级不小于 W6，内贴花岗岩防腐，防腐沟盖板采用玻璃钢格栅盖板；水箱基础均为钢筋混凝土基础。

（6）750kV 采用 GIS 布置，采用钢筋混凝土独立基础。330kV 屋外配电构架为钢筋混凝土人字柱，钢结构梁，采用钢筋混凝土独立基础。主变压器基础、厂高变、起备变、电抗器等基础均采用钢筋混凝土基础，其油池内设钢格栅板，上铺卵石。

（7）其他的辅助、附属多层建筑物均采用钢筋混凝土结构，单层建筑采用砖混结构，基础形式多为钢筋混凝土独立基础或墙下条形基础。厂区综合管架为钢结构，钢筋混凝土单独基础或联合基础。

5.1.2.6 本标工程的施工特点

（1）根据业主提供图纸可以测出汽机基座柱边距 B 列柱边仅 5.7m，不足以满足行走式塔吊轨道安装要求，故汽机房内不能布置行走式塔吊。计划在 A 列外布置一台 C7050 行走式塔吊以满足钢屋架、钢吊车梁、钢次梁等施工材料垂直运输的需要；塔吊吊重无法满足煤斗分节及集控楼上部的连接栈桥的吊装需要，故计划与安装单位进行协商，租赁锅炉安装吊车进行煤斗及集控楼上部的连接栈桥吊装。

（2）按招标文件要求，本标汽轮机基础、空冷支柱、主设备基础、输煤栈桥支架等结构外露表面达到清水混凝土工艺质量，施工前应编制详细可行的清水混凝土施工方案，并报甲方、监理审批后实施，大面积施工前先做清水混凝土样板。

（3）本标工程除氧煤仓间现浇楼层板均采用压型钢板底模，故钢梁上的栓钉焊接需要在压型钢板铺设后进行施工。

（4）厂址区域冬季寒冷且周期较长，主厂房不可避免将跨越冬期和春节期间施工，需要根据现场实际施工工程量、工程进度安排等因素制定完善的施工措施以保证按时完工。

（5）厂址区域 7—9 月的暴雨强度很大，本标工程 5 月 1 日开工（浇筑第一罐混凝土），暴雨期间正处于基础或主体施工阶段，我方将采取有效措施确保施工质量、安全及工程进度符合业主要求。

5.1.3 施工范围

5.1.3.1 本标合同范围

3 号、4 号机组主厂房本体、锅炉至集控楼电缆通道、集中控制楼、锅炉电梯井基础、锅炉基础、汽轮发电机基础、主厂房附属设备基础，4 号机组电除尘配电室，送风机室，厂内输煤栈桥及转运站，渣仓，空冷基础及空冷柱、空冷电梯井基础、空冷楼梯基础、空冷配电室、空冷排气管基础，A 排外构筑物、继电器室，机组排水槽，附属于上述建（构）筑物的上下水（含常规消防）、采暖（含主厂房内采暖热网交换站）、通风、空调、除尘、电气、照明，主厂房及空冷区域的地坪、地下设施等。

5.1.3.2 本标合同主要内容

一、主厂房本体及设备基础

1. 主厂房本体

3 号、4 号机组区域内的汽机房（包括运转层平台）、除氧间、煤仓间（含连接栈桥）、炉前高低封、锅炉房（锅炉运转层混凝土平台及以下）等全部建（构）筑物，不含土石方开挖及地基处理，但开挖后的回填土（含回填运土）及基础二次开挖工作属本标段。

包括汽机房行车梁及轨道、地下设施（地下基坑、管沟道、隧道及附属在零米以下的地下设施）；上下水、雨排水；采暖（含主厂房内采暖热网交换站）、通风、空调、除尘、照明（灯具参同类型机组）等；所有室内地下管（沟）道以伸出外墙轴线 3m 为界。

应充分考虑施工期间－5m（或－6m）以下的地下降水，集水坑降水方案。

2. 锅炉至集控楼电缆通道

包括土石方、基础、上部钢结构等。

3. 集中控制楼

集中控制楼全部建（构）筑物，包括回填土（含回填运土）、地下设施、室内装饰（装修）、上下水、采暖、通风、空调、照明（灯具参同类型机组）及常规消防等。所有室内地下管（沟）道以伸出外墙轴线 3m 为界。不包括土石方开挖及地基处理。

4. 锅炉电梯井

包括基础、零米地坪等。

5. 锅炉基础

3 号、4 号机组锅炉基础。包括基础、基础连梁、基础短柱等，包括预埋铁件、土建埋管、配合安装埋管及基础灌浆等。不包括土石方一次开挖及地基处理。

6. 汽机基础

3 号、4 号机组汽机基础。包括基础、出线小室、上部框架等工作内容，包括预埋铁件、土建埋管、配合安装埋管基础灌浆等。不包括土石方一次开挖及地基处理。

7. 主厂房附属设备基础

包括除引风机基础外的 3 号、4 号机组锅炉附属设备基础及汽机附属设备基础等。包括设备基础、泵坑、预埋铁件、土建埋管、配合安装埋管及基础灌浆等。不包括土石方一次开挖及地基处理。

二、4 号机组电除尘配电室

电除尘配电室全部建筑物，包括土石方开挖及地基处理、回填土（含回填运土）、给排水、采暖、通风、空调、照明。

三、送风机室

送风机室全部建（构）筑物，包括土石方开挖及地基处理、回填土（含回填运土）、给排水、采暖、通风、空调、照明。

四、厂内输煤栈桥及转运站

包括厂内输煤栈桥及转运站、管状带驱动站、除尘室、垂直拉紧装置室、入炉煤采样室、除铁器室的全部建（构）筑物。包括土石方开挖及地基处理、回填土（含回填运土）、给排水、采暖、通风、空调、除尘、照明等。

五、渣仓

包括土石方、基础、设备基础、钢筋混凝土框架及混凝土地面等。

六、3号、4号机组空冷基础、支架

包括基础、空冷区域回填土（含回填运土）、钢筋混凝土空心柱等。应充分考虑施工期间－5m（或－6m）以下的地下降水，集水坑降水方案。不包括土石方一次开挖及地基处理。

七、空冷楼梯

包括基础、地坪等，不含钢梯等上部结构。

八、空冷电梯基础

包括基础、地坪等，不含上部结构。

九、空冷排气管塔支架及基础

包括基础等，不含排气管塔架等上部结构。

十、3号、4号机组空冷配电室

空冷配电室建筑，包括土方开挖、基础、回填土（含回填运土）、上下水、采暖、通风、空调、照明等。

十一、继电器室

继电器室建筑。包括土方开挖、基础、回填土（含回填运土）、上下水、采暖、通风、空调、照明等。

十二、A排外设备基础、构建物、构架

A排外主变、厂高变、启备变、防火墙、电缆头小室、事故油池等、构筑物。包括土石方、回填土（含回填运土）、基础、构筑物及构（支）架等。

十三、机组排水槽

包括土石方、基础、地下及地上建（构）筑物，包括给排水、采暖、通风、空调、照明等。

十四、主厂房及空冷区域地下设施

1. 厂区沟道（电缆沟、暖气沟、工业水管沟等）

F3302C-Z-07厂区地下管线规划图中，与主厂房（含送风机室）及空冷建筑相邻的道路之间的厂区沟道（不含上述道路所紧邻的、且与道路同走向的厂区沟道）。包括土石方、沟道、盖板及预埋铁件等。

2. 厂区上下水管道及消防管道

F3302C-Z-07厂区地下管线规划图中，与主厂房（含送风机室）及空冷建筑相邻的道路之间的厂区上下水管道及消防管道（不含上述道路所紧邻的、且与道路同走向的厂区上下水管道及消防管道）。包括土石方、垫层、直埋管、防腐及水压试验等。

3. 混凝土地坪

F3302C-Z-07厂区地下管线规划图中，主厂房（含送风机室）及空冷建筑相邻的道路之间的混凝土地坪。

5.1.3.3 施工接口

（1）主厂房及空冷区域的基坑开挖、基坑地基处理不属本标施工范围，但开挖后的施工降水、回填土及基础二次开挖属本标段施工范围；本标其余建（构）筑物的土石方、地基处理均属本标施工范围。

（2）锅炉电梯井、空冷电梯井、空冷爬梯基础属本标施工内容，基础以上部分不属本标施工范围。

（3）主厂房及空冷区域的室外沟道、室外隧道、室外上下水道、室外消防水管道（含自喷水消防母管）、室外阀门井、室外热网管道均属本标施工范围。

（4）主厂房、输煤栈桥自喷水消防的母管属本标施工范围。

（5）主厂房（锅炉房、煤仓间）、转运站、输煤栈桥等建筑物内负压吸尘（清扫）系统属本标施工范围。

（6）所有室内地下管（沟）道以建构物墙外3m内第1个阀门井（检查井）为界，如无阀门井（检查井），则以墙外3m为界，以内属室内，以外属厂区，接口由后完成施工单位承担。

（7）建（构）筑物接地极、接地井由土建单位负责；建（构）筑物室内接地网由该区域安装单位完成，厂区接地网、厂区接地网与各建（构）筑物接地网的连接C标负责完成；设备的接地连接由相应设备安装单位完成。

（8）磨煤机过轨吊及机务专业施工图中标明的行车、吊车轨道及滑线预埋件由安装单位完成，其余专业施工图中标明的行车、吊车轨道及滑线预埋件由土建单位完成。

（9）设备螺栓固定架由安装单位完成，土建单位配合。

（10）设备基础的二次灌浆，由土建单位负责。

（11）建筑工程的照明、通风、除尘、空调等的动力、控制电缆敷设，“按照送电源、送信号的原则”，由相应安装单位将动力、控制电缆施工至各建构筑物上述系统的第一台（级）配电箱、动力柜（箱）、控制柜（盘）、开关处，并负责接线；第一台（级）配电箱、动力柜（箱）、控制柜（盘）、开关及以后部分由土建单位完成。

（12）土建施工图中标明预留的孔洞如果建筑标段未进行预留，应由土建单位负责开孔和恢复。土建施工图中无预留要求，而安装工程确实需要的，经业主同意后，建筑标段施工时预留；如果建筑施工已经完成，安装工程需要开孔时，需提出书面申请，经业主审批同意后由安装单位进行开孔，由原土建单位负责恢复。

（13）标段之间的接口工作除有说明外均由后施工者完成。

（14）招标文件所列各标段施工接口分界各单位必须遵照执行，施工接口未明确的以施工图的专业分工为准。

5.1.4 自然及现场条件

5.1.4.1 厂址自然条件

一、厂址简述

厂址利用一期预留场地，地貌属清水川Ⅰ～Ⅲ级阶地，一期工程已整平，地形较平坦，地势开阔。厂区大部分地段的自然标高在865.64～859.71m（黄海高程，下同）。

厂区上部为第四系全新统冲洪积相的粉土、砂土混砾石，最大厚度8.5m，各层土成层性差，厚度变化大，密实度较差；下伏二叠系上石盒子组（P2s2＋3）泥岩夹砂岩、砾岩。在靠近山前地段，二叠系上石盒子组（P2s2＋3）和石千峰组（P2sh）的泥岩、砂岩直接出露。

地下水位埋深4.30～5.50m，标高855.51～857.66m。地下水位年变幅 1.0～2.0m。在长期浸水或干湿交替条件下，地下水对混凝土结构、混凝土结构中的钢筋具有微腐蚀性。地基土对混凝土结构、混凝土结构中的钢筋具有微腐蚀性，对钢结构有中等腐蚀性。

建筑场地类别：Ⅱ类，场地的地基土无液化问题。工程场地50年超越概率10%地面地震动峰值加速度为0.057*g*、反应谱特征周期为0.40s，对应地震基本烈度为6度。

厂址处属半干旱大陆性季风气候，其气候特点表现为冬季寒冷，时间长；夏季炎热，干燥多风，时间短；春季干旱少雨雪，温差大。由于深居内陆，区域降水受东南沿海季风影响较弱，故年降水量少，但暴雨强度很大，集中于7—9月。

电厂厂址处在清水川河道的一级阶地和河滩地上，并压缩部分河道行洪断面。根据电厂一期工程的《河势分析及防洪影响评价报告》中的成果，清水川厂址河段$P=1\%$的洪水流量为4800m³/s，3-3断面处（一期和二期结合部）百年一遇洪水位860.90m。目前，电厂防洪堤已与府～墙公路以路堤相结合的形式一次建成，其防护范围已包括二期工程的场地范围，因此电厂二期工程不再考虑清水川河道洪水的影响。

厂址东北侧有三条山洪冲沟，按从上到下（从北到南）的次序进行编号，分别为1号冲沟、2号冲沟和3号冲沟，三条沟的百年一遇山洪洪峰流量分别为：1号冲沟11.9m³/s、2号冲沟7.0m³/s、3号冲沟28.3m³/s。

由于在电厂一期工程建设中已将厂址东北侧的截洪沟和排洪沟按百年一遇山洪洪峰流量全部建成，二期工程场地不受山洪影响。

二、工程地质与地震

1. 工程地质

拟建厂区从区域地质构造来看该区自古生代以来相对稳定，未发生过强烈的构造活动。拟建厂区附近规模相对较大且距厂址位置距离较近的地质构造主要包括：墙头—高石崖挠褶（Ji）、清水川断裂带（清水川地堑）。其中清水川断裂带的F4断层通过厂区，但该断层属非全新活动断裂，可不考虑其对厂址稳定性的影响。场地属于构造稳定性相对较好的建筑场地，适宜建厂。

地层岩性特征。场地地层主要为：上部为人工填土、第四系全新统冲洪积相的粉土、砂土混砾石，最大厚度8.5m，各层土成层性差，厚度变化大，密实度较差；下伏二叠系（P2）泥岩、砂岩、砾岩。在靠近山前地段，场地整平后二叠系上石盒子组（P2s2＋3）和石千峰组（P2sh）的泥岩、砂岩直接出露。因施工场地整平工作而在部分填方区形成人工填土，为了保持与以往资料地层编号的连续性，填土按A层编号，⑤层黄土本次勘察中未揭露，按缺失地层处理。地层特征由上至下叙述如下：

A素填土（Q4s）：浅黄～褐黄色，松散～稍密，稍湿，成分主要为粉土和风化岩石碎块，岩性不均匀。堆积年限4～5年。层厚1.0～5.0m，平均3.1m。该层主要分布于场地南部。

①粉土（Q4al＋pl）：褐黄～褐红色，稍密，稍湿，土质不均，含砂量较高，局部夹有粉细砂薄层。成层性差。层厚1.0～4.2m，平均2.6m。主要分布于场地中部。

②粉砂（Q4al＋pl）：局部为细砂。褐黄～褐红色，稍密，稍湿～湿。土质不均，混少量角砾，成层性较差。层厚1.2～4.5m，平均2.5m。主要分布于场地中部，位于①层粉土之下。

③中砂（Q4al＋pl）：局部为粗砂。褐黄～褐红色，稍密，稍湿～湿。土质不均，夹粉细砂薄层，混少量角砾，成层性较差。层厚0.9～3.3m，平均2.1m。该层主要分布场地南部。

④砾砂（Q4al＋pl）：局部为角砾。杂色，稍密，湿，土质不均匀，在厂区大部分地段砾砂和角砾在空间上交替分布，局部粉土含量较高。成层性较差。层厚0.8～5.0m，平均2.6m。位于②层粉砂和③层中砂之下。

⑤泥岩（P2）：该层岩性主要为泥岩，其次为砂岩，个别勘探孔中见有砾岩。泥岩

颜色以褐红色为主，其次为褐色、灰色、灰绿色，泥质结构，水平层理构造。砂岩、砾岩颜色以灰～灰绿色为主，其次为褐红色，碎屑结构，水平层理构造。根据风化程度可细分为⑤-1强风化泥岩和⑤-2中风化泥岩两个风化带。强风化泥岩厚度一般3～4m；中风化泥岩厚度未揭穿。该层岩石属软质岩石，暴露于空气和遇水后易软化，工程性能会急剧降低。层顶深度0.0～8.5m。层顶标高852.22～865.64m。

地基承载力特征值见表5-1-3。

表5-1-3　　地基承载力特征值一览表

指标＼层数	①	②	③	④	⑥-1	⑥-2
地基承载力特征值f_{ak}/kPa	130	140	180	200	300	600

2. 抗震设计参数

工程场地50年超越概率10%地面地震动峰值加速度为0.057g、反应谱特征周期为0.40s。对应地震基本烈度为6度。

原河漫滩及一级阶地地段建筑场地类别为Ⅱ类；现开方区基岩出露地段建筑场地类别为Ⅰ类。根据二期可研审查会的意见，二期工程设计统一按Ⅱ类考虑。

拟建厂区位于河岸边缘，平面分布上岩性不均匀，属半填半挖地基，按《建筑抗震设计规范》（GB 50011—2008）表4.1.1划分，属对建筑抗震不利地段。

场地的地基土无液化问题。

三、水文气象

（1）气候概况府谷县属半干旱大陆性季风气候，由于受极地大陆冷气团控制时间长，加之地势偏高，河流湖泊少，森林植被差等下垫面因素影响，其气候特点表现为冬季寒冷，时间长；夏季炎热，干燥多风，时间短；春季干旱少雨雪，温差大。由于深居内陆，区域降水受东南沿海季风影响较弱，故年降水量少，但暴雨强度很大，集中于7—9月。

府谷气象站位于县城北面高台地上，地理位置为东经110°05′、北纬39°02′，观测场海拔高度为981.0m。电厂厂址在其北面，相距约20.0km，中间无大的山脉阻挡，属同一气候区域。因此，采用府谷县气象站的长系列实测资料作为基础资料，分析统计出电厂设计需要的各项基本气象要素和气象条件是可行的，并具有较好的代表性；而对易受海拔、地形和植被等影响的风速、风向及气温等要素，业主已委托陕西省气候中心进行了对比观测，并编制了《陕西府谷清水川电厂二期工程空冷气象参数对比分析报告》。

（2）基本气象要素统计值。根据府谷县气象站多年实测资料统计，其累年基本气象要素特征值见表5-1-4。

表5-1-4　　累年基本气象要素特征值表

项　目	数　值	备　注
平均气压/hPa	905.4	
平均气温/℃	9.3	
平均最高气温/℃	15.1	
平均最低气温/℃	3.9	
极端最高气温/℃	38.9	1966.6.21
极端最低气温/℃	－24.3	1998.1.18
最热月平均气温/℃	24.0	
最冷月平均气温/℃	－8.1	
平均水汽压/hPa	7.2	

续表

项　目	数　值	备　注
最大水汽压/hPa	28.8	
平均相对湿度/%	49	
最小相对湿度/%	0	
年降水量/mm	409.3	
一日最大降水量/mm	181.8	1995.7.29
年平均蒸发量/mm	2446.5	
平均风速/（m/s）	2.4	
最大积雪深度/cm	13	1993.1.9
最大冻土深度/cm	142	1977.3.4
平均雷暴日数/d	40.4	
最多雷暴日数/d	56	
平均大风日数/d	29.4	
最多大风日数/d	54	
平均雾日数/d	11.4	
最多雾日数/d	32	
全年主导风向	SSW	
夏季主导风向	SSW	
冬季主导风向	SSW	

（3）5%、10%的气象条件。根据府谷县气象站近期五年夏季（6 月、7 月、8 月）三个月逐日平均湿球温度资料，按累积频率统计法计算出：频率为 $P=5\%$的湿球温度为 21.0℃，相应的干球温度为 26.8℃，平均风速为 1.5m/s，平均气压为 896.3hPa，相对湿度为 63%；频率为 $P=10\%$的湿球温度为 20.1℃，相应的干球温度为 25.2℃，平均风速为 2.2m/s，平均气压为 898.7hPa，相对湿度为 63%。

（4）设计风速及风压。根据现场踏勘、大风调查及府谷县气象站实测风速资料，采用极值Ⅰ型法进行统计计算，并参照国家《建筑结构荷载规范》（GB 50009—2001）中的风压等值线图，确定电厂厂址处五十年一遇 10m 高 10min 平均最大风速为 25.8m/s，其相应的风压为 0.42kN/m^2，相应最低气温为−12.0℃；百年一遇 10m 高 10min 平均最大风速为 27.0m/s，其相应的风压为 0.46kN/m^2。

5.1.4.2　交通运输

一、铁路

神朔铁路（神木北— 山西朔州）由府谷县境内南部由西而东通过，该铁路线北与京包铁路相接，南与西延铁路相连，东与南同蒲铁路相通。目前府谷站不接受货运零担。大件设备通过神朔铁路运至府谷站，卸车后转公路运输进厂，府准二级公路为进厂运输主要公路。

本工程为煤电一体化项目，燃煤直接由煤矿工业场地用输煤皮带送至电厂煤仓间，电厂不设铁路线。

二、公路

1. 公路交通概况

府谷县公路交通较为便利，有府新公路（府谷— 内蒙古新街）、神府公路（神木— 府谷）、野大三级公路（野芦沟— 大昌汗），规划的公路有府墙沿黄三级公路（府谷— 墙头）、府白沿黄公路（府谷— 白庙乡）府谷三级公路（府谷— 古城乡）。

2. 进厂道路

进厂道路从府准二级公路引接，跨清水川河进入厂区，采用汽一 20 级郊区型 7.0m 宽混凝土路面，长约 540m，其中跨清水川桥长约 270m。

本期利用一期道路，不再新建。

5.1.4.3　现场条件

一、概述

本标段提供的施工区的总平面布置是原则性的方案，我方提交的施工组织设计、总平面布置经业主同意后将作为最后确定的总平面布置，最后确定的总平面和施工组织设计各方应严格执行。根据工程进展实际情况，业主有权对施工区进行调整测量基准点

根据厂内一级方格网自行测定二级方格网，作为施工测量放线和建筑物定位的依据，并应仔细保护。

业主以书面提供施工测量基准点，我方以此作为施工测量放线和建（构）筑物定位的依据，并应仔细保护。

二、施工用地

（1）施工生产用地详见施工总平面规划图。

（2）由业主批准的施工组织设计布置图，我方保证不自行扩大范围，不损坏邻近的工程（或生产）设施，否则我方承担由此造成的一切损失。施工时必须做到文明生产，各类废弃物必须运至业主指定地点，竣工时必须工完料尽场地清，所有临时建筑必须无条件拆除清理并恢复原状。施工生产临建费用由我方自行承担。

三、道路

本工程场地主干道由业主建设。各施工区域内的道路由承包商建设、费用自理。

施工区内道路原则上采取永临结合方式，在厂区内形成环型主干道路网（主干道为 8m，其余为 6m 和 4m 宽），分两次完成混凝土路面施工。详见施工道路布置图。

本标段施工生产区的临时道路由我方根据生产区内的功能分区及所处位置并结合主施工干道进行规划，报业主批准后自行组织实施和管理。

四、施工用水

厂区及施工区采用 DN150 无缝钢管成环形供水管网，作为施工用水的主干管道。施工用水支管由我方按业主指定的位置与主干管道连接，并设置经业主认可的计量装置，相关费用由我方自理。水费按表计量乘核定的单价收取。

五、排水

排水走向由业主提供，我方按业主提供的排水点自行建设所承担区域的排水，费用自理。

六、施工用电

本期 2×1000MW 工程施工拟设置 8 台箱式变压器。本标工程施工前期，按照就近原则我方从已投用的施工用变压器接引施工电源，相关费用由我方自理。电费按表计量加线损、乘核定的单价收取。

七、力能管理

施工主道路、施工供水母管、施工区主供电系统（施工变电站、10kV 线路、8 台箱式变压器，以及上述供电设施间电缆），由业主负责对其进行运行、维护、检修及管理，同时负责对所有测量表计进行抄表。本标段接引点后的相关设施由我方进行管理。我方保证本标段内区域道路的畅通、水、电、现场照明设施的完好，且符合现场文明施工管理的要求。

八、施工用气、汽、油

施工用氧气、乙炔、氩气，油电厂不设集中供应站，我方

根据需要自行到市场采购。但各种气瓶管道及各种气体使用的安全性，我方将制定相应的管理措施，报建设单位审核备案。

九、弃土（石）方场

业主为本工程提供专用弃土（石）方场。

十、施工生活区

业主为本工程提供施工生活场地，生活用地面积须经业主批准后启用。生活设施建设费用由我方自理。我方将根据劳动力计划安排和生活临建的设置向业主提供生活用水量、生活用电容量。

5.1.5 主要工程实物量

主要工程实物量一览表见表 5-1-5。

表 5-1-5　　主要工程实物量一览表

序号	名　称	单位	数　量	备　注
1	土方（回填土及二次开挖）	m^3	344000.00	
	土方	m^3	55710.00	
2	混凝土	m^3	132860.36	
3	钢筋	t	14834.14	
4	钢材	t	7887.60	
5	不锈钢内衬	t	60.00	
6	钢格栅	t	101.00	
7	压型钢板底模	m^2	21106.00	
8	370 厚外墙	m^3	8630.00	
9	240 厚内墙	m^3	20016.00	

5.2 施工组织机构

5.2.1 施工管理机构

本工程项目施工管理机构的建立以全面实现本工程的各项建设目标，以满足用户需要为宗旨，以“出范本、树样板、创精品、创业主满意工程”为目的，确保工程项目计划、组织、生产、协调高效率的进行。

为了实现既定目标，本工程按项目法组织施工并成立由公司副总经理任群力统管，现场由赵书成任项目经理的“河南省第二建设集团有限公司陕西清水川电厂项目部”，在公司的领导下全面负责本工程的一切施工要素的组织和管理，最终实现既定的施工质量、安全、工期和文明施工目标。

施工现场采用项目管理的组织形式，成立项目经理部，按《建设工程项目管理规范》进行管理。项目经理部分为决策层、管理层和作业层。

现场项目部决策层由项目经理、项目副经理及项目总工组成，具体设置为：项目经理一人，项目副经理一人，项目总工程师一人。

管理层分为五科一室，即：施工技术科、质量管理科、安全监察科、物资设备科、计经管理科、综合办公室。各科室的业务范围根据公司《质量管理手册》的职责确定，并应与甲方、监理的管理部门业务对口。

作业层为各专业施工队伍，包括土建施工队 3 个，其他专业施工队 6 个：土方、水电安装、装饰、钢结构、钢筋加工、防腐防水。

施工组织管理机构如图 5-2-1 所示。

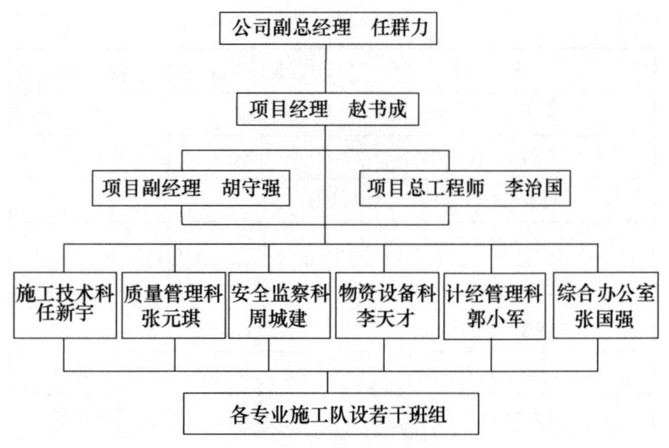

图 5-2-1　施工组织管理机构

5.2.2 施工组织管理机构与公司的关系

河南省第二建设集团有限公司是本工程项目部承包管理的最高权力机构，负责一切重大决策，负责经营谈判和签约活动，负责制定控制质量目标、工期目标、安全目标、经营目标。

该工程项目部是我公司派出的项目执行机构，在项目经理的领导下，负责该工程施工现场中的一切事务管理和实施，负责向业主、监理工程师及公司质量技术部报告项目实施过程中的一切重大事宜，负责编制具体的各项目资金预算计划、施工进度计划、质量保证计划、施工方案、安全文明施工管理等，领导各部门组织生产管理工作，保证质量、安全、工期、文明施工、经营目标的实现。

5.2.3 专业施工队任务划分

各专业施工队按工作需要时间进场，其任务划分如下：

第一土建专业施工队：负责 A～D 列、A 列外建构筑物的土建施工。

第二土建专业施工队：负责本标段内其他所有建构筑物土建施工。

第三土建专业施工队：负责本标段内空冷柱施工。

机械化专业施工队：负责土方、钢结构制作、钢构件及混凝土构件安装。

钢筋加工专业施工队：负责本标段所有工程钢筋加工成型、零星铁件加工。

装饰专业施工队：负责本标段所有建、构筑物的细装修及高级装饰。

水电暖通专业施工队：负责本标段所有建构筑物的水、电、暖、通等安装工程的施工。

混凝土搅拌站专业施工队：负责标本标段混凝土的搅拌和运输。

防腐防水专业施工队：负责本标段工程的全部防腐防水工作。金属结构镀锌、门窗等采用外加工。

5.3 工程质量、进度、环境及职业健康安全目标

5.3.1 质量目标

高标准达标投产，创建中国电力优质工程，争创国家级优质工程。施工质量控制目标为：

（1）分项工程合格率 100%，单位工程优良率不小于 95%。

（2）地基处理可靠，建、构筑物沉降量小且均匀，回填土质量评定合格率 100%。

（3）钢筋及钢结构焊接合格率 100%，钢筋挤压接头优良率不小于 90%。

（4）混凝土强度批合格率 100%，混凝土生产质量水平达到优良级。

（5）混凝土结构工程必须达到优良级，混凝土工艺质量标准为：

1）混凝土结构几何尺寸准确。

2）外观平整光滑，混凝土表面平整度偏差小于 0.1mm，色泽均匀一致。

3）无明显的接槎痕迹，无气泡，杜绝蜂窝麻面。

4）混凝土模板拼缝有规律，无明显的接槎痕迹，无蜂窝麻面，无气泡；外观平整光滑，线条顺畅，色泽均匀一致。

5）预埋件位置准确无误、表面平整。

（6）汽轮机基础、空冷支柱、主设备基础、输煤栈桥支架等结构外露表面达到清水混凝土工艺质量。

（7）建筑物墙面地面平整、无裂缝、无积水，屋面无渗漏；地下室（沟、池、坑）无渗漏、无积水；沟、孔洞盖板包角钢制作，铺设平整无松动、齐全无破损；道路平整、排水顺畅。

（8）管沟、电缆隧道（沟）：内壁平整光洁；沟沿方正平整，线条顺畅笔直；沟盖板方正平整，安装稳固；沟底排水通畅，无积水现象。

（9）上下水工程：水流通畅，排水管道无积水现象。

（10）暖通、照明系统：性能可靠、工艺美观达到设计要求，电气照明要求达到：

1）布线整齐、清晰、美观。

2）导线符合设计要求，绝缘良好，无损伤。

3）布线前的弹线痕迹应及时清除。

4）不得遗漏预埋导线管，更不得随意凿孔槽损坏主体结构。

（11）杜绝重大质量事故，严格控制记录性事故和一般质量事故（按分项工程计算）。

（12）全面消除质量通病。

（13）试运结束后，未完工程、基建痕迹、投产缺陷为零，杜绝机组移交时存在未完项目。

（14）移交的竣工资料、文件资料齐全、完整、准确、系统，达到工程档案管理要求。

5.3.2　进度目标

根据建设单位一级网络进度计划，本标段工程拟定于 2011 年 5 月 1 日主厂房浇筑第一罐混凝土，2013 年 7 月 1 日 3 号机组 168h 试运结束，2013 年 11 月 1 日 4 号机组 168h 试运结束，工程进度达到里程碑进度要求。

进度计划里程碑控制节点见表 5-3-1。

表 5-3-1　　进度计划里程碑控制节点

序号	名　称	三号机组	四号机组	备　注
1	主厂房浇筑第一罐混凝土	2011.5.1		
2	主厂房出零米	2011.8.15		
3	锅炉基础交安	2011.7.31	2011.9.30	
4	主厂房屋面断水	2012.5.1		
5	汽机基座交安	2011.12.25	2012.7.25	
6	输煤系统交安	2012.9.15		
7	空冷系统交安	2011.11.15	2012.7.15	
8	机组 168h 试运结束	2013.7.1	2013.11.1	

5.3.3　环保目标

施工过程中严格执行公司安全环境方针“以人为本，关爱生命，追求和谐共生；节能降耗，绿色施工，实现持续发展”。严格遵守《中华人民共和国环境保护法》《中华人民共和国水污染防治法》《中华人民共和国大气污染防治法》《中华人民共和国噪声污染防治法》《中华人民共和国水土保持法》及《中华人民共和国森林法》等国家有关环境保护的法律、法规和规章，在施工中做好环境保护，达到国家和地区对环境的要求。

一、降低施工场界噪声

（1）土石方施工阶段：昼间小于 75dB/夜间小于 55dB。

（2）结构施工：昼间小于 70dB/夜间小于 55dB。

二、资源消耗目标

水的消耗降低 1%，电的消耗降低 0.5%。

立方米消耗水泥降低 0.5%，立方米消耗钢筋降低 0.5%。

固体废弃物实现分类管理，回收利用：危险废弃物分类收集，可再利用的废弃物进行回收。

努力减少油品、化学品的泄漏：施工现场的油品、化学品和含有化学成分的特殊材料一律实行封闭式、容器式管理和使用。

5.3.4　安全施工目标

（1）“六不发生”：不发生人身死亡事故；不发生一般及以上机械设备损坏事故；不发生一般及以上火灾事故；不发生负同等及以上责任的重大交通事故；不发生环境污染事故和垮（坍）塌事故；不发生大面积传染病和集体食物中毒事故。

（2）“两减少”：减少交通事故；减少人为责任事故。

（3）“一控制”：轻伤、负伤率不大于 3‰。

5.3.5　文明施工目标

本工程文明施工管理目标是：在现场应遵守所有现行的有关文明施工的规章制度及建设单位施工标准化图册要求和项目部安全文明施工管理制度的要求，做到“施工平面定置化、安全行为规范化、安全设施标准化、环境整洁优美化”，创建全国火电建设安全文明施工一流现场，树立集团公司安全文明施工标杆形象工程。达到“资源节约型、环境友好型”施工现场。

5.4　施 工 部 署

根据本工程的特点及工程建设目标，选择先进合理的施工方法，充分利用空间、时间和资源条件，在确保工程质量的前提下，加快施工进度，保证安全施工，尽可能组织均衡施工，同时降低成本。

5.4.1　开工次序安排

本工程施工项目较多，根据业主提供的开工条件，安排关键工程先行开工，其余工程在满足交安工期的前提下，根据均衡施工的原则分批开工。

第一批开工项目：锅炉基础，主厂房框架基础，集控楼基础。

其他项目开工根据具体情况陆续安排，详见施工进度计划图。

5.4.2　施工准备

资源准备工作：施工准备阶段的资源准备工作内容主要包括人员准备、施工机械准备、施工物资准备等工作。

技术准备工作：施工准备阶段的技术准备工作主要是根据施工组织总设计，了解场地及初步设计情况，工期要求及与其他单位配合实施情况，力能供应设计情况及现场条件等，进行施工组织设计及质量策划的编制工作，如图纸到位，应及时组织相关人员熟悉图纸，为施工图纸会审做准备。

人员准备工作：项目部根据承建工程情况，组织相关管理人员及技术人员进场。施工作业队中的主体施工队已经招标确定施工队伍，其他施工队伍也根据需要进场，现场人员能够满足开工需要。

机械设备准备工作：搅拌站已建成，并试运行结束，可以正式投入运行。钢筋车间机械已安装并调试完毕。

材料准备工作：材料仓库等已建成，砂石已进场并复验，水泥、钢材等已部分进场，并复验，混凝土配合比试验报告已正式提供。

5.4.3 主要工程部位的交叉施工

5.4.3.1 主厂房基础阶段的工序安排

主厂房浇筑第一罐混凝土～主厂房出零米，共3个月时间。就其他同机组工程而言，工期相对比较紧，且工作内容较多，包括：A～D列框排架基础、集控楼基础、主厂房内深基础及地下设施。各工序安排如下：

（1）主厂房A列及B、C、D列为可以平行施工的工作面，以B、C、D列施工为关键工序，A列基础在此施工阶段应同时完成。

（2）主厂房地下设施施工，以汽机零米以下基础、运转层平台基础为重点，包括埋深较深的其他设备基础、泵坑等，组织3号、4号汽机间的流水施工，同时插入回填土，第一次回填至土工布及塔吊轨道底标高－1.00m处，位于塔吊轨道区域的地下设施施工优先安排，尽可能给轨道式塔吊贯通创造条件。

（3）回填土施工工序安排：主厂房A、B、C、D列框排架基础完成后，外围回填土可插入进行，汽机间回填土待汽机底板、短柱及其他深地下设施完成后进行，浅基础及地下设施采用二次回填，在汽机平台施工期间分区分段逐步完成，重要的浅基础在回填土前要作局部基础下处理。

5.4.3.2 汽机间吊车梁轨道安装的工序安排

A列柱工期较短，具备条件时A列吊车梁可先就位，轨道安装随之进行；B列吊车梁随屋面结构具备条件进行就位，轨道安排在校正吊车梁后即吊运到位，钢轨道精确就位，以最短的时间完成轨道安装。

5.4.3.3 集控楼的工序安排

基础及地下设施作为第一批开工项目，保证场地平整。

由于本期集控楼设置在固定端，锅炉钢架安装和主厂房主体结构都在施工期间，集控楼主体结构已基本完成，应注意屋面、外围施工与锅炉安装和主厂房主体施工交叉作业的安全事项。

5.4.3.4 配合安装阶段的土建工序安排

土建交安后即进入土建配合安装施工阶段，直至达标投产为止。

土建配合安装施工可分为两个阶段：

第一阶段由汽机间全封闭至吹管前。其间土建配合施工尚有相当的工作量，主要为精细装饰施工尾工。土建的各工序随安装需要，在限定的时间及给定的施工区域范围，组织充足的劳动力，组织各工种施工，保证质量一次合格，并注意成品保护的交接。

第二阶段为吹管至达标投产。主要为安装需要的土建预留尾工及达标需要的缺陷消除。土建单位准备相应工种的劳动力或及时组织人员到位的其他措施。

5.4.4 主要部位流水作业安排

本着先地下、后地上、先深后浅的原则，尽可能减少立体交叉作业。

一、基础施工阶段

A、B、C、D列基础以伸缩缝为界分为两个施工段，错开混凝土浇筑工序时间，由第一土建队组织各工种的流水作业。首先安排A列基础施工，尽快完成A列外轨道吊基础施工。

以B、C、D列基础为关键线路、柱基础调节施工。

两个锅炉基础、集控楼基础由第二土建队组织各工种流水施工。

二、主体结构施工阶段

A列柱以混凝土浇筑施工缝划分为若干流水段，组织各工种流水作业。

B、C、D列以伸缩缝分界分为两部分，每段以自然层划分流水段，组织流水作业。

三、汽机基座及地下设施

汽机零米以下及深基础设施在3号、4号机内部，组织各工种流水施工；浅基础及地下设施按3号、4号机顺序分别施工。

四、装饰工程施工工序

外粉待结构完成后自上而下进行；塑钢窗采用塞口法安装，随外粉逐层自上而下进行。室内装修先进行湿作业，后进行干作业，分层或逐层组织各工种流水作业。

五、水电暖通工序安排

基础及主体施工时进行配合留孔留洞、埋管埋铁件，初装修后进行管道铺设，细装修阶段进行灯具、洁具安装。

六、土建与电建安装有关的工序安排

安装大件在主体施工阶段插入就位，土建应注意留洞留口留通道，大件就位后再完成局部结构施工；地面施工前应插入安装盘柜底座；设备安装后进行二次灌浆及基础饰面；面砖地面待安装大件就位后进行；面层涂料、油漆易污染部位留一遍交工前完成；门窗塑料保护膜或其他保护清除在交工前进行。

5.4.5 主要机械和施工方法选择

（1）混凝土集中搅拌站设HZS75自动搅拌楼（主楼）一座，2台JS500强制式搅拌机及1座PLD800S型自动上料机组成的搅拌楼（副楼）一座；混凝土运输采用搅拌运输车；主要部位混凝土浇筑采用拖式泵、臂架式汽车泵布料，楼层混凝土采用布料机辅助布料。

（2）主要垂直运输机械。混凝土集中搅拌站设HZS75自动搅拌楼（主楼）一座，2台JS500强制式搅拌机及1座PLD800S型自动上料机组成的搅拌楼（副楼）一座。

在汽机房A列外布置一台C7050行走式塔吊；在主厂房固定端、扩建端各布置一台C7022固定自升塔吊；在集中控制楼东北侧布置一台QTZ40固定自升塔吊；在3号机组、4号机组空冷区域及现场钢筋车间内各布置一台C6015固定自升式塔吊。

煤仓间固定端、扩建端各布置SCD200/200施工电梯一部，主要用于零星材料和人员上下。

（3）主要施工工艺及方法：

1）主厂房框架、汽轮机基础、空冷支柱、主设备基础、输煤栈桥支架等结构外露表面达到清水混凝土工艺质量，即混凝土表面不装饰则达到装饰后的标准。

2）大面积回填土夯实采用振动压路机，其余的一般采用蛙夯或人工夯实。回填土采用核子密度仪检测。

3）钢筋、金属结构集中制作。粗钢筋加工时水平连接采用闪光对焊，现场绑扎时水平连接按设计要求或采用绑扎搭接或搭接焊；竖向连接Ⅱ级钢除设计要求外采用电渣压力焊或直螺纹连接，Ⅲ级钢采用直螺纹连接。金属结构制作采用自动切割机、自动埋弧焊。

5.5　特殊施工措施

5.5.1　清水混凝土施工

5.5.1.1　应用部位

主厂房框架、汽轮机基础、空冷支柱、主设备基础、输煤栈桥支架等结构外露表面达到清水混凝土工艺质量，即混凝土表面不装饰则达到装饰后的标准。

5.5.1.2　清水混凝土质量验收标准

一、观感标准

（1）混凝土结构几何尺寸准确。

（2）外观平整光滑，混凝土表面平整度偏差小于 0.1mm，色泽均匀一致。

（3）无明显的接槎痕迹，无气泡，杜绝蜂窝麻面。

（4）混凝土模板拼缝有规律，无明显的接槎痕迹，无蜂窝麻面，无气泡；外观平整光滑，线条顺畅，色泽均匀一致。

（5）预埋件位置准确无误、表面平整。

（6）重要的混凝土结构，必须严格控制覆膜胶合模板的周转次数。

二、质量标准

各分项工程允许偏差项目表见表 5-5-1～表 5-5-3。

表 5-5-1　　模板分项工程允许偏差项目表

序　号	项　目	允许偏差/mm
1	墙、梁、柱轴线位移	2
2	标高	±3
3	墙、梁、柱截面尺寸	±3
4	每层垂直度	2
5	相邻两板表面高低差	1

表 5-5-2　　钢筋绑扎分项工程允许偏差项目表

序　号	项　目		允许偏差/mm
1	板钢筋网间距		±10
2	柱、梁箍筋外包尺寸		±3
3	柱、梁主筋	间距	±6
		排距	±4
4	柱、梁箍筋间距		±10
5	基础底板马凳铁高度		5
6	受力钢筋保护层	基础	5
		梁柱	5
		墙板	3

表 5-5-3　　混凝土分项工程允许偏差项目表

序　号	项　目	允许偏差/mm
1	表面平整	0.1
2	阴阳角垂直方正	1
3	立面垂直	1
4	阴阳角方正	1

5.5.1.3　清水混凝土施工工艺和操作要点

一、清水混凝土模板工程

1. 清水混凝土柱模板

清水混凝土采用优质酚醛喷塑胶大模板或定制钢模板，背楞采用 48mm×48mm 方木或型钢，间距一般为 200～300mm。

（1）对清水混凝土工艺，模板体系的选择决定其施工成败，本工程要选用规格、厚度一致的胶合板与方木。酚醛覆膜木胶合板要选用优质主体材料，光洁、平整、强度高，重量轻、防水性强；加固用的方木要在现场统一过大压刨，以确保尺寸精确、统一。

（2）柱模拼制：柱模制作时以一个结构层一个柱面为一个制作单元，柱模板在宽度方向一次拼成、不留竖向接缝，在高度方向可一次拼成，也可分两段制作现场组合拼装。柱小面制作宽度同柱宽；柱大面制作宽度为柱宽加两个胶合板厚度，柱模拼装时采取大面包小面的拼制方式。

（3）柱模板拼缝。柱模板接缝要求平整顺直、有规律，柱四周水平接缝应在同一标高且交圈，胶合板水平接缝采用双面胶带粘贴，且不平处应采用腻子处理后再贴 PS 有机板。模板拼缝时，PS 有机板缝、胶合板缝以及方木三缝均要错开一定尺寸，方木加固要与模板拼缝垂直设置。

（4）柱模板加固。胶合板背楞选用 48mm×48mm 方木，竖向支设，方木进场前应经大压刨双面刨平、刨光，确保平整度小于 0.1mm，且厚度应一致，受力应均匀，柱加固采用槽钢，加固方法如图 5-5-1 所示，槽钢规格、间距等应根据工程图纸进行受力计算后确定。

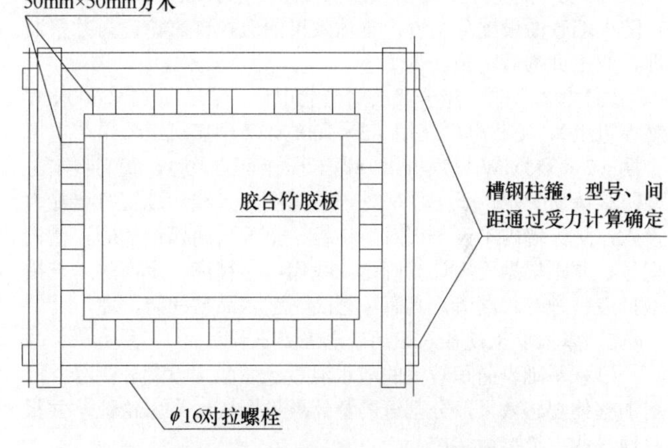

图 5-5-1　清水混凝土柱模板加固示意图

2. 清水混凝土梁模板

（1）梁模板支架：梁模板支架采用双排钢管扣件式支架，并与板满堂支架连为一体。

加整体强度、刚度和稳定性。梁底模下的方木应@≤300；梁侧加固采用短钢管加固@300。

（2）梁模拼制：梁底模、侧模均采用 2440mm 长定尺胶合板纵向拼制，胶合板背楞采用 48mm×48mm 方木纵向加固。梁侧、底模板可以一次拼成，也可分两段制作，现场组合拼装。

（3）主梁与 H 钢次梁交接时，应在主梁侧模上精确预留缺口。为控制接缝漏浆，应将 H 形钢梁在主梁模板缺口处提前用 8mm 厚钢板满焊封口，封口钢板与主形模板内侧平齐，在钢次梁吊装完毕后，接缝用双面胶条粘贴严密。

（4）搭设梁板模板支架时应将 H 形钢次梁底架按设计标高搭设好，框架梁底模支架的立杆、横杆间距 500mm，待框架梁钢筋绑好，模板基本就位后即吊装、安放钢次梁，并按设计要求将钢次梁与主梁箍筋焊好后再安装楼板压型钢板底模。

（5）框架梁底模安装后，要挂中线进行检查、复核各框架梁的模板中心位置是否与基准线对正，并用水准仪校核梁底标高。

3. 楼层模板

本工程主厂房楼面结构采用钢次梁－压型钢板底模现浇混凝土板方案。根据其工艺特点，制订楼面结构的施工工艺流程如下：测量放线→搭设模板支架→铺设方木、安装钢次梁→安装压型钢板底模→绑扎钢筋→隐蔽验收→浇筑混凝土→混凝土养护。

（1）施工前应编制专项施工方案及作业指导书，并按要求搭设模板支架，支架的搭设应横平竖直，接头错开，首层基底应密实，有足够的强度、刚度和稳定性。

（2）在脚手架横杆上满铺截面 48mm×48mm 方木；铺设方木时应将其立着垫在压型钢板的凹槽处，压型钢板长向两端深入梁内 25mm，两端堵头缝隙处用胶带纸粘贴严密，防止漏浆。与钢次梁交接处的压型钢板与梁边齐。压型钢板底模铺设时在凹槽处应搭接扣在一起，搭接长度应不小于 100mm。

（3）楼层模板要从一个方向铺设，尽量用大块模板以减少拼缝，不足处用小块补齐，拼缝要严密，与四周梁侧模要顶紧。

（4）楼层模板铺设完毕后，应用水准仪复测模板标高并及时校正，发现问题及时整改。

4. 清水混凝土防火墙模板

（1）覆膜胶合板、背楞方木等要求同清水混凝土柱模板。

（2）分割缝设置：为增加清水混凝土防火墙整体艺术效果，在防火墙表面设置分割缝，整体效果图应经专家论证，并报监理、业主批准后实施。

（3）模板加固：结合我公司沁北电厂一、二期（2×600MW 燃煤机组）、沁北电厂三期（2×1000MW 燃煤机组）禹州电厂一期（2×350MW 燃煤机组）等工程施工的经验，我们将本工程防火墙质量定位于主厂房外一道亮丽风景线，施工时要加大投入，防火墙内不设一根对拉螺栓，全部采用槽钢加固，槽钢型号、间距根据受力计算确定。我们将用精湛、全新的工艺措施打造引领时代潮流，具有工艺品、艺术品质的防火墙。

5. 零米以上设备基础的清水混凝土模板

（1）基础表面积较大的清水混凝土表面宜设置分割缝，以增加整体观感效果，分割缝的整体效果图应经专家论证，并报监理、业主批准后实施；

（2）每个设备基础施工均编制专项方案，并进一步细化、完善、创新清水混凝土施工工艺，确保设备基础混凝土色泽一致，有艺术美感。同时专项方案应经建设、监理单位批准后实施；

（3）加固设备基础模板用的背楞型号、间距等必须通过计算确定。

6. 模板的拆除与修复

（1）模板拆除应统筹安排，不得乱撬，以防损坏模板。模板拆除后应用棕绳系牢落至作业层平台进行检查、清理。

（2）模板拆除后应及时检查、清理与修复，损坏部位应及时更换。

二、钢筋工程工艺和操作要点

钢筋绑扎丝必须向内弯折，并不得接触模板，以免外漏引起锈蚀而污染清水混凝土表面的观感质量。

箍筋下料单应按负偏差－1.5mm 以内控制，要求质检人员出厂前加强检查，不合格的严禁使用，以确保保护层厚度。

柱子钢筋及梁侧钢筋保护层不加垫块，采用在模板上口用木楔或木撑临时固定控制钢筋的保护层。

梁板底采用尺寸、规格统一，表面光滑、密实，强度高的砂浆垫块，垫块加工要实现工厂的标准化、专业化生产，杜绝采用现场粗制滥造的垫块，以确保钢筋位置准确和提高清水混凝土观感质量。

有墙拉筋部位的混凝土柱均在设计位置留置 50mm×200mm×6mm 预埋件，如图 5-5-2 所示，待墙体砌至该部位时，把墙拉筋与该埋件按规范要求焊接牢固。

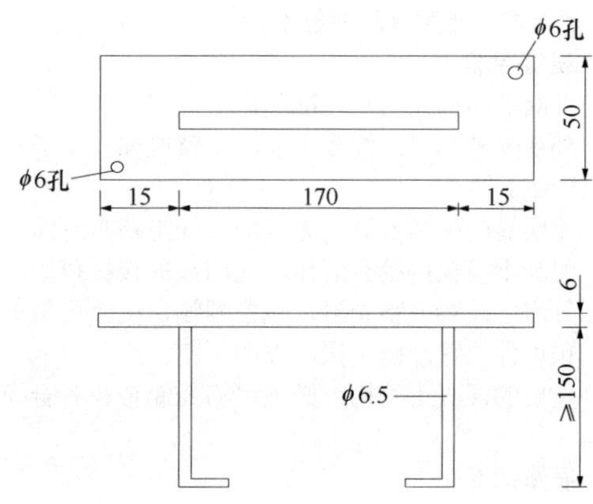

图 5-5-2　墙体锚拉筋预埋件示意图

构造柱在混凝土梁底留设 T2020D 埋件，梁顶留设插筋；圈梁在柱侧留设 T2020D 埋件，待施工构造柱、圈梁时与钢筋焊接牢固。

三、构件表面预埋件的制安

预埋件钢板的切割必须采用用剪板机剪取或直线轨道切割机切取，型钢埋件（如角钢、扁钢等）要用切割机切取，切割后钢板必须无毛刺、顺直。埋件出厂前除按规范要求进行检测外，还应经质检人员检查埋件外观质量（平整度、毛刺等）等后方可出厂，不合格者严禁出厂。

T 形焊施工前必须进行模拟施工条件试焊，合格后方可正式施焊。

根据清水混凝土工程的标准要求，其埋件制安的允许偏差标准如下：

预埋件制作允许偏差平整度：不大于 0.5mm。

尺寸偏差：±1.5mm。

型钢埋件挠曲不大于 1/500 型钢的长度，且不大于 2mm。

螺栓及螺纹长度偏差：0～5mm。

为了保证柱角线条通畅顺直，宜与设计院沟通将柱、梁角的角钢埋件改成扁铁，并离开柱、梁角 60mm，在柱角、梁底角有其他埋件时，埋件应向柱梁内相应移动 60mm 留设。

预埋件在安装前表面统一刷防锈漆并标明埋件型号（防锈漆刷灰色，埋件型号喷红丹色；型号用刻好的模具喷漆）。

对于梁板、支墩顶面埋件，中部宜开ϕ5cm 的圆孔，当插振动棒时宜开ϕ10cm。当 T4040 小于埋件尺寸时，埋件四周宜开 4ϕ20mm 的排气孔，以保证埋件与混凝土黏结牢固。

预埋件安装方法：清水混凝土预埋件要求位置准确，并与清水混凝土表面持平，故工艺做法极为关键。施工时采用我公司研发的工艺做法：安装时先在混凝土模板上标记出预埋件位置，后用手枪钻在预埋件和模板相同位置钻孔，用直径 4～6mm 的 4 根螺栓将预埋件紧固于模板表面，拆模时先卸去螺栓帽后拆除模板，再将螺栓割除，用砂轮抛光机磨平。预埋件应按图纸设计要求刷防锈漆处理，刷漆前，先将预埋件与混凝土接触面打磨平整后沿埋件四边规方，后粘贴纸胶带，待最后一遍漆涂刷 3～6h 后轻轻顺势揭去，从而使油漆边缘顺直、流畅和美观。预埋件安装如图 5-5-3 所示，基础混凝土浇筑如图 5-5-4 所示。

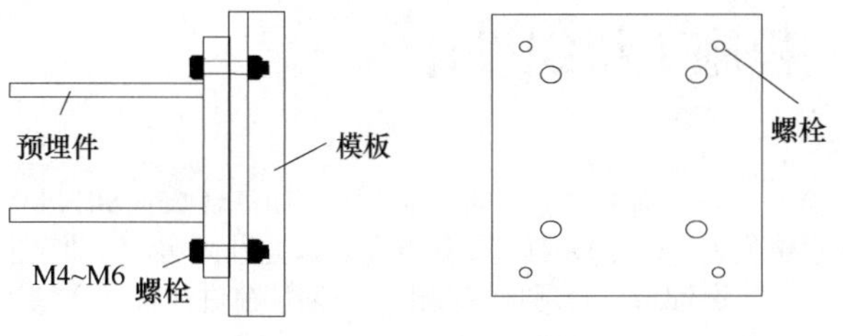

图 5-5-3　预埋件安装示意图

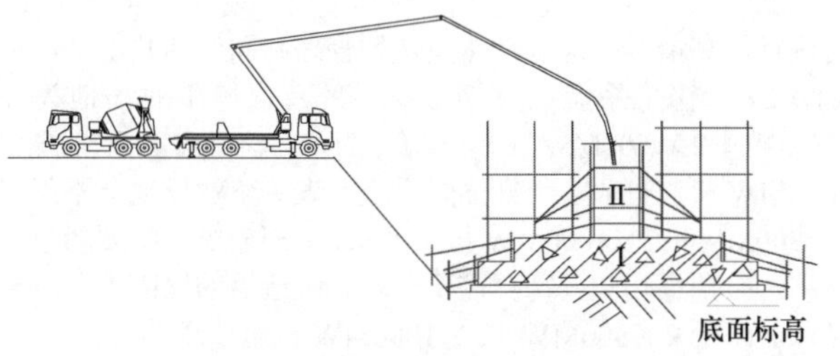

图 5-5-4　基础混凝土浇筑示意图

四、混凝土工程工艺和操作要点

（1）现场所需混凝土由现场集中搅拌站提供。混凝土搅拌应严格执行试验室出具的优化配合比；同一强度等级的混凝土应采用同一配合比。

（2）混凝土搅拌时应严格控制水灰比和坍落度，以确保良好的和易性和可操作性。施工中采用全自动混凝土搅拌站及 6 台搅拌运输车和 2 台泵车输送混凝土。

（3）当自由落差大于 2m 或竖向结构浇筑高度超过 3m 时，应采用串简、溜槽或振动溜管，以防混凝土离析。

（4）柱、剪力墙等竖向结构浇筑混凝土浇筑前先在底部填 50～100mm 厚与混凝土内砂浆成分相同的去石混凝土。

（5）框架混凝土的浇筑措施：

1）柱段每层浇筑厚度 700mm，最厚不得大于 1000mm，柱段混凝土浇筑由 4～6 根形成一个单元，柱子根数不足时可适当增加间歇时间，以效地防止混凝土的侧压力过大造成胀模。每根柱子用振动棒进行振捣时应根据柱的高度在振动棒上用双面胶带贴出明显分段标记。

2）框架柱混凝土振捣方法：提前将 4～6 根振动棒放至柱底，随着混凝土浇筑高度的增加，逐步向上提升振动棒。

（6）混凝土的振捣要求：大块模板组合后几乎没有漏水、漏浆的可能性，因此混凝土应分层振捣均匀、密实，使气体排净，混凝土分层厚度为振捣作用部分长度的 1.25 倍，且不大于 500mm；每一振点的振捣延续时间应使混凝土表面呈现浮浆和不再沉落。振捣时应快插慢拔，插点均匀排列，逐点移动，不得漏振。移动间距不大于振动作用半径的 1.5 倍；振捣器插入下层混凝土内深度应不小于 50mm。

（7）试验、质检人员要跟班检查新拌混凝土的坍落度及工作性能，确保新拌混凝土具有良好的工作性，避免离析、泌水等现象的发生；如出现上述问题，应及时处置，以免出现清水混凝土色差、麻面、蜂窝的缺陷。

（8）混凝土浇筑完毕后，对于表面的浮浆，应均匀撒一层干石子，并二次进行振捣，消除构件上部砂浆过多的质量隐患。

5.5.1.4　清水混凝土养护

清水混凝土拆模后应根据气候条件及时进行养护，以减少表面色差、收缩裂缝等缺陷，具体的养护方案如下：

（1）平面清水混凝土构件养护：梁板为平面构件，正常气温下采用覆盖塑料薄膜并洒水养护相结合的方案。养护时间：普通硅酸盐水泥配制的清水混凝土，养护时间不少于 7d；对于掺加缓凝剂的清水混凝土，养护时间应适当延长，具体应执行专项作业指导书，此项工作应设专人负责，确保混凝土表面处于湿润状态。

（2）竖向清水混凝土构件养护：柱、墙等竖向构件水分宜蒸发，常采用包裹塑料薄膜定期洒水养护的方法。

（3）梁柱模板拆模时间应在混凝土浇筑 7d 以上，以保证混凝土充分固化和光泽，避免混凝土表面出现收缩裂纹。

（4）冬期施工时不能洒水养护，应采用涂刷养护剂与塑料薄膜和阻燃草帘相结合的方案，详见“季节性施工主要措施”。

5.5.1.5　施工缝的留设

清水混凝土要求表面色泽均匀一致，观感要求极高，故在满足现行规范对混凝土留设施工缝要求的基础上同时满足：梁、板不得留设施工缝；柱施工缝留设应尽量处于同一标高，并应尽量不留或少留设施工缝。施工缝留设位置及方法施工前应编制专项作业指导书并严格贯彻执行。

5.5.1.6　清水混凝土的成品保护

在工程交工前，对墙、柱等竖向构件宜用塑料薄膜进行保护，以防止后续施工中混凝土表面受到砂浆、油污等的污染。工程施工中将采取以下成品保护措施：

为防止上层混凝土施工时对下层混凝土的污染，采取“堵疏”相结合的措施。堵：即严密封闭上层梁柱模板拼缝及柱根部缝隙，并对有可能会被污染的下层外露混凝土柱、梁、基础用塑料布或彩条布包裹，上口胶带密封，灰浆不得流入塑料布内侧；疏：即在柱根部做砂浆垫圈时预留冲洗口（冲洗口应留在与板相接的一面）或在冲洗口预埋 PVC 管，将冲洗口引出柱、梁边缘。

柱、基础、楼梯踏步等清水混凝土构件阳角等施工人员直接接触到部位，拆模后应钉胶合板条或角钢保护，具体措施如下：

框架结构柱拆模后，为保证混凝土柱角清水效果，防止在施工过程中碰坏，应立即用 100mm 宽的 15mm 厚旧胶合板做成 90°护角，并将清水混凝土柱护角用水平模板条联结牢固，具体做法如图 5-5-5 所示。

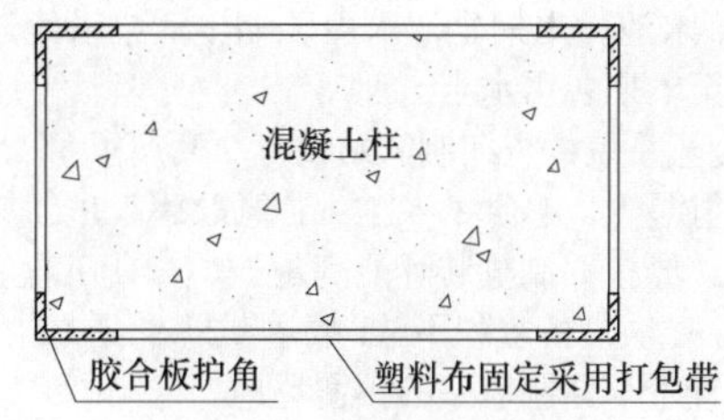

图 5-5-5　拆模后保护措施

清水混凝土柱阳角的保护措施：大型火电工业项目边梁、单梁（含洞口边梁）较多，故此构件应采取如下特殊的成品保护措施：既在模板拆除时及时用塑料布覆盖，接缝用胶带纸封严，以防止灰浆、养护水或雨水污染梁侧面。

模板拆除过程中的成品保护措施：梁、柱侧模及板底模的拆除应按要求达到规定强度后方可拆除，拆模时应按作业指导书规定的程序进行，不得用大锤敲砸或撬棍硬撬，拆下的模板和钢管不准随意乱扔，谨防碰伤柱梁清水混凝土表面及棱角。

本章其余内容见光盘。

第6章 陕西府谷清水川煤电一体化项目电厂二期 2×1000MW机组安装工程施工组织设计

6.1 工程概况及施工范围

6.1.1 工程概况

6.1.1.1 概述

陕西府谷清水川煤电一体化项目电厂二期（2×1000MW）工程采用“煤电一体化”建设模式，投资方为陕西省投资（集团）公司和陕西煤业集团有限责任公司共同出资建设。

本工程位于陕西省府谷县北约 20km 处，二期工程在一期工程东南侧的预留场地上扩建，二期工程拟装设 2 台 1000MW 国产燃煤空冷超超临界发电机组。本期拟建设（2×1000MW）直接空冷国产机组，同步建设脱硫、脱硝装置，高效、环保，符合国家产业政策。

项目参建单位：

业主方：陕西清水川发电有限公司。

设计监理单位：西北电力工程建设监理有限责任公司。

施工监理单位：西北电力工程建设监理有限责任公司。

主体工程设计单位：西北电力设计院。

主厂房区域建筑工程：河南市建二公司。

3 号机组安装工程：上海电力建设有限责任公司。

4 号机组安装工程：西北电建三公司。

6.1.1.2 与老厂的关联衔接

本期为二期工程，一期工程为两台 300MW 亚临界机组，分别于 2008 年 4 月 11 日、4 月 29 日投入运行。本期与一期工程之间的关联衔接如下：

6.1.1.2.1 供水系统：本期不新设综合水泵房，利用一期综合水泵房，新增加两台工业水泵，将一期工业水管网延伸至本期各用水点。本期不新设工业蓄水池，利用一期已建两座 1000m^3 的工业蓄水池。本期新设一座独立的消防水泵房、新增设两座 500m^{3}消防蓄水池。本期生活水由一期生活泵供给，将一期生活管网延伸至本期各用水点。

6.1.1.2.2 制氢系统：一期制氢站设有 2 套产氢量 5N·m^3/h 中压水电解制氢装置，4 台 V=13.9m^3 氢贮罐，1 台 V=10m^3 压缩空气贮罐。经核算制氢装置能满足一、二期工程氢冷发电机的补氢要求，贮氢设备容积不够，故本期只增设 3 台 V=13.9m^3 氢贮罐，布置于一期制氢站的预留场地。

6.1.1.2.3 辅助蒸汽系统：本期工程第一台机组的启动汽源来至老厂辅汽系统，蒸汽额定参数为：0.84MPa（a），331℃，最大辅汽量为 90t/h（一期两台机组）。第一台机组建成启动时，全部辅汽由一期老厂辅汽系统通过一二期的辅汽联络管（ϕ426×13）来提供，随着机组负荷上升，当汽机二级抽汽参数达到一定值后，切换由汽机二级抽汽向辅汽系统供汽；当四级抽汽参数上升至一定值后，中压辅汽联箱切换由汽机四级抽汽提供。煤矿用汽由一期老厂辅汽系统提供，一期两台机组停运时，由本期辅汽通过一二期辅汽联络管来提供。最大用汽量为 30t/h，经安装在一期的减温减压器至煤矿用汽参数。

6.1.1.2.4 燃油系统：本期燃油系统与一期共用，经核实原供油系统的燃油压力不能满足本期工程机械雾化炉前油压 3.5MPa 的要求，最终确定改造一期油泵。将一期三台 25－50×9 型供油泵更换为 25－50×11 型，本期不再新建油泵房，燃油直接从老厂厂区燃油母管合适位置接出，一期炉前进油管增设减压阀以满足其炉前油压 3.0MPa 要求。

6.1.1.2.5 运灰及贮灰：本期拟继续使用一期的丁家沟灰场，对其进行加高增容，运灰道路及灰场管理站同一期共用。

6.1.1.2.6 输煤系统：一期输煤系统及煤矿工业场地为 2×300MW＋2×600MW 机组配套工程，本期输煤系统按 2×1000MW 机组建设。一期输煤系统及煤矿工业场地已不能满足 2×300MW＋2×1000MW 机组要求，二期输煤系统要新建一套系统，一期煤场相关部分需要改造。改造后的煤矿工业场要满足一、二期 2×300MW＋2×1000MW 机组要求。

6.1.1.2.7 起/备电源：由一期的 330kV 母线引接。

6.1.1.2.8 MIS/SIS 系统：本期工程管理信息系统将在一期工程已经建成的 MIS/SIS 系统之上进行扩建。将原有网络扩大至本期工程相关建筑或与新增各控制系统联网，对软件部分进行必要的升级和用户数增加，硬件部分根据计算机发展状况进行必要的升级和扩充，增加部分交换机。

6.1.1.2.9 生产办公楼：一、二期公用。

6.1.1.3 现场自然条件

6.1.1.3.1 工程地质

拟建厂区从区域地质构造来看该区自古生代以来相对稳定，未发生过强烈的构造活动。拟建厂区附近规模相对较大且距厂址位置距离较近的地质构造主要包括：墙头——高石崖挠褶（Ji）、清水川断裂带（清水川地堑）。其中清水川断裂带的 F4 断层通过厂区，但该断层属非全新活动断裂，可不考虑其对厂址稳定性的影响。场地属于构造稳定性相对较好的建筑场地，适宜建厂。

地层岩性特征。场地地层主要为：上部为人工填土、第四系全新统冲洪积相的粉土、砂土混砾石，最大厚度 8.5m，各层土成层性差，厚度变化大，密实度较差；下伏二叠系（P2）泥岩、砂岩、砾岩。在靠近山前地段，场地整平后二叠系上石盒子组（P2s2＋3）和石千峰组（P2sh）的泥岩、砂岩直接出露。因施工场地整平工作而在部分填方区形成人工填土，为了保持与以往资料地层编号的连续性，填土按 A 层编号，⑤层黄土本次勘察中未揭露，按缺失地层处理。地层特征由上至下叙述如下：

A 素填土（Q4s）：浅黄～褐黄色，松散～稍密，稍湿，成分主要为粉土和风化岩石碎块，岩性不均匀。堆积年限 4～5 年。层厚 1.0～5.0m，平均 3.1m。该层主要分布于场地南部。

①粉土（Q4al＋pl）：褐黄～褐红色，稍密，稍湿，土质不均，含砂量较高，局部夹有粉细砂薄层。成层性差。层厚 1.0～4.2m，平均 2.6m。主要分布于场地中部。

②粉砂（Q4al＋pl）：局部为细砂。褐黄～褐红色，稍密，稍湿～湿。土质不均，混少量角砾，成层性较差。层厚 1.2～4.5m，平均 2.5m。主要分布于场地中部，位于①层粉土之下。

③中砂（Q4al＋pl）：局部为粗砂。褐黄～褐红色，稍密，稍湿～湿。土质不均，夹粉细砂薄层，混少量角砾，成层性较差。层厚 0.9～3.3m，平均 2.1m。该层主要分布场地南部。

④砾砂（Q4al＋pl）：局部为角砾。杂色，稍密，湿，土质不均匀，在厂区大部分地段砾砂和角砾在空间上交替分布，局部粉土含量较高。成层性较差。层厚 0.8～5.0m，平均 2.6m。位于②层粉砂和③层中砂之下。

⑥泥岩（P2）：该层岩性主要为泥岩，其次为砂岩，个别勘探孔中见有砾岩。泥岩

颜色以褐红色为主，其次为褐色、灰色、灰绿色，泥质结构，水平层理构造。砂岩、砾岩颜色以灰～灰绿色为主，其次为褐红色，碎屑结构，水平层理构造。根据风化程度可细分为⑥-1 强风化泥岩和⑥-2 中风化泥岩两个风化带。强风化泥岩厚度一般 3～4m；中风化泥岩厚度未揭穿。该层岩石属软质岩石，暴露于空气和遇水后易软化，工程性能会急剧降低。层顶深度 0.0～8.5m。层顶标高 852.22～865.64m。地基承载力特征值见表 6-1-1。

表 6-1-1　　地基承载力特征值一览表

层数 / 指标	①	②	③	④	⑥-1	⑥-2
地基承载力特征值 f_{ak}/kPa	130	140	180	200	300	600

6.1.1.3.2　抗震设计参数

工程场地 50 年超越概率 10%地面地震动峰值加速度为 0.057g、反应谱特征周期为 0.40s。对应地震基本烈度为 6 度。

原河漫滩及一级阶地地段建筑场地类别为Ⅱ类；现开方区基岩出露地段建筑场地类别为Ⅰ类。根据二期可研审查会的意见，二期工程设计统一按Ⅱ类考虑。

拟建厂区位于河岸边缘，平面分布上岩性不均匀，属半填半挖地基，按《建筑抗震设计规范（2008 年版）》（GB 50011—2001）表 4.1.1 划分，属对建筑抗震不利地段。

场地的地基土无液化问题。

6.1.1.3.3　水文气象

6.1.1.3.3.1　气候概况府谷县属半干旱大陆性季风气候，由于受极地大陆冷气团控制时间长，加之地势偏高，河流湖泊少，森林植被差等下垫面因素影响，其气候特点表现为冬季寒冷，时间长；夏季炎热，干燥多风，时间短；春季干旱少雨雪，温差大。由于深居内陆，区域降水受东南沿海季风影响较弱，故年降水量少，但暴雨强度很大，集中于 7—9 月。

府谷气象站位于县城北面高台地上，地理位置为东经 110°05′、北纬 39°02′，观测场海拔高度为 981.0m。电厂厂址在其北面，相距约 20.0km，中间无大的山脉阻挡，属同一气候区域。因此，采用府谷县气象站的长系列实测资料作为基础资料，分析统计出电厂设计需要的各项基本气象要素和气象条件是可行的，并具有较好的代表性；而对易受海拔、地形和植被等影响的风速、风向及气温等要素，业主已委托陕西省气候中心进行了对比观测，并编制了《陕西府谷清水川电厂二期工程空冷气象参数对比分析报告》。

6.1.1.3.3.2　基本气象要素统计值。

根据府谷县气象站多年实测资料统计，其累年基本气象要素特征值见表 6-1-2。

表 6-1-2　　累年基本气象要素特征值表

项　目	数　值	备　注
平均气压/hPa	905.4	
平均气温/℃	9.3	
平均最高气温/℃	15.1	
平均最低气温/℃	3.9	
极端最高气温/℃	38.9	1966.6.21
极端最低气温/℃	－24.3	1998.1.18
最热月平均气温/℃	24.0	
最冷月平均气温/℃	－8.1	
平均水汽压/hPa	7.2	
最大水汽压/hPa	28.8	
平均相对湿度/%	49	
最小相对湿度/%	0	
年降水量/mm	409.3	
一日最大降水量/mm	181.8	1995.7.29
年平均蒸发量/mm	2446.5	
平均风速/（m/s）	2.4	
最大积雪深度/cm	13	1993.1.9
最大冻土深度/cm	142	1977.3.4
平均雷暴日数/d	40.4	
最多雷暴日数/d	56	
平均大风日数/d	29.4	
最多大风日数/d	54	
平均雾日数/d	11.4	
最多雾日数/d	32	
全年主导风向	SSW	
夏季主导风向	SSW	
冬季主导风向	SSW	

6.1.1.3.3.3　5%、10%的气象条件

根据府谷县气象站近期五年夏季（6、7、8 月）三个月逐日平均湿球温度资料，按累积频率统计法计算出频率为 P=5%的湿球温度为 21.0℃，相应的干球温度为 26.8℃，平均风速为 1.5m/s，平均气压为 896.3hPa，相对湿度为 63%；频率为 P=10%的湿球温度为 20.1℃，相应的干球温度为 25.2℃，平均风速为 2.2m/s，平均气压为 898.7hPa，相对湿度为 63%。

6.1.1.3.3.4　设计风速及风压

根据现场踏勘、大风调查及府谷县气象站实测风速资料，采用极值Ⅰ型法进行统计计算，并参照国家《建筑结构荷载规范》（GB 50009—2001）中的风压等值线图，确定电厂厂址处五十年一遇 10m 高 10min 平均最大风速为 25.8m/s，其相应的风压为 0.42kN/m^2，相应最低气温为－12.0℃；百年一遇 10m 高 10min 平均最大风速为 27.0m/s，其相应的风压为 0.46kN/m^2。

6.1.1.3.4　交通运输

6.1.1.3.4.1　铁路

神朔铁路（神木北—山西朔州）由府谷县境内南部由西而东通过，该铁路线北与京包铁路相接，南与西延铁路相连，东与南同蒲铁路相通。目前府谷站不接受货运零担。大件设备通过神朔铁路运至府谷站，卸车后转公路运输进厂，府准二级公

路为进厂运输主要公路。

本工程为煤电一体化项目，燃煤直接由煤矿工业场地用输煤皮带送至电厂煤仓间，电厂不设铁路线。

6.1.1.3.4.2 公路

6.1.1.3.4.2.1 公路交通概况

府谷县公路交通较为便利，有府新公路（府谷—内蒙古新街）、神府公路（神木—府谷）、野大三级公路（野芦沟—大昌汗），规划的公路有府墙沿黄三级公路（府谷—墙头）、府白沿黄公路（府谷—白庙乡）府谷三级公路（府谷—古城乡）。

6.1.1.3.4.2.2 进厂道路

进厂道路从府准二级公路引接，跨清水川河进入厂区，采用汽–20 级郊区型 7.0m 宽混凝土路面，长约 540m，其中跨清水川桥长约 270m。

本期利用一期道路，不再新建。

6.1.1.4 施工现场条件

6.1.1.4.1 施工区域布置

6.1.1.4.1.1 两安装单位生活区设在原“安装施工生产区 2“平均分配，土建 A 标生活区设在”“土建生活区 2”，土建 B 标生活区设在“土建生活区 1”。

6.1.1.4.1.2 安装 C 标 3 号机生产区及设备区设在“设备堆放场 1”,安装 D 标 4 号机生产区及设备区设在“安装施工生产区 1”，土建 A 标生产区设在“安装生活区 1”，土建 B 标生产区设在“备用”场地，其他区域暂不考虑。

6.1.1.4.2 生活区域布置

业主为本工程提供施工生活场地，生活临建由业主统一规划，承包商按照业主的指定的标准进行设计、修建；施工过程中，施工单位按照业主的安排进行使用；本工程竣工移交后，业主将予以收回。生活设施建设（租赁）费用由承包商自理。承包商应提出生活用水量、生活用电容量。

安装单位宿舍暂按 3 层砖混结构考虑，公用设施按 1 层砖混结构考虑。

6.1.1.4.3 施工用电

本期 2×1000MW 工程施工拟设置 8 台箱式变压器。本工程工程施工前期，业主将按照就近原则，安排承包商从已投用的施工用变压器接引施工电源，相关费用承包商自理。各时期电费由业主按表计量加线损、乘核定的单价向承包商收取。

6.1.1.4.4 施工用水

厂区及施工区采用 DN150 无缝钢管成环形供水管网，作为施工用水的主干管道。施工用水支管由承包商按业主指定的位置与主干管道连接，并设置经业主认可的计量装置，相关费用承包商自理。水费由业主按表计量、乘核定的单价向承包商收取。

6.1.1.4.5 道路运输

本工程场地主干道由业主建设。施工区内道路原则上采取永临结合方式，在厂区内形成环形主干道路网。主干道为 8m，其余为 6m 和 4m 宽，分两次完成混凝土路面施工。详见施工道路布置图。

各施工生产区的临时道路由施工单位根据各生产区的功能性质区域位置并结合主施工干道进行规划，报业主批准后自行组织实施和管理。

6.1.1.5 工期要求

计划于 2011 年 5 月 1 日开工（浇筑第一罐混凝土），2011 年 8 月 5 日 3 号锅炉钢架开吊。2013 年 6 月 15 日 3 号机组 168h 试运结束移交试生产。2013 年 10 月 15 日 4 号机组通过 168h 试运行结束移交试生产。

6.1.1.6 本工程三大主机设备

本工程 2×1000MW 机组的锅炉、汽轮机分别由上海锅炉厂有限公司、东方电气集团东方汽轮机有限公司和东方电机股份有限公司供货。

6.1.1.6.1 锅炉

超超临界压力燃煤直流塔式锅炉、一次中间再热、平衡通风、固态排渣、紧身封闭全钢悬吊结构。

锅炉热力参数汇总见表 6-1-3。

表 6-1-3　锅炉热力参数汇总表（设计煤种）

序号	名　称	单　位	数　值
一	过热蒸汽		
1	最大连续蒸发量（B-MCR）	t/h	3192
2	额定蒸发量（BRL）	t/h	3098
3	额定蒸汽压力（过热器出口）	MPa（a）	27.56
4	额定蒸汽压力（汽机入口）	MPa（a）	26.25
5	过热器出口蒸汽温度	℃	605
二	再热蒸汽		
1	蒸汽流量（B-MCR）	t/h	2580
2	进口/出口蒸汽压力（B-MCR）	MPa（a）	5.24/5.04
3	进口/出口蒸汽温度（B-MCR）	℃	349/603
4	蒸汽流量（BRL）	t/h	2509
5	进口/出口蒸汽压力（BRL）	MPa（a）	5.09/4.89
6	进口/出口蒸汽温度（BRL）	℃	345/603
7	给水温度（B-MCR）	℃	305
8	给水温度（BRL）	℃	303

6.1.1.6.2 汽轮机

超超临界、一次中间再热、四缸四排汽、单轴、直接空冷凝汽式汽轮机。汽轮机具有七级非调整回热抽汽，汽轮机主要参数见表 6-1-4。

表 6-1-4　汽轮机主要技术规范

序号	名　称	单　位	数　值
1	额定功率	MW	1000
2	高压主汽阀前主蒸汽压力	MPa（a）	26.25
3	高压主汽阀前主蒸汽温度	℃	600
4	主蒸汽流量（TMCR 工况）	t/h	3098.4
5	主蒸汽流量（THA 工况）	t/h	2775.8
6	中压主汽阀前再热蒸汽温度	℃	600
7	凝汽器额定背压	kPa（a）	13
8	转速	r/min	3000
9	给水加热级数	级	7

6.1.1.6.3 发电机

发电机的冷却方式为水氢氢，励磁型式为自并励静止励磁或无刷励磁系统。

发电机主要参数见表 6-1-5。

表 6-1-5　　　　发电机主要参数

额定容量 S_N	1112MVA
额定功率 P_N	1039MW
额定电压	27kV
额定电流	24.759kA
功率因数	0.9
额定转数	3000r/min
额定频率	50Hz
效率	99%
冷却方式	水氢氢
励磁方式	静止自并励

6.1.2 编制依据

6.1.2.1 西北电力设计院初步设计资料。

6.1.2.2 西北电力设计院编制的《施工组织设计大纲》。

6.1.2.3 《火力发电工程施工组织设计导则》（原国家电力公司国电电源〔2002〕849 号）。

6.1.2.4 《工程建设强制性条文》（电力工程部分）（建标〔2006〕102 号）。

6.1.2.5 本工程施工招投标文件。

6.1.2.6 《质量管理体系　要求》（GB/T 19001—2008）。

6.1.2.7 《职业健康安全管理体系　规范》（GB/T 28001—2001）。

6.1.2.8 《环境管理体系　要求及使用指南》（GB/T 24001—2004）。

6.1.2.9 《建设工程项目管理规范》（GB/T 50326—2001）。

6.1.2.10 《工程建设施工企业质量管理规范》（GB/T 50430—2007）。

6.1.2.11 国家现行的有关规范、规程和标准。

6.1.2.12 清水川二期 2×1000MW 机组扩建工程承包服务合同 3 号机组安装工程（C 标段）施工。

6.1.2.13 清水川二期工程部 2×1000MW 机组建设管理程序手册。

6.1.3 本标段施工范围

6.1.3.1 建筑部分（以下内容包括但不仅限于此内容）

6.1.3.1.1 3 号机组锅炉紧身封闭：包括锅炉房屋面板安装（有组织排水，雨水管引至零米）、紧身封闭的安装。

6.1.3.1.2 3 号机组锅炉电梯井；包括电梯井钢骨架、压型钢板墙面、屋面压型钢板、联络通道、楼板、楼面、门、窗等。

6.1.3.1.3 3 号机组空冷钢桁架及空冷挡风墙：包括空冷钢桁架、挡风墙单层压型钢板、挡风墙用钢梁钢柱等。

6.1.3.1.4 空冷电梯井；包括电梯井钢骨架、压型钢板墙面、屋面压型钢板、屋面防水、楼板、楼面、门、窗等。

6.1.3.1.5 3 号机组空冷爬梯；包括空冷钢梯、螺旋楼梯等。

6.1.3.1.6 3 号机组电除尘紧身封闭：包括电除尘屋面板安装（有组织排水，雨水管引至零米）、紧身封闭的安装。

6.1.3.1.7 渣仓紧身封闭：包括屋面板安装（有组织排水，雨水管引至零米）、紧身封闭等的安装。

6.1.3.2 安装部分（以下内容包括但不仅限于此内容）

6.1.3.2.1 热力系统

6.1.3.2.1.1 3 号锅炉机组

6.1.3.2.1.1.1 3 号机组锅炉本体

3 号机组锅炉全套完整的设备、管道及附件等安装。其主要工作范围如下：

（1）3 号机组锅炉本体组合安装：锅炉钢结构（含屋面钢结构）、启动系统、水冷系统、过热系统、再热系统、省煤器系统、空气预热器、本体管路系统、各种金属结构、本体平台扶梯、燃烧装置（煤粉、燃油、等离子点火）、除灰装置、吹灰器、吹灰器平台、本体排汽消音器、膨胀检测装置，垫铁配置及安装、炉顶检修起吊设施，锅炉本体钢结构和需要油漆的金属结构、平台扶梯油漆等。

（2）3 号机组锅炉本体分部试验及试运：锅炉本体水压试验、风压试验、炉前碱洗及酸洗、蒸汽严密性试验、安全门调整等。其中锅炉水压、酸洗的临时系统管道、阀门、管件、堵板、临时加固材料，临时电源，就地检测仪表等材料由施工单位自购并负责安装。

6.1.3.2.1.1.2 3 号机组风机安装：送风机、引风机、一次风机、火焰检测冷却风机、风机维护平台、扶梯、栏杆的制作安装，润滑油站、油管道及冷却水管道的安装等。

6.1.3.2.1.1.3 3 号机组除尘装置：包括电除尘电源装置以外的所有零部件，以及配套供应平台、梯子、栏杆及起吊设施的安装等。

6.1.3.2.1.1.4 3 号机组制粉系统安装：包括给煤机、磨煤机、石子煤排放装置、密封风机等的安装、原煤仓空气炮、设备本体平台扶梯及围栅、油站设备及油管道安装等。

6.1.3.2.1.1.5 3 号机组烟风煤管道：包括冷风道、热风道、烟道、原煤管道、密封风、冷却风管道、送粉管道的安装，以及烟风煤管道上的防爆门、人孔门、伸缩节、风门、挡（闸）板、锁气器、测粉装置、传动操作装置、配风箱、法兰、补偿器、混合器的安装，支吊架、平台、扶梯、栏杆的制作安装等。另包括原煤斗下到给煤机的金属小煤斗及空气炮和空气管道的安装。

6.1.3.2.1.1.6 3 号机组锅炉其他辅机：包括各种水箱、水泵、定排扩容器、暖风器系统设备、空预器冲洗水箱及水泵，磨煤机、送风机，引风机及锅炉房其他设备的单、双梁电动、手动检修起吊设施、轨道和设备支架，基础框架，操作、维护平台，栏杆、平台、扶梯制作安装。另包括客货两用电梯（3 号机组）的安装调试等工作。

6.1.3.2.1.2 3 号汽轮发电机组

3 号汽轮发电机组全套完整的设备、管道及附件等安装。其主要工作范围如下：

6.1.3.2.1.2.1 汽轮发电机本体：汽轮机、发电机、励磁机本体及附属系统设备、发电机冷却系统和 EH 抗燃油系统的设备安装，随汽轮机本体供货的管道、管件、阀门、支吊架等的安装和无损检测，汽轮机、发电机空负荷试运转，桥式起重机超负荷起吊时的加固措施及负荷试验费用，汽轮机罩壳的整修、安装、喷漆，基础预埋框架（含主材）和安装等。并含发电机定子厂区运输、超负荷起吊就位时的临时措施等。

6.1.3.2.1.2.2 汽轮发电机辅助设备：汽轮机排气装置及内置设备、高压加热器、低压加热器、凝结水泵、凝结水输送泵、凝结水坑排污泵、凝结水补充水箱、凝结水补水泵、轴封冷却器、低压加热器疏水泵、汽封系统设备、油系统设备（润滑油、密封油）、抽真空设备、冷却水系统设备、闭式冷却水系统、开式冷却水系统设备的安装等。

6.1.3.2.1.2.3 旁路系统：高、低压旁路阀门及装置的检修、安装，减温器、扩散管等系统设备的检修、焊接（焊前预热和焊后热处理）、安装等。

6.1.3.2.1.2.4 除氧给水装置：除氧器、给水箱及其附件的安装，电动调速给水泵组安装等（包括：前置泵、电动给水泵、液力耦合器、工作油、润滑油冷却器、给水泵出口止回阀、最小流量装置等）。

6.1.3.2.1.2.5 汽机其他辅机：汽机房行车滑线安装（3 号、4 号机组），汽机房行车一台（3 号机组）安装，排气装置坑排水泵，设备安装检修用的手（电）动葫芦及轨道，汽轮发电机所有设备的支架、平台、栏杆、扶梯的制作安装。包括辅助蒸汽联箱，减温减压温器等的安装。

6.1.3.2.1.3 热力系统汽水管道

6.1.3.2.1.3.1 3 号机组主蒸汽，再热（热、冷段）蒸汽，主给水管道：

（1）主蒸汽管道：锅炉出口联箱至汽轮机主汽门接口止（包括主蒸汽母管、压力平衡管、减温减压器入口侧蒸汽管及上述管道的疏水、放气管道），包括管道、管件、阀门、支吊架、阀门传动装置等的安装，热处理及无损检验，管道的冲（吹）洗、水压试验、疏放水排污漏斗的配置等工作。

（2）再热冷段管道：从汽轮机高压缸两侧排汽口至锅炉再热器两侧进口集箱（含上述管道的疏水、放气管道），包括管道、管件、阀门、支吊架、阀门传动装置等的安装，热处理及无损检验，管道的冲（吹）洗、水压试验、疏放水排污漏斗的配置等工作。

（3）再热热段管道：从锅炉再热器两侧出口集箱汽轮机中压缸联合进汽门进口（含压力平衡管、及上述管道的疏水、放气管道），包括管道、管件、阀门、支吊架、阀门传动装置等的安装，热处理及无损检验，管道的冲（吹）洗、水压试验、疏放水排污漏斗的配置等工作。

（4）主给水管道：由给水泵出口至锅炉入口的全部给水管道（包括给水母管、给水再循环管、减温水管、给水杂项管道以及上述管道的防水、放气管道），包括管道、管件、阀门、支吊架、阀门传动装置等的安装，热处理及无损检验，管道的冲（吹）洗、水压试验、疏放水排污漏斗的配置等工作。

6.1.3.2.1.3.2 3 号机组旁路系统管道：主蒸汽接至高压旁路阀进口管、高压旁路阀出口管、高压旁路阀出口接至再热蒸汽冷段的旁路蒸汽管道，包括管件、阀门、支吊架、阀门传动装置等的安装，热处理及无损检验，管道的冲（吹）洗、水压试验、疏放水排污漏斗的配置等工作。

6.1.3.2.1.3.3 中、低压汽水管道：抽汽管道，厂用辅助蒸汽管道，低压旁路阀出口接至汽轮机排气装置进口的蒸汽管道，中低压给水管道，凝结水相关管道（含空冷凝汽器凝结水管道），加热器疏水、排气、排氧器溢放水管道，主厂房热网循环水管道，空冷凝汽器抽真空管道，疏放水管道，对空排气管道，有压及无压放水管道，厂房内的压缩空气、氢气、事故排油管道，闭、开式循环冷却水管道，发电机氢冷器冷却水管道，锅炉暖风器汽水管道，锅炉空气预热器、汽机空冷系统冲洗水管道，发电机外部水冷管道，汽轮机本体定型管等。包括管道、管件、阀门、支吊架、阀门传动装置等的安装，热处理及无损检验，管道的冲（吹）洗、水压试验、碱洗、疏放水排污漏斗的配置等工作。

6.1.3.2.1.3.4 空冷排汽管道：汽轮机排汽装置至空冷凝汽器蒸汽分配管道（含真空蝶阀、薄膜安全阀），包括空冷排汽管道的配置，管道、补偿器、阀门、支吊架、阀门传动装置等的安装，热处理及无损检验，管道的冲（吹）洗、水压试验、碱洗等工作。

6.1.3.2.1.4 热力系统保温及油漆

6.1.3.2.1.4.1 锅炉炉墙砌筑：3 号锅炉炉墙敷设，包括耐火耐磨材料，保温材料、填料、抹面材料、密封材料的安装、炉墙及保温工程热态测试等。

6.1.3.2.1.4.2 锅炉本体保温：3 号锅炉本体范围的设备、管道保温、抹面、保温层金属保护外壳的安装等。

6.1.3.2.1.4.3 锅炉辅机及烟风煤管道保温油漆：3 号锅炉辅机、烟风煤管道的保温、抹面、保温层金属保护外壳的安装等。

6.1.3.2.1.4.4 汽轮发电机组设备保温油漆 3 号汽轮发电机组范围的设备保温、抹面、保温层金属保护外壳的安装等。

6.1.3.2.1.4.5 汽水管道保温油漆：本工程范围内热力系统汽水管道的保温、抹面、保温层金属保护外壳的安装以及本工程范围内设备、管道色环、介质流向箭头的涂刷工作等。（需在接口中进一步强调）

6.1.3.2.2 燃料供应系统（以下内容包括但不仅限于此内容）

6.1.3.2.2.1 燃油系统设备

供油泵及其附件的安装。

6.1.3.2.2.2 燃油系统管道

厂区及 3 号锅炉房燃油管道的安装，包括管道（含伴热管道）、管件、阀门、支吊架、阀门传动装置等的安装，热处理及无损检验，管道的冲（吹）洗、水压试验、碱洗等工作。

6.1.3.2.2.3 保温油漆

本工程范围内燃油系统设备、管道的保温、抹面、保温层金属保护外壳的安装等。

6.1.3.2.3 除灰系统（以下内容包括但不仅限于此内容）

6.1.3.2.3.1 除渣系统

碎渣、除渣设备按单元机组划分，3 号机组排渣机及其附件（液压关断门、渣井、机械密封）、斗提机、渣仓、碎渣机、排气过滤器湿式搅拌机、干灰散装机、真空压力释放阀、电动单梁悬挂起重机、电动葫、设备的平台、栏杆、扶梯，及以上设备之间连接的各类管道、阀门、管件、支架的安装工作等。

6.1.3.2.3.2 气力除灰系统

6.1.3.2.3.2.1 气力除灰装置：气力除灰设备按单元机组划分的 3 号机组仓泵及其附件、灰斗气化板、灰斗电加装置，3 号、4 号机组公用的仪用、厂用、输灰用空压机、干燥器、储气罐，灰斗气化风机、灰斗气化风电加热器，灰库气化风机、灰库气化风电加热器，灰库及飞灰分选系统设备（包括排气过滤器、真空压力释放阀、湿式搅拌机、干灰散装机、灰库气化槽、离心风机、分选机、旋风分离器等），灰库、灰斗气化风机、灰库气化风机用起重设备，以上设备的支架、平台、栏杆、扶梯的制作安装等。

6.1.3.2.3.2.2 气力除灰系统管道：按单元机组划分的 3 号机组气力除灰管道（从电除尘器灰斗出口的仓泵到灰库顶的管道、省煤器下灰斗出口的仓泵到灰库顶的管道、相应的灰斗气化风管、伴吹管、除灰空气管等）、各设备间连接管道，空压机房（除灰、仪用、厂用、灰斗气化）、灰库气化风机房至各建筑（构）物或使用区域的管道等。包括管道系统上连接的阀门、附件、支架的安装等工作。

6.1.3.2.3.2.3 保温油漆：本工程范围内除灰系统设备、管道的保温、抹面、保温层金属保护外壳的安装等。

6.1.3.2.4 化学水处理系统（以下内容包括但不仅限于此内容）

6.1.3.2.4.1 凝结水精处理系统

6.1.3.2.4.1.1 设备：按单元机组划分的 3 号机组及 3 号、4 号机组公用的凝结水精处理系统设备的安装，包括高速混床，再生设备，树脂捕捉设备，酸碱计量、喷射、贮存设备，冲洗水泵，再循环泵，中和泵，旋风分离器、粉末树脂过滤器、覆膜系统等设备的安装。另包括设备填料的搬运，装填等工作。

6.1.3.2.4.1.2 管道：上述设备间管道及 3 号机组凝结水水系统与 3 号机组凝结水精处理系统相接的进出、口管道及其附件安装。

6.1.3.2.4.2 给水炉水校正处理系统

按单元机组划分的 3 号机组及 3 号、4 号机组公用的给水加胺处理系统、汽水取样系统设备、管道的安装。

6.1.3.2.4.3 保温油漆

本工程范围内化水系统设备、管道的保温、抹面、保温层金属保护外壳的安装等。

6.1.3.2.5　供水系统（以下内容包括但不仅限于此内容）

直接空气冷却系统设备按单元机组划分的，3号空冷机组的冷却风机机组、冷凝器管束及联箱、“A”形支撑墙、单元分隔墙、清洗装置、蒸汽分配管的安装和严密性试验，以及空冷电梯、起重设备等的安装。

6.1.3.2.6　附属生产系统（以下内容包括但不仅限于此内容）

制氢站内的设备及管道安装，制氢站至主厂房的管道安装等。

6.1.3.2.7　脱硫系统（以下内容包括但不仅限于此内容）

6.1.3.2.7.1　吸收剂制备供应系统

湿式浆液制备系统、石灰石浆液箱的安装，上述系统各设备间管道以及上述系统至3号机组吸收塔本体的管道安装等。

6.1.3.2.7.2　吸收塔系统

按单元机组划分的3号机组吸收塔本体及吸收塔辅助设备安装，包括吸收塔壳体金属结构安装（含壳体衬里防腐施工），吸收塔内部部件安装，搅拌器安装（含衬里防腐施工）浆液循环泵、排浆泵、吸收塔疏水坑搅拌器、吸收塔疏水坑泵、氧化风机安装等；事故浆液箱本体及其辅助设备安装，包括事故浆液箱（含壳体衬里防腐施工），事故浆液箱搅拌器、事故浆液箱泵安装等；工艺、工业水箱本体及其辅助设备安装，包括工艺、工业水箱（含壳体衬里防腐施工），工艺、工业水泵、除雾器冲洗水泵等的安装；上述设备间管道的安装等。

6.1.3.2.7.3　烟气系统

按单元机组划分的3号机组脱硫系统烟道膨胀节、脱硫烟道等的安装（含烟道配置、防腐、烟道支架、吊架的安装）。

6.1.3.2.7.4　石膏处理及浆液回收系统

石膏旋流器至石膏库入口全部设备的组合、安装，上述设备间连接管道的安装，按单元机组划分的上述设备至3号机组吸收塔本体的管道安装等。

6.1.3.2.7.5　厂区其他管道

两机公用以及按单元机组划分的3号机组工艺水管道的安装。

6.1.3.2.7.6　保温、防腐、油漆

除已做说明者外，本工程范围内脱硫系统设备、管道的防腐、保温、抹面、保温层金属保护外壳的安装等。

6.1.3.2.8　脱硝系统（以下内容包括但不仅限于此内容）

6.1.3.2.8.1　SCR发生器

按单元机组划分的3号机组SCR发生器的安装，包括SCR发生器壳体、支撑及横梁、整流装置、密封装置、阀门和管路系统，声波吹灰器、平台扶梯、起重设备及其轨道等的安装等。另包括催化剂搬运、装填。

6.1.3.2.8.2　烟道系统

按单元机组划分的3号机组脱销系统进、出口烟道、导流板、膨胀节等的安装。

6.1.3.2.8.3　氨喷射系统

按单元机组划分的3号机组氨喷射系统氨喷射格栅、喷嘴、管道，及氨制备间至3号机组氨喷射系统管道的安装。

6.1.3.2.8.4　氨制备供应系统

氨制备供应系统设备及管道的安装。（落实是否有公用的厂区管道）

6.1.3.2.8.5　保温、防腐、油漆

本工程范围内脱硝系统设备、管道的防腐、保温、抹面、保温层金属保护外壳的安装等。

6.1.3.2.9　电气系统（以下内容包括但不仅限于此内容）

6.1.3.2.9.1　发电机电气与引出线

6.1.3.2.9.1.1　发电机电气与出线间：按单元机组划分，3号机组发电机电气设备安装。

6.1.3.2.9.1.2　发电机引出线：按单元机组划分，3号机组发电机主回路封闭母线，三角连接回路封闭母线，（落实）分支回路封闭母线，中性点回路封闭母线，交、直流励磁共箱母线，微正压装置的等安装。

6.1.3.2.9.2　主变压器系统

6.1.3.2.9.2.1　主变压器：按单元机组划分，3号机组主变压器，铝锰合金管，支柱绝缘子，主变防护网的安装等。

6.1.3.2.9.2.2　厂用高压变压器：3号机组厂用变压器，两台330kV启/备变压器、电压（电流）互感器、避雷器，中性点电阻箱等的安装。

6.1.3.2.9.3　主控及直流系统

6.1.3.2.9.3.1　单元控制室：按单元机组划分的3号机组保护及控制屏台安装，以及3号、4号机组公用的保护及控制屏台安装。

6.1.3.2.9.3.2　直流系统：主厂房直流系统按单元机组划分3号机组范围，包括：110V、220V蓄电池，110V、220V蓄电池充、放电装置，直流配电柜安装等。

6.1.3.2.9.4　厂用电系统

6.1.3.2.9.4.1　主厂房厂用电系统

（1）高压配电装置：按单元机组划分，3号机组范围10kV高压成套配电装置，10kV共箱母线等的安装。

（2）低压成套配电装置：按单元机组划分，3号机组低压成套配电装置，以及主厂房内3号、4号机组公用的低压成套配电装置安装。

（3）低压厂用变压器：按单元机组划分，3号机组低压厂用变压器，以及主厂房内3号、4号机组公用的低压厂用变压器安装。

（4）机炉车间电气设备：主厂房固定端与主厂房纵向中心线间机炉车间电气设备的安装。

（5）电气除尘器设备：按单元机组划分包括：3号机组整流变压器（高压微机控制柜、高压隔离开关柜、控制台、端子箱），低压变压器、低压成套配电装置（PC柜、MCC柜）等设备的安装。

6.1.3.2.9.4.2　主厂房外厂用电及控制

（1）除灰系统厂用电及控制：除灰系统控制中心（MCC）开关柜，车间专用屏（负荷开关箱）等的安装。

（2）空冷系统厂用电及控制：按单元机组划分的3号机组空冷低压干式变压器，低压成套配电装置，空冷变频柜、车间专用屏（负荷开关箱）等的安装。

6.1.3.2.9.4.3　事故保安电源装置：按单元机组划分。3号机组事故保安电源装置的安装。

6.1.3.2.9.4.4　不停电电源装置：按单元机组划分，主厂房内3号机组不停电电源装置的安装。

6.1.3.2.9.4.5　全厂行车滑线：本工程段范围内的滑线安装。

6.1.3.2.9.4.6　设备及构筑物照明：按单元机组划分，3号机组锅炉本体、汽机本体、空冷、电除尘照明，包括灯具、照明配电箱、接线盒安装、保护管敷设、管内配线、支架制作、电缆敷设等。

6.1.3.2.9.5　全厂电缆及接地

6.1.3.2.9.5.1　全厂电缆：本工程范围内的电力电缆、控制电缆、电缆辅助设施、电缆防火设施等的安装。

6.1.3.2.9.5.2　全厂接地：本工程范围内的全厂接地系统的施工。

6.1.3.2.9.6　通信系统

6.1.3.2.9.6.1　厂内行政通信系统：全厂行政通信系统的安装，包括设备、管道、布线、接线盒等安装。

6.1.3.2.9.6.2 光纤通信：全厂光纤通讯的安装，包括光端机、PCM 基群设备、综合配线架、光缆敷设（包括各建（构）筑物间 MIS、SIS 光纤）、光缆头制作等安装工作。

6.1.3.2.9.7 脱硫系统电气工作内容

按单元机组划分的 3 号机组脱硫系统电气设施，3 号、4 号机组脱硫系统公用的电气设施的安装。包括低压干式变压器，低压成套配电装置，车间专用屏、直流设施、电力电缆、控制电缆、电缆辅助设施、电缆防火等的安装。

6.1.3.2.9.8 脱硝系统电气工作

按单元机组划分的 3 号机组脱硝系统电气设施，3 号、4 号机组脱硝系统公用的电气设施的安装。包括低压成套配电装置，不停电电源设施、电力电缆、控制电缆、电缆辅助设施、电缆防火等的安装。

6.1.3.2.10 热工控制系统（以下内容包括但不仅限于此内容）

6.1.3.2.10.1 主厂房热工控制系统

6.1.3.2.10.1.1 机、炉、电机组控制系统：按单元机组划分 3 号机组机、炉、电机组控制系统的安装。

6.1.3.2.10.1.2 单项自动控制装置：按单元机组划分 3 号机组自动控制装置，以及 3 号、4 号机组公用的自动控制装置。包括汽机数字式电液调节系统 DEH、汽机紧急跳闸系统 ETS、汽机安全监视仪表 TSI、汽机振动数据采集与故障诊断系统 TDM、汽机直接空冷系统、汽机旁路控制系统 TBP、炉膛火焰电视监视装置、锅炉吹灰控制系统、空预器火灾报警探测控制装置 PLC、锅炉飞灰含碳在线检测系统、锅炉炉管泄漏自动报警系统、烟温探针控制系统、空预器间隙调整装置 PLC、锅炉 PCV 控制装置、炉膛火焰电视系统、等离子点火控制装置、火检探头及火检冷却风机控制系统、凝结水处理等。

6.1.3.2.10.1.3 现场仪表及执行机构：本工程范围的现场仪表及执行机构的安装。

6.1.3.2.10.1.4 集控室、电子间、工程师站设备：按单元机组划分 3 号机组范围内以及 3 号、4 号机组公用的集控室、工程师站、电子设备间内设备的安装。

6.1.3.2.10.2 辅助车间控制系统及仪表

包括辅助系统（车间）监控网络、化学加药系统控制系统、中央空调控制系统、3 号机组及两机公用的除灰控制系统、3 号机组除渣及除石子煤控制系统、空压机控制系统、脱硫及脱硝控制系统、采暖加热站控制系统及仪表等的安装。

6.1.3.2.10.3 电缆及辅助设施

本工程范围内的热工电缆、热工电缆辅助设施、电缆防火及其他材料的安装。

6.1.3.2.10.4 脱硫系统热工工作内容

按单元机组划分的 3 号机组脱硫系统热工设施，3 号、4 号机组脱硫系统公用的热工设施的安装。包括分散控制系统，单项自动控制装置，现场仪表及执行机构，烟气连续监测系统、电缆及电缆辅助设施、电缆防火等的安装。

6.1.3.2.10.5 脱硝系统热工工作内容

按单元机组划分的 3 号机组脱硝系统热工设施，3 号、4 号机组脱硝系统公用的热工设施的安装。包括 PLC 控制系统、热工仪表及阀门配电盘、脱硝吹灰器动力柜、仪表保护柜、保温箱、热工仪表及阀门配电盘、仪表保温柜、仪表保护柜、电缆及电缆辅助设施、电缆防火、管路等的安装。

6.1.3.3 单体调试

上述所安装设备、设施的单体调试。

6.1.3.4 C 标段施工接口

本处所列施工分界，给出了各标段接口方面的一些界定，各单位必须遵照执行。陕西清水川发电有限公司拥有对各施工标段施工分界的最终解释权。

6.1.3.4.1 安装与土建接口

6.1.3.4.1.1 建（构）筑物接地极、接地井由土建单位负责；建（构）筑物室内接地网由该区域安装单位完成，厂区接地网、厂区接地网与各建（构）筑物接地网的连接由 C 标段负责完成；设备的接地连接由相应设备安装单位完成。

6.1.3.4.1.2 建筑工程的照明、通风、除尘、空调等的动力、控制电缆敷设，“按照送电源、送信号的原则”，由相应安装单位将动力、控制电缆施工至各建构筑物上述系统的第一台（级）配电箱、动力柜（箱）、控制柜（盘）、开关处，并负责接线；第一台（级）配电箱、动力柜（箱）、控制柜（盘）、开关及以后部分由土建单位完成。

6.1.3.4.1.3 磨煤机过轨吊及机务专业施工图中标明的行车、吊车轨道及滑线预埋件由安装单位完成，其余专业施工图中标明的行车、吊车轨道及滑线预埋件由土建单位完成。

6.1.3.4.1.4 所有土建设施中预埋件，均由土建单位完成。

6.1.3.4.1.5 设备螺栓固定架由安装单位完成，土建单位配合。

6.1.3.4.1.6 设备基础的二次灌浆，由土建单位负责。

6.1.3.4.1.7 电气及热工盘、柜等设备支架的制作安装由相应设备的安装单位负责。

6.1.3.4.1.8 土建施工图中标明预留的孔洞如果建筑标段未进行预留，应由土建单位负责开孔和恢复。土建施工图中无预留要求，而安装工程确实需要的，经监理单位审批同意后，土建单位施工时预留；如果建筑施工已经完成，安装工程需要开孔时，需提出书面申请，经监理审批同意后由安装单位进行开孔，由原土建单位负责恢复。

6.1.3.4.1.9 3 号锅炉及空冷电梯井制作、电梯门套装饰、电梯井道照明由本工程负责完成。

6.1.3.4.2 安装与安装接口

6.1.3.4.2.1 各标段范围内设备、管道色环、介质流向箭头的涂刷工作由相应标段安装单位承担。

6.1.3.4.2.2 厂区内油、气、汽、水管道以建构物墙外 3m 内第 1 个阀门为界，无阀门以墙外 3m 为界，管道接口由后完成施工单位承担。

6.1.3.4.2.3 C 标段与 D 标段燃油管道的分界点为厂区供、回油母管至 4 号锅炉的炉前燃油的第一个阀门，该阀门属 C 标段。

6.1.3.4.2.4 主厂房内 C 标段与 D 标段的油、气、汽、水等各种管道以主厂房纵向中心线为界（如有联络门，需施工至联络门后 1m 处），连接工作由后施工的单位承担。

6.1.3.4.2.5 各标段间电气、热工专业的施工界限随机务专业施工界限进行确定。

6.1.3.4.2.6 不论开关柜供电对象是否本工程内设备，均由负责安装开关柜的承包商负责完成开关柜内的自身接线及本体调试（含二次设备），并要配合其他标段供电回路的调试工作。

6.1.3.4.2.7 C 标段与 D 标主厂房内电缆桥架（支架）以主厂房纵向中心线为界，连接工作由后施工的单位承担。

6.1.3.4.2.8 厂区综合管架上的电缆桥架（含电缆竖井）由 C 标段负责完成。

6.1.3.4.2.9 厂区沟道电缆支架，由电缆敷设单位进行安装，如支架为 C 标段、D 标段公用，则由 C 标单位负责安装；如为 C 标段与其他标段公用，则由 C 标单位负责安装；如支架为 D 标段与除 C 标外的其他标公用，则由 D 标段单位负责安装。

6.1.3.4.2.10 电气、热工盘柜的防火封堵，由相应盘柜安装单位完成；各标段间电缆防火的施工界限根据电缆桥架（支架）

的施工界限进行确定。

6.1.3.4.2.11　C 标段与升压站标段架空线的分界点：750kV 架空线的分界在主变压器高压套管引接端子；330kV 架空线的分界在起备变架构，由变压器套管至架空线线夹之间的引线（包括线夹安装），属 C 标段。

6.1.3.4.2.12　各标段内设备之间的电缆、导线、管路、管道属于各相应标段。

6.1.3.4.2.13　D 标段设备至起备变的电缆由 D 标段敷设。

6.1.3.4.2.14　主厂房内公用设施引入 D 标段设备的电缆由 D 标段敷设。

6.1.3.4.2.15　除上述 6.1.3.4.2.12、6.1.3.4.2.13、6.1.3.4.2.14 条外，各安装标段设备之间的连接电缆，按照“取电源、送信号”的原则，由用电设备安装单位、发送信号设备安装单位分别负责相应电缆敷设。其中控制电缆始端所接设备为发送信号设备。

6.1.3.4.2.16　对于电力电缆、控制电缆，由电缆敷设单位负责电缆敷设及两端电缆终端的制作、接线、试验。盘柜的安装单位监督、配合。

6.1.3.4.2.17　3 号、4 号汽机房行车滑线及其供电回路由 C 标负责完成

6.1.3.4.2.18　一、二期工程辅汽系统的连接管道由 C 标负责完成。

6.1.3.4.3　其他

6.1.3.4.3.1　根据订货协议由供货厂家负责安装调试的本工程段设备，由本工程段负责配合与协助工作，包括提供必要的劳力、起吊设施、通用工器具、电、气源及一般性消耗材料。对厂家安装调试好的设备，本工程段负责成品保护与维护。

6.1.3.4.3.2　供货厂家现场技术服务人员的安全监护，由相应标段安装单位负责。

6.1.3.4.3.3　标段之间的接口工作除有说明外均由后施工者完成。

6.1.3.4.3.4　特殊消防系统由业主另行委托，相关区域的安装单位配合。

6.1.3.4.3.5　SIS、MIS、视频监控系统业主另行委托，相关区域的安装单位配合。

6.1.3.4.3.6　室内管道与厂区管道的分界点为厂房外墙 3m 处。

6.1.3.4.3.7　施工接口未明确的以施工图的专业分工为准。

6.2　现场管理组织机构及劳动力计划

6.2.1　本工程的现场施工管理组织机构设置

根据本工程的特点，成立精干、高效的现场组织机构——上海电力建设有限责任公司清水川项目部（以下简称项目部），实行项目经理负责制，对本工程的施工负全责。上海电建公司对项目部采用矩阵管理模式，项目部采用直线职能管理模式。同时在项目施工现场构建决策层（经理室、总工室）、管理层（工程管理部、安全保卫部、质量管理部、经营管理部、物资管理部、综合管理部）和作业层（各相关施工专业）的现场施工管理组织机构。

公司选派有丰富的 1000MW 等级机组施工经验和技术管理水平优异的管理人员以及优秀的施工班组参加本工程的建设，同时，总结已建各电厂以及其他大型火电工程建设的成功经验，充分发挥人才优势和技术优势，进一步学习和吸收国内外科学的工程管理模式，采用先进的项目管理模式，提高工作效率，提高施工组织管理水平，高标准达标投产，创建中国电力优质工程，争创国家级优质工程。

施工现场组织机构图如图 6-2-1 所示。

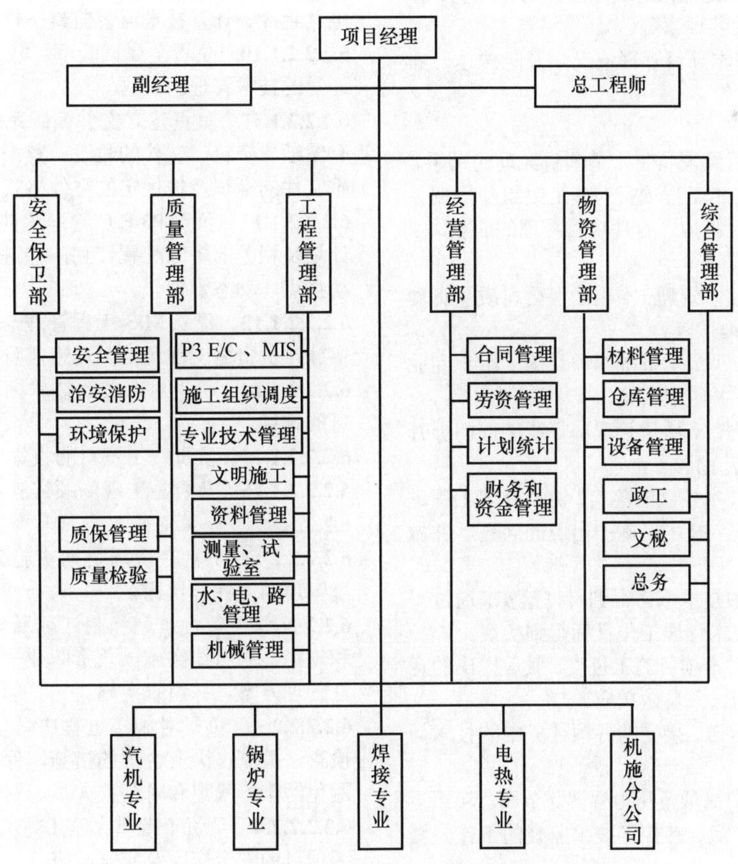

图 6-2-1　上海电建清水川项目部现场管理组织机构图

6.2.2 管理职责

6.2.2.1 决策层

项目部组织机构的决策层主要由项目经理、项目副经理和总工程师构成，负责项目的指挥和决策，制定本工程施工的方针和目标，并组织实施。

6.2.2.1.1 项目经理

6.2.2.1.1.1 受上海电建公司总经理委托全面负责本项目施工的所有工作。

6.2.2.1.1.2 督促项目总工程师、工程管理部、安全保卫部、质量管理部、经营管理部、物资管理部、综合管理部做好管理工作。严格按项目质量计划（项目质量、职业健康安全和环境管理手册）所规定要求、程序、内容工作。

6.2.2.1.1.3 处理协调项目内须经理平衡、决策的问题，签署发布相关的指令。

6.2.2.1.1.4 严格按合同条款及项目部授权管好、用好工程资金及其他各项费用。

6.2.2.1.1.5 负责 P3 E/C、MIS 在本项目的应用，督促各部门、各工地采用先进的管理化手段管理好项目的资源、进度、质量、安全、文明施工和环境保护等工作。

6.2.2.1.1.6 组织各方力量，科学、合理地安排本项目所有施工项目的施工，确保优质、准点、安全、文明、高效地完成本项目建设任务。

6.2.2.1.1.7 代表项目部参加业主、工程监理机构安排的会议，承诺并处理会议决定。

6.2.2.1.1.8 代表项目部洽谈、承诺本项目或本项目外的有关事项。

6.2.2.1.1.9 代表项目部承诺并处理政府、上级部门、业主、监理方、兄弟单位指派、委托的各项事务。

6.2.2.1.1.10 定期向上级汇报本项目管理情况，及时传达、布置上级安排的工作。

6.2.2.1.2 项目副经理

6.2.2.1.2.1 项目副经理对项目经理负责，是项目经理的助手，在项目经理领导下，全面负责本工程项目的施工组织和协调。

6.2.2.1.2.2 在项目经理授权范围内，行使项目经理的职权。

6.2.2.1.3 项目总工程师

6.2.2.1.3.1 全面负责本项目技术管理工作，确保公司质量管理体系在本工程建设中有效运行。

6.2.2.1.3.2 组织编制施工组织设计。批准本项目施工组织专业设计、重大技术措施、方案，并组织实施。

6.2.2.1.3.3 组织指导工程管理部、质量管理部等职能部门展开工作，并监督检查其实施运转情况。

6.2.2.1.3.4 负责合同中各项技术条款的落实，协调处理工程进度、质量控制、施工技术、安全技术措施中出现的问题，并做出决策。

6.2.2.1.3.5 保证对业主的各项技术承诺得到贯彻落实，通过对工程全过程的管理，使各项技术管理工作目标得到实现。

6.2.2.1.3.6 尊重监理工程师对本项目施工进度、质量提出的意见，及时指示、督促有关部门、人员做相应调整。

6.2.2.1.3.7 落实、处理经理承诺、接受的各项任务中的技术问题，做好经理的参谋。

6.2.2.1.3.8 负责组织项目内的锅炉及压力容器、金属、起重运输、继电保护、电气绝缘、计量、热控等技术监督的工作，督促各专业严格按标准施工。

6.2.2.1.3.9 参与本项目启动委员会工作，负责组织分部试运、参与系统调试。

6.2.2.1.3.10 负责竣工资料移交工作。

6.2.2.2 管理层

项目部组织机构的管理层主要由工程管理部、安全保卫部、质量管理部、经营管理部、物资管理部、综合管理部构成，是项目的安全、质量、进度、物资、技术、成本、人力、施工机械（机具）、总平等管理控制核心。

6.2.2.2.1 工程管理部

6.2.2.2.1.1 负责编制施工组织专业设计。

6.2.2.2.1.2 组织编制重大技术方案和措施，确定施工作业指导书目录，审核施工作业指导书及技术方案。

6.2.2.2.1.3 组织施工图纸及技术文件的会检和重大项目施工前的技术交底。

6.2.2.2.1.4 负责对设计单位递交的设计变更文件的识别和施工专业提出的变更设计和设备修改申请的审核。

6.2.2.2.1.5 全面负责本项目内各施工项目、专业之间的协调，按已定进度要求，平衡、安排各项目施工需求，以达有序施工。

6.2.2.2.1.6 负责协调土建、安装、调试工序之间的交接；参加分部试运及机组整组启动试运，解决试运中出现的技术问题，协调督促消缺工作。

6.2.2.2.1.7 负责施工现场文明施工管理，包括组织施工现场区域的安全文明施工二次策划，总平面的布置和管理，施工现场水、电、道路和排水的管理；负责在施工现场实施“封闭化”管理，设备材料“定置化”管理。

6.2.2.2.1.8 负责机械管理的平衡和调度。督促机具使用者做好机具检查、使用、维护、修理的台账。

6.2.2.2.1.9 实施锅炉及压力容器、金属、起重运输、继电保护、电气绝缘、计量技术监督监察工作。

6.2.2.2.1.10 负责金属试验室、电气试验热工校验室、测量室、计量的技术管理。

6.2.2.2.1.11 负责建立文件编码系统。负责管理本项目内的所有图纸、资料、文件的收发、整理、登记、归档。负责各类技术文件的标识及按规定的文件格式、程序进行流转。

6.2.2.2.1.12 负责 P3 E/C 管理软件的应用，编制工程二级进度计划及相关的资源配置计划，并进行阶段控制、节点考核、滚动盘点、动态管理。

6.2.2.2.1.13 建立 MIS 工程管理信息系统，并进行日常管理和实施，负责施工现场情况反馈信息的管理，编制工程月报。

6.2.2.2.1.14 负责对有关的技术标准、规范的确认和标准、信息的收集。

6.2.2.2.1.15 负责竣工资料的收集、整理、出版和移交。

6.2.2.2.1.16 负责施工现场顾客满意信息的收集、整理和分析。

6.2.2.2.2 安全保卫部

6.2.2.2.2.1 负责在现场贯彻实施公司有关职业安全健康和环境管理的方针、目标。

6.2.2.2.2.2 负责策划和制订现场安全管理和环境保护的制度和规定，并组织实施。负责职业安全健康危险源分析工作，制订管理方案，并组织实施。

6.2.2.2.2.3 负责对施工过程中环境保护措施的实施情况进行检查、控制；采取合理的措施，保护工地及工地周围的环境，避免污染、噪声和对公共人员、财产等的危害和干扰。

6.2.2.2.2.4 负责审批重大施工方案中的安全措施；参与重大施工项目的安全交底及实施监督。

6.2.2.2.2.5 负责施工现场安全巡视及按有关要求对重大、危险、隐蔽项目实施安全旁站监督，及时检查及制止违章作业。

6.2.2.2.2.6　组织安排各重要施工阶段，节假日，各季节的安全大检查，并督促整改。

6.2.2.2.2.7　负责施工现场的防台、防汛工作；负责施工现场的保卫、消防工作，合理配置消防器材。

6.2.2.2.2.8　负责对外来人员的教育、管理，控制及登记施工现场暂住人口，杜绝各类刑事犯罪事件发生。

6.2.2.2.2.9　配合相关部门及时办理及督促特殊工种的审证、复证工作。

6.2.2.2.3　质量管理部

6.2.2.2.3.1　负责质量策划，编制工程的质量管理制度、质量计划（项目质量、职业健康安全和环境管理手册）、强制性条文实施计划、质量改进计划和达标创优规划等，并组织实施；对质量管理体系运行和管理上的不符合项签发不符合项报告并进行跟踪，监督其整改封闭。

6.2.2.2.3.2　负责建筑安装的交接验收。组织编制施工质量验收项目划分表，组织工程项目的质量检查、验收及签证；参与对特殊工艺过程监督。

6.2.2.2.3.3　参与施工作业指导书中质量条款的审核，并检查实施情况。

6.2.2.2.3.4　负责不合格品的预防、控制、纠正及再次质量检查、验收及签证。

6.2.2.2.3.5　应用统计技术，对质量波动状况、抽样或全数检验中的质量趋势予以控制，提出趋势性的原因或概率，以提供有关部门及时采取纠正预防措施。

6.2.2.2.3.6　负责组织相关部门接受业主和监理单位的质量检查，并对质量检查报告做出回答。

6.2.2.2.3.7　负责监督单位工程具备开工条件，接受并安排业主或监理提出停工，在停工后监督复工申请的程序和手续，并负责向业主或监理提出复工申请。

6.2.2.2.3.8　负责质量事故的调查和报告，负责质量事故的上报、调查、处理和组织制定整改措施。

6.2.2.2.3.9　负责本工程从事焊接、试验、检验等特殊作业人员的资格监督审定。

6.2.2.2.3.10　负责组织质量验收部分的竣工资料的收集、整理、汇总；配合相关部门做好竣工资料的收集、整理、查阅、出版和移交。

6.2.2.2.3.11　参与单项工程质量评价前的自查、负责组织单项工程质量评价检查记录表的填写、移交及配合监理单位或其他评价机构进行工程质量评价。

6.2.2.2.4　经营管理部

6.2.2.2.4.1　负责对项目管理中所涉及或发生的合同的谈判、签约、履约、过程控制到结算的管理。

6.2.2.2.4.2　负责组织对分承包方的资格审查和选择工作。审定分承包方的经营资质、经营信誉、工程业绩、施工技术能力和质量管理体系。

6.2.2.2.4.3　负责合同管理，在合同执行过程中会同有关部门履行满足合同要求的全部责任。

6.2.2.2.4.4　负责与合同相关联的信息的收集和管理。

6.2.2.2.4.5　负责组织编制施工图预算。

6.2.2.2.4.6　定期查核己方在对外合同履行情况，及时纠偏，避免违约索赔出现。负责反索赔工作。

6.2.2.2.4.7　负责内部施工各项经济控制及规范各项经营活动，定期做好经营活动分析。收集技术经济资料，核查内部施工合同及施工任务单完成情况，控制超差行为发生，降低施工成本。

6.2.2.2.4.8　负责项目部日常各项资金使用及控制，常规的财务业务工作。

6.2.2.2.4.9　负责本项目劳动力调配、管理工作。按施工进度计划需要在公司内部及时平衡、调剂专业施工人员的需求。

6.2.2.2.4.10　按施工总体计划进度安排，及时盘点，安排下达月度施工计划。及时收集、汇总施工进度信息，统计及编制，负责编制月进度报告、年进度报告。

6.2.2.2.5　物资管理部

6.2.2.2.5.1　负责业主提供的设备、物资的代保管工作。业主提供的材料、设备在运至施工现场、铁路卸货站台后，负责卸车、运输、保管及可能产生的场内二次运搬工作。

6.2.2.2.5.2　项目部负责采购、供应的与本工程有关的设备、材料运输至施工现场，并负责管理使用。

6.2.2.2.5.3　负责物资采购管理，按物资采购控制程序组织对物资供应分承包方的评审工作。

6.2.2.2.5.4　组织编制物资采购文件并实施采购、订货。

6.2.2.2.5.5　负责按物资质量程序文件规定进行物资到货后的验收、验证工作，保管相关的质量证明文件；负责物资质量资料的收集整理和交接工作。

6.2.2.2.5.6　负责现场各类仓库的储存、保管、发放管理；推行“定置化管理”。

6.2.2.2.5.7　应用计算机管理手段，按要求编制各类统计报表、各类物资消耗台账、物资供应大事记及其他基础资料。

6.2.2.2.5.8　编制并上报设备需用计划，负责办理设备领用手续，参加设备开箱，做好检验资料的交接工作。根据开箱检验情况出具开箱检验记录，协助处理设备的残缺、残损和质量问题。

6.2.2.2.6　综合管理部

6.2.2.2.6.1　负责项目的总务管理，包括生活后勤卫生管理工作、生产及行政办公场所的管理，以及为一线生产服务的其他事项。

6.2.2.2.6.2　负责施工劳防用品的采购及发放；办公用品的采购及发放。

6.2.2.2.6.3　负责文秘和接待工作。

6.2.2.2.6.4　负责现场的宣传、立功竞赛等工作。

6.2.2.2.6.5　负责施工现场的劳动保护监察工作。

6.2.2.2.6.6　负责每年例行体检的组织安排，特殊工种的体检的安排。

本章其余内容见光盘。

第 5 篇

核电站常规岛工程施工组织设计范例

孔庆君　钟先晖　李　杰　仲丛健　东　琳　李　英　何　军
杜姜开林　孔庆敏　周　政　邵　威　张　凯　乔　钰
张志波　孟祥泽　郭　瓒　陈树义　倪达明　孔　会
吕　冰　罗佃华　李运明　王勇旗　等　编著

第 1 章　辽宁红沿河核电站一期工程常规岛及 BOP 土建项目施工组织设计

1.1　编 制 依 据

1.1.1　编制说明

作为编制依据，红沿河核电站一期常规岛土建工程所引用的文件，文件量极大，故在本章中对部分所引用的文件仅仅描述了文件的名称，文件的文本则另行编辑成册。如：《红沿河核电站一期常规岛土建工程合同》、HAF003（91）《核电厂质量保证安全规定》、《质量管理体系标准》（GB/T 19001—2000）；另一部分引用的文件则编写了文件目录，描述了文件的名称、标准规范编号。如：规范、标准、法律、法规、应用程序等，文件的文本则另行编辑成册。另外，引用了《火力发电工程施工组织设计导则》作为本施工组织设计编制的参考文件。

1.1.2　编制依据

（1）工程合同（略）。

（2）HAF003（91）《核电厂质量保证安全规定》。

（3）《质量管理体系标准》（GB/T 19001—2000）。

（4）规范、标准清单（略）。

（5）法律、法规清单（略）。

（6）环境保护标准清单（略）。

（7）业主提供的本项目应用程序清单（共 97 个，省略）。

（8）项目质量保证大纲及大纲程序清单（共 14 个，省略）。

（9）项目管理程序清单（共 47 个，省略）。

（10）项目工作程序清单（共 169 个，省略）。

1.1.3　参考文件

略。

1.2　工 程 简 况

1.2.1　工程概况

辽宁红沿河核电站一期共安装 4×1000MW 级压水堆核能发电机组，本工程为其中的 3 号、4 号机组的常规岛土建工程。每台机组中常规岛主厂房采用独立厂房，纵向布置在核岛北侧。3 号、4 号机组由西向东平行布置。常规岛主厂房内主要布置有汽轮机、汽水分离再热器、凝汽器、凝结水泵，高、低压加热器、除氧器、给水泵、发电机、励磁机，厂用中低压电气开关柜以及其他辅助设备，此外常规岛所必需的公用系统如压缩空气、公用水、通风、消防系统以及各种电缆和接地网均布置在主厂房内。

联合泵房是为安全厂用水系统和冷却水系统供水的重要厂房，位于常规岛汽机厂房北侧，由地下和地上两部分组成。

1.2.2　工程范围

一、红沿河核电站一期 3 号、4 号机组常规岛土建工程范围

（1）3 号机组汽轮机厂房、润滑油输送站、消防稳压间 3MX＋MO＋MQ。

（2）4 号机组汽轮机厂房、通风间 4MX。

（3）3 号、4 号机组树脂再生间 3MP＋4MP。

（4）3 号机组主变压器平台及备用变压器平台 3TA＋TX。

（5）4 号机组主变压器平台 4TA。

（6）3 号、4 号机组泵站及泵站辅助建筑 PX＋PS。

（7）3 号、4 号机组安全厂用水廊道 GA。

（8）3 号、4 号机组技术管廊及电气廊道 GB＋DG。

（9）3 号、4 号机组冷却水进出水廊道 GD。

（10）3 号、4 号机组汽机事故排油坑 FF。

（11）3 号、4 号机组一般气体储存库 ZA。

二、厂房内施工内容分界

（1）预埋在土建构筑物内的装置。例如板件、锚固件、排水管等管道，电缆沟管属土建范围。

（2）与土建混凝土和土建一次钢结构相连的平台、楼梯、护栏等钢结构安装属土建范围。

（3）电气防火封堵属土建范围。

（4）汽机厂房行车梁施工属土建范围。

（5）厂房内所有设备基础的二次灌浆属土建范围。

（6）厂房以场平外（或厂房散水）1m 为界。

（7）常规岛汽机厂房单轨吊：与土建主体结构或主钢结构连接的单轨吊由土建单位负责安装和进行荷载试验（如 BC 跨＋0.2m 和＋28.2m 层上的单轨吊），其他的由安装单位负责。所有单轨吊的调试试验、油漆、标识由安装单位负责。

（8）承包范围内的厂房内接地网敷设属土建范围。设备接地属安装单位施工。

（9）施工分界未阐明的以施工图的专业分工为准。

1.2.3　汽机厂房设计描述

1.2.3.1　建筑设计

一、汽机厂房整体建筑布置

常规岛厂房主要由汽机厂房和辅助厂房共用 B 列柱组成为一个整体厂房，汽机厂房的 AB 跨跨距为 44.00m，辅助厂房的跨距为 15m，长度均为 112.00m，汽机房和辅助间厂房的有效高度约 37m；各楼层标高从下往上依次为：底层 0.20m，电缆夹层 6.20m，运行层 16.20m，电气开关及通风间层 20.20m，除氧器层 28.20m。厂房为钢筋混凝土结构，采用框排架结构型式。

汽轮发电机中心线与厂房 A 列柱中心线的间距 18.50m。汽机房内设置两台桥式吊车，可供汽机房所有设备在安装和检修时使用，这两台吊车同时工作，可起吊发电机转子、汽水分离再热器等大件设备；吊车轨顶标高为 32.50m，汽机房屋面为坡向两侧的双坡屋面。

变压器平台（TA）位于常规岛厂房外的西北侧，变压器平台（TA）附近设置备用变压器平台（TX）。3 号机组 C 排外侧从核岛往常规岛方向看，依次布置两台机组公用的消防稳压间（MQ）、润滑油转运站（MO）和树脂再生间（MP）。

汽轮机采用半速单轴四缸六排汽，发电机为水氢冷却方式，采用无刷励磁，凝汽器为单背压、单流程。

二、常规岛厂房（MX）的布置

两台机组汽轮发电机中心线距离为 88.8m，与核岛两个反应堆中心线间距相同。每个厂房内，汽机房夹层和运转层采用大平台布置，汽机房北侧进口处设检修场地，汽轮发电机组采取纵向布置，汽轮机头部朝向核反应堆厂房，两台 MSR 分别卧式布置在高中压缸两侧，汽轮发电机组轴线与汽机房大吊车垂直；厂房外地坪标高为±0.00m，主厂房底层相对标高为+0.2m。运转层相对标高为+16.2m。汽轮发电机中心线距厂房 A 排柱中心线 18.5m。厂房为钢筋混凝土结构，采用双框架布置方式，按汽机房、辅助间排列方式。

1. *厂房柱距*

本工程汽轮机采用半速四缸六排汽凝汽式汽轮机，采用三个低压缸和三个凝汽器。每个凝汽器壳体宽度约为 12m，厂房 1-2 轴柱距为 12m；2-4 轴柱距为 8m；4-9 轴柱距为 12m；9-12 轴柱距为 8m；红沿河一期核电工程整个厂房共设 12 条轴线 11 个开间，总长 112m。

2. *汽机房、辅助间跨度*

红沿河核电站一期常规岛汽机房（A）～（B）与辅助间（B）～（C）的跨度分别为 44m 和 15m。汽机房内，南侧和北侧的柱距是不相同的，南侧的柱距以及北侧进出厂房位置的柱距布置与岭澳二期相同，B 列柱往 A 列柱的第 1 个柱距为 14m，主要根据低压缸的外形尺寸（长×宽×高考虑为：11420mm×11950mm×9520mm）而定，确保低压缸能顺利进入汽机房。

3. *汽机房各层标高*

汽机房分三层布置：底层、夹层和运转层。由于本期工程采用三台电动泵方案，系统简单，为了更好地利用厂房空间，便于设备的检修维护，设汽机房夹层大平台。夹层的标高为 6.2m，该标高将综合考虑发电机封母出线平台标高以及油系统及低加等设备在夹层的布置，随设计进度将进行修正。考虑到凝汽器抽钛管的需要，抽管所经过区域标高为 7.0m。运转层标高主要根据凝汽器高度及 TG 供货商提供的运转层标高综合参考确定为 16.2m。

4. *辅助间各层标高*

辅助间分四层布置：底层、电缆夹层、电气开关层及除氧器层。除氧器层标高为 28.2m，电气开关层为 20.2m，同时在该层增加引风机间。电缆夹层标高为 16.2m，主要根据电缆布置的需要以及电动泵检修起吊对高度的要求。

5. *汽机房吊车轨顶标高*

每个汽机房设两台 200/30t 的桥式行车。本工程轨顶标高为 31.835m，吊车大钩至运转层的距离为 15m。

6. *常规岛厂房底层布置*

汽机房北大门宽 12.4m，高 14m，从北大门进入主厂房区域为主要安装检修起吊场地，中间层及运转层主要设备都从该区域通过主行车吊装就位。

检修场地北侧往西布置三台板式水—水热交换器，板换西侧留有 3.9m 的检修空间，北侧保留 3m 的运行通道。水—水热交换器往西在辅助冷却水坑内布置 4 台立式辅助冷却水泵及 2 台海水过滤器，辅助冷却水坑分两层，上层标高为−2.1m，安装泵体及过滤器，下层标高为−4.8m，安装泵进口管及进口阀门。辅助冷却水坑往南并列布置 3 台水环式机械真空泵，每两台泵之间的间距约为 4m，四周留有足够的检修维护通道，机械真空泵往东布置 3 台闭式冷却水泵，3 台闭式冷却水泵四周保留 1.8m 以上的检修维护通道，闭式冷却水泵，辅助冷却水泵及板式水—水热交换器布置在相邻区域，便于闭式冷却水管的连接。

机械真空泵往南布置循环水出水管道坑，循环水出水管道坑往南布置一台 MSR 疏水泵及两台水室充水泵。机头底部布置辅助给水泵及该系统所属设备及管道。辅助给水泵往东布置四台高压加热器，4 台高加布置在 6m 平台上，高加平台四周留有 1m 以上的运行维护通道。

汽机机头最北端布置主蒸汽联箱，主蒸汽管及蒸汽旁路管道等，主蒸汽联箱上分四路与汽轮机联合汽门连接，联箱两端头延伸至汽机旁路接口，高加往北布置 MSR 疏水泵，再往北布置循环水进水管道坑，循环水进口垂直管段上安装有膨胀节及二次滤网。循环水进水管道坑往东布置低加疏水泵和低加疏水箱，往北布置 3 台立式凝结水泵，凝结水泵上方的中间层及运转层开吊物孔，满足凝泵的检修起吊。

7. *常规岛厂房中间层布置*

中间层标高分 6.2m，11.2m，凝汽器抽钛管空间位于凝汽器西侧。汽机房 A 排与①柱 11m 层设置了封闭的润滑油系统间，油室内主要布置主油箱、油冷却器、油净化装置等。MSR 疏水箱布置在两台 MSR 的底部，在机头东南角位置布置高压给水调节阀门站，靠 B 排布置四台低压加热器。发电机端布置发电机密封油系统、定子冷却水系统等。

8. *常规岛厂房运转层布置*

汽机房运转层标高为 16.2m，主要布置汽轮发电机组和两台 MSR，整个汽轮发电机组安装在混凝土弹簧基础上，纵向布置，汽轮机头部朝向核岛方向，发电机端部为检修场地。三根主蒸汽管道从南墙引入主厂房，靠①柱布置有主蒸汽管道及防甩装置。

9. *辅助间布置*

辅助间是指汽机房 B～C 轴间的建筑物，跨距为 15m。辅助间南侧布置 3 台电动给水泵，中压给水管布置在管沟内，辅助间北侧布置化学精处理间。辅助间 16.2m 屋为电缆层，敷设主要从电器厂房的开关柜接到辅助间 20.2m 层低压开关柜的电缆。20.2m 层布置了电气间。除氧层标高为 28.2m。辅助间除氧层布置一台除氧器和一台蒸汽转换器。

10. *运行维护通道*

常规岛底层：汽机房内底层地坪设置有大于 3m 宽的环形通道，足够保证小型运输机械通行。各个系统的主要设备或阀门等处均留有不小于 1m 宽的通道，便于对设备或阀门的运行操作和检修维护。辅助间电动给水泵东侧也有约 3m 的检修维护通道。

常规岛夹层：采用大平台布置，能方便管道与设备的安装，同时确保有足够的检修场地，检修维护通道畅通。

常规岛运转层：采用大平台布置，机组检修时，汽轮发电机组零部件可以就近放在汽机周围平台上，检修维护通道畅通。

11. *常规岛厂房布置主要尺寸*

常规岛厂房主要尺寸表见表 1-2-1。

表 1-2-1　　常规岛厂房主要尺寸表

名　称		单　位	数　据
汽机房	柱距	m	12、8
	长度	m	112
	跨度（A～B）	m	44
	运转层标高	m	16.2
	中间层标高	m	6.2
	吊车轨顶标高	m	31.835
辅助厂房	柱距	m	8、12
	长度	m	112
	跨度（B～C）	m	15

续表

名　称		单　位	数　据
辅助厂房	除氧器层标高	m	28.2
	电气开关层标高	m	20.2
	电缆层标高	m	16.2
	设备平台标高	m	8.20

12. 检修起吊设施

（1）汽机房设备的检修起吊设施。汽机房内安装有两台200/30t的桥式行车，不考虑机组最重组件发电机定子以及MSR的首次安装就位，该项工作由安装单位负责。该行车主要用来起吊主厂房内的大型设备，无法直接用桥式行车起吊的设备均在适当位置设置检修单轨。

底层的真空泵、辅助冷却水泵及自清洗过滤器上面中间层下部梁上设有单轨起吊设施。润滑油室上部在运转层设有起吊孔（平时用活动盖板盖住），检修时可利用汽机房主行车起吊。凝结水泵的检修靠主行车通过中间层及运转层所设吊物孔起吊。

高压加热器在中间层及运转层设有敞开式安装及检修孔，利用主行车进行安装和检修起吊。在主行车不能直接接近的地方，在设备的中心线上均设单轨起吊梁。

低压加热器检修抽管束时，加热器上有两个滚动支点，一个固定支点，正常运行时中间滚动支点基本不受力，加热器支撑面可高出楼面，检修时将活动工字钢轨横放在垫木上，利用垫木的高度使钢轨面略低于加热器滚轮底部，且具有一定的倾斜度。然后利用卷扬机拉切割后的加热器壳体，壳体将轻松地沿钢轨滑出。所有加热器抽壳体或整体更换所需空间及各层楼板承受载荷均在土建结构设计时予以考虑。若需整个低加更换时，可通过铺设轨道，利用卷扬机拉至汽机房检修孔，通过汽机房主行车起吊。

（2）辅助间的检修起吊设施。辅助间16.2m楼板梁下设有一台32/10t电动葫芦桥式起重机供电动给水泵组及其附属设施起吊之用，它的行走梁悬挂在电缆层的楼板梁下。

辅助加热间①号柱和②号柱之间开有一个吊物孔，除氧器层屋顶设有起吊梁，供管道安装时起吊有关阀门或管件用。除氧器总长约50m，除氧器的安装通过12轴外分两段吊装在28.2m平台上拖运安装就位、蒸汽转换器及辅助设备通过除氧器层屋顶起吊梁从吊物孔吊至除氧层安装就位。

靠辅助设备间南侧墙外侧，有一个电梯间和楼梯间，可通往各层楼面。在辅助设备间北端墙内侧也有一个通往各层楼面的楼梯间。

汽机房周边均匀布置有6个楼梯。楼梯最大间距为46m，梯段净宽为1.2m；其中靠近B排的两个楼梯，同时服务于辅助设备间各层，也可达两台吊车的驾驶舱。

辅助设备间北端山墙外侧，设有一台电梯和一个楼梯通往各层楼面。

所有靠外墙的楼梯均为封闭式。

汽机房底层南侧大门附近设有一个卫生间，在主厂房适当部位设洗涤池及清洁间。

三、建筑立面

建筑整体色彩以乳白色为基调，力求色调明快、清新醒目，突出现代化工业感。

常规岛厂房围护结构外墙：室内地坪以上、10.0m标高以下采用300mm厚页岩空心砖墙（在邻近变压器区域的外墙采用钢筋混凝土墙），外墙面抹灰贴外墙砖或采用外墙涂料；10.0m以上外墙采用带有保温隔热层的双层彩色镀铝锌压型钢板（保温材料采用100mm厚带铝箔的超细玻璃丝棉），复合金属墙板的耐用年限不低于20年。

内墙：室内地坪以下采用实心砖墙，室内地坪以上采用页岩空心砖墙砌筑，墙面刷白色高级乳胶漆。

外窗：外窗采用单框双玻中空玻璃塑钢窗。

汽机房屋面：屋面板采用带有保温隔热层的双层彩色镀锌压型钢板（彩钢硬质聚氨酯夹芯板），其耐用年限不低于20年。

四、建筑内装修

粉刷：一般内墙面抹灰涂刷乳胶漆，部分房间贴瓷片墙裙，卫生间贴瓷片到顶棚，其余根据工艺要求选择相应的粉刷表面处理。

楼地面：主厂房底层、运行层、电气房间、一般控制室（间）等采用高密度耐磨地砖贴面做耐磨地面；中间层采用钢格栅地面；除氧层为钢筋混凝土楼板加沥青防水层，表面再作细石混凝土面层；其余一般为水泥砂浆面层。汽机机座采用清水混凝土表面。楼梯间表面作硬化剂。

踢脚线：随楼地面或贴釉面砖。

门窗：一般采用塑钢门、成品彩板钢门、钢防火门（甲、乙、丙级）、大型折叠彩板钢门等、塑钢推拉窗系列。

栏杆：采用钢栏杆加涂油漆。

对于装修要求较高的房间可根据业主要求采用二次装修设计，并按需要确定安装或高等级装修标准。

五、采光通风

采光形式采用自然采光与人工照明相结合。

通风形式为自然通风与机械通风相结合，自然进风，机械排风。

六、隔振控制

汽轮发电机组、电动给水泵等振动较大的设备基础均采用独立布置，与主汽机厂房其他基础分开，避免振动传递，汽机基础在柱与＋16.2m层间设隔振缝与大平台分开。

七、防火防爆

主厂房火灾危险性类别属丁类，耐火等级不低于二级，建筑构件选材一般均为非燃烧性材料。

本期工程采用钢筋混凝土框排架、钢结构屋架、钢格栅楼面、现浇钢筋混凝土楼面、砖砌内墙等。按规范要求封闭式楼梯间均设有甲级防火门，满足防火规范的人员疏散要求，其他电气房间及一般用房采用甲级防火门。

对容易引起火灾的电缆通道等设置防火隔断或喷淋等防火措施；厂房内有火灾隐患的设备、油箱等，加设防火罩或对设备附近钢构件进行防火处理（涂防火漆），保证钢构件满足防火规范的耐火极限的要求。

主厂房的防爆措施主要在除氧层采用坚固的整体框架及楼面。汽机间屋顶部位设置可排除泄漏氢气和热气的机械通风机，避免积聚易燃易爆气体。

八、防排水

主厂房底下设施及沟道均考虑有效的防水措施，避免水位渗漏，在适当位置设置排水沟及集水井，需要时通过自起动水泵及时疏排。

屋面排水均为有组织排水，通过结构起坡、设置排水沟、建筑防水处理等措施，防止屋面的雨水积聚及渗漏现象。

1.2.3.2　地基基础设计

根据场址的地基土岩埋藏情况，常规岛厂房柱基础型式采用天然地基现浇钢筋砼扩展基础，其持力层选择在中等风化的稳定岩层上，对于局部持力层岩层埋藏较深的部位可根据具体情况采用素混凝土从持力层岩层面垫至基础底面。

红沿河一期以柱下独立基础为主，个别柱列采用条形基础，地基持力层为中等风化花岗岩或采用素混凝土从岩面垫起。

1.2.3.3　结构设计

主体结构：汽机房与汽机厂房辅助间的主体结构横向采用现浇钢筋混凝土框排架结构，纵向采用现浇钢筋混凝土框架结构；靠近核岛端山墙 16.20m 以下采用现浇钢筋混凝土结构，16.20m 以上采用钢结构；另一端山墙采用现浇钢筋混凝土抗风柱、抗风梁；吊车梁采用钢吊车梁。

汽机间各层平台：汽机房中的平台和设备支承结构主要采用钢结构，局部采用现浇钢筋混凝土结构，楼板采用压型钢板底模上铺现浇钢筋混凝土楼板；局部有防火要求的部位采用现浇钢筋混凝土结构。

屋面结构：汽机房屋面采用钢结构，屋架为钢桁架，檩条为型钢，双坡屋面；屋面板采用带有保温隔热层的自防水双层压型钢板。

设备基础：汽机房中的设备基础采用现浇钢筋混凝土结构，重要的设备基础放置在稳定的中风化岩层上，中风化岩埋藏不太深的部位可采用素混凝土从中风化岩面垫至基础底面；而对于荷载较小的设备基础，其基础可放置在经处理后的回填土层上。其中，汽轮发电机基础采用支承在平板式钢筋混凝土底板上的框架式弹簧隔振基座。

汽机厂房辅助间：汽机厂房辅助间（B～C 跨）紧连汽机房，与汽机房连成一个整体，是汽机厂房的一部分。辅助间主体结构纵横向均采用现浇钢筋混凝土框架结构，与汽机房横向形成框排架结构体系。楼层结构中楼面次梁采用钢梁，各层楼板及屋面均采用以压型钢板为永久模板的现浇钢筋混凝土楼面板。

辅助设备厂房紧靠汽机厂房辅助间的外墙，包括消防稳压间、润滑油传送间、凝结水精处理间。辅助设备厂房的建筑色调和造型必须与汽机厂房协调一致。其建筑结构设计采用的标准、规范应与汽机房保持一致，原则上采用中国国家或行业的标准、规程、规范。

辅助设备厂房均为单层单跨厂房，其主体结构型式采用现浇钢筋混凝土框架结构或框排架结构；厂房屋面采用钢结构，由钢屋面梁、型钢檩条和带有保温隔热层的压型钢板组成；屋面为坡向外侧的单坡屋面。基础为现浇钢筋混凝土扩展基础，基础放置在中风化或强风化岩层上。

主厂房采用钢筋混凝土框排架结构型式，汽机房（MA）的 A 列、南北山墙与辅助间（MB）的 B、C 列框架柱、梁将采用钢筋混凝土到屋顶，北山墙 16.2m 以上可能采用钢结构。汽机房的屋架采用非对称双坡钢桁架，A 排柱通过屋架与辅助间框架组成横向框排架结构，与纵向框架共同构成一个空间结构体系。

辅助间的各层楼面采用 H 形钢梁作为次梁，钢梁上铺压型钢板作永久性底模，上面浇筑钢筋混凝土楼板。

汽机房平台采用钢结构，平台中部采用钢柱支承，四周的钢梁简支在主厂房框架柱牛腿上，并在适当的位置设置支撑。6.2m 设备层除润滑油转运站采用钢筋混凝土楼板外，其他区域铺设钢格栅。16.2m 运行层平台采用压型钢板作底模，上面浇筑钢筋混凝土楼板。压型钢板作为永久性模板，不考虑受力，钢梁与混凝土板间安构造设置抗剪栓，但梁仍按纯钢梁设计，不考虑钢梁与混凝土板的共同作用，加抗剪栓的作用是使楼板与纵横向构件组成稳定体系，使框架整体有足够的抗侧移能力。

山墙平面内为钢筋混凝土平面框架结构，平面外为抗风柱。北山墙 16.2m 运转层设走道平台，与 A、B 轴平台板连接。在中间适当位置设置钢结构抗风桁架或钢筋混凝土抗风平台，将水平力传递给 A、B 轴纵向框架，柱上端与屋架上下弦铰接。南山墙与核岛电气楼相邻，属于重要的构筑物，山墙上不仅承担各种连接核岛与常规岛管道的荷重，还设置了主蒸气管防甩击的装置。南山墙在 16.2m 以上可能会采用钢结构的柱和梁设计，南山墙将和防甩击结构相连，形成足够的抗侧力体系，以抵御风荷载，地震作用和管道甩击力。

汽机房的屋架采用双坡钢桁架，在主厂房框排架结构计算三维模型中，桁架被视为刚性杆。汽机房屋面板采用带有保温隔热层的自防水双层压型钢板。

A 列柱：吊车梁牛腿以下截面为 1200mm×2000mm，吊车梁牛腿以上截面为 1200mm×1500mm，屋架托梁以上截面为 1200mm×700mm。

B 列柱：吊车梁牛腿以下截面为 1000mm×2000mm，吊车梁牛腿以上截面为 1000mm×1500mm，屋架托梁以上截面为 1000mm×700mm。

C 列柱：24.6m 以下截面为 1000mm×1800mm，24.6m 以上截面为 1000mm×1500mm。辅助间各层横向框架梁截面为 800mm×1800mm。辅助间各层纵向框架梁采用双梁布置，单梁截面为 400mm×1200mm。

汽轮发电机的基础采用弹簧隔振的弹性基础，弹性基础是在汽机顶台板（运转层）与立柱之间加弹簧隔振器隔振，其他结构同传统的汽机基础。弹簧隔振器由业主供货，供应商负责安装，土建单位协助安装。汽机基座的预埋组件由土建单位负责安装。

汽机房平台与汽机基座间设置抗震缝，在两结构构件必须联系时，则采用滑动支座来处理，如汽机房平台与厂房柱设置滑动支座，使两结构在地震作用时，能各自自由震动。

常规岛厂房的火灾危险性类别是丁类，耐火等级不低于二级。

厂房内钢结构的耐火时限要求分别为：

（1）汽机房平台钢柱和钢梁：1.5h 耐火时限。

（2）辅助间各层楼板钢次梁：1.5h 耐火时限。

（3）屋架、支撑、檩条：1h 耐火时限。

（4）吊车梁结构：1.5h 耐火时限。

（5）防甩击结构：由于其重要性，也考虑了 2h 耐火时限。

（6）钢楼梯及主要钢结构通道：1h 耐火时限。

（7）以上需要防火的钢结构均涂防火涂料，涂料厚度与类型按耐火时限确定。

1.2.3.4　主变压器及辅助变压器区建构筑物（TA）

主变压器及辅助变压器区的变压器基础、构架和防火墙均为露天构筑物，钢筋混凝土结构；变压器之间用钢筋混凝土防火墙隔开，并在周边设电镀钢栅栏。变压器基础采用现浇钢筋混凝土基础，用钢筋混凝土梁和平板构成，其中布置了公用工程管沟、电缆沟及排水设施。

1.2.3.5　树脂再生间（MP）

树脂再生间的独立柱基础坐落于回填地基上。其基础高程将取决于邻近的地下廊道。由地面楼板支承设备。

屋顶结构为钢筋混凝土梁和屋顶钢梁，屋面板采用带有保温隔热层的自防水双层压型钢板。

凝结水精处理装置控制室楼面是悬臂的钢筋混凝土平板，由永久性钢模板支撑。厂房的结构框架包括钢筋混凝土立柱与梁，并完全独立于邻近的汽轮机厂房大厅。

所有的房间均通过机械抽气方式实行机械通风。同时在外墙上留有百叶窗以便进行自然或机械的进气。在控制室，变压器室和分析仪表室内配备空调器。

暖通空调系统受由凝结水精处理装置控制室内的一控制面板控制。

1.2.3.6　润滑油输送站（MO）

润滑油输送站的建筑物与设备基础，包括钢筋混凝土结构板、立柱和砖墙，结构基础为现浇钢筋混凝土地基与条形基础。地面装修采用陶瓷耐油地砖，用耐油砂浆将耐油地砖铺设在找平层上。

屋顶结构采用型钢的椽子与檩条。屋面板采用带有保温隔热层的自防水双层压型钢板。

墙壁采用抹灰砖墙，其中有钢筋混凝土构造柱。

各检修门采用电动滑动钢折叠门，而人员进出的门为单扇钢质门。

通风设备包括屋顶安装的抽气扇，换气则是通过墙上安装的百叶窗引入。

1.2.4　BOP建筑物和构筑物

建筑设计：除有特殊要求的厂房外，一般的BOP厂房其楼地面、顶棚、内墙采用国内一般工业厂房装修标准；楼地面采用混凝土面层或水泥面层、水磨石面层、地砖面层等；顶棚及内墙采用涂料或油漆面层，卫生间、浴室等房间的内墙面采用釉面砖面层；屋面采用建筑或结构找坡，设保温隔热层，防水材料采用SBS改性沥青防水卷材或合成高分子防水卷材，对于有辐射防护要求的厂房，必须按照有关要求刷防辐射油漆等；框排架结构的围护墙一般采用当地的轻质砌体材料，钢结构的围护墙采用复合金属墙板。外墙装饰采用与全厂色调协调一致的面砖或涂料。

上部结构设计：一般采用现浇钢筋混凝土框架结构、框排架结构砖混结构或钢结构；楼面采用现浇钢筋混凝土板或用镀锌压型钢板作底模的钢筋混凝土板；墙体采用砌体或复合金属墙板，对于地下室墙体或有防辐射要求的墙体采用钢筋混凝土墙；屋面视具体情况采用现浇钢筋混凝土梁板结构，跨度较大的厂房屋面，采用钢屋架、钢桁架结构，型钢檩条，上铺带保温隔热层的彩钢板或上铺压型钢板作底模的现浇钢筋混凝土面板；对于双向跨度均较大的厂房，采用钢网架结构。

基础设计：根据各建构筑物的特点和所在位置的地质条件，基础采用放置在天然地基或经处理后的人工地基上的现浇钢筋混凝土扩展基础，个别地方必要时采用桩基础，对于地下构筑物如管廊等采用现浇钢筋混凝土墙板结构。

1.2.4.1　联合泵站（PX）

设计要求如下：

泵站包括两个相同的部分，这两个部分由一伸缩缝分开。

每一个部分的总尺寸约为 44.1m×52m。基础底标高约为−14.95m，即在平台以下22.00m。平台以上的高度约为13.5m。泵房混凝土需考虑钢筋防腐问题。

每部分都有一个引水区，一个过滤区和一个泵区。

在过滤区有拦污栅、鼓滤网和消防水池。

在泵区有进水道、蜗壳、SEC泵吸水母管入口、泵、电机以及安全厂用水设备间（SEC泵室）。

在平台标高以下，整个结构是混凝土结构。平台标高以上一部分是钢结构组成的厂房，一部分为露天布置。

基础为普通筏基，在泵区处约11.5m厚（SEC泵室处约为5.4m厚），在过滤区为2m厚。筏基底标高在泵区为−11.8m，在过滤区为−14.94m。

在泵区，筏基包括进水道、蜗壳和SEC泵吸水母管入水口。进水道及蜗壳的模板由业主提供（各两套），并且由承包商使用。承包商在使用该模板前，需进行试拼装，以检查模板的质量。进水道配筋如果是三维的时，承包商需制造作1∶1简单的进水道模型，按实际情况制作钢筋。SEC泵室的通道为混凝土楼梯。各种设备基础放在SEC泵室中。

在过滤区的筏基上，由连续的混凝土墙构成水池并允许拦污栅插入。转鼓滤网金属槽的二次灌浆由土建承包商负责。

室内标高为85国家高程+8.2m，露天区域设有半门式吊车。室内设有行车。屋面由绝热防水的薄钢板构成。屋面四周有女儿墙。墙上设置有隔热层的双层压形钢板维护结构，屋面设有天窗。设备从附属建筑进入，地面装修用水泥找平，镀锌钢门粉刷油漆。

1.2.4.2　廊道

某些廊道与建筑物在结构上成为一体。在这种情况下，应将它们视为建筑物的一个部分。

一、廊道GD

循环水进水廊道、循环水排水廊道长度不同，增加热水回流沟。

（1）循环水进水廊道：采用内径DN3200现浇钢筋混凝土管，出泵站处为单管布置，四台机组总长度约530m，进入MX前变为两管重叠布置，两管中心标高分别为−7.8m和−11.6m，总长度约为285m。

（2）循环水排水廊道：采用2×3000mm×3000mm两孔或4×3000mm×3000mm四孔现浇钢筋混凝土沟，双孔为为重叠布置，管中标高分别为−7.7m和−11.6m，双孔的长度约为570m。四孔时水平布置，内底标高−8.0m，四孔的长度约为805m。

（3）热水回流沟：从循环水排水沟引至PX泵站进水间，其断面为2000mm×2000mm，为现浇钢筋混凝土沟，沟内底标高约为−9.2m，本期四台机组总长约为830m。

（4）二期的循环水排水沟和重要厂用水排水管：其布置在一期核岛厂房的南端，将随一期工程一并施工，二期的循环水排水沟其长度为930m（2×3000mm×3000mm双孔现浇钢筋混凝土沟，水平布置），二期的重要厂用水排水管其长度为930m（管径为DN1800现浇钢筋混凝土管）。

冷却水进出水涵道从联合泵站（PX）通到汽机大厅（MA）再从汽机大厅通到排水结构。

循环水进水涵洞系用钢筋混凝土筑成，共有四条廊道，每台机组两条，呈上下排列。对绝对表面粗糙度有精度要求，要求工作细致做出正确的断面形状。

二、廊道GA

电厂安全用水廊道为钢筋混凝土结构，用以容纳管道和电缆。它们连接泵站（PX）和电气厂房（LX）。沟道内底标高为−6.5m（为相对厂坪8.0m标高而言），廊道为四孔，单孔断面尺寸宽×高=2800mm×2700mm，每个GA的长度约为380m。

具体设计为：

从泵站起，有四条分开的廊道，内横截面为2.70m×2.8m。它们两两接在一起，首先形成两条外横截面各为7.40m×3.9m的廊道，再构成一条横截面为14.20m×3.9m单一廊道。这条单一的廊道在电气厂房处设有变形缝。

廊道每隔20m左右，设有一止水接缝。底板，侧壁和顶板的标准厚度为60cm。在每条廊道中的混凝土支墩支撑一根直径为700mm的混凝土管。

三、技术廊道GB

GB管廊的主要功能是容纳管道和电缆，并与建筑物连接。它们是全地下的混凝土结构。与其他廊道及建筑物的连接处设有变形缝。

GB 廊道主要内截面尺寸有：4.4m×3.6m、2.4m×2.4m、2.4m×2.7m、4.9m×2.8m、2.9m×2.8m、3.1m×2.8m 等。

四、电缆廊道 DG

从主变（TA）到主开关控制楼（TC），为 2 个内部横截面约为 4.6m×2m 的廊道，外轮廓总尺寸为 10.3m×2.9m。底板顶部为清水混凝土表面。地板需做找坡层，并设置 150×80mm^2 的横向排水沟将水收集起来并排到污水坑中。廊道每隔 20m 有一止水接缝。

1.2.4.3 污水系统油分离器（FS）

此构筑物由一个混凝土地下室和一个带辅助设备的油分离器组成。

该地下室的尺寸为 21.80m×5.40m，基础底面大约在地平面下 9m。厚 65cm 的基础板面设有水泥砂浆找平层。中央 1m 宽的坑是用来安放排放泵的。周围 40cm 厚的墙壁支承着一个在预制水泥板上现浇筑的顶板。正对坑上方有一混凝土竖井与地表相连。与该竖井毗邻的一间屋内安放有油分离器。竖井和油分离器室墙上的孔有导管穿过，要用水泥砂浆堵好。

油分离器和周围的混凝土构筑物之间的自由空间要用混凝土填实。

1.2.4.4 泵站辅助建筑（PS）

布置在 PX 的两侧，即每侧将都设有 PS，其地下部分布置供水泵间，地下部分尺寸为长×宽×深＝20.1m×11m×14m。

PS 厂房是紧靠泵站的一个混凝土结构，室内筏板一边支撑在两道混凝土墙，另一边支撑在与泵房连接的混凝土托架上。筏板浇灌在由预制梁支承的预制板上。筏板周围有一道围护墙。

1.2.4.5 汽机事故排油坑（FF）

此建筑物为两个与泵站相邻的相同的地下混凝土竖井。竖井的外形尺寸为 5m×5m，深约 11m。底板上有一个地坑，上部用混凝土板封闭，混凝土板上预留人孔，供人员出入用，还有一个安装孔，用活动盖板盖着，供设备进出用。

两架镀锌钢爬梯能够进到底部。墙面涂有防渗油的油漆。

1.2.4.6 备用变压器平台（TX）

备用变压器平台主要用于安放 400kV（500kV）备用变压器。属于地面钢筋混凝土平台构筑物，工程量和施工难度都较小。

1.2.4.7 公共气体储存区（ZA）

每台机组各有一个一般气体储存区。每个构筑物均由一块混凝土板，四周设有 2.5m 高的围栏。

水泥板中的排水沟由小的水泥预制板部分盖住。

外墙用 300mm 厚页岩空心砖，屋面板采用带有保温隔热层的自防水双层压型钢板，外窗采用单框双玻中空玻璃。

1.2.5 环境特征

1.2.5.1 水文气象情况

略。

1.2.5.2 施工条件

略。

1.3 管 理 目 标

1.3.1 项目质量目标及指标

1.3.1.1 质量管理目标

一、在本项目工程施工阶段不发生因自身原因而造成的事件

（1）影响关键路径而造成返工工期达 15d 的质量事件。

（2）虽未影响关键路径，但造成返工工期达 30d 的质量事件。

（3）造成直接经济损失达 20 万元人民币以上的质量事件。

（4）因质量事件造成的直接经济损失，年度累计总额不得超过 100 万元人民币。

一旦发生上述范围内的质量事件，将按照“四不放过”（事故原因未查清不放过、责任人未处理不放过、整改措施未落实不放过、有关人员未受到教育不放过）的原则进行处理。并及时书面报告业主，报告包括根本原因分析和处理措施以及拟采取的预防措施。并积极配合调查原因，快速进行纠正，防止事态的进一步扩大，做好事后的经验反馈工作。

二、项目质量管理目标

（1）争创国家优质工程奖（鲁班奖）。

（2）确保质量事故为零。

（3）顾客满意度达到 95%以上。

（4）对于业主发出的纠正行动要求（CAR）按时关闭率达到 95%。

（5）对于业主发出的观察意见（OBS），按时关闭率达到 100%。

（6）在同一质量管理领域，重复发生同一类型、同一原因的重大质量管理缺陷次数不超过三次。

（7）不发生同机型核电发生过的重大不符合项。

（8）施工资料移交及时、准确、清晰、齐全、工整。

三、项目质量工艺指标

（1）分项工程合格率 100%，分项工程优良率 100%。

（2）分部工程合格率 100%，分部工程优良率 100%。

（3）单位工程合格率 100%，单位工程优良率 100%。

（4）不发生一级及以上施工质量事故。

（5）不发生施工人员违章造成的重大设备损坏事故。

（6）所有引起工期延误的质量事件、所有引起返工的质量事件、所有引起直接经济损失的质量事件、CAR 和 OBS 的跟踪、验证及关闭情况、所有不符合项的统计、重大质量管理缺陷、同一领域、同一类型和同一原因的质量管理缺陷的统计率 100%。

（7）钢筋焊接一次验收合格率不小于 98%。

（8）钢筋挤压接头：合格率 100%。

（9）混凝土生产质量水平优良率不小于 90%，强度试验合格率 100%。

（10）QC 检查 W 点一次合格率不小于 98%。

（11）QC 检查 H 点一次合格率不小于 98%。

（12）混凝土结构工程必须达到优良级：

1）混凝土结构几何尺寸准确。

2）无明显的接槎痕迹，无气泡，杜绝蜂窝麻面。

3）模板拼缝不明显并且有规律。

4）预埋件位置准确无误、表面平整。

（13）上下水工程：水流通畅，排水管道无积水现象。

（14）管沟、电缆隧道（沟）：内壁平整光洁；沟沿方正平整，线条顺畅笔直；沟盖板方正平整，安装稳固；沟底排水通畅，无积水现象；地下室：无渗水积水等现象。

（15）暖通、照明系统：性能可靠、工艺美观达到设计要求，电气照明要求达到：

1）布线整齐、清晰、美观。

2）导线符合设计要求，绝缘良好，无损伤。

3）布线前的弹线痕迹应及时清除。

4）不得遗漏预埋导线管，更不得随意凿孔槽损坏主体结构。

1.3.2　施工进度管理目标

红沿河核电站一期3号、4号机组常规岛土建工程开工标志安排在2009年3月15日（FCD+19，核岛浇注第一罐混凝土为FCD）开始，确保合同规定的：2009年3月15日至2013年2月28日，总工期为47.5个月的总工期目标的实现，保证以下各里程碑控制点：

（1）3MX（汽机厂房）：总工期为42.5个月。

3MX（汽机厂房）：

施工准备：2008年6月15日

厂房基础开工：2009年4月1日

主体结构第一罐混凝土（循环水廊道开工）：2009年3月15日

汽机基座开工：2009年11月1日

框架结构完工：2010年10月15日

钢结构吊装开工：2011年1月15日

结构混凝土完工：2011年8月15日

润滑油传送间MO完工：2012年4月30日

凝结水精处理间MP完工：2012年9月30日

主变压器平台TA完工：2011年11月15日

备用变压器平台TX完工：2011年11月10日

分项完工：2012年9月30日

（2）4MX（汽机厂房）：总工期为40.5个月。

施工准备：2008年11月1日

厂房基础开工：2009年10月15日

主体结构第一罐混凝土（循环水廊道开工）：2009年10月15日

汽机基座开工：2010年8月1日

框架结构完工：2011年6月30日

钢结构吊装开工：2011年10月1日

凝结水精处理间MP完工：2012年2月29日

主变压器平台TA完工：2012年10月15日

分项完工：2013年2月28日

（3）PX泵房：总工期为33个月。

施工准备：2009年3月1日

土建工程开工：2009年8月15日

吊装钢结构开工：2011年3月1日

分项完工：2012年5月15日

（4）BOP：总工期为32.5个月。

施工准备：2008年12月1日

汽机房外循环水进排水沟GD开工：2009年8月15日

高压电缆廊道DG完工：2011年11月15日

安全厂用水管廊GA完工：2010年9月15日

汽机事故排油坑FF完工：2011年12月15日

气体贮存库ZA完工：2013年4月25日

分项完工：2013年4月25日

1.3.3　职业健康安全管理目标

1.3.3.1　本工程安健环目标

本工程安健环总目标：力争事故为“零”。创建本项目部在预防治理上的安全品牌。

在工程施工期间实现以下安全健康环境目标：

（1）不发生人身死亡及以上的事故。

（2）不发生重伤及以上交通安全事故（造成1人重伤及以上的交通事故）。

（3）不发生火灾事故（造成直接经济损失1万元人民币及以上）。

（4）不发生集体食物中毒事件（同时5人及以上的食物中毒）。

（5）不发生传染病流行（无甲型传染病、其他常见传染病未形成多人同时患病）。

（6）不发生重大环境污染事件（生活、工业垃圾及其他污染物造成环境污染和大面积水土流失）。

（7）不发生对施工区附近核电站的安全生产造成重大影响的事件（如造成重大设备损坏、人员伤害、安全执照事件或停机、停堆事件等）。

（8）不发生治安保卫事件（构成刑事拘留及以上的事件、盗窃直接损失超过1万元人民币的事件）。

（9）不发生放射源丢失事故（放射源丢失造成人员受到意外照射）。

（10）不发生辐射照射事故。

（11）不发生人为失误造成的重大设备、设施等财产损失事故（直接经济损失一次大于10万元）。

（12）文明施工达到核电在建工程一流水平。

1.3.3.2　过程指标控制

在工程施工期间实现以下职业健康安全、环境指标：

（1）施工现场高处作业防护设施投入率为100%，个人安全防护用品配备率达100%，负伤率不大于3‰。

（2）公共食堂食品采购和存储合格率达100%。

（3）特种劳动保护用品的合格率和使用率达到100%，作业环境符合要求。

（4）杜绝经济损失10万元及以上机械、设备事故。

（5）杜绝负同等及以上责任重伤1人及以上的公路交通事故。

（6）粉尘作业场所劳动保护用品的合格率和使用率达到100%。

（7）特种作业人员持证率达到100%。

（8）大型起重机械检测100%，完好率达到95%以上。

（9）施工用电一机、一闸、一漏保，配备完好率100%。

（10）两层以上脚手架检查合格挂牌达到100%，小型或移动式脚手架检查合格挂牌达到100%。

（11）施工作业人员三级安全培训教育授权率达到100%。

（12）施工场界噪声控制在昼间小于70dB，夜间小于55dB。

（13）易产生扬尘的材料的运输，遮盖率达到100%。

（14）施工作业人员三级安全培训教育授权率达到100%。

1.3.4　环境管理目标

一、环境目标

（1）防止施工现场和办公区域火灾、爆炸事故的发生，火灾事故为“零”。

（2）不发生重大环境污染事件（生活、工业垃圾及其他污染物造成环境污染和大面积水土流失）。

（3）分类管理，提高回收利用率。

（4）噪声排放达标。

（5）不发生油品、化学品泄漏、遗洒。

（6）减少粉尘污染，使空气污染达标；保证场界内目测无扬尘。

（7）杜绝探伤辐射事故，放射性事故为“零”。

（8）不使用产生超标的有害气体的材料。

（9）污水排放到建设单位指定的污水管网。

（10）石材的放射性指标在规定的范围内。

（11）最大限度地节约能源。

二、环境指标

（1）杜绝发生重大及以上火灾事故。

（2）杜绝放射源性事故。

（3）杜绝环境污染事故。

（4）降低施工现场噪声：昼间小于 70dB，夜间小于 55dB，（夜间 22：00 至次日 6：00）。

（5）夜间施工照明灯罩的使用率达到 100%。

（6）水、电、纸张的消耗率降低 0.5‰。

（7）车辆运输无遗洒，覆盖率达到 100%。

（8）主要道路施工硬化率达到 100%。

（9）固体废弃物实现分类管理、回收率达到 100%。

1.4 施工组织机构及岗位职责

1.4.1 施工组织机构

略。

1.4.2 岗位职责和分工权限

略。

1.4.3 主要管理人员、技术人员

略。

1.5 工程进度计划及保证措施

1.5.1 土建施工三级进度计划

1.5.1.1 进度计划编制的原则

略。

1.5.1.2 土建三级进度里程碑控制计划

略。

1.5.1.3 “星级里程碑控制点”工期及违约罚款表

略。

1.5.1.4 土建施工三级进度计划

工程总体进度是协调全部工程活动的纲领。工程进度安排应对工程管理、技术、人力、物力、时间和空间等各种主客观因素进行科学分析、计算，并予以有机综合归纳，使其适应本期工程建设。

按照“遵循基建程序、因地制宜、统筹安排、以形成完整生产能力、为业主服务、提前创造经济效益为目标，从实际出发、依靠自己的工程管理、技术水平、科学调配人力、机械、科学的组织物力，努力缩短建设周期”的原则，根据红沿河核电站一期常规岛土建工程合同文件第六章工程进度、完工日期、关键里程碑日期和业主编制的二级进度计划，学习和总结红沿河核电站 1 号、2 号机组施工经验，总结大亚湾、岭澳 BOP 项目工程及常规火电施工经验，结合红沿河核电站 3 号、4 号机组与 1 号、2 号机组工程不同的特点，按照关键路径法并采用普华公司 P3 E/C 进度管理软件编制了以下进度计划：

红沿河核电站一期常规岛 3 号汽机厂房土建工程三级进度计划见附件 1（略）。

红沿河核电站一期常规岛 4 号汽机厂房土建工程三级进度计划见附件 2（略）。

红沿河核电站一期常规岛联合泵房 3PX、4PX 土建工程三级进度计划见附件 3（略）。

红沿河核电站一期常规岛 BOP 土建工程三级进度计划见附件 4（略）。

1.5.1.5 土建三级进度计划编制说明

1.5.1.5.1 编制依据

略。

1.5.1.5.2 常规岛汽机厂房施工重点和关键路径

汽机厂房 MX 土建结构施工重点是围绕“主行车具备安装条件”“除氧器罐具备安装条件”和“汽机基座交付安装”这两个四星级和一个三星级交安里程碑控制点进行的零米以下结构施工、钢筋混凝土主体框架结构施工、主钢结构吊装和屋面及围护系统安装、汽机基座施工；工程施工后期的重点是配合设备安装和全面完成各分项工程。

汽机厂房的关键路径①为：循环水进出水廊道结构、热水回流沟——试水施工——零米以下第 1 阶段回填——Ⅰ区基础施工——A 列、B 列框架施工——脚手架拆除——零米以下第 2 阶段回填——150t 吊车进入汽机厂房进行主钢结构和行车梁吊装（即钢结构吊装开工）——屋面板安装，具备防水条件——主行车具备安装条件。

汽机厂房的关键路径②为：油分离池集中排放池和 CPP 中和池——Ⅱ区基础施工——BC 跨框架施工——脚手架拆除——零米以下回填——三层平台钢梁吊装及楼板施工——BC 跨 28.2m 平台装修——除氧器罐安装开工。

汽机厂房的关键路径③为：循环水进出水廊道结构、汽机下回填混凝土——汽机筏基、柱、＋6.2m 平台——弹簧支座安装——汽机＋16.2m 平台施工和埋件安装——汽机基座交付安装。

1.5.1.5.3 常规岛 3MX 施工进度计划摘要

略。

1.5.1.5.4 常规岛 4MX 施工进度计划摘要

4MX 施工逻辑关系同 3MX 一样，但因冬季影响，各分部工程的工期安排不一样。具体进度计划摘要如下（略）。

1.5.1.5.5 常规岛汽机厂房各附属建筑施工顺序及进度计划摘要

略。

1.5.1.5.6 联合泵房（PX）施工重点和进度计划摘要

一、施工重点和关键路径

±0.0m 以下全部为钢筋混凝土结构，分前室、水泵基础和进水间三大部分，以上为钢结构和围护结构。钢结构固定在零米顶板上，部分钢柱固顶在＋4.2m 混凝土结构板上，所以钢结构吊装前 PX 泵房的钢筋混凝土结构必须全部完成。

PX 泵房土建施工重点是围绕“行车具备安装条件”这一交安里程碑控制点进行的地下钢筋混凝土结构施工和主钢结构吊装。

PX 泵房的关键路径为：筏基——进水道——蜗壳基础——墙体（－6.9～－0.4m）——＋0.2m 顶板——钢结构吊装——屋面板安装——行车具备吊装条件。

PX 泵房地下主要是以泵室进水道和蜗壳基础施工为主线，贯穿整个零米以下钢筋混凝土结构施工。因业主提供 2 套进水道模板和 2 套蜗壳模板，且 3PX 和 4PX 连在一起，故 3PX 和 4PX 基本是同步施工，这样也便于后期钢结构吊装的连续性。

二、进度计划摘要

略。

1.5.1.5.7 其他 BOP 工程施工安排说明和进度摘要

略。

1.5.2 进度计划管理的组织机构

为了全面实现本工程的各项建设目标，保证工程进度处于受控状态，便于统一组织和管理，本工程将建立进度计划管理组织机构，成立以项目经理为组长、施工经理为副组长、工程部进度控制统计组为管理办公室，各施工工地队长、主管工程师、专业工程师、车间主任、各部门经理为成员的工程进度计划控制小组，形成计划的“从上到下”的发布、管理和“从下到上”的反馈、跟踪管理机构。

1.5.2.1　计划管理组织机构图

计划管理组织机构如图 1-5-1 所示。

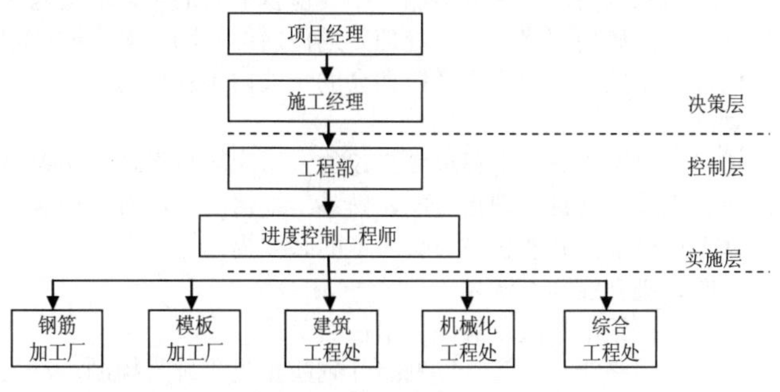

图 1-5-1　计划管理组织机构

1.5.2.2　进度管理职责与分工

略。

1.5.3　进度计划管理制度

1.5.3.1　定义

略。

1.5.3.2　目的

略。

1.5.3.3　适用范围

略。

1.5.3.4　引用文件

略。

1.5.3.5　责任

略。

1.5.3.6　职责

略。

1.5.3.7　总则

略。

1.5.3.8　计划的编制

一、进度计划的类型

根据合同文件的要求，本工程采取六级进度计划管理，工程一级进度、二级进度由业主编制，土建承包商须编制并提交的计划有：土建三级进度计划、施工准备专项计划、6 个月滚动计划（施工四级进度）、月计划（施工五级进度）、周计划（施工六级进度）、专题计划。

1. 工程一级进度

确定工程的主要关键日期和主要中期目标的总体工程进度计划。

2. 工程二级进度

控制协调进度。该进度与工程一级进度一致而且活动分项更详细。工程开展是，需要依靠这些进度实现承包商之间的接口协调。

3. 三级计划

在一、二级计划控制下，以实现红沿河核电站工程总体建设计划为目标，以控制业主合同文件中规定的关键日期准点到达而编制的常规岛土建工程三级进度计划，将作为合同附件，是承包商对业主的承诺。

三级计划是二级计划的细化，项目划分比二级计划详细，易于检查，同样规定了各工程项目必须完成的日期，作为合同计划的关键日期控制点，根据各关键日期对整个工程影响的大小，分为一、二、三、四个星级，如有延误，则处以罚款，星级越高越重要。常规岛规定星级的关键日期控制点共有 44 个，其中一星级控制点 24 个，二星级控制点 7 个，三星级控制点 6 个，四星级控制点 7 个。

4. 四级计划

也称六个月滚动计划，以三级计划为依据，由工程部负责编制，报业主审批并执行。

四级计划每三个月调整编制一次，计划期为六个月，其中前三个月为执行计划，供指导施工用，后三个月为预测计划，供准备用，保证施工的作业面、劳动力、资源储备与工序紧密衔接。

四级计划详细、具体，按分项工程、分项目、分部位、分工序编制，每一项都有确定的工程量，开工和完成时间，工序合理穿插，流水顺序分明，是阶段性实施计划，较为重要。为了保证编制出的计划科学合理，派具有多年常规火电土建工程施工计划编制经验的优秀人员来负责编制计划，并参照这样既要有丰富的核电施工经验，又对施工图纸熟悉，明确施工阶段的划分，能够确定合理的工序排列，同时还清楚各种材料、设备、加工品是业主提供还是自行加工或采购，供应能力和时间以及其他施工单位的协作条件等，能够保证按计划组织施工和实现计划目标。

5. 五级计划

为月作业计划，由工程部负责编制，内容与四级计划相同，时间仅限为一个月，施工段的划分、工序排列、工程量等可照四级计划套用，只是各工序的开工和完成时间根据现场施工进展变化情况需进一步调整。

6. 六级计划

为周计划，按两周编排，第 1 周为本周要执行的计划，第 2 周为下周的预测，是按分项工程分段编制的详细计划，各施工工地按周编制本工地工作范围内的施工进度计划并报工程部，由工程部根据各队承担的工作量、现场实际进展和辅助车间的配合情况，统一协调后重新编制的计划。周计划比月计划更具体、更具有可操作性，必要时根据实际情况，要按每半天、每小时控制，凡是条件变化了的都要在周计划上加以调整。

周计划有工序穿插作业时间和混凝土工程量，因混凝土工程牵涉面较宽，钢筋车间、木工车间、钢筋工、木工、架工、测量、预埋件等要为之做好准备，创造条件，质控部门要进行质量检查控制，混凝土搅拌运输队、机械队要安排好泵车、搅拌车，提供混凝土施工和运输设备供应混凝土。

7. 专题计划

对于重要的分部工程、某个复杂单项、牵涉面广的分项工程和进度滞后的分部或分项工程，由于工程施工实际情况的需要，工程部负责编制分部或分项工程的“专题计划”，便于突出重点，以便有效的控制三级计划，如针对循环水廊道结构施工、汽轮发电机基座施工的专题进度计划等。

二、项目管理软件

（1）一至六级进度管理软件采用 P3 E/C 工程项目管理软件，编制工程进度计划，在计划文件导入和导出时按业主规定进行。

（2）各级计划要严格在业主高层计划的基础上进行分解，并遵守业主统一的编码系统（如作业分类码、作业代码、资源代码、日历代码等）。

（3）建立动态的进度跟踪系统，且所有进度计划要按业主规定的时间更新和报送，具体流程由业主统一规划。

（4）按业主的要求在最底层计划作业上加载资源、实物量、人力等信息，资源代码和类型按业主统一规划，并无条件进行资源的跟踪和加载，并不隐瞒，资源包括人力、材料、机械三大类。

（5）所有报送业主的计划均采用可编辑的电子文档（.xer 文件）和纸质文件，并按业主要求充分利用 P3 E/C 软件的视图和报表功能进行项目的跟踪和分析，并将有关报表和视图放入工程统计月报。

红沿河核电站一期常规岛土建工程采用 P3 E/C 计划软件为了能够全面而明确地反映出各工作之间相互制约、相互依赖的逻辑关系，能在错综复杂的计划中找出影响整个工程进度的关键线路，便于管理人员集中精力抓施工中的主要矛盾，确保按期完工，避免盲目抢工。

三、进度计划的审批流程

略。

1.5.3.9 工程进度计划控制

一、工程进度计划控制管理小组

略。

二、进度计划的检查与调整

（1）工程部计划工程师要深入施工一线了解施工动态，对计划执行的全过程进行跟踪检查，当发现进度偏差情况应及时向工程部部长和施工经理报告，并同施工经理和相关人员一起分析造成偏差的原因，进行综合平衡，采取措施，加强薄弱环节，使施工进度始终沿着三级计划的轨道推进，各个里程碑控制点日期都能准点或提前到达，保证计划目标的实现。

（2）施工经理随时检查进度计划及与之配套的资源计划的落实情况，发现问题及时协调解决。

（3）当总工期改变时，工程部应对总进度计划及与之配套的资源计划进行修订和重新确认，当总工期没有改变而仅需要对某些工序的进度进行调整时，可将这些调整体现在月计划和周计划中，不再对原计划进行修订。

（4）每月底，工程部根据业主要求应统计本月完成的工程量，填写工程月度施工进度报告经施工经理审核，项目经理批准后，报给业主。

（5）当工程四、五级进度计划可能拖后时应提前最少 3d 向业主如实反映，并提出补救措施。

（6）对于工程公司发出的书面警告，在收到文件后 24h 内给予明确的书面答复。

三、生产例会制度

1. 内部生产例会制度

（1）开工前项目组织召开生产会议，明确施工管理规定。

（2）每周业主生产例会的次日由施工经理主持召开一次项目生产例会。各施工队、车间、部门和分包方的负责人必须参加，总结前一周的生产情况，布置下一周的生产工作，会议后应形成会议纪要，其内容包括上周决议完成情况、本周会议决议，并将其发至所有相关单位、人员实施。

（3）每周在现场召开周生产计划协调会。由施工经理每周组织各施工队和相关车间召开计划协调会，针对编制的周计划对本周内的生产计划进行协调，提高计划的可行性，并对上周的计划执行情况进行总结。

（4）由工程部部长每日下午召开现场生产碰头例会，主要有以下方面内容：

1）根据周计划及现场进展情况提出并解决现场出现的问题，了解有关设计、安装、采购供应等工作的实际进展情况；

2）解决混凝土、加工件和设备的平衡，根据现场情况制定混凝土日计划；

3）根据周计划协调钢筋、模板加工的顺序，平衡第二天的施工机械。混凝土浇筑日计划要保证周计划，周计划保证月计划，月计划保证体现四级计划、合同三级计划。

2. 业主生产例会制度

（1）每周由业主施工管理部组织召开工程周进度协调会，土建承包商及相关方参加，主要检查上周工作完成情况及下周工作安排，着重找出工期拖后的原因及补救措施。

（2）每月月底由业主施工管理部组织召开工程月进度协调会，土建承包商及相关方参加，主要检查上月的工程进度完成情况及下月计划部署，着重处理工期拖后的原因，对工期计划作出宏观调控（月工程进度协调会的相关内容将作为控制进度计划的依据）。

（3）出席周、月工程进度会议的人员为项目经理、相关部门负责人及由项目经理指定的，熟悉工地情况，能有效控制并协调工程进度，并能解答与会人员的必要提问。

四、进度控制方法

（1）按施工阶段分解，突出控制节点。

以关键路线为龙头，以网络计划起止里程碑为控制点，在不同施工阶段确定重点控制对象，制定施工细则，保证控制节点的实现。

（2）按单位分解，明确分部目标。

以总进度为依据，明确各个单位（施工队、分包、车间）的目标，通过合同或责任书落实责任，以分头实现各自的分部目标来确保总目标的实现。

（3）按专业工种分解，确定交接时间。

在不同专业和不同工种的任务之间，进行综合平衡，并强调相互间的衔接配合，确定相互交接的日期，强化工期的严肃性，保证工程进度不在本工序造成延误。通过对各道工序完成的质量与时间的控制，达到保证各分部工程进度的实现。

（4）编制保证计划执行所需的人力、资源计划。

根据计划任务，由相关部门编制优化相应的人力、资源需要量计划，如劳动力计划、材料供应计划、模板、钢筋和钢结构加工计划等，并及时加以追踪检查，为计划的执行提供可靠的物资保证。

（5）按总进度计划的时间要求，将施工总进度计划分解为六个月滚动计划、月度计划和周进度计划。

（6）“专题计划”的控制：对于重要的分部工程、牵涉面广的分项工程和进度滞后的工程，由于工程施工实际情况的需要，工程部负责编制分部或分项工程的“专题计划”，便于突出重点，以便有效的控制三级计划。

（7）施工进度计划的控制是一循环渐进的动态控制过程，施工现场的条件和情况千变万化，项目经理部要及时掌握与施工进度有关的各种信息，不断将实际进度与计划进度进行比较，一旦发现进度拖后，要分析原因，并系统分析对后续工作所产生的影响，在此基础上制定调整措施，以保证项目最终按预定目标实现。

工程计划循环图如图 1-5-2 所示。

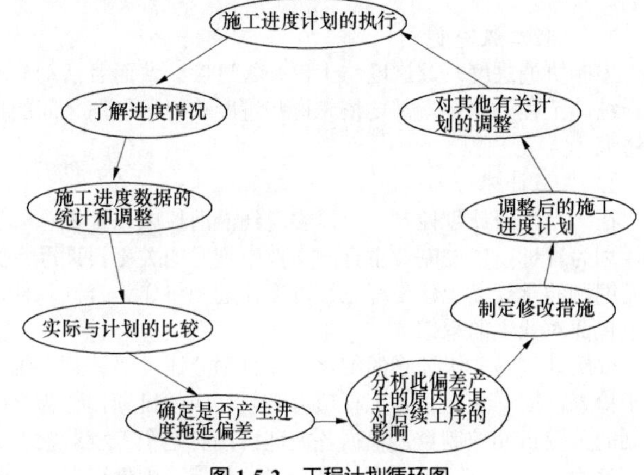

图 1-5-2 工程计划循环图

本章其余内容见光盘。

第2章　辽宁红沿河核电站一期工程常规岛安装项目施工组织设计

2.1　工 程 概 述

2.1.1　编制说明

辽宁红沿河核电站3号、4号机组常规岛安装工程施工组织设计以合同文件为基础，是我公司为完成本合同范围内安装任务在施工组织、人力动员与培训、计划与协调管理、技术管理、物项管理、质量管理、安全管理、信息管理、临建管理规划以及设备系统安装方案等方面进行总体的策划和描述，是红沿河核电常规岛安装工程的前期施工准备、工程施工组织与管理的重要指导性文件。具体施工方案、技术要求、采用标准等，将按上游文件的具体要求遵照执行。

2.1.2　编制依据

（1）《红沿河核电站常规岛安装工程合同》（合同号：GNECAA00022）及其附件。

（2）《红沿河核电站3号、4号常规岛建筑安装工程质量保证大纲》。

（3）《火力发电工程施工组织设计导则》《电力建设安全健康与环境管理工作规定》。

（4）红沿河核电站工程常规岛建造一、二级进度计划。

（5）中广核工程公司（以下简称“工程公司”）提供的上游文件等。

（6）设计院和制造厂技术文件上的质量要求和设备保养维护等要求。

（7）东电一公司大连核电分公司各种管理制度。

2.1.3　工程概况

2.1.3.1　厂址（略）

2.1.3.2　气候情况（略）

2.1.3.3　现场设施

（1）供电。

（2）供水和排水。

（3）通信。

（4）照明。

（5）测量。

2.1.4　常规岛安装工程范围及主要工程量

2.1.4.1　工程范围概述

本合同包含红沿河核电站常规岛范围内的全部机电设备的全套安装工程、部分大宗材料采购任务及调试服务，包括有关的公用设施等。常规岛设备主要包括汽轮机厂房、变压器平台、润滑油输送厂房、凝结水处理厂房等常规岛建筑物内的机电设备及LX厂房内的电气设备。

2.1.4.2　实体接口原则

一、机械系统实体分工原则

（1）对于常规岛和核岛建筑物或区域的管道，安装边界为核岛建筑物（墙外）或区域边界外第一个连接口或2m管段处。如果核岛外有抗震支架，则安装边界为第一个抗震支架外第一个连接口或2m管段处。

（2）对于常规岛建筑物或区域和BOP的管道，一般情况下（除非有特别说明）安装边界为常规岛建筑物（墙外）或区域边界外第一个连接口或2m管段处。

（3）部分常规岛的系统与核岛之间是经过BOP廊道连接，除遵从上述原则外，BOP廊道中的管道安装工作属于常规岛安装范围；如ASG、APG、SKH、SES、SIT、SIR、SGZ、CVI等。

（4）特别地，ARE和VVP系统分工根据设计分解，其中布置在常规岛区域的设备及最后的焊口由我公司完成；ASG系统分工根据设计分界，其中布置在常规岛区域部分设备的安装工作由核岛安装商承担。

（5）核岛与常规岛之间的管道，常规岛与BOP之间的管道，最后一个施工承包商完成边界处连接口的焊接工作。如经工程公司方批准的设计文件另有规定，从其规定。

（6）特殊情况参照合同第五章附录3的相关边界图：

1）ARE、APD系统管道安装边界分别见图3-2-1、图3-2-4（略）。

2）VVP系统管道安装边界分别见图3-2-2、图3-2-5（略）。

3）ASG系统分工边界详见图3-2-3（略）。

二、电气系统实体接口基本原则

（1）与BOP厂房500kV开关设备（GIC）的接口在常规岛主变高压侧出线套管处，由BOP安装承包商负责端接。

（2）与BOP厂房220kV开关站供电电源的接口在常规岛6.6kV开关柜电缆端接处，由BOP安装承包商负责端接。

（3）与BOP厂房用电负荷的接口在常规岛配电柜设备侧电缆端接处，由BOP承包商负责端接。

（4）与BOP厂房控制信号的接口在常规岛控制设备侧端子排处，由BOP安装承包商负责端接。

（5）与核岛供电电源的接口在核岛电气柜电缆端接处，由我公司负责端接。

（6）与核岛负荷接口在常规岛供电设备侧电缆端接处，由核岛安装承包商负责端接。

（7）与核岛控制信号、测量及通信等信号的接口在核岛控制盘端子排处，由我公司负责端接。

（8）与DCS的接口在DCS机柜端子排处，由我公司负责端接。如果存在中间转接箱和使用主干电缆，且上述设备由DCS供货商设计供货则由核岛安装承包商负责安装机端接。

（9）电缆托架（包括电缆管、托盘及支架等）在CI厂房与NI厂房之间的接口在NI厂房外20cm处。

（10）NI厂房和CI厂房之间（7m间隙）的电缆托架由CI安装承包商安装。

（11）CI厂房与BOP厂房之间的接口在CI厂房外20cm处。

（12）常规岛与核岛接地系统的接口在核岛提供的接地井或设备接地端子处，由我公司负责端接。

（13）常规岛与BOP或者全厂接地的接口在全厂接地网的接地井端接处，由我公司负责端接。

三、仪表控制接口原则

（1）我公司负责常规岛合同范围内的仪控设备的安装。

（2）在电缆敷设和端接中，如电缆敷设和端接的两设备均由我公司安装，则此两设备间的点按敷设和端接工作由我公司承担；如电缆由常规岛设备敷设到核岛的设备，由我公司承担此电缆的敷设和端接工作。

四、通信和火灾报警设计实体接口

（1）常规岛与核岛通信接口在核岛通信设备侧电缆或光缆端接处，由我公司负责端接。

（2）常规岛与BOP通信接口在常规岛通信设备侧电缆或光缆端接处，由BOP安装承包商负责端接。

（3）常规岛与核岛火灾探测系统的接口在核岛火灾探测控制设备侧电缆或光缆端接处，由我公司负责端接。

（4）常规岛与BOP厂房火灾探测系统的接口在常规岛火灾探测控制设备侧电缆或光缆端接处，由BOP安装承包商负责端接。

五、与土建承包商的边界和分工

1. 与土建承包商之间供应边界的基本原则

（1）我公司负责本合同范围内通用大宗材料的采购，大宗材料的采购范围详见常规岛安装合同第5.2.4节，并配合土建施工进度按时向土建承包商移交预埋在土建工程中的大宗材料。

（2）SEO1（生活污水收集和处理系统）系统：暗埋SEO1管道，卫生间和办公室的生活上下水管道。支撑件以及固定卡环、螺栓等由土建承包商供货，厂房内的卫生洁具统一由土建承包商供货；上述范围以外由我公司供货，供货范围定在墙外250mm处。

（3）SEO2（全厂雨水收集排放系统）系统：屋面雨水管、落水管以及暗埋的厂房疏水管由土建供货商供货，其余部分由我公司供货，供货边界定在墙外250mm处。

（4）常规岛建筑物之间的消防直埋管，包括JPD、JPH等系统，由我公司负责供货安装，如需要预埋到基础或道路中的部分，则需要与土建承包商协商进行。

（5）法兰连接的管道但两端分别由安装承包商和土建承包商供货的情况：两片法兰均由我公司供货安装。

2. 与土建承包商的施工接口

（1）对于在土建工程中由土建承包商施工的但由我公司提供的预埋件或埋管，如埋件、管道、电缆管（过通道）等，我公司配合土建承包商按施工进度供货并进行检查核对。

（2）确需在建筑物结构上进行开孔等破坏建筑物结构的活动，需设计单位出具变更文件并由土建承包商完成。

（3）常规岛墙体上的通风系统进排风口由我公司负责安装。

（4）两端分属于我公司和土建承包商的管道，接口处的安装工作原则上由后安装的单位完成。

2.1.4.3 主要工程量

负责红沿河核电站压水堆核电机组常规岛的安装工作，每台机组主要工程量见表2-1-1。

表2-1-1 每台机组主要工程量

序号	项目描述	工作量	备注
1	汽轮机及其相关系统工程	GPV、GGR、GFR、GRE、GTH、GSE	
2	发电机及其辅助系统工程	GEX、GRH、GST、GHE、GRV	
3	机械设备工程	循泵、凝泵、给水泵、CFI	
4	容器设备工程	MSR、除氧器、高加、低加、凝汽器	
5	高压管道系统工程	APH、VVP、GCT、ARE、APA、GSS	
6	低压管道系统工程	CEX、ABP、ADG、ACO、STR、SES、SVA、SRE、CRF、SEN、GCA、CVI、CET	
7	公用工程之消防系统	JPD、JPU、JPH、JPT、JPS	
8	公用工程之工业管道系统	SEA、SEP、SER、SED、DEB、SRI、SRE、SES、SVE、XCA、XPA	
9	公用工程之压缩气体系统	SAP、SAR、SAT、SGZ	
10	公用工程之给排水系统	SEK、SEO、SEH	
11	化水系统工程	SWD、SDA、ATE、SHY、SIR、SIT、CTE	
12	起重机械系统工程	DMM、DMP、DMR、DME、DMA、DAM、DAB、DAA	
13	暖通空调系统工程	DVM、DVP、DVT、DVA、DVB、DVV、DVX、DWA、DWE、DWN、DWY、DWZ、DWB、DWR	
14	保温油漆工程	常规岛及BOP安装合同范围内的保温、油漆工程	
15	预制	常规岛及BOP安装合同范围内所涉列的箱、罐、管道、支吊架、钢结构的制作和预制工程	

2.1.5 上游供应条件

2.1.5.1 工程图纸、文件供应

工程公司提供的工程图纸及文件包括：系统设计手册；设备图和设备装配图；总体布置图；布置指导图；布置详图；管道明细表、图纸、支吊架明细表；接线图；电缆框图、电缆系列表、电缆明细表、安装程序、试验程序、标注导则、设备运行与维护手册、整定值清单等（附表省略）。

2.1.5.2 设备、材料及专用工机具供应

（1）设备交付日期（附表省略）。

（2）工程公司提供的大宗材料。我公司负责工程公司采购范围（详见第五章物项采购的范围）以外的大宗材料供应。

（3）专用工机具供应。安装工程中使用的专用工具和设备由设备供应商随设备一起提供，安装期间由我公司保存、使用、维护，安装工作完成后归还工程公司。常规岛安装工程主要专用工具清单略。

2.1.5.3 房间移交

1. 常规岛安装工程涉及的房间总体情况

本期工程所涉及的主要房间如下：汽机厂房、主变压器平台、备用变压器平台、润滑油传送间、凝结水经处理间、污水系统油分离站、汽机事故排油坑及树脂再生间。

2. 常规岛安装工程房间移交计划（附表省略）

2.1.6 工程承（分）包方式

本工程为红沿河核电站常规岛安装工程，工程公司采用的是以平行承包模式为主的承包模式，涉及的承包商有设计院、NI/CI和BOP供货商、NI/CI和BOP安装承包商以及NI/CI和BOP土建工程承包商，我公司是平行承包模式下的CI安装承包商。

在平行承包模式的框架下，可根据工程实际需要进行工程

分包，确定合格的分包商，具体包括工程公司指定的分包商和我公司自行确定的分包商。

一、工程公司指定的分包商

在红沿河核电站一期常规岛安装工程中，无论如何都不将主体工程及关键工程进行分包，并且不论工程公司是否同意了分包，也都不能减轻我方在本项目中应承担的责任。必须严格做到“工作分包，责任不分包”。

二、我公司自行确定的分包商

（1）任何分包都必须提交有关资料供工程公司审核，并获得同意后才与分包商或供货商签订合同。在没有得到工程公司的书面同意前，我方不得分包合同的任何一部分。

（2）我方将提交分包方案及分包合同文本报工程公司审批，分包合同签订后一周内将把分包合同提交工程公司备案。

（3）分包商必须满足拟分包工程的相应资质要求，在这个方面我方必须严格按照工程公司的程序要求和我方的规定对分包商进行审查。我方对分包商负有全面的管理责任。公司总经理将给予项目经理充分授权，由其负责分包商的选择与管理，以保证对分包商实施有效控制。

2.1.7　工程的安全、质量、进度控制指标

2.1.7.1　安全控制与安全管理指标

一、安全控制目标

本工程总目标：力争做到事故为“零”。

（1）不发生人身重伤及以上的责任事故。

（2）不发生重伤及以上交通安全事故（造成1人重伤及以上的交通事故）。

（3）不发生火灾事故（造成直接经济损失1万元人民币）。

（4）不发生集体食物中毒事件（同时5人及以上的食物中毒）。

（5）不发生流行性传染病（无甲型传染病、其他常见传染病未形成多人同时患病）。

（6）不发生重大环境污染处罚事件（生活、工业垃圾及其他污染物造成环境污染和大面积水土流失）。

（7）不发生重大治安保卫事件（构成刑事拘留及以上的事件、盗窃直接损失超过5万元人民币的事件）。

（8）不发生放射源丢失事故。

（9）不发生辐射照射事故。

（10）不发生因人为失误造成的重大设备、设施等财产损失（直接经济损失一次大于10万元）。

（11）工程后期不发生对已投产并网发电机组的安全生产造成重大影响的事件。

（12）文明施工达到核电在建工程一流水平。

二、安全管理指标

我公司承诺在本工程施工期建立安全生产控制指标体系，对事故、事件进行控制，见表2-1-2。

表2-1-2　　安全管理指标

序号	内　容	备　注
1	重伤事故	损失工作日105d以上和国家有关规定的
2	百万工时事故率不大于2	包括轻伤、重伤事故
3	轻伤事故	损失工时1d及以上
4	未遂事故	如损失工作日1d以下的工伤、很有可能造成人员伤害或财产损失的意外事件等
5	盗窃事件	损失小于1万元
6	隐患	不安全条件或安全方面的不符合
7	违章和不良习惯	不安全行为
8	管理缺陷	安全培训、资格授权、制度建设、组织落实等

2.1.7.2　质量目标与质量控制指标

保证工程质量符合核安全法规和设计要求，按时交付出满足合同要求的安全、环保、经济运行的核电机组。总体目标包括以下几方面。

一、质量控制承诺

略。

二、质量管理目标

（1）建核电精品，争创国家优质工程奖（鲁班奖）。

（2）确保质量事故为零。

（3）顾客满意度达到95%以上。

（4）对于工程公司发出的纠正行动要求（CAR）年按时关闭率达95%以上。

（5）对于工程公司发出的观察意见（OBS）年按时关闭率达100%以上。

（6）合同期内在同一质量管理领域，重复发生同一类型、同一原因的重大质量管理缺陷次数不超过三次。

（7）不发生岭澳一期、岭澳二期和红沿河核电站一期1号、2号机组发生过重大不符合项。

（8）不发生一级及以上施工质量事故。

（9）不发生因施工原因造成的设备损坏事故。

（10）施工资料移交及时、准确、清晰、齐全、工整。

三、质量事件的统计

我方将对以下质量事件进行统计：

（1）所有引起工期延误的质量事件。

（2）所有引起返工的质量事件。

（3）所有引起直接经济损失的质量事件。

（4）重大质量管理缺陷。

（5）CAR和OBS的跟踪与验证情况。

（6）不符合项的统计。

以上质量事件的定义将符合工程公司相关文件要求。

四、质量指标

（1）各专业应采取有效措施，确保施工工程工作质量不低于下列重要质量指标。

1）一次验收合格率不小于98%，分项工程、分部工程、单位工程合格率100%。

2）管道安装严密性试验一次合格率不小于98%。

3）焊缝探伤一次合格率：

a．焊缝目视检查一次合格率不小于98%。

b．焊缝渗透检查一次合格率不小于98%。

c．焊缝射线检查一次合格率不小于97%。

d．焊缝超声波检查一次合格率不小于97%。

4）电气、仪控重要指标：

a．主电缆支架安装验收一次合格率不小于98%。

b．主电缆托盘安装验收一次合格率不小于98%。

c．电气设备安装验收一次合格率不小于99%。

d．电缆端接验收一次合格率不小于99%。

e．支架预制验收一次合格率不小于98%。

5）所有引起工期延误的质量事件、所有引起返工的质量事件、所有引起直接经济损失的质量事件、CAR 和 OBS 的跟踪、验证及关闭情况、所有不符合项的统计、重大质量管理缺陷、同一领域、同一类型和同一原因的质量管理缺陷的统计率100%。

6）两级 QC 检查 W 点一次合格率均不小于 98%。

7）两级 QC 检查 H 点一次合格率均不小于 98%。

（2）管道设备安装工艺指标（略）。

（3）电气仪表安装工艺指标（略）。

2.1.7.3 进度控制总体目标

红沿河核电站一期 3 号、4 号常规岛安装工程从 2011 年 3 月 15 日（3 号机组 CI 安装开始）到 2014 年 9 月 15 日（4 号机组热试开始），共 1260 日历日。常规岛安装工程关键里程碑工期见表 2-1-3。

表 2-1-3 常规岛安装工程关键里程碑工期

序号	定义	3 号机组		4 号机组	
		FCD3＋	绝对日期/（年.月.日）	FCD3＋	绝对日期/（年.月.日）
1	CI 安装开始	26	2011.3.15	32	2011.11.1
2	主行车可用	30.5	2011.7.15	36.5	2012.2.1
3	低压缸就位安装开始	34	2012.1.15	40	2012.7.15
4	中压配电系统受电	32	2011.11.15	38	2012.5.15
5	汽机扣盖完成	40.5	2012.7.31	46.5	2013.1.31
6	汽机油循环开始	44	2012.11.15	50	2013.5.15
7	汽机盘车可用	44	2012.11.15	50	2013.5.15
8	真空可用	48	2013.3.15	54	2013.9.15
9	汽机冲转	56.5	2013.12.1	62.5	2014.6.1
10	商业运行	60	2014.3.15	66	2014.9.15

2.1.8 工程特点、重点与难点分析

2.1.8.1 核电工程施工标准高

相对于火电核电要求标准要高，主要核安全文化要求高；程序化管理标准高；质量、安全、环境要求高。

2.1.8.2 标段多，接口多，增加协调难度

本项目分为核岛土建、核岛安装、常规岛及 BOP 土建、常规岛安装、BOP 安装等主要标段，参加工程建设的单位多，各参建单位之间及与施工监管单位之间的接口关系繁多，增加了各相关单位之间的协调配合工作，增加了现场的协调难度。

2.1.8.3 施工难度大的施工项目

本工程汽机房行车、汽缸、发电机定子、汽水分离再热器、凝汽器等设备重量大，外型尺寸长，运输、吊装难度大，风险高，施工时需要制定详细的施工方案及安全防护措施。

半速汽轮发电机设备外型尺寸都比较大，单件重量也比较重，汽轮机零部件较多，合金部件也较多，配合间隙小，形状很多不太规则，形位尺寸要求相当严格，在吊装过程中要仔细做好防护，防止磕碰、变形。在设备安装过程中防止施工过程设备磕碰造成人身设备事故。

2.1.8.3.1 汽轮机安装调整难点分析

一、汽轮机安装过程中受环境温度的影响

高中压缸的尺寸长 11.2m、宽 7.3m，低压内缸的尺寸长 11.9m、宽 7.2m，高中压缸的两轴承间距 9.5m，低压缸的轴承间距 8.6m，高压转子长 12.79m，低压转子长 11.95m。钢材的热膨胀系数为 1.2×10^{-5}/（℃·m），这就意味着汽缸的温度每变化 1℃，汽缸长度会变化约 0.13～0.14mm，转子温度变化 1℃，长度会变化 0.15mm 左右。

对于红沿河地区，春秋季节昼夜温差在 10～15℃之间，这样汽缸或转子就会有 1.5～2mm 左右尺寸变化。汽轮机汽缸和轴系的调整是非常精细的工作，联轴器找中误差要控制在 0.03mm 内，汽缸的中心偏差也要控制在 0.1mm 内，汽缸或转子尺寸变化就会影响到调整精度。由于汽缸各支承点受力大小不一致，也会有其他没有释放应力，有时汽缸还存在扭曲变形，这些因素都会造成当汽缸膨胀后再收缩时，不会回到原来位置，而是膨胀后一个位置，收缩后又一个位置。汽轮机环境温度对汽轮机安装工作的影响非常大，尤其是在联轴器找中心和汽缸找中心时更为突出。

为保证安装工作的连续进行，防止重复性的工作，使汽轮机安装工作能按期完成，我公司施工时准备采取以下措施：

（1）汽轮机安装前完成厂房封闭工作，所有大门及窗户保持关闭状态。

（2）在汽轮机工作面采取适当的保持温度的措施，在汽缸找中心、联轴器找中心期间防止温度有大的波动。

（3）冬季在汽缸找中心、联轴器找中心期间要在汽轮机基础四周安装临时采暖系统。

（4）汽缸找正后，用临时垫片将汽缸与锚板之间的间隙塞住，不留一点间隙，防止汽缸中心发生变化。厂家设计的间隙等联轴器连接后再重新调整，配制正式垫片。

（5）每一次移动汽缸或轴承座后，都要用铅锤振打缸体或轴承座的四周，防止千斤顶给汽缸的应力有遗留。

（6）安装台板前，垫铁或滑动支承的各滑动表面应擦二硫化钼粉或厂家允许的其他润滑剂。

（7）不得在汽缸或轴承座处加任何的临时支承或固定点，让汽缸在温度变化时能由中心向四周自由膨胀。

二、汽轮机部件吊装难点分析

汽机主厂房设有两台 200/30t 行车，用于厂房内设备及管道安装的起吊作业。汽轮机采用了 ALSTOM 技术的半速核电百万级汽轮机，汽缸、转子等主要部件比相同功率的全速机要大很多，基本上都在 100t 以上，部件的尺寸也都非常庞大。吊装的难点主要有以下几点：

（1）吊装时吊点受力不匀，不易找平。

对应措施：起重人员在起吊前详细了解设备重量，吊装工具的性能，明确吊点位置，调整办法。定期对起重设备进行维护，保证操作灵活，安全可靠。每一次吊装都要做记录，不得盲目操作。

（2）大部件吊装时用的钢丝绳比较粗，不易操作，如吊转子时，要把粗的钢丝绳从转子吊点下穿过去，空间小，绳粗，操作不当会伤人或碰伤转子。

对应措施：定期保养钢丝绳，在接触转子的钢丝绳上包上保护套，防止钢丝绳和转子直接接触。吊装时有专人指挥，各起重人员要分工明确，配合默契。

（3）起吊时部件变形。大型的壳装部件吊装时易变形，加大了吊装的难度。

对应措施：选择合适的吊点，不得违章作业。设备吊装前要对吊点进行核算，吊点要牢固、可靠，对于易变形的部件，如低压外缸可以通过增加吊点或临时吊点的办法解决。

三、转子盘车难点分析

汽轮机或发电机安装过程中，转子在以下情况下需要盘车：转子长时间放置后会自然弯曲，需定期盘 180°，以校正弯曲；

调整通流间隙时需盘动转子；联轴器找中心时，需每盘 90°测量一组数据。汽轮机转子盘车有以下难度：

（1）转子重量大，与轴承摩擦力大，给盘车造成一定困难。汽轮机低压转子重 180t，高中压转子重 105t。转子在轴承上放一段时间后，摩擦力非常大，尤其一开始要克服静摩擦力，所以在盘动时，如果没有采取良好的润滑措施，将会损伤轴颈或轴瓦钨金。

（2）如果用行车盘转子则忽快忽慢，非常难控制；架千分表测量对轮中心和张口，转子转的角度要很精确，不然会影响测量数据的正确性。由于转子自重大，惯性大，很容易转过角度，造成多次复测，影响转子找中心的进度。

（3）由于红沿河核电站汽轮机的轴承为三瓦块轴承，瓦块是可倾瓦，静态时轴瓦与转子间结合得很紧密，这也增加了盘车的难度。

（4）根据我公司施工 1000MW 火电机组汽轮机组的经验，准备采取以下措施：

1）吊装转子前，将轴瓦和轴颈用清洗剂清洗干净，既防止轴颈轴瓦的划伤，又清洁了接触面。

2）当转子到轴瓦上部 200mm 时，在轴瓦上加少量的 STP 润滑油，使转子和轴瓦之间能长期保留一层油膜，这样当盘车时，可减少摩擦力。

3）转子落到轴瓦上后，如上轴瓦不能及时安装，则在轴颈上覆一层白棉布，然后将自制的专用轴瓦罩盖上，防止灰尘进入轴瓦。

4）鉴于转子正式盘车时轴承底部投入了顶轴油，转子浮在润滑油上，盘动转子时省力且容易控制。如果在盘车前无法投入正式的顶轴油系统，我们将在每个轴承处安装一套临时顶轴系统，临时顶轴系统由高压轴流油泵、高压油管、油箱、调节阀构成。使用前将轴承座内部清理干净，高压油泵将油从油箱打入轴承底部流入轴承座可以重复利用。

5）盘车前，在每个轴承的顶轴油孔处接入一套临时顶轴油系统，每个轴颈处架一块百分表，启动所有的高压油泵，逐个调整顶轴控制阀，使每个轴颈顶起 0.05～0.08mm。每次盘转子前要进行临时顶轴油系统的检查和转子顶起高度的调整。需要测量数据时，当转子盘到位置后，要将所有的高压油泵停止。

四、汽缸负荷分配难点分析

各汽缸四个角上设计了猫爪，为避免因安装调整不当而引起猫爪处负荷不均，与汽缸扭曲应力的增大，必须做到负荷分配均匀。一般左、右侧猫爪垂弧差应小于 0.5mm。

1. 主要对策

（1）先在半实缸情况下做猫爪负荷分配。

（2）负荷分配方法采用垂弧法。

（3）最终在全实缸下做负荷分配，并设法达到图纸技术要求。

2. 控制要点

（1）鉴于高压外缸（调阀端）两猫爪位于前轴承座后端，且负荷分配在机组二次灌浆之前进行，为确保测量数据的正确性，务必于汽缸猫爪与前轴承座中分面之间加设百分表监测。

（2）采用猫爪垂弧法测负荷分配均匀性时，若汽缸刚度较大，则可于猫爪下单侧垫 0.50mm 钢垫片，以观察另一侧猫爪的升高量。注意高压外缸（电机端）后端两猫爪必须用螺母压紧。

（3）为防止转子前后端汽封尖齿不受损伤，单侧所垫垫片的厚度不宜超过 1.0mm。

（4）猫爪两侧升高量的读数差值，控制在 0.10mm 以下。

（5）对猫爪刚性稍差的汽缸而言，可单侧抽除猫爪下的支承键，然后观测单侧猫爪处的下垂量。

2.1.8.3.2　对轮找中心难点分析

（1）汽轮机轴系中心调整在整个汽轮机安装过程中至少要有三次：第一次在转子就位后；第二次在汽轮机扣缸前；第三次在联轴器连接前。

（2）汽轮发电机组总长度 67155mm，转子数量多、长度长，调整时要综合考虑。

（3）轴系找中心施工精度高、工期长，找正时气温、基础沉降等的变化都会影响中心偏差的测量。

（4）由于轴系第一次找中心需要多次调整，且转子重量、体积庞大不利于频繁吊装，因此增加拉钢丝半缸－合缸找轴承中心。

1）根据转子挠度曲线找出各轴承、汽缸、部套测量的标高。

2）仔细地用内径千分尺测量轴承、汽缸、部套的中心。计算中心偏差值，注意去除根据钢卷尺检验证明计算的垂弧数值。

3）调整轴承座、汽缸、部套的中心使其中心与理论值偏差在 5mm 内。

（5）转子第一次找中心：

1）转子第一次就位要将缸内部套降低 2mm，端汽封齿抽出，以免碰撞。待转子就位后检查转子与各部套间隙，并根据转子位置调整部套。

2）就位时加入适量的 STP 润滑油。检查轴承各部件安放正确，接触良好，保证盘动转子后中心不发生径向变化。下轴瓦钨金接触面、轴瓦垫块与洼窝接触面等均应符合轴承的安装规定。

3）启动顶轴油系统，缓慢盘动转子，倾听内部有无杂音。

（6）全实缸轴系找中心：

1）清理检查联轴器端面无毛刺、凸起和机械损伤，防护漆完好无损，止口配合紧密，检查联轴器法兰的位置标记应清晰。

2）将轴承清理干净后放入瓦座内。轴承各部件安放正确，接触良好，保证盘动转子后中心不发生径向变化。下轴瓦钨金接触面、轴瓦垫块与洼窝接触面等均应符合轴承的安装规定。

3)将高中压转子及低压转子用压缩空气吹扫后分别吊入汽缸，装上推力瓦防止转子轴向窜动。检查转动部分和静止部分之间没有杂物阻碍转子转动，油挡、汽封与转子间都有足够的间隙。盘动转子时必须装临时的止推装置和防止轴瓦转动的装置。用工具盘动转子时严禁损伤转子、汽缸和轴承座的平面。两个转子之间不允许有刚性连接，各自处于自由状态，缓慢盘动转子，使对轮两个法兰的相对位置按制造厂标记对正，穿入辅助铜棒。

4）测量前按转子转动方向盘动转子 6 周以上，以在轴瓦间形成稳定的油膜，消除转子在轴瓦内不稳定因素对测量结果的影响，并使转子接近于运行位置，增加测量的准确性。

5）在对轮端面和圆周方向分别架设百分表，按旋转方向盘动转子，每旋转 90°用液压千斤顶起辅助铜棒，使对轮中临时螺栓能够自由活动，在对轮自由状态下，读取对轮端面和圆周方向百分表的数值；旋转一周后，根据四次测量值计算出对轮中心偏差和各支点的调整值。对轮中心值的确定以连续两次以上相同测量值为准，对于相差较大的测量值应找出并消除偏差原因。

6）外圆读数测上下左右四点，要求中心高差符合汽轮机厂标准；测端面读数时，每隔 90°测一次读数（上下左右各一点），然后取平均值，计算出张口偏差符合汽轮机厂标准。

7）三表法对轮找中心调整量的计算。

a. 三表法找正架安装示意图如图 2-1-1 所示，三表法找正时利用特制的找正表架和百分表来测量其径向和轴向间隙。找正表架要有足够的刚度，安装要牢固。

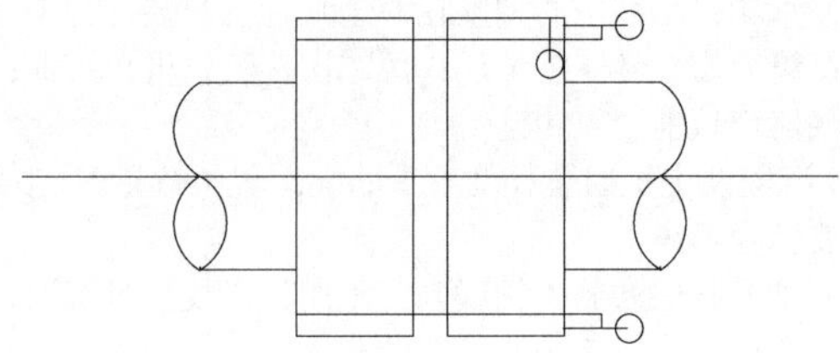

图 2-1-1　三表法找正架安装示意图

b. 联轴器径向、轴向偏差的测量计算。设在 0°、90°、180°、270°四个位置上测得的径向间隙为 a_1、a_2、a_3、a_4；一百分表测得的轴向间隙为 $b_{1'}$、$b_{2'}$、$b_{3'}$、$b_{4'}$，与此相隔 180°的另一百分表测得的轴向间隙为 $b_{1''}$、$b_{2''}$、$b_{3''}$、$b_{4''}$。

将以上四个位置的数据合并，可得：

$$b_1=(b_{1'}+b_{3''})/2$$
$$b_2=(b_{2'}+b_{4''})/2$$
$$b_3=(b_{3'}+b_{1''})/2$$
$$b_4=(b_{4'}+b_{2''})/2$$

依据 a_1、a_2、a_3、a_4、b_1、b_2、b_3、b_4 数值，即可求得两转轴中心偏差。

径向：$a_x=(a_2-a_4)/2$；$a_y=(a_1-a_3)/2$

端面：上下张口 $b_y=b_1-b_3=[(b_{1'}+b_{3''})-(b_{3'}+b_{1''})]/2$

左右张口 $b_x=b_2-b_4=[(b_{2'}+b_{4''})-(b_{4'}+b_{2''})]/2$

（7）联轴器中心调整。联轴器中心与张口的偏差可通过调整轴承座的位置来消除。一般不允许通过调整轴承球面垫块下的调整垫片来进行轴承上下左右位移的调整来进行。

1）根据计算得出的调整量，用液压千斤顶顶起轴承座，通过加减支撑下的垫片厚度，调整轴承座的上下位置；用固定在轴承座两端埋件上的液压千斤顶调整轴承座的左右位置使联轴器中心数值符合制造厂标准。调整时架百分表监视顶起量汽封间隙，不可用力过猛，损坏汽封齿。

2）如特殊情况，须利用增加或减少轴承支承垫块下面的垫片对转子位置进行调整。调整后要保证垫片数量不超过三片，轴承支承垫块与轴承座接触密实，0.05mm 塞尺不进。

3）调整后复测轴颈扬度与轴系找中图纸一致。

2.1.8.4　技术管理难点

施工工艺错误；不合理的施工方案；施工安全措施不当；不可靠技术的应用等。

2.1.8.5　物资管理难点

施工过程中需要的材料、构配件、机具和设备等如果不能按期运抵施工现场或者是运抵现场后发现其质量不符合有关标准的要求，特殊材料及新材料的不合理使用，施工设备不配套，选型失当，安装失误，有故障等都会对施工进度生产影响。

2.1.8.6　现场条件

在施工过程中一旦遇到气候及周围环境等方面的不利因素，如本地区大风天气特别多，将会对吊车作业影响较大；本地区大雾天气比较多，将对施工造成影响；再有本地区地处北方，冬季施工也是一大难题。这些都必然会影响到施工进度。

2.1.9　本工程采用的法规、规范及标准

本工程采用的法规、规范及标准严格遵循《电力建设施工及验收技术规范》及《火电施工质量检验及评定标准》等国标的规定。若相关法规升版发布后，将及时更新相关文件要求，确保本工程符合最新版法规、规范及标准的要求。

2.1.9.1　机务（略）

2.1.9.2　电仪（略）

2.1.9.3　焊接（略）

2.1.9.4　NDE（略）

2.1.10　附录

附件 1　3 号 CI 建造二级进度计划（略）。

附件 2　4 号 CI 建造二级进度计划（略）。

2.2　组织机构、人力动员与培训授权管理

2.2.1　组织机构及职责描述

2.2.1.1　综述

（1）东电一公司坚持“多快好省，和谐共赢”的企业宗旨，秉承“求明，求信，求效，求精”的企业精神，根据承担的红沿河核电站一期 3 号、4 号常规岛建筑工程和安装工程两个项目，为实现对工程全面控制和管理，成立东电一公司大连核电分公司，并设立其管理组织机构，实行项目经理负责制，体现了东电一公司在红沿河核电常规岛建筑和安装工程项目施工中组织机构和权限等级。

（2）我公司在全公司范围内，为红沿河核电工程精心挑选了具备核电站或类似工程管理经验的分公司决策层、管理层及操作层主要人员，项目经理具有多年大型电站建设施工管理经历，有丰富的电站安装经验，具有极强的组织、管理、协调能力；总工程师由长期参加电站建设、技术能力强、业务素质高的担当。分公司其他主要管理、技术人员，以精干高效为原则，以素质高、能力强、爱岗敬业为基本要求。

（3）分公司领导成员及各主要部门负责人的人选必须获得工程公司的认可；分公司各职能部门主要管理人员具有核电建设经验或类似的岗位管理经验。

（4）我公司为本项目专门成立了公司内部专家顾问组，由公司总工程师任组长，组织全公司各类高级专业技术人员和核电建设专家，对红沿河核电站安装工程的施工组织总设计、进度计划、质保大纲、安全施工组织设计等各类技术文件提出审核意见，及时解决现场施工中遇到的各类技术难题，随时根据工程公司要求参加现场技术会议和各种形式的交流研讨会，为现场施工提供专业意见。

（5）本工程劳动力资源由总公司根据工程需要统一进行调配并进行工程管理。我公司自身拥有充足的施工技术装备和资源可供调配，可以满足多个工程大型机组的同时施工。

2.2.1.2　组织管理模式及原则

一、组织原则

（1）大连核电分公司由东电一公司组建并授权，通过东电一公司法人的授权代表—项目经理—对东电一公司在红沿河核电站一期 3 号、4 号常规岛建筑和安装工程中的一切活动负全部责任。本项目作为东电一公司首要重点工程，公司将在资金、人员、技术、机械等各类资源配置上，予以重点支持和保障，确保工程各项指标顺利完成，提供工程公司满意的工程。

（2）大连核电分公司将贯彻以工程各级网络计划为龙头、施工质量为根本、现场安全为保障、技术为基础、效益为目的的管理原则，遵循以合同、程序、图纸文件为依据，现场活动为主线，督促和跟踪上游、协调下游和相关部门，整体推进的管理指导思想。推行“一次就把事情做好”的质量理念和“凡事有章可循、凡事有人负责、凡事有人监督、凡事有据可查”的质量管理原则；坚持“明白工作内容和程序要求，明白材料

及工具状态，明白工作时间窗口，明白质量标准，明白接口关系，明白经验反馈”的工作准则，发扬“求明，求信，求效，求精”的企业精神；追求“安全第一、质量第一、持续改进、追求卓越”的核电施工理念及“质疑的工作态度，严谨的工作方法，善于沟通的工作习惯”的核安全观念；贯彻“诚信守法、以人为本，节能降耗、环境保护，过程控制、确保安全，奉献精品、顾客满意，管理创新、持续改进”的管理方针，严格履行合同中的承诺，建造优质的红沿河核电站常规岛安装工程。

二、分公司的决策层、管理层和操作层

本项目搭建“三层分离”的组织机构，建立明确的专业分工体系。

（1）决策层：根据本工程组织机构的设置情况，由公司总经理任命授权本分公司的项目经理 1 名，并由项目经理任命安全经理、质保经理、施工经理、总工程师和管理经理等副经理 5 名，以及党总支副书记 1 名，组成了分公司的决策层。实施工程项目的计划、组织、生产、协调、核算等管理和控制，作为履行本工程合同的决策指挥中心。

（2）管理层：分公司的决策层结合工程管理的需要，设立技术部、工程部、质保部（QA、QC）、安监部、经营部（含财务）、物资供应部、综合管理部等七个管理部门，设置 7 名部长、5 名副部长，组成分公司的管理层，对整个分公司的各方面工作进行管理、协调。

（3）操作层：根据施工需要及配合 AAE 要求，分公司设立了汽机工程处、电仪工程处、管道工程处、焊接工程处、调试所、机械化工程处、综合工程处等 7 个施工单位和维修部、场容队、实验室、测量队、保卫、后勤等 6 个配合辅助班组，组成分公司操作层。各工程处及辅助班组分工明确，相互协作，劳动力按工程进度由分公司按需引进。

三、分公司五大系列

1. *质保系列*

（1）为保证我公司在本项目中，对施工全过程实施有计划、有系统的质量管理，向顾客提供充分的质量信任，确保合同规定范围内的各项工程的施工质量满足合同规定的要求，为核电站安全和可靠运行提供保证，并使质量体系持续、有效，确保顾客的需要和期望得到满足，持续地改进绩效，特制定了《质量保证大纲》。在本大纲指导下，制定全面、具体、可行的管理程序及工作程序，建立并组织实施本大纲要求的完善的质量保证体系。

（2）大连核电分公司建立了一级 QA，二级 QC 的质量体系，即质保部设一级质保工程师（QA）和二级质检工程师（QC2），作业层设一级质检员（QC1）。同时使全体人员认识到，在履行合同的任何工作中，对要达到质量负主要责任的是该工作承担者，而不是那些验证质量人员。因此，分公司建立质量责任制，根据组织机构中各岗位的具体任务、责任和权力，做到凡事有章可循、凡事有人负责、凡事有人监督、凡事有据可查，同时建立与之配套的绩效考核制度，一旦发现质量问题，必须追溯责任，总结经验教训，以便更好地保证和提高工作质量。必须坚持四不放过（事故原因未查清不放过，责任人未处理不放过，整改措施未落实不放过，有关人员未受到教育不放过）的原则。

（3）在组织机构中，质保部由质保经理直接领导，具有足够的权力和组织独立性，确保对质量保证体系运行状况和有效性进行控制。具有必要时直接向公司报告工作的权力。

2. *工程技术系列*

（1）工程技术管理是核电建设的重要方面，为确保辽宁红沿河核电安装工程成功，分公司将建立以工程部为龙头，各部门及施工工程处配合的工程协调管理体系；建立以技术部为核心，以施工工程处为关键，各施工班组技术人员为基础的技术管理体系。

（2）分公司在全面分析核电厂安装工作的基础上，认真研究项目安装各个专业需要的工程技术力量，确定了工程与技术部门的规模和岗位设置，各施工工程处需要配备的技术人员以及各级技术人员职责和任务分配等。

（3）依据红沿河核电站一期 3 号、4 号常规岛安装工程物资管理基本模式，按照分公司组织机构设置要求，供应部将其进行分解，通过建立内部组织机构和进行岗位职责分工，明确内部岗位职责要求与工作接口关系，建立配套的物资管理体系，以保证工程物资管理各项工作高效、有序的运行。

（4）为确保分公司工程技术系列的高效、有效运行，分公司的技术部由决策层的总工程师负责领导，施工经理负责领导分公司工程部，经营经理负责领导分公司物资供应部。

3. *安全系列*

（1）按照工程公司对承包商的安全、保卫工作要求，东电一公司大连核电分公司成立专门的安全保障机构“安监部”，并确认安监部能有效行使职权而不受费用、进度等方面利益冲突的妨碍，确保工程施工过程中人员、环境的安全和良好的生产、生活秩序。

（2）分公司的安监部由决策层的安全经理负责领导。

4. *经营系列*

（1）为确保项目进度风险控制与监控，确保项目成本核算与控制，确保项目财务管理和资金管理，确保项目施工人员及劳动力的合理调配，确保各项合同的管理及有效运行，分公司成立由经营（商务）经理负责领导的经营管理部门系列，包括计划、财务、人力资源及人员培训。

（2）其组织机构及职责、分工等详见《部门组织机构及职责》。

5. *行政系列*

为确保分公司对外公共事物，对内员工生活保障及管理，做好分公司形象的宣传及职工的思想教育，使分公司能够正常、有序的运转，分公司成立由党支部副书记负责领导的行政系列，包括办公室，小车班，后勤。

2.2.1.3　分公司组织机构（配组织机构图）

（1）公司本部各部室对分公司管理层各职能部室起指导、监督作用，并对工程管理提供相关的业务和技术保证，专业化公司对分公司施工队起领导、保障作用，负责施工队的人力配置并提供相应的施工资源。决策层经理部在项目经理领导下进行系统性分工。管理层质保部对分公司各部室（除财务）、施工队及物项和服务供方实施独立的质保监督职能，对各施工队及物项和服务供方进行质检监督职能，金属试验室隶属质保部行使检验试验的职责；供应部对物项供方进行合同管理，经营部对服务供方进行合同管理。作业层各施工队在工程部协调下分工协作，完成其承担专业施工任务。各层次人员、机构的岗位职责和管理职能在相关的管理程序中做详细描述。

（2）分公司各部室及各专业工程处的主要管理、技术人员的职位及生产一线工人数量，图中人数均为工程高峰时的数量。

2.2.1.4　决策层职责

一、项目经理

（1）代表 NEPC 全面负责分公司的各项管理工作，负责分公司领导的分工，协调分公司领导的工作关系，负责重大事项的内外协调工作。

（2）主持制定分公司各项管理制度，负责确定分公司各职能部门的职责权限。

（3）是项目的质量、安全第一责任人，负责分公司质量、职业健康安全和环境管理体系的有效运行和持续改进；负责安全、质量、进度目标的实现。

（4）经 NEPC 总经理授权批准项目质保大纲。

（5）负责配置项目工程所需资源。

（6）批准三、四级施工进度计划。

（7）负责项目绩效考核工作，组织对分公司各部门和人员的考核。

（8）批准年度培训计划。

（9）负责与 NEPC 领导层的沟通。

（10）负责与工程公司、业主及现场其他施工单位领导层的沟通。

二、安全经理

（1）负责分公司职业健康安全及环境管理体系运行的组织领导工作。

（2）审定分公司年度安全工作目标计划。

（3）协助项目经理组织并参加本单位安全大检查工作，及时参加 AAE 组织的安全会议和安全检查。

（4）参加安全工作例会，监督检查有关部门的安全工作，指导分公司安全文化建设。

（5）参加现场生产调度会，布置、检查安全文明施工工作，协调解决存在的问题。

（6）负责组织现场各类事故的调查处理工作。

（7）批准安全技术措施计划和职业防护用品购置计划，贯彻落实安全奖惩办法，确保安全奖金的提取和建立。

（8）组织制定并实施本分公司的生产安全事故应急救援预案。

（9）主管分公司安监部并兼任安监部部长一职。

三、质保经理

（1）负责建立文件化的项目质量保证体系，组织制定及修改质保大纲，批准质保大纲，并使之有效运作，确保质量目标的完成。

（2）定期组织项目质量保证体系的内部审核工作。

（3）指导质保部对分包商、供应商质保能力的评价。

（4）监督质保部和施工单位做好质量验收工作，关键工序要亲自参加检验。

（5）督促有关部门做好设备、原材料、半成品及成品、施工机械和工器具的检验。

（6）主持质量事故、事件的调查分析，并提出防范措施。

（7）主管分公司质保部并兼任质保部部长一职。

四、施工经理

（1）负责审核三、四级进度计划，批准五级进度计划，并督促落实各级进度计划。

（2）按照分公司的工作目标，负责现场施工的组织和协调工作，确保工期指标的完成。

（3）协调分公司各部门和各施工单位等之间的关系，解决生产过程中的问题。

（4）组织月生产例会，参加分公司生产调度会，落实相关问题的处理方案。

（5）参加 AAE 工程调度会，负责与 AAE 或其他施工单位的工作协调，落实 AAE 的各项要求。

（6）随时掌握工程资源需求，协助项目经理做好资源配置。

（7）领导材料、设备的调研、订货、采购、供应、运输和保管工作。

（8）主管分公司工程部，必要时兼任工程部部长一职。

五、总工程师

（1）协助项目经理对分公司技术管理工作全面负责，参加组建项目技术管理系统，负责组织编制技术管理制度和实施细则，并督促贯彻执行。

（2）参加工程网络计划编制，负责组织编制施工组织总设计，审批施工组织专业设计，并组织贯彻执行。

（3）负责项目信息化管理工作，推进 P3、MIS、PowerOn 等工作。

（4）主持综合图纸会检，参加重大设计变更的审议。

（5）负责重大施工技术措施的分公司内部审核，审批甲类施工技术措施。

（6）主持解决工程施工中重要的技术问题，审定重要的技术结论，签署技术文件。

（7）参与日常的施工组织、调度工作，及时解决存在的技术问题。

（8）主持项目工程总体交底，参加重要项目交底。

（9）督促有关部门做好设备、原材料、半成品及成品、施工机械和工器具的技术检验。

（10）审定技术总结题目，组织技术人员在施工工程中积累技术资料，及时做好技术总结，组织技术交流活动。

（11）参与项目工程的安全技术和环境保护技术工作。

（12）负责分公司技术培训工作，审批分公司技术培训计划。

（13）负责领导竣工资料移交工作。

（14）主管分公司技术部工作。

六、经营经理

（1）负责分公司经营管理工作，落实完成经营管理目标的相关制度和措施。

（2）定期组织整个项目的经营活动分析。

（3）负责投标报价、合同管理、预（结）算及索赔工作。

（4）负责组织对分包商的合同谈判及管理。

（5）全面负责项目的财务会计工作，负责组织和制定实施财务管理和会计核算方面的制度和办法。

（6）负责组织安排月份、年度财务工作计划，对计划执行情况进行检查、分析和建议。

（7）主管经营管理部和物资供应部工作。

2.2.1.5 管理层部门组织机构及职责

（1）各岗位任职基本条件。

1）中层管理岗位。

a. 政治素质优良，思想品德端正，具有从事本岗位工作所需的理论水平及政策水平。

b. 具有较强的组织、协调、领导能力和改革创新意识。

c. 具有较强的事业心和责任感，严于律己，作风民主，在职工群众中享有较高威信。

d. 精通本岗位业务，认真履行岗位工作职责，按要求完成岗位工作，工作质量优良。

e. 掌握质量、环境、职业健康安全管理体系的内容，并能在实际工作中贯彻执行。

f. 具有大（中）专以上文化程度和拟聘岗位所要求的专业技术职务、专业知识和业务能力。首次聘任年龄一般在 45 周岁（女 40 周岁）以下，学历在大（中）专以上，续聘人员的年龄距公司规定的退养年龄应满一个聘期。

2）一般管理岗位（略）。

3）专业技术岗位（略）。

4）班长岗位（略）。

5）班技术员岗位（略）。

6）组长岗位（略）。

7）一般生产岗位（略）。

（2）质保部组织机构与岗位职责（略）。

（3）安监部组织机构与岗位职责（略）。

（4）工程部组织机构与岗位职责（略）。

（5）技术部组织机构与岗位职责（略）。

（6）供应部组织机构与岗位职责（略）。

（7）经营部组织机构与岗位职责（略）。

（8）综合部组织机构与岗位职责（略）。

2.2.1.6　专业施工处组织机构与职责

（1）专业施工处职责（略）。

（2）专业施工处组织机构（略）。

（3）汽机工程处职责（略）。

（4）管道工程处职责（略）。

（5）焊接工程处职责（略）。

（6）综合工程处职责（略）。

（7）电仪工程处职责（略）。

（8）调试所职责（略）。

（9）机械化工程处职责（略）。

（10）金属实验室职责（略）。

（11）员工职责（略）。

2.2.2　分公司人力动员

2.2.2.1　编制说明

一、编制依据及说明

人力资源需求计划的编制是根据工程公司发布的工程一级计划、工程二级计划为基础，结合建筑工程三级进度计划及我公司在大亚湾核电站、岭澳核电一期BOP安装工程以及近年百万火电工程施工经验，考虑红沿河核电站一期常规岛安装工程工期压缩和冬季施工的各种因素影响，在劳动力水平不断提高、施工能力不断加强的情况下，常规岛安装工程高峰期劳动力将达到精锐，技术含量高的特点。计划分为各部室人员需求计划和专业施工队人员需求计划两大部分，分别按工种和岗位编制，然后合成分公司总体人力资源需求计划。

二、人员总体安排

（1）根据本工程特点，结合我公司人员素质和管理水平，依据施工进度安排，在保证工期及AAE要求的前提下，工程技术人员、管理人员、员工数量的安排力求高质、高效。本工程劳动力资源由总公司根据工程需要和分公司人力需求统一进行调配，分公司进行工程管理。

（2）本计划日期显示为各部门人员入场和最后退场日期，计划安排适当的考虑了工程各个阶段不同的人力资源需求。包括人力动员、学习培训、资质取证、现场设计、管道钢构预制、设备预存等工作需求，以及工程施工高峰期间人员需求，特殊安装结束试验、设备维修以及机组调试服务配合等工作人员的需求。

（3）各部门人力需求计划，具有适当的提前量，主要考虑人员入场后学习工程公司相关的管理程序；编制分公司相关管理程序；学习培训工程公司方有关安全、质量、管理流程的要求；工程四级、五级进度计划编制；设备图纸、设计图纸的会审和相关部门之间的联系等各个方面。并且考虑了人员的休息及休假。

（4）工程合同执行期间，NEPC将动员全公司的人力资源优先满足辽宁红沿河核电站常规岛安装工程施工活动人力资源需求。并且选派的各部门管理人员和专业施工队各级施工人员满足工程公司的相关要求。NEPC大连核电分公司分公司决策层由项目经理一名，施工经理一名，安全经理一名，质保经理一名，经营（商务）经理一名，总工程师一名及党总支副书记一名组成；管理层设立技术部、工程部、质保部（QA、QC）、安监部、经营部（含财务）、物资供应部、综合管理部等7个管理部门，设置7名部长、4名副部长；作业层由汽机工程处、电仪工程处、管道工程处、焊接工程处、调试所、机械化工程处、综合工程处7个专业施工处组成；另设立维修部、电源班、场容队、实验室、测量班、保卫、后勤等7个配合辅助班组。

（5）在专业施工队设置和专业人员配备上，按工程公司要求，各个队伍和各工种配备齐全。系统调试服务工作由公司调试所和各专业施工处负责配合工作；永久性工程由各专业施工处负责施工任务；特殊安装结束试验工作由公司调试所和相关专业施工队负责；临时性工程由建筑工程处负责，必要时专业施工队提供技术和人员支持。

（6）现场警卫由保卫主管管理，现场道路文明施工管理人员可由场容队提供，各部门临时性用工和专业施工队所需部分临时性力工可由场容队提供。

2.2.2.2　人力需求计划曲线图

一、总体人力动员计划

（1）分公司各职能部室人力动员计划表（略）。

（2）分公司各专业施工处人力动员计划表（略）。

二、工人人力需求计划

（1）通过对工程量进行分析，对本工程人员需求进行了预计，主要劳动力预测如下（附表省略）。

（2）基于公司内部人力资源调整安排或实际工程施工所需人力与计划人力存在偏差的可能，分公司将在施工过程中进行后备人力资源特别是骨干人力资源的培养和储备；随着现场工程实际的进展情况，我公司将在人力资源上确保红沿河核电工程的各类人员需求，确保红沿河核电安装工程各项里程碑目标的顺利实现。

2.2.2.3　人员进场管理

（1）我公司在全公司范围内，为红沿河核电工程精心挑选了具备核电站或类似工程管理经验的分公司决策层、管理层及操作层主要人员，项目经理具有多年大型电站建设施工管理经历，有丰富的电站安装经验，具有极强的组织、管理、协调能力；总工程师由长期参加电站建设、技术能力强、业务素质高的担当。分公司其他主要管理、技术人员，以精干高效为原则，以素质高、能力强、爱岗敬业为基本要求。

（2）分公司领导成员及各主要部门负责人的人选必须获得工程公司的认可；分公司各职能部门主要管理人员具有核电建设经验或类似的岗位管理经验。

（3）对于入场的人员，不论是否参加过与核电站有关工作，均接受核电站基础知识的初步培训；各部门须根据AAE提供的各种程序文件及公司质保手册和各种程序文件组织工作过程培训；对现场专业工种人员进行应知应会的专业知识的技能培训；对入场的所有人员进行场前的安全三级教育及考试合格后，发放统一制式的办公服装，防砸鞋，安全帽；对特殊工种例如架子工发放双保险安全带，焊工统一发放焊工服，电工统一发放绝缘鞋等。

（4）汽机工程处，本专业3号机主行车及凝结水相关系统最早开工，为2011年5月1日；考虑到前期具体施工方案、施工作业指导书的编制，因此要求主任、专责工程师于2011年3

月份进场，其余前期人员要求在2011年4月进场，接受核电专业培训与学习。随着3号机组汽轮机及辅助系统、3号机组发电机及辅助系统的陆续施工，以及4号机主行车及凝结水相关系统，4号机组汽轮机及辅助系统，4号机组发电机及辅助系统等的接续开工；按照施工进度、作业计划，分公司按需进入相关的技术和施工人员，保证工程的顺利进行，详细人员安排详见《劳动力曲线图表》。

（5）电仪工程处，本专业3号机电气及相关系统最早开工，为2011年3月15日；考虑到前期具体施工方案、施工作业指导书的编制，因此要求主任、专责工程师于2011年1月进场，其余前期人员要求在2011年2月进场，接受核电专业培训与学习。随着4号机电气及相关系统的接续开工；按照施工进度、作业计划，分公司按需进入相关的技术和施工人员，保证工程的顺利进行，详细人员安排详见《劳动力曲线图表》。

（6）管道工程处，本专业3号、4号机主厂房钢结构由该工程处施工，3号机组开工时间为2010年11月，主要施工时间为2010年12月、2012年1月和2月，2012年3月、4月、5月为收尾阶段；4号机组开工时间为2012年10月，主要施工时间为2012年11月、12月及2013年1月，2013年2月、3月、4月为收尾阶段。因此，要求主任、专责工程师于2010年8月进场，其余前期人员要求在2010年9月进场，接受核电专业培训与学习。随着3号机组主给水及回热系统，3号机组蒸汽系统，3号机组辅助水系统及其他，3号机组机械公用系统等的陆续施工，以及4号机组主给水及回热系统，4号机组蒸汽系统，4号机组辅助水系统及其他，4号机组机械公用系统等的接续开工；按照施工进度、作业计划，分公司按需进入相关的技术和施工人员，保证工程的顺利进行，详细人员安排详见《劳动力曲线图表》。

（7）焊接工程处，本工程焊接专业随着管道安装专业的进场而陆续进场，分公司按需进入相关的技术和施工人员，保证工程的顺利进行，详细人员安排详见《劳动力曲线图表》。

（8）调试所，本工程调整实验随着汽机、电气热控、管道等安装专业的陆续结束而有计划的安排进场，分公司按需进入相关的技术和辅助人员，保证工程的顺利进行，详细人员安排详见《劳动力曲线图表》。

（9）机械化工程处，该工程处根据施工组织设计要求及现场世纪工程情况调整人员的进场，分公司按需进入相关的操作及维修人员，保证工程的顺利进行，详细人员安排详见《劳动力曲线图表》。

（10）综合工程处，本工程处相当于钢结构工程处、防腐保温工程处及综合工程处的集合，人员杂，工程项目种类多。因此，要求进点早，随着3号、4号常规岛的建筑工程开工，就开始按计划安排相关人员进场。在安装阶段，分公司按需进入相关的技术和施工人员，保证工程的顺利进行，详细人员安排详见《劳动力曲线图表》。

（11）其他辅助班组。

1）维修部：主要负责分公司生产、生活区临时水、电及采暖的维护和应急处理任务。同时负责标段进场材料卸、运、装等工作。

2）场容队：负责整个施工现场的安全应急防护和场容场貌的日常维护。

3）试验室：主要负责安装工程焊接作业的检查、检验及试验，现场金属检验的工作。

4）测量队：主要负责现场测量微网的测设以及各分项工程轴线、标高的测设等。

5）保卫：主要负责生活区、办公区、加工区、供应库区及施工现场的保卫，同时配合相关部门负责生活区、办公区、加工区、供应库区及施工现场的交通及消防工作。

6）后勤：主要负责生活区公寓卫生、职工食堂、浴室等配套设施的管理，施工现场办公服务等；同时为所有人员日常生活提供良好后勤服务。

2.2.2.4 人员聘用管理

我公司在全公司范围内，为红沿河核电工程精心挑选了具备核电站或类似工程管理经验的分公司决策层、管理层及操作层主要人员。所有的中层以上管理人员均为我公司正式员工，并且在公司其他分公司管理或施工多年经验的人员。

2.2.2.5 劳务用工管理

（1）大连核电工程的劳务用工我公司是采取与劳务公司签订劳务派遣合同，然后由劳务派遣公司根据我公司现场实际需要，向大连核电现场派遣满足红沿河核电站一期常规岛安装工程需要的劳务人员。

（2）对于分公司机关各部室的中层以上管理人员，分公司各专业施工处的主要管理人员，公司严禁使用劳务用工，均为我公司正式员工，并且在公司其他分公司管理或施工多年经验的人员。在部分专业性较强的岗位，例如金属实验室、测量、调试所等，原则上不使用劳务用工。除此之外，可以使用安装工程需要的劳务人员。

本章其余内容见光盘。

第3章　海阳核电厂一期工程2号常规岛施工组织总设计

3.1　编制原则与依据

3.1.1　编制目的

略。

3.1.2　适用范围

略。

3.1.3　编制原则

本施工组织设计的指导方针和编制原则是：

（1）本工程的性质、特点、工作量以及我公司的人力资源、机械装备和施工技术能力状况。

（2）核电工程特有的施工特点和管理特点。

（3）本工程工期要求和技术经济指标的要求。

（4）遵循核电项目建设程序，尽早开展施工准备，合理安排施工顺序，及时形成完整的施工能力，科学合理地缩短工程建设周期，提高业主投资效益。

（5）做好工程的均衡协调施工，优化人力资源和机械装备配置。

（6）根据我公司的施工能力和技术状况，采用科学的管理方法和先进的施工技术，推广先进经验，努力提高机械利用率和机械化施工综合水平，提高施工效率、劳动生产率、降低工程建设成本。

（7）在经济合理的基础上，充分发挥我公司丰汇设备公司海阳工业园的优势，提高工厂化施工程度，减少现场作业量，合理安排现场施工人员人数。

（8）做到施工总平面布置紧凑合理，方便施工，符合安全、防火要求，提高场地利用率，节约施工用地。

（9）贯彻质量、进度、安全、技术、成本、环境等六大控制要求。

（10）实行全面质量管理，保证工程质量，不断提高工艺水平。

（11）依照业主《安全文明施工标准化图册》进行安全、环境、文明施工策划，并依照HSE管理体系要求，制定发布本工程的安全方针、目标，采用有针对性的措施保证施工安全和环境要求，实现文明施工。

（12）推行行之有效的技术措施，降低工程建设投资。

3.1.4　编制依据

略。

3.2　工 程 概 况

3.2.1　现场条件

3.2.1.1　建设性质和规模（略）

3.2.1.2　地理位置（略）

3.2.1.3　厂址条件（略）

3.2.1.4　现场气象条件

3.2.1.4.1　综述（略）

3.2.1.4.2　厂址气象条件（略）

3.2.1.5　地质条件

3.2.1.5.1　水文地质（略）

3.2.1.5.2　工程地质（略）

3.2.1.5.2.1　厂址区地形地貌条件（略）

3.2.1.5.2.2　岩土（体）工程性质（略）

3.2.1.5.2.3　岩土设计参数（略）

3.2.1.5.2.4　基土液化（略）

3.2.1.5.2.5　不良地质现象（略）

3.2.1.5.2.6　边坡稳定性（略）

3.2.1.6　交通运输

3.2.1.6.1　综述（略）

3.2.1.6.2　海上运输（略）

3.2.1.6.3　公路运输（略）

3.2.1.6.4　铁路交通

3.2.1.6.5　空中航线（略）

3.2.2　本标段工程范围

3.2.2.1　标段划分

2号常规岛标段主要包括：一期工程要害区围墙内2号常规岛各子项的建筑安装工程，主要包括以下内容，但不限于：

20汽机房

21汽机房第一跨

241凝结水精处理室外设施

242凝结水精处理酸碱计量间

243电气配电室及通风机房

244空压机房

22贮油箱

015变压器区域构筑物

034事故放油池

综合管廊：1、2机中间南北向规划道路东侧以东部分

厂用水管廊：重型路道路以北部分

道路：1、2机中间南北向规划道路东侧以东部分

本合同范围内区域其他00工程

循环水排水管道（含1号、2号虹吸井，P4、P5段与P6、P8段间伸缩缝以北、以西部分）

循环冷却水系统（一、二期）

036高压氢气站（原032氢气储气站分解子项）

037氮气站（原032氢气储气站分解子项）

含油废水处理站

全厂主接地网

05保安控制中心及保护区围墙（含该围墙所附警卫室）

033气体厂房（原032氢气储气站分解子项）

3.2.2.2　施工范围

3.2.2.2.1　建筑工程

本合同范围内埋地工艺管道及附属建筑；本合同范围内场地地坪、道路；本合同范围内建、构筑物的基坑土石方工程，基础（包括所有设备基础）、沟道工程及上部结构等的施工和建筑装饰、地基处理工程；建、构筑物内的采暖、通风、空调系统；本合同范围内建筑照明及防雷、接地（一次接地）系统；本合同范围内临时施工道路的建设、维护。

3.2.2.2.2　安装工程

本合同范围内各机械设备、系统安装（包括钢梁、柱等、管道、支吊架、阀门等的保温和油漆）；本合同范围内电气设备、系统安装；本合同范围内热控系统安装、调试。起重及检修设施；

本合同范围内施工用水、电的运行维护、故障修复和管理。包括：

（1）单项自动控制装置。

（2）本合同范围内用于各系统的一次测量仪表、变送器、逻辑开关、执行机构等就地仪表、电源柜、动力配电箱、电磁阀箱（包括电磁阀）、配供的动力控制箱等。

（3）本合同范围内控制系统电缆及辅助设施，包括控制电缆（含光缆、计算机电缆）、电缆辅助设施（含桥架、支架、电缆保护管等）、脉动管路、电缆防火封堵等。

3.2.2.3 合同范围边界划分

边界划分的依据是设计图纸、技术资料、总平面布置等。

施工阶段设计图纸资料专业分工明确的标段范围内容划分，不再阐明施工分界，应以施工图为准（即执行"施工项目在谁的图上由谁施工，谁施工谁结算"和"按系统功能确定施工界限"的原则）。

施工分界未阐明的以施工图专业分工为界，标段之间的接口工作除有说明外均由后施工者完成。核岛与常规岛系统接口，由核岛施工单位负责。

根据订货协议由供货厂家负责安装调试的本标段范围内相关的设备，由本标段承包商负责配合与协助工作，包括提供必要的劳力、起吊设施、通用工器具、电、气源及一般性消耗材料。对厂家安装调试好的设备，本标段承包商负责成品保护与维护。

除非特殊说明，各施工承包商需负责其标段范围内设备及系统的单机调试工作，单机试运后移交分系统调试及整套启动试运、特殊调试。

分部试运工作中的单体调试和单机试运的设备与系统的维护、检修和消缺以及调试临时设施的制作安装和系统修改恢复等属各施工本标段工作范围。

除非特殊说明，所有土建施工图中标明的预留孔洞由所属标段承包商负责开孔和恢复，如土建图纸中无标明预留的，且其他标段承包商确实需要的，经业主确认后，不论土建是否施工完毕，均由土建所属标段承包商负责预留或开孔并恢复；所有沟道、坑、雨水、污水等窨井由其土建所属标段承包商施工；所有直埋管道土方、垫层等土建工程由管道所属施工单位施工。

厂内设备及构筑物照明按设备及构筑物所属范围分属各标段范围。

一期工程接地网，按区域划分，各建构筑物内附属设备及建筑系统的接地网由该区域所属施工承包商负责，网间连接、主接地网（含接地井）属 2 号常规岛建安工程。各区域接地网由所属施工承包商负责接至接地井，接头连接由后施工单位完成。

一期工程消防系统，各建构筑物、子项消防系统由该区域所属施工标段承包商负责，区域外部分划入 2 号常规岛建安工程。

如无特殊说明，其他油、水、汽、气等系统与其他标段接口以设计分界线为准；如果标段之间共用一个设计，则油、气、汽、水管道以建构物墙外 3m 内第 1 个阀门为界，无阀门以墙外 1m 为界，管道接口由后完成施工单位负责。

各建构筑物内被控设备的控制、保护、测量等热工项目由各标段设备、工艺管道施工单位负责。

厂区电缆桥架以进入建构物墙外 1m 为界，界外分属电缆沟道、综合管架施工标段；主厂房内电缆桥架以伸缩缝为界。

不论开关柜供电对象是本标内设备还是其他标设备，均由负责安装开关柜的承包商负责完成开关柜本体调试（含二次设备），并要配合完成向其他标段供电回路的整体调试工作。

采暖、通风、空调及其电控系统分属建构筑物施工标段，电源电缆本着"谁用谁取"的原则，由采暖、通风、空调的施工标段负责到 MCC、PC 进行接引。

3.3 组织机构

组织机构如图 3-3-1 所示。

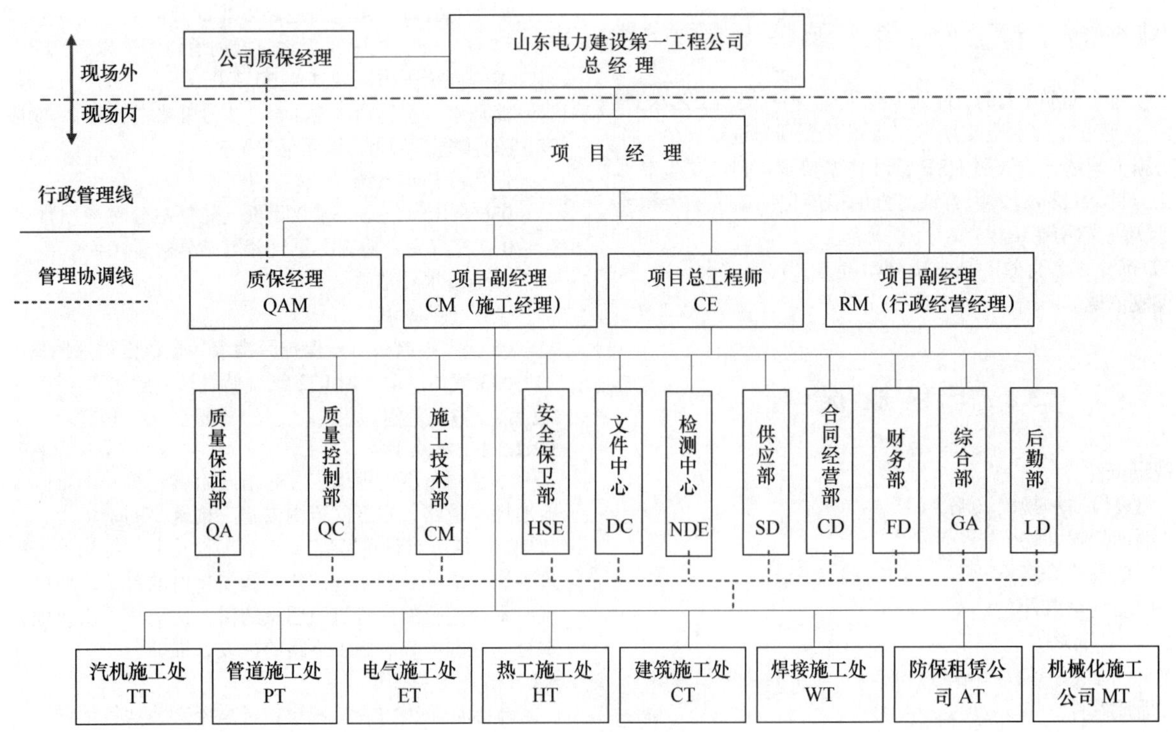

图 3-3-1　施工组织机构

3.4　施工总平面布置

3.4.1　施工平面布置规划

根据招标文件、施工合同及总平面规划要求，业主指定两块场地作为 2 号标段生产临建区域：临建区三、临建区四，为生产准备区。根据现场施工需要，在常规岛区域布置临建区一及临建区二为施工区，作为前期土建专业周转性材料临时存放场地，安装专业小型工器具存放场地。钢结构制作及管道预制场地布置在我公司的海阳丰汇设备制造工业园内。

生产临建区域具体规划如下：

（1）临建区一：位于 1 号常规岛西侧，作为 1 号机组循环水排水管沟及 1 号虹吸井施工材料周转场地，主要布置土建专业施工班组及工具房、钢筋模板临时周转场地。

（2）临建区二：位于 2 号常规岛东侧，作为 2 号常规岛厂房土建施工阶段临建场地，主要布置土建专业施工班组及工具房、现场调度室、现场安全值班室、电工值班室、2 号常规岛土建施工用材料临时周转场地。

（3）临建区三：位于 A4～A5 道路及 B4～B5 道路之间，规划面积 30000m^2，主要布置建筑钢筋制作加工区、混凝土构件制作存放区、施工处班组及工具房、电气热工小型构件制作区、设备材料仓库及露天堆放场。在此区域布置钢筋制作线一道，安装 10t/32m 龙门吊一台。

（4）临建区四：位于 B6 道路东侧，规划面积 38000m^2，主要作为周转性材料存放、建筑木工加工、施工机械存放场地、保温材料及气体仓库。

（5）丰汇工业园区：2 号标段范围内的钢结构加工和管道预制加工布置在丰汇工业园。工业园内设两个厂房。预制线依次布置钢材存放场、预制场、成品堆放场，使整个预制线形成流水作业，40t/42m 龙门吊一台配合作业。

3.4.2　生产、生活临建布置及说明

3.4.2.1　办公区和生活区

根据合同要求，办公区布置在业主原东方红办公楼，主要包括项目部各职能部门、施工处管理人员办公室。生活区由业主统一提供，不再单独规划。

3.4.2.2　临建区一布置

临建区一位于 1 号常规岛西侧，主要作为 1 号机组循环水排水管沟施工周转性材料存放场地，该区域在循环水排水沟回填完后拆除。

3.4.2.3　临建区二布置

临建区二位于 2 号常规岛东侧，规划面积 4000m^2，主要作为 2 号常规岛施工临建场地。该区域四周用网状围网与其他施工区域隔离，在临近 A1 与 B4 道路交叉口附近设置场地进出口通道，并装设门禁系统，门口东侧按照业主要求布置“五牌二图”。区域内修建一条施工道路作为人员机械进出场通道。该区域北侧围墙处布置 10 间移动式办公室，作为建筑施工班组、现场安全员值班室、电工值班室，调度室。布置周转材料临时存放场地。安装工作开始后，在此区域布置焊条烘焙间及电气、热工、汽机施工处工具房。

3.4.2.3.1　临时道路规划

3.4.2.3.1.1　在 T.12 轴线北 10m 处搭设一进入主厂房施工区临时通道，用于施工人员进入基坑内的主要通道，在 T.F 轴线搭设一简易通道，作为前期施工人员进入基坑施工及应急通道。

3.4.2.3.1.2　主要临时道路布置：从场地进出口至主厂房 T.1A-6-T.12 轴线之间修建一混凝土硬化道路，宽 6m，道路拐弯半径 12m，与业主正式道路连接，作为土建与安装施工阶段进入主厂房的通道。

3.4.2.3.1.3　道路做法：场地进行平整压实后铺 100mm 厚碎石压实，面层为 150mm 混凝土。道路标高比周围地坪高出 50cm，道路中间横向坡度 3%，防止道路积水。

3.4.2.3.2　其他设施规划

3.4.2.3.2.1　本区域布置移动式厕所一座，为集装箱结构，厕所为冲洗式，设置化粪池。

3.4.2.3.2.2　设置警卫室一座，采用复合彩板结构。

3.4.2.4　临建区三布置

临建区三位于 A4～A5 道路及 B4～B5 道路之间，规划面积 30000m^2，至 2 号常规岛 650m。该区域四周用网状围网隔离，在邻近 A4 道路侧设置出入口一个，作为人员及材料进出场通道，并安装门禁系统设备。场地内规划纵横混凝土硬化道路两条，结合道路布置，场地分为三大区域：

区域一：位于东西道路南侧，该区域布置建筑钢筋制作区，设 10t/32m 龙门吊作业线一条，依次布置钢筋存放区、钢筋制作区、钢筋成品区；钢筋制作形成流水线作业，作业采用 10t/32m 龙门吊配合。场内布置钢筋加工棚、铁件加工间、碰焊间等车间。土建工作基本结束后，该区域作为部分管道预制及小型钢结构制作场地。

区域二：位于南北道路西侧，布置汽机施工处、电气施工处、热工施工处、焊接施工处班组及工具房、检测中心金属检验办公室。焊接培训间及电气热工试验室布置在该区域内。

焊工培训间单独设置通风机，强制排放焊接产生的废气。焊培车间旁边设探伤房一间。

检测中心布置在焊接施工处区域内，设置洗片室、工具房、办公室，房间面积 72m^2（4m×18m）。

区域三：位于班组工具房东侧，主要布置电气、热工制作区及设备材料仓储区。本区域设置设备材料仓库一座，采用轻型钢结构彩板结构，建筑面积 1000m^2，主要作为不锈钢管材、自购管件、阀门、五金、建材等材料设备。仓库内部分隔一座恒温仓库，主要储存精密电子仪器仪表、计算机板件、焊接材料等有特殊要求的设备材料。仓库采取自然进风、屋顶自然排风的方式。该区域设置露天材料存放场，作为存放仓储要求不高的材料场地。车辆存放场地设置在仓库东侧。

场内设置公共厕所一座，灯塔一座。

3.4.2.5　临建区四布置

临建区四主要分为四个区域：

一是防保租赁公司区域，在本区域主要布置周转性材料堆放场，用于全场周转性材料的管理与存放，设置检修棚一间，用于模板、扣件的检修、保养。该区域分为架管区、架板区、钢模区、整修区和安全设施区。保温材料堆放场地设有保温外护板加工棚及保温材料存放区。本区域设置防保租赁公司班组，房屋面积 104m^2，作为周转性材料管理及防腐保温工具房。

二是建筑木工生产准备区，布置模板加工区、原材料存放区、成品模板存放区及木工班组。

三是气体库区，布置化工库 160m^2、氧气库 80m^2、乙炔库 40m^2，分开独立建设，间距不小于 12m。该区域预留机动场地，作为德益消防管道预制或其他施工项目场地。

四是施工机械周转场地，布置机械化公司班组、建筑泵车班组、施工机械存放区及施工机械检修场地。布置检修台一座，作为机械检修、保养使用，分为检修区和停放区。

场地主要道路为混凝土硬化路面，设置厕所一座。

3.4.2.6 钢结构、管道预制加工区域

钢结构、管道预制加工区设置在山东电建一公司海阳丰汇工业园区。丰汇工业园于2010年6月正式投用。

工业园内设两个厂房，四连跨生产车间尺寸为144.55m×96m，三连跨生产车间尺寸为144.55m×101.38m。预制线依次布置钢材存放场、预制场、探伤坑、喷丸车间487m^2、涂装车间811m^2，材料预处理车间467m^2、成品堆放场，使整个预制线形成流水作业，40t/42m龙门吊一台配合作业。

3.4.2.7 各临建区建筑做法

3.4.2.7.1 A类建筑

有温度、湿度和防尘控制要求的仓库、车间，能控制温度、湿度与防尘，有特殊要求的要安装带有过滤器的通风系统以防止尘埃及其他有害气体。门窗设置防尘设施，主要存放精密电子仪器仪表、计算机板件、焊接材料等需要恒温恒湿的设备材料，如恒温库、校表室、电气试验室等。结构型式采用彩板结构。

3.4.2.7.2 B类建筑

室内存放的普通封闭仓库、车间，防水浸、雨淋、通风良好、保持环境清洁，用于存放不能承受雨水、潮气、尘土，但能承受温、湿度变化的设备材料和加工制作。结构型式采用轻钢立柱及屋架结构、屋顶及墙面采用压型钢板围护。

3.4.2.7.3 C类建筑

棚库用于避免雨雪直接侵袭或阳光直射，但能承受温度变化的作业或设备存放，如钢筋加工棚、木工车间、铁件制作加工间等。结构型式采用轻钢立柱及屋架结构、屋顶采用压型钢板围护，墙体不围护。

3.4.2.7.4 仓库地坪做法

室内地面处理时先将原土压实，再铺填100mm厚的20～50碎石，最后整体地面浇筑100mm厚C20混凝土，随捣随抹，抹平压光。

地面沿纵向中心线设伸缩缝，切5mm宽、50mm深，横向间隔6m设伸缩缝。

室内外地坪高差为250mm，室外散水采用原土夯实，浇C15混凝土80mm，1∶2.5水泥砂浆抹面、找坡。

室外砖砌200mm×200mm排水明沟，沟中心距外墙600mm，1∶2.5水泥砂浆抹面20mm，排水坡度为2‰。

排水沟结构形式是C10混凝土垫层80mm厚，两侧面用M5水泥浆一砖厚红砖墙砌筑，表面用1∶2.5水泥砂浆抹面20mm。

3.4.2.7.5 室外堆场

场地平整，表面铺碎石并压实，保持足够支撑力，具有良好的排水系统。室外场地平整采用原土夯实，表面铺50mm碎石并压实，分层压实，回填压实度需0.9以上，并设置排水坡度。

3.4.2.8 道路规划

3.4.2.8.1 主通道

区域内修筑主通道道宽8m，次通道6m，进出场主转弯半径为15m，次通道转弯半径为9m。

3.4.2.8.2 次通道

区域内修筑4m宽的道路与主通道连接。

3.4.2.8.3 道路做法

面层为150mm混凝土，路面中心标高高出两侧场地地坪100mm，道路设1%的横坡，基层为100～150mm厚级配碎石底基层。

3.4.2.9 排水方案

本区域排水主要是区内雨水，排水沟的设计要满足最大雨水排量。

查阅《室外排水设计规范》，雨水设计流量$Q_s=q\Psi F$，因为该场地属于城市建筑稀疏区域的非绿化碎石地面，径流系数Ψ取0.5，预制加工临建区汇水面积约为：$F=10000\text{m}^2$，暴雨强度$q=0.0578\text{L}/(\text{s}\cdot\text{m}^2)$，则可计算：

雨水设计流量$Q_s=q\Psi F=0.0578\times0.5\times10000=289\text{L/s}=0.289\text{m}^3/\text{s}$。

排水沟截面积$S=Q_s$/设计流速（明渠设计流速取0.5m/s）＝0.556/0.5＝1.15（m^2）。

所以，区内主排水沟起点设计成下底宽×上顶宽×沟高＝300mm×400mm×600mm的规格，其他排水沟设计成下底宽×上顶宽×沟高＝300mm×400mm×400mm的规格。

3.4.2.10 其他设施规划

3.4.2.10.1 布置位置及说明

其他设施主要是警卫室和厕所、围墙、垃圾池等。

在临建区的主要出入口都设置了可移动的警卫室。

厕所在相应各区分别布置，厕所供水从施工临建区管网接入，排水经化粪池处理后排入业主指定沟道。

围墙沿临建区周围布置，在主道路出口设门垛，加装大门。

垃圾池设厕所旁或其他不影响观瞻地方，可回收与不可回收分类放置，池体按我公司标准图集做法，并由专人定期清理维护。

3.4.2.10.2 建筑说明

警卫室订作可移动式岗亭，地基高于地面150mm。

厕所彩板制作，单层彩板顶，设化粪池，临建区域二厕所采用移动式集中箱制作。

各区域围墙采取钢板网拉设、槽钢立柱，高度2m。

各专业班组采用复合彩板房。

3.4.2.11 施工临建设施表

施工临建设施表见表3-4-1。

表3-4-1 施工临建设施表

序号	名 称	面积/m^2	结构型式	备 注
一	临建区三（1）			
1	铁件加工间	72	钢结构棚	C类
2	钢筋加工棚	180	钢结构棚	C类
3	碰焊间	60	砖结构	B类
4	班组工具房	120	钢结构棚	C类
5	校表室	60	彩板	A类
6	焊培车间	60	集装箱	B类
7	探伤房	20	彩板	B类
8	钣金加工车间	360	钢结构	B类
9	专业工程处工具房	400	移动式彩板	B类
10	厕所	120	彩板	B类
11	警卫室	12	彩板	
12	钢筋成品区	400	堆场	
13	钢筋制作区	2000	堆场	
14	钢筋原材区	800	堆场	
15	自购材料仓库	1350	钢结构	B类
16	有色金属库	72	彩板	B类
17	焊条库	36	彩板	B类
18	不锈钢仓库锈钢车间	162	钢结构	B类
19	专业工程处施工区	3700	堆场	

续表

序号	名　　称	面积/m²	结构型式	备　注
二	临建区四			
1	木工场	7800	简易棚/堆场	
2	检修棚	240	钢结构棚	C 类
3	警卫室	12	彩板	
4	架板区	3400	堆场	
5	架管区	2400	堆场	
6	整修区	300	堆场	
7	钢模区	3000	堆场	
8	安全设施区	3200	堆场	
9	化工库	30	彩板	B 类
10	氧气库	30	彩板	B 类
11	乙炔库	15	彩板	B 类
12	露天堆场	9000		

3.4.3　力能布置

根据招标文件，工地用水将从业主的现场供水系统取水，业主向承包商提供生产、消防用水以及符合一般饮用水标准的生活用水，并在现场为承包商指定供水接口点。由于各临建区离的较远，因此考虑各个区域分别设计布置、就近从业主提供接口取水。

3.4.3.1　用水量计算

3.4.3.1.1　主厂房区生产用水

机械用水量估计 $Q_2=10m^3/h$。

施工区面积小于 25hm²，故施工区消防用水量 $Q_4=54m^3/h$。

$\because Q_2<Q_4$

$\therefore Q=Q_4=54m^3/h=15L/s$

供水管径选择：

$D=\sqrt{4\times Q\times1000/\pi v}=\sqrt{4\times15\times1000/(3.14\times2.5)}=87mm$，取 125mm。

式中　D——给水管直径；

Q——用水量，L/s；

v——管网中水流速度：施工用水取 1.5m/s，消防用水取 2.5m/s。

从业主指定接口引接，主管采用 DN125 焊接钢管，可以满足施工生产、消防用水要求。

3.4.3.1.2　临建区三（1）和临建区四

这两个区域的用水主要集中在喷砂车间除尘施工用水、施工机械用水、生活用水和区内消防用水，因此以临建区四进行计算。

3.4.3.1.2.1　施工机械用水量计算

$$Q_2=K_1\Sigma q_2N_2\cdot\frac{K_3}{8\times3600}$$

式中　Q_2——施工机械用水量，L/s；

K_1——未预计施工用水系数，取 1.05～1.15；

q_2——同一种机械台数，台；

N_2——施工机械台班用水定额；

K_3——施工机械用水不均衡系数，取 2.00。

按现场投用机械情况可计算得 $Q_2=0.55L/s$。

则供水管管径

$$D_2=\sqrt{5Q_2/(\pi v1000)}=\sqrt{50.055/(3.151.51000)}=0.019(m)$$

式中　D_2——供水管管径；

Q_2——用水量，L/s；

v——管网中水流速度，取 1.5m/s。

查《室外排水设计规范》，区内机械用水给水管径取 DN50 可满足现场需要。

3.4.3.1.2.2　施工用水母管管径计算

施工用水和生活用水总量 $Q_总=1.2+0.55=1.75$（L/s）。

则施工用水和生活用水母管管径

$$D_总=\sqrt{5Q_3/(\pi v1000)}=\sqrt{51.87/(3.151.51000)}=0.0396(m)$$

查《室外排水设计规范》，可选用 DN80 作为母管。

3.4.3.1.2.3　区内消防用水量

本加工区施工区面积小于 25hm²，故施工区消防用水量 $Q_4=15L/s$。

供水管径选择：

$D=(4\times Q\times1000/\pi v)\ 1/2=(4\times15\times1000/3.14\times2.5)\ 1/2=87$（mm）

取 125mm。

式中　v——管网中水流速度，取 1.3m/s，消防用水取 2.5m/s。

查《室外排水设计规范》，区内消防用给水管母管径管取 DN125 满足需要。

各区域施工用水分别就迫近从业主附近管网接入，装表计量付费主管网直径为 DN125，各区留 DN50 接口。

3.4.3.2　施工消防

工作区、仓库区的消防管网与施工用水管网共用，管网主管径为 DN125。室外消火栓布置间距不超过 120m，布置靠近主要建筑物和路边。消火栓距路边一般不大于 2m，距建筑物外墙不小于 5m。

仓库、值班宿舍等按规定配备相应的消防器材；设备联合仓库内设水力消防系统和火灾自动报警喷淋系统；厂房内部配粉剂灭火器及装有喷嘴和用于连接现场消防系统的消防水龙带，并设置火灾和事故报警系统。

施工道路主干道宽 6.0m，环形布置，能保证消防车辆的畅通。设专职消防员和义务消防队，负责日常和紧急的消防工作。

整体施工估算用水量（2 号常规岛及临建区）分布图如图 3-4-1 所示。

3.4.3.3　供电规划方案

3.4.3.3.1　概述

山东海阳核电厂一期工程常规岛建筑安装工程由业主在现场布置 10kV 供电环网，并依据用电负荷在各区域布置 26 台移动式变电站（10kV/380V）。我方根据用电负荷的实际情况布置二级配电盘及以下配电盘，由就近业主指定的接口引接电源。

本工程的现场临建施工电源拟分为四个负荷区：主厂房区（第 1 负荷区）；临建区三（1）（第 2 负荷区）；临建区四（第 4 负荷区）。

（1）主厂房区包括：汽机房、辅助间、第一跨、外围毗屋、A 排外、F 排外等。

（2）临建区三（1）包括：建筑钢筋制作加工区、混凝土构件预制存放区、焊培车间、钣金加工车间、专业工程处施工区、油品库、制作线等。

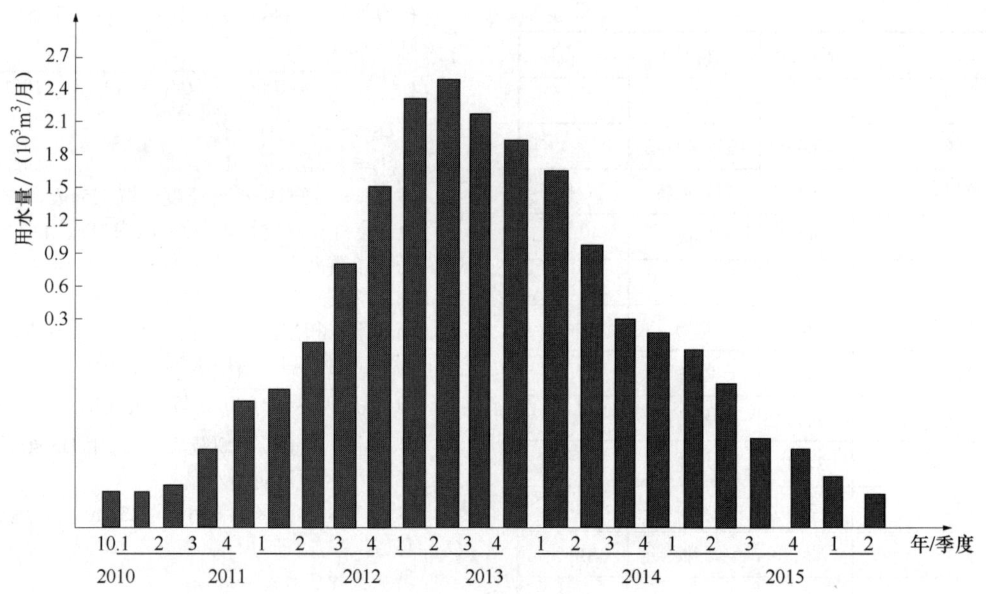

图 3-4-1 用水量分布图

（3）临建区四包括：仓库区、堆场区、大型机械停放场、机械检修台、临时周转性材料堆放场、模板制作区等。

根据招标文件要求，办公区和生活临建由业主统一提供，因此本方案不再考虑办公区和生活区用电。

我方将严格按照“三级配电二级漏电保护”和“一机一闸一漏”的原则对施工现场的临时供电系统进行布置和管理。现场电源布置采用 TN-S 系统，即三相五线制。电源由箱式变压器低压柜（一级盘）引到现场总配电盘（二级盘），再到分支配电盘（三级盘），然后到用电设备或现场移动电源盘。

现场供电线路采用电缆，厂区内采用沿管沟敷设或直埋方式，直埋敷设时，埋设深度为地坪下 0.7m，距路边距离不小于 1.5m，转弯处和直线段沿线设置电缆走向标志。遇有穿墙或过路采用穿钢管保护；厂房内采用电缆槽盒或桥架布置电缆，过道部分采用桥式走线方式。

3.4.3.3.2 负荷状况分析及电源布置

3.4.3.3.2.1 第 1 负荷区：钢筋加工厂

3.4.3.3.2.1.1 主要用电负荷统计

第 1 负荷区主要包括焊接培训间、检测中心、汽机施工处、热工施工处、电气施工处、钢梁加工区。施工处加工区、钢筋厂制作区。施工高峰主要的用电负荷有焊机、照明、吊车及电动机械。各类用电设备功率见表 3-4-2。

表 3-4-2 各类用电设备功率 单位：kW

吊　机	焊　机	电动机工具	照　明	其　他
30	550	60	57	165

3.4.3.3.2.1.2 容量计算

主要用电负荷负载率和同时率见表 3-4-3。

表 3-4-3 主要用电负荷负载率和同时率

负荷名称	吊　机	焊　机	电动机工具
负载率	0.7	0.7	0.6
同时率	0.5	0.4	0.5

用电负荷总功率因数取 $\cos\varphi=0.85$。

总动力负荷 $P_{动}$（k=负载率×同时率）：

$$P_{动}=\Sigma kP_{吊}+\Sigma kP_{焊}+\Sigma kP_{热}+\Sigma kP_{具}$$
$$=0.7\times0.5\times30+0.7\times0.4\times550+0.6\times0.5\times60$$
$$=182\text{（kW）}$$

转换成容量：

$$S=1.05\left(\frac{\Sigma P_{动}}{\cos\varphi}+0.8P_{内照}+P_{外照}\right)$$
$$=1.05\times\text{（}185.3/0.85+0.8\times165+58\text{）}$$
$$=428\text{（kVA）}$$

3.4.3.3.2.2 第 2 负荷区：施工临建区（临建 10 区）

3.4.3.3.2.2.1 主要用电负荷统计

第 2 负荷施工临建区包括：机械化公司、管道施工处加工区、防保租赁公司及木工加工车间，此区域主要的用电负荷有龙门吊、焊机设备、电动机工具、照明等；各类用电设备功率见表 3-4-4。

表 3-4-4 各类用电设备功率 单位：kW

吊机	焊机	电动机工具	热处理	照明	其他
50	163.2	90	20	56	35

3.4.3.3.2.2.2 容量计算

主要用电负荷负载率和同时率见表 3-4-5。

表 3-4-5 主要用电负荷负载率和同时率

负荷名称	吊机	焊接设备	电动机工具	热处理
负载率	0.7	0.7	0.7	0.7
同时率	0.7	0.4	0.4	0.3

用电负荷总功率因数取 $\cos\varphi=0.85$。

总动力负荷 $P_{动}$（k=负载率×同时率）：

$$P_{动}=\Sigma kP_{吊}+\Sigma kP_{焊}+\Sigma kP_{热}+\Sigma kP_{具}$$
$$=0.7\times0.7\times50+0.7\times0.4\times163+0.7\times0.4\times90+0.7\times0.3\times20$$
$$=100\text{（kW）}$$

转换成容量：

$$S=1.05\left(\frac{\Sigma P_{动}}{\cos\varphi}+0.8P_{内照}+P_{外照}\right)$$

$=1.05\times(100/0.85+0.8\times35+56)$

$=212$（kVA）

3.4.3.3.2.3　第 3 负荷区：2 号常规岛施工区

3.4.3.3.2.3.1　主要用电负荷统计

第 3 负荷区主要包括常规岛 0m 及地下室施工区、常规岛 A 排外区域、常规岛 7.5m、16m、23m 施工区、常规岛行车及空压机房区域的施工用电。用电负荷有机械、电动机工具、焊接、热处理及照明等；各类用电设备功率见表 3-4-6。

表 3-4-6　各类用电设备功率　单位：kW

焊机	电动机工具	热处理	起重设施	其他
408	170	222	260	80

3.4.3.3.2.3.2　容量计算

主要用电负荷负载率和同时率见表 3-4-7。

表 3-4-7　主要用电负荷负载率和同时率

负荷名称	焊接设备	电动机工具	热处理	吊机
负载率	0.7	0.7	0.7	0.7
同时率	0.6	0.6	0.5	0.7

用电负荷总功率因数取 $\cos\varphi=0.7$。

总动力负荷 $P_{动}$（k=负载率×同时率）：

$P_{动}=\Sigma kP_{吊}+\Sigma kP_{焊}+\Sigma kP_{热}+\Sigma kP_{具}$

$=0.7\times0.6\times408++0.7\times0.6\times170+0.7\times0.5\times222+0.7\times0.7\times260+80$

$=528$（kW）

转换成容量：

$$S=1.05\left(\frac{\Sigma P_{动}}{\cos\Phi}+0.8P_{内照}+P_{外照}\right)$$

$=1.05\times(528/0.85+0.8\times80)=720$（kVA）

整体施工估算力能分布图如图 3-4-2 所示。

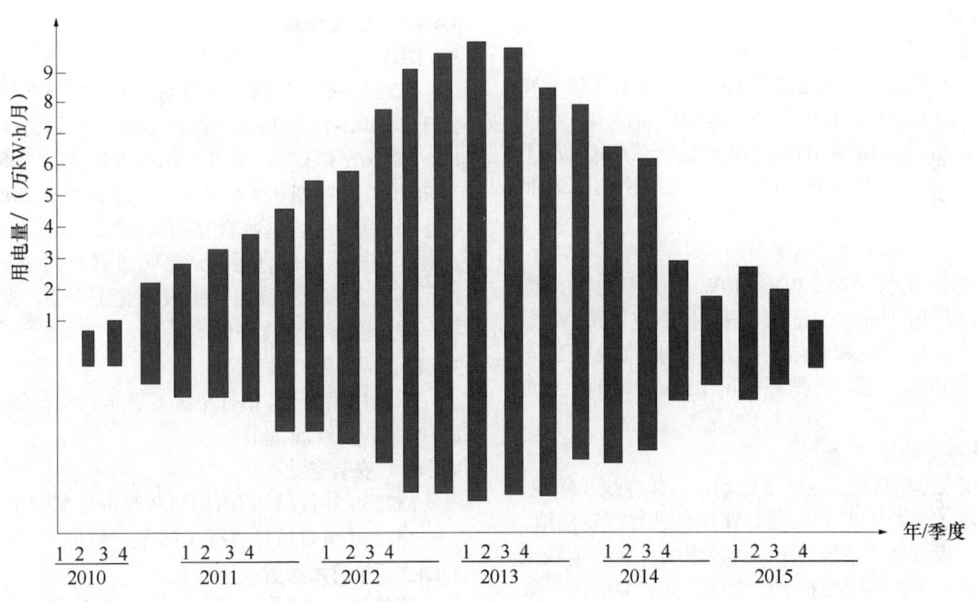

图 3-4-2　电能分布图

3.4.3.3.2.4　电源布置

本工程业主在施工现场已经布置 10kV 供电环网，在各个区域设置了箱式变电所，我方所用电负荷从各箱变低压侧以辐射状依次接入一级电源柜、二级电源柜、三级电源柜、四级电源盘、开关箱及用电设备，由业主指定的接口引接电源，并安装电表计费。

在施工生产临建钢筋加工区域布置 3 面一级电源盘（安装在 NO.MS34 箱式变压器附近）、4 面二级电源盘为各区域三、四级电源盘供电，根据现场情况布置三级电源箱。在施工生产临建木工加工区布置 2 面一级电源盘（安装在 NO.MS21 箱式变压器附近）、2 面二级电源盘给施工生产临建十区区域供电。常规岛区域布置 5 面一级电源盘（安装在 NO.MS3 箱式变压器和 NO.MS2 箱式变压器附近）、8 面二级电源盘，根据施工需要布置三级电源盘。具体布置如下：

3.4.3.3.2.4.1　焊接培训间区域安装二级电源盘 1 面（NO.DY 3403），下设三级盘 4 面：

焊接培训间 1 面三级专用盘　（80kW）
管道施工处设 1 面四级盘　（15kW）
热工施工处设 1 面三级盘　（10kW）
电气施工处设 1 面三级盘　（10kW）

3.4.3.3.2.4.2　钢筋场制作区域安装二级盘 1 面（NO.DY3401），下设三级盘 3 面，龙门吊（10t）专用箱 1 个：

铁件制作设 2 面三级盘　（65kW）
钢筋加工区 2 面三级盘　（20kW）
龙门吊（10t）专用箱　（25kW）

3.4.3.3.2.4.3　钢梁加工及施工处组合区域区域安装二级盘 2 面（NO.DY3402 NO.DY3402），下设三级盘 6 面，龙门吊（30t）专用箱 1 面：

金加工及铆工区域设 2 面三级盘　（100kW）
施工处加工场地 4 面三级盘　（220kW）
龙门吊（30T）设 1 面专用箱　（40kW）

3.4.3.3.2.4.4　木工等区域及管道施工处安装二级盘 2 面（NO. DY2101），下设三级盘 5 面：

预制及后期加工区设 2 面三级盘　（70kW）
租赁修理设 1 面三级盘　（50kW）
机械化修理设 1 面三级盘　（30kW）
木工加工机械设 1 面三级盘　（40kW）

综合仓库设 1 面三级盘　　　　　　　　（30kW）

管道施工处设 3 面三级盘　　　　　　　（170kW）

3.4.3.3.2.4.5 2 号常规岛汽机房 0m 安装二级盘 1 面（NO.DY 201），下设三级盘 3 面。

3.4.3.3.2.4.6 2 号常规岛 A 排外安装二级盘 1 面（NO.DY202），A 排外下设三级盘 1 面。汽机房－9.5m 安装三级盘 2 面。

3.4.3.3.2.4.7 2 号常规岛 7.5m 安装二级盘安装 1 面（NO.DY 203），下设三级盘 2 面，电源从 0m 二级盘并接。

3.4.3.3.2.4.8 2 号常规岛 16m 安装二级盘安装 1 面（NO.DY 301），下设三级盘 2 面。

3.4.3.3.2.4.9 2 号常规岛 23m 安装二级盘安装 1 面（NO.DY 302），下设三级盘 1 面。

3.4.3.3.3 应急供电

为防止突然停电给施工生产及安全带来不利影响，在现场设置一台 60kW 移动式柴油发电机，作为机动应急电源，给事故照明、排水泵、混凝土振捣、重要设备焊接等重要用电负荷供电。

3.4.3.3.4 照明布置

3.4.3.3.4.1 临建生产区（第 2～3 负荷区）

露天堆场、露天预制场等场地照明采用高杆照明灯塔，安装 220V 1000W 金卤投光灯；预制车间、焊培车间、木工车间等室内加工车间上方采用 400W 的金卤投光灯；校表室、施工处工具房等现场办公场所采用荧光灯具，事故照明为应急照明灯。

3.4.3.3.4.2 主厂房区（第 1 负荷区）

厂房内施工临时照明采用 220V 250W 金卤投光灯，按不小于 5m 布置；厂房 16m、23m 层可采用 220V 1000W 金卤投光灯；利用厂房内立柱和钢结构布置照明电缆及安装固定灯具；A 排外变压器区域、F 排外采用 220V 1000W 金卤投光灯。

3.4.3.3.5 接地与防雷保护

现场电源采用 TN-S 系统。在施工现场，工作零线（N 线）通过总漏电保护器，保护零线（PE 线）在现场进行重复接地，重复接地点设在一级盘处和系统的中间处及末端。保护零线上部设开关及熔断器，防止出现保护零线断线。保护零线每一处重复接地装置的接地电阻不应大于 10Ω，垂直接地体采用钢管或光滑圆钢。

现场施工机械、临时构筑物装设防雷装置。机械设备的防雷引下线利用该设备的金属结构体，保证电气连接可靠；机械设备上的避雷针（接闪器）长度为 1～2m；安装避雷针（接闪器）的机械设备，所有固定的动力、控制、照明、信号及通信线路，采用钢管敷设，钢管与该机械设备的金属结构体电气连接可靠；所连接的 PE 线做重复接地。

现场做工具房和临时办公室用的金属结构的集装箱、气体库进行接地。

垂直接地体采用镀锌钢管，直径为 50mm，壁厚 5mm，长度 2500mm，水平接地体采用 40mm×4mm 镀锌扁钢。垂直接地体及水平接地体的间距为 5m，接地装置距办公室、工具房、仓库等出入口的距离大于 3m。

3.4.3.3.6 施工电源管理组织机构

本工程所有施工电源由电气施工处电工班负责安装、检修、维护以及拆迁等工作。HSE 负责监督施工电源有关安全用电等方面的工作。供应部、综合部负责采购或调配施工电源所需要的一切材料以及工、机具等。具体组织机构图如图 3-4-3 所示。

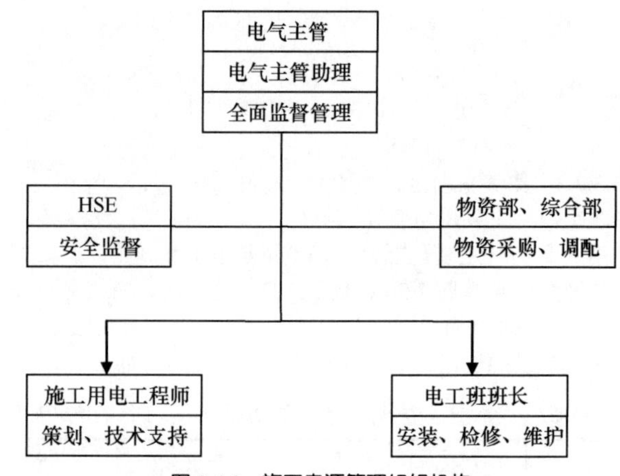

图 3-4-3 施工电源管理组织机构

3.4.3.4 施工通信

略。

3.4.4 机具布置

3.4.4.1 建筑专业

3.4.4.1.1 主厂房主吊机械

在主厂房 T.A 轴线外侧 8m 处 T.5～T.6 轴线之间，布置一台 TC7030B-12 型塔吊（高度 60m，最长臂杆 70m，最大吊重 12t，最小吊重 3.0t）；在 T.F 轴线以外 T.7～T.8 轴线，布置一台 TC7030B-12 型塔吊（高度 60m，最长臂杆 70m，最大吊重 12t，最小吊重 3.0t）。两台塔吊配合，负责主厂房框架及汽轮发电机基础的土建材料垂直运输。前期 A 排外由于基坑较深，第一台塔吊无法安装，为满足地下设施施工需要，此塔吊暂时安装在 T.8～T.9 轴线 T.Y 排外侧。

3.4.4.1.2 其他机械

汽机房钢屋架、钢行车梁等较大构件吊装用的 M2250 履带吊和 CKE1800 履带吊。

3.4.4.2 安装专业

M2250 履带吊和 CKE1800 履带吊配合吊装除氧器。

M2250 履带吊负责行车卸车、就位。

3.4.4.3 龙门吊布置

建筑加工区布置 1 台 10t/32m 龙门吊，用于钢筋制作、设备材料装卸和混凝土预制构件制作等。在丰汇工业园区布置有三台龙门吊，用于制作部分钢结构的加工和部分安装管道预制加工，以及部分设备材料堆放。

3.4.4.4 现场施工区

1 台 CKE1800 履带吊用于管道安装、装卸车。1 台 65t、1 台 50t、1 台 25t 汽车吊用于设备、材料装卸。

3.5 工 程 计 划

略。

3.6 专题施工方案

3.6.1 汽轮发电机组基座施工

汽轮发电机基础为汽机房内的最核心、最重要的大型设备基础，该基础施工方案分为两个部分：汽机基础底板施工方案和汽机基础上部结构施工方案。

3.6.1.1 汽机基础底板施工方案

3.6.1.1.1 概述

3.6.1.1.1.1 工程概况

汽轮发电机基础底板为钢筋混凝土结构，顺汽机房纵向布置。底板外形尺寸为（长×宽×高）68.70m×16.00m×5.8m，底板设计底标高为－16.80m，顶标高为－11.00m。底板上生根了汽轮发电机基础上部结构的 10 根柱子和 2 道板墙，柱段最大截面尺寸为 3.50m×4.50m，最小截面尺寸为 2.50m×4.50m，混凝土板墙截面厚度为 2.63m。

3.6.1.1.1.2　主要工程量

3.6.1.1.1.2.1　底板混凝土垫层：111m³。

3.6.1.1.1.2.2　底板混凝土：6376m³。

3.6.1.1.1.2.3　底板钢筋：710t。

3.6.1.1.1.2.4　支墩混凝土：140m³。

3.6.1.1.1.2.5　支墩钢筋：16.8t。

3.6.1.1.1.2.6　埋件：3.5t。

3.6.1.1.2　施工流程及方案

3.6.1.1.2.1　施工流程

定位放线→检查验收→基础底层钢筋安装→安装上层钢筋支撑架（槽钢）结构→基础四周排架搭设→基础上层钢筋安装→温度筋安装→基础侧面钢筋安装→模板安装→混凝土浇筑→混凝土养护→模板拆除。

3.6.1.1.2.2　施工方案

钢筋制作采用工厂化生产，集中制作，因汽机基础底板长度为 68.70m，为便于施工主筋分三段下料，为使钢筋接头交替排列，满足接头间距相互错开的距离不小于 35d（d 为钢筋直径），且不小于 500mm 的要求，按主筋采用ϕ32mm 型钢筋计算，接头需错开长度最小 1120mm，本次底板钢筋采用 3700mm 和 1700mm 的错开长度，即主筋采用 21.00m、24.70m 和 23.00m 三根钢筋顺序连接，每两根钢筋的连接采用直螺纹套筒连接。

基础模板采用覆膜多层板，加固系统采用钢管，并配对拉螺栓。混凝土浇筑采用泵车和拖泵同时布料，搅拌运输车运输。一台 46m 泵车布置在 T.A 轴线外侧，两台 60 型拖泵布置在汽机底板北侧，主要采用拖泵配合泵车进行基础底板混凝土的浇筑工作，另配备一台 44m 泵车作为备用。基础混凝土施工及养护采用大体积混凝土施工方案进行。

3.6.1.1.2.2.1　基础垫层施工

（1）基底验收。

（2）地基若出现超挖部分用素混凝土处理。

（3）整理基底，进行地基验收，验收合格后进行垫层施工。

（4）放出边线，支边缘模板，测好垫层标高。

（5）垫层应浇筑平整、密实，边线整齐。

（6）垫层凝固后弹出基础中心线，柱头投影位置用红三角标出。

（7）中心线、标高在施工前必须校核好，经质量控制部三级验收后上报工程管理公司，工程管理公司校验合格后方可施工。

（8）计算工程量提材料计划及措施性材料计划。

（9）技术资料准备、施工技术、安全交底。

3.6.1.1.3.2.2　钢筋工程

（1）熟悉图纸，计算出详细的钢筋工程量，提出材料计划（包括措施性材料计划），对拉螺栓采用ϕ16mm 圆钢。

（2）钢筋进场后经复检合格后方可进行领料，领料时同时索取出厂合格证及试验报告。

（3）根据设计施工图纸作出详细的钢筋翻样单，并根据施工任务向班组下达钢筋制作加工单。

（4）班组根据制作加工单进行钢筋的下料、制作加工，钢筋制作完经验收合格后方可运到现场。

（5）钢筋采用直螺纹套筒连接，直螺纹套筒的尺寸，应与钢筋端头锥螺纹的牙形与牙数匹配，应满足承载力略高于钢筋母材料的要求。

1）各种规格的套筒外表面，均有明显的钢筋规格和级别表示。

2）钢筋下料时，应采用无齿锯切割，其端头截面应与钢筋轴线垂直，并不得翘曲。

3）将钢筋两端卡于套丝机上套丝，钢筋套丝完整牙数见表 3-6-1，套丝时要用水溶性切削冷却润滑液进行冷却、润滑。

表 3-6-1　　钢筋套丝完整牙数

钢筋直径/mm	16～18	20～22	25～28	32	36	40
完整牙数	5	7	8	10	11	12

4）钢筋直螺纹的检查：对已加工的丝扣端要用牙型规及卡规逐个进行自检，要求钢筋丝扣的牙形必须与牙形规吻合，小端直径不超过卡规的允许误差，丝扣完整牙数不得小于规定值。不合格的丝扣，要切掉后重新套丝。

5）直螺纹检查合格后，一端拧上塑料保护帽，另一端拧上钢套筒与塑料封盖，并用扭矩扳手将套筒拧至规定的力矩，以利保护与运输。

6）连接钢筋前，将下层钢筋上端的塑料保护帽拧下来露出丝扣，并将丝扣上的水泥浆等污物清理干净。

7）连接钢筋时，将已拧套筒上的上层钢筋拧到被连接的钢筋上，并用扭力扳手按表 3-6-2 规定的力矩把钢筋拧紧，并随手画上油漆标记。

表 3-6-2　　钢筋直径对应的扭紧力矩

钢筋直径/mm	16	18	20	22	25～28	32	36～40
扭紧力矩/（N·m）	118	145	177	216	275	314	343

8）钢筋拧紧力矩的检查：首先目测已做标记的油漆丝扣，然后用质检用的扳手对接头进行检查。

（6）加工制作成型的钢筋应按型号分开堆放，并挂牌标识。

（7）现场绑扎钢筋时，配置的钢筋级别、直径、根数和间距应符合设计要求。

（8）底板钢筋绑扎前清扫垫层上杂物，用粉笔在垫层上划好主筋，分布筋间距，按画好的间距，先摆受力主筋，后放分布筋，绑扎一般用顺扣或八字扣，除外围两根筋的相交点全部绑扎外，其余各点采用交错绑扎。

（9）基础钢筋保护层厚度均为 55mm，用 C35 细石混凝土浇筑。汽轮机基座基础侧面钢筋保护层垫块加工模具制作，规格为 50mm×50mm。基础底钢筋保护层垫块单独加工模具制作，规格为（长×宽×高）200mm×80mm×55mm。钢筋保护层垫块控制厚度误差为±1.5mm。汽轮机基座基础上层钢筋采用槽钢结构支撑，综合考钢筋自重、施工荷载及机械荷载等按照图 3-6-1 安装基础上层钢筋支撑架通过计算能够满足要求，上层钢筋支撑安装验收完毕后方可进行上层钢筋的施工，槽钢支撑结构具体见专项施工方案。

（10）设置在同一构件内的受力钢筋接头应相互错开，在任一焊接接头中心至长度为钢筋直径 d 的 35 倍且不小于 500mm 的区段内，同一根钢筋不得有两个接头，在该区段内接头的钢筋面面积占受拉钢筋总截面面积的百分率在受拉区不宜超过 50%。

（11）底板上层筋绑扎要求同底板下层钢筋。钢筋网绑扎完成后首先搭设排架，验收合格后再立柱子插筋，并在柱四周用钢管做好方盘，确保柱筋不至于倾倒，移位或变形，在立好的柱子竖向钢筋上，用粉笔画出箍筋间距，然后将已套好的箍筋往上移动，由上往下采用缠扣绑扎，箍筋与主筋要垂直，箍筋转角与主筋交点均要绑扎，主筋与箍筋非转角部分的相交点成梅花交错绑扎。

3.6.1.1.2.2.3 模板工程

（1）基础模板均采用覆膜多层板，施工前应做好基础模板的配板设计工作。为保证混凝土外观质量，现场模板应检查合格后方可使用。

（2）所用钢管及扣件均应符合要求，无严重锈蚀、变形，扣件紧固良好。基础四角为防止扣件滑丝，附加保险扣件。

（3）模板施工前应涂隔离剂，隔离剂选用模板专用隔离剂，不得使用废机油，涂刷隔离剂应在模板堆放场进行涂抹，不得污染钢筋，涂抹方式必须采用废棉布擦的方式，不得用滚筒，以免涂抹厚度不均匀。

（4）底板对拉螺栓采用ϕ16mm 的圆钢加工制作，对拉螺栓沿在高度和水平方向均匀排列，上下对齐；（具体计算见1.3.2.5 对拉螺栓计算）。

（5）橡胶止水带采用优质止水带。

1）止水带在使用前，应严格检查，确无损坏和孔眼等，方可使用。

2）尽量采用整根下料，安装前，把止水带的中部夹于端模上，同时注意安装时不被钢筋损坏。混凝土内部止水带采用两根钢筋焊接挤压法固定，外部采用 100mm×100mm 方木夹压法固定，在止水带的拐角处要做成 15cm 以上的大圆角，止水带的接槎处不得在拐角处，安装图如图 3-6-1 所示。

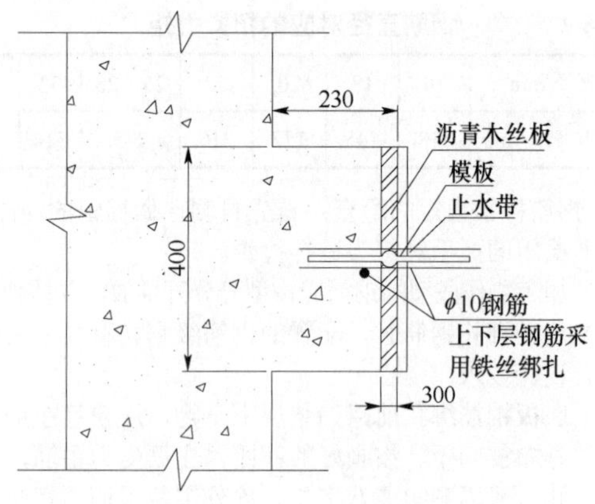

图 3-6-1　止水带安装图

（6）预埋件安装。

汽机基础预埋件数量多，单件预埋件重量大。预埋件由铁件班集中制作，要求严格按《预埋件图集》进行加工。要求下料准确、对角方正、焊接牢固、无翘曲变形，尤其是长的角钢，扁钢埋件，绝对要求平直。预埋件在现场安装时，首先根据木工翻样，按照规格将埋件画在模板上，安装时对号入座，为防止预埋件与大模板之间进入混凝土浆，在每个预埋件的外侧四周粘贴双面胶带，以确保埋件与大模板接触严密，无空隙。需在模板上打孔的，现场用手枪电钻钻孔。埋件的标高、位置要进行二次复核，确保型号位置准确无误。模板拆除后，对预埋件表面及时清理除锈，并按照图纸要求刷油漆，以防止预埋件锈蚀产生的浮锈被雨水冲刷后造成混凝土表面的污染，影响混凝土的外观质量。

3.6.1.1.2.2.4 混凝土工程

（1）浇筑混凝土前的检查工作。

1）模板结构的整体稳定性；钢筋插筋是否插好，钢筋保护层是否垫好；测温线或测温管是否已经安装到位，并绑扎牢固。

2）混凝土泵车、罐车、振捣器等工器具提前充分检修好，提前三天与业主搅拌站联系好，通讯工具调试好，以保证混凝土浇筑期间混凝土的正常供应。

3）联系业主力能部门确保混凝土浇筑期间的连续供电。

4）检查现场大体积混凝土保温材料是否已经到位并满足方案要求。

5）查看业主的搅拌站要备足够的水泥、砂子、石子，不足时提前提醒业主备料。材料应符合规范及设计要求。

6）组织好现场施工人员、机械设备等；电工要安装好充足的照明设备；修筑好混凝土灌车的运输道路，和混凝土泵车的停靠场地，并且能满足在雨天时正常运作。

7）在混凝土开始浇筑时，实验室相关人员及质检技术人员要检查业主提供混凝土标号是否符合图纸设计。并查看混凝土的坍落度，是否满足配合比和施工要求。

8）加强气象预测、预报，掌握天气变化情况，以保证混凝土连续浇筑的顺利进行，确保混凝土质量。

（2）混凝土由业主搅拌楼集中供应。

（3）混凝土浇筑从基础南端向北端分层托茬连续浇筑，托茬长度控制在 7～8m；采用两台 60 型拖泵和一台 ZLJ5400/1THB125-46 型 46m 臂长大混凝土泵车进行。

（4）每层浇筑厚度为 300～400mm，并及时振捣。振动棒要做到“快插慢拔”，快插是为了防止先将表面混凝土振实而与下层混凝土发生分层、离析现象；慢拔是为了振捣充分，并将混凝土内的气排出。

（5）浇筑混凝土时，应防止混凝土分层离析，其自由倾落高度不要超过 2m，具体施工时在钢筋顶层设置串桶。

（6）浇筑混凝土时，应经常观察模板、支架、钢筋、预埋件的情况，当发现有变形、移位时，应立即停止浇筑，并在已浇筑混凝土凝结之前修整完好。

（7）混凝土浇注完达到初凝后，立即覆盖一层塑料布，两层毛毡，根据气温情况保温养护，另外在底板上中下等分设三个测温点，注意混凝土的水化热，如内外温差过大，要增加覆盖材料厚度和采取加温措施，降低内外温差。

（8）测温：在混凝土浇筑前要有代表性的布置 10 组测温点，每组测温点分顶部、中部、底部三个位置布置测温探头，测温探头位置要准确，固定好牢固，以避免混凝土浇筑过程中被冲击移动。加强外部养护工作，控制混凝土内外温差梯度：20～25℃。在测温过程中，如发现异常情况必须及时汇报（测点布置如图 3-6-2 所示）。

（9）现场设专人做好混凝土的浇筑记录、养护记录和测温记录，并根据测温情况随时调整养护措施。

本章其余内容见光盘。

第6篇

水电站工程施工组织设计概论

张锦堂　周丹顺　林万旭　王天广　韩建博　权　锋　周兰生　编著

第 1 章　概　　述

1.1　水电工程施工组织设计的特点

水电工程建设规模大、涉及专业多、牵涉范围广。面临着洪水的威胁和某些不利的地形、地质条件，施工条件往往比其他工程复杂困难。因此，施工组织设计工作就显得十分重要。认真做好施工组织设计，对合理选择坝址、坝型及枢纽布置，对优化设计方案，合理组织工程施工，保证工程施工质量与安全，满足环境保护和水土保持要求，合理利用土地资源，缩短建设周期和降低工程造价都有十分重要的作用。

施工组织设计是水电工程设计文件的重要组成部分，是编制工程投资估算、概算及招投标文件的重要依据，是工程建设和施工管理的指导性文件。

1.2　设计程序及内容

1.2.1　设计程序

水电工程（含抽水蓄能电站）设计程序划分为预可行性研究、可行性研究、招标设计、施工图设计四个阶段。各阶段施工组织设计的工作内容、设计深度根据其任务要求确定。前三个阶段施工组织设计工作一般由设计咨询单位完成，针对整个水电枢纽工程编制；施工图设计阶段的施工组织设计由设计咨询单位和承包商共同完成，承包商主要负责编制单项工程的施工组织设计和专业施工措施设计。另外，在施工投标时，投标单位还应编制投标用施工组织设计。本手册主要对象是工程设计阶段的施工组织设计编制，深度为满足可行性研究要求。

水电工程施工组织设计应根据工程地形、地质、水文、气象条件及枢纽布置和建筑物结构设计特点，以实现工程建设安全、优质、快速、经济为目标，综合研究施工条件、施工技术、施工组织与管理、环境保护与水土保持、劳动安全与工业卫生等因素，确定相应的施工导流、料源选择与料场开采、主体工程施工、施工交通运输、施工工厂设施、施工总布置及施工总进度等。报告编制应遵循安全可靠、技术可行、结合实际、注重效益的原则，优先推荐采用新材料、新工艺、新结构和新设备。

各阶段设计工作都应依据上阶段报告的审批意见进行，并满足国家及有关部门对工程建设的要求和批件。

1.2.2　预可行性研究施工组织设计编制内容和要求

预可行性研究施工组织设计为设计报告的第 10 章。

10　施工组织设计

10.1　施工条件

10.1.1　概述地理位置、对外交通（铁路、公路、水运等）状况及工程所在地区近期拟建的交通设施。

10.1.2　概述工程布置特点、施工场地条件、水文、气象、冰情等基本情况。

10.1.3　说明施工期（包括初期蓄水）通航、排冰、下游供水等要求。

10.1.4　说明主要建筑材料的来源，水、电等供应条件。

10.2　施工导流

初步比较拟定导流方式、导流标准、导流程序、导流建筑物的型式与布置。初拟截流、下闸蓄水标准和安排。初拟施工期通航、排冰、下游供水等措施和安排。估算相应工程量。

10.3　料源规划

根据混凝土骨料（天然和人工）、石料、土料等各种料源的分布、储量、质量、开采运输条件，初步比较拟定料源方案和开采加工运输方式。

10.4　主体工程施工

初拟主体工程（包括导流工程）施工程序、施工方法，并估列主要施工机械设备。

10.5　施工交通运输及施工总布置

初选对外交通运输方案（包括转运站位置及重大件运输）。初步比较拟定场内交通干线规划布置。初拟主要施工厂房设施规模、施工总布置及施工分区规划，提出施工用地范围。

10.6　施工总进度

初步比较拟定施工总进度，提出第一台机组发电年限和总工期。

10.7　主要附图、附表

10.7.1　附图

1．对外交通图。

2．施工导流布置图及方案比较图。

3．施工总布置图。

10.7.2　附表

1．施工总进度表。

2．工程量汇总表。

1.2.3　可行性研究施工组织设计编制内容和要求

可行性研究施工组织设计为设计报告的第 9 章。

9　施工组织设计

9.1　施工条件

9.1.1　工程条件

1．概述工程地理位置、工程任务和规模。

2．概述选定方案工程布置及建筑物组成、型式、主要尺寸和工程量。

3．概述对外交通运输条件，上、下游可资利用的场地面积和利用条件。

4．说明施工期间通航、下游供水、防洪、环境保护、水土保持、劳动安全及其他特殊要求。

5．说明主要天然建筑材料及工程施工所需主要外来材料的来源和供应条件，当地水源、电源的情况，当地可能提供修配、加工的能力，劳动力及生活物资供应的情况。

9.1.2　自然条件

1．概述一般洪、枯水季节的时段及洪水特征，各种频率的流量和洪量，水位与流量（库容）关系，冬季冰凌情况及开河特性，施工区支沟各频率洪水、泥石流，以及上下游水利水电工程对本工程施工的影响。

2．概述地形、地质条件以及气温、水温、地温、降水、湿度、蒸发、冰冻、风向风速、日照和雾的特性。

9.1.3　施工特点

1．说明项目法人对工程施工筹建及准备、工期等的要求。

2．说明工程主要施工特点及重大施工技术问题。

9.2 施工导流

9.2.1 导流方式

比较、选定导流方式，提出导流时段的划分，说明导流分期及防洪度汛、施工期通航、下游供水、排冰等安排。

9.2.2 导流标准

1．确定导流建筑物级别，选定各期施工导流的洪水标准和流量。

2．选定坝体拦洪度汛的洪水标准和流量。

9.2.3 导流方案及导流程序

1．论述导流方案比选设计原则，说明各导流方案布置特点及导流程序，经技术经济综合比较选定导流方案。

2．提出选定方案的施工导流程序，以及各期导流建筑物布置及截流、防洪度汛、施工期通航、下闸蓄水、下游供水、排冰等措施。

3．提出水力计算的主要成果，必要时应附选定方案导流水力学模型试验成果。

9.2.4 导流建筑物设计

1．对导流挡水、泄水建筑物型式和布置进行方案比较，提出选定方案的建筑物型式、结构布置、稳定分析及应力分析、工程量的主要成果。

2．研究导流建筑物与永久工程结合的可能性，并提出结合方式及具体措施。

9.2.5 导流工程施工

1．论述挡水建筑物的施工程序、施工方法、施工进度及混凝土骨料、填筑料的料源；论述围堰拆除技术措施。

2．论述泄水建筑物的开挖、衬砌或锚喷等项目的施工程序、施工方法、施工布置、施工进度及所需主要机械设备。

9.2.6 截流

1．选定截流时段、标准和流量。

2．经方案比较，选定截流方案，提出选定方案的施工布置、施工程序、施工方法、备料计划和所需主要机械设备，必要时应附截流水力学模型试验成果。

9.2.7 基坑排水

提出基坑抽水量（包括初期排水、经常排水），选择排水方式和所需设备。

9.2.8 下闸蓄水

1．选择封堵时段、下闸流量和封堵方案，论述导流泄水建筑物封堵设计（包括结构布置、工程量）；分析施工条件，提出封堵施工措施，拟定施工进度。

2．说明下闸封堵与初期蓄水期间向下游供水措施。

3．说明蓄水进度计划，包括初期蓄水的水位上升速度和水位要求。

4．提出抽水蓄能电站的初期蓄水方案及相应措施。

9.2.9 施工期通航与排冰

1．说明有关部门对施工期（包括蓄水期）通航要求；调查核实施工期通航过坝（闸）船只的数量、吨位、尺寸及年运量，确定设计运量。

2．分析可通航的天数和运输能力；分析可能碍航、断航的时间及其影响，研究解决措施。

3．经方案比较，提出施工期各导流阶段通航的工程措施，包括各项设施、结构布置和工程量。

4．论证施工期和永久通航过坝设施结合的可能性和二者衔接关系。

5．说明河段流冰时段、流冰量等，制定排冰和防凌措施。

9.3 料源选择与料场开采

9.3.1 料源选择

分析说明混凝土骨料（天然和人工料）、石料、土料等各料场的分布、储量、质量、开采运输及加工条件、开采获得率和工程开挖料利用规划，结合混凝土和填筑料的设计和试验研究成果，考虑拦洪蓄水、冰冻和环境保护、占地补偿等影响以及施工方法、施工强度、施工进度等条件，通过技术经济比较选定料源。

9.3.2 料场开采规划

说明料场开采规划原则，对选定料源的各料场提出综合平衡的开采规划，包括提出各料场的料物开采范围、开采程序、开采方法、运输、堆存、设备选择、废料处理、环境保护等设计，并分析论证开采强度。说明料场开采涉及的高边坡设计级别、稳定分析计算成果、支护处理措施及工程量。

9.4 主体工程施工

9.4.1 挡水建筑物（闸坝）施工

1．说明土石方开挖及边坡支护的施工程序、施工方法、施工机械配置、施工布置、施工进度及开挖强度，提出开挖有用料的施工方法、堆存地点和运输方案；对爆破有控制要求的开挖施工，提出爆破安全控制标准和防护措施。

2．说明基础处理及渗流控制工程（灌浆、排水、断层破碎带处理等）的施工通道布置、施工程序、施工方法、施工工艺、施工机械设备、施工布置及施工进度。

3．说明混凝土（包括碾压混凝土）各期的施工程序、施工方法、施工布置、施工进度及所需准备工作，确定混凝土拌和出料高程、运输方案、设备配置、浇筑强度，提出各期机械设备选择与技术要求、各种施工缝和结构缝的处理和灌浆、以及分期蓄水的要求和措施。

4．提出混凝土主要原材料（水泥、掺和料、主要外加剂等）的品种、质量要求、需要量和供应来源。

5．提出混凝土温度控制设计基本资料，坝体各部位和季节的温度控制标准、措施与要求、基础部位或与老混凝土结合的温度控制措施、灌浆期坝体降温、混凝土表面保护及防止裂缝措施。

6．说明土石坝的备料（包括土料加工处理方案）、上坝运输及道路布置、运输强度和设计标准、填筑碾压及拦洪蓄水的施工程序、施工方法、施工工艺、施工设备配置、施工布置、施工进度及拦洪度汛措施，必要时附填筑碾压试验结果。

7．说明土石坝各期的料物开采（包括土料加工处理）、运输、填筑的平衡和开挖弃渣利用以及施工强度和进度安排。

8．说明土石坝防渗体（包括混凝土面板及趾板、沥青混凝土心墙等）施工方法、施工工艺、施工机械配置、施工布置、施工进度及强度。

9．提出主要施工辅助设施布置方案及工程量。

9.4.2 岸边输水及泄（排）水建筑物施工

1．说明岸边输水、泄（排）水建筑物的开挖，混凝土浇筑和基础处理的施工通道（包括施工支洞）布置、施工程序、施工方法施工进度和主要施工辅助设施工程量；开挖渣料运输方案及使用的弃渣场；对泄水建筑物应特别着重论述有关高速水流部位的专门要求和技术措施（其他编制要求根据建筑物型式参照第9.4.1条和第9.4.3条有关内容执行）。

2．说明压力钢管运输、安装和混凝土回填、固结与接触灌浆、钢管排水等的施工程序、施工方法、施工工艺、施工进度和主要施工辅助设施工程量。

9.4.3 发电厂房及开关站（变电站、换流站）施工

1. 说明发电厂房、开关站、变电站、换流站等地面工程的开挖、基础处理（含渗流控制工程）和混凝土浇筑的施工程序、施工方法、施工布置、施工进度和主要施工辅助设施工程量；提出地面工程边坡支护、排水等施工措施。

2. 说明发电厂房等地下工程的开挖、基础处理（含渗流控制工程）的施工通道布置、施工程序、施工方法和施工进度，说明通风散烟、爆破、支护、排水、照明、不良地质段处理和安全保护措施的要求，说明混凝土浇筑（包括衬砌、锚喷）的施工程序、施工方法、施工布置和施工进度，提出主要施工辅助设施工程量。

3. 说明开挖与混凝土浇筑、混凝土浇筑与机电和金属结构安装等工程施工衔接和协调的要求及措施。

4. 提出支洞封堵、回填灌浆及固结灌浆施工技术措施和进度安排。

9.4.4　通航建筑物施工

参照第9.4.1～9.4.6条有关部分内容编写。

9.4.5　机电设备及金属结构安装

1. 提出主要机电设备、金属结构及埋件的施工程序、施工方法，安装进度、分期投入运行和度汛对安装施工的要求。

2. 提出主要机电设备、金属结构的存放、拼装（包括制作加工）、运输、吊装等措施，说明与土建工程协作配合的要求。

9.4.6　安全监测工程

说明主要安全监测项目的安装方法、安装进度，以及与土建工程衔接和协调的要求。

9.5　施工交通运输

9.5.1　对外交通运输

1. 调查核实原有对外水陆交通情况，包括线路状况、运输能力、近期拟建的交通设施、计划运营时间和水陆联运条件等资料。

2. 提出本工程对外运输总量、逐年运输量、平均昼夜运输强度以及重大部件的运输要求。

3. 比较选定对外交通运输方案，必要时进行专题研究。按交通工程初步设计深度要求，提出选定方案主要工程（公路、铁路和水运）及其主要设施（转运站、桥涵、隧道、码头、渡口等）的设计标准、布置方案、主要工程量；提出重大部件运输方案及措施；安排对外交通工程的施工进度。

4. 选定施工期间过坝交通运输方案。

9.5.2　场内交通运输

1. 提出场内主要交通干线的运输量和运输强度。

2. 选定场内交通主要线路的规划、布置和标准。

3. 按交通工程初步设计深度要求，提出场内主要交通干线与重要交通设施（大中桥梁、隧道、渡口、码头等）的布置方案、工程量。

9.6　施工工厂设施

9.6.1　砂石加工系统

1. 概述混凝土骨料、土石坝加工料、掺和料等品种、质量要求和需要量。

2. 说明砂石加工系统及土石坝加工料、掺和料等加工系统的原料来源及其特性。

3. 选定加工系统的总体布置、生产规模、工艺流程及主要设备；提出加工系统工艺布置设计、建筑面积、占地面积、工程量和建厂计划安排。

9.6.2　混凝土生产系统

1. 概述工程混凝土总量、分期浇筑强度及不同品种混凝土需要量。

2. 选定混凝土生产系统总体布置、生产规模及主要设备；提出工艺布置设计、建筑面积、占地面积和工程量；提出建厂计划安排和分期投产措施。

9.6.3　混凝土预冷（或预热）系统

1. 概述工程预冷（或预热）混凝土总量、分期浇筑强度，不同品种预冷（热）混凝土的浇筑强度、需要量和出机口温度要求，以及大体积混凝土通水冷却的要求。

2. 选定混凝土预冷（或预热）系统的生产规模、工艺流程、制冷（或供热）容量及主要设备；结合混凝土生产系统，提出工艺布置设计、建筑面积、占地面积和工程量；提出建厂计划安排和分期投产措施。

9.6.4　压缩空气、供水、供电和通信系统

1. 确定工程分区压缩空气高峰负荷，选定供气方式，提出压缩空气系统规划；确定压缩空气站的规模和布置；提出建筑面积、占地面积、工程量及主要设备、器材。

2. 确定工程分区高峰用水量及提出供水系统规划；选定分区供水安排及水源；选定供水系统的生产规模、取水方式、水处理工艺、工艺布置及厂址；提出建筑面积、占地面积、工程量及主要设备、器材。

3. 确定施工高峰用电负荷和分区用电负荷，提出供电系统规划；选定施工用电电源、电压等级及输变电方案；确定工地发电厂（包括备用电源）及变电站的规模和布置位置，提出建筑面积、占地面积、工程量及主要设备、器材。

4. 选择对外通信方式；提出通信系统线路等规划及主要设备。

9.6.5　综合加工及机械修配厂

1. 说明工程施工期所需主要施工机械设备、运输设备、主要材料加工、金属结构制安等的种类及数量。

2. 提出综合加工厂及机械修配厂（包括钢管加工厂、大型设备和金属结构拼装厂、木材加工厂、钢筋加工厂、混凝土构件预制厂、机械修配厂、汽车修配及车辆保养场等）的规模、建筑面积、占地面积、工程量等主要技术指标及主要设备。

9.6.6　附表

列出施工工厂设施项目、生产规模、主要机械设备一览表。

9.7　施工总布置

1. 说明施工总布置的规划原则。

2. 确定选定方案的分区布置，包括施工工厂、生活设施、交通运输等，提出施工总布置图和临时设施建筑分区布置一览表。

3. 说明工程土石方平衡及开挖料利用规划，以及堆（存、转）弃渣场规划，提出场地平整土石方工程量。

4. 确定主要施工场地（包括渣场）的防洪标准及排水系统规划，提出渣场防护的工程措施及主要工程量。

5. 说明施工用地分区规划和分期用地计划，提出用地范围图；研究施工用地再利用的可能性。

6. 按照要求，编制施工总布置规划专题报告。

9.8　施工总进度

9.8.1　编制依据

1. 说明施工总进度安排的原则和依据以及项目法人对本工程投入运行期限的要求。

2. 说明枢纽主体工程、对外交通、施工导流与截流、场内交通及其他施工临建工程、施工工厂设施等建筑安装项目、工程量及控制进度的因素。

9.8.2　施工分期

论证并提出施工工期各阶段的控制性关键项目及进度安

排、工程量及工期，分析施工强度和土石方平衡。

9.8.3 筹建及准备期进度

根据工程建设管理和施工组织要求，论述筹建及准备期工程项目、内容和任务，提出筹建及准备期工程项目进度安排。

9.8.4 施工总进度

1．说明施工总进度的关键线路及分阶段工程形象面貌的要求，研究分期发电的措施。

2．说明导流工程截流、基坑排水、拦洪、度汛、后期导流和下闸蓄水以及主体工程控制进度的因素和条件。

3．论证关键线路主要单项工程项目的施工强度，分析加快进度的措施；提出施工进度安排的主要项目强度指标。

4．提出劳动力平均人数、分年劳动力需要量、最高人数和总劳动量。

5．提出施工总进度图、表（包括横道图、网络图、关键路线图）。

6．协调枢纽主体工程施工进度计划和平衡施工强度；提出工程筹建及准备工期、主体工程施工期、工程完建期及工程建设总工期。

7．本节应列表说明主体工程及主要临建工程量、逐年计划完成主要工程量、逐年最高月强度、逐年劳动力需用量、最高人数、平均高峰人数及总工日数。

9.9 施工资源供应

9.9.1 主要建筑材料

对主体工程和临建工程，按分项列出所需水泥、掺和料、钢材、钢筋、木材、油料、火工材料等主要建筑材料需要总量和分年度供应期限及数量。

9.9.2 主要施工机械设备

施工所需主要及特殊机械和设备，按名称、规格、数量列出汇总表，并提出分年度供应期限及数量。

9.10 附图、专题报告

9.10.1 附图

1．施工对外交通图。

2．施工总布置图与筹建及准备期施工布置图。

3．施工导流布置图（选定方案和比较方案）。

4．导流建筑物结构布置图。

5．导流建筑物施工方法示意图。

6．施工期通航布置图。

7．料场开采规划图。

8．主要建筑物施工道路及施工支洞布置图。

9．主要建筑物开挖、施工程序及地基处理示意图。

10．主要建筑物混凝土施工程序、施工方法及施工布置示意图。

11．主要建筑物土石方填筑施工程序、施工布置示意图。

12．砂石加工系统布置图、生产工艺流程图。

13．混凝土生产及预冷（热）系统布置图。

14．机电、金属结构安装施工程序、施工方法及施工布置示意图。

15．施工用地范围图。

16．土石方平衡及流向图。

17．筹建及准备期施工进度图、表。

18．施工总进度图、表、施工网络图。

9.10.2 专题报告

1．施工导（截）流水力学模型试验报告。

2．对外交通运输专题报告。

3．施工期通航水力学模型试验报告。

4．混凝土原材料、配合比及性能试验报告。

5．混凝土坝温度控制专题研究报告。

6．其他专题报告。

1.2.4 其他阶段施工组织设计编制内容和要求

其他阶段施工组织设计编制内容和要求基本同可行性研究相应部分。可根据工程实际情况，在工作内容和深度上有所取舍和侧重，特别重要的或条件复杂的水电工程，可根据实际需要进行适当扩充和加深。

投标阶段施工组织设计和施工阶段施工组织设计还应增加：质量保证措施、安全文明施工措施、环保及水土保持措施、职业健康安全措施等。

1.3 设计工作步骤

（1）收集基础资料，分析研究工程施工条件。

施工组织设计所需基本资料主要有：国家有关部门对工程建设的有关要求（重点是环境保护和水土保持要求、航运要求、铁路和公路规划要求等）；工程所在区和河流的水文、气象特征；工程建设区地质资料及泥石流等不良地质灾害分布情况；当地施工电源、水源、建筑材料等供应情况；施工导流及通航等水工模型试验、各类原材料试验、混凝土配合比试验、岩土物理力学试验、工艺试验和生产性试验等成果；料场区 1/2000～1/500 地形、地质图；工程建设区 1/2000～1/5000 地形图。

（2）根据枢纽布置方案，进行导流设计和施工总进度的规划，与此同时，可对施工技术、施工辅助企业等专业平行地进行研究工作。导流与枢纽布置及水工建筑物的结构密切相关，相互影响，相辅相成，因此，往往需要经过几个反复，才能取得较好的设计成果。施工总进度是各专业设计工作的重要依据之一，应结合导流方案的选定，尽快编制出控制性进度表。

（3）通过对交通道路、料源方案、主体工程施工方案、施工辅助企业场地位置等比较，确定总布置格局。施工总布置也是水库专业建设用地范围、移民确定的依据，对大、中型工程，施工总布置规划需经过审查确定。

（4）在提出控制性进度后，各专业根据该进度指标和确定的布置场地开始设计，并安排为下道工序提供资料的工作。例如：有关专业需提供临建工程规模、工程量、施工设备需用量，施工工艺、方法等，以便造价专业尽早编制基础单价。单项工程进度是施工总进度的组成部分，是局部与整体间的关系，其进度安排不能脱离控制性进度的指导，同时它又是编制施工总进度的基础和依据。只有通过研究落实单项进度安排，才能看出施工总进度是否合理可行，从而为调整完善施工总进度提供依据。

（5）根据概算定额或参考类似工程资料分析计算提出分年劳动力需要量、最高人数和总劳动量，主要建筑材料需要量及分年供应数量，主要施工机械设备需要总量及分年供应数量。

第2章　施　工　导　流

施工导流是水电工程总体设计的重要组成部分，是选定枢纽布置、永久建筑物型式、施工程序和施工总进度的重要因素。在设计中应充分掌握基本资料，全面分析各种因素，选择技术可行、经济合理并能使工程尽早发挥效益的导流方案。

施工导流贯穿工程施工全过程，导流设计要妥善解决从初期导流到后期导流施工全过程中的挡水、泄水、蓄水、封堵问题。对各期导流特点和相互关系宜进行系统分析，全面规划，统筹安排，运用风险分析的方法，处理洪水与施工的矛盾，务求导流方案经济合理，安全可靠。

施工导流设计包括导流方式选择、导流标准确定、导流方案和导流程序、导流泄水建筑物设计和导流水力学计算、围堰设计和稳定计算、截流设计、基坑排水设计、下闸蓄水措施、施工期通航与供水等。

2.1　导流标准

导流标准是施工导流要确定的重要问题之一，需要在规定的范围内进行综合比较选定。对于大型工程，还常在初选洪水标准范围内进行风险度分析，然后作出抉择。

2.1.1　导流建筑物级别

（1）导流建筑物系指枢纽工程施工期所使用的临时性挡水和泄水建筑物。导流建筑物的级别应根据其保护对象、失事后果、使用年限和围堰工程规模划分为3、4、5三级，具体划分见表2-1-1。

表2-1-1　导流建筑物级别划分

级别	保护对象	失事后果	使用年限/年	围堰工程规模	
				堰高/m	库容/亿m^3
3	有特殊要求的1级建筑物	淹没重要城镇、工矿企业、交通干线或推迟工程总工期及第一台（批）机组发电，造成重大灾害和损失	＞3	＞50	＞1.0
4	1、2级永久建筑物	淹没一般城镇、工矿企业、或影响工程总工期及第一台（批）机组发电而造成较大经济损失	2～3	15～50	0.1～1.0
5	3、4级永久建筑物	淹没基坑，但对总工期及第一台（批）机组发电影响不大，经济损失较小	＜2	＜15	＜0.1

注　1. 导流建筑物中的挡水建筑物和泄水建筑物，两者级别相同。
2. 表列4项指标均按导流分期划分，保护对象一栏中所列永久建筑物级别系按水工专业确定的级别。
3. 有特殊要求的1级永久建筑物系指施工期不允许过水的土石坝及其他有特殊要求的永久建筑物。
4. 使用年限系指导流建筑物每一施工阶段的工作年限，两个或两个以上施工阶段共用的导流建筑物，如一期、二期共用的纵向围堰，其使用年限不能叠加计算。
5. 围堰工程规模一栏中，高度指挡水围堰的最大高度，库容指堰前设计水位拦蓄在河槽内的水量，二者必须同时满足。

（2）当导流建筑物根据表2-1-1指标分属不同级别时，应以其中最高级别为准。但列为3级建筑物时，应至少有两项指标满足要求。

（3）规模巨大且在国民经济中占有特殊地位的水电工程，其导流建筑物的级别（包括洪水设计标准），应经充分论证后报主管部门批准。

（4）应根据不同的施工阶段按表2-1-1划分导流建筑物级别；同一施工阶段中的各导流建筑物级别，应根据其不同作用划分。

（5）下列情况下的导流建筑物级别可适当调整：

1）施工期利用围堰挡水发电，经过技术经济论证，围堰级别可提高一级。

2）当4级、5级导流建筑物的地质条件复杂，或失事后果较严重，或有特殊要求而采用新型结构时，其结构设计级别可提高一级，但洪水设计标准不相应提高。

3）当按表2-1-1和上述规定所确定的级别不合理时，可根据工程具体条件和施工导流阶段的不同要求，经过论证，予以提高或降低。

（6）当导流建筑物与永久建筑物结合时，结合部分的结构设计应采用永久建筑物级别标准。

（7）导流泄水建筑物的封堵体及贯穿防渗帷幕的施工支洞封堵体是永久挡水建筑物的组成部分，其级别应与永久挡水建筑物相同；不贯穿防渗帷幕的施工支洞封堵体级别应与导流泄水建筑物相同。

（8）导流泄水建筑物的进出口围堰（包括预留岩坎），其建筑物级别可按5级设计。

（9）已蓄水的水库内预留岩塞的临时挡水级别按表2-1-1确定，表中围堰工程规模一栏的高度应取岩塞承受的最大水头，库容应取岩塞底部高程以上对应的水库库容。

2.1.2　洪水设计标准

（1）导流建筑物洪水设计标准应根据建筑物的类型和级别在表2-1-2规定的范围内选。各导流建筑物的洪水设计标准应相同，以主要挡水建筑物的洪水设计标准为准。对导流建筑物级别为3级且失事后果严重的工程，应提出发生超标准洪水时的工程应急措施。对于大型工程，可在初选的洪水设计标准范围内进行风险度分析。

表2-1-2　导流建筑物洪水设计标准

导流建筑物类型	导流建筑物级别		
	3	4	5
	洪水重现期/年		
土石	50～20	20～10	10～5
混凝土	20～10	10～5	5～3

（2）在下列情况下，导流建筑物洪水设计标准可选用表2-1-2中的上限值：

1）河流水文实测资料系列较短（小于20年）或工程处于暴雨中心区。

2）采用新型围堰结构型式。

3）处于关键施工阶段，失事后可能导致严重后果。

4）导流工程规模、投资和技术难度用上限值与下限值相差不大。

（3）当枢纽工程所在河段上游建有水库时，导流建筑物采用的洪水设计标准及设计流量应考虑上游梯级水库的调蓄及调度的影响。导流设计流量应经过技术经济比较后，由同频率下的上游水库下泄流量和区间流量分析组合确定。

（4）围堰修筑期间，各月的填筑最低高程应以安全拦挡下月可能发生的最大设计流量为准。计算各月最大设计流量的重现期标准，可用围堰正常运用时的标准，经过论证也可适当降低。土石围堰基础防渗施工平台的洪水设计标准可按表 2-1-2 中导流建筑物级别降低一级选用。

（5）位于已有水库中的进（出）水口围堰洪水设计标准应取表 2-1-2 的上限值；进（出）水口施工期与下游有连通的泄水通道时，相应挡水建筑物的洪水设计标准应与原工程一致。

（6）对采用开挖和围填形成的抽水蓄能电站上、下水库，当水库库容和汇流面积较小，且下游无防洪要求时，其施工设计洪水标准宜采用洪水重现期 3～20 年的 24h 洪量；当水库库容较大，下游有防洪要求时，其设计洪水标准宜采用洪水重现期 3～20 年的 3～7 天洪量。对上、下水库进/出水口施工期度汛标准宜采用洪水重现期 50～100 年的洪峰流量；位于开挖围填形成的且汇水面积较小的封闭库盆内的进/出水口，其施工期度汛标准宜采用洪水重现期 50～100 年的 24h 洪量。

2.1.3 过水围堰设计标准

（1）过水围堰应按 2-1-1 确定建筑物级别，表中各项指标应以挡水期工况作为衡量依据。

（2）过水围堰的挡水标准应结合水文特点、施工工期、挡水时段，经技术经济比较后，在 3～20 年重现期范围内选定。当洪水系列较长（不小于 30 年）时，也可根据实测流量资料分析选用。

（3）围堰过水时的洪水设计标准根据过水围堰的级别和表 2-1-2 选定。当洪水系列较长（不小于 30 年）时，也可按实测典型年资料分析选用。应通过水力计算或水工模型试验，分析围堰过水时最不利流量作为设计依据。

2.1.4 坝体施工期临时度汛洪水设计标准

当坝体筑高到超过围堰顶部高程时，应根据坝型、坝前拦蓄库容，按表 2-1-3 的规定，确定坝体施工期临时度汛洪水设计标准。

表 2-1-3 坝体施工期临时度汛洪水设计标准（重现期）

单位：年

坝　型	拦蓄库容/亿 m^3			
	＞10.0	10.0～1.0	1.0～0.1	＜0.1
土坝、堆石坝	≥200	200～100	100～50	50～20
混凝土坝、浆砌石坝	≥100	100～50	50～20	20～10

2.1.5 导流泄水建筑物封堵后坝体的度汛洪水标准

导流泄水建筑物封堵后，若永久泄水建筑物尚未具备设计泄洪能力，应分析坝体施工和运行要求，按表 2-1-4 规定确定坝体度汛洪水设计标准。汛前坝体上升高度应满足拦洪要求，帷幕及接缝灌浆高程应能满足蓄水要求。

表 2-1-4 导流泄水建筑物封堵后坝体度汛洪水标准（重现期）

单位：年

坝　型		大 坝 级 别		
		1	2	3
土石坝	正常运用洪水	500～200	200～100	100～50
	非常运用洪水	1000～500	500～200	200～100
混凝土坝、浆砌石坝	正常运用洪水	200～100	100～50	50～20
	非常运用洪水	500～200	200～100	100～50

注　在机组具备发电条件前、导流泄水建筑物尚未全部封堵完成时，坝体度汛可不考虑非常运用洪水工况

2.1.6 截流设计标准

截流设计标准可结合工程规模和水文特征，选用截流时段内 5～10 年重现期的月或旬平均流量，也可用实测系列分析方法或预报方法分析确定。若梯级水库的调蓄作用改变了河道的水文特性，截流设计流量应经专门论证确定。

2.1.7 导流泄水建筑物下闸、封堵设计标准

导流泄水建筑物下闸的设计流量标准可取时段内 5～10 年重现期的月或旬平均流量，或按上游的实测流量确定；对于上游有水库控制的工程，下闸设计流量标准可取上游水库控泄流量与区间 5～10 年重现期的月或旬平均流量之和。

导流泄水建筑物封堵工程施工期导流标准在该时段 5～20 年重现期范围内选定，封堵施工期临近或跨入汛期时应适当提高标准。

2.1.8 水库蓄水标准

水库蓄水期的来水保证率可按 75%～85%计算。确定蓄水日期时，除应按蓄水标准分月计算水库蓄水位外，还应按规定的度汛标准计算汛期水位，复核汛前坝顶高程及混凝土坝的接缝灌浆计划。对于高坝大库等特殊情况，可研究水库分期蓄水方案。

2.1.9 施工期通航标准

《内河通航标准》（GB 50139—2011）规定：不同级别船闸引航道口门区的水流表面最大流速限值要求为：平行于航线的纵向流速 1.5～2.0m/s，垂直于航线的横向流速 0.25～0.3m/s，回水流速 0.4m/s。水电工程施工期通航标准应满足上述要求并经水力学试验验证确定。

2.2 导流方式和导流方案

2.2.1 导流方式

2.2.1.1 导流方式分类

导流方式是主体工程施工期控制水流的方法，是整个施工导流设计的基础和依据。通常以围堰截断河流形成主河床基坑的方式和截流后挡水、泄水特征作为工程的导流方式。

按围堰形成主河床基坑的特点，导流方式可划分为围堰一次拦断河床导流、围堰分期拦断河床导流两大类。

根据截流后导流泄水建筑物的不同和挡水、泄水对基坑的影响特点等详细分类见表 2-2-1。

在河床外的垭口、古河道等部位开挖明渠的导流方式，是典型的围堰一次断流导流方式，但受条件限制，实际工程采用不多。在实际工程中，导流明渠一般靠近河床布置，需束窄原河床进行修建，属于永久建筑物的一部分，与分期导流方式有所接近，因

此，大多工程将明渠导流视作围堰分期拦断河床导流方式。

表 2-2-1　　　　导流方式详细分类表

基本分类	按导流泄水建筑物名称分类	根据基坑施工特点等细化分类
围堰一次拦断河床导流	隧洞导流	1. 围堰全年挡水的隧洞导流方式。如：拉西瓦、二滩、小湾、溪洛渡、糯扎渡、公伯峡、小浪底等工程
		2. 枯水期围堰挡水、汛期围堰及基坑过水的隧洞导流方式。如：鲁地拉、功果桥、天生桥一级、水布垭、大朝山、光照、蔺河口等工程
		3. 枯水期围堰挡水、汛期坝体临时断面挡水的隧洞导流方式。如：三板溪、洪家渡等工程
	涵管导流	坝下涵管导流方式。如：柘林水电站、广州抽蓄电站等
围堰分期拦断河床导流	明渠导流	1. 明渠全年导流方式。如：三峡、宝珠寺、大峡、水口、里底等工程
		2. 枯水期明渠导流、汛期基坑过水的导流方式。如：安康水电站
	分期导流	1. 截流前束窄原河床过水，截流后临时底孔和缺口联合过流的底孔导流方式。如：向家坝工程
		2. 截流前束窄原河床过水，截流后利用永久泄洪建筑物过流的导流方式。如：葛洲坝、小峡、蜀河、大化等工程
		3. 多期多段的导流方式。如：长洲水利枢纽工程

2.2.1.2　导流方式选择

（1）隧洞导流方式适用于导流流量不大，坝址河床狭窄，两岸地形陡峻，一岸或两岸地质条件良好的坝址。

（2）明渠导流方式适用于导流流量大，坝址河床较窄或河床覆盖层很深，分期导流困难，但河床一岸有较宽台地、垭口或古河道，施工期有通航、排冰任务等的坝址。

（3）分期导流方式适用于河流流量大、河槽宽、覆盖层薄的坝址。一期围护的基坑应包括导流泄水建筑物或可用作临时泄水的永久建筑物，发电建筑物宜在一期施工，以便尽早发电；一期河床束窄率（围堰占用河床过水面积与原河床过水面积之百分比）一般为 30%～60%。

（4）混凝土重力坝、闸坝或河床式电站应优先选择明渠导流或分期导流方式。对碾压混凝土重力坝，为充分发挥其快速筑坝技术优势，当导流流量较大时，还可采用枯水期围堰挡水、汛期过水围堰或大坝缺口联合泄流的导流方式。如：长江三峡水利枢纽为混凝土重力坝，充分利用靠近右岸的河中小岛的有利地形，在右岸修建导流明渠，解决了二期导流和施工期通航问题；澜沧江功果桥水电站，碾压混凝土重力坝处于非关键线路上，采用枯水期围堰挡水、单条导流洞导流、汛期土石过水围堰和基坑联合泄流的导流方式，基坑在一汛期间停工 5 个月，但节省了 1 条大型导流洞，汛期壅高水位大大降低，为库区移民争取了时间。

（5）对要求整体平起施工的拱坝、土石坝宜选择隧洞导流方式。面板堆石坝的初期导流方式，在设计中把握好三点：①流量较小的河流，从方便坝体填筑出发，宜选用围堰全年挡水的导流方式；②对于流量较大的河流，坝基基础处理量不大，可选用坝体临时断面挡水度汛的方式。如湖南省的三板溪面板堆石坝在 2003 年 10 月截流后，利用汛前的 4 个月时间，坝体填筑高度达 93m，满足了临时挡水度汛要求；③对于流量很大的河流，面板堆石坝可选用汛期基坑过水的导流方式。如：天生桥一级、珊溪面板堆石坝等工程，通过在坝体过水表面铺盖钢筋笼防护措施，保证了汛期度汛安全。土质心墙坝不允许坝面过水，不能采用汛期坝面过水的导流方式。

（6）抽水蓄能电站库盆或大坝施工一般采用涵管导流或结合永久泄水建筑物导流方式；没有溪流汇入的库盆工程，雨季来水宜采用机械抽排的导流方式。

（7）位于已有水库内的进水口施工，宜选择围堰全年挡水、原水库泄水建筑物泄水的导流方式；经技术经济比较，也可选择降低水库水位后枯水期围堰挡水的导流方式。

（8）当水工枢纽大坝具备围堰一次断流又具备围堰分期断流的导流方式，或具备枯水期导流条件时，应对导流方式进行综合比较选择。比较指标主要包括：导截流条件、导流工程量、大坝及围堰施工强度、施工总进度、导流工程费用差值等。综合比较表见表 2-2-2，供参考。

表 2-2-2　　　　施工导流方式综合比较表

方案编号或名称			方案 1	方案 2	……
导流条件		导流方式的布置条件			
		导流分期			
		截流条件			
		施工期通航条件			
导流建筑物	泄水建筑物	型式			
		断面尺寸			
		最大泄量			
		流速			
		主要工程量			
	挡水建筑物	型式			
		最大高度			
		挡水标准			
		围堰工程量			
施工强度		大坝最大施工强度			
		围堰填筑强度			
施工总进度		坝体完成期限			
		围堰完成期限			
		总工期或首台机发电工期			
费用		导流工程费用			

2.2.2　导流分期

围堰一次拦断河床导流方式的导流时段通常划分为初期、中期、后期三个时段。如高坝施工采用隧洞导流方式，初期为截流至坝体筑高到围堰顶部高程时的时段，中期为坝体超过围堰顶高程具备挡水条件至隧洞下闸的时段，后期为导流隧洞下闸开始封堵蓄水至大坝完工并具备永久泄洪能力的时段。中、低坝导流时段一般只有其中的一个或两个时段。

围堰分期拦断河床导流方式的导流时段通常按基坑形成时间划分，一般划分为两期、三期，甚至更多分期。明渠导流方式一般分为三期，一期为修建明渠的时段，二期为明渠导流时段，三期为明渠封堵改建时段。中小工程分期导流以两期居多，一期为束窄河床修建永久泄水建筑物或部分泄水建筑物的时段，二期为泄洪建筑物导流、修建另一侧河床建筑物的时段。

2.2.3 导流方案和导流程序

完整的导流方案，应对不同时段的挡水和泄水措施做出周密的规划设计。初期导流的规划重点是研究如何将水流排至基坑范围之外；中期导流规划的重点是如何保证度汛期间的坝体挡水安全；后期导流规划的重点是在导流建筑物全部封堵或部分封堵后、永久泄洪建筑物尚未具备泄洪能力期间，如何保证坝体蓄水期间的度汛安全。各期导流方案常用的泄洪建筑物有：导流隧洞、导流明渠、导流涵管、坝身导流底孔、大坝缺口、束窄的原河床、围堰或基坑、永久泄洪建筑物、厂房流道，以及上述泄洪建筑物的组合等。未完建厂房流道泄水方式对电站厂房结构易引起空蚀或震动破坏，影响机组安装工期，故一般尽可能不采用，目前工程已经不采用，仅在20世纪80年代以前的个别工程中采用过。

对于分期导流方式常用的导流方案为：一期先束窄原河床导流，在一期基坑内建设包括用于后期导流用的泄洪建筑物（如明渠、泄洪闸、底孔等）、发电建筑物、通航建筑物等；二期、三期导流期，水流主要通过已建成的泄洪闸、坝身孔洞或坝身预留缺口等过流。采用坝身预留缺口泄流时，需重点研究坝身过流安全，合理安排各坝块上升速度，控制缺口高程并满足后期封堵加高要求。一期导流方案需对是否修建发电建筑物进行比较。

对于隧洞导流方式常用的导流方案为：初期导流主要利用导流隧洞，后期泄洪主要依靠永久泄洪建筑物或坝身预留的临时底孔等。对于高坝大库，为了满足蓄水期下游供水要求，有时还需要分批封堵导流洞，未封堵导流洞参与后期导流。

通常先根据确定的导流方式拟定多个导流方案，然后通过技术经济比较，最终确定导流方案。根据确定的导流方案，结合施工总进度安排，分时段对整个施工期内的挡水和泄水以及主要节点项目进行安排，提出导流程序表。

国内部分工程施工导流规划统计见表2-2-3。

表2-2-3　国内部分工程施工导流标准及导流方案

序号	项目名称	坝　型	导流方式	导流标准和流量	导　流　方　案	备　注
1	三峡	混凝土重力坝	明渠导流	一期：$P=5\%$，$Q=72300$； 二期：$P=1\%$，$Q=83700$； 三期：设计 $P=5\%$，$Q=72300$；保堰 $P=1\%$，$Q=83700$	一期：围护右岸，束窄原河床导流； 二期：土石围堰挡水，明渠导流； 三期：上游碾压混凝土围堰挡水，22个6m×8.5m临时底孔+23个7m×9m永久底孔过流	三期挡水期间，围堰挡水标准提高一级。初期蓄水后坝体度汛标准提高至200年一遇
2	宝珠寺	混凝土重力坝	明渠导流	一期：$P=5\%$，$Q=6090$； 二期：$P=5\%$，$Q=9570$； 三期：$P=1\%$，$Q=13600$； 四期：$P=1\%$，$Q=13600$	一期：纵向围堰围护右岸，束窄原河床导流； 二期：土石围堰挡水，明渠导流； 三期：坝体临时挡水，明渠坝段预留缺口+2个临时底孔+2个永久底孔过流； 四期：坝体挡水，2个永久底孔+2个永久中孔+2个永久表孔过流	
3	葛洲坝	混凝土重力坝	分期导流	一期：设计 $P=10\%$，$Q=66800$ 校核 $P=3.57\%$，$Q=71100$； 二期：设计 $P=10\%$，$Q=66800$ 校核 $P=3.57\%$，$Q=71100$	一期：围护左岸（二江和三江），束窄原河床导流； 二期：土石围堰挡水，二江泄水闸、三江冲沙闸、二江机组及排沙底孔导流	
4	向家坝	混凝土重力坝	分期导流	一期：$P=5\%$，$Q=28200$； 二期：$P=2\%$，$Q=32000$； 三期：$P=1\%$，$Q=34800$	一期：围护左岸，束窄原河床导流； 二期：土石围堰挡水，导流底孔和坝体缺口泄流； 三期：坝体临时断面挡水，导流底孔和坝体中孔泄流	
5	龙滩	碾压混凝土重力坝	隧洞导流	初期：$P=10\%$，$Q=14700$； 中期：$P=1\%$，$Q=23200$； 后期：$P=0.5\%$，$Q=25100$	初期：河床一次断流，上下游碾压混凝土围堰挡水2条隧洞泄流。 中、后期：坝体临时断面挡水，坝体缺口+2个放空洞泄流	
6	大峡	混凝土重力坝	明渠分期导流	一期：$P=5\%$，$Q=5000$； 二期：$P=5\%$，$Q=5000$； 三期：$P=10\%$（枯期11月至次年5月），$Q=1570$	一期：纵向围堰围护左岸，束窄原河床导流； 二期：上下游土石围堰挡水，明渠导流； 三期：上游明渠叠梁闸挡水，下游消力池检修闸门挡水，1个永久底孔过流	
7	小峡	混凝土重力坝	明渠分期导流	一期：枯期（11月至次年4月）：$P=10\%$，$Q=1250$；汛期（5—10月）：$P=10\%$，$Q=4150$； 二期：$P=5\%$，$Q=4150$	一期枯期：纵向岩坎围护，明渠进出口枯水围堰挡水，束窄原河床导流； 一期汛期：纵向岩坎围护，明渠进出口加高枯水围堰挡水，束窄原河床导流； 二期：上下游土石围堰挡水，明渠导流	
8	里底	混凝土重力坝	明渠分期导流	一期：枯期（10月至次年5月）：$P=10\%$，$Q=1880$；汛期（6—9月）：$P=10\%$，$Q=5080$； 二期：$P=5\%$，$Q=5990$； 三期（枯期5月）：$P=10\%$，$Q=1370$	一期：纵向围堰围护左岸，束窄原河床导流； 二期：上下游土石围堰挡水，明渠导流； 三期：上游明渠叠梁闸挡水，下游围堰挡水，永久底孔过流	

续表

序号	项目名称	坝　　型	导流方式	导流标准和流量	导　流　方　案	备　　注
9	功果桥	碾压混凝土重力坝	隧洞导流	初期：枯期（11月至次年5月）：P=10%，Q=2060；汛期（6—10月）：P=5%，Q=7710。 中期：P=1%，Q=10300。 后期（12月至次年3月）：设计P=2%，Q=1240；校核P=1%，Q=1390	初期：枯期上下游土石过水围堰挡水，隧洞导流；汛期由隧洞和大坝缺口导流。 中期：大坝临时断面挡水，导流洞、底孔及3孔表孔联合过流。 后期：为枯期导流，大坝、表孔检修门挡水，底孔、2孔表孔控泄	
10	棉花滩	碾压混凝土重力坝	隧洞导流	初期枯期（10月至次年3月）：P=20%，Q=2120。 初期汛期（4—9月）：P=5%，Q=6950。 中期：P=1%，Q=9440。 后期：P=0.2%，Q=12000	初期枯期：河床一次断流，上下游围堰挡水1条隧洞泄流。 初期汛期：1条隧洞＋坝顶泄流。 中期：大坝临时断面挡水，导流洞、底孔联合泄流。 后期：大坝挡水，底孔＋溢洪道联合泄流	
11	糯扎渡	心墙堆石坝	隧洞导流	初期：P=2%，Q=17400。 中期：P=0.5%，Q=22000。 后期：设计P=0.2%，Q=25100。 校核P=0.1%，Q=27500	初期：河床一次断流，上下游围堰挡水，4条隧洞导流。 中期：坝体临时断面挡水，5条隧洞导流。 后期：坝体临时断面挡水，永久泄洪洞及未完建的溢洪道导流	
12	水布垭	混凝土面板堆石坝	隧洞导流	初期：枯期（11月至次年4月）：P=5%，Q=3960；汛期（5—10月）：P=3.33%，Q=11600。 中期：P=0.5%，Q=14900。 后期：设计P=0.2%，Q=16500。 校核P=0.1%，Q=17600	初期枯期：河床一次断流，上下游围堰挡水2条隧洞泄流。 初期汛期：围堰、坝面、2条隧洞泄流，坝体停止施工。 中期：坝体临时断面挡水，2条隧洞＋1条永久防空洞导流。 后期：坝体挡水，永久放空洞＋溢洪道导流	
13	公伯峡	混凝土面板堆石坝	隧洞导流	初期：P=5%，Q=3510。 中期：P=2%，Q=4990。 后期：P=1%，Q=5180	初期：河床一次断流，上下游围堰挡水右岸隧洞泄流。 中期：坝体临时断面挡水，隧洞导流。 后期：坝体全断面挡水，永久泄洪洞及隧洞导流	
14	天生桥一级	混凝土面板堆石坝	隧洞导流	初期：枯期（11月至次年5月）：P=5%，Q=1670；汛期（5—10月）：P=3.33%，Q=10800。 中期：P=0.33%，Q=17400。 后期：P=0.2%，Q=18000	初期枯期：河床一次断流，上下游围堰挡水，2条隧洞泄流。 初期汛期：坝体临时断面挡水，2条隧洞＋坝体过水面泄流。 中期：坝体临时断面挡水，2条隧洞＋放孔洞泄流。 后期：坝体挡水，放孔洞＋溢洪道泄流	
15	瀑布沟	砂砾石心墙堆石坝	隧洞导流	初期：P=3.33%，Q=7320。 中期：P=1.0%，Q=8230。 后期：P=0.2%，Q=9460	初期：河床一次断流，上下游围堰挡水，左岸2条隧洞泄流。 中期：坝体临时断面挡水，2条隧洞泄流。 后期：坝体临时断面挡水，永久泄水建筑物泄流	
16	龙羊峡	混凝土重力拱坝	隧洞导流	初期：P=5%，Q=4100。 中期：P=2%，Q=4770。 后期：P=0.5%，Q=5650	初、中期：河床一次断流，上下游围堰挡水，右岸导流隧洞泄流。 后期：永久泄洪建筑物过流	
17	李家峡	混凝土重力拱坝	隧洞导流	初期：P=5%，Q=2000。 中期度汛：P=2%，Q=2500。 后期：P=1%，Q=4600	初期：河床一次断流，上、下游围堰挡水，右岸隧洞泄流。 中期：坝体临时断面挡水，中孔、底孔过水。 后期：坝体挡水，中孔、底孔、发电机组过水	
18	小湾	混凝土双曲拱坝	隧洞导流	初期：P=3.33，Q=10300。 中期：P=1%～2%，Q=11600～13100。 后期：P=0.5%，Q=14600	初期：河床一次断流，上下游围堰挡水隧洞泄流。 中期：坝体临时断面挡水，隧洞、导流底孔、导流中孔、放空底孔。 后期：临时断面挡水，导流中孔＋放空底孔＋泄洪中孔＋机组	
19	拉西瓦	混凝土双曲拱坝	隧洞导流	初期：P=5%，Q=2000。 中期：P=1%，Q=2500。 后期：P=1%，Q=13100	初期：河床一次断流，上下游围堰挡水，1条隧洞导流。 中期：坝体临时断面挡水，隧洞导流。 后期：坝体临时断面挡水，发电机组，深孔及底孔导流	

续表

序号	项目名称	坝　　型	导流方式	导流标准和流量	导　流　方　案	备　　注
20	锦屏一级	混凝土双曲拱坝	隧洞导流	初期：P=3.33%，Q=9370。 中期：P=0.5%，Q=11700。 后期：P=0.5%，Q=11700，调蓄	初期：河床一次断流，上下游围堰挡水，2 条隧洞导流。 中期：坝体临时断面挡水，5 个导流底孔+2 孔放空底孔泄流。 后期：坝体临时断面挡水，2 孔放空底孔+5 孔永久深孔+1 条泄洪洞++提前发电机组联合过流	
21	溪洛渡	混凝土双曲拱坝	隧洞导流	初期：P=2%，Q=32000。 中期：P=1%，Q=34800。 后期：P=0.5%，Q=37600	初期：河床一次断流，上下游围堰挡水，6 条隧洞导流。 中期：坝体临时断面挡水，6 条隧洞导流。 后期：坝体临时断面挡水，导流底孔+坝体深孔+泄洪洞	
22	构皮滩	混凝土双曲拱坝	隧洞导流	初期：P=10%，Q=10930。 中期：P=1%，Q=21000。 后期：设计 P=0.5%，Q=37600。 校核 P=0.2%，Q=27900	初期：河床一次断流，上下游围堰挡水，3 条隧洞导流。 中期：坝体临时断面挡水，3 条隧洞导流及坝身底孔导流。 后期：坝体全断面挡水，导流底孔及永久泄洪底孔、中孔及表孔导流	
23	蔺河口	碾压混凝土双曲拱坝	隧洞导流	初期：枯期（11 月至次年 3 月）：P=10%，Q=246，汛期（4—10 月）：P=5%，Q=2320； 中后期：全年 P=5%，Q=2320	一期枯期：上下游横向围堰挡水，隧洞导流。 一期汛期：上下游横向围堰过水（基坑过水），隧洞导流。 中后期：坝体临时断面挡水，隧洞+底孔导流	

2.3　导流泄水建筑物设计及水力学计算

2.3.1　导流泄水建筑物设计

2.3.1.1　导流明渠

一、导流明渠布置

1. 导流明渠轴线布置原则

①导流明渠应布置在较宽台地，垭口或古河道一岸，一期导流期间要满足束窄河床要求，一般控制；②渠身轴线伸出上下游围堰外坡脚，水平距离要满足围堰防冲要求，一般情况下，对土石围堰且无保护措施时取 30～50m，对于混凝土围堰及有保护措施的土石围堰不小于 10～20m；③尽可能缩短明渠轴线长度和避免深挖方，渠道需采用弯道时，弯道半径以不小于 2.5～3 倍水面宽度为宜。若有通航要求，其宽度、弯曲半径、水深等根据通航等级要求确定；④与永久工程能有效结合，满足枢纽布置型式要求，导流明渠轴线一般选择在枢纽建筑物的溢洪道坝段或挡水坝段。

2. 导流明渠进出口位置和高程确定原则

①进、出口力求不冲、不淤、不产生回流，可通过水力学模型试验调整进出口形状和位置，以达到这一目的；②进口高程按截流设计选择，出口高程一般由下游消能控制；③进出口高程和渠道水流流态应满足施工期通航、过木和排冰要求，无通航要求的明渠底坡一般设计为陡坡，有通航要求的明渠底坡一般设计为缓坡；④在满足上列要求的条件下，尽可能抬高进出口高程，以减少水下开挖量。

二、导流明渠断面设计

1. 明渠断面型式

导流工程中，渠道横断面型式常用的主要有梯形、矩形、多边形、复式断面等。

梯形断面广泛适用于大、中、小型渠道，其优点是施工简单，边坡稳定，便于应用混凝土薄板衬砌。

矩形断面适用于坚固岩石中开凿的石渠，如傍山或塬边渠道以及渠宽受限制的区域，可采用矩形断面。

多边形断面适用于在粉质砂土地区修建的渠道。当渠床位于不同土质的大型渠道，多采用多边形断面。

复式断面适用于深挖渠段。复式断面有利于调整明渠弯道水流的流速分布及流态，改善明渠通航条件。渠岸以上部分的坡度可适当放陡，每隔一段留一平台，有利于边坡稳定并节省土方开挖量。

2. 明渠断面尺寸

明渠断面尺寸由设计导流流量控制，并受地形、地质和允许抗冲流速影响，应按不同的明渠断面尺寸与围堰高程的组合，通过技术经济、工期等综合比较选定。比较时需拟定几个明渠断面，计算相应的明渠及上游围堰工程量和造价，两者相加总造价最小的断面即为经济断面。在明渠最佳断面尺寸拟定时，明渠糙率的大小直接影响明渠的泄水能力，而影响糙率大小的因素有：衬砌的材料、开挖方法、渠底的平整度等，可根据具体情况查阅本章第 2.3.2 节有关资料确定。

渠岸超高一般包括风浪爬高、弯道超高、船行波上卷高度、安全超高等，可根据有关手册详细计算。

渠道边坡坡度根据地质条件和边坡高度综合确定，边坡系数 m 值参考见表 2-3-1～表 2-3-3，水上岩质边坡根据风化程度、节理发育程度等一般采用 1∶0.1～1∶1。

表 2-3-1　导流明渠水下最小边坡系数 m 参考值

岩　土　类　别	明渠水下边坡系数 m
稍胶结的卵石	1.00～1.25
夹砂的卵石和砾石	1.25～1.50
黏土、重壤土、中壤土	1.25～1.50
轻壤土	2.0～2.50
砂壤土	1.50～2.00
砂土	3.00～3.50
风化的岩石	0.25～0.50
未风化的岩石	0.10～0.25

表 2-3-2　　渠岸以上黏土低边坡坡比参考值

土的类别	密实度或黏土状态	边坡高度	
		<5m	≥5m
黏土、重黏土	坚硬	1∶0.35～1∶0.50	1∶0.50～1∶0.75
	硬塑	1∶0.50～1∶0.75	1∶0.75～1∶1.00
一般性黏土	坚硬	1∶0.75～1∶1.00	1∶1.00～1∶1.25
	硬塑	1∶1.00～1∶1.25	1∶1.25～1∶1.50

表 2-3-3　　碎石土边坡总坡比参考值

土体结合密实程度		边坡高度		
		<10m	10～20m	20～30m
胶结的		1∶0.30	1∶0.30～1∶0.50	1∶0.50
密实的		1∶0.50	1∶0.50～1∶0.75	1∶0.75～1∶1
中等密实的		1∶0.75～1∶1	1∶1	1∶1.25～1∶1.5
松散的	大多数块径大于 40cm	1∶0.50	1∶0.75	1∶0.75～1∶1
	大多数块径大于 25cm	1∶0.75	1∶1.0	1∶1～1∶1.25
	块径一般小于 25cm	1∶1.25	1∶1.5	1∶1.5～1∶1.75

3. 明渠底坡

对于无航道要求的明渠，在渠内流速允许时，宜设计成陡坡，以减小明渠断面或降低围堰高程。对于有通航要求的明渠，宜采用缓坡。

明渠底坡的选用，应使渠内流速和进、出口水流衔接良好，必要时各渠段可采用不同的底坡。

三、明渠封堵

导流明渠结构布置应考虑后期封堵要求。当施工期有通航、排冰任务，明渠较宽时，可在明渠内预设闸门墩，以利后期封堵或改建。施工期无通航或排冰任务时，可于明渠通水前，将明渠坝段施工到适当的高程，并设置导流底孔和坝面缺口，使二者联合泄流。

2.3.1.2　导流隧洞

一、导流隧洞布置

隧洞布置对围岩稳定、水流条件、工程造价、施工工期和运行安全有重要影响，是导流隧洞设计的关键，必须充分掌握基本资料，进行必要的水力计算，并根据地形、地质、水力学、施工、运行、沿程建筑物、枢纽总布置以及对周围环境的影响等因素综合考虑，通过多个方案的技术经济比较选定。

（1）在满足水工枢纽总布置要求的条件下，洞线应选在沿线地质构造简单、岩体完整稳定、岩石坚硬，上覆岩层有足够的厚度，水文地质条件好，施工方便的地区。

（2）洞线与岩层、构造断裂面及主要软弱带应具有较大的夹角，对整体块状结构岩体，其夹角一般不应小于 30°，对于层状岩体，特别是层间结合疏松的高倾角薄岩层，其夹角一般不应小于 45°。

（3）在高地应力区，洞线应与最大水平主应力方向一致或尽量减少其夹角。

（4）相邻两隧洞间岩体厚度一般不应小于 2 倍洞径（或洞宽），岩体较好时，并辅以合理的施工措施，可酌情放宽到不小于 1 倍洞径（或洞宽）。

（5）洞线在平面上应尽可能布置成直线，如果必须采用曲线时，弯曲半径不宜小于 5 倍的洞径（或洞宽），转角不应大于 60°。

（6）有条件时，导流隧洞应与永久隧洞相结合，以利节省投资。一般高水头枢纽，导流隧洞只可能与永久隧洞部分相结合，中低水头则有可能全部相结合。

（7）导流隧洞设计应考虑后期封堵要求布置封堵闸门门槽及启闭平台设施。一般在进口设置进水塔作为后期封堵用，当进口受地形地质条件限制，不宜布置进水塔时，可在洞内适当位置布置封堵闸室。

二、导流隧洞进、出口布置

（1）进、出口布置应根据枢纽总布置，地形条件，使水流通畅，进流均匀，出流平稳，与下游水流良好衔接，并有利于防淤、防沙、防冰、防冲以及防污等。满足过水流量及设置闸门要求。

（2）进、出口应选在地质构造简单，风化覆盖层较浅的地区，尽量避开不良地质构造、山崩、危崖、滑坡等地区，并应尽可能避免高边坡的开挖，当无法避免时，应仔细分析开挖后边坡的稳定性，并注意分析研究加固处理措施。

（3）隧洞进、出口高程应根据水流流态，截流要求，减少导截流工程量及通航、排冰对进出口水流衔接的要求等方面综合考虑选择确定；进口高程一般宜在枯水位或以下；出口高程不应使隧洞出流产生大的跌落。

三、导流隧洞断面设计

隧洞断面形式取决于地质条件、隧洞工作状况（有压、无压或半有压）及施工条件。洞径应控制在施工技术与结构安全范围之内，目前国内单洞断面面积多在 250m^2 以内，泄量一般在 4000m^3/s 以内。已建工程中最大导流洞尺寸为 17.5m×23m（宽×高，二滩水电站），单洞最大泄量为 7350m^3/s（龙滩水电站）。

导流隧洞常用断面形式：①圆形；②马蹄形；③方圆形。如图 2-3-1 所示。

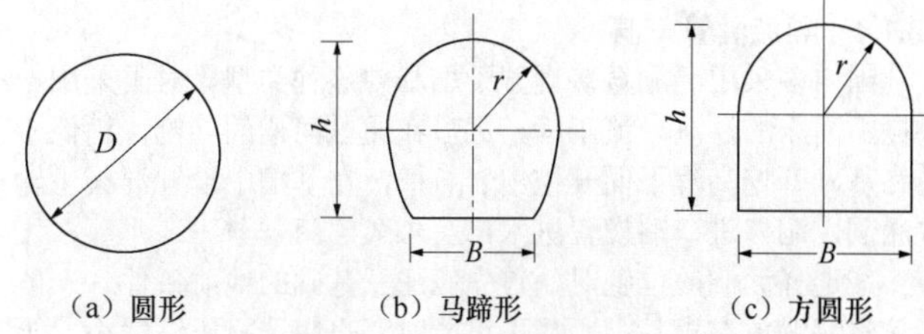

图 2-3-1　隧洞断面形式

圆形多用于与永久泄洪建筑物完全结合的洞室；马蹄形用于地质条件不良处；方圆形有利于截流和施工，国内外导流隧洞采用方圆形为多。隧洞断面尺寸，取决于通过流量的大小。在流量一定的条件下，隧洞经济断面的选择，须拟定几个隧洞尺寸，计算相应的围堰高度，并计算不同断面尺寸的隧洞和围堰的工程量造价。两者相加，总造价最小的断面尺寸即为经济断面。

洞身设计中，糙率 n 值的选择是十分重要的问题，糙率的大小直接影响到断面的大小，而衬砌与否、衬砌的材料和施工质量、开挖的方法和质量则是影响糙率大小的因素。一般混凝土衬砌糙率为 0.014～0.017；不衬砌隧洞的糙率变化较大，光面爆破时为 0.025～0.032，一般炮眼爆破为 0.035～0.044。设计时应根据具体条件，查阅有关资料，选取设计的糙率值。对重要的导流隧洞工程，应通过水工模型试验验证其糙率的合理性。

四、结构设计

隧洞洞身一般采用钢筋混凝土衬砌结构或喷锚结构。当围岩破碎、承受的外水荷载较大或为了降低糙率增大泄量时，需采取混凝土衬砌。衬砌厚度一般为洞径的 1/10～1/12。对直径（或宽度）大于 10m 的导流洞，宜采用有限元法计算；圆形导流洞宜采用公式法计算；城门洞形导流洞宜采用边值法计算。

导流隧洞封堵体设计级别与大坝相同，封堵体纵断面型式优先选择楔形，也可采用圆柱体或壳形结构。

2.3.1.3 导流底孔

参与初期导流的导流底孔（如导流明渠内布置的底孔）底部高程一般由截流标准要求控制，底孔多数布置在同一高程。参与中后期导流的高坝坝身临时底孔，为解决封孔困难也可设在不同的高程。

底孔可骑缝布置也可跨中布置。坝段允许设置底孔的总宽及底孔单孔尺寸和高宽比由坝体结构应力的控制。每一坝段允许设置导流底孔的总宽度一般控制在 1/2B 范围内（B 为坝段宽）。底孔单孔尺寸取决于坝体应力和封堵闸门启闭能力的限制，同时应综合考虑施工期利用底孔排冰和向下游生态供水的要求。底孔一般为矩形，也有城门洞型的，高宽比（h/b）一般取 1∶2。对于高坝，加大高宽比更为有利，即所谓窄深式底孔。底孔应力分析采用一般结构力学方法即可解决，复杂的需采用有限元法。

底孔进口一般只设置封孔闸门，无检修门，有控泄需要时也可在出口加设一道弧形工作闸门。导流底孔进口形式直接影响泄流能力及运行状态，应由水工模型试验确定，无试验资料时，一般取 1/4 椭圆曲线。出口宜设置收缩断面，以消除负压、防止空蚀。

导流底孔和坝面缺口联合泄流，已属于两层同时泄流（在同一横剖面上），其水力学条件较为复杂。这种联合泄流方式已为国内外普遍采用，并积累了成功的经验。应避免两层以上同时泄流布置，如必须用多层泄流时，应进行专门水力学试验论证。

2.3.1.4 导流涵管（洞）

国内多采用涵洞直接埋置于坝基中这种类型。对于采用一次拦断河床的涵洞导流工程，大多在通过河槽的一侧，稍低于最终基础开挖高程下面开挖出岩石槽，在基槽中设置混凝土输水涵洞，洞口进口端设置进水口及永久闸门。

在选择涵洞的位置时，首先应注意基础的地质条件。一般要求将涵洞放在岩基上，如不可能时，也应选择压缩性小、土质均匀而稳定的基础。当坝高超过 15m 时，应将涵洞放在岩基上；若坝高不超过 15m 时，且土质均匀而坚实，也可以考虑放在软基上，但应从结构上加强。涵洞的轴线应当与坝轴线垂直，使涵洞的线路在平面上、纵断面上为直线，避免转弯。这种涵洞线路较短，水流畅顺，施工方便。涵洞纵向坡度一般为 10‰～15‰，其进口高程一般情况下宜比原河床高出 2m 左右。

国内常用的涵洞的结构形式有下列几种：

（1）现场浇注的钢筋混凝土矩形或拱门形涵洞。

（2）预制的钢筋混凝土圆管。

（3）盖板式浆砌石矩形涵洞。

导流涵洞的泄流量一般较小，适合于导流流量不大的工程或枯水期导流。四川龙溪河上的狮子滩水电站导流涵洞全长约 482.7m，中间段为 2 孔 4m×4m 的钢筋混凝土涵洞穿过堆石坝基础。江西柘林水电站导流涵洞尺寸达 9m×12.2m，采用钢筋混凝土现浇结构，为国内最大单孔导流涵洞。

2.3.1.5 导流缺口

缺口导流在混凝土坝施工中被广为采用，常与隧洞，底孔等配合，以弥补其过水断面的不足。缺口一般布置要求如下：

（1）缺口位置应根据导流程序的要求，尽量选择在水流条件和地基抗冲条件较好的部位，防止对坝基、围堰及其他建筑物的冲刷，还应考虑施工交通和场内施工布置。一般不宜两岸都布置缺口，以集中布置为佳。

（2）缺口的高程主要考虑泄流要求和缺口升高的进度要求。缺口布置在底孔上部，与底孔联合泄流，这是一种常用的布置型式，例如向家坝、三门峡等工程都曾采用过。但如布置不当，易产生气蚀，当缺口与底孔的高程差较大时，尤应重视。

功果桥水电站和鲁地拉水电站在中期度汛期间，将坝体缺口位置由占压直线工期的溢流坝段调整至岸边的非溢流坝段上，通过加强防护措施解决非溢流坝段的消能。调整后有效解决了关键坝段的工期，后期封堵速度快，有效地加快了工程进度。功果桥水电站度汛缺口布置在 5#、6#、7#非溢流坝段，缺口宽度 67m，分担泄洪流量 4520m^3/s。

2.3.2 导流水力学计算及模型试验

2.3.2.1 束窄河床导流水力学计算

分期导流围堰束窄河床后，使天然水流发生改变，在围堰上游产生水位壅高，见图 2-3-2。分期导流的流态随纵向围堰的长度 L 及上游水深 H 而不同，可以分别按宽顶堰或明渠流处理。通常宽顶堰的极限长度限于 10 倍水深 H，对于临时水工建筑物可以放宽至 20 倍水深，其流态界限见表 2-3-4。

表 2-3-4　　分期导流的流态界限

宽顶堰		明渠流		备注
L/H=2.5～2.0		L/H>20		
自由出流	淹没出流	缓流	急流	H_0—上游水头 h_0—正常水深 h_k—临界水深 其他符号见图 2-3-2
$h_s<1.25h_k$	$h_s\geq1.25h_k$	$i<i_k$	$i>i_k$	
$h_s<0.8H_0$	$h_s\geq0.8H_0$	$h_0>h_k$	$h_0<h_k$	

分期围堰布置形式如图 2-3-2 所示。

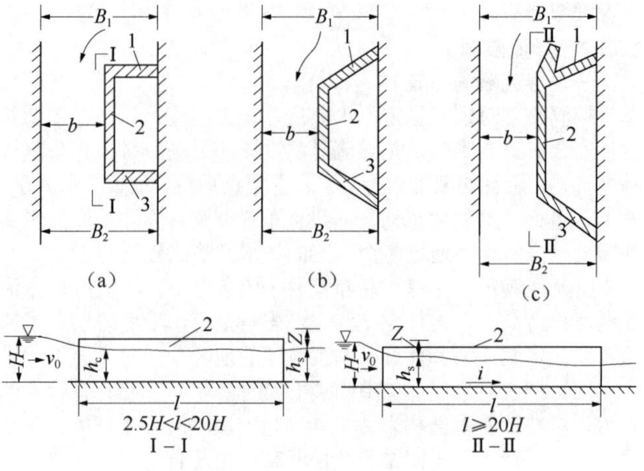

图 2-3-2　分期围堰布置型式

1—上游横向围堰；2—纵向围堰；3—下游横向围堰；

Ⅰ-Ⅰ—堰流；Ⅱ-Ⅱ—明渠流

一、束窄河床泄流能力计算

（1）对于淹没堰流，通过束窄河床的泄流量 Q 近似按式（2-3-1）计算：

$$Q=\varphi A_c\sqrt{2g(H_0-h_s)} \tag{2-3-1}$$

或写成：

$$Z=\frac{1}{\varphi^2}\frac{v_c^2}{2g}-\frac{v_0^2}{2g} \tag{2-3-2}$$

式中　Q——计算流量，m^3/s；

Z——壅高，m；

v_0——行近流速，m/s；

g——重力加速度（取 9.81），m/s^2；

φ——流速系数（与围堰布置形式有关，见表 2-3-5）；

v_c——束窄河床平均流速，m/s；$v_c=Q/W_c$；

W_c——收缩断面有效过水断面，m^2；$W_c=b_c t_{cp}$；

b_c——束窄河段过水宽度，m；

t_{cp}——河道下游平均水深，m。

计算时，先假设上游水位 H，算出 Z 值，以 $Z+t_{tp}$ 与所设 H_0 比较，逐步修改 H_0 值直至接近 $Z+t_{tp}$ 值，一般 2～3 次即可。

（2）对于非淹没堰流，计算公式为：

$$Q=m\overline{B_k}\sqrt{2g}H_0^{3/2} \tag{2-3-3}$$

$$H_0=\left(\frac{Q^2}{2gm^2\overline{B_k}^2}\right)^{1/2} \tag{2-3-4}$$

$$\overline{B_k}=\frac{A_k}{h_k}$$

其中　m——流量系数，见表 2-3-5；

H_0——计及行近流速的上游水头；

$\overline{B_k}$——临界水深下的平均过水宽度；

h_k——临界水深；

A_k——临界水深下的过水面积。

（3）当纵向围堰的长度 L。与上游水深 H 之比大于 20 时，束窄河床泄流能力可按明渠泄流方法计算，见本章第 2.3.2.2 节。

表 2-3-5　　不同围堰布置的 φ、m 值

布置形式	矩　形	梯　形	梯形且有导水翼墙	梯形且有上挑丁坝	梯形且有上挑丁坝
布置简图					
φ	0.70～0.80	0.80～0.85	0.85～0.90	0.70～0.80	0.80～0.85
m	0.30	0.30～0.32	0.32～0.35	0.30	0.30～0.32

二、束窄河床局部冲刷计算

分期导流的束窄河床，从围堰转角处开始，流速急剧增加，可能淘刷堰脚。河槽最大流速 v_{max} 一般发生在上游围堰转角处，可由式（2-3-5）计算：

$$v_{max}=v_0\sqrt{1+a_0\frac{Z_0}{h_{v0}}} \tag{2-3-5}$$

式中　v_0——上游行近流速；

h_{v0}——行近流速水头；

Z_0——计入行近流速的水头差；

a_0——岩纵向围堰与上游横向围堰脚垫起始位置的相对压力差，根据上游围堰与纵向围堰夹角的不同，取为 1.56～1.67。

天然覆盖层河床平均允许抗冲流速见表 2-3-6。岩石及加固工程的平均抗冲流速见表 2-3-7。

表 2-3-6　　天然覆盖层河床平均允许抗冲流速　单位：m/s

松散体河床				
项目	粒径/mm	平均水深/m		
		1.0	3.0	10.0
细砂	0.05～0.25	0.25	0.30	0.30
中砂	0.25～1.00	0.30	0.50	0.70
粗砂	1.0～2.5	0.60	0.80	1.00
细砾石	2.5～5.0	0.80	1.00	1.20
中砾石	5.0～10	1.00	1.30	1.60
粗砾石	10～15	1.20	1.50	1.80
细卵石	15～25	1.50	1.80	2.20
中卵石	25～40	1.70	2.00	2.50
粗卵石	40～75	2.10	2.50	3.00
细顽石	75～100	2.40	2.80	3.50
中顽石	100～150	2.80	3.30	4.00
粗顽石	150～200	3.00	3.70	4.50
细漂石	200～300	3.50	4.00	5.00
中漂石	300～400	3.80	4.50	5.50
粗漂石	400～500	4.00	5.00	6.00

表 2-3-7　　岩石及加固工程的平均抗冲流速　单位：m/s

项　目		平均水深/m			
		0.4	1.0	2.0	≥3.0
岩石	砾岩、泥灰岩、泥质板岩、页岩	2.1	2.5	3.0	3.5
	多孔石灰岩、紧密砾岩、石灰质砂岩、白云石灰岩	3.0	3.5	4.0	4.5
	白云砂岩、紧密的非成层石灰岩、硅质石英岩、大理石	4.0	5.0	6.0	6.5
	花岗岩、正长岩、辉长岩、班岩、安山岩、辉绿岩、玄武岩、石英岩	16	20	23	25
梢笼	梢捆褥垫，厚度 20～25cm		2.0	2.5	
	柴排护底，厚度 50cm	2.5	3.0	3.5	
	石笼，尺寸不小于 50cm×50cm×100cm	4.2	5.0	5.7	6.2
浆砌石	低强度石料，强度大于 10MPa	3.0	3.5	4.0	4.5
	高强度石料，强度大于 30MPa	6.5	8.0	10.0	12.0
混凝土	100 号混凝土护面，表面光滑	9.0	11.0	12.0	14.0
	150 号混凝土护面，表面光滑	12.0	15.0	17.0	19.0
	200 号混凝土护面，表面光滑	14.0	18.0	21.0	23.0

注　表中岩石指新鲜未风化的岩石。

2.3.2.2　导流明渠水力计算

一、明渠水面线计算公式

施工过程中使用的导流明渠为临时建筑物，其水流特性一般属非均匀流，即流速和水深沿程变化，其水面线一般为曲线，常见的有水深沿程增加的壅水曲线和水深沿程减少的降水曲线。

导流明渠水面曲线可用分段求和法计算，就是把明渠分成若干段，逐段推算，最后将各断面求得的水深连起来就得到非均匀流水面曲线。计算基本公式为：

$$\frac{\left(h_i+\frac{v_i^2}{2g}\right)-\left(h_{i+1}+\frac{v_{i+1}^2}{2g}\right)}{\Delta L}=i-j \qquad (2\text{-}3\text{-}6)$$

$$j=\frac{\overline{v^2}}{\overline{C}^2\overline{R}} \qquad (2\text{-}3\text{-}7)$$

$$\bar{v}=\frac{v_i+v_{i+1}}{2}$$

$$\overline{C}=\frac{C_i+C_{i+1}}{2}$$

$$\overline{R}=\frac{R_i+R_{i+1}}{2}$$

$$C=\frac{1}{n}R^{1/6}$$

$$R=\frac{\omega}{\chi}$$

式中 ΔL——两断面的距离；

i——渠道底坡；

j——两断面的平均水力坡降；

C——谢才系数；

R——水力半径；

ω——断面面积，m^2；

χ——湿周，m；

h——断面水深，m；

v——断面平面流速，m/s；

n——糙率，可根据具体情况查阅有关手册确定。采用混凝土衬砌的明渠糙率值一般为 0.014～0.017；采用局部衬砌或喷混凝土的糙率值一般为 0.0265～0.030；不衬砌明渠糙率值一般为 0.030～0.033。

对大型明渠工程，应通过水工模型试验选取糙率。

式（2-3-6）和式（2-3-7）中，具有下标 i 和 $i+1$ 的量，分别表示各流段的下游断面和上游断面的水力要素。

在推算水面曲线之前，应先对水面曲线作定性分析，判别渠道底坡和流态：

$i<i_k$ 为缓坡，$h_0>h_k$ 为缓流；

$i>i_k$ 为陡坡，$h_0<h_k$ 为急流；

$i=i_k$ 为临界坡，$h_0=h_k$ 为临界流。

式中 i——明渠底坡；

i_k——临界坡；

h_0——正常水深，m；

h_k——临界水深，m。

各计算式详见有关水力计算手册。

二、上游壅高水位计算步骤及方法

当已知渠道总长度 L、流量 Q、糙率 n、底坡 i、边坡系数 m 和底宽 b，以及控制水深，即可进行计算。具体计算步骤如下：

第一步：根据水面曲线特性，可以确定作为计算根据的第一个断面水深，即控制水深。对于缓流，控制断面在渠道下游出口；急流控制断面在上游进口；当渠中设有堰闸，控制断面应设在堰闸之前；当上游缓坡渠道与下游陡坡渠道相接或与跌水相接时，底坡突变断面水深近似取临界水深 h_k。

第二步，假设水深求距离。以控制断面水深为 h_1，假定第二个断面水深为 h_2（注意两断面水深差值不宜过大），首先计算各断面单位能量（$h+v^2/2g$），然后计算两断面平均水力坡度（j_{1-2}），最后计算两断面的距离（ΔL_1），根据式（2-3-6）得：

$$\Delta L_1=\frac{\left(h_1+\frac{v_1^2}{2g}\right)-\left(h_2+\frac{v_2^2}{2g}\right)}{i-j_{1-2}}$$

以后依次设 h_3，h_4，h_5，…，按上述方法得出ΔL_2，ΔL_3，ΔL_4，…，为计算方便，可列表进行。

第三步，求上游水位。依上次计算各ΔL 值，直到$\Sigma\Delta L$，接近总渠长 L 止，最后之 h 值即为渠首水深。再求得上游壅高后的水位。

最后将各距离和相应水深绘于图上，连接起来即得明渠水面曲线。

2.3.2.3 坝体缺口水力学计算

施工过程中，通过坝体预留缺口泄流，过水能力可按宽顶堰公式计算。宽顶堰流分自由出流和淹没出流，如图 2-3-3 所示，其判别界限在一定范围内变化，一般可取为：

$$\frac{h_s}{H}<0.8 \text{（自由溢流）}$$

$$\frac{h_s}{H}\geqslant 0.8 \text{（淹没溢流）}$$

式中 h_s——从堰顶起算的下游水深，m；

H——从堰顶起算的堰前水头，m。

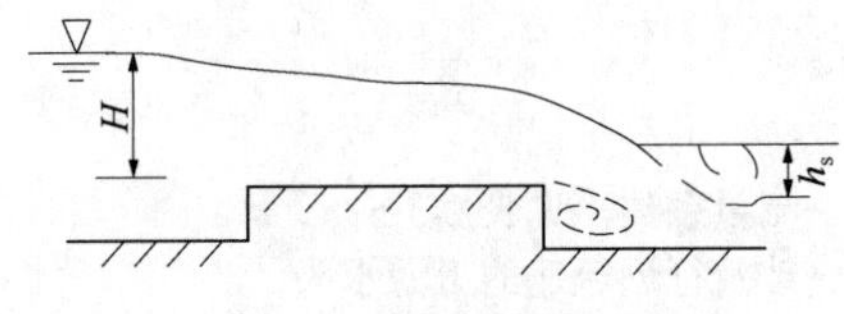

（a）自由溢流

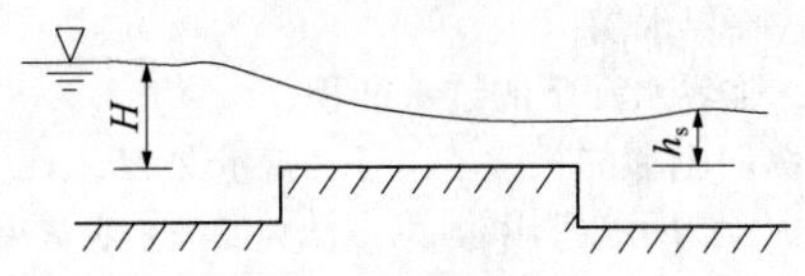

（b）淹没溢流

图 2-3-3 坝体预留缺口泄流

溢流计算公式：

自由溢流 $$Q=mb\sqrt{2g}H^{3/2} \qquad (2\text{-}3\text{-}8)$$

淹没溢流 $$Q=\varphi_s mb\sqrt{2g}H^{3/2} \qquad (2\text{-}3\text{-}9)$$

式中 m——流量系数（一般采用 0.32～0.35）；

b——缺口宽度，m；

H——堰前水头，m；

φ_s——淹没系数（与 h_s/H 比值有关，查表 2-3-8）。

表 2-3-8 淹没系数φ_s（宽顶堰）

h_s/H	0.8	0.81	0.82	0.83	0.84	0.85	0.86	0.87	0.88	0.89
φ_s	1.00	0.995	0.99	0.98	0.97	0.96	0.95	0.93	0.90	0.87
h_s/H	0.90	0.91	0.92	0.93	0.94	0.95	0.96	0.97	0.98	
φ_s	0.84	0.82	0.78	0.74	0.70	0.65	0.59	0.50	0.40	

当坝面设有闸墩，尚需考虑侧收缩的影响，侧收缩系数多采用经验公式计算，较为复杂，一般约在 0.9 左右，因此导流计算中适当降低流量系数进行估算，误差不会太大。

2.3.2.4 导流隧洞水力计算

一、流态判别

隧洞水力学计算，首先需判别水流流态，不同的流态，其水力计算方法也不同。隧洞的水流流态有三种，即有压流、无压流、半有压流。根据上游水头与洞径之比，其判别方法如下：

（1）当上游水位一定，下游水位较高，水面已淹没出口洞顶时，全洞为有压流。

（2）下游水位较低，隧洞出口为自由出流时，判别式如下：

$H/D<1.2$ 无压流；

$H/D>1.5$ 有压流；

$1.5>H/D>1.2$ 半有压流或半有压与有压交替发生的不稳定流。

式中　H——从隧洞进口断面底部算起的上游水头，m；

D——洞径（圆形）或洞高（矩形），m。

上述判别条件仅供初步判别时参考使用，重要的工程应通过试验验证。

二、有压流水力计算

（1）过水能力计算。有压流可分为自由出流和淹没出流。其判别可简化为：下游水位低于出口高程为自由出流；高于出口高程为淹没出流。其计算式为：

自由出流：

$$Q=\mu\omega\sqrt{2g(H-h_p)} \tag{2-3-10}$$

式中　μ——流量系数；

ω——隧洞出口过水断面面积，m^2；

H——上游水头，m；

h_p——隧洞出口断面水流平均势能，m。

令 $h_p=\beta D$，$\beta=0.5\sim0.85$，若出口水流直接入大气，则$\beta=0.5$；若出口是水平扩散段，则$\beta=0.85$；若出口是斜坡扩散段，则$\beta=0.5\sim0.85$。

当隧洞直径沿程不变，流量系数为：

$$\mu=\frac{1}{\sqrt{1+\Sigma\xi+\frac{2g}{C^2}\frac{L}{4R}}} \tag{2-3-11}$$

$$C=\frac{1}{n}R^{1/6}$$

式中　$\Sigma\xi$——从进口到出口局部损失系数之和，可查有关水力计算手册或根据模型试验确定；

C——谢才系数；

R——水力半径，m；

L——隧洞总长，m。

淹没出流：

$$Q=\mu\omega\sqrt{2gZ} \tag{2-3-12}$$

式中　Z——上下游水位差，m；

μ——有压隧洞淹没出流的流量系数（其值与自由出流相同）。

（2）压坡线（即测压管水头线）计算。工程实践中，常需计算有压隧洞中压强沿程变化情况，特别是最大最小值及其出现位置。为此，需绘制总水头线和测压管水头线，总水头线是指各断面总水头值$\left(E=Z+\frac{P}{r}+av^2/2g\right)$的连线；测压管水头线（即压坡线）是指各断面测压管水头（$Z+P/r$）的连线。对断面不变的洞段，总水头线和压坡线均为直线，所以只需计算出断面变化处（如进出口、转弯及断面突变处）的总水头和测压管水头，然后以直线相连，即得全洞总水头线和压坡线。

设出口断面底板高程为基准面，绘制总水头线和压力坡线。如果压力坡线低于隧洞顶部，则区段出现负压，需修改设计，以消除负压。

三、无压水力计算

（1）短洞与长洞。视洞长对过水能力影响与否，将无压隧洞分为长洞与短洞。其判别方法为：

1）当底坡为缓坡时，$L>(5\sim12)H$ 时为长洞，$L<(5\sim12)H$ 时为短洞，其中 L 为隧洞长（m）；H 为上游水头（m）。

2）当底坡为陡坡（$i>i_k$）时，泄水能力不受洞长影响，按短洞考虑。

（2）短洞水力计算。由于隧洞泄水能力不受洞长影响，进口水流为宽顶堰流，计算公式为：

$$Q=m\delta_s b\sqrt{2g}H^{3/2} \tag{2-3-13}$$

式中　b——矩形断面宽度（当过水断面为非矩形时，$b=\frac{\omega_k}{h_k}$），m；

h_k——临界水深，m；

ω_k——相应于临界水深时过水断面面积，m^2；

H——从隧洞进口断面底板高程算起的上游水头，m；

m——流量系数（一般取0.32～0.36）；

δ_s——淹没系数（其值按进口断面处水深 h_c 与上游水头 H 值选定，如图2-3-4所示。当 $h_c>0.75H$ 时，为淹没出流，当 $h_c<0.75H$ 时，为自由出流，h_c 可近似下游水位减去进口底板高程而得）。

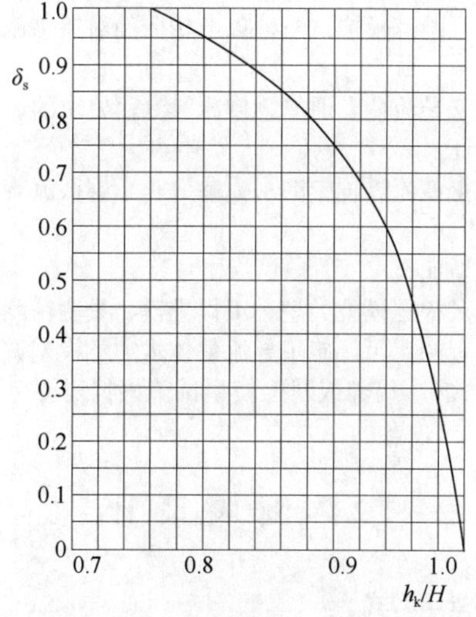

图2-3-4　淹没系数

（3）长洞水力计算。长洞的泄流能力受洞长的影响，一般需要由下游向上游推算水面曲线，求出进口断面处水深 h_c，然后用式（2-3-12）求解。水面曲线的推算方法与明渠水面曲线推算方法相同。当下游水深 h_s 低于出口断面临界水深 h_k 时，则以 h_k 作控制水深向上游推算水面曲线；当 $h_s>h_k$ 时，以 h_s 向上游推算水面曲线。当隧洞很长且 $0<i<i_k$ 时，过水能力可用均匀流公式 $Q=\omega\sqrt{R_i}$ 进行估算。

四、半有压流隧洞过水能力计算

半有压流流态极不稳定，对结构受力极为不利，工程上应尽量避免。过水能力计算公式为：

$$Q=\mu\omega\sqrt{2g(H-\eta a)} \tag{2-3-14}$$

式中　ω——隧洞断面面积，m^2；

a——隧洞高度，m；

H——上游水头，m；

μ、η——流量系数和洞口水流收缩系数，见表2-3-9。

表 2-3-9　隧洞流量系数和洞口水流收缩系数

隧洞进口形式	μ	η
走廊式	0.576	0.715
衣领式	0.591	0.726
锥体边墙的喇叭式	0.625	0.735
潜没边墙喇叭式（θ=30°）	6.70	0.740

2.3.2.5　水力学模型试验

大中型水电工程导、截流过程中水力条件比较复杂，工程设计中某些水力计算有局限性和近似性，需通过模型试验验证，发现问题研究对策措施。动态变化边界和三维水流特性有关的复杂问题，也需通过模型试验进行研究探讨。因此，导、截流设计和施工过程中，应配合进行不同目的的水力学模型试验，以完善设计，保证工程安全。

一、水工模型试验的目的和任务

（1）配合设计进行不同导流方案比较。

（2）验证导流建筑物布置形式，揭示其运行中不利的水力现象，并提出改进的建议。

（3）检验导流设计的水力计算，对计算成果给予论证、补充和修正，并为设计提供试验数据。

（4）及时根据变化了的情况（如水情、冰情及未预料的工程边界）进行跟踪模拟试验，提出相应的对策措施，做到安全施工。

（5）施工导流期有通航、排冰等专门要求的，需进行专项试验加以论证。

（6）获得截流过程中的水力参数，了解截流难易程度，制定相应措施。

二、模型比尺

模型比尺根据模型类型、工程规模、量测精度、实验室条件等选择适宜的比尺。施工导流整体水力学模型试验比例尺一般采用 1∶100，局部或断面模型试验根据需要可采用 1∶60 或 1∶50。

2.4　围 堰 设 计

2.4.1　围堰常用型式

水电工程常用的围堰型式有以下几种。

一、土石围堰

土石围堰是用当地材料填筑而成的围堰，具有构造简单，施工方便，易于拆除，工程造价较低等特点，在水电工程中被广泛采用。

土石围堰按其材料组成可分为均质土围堰和土石混合围堰。均质土围堰需大量的土料，断面大。水电工程常用的为土石混合围堰，可充分利用开挖渣料。按防渗结构型式可分为斜墙围堰（如图 2-4-1 所示）、斜心墙围堰、心墙围堰（如图 2-4-2 所示）；防渗体材料主要有：土工膜、防渗土料、现浇沥青混凝土、现浇混凝土等。

因土石围堰断面较大，一般用于横向围堰。但在宽阔河床的分期导流中，由于围堰束窄河床增加的流速不大，也可作为纵向围堰，但需注意防冲设计，以保围堰安全。

土石围堰进行表面保护，也被用来汛期过水使用，称作土石过水围堰，用来表面保护的材料有混凝土面板、钢筋石笼、混凝土楔形块等。

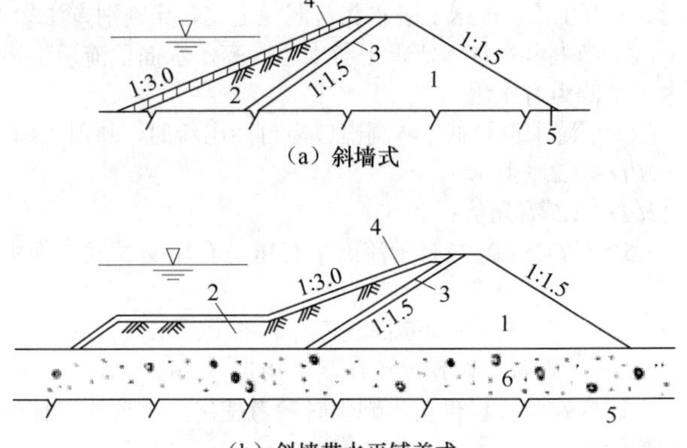

（b）斜墙带水平铺盖式

图 2-4-1　斜墙防渗土石围堰

1—堆石体；2—黏土斜墙铺盖；3—反滤层；4 —护面；5—隔水层；6—覆盖层

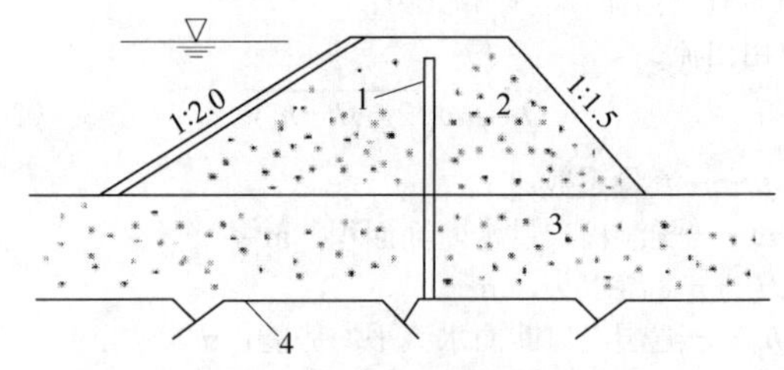

（a）混凝土心墙围堰

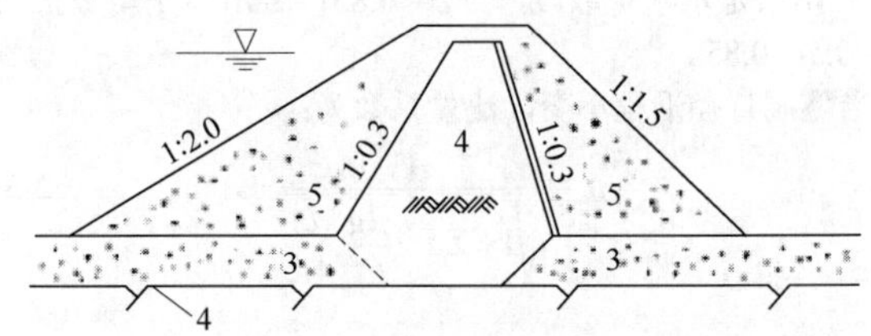

（b）黏土心墙围堰

图 2-4-2　心墙防渗土石围堰

1—混凝土防渗心墙；2—砂砾石；3—覆盖层；4—黏土心墙；5—土石

二、混凝土围堰

混凝土围堰具有抗冲能力大、断面尺寸小、工程量少、并允许过水等优点，常用作过水围堰。但混凝土围堰一般要求建基在基岩上，并要求有干地施工条件，施工较复杂。

从堰型上，混凝土围堰可分为重力式围堰和拱围堰，实际工程中以重力式居多。重力式混凝土围堰结构简单，对地基和混凝土强度要求较低，与相邻建筑物接头易于处理，便于机械化施工，但体积较大。在围堰基础地质条件复杂，轴线较长的情况下，采用此种形式较为有利；对于分期导流的纵向围堰也多采用重力式混凝土围堰。混凝土拱围堰在平面上形成拱向上游的弧形拱圈，作用在堰体的外荷载通过拱的作用传递到两岸堰基，依靠堰体混凝土的抗压强度和两岸堰肩岩体的支持，保证其稳定，这种围堰形式断面尺寸小，潜在安全度较重力式围堰高，是经济和安全性都比较优越的堰型。但拱形围堰对基础地质条件要求高，施工复杂，特别是堰肩岩体地质条件的优劣，是决定拱形围堰能否成立的关键。混凝土拱围堰只宜用于横向围堰。

从筑堰材料上，混凝土围堰可分为常态混凝土围堰、自密实混凝土围堰和碾压混凝土围堰。碾压混凝土具有快速、造价低等优点，在目前的水电工程使用上占绝大多数；常态混凝土围堰主要在20世纪的60—80年代使用，目前几乎不用；自密实混凝土是在堆石体上浇筑流动性好的自密实砂浆形成混凝土的一种新技术，在一些中小型工程上也逐渐被使用。我国水电工程使用混凝土围堰的工程主要有：三峡三期上游碾压混凝土围堰、龙滩上游碾压混凝土重力式围堰、大朝山上游碾压混凝土拱围堰等。

三、浆砌块石围堰

浆砌块石围堰所用的石料均应就地取材，工程量较土石围堰小，投资也较省。浆砌石围堰抗冲性能好，且施工期允许过水，可作纵向围堰和横向过水围堰。若具备水下施工条件，可将水下部分浇筑混凝土，水上部分采用浆砌块石。

四、草土围堰

草土围堰具有悠久历史。这是一种草土混合结构，施工简单，可就地取材，造价低，易于拆除，一般适于施工水深不大于6m，流速3.0m/s以下的情况。草土围堰顶宽一般10m左右，两侧为1∶0.2的陡坡。盐锅峡、八盘峡以及汉江上游石泉水电站均采用过草土围堰，20世纪90年代，在八盘峡水电站扩机工程中仍采用过草土围堰。近年来，草土围堰已经很少采用。

五、钢板桩格形围堰

钢板粧格形围堰由“一字形”钢板桩与异形连接板组成的格体和联弧段构成。格体和联弧段内均填土石料，以维持围堰的稳定。适用于岩石地基或在混凝土基座上建造，也可用于软基，因锁口强度限制，单排圆筒最大挡水水头应不大于30m。国外水电项目上使用较多，国内水电工程受钢板桩造价、施工工艺、挡水水头限制等影响，使用较少，葛洲坝工程曾采用圆筒形格型围堰作为纵向围堰的一部分。

2.4.2　围堰布置和堰顶高程

2.4.2.1　围堰布置

围堰的布置与导流方案、围堰型式、截流方式、枢纽布置、枢纽建筑物开挖轮廓、基坑内施工方法布置以及现场的地形地质条件等密切相关，只有在施工组织设计全局的基础上才能做好围堰的平面布置工作。

对一次拦断河床的导流方式，围堰一般由上、下游围堰组成；对分期拦断河床的导流方式，围堰主要由上、下游横向围堰以及纵向围堰组成。各期围堰布置需考虑以下几个方面：

（1）各期围堰尽量互相利用，如分期导流中的二期纵向围堰，尽量结合一期纵向围堰的可利用段，并尽可能结合永久建筑物。

（2）围堰布置应满足围护的建筑物基础开挖、施工机械及施工道路布置要求，且需满足基坑排水运行要求。通常上下游方向基坑坡趾距离主体工程轮廓的距离，不应小于20～30m。当纵向围堰不作为永久建筑物的一部分时，基坑坡趾距离主体工程轮廓的距离，一般不小于2.0m，以便布置排水导流系统和堆放模板，如果无此要求，只需留0.4～0.6m。

（3）围堰布置应避开两岸溪流汇入基坑，当避不开时，宜采用引水措施将溪水引入基坑之外。

（4）分期围堰：一期围堰对河床束窄程度可控制在40%～60%之间，一般控制纵向围堰迎水面最大流速5m/s以内，超过时需采取特殊防护措施。上、下游横向围堰一般不与河床中心线垂直，围堰轴线的平面布置常呈梯形，横向围堰与纵向围堰轴线的交角宜控制在90°～120°，既可使水流顺畅，同时也便于运输道路的布置和衔接。纵向围堰背水坡脚距永久建筑物开挖边坡开口线不宜小于10m。

（5）断流围堰：上、下游横向围堰宜选择在河道顺直、地形地质条件好、施工简便的位置，宜布置成直线，也可根据基坑需要布置成折线，过水围堰轴线通常与河道水流垂直布置，使堰顶泄流均匀、平顺，避免水流集中及紊乱水流对堰体、两岸和下游基础造成危害性冲刷。上下游横向围堰迎水坡脚距导流泄水建筑物进出口距离应满足防冲刷要求，土石围堰距导流建筑物进、出口的距离一般为30～50m、50～100m；混凝土围堰距导流建筑物进、出口的距离一般为10～30m、30～50m。

2.4.2.2　堰顶高程设计与计算

一、不过水围堰堰顶高程

堰顶超高：

$$y=R+e+A$$

式中　y——堰顶超高，m；

R——最大波浪爬高，m，按《碾压式土石坝设计规范》（DL/T 5395—2007）附录A计算，其中设计风速在正常运用情况下，采用多年平均最大风速的2倍，非常运用情况下采用多年平均最大风速；

e——最大风壅水面高度，m，按《碾压式土石坝设计规范》（DL/T 5395—2007）附录A计算；

A——安全加高，m，见表2-4-1。

表2-4-1　不过水土石围堰堰顶安全超高下限值

围堰型式	围堰级别	
	3	4～5
土石围堰	0.7	0.5
混凝土围堰	0.4	0.3

二、过水围堰堰顶高程

过水围堰堰顶高程（有子堰的为子堰顶高程）应按设计洪水静水位加波浪高度确定，不加安全超高值。

2.4.3　土石不过水围堰设计与稳定计算

2.4.3.1　断面设计参数与构造要求

围堰设计初拟断面参照国内外水电工程已建的各种型式围堰断面尺寸，建议如下主要参数，在围堰设计时需结合工程围堰基础地质和围堰填料物理力学指标，通过结构计算最后确定。

一、均质土围堰

均匀土质围堰的土料，应该具有足够的不透水性和稳定性，渗透系数应小于1×10^{-4}cm/s，围堰土料最好是用壤土，其含黏量25%左右。砂壤土水下抛填边坡一般1∶4，水上1∶3左右。含黏量50%～30%的黏壤土，也可作为围堰填料，但含黏量达50%～60%时，这种土料将给围堰带来很多不利。纯黏土更是围堰填料的禁忌，因它受潮易滑陷，其中水分遇冻即膨胀，而干时易开裂。淤泥不能填筑围堰，它要求的坡度缓，断面大，具有不均匀沉陷的特性。砂土是透水的，若用砂土筑围堰，断面很大，将大大增加造价。

二、土石围堰

1. 基本体型

土石围堰堰顶宽度一般值：7～10m，高围堰或遇超标准洪水需加高的围堰取大值。

堆石体边坡1∶1.2～1∶1.5，砂砾石及石渣边坡1∶1.8～1∶2；堰体高度每增加8～10m，增设一道宽1.5～2m的马道。

2. 常用的防渗结构

（1）防渗土料心墙顶宽1～2m，边坡1∶0.2～1∶0.5，下部厚度不小于1/10水头，且不能少于3m。由于心墙不易检修，底部厚度不宜过小，一般都大于1/4水头。防渗土料与堆石体之间（包括迎水面和背水面）应设反滤料，反滤层最小厚度0.5～1.0m。

（2）防渗土料斜墙常为水下施工，其填筑碾压条件难以达到心墙的施工要求，因此斜墙断面厚度较心墙略厚。其顶部厚度一般为1～3m，底部厚度可比心墙适当加厚，两侧均需设置保护层。斜墙与堰壳体之间需设反滤层，反滤层的自然坡度一般为1∶1.5～1∶1.8。

（3）混凝土心墙断面常为等腰梯形，也可做成上游面垂直，下游面倾斜的梯形断面。顶部厚度一般不小于0.5m，底部厚度可按水头的1/8～1/15拟定，坡度约为15∶1～30∶1。采用钢筋混凝土心墙时，顶部厚度不小于0.3～0.4m，底部厚度可为水头的1/15～1/20，坡度约为50∶1～100∶1。为防止温度裂缝，心墙在沿围堰轴线方向应设置垂直伸缩缝，缝的间距一般为15～30m，缝间设置止水。沿高度方向还应设置水平缝。尤其在心墙与地基的连接处，不能做成固接，一般做成摩擦缝或铰接缝等型式。心墙两侧需设置细粒料过渡层。

（4）混凝土防渗墙在地基防渗处理中广泛采用，也可作为堰体心墙结构。一般为单排墙，单排墙厚0.6～0.8m；当承受水头达40m以上时，可布置为双排墙，每排厚0.8～1.0m。

（5）土工膜心墙或斜墙是一种新型防渗结构，在水电工程中的土石围堰防渗中得到广泛使用。土工膜一般为两布之间夹一层膜的复合结构，常用的幅宽为3～6m，膜厚根据承受水头在0.3～1.6mm之间选择。土工膜承受的最大水头一般在40m左右，材质以聚氯乙烯居多，使用寿命可达50年左右。土工膜与堆石体之间应设垫层，垫层料一般采用粒径小于1cm的碎石或粒径小于2cm的砂卵砾石。

（6）碾压式沥青混凝土心墙在沥青材料丰富的新疆、东北地区的水电工程上经常采用，具有厚度薄、防渗效果好的特点。心墙底部厚度一般为堰高的1/50，最小厚度30cm。

3. 填筑料质量要求

（1）防渗土料的渗透系数不宜大于1×10^{-4}cm/s。

（2）堰壳料应选择渗透系数大于1×10^{-2}cm/s的砂卵砾石或石渣料。

（3）水下堆石体宜采用软化系数大于0.7的石料。

（4）与土石坝结合布置的堰体，其材料选择应满足水工永久要求。

2.4.3.2 渗流计算

土石围堰渗流计算的主要内容有：①确定堰体浸润线的位置；②确定堰体及堰基的渗流量；确定堰体及堰基的渗流量；③确定堰体及堰基的渗透坡降和出逸坡降，并判断其渗透稳定性。

一、土石围堰渗透变形型式及判别方法

土石围堰渗透变形可分为管涌、流土、过渡型、接触冲刷、接触流失几种型式。对一般黏性土，只有流土，不发生管涌。对于无黏性土，流土和管涌常有的判别方法有两种。

（1）以土体的不均匀系数$\eta=d_{60}/d_{10}$为判别依据：

$\eta<10$，流土。

$\eta>20$，管涌。

$10\leqslant\eta\leqslant20$，流土或管涌。

（2）以土体中的细粒含量P_z作为判别依据。此法只适用于缺乏中间粒径的双峰土。

$P_z>35\%$，流土。

$P_z<25\%$，管涌。

$25\%\leqslant P_z\leqslant35\%$，流土或管涌。

式中 P_z——级配曲线中平台以下细粒的含量，%。

二、土的渗透允许坡降

可参考下列原则确定：

（1）黏性土和$\eta<10$的无黏性土，其主要破坏型式为流土，破坏坡降可近似表达如下：

$$J_{破坏}=(\gamma_s/\gamma_w-1)(1-n)$$

$$J_{允许}=J_{破坏}/K_B$$

式中 γ_s——土粒密度（当不能直接测定时，一般可采用$\gamma_s=2.65\text{g/cm}^3$）；

γ_w——水密度，取1.0g/cm^3；

n——土的孔隙率；

J——渗透坡降；

K_B——安全系数，取1.5～2.0。

（2）对$\eta>20$级配连续的非黏性土，由试验或类比已建工程确定，也可采用$J_{允许}=0.1$。

（3）围堰防渗体及堰基的安全渗透比降一般采用：黏土5～10，壤土4～6，轻壤土3～4；防渗体与堰基接触面的安全渗透比降一般采用：黏土2.5～5，壤土2～3，轻壤土1.5～2.0。

三、渗流计算

土石围堰的渗流计算比较复杂，简化计算可采用计算图式和公式进行，计算方法参见《水工设计手册》第三卷第十五章渗流计算中有关公式。复杂的需进行有限元数值法计算。

2.4.3.3 稳定计算

一、稳定安全系数

有关规范规定围堰稳定安全系数见表2-4-2。

表2-4-2　　围堰稳定安全系数

围堰型式	级　别	抗　滑	备　注
土石围堰	3	≥1.2	边坡稳定，计算方法采用瑞典圆弧法；当采用其他精确方法时，最小安全系数应相应提高
	4、5	≥1.05	

二、稳定计算公式

（一）作用于围堰的力

1. 自重

黏性土：黏土堰体将长期保持其填筑含水量。固结与蒸发只能散失少量水分，故计算其自重时，在水面以上部分，可按湿容重计算。

$$\gamma_\omega=\gamma_d(1+\omega) \tag{2-4-1}$$

式中 γ_ω——湿容重，N/m^3；

γ_d——填筑时的干容重，N/m^3；

ω——填筑时的含水量。

在下游静水位以下部分，按浮容重计：

$$\gamma_b=\gamma_d-(1-\eta)\gamma_\omega \tag{2-4-2}$$

式中 γ_b——浮容重，N/m^3；

η——孔隙率；

γ_ω——水的容重，N/m^3。

在浸润线以下，水面以上的坝体部分，滑动时饱和容重按式（2-4-3）计算：

$$\gamma_s=\gamma_d+\eta\gamma_\omega \tag{2-4-3}$$

式中 γ_s——饱和容重，N/m^3。

砂土：湿容重、浮容重、饱和容重均可根据以上黏土公式计算。一般砂的含水量仅能保持在3%～10%范围。

堰坡堆石及排水堆石：水面以上按干容重计算。水位降落时，块石中的水分立即排出，故不论水位突降或缓降，在水位以上者均为干容重，计算公式为：

$$\gamma_p=\gamma_n(1-\eta) \quad (2\text{-}4\text{-}4)$$

式中　γ_p——堆石干容重，N/m³；

γ_n——块石容重，N/m³；

η——堆石孔隙率。

在水面以下均为浮容重时，按下式计算：

$$\gamma_{pb}=\gamma_p-(1-\eta)\gamma \quad (2\text{-}4\text{-}5)$$

式中　γ_{pb}——堆石浮容重，N/m³。

所有土料的浮容重均在 1.0g/cm³ 左右，饱和容重均在2.0g/cm³左右，其误差不超过8%。

2. 水压力、冰压力、浪压力

由于土石围堰体积很大，没有倾覆问题，也没有受上述荷载作用发生滑动的问题，所以这些作用力不必计算。混凝土围堰则需考虑上述荷载。

3. 渗透压力

当渗透水通过土体，土体受到渗水的动水压力，其方向与渗流方向相同，渗透压力的大小，可按K.泰沙基公式计算。

$$F=\gamma_\omega I \quad (2\text{-}4\text{-}6)$$

式中　F——作用于土的单位面积上渗透压力，N/m²；

I——渗透水的水力比降；

γ_ω——水的容重，N/m³。

土石围堰的渗透压力，由下列渗透形式所形成。

正常运行情况，渗透自上游向下游时所产生的稳定流如图2-4-3（a）所示。

上游水位下降时，在迎水坡产生不稳定渗流，如图2-4-3（b）所示，水位自1—1降至2—2时，堰体孔隙中所含的水自坡面流出。当上游水位降低速度很快（$\Delta H>3$m/d）时，渗压对堰坡影响很大，需要进行堰前水位骤降的稳定核算。

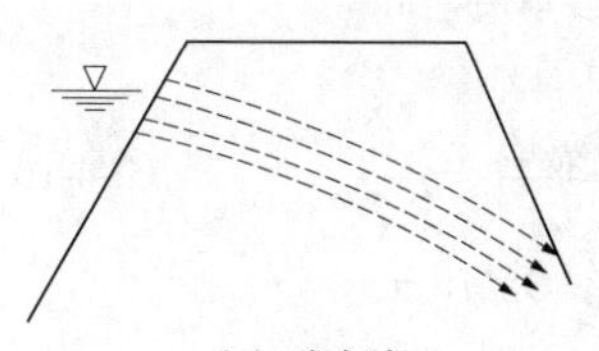

（a）稳定流　　（b）不稳定流

图2-4-3　稳定流与不稳定流示意图

计算骤降渗透区的渗压力作用对堰坡稳定的影响，对浸润线以下、静水位以上土体，可近似地认为，计算滑动力时用饱和容重，计算抗滑力时用浮容重。

（二）计算方法及公式

围堰边坡稳定计算，视组成的填料性质而定。

1. 非黏性土坡的稳定计算

$$K=\frac{W\cos\alpha\tan\varphi}{W\sin\alpha}=\cot\alpha\tan\varphi \quad (2\text{-}4\text{-}7)$$

式中　K——土坡稳定安全系数；

W——土体重量，t；

$W\sin\alpha$——滑动力，t；

$W\cos\alpha\tan\varphi$——抗滑力，t；

α——坡度夹角；

φ——土壤摩擦角。

2. 黏性土坡的稳定计算

当堰体是均质黏土或由多种土质组成时，其滑裂面接近圆柱面，可用不计土条间作用力的圆弧滑动面法（瑞典圆弧法）进行计算（如图2-4-4所示）。

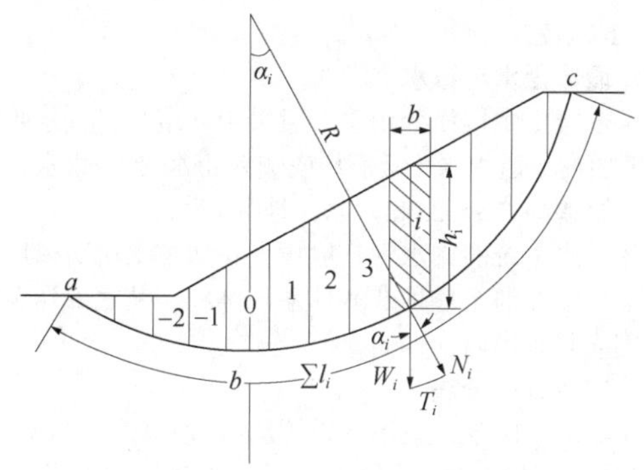

图2-4-4　瑞典圆弧法抗滑稳定计算简图

抗滑稳定安全系数K为

$$K=\frac{M_r}{M_s}=\frac{\Sigma N_t\tan\varphi_i+\Sigma c_i l_i}{\Sigma T_i}=\frac{\Sigma W_i\cos\alpha_i\tan\varphi_i+\Sigma c_i l_i}{\Sigma W_i\sin\alpha_i} \quad (2\text{-}4\text{-}8)$$

式中　W_i——各土块的重量；

φ_i——各土块的内摩擦角；

c_i、l_i——各土块滑裂面上的凝聚力和滑裂面长度；

α_i——各土块滑裂面与水平面的夹角。

根据上面公式，必须计算出很多个不同圆弧的安全系数，寻找最危险滑裂圆弧安全系数。

3. 改良圆弧法

当堰基存在软弱土层，或围堰施工过程中，在剖面形成一软弱夹层，应当用改良圆弧法进行堰坡稳定计算。

改良圆弧法与瑞典圆弧法基本假定不同之处，在于此法假定土块的合力是水平地作用于相邻的土块上（如图2-4-5所示），而瑞典圆弧法则假定推动力是与各点滑弧平行的，其相邻的土块侧推力当作内力考虑。其稳定安全系数计算公式为：

$$K=\frac{P_n+S}{P_a}$$

$$S=W\tan\varphi+cL$$

式中　P_n——抗滑力，N；

P_a——滑动力，N；

W——土体$BB'C'C$的有效重量，t；

c、φ——软弱夹层的凝聚力及内摩擦角。

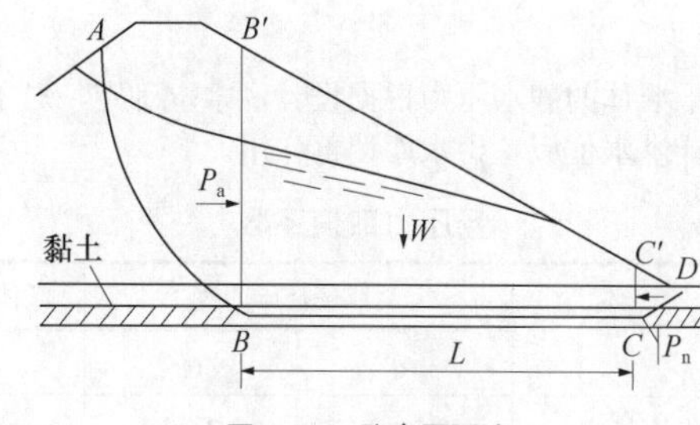

图2-4-5　改良圆弧法

最小稳定系数K的求法，即先设法求出P_n+S的最小值或P_a的最大值，然后计算求出的就是最小稳定安全系数。

对于斜墙土石围堰，应进行斜墙及保护层的稳定分析，一般采用折线法计算。详细计算参考有关土坝设计书籍。

2.4.4　重力式混凝土围堰设计与稳定计算

2.4.4.1　基本体型及构造

一、体型

混凝土围堰堰顶宽度一般值：3～6m。

重力式围堰常用体型边坡：迎水坡1∶0.15～垂直；背水坡

1∶0.6～1∶0.75。

二、堰体止水与排水

碾压混凝土围堰横缝止水一般采用一道塑料止水带，对于高堰，可加设一道止水（紫铜片或塑料止水带）；止水设置位置通常距上游堰面 0.5～2.0m，寒冷地区宜稍远。

堰体排水系统的排水管一般设置在堰体上游防渗层后，排水管顶部按需要通至堰顶或堰体某一高程，其底部通至排水廊道、基础灌浆廊道内。

三、堰体分缝分块

碾压混凝土围堰一般不应设置纵缝。横缝间距与施工方法、施工时段、堰体混凝土分区及气候条件等因素有关，一般为 20～30m；横缝结构一般为切缝，内充填 PVC 等材料。

四、防渗层

碾压混凝土围堰上游堰面防渗层一般采用富浆变态混凝土或富胶凝材料的碾压混凝土，防渗层最小有效厚度一般为堰面水头的 1/30～1/15。

五、灌浆廊道

当有基础灌浆要求或排水要求时，可设置纵向廊道（平行于围堰轴线）和横向廊道（垂直于围堰轴线）。廊道上游侧面至堰体上游面的距离一般为该处堰面水头的 0.07～0.1 倍，且不小于 3m。廊道一般采用城门洞形，基础灌浆廊道一般宽度为 2.5～3.0m，高度为 3.0～4.0m；基础排水廊道可略小。

2.4.4.2 混凝土围堰稳定计算

一、稳定安全标准

围堰运行期采用材料力学公式计算最大、最小垂直正应力标准：围堰在设计洪水位时，迎水面允许有 0.1～0.5MPa 的主拉应力，堰体允许有 0.2MPa 以下的主拉应力。

二、设计荷载组合

（一）荷载组合

作用在堰体上的荷载有：自重力、静水压力、动水压力、扬压力、浪压力、冰压力、土石压力及地震力，应根据具体情况进行荷载组合。

（二）荷载计算

1. 扬压力

扬压力取值系数见表 2-4-3，扬压力计算简图见图 2-4-6 及图 2-4-7。

2. 静水压力

作用于堰体的静水压力根据设计洪水位确定，对于库容较大时，设计洪水位应考虑水库调蓄作用。

表 2-4-3　扬压力取值系数

工　况	堰基扬压力		堰体扬压力
	α_1	α_2	α_3
有帷幕、有排水	0.45～0.6	0.2～0.4	—
有帷幕、无排水	0.5～0.7	—	—
无帷幕、有排水	—	0.3～0.5	—
无帷幕、无排水	—	—	—
有排水管	—	—	0.15～0.3
无排水管	—	—	—

注　1. 当围堰处岸坡段或双向挡水时，应取表中高值。
2. 无帷幕、无排水（无排水管）情况，扬压力图形为三角形（上、下游直线相连）。

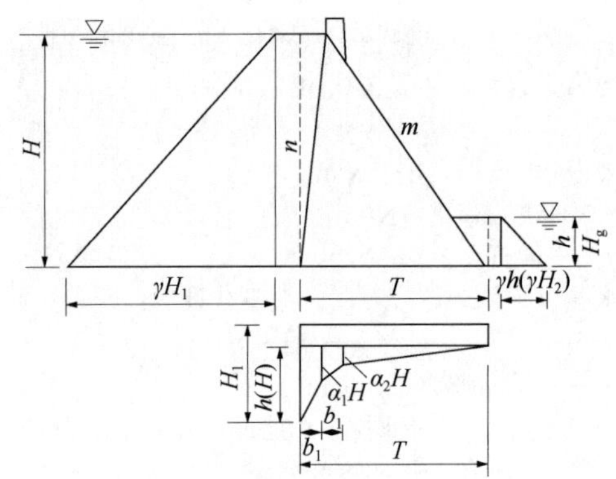

图 2-4-6　堰基扬压力分布

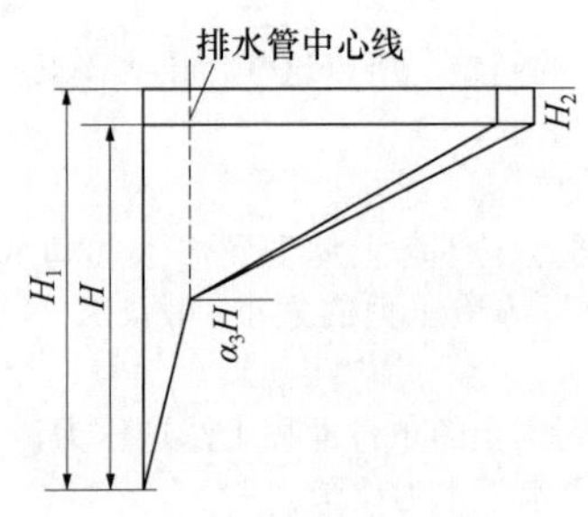

图 2-4-7　堰体扬压力分布

3. 泥沙压力

$$P_n = \gamma_n h_0 \tan^2\left(45° - \frac{\varphi_n}{2}\right) \tag{2-4-9}$$

式中　P_n——在铅直面上泥沙对堰体基点的压力强度，N/m^2；

γ_n——泥沙浮容重，N/m^3；

φ_n——泥沙内摩擦角，(°)；

h_0——堰体基点以上的淤沙厚度，m。

4. 浪压力

$$P_l = \gamma\frac{(L_1 + 2h_1 + h_0)L_1}{2} - \gamma\frac{L_1^2}{2} \tag{2-4-10}$$

式中　h_1——浪高（$2h_1 = 0.0166V^{5/4}D^{1/3}$），m；

V——库面风速，m/s；

D——库面波浪吹程，km；

L_1——波浪长［$2L_1 = 10.4(2h_1)^{0.8}$］，m；

h_0——波浪中心线高出静水面的高度$\left(h_0 = \frac{4\pi h_1^2}{2L_1}\right)$，m。

浪压力分布如图 2-4-8 所示。

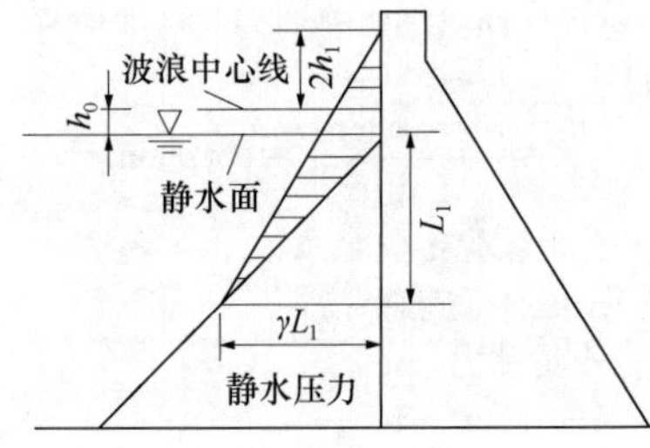

图 2-4-8　浪压力分布图

5. 冰压力

静冰压力为库面冰层膨胀而对建筑物产生的压力，可按表 2-4-4 中数据进行核算。从表中选用单位面积静冰压力，乘以冰厚，即为作用在堰体单位长度上的静冰压力。

表 2-4-4　　静冰压力表

最低温度/℃	−40	−35	−30～−25	−25	−30	−15	−10
气温上升率/（℃/h）	2.5	2.5	2.5	2.0	2.0	2.0	2.0
静冰压力/10kPa	28～40	25～35	23～30	20～28	15～22	13～18	12～14

动冰压力为库面冰块对建筑物产生的冲击压力，可按式（2-4-11）计算：

$$P_{bd}=10K_b v_b d_b\sqrt{A_b} \tag{2-4-11}$$

式中　K_b——系数（决定于流冰的抗压碎强度 R_b，$R_b=1.0$MPa 时，$K_b=4.3$；$R_b=0.5$MPa 时，$K_b=3.0$；$R_b=0.3$MPa 时，$K_b=2.36$）；

v_b——冰块流速（一般不大于 0.6），m/s；

d_b——冰块厚度，m；

A_b——冰块面积，m^2。

6. 地震荷载

由于围堰为临时建筑物，运行期短，一般不考虑地震荷载。

三、堰体应力计算

重力式混凝土围堰一般按材料力学方法计算应力，作为控制指标，对于高度大，地质条件复杂的围堰，尚需进行模型试验，按弹性理论法或有限单元法分析研究。

1. 堰体断面堰基截面上的垂直正应力

$$\sigma_y=\frac{\Sigma W}{A}+\frac{\Sigma MX}{J} \tag{2-4-12}$$

式中　σ_y——堰基面垂直正应力，N/m^2；

ΣW——作用于单宽堰体上的全部荷载（包括或不包括扬压力）的法向分力总和，N；

ΣM——作用于单宽堰体上的全部荷载（包括或不包括扬压力）对堰基截面形心轴的力矩总和，N•m；

A——堰基单宽长的截面积，m^2；

J——单宽长堰基面截面积对形心轴的惯性矩；

X——堰基面截面上计算点到形心轴的惯性矩。

根据围堰施工及运行期特点，堰基面应力分为施工期和运行期两种情况。施工期内，围堰下游基面的垂直正应力可允许有不大于 0.1MPa 的拉应力；运行期间，堰基面所承受的最大垂直正应力σ_{ymax}应小于堰基允许压应力，最小垂直正应力σ_{ymin}应大于零。

2. 堰体断面的内部截面应力

内部截面应力计算方法同前。在运行期内，堰体上游面的最小主压力为：

$$\sigma_z=(0.25\sim0.40)\gamma H \tag{2-4-13}$$

式中　γ——水的容重，N/m^3；

H——堰面计算点的静水头，m。

堰体最大主压应力不大于混凝土允许压应力值。施工期内，堰体下游面允许有不大于 0.2MPa 的主拉应力。

根据岸坡堰块及双向挡水堰体的运行条件，堰基及载体内部截面应力为双向荷载产生的应力之和，即：

$$\sigma_y=\frac{\Sigma W}{A}\pm\frac{\Sigma M_X X}{J_X}\pm\frac{\Sigma M_Y Y}{J_Y} \tag{2-4-14}$$

在此条件下，σ_{ymax}可允许为不大的拉应力：对于高坝结构，宜进行三维空间有限元应力分析。

四、堰体稳定计算

（一）重力坝抗滑稳定计算

根据《混凝土重力坝设计规范》（DL 5108—1999），可靠度理论稳定计算公式如下。

对基本组合，其计算公式为：

$$\gamma_0\phi S(\gamma_G G_k,\gamma_Q Q_k,a_k)\leqslant\frac{1}{\gamma_{d1}}R\left(\frac{f_k}{\gamma_m},a_k\right)$$

式中　γ_0——结构重要性系数，对于结构安全系数级别为Ⅰ、Ⅱ、Ⅲ级别的结构和构件，可分别取 1.1、1.0、0.9；

ϕ——设计状况系数，对于持久状况、短暂状况、偶然状况，可分别取 1.0、0.95、0.85；

$S(\cdot)$——作用效应函数；

$R(\cdot)$——结构及构件抗力函数；

γ_G——永久作用分项系数；

γ_Q——可变作用分项系数；

G_k——永久作用标准值；

Q_k——可变作用标准值；

a_k——几何参数的标准值；

f_k——材料性能的标准值；

γ_m——材料性能分项系数；

γ_{d1}——基本组合结构系数。

（二）抗倾计算

1. 作用效应函数

$$S(\ )=\frac{\Sigma W_R}{A_R}\pm\frac{\Sigma M_R T_R}{J_R}(1+m_2^2)$$

2. 抗压强度极限状态抗力函数

$$R(\square)=f_c\quad 或\quad R(\square)=f_R$$

式中　ΣW_R——基础面上全部法向作用力之和，kN；

ΣM_R——全部作用对基础面形心的力矩之和，kN•m；

A_R——基础面面积，m^2；

J_R——基础面对形心轴的惯性矩，m^4；

T_R——基础面形心轴到下游面的距离，m；

m_2——墙体下游坡度；

f_c——混凝土抗压强度，kPa；

f_R——基岩抗压强度，kPa。

2.4.5　拱形混凝土围堰及浆砌石围堰

混凝土拱形围堰上游面一般为垂直，厚高比多采用 0.3～0.4。拱围堰要求的两岸堰肩地质条件比重力式围堰高，所以，拱形围堰多用在岩石坚硬完整、两岸陡峭的特定地形、地质条件下。实际工程中多采用碾压混凝土作为筑堰材料，具有速度快、避免接缝灌浆等优点。拱围堰的结构计算参照拱坝设计。

浆砌块石围堰迎水坡 1∶0.2～垂直；背水坡 1∶0.65～1∶0.8。稳定计算基本同重力式混凝土围堰，但应控制堰体内不出现拉应力。

2.4.6　过水围堰设计与稳定计算

2.4.6.1　结构型式

过水围堰按照筑堰主要材料的不同，分为土石过水围堰、土石—混凝土混合过水围堰、混凝土过水围堰、胶凝砂砾石过水围堰等。

一、土石过水围堰

土石过水围堰高度一般控制在 30m 左右，下游坡度一般为1∶3～1∶5，其他同土石围堰；堰顶溢流结构型式通常采用平顶形、曲线形或圆弧形。根据溢流面、坡脚防护的不同，土石过水围堰的结构型式通常采用：

（1）坡脚护底顺坡式，如图2-4-9所示。对堰体下游表面采用混凝土面板、楔形块等进行防护，对下游河床覆盖层采用大块石、钢筋石笼或块石串等柔性排保护。其优点是避免了镇墩施工的干扰，简化了施工，又争取了工期，适宜于河床覆盖层较厚的地基。

（2）坡脚设挡墙的陡坡式，如图2-4-10所示。挡墙一般为混凝土结构，坐落在基岩上。一般用于河床覆盖层较浅的围堰，其特点是结构可靠、整体性好。

（3）宽顶堰、坡面挑流平台式，如图2-4-11所示。仅在顶坡面进行防护的型式，适合于上下游水头差较小的围堰，防护材料一般为混凝土板。这种型式利用了坡面平台挑流，以形成面流水跃衔接，因此，平台以下护面结构大为简化。

（4）堰面、坡脚贴坡防护式，如图2-4-12所示。结合基坑开挖将下游覆盖层作为堰体的一部分，全坡面贴坡防护。防护材料主要有混凝土板、碾压混凝土、胶凝砂砾石等。其特点是结构可靠、适合于流量大、上下游水头落差大、河床覆盖层较浅的围堰布置，可降低护底工程量过大对进度带来的影响。该围堰型式在大型水电工程上采用较多，成功率较高。

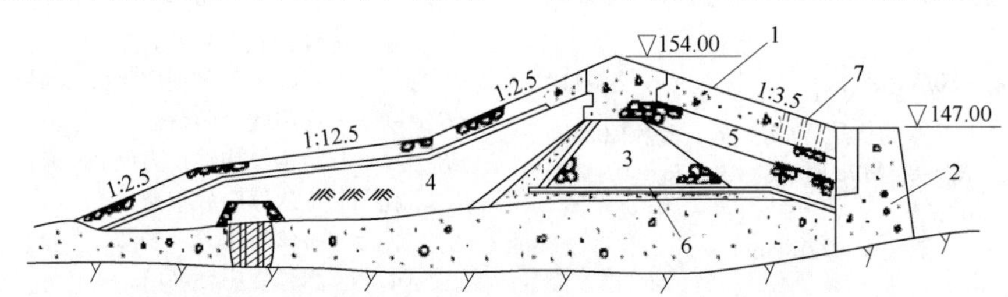

图2-4-9　坡脚护底顺坡式溢流堰（上犹江水电站土石过水围堰）

1—混凝土面板；2—镇墩；3—堆石；4—黏土；5—干砌石；6—柴排；7—排水孔

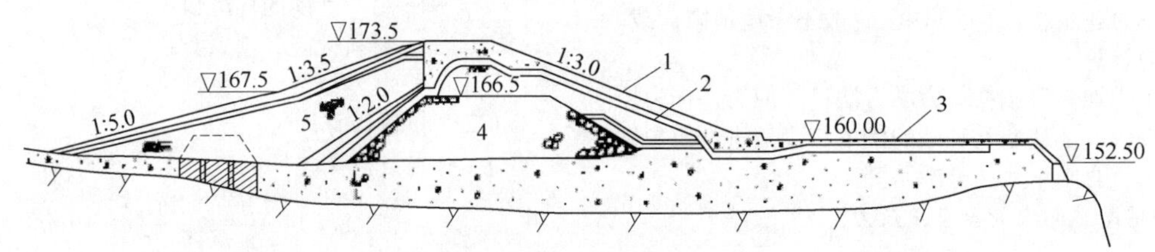

图2-4-10　坡脚设挡墙的陡坡式溢流堰（黄龙滩水电站土石过水围堰）

1—混凝土面板；2—干砌石，厚0.6m；3—混凝土护坦；4—堆石；5—黏土

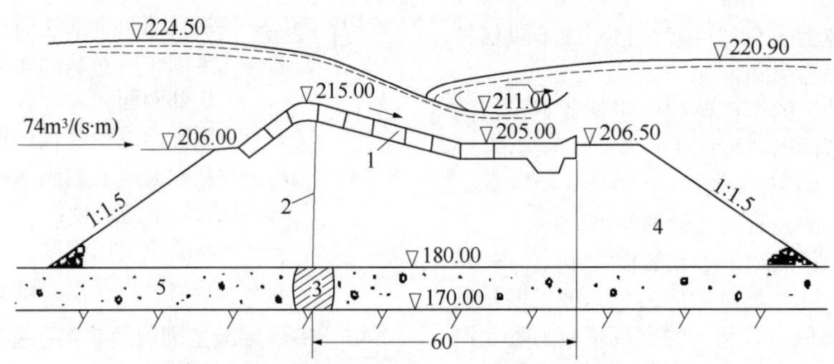

图2-4-11　宽顶堰、坡面挑流平台式溢流堰（卡博拉巴萨工程的下游过水围堰）

1—混凝土溢流面板；2—钢板桩；3—灌浆；4—抛石体；5—覆盖层

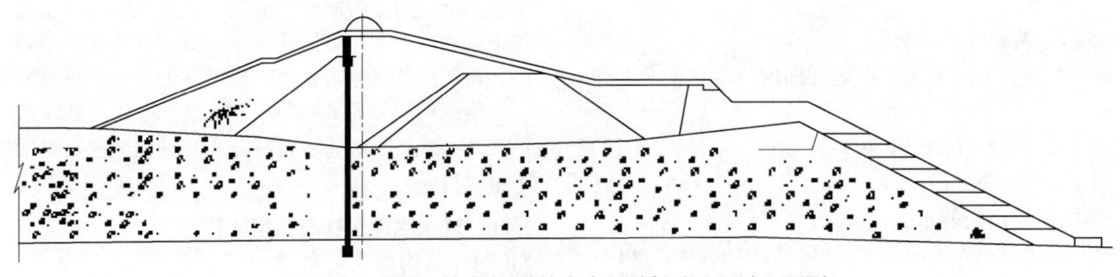

图2-4-12　堰面、基础贴坡防护式（功果桥上游土石过水围堰）

1—混凝土溢流面板；2—堆石；3—防渗墙；4—钢筋笼；5—CSG

二、土石—混凝土混合过水围堰

土石—混凝土混合过水围堰是为了解决高水头、长历时过水，在土石过水围堰基础上发展起来的新型过水围堰。上游为土石结构，下游一般采用碾压混凝土结构作为稳定、抗冲结构。金沙江鲁地拉水电站采用了该型式的围堰。围堰结构如图2-4-13所示。

三、混凝土过水围堰

混凝土过水围堰分为碾压混凝土重力式过水围堰、混凝土拱形过水围堰两种。

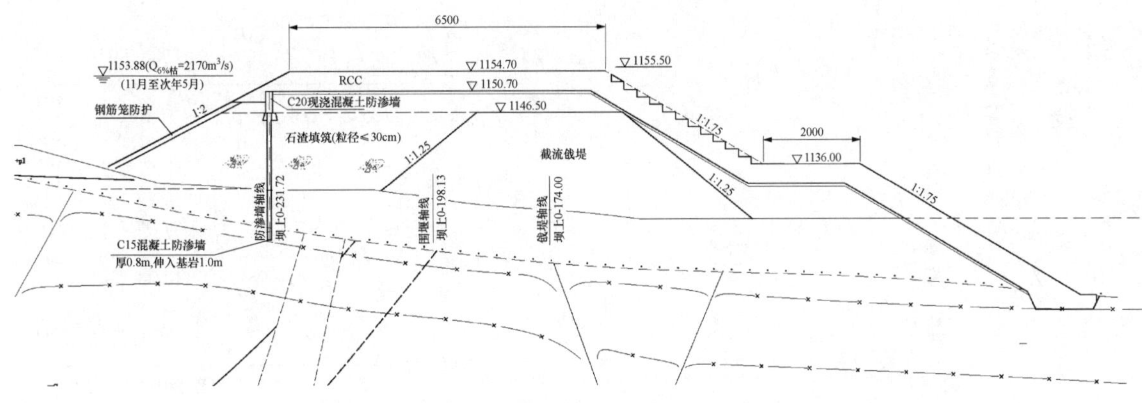

图 2-4-13　土石—混凝土混合过水围堰（鲁地拉水电站上游过水围堰）

重力式过水围堰在广西龙滩水电站等众多水电工程中曾使用过。如图 2-4-14 所示。

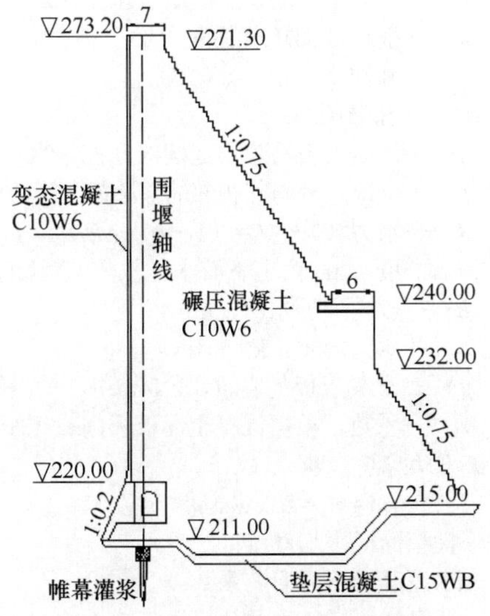

图 2-4-14　重力式混凝土过水围堰

混凝土拱形过水围堰在大朝山等水电工程曾使用过，如图 2-4-15 所示。

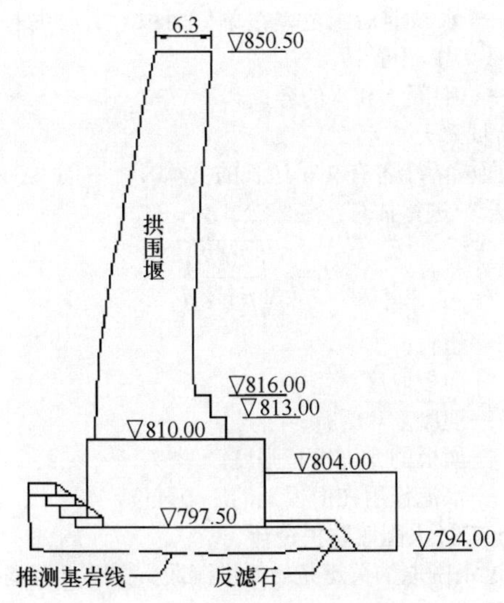

图 2-4-15　混凝土拱形过水围堰

四、胶凝砂砾石过水围堰

为降低工程造价，近几年来，采用胶凝砂砾石取代混凝土，作为堰体结构。胶凝砂砾石过水围堰为重力式，在福建洪口水电站曾使用，使用效果良好。洪口上游围堰最大高度 35.5m，上下游为梯形结构，上游面坡度为 1∶0.3，下游面为 1∶0.75。典型剖面图如图 2-4-16 所示。

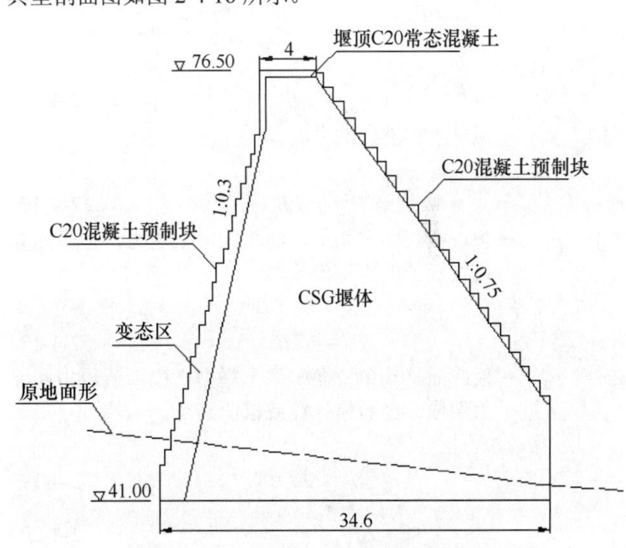

图 2-4-16　胶凝砂砾石过水围堰典型剖面图

2.4.6.2　土石过水围堰水力学及结构计算

土石过水围堰应对不同运行水位和工况（充水、过流、退水）进行堰体稳定和强度计算，同时对溢流面及其坡脚的消能防冲结构进行专项设计。

过水土石围堰的过流能力计算可参考有坎宽顶堰的泄流计算公式。其他水力学指标需进行水力学模型试验获得或论证。

过水土石围堰的整体稳定计算参考不过水土石围堰稳定计算方法。

一、下游冲刷深度计算

过水围堰下游溢流面平台末端的冲刷深度计算参考海漫末端的河床冲刷深度计算公式：

$$d_m = 1.1\frac{q_m}{[v_0]} - h_m \qquad (2\text{-}4\text{-}15)$$

式中　d_m——海漫末端河床冲刷深度，m；

q_m——海漫末端单宽流量，m^2/s；

$[v_0]$——河床土质允许不冲流速，m/s；

h_m——海漫末端河床水深，m。

二、溢流面防护面板稳定计算

（一）防护面板受力

在围堰过水中，护坡板受外力作用发生运动的过程，称为失稳过程。在围堰过水中，护坡板受力情况很复杂。过水围堰下游护坡板的受力图如图 2-4-17 所示。

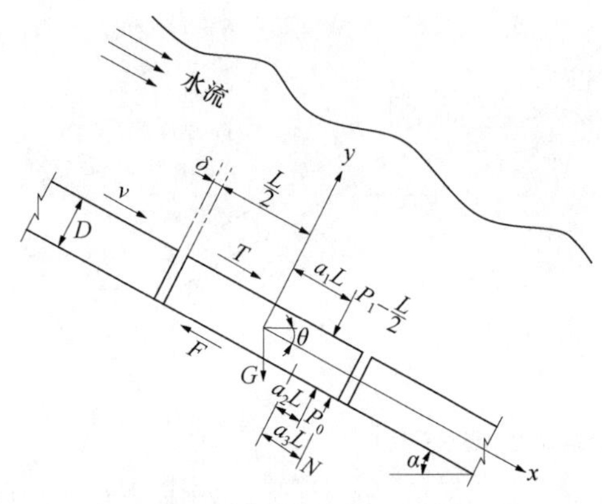

图 2-4-17　堰下游护坡板的受力图

D—护坡板的厚度；L—板的长度；v—护坡板上的流速；α—板的坡角；δ—相邻板的间隙

1. 自重

$$G=\gamma_m DLB \tag{2-4-16}$$

式中　γ_m——混凝土护坡板的容重。

2. 动水压力

$$P_1=p_1 LB \tag{2-4-17}$$

式中　p_1——护坡板表面平均单位面积的动水压力，初步估算可按板处的水深值计。

3. 上举力

$$P_0=p_0 LB \tag{2-4-18}$$

式中　p_0——板底面平均单位面积的上举力，由渗透压力和浮力组成，经数值计算或试验确定。

4. 脉动压力

$$\Delta P=\Delta pLB \tag{2-4-19}$$

$$\Delta P=\beta\gamma\frac{v^2}{2g} \tag{2-4-20}$$

式中　γ——水的密度；

β——脉动压力系数，初步估算可取$\beta=1\%\sim2\%$。

5. 垫层对面板的反力

$$N=\gamma_m DLB\cos\alpha-\left(p_0-p_1+\frac{\Delta p}{2}\right)LB \tag{2-4-21}$$

该力的大小和作用位置，随着板的运动形式不同而变化。

6. 面板受水流拖拽力

$$T=\gamma RJLB \tag{2-4-22}$$

$$J=(1-\phi^2)\Delta H/L_1$$

式中　R——水力半径；

J——水力坡降；

ΔH——上下游水位差；

L_1——溢流面沿水流方向总长度；

ϕ——流速系数，并可近似取为 0.5～0.7。

（二）计算公式

1. 面板稳定计算

目前面板稳定计算尚无标准的理论和公式。在绝对稳定条件下，混凝土板的尺寸必须满足下式：

$$D=\frac{f\left(p_1-p_0-\frac{\Delta P}{2}\right)-\gamma hJ}{\gamma_m(\sin\alpha-f\cos\alpha)} \tag{2-4-23}$$

$$\frac{L}{D}=\frac{\frac{1}{2}\gamma hJ-\frac{1}{2}f\left(p_0-p_1+\frac{\Delta P}{2}\right)+\frac{1}{2}f\gamma_m D\cos\alpha}{\alpha_2 p_0+\alpha_3\gamma_m D\cos\alpha-\alpha_3\left(p_0-p_1+\frac{\Delta P}{2}\right)-\alpha_1\left(p_1-\frac{\Delta P}{2}\right)} \tag{2-4-24}$$

在准稳定条件下，混凝土板的尺寸必须满足下式：

$$D=\frac{p_0-\left(p_1-\frac{\Delta P}{2}\right)-f_2\gamma hJ}{\gamma_m(\cos\alpha+f_2\sin\alpha)} \tag{2-4-25}$$

$$(D-f_2L)\frac{D}{2L}=\frac{\alpha_1\left(p_1-\frac{\Delta P}{2}\right)-\alpha_2 p_0+\frac{1}{2}f_2\gamma hJ}{\gamma_m\sin\alpha} \tag{2-4-26}$$

式中　D——板块厚度，m；

L——板块长度，m；

α——板块的坡角，(°)；

p_1——板块单位面积上的动水压力，近似取水深；

p_0——板块底面单位面积上的上举力，由渗透压力和浮力确定；

ΔP——脉动压力；

f——混凝土板与垫层之间的摩擦系数；

f_2——混凝土板与其相邻的下游板之间的摩擦系数；

J——水力坡降，$J=(1-\phi^2)\Delta H/L_m$，L_m为堰面长度，ΔH为上下游水位差，ϕ为流速系数；

h——板块所处水深，m；

γ——水的容重，kN/m^3；

γ_m——混凝土板的容重，kN/m^3；

α_1，α_2，α_3——系数，根据混凝土面板板间有无空隙取值。

2. 面板平均厚度

$$\delta=n_1n_2k\varepsilon\Delta w/(\gamma_0-\gamma_w)$$

式中　δ——楔型面板平均厚度；

n_1——水流脉动压力影响系数；

n_2——堰身渗水扬压力及计算误差给予的安全因素；

k——排水孔减载系数；

ε——板块型体系数；对于普通混凝土平面板：取 1.0；对于楔型面板，建议取 0.4～0.6；

Δw——水跃前后水位差在单位面积上所产生的平均扬压力，t/m^2；

γ_0、γ_w——混凝土和水的容重。

3. 面板最大尺寸

假定面板两端各有 1/6 边长的支承段，中间 2/3 边长面板下部产生悬空进行估算，经验公式为：

$$L=d\sqrt{\frac{20[R_1]}{p+\gamma_a d}} \tag{2-4-27}$$

式中　L——边长；

d——面板厚度；

γ_a——混凝土容重；

$[R_1]$——面板的允许抗拉强度；

p——水流作用在面板上的压力强度。

2.4.6.3　土石过水围堰防护设计

土石过水围堰的关键是做好溢流面、堰趾下游基础和两岸接头的防冲保护。

土石过水围堰单宽流量小于 40m^3/（s·m），流速在 5m/s 以内，过水面可采用铅丝笼块石或大块石（粒径 0.5～0.8m）保护；流速 5～7m/s，可采用钢筋笼块石、加筋块石、特大块石（3～5t）保护；流速 7～10m/s，可采用浆砌块石、混凝土块或混凝土板防护。

土石过水围堰单宽流量大于 40m³/（s·m），流速大于 10m/s，需通过水力学模型试验仔细分析围堰过水水力条件，常采用混凝土块或混凝土板防护。

过水堰面与岸坡间的接头防护可采用贴坡浇筑混凝土的方式，岩石岸坡也可采用喷混凝土防护。

围堰基础根据围堰结构型式的不同采用钢筋笼块石、胶凝砂砾石、混凝土板或混凝土镇墩等防护。

贵州普定水电站土石过水围堰堰高 15.5m，设计最大单宽流量 75m³/（s·m），流速 12.5m/s，采用 3m×3m，厚 0.5m 的混凝土块保护，实际过流单宽流量 53m³/（s·m），过水效果良好。

功果桥水电站土石过水围堰设计过水流量 4730m³/s，下游紧接基坑开挖边坡，深厚覆盖层基础厚达 30 多 m，上游围堰最大高度 52.5m，溢流面采用 10m×10m，厚 1m 的混凝土板防护，覆盖层基础坡面采用胶凝砂砾石贴坡防护。围堰实际过水流量约 2300m³/s，溢流面最大流速 12.83m/s，两年内多次过水，未发现破坏现象。

2.4.7　围堰基础处理设计

围堰基础处理应满足：①基础渗透稳定和控制渗水量的要求；②围堰变形和不均匀沉降的要求；③堰体稳定要求。

土石围堰一般建在覆盖层基础上，防渗处理是重点。混凝土围堰多建基在岩石基础上，处理重点是岩石基础防渗、降低堰基扬压力、提高承载力等。

2.4.7.1　覆盖层基础处理

覆盖层基础处理包括防渗处理和加固处理。防渗处理方式主要有：黏土铺盖防渗、截水槽防渗、混凝土连续防渗墙、防渗灌浆、高压喷射灌浆等。加固处理方式主要有振冲、强夯等。

（1）黏土铺盖防渗：适合于土石围堰挡水水头不高，覆盖层渗透系数小于 60m/d，附近有适宜土料的地基，常与下游排水减压设施联合作用。铺盖土料渗透系数小于 0.1×10^{-3}cm/s。铺盖长度、厚度、根据围堰条件和土料特性分析确定。长度一般为 4 倍水头。铺盖防渗不适于纵向围堰和过水围堰。

（2）截水槽防渗：适合于基础覆盖层较浅（一般小于 15m）的围堰。水下开挖至相对不透水层，回填土料或其他防渗材料。截水槽底宽 3～5m，边坡 1∶1～1∶1.5。

（3）混凝土防渗墙防渗：适合于覆盖层大于 20m，覆盖层组成较复杂的各类地基。防渗墙可布置在围堰上游部位也可布置在围堰中部位置。混凝土根据受力条件的不同，可采用塑性混凝土、刚性混凝土或半刚性混凝土。

（4）防渗灌浆：适合于具有较好可灌性的砂砾石地基，深度宜小于 30m。灌浆材料可为水泥或黏土水泥，多布置为 2 排。

（5）高压喷射灌浆：适合于砂砾石覆盖层厚度小于 40m、卵石粒径小于 40cm 的基础。具有速度快、造价低等特点，在水电工程围堰中广泛采用。根据目前施工工艺水平，30m 深度内的高压喷射灌浆质量相对可靠。

2.4.7.2　岩石基础处理

一、基础开挖

围堰基础开挖，应根据堰基应力、基岩强度及岩体完整性结合上部结构对基础的要求，由地质和设计人员共同拟定基岩利用标准。

堰基开挖面不应向下游倾斜，若利用基岩表面向下游倾斜，应开挖成大的水平台阶，台阶宽度和高度应与混凝土浇筑块大小、下游堰体厚度相适应。

平行围堰轴线方向的两岸岸坡，为满足堰体侧向稳定，应在斜坡上按堰体分缝开挖成台阶，并使围堰连续横缝位于平台上，开挖平台宽度一般约为堰体分块宽度的 50%～70%，具体尺寸应由堰体施工期及运行期的侧向稳定计算成果来确定。

二、堰基帷幕灌浆

帷幕灌浆应尽可能布置在堰基的迎水面，使帷幕区不产生拉应力。帷幕灌浆钻孔倾角常控制在 0°～10°之间。

帷幕深度由基础岩石内不透水层深度、堰体挡水水头等因素确定。当堰基相对隔水层埋藏深度有明显界限时，帷幕深度伸入到相对隔水层以下 3～5m。当相对隔水层较深或分布无规律时，帷幕深度可在（0.3～0.7）H（H 为设计水头）范围内选择。围堰大多为临时性建筑物，因此，帷幕灌浆排数一般采用 1 排，孔距可取 1.5～3.0m。

三、基岩固结灌浆

固结灌浆主要根据基岩工程地质条件及堰体高度等因素确定，一般布置在堰踵、堰趾各 1/4 堰基宽度范围内。固结灌浆孔孔深一般为 5～8m，帷幕上游区固结灌浆孔可加深至 8～15m；固结灌浆孔距及排距应通过试验确定，一般为 3～4m。

四、基础排水

帷幕下游宜设基础排水，一般设一排主排水孔，对中、高堰还宜设辅助排水孔 1～3 排。主排水孔深度一般为防渗帷幕深度的 0.4～0.6 倍或设计水头的 0.15～0.25 倍，中、高堰主排水孔深度不应小于 10m。主排水孔孔距一般为 2～3m，孔径不小于 110mm。辅助排水孔的深度一般为 6～12m，孔距一般为 3～5m，孔径不宜小于 65mm。

五、断层破碎带和软弱夹层处理

（1）陡倾角（大于 50°～70°）断层破碎带及软弱带，当其组成物质主要为坚硬的构造岩时，可将断层破碎带及其两侧风化岩石挖除或挖至较完整岩体。当断层破碎带的规模不大，但其组成物质以软弱构造岩为主时，可用混凝土塞加固。

（2）缓倾角（小于 50°）断层破碎带及软弱带，对埋藏较浅的部位应予以挖除。对埋藏较深的部位，其顶部可用混凝土塞加固，下部沿破碎带打斜井（孔）、平洞，并回填混凝土，进行浅孔固结灌浆。

2.5　截　　流

截流工程是整个水利枢纽施工的关键，它的成败直接影响工程进度。如失败了，就可能使进度推迟一年。截流工程的难易程度取决于：河道流量、泄水条件；龙口的落差、流速、地形地质条件；材料供应情况及施工方法、施工设备等因素。因此事先必须经过充分的分析研究，采取适当措施，才能保证截流施工中争取主动，顺利完成截流任务。

2.5.1　截流方式选择

水电工程常用的截流方式主要有：平堵截流、立堵截流、平立堵混合截流、定向爆破截流、截流闸截流等。选择时遵循以下原则：

（1）截流落差不超过 4m 时，宜选择单戗立堵截流方式。简单易行，辅助设备少，较经济。但龙口水流能量相对较大，流速较高，需制备重大抛投物料相对较多。

（2）截流落差超过 4m 时，宜选择双戗或宽戗立堵截流方式。双戗截流可分担总落差，改善截流难度，但要求下戗堤对上戗堤有显著壅水作用，对两戗堤之间的距离有要求。随着截流设备和截流技术的提高，在一些落差大、龙口流速高的截流工程中，也多采用单戗立堵截流方式，如金沙江金安桥水电站、澜沧江功果桥水电站截流水位落差均大于 6m，采用单戗立堵截流，均获得了成功。

（3）建造浮桥或栈桥平堵截流，水力学条件相对较好，但造价高，技术复杂，一般很少选用。

（4）定向爆破、建闸等方式只有在条件特殊、充分论证后方宜选用。

2.5.2 截流设计一般规定

一、截流时间

截流时间应根据枢纽工程施工控制性进度计划或总进度计划决定，截流时段选择一般应考虑以下原则，经过全面分析比较而定。

（1）尽可能在汛后的较小流量时截流，但必须全面考虑河道水文特性和截流应完成的各项控制工程量，合理使用枯水期。

（2）对于具有通航、灌溉、供水等特殊要求的河道，应全面兼顾这些要求，尽量使截流对河道的综合利用的影响最小。

（3）有冰冻河流，一般不在流冰期截流，避免截流和闭气工作复杂化，如特殊情况必须在流冰期截流时应有充分论证，并有周密的安全措施。

二、截流流量

截流设计流量按频率法确定，根据已选定截流时段，采用该时段内 5～10 年重现期的月或旬平均流量。也可用实测系列资料分析确定。当上游有调节水库而且可控制泄量时，截流流量可采用削减后的流量。

三、截流戗堤与龙口

截流戗堤一般作为围堰堰体的一部分。截流戗堤布置时，应考虑与围堰防渗体系的关系，防止截流合龙时戗堤进占抛投料流失进入防渗体部位，造成防渗体施工困难，并可能引起集中渗漏而影响围堰安全和基坑施工。通常，单戗立堵截流的戗堤布置在上游围堰的背水侧。戗堤宽度一般 15～30m，安全超高 1～2m。

龙口宽度主要根据水力计算而定，对于通航河流，决定龙口宽度时应着重考虑通航要求。对于无通航要求的河流，戗堤预进占通常均使用一般石渣进占，根据其抗冲流速可计算出相应的龙口宽度，另一方面，大江大河上的合龙是高强度施工，合龙时间不宜过长（一般选择 48h），预留龙口宽度不宜过大。

选择龙口位置时，应着重考虑地质、地形条件及水力条件。龙口应尽量选在河床抗冲刷能力强的地方，龙口河底不宜有顺流流向陡坡和深坑。另外，龙口周围应有比较宽阔的场地，离料场和特殊截流材料堆场的距离近，便于布置交通道路和组织高强度施工。对于非岩基河床，当覆盖层较深、抗冲能力小，为避免截流物料流失过大，通常在整个龙口部位或困难部位采用大块石或钢筋笼平抛护底，护底长度在轴线以上取 1～2 倍龙口水深，轴线以下取 2～4 倍龙口平均水深。

合龙进占时，多采用抛投方向与戗堤轴线偏上游呈一定夹角的上游挑角法抛投进占，以减少物料流失。在戗堤上游角集中抛投大块料，使戗堤上游角凸入龙口进口，将水流沿戗堤前沿挑出一部分，在戗堤头中部和下游角形成流速较小的回流区。

四、截流备料

备料是截流的关键，许多工程由于备料不足引起龙口被冲毁现象，不得不再次备料截流。龙口段大块石、钢筋笼、混凝土四面体等，备料系数宜取 1.2～1.4。截流备料总量备用系数取 1.2～1.3。

混凝土四面体由于剩余时重复利用效果较差，一般在备料中数量较少，而代之以钢筋笼块石。

2.5.3 截流水力学计算

一、截流戗堤非龙口段束窄河床进占水力计算

非龙口段进占各阶段，截流流量均自束窄口门通过。需通过水力计算以验证束窄河床之落差和流速；计算龙口护底、裹头所承受的平均流速以及其他有关计算。

戗堤上、下游落差：

$$Z=\frac{1}{\varphi^2}\frac{v^2}{2g}-\frac{v_0^2}{2g} \tag{2-5-1}$$

式中 v——束窄断面平均流速，$v=\dfrac{Q}{\omega_c}$，m/s；

v_0——天然河床断面平均流速，$v_0=\dfrac{Q}{\omega_0}$，m/s；

ω_0——天然河床断面积，m^2；

ω_c——束窄河床断面面积，$\omega_c=h_p(B_p-Sh_p)$，m^2；

φ——流速系数，在未取得实验数据前取 0.85～0.9；

h_p——束窄断面平均水深（自下游水位 H 下算起），m；

B_p——束窄断面水面宽，m；

S——戗堤轴线方向的边坡坡度，取 1.5。

二、截流戗堤龙口段进占水力计算

（1）求算泄水建筑物（包括永久泄水建筑物以及为截流增设的分流建筑物）的上游水位（$H_上$）-泄流量（Q_d）关系曲线。

（2）求算不同龙口宽度的 $H_上$-Q_g（龙口泄流量）关系曲线。

计算基本假定为：

1）不计戗堤渗透流量及水库调蓄对上游水位的影响；

2）视龙口为梯形或三角形过水断面的宽顶堰。

计算基于简化的宽顶堰理论。即假定：

1）槛顶水面是平的，忽略波状水面的影响；

2）非淹没流时槛上水深取为临界水深（$h_p=h_k$）；

3）淹没流时槛上水深取为下游水深（$h_p=h_n$），不计回弹落差。

根据截流设计流量相应的下游水位，在固定此下游水位时，假定不同的龙口宽度分别求出上游水位与龙口泄流量的关系曲线。

计算方法及有关规定如下。

淹没流计算：

$$Q_g=\sigma_n mB_{cp}\sqrt{2g}H^{\frac{3}{2}} \tag{2-5-2}$$

式中 m——考虑收缩影响在内的流量系数，一般取 0.30～0.32；

σ_n——淹没系数，其值与淹没界限有关：当龙口呈梯形过水断面时，$h_n/H>0.7$ 时为淹没流，查巴甫洛夫斯基淹没系数表，见表 2-5-1；当龙口呈三角形过水断面时，$h_n/H>0.8$ 时为淹没流，σ_n 查别列津斯基淹没系数表，见表 2-5-2；

B_{cp}——口门平均水面宽，m；$B_{cp}=Sh_n+b$；

b——龙口底部宽度，m；

h_n——龙口下游水深，m；

H——龙口上游水深，m。

表 2-5-1　巴甫洛夫斯基淹没系数表

h_n/H	≤0.7	0.75	0.8	0.83	0.85	0.87	0.90	0.92	0.94
σ_n	1	0.974	0.928	0.889	0.855	0.815	0.739	0.676	0.598
h_n/H	0.95	0.96	0.97	0.98	0.99	0.995	0.997	0.998	0.999
σ_n	0.552	0.499	0.436	0.360	0.257	0.183	0.142	0.116	0.082

表 2-5-2　　　别列津斯基淹没系数表

h_n/H	≤0.8	0.82	0.83	0.84	0.85	0.86	0.87	0.88	0.89
σ_n	1	0.99	0.98	0.97	0.96	0.95	0.93	0.90	0.87
h_n/H	0.90	0.91	0.92	0.93	0.94	0.95	0.96	0.97	0.98
σ_n	0.84	0.82	0.78	0.74	0.70	0.65	0.59	0.50	0.40

非淹没流计算：

$$Q_g=mB_{cp}\sqrt{2g}H^{\frac{3}{2}} \tag{2-5-3}$$

其中 $B_{cp}=Sh_k+b$

式中　m——考虑收缩影响在内的流量系数，一般取 0.30～0.32；

B_{cp}——口门平均水面宽，m；

h_k——临界水深，m。

其他符号意义同前。

Q_g与h_k均为未知，需通过试算。

当口门为梯形过水断面时，由

$$\frac{Q_g^2}{g}=\frac{W_k^3}{B_k} \tag{2-5-4}$$

试算得h_k。

式中　B_k——临界水深h_k时相应的口门过水断面宽度，m；

W_k——临界水深h_k时相应的口门过水断面面积，m^2。

当口门呈三角形过水断面时，临界水深由下式求得：

$$h_k=(2Q_g^2/gs^2)^{\frac{1}{5}} \tag{2-5-5}$$

由两项计算成果一并绘成综合泄水曲线。如图 2-5-1 所示。

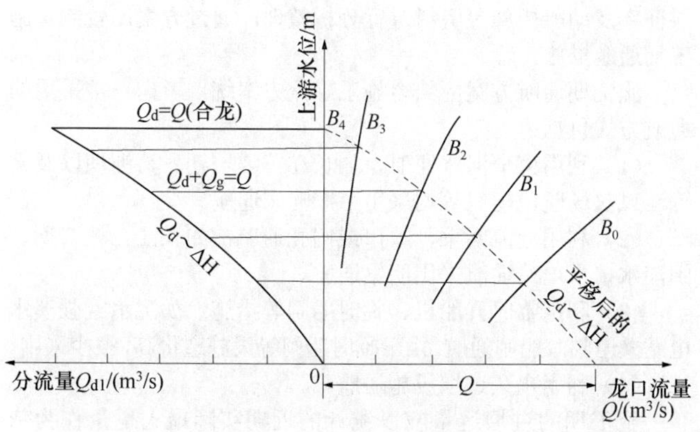

图 2-5-1　立堵水力计算图解法

由图解法可求出不同龙口宽度时泄水建筑物泄流量与龙口泄流量以及上游水位。据此可估算不同进占区段的抛投料规格与数量。

2.6　基坑排水

基坑排水包括初期排水和经常性排水两部分。初期排水是指围堰合龙闭气后排除基坑积水为主的排水。经常性排水是指在基坑积水排完后，为保持施工基坑干燥，继续排除基坑内各种渗水、雨水、施工用水等工作。基坑排水设计工作包括：①排水量计算；②排水设备选择及布置。

2.6.1　排水量计算

排水量一般以小时排水量为设计计算单位。不同排水期的排水量计算分述如下。

2.6.1.1　初期排水

初期排水包括排除基坑积水、围堰及基坑渗水及降雨径流，可用下式表达：

排水量＝基坑积水＋渗水＋雨水

（1）基坑积水：基坑积水是指围堰合龙闭气后积存在基坑内的水量。它包括围堰水下部分饱和水和基坑内覆盖层饱和水，这部分水在基坑水位下降，集流到基坑内均需予以排除。

基坑积水可用下式表达：

基坑积水＝K·（基坑积水面积×基坑平均水深）

式中　K——经验系数。

K与围堰种类、基坑覆盖层情况、排水时间、基坑面积大小等因素有关。一般采用 1.5～2.5。

（2）渗水：渗水是指通过各种途径渗到基坑内的水量。它包括围堰渗水、基坑渗水。渗水与围堰内外水位差、围堰防渗形式、基坑处理措施等有直接关系。可用一般教科书中列出计算方法进行计算求得。

（3）雨水：雨水是指在初期排水期间，由于降水在基坑积水面积内产生径流。为减小降雨径流，需将基坑范围以外流向基坑的积水面积上产生的雨水以及基坑范围内的主要沟道流水用集水沟渠集中排至基坑范围以外。

2.6.1.2　经常性排水

经常性排水包括基坑渗水、雨水、施工中弃水。

围堰渗水量根据围堰形式、挡水水头等根据渗流计算成果得出；雨水则按一定时段降雨强度，可选用计算频率值设计，亦可参用枢纽附近气象站实测降水强度进行计算。施工弃水，主要包括基坑冲洗、混凝土施工养护用水。它与工程规模有关，一般按每次养护每立方米混凝土用水 5L、每天养护 8 次估算养护用水量。

2.6.1.3　基坑过水后排水

过水围堰在每次基坑过水后的排水主要是排除过水后围堰基坑内存积水，可按设计基坑水位，计算基坑积水量，其他与初期排水相同。

2.6.1.4　小时排水量

为了确定基坑排水的设备和工艺布置，只有一个总排水量是不够的，必须用小时排水量来确定抽水设备的规模。小时排水量计算原则如下：

（1）在初期排除基坑集水时，一方面要按施工进度安排时间排完，另一方面又要与围堰断面形式相适应。为了在排水时不致因基坑水位下降速度太快而影响围堰的安全，一般土石围堰允许基坑水位下降速度为 1～2m/d。开始时下降速度要小，以后视抽水情况可以适当加快。

（2）渗水量按各施工期设计渗透水头计算，按渗多少排多少确定小时排水量。由于渗水量计算影响因素复杂，难以计算准确，一般在计算后均乘以 1.1～1.2 的安全系数。

（3）雨水量计算一般均按抽水时段，最大降雨量在当天抽干计算。在深基坑，有时亦考虑用小时降水强度核算，以免基坑遭受淹没。

（4）小时排水量的组合，在不同的时期，组合情况各异。一般初期排水以基坑积水为主，经常性排水除有枯水期与汛期之分外，汛期降雨量与混凝土养护水不要叠加组合，而是将渗水分别与降水和基坑弃水组合，选其大者来确定抽水容量。对于过水围堰恢复基坑的排水只计基坑积水。

2.6.2　排水设备选择及布置

2.6.2.1　排水设备选择

排水设备选择主要依据小时排水量及排水扬程来确定。排水扬程包括几何扬程和排水管道、闸阀、弯头等局部和沿程的水头损失。

排水设备数量计算公式如下：

$$n_i = (1.2 \sim 1.5) K_i Q_i / \pi_i \quad (2\text{-}6\text{-}1)$$

式中 n_i——某一型号水泵台数；

Q_i——某一型号水泵所承担的计算排水流量，L/s；

π_i——水泵单机排水流量，L/s；

K_i——备用系数，根据总台数确定。5台以内一般取备用台数为1台。

2.6.2.2 排水布置

排水站布置初期排水时，排水站的布置根据基坑集水深度大小，可采用固定式排水站和浮动式排水站，一般水渠允许吸程为5m左右，当基坑水深小于5m时，可采用固定式排水站。基坑水深大于5m，一级站不能排完时，需布置多级排水站或浮动式排水站。对于基坑水深较大，浮动式排水站可随基坑水位下降而移动，可避免排水站搬迁从而能增大排水站的利用和减少设备数量。

排水站布置要注意能排水基坑最低处集水，尽可能缩短排水管道，避免与基坑施工交通等发生干扰，初期与后期要尽可能结合，要布置较好的出水通道。

经常性排水站运用时间较长，应充分利用地形，可分设于基坑上下游地势低洼处，使管道布置最短，避免与基坑开挖、出渣运输以及围堰加高等施工发生干扰，同时应注意使集水沟渠和集水坑的布置有比较合适的场地。根据基坑范围大小，经常性排水站分成几处布置，一般中型工程的围堰基坑上下游各布置一个站。

过水围堰的排水站，应考虑基坑过水时需拆除排水站和过水后又要恢复的情况。要求排水管道布置在不受过水影响的位置，以便很快恢复排水站的工作。

基坑排水管道，一般使用胶管、铸铁管和钢管。

2.7 下闸蓄水及下游供水

下闸蓄水设计应根据国家对工程投入运行（受益）期限的要求，综合考虑河流水文特征、施工进度、上游来水、下游供水、通航、导流建筑物封堵和库区淹没移民等有关因素，提出施工期蓄水安全的边界条件，合理确定封孔、蓄水时间，以保证工程安全和主体建筑物的后续正常施工，保证按计划发挥效益。

2.7.1 下闸

水电工程一般采用导流泄水建筑物一次下闸、一次蓄水的方式。对高坝大库，还有采用分批下闸、分期蓄水的方式。

在汛期流量较大的河流上，下闸时机一般安排在汛末进行，以便有充足的时间处理下闸后可能出现的封堵闸门漏水、个别建筑物破坏等现象。

2.7.2 蓄水

蓄水计算的主要内容为：①蓄水历时的计算，据此确定临时泄水建筑物的最迟封堵时间；②校核大坝度汛安全，据此拟定大坝浇筑控制性进度计划和坝体接缝灌浆计划。

对于蓄水历时计算，应按保证率较大的来水量考虑，一般采用保证率为75%～85%的各月径流流量。

水库蓄水计算，除了采用频率法计算历时外，也可采用典型年和其他方法。一般在有条件的情况下宜用两种以上方法计算，经比较论证后作出决定。

水库蓄水规划应与后期导流规划紧密结合，统一考虑，同时还应满足水库调度的要求和下游供水要求。对于高坝大库，可研究水库分期蓄水方案。

对抽水蓄能电站，当上水库初次充水的水源必须由下水库供给时，宜优先采用满足机组初期以发电工况完成最基本的调试试验所需的水量作为上水库的初次充水量。对全面防渗的上水库的初次蓄水，水位上升速率宜不超过1m/d。在寒冷地区沥青混凝土面板的初期蓄水宜避开冬季低温时段进行。

2.7.3 蓄水期下游供水

（1）供水措施的重要性。封堵导流泄水建筑物，造成河道下游供水中断，直接影响下游工农业生产和人民群众的生活，因此必须引起重视，在蓄水前要做好充分的调查研究，了解下游河段的综合用水要求及控制条件，力争满足各用水部门的最低用水要求，在预计来水量的情况下合理解决蓄水与供水的矛盾。

（2）临时供水措施。尽可能与永久泄洪建筑物相结合，若不能结合或条件不具备时，一般均应考虑水泵抽水，虹吸管供水，或者下游支流设临时拦河坝蓄水，亦可在封堵导流建筑物的闸门上留孔，通过旁通设施等措施供水。当导流建筑物较多时，可采取分批封堵，以达到下游不断流或断流时间最短。断流前应做好必要安排，以避免不必要的损失。

导流建筑物封堵大都在枯水期进行，流量较小对封堵是有利的，但和水库蓄水时矛盾的，封堵流量越小断流时间越长，供水越困难。为此，要慎重选定封堵时机，研究好供水方案是至关重要的。

2.8 施工期通航

2.8.1 通航方式

当河道有通航要求时，应结合所在河道的实际通航情况、保证率及助航措施等资料进行分析整理，通过方案比较制定施工期通航措施。

施工期通航方案应结合施工导流方案统一考虑，常采用的通航方式包括：

（1）利用束窄河床通航，如长江三峡一期、葛洲坝以及嘉陵江风仪场航电枢纽等均采用束窄河床通航。

（2）利用导流明渠、缺口或闸孔通航；如长江三峡二期、闽江水口水电站通航采用明渠通航。

（3）利用临时升船机、临时船闸等措施；如沅水五强溪水电站采用临时船闸通航。由于临时船闸等设施造价高，很少采用。

（4）利用永久过坝设施通航。

施工期的过坝运量应以统计的近期实际最大运量作为依据。受水电工程施工导流方式在不同时段有所变化影响，往往不可能施工全时段通航，或通航能力不能满足最大运量要求，此时，应考虑公路驳运分流或替代河道运输。如金沙江向家坝工程，经各方案比较论证，最终确定施工期河道不通航，而全部采用公路驳运替代。

2.8.2 通航要求

施工期通航应满足内河通航标准要求，同时，应经通航水力学验证后提出通航要求，在工程实施阶段，应加强通航管理，确保安全。

如：长江三峡水利枢纽导流明渠设计导流流量为83700m³/s，明渠长3410m、宽350m，当流量小于20000m³/s时，明渠通航。水口水电站导流明渠设计流量32200m³/s，明渠长1170m、宽75m，当流量为300～2700m³/s时通航，通航最大流速为3～4m/s。

第3章　施　工　技　术

研究并编制主体工程施工方法是为了正确选择水工枢纽布置和建筑物型式，保证施工质量与施工安全，论证施工总进度的合理性和可行性，并为编制工程造价提供所需资料。同时，也为现场施工提供技术指导。

自20世纪90年代以来，国内水电事业蓬勃发展，随着一批具有影响力的大型、巨型水电工程的相继建设，国内水电工程施工新技术、新工艺、新流程、新设备、新材料的应用上了一个新台阶，已经跨入了世界先进水平行列。本手册施工技术指标原则上按照国内平均先进水平编制，适用于编制大中型水电工程和抽水蓄能电站的主体工程施工方法，小型水电工程可参考使用。

3.1　土石方明挖

水电工程建筑物土石方明挖施工包括：土方明挖、石方明挖、水下开挖等。其中：土方开挖范围主要包括建筑物岸坡覆盖层开挖、河床覆盖层开挖、围堰拆除施工等；石方明挖主要包括闸、坝、厂房、渠道等枢纽建筑物以及明渠、导流洞进出口等导流建筑物的岩石基础开挖、岸坡开挖；水下开挖主要包括围堰水下部分开挖、堰外水下部分开挖、通航建筑物的进出口航道开挖和下游河道疏浚等。

3.1.1　一般原则

（1）土石方工程施工方法编制前，应收集并了解工程地质和水文地质资料，特别是堆积体、危岩体的分布、断层和破碎带等产状、岩石风化条件和稳定条件、岩溶洞穴的分布等，作为施工方法编制的依据。

（2）必须结合工程本身所具有的特点、条件进行，应做到布置合理、技术可行。

（3）合理安排工序、进度、强度，做好各部位、工序间及其与工程整体之间的协调与平衡，力求经济合理。

3.1.2　施工程序与进度

3.1.2.1　开挖程序

（1）划分分部工程和施工工区。水电工程通常由若干单项工程项目组成，如坝、电站、通航建筑物等。安排土石方工程施工程序，首先要划分分部工程和施工工区（段）。分部工程通常按建筑物划分，如大坝、电站等。施工区（段）是按施工特性和施工要求来划分的，如船闸可分为上引航道、船闸及下引航道，大坝基坑可分为大坝基础和下游消能区等。区（段）划分除形态特征外，关键还在于安全、减少干扰等施工要求方面。如导流洞进口上方为泄洪洞进口或引水隧洞进水口时，上部开挖将影响下部安全，应作为一个施工工区对待。

（2）土石方开挖应自上而下分层进行。对高边坡开挖，应避免二次削坡，在设有锚索、锚杆或喷混凝土支护的高边坡，每层开挖后宜立即锚喷，锚索支护可滞后1～2层，以保证边坡的稳定安全，同时也为了方便施工，避免平台过高造成施工困难。

（3）同层开挖时，宜先剥离覆盖层至下一个台阶，再进行岩石爆破、开挖。

（4）坡顶宜进行开挖前支护，设置截、排水沟。

（5）不稳定岩坡的开挖程序。对于不稳定型边坡开挖，可以先作稳定处理，然后进行开挖。例如采用抗滑挡墙、抗滑桩、锚筋桩、预应力锚索以及化学灌浆等方法；必要时进行边挡护边开挖。

3.1.2.2　施工进度

对分部和施工区段的施工程序确定后，即对施工进度进行安排。安排原则如下：

（1）安排各区（段）的施工先后次序。工种多，需要较长施工时间的区（段）应尽早施工；工种不多但对整个工程或部位起控制作用的区（段），或者施工时将给主要区（段）带来干扰的区（段）应先期施工。例如，控制工期的两岸水上部分坝肩开挖宜在截流前完成或基本完成，施工困难时，可安排在截流后进行。

（2）岸坡开挖一般不受季节限制，而基坑开挖则多在围堰的防护下施工，施工进度安排应结合水文条件和导流规划进行。

（3）各分部和施工区（段）的施工程序确定后，即对施工进度进行安排。安排施工进度时，必须根据工程的各个部分和区（段）的施工条件及开挖或填筑工程量选择施工方案和机械设备。依据各区（段）不同高程和位置的工作条件与工作场面大小，估算可能达到的施工强度，计算每个部位需要的施工时间，最后得出各部分和区（段）的总施工进度计划。

（4）施工场面较大，施工条件方便，施工时间较长而强度不大的区（段），可按其中等条件进行粗略估算。对施工条件较差、施工强度大的控制性区（段），应该按部位和高程分析其可能达到的施工强度和需要的施工时间。最后按施工程序和各分部或区（段）需要的施工时间，作出进度计划。

对于开挖量不大的高边坡，月平均下卧进度可按10～20m考虑，分层出渣时取小值。对于中～大型工程的基坑开挖，月平均开挖量可按30万～50万m^3考虑，小浪底工程基坑开挖月最大强度曾达到101万m^3/月。岩石基础开挖靠近水平建基面部位，开挖要求高，月平均下卧进度一般不大于10m。

（5）主要建筑物基础处理一般都比较费时间，基础施工要求严格，有时遇有断层、破碎带或洞室溶穴需要处理，安排进度应留有余地。

（6）应考虑气候条件，特别是土质边坡施工时，应分析雨季、冬季（冰冻）对施工和稳定的影响，考虑在此期间是停工或是采取防护措施。

（7）国外水电工程施工技术受承包商施工设备数量、施工人员构成等因素影响，施工进度指标应适当降低。

3.1.3　土方开挖

土方开挖从建筑物用途上可分为边坡开挖、建基面基础开挖、沟槽开挖等。除土质边坡整治、小型沟槽开挖可采用人工外，其他均应采用机械开挖作业。

3.1.3.1　边坡和建基面基础开挖

一、作业程序

（1）边坡开挖应采取自上而下、分区、分段、分层的方法依次进行，不允许先下后上切脚开挖；

（2）坡面开挖时，依据土质情况，间隔一定高度设置永久性戗台，戗台台面应为反向排水坡，同时在坡脚设置护脚和排水沟；

（3）采用机械开挖时，距永久性坡面应留有不少于 20cm 的保护层，距水平建基面应留有不少于 30cm 的保护层，保护层采用人工修整或开挖；

（4）河床土方开挖前应做好地面外围截、排水设施，防止地表水流入基坑或沟槽冲刷边坡。

二、土方开挖设备选择

依据土壤性质可采用不同的挖掘机械，表 3-1-1 为可能应用的设备。

表 3-1-1　　土方开挖适用的机械

机　械	砂	壤　土	硬黏土	砾石、卵石
挖掘机　正铲	○	○	○	○
索铲	○	○	○	○
装载机（轮胎）	○	○	△	○
铲运机	△	○	△	×
推土机	○	○	○	○

注　○—适用；△—可用；×—不适用。

当土方需要外运时，应选择挖掘机、装载机、索铲等挖装机械。挖掘机能挖各类土壤，正铲应用最为广泛。索铲多用于有水或正铲等无法进入的窄而深的槽坑等。反铲也是土方工程中常用的机械之一，特别是在较狭窄的沟槽或有水的情况下，采用反铲开挖土石料十分有利。装载机是应用较普遍的机械。其主要优点是机动灵活、调动方便、生产效率较高、较经济。

当土方不需外运时，可选择推土机、铲运机等挖运机械。推土机操作灵活，可挖土、运土，应用广泛，同时也可作为挖装机械的辅助。铲运机适用于开挖有黏性的土壤，纯砂则不易装入铲斗内，可用链板装载式铲运机。坚硬黏土可先用凿裂法翻松，或者用拖拉机顶推以增加其切削土壤能力，铲运机开挖的最大优点是施工简单、管理方便，开挖、运输和铺填三项工序由铲运机独自完成，费用较低。

在水电工程土方开挖中，开挖设备一般结合石方开挖一并选择。

3.1.3.2　坑槽开挖

（1）施工前做好地面外围截、排水设施，防止地表水流入基坑而冲刷边坡。

（2）基坑开挖前，首先根据地质和水文情况，确定坑槽边坡坡度（直立或放坡），然后进行测量放线。

（3）当水文地质状况良好且开挖深度在 1～2m 以内（因土质不同而异）时，可直立开挖而不加支护。当开挖深度较大，但不大于 5.0m 时，应视水文地质情况进行放坡开挖，在不加支护的情况下，其放坡坡度不应陡于表 3-1-2 所规定的值。

表 3-1-2　窄槽式管沟放坡开挖不加支撑时的容许坡度

序号	土质种类	容许坡度		
		基坑顶无荷载	基坑顶有静载	基坑顶有动载
1	砂类土	1∶1.00	1∶1.25	1∶1.5
2	碎石类土	1∶0.75	1∶1.00	1∶1.25
3	黏性土	1∶0.5	1∶0.75	1∶1.00
4	砂黏土	1∶0.33	1∶0.5	1∶0.75
5	黏土夹杂有石块	1∶0.25	1∶0.33	1∶0.67
6	老黄土	1∶0.10	1∶0.25	1∶0.33

注　1. 地质条件变化时，边坡可随上层情况调整。
2. 静载指堆土或材料等，动载指施工机械和人工作业等。
3. 冬雨季施工时，如有成熟经验，坡度可不受本表限制。

当基坑较深，水文地质情况较为复杂，且放坡开挖又受到周围环境限制时，则应专门进行支护设计。支护应及时进行。

（4）较浅的坑槽最好一次开挖成型，如用反铲开挖，应在底部预留不小于 30cm 的保护层，用人工清理。对于较深基坑，一次开挖不能到位时，应自上而下分层开挖。

（5）地下水较为丰富的坑槽开挖，应在坑槽外围设置临时排水沟和集水井，将基坑水位降低至坑槽以下再进行开挖。

（6）对于开挖较深的坑槽，如施工期较长，或土质较差的坑壁边坡，采取护面或支挡措施。

（7）如因施工需要，欲拆除临时支护时，应分批依次、从下自上逐层拆除，拆除一层，回填一层。

3.1.3.3　临时支护

一、边坡支护

施工中经常遇到不稳定边坡，为保证施工安全，需采取适当措施加以支护。支护措施主要有锚固、护面和支挡等型式。锚固主要采用土锚杆（自进式锚杆）直接锚固或在混凝土框格梁上锚固；护面有喷射混凝土、块石（或混凝土砌块）砌护、三合土挡护等方法；支挡主要有扶壁、支墩、挡土墙、抗剪桩（板）等型式。根据现场施工条件，选择合理的支护措施，同时，要特别注意对地表水、地下水的处理。

二、坑槽支护

对开挖较深的坑槽，开挖边坡陡于其自稳坡度，或施工期较长、土质较差的坑壁边坡，应采取护面或支挡措施。对直立的坑槽壁面，可采用支撑板支护。如因施工需要，欲拆除临时支护时，应分批依次自下而上逐层拆除，拆除一层，回填一层。

3.1.4　水工建筑物岩石基础开挖

3.1.4.1　爆破方法

水工建筑物岩石基础开挖应采用钻孔爆破法施工，严禁在其附近部位采用洞室爆破法或药壶爆破法施工。如距离主要建筑物较远，确需采用洞室爆破法或药壶爆破法时，应予以论证后采用。

水电工程常用的土石方开挖爆破方法见表 3-1-3。

表 3-1-3　　水电工程常用的土石方开挖爆破方法

序号	爆破方法	适用条件	主要要求	优缺点
1	梯段爆破	各类石方开挖工程，梯段高度结合开挖分层确定	限用于保护层以上爆破，单响最大段起爆药量应经现场试验确定，一般不大于 500kg，临近建基面保护层的上一层梯段不得大于 300kg	1. 可减轻爆破地震强度，减少炸药耗用量，降低爆堆高度，提高岩石破碎度和减少飞石； 2. 爆破网格本身复杂
2	预裂爆破	裂隙率越小，爆破后的残孔保留率越高，通常用于边坡预裂及水平建基面水平预裂及成缝减振	1. 开挖轮廓面上残留炮孔痕迹应均匀分布，并且根据节理裂隙不发育、较发育（发育）和极发育岩体，残留率应分别达到大于 80%、80%～50%、50%～10%； 2. 相邻炮孔间岩面的不平整度应大于 15cm； 3. 炮孔壁不应有明显的爆破现象	1. 减少开挖层次； 2. 减轻爆破地震强度，减少超挖量，提高开挖置乱； 3. 要求钻孔精度高

续表

序号	爆破方法	适　用　条　件	主　要　要　求	优　缺　点
3	光面爆破	在水工建筑物开挖中，广泛应用于地下工程开挖；明挖爆破对边坡面和水平建基面保护且标准比预裂爆破低时也可采用	1．采用地段爆破方法； 2．炮孔不得穿过水平建基面； 3．炮孔底应设置用柔性材料充填或由空气充当的垫层	1．网络连接简单，施工成本低； 2．控制超欠挖，提高开挖质量； 3．不能减小主体爆破对保留岩体的振动破坏
4	沟槽爆破	常用于齿槽，截水槽，先锋槽，渠道等开挖爆破	对小于6m的沟槽可以次爆破成型，最大一段起爆药量不大于200kg，对大于6m的沟槽应用梯段爆破，最大一段起炮药量不大于300kg	1．对槽深小于6m的沟槽可获得较好的爆破效果； 2．单位用药量大
5	药室爆破	有专门的爆破设计，安全技术论证	根据岩石特性及爆破施工对象具体设计	爆破规模大、比较经济
6	静态爆破	常用于有特殊要求（避免振动、飞石等）的部位	1．根据季节选择合适的品种； 2．膨胀剂有腐蚀作用，应注意安全防护工作； 3．温度过高或过低应采取相应孔口覆盖及保温、加温措施	1．安全可靠，没有爆破产生的公害； 2．开裂时间长，破碎效果低

岩石基础开挖应采用自上而下、分层进行台阶爆破的施工方法。紧邻水平建基面的开挖，宜优先采用预留保护层的开挖方法。为减小一次最大起爆药量，应采用微差控制爆破。

主要工程爆破前，均应事先进行爆破试验，通过试验验证后选择爆破方法和参数。

3.1.4.2　岸坡开挖

水电站建筑物岸坡一般具有开挖高度大、稳定性要求高的特点，宜采用分层台阶爆破开挖法。分层开挖法是应用最广泛的一种方法，即从岸坡顶部起分梯段逐层下降开挖。主要优点是施工简单，用一般机械设备可以进行施工。对于爆破岩块大小，减小岩坡的振动影响，均较容易控制，施工技术较简单，岸坡防护和加固（例如锚喷等）也易于进行。

设计边坡轮廓面的开挖，应采用预裂爆破或光面爆破。预裂爆破或光面爆破的最大一段起爆药量不宜大于50kg。

根据开挖出渣方式的不同，岸坡分层开挖施工方法可分为分层道路出渣法、竖井出渣法、抛入河床法以及上述方法组合使用的混合开挖法。

一、分层道路出渣法

适合于开挖量大、地形较缓的岸坡。采用此法施工，可满足高强度开挖的要求。开挖层厚度根据地质、地形和机械设备性能确定，分层厚度10m较合适，一般不宜大于15m。如图3-1-1、图3-1-2所示。如岸坡较陡，也可每隔40m高差布置一条主干道（即工作平台）。上层爆破石渣抛至工作平台或由推土机推至工作平台，进行二次转运。如岸坡陡峭，道路开挖工程量大，也要由施工隧洞通至各工作面。采用预裂爆破或光面爆破形成岸坡壁面。

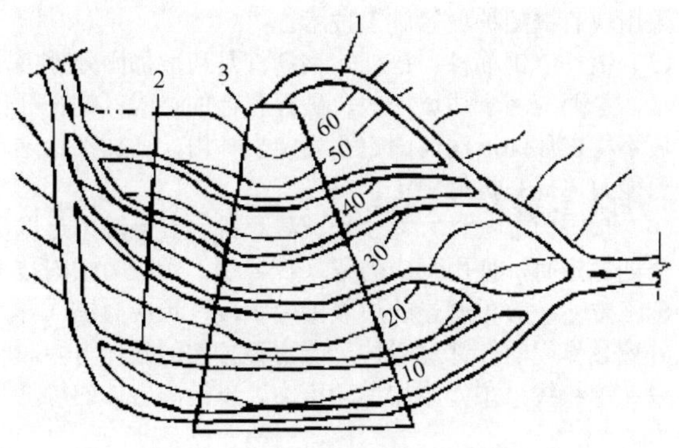

图3-1-1　分层道路出渣开挖法

1—上坝公路；2—岔线；3—开挖边线

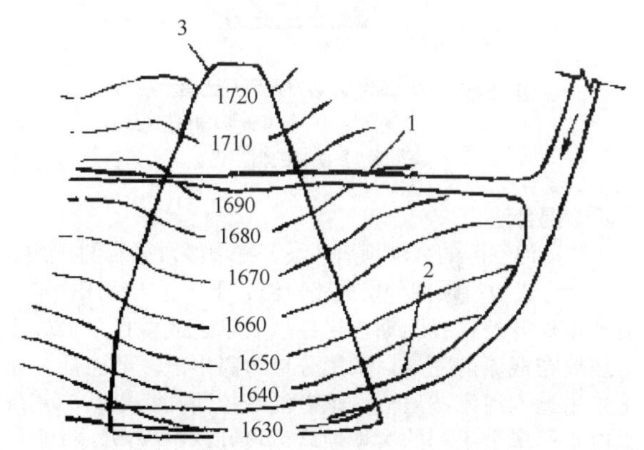

图3-1-2　分层道路集中式出渣开挖法

1—上支线；2—下支线；3—开挖边线

二、竖井出渣法

当岸坡陡峭无法修建道路，而航运、环保或其他原因在截流前不允许将岩渣推入河床内时，可采用竖井出渣法。单个竖井高度最大宜控制在80m左右，溜渣井与水平运输洞相接。这种方法一般应用在开挖方量不太大的地方，当挖方量很大时，只能作为辅助措施。由于该方法辅助洞室工程量大，且易发生渣料堵塞溜渣井的事故，所以，大多停留在前期规划设计中，在国内水电工程岸坡实际开挖中使用极少，仅在混凝土骨料料场开采中使用。

意大利柳米耶坝岸坡开挖竖井出渣示意图如图3-1-3所示。工程施工时在截流前不允许将石渣抛入河床，而岸坡很陡无法修建道路。岸坡开挖高度达135m以上，右岸开挖量为4.4万m^3，左岸为1.8万m^3，左右岸均开挖有斜井，斜井与平洞相连通。上面用小间距钻孔爆破，使岩石成为小碎块，用推土机将其推入斜井内，再经平洞运走。

三、抛入河床法

这也是一种由上而下的分层开挖法，无道路通至开挖面，而是用推土机或其他机械将爆破石渣推入河床内，再由挖掘机装汽车运走。适合于狭窄河谷的高边坡开挖，且需在河床截流后或导流洞分流后允许基坑内适度抛填的情况下才能运用。这种方法在高拱坝坝肩边坡开挖中应用较多，如拉西瓦水电站高拱坝坝肩开挖、锦屏Ⅰ级水电站高拱坝坝肩开挖等。

有一些坝因河谷较窄或岸坡较陡，石渣推入河床后，不能利用沿岸的道路出渣，需另开挖隧洞通至堆渣处，进行出渣。

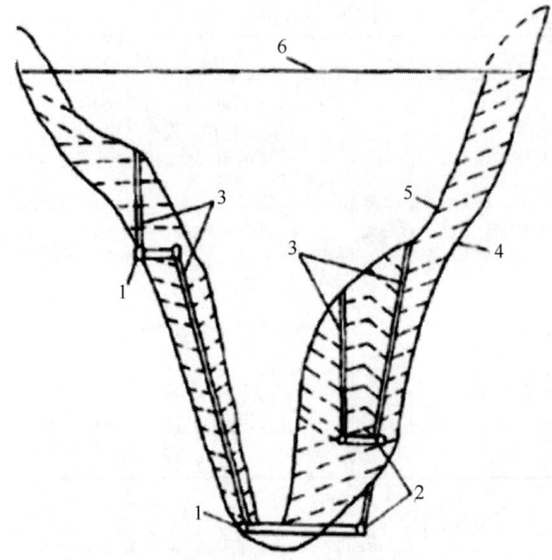

图 3-1-3 柳米耶坝岸坡开挖竖井出渣示意图

1—坑道；2—运输洞；3—竖井；4—开挖边线；5—地面线；6—坝顶高程线

四、混合法

在狭窄河谷区的高坝坝肩边坡开挖中经常采用的方式。常用的组合方式为：顶部分层道路出渣、下部抛入河床出渣。为了节省坝肩开挖直线工期，往往坝肩以上或缆机平台以上较缓的边坡在截流前完成，采用分层道路出渣。截流后，下部开挖采用抛入河床法出渣。该方法在拉西瓦水电站、锦屏一级水电站等多个工程的大坝坝肩边坡开挖中应用，得到了良好效果。

3.1.4.3 建基面开挖

基础面上部岩石应按梯段爆破方式开挖，在临近水平建基面的常规开挖梯段，爆破孔的底部与水平建基面之间应预留垂直保护层。在斜向或直立基础面，一般不设水平保护层，而是采用预裂爆破或光面爆破形成建基面。预留保护层开挖建基面是目前水电工程建筑物水平建基面开挖的主要方式。

经过爆破试验论证，水平建基面也可采用深孔台阶一次爆破法。

一、紧邻水平建基面预留保护层开挖法

（一）保护层厚度

垂直保护层的厚度应根据上部梯段爆破对底部岩体的破坏范围，通过现场爆破试验来确定，它与地质条件、岩体特性、裂隙构造特性、爆破方式和规模、爆破器材性能、炮孔装药直径和装药结构、起爆方式等因素有关。无试验条件时，保护层厚度的确定也可采用经验公式法和工程类比法。

计算保护层厚度的经验公式，见表 3-1-4。

表 3-1-4　　保护层厚度计算公式

岩体特性	完整和坚硬岩体	较完整、较破碎和较坚硬的岩体	破碎和较软的岩体
H/D	25	30	40

注 H—保护层厚度，mm；
D—紧邻保护层的梯段炮孔底部药卷直径，mm。

工程类比法。表 3-1-5 是国内部分工程采用的保护层厚度值。

表 3-1-5　国内部分工程采用的保护层厚度值

工程名称	坝型、岩石	部　位	保护层厚度/m
三峡工程	混凝土重力坝、前震旦纪闪云斜长花岗岩	导流明渠	2.8
		临时船闸及升船机	2.6
小浪底电站	斜心墙堆石坝、黏土岩和砂岩	坝基	1.0～1.5
瀑布沟水电站	砾石土心墙堆石坝、花岗岩和玄武岩	溢洪道	1.5～2.0

（二）保护层爆破方法

1. 一次爆破法

该方法主要是在孔底设置柔性垫层（或空气层）以缓解爆破对孔底岩体的破坏作用，爆破作业应遵循下列规定：

（1）采用微差梯段爆破方式。

（2）炮孔孔径不得大于 60mm。

（3）柔性垫层厚度不小于 20cm。

（4）药包直径宜控制在 40mm 以内。

爆破参数应通过试验确定。

该梯段爆破方法同一般情况下的梯段爆破，在钻孔质量控制上严格要求，保证高精度。根据当地材料供应情况选用垫层材料，垫层厚度根据试验确定。

2. 分层爆破法

保护层为基岩开挖的最后一层，其开挖方式直接关系到基岩开挖的质量。我国多年来一直采用分层开挖的方法。当保护层厚度大于 1.5m 情况下，距离建基面 1.5m 以工为第一层，用小孔径（药包直径不大于 40mm）梯段毫秒爆破；距离建基面 1.5m 以下至 0.6～0.7m（视地质条件而定）为第二层，药包直径不大于 32mm，单孔起爆；剩余的厚度为第三层。若岩体比较破碎，留下 0.2m 用人工撬除。

二、深孔台阶一次爆破法

需试验验证，举例小湾等。

三、建基面开挖后的保护

黏土岩遇水软化，需及时喷混凝土保护。易风化岩石，应预留撬挖层。

3.1.4.4 开挖防护措施

主要措施有：结合永久支护的防护，临时支护，防护网。具体如下：

（1）喷混凝土支护。喷混凝土支护措施一般用于易风化岩石边坡表面的保护，在水利水电和其他工程建设中被广泛采用。

（2）块石框架护坡。可根据不同的地质情况和施工难易程度，采用块石框架护坡等施工技术。

（3）锚杆、钢筋桩。锚杆、钢筋桩是边坡加固处理中常用的方法，主要应用于边坡松散、破碎岩体的加固。锚杆杆体穿过边坡不稳定体的滑动而固定在稳定岩体内，增加不稳定岩体的抗剪能力，提高抗滑稳定。

（4）预应力锚（杆）索。当减载、排水等手段不足以保证边坡长期稳定时，使用预应力锚（杆）索。预应力锚固技术是一种施工方便，效果明显的边坡治理手段，预应力锚（杆）索是在外荷载作用前，针对岩体可能滑移拉裂的破坏方向，利用钢丝束或钢绞线束预先施加主动压力，以提高岩体的抗滑和防裂能力。

（5）防护网。包括主动防护、被动防护两种，主动防护系统是用以钢丝绳网或 TECCO 高强度钢丝格栅为主的各类柔性网覆盖或包裹在者将落实控制在一起范围内运动（围护作用），被动防护网由钢柱和钢丝绳网连接组合构成一个整体，对所防护的区域形成面防护，从而阻止崩塌岩石土体的下坠，起到边坡防护作用。

3.1.5　水下开挖及河道疏浚

3.1.5.1　水下岩坎拆除及出渣

某些水电工程（如原水电站扩机工程的进水口）是在岩坎保护下进行干地施工的。在主体建筑物完工后，混凝土围堰或岩坎均需进行爆破拆除。一般拆除部位邻近主体建筑物，需进行控制爆破。

一、黄河禹门口提水工程一级站岩坎拆除爆破实例

黄河禹门口提水工程一级站岩坎拆除爆破施工图如图3-1-4所示。

爆破方法：外侧炮孔按加强抛掷爆破选取单位体积耗药量，以利打开临空面，保证爆破后开挖到位。内侧炮孔按松动爆破选取单位体积耗药量，以求岩体破碎，又不致产生过大的后冲破坏。

二、赞比亚卡里巴水电站北岸扩机工程岩坎拆除爆破实例

拆除爆破施工程序图如图3-1-5所示。

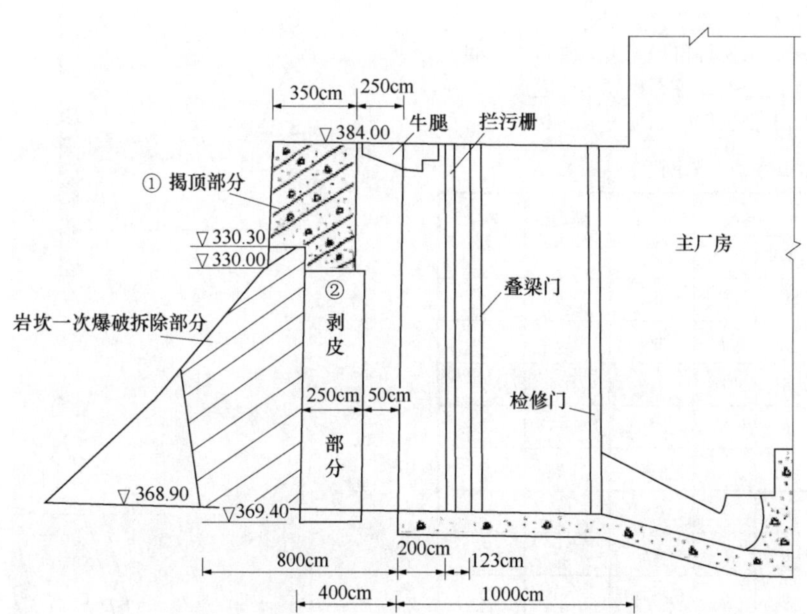

图3-1-4　黄河禹门口提水工程一级站岩坎拆除爆破施工图

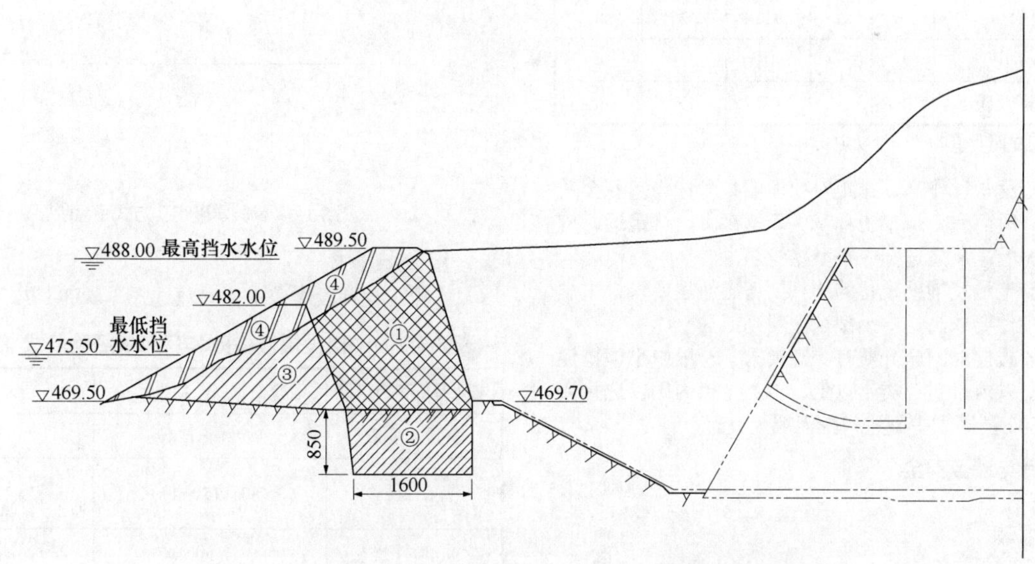

图3-1-5　赞比亚卡里巴水电站北岸扩机工程岩坎拆除爆破施工程序图

①—提前挖除部分；②—集渣坑；③—水下一次爆破拆除部分；④—原岩坎回填石渣

三、水下出渣

停机坪以下3m以内，一般采用普通臂反铲（臂长11m）。停机坪以下3～10m，采用加长臂反铲（臂长18m）。一般先填筑石垅，作为反铲施工平台，边后退边挖除。

3.1.5.2　河道疏浚

河道疏浚目的是为了增大通航能力，或者是为了清除厂房尾水出口下游河道淤积、增大河床的过水能力。河道疏浚主要是采用各种挖泥船，有时也采用长臂反铲放在挖泥船上进行水下开挖。

挖泥船按其功率可分为大、中、小型三类。①大型挖泥船（单船生产率500m³/h以上）：如海狸3800型、1600型、4600-B型及国产JX3100型等，适用于堤防加固、洪道疏浚等土方量较为集中、排距较远的工程。②中型挖泥船（单船生产率150～500m³/h）：如2000-45型、1800-60型及150～300m³/h挖泥船等，为国内船舶厂家制造，适用于堤防加固和洪道疏浚工程量较大、排距较近的工程项目施工。③小型挖泥船（单船生产率150m³/h以下）：适用于工程量小、相对分散的堤防加固和堤塘固基工程施工。按挖泥方式，挖泥船可分为绞吸式、耙吸式、链斗式、抓斗式、斗轮式等，其中绞吸式挖泥船，灵活便利、活动范围大、产量高、输送距离较远、生产环节较省，在水利行业被广泛采用。

选择挖泥船的型号，应考虑下列因素：

（1）挖泥船施工机械受水文气象条件的制约。挖泥船作为一种水上机械将受到风、雾、水流等自然因素的制约。不同型号的挖泥船，对水文气象的适应条件各不相同，一般大型挖泥船其适应能力较强。挖泥船工作条件限制度见表3-1-6。

表3-1-6　挖泥船工作条件限制度

船舶类型		风/级		浪高/m	流速/(m/s)	雾级/级
		内河	沿海			
绞吸式	500m³/h以上	6	5	0.6	1.6	2
	200～500m³/h	5	4	0.6	1.5	2
	200m³/h以下	5		0.6	1.2	2
链斗式	750m³/h	6	6	1	2.5～3.0	2
	250m³/h以下	5		0.8	1.8	2
铲扬式	斗容4m³以上	6	5	0.6	3	2
	斗容4m³及以下	6	5	0.6	2	2
抓斗式	斗容4m³以上	6	5	0.8～1.0	3	2
	斗容4m³及以下	6	5	0.6	1.5	2
自航耙吸式		7	6	1	2	2
拖轮拖带泥驳	294kW以上	6	5～6	0.8	1.5	4
	294kW及以下	6		0.8	1.3	4

注　大中型湖泊参照"沿海"一栏规定采用。

（2）疏挖工程量、排高、排距对挖泥船型号选择起着至关重要的作用。一般而言，疏挖工程量大、排高大、排距远，应选择大中型挖泥船；反之选择中小型挖泥船

（3）挖泥船型号及辅助设备的选择要考虑航运要求，大型挖泥船对通航条件要求高，中小型挖泥船则低。

（4）挖泥船疏挖对河床介质有一定要求，一般中小型挖泥船适用于三类土以内，对三类土以上、七类土以内则以选择海狸3800型、1600型等大中型进口挖泥船为宜。

3.1.6　爆破设计与爆破安全

3.1.6.1　爆破设计

一、梯段爆破

浅孔爆破通常是指孔深小于4m、孔径小于75mm的爆破。深孔爆破通常是指钻孔深度大于4m、孔径大于75mm的爆破。深孔梯段爆破费用单价比较低，机械生产率高，是水电工程石方开挖的主要爆破方法。

1. 布孔方式

梯段爆破钻孔一般分为垂直孔和倾斜孔两种。斜孔爆破在水电工程中广泛采用，与垂直孔相比，具有以下优点：①炮孔沿抵抗线均匀，大块率和残留底根少；②对底盘破坏小，底部平整；③后冲破坏小，爆堆形态较好。而垂直孔适应各类地质条件，钻孔速度快，方向易于控制，不易堵塞，同样在工程中经常采用。

平面上，布孔型式有单排孔和多排孔两种，多排布孔又分为方形、矩形和梅花形。为了增加一次爆破量，广泛采用多排孔微差爆破技术。

梯段爆破布孔方式和台阶要素如图3-1-6所示。

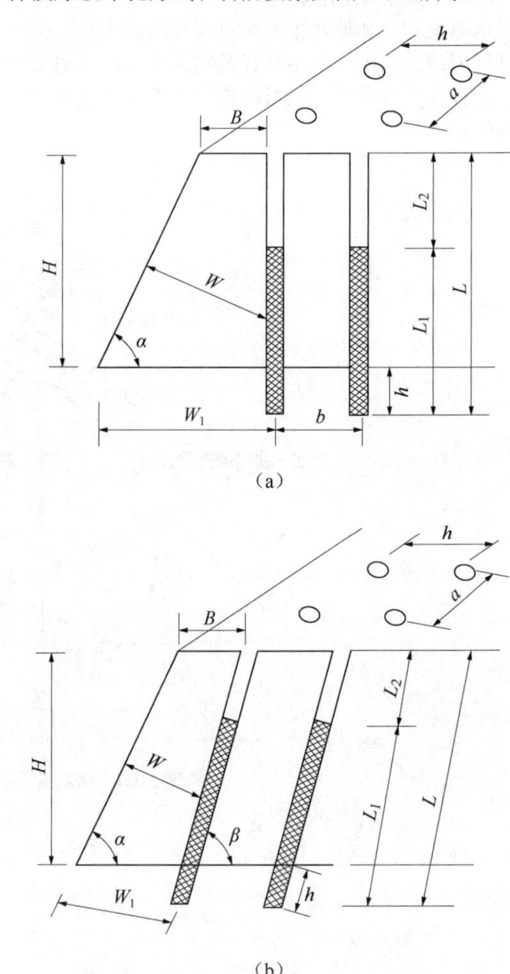

图3-1-6　梯段爆破布孔方式和台阶要素

2. 爆破参数

水电工程梯段爆破主要参数选择见表3-1-7。

表3-1-7　梯段爆破参数和药包量经验公式

爆破参数和药包量	经验公式或一般采用值	说　明
梯段高度 H	H=8～12m	
钻孔直径 D	80～150mm	当边坡进行控制爆破时，孔径宜小于100mm
孔斜	≥60°	斜孔常用75°
钻孔深度 L/m	$L=H+h$	垂直孔
	$L=(H+h)/\sin\beta$	斜孔
超深 h	$h=(0.15\sim0.35)W_1$ 或 $h=(0.12\sim0.30)H$	岩石松软时取小值，岩石较硬时取大值
底盘抵抗线 W_1	$W_1=(0.6\sim0.9)H$ 或 $W_1=(20\sim40)D$	H—台阶高度 D—炮孔直径
炮孔间距 a/m	$a=(0.8\sim1.4)W_1$	

续表

爆破参数和药包量	经验公式或一般采用值	说　明
炮孔排距 b/m	$b=0.866a$	等边三角形错开布置
堵塞长度 L_2	$L_2\geqslant$（0.75～1.0）W_1 或 $L_2=$（20～40）D	
单位炸药消耗量 q/kg	0.4～0.7	根据岩石坚固系数确定
单孔装药量 Q/kg	单排：$Q=qaW_1H$ 多排：$Q=(1.1\sim1.2)qabH$	

单位炸药消耗量见表 3-1-8。

表 3-1-8　　单位炸药消耗量 q

岩石坚固系数 f	0.8～2	3～4	5	6	8	10	12	14	16	20
q/（kg/m³）	0.4	0.43	0.46	0.5	0.53	0.56	0.6	0.64	0.67	0.7

二、微差爆破

微差爆破又称毫秒爆破，是指相邻炮孔中的炸药，在极短的时间内（以毫秒计）按预先设计好的次序，利用毫秒电雷管（延期雷管）顺次起爆的爆破方法。由于炸药相继爆炸所产生应力波的叠加作用，以及抛出的石块互相碰撞，使爆炸效果大为提高。微差爆破多用于深孔爆破中。

爆破方案主要有单排孔微差爆破、多排孔微差爆破和波浪形起爆。

确定合适的微差间隔时间和准确地控制这个间隔时间是搞好微差爆破的关键。间隔时间应在实际爆破工作中根据经验或通过试验加以修正。一般采用值为 15～75ms。

三、预裂爆破

预裂爆破是在主爆区爆破之前沿设计轮廓线先爆出一条具有一定宽度的贯穿裂缝，以缓冲、反射开挖爆破的振动波，控制其对保留岩体的破坏影响，使之获得较平整的开挖轮廓的爆破技术。在水电工程施工中，预裂爆破不仅在垂直、倾斜开挖壁面上得到广泛应用；在规则的曲面、扭曲面以及水平建基面等也取得了一定成果。

预裂爆破的一般要求是：预裂孔先爆，一般超前 50ms 以上；预裂缝要贯通且在地面有一定的开裂宽度，对于中等坚硬岩石，缝宽不宜小于 1.0cm；坚硬岩石缝宽不宜小于 0.5cm；软弱岩石缝宽应达到 1.0cm 以上并经试验确定。

预裂爆破参数设计在于正确处理孔径与孔距、线装药密度、不耦合系数之间的关系。

1. 炮孔间距

$$a=(7\sim12)D \tag{3-1-1}$$

式中　a——炮孔间距，mm；

D——钻孔直径，mm。

当孔径小时，取大值，孔径大时，取小值；当岩石均匀完整时，取大值；岩石破碎时，取小值。

2. 不耦合系数

$$D_d=D/d=2\sim5 \tag{3-1-2}$$

式中　D_d——不耦合系数，坚硬岩石选较小值，松软岩石选大值；

D——钻孔直径，mm；

d——药卷直径，mm。

3. 线装药密度

根据岩石强度和孔距计算：

$$Q_x=0.36\times\sigma^{0.63}\times a^{0.67} \tag{3-1-3}$$

式中　Q_x——线装药密度，g/m，系全孔装药量（扣除底部增加的装药量），除以装药段长度（不计堵塞段）；

a——炮孔间距，cm，适用 45～120cm；

σ——岩石极限抗压强度，kgf/cm²，适用 200～1500kgf/cm²。

上述线装药密度经验公式系采用含 40%的硝化甘油耐冻胶质炸药所得出的，若用其他炸药时，需进行换算。

4. 预裂爆破的药包结构

预裂爆破常采用连续装药和间隔装药的药包结构。

四、光面爆破

光面爆破是在主体爆破之后，利用布设在设计开挖轮廓线上的光爆炮孔，准确地把预留的“光爆层”从保留岩体上切下来，形成平整的开挖壁面。光面爆破能控制光爆层爆破对保留岩体不产生过大的破坏，减少超挖和欠挖，在坚硬岩石中使用较多。在某些特定条件下，采用光面爆破形成壁面，对减小爆破对保留岩体的震动影响更为有利。如水电工程大坝坝肩壁面、地下厂房吊车梁岩壁开挖中，均采用光面爆破方式。

3.1.6.2　爆破安全

从爆源至被保护对象之间的安全距离，应按爆破地震、冲击波和个别飞石等各种爆破效应分别核定。根据各种爆破效应的影响程度和危险性质进行分析，考虑可能采取的防护措施，从而正确地定出一个距离，使得在这个距离内，对于人员、建筑物和机械设备等没有相对的危险性，不致引起建（构）筑物的损害和破坏。这个距离称为爆破安全距离。

一、爆破地震安全距离

国内外爆破工程多以建筑物所在地表的最大质点振动速度作为判别爆破振动对建筑物的破坏标准。通常采用的经验公式为：

$$v=K\left(\frac{Q^{\frac{1}{3}}}{R}\right)^{\alpha} \tag{3-1-4}$$

式中　v——质点振动速度，cm/s；

Q——炸药量 kg，齐发爆破时取总装药量，延期爆破时取最大一段装药量；

R——从爆破地点药量分布的几何中心至观测点或被保护对象的水平距离，m；

K——与岩土性质、地形和爆破条件有关的系数，见表 3-1-9；

α——衰减指数，见表 3-1-9。

表 3-1-9　　爆区不同岩性的 K、α 值

岩　性	K	α
坚硬岩石	50～150	1.3～1.5
中硬岩石	150～250	1.5～1.8
软岩石	250～350	1.8～2.0

二、爆破振动安全允许距离：

$$R=\left(\frac{K}{v}\right)^{\frac{1}{\alpha}}Q^{\frac{1}{3}} \tag{3-1-5}$$

式中符号与式（3-1-4）中的相同。

三、爆破振动安全允许标准

水电安全规程的允许爆破质点振动速度见表 3-1-10，可结合工程情况确定。非挡水新浇大体积混凝土的安全允许振速，可按本表给出的上限值选取。

表 3-1-10　　允许爆破质点振动速度

项　目	龄期/d			备　注
	3	3～7	7～28	
混凝土	1～2	2～5	6～10	
坝基灌浆	1	1.5	2～2.5	含坝体、接缝灌浆
预应力锚索	1	1.5	5～7	含锚杆
电站机电设备	0.9			含仪表、主变压器

四、飞石安全距离

爆破时个别飞散物对人员的安全距离不应小于表 3-1-11 的规定，对设备或建筑物的安全距离应由设计确定。

表 3-1-11　爆破时个别飞散物对人员的安全允许距离

爆破类型和方法			个别飞石的最小安全允许距离/m
露天土岩爆破	破碎大岩块	浅孔爆破法 裸露药包爆破法	400 300
	浅孔爆破		200（复杂地质条件下或未形成台阶工作面时不小于 300）
	浅孔药壶爆破		300
	蛇穴爆破		300
	深孔爆破		按设计，但不小于 200
	深孔药壶爆破		按设计，但不小于 200
	浅孔孔底扩壶		50
	深孔孔底扩壶		50
	洞室爆破		按设计，但不小于 300
水下爆破	水面无冰时的裸露药包或浅孔、深孔爆破	水深小于 1.5m； 水深大于 6m；水深 1.5～6m	与地面爆破相同 不考虑飞石对地面或水面以上人员的影响；由设计确定
	水面覆冰时的裸露药包或浅孔、深孔爆破		200
	水底洞室爆破		由设计确定

注　沿山被进行露天土岩爆破时，下坡方向的飞石安全允许距离应增大 50%。

3.1.7　开挖设备选择

3.1.7.1　钻孔机械

水电工程石方明挖主要钻孔机械包括：风动凿岩机、液压凿岩机、露天凿岩台车以及潜孔钻机等。

一、风动凿岩机

又称风钻。它是以压缩空气为动力，使钻头对岩石产生频繁冲击，将岩石破碎而实现钻进。按照架持方式，风动凿岩机可分为手持式、气腿式、导轨式等几种。

手持式凿岩机：常用于中硬或坚硬岩石中的钻孔，用人工手持钻凿向下的、水平的或倾斜的孔，钻孔孔径 34～42mm，孔深一般为 3～5m。

气腿式凿岩机：主要用于在中硬以上岩石中钻凿水平的和倾斜的孔。其特点是使用可伸缩的气腿来支撑和推进凿岩机工作，减轻工人的劳动强度，提高钻进效率。钻孔孔径 34～42mm，孔深一般为 3～5m。

导轨式凿岩机：主要与单柱导轨或钻孔台车配套，用于中硬以上岩石中的钻孔，钻孔孔径 40～100mm，孔深 15～40m。

二、液压凿岩机

由液压冲击器、液压转钎机构和蓄能器 3 部分组成。它与风动凿岩机相比，具有钻进速度高、动力消耗低、噪声小等优点，20 世纪 70 年代以来发展很快，在大型石方明挖与洞挖工程中与各种凿岩台车相配套，得到越来越广泛的应用。

三、露天凿岩台车

主要用于露天石方开挖和露天矿开采时钻凿炮孔等孔眼。一般由台车底盘、钻臂、推进器、凿岩机和操纵系统等组成。按行走装置可分为轮胎式和履带式两种。台车的钻臂一般均为单臂。凿岩机可以配用风动导轨式凿岩机或液压凿岩机。

四、潜孔钻机

一种回转冲击式钻机，由冲击器、钻具、推压和回转机构、支架等组成。一般与履带式或轮胎式底盘车相配套。由于潜孔钻机的冲击器是直接潜入孔底进行钻凿岩石，所以冲击功的传递损失很小，钻进效率高，噪声也较低，在钻凿深孔时，效果尤为显著。它适用于钻凿孔径较大的中、深炮孔，孔径为 80～250mm，孔深一般为 15～20m。

五、钻孔机械的主要特性及应用范围

常用凿岩钻孔机主要特性及应用范围见表 3-1-12。

表 3-1-12　　常用凿岩穿孔机主要特性及应用范围

类别	组别	型　别	型 号 举 例	钻孔尺寸 孔径/mm	钻孔尺寸 孔深/m	岩石坚固系数 f	钻孔方向	架持方式	重量/kg	应用条件
凿岩机	风动	手持式	01-30，Y-24	34～42	4.0	6～15	水平，倾斜，向下	手持，风动支架	20～28	开挖量小，层薄，工作场面窄小，以及解炮等使用
		气腿式	Y123，YT 24，YT26	34～42	5.0	8～18	水平，倾斜，向下	气腿，台车	23～30	
		向上式	YSP45，01-45	35～45	4～6	8～18	与水平面上斜 60°～90°	气腿	44～45	工作场面允许时采用
		导轨式	YG40，YGP 35，YGZ90	40～80	15～40	8～18	任意方向	台架，台车	30～100	开挖量小、层薄，工作场面窄小，以及解炮等使用
	液压	导轨式	YYG-80	42		14～18	任意方向	台车	80	
	电动	手持、气腿式	YDX40A，YTD25	35～45	4～5	6～15	水平，倾斜，向下	手持，气腿，水腿	25～31	
	内燃	手持式	TN30A，YN25		6	10～14	水平，向下	手持	23～28	
	电钻	手持、导轨式	YID30，YID25	35～45	5	<10	水平，倾斜，向下	螺旋推进器	25～92	

续表

类别	组别	型　别	型号举例	钻孔尺寸		岩石坚固系数 f	钻孔方向	架持方式	重量/kg	应用条件
				孔径/mm	孔深/m					
凿岩机	台车	轮胎式 履带式	CZ301，CT-400A，CL-1 400A，CL-1	50～70 75～150	20～30 30	6～18 8～12	水平，倾斜，向下 水平，倾斜，向下	轮胎履带	800 4500	工作场面许可时使用
穿孔机	潜孔钻	露天式	CLQ-80，YQ-100， YQ-150，YQ-170	85～130 100～150 170	20 18 18	8～12 8～16 8～16	0°～90°，0°～90°， 60°～90°，60°～90°	风动履带 履带自行	4500 7000～15000 15000	工作场面大，开挖厚度大，方量多，在开挖技术规范许可时，可以应用
	回转钻	履带式	KZ-120，YCZ76	95～150	30	＜ 12	70°～90°	履带自动	5000～11000	
	牙轮钻	履带式	KHY-200	190～214	16.5	8～12	75°～90°	液压气动控制	41000	料场开采
			KY - 250C	225～250	17	6～18	90°		84000	

六、凿岩穿孔机生产率

钻孔机械生产能力按下式计算：

$$P=TVK_tK_s \tag{3-1-6}$$

式中　P——钻机台班生产率，m/台班；

T——1 台班工作时间，取 T=480min；

V——钻速，m/min，由生产厂家提供，当地质条件、钻机工作压力和钻孔方向等改变时，应对 V 值加以修正；

K_t——工作时间利用系数；

K_s——钻机同时利用系数，取 0.7～1.0（1～10 台），台数多取小值，反之取大值，单台时取 1.0。

对按上式或其他公式计算出的生产能力，一般均不应低于定额值，必要时，还应和国内外相似工程所达到的实际生产指标进行对比推算确定。

国内外部分凿岩机械实际生产率指标参见表 3-1-13、表 3-1-14。

表 3-1-13　手持或支腿凿岩机生产率指标　单位：m/台班

拟定单位	孔向	孔深/m	岩石级别									说　明
			V	VI	VII	VIII	IX	X	XI	XII	XIII	
葛洲坝	垂直	＜1.0	101	86	76	67	52	46	34	29	24	工作气压为 5kgf/cm^2，钻头直径为 40mm
		＜2.0	89	76	67	59	17	39	31	26	22	
		2～4	64	62	55	45	39	29	24	20	17	
	水平	＜2.0	59	57	46	39	33	27	23	20	17	
		2～4	41	38	36	32	28	21	18	15	13	
	坡面	＜1.5	73	61	54	17	38	31	25	21	13	
乌江渡	垂直	＜2.0			64	57	15	37	30			
		2～4			49	44	35	29	23			
	水平	＜2.0			70	59	50	41	33			
		2～4			55	42	40	32	26			

表 3-1-14　潜孔钻生产率指标　单位：m/台班

潜孔钻型号	孔深/m	岩石级别									实际平均达到
		V	VI	VII	VIII	IX	X	XI	XII	XIII	
YQ-100	＜3	34	30	26	22	18	14	10	6	5	9
	3～6	39	35	31	27	23	19	15	11	7	

续表

潜孔钻型号	孔深/m	岩石级别									实际平均达到
		V	VI	VII	VIII	IX	X	XI	XII	XIII	
YQ-150	＜3	41	36	32	27	22	19	15	11	8	YQ-150：42.0
	3～6	47	41	35	29	24	20	17	14	12	YQ-150A：33.7
YQ-170	＜4	61	53	46	40	34	28	24	20	16	
	4～8	67	58	50	43	37	31	27	24	21	

七、凿岩设备需用量

当考虑钻孔爆破与开挖直接配套时钻孔机械的需要量按下式计算：

$$N=\frac{L}{P} \tag{3-1-7}$$

式中　N——需要量，台；

P——钻机台班生产率，m/台班；

L——岩石月开挖强度为 Q 时，钻机平均每台班需要钻孔的总进尺，m/台班。

$$L=\frac{Q}{Mq} \tag{3-1-8}$$

式中　Q——月开挖强度，m^3/月；

M——钻机月工作台班数；

q——每米钻孔爆破石方量（自然方），m^3/m，根据钻爆设计取值。

3.1.7.2　挖装机械

水电工程石方开挖挖装机械主要有：挖掘机、装载机。

一、挖掘机的类型及应用条件

水电工程露天爆破石渣或软岩开挖常用单斗正铲挖掘机、反铲挖掘机。

正铲挖掘机主要挖掘停机坪以上的掌子。它具有装车灵活，移位方便，工作效率高等优点，便于配备自卸汽车联合作业。一般优先考虑用大斗容（≥4m^3）的正铲挖掘机为主要机械。三峡工程采用的挖掘机设备斗容主要有 4.0m^3、4.5m^3、5.6m^3、6.0m^3，小浪底水利枢纽曾采用 12m^3 液压挖掘机作为大坝石料的挖装主要机械。

反铲挖掘机是正铲挖掘机的一种换用装置，一般斗容量较小，常用的斗容为 0.8～3m^3，工作循环时间较正铲长 5%～8%，适用于挖掘停机坪以下的掌子，多用于开挖深度不大的基槽和水下石渣。

二、装载机

主要用于挖装和搬运土石方等散粒物料，更换工作装置后，还可以进行推土、起重和装卸等多种作业，是一种机动性很好的高效机械，在工程施工中越来越得到广泛的应用。装载机在进行装卸作业时，可将铲斗改装为侧卸式铲斗，形成侧卸式装载机，常用在隧洞等空间狭小的部位。装载机按行走机构的不同分为轮胎式与履带式2种。

轮胎式装载机行走速度快、自重轻、机动性好、生产效率高、转移工作场地方便，并可在短距离工作场地内自行搬运。履带式装载机对地面的附着性能好，挖掘力强，缺点是行驶速度慢，灵活性较差，转移工作场地不便，故实际使用较少。装载机铲斗容量有 1～14.9m^3 多种，水电工程土石方明挖作业中常用的装载机斗容为 3m^3、4.5m^3。三峡工程使用的装载机斗容主要为 3.1m^3、4.0m^3、5.4m^3、9.6m^3，小浪底工程曾使用过 10.7m^3 斗容的液压装载机（CAT992D）。

三、挖掘机械需用量计算

1．生产能力计算

$$P=\frac{TVK_{ch}K_t}{K_k t} \quad (3\text{-}1\text{-}9)$$

式中 P——台班生产率，m^3（自然方）/台班；

T——见前公式；

V——铲斗容量，m^3；

K_{ch}——铲斗充满系数；

K_t——时间利用系数；

K_k——物料松散系数；

t——每次作业循环时间，min。

2．需要量计算

$$N=\frac{Q}{MP} \quad (3\text{-}1\text{-}10)$$

式中 N——机械需要量，台；

Q——由工程总进度决定的月开挖强度，m^3/月；

M——单机月工作台班数；

P——单机台班生产率，m^3/台班。

3.1.7.3 自卸汽车

一、车型选择

与土石方开挖机械配套的运输机械主要选用不同型号、不同规格的自卸汽车。水电工程土石方运输中常用的自卸汽车多为矿山型、底卸式，基本上以国产化为主。

常用的自卸汽车装载容量为 10t、15t、20t、32t、45t。小浪底和三峡水利枢纽曾采用过装载量 68t、77t、85t 的进口自卸汽车。

二、汽车需用量

1．生产能力计算

$$P=\frac{TVK_{ch}K_sK_t}{K_k t} \quad (3\text{-}1\text{-}11)$$

式中 P——台班生产率，m^3/台班；

V——车厢容量，m^3；

K_{ch}——汽车装满系数；

K_s——运输损耗系数；

T、K_t、K_k、t——见前面公式。

2．需要量计算

同前面公式。

三、需要量配备原则

配备汽车的数量应充分注意到开挖工程的如下特点：

（1）装车面常比卸料面狭窄，易造成汽车待装。

（2）作业时间受到其他工序干扰，使时间利用率降低。

（3）运渣道路除干线外多为临时出渣线，尤其是基坑出渣，路面技术等级低，加之道路纵坡大，车辆密集，汽车通过能力有所减弱，使作业循环时间 t 增加。

3.1.7.4 开挖设备配套

（1）钻孔和挖掘机械的生产能力应协调；当钻孔、爆破和挖装工序之间穿插有其他工序时，需考虑对生产率的影响。

（2）运输设备与挖装设备应配套。自卸汽车的装载容量应与挖装机械相匹配，其容量宜取挖装机械铲斗容量的 3～6 倍，运距远用大值。铲、车容量比的合理值见表 3-1-15。

表 3-1-15 铲、车容量比的合理值

汽车运距/km	<1.0	1.0～2.5	3.0～5.0
挖掘机	3～5	4～7	7～10
装载机	3	4～5	4～5

3.2 地下工程施工

水电工程和抽水蓄能电站地下建筑物主要包括：导流隧洞、引水隧洞、尾水隧洞等隧洞工程，竖井、斜井等井挖工程，地下主厂房、主变室、尾水调压室等地下洞室群。

目前已建工程中，向家坝水电站地下厂房最大跨度 31.4m（岩壁梁以上开挖跨度 33.4m），高度 85.5m，是世界上已建的最大地下厂房尺寸；二滩水电站导流洞净断面 17.5m×23m；乌东德水电站导流洞净断面 16.5m×24m；功果桥水电站导流洞净断面尺寸 16m×18m，长度 838m，仅用 13 个月就全部完成；四川吉牛水电站引水隧洞总长度达到 22.37km；小浪底工程左岸集中布置 19 条大型隧洞和 1 座地下厂房，共计 106 个洞室，形成密集的洞室群。这些地下工程的规模巨大，施工难度大，施工技术和施工速度已经达到世界水平。

3.2.1 一般原则及要求

（1）地下工程施工受到围岩地质条件、水文地质、水工结构特征和施工条件的制约，在编制地下工程施工组织设计前，必须全面了解围岩地质情况和建筑物特征、断面尺寸等。水电工程围岩分类见表 3-2-1。

表 3-2-1 围岩工程地质分类表

围岩类别	围岩稳定性	围岩总评分 T	围岩强度应力比 S	支护类型
Ⅰ	稳定。围岩可长期稳定，一般无不稳定块体	T>85	>4	不支护或局部锚杆喷薄层混凝土。大跨度时，喷混凝土、系统锚杆加钢筋网
Ⅱ	基本稳定。围岩整体稳定，不会产生塑性变形，局部可能产生掉块	85≥T>65	>4	
Ⅲ	局部稳定性差。围岩强度不足局部会产生塑性变形，不支护可能产生塌方或变形破坏。完整的较软岩，可能暂时稳定	65≥T>45	>2	喷混凝土、系统锚杆加钢筋网。必要时采取二次支护（或衬砌）
Ⅳ	不稳定。围岩自稳时间很短，规模较大的各种变形和破坏都可能发生	45≥T>25	>2	
Ⅴ	极不稳定。围岩不能自稳，变形破坏严重	T≤25		根据具体情况确定

注 Ⅱ、Ⅲ、Ⅳ类围岩，当其强度应力比小于本表规定时，围岩类别宜相应降低一级。

其中：围岩总评分由岩石强度、岩体完整程度、结构面状态、地下水、主要结构面产状等因素分项评分表综合得出。

（2）对Ⅲ类及以下围岩洞室，特别是在软弱破碎带和黏结强度很低的岩层中修建地下洞室时，应采用“新奥法”施工。“新奥法”是目前钻爆法普遍采用的新技术和作业方法，它是在隧洞爆破掘进中为充分保护和发挥围岩的自承能力，借助现场量测围岩变形的反馈信息，适时用锚杆、喷混凝土等形成环状承载结构的隧洞施工技术。这一方法应贯彻在设计和施工的全过程中。

（3）洞底坡度小于 15%且采用无轨运输方式的洞室，按照平洞施工；大于 15%的洞室，按照斜井或竖井施工。

（4）施工组织设计人员应从施工角度参与地下工程的布置、断面设计等方面的研究。隧洞的最小断面尺寸，应综合考虑施工机械的运行要求、重大件运输和压力钢管运输等要求进行选择。应根据施工机械的性能，选择与工程施工进度、施工条件相适宜且配套合理的施工机械。

（5）与引水隧洞、导流洞、尾水洞等通水隧洞联通的施工支洞，在其投入运行前必须封堵，封堵标准应与主体建筑物一致。堵头的体型应安全可靠并有利于施工。

3.2.2　隧洞工程施工

3.2.2.1　施工方案选择

隧洞工程开挖主要有钻爆法、掘进机法和盾构法等。钻爆法开挖适用于各类围岩的地下工程，也适用于不同尺寸和不同断面形状的地下工程，水电工程隧洞以钻爆法为主。

符合下列条件，可选用掘进机施工：①洞径 3.0～12m，洞长不宜短于 3.5km，一般为圆形断面；②围岩级别宜为Ⅰ～Ⅲ类，岩溶不发育，断层破碎带少且不宽；③岩块的干抗压强度宜在 150MPa 以内；④地下涌水量宜小于 30L/s。

隧洞工程施工方案的选择应从技术可行性、造价、进度、环保、职业健康等方面综合比较后确定。若为新采购的掘进机，掘进洞长不超过 3km 是很不经济的。

盾构法适宜于黏性土、砂砾石地层或强度较低的风化岩体，根据地层条件可选择泥水盾构机或土压平衡式盾构机。盾构施工在水电工程上使用不多，一般在水利项目的穿河隧道工程和城市地铁等建设中采用较多。

开挖出渣方式应优先采用无轨运输，当隧洞宽度小于 5m 时，宜采用有轨运输。

3.2.2.2　钻爆法施工支洞布置

一、数量设置

长隧洞或隧洞工程影响总工期时，常设施工支洞以增加工作面。施工支洞的设置数量依据隧洞长度、工期、地质条件、地形条件、机械性能及配套没备的生产能力等因素综合分析确定。施工支洞一般 1.0～1.5km 布置一个，其独头工作面的长度主要受通风散烟决定，一般不宜超过 2000m。当前国内通风设备的性能尚难满足 2000m 以上长距离的通风需要，若有合适的通风机或中部有通风竖井，则可适当加长。

水电工程导流洞往往是控制工期的关键项目，其进、出口高程低于河水面，加之进出口边坡开挖量大、布置有进水塔等建筑物，不能尽快从进出口作为施工掌子面，应优先设置施工支洞，加快速度。施工支洞根据导流洞规模、条数一般选择在进、出口各布置 1 条施工支洞，导流洞长度较长时，在中部还可增加 1 条施工支洞。

二、平面布置

施工支洞的位置一般选择在地质条件好，干扰小，有较宽敞的场地和弃渣场地，通向支洞口交通运输线路工程量小，各支洞间承担的工程量大体平衡的地方。

支洞的断面尺寸应据通过支洞的施工设备的尺寸确定。还应兼顾排水沟（管）的位置和相关的安全距离及通风管等管线的设置。如大断面导流隧洞、引水隧洞、尾水隧洞布置的施工支洞，其宽度一般要满足双向通车需要，国内大多水电工程大型隧洞布置的双车道施工支洞宽度为 8～9m，高度 7～8m。

兼作运输岔管、钢管的施工支洞断面尺寸应据所运物件的单件最大运输尺寸及选定的运输方式确定。两侧及顶部预留的安全距离一般不宜小于 0.5m。

支洞与主洞的布置交角，一般不宜小于 45°，且宜在交叉口设置不小于 20m 长的平段。当隧洞断面较小时，支洞轴线宜倾向主洞的主开挖工作面；大断面洞室的支洞轴线可与主洞轴线直交。当支洞布置有转弯段时，应满足运输车辆和运输物件的最小转弯半径和转弯洞段加宽值。

导流隧洞施工支洞可根据地形、地质条件和施工干扰情况，分为在隧洞内侧设支洞和外侧设支洞两种型式。平面布置图示意如图 3-2-1 所示。

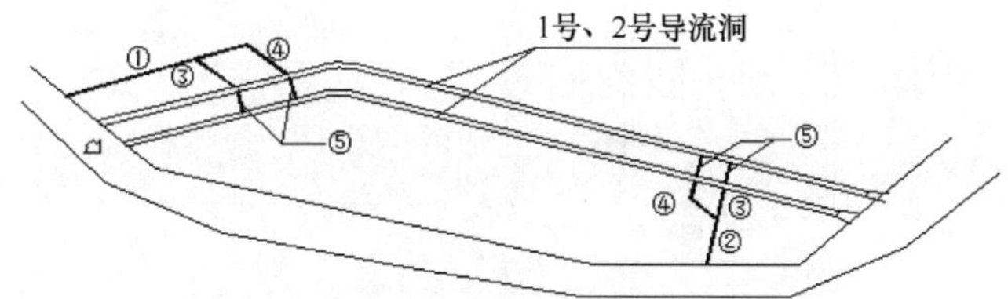

图 3-2-1　导流隧洞施工支洞平面布置示意图

① —上游施工支洞主洞；② —下游施工支洞主洞；
③ —上叉洞；④ —下叉洞；⑤ —联系洞

三、纵面布置

条件许可时，施工支洞的底坡宜按坡度 3%左右的反坡布置，即支洞进口处的高程较主洞底板高程略低。但纵坡坡度不宜小于 0.3%。

当用人力推斗车的有轨运输时，轨道坡度不大于 1%，机车牵引有轨运输时，轨道坡度不大于 3%。

无轨运输坡度不超过 9%，相应限制坡长 150m；局部最大坡度不宜大于 15%。

水电工程不宜选用竖井作为施工支洞。当选用卷扬机牵引有轨出渣设备时，施工支洞的坡度宜布置在 25°以下。用带式输送机出渣的斜支洞的上坡坡度控制在 15°以下。

3.2.2.3　钻爆法开挖方式及程序

一、作业方式

随着施工机械的发展，施工技术和支护技术水平的提高，在围岩稳定和工期允许的情况下，开挖与衬砌宜采用顺序作业方式。采用平行作业时，应确保有关工序的运输通道，如衬砌用钢模台车应采用中间可通车的门架式。

二、开挖方式

水工隧洞按断面尺寸可分为四类：断面面积 S 小于 $20m^2$，为小断面；$20m^2<S\leqslant50m^2$，为中断面；$50m^2<S\leqslant120m^2$，为大断面；断面面积 $S>120m^2$，为特大断面。根据隧洞断面规模，钻孔爆破常用的开挖方式有全断面法、台阶法等。

（1）全断面法。适用于地质构造简单、围岩结构基本稳定，隧洞断面不太大的中厚层坚硬岩体的开挖。开挖高度在 7m 以下时宜采用全断面开挖。一般具有造价低、进度快，与隧洞衬砌施工的干扰较小的特点。如中国鲁布革水电站的引水隧洞，圆形断面，面积 $61m^2$，采用全断面法开挖，单个工作面的月平均开挖进尺达 212m，月最高开挖进尺 373.5m。

（2）台阶法。根据台阶形式可分为正台阶和反台阶两种，根据台阶长度可分为长台阶和短台阶两种。正台阶即先开挖隧洞上部，再开挖下部台阶。适应于围岩地质条件较好，但钻孔、支护机械工作范围不能满足全断面开挖的大断面隧洞；在采用手风钻钻孔开挖时，为避免登渣或搭排架钻孔、支护，在中小断面隧洞也常常采用正台阶法开挖。通常水电工程开挖高度在 10m 以上的隧洞开挖多用正台阶和长台阶，上部的开挖高度以 6～8m 左右为宜。机械化程度较低的隧洞开挖多用反台阶和短台阶。如图 3-2-2 所示。

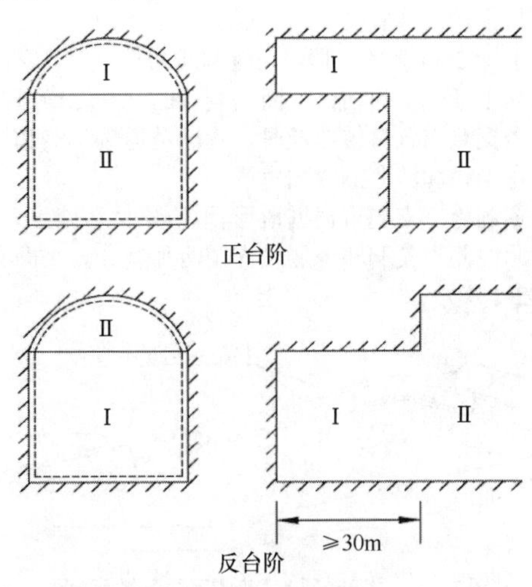

图 3-2-2　隧洞台阶法施工

当隧洞宽度较大、围岩稳定性较差时，宜采用分部分层的正台阶法开挖。上部可采用先开挖中导洞后扩两侧的方法；也可先开挖两侧导洞，中间岩体作为支撑，然后边开挖中间岩柱边进行支护（或混凝土衬砌）。下部采取中间掏槽、侧边扩挖，边支护、边衬砌的方法。如图 3-2-3 所示。为了进一步探明地质条件和改善通风，在顶部开挖时，可先在顶部开挖一个小导洞。

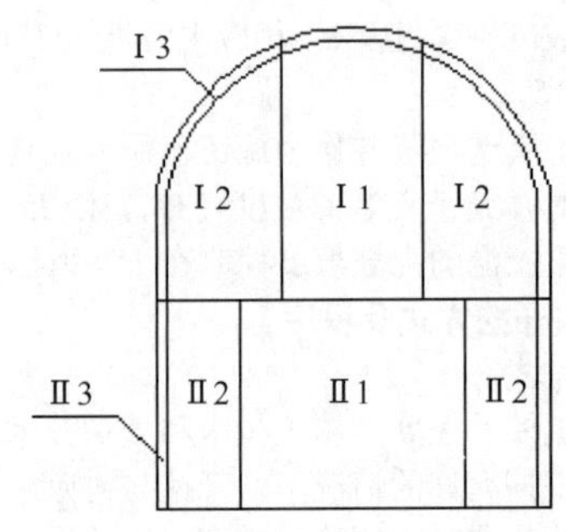

图 3-2-3　分部分层施工程序图

Ⅰ1、Ⅰ2、Ⅱ1、Ⅱ2—洞室分部开挖顺序；

Ⅰ3、Ⅱ3—钢支撑、喷混凝土等临时支护

三、洞口开挖方法和程序

导流洞进、出口段洞口一般覆盖薄，岩石风化严重，节理裂隙发育或因地质构造使围岩稳定差，而且进口段开挖断面往往较大，给施工带来一定的困难。需采取预锚固、预注浆、设预应力锚索等方法加固，然后采取先导洞后扩大、分部开挖、分部支护或衬砌等方法施工。

洞口进洞方式大多采用自洞外向洞内，当洞口在水下或洞口有建筑物或干扰时，也可采用自洞内向洞外的开挖顺序。

1. 洞脸边坡加固方式

做好洞脸边坡的锚固，是保证洞口施工安全的重要措施之一。洞脸边坡锚固根据岩石边坡的地质条件、坡度与高度、洞口尺寸大小等，采取不同的加固措施。

常用的洞脸加固方式有：锚杆、锚索、锚筋桩、喷混凝土或其组合锚固措施；混凝土明拱支撑等。功果桥水电站导流洞进口断面开挖尺寸 25.5m×23m，岩石破碎，离岸边近，开挖中采用多种措施进行洞脸加固，分部开挖，保证了进口的安全，如图 3-2-4 所示。

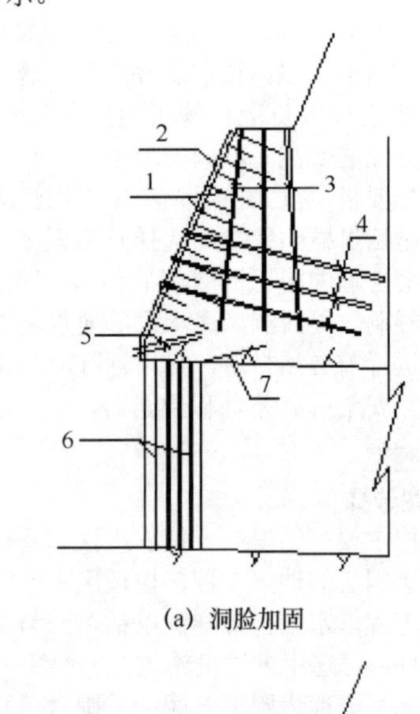

(a) 洞脸加固

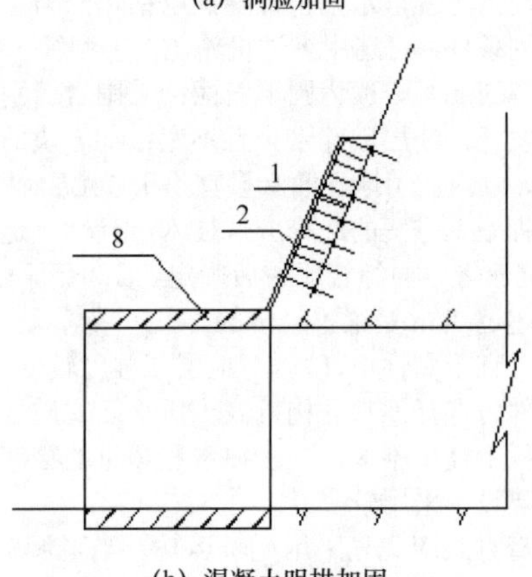

(b) 混凝土明拱加固

图 3-2-4　洞口开挖洞脸加固措施图

1—系统锚杆；2—喷混凝土；3—悬吊锚筋桩；4—锚索；5—锁口锚杆；6—钢拱架；7—超前锚杆；8—混凝土明拱

2. 中间钢管柱法

适用于开挖断面尺寸大，洞室顶部围岩自稳能力较差的洞室。先在中部开挖，然后架设钢管柱支撑，再进行两侧的扩挖，如图 3-2-5 所示。为了增加钢管柱的刚度，有时在钢管柱两侧浇筑一定厚度的混凝土。拉西瓦水电站导流洞进口曾采用了该种开挖、支护型式。

3. 分部开挖、分段衬砌法

适合于支护难度大且不经济的风化岩层特大洞室。以某工程导流隧洞进口渐变段开挖为例：导流隧洞穿过地层为灰岩、白云岩及泥灰岩互层，抗压强度 30～60MPa，其中薄层泥灰岩性状较差，软弱易风化。先开挖中槽，浇筑钢筋混凝土中墩，然后，在中墩的支撑保护下，逐步进行两侧顶拱扩挖、顶拱混凝土衬砌、边下部开挖、边墙开挖和衬砌、底板混凝土衬砌。施工程序如图 3-2-6 所示。

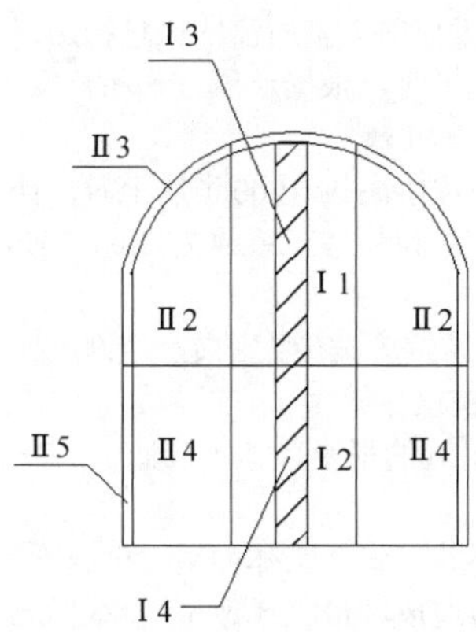

图 3-2-5　中间钢管柱开挖方式

Ⅰ1、Ⅰ2、Ⅱ2、Ⅱ4—洞室分部开挖顺序；Ⅰ3、Ⅰ4—钢管柱架立顺序；Ⅱ3、Ⅱ5—钢支撑、喷混凝土等临时支护

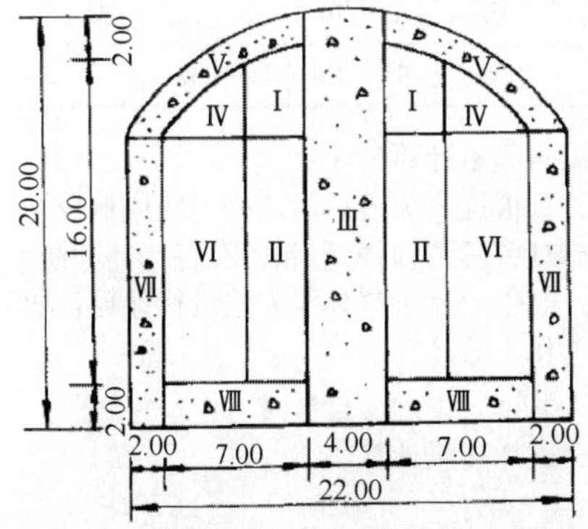

图 3-2-6　某工程导流隧洞进口开挖、支护程序图

3.2.2.4　钻孔爆破

一、钻孔

钻孔深度受钻孔设备限制和爆破要求控制，炮孔深度不超过隧洞宽度的0.6倍。水电工程大中型隧洞，多采用2～4臂液压凿岩台车或具有导轨的凿岩机钻孔，凿岩台车一般最大钻孔深度为5m，而采用手持式风钻时为3m。

圆形隧洞的开挖断面形状应结合衬砌程序考虑。当需要先衬边墙时，可进行扩挖边墙底脚，并计算施工附加量。

光面爆破钻孔孔径38～50mm，预裂爆破垂直孔孔径64～110mm。

二、爆破作业

隧洞开挖均应采用控制爆破，按光面爆破或预裂爆破的要求进行钻孔爆破。对圆形隧洞或非直线轮廓线的洞室应采用光面爆破。大断面直边墙洞室的下部扩大开挖可以布置垂直爆破孔和预裂孔，采用预裂爆破方式。

光面爆破掏槽方式有楔形掏槽和平行直孔掏槽两种。在较坚硬的岩体中，用分层楔形掏槽方式，它的第一层掏槽孔用较小的倾角（55°～60°），孔深为第二层掏槽孔的0.5～0.7倍，第二层掏槽孔用较大倾角（70°～75°）。

平行直孔掏槽适用于坚硬、均质、裂隙不发育的岩体，有平行空炮眼掏槽、筒形掏槽、漏斗掏槽等多种布置方式。

三、钻爆法施工速度

作业的循环进尺应根据洞室围岩类别、断面尺寸、钻孔设备、装渣运输设备的性能等综合选定。围岩类别较好时，每一循环开挖进尺约为炮孔深度的0.8～0.95倍，一般工程控制为3～3.5m。围岩类别较差时，一次循环进尺一般控制在1.5m以内。

确定循环进尺后，需根据钻孔时间、通风散烟时间、装渣出渣时间、支护时间等确定一次循环作业时间。开挖循环时间以班为单位进行安排，小断面洞室可安排每班2个循环或更多循环；中型断面隧洞可每班一个循环；大断面洞室则可2～3班一个循环。月平均进尺可按以循环作业时间计算的理论月进尺乘以0.6～0.7的系数安排。

小断面隧洞，全断面法施工月平均进尺一般为150～200m；中断面隧洞，全断面法施工月平均进尺一般为100～150m；大断面隧洞，分层法施工月平均综合进尺一般在50～60m。

3.2.2.5　装渣与出渣

一、无轨运输出渣

（1）侧卸车装载机配自卸汽车出渣。此种方式效率高，适合于大、中断面洞室。设备选型依据洞室开挖尺寸和机械性能确定。一般使用斗容3.0m³左右装载机和15～20t自卸汽车。

当隧洞长度较大，开挖宽度不能满足自卸汽车回车要求时，应每隔150m左右设回车洞，或在洞内设移动式转向转盘。

圆形隧洞底部不能满足运输要求时，可在开挖爆破后预留垫渣形成临时出渣道路，而不进行扩挖。

（2）人工或装岩机装渣，小型翻斗车或拖拉机出渣，适应于小断面平洞开挖。当平洞开挖宽度小且较短，不能满足运输设备最小宽度需要时，可采用人工装渣、手推车出渣。

二、有轨运输出渣

有轨运输适用于小断面平洞和斜洞开挖，如隧洞开挖宽度允许，应设双轨以加快出渣速度。出渣方式有：

（1）由小型装载机或人工装渣，人工推行单斗车出渣。适合于轨道坡度不大于1%的小型断面隧洞。

（2）由装岩机、扒渣机或人工装渣，卷扬机（绞车）牵引列斗车出渣。适合于坡度小于25°的斜井出渣。

（3）后翻式装岩机（铲斗容量0.17～0.5m^3）或立爪扒渣机配大容量矿车或梭式矿车（容量4～25m^3），用电瓶车牵引出渣，轨道坡度不大于3%。用浮放道岔或设错车道进行调车作业。

有轨装渣设备选择见表3-2-2、表3-2-3。

表 3-2-2　铲斗式装岩机型号及生产率

型号	ZCZ-17	FZH-5	ZCQ-1	ZCZ-20	ZCD-2	ZCZ-26	ZCD-4	ZCD-4
动力类型	风动	风动	风动	电动	电动	风动	电动	风动
铲斗容积/m^3	0.17	0.17	0.13	0.20	0.25	0.26	0.5	0.5
生产率P/（m^3/h）	20～30	20	15～20	30～40	25～35	50	70～90	70～90

表 3-2-3　立爪式扒渣机特性表

型　号	LZ-120D	18HR	8HrgF
装载宽度/m	2.95	3.4	6.2
生产能力/（m^3/h）	120	180	360
外形尺寸（长×宽×高）/（m×m×m）	6.91×1.91×2.46	9.3×3.4×2.65	7.8×2.35×2.7

3.2.2.6　通风与除尘

通风与除尘是排除炮烟、粉尘及有害气体，改善施工环境，保障施工人员身体健康，缩短循环时间，加快施工速度的重要工序。

一、施工面作业标准

施工过程中，洞内氧气按体积计算不应少于20%。洞内空气中有害物质的最高容许含量见表3-2-4。

表3-2-4　洞内空气中有害物质的最高容许含量

名　称	最高容许浓度		附　注	
	按体积/%	按质量/(mg/m³)		
二氧化碳（CO_2）	0.5		一氧化碳的最高容许含量与作业时间	
甲烷（CH_4）	1		作业时间	最高容许含量/(mg/m³)
一氧化碳（CO）	0.00240	30	1h以内	50
氮氧化合物换算成二氧化氮（NO_2）	0.00025	5	0.5h以内	100
二氧化硫（SO_2）	0.00050	15	15～20min	200
硫化氢（H_2S）	0.00066	10	反复作业的间隔时间应在2h以上	
醛类（丙烯醛）		0.3		
含有10%以上游离SiO_2的粉尘		2	含有80%以上游离SiO_2的生产粉尘不宜超过1mg/m³	
含有10%以下游离SiO_2水泥粉尘		6		
含有10%以下游离SiO_2的其他粉尘		10		

二、有害气体防护措施

（1）应配置低污染、有废气净化装置的以柴油为动力的施工机械，以汽油为动力的施工机械不得进入洞内。

（2）钻孔作业应采用湿式凿岩机械。

（3）自然通风。依靠洞内外空气对流的通风，具有送风容易、供风能力大、成本低的特点。在岩层不产生有害气体的短小隧洞，可借洞口进风净化空气；隧洞断面较大，采用分部开挖时，可先贯通导洞、导井形成对流通风；长隧洞开挖时，可利用平行支洞、永久井洞等通道使风流随井洞循环。

（4）机械通风。是洞室开挖的主要通风方式，有压入式、吸出式和混合式三种。①压入式。风机将新鲜空气通过风管压至工作面，将有害气体冲淡净化，对爆破影响较小，但污浊风流自隧洞全断面排出，影响洞内其他工种作业，散烟时间随洞长而增加。②吸出式。风机将工作面的污浊风流沿风管吸出，自隧洞全断面补给新鲜空气，排烟速度快，但风管末端距工作面相对较近，易受爆破损坏。③混合式。隧洞内使用可逆轴流式风机，爆破后采取吸出式，迅速排除工作面有害气体，恢复循环作业，然后再采取压入式，不断向洞内供应新鲜空气。通风能力强、卫生条件好，但要两套以上设备。

三、洞室开挖通风标准及计算原则

（1）洞室开挖所需通风量应根据下列要求分别计算，取其中最大值：

1）按洞内同时工作的最多人数，每人供给0.05m³/s的新鲜空气计算。

2）按爆破后20min内将工作面的有害气体排出或冲淡至允许浓度计算，每千克炸药爆破产生的有害气体折合成40L一氧化碳气体。

3）洞内使用柴油机械施工时，按每千瓦供风量0.068m³/s计算，并与同时工作的人员所需的风量相加。

4）计算通风量时，根据通风方式和长度考虑漏风增加值，漏风系数可取1.2～1.5。

5）当洞、井位于海拔1000m以上时，计算出的通风量应乘以高程修正系数，高程修正系数按DL/T 5099—2011中12.2.1的规定选择。

6）计算的通风量应按最大、最小容许风速和相应洞室温度所需的风速进行校核。

（2）工作面附近的最小风速不应低于0.25m/s，最大风速按下列规定执行：

1）隧洞、竖井、斜井工作面最大风速不应超过4m/s。

2）运输洞与通风洞最大风速不应超过6m/s。

（3）洞室内平均温度不应超过28℃。洞室内不同温度下的风速值应符合表3-2-5的规定。

表3-2-5　　洞室开挖所需风速值

温度/℃	＜15	15～20	20～22	22～24	24～28
风速/（m/s）	＜0.5	0.5～1.0	1.0～1.5	1.5～2.0	＞2.0

四、机械通风量计算

通风机容量根据所需通风量选择，通风量分别按施工人员所需风量，爆破后在已定时间产生的有害气体冲淡至允许浓度，排除柴油机械产生的有害气体等方法进行计算，取其中大值。

（1）按工作人数计算。

$$Q=mq \tag{3-2-1}$$

（2）按爆破炸药量计算。

$$Q=\frac{CB}{100\times0.02\%t}=5\frac{CB}{t} \tag{3-2-2}$$

（3）按通风方式计算。

$$Q=\frac{60K}{t}SL \tag{3-2-3}$$

式中　Q——通风量，m³/min；

m——工作人数，人；

q——每个人需要通风量（应不小于3），m³/min；

C——一次爆破用的炸药量，kg；

B——每公斤炸药产生的CO_2体积；

S——洞室断面积，m²；

L——通风洞室长度［抽出式通风时，电爆$L=10+(C/S)$，火爆$L=15+C$］；

K——系数（压人式通风$K=21.4$，抽出式通风$K=15$，混合式通风$K=15.6$）；

t——通风时间，min。

混合式通风时，抽出风量应比压入风量大20%～30%；无幕帘时，压入风机出口与抽风机的位置应相距10m以上。

通风时，洞室中要求的最小风速为0.25m/s，则最小风量为

$$Q=9S \tag{3-2-4}$$

式（3-2-1）～式（3-2-4）计算出的最大者作为设计风量。依据设计风量选择通风机。考虑风管沿程损失，则通风机所需的供风量为

$$Q_{机}=PQ \tag{3-2-5}$$

$$P=\left(\frac{DKL\sqrt{R}}{3m}\right)^2 \tag{3-2-6}$$

$$R=\frac{6.5\alpha L}{D^2}$$

式中　D——风管直径，m；

L——风管长度，m；

R——风管空气阻力单位；

P——风量沿风管的沿程损失；

α——动阻力系数（见表3-2-6）；

K——风管接头漏风系数（有良好垫圈的钢管K=0.001～0.002；帆布管、无垫圈钢管K=0.003～0.007，用螺栓扣住而不密封时，K=0.010）；

m——每节风管长度，m。

表3-2-6　　通风管道动阻力系数

风管	钢管直径/mm					帆布管（直径300～600mm）		木　管	
	300	400	500	600～700	800～1000	拉紧	未拉紧	光滑	不光滑
α	4×10^{-4}	4×10^{-4}	3.5×10^{-4}	3×10^{-4}	2.5×10^{-4}	3.6×10^{-4}	9×10^{-4}	$(2.3\sim2.7)\times10^{-4}$	$(3.0\sim3.5)\times10^{-4}$

通风机轴功率N为

$$N=\frac{Q_{机}h}{102\eta} \tag{3-2-7}$$

$$h=PRQ^2 \tag{3-2-8}$$

式中　h——风管全程压力损失，mmH_2O（9.80665Pa）；

η——通风机电效率。

五、通风方式选择

压入式通风一般适用于工作面长度在400m以内的洞室。

吸出式通风一般适用于工作面长度在600m以内的洞室。

混合式通风一般适用于工作面长度在800m以上的洞室。

常用的风管有乙烯塑料布管、涂胶软管、金属管等。

3.2.2.7　安全支护

临时支护应尽可能与永久支护相结合或作为永久支护的一部分。支护型式宜采用喷锚支护，包括采用纤维喷射混凝土和设置钢支撑或钢筋格栅加强支护的喷锚支护，以及预应力锚杆和预应力锚索等。在岩石节理裂隙发育的洞口及洞口段，在其开挖成形后，宜用钢筋混凝土锁口衬砌。

锚喷支护与围岩共同工作，控制围岩变形，调整和改善围岩应力状态，发挥围岩的自承能力，达到洞室稳定的目的。因此，在施工期间，应加强包括围岩内部变形（如多点位移计）和外部收敛度以及应力测试在内的施工期监测。锚喷支护类型、参数根据围岩条件、隧洞施工方法（包括开挖程序、爆破方法、掘进进尺等）、断面大小等因素确定。

支护与开挖的间隔时间、施工顺序及相隔距离，应根据地质条件、爆破参数、支护类型等因素确定。一般应跟随开挖面进行，在围岩出现有害松弛变形之前支护完毕；对稳定性很差的地段，更要及时支护，爆破后立即喷混凝土封闭岩面，控制围岩变形，待出渣后再挂网喷混凝土，安装锚杆，达到设计要求。需要时，采用钢拱架与锚喷联合支护；对松散、破碎自稳能力很差的围岩，采取超前锚杆、管棚或预注浆等方法加固岩体，再按短进尺、弱爆破、及时支护的原则进行。

锚杆类型很多，常用的有水泥砂浆锚杆、树脂锚杆、胀壳式锚杆、自进式注浆锚杆等，在地下水较多的特殊地质洞段，也可采用水胀式锚杆。砂浆锚杆采取先注浆后插锚杆的方法，可作为永久支护的一部分。为了达到快速锚固目的，在地下工程中常使用水泥基药卷锚剂，使砂浆很快凝固起支护作用，这类锚杆一般仅作为临时支护用。

隧洞内喷混凝土施工，应采用湿喷法或半湿喷法，以保证喷混凝土强度和减少回弹，降低粉尘。拌和设备应选用强制式拌搅拌机。喷混凝土可掺入钢纤维，以提高喷层的抗裂能力，提高抗压强度、抗弯强度和韧性。在喷混凝土的混合料中，还可掺入具有速凝、减水、防水等性能的外加剂。喷射作业应分段分片进行，喷射顺序应自下而上。采用湿喷法，边墙一次喷射厚度为8～15cm，顶拱一次喷射厚度5～8cm。分层喷射时，后一层喷射应在前一层喷射混凝土终凝后进行。

隧洞锚喷支护措施见表3-2-7。

表3-2-7　　锚喷支护类型及参数表

围岩类别	洞室开挖直径或跨度/m					
	$D\leqslant5$	$5<D\leqslant10$	$10<D\leqslant15$	$15<D\leqslant20$	$20<D\leqslant25$	$25<D\leqslant30$
Ⅰ	不支护	不支护或50mm喷射混凝土	50～80mm喷射混凝土，布置长2.0～2.5m、间距1.0～1.5m锚杆	100～120mm喷射混凝土，布置长2.5～3.5m、间距1.25～1.50m锚杆。必要时设置钢筋网	120～150mm钢筋网喷射混凝土，布置长3.0～4.0m、间距1.5～2.0m锚杆	150mm钢筋网喷射混凝土，相间布置长4.0m锚杆和长5.0m张拉锚杆、间距1.5～2.0m
Ⅱ	不支护或50mm喷射混凝土	80～100mm喷射混凝土，50mm喷射混凝土，布置长2.0～2.5m、间距1.0～1.25m	100～120mm钢筋网喷射混凝土，80～100mm喷射混凝土，布置长2.0～3.0m、间距1.0～1.5m锚杆，必要时设置钢筋网	120～150mm钢筋网喷射混凝土，布置长3.5～4.5m、间距1.5～2.0m	150～200mm钢筋网喷射混凝土，布置长3.5～5.5m、间距1.5～2.0m铺杆，原位监测变形较大时修改支护参数	
Ⅲ	80～100mm喷射混凝土，50mm喷射混凝土，布置长1.5m～20m、间距0.75～1.0m锚杆	120mm钢筋网喷射混80～100mm钢筋网喷射混凝土，布置长2.0～3.0m、间距1.0～1.5m锻杆	100～150mm钢筋网喷混凝土，布置长3.0～4.0m、间距1.5～2.0m锚杆，原位监测变形较大时进行二次纹护	150～200mm钢筋网喷射混凝土，布置长3.5～5.0m，间距1.5～2.5m锚杆，原位监测变形较大时进行二次		

续表

围岩类别	洞室开挖直径或跨度/m					
	$D≤5$	$5<D≤10$	$10<D≤15$	$15<D≤20$	$20<D≤25$	$25<D≤30$
Ⅳ	80～100mm 钢筋网喷射混凝土，布置长1.5～2.0m、间距 1.0～1.501 锚杆	150mm 钢筋网喷射混凝土，布置长 2.0～3.0m、间距 1.0～1.5m 锚杆，原位监测变形较大部位进行二次支护	200mm 钢筋网喷射混凝土，布置长 4.0～5.0m、间距 1.0～1.5m 锚杆，原位监测变形较大部位进行二次支护，必要时设置钢拱架、格栅拱架			
Ⅴ	150mm 钢筋网喷射混凝土，布置长 1.5～2.0m、间距 0.75～1.25m 锚杆，原位监测变形较大部位进行二纹护	200mm 钢筋网喷射混凝土，布置长 2.5～4.0m、间距 1.0～1.25m 锚杆，必要时设置钢拱架或格栅拱架。原位监测变形较大部位进行二次支护				

注 1. Ⅳ、Ⅴ类围岩为辅助工程措施，即施工安全支护。
2. 本表不适用于埋深小于 2 倍跨度（直径）的地下洞室和特殊土、喀斯特洞穴发育地质的地下洞室。
3. 二次支护可以是锚喷支护或现烧钢筋混凝土支护。

3.2.2.8 不良地质地段施工

一、软弱、松散破碎带及富含地下水断层破碎带施工

主要以预防为主。首先查清地质构造、岩性、规模、地下水活动等情况，制订稳妥的开挖方案。这类围岩自稳能力差的地段，应按“短进尺、弱爆破、适时支护、加强监测”的原则进行施工组织设计。对于地下水丰富的地段采取排、引、截、堵等方法处理。根据地质条件可采取边开挖边支护、环向开挖和支护、分部开挖与支护、先墙后拱法等施工方法。稳定性差时，采取超前锚杆、管棚、灌浆等加固岩体，对埋藏较浅的部位，从地表钻孔设锚杆或灌浆加固。根据不同的地质条件，采取喷混凝土、挂网、锚杆、钢支架等不同组合的联合支护，紧跟开挖面进行，稳打稳扎，确保施工安全。

二、岩溶及地下暗河地段施工

（1）反拱支撑法。我国地下工程中很多布置在石灰岩地区，经常遇到岩溶塌陷体，有的溶洞高度达几十米至上百米，当地下隧洞必须通过时，塌陷体山岩压力直接影响洞室安全。因此在设计施工中，经常采用反拱支撑（衬砌计算中考虑了反拱作用力）防止塌陷体危及洞室安全。

（2）地下水堵排法。石灰岩地区地下洞室，常遇到暗河通过，一般暗河在流量不大情况下，可在开挖面前安装水管或设排水系统，引走暗河水。

当地下暗河水量较大时，必须采用堵、排相结合的方式，可利用施工支洞，或专门开挖施工洞，将暗河水流拦蓄起来从施工洞中引走暗河水，以保证施工顺利进行。

三、岩爆地段隧洞施工

在高地应力地段的隧洞施工易发生围岩产生剥片和岩爆。对于一般剥片和轻微岩爆，一般采用锚杆加钢筋网或锚杆加喷钢纤维混凝土的方法处理。当发生较严重的岩爆时，应采取综合岩爆防治措施。

措施主要包括：超前钻孔法促进围岩应力降低；钻孔高压注水法降低岩体强度和弹模，提高塑变能力；喷雾洒水以利应力释放；分部开挖、浅孔弱爆破等方式调整围岩应力状态；超前锚固、系统支护等加固措施；挂安全网和待避等措施减小岩爆危害。

3.2.2.9 掘进机开挖

掘进机依靠机械的强大推力和剪切力破碎岩石，同时使开挖、出渣连续作业，使衬砌、灌浆平行作业，从而达到高速掘进的目的。掘进机法开挖分为硬岩掘进机开挖和盾构掘进机开挖两种方式。水电工程常用的掘进机为硬岩掘进机（又称 TBM）。其型式主要有无护盾、半护盾、全护盾、双护盾等。

1984 年，在天生桥二级水电站引水洞首次采用罗宾斯双护盾全断面岩石掘进机掘进开挖方法。2008 年，锦屏二级水电站大型引水隧洞使用了ϕ12.4m 的开敞式硬岩掘进机（TBM）。受水电工程隧洞地质条件复杂等诸多因素影响，掘进机开挖在水电工程中应用不多，也有不少经验教训值得总结。随着国内几个隧道设备制造厂家研制的硬岩掘进机问世并经实践检验，掘进机的应用将会越来越普遍。

一、适用条件

从理论上说，掘进机可适用于各种水平和倾斜隧洞的施工，但从经济和技术的角度考虑，以中硬岩石为佳，岩石抗压强度以 30～150MPa 为最经济合理。掘进机适用于圆形、洞线比较顺直无较大弯道的长隧洞，最佳长度为 10km 左右。一般认为隧洞直径以 5～10m 为最佳。若需转弯，转弯半径宜大于 200m，若其衬砌型式为混凝土预制管片，则洞线的转弯半径宜大于 1500m。

二、掘进机安装及拆移

当有布置条件时，掘进机宜在露天安装就位或拆移。

当没有布置条件时，可在主洞的始发段进行扩挖，作为安装洞室，掘进机设备由施工支洞运入安装洞内安装就位。安装洞室段应选择在地质条件较好的洞段。

掘进机一般自下游向上游方向掘进，国产掘进机适宜的单头掘进长度为 6km 左右。一般在距始发洞室 6km 处设接收洞室，在接收洞室内将掘进机解体拆除。解体洞室也可同时作为另一台掘进机的安装始发洞室。

三、出渣

长隧洞掘进机开挖宜选用带式输送机出渣运输方式。对中小断面隧洞，也可采用梭式矿车运输出渣的方式。

四、参考进度安排

由于地质条件的千变万化，对掘进机施工进度和总进尺影响较大。根据国外公司经验，参考数据如下。

每小时进尺：硬岩，1.5～2.5m/h；中硬岩，2.5～4.5m/h；软岩，4～6m/h。

每天安排掘进时间：16～18h。

每月安排掘进天数：22～25d。

工程实例：甘肃省“引大入秦”工程的 30A 隧洞（水磨沟隧洞）采用双护盾全断面掘进机（ϕ5.54m）开挖，独头月平均进尺达 1095m，最高月进尺达 1300m。锦屏二级水电站引水隧洞长 16.7km，最大埋深 2525m，地应力高，存在地下涌、突水，其中 1 号、3 号引水洞东端采用硬岩掘进机（ϕ12.4m）开挖，最高月进尺达 682.9m。由于高地应力产生极强岩爆的原因，单条洞实际采用掘进机掘进的长度为 5862m、6295m。

3.2.2.10　水下岩塞爆破

从已有水库、湖泊引水时，在进水口部位按要求预留一定厚度的岩石满足挡水要求，以便进行隧洞施工，待隧洞内各项工程全部完成，将预留的岩石一次爆通，形成进水口。岩塞爆破形成的进水口，一般不再进行其他措施的加固，因此在选择进水口的位置和形式时，既要注意选择地形、地质条件，保持岩塞稳定并便于施工，爆破后进水口岩体及边坡应保持稳定，又要考虑运行的要求，具有一定的过水断面和较好的水力条件。

岩塞厚度应满足岩塞体在设计水头下作用下的稳定。岩塞厚度的选取范围是 1.00D～1.5D（D 为岩塞直径或洞室跨度）。对排孔爆破的岩塞厚度选取范围是 1.00D～0.85D。

爆破方式常采用洞室爆破或钻孔爆破两种爆破方式，并需复核对临近建筑物的爆破影响。前者在预留的岩塞内开挖洞室作为药室，后者则用钻机钻孔作为炮孔。为保证爆破后的进水口形状符合设计要求，常沿设计轮廓线布置较密的周边孔，结合进行预裂爆破或光面爆破。

岩渣处理方式常采用集渣或泄渣两种。前者在岩塞的下部事先开挖集渣坑，爆破后大部分岩渣落在集渣坑内，后者则依靠水力将岩渣泄到隧洞下游。

中国丰满水电站于 20 世纪 70 年代在左岸增建一条泄水隧洞，进口岩塞爆破采用洞室爆破和集渣方式，如图 3-2-7（a）所示。岩塞直径 11m、厚度 15m，爆破药量 4.1t，爆破方量约为 3800m^3。密云水库在潮河主坝右侧增建一条泄空隧洞，于 1980 年进行进口岩塞爆破，采用排孔爆破和泄渣方式，如图 3-2-7（b）所示。岩塞底部直径 5.5m，岩塞厚度 5.8m，爆破药量 738kg，爆破方量 546m^3。

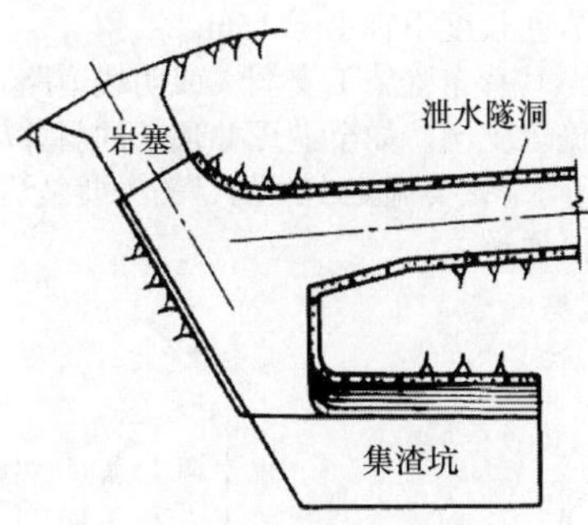

（a）丰满水电站泄水隧洞进口

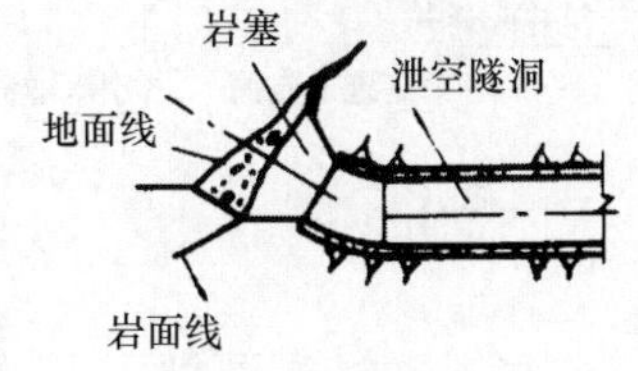

（b）密云水库泄空隧洞进口

图 3-2-7　岩塞示意图

3.2.2.11　混凝土衬砌施工

随着施工技术进步，隧洞混凝土浇筑进入了一个新的阶段。80 年代以前，隧洞衬砌基本上使用木模，少数工程用钢模台车、混凝土泵输送混凝土。自鲁布革引水隧洞衬砌使用针梁式钢模台车进行全断面一次衬砌后，推动了隧洞衬砌施工技术向前发展。根据不同洞型，采用了多种形式的模板结构，衬砌规模和施工速度均有不同程度的增大和提高。

一、模板结构

隧洞混凝土衬砌的特点是工作面狭窄，衬砌薄，操作条件差，立模工作量大，占循环时间长。因此，模板结构应满足重量轻，周转快，使用次数多，安装、拆卸方便等条件。模板型式依隧洞洞型、断面尺寸和施工方法而定。

隧洞工程使用的模板有木模板、组合钢模、钢模台车、针梁式钢模台车、拖模、底拱钢模台车等。隧洞的标准断面使用钢模台车较多，对异形断面、渐变段等部位使用木模或组合钢模。

钢模台车用于洞顶拱或边顶拱一次衬砌，根据断面大小采用实腹梁或桁架式结构，不但用于中小型隧洞，也适用于特大断面隧洞。如功果桥水电站导流洞（16m×18m），乌东德水电站导流洞（16.5m×24m）等，均采用钢模台车，衬砌效果良好。钢模台车断面构造示意图如图 3-2-8 所示。

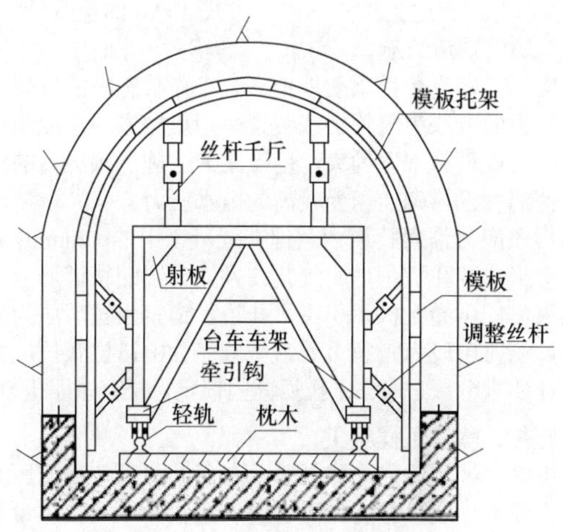

图 3-2-8　钢模台车断面示意图

针梁式钢模台车，可全断面一次浇筑，也可先拉底板，再边顶拱。衬砌直径一般 4.3～9.5m，甚至更大，具有立模块，分缝少，速度快的特点。在鲁布革水电站引水隧洞、小浪底水利枢纽泄洪洞、构皮滩水电站尾水隧洞等众多工程的圆形隧洞或马蹄形隧洞中使用，效果良好。针梁式台车断面构造示意图如图 3-2-9 所示。

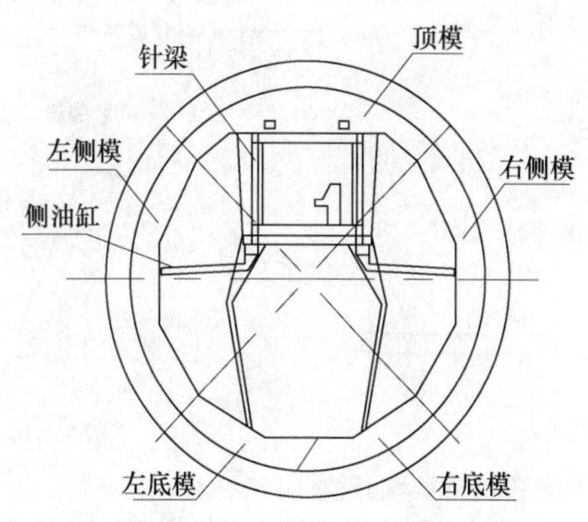

图 3-2-9　针梁式钢模台车断面示意图

二、隧洞混凝土浇筑

隧洞混凝土运输与出渣运输方式结合考虑。对采用有轨出渣运输的中小型隧洞，一般采用 $6m^3$、$9m^3$ 轨式混凝土搅拌运输车，电瓶车牵引运入洞内，用混凝土泵送入仓内。对采用无轨作业的大中型隧洞，混凝土由 3～$6m^3$ 轮式搅拌运输车运入洞内，由混凝土泵送入仓内。

平洞混凝土衬砌应在保证施工安全和工程质量的前提下，确定顶拱、边墙、底板的浇筑顺序，有条件时宜采用全断面一次衬砌。如：功果桥、乌东德等众多水电站城门洞形导流洞均采用先浇筑底板，再进行边顶拱浇筑的顺序。锦屏二级圆形长引水隧洞，衬砌内径 12.4m，采用底拱钢模台车先浇筑底板，然后采用边顶拱钢模台车一次浇筑完成的顺序。洪家渡水电站、柳树沟水电站等工程引水隧洞衬砌中，则采用了针梁台车、混凝土泵入仓全断面一次衬砌的技术。

采用钢模台车的衬砌分段长度一般为 9～15m，应结合浇筑能力、建筑物结构特征、工期要求等综合分析确定。

为交通方便，隧洞衬砌用钢模台车大多在每个工作面布置 1 台。当工期紧、隧洞衬砌断面面积不大时，也可在单头布置 2～3 台钢模台车顺序作业的方式，一台台车准备，一台台车浇筑，衬砌进尺可大大加快。国内某水电站中断面隧洞单工作面采用 3 台钢模台车，曾达到单头衬砌月进尺 300m 的速度。

三、隧洞预应力施工

预应力衬砌是一种承载能力高、工作状态好的抗裂结构。施加预应力的方法为配置加载装置采用机械方法造成预应力混凝土衬砌，或依靠围岩约束，用灌浆方法施加预应力的混凝土衬砌，使混凝土衬砌能承受较高的内水压力。

环形预应力锚索孔道由预埋在混凝土中的 ϕ90mm 波纹管和喇叭管形成。孔道预埋时绑扎在预先设置的轨道筋上，锚索下料编束后，用卷扬机牵引穿入孔道。锚索张拉顺序为先上游后下游，以衬砌段为张拉单元，按顺序分槽错位张拉，张拉作业按设计要求分级进行。张拉后锚固锁定，最后进行孔道灌浆。

3.2.3 竖井、斜井工程施工

水电站和抽水蓄能电站的竖井和斜井工程包括调压井、闸门井、出线井、通风井、压力管道、运输井以及临时设置的斜交通洞等。洞形有圆形、方圆形、矩形。

3.2.3.1 施工方案与施工支洞布置

一、施工方案

斜井、竖井的开挖方式有全断面开挖、先导井后扩大开挖两种方式。

施工方案的选择取决于其断面尺寸、深度、倾角（斜井）、围岩特性、工期要求、施工设备、地形条件、交通条件和施工技术水平等因素，应根据上述条件，选择合适的开挖方式。

（1）斜井倾角小于 6°时，用平洞方法开挖。

（2）斜井倾角为 6°～25°时，无法满足底部溜渣要求，可采用自上而下全断面开挖，卷扬机配矿车或箕斗有轨运输出渣，装渣、出渣方式基本同平洞有轨运输。卷扬机运输出渣应注意：①铺设斜坡轨道时，应有防止轨道下滑措施；②轨道斜坡段与平段应以竖曲线连接，并在适当位置上设置能够控制的挡车装置；③车辆运行速度，不宜超过 lm/s；④斜坡段应设置人行道与安全扶手，人行道边缘与车辆外缘的距离不宜小于 30cm，斜井内宜每隔 100m 左右设一个避车洞。

（3）斜井倾角为 25°～48°时，宜采用自上而下全断面开挖，若采用自下而上开挖，由于坡度不能满足石渣自行溜渣要求，须有扒渣和溜渣措施。由于该角度的斜井施工难度和安全保证性都较复杂，水电工程斜井设计角度大多避免该倾角。

（4）倾角大于 48°的斜井以及埋藏式竖井，当其断面面积大于 $18m^2$ 时，宜优先采用先挖导井、再自上而下扩挖的施工方法；当其断面面积小于 $18m^2$ 时，宜采用自下而上全断面开挖，开挖设备一般采用爬罐，井深不大时可采用人工蹬渣钻孔开挖。

（5）露天式竖井，除了可采用埋藏式竖井开挖方法外，也可采用大绞车、伞钻、中心回转抓岩机配合大吊桶全断面开挖出渣为主要特征的大型机械化配套设备。但该大型设备对作业面要求较高，且必须为露天式开挖，水电工程上使用不多。

二、施工支洞布置

倾角小于 25°的斜井施工方案与平洞接近，其施工支洞布置方式同平洞。

对倾角大于 48°的斜井和竖井，一般情况下，在斜井、竖井的顶部、底部均需布置水平施工支洞或施工道路，如图 3-2-10（a）、（b）所示。

水电工程用爬罐施工长度一般最大不超过 400m，反井钻机一般不超过 300m。所以，当斜井长度超过 450m 时，宜在井的中部布置施工支洞，如图 3-2-10（c）所示，分为上、下段同时施工。上、下两段之间保留适当长度的岩塞，以保证将上、下两段安全地隔离。斜井岩塞长度不宜小于 2 倍洞径并不宜小于 10m，竖井岩塞长度不宜小于 15m。

当另一端不具有布置施工支洞（或明线道路）条件时，可仅在一端布置施工支洞，如至调压井顶部的斜井施工支洞，如图 3-2-10（d）所示。该类施工支洞的目的主要是运送施工设备，一般不作为溜渣通道。

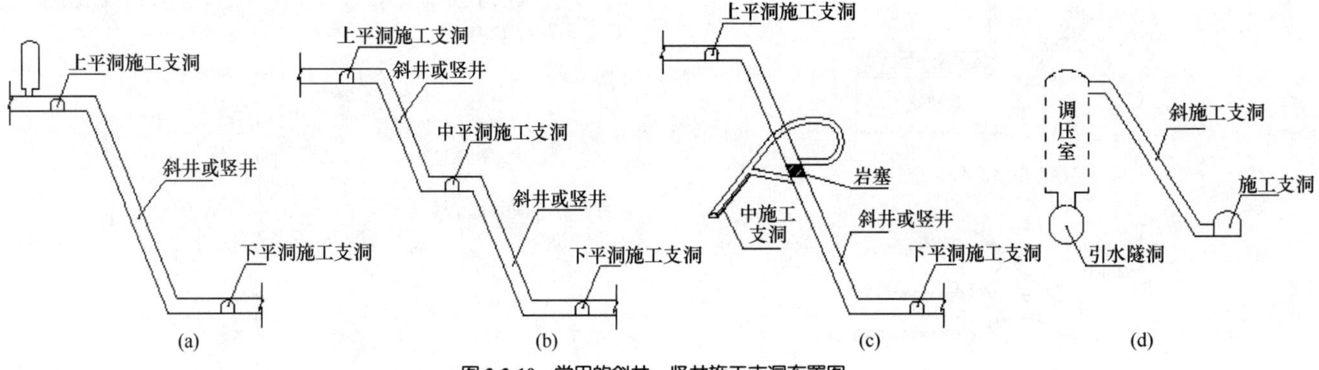

图 3-2-10 常用的斜井、竖井施工支洞布置图

3.2.3.2 导井开挖及扩大开挖

先导井、后扩大开挖形成斜井或竖井的开挖方式是水电工程大中型洞室（断面面积大于 $18m^2$）常用的开挖方式。

一、导井开挖方式

导井开挖可选择下列方法开挖：

（1）正井法。

（2）爬罐法。

（3）反井钻机法。

（4）组合法。

对竖井导井，除上述方式外，还可采用一次钻孔分段爆破法、吊篮法。

1）正井法：正井法即自上而下开挖、卷扬机提升的方法，适用于深度（长度）在 100m 以内的导井开挖，亦可用于稳定性差的围岩开挖；

2）爬罐法：自下而上开挖导井，适用于深度（或长度）为 100～300m 的导井，爬罐适宜的施工长度为 200m 以内；

3）反井钻机法：先自上而下钻导孔，导孔完成后卸下导孔钻头，换上反扩滚刀，自下而上扩挖成导井。适用于中等强度岩石、深度在 400m 以内的垂直导井或长度在 300m 以内的斜向导井；

4）一次钻孔分段爆破法：一般适用于深度小于 30m 的垂直导井开挖；

5）吊篮法：适用于深度 30～100m 的竖井导井，中心孔的偏斜率应不大于 1%；

6）组合法：可分为正、反井相结合法和反井接力法两种。前者组合主要型式为人工开挖正导井＋爬罐，适用于长度大于 250m 的导井，当受地质条件限制或爬罐性能限制无法完全采用爬罐施工导井时，可采用人工开挖正导井配合，正导井的最大长度宜小于 100m，最大不超过 150m。如：四川宝兴水电站压力斜井，总长度约 280m，受地质条件限制，下部 200m 采用爬罐，上部 80m 采用人工开挖正导井，顺利贯通。正反导井贯通，必须制定专项施工技术和安全措施，当岩塞长度小于 15m 时，应采用反导井单向开挖方式；当岩塞厚度小于 5m 时，应在正导井钻设超前探孔，连通正、反导井，即正向贯通。

后者组合的主要代表型式为下部爬罐、上部反井钻的接力方式。如：呼和浩特抽水蓄能电站下斜井，长度为 302～318m，上部 120m 为反井钻施工，下部 180～200m 为爬罐施工，先采用爬罐形成反井钻机底部作业平台，然后反井钻机反拉导井贯通。

二、导井断面

人工开挖正导井断面尺寸宜为 2.5m×2.5m，爬罐开挖导井断面尺寸宜为 2.5m×2.5m。反井钻机开挖导井断面一般为直径 1.2m 和直径 1.4m，在溜渣时容易堵塞，当其不能满足溜渣需要时，应对反井钻机开挖的导井扩挖至直径 3m 左右，导井扩挖一般采用吊笼法自下而上扩挖，在导井内自下而上钻斜向下的辐射形炮孔，爆破自下而上进行。这种方法既安全，施工速度又快。

三、扩大开挖

导井贯通以后，自上而下进行扩大开挖。竖井工程扩大开挖采用手风钻钻孔或履带钻机钻孔，爆破后用人工或小反铲将渣扒入导井，从井底再用机械装运。斜井工程扩大开挖采用特制的轨道式扩挖平台车，进行钻孔装药，爆破后石渣从导井溜至井底，再用其他机械装运出渣。

为防止堵井，扩大开挖爆破石渣最大块径不宜大于导井尺寸的 1/3。

一旦发生堵井，其危险性很大，必须制定稳妥、可行的方案后再实施，防止盲目行动。如果堵塞段距导井下口较近，可用竹竿连接（或用气球）将炸药送至堵塞段下部引爆，利用爆炸的振动和冲击波使堵塞段松动、坠落。如果堵塞段距导井上口较近，可用人工系安全带将松渣清理至大石块露出后进行爆破处理。

四、导井开挖设备及进度

导井开挖设备主要包括反井钻机、爬罐。

1. 反井钻机

反井钻机是 20 世纪 90 年代，从煤炭行业引进到水电行业的。水电工程常用的反井钻机设备见表 3-2-8。反井钻机施工特性参数见表 3-2-9。

表 3-2-8　国产反井钻机性能参数表

机　型	BMC100	BMC200	BMC300	BMC400	LM90	LM120	LM200	LM300
导孔直径/mm	216	216	244	270	190	216	216	216
扩孔直径/mm	1000～1200	1200～1400	1400～1520	1400～2000	900	1200	1400	1400
井深/m	100～150	150～200	250～300	350～400	90	120	200	300
钻杆直径/min	176	182	203	228	160	176	182	210
推力/kN	200	350	550	1650	200	250	350	320
拉力/kN	500	850	1250	2450	400	500	850	1256
额定扭矩/（kN·m）	20	35	64	80	15	35	40	50
驱动方式	液压							
输入功率/kW	62.5	86	128.5	128.5	52.5	62.5	82.5	
主机工作尺寸（长×宽×高）/（m×m×m）	2.4×1.27×2.92	2.9×1.4×3.25	3.53×1.75×3.48	4.85×1.9×5.25	2.9×1.2×2.8	2.9×1.43×3.2	3.4×1.7×3.4	3.23×1.77×3.45
质量/t	3.5	7.9	8.7	12.5	3.2	7.7	8.3	8.3

表 3-2-9　反井钻机施工特性参数表

电　站	特　性	数　量	岩　性	井深/m	倾斜度	ϕ216 导孔速度/（m/d）	ϕ1400 扩孔速度/（m/d）
水布垭电站	竖井	7 条	灰岩	115～183	90°	38～40	18～20
	斜井	3 条	灰岩	158	60°	32～34	14～16
三板溪电站	竖井	6 条	灰岩	43～120	90°	19～32	8～10

续表

电　站	特　性	数　量	岩　性	井深/m	倾斜度	ϕ216 导孔速度/（m/d）	ϕ1400 扩孔速度/（m/d）
小湾电站	竖井	3 条	花岗岩	192～212	90°	30～35	13～16
广东惠蓄电站	竖井	1 条	花岗岩	178	90°	25～27	12～16
福建周宁电站	竖井	3 条	花岗岩	71～167	90°	23～26	12～14

2. *爬罐*

水电工程常采用的爬罐为瑞典 ALIMAK 公司生产的 ALIMAK 掘进升降机，一般称为阿里马克爬罐。部分工程也有采用国产爬罐的。

阿里马克爬罐有气动电动机、电机驱动、柴油机驱动液压电动机三种，前两者分别用输气软管和电缆提供动力，在爬罐安装平台配有绞盘，绞盘采用风动装置，能够自动收放电缆和供风软管。气动电动机的爬罐因为受到输气软管重量的影响，随着爬罐高度的增加，输气软管容易在自重及清撬后下落岩石的冲击下断裂，因此，爬罐的上升高度受到限制。该类型的爬罐最大爬升高度一般为 150m。

在广州抽水蓄能水电站及浙江天荒坪电站斜井的施工中，采用的是柴油机驱动的 STH-5D 型，该类型的爬罐优点是由于不受收放电缆和供风管的影响，开挖长度可大大增加，最大开挖长度可达 1100m。缺点是柴油机排放的废气不易排出，对施工人员的健康影响比较大。

在桐柏抽水蓄能电站斜井施工中采用了 STH-5EE 型电机驱动爬罐。最大开挖高度为 400m，最大开挖长度为 900m。它综合了气动电动机和柴油机驱动液压电动机的优点，实际应用效果比较理想。

爬罐法先后在鲁布革、渔子溪二级、广州抽水蓄能电站、太平驿、十三陵抽水蓄能电站、天荒坪抽水蓄能电站等工程中应用。在鲁布革调压井和斜井开挖中，取得了平均月进尺 67.5m，最高月进尺 180m 的成绩；在西龙池压力管道开挖中，采用进口的阿里马克爬罐开挖导井长度达到 382m，创造了全国纪录；在广州抽水蓄能电站压力管道采用爬罐开挖导井 324m，平均强度 68m/月。

在进行爬罐法进度安排时，可按照 2～3m/d 进行安排。

3. *国内部分工程导井、爬罐施工情况*

国内部分工程导井、爬罐施工情况见表 3-2-10、表 3-2-11。

表 3-2-10　　国内部分工程导井施工情况表

技术指标		工程名称							
		十三陵抽水蓄能电站出线竖井	十三陵抽水蓄能电站1号高压管道下斜井（50°）	二滩引水隧洞竖直段	二滩 500kV 出线竖井	大朝山	泰安		宜兴引水隧洞1号下竖井施工
							220kV 出线竖井	引水竖井	
开挖断面（断面面积）		ϕ8.6m	ϕ6.6～14.6m	88.2m^2	6.6m×4.85m	—	10.4m×10.1m	ϕ9.2m	ϕ6.4m
井深/m		157.84	238	94.7	274 倾角 37°58′	138	201	250	266
地质条件		砾岩，抗压强度 92MPa	砾岩、安山岩、砾岩，抗压强度 90～95MPa；安山岩，抗压强度 90～200MPa	玄武岩	玄武岩	—	太古界泰山群混合花岗岩	太古界泰山群混合花岗岩	石英砂岩夹泥质粉砂岩、粉砂质泥岩
反井钻机型号		LM-200	LM-200	H170	RA8SER 250	—	LM-200	LM-200	LM-200
钻导孔	施工时间	1992年3月28日—4月6日	1992年11月14日—1993年2月6日	—	1992年3月10日—1993年3月25日	—	2003年1月20日—3月5日	2003年4月20日—5月25日	2004年4月24日—5月25日
	导孔直径/mm	216	216	300	300	216	216	216	216
	实际钻深/m	160.8	240.82	—	—	—	201	229	—
	实际纯钻时间/h	76	29	—	—	8	—	—	—
	纯钻进速度/（m/h）	2.12	砾岩段：平均 0.84；安山岩段：平均 0.44	—	—	—	—	—	—
	实际偏斜率/%	0.787	—	—	—	—	—	—	—
	平均日进尺/m	14.6	8.3	—	17.13	—	—	7.39	8

表 3-2-11　　国内部分工程爬罐施工情况表

技术指标	工程名称					
	渔子溪二级	鲁布革		天生桥二级	天荒坪	桐柏
洞长/m	洞长 570，其中斜井 388	64	937.50（2 条）	160	289.5	363.8（2 条）
开挖直径/m	5	15	5.4	6.7	8.2	10
倾角/（°）	46		18	90	58	50

续表

<table>
<tr><td colspan="2" rowspan="2">技术指标</td><td colspan="9">工　程　名　称</td></tr>
<tr><td colspan="2">渔子溪二级</td><td colspan="4">鲁布革</td><td>天生桥二级</td><td>天荒坪</td><td>桐柏</td></tr>
<tr><td colspan="2">施工方法</td><td colspan="2">先导井后扩大法导井：SIH-5L 爬罐；扩大：手风钻，人工扒渣</td><td colspan="2">先导井后扩大法导井：SIH-5L 爬罐；扩大：2 台 PCR-200 型潜孔钻，VH07 型反铲扒渣</td><td colspan="2">先导井后扩大法导井：爬罐法；扩大：使用支柱式钻机平台车，手风钻孔</td><td>先导井后扩大法导井：SIH-5L 爬罐；扩大：自制施工平台，手风钻垂直打孔，周边光爆</td><td>用左导井 2.6m × 2.6m 台车手风钻</td><td>SHT-5EE 2.7m × 2.5m 扩挖：自制台车，手风钻全断面</td></tr>
<tr><td rowspan="5">导井</td><td>部位</td><td>下段</td><td>中段</td><td>调压井</td><td>1 号压力斜井</td><td>2 号压力斜井</td><td>排水斜井</td><td>引水洞竖管段</td><td>引水洞斜井</td><td>引水洞斜井</td></tr>
<tr><td>平均日进尺/m</td><td>2.6</td><td>1.4</td><td>2.3</td><td>2.9</td><td>4.8</td><td>5.6</td><td>1.8</td><td>3.4</td><td>3.0</td></tr>
<tr><td>最高日进尺/m</td><td>3.6</td><td>2.5</td><td>4.0</td><td>8</td><td>8</td><td>10</td><td>—</td><td>—</td><td>—</td></tr>
<tr><td>平均与进尺/m</td><td colspan="2">—</td><td>56</td><td>89</td><td>121</td><td>120</td><td>55</td><td>100</td><td>75</td></tr>
<tr><td>最高与进尺/m</td><td colspan="2">70</td><td>56</td><td>100</td><td>160</td><td>180</td><td>80</td><td>127</td><td>90</td></tr>
<tr><td rowspan="2">扩挖</td><td>平均与进尺/m</td><td colspan="2">—</td><td>—</td><td colspan="3">75</td><td>—</td><td>—</td><td>50</td></tr>
<tr><td>最高与进尺/m</td><td colspan="2">—</td><td>22</td><td colspan="3">—</td><td>—</td><td>—</td><td>60</td></tr>
</table>

3.2.3.3　混凝土衬砌施工

一、钢筋混凝土衬砌

斜井和竖井钢筋混凝土衬砌施工应优先采用滑模施工方式。倾角小于 45°的斜井钢筋混凝土衬砌施工也可采用模板台车方式，竖井钢筋混凝土衬砌也可采用滑框倒模工艺。

1. 斜井滑模施工技术

滑模牵引方式宜采用连续拉伸式液压千斤顶抽拔钢绞线，也可采用卷扬机、爬轨器等。

1981 年，在白山水电站引水斜井混凝土衬砌施工中采用了卷扬机牵引模体滑模技术，但因其施工布置复杂、卷扬机牵引力较小、容绳量有限等不足，没有得到广泛应用，也不适用于长斜井施工。

1990 年前后施工的广州抽水蓄能电站引水斜井，混凝土衬砌采用国外 CSM 公司研制的间断式滑模系统，每次滑升 12.5m。其不足之处是不能连续滑升、效率较低。

20 世纪末施工的天荒坪抽水蓄能电站斜井，混凝土衬砌采用沿轨道爬升的液压爬钳牵引模体，连续滑升。其主要不足之处是偏心受力，使模体有向后翻转的趋势，带来模体变形、底拱上抬、爬钳上拔轨道等一系列不良后果。

2004 年，在桐柏抽水蓄能电站两条斜井滑模施工中采用了连续拉伸式液压千斤顶—钢绞线斜井滑模系统，取得圆满成功，该滑模系统与其他斜井滑模系统相比，具有结构简单、可靠、受力合理、无故障、施工效率高、质量好、造价低等一系列优点，适用于各种直径和长度的陡倾角斜井滑模施工。该滑模系统已推广应用在河南宝泉抽水蓄能电站、广州惠州抽水蓄能电站、广西龙滩水电站和湖南黑麋峰抽水蓄能电站斜井混凝土衬砌施工中，是目前斜井滑模施工的主要方式。

混凝土运输宜采用混凝土搅拌运输车运输，由滑模下料系统入仓。滑模长度一般 1.2～1.5m，顶拱长度略大于底拱。浇筑过程中的混凝土层面宜大致水平。

2. 竖井滑模施工技术

混凝土垂直运输系统一般采用溜管，为保证混凝土不离析，溜管中部应设置 My-Box 缓降器。

混凝土分层厚度一般为 25～35cm，并与一次滑升高度相适应。

二、钢衬混凝土回填

压力钢管钢衬混凝土回填与钢管安装交替进行，钢管安装应自下而上，一般安装 20m 左右钢管后，浇筑一次混凝土。采用混凝土运输车水平运输，带 My-Box 缓降器的溜管进行垂直运输，斜井坡度适宜时也可采用溜槽入仓。

3.2.4　地下厂房洞室群施工

地下厂房由大小不同、断面形式各异、功能不同的洞室组成，形成复杂的洞室群，其主要施工特点：

（1）主厂房跨度大，边墙高，工程量大。

（2）洞室布置集中，各洞室平行或互相交叉，洞室间距较近，岩柱薄，围岩稳定问题突出。

（3）地下主厂房的顶部、中部、底部均有永久隧洞，为分层施工提供了交通条件。

（4）地下厂房开挖、支护、混凝土浇筑等工序多，交叉进行，施工干扰大。

3.2.4.1　施工通道规划

一、规划原则

施工通道应根据地下洞室群总体施工规划来确定和选择，以确保各洞室和大洞室各施工层均有施工通道。规划原则如下：

（1）尽可能与永久隧洞相结合。

（2）从永久隧洞或临时通道岔出的附加施工通道。

（3）增设临时施工通道。

（4）临时通道与地下厂房等大洞室的交角应尽量接近 90°。

（5）特大地下厂房宜布置双通道，形成双工作面施工。

（6）应以地下主厂房能尽早开工并能连续施工进行安排。

（7）布置地下厂房系统的施工支洞，应通过综合分析确定支洞的数量、位置、断面，避免造成重复设置甚至影响洞室群的稳定。

二、开挖和出渣通道布置

1. 主厂房施工通道

主厂房的开挖一般应布置上、中、下三层出渣通道。上层通道可利用永久通风洞或送风洞，没有可利用的洞室时，可布置顶拱施工支洞。对长度较大的主厂房洞室，还可利用主变室施工交通洞至主厂房另一端，作为顶层的双向施工通道；

中层通道通常利用进厂交通洞，以及自进厂交通洞布置的引水隧洞下平段施工支洞；

下层通道可用尾水洞，当尾水洞作为施工通道干扰较大时，也可自尾水洞布置单独至主厂房底部的施工支洞作为施工通道。

2. 其他洞室施工通道

主变室位于进厂交通洞末端高程以上，可按照主厂房中上部的施工通道布置原则进行布置。顶部施工通道多采用永久通风洞或单独布置的支洞，下部利用进厂交通洞。

尾水调压室一般高度较大，与主厂房通道布置原则一样，一般分三层布置。顶部利用尾水调压室永久交通洞、中部利用进厂交通洞布置的连接支洞，下部利用尾水洞。

典型工程（金沙江鲁地拉水电站）的主厂房施工通道布置如图 3-2-11 所示。

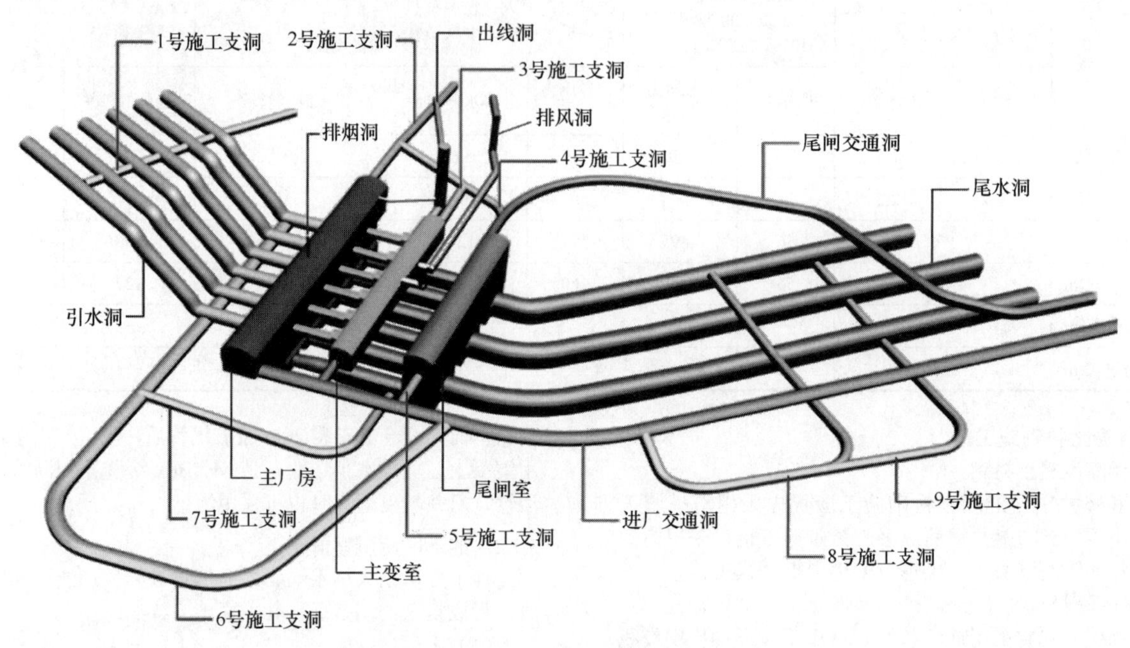

图 3-2-11　鲁地拉水电站地下厂房施工通道布置图

3.2.4.2　地下洞室群开挖和支护

一、开挖分层原则

地下洞室群大洞室通常采用自上而下分层开挖与支护。

地下厂房开挖分层应根据施工通道与地下厂房的结构和施工设备能力综合研究确定。通常分层高度在 6～10m 范围内。岩锚梁层以下均采用梯段开挖，两侧预留保护层、中间梯段爆破，或边墙预裂爆破、中间梯段爆破的开挖方法。

龙滩电站地下厂房系统开挖分层如图 3-2-12 所示。

小湾电站地下厂房系统开挖分层如图 3-2-13 所示。

国内部分地下厂房开挖分层及施工特性表见表 3-2-12、表 3-2-13。

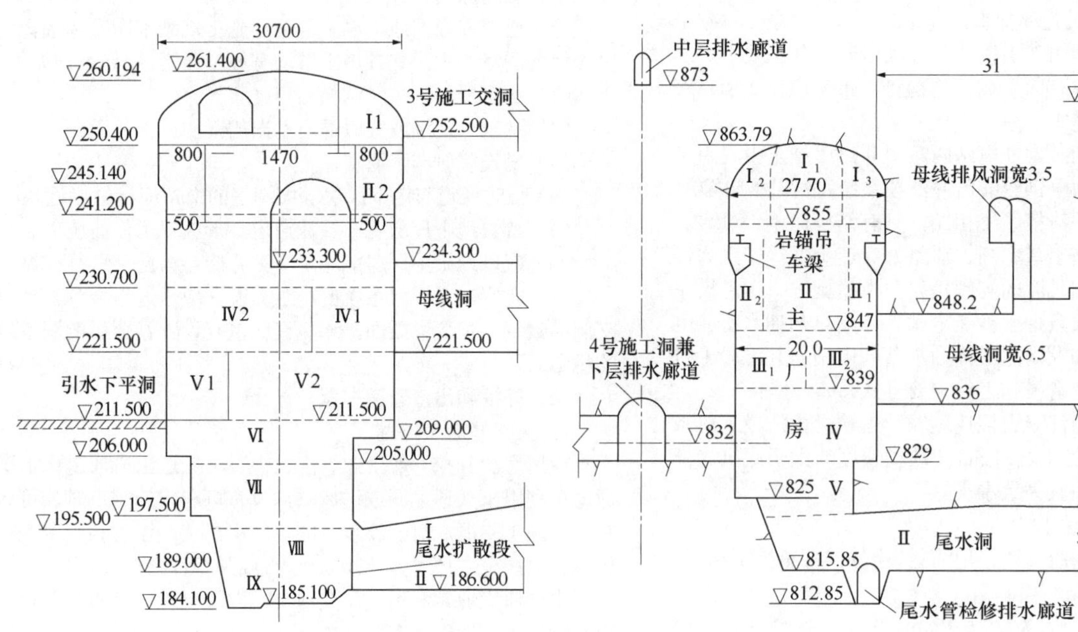

图 3-2-12　龙滩电站地下厂房系统开挖分层图

图 3-2-13　小湾电站地下厂房系统开挖分层图

表 3-2-12　　　　国内部分地下厂房开挖分层及施工特性表

序号	工程名称	装机容量/MW	厂房尺寸（长×宽×高）/（m×m×m）	开挖量/万 m^3	围岩性质	开挖分层	开挖工期/月	月施工强度/（m^3/月）	
								平均	最高
1	白山（一期）	900	123×25×54.35	15.46	混合岩	3	43	3680	10700
2	鲁布革	600	125×15.5×32.7	7.7	白云质灰岩	5	22.5	3245	16000
3	广州抽水蓄能（一期）	1200	146.5×21×44.54	10.5	斑状黑云母花岗岩	5	17.5	4192	18400
4	广州抽水蓄能（二期）	1200	150.5×21×47.64	11.94	斑状黑云母花岗岩	6	20	5970	—
5	东风	510	105×21.7×48	8.9	石灰岩	5	26	3462	—
6	十三陵抽水蓄能电站	800	145×23×46.6	12.91	砾岩	7	27	6148	—
7	太平驿	260	112.2×19.7×45.3	5.7	花岗岩	6	23	8994	—
8	天荒坪抽水蓄能电站	1800	200.72147.53	17	凝灰岩	6	22	7727	—
9	小浪底	1800	251.5×26.2×61.4	27.6	砂岩	10	—	—	—
10	大广坝	240	87×14×37.5	4.07	玄武岩、凝灰岩	5	16.5	2467	—
11	二滩	3300	280.29×30.7×65.58	40.5	正长岩、玄武岩	10	33.5	11960	—
12	大朝山	1350	233.9×26.4×67.3	27.92	玄武岩、凝灰岩	7	29	9600	—
13	棉花滩	600	129.5×21.9×52.08	12.5	花岗岩	6	16.5	11900	—
14	泰安	1200	190×24.5×52.27	21	花岗岩	6	26.5	7900	—
15	桐柏	1200	182.7×24.5×60.25	19.2	花岗岩	7	27	7100	—
16	龙滩	4200	388.5×28.9×77.3	64.06		9	32	2070	—
17	水布垭	1600	168.5×23×69.47	18.3	碳岩	8	26	7000	—

表 3-2-13　　　　国内部分地下厂房开挖分层情况表

工程名称	厂房尺寸（长×宽×高）/（m×m×m）	开挖量/万 m^3	开挖分层	分层层高/m									
				1层	2层	3层	4层	5层	6层	7层	8层	9层	10层
十三陵	145×23×465	15.46	3	10.5	3.4	10	8	5	6	3.7			
二滩	280.29×30.7×65.68	7.7	5	8.98	6	6	6.5	6.2	6.5	6.5	5.6	6.7	7.7
天荒坪	200.7×21×47.5	10.5	5	8.5	7	7.6	787	10	6.8				
桐柏	182.7×24.5×52.95	11.94	6	9.75	8.8	6.9	7	8.4	5.4	6.7			
泰安	190×24.5×52.275	8.9	5	9.775	9	7.5	7	13	6.2				
小湾	298.4×30.6×82	12.91	7	10.7（11.86）	9.2（6.6）	6.3	6.8	8.8	6.7	8.5	11		
棉花滩	129.5×21.9×52.08	5.7	6	9.18	7.4	7.8	7.3	11	9.5				

二、顶拱层开挖方式和支护

厂房顶拱层的开挖高度应根据开挖后底部不妨碍吊顶牛腿锚杆的施工和影响多臂液压台车发挥最佳效率来确定，开挖高度一般在7～10m范围内。

在地质条件较好的地下厂房中，顶拱开挖采用中导洞先行掘进，两侧扩挖跟进的方法。中导洞尺寸一般以一部三臂液压台车可开挖的断面为宜，一般中导洞超前15～20m。

地质条件较差的地下厂房顶拱，一般采用边导洞超前或分块开挖，拉开开挖距离，及时进行锚喷支护或混凝土衬护，然后再开挖中间的岩柱。

支护：顶拱支护方式主要有：锚杆、锚筋桩、锚索以及喷混凝土等。喷混凝土的形式可根据地质条件和部位的重要程度确定，主要有素喷混凝土、钢筋网喷混凝土、钢纤维喷混凝土或聚丙烯纤维喷混凝土等。湿喷混凝土采用的速凝剂多为液态，如水玻璃等。干喷混凝土的外加剂多为固态粉状。钢纤维混凝土是在混凝土拌和时加入钢纤维，为防止钢纤维结成团，一般用人工均匀撒入拌和机。一般每方混凝土中钢纤维添加量为70～85kg。

三、岩锚梁层开挖方式

为保证岩壁梁岩层开挖的完整性，通常采用两侧预留保护层，中间用潜孔钻进行梯段爆破的开挖方法。保护层的宽度宜为2～4m，岩壁梁岩台斜面上部边墙，中部主爆区与两侧预留保护层间应先行预裂，中部开挖15～20m后，两侧预留保护层开挖可跟进。

岩壁梁岩台的开挖（保护层的开挖）：边线孔宜采用水平密孔、小药量，隔孔装药进行光面爆破的方法，其他爆破孔也可采用水平密孔、小药量爆破。开挖前应进行专门爆破设计，并进行爆破试验取得最佳爆破参数。爆破松动范围应小于50cm，排炮孔深不宜超过3m。

岩壁梁岩台开挖时应进行爆破振动测试，求出爆破振动经验公式，以控制爆破时混凝土质点振动速度满足安全规程要求（或设计另提出的要求）。

岩壁梁岩台保护层的开挖宜采用水平密孔光面爆破的方法，边线孔距一般宜小于50cm，岩石斜面一般为4孔分成三等分，采用隔孔装药光面爆破。

岩壁梁岩台保护层的开挖除了采用水平密孔光爆外，还可先对岩石斜面内外边墙线进行预裂，然后采用梯段爆破开挖中部，再用手风钻开挖斜面以上部分，最后用手风钻水平钻孔把岩石斜面上的三角形岩体开挖完，或从斜面下方自下而上沿斜面钻孔爆破。

岩壁梁锚杆施工前，应将下层的周边进行预裂。锚杆孔位放样应根据岩壁的超挖情况来准确定位，锚杆的孔深应从实际岩面算起的设计锚固深度，不考虑超挖部分。孔位误差、孔深误差、锚杆倾角误差及水平偏角误差应符合有关施工技术规程或设计要求。

锚杆施工应采用全孔注浆，先注浆后插杆的工艺，锚杆应按规范和设计要求进行拉拔试验，拉拔试验的锚杆砂浆龄期至少为7d，锚杆的拉拔力按28d龄期计算应满足设计要求。

小浪底水利枢纽地下厂房岩壁梁采用预应力锚杆，其施工程序为：先浇筑岩壁梁混凝土，预应力锚杆在浇混凝土前在钢模上定位，预埋PVC管，确保锚杆的角度和精度、混凝土浇完后拆除边模进行钻孔。锚杆放入后先行锚固端部，然后封口，再进行杆体灌浆，待灌浆强度达到30MPa后进行张拉，首次张拉到600kN，再减载到250kN后锁定，待厂房开挖完成后二次张拉到500kN锁定。

四、围岩监测

地下洞室均设有不同的观测断面，监测洞室稳定性及工作状态，在监测中，发现异常时应及时对围岩进行加固。施工期间应根据开挖过程中围岩的应力、应变情况指导施工。在厂房顶拱开挖期，根据顶拱围岩应力、应变的变化及时做好顶拱的锚喷支护，有利于围岩稳定和施工安全。在厂房中下层开挖过程中，可根据边墙围岩的成力、应变的变化情况，及时调整开挖方案，尤其在上层和下层已开挖完，要开挖中间层时更要加强围岩监测，以防止厂房高边墙、高应力应变区因突然失去岩石支撑造成破坏。

五、通风散烟

地下厂房洞室群施工时的通风散烟是制约地下洞室群快速施工的重要因素之一。一般分三期进行通风设计：①所有洞子为独头工作面掘进，互相不关联，以轴流风机接力进行强制性负压通风；②所设置的通风竖井及主体工程的一些斜、竖井基本贯通，可形成局部自然通风，原设置的风机可部分拆除，或改为正压通风；③混凝土和机电安装阶段，以自然通风为主，低处洞口进风，高处洞（井）口出风，大部分风机拆除，保留部分风机给予辅助通风。

六、施工排水

地下厂房洞室群施工时废水有：开挖期间含油污和含氮氧化合物的废水、混凝土施工时产生的废水和山体渗水。

施工期间的废水，从工作面用水泵或潜水泵先送到附近的排水泵站，然后集中排出洞外，在洞外设立处理废水中油污的设施，并经沉淀后将清水排走，废水中的氮氧化合物目前没有其他处理办法，一般是稀释后排放。

在混凝土施工期间的施工废水通常只需经沉淀后，清水直接排出。

七、其他主要洞室开挖

地下厂房洞室群中除厂房外，较大的洞室还有主变压器洞（简称主变洞）、尾水调压室（井）和尾水闸门室。其开挖程序和方法与厂房大同小异，一般围绕厂房的开挖进度来安排主变洞等开挖及支护。尾水闸门洞的开挖，由于离厂房距离较远、干扰少，相对简单一些，仅尾水闸门井须等尾水支洞开挖完后，才有条件对闸门井进行开挖，开挖中应及时做好井、洞交接部位的支护。

3.2.4.3 地下厂房混凝土施工

地下厂房混凝土主要包括：岩壁吊车梁混凝土、厂房一期混凝土、厂房二期混凝土等。

一、岩壁吊车梁混凝土浇筑

岩壁吊车梁主要满足桥机运行要求设置，通常岩壁吊车梁位于地下厂房开挖的第二层，待该层开挖完毕，完成各项处理工作后，即可进行岩壁吊车梁混凝土浇筑，可以利用汽车吊配$1m^3$立式混凝土罐入仓浇筑，或者利用$6m^3$混凝土搅拌车与混凝土泵泵送的方式浇筑。

二、厂房一期混凝土浇筑

厂房一期混凝土主要包括安装间，主机间水下部分如厂房底板、尾水管、尾水墩墙和水上部分如围护墙体、框排架结构等。目前地下厂房使用的混凝土浇筑手段主要有泵机输送、沿上游墙壁架设供料皮带配溜槽入仓等方案，每种浇筑手段各有其优缺点，具体如下。

1. 泵机浇筑

主要利用混凝土搅拌车与混凝土泵泵送的方式浇筑。优点是布置方便灵活，适用主厂房混凝土浇筑的任何部位。缺点是混凝土浇筑过程中，布料不方便。需拆装泵管，从而影响混凝土的人仓强度，按照已施工项目情况。泵机实际最大浇筑强度在30m/h左右，很难再提高其混凝土的浇筑强度。另外泵送混凝土水泥含量较高，水化热较大，温控难度大。

2. 沿上游墙壁安装供料皮带与溜槽配套浇筑

在主厂房岩壁墙上架设供料皮，再搭设溜槽给各个仓号供料，优点是可以浇筑常态混凝土，减少水化热，降低温控难度。缺点是需要打设很多锚杆，工程量较大，且供料皮带在每台机组位置卸料装置较笨重。由于与供料皮带配套的溜槽卸料范围有限，为满足浇筑需要需搭设的溜槽较多。

三、厂房二期混凝土浇筑

厂房二期混凝土主要包括蜗壳、机墩、风罩、水轮机层至发电机层板、梁、柱结构等，当尾水管肘（弯）管需用钢衬且不能及时供货时，亦可将肘管段划入二期浇筑范围。除了上述的泵机、沿上游墙壁架设供料皮带配溜槽方案外，待桥机安装完毕后，还可采用桥机挂吊罐的浇筑方案，优点是可以根据结构需要浇筑任何级配混凝土，布料方便简单。缺点是在有限的空间内，桥机运行速度较慢，人仓强度不高；且与金结拼装施工干扰大。

3.3 碾压式土石坝施工

3.3.1 施工特点

碾压式土石坝按防渗体型式一般可分为均质土坝、土质心（斜）墙堆石坝、沥青混凝土心墙（面板）堆石坝、钢筋混凝土面板（心墙）堆石坝以及复合土工材料防渗土石坝等。土质心（斜）墙堆石坝、混凝土面板堆石坝、沥青混凝土防渗体堆石坝是当今土石坝的主导坝型。

2001 年建成发电的小浪底水利枢纽壤土斜心墙坝，最大坝高154m，坝体总填筑量4809万m^3，是我国填筑量最大的大坝工程；2012 年投产发电的澜沧江糯扎渡水电站是目前世界上最高的心墙堆石坝之一（世界第三，亚洲第一），最大坝高261.5m，总填筑量达3268万m^3；2007年建成发电的水布垭水利枢纽大坝为世界上最高的面板堆石坝，最大坝高 233m，总填筑量达1580万m^3。2005年建成的冶勒沥青混凝土心墙坝，最大坝高 124.5m，是我国已建成的最高的沥青混凝土心墙坝。目前，还有一大批 300m 级高土石坝或面板堆石坝正在设计、建设中。

土石坝具有鲜明的施工特点如下：

（1）筑坝所需土石可就地取材，还可以充分利用各种开挖料。与混凝土坝相比，土石坝所需钢材、水泥、木材比较少，可以减轻对外交通运输的工作量，是一种经济、安全、环保和工期短、适应性好、施工方便的坝型。由于岩土力学和试验技术的进步以及施工技术的发展，筑坝材料的品种范围还在逐步扩大。

（2）土石坝工程量大，施工强度高，当前机械化施工水平已经可以在合理工期内完成大量土石方开挖和填筑。机械设备和运输线路质量成为施工的关键因素。深覆盖层地基处理技术的跨越式进步，也促使了堆石坝的更广泛应用。

（3）土石坝施工和自然条件关系极为密切。由于水文、地质、气象因素的不确定性和筑坝材料的千差万别，对土石坝的导流标准、拦洪度汛方式以及有效工作时间要进行充分细致的综合研究，做好坝料的室内外试验研究工作和施工设计，充分利用开挖料，做好料物的平衡利用规划，并根据条件变化，及时调整施工参数和修正施工方案，实施动态施工管理。

（4）实践经验和现场施工管理甚为重要。重视积累施工经验和借鉴他人经验，是提高施工水平的重要环节。挤压边墙施工技术和数字大坝监控系统等新技术的应用，促进了土石坝的发展，使土石坝施工质量、进度、管理水平不断提高。

3.3.2 筑坝材料料源规划、开采及加工

3.3.2.1 筑坝材料

一、防渗土料

细粒土、风化料、砾石土均可作为防渗体，有时还必须在土料中掺加掺和料。防渗土料应满足下列要求，见表 3-3-1。

表 3-3-1 土石坝防渗土料质量技术指标

项 目	细粒土料质量技术指标		风化土料质量技术指标
	均质坝土料	防渗体土料	防渗体土料
最大粒径			＜150mm 或碾压铺土厚度的 2/3
击实后＞5mm 碎、砾石含量			宜为 20%～50%。填筑时不得发生粗料集中、架空现象
＜0.075mm 的细粒含量			应大于 15%
黏粒（＜0.005mm）含量	10%～30%为宜	15%～40%为宜	＞8%为宜
塑性指数	7～17	10～20	＞8%
击实后渗透系数	＜1×10^{-4}cm/s	＜1×10^{-5}cm/s，并应小于坝壳透水料的 50 倍	
天然含水率	在最优含水率的－2%～＋3%范围为宜		
有机质含量（以质量计）	＜5%	＜2%	
水溶盐含量（指易溶盐和中溶盐含量，以质量计）	＜3%		
硅铁铝比（SiO_2/R_2O_3）	2～4		
土的分散性	宜采用非分散性土		

掺和料：

采用掺和料可以改善土心墙的施工性，减小土心墙的压缩性及增加其抗冲蚀能力，少占耕地。如：小浪底土石坝的内铺盖为了提高其刚度及强度的需要而采用了掺和料，由心墙土料及砂石料加工系统生产的级配料掺和而成。

二、垫层料、反滤料、过渡层料和排水体料

应满足：①质地致密，抗水性和抗风化性能满足工程运用条件的要求；②具有要求的级配；③具有要求的透水性；④反滤料和排水体料中粒径小于 0.075mm 的颗粒含量应不超过 5%。

垫层料、反滤料可利用天然或经过筛选的砂砾石料，也可采用块石、砾石轧制，或天然和轧制的掺和料。反滤料一般不要求冲洗，以满足级配的要求。反滤料的质量技术指标见表 3-3-2。

表 3-3-2 反滤料的质量技术指标

项 目	指 标
不均匀系数	≤8
颗粒形状	无片状、针状颗粒
含泥量（黏、粉粒）	≤5%
渗透系数	≥5.0×10^{-3}cm/s

对于塑性指数大于 20 的黏土地基，第一层粒度 D_{50} 的要求：当不均匀系数 $C_u\leq2$ 时，$D_{50}\leq5$mm；当不均匀系数 $2\leq C_u\leq5$ 时，$D_{50}\leq5\sim8$mm

三、坝壳料

料场开采和建筑物开挖的无黏性土（包括砂、砾石、卵石、漂石等）、石料和风化料、砾石土均可作为坝壳料，并应根据材

料性质用于坝壳的不同部位。

坝壳填筑用砂砾料质量技术要求见表3-3-3，堆石料原岩质量技术要求见表3-3-4。

表3-3-3 坝壳填筑用砂砾料质量技术要求

项　目	指　标	备 注
砾石含量	5mm至相当于3/4填筑层厚度的颗粒宜大于60%	渗透系数应大于防渗体的50倍；干燥区的渗透系数尚可小些，其含泥量亦可适当增加
相对密度	碾压后≥0.85	
含泥量（黏、粉粒）	≤10%	
内摩擦角	碾压后≥30°	
渗透系数	碾压后，大于1×10^{-3}cm/s	

表3-3-4 堆石料原岩质量技术要求

项　目		指 标
饱和抗压强度/MPa	坝高≥70m	>40
	坝高>70m	>30
冻融损失率/%		<1
干密度/（g/cm^3）		>2.4
硫酸盐及硫化物含量（换算成SO_3）/%		<1

四、沥青混凝土材料

1．沥青

沥青混凝土面板所用沥青主要根据工程地点的气候条件选择，而心墙所用沥青主要根据工程的具体要求选择。我国目前多采用重交通道路石油沥青和中、轻交通道路石油沥青。有的工程根据具体工程条件而采用符合其技术标准要求的专门生产的水工沥青。

2．粗骨料

粗骨料是指粒径大于2.5mm的骨料。粗骨料应满足坚硬、洁净、耐久等技术要求。粗骨料以采用碱性碎石（石灰岩、白云岩）为宜，其最大粒径一般为15～25mm。当无法获得碱性骨料时，可采取在沥青中掺入掺料（如抗剥落剂）等增强骨料与沥青黏附性的措施，冰晶试验研究论证。

3．细骨料

细骨料是指粒径小于2.5mm且大于0.075mm的骨料。细骨料可以是人工砂或小于2.5mm的天然砂，也可以是两者的混合。细骨料应满足坚硬、洁净、耐久和适当的颗粒级配等技术要求。

4．填料

填料是指粒径小于0.075mm的用碱性岩石磨细得到的岩粉，一般可从水泥厂购买。

5．掺料

为了改善沥青混凝土的高温热稳定性或低温抗裂性，或提高沥青与矿料的黏结力，可在沥青中加入掺料。掺料的品种、掺量和沥青混凝土性能的改善程度需经试验研究确定。目前工程中常采用的掺料有：提高黏附性的消石灰、普通硅酸盐水泥等抗剥落剂；提高低温抗裂性的SBS或其他改性沥青；改善混凝土热稳定性的聚酯纤维、木质纤维、矿物纤维等。

3.3.2.2 料源规划

一、料源数量

在可行性研究阶段，料源可开采数量应满足设计需要量的1.25～1.5倍。各种坝料的设计需要量应根据坝体和围堰的设计工程量，按坝料的自然方、松方、填筑方的相应密度计算折方系数，并考虑开采、加工、运输及堆存转运的损耗进行计算，设计需要量以立方米计。在缺乏有关试验资料时，折方系数见表3-3-5。损耗补偿系数根据工程具体条件分析确定。

表3-3-5 折方系数参考表

料种	自然方	松　方	填筑方
堆石料	1	1.5～1.7	1.28～1.32
砂砾料	1	1.18～1.22	0.92～1.10
土料	1	1.25～1.33	0.85～0.9

施工前规划料场的实际可开采总量时，应考虑料场调查精度，料场天然容重与坝面压实容重的差值，以及开挖与运输，雨后坝面清理、坝面返工及削坡等损失。其与坝体填筑数量的比例一般为：土料2～2.5（宽级配砾质土取上限）；砂砾料1.5～2；水下砂砾料2～2.5；石料1.2～1.5；天然反滤料应根据筛取的有效方量确定，但一般不宜小于3。

二、料源规划原则

（1）储量、质量满足工程建设需要，开采运输条件较好，剥采比小，弃料少。

（2）避开自然、文物、重要水源等保护区，不占或少占耕地。

（3）优先利用建筑物开挖料，将符合设计要求的各种开挖料按不同施工阶段分别确定其填筑部位，充分利用开挖料，提高开挖料直接上坝的比例。

（4）料源点较多或各种条件较复杂时，采用系统分析法，优选料源。

（5）不影响建筑物布置及安全，避免与工程施工相互干扰。

3.3.2.3 土石方平衡规划

碾压式土石坝工程，既有大量的土石方开挖，又有大量的土石方填筑。开挖体可用料的充分利用，不可用料的妥善处理，补充料场的选择与开采数量的确定，备用料场的选择，以及料场的储存、调度是碾压式土石坝施工组织设计的重要内容，对保证工程质量，加快施工进度，降低工程造价，节约用地和环境保护具有重要意义。

土石方平衡的原则是：充分而合理地利用建筑物开挖料。根据建筑物开挖料和料场开采料的料种与品质，安排采、供、弃规划，优料优用，劣料劣用。保证工程质量，便于管理，便于施工。充分考虑挖填进度要求，物料储存条件，且留有余地，妥善安排弃料，做到保护环境。

根据坝料的自然方、松方和填筑方的干容重计算折方系数，在无具体试验资料的情况下，可参照表3-3-6选用。

表3-3-6 坝料自然方与松方和填筑方干容重折算系数

料　种	自 然 方	松　方	填 筑 方
堆石料	1	1.5～1.7	1.28～1.32
砂砾料	1	1.18～1.22	0.92～1.10
土料	1	1.25～1.33	0.85～0.9

坝料在开采、运输、堆存转运和填筑过程中的损耗，因施工条件和采用的施工工艺不同差别较大，应具体分析并参考以往经验确定。

对于溢洪道等拟作坝料的大方量建筑物开挖工程，宜创造开挖料直接上坝条件。与填筑不同期的开挖体，应该设置足够容量的调节存料场，作为挖填不能同期施工时调节之用。拟作坝料的大方量建筑物开挖工程，应尽量和坝体填筑进度协调施工，避免或减少因料场转运增加费用和料场损耗。

土石方平衡计算应首先根据建筑物设计填筑工程量统计各料种填筑方量。再根据建筑物设计开挖工程量，地质资料，建筑物开挖料可用不可用分选标准，并经经济比较，确定并计算可用料和不可用料数量。根据施工进度计划和渣料存储规划，确定可用料的直接上坝数量和需要存储的数量。根据折方系数、损耗系数，计算各建筑物开挖料的设计使用数量（含直接上坝数量和堆存数量）、舍弃数量和由料场开采料的数量。

土石方调度优化的目的，是找出总运输量最小的调度方案，从而达到运输费用最低，降低工程造价的目的。土石方调度是一个物资调度问题，可用线性规划方法进行优化处理。对于大型碾压式土石坝，有条件时最好进行料场调度施工模拟计算机动态优化，论证调度方案的可行性。

开挖渣料的弃料和不同种类的可用料应分别堆弃和堆存，防止混杂。存、弃渣场要靠近开挖区，存料场还应靠近上坝线路，顺流通畅，运输距离短，存、弃渣场应尽量利用荒地、永久征地，少占或不占耕地，应注意场地防洪排水和地基稳定条件。根据存料场的地形条件，确定渣场平整或填垫废渣形成存料场地，布置进出料道路。存料场应分层堆料，分层取料，堆料、取料厚度宜一致，层厚根据取料挖掘机掌子面的合适高度确定。

3.3.2.4　筑坝材料开采、加工

坝料的开采和加工，应进行必需的现场试验，选择出合适的工艺过程。一般包括：调整土料含水量试验；堆石料爆破试验；掺和料的掺和工艺试验；各种料的碾压压实试验等。

一、土料开采

土料开采一般有立采和平采两种。土层较厚，天然含水量接近填筑含水量，土料层次较多，各层土质差异较大时，宜采用立面开采方法。规划中应确定开采方向、掌子面尺寸、先锋槽位置、采料条带布置和开采顺序。在料场地形平坦、土层较薄、土料层次少且相对均质、天然含水量偏高需翻晒减水的情况下，宜采用平面开采方法。规划中应据供料要求、开采和处理工艺，将料场划分成数区，进行流水作业。

二、土料加工

土料的加工包括调整土料含水量、掺和、超径料处理和某些特殊的处理要求。

1. 低含水率土料的加水处理

当坝面土层表面干燥，需补充水分时，可在坝面采用洒水车直接洒水。但在土料场加水是提高含水率的最佳方法，适宜于大面积的料场和料场天然含水率低于施工含水率较多的情况。采用料场加水，可减少坝面施工工序，减少施工干扰，有利于控制含水率。料场加水方式主要有：

（1）筑畦灌水。当土场天然土料垂直渗透系数较大，地势平坦，且用立面开采时，可在土料场筑畦灌水。采用此法时，应预先在土场进行灌水试验，确定土场的可灌性、灌水深度、渗透时间（或灌水时间）、加水土层的有效厚度、土场加水后的平均含水率、灌水后可开采的时间等参数。

（2）喷灌灌水。喷灌灌水系用喷灌机进行，适宜于地形高差大的条件。此法易于掌握，节约用水，喷灌时间应经试验确定。为保证喷灌效果，应保持天然地面不要扰动，以免破坏其渗透性。草皮等的清理可待加水后进行。用此法灌水后需等一定时间，才能使水分均匀。

（3）表面喷水。在土料场喷水时，应随时辅以齿耙耕翻，使其混合均匀。此法适合于砂壤土，轻、中粉质壤土以及用铲运机、推土机平面开采的条件。此外尚需有较大面积的土料场，以便部分土料场大量喷洒水，并有足够的停置时间，使其含水率渗透均匀，其余已加水的土料场可供开采，实现轮换作业。

2. 高含水率土料降低含水率的措施

主要有以下几种措施：

（1）翻晒法。土料天然含水率较高、且具有翻晒条件时，可以采用翻晒法降低含水率。对于当地用翻晒法降低含水率的效果，应预先进行翻晒试验，以确定翻土厚度、每天翻晒的适宜时间和翻晒的方法。

翻晒方法可采用农用犁进行。为使土料含水率均匀和加速翻晒过程，必须将土块耙碎。翻晒合格的土料，应堆成土牛，并加防护。土牛在储备或使用期间，须经常检查，特别是雨前、雨中，应检查排水系统是否通畅，顶部有无因沉陷而形成的坑洼，防雨设施是否可靠等。

（2）掺料。掺料的目的是通过掺入含水率低的土料，吸收含水率高的土料中多余的水分，使土料含水率重新调整，以满足施工含水率的要求。

掺料可用砾石、碎石、含水率较低的土料或风化岩石。

（3）综合措施。当土料天然含水率稍高于施工含水率时，可在土料开挖、运输及装卸过程中采取措施降低含水率。如采用平面分层取土（用推土机、铲运机进行）、山坡溜土、皮带机运输等。当采用立面开采时，也可用向阳面开采或掌子面轮换开采等方法。

3. 宽级配砾质土级配调整方法

砾质土中超径石含量不多时，常用装耙的推土机先在料场中初步清除，然后在坝体填筑面上进行填筑平整时再作进一步清除；当超径石的含量较多时，可用料斗加设篦条筛（格筛）或其他简单筛分装置加以筛除，还可采用从高坡下料，造成粗细分离的方法清除粗粒径。

4. 掺和

掺和工艺需结合土料性质经现场试验确定。掺和料堆的各层厚度按下式计算：

$$h_{土}=h_{砾}\times(\rho_{d砾}/\rho_{d土})\times n$$

式中　$h_{土}$——黏土层厚度，g/cm^3；

$\rho_{d砾}$——砂砾料层干密度，g/cm^3；

$\rho_{d土}$——黏土层干密度，g/cm^3；

$h_{砾}$——砂砾料层厚度（预先确定值），cm；

n——黏土与砂砾料的比例，按质量计。

5. 土料加工实例

糯扎渡水电站大坝砾石土料由天然的混合土料与人工加工系统生产的砾石料按重量比掺和而成，掺和比例为：土料∶砾石料＝65∶35。大坝掺砾土料在掺合场制备成品回采上坝。砾石土料掺和场设置4个料仓，保证2个储料、1个备料、1个开采料，达到连续供料的目的。料仓总面积约3万m^2，储量约14万m^3。掺和工艺流程如图3-3-1所示。

根据现场试验确定互层铺料的厚度为：土料为110cm、砾石料为50cm。料仓铺料时铺料顺序为：第1层铺砾石料（厚50cm），第2层铺土料（厚110cm），依此相间铺料三互层。掺拌方法为：正铲从底部自下而上装料，斗举到空中把料自然抛落，重复做3次。掺拌合格的料采用4～6m^3的正铲装料，由20t自卸汽车运输至填筑作业面。掺拌方法如图3-3-2所示。

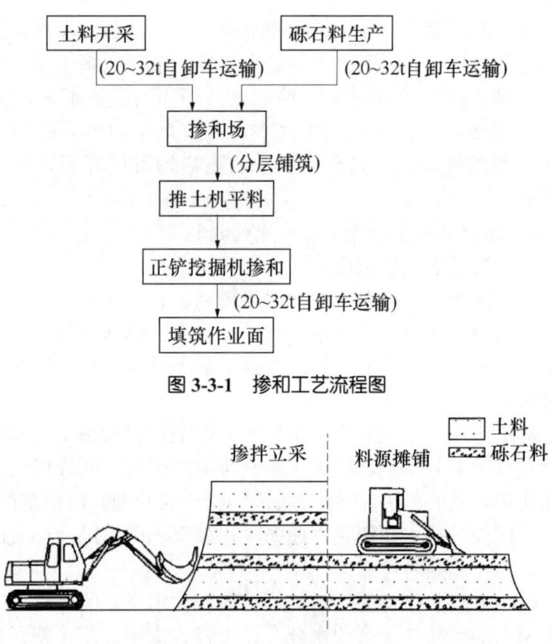

图 3-3-1　掺和工艺流程图

图 3-3-2　掺砾土料掺拌方法图

阿尔巴尼亚菲尔泽工程为垂直心墙堆石坝，坝高 165.5m，心墙体积 95 万 m^3 采用掺和料。黏土的黏粒含量 48%～51.5%，液限 54%，塑限 34%，塑性指数 20，统一分类属红黏土。掺和料按粗料（最大粒径 80mm）含量 30%～35%控制。在备料场按一层 53cm 黏土，一层 30cm 砂砾石互层堆料，堆至一定高度，再由挖掘机混合及装车。

三、反滤料、垫层料、过渡料等开采加工

在进行反滤料、垫层料、过渡料等小区料的开采和加工时，若级配合适这些料，可用砂砾石料直接开采上坝或经简易破碎筛分后上坝。若无砂砾石料可供使用，则可用开采碎石加工制备。对于粗粒径较大的过渡料宜直接采用控制爆破技术开采，对于较细的、质量要求高的反滤料，垫层料则可用破碎、筛分、掺和工艺加工。

四、砂砾石料和堆石料开采

砂砾石料开采，主要有水上和水下开采两种方式。水上开采用一般挖运设备即可，最常用的是挖掘机立面开采方法。水下开采，一般采用采砂船和拉铲开采。当水下开采砂砾石料含水量高时，需加以堆放排水。

块石料的开采一般是结合建筑物开挖或由石料场开采，开采的布置要形成多工作面流水作业方式。开采方法一般采用深孔梯段微差爆破法和（或）挤压爆破法。一定条件下，用洞室爆破也可获取合格的堆石料，但是也应采用分层台阶开采。

爆破后的石料允许最大块度一般为填筑层厚的 0.8～0.9，超径块石料需处理。处理方法主要有浅孔爆破法和机械破碎法两种。浅孔爆破法是指采用手持式风动凿岩机对超径石进行钻孔爆破。机械破碎法是指采用风动和振冲破石锤破碎超径块石，也可利用吊车起吊重锤，利用重锤自由下落破碎超径块石。

3.3.3　坝体施工

大中型工程在坝体填筑前一般需要进行现场碾压试验，为设计和施工提供切合实际工程情况的碾压参数。设计阶段的碾压试验用来确定合理的压实标准，选择适合的填筑压实机械，确定适宜、经济的压实参数，如铺层厚度、碾压速度、碾压遍数、加水量等。施工初期的碾压试验用来研究和完善填筑的施工工艺和措施，并据此制定填筑施工的实施细则。

3.3.3.1　填筑运输道路布置

土石坝施工的坝区平面布置，应根据坝基开挖处理和坝体填筑施工方案，统筹安排各项施工临时设施的平面位置，坝区平面布置一般在主要工程项目和重要临时设施（料场、加工储存场、弃渣场）等确定后，均以运输线路的布置为主，首先进行布置。其他项目可在运输线路的基础上安排布置。

坝料运输方式有很多，还可综合利用。一般有汽车运输，轨道运输，带式输送机运输，索道运输，铲运机运输以及溜槽溜井运输等。汽车运输使用灵活，适用性强，管理方便，可以直接上坝，能满足高强度施工要求，大型工程一般均采用此种运输方式。

汽车运输线路有环形线路，往复双行线路和混合线路，环形道路行车安全，运输效率高，应优先考虑采用。

（1）上坝道路（料场至坝头）。上坝道路标准应根据各路段的总运输量、运输高峰强度、使用时间、选用车型、行车密度等因素按露天矿山公路标准确定。

上坝道路的布置，应根据坝址两岸地形、地质条件，枢纽布置，坝高，上坝强度，自卸车型和吨位等因素，结合施工总平面布置综合考虑，以有利于各施工系统之间的相互联系为目的。一般有岸坡式、坝坡式和岸坝坡结合式。岸坡式路的级差一般 10～30m，坝坡式的河谷必须有一定的宽度。

（2）坝后斜坡道。大型工程一般在坝后设计有永久的上坝斜坡道可供作上坝之用。

（3）坝内临时道路。坝体填筑过程中，若坝内临时道路随时不断地移动升高，应按进度安排中划分的分期分块进行布置。布置上有困难时，最大纵坡可视运输设备性能、纵坡长度等具体情况酌情加大至 12%～15%。

（4）穿越防渗体道路。一般情况下，上下游交通道路多布置在坝肩或坝外。采用上述方式特别困难或不经济时，才考虑穿越坝体或防渗体布置道路。选择这一方式一定要权衡各方利弊，慎重对待。道路布置形式有台阶式、左右交替式、平起式等，主要目的是保护防渗体并满足运输量要求。

对面板堆石坝，若料场位于上游，筑坝道路需要跨过趾板，必须对趾板、止水设施及垫层进行保护。保护方式可以在趾板上垫渣，也可以用临时钢梁架桥跨越。一般情况下，应尽量避免跨越。

（5）坝体填筑道路标准。土石坝施工道路推荐采用露天矿山道路Ⅱ级或Ⅲ级技术标准修建。一般 1 级大坝用Ⅱ级，2 级大坝用Ⅲ级。部分工程采用的填筑道路技术标准见表 3-3-7。

表 3-3-7　部分工程采用的填筑道路技术标准

序号	项　目	单　位	小浪底	黑河	鲁布革	碧口	天生桥
1	坝体总填筑里	万 m^3	4900	820	222	397	1800
2	坝体填筑高峰强	万 m^3/月	1157	57	22.3	27.7	118
3	行车密度	车次/h	30～85	26～68			
4	汽车载重量	t	65	45	10～20	12.5	32
5	采用标准		露矿Ⅱ级	露矿Ⅱ级			露矿Ⅱ、Ⅲ级
6	路面宽	m	16.5	12	10	8	11～13
7	最大纵坡		8%	8%	6%	11%	
8	最小转弯半径	m	30	15		10	
9	路面结构		泥结碎石	泥结碎石		土路	混凝土

3.3.3.2　土石坝坝体施工方法

一、坝料运输

坝料运输一般采用自卸汽车运料直接上坝。根据国内外经验，坝体方量在 500 万 m^3 以下的，以 30t 级为主，大于 500 万 m^3，应以 45t 以上级为主。小浪底水利枢纽大坝，最大坝高 154m，施工石料用台阶开挖法，以履带液压机钻孔，9m^3 装载机挖装，306kW 推土机集料，77t 和 45t 自卸汽车运输上坝。糯扎渡水电站大坝则以 32t 和 45t 自卸汽车运输为主。

国内大伙房、岳城、石头河等水利工程的坝壳料采用砂砾石，胶带机成为主要的运输工具。胶带机的爬坡能力大，架设简易，运输费用较低，比自卸汽车可降低运输费用，运输能力也较高，胶带机合理运距小于 10km。胶带机可直接从料场运输上坝；也可与自卸汽车配合，作长距离运输，在坝前经漏斗由汽车转运上坝；与有轨机车配合，用胶带机转运上坝做短距离运输。目前，国外已发展到可用胶带机运输块径为 400～500mm 的石料，甚至向运输块径达 700～1000mm 的更大堆石料发展。随着国内胶带机运输水平的发展，800～1000mm 以下粒径的块石料运输也正在试验中，如正在筹建的黄河茨哈峡水电站大坝堆石料运输即开展了此项研究工作。

二、大坝坝壳料填筑

大坝坝壳料是指面板坝的堆石区或心墙坝坝壳料。主要特点就是方量大。

卸料、铺料、加水、压实、超径石处理等坝面作业应采用流水作业法组织施工，即将坝面分成若干个大致相等的填筑块（2～4 个），依次完成填筑的各道工序，使各工作面上所有工序能够连续进行。分块长度一般 50～100m。

1. 卸料和铺料

卸料和铺料有三种，即进占法、后退法和综合法。一般采用进占法，厚层填筑也可采用混合法铺料，以减小铺料工作量。进占法铺料层厚易控制，表面容易平整，压实设备工作条件好。铺料作业一般采用推土机进行，其功率根据施工强度及料物性质，一般应大于 132.4kW（180HP）。铺料应保证随卸随铺，确保设计的铺料厚度。坝壳料铺料厚度一般为 0.8～1.0m。

2. 填料加水

坝料填筑宜加水碾压。填料加水一般有两种，在运输道路上向自卸车中加水和坝面上加水，还可以两种办法综合应用。洒水与碾压的顺序要经试验后确定，一般碾前加一次，然后边加边碾。

3. 坝体压实

坝体压实是填筑的最关键工序，压实设备一般选用牵引式或自行式振动平碾，其工作质量一般应大于 10t，振动频率 20～30Hz。对于高坝，要求有较高的压实度，因此采用重型振动碾碾压。重型振动碾已由 20 世纪初的自重 18t 的牵引式振动碾和总重 25t、有效重（工作质量）15t 的自行式振动碾发展到目前工作质量达 25t 或以上的重型振动平碾，设备水平有了大幅提高。碾压遍数和碾压速度应根据碾压试验确定，一般 4～8 遍，速度不超过 4km/h。碾压方法应以便于施工、便于质量控制、避免或减少欠碾和超碾为目的选择，一般采用进退错距法，进退搭接法。

坝壳料填筑在负温条件下也可填筑，但不得加水。必要时采用减薄层厚、加大压实功能等措施，保证达到设计要求。

4. 坝体分块填筑

坝体分期分块填筑时，会形成横向或纵向接缝。由于接缝处坡面临空，压实机械有一定安全距离，坡面上有一定厚度不密实层，另外铺料不可避免的溜滑，也增加了不密实层厚度，这部分在相邻处填筑时必须处理，一般采用台阶收坡法，每层台阶宽度不小于 1m。

5. 岸坡处理

坝壳靠近岸坡部位施工，用汽车卸料及推土机平料时，大粒径石料容易集中，碾压机械压实时，碾轮不能靠近岸坡，坝壳与岸坡接合填筑带的措施一般有：限制铺料层厚、限制粒径、冲填细料、采用夯击式机械等。

三、防渗土料施工工艺

防渗土料的施工与坝壳料相似，为了进行质量控制，除规定采用的标准外，还要根据试验结果，规定填筑含水量的范围值和填筑干密度值及其相应合格率的要求。

为保证新老土层之间良好结合，铺土前必须向结合层面洒水湿润并将光面刨毛 1～2cm 深，要求采用进占法卸料。防渗土料铺料厚度一般为 30～50cm，多采用堆石料的一半厚度。

防渗土料宜采用振动凸块碾压实，碾压应沿坝轴线方向进行。心墙应同上下游反滤料及部分坝壳料平起填筑，先填反滤料后填土料，跨缝碾压。斜墙宜与下游反滤料及部分坝壳料平起填筑，也可预留施工场地滞后于坝壳料填筑。防渗土料一般碾压 4～8 遍可达设计要求。

降雨期间和雨季填筑，应做好防渗体的保护。负温条件下，露天土料压实时的温度必须在－1℃以上。当日最低气温在－10℃以下，或在 0℃以下且风速大于 10m/s 时，应停止施工。

四、反滤料、过渡料、垫层料施工

反滤料、过渡料、垫层料一般方量不大，但其要求较高，铺料不能分离，一般与防渗体和一定宽度的大体积坝壳石料平起上升，压实标准高，分区线的误差有一定的控制范围。当铺填料宽度较宽时，铺料可采用装载机辅以人工进行。填筑方法大体可分成削坡法、挡板法及土、砂松坡接触平起法三类。土、砂松坡接触平起法能适应机械化施工，填筑强度高，可以做到防渗体、反滤层与坝壳料平起填筑、均衡施工，是被广泛应用的施工方法。土、砂松坡接触平起法又可分成先砂后土法，先土后砂法、土砂平起法几种。

反滤料宜采用自行式振动碾压实，并不得设置纵缝。

五、护坡施工

坝体上下游坡面在修筑护坡前，应对坡面进行修整，修整的主要目的是按设计线将坡面修整平顺并把坡面部位的填料压实。坡面修整施工，一般包括坡面削坡和压实两道工序，削坡主要采用推土机、索铲或人工进行，压实主要使用振动碾或推土机。砌石或堆石护坡一般应随坝体上升同时施工，人工铺砌，堆石可用推土机或反铲辅以人工进行。

3.3.3.3　面板堆石坝施工

面板堆石坝是近几年来广泛采用的坝型，目前已建成的水布垭水电站面板堆石坝最大高度为 233m。面板堆石坝施工基本同土料作为防渗体的土石坝，鉴于面板堆石坝设计、防洪度汛要求等方面与土石坝又有所不同，因此，面板堆石坝的施工又有其特点。

一、坝体填筑规划

坝体填筑分期主要受导流度汛方式决定。①当采用坝体临时断面挡水度汛方式时，坝体全断面或上游临时断面应在一个枯水期内上升到度汛水位以上，垫层上游表面做好防护后可直接挡水；②若一个枯水期内达不到度汛水位以上，坝体断面表部进行适当防护下，可以坝面过水。但采用砂砾石填筑的坝体表面不得过水；③围堰全年挡水情况下，大坝全年平起填筑施工。

天生桥一级水电站大坝为混凝土面板堆石坝，坝高 178m。采用汛前抢填临时断面挡水的导流方式。坝体分五期填筑，各期分块如图 3-3-3 所示，工程量见表 3-3-8。

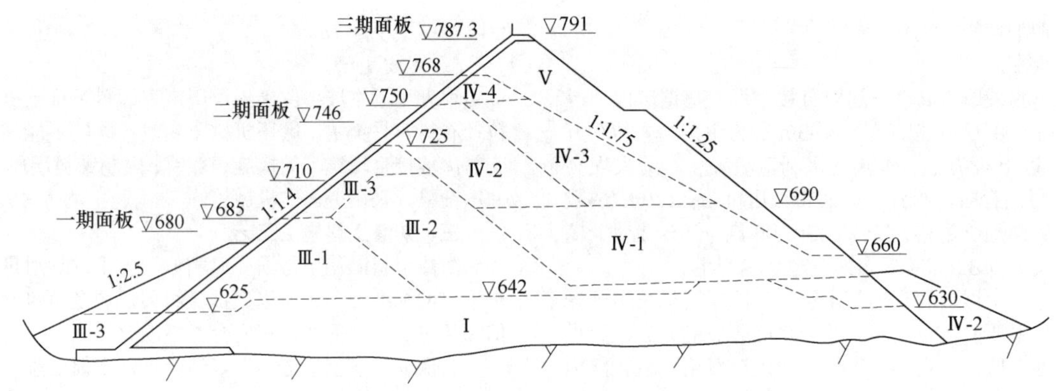

图 3-3-3 天生桥一级水电站大坝分期填筑示意图

表 3-3-8　　天生桥一级电站大坝填筑分期及工程量表

分期	填筑日期/（年.月.日）	形 象 面 貌	填筑量/万 m^3	平均强度/（万 m^3/月）
Ⅰ	1996.1.10—6.10	河床▽642m，泄水槽宽 120m，左岸▽662.5m，右岸▽660m	177.64	35.53
Ⅱ	1996.6.11—11.10	两岸上游部位 2/3 坝体，左岸▽725m，右岸▽735m	192.79	38.56
Ⅲ-1	1996.11.1—1997.1.31	临时断面上游部位至▽685m	98.94	49.47
Ⅲ-2	1997.1.1—4.30	全临时断面至▽685～710m，下游至▽645m	155.60	38.90
Ⅲ-3	1997.5.1—6.20	全临时断面至▽725m	78.57	46.22
小计（1997 年汛前）		临时断面至▽725m 下游填筑至▽645m	703.54	第Ⅲ期平均强度 45.63 叠加高峰强度 55.10
Ⅳ-1	1997.6.21—9.30	下游填至▽690m	111.24	55.62
Ⅳ-2	1997.9.21—1998.1.20	临时断面上游部位至▽750m	234.30	58.60
Ⅳ-3	1997.10.1—1998.4.30	临时断面下游部位至 750m	261.60	37.29
Ⅳ-4	1998.5.1—6.20	临时断面▽750～768m	80.54	47.38
小计（1998 年汛前）		临时断面至▽768m，下游至▽660m	1390.68	第Ⅳ期平均强度 57.26 叠加最高强度 65.47
Ⅴ	1999.1.1—10.31	坝体填至 787.3m	402.60	40.26
1999.11.1—11.31		坝顶公路	9.00	9.00
合计			1800.28	

二、趾板施工

趾板基础开挖一般在两岸清基时开始，河床段趾板基础开挖，在接近设计基础面预留保护层 1.5～3.0m，按保护层开挖方式开挖。对岸坡段趾板地基，宜采用光面爆破或预裂爆破一次成型，避免二次削坡。对于易风化岩面，必要时应预留保护层，或对开挖面立即进行喷薄层混凝土或砂浆保护。

趾板混凝土一般用罐车运输，溜槽输送入仓，趾板的顶面用人工抹平。趾板施工完毕后应及时作好止水的保护。

三、坝体填筑工艺

1. 坝料填筑

面板堆石坝主堆石、次堆石、垫层料、过渡料、排水料的碾压施工工艺基本同土石坝。垫层料、过渡料和一定宽度的主堆石的填筑应平起施工，均衡上升。主次堆石可分区、分期填筑，其纵、横坡面上均可布置临时施工道路。

基坑开挖后，在河床趾板开挖、混凝土浇筑期间可同时进行部分坝体填筑。

坝料碾压应采用工作质量不小于 10t 的振动平碾。当采用强度较高的硬岩填筑坝体时，应采用重型振动碾。如：苗家坝水电站面板堆石坝主堆石区岩石强度达 200MPa，采用 25t 拖式振动碾的压实质量存在压实度反弹现象，后采用工作质量 26t、32t 的自行式振动碾，压实质量有了明显改进。

2. 垫层料坡面的碾压、保护

为了给面板提供坚实可靠的支承面，保证面板厚薄均匀、符合设计及规范规定，同时减少混凝土超浇量，并保证垫层坡面不受雨水流浊，挡水度汛时不被水浪淘涮，常用的施工技术是，坝体每升高 10～20m 左右进行一次斜坡面修正、碾压及防护。国内大多数工程采用 10t 斜、平两用振动碾进行斜坡碾压施工，一般先静压 2～4 遍，再振动压实 6～8 遍。坡面保护采用碾压砂浆、喷混凝土或喷乳化沥青等。天生桥一级、洪家渡等坝上游面采用喷乳化沥青，作为汛期保护措施。喷混凝土法在南美使用较多，压实的垫层表面喷 5～8cm 厚的混凝土，以起到防渗、固坡的作用，西北口坝采用此法，汛期挡水水深达 30m，效果良好。但由于喷混凝土法喷层厚度不均匀，且对混凝土面板的约束较大，一般不常采用。

3. 挤压式边墙施工法

挤压式边墙施工法是在每填筑一层垫层料之前，用挤压式边墙机制做出一个半透水混凝土边墙，然后在其下游面按设计铺填坝料，碾压合格后重复以上工序。浇筑面板前，在挤压墙表面喷涂乳化沥青。施工程序和典型断面如图 3-3-4 所示。

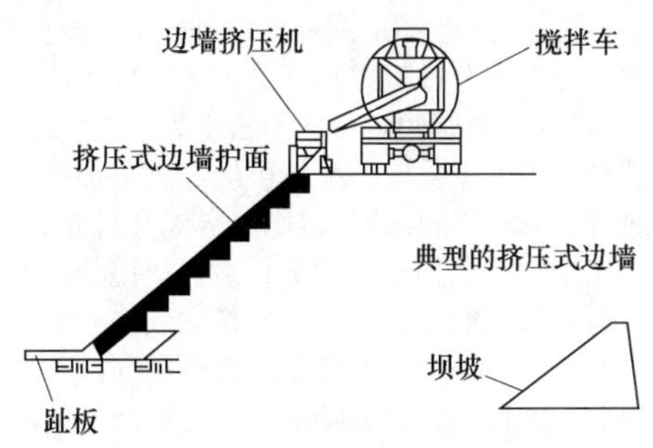

图 3-3-4　挤压式边墙施工程序和典型断面

黄河公伯峡水电站混凝土面板堆石坝是我国第一个采用挤压墙施工法作业的大型水电工程。使用陕西水利机械厂研制的 BJY-40 型混凝土边墙挤压机进行固坡施工，其混凝土配合比为：水泥 80kg/m^3，水灰比 1.31，砂 651kg/m^3，小石 1449kg/m^3，外加剂 3%，边墙混凝土达到低强度、低弹性模量、半透水的要求。在公伯峡水电站成功实施后，该施工方法迅速在面板堆石坝施工中推广使用。

4. 严寒条件下的坝体填筑

严寒地区宜采取冬季停工方式。部分混凝土面板堆石坝处于寒冷地区，由于计划工期的需要，往往在冬季需继续进行填筑施工。为了减少石料的冻结及坝体冻结深度，确保填筑层达到设计要求的压实密度，在填筑中必须做到以下几点：

（1）须开采干燥石料，并直接上坝，不作中间周转。

（2）对砂砾石料，应在非冰冻期预开采，并进行中间堆存干燥，以便冬季上坝填筑。

（3）冰冻季节填筑施工中，各种坝料内不应有冻块存在，并应采用不加水碾压，为此在碾压试验时要专做不加水碾压试验，以便确定适合冬季填筑的各碾压参数。用增加压实功能的措施可补偿不能加水碾压对密实度的影响。

（4）为避免因冬季填筑在坝体内形成永冻区，需控制冬季填筑坝高。根据高寒地区混凝土面板堆石坝的施工经验，冬季填筑的碾压厚度须减薄：$h<600$mm，增加碾压遍数至 8～10 遍，冬季填筑坝高不宜超过 15m。

四、反渗处理

面板坝施工中，因坝体下游水位高于上游水位而导致反向渗透水流破坏垫层、保护层、甚至混凝土面板的事故，通常被称为"反渗"问题。反渗原因大致有两个：一方面有些工程没有建下游围堰，而上游因趾板开挖而使建基面低于下游地面，在上游无水情况下，下游水位高出上游，有一定水压力作用于垫层面，将垫层及保护层顶裂，局部垫层料流失。另一方面与坝基地形有关，其垂直坝轴线剖面表明，基岩面呈中间高，两边低或倾向上游，渗水将流向上游而对垫层和护坡有一定水压作用。当工程可能存在反渗问题时，必须采取措施加以解决。

珊溪面板堆石坝，河床趾板及其后部 60m 范围内挖至基岩，而下游侧的河床覆盖层则基本保留，使得河床趾板建基面比坝体下游原河床面低 22m，施工期存在坝体内水位高于坝上游基坑水位而形成反向渗流。该工程采取在坝体内设反向排水钢管自由排水至趾板上游集水坑，再由水泵排除至上游围堰之外，解决了施工期坝体反渗问题。

五、面板施工

坝高不大于 70m 时，面板混凝土宜一次浇筑完成；坝高大于 70m 时，根据施工安排或提前蓄水需要，面板宜分二期或三期浇筑。每期面板浇筑时间应在相应高程坝体沉降 3 个月以后进行，对于 200m 以上的 300m 级高面板堆石坝，其沉降时间不宜低于 4～6 个月。分期浇筑的面板顶高程宜低于浇筑平台的填筑高程 5m 左右。面板浇筑一般在堆石坝体填筑完成或至某一高度后，气温适当的季节内集中进行，在严寒地区，受低温影响以及受汛期限制，面板浇筑工期往往很紧。

1. 面板混凝土配合比设计

面板是重要的防渗结构，必须做好面板混凝土的配合比设计工作，使之具有较高的耐久性、抗渗性、抗裂性和施工和易性。

面板混凝土宜优先选用强度等级不低于 42.5 的硅酸盐水泥、普通硅酸盐水泥。面板混凝土中宜掺粉煤灰或其他优质掺和料，粉煤灰质量等级不低于Ⅱ级，掺量一般为 15%～30%，严寒地区取较低值，温和地区取较高值。砂石骨料采用二级配骨料，天然砂卵石和人工骨料均可采用，尽量采用灰岩等热膨胀系数小的石料。面板混凝土应掺入引气剂和减水剂，可以显著改善混凝土和易性、减少混凝土用水量和水泥用量，极大地提高混凝土抗冻、抗渗及耐久性，提高混凝土强度。

混凝土水胶比在温和地区不应大于 0.50，在寒冷地区不应大于 0.45。溜槽入口处的坍落度一般在 3～7cm 之间，低坍落度可减少混凝土干缩，如：珊溪水电站面板混凝土坍落度按 3～5cm 控制。由于面板混凝土要沿斜溜槽下滑几十米甚至上百米的距离，要求混凝土下滑及浇筑时具有良好的黏聚性，容易下滑而不离析，容易振捣而不泌水是非常重要的，因此面板混凝土比常规混凝土采用小石的比例要多一些、砂率要高一些、水泥用量要多一些。

某些高坝混凝土面板，如水布垭水利枢纽，为增强混凝土面板抗裂能力，在混凝土中掺入了聚丙烯纤维等材料，获得了良好效果。

2. 面板施工

（1）模板。面板一般采用滑模法施工。滑模宽度一般 12～16m，滑模上升速度一般 1～2.5m/h，最高滑速不应超过 4.5m/h。面板混凝土浇筑宜使用无轨滑模，起始三角块宜与主面板一起浇筑。面板混凝土宜跳仓浇筑。

（2）钢筋网制作。面板钢筋宜采用现场绑扎或焊接，也可采用预制钢筋网片、现场整体拼装的方法。

（3）混凝土浇筑。混凝土一般由 6m^3 混凝土搅拌车运输，溜槽输送混凝土入仓。12m 宽滑模用两条溜槽入仓，16m 的则采用三条，通过人工移动溜槽尾节进行均匀布料。每层布料厚度应为 250～300mm，止水片周围混凝土应辅以人工布料，严禁分离。布料后应及时振捣密实。

（4）面板防裂措施及养护。面板防裂措施主要有：配合比优化设计，采用优质外加剂和掺和料，降低水泥用量，减少水化热温升和收缩变形；减小基础对面板的约束，在面板基础采用抗压强度为 5MPa 的碾压砂浆或喷乳化沥青；在低温季节浇筑混凝土等。面板混凝土的养护包括保温、保湿两项内容。一般采用草袋保温，喷水养护，并要求连续养护直到水库蓄水。

（5）缺陷处理。在蓄水前要进行裂缝的检查与统计，容许的裂缝宽度取决于水质及水力梯度，一般大于 0.25mm 的裂缝都要处理，尤其是处于面板受拉区的裂缝。处理方法一般采用环氧树脂灌浆或涂刷，或粘贴玛蹄脂复合土工膜处理。

3.3.3.4　沥青混凝土坝施工

沥青混凝土面板或心墙土石坝的堆石料施工与碾压式土

石坝或面板堆石坝坝料施工基本一致，主要区别是沥青防渗体施工。

一、沥青混凝土配合比

沥青混凝土粗、细骨料以及掺料采用碱性岩石（石灰岩、白云岩）为宜，水工沥青混凝土配合比选择，目前主要是参考类似工程经验通过试验方法进行选择。影响沥青混凝土配合比选择的因素很多，主要有当地的气温、工程的运用条件、选用的原材料种类、性能、施工条件等。

1. 碾压式沥青混凝土面板

配合比选择参考范围见表 3-3-9。

表 3-3-9　碾压式沥青混凝土面板配合比选择参考范围

序号	种类	沥青含量/%	填料用量/%	骨料最大直径/mm	级配指数	沥青质量
1	防渗层	7～8.5	10～16	16～19	0.24～0.28	70 号或 90 号水工沥青、道路沥青或改性沥青
2	整平胶结层	4～5	6～10	19	0.7～0.9	70 号或 90 号道路沥青、水工沥青
3	排水层	3～4	3～3.5	26.5	0.8～1	70 号或 90 号道路沥青、水工沥青
4	封闭层	沥青：填料＝（30～40）：（60～70）				50 号水工沥青或改性沥青
5	沥青砂浆	12～16	15～20	2.36 或 4.75	—	70 号或 90 号道路沥青、水工沥青

2. 碾压式沥青混凝土心墙

土石坝碾压式沥青混凝土心墙，在上下游过渡层和坝壳的保护下随坝体的变形而变形。心墙沥青混凝土应以适应坝体变形而保持防渗性为原则进行材料和配合比参数选择。

沥青混凝土配合比参数范围可为：沥青占沥青混合料总重的 6%～7.5%，填料占矿料总重的 10%～14%，骨料的最大粒径不宜大于 19mm，级配指数 0.35～0.44。沥青宜采用 70 号或 90 号水工沥青或道路沥青。

3. 浇筑式沥青混凝土心墙

土石坝浇筑式沥青混凝土心墙是在钢模板内浇筑热沥青混合料经自重压密而形成的沥青混凝土防渗墙，处于上下游过渡层和坝壳的保护下随坝体的变形而变形。因此，心墙沥青混凝土配合比的设计，应以适应坝体变形而保持防渗性为原则进行材料和配合比参数选择。

浇筑式沥青混凝土心墙配合比参数范围可为：沥青占沥青混合料总重的 10%～15%，填料占矿料总重的 12%～18%，骨料的最大粒径为 16～19mm，级配指数 0.3～0.36。沥青可采用 50 号水工沥青、道路沥青或掺配沥青。

二、沥青混合料的制备

沥青混凝土的生产制备，可分为间歇式、连续式和综合式三种。

（1）间歇式生产以人工为主，各种配料的称量、烘干加热、拌和及出料均按一定的间歇周期进行，矿料出料是先计量，后加热。生产一般由三部分组成，即骨料的生产、沥青的脱水、沥青混合料的搅拌。将筛分好的骨料按配合比称量出一盘沥青混合料所用的量，将其投入烘干筒烘干、加热。烘干加热后的骨料由烘干筒卸入热料储料斗内待用。进行搅拌时，将热骨料卸入搅拌机，先与填料进行拌和，待填料升温，骨料填料温度均匀时，再向搅拌机内按配合比要求洒入经脱水、加热的热沥青，搅拌后即制成要求的沥青混凝土。间歇式生产工艺设备简单，仅需烘干筒、热料储料斗、搅拌机、沥青脱水加热锅，地方小型工程易于实现，间歇式生产的主要问题是不同盘的填料易互相混杂，很难明确区分，配合比波动较大，质量较难控制，且填料加热时还有部分被破碎和漏失，生产效率低（一般小于 15t/h），故间歇式虽投资较省，但不适于大型工程。

（2）连续式生产工艺中的配料供给、烘干加热、拌和出料都是连续进行的。砂石料经给料器由冷料提升机向烘干筒投放，在烘干筒内烘干加热，加热后的骨料由热料提升机提升到热料贮存漏斗，再由其下的圆盘给料器定量供人拌和器，都是连续进行的。与此同时，沥青由沥青泵从沥青箱向拌和器内定量喷洒，沥青混凝土的拌和也是连续进行的。拌和好的混凝土可以暂存于贮料斗内或者直接用车拉走。这种连续式工艺效率较高，但由于难以进行精确地控制计量，配合比较难掌握，很难满足水工沥青混凝土的精度要求，故较少采用。

（3）综合式作业方式是将砂石料的供给、烘干与加热连续进行，各种配料的计量、拌和及出料则是按周期间断进行，而且将初配的砂石料先加热、后筛分、再计量。LB-30 型的沥青混凝土拌和装置曾经在浙江牛头山工程（1985—1987 年）得到应用，实际生产能力为 19.5t/h。这种作业方式的主要优点是能保证配合比准确，降低燃料消耗，避免超温骨料造成沥青在拌制过程中的老化，制成的沥青混凝土质量较好。这种装置的一次投资费用较高，对大中型工程则较为适宜。

天荒坪抽水蓄能电站上库采用综合式作业方式配制沥青混凝土，沥青混凝土拌和系统自动化程度好，效率高。施工中采用 E250LM260 型沥青混凝土拌和系统，最大生产能力为 260t/h，一般为 220t/h。

三、沥青混凝土面板施工

根据沥青混凝土施工操作方法的不同，可分为碾压式和浇筑式。沥青混凝土宜采用汽车配保温料罐运输。

1. 碾压式

碾压式沥青混凝土多用于土石坝防渗面板和防渗心墙、抽水蓄能电站上水库的库盆和渠道防渗护面。沥青混凝土施工包括骨料干燥加热、沥青熔化贮存保温、热沥青混合物拌和、运输、摊铺、碾压等工序。沥青混凝土的配合比对混凝土质量至关重要，一般通过现场试验确定最佳配合比，并按此配合比将沥青、骨料等混合物在拌和楼内高温拌和，一般先拌和骨料和填料 15～25s，加入沥青后再拌和 45s 左右。沥青混凝土出机口温度一般为 160～180℃，拌制好的沥青混凝土用汽车或保温翻斗车从拌和楼运至施工现场，卸入摊铺机中，若遇不良天气，拌和、储存、运输过程采用全封闭方式。

对斜向的防渗面板沥青混凝土，摊铺应根据结构分层，分条带、自低处向高处进行。完成摊铺后，先采用摊铺机自带的小振动碾或振动器对沥青混凝土作初步压实，再用 3～6t 振动碾二次碾压，初碾温度控制为 120～150℃，终碾温度控制为 80～120℃。

对水平填筑的心墙沥青混凝土，摊铺厚度为 20～30cm，采用专用摊铺机或人工摊铺，然后压实。碾压设备大多选用自重小于 1.5t 的振动碾，一般先无振碾压 1 遍，再振动碾压 4～8 遍，最后无振碾压 2 遍。初碾温度控制不低于 130℃，终碾温度不低于 110℃。

沥青混凝土施工对拌和物的温度有较严的要求，施工受气候的影响较大，在低温季节和雨季施工应采取必要的措施。

2. 浇筑式

浇筑式沥青混凝土主要用于寒冷地区的土石坝防渗心墙和

某些混凝土坝上游垂直表面的防渗面板，多为中小型工程。沥青混凝土的原材料、制备、运输等与碾压式沥青混凝土施工工艺基本相同。不同点是：浇筑式沥青混凝土的沥青一般采用抗流变性优良及感温系数不高的沥青，而且含量较高，采用溜槽、吊罐等入仓，不用碾压工具，依靠自身重量压密。沥青浇筑时的两侧支护一般采用混凝土预制块，也有的采用钢模板。

3.3.3.5　土工膜防渗土石坝施工

一、土工膜型式

用于防渗的土工合成材料主要有土工膜和复合土工膜，我国自 20 世纪 80 年代以后相继在许多坝体中使用土工膜作为防渗体，取得较好的效果，并于 20 世纪 90 年代开始用于 50m 级高的坝体中。

土工膜按组成的基本材料可分为塑料类、沥青类、橡胶类三种，制造塑料类土工膜所用聚合物有聚氯乙烯（PVC），高密度聚乙烯（HDPE），氯化聚乙烯（CPE）等。由于塑料类土工膜具有优良的物理力学性能，价格便宜，施工方便迅速，适应变形能力强，有良好的不透水性，因而应用广泛。

采用各种成型方法将土工膜与土工织物组成复合土工膜，可充分发挥各自的优点，既做到不透水性，而且具有一定的强度。复合土工膜结构常有“一布一膜、二布一膜、一布二膜、二布二膜”等，工程成用很广。

根据土工膜在坝体中的部位分为心墙式和斜墙式（或称面板式），其特点见表 3-3-10。土工膜型式选择根据坝体（或围堰）结构特点、施工特点等综合确定。

表 3-3-10　斜墙式、心墙式土工膜特点

名称	土工膜位置	优　点	缺　点
斜墙式	土工膜铺设于上游坡面	1. 土工膜施工与坝体填筑互不干扰 2. 土工膜施工速度快	1. 土工膜用量较大 2. 在上游面需专门设置土工膜保护层及相应护坡结构
心墙式	土工膜置于坝体中部	土工膜用量省	土工膜铺设随坝体填筑上升，相互存在干扰

二、施工要点

土工膜防渗斜墙施工：斜墙土工膜自上而下铺设，底部将脱布后的主膜与趾板中所夹的高强塑料布焊接，铺设时注意张弛适度，为防止土工膜拉裂，铺设时每增高 5m 打一个“Z”形折。膜与膜接头处铺设平整后用自动爬行热合机施焊。布的缝合采用手提封包机，用高强纤维涤纶丝线缝合。

土工膜防渗心墙施工：土工膜沿竖直方向“之”字形布置，折皱高度为 50～75cm，与坝体分层碾压厚度 1.0～1.5m 相适应。为防止膜料被拉裂，土工膜与刚体连接处要设置折皱伸缩节，伸缩节展开长度约 1m。

3.3.4　施工机械设备选择

碾压式土石坝施工设备的选型对坝的施工进度、施工质量以及经济效益产生重大的影响。设备选型应遵循以下原则：所选机械的技术性能能适应工作的要求、施工对象的性质和施工场地特征，能充分发挥机械效率，保证施工质量。所选施工机械应技术先进、生产效率高，操作灵活、机动性高，安全可靠，结构简单，易于检修保养；类型比较单一，通用性好；工艺流程中各工序所用机械应成龙配套；设备购置费和运行费用较低，经济效果好。

土石坝填筑常用的设备有正铲、反铲、装载机、拉铲、采砂船等挖装装备，推土机、铲运机等铲运设备，自卸车、带式输送机等运输设备，拖式、自行式振动碾等压实设备，手风钻、大中型钻机等穿孔设备，还有一部分专业的零星设备，如平地机、小型振动碾、夯锤、振冲碎石机、激光导向反铲、摊铺机、自动装药车等。

一、压实设备的选择

选择压实设备时要考虑填料的性质和设计要求，要使用方便，压实效率高，对各种坝料最好能通用。压实设备应根据碾压试验来决定种类和吨位。一般选用效率高、压实性好的振动碾，工作质量从 l0t 到 25t。自行式或牵引式的振动平碾和凸块碾几乎能适应各类坝料的碾压。对于黏土有时可改性（如掺和砂粒石渣等）以适应振动碾施工。碾重与铺层厚度和料物性质有关，一般料越粗，层厚越大，碾重要求越重。振动碾技术参数见表 3-3-11、表 3-3-12。

表 3-3-11　牵引式振动碾的技术参数

型　号	产地/厂家	重量/t	激振力/kN	振动频率/Hz	振幅/mm	滚筒直径/mm	静线压力/(N/cm)	滚筒宽度/mm	牵引功率/kW	工作速度/(km/h)
CK15	戴纳派克	15	380	25		1620		2130	55	8
CK04	戴纳派克	7.75	100	266		1200		1905	40	斜坡专用
BW10	宝马格	105	183	25	1.5		538	1950		
BW15	宝马格	16	300	25	1.65		762	2100		
YZT-16	陕西水利机械厂	16	354	30	1.7	1800	784	2000	88	2～5
YZT-22A	陕西水利机械厂	22	549						110	2～5
YZT-25	陕西水利机械厂	25	550	25		1800	1020	2400	150	2～5
YZT-20K（凸块碾）	陕西水利机械厂	20	450	27.5	1.8	1800		2000	88	2～5

表 3-3-12　自行式振动碾的技术参数

型　号	厂　家	重量/t	滚筒轮压/t	滚筒直径/mm	滚筒宽度/mm	激振力/kN	振动频率/Hz	振幅/mm	静线压力/(N/cm)	额定功率/kW	爬坡能力/%
CA30	戴纳派克	10.6	6.4	1550	2130	242	30	1.7	380	80	30
CA15D	戴纳派克	14.8	10，1.8	1520	2130	260	25	1.8	420	118	45

续表

型　号	厂　家	重量/t	滚筒轮压/t	滚筒直径/mm	滚筒宽度/mm	激振力/kN	振动频率/Hz	振幅/mm	静线压力/(N/cm)	额定功率/kW	爬坡能力/%
BW213D	宝马格	10.54	6.31	1500	2100	236	30	1.72	300	82.4	37
BW217D	宝马格	17.64	10.62	1600	2120	310	29	1.66	400	123	45
SD-150D	英格索兰	15.48	9.33	1600	2135		26.5	1.7	380	120	37
SD-600D	英格索兰	18.14	10.95	1524	2540		25.4	1.47	510	164	45
CA25	徐工	9.1		1525	2130	202	30	1.7	230	80	
YZ-18	陕西水利机械厂	18		1600	2150	320	31	1.8	410	132	
YZ-25B	中联重科	25			2480	430	32				

二、推土机选择

推土机应根据填料性质、总方量和考虑成龙配套进行选择。一般功率在132.4～301.6kW（180～410HP），对于堆石填筑，块度较大时，使用大功率推土机效果较好。

三、钻、爆、挖、运设备选择

与明挖工程相同，主要应考虑总工程量级和施工的成龙配套以及施工道路，如自卸汽车吨位 20～35t，则挖掘设备斗容为4～7m^3，自卸车35～77t，挖掘斗容7～12m^3。

四、机械设备用量计算

机械设备的需用量计算除参见有关资料外，应同时参照已建工程的情况确定。机械生产率的确定有以下几种：应用国家规定的现行定额（生产率），参考同类型机械在相似作业条件的工程中达到的生产率进行估算，根据制造厂家提供的生产率资料计算，用理论公式计算，在施工现场实测机械生产率。生产率一般以台班或台时计。一般采用理论公式计算后，根据实用情况予以调整确定。实际施工中生产率变化很大，只能综合研究得出一个较符合现场情况的平均生产率。据此估计机械需求量。

3.4　混凝土工程施工

混凝土工程施工在水电工程建设中占有重要地位，特别是以大坝为主体的枢纽工程，其施工进度直接影响着建设工期；其施工质量涉及整个工程的安危。做好混凝土工程施工组织设计，不断提高施工技术和施工管理水平，对保证工程质量、降低造价、缩短工期具有重要作用。

混凝土工程施工组织设计包括混凝土骨料料源选择与开采、混凝土配合比设计、混凝土施工方案选择、施工方案布置、施工设备选择、混凝土温度控制、接缝灌浆等多个方面。

3.4.1　混凝土原材料选择及配合比

3.4.1.1　混凝土骨料料源选择与开采

一、料源选择的步骤

（1）对工程区上下游10km（有的工程甚至达到了40km）范围内天然砂砾料和块石料质量和储量进行初查。初选质量好、储量大、运输条件好的料场做混凝土试验。

（2）根据混凝土试验结果，对各料源从技术、经济上进行综合比较，选择单一的料源，或者多种料源组合的形式来满足工程各部位混凝土施工需要。

二、料源选择

混凝土骨料分为天然料和人工骨料。料源可选择建筑物开挖料或天然砂砾料或石料场开采料，也可选择三种料不同的组合。应优先选择建筑物开挖料作为料源。天然砂砾料储量丰富，剥采比较小，级配和开采运输条件较好时，也可作为优先选用料源。无合适的天然砂砾料时，可就近选择石料场开采料源。

有条件时宜优先选用线膨胀系数小、破碎后粒形良好且硬度适中的岩石作为料源。混凝土骨料料源应进行碱活性检验，宜采用多种方法检验和验证，试验应符合DL/T 5151的要求。主体工程混凝土骨料选用具有潜在碱硅酸反映的骨料料源，应经过专门论证，并采取抑制骨料碱活性的有效措施。具有碱碳酸活性反映的骨料不能使用。

三、料场开采规划

（1）料场的规划开采量应考虑地质和施工因素，按设计需要量的1.25～1.5倍选取。料场设开采平台，开采平台高程以上储量为设计需要量，开采平台高程以下为备料区，为设计需要量的0.25～0.5倍。

（2）设计需要量：根据工程混凝土总量，按照混凝土实验中的配合比，估算所需骨料总量，再考虑运输（或倒运）、加工、开采的损耗后的总量，一般以吨计。当缺乏试验资料时，可按2.15～2.20t/m^{3}的平均单位用量来估算混凝土骨料设计需要量，其平均砂率大体积常态混凝土可取 0.25～0.30，碾压混凝土可取0.28～0.32，地下工程混凝土可取0.30～0.35，使用人工骨料时砂率应增加3%～6%。综合损耗系数根据工程实际综合分析确定，粗估时，人工骨料综合损耗系数可按30%～40%计，天然砂砾石综合损耗系数按15%～20%计。

（3）料场开挖边坡应保持稳定。对边坡失事影响施工安全或永久建筑物运行和人身安全的料场，应采取保证边坡稳定的安全支护措施。需进行开挖边坡支护的料场，宜分台阶开挖，及时支护。

四、料场开采施工及运输

混凝土骨料料场一般有天然砂砾石料场和石料场。开采施工方案应注意以下几点：

（1）天然砂砾料场开采应根据料场的水文特性、地形条件、天然级配分布状况、料场级配平衡要求等因素，确定料场开采时段、开采分层、开采程序和开采设备。汛期或封冻期停采时，应按停产期砂石需用量的1.2倍备料。有航运要求的河段应考虑料场开采对通航的影响，并应采取保证通航的相应措施。

（2）天然砂砾石料场水下作业采用采砂船时，需考虑设备进、退场方案，应合理选择开采水位、开采顺序和作业路线，创造静水和低流速开采条件，减少细砂和砾石的流失量。如开采过程中细砂流失而导致砂料细度模数增大，应采取措施回收细砂。

（3）石料场开采宜采用微差挤压梯段爆破法开采，台阶高度与设备钻孔深度要适应，与石方明挖中的梯段爆破基本一致。石料最大粒径应与挖装和破碎设备相适应。

（4）天然砂砾石料场和石料场的开采料运输方案，应根据地形条件、开采方案、料物特性、运输量、运输强度、运输距离和运输设备配置等因素，经技术经济比较后确定。常用汽车运输，亦可用皮带机运输，国内几个混凝土骨料料场开采运输方式见表 3-4-1。如向家坝水电站，采用 40km（公路距离）外的太平料场作为混凝土骨料，骨料粗碎后由骨料运输洞内的皮带机运输。骨料输送线由 5 条带式输送机组成，总运输距离 31.1km，是国内目前最长的皮带机运输线。

表 3-4-1　混凝土骨料开采常用运输方式

运输方式	适用条件	主要特点	工程应用
公路运输	1. 运距在 2～5km 以内的各类规模砂砾料场和采石场； 2. 地形与料层产状复杂，料层分散零星	1. 线路工程量少，基建时间短，投资少； 2. 有利于分采分运； 3. 便于发挥挖掘机效率	拉西瓦（天然）、玛尔挡（人工）、鲁迪拉（人工）、三峡（人工）
平洞溜井	高差大于 100m 的大中型采石场	1. 利用自重放料，使用设备少； 2. 缩短运距； 3. 井卷工程量大	小湾（人工）、龙开口（人工）
卷扬道	高差大于 100m 的中、小型采石场，不能采用平洞溜井时	1. 运距短，运输设备少； 2. 块石需转运	
带式输送机	石料粒径小于 350mm 的大型采石场和砂砾料场	运输量大，土建工程量少	龙开口（人工）、向家坝
砂驳	水下采料场水上运输时	1. 运输量大，运费低； 2. 基建费少，经济运距长	葛洲坝、景洪

注　运距系指采场到加工厂的运输距离。

（5）混凝土骨料利用建筑物开挖料时，其开挖方法应满足建筑物开挖和利用开采的要求。

3.4.1.2　混凝土原材料性能要求

一、水泥

选用的水泥强度等级应与混凝土设计强度等级相适应，一般不宜低于 42.5。水电工程常用的水泥品种有硅酸盐水泥、普通硅酸盐水泥、中热硅酸盐水泥，对大体积混凝土宜选用中热硅酸盐水泥。对大型工程或工程重要部位宜选择旋窑生产工艺生产的水泥；主要的水泥品种宜选用 1～2 种，并应固定生产厂家，供应厂家不宜多于 3 个。

水泥中的碱含量以 $Na_2O+0.658K_2O$ 当量计，当混凝土骨料为具有潜在碱—硅活性反应的骨料时，应控制水泥中的碱含量不大于 0.6%。对大坝等有温控要求的混凝土所选水泥，宜控制比表面积在 300～320m^2/kg。

二、掺和料

水工混凝土中掺入适量的掺和料，具有改善混凝土性能，提高混凝土质量，减少混凝土水化热，抑制碱骨料反应，提高抗硫酸盐侵蚀性，节约水泥，降低成本等作用。因而，大中型水电水利工程已普遍掺用掺和料。掺和料宜选用Ⅰ级或Ⅱ级分选粉煤灰，对于碾压混凝土，还可采用磷矿渣粉等作为掺和料。

用于水工混凝土的粉煤灰技术要求见表 3-4-2。

表 3-4-2　用于水工混凝土的粉煤灰技术要求

项目		技术要求 Ⅰ级	Ⅱ级	Ⅲ级
细度（45μm 方孔筛筛余）/%	F 类粉煤灰	≤12.0	≤25.0	≤45.0
	C 类粉煤灰			
需水量比/%	F 类粉煤灰	≤95	≤105	≤115
	C 类粉煤灰			
烧失量/%	F 类粉煤灰	≤5.0	≤8.0	≤15.0
	C 类粉煤灰			
含水量/%	F 类粉煤灰	≤1.0		
	C 类粉煤灰			
三氧化硫/%	F 类粉煤灰	≤3.0		
	C 类粉煤灰			
游离氧化钙/%	F 类粉煤灰	≤1.0		
	C 类粉煤灰	≤4.0		
安定性	C 类粉煤灰	合格		

各类水工混凝土中允许的掺和料最大掺量见表 3-4-3。磷矿渣等复合掺和料掺量基本与粉煤灰掺量要求接近。

表 3-4-3　水工混凝土中允许的掺和料最大掺量

混凝土种类		硅酸盐水泥	普通硅酸盐水泥	矿渣硅酸盐水泥（P·S·A）
重力坝碾压混凝土	内部	70	65	40
	外部	65	60	30
重力坝常态混凝土	内部	55	50	30
	外部	45	40	20
拱坝碾压混凝土		65	60	30
拱坝常态混凝土		40	35	20
结构混凝土		35	30	—
面板混凝土		35	30	—
抗磨蚀混凝土		25	20	—
预应力混凝土		20	15	—

注　1. 本表适用于 F 类Ⅰ、Ⅱ级粉煤灰，F 类Ⅲ级粉煤灰的最大掺量应适当降低，降低幅度应通过试验论证。
2. 中热硅酸盐水泥、低热硅酸盐水泥混凝土的粉煤灰最大掺量与硅酸盐水泥混凝土相同；低热矿渣硅酸盐水泥、火山灰质硅酸盐水泥、粉煤灰硅酸盐水泥混凝土的粉煤灰最大掺量与矿渣硅酸盐水泥（P·S·A）混凝土相同。
3. 本表所列的粉煤灰最大掺量不包含代砂的粉煤灰。

三、外加剂

在水工混凝土中掺入品种适宜的外加剂，能改善混凝土和易性、可调节凝结时间、提高强度和耐久性，我国大中型水电工程早已普遍掺用外加剂，特别是降低单位用水量的减水剂更是广泛采用，成为混凝土配合比优化设计的一项重要措施。

几乎所有品种的外加剂与水泥间都存在适用性问题，工程中选择外加剂时，首先应检验外加剂与水泥的适应性，符合要求方可使用。

混凝土在搅拌过程中加入适量优质的引气剂，能产生大量独立并分布均匀的微小气泡，可以改善混凝土和易性，显著提高硬化混凝土抗冻融性，因而对有抗冻融要求的混凝土，必须掺用引气剂。

对于碾压混凝土，在采用减水剂的同时，还掺加缓凝剂，有时掺加具有减水、缓凝的复合型高效外加剂。

工程中采用的减水剂包括：引气剂、普通减水剂、早强减水剂、缓凝减水剂、引气减水剂、高效减水剂、缓凝高效减水剂、缓凝剂、高温缓凝剂、速凝剂等。其中，减水剂类外加剂使用最多的是萘系化合物，聚羧酸类减水剂具有更好的减水效果，已逐渐在水电工程中推广使用。外加剂一般掺量要求见表 3-4-4。

表 3-4-4　　外加剂一般掺量表

外加剂类型	主 要 成 分	一般掺量/%
普通减水剂	木质素磺酸盐	0.2～0.3
高效减水剂	萘磺酸盐甲醛缩合物	0.5～1.0
	三聚氰酰胺甲醛缩合物	0.5～1.0
引气剂及引气减水剂	松香树脂及其衍生物	0.005～0.015
	烷基磺酸钠	0.005～0.01
缓凝剂及缓凝减水剂	羟基羧酸及其盐类（柠檬酸、酒石酸、葡萄糖酸）	0.03～0.10
	无机盐（锌盐、硼酸盐、磷酸盐）	0.10～0.25
	高掺量木质磺酸盐	0.30～0.50
	糖蜜及碳水化合物（糖蜜、淀粉）	0.10～0.30
早强剂及早强减水剂	氯盐（氯化钙、氯化钠）	0.5～1.0
	硫酸钠、硫酸钾	0.5～1.5
	木质素磺酸盐（或糖钙）＋硫酸盐	（0.05～0.25）＋（1～2）
	萘磺酸甲醛缩合物＋硫酸盐	（0.3～0.75）＋（1～2）

四、骨料

粗、细骨料宜质地坚硬，级配良好。碾压混凝土粗骨料最大粒径宜采用 80mm，同等条件下宜采用人工骨料，人工砂的石粉含量宜控制在 10%～22%。

混凝土细骨料质量指标要求见表 3-4-5，混凝土粗骨料的压碎指标值见表 3-4-6，混凝土粗骨料质量指标要求见表 3-4-7。

表 3-4-5　　混凝土细骨料质量指标

项 目		指 标		备 注
		天然砂	人工砂	
石粉含量/%		—	6～18	碾压混凝土 10～22 为宜
含泥量/%	≥C_{90}30 和有抗冻要求的	≤3	—	—
	＜C_{90}30	≤5		
泥块含量		不允许	不允许	—
坚固性/%	有抗冻要求的混凝土	≤8	≤8	—
	无抗冻要求的混凝土	≤10	≤10	—
表观密度/（kg/m^3）		≥2500	≥2500	—
硫酸盐及硫化物含量/%		≤1	≤1	折算成 SO_3，以质量计
有机质含量		浅于标准色	不允许	—
云母含量/%		≤2	≤2	—
轻物质含量/%		≤1	—	—
细度模数		2.2～3.0 为宜	2.4～2.8 为宜	—

表 3-4-6　　混凝土粗骨料的压碎指标值

骨 料 类 别		不同混凝土强度等级的压碎指标值/%	
		C_{90}55～C_{90}40	≤C_{90}35
碎石	水成岩	≤10	≤16
	变质岩或深成的火山岩	≤12	≤20
	火成岩	≤13	≤30
卵石		≤12	≤16

表 3-4-7　　混凝土粗骨料质量指标

项 目		指 标	备 注
含泥量/%	D_{20}、D_{40}粒径级	≤1	—
	D_{80}、D_{150}（D_{120}）粒径级	≤0.5	—
泥块含量		不允许	—
坚固性/%	有抗冻要求的混凝土	≤5	—
	无抗冻要求的混凝土	≤12	—
硫酸盐及硫化物含量/%		≤0.5	—
有机质含量		浅于标准色	如深于标准色，应进行混凝土强度对比试验，抗压强度比不应低于 0.95
表观密度/（kg/m^3）		≥2550	—
吸水率/%		≤2.5	—
针片状颗粒含量/%		≤15	经试验论证，可以放宽至 25%

3.4.1.3　混凝土配合比及性能

一、配合比选择原则

（1）混凝土配合比应根据混凝土设计强度、耐久性、抗渗性和施工和易性等技术指标进行选择，并应符合 DL/T 5330 的相应规定。

（2）大体积内部常态混凝土的胶凝材料用量不宜低于 140kg/m^3，水泥熟料含量不宜低于 70kg/m^3。碾压混凝土的胶凝材料用量不宜低于 130kg/m^3，粉煤灰或其他活性掺合料掺量宜控制在 30%～65%范围内。掺量超过 65%时，应做专门试验论证。

（3）常态混凝土水胶比最大允许值宜不大于 0.65，碾压混凝土宜小于 0.7。

（4）碾压混凝土拌和物的设计工作度（*VC* 值）可选用 2～

12s，机口 VC 值应视现场气候条件变化，动态选用和控制，宜为 2～8s。

二、配合比设计参数及设计方法

1. 配合比设计方法和步骤

（1）确定原材料。根据原材料选择，确定水泥品种、强度等级和骨料（包括最大粒径和级配）。

（2）根据设计要求的强度和耐久性选定水胶比。

（3）根据施工要求的工作度和石子最大粒径等选定用水量和砂率，用用水量除以选定的水胶比计算出水泥用量（或胶材用量）。

（4）根据体积法或质量法计算砂、石用量。

（5）对计算的配合比进行试验和必要的调整，确定每立方米混凝土各项材料的用量和配合比。

2. 配合比设计参数

混凝土配合比的基本参数包括：水胶比、单位用水量、骨料级配及砂率、外加剂及掺和料掺量。各设计参数参考如下：

（1）水胶比。水胶比应根据试验建立的相关曲线确定。水工建筑物各部位常态混凝土水胶比的最大允许值见表 3-4-8。在碾压混凝土中，水胶比一般小于 0.65。

表 3-4-8　水工建筑物各部位常态混凝土水胶比的最大允许值

混凝土所在部位	严寒地区	寒冷地区	温和地区
上、下游水位以上（坝体外部）	0.50	0.55	0.60
上、下游水位变化区（坝体外部）	0.45	0.50	0.55
上、下游最低水位以下（坝体外部）	0.50	0.55	0.60
基础	0.50	0.55	0.60
内部	0.60	0.65	0.65
受水流冲刷部位	0.45	0.50	0.50

（2）用水量。水胶比在 0.40～0.70 范围内，常态混凝土参考用水量见表 3-4-9，碾压混凝土参考用水量见表 3-4-10。

表 3-4-9　常态混凝土参考用水量　单位：kg/m^3

混凝土坍落度/mm	卵石最大粒径/mm				碎石最大粒径/mm			
	20	40	80	150	20	40	80	150
10～30	160	140	120	105	175	155	135	120
30～50	165	145	125	110	180	160	140	125
50～70	170	150	130	115	185	165	145	130
70～90	175	155	135	120	190	170	150	135

注　1. 本表适用于细度模数为 2.6～2.8 的天然中砂。当使用细砂或粗砂时，用水量需增加或减少 3～5kg/m^3。
2. 采用人工砂时，用水量需增加 5～10kg/m^3。
3. 掺入火山灰质掺和料时，用水量需增加 10～20kg/m^3；采用Ⅰ级粉煤灰时，用水量可减少 5～10kg/m^3。
4. 采用外加剂时，用水量应根据外加剂的减水率作适当调整，外加剂的减水率应通过试验确定。
5. 本表适用于骨料含水状态为饱和面干状态。

表 3-4-10　碾压混凝土参考用水量　单位：kg/m^3

碾压混凝土 VC 值/s	卵石最大粒径/mm		碎石最大粒径/mm	
	40	80	40	80
1～5	120	105	135	115
5～10	115	100	130	110
10～20	110	95	120	105

注　1. 本表适用于细度模数为 2.6～2.8 的天然中砂，当使用细砂或粗砂时，用水量需增加或减少 5～10kg/m^3。
2. 采用人工砂时，用水量需增加 5～10kg/m^3。
3. 掺入火山灰质掺和料时，用水量需增加 10～20kg/m^3；采用Ⅰ级粉煤灰时，用水量可减少 5～10kg/m^3。
4. 采用外加剂时，用水量应根据外加剂的减水率作适当调整，外加剂的减水率应通过试验确定。
5. 本表适用于骨料含水状态为饱和面干状态。

（3）骨料级配与砂率。石子初选组合比见表 3-4-11。

表 3-4-11　石子组合比初选

混凝土种类	级配	石子最大粒径/mm	卵石（小：中：大：特大）	碎石（小：中：大：特大）
常态混凝土	二	40	40：60：0：0	40：60：0：0
	三	80	30：30：40：0	30：30：40：0
	四	150	20：20：30：30	25：25：20：30
碾压混凝土	二	40	50：50：0：0	50：50：0：0
	三	80	30：40：30：0	30：40：30：0

注　表中比例为质量比。

砂子的细度模数愈大，表示砂子愈粗，普通混凝土用砂的细度模数范围一般为 3.7～0.7。其中 FM=3.7～3.1，为粗砂；FM=3.0～2.3，为中砂；FM=2.2～1.6，为细砂；FM=1.5～0.7，为特细砂。

常态混凝土砂率初选参考见表 3-4-12，碾压混凝土砂率初选参考见表 3-4-13。

表 3-4-12　常态混凝土砂率初选参考表

骨料最大粒径/mm	水胶比			
	0.40	0.50	0.60	0.70
20	36～38	38～40	40～42	42～44
40	30～32	32～34	34～36	36～38
80	24～26	26～28	28～30	30～32
150	20～22	22～24	24～26	26～28

注　1. 本表适用于卵石、细度模数为 2.6～2.8 的天然中砂拌制的混凝土。
2. 砂的细度模数每增减 0.1，砂率相应增减 0.5%～1.0%。
3. 使用碎石时，砂率需增加 3%～5%。
4. 使用人工砂时，砂率需增加 2%～3%。
5. 掺用引气剂时，砂率可减小 2%～3%；掺用粉煤灰时，砂率可减小 1%～2%。

表 3-4-13　碾压混凝土砂率初选参考表

骨料最大粒径/mm	水胶比			
	0.40	0.50	0.60	0.70
40	32～34	34～36	36～38	38～40
80	27～29	29～32	32～34	34～36

注　1. 本表适用于卵石、细度模数为 2.6～2.8 的天然中砂拌制的 VC 值为 3～7s 的碾压混凝土。
2. 砂的细度模数每增减 0.1，砂率相应增减 0.5%～1.0%。
3. 使用碎石时，砂率需增加 3%～5%。
4. 使用人工砂时，砂率需增加 2%～3%。
5. 掺用引气剂时，砂率可减小 2%～3%；掺用粉煤灰时，砂率可减小 1%～2%。

（4）外加剂和掺和料掺量。减水剂是常用的外加剂，一般掺量为0.5%～1.0%。掺和料掺量应通过试验确定，粉煤灰是常用的掺和料，常态混凝土中粉煤灰的掺量一般在15%～30%，在碾压混凝土中最大掺量可达50%～65%。

三、温控混凝土性能指标及试验

1. 混凝土性能指标一般要求

对水工混凝土性能指标来说，力学强度指标、耐久性指标、变形性能指标、热学指标是其主要控制指标。

混凝土力学强度指标：主要包括抗压强度、抗拉强度、抗剪强度、弹性模量、极限拉伸值、劈拉强度等；低弹模、高极限拉伸值是大体积混凝土防裂的一项重要指标。

混凝土变形性能指标：主要包括混凝土自生体积变形，混凝土干缩、湿胀变形、徐变等；对温控混凝土来说，具有自生体积变形呈微膨胀或不收缩，可以有效补偿混凝土自身收缩带来的温度应力。徐变度高，特别是后龄期徐变度高，则在单位应力下混凝土产生的徐变变形大，应力松弛系数就越小，可消除混凝土内部温度应力和收缩应力，减弱混凝土的开裂现象。

混凝土耐久性指标：主要包括混凝土抗冻性、碱活性等。保证混凝土抗冻满足要求、混凝土不具有潜在的碱活性危害反应是保证混凝土寿命的重要指标。

混凝土抗渗指标：混凝土抗渗性。

混凝土热学指标：包括混凝土绝热温升值，混凝土导热、导温系数，线膨胀系数等。对温控混凝土来说，应选择能降低混凝土绝热温升值的中热、低热水泥，选择线膨胀系数低的灰岩骨料等，对降低水化热温升应力十分重要。

2. 性能试验

在初步确定配合比后，应进行混凝土性能试验，以获得满足要求的混凝土最终配合比。对需要温度控制的重要工程，上述性能试验均应进行。中小型工程可根据工程需要参考进行。

3.4.2 混凝土施工

水电工程混凝土用量大，广泛使用在大坝、泄洪建筑物、引水发电建筑物、导流建筑物、导航建筑物等工程部位。混凝土施工方案一般根据根据枢纽建筑物布置特点、施工导流方式、场区地形地质要求和工期要求，通过深入研究施工布置，通过经济技术比较后选定。主要工作包括：混凝土施工方案的选择原则、施工强度的确定、浇筑方案布置、施工设备选型、施工进度安排等。

3.4.2.1 混凝土浇筑方案选择原则

一、方案选择应考虑的因素

混凝土浇筑方案对工程进度、质量、工程造价均有直接影响，需综合各方面的因素，经过技术、经济比较后进行选定。在选择方案时，一般需考虑下列因素。

（1）水工建筑物的结构、规模、工程量与浇筑部位的分布情况以及施工分缝特点。

（2）按总进度拟定的各施工阶段的控制性浇筑进度、强度要求。

（3）施工现场的地形、地质和水文特点、导流方式及分期。

（4）混凝土运输设备的型式、性能和生产能力。

（5）混凝土搅拌楼（站）的布置和生产能力。

（6）模板、钢筋、构件的运输、安装方案。

（7）施工队伍的技术水平熟练程度和设备状况。

从混凝土运输浇筑角度看，建筑物的高度和体积（工程量）是决定混凝土施工方案的重要因素。混凝土工程施工大体上可分为中、高坝和低水头工程施工两大类。前者高度大（70～300m），工程规模也较大，垂直运输占主要地位，常以缆机、门（塔）机为主要浇筑方案，而以履带式起重机及其他较小型机械设备为辅助措施，采用门（塔）机方案时往往要设起重机栈桥。对于低水头工程，如低坝、水闸、船闸、护坦、厂房等等，可选用门机、塔机和履带式起重机等作为主要方案，一般不设栈桥。国内外近几年也广泛采用移动式布料机（如胎带机）浇筑水工建筑物基础等部位混凝土。

二、浇筑方案的选择步骤

（1）根据水工建筑物的类型、规模、布置、施工要求，结合工程具体情况拟出各种可能的浇筑方案，并经初步分析选择几个主要方案。

（2）根据总进度要求，对主要方案进行各种主要机械设备选型，需要量计算，结合工程具体情况进行布置，同时计算辅助设施的工程量等，并从施工方法上论证实现总进度的可能性。

（3）对主要方案进行技术、经济分析，综合各方案的主要优缺点。

（4）通过对各主要方案的主要优缺点的比较，因地制宜地确定推荐方案。

三、施工方案选择原则

（1）混凝土浇筑程序、各期形象面貌能满足施工导流规划要求，满足度汛、下闸、蓄水等要求。

（2）混凝土生产、运输、浇筑及温度控制等各施工环节衔接合理。

（3）施工机械化程度符合工程实际，保证工程质量，满足工程进度、强度要求并节约工程投资。

（4）施工工艺先进，设备配套合理，综合生产效率高。

（5）能连续生产混凝土，运输过程的中转环节少、运距短，温度控制措施简易、可靠。

（6）初、中、后期浇筑强度协调平衡。

（7）混凝土施工与机电安装之间干扰少。

3.4.2.2 混凝土施工程序、进度形象及强度指标

一、施工分期和施工程序

根据建筑物布置特点、施工总进度计划要求、施工导流方式和度汛、蓄水发电、航运、灌溉等方面对工程进度形象进度的要求，对混凝土施工进行分期。

施工导流方式决定了混凝土施工分期。对于一次断流方式，混凝土建筑物可按基础、中部、上部等顺序施工；对分期断流方式，混凝土施工基本上随导流分期进行。

施工导流方案和标准决定了全年可用于混凝土施工的时间。一般说来，如采用较低的围堰挡水标准（如过水围堰），在汛期围堰过水时施工场地被洪水淹没，失去了施工的可能，一年之中只能在枯水季节浇筑混凝土；如果采用全年围堰挡水标准，全年均可施工，可大大地加快混凝土施工进度。

二、进度形象面貌规划

大、中型电站在施工期间一般要跨越一个或几个汛期，施工进度必须满足各阶段工程安全度汛面貌要求，以及拦洪、蓄水发电、通航、引水灌溉的目标。根据各分期的设计浇筑量，可在坝体纵、横断面图上分期近似地安排坝体混凝土或引水发电建筑物的形象面貌。

对高坝来说，由于施工时间长，坝体高度大，在中下部具有一定的挡水能力时，可以提前蓄水发电。规划分期形象面貌时，要首先考虑混凝土浇筑对坝体直线进度影响的部位，在施工程序规划上，应优先保证关键线路上关键部位的施工面貌。

三、施工强度计算

1. 高峰期月平均强度

以高峰期内必须完成的工程量除以相应的工期月数，计算

得到高峰期的月平均强度。

2. 最高月强度

因为施工的不均匀性、施工期内各种因素的影响，设备不能完全发挥它的应有效率，有的月份可能强度会较低，那么就必须在其他月份达到更高的强度，因此设计的最高月强度必须在高峰月平均强度的基础上乘以一定的系数。

$$P_{月}=QK \tag{3-4-1}$$

式中 $P_{月}$——高峰月生产强度，万 m^3/月；

Q——平均月混凝土浇筑强度，万 m^3/月；

K——计算时段混凝土浇筑月不均匀系数，即高峰月需要浇筑量与平均月需要浇筑量之比。

月不均匀系数 K 值可参考表 3-4-14，但必须指出的是，随着浇筑技术的进步，施工设备的日益先进和管理技术的不断提高，不均匀系数也有越来越低的趋势，选用时应根据工程与施工的具体情况综合分析，予以确定。

表 3-4-14 混凝土浇筑月不均匀系数建议采用 *K* 值

项 目	整个工程延续期	高 峰 时 段		
		历时超过 12 个月	历时 12 个月	历时小于 8 个月
国内平均先进值	2.36	1.6	1.5	
国外先进值	1.31	1.28	1.2	
建议值	2.3～1.3	1.6～1.3	1.5～1.25	1.4～1.2

3. 高峰小时浇筑强度

因某些技术性要求，例如大仓面混凝土浇筑，为不超过初凝时间，往往必须相应提高小时浇筑强度，并以此作为控制条件。

（1）高峰小时强度。计算见下式：

$$P=\frac{P_{月}}{nm}K_{日}K_{时} \tag{3-4-2}$$

式中 P——高峰小时强度，m^3/h；

$P_{月}$——高峰月浇筑强度，m^3/月；

n——每月工作天数，d。一般一个月按照 25d 工作时间计算；

m——每天工作小时数，h。一天按照工作 20h 计算；

$K_{日}$——混凝土浇筑的日不均匀系数（重力坝取 1.1～1.3；轻型坝取 1.2～1.4；河床式闸坝取 1.3～1.5）；

$K_{时}$——混凝土浇筑小时不均匀系数（可取 1.2～1.6）。

（2）仓面小时强度复核。浇筑机械设备的数量必须满足混凝土浇筑时不产生冷缝的要求，因而要按混凝土初凝时间来核算，即必须满足式（3-4-3）或式（3-4-4）要求。

如采用平铺法浇筑，则

$$P_{时}\geqslant(1.1\sim1.2)\ \Sigma F\delta/(t_1-t_2) \tag{3-4-3}$$

式中 $P_{时}$——混凝土浇筑设备小时生产能力，m^3/h；

ΣF——最大浇筑块的面积或同时几块浇筑的面积总和，m^2；

δ——浇筑层的厚度，m；

t_1——混凝土初凝时间，h；

t_2——混凝土从拌和楼到仓内的时间，h。

如采用台阶法浇筑，则

$$P_{时}\geqslant L(V/\delta)^{1/2}(N+1)/(t_1-t_2) \tag{3-4-4}$$

式中 L——浇筑块短边长度，m；

V——吊罐容积，m^3；

δ——铺料层厚度，m；

N——台阶数。

4. 设备效率参考系数

上述强度计算时，不同季节、不同地区的气候条件会对设备和人工造成工效的降低；复杂坝型需要模板和钢筋较多而使仓面的准备工作较长，影响浇筑的进度。表 3-4-15、表 3-4-16 可供确定施工强度时参考。

表 3-4-15 不同季节混凝土浇筑机械效率参考值

项 目	温 和	寒 冷	严 寒
门机	100%	80%	65%
塔机	100%	80%	65%
缆机	100%	80%	60%

表 3-4-16 高原地区施工定额系数

海拔/m	<1500	1500～2000	2000～2500	2500～3000	3000～3500
机械	1.00	115	1.25	1.35	1.45
人工	1.00	1.05	1.10	1.15	1.20

四、混凝土工程施工强度指标

不同坝型的坝体混凝土浇筑强度和上升速度参考资料见表 3-4-17、表 3-4-18。

表 3-4-17 坝体混凝土浇筑强度参考表

混凝土总量/万 m^3	月均浇筑强度/万 m^3	月强度占总量百分比
20～60	1.2～3.0	5.0%～6.0%
60～120	2.5～4.5	3.75%～4.0%
120～250	3.5～6.0	2.4%～3.0%
250～500	5.0～12.0	2.0%～2.4%

注 表中数值为正常浇筑混凝土时段的平均范围。

表 3-4-18 坝体浇筑上升速度参考表

坝 型	一般坝段	引水、溢流坝段
重力坝	2.5～5.0	2.0～3.0
重力拱坝	3.5～5.5	1.0～2.0
薄拱坝	4.5～6.0	
轻型坝	4.0～5.5	

注 冬、夏季施工上升速度视气温情况酌情增大或降低。

混凝土浇筑应力求均衡，以最高月浇筑强度与月平均浇筑强度之比值为不均衡系数，一般在 1.5～2.0 之间。大坝坝体上升平均速度一般 3～6m，重力坝月均上升超过 6m 的工程主要有美国胡佛坝（6.8m）、新布拉巴和赫尔斯峡坝（6.2m）等；拱坝月平均上升接近或超过 6m 的有中国的拉西瓦拱坝、前南斯拉夫姆拉丁其坝（6.7m）和瑞士茨瓦桑坝（6.4m）等。

3.4.2.3 常用混凝土运输、入仓方式

水工混凝土施工过程中，混凝土运输是重要环节。混凝土运输包括自拌和楼至浇筑部位的供料运输（俗称水平运输）和混凝土入仓运输（俗称垂直运输）两部分。

一、供料运输方式

（1）无轨运输。无轨运输包括后卸式、侧卸式自卸汽车运输及混凝土搅拌车运输。汽车运输混凝土机动灵活，对地形变化适应大，道路修建的工程量小且费用较低，进行施工规划时，应尽量考虑运输混凝土的道路与基坑开挖出渣道路相结合。汽

车运输混凝土几乎可以和所有入仓设备配套使用，但汽车运输的运距不宜太长，特别是运输强度高的大坝进料线等，缩短运距有利于减少温度回升。无轨运输是目前国内外水电工程混凝土运输的主要方式，特别是近几年来，在三峡水利枢纽、小湾水电站、拉西瓦水电站、溪洛渡水电站等一大批大型水电工程中采用无轨侧卸料罐车运输混凝土，牵引车与装混凝土的料罐用铰接连接，转弯半径仅 8m，运行灵活，道路布置相对容易，且操作方便，容易对准吊罐，起重机上的吊钩可不脱钩，因而缩短了起重机的单个浇筑循环时间，提高了功效。无轨运输的缺点是能源消耗较大，运输费用较高。

（2）有轨运输。包括铁路轨道运输及场内自建轨道运输。其具有运输能力大、功效高、能源消耗小的特点，但是轨道运输道路造价偏高，前期准备工期较长。陕西安康水电站、四川宝珠寺水电站、广西岩滩水电站大坝混凝土以铁路轨道交通运输为主，采用铁路运输的电站建设时间主要集中在二十世纪八九十年代。

（3）胶带机运输。在供料地点集中，运输距离较近的情况下，可使用胶带机运输。胶带机运输是一种连续作业，对地形的适应性较好，且造价低，设备简单，操作方便，效率高，如能搭设保温廊道，则可常年使用。但胶带机运输过程中混凝土易产生分离，砂浆损失较为严重，需采取相应技术措施来保证混凝土质量。胶带机运输混凝土宜在 1000m 以内。

二、入仓运输方式

（1）缆机。缆机具有跨度大、效率高、施工范围大的特点。适用于在狭窄河谷上浇筑大坝混凝土。按照缆机布置型式，可分为固定式缆机、平移式缆机、辐射式缆机、摆塔式缆机等。

（2）门座式、塔式起重机（简称门机、塔机）。门塔机为定型设备，具有拆卸及安装快、起重量大、机械性能和生产效率比较稳定的特点。当门机、塔机用于浇筑混凝土时，各机构运行速度快，每小时可达 12～15 个循环；当门机、塔机用于吊装金属结构时，可通过调节滑轮组数来提高吊重。门、塔机适用于河床宽、混凝土工程量大、浇筑强度高、工期长的大坝浇筑及电站进水口，厂房等大体积混凝土的浇筑。门、塔机浇筑大坝时往往需要配合施工栈桥来扩大控制范围。

（3）胶带输送机。包括深槽高速皮带输送机、塔带机、轮胎式胶带机和仓面布料机等。混凝土直接从带式输送机入仓，经国内工程实践证明有混凝土骨料分离、料堆集中、砂浆损失多等问题。塔带机在小浪底、三峡、龙滩等工程中使用，取得了良好效果。塔带机由塔机、带机、供料线三大部分组成，是集水平运输和垂直运输于一体、连续快速入仓设备，布料机可俯仰和回摆。以 TC2400 塔带机为例，最大俯仰角＋25°、－20°，在俯仰角为 0°时，最大输送强度 6.5m^3/min。

（4）履带式起重机。履带式起重机移动灵活，适用于浇筑闸、坝基础部位混凝土或比较分散的小型建筑物混凝土。

（5）混凝土泵。混凝土泵适用于方量少、断面小、钢筋密布的薄壁结构，如地下洞室混凝土，及其他设备不易达到的部位浇筑混凝土。但泵送混凝土多用于二级配混凝土，配合比中水泥用量较大，成本较高。混凝土泵机水平泵送距离宜在 800m 以内。

（6）溜槽、溜管。包括普通 U 形溜槽、负压溜槽、满管溜槽、MYBOX 溜管等。

普通 U 形溜槽适合于高差不大、坡度较缓的仓面施工，在斜溜槽上加装橡胶缓冲挡板后也可用于面板堆石坝混凝土面板等部位的高落差混凝土运输。

负压溜槽主要应用于碾压混凝土的运输；满管溜槽在溜槽底部设控制阀，以降低管内混凝土的速度，适合于碾压混凝土和常态混凝土的运输。

MYBOX 溜管，我国首先在三峡工程的船闸竖井混凝土浇筑中使用，使用了日本研制的 MYBOX 作为溜管下料的缓冲装置，适合二级配以下常态混凝土的垂直运输。

三、混凝土浇筑方案组合型式

实际混凝土施工过程需要水平运输方案与垂直运输方案组合来将混凝土从拌和楼运至施工仓面，水电工程常见混凝土浇筑方案组合见表 3-4-19。

表 3-4-19　　混凝土浇筑基本型式

浇筑方案	水平运输	垂直运输或入仓方式
缆机浇筑方案	有轨机车或汽车运立罐、侧卸罐车配卧罐或立罐、自卸汽车配卧罐	缆机
门（塔）机浇筑方案	有轨机车或汽车运立罐、侧卸罐车或自卸汽车配卧罐	门机、塔机
移动式起重机浇筑方案	一般采用自卸汽车配卧罐	移动式起重机
胶带机浇筑方案	胶带机直接从拌和楼接料并运输至仓面或转料斗，个别也可采用自卸汽车运至转料斗	塔带机、胎带机、胶带机直接入仓
溜槽、溜管浇筑方案	自卸汽车或混凝土搅拌车运输	真空溜管、负压溜槽、MYBOX
混凝土泵浇筑方案	混凝土搅拌运输车	混凝土泵、泵式布料机
自卸汽车直接入仓浇筑	自卸汽车	自卸汽车直接入仓

3.4.2.4　混凝土施工设备布置

一、缆机施工布置

1. 缆机布置的一般原则

（1）尽量缩小跨度。国外使用缆机跨度大多在 900m 以内，我国使用过的缆机跨度多在 400～900m 之间，近几年也有不少工程缆机跨度超过 900m，如金沙江向家坝水电站平移式缆机最大跨度达 1460m，嘉陵江亭子口水电站平移式缆机最大跨度 1300m，二滩水电站辐射式缆机最大跨度 1260m。在选择缆机跨度时，应考虑缆机吊钩至塔架顶最小水平距离和混凝土供料线路站场平台位置，并给枢纽建筑物两岸基础开挖范围的变化留有适当余地。

（2）尽量扩大控制范围。缆机控制的平面范围，应尽量全部覆盖枢纽建筑物。如因地形地质条件限制，局部范围可采用其他浇筑机械（如门、塔机）配合施工。这时要研究安全运行措施，在一般情况下，两者不得交叉作业。

（3）尽量减小缆机平台工程量。应尽可能降低缆机塔架高度，以减少基础平台宽度，节约缆机平台工程量。缆机基础平台高程，一般均应充分研究利用两岸地形条件，使缆机能浇至坝顶，但有时由于地形地质条件的限制，或者为了减少平台基础工程量，也可考虑将缆机平台高程降低，甚至放在坝顶高程。这时需要研究形成混凝土浇筑系统的时间和坝顶部分混凝土浇筑措施，经过方案比较后确定。

（4）缆机选型与工程特点相适应。应结合地形、地质条件，浇筑对象的要求，合理选择缆机型式。一般来说，缆机塔架的运动形式、高度、轨距和基距对缆机的自重和造价影响较大，可移动式塔架相对于固定式塔架来说，其结构复杂、运行管理要求高，而且对地形、地质要求较高且自重较大，造价亦相对较高，因此，在满足施工要求和地形许可的情况下，应优先考虑采用无塔架或低塔架缆机。平行移动式或辐射式缆机灵活性较高，平行移动式缆机两侧均可作为主进料线，而辐射式缆机一般在辐射端布置进料线。如缆机是为了专门用于转料、安装或者辅助性工作，则可考虑固定式缆机。

2. *缆机布置参考*

（1）主索垂度。缆机承重索垂度可取跨度的5%～6%，最终由制造厂家确定。

（2）缆机主索端头高差。初步布置时，主索端头高差可限制在跨度的2%～5%以内，并将较高一端布置在主供料线一侧，以便重罐下坡运输。

（3）平台基础。缆机基础必须放在稳定的地基上，移动塔架基础或地梁基础的地基承载能力应在0.3MPa以上。如平台部位地形凹凸不平或地基松软，可考虑设置栈桥通过。

（4）塔架高度。目前水电工程施工，大多采用无塔缆机。为了将坝体浇到计划高程，有的工程采用高塔架，如向家坝水电站缆机右岸移动端采用了A型高塔架，塔架高度可达100m左右。

（5）缆机平台宽度。为了减小平台基础宽度，应尽量降低塔架高度。有塔缆机承重主索固定在三角形塔架的顶端，当起重为10～20t时，塔架高一般为7～40m。塔架前后轨轨距随塔架高度而变化。缆机基础平台宽度与塔架高度的关系见表3-4-20。如塔位处于岩壁，可将主缆索锚锭在岩洞内。

表3-4-20　缆机塔架高度与基础平台宽度参考表

塔高/m	轨距/m	平台宽度（岩石基础）/m
40	2/3塔高	轨距＋（5～8）
20	3/4塔高	轨距＋（4～6）
7（低塔）	1.4×塔高	轨距＋（2～5）
20（无塔）	8～8.5（主车端） 4（副车端）	轨距＋（6～8）
30（无塔）	8～8.5（主车端） 4～4.5（副车端）	轨距＋（6～8）

注　1. 如基础岩石风化较严重或岩层对稳定不利，应适当加大塔前轨外缘宽度。
2. 表中均未计缆机安装需要的宽度。

（6）塔架顶高程。塔架顶高程＝主缆垂度＋主索至吊钩高度＋吊钩至料罐底高度＋吊罐底至计划浇筑高程的安全裕度（一般为3～5m）＋计划浇筑高程。同时，还要复核缆机运行时，已安装坝顶门机对缆机的运行影响。当坝顶门机需要缆机作为安装手段时，其计划浇筑高程应加上坝顶门机高度。

（7）供料点与塔顶最小水平距离。在布置缆机初级阶段，供料点与塔顶水平距离不宜小于跨度的10%。如因布置原因需适当减小最小水平距离，可提出要求由制造厂家在缆机设计中解决。

3. *多台缆机布置*

（1）平移式缆机。在峡谷中的拱坝或重力坝使用较多，如龙羊峡水电站、小湾水电站、锦屏水电站、溪洛渡水电站等均采用了平移式缆机。为了能使多台缆机同时浇筑一个仓位，可采取以下两种布置方法。

Ⅰ. 同高程塔架前后错开布置：错开的位置按塔架具体尺寸决定。为了安全操作，一般应使主索之间的距离不宜小于7～10m。

Ⅱ. 高低平台错开布置：在不同高程的平台上错开布置塔架。为了使高、低平台的缆机能互为备用，布置成穿越式。这样既能达到使用的要求，又能节省塔架基础工程量。

（2）辐射式缆机。辐射式缆机控制的范围呈扇形。布置形式比较灵活，可根据地形和建筑物平面形状而定。一般固定端布置在地形较陡的一岸，移动端布置在地形相对较缓的另一岸；当两台缆机共用一个固定塔架时，移动塔可布置在同一高程，也可布置在不同高程。如黄河拉西瓦水电站大坝浇筑采用3台30t辐射式缆机，3台缆机右岸固定端共用，左岸移动端布置在同一高程，基础轨道共用。

（3）平移式和辐射式混合布置。根据工程具体情况，可采用平移、辐射式混合布置，如乌江渡水电站工程。

某工程缆机典型布置如图3-4-1所示。

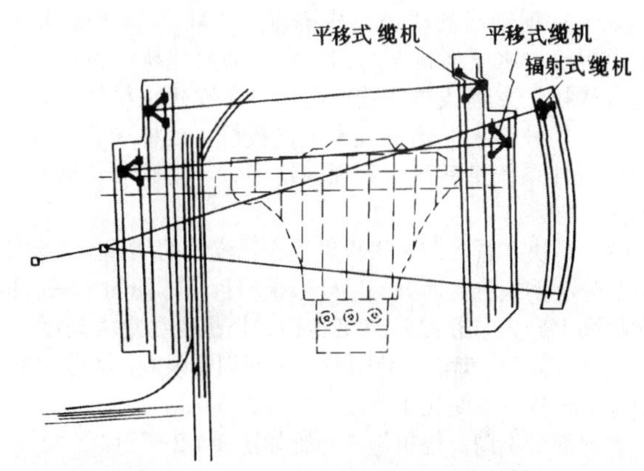

(a) 平面布置示意

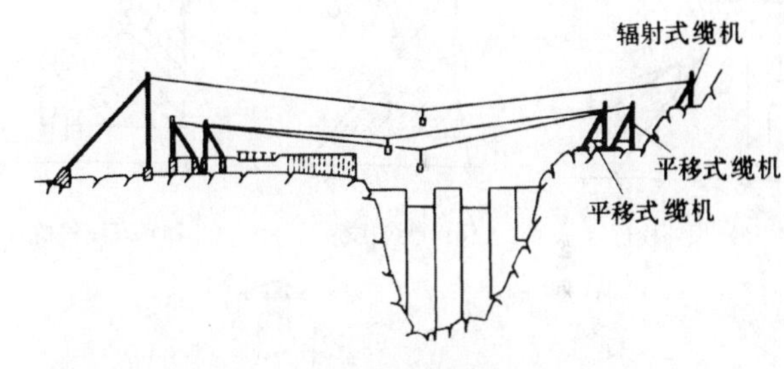

(b) 立面布置示意

图3-4-1　缆机平面、立面布置图

二、门、塔机施工布置

1. *一般布置原则*

（1）门、塔机选型。门、塔机选型，应与水工建筑物布置特点（如高度及平面尺寸）、混凝土搅拌及供料运输能力相协调，若需要多台门、塔机时，其型号应尽量相同。

（2）门、塔机数量。在满足施工进度和大仓面浇筑强度的前提下，同一轨道上布置的门、塔机不得过于拥挤，以免相互干扰，影响生产效率。

（3）栈桥位置和高程。合理选择栈桥的位置和高程，尽量减少门、塔机“翻高”次数，并与混凝土供料运输布置相协调。栈桥的高度应按导流度汛标准确定，不得与各期导流、度汛和拦洪蓄水相矛盾。

（4）栈桥结构型式。选择工程量小、便于安装的通用栈桥形式。栈桥安装时间应与建筑物施工进度相协调，并尽可能提前安装，少占建筑物施工直线工期。

2. *大坝施工布置形式*

门、塔机浇筑闸、坝混凝土的布置，主要有坝外布置、坝内栈桥和蹲块布置三种形式。

（1）坝外布置。当坝体宽度小于所选门、塔机的最大回转半径时，可将门、塔机布置在坝外（上游或下游）。其靠近建筑物的距离，以不碰坝体和满足门、塔机安全运转为原则。这种布置方案需要浇筑门、塔机轨道条形混凝土基础；遇有低凹部位，可修建低栈桥。

（2）坝内栈桥布置。可分为坝内独栈桥布置、多栈桥布置、主副栈桥布置三种。坝内独栈桥布置：当坝体宽度大于所选门、塔机最大回转半径或上、下游布置门、塔机，使坝体中部有浇不到混凝土的部位时，可将门、塔机栈桥布置在坝内，栈桥高度视坝高、门（塔）机类型和混凝土搅拌系统出料高程选定；坝内多栈桥布置：适用于坝底宽度较大的高坝工程，或坝后式厂房的施工。一般在坝内和厂坝之间各布置一条平行坝轴线的栈桥。栈桥需要“翻高”，门、塔机随之向上拆迁。水平运输车与门、塔机共用栈桥，也可单独布置运输栈桥；主辅栈桥布置：在坝内布置起重机栈桥，在下游或上游坝外布置运输混凝土运输栈桥。这种布置，取决于混凝土搅拌系统供料高程和坝区地形、导流标准及枢纽特性等因素。

（3）蹲块布置。门、塔机设置在已浇筑的坝体上，随着坝体上升分次倒换位置而升高。一般采用拆装方便的丰满门机，每次翻高上升为 15～25m（其他门、塔机可达更大高度）。这种方式施工简单，但活动范围与浇筑面积受限制，倒运次数多，增加施工干扰，影响施工进度。

大坝混凝土门、塔机施工布置如图 3-4-2 所示。

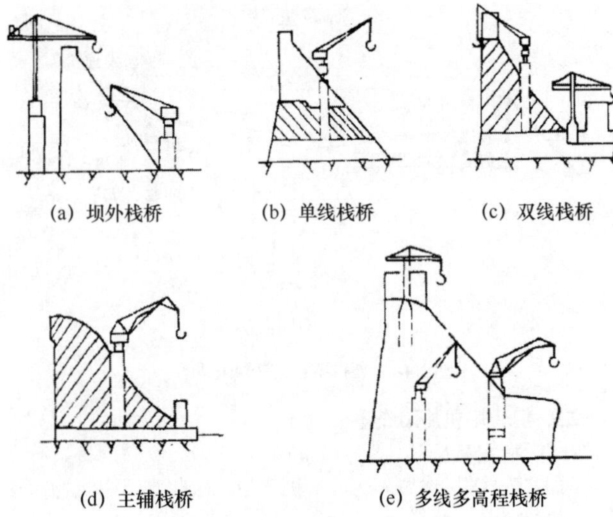

(a) 坝外栈桥　(b) 单线栈桥　(c) 双线栈桥

(d) 主辅栈桥　(e) 多线多高程栈桥

图 3-4-2　门、塔机施工布置示意图

3. *厂房混凝土施工布置*

水电站明厂房通常以发电机层为界，分为下部结构和上部结构。下部结构大多数是大体积钢筋混凝土，有尾水管、锥管、蜗壳等大的孔洞结构；上部结构一般由钢筋密集的混凝土墙、板、柱、梁和屋架等组成。根据厂房结构断面尺寸小，钢筋密集，混凝土强度等级多，形状复杂，孔洞多等特点，选用门、塔机比选用缆机更为合适。

电站厂房混凝土门、塔机施工布置应结合闸、坝工程施工方案及布置统一考虑。门式、塔式起重机通常都布置在厂房上、下游，沿厂房轴线方向移动，一般不设栈桥，后期视需要将门机、塔机移至尾水平台或厂坝之间。同时，可选择履带起重机等作为辅助机械。

三、胶带式浇筑机械施工布置

（1）深槽高速混凝土胶带输送机：其主要特征是大槽角、深断面和高带速，以及为适应混凝土运输采取的一系列特殊措施。适合于混凝土工程量集中、混凝土运输强度高的常态或碾压混凝土施工。

一般用钢管或钢结构排架支撑多条胶带通过仓面，每条胶带控制浇筑宽度 5～6m，这种布置形式，每次浇筑高度约 10m。

（2）液压活动支架胶带机（亦称仓面布料机）：布置在仓面内，一般采用钢管立柱插入已浇混凝土的预留孔内，带式输送机以立柱为支撑 360°旋转下料，多节皮带桁架可做仰俯、伸缩运动。

（3）胎带机：一般用来浇筑高度不大的导墙、护坦、闸室底板和厂房基础等部位，长臂胶带机伸入仓内浇筑。

（4）塔带机：塔带机由固定的塔机和可移动的带式输送机构成，具有在大范围内进行混凝土布料的性能，而且特别适合高度较大建筑物的大体积混凝土施工，为充分发挥其浇筑范围大的特点，塔柱一般埋入建筑物大体积混凝土中，不再重复利用。在三峡、龙滩等水电站上，塔带机（顶带机）是主要的混凝土浇筑设备，适合常态混凝土和碾压混凝土等种类混凝土的浇筑。龙滩水电站大坝混凝土浇筑设备布置如图 3-4-3 所示。

（a）龙滩水电站塔带机布置

（b）龙滩水电站混凝土胶带输送机布置

图 3-4-3　龙滩水电站大坝混凝土浇筑设备布置

四、履带式起重机

高度较低的建筑物，如水闸、消能工程（护坦、消力池等）以及混凝土坝的基础部位，均可采用履带式起重机浇筑混凝土。但当浇筑块短边尺寸大于 30m 时，利用履带式起重机直接浇筑混凝土就有困难，需局部转料。

五、溜槽、溜管

在门塔机或缆机布置不便或覆盖范围之外的部位，可采用溜槽、溜管设备浇筑，具有结构简单、安装方便和入仓速度快的特点。

负压溜槽一般布置在坝肩岸坡上，可单个布置也可并排布置，由钢管支架支撑。负压溜槽具有输送能力高的特点，适用高度约为 100m 以内，超过 100m 时，一般需设置中间转料设施。为便于料的下滑，溜槽倾角不宜小于 43°，但也不宜太陡，适宜角度为 45°。典型工程布置如图 3-4-4 所示。

满管溜槽、竖井溜管可沿滑动模板布置，也可沿岩壁布置，采用钢管支架或锚筋支撑固定。溜管布置倾角应尽量布置成大角度，垂直布置更佳。满管溜槽的适宜高度为 30～100m，竖井溜管的高度最高可达 200m。

（a）江垭碾压混凝土大坝

（b）蔺河口碾压混凝土大坝

图 3-4-4　负压溜槽布置图

六、自卸汽车直接入仓

除非在特殊情况下，汽车入仓一般不用于浇筑常态混凝土，主要用于碾压混凝土的浇筑。自卸汽车浇筑入仓前需经过一段碎石路面，两边由人工或自动装置用高压水冲洗轮胎，以免夹带泥土进入仓内。汽车运输道路应根据拌和楼高程、地形条件、浇筑仓面高程、汽车车型及行车密度等条件确定。汽车运输的路面宽度视车身宽度而定，一般路面宽 7～12m，遇有拐弯处应加宽 1.5～2.0m，纵坡宜不大于 10%，最小转弯半径不小于 15m。

3.4.2.5　混凝土施工工艺

一、常态混凝土施工工艺

基岩面和新老混凝土施工缝面在浇筑第一层混凝土前，可铺水泥砂浆、小级配混凝土或同强度等级的富砂浆混凝土，保证新混凝土与基岩或新老混凝土施工缝面结合良好。

混凝土的浇筑，可采用平铺法或台阶法施工。应按一定厚度、次序、方向，分层进行，且浇筑层面平整。台阶法施工的台阶宽度不应小于 2m。在压力钢管、竖井、孔道、廊道等周边及顶板浇筑混凝土时，混凝土应对称均匀上升。

混凝土浇筑坯层厚度，应根据拌和能力、运输能力、浇筑速度、气温及振捣能力等因素确定，一般为 30～50cm。根据振捣设备类型确定浇筑坯层的允许最大厚度见表 3-4-21。

表 3-4-21　混凝土浇筑坯层允许最大厚度

振捣设备类别		浇筑坯层允许最大厚度
插入式	振捣机	振捣棒（头）长度的 1.0 倍
	电动或风动振捣器	振捣棒（头）长度的 0.8 倍
	软轴式振捣器	振捣棒（头）长度的 1.25 倍
平板式	无筋或单层钢筋结构中	250mm
	双层钢筋结构中	200mm

中雨以上的天气不得新开混凝土浇筑仓面。当浇筑过程中，遇大雨、暴雨应及时安排停止进料，进行保护。遇小雨天气可继续浇筑，但应采取下列措施：①适当减少混凝土拌和用水量和出机口混凝土的坍落度，必要时适当缩小混凝土水胶比；②加强仓内排水和防止周围水进入仓内；③做好新浇混凝土面特别是接头部位的保护工作。

二、碾压混凝土施工工艺

碾压混凝土是高掺掺和料的干硬性混凝土，需采用类似土石坝的压实工艺。碾压混凝土大坝施工前，应进行现场碾压试验，确定施工工艺和参数。大坝碾压混凝土可采用大仓面薄层连续铺筑或间歇铺筑，并采用连续翻转模板。间歇铺筑的厚度一般为 3m，也可根据温控需要适当调整。铺筑方法宜采用平层通仓法，当仓面较大、铺筑强度不能满足要求时，经论证也可采用斜层碾压。

自卸汽车进仓卸料时，应采用退铺、多点式卸料法，即：先直接卸料，然后推平，后面的料卸在已摊铺的料上，可减少大骨料分离，料堆高度要求小于 80cm。平仓作业可选用平仓机进行。大多工程平仓厚度为 33～35cm，压实厚度保持在 30cm 左右。间歇层面可向上游倾斜 5%，不允许向下游倾斜。

碾压设备一般采用双钢轮振动碾，工作质量一般不低于 10t，对边角部位也可采用小型振动碾。振动碾的行走速度应控制在 1.0～1.5km/h 范围内，坝体迎水面 3～5m 范围内，碾压方向应垂直于水流方向。根据国内大中型碾压混凝土大坝施工经验，一般先无振碾压 1～2 遍，再有振碾压 8～10 遍（小碾 26 遍），最后无振碾压 2 遍，每层碾压厚度控制在 30cm。成缝一般采用切缝机切缝，切完后再进行压实。

控制碾压混凝土的 *VC* 值和控制碾压混凝土层面间隔时间是控制碾压混凝土施工质量的关键参数，碾压混凝土拌和物的现场 *VC* 值宜选用 2～12s，机口 *VC* 值可在 2～8s 之间动态控制。层面间隔时间宜控制在混凝土直接铺筑允许时间之内，且混凝土自拌和至碾压完毕的时间应控制在 2h 之内。大多工程采用的层间间隔时间为 4～5h，如龙滩水电站高温季节规定的层间间隔时间为不超过 4h。

降雨对碾压混凝土施工影响很大，在降雨强度小于 3mm/h 的条件下，可采取运输汽车及仓面搭盖雨棚等措施继续施工；当降雨强度达到或超过 3mm/h 时，应停止拌和，并迅速完成仓面保护措施。

3.4.2.6 混凝土施工主要设备及参数

一、水平运输机械

混凝土水平运输机械主要有：有轨机车、混凝土运输搅拌车、后卸式自卸汽车、汽车运立罐、无轨侧卸汽车以及胶带机等。

其中：水电工程常用的混凝土运输搅拌车搅拌容积一般分为 $3m^3$、$6m^3$ 两种；

后卸式自卸汽车常用的容积为 $3m^3$、$6m^3$、$9m^3$ 三种；

侧卸式汽车型号一般根据配备的垂直运输设备容量选择，大多工程采用 $6m^3$、$9m^3$ 两种；

胶带机一般采用深槽型式，带宽 600～900mm 之间。胶带机的运输能力很高，如 762mm 宽的胶带机，带速为 190～230m/min，小时生产率可达 240～450m^3/h。

二、缆机

缆索起重机（简称缆机）有许多分类，如按主索分类，有单、双索和四索缆机；按工作速度分类，有高、中、低速缆机；按结构形式分类，可分为固定式、摆塔式（摇摆式）、平移式、辐射式、轨索式和拉索式等。缆机一般由主塔架、副塔架、索道系统、主机房、司机房等组成。

20 世纪 70 年代，刘家峡用 20t 缆机，月最高强度超过 30000m^3；乌江渡工程 20t 单机台班产量最高达 924m^3（水平运距 100m、提升 55m 情况）；进口 30t 缆机，20 世纪 90 年代在二滩工程浇筑混凝土月强度达 54000m^3。统计国内已建工程实践资料，20t 和 30t 缆机高峰时段生产率见表 3-4-22。

表 3-4-22　20t 和 30t 缆机高峰时段生产率

吊运混凝土吨位	提升次数/（次/h）	浇筑混凝土强度/（m^3/台班）	浇筑混凝土强度/（m^3/台月）
20t	8～18	750	15000～30000
30t	6～15	945	25000～54000

国外工程使用的缆机技术参数见表 3-4-23。国内几个工程使用缆机技术参数见表 3-4-24。

表 3-4-23　国外工程缆机达到的最大技术参数表

项　目	达到的数值	机型起重量×时距/m	制 造 厂 商	使 用 工 程
最大起重量	28t（9m^3 吊罐）	辐射式 28t×650	PHB 公司	洪都拉斯 Consorcioel Cajon
最大跨距	1620m	摆塔式 18t×1620	PHB 公司	塞内加尔 Manantali 坝
最高小车慢移速度	667m/min	平移式 20t×888	华盛顿铁工	美国德沃夏克坝
最高满载起升速度	290m/min	平移式 20t×888	华盛顿铁工	美国德沃夏克坝
所用主索最粗直径	108mm	平移式 20t×1365	PHB 公司	巴西伊泰普工程
最高 A 字架塔高	90m	平移式 20t×1365	PHB 公司	巴西伊泰普工程
最高固定桅杆塔高	190m	辐射式 20t×933	CT 公司	西班牙 Almendra 坝
最高摆塔塔高	100m	摆塔式 5t×600	脑伏阿吉秋	利比亚 Wadi-El-Kuf 桥

表 3-4-24　国内几个工程使用缆机技术参数表

序号	性　能	二　滩	三　峡	序号	性　能	二　滩	三　峡
1	缆机型式	辐射式	摆塔式	7	满载下降速度/（m/s）	3	3
2	跨度/m	1275	1416	8	小车横移速度/（m/s）	7.5	7.5
3	垂度	57%	77.1m	9	空钩下降速度/（m/s）		2.2
4	起重量/t	30	20（浇筑）/25（安装）	10	塔架高度/m		125
5	主索直径/mm	106	102	11	塔架摆幅/m		±25
6	满载提升速度/（m/s）	2.15	2.2	12	总扬程/m	310	215

三、门、塔机

门、塔机是大、中型水电工程用得最多的一种垂直起吊设备。随着大起重量塔机制造水平的提高，大吨位、大幅度的塔机也在部分水电工程中广泛使用。国产门、塔机主要形式如图 3-4-5 所示。上述门、塔机技术参数见表 3-4-25。

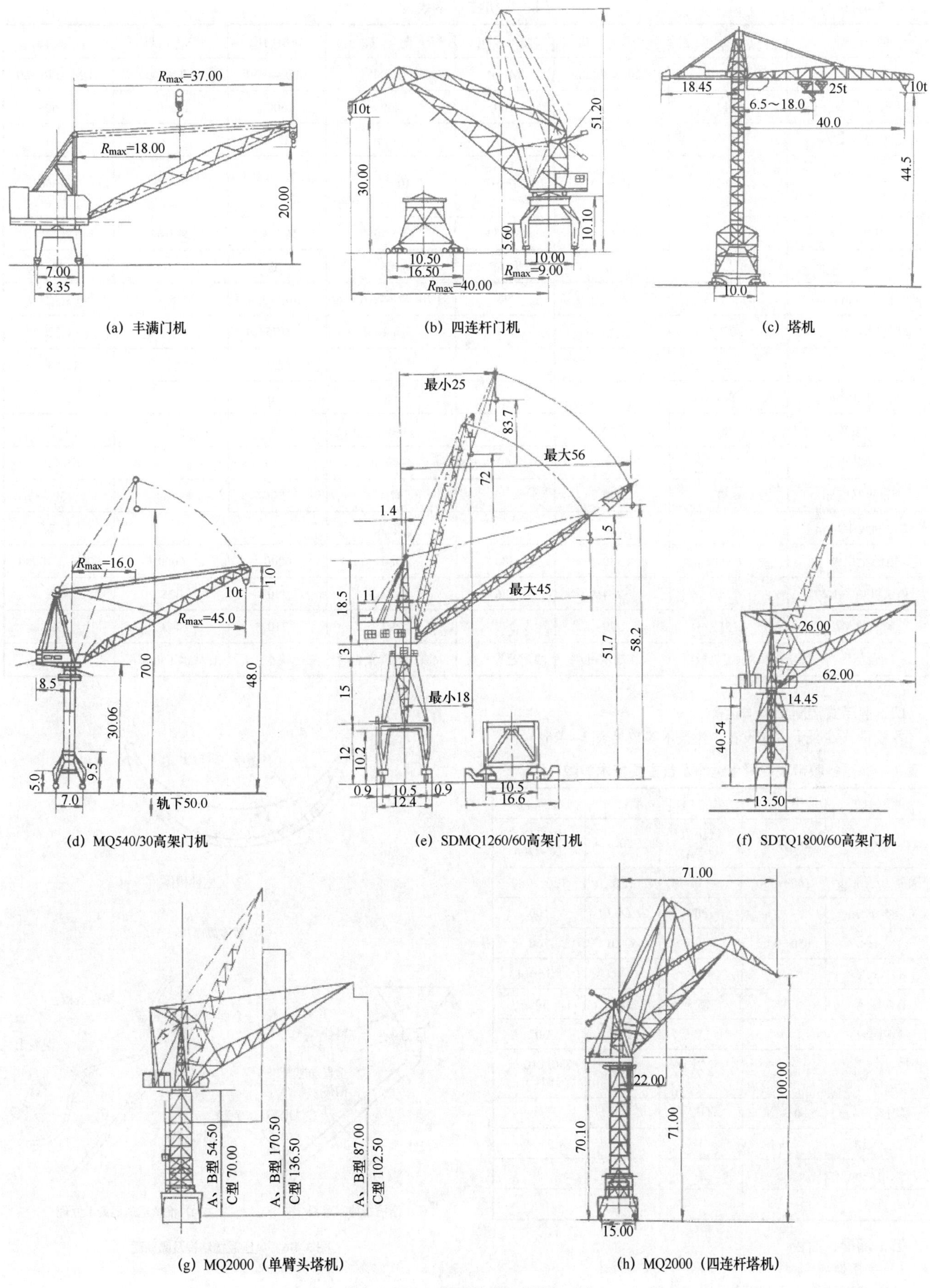

图 3-4-5　门、塔机基本类型（单位：m）

表 3-4-25　门、塔机技术参数表

机　　型	门　　机	四连杆门机	塔　　机	塔　　机	高架门机	高架门机	高架门机
型号	丰满 10t	10/20t×40/20/m	M900	10/25t	MQ540/30	MQ1000	SDMQ1260/60
最大起重力矩/（t·m）	540	400	900	450	600	1000	1260
起重绳分支数	2；6	4；4		2；4	2；6		2；4
额定起重量/t	10～30	10～20	11～32	10～25	10～30	10～32	20～60
工作幅度/m	18～37	9～40	6～70	7～40	16～45	24～62	18～45
轨上起重高度/m	37	30	104.7	42	70	70	52
起重速度/（m/min）	46；15.3	50；50	90	53.2/9.72；26.6/4.20	46；15.3	58.5	50.3；24.9
回转速度/（r/min）	0.7	1		0.4	0.75		0.72
行走速度/（m/min）	22.5	32		10	22		22.3
行走范围/m	96			90	150		200
最大垂直轮压	46	21.1		40	50		47.5
轨距×基距/m	7×7	10×10.5		10×10	7×7		10.5×10.5
臂铰点高度/m	6.33	12		47.4	30		30
机尾回转半径/m	8.1	8		20.7	8.5		11.2
电源电压/V	6000	380	380	380	6000	6000	6000 或 10000
总装机功率/kW	215	284	176	217	230	325	419
整机重量/t	151	239	277	293	210	443	358
制造厂	吉林水工机械厂	大连起重机厂	四川建设机械	太原、天津重机厂	三门峡水工厂	吉林水工机械厂	吉林水工机械厂

四、胶带式混凝土运输设备

各胶带式混凝土运输设备主要技术参数见表 3-4-26。

表 3-4-26　各胶带式混凝土运输设备主要技术参数

设备名称	胶带输送机	仓面布料机	胎带机	塔带机
型号特征	深槽高速	液压活动支架	CC200-24	ROTEC TC-2400
输送能力/（m^3/h）	240～350	350	270	120～780
布料半径/m		20	22.6～61	100
带宽/mm	650～800		609.6	760
带速/（m/s）	3.4	4.81		3.15～4
最大仰角	30°	15°	30°	30°
最大俯角		15°	15°	30°
自重/t		4.73	100.7	780（10 节塔柱）
混凝坍落度/cm	0～10	不限		不限
混凝土级配	2～4	4		2～4
最大塔高/m			—	130
起重量			—	60t

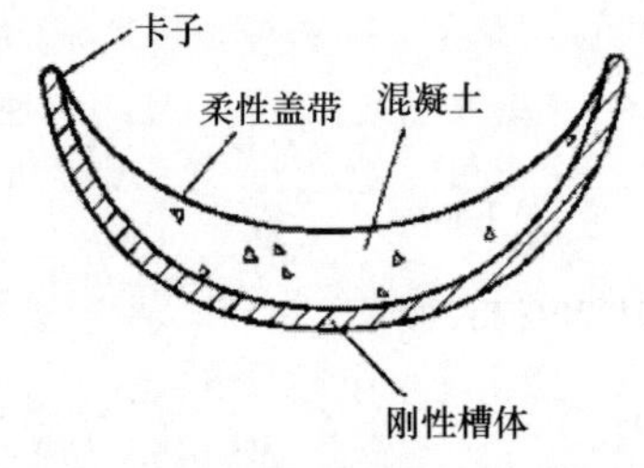

(a) 槽体截面

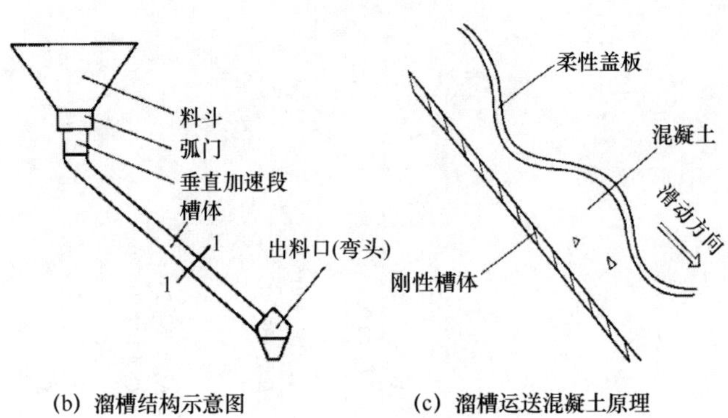

(b) 溜槽结构示意图　(c) 溜槽运送混凝土原理

图 3-4-6　负压溜槽结构及原理图

五、溜槽、溜管

1. 负压溜槽

负压溜槽结构及原理图如图 3-4-6 所示。主要技术参数见表 3-4-27。

表 3-4-27　负压溜槽主要技术参数

项　目	参　数
料斗容量/m^3	6～12
刚性槽半径/mm	275～325
溜槽长度/m	42～72
适用坡度	1∶1～1∶0.75
适用高度/m	6～100
混凝土输送能力/（m^3/h）	240～540
负压值范围/Pa	100～1000
下料速度/（m/s）	3～6

2. *满管溜槽（管）*

满管溜槽（管）的原理是满管流水原理，出多少，进多少。一般由钢板焊接而成，在进料口、出料口分别设弧形控制阀门。布置角度适宜 45°～90°，大于 50°时还可转弯。溜槽断面为矩形，尺寸一般为 600mm×800mm。溜管断面为圆形，直径一般为 600～800mm。

3. *竖井溜管*

溜管直径一般选用ϕ150～200mm 的钢管，中间可加装缓冲装置。三峡工程船闸竖井混凝土浇筑中采用 MYBOX 作为缓冲装置。如图 3-4-7 所示。

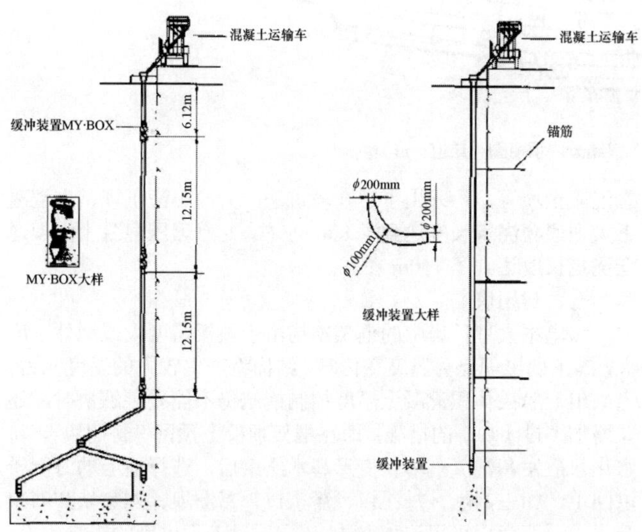

图 3-4-7　垂直溜管结构图

六、碾压混凝土振动碾

我国水电工程中，碾压混凝土施工常用的振动碾型号为：BW-200、BW201AD、BW202AD。国内外类似性能的振动碾能满足技术要求的也可采用。

BW202AD 振动碾主要参数：自重 10.7t；钢轮宽度 2135mm；振动钢轮为前后双钢轮，振动频率 46/50Hz，振幅 0.74/0.36mm。

七、振捣设备

（1）插入式电动振捣器：分为硬轴和软轴振捣器，硬轴振捣器的振捣棒直径 80～130mm，激振力大，一般用于大体积混凝土；软轴振捣器软轴长度一般为 3～4m，振捣棒直径ϕ50～60mm，软轴振捣器操作轻便，激振力较小，可用于钢筋密集的薄壁结构和空间狭小的金属结构埋件二期混凝土中。

（2）液压振捣器：一般以成组的型式装在平仓振捣机的机械臂上，振捣棒直径 120～150mm，激振力大、频率稳定，用于大体积混凝土中。

3.4.3　混凝土温度控制

混凝土温度控制工作内容主要包括：混凝土分缝分块设计、温度和温度应力计算、温控措施制定等。大体积混凝土所产生的裂缝，大多属于温度裂缝，可分为贯穿裂缝、深层裂缝、表面裂缝三类，其中表面裂缝占绝大多数。由于贯穿裂缝将危及大坝安全运行，而少数表面裂缝在一定条件下可能继续发展成贯穿裂缝，因此，对高、中坝，应结合工程特性、坝址气候和工程特点，进行防裂及温度控制设计，提出防裂措施和温度控制标准，防止危害性贯穿裂缝的发生。大型工程应采用有限元法进行温度场、温度应力分析。低坝可参照类似工程经验，进行防裂和温度控制。

3.4.3.1　分缝分块型式

水工建筑物挡水大坝属于大体积混凝土，垂直河道方向长度往往几十米、几百米、甚至上千米，其顺河道宽度也往往几十米、甚至几百米。从建筑物结构应力要求，设置垂直于建筑物轴线的横缝之外，为控制坝体施工期混凝土的温度应力和适应浇筑机械设备的能力，往往在平行建筑物轴线方向设置临时施工缝，又称“纵缝”。而对于厂房建筑物，下部结构尺寸大、孔洞多，受力条件复杂，也必须考虑分层分块。

横缝宽度应根据结构应力和布置要求，尽量缩短横缝间距，横缝间距宜为 15～20m，横缝间距超过 22m 或小于 12m 时，应做论证。纵缝对建筑物的整体结构稳定有直接影响，根据这种临时施工缝的分缝方法和其减小温度应力破坏的布置特点，可分为柱状分块、斜缝分块、错缝分块、预留宽槽、诱导缝、通仓浇筑等 6 种型式。如图 3-4-8 所示。纵缝间距一般为 15～30m，块长超过 30m 时，应严格温控措施。

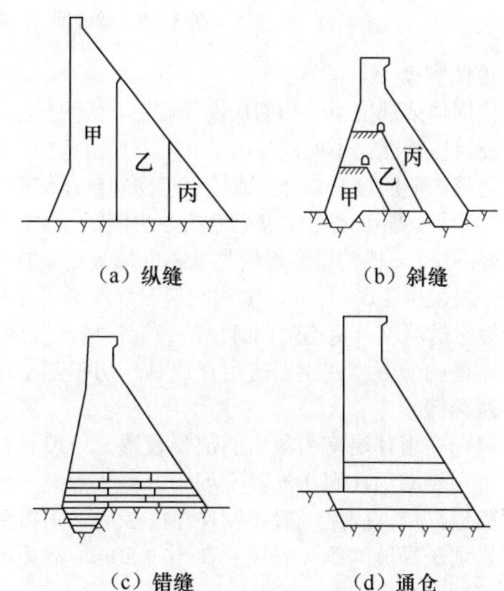

图 3-4-8　混凝土坝主要施工分缝形式示意图

在厂房或大坝孔洞部位，如厂房尾水管顶部大跨度混凝土施工时，为避免发生温度裂缝，往往还设置后浇封闭块措施。

一、柱状分块

纵缝分块是用平行坝轴线、带有键槽的铅直缝，把坝段分成若干柱状块体，这种分块形式又称为柱状分块法。在施工中，习惯于从上游到下游的方向将一个坝段的几个块体编号，俗称为 1 仓、2 仓、…，最多有达 5 仓的。这种分块形式高坝多采用。纵缝填塞一般采用水泥接缝灌浆。

柱状分块是目前重力坝工程普遍采用的分缝型式。

二、斜缝分块

斜缝分块是大致沿坝体两组主应力之一的轨迹面设置收缩缝，因此，缝是向上游或向下游倾斜的，故称斜缝。斜缝分块的主要优点是使收缩缝面上出现的剪应力减小，使坝体能保持整体性作用。因此，斜缝按理可以不灌浆。实际上有不灌浆的，如柘溪大头坝倾向上游的斜缝，只作了键槽，加插筋和凿毛处理；也有灌浆的，如恒仁大头坝则进行了灌浆处理。斜缝不能直通到坝体上游面，以免枯水渗入缝内。在斜缝终止处，应设置并缝措施。

斜缝分块型式主要用于二十世纪六七十年代的一些大头坝工程，随着坝型的不断发展，目前斜缝分块型式已经很少采用。

三、错缝分块

错缝的错距等于层厚的 1/3～1/2，以使垂直缝面与水平缝面搭接范围有一定的变形，因此水平缝搭接部分要求平整，缝面不灌浆。错缝分块，高差要求严格，浇筑次序需按一定规律安排，对施工进度影响较大。错峰部位必须采取措施防止竖直施工缝张开后向上向下继续延伸，一般多采用并缝钢筋。

目前，该种分缝型式在大坝中也很少采用，一般在厂房建筑物的下部结构中使用。葛洲坝二江水电站厂房分层、错缝分块示意图如图 3-4-9 所示。

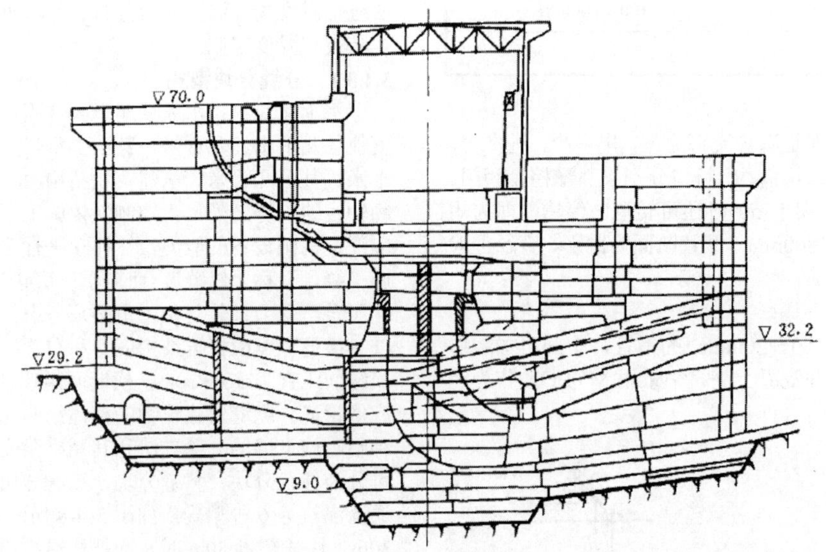

图 3-4-9　葛洲坝二江水电站厂房分层、错缝分块示意图（单位：m）

四、预留宽槽

为了使坝体某部位不受相邻块高差限制，或因尺寸过大，温控措施和浇筑机械能力不能满足时，可采用预留宽槽的办法，以达到建筑物施工缝的良好结合，满足建筑物的整体结构要求。对二期扩建的工程，亦可采用预留宽槽的办法使新、老混凝土建筑物达到良好的结合。槽的宽度以满足宽槽回填混凝土施工的需要为限度，一般采用 1.0～1.5m。宽槽回填时，两侧老混凝土必须降到设计规定的温度，宽槽两侧缝面应设置键槽或预埋插筋。

预留宽槽的分缝型式主要应用在电站厂房下部结构上。

五、诱导缝

诱导缝即在坝体沿应力集中的部位设置，一般垂直于坝轴线。诱导缝主要应用在碾压混凝土坝中，碾压混凝土重力坝诱导缝布置类似横缝，间距一般控制在 14～30m，不需灌浆；碾压混凝土拱坝诱导缝间距一般控制在 50～80m，需预埋灌浆系统，以备后期灌浆。

有的工程在坝体表面某个温度应力集中的部位设置短浅的诱导缝，以消除温度应力集中，避免裂缝。如新疆石门子水电站大坝，在碾压混凝土上游表面的局部位置设置不深于 3m 的浅缝，当温度应力达到一定范围值后，诱导原设想的裂缝有序裂开。

六、通仓浇筑法

即在坝段内不设任何一种形式的纵缝，故可省去接缝灌浆，节省大量模板，有利于提高机械化施工水平和加快施工速度。由于浇筑块长度比较大，因基础约束，混凝土块内部温度应力有所增大，要求温控严格，施工水平高，必须采取多种温控措施。

随着国内混凝土温控措施的加强、施工设备浇筑能力的有效提高，国内一大批碾压混凝土重力坝、高拱坝，以及部分常态混凝土坝等，均采用了通仓浇筑法。如：小湾拱坝常态混凝土大坝通仓浇筑长度达到了 80m 左右，龙滩碾压混凝土大坝通仓浇筑长度达到了 160m 左右。

七、封闭块

水电站大型厂房中的框架结构由于顶板跨度大或墩体刚度大，施工期出现显著温度变化时，结构将产生较大的温度应力。当采用一般大体积混凝土温度控制措施仍不能妥善解决时，还需增加"封闭块"的措施，即在框架顶板上预留"封闭块"，待水化热散发和混凝土体积变形基本结束后，选择适当的时间予以回填，如三门峡、丹江口、潘家口、葛洲坝、刘家峡和石泉等水电站厂房均采用这种方法。该方法对工程进度的影响较大，随着国内温控手段和浇筑能力的加强，封闭块措施目前已经很少在水电工程中使用。

3.4.3.2　温度控制标准

一、基础容许温差标准

常态混凝土 28d 龄期的极限拉伸值不低于 0.85×10^{-4}，基岩变形模量与混凝土弹性模量基本相近，短间歇均匀上升时，其基础容许温差（指基础约束范围以内混凝土最高温度与稳定温度之差）见表 3-4-28。

表 3-4-28　常态混凝土基础容许温差　单位：℃

离基础面高度/m	浇筑块长边 L/m				
	<16	17～20	21～30	31～40	通仓长块
（0～0.2）L	26～25	24～22	22～19	19～16	16～14
（0.2～0.4）L	28～27	26～25	25～22	22～19	19～17

碾压混凝土28d龄期极限拉伸值不低于0.85×10^{-4}，其基础容许温差见表3-4-29。

表3-4-29　碾压混凝土坝基础允许温差控制标准

单位：℃

距基岩面高度 H	浇筑块长边长度 L/m		
	30	30～70	70
（0～0.2）L	15.5～18	12～14.5	10～12
（0.2～0.4）L	17～19	14.5～16.5	12～14.5

二、内外温差标准

浇筑块平均温度与表面温度之差称为内外温差。在设计中为了便于掌握，将内外温差转化为坝体允许最高温度，并且不论在基础约束区或非基础约束区、老混凝土约束区，均不得超过坝体允许最高温度。

三、上下层温差标准

上下层温差指在老混凝土（龄期28d以上）面上下各0.25L范围内，上层新浇筑混凝土最高平均温度与下层混凝土实际平均温度之差。上下层混凝土容许温差为15～20℃。

各坝块应均匀上升，避免过大的高差，相邻坝块混凝土浇筑时间间隔宜小于28d，相邻块高差不宜超过12m。

四、表面温度控制标准

仅依靠上述温差标准来防止裂缝有时仍难以奏效，因此，必须采取表面保护措施，降低表面裂缝的发生。表面裂缝一般是由气温骤降引起的，因此，需做好气温骤降和低温季节的表面保护。

（1）当日平均气温在2～3d内连续下降6～9℃时，对未满28d龄期的混凝土应进行表面保护。

（2）一般情况下，温和地区混凝土表面放热系数不大于21kJ/（$m^2\cdot h\cdot$℃）、北方寒冷区不大于8kJ/（$m^2\cdot h\cdot$℃）时可不进行表面保护，否则应有表面保护。

3.4.3.3　温度计算

温度计算是确定混凝土容许温差的基础。温度计算前，必须先收集温控计算所需的基本资料，包括：坝址处气温、水温、地温资料，混凝土绝热温升、导热系数、导温系数、比热等热学参数。

一、水库水温分析计算

（一）水库水温分布类型判别

采用式（3-4-5）大致判别水库水温分布类型。

$$\alpha=W/V_{总} \tag{3-4-5}$$

式中　α——判别系数；

W——多年平均年径流量，m^3；

$V_{总}$——总库容，m^3。

当$\alpha<10$时为分层型；当$\alpha>20$时为混合型；当$10\leqslant\alpha\leqslant20$时为过渡型。

（二）水库表面和底部年平均水温

1. 水库表面年平均水温

在一般地区（年平均气温10～20℃）和炎热地区（年平均气温大于20℃），冬季水库表面不结冰，表面年平均水温可在年平均气温基础上加上一个温度增量作为水库表面年平均水温。这个温度增量主要受日照影响，一般地区可取为2～4℃；炎热地区取0～2℃。

在冬季表面结冰的地区，虽然气温降至零度以下，但冰下水温仍维持在零度左右，表面年均水温可在修正年平均气温基础上加2℃的温度增量计算。修正年平均气温按照零度以下的气温作为零度计算年均值。

2. 库底年平均水温

对分层型水库，库底年平均水温可参照下图（如图3-4-10所示）统计分析资料获得。

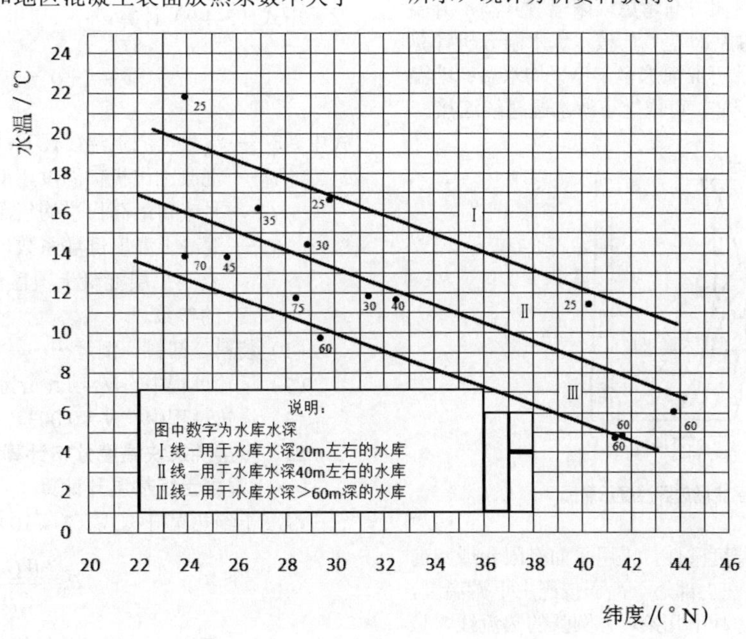

图3-4-10　库底年平均水温沿纬度分布图

（三）垂向水温分布计算

估算垂向水温分布可按经验公式（3-4-6）计算：

$$T_y=(T_0-T_b)e^{-(y/x)^n}+T_b$$

$$n=\frac{15}{m^2}+\frac{m^2}{35}$$

$$x=\frac{40}{m}+\frac{m^2}{2.37\times(1+0.1m)}$$

$$T_b=T_b'-K'N \tag{3-4-6}$$

式中　T_y——从库水面计水深为y处的月平均水温，℃；

T_0——库表面月平均水温，℃，可根据设计水库库区的气温并利用气候条件相似同类水库的气温～库表水温关系求得，也可用已建水库库表水温与纬度的关系插补；

m——月份，1、2、3、…、12 月；

n、x——与 m 有关的参数；

T_b——库底月平均水温，℃，对于分层型水库，各月库底水温与其年值差别甚小，可用年值代替；对于过渡型和混合型水库，各月库底水温可用式（3-4-6）计算，该式适用于 23°～44°N 地区；

N——大坝所在纬度；

T_b'、K'——参数，其值见表 3-4-30。

表 3-4-30　库底水温计算公式中的 T_b'、K' 值表

月份	1—3	4—5			6—8			9		
水深/m		20	40	60	20	40	60	20	40	60
T_b'	24.0	30.4	25.6	23.6	35.4	29.9	22.9	37.3	30.0	23.6
K'	0.49	0.48	0.48	0.47	0.42	0.43	0.44	0.44	0.43	0.44
月份	10			11			12			
水深/m	20	40	60	20	40	60				
T_b'	33.1	28.0	23.6	37.4	30.9	24.1	31.5			
K'	0.45	0.43	0.44	0.61	0.52	0.44	0.64			

二、稳定温度场和准稳定温度场计算

稳定温度场边界温度，包括坝体边界的气温、水温、地温，示意图如图 3-4-11 所示。下游面气温 T_1，可根据气象资料取当地多年年平均气温，并根据日照方向考虑太阳辐射升温，升温增幅粗估时可取 3℃；上游水库水温 T_2，按水库水温分析计算确定；下游水位以下水温 T_3，可取河水多年年平均水温；地温 T_4，宜考虑地热，当坝底宽较窄，可取上下游水温直线连接。

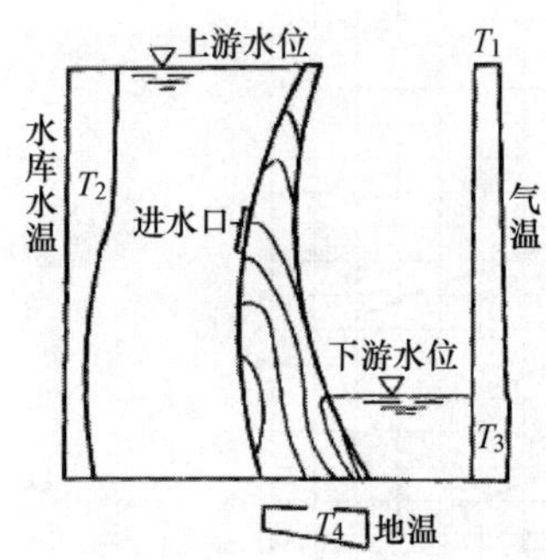

图 3-4-11　稳定温度场边界温度示意图

稳定温度场可根据边界温度条件，采用平面有限元或双向差分法计算。近似计算时，可在上部逐一高程按照上下游温度，中间线性插值；基础部位可先画出几条近似圆弧的热流线，按热流线性插值，求得各点温度。

准稳定温度场计算基本同稳定温度场，仅边界温度按年变化取值。

三、混凝土浇筑温度计算

1. 出机口温度

混凝土出机口温度取决于原材料的重量、比热及温度，可按式（3-4-7）计算：

$$t_0=[(C_s+C_wq_s)W_sT_s+(C_g+C_wq_g)W_gT_g+C_cW_cT_c+C_w(W_w-q_sW_s-q_gW_g)T_w+T_j]/(C_sW_s+C_gW_g+C_cW_c+C_wW_w) \quad (3\text{-}4\text{-}7)$$

式中　C_s、C_g、C_c、C_w——混凝土中砂、石、水泥、水的比热，kJ/(kg·℃)；

q_s、q_g——混凝土中砂、石的含水率，%；

T_s、T_g、T_c、T_w——混凝土中砂、石、水泥、水的温度，℃；

W_s、W_g、W_c、W_w——每立方米混凝土中砂、石、水泥、水的重量，kg；

T_j——混凝土拌和时产生的机械热（可取 1500kJ/m³），kJ/m³。

如果在搅拌时加入冰屑（片冰）代替部分搅拌水，除了这一部分水量的温度按 0℃计算外，还应考虑冰屑融解时所吸收的潜热（理论值为 336kJ/kg），此时混凝土出机口温度应按式（3-4-8）计算：

$$t_0=[(C_s+C_wq_s)W_sT_s+(C_g+C_wq_g)W_gT_g+C_cW_cT_c+C_w(W_w-q_sW_s-q_gW_g)T_w-80\eta W_{冰}+T_j]/(C_sW_s+C_gW_g+C_cW_c+C_wW_w) \quad (3\text{-}4\text{-}8)$$

式中　$W_{冰}$——混凝土拌和的加冰量，kg；

η——冰融解时潜热的利用系数（取 0.7～0.8）。

初步计算时亦可按每加 10kg 的冰，降低 0.9～1.1℃进行估算。

2. 混凝土浇筑温度

混凝土浇筑温度系指经过平仓振捣后，上坯混凝土覆盖之前在深度 5～10cm 处的温度，不计太阳辐射影响的浇筑温度一般采用式（3-4-9）计算：

$$t_p=t_0+(t_a-t_0)\sum_{i=1}^{n}N_i \quad (3\text{-}4\text{-}9)$$

式中　t_p——混凝土浇筑温度，℃；

t_0——混凝土出机口温度，℃；

t_a——月或旬最高日平均气温，℃；

N_i——混凝土温度倒灌系数，装卸运输、平仓振捣或碾压直到上层混凝土覆盖前的整个过程中受气温影响的参数。

（1）装料、卸料、倒运……，每次 $N_i\approx0.032$。

（2）运输过程中，$N_i=A\tau$，τ为运输时间（min）。

（3）浇筑过程中，$N_i=0.003\tau$，τ为浇筑时间（min）。

四、多层浇筑块温度分布计算

（一）混凝土绝热温升计算

混凝土绝热温升按式（3-4-10）计算：

$$\theta_0=\frac{WQ_0}{C\rho} \quad (3\text{-}4\text{-}10)$$

式中　θ_0——混凝土绝热温升最终值，℃；

Q_0——水化热最终值，kJ/kg；

W——胶凝材料用量，kg/m³；

C——混凝土比热，kJ/（kg·℃）；

ρ——混凝土容重，kg/m³。

混凝土的绝热温升过程，可根据水泥水化热温升试验，选用式（3-4-11）、式（3-4-12）拟合。也可直接采用实测曲线。

$$\theta_\tau=\theta_0(1-e^{-m\tau}) \tag{3-4-11}$$

$$\theta_\tau=\frac{\theta_0\tau}{m+\tau} \tag{3-4-12}$$

式中　m——系数；

θ_τ——龄期τ时混凝土绝热温升，℃；

θ_0——最终绝热温升值，℃。

（二）基础混凝土温度场计算

基础混凝土温度场可根据实际可能采取的浇筑分层厚度和浇筑间歇时间，逐层向上分时段计算，直到基础约束区范围为止。对大体积混凝土，浇筑层厚度远远小于其平面尺寸，因此，施工过程中中间部位混凝土热量的传导主要是在铅直方向，等温线基本是水平的，可简化为一维问题进行计算。

不稳定温度场的热传导符合线性叠加原理。为便于分析，可将混凝土最高温度（T）分解为浇筑温度（T_p）与水化热温升（T_r）之和；混凝土最高温度与坝体混凝土温度场（T_f）的差值可分解为水化热温升（T_r）温度场和初始温差（T_p-T_f）温度场之和。

$$T=T_p+T_r \tag{3-4-13}$$

$$T_{ck}=T_r+(T_p-T_f) \tag{3-4-14}$$

式中　T_{ck}——浇筑块施工期的温差，℃；

T_r——水化热温升，℃；

T_p——混凝土浇筑温度，℃；

T_f——坝体的稳定温度，℃。

1. 水化热温度场计算差分法

大体积混凝土水化热温度场计算一般采用有限元计算。在大型工程的前期设计阶段或中小型工程中，可采用单向差分法计算。单向差分法的基本公式为：

$$T_{n,\tau+\Delta\tau}=T_{n,\tau}\left(1-2\frac{a\Delta\tau}{\delta^2}\right)+\frac{a\Delta\tau}{\delta^2}(\tau_{n-1,\tau}+T_{n+1,\tau})+\Delta\theta_\tau \tag{3-4-15}$$

式中　$T_{n,\tau+\Delta\tau}$——计算点计算时段的温度，℃；

$T_{n,\tau}$——计算点前一时段的温度，℃；

$T_{n-1,\tau}$、$T_{n+1,\tau}$——与计算点相邻的上下两点在前一时段的温度，℃；

n——差分网格的内结点；

a——导温系数，m^2/d；

$\Delta\tau$——计算中所取的时间分段，d；

δ——结点距离，m；

$\Delta\theta_\tau$——在τ至$\tau+\Delta\tau$时段的混凝土绝热温升增量，可由混凝土绝热温升的实测曲线来计算各时段的$\Delta\theta$。

采用单向差分法计算时，应注意：

在计算开始时段可取$\Delta\tau\leqslant0.5$d，以后可取1～2d；为保证差分收敛和计算简单，参数$\frac{a\Delta\tau}{\delta^2}$应凑成0.5或0.25；混凝土初始温度、各浇筑层和基础初始温度均嘉假定为零；混凝土和基岩界面的温升取$1/2\,\Delta\theta$，岩石或老混凝土取$\Delta\theta=0$。

2. 有冷却水管的温度场计算

冷却水管的温度场计算可采用虚拟水温法。数值计算见《混凝土拱坝设计规范》（DL/T 5346—2006）。初步估算时，一期通水冷却对混凝土温度的降温效果可在3～6℃范围内选择，常态混凝土取大值，碾压混凝土取小值。

（三）表面保温计算

表层混凝土温度场的计算主要是控制低温季节的内外温差。气温骤降及寒潮期间需对混凝土表面进行保温。

采用保温材料后，混凝土表面放热系数可按式（3-4-16）计算：

$$\beta=\frac{1}{1/\beta_0+\Sigma h_i/\lambda_i k_1 k_2} \tag{3-4-16}$$

式中　λ_i——保温材料导热系数，kJ/（m·h·C），各种保温材料的导热系数见表3-4-31；

β_0——保温层外表面与空气间放热系数，kJ/（m^2·h·C）；

h_i——保温层厚度，m；

k_1——风速修正系数，见表3-4-32；

k_2——潮湿程度修正系数，潮湿材料取3～5，干燥材料取1。

表3-4-31　各种材料的导热系数λ_i　单位：kJ/（m·h·℃）

材料名称	λ	材料名称	λ
泡沫塑料	0.1256	膨胀珍珠岩	0.1675
玻璃棉毡	0.1674	沥青	0.938
木板	0.837	干棉絮	0.1549
木屑	0.628	油毛毡	0.167
稻草或麦秆席	0.502	干砂	1.172
炉渣	1.674	湿砂	4.06
甘蔗板	0.167	矿物棉	0.209
石棉毡	0.419	麻毡	0.188
泡沫混凝土	0.377	普通纸板	0.628

表3-4-32　风速修正系数

保温层透风性		k_1	
		风速＜4m/s	风速＞4m/s
易透风保温层（稻草、锯末等）	不加隔层	2.6	3
	外面加不透风层	1.6	1.9
	内面加不透风层	2	2.3
	内外加不透风层	1.3	1.5
	不透风保温层	1.3	1.5

3.4.3.4　温度应力及控制标准

一、温度应力计算

温差引起了温度应力。基础混凝土温度应力和表层混凝土温度应力计算可采用有限元法、影响线法和约束系数法。其中，基础混凝土温度应力是控制的关键。

在基础混凝土中的温差应力中，水化热温升温度场属于不均匀温度场，不均匀温度场温度应力可采用影响线法进行简化计算；初始温差（T_p-T_f）属于均匀温度场，可采用约束系数法计算。影响线计算法参照《混凝土拱坝设计规范》或《混凝土重力坝设计规范》有关内容执行。

基础浇筑块的温度应力主要为基础温差引起的浇筑块中央断面上的水平向正应力σ_x，可按下式计算：

$$\sigma_x=\sigma_1+\sigma_2 \tag{3-4-17}$$

式中　σ_1——初始均匀温差（T_p-T_f）引起的温度应力；

σ_2——非均布的水化热温升引起的温度应力。

当浇筑块均匀上升，在离基础面一定高度后，在建筑块内出现近乎均匀的水化热温升T_r，但在浇筑块下部，由于基岩没有水化热，会出现较大的温度梯度，而且基础内温差在水平方向是基本不变化的，则可按下式进行基础浇筑块最大温度应力的近似估算。见式（3-4-18）。

$$\sigma_x=\sigma_1+\sigma_2=-K_pRE_c\alpha(T_p-T_f)/(1-\mu)-K_rK_pAE_c\alpha T_r/(1-\mu) \quad (3\text{-}4\text{-}18)$$

式中 σ_x——水平向正应力；

K_p——考虑徐变影响的混凝土应力松弛系数，无实际资料时，可近似取0.5；

R——基础约束系数，$R=1/[1+0.639(E_c/E_r)^{0.90}]$；

E_c——混凝土弹性模量，MPa；

μ——混凝土的泊松比，可取0.167；

α——混凝土线性膨胀系数，无资料时，可根据骨料种类，在（0.6～1.0）$\times10^{-5}$/℃之间选择，石灰岩类取小值，砂岩类取大值；

K_r——考虑早期升温的折减系数，其值约为0.85，在初步计算中通常取1.0，以利安全；

A——水化热温度应力系数，如图3-4-12所示；

T_r——水化热温升，℃；

T_p——混凝土浇筑温度，℃；

T_f——坝体的稳定温度，℃。

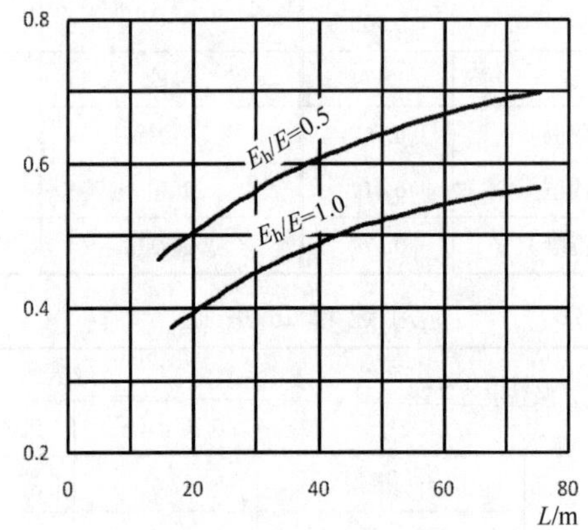

图3-4-12 水化热温升引起的应力与浇筑块长度的关系

二、温度应力控制标准

施工期混凝土温度应力按照下式控制：

$$\gamma_0\sigma\leqslant\varepsilon_pE_c/\gamma_{d3}$$

式中 σ——各种温差所产生的温度应力之和，MPa；

ε_p——混凝土极限位伸值的标准值；

E_c——混凝土弹性模量标准值；

γ_{d3}——温度应力控制正常使用极限状态短期组合结构系数，取1.5；

γ_0——建筑物重要性系数，根据建筑物级别，可分别取1.1、1.0、0.9。

3.4.3.5 混凝土温度控制防裂措施

混凝土温度控制是为了防止混凝土坝发生危害性温度裂缝，以保证建筑物的整体性和耐久性。为了满足温控标准，必须采取有效的温控及防裂措施。主要有优化混凝土配合比以降低混凝土水化热温升和提高抗裂能力、降低混凝土浇筑温度、合理的分缝分块、采用人工冷却散热和进行表面保护等。

一、降低混凝土水化热温升、提高其自身抗裂能力

采用发热量较低的水泥和减少水泥用量，是降低混凝土水化热温升的最有效措施。因此，宜优先选用中热大坝水泥。计算表明，每立方米混凝土中减少10kg的水泥，则可降低混凝土绝热温升1.2℃左右。

减少水泥用量的措施有：

（1）改善骨料级配。做好混凝土级配试验，选取最优级配，减少砂率。尽可能采用四级配混凝土，骨料粒径每增加一级，可少用20kg/m^{3}左右水泥。

（2）采用低流态混凝土。控制现场坍落度2～4cm。每降低1cm坍落度，可减少4～6kg/m^{3}水泥。

（3）掺用混合材料。在水泥中掺入粉煤灰等混合材料以代替水泥，可以降低混凝土的水化热温升，并减缓水化热发散速度，其降低的数值与混合材的品种、活性和掺量有关。

（4）掺用外加剂。掺用外加剂可以减少水泥用量，并且对混凝土早期水化热有延缓作用。

提高自身抗裂能力的措施有：选择线膨胀系数小、弹模低的骨料；减小用水量提高极限拉伸值；优选水泥品种、适当掺加氧化镁等尽量使混凝土自生体积变形呈不收缩或微膨胀，提高综合抗裂能力。

二、薄层浇筑，均匀上升

薄层浇筑，均匀上升是温控防裂的有效措施。薄层浇筑可利用顶面散热削减水化热温升。当入仓温度大于20℃，夏季一般采用薄层（厚1m左右），但对低温混凝土层厚宜采用1.5～2.0m，脱离基础约束范围的坝体，春、秋、冬季可适当加厚至2～3m，对墩、墙结构可达3～4m。

规定浇筑块均匀上升，基础部位间歇期不超过7d，最长不得超过15d。均匀上升可避免发生过大的约束应力，是防止发生危害性裂缝的重要措施之一。

三、降低混凝土浇筑温度

1. 降低混凝土出机口温度

（1）加冰和用冷水拌和混凝土。混凝土拌和水温降低1℃，可使混凝土出机口温度降低0.2℃左右。一般加冰10kg，可降低出机口温度1℃左右。根据施工实践，大多数工程加冰率在70%以下。加冰后，混凝土拌和时间要适当延长。

（2）降低骨料温度。提高骨料堆料高度，当堆料高度大于6～8m时，骨料温度接近月平均气温。在骨料堆顶部用喷雾机喷雾，水温2～5℃，可使骨料温度降低2～3℃。

防止骨料运输过程中温度回升。运输设备均应有防晒隔热措施，如胶带机设遮阳棚等。

预冷骨料，许多大型工程在炎热的夏季已能将混凝土出机口温度降至7℃左右，其中预冷骨料是主要降温措施之一。

2. 防止仓面温度回升

适当降低浇筑温度是为了降低混凝土浇筑块最高温度，从而减小基础温差和内外温差，并延长初凝时间，对改善混凝土浇筑性能和现场施工质量是有利的。减少温度回升的措施主要有加快施工速度，仓面遮阳隔热和避开高温时段施工。最主要是加快混凝土的浇筑速度。

（1）加强管理，快速施工。各施工环节要成龙配套，常态混凝土分坯浇筑覆盖时间以不超过1.5h为宜，最长不超过2.5h，浇筑方案设计时要考虑尽量减少运距，避免多次倒运。碾压混凝土自拌和至碾压完毕的时间不宜超过2h。

（2）遮阳隔热设施。运输混凝土的吊罐、汽车厢壁要隔热，顶部设遮阳棚，可使混凝土在运输途中的温度回升不超过1℃；胶带机运输混凝土，应设置较好的保温隔热廊道，使混凝土在运输过程温度不致回升，混凝土浇筑仓面设防阳棚和喷雾，可降低仓面气温6～10℃。

（3）避开白天高温时段浇筑。尽量安排在下午18时至次日10时前浇筑。

四、混凝土人工冷却

为了控制混凝土浇筑块的最高温度，除采用上述措施外，通常还要进行通水冷却，即在混凝土浇筑层埋设冷却水管，通低温冷却水或天然河水，一般可削减水化热最高温升3～6℃。通水冷却分一期冷却、中期冷却、后期冷却三种，可分别起到降低混凝土最高温度、防止混凝土温度回升过高、快速降温至稳定温度等作用。通水冷却一般采用塑料管，也可采用铁管，间排距一般在1.0～1.5m左右，通水时间一般在20d左右。

初期冷却也可采用表面流水降温的措施，特别适合于薄层浇筑的混凝土，多个工程实践表明，该措施的降温效果良好，但流水降温对仓面作业影响较大。

五、混凝土表面保护

混凝土表面保护可减少混凝土表层温度梯度及内外温差，保持混凝土表面温度，防止发生表面裂缝。表面保护按照时间分为三种：

（1）短期保护：保护时间自混凝土浇筑完毕至28d，防止混凝土早期由于寒潮、气温骤降或拆模等引起温度骤降而发生表面裂缝；

（2）冬季保护：保护时间为整个低温季节，目的是防裂防冻。一般在夏季高温季节浇筑的混凝土需过冬的部位、当年冬季浇筑的部位，均需进行冬季保护；

（3）永久保护：在寒冷地区或年气温变幅大的地区，全断面进行永久保护。主要措施有坝前回填土石体提高基础稳定温度、坝体上下游暴露面全年度覆盖永久保温板等。永久保护可有效提高稳定温度，减少年气温变幅引起的混凝土裂缝。如拉西瓦水电站高拱坝，全年保温，达到了较好的防裂效果。

六、合理分层分块

合理的分层分块对防止混凝土温度裂缝具有重要作用。一项混凝土工程各部位分块尺寸的大小应结合混凝土生产能力、温控能力、当地气候条件等区别对待，采用通仓浇筑应经过充分论证。

3.4.4　接缝灌浆

混凝土坝的断面尺寸，一般都比较大，实际施工时常需分缝分块浇筑。纵缝是一种临时性的浇筑接缝，对坝体的应力分布及稳定性是不利的，必须进行水泥灌浆封填。另外，混凝土拱坝或重力式拱坝，因为有整体要求，横缝也需进行水泥灌浆。

3.4.4.1　灌浆条件

一、灌浆温度

灌浆温度是指在接缝灌浆时，要求坝体达到的温度。实体重力坝及宽缝重力坝常以稳定温度作为灌浆温度。由于轻型支墩坝、薄拱坝以及闸坝建筑物，主体较单薄，受气温变化影响，无稳定温度场存在，因此，以准稳定温度作为灌浆温度。也有的工程取多年平均气温作为灌浆温度。

通常用冷却水管通水冷却将坝体温度降至稳定温度，称为后期冷却或二期冷却。后期通水冷却，作用是将坝体强迫冷却至稳定温度。通水冷却时间，主要根据接缝灌浆要求的时间与施工进度安排而定。冷却水一般利用低温季节河水，必要时使用机制冷水。

二、灌区冷却层高度

混凝土坝的接缝灌浆，不是等所有的坝块浇筑结束后再进行，往往由于施工导流和提前发电等要求，坝块混凝土一边浇筑上升，一边需要对下部的接缝进行灌浆，以利于坝体提前挡水。因此，进行下部接缝灌浆时，上部必须有一定的混凝土的厚度，并控制其龄期和温度。

《水工建筑物水泥灌浆施工技术规范》规定：除顶层外，灌区上部宜有9m以上的混凝土盖重，其龄期不少于6个月，且其温度应达到灌浆温度。

三、灌浆时间

接缝灌浆时间原则上应在坝块达到灌浆温度，混凝土收缩基本稳定，气温较低，以及水库蓄水以前进行。

对于需要进行人工冷却或自然冷却的坝块，一般均安排在每年的冬、春季灌浆。一方面，低温季节缝面开度较大，另一方面，冬、春季河水温度及气温均较低，有利于利用河水进行人工冷却及自然冷却。也有因施工进度需要安排在冬、春季以后时间灌浆的，但由于气温、水温较高，往往需要通制冷水冷却，其成本较高，只有在特殊情况下，才采取这种措施。

为了使接缝在灌浆时混凝土的变形基本稳定，并有足够的张开度，除了要求混凝土达到灌浆温度外，一般还规定混凝土应有一定的自缩龄期。混凝土的自缩龄期一般为6个月。

四、接缝张开度

接缝张开度是衡量接缝可灌性的重要指标，一般要求张开度不小于0.5mm，这是为了使水泥颗粒通过缝隙而不被堵塞。根据大量灌浆实践资料，只有当缝隙宽度大于水泥颗粒3～5倍时，才能顺利灌浆。

3.4.4.2　灌浆工艺及要求

一、灌浆程序

（1）同一接缝的灌区，应自基础灌区开始，逐层顺序向上灌注。上层灌区的灌浆应待下层灌区和下层相邻灌区灌好后才能进行。

（2）为了避免各坝块沿一个方向灌浆形成累计变形，影响后灌接缝的张开度，横缝灌浆应自河床中部向两岸推进，或自两岸向河床中部推进。纵缝灌浆宜从下游向上游推进，主要是考虑到接缝灌浆的附加应力与坝体蓄水后的应力叠加不致造成下游坝址出现较大的压应力，同时还可抵消部分上游坝踵在蓄水后的拉应力。但有时为了预先改善上游坝踵应力状态，也可先灌上游纵缝，然后再自下游向上游顺次灌注。

（3）当条件可能时，同一坝段、同一高程的纵缝或相邻坝段同一高程的横缝，最好能同时进行灌注，或逐区连续灌注，否则应通水平压。此外，对已查明张开度较小的接缝，最好先行灌注。

（4）同一坝段或同一坝块中，如同时有接触灌浆、纵缝及横缝灌浆，应先进行接触灌浆，其好处是可以提高坝块的稳定性。对于陡坡接触灌浆，则宜安排在相邻纵缝或横缝灌浆后进行，以利于提高接触灌浆时坝块的稳定性。

（5）纵缝或横缝灌浆先后顺序，一般是先灌横缝，后灌纵缝。但有的工程由于考虑到坝块的侧向稳定，先灌纵缝，后灌横缝。

（6）靠近基岩的接缝灌区，如基础中有中、高压帷幕灌浆，接缝灌浆最好在帷幕灌浆前进行。此外，如接缝两侧的坝块存在架空、冷缝或裂缝等缺陷时，应先处理缺陷，再进行接缝灌浆（特殊情况下，亦可同时灌浆）。

二、灌浆间歇时间

（1）同一接缝上下层灌区的间隔时间，不应少于14d，并要求下层灌浆后的水泥结石具有70%的强度，才能进行上层灌区的灌浆。

（2）同一高程、同一坝段的相邻纵缝，或同一高程相邻横缝的间歇时间，不应少于3d。

（3）同一高程相邻纵横缝的间歇时间，如横缝先灌（为垂直键槽面），需待7～10d后方可灌纵缝。如纵缝先灌（为水平键槽），需待10～14d后方可灌横缝。

三、灌浆材料

接缝灌浆水泥一般选择强度等级42.5或52.5的硅酸盐水泥或中热硅酸盐水泥。为了适应细缝灌浆需要，有些工程还将水泥再加工磨细。接缝灌浆的水泥细度应满足接缝张开度的可灌性要求，并适应灌浆工艺的浆体物理性质，获得较好的硬化结石强度。

四、浆液拌制

浆液配合比应按照有关技术规范或试验资料确定。水泥浆液拌制采用搅拌机，主要有0.5m³圆筒立式与2m³卧式两种，其电动机功率为5.5kW和14kW。0.5m³圆筒立式搅拌机应与灌浆泵配套使用。2m³卧式搅拌机多用于集中拌制原浆。

连续搅拌时间不得超过4h，否则，应作为废浆处理。搅拌水泥浆的浆温，应分别控制在：冬季不小于5℃，夏季不大于40℃，并应采取相应的防寒和降温措施。

五、灌浆方法及方式

接缝灌浆时，为了使浆液充分充填缝面，一般均从灌区下部进浆，随着浆液上升，缝内的水、气通过排气管的间歇放浆及回浆管回浆排出，此后，由于浆液不断循环和浆液稠度逐渐加大，最后在规定压力下，以终级浆液充填缝面，完成一个灌区的灌浆工作。

接缝灌浆管路多为卧式双回路系统。正常情况下，当接缝张开度大于0.5mm，对侧进、回浆管与排气管互通，单开出水量大于30L/min并无明显外漏时，开始进行。一般施工全过程按照由稀到浓的顺序分为初始阶段、中间阶段、结束阶段共三个阶段。

六、灌浆设备

灌浆设备要求排浆量大、压力稳定、运行可靠、易于维修搬运，一般常用的几种灌浆机见表3-4-33。

表3-4-33　　常用灌浆机型号

型　　号	最大工作能力		最大稠度（水灰比）	电动机功率/kW	净重/kg	外形尺寸（长×宽×高）/（mm×mm×mm）
	压力/MPa	排水量/（L/min）				
110/60双缸卧式	6	110	（0.6～0.5）：1	14	1200	1775×960×1620
110/60双缸立式	6	114	0.5：1	5	350	820×600×900
BW250/50	2.5；5.0	150；250	0.5：1	15	450	1100×810×680
TBW-200/40双缸卧式泥浆泵	4.0	200	0.6：1	18	680	1670×890×1550
HFV-2灌浆泵（日本产）	5	100	0.4：1	11	380	2000×550×920
UBY-10/35砂浆泵	3.5	166	0.6：1	11	450	1970×860×1236

3.4.4.3　接缝灌浆质量检查

包括灌浆施工中质量控制、灌浆后质量检查等。

灌浆施工过程中质量控制主要指标包括：①灌浆压力；②观测控制，重点是变形观测。

接缝灌浆质量，除施工中严格控制外，还必须在灌浆结束之后，进行质量检查与评定。接缝灌浆质量要求，归纳起来主要满足三个方面，即：①浆体充填密实；②胶结良好；③具有一定强度。接缝灌浆质量检查主要采用机钻孔检查及凿槽检查。

3.5　地基处理

3.5.1　地基处理工程的分类及施工一般要求

3.5.1.1　地基处理工程分类

由于水工建筑物对地基的要求和地基的地质条件不同，地基处理工程的种类很多。按目的主要分为两类，一类是满足地基基岩的整体稳定、承载力和避免产生局部应力集中和过大的位移及严重的不均匀沉降的基础加固处理；另一类是满足渗透稳定，渗透量和扬压力等控制在允许范围内的基础渗流控制的处理。按照处理的作业方法可分为：

（1）灌浆：有基岩内的防渗帷幕、固结、接触和回填等水泥灌浆以及化学灌浆；砂砾石地基灌浆、高压喷射灌浆等。

（2）防渗墙：有钢筋混凝土防渗墙、素混凝土防渗墙、黏土混凝土防渗墙、固化灰浆防渗墙和泥浆槽防渗墙。

（3）桩基：主要有钻孔灌注桩、振冲桩和旋喷桩等。

（4）预应力锚固：主要有建筑物地基锚固、挡土边墙锚固以及高边坡山体锚固等。

（5）开挖回填：主要有坝基截水槽、防渗竖井、沉井、软弱地带传力洞、混凝土塞和抗滑桩等。

3.5.1.2　地基处理施工一般要求

（1）地基处理属隐蔽工程，应根据水工建筑物对地基的要求，分析水文、地质条件，进行技术经济比较，选择技术可行、效果可靠、工期较短、经济合理的施工方案。

（2）覆盖层处理方案应分析覆盖层深度及分层情况、颗粒组成、渗透性能、允许比降、承载能力等特性后，根据建筑物和施工条件选择确定。

（3）基岩灌浆处理方案应在分析研究基岩地质条件、建筑物类型和级别、承受水头、地基应力和变位等因素后选择确定。

（4）1、2级水工建筑物基岩帷幕灌浆以及地质条件复杂地区或有特殊要求的1、2级水工建筑物基岩固结灌浆和隧洞围岩固结灌浆等重要工程应通过现场灌浆试验验证，确定地基处理各种参数、施工程序和工艺。

（5）水工建筑物同一地段的灌浆应按先固结灌浆、后帷幕灌浆的顺序进行。

本节对主要地基处理方法的施工组织设计进行论述。

3.5.2　水泥灌浆

3.5.2.1　灌浆材料

水泥灌浆的主要材料是水泥和水，灌浆浆液一般为纯水泥浆液，根据工程需要也可加入黏土、粉煤灰、膨润土、砂、水玻璃等掺和料以及速凝剂、稳定剂、灌浆剂等外加剂。

灌浆工程所采用的水泥品种，应根据灌浆目的和环境水的侵蚀作用等由设计确定。一般情况下，可采用硅酸盐水泥或普通硅酸盐水泥。当有抗侵蚀或其他要求时，应使用特种水泥，如抗硫酸盐硅酸盐水泥等。

使用矿渣硅酸盐水泥或火山灰质硅酸盐水泥灌浆时应得到设计许可，浆液水灰比不宜稀于1。

回填灌浆、固结灌浆和帷幕灌浆所用水泥的强度等级可为32.5或以上，坝体接缝灌浆所用水泥的强度等级可为42.5或以上。

帷幕灌浆和坝体接缝灌浆所用水泥的细度宜为通过 80μm 方孔筛的筛余量不大于 5%。对大坝接缝灌浆、接触灌浆、或特殊地质条件下的帷幕、固结灌浆等，也可采用细水泥浆液，细水泥浆液适用于微细裂隙岩石和张开度小于 0.5mm 的坝体接缝灌浆。几种细水泥的主要技术性能见表 3-5-1。

表 3-5-1　　几种细水泥的主要技术性能

水泥名称	生产方式	细　度	应用实例
干磨细水泥	水泥厂加工	一般情况下最大粒径 D_{max} 在 35μm 以下，平均粒径 D_{50} 为 6～10μm	河北大黑汀水库坝基灌浆
超细水泥	特殊工艺加工	一般情况下最大粒径 D_{max} 在 12μm 以下，平均粒径 D_{50} 为 3～6μm	三峡永久船闸基础固结灌浆水泥细度比表面积大于 800m²/kg，D_{50} 为 3～5μm
湿磨水泥	胶体磨现场加工	一般为 D_{97}＜40μm，D_{50}＝10～12μm	长江三峡二期工程帷幕灌浆
	珠磨机现场加工	接近干磨细水泥和超细水泥	小浪底工程隧洞断层补强灌浆

3.5.2.2　坝基岩体固结、帷幕灌浆

一、钻孔

帷幕灌浆孔宜采用回转式钻机配金刚石或硬质合金钻头钻进，也可采用冲击式钻机（凿岩机）或冲击回转式钻机钻进。当采用后种钻进方法时，应加强钻孔和裂隙的冲洗。固结灌浆孔可采用各种适宜的方法钻进，其中冲击式钻机（凿岩机）在灌浆工程中多用于回填灌浆、固结浅孔灌浆和衔接帷幕灌浆的钻孔。

帷幕灌浆孔孔径不得小于 46mm，固结灌浆孔孔径不宜小于 38mm。

回转式钻机具有取岩芯的功能，是目前使用最多的一种钻孔设备。其中，立轴式液压钻机由于分档多、转速高、机体较轻、操作简便、能耗较低，是坝基帷幕灌浆和固结灌浆钻孔的主要设备。这种钻机按照钻进能力分为 100m（Ⅰ型）、200m（Ⅱ型）、500m（Ⅲ型）、1000m（Ⅳ型）四种规格，其中Ⅰ型、Ⅱ型轻型钻机使用最广。部分国产回转钻机型号、规格见表 3-5-2。

表 3-5-2　　部分国产回转钻机型号、规格及主要性能

钻机型号	钻孔深度/m	钻孔直径/mm	钻孔倾角/（°）	转速/（r/min）	配备动力/kW	主机重量/kg	制造商
XY-1A	180	150	75～90	140～1010	11	500	北京探矿机械厂
XY-1	100	75～110	75～90	142～570	8.8	500	
DK-150	150	36～59	0～360	135～1289	7.5	600	
XY-2	300	56～300	0～90	65～1172	22	950	重庆探矿机械厂
XY-2PC	150	56～150	0～90	81～1190	11	650	
GX-ITD	150	75～150	0～90	90～600	11	500	
GX-50	100	75～150	0～90	99～378	7.5	360	
SGZ-1A	150	75～110	0～360	95～1000	11	690	杭州钻机制造厂
SGZ-ⅢA	300	75～130	0～360	129～1200	18.5	920	
HXY-1	100	48～150	0～90	145～600	11	500	合肥探矿机械厂
GXY-1A	200	46～150	0～360	61～654	11	650	无锡探矿机械厂
HT-150A	150	56～110	0～360	83～854	11	380	衡阳探矿机械厂
HY-1A	100	50～110	0～360	142～570	11	750	

二、灌浆方式和方法

灌浆方式可分为：纯压式灌浆和循环式灌浆两种。水工建筑物灌浆规范规定："帷幕灌浆宜采用循环式灌浆，也可采用纯压式灌浆"，"浅孔固结灌浆可采用纯压式灌浆"。从国内水电工程实际采用的灌浆方式看，优先采用的是循环式灌浆。

基岩灌浆方法可分为：全孔一次灌浆法、自上而下分段灌浆法、自下而上分段灌浆法、综合灌浆法或孔口封闭灌浆法。其中，孔口封闭灌浆法是我国灌浆工程师首创的一种灌浆方法，也是水电工程目前用得最多的灌浆方法，在帷幕灌浆、深孔固结灌浆中广泛使用。它采用小口径钻孔，自上而下分段钻进、分段进行灌浆，但每段灌浆都在孔口封闭，并且采用循环式灌浆，是成套的施工工艺，其工艺流程为：孔口管段钻进→裂隙冲洗兼简易压水→孔口管段灌浆→镶铸孔口管→待凝 72h→第二灌浆段钻进→裂隙冲洗兼简易压水→灌浆→下一灌浆段钻孔、压水、灌浆→……直至终孔→封孔。

各类灌浆方法的特点见表 3-5-3。

表 3-5-3　　各类灌浆方法的特点

灌浆方法	优　点	缺　点	适用范围
自上而下灌浆法	灌浆塞置于已灌段底部，易于堵塞严密，不易发生绕塞返浆；各段压水试验和水泥注入量成果准确；灌浆质量比较好	钻孔、灌浆工序不连续，工效较低；孔内灌浆塞和管路复杂	可适用于较破碎的岩层和各种岩层
自下而上灌浆法	钻孔、灌浆作业连续，工效较高	岩层陡倾角裂隙发育时，易发生绕塞返浆；不便于分段进行裂隙冲洗	适用较完整的或缓倾角裂隙的地层
综合灌浆法	具备自上而下灌浆法和自下而上灌浆法的优点	具有自上而下灌浆法和自下而上灌浆法的缺点，现场可操作性较差	可适用于较破碎和完整性基岩地层

续表

灌浆方法	优 点	缺 点	适用范围
全孔一次灌浆法	工序少，工效高	适用范围窄	6m 深度以内的浅孔固结灌浆，最深不超过8～10m
孔口封闭灌浆法	能可靠地进行高压灌浆，不存在绕塞返浆问题，事故率低；能够对已灌段进行多次复灌，对地层的适应性强，灌浆质量好，施工操作简便，工效较高	每段均为全孔灌浆，全孔受压，近地表岩体抬动危险大。孔内占浆量大，浆液损耗多，灌后扫孔工作量大，有时易发生堵灌浆管事故	适用于较高压力和较深钻孔的各种灌浆。因压力较高，水平层状地层慎用

三、灌浆工艺技术要点

（1）水工建筑物同一地段的灌浆应按先固结灌浆、后帷幕灌浆的顺序进行。灌浆在有盖重混凝土的条件下进行时，盖重混凝土应达到50%设计强度后钻孔灌浆方可开始。

（2）帷幕灌浆宜在廊道内进行。

（3）帷幕灌浆和固结灌浆都必须按分序加密的原则进行。

由三排孔组成的帷幕，应先灌注下游排孔，再灌注上游排孔，然后进行中间排孔的灌浆，每排孔可分为二序；由两排孔组成的帷幕应先灌注下游排，后灌注上游排，每排可分为二序或三序；单排孔帷幕应分为三序灌浆。

固结灌浆孔排与排之间和同一排孔内孔与孔之间，可分为二序施工。

（4）灌浆浆液应由稀至浓逐级变换。帷幕灌浆浆液水灰比可采用 5、3、2、1、0.8、0.6（或 0.5）六个比级。固结灌浆浆液水灰比可采用 3、2、1、0.6（或 0.5），也可采用 2、1、0.8、0.6（或 0.5）四个比级。

灌注细水泥浆液时，水灰比可采用 2、1、0.6 或 1、0.8、0.6 三个比级。

（5）灌浆压力应严格按照设计要求和灌浆试验确定的标准执行。部分工程的灌浆参考如下：

对于岩体抬动敏感部位，固结灌浆应严格监测抬动变形。固结灌浆压力，有盖重灌浆时可采用 0.4～0.7MPa，无盖重灌浆时可采用 0.2～0.4MPa。三峡大坝坝基固结灌浆改进工艺后，在找平混凝土封闭或 3m 混凝土盖重条件下，固结灌浆Ⅰ序孔设计灌浆压力采用 0.3～0.50MPa，Ⅱ序孔可采用 0.5～0.7MPa，对地质缺陷部位的灌浆，为防止岩体的有害抬动，相应布置 2.5m×2.5m 孔排距、L=3m 砂浆锚杆和一定量的抬动观测装置，控制变形量小于 200μm。

国内水电工程深孔固结灌浆大多采用 3～6MPa 的压力。

部分工程帷幕灌浆压力等参数见表 3-5-4。

表 3-5-4 几个工程帷幕灌浆的段长和灌浆压力使用情况表

坝名 \ 段长/灌浆压力/(m/MPa) \ 段次	岩石中第一段（孔口管段）	第二段	第三段	第四段	第五段
贵州省乌江渡大坝	2/1.0	1/2.0	2/4.0	5/6.0	5/6.0
湖北省隔河岩大坝	2/1.0	1/2.5	2/3.5	5/5.0	5/5.0
青海省龙羊峡大坝	2/1.5	1/2.0	1.5/3.0	5/6.0	5/6.0
贵州省东风大坝	2.4/1.0	2.6/2.5	5/3.5	5/5.0	5/5.0

（6）灌浆过程质量控制宜采用灌浆自动记录仪。

四、GIN 法灌浆工艺

灌浆强度值（GIN，Grout Intersity Number）法是由瑞士学者隆巴迪（Lombardi）提出的一种设计和控制灌浆工程的新方法，中国于 1994 年首次在黄河小浪底水利枢纽工程中应用。其含义为单位孔段上消耗的灌浆能量，可用灌浆孔段的最终灌浆压力 p（MPa）和单位灌段注浆量 V（L/m）的乘积表示，即 GIN=pV，控制的目标是使 GIN 为常数。GIN 灌浆要点如下：

（1）灌浆方式多采用自下而上灌浆或纯压式灌浆，灌浆段长一般为 5m。

（2）灌浆使用水灰比较低的、中等稠度的稳定浆液。

（3）一个灌浆段尽可能用一种稳定浆液进行灌注，并采用一个 GIN 值。

（4）采用低～中等的注入率。

（5）采用电子计算机监测和控制灌浆过程，实时地控制灌浆压力和注入率。

GIN 灌浆法是一种控制灌浆过程的规定或程序，由于提出和使用时间不长，同其他许多灌浆方法一样，也有其局限性。在我国水电工程中应用较少。

3.5.2.3 隧洞灌浆

隧洞混凝土衬砌段的灌浆，应按先回填灌浆后固结灌浆的顺序进行。固结灌浆宜在该部位的回填灌浆结束 7d 后进行。

当隧洞该部位布有帷幕灌浆或高压固结灌浆时，应当先进行隧洞回填灌浆、固结灌浆，再进行帷幕灌浆或高压固结灌浆。

一、回填灌浆

技术要点如下：

（1）回填灌浆应在衬砌混凝土达 70%设计强度后进行。

（2）回填灌浆孔可采用凿岩机或其他钻机钻孔，并深入岩石 5～10cm。对素混凝土衬砌，可直接钻进；对钢筋混凝土衬砌，宜采用预埋灌浆管的方式，之后通过灌浆管钻孔和灌浆。回填灌浆孔孔径不宜小于 38mm，当采用回填灌浆孔加深作为固结灌浆孔时，孔径应满足固结灌浆要求。

（3）回填灌浆应按分序加密的原则进行，顶拱回填灌浆一般按 2～3 个衬砌段分区进行。每个分区内的灌浆孔可分为两个次序，一般先钻出第Ⅰ序孔，自低端孔向高处孔顺次进行灌浆，Ⅰ序孔完成后再同样的顺序进行Ⅱ序孔的钻孔、灌浆。

（4）回填灌浆采用纯压式，灌浆压力应视混凝土衬砌厚度和配筋情况等决定。在素混凝土衬砌中可采用 0.2～0.3MPa；钢筋混凝土衬砌中可采用 0.3～0.5MPa。浆液的水灰比可为 0.5 或 0.6。空隙大的部位宜灌注水泥砂浆或高流态混凝土，水泥砂浆的掺砂量不宜大于水泥重量的 200%。

二、固结灌浆

固结灌浆钻孔直径一般为 38～56mm，钻孔机械可选用各类钻机。

灌浆应按环间分序、环内加密的原则进行。环间宜分为两个次序，地质条件不良地段可分为三个次序。

灌浆孔围岩段长不大于 6m 时可全孔一次灌浆。围岩高压固结灌浆应采用自上而下（由浅入深）分段灌浆法。

固结灌浆压力一般选择 1.5～2.0 倍内水压力或外水压力范围。国内某些抽水蓄能电站（如广州抽水蓄能电站、天荒坪抽水蓄能电站等）隧洞高压固结灌浆深处压力达 6～9MPa。

三、钢衬接触灌浆

在钢衬上钻灌浆孔宜采用磁座电钻，孔径不宜小于 12mm。钢衬接触灌浆孔也可在钢板上预留，孔内宜有丝扣，钢衬外侧衬焊加强钢板。

小浪底水利枢纽引水发电压力钢管接触灌浆中使用了FUKO管代替常规的钢衬钻孔灌浆法。FUKO管是一条四周带有出浆孔的特制管子，施工时先将FUKO管黏结固定在钢衬的外面混凝土收缩后容易产生脱空的部位，然后浇筑混凝土。待混凝土凝固收缩稳定后，即可通过FUKO管进行接触灌浆，取得了良好的效果。

灌浆压力必须以控制钢衬变形不超过设计规定值为准。可根据钢衬的壁厚、脱空面积的大小以及脱空的程度等实际情况确定，一般不宜大于0.1MPa。

3.5.2.4　砂砾石地基灌浆

对砂砾石地基进行处理的灌浆。其主要目的是建造防渗帷幕。一般有两种情况：①用于临时性工程，如围堰地基防渗；②用于永久性工程，如大坝地基的防渗帷幕。

灌浆技术要求如下：

（1）在砂砾石层进行灌浆时，必须查清地质情况，如砂砾石层的组成和分布，其中有无黏土和砂的夹层，夹层厚度如何；砂砾石层的渗透性；砂砾石层的颗粒级配等。

对某种固粒浆液而言，其对砂砾石层是否可灌，一般常依可灌比值（M）而定。可灌比值通常以下式表示：

$$M=D_{15}/d_{85}$$

式中　D_{15}——受灌砂砾石层的颗粒级配曲线上含量为15%处的粒径，mm；

d_{85}——灌注材料的颗粒级配曲线上含量为85%处的粒径，mm。

一般情况下，当$M\geqslant10$时，可灌注水泥黏土浆；当$M\geqslant15$时，可灌注水泥浆。

（2）砂砾石地基帷幕灌浆设计之前，应先进行现场灌浆试验，确定灌浆参数和浆液配合比。

（3）施工次序：应遵照分排分序逐渐加密的原则进行。先灌注下游排，再灌注上游排，最后灌注中间排。同一排孔中分2～3个次序灌注，先施工Ⅰ序孔，后施工Ⅱ序孔、Ⅲ序孔。

（4）灌浆方法：常用的有循环灌浆法、预埋花管法、套管灌浆法和打管灌浆法。

1）循环灌浆。实质上是一种自上而下，钻一段、灌一段，无需待凝，钻孔与灌浆循环进行的一种施工方法。钻孔时用黏土浆或最稀一级水泥粘土浆固壁。钻灌段的长度，视孔壁稳定情况和砂砾石渗漏大小而定，一般为1～2m。逐段下降，直到设计深度。在孔口管设封闭器阻浆。

2）预埋花管法。在钻孔内预先下入带有射浆孔的灌浆花管，管外与孔壁的环形空间注入填料，后在灌浆管内用双层阻塞器（阻塞器之间为灌浆管的出浆孔）进行分段灌浆。

3）打管灌浆法。是一种最简单的钻孔灌浆方法。将钢管（或灌浆管）打入到砂砾石中，然后利用该管自下而上逐段进行灌浆。

4）套管灌浆法。套管护壁钻进灌浆孔至设计深度，然后在套管内下入下端带有花管的灌浆管至孔底段，起拔套管，安装灌浆塞，之后自下而上逐段灌浆。

（5）灌浆压力：灌浆压力与灌浆孔的孔深、注入率和灌浆次序有关。国内葛洲坝水利枢纽等几个工程的砂砾石地基帷幕灌浆（循环钻灌法）压力为：1～10m深度，0.3～0.5MPa；11～20m及以上，由0.4MPa逐渐加大至1.5MPa。

3.5.3　高喷灌浆

高压喷射灌浆技术不仅具有加固地基的作用，而且更广泛地应用在水工建筑物的地基防渗中。

一、结构形式及适用条件

1. 结构形式

高压喷射灌浆可采用旋喷、摆喷、定喷三种形式，结构形式可采用下列形式：

（1）旋喷套接，如图3-5-1（a）所示。

（2）旋喷摆喷（或旋喷定喷），如图3-5-1（b）所示。

（3）摆喷对接和折接，如图3-5-1（c）所示。

（4）定喷折接，如图3-5-1（d）所示。

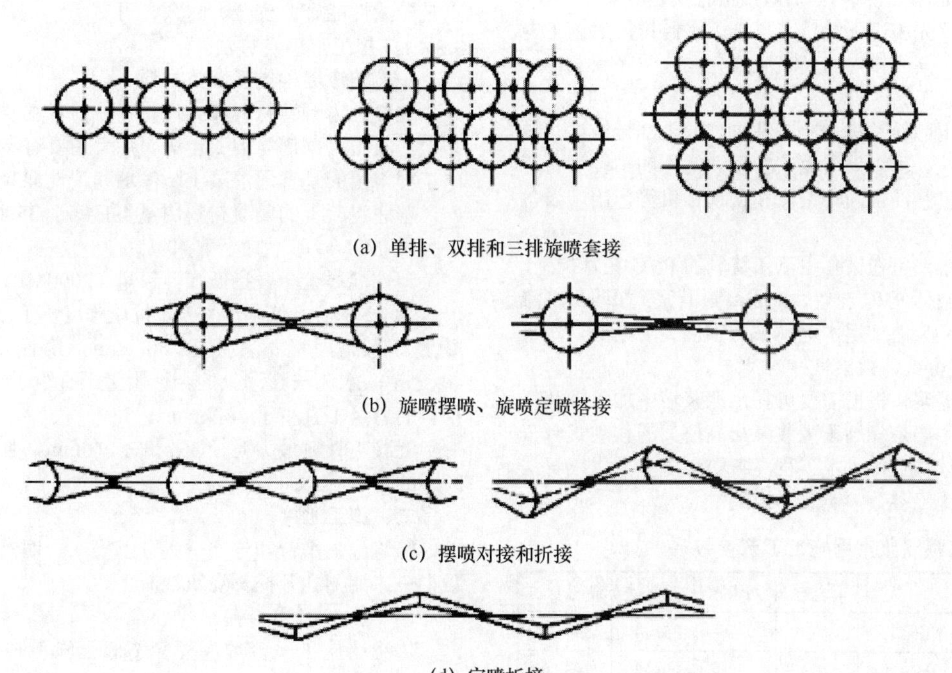

(a) 单排、双排和三排旋喷套接

(b) 旋喷摆喷、旋喷定喷搭接

(c) 摆喷对接和折接

(d) 定喷折接

图3-5-1　高喷墙的结构形式

2. 适用条件

各种形式高喷墙的适用条件：

（1）定喷和小角度摆喷适用于粉土和砂土地层；大角度摆喷和旋喷适用于淤泥质土、粉质黏土、粉土、砂土、砾石、卵（碎）石等各种地层。

（2）承受水头较小的或历时较短的高喷墙，可采用摆喷折接或对接、定喷折接形式。

（3）在卵（碎）砾石地层中，深度小于20m时，可采用摆喷对接或折接形式，对接摆角不宜小于60°，折接摆角不宜小于30°；深度20～30m时，可采用单排或双排旋喷套接、旋摆搭接形式；当深度大于30m时，宜采用两排或三排旋喷套接形式或其他形式。

3. 工程经验资料

高喷灌浆孔的布置取决于高喷体的直径或长度范围，是个复杂的问题，一般需要通过现场试验确定，工程类比资料见表3-5-5。

表3-5-5　旋喷桩有效直径参考资料　单位：m

土质		单管法	两管法	三管法
粉土和粉质黏土	0＜N＜10	0.7～1.1	1.1～1.5	1.5～1.9
	10≤N＜20	0.5～0.9	0.9～1.3	1.1～1.5
	20≤N＜30	0.3～0.7	0.7～1.1	0.9～1.3
砂土	0＜N＜10	0.8～1.2	1.2～1.6	1.6～2.0
	10≤N＜20	0.6～1.0	1.0～1.4	1.2～1.6
	20≤N＜30	0.4～0.8	0.8～1.2	1.0～1.4
砂砾	20＜N＜30	0.4～0.8	0.8～1.2	1.0～1.4

注　N为标准贯入击数；摆喷及定喷的有效长度为旋喷桩直径的1.5倍左右；振孔高喷孔距常为0.4～0.8m。

二、施工工序

高喷灌浆的一般工序为机具就位、钻孔、下入喷射管、喷射灌浆及提升、冲洗管路、孔口回灌等。当条件具备时，也可以将喷射管在钻孔时一同沉入孔底，而后直接进行喷射灌浆和提升。

多排孔高喷墙宜先施工下游排，再施工上游排，后施工中间排。一般情况下，同一排内的高喷灌浆孔宜分两序施工。

三、钻孔及灌浆工艺

高喷钻孔可采用回转钻进、冲击钻进、冲击回转钻进、振动、射水钻进等方法，可以采用泥浆护壁。常用的钻孔设备有各种回转式岩芯钻机、冲击回转钻机和振动钻机等，国产设备型号很多。

如泥浆护壁困难，可在钻孔中下入特制的PVC花管护壁，通过高喷台车射流破坏PVC花管，完成高喷灌浆。如四川二滩水电站围堰高喷墙、云南苗尾水电站下游围堰高喷墙等，均采用了PVC花管护壁方式，效果良好。

浆液宜使用水泥浆，根据需要可在水泥浆液中加入掺和料和外加剂等。灌浆主要依靠高压灌浆泵配高塔架的移动式台车完成，自下而上连续作业。水电工程高喷防渗墙多采用三管法施工工艺。各工艺施工参数参照表3-5-6执行。

表3-5-6　高喷灌浆常用施工工艺参数

项目		单管法	两管法	三管法	新三管法
水	压力/MPa			35～40	35～40
	流量/（L/min）			70～80	70～100
	喷嘴/个			2	2
	喷嘴直径/mm			1.7～1.9	1.7～1.9
压缩空气	压力/MPa		0.6～1.2	0.6～1.2	1.0～1.2
	流量/（m^3/min）		0.8～1.5	0.8～1.5	0.8～1.5
	喷嘴/个		2	2	2
	喷嘴间隙/mm		1.0～1.5	1.0～1.5	1.0～1.5
水泥浆	压力/MPa	22～35	25～40	0.1～1.0	35～40
	流量/（L/min）	70～120	75～150	70～80	70～110
	密度/（g/cm^3）	1.4～1.5	1.4～1.5	1.6～1.7	1.4～1.5
	喷嘴（出浆口）/个	2	2	1～2	2
	喷嘴直径/mm	2.0～3.2	2.0～3.2	6～10	2.0～3.2
	孔口回浆密度/（g/cm^3）	≥1.3	≥1.3	≥1.2	≥1.2
提升速度V/（cm/min）	粉土	15～25	15～25	10～15	15～30
	砂土	15～30	15～30	10～20	15～35
	砾石	10～20	10～20	8～15	10～25
	卵（砾）石	8～15	8～15	5～10	8～20
旋（摆）速度	旋喷/（r/min）	宜取V②值的0.8～1.0倍			
	摆喷/（次/min）①	宜取V②值的0.8～1.0倍			
	摆角/（°）　粉土、砂土	15～30			
	摆角/（°）　砾石、卵（砾）石	30～90			

① 摆动一个单程为一次。

② 单喷嘴取高限，双喷嘴取低限。

3.5.4 混凝土防渗墙

水工建筑物混凝土防渗墙厚度一般为30～120cm，主要用于水工建筑物地基或坝（堰）体防渗、加固、防冲等，主要优点是防渗性能好、安全、耐久、可靠。

3.5.4.1 施工工序及方法

一、防渗墙种类及墙体材料

主要分为刚性材料和柔性材料，前者主要有普通混凝土、黏土混凝土、钢筋笼混凝土等，后者主要有塑性混凝土等。水电工程常用的是普通混凝土防渗墙和塑性混凝土防渗墙。

普通混凝土的胶凝材料用量不宜低于350kg/m^3，水胶比不宜大于0.6，砂率不宜小于40%。

塑性混凝土一般指低弹性模量（2000MPa以下，极限变形可达1%～5%）、低强度（28d抗压强度小于5MPa）性能的混凝土。水泥用量不宜小于80kg/m^3，膨润土用量不宜小于40kg/m^3，水泥与膨润土的合计用量不宜少于160kg/m^3，胶凝材料的总量不宜少于240kg/m^3。

混凝土骨料最大粒径应不大于40mm，且不得大于钢筋净间距的1/4。

二、施工工序

修筑施工平台和导墙→划分槽段→一期槽孔开挖→浇筑混凝土→二期槽孔开挖→浇筑混凝土。

1. 施工平台和导墙

防渗墙施工平台的高程应不低于施工时段设计最高水位2.0m，并设置导向槽，导墙高度宜0.5～2.0m。平台的平面尺寸应满足造孔、清渣、混凝土浇筑和交通要求，平台尺寸与设备和施工方法有很大关系，沿轴线上下游方向一般不宜少于15m。

2. 槽段划分

防渗墙槽段划分应综合考虑施工工期要求，地基的工程地质及水文地质条件，施工部位，造孔方法、机具性能、造孔深度和混凝土供应强度等因素确定。槽段一般划分为Ⅰ期、Ⅱ期。某工程防渗墙槽段典型划分如图3-5-2所示。

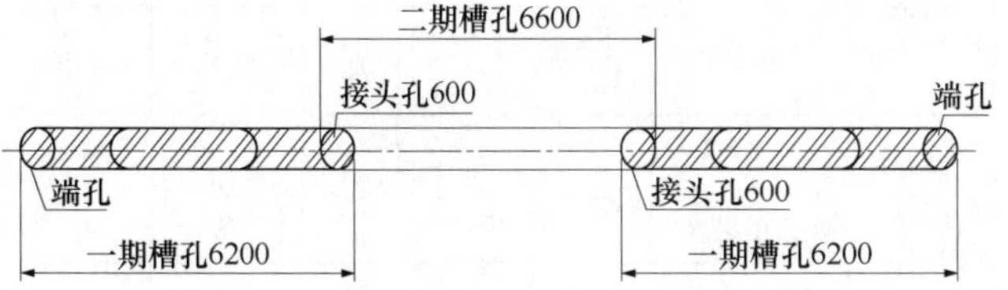

图3-5-2　某工程防渗墙槽段划分示意图（单位：mm）

3. 造孔成槽

（1）造孔工艺。防渗墙造孔工艺应根据地层情况、墙深和墙厚及其他施工条件选择钻劈法、钻抓法或抓取法、铣削法等，采用泥浆固壁。其中钻劈法、“两钻一抓”的钻抓法是水电工程常用的成槽工艺。长江三峡水利枢纽二期围堰防渗墙造孔曾采用国外进口的液压双轮铣，采用“铣、抓、钻、爆、砸”等综合工艺，大幅提高了工效，获得了较好的成果。但由于双轮铣设备造价高、对地层条件要求高，国内其他水电工程使用很少。

钻劈法适用于冲击钻机在砂砾石地层中，或含有大颗粒的覆盖层中成槽。一般情况下，主孔终孔后方可劈打副孔。

两钻一抓法适用于在不含过大颗粒的地层中成槽。两主孔中心距不宜大于抓斗开度。

抓取法适用于不含大颗粒的软土或细颗粒地层。

在造孔过程中，往往遇到大孤石，可采用8～10t的重凿冲砸硬岩，实践效果较好；也可在开挖前钻孔预爆。

在有些水电工程的围堰堰体防渗中，由于围堰堰体填筑的块石料粒径偏大，属于漏失地层，在开挖槽孔之前，往往沿轴线方向布设钻孔，采用预灌浓浆的方法先行处理。如云南澜沧江功果桥水电站上游围堰，采用预灌浓浆的方式进行处理后，大大提高了成孔率，避免了塌孔现象，提高了工效。

（2）固壁泥浆。固壁泥浆可采用膨润土、黏土或两者的混合料。

固壁黏土适宜指标：黏粒含量大于45%，塑性指数大于20，含砂量小于5%，二氧化硅与三氧化二铝含量的比值为3～4。

如采用间断式出渣（如冲击钻、抓斗），宜用黏土浆；如为连续出渣（液压铣槽机、反循环钻机），宜用膨润土浆。

在水电工程区，往往缺乏满足条件的黏土，多采用外购膨润土的方式拌制。膨润土泥浆性能优于黏土泥浆，一般采用循环出渣、回收净化再重复使用的工艺，其耗量和成本将大幅下降，对环境的影响也小。

4. 泥浆下混凝土浇筑

泥浆下浇筑混凝土应采用直升导管法，导管直径以200～250mm为宜。

开浇前，导管底口距槽底应控制在150～250mm范围内。浇筑过程中，导管埋入混凝土的深度不得小于1m，不宜大于6m；混凝土面上升速度不得小于2m/h；混凝土面应均匀上升，各处高差应控制在500mm以内。

三、墙段连接

一期墙段与二期墙段之间的连接质量是保证防渗质量的关键。墙段之间的连接可采用接头管（板）法、钻凿法、双反弧桩柱法、切（铣）削法等。

1. 接头管（板）法

接头管（板）法是国内外目前使用较广泛的一种先进施工技术。该方法是在建造完成的一期槽孔混凝土浇筑前，在其端孔处下入钢制的接头管（板），待混凝土初凝后，用专用的拔管机等机械将管（板）拔出，在两期槽孔之间形成一定形状的曲面接头。

根据一般工程经验，正常情况下接头管的起拔阻力为0.3～0.5t/m^2，可根据此参数确定起拔阻力，安全系数可选择2～3。

鉴于起拔力的限制，接头管法一般适用于墙身深度不大于60m的防渗墙墙段连接。在四川泸定水电站深厚覆盖层上的防渗墙施工中，采用接头管技术，最大拔管深度113m，创造了国内拔管成孔深度的纪录。国产液压拔管机的型号主要有最大起拔力3000kN的BG350/800型、YBJ-800型，最大起拔力3600kN的YBJ-1200型等。

2. 钻凿法

钻凿法是目前防渗墙使用最早且仍然广泛使用的一种墙段连接方式。即采用冲击式钻机在已浇筑的一期槽两端主孔中套打一钻，重新钻凿成孔，在墙段间形成半圆形接缝连接的一种方法。

该法适用于低强度（抗压强度不大于20MPa）的墙体材料。

3. 双反弧桩法

其施工方法是：先行建造并浇筑一期槽（桩），相邻一期槽孔之间的双反弧桩孔用特制的双反弧钻头钻凿，最后清除桩孔两端反弧上的泥皮及地层残留物，清孔，浇筑混凝土，形成连续墙体。该方法曾在三峡水利枢纽一、二期围堰等工程中采用。

在四川冶勒水电站大坝防渗墙施工中，在墙体材料强度高、大多墙体深度超过70m的情况下，采用了在双反弧桩法基础上改进、优化的单反弧接头法，在二期槽孔中采用冲击反循环配套施工机具进行造孔，从而形成单反弧接头面。该方式对地层的组成要求较高。

四、钢筋笼及预埋件

有的工程防渗墙内需设置钢筋，由于防渗墙位于地下，故钢筋的设置采用先预制成钢筋笼然后整体吊装的方法，采用起重机进行。钢筋笼最好按单元槽段的深度做成一个整体，当受到限制时，可分节制作，节与节之间多采用套筒或钢板连接的机械连接方式。

当需要在防渗墙下面的基岩中进行接底帷幕灌浆时，为避免在墙内钻孔，多采用在浇筑墙体混凝土期间预埋灌浆管的方式。灌浆管多采用钢管，也可采用塑料管，管径通常100～150mm，埋管间距多为1.5～3.0m。

3.5.4.2　施工设备

一、造孔机械

混凝土防渗墙造孔机械主要有钢绳冲击钻机、冲击反循环钻机、抓斗挖槽机等。其中，钢绳冲击钻机在防渗墙施工中普遍采用。

反循环钻机抽渣方式有泵吸、气举及射流三种。泵吸法一般适用于孔深50m以内的钻孔，此时效率较高。深孔用气举法较好，30m以内钻进效率较差。射水反循环在孔深50m以内效果较好。一般多用泵吸与气举反循环配合使用。

各类钻机有关参数见表3-5-7、表3-5-8。

抓斗的种类很多，主要分为钢绳抓斗和液压抓斗，在水电大中型工程中使用较多的是液压抓斗。中国水电天津基础处理局在西藏旁多水电站153m深的防渗墙成槽中采用HS843HD型抓斗，获得了良好效果。几种国产和合资（与德国宝峨公司）的抓斗性能参数见表3-5-9。

表 3-5-7 常用冲击钻机型号性能参数表

型 号	CZ-20	CZ-22	CZ-30
开孔直径/mm	635	710	1000
钻具的最大重量/kg	1000	1300	2500
钻具的冲程/m	1.00～0.45	1.00～0.35	1.00～0.50
钻具冲击次数/（次/min）	40、45、50	40、45、50	40、45、50
钻进深度/m	120	150	180

表 3-5-8 冲击反循环钻机主要型号性能参数表

项目 \ 机型	CZF-1200	CZF-1500	GJD-1500
一、基本性能			
最大造孔直径/mm	1200	1500	1500（岩）；2000（土）
最大造孔深度/mm	80	100	50
最大冲击行程/mm	1000	1000	100～1000
冲击频数/（次/min）	40	40	0～30
主电动机功率/kW	30	45	37～45
钻机重量/t	8.3	12.5	15.7
外形尺寸（长×宽×高）/（m×m×m）	5.8×2.33×8.5 工作时 8.5×2.33×2.8 运输时	6.6×2.84×10 工作时 10×2.84×3.6 运输时	5.04×2.36×6.38

表 3-5-9 抓斗技术性能参数表

项 目	BH12	BH7
挖槽宽度/m	60～120	60～120
斗体开度/cm	250	250
挖槽深度/m	70	60
起重机重量/t	80	55
起重机发动机/kW	180	132
悬挂重量（斗＋杆）/t	11	8
斗体容量/m^3	≥1.2	≥1.2
单边闭合力矩/（kN·m）	390	390
液压站型号	2R-150	2R-100
液压站发动机/kW	123	79.5
最大工作压力/MPa	30	30
油量调节方式	自动	自动

二、钻孔机械效率及设备用量

钻孔机械的效率与地层特性、墙体型式等密切相关。国产 CZ-22 型冲击钻平均工效统计见表 3-5-10；CZF-1200 型反循环钻机实际工程工效统计见表 3-5-11。抓斗的效率与抓斗的种类和地层的情况而有所不同，一般工程平均工效为 35～90m^2/d。

表 3-5-10 CZ-22 型冲击钻平均工效统计表

地层	黏土	砂壤土	粉细砂	砾石	卵石	漂石	基岩	混凝土接头
平均工效	2.8	3.7	1.5	1.7	1.3	0.8	0.7	2.03

表 3-5-11 CZF-1200 型反循环钻机实际工程造孔工效统计表

试验或施工地点	地 层	桩（槽）孔尺寸/m	深度/m	纯钻效率/（m/台日）	平均功效/（m/台日）
河南小浪底	粉细砂、漂卵石、砂岩	0.8×6.8×槽孔	68	10.02	6.38
		0.8×（4.8～6.8）槽孔	平均 32.0	11.52	7.06
三峡一期围堰	风化砂、粉细砂、块球体、花岗岩	0.8 主孔和 1.2 付孔各一个	22	15.96	11.23
四川冶勒水电站	粉质壤土、黏土、钙质胶结砾岩	1.0 桩孔	101.4	6.54	4.09
		1×5.4 槽孔	100	6.21	2.22

钻孔机械设备数量可根据平均工效和实际工期进度确定计算。但对于防渗墙工程施工来说，工期往往是控制的关键。因此，钻孔设备数量主要依据工程工期需要确定，如云南澜沧江功果桥水电站上下游围堰防渗墙施工，最大造孔深度约 50m，总防渗面积约 9600m^2，采用“钻劈法”成槽，共投入 CZ-30 型钢丝绳冲击钻 45 台，HS843HD 型抓斗 1 台。从开始准备至全部防渗结束，工期约 4.5 个月。

3.5.5 振冲

水电工程是国内较早使用振冲法加固地基的行业之一。振冲法适用于碎石土、砂土、粉土、黏性土、人工填土及湿陷性土等地基的加固处理以及各类可液化土的加密和抗液化处理。对于不排水抗剪强度小于 20kPa 的淤泥、淤泥质土及该类土的人工填土地基，应通过工艺试验确定。

振冲法适宜的地基处理深度为 20m，当起吊机具的起吊能力满足要求时，也可适当加深。三峡水利枢纽二期围堰水下抛填风化砂振冲加固工程，最大处理深度达 30m。

一、施工顺序

（1）排打法：由一端开始，依次制桩到另一端结束。

（2）跳打法：一排孔隔一排孔制桩，反复进行。

（3）围打法：先制外围桩，逐步向内施工。对于以消除地基液化为主的工程可优先选用围打法。

一般多采用排打法。同一施工场地可以采用不同打法或混合打法。

二、施工工序及方法

施工工序一般包括：造孔、清孔、填料、振密四个工序。大多工程采用直接振冲造孔的方法完成振冲；也有个别工程因造孔困难，采用冲击式钻机造孔再振冲的工艺。

1. 造孔

应根据设计荷载、地层特性、设计桩长等条件选用不同功率的振冲器。振冲器主要型号见表 3-5-12。国内振冲造孔设备主要采用 30kW、75kW 振冲器、100kW 振冲器，150kW、180kW 振冲器在某些水电工程的深厚覆盖层处理中也曾使用过，获得了较好的效果。

表 3-5-12 振冲器主要型号参数表

电动机额定功率/kW	额定电流/A	转数/（r/min）	振幅/mm	振动力/kN	质量/t	振冲器外径/mm	振冲器长度/mm
30	65	1450	4.2～6.4	100	1.38	375	1954
45	98	1450	4.2～6.4	100	1.5	375	2008
55	118	1450	4.2～6.4	120	1.6	375	2017

续表

电动机额定功率/kW	额定电流/A	转数/(r/min)	振幅/mm	振动力/kN	质量/t	振冲器外径/mm	振冲器长度/mm
75	158	1450	12～14	160	2.5	426	2710
100	206	1450	12～15	180	2.55	426	2810
130	267	1450	14～16	200	2.81	426	2922

振冲器起吊设备主要依靠汽车吊和履带吊。20m 以内孔深，依据振冲器功率的不同，汽车吊一般选用 16～30t；20～30m 孔深宜选择 30～50t 的汽车吊或履带吊。

2. 清孔

将振冲器提至孔口或需要清理的孔段上下提拉，完成清孔。

3. 填料

振冲桩体填料宜采用含泥量不大于 5%的碎石、卵砾石、矿渣等性能稳定的硬质材料，材料粒径宜为 20～150mm。

目前国内振冲法施工的填料方法分为：强迫填料、连续填料、间断填料三种，也可根据需要采用几种方式的组合。

强迫填料一般适用于大功率振冲器施工。

间断填料一般用于浅孔。

连续填料适用于填料如孔通畅及机械填料作业。

4. 加密

加密是振冲法施工的关键工序，为保证施工质量，应按加密电流、留振时间、加密段长度三个指标综合控制。

三、振冲实例

在云南鲁基厂水电站深厚覆盖层地基处理中，最大振冲深度 33.5m，总振冲长度 65000m，总工期 5 个月。施工参数如下：采用 180kw 大功率振冲器直接造孔，加密电流 190～210A，加密留振时间 10～15s，提升段长控制在 50cm 以内，连续填料强度大于 1.12m^3/m（桩径 1m）。

3.6　机电设备与金属结构安装

水电工程及抽水蓄能电站金属结构主要包括：各类钢闸门及埋件、启闭机、升船机、压力钢管等。机电设备主要包括：水轮、发电机组及其附属设备，主变压器等电气设备，以及电站辅助设备等。

机电设备与金属结构安装施工组织设计的重点是确定重要设备的运输、安装方法。

3.6.1　机电设备与金属结构运输

机电设备与金属结构的运输分为一次运输和二次运输。一次运输由制造厂把成品运到工地仓库、设备组装场或堆放场地，运输距离较长（见施工交通运输章节）。二次运输是把存放在工地的设备或拼装加工完成的设备运到安装现场。机电设备一般储存在工地的机电设备库、材料库内，金属结构多储存在露天库内。

从工地加工厂或拼装场运至安装现场的道路标准应满足运输尺寸及单件重量的要求。如云南功果桥水电站自转轮加工厂至厂房的道路采用了挂 300t 汽车荷载的标准，路基宽度 11m，以满足 10m 直径钢管平运要求。

3.6.1.1　金属结构运输

一、钢管加工制作方式

钢管占用场地面积大，在水电站总体布置上往往将其安排在离安装现场较远的地区。大型工程的压力钢管大多在工地加工厂加工成整体的管节，管节长度一般为 2.5～4.0m 以方便运输、减小现场组圆焊接难度。如云南澜沧江功果桥水电站引水隧洞下平段压力钢管，直径 11m，采用整节运输，进厂交通洞宽度以满足整体运输钢管为标准设置，最大宽度为 12m。

在压力钢管尺寸大的情况下，有时为了减小运输洞尺寸，也有的工程采用将钢管加工成“瓦片”运输至现场，现场进行拼接。如向家坝水电站，引水隧洞下平段压力钢管最大直径 14.4m，为世界之最，为避免整节运输带来的进厂交通洞尺寸过大问题，采用将钢管瓦片运输至安装间，在安装间内组圆、焊接成整节，再吊运至工作面的方式。

二、钢管厂至安装现场的运输

钢管厂至安装现场的运输主要采取公路运输方式，选择合适的、安全的运输工具和方法，对保证安全和进度有着积极的意义。一般根据地形条件和钢管尺寸大小的不同，并结合现有经济技术条件制定相应的运输方案。较典型的有以下几种：

（1）中小直径的钢管体积小、重量轻，可采用载重汽车运输。

（2）大直径钢管，跟椐地形条件的不同，可选用平运或立运两种方案：大型钢管优先平运，以保证平稳安全。压力钢管水平运输如图 3-6-1 所示。

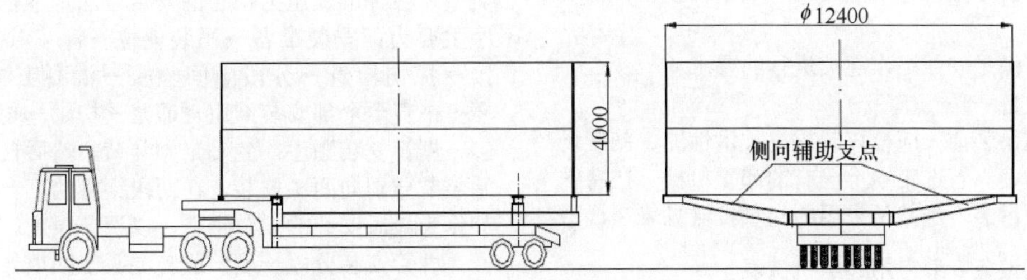

图 3-6-1　某电站ϕ12.4m 巨型压力钢管运输方案示意图

如大直径钢管运输时路线中存在狭窄路面或隧道，一般可采用特制的凹形台车进行运输如图 3-6-2 所示。车架由型钢焊成，下凹部分尽量接近轨道或路面，以降低重心，同时还要有可靠的制动装置。

三、洞内埋管在钢管洞内的运输

洞内埋管因无法直接使用吊车就位，需要采用有轨运输。下弯管和斜管洞内运输一般都是由闸门井或上中游施工支洞运入，采用轨道下滑就位。但有时闸门井正在施工，钢管无法运入，为使下弯管提前安装，也可改从厂房通过下平段从下往上运入。

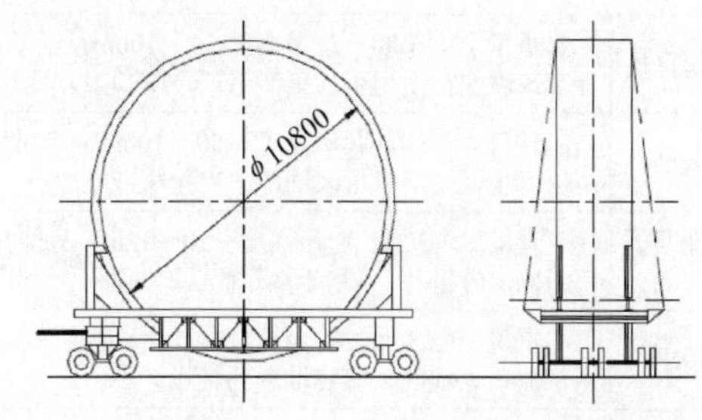

图 3-6-2　岩滩水电站ϕ10.8m 压力钢管运输方案示意图

如宝兴水电站调压井后的斜井和下平段均采用压力钢管结构，调压井部位施工支洞受道路坡度陡、转弯半径小、支洞断面尺寸偏小等影响，无法满足整节钢管运输尺寸要求，由压力钢管下平段施工支洞运输钢管，采用"倒挂"的方式逐一将全部钢管固定到位，然后自下而上逐步安装。

四、钢闸门和启闭机运输

大型工程的钢闸门和启闭机宜将部件运至安装现场进行组装，可采用平板拖车运输。

3.6.1.2 机电设备运输

机电设备中的重大件应采用平板拖车运输，中小设备可采用载重汽车运输。

3.6.1.3 运输车辆

水电工程常用的载重汽车为中型、重型，载重量一般为5～15t。车型根据物资运输重量要求确定。

拖车由牵引汽车和挂车组成。挂车俗称拖板，由牵引汽车拖带行驶，实现大吨位运输。半挂车的载重量一般为10～200t；全挂车的载重量一般为20～400t。三峡水利枢纽采用PK150.6型单平板拖车的载重量根据速度的不同，在最小速度（1km/h）下，最大载荷达到195.8t；也可采用单平板拖车组合，以满足超长、超宽件运输尺寸要求。三峡水利枢纽采用组合平板拖车，不同组合型式下，最大载荷可达1100t左右，最大运输宽度可达9.6m，最长运输尺寸达27m。

3.6.1.4 设备装卸

设备的装卸一般可利用设备仓库、厂房、现场安装部位的装卸专用的起重设备（如安装厂内的龙门吊、加工车间的桥机等）。也可采用汽车吊或采用扒杆、天锚配动滑轮组等简易方法起吊。

3.6.2 金属结构和机电设备安装

3.6.2.1 机电及金属结构起重吊装设备选择

一、选择原则

（1）宜考虑永久性桥机及启闭设备提前安装及使用的可能性。

（2）宜采用施工现场已有的起重设备及起吊能力，尽量结合混凝土浇筑的起吊设备；使用专用起吊设备或自制起吊设备时，其制作安装时间要满足安装工期的要求。

（3）宜采用调度灵活、使用效率高的起重设备。

（4）宜结合构件的外形尺寸、重心位置及单件重量、安装位置等因素选择。

（5）吊装设备应满足安装工作连续进行的要求。

二、安装起重设备

设备在安装现场吊装前，应校核起重机技术性能、施工场地是否能满足实际需要。首选工地上已有的起重机械，在特殊情况下也可采用土法吊装。施工常采用的起重机械见表3-6-1。

表3-6-1 机电设备安装常用起重机械表

设备名称	适用范围
门座式起重机	起重量10～100t，起吊高度30～100m，活动范围大，行车速度快，适用于加工制造厂，洞口及坝区适用
塔式起重机	起重量6～63t，起吊高度−50～100m，起吊范围大，适用于坝区，洞口吊装闸门、启闭机或钢管
桥式、龙门式起重机	起重量5～300t，起吊高度−20～12m，只能在桥架、门架范围内起吊，常用于转运码头、钢管厂、闸门拼装场
履带式超重机	起重量10～300t，行走速度慢，拆装移运较方便，常用于洞口、坝区、安装堆放场转运
移动式缆索起重机	起重量10～25t，活动范围大，只能在坝区与土建联合使用
汽车起重机	起重量8～200t，机动性能好，适合在现场作设备及构件的装卸转运、拼装工作
轮胎式起重机	起重量10～150t，在利用支腿作业时，可做大型构件装卸和吊装，并可在额定荷载75%时带负荷行走，机动性能好，适合在工地作大型构件吊装
独脚吊杆	起重量3～10t（木制），10～30t（钢制），在闸门、启闭机安装及洞口钢管卸车转吊等场合使用，不宜经常变动工作位置
人字吊杆	起重量可大50t，适用范围与独脚吊杆相同
桅杆式起重机（摇臂吊杆）	适用于钢管厂，洞口等位置，不宜移动，宜于装卸工件，数量较多，重量相似的构件，起重量一般在10t以下
简易缆索起重机	在跨越山谷吊运钢管或闸门时采用，起重量根据需要自行设计

3.6.2.2 金属结构安装

一、压力钢管安装

1. 安装一般要求

（1）在运输吊装条件允许时宜采用大节安装。

（2）洞内埋管安装和混凝土浇筑应分段交替进行；坝内埋管安装宜随坝体混凝土上升进行。埋管安装应布设混凝土或钢支墩支撑，混凝土应具有70%以上强度。洞内埋管需要在管外焊接或其他作业时，钢管管壁与围岩之间径向净空尺寸左右两侧一般小于600mm、底部一般小于800mm。

（3）明管镇墩和支座基础一期混凝土具有70%以上强度，方可进行钢管安装。

（4）钢管吊装宜用专用或与混凝土浇筑共用的大起重量门塔机施工，也可用大起重量的缆索起重机吊装运输压力钢管。

（5）钢管上的灌浆孔应在钢管厂卷板后钻孔，并按预热和焊接等有关工艺焊接补强板；高强钢板上不宜钻灌浆孔。

（6）明钢管安装后应进行水压试验，可整体或分段进行。

2. 安装程序

水电站压力钢管按结构型式和布置方式不同主要分为洞内埋管、坝内埋管、明管和其他（如坝后背管及回填管）等几大类型。各种形式压力钢管的安装方法基本是一致的，其安装程序主要为：安装准备→吊装就位→管节对装→加固→环缝焊接→探伤检查→分段中间验收→混凝土浇筑→重复以上循环……直至全部安装结束→灌浆→扫尾→竣工检查验收。

钢管安装顺序：先确定始装节，然后自一头向另一头或自始装节分别向两头安装，在两段钢管的汇合处，一般采用凑合节作为最后安装的一节钢管，以调节误差。

埋管安装分段长度一般与混凝土回填分段长度相同，多在10～15m之间，个别也可达30～40m。

（1）单元供水式（单管单机）洞内埋管安装示意如图3-6-3所示。其安装条件是：钢管从上、下游两个方向运入；混凝土从上、下游分别进料；始装节为下弯管的下游端的管节；斜管凑合节为与上弯管下游端相接的一节钢管，采取整节安装，在上弯管安装完成后再焊接。

（2）联合供水式（一管多机）洞内埋管安装示意图如图3-6-4所示。其安装条件是：两个工作面平行作业；1号、2号、3号支管从下游运入，其余从上游或交通洞运入；混凝土分别从上、下游两个方向进料。安装顺序是先安装1、2、3，再同步安装4、5、6支管和上游7、8主管及凑合节。

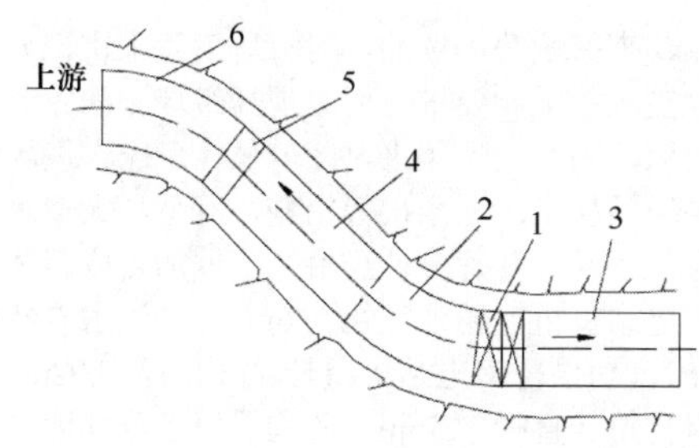

图 3-6-3　单元供水式洞内埋管安装示意图

1—始装节；2—下弯管；3—下水平管；4—斜管；5—斜管凑合节；6—上弯管；→—安装方向

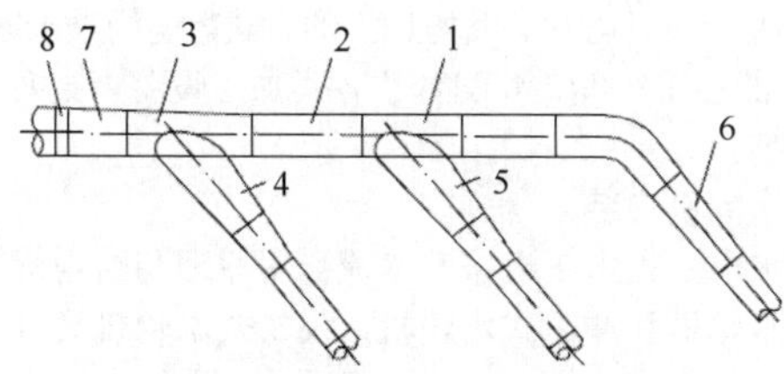

图 3-6-4　联合供水式洞内埋管安装示意图

1—1 号岔管；2—主管；3—2 号岔管；4—1 号支管；5—2 号支管；6—3 号支管；7—主管；8—主管凑合节

（3）竖井式洞内埋管安装示意图 3-6-5 所示。其安装条件是：一个工作面作业；下弯管、竖井管从上游运入，下平管从下游运入；混凝土分别从上、下两个方向进料。安装顺序：自始装节 1 开始分别向两头安装。

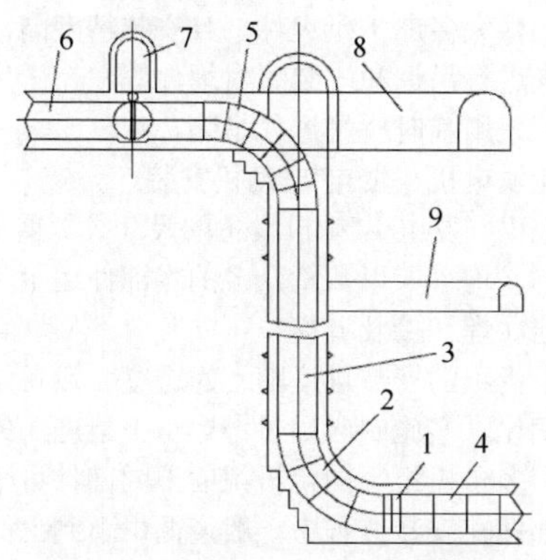

图 3-6-5　竖井式洞内埋管安装示意图

1—始装节；2—下弯管；3—竖井管；4—下水平管；5—上弯管；6—上水平管；7—阀室；8—交通洞；9—施工洞

仅在竖井下部设钢管的安装示意图 3-6-6 所示。其安装条件是：一个工作面作业；钢管从下部运入；混凝土从下平段运入。安装顺序：自始装节 1 开始向下游单头安装。

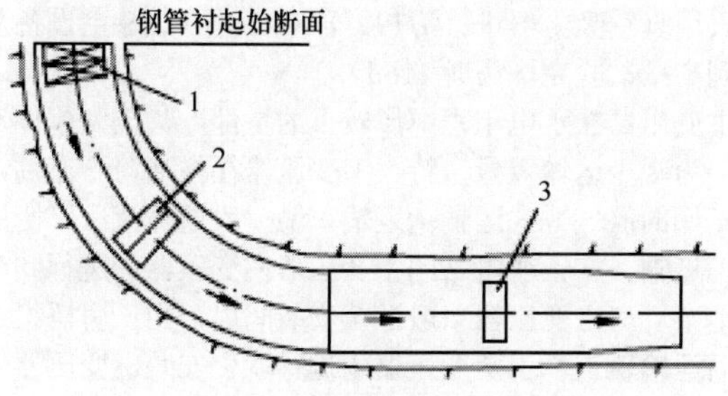

图 3-6-6　仅在竖井下部设钢管的安装示意图

1—始装节；2—弯管段；3—下平管

（4）坝内埋管安装方法与大坝结构形式和混凝土浇筑的方式有关，为避免施工干扰，通常采用预留管槽安装钢管，即在混凝土重力坝中预留出钢管的部位，待钢管安装后回填混凝土，安装示意图如图 3-6-7 所示；有时为了大坝提前蓄水的需要，先安装上弯管，紧靠上弯管的两节斜管便成为始装节，在完成该段混凝土浇筑后再进行斜管段安装，安装示意如图 3-6-8 所示。

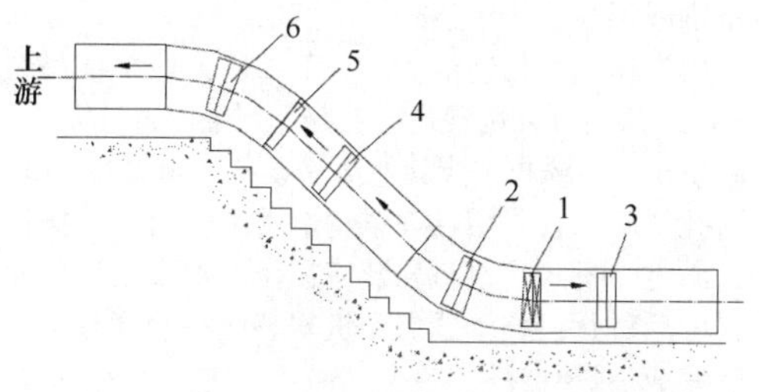

图 3-6-7　坝内埋管安装示意图（正常安装程序）

1—始装节；2—下弯管；3—下水平管；4—斜管；5—斜管凑合节；6—上弯管

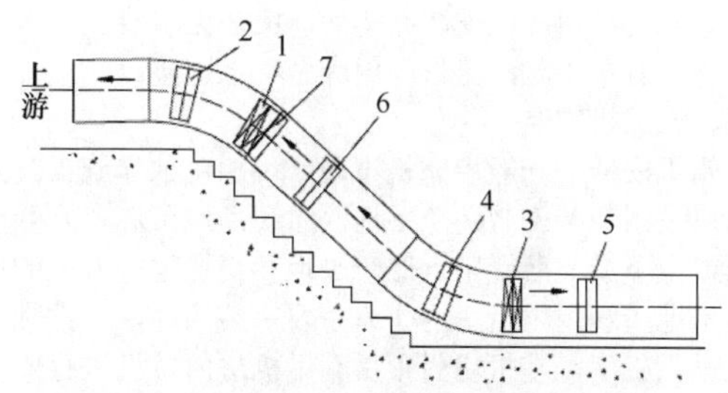

图 3-6-8　坝内埋管安装示意图（满足提前蓄水）

1—第一始装节；2—上弯管；3—第二首装节；4—下弯管；5—下水平管；6—斜管；7—斜管凑合节

（5）明管安装。水电站的明管多用于中小型电站，安装顺序一般是：先进行镇墩及支座一期混凝土浇筑，再分别进行厂房处埋管和进水口处埋管安装，最后安装两者之间的明管。明管安装示意如图 3-6-9 所示。

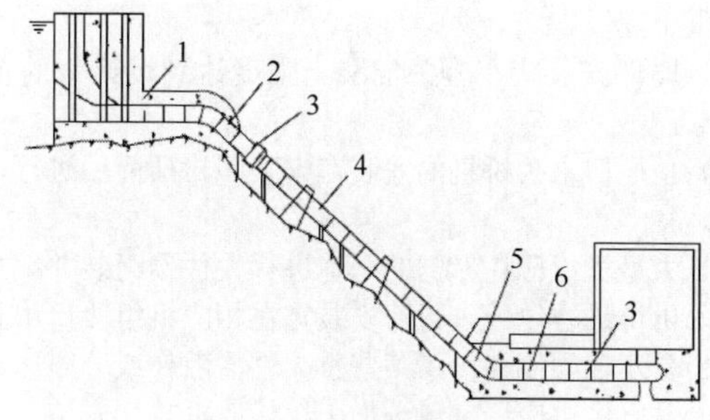

图 3-6-9　明管安装示意图

1—进水口处埋管；2—上弯段；3—伸缩节；4—明管；5—下弯段；6—厂房处埋管

二、闸门和启闭机安装

（1）闸门安装方案应根据闸门型式和施工条件确定。闸门安装应在干地条件下进行，当闸门安装必须在闸孔过水期间安装时，可在水面以上搭设临时的钢梁安装平台，悬吊安装，如黄河小峡水电站泄洪闸弧门安装即采用了这种方式。

（2）常规闸门安装顺序一般是先进行埋件安装，再进行闸门门体安装，闸门埋件安装除弧形闸门铰座基础螺栓架采用一期混凝土预埋外，其余宜采用二期混凝土埋设。埋件可配合土建进度分段进行，也可集中连续进行。高水头冲压伸缩式止水弧形闸门与常规弧形闸门不同的是高水头冲压式止水弧形闸门水封布置在门槽上，闸门与门槽配合精度极高，为此，先将弧门支铰和门体吊装到位，弧门底缘支撑在底坎上，然后根据间隙要求安装埋件。

（3）埋件安装完成，宜在5～7d内浇筑二期混凝土，混凝土一次浇筑高度不宜超过5.0m。

（4）门叶组装可在工地拼装场或门槽附近搭设拼装平台，平台用型钢或混凝土块铺设。

（5）根据运输和吊装能力，分节（件）或整体吊装。平面闸门、露顶式弧门可采用现场已有起吊设备（如门机、汽车吊）、移动式起重机（如缆机）或其他简易设备（如扒杆、电动葫芦）吊装，潜孔式弧门宜采用预埋锚钩，用滑轮组、卷扬机吊装。

（6）固定卷扬式启闭机安装应在排架混凝土达到允许承受荷载的强度后进行；移动式启闭机安装应在的混凝土梁（或钢梁）安装完成后进行。

（7）桥式起重机大梁吊装吨位较大，在地面厂房中，一般采用大吨位起重量的汽车吊吊装；在地下厂房中，一般在安装间顶部预埋天锚，用滑轮组、卷扬机吊装。

（8）闸门及启闭机安装完毕后，应在无水情况下做全行程启闭试验。有条件时，工作闸门应做动水试验。

三、升船机安装

升船机安装与一般启闭机不同，可相对独立施工。升船机安装也可设组装和安装两个场地。组装场地可选在升船机附近的坝面或上下游导航堤附近比较平坦和交通运输方便的地点。而安装场地可利用主机房内作为主要拼装场地，大件利用其他起重机吊入机房，在机房封顶后利用机房内桥机进行安装。承船厢可直接在安装位置进行施工，这样可节省施工场地，还能加快安装进度。

3.6.2.3 机电设备安装

一、安装一般要求

（1）水轮发电机组安装工程应与土建施工协调施工程序，合理安排安装进度、缩短安装直线工期。

（2）机组供、排水系统及油、气系统的管路埋设及设备基础埋设宜随厂房一期混凝土施工。水轮发电机的主要埋件采用二期混凝土埋设。

（3）埋件安装应在基础混凝土强度达到设计值的70%后进行。

（4）主厂房永久桥机的安装在安装间封顶前后进行，宜尽早完成。

（5）大型机组应在专门的场地进行大件预组装并编号，按顺序吊入机坑进行总装。机组安装宜在相应机组段厂房封顶后进行。当受运输限制，机组某些重大件需散件或分瓣运输至工地现场，并宜由供应厂家现场加工焊接，再转交安装。

二、重大件现场加工

1. 座环加工

某些大型水电工程的座环采用分瓣运输至工地，在现场组合焊接。如黄河小浪底水利枢纽水轮机座环由美国VOITH公司供货，座环内径8.4m，总重94t，分4瓣运抵工地，在现场组合焊接，并在机坑内进行精加工和研磨。三峡水利枢纽机组的座环同样也采用了现场组合加工的方式。

2. 转轮加工

大型水电工程混流式机组的转轮外形尺寸大、重量大，受运输条件限制，难以整体运输至工地，往往采用分大小瓣的方式运输至工地加工焊接，或采取分件运到工地，在工地组装、焊接、加工成整体的方式。

转轮分大小瓣运输方式的水电站主要包括较早时期的二滩、龙羊峡、李家峡等。然而，对有些工程来讲，分瓣运输并不能解决运输尺寸限制要求，而且现场组焊无法完全满足退火消除应力问题，因此，近年来，随着供应厂家在现场设置加工车间，提高现场加工工艺水平等措施，巨型、大型水电站多采用转轮上冠、下环、叶片分件运输至工地加工成整体的方案。如：小湾水电站机组转轮（直径6.5m）、景洪水电站机组转轮（直径8.3m）、功果桥水电站机组转轮（直径7.02m）、溪洛渡水电站机组转轮（直径7.76m）等均采用了分件运输至工地，在工地设转轮加工厂加工成整体的方案。

3. 蜗壳现场制造

蜗壳现场制造的工程不多，三峡水电站蜗壳尺寸大、单台机蜗壳重达740t，采用了现场加工的方式。现场设156m×23m（长×宽）的加工车间，并配备了各类加工设备，加工工艺达到了国际标准。

三、水轮机安装

常规水电工程水轮机按其水流作用原理和结构特征，可分为反击式水轮机和冲击式水轮机，反击式水轮机又可分为混流式、轴流式、贯流式等。抽水蓄能电站则采用可逆式水轮机。

水轮机、水泵/水轮机安装一般分埋件安装、大件拼装、部件预装及正式安装等步骤。其安装程序随土建进度、设备结构及场地布置的不同而变化。在实施中，埋件安装应尽量与土建施工合理协调穿叉，部件预装和正式安装应与发电机安装平行交叉作业，充分利用电站现有的场地及施工设备，合理安排安装进度，以最短的直线工期将组装好的部件顺序吊入机坑进行安装，实现预期目标。

水轮机部件大多属于重大件，且安装精度高，通常采用永久桥式起重机进行吊运和安装。对埋件等，在厂房永久桥机尚未投入前，可采用临时桥吊进行吊装。

四、水轮发电机、发电/电动机安装

水轮发电机、发电/电动机设备的尺寸大、重量重，由于运输条件的限制，均采取以数量众多的零部件运至工地，在工地进行组合、连（焊）接及调整。

水轮发电机组的安装进度随土建进度、设备结构及场地布置的不同而变化，实施中应尽量考虑与土建施工的合理配合，条件许可时，多台机组、同台机组的不同部件可平行、交叉作业，发电机部件在安装过程中一般遵循由下到上的安装原则，一般采用厂房内的桥式起重机进行吊装。

五、电气设备安装

电气设备安装程序一般包括运输（或起吊）、部件组装、性能检测、调整和试运行。

大型户外高压断路器一般分件运输至现场再安装，而中、小型高压断路器一般整体运输至现场，或组装在其他设备中。

GIS设备安装过程中，对安装现场应严格防尘，设备安装前应采用真空吸尘器进行清扫。岩滩水电站GIS主设备从开始安装到高压试验完毕历时116d。

主变压器在水电工程中属较重的重件，甚至为单体运输最重件，为减少运输重量，特大型变压器往往油箱不充油，而采用充干燥的氮气方式运输。运输车辆一般选择液压平衡的凹形平板车运输。露天变电站的主变压器在变压器场进行卸车、安装。地下厂房主变压器一般运至安装间内，由厂房桥机进行卸车，沿运输轨道牵引至变压器场进行就位安装。变压器安装的第一步是器身检查，也是关键的一步，应检查冲击记录仪的振动值是否超过规定的允许值。变压器的安装工期较短，一般一个月内即可安装完成。

3.6.3　机组启动试运行试验

3.6.3.1　常规水电机组启动试运行试验

（1）机组引水发电系统的充水分两步进行，先对机组尾水系统（含尾水调压室）充水，后对引水系统、压力管道及蜗壳充水。

（2）机组首次启动试验在调速器手动方式下进行，启动后分级升速至额定转速，然后进行各类检查。无问题后，进行各类试验。

（3）各类试验结束后，进行水轮发电机组及机电设备 72h 带负荷连续运行，直至投入商业运行。

3.6.3.2　抽水蓄能电站机组启动试运行

（1）抽水蓄能电站首机首次启动分水轮机工况启动和水泵工况启动两种。中国的抽水蓄能电站首机首次启动基本上以水轮机工况启动作为启动方式。

（2）在某些抽水蓄能电站上库缺乏天然来水，而且库容较大的电站，若采用水轮机工况启动，充水困难，可研究水泵工况启动。如河南宝泉抽蓄电站，即采用了水泵工况整组启动，并获得了成功。水泵工况启动存在着机组启动前电站必须提前受电、主变差动保护极性初期无法直接校验的问题，抽水工况机组直接带满负荷，对机组入力、输水建筑物及水工建筑物考验较大，因此，水泵工况启动存在着争议，较少采用。

（3）对于上库无天然径流的抽蓄电站，上水库的初次蓄水必须用专门设置的水泵通过专用的钢管充水，待水位达到发电/电动机水泵工况的允许水位后，才能用发电/电动机作水泵工况运行继续向上库充水。

第4章 施 工 交 通

施工交通运输划分为对外交通和场内交通两部分。设计中应结合施工总布置及施工总进度要求，经比较选择对外交通运输方案，合理解决超限运输，进行场内交通规划。

4.1 对 外 交 通

4.1.1 对外交通规划设计步骤

对外交通是联系施工工地与国家（或地方）公路、铁路车站、水运港口之间的交通，担负施工期间外来物资、人员流动的运输任务。工程建设如果没有可靠的对外交通运输设施，则物资供应将无法保证，工程进度将受到运输能力限制，直接影响发电进度。

对外交通规划设计时，首先要对工程所在地区可资利用的交通条件及相关交通运输设施情况（如铁路转运站、码头等）进行调查；然后计算工程施工期运输量及运输强度，调查外来物资的供应地点等，最后进行对外交通运输道路、设施进行设计。

4.1.2 运输量、运输强度确定

4.1.2.1 运输量的组成

水电工程施工所需外来物资种类繁多，计算运输量时，通常归纳为下列几种：①水泥；②掺合料（包括粉煤灰、磷渣粉等）；③钢材（包括钢筋、钢板、型钢及金属结构闸门及启闭设备等）；④施工机械设备；⑤永久机电设备；⑥爆炸材料（包括炸药、导火线、雷管等）；⑦煤炭；⑧油料；⑨木材；⑩房建材料（包括砖、瓦、石灰、玻璃、沥青、油毛毡、小五金、电线等）；⑪生活物资（包括燃料、生活用品等）；⑫其他物资（包括化工产品、劳保用品等）。

当工程所需砂石料或土石料的料场离坝址较远，必须通过对外交通运输线时，对外交通运输也应包括此项运输量。

4.1.2.2 运输量计算

在规划、预可行性研究初期、可行性研究初期阶段，各物资需要量可按照不同坝型进行类比或简单匡算。在后期设计阶段，一般采用分项详算。主要物资的详算方法如下：

（1）三材（水泥、掺和料、钢筋）运输量计算公式为：

N_1或N_2或N_3＝1.2（∑主体工程三材分别需用量＋∑施工临建工程三材分别需用量）

式中 N_1——水泥运输量，t，水泥用量主要包括混凝土、灌浆等工程所需水泥。每方混凝土中可按照混凝土配合比试验确定的水泥单位用量计算，灌浆水泥用量可按照地质可灌条件确定的单耗计算。无试验资料时，可类比计算。匡算时，常态混凝土每方水泥用量 200～250kg，碾压混凝土每方用量 60～90kg，灌浆每米单耗平均 50～80kg；

N_2——掺和料运输量，t，常态混凝土中掺和料一般为胶材用量的20%～30%，碾压混凝土中掺和料一般为胶材总量的50%～60%。

N_3——钢筋运输量，t；

1.2——运输耗损和不可预见系数。

施工临建工程包括导流、交通运输等工程（下同）。

（2）施工机械设备运输量计算公式为：

$$N_4=1.2Vd$$

式中 N_4——施工机械运输量，t；

1.2——运输包装附加重量和不可预见系数；

V——混凝土坝工程混凝土总量或土石坝工程土石方填筑总量，m^3；

d——每立方米混凝土或每立方米土石填筑量需用施工机械设备运输量指标，t/m^3，对混凝土坝，可近似取 0.009～0.01；对土石坝，可近似取 0.025。

（3）永久机电设备运输量。永久机电设备是指电站机组成套设备和开关输配电设备及其运输包装重量。上述机电设备种类繁多，在可研设计阶段机电设备专业通常不能提供上述全部运输量资料，只能提出主要机电设备重量，因此，永久机电设备运输量按下式简化计算

$$N_5=1.35(Y_1+Y_2+Y_3+Y_4)$$

式中 1.35——其他设备运输量系数（包括水轮机发电机辅助设备、通信设备、机修设备、电气设备及运输包装材料等的重量）；

Y_1——水轮机组成套设备运输重量，t；

Y_2——发电机组成套设备运输重量，t；

Y_3——主变压器运输重量，t；

Y_4——厂内桥机运输重量，t。

（4）爆破材料运输量。爆破材料运输量N_6按下式计算

$$N_6=K(V_1Q_1+V_2Q_2+V_3Q_3)$$

式中 K——运输包装材料重量和不可预见系数，袋装包装为主时$K=1.1$，箱装包装为主时$K=1.2$；

V_1、V_2、V_3——石方明挖、石方洞挖、土方松动爆破的工程量，m^3；

Q_1、Q_2、Q_3——石方明挖、石方洞挖、土方松动爆破需用爆破材料数量，平均分别取 $Q_1=0.5\sim0.6kg/m^3$，$Q_2=1.1\sim1.3kg/m^3$，$Q_3=0.2\sim0.3kg/m^3$。

（5）油料运输量。油料运输量N_7按下式计算

$$N_7=1.1\sum_{i=1}^{m}(E_i'T_i'D_i'C_i')$$

式中 1.1——不可预见系数；

E_i'——各类型用油施工机械设备台数；

T_i'——各类型用油施工机械设备使用年限；

D_i'——各类型用油施工机械设备平均年限使用台班数量；

C_i'——各类型用油施工机械设备台班用油量。

（6）房建材料运输量。房建材料包括砖瓦、石灰、玻璃、沥青、油毛毡、小五金、电线等，运输量N_8按下式计算：

$$N_8=\sum_{i=1}^{m}(A_iB_i)$$

式中 A_i——各类型企业厂房、仓库、宿舍、公共建筑等的建筑面积，m^2；

B_i——各类型企业厂房、仓库、宿舍、公共建筑等每平方米建筑面积需用房建材料运输量，对厂房、仓

库可按 0.65t/m^2 计，对砖混的宿舍等可按 0.7t/m^2 计，对临时板房，可按 0.1t/m^2 计。

（7）生活物资运输量。包括职工和家属日常所需主副食、蔬菜、工业品等（不包括煤炭），生活物资运输量 N_9 按下式计算：

$$N_9=1.2\ (A_1T_1B_1+A_2T_2B_2) \qquad (4\text{-}1\text{-}1)$$

式中　1.2——运输损耗和不可预见系数；

A_1、A_2——职工和家属的年平均人数，家属人数可按职工人数的一倍计；

T_1、T_2——职工和家属消耗生活物资年限，年；

B_1、B_2——职工和家属每人每年需用生活物资数量，$B_1=0.65\sim0.75$t/（人•年），$B_2=0.6\sim0.7$t/（人•年）。

（8）其他器材物资运输量。其他器材物资运输量 N_{11} 按下式计算：

$$N_{11}=0.05\sum_{i=1}^{10}N_i$$

式中　$\sum_{i=1}^{10}N_i$ ——$N_1\sim N_{10}$ 运输量的总和，t。

4.1.2.3　外来物资运输强度

一、年高峰运输强度的确定

年高峰运输强度 P_q 按下式计算：

$$P_q=WK_1K_2$$

式中　W——与设计施工总进度相适应的分年物资需用量的最大值，t/a；

K_1——施工不均匀系数，1.1～1.2；

K_2——提前发电施工增加系数，1.1～1.2。

二、月高峰运输强度的确定

月高峰运输强度 M 详按下式计算：

$$M=\frac{P_q}{12}K_1K_3$$

式中　P_q——详算的年高峰运输强度，t/a；

K_1——施工不均匀系数，1.1～1.2；

K_3——器材物资供应和运输不均匀系数，$K_3=1.1\sim1.2$。

三、昼夜高峰运输强度的确定

昼夜高峰运输强度的 D 按下式计算：

$$D=D_1+D_2+D_3+D_4$$

式中　D——昼夜高峰运输强度，t/d；

D_1、D_2、D_3、D_4——铁路、公路、水路和水陆联运昼夜运输强度，t/d。

D_1、D_2、D_3、D_4 用 D_i 表示分别按下式计算：

$$D_i=\frac{MN_i}{T_i}K_i$$

式中　M——匡算或详算的月高峰运输强度，t/月；

N_i——各种运输方式分别占当月总运输量的百分比，%；

T_i——各种运输方式每月运输天数，根据各地具体情况而定，铁路一般按 28～30d/月计，公路按 23～28d/月计；水路按 20～25d/月计；

K_i——器材物资供应和运输不均匀系数，铁路、公路、水路的运输不均匀系数分别为 1.05、1.10、1.15。

4.1.3　对外交通运输方式及规划设计

4.1.3.1　对外交通运输方式选择

（1）对外交通运输方式应能满足工程施工期间外来物资（如水泥、掺和料、钢筋及钢材、火工材料、油料等）及重大件的运输要求。

（2）宜结合当地交通运输发展规划，合理利用国家、地方及其他工矿企业现有交通运输设施。外来物资运输及时、安全、可靠、中转环节少、运输成本低。

（3）对外交通宜优先采用公路运输方式，经过论证也可采用铁路、水运等其他运输方式或几种方式相结合。根据我国水电工程多年来的实践经验，公路运输具有方便、灵活、可靠、适应性强、投资少、工期短的特点，可以独立完成水电工程施工的运输任务。铁路运输一般不够灵活，适应性较差，且投资大、工期长。水路运输受航运条件限制，同样存在不够灵活，适应性较差的问题，且河道通航往往受季节性影响。因此，铁路和水路运输多作为辅助（或备用）方式。如：小湾水电站，利用铁路运输主要物资(粉煤灰、设备等)至祥云铁路转运站，然后再转地方公路或专用公路至工地，水泥、钢筋等大宗物资材料则依靠公路直接运输至工地；向家坝水电站靠近长江的水富码头，具备水运条件，采用水运作为重大件物资运输道路，是对外交通道路的有效辅助。

（4）对外交通道路应满足运输强度和重大件运输要求，对特殊的重大件也可采用临时措施运输进场。对不能满足整体运输尺寸或重量要求的转轮、转子中心体、发电机下机架中心体等，往往需采用分件运输至现场再组焊（如转轮）、封闭公路运输或水运（海运）至现场的措施（如中心体等）。如：景洪水电站下机架中心体等重大件采用了海上运输转水路运输的措施，小湾水电站、功果桥水电站、拉西瓦水电站等大型水电站均采用了现场设转轮加工厂现场组焊转轮的措施；对某些重件运输过程中，采用临时桥梁加固措施；避免了所利用的地方交通道路超载超限问题。

（5）由于铁路专用运输线的规划需专项审批，因此，目前的水电工程几乎没有新建铁路专用线的实例。所利用的铁路运输线全部为国家已建铁路的一部分。铁路运输需满足铁路运输限界。

4.1.3.2　公路运输线路等级

新建和改建对外公路的等级应根据工程规模、工程建设期内的交通量等综合确定。按照地方交通量和水电工程新增交通量叠加后的交通量确定的各级公路等级要求如下：

一级公路为供汽车分向、分车道行驶的公路，四车道一级公路一般能适应按各种汽车折合成小客车的年平均日交通量为 15000～30000 辆。

二级公路（双车道）一般能适应按各种汽车折合成小客车的年平均日交通量为 5000～15000 辆。

三级公路（双车道）一般能适应按各种汽车折合成小客车的年平均日交通量为 2000～6000 辆。

四级公路一般能适应按各种汽车折合成小客车的年平均日交通量为：双车道 2000 辆以下；单车道 400 辆以下。

水电工程一般采用的公路等级为双车道的二～四级，巨型水电工程以二、三级公路为主，大、中型水电工程以三级公路为主，中、小型工程以四级为主。

4.1.3.3　对外公路运输规划设计

一、与国家或地方公路相结合的新建、改建公路工程主要技术指标

1. 线路指标

与国家（或地方）公路相结合的对外公路和干线公路，其新建、改扩建公路技术标准应满足国家公路工程有关标准的规定（参照 JTG B01 公路工程技术标准），见表 4-1-1。

表 4-1-1　　　　公路工程主要技术指标

公路等级		高速公路			一级公路			二级公路		三级公路		四级公路
设计速度/（km/h）		120	100	80	100	80	60	80	60	40	30	20
车道宽度/m		3.75	3J5	3.75	3，75	3.75	3.5	3，75	3.5	3.5	3.25	3.00/ 3.5
路基宽度/m	一般值	45～28	44～26	32～23	44～26	32～23	23	12	10	8.5	7.5	6.5/4.5
	最小值	42～26	41～24.5	21.5	41～24.5	21.5	20	10	8.5	—	—	—
停车视距/m		210	160	110	160	110	75	110	75	40	30	20
会车视距/m		—	—	—	—	—	—	220	150	80	60	40
超车视距/m		—	—	—	—	—	—	550	350	200	150	100
圆曲线最小半径/m	一般值	1000	700	400	700	400	200	400	200	100	65	30
	极限值	650	400	250	400	250	125	250	125	60	30	15
最大纵坡/%		3	4	5	4	5	6	5	6	7	8	9
凹形竖曲线半径/m	一般值	17000	10000	4500	10000	4500	2000	4500	2000	700	400	200
	极限值	11000	6500	3000	6500	3000	1400	2000	1400	450	250	100
凹形竖曲线半径/m	一般值	6000	4500	3000	4500	3000	1500	3000	1500	700	400	200
	极限值	4000	3000	2000	3000	2000	1000	2000	1000	450	250	100
竖曲线最小长度/m		100	85	70	85	70	50	70	50	35	25	20
路基设计洪水频率		1/100			1/100			1/50		1/25		—
汽车荷载等级		公路-Ⅰ级			公路-Ⅰ级			公路-Ⅱ级		公路-Ⅱ级		公路-Ⅱ级

2. 路面面层类型

各级公路路面面层类型和适用范围见表 4-1-2。

表 4-1-2　　路面面层类型和适用范围表

面 层 类 型	适 用 范 围
沥青混凝土	高速公路、一级公路、二级公路、三级公路、四级公路
水泥混凝土	高速公路、一级公路、二级公路、三级公路、四级公路
沥青贯入、沥青碎石、沥青表面处治	三级公路、四级公路
砂石路面	四级公路

3. 公路限界

各级公路建筑限界应符合下列规定（如图 4-1-1～图 4-1-3 所示）。

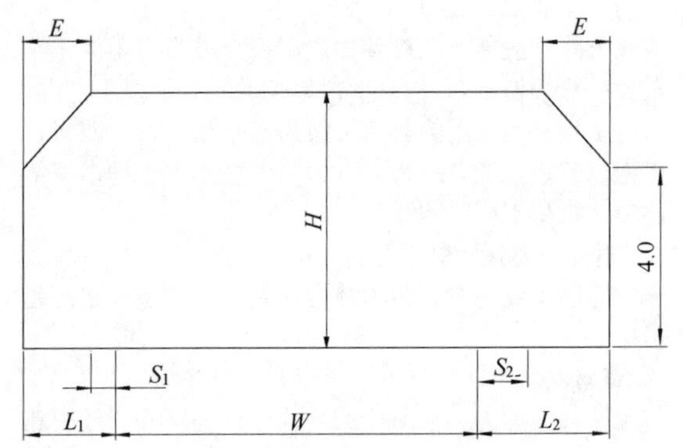

图 4-1-1　高速公路、一级公路（分离式）（单位：m）

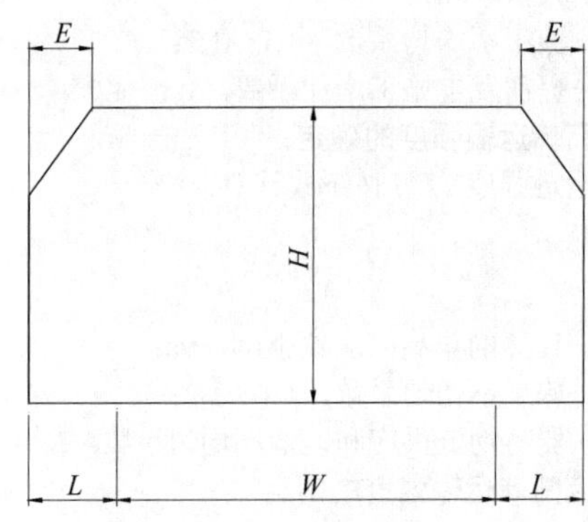

图 4-1-2　二、三、四级公路（单位：m）

二、水电工程对外交通专用公路

水电工程对外交通专用公路根据交通量及车型分为Ⅰ级专用公路、Ⅱ级专用公路、Ⅲ级专用公路、Ⅳ级专用公路。

1. 公路等级

（1）Ⅰ级专用公路为供汽车行驶的双车道公路，应能适应将各种汽车折合成大型汽车的平均日交通量 4000～7500 辆。

（2）Ⅱ级专用公路为供汽车行驶的双车道公路，应能适应将各种汽车折合成大型汽车的平均日交通量 2000～5000 辆。

（3）Ⅲ级专用公路为供汽车行驶的双车道公路，应能适应将各种汽车折合成大型汽车的平均日交通量 800～3000 辆。

（4）Ⅳ级专用公路为供汽车行驶的双车道或单车道公路，双车道Ⅳ级专用公路应能适应将各种汽车折合成大型汽车的平均日交通量 1000 辆以下；单车道Ⅳ级专用公路应能适应将各种汽车折合成大型汽车的平均日交通量 200 辆以下。

2. 专用公路技术指标

水电工程对外交通专用公路的主要技术指标见表 4-1-3。

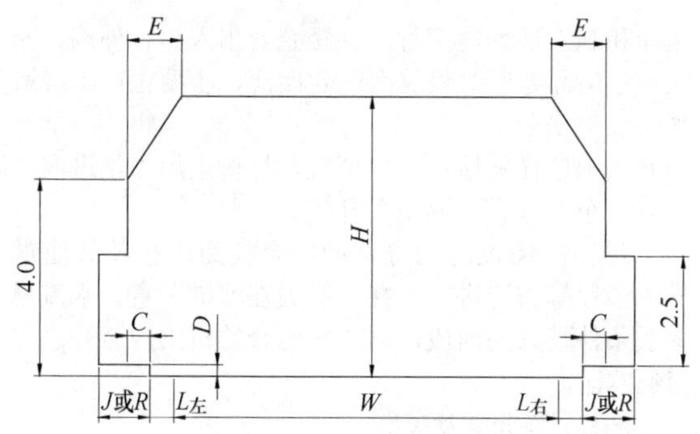

图 4-1-3　隧道（单位：m）

W—行车宽度；L_1—左侧硬路肩宽度；L_2—右侧硬路肩宽度；S_1—左侧路缘带宽度；S_2—右侧路缘带宽度；L—侧向宽度，高速公路、一级公路的侧向宽度为硬路肩宽度（L_1 或 L_2），二、三、四级公路的侧向宽度为路肩宽度减去 0.25m，隧道内侧向宽度（$L_左$或 $L_右$）应符合标准 JTG B01 中关于隧道最小侧向宽度的规定；C—当设计速度大于 100km/h 时为 0.5m，等于或小于 100km/h 时为 0.25m；J—隧道内检修道宽度；R—隧道内人行道宽度；D—隧道内检修道或人行道高度；E—建筑限界顶角宽度，当 $L \leqslant 1$m 时，$E=L$，当 $L>1$m 时，$E=1$m；H—净空高度，一条公路应采用同一净高，高速公路、一级公路、二级公路的净高应为 5.00m，三级公路、四级公路的净高应为 4.50m

根据实际需要，经过充分论证可对所引用的公路技术参数提高或降低。

表 4-1-3　水电工程对外交通专用公路主要技术指标

专用公路		Ⅰ级专用公路	Ⅱ级专用公路	Ⅲ级专用公路	Ⅳ级专用公路
设计速度/（km/h）		60	40	30	20
车道宽度/m		4.5～3.75	3.75～3.5	3.5	3.25/3.5
路肩宽度/m		0.75	0.75	0.5	0.5/0.75
路基宽度/m		10.5～9.0	9.0～8.5	8.0	7.5/5.0
行车视距/m		75	40	30	20
会车视距/m		150	80	60	40
超车视距/m		350	200	150	100
圆曲线最小半径/m	一般值	200	100	65	30
	极限值	125	60	30	15
最大纵坡/%		7	8	9	9
凸形竖曲线半径/m	一般值	2000	700	400	200
	极限值	1400	450	250	100
凹形竖曲线半径/m	一般值	1500	700	400	200
	极限值	1000	450	250	100
竖曲线最小长度/m		50	35	25	20
路基设计洪水频率		1/50	1/25	1/25	1/10
建筑界限		按电站重大件控制			
汽车荷载等级		公路-Ⅰ级以上，挂车由电站最重件控制校核	公路-Ⅱ级以上，挂车由电站最重件控制校核		公路-Ⅱ级或以上

注　其他技术指标宜参照现行公路相关技术规范要求执行。

4.1.3.4　转运站规划设计

一、转运站设计基本规定

（1）设在火车站的铁路物资转运站一般包括仓库、料棚、堆场、道路、办公及生活用房等。

（2）储运能力应满足施工运输强度的要求。转运量视各水电工程外来物资来源的具体情况而定，通常需要转运的材料主要是水泥、钢材、粉煤灰等掺和料、机械设备。

（3）场地的选择应有足够的仓库、堆场及装卸作业用地，与外界交通联系方便。

（4）装卸机械设备的选择应满足储运物资、材料、设备作业及转运强度和超限件运输的要求。

（5）宜结合流域梯级滚动开发的需要规划设计转运站的规模。

二、转运站主要技术指标

1. 转运站综合技术经济指标

转运站综合技术经济指标可参考表 4-1-4。

表 4-1-4　　转运站综合技术经济参考指标

项目			昼夜转运量/t 200	400	600	800	1000
人员	生产及管理人员数		56	112	168	224	280
建筑面积/m^2	库棚	贮存 3d	900	1800	2700	3600	4500
		贮存 4d	1200	2400	3600	4800	6000
		贮存 5d	1500	3000	4500	6000	7500
	办公、生活房屋		840	1680	2520	3360	4200
设备	起重机 Q=8～15t		1 台	1 台	1 台	2 台	2 台
	载重汽车		2 辆	2 辆	3 辆	3 辆	4 辆
占地面积/m^2	贮存 3d	扣装、卸、搬运	5260	10480	15720	20960	26200
		包装、卸、搬运	9845	19300	28740	38375	53040
	贮存 4d	扣装、卸、搬运	6760	13480	20220	26960	33700
		包装、卸、搬运	11345	22300	33240	44375	60540
	贮存 5d	扣装、卸、搬运	8260	16480	24720	33000	41200
		包装、卸、搬运	12845	25300	37740	50415	68040

2. 云南祥云转运站实例

祥云转运站位于大理白族自治州祥云县，距祥云火车站 1km。祥云转运站由两部分组成，一部分为华能澜沧江水电有限公司小湾电站物资转运站，一部分为大朝山电站物资转运站，两个转运站相邻，由一个专门公司管理。小湾和大朝山转运站年周转物资约 125 万 t。

小湾物资转运站实际占地约 80 亩，另联络线占地 14.43 亩；拥有两条铁路专用线，长度分别为 150m 和 280m。小湾转运站主要转运粉煤灰、钢筋、外加剂等，拥有 3000m^2 和 1100m^2 共两座机电设备库，粉煤灰储罐 8 个（其中 1200t 灰罐 2 个，700t 灰罐 6 个）。大朝山物资转运站占地约 50 亩，拥有一条铁路专用线，主要转运钢筋、机电设备等，拥有机电设备库 3000m^2。

祥云铁路转运站总的起重能力为 95t（不包括机电设备库内起吊设备）。主要起重设备有：60/10t 龙门吊 1 台，25t 吊车 1 台，10t 吊车 1 台；称量仪器有：100t 地磅 1 台；装卸设备有：

5t和10t叉车各1台。

转运站内设施布置如图4-1-4所示。

图4-1-4 小湾转运站灰库及铁路专用线

4.2 场内交通

4.2.1 场内运输方式选择

场内交通是联系施工工地内部各工区、料场、堆弃渣场、各生产生活区之间的交通，担负施工期间工地内部的运输任务。

水电工程场内交通应以公路运输方式为主，部分专用物资的运输经过经济比较，也可采用其他运输方式。如：20世纪建设的某些水电站上坝运输混凝土采用铁路机关车运输方式，还有的工程上坝运输采用皮带机运输方式等，但总体来说，场内交通还是以公路为主。

场内运输方式尽量与场外运输方式一致，场内运输方式尽量少，并能尽量接近施工和用料地点，减少转运次数并使运输和管理方便。

4.2.2 场内公路规划设计

4.2.2.1 场内交通规划原则

（1）场内交通应根据分析计算的运输量和运输强度，结合地形、地质条件和施工总布置进行统筹规划。

（2）选定的运输方式除应满足运输量外，还必须满足运输强度的要求，满足施工工艺的要求。

（3）场内生产干线与对外交通线路衔接通畅，使外来物料能直接运抵需要地点或工地分仓库；具体布置时应先场外后场内，先铁路后公路。

（4）场内生产干、支线系统应尽量短捷，并与主要物料流向一致，做到大宗客货流循最短的路线运输。主要干、支线尽量形成环形系统，使场内交通具较大的灵活性。

（5）生产干线应避开地方居民点、职工生活福利区、不在辅助企业和施工现场内穿行，并距企业出入口、外墙、施工场地边缘、危险品仓库等设施有一定距离，主要生产干线避免平面交叉，以策安全。

（6）正确选择隧道进出口位置，尽量采用“早进洞、晚出洞”的洞口布置方式，避免大开挖。

（7）场内跨河设施的位置应结合枢纽工程及其他永久工程、导流工程等布置进行选择，宜设在河道顺直、水流稳定、地形地质条件较好的河段，与永久结合的桥梁应避开水电站永久泄流影响区。

4.2.2.2 场内公路分类及等级

一、场内施工道路分类

生产干线：各种物料运输的共用路段或运输量较大的路段。

生产支线：各物料供需单位与生产干线相连接的路段，多为单一物料的运输线路。

联络线：物料供需单位间的分隔路段或经常通行少量工程车辆和其他运输车辆的路段。

临时线：料场、施工现场等内部运输路段。

二、场内施工道路等级

场内施工道路根据功能、承担的任务和使用时间等，划分为主要道路和非主要道路。主要道路，根据年运量或单项小时行车密度，划分为一级道路、二级道路、三级道路共三个等级，划分标准见表4-2-1。

表4-2-1 主要道路划分等级

道路等级	一级道路	二级道路	三级道路
年运量/（1.0×10^4t）	＞1200	250～1200	＜250
行车密度/（辆/单向小时）	＞85	25～85	＜25

场内施工道路可根据年运量、运输强度、主要物流方向、主要运输车型等情况，分路段采用不同的道路等级和路面宽度。

4.2.2.3 场内公路技术指标要求

一、场内施工主要道路主要技术指标

场内施工主要道路包括电站两岸高低线干线公路、大坝混凝土主进料线、大坝填筑主干线道路等，主要技术指标见表4-2-2。

二、场内施工非主要道路主要技术指标

场内施工非主要道路主要包括下基坑道路、料场开采道路、生活区至各生产设施之间的道路、各生产设施区之间的道路及其他内部道路等，主要技术指标见表4-2-3。

表4-2-2 主要道路主要技术指标

项目	等级			说明
线路等级	一	二	三	
年运量/万t	＞1200	250～1200	＜250	
行车密度/（辆/单向小时）	85～105	25～85	＜25	
计算行车速度/（km/h）	40	30	20	
最大纵坡/%	8	9	9	在工程特别困难路段可增加1%，三级公路个别地段可增加2%，但在积雪严重及海拔2000m以上地区不得增加
最小平曲线半径/m	45	25	15	

续表

项目				等级			说明
不设超高的平曲线半径/m				≥250	≥150	≥100	
视距/m	停车			40	30	20	
	会车			80	60	40	
竖曲线最小半径/m	凸形			700	400	200	
	凹形			700	400	200	
路基设计洪水重现年/年				50	25	10	
双车道路面宽度/m	车宽分类/m	一	2.5	7.5	7.0	6.5	1. 当实际车宽与计算车宽的差值大于10cm时，应适当调整路面的宽度 2. 当采用车宽大于第五类时，其路面宽度应于使用单位共同商定
		二	3.0	8.5	8.0	7.5	
		三	3.5	9.5	9.0	8.5	
		四	4.0	10.5	9.5	9.0	
		五	4.5	12.0	11.5	11.0	
		六	5.0	15.0	14.0	13.0	
单车道路面宽度/m	车宽分类/m	一	2.5	4.0	4.0	3.5	车道需双向行车时，应在适当距离内设置错车道
		二	3.0	5.0	4.5	4.0	
		三	3.5	5.5	5.0	4.5	
		四	4.0	6.0	5.5	5.0	
		五	4.5	6.5	6.0	5.5	
		六	5.0	8.0	7.5	7.0	
回头曲线	计算行车速度/（km/h）			25	20	15	1. 特别困难时一级、二级公路回头曲线各项指标可适当降低，但分别不能低于二级、三级公路。无挂车运输时，最小曲线半径可采用12m 2. 单车道路面加宽值，应按表列数值折半 3. 表中轴距加前悬为7m、8m、8.5m的双车道路面加宽值系按表列最小主曲线半径增加一个相应的计算车宽值后算得的，但括号内的数值系仍按表列最小主曲线半径算得
	平曲线最小半径/m			20	15	15	
	超高横坡/%			6	6	6	
	双车道路面加宽值/m	轴距加前悬/m	5	1.3	1.7	1.7	
			6	1.8	2.4	2.4	
			7	（2.5）/2.0	（3.3）/2.5	（3.3）/2.5	
			8	2.5	3.0	3.0	
			8..5	2.7	3.3	3.3	
	最大纵坡/%			3.5	4.0	4.5	
	停车视距/m			25	20	15	
	会车视距/m			50	40	30	

表4-2-3　　非主要道路主要技术指标

项目		指标	说明
路面宽度/m	双车道	6～12	1. 车间引道宽度，可与车间大门相适应 2. 一条道路可根据使用任务分段采用不同的路面宽度 3. 当路面宽度12m尚不能满足使用要求时，可根据具体情况及车辆宽度增加 4. 运输繁忙，经常通行大型车辆（车宽大于2.5m）行人及混合交通量大的企业，采用上限值，反之采用下限值
	单车道	3～4.5	
计算行车速度/（km/h）		15	
最大纵坡/%		6～10	特殊困难处（下基坑公路、料场公路等）最大纵坡可增加1%～6%，车间引道可增加3%

续表

项目		指标	说明
最小平曲线半径/m	行驶单辆汽车	9	1. 车间引道的最小转弯半径，不小于6m 2. 通行20t以上平板拖车道路最小曲线半径可根据实际需要采用 3. 以上曲线半径均指路面内边缘最小转弯半径
	汽车带一辆拖车	12	
	12～15t平板拖车	15	
	40～60t平板拖车	18	
视距/m	会车视距	30	
	停车视距	15	
	交叉路口停车视距	20	
竖曲线最小半径/m	凸形	100	
	凹形	100	

三、防洪

临时公路路基设计洪水重现期应不低于施工场地的防洪标准。永久公路路基防洪标准不低于25年一遇，永久进厂交通洞等与厂房永久防洪标准一致。

四、路基、路面

应根据地形、地质和使用要求，对路基采用挡墙、护坡、锚固等方式进行加固和防护。路基排水应结合路面排水、路基防护及地基处理，采取防、排、疏等综合措施。

在砂类土、黄土、易风化碎落的岩石和其他不良的土质路堑中，边沟外侧边缘与边坡坡脚之间，宜设置碎落台，其宽度不宜小于0.5m。当边坡适当支护或高度小于2m时，可不设置碎落台。边坡渗水应采取引排措施。

路基压实度可按表表4-2-4的规定选用。

表4-2-4　路基最小压实度（采用重型压实标准）

填挖类别	深度/cm	路基最小压实度		
		一般地区	干旱地区	湿润地区
填方	0～80	0.93～0.95	0.91～0.93	0.91～0.93
	80～150	0.91～0.93	0.89～0.91	0.87～0.89
	＞150	0.91～0.93	0.89～0.91	0.87～0.85
低填方、零填或挖方	0～80	0.93～0.95	0.91～0.93	0.91～0.93

注　1. 低填方系指低于80cm的填方，深度由原地面算起。其他深度均由路槽底算起；
2. 干旱地区系指干燥度大于4，年降雨量小于200mm的地区；一般地区系指干燥度在1～4之间，年降雨量在200～800mm之间的地区；湿润地区系指干燥度小于1，年降雨量大于800mm的地区；
3. 黏性土宜采用下限，砂性土宜采用上限；
4. 对短时段使用的非主要道路的路基，可根据实际情况和施工经验适当降低标准。

五、路面工程

（1）场内施工道路常用路面类型包括水泥混凝土路面、泥结碎石路面、级配碎（砾）石路面及其他路面。主干线道路和永久道路宜采用混凝土路面，非主要道路或其他临时道路可采用泥结碎石路面。

水泥混凝土路面，宜以作用于道路上的最大轴载为设计荷载，按混凝土疲劳强度理论进行设计。路面板及基层厚度可按相关规范要求计算确定。路面基层厚度不应小于20cm，宽度应较混凝土面板每侧至少宽出25cm。在透水性路基或膨胀土路基上的基层，宽度应与路基相同。岩石路基上，不需设置基层，但应根据需要设置砂或碎石平整层，平整层厚可为3～5cm，采用碎石时其粒径应小于20mm。在水文地质不良地段及冰冻地区，基层与路基间宜加砂砾石或碎石垫层，垫层厚度不宜小于15cm。

（2）路面应满足强度、稳定性和使用期限的要求，其表面应平整、密实，且粗糙度适当。

六、桥梁

1. 桥型

场内临时桥梁桥型宜选择结构简单、施工速度快、可回收利用的钢桁架组合桥和悬索桥。对于洪峰历时短的山区性河流可采用漫水桥。

永久布置的跨江桥宜采用钢筋混凝土桥，跨度较小的河流可采用梁桥、拱桥，跨度较大的河流可采用拱桥、刚构桥等型式。

2. 桥位选择

（1）服从生产干线的总方向，并满足线路的一般要求。

（2）考虑施工方便，两岸联系简便，距施工区既近又能满足施工安全的要求，并避免施工干扰，根据工程实践经验，桥址常选在坝轴线下游1～2km处。

（3）考虑主河流及较大支流在施工导流、泄洪等不同水力条件下河道的变化，把桥位选在其影响范围以外或采取相应措施，避免阻滞水流，抬高尾水位以及严重水害事故的发生。

（4）桥位应选在河道顺直、水流稳定，河槽较窄的河段上；桥轴尽量垂直高水位主流方向，避开支流汇合处及回流、浅滩等水流不稳定河段。

（5）有较好的岩层条件，避开溶洞、滑塌等不良地质、水文地质地段。

（6）桥位选择与桥型选择相结合。

（7）满足通航要求。

3. 荷载标准

桥涵的设计荷载标准，应根据水电水利工程施工和运行特点确定。对于超大、超重件的运输通道，应采用实际轴压为验算荷载。

国内部分已建或在建大型水电水利工程桥梁技术参数资料见表4-2-5。

表 4-2-5　　　　国内部分已建或在建大型水电水利工程桥梁技术参数资料

序号	工程项目及桥梁名称	桥梁长度/m	桥面宽度/m	设计及验算荷载标准	桥　型
1	三峡水利枢纽西陵长江大桥	1118.66	12.0+2×1.5	汽-36、挂-120	钢箱梁悬索桥
2	三峡水利枢纽覃家沱大桥	290	16.0+2×1.5	汽-135	三向预应力连续钢构桥
3	三峡水利枢纽永久船闸公路桥	136	16.0+2×1.5	汽-135	钢筋混凝土预应力简支 T 形梁
4	三峡水利枢纽右岸高家冲桥	30	11.0+2×0.5	汽-135	钢筋混凝土拱桥
5	溪洛渡水电站下游永久大桥	387.9	12.5	汽-60、80、挂-200、400	连续钢构和简支箱梁组合桥
6	溪洛渡水电站上游前期桥	265	4.5+0.75×2	汽-54、挂-100	单行索道桥
7	瀑布沟水电站大坝上游公路桥	190	8.5+0.75×2	汽-80、挂-200	钢加劲桁梁悬索桥
8	瀑布沟水电站大坝下游公路桥	160	8.5+0.75×2	汽-40、挂-200	拱桥
9	向家坝水电站金沙江大桥	454	15.0	汽-60 级、挂-650	混凝土拱桥
10	向家坝水电站前期临时过河桥	265	5.94	汽-40、挂车-100	索道桥
11	阿海水电站下游施工桥	170	10+1.5×2	汽-63、挂-120	混凝土拱桥
12	阿海水电站上游索道桥	160	4.5+2×0.75	汽-63、挂-120	索道桥
13	喜河电站索道桥	220	4.0+2×1.0	最大荷载 70t	索道桥
14	白市水电站新建白市大桥	260	8.0+2×1.5	汽-超 20、挂车-200 人群荷载 3.5kN/m²	T 形简支梁桥
15	景洪水电站跨江白塔大桥	258.312	9+2×1.5	汽-62、挂-150	钢筋混凝土拱桥
16	景洪水电站左岸进厂公路桥	约 30	9+2×1.0	汽-62、挂-150	板式桥
17	澜沧江功果桥水电站跨江大桥	主跨 160	9+2×1.0	汽-60、挂-300	混凝土箱型拱桥
18	拉西瓦水电站黄河大桥	244	11.0	汽-80、挂-300	钢管混凝土拱桥
19	拉西瓦水电站伊黑龙沟大桥	150	11.0	汽-80、挂-300	预应力混凝土连续箱梁桥
20	小浪底水利枢纽工程黄河公路大桥	500	14.0	汽-85、挂-120	预应力 T 形梁
21	公伯峡水电站坝下跨黄河大桥	220	16.0	特载-80、挂-250	钢筋混凝土拱桥
22	公伯峡水电站黄泥沟大桥	65.0	12.0	汽-55、挂-250	钢筋混凝土箱梁桥
23	蜀河水电站索道桥	223.2	6.0	汽-60t（水泥罐车）	索道桥
24	官地水电站下游永久桥	213	10.5	汽-60、挂-300	上承式箱型拱桥
25	官地水电站上、下游临时桥	200（150）	4.5	汽-40	索道桥
26	官地水电站大桥沟大桥	210	10.5	汽-40、挂-300	预应力连续箱梁桥
27	湖北潘口水电站工程潘口过河桥	63.5	9.0+2×1.0	汽-60、挂-200	装配式混凝土预应力桥
28	湖南筱溪水电站进场公路桥	约 30.0	7.0+2×1.5	汽车-20、挂-100	浆砌石拱桥
29	西藏鸭嘴河布西水电站布西中桥	42.4	4.5+2×0.5	汽车-60、挂-120	现浇钢筋混凝土 T 形梁式桥

七、隧道

（1）隧道的位置宜避开不良地质地段。隧道内外平、纵线形应合理并满足行车的安全要求，其技术指标应符合表 4-2-2 和表 4-2-3 的规定。

（2）隧道的横断面尺寸应满足施工车辆、机械和超限件运输的要求，还应满足洞内道路设施及附属设施等的要求。等级和设计速度相同的一条线路上的隧道横断面宜采用相同的内轮廓。

对于单车道需要双向行驶的隧道，应根据具体情况设置错车道，错车道的间距不宜超过 300m。

（3）隧道进、出口洞门可采用端墙式、翼墙式、台阶式等形式，也可用明洞延伸到洞外。

（4）对地表水、地下水应妥善处理，使隧道内外形成一个完整通畅的防排水系统。

（5）隧道应按规定设置通风、照明系统，并按交通工程要求设置标志、标线、监控、通信、紧急呼叫、火灾报警、防灾与避难等设施。

第5章 施工工厂设施

5.1 施工工厂设施组成

水电工程施工工厂由以下几部分组成。

一、砂石加工系统

砂石加工系统为提供拌制混凝土等所用的砂石料生产系统。根据骨料料源的不同分为天然料加工系统或人工骨料加工系统。系统通常由破碎、筛分、制砂等车间和堆场等组成。

二、混凝土生产系统

将骨料、水泥等材料拌制成混凝土的生产系统，根据枢纽布置形式、导流方式、施工方案、浇筑设备、施工场地等条件，混凝土生产系统布置由分散和集中两种布置方式。系统主要由拌和楼（站）、骨料储运设备、水泥储运设施、掺和料储运设施、外加剂储运设施、骨料预冷或预热设施和其他辅助设施等组成。

有供求关系的混凝土生产系统宜和砂石加工系统靠近布置，共用成品堆场。

三、混凝土预冷、预热系统

如果工程所在地气温较高，对混凝土浇筑有温控要求的应设制冷系统，对混凝土骨料进行冷却。系统由制冷车间、骨料冷却部分、制冰与加冰部分组成。

如果工程所在地地处寒冷地区，冬季浇筑混凝土时对拌制的混凝土骨料应进行预热。系统由供热车间、骨料预热部分及供热水部分等组成。

混凝土预冷、预热系统是混凝土生产系统的重要组成部分，是混凝土生产系统的重要配套设施，其布置应与混凝土生产系统相结合。

四、综合加工厂

主要生产工程及工程施工过程所需的混凝土预制构件、工程所需用钢筋的加工、非标模板的制作等，由混凝土预制构件厂、钢筋加工厂、木材加工厂组成。

五、供风、供水、供电和通信系统

压缩空气系统主要供石方开挖、混凝土施工、水泥输送、灌浆、机电及金属结构安装所需的压缩空气。供风的方式有分散布置和集中布置，根据用气对象的分布、负荷特点，管网压力损失和管网设置的经济性等综合分析确定。

供水系统主要供工地施工用水、生活用水和消防用水，对水质、水压、水量要求是不同的，可根据施工总布置划分具体供水范围，通过比较选择集中供水还是分散供水方式。

供电系统应保证生产、生活高峰负荷需要，电源选择应结合工程所在地区电源供应和工程具体条件，经过技术经济比较确定。一般优先考虑电网供电，并尽可能提前架设电站永久性输电线路。无法利用电网供电的大型工程，可建设电源电站进行供电，中小型工程可采用自备电源。

施工通信系统应符合迅速、准确、安全、方便的原则，通信系统宜与地方通信网络相结合。

六、金属结构及机电设备拼装厂、机电重大件加工厂、机械修配保养厂

金属结构、机电设备拼装厂主要进行工程所需金属结构、机电设备及施工设备的拼装，应具有足够的拼装场地、必要的仓库和起重运输设备。

重大件加工厂主要进行机电设备中需分瓣或分件运输至工地的重大件机电设备的组焊、加工等，一般在大型水电站工地设置，以设备供应厂家设置的转轮加工厂居多。转轮加工厂对设备基础承载力有较高要求。

机械修配保养厂（站）主要进行设备维修和更换零部件，应尽量减少工地上的设备加工、修理工作量，使机械修配厂小型化、轻装化。

随着机修机械加工服务社会化程度的提高，水电工地专门设厂的情况越来越少，这将是未来的发展趋势。

5.2 砂石加工系统

砂石加工厂通常由破碎、筛分、制砂等车间和堆场组成，同时还设有供配电、给排水和污水处理等辅助设施。根据原料、生产条件和生产工艺的不同，加工厂会有各不相同的组成形式。

5.2.1 系统总体布置

（1）砂石加工系统厂址应考虑料场和混凝土生产系统位置，并结合地形、地质条件进行选择，应避开较大的断层和滑坡等不良地质地段，地基满足基础承载力要求。应充分利用自然地形，尽量利用高差组织料流，降低设施的土建和运转费用。厂址应避免被洪水淹没，主要设施应高出20年一遇洪水位。

（2）厂址宜设在料场（包括开挖利用料料堆）附近。国内大型砂石加工系统，多数设在主料场附近，主要有以下优点：①减少无效运输，降低生产成本，毛料加工成为成品料一般有10%～20%的加工运输损耗及级配不平衡弃料；②成品料可采用带式输送机运输，降低运输成本。

（3）厂址宜靠近交通运输道路、水源和输电线路。水、电供应条件也是选择砂石加工系统厂址的重要因素。向家坝水电站曾对砂石加工系统是布置在料场附近，还是布置在坝区附近进行过比选工作。料场距坝址约30km，料场附近无满足砂石生产需要的水源，需从距料场约15km（高差830m）处的金沙江取水，费用较高，尽管运输成品骨料可减少加工损耗费用，但比选后仍选择综合费用相对较低的坝区附近布置方案。

（4）厂址应避开爆破危险区，应远离城镇和居民生活区，必须在城镇和居民生活区附近设厂时，应采取防护措施，减少噪声和粉尘的影响。

（5）为满足工程施工进度需要，在工程前期可设置小型的临时砂石加工系统，供前期零星工程骨料使用；待主体工程混凝土大规模开工前，主体工程砂石加工系统再投入运行，试运行时间不宜短于1个月。

5.2.2 系统规模

砂石加工系统宜采取每月25d，每日二班（14h）生产，一班维修保养的设计工作制度，能保证砂石加工系统长期、稳定、持续生产。在混凝土浇筑高峰月可采取短期三班制（20h）生产。

当混凝土高峰时段持续时间较短（3个月以内），砂石加工系统生产规模按混凝土高峰时段月平均强度设计较为合理，通过堆场调节和短期三班制生产，能满足工程需要。当混凝土高峰时段持续时间较长，砂石加工系统难以保证长期三班制生产，仅靠堆场调节难以满足工程需要，因此需适当提高砂石加工系统生产规模。砂石加工厂的生产规模通常以小时处理能力表示，并采用成品料生产能力作为校核。

一、小时处理能力

砂石加工系统小时处理能力可按式（5-2-1）、式（5-2-2）计算：

$$Q=\frac{(Q_{mc}A+Q_0)K_s}{T} \tag{5-2-1}$$

$$K_s=K_3K_4K_5K_6K_7K_8K_9[1+\gamma(K_1K_2-1)] \tag{5-2-2}$$

式中　Q——砂石加工厂处理能力，t/h；

T——砂石加工厂月工作时间数，一般按两班制计算为 350h，三班制为 450h；

Q_{mc}——混凝土浇筑设计月强度，m^3，当混凝土连续高峰时段小于（或等于）3 个月时，采用高峰时段的平均月强度，当混凝土连续高峰时段为 4～12 个月，按照高峰月强度计算，相应的不均匀系数取值范围为 1.1～1.3；

A——每立方米混凝土的骨料用量，无试验资料时可取 2.15～2.2t/m^3；

Q_0——工程其他砂石料的月需要量，t；

K_s——包括级配不平衡弃料在内的运输、堆存、加工、浇筑的总损耗补偿系数，与原料的种类、采运、加工工艺及生产管理水平有关，可按表 5-2-1 所列数值依式（5-2-2）计算；

K_1——石粉流失补偿系数，对人工骨料，与原岩岩性、制砂设备及成品内允许的石粉含量有关，灰岩原料可取较大值，花岗岩等火成岩可取较小值，允许人工砂石粉含量较低时取高值，否则取低值，当以破碎方式制砂时取低值，以棒磨机制砂时取高值。对天然骨料，含泥量大或砂料偏细，须废弃部分细砂以改变级配时取大值，粗砂改细或制砂补充粗砂改善级配时取较大值；

K_2、K_4、K_6——均包括运输、堆储中的损耗；

K_3——骨料加工损耗补偿系数，对人工骨料，系指有石屑回收利用设施者，对天然砂砾料，原料较干净的取较小值，中等难洗的或含泥量大、砂子偏细时取较大值；

K_5——预洗损耗补偿系数，无预洗工艺取 1.0，否则取较大值；

K_7——级配不平衡时为弃料补偿系数，由平衡计算确定，一般不超过 1.2；级配偏粗、采取调整措施时取 1.0；

K_8——成品骨料储运损耗补偿系数，转运环节多，混凝土系统设二次筛分时取大值；

K_9——混凝土运输浇筑损耗补偿系数；

γ——平均砂率，大体积混凝土工程砂率平均值为 0.25～0.30，薄壁和水下工程平均为 0.30～0.35。

表 5-2-1　　砂石运输加工损耗补偿系数

项目		代号	人工骨料	天然骨料	
				有级配调整设施	无级配调整设施
制砂和洗砂	石粉流失	K_1	1.15～1.25	1.10～1.30	
	储运	K_2	1.01～1.02	1.01～1.02	
	小计		1.16～1.28	1.11～1.33	
筛洗或中细碎	冲洗	K_3	1.02～1.03	1.03～1.05	1.05～1.15
	转运	K_4	1.01～1.02	1.01～1.02	1.01～1.02
	小计		1.03～1.05	1.04～1.07	1.06～1.17
粗碎或超径处理	冲洗	K_5	1.02～1.05	1.02～1.05	1.02～1.05
	转运	K_6	1.01～1.02	1.01～1.02	1.01～1.02
	小计		1.01～1.07	1.01～1.07	1.02～1.07
级配不平衡		K_7	1.0	由平衡计算确定	
成品骨料储运		K_8	1.00～1.03		
混凝土运输浇筑		K_9	1.01～1.02		
合计		K_s	1.13～1.30	（1.14～1.25）K_7	（1.10～1.27）K_7

二、成品骨料生产能力

成品骨料设计生产量 Q_f 根据式（5-2-3）计算。根据设计级配将 Q_f 分解为各径级骨料的设计生产量，这是检验砂石加工厂是否满足生产总量和级配要求的依据。

$$Q_f=\frac{(Q_{mc}A+Q_0)K_8K_9}{T} \tag{5-2-3}$$

式中　Q_f——砂石加工厂成品生产量，t/h；

K_8——成品骨料储运损耗补偿系数，在 1.00～1.03 之间，转运环节多，混凝土系统设二次筛分时取大值；

K_9——混凝土运输浇筑损耗补偿系数，在 1.01～1.02 之间。

5.2.3　流程设计

流程设计包括加工流程的制定和流程量的计算，流程设计和破碎筛分设备选型是密切相关的，制定加工流程与作流程计算时，实际上就要选择相应的破碎筛分设备类型。最终设备规格和数量的选定又是以流程量计算结果为依据。加工流程制订应结合原料状况、生产要求、破碎筛分设备的性能特点等综合考虑，灵活配置，并通过流程计算进行调整、优化。

5.2.3.1　流程设计原则

（1）满足各类成品砂石生产能力及品质要求。

（2）适应不同时期各级骨料需用量的变化，工艺调整灵活。

（3）各段破碎的设备配置和负荷分配宜相对均衡。

（4）砂石加工系统宜采用部分筛分效率法进行工艺流程计算，总筛分效率取值不低于 90%。

（5）大型砂石加工系统宜采用湿法加工工艺，并配置石粉回收设备。若采用干法加工工艺时，应有解决粗骨料裹粉、细骨料石粉控制及细度模数调整、加工粉尘污染等问题的技术措施。

（6）砂石原料的含泥量超过标准应进行冲洗，含有黏性泥团应配置专用洗石设备。

（7）大型人工砂石加工系统，如无同类岩性加工试验资料可供借鉴，应进行骨料生产性试验。

5.2.3.2　典型流程

一、天然砂石料加工流程

（1）简单开路工艺流程：适合于天然砂石料级配与混凝土

需用骨料级配比较接近，直接利用率在 90%以上情况。如图 5-2-1（a）所示。

（2）闭路生产流程：当天然砂石料级配与混凝土需用级配差异较大时，需增设破碎设施工艺进行调整，能按需用级配生产粗骨料。如图 5-2-1（b）所示。

（3）补充人工砂的闭路生产流程：与图 5-2-1（b）相比增设了补充人工砂工序，用于砂料不足或级配不佳的情况。如图 5-2-1（c）所示。

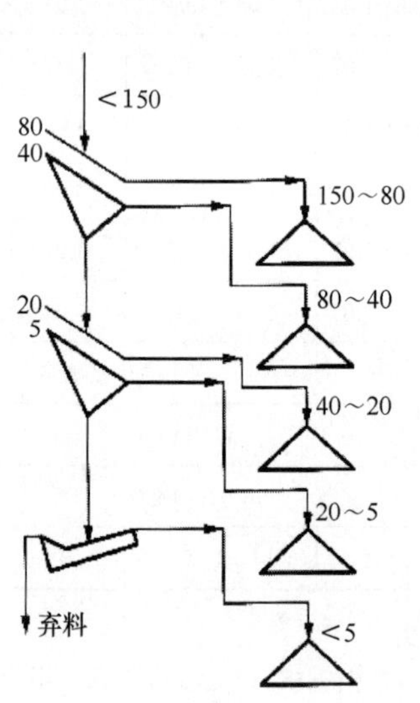

（a）简单筛分工艺流程（单位：mm）

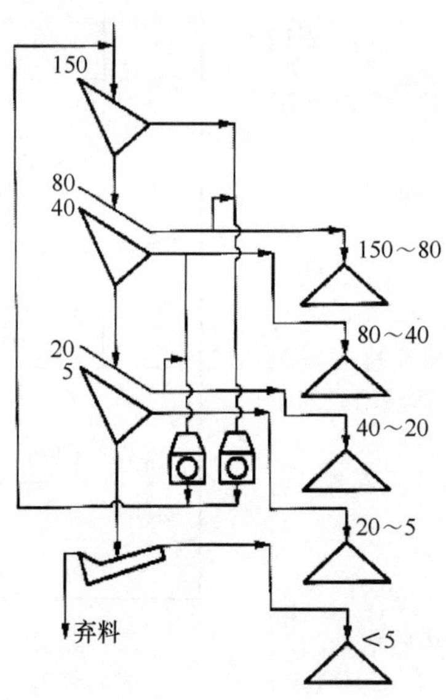

（b）调整级配的典型工艺流程（单位：mm）

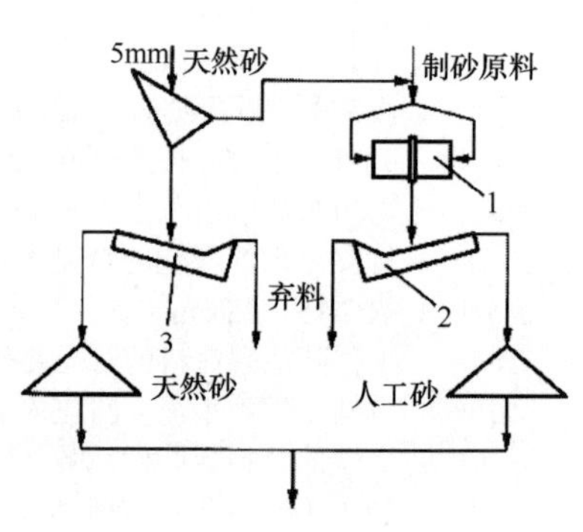

（c）补充人工砂工艺流程

图 5-2-1　天然砂石料的加工流程

1—棒磨机；2—螺旋分级机；3—螺旋洗砂机

二、人工砂石料加工流程

1. 粗骨料生产

（1）闭路生产典型流程：闭路生产，各粒径分布均匀，产品质量较好，级配可按需生产，是人工骨料生产中的典型流程。如图 5-2-2（a）所示。

（2）开路生产流程：各级产品中的多余石料经中碎后成为小石，细碎后连同小于 5mm 的石屑作为制砂原料。如图 5-2-2（b）所示。

（3）开路生产流程中含局部闭路：可控制制砂原料的最大粒径。如图 5-2-2（c）所示。

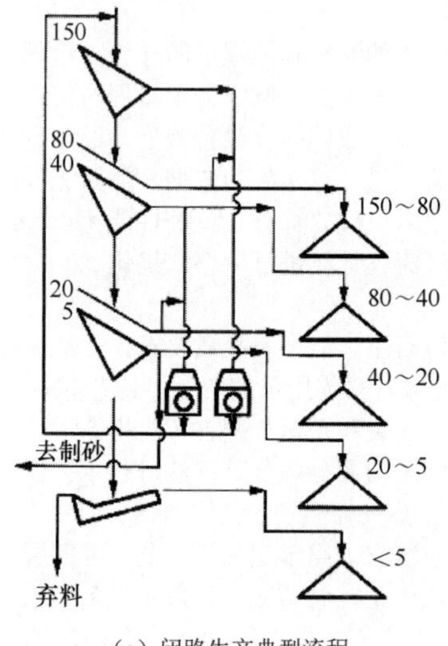

（a）闭路生产典型流程

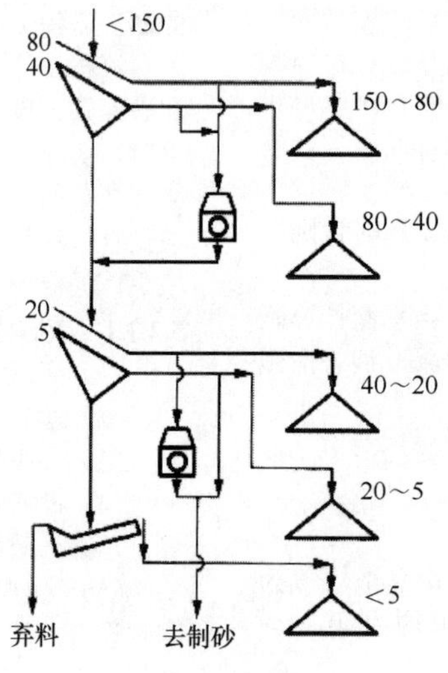

（b）开路生产流程

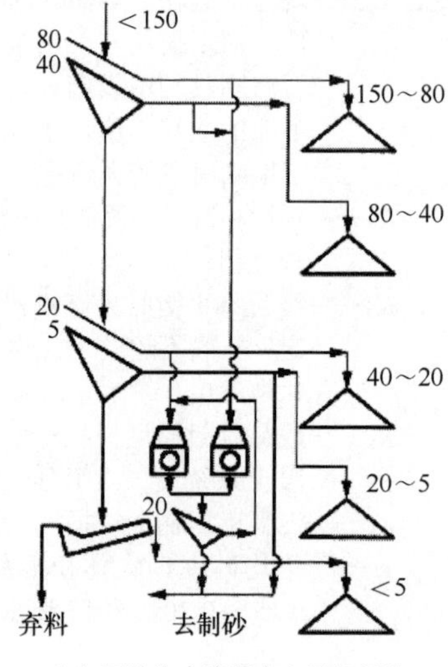

（c）开路生产流程中含局部闭路

图 5-2-2　碎石生产典型工艺流程

2. 人工制砂

目前，超细碎破碎机和冲击式破碎机因为制砂效率高，耗能低，被广泛应用。而以往常采用的棒磨机虽然制砂效率低，但由于其制砂产品粒度均匀、级配有规律性、质量稳定、粒形好、软硬岩石均适用的优点，仍在局部使用，大多与上述两种设备联合制砂，以调节制砂质量。人工制砂的 3 种典型流程如图 5-2-3 所示。

图 5-2-3（a）为典型的棒磨机制砂工艺流程；图 5-2-3（b）为超细碎破碎机制砂工艺流程；图 5-2-3（c）为超细碎破碎机或冲击式破碎机制砂为主，棒磨机辅助制砂以调整细度模数的典型工艺流程。

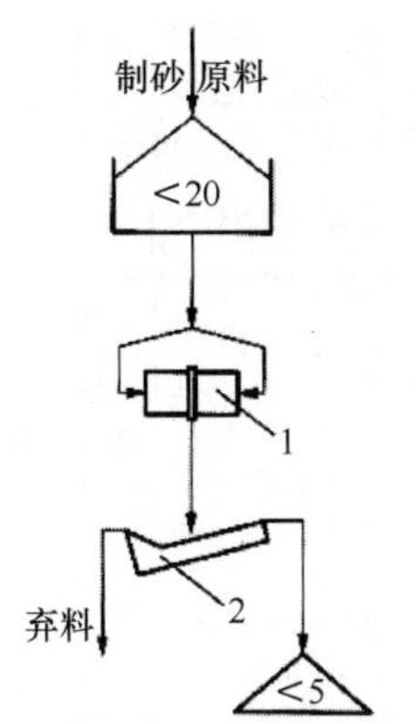

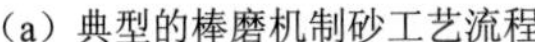

（a）典型的棒磨机制砂工艺流程

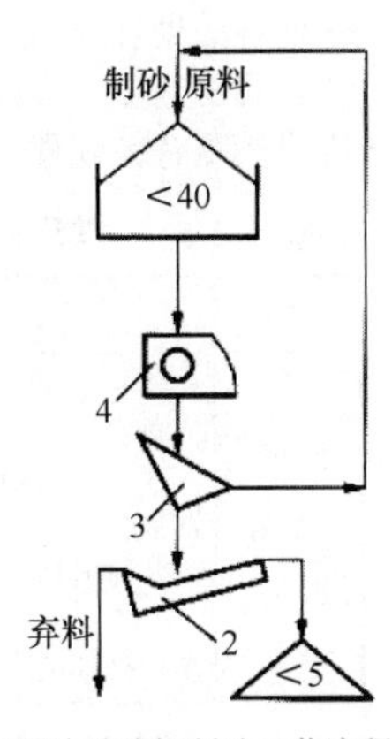

（b）超细碎破碎机制砂工艺流程

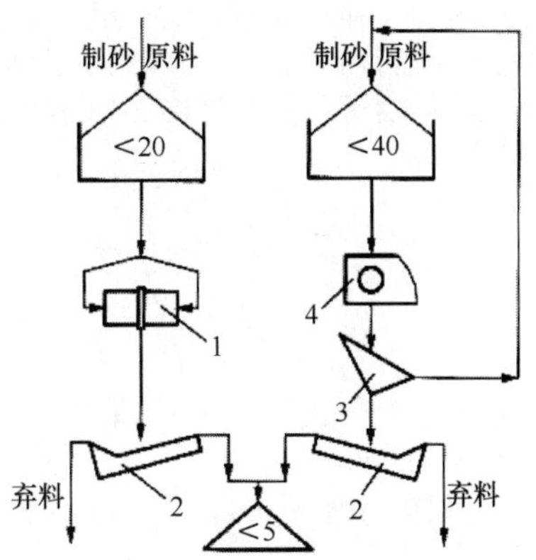

（c）超细碎破碎机或冲击式破碎机制砂为主，棒磨机辅助制砂工艺流程

图 5-2-3　人工制砂的典型流程

1—棒磨机；2—螺旋洗砂机；3—振动筛；4—破碎机

3. 筛洗及水处理

砂石加工系统应特别重视水的回收和废水处理。冲洗用水量粗估时可采用 1～2m^3/t，其中：天然砂石骨料加工系统的单位用水量根据骨料的干净程度变化较大，平均每吨砂石料的冲洗用水量约在 0.8～1.8t；人工骨料加工系统的单位用水量则更大一些，平均 2.5t 左右。国内几个工程砂石加工系统筛洗厂的实际冲洗用水量统计见表 5-2-2。

表 5-2-2　国内几个工程砂石加工厂实际冲洗用水量参考表

工　程　名　称	砂石料性质	冲洗水压力/MPa	每吨砂石料的冲洗用水量/t
丹江口	天然砂石料	2	0.8～1.0
陆水蒲坊	人工碎石	2	1.0～1.33
乌江渡	人工砂石料	2	2.67
刘家峡	陆地天然砂石料	2～3	1.33
三门峡	天然砂石料	2～3	1.66～1.87
新安江	天然砂石料	2～3	0.67
柘溪	天然砂石料		2
五强溪	人工砂石料	2.5	2.5
三峡工程下岸溪	人工砂石料	2.5	2.5

从上述指标看，砂石加工系统的用水量特别大，因此，需考虑废水回收利用。通过沉淀处理，约 80%左右的废水可再利用，这样，就可大幅度减小用水量。

一般砂石加工厂的水回收与废水处理常常结合在一起，合并考虑。其典型工艺流程为：加药→预沉池沉淀→沉淀池沉淀→水回收利用→废渣干化处理。

三、典型事例

功果桥水电站为碾压混凝土重力坝、地下厂房布置方案，采用工程开挖的砂岩进行人工破碎作为混凝土骨料，砂石加工系统的生产能力 900t/h 计算，每天两班制生产，每天产量为 7875m^3。

考虑到砂岩具有抗压强度相对较高、磨蚀性较大、粒形差等特点，以及人工砂的分级处理、补充提高砂料石粉含量、脱水工艺的要求，将工艺流程设计为粗碎、中碎、细碎、超细碎（制砂）四段破碎，其中粗碎开路生产，中碎、细碎、超细碎（制砂）设有闭路调节的工艺流程，第一筛分为湿法生产，制砂采用立式冲击破碎机与棒磨机联合制砂，人工干砂采用高频筛进行分级，并设有细砂回收装置。在实际生产中，通过不断的工艺调整，较好地完成了全砂岩骨料的加工。

5.2.3.3　流程计算

流程计算有部分筛分效率法和简易计算法两种，与简易计算法相比，部分筛分效率法计算结果比较准确，因此，宜采用部分筛分效率法进行流程计算，筛分效率不宜低于 90%。流程计算遵循以下几个原则：

（1）进入和流出作业的物料总重量相等。

（2）对于筛分、混合、分流作业，进入和流出的物料任一粒径级的重量相等。

（3）对于破碎作业，破碎机排料的粒度按破碎特性曲线分布。

（4）人筛物料中所含的筛下物径级的过筛量，遵循部分筛分效率原则。破碎产品的粒度特性曲线是流程计算的必要条件，一般有以下几个来源：

1）试验数值。

2）产品样本。

3）典型粒度曲线。

筛分效率为筛下物料中小于筛孔尺寸的物料含量与人筛物料中小于筛孔尺寸物料含量的比值。在计算中常先根据经验人为设定，试算出结果，检验逊径指标，再进行调整、试算，直至满足要求。筛分效率固定筛一般只能达到 50%～70%，圆筒筛约 60%，对于振动筛筛分效率 E 的取值，不应高于按式（5-2-4）估算的数值。

$$E=eK_1K_2K_3 \tag{5-2-4}$$

式中　e——一般条件下的筛分效率，对顺转斜筛取 0.87，逆转斜筛取 0.92，直线振动筛取 0.90；

K_1、K_2、K_3——修正系数，见表 5-2-3。

表 5-2-3　筛分效率修正系数

倾角修正系数	倾角/（°）	<12	15	18	21	24		
	K_1	1.03	1.02	1.00	0.96	0.90		
筛下物含量修正系数	含量/%	20	30	40	50	60	70	80
	K_2	0.86	0.90	0.91	0.97	1.00	1.015	1.02
筛下物中小于筛孔孔径之半含量的修正系数	含量/%	20	30	40	50	60	70	80
	K_3	0.90	0.91	0.98	1.00	1.01	1.02	1.03

入筛物料中某一粒径级物料的筛分效率，叫做部分筛分效率。流程中第 N 号筛网对于入筛物料中小于粒径 d 的物料的部分筛分效率以 $E_{N_1}^{-d}$ 表示，可按式（5-2-5）计算。

$$E_N^{-d}=1-\frac{K\left(\frac{d}{D}\right)^{\alpha}}{\alpha+K} \tag{5-2-5}$$

$$\alpha=\frac{KE}{1-E} \tag{5-2-6}$$

式中 K——粒度特性参数，见表 5-2-4；

D——筛网尺寸；

E——本筛网的筛分效率。

表 5-2-4　破碎产品典型粒度特性参数 K 值

岩石的可碎性	旋回破碎机	颚式破碎机	标准圆锥破碎机	短头圆锥破碎机
难碎岩石	1.32	1.00	1.57	1.42
中等可碎岩石	0.79	0.64	0.85	1. 2
易碎岩石	0.44	0.34	0.54	0. 87

表 5-2 是按传统设备的典型粒度曲线计算出的结果，当选用新型设备或岩性特殊时可用厂商提供的或破碎试验取得的对数坐标粒度特性曲线进行推算。方法是在特性曲线的直线（或近似直线）段上选择粒径相差最大（或相差一倍）的两点（d_2，y_2）和（d_1，y_1），按式（5-2-7）计算 K 值。

$$K=\frac{\lg y_2-\lg y_1}{\lg d_2-\lg d_1} \tag{5-2-7}$$

其中，y_2、y_1 分别为破碎产品中小于 d_2、d_1 粒径的含量，以小数表示。由于小于筛孔之半粒径的物料部分筛分效率一般均达到或接近 100%，因此，为简化计算，可将小于筛孔之半粒径的物料部分筛分效率设为 100%。

对于简单筛分，开路破碎生产流程可按以上原则直接列式计算出各流程量和粒度组成。而对于较为复杂的闭路流程，则往往需联立线性方程来解算。对于逊径可通过试算，调整筛分效率再试算直至得到满意的结果。工程实践中常采用放大筛孔（一般放大 10%）增加部分超径的办法来减少逊径。复杂的流程计算可通过专用流程模拟软件来解算。

5.2.4　主要设备选型

设备的选型应结合工艺流程、生产条件综合比较选定。设备数量的确定应计入适当的负荷系数，粗碎设备一般取 0.65～0.75，筛洗、中细碎及以破碎方式制砂的破碎设备取 0.75～0.85，制砂棒磨机取 0.85～0.9。

一、破碎设备

破碎设备选型应根据料源的可碎（磨）性、磨蚀性和给料粒径选择合适的类型。

粗碎设备一般选用旋回破碎机或颚式破碎机，较软的岩石亦可用反击式破碎机。

中细碎破碎设备一般选用圆锥破碎机或冲击式破碎机。圆锥破碎机是常用的二破和三破设备，超细圆锥破碎机、锤式和反击式破碎机、立轴冲击式破碎机（巴马克、Ⅵ系列等）等是常用的制砂设备。

常用破碎机类型、特点和适用范围见表 5-2-5。

目前，在国内水电工程的中、小型砂石加工厂基本实现了全国产设备的使用。在部分大型砂石加工厂系统中选择了部分国外设备。常用破碎机的规格、性能见表 5-2-6～表 5-2-9。破碎设备的处理能力与破碎料的物理性能、破碎机类型、规格、性能及工艺要求等因素有关。如没有试验资料，可参考厂家资料或按照有关规程提供的计算公式进行计算。

表 5-2-5　常用破碎机类型、特点和适用范围

类型	特　点	适用范围
颚式破碎机	主要型式有双肘简单摆动和单肘复杂摆动两种。 优点：结构简单，工作可靠。自重较轻，价格低，外形尺寸小，配置高度低，进料口尺寸大，排料口开度容易调整。 缺点：衬板容易磨损，产品中针片状含量较高，处理能力低，一般均需配置给料设备	能破碎各种硬度岩石，广泛用作各类砂石加工厂的粗碎设备。小型颚式破碎机亦可用作中碎设备
颚式破碎机	一般有重型和轻型两类，其动锥的支承方式又有普通型和液压型两种。 优点：处理能力大，相同排料口开度的处理能力较颚式破碎机大 1.5～2.0 倍。产品的粒形好，单位产品的能耗低，大中型机可挤满给料，无需配给料设备。 缺点：结构复杂，自重大，机体高，价格贵，维修复杂，土建工程量大，允许进料尺寸小，大中型机要设排料缓冲仓和给料设备	重型适于破碎各种硬度岩石，轻型适于中硬以下岩石。一般用作大型砂石厂的粗碎设备，小型机亦可用作中碎
颚式旋回机	具有颚式破碎机进口大，旋回破碎机处理能力高的优点，但目前产品不宜破碎坚硬和黏性大的岩石	可用作中硬岩石的粗碎设备
圆锥破碎机	有标准、中型、短头三种破碎机，有弹簧和液压两种支承方式。 优点：工作可靠，轻便，扬尘少，不宜过粉碎。 缺点：结构和维修都较复杂，机体高，价格贵	适于破碎各种硬度的岩石，是砂石厂中最常用的中细碎设备
超细圆锥破碎机	结构和普通圆锥机类似，其破碎腔比短头窄且长，产品粒度比短头细，处理能力较棒磨机高，能耗，钢耗低，是新型制砂设备。但生产的人工砂粒径偏粗	适于干式制砂
锤式破碎机	有单转子、双转子、可逆和不可逆式，锤式铰接和固定式，单排、双排和多排圆盘等型式，砂石厂常用的是单转子、铰接、多排圆盘的锤式破碎机。 优点：破碎比大，产品细、粒型好，产量高。 缺点：锤头易磨损，更换维修量大，扬尘严重，不适于破碎含水量在 12%以上的物料和黏性的物料	适于破碎中硬岩石：如石灰岩，白云石有篦条时，用于制砂，无篦条时用于制作细砂
反击式破碎机	有单转子和双转子，单转子又有可逆和不可逆式，双转子则有同向和异向转动等型式，砂石厂常用单转子不可逆式破碎机。 优点：破碎比大，产品细，粒型好，产量高，能耗低，结构简单。 缺点：板锤和衬板容易磨损，更换和维修工作量大，扬尘严重，不宜破碎塑性和黏性物料	适于破碎中英岩石，用于做中细碎和制砂设备

表 5-2-6　常用国产鄂式、旋回、圆锥破碎机类型、规格和性能表

类型	破碎机规格/mm	最大给料尺寸/mm	排料口范围/mm	功率/kW	处理能力/(t/h)
复杂摆动颚式破碎机	400×600	340	35～70	30	21～42
	500×750	400	55～100	55	44～80
	600×900	500	65～170	80	78～204
	900×1200	750	100～200	110	180～360
	1200×1500	1000	130～200	200	325～525
	1500×2100	1250	170～240	310	580～815

续表

类型		破碎机规格/mm	最大给料尺寸/mm	排料口范围/mm	功率/kW	处理能力/（t/h）
简单摆动颚式破碎机		900×1200	750	110～180	110	165～270
		1200×1500	1000	130～200	170～180	260～400
		1500×2100	1250	170～220	260～280	460～600
旋回破碎机		PX500/60	420	60～75	130	140～170
		PX700/100（轻型）	580	100～120	130	200～240
		PX700/100	580	100～130	145	310～400
		PX900/130（轻型）	750	130～150	145	350～400
		PX900/130	750	130～160	200/210	625～770
		PX1200/150（轻型）	1000	150～170	200/210	600～680
		PX1200/150	1000	150～220	310/350	1170～1720
		PX1400/170	1200	170～230	400/430	1750～2370
		PX1600/180	1350	180～240	～600	2400～3200
		PX1850/220	1550	220～280	～800	4000～5000
圆锥破碎机	标准型	900	115	15～40	55	38～100
		1200	150	20～45	110	80～180
		1750	215	25～50	～155	210～425
		2200	300	30～55	280/260	450～825
		3000	350	35～60	～540	875～1380
	中型	600	60	5～15	28	5～15
		900	75	6～20	55	16～56
		1200	100	9～25	110	40～110
		1750	185	15～30	～155	140～280
		2200	230	15～35	280/260	250～580
		3000	260	20～40	～540	550～1100
	短头型	900	40	4～12	55	16～48
		1200	50	5～13	110	33～85
		1750	85	7～14	～155	100～200
		1750	50	6～14	155	95～220
		2200	100	8～15	280/260	190～360
		2200	60	7～15	280/260	180～390
		3000	120	10～20	～540	350～700

表 5-2-7　常用国产锤式破碎机规格及性能

规格/mm	进料口尺寸/mm	最大给料粒径/mm	出料篦缝宽/mm	处理能力/（t/h）	功率/kW	设备重量/t
单转子	ϕ320×250	100	15	12～15	18.5	1.2
单转子	ϕ320×251	（300）	25	25	40	2.84
单转子	ϕ320×252	100	10	18～24	55	2.53
单转子	ϕ320×253	（600）	28	40	14	
单转子	ϕ320×254	80	13～40	20～50	155	6.7
双转子	ϕ320×255	350	＜15	30	40	19
单转子	ϕ320×256	250	＜19	200	240	20.62
单转子	ϕ320×257	150	＜21	150～200	200	31.21

续表

规格/mm	进料口尺寸/mm	最大给料粒径/mm	出料篦缝宽/mm	处理能力/（t/h）	功率/kW	设备重量/t
单转子可逆	ϕ320×258	80	＜20	120～200	370/380	17.2
单转子	ϕ320×259	80	＜20	120	200	10.7
单转子	ϕ320×260	350	＜25	360	480	26.6
单转子	ϕ320×261	450	＜20	60	130	35.5
单转子	ϕ320×262		＜10	0.9～2.7	5.5	0.62

表 5-2-8　常用国产反击式破碎机规格及性能

规格/mm	进料口尺寸/mm	最大给料粒径/mm	出料粒径/mm	处理能力/（t/h）	功率/kW	设备重量/t
单转子 ϕ500×400	320×250	100	0～20	4～8	7.5	1.35
单转子 ϕ1000×400	670×400	250	0～30	15～30	40	6.32
单转子 ϕ1250×1000	1000×550	250	0～50	40～80	95	15.22
单转子 ϕ1600×1400	1400×900	500	0～30	80～120	155	35.6
双转子 2PF～1010 2－ϕ1000×1000		450	0～20	60～80	55 75	22.33
双转子 2PF～1212 2－ϕ1250×1250	1180×1320	850	0～20	100～140	130 155	53

表 5-2-9　巴马克（Barmac）石打石立轴冲击式破碎机规格与性能

规　格	最大给料粒径/mm	重量/t	功率/kW	处理能力/（t/h）
B3100	20	1.12	11～15	5～23
B5100	32	3.55	37～55	20～96
B6100	43	6.16	75～110	43～215
B7100	50	9.25	132～185	85～400
B8100SD	60	12.86	220～300	115～600
B8100DD	60	15.37	220～300	115～600
B9100	60	15.95	370～600	263～479
B9100XHD	66	17.15	370～600	420～575

二、筛分机

水电工程骨料分级目前常采用的是以偏心块产生离心力的惯性普通振动筛，并广泛采用座式圆振动筛。直线振动和折线等厚筛在小粒径级（小于 20mm 或小于 5mm）的筛分中也少量应用。

目前，国内外正在研究用细筛替代传统的螺旋分级机和水力旋流器进行湿式分级。

三、棒磨机

制砂用棒磨机通常采用两端轴孔进料，中间边孔排料型，产品粉粒较少，是目前广泛采用的制砂设备，国内使用最多的规格为ϕ2100mm×3600mm。我国棒磨机制砂基本上都采用湿法生产。

棒磨机制砂产品的细度模数易于控制，而且产品中粉粒较少，在以冲击式破碎机制砂为主的砂石厂中配套使用，可有效控制人工砂的细度模数、石粉含量等。

影响其处理能力的因数很多，处理能力一般可按实践资料比照选用。国内几个工程ϕ2100mm×3600mm棒磨机生产试验数据表明：棒磨机的单台处理能力在26～45t/h之间。

5.2.5 车间、设施配置要点

一、粗碎车间

（1）破碎机前宜设相当于15～30min的处理量或50～100t左右的受料仓，对于汽车卸料方式，最小不应少于两车的容积。对于处理量较小（比如少量超径处理）的颚式破碎机也可不设受料仓。

（2）颚式破碎机由汽车、火车或装载机供料时，应在受料仓下设给料机给料，现在常用重型振动给料筛给料，块度较小时也可用槽式给料机给料。

（3）旋回破碎机下应设缓冲料仓，其容量不应小于2～3车的容积。

（4）缓冲仓排料应布置两台给科机，以向出料胶带机均匀给料。给料机常用惯性振动给料机或槽式给料机。

二、中细碎车间

（1）中细碎设备宜设置在同一车间内。

（2）如果设备允许的话，圆锥破碎机应采用挤满给料方式给料，以充分发挥设备能力并取得好的粒形。这种情况应配给料设备（带式给料机或振动给料机），并设容量不小于15min生产量的调节料仓。

（3）中细碎前宜设金属探测和除铁装置。

三、筛分车间

（1）筛分车间前宜设调节分料堆，以使筛机受料均匀，工作连续。

（2）采用冲水筛分工艺的筛分车间，小于5mm的渣料需采用脱水设备分离，一般多选用砂石料专用的宽尾堰螺旋洗砂机。当冲洗水量较大时，还应配用有效的浓缩设备，以避免砂料的流失。

（3）筛分车间噪声较严重，应设隔音值班室。

四、制砂车间

（1）棒磨机制砂一般采用三班连续工作制，调节仓应有8～24h的生产储备容量，调节仓应有防雨和排水设施，以保证原料含水量的稳定。

（2）向制砂设备给料应配备能方便调节给料量的给料设备。较常采用的是变频调速器控制的惯性振动给料机或胶带给料机。

（3）棒磨机两端进料量应保持均衡，一般采用带均衡分料装置的双叉溜槽给料。均衡分料装置常用的有摆动式分料斗和格式分料器两种。

（4）砂料的分级（去粉）脱水是制砂的最后一道工序，通常由螺旋洗砂承担，将棒磨和排出的料浆直接送螺旋机分级脱水。当需要除去更多石粉时需向螺旋机补加一定水量。

五、储运设施

（1）砂石料的总储量可按高峰时段砂石需用量月平均值的50%～80%确定，汛期、冰冻期停采时应按停采期砂石料需用量的1.2倍校核储备量。砂石的总储量一般不宜少于高峰期10d的用量。

（2）为保证砂料的自然脱水效果，成品砂堆场总储量一般宜达到设计强度7d以上的用量，并采取堆存→脱水→装运分仓轮换的运作方式。湿法制砂，成品砂堆场隔仓不宜少于3个。

（3）碾压混凝土用砂和常态混凝土用砂宜分开堆存。

5.3 混凝土生产系统

5.3.1 混凝土生产系统总体布置

5.3.1.1 系统设置方式

混凝土生产系统可集中布置，也可分散布置。在下述条件下宜分散布置。

（1）工程规模较大，枢纽建筑物分散且相对独立，混凝土浇筑强度高，考虑工程分标和运行管理要求需分设混凝土系统的工程。

（2）混凝土用料点高差悬殊或坝区两岸混凝土运输线不能沟通，混凝土运距远，运输困难。

（3）砂石料场分散，集中布置时骨料运输不便或不经济。

从目前水电工程建设管理看，由于实行招投标制建设，混凝土系统大多设置数量2个或以上，主要的土建标段大多单独设置。

5.3.1.2 系统位置的选择

一、与主体工程的距离及相对位置

混凝土生产系统位置主要依地形条件而定，但必须充分合理地利用地形特点，必要时可以改造天然地形，满足工艺技术布置的要求，尽量减少土石方工程量。

拌和楼位置在不影响主体工程施工和不受爆破影响的前提下，应尽量靠近浇筑地点，缩短混凝土运输距离，以便充分利用混凝土初凝的有效时间，保证混凝土浇筑质量，提高运输效率。对有温控要求的混凝土运输距离越近，温度回升或热量损耗也就愈小。根据对国内部分水电工程调查统计资料分析，拌和楼距坝轴线直线距离以200～500m为宜。但由于地形或其他条件限制，也可选择在1000m左右或更远一些。

水电工程混凝土生产系统大多数设在大坝下游，水库度汛期间或蓄水后系统不受影响，仍维持运行。经研究比较，在蓄水前能完成生产任务的系统，也可选择在大坝上游，如三峡工程在左岸上游高程90m处设一混凝土系统，主要为加快施工进度，供应上游部分混凝土，下闸蓄水前拆除。

二、应靠近交通主干线

系统交通运输线主要是指运输原材料和设备进场用的公路、混凝土上坝运输专用线，靠近交通主干线符合原材料进料和混凝土出料的运输线路布置要求。

三、适应地形、地质要求

利用自然地形高差，采取阶梯式布置系统，可缩小厂内距离，布置紧凑，减少开挖工程量。部分工程的骨料储存罐可利用地下洞室修建，减少占地和减少边坡开挖。为减少基础处理工程量，系统的大型建筑物如拌和楼、制冷楼、水泥罐等最好坐落在基岩上或满足承载力要求的软基上，但不宜建在新回填的土石基础上。

四、对混凝土系统的要求

混凝土系统应统筹兼顾工程前、后期施工需要，避免中途搬迁，与永久建筑物不发生干扰。

5.3.2 混凝土生产系统规模

水电工程混凝土生产系统规模划分标准见表5-3-1。基本生产规模应根据施工进度安排的高峰浇筑强度来确定，混凝土生

产系统。

表 5-3-1　　混凝土生产系统规模划分标准

规模定型	小时生产能力/（m^3/h）	月生产能力/（万 m^3/月）
大型	＞180	＞6
中型	45～180	1.5～6
小型	＜45	＜1.5

根据施工进度安排的施工高峰浇筑强度计算选择拌和楼生产能力，并按设计浇筑安排的最大仓面面积、混凝土初凝时间、浇筑层厚度、浇筑方法等条件校核所选拌和楼的生产能力。

混凝土生产系统高峰期运行按月有效生产时间 25d，每天工作小时数 20h 计算。

一、按高峰月浇筑强度计算的基本生产能力

根据设计进度排出的高峰月浇筑强度，可采用式（5-3-1）计算混凝土生产系统的小时生产能力：

$$P=\frac{Q_m}{MN}K_h \tag{5-3-1}$$

式中　P——混凝土系统所需小时生产能力，m^3/h；

Q_m——高峰月混凝土浇筑强度，m^3/月；

M——月工作日数，d，一般取 25d；

N——日工作时数，h，一般取 20h；

K_h——小时不均匀系数，一般取 1.3～1.5。

二、校核生产能力计算

当同时浇筑的各浇筑块面积较大或单块混凝土仓面面积较大时，应按施工仓面强度复核混凝土生产系统能力。计算公式如下：

$$P\geqslant K\frac{\Sigma(F\delta)_{max}}{t_1-t_2} \tag{5-3-2}$$

$$t_2=\frac{L_{max}}{v}+t_3$$

$$\Sigma(F\delta)_{max}=(F_1\delta_1+F_2\delta_2+\cdots+F_n\delta_n)_{max}$$

式中　P——混凝土系统拌和楼所需生产能力，m^3/h；

K——浇筑生产不均匀系数（一般为 1.1～1.2），当开仓浇筑量大时取大值，反之，取小值；

$\Sigma(F\delta)_{max}$——同时浇筑的各浇筑块面积（或一次浇筑的最大块面积）与浇筑分层厚度乘积的最大总值，m^3；

$F_1+F_2+\cdots+F_n$——同时开仓浇筑的各块面积，m^2；

$\delta_1+\delta_2+\cdots+\delta_n$——同时开仓浇筑的各块浇筑分层厚度，m，一般在 0.3～0.5m 之间；

t_1——混凝土初凝时间，h，按有关水工混凝土技术规范和试验资料确定，在未掺缓凝剂时，一般在 2～4h 之间，浇筑外界气温大于 20℃时取低值；

t_2——混凝土从拌和楼出机到最远浇筑点浇筑入仓的时间，h；

L_{max}——从拌和楼到浇筑点最长运距，km；

v——混凝土运输工具的平均行驶速度，一般取 10km/h；

t_3——从运输工具吊运混凝土料罐到浇筑地点的时间，h。

三、特殊混凝土生产规模计算

混凝土系统生产碾压混凝土等特殊混凝土时，只影响选择拌和楼（站）的类别及规格型号，对混凝土生产规模不影响。但碾压混凝土与常态混凝土同时生产时，还应复核其同步生产能力。

预冷混凝土与常规混凝土共用一个生产系统生产，系统设计生产规模应既满足低温混凝土强度需要，也要满足常规混凝土浇筑强度的需要。

5.3.3　混凝土生产系统工艺流程与设备选型

5.3.3.1　工艺流程设计

（1）工艺流程设计应满足不同时段、不同级配、不同强度等级、不同温度控制标准混凝土的浇筑强度及品质要求。

（2）大型混凝土生产系统以及配合骨料预冷、采用混合进料的拌和楼，宜在拌和楼顶加设筛分设备，对骨料进行二次筛分，可将骨料超逊径率降至最低，而且基本能保持各料仓料位平衡，有利于提高仓内风冷骨料效果，并可减少进料带式输送机的换料时间。

（3）大型混凝土生产系统内的水泥、掺和料运输宜采用气力输送方式。

5.3.3.2　主要设备选用

一、选用原则

（1）应根据工程规模，使用期长短，产量要求，混凝土强度等级、级配，骨料最大粒径，水泥、掺和料品种以及混凝土温度控制要求，选择拌和楼（站）的型式和数量。

（2）上、下道工序所选用的设备负荷应均衡，同一作业宜选用相同型号规格的设备。

（3）设备配置应满足工艺流程要求，对不同级配混凝土生产有一定的适应性。搅拌机容量与允许最大骨料粒径存在对应关系，见表 5-3-2。曾有工程因搅拌机容量过小，被迫将四级配混凝土改为三级配混凝土，造成混凝土生产成本提高。

表 5-3-2　搅拌机容量与骨料最大粒径对应关系

公称容量/m^3	骨料允许最大粒径/mm	
	自落式搅拌机	强制式搅拌机
0.75	80	60
1.0	80～120	80
1.5	120～150	80
3.0	150	150
4.5	150	150

（4）常态混凝土宜采用自落式拌和楼（站），碾压混凝土宜采用强制式拌和楼（站）。另外，强制式搅拌机对混凝土的骨料粒径有一定的限制，一般宜拌制三级配及以下的混凝土，因此，当工程中只采用小部分碾压混凝土，而其余大部分采用常规混凝土时，选用自落式搅拌机更为方便、经济。

（5）大、中型水电工程主体混凝土施工一般采用一阶式布置的拌和楼；对小型水电站或大、中型水电工程的前期临建工程施工，多采用便于安装和拆卸的双阶式布置的拌和站。

二、拌和能力的选取

拌和系统生产能力是根据计算的混凝土系统生产规模（也就是以浇筑高峰月平均小时强度，再考虑小时不均匀系数）所选择拌和楼设备能力而定，一般大于计算的生产规模。

拌和楼理论生产率＝单台公称容量×台数×小时搅拌数。

一般条件下，在生产正常混凝土配合比级配不变，坍落度不小于 50mm，不加冰和掺和料的情况下，混凝土拌和楼理论生产能力见表 5-3-3。

表 5-3-3　　混凝土拌和楼理论生产能力

锥形倾翻搅拌机		强制式搅拌机	
搅拌机台数×每台公称容量/L	理论生产能力/(m^3/h)	搅拌机台数×每台公称容量/L	理论生产能力/(m^3/h)
1×750	20	1×500	20
2×750	40	1×750	30
1×1000	25	2×750	60
2×1000	50	1×1000	40
3×1000	75	2×1000	75
1×1500	40	1×1500	60
2×1500	75	2×1500	115
3×1500	115	1×3000	115
4×1500	132	2×3000	230
1×3000	60		
2×3000	115		
3×3000	180		
4×3000	236		

拌和楼（站）生产不同混凝土时，以及混凝土中掺粉煤灰、掺 MgO 等外加剂以及加冰等不同，其所需搅拌时间亦不同，将直接影响拌和站生产能力，应根据相应延长的时间调整拌和楼的生产能力。如：掺粉煤灰的常态混凝土一般采用延长搅拌时间 20～30s，采用自落式拌和楼拌制碾压混凝土较常态混凝土约需延长 30s 时间等，这些因素均会影响拌和楼的实际生产能力。

三、拌和楼（站）

1. 拌和楼

一阶式混凝土拌和楼是将骨料、胶凝材料及外加剂、料仓、称量、拌和、混凝土出料等各工艺环节由上而下地布置在一座楼内，故称拌和楼。目前使用的混凝土拌和楼主要有：HF50-2F1000、HL115-3F1500、HL240-4F3000、HL360-4F4500 等多种规格的国产拌和楼，同时也有 2×4.5m^3 的进口强制式拌和楼等。其生产能力和主要技术性能见表 5-3-4、表 5-3-5。

表 5-3-4　　主要混凝土拌和楼生产能力

型　号	拌和机容量/L	标称生产能力/(m^3/h)	生产能力		
			小时/(m^3/h)	日/(m^3/d)	月/(m^3/月)
HL50-2F1000	2×1000	48～60	50	800	16000
HL115-3F1500	3×1500	108～135	115	1600	34000
HL240-4F3000	4×3000	240	240	4000	80000
HL360-4F4500	4×4500	360	360		

表 5-3-5　　主要拌和楼的技术性能

指　标			拌和楼型号				
			HL50-2F1000	HL115-3F1500A	HL240-4F3000LB	HL360-4F4500L	2×4.5m^2
拌和楼总高/m			25.145	29.448	35	37.25	39.3
拌和楼总功率/kW			83	90	640	429	430
拌和楼总重/t			117.96	205.6	580	680	～650
压缩空气消耗量/(m^3/min)			3	4	8	4	
压缩空气工作压力/MPa			0.69	0.49～0.69	≥0.6	≥0.6	0.55～0.7
额定生产率	常态混凝土/(m^3/h)		48～60	108～135	240	320～360	324
	碾压混凝土/(m^3/h)				200	300	344.6
	预冷混凝土/(m^3/h)			60	180	250	300
控制方式			电气自动集中控制	电气自动集中控制	微机自动控制	微机自动控制	微机自动控制
混凝土拌和机	台数及型式		2 台自落式	3 台自落式	4 台自落式	4 台自落式	2 台强制式
	单机进料容量/L		1600	2400	4700	7500	7050
	出料容量（捣实后）/m^3		1	1.5	3	4.5	4.5
	允许最大骨科粒径/mm		120	150	150	150	
	每小时拌和次数/次		44～54	72～90			
	电动机功率/kW	每台拌和机功率	2×7.5	2×7.5	2×22	2×22	2×90
		总功率	30	45	176	176	360
减速机型号			XWD_{75}-6-1/17	XWD_{75}-6-1/17			
混凝土出料斗容量/(m^3/只)				6.8×1	12×2	15×2	10×2

2. 拌和站

拌和站多采用双阶式（水平）布置，将骨料的进料、料仓贮存、称量设置成一个部分，将拌和、混凝土的出料设置成另一部分，中间用胶带机或斗式提升机将配好的骨料送入拌和机。

20 世纪 90 年代以来，我国研制了以双卧轴强制式拌和机为主机的多种规格型号的拌和站，其主要技术性能见表 5-3-6。

表 5-3-6　　拌和站主要技术性能

型　号		HZ40-2F750	HZS90-IQ1500	HZ120-IQ2000	HZ150-IQ3000
生产能力/（m^3/h）		40	90	120	150
拌和机	型式	双锥倾翻自落式	双卧轴强制式	双卧轴强制式	双卧轴强制式
	出料容量/L	750	1500	2000	3000
	装机台数/台	2	1	1	1
料仓布置型式		集中钢仓	集中钢仓	集中钢仓	集中钢仓
进料方式		斗式提升机	胶带输送机	胶带输送机	胶带输送机
配料机构	骨料	杠杆秤	电子秤	电子秤	电子秤
	水泥	杠杆秤	电子秤	电子秤	电子秤
	水	流量计	电子秤	电子秤	电子秤
	外加剂	流量计	电子秤	电子秤	电子秤
控制方式		自动	微机全自动	微机全自动	微机全自动
总功率/kW		35	72	81	130
总质量/t		25	45	63	87

5.3.4 混凝土系统车间、设施布置

水电工程因工程差别而混凝土系统车间组成亦不尽相同，但根据系统生产组合需要，通常将系统分为拌和楼（站）、骨料储运设施、胶凝材料储运设施、混凝土出料线、外加剂车间、冲洗筛分车间、预冷预热车间、空压站及其他辅助车间及设施等。

一、布置原则

（1）既要集中紧凑，又要留有一定余地。应合理利用地形，为物料的合理运输创造条件，并简化各车间、设施之间的物料运输环节。

（2）应以拌和楼（站）为中心，就近布置骨料储存、筛洗，水泥、掺和料储运，预冷、预热等设施。拌和楼（站）宜靠近混凝土浇筑地点布置，原材料进料方向应与混凝土出料方向错开。骨料存储设施宜靠近砂石加工系统来料方向布置。拌和楼（站）、水泥及掺和料存储设施附近应有回、停车场地。

（3）辅助车间宜靠近服务对象，水电供应设施宜靠近主要用户布置。

（4）系统内的高层建筑物应与高压输电线路保持足够的安全距离。

二、拌和楼（站）

拌和楼（站）是混凝土系统的中心部分，也是影响系统布置的关键因素。应根据拌和楼（站）选型及生产能力要求，结合地质地形情况、运输设备、运输通道及其他各组成部分的相互关系，进行拌和楼（站）的布置。拌和楼是整个混凝土生产系统的核心，其基础应满足稳定条件。多台拌和楼布置，每台楼最好有独立的出料线，出料线应互不干扰。

三、骨料储运设施

骨料储运设施能够保证向拌和楼连续不断地供应各种加工后的粗细成品骨料或者是按混凝土骨料级配组合的混合料。如果不是单一的拌和楼组，则砂石净料堆场应能保证同时向两座以上拌和楼连续不断供料。

1. 骨料储量

系统的骨料调节堆场储量设计按高峰月平均日浇筑强度的骨料需要量计算，正常储量按 DL/T 5397—2007 规范规定为 3～5d 需用量，但应以活容积考虑，场地较宽阔的可取上限，场地设置有困难时取下限。当场地布置特别困难时，最低储量不应小于 1d 的需要量。当混凝土系统与砂石加工系统距离较近，前方可设调节料仓以便向几座拌和楼同时供料或作为预热骨料仓时，其贮量还可以适当降低，但最小不应小于 8h。

当混凝土系统与砂石系统相距较近时，可与砂石系统共用骨料成品堆场，堆场容量应满足骨料脱水要求，保证骨料级配平衡和正常生产供应，一般主要取决于砂脱水时间长短。采用自然脱水时，天然砂的脱水时间一般为 5d 左右，人工砂需 5～7d。也有工程分设堆料、脱水、使用三个料堆循环使用，各料堆的容量约为 3d 或视实际脱水情况而定。

2. 骨料储备系统

有场地布置条件时，骨料储存宜采用露天堆场。场地狭小，露天堆场布置困难时，可考虑采用料罐或地下式料仓。如拉西瓦、二滩等水电站大坝混凝土生产系统，其砂石供料系统即采用的是地下竖井式料罐。

3. 堆料设备

大中型工程因骨料用量大，骨料储存天数多，故选择机械方式堆料。机械堆料设备有多种，水平栈桥带式输送机配备卸料小车或可逆配仓式输送机的堆料方式是大中型工程常用的堆料方式。但应注意：堆场栈桥不应过长，当地形高差较大有利于定点堆料时，可采用倾斜带式输送机栈桥作定点堆料。

4. 卸料设备

卸料器使用较多的为弧形门、电磁振动给料器、板式及槽式给料器等；卸料器可根据需要来配置，如果为配合向拌和楼按级配混合比例进料，最好能采用可调卸料量自动给料机，既能控制给料量范围，又能节省人工劳动力。

通常通过地弄的出料带式输送机亦应与上拌和楼的规格一致或者根据拌和楼的进料要求进行选择。

四、胶凝材料储存设施

1. 胶凝材料储存量的确定

混凝土系统胶凝材料储存量因其场外运输方式不同而各不相同，大型混凝土生产系统应采用散装水泥和掺和料。

胶凝材料运输不能一次到位时，应设置中转库。水泥、掺和料储量应根据系统生产规模，水泥、掺和料供应方式及运输条件，工程施工特点及储仓布置条件等综合分析确定，并按混凝土浇筑高峰月强度的平均日需用量计算储量：

材料由公路运输：4～7d。

材料由铁路运输：7～10d。

材料由水路运输：5～15d。

当中转储仓距混凝土生产系统较远时，可增加 2～3d。

2. 储存罐

水泥、掺和料罐的规格及数量，应根据储量、品种及倒仓要求确定。水泥罐数量不宜少于 3 个，掺和料罐不宜少于 2 个。大型拌和系统常用胶凝材料储罐为直径 10m 和 8m 的拼装钢结

构圆筒形储仓，顶部配备除尘设施，底部带有锥形漏斗。罐与罐之间净空距离一般控制在 2～2.5m。常用水泥罐的容量有1500t、1000t、800t、600t、500t、300t、125t 等，这些基本定型的储罐同样也可储存粉煤灰等掺和料。

五、出料线

每座拌和楼应有独立的出料线，大型拌和楼可布置双线出料。混凝土运输可根据混凝土浇筑方案及地形条件，采用有轨、无轨或带式输送机运输方式。出料线高程应和混凝土运输线路相适应。

六、外加剂车间

系统内外加剂日配制能力应大于浇筑高峰月 3d 需用量，配制好的外加剂储存量亦不得小于浇筑高峰月的 3d 需用量。外加剂由耐酸泵通过管道输送至拌和楼（站）使用。

七、冲洗筛分车间

为了保证骨料成品加工的质量或根据工艺上的要求，往往在混凝土系统设置各种再次筛分措施，如骨料二次筛分以控制超逊径含量；骨料再次冲洗，排除石碴粉末，以保证拌和与风冷骨料效果；在拌和楼顶层设置最终筛分，最有效的控制骨料超逊径含量和提高风冷效果；由于骨料浸水冷却，需要再次脱水而设置的脱水筛分等。这些筛分的布置与拌和楼是密切相关的。

八、预冷预热车间（系统）

为了满足水电工程混凝土施工需要，在气温较高的夏季，混凝土施工需配备预冷系统，包括制冷水、制冰、制冷风等工艺，设置制冷楼、冷水厂、喷洒冷水廊道等设施；在气温较低的冬季，混凝土施工则常配备预热系统，包括制热水、制蒸气、制热风等工艺，设置锅炉、导热管道等设施。预冷预热系统，在建设上必须与混凝土拌和楼（站）统筹考虑。

九、空压站

空压站主要承担系统拌和楼（站）、胶凝材料储运、外加剂车间、堆场廊道气动装置等用风点用风，尤其是胶凝材料储运，用风量大，质量要求高，一般应设专用空压站供风。

十、其他辅助车间

根据工程需要，混凝土系统还设有停车场、机车场、机车线、吊罐冲洗间、修理间、仓库、油库、调度室、实验室、配电所等，承担系统辅助生产任务。

5.4 综合加工厂及机械修配厂

5.4.1 综合加工厂

综合加工企业由混凝土预制构件厂、钢筋加工厂和木材加工厂组成，厂址位置应尽量靠近主体服务中心。

综合加工企业有集中布置和各厂分散独立布置两种方式，多采用集中布置为主，一般每个主体工程土建标段单独设置。年工作日：室内一般可以按 300d 计算，室外根据气候条件，取150～280d。小型工厂用一班制，中、大型用二班制，高峰期可用三班制生产。

5.4.1.1 混凝土预制厂

混凝土构件预制厂规模宜根据构件的种类、规格、数量、最大件重量、供应计划、原材料来源及供应运输方式等计算确定。

预制件厂的占地面积与预制件种类、钢筋木材车间等是否单设、施工总平面布置划定的范围等密切相关，计算公式差别较大，在计算时，构件堆放平均定额可取 0.6m³/m²。粗估时，可参考表 5-4-1 中的各项指标。

表 5-4-1 预制件厂主要技术经济指标参考表

指标名称	单　位	工厂规模/（m³/年）		
		10000	20000	30000
厂区占地面积	m²	30000～35000	55000～65000	80000～90000
工厂建筑面积	m²	5500～6500	8000～9000	11000～12000
单位产品耗水量	m³/m³	2.6～2.8	3.1～3.3	3.7～3.9
小时养护用汽	t/h	2.8～3.0	5.5～6.0	8.5～9.0
生活用汽	t/h	0.6～0.8	1.5～1.8	2.7～3.0
全员劳动生产率	m³/（人·年）	75～80	80～85	85～90

5.4.1.2 钢筋加工厂

钢筋加工厂承担主体工程、辅企工程、混凝土预制加工厂所需的钢筋、骨架、预埋件等的加工，以粗钢筋加工为主，其量约占总钢筋量的 90%左右。钢筋加工厂原则上为室内生产，条件限制时，也可主要操作区设棚盖、原料堆场设在露天。

钢筋加工厂主要设备配置有：钢筋切断机、钢筋弯曲机、钢筋调直机、对焊机、弧焊机、点焊机、氧气焊接及切割设备等加工设备；龙门起重机、塔机、电动起重葫芦、卷扬机、平板车等起重运输设备；电动除锈机、砂轮机、钢筋矫正台、滚道台、空压机等附属设备。

钢筋加工厂规模可按高峰月的日平均需用量确定。计算公式如下：

$$P_s=\Sigma Q_i N_i \frac{K_1 K_2}{n_1 n_2 (1-\eta)} \tag{5-4-1}$$

式中 P_s——钢筋加工班产量，t/班；

Q_i——混凝土浇筑高峰中各分项工程的月浇筑强度，m³/月；

N_i——不同工程每立方米的钢筋含量；

$\Sigma Q_i N_i$——高峰月钢筋需要量（一般可按两种情况计算：①坝体浇筑高峰月中，各分项工程钢筋需要量总和；②厂房浇筑高峰月中，各分项工程钢筋需要量总和，进行比较后取大值），t/月；

K_1——月不均匀系数，一般取 1.2；

K_2——富裕度系数，取 1.05～1.1；

n_1——月工作天数，一般取 25d；

n_2——每天工作班数（一般为二班制，中小规模也可一班生产）；

η——钢筋加工损耗率，3%。

钢筋加工厂占地面积等根据加工厂规模、场地条件等因素综合确定。

5.4.1.3 木材加工厂

木材加工厂主要由原木仓库，半成品、成品仓库，废品仓库，锯材车间，配料、机木车间，细木车间，模板装配车间等组成。

随着水电工程施工技术的发展，钢模板在工程施工中的应用占多数，仅有少数零星部位采用木模板，故采用原有关手册计算所得数据远大于工程实际应用量，施工组织设计时应按实际需用木材施工项目与工程量进行计算。

5.4.2 钢管加工厂、修配厂及其他

（1）钢管加工厂的加工、制作场地宜根据钢管直径、管壁厚度、加工运输条件等因素确定，大型钢管宜在工地制作。

（2）机械修配厂的规模以年劳动工时量表示。水电工程中汽车也是重要的运输机械，在机械修配厂中应包括汽车修配，厂址宜靠近施工现场，便于施工机械和原材料运输，附近应有足够的场地存放施工设备、材料。

汽车保养站宜集中设置，1 个站的汽车保养数量宜在 50～300 辆之间；汽车数量多或工区较分散，一级保养可分散设置，二级保养宜集中设置。

（3）当工地附近地区制氧厂的供应能力不能满足需要或运距远、运输困难时，可在工地设制氧厂。各水电工程的临时性制氧厂由于不能形成规模优势，其生产成本往往高于永久制氧厂的出售价，氧厂的土建费用与不设厂需增加的运输费用对比，其经济半径约 250km。

5.5　混凝土预冷、预热系统

5.5.1　混凝土预冷系统设计

混凝土预冷系统设计主要内容包括混凝土预冷系统的生产规模、工艺、布置、设备选择等。

5.5.1.1　预冷系统生产规模

当混凝土自然拌和的出机口温度高于混凝土温度控制要求的出机口温度时，应对混凝土原材料进行预冷。

一、预冷混凝土出机口温度计算

预冷混凝土出机口温度计算公式如下：

$$T_{02}=(\Sigma T_i G_i c_i-335\eta G_c+Q)/\Sigma G_i c_i \qquad (5\text{-}5\text{-}1)$$

$$Q=42Pt/V \qquad (5\text{-}5\text{-}2)$$

式中　T_{02}——预冷混凝土出机口温度，℃；

T_i——第 i 种材料的温度，℃；

G_i——每立方米混凝土中第 i 种材料的质量，kg/m^3；

c_i——第 i 种材料的比热容，kJ/（kg・℃）；

G_c——每立方米混凝土的加冰量，kg/m^3；

η——冰的冷量利用率，以小数计，干燥负温冰可取 1.0，潮湿冰可取 0.9；

335——冰的融化潜热，kJ/kg；

Q——每立方米混凝土拌和时产生的机械热，kJ/m^3；

P——搅拌机的电动机功率，kW；

t——搅拌时间，min；

V——搅拌机容量，m^3，按有效出料容积计。

计算时，原材料温度取值如下：

（1）成品堆场表面湿润，堆高保持在 6m 以上，且采用地弃取料时，骨料温度可按当地多年月平均气温取值；在成品堆场顶加遮阳棚或喷水，相对湿度较低时，可较当地多年月平均气温低 1～2℃取值。

（2）水泥、掺和料温度根据出厂温度、出厂时间、运输及储存方式、当地气象条件等因素分析确定。高温时段施工时水泥、掺和料的温度可在 35～60℃范围内取值。

（3）片冰计算温度可取 0℃，冰的冷量利用率取 90%～100%。

（4）粗、细骨料的含水量应作为混凝土的组成材料计入，水温分别与粗、细骨料温度相同。

二、预冷混凝土生产能力和预冷负荷

混凝土预冷系统生产规模以系统预冷混凝土生产能力和所需的预冷负荷表示。系统预冷负荷是按高温时段各月预冷混凝土浇筑强度、温度控制要求和相应水温、气温等条件计算确定的最大冷负荷，并将其折算到标准工况，详细计算见《水电水利工程混凝土预冷设计导则》。

预冷混凝土生产能力按高温时段各月预冷混凝土浇筑强度确定，并以同时段预冷混凝土最大仓面浇筑强度校核。预冷混凝土生产能力计算式为：

$$Q_n=k_n Q_m/mn \qquad (5\text{-}5\text{-}3)$$

式中　Q_n——预冷混凝土生产能力，m^3/h；

k_n——不均匀系数，取 1.5；

Q_m——高温时段各月的预冷混凝土浇筑强度，m^3/月；

m——每月有效工作天数，取 25d/月；

n——每天有效工作小时，取 20h/d。

5.5.1.2　混凝土预冷方式及预冷工艺

一、混凝土预冷方式

预冷方式主要包括预冷骨料、预冷拌和水及加冰拌和。预冷骨料可采用骨料堆场降温、风冷骨料、水冷骨料。预冷方式可采用上述一项或多项综合预冷措施。

常态混凝土常用的冷却措施组合见表 5-5-1。目前，水冷骨料仍然在一些工程中使用，预冷方式多采用带式输送机喷淋法。自三峡工程混凝土预冷系统开始大规模使用风冷粗骨料以来，越来越多的工程预冷系统采用风冷粗骨料代替水冷骨料作为主要的预冷方式。

碾压混凝土预冷方式的选择见表 5-5-1。预冷系统只生产预冷碾压混凝土时，宜采用冷水拌和；若采用冷水拌和不能满足混凝土出机口温度要求，可采用风冷或水冷措施预冷粗骨料；若采用加片冰拌和预冷措施，应分析细骨料含水量对混凝土加冰量的影响，论证后选用。预冷系统担负预冷常态混凝土和碾压混凝土的生产任务时，碾压混凝土的预冷方式可结合常态混凝土预冷方式进行选择。

表 5-5-1　常态混凝土常用的冷却措施组合表

最高月平均气温/℃	要求混凝土出机口温度/℃	材料冷却方式						混凝土降温幅度/℃
		堆场冷却	冷水拌和	加冰	风冷粗骨料		水冷粗骨料	
					拌和楼料仓	骨料调节料仓		
≤23	≥20	√	√					3～4
	14～20	√	√	√				8～9
	10～14	√	√	√	√			14～15
23～27	≥22	√	√					3～4
	17～22	√	√	√				8～9
	12～17	√	√	√	√			15～16
	<10	√	√	√	√	√		19～21
		√	√	√	√		√	19～21
27～30	≥22	√	√					4～5
	17～22	√	√	√				9～10
	12～17	√	√	√	√			16～18
	<10	√	√	√	√	√		19～23
		√	√	√	√		√	19～23

表中 √ 者为应采用的冷却方式。

二、预冷系统工艺设计要点

1. 骨料堆场降温

（1）骨料堆场降温可采用适当增加堆料高度、延长堆料时间、堆场搭盖遮阳棚、料堆表面喷雾、地弄取料等措施。

（2）骨料堆场采用降温措施时，应保证骨料具有稳定的出料温度及含水率。

2. 加冷水、加冰拌和

（1）每立方米混凝土的加冰量应根据混凝土所需的降温幅度及混凝土拌和加水量确定。可按每立方米混凝土加 10kg 冰降低混凝土出机口温度 1.0～1.3℃进行估算。

（2）混凝土加冰拌和的制冰能力，根据混凝土需冰量及冰库的储冰调节能力等因素确定。制冰系统宜按每天 24h 连续生产设计。布置条件允许时，输冰方式宜采用螺旋输送机或带式输送机的机械输冰方式；布置条件受限制时，宜采用气力输冰方式。

（3）片冰在生产、储存、运输及加冰过程中应采取隔热保冷措施，保持干燥负温冰质。生产时片冰温度宜控制在－10～－8℃，使用时应保持片冰为负温。

（4）制冰用水的生产宜与混凝土拌和所需冷水的生产相结合。制冰用水的水温可取 4～8℃。

3. 风冷骨料

（1）风冷粗骨料有一次风冷和二次风冷方式，通常在进拌和楼前的骨料调节料仓或拌和楼料仓内进行。水冷粗骨料有带式输送机喷淋法和罐冷法。带式输送机喷淋法通常在冷却隧洞或冷却廊道内进行；罐冷法通常在进拌和楼前的专用骨料仓（罐）内进行。

（2）骨料在进入骨料冷却仓前宜冲洗和脱水，5～20mm 骨料的表面含水率宜不超过质量的 1%，其余各级骨料宜保持表面湿润。

（3）除 5～20mm 骨料不宜冷至负温外，其余粗骨料可将骨料温度降至负温。

（4）骨料在冷却仓的冷却层内风冷时间宜为 45～60min。为降低冷风通过料层阻力，仓内风速宜控制在一定范围内，其值按料层阻力确定。风速取值范围：5～20mm 骨料，0.4～0.5m/s；20～40mm 骨料，0.5～0.7m/s；40～80mm 骨料，0.7～0.9m/s；80～150mm 骨料，0.9～1.25m/s。

4. 水冷骨料

（1）水冷骨料可采用带式输送机喷淋法和罐（仓）冷法。骨料水冷前需冲洗干净，冷却后应经脱水筛脱水，使骨料含水量保持稳定，其中 5～20mm 骨料的表面含水率宜不超过质量的 1%。

（2）喷淋冷水的生产水温宜为 2～4℃。骨料在带式输送机上喷淋冷却时间应根据骨料的物理热学性能、要求的骨料终温及上料方式确定。

（3）采用循环冷水罐（仓）冷却，骨料冷却罐（仓）的进水和进料速度，以及冷却罐（仓）的供水方式根据冷却工艺确定。

（4）水冷骨料冷水宜采用循环供水方式，宜按每天 20h 生产确定。冷却骨料后的冷水应回收并进行净化处理。

（5）骨料水冷后输送至拌和楼料仓的带式输送机廊道围护结构应采取隔热保冷措施，拌和楼料仓内应通冷风对骨料进行保冷。

三、制冷厂设计要点

（1）制冷厂的任务是生产预冷混凝土所需的冷风、冷水和冰。根据工程需要，亦可生产大体积混凝土冷却水。制冷厂的标准制冷容量应根据预冷系统的预冷负荷确定，并应满足需由预冷系统生产大体积混凝土冷却水所需的冷负荷。

（2）制冷剂宜采用重力供液或氨泵供液方式。制冷机和冷凝器所需的冷却水宜采用冷却塔循环供水方式。

5.5.1.3 制冷系统布置及主要设备选择

一、预冷系统布置

（1）制冷水、制冰、储冰、输冰设施宜靠近拌和楼布置，其布置位置应满足片冰运输要求，片冰机应布置在室内，并位于冰库之上。

（2）输冰设施布置应缩短运输距离，减少片冰转运次数及各转运环节的高差。

（3）风冷骨料冷却仓应靠近拌和设备布置。与骨料冷却仓配套的风机及制冷厂宜靠近骨料冷却仓设置。

（4）冲洗筛和脱水筛的布置应结合预冷工艺确定。风冷骨料时的冲洗与脱水应结合，筛洗脱水车间可靠近骨料冷却仓、拌和楼（站）布置。水冷骨料应在骨料水冷设施前、后分别设置冲洗筛、脱水筛，并靠近水冷设施、拌和楼（站）布置。

（5）水冷骨料的带式输送机冷却廊道、冷却隧洞宜结合厂区地形、地质条件和水冷骨料的工艺要求布置。

（6）水冷骨料的冷却罐（仓）、宜靠近拌和楼（站）布置。

（7）水冷骨料的冷水生产车间、水处理及冷水循环设施宜靠近冷却廊道、冷却隧洞或骨料冷却罐（仓）布置。

（8）水冷骨料的开式循环冷水系统应设调节水池，调节水池容量可按预冷系统小时循环水量的 10%～25%确定。

（9）制冷机房宜布置在冷负荷中心附近，制冷机房的设备布置和管道连接应符合工艺流程要求并便于安装、操作与维修。

二、制冷系统主要设备选择

1. 制冷水、制冰及输冰设备

制冷水设备宜选用水冷电动式冷水机组，也可选择以氨为制冷剂，由氨制冷压缩机、冷凝器、蒸发器等组成的制冷装置。

制冰设备宜选用片冰机制冰。制冰系统内应设有自动温控的冰库。

片冰输送设备可采用螺旋输送机、带式输送机或气力输送装置。

2. 风冷骨料设备

骨料冷却仓通常采用拌和楼的储料仓，两次风冷时应增设一个风冷骨料冷却仓，一般选择为圆形，并设隔热保冷措施。

空气冷却器宜选用氨直接蒸发表面式空气冷却器。

地面骨料冷却仓宜配置离心式风机，拌和楼储料仓宜配置轴流式风机、离心式风机。骨料的磨蚀性较高时应选择具有优良耐磨性能叶片的轴流式风机。

3. 水冷骨料设备

喷淋预冷骨料应在隔热廊道内进行，主要设备有带式输送机、喷淋水循环系统。胶带机带速宜选用 0.2～0.4m/s，冷却段长度应满足骨料冷却时间要求。根据东江、五强溪、二滩等水电站工程经验，冷却段长度需按满足 6～16min 确定。

循环水预冷和浸泡预冷的专用设备是骨料预冷罐，以圆形为宜。

4. 脱水设备

脱水设备宜选用直线振动筛或圆振动筛，筛面长度宜不小于 6m。

5. 制冷厂主要设备

水电工程制冷厂主要采用以氨为制冷剂的压缩式制冷系统，选择以消耗电能为主的氨压缩式制冷机。通常使用活塞式和螺杆式制冷机或相应的制冷机组。

制冷厂设备选型参数应符合下列规定：①制冷机的冷凝温度：水冷式冷凝器宜比冷却水进出口平均温度高 5～7℃；蒸发

式冷凝器宜比夏季空气调节室外计算湿球温度高 8～15℃；②水冷式或蒸发式冷凝器冷凝温度不应超过 40℃；③水冷式冷凝器的冷却水最高允许进水温度宜为 33℃。立式壳管式冷凝器冷却水进出口温差宜为 2～3℃；卧式壳管式冷凝器冷却水进出口温差宜为 4～6℃；④制冷机的蒸发温度：片冰机宜低于－20℃；空气冷却器的蒸发温度与进出口风温的对数平均温差宜为 12～14℃；卧式壳管式蒸发器宜比冷水出口温度低 2～4℃；螺旋管式和直立管式蒸发器宜比冷水出口温度低 4～6℃；⑤氨螺杆压缩机的油冷却器以及氨活塞式压缩机气缸水套的冷却水进水温度不宜高于 32℃，出水温度不宜高于 45℃。

水质较差及水源较丰富的地区宜选择立式冷凝器；水质较好及水温较低的地区宜选择卧式冷凝器；水源较缺乏的地区宜采用蒸发式冷凝器。

氨泵选型时，氨泵的体积流量宜按同一蒸发温度氨液蒸发量的 3～8 倍计算，氨泵吸入口宜保持不小于 0.5m 的静液柱。

冷却塔宜选择冷却幅度不大于 5℃的机械通风冷却塔。

5.5.2　混凝土预热系统设计

一、一般规定

（1）日平均气温连续 5d 稳定在 5℃以下或最低气温连续 5d 稳定在－3℃以下时，混凝土施工进入低温季节施工期。进行低温季节混凝土施工的工程，混凝土生产系统应建立混凝土预热设施。

（2）混凝土浇筑温度由温控计算确定，其值对于大坝不宜低于 5℃，对于厂房不宜低于 10℃，但该值也不宜过高。

（3）混凝土出机口温度是混凝土预热系统设计的基本参数，应根据混凝土浇筑温度及混凝土在运输、浇筑、振捣过程中的热损失来确定。出机口温度计算、混凝土各组成材料的加热温度、运输及浇筑过程中的各类温度降低值计算详见《水电水利工程混凝土预热设计导则》有关内容。混凝土出机口温度及原材料拌和时的温度最大允许值见表 5-5-2。

表 5-5-2　混凝土出机口温度及原材料拌和时的温度最大允许值　　单位：℃

序号	水　泥　品　种	混凝土出机口温度	进入拌和机温度	
			水	骨料
1	硅酸盐水泥、普通硅酸盐水泥和矿渣硅酸盐水泥	30	60	40
2	矾土水泥	25	40	

二、预热方式

（1）水加热可采用在水箱内蒸汽直接加热、蒸汽间接加热和电加热的方法，也可采用热水锅炉宜接加热等方法。

（2）砂子预热宜采用蒸汽间接加热、热水间接加热的方法，也可采用蒸汽直接加热、电加热等方法。

（3）粗骨料预热宜采用蒸汽间接加热、热水间接加热的方法，也可采用蒸汽直接加热、电加热、热风加热等方法。

（4）外加剂不宜用蒸汽直接加热，外加剂加热应在外加剂稀释桶内进行，稀释外加剂的水应为热水，热水水温应以不丧失外加剂的作用为限。

（5）水泥不得以任何方式加热。

（6）在混凝土拌和楼料仓中预热骨料时，不得采用蒸汽直接加热。

（7）对于既要预热、又要预冷的工程，应优先采用料仓热风加热法。

（8）水电工程一般采用燃煤锅炉为混凝土预热系统供热。

三、混凝土预热系统主要技术指标

某些工程低温季节浇筑混凝土的预热系统指标见表 5-5-3。

表 5-5-3　国内几个工程混凝土预热系统主要技术指标

项　目	单　位	刘家峡	龙羊峡	潘家口	桓仁	白山	拉古哨（水丰）
		加热方式					
		露天料堆内蒸汽排管	露天料堆内蒸汽排管	预制混凝土料罐热水排管	保温地下式储仓热水排管	保温混凝土储仓蒸汽排管	露天料堆内蒸汽排管
料堆或料罐总容量	m^3	48300	290000	9000	3665	13900	7100
其中：砂	m^3	15200		1800	553	3000	1800
细石	m^3	7600		1800	526	2600	
小石	m^3	7600		1200	886	3800	1800
中石	m^3	8950		1800	814	3000	1700
大石	m^3	8950		2400	886	1500	1800
活容量	m^3	11200	150000	6000	2500	6390	2000
活容量与总容量之比		0.23	0.5	0.66	0.68	0.46	0.28
冬季混凝土浇筑强度	m^3/h	100	130	200	100	100	30
骨料加热前初温与加热后终温	℃	－10～＋35	－10～＋30	－7～＋5	－20～＋5	－20～＋5	－16～＋5
骨料加热时间	h	5		16	16	22	12
加热设备排管总面积	m^2	1140		2399	1298.8	2545	362.04
排管直径间距	mm	砂ϕ108×700		ϕ108×800	ϕ83×500	ϕ76×500	ϕ89×850
		石ϕ108×1000		ϕ144×900	ϕ133×1000	ϕ108×1000	ϕ89×400
总耗热量	万 W	148.2	535.01	284.95	86.45	239.59	103.16

续表

项　目	单 位	刘家峡	龙羊峡	潘家口	桓仁	白山	拉古哨（水丰）
		加热方式					
		露天料堆内蒸汽排管	露天料堆内蒸汽排管	预制混凝土料罐热水排管	保温地下式储仓热水排管	保温混凝土储仓蒸汽排管	露天料堆内蒸汽排管
供热设备锅炉总蒸发量	t/h×台	8×5		8×2	7×6	8×1	2.4×5
储仓或料罐数量	个	12		15	6		4
储仓或料罐的放料口数量	个	22		30	30	135	12
混凝土工程量	m^3	1200		1298	220（砌石 1840）	18200	75（砌石 900）
钢结构及钢管工程量	t	74		155.7	76.8	217	21
地区月平均气温	℃	−6.3	−9.5	−8.1	−15.4	−17.5	

5.6 施工供风、供电、供水系统

5.6.1 施工供风

5.6.1.1 供气方式

水电工程施工用风主要有石方开挖用风，混凝土生产、浇筑用风及其他用风，应根据压缩空气的用户分布、符合特点、管网压力损失以及管网设置的经济性，综合分析后确定采用集中或分散供气方式。

（1）水电工程用气点较分散且经常变动，压气站不宜过分集中，否则会导致管道过长、使漏气和压力损失增大，从而导致风动机具生产效率下降、投资增大。在用风比较集中的基坑开挖、料场开采期间可设置相对固定的集中供气站，其他部位宜分散供气。

（2）用户分散、使用期限较短，设置固定式压缩空气供气站不经济时宜采用移动式空气压缩机或随机供气方式。近年来大型液压（或风动）凿岩设备一般随机配有空压机，这样，既可缩短输气距离减少压力损失，又使设备具有更大的机动性，所以应优先采用随机供气。

（3）供气管网的压力降低值最大不应超过压缩空气站供给压力的10%～15%。

5.6.1.2 压缩空气需用量计算

压气需用量计算公式采用式（5-6-1）。

$$Q=K_1K_2K_3\sum nqK_4K_5 \tag{5-6-1}$$

式中 Q——压气需用量；

K_1——由于空气压缩机效率降低以及未预计到的少量用气所采用的系数，取1.05～1.1；

K_2——管网漏气系数，一般取 1.1～1.3，管网长或铺设质量差时取大值；

K_3——高原修正系数，见表5-6-1；

n——同时工作的同类型风动机械台数；

q——1 台风动机械耗气量，m^3/min，一般采用风动机械额定耗气量；

K_4——各类风动机械同时工作系数，见表5-6-2；

K_5——风动机械磨损修正系数。

表 5-6-1　　压气高原修正系数

海拔高程/m	0	305	610	914	1219	1524	1829	2134	2433	2743	3049	3653	4572
高原修正	1	1.03	1.07	1.1	1.14	1.17	1.2	1.23	1.26	1.29	1.32	1.37	1.43

表 5-6-2　　凿岩机同时工作系数

凿岩机同时工作台数	1	5	10	20	30	45	60
K_4	1	0.9	0.85	0.8	0.75	0.7	0.65

5.6.1.3 压缩空气站布置及供风设备

（1）尽量靠近用户负荷中心，站址距用户的距离宜在0.5km之内，最长不超过2km，压缩空气站应防尘防噪。

（2）同一压缩空气站内的站内空气压缩机型不宜超过两种规格，配置台数宜为3～4台，其中1台备用。

（3）常用的固定式空压机型号参数见表5-6-3。

表 5-6-3　　常用固定式空压机型号参数

空压机	型　号	3L-10/8	4L-20/8	5L-40/8	6L-60/8	7L-100/8
	排气量/（m^3/min）	10	20	40	60	80

5.6.2 施工供电

5.6.2.1 施工用电负荷及用电量计算

一、用电负荷分类

为了保证施工供电必要的可靠性和合理地选择供电方式，将用电负荷按其重要性和停电造成的损失程度分为下列三类。

（1）一类负荷：①停电将造成人身伤亡；②停电将造成重大的政治影响；③停电将造成重大的经济损失；④停电将造成严重的公共秩序混乱。

（2）二类负荷：①停电将造成较大的政治影响；②停电将造成较大的经济损失；③停电将造成公共秩序混乱。

（3）三类负荷：凡不属一、二类负荷者。

对工地因停电可能造成人身伤亡或设备事故，引起国家财产严重损失的一类负荷（如地下工程的照明、通风、排水，汛期泄洪设施用电，医院急救中心等），必须保证连续供电，应考虑备用电源。

二、高峰负荷计算

供电高峰负荷宜采用需要系数法计算。计算公式如式（5-6-2）及式（5-6-3）。

$$P=K_1K_2K_3（\Sigma K_cP_d+\Sigma K_cP_m+\Sigma K_cP_n） \tag{5-6-2}$$

$$S=P/\cos\varphi \tag{5-6-3}$$

式中 P——供电系统高峰负荷时的有功功率，kW；

K_1——考虑未计及的用户及施工中发生变化的余度系数，一般取1.1～1.2；

K_2——各用电设备组之间的用电同时系数，一般取 0.6～0.8；

K_3——配电变压器和配电线路的损耗补偿系数，一般取 1.06；

K_c——需要系数，见表 5-6-4；

P_d——各用电设备组的额定容量，kW；

P_m——室内照明负荷，kW；

P_n——室外照明负荷，kW；

S——计算视在负荷，kVA；

$\cos\varphi$——系统供电的平均功率因数，一般在 0.9 及以上，无功未补偿时一般取 0.7～0.75。

表 5-6-4　主要用户及用电设备负荷分类、需要系数、功率因数

序号	名　称	负荷分类	需要系数	功率因素
1	大型混凝土工厂	II	0.5～0.6	0.7
2	中型混凝土工厂	II	0.6～0.65	0.7
3	小型混凝土工厂	III	0.6～0.65	0.7
4	空压站	II	0.6～0.65	0.75
5	水泵站	II	0.6～0.75	0.8
6	起重机	II	0.2～0.4	0.4～0.5
7	挖掘机	II	0.4～0.5	0.3～0.5
8	连续式胶带机	II	0.6～0.7	0.65～0.7
9	非连续式胶带机	III	0.4～0.6	0.65～0.7
10	电焊机	III	0.3～0.35	0.4～0.5
11	碎石机	II	0.65～0.7	0.65～0.75
12	灌浆设备	II	0.7	0.65～0.75
13	钢管加工厂	II	0.6	0.65～0.7
14	修钎厂	III	0.5～0.6	0.5
15	钢筋加工厂	III	0.5	0.5
16	木材加工厂	III	0.2～0.3	0.5～0.6
17	混凝土预制构件厂	II	0.6	0.68
18	大中型机修厂	II	0.2～0.3	0.5
19	小型机修厂	III	0.2～0.3	0.5
20	码头	III	0.35	0.4～0.5
21	仓库动力负荷	III	0.9	0.4～0.5
22	水泥厂	II	0.7	0.65～0.7
23	施工场地	III	0.6	0.7～0.75
24	室内照明	III	0.8	1.0
25	室外照明	III	1.0	1.0
26	住宅照明	III	0.6	1.0
27	仓库照明	III	0.35	1.0
28	基坑排水	I、II	0.35	1.0

5.6.2.2　施工用电方式选择

大中型水电枢纽施工供电电源方式主要有三类：电力系统供电、自发电、混合供电。宜采用电力系统电网供电。小型电站施工供电无法采用电网解决的，可自备柴油发电机发电。

供电系统中输、配电采用的电压等级、合理输送半径及容量见表 5-6-5。

表 5-6-5　各级电压合理输送半径及容量

额定电压/kV	输送容量/kW	输送半径/km
0.38	100	0.6 以下
6	100～1200	4～5
10	200～2000	6～20
35	2000～10000	20～50
110	10000～50000	50～150
220	100000～500000	100～300

5.6.2.3　施工变电设计

由电力系统供电作为施工电源方案时，施工变电所应接近施工用电负荷中心或配电网络中心。施工变电所应尽量做到永久、临时结合。

一、主变压器选择

变电所与电力系统相连接的主变压器一般装设两台，当一台断开时，其余变压器的容量应保证 60%的全部负荷，或保证用户的一级负荷和大部分二级负荷连续供电。当只有一个电源或变电所可由系统中二次电压网络取得备用电源时，可装置一台变压器。

二、主接线选择

在满足运行可靠性要求的条件下，变电所高压侧尽可能考虑采用断路器较少的接线。对于 110kV 及以上变电所，当出线回路数不超过两回时，可采用桥形或角形接线。4 回线以上兼作枢纽变电所时，一般采用双母线或单母线分段带旁路接线。

当有两回路电源线路和一、二回转送线路及两台主变压器的变电所，一般采用单母线分段接线。这种接线方式广泛用于大中型施工变电所。

5.6.3　施工给水

水电工程施工给水是供应大坝、厂房、船闸等主体工程的施工用水、施工工厂企业的生产用水和职工居民的生活用水以及施工地区（包括居住区）消防用水。施工给水系统由取水、水质净化处理和输配水工程三部分组成。

5.6.3.1　施工用水量及水质、水压要求

一、施工用水量

合理的系统水量计算不是用水户水量的叠加，而应根据各用户的用水（供水）情况和施工强度、年度（季节）用水量变化，绘制出用水负荷曲线，得出系统总用水负荷曲线。该曲线的峰值，适当增加未预见水量和系统漏损水量，即为系统水量。对于砂石、制冷厂等用水方式，此时给水系统仅补充循环水的损耗水量。

施工供水量应满足不同时期日高峰生产用水和生活用水需要，并按消防用水量进行校核。

二、水质要求

生活饮用水水质应符合 GB 5749 的要求。

符合国家标准的生活饮用水可拌制和养护混凝土。采用其他水源时，水质应符合 DL/T 5144 的有关规定。

一般施工用水和砂石生产用水等除悬浮物含量不超过 100mg/L 外，水质无特殊要求，但未经处理的工业排放水不得作为施工和生产用水。砂石加工、混凝土生产等产生的废水应进行适当处理后回收利用或排放，回收利用水的悬浮物含量不

应超过 100mg/L。

三、水压要求

各类用水水压应符合表 5-6-6 的有关规定。

表 5-6-6　　各类用水的水压要求　　单位：MPa

用户性质	用　户　名　称	要　求　水　压
施工生产用水	混凝土一般养护	0.26～0.30
	混凝土流水养护	＞0.05
	凿毛冲洗	＞0.30
	仓面喷雾	＞0.20
	灌浆	＞0.10
	砂石筛分冲洗、混凝土生产	0.20～0.30
生活用水	一层住房（或车间）	0.10
	二层住房	0.12
	二层以上，每层增加值	0.04
消防用水	—	＞0.10（采用低压制时）

5.6.3.2　施工给水系统规划

首先应选择可靠的水源，然后确定取水构筑物和水厂的位置及输配水工程。

一、取水水源

若用户位置分散（给水范围很广），用水量又大，以多水源布置的给水方案较为经济合理。

取水水源一般包括电站上游、电站下游主河道，也可以为支沟。水源点应选择在河床及河岸稳定、地质条件良好、靠近主流或凹岸、枯水期水深在 2m 以上的地段。避免在回流区或死水区设置取水点。坝址上游设置取水点，应分析蓄水后水位变化的影响；坝址下游设置取水点，应避开施工影响区，并加强水质监测和处理。

取水方式有固定式取水泵站和移动式取水泵站两种。固定式取水泵站一般由集水井和泵站两部分组成，分为河床式和淹没式取水泵站。移动式取水泵站主要有缆车式取水泵站和浮船式取水泵站。移动式取水泵站具有土建工程量少、投资小、施工快的优点，在水电工程中广泛使用。

二、水池设计

给水系统中应设高位水池（或水塔）调节用水。生活用水的水池容量宜为高峰日 4～8h 平均需水量；生产用水的水池容量宜为高峰日 2.5～5h 平均需水量。

高位水池（或水塔）设置高程应满足各用户水管出口压力要求；水泵所需扬程应满足水源处于最低水位、水池（或水塔）处于最高水位时的正常供水要求。

三、输配水系统

在系统规划中，应考虑集中或分区布置，可按分质、分压或分区的布置形式。配水管网分区，每级分区一般以 40m 高差（包括水头损失），管网始端压力不超过 5.88×10^5Pa（6kg/cm^2）为宜。

第6章　施 工 总 布 置

施工总布置是施工组织设计的主要组成部分，它以施工总布置图的形式反映拟建的永久建筑物、施工设施及临时设施的布局以及确定枢纽工程建设区征地范围。是开展实物指标调查、征地补偿和移民安置规划设计工作的依据。

编制施工总布置规划应具备以下条件：明确坝址、坝型及枢纽布置格局；完成料场详查工作，确定满足规范要求的可选料源；已开展施工导流、主体工程施工、对外交通、施工控制性进度和施工分标规划等方案研究，具有初步成果。

6.1　总布置规划原则

（1）施工总布置规划研究应遵循因地制宜、因时制宜、有利生产、方便生活、环境友好、节约资源、经济合理的原则，满足工程建设和运行管理要求。

（2）施工总布置规划应充分考虑建设期与运行期结合、临时与永久结合、地方设施利用、工程管理因素等，力求协调紧凑，节约用地，尽量利用荒地、滩地、坡地和水库淹没土地，少占耕地和经济林地；最大限度地减少对当地群众生产、生活的不利影响。尽量避让文物古迹和保护环境敏感对象。

（3）大型工程主要施工工厂和重要临时设施的场地布置应有地基、边坡稳定等工程地质条件的评价意见；生活场地应避开泥石流、滑坡等地质灾害影响区。

（4）主要施工工厂和临时设施的防洪标准应根据工程规模、工期长短、河流水文特性等，在5～20年重现期内分析采用，主要生活区和重要的施工工厂防洪标准取上限值；工程施工期临时存渣场防洪标准在5～20年重现期内选用，库区死水位以下的渣场防洪标准在5～20年以内选用，永久性弃渣场根据其规模、位置以及失事后的危害程度等在20～50年重现期内选用。

（5）大中型水电工程在可行性研究阶段应开展施工总布置规划专题研究，编制施工总布置规划专题报告，通过方案综合比选，最终确定施工总布置规划。

6.2　施 工 分 区 规 划

6.2.1　施工总布置分区

大中型水利水电工程施工场地内部，可分为下列几个主要区域：

（1）主体工程施工区。

（2）施工工厂设施区。

（3）当地建材开采和加工区。

（4）仓库、站、场、厂、码头等储运系统。

（5）机电、金属结构和大型施工机械设备安装场地。

（6）工程存、弃料堆放区。

（7）施工管理及生活区。

（8）工程建设管理区。

6.2.2　分区规划原则

（1）各分区间交通道路布置应做到合理、运输方便可靠、能适应整个工程管理、施工进度和工艺流程要求，尽量避免或减少反向运输和二次倒运。

（2）以混凝土建筑物为主的枢纽工程，施工区布置宜以砂石料开采、加工、混凝土拌和、浇筑系统为主；以当地材料坝为主的枢纽工程，施工区布置宜以土石料开挖、加工、堆料场和上坝运输线路为主。

（3）机电设备与金属结构的仓库、拼（组）装场宜靠近主要安装地点，并方便装卸和场内运输。

（4）施工管理及生活区应设在主体工程施工区、施工工厂和仓库区的适中地段。

（5）工程建设管理区宜结合电厂生产运行和工程建设管理需要统筹规划，场地应具有良好的外部环境，且交通方便，避免施工干扰。

（6）主要物资仓库、站（场）等储运系统宜布置在场内外交通干线衔接处或沿线附近区，并适应主体工程施工需要。

（7）外来物资的转运站远离施工区时，应按独立系统设置仓库、堆场、道路、管理及生活设施。

（8）生活设施应考虑风向、日照、噪声、绿化、水源水质等因素，其生活设施与生产设施之间应有明显的界限；特种材料仓库（火工材料、油料）布置应符合国家有关安全标准要求。

（9）施工分区规划布置应考虑施工中振动、噪声、粉尘等对周边环境的影响。注重职业健康安全、环境要求。

（10）施工工厂、站场和仓库的建筑标准应满足生产工艺流程、技术要求及有关安全规定，宜采用定型化、标准化和装配式结构。

6.2.3　总布置规划总体方式

根据工程特点、施工场地地形、地质和交通条件、施工管理的组织形式等，施工总布置一般除建筑材料开采区、转运站及特种材料仓库外，可分为集中式、分散式和混合式三种基本形式。

施工布置往往不具唯一性，在有场地条件时应根据枢纽布置、场地布置条件，建设征地及移民因素，结合施工需要进行多方案比较分析，从中选择较优方案。

一、分散式布置

有两种情况，一种是枢纽永久建筑物集中布置在坝轴线附近，坝址位于峡谷地区，地形比较狭窄，施工场地沿河一岸或两岸冲为延伸，因此，常把施工临时设施根据现场施工直接影响程度为别排队，把密切相关的项目靠近坝址布置，其他项目依次远离坝址。我国新安江、黄河拉西瓦、澜沧江功果桥等水电站枢纽就是因地形狭窄，而采用分散式施工总布置的例子。另一种情况是，因枢纽建筑物布置分散，如长引水式工程主体建筑物施工地段长达几公里甚至几十公里，因此需在枢纽首部、末端和引水建筑物中间地段设置主要施工工区，负责该地段的施工，合理选择布置交通线路，妥善解决跨河桥渡位置等，尽量与其构成有机整体。如鲁布革水电站、四川宝兴河宝兴水电站以及雅砻江锦屏二级水电站等，多采用长引水的枢纽建筑物布置型式，建筑物布置较分散，而采用施工总布置分散式布置。

二、集中式布置

基本条件是枢纽永久建筑物集中在坝轴线附近，坝址附近两岸场地开阔，可基本上满足施工总布置的需要，交通条件比较方便，可就近与铁路或公路连接。因此集中布置又可分为一岸集中布置方式和两岸集中布置的方式，但其主要施工场地选择在对外交通线路引人的一岸。如黄河龙羊峡水电枢纽是集中式一岸布置的例子。黄河青铜峡、长江葛洲坝、汉水丹江口、东江及石头河水利枢纽是集中式两岸布置的例子。

三、混合式布置

有较大的灵活性，能更好地利用现场地形（斜坡、滩地、冲沟等）和不同地段场地条件，因地制宜选择内部施工区域划分，以各区的布置要求和工艺流程为主，协调内部各生产环节，就近安排职工生活区，使该区构成有机的整体。黄河三门峡工程，坝区地形特别狭窄，采用混合式布置把现场施工区和辅助企业、仓库及居住区分开布置，施工临时设施，第一线布置在现场，第二线布置在远离现场17km的会兴镇后方基地，现场与基地间用准轨铁路专用线和公路连接。此外，刘家峡水电站、碧口水电站、小浪底水利枢纽等也采用混合式的施工总布置型式。

6.2.4 分区布置

6.2.4.1 主体工程施工区

（1）主体工程施工区是指闸、坝、厂房等主体工程的施工现场。在工程准备期，应以导流建筑物为重点，妥善解决土石方开挖和填筑、混凝土浇筑和运输线路的关系，协调布置给排水设施，选定施工压缩空气设施、供电设施的位置。

（2）在主体工程施工区内应拟定截流和龙口抛投材料的堆存场；根据戗堤轴线，结合岸边地形，选定截流运输线路。

（3）主体工程施工区内应妥善安排主体土建工程、金属结构与机电安装工程施工场地和道路。

6.2.4.2 施工工厂区

（1）施工工厂区包括砂石加工、混凝土生产、压缩空气、供水、供电、通信、机械修配及加工等系统。

（2）施工工厂规划布置应满足：

1）施工工厂布置宜靠近服务对象和用户中心，设于交通运输和水电供应方便处，避免原材料和产品的逆向运输。协作关系密切的施工工厂宜集中布置，间接为工程施工服务的工厂可布置在稍远的场地。

2）厂址地基应满足承载能力的要求，避免不良地质地段和尽量少占耕地。

3）施工工厂布置应满足防洪、防火、安全、卫生和环保等要求。

（3）砂石加工系统宜布置在主料场附近，并与生活、管理区保持必要的距离。

（4）混凝土系统厂址选择应满足以下要求：

1）靠近主要浇筑地点，场地面积满足生产规模的要求。

2）位于场内主要交通干线附近、符合原材料进料和混凝土出料的运输线路布置要求。

3）主要建筑物应设在稳定、承载能力满足要求的地基上，结合工厂内部工艺布置，合理利用坡地、台地等地形。

4）设在地下水位以下的地下建筑物应采取防水或排水措施。

5）应考虑爆破和输电线的安全距离要求。

6）沥青混凝土系统的布置应考虑其对生活、管理区的影响。

（5）施工压缩空气系统应根据工程任务和施工部位采用集中或分散供气方式布置。场地面积应按压气机容量、储气罐、冷却水池及管网等确定，集中式压气站的位置应靠近负荷中心，地处空气洁净、通风良好，水电供应方便处，但应设在爆破安全警戒线以外。

（6）施工供水系统应根据水源、水质、地形地质条件等进行布置，场地面积应满足系统规模和工艺布置的要求。

（7）施工供电系统的变电站位置的规划应满足以下要求：

1）宜靠近负荷中心或网络中心。

2）变电站位置和进出线路径、走向应满足高压架空线走廊宽度要求和避开施工开挖危险区。

3）场地应满足地基承载力、防火、防洪和排水等要求。

（8）机械、汽车修配系统宜利用当地现有修配设施。现场需要布置时，应选择交通方便，地形地质条件满足要求，对生活管理区影响小的场地。场地面积应满足工程施工的修配需要。

（9）综合加工厂由混凝土预制厂、木材和钢筋加工厂组成，在场地条件允许时，三厂宜联合布置，并满足以下要求：

1）厂址应与交通干线联系方便，原材料、产品进出方便，并靠近主体工程施工区。

2）采用台阶布置时，宜从低到高分别布置预制件厂、钢筋和木材加工厂。

3）应与生活、管理区保持一定的距离。

（10）压力钢管、金属结构加工厂场地选择应交通方便，便于起重、装卸和运输；地基应满足承载能力和稳定要求；确保水、电、压缩空气、氧气和乙炔的供应。

6.2.4.3 当地建材开采和加工区

（1）开采区应妥善规划运输道路，生产生活区以及压缩空气、水、电和通信等设施。生活区宜远离噪声、振动、飞尘、交通量大的现场。

（2）土料加工厂应布置在场地开阔、运输便利、排水条件良好的场地。

6.2.4.4 储运系统

（1）需设置转运站时，应根据转运物资种类、运输量、运输强度确定转运站规模。场地选择应有利于转运交通线路的衔接，其面积应满足转运规模的要求。转运站的设计应结合施工场地仓储设施的规模进行专项设计。

（2）各种仓库、堆存场的储存量、所需建筑和占地面积可根据工程具体情况参见附录B计算。储运系统应有良好的交通条件，布置应符合国家安全、防火、防爆等规定。其位置和结构型式根据储存材料技术要求、服务对象、场地条件研究确定。

（3）易燃易爆的特种材料仓库的布置，应符合国家有关安全、防火、防爆等规定，布置在不危及施工工厂和生产生活设施的安全地带。应选择特殊结构或地下仓库。

（4）仓库结构型式选择由所贮存的材料、设备的性质决定。没有防雨、防潮、防尘要求的大量材料或设备可采用露天堆场。仅有防雨雪要求的材料及其制品可采用棚式结构。要求较高的器材、设备、电工仪表等采用封闭式仓库或专用贮存设施。

6.2.4.5 大型设备和金属结构安装场地

（1）大型施工机械、机电设备、金属结构安装工程的场地宜靠近主要安装部位布置。布置金属结构和机电安装工程场地时，应分析土建施工和安装的衔接配合，利用土建施工中已建的各种设施、研究重复利用场地的可能性和合理性。

（2）大型施工机械设备的组装场地应选择位于交通运输方便、能进出施工机械设备和运输车辆的干线附近，靠近安装部位且地势较平坦，以及水电供应方便，能满足布置有关临建设施要求的场地。

（3）金属结构和机电安装生产、生活设施面积应根据钢管直径、闸门、启闭机主要尺寸、金属结构安装工程量、水轮发电机组类型和同期安装机组台数等计算确定。

6.2.4.6 工程存、弃渣料堆放区

一、土石方平衡遵循的原则

（1）根据工程开挖区的地形地质条件、开挖料的质量特性和工程建筑材料的技术要求，填筑料和混凝土骨料料源宜尽量利用建筑物开挖料。

（2）分析工程施工进度计划，开挖料宜直接用于填筑，减少周转渣料数量。

（3）根据工程开挖料利用要求，合理规划堆弃渣场，使填筑料和弃渣料运输顺畅、运距短。

（4）根据各种开挖料的性状，合理确定弃渣松散系数和填筑料压实系数，以及工程总弃渣量和利用料量。

（5）根据开挖利用料来源和施工特点，合理计入施工作业损耗。

二、渣场选址原则

（1）应满足环境保护、水土保持要求和当地城乡建设规划要求。占用耕地的渣场应尽量恢复原耕作条件，并利用弃渣料平整场地、覆盖土料、造地还田。

（2）存渣场应便于渣料回采，尽量避免或减少反向运输。

（3）弃渣场宜靠近开挖作业区的山沟、山坡、荒地、河滩等地段，不占或少占耕（林）地，地基承载力满足堆渣要求。

（4）渣场应布置在无天然滑坡、泥石流、岩溶、涌水等地质灾害地区。

（5）有条件时弃渣场可选在水库死库容以下，但不得妨碍永久建筑物的正常运行。

（6）利用下游河滩地作堆弃渣场时，不得影响河道正常行洪、航运和抬高下游水位，防洪标准内渣料不被水流冲蚀，避免引起水土流失。

（7）渣场位置应与场内交通、渣料来源相适应。

三、渣场规划遵循原则

（1）存渣与废渣应分开堆存，不得混堆，堆弃渣场容积应略大于堆弃料的堆存量。

（2）按堆存物料的性状确定分层堆置的台阶高度和稳定边坡，保持堆存料的形体稳定，必要时提前做好堆场基底平整清理。

（3）渣场周边应设置导、排水与挡（截）水设施。

6.2.4.7　建设管理区

建设管理区宜结合电厂现场生产、生活区布置，其场地选择应满足下列要求：

（1）内外交通联系方便。

（2）远离施工污染源。

（3）具备良好的排水、通风和日照条件。

6.2.4.8　施工管理及生活区

（1）施工承包单位的办公、生活设施场地宜相对靠近施工现场，交通便利，相对独立和安静。

（2）施工生活区应考虑风向、日照、噪声、防火、绿化、水源水质、卫生等因素，在满足建筑物各项功能的条件下进行布置。有条件和需要时，可适当提高住宅层数。

（3）房屋建筑标准应根据当地地形和气象特征、房屋使用年限等条件确定。使用期在三年以上的房屋建筑宜选用永久结构，有条件时，可采用装配式活动房屋。

6.3　施工占地、建筑面积确定

6.3.1　管理、生活区占地、建筑面积

工程施工管理及生活建筑面积根据施工人数及人均占用面积进行计算。为保证所建房屋面积既不多余又够使用，计算时采用施工高峰期年平均人数。考虑到设计与实际施工的阶段区别，施工高峰期年平均人数的人均占用建筑面积指标 8～12m²/人，具体可根据工程规模和施工条件等因素选用。部分工程占用建筑面积指标见表 6-3-1。

表 6-3-1　　部分工程人均占用建筑面积指标表

序号	电站名称	装机容量/（台×MW）	施工高峰期年平均人数/人	管理及生活设施建筑总面积/m²	人均占用建筑面积/（m²/人）
1	二滩	6×550	18049	231367	12.8
2	拉西瓦	6×700	9750	118350	12.1
3	洪家渡	3×180	8668	76287	8.8
4	桐柏抽水蓄能	4×300	2400	26300	11.0
5	琅琊山抽水蓄能	4×150	1200	8744	7.3

管理、生活区占地面积一般按建筑面积的 1.5～2 倍计算。地形较陡、楼层以多层居多时，取小值。

6.3.2　转运站综合指标

转运站的布置应符合以下要求：能及时将外来物资运至工地使用单位，尽量减少中转倒运损耗；起重运输设备容量大小应能相互配套，并满足转运强度的要求；应有足够储运和装卸的作业场、堆料场及仓库等，装卸机械和装卸方法应符合有关操作规程的规定；应能满足工程重、大件的运输的要求。

转运站规模在可行性研究报告（初步设计）中可参照同等规模的类似工程和表 6-3-2 的综合指标近似选用。

表 6-3-2　　转运站综合指标

项　目		日转运量/t						
		200	400	600	800	1000	2000	3000
房屋建筑面积/m²	仓库	1500	3000	4500	6000	7500	15000	22500
	生活福利	1200	2400	3600	4800	8000	12000	18000
	办公房屋	40	80	120	160	200	400	600
转运站股道数		2	2	3	3	4	5	5
占地面积/亩		20～25	40～50	60～70	75～90	95～120	200～250	300～400

6.3.3　堆场、仓库的面积估算

（1）材料、器材仓库面积可按下式估算：

$$W=q/(PK_1)$$

式中　W——材料、器材仓库面积，m²；

q——材料储存量，t 或 m³；

P——每平方米有效面积的材料存放量，t 或 m³，见表 6-3-3；

K_1——仓库面积利用系数，见表 6-3-3。

表 6-3-3　　每平方米有效面积材料储存量 P 及仓库面积利用系数 K_1

材料名称	单　位	保管方法	堆高/m	每平方米面积堆置数量 P	储存方法	仓库面积利用系数 K_1
水泥	t	堆垛	1.5～1.6	1.3～1.5	仓库，料棚	0.45～0.6
水泥	t		2.0～3.0	2.5～4.0	封闭式料斗机械化	0.7
水泥	t		6.0～10.0	7～12	封闭仓楼罐式	0.8～0.85

续表

材料名称	单　位	保管方法	堆高/m	每平方米面积堆置数量 P	储存方法	仓库面积利用系数 K_1
圆钢	t	堆垛	1.2	3.1～4.2	料棚，露天	0.66
方钢	t	堆垛	1.2	3.2～4.3	料棚，露天	0.68
扁、角钢	t	堆垛	1.2	2.1～2.9	料棚，露天	0.45
工、槽钢	t	堆垛	0.5	1.3～1.6	料棚，露天	0.32～0.54
钢板	t	堆垛	1.0	4.0	料棚，露天	0.57
钢管	t	堆垛	1.2	0.8	料棚，露天	0.11
铸铁管	t	堆垛	1.2	2.9	露天	0.38
钢线	t	料架	2.2	1.3	仓库	0.11
铝线	t	料架	2.2	0.4	仓库	0.11
电线	t	料架	2.2	0.9	仓库，料架	0.35～0.4
电缆	t	堆垛	1.4	0.4	仓库，料架	0.35～0.4
盘条	t	迭放	1.0	1.3～1.5	棚式	0.5
钉、螺栓、铆钉	t	堆垛	2.0	2.5～3.5	仓库	0.6
炸药	t	堆垛	1.5	0.66	仓库，料架	0.45～0.6
电石	t	堆垛	1.2	0.9	仓库	0.35～0.4
油脂	t	堆垛	1.2～1.8	0.45～0.8	仓库	0.35～0.4
玻璃	箱	堆垛	0.8～1.5	6.0～10.0	仓库	0.45～0.6
油毡	卷	堆垛	1.0～1.5	15～22	仓库	0.35～0.45
石油沥青	t	堆垛	2.0	2.2	料棚	0.5～0.6
胶合板	张	堆垛	1.5	200～300	仓库	0.5
石灰	t	堆垛	1.5	0.85	料棚	0.55
五金	t	料架堆垛	2.2	1.5～2.0	仓库，料架	0.35～0.5
水暖零件	t	堆垛	1.4	1.3	料棚，露天	0.15
原木	m^3	叠放	2～3	1.3～2.0	露天式	0.4～0.5
锯材	m^3	叠放	2～3	1.2～1.8	露天式	0.4～0.5
混凝土管	m^3	叠放	1.5	0.3～0.4	露天式	0.3～0.4
卵石、砂、碎石	m^3	堆放	5～6	3～4	露天式机械化	0.6～0.7
卵石、砂、碎石	m^3	堆放	1.5～2.5	1.5～2.0	露天式非机械化	0.6～0.7
毛石	m^3	堆放	1.2	1.0	露天式非机械化	0.6～0.7
砖	块	堆放	1.5	700	露天式	
煤炭	t	堆放	2.25	2.0	露天仓库	0.6～0.7
劳保	套	叠放		100	料架	0.3～0.35

（2）施工设备仓库面积可按下式估算：

$$W=na/K_2$$

式中 W——施工设备仓库面积，m^2；

n——储存的施工设备台数；

a——每台设备占地面积，m^2，见表 6-3-4；

K_2——面积利用系数（库内有行车时 $K_2=0.3$；库内无行车时 $K_2=0.17$）。

（3）仓库占地面积可按下式估算：

$$A=\sum WK_3$$

式中 A——仓库占地面积，m^2；

W——仓库建筑面积或堆存场面积，m^2；

K_3——占地面积系数，见表 6-3-5。

表 6-3-4　施工机械停放场地所需面积参考指标

序号	施工机械名称	停放场地面积/（m^2/台）	存　放　方　式
一、起重、土石机械			
1	塔式起重机	200～300	露天
2	履带式起重机	100～125	露天
3	履带式正铲或反铲，拖式铲运机，轮胎式起重机	75～100	露天
4	推土机，拖拉机，压路机	25～35	露天
5	汽车式起重机	20～30	露天 80%，室内 20%

续表

序号	施工机械名称	停放场地面积/(m^2/台)	存放方式
一、起重、土石机械			
6	门式起重机(10～60t)	300～400	解体,露天80%室内20%
7	缆式起重机(10～20t)	400～500	解体,露天80%室内20%
二、运输机械类			
8	汽车(室内)	20～30	一般情况下室内不小于10%
	汽车(室外)	40～60	
9	平板拖车	100～150	露天
三、其他机械类			
10	搅拌机、卷扬机、电焊机、电动机、水泵、空压机、油泵等	4～6	一般情况下室内占30%,室外占70%

表 6-3-5　仓库占地面积系数 K_3

仓库型式	K_3	仓库型式	K_3
物资总库、施工设备库	4	炸药库	6
油库	6	钢筋、钢材库、原木堆场	3～4
机电仓库	8		

6.3.4 施工工厂设施面积估算

一、砂石加工系统和混凝土生产系统

砂石加工系统和混凝土生产系统的建筑面积、占地面积由施工工厂设计确定。

二、供水系统建筑面积和占地面积

$$F=0.45q$$

当 $q\geqslant5000m^3/h$ 时,建筑面积 F 可按下式计算:

$$F=800+0.29q$$

$$A=75q^{0.6}$$

式中 F——供水系统建筑面积,m^2;

A——供水系统占地面积,m^2;

q——供水系统高峰时段用水量,m^3/h。

三、施工供电系统的建筑面积和占地面积

$$F=0.05P$$

$$A=0.5P$$

式中 F——供电系统建筑面积,m^2;

A——供电系统占地面积,m^2;

P——施工供电系统高峰负荷时的有功功率,kW。

四、混凝土预制件厂建筑面积和占地面积

混凝土预制件厂由构件制作平台、成品堆场、工具房和办公室组成。混凝土预制件厂的建筑面积和占地面积根据混凝土预制件年产量,见表6-3-6。

表 6-3-6　混凝土预制件厂指标

年产量/m^3	1000	2000	3000	5000
单位产量建筑面积/(m^2/m^3)	0.25	0.2	0.15	0.125
占地面积/m^2	2000	3000	4000	6000

注 1. 对于预制大型预制梁占地面积按10000m^2计。
2. 对于年产量大于5000m^3的预制厂按5000m^3计。

五、钢筋加工厂规模

钢筋加工厂建筑面积和占地面积,根据钢筋加工厂的班产量见表6-3-7。

表 6-3-7　一班工作制钢筋加工厂建筑面积和占地面积　单位:m^2

名称	生产能力/(t/班)					
	10	15	20	30	40	50
建筑面积	1950	2366	2702	3755	4689	5445
占地面积	4920	6370	7640	11050	14200	16700

六、木材加工厂规模

木材加工厂建筑面积和占地面积根据木材加工厂的班产量见表6-3-8。

表 6-3-8　一班工作制木材加工厂建筑面积和占地面积　单位:m^2

名称	生产能力/(m^3/班)						
	20	30	40	50	60	70	80
建筑面积	1400	1713	2186	2480	2835	3260	3666
占地面积	9250	13300	17660	21680	25850	30100	34430

七、汽车修理厂规模

建筑面积按生产规模和年大修每辆汽车需建筑面积指标确定,占地面积按建筑面积的3～5倍确定。修理厂年大修每辆汽车需建筑面积指标见表6-3-9。

表 6-3-9　年大修每辆汽车需建筑面积指标　单位:m^2

项目	汽油车4t	柴油车			
		<8t	10～15t	20t	25～32t
生产车间	15～19	19～25	23～30	32～40	40～50
辅助车间	0.8～1	0.8～1.3	0.9～1.5	1.3～2	1.6～2.5
仓库	1.5～2.9	1.9～3.8	2.3～4.5	3.2～6	4～7.5
办公室和生活间	0.9～1.4	1.2～2	1.4～2.3	2.2～3.4	2.9～4.3
合计	18～24.3	22.9～32.1	27.6～38.3	38.7～51.4	48.5～64.3

八、汽车保养站规模

汽车保养站建筑面积按生产规模和每辆汽车需建筑面积指标确定,占地面积按建筑面积的3～5倍确定。汽车保养站年每辆汽车需建筑面积指标见表6-3-10。

表 6-3-10　保养站每辆汽车需建筑面积指标　单位:m^2

项目		载重汽车/t			自卸汽车/t			
		4	8	10～15	8	10～15	20	25～32
承担一保、二保、小修时	生产车间	14～17	19～22	23～27	13～16	15～18	24～27	30～36
	辅助车间	1.4～2.2	1.9～2.9	2.3～3.5	1.3～2.1	1.4～2.3	2.4～3.5	3～4.7

续表

项目		载重汽车/t			自卸汽车/t			
		4	8	10～15	8	10～15	20	25～32
承担一保、二保、小修时	办公室和生活间	0.8～1.1	1.1～1.4	1.3～1.7	0.8～1.2	1～1.4	1.6～2.1	2～2.7
	合计	16.2～20.3	22～26.3	26.6～32.2	15.1～19.3	17.4～21.7	28～32.6	35～43.4
承担二保、小修时	生产车间	9～11	14～16	17～20	11～13	12～14	14～17	20～24
	辅助车间	1.1～1.6	1.7～2.4	2.0～3	1.3～1.9	1.4～2.1	1.7～2.5	2.4～3.6
	办公室和生活间	0.6～0.8	0.9～1.2	1.0～1.4	0.7～1	0.9～1.2	1.2～1.7	1.6～2.2
	合计	10.7～13.4	16.6～19.6	20～24.4	13～15.9	14.3～17.3	16.9～21.2	24～29.8

九、机械设备停放场占地面积

根据高峰时段施工机械数量和施工机械停放所面积指标确定。机械设备停放场每辆机械占地面积指标见表6-3-11。

表6-3-11　每辆机械占地面积指标　单位：m^2

施工机械名称		停放场地面积/m^2	存放方式
起重、土石方机械	塔式起重机	200～300	露天
	履带式起重机	100～125	露天
	履带式正铲或反铲、拖式铲运机、轮胎式式起重机	75～100	露天
	推土机、拖拉机、压路机	25～35	露天
	汽车式起重机	20～30	露天
	门式起重机（10～60t）	300～400	解体、露天及室内
	缆式起重机（10～30t）	400～500	解体、露天及室内
运输机械类	汽车（室内）	20～30	一般情况下室内
	汽车（室外）	40～60	不小于10%
	平板拖车	100～150	
其他机械类	搅拌机、卷扬机、电焊机、电动机、水泵、空压机、油泵等	4～6	一般情况下室内占30%，室外占70%

十、水轮发电机组拼装场场地面积

水轮发电机组拼装场场地面积按下式计算：

$$F=\frac{QKt}{pa}$$

式中　F——组装场地面积，m^2；

Q——最大预装部件本体金属重量，t；

K——部件组装率，取0.7～0.8；

t——堆放系数，取1.25；

p——单位面积组装量，t/m^2，取0.2～0.4；

a——场地利用系数，门式起重机取0.81，高架门机取0.78～0.8。

十一、压力钢管厂规模

埋弧自动焊焊接车间建筑面积计算：车间长度为钢管最长管段长度加车间长度的裕度，一般取4.5～5.5m；车间宽度为钢管直径加车间宽度的裕度，一般取2m。

焊接检验室建筑面积计算：长度一般为12～16m；宽度一般为5m。

去锈涂漆车间建筑面积计算：车间长度为钢管最长管段长度加2m；车间宽度为钢管最大外径或岔管最大宽度加2m。

其他建筑面积按主车间面积的25%计。

占地面积按主车间建筑面积的7～10倍确定。

主车间跨度见表6-3-12，主车间长度见表6-3-13。

表6-3-12　主车间跨度　单位：m

钢管最大直径	<3	3～6	6～8
主车间跨度	12	12～15	15～18

表6-3-13　主车间长度　单位：m

年生产力/t	500	1000	1500	2000
钢管全部在工地制造	50～55	60～65	70～75	80～85
钢管在工地制造一部分	45～50	55～60	60～65	65～70
钢管瓦片全由外厂加工	35	35～40	45～50	55～60

第 7 章　施 工 总 进 度

7.1　水电工程建设阶段划分

水电工程建设全过程可划分为以下四个阶段：

（1）工程筹建期：工程正式开工前为承包单位进场施工创造条件所需的时间。工程筹建期工作主要包括对外交通、施工供电、施工通信、施工区征地移民、招投标等。

（2）工程准备期：准备工程开工起至关键线路上的主体工程开工前的工期。一般包括场地平整，场内交通，导流工程，施工工厂及生产、生活设施等准备工程项目。

（3）主体工程施工期：从关键线路上的主体工程项目施工开始，至第一台（批）机组发电或工程开始受益为止的工期。主要完成永久挡水建筑物、泄水建筑物和引水发电建筑物等土建工程及其金属结构和机电设备安装调试等主体工程施工。主体工程施工开始起点可按表 7-1-1 的规定划分。

表 7-1-1　　主体工程施工期起点

控制总进度的关键线路项目	主体工程施工期起点
拦河坝（含河床式厂房、坝后厂房）	主河床截流
发电厂房系统	厂房主体土建工程施工或地下厂房顶拱层开挖
输水系统	输水系统主体工程施工
上（下）库工程（抽水蓄能电站）	上（下）库主体工程施工

（4）工程完建期：自第一台（批）机组投入运行或工程开始受益为起点，至工程竣工为止的工期。主要完成后续机组的安装调试，挡水建筑物、泄水建筑物和引水发电建筑物的剩余工作以及导流泄水建筑物的封堵等。

工程建设总工期为后三项工期之和。

水电工程施工筹建和准备期工程项目繁多、数量较大，其中施工准备期如导流工程等的工程投资和所需时间均占较大比例，对于位于边远地区的大型水电工程尤甚。如装机容量 1350MW 的大朝山水电站设计安排完成筹建和准备工作需 3 年时间，截流前需完成投资额约 13.82 亿元。

7.2　施工总进度编制原则

（1）严格执行基本建设程序，遵循国家法律、法规和有关标准。

（2）按照当前平均先进施工水平合理安排工期。地质条件复杂、气候条件恶劣或受洪水制约的工程，工期安排宜适当留有余地。

（3）重点研究受洪水威胁的工程和关键项目的施工进度计划，采取有效的技术和安全措施。

（4）单项工程施工进度与施工总进度相互协调，各项目施工程序前后兼顾、衔接合理、干扰少、施工均衡。

（5）做到资源配置均衡。

（6）在保证工程质量与建设总工期的前提下，研究提前发电和使投资效益最大化的施工措施。

（7）在枢纽布置、建筑物型式和施工导流等方案比较中，应进行各方案控制性进度的比较。大型工程的施工总进度编制可利用网络计划技术，分析优化资源配置、施工强度、工期，评价资源效率、控制点完工概率、关键线路等。

（8）施工总进度应突出主次关键工程、重要工程、技术复杂工程，明确准备工程起点时间和主体工程起点时间，明确截流、下闸蓄水、第一台（批）机组发电和工程完工日期。对控制施工进程的重要里程碑如导流工程、坝肩开挖、截流施工、主体工程开工、工程度汛、下闸蓄水等应具备的条件，应在施工进度设计文件中予以明确。

（9）对外交通、施工供电、施工通信、施工区征地移民等筹建工作和场内交通、场地平整、施工工厂、生活和生产房屋等准备工程的建设，应与所服务的主体工程施工进度协调安排。有条件时应尽量提前紧凑安排，平行交叉进行。

（10）施工总进度的表现形式主要采用 Excel 编制或以 P3 项目计划软件编制的横道图，也可采用网络图。在巨型或大型水电工程中宜采用计算机施工仿真技术模拟施工进度并动态管理，提高施工管理水平。

7.3　单项工程进度安排

7.3.1　临建设施施工进度

交通道路（施工支洞）、跨江大桥、供电系统、通信系统、施工工厂设施和房屋建筑等单项工程的施工工期宜结合类似工程经验、工程实际情况和有关规定等综合分析后确定。

若砂石加工系统，混凝土生产系统，混凝土预冷、预热系统及缆机系统等大型施工设施为关键工程，应创造条件提前建设，并应分析系统投入正常运行所需的时间。

7.3.2　导流工程施工进度

（1）导流工程施工进度是保证工程准备期和建设总工期的关键，应对导流工程的开工、截流、下闸、封堵等日期进行充分论证，对控制首台机组发电的导流工程应尽早安排施工，且应与其他准备工程工期相协调。

（2）围堰工程应考虑在一个枯水期内达到设计要求的高程。采用分期导流方案时，应安排河道截流前一期围堰的拆除时间。

（3）河道截流宜安排在枯水期进行（但不宜安排在流冰期），以便减小截流难度并在洪水到来之前完成围堰施工。应合理安排堰基防渗处理、堰体加高、基坑排水等工作，保证围堰安全度汛。由于围堰施工时间有限，如果不能按期达到预定高程投入运用，就会给工程造成被动局面或推迟在基坑内工程的开工时间，故强调截流宜在枯水期内且不在流冰期内进行。

（4）基坑排水应安排在围堰水下部分防渗设施基本完成之后、河床地基开挖前进行。对土石围堰与覆盖层地基或软岩地基，应控制基坑水位下降速度，以保证基坑边坡安全。

基坑开挖设计要重视基坑排水的进度安排，因为开挖工效高低与基坑积水疏干程度有很大的关系，以往有些工程不重视围堰防渗措施的质量或在防渗措施未完成情况下强行抽水，结果造成大量漏水。若围堰或地基大量漏水，有时会造成淹没整个基坑，基坑开挖工作无法进行，甚至危及堰基边坡稳定，所以应考虑合适的排水程序和一定的排水工期。

（5）采用过水围堰方案时，应分析围堰过水期及基坑过水前后对工期带来的影响，在多泥沙河流上应计算围堰过水后清淤所需工期。

过水围堰在围堰过水前通过预报从基坑安全撤退，过水后经清淤、抽水后才能重新入基坑施工。安排进度时，应考虑这些工作对工期的影响。鉴于多泥沙河流上建坝，基坑过水后淤积情况很严重，如大化水电站清淤一次花3～4个月，大大影响工期，值得引起重视。

（6）导流泄水建筑物在导流任务完成后，封堵时段宜选择在汛后，使封堵工程能在一个枯水期内完成。具体日期根据河流水文特性、施工难度、水库蓄水及下游供水要求等因素综合分析确定。如临近汛前或汛期封堵，必须有充分论证和确保工程安全度汛的措施。

导流泄水建筑物如导流隧洞、导流底孔的封堵工程包括下闸、堵漏、孔洞内排水、清理、混凝土凿毛、分层分块浇筑混凝土、温度控制冷却、灌浆等工序均需要在一个枯水期内完成，故宜在汛后下闸。若在汛前下闸，隧洞进口段衬砌与闸门结构强度均应加强，增加造价，同时对安全度汛也应有充分研究，否则将会引起很被动的局面。

（7）对控制流域面积小、径流量少的工程（尤其是抽水蓄能电站），应妥善安排首台机组发电和后续机组发电的蓄水措施及其施工进度。控制径流较小的抽水蓄能电站工程，其首台机组发电前的蓄水可以通过引（抽）水等途径解决。

（8）部分参考指标：功果桥水电站导流隧洞，长度857m，衬砌后断面16m×18m，两条施工支洞，施工工期13个月。

7.3.3 土石方明挖工程施工进度

一、坝肩岸坡开挖进度

坝肩岸坡开挖一般与导流工程平行施工，通常安排在河流截流前基本完成。对高陡边坡，宜采用截流后开挖。边坡开挖应及时进行支护，以确保边坡施工安全。

拉西瓦水电站左右岸边坡高陡，在截流前主要进行缆机平台以上的开挖，以下开挖主要安排在截流后进行。实际进度安排如下：

2004年9月10日开始进行左岸坝肩石方开挖，开挖范围为2460～2240m，2005年10月左岸坝肩石方开挖全部结束，2005年12月底左岸坝肩边坡支护全部结束，整个左岸坝肩石方开挖历时14个月，左岸坝肩边坡支护历时16个月。石方开挖总量为69.34万m^3，石方开挖月平均强度为4.95万m^3/月，石方开挖月最大强度为7.84万m^3/月。左岸坝肩开挖边坡高度220m，月平均开挖高度16m，月最大开挖高度30m。

2004年8月1日开始进行右岸坝肩石方开挖，开挖范围为2460～2240m，2005年12月中旬右岸坝肩石方开挖全部结束，2006年1月中旬右岸坝肩边坡支护全部结束，整个右岸坝肩石方开挖历时16.5个月，右岸坝肩边坡支护历时18个月。石方开挖总量为111.67万m^3，石方开挖月平均强度为7.97万m^3/月，石方开挖月最大强度为11.11万m^3/月。右岸坝肩开挖边坡高度220m，月平均开挖高度13m，月最大开挖高度25.5m。

二、河床坝基开挖施工进度安排

（1）河床坝基安排在截流之后进行，应考虑围堰闭气和基坑排水所占用的工期，采用大型机械开挖时，还应考虑一定的准备工作和创造工作面的工期，对于大型工程，从截流到开始进行开挖，一般应有1～2个月的闭气、抽水和准备工期。

（2）在深陡狭窄的坝址，岸坡开挖的石渣将大部或全部落入河床，应根据地形条件分析可能落入河床的石渣数量，基坑开挖进度中，应计及出渣所用的工期。

（3）当采用过水围堰时，应分析基坑过水损失的工期，对于含沙量大的河流，还应分析过水后清淤所占用的工期。

（4）由于河床地基开挖是在基坑内进行，工作面较小，且受围堰挡水时段的限制，故一般常是控制施工总进度的关键项目，故应尽可能采用大型的开挖和运输设备，以加快开挖进度，同时对于河床中常水位以上的坝基，应考虑安排在截流前开挖。

三、其他建筑物土石方明挖

利用工程开挖料（如溢洪道开挖料）填筑坝体或加工骨料时，开挖施工进度宜与需求相协调，以便减少开挖料的二次转运量，提高直接供应量。

7.3.4 地基处理工程施工进度

（1）地基处理工程进度应根据地质条件、处理方案、工程量、施工程序、施工水平、设备生产能力和总进度要求等因素研究确定。对处理复杂、技术要求高、对总进度起控制作用的深覆盖层的地基处理应作深入分析，合理安排工期。

（2）两岸岸坡坝基的地质缺陷处理，应根据地基处理方案安排其施工工期，当处理部位在坝基范围以外或地下时，可考虑与坝体浇筑（填筑）同时进行，在水库蓄水前按设计要求处理完毕。

（3）不良地质地基处理宜安排在建筑物覆盖前完成。固结灌浆时间可与混凝土浇筑交叉作业，经过论证，也可在混凝土浇筑前进行。如遇到不良地质地基处理，在工期安排上应有所考虑，并要求在覆盖前完成。以往，为保证固结灌浆质量，多在有混凝土覆盖情况下与混凝土交叉作业。目前，国内外均有灌浆在混凝土覆盖前进行的实例，多采用一序孔在混凝土覆盖前灌浆；二序孔预埋灌浆管，在混凝土覆盖后进行灌浆。这种施工程序利于加快施工进度，在施工中如能采取保证固结灌浆质量的有效措施，可以采用这种施工程序安排进度。

（4）帷幕灌浆可在坝基面（趾板）或廊道内进行，不占直线工期，应在本坝段和相邻坝段坝基固结灌浆完成后进行，并在蓄水前完成。排水孔应在帷幕灌浆后施工。

（5）断层破碎带处理。断层破碎带处理一般包括开挖、回填混凝土和灌浆，应根据断层破碎带所在部位、处理方案、工作量的大小，分析其处理工期。

（6）混凝土防渗墙。混凝土防渗墙的施工程序，主要为施工准备、造孔和混凝土浇筑。控制工期的主要工序是造孔，造孔的速度与地质条件、孔深有关，造孔施工定额见表7-3-1、表7-3-2。

表7-3-1　　防渗墙造孔施工定额参考表　　单位：m^2/台日

造孔方法	黏土	壤土	粉细砂	中粗砂	砾石	卵石	漂石	软岩	较软岩	较硬岩	混凝土
冲击钻机	6.0	9.0	3.6	5.0	4.0	3.0	1.9	2.5	1.7	0.8	5.0
冲击反循环钻机	6.0	12.0	6.0	9.0	7.5	5.0	2.5	3.0	2.0	1.0	8.0
纯抓法	70.0	140.0	60.0	120.0	80.0	30.0	6.0	6.0	4.0	2.0	—

续表

造孔方法		黏土	壤土	粉细砂	中粗砂	砾石	卵石	漂石	软岩	较软岩	较硬岩	混凝土
钻抓法	回转钻机	12.0	24.0	18.0	30.0	20.0	5.0	—	6.0	4.5	3.0	6.0
	冲击钻机	6.0	8.0	3.5	4.0	3.5	3.0	2.5	4.0	2.5	0.8	5.0
	冲击反循环钻机	6.0	16.0	6.0	10.0	7.5	5.5	3.0	6.0	3.6	1.2	8.0
	抓斗	150.0	200.0	100.0	150.0	150.0	50.0	15.0	18.0	12.0	6.0	—
铣槽法		220.0	300.0	250.0	300.0	240.0	60.0	20.0	45.0	30.0	15.0	80.0

注　1．墙厚 0.8m，孔深 40m 以内。
　　2．回转钻机在基岩中造孔时须配牙轮钻头；抓斗在漂石和基岩中造孔时须配重锤。

表 7-3-2　防渗墙造孔施工定额孔深修正系数

孔深/m	<20	20～30	31～40	41～50	51～60	61～70	71～80
系数	1.2	1.1	1.0	0.9	0.8	0.7	0.6

7.3.5　混凝土工程施工进度

一、有效工作天数

在安排混凝土工程施工进度时，应分析有效工作天数，大型工程经论证后若需加快浇筑进度，可分别在冬、雨、夏季采取确保施工质量的措施后施工。混凝浇筑的月工作日数可按 25d 计。控制直线工期工程的工作日数，宜将气象因素影响的停工天数从设计日历天数中扣除。

1. 常态混凝土浇筑受气象因素影响的停工标准

（1）中雨以上的雨天不得新开混凝土浇筑仓面。大雨及以上天气，若无防雨措施，一般应停工。

（2）月平均气温高于 25℃时，若温度控制措施费用过高，可考虑白班停工。

（3）日平均气温连续 5d 稳定在 5℃以下或日最低气温连续 5d 稳定在－3℃以下时，应按低温季节施工。

（4）除工程特殊需要，日平均气温－20℃以下不宜施工。

（5）大风风速在六级以上一般考虑停工。

（6）能见度小于 100m 时应停工。

2. 碾压混凝土施工受气象因素影响的停工标准

（1）在降雨强度小于 3mm/h 的条件下，可采取措施继续施工；当降雨强度达到或超过 3mm/h 时，应停工。

（2）在大风或干燥气候条件下，应采取专门措施保持仓面湿润。

（3）日平均气温高于 25℃时，应大幅度消减层间间隔时间，采取防高温、防日晒和调节仓面局部小气候等措施。

（4）日平均气温低于 3℃时或最低气温低于－3℃，应采取低温施工措施。

二、混凝土坝平均上升速度

常态混凝土坝的平均升高速度与坝型、浇筑块数量、浇筑块高、浇筑设备能力以及温度控制要求等因素有关，宜通过浇筑排块确定。

碾压混凝土坝平均升高速度取决于混凝土拌和、运输和入仓等混凝土供应，以及仓面碾压等施工设备能力和效率的发挥，此外还与仓面面积、铺筑方法及层厚、温度控制要求、防渗结构和模板型式等因素有关，宜多方面分析论证。

大型工程宜利用计算机仿真技术，分析坝体浇筑强度、升高速度和浇筑工期。

国内典型工程大坝实际进度及强度统计表见表 7-3-3。

表 7-3-3　混凝土坝强度统计表

大坝名称	坝型	坝高/m	坝体混凝土总量/万 m^3	混凝土浇筑净历时/月	平均浇筑强度/（万 m^3/月）	月高峰浇筑强度/（万 m^3/月）	月平均上升高度/（m/月）
二滩	混凝土拱坝	240	410	39	10.38	16.35	6.2
小湾		292	846.9	64	13.23	22.5	4.6
溪洛渡		278	700		9.96	17.0	5.7
锦屏Ⅰ级		305	430	56	10.27	17.47	5.5
拉西瓦		250	253.9	45	6.42	8.35	5.6
三峡二期	混凝土重力坝	181	1600	41.3	38.75	55.35	4.4
漫湾		132	240	34	7.06	9	3.9
普定	RCC 拱坝	75	13.7	9.6	1.43	2.54	7.8
蔺河口		100	29.5	13	2.27	3.3	7.7
招徕河		107	22	10.5	2.14	3.96	10.2
大朝山	RCC 重力坝	111	135.25	29.5	4.58	9.1	3.8
棉花滩		115	64	18	3.56	5.96	6.4
龙滩		192	573.4	40.5	14.16	28.0	4.75
功果桥		105	102.4	21	4.65	12	5.0

厂房混凝土浇筑的平均上升速度与厂房型式、浇筑块数量、浇筑高度、浇筑设备能力及温度控制要求等因素有关，并统筹兼顾机电设备、金属结构及各种埋件安装等工序，宜通过浇筑排块或工程类比确定。厂房施工应优先形成安装间，并提早完成桥式吊车的安装，使桥式吊车尽早发挥作用。

混凝土坝施工期历年度汛高程与工程面貌按施工导流要求确定，如施工进度难以满足导流要求，则可相互调整，确保工程度汛安全。

混凝土的接缝灌浆进度（包括厂坝间接缝灌浆）应满足施工期度汛与水库蓄水安全要求，并结合温度控制措施与二期冷却进度要求确定。

7.3.6　碾压式土石坝工程施工进度

一、有效工作天数

碾压式土石坝施工有效施工工日应根据水文、气象条件，按照有关规范要求，并参考附近已建工程综合分析确定。采取一般防护措施的停工标准见表 7-3-4。

表 7-3-4　　碾压式土石坝施工采取一般防护措施的停工标准

施工项目	停工标准												备注
	法定假日	日降水量/mm					日蒸发量（<4mm）	日平均气温/℃					
		0～0.5	0.5～5	5～10	10～30	>30		>5	5～0	0～−5	−5～10	>30	
土料翻晒	停工	雨日停工	雨日停工	雨日停工	雨日停工，雨后停一日	雨日停工，雨后停一日	停工	照常施工	照常施工	防护施工	防护施工	停工	
黏土料填筑	停工	照常施工	雨日停工	雨日停工，雨后停半日	雨日停工，雨后停一天	雨日停工，雨后停二日		照常施工	照常施工	防护施工	防护施工	停工	
砾质土、掺和土、风化土填筑	停工	照常施工	照常施工	雨日停工	雨日停工，雨后停半日	雨日停工，雨后停一日		照常施工	照常施工	防护施工	防护施工	停工	
反滤料填筑	停工	照常施工	照常施工	照常施工	雨日停工	雨日停工		照常施工	照常施工	防护施工	防护施工	停工	当与防渗料同时施工时，有效施工天数同防渗料
石料填筑	停工	照常施工	照常施工	照常施工	照常施工	雨日停工		照常施工	照常施工	防护施工	防护施工	停工	
沥青混凝土填筑	停工	照常施工	照常施工	雨日停工	雨日停工	雨日停工		照常施工	照常施工	防护施工	停工	停工	

注　表列停工标准，是设计阶段统计有效工日的标准，不作施工停工标准。

二、一般安排原则

心墙或斜墙式土石坝上升速度应按其心墙或斜墙的上升速度控制，心墙或斜墙的施工速度应综合分析材料特性、有效工作日、工作面、施工工艺、碾压设备性能和压实参数等因素后确定。

混凝土面板堆石坝的施工工期主要受坝体填筑控制，此外应合理安排面板施工时间，减小面板施工与坝体填筑等相互干扰。面板施工前，相应坝体应安排一定的沉降期。沉降期一般为 3～6 个月。

三、碾压式土石坝工程进度实例

水布垭水电站面板堆石坝坝高 233m，坝体填筑总量 1546 万 m^3，其坝体填筑施工从 2003 年 1 月 31 日开始，至 2006 年 9 月完成，填筑总工期 40．5 个月（已扣除 2003 年 6 月 1 日至 9 月 20 日汛期坝面过水影响时间），平均月填筑强度 38.17 万 m^3，高峰月填筑强度为 75.11 万 m^3。

黄河上游公伯峡水电站混凝土面板堆石坝坝高 132.20m，填筑总量 245.30 万 m^3，其坝体填筑施工从 2002 年 8 月上旬开始至 2003 年 10 月下旬完成，历时 15 个月，平均月填筑强度 30.05 万 m^3，高峰月填筑强度 52.45 万 m^3。

黄河积石峡水电站混凝土面板堆石坝坝高 102m，填筑总量 297.23 万 m^3，其坝体填筑施工从 2008 年 10 月开始至 2009 年 6 月完成，历时 9 个月，平均月填筑强度 16.53 万 m^3，高峰月填筑强度 20.70 万 m^3。

7.3.7　地下工程施工进度

一、一般安排原则

地下工程施工进度受工程地质和水文地质影响较大，各单项工程施工程序互相制约，进度安排应统筹兼顾开挖、支护、通风排烟、浇筑、灌浆、金属结构、机电安装等工序。地下工程可全年安排施工。

应根据各工程项目规模、地质条件、施工通道、施工方法及设备配套情况，用关键线路法确定施工程序和各洞室、各工序间的相互衔接和合理工期。地下工程月进尺指标或开挖与混凝土浇筑强度，可根据地质条件、工程规模、施工方法、设备性能及工作面情况分析确定。

二、进度指标及实例

水电工程的地下工程，一般包括隧洞、竖井、斜井及地下厂房等。施工主要工序为：开挖，出渣，安全处理或临时支护，浇筑混凝土衬砌或锚喷混凝土衬砌，灌浆及附属工作等。

地下工程的施工进度，与地质、水文地质、断面积和断面形状、采用的施工方法及工作面个数有关。在编制施工进度之前，应根据施工总进度的要求，研究设置施工支洞的可能与必要性，结合具体条件，确定进出口和洞身的施工程序与施工方法。在编制施工进度时，考虑地质条件可能的变化，注意留有适当的余地。

1．隧洞工程

隧洞工程一般有导流洞、引水洞、尾水洞和泄水、排砂、放空洞等。在安排控制进度时，应根据它们在施工期的运用条件，确定完工日期。编制进度时，单工作面进尺指标可参考表 7-3-5。国内部分隧洞工程实际进度指标见表 7-3-6。

表 7-3-5　　水工隧洞掘进和衬砌速度指标

开挖断面/m^2	不同掘进方式平均进尺/（m/月）			混凝土衬砌进尺/（m/月）
	全断面钻爆法（喷锚支护）	台阶钻爆法（喷锚支护）	掘进机掘进（喷锚支护）	
<25	100～150（有轨）		200～300	100～120（边顶拱）
25～60	100～150（有轨或无轨）		200～300	120～160（边顶拱）
60～100	120～180（无轨）		150～200	80～100（边顶拱）
100～150		100～150（无轨）		40～60（边顶拱）

注　1．表中指标为单工作面进尺。

2．对于不良地质地段，速度指标建议乘以 0.3～0.9 系数。

表 7-3-6　　国内部分水工隧洞施工进度指标

工程	隧洞名称	岩石	洞长/m	断面型式/m	开挖工作面/个	施工进度		每工作面平均长度/m	按工作面平均月进尺			备　注
						开挖工期/（年.月）	衬砌工期/（年.月）		综合进尺/m	开挖进尺/m	衬砌进尺/m	
官厅	引水洞	石灰岩，白砾岩	744	圆形 $\phi6.8\sim7.4$	3	1954.5—1955.2（10个月）	1955.3—1955.11（9个月）	248	13.1	24.8	27.6	
刘家峡	导流洞	云母石英片麻岩	683	马蹄形 14×14	8（上部）4（下部）	1958.9.27—1959.9.25（12个月）	1959.9—1959.12（4个月）	170	15.0	14.2	42.5	平均长度系按下部扩大4个工作面计
乌江渡	进厂洞	玉龙山灰岩	528.5	门洞形 7.8×7.3	1	1974.9—1975.9（13个月）		528.5	40.7	40.7		
东江	导流洞	花岗岩	490.0	门洞形 11×13	3	1978.9—1979.12（14个月）		163.3	11.7	11.7		1. 部分光面或预裂爆破；2. 因故停工两个月
积石峡	导流洞	砂岩、砾岩、泥质粉砂岩互层	638.4	门洞形 10×15	4	2006.4—2007.2（11个月）	2007.3—2007.10（8个月）	235.0	33.6	60	79.8	
拉西瓦	导流洞	花岗岩	1511.7	门洞形 11.5×14	8	2002.12—2003.11（11个月）	2002.12—2003.12（13个月）	180.0	116.3	130	110	

2. 竖井与斜井

竖井与斜井主要有调压井、闸门井、出现井和高压管道。在施工总进度中，一般调压井和闸门井常安排在水库蓄水或机组发电前建成，隧洞竖井或斜井常同水平隧洞同时进行施工。在地形条件允许时，应考虑在洞顶或洞底设置施工支洞，作为开挖出渣和运送混凝土、安装钢管的通道。

3. 地下厂房

地下厂房一般跨度较大，开挖量集中，出渣和运送混凝土均较为困难。与厂房本体相联系的空洞多，施工干扰较大。因此，在拟定施工程序之前，应首先分析水工建筑物的布置特性，研究利用已用水工孔洞作为通风和施工通道的可能性，当地形有利时，还应研究设置必要的施工支洞，以增加工作面，加快施工进度。

一般情况下，厂房本体常分为三部分进行施工，即顶部、中部和下部。顶部利用排风洞（或施工支洞）出渣和运送混凝土，中部和下部分别利用交通洞和尾水洞作为施工通道。故在安排施工进度时，应同时研究排风洞（或支洞）、交通洞、尾水洞和其他洞室的进度，使整个地下厂房的施工，既能平行作业，又能互相配合。

国内部分工程不同设计阶段的地下厂房工期统计见表 7-3-7。

表 7-3-7　　国内部分电站地下厂房施工工期统计表

工程名称	装机容量/（台×MW）	主厂房尺寸（长×宽×高）/（m×m×m）	洞挖量/万 m^3	工期/月				备　注
				开挖	一、二期混凝土	机组安装	合计	
二滩	6×550	191.90×30.70×65.4	40.00	33.5	22.5	10	66	实施
瀑布沟	6×550	202.00×27.30×68.7	37.50	27	23	12	62	初步设计
龙滩	9×600	388.50×30.30×75.4	66.31	29	22	16	67	招标设计
向家坝	4×750	245.00×31.00×84.5	59.09	32	27	17	76	可研设计
小浪底	6×300	251.50×26.20×61.4	23.19	29	18	12	59	实施
大朝山	6×225	233.90×26.40×62.2	27.74	28.5	17	12	57.5	招标设计
鲁地拉	6×360	269×29.2×75.6	48.2	24	15	11	50	实施
功果桥	4×225	195×26.6×75.6	29.3	22	11	13	46	实施

7.3.8 机电设备及金属结构安装进度

（1）施工总进度中应考虑机组订购、制造、供货周期和预埋件、闸门、启闭设备、引水钢管、水轮发电机组及电气设备的安装工期，妥善协调安装工程与土建工程的交叉衔接，并适当留有余地。

根据国内外建设经验，金属结构与机电设备安装的控制工期应在施工进度上注明，同时要确定与土建工程施工的衔接关系，详细安装工作应另编制单项安装网络图。

（2）进行水轮发电机组安装进度安排时，应根据机组安装次序、机组规模、结构型式安排调试及试验工期。

机组安装次序一般应根据安全、交通及安装条件确定。常规水轮发电机组并网发电前的调试包括无水、有水两种工况，试验除机组本身外，还有水道冲水等试验。抽水蓄能机组由于还包含水泵工况，所需调试时间一般比常规机组长1～2个月左右。

随着机电设备安装手段的发展，目前，大型机组一般均可实现“一年四投”(即在首台机发电后的一年内4台机组投产)，溪洛渡水电站实现了770MW机组“一年六投”目标，部分工程甚至达到了“一年七投”。大大缩短了工程完建期，提高了发电收益。

7.4 施工资源供应

（1）直接生产人员计算应根据施工总进度按分年、分月及分项工程，结合国内平均先进施工水平，按主体工程施工在设备选择配套的基础上，应按工作面、工作班制和施工方法，并结合国内平均先进水平进行劳动力优化组合确定施工人数，并据此计算施工阶段各年平均和各年总平均直接生产人员。

（2）间接生产人员计算：施工工厂维护运行人员配备，按现场设置的施工工厂生产规模、建筑面积、占地面积、用电负荷及所需生产人员计算确定；场内主要交通道路、场外运输人员、仓库系统（包括转运站）搬运及值班人员，可按有关定额或参考国内类似工程资料分析计算，并据此计算施工阶段各年平均和各年总平均间接生产人员。

间接生产人员计算，除施工工厂人员可按日工作班制及岗位配备外，其他人员采用定额或工程类比法计算。

（3）施工总人数计算：根据上述（1）、（2）条的计算成果，计算施工阶段各年平均、各年总平均及施工高峰期年平均的生产人员总数。

管理人员取生产人员总数的5%～8%(大型工程宜取低限，小型工程视具体情况分析取值)。缺勤人员按生产人员总数与管理人员总数之和的4%～6%取值。

（4）应对工程施工总进度计划进行资源优化配置，提出劳动力、主要施工设备和主要材料分年度供应计划。在不影响总工期前提下，调整非关键线路上的工程项目，使提出的分年施工劳动力、主要施工设备和材料需求较为均衡。

第 7 篇

生物发电工程施工组织设计范例

张　忠　司连启　周　华　王靖宇　苏　明　杜庆存　李　磊
高智勇　赵立新　张德心　梅大川　编著

第 1 章　国能邳州生物发电工程施工组织设计

1.1　工 程 概 况

1.1.1　编制依据

（1）本工程招标文件、对招标文件的答疑问题澄清及投标文件。

（2）本工程初设图纸。

（3）本工程施工合同、部分设备订货协议。

（4）国家电力公司电源建设部《火力发电工程施工组织设计导则》国电电源〔2002〕849 号。

（5）与本工程有关的施工及验收技术规范、规程、标准，主要有：

1）《电力建设施工及验收技术规范 建筑工程篇》（SDJ 69—87）、《电力建设施工及验收技术规范 水工结构篇》（SDJ 280—90）、《电力建设施工及验收技术规范 锅炉机组篇》（DL/T 5047—95）、《电力建设施工及验收技术规范 汽轮机组篇》（DL/T 5011—92）、《电力建设施工及验收技术规范 管道篇》（DL/T 5031—94）、《电力建设施工及验收技术规范 化学篇》（DL/T 5190.4—2004）、《电力建设施工及验收技术规范 热工自动化》（DL/T 5190.5—2004）。

2）《电气装置安装工程高压电器施工及验收规范》（GB 50147—2010）。

3）《电气装置安装工程电力变压器，油浸电抗器，互感器施工及验收规范》（GB 50148—2010）。

4）《电气装置安装工程母线装置施工及验收规范》（GB 50149—2010）。

5）《电气装置安装工程电气设备交接试验标准》（GB 50150—2006）。

6）《电气装置安装工程电缆线路施工及验收规范》（GB 50168—2006）。

7）《电气装置安装工程接地装置施工及验收规范》（GB 50169—2006）。

8）《电气装置安装工程旋转电机施工及验收规范》（GB 50170—2006）。

9）《电气装置安装工程盘、柜及二次回路接线施工及验收规范》（GB 50171—92）。

10）《电气装置安装工程蓄电池施工及验收规范》（GB 50172—92）。

11）《电气装置安装工程低压电器施工及验收规范》（GB 50254—96）。

12）《电气装置安装工程起重机电气装置施工及验收规范》（GB 50256—96）。

13）《火电厂焊接技术规程》（DL/T 869—2004）。

14）《火电施工质量检验及评定规程 土建工程篇》（DL/T 5210.1—2005）。

15）《火电施工质量检验及评定标准 电气装置篇》（DL/T 5161.1～5161.17—2002）。

16）《电力建设施工质量验收及评价规程锅炉机组》（DL/T 5210.2—2009）、《电力建设施工质量验收及评价规程汽轮发电机组》（DL/T 5210.3—2009）、《电力建设施工质量验收及评价规程 热工仪表及控制装置》（DL/T 5210.4—2009）、《电力建设施工质量验收及评价规程 管道及系统》（DL/T 5210.5—2009）、《电力建设施工质量验收及评价规程 焊接》（DL/T 5210.7—2010）、《电力建设施工质量验收及评价规程 加工制作》（DL/T 5210.8—2009）。

17）《特种设备安全监察条例》（国务院）2003 年 6 月 1 日起施行。

18）《电力工业锅炉压力容器监察规程》（DL 612—1996）。

19）《电站锅炉压力容器检验规程》（DL 647—2004）。

20）《电力工业技术管理法规（试行）》（80）电技字第 26 号。

21）《火力发电建设工程启动试运及验收规程》（DL/T 5437—2009）。

22）《中华人民共和国工程建设强制性条文（电力工程部分）》2006。

23）《中华人民共和国电力行业标准火力发电厂焊接技术规程》（DL/T 869—2004）。

24）《电力建设安全健康与环境管理工作规定》国电电源〔2002〕49 号。

（6）《电力建设安全工作规程火力发电厂部分》（DL 5009.1—2002）。

（7）本工程现场实际情况。

（8）我公司的有关施工经验。

（9）我公司质量、安全、环境管理体系文件。

1.1.2　工程概述

1.1.2.1　工程简况

工程名称：国能邳州生物发电 1×30MW 工程。

建设地点：江苏省邳州市戴圩镇。

建设单位：国能邳州生物发电有限公司。

设计单位：国核电力规划设计研究院。

监理单位：山东建设监理咨询有限公司。

施工单位：山东电力建设第二工程公司。

国能邳州生物发电工程新建 1×30MW 凝汽式汽轮发电机组，1×130t/h 振动炉排、高温高压、生物质锅炉，是利用生物质燃料发电的项目，符合国家节约能源、支持利用可再生能源发电和发展热电联产集中供热的产业政策。

1.1.2.2　现场自然条件

1.1.2.2.1　厂址地理位置

国能邳州生物发电工程厂址位于江苏省邳州市戴圩镇红旗路东，二号路北，距离 205 省道约 2.5km，交通便利，所占土地为工业规划用地。

1.1.2.2.2　厂址自然条件

1.1.2.2.2.1　厂址地形地貌

本工程厂址区域地貌属于徐淮黄泛平原区和沂沭丘陵平原区，工程场地所在区域地形平坦，场地高程 22.67～23.51m，地貌成因为冲积平原，地貌类型为平地。

1.1.2.2.2.2　工程地质与厂址稳定性

1.1.2.2.2.2.1　工程地质

厂址处于相对稳定区域，适宜建厂。

根据《国能邳州生物质发电项目工程场地地震安全性评价报告》（江苏省地震工程研究院，2010 年 3 月，编号：JSE2010A016）成果，场地地基土类型为中软土，建筑场地类别为Ⅲ类。厂址区抗震设防烈度 8 度。

厂址地层主要特征描述如下：场地地层主要为第四系全新统冲积层（Q_4^{al}）、第四系上更新统冲积层（Q_3^{al}），岩性主要有黏土、粉土。

地基土承载力特征值 f_{ak} 建议采用：

①黏土：f_{ak}=120kPa，E_s=5.6MPa^{-1}；

②粉质黏土：f_{ak}=130kPa，E_s=4.8MPa^{-1}；

③粉质黏土：f_{ak}=150kPa，E_s=5.6MPa^{-1}；

③-1 粉土：f_{ak}=150kPa，E_s=6.8MPa^{-1}；

③-2 中砂：f_{ak}=200kPa，E_s=16.7MPa^{-1}；

④黏土：f_{ak}=260kPa，E_s=7.9MPa^{-1}；

④-1 中砂：f_{ak}=270kPa，E_s=18.4MPa^{-1}；

⑤黏土：f_{ak}=230kPa，E_s=8.4MPa^{-1}；

⑥-1 粉土：f_{ak}=210kPa，E_s=5.9MPa^{-1}；

⑥中砂：f_{ak}=270kPa，E_s=23.7MPa^{-1}；

⑦黏土：f_{ak}=230kPa，E_s=9.0MPa^{-1}。

厂址无不良地质现象，不压覆重要矿产资源，无军事设施和文物遗存，不属于文物保护范围。

1.1.2.2.2.2.2 地下水

厂址区地下水类型为第四系孔隙潜水；地下水动态类型为渗入—蒸发径流型，主要补给来源为侧向径流补给和大气降水入渗，排泄方式为蒸发、地下径流和人工开采抽取地下水。勘测期间，厂址区地下稳定水位埋深 1.10～1.20m。地下水年变化幅度约 1.20m。

地下水在干湿交替作用条件下对混凝土结构具有微腐蚀性；对钢筋混凝土结构中的钢筋在长期浸水条件下具有微腐蚀性，在干湿交替条件下具有弱腐蚀性。

场地电阻率测试成果见有关材料及相关分析。电阻率测试成果表明，场地土对钢结构具有强腐蚀性。

1.1.2.2.2.3 厂址水文气象条件

1.1.2.2.2.3.1 水文条件

厂址区工程影响范围内地下水类型为第四系孔隙潜水，其地下水动态类型为渗入—蒸发径流型，主要补给来源为侧向径流补给和大气降水入渗，排泄方式为蒸发、地下径流和人工开采抽取地下水。

场地主要赋水岩土体为②层粉质黏土、③层粉质黏土、⑥–1 层粉土和⑥层中砂以及以透镜体形式存在的③–1 层粉土和③–2 层中砂。

勘测期间正值枯水期，地下稳定水位埋深 1.10～1.20m，相应的高程为 21.60～21.50m。根据当地水文、气象条件，地下水位主要受季节影响，丰水期（雨季）时最高地下水位可至地表，地下水年变化幅度约 1.20m。

厂区自然地面标高在 22.67～23.51m 之间。

1.1.2.2.2.3.2 气象条件

根据邳州气象站 1957—2002 年的气象资料，该区域累年最大冻深为 28cm。

根据《建筑地基基础设计规范》（GB 50007—2002）附录 F《中国季节性冻土标准冻深线图》，场地标准冻深小于 60cm。

1.1.2.2.3 厂址周围环境

场地地基土类型为中软土，建筑场地类别为Ⅲ类，建筑抗震地段为可进行工程建设的一般地段。

厂区抗震设防烈度为 8 度，设计地震分组为第一组，场地 50 年超越概率 63%的地表地震动水平向峰值加速度为 0.062*g*，地震动反应谱特征周期为 0.45s。场地 50 年超越概率 10%的地表地震动水平向峰值加速度为 0.230*g*，地震动反应谱特征周期为 0.63s。场地 50 年超越概率 2%的地表地震动水平向峰值加速度为 0.365*g*，地震动反应谱特征周期为 0.80s。

厂址区在地震烈度达到 8 度时，场地内饱和砂土、饱和粉土不会产生液化现象。

工程场地内地基土承载力特征值，总体趋势为自上而下随深度增加而增大。①层黏土和②层粉质粘土地基承载力特征值 f_{ak}=120～130kPa，可以作为小型建（构）筑物天然地基持力层。由于①层黏土表层有 30～40cm 耕植土，富含植物根系，场地施工填方前，建议清除表层耕植土。

③粉质黏土局部夹③-1 层粉土和③-2 层中砂，中等压缩性，地基承载力特征值 f_{ak}=150kPa，该层在厂址区分布较稳定，可以作为一般建（构）筑物的天然地基持力层；若以该层作为场地重要建（构）筑物的天然地基持力层，需对强度和变形进行验算，在满足要求时方可使用。

④黏土及以下各层工程力学性质优于上覆地层，其地基承载力特征值 f_{ak}≥210kPa，属中等或中等偏低压缩性，且在场地主厂区分布普遍，层位较稳定，可作为电厂各类建（构）筑物的天然地基持力层。但层顶埋深一般为 5.10～7.00m，对于基础埋深相对较浅的建（构）筑物，若采用其作为天然地基持力层，存在超挖厚度较大及经济合理性问题。

当天然地基不能满足重要建（构）筑物对地基的强度和变形要求时，建议采用桩基。根据当地建筑经验，桩基方案可采用载体桩或钢筋混凝土预制桩。两种桩型均能满足重要建（构）筑物对地基强度和变形的要求，具体选择何种处理方案，可根据经济技术比较后确定；有关桩基的设计、施工参数及施工工艺等，应通过现场试桩和原体试验的结果确定。

结合当地建筑经验，浅部岩土体②层及③层（含砂）粉质黏土、透镜体状③–1 粉土和③–2 砂土为主要赋水层，基坑开挖时需考虑降水问题。建议降水方案采用真空井点降水，结合基坑内明沟排水。施工时应采取先降水，后开挖施工的顺序进行，并保证基础施工期间的地下水埋深应至少低于基础底面下 0.50m。

根据现场勘测结果，基坑开挖时其基坑壁主要地层为黏性土，局部夹粉土、砂土薄层。当基坑坡高在 5m 以内，边坡容许坡度值可采用 1∶1.25；当基坑坡高为 5～10m 时，边坡容许坡度值可采用 1∶1.50。此外，应注意局部对③-2 中砂的支护。施工期间基坑坡顶不得堆放较重的荷载，以免影响基坑稳定性。基底高程以上宜预留 0.50m 厚的土层由人工开挖。基坑开挖完毕经检验合格后，应立即浇筑基础垫层，进行基础施工。

厂址区不存在不良工程地质作用，在工程建设过程中不会引发次生环境地质问题。

1.1.2.2.4 交通运输条件

厂址西侧为红旗路，南侧为工业二路，再向南 2.5km 为 250 省道，进厂主干道及货运道路均从 250 接引。

1.1.2.2.5 电厂水源

本工程水源为在厂区东南 2km 深井补充水。电厂西北角围墙外有一邳州饮用水井。

1.1.2.2.6 燃料运输

电厂所用燃料为秸秆。本工程单炉年耗秸秆量为 23.78 万 t，平均小时秸秆耗量为 33.97t/h。日耗秸秆量为 747.4t。

1.1.2.3 主要技术原则

1.1.2.3.1 主机设备简介

1.1.2.3.1.1　锅炉

制造厂：北京德普新源科技发展有限公司。

型式：130t/h 高温高压、自然循环、全钢炉架、振动炉排、汽包炉、紧身封闭，秸秆燃料锅炉。

锅炉最大连续蒸发量：130t/h。

过热蒸汽压力：9.2MPa（g）。

过热蒸汽温度：540℃。

给水温度：220℃。

锅炉效率：≥90%。

1.1.2.3.1.2　汽轮机

制造厂：武汉汽轮发电机厂。

型号：N30-8.83 型，高温高压、单缸、单轴、凝汽式汽轮机。

额定功率（不含励磁功率，下同）：30MW。

主蒸汽阀前主蒸汽额定压力：8.83MPa（a）。

主蒸汽阀前主蒸汽额定温度：535℃。

主蒸汽额定流量：120t/h。

额定抽气压力：0.328MPa。

额定抽气量：45.5t/h。

冷却水温：设计 20℃；最高 33℃。

背压：5.00/11.8kPa（a）。

额定转速：3000r/min。

旋转方向：从机头向发电机端看为顺时针。

冷凝器 NQ25：冷却面积 2500m^2。

1.1.2.3.1.3　发电机

制造厂：济南发电设备厂。

型号：QF-30-2 型，空气冷却，自并励静止励磁。

额定功率：30MW。

额定功率因数：0.8（滞后）。

额定电压：10.5kV。

额定定子电流：2062A。

额定转速：3000r/min。

额定频率：50Hz。

转子重量：约 16t。

定子重量：约 42t。

功率因数：0.8。

相数：3。

1.1.2.3.2　主要技术原则

1.1.2.3.2.1　厂区总体布局

1.1.2.3.2.1.1　厂区总平面布置

厂区总平面布置呈“两列式”格局，由西向东依次布置升压站→主厂房区，由北向南依次布置储料设施区→主厂房区→厂前附属、辅助设施区。

主厂房区位于厂区西部。由西向东依次布置汽机房→锅炉房→除尘器→引风机、烟道、烟囱。

干料棚布置在水塔及烟囱的东侧、输料栈桥由东向西从主厂房的东北侧接入锅炉房。

35kV 配电装置布置在主厂房区的西侧，主变压器布置于主厂房西侧。

冷却塔布置在主厂房区的西北侧。

锅炉补给水处理室与主厂房组成联合建筑，其余室外设施布置在主厂房南侧。

汽车衡及控制室布置在厂区东侧，靠近货运出入口。

厂区设置两个出入口：进厂主出入口和货运出入口。前才布置在厂区西南角，靠近厂前区；后者布置在厂区东南角。

1.1.2.3.2.1.2　厂区竖向布置方式

本工程场地较为平整，厂址区地形平坦开阔，地面高程在 22.67～23.51m 之间，竖向布置采用坡式布置方式。厂前区和料场区域的设计标高相差较大为 24.55～22.70m，形成西南角高，北侧及东侧料场区域低。

主厂房区的室外设计标高为 24.85m；根据土方平衡计算结果，其他区域地坪标高为 24.55～23.50m 之间，料场区设计地坪标高在 22.70～22.90m 之间。

1.1.2.3.2.2　专业系统简介

1.1.2.3.2.2.1　机务专业

一、燃烧系统

秸秆通过上料系统运输至位于炉前的秸秆料仓中。通过螺旋取料机从炉前料仓底取料，分配至给料机送入炉膛燃烧。

锅炉采用平衡通风系统。空气系统由一台 100%容量的送风机和空预器组成。空气的预热由给水加热实现。加热空预器的给水从高压给水调节阀后的高压给水管道直接引出，预热空预器的空气，然后进入烟气冷却器吸收烟气的热量，最后再回到高压给水管道进入省煤器。

经炉膛燃烧后产生的高温烟气和飞灰，流过过热器和省煤器，再流经烟气冷却器。经过烟气冷却器的烟气和飞灰，由一台 100%容量引风机将烟气吸入布袋除尘器净化，最后经 100m 的烟囱排向大气，烟囱出口内径 2.5m。

本工程由于采用了带前置旋风除尘的布袋除尘器，在烟气冷却器和引风机之间增加了烟道旁路，启动时不经过布袋除尘器，直接经旁路通过引风机进入烟囱，避免了含有油和水的烟气进入布袋除尘器。

二、热力系统

本系统采用单元制，过热器联箱出口蒸汽经一根ϕ219×16（12Cr1MoVG）的管道送至汽轮机主汽门。

本期给水系统设置两台 145t/h 的电动调速给水泵，一台运行，一台备用。系统采用单管制，给水操作平台布置在锅炉运转层。高加采用大旁路。

本机组汽轮机的 6 级非调整抽汽分别供给 2 台高加、3 台低加和 1 台高压除氧器。除氧器定——滑压运行，除氧器的额定压力为 0.588MPa，在三抽压力低于除氧器额定工作压力工况除氧器滑压运行。配置一台有效容积为 50m^3 给水箱，一台额定出力为 150t/h 的高压除氧器。除氧器正常运行用汽由三级抽汽提供。本机组为纯凝机组不考虑对外供热。

本台机组设置两台容量 100%的卧式电动凝结泵，一台运行，一台备用。

循环冷却水为有冷水塔的二次循环水系统，设循环水泵，向凝汽器、冷油器、发电机空冷器提供循环水冷却，风机液力耦合器工作油冷却器、给水泵电机、给水泵液力耦合器工作油冷却器也采用循环水冷却，其他如给水泵、凝结水泵、风机等设备的轴承、润滑油冷却器均采用工业水冷却，回水至循环水系统。空冷器和冷油器均备有夏季掺凉用工业水。冷却水设计温度：20℃；最高冷却水温度：33℃。

三、燃料系统

储料设施有储料棚与露天储料场，保证日常机组的正常运行。储料仓内的秸秆抓斗机运至链板输送机上，经链板输送机运至大角包机处解包，然后送至 2 号带式输送机后进入锅炉原料仓。小包玉米秸或散料通过装载机给至小包料斗，再经螺旋给料机后进入 1 号带式输送机，由 1 号带转运至 2 号带，进入锅炉原料仓。

燃料运输系统控制方式采用 DCS 控制方式和就地手动两种控制方式，还设有工业电视监测系统，并采用全天运行的方式。

四、除灰渣系统

干灰落入粉料泵与压缩空气充分混合后，通过管道输送到灰库内储存。在灰库下设有干、湿灰分除装置，装车处运至综合利用场所。

锅炉炉底渣经排渣口排出，直接进入位于炉底的两台变频调速刮板捞渣机中，冷却后输送至除渣间堆放，然后外运至综合利用场所。

五、水工系统

全厂夏季工业用水及循环水补充水最大补水量 128m^3/h，年需补充水量约 89.6 万 m^3，以涡河地表水作为全厂工业用水、消防用水及循环水补充水的水源；并在厂内打 3 眼深井作为全厂工业用、消防用水及循环水补水的备用水源，同是作为全厂生活水水源。

根据循环水系统优化结果，冷却塔为 1 座逆流式双曲线自然通风冷却塔，淋水面积 1200m^2，夏季冷却倍率 65 倍、凝汽器面积 2500m^2。

六、化学水处理系统

（1）锅炉补给水处理系统。水工净水站来地表水→加热→自清洗过滤器→外压式超滤活性炭过滤器→一级反渗透→除二氧化碳器→中间水箱→二级反渗透→淡水箱→EDI→除盐水箱→除盐水泵去主厂房。EDI 浓水回流作为二级反渗透进水，二级反渗透浓水回流至生水箱。一级反渗透浓水进水工排水系统。

（2）水循环水处理系统。循环水处理系统拟采用加酸、加稳定剂及阻垢剂等加药处理。

七、主厂房加药取样系统

（1）给水、炉水校正处理系统。为防止和减少给水系统中设备、管道的腐蚀及污染给水质量，需要调整给水中的 pH 值。本工程采用一箱两泵组合式自动加氨装置调节。为防止锅炉水冷壁结垢、腐蚀爆管，对水采用磷酸盐处理，设备选用一箱两泵组合式手动加药装置。

（2）水汽取样系统。为监督机组一水、汽系统水汽品质，使整个电厂的水汽系统处于最佳运行工况，设一套水汽集中取样装置。取样装置由微机对主要测点进行实时检测，并留有主要测点信号进入 DCS 系统接口。同时设手动取样分析测点。取样装置的冷却水采用除盐水，设除盐水冷却装置一套。

1.1.2.3.2.2.2 电气系统

本工程新建一台 30MW 发电机组，电气主接线以发电机-变压器-线路组单元接线方式，以一回 35kV 架空出线线向东接入附近变电站的 35kV 系统。

本工程采用一台有载调压双卷主变压器，型号为：SFZ9-40000/35，38.5±3×2.5%kV/10.5，40MVA，Y d11。发电机为山东济南发电设备厂生产的空冷式发电机，型号：QF-30-2 30MW，额定电压为 10.5kV，额定电流为 2062A，额定功率因数为 0.8。

发电机与变压器之间设断路器，高压厂用工作电源由主变低压侧引接。

一、35kV 配电装置

选用户外敞开式配电装置，主变高压侧至 35kV 配电装置用共箱母线连接，主变 35kV 进线采用 LGJ-630/30 钢芯铝绞线。

二、发电机励磁系统

采用自并励静止励磁系统，系统由一台接于发电机机端的励磁变压器作为励磁电源，经可控硅整流后供给发电机磁场电流。自动电压调节器（AVR）改主可控硅整流装置的触发角来控制发电机运行工况。系统主要由机端变压器、可控硅整流装置、自动电压调节器、灭磁和过电压保护装置、起励装置、必要的监测、保护、报警辅助装置组成。

三、厂用电源系统

厂用电设高压 10kV 中性点不接地系统，高压厂用工作电源引自主变低压侧，10kV 厂用母线为一段，机炉的辅机及公用负荷接在母线上。

厂用电低压采用 380V/220V 中性点直接接地系统，采用 PC-MCC 明备用的接线方式。

设两台低压工作变压器，容量为 1600kVA，供主厂房、上料及炉后区域的低压负荷。

在主厂房内设一台备用变压器，作为两台工作厂变、辅助车间变的备用电源，容量为 1600kVA。

根据负荷范围设一台辅助车间变，容量 1000kVA，为辅助车间的负荷供电。

四、直流系统

全厂设一组蓄电池，动力、控制负荷混合供电，电压 220V，不设端电池。蓄电池选用阀控式密封铅酸电池，容量为 400Ah。蓄电池配置一套充电浮充电设备，充电浮充电设备选用高频开关电源装置，模块采用 N＋1 热备份方式。

五、不停电电源系统

根据负荷需要，设置一套容量为 30kVA 单相输出的静态不停电电源装置，布置于电气继电器室内。运行方式为正常由工作段向 UPS 提供交流电源，经 UPS 整流、逆变后将直接转换成单相 220V 交流向主配电屏供电。当工作面失电时，则由蓄电池向逆变器供电，当过载、电压超限、逆变器或整流器发生故障停止工作时蓄电池放电至终止电压时，由静态开关在 3ms 内将负荷切换至旁路回路，由旁路供电。

电气控制纳入机组 DCS 系统，实现机炉电一体化控制。

1.1.2.3.2.2.3 热工控制系统

热工自动化控制系统采用分散控制系统（DCS）。实现单元机组炉机电集中控制。

在集控室内可实现机组正常运行工况的监视和调整以及异常工况的报警和紧急事故的处理，在少量就地操作和巡回检查配合下，在集控室内可实现机组的启/停。

1.1.2.3.2.2.4 建筑专业

工程主要采用建筑材料：钢材：型钢、钢板主要用 Q235-B 钢，有特殊要求的采用 Q345-B。根据设计需要，预制混凝土构件混凝土强度等级为 C30～C35，现浇混凝土结构为 C30～C35，素混凝土及垫层为 C10 或 C15。机制砖、加气混凝土砌块：根据设计需要分别采用 MU10、MU15 机制砖或其他满足设计要求的砌体。轻型砌块或空心砖：可用于主厂房及其他框排架结构内侧填充墙。砂浆：地上或防潮层以上砌体采用 M5 混合砂浆，地下采用 M7.5 水泥砂浆。屋面防水：主厂房等主要生产建筑物屋面防水等级为Ⅱ级防水，其他辅助生产建筑物屋面防水等级为Ⅲ级。屋面保温：屋面保温材料为挤塑聚苯乙烯泡沫塑料板。外墙为岩棉保温抹面；装饰材料：外墙采用涂料。门窗：钢门窗、木门或塑钢门窗。

一、地基处理

根据拟建场地的地层分布及地基的工程性质，第二层土可以满足设计承载力的要求。

主厂房采用柱下现浇钢筋混凝土独立基础；烟囱采用筏板基础；其他框架排架结构采用现钢筋混凝土独立基础或条型基础，砌体结构采用钢筋混凝土条形基础。

二、主厂房建筑设计

主厂房按 1×30MW 机组设计，不再保留扩建的条件。汽机房横向布置于锅炉西侧（由炉前向炉后看），与锅炉钢架距离为 1m，锅炉钢架下为锅炉房检修主通道。锅炉房在汽机间侧的封闭处设置变形缝。汽机房采用岛式布置，跨度为 13.5m，纵向长度为 6m×4＋7m×2，共 38m。汽机房分三层，即零米层，中间层 4.3m，运转层 8.00m。汽轮发电机中心线与锅炉中心线垂直，机头朝向锅炉房，汽轮发电机组中心线距 A 排柱为 6.0m。

除氧间共分四层：10kV 配电室和蓄电池室布置于除氧间±0m 层 5～7 轴。380V 配电室布置于除氧间 4.30m 层，4～7 轴，暖通换热站布置于 2～4 轴。8m 层布置有机炉电集中控制室、电子设备间及继电器室，除氧器布置于 13.80m。化学专业及循环水泵布置于汽机房 A 列外侧毗临屋，框排架结构。

主厂房布置三部楼梯，一部钢筋混凝土楼梯，两部室外钢梯，满足交通疏散要求。其中钢筋混凝土楼梯可达到主厂房各主要楼层及屋面，并在各不同标高屋面设有屋面检修钢梯。锅炉房主要依靠其自设钢梯及平台进行疏散。

汽机房±0m 层 6～7 轴设检修场地，检修场地设设备主要出入口。

主厂房卫生设施：在汽机房 0m、运转层集控室区域设卫生间，在各车间适当位置设清洗水池方便就近使用。

主厂房防排水及隔热：主厂房屋面全部采用有组织排水，为钢筋混凝土屋面，屋面防水等级按Ⅱ级屋面设防，采用高分子防水卷材防水层。

室内外楼地面交界处高差不小于 20mm，与室内楼地面衔接的室外楼地面走道、台阶等应作不小于 0.5%的排水坡度，防止积水。有水冲洗的楼地面留洞时，洞口做 150mm 高的护沿，屋面洞口护沿做 400mm 高。变形缝严密，防止渗漏。

主厂房防火、防爆：主厂房防火按照丁类二级考虑。汽机房、除氧间、锅炉房为一个防火分区，汽机房与锅炉房之间用 240 厚加气混凝土砌块分隔。隔墙耐火极限不小于 1h，墙上的门均为乙级防火门。疏散楼梯间的门为乙级防火门；配电装置室、电缆竖井均采用乙级防火门窗；防火门一律向疏散方向开启。主厂房内每个车间、配电装置室等的安全出口不少于两个。疏散楼梯梯段宽度大于 1.1m，疏散走道的净宽不小于 1.4m，疏散门的净宽度不小于 0.9m，疏散钢梯宽度不小于 0.8m，并且不大于 45°。主厂房所有穿防火隔墙的管道及孔洞均以不燃烧的材料填塞管道与防火墙之间的缝隙。

主厂房结构设计：主厂房采用现浇钢筋混凝土框排架结构，横向由化学毗屋柱—B 列柱—汽机房屋盖—A 列柱—A01 列柱组成框排架结构体系，主厂房纵向为框架结构。

主厂房 A 列柱、除氧间框架、楼板等构件均采用现浇钢筋混凝土结构；汽机房屋盖采用预制屋面梁＋预制屋面板；吊车梁采用预制钢筋混凝土 T 形截面梁；汽轮发电机基座为现浇钢筋混凝土框架结构，大板式基础；加热器平台采用现浇钢筋混凝土结构；汽机房采用钢筋混凝土结构抗风体系。

主厂房围护结构采用轻质砌块为主。

锅炉房墙体紧身封闭 1.0m 以下为砌体结构，1.0m 以上外围护墙采用复合保温压型钢。锅炉钢架、各层平台屋面及墙体围护均由锅炉厂设计、建造。

抗震措施：主厂房填充墙沿柱高与框架柱设拉结筋拉结，填充墙高度超过 4m 时增设圈梁；屋顶女儿墙根据不同高度采取相应的抗震构造措施；不同结构单元之间的防震缝宽度符合《建筑抗震设计规范》有关规定。

炉后建（构）筑物：烟囱出口内径 2.5m，高 80.0m。烟囱入口烟气温度 128℃；采用钢筋混凝土外筒壁、环形基础，耐火砖内衬，憎水珍珠岩板隔热层。

钢烟道支架为钢结构，钢筋混凝土独立基础。引风机房为框架结构，钢筋混凝土独立基础。启动锅炉房为框架结构，钢筋混凝土独立基础。

电气建（构）筑物：汽机房山墙外设一主变。变压器基础为钢筋混凝土结构。35kV 屋外配电装置母线架构和出线架构采用钢结构柱、钢桁架梁，按电气专业要求设避雷针和爬梯。隔离开关和避雷器等设备支架采用钢结构支架。

燃料输送系统建（构）筑物：燃料输送系统建筑主要包括：1 号转运站、链式输送皮带、1 号皮带栈桥、2 号皮带栈桥、干料棚等。

1 号转运站：为二层钢筋混凝土框架结构，地下一层，为钢筋箱型混凝土结构。

链式输送皮带为地面皮带，采用机制砖墙封闭。

1 号皮带栈桥：地下部分采用钢筋混凝土箱体结构，地上部分：采用钢筋混凝土框架结构，加气混凝土砌块封闭，基础采用钢筋混凝土独立基础。地下料斗采用钢筋混凝土箱体结构。

2 号皮带栈桥：地上部分：采用钢筋混凝土框架结构，加气混凝土砌块封闭，基础采用钢筋混凝土独立基础。

干料棚：钢筋混凝土排架结构，屋面为轻钢屋架＋无保温压型钢板，墙板为无保温压型钢板，墙板在干料棚上部封闭。基础为钢筋混凝土独立基础。

辅助（附属）建（构）筑物：综合办公楼建筑面积 998m^2，二层砌体结构；生活综合楼建筑面积 3442m^2，五层砌体结构；检修间建筑面积 408m^2，单层框架结构＋砌体结构；传达室：建筑面积：31.32m^2，警卫室建筑面积：31.32m^2，单层砌体结构；车库：筑面积 346m^2，单层砌体结构。

1.1.3　施工范围及主要工作量

1.1.3.1　施工范围

承担汽机房、锅炉房建筑安装工程部分、烟囱和冷却塔建筑安装工程、锅炉岛及燃料系统建筑安装工程、生产生活辅助设施工程等施工。

1.1.3.2　主要施工工作量

1.1.3.2.1　建筑专业

建筑专业主要施工工作量见表 1-1-1。

表 1-1-1　　建筑专业主要施工工作量

序号	名　称	单位	数量
一	热力系统		
1	汽机房	m^2	513
2	除氧间	m^2	752
3	锅炉房	m^2	1084
4	汽机房固定端毗屋	m^2	618
5	锅炉基础	套	1
6	锅炉附属设备基础	套	1
7	汽轮发电机基础	座	1
8	汽机附属设备基础	套	1
9	汽机事故油池	座	1
二	除尘排烟系统		
1	除尘器基础	座	1
2	送风机基础、检修支架	套	1
3	烟道支架基础	套	1
4	启动锅炉房	m^2	96
5	烟囱（100m）	座	1

续表

序号	名　称	单位	数量
三	燃料供应系统		
1	栈桥	座	1
2	主料棚	座	1
3	1 号转运站	m^2	450
4	地下料斗	座	1
5	辅料棚	座	1
四	供水系统		
1	循环水压力管	套	1
2	冷却塔（$1200m^2$）	座	1
五	除灰系统		
1	除渣间	座	1
2	灰库	座	1
六	电气系统		
1	主变基础	座	1
2	变压器事故油池	座	1
3	35kV 配电装置	座	1
4	出线小室	座	1
七	附属生产系统		
1	办公楼	m^2	998
2	宿舍楼楼	m^2	3442
3	传达室、警卫室	m^2	62.6
4	车库	m^2	346
5	检修间	m^2	408

1.1.3.2.2 锅炉专业

锅炉专业主要施工工作量见表 1-1-2。

表 1-1-2　　锅炉专业主要施工工作量

序号	名　称	规　格	单位	数量
一	锅炉及辅助设备			
1	锅炉	振动炉排高温高压锅炉 130t/h	台	1
2	空气预热器		台	1
3	送风机		台	1
4	引风机		台	1
5	布袋除尘器		台	1
6	炉前给料系统		套	1
7	定期排污扩容器		台	1
8	主蒸汽管道		吨	16
9	主给水管道		吨	40
10	锅炉送风机进出口风道		吨	40
11	烟道		吨	11

续表

序号	名　称	规　格	单位	数量
二	燃料系统设备			
1	给料系统	4 台给料机 8 台螺旋取料机	套	1
2	上料系统设备		套	1
3	给料设备		套	1
4	检修起吊设备	电动葫芦 2 台、手拉葫芦 3 台、单轨吊 3 台	套	1
三	除灰除渣系统			
1	链式输渣机		台	2
2	单轨吊		台	1
3	仓泵气力除灰系统设备		套	1
4	除灰管道		吨	7
四	启动锅炉			
1	单纵卧式链条炉排蒸汽锅炉		套	1

1.1.3.2.3 汽机专业

汽机专业主要施工工作量见表 1-1-3。

表 1-1-3　　汽机专业主要施工工作量

序号	设备名称	型　号	单位	数量
一	汽轮机及其辅助设备			
1	汽轮机	N30-8.83/535	台	1
2	汽轮机进汽机构及管路		套	1
	汽轮机轴封装置		套	1
	汽轮机电动盘车装置		套	1
	EH 供油装置		套	1
3	汽轮机润滑油系统			
	主油箱	$11m^3$	台	1
	冷油器	冷却面积 $37m^2$/台	台	3
	高压交流润滑油泵	$170m^3/h$　220m　2950r/min　200kW	台	1
	直流润滑油泵	$39.5m^3/h$　38m　2950r/min　15kW	台	1
	交流润滑油泵	$39.5m^3/h$　38m　2950r/min　17kW	台	1
	顶轴油泵		台	2
	油净化装置		套	1
4	凝汽器抽真空系统			
	射水抽气器	抽气容量 18kg/h	台	2
	射水泵	$Q=160m^3/h$　30kW	台	2
	汽封加热器	管壳式，卧式	台	1
5	凝汽器	NQ25 冷却面积　$2500m^2$	台	1
6	凝结水泵	流量 $125m^3/h$ 卧式　75kW	台	2

续表

序号	设备名称	型　　号	单位	数量
7	低压加热器组			
	4 号低压加热器	RJD100.01 型加热面积 $100m^2$	台	1
	5 号低压加热器	RJD100.01 型加热面积 $100m^2$	台	1
	6 号低压加热器	RJD100.01 型加热面积 $100m^2$	台	1
8	高压加热器		台	
	1 号高压加热器	JG-180-1 型加热面积 $180m^2$	台	1
	2 号高压加热器	JG-180-2 型加热面积 $180m^2$	台	1
9	低加疏水泵	$24m^3/h$ 扬程 127m 电机：30kW	台	1
10	胶球清洗装置		套	
	胶球清洗收球网	SD-700	套	2
	胶球清洗装球室	ZQS-300-1　30L	套	1
	胶球清洗水泵	IZJ125-15 型　$90m^3/h$ 11kW	台	1
11	高加危急疏水扩容器	$1.5m^3$　1.6MPa　400℃	台	1
二	发电机及其辅助设备			
1	发电机	空冷，静止励磁 30MW，10kV　2062A 转速 3000r/min　功率因数 0.8	台	1
2	发电机空气冷却器	额定换热容量：740kW	组	1
三	空气压缩机及辅助设备			
1	空压机	额定处理气量 $7.5Nm^3/min$	台	3
2	仪用贮气罐	立式 $5m^3$	台	1
3	检修用贮气罐	立式 $5m^3$	台	1
4	微热再生吸附式干燥机	5kW　流量：$15Nm^3/min$	台	1
四	除氧给水装置			
1	除氧器	GCM150/50 型 $50m^3$ 150t/h 设计温度压力：250℃ 0.78MPa 工作温度压力：158℃ 0.588MPa	台	1
2	除氧水箱	有效容积 $50m^3$	台	1
3	连续排污扩容器	LP　$3.5m^3$	台	1
4	电动给水泵	流量 145t/h　扬程 1506m 轴工功率：814kW　转速：2890r/min	台	2
	电动机	YKS5004-2 型 1000kW 10kV	台	2
	液力偶合器	YOTCS500/3000 型 调速范围：20%～100%	台	2

续表

序号	设备名称	型　　号	单位	数量
五	汽机其他辅机			
1	汽机房行车	32/5t　L＝12m	台	1
2	射水箱	$10m^3$	台	1
3	汽封用减温减压器	WY2-8.83/535-0.5/200 2t/h	套	1
六	热力系统汽水管道			
1	中低压管道		t	112
2	汽轮机本体定型管道及发电机外部水冷管道		t	若干

1.1.3.2.4　电气专业

电气专业主要施工工作量见表 1-1-4。

表 1-1-4　　　电气专业主要施工工作量

序号	名　　称	型 号 规 格	单位	数量
一	发电机电气及引出线			
1	励磁系统	励磁厂家成套柜	面	4
2	高压开关柜	KYN28A-12	面	4
3	电流互感器	LMZD1-12 3000/5A　5P20/5P20	台	3
4	电流互感器	LMZD1-12 3000/5A　0.5/0.2S	台	3
5	母线		m	60
6	支柱绝缘子	ZN-10/16N	只	24
7	母线伸缩节	MS-100X10	套	18
8	母线金具	MNP-203	套	24
9	共箱母线	3000A	m	35
二	主变	SFZ9-40000/110，40000kVA	台	1
1	电流互感器	LCWBL-35 100/5A　5P10	只	1
2	隔离开关	GW13-63　630A	只	1
三	35kV 配电装置			
1	35kV 断路器	LW8-35　1250A	组	1
2	35kV 隔离开关	GW4-40.5　1250A	组	1
3	35kV 电流互感器	2×600/5A　5P20/5P200.5/0.2S	台	3
4	35kV 电压互感器	JDQXF-35W2	台	3
5	35kV 氧化锌避雷器	YH5WZ-51/124	台	3
6	检修箱	XW2-1	只	1
7	35kV 钢芯铝绞线	LGJ-400/30	m	80
四	厂用电系统			
1	手车式开关柜	KYN28A-10	面	11
2	母线桥	10kV　1250A	套	1
3	干式变压器	SCB9-1600	台	3
4	干式变压器	SCB9-1000	台	1
5	低压配电屏	MNS	面	69

续表

序号	名　称	型号规格	单位	数量
6	封闭线线桥	380V	套	1
7	就地动力控制箱	XK-1　XK-3	面	15
8	就地动力检修箱	XJF-13	面	22
9	液位控制箱	QCK-YWC	面	4
10	就地控制开关		面	35
11	端子箱	XJ-1	只	10
四	直流及 UPS 系统			
1	蓄电池	GFM-400	只	104
2	直流屏	PED-G	面	2
3	UPS 主机柜	30kVA	面	1
4	UPS 旁路柜	UPS 成套	面	1
5	UPS 配电柜	UPS 成套	面	1
五	主控系统			
1	同期屏		面	1
2	变送器屏		面	1
3	电度表屏	PK-10	面	1
4	发变组微机保护柜		面	2
5	事故照明切换柜	PK-10	面	1
六	照明			
1	照明配电箱		面	68
2	照明灯具		套	997
3	照明开关		只	250
4	照明电线		m	13600
5	电线钢管		m	5100
七	全厂电缆			
1	水煤气管		m	12000
2	钢制电缆桥架	热镀锌	t	37
3	动力电缆		m	45800
4	控制电缆		m	27400
5	角铁		t	15
6	防火封堵材料		t	7
7	金属软管		套	700
八	行车滑线			
1	安全滑线及附件		m	198
九	防雷接地			
1	接地线		m	7200
2	接地极	ϕ50 镀锌	m	700
3	接地铜绞线	TJ-120mm^2	m	300

1.1.3.2.5　热控专业

热控专业主要施工工作量见表 1-1-5。

表 1-1-5　　热控专业主要施工工作量

序号	设备名称	单位	数量
1	微机分散控制系统	套	1
2	机组控制盘及热控电源盘	套	1
3	汽机安全监视系统	套	1
4	汽机本体保护系统	套	1
5	汽机电液调节系统	套	1
6	锅炉安全监视系统	套	1
7	辅助系统热控装置	套	1
8	烟气在线监测装置	套	1
9	全厂工业电视监视系统	套	1
10	就地仪表	套	1
11	执行机构	套	1
12	保护箱、接线盒	套	1
13	仪表管	m	4500
14	阀门	套	600
15	电缆保护管	m	3000
16	钢材	t	5
17	热镀锌钢制电缆桥架	t	25
18	控制电缆	m	76000

1.2　施工组织机构及劳力计划

1.2.1　施工组织机构

一、施工组织机构设立原则

依据公司与国能公司签订的工程施工合同的相关要求及公司管理模式，结合工地实际情况，在确保完成项目管理总目标的前提下，尽量简化机构，减少现场管理人员，侧重围绕施工管理，兼顾行政办公、经营管理。项目管理实行项目经理负责制，下设置四部一室及四个工程处，即工程管理部、安全监察部、物资机械部、计划经营部、综合办公室及建筑、锅炉、汽机、电仪工程处。

二、项目工地施工组织机构

（1）项目工地施工组织机构网络图。

（2）项目部各人员及部门职能分工：

1）项目经理全面负责工地各项管理事务，为工地安全、质量、进度第一责任人。

2）项目副经理（生产）协助项目经理抓项目部生产、安全、文明施工工作。

3）项目总工协助项目经理抓项目部技术、质量工作。

4）工程管理部负责工地工程技术、质量检查、质保、计划、检测试验、档案资料等具体管理工作。

5）综合管理部负责工地行政办公、人力资源、现场保卫、消防、后勤保障等。

6）物资机械部负责工地物资设备管理、机械管理工作。

7）安监部负责工地现场文明施工及安全管理工作。

8）计划经营部部负责工地合同管理及经营结算工作。

9）各工程处负责相应专业的具体施工生产工作。

1.2.2 施工劳力计划

施工劳力计划见表 1-2-1。

表 1-2-1　国能邳州生物发电工程施工劳力计划

时间	管理人员	建筑专业	锅炉专业	汽机专业	电仪专业	合计
2013 年 1 月	18	45	0	0	2	65
2013 年 2 月	18	51	0	0	2	71
2013 年 3 月	20	56	0	0	4	80
2013 年 4 月	20	72	0	0	7	99
2013 年 5 月	20	72	0	0	7	99
2013 年 6 月	20	72	0	0	5	99
2013 年 7 月	22	256	0	30	10	320
2013 年 8 月	22	256	0	32	10	322
2013 年 9 月	22	260	0	32	10	326
2013 年 10 月	24	266	8	32	10	343
2013 年 11 月	24	268	20	36	10	361
2013 年 12 月	30	242	51	46	26	395
2014 年 1 月	30	177	75	64	39	385
2014 年 2 月	31	167	79	68	45	390
2014 年 3 月	31	122	83	69	52	337
2013 年 4 月	31	89	87	69	52	308
2014 年 5 月	30	76	57	35	32	230
2014 年 6 月	30	54	33	28	23	168
2014 年 7 月	22	43	26	21	16	128
2014 年 8 月	18	30	26	21	10	95
月平均人数	239					
备注	本工程是根据连续施工的人员编制的					

1.3 施工进度计划

1.3.1 里程碑进度计划

根据合同文件要求，根据现在实际进行调整，本工程 2014 年 8 月 30 日移交试生产，本工程里程碑进度计划见表 1-3-1。

表 1-3-1　　工程里程碑进度计划

序号	工程名称	开工日期/（年.月.日）	完工日期/（年.月.日）
1	地下管网施工	2013.6.30	2014.2.1
2	料场施工	2013.6.30	2014.1.30
3	主厂房浇第一方混凝土	2013.6.26	
4	主厂房框架到顶		2013.12.26
5	锅炉汽包就位		2014.2.15
6	化学制出合格水		2013.3.1
7	锅炉水压试验完成		2014.4.25
8	机组倒送厂用电完成		2014.5.20
9	上料系统完成		2014.5.15
10	汽机油循环	2014.12.20	2014.6.20
11	锅炉点火吹管开始		2014.7.1
12	机组整套启动开始	2014.7.20	
13	机组满负荷 72+24 小时试运		2014.8.30

1.3.2 施工综合进度计划

根据本工程施工里程碑进度计划要求编制了施工综合进度计划。

1.3.3 保证进度计划的主要措施

工期的控制是通过对每一个单项工程、每一个网络节点进度控制来实现。进度控制主要采取规划、控制和协调的方法。首先按合同规定的投产日期规划整个施工项目里程碑进度目标和每一个节点进度的控制目标，进行实际进度与施工计划进度的比较，出现偏差及时采取措施进行调整，同时协调与施工进度有关的单位、部门和工地之间的相互配合，相互交叉，确保每一个进度的实现。

一、组织措施

我公司将在本工程建立以项目经理为首的施工组织管理控制体系，落实各层次的进度控制人员，具体任务和工作责任：

（1）利用先进的项目管理软件系统，按照施工项目的结构、进展的阶段或合同结构等进行项目分解，确定其进度目标计划，建立计划目标控制体系。

（2）确定工程施工进度控制工作制度，如检查时间、方法、协调会议时间、参加人等；对影响进度的因素分析和预测，建立调度会、专题会制度，及时协调解决关键工序的各种问题，确保主线进度按时完成。

（3）积极配合甲方做好现场的管理、协调工作，以大局为重，确保工程施工顺利进行。

（4）建立有效的施工技术管理和工程质量保证体系，加强图纸会检，并会同设计单位解决会检中发现的问题，避免返工、设计变更等重复劳动。

（5）根据本工程的特点，制定详细的、有针对性、先进合理和易于操作的施工方案，并对较重大的工程项目施工进行优化施工方案，合理安排工序，杜绝技术失误；严格执行施工方案措施的编制和审批制度，强化施工工艺纪律管理。

（6）大力推广新技术、新工艺、新材料和新设备的应用；做到以计划为龙头、以技术为先导，确保工程施工进度按计划完成和创建精品工程目标的实现。

（7）加强工程施工的过程控制和监督，严格控制每道工序质量，杜绝返工现象和质量事故的发生，从而确保各项工程的顺利进行，保证总体计划目标的实现。

二、目标责任书措施

在本工程，项目经理部将与各专业工程处签订目标责任书，明确工期并使之与施工进度计划相协调，以经营手段约束双方责任，使进度计划始终处于受控状态。

三、资源保障措施

我们在制定施工计划的同时制定劳力、机械、图纸、设备、材料等资源需求计划，并及时组织计划落实会，对各项资源条件逐一落实，以满足工程进度需要。

对制约工期的劳力、机械、材料问题，我们将利用公司的网络管理信息系统快速作出反应，积极合理地组织人力、物力，确保计划的完成。

设备的到货时间是影响安装工期的重要因素。根据里程碑进度计划的要求提出总体设备交货计划，每季、每月将提出具体的设备要求交货进度，以便于业主催货、协调。

四、针对本工程特殊工期的保证措施

1. 机械配置

为了方便施工，加快施工进度，锅炉吊装采用吊装能力很强 90t 履带吊和 10t 塔吊，便于锅炉受热面大面积组合吊装，实现地面组合、空中交叉的流水施工，可大大加快施工进度。同时根据实际情况灵活租用汽车吊。

2. 交叉施工

施工过程中各专业、各施工项目不可避免地会在时间和空间上出现交叉，我们将合理组织，作好施工交叉项目的协调，完全、彻底地解决工程进度计划在空间上、时间上和资源使用上的交叉和冲突，防止返工、窝工的现象发生。

3. 受热面焊接

（1）针对本工程的特点，提前做好焊工培训，储备好优良焊工，确保受热面安装时焊工能及时到位，尽快展开焊接作业。

（2）统筹计划受热面的吊装、焊接，尽量展开多点、多面焊接作业，合理安排焊口无损检测时间，及时反馈检测结果。开展劳动竞赛，加快施工速度。

4. 汽轮机安装

合理组织汽轮机、发电机等本体一条线的安装工作，做好各工序间的交叉协调。

汽轮机安装时投入足够的技术人员和熟练的技术工人，采用两班工作制，歇人不歇机械，确保工期按期完成。

5. 管道安装

高压管道及中低压管道施工前，绘制配管图，组织工厂化施工。对设计院不出布置图的小口径管道，提前绘制布置图，统一规划，制定标准，便于施工人员施工。

6. 电缆敷设及接线

提前准备，精心组织，确保电缆敷设一次到位。开展接线技术比武等劳动竞赛活动，促进施工进度。

五、赶工措施

工程拖期在工程项目施工中是屡见不鲜的，关键是要制定切实可行的赶工措施，保证工程按期完成。因此在本工程中若因非我方原因出现工期拖后现象，我公司将采取如下措施，尽最大可能赶上托后的工期。

因设计、设备等非我方原因而造成进度拖期，我们将与业主、设计和设备供货商协商，并对工程拖期情况分专业、分系统进行全面分析，找出存在的主要问题和关键路径，先抢重点。根据进度拖期情况采取增人，加班加点。

增加机械装备，分班交叉。

加强各方协调，改善外部环境，为抢工期创造条件。

搞好后勤服务，解除职工后顾之忧，调动职工积极性，提高劳动效率，确保抢回拖后的工期。

本章其余内容见光盘。

第2章　国能蒙城生物发电工程施工组织设计

2.1　工程概况

2.1.1　编制依据

（1）本工程招标文件、对招标文件的答疑问题澄清及投标文件。

（2）本工程初设图纸。

（3）本工程施工合同、部分设备订货协议。

（4）国家电力公司电源建设部《火力发电工程施工组织设计导则》国电电源〔2002〕849号。

（5）与本工程有关的施工及验收技术规范、规程、标准，主要有：

1）《电力建设施工及验收技术规范（建筑工程篇）》（SDJ 69—87）、《电力建设施工及验收技术规范水工结构篇》（SDJ 280—90）、《电力建设施工及验收技术规范锅炉机组篇》（DL/T 5047—95）、《电力建设施工及验收技术规范汽轮机组篇》（DL/T 5011—92）、《电力建设施工及验收技术规范管道篇》（DL/T 5031—94）、《电力建设施工及验收技术规范化学篇》（DL/T 5190.4—2004）、《电力建设施工及验收技术规范热工自动化》（DL/T 5190.5—2004）。

2）《电气装置安装工程高压电器施工及验收规范》（GB 50147—2010）。

3）《电气装置安装工程电力变压器，油浸电抗器，互感器施工及验收规范》（GB 50148—2010）。

4）《电气装置安装工程母线装置施工及验收规范》（GB 50149—2010）。

5）《电气装置安装工程电气设备交接试验标准》（GB 50150—2006）。

6）《电气装置安装工程电缆线路施工及验收规范》（GB 50168—2006）。

7）《电气装置安装工程接地装置施工及验收规范》（GB 50169—2006）。

8）《电气装置安装工程旋转电机施工及验收规范》（GB 50170—2006）。

9）《电气装置安装工程盘、柜及二次回路接线施工及验收规范》（GB 50171—92）。

10）《电气装置安装工程蓄电池施工及验收规范》（GB 50172—92）。

11）《电气装置安装工程低压电器施工及验收规范》（GB 50254—96）。

12）《电气装置安装工程起重机电气装置施工及验收规范》（GB 50256—96）。

13）《火电厂焊接技术规程》（DL/T 869—2004）。

14）《火电施工质量检验及评定规程土建工程篇》（DL/T 5210.1—2005）。

15）《火电施工质量检验及评定标准电气装置篇》（DL/T 5161.1～5161.17—2002）。

16）《电力建设施工质量验收及评价规程锅炉机组》（DL/T 5210.2—2009）、《电力建设施工质量验收及评价规程汽轮发电机组》（DL/T 5210.3—2009）、《电力建设施工质量验收及评价规程热工仪表及控制装置》（DL/T 5210.4—2009）、《电力建设施工质量验收及评价规程管道及系统》（DL/T 5210.5—2009）、《电力建设施工质量验收及评价规程焊接》（DL/T 5210.7—2010）、《电力建设施工质量验收及评价规程加工制作》（DL/T 5210.8—2009）。

17）《特种设备安全监察条例》[（国务院）2003年6月1日起施行]。

18）《电力工业锅炉压力容器监察规程》（DL 612—1996）。

19）《电站锅炉压力容器检验规程》（DL 647—2004）。

20）《电力工业技术管理法规（试行）》[（80）电技字第26号]。

21）《火力发电建设工程启动试运及验收规程》（DL/T 5437—2009）。

22）《中华人民共和国工程建设强制性条文电力工程部分》2006。

23）《中华人民共和国电力行业标准火力发电厂焊接技术规程》（DL/T 869—2004）。

24）《电力建设安全健康与环境管理工作规定》[国电电源〔2002〕49号]。

（6）《电力建设安全工作规程（火力发电厂部分）》（DL 5009.1—2002）。

（7）本工程现场实际情况。

（8）我公司的有关施工经验。

（9）我公司质量、安全、环境管理体系文件。

2.1.2　工程概述

2.1.2.1　工程简况

工程名称：国能蒙城生物发电工程。

建设地点：安徽省蒙城县小辛集乡。

建设单位：国能蒙城生物发电有限公司。

设计单位：山东电力工程咨询院有限公司。

监理单位：山东建设监理有限公司。

施工单位：山东电力建设第二工程公司。

国能蒙城生物发电工程新建1×30MW凝汽式汽轮发电机组，1×130t/h振动炉排、高温高压、生物质锅炉，是利用生物质燃料发电的项目，符合国家节约能源、支持利用可再生能源发电和发展热电联产集中供热的产业政策。

2.1.2.2　现场自然条件

2.1.2.2.1　厂址地理位置

国能蒙城生物发电工程厂址位于蒙城县西2.5km处的小辛集乡境内，北面紧邻蒙太公路，东面为六里杨村，南面为何楼和七里张村，西面为麦豆原农场。东面约500m处有省S307I省道，南面约900m处有阜蒙新河和S305省道通过。所占土地为工业规划用地。

2.1.2.2.2　厂址自然条件

2.1.2.2.2.1　厂址地形地貌

本工程厂址区域地貌为淮北冲积平原，地势平坦开阔，场地内沟渠交错，自然地面高程在25.90～26.50m之间（1985年国家高程基准），沟深约1～2m。

2.1.2.2.2.2　工程地质与厂址稳定性

2.1.2.2.2.2.1 工程地质

厂址处于相对稳定区域，适宜建厂。

根据《中国地震动参数区划图》（GB 18306—2001），拟建厂址区地震动峰值加速度为0.05*g*，相应的地震基本烈度为6度。

厂址地层主要特征描述如下：场地地层主要为第四系全新统冲积层（Q_4^{al}）、第四系上更新统冲积层（Q_3^{al}），岩性主要有黏土、粉土。

地基土承载力特征值f_{ak}建议采用：

①粉质黏土：f_{ak}=200kPa；厚约5.00～9.7m。

①-1粉土：f_{ak}=200kPa；厚约4.40～5.70m。

②粉土：f_{ak}=190kPa；厚约2.3～7.70m。

③黏土：f_{ak}=190kPa；厚约0.5～2.80m。

场地土类型为中硬土，建筑场地类别为Ⅲ类，属抗震有利地段。

厂址无不良地质现象，不压覆重要矿产资源，无军事设施和文物遗存，不属于文物保护范围。

2.1.2.2.2.2.2 地下水

厂址区浅层地下水主要为第四系孔隙潜水，少量上层滞水。潜水具微承压性，补给来源主要为大气降水和地表水体补给。地下水位主要受大气降水和地表水影响，水位波动较大，枯水季节地下水水位埋深3.0m多，雨季时地下水位接近地表。勘测期间钻孔地下水位朝埋深在1.5～2.00m之间。

根据水质分析报告，拟建两厂址区的地下水对混凝土结构无腐蚀性，对钢结构具有弱腐蚀性，有钢筋混凝土结构中的钢筋具弱腐蚀性。

2.1.2.2.2.3 厂址水文气象条件

2.1.2.2.2.3.1 水文条件

厂区自然地面标高在25.90～26.50m之间，厂址区域50年一遇洪水位为27.00m。

2.1.2.2.2.3.2 气象条件

蒙城县位于淮北平原中部，属于暖温带半湿润季风气候。季风明显、四季分明、春暖多变、夏热多雨、秋高气爽、冬冷干燥。蒙城县气候条件优越，气候资源丰富，光照充足、雨量适中、无霜期较长。但由于冷暖气团交锋较为频繁，天气多变，降水变化大，常有旱、涝、大风、冰雹、雷暴等自然灾害出现。

主要气象特征如下：

累年平均气温为15.1℃。

累年平均最高气温为20.4℃。

累年平均最低气温为10.7℃。

累年平均降水量为867.7mm。

累年平均风速为2.8m/s。

累年全年主导风向为E，相应的频率为11%。

累年冬季主导风向为E，相应的频率为10%。

累年夏季主导风向为E，相应的频率为12%。

累年最大积雪深度35cm，发生于1989年2月23日。

累年最多积雪日数为40d，发生于1957年。

累年最多大风日数33d，发生于1964后。

累年最大冻土深度13cm。

2.1.2.2.3 厂址周围环境

厂址位于蒙城县西2.5km处，厂址周围无其他大、中型工矿企业，符合蒙城县总体规划。

厂址范围及附近不压文物，也不属于名胜古迹、文物保护和自然保护区，无机场、军事设施及重要的通信设施。

2.1.2.2.4 交通运输条件

厂址以北约20m为东西向蒙太公路，进厂主干道及货运道路均从蒙太公路接引。

蒙城县城东距京沪铁路蚌埠站86km，西距京九铁路阜阳站80km。

2.1.2.2.5 电厂水源

本工程水源为涡河河水作为循环冷却水补充水、工业用水及消防用水水源；在厂内打3眼深井作为全厂工业用水、消防用水及循环水补充水的备用水源，同时作为生活水水源。

2.1.2.2.6 燃料运输

电厂所用燃料为秸秆。本工程单炉年耗秸秆量为23.78万t，平均小时秸秆耗量为33.97t/h。日耗秸秆量为747.4t。

2.1.2.3 主要技术原则

2.1.2.3.1 主机设备简介

2.1.2.3.1.1 锅炉

制造厂：北京德普新源科技发展有限公司。

型式：130t/h高温高压、自然循环、全钢炉架、振动炉排、汽包炉、紧身封闭，秸秆燃料锅炉。

锅炉最大连续蒸发量：130t/h。

过热蒸汽压力：9.2MPa（g）。

过热蒸汽温度：540℃。

给水温度：220℃。

锅炉效率：≥90%。

2.1.2.3.1.2 汽轮机

制造厂：武汉汽轮发电机厂。

型号：N30-8.83型，高温高压、单缸、单轴、凝汽式汽轮机。

额定功率（不含励磁功率，下同）：30MW。

主蒸汽阀前主蒸汽额定压力：8.83MPa（a）。

主蒸汽阀前主蒸汽额定温度：535℃。

主蒸气额定流量：120t/h。

额定抽气压力：0.328MPa。

额定抽气量：45.5t/h。

冷却水温：设计20℃，最高33℃。

背压：5.00/11.8kPa（a）。

额定转速：3000r/min。

旋转方向：从机头向发电机端看为顺时针。

冷凝器NQ25：冷却面积2500m^2。

2.1.2.3.1.3 发电机

制造厂：济南发电设备厂。

型号：QF-30-2型，空气冷却，自并励静止励磁。

额定功率：30MW。

额定功率因数：0.8（滞后）。

额定电压：10.5kV。

额定定子电流：2062A。

额定转速：3000r/min。

额定频率：50Hz。

转子重量约16t。

定子重量约42t。

功率因数：0.8。

相数：3。

2.1.2.3.2 主要技术原则

2.1.2.3.2.1 厂区总体布局

2.1.2.3.2.1.1 厂区总平面布置

厂区总平面布置呈“两列式”格局，由东向西依次布置升压站—主厂房区，由南向北依次布置储料设施区—主厂房区—

厂前附属、辅助设施区。

主厂房区位于厂区东北部。由东向西依次布置汽机房—锅炉房—除尘器—引风机、烟道、烟囱。

两座干料棚分别布置在主厂房区的南侧、西南侧、输料栈桥由南向北从主厂房的南侧接入锅炉房。

35kV配电装置布置在主厂房区的东侧，主变压器布置于主厂房东侧。

冷却塔布置在主厂房区的西北侧。

锅炉补给水处理室与主厂房组成联合建筑，其余室外设施布置在主厂房北侧。

汽车衡及控制室布置在厂区西北侧，靠近货运出入口。

厂区设置两个出入口：进厂主出入口和货运出入口。前才布置在厂区东北角，靠近厂前区；后者布置在厂区西北角。

2.1.2.3.2.1.2　厂区竖向布置方式

本工程场地较为平整，厂址区地形平坦开阔，地面高程在25.90～26.50m之间，竖向布置采用平坡式布置方式。

主厂房区的室外设计标高为27.50m；根据土方平衡计算结果，其他区域地坪标高为26.30～27.60m之间，料场区设计地坪标高在26.05～26.80m之间。

2.1.2.3.2.2　专业系统简介

2.1.2.3.2.2.1　机务专业

一、燃烧系统

秸秆通过上料系统运输至位于炉前的秸秆料仓中。通过螺旋取料机从炉前料仓底取料，分配至给料机送入炉膛燃烧。

锅炉采用平衡通风系统。空气系统由一台100%容量的送风机和空预器组成。空气的预热由给水加热实现。加热空预器的给水从高压给水调节阀后的高压给水管道直接引出，预热空预器的空气，然后进入烟气冷却器吸收烟气的热量，最后再回到高压给水管道进入省煤器。

经炉膛燃烧后产生的高温烟气和飞灰，流过过热器和省煤器，再流经烟气冷却器。经过烟气冷却器的烟气和飞灰，由一台100%容量引风机将烟气吸入布袋除尘器净化，最后经100m的烟囱排向大气，烟囱出口内径2.5m。

本工程由于采用了带前置旋风除尘的布袋除尘器，在烟气冷却器和引风机之间增加了烟道旁路，启动时不经过布袋除尘器，直接经旁路通过引风机进入烟囱，避免了含有油和水的烟气进入布袋除尘器。

二、热力系统

本系统采用单元制，过热器联箱出口蒸汽经一根ϕ219×16（12Cr1MoVG）的管道送至汽轮机主汽门。

本期给水系统设置两台145t/h的电动调速给水泵，一台运行，一台备用。系统采用单管制，给水操作平台布置在锅炉运转层。高加采用大旁路。

本机组汽轮机的6级非调整抽汽分别供给2台高加、3台低加和1台高压除氧器。除氧器定一滑压运行，除氧器的额定压力为0.588MPa，在三抽压力低于除氧器额定工作压力工况除氧器滑压运行。配置一台有效容积为50m^{3}给水箱，一台额定出力为150t/h的高压除氧器。除氧器正常运行用汽由三级抽汽提供。本机组为纯凝机组不考虑对外供热。

本台机组设置两台容量100%的卧式电动凝结泵，一台运行，一台备用。

循环冷却水为有冷水塔的二次循环水系统，设循环水泵，向凝汽器、冷油器、发电机空冷器提供循环水冷却，风机液力耦合器工作油冷却器、给水泵电机、给水泵液力耦合器工作油冷却器也采用循环水冷却，其他如给水泵、凝结水泵、风机等设备的轴承、润滑油冷却器均采用工业水冷却，回水至循环水系统。空冷器和冷油器均备有夏季掺凉用工业水。冷却水设计温度：20℃；最高冷却水温度：33℃。

三、燃料系统

储料设施有储料棚与露天储料场，保证日常机组的正常运行。储料仓内的秸秆抓斗机运至链板输送机上，经链板输送机运至大角包机处解包，然后送至2号带式输送机后进入锅炉原料仓。小包玉米秸或散料通过装载机给至小包料斗，再经螺旋给料机后进入1号带式输送机，由1号带转运至2号带，进入锅炉原料仓。

燃料运输系统控制方式采用DCS控制方式和就地手动两种控制方式，还设有工业电视监测系统，并采用全天运行的方式。

四、除灰渣系统

干灰落入粉料泵与压缩空气充分混合后，通过管道输送到灰库内储存。在灰库下设有干、湿灰分除装置，装车处运至综合利用场所。

锅炉炉底渣经排渣口排出，直接进入位于炉底的两台变频调速刮板捞渣机中，冷却后输送至除渣间堆放，然后外运至综合利用场所。

五、水工系统

全厂夏季工业用水及循环水补充水最大补水量128m^3/h，年需补充水量约89.6万m^3，以涡河地表水作为全厂工业用水、消防用水及循环水补充水的水源；并在厂内打3眼深井作为全厂工业用、消防用水及循环水补水的备用水源，同是作为全厂生活水水源。

根据循环水系统优化结果，冷却塔为1座逆流式双曲线自然通风冷却塔，淋水面积1200m^2，夏季冷却倍率65倍、凝汽器面积2500m^2。

六、化学水处理系统

锅炉补给水处理系统：水工净水站来地表水→加热→自清洗过滤器→外压式超滤活性炭过滤器→一级反渗透→除一氧化碳器→中间水箱→二级反渗透→淡水箱→EDI→除盐水箱→除盐水泵去主厂房。EDI浓水回流作为二级反渗透进水，二级反渗透浓水回流至生水箱。一级反渗透浓水进水工排水系统。

水循环水处理系统：循环水处理系统拟采用加酸、加稳定剂及阻垢剂等加药处理。

七、主厂房加药取样系统

（1）给水、炉水校正处理系统：为防止和减少给水系统中设备、管道的腐蚀及污染给水质量，需要调整给水中的pH值。本工程采用一箱两泵组合式自动加氨装置调节。为防止锅炉水冷壁结垢、腐蚀爆管，对水采用磷酸盐处理，设备选用一箱两泵组合式手动加药装置。

（2）水汽取样系统：为监督机组一水、汽系统水汽品质，使整个电厂的水汽系统处于最佳运行工况，设一套水汽集中取样装置。取样装置由微机对主要测点进行实时检测，并留有主要测点信号进入DCS系统接口。同时设手动取样分析测点。取样装置的冷却水采用除盐水，设除盐水冷却装置一套。

2.1.2.3.2.2.2　电气系统

本工程新建一台30MW发电机组，电气主接线以发电机—变压器—线路组单元接线方式，以一回35kV架空出线线向东接入附近变电站的35kV系统。

本工程采用一台有载调压双卷主变压器，型号为：SFZ9-40000/35，38.5±3×2.5%kV/10.5，40MVA，Y，d11。发电机为山东济南发电设备厂生产的空冷式发电机，型号：QF-30-2 30MW，额定电压为10.5kV，额定电流为2062A，额定功率因数为0.8。

发电机与变压器之间设断路器，高压厂用工作电源由主变低压侧引接。

一、35kV 配电装置

选用户外敞开式配电装置，主变高压侧至 35kV 配电装置用用共箱母线连接，主变 35kV 进线采用 LGJ-630/30 钢芯铝绞线。

二、发电机励磁系统

采用自并励静止励磁系统，系统由一台接于发电机机端的励磁变压器作为励磁电源，经可控硅整流后供给发电机磁场电流。自动电压调节器（AVR）改主可控硅整流装置的触发角来控制发电机运行工况。系统主要由机端变压器、可控硅整流装置、自动电压调节器、灭磁和过电压保护装置、起励装置、必要的监测、保护、报警辅助装置组成。

三、厂用电源系统

厂用电设高压 10kV 中性点不接地系统，高压厂用工作电源引自主变低压侧，10kV 厂用母线为一段，机炉的辅机及公用负荷接在母线上。

厂用电低压采用 380V/220V 中性点直接接地系统，采用 PC-MCC 明备用的接线方式。

设两台低压工作变压器，容量为 1600kVA，供主厂房、上料及炉后区域的低压负荷。

在主厂房内设一台备用变压器，作为两台工作厂变、辅助车间变的备用电源，容量为 1600kVA。

根据负荷范围设一台辅助车间变，容量 1000kVA，为辅助车间的负荷供电。

四、直流系统

全厂设一组蓄电池，动力、控制负荷混合供电，电压 220V，不设端电池。蓄电池选用阀控式密封铅酸电池，容量为 400Ah。蓄电池配置一套充电浮充电设备，充电浮充电设备选用高频开关电源装置，模块采用 N＋1 热备份方式。

五、不停电电源系统

根据负荷需要，设置一套容量为 30kVA 单相输出的静态不停电电源装置，布置于电气继电器室内。运行方式为正常由工作段向 UPS 提供交流电源，经 UPS 整流、逆变后将直接转换成单相 220V 交流向主配电屏供电。当工作面失电时，则由蓄电池向逆变器供电，当过载、电压超限、逆变器或整流器发生故障停止工作时蓄电池放电至终止电压时，由静态开关在 3ms 内将负荷切换至旁路回路，由旁路供电。

电气控制纳入机组 DCS 系统，实现机炉电一体化控制。

2.1.2.3.2.2.3 热工控制系统

热工自动化控制系统采用分散控制系统（DCS）。实现单元机组炉机电集中控制。

在集控室内可实现机组正常运行工况的监视和调整以及异常工况的报警和紧急事故的处理，在少量就地操作和巡回检查配合下，在集控室内可实现机组的启/停。

2.1.2.3.2.2.4 建筑专业

工程主要采用建筑材料：钢材：型钢、钢板主要用 Q235-B 钢，有特殊要求的采用 Q345-B。根据设计需要，预制混凝土构件混凝土强度等级为 C30～C40，现浇混凝土结构为 C30～C45，素混凝土及垫层为 C10 或 C15。机制砖、加气混凝土砌块：根据设计需要分别采用 MU10、MU15 机制砖或其他满足设计要求的砌体。轻型砌块或空心砖：可用于主厂房及其他框排架结构内侧填充墙。砂浆：地上或防潮层以上砌体采用 M5 混合砂浆，地下采用 M7.5 水泥砂浆。屋面防水：主厂房等主要生产建筑物屋面防水等级为Ⅱ级防水，其他辅助生产建筑物屋面防水等级为Ⅲ级。屋面保温：屋面保温材料为挤塑聚苯乙烯泡沫塑料板。装饰材料：外墙采用涂料。门窗：钢门窗、木门或塑钢门窗。

一、地基处理

根据拟建场地的地层分布及地基的工程性质，第一层土可以满足设计承载力的要求。

主厂房采用柱下现浇钢筋混凝土独立基础；烟囱采用筏板基础；其他框架排架结构采用现钢筋混凝土独立基础或条型基础，砌体结构采用钢筋混凝土条形基础。

二、主厂房建筑设计

主厂房按 1×30MW 机组设计，不再保留扩建的条件。汽机房横向布置于锅炉右侧（由炉前向炉后看），与锅炉钢架距离为 1m，锅炉钢架下为锅炉房检修主通道。锅炉房在汽机间侧的封闭处设置变形缝。汽机房采用岛式布置，跨度为 13.5m，纵向长度为 6m×4＋7m×2，共 38m。汽机房分三层，即零米层，中间层 4.3m，运转层 8.00m。汽轮发电机中心线与锅炉中心线垂直，机头朝向锅炉房，汽轮发电机组中心线距 A 排柱为 6.0m。

除氧间共分四层：10kV 配电室和蓄电池室布置于除氧间±0m 层 5～7 轴。380V 配电室布置于除氧间 4.30m 层，4～7 轴，暖通换热站布置于 2～4 轴。8m 层布置有机炉电集中控制室、电子设备间及继电器室，除氧器布置于 13.80m。化学专业及循环水泵布置于汽机房 A 列外侧毗邻屋，框排架结构。

主厂房布置三部楼梯，一部钢筋混凝土楼梯，两部室外钢梯，满足交通疏散要求。其中钢筋混凝土楼梯可达到主厂房各主要楼层及屋面，并在各不同标高屋面设有屋面检修钢梯。锅炉房主要依靠其自设钢梯及平台进行疏散。

汽机房零米层 6～7 轴设检修场地，检修场地设设备主要出入口。

主厂房卫生设施：在汽机房 0m、运转层集控室区域设卫生间，在各车间适当位置设清洗水池方便就近使用。

主厂房防排水及隔热：主厂房屋面全部采用有组织排水，为钢筋混凝土屋面，屋面防水等级按Ⅱ级屋面设防，采用高分子防水卷材防水层。

室内外楼地面交界处高差不小于 20mm，与室内楼地面衔接的室外楼地面走道、台阶等应作不小于 0.5%的排水坡度，防止积水。有水冲洗的楼地面留洞时，洞口做 150mm 高的护沿，屋面洞口护沿做 400mm 高。变形缝严密，防止渗漏。

主厂房防火、防爆：主厂房防火按照丁类二级考虑。汽机房、除氧间、锅炉房为一个防火分区，汽机房与锅炉房之间用 240 厚加气混凝土砌块分隔。隔墙耐火极限不小于 1h，墙上的门均为乙级防火门。疏散楼梯间的门为乙级防火门；配电装置室、电缆竖井均采用乙级防火门窗；防火门一律向疏散方向开启。主厂房内每个车间、配电装置室等的安全出口不少于两个。疏散楼梯梯段宽度大于 1.1m，疏散走道的净宽不小于 1.4m，疏散门的净宽度不小于 0.9m，疏散钢梯宽度不小于 0.8m，并且不大于 45°。主厂房所有穿防火隔墙的管道及孔洞均以不燃烧的材料填塞管道与防火墙之间的缝隙。

主厂房结构设计：主厂房采用现浇钢筋混凝土框排架结构，横向由化学毗屋柱—B 列柱—汽机房屋盖—A 列柱—A01 列柱组成框排架结构体系，主厂房纵向为框架结构。

主厂房 A 列柱、除氧间框架、楼板等构件均采用现浇钢筋混凝土结构；汽机房屋盖采用预制屋面梁＋预制屋面板；吊车梁采用预制钢筋混凝土 T 形截面梁；汽轮发电机基座为现浇钢筋混凝土框架结构，大板式基础；加热器平台采用现浇钢筋混凝土结构；汽机房采用钢筋混凝土结构抗风体系。

主厂房围护结构采用轻质砌块为主。

锅炉房墙体紧身封闭 1.0m 以下为砌体结构，1.0m 以上外围护墙采用复合保温压型钢。锅炉钢架、各层平台屋面及墙体围护均由锅炉厂设计、建造。

抗震措施：主厂房填充墙沿柱高与框架柱设拉结筋拉结，填充墙高度超过 4m 时增设圈梁；屋顶女儿墙根据不同高度采取相应的抗震构造措施；不同结构单元之间的防震缝宽度符合《建筑抗震设计规范》有关规定。

炉后建（构）筑物：烟囱出口喉部内径 2.8m，喉部内径 2.5m，高 100.0m。采用钢筋混凝土外筒壁、环形基础，耐火砖内衬，憎水珍珠岩板隔热层。

钢烟道支架为钢结构，钢筋混凝土独立基础。引风机房为框架结构，钢筋混凝土独立基础。启动锅炉房为框架结构，钢筋混凝土独立基础。

电气建（构）筑物：汽机房山墙外设一主变。变压器基础为钢筋混凝土结构。35kV 屋外配电装置母线架构和出线架构采用钢结构柱、钢桁架梁，按电气专业要求设避雷针和爬梯。隔离开关和避雷器等设备支架采用钢结构支架。

燃料输送系统建（构）筑物：燃料输送系统建筑主要包括：1 号转运站、链式输送皮带、1 号皮带栈桥、2 号皮带栈桥、干料棚等。

1 号转运站：为二层钢筋混凝土框架结构，地下一层，为钢筋箱型混凝土结构。

链式输送皮带为地面皮带，采用机制砖墙封闭。

1 号皮带栈桥：地下部分采用钢筋混凝土箱体结构，地上部分：采用钢筋混凝土框架结构，加气混凝土砌块封闭，基础采用钢筋混凝土独立基础。地下料斗采用钢筋混凝土箱体结构。

2 号皮带栈桥：地上部分：采用钢筋混凝土框架结构，加气混凝土砌块封闭，基础采用钢筋混凝土独立基础。

干料棚：钢筋混凝土排架结构，屋面为轻钢屋架＋无保温压型钢板，墙板为无保温压型钢板，墙板在干料棚上部封闭。基础为钢筋混凝土独立基础。

辅助（附属）建（构）筑物：综合办公楼建筑面积 998m^2，二层砌体结构；生活综合楼建筑面积 3442m^2，五层砌体结构；检修间建筑面积 408m^2，单层框架结构＋砌体结构；传达室：建筑面积：31.32m^2，警卫室建筑面积：31.32m^2，单层砌体结构；车库：筑面积 346m^2，单层砌体结构。

2.1.3　施工范围及主要工作量

2.1.3.1　施工范围

承担汽机房、锅炉房建筑安装工程部分、烟囱和冷却塔建筑安装工程、锅炉岛及燃料系统建筑安装工程、生产生活辅助设施工程等施工。

2.1.3.2　主要施工工作量

2.1.3.2.1　建筑专业

建筑专业主要施工工作量见表 2-1-1。

表 2-1-1　　建筑专业主要施工工作量

序号	名　称	单位	数量
一	热力系统		
1	汽机房	m^2	513
2	除氧间	m^2	752
3	锅炉房	m^2	1084
4	汽机房固定端毗屋	m^2	618
5	锅炉基础	套	1
6	锅炉附属设备基础	套	1
7	汽轮发电机基础	座	1
8	汽机附属设备基础	套	1
9	汽机事故油池	座	1
二	除尘排烟系统		
1	除尘器基础	座	1
2	送风机基础、检修支架	套	1
3	烟道支架基础	套	1
4	启动锅炉房	m^2	96
5	烟囱（100m）	座	1
三	燃料供应系统		
1	栈桥	座	1
2	主料棚	座	1
3	1 号转运站	m^2	450
4	地下料斗	座	1
5	辅料棚	座	1
四	供水系统		
1	循环水压力管	套	1
2	冷却塔（1200m^2）	座	1
五	除灰系统		
1	除渣间	座	1
2	灰库	座	1
六	电气系统		
1	主变基础	座	1
2	变压器事故油池	座	1
3	35kV 配电装置	座	1
4	出线小室	座	1
七	附属生产系统		
1	综合办公楼	m^2	998
2	生活楼	m^2	3442
3	传达室、警卫室	m^2	62.6
4	车库	m^2	346
5	检修间	m^2	408

2.1.3.2.2　锅炉专业

锅炉专业主要施工工作量见表 2-1-2。

表 2-1-2　　锅炉专业主要施工工作量

序号	名　称	规　格	单位	数量
一	锅炉及辅助设备			
1	锅炉	振动炉排高温高压锅炉 130t/h	台	1
2	空气预热器		台	1
3	送风机		台	1
4	引风机		台	1
5	布袋除尘器		台	1

续表

序号	名　称	规　格	单位	数量
6	炉前给料系统		套	1
7	定期排污扩容器		台	1
8	主蒸汽管道		t	16
9	主给水管道		t	40
10	锅炉送风机进出口风道		t	40
11	烟道		t	11
二	燃料系统设备			
1	给料系统	4 台给料机、8 台螺旋取料机	套	1
2	上料系统设备		套	1
3	给料设备		套	1
4	检修起吊设备	电动葫芦 2 台、手拉葫芦 3 台、单轨吊 3 台	套	1
三	除灰除渣系统			
1	链式输渣机		台	2
2	单轨吊		台	1
3	仓泵气力除灰系统设备		套	1
4	除灰管道		t	7
四	启动锅炉			
1	单纵卧式链条炉排蒸汽锅炉		套	1

2.1.3.2.3 汽机专业

汽机专业主要施工工作量见表 2-1-3。

表 2-1-3　　汽机专业主要施工工作量

序号	设 备 名 称	型　号	单位	数量
一	汽轮机及其辅助设备			
1	汽轮机	N30-8.83/535	台	1
2	汽轮机进汽机构及管路		套	1
	汽轮机轴封装置		套	1
	汽轮机电动盘车装置		套	1
	EH 供油装置		套	1
3	汽轮机润滑油系统			
	主油箱	$11m^3$	台	1
	冷油器	冷却面积 $37m^2$/台	台	3
	高压交流润滑油泵	$170m^3/h$　220m　2950r/min　200kW	台	1
	直流润滑油泵	$39.5m^3/h$　38m　2950r/min　15kW	台	1
	交流润滑油泵	$39.5m^3/h$　38m　2950r/min 17kW	台	1
	顶轴油泵		台	2
	油净化装置		套	1
4	凝汽器抽真空系统			
	射水抽气器	抽气容量　18kg/h	台	2
	射水泵	$Q=160m^3/h$　30kW	台	2
	汽封加热器	管壳式，卧式	台	1
5	凝汽器	NQ25　冷却面积 $2500m^2$	台	1
6	凝结水泵	流量 $125m^3/h$　卧式 75kW	台	2
7	低压加热器组			
	4 号低压加热器	RJD100.01 型加热面积 $100m^2$	台	1
	5 号低压加热器	RJD100.01 型加热面积 $100m^2$	台	1
	6 号低压加热器	RJD100.01 型加热面积 $100m^2$	台	1
8	高压加热器		台	
	1 号高压加热器	JG-180-1 型加热面积 $180m^2$	台	1
	2 号高压加热器	JG-180-2 型加热面积 $180m^2$	台	1
9	低加疏水泵	$24m^3/h$　扬程　127m 电机：30kW	台	1
10	胶球清洗装置		套	
	胶球清洗收球网	SD-700	套	2
	胶球清洗装球室	ZQS-300-1 30L	套	1
	胶球清洗水泵	IZJ125-15 型　$90m^3/h$ 11kW	台	1
11	高加危急疏水扩容器	$1.5m^3$　1.6MPa　400℃	台	1
二	发电机及其辅助设备			
1	发电机	空冷，静止励磁 30MW，10kV　2062A 转速 3000r/min 功率因数 0.8	台	1
2	发电机空气冷却器	额定换热容量：740kW	组	1
三	空气压缩机及辅助设备			
1	空压机	额定处理气量 $7.5Nm^3/min$	台	3
2	仪用贮气罐	立式 $5m^3$	台	1
3	检修用贮气罐	立式 $5m^3$	台	1
4	微热再生吸附式干燥机	5kW　流量：$15Nm^3/min$	台	1
四	除氧给水装置			
1	除氧器	GCM150/50 型 $50m^3$ 150t/h 设计温度压力：250℃ 0.78MPa 工作温度压力：158℃ 0.588MPa	台	1
2	除氧水箱	有效容积 $50m^3$	台	1
3	连续排污扩容器	LP　$3.5m^3$	台	1
4	电动给水泵	流量 145t/h　扬程 1506m 轴工功率：814kW　转速：2890r/min	台	2
5	电动机	YKS5004-2 型 1000kW 10kV	台	2
6	液力偶合器	YOTCS500/3000 型 调速范围：20%～100%	台	2
五	汽机其他辅机			
1	汽机房行车	32/5t　$L=12m$	台	1
2	射水箱	$10m^3$	台	1

续表

序号	设备名称	型号	单位	数量
3	汽封用减温减压器	WY2-8.83/535-0.5/200 2t/h	套	1
六	热力系统汽水管道			
1	中低压管道		t	112
2	汽轮机本体定型管道及发电机外部水冷管道		t	若干

2.1.3.2.4　电气专业

电气专业主要施工工作量见表 2-1-4。

表 2-1-4　　电气专业主要施工工作量

序号	名称	型号规格	单位	数量
一	发电机电气及引出线			
1	励磁系统	励磁厂家成套柜	面	4
2	高压开关柜	KYN28A-12	面	4
3	电流互感器	LMZD1-12 3000/5A 5P20/5P20	台	3
4	电流互感器	LMZD1-12 3000/5A　0.5/0.2S	台	3
5	母线		m	60
6	支柱绝缘子	ZN-10/16N	只	24
7	母线伸缩节	MS-100X10	套	18
8	母线金具	MNP-203	套	24
9	共箱母线	3000A	m	35
二	主变	SFZ9-40000/110，40000kVA	台	1
1	电流互感器	LCWBL-35 100/5A　5P10	只	1
2	隔离开关	GW13-63　630A	只	1
三	35kV 配电装置			
1	35kV 断路器	LW8-35 1250A	组	1
2	35kV 隔离开关	GW4-40.5　1250A	组	1
3	35kV 电流互感器	2×600/5A　5P20/5P200.5/0.2S	台	3
4	35kV 电压互感器	JDQXF-35W2	台	3
5	35kV 氧化锌避雷器	YH5WZ-51/124	台	3
6	检修箱	XW2-1	只	1
7	35kV 钢芯铝绞线	LGJ-400/30	m	80
四	厂用电系统			
1	手车式开关柜	KYN28A-10	面	11
2	母线桥	10kV　1250A	套	1
3	干式变压器	SCB9-1600	台	3
4	干式变压器	SCB9-1000	台	1
5	低压配电屏	MNS	面	69
6	封闭线线桥	380V	套	1
7	就地动力控制箱	XK-1 XK-3	面	15
8	就地动力检修箱	XJF-13	面	22
9	液位控制箱	QCK-YWC	面	4
10	就地控制开关		面	35
11	端子箱	XJ-1	只	10
四	直流及 UPS 系统			
1	蓄电池	GFM-400	只	104

续表

序号	名称	型号规格	单位	数量
2	直流屏	PED-G	面	2
3	UPS 主机柜	30kVA	面	1
4	UPS 旁路柜	UPS 成套	面	1
5	UPS 配电柜	UPS 成套	面	1
五	主控系统			
1	同期屏		面	1
2	变送器屏		面	1
3	电度表屏	PK-10	面	1
4	发变组微机保护柜		面	2
5	事故照明切换柜	PK-10	面	1
六	照明			
1	照明配电箱		面	68
2	照明灯具		套	997
3	照明开关		只	250
4	照明电线		m	13600
5	电线钢管		m	5100
七	全厂电缆			
1	水煤气管		m	12000
2	钢制电缆桥架	热镀锌	t	37
3	动力电缆		m	45800
4	控制电缆		m	27400
5	角铁		t	15
6	防火封堵材料		t	7
7	金属软管		套	700
八	行车滑线			
1	安全滑线及附件		m	198
九	防雷接地			
1	接地线		m	7200
2	接地极	ϕ50 镀锌	m	700
3	接地铜绞线	TJ-120mm^2	m	300

2.1.3.2.5　热控专业

热控专业主要施工工作量见表 2-1-5。

表 2-1-5　　热控专业主要施工工作量

序号	设备名称	单位	数量
1	微机分散控制系统	套	1
2	机组控制盘及热控电源盘	套	1
3	汽机安全监视系统	套	1
4	汽机本体保护系统	套	1
5	汽机电液调节系统	套	1
6	锅炉安全监视系统	套	1
7	辅助系统热控装置	套	1
8	烟气在线监测装置	套	1
9	全厂工业电视监视系统	套	1

续表

序号	设 备 名 称	单位	数量
10	就地仪表	套	1
11	执行机构	套	1
12	保护箱、接线盒	套	1
13	仪表管	m	4500
14	阀门	套	600
15	电缆保护管	m	3000
16	钢材	t	5
17	热镀锌钢制电缆桥架	t	25
18	控制电缆	m	76000

2.2 施工组织机构及劳力计划

2.2.1 施工组织机构

一、施工组织机构设立原则

依据公司与国能公司签订的工程施工合同的相关要求及公司管理模式，结合工地实际情况，在确保完成项目管理总目标的前提下，尽量简化机构，减少现场管理人员，侧重围绕施工管理，兼顾行政办公、经营管理。项目管理实行项目经理负责制，下设置四部一室及四个工程处，即工程管理部、安全保卫部、物资机械部、计划经营部、综合办公室及建筑、锅炉、汽机、电仪工程处。

二、项目工地施工组织机构

（1）项目工地施工组织机构网络图（见附件1）。

（2）项目部各人员及部门职能分工。

1）项目经理全面负责工地各项管理事务，为工地安全、质量、进度第一责任人。

2）项目副经理（生产）协助项目经理抓项目部生产、安全、文明施工工作。

3）项目总工协助项目经理抓项目部技术、质量工作。

4）工程管理部负责工地工程技术、质量检查、质保、计划、检测试验、档案资料等具体管理工作。

5）综合管理部负责工地行政办公、人力资源、现场保卫、消防、后勤保障等。

6）物资机械部负责工地物资设备管理、机械管理工作。

7）安监部负责工地现场文明施工及安全管理工作。

8）计划经营部部负责工地合同管理及经营结算工作。

9）各工程处负责相应专业的具体施工生产工作。

2.2.2 施工劳力计划

国能蒙城生物发电工程施工劳力计划见表2-2-1。

表2-2-1 国能蒙城生物发电工程施工劳力计划

时间	管理人员	建筑专业	锅炉专业	汽机专业	电仪专业	合计
2014年4月	15	65	20	0	0	100
2014年5月	16	70	28	0	1	115
2014年6月	25	85	45	0	2	157
2014年7月	25	102	61	2	10	200
2014年8月	25	135	96	15	10	281
2014年9月	25	142	118	23	15	323

续表

时间	管理人员	建筑专业	锅炉专业	汽机专业	电仪专业	合计
2014年10月	25	142	130	40	20	357
2014年11月	25	142	132	46	26	371
2014年12月	25	128	132	64	35	384
2015年1月	24	101	128	68	47	352
2015年2月	24	87	127	67	53	358
2015年3月	23	85	85	46	53	292
2015年4月	20	48	56	35	32	191
2015年5月	18	30	20	20	15	103
月平均人数	256					
备注						

2.3 施工进度计划

2.3.1 里程碑进度计划

根据合同文件要求，本工程2015年5月1日移交试生产，本工程里程碑进度计划见表2-3-1。

表2-3-1 里程碑进度计划

序号	工 程 名 称	开工日期/（年.月.日）	完工日期/（年.月.日）
1	地下管网施工	2014.5.20	2014.12.20
2	料场施工	2014.5.16	2015.4.10
3	主厂房浇第一方混凝土	2014.5.15	
4	主厂房框架到顶		2014.8.1
5	锅炉汽包就位		2014.9.15
6	化学制出合格水		2014.10.1
7	锅炉水压试验完成		2014.11.25
8	机组倒送厂用电完成		2014.12.20
9	上料系统完成		2014.12.15
10	汽机油循环	2014.12.20	2015.1.20
11	锅炉点火吹管开始		2015.3.20
12	机组整套启动开始	2015.4.10	
13	机组满负荷（72+24）h试运		2015.5.1

2.3.2 施工综合进度计划

根据本工程施工里程碑进度计划要求编制了施工综合进度计划。

2.3.3 保证进度计划的主要措施

工期的控制是通过对每一个单项工程、每一个网络节点进度控制来实现。进度控制主要采取规划、控制和协调的方法。首先按合同规定的投产日期规划整个施工项目里程碑进度目标和每一个节点进度的控制目标，进行实际进度与施工计划进度的比较，出现偏差及时采取措施进行调整，同时协调与施工进度有关的单位、部门和工地之间的相互配合，相互交叉，确保每一个进度的实现。

一、组织措施

我公司将在本工程建立以项目经理为首的施工组织管理控制体系，落实各层次的进度控制人员，具体任务和工作责任：

（1）利用先进的项目管理软件系统，按照施工项目的结构、进展的阶段或合同结构等进行项目分解，确定其进度目标计划，建立计划目标控制体系。

（2）确定工程施工进度控制工作制度，如检查时间、方法、协调会议时间、参加人等；对影响进度的因素分析和预测，建立调度会、专题会制度，及时协调解决关键工序的各种问题，确保主线进度按时完成。

（3）积极配合甲方做好现场的管理、协调工作，以大局为重，确保工程施工顺利进行。

（4）建立有效的施工技术管理和工程质量保证体系，加强图纸会检，并会同设计单位解决会检中发现的问题，避免返工、设计变更等重复劳动。

（5）根据本工程的特点，制定详细的、有针对性、先进合理和易于操作的施工方案，并对较重大的工程项目施工进行优化施工方案，合理安排工序，杜绝技术失误；严格执行施工方案措施的编制和审批制度，强化施工工艺纪律管理。

（6）大力推广新技术、新工艺、新材料和新设备的应用；做到以计划为龙头、以技术为先导，确保工程施工进度按计划完成和创建精品工程目标的实现。

（7）加强工程施工的过程控制和监督，严格控制每道工序质量，杜绝返工现象和质量事故的发生，从而确保各项工程的顺利进行，保证总体计划目标的实现。

二、目标责任书措施

在本工程，项目经理部将与各专业工程处签订目标责任书，明确工期并使之与施工进度计划相协调，以经营手段约束双方责任，使进度计划始终处于受控状态。

三、资源保障措施

我们在制定施工计划的同时制定劳力、机械、图纸、设备、材料等资源需求计划，并及时组织计划落实会，对各项资源条件逐一落实，以满足工程进度需要。

对制约工期的劳力、机械、材料问题，我们将利用公司的网络管理信息系统快速作出反应，积极合理地组织人力、物力，确保计划的完成。

设备的到货时间是影响安装工期的重要因素。根据里程碑进度计划的要求提出总体设备交货计划，每季、每月将提出具体的设备要求交货进度，以便于业主催货、协调。

四、针对本工程特殊工期的保证措施

1. 机械配置

为了方便施工，加快施工进度，锅炉吊装采用吊装能力很强90t履带吊和10t塔吊，便于锅炉受热面大面积组合吊装，实现地面组合、空中交叉的流水施工，可大大加快施工进度。同时根据实际情况灵活租用汽车吊。

2. 交叉施工

施工过程中各专业、各施工项目不可避免地会在时间和空间上出现交叉，我们将合理组织，作好施工交叉项目的协调，完全、彻底地解决工程进度计划在空间上、时间上和资源使用上的交叉和冲突，防止返工、窝工的现象发生。

3. 受热面焊接

（1）针对本工程的特点，提前做好焊工培训，储备好优良焊工，确保受热面安装时焊工能及时到位，尽快展开焊接作业。

（2）统筹计划受热面的吊装、焊接，尽量展开多点、多面焊接作业，合理安排焊口无损检测时间，及时反馈检测结果。开展劳动竞赛，加快施工速度。

4. 汽轮机安装

合理组织汽轮机、发电机等本体一条线的安装工作，做好各工序间的交叉协调。

汽轮机安装时投入足够的技术人员和熟练的技术工人，采用两班工作制，歇人不歇机械，确保工期按期完成。

5. 管道安装

高压管道及中低压管道施工前，绘制配管图，组织工厂化施工。对设计院不出布置图的小口径管道，提前绘制布置图，统一规划，制定标准，便于施工人员施工。

6. 电缆敷设及接线

提前准备，精心组织，确保电缆敷设一次到位。开展接线技术比武等劳动竞赛活动，促进施工进度。

五、赶工措施

工程拖期在工程项目施工中是屡见不鲜的，关键是要制定切实可行的赶工措施，保证工程按期完成。因此在本工程中若因非我方原因出现工期拖后现象，我公司将采取如下措施，尽最大可能赶上托后的工期。

因设计、设备等非我方原因而造成进度拖期，我们将与业主、设计和设备供货商协商，并对工程拖期情况分专业、分系统进行全面分析，找出存在的主要问题和关键路径，先抢重点。根据进度拖期情况采取增人，加班加点。

增加机械装备，分班交叉。

加强各方协调，改善外部环境，为抢工期创造条件。

搞好后勤服务，解除职工后顾之忧，调动职工积极性，提高劳动效率，确保抢回拖后的工期。

2.4　施工总平面布置及力能供应

2.4.1　施工总平面布置

2.4.1.1　临时设施布置

2.4.1.1.1　场地布置依据

2.4.1.1.1.1　《火力发电厂施工组织设计导则》。

2.4.1.1.1.2　《电力建设安全技术规程》。

2.4.1.1.1.3　国能蒙城生物发电工程施工招投标文件。

2.4.1.1.1.4　国能蒙城生物发电工程初步设计文件。

2.4.1.1.1.5　国能蒙城生物发电工程施工合同文件。

2.4.1.1.1.6　施工现场条件及周围环境，项目施工范围及现场情况。

2.4.1.1.1.7　本工程的施工综合进度要求。

2.4.1.1.1.8　我公司的施工能力及机械、人员状况。

2.4.1.1.2　场地布置原则

2.4.1.1.2.1　在业主规划用地范围内，本着“有利施工、节约用地、方便运输、减少污染、保证安全”的原则，合理布置施工场地。施工区域的划分和场地的确定应符合施工流程要求，尽量减少工种或工序之间的干扰，使之合理地进行交叉作业。

2.4.1.1.2.2　确保施工期间交通顺畅，使施工的各个阶段都能做到交通方便、运输通畅。减少二次搬运，降低运输费用，大宗器材或半成品堆置场布设要分析和选取经济合理的运输半径，使反向运输和二次搬运总量最少。

2.4.1.1.2.3　必须满足有关规程的防洪排水、防火及防雷、保卫、劳动保护和安全文明施工的要求。

2.4.1.1.2.4　根据工程现场条件并充分考虑本工程特点及施工工序的要求，精心安排各种物资的供货时间及存储计划，把堆放搁置时间压缩到最小限度，以节约材料及设备堆放场地。

2.4.1.1.3　临建、机械、施工用水、电、消防、排水布置说明

2.4.1.1.3.1　生产临建布置：办公区布置在厂区围墙外东侧，电厂新租地处，办公区北墙与厂区围墙北墙齐平；施工配电室布

置在主厂房东北侧综合楼南侧，距东侧透空围墙约15m。搅拌站位于1号燃料露天堆放场北侧，预制构件场位于搅拌站南侧；厂区设置四个钢木加工场地，主厂房钢木加工区与周转性材料位于1号转运站东侧，上料系统钢木加工区位于1号转运站西侧，冷却塔钢木加工区位于冷却塔北侧，综合楼钢木加工区位于办公楼北侧、综合楼西侧；设备组合场，位于炉后，根据以往生物电厂建设经验，设备组合主要为水冷壁组合，该区域有利于吊装，减少二次倒运；物资公司仓库及材料场布置于厂区西侧4号露天堆料场，集中存放建筑钢材及安装装置性材料；物资仓库及设备存放区位于东侧料场5号露天堆料场。在主厂房钢木加工区东侧设置一现场厕所。

2.4.1.1.3.2 生活临建布置：外协生活区考虑布置办公区南侧，根据计划工期及工程需要，外协队伍生活区临建为彩板房，在生活区内设排水沟、厕所、垃圾池，将生活污水处理排至围墙外侧排水沟内，生活垃圾定点、定时处理。

2.4.1.1.3.3 主要施工机械布置：

（1）安装主吊机械90t履带吊辅以10t塔机，考虑到主要用于设备物资卸车及锅炉钢架、烟气冷却器、省煤器、空预器、除氧器及上料系统等设备吊装，所以90t履带吊根据工程需要布置在所需施工区域。10t塔机主要用于锅炉附属管道、烟风道、过热器、除尘器等设备吊装。

（2）主厂房、冷却塔、生活综合楼布置3台塔吊用于施工。

（3）汽包吊装时临时租用（或公司协调）250t汽车吊。

2.4.1.1.3.4 施工道路：生产区域主道路按照平面图布置，基层2∶8灰土300mm厚，上铺水泥稳定碎石250mm。主干道宽度为6m，转弯半径9m。

2.4.1.1.3.5 施工用水布置：施工用水水源取自施工现场内浅水井。办公区、生活区、现场厕所、搅拌站都采用现场水井，用潜水电泵及加压泵送至用水区域。

2.4.1.1.3.6 施工用电布置：现场设一台1000kVA变压器，根据现场施工所需负荷分布情况，共设计7面二级配电盘.分别布置于搅拌站区域、钢木加工场、办公及生活区域、冷却塔区域、锅炉房、汽机房及办公楼综合楼区域。

2.4.1.1.3.7 消防布置：将消防用水与施工用水合并使用，施工区域消防栓设置间距不大于120m，施工现场共设置4只消防栓，具体布置在主厂房南北两侧施工/消防用水管道上。主厂房各层、设备材料仓库等重点部位配备部分移动式消防器材。工地消防设施配备齐全，同时保持与地方消防部门的联系。

生活区及其他区域布置灭火器、水桶、沙桶等消防器材。

2.4.1.1.3.8 现场排水：全厂排水通过厂区排水沟排放至南围墙外排水沟，办公生活区排水排至东侧水沟。

以上各有关设施具体位置详见施工总平面布置图。

2.4.1.2 临时设施用地表

临时设施用地见表2-4-1。

表2-4-1　临时设施用地

序号	用　途	面积/m^2	位　置	需用时间
1	搅拌站及砂石堆入场	7200	1号燃料露天堆放场北侧	整个施工期间
2	钢木加工厂	4000	主厂房、烟囱、冷却塔、办公楼、综合楼区域	整个施工期间
3	锅炉组合场	1500	炉后	整个施工期间
4	周转材料场	2600	1号转运站东侧	整个施工期间
5	物资公司仓库	2000	5号露天堆料场	整个施工期间
6	集中办公区	3200	厂区围墙外东北侧	整个施工期间
7	生活区	4000	办公区南侧	整个施工期间
8	预制构件制作厂	4000	1号燃料露天堆放场南侧	
9	合计			

2.4.1.3 施工总平面管理及要求

2.4.1.3.1 总平面管理

施工总平面是在符合有关规程、规范的前提下，合理规划施工现场、交通运输、各种生产临建、施工设施、力能配备和设备、材料、机械堆放等综合反映在平面联系上的成果。其管理的主要任务是如何保证上述成果有效地实施。

2.4.1.3.2 管理原则

施工总平面布置，经项目经理批准后，由工程部统一协调和管理。

项目工程部为施工总平面的归口管理部门。

根据各时期的不同需要，由工程部对总平面布置作适当平衡调整，重大调整需经项目经理批准，任何部门和个人不得任意变更。

各工程处必须在指定的区域进行施工作业和堆放器材，如遇到问题，及时提请项目工程部进行平衡调整。

施工道路、供水管路、通信线路等公用设施，时刻保持良好使用状态。如需临时切断、改路时，必须事先报请项目工程部，由生产经理协调具体施工时间。

2.4.1.3.3 公用设施的管理分工

道路、供排水管路及配套设施、测量用的标准点、水准点、沉降观测点等公用设施由建筑工程专业负责管理及维护。

项目工程部主管供电、供水系统的调配工作。

施工现场的安全保卫、消防工作由项目部安保部负责。

现场文明施工由项目安监部具体管理，施工中根据现场实际使用情况划分成若干部分，分配于各部室、各专业工程处包片管理。

2.4.2 施工力能供应

2.4.2.1 施工用电

本工程总用电量约为806kW，在施工现场设1000kVA变压器一台，11路馈线回路。施工电源电缆全部使用铠装铝制三相五线五芯电缆，依沿墙沿路、电缆沟的原则向各个施工点和生活点供电，根据现场施工所需负荷分布情况，共设计7面二级配电盘。

2.4.2.2 施工用水

施工用水总水源由业主提供的浅水井进行供应。消防水和施工用水合用同一管网，整个施工区按重点防护部位（钢材库、各类设备、材料仓库、贵重物品以及易燃、易爆物品存放位置和办公区、生活区）布置消火设施。消防用水按最不利考虑，即同时有两处火警使用。施工区域的设备材料仓库、木工房等重点消防部位配备部分消防器材。同时保持与地方消防部门的联系。

2.4.2.2.1 用水量计算

根据《火力发电工程施工组织设计导则》规定和本工程的实际情况计算用水量如下：

（1）直接生产用水量。

$Q_1=[k_1k_4\sum(n_1q_1)]/[8\times3600t]$
$=[1.2\times1.2(400\times400)]/[8\times3600\times1]$
$=6$（L/s）
$=11$（m^3/h）

（2）施工机械用水量。

Q_2估算为2m^3/h。

（3）生活用水。

$Q_3=(1.1k_3n_3q_3)/24\times3600$
$=(1.1\times2.5\times600\times120)/24\times3600$
$=2.29$（L/s）
$=3.24$（m^3/h）

（4）消防用水量。

因施工区场地面积小于25公顷，故Q_4取6L/s。

（5）生产总用水量。

$Q=Q_1+Q_2+Q_3=22.24m^3/h=6.45$（L/s）

（6）供水管径选择。

$D=(4Q/1000\pi V)^{1/2}$
$=\sqrt{4\times6.45/(1000\times3.14\times1.3)}$
$=0.05$（m）（选用管径57mm）

本工程厂区高峰期需水量22.24m^3/h。

2.4.2.2.2　管网布置

施工用水管网均采用地下敷设，所有管线均埋于冻土以下（最大冻土深度0.13m）。

2.4.2.3　施工用气

2.4.2.3.1　氧气、乙炔、氩气供应

氧气、乙炔、氩气采用瓶装供应。

氧气的用气量按平均每天40瓶考虑。乙炔的用量按氧气用量的1/2考虑。

2.4.2.3.2　压缩空气的供应

压缩空气拟采用一台3m^3/台移动式空气压缩机布置用气点附近，分区供应。

2.4.2.4　施工通信

本工程施工通信拟装设程控电话5部，作为主要通信手段，移动电话作辅助；对讲机6部，作为现场生产指挥工具。

2.5　工程施工主要方案

2.5.1　主要施工机械布置方案

本工程主要配置90t履带吊1台、塔吊4台。另外根据施工阶段的不同，租赁汽车吊以满足施工需要，汽包等较大的构件吊装考虑租赁250t汽车吊吊装就位。

（1）安装主吊机械90t履带吊辅以10t塔机，考虑到主要用于设备物资卸车及锅炉钢架、烟气冷却器、省煤器、空预器、除氧器及上料系统等设备吊装，所以90t履带吊根据工程需要布置在所需施工区域。10t塔机主要用于锅炉附属管道、烟风道、过热器、除尘器等设备吊装。

（2）主厂房、冷却塔、生活综合楼布置3台塔吊用于施工。

（3）汽包吊装时临时租用（或公司协调）250t汽车吊。

2.5.2　大件设备的现场卸车及吊装方案

2.5.2.1　大件设备的现场卸车及吊装方案

据目前掌握的大件重量、尺寸及现场布置的机械情况，对大件设备现场卸车及吊装考虑如下方案：

2.5.2.1.1　发电机定子

根据我公司施工的同类型机组，发电机定子重约42t，拟采用汽机房内32/5t行车吊装就位。对此，吊装前将行车桥架进行加固，使行车桥架具备吊装50t的能力（业主在订货时已将行车加固）。

运输车辆将发电机定子自扩建端运至汽机房内，采用改装后的行车单独卸车后、就位。吊装时采用ϕ37钢丝绳扣一对，$L=8$m，4股受力，行车吊起定子后，当定子下缘高度达到8.2m时，停止起升，走大车至定子就位位置正上方，四角用倒链找正后，落下定子就位。

2.5.2.1.2　汽包

2.5.2.1.2.1　卸车方案

汽包加内部装置总重约74t，考虑设备到货后直接卸车至吊装位置，即安装位置的正下方地面上。提前连续供货厂家，确定好汽包到货时间。在汽包到货前将大路至汽包存放位置的路线上进行压实、铺设路基板。提前通知供货厂家确定汽包的装车方向，到货后将货车开至汽包卸货地点。用90t履带吊和50t汽车吊抬吊卸车，将汽包方向和位置调整好后直接卸车，汽包下垫稳道木。

2.5.2.1.2.2　吊装方案

锅炉汽包重约74t，以250t汽车吊作为主吊，布置在两下降管中间地带。汽包吊装前，先将两下降管吊装到位，临时固定，汽包吊装到位后即刻进行找正，与下降管对口焊接，热处理，同时连接汽包上部联络管至少两根，热处理完成后250t汽车吊方可脱钩。

2.5.2.2　用于本工程的主要施工机械装备计划表

主要施工机械装备计划见表2-5-1。

表2-5-1　　主要施工机械装备计划表

序号	机械或设备名称	型号规格	数量	国别产地	制造年份	额定功率/kW	生产能力	拥有情况	计划进场日期/（年.月.日）	目前所在地
一	起重机械									
1	履带吊	90t	1	山东	2009	190	90t	自有	2011.11.10	济南
2	汽车吊	250t	1	山东						租赁
3	汽车吊	50t	1	山东						济南
4	塔吊	FO/23B	1	四川	2007	85	10t	自有	2011.10.16	现场
5	塔吊	QTZ60	1	山东	2006	38	8t	租赁	2011.9.10	济南
6	塔吊	QTZ40	2	山东	2006	25	4t	租赁	2011.8.20	现场
7	卷扬机	JM3	2	上海	2002	8	3t	自有	2011.11.10	济南

续表

序号	机械或设备名称	型号规格	数量	国别产地	制造年份	额定功率/kW	生产能力	拥有情况	计划进场日期/（年.月.日）	目前所在地
二	运输机械									
1	轻型货车	1.5t	1	天津	2008	30	1.5t	自有	2012.3.20	济南
2	拖拉机	12HP	1	山东	2001	17.6	12HP	自有	2011.10.10	济南
三	土石方机械									
1	挖掘机	日立 EX200	1	日本	2006	99	$1.0m^3$	自有	2011.7.10	现场
2	装载机	ZL40B	1	厦门	2009	172	5t	自有	2011.7.10	现场
3	自卸车	20t	3	陕西	2006	108	20t	自有	2011.7.10	现场
4	打夯机	HW-60	10	河北	2007	2.2	6kg・m	自有	2011.7.10	现场
5	振动压路机	CA-250	1	徐州	2008	72		租赁	2011.7.15	现场
四	混凝土机械									
1	混凝土搅拌站	JS350	2	海阳	2006	15	$25m^3/h$	自有	2011.7.20	济南
2	砂浆搅拌机	150L	3	山东	2008	3	150L	自有	2011.8.01	济南
五	焊接机械									
1	逆变焊机	ZX7-400ST	60	奥太	2006	18		自有	2011.12.10	济南
2	交流焊机	ZX7-400ST	4	山东	2007	18		自有	2011.12.1	济南
3	电焊条烘干箱	YGCH-G-100	2	江西	2006	100		自有	2011.12.1	济南
4	热处理设备	DWK-180	2	吴江	2006	180		自有	2011.12.20	济南
六	钢筋机械									
1	闪光对焊机	UN100	2	山东	2007	100	$\phi30$	自有	2011.8.10	济南
2	调直机	U4-14	3	杭州	2008	7	$\phi4$～14	自有	2011.8.10	济南
3	弯箍机	S6-12	3	17 冶	2007	3	$\phi6$～12	自有	2011.8.10	济南
4	切断机	GD40-1	3	太原	2004	4	$\phi6$～40	自有	2011.8.1	济南
5	弯曲机	GW40	3	太原	2004	4	$\phi6$～40	自有	2011.8.10	济南
七	其他									
1	卷板机	W12-20×2000	1	泰安	2003	27	2m	自有	2011.10.1	济南
2	等离子切割机	LGK-100	1	常熟	2005	7	32mm	自有	2011.12.10	济南
3	真空滤油机	EOK-600	1	德国	2008	6	6000L/h	自有	2012.8.30	济南
4	管道坡口机	Dg150-300	2	日本	2006	10	150～300	自有	2012.2.11	济南
5	弯管机	LWG2-10B	3	山东	2007	8	$\phi\leqslant100$	自有	2011.12.1	济南
6	空压机	WY-3/7-D	1	蚌埠	2008	23	$3m^3/h$	自有	2012.3.10	济南
7	木工机械		3 套	山东	2003	3		自有	2011.10.1	济南

本章其余内容见光盘。

第8篇

风电场工程和光伏发电工程施工组织设计范例

巩　磊　郭国勇　陈永亮　高健美　董昌龄　庄熙琳　赵冬梅　李永华
娄云高　丛建国　韩　冰　蔡　新　赵艳楠　宋　巘　肖玉桥　蔡国军
杨新奇　张　耸　张少华　张新国　刘作鹏　等　编著

第 1 章　中电莱芜风电场一期工程施工组织总设计

1.1　工 程 概 况

1.1.1　编制依据

（1）《中电莱芜平洲风电工程施工组织初步设计》。

（2）《中电莱芜平洲风电工程邀请招标文件》。

（3）《中电莱芜平洲风电工程工程投标文件》。

（4）国家电力公司《电力建设工程施工技术管理导则》2002 版。

（5）《电力建设施工及验收技术规范》（DL/T 5007）。

（6）《电力建设施工质量验收及评定规程》（DL/T 5201.1—2012）。

（7）安装工程施工与验收的主要技术规范、规程以及标准：

1）《风电发电场项目建设工程验收规程》（DL/T 5191—2004）。

2）《电气装置安装工程接地装置施工与验收规范》（GB 50169）。

（8）《风力发电工程施工组织设计规范》（DL/T 5384—2007）。

（9）《中电莱芜平洲风电场施工合同》。

1.1.2　工程概述

1.1.2.1　概述

中电（莱芜）新能源发电有限公司在山东省莱芜市规划装机容量为 190MW 的风电场，风场范围约 80km^2，分四期开发。本工程为一期工程，称为中电（莱芜）新能源发电有限公司平州风电场，规模为 49.5MW；二、三、四期项目规模分别为 49.5MW，正在作前期工作。

本工程范围约为 17km^2，计划装机容量 49.5MW，安装 33 台单机容量为 1500kW 的风力发电机组。该风电项目充分利用当地优质风能资源，改善当地电网以火电为主的单一化结构，为山东电网提供清洁可再生能源，减少大气污染，保护当地生态环境。

1.1.2.2　工程地点

中电（莱芜）新能源发电有限公司平州风电场位于山东省莱芜市。本期风场开发范围为东经 117°48′03″～117°51′39″，北纬 36°22′08″～36°24′04″，东西最长约 5km，南北宽最长约 3.5km，区域面积约 17km^2，海拔 420～580m。

1.2　施 工 范 围

合同内的所有项目及建设单位委托的施工项目，主要包括：33 台单机容量为 1500kW 的风力发电机组基础、吊装平台及施工道路、箱变基础施工、风机及箱变的联合接地、升压站及其附属设施的土建工程、升压站电气设备安装、风机设备吊装、场内 35kV 集电线路及场内通信工程施工、设备调试（升压站设备单体调试、分系统调试及升压站联调）、质量检测（甲供设备材料除外）、配合接入系统建设及调试等。

对于合同以外业主委托项目进行的施工，以现场实际发生工程量为准，以签证形式进行结算。

1.3　施工组织机构设置和人力资源计划

1.3.1　组织机构

现场管理组织机构说明：

（1）工程管理部含计划、文件信息、质量检查、质量保证、档案管理等工程技术方面的管理。

（2）经营管理部含计经、财务。

（3）综合办公室含人力资源、现场保卫、消防、后勤保障、医务等。

（4）物资机械部含物资公司、机械管理部。

本项目组织机构图如图 1-3-1 所示。

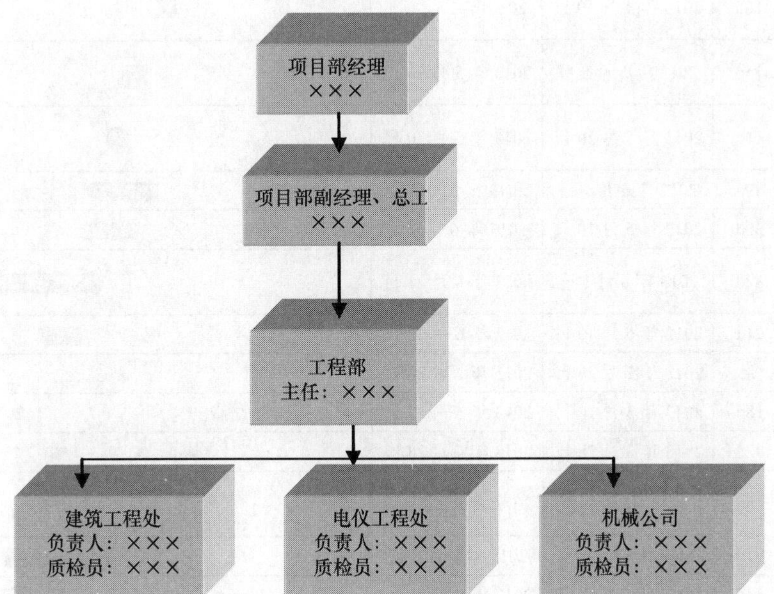

图 1-3-1　山东电力建设第二工程公司新能源分公司莱芜风电项目部质量管理体系网络组织机构图（2013 年 A 版）

1.3.2 人力计划

劳动力设入情况见表 1-3-1。

表 1-3-1　　劳动力投入情况

工种	按工程施工阶段投入劳动力情况											
	2013 年											
	1 月	2 月	3 月	4 月	5 月	6 月	7 月	8 月	9 月	10 月	11 月	12 月
管理人员	6	10	12	14	14	16	16	16	16	12	12	9
建筑专业	37	62	106	140	169	188	196	176	144	108	60	58
钢筋工	12	23	33	37	47	52	50	45	30	20	10	10
木工	10	14	22	35	40	40	36	35	30	20	10	10
瓦工	3	5	16	25	30	42	56	50	45	32	13	12
电工	2	3	3	3	5	5	5	5	4	4	3	3
焊工	1	3	5	5	5	5	5	5	3	3	3	2
油漆工	0	0	2	4	8	8	8	4	4	3	3	3
力工	5	7	15	21	24	26	26	24	22	20	12	12
检修工	1	2	3	3	3	3	3	3	2	2	2	2
操作工	3	5	7	7	7	7	7	5	4	4	4	4
吊装专业	0	0	0	18	45	56	73	76	56	8	5	5
安装工	0	0	0	5	14	18	27	30	20	0	0	0
起架工	0	0	0	3	5	8	10	10	6	0	0	0
检修工	0	0	0	4	12	14	16	16	10	0	0	0
电工	0	0	0	0	2	2	2	2	2	0	0	0
操作工	0	0	0	0	4	4	4	4	4	0	0	0
力工	0	0	0	6	8	10	14	14	14	8	5	5
电气专业	0	0	0	3	10	12	16	41	52	49	39	32
安装工	0	0	0	0	5	5	8	22	30	27	23	20
起重工	0	0	0	0	2	2	3	3	3	3	2	2
调试工	0	0	0	0	0	0	0	9	12	12	10	6
焊工	0	0	0	3	3	5	5	7	7	7	4	4
合计	37	62	106	161	224	256	285	293	252	165	104	95

1.4 工程管理目标

1.4.1 工程施工进度里程碑计划目标

施工进度里程碑计划目标见表 1-4-1。

表 1-4-1　　施工进度里程碑计划目标

项　目	工期	开 始 时 间	完 成 时 间	第一季度			第二季度			第三季度			第四季度		
				上旬	上旬	上旬	上旬	上旬	上旬	上旬	上旬	上旬	上旬	上旬	上旬
一、建筑工程	268d	2013 年 1 月 10 日	2013 年 10 月 4 日												
1. 升压站	226d	2013 年 2 月 21 日	2013 年 10 月 4 日												
综合楼基坑开挖	7d	2013 年 2 月 24 日	2013 年 3 月 2 日												
综合楼基础施工	18d	2013 年 3 月 3 日	2013 年 3 月 20 日												
综合楼−0.67m 层地梁施工	13d	2013 年 3 月 21 日	2013 年 4 月 2 日												
综合楼 3.77m 层梁、板、柱施工	16d	2013 年 4 月 3 日	2013 年 4 月 18 日												
综合楼 7.37m 层梁、板、柱施工	16d	2013 年 4 月 19 日	2013 年 5 月 4 日												
综合楼 10.7m 层梁、板、柱施工	15d	2013 年 5 月 5 日	2013 年 5 月 19 日												
综合楼 14.6m 层梁、板、柱施工	11d	2013 年 5 月 20 日	2013 年 5 月 30 日												
综合楼整体建成	39d	2013 年 5 月 1 日	2013 年 6 月 8 日												
综合楼整体抹灰	30d	2013 年 5 月 10 日	2013 年 6 月 8 日												
综合楼通风、空调、上下水施工	82d	2013 年 6 月 1 日	2013 年 8 月 21 日												
综合楼屋面施工	21d	2013 年 6 月 10 日	2013 年 6 月 30 日												
生产楼基坑开挖	3d	2013 年 2 月 26 日	2013 年 2 月 28 日												
生产楼基础施工	18d	2013 年 3 月 10 日	2013 年 3 月 27 日												
生产楼主体结构施工	32d	2013 年 3 月 28 日	2013 年 4 月 28 日												
生产楼室内设备基础、沟道施工	15d	2013 年 5 月日	2013 年 5 月 15 日												
生产楼装饰装修施工	97d	2013 年 5 月 4 日	2013 年 8 月 8 日												
辅助用房施工	54d	2013 年 7 月 2 日	2013 年 8 月 24 日												
主变及构架基础施工	20d	2013 年 5 月 16 日	2013 年 6 月 4 日												

续表

项目	工期	开始时间	完成时间	第一季度			第二季度			第三季度			第四季度		
				上旬	上旬	上旬	上旬	上旬	上旬	上旬	上旬	上旬	上旬	上旬	上旬
消防水池施工	36d	2013 年 6 月 29 日	2013 年 8 月 3 日												
生活污水处理施工	21d	2013 年 7 月 2 日	2013 年 7 月 22 日												
升压站围角施工	39d	2013 年 3 月 3 日	2013 年 4 月 10 日												
进站道路路基施工	12d	2013 年 2 月日	2013 年 3 月 4 日												
进站道路路面施工	13d	2013 年 9 月 22 日	2013 年 10 月 4 日												
站内道路施工	19d	2013 年 9 月 10 日	2013 年 9 月 28 日												
站内电缆沟施工	20d	2013 年 7 月 10 日	2013 年 7 月 29 日												
35kV 无功补偿施工	23d	2013 年 6 月 6 日	2013 年 6 月 28 日												
2．风机基础	244d	2013 年 1 月 10 日	2013 年 9 月 10 日												
进厂道路扩宽	36d	2013 年 1 月 10 日	2013 年 4 月 5 日												
风机施工道路	112d	2013 年 1 月 10 日	2013 年 5 月 1 日												
风机及箱变基础开挖、吊装	91d	2013 年 2 月 26 日	2013 年 5 月 27 日												
风机基础地基处理	98d	2013 年 3 月 2 日	2013 年 6 月 7 日												
风机基础环支装	96d	2013 年 3 月 4 日	2013 年 6 月 7 日												
风机基础钢筋绑扎	98d	2013 年 3 月 5 日	2013 年 6 月 10 日												
风机基础模板支设	97d	2013 年 3 月 11 日	2013 年 6 月 15 日												
风机基础混凝土浇筑	101d	2013 年 3 月 12 日	2013 年 6 月 20 日												
风机接地	113d	2013 年 3 月 20 日	2013 年 7 月 10 日												
箱变基础施工	128d	2013 年 5 月 1 日	2013 年 9 月 5 日												
电缆沟施工（箱变接地）	124d	2013 年 5 月 10 日	2013 年 9 月 10 日												
3．集电线路	140d	2013 年 2 月 26 日	2013 年 7 月 15 日												
A 回集电线路施工	97d	2013 年 4 月 10 日	2013 年 7 月 15 日												
B 回集电线路施工	90d	2013 年 3 月 21 日	2013 年 6 月 18 日												
AB 回集电线路施工	64d	2013 年 2 月 26 日	2013 年 4 月 30 日												
二、安装工程	169d	2013 年 4 月 29 日	2013 年 10 月 14 日												
1．升压站	151d	2013 年 5 月 13 日	2013 年 10 月 10 日												
生产楼设备安装	53d	2013 年 5 月 13 日	2013 年 7 月 4 日												
主变安装	31d	2013 年 7 月 2 日	2013 年 8 月 1 日												
生活污水处理设备安装	24d	2013 年 8 月 5 日	2013 年 8 月 28 日												
无功补偿设备安装	27d	2013 年 7 月 10 日	2013 年 8 月 5 日								由 T-10				
升压站到送电	1d	2013 年 10 月 10 日	2013 年 10 月 10 日												
升压站设备测试	31d	2013 年 9 月 10 日	2013 年 10 月 10 日												
2．风机	167d	2013 年 5 月 1 日	2013 年 10 月 14 日												
风机吊装	153d	2013 年 5 月 1 日	2013 年 9 月 30 日												
箱变安装	123d	2013 年 6 月 10 日	2013 年 10 月 10 日												
箱变调试	121d	2013 年 6 月 16 日	2013 年 10 月 14 日												
3．集电线路	104d	2013 年 4 月 29 日	2013 年 8 月 10 日												
B 回集电线路组装、挂线	104d	2013 年 4 月 29 日	2013 年 8 月 10 日												
A 回集电线路组装、挂线	146d	2013 年 5 月 8 日	2013 年 9 月 30 日												
AB 回集电线路组装、挂线（19 个）	92d	2013 年 4 月 15 日	2013 年 7 月 15 日												

1.4.2 工程质量管理目标

1.4.2.1 总体质量目标

确保本工程质量全面实现达标投产和国家电力行业优质工程，争创鲁班奖。

1.4.2.2 主要质量目标指标

1.4.2.2.1 建筑工程主要质量指标

分项工程合格率100%。

分部工程合格率100%。

单位工程优良率95%，合格率100%。

检验批合格率100%。

1.4.2.2.2 建筑、安装、调试工程优良率95%，合格率100%。

1.4.2.3 机组启动试运行主要目标

（1）240h试运结束时，电气、保护、程控、自动、仪表投入率均为95%，保护动作正确率100%。

（2）建筑安装原因造成240h试运期间停运次数不大于1次。

1.4.3 安全管理目标

电力建设安全工作的总体目标是努力实现人身死亡事故“零目标”。杜绝以下五种事故：

（1）重大人身死亡事故。

（2）重大施工机械设备损坏事故。

（3）重大火灾事故。

（4）重大交通事故。

（5）重大环境污染事故和重大垮塌事故。

1.4.4 文明施工目标

引入企业文化管理理念，贯彻原电力工业部《电力建设文明施工规定及考核办法》，努力创建全国风电建设安全文明施工样板工程。

1.5 施工总平面布置

1.5.1 施工现场平面布置图

1.5.1.1 施工现场场地布置

1.5.1.1.1 场地布置依据

1.5.1.1.1.1 《电力建设安全技术规程》。

1.5.1.1.1.2 莱芜风电工程邀请招标文件。

1.5.1.1.1.3 施工现场条件及周围环境，项目施工范围及现场情况。

1.5.1.1.1.4 本工程的施工综合进度要求。

1.5.1.1.1.5 施工单位的施工能力及机械、人员状况。

1.5.1.1.2 场地布置原则

施工场地区域划分合理，施工平面布置紧凑。施工区域的划分和场地的确定应符合施工流程要求，尽量减少工种或工序之间的干扰，使之合理地进行交叉作业。

合理组织交通运输，使施工的各个阶段都能做到交通方便、运输通畅。减少二次搬运，降低运输费用，大宗器材或半成品堆置场布设要分析和选取经济合理的运输半径，使反向运输和二次搬运总量最少。

必须满足有关规程的防洪排水、防火、防雷、保卫、劳动保护和安全文明施工的要求。

精心安排各种物资的供货时间及存储计划，把堆放搁置时间压缩到最小限度，以节约材料及设备堆放场地。

针对本工程各施工点相对分散的特点，部分生产临时设施将根据施工进展情况流动式布置。

1.5.1.1.3 施工现场临建布置

在建设单位给定的施工用地范围内，本着“有利施工、节约用地、方便运输、减少污染、保证安全”的原则，减少施工平面上的交叉，确保施工期间交通顺畅，能为按期完成施工任务创造有利条件。根据我公司情况及现场要求，在升压站施工现场附近布置项目部办公室、工具室、停车场、设备材料堆放场、设备材料仓库；风机安装施工组合场布置在每台风机附近场地。办公室、工具室采用组装彩板房。

1.5.1.1.4 施工道路

现场的施工和安装运输道路按施工期及风机机位、临时设施和其他永久设施的要求进行布置。现场修建施工道路20km左右，永临结合，道路定为山区四级道路，路面采用泥结碎石路面；路面宽度满足设备运输、设备安装及现场施工通行要求，在机位处还需要修建安装风电机组的施工平台。

1.5.1.1.5 施工生活区

本工程施工工期短，人员多，施工生活区项目部在和庄镇租房成立。

1.5.1.2 总平面管理

施工总平面是在符合有关规程、规范的前提下，合理规划施工现场、交通运输、各种生产临建、施工设施、力能配备和设备、材料、机器堆放等。

1.5.1.2.1 管理原则

施工总平面布置经项目总工批准并上报建设单位确认后，由建设单位统一协调和管理。

项目工程部为施工总平面布置的归口管理部门。

工程部根据各时期的不同需要，对总平面布置作适当平衡调整，重大调整需经项目总工批准并上报建设单位及监理工程师确认后实施，任何部门和个人均不得任意变更。

各施工单位必须在指定的区域进行施工作业和堆放器材，如遇到问题，及时提请项目工程部进行平衡调整。

施工道路、供水管路、通信线路、供气管路等公用设施，时刻保持良好使用状态。如需临时切断、改路时，必须事先报请项目工程部批准并上报建设单位和监理确认后实施，由工程部协调具体施工时间。

1.5.1.2.2 公用设施的管理分工

变压器、供电线路、配电装置、公用照明设施、防雷接地设施、通信线路等由电仪工程处负责维护和管理。

项目部工程部主管供电、供水系统的调配工作。

施工现场的安全保卫、消防工作由项目部综合办公室统一负责。工程部有协助、检查、督促之责。

现场文明施工由工程部主管，施工中根据现场实际使用情况划分成若干部分，分配于各部室、各专业工程处包干管理。

1.5.2 临时用地表

临时设施用地表见表1-5-1。

表1-5-1 临时设施用地表

用　途	面积/m²	位　置	需用时间
升压站钢筋、模板加工及钢材存放场	1200	升压站篮球场	整个施工时间
风机钢筋、模板加工及钢材存放场	900	风场附近村庄	整个施工时间
办公室（包括建设单位、监理）	900	升压站附近	整个施工时间
升压站设备堆放	500	升压站附近	整个施工时间

续表

用　　途	面积/m²	位　　置	需用时间
工具室	100	升压站附近	整个施工时间
车辆停放场	1200	升压站附近	整个施工时间
风机设备堆放及组合场	1500	每台风机周围	整个施工时间
周转性材料临时堆放场	1000	升压站附近	整个施工时间

续表

用　　途	面积/m²	位　　置	需用时间
搅拌站	3500	和庄镇附近	整个施工时间
合　计	10800		

升压站总平面布置如图 1-5-1 所示。风机施工总平面布置如图 1-5-2 所示。

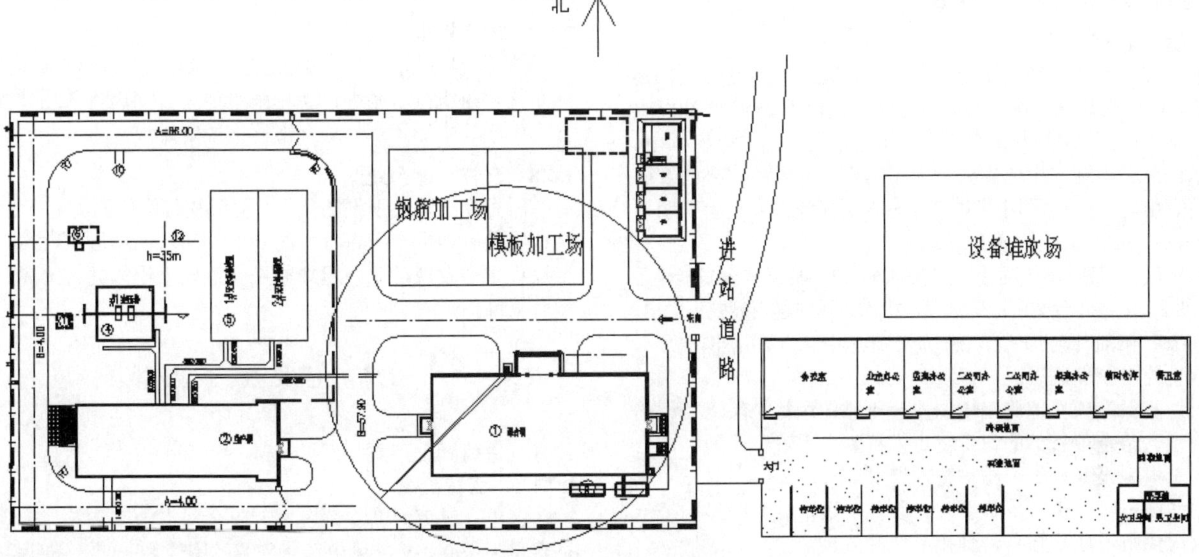

图 1-5-1　升压站总平面布置图

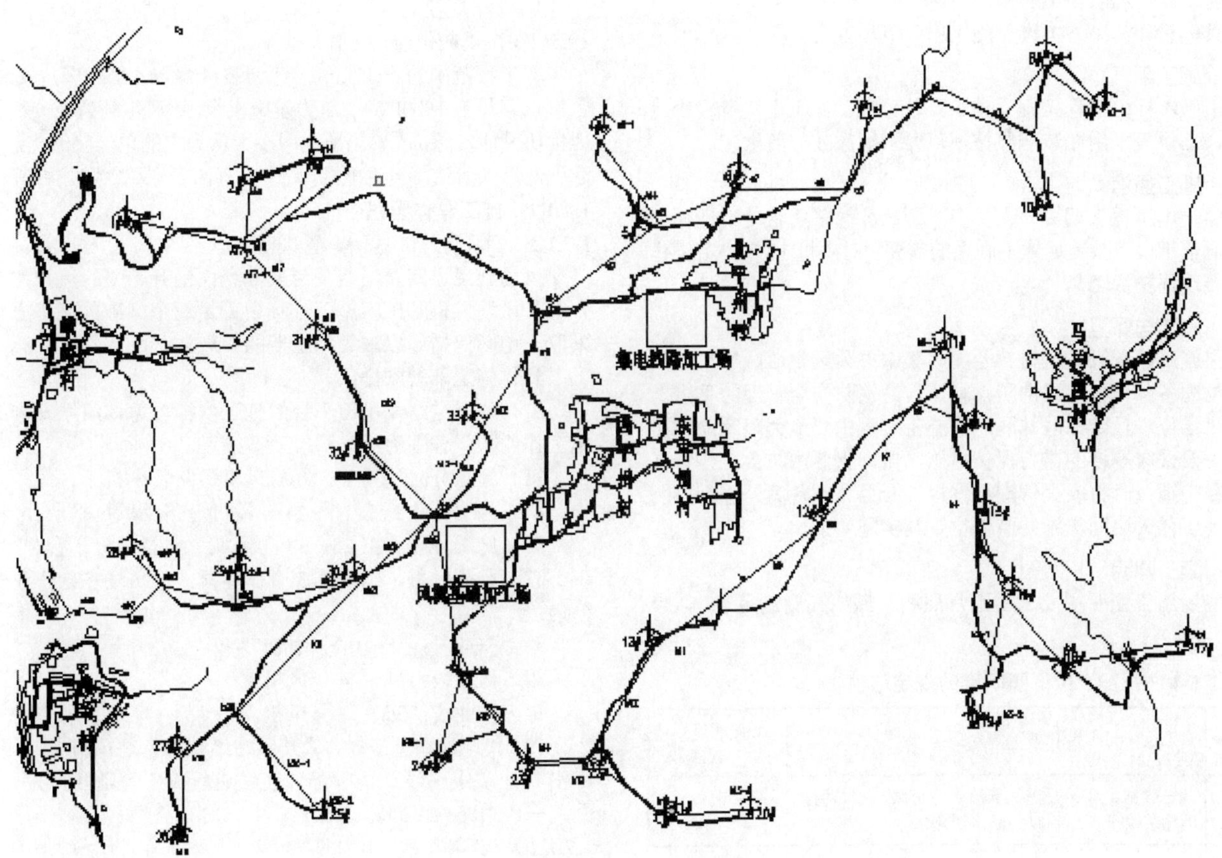

图 1-5-2　风机施工总平面布置图

1.6 施工力能供应

1.6.1 施工用水

本工程用水主要为风机基础混凝土养护、办公、生活用水、搅拌站用水，在临建区域采用井水提供水源，风场风机部位用水拟采用水罐车运输，提供各施工点用水。

施工用水管网在施工道路、施工场地范围内均采用地下敷设，所有管线敷设必须符合规范要求。

1.6.2 施工电源

本工程临建区域施工用电电源自工程施工电源点引接，装表计费，现场安装施工配电箱，同时配置一台 100kW 柴油发电机作为备用电源。风场内远距离施工用电采用柴油发电机供电。

本标段工程施工用电主要考虑施工机械、设备、办公及施工照明等用电。生活区用电主要考虑职工宿舍、食堂等照明、空调用电。

本标段工程施工用电负荷约 200kVA，现场施工变容量能满足施工需要，另配备 4 台 20kW 柴油发电机供风场内远距离施工用电。一台 100kW 柴油发电机应急，满足本工程施工及生活用电需要。

施工用电管理制度：

为切实保障项目部施工电源安全可靠地运行，保障工程的正常施工，结合项目部的自身特点，特制定本管理计划。

施工电源设专人统一维护管理。

现场配电盘、箱应形式统一，颜色一致，并有明显的警示标志，电缆敷设横平竖直，禁止乱拉乱放。

坚持每周一次的现场安全巡视制度，做好现场施工电源雨季巡检工作，消除用电隐患。

具体设计施工方案详见施工用电专项方案。

1.6.3 施工用气

由于本标段工程工程量较小且较分散，施工用气量较少，氧气、乙炔等采用瓶装严格按规范要求摆放或分散供应。

1.6.4 施工通信

由于本工程工期短、人员多，距离分散采用移动电话作为主要通信手段，以满足施工联系的需要；对讲机 10 部，主要作为吊装现场指挥工具。

1.6.5 消防与保卫

在施工区域设备、材料仓库、集中办公区生活区等重点消防部位配备部分移动式消防器材，作为消防安全管理的重点。另外风场位于丘陵山区林区，在施工过程中要最大限度地减少破坏，要采取严格的监督保护措施，做好秋冬季防火。各责任部门和工地及时将安全管理方案报综合办公室备案，综合办公室相关责任人协助实施并监督检查其实施效果。

1.6.6 施工照明

现场施工照明主要采用镝灯照明，照明亮度满足表 1-6-1 要求。

表 1-6-1　　最低照明度的规定数值

序号	作业内容和地区	照明度/lx
1	一般施工区、开挖和弃渣区、道路、堆料场、运输装载平台、临时生活区道路	30
2	混凝土浇筑区、加油站、现场保养场	50
3	室内、仓库、走廊、门厅、出口过道	50
4	地弄和一般地下作业区	50
5	安装间、地下作业掌子面	110
6	一般施工辅助工厂	110
7	特殊的维修间	200

1.6.7 施工排水

施工现场排水采用在施工道路两侧设置砖砌排水明沟的形式布置有组织排水系统，现场雨水通过排水沟排入场外指定位置。生产及生活污水处理合格后按规定排放。

1.6.8 文物、化石处理

所有在工地被发掘的化石、硬币及有价值的物品，或文物、结构物及有地质、考古价值的其他物品，均属国家财产，在施工过程中如发现，立即通知业主及监理工程师并将上述财产上缴有关部门。

1.7 主要施工方案

1.7.1 建筑施工方案

1.7.1.1 工程概况

中电（莱芜）新能源发电有限公司在山东省莱芜市规划装机容量为 190MW 的风电场，风场范围约 80km^2，分四期开发。本工程为一期工程，称为中电（莱芜）新能源发电有限公司平州风电场，规模为 49.5MW；二、三、四期项目规模分别为 49.5MW，正在作前期工作。

本工程范围约为 17km^2，计划装机容量 49.5MW，安装 33 台单机容量为 1500kW 的风力发电机组。该风电项目充分利用当地优质风能资源，改善当地电网以火电为主的单一化结构，为山东电网提供清洁可再生能源，减少大气污染，保护当地生态环境。

1.7.1.2 施工总体组织

1.7.1.2.1 风场施工总体布置原则

风场施工道路及吊装平台采取全面铺开、平行流水的施工方案；风场风机基础实施分片集中力量逐个突破的施工方案，采取一切必保措施以求关门工期的实现。

具体施工部署安排：

（1）风场道路及吊装平台的施工安排。总体组织安排 3 个施工作业队，分别为：

第一施工分队施工 1～10 号风机道路及风机平台。

第二施工分队施工 11～24 号风机道路及风机平台。

第三施工分队施工 25～33 号风机道路及风机平台。

（2）风场风机基础共分 3 个作业段，风机场基础作业段划分为：

第一作业段：1～10 号风机。

第二作业段：11～24 号风机。

第三作业段：25～33 号风机。

（3）集电线路施工时，从升压站终端开始往风机方向施工，应沿着一条集电线路集中分片连续进行施工。施工顺序：AB 回路→B 回路→A 回路。

1.7.1.2.2 设备配置

土方机械按作业段配置，加工机具按片区配置

机械配置：每个片区配 2 台 1m³的反铲挖掘机，配 2 台汽

锤破碎机，3～5 辆翻斗车（根据现场实际距离作具体配置），每个片区配 40t 单滚筒的压路机。

加工器具：钢筋截断机 1 台；弯曲机 2 台；调直机 1 台；对焊机 1 台；电焊机 3 台；直流电焊机 1 台；圆盘锯每个片区 2 台；台式圆盘锯根据工作需要安排；平板刨床 1 台；套丝机 1 台。ϕ50 的振捣棒每片区配 5 台，3 台使用，2 台备用；ϕ30 的振捣棒每片区配 3 台，2 台使用，1 台备用；平板振捣器 1 台；地泵或泵车 1 台，根据现场的实际情况选用；罐车 6～8 辆；型号 500 的自动化搅拌站 1 座。

利勃海尔 LTM1500 汽车吊 1 台，PR360 履带吊 1 台。

1.7.1.2.3　道路、平台及风机基础工艺流程

道路及平台施工工艺流程：定位放线→表层植被及表层土清除→石方爆破→机械开挖→机械及人工整平压实。

风机施工工艺流程：定位放线→土方开挖→垫层施工→地脚螺栓安装→钢筋工程→模板工程施工→混凝土浇筑→测温养护→拆模→土方回填。

1.7.2　具体施工技术方案

1.7.2.1　道路及平台技术方案

1.7.2.1.1　测量放线

为保证测设精度，测量仪器使用风云 K9 型号的 GPS 定位导航仪、水准仪。

依据业主提供的厂区导线坐标点和厂区的地形条件、厂区总平面图等，使用风云 K9 型号的 GPS 定位导航仪进行测量放线。

测量工作主要包括：风机吊装平台、道路等的定位轴线的测设、绝对高程的测设等。

1.7.2.1.2　石方爆破施工

根据现场勘察情况，本工程厂址地基土岩性以弱风化花岗片麻岩为主。地基较为坚硬，要进行石方爆破作业。根据爆区的地形、地貌、地质条件、环境和施工要求，拟采用深孔松动爆破及预裂爆破法。

1.7.2.1.2.1　建立指挥机构明确爆破人员的职责：

爆破工程技术人员其职责是：负责爆破设计，向现场施工人员进行技术交底，指导爆破施工，落实各项安全技术与防护措施，及时处理施工中遇到的各种技术难题，检查施工质量，搞好工程总结。

爆破员其职责是：领取和保管爆破器材，按设计进行爆破作业，严格执行《爆破安全规程》的技术和安全规定，发现盲炮及时报告和处理，清退当日剩余的爆破器材。

安全员其职责是：对爆破器材的领取、使用、清退和保管进行安全监督，制止违章作业，检查各项安全技术与防护措施的落实情况，杜绝无爆破作业人员安全作业证的人员参与爆破作业。

保管员其职责是：负责爆破器材的收发、统计和保管，检查爆破器材的质量并及时报告情况，做好爆破器材的收发登记，对无爆破作业人员安全作业证及手续不全的人员拒发爆破器材。

1.7.2.1.2.2　爆破作业安全措施

（1）爆破施工应有严格的组织性和计划性，为重要工程应事先编制施工组织设计，经报上级有关部门审批后方准执行。每项爆破工程应有专门的技术负责人或安全负责人。

（2）对参加爆破人员。应进行专门的安全技术培训和考核，进行详细的安全技术交底，并履行严格的交手续和填写交记录，制定安全检查制度。

（3）在施爆前，应对要进行爆破的建筑物的结构、材料进行严格的检查与了解，根据结构、材料与周围环境情况，确定保证安全施工的具体爆破拆除程序。

（4）制作起爆雷管或起爆体时应远离装药现场，并同装药现场一样，周围应有特别的警戒。要严禁烟火，不允许无关人员进入现场。不允许工作人员吸烟或带入发火工具。装药工具应是塑料制品、铝制品或木棒。

（5）爆破作业时，每个爆破点的出入口应保持畅通无阻，以便遇到危险情况时，人员能迅速转移到安全地点。

（6）各种联络信号必须统一，不得与其他信号干扰或混淆。

（7）爆破时应严格确定危险区域和影响区域，必要时各通道口设置围栏，各交通路口要高警觳岗哨。

（8）制定并做好出现意外事故的特殊措施，一时出现有毒气体、火灾、爆炸，或垮塌物料淹埋人员、设备等，应有抢救人员、设备的特殊准备措施。

1.7.2.1.3　爆破施工具体施工顺序

1.7.2.1.3.1　定位放线

石方爆破首先进行高程和区域控制，严格按照设计高程和开挖区域进行凿孔爆破施工。根据已知坐标点，按设计要求用风云 K9 型号的 GPS 定位导航仪放出风机平台边线并使用白灰做出标识。

1.7.2.1.3.2　风机平台爆破施工

（1）根据现场实际，创造出开挖临空面，钻孔爆破有危险的位置可采用预裂爆破法。爆破时采用从低点向高点依次爆破的顺序进行，创造多个临空面，方便炮孔布置，形成阶梯形爆破。炮孔布置时避免穿过岩石缝隙，孔底与裂缝应保持一定的距离，避免爆炸时发生漏气现象，影响爆炸效果。为使均匀破碎，排距之间炮孔应作梅花形交错布置。

（2）施工作业步骤。

第一步：根据施工设计图测量放样确认爆破区。

第二步：清除爆破区地面附着物，包括原有不适宜回填用的耕土及其他表层软土覆盖土层等，清除干净，另行堆放。

第三步：用挖掘机、装载机修筑爆破区施工便道，清除爆破区地表土、强风化的软石。

第四步：按照实测清除地表土后地面标高，对应吊装平台修筑尺寸大小计算钻爆梯段高度，当开挖梯段高度为 0～5m 时，采用浅孔松动控制爆破的方案，当开挖梯段高度为 5～12m 时，采用深孔松动控制爆破方案。爆破作业施工前，必须进行详细的爆破设计并进行试爆，通过试爆进一步修正爆破设计参数，改善爆破效果。

（3）爆破的准备工作。

1）将需破碎的坚硬岩石范围用灰线标出。

2）用挖掘机将坚硬物周围的土方挖出，以便能看清楚开挖的大小和形状，深浅，并创造更多的临空面。

（4）爆破作业方法。

1）钻孔。本工程使用履带式或支架式潜孔钻成孔手风钻辅助修整。钻孔过程中，专人对钻孔的质量及孔网参数按照作业指导书的要求进行检查，如发现钻孔质量不合格及孔网参数不符合要求，立即进行返工，直到满足钻孔设计要求。

钻孔前应由专门的施工技术人员按设计的爆破参数进行现场布设，孔位打上桩、标明排孔编号、钻孔深度与方向，并在施工前给钻机工作人员进行技术交底。

钻孔时要根据先难后易、先边后中、先前后后的原则钻孔，避免钻机移动时压坏已钻好的孔眼。钻机必须摆正位置，保证钻孔方向、钻孔角度、钻深度准确，必须按桩钻孔，困难地段对位误差不得超过 0.2m。钻孔达到设计深度后，要吹净残渣，

做好记录，进行封口，以防异物落入孔内。

2）炮孔布置。

a．炮孔深度与最小抵抗线的确定。

根据岩石坚硬程度，梯段高度和抵抗线长度等确定炮孔深度，一般炮孔深度 L 为：

对坚硬岩石：$L=（1.1\sim1.5）H$（H 为爆破层厚度）。

对中硬岩石：$L=H$。

对松软岩石：$L=（0.85\sim0.95）H$。

抵抗线 W，随岩石坚硬程度和梯段厚度而定，一般取 $W=（0.6\sim0.8）H$。

b．炮孔间距

炮孔间距 a，根据岩石特征、炸药种类、爆破要求、抵抗线长度以及超爆顺序等确定。一般为 $a=（0.8\sim1.2）W$。炮孔布置一般为交错梅花形，依次逐排起爆。炮孔排距可采用第一排炮孔计算的最小抵抗线 W；若第一排各炮孔的 W 计算不同时，则取其平均值。炮孔爆破排距 b 计算，一般采用 $b=（0.80\sim1.2）W$。

3）炸药用量计算。炮孔松动爆破炸药用量按下式计算

$$Q=0.33gabl$$

式中 Q——炸药用量，kg；

g——爆破岩石单位体积炸药消耗量系数，kg/m³，当采用 2 号岩石硝铵炸药时，对五级岩石 $g=1.40\sim1.65$，对六级岩石 $g=1.60\sim1.85$ 对七级岩石 $g=1.80\sim2.60$；

a——炮孔间距，m；

b——炮孔排距，m；

l——钻孔深度，m。

实际工作时，一般可根据经验，装药长度控制在炮孔深度的 1/3～1/2。

炮孔布孔：采取大区多排布孔方式，成三角形或长方形、正方形配置，如图 1-7-1 所示。

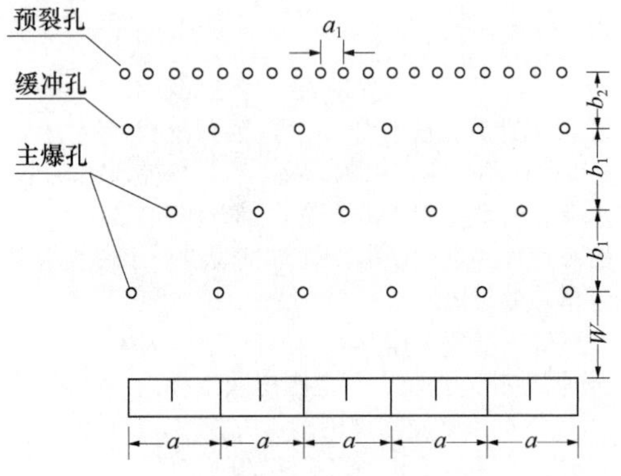

图 1-7-1 炮孔平面布置图（单位：mm）

4）装药。装药前必须检查孔位、深度、倾角是否符合设计要求，孔内有无堵塞、孔壁是否有掉块以及孔内有无积水和积水的深度如何。如发现孔位和深度不符合设计要求时，应及时处理，进行补孔。孔口周围的碎石、杂物应清除干净，对于孔口岩石破碎不稳固段，钻孔时采用黏土护壁。

装药时，应按照规定的炸药品种、数量、位置进行，不得投掷，严禁使用铁器，不得用炮棍用力挤压或撞击，防止引起爆炸事故。

堵塞材料应选用与孔壁摩擦作用大、填充易密实、不过湿和有较好塑性、不漏气的土料。填塞应密实，应保证填塞长度和质量。

装药时如发现炮孔内有雨水或少量渗水，应先以高压风吹净积水再装药。

采用反向装药法，将起爆药卷倒置于炮孔底部，使雷管聚能穴口向上（朝炮口方向）这样更充分利用了集能效应，使炸药爆轰更为完全，从而达到更好的爆破效果。

必须严格控制每个炮孔的装药量，事先必须进行技术交底，分组进行，炮孔按排、孔编号，专人负责装药，并在装药过程中检查装药高度。在装药过程中如发现堵塞时应停止装药并及时处理，在未装入雷管或起爆药包等敏感的爆破器材以前，可用木制长杆处理，严禁用钻具处理装药堵塞的钻孔。

堵塞材料使用黏土或砂加黏土，严禁用石块堵塞，为保证堵塞质量每填入 0.3m 时，用木棍或竹竿捣鼓密实，堵塞长度必须满足设计要求，关系到爆破效果，影响爆破安全，因此，务必高度重视。

装填结构：将散装炸药直接装入炮孔内，根据炮孔深度每孔分别设置 1～2 个起爆药包，每个起爆药包由 1 枚非电毫秒雷管和 150g 管状炸药组成。设置 1 个起爆药包时，将其置于装药顶端的第二药包位置，2 个起爆药包分别置于装药长度的 1/3 和 2/3 处，正向起爆。装药顶端的剩余炮孔部分，使用岩屑或石粉进行填塞，直至填平炮口，如图 1-7-2 所示。

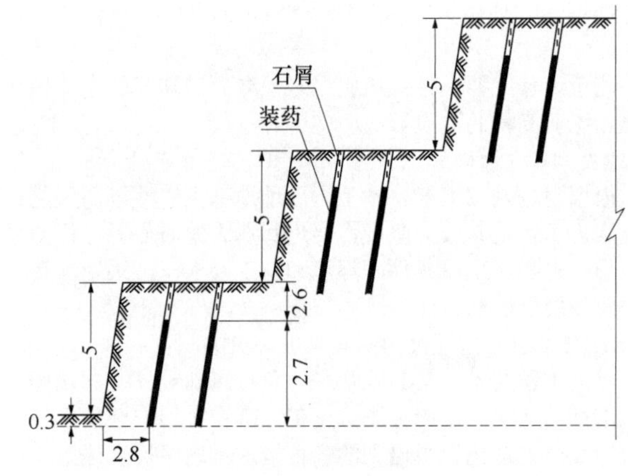

图 1-7-2 装药填塞结构图（单位：mm）

预裂孔，将计算好的单孔装药量分段绑扎在导爆索且固定在竹片上，将其插入炮孔内后，余孔使用岩屑进行填塞，如图 1-7-3 所示。

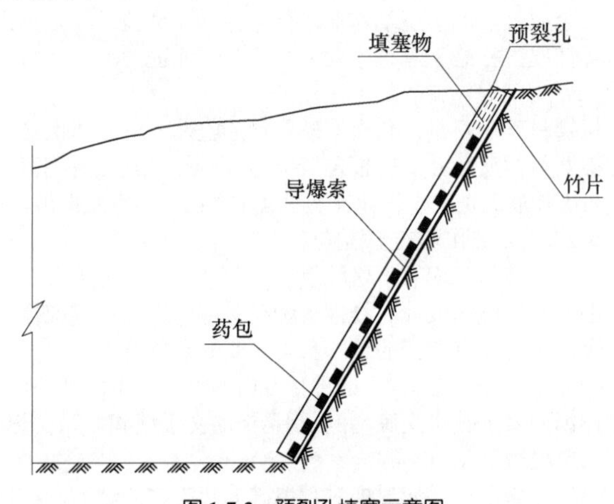

图 1-7-3 预裂孔填塞示意图

视炮孔深度每个炮孔分别设置 1～2 枚高段位非电毫秒延时雷管，将各炮孔引出的导爆管分别汇集成数组，每组连接 2 枚低段位组合传爆非电毫秒延时雷管，并将各组分别连接成并串联起爆网路或分段并串联起爆网路，如图 1-7-4 和图 1-7-5 所示。

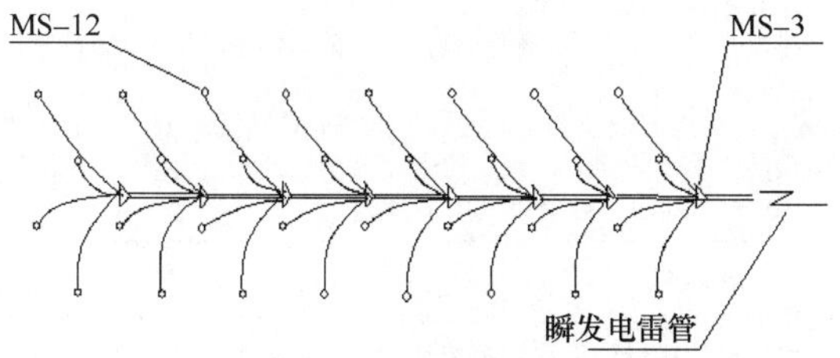

图 1-7-4　并串联起爆网络

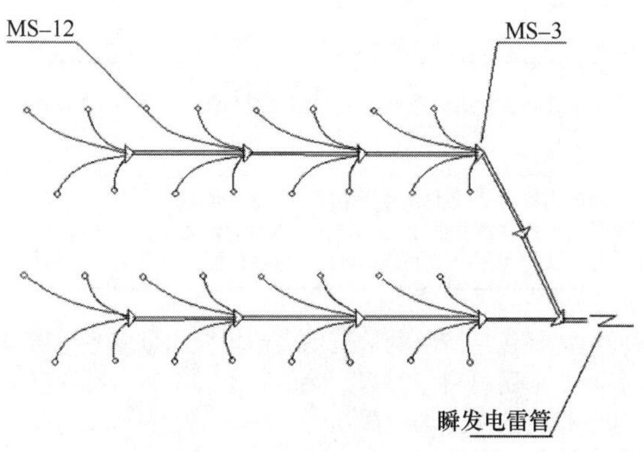

图 1-7-5　分段并串联起爆网络

5）爆破。采用非电毫秒微差雷管连网非电起爆。在填塞完毕后，应对爆破进行一次最后检查，并按照规定发出信号，撤离人员设置警戒，方可由专人指挥放炮。为了保证安全起爆，可以采用复式爆破网络。

网路敷设前应对所使用的起爆器材进行检验，网路敷设应按设计要求进行，并严格遵守《爆破安全规程》中有关起爆方法的规定，经检查确认起爆网路完好，具备安全起爆条件时方准起爆。

爆破指挥人员要在确认周围的安全警戒完成后，方可发出起爆命令。爆破指挥人员严格执行预报、警戒和解除三种统一信号，并由爆破指挥人员统一发出。防护、警戒人员按规定信号执行任务，不得擅离职守。指定专人核对装炮、点炮。起爆后由爆破作业人员检查结束，确认安全后，方可发出解除信号，撤除防护人员。如发生瞎炮要设立防护标志，由原装炮人员当班处理，如有特殊情况，装炮人员应在现场将装药情况、炮眼方向、装药数量交代给处理人员，在对瞎炮孔内的爆破线路、导爆管等检查完好，并检查了瞎炮的抵抗线情况，重新布置警戒后，才能重新起爆。如图 1-7-6 所示。

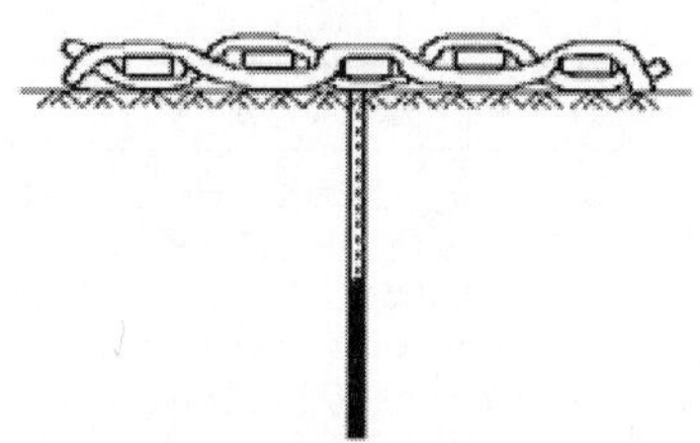

图 1-7-6　爆破体安全防护示意图

1.7.2.1.3.3　爆破安全距离

一、爆破地震安全距离

选用《爆破安全规程》（GB 6722—2003）确定的计算公式：

$$R=（K/V）\times 1/\alpha \times Q\times \frac{1}{3}$$

式中　R——爆破地震安全距离，m；

K、α——与爆破点至计算保护对象间的地形地质条件有关的系数和衰减指数；

V——安全振动速度，cm/s；

Q——炸药量，齐发爆破为总装药量，延时爆破为最大一段装药量，kg。

本次爆破，取 $K=200$，$V=3$，$\alpha=1.6$，$Q=110$，则：

$$R=（K/V）\times 1/\alpha \times Q\times \frac{1}{3}=（200/3）1/1.6\times 1101/3=66.13（m）$$

二、爆破飞石安全距离

选用公式：

$$R=40d/2.54$$

式中　R——爆破飞石距离，m；

d——炮孔直径，cm。

$$R=40d/2.54=40\times 9/2.54=141.73（m）$$

三、空气冲击波安全距离

选用公式：

$$R_n=k_nQ\times \frac{1}{2}$$

式中　R_n——空气冲击波安全距离，m；

k_n——系数；

Q——炸药量，齐发爆破、毫秒延时爆破为总装药量，秒延时爆破为最大一段装药量，kg。

$$R_n=k_nQ\times \frac{1}{2}=R_n\times 1101/2=20.97（m）$$

根据以上计算，决定将人员、设备和建（构）筑物的安全距离定为 200m。

1.7.2.1.4　施工中遇到的问题及预防、处理方法

施工中遇到的问题及预防、处理方法见表 1-7-1。

表 1-7-1　　**施工中遇到的问题及预防、处理方法**

现象	原因分析	预防措施和处理方法
瞎炮（拒爆）	1．起爆材料质量差，如雷管中加强帽装反；导火索药芯太细、断药；油性物质浸入药芯、燃点不稳定，出现后点火的先爆，致使硫磺流入管内，隔开引火剂及导火索，使导火索不能点燃。 2．雷管、导火索、导爆索或炸药过期，受潮失效。 3．在水中或潮湿环境中爆破，炸药包未作防水或防潮处理，雷管受潮失效。 4．装药密度过大，爆炸的敏感度不够。 5．电爆网路连接方法错误，漏接、连接不牢，装药时将导火索拉出；接触中电阻过大；导火索、导爆索、电爆线路损伤、	雷管、导火索、导爆索和炸药使用前要进行认真检查，不合格、过期、受潮的不准使用；在水中和潮湿环境中爆破，使用耐水雷管和炸药，或用防水材料包扎炸药，避免浸水、受潮；装药密度控制在最优密度范围内，不使其过于密实；严格检查爆破网路敷设质量，逐段检测网路电阻是否与计算符合，是否平衡，网路是否完好，有无漏接、捣断脚线、漏电，如有异常，及时排除；雷管和炸药包要适当保护，防止损坏线脚、电爆网路和使雷管与炸药分离，并加强检查；爆破前要检查起爆电流和电压，防止漏电和短路，不合要求的应及时处理；同时避免使用不同厂、不同批、不同品种的雷管、导火索、导爆索在同一网路中；炮孔穿过很湿的岩石或岩层或较大的裂隙，要作防水和防漏气处理。

续表

现象	原 因 分 析	预防措施和处理方法
瞎炮（拒爆）	折断或电线缘绝不好，产生接地，局部漏电、短路，引起爆体制作、装设不合要求；点炮次序搞错或漏点。 6. 在炮孔装药或回填堵塞过程中，炸药与雷管分离而未被发现，起爆电流不足或电压不稳，网路计算错误，每组支线的电阻不平衡，其中一支路未达到所需的最小起爆电流；在同一网路中采用了不同厂、不同批、不同品种的雷管。 7. 炮孔穿过很湿的岩层或岩石内部有较大裂隙，药包和雷管受潮或引爆后漏气	瞎炮的处理可采用以下方法： 1. 打平行孔诱爆法：在离瞎炮孔旁 50cm，另打一平行炮孔装药爆炸；如不能打平行炮孔，炮孔不深，可利用裸露药包爆破处理。 2. 浸湿法：将盐水注入炮孔中，使炸药雷管失效，再用高压水冲掉炸药，重新装药引爆。 3. 聚能诱爆法：采用聚能装药，取铵锑炸药一管，圆锥高 H 与底径 D 的比值为 1.5～2.0 的聚能穴药卷一个，以提高诱爆度及穿透介质的力量，装入瞎炮孔爆炸，它能在下 50cm 的炮泥之外诱爆其中的瞎炮
早爆	1. 导火索燃速不稳定，燃速快的早爆。 2. 不同厂家生产的电雷管混用，易点燃的雷管先爆。 3. 电爆网中雷管分组不均，易引起电流分配不均，雷管数较少的，因电流足而先爆。 4. 爆破区存在杂散电流、静电、感应电或高频电磁波等引起电雷管日早爆	选择燃速稳定的导火索进行爆破；同一电爆网中选用同厂、同批、同品种的电雷管使用；电爆网设计尽量使电雷管分组均匀，使各组电流强度基本一致；用电设备较复杂的场所，应对爆破范围的杂散电流进行检测，有可能引起早爆的改用导爆索、火雷管起爆
爆渣块过大	1. 炮孔间距过大；临空面太少；抵抗线长度过长。 2. 炸药用量过小，破碎力量不够。 3. 采用集中药包爆破，使爆渣块度大小不匀，有的块度过大	按破碎块要求设计布置炮孔，选取适当的临空面和抵抗线长度；炸药用量按计算和通过试爆确定；尽可能采用延长药包，多布孔，少装药
冲天炮	1. 使用堵塞材料不合适。 2. 炮孔堵塞长度不够，或密度不够，造成漏气。 3. 炮孔方向与临空面垂直形成旱地拔葱	堵塞材料应选用内摩擦力较大、易于密实、不漏气的材料，并保证有足够的堵塞长度，一般应大于抵抗线长的 10%～15%；堵塞时，要做到密实；炮孔方向尽量与临空面平行，或与水平临空面成对 45°，与垂直临空面成 30°

1.7.2.2　道路施工

本工程道路施工主要分为：利用原有进场山下道路进行加宽修整施工、山上盘山道路及山脊道路施工。

1.7.2.2.1　道路测量放线

1.7.2.2.1.1　在直线上采用 50m 设一桩的方法，在木桩上用红线标出道路路面标高，以此对路面标高进行控制，在具体施工中利用 50m 桩进行每 10m 桩的高程测量，进而可以对道路的纵向坡度进行控制；在每 10m 的横断面，道路中心和两边三个桩进行道路横断面坡度控制。

1.7.2.2.1.2　曲线上采用 20m 为一桩的方法同样用红线标出道路中心标高，同样利用其 10m 的标高测量。在每 10m 的横断面，道路中心和两边三个桩进行道路横断面坡度控制。

1.7.2.2.2　进场道路路基施工

1.7.2.2.2.1　道路路基开挖

根据本工程的地理条件土方开挖作业时采用反铲式挖掘机进行挖方，自卸汽车运输，局部需要进行爆破。开挖过程中要严格控制场地标高。挖方时，所有车辆必须服从现场管理调度，严格依照调配图所规定的区域按照指定路线运输，按照现场管理人员的要求运送到指定位置。

1.7.2.2.2.2　路基回填

1.7.2.2.2.2.1　施工工艺流程

回填施工采用机械化作业，配置足够数量的挖掘机、装载机、自卸汽车、推土机、振动压路机等机械设备和检测仪器，形成挖装、运输、摊平、碾压、检测流水作业。为保证施工质量，加快施工进度，提高施工效率，采用以下流程进行作业：

场地清理→摊铺整平→洒水或晾晒→机械压实→检验鉴定。

1.7.2.2.2.2.2　施工要点

一、场地清理

开工前必须对图纸所示或监理工程师提供的各类现有建筑物、障碍物和设施的位置及场地清理情况，进行现场核对和补充调查，并将结果通知监理工程师核查。

根据现场地面实际条件及土质情况按施工规范及设计要求进行基底处理施工。场地清理根据填筑施工的需要，分期分批进行。

场地清理包括清除回填范围内的树根、草皮等植物根系，挖除各种不适用材料，并将清除的表土和不适用材料移运至监理工程师指定的弃土场堆放。

二、填筑

填筑施工必须在已经清理场地经验收合格且监理工程师批准的地段进行。按要求粒径和铺土厚度进行。

三、摊铺整平

先用推土机进行初平，再终平，控制层面平整、均匀。

四、洒水或晾晒

根据最佳含水量要求确定是否对填料进行洒水或晾晒。对含水量不足的填料用洒水车进行洒水，洒水量要经过试验确定。填料含水量过大，超过最佳含水量时，进行晾晒。

五、压实

采用压路机压实，密实度符合设计要求。碾压前，先对填层的厚度及平整度和含水量进行检查，确认符合要求后再进行碾压，压实遍数要根据实验确定，碾压施工中，采用“薄填慢驶、多次”的方法，碾压方向应从两边逐渐压向中间，碾迹每次重叠宽度约 15～25cm，边坡地段，碾轮边距填土边缘应大于 500mm，以防止溜坡倾斜。边角、边坡、边缘压实不到之处，应采用打夯机夯实。压实作业做到无偏压、无死角、碾压均匀。

六、检验签订

每层填筑压实后，及时进行检测，每层填筑检测合格，并经监理工程师认可后，才能进行上层填筑。

试验人员在取样或测试前先检查填料是否符合要求，碾压区段是否压实均匀，填筑层厚是否超过规定厚度。

1.7.2.2.2.3　路基修整

1.7.2.2.2.3.1　在路基工程填筑完毕后，开始路基整修施工工作，对路堤、路堑边坡进行修整，以达到符合图纸所示的线形、纵坡、边坡、边沟和路基断面。

1.7.2.2.2.3.2　以各标桩为测量基准，按设计图纸要求检查路基的中线位置、宽度、纵坡、横坡、边坡及相应的标高等。根据检查结果，编制出整修计划。

1.7.2.2.2.3.3　土质路基应用人工或机械刮土或补土的方法整修成型。深路堑边坡整修应按设计要求的坡度，自上而下进行刷坡，不得在边坡上以土贴补。

1.7.2.2.2.3.4　在整修需加固的坡面时，应预留加固位置。当填土不足或边坡受雨水冲刷形成小冲沟时，应将原边坡挖成台阶，分层填补，仔细夯实。如填补的厚度很小（100～200mm），而又是非边坡加固地段时，可用种草整修的方法以种植土来填补。

1.7.2.2.2.3.5　土质路基表面做到设计标高后应采用平地机或推土机刮平，铲下的土不足以填补凹陷时，应采用与路基表面相同的土填平夯实。石质路基表面应用石屑嵌缝紧密、平整，不得有坑槽和松石。修整的路基表层厚 150mm 以内，松散的或半埋的尺寸大于 100mm 的石块，应从路基表面层移走，并按规定填平压实。

1.7.2.2.2.3.6　边沟的整修应挂线进行。对各种水沟的纵坡（包括取土坑纵坡）应用仪器检测，修整到符合图纸及规范要求。各种水沟的纵坡，应按图纸及规范要求办理，不得随意用土填补。

1.7.2.2.2.3.7　填土路基两侧超填的宽度应予切除，如遇边坡缺土时，必须挖成台阶，分层填补夯实。在路面铺筑完成后或铺筑时，应立即填筑土路肩，同时按设计要求进行加固。路基整修完毕后，堆于路基范围内的废弃土料应予以清除。

1.7.2.2.2.3.8　路基工程完工后路面未施工前及公路工程初验后至终验前，路基应保护不得有损毁，并保证路基排水设施完好，及时清除排水设施中淤积物、杂草等。

1.7.2.2.2.3.9　对中途停工较长时间和暂时不做路面的路基，也应做好排水设施，复工前应对路基各分项工程予以修整。

1.7.2.2.2.3.10　路基工程完成后，每当大雨、连日暴雨后，应控制施工机械和车辆在土质路基上通行。若不可避免时，应将碾压的坑槽中的积水及时排干，整平坑槽，对修复部分重新压实。

1.7.2.2.2.4　盘山道路及山脊道路路面施工

盘山道路及山脊道路路面施工主要分两层进行施工：第一层利用爆破完的碎石，第二层利用风化料及表层土。

用挖掘机把表层土及风化料挖出，并单独分开存放。然后进行石方爆破施工，石方爆破施工时参考（石方爆破施工）进行施工。

第一层施工时，把爆破完多余的碎石挖除，然后把剩余的碎石用挖掘机进行平整，最后用压路机进行碾压。

第二层施工把风化料及表层土进行平整，然后用压路机进行碾压。

1.7.2.2.3　吊装平台施工

在每台风机基础附近，并依托施工道路修筑一个满足风机设备到货卸车存放、吊车组装、风叶组合及整台风机吊装施工作业的施工平台。该平台的有效利用尺寸一般为 50m×50m（根据场地条件个别特殊机位，为 40m×60m），且需保证四周没有明显障碍物。场地平整后做到不积水，最大高差不超过 15cm。

1.7.2.2.3.1　施工方案

风机吊装平台土石方采用先机械开挖再石方爆破后机械开挖、人工配合的方法进行；从上到下依次分层爆破开挖。

1.7.2.2.3.2　具体施工顺序

定位放线→表层植被及表层土清除→石方爆破→机械开挖→机械及人工整平压实。

1.7.2.2.3.3　定位放线

根据已知坐标点，按设计要求放出风机承台边线并使用白灰做出标识，为保证在施工过程中尽量挖填平衡，避免大挖大填，在不影响风机吊装的前提下可对风机承台边线做出适当调整。

1.7.2.2.3.4　风机吊装平台施工

风机承台表层植被清除干净后，用挖掘机将承台周围内土方进行挖除，并单独存放。土方挖除后采用爆破方式对风机平台进行处理（石方爆破施工）。多余的石方运到山的一侧，然后用挖掘机把碎石进行整平，爆破出的破碎风化料上铺。人工找平后机械压实。

1.7.2.3　风机基础施工方案

1.7.2.3.1　定位放线

1.7.2.3.1.1　由专业测量人员利用专业测量工具定出控制桩。

1.7.2.3.1.2　根据控制桩定出各个桩基的中心线。

1.7.2.3.2　基坑爆破开挖

1.7.2.3.2.1　首先根据测量人员定出的中心线，现场选定比例 1∶1.25 放坡，预留 800mm 工作。

1.7.2.3.2.2　开挖采用挖掘机开挖，自卸汽车运输，推土机配合平土、集中土方。

1.7.2.3.2.3　开挖应自上而下进行，边挖边检查坑底宽度及坡度，不够时及时修整，当开挖距基底 20～30cm 时采用人工清基，以防扰动土层，检查坑底宽度和标高符合设计要求。

1.7.2.3.2.4　在基坑周围距基坑边沿 0.5m 处修一个 600mm 高挡水堰，防止雨天地面水流入基坑内。

1.7.2.3.2.5　基坑周围设 4 个控制桩，用来确认基坑边线。

1.7.2.3.2.6　基坑开挖完毕后，须经业主、监理及设计院代表共同验槽，认可后方可进行下一步骤的施工，若发现与原地质报告不同或有特殊地质情况时，应及时通知设计单位一起研究处理。

1.7.2.3.3　垫层施工

1.7.2.3.3.1　基础开挖完后，应做好地基验槽并做好隐蔽记录。在爆破后对基坑进行清理时，基坑难免会出现不平整的现象，在进行垫层浇筑前，需提前对地基进行处理，处理方式采用 C15 混凝土进行浇筑找平，并以签证形式进行认证，对处理后所发生的工程量以签证形式结算。

1.7.2.3.3.2　清理干净基坑松土、淤泥及杂物。

1.7.2.3.3.3　支设垫层边模，内侧标高将基准线画在预埋控制标高点上，以控制浇注厚度。

本章其余内容见光盘。

第 2 章 大唐国际瓦房店安台风电场建筑安装工程施工组织设计

2.1 建筑专业主要施工技术方案和措施

2.1.1 工程概况

辽宁大唐国际瓦房店安台风电场在瓦房店市复州城镇西南，地形以丘陵为主，高程在 50～140m 之间。风场位于北纬 39°40′～39°45′，东经 121°36′～121°42′范围内，中心位于东经 121°39′48″、北纬 39°42′52″，整个风电场面积约 $42km^2$。

安台风电场建设 24 台轮毂高度为 80m、单机容量为 2000kW 的风力发电机组，装机容量 48MW。风电场土建工程主要包括风电机组基础 24 座。安装工程为 24 台风机塔筒、主机及内部电缆安装。

2.1.2 工程范围及内容

（1）场地平整。

（2）风机基础、风机变基础、相关接地工程。

（3）基础工程：土石方开挖和回填、余土外运；开挖边坡的支护（必要时）；钢筋制作及绑扎、模板支护、混凝土浇筑及养护；预埋件制作、埋设；基础环、支架卸车、保管、倒运及安装；基础环密封；电气埋管；风机基础及接地工程施工。

2.1.3 基础施工方案

2.1.3.1 施工顺序

施工测量→表层土开挖→表层土开挖→验槽→垫层混凝土浇筑→基础放线→底层模板→底层钢筋及接地极→钢筋验收→基础混凝土浇筑→混凝土养护→钢筋绑扎→底座环及预埋件安装→模板安装→混凝土二次浇筑→模板拆除及混凝土养护→接地网敷设→土方回填。

2.1.3.2 施工测量

（1）根据设计院或者业主提供的控制桩，经过初测，标桩埋设和精测，按设计坐标点位标于地面。

（2）根据图纸要求在每个基础周围引出控制点，放出土方开挖的施工线。

（3）检测：在施工前必须经检查无误后方可使用，以免个别控制桩因位移而影响放线精度。测量人员将控制点引到施工各区域，将各风机基础的定位控制桩和标高控制桩确定并标注完成。

（4）每台风机基础布置四个沉降观测标，基础施工结束后观测一次，每安装一个塔筒观测一次，荷载全部上完观测一次。

（5）土建工程结束后提出全部基础沉降报告。

2.1.3.3 土方开挖

（1）本工程基础开挖高程按机位自然地面的平均高程为 0.00m，中心点开挖深度 2.8m，基础顶面高于原地面 0.2m，基础边缘向外 0.5m。基坑开挖坡度不大于 1∶1。

（2）根据实际情况采用反铲挖土机坑上取土。基底作业面为 0.5m。本工程每个基础施工作业面较小，暂定两台 $1.2m^3$ 反铲挖土机。机械开挖深度应预留 20～30cm，预留部分人工清理至设计深度，防止破坏和扰动原地基土。

（3）土方开挖后，应集中规则地堆放，以利于现场施工交通和文明施工。

（4）土方工程应尽量避开雨季，如必须施工要有防雨措施。

（5）土方开挖时注意保护好基础四周的控制点，以确保以后施工的顺利进行。

（6）基础开挖后，如基底发现原设计未勘查到的基础缺陷，必须按相关监理人的指示进行处理。

（7）基础上不得有反坡、倒悬坡、陡坎尖角；结构面上不得有泥土、锈斑、钙膜、破碎和松动岩块以及不符合质量要求的岩体（土）等。

（8）回填后，进行施工场地平整，余土外运。

2.1.3.4 风机基础施工

一、垫层

（1）垫层及定位放线：在基坑上撒出垫层灰线，抄出垫层打灰标高并据此标高拉白线调整加固 5mm×10mm 木方模板。

（2）浇筑采用泵罐车运输，用 C15 混凝土浇筑，垫层表面用刮杠刮平，抹子压实。垫层平面尺寸比基础底平面尺寸周边大 100mm，垫层平面中心为风机基础中心，要求在 10mm 以内为合格。

（3）垫层浇筑 24h 后即可放基础中心线、边线，并用墨线在垫层上标出，以便下一步工序施工。

二、钢筋工程

1. 钢筋的材质

（1）现场存放钢筋均挂标识牌，对已加工配好的钢筋标明规格和使用部位分类堆放，避免腐蚀。钢筋配制加工集中在钢筋加工场进行，连接方式及搭接长度符合设计及施工规范要求。

（2）钢筋混凝土结构用的钢筋，其种类、钢号、直径等均应符合有关设计文件的规定。热轧钢筋的性能必须符合国家现行标准，《钢筋混凝土用热轧带肋钢筋》（GB 1499—1998）的要求。

（3）每批钢筋均应附有产品质量证明书及出厂检验单，投标人在使用前，应分批进行以下钢筋机械性能试验：

1）根据厂家提供的钢筋质量证明书，检查每批钢筋的外表质量，并测量每批钢筋的代表直径。

2）在每批钢筋中，选取表面检查和尺寸测量合格的两根钢筋分别进行拉力试验和冷弯试验。

2. 钢筋的加工和安装

（1）钢筋的表面应洁净无损伤，油漆污染和铁锈等应在使用前清除干净。带有颗粒状或片状老锈的钢筋不得使用。

（2）钢筋应平直，无局部弯折，钢筋的调直应遵守以下规定：

1）采用冷拉方法调直钢筋时，Ⅰ级钢筋的冷拉率不宜大于 2%；Ⅱ、Ⅲ级钢筋的冷拉率不宜大于 1%。

2）钢筋在调直机上调直后，其表面不得有明显擦伤，抗拉强度不得低于施工图纸的要求。

（3）钢筋加工的尺寸应符合施工图纸的要求，钢筋的弯钩弯折加工应符合规范的规定。

（4）钢筋机械连接和钢筋绑扎应按规范规定，以及施工图纸的要求执行。基础内的钢筋底部主筋采用机械连接，其余钢筋搭接采用绑扎方式。机械连接接头宜相互错开，钢筋机械连接接头连接区段的长度应取 $35d$，接头宜设置在结构构件受力较小区，接头面积百分率应不大于 50%，且在基础环外 1.8m 范围内不允许有接头。

（5）基础底部钢筋布好后，在基底混凝土垫层上采用支承结构，使得基础环法兰不能触碰任何部位的钢筋，在浇筑混凝土时，严格控制基础环法兰水平偏移及下沉，验收时复查法兰面的水平度，满足风机生产厂家提出的精度要求，浇筑混凝土后基础环上法兰水平度小于2.5mm。

三、模板工程

（1）基础施工采用定型组合钢模板，局部配合木模板，模板用前刷隔离剂备用。模板缝之间均夹吹塑纸防止混凝土浇筑时漏浆。模板里面吹塑纸要与模板平齐，不得有露头部分，防止吹塑纸或海绵条嵌入混凝土内，影响混凝土的外观质量。模板支设前，木模板表面要刨光并刷油，木模板与钢模板的接缝要特别注意，防止错缝，连接要牢固，防止跑模。

（2）模板支设时，外边模板采用固定配型模板，模板之间竖缝满打卡子。模板外侧采用脚手管围檩加固，外侧打地桩用斜撑加固。塔架环形基座固定采用专用支架进行加固定位。模板采用钢筋马凳架起来，用对拉螺杆保证模板的相对位置。

四、基础混凝土

（1）混凝土浇筑前检查所有钢筋、埋管、接地与其他埋件位置准确，高程无误，绑轧与焊接牢固；根据基础结构要求，基础混凝土分两次浇筑，施工缝设在第一台与第二台之间。

（2）混凝土浇筑采用罐车、设置溜槽、配合小车，人工插入式振捣，罐车站在基坑上口，每层下灰厚度在50cm之内，振捣确保充分、密实，振动器深入插到下层混凝土，使上下两层混凝土充分结合。混凝土浇筑时派专人监护模板，一旦发现有漏浆的不利情况及时处理，杜绝跑模事件的发生。灰面标高控制准确，压面及时，避免产生裂纹。加强后期覆盖养护。养护采用覆盖塑料布的方法。

（3）混凝土振捣点按梅花形布置，间距45cm左右。插入式振捣器移动间距不宜大于振捣器作用半径的1.5倍，要快插慢拔，振捣密实，不得漏振，每一振点的延续时间，以表面呈现浮浆和不再沉落为达到要求，避免碰撞预埋件、预埋管等，在有埋管、埋件的位置要有专人看护。

（4）施工要点。

1）混凝土的配制，应严格掌握各种原材料的配合比，其重量误差不得超过规范要求。混凝土的搅拌时间应符合规范要求，并设坍落度桶随时检查坍落度。

2）搅拌后的混凝土，应及时运至浇筑地点，入模浇筑。在运送过程中，要防止混凝土离析、灰浆流失、坍落度变化等现象，如发生离析现象，必须进行人工二次拌和后方可入模。

3）采用分层浇筑。施工下料必须均匀，振捣必须充分，下料后必须紧跟着振捣，每次振捣全部完成后才能再下料。

4）混凝土在浇筑振捣过程中产生的大量泌水应予以排除。

5）为了防止混凝土发生离析，混凝土的自由倾落高度不得超过2m。

6）抹平不得少于三次，如表面出现龟裂时应再次抹灰。

7）在混凝土表面覆盖塑料布进行养护。

8）按规范要求留置混凝土试块，同时留置同条件养护的试块。

2.1.3.5　箱变基础

箱变基础钢筋混凝土计划分三期施工，首先施工底板混凝土，其次施工边墙混凝土，土方回填后施工顶板混凝土。

箱变基础施工工序为：

测量放样→基础开挖→垫层混凝土施工→箱变基础钢筋混凝土底板、边墙施工→土方回填→箱变基础钢筋混凝土顶板施工

一、垫层混凝土施工

基础清理→模板施工→混凝土浇筑→振捣→待强。

混凝土浇筑前人工将基础面上的杂物、泥土清除掉，要避免破坏挠动原状土壤。

在混凝土浇筑前，必须通知监理工程师验收有关浇筑的准备工作，它包括地基处理及模板设施等，按施工详图规定执行，验收合格后，才能开盘浇筑混凝土，另外在混凝土开始浇筑前，应按该部位的混凝土配料单提交现场监理工程师，待审批合格后方可进行混凝土浇筑。

混凝土采用混凝土罐车运输至施工现场。混凝土入槽时，为防止混凝土离析，入槽时采用搭设溜槽入槽。人工抹平，平板振捣器振捣。

垫层混凝土浇筑完成后，其强度满足设计要求后，进行基础钢筋混凝土施工。

二、基础混凝土施工

箱变基础钢筋混凝土施工程序为：

基面清理→钢筋、模板施工→底板混凝土浇筑→边墙混凝土浇筑→土方回填→顶板混凝土浇筑。

1. 基面清理

混凝土浇筑施工前，首先对仓面进行清理，将仓面内积水、杂物等清理干净。

2. 钢筋施工

用于本工程的钢筋均在钢筋加工厂根据不同部位钢筋型式集中制作，分类堆放，钢筋由载重汽车自加工厂运至安装现场，人工现场绑扎安装。使用前将钢筋表面的油渍、漆皮、鳞锈等清除干净，箍筋与主筋垂直，为保证保护层厚度，在钢筋与模板间设置混凝土或砂浆垫块并与钢筋绑扎牢固，相互错开。

3. 模板施工

箱变基础钢筋混凝土模板主要采用普通钢模板，并辅以木模板（内衬胶合板）配合使用。模板接缝处以橡胶垫压密，防止漏浆。模板内面涂刷脱模剂。在混凝土浇筑前对支架、模板、钢筋和预埋件进行检查，清理干净模板内的杂物、积水和钢筋上的污垢。在全部混凝土浇筑期间，设专人检查模板、支架、钢筋和预埋件等的稳固情况，以便发现有松动、变形、移位时及时加以处理。

4. 混凝土施工

在混凝土浇筑前，必须通知监理工程师验收有关浇筑的准备工作，它包括已浇筑的混凝土面清理、模板、钢筋及预埋件等，按施工详图规定执行，验收合格后，才能开始浇筑混凝土，另外在混凝土开始浇筑前，应将该部位的混凝土配料单提交现场监理工程师，待审批合格后方可进行混凝土浇筑。

混凝土用混凝土搅拌运输车自拌和站运至现场，利用溜槽直接入槽方式。在混凝土浇筑前对支架、模板、钢筋和预埋件进行检查，模板内的杂物、积水和钢筋上的污水清洗干净。在混凝土浇筑期间，设专人检查模板、支架、钢筋和预埋件等的稳固情况，以便发现有松动、变形、移位时及时加以处理。

混凝土浇筑时，应防止离析，当混凝土自由下落高度超过1.5m时，搭设溜槽或挂溜桶，保证混凝土自由下落高度不超过2m。

底板及顶板混凝土施工振捣采用平板振捣器，边墙混凝土振捣采用振捣棒，辅以人工捣固。

5. 混凝土养护与保护

混凝土浇筑结束后的12～18h内，开始进行洒水养护，使混凝土表面经常保持湿润状态。养护时间及养护期应视具体情况而定。硅酸盐水泥和普通硅酸盐水泥拌制的混凝土养护时间不少于14d，硅酸盐水泥及矿渣硅酸盐水泥拌制的混凝土养护时间不少于21d。混凝土浇筑完成后，外露表面应及时覆盖保温，防止产生收

缩裂缝。养护工作设专人负责，并做好养护记录。

2.1.3.6 保证大体积混凝土施工质量的措施

一、降低水泥水化热

（1）选用中低水化热的水泥。

（2）充分利用混凝土的后期强度，以降低水化热。

（3）尽量选用粒径大且级配良好的粗集料，并根据施工要求掺加外加剂和粉煤灰。

二、降低混凝土入模温度

（1）夏季砂石材料应避免阳光直晒，必要时喷水预冷；用低温水搅拌混凝土。

（2）保证模内通风，加速模内热量散发。

三、加强施工中温度控制

（1）混凝土浇筑后，要保温保湿养护，避免混凝土内外温度温差过大。

（2）加强测温控温，及时调整保温养护方法，将混凝土内外温度差控制在25℃以下。

（3）合理安排施工顺序，使浇筑的混凝土均匀上升，避免过大高差。

四、提高混凝土的极限拉伸强度。

选择良好级配的粗集料，严格控制砂石含泥量，振捣要密实。

2.1.3.7 基础环及预埋件的安装

（1）认真核对基础预埋件，以防丢失铁件或错用铁件，埋件制作首先要保证质量，下料准确，边缘光滑，焊缝高度及锚筋长度、铁件表面平整度要符合要求，严禁使用不合格铁件。施工时要有专人负责铁件的检查、管理。

（2）为保证预埋件的位置准确，出混凝土表面高度准确，首先利用经纬仪在基础投上轴线，拉上白线，按放线位置安装铁件。顶面铁件要在基础钢筋施工完毕后混凝土浇筑前用水准仪控制铁件标高。

（3）底座环的定位以门中心为基准，吊装安放底座环在三块垫板上，用底座环中心找机组位置中心（垫层平面中心），要求在10mm以内为合格。再用相隔120°的三个支撑螺栓，调整上法兰上表面的水平度相对高差值在2mm以内、上法兰上表面的高程+0.2m±2mm以内为合格，复验上法兰上表面的水平度、高程和机组位置中心无误，将底座环下面的三个螺栓、螺母与垫片和法兰点焊牢固，螺栓下头与垫板周边焊接牢固；再用大直径钢筋分八个方向，在下法兰俩侧45°方向斜撑焊牢，防止浇混凝土时变位。用塑料纸将底座环上面的螺栓包好，防止混凝土二次浇筑时被污染。

2.1.3.8 施工缝处理

（1）在已硬化的混凝土表面上继续浇筑混凝土前，应清除垃圾、水泥浆、表面上松动砂石和软弱混凝土层，用水冲洗干净并充分润湿。

（2）二次混凝土浇筑时，振捣棒振捣混凝土时避免接触底座环及其他预埋件，致使其位置移动；混凝土上表面抹平，浇筑完毕后及时校合底座环及其他埋件位置和标高是否准确。

2.1.3.9 模板拆除

模板拆除时的混凝土强度应能保证其表面及棱角不受损伤，将拆除的模板清理干净，堆放整齐，以备下次再用。

2.1.3.10 土方回填

（1）土石回填前的准备工作：土方回填前确保电气接地极及地线、预埋管正确，做好相关记录后方可进行土石方回填。土方开挖大部分为沙砾石，因此回填采用装载机进行材料倒运和平整。

（2）土石方回填：回填前将坑内的施工垃圾清理干净，按照每层回填厚度为250mm计算总回填层数。回填时打夯机要沿着一定方向进行夯击，一夯压半夯，不漏打。

（3）基坑回填时，基础之上填土须分层碾压密实，回填土容重不小于18kN/m^3。

回填土中碎石含量不超过25%，碎石粒径不大于3cm。

2.1.3.11 接地网施工

本工程采用镀锌钢材做接地，用ϕ50热镀锌钢管做接地极，接地网用60×6热镀锌扁铁，基础八角形接地网按塔架门中心逆时针转45°开始，每120°方向，伸向中心的三根扁铁沿途与纵横钢筋点焊成整体做接地体，按坐标引出基础外露1m高待用。

接地网的施工方法如下：

一、接地极制作及安装

（1）接地极要严格按设计制作、加工；接地极下料用无齿锯，下料长度按设计要求。

扁钢抱箍采用60×6的镀锌扁铁，切割长度按设计和规范要求，焊接在加工好的钢管上，上边缘应距接地极顶部距离满足设计和规范要求。接地极和抱箍搭接处要四面焊，焊接质量符合“验标”“焊接篇”的有关规定，去掉焊药后，做防腐处理，先刷一道防锈漆，再刷一道沥青漆。

（2）接地极安装前，先用100mm×100mm×10mm的钢板和ϕ32、长100mm的焊管焊制几个帽子在安装接地极时使用，以防垂直接地极顶部劈裂和变形。

（3）接地极要垂直打入地下，其顶部埋设深度不小于0.7m，接地极间距不小于5m以防相互屏蔽，安装后的接地极顶部应无严重的劈裂。

二、接地母线敷设

（1）接地母线敷设位置距构筑物2～3m。

（2）尽量避开管、沟道，母线要侧立敷设，其顶部距地面不小于800mm，接地母线与沟道交叉时，应将接地干线局部埋深穿过沟底，切勿使接地干线断开。

（3）接地母线采用搭接焊，搭接长度不小于2倍的扁铁宽度，且4面焊。焊接时，要有专业焊工焊接，确保搭接面接触良好，保证焊接质量。接地母线的连接处及引出点去掉焊药后做防腐处理。

（4）基础八角形接地网按塔架门中心逆时针转45°开始，每120°方向，伸向中心的三根扁铁沿途与纵横钢筋点焊成整体做接地体，按坐标引出基础外露1m高待用。

三、接地工程交接验收

接地工程按单个基础验收，验收时检查接地网连接可靠，接地线规格符合要求，防腐层完整，标志明显。

四、接地电阻测量

单台基础接地网施工完毕后，要测量工频接地电阻，以不大于4Ω为合格。

2.1.4 道路施工

一、施工顺序

进所道路施工程序：土方开挖→护坡施工→路基平整→路面施工→排水沟施工。

二、路基平整施工

路基平整采用液压反铲开挖土方，16t自卸汽车装运，推土机和压路机平整碾压。土方开挖严格控制道路高城及坡度，如超挖出现回填处，压实系数应严格按设计要求控制。

2.1.5 冬季施工

由于本工程为现场搅拌混凝土，在冬季施工时派专业人员，定时检查混凝土搅拌站及在配料存放、搅拌及成品出灌运输均符合以下要求，以保证冬季混凝土施工质量。

（1）项目部成立冬季施工领导小组。制作冬期施工管理制度和方法，对各工地冬季施工小组直接领导。本工程开工在冬期施工末期，应密切注意天气预报，以防气温突然下降遭受寒流袭击。

（2）项目部要组织学习冬季施工技术，做好防冻剂必试项目试验，完成冬季常用混凝土配合比的设计；制定冬期施工末期具体方案和措施。

（3）严格执行有关冬季施工的各种规程、规范、管理制度等，确保冬季施工中人员、设备及系统的安装与工程施工质量。

（4）加强计划管理，做好物资准备，并准备冬季施工所需设备，同时要有各种保温材料等。

（5）加强对搅拌站的保温防护，上、下水管道的维修。

（6）编制冬季施工方案和措施。

土方回填：基坑清理干净，不得含有冻块、杂物。回填土质量符合设计要求及规范规定。

填方从最低处开始，由下向上水平分层铺填碾压。分层厚度应比常温减少。

在基坑起伏处，做好接槎，修筑阶梯形边坡，分段回填每层接缝作成斜坡，上下层错缝距离不小于1m。

基坑回填应在相对两侧或四周同时进行回填、夯实。

对每一层回填土按规定进行质量检验，符合设计要求后，回填上一层，并做好每层的试验记录。

混凝土措施：按照冬期施工规范规定，冬期施工期限划分原则是根据当地多年气象资料统计当室外日平均气温连续5d稳定低于5℃即进入冬期施工。当室外日平均气温连续5d高于5℃时解除冬期施工。我们要按照规范要求，当符合条件时，随时解除冬期施工。

2.2　机务专业主要施工方案

本工程风机安装采用2台500t履带吊作为主吊机械，一台200t汽车吊和一台125t汽车吊作为辅吊机械配合安装。

安装流程图如图2-2-1所示。

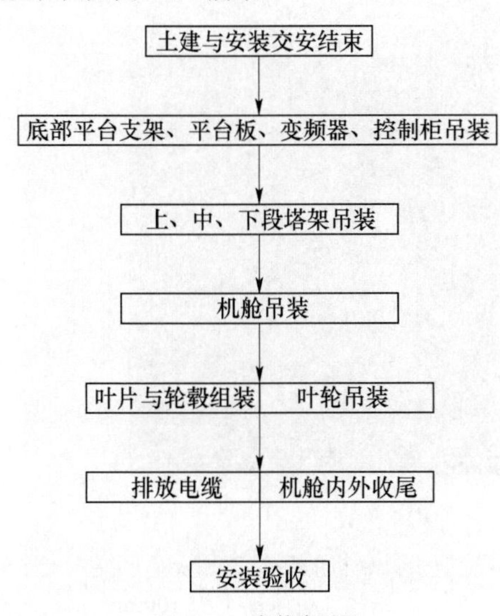

图2-2-1　安装流程图

2.2.1　塔筒的吊装

塔筒安装时，每节塔筒所有螺栓的螺纹与螺母配合部分及与螺母接触的垫片表面均涂二硫化钼。

一、下段塔筒安装

清扫凝固强度达到75%的基础环内混凝土地面，并用锉刀修整基础环上法兰面毛刺，用水平仪检查其水平度（≤±0.5mm），基础法兰螺孔以外平面连续注射硅胶以防雨水进入塔筒内，并在螺纹处涂二硫化钼。

将穿线电缆用的保护管截取合适长度，用平锉清除基础环上的接地连接座，用螺栓紧固四个接地扁钢。

变频器柜和控制柜安装。将电气柜支架吊入基础中，使支架上的0位标记与基础环0标记对齐，用不锈钢垫片垫平支架。将底平板安装在电气柜支架上。将变频器柜吊至底部平台支架上方，由2名安装人员协助引导变频器准确定位，将其安放在底部平台上。将控制柜吊至底部平台支架上方，由2名安装人员协助引导控制柜准确定位，并将其安放在底部平台上。使用螺栓将变频器柜和电控制柜固定在底平台支架上。

检查塔筒在运输过程中是否有面漆损伤，必要时在清洗完工后补漆或采取必要措施；同时检查塔筒及法兰是否有在运输过程中的损伤，做好记录并采取相应措施。

修整上下法兰面毛刺，现场用高压水泵枪清洗塔筒外表面。

在下段塔筒上平台上固定螺栓、螺母、垫片、电缆盘、插线板、硅胶、二硫化钼、套筒、冲击力矩扳手等。

上法兰吊具以主吊机械吊钩与地面垂直轴对称固定在上法兰平面上，下法兰吊具以辅吊机械吊钩与地面垂直固定在下法兰平面上。

两吊机同时徐徐吊起塔筒离开地面约1m左右，清洗塔筒未清洗的表面污物，必要时补漆或采取必要措施。

两吊车在指挥人员的指挥下，主吊机械继续起钩，同时辅吊机械配合降钩，当塔筒起吊到垂直位置后，解除辅吊机械的吊钩。在竖直过程中，辅吊机械始终保持塔筒下法兰面不能接触地面。

拆卸下法兰吊具，下段塔筒与基础环对接，将2根或3根绳索系到塔筒底部法兰，吊起塔筒并横向移动塔筒，使塔筒放低，使其盖上电控柜和变频柜，徐徐将下段塔筒落下。

当下段塔筒下法兰平面距基础环法兰平面10cm左右处停止，用撬棒扳手的撬棒引导两法兰孔对中，注意两法兰零位标记一定要对正。

主吊机械提升力保持5t，安装预先放置好的螺栓、垫片和螺母，注意螺栓必须由下向上穿，垫片内孔倒角必须朝向螺栓头和螺母。用快速电动扳手按顺序预拧紧塔筒内圈螺栓，在预拧紧过程中用梅花扳手阻止螺栓转动。

预拧紧结束后，放松主吊机吊钩，用液压力矩扳手按顺序四点拧紧塔筒内圈螺栓达到第一次规定扭矩（用粉笔做好起始位置标记），在拧紧过程中用相应的梅花扳手阻止螺栓转动。

连接照明电缆，每个接线盒都应有方便连接的电源插头，以便安装。这样就保证安装塔筒后，即可安全快捷的得到塔筒内部照明和动力。

在拧紧塔筒内法兰螺栓后，同时上塔筒平台拆卸上法兰吊具，准备中下段塔筒的起吊。

二、中下段塔筒安装

检查塔架是否有面漆损伤，必要时在清洗完工后补漆或采取必要措施；同时检查塔架及法兰是否有在运输过程中的损伤，做好记录并采取相应措施。

修整上下法兰面毛刺，现场用高压水泵枪清洗塔架外表面。

在中下段塔架上平台上固定螺栓、螺母、垫片、电缆盘、套筒、梅花撬杠扳手、硅胶枪及硅胶、二硫化钼、电动冲击扳手等。

在下段塔架上平台上均放螺栓、螺母和垫片。用硅胶枪在螺孔外圈注射连续一圈硅胶，以密封雨水及灰尘进塔架内。

按下段塔架安装要求起吊中下段塔架。

拆卸下法兰吊具，同时在下法兰上系好安全风绳，开始中下段塔架与下段对接。

当中下段塔架下法兰平面高出下段塔架上法兰平面 15cm 左右时，塔架内指挥人员开始指挥吊车，安装人员在安全风绳的帮助下，用撬棒扳手的撬棒引导上下法兰孔对中，并拆除安全风绳，注意两法兰零位标记一定要对正。

按下段塔架安装要求安装好螺栓、垫片和螺母，吊钩提升力为 5t，用快速电动扳手按顺序预拧紧螺栓（用粉笔做好起始位置标记），在预拧紧过程中用梅花扳手阻止螺栓转动。

预拧紧结束后，放松主吊机吊钩，用液压力矩扳手按顺序四点拧紧螺栓达到规定扭矩（用粉笔做好起始位置标记），在拧紧过程中用梅花扳手阻止螺栓转动。

约有一半连接螺栓拧紧完毕后，可拆卸中下段塔架上法兰起吊工具，准备中上段塔架起吊。

三、中上段塔筒安装

按下、中下段塔架安装要求检查、修整中上段塔架。

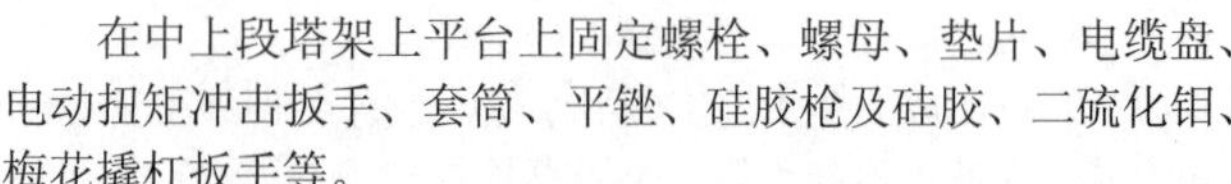

在中上段塔架上平台上固定螺栓、螺母、垫片、电缆盘、电动扭矩冲击扳手、套筒、平锉、硅胶枪及硅胶、二硫化钼、梅花撬杠扳手等。

在中下段塔架上平台上均放螺栓、螺母和垫片等。并在法兰螺孔外圈注射连续一圈硅胶，以密封雨水及灰尘进塔架内。

按中下段塔架安装要求完成中上段及上段塔架的起吊和安装。下、中下、中上、上段塔架法兰螺栓应完成第二次力矩数值，每一段第一次力矩拧完后，必须相隔 30min 后，方可拧第二次力矩。

四、爬梯和爬梯助理器安装

塔架安装结束后，开始连接每段爬梯接头，包括安全滑道的接头，使其平直连接起来，连接接地系统，用力矩扳手按规定的力矩值，固定爬梯上所有螺栓使其达到要求力矩。

接着按爬梯助理器的说明要求安装爬梯助理器。

爬梯助理器安装完成后，整理现场，收集好工具，准备机舱的安装。

塔筒吊装示意图如图 2-2-2 所示。

图 2-2-2　塔筒吊装示意图

2.2.2　机舱的吊装

打开机舱包装，检测机舱罩表面是否有污物和磨损，并做清洗和相应修补。检查机舱在运输过程中有无损伤，并做好记录和采取相应的处理措施。打开机舱盖并吊离机舱盖放在地面，机舱盖下面垫好枕木调平。

在机舱顶盖上安装好测风设备支架及避雷针。

固定机舱前吊具、机舱后吊具和安全风绳（安全风绳固定在机舱前吊链上）。试吊（机舱离地约 100mm），使用后吊链上的花螺栓，调节机舱纵向和横向水平，并使四根吊链都能受力。检查各连接点的可靠程度及发电机组是否水平，在确定绝对保证安全的前提下正式起吊。起吊机舱时，在机舱上固定两根绳子（一根在低速轴，另一根在发电机吊耳）用来定位和引导。

机舱调平后，等安装人员撤离到安全位置后，方可开始起吊。

用平板锉刀除去上段塔筒上法兰平面毛刺，并注射一圈硅胶。

将机舱吊至上段塔筒以上至少 1m，然后降低机舱直至偏航轴承离塔筒法兰 40～50mm 并用一根支杆将偏航轴承导向塔筒法兰，在偏航轴承 90°位置手工拧上四个螺栓进行固定（螺栓涂上油脂以利于安装）。再缓慢地将设备与塔筒顶部的螺栓孔对齐后就位，手工将所有双头螺栓全部旋入凸台（螺栓涂上油脂以利于安装）。不要将机舱搁置在塔筒上。并按要求将螺母紧固到设计力矩，从塔节上取下吊具，移走主吊机械。

两法兰面接触后，装上螺帽并在螺纹处涂二硫化钼，用电动扳手按顺序预拧紧所有螺栓（用粉笔做好起始标记），接着放吊钩到 15t 的预紧力，拆掉引导螺栓用电动扳手再次按顺序预拧紧所有螺栓（用粉笔做好起始标记）。

电动扳手中下次预拧紧完毕。吊钩提升力继续保持为 15t，30min 后用液压扳手按顺序预拧紧所有螺栓（用粉笔做好起始标记）。

安装人员进入机舱，拆卸吊具，并安装好避雷针。

半小时后，用液压扳手按顺序第三次拧紧机舱偏航盘与塔筒法兰连接螺栓。

向下按顺序拧紧上段塔架与中上段塔架法兰连接螺栓到规定扭矩，拧紧中上、中下段塔架及中下、下段塔架法兰连接螺栓到规定扭矩，拧紧基础环法兰与下段塔架连接螺栓到规定扭矩。

拧紧所有法兰螺栓检验合格后，同时用硅胶密封塔架顶平台与塔架内壁缝隙。

清理现场，收集工具，准备叶轮的起吊安装。

机舱吊装示意图如图 2-2-3 所示。

图 2-2-3 机舱吊装示意图

2.2.3 叶轮组装

水平放置轮毂及轮毂运输支架用螺栓固定在调平的钢板盒上。

拆掉轮毂包装，初步检查是否有在运输过程中的损伤，做好记录并采取相应措施。

去毛刺，干净 3 个轴承法兰平面和轮毂与低速轴连接法兰平面，并检查有无损伤，做好相应的记录并采取相应措施。用清洗剂擦去轴承法兰面和轮毂与低速轴连接法兰面及周围的防锈油。使用安装电源盒调整变浆驱动，使叶片轴承内圈 0°标记旋转到−90°处。

检查叶片是否有在运输过程中的损伤，做好记录并采取相应措施。

安装叶片吊具，吊钩位置要在叶片重心处，调节手动葫芦长度使叶片后椽向上，0°标记朝向地面，清洗叶片并用 MOS2 润滑螺栓。

将上片叶片慢慢吊于轮毂叶根轴承法兰接口处，进行组装。

再用手动葫芦微调叶片，使叶根部 0°刻度线零点与叶根轴承转盘上的 0°标记线对正，然后通过安装调试电源盒进行变浆微调，使叶片所有螺栓能顺畅装入变浆轴承孔中，带上螺母。用电动扳手按顺序预拧紧所有螺栓，使用专用支架支撑叶片离尖部 12m 的部位并放置软的支垫物，待支垫物垫好后方可松开吊车和吊带，并用螺栓拉伸器按规定拉伸叶根螺栓。

按照上述要求组装剩余两只叶片。

在三只叶片根部分别安装叶根防水保护套。

2.2.4 叶轮吊装

叶片安装防渗部件（叶根保护罩），用硅胶密封叶片和叶根保护罩的间隙。

叶片和轮毂安装完毕后，将风轮的吊装工具固定在叶片上。将工具固定在吊装风轮的起重机上并拉紧吊绳。在固定工具的风叶终端，系上带有至少 150m 导向的口袋的吊索。这些吊索在吊装过程中作导向和稳定作用。将支撑起重机的支撑吊索固定在第三个风叶的终端。

将风轮吊装起距支撑以上至少 50cm，并从支撑台移开，然后固定轮毂的导流罩。用起重机继续吊装，用三根绳索系住三根叶片，以便在起吊时控制叶片的移动方向。向下垂的一根叶片由辅吊机械起吊。其他两个叶片用主吊机械吊起，当风轮水平起吊离开地面后，由主吊机械与辅吊机械配合将风轮扳立起至叶片垂直地面，此时摘除辅吊机械的吊具，用主吊机械独立完成叶轮的吊装。吊装的同时用牵引绳控制叶片不要摆动。

当安装完成后，检验塔筒的垂直度，经核实无误后，将塔筒与基础连接的所有预埋件复紧一次，然后进行基础二次混凝土浇灌。

叶轮吊装示意图如图 2-2-4 所示。

2.2.5 风、雨期施工措施

首先在施工现场设置集水、排水、排污系统，保证雨天施工场地不积水。在大雨时节，派专人进行疏通。

汛期随时收听气象预报，配备足够的抽水设备及防讯的应急材料。万一天气突变，施工中途下雨，则可有备无患。

对高耸物如提升架、脚手架等必须检查避雷装置是否完好可靠。大风、大雨时，起重机械应立即停止使用，大风过后，应对上述设备进行复查试车，有破损应及时采取加固措施等符合安全要求后再开展工作。

雨季应加强对边坡的监测，防止雨水侵蚀后发生坍塌。

图 2-2-4　叶轮吊装示意图

下大雨后应检查脚手有无下沉及变形情况，并及时采取加固措施，确保脚手架安全使用。

雨季要加强成品保护。

机电设备及配电系统按规定进行绝缘检查和接地电阻测定；机械及建筑物的避雷装置在雨季前进行全面检查，并进行接地电阻测定；按规定使用安全用电保护器及其他用品。

雨期施工，施工操作人员要备有雨具。

临建房屋屋顶采取整体加固措施，防止大风。

2.2.6　主要施工控制方法

（1）塔架找正。在吊装之前用经纬仪将控制轴线测放至混凝土基础表面，用水平仪精测支承面的平整度并进行找平。根据测放轴线及找平后的支承面安装。

（2）构件组合。构件组合在组合车间进行。在组合场地由主要行车负责组装，组合每次必须安装牢固，并进行调平后安放组合构件。被组合构件连接节点在装上临时螺栓后检查接点间隙和各部位尺寸，满足设计及规范要求后进行螺栓的紧固。

（3）结构整体稳定及垂直度的找正。在结构吊装时，在四个方向拉设缆风绳，用 2 台经纬仪在两个方向根据柱脚轴线向上找正，用四个缆风绳上的链条葫芦调整垂直度。

（4）钢结构安装精度的测量。每次测量必须使用校正过的钢卷尺，测量时根据环境温度进行校正。长度超过 10m 时，均需配夹具和弹簧秤，拉力恒定在 15kg，中间托平。各连接节点螺栓紧固必须在结构找正合格后进行，节点各螺栓紧固后进行复测，并记录偏差值。

2.2.7　吊装安全措施及质量保证

（1）吊装施工时间要尽量安排在风速不大的季节进行。吊装塔身下段时风速不得大于 10m/s。吊装塔身上段、机舱时风速不得大于 8m/s。吊装轮毂和叶片时风速不得大于 6m/s。

（2）有大雾、能见度低于 100m 时不得进行吊装。

（3）塔身上段与机舱要连续安装，当天完成。避免夜间停工期间刮起大风造成设备损坏。

（4）施工人员必须具有相关专业施工的资格操作证书并严格遵守电力工程施工安全规程要求进行施工安装作业。

2.3　电气专业主要施工方案

2.3.1　风机变压器安装

一、施工流程图

如图 2-3-1 所示。

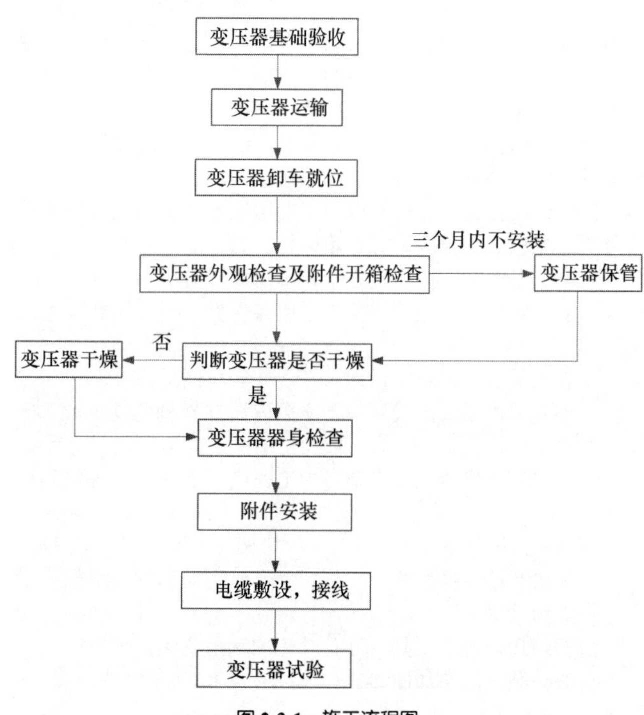

图 2-3-1　施工流程图

二、施工过程及方法

1. 安装要点概述

变压器安装按《电气装置安装工程电气设备交接试验标准》规定交接试验合格。安装位置正确，附件齐全。接地装置引出的接地干线与变压器的低压侧中性点直接连接；变压器箱体、干式变压器的外壳可靠接地；所有连接可靠，紧固件及防松零件齐全。

2. 安装前的准备工作

准备专用工器具、试验仪器、作业服、材料运到现场。

对干式变压器器身作常规检查时不得碰伤变压器的内部部件。

3. 变压器的运输就位及安装

（1）变压器装卸时，防止由于卸载时车辆弹簧力的变化引起变压器倾斜。

（2）变压器在装卸和运输过程中，不发生冲击或严重振动。

（3）利用机械牵引时，牵引的着力点在变压器重心以下，以防倾倒。

（4）运输倾斜角不超过 15°。

（5）用 5t 吊车将待安装的变压器就位。

（6）变压器起吊时，将钢丝绳系在箱盖吊耳上，此吊耳可吊起该干式变压器。起吊时钢丝绳必须经吊耳导向，防止变压器倾倒，保护变压器高/低压瓷套，不被钢丝绳损伤。

（7）就位运输时核对变压器高、低压侧的方向，避免安装时调换方向困难。

（8）待安装的变压器就位后，将其永久接地点与地可靠连接。并测试其接地点接地电阻值小于 4Ω。

（9）变压器在送电试运前应达到下列条件：

1）变压器及其设备接地系统完善，并接地良好可靠。

2）各项电气检查与试验均完毕并经验收合格，再行清扫，设备封闭完善。

3）各设备名称编号应明显正确，并备有各种作业、送电警告指示牌、遮栏，同时备有防火器具。

4）变压器间照明系统完善、通信设备完善。

5）严格执行工作票制度。

6）编写试运行技术安全措施，并进行详细交底，对试运人须经系统培训合格后，才能上岗操作运行。

三、安全注意事项

变压器的卸装和运输，由起重工负责指挥，电工配合，措施得当，应保证人身和变压器的安全。

（1）变压器就位时人力应足够，指挥应统一，以防倾倒伤人；狭窄处应防止挤伤。

（2）对重心偏在一侧的变压器，在安装固定好以前，应有防止倾倒地措施。

（3）安装变压器上设备时应有人扶持。

临时电源布置合理可靠，电动工具的电源线必须绝缘良好。

2.3.2 电缆敷设

一、电缆系统施工流程

电缆系统施工流程如图 2-3-2 所示。

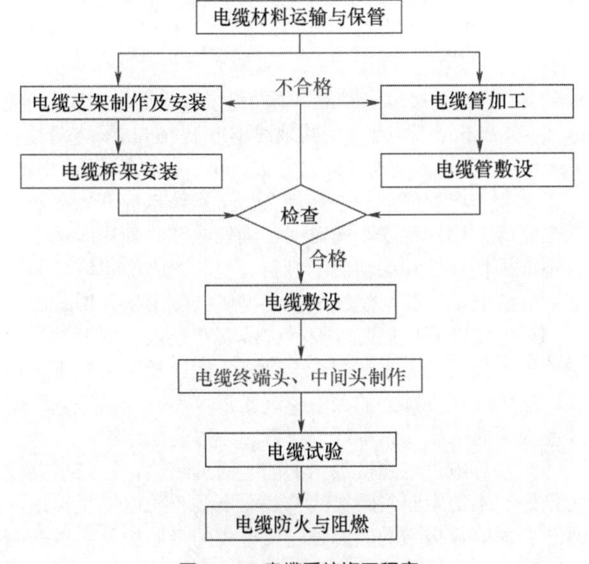

图 2-3-2　电缆系统施工程序

二、电缆的运输与保管

（1）在运输装卸过程中不要使电缆及电缆盘受到损伤，严禁将电缆盘从车上直接推下，电缆盘不准平放运输、储存。

（2）运输电缆盘前，必须保证电缆盘牢固，电缆缠绕紧密、端头固定牢固。滚动运输时必须顺着电缆盘上的箭头指示或电缆的缠绕方向。

（3）电缆及附件到达现场后，要按下列要求进行检查：

1）产品的技术文件要齐全。

2）电缆规格、型号、长度要符合订货要求，附件要齐全，电缆外观无损伤。

3）电缆端头要密封，当外观检查有怀疑时要进行受潮判断或试验。

（4）电缆要集中存放，并要标明型号、电压、规格、长度，电缆盘间要有通道，地基要坚实，存放电缆处不要积水。电缆在保管期间，电缆盘及包装要完好，标志齐全、封端严密，当有缺陷时要及时处理。

（5）防火涂料、包带、堵料等防火材料，要根据材料性能和保管要求储存和保管，库存时间不能超过产品说明书中规定的时间，尤其是无机防火堵料。

（6）电缆梯架要分类保管，码放处要坚实平整，不得积水，电缆梯架存放时不得受力变形。

三、施工方法及内容

1. 电缆保护管的加工及敷设

（1）电缆保护管的材质要符合设计要求。电缆管不得有穿孔、裂缝和凹凸不平，内壁要光滑，镀锌电缆管镀层要符合设计要求，不能有锈蚀。

（2）电缆管的加工要符合下列要求：

管内要无毛刺及尖锐棱角。

电缆管必须用弯管机弯制，弯制后无凹瘪现象，电缆管弯曲半径不小于所穿入电缆的最小允许弯曲半径。

金属管要在外表涂防腐漆或沥青漆，镀锌管锌层剥落处也要涂防腐漆。

电缆管的规格要符合设计，当无设计时管内径大于与电缆外径 1.5 倍。

每根电缆管的弯头数不准超过 3 个，直角弯不超过 2 个。

（3）电缆管明敷时要安装牢固，电缆管支点的距离按规范要求确定。

（4）电缆管的连接要符合以下要求：电缆管的连接采用套管焊接，焊接要牢固，密封良好，两管口要对准。电缆管严禁直接对焊。与电缆管相连的锁紧螺母要牢固，不得松脱。

（5）引至设备的电缆管管口位置要便于与设备连接并不妨碍设备拆装，并排敷设的电缆管管口要排列整齐，出地面的高度一致，并临时封堵，以防掉进杂物。

（6）电缆保护管要做好接地，并与接地网连通，隐蔽部分在埋设前要签证验收。

2. 电缆敷设

（1）一般要求。

电缆通道要畅通，电缆沟道排水要良好，金属部分的防腐层完整。夹层、沟道等阴暗处照明要充足，通风良好。

组织专业技术人员进行图纸会审，核对电缆清册，避免遗漏电缆。

按清册核对所用电缆的型号、电压、规格、长度；确定无误后输入计算机，利用数据库软件进行编排管理，确定电缆敷设次序，避免或减少电缆交叉。

同一通道上的电缆要尽可能一次敷设完毕。

并联使用的电力电缆其长度、型号、规格要相同。

电力电缆在终端头与中间接头附近要留有备用长度。

电缆轴要架设到平稳的地方，轴架强度与长度要与电缆盘重量和宽度相配合。

电缆敷设时，不要损坏电缆沟、隧道、电缆井等的防水层。在带电区域内敷设电缆，要有可靠的安全措施。

电缆敷设时，要从电缆盘的上端引出，不要使电缆在支架上及地上摩擦拖拉，电缆不得有铠装压扁、电缆绞拧、护层折裂等机械损伤。

明敷的电力电缆在夹层中不要有接头。当有明敷的电缆接头时，要用托盘固定。

电缆敷设时要排列整齐、不宜交叉、敷设时要单根进行，边敷设边整理、固定绑扎，固定后再进行下一根电缆的敷设。

电缆进入电缆沟、隧道、竖井、建筑物、盘柜以及进出电缆保护管时要密封。

电缆排列时，动力电缆和控制电缆不能配置在同一层支架上，高、低压电力电缆、强电、弱电电缆要按顺序分层配置，一般情况自上而下，但有高压电缆时，为了满足电缆穿入盘柜时弯曲半径的要求可由下而上配置(具体情况见设计施工图纸)。

并列敷设的电力电缆，其相互间的净距要符合设计要求。

控制电缆在普通支架上不宜超过一层，桥架上不宜超过三层。交流三芯电力电缆在普通支架上不宜超过一层，桥架上不宜超过 2 层。

交流单芯电力电缆，要布置在同侧支架上，按紧贴的正三角形排列绑牢。

电缆与热力管道，热力设备之间的净距平行时不要小于 1m，交叉时要不小于 0.5m，当受条件限制时，采用隔热材料隔离保护电缆。

电缆敷设完毕后要及时清除杂物，盖好盖板，必要时要将盖板缝隙密封。

垂直敷设或超过 45°倾斜敷设的电缆在每个支架上固定一次。水平敷设的电缆，在首末两端、转弯、分支、电缆竖井两侧及进入盘柜、保护管前后、电缆接头处的固定。当对电缆间距有要求时，每隔 1～2m 处。

单芯电缆的固定要符合设计要求，交流系统的单芯电缆或分相后的分相铅套电缆的电缆固定夹具不能形成闭合磁路。

(2) 电缆管内电缆敷设一般要求。

电缆进入建筑物、通道，穿过楼板及墙壁处要加保护管。

电缆从沟道引至电杆、设备、墙外表面或屋内行人容易接近处，距地面高度 2m 以下的一段要加保护管。另外在易受机械损伤的其他地方也要加装保护管。

保护管内部无积水，且无杂物堵塞。穿电缆时，不得损伤电缆护层。

电缆排管在敷设电缆前要进行疏通、清除杂物。

每根保护管允许穿入的电缆数量不能超过设计值，交流单芯电力电缆不得单独穿入钢管内。

(3) 直埋电缆敷设。

电缆埋设深度要符合下列要求：电缆上表面距地面的距离不小于设计要求(埋设于冻土层以下)。在引入建筑物或与地下建筑物交叉及绕过地下建筑物处可浅埋，但要采取保护措施。电缆与铁路、公路、城市街道、厂区道路交叉时，要敷设于坚固的保护管或隧道内，电缆管的两端宜伸出道路路基两边各 2000mm，伸出排水沟 500mm。在城市街道要伸出车道路面。

直埋电缆的上、下部要铺以不小于 100m 厚的软土或沙层，并加盖保护板，其覆盖宽度要超过电缆两侧各 50mm，保护板可采用砖块或混凝土板。软土或沙子中不许有石块或其他硬质杂物。直埋电缆示意如图 2-3-3 所示。

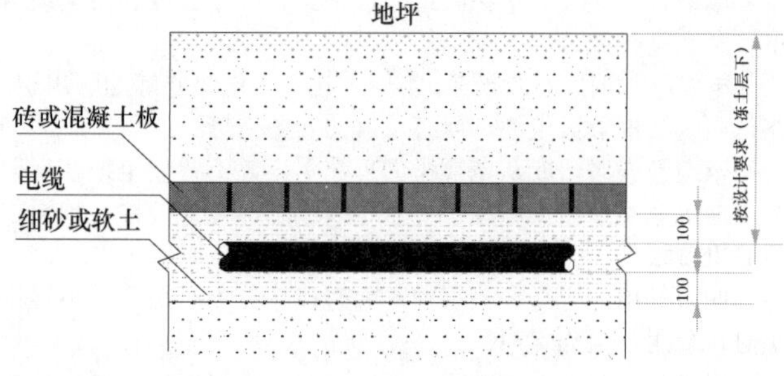

图 2-3-3 直埋电缆示意图

直埋电缆在直线段每隔 50～100m 处，电缆接头处、转弯处、进入建筑物等处要设置明显的方位标志桩。

直埋电缆回填土前，要经隐蔽验收合格，回填土要分层夯实。

3. 电缆终端和中间接头的制作

(1) 电缆终端和中间接头的制作，要由经过培训合格的熟练人员进行。电缆终端及中间接头制作时，要严格遵守工艺规程及说明书的要求。在室外制作 6kV 及以上电缆终端与中间接头时空气相对湿度宜为 70%以下，当湿度过大时，可提高环境温度或加热电缆。高压电缆终端头与中间接头施工时，要搭设临时工棚，环境温度宜为 5℃以上。制作电力电缆终端与中间接头时，要防止尘埃、杂物落入绝缘内。严禁在雨雾中施工。制作完的电力电缆终端头如图 2-3-4 所示。

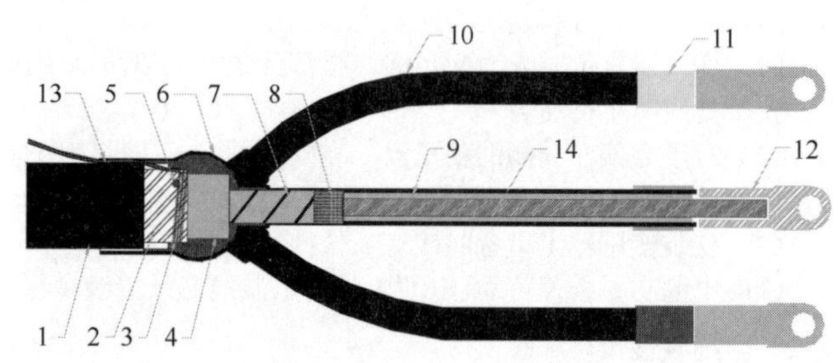

图 2-3-4 电缆终端头制作示意图

1—电缆外皮；2—钢铠；3—铜绑线；4—内绝缘层；5—接地焊点；6—绝缘填充物；7—电缆屏蔽层；8—半导体层；9—塑料绝缘层；10—绝缘管；11—相色管；12—接线端子；13—接地线；14—导体

(2) 电力电缆接地线要采用铜绞线或镀锡铜编织线，电缆线芯截面在 120mm^2 及以下时，接地线不小于 16mm^2，电缆线芯在 150mm^2 及以上时，接地线截面为 25mm^2，并要符合设计规定。

(3) 制作电缆终端与中间接头，从剥切电缆开始要连续操作直至完成，缩短绝缘暴露时间。剥切电缆时使用专用工具剥切，不准损伤线芯和保留的绝缘层。附加绝缘的包绕、装配、热缩管等要清洁。塑料绝缘电缆要彻底清除半导体屏蔽层。

(4) 电缆线芯连接时，要除去线芯和连接管内壁油污及氧化层。压接模具与金具要配合恰当。压缩比要符合要求。压接后要将端子或连接管上的凸痕修理光滑，不得残留毛刺。采用锡焊连接铜芯，要使用中性焊锡膏，不得烧伤绝缘。

(5) 三芯电力电缆接头两侧的金属屏蔽层、铠装层要分别连接良好，不得中断，跨接线的截面不要小于电缆头接地线的截面。直埋电缆接头的金属外壳及电缆的金属护层要做防腐处理。三芯电力电缆终端头的金属护层必须接地良好，塑料电缆每相铜屏蔽和钢铠要用锡焊接地线；电缆通过零序电流互感器时，电缆金属保护层和接地线要对地绝缘，电缆接地点在互感器以下时，接地线要直接接地，接地点在互感器以上，接地线要穿过互感器后接地。

(6) 装配组合电缆终端和接头时，各部件间的配合或搭接处必须采取堵漏、防潮和密封措施。

(7) 塑料电缆采用自粘带、粘胶带等方式密封，塑料护层表面打毛，粘接表面用溶剂去除油污，粘接良好。

(8) 控制电缆头制作安装时，做头位置整齐，要在同一直线上，套好专用控制电缆头，护口均使用同一颜色材料。线号管用适合电缆芯截面的白色 PVC 管，号码用电脑打号机打印、保证长度相同、字迹清晰不褪色，美观统一。

4. 电缆的试验

电力电缆试验项目如下：

测量绝缘电阻。

直流耐压试验及泄漏电流测量。

交流耐压试验。

测量金属屏蔽层电阻和导体电阻比。

检查电缆线路两端的相位。

充油电缆的绝缘油试验。

交叉互联系统试验。

5. 电缆的防火与阻燃

必须按设计的防火措施施工。特别对易受外部火灾影响的电缆密集区和可能因火灾蔓延而酿成严重事故的电缆回路要严格把关。

电缆防火阻燃尚要采取如下措施：

（1）在电缆穿过竖井，墙壁，楼板或进入电气盘柜的孔洞处，用防火堵料密封。在重要的电缆沟和隧道中，按要求分段或用软质耐火材料设置阻火墙。对重要回路电缆，可单独敷设于专门的沟道中或耐火封闭槽盒内，或对其施加防火涂料，防火包带。在电力电缆接头两侧及相邻电缆 2～3m 长的区段施加防火涂料或防火包带。采用耐火或阻燃型电缆。设置报警和灭火装置。

（2）防火阻燃材料必须经过技术或产品鉴定，在使用时要按设计要求和材料使用工艺提出施工措施。

（3）包带在包绕时，要拧紧密实，缠绕层数或厚度要符合材料使用要求，绕包完毕后，每隔一定距离要绑扎牢固。

（4）在封堵电缆孔洞时，封堵要严实可靠，不要有明显的裂缝和可见孔隙，孔洞较大者要加耐火衬板后再进行封堵。

（5）阻火墙上的防火门要严密，阻火墙两侧电缆要施加防火包带或涂料。

（6）封堵的工艺要整洁美观，有机、无机堵料的使用方法要严格执行材料使用说明书的要求，封堵后的外形要平整。

2.3.3 接地线敷设

一、施工程序图

接地线敷设施工程序图如图 2-3-5 所示。

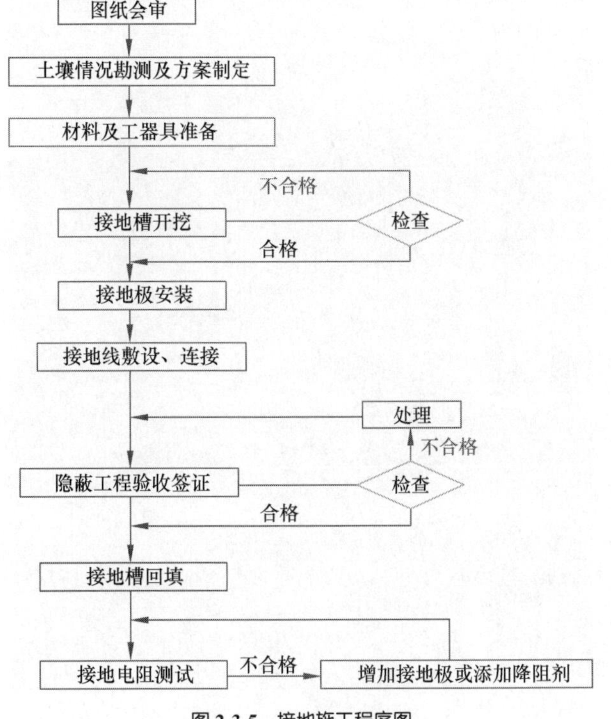

图 2-3-5　接地施工程序图

二、施工方法及内容

1. 接地网施工

（1）根据图纸熟悉现场，掌握土建施工情况，确定地线走向主要标记，制作接地极和准备相应的地线和材料。

（2）根据图纸要求挖接地沟（接地网的施工要尽量利用土建基础及管道施工开挖的地下沟道），深度符合设计或规范，同时将接地极垂直打入地下；接地极的间距无设计时，不能小于其长度的两倍。

（3）接地母线连接时搭接面长度，焊接质量均应符合要求，如图 2-3-6 所示；并做焊口防腐，如图 2-3-7、图 2-3-8 所示。

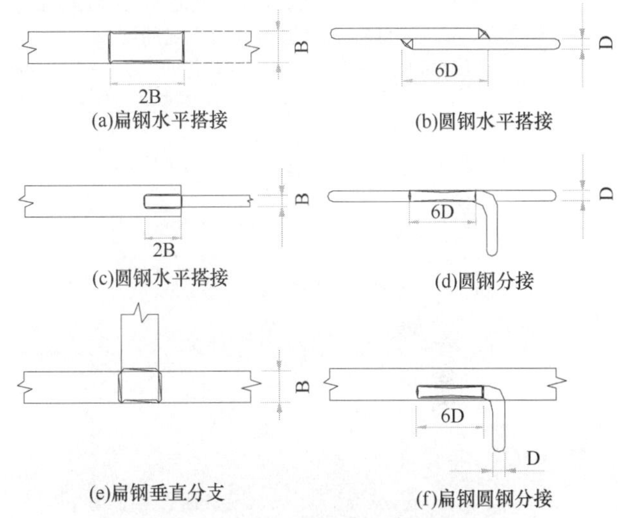

图 2-3-6　接地母线的搭接方式图

图 2-3-7　扁钢搭接焊接

图 2-3-8　焊接沥青漆防腐

（4）接地母线距建筑物的距离当无设计时不能小于1000mm。

（5）当接地母线为扁钢时应使扁钢立放。

（6）接地极、接地母线为镀锌时，不准使用电火焊切割。

（7）每个厂房基础地线施工完后，首先进行自检，合格后请有关方面共同检查，填隐蔽工程验收单，方可回填合格土质。

（8）测试接地网电阻，如接地电阻不符合设计要求，可适当增加接地极或添加降阻剂。测量接地网的电阻采用DJZ型接地电阻测试仪。

2. 风机接地施工方法

（1）根据土壤电阻率勘测图纸，确认可进行接地施工的低土壤电区域施工前进行详细的电阻率分布情况勘测。

工艺：以每台风机为中心，在东西南北四个方向上100m范围内纵向一次、横向二次，共计12次测量土壤电阻率。按此方法，基本上可以全面了解风机周围的电阻率分布。若有必要，也可进一步放远距离测量。

（2）用画线和插旗来定位施工路线。将选出的试验极低电阻值点插上小红旗，在计划安装耙式地线的位置用石灰画线，在计划安装安地深接地体的位置用石灰画点。该部分工作由接地技术员负责。

（3）接地体敷设安装。施工队按画好的线路进行沟槽、极坑的开挖施工，按照公司工艺文件，接受技术员的指导和质量员的监督，进行耙式地线和安地深接地体的安装，地线总体连接。

三、电气设备和防雷设施的接地装置的试验项目

（1）接地网电气完整性测试。

（2）接地阻抗。

第 3 章　中电国际新能源甘肃武威光伏发电工程施工组织总设计

3.1　工 程 概 况

3.1.1　工程简介

一、工程名称

中电国际新能源甘肃武威 20MW＋30MW 光伏发电项目。

二、工程规模

中电国际新能源甘肃武威光伏发电项目光伏电站电气设备安装工程主要包括：235W 多晶硅组件 212760 块、固定支架 2925t、500kW 并网逆变器 100 台、直流汇流柜 100 台、升压变压器 50 台、直流防雷汇流箱 920 台。

三、工程简介

电站设计总容量 50MW，共划分为 50 个子系统，工程统一采用多晶硅光伏组件。本期工程全站共装设 100 台 500kW 并网逆变器，每个光伏并网发电单元的电池组件采用串并联的方式组成多个太阳能电池阵列，太阳能电池阵列经光伏逆变器和汇流箱接入升压变压器，再经升压变电站升压至 35kV，经场内集电线路（电缆）汇流至 35kV 配电装置。

3.1.2　施工组织设计编制依据

（1）《中电国际新能源甘肃武威光伏发电项目电气设备安装工程招标文件》。

（2）电气专业有关厂家图纸及安装说明书。

（3）设计院施工图纸。

（4）《电力建设安全工作规程（火力发电厂部分）》（DL 5009.1—2002）。

（5）《电气装置安装工程高压电器施工及验收规范》（GBJ 147—1990）。

（6）《电气装置安装工程电力变压器、油浸电抗器、互感器施工及验收规范》（GBJ 148—1990）。

（7）《电气装置安装工程母线装置施工及验收规范》（GBJ 149—1990）。

（8）《电气装置安装工程电气设备交接试验标准》（GB 50150—2006）。

（9）《电气装置安装工程电缆线路施工及验收规范》（GB 50168—2006）。

（10）《电气装置安装工程接地装置施工及验收规范》（GB 50169—2006）。

（11）《电气装置安装工程旋转电机施工及验收规范》（GB 50170—2006）。

（12）《电气装置安装工程盘、柜及二次回路结线施工及验收规范》（GB 50171—1992）。

（13）电力施工企业生产技术管理。

（14）电力建设工程施工技术管理制度。

（15）《工程建设标准强制性条文　电力工程部分（2006 年版）》。

（16）中国电力投资集团公司《光伏发电站施工质量检查及验收规程》试行版。

3.1.3　电气系统主要设备

（1）太阳电池组件：1650mm×992mm×45mm，21kg/块，共 212760 块；

（2）预装式升压变压器：S11-M-1000/35，1000kVA，38.5±2×2.5%/0.27kV－0.27kV，U_d＝6.5%，Y d11 d11，共 50 台。

（3）预装式升压变压器：SCB10-400/10　400kVA，共 4 台。

（4）直流汇流柜：10 进 2 出，共 100 台。

（5）并网逆变器：500kW 输出电压 270V，共 100 台。

（6）直流防雷汇流箱：12 进 1 出智能型，出口断路器，共 920 台。

3.2　电气施工范围及主要工程量

3.2.1　施工范围

施工范围包括：中电国际新能源甘肃武威光伏发电项目光伏电站多晶硅组件、固定支架、并网逆变器、直流汇流柜、升压变压器、直流防雷汇流箱及光伏设备电力电缆、控制电缆、通信光缆的安装、试验、调试。

3.2.2　主要工作量

主要工作量见表 3-2-1。

表 3-2-1　主 要 工 作 量

序号	项目及设备名称	规 格 型 号	单 位	数 量	备 注
一、光伏设备					
1	太阳电池组件	1650mm×992mm×45mm，21kg/块	块	212760	设备甲供
2	固定支架	热浸镀锌	t	2777	设备甲供、含固定支架与基础预埋件焊接
二、电气一次部分设备					
1	逆变升压单元				
1.1	预装式升压变压器	S11-M-1000/35　1000kVA38.5±2×2.5% 0.27kV－0.27kV　U_d＝6.5% Y d11 d11	台	50	设备甲供
1.2		SCB10-400/10　400kVA	台	4	设备甲供
1.3	直流汇流柜	10 进 2 出	台	100	设备甲供

续表

序号	项目及设备名称	规格型号	单位	数量	备注
1.4	并网逆变器	500kW 输出电压 270V	台	100	设备甲供
1.5	直流防雷汇流箱	12 进 1 出 智能型，出口断路器	台	920	设备甲供
1.6	就地电源箱	HGRM2	台	50	
1.7	太阳能草坪灯		套	50	
1.8	太阳能庭院灯		套	90	
三、二次设备					
1	就地通信柜	带通信管理机及光转换设备	面	25	设备甲供
2	通信电缆	GS-HRPVSP（铠装 RS485 通信线）	km	50	设备甲供
3	单模光纤	4 芯	km	20	铠装设备甲供
4	光纤安装附件	包括尾纤、接头热缩管等	套	50	
四、安防系统					
1	安防主机		套	1	设备甲供
2	摄像机		台	20	设备甲供
3	电源装置		台	1	
4	16 路硬盘录像机		台	1	设备甲供
5	网络视频服务及解码机		套	1	设备甲供
6	红外对射	探测距离不小于 200m	只	50	设备甲供
7	网络线	超 5 类 UTP	km	2	
五、电缆					
1	电力电缆	ZRC-YJV22-26/35kV 3×50mm^2	km	13	直埋、电缆敷设中包含土石方开挖、回填设备甲供
2	电力电缆	ZRC-YJV22-26/35kV 3×50mm^2	km	2	穿管敷设、电缆敷设中包含土石方开挖、回填设备甲供
3	电力电缆	ZRC-YJV-0.6/1kV 3×185mm^2	km	7	设备甲供
4	电力电缆	ZRC-YJV-0.6/1kV 2×70mm^2	km	75	设备甲供
5	电力电缆	ZRC-YJV-0.6/1kV 1×4mm^2	km	100	设备甲供
6	电力电缆	ZRC-YJV-0.6/1kV 4×25mm^2	km	12	设备甲供
7	电力电缆	ZRC-YJV-0.6/1kV 4×4mm^2	km	0.5	设备甲供
8	控制电缆	ZRC-KVVP2-0.45/0.75kV 4mm^2	km	1	设备甲供
9	控制电缆	ZRC-KVVP2-0.45/0.75kV 2.5mm^2	km	1	设备甲供
10	接地电缆	ZRC-YJV-0.6/1kV 1×16mm^2	km	2	设备甲供
11	1kV 电缆终端		套	1500	
六、防火封堵材料					
1	有机防火堵料	YFD	t	1	
2	无机防火堵料	WFD	t	1	
3	防火涂料	SFT-1	t	0.1	
4	阻火包带	膨胀型 $b \geqslant 0.5$mm	kg	100	
5	无机防火堵包	20cm×10cm×10cm	个	2000	
七、电缆敷设及设备安装材料					
1	槽钢	10 号槽钢	km	2	
2	角钢支架	热镀锌	t	2	
3	PVC 保护管	ϕ100	km	10	

续表

序号	项目及设备名称	规格型号	单位	数量	备注
4	PVC保护管	ϕ50	km	8	
5	PVC保护管	ϕ25	km	10	
6	镀锌钢管	SC100	km	2	
7	镀锌钢管	SC50	km	2	通信电缆敷设用
8	镀锌钢管	SC25	km	1	通信电缆敷设用
八、防雷及接地材料					
1	接地极	热镀锌角钢50×50×5，L=2500mm	根	500	含接地体敷设土石方开挖与回填，含焊接、防腐及连接螺栓（土石方类别不调整），根据施工范围划分施工
2	接地扁钢	镀锌－50×5	km	20	
3	接地铜排	－25×4	km	1	
4	接地铜带	－25×4	km	1	

3.3　施工机具配置及力能供应

3.3.1　施工机具配置

用于本工程的主要施工机械装备及试验仪器一览表（包括但不限于）见表3-3-1。

表3-3-1　　主要施工机械装备及试验仪器

序号	机械或设备名称	型号规格	单位	数量	备注
1	汽车吊	QY-50	辆	2	
2	汽车吊	25t	辆	2	
3	载重汽车	10t	辆	4	
4	轻型货车	1.5t	辆	1	
5	轻型卡车	3t	辆	4	
6	客货车	1.75t	辆	2	
7	叉车	CPCD3	辆	2	
8	拖拉机	TS-17	辆	2	
9	小型挖掘机	0.5方	辆	2	
10	逆变焊机	ZX7-400ST	台	10	
11	水准仪	DS3	台	4	
12	台钻		台	1	
13	2500V兆欧表	ZC11D-01	只	1	
14	电动兆欧表	MIT510	只	1	
15	接地电阻测试仪	ZC29B-1	只	1	
16	交流试验变压器	YDC15KVA/100kV	台	1	
17	直流电阻测试仪	GDZRS-10A	台	1	
18	直流高压发生器	DHV-2003	台	1	
19	调压器	TDGC2-1	只	1	
20	相序表		只	1	
21	保护综合测试仪	PW30AE	台	1	
22	介损测试仪	PH2801（A）	台	1	
23	避雷器测试仪		台	1	

续表

序号	机械或设备名称	型号规格	单位	数量	备注
24	数字万用表		只	6	
25	光伏发电系统测试仪		台	3	
26	查线器		只	8	
27	线号打字机		台	1	
28	喷灯		只	2	
29	液压弯管器		台	2	
30	钢卷尺		把	6	
31	盘尺		把	2	
32	电缆支架		付	4	
33	锡锅		只	2	
34	电烙铁		把	4	
35	大锤		把	3	
36	倒链		只	6	
37	铁锹		把	8	
38	千斤顶		只	2	
39	无齿锯		台	2	
40	人字梯		把	2	
41	力矩扳手		套	2	
42	套筒扳手		套	2	
43	电工工具		套	15	
44	活扳手		把	20	
45	墨线盒		只	4	
46	撬棍		根	8	
47	活动配电盘		只	12	
48	手持对讲机		只	10	
49	机械压线钳		套	3	
50	电缆断线钳		把	3	
51	拐尺		把	2	
52	手锤		把	4	

续表

序号	机械或设备名称	型 号 规 格	单位	数量	备注
53	铁水平尺		把	2	
54	铁件制作临时平台	$10m^2$	个	1	
55	钢丝绳扣	10t/副	个	3	
56	开关测试仪	DB8001	台	1	
57	钳型电流表		只	1	
58	电测仪表检定仪		台	1	
59	绝缘油耐压测试仪	ZIJJ-II	台	1	
60	互感器综合测试仪	GCT-8000B	台	1	
61	变压器变比测试仪	BTZ-10000	台	1	

3.3.2 力能供应计划

一、施工用电

1. 施工电源

根据合同文件，施工用电由业主方指定位置引出，现场安装电表计费，生活区用电主要考虑职工宿舍、职工食堂照明用电。

2. 线路敷设

本标段施工用电线路敷设采用直埋敷设方式，过道路处设埋管。各区域电源盘以下采用三相五线制供电。电缆的敷设要符合《电气装置安装工程电缆线路施工及验收规范》和《建设工程施工现场供用电安全规范》（GB 50194）的相关要求。

3. 施工用电管理制度

为切实保障施工电源安全可靠地运行，保障工程的正常施工，结合工地的自身特点，特制定本管理计划。

施工用电设专人统一维护管理。

施工电源主线规划布设完后，绘制完整的配电系统图，维护人员熟悉高低压配电系统。

现场配电盘、箱应形式统一，颜色一致，并有明显的警示标志，电缆敷设横平竖直，禁止乱拉乱放。

坚持每周一次的现场安全巡视制度，做好现场施工电源雨季巡检工作，消除用电隐患。

二、施工用水

光电系统施工过程中的用水，由总包预留出接口位置，施工单位安装水表计量。

三、施工用气

氧气、乙炔采用瓶装供应满足施工需要。

3.4 施 工 方 案

为保证工程的安装质量，保证人身及设备的安全，对于主要设备及项目的安装要制定施工方案，编制作业指导书，主要有以下方案：

3.4.1 主要安装方案

一、施工准备

（1）工程开工后，即催促业主方交付设备订货图纸和施工图纸。

（2）根据施工合同和设备订货图，编制电气设备采购计划/材料物资供应计划，并办理设备计划的报批手续。

（3）配电设备的采购采用招标方式，择优选择“性价比”经评标最高的设备，并办理报批手续。

（4）签订配电设备供货合同，配电设备的供应进度应满足现场施工进度的需求。

（5）设备、材料进场后协同相关单位进行验收，验收合格方可进行安装。

二、防雷接地安装

1. 接地网安装范围及施工准备

（1）施工范围：逆变器室内设备接地。

（2）学习设计院接地图纸及《电气装置安装工程接地装置施工及验收规范》（GB 50169—2006），编制并学习全场接地施工措施，对施工人员进行安全、技术交底。

（3）了解并熟悉接地网施工区域地下设施布置情况，检查接地施工现场应平整、无安全隐患，现场应具备接地施工条件。

（4）目测所领材料镀锌应完整，无漏镀或镀锌不均匀现象，用金属敲击镀锌层无脱落现象。

（5）测量接地材料宽度及厚度应符合图纸设计要求。

2. 设备接地安装

根据设计院图纸要求，使用−25×4mm 铜排和铜带作为设备接地线，采用焊接或螺接方式与设备支架牢固连接，接触面积应满足规程要求。

3. 检查

检查电气设备外壳、底座等均已按照设计要求可靠接地，并使用黄绿漆正确制作接地标示。

三、逆变器、汇流柜、升压变压器安装

1. 施工准备

（1）根据图纸提出型钢计划，并根据施工进度分期分批领用材料，检查到货的型钢应无严重锈蚀和弯曲，如有弯曲，应使用大锤进行平整。

（2）使用钢丝刷除去型钢表面铁锈，型钢各表面应呈现金属光泽。

（3）组织物资公司、监理、制造厂及电气专业人员参加设备开箱，设备型号、数量应符合图纸要求，设备应完好无损伤，设备附件、备品备件应齐全，产品出厂技术资料齐全。

（4）准备大小在 40mm×50mm、厚度约为 0.5～2mm 不等的铁板制作垫铁，准备 8 根 1500mm 长ϕ50 钢管作为滚杠。

（5）清扫地面，基础型钢上不得有焊渣、水泥等妨碍设备安装的杂物，检查运输路径，确定合适的设备吊装、安装方案。

2. 基础型钢制作

（1）根据图纸尺寸，用拐尺、细石笔在型钢表面划线，用砂轮锯切割下料。

（2）在施工现场将工件组合成型，先点焊，经检查符合图纸尺寸要求后，再施焊。

（3）刷防锈防腐漆。

3. 盘柜基础地面交接验收

用水准仪全面检查土建预埋件，并与地面零米标高对比，发现不符合要求处，通知土建专业人员处理。

4. 基础型钢安装

（1）依据施工图纸，用钢卷尺找出基础坐标，并拉好线绳，大型基础可打上墨线。

（2）将工件摆放到位，使用水准仪、水平尺找平，拉线找直，利用垫铁、大锤校正位置尺寸，经检查确认无误后施焊。安装要求：型钢安装应牢固，不得出现颤抖现象；基础中心线误差小于±5mm；水平度每米小于 1mm，全长小于 5mm；不直度每米小于 1mm，全长小于 5mm；固定式盘基础与地面标高差＋10mm。

（3）使用符合图纸尺寸要求的接地铜排，与基础型钢固定牢固；

接地要求：基础型钢接地点数每列不小于2点；扁钢搭接长度不小于2倍宽度，焊缝完整饱满，三面焊接；接地回路用试灯检查导通应良好。

（4）安装完毕将基础型钢焊接处焊口清理干净，并粉刷防锈漆。

（5）用水准仪在基础型钢上每隔0.8m测量标高具体数值，做好记录。

5. 基础型钢土建灌浆、抹地面

基础型钢安装完毕，验收合格后，应通知土建对基础型钢灌浆和地面抹平。

6. 电气设备吊装就位

（1）设备运至现场后，按安装顺序吊运。

（2）用专用拖车或滚杠将设备移至安装位置。

（3）将设备端部第一块盘用小滚杠和撬棍移动，使其柜边与所打墨线完全重合；再用线坠测量其垂直度，不符合规范要求时，在柜底四角加垫铁整，达到要求后，将柜体与基础型钢焊接固定。

安装要求：柜体垂直度不大于1.5/1000H，H为柜高；柜底焊接四角焊缝长20～40mm。

（4）用上述同样方法将本列盘柜末端柜找正，但先不要焊接牢固，在首末两柜前面中上部拉线，使线与柜距离在40～50mm，以线为基准，将成列柜找直。

安装要求：线绳严禁触动，一经触动，须重新核实；相邻两柜顶部水平度误差不大于1.5mm，成列柜顶部水平度误差不大于4mm；相邻两柜边不平度应为0，成列柜面不平度不大于4mm；柜间接缝间隙不大于1.5mm；所有紧固件均采用镀锌件，螺栓露扣长度一致，在2～3扣之间。

7. 母线安装

（1）检查厂家供货母线规格、数量应符合图纸设计要求；母线工艺要求：搭接面应光滑、平整，严禁有毛刺、尖锐棱角出现；相序标示清晰。

（2）母线穿接要分清相序并按顺序穿接，穿母线时，用力要一致、均匀、柔缓，母线接合面要均匀涂抹电力复合脂。

（3）母线连接：紧固螺栓应为镀锌件，平垫、弹簧垫应齐全，规格、数量应符合规范要求；螺栓紧固力矩符合规程要求，并用力矩扳手逐个检查；螺栓露扣长度一致，在2～3扣之间

（4）紧固母线固定金具及支柱绝缘子；安装要求：母线金具不构成闭合磁路；所有紧固螺栓应为镀锌件、螺栓露扣长度一致。

（5）检查母线相序正确，绝缘良好。

8. 设备接地

柜体与基础槽钢可靠连接，装有电器可开启门的接地用软导线将门上接地螺栓与柜体可靠连接。

9. 传动试验及全面检查

（1）开关柜外观检查：柜面无脱漆及锈蚀情况；所有紧固螺栓均齐全、完好、紧固；柜内照明装置齐全；盘上设备表计标示齐全。

（2）进出开关机械动作及闭锁情况检查，分合接地刀检查及动作及闭锁检查：开关滚轮与轨道配合间隙均匀，开关推拉轻便不摆动；安全隔离板开闭灵活，无卡涩；开关与接地刀闭锁正确；接地刀分合灵活；所有位置指示正确。

（3）检查各种电气触点接触紧密，通断顺序正确。

（4）检查设备带电部分对地距离应符合规范要求。

（5）对照施工图检查二次接线是否正确，元件配置是否符合设计要求。

（6）检查盘柜电缆一次/二次穿装孔洞应满足施工要求。

（7）箱式变压器现场就位后，分别检查铁芯、连线、绝缘、套管、密封圈、调压开关、瓦斯继电器、油位等应正常，且箱体无漏油现象。

四、通信、安防设备安装

1. 施工准备

（1）设备安装前检查配电室地面、门窗、吊顶装饰、沟道盖板施工完毕，室内卫生清洁，设备基础安装符合设计要求。

（2）开箱检查设备型号、规格、外形尺寸符合设计要求，设备外观良好，附件、备品备件齐全，产品的技术文件齐全。

（3）填写设备开箱纪要，并在设备上标示以备安装。

2. 盘柜搬运

（1）核实盘柜型号正确且无损坏。

（2）盘柜装运时应防止碰撞、摩擦，封车应牢固，车辆应缓慢平稳行驶，严禁倾倒损坏，必要时可将装置性设备和易损件拆下单独包装运输。

（3）工作时间应安排合理，设备不得在外露天过夜。

3. 盘柜就位安装

（1）盘柜安装：根据图纸要求将控制及保护盘柜安装就位，电气控制及保护盘柜与基础采用M10螺栓连接，紧固件应齐全，螺栓露扣长度2～3扣；盘柜垂直度、水平度、盘面误差应符合规范要求。

（2）盘柜接地：盘柜接地应导通良好，盘内二次接地铜排应与柜体绝缘。

（3）盘顶小母线安装：小母线标号应正确、清晰、不脱色，小母线名称应与图纸设计对应，小母线安装间距应一致且固定牢固、无扭曲现象；检查小母线绝缘大于1MΩ（用500V摇表）。

（4）盘柜附件安装检查：盘柜附件应齐全、固定牢固；盘上设备标签清晰齐全。

4. 其他控制设备安装

（1）按照施工图纸及厂家资料在安装监控主机、摄像机、红外对射装置等设备。

（2）按照厂家图纸要求布设网络连线。

五、太阳能电池组件支架安装

（1）检查每一区域的每列支架土建基础的纵横中心线、标高、几何尺寸、预埋铁件、平整度等符合设计图纸要求，并办理交付手续。

（2）根据支架安装位置要求，在基础上拉线，校核基础尺寸应正确。

（3）分段在基础支墩上组装热镀锌支架，安装镀锌螺栓，将分段镀锌支架逐一安装就位（或者使用电焊将粗找正组建支架点焊在基础的预埋铁件上，待整体找正后，再进行正式焊接，焊缝应密实，焊接应牢固，及时清理焊渣并防腐），待各分段支架均就位后，拉线检查支架的平行度、水平度、垂直度均符合设计要求时，逐一紧固镀锌螺丝，支架的斜撑、拉条安装齐全。

（4）拉线检查每行支架的斜梯形平面符合厂家技术要求。

（5）检查檩条间尺寸安装位置正确，逐一在支架的斜梯形平面上安装檩条，檩条固定附件安装齐全牢固，在每一列支架的所有檩条安装完毕后，检查整个檩条平面度符合厂家设计的技术要求。

（6）在每行支架檩条平面上根据设计位置，拉线检查每一行支架的所有檩条的位置尺寸正确后，逐一安装檩条，檩条安装附件齐全牢固，在每一列支架的所有檩条安装完毕后，检查整个檩条平面度符合厂家设计的技术要求。

（7）每一行支架接地符合设计要求，接地标识清晰、正确。

（8）每一行的直流汇流箱安装位置符合设计要求，电缆保护管符合接线位置要求。

（9）每一行支架的电线槽架安装符合设计要求，槽架固定牢固，满足布线/接线的要求。

（10）固定及手动可调支架安装的允许偏差应符合表 3-4-1 的规定。

表 3-4-1　固定及手动可调支架安装的允许偏差

项　目		允许偏差/mm
中心线偏差		≤2
垂直度（每米）		≤1
水平偏差	相邻横梁间	≤1
	东西向全长（相同标高）	≤10
立柱面偏差	相邻立柱间	≤1
	东西向全长（相同轴线）	≤5

六、太阳能电池板组件安装

（1）在每一区域每一行支架/分区域的檩条上根据太阳能电池板组件的排列位置拉线，检查每一行支架尺寸满足每一块太阳能电池板组装尺寸排列要求，检查对角线相等，满足太阳能电池板模块组装要求。

（2）根据每一区域每一列的设计图纸，确定太阳能电池板的规格型号符合设计要求。

（3）在每一列支架的檩条的平面上逐一安装太阳能电池板，安装顺序安装从上到下/从一侧到另一侧的原则进行。

（4）每一块太阳能电池板安装时背面的接线盒方向应一致，镀锌固定附件安装齐全牢靠。

（5）每一列太阳能电池板按照设计要求进行串联/并联接线，接线极性正确，接线盒密封良好。

（6）按照设计负荷分配要求，检查直流集电线路连接到对应规格型号/编号的逆变器。

（7）每一区域安装完毕后，检查验收应符合厂家技术要求，验收资料齐全，手续齐备。

（8）组件安装允许偏差应符合表 3-4-2 的规定。

表 3-4-2　　　　组件安装允许偏差

项　目	允 许 偏 差	
倾斜角度偏差	≤1°	
组件边缘高差	相邻组件间	≤1mm
	东西向全长（相同标高）	≤10mm
组件平整度	相邻组件间	≤1mm
	东西向全长（相同轴线及标高）	≤5mm

（9）组件之间的接线应符合以下要求：

1）组件连接数量和路径应符合设计要求。

2）组件间接插件应连接牢固。

3）组串连接后开路电压和短路电流应符合设计要求。

4）组件间连接线应进行绑扎，整齐、美观。

（10）严禁在雨天进行组件的连线工作。

七、汇流箱安装

（1）汇流箱的防护等级等技术标准应符合设计文件和合同文件的要求。

（2）汇流箱内元器件完好，连接线无松动。

（3）安装前汇流箱的所有开关和熔断器宜断开。

（4）汇流箱安装应符合以下要求：安装位置应符合设计要求。支架和固定螺栓应为镀锌件；地面悬挂式汇流箱安装的垂直度允许偏差应小于 1.5mm；汇流箱的接地应牢固、可靠；接地线的截面应符合设计要求；汇流箱进线端及出线端与汇流箱接地端绝缘电阻不小于 2MΩ（DC1000V）；汇流箱组串电缆接引前必须确认组串处于断路状态。

八、场内电缆线路安装

1．施工准备

（1）对照图纸提材料计划，并根据施工进度分期分批领用槽钢、角钢、钢管、电缆终端头等材料。

（2）领用管材时，应做如下外观检查：保护管内外表面光滑、无铁屑、无毛刺；保护管外表面无穿孔、裂缝及显著锈蚀的凹凸不平现象；

（3）领用槽钢、角钢时，应做如下外观检查：按设计要求领取型钢；型钢表面无裂缝及显著锈蚀的凹凸不平现象。

（4）领取电缆检查：按所需电缆型号、规格、长度领取电缆，电缆外观应无损伤，端头密封严密，放置场地平整、无积水、运输方便；低压动缆及控缆使用 1000V 摇表，6kV 以上电缆用 2500V 摇表进行绝缘测试，其电阻值应符合规程规定。

2．角钢支架制作安装

（1）熟悉施工图纸及要求，检查所领用的材料，是否符合图纸设计要求；检查角钢有无明显扭曲变形；检查角钢是否有严重锈蚀现象；检查角钢的平直度误差应不大于 $L/1000$（L 为型钢长度）。

（2）角钢支架制作：用切割机下料，下料时，切口应平正、无卷边、无毛刺；下料后，长短误差不大于 3mm；将下料完的角钢进行除锈，除锈后角钢应光滑、明亮；除锈后的角钢如仍有棱角、毛刺，需将其打磨光滑。

支架制作：对照图纸设计要求，组装符合规格型号的支架；组装支架时，档间距离偏差不大于 2mm；长度偏差不大于 3mm；宽度偏差不大于 2mm；支架焊接：支架焊接应焊接牢固，无显著变形、无砂眼、咬边、虚焊，焊缝饱满；制作成的电缆支架应横平竖直，并除净焊渣；防腐：支架制作完后粉刷防锈漆。

（3）电缆支架安装：角钢支架安装前，应将施工区域清理干净，检查预埋扁铁应符合设计要求；将支架运往施工现场，按图纸设计的标高，先安装两端支架，在两端支架上下层各拉一线绳，找出统一标高，再安装中间支架；电缆支架应固定牢固，横平竖直；电缆支架安装时，最上层横撑至沟顶距离不小于 150～200mm；最下层横撑至沟底距离不小于 50～100mm；电缆支架安装后，水平高低偏差不大于 5mm；垂直左右偏差不大于 5mm；在有坡度的电缆沟或构筑物上安装支架时，支架应与电缆沟或构筑物同坡度布置；电缆支架应与接地网有不小于 2 个明显的接地点并可靠连接；支架安装完后，除去焊渣，做防锈处理，并补刷面漆。

3．电缆保护管制作及安装

（1）保护管的弯制：根据图纸要求，用电动液压弯管机按所量尺寸角度弯制电缆保护管；弯制模具应严格按管径尺寸选择；电缆管弯制后不应有裂缝或显著凹瘪现象。

（2）保护管组合：对照施工图纸，按照记录的现场尺寸，选择适当的保护管测量、画线；用无齿锯按照所画的线切割保护管；金属保护管的连接，必须使用套管连接；连接管口对准后，将套管两端焊接牢固、密封良好。

（3）保护管除锈防锈：焊口处除去焊渣，涂刷防锈漆和银粉漆。

（4）电缆保护管的安装：预埋电缆保护管时，要与建筑工程处配合，如需拆除模板、挖土打墙应先向有关部门申请，同意后方可动工；明敷电缆管安装时，用平尺或线坠测量，确保保护管横平竖直；敷设有倾斜度的保护管时，应与设备平行敷设。

（5）电缆保护管的接地：保护管必须确保有一可靠的接地点，可在电缆沟内焊接扁铁接地。

（6）刷漆：预埋保护管外露部分和明敷电缆保护管需补刷银粉漆；保护管接地扁铁露出地面部分应刷黄绿标志漆。

4．电缆敷设

（1）电缆的运输与保管：对照图纸和清册领取所需电缆，检验电缆的型号与规格应符合设计要求；查看电缆盘有无机械损伤，包装是否完好；电缆运输时严禁人货同车，电缆盘不得平放于车上；严禁将电缆盘从车上直接推下；将电缆的头部封好，避免灌进雨水，以防受潮绝缘电阻下降。

（2）电缆牌的制作：电缆牌规格要统一；可用微机打印并压塑；不同区域、不同系统的电缆牌应分类放置。

（3）电缆敷设路径检查：核对电缆所经路径已完全沟通；电缆路径应完全清理干净；检查电缆路径是否有可能使电缆受损的地方，如有应及时处理，并在敷设时特别注意。

（4）电缆长度的测量确定：现场测量电缆路径，确定电缆长度，每根电缆敷设完后，记录电缆长度。

（5）电缆敷设人员配置：在电缆敷设起点应由一人专门负责安排，通知所放电缆顺序、起止点、规格、型号等事项；在电缆敷设终点，应由对现场比较熟悉的人负责，并做好电缆的长度预留。动力电缆预留长度不得超过接线母排 600mm，控制电缆预留长度不得超过接线端子排 500mm；在电缆易交叉的地段，应由专人负责整理电缆，以保证电缆敷设工艺。

（6）电缆绝缘检查：在电缆敷设前，先检查整盘电缆的绝缘，400V 电缆及控制电缆用 500V 兆欧表检查；35kV 电缆用 2500V 兆欧表检查，如绝缘有问题，及时汇报查找原因。

（7）电缆敷设：电缆敷设时环境温度应不低于－15℃；电缆敷设时，电缆应从盘的上端引出，不得使电缆在支架上及地面摩擦拖拉；电缆敷设时应排列整齐，不宜交叉，并加以固定；电缆敷设时，不同电压等级电缆应分层排布，支桥架由上到下依次为高压动缆、低压动缆、控制电缆、信号电缆；每施放完一根电缆后，将电缆固定好；在垂直敷设或超过 45°倾斜时电缆固定间距为 2m；水平敷设时，在电缆首末端及转弯处加以固定，除此之外电缆固定间距为 5～10m；电缆与热力管道、热力设备之间的净距平行时不应小于 1m，交叉时不应小于 0.5m，当受条件限制时，应采取隔热保护措施；电缆的最小弯曲半径应符合以下规定：聚氯乙烯绝缘电缆不小于 10D（D 为电缆直径）、交联聚氯乙烯绝缘电缆不小于 15D（D 为电缆直径）；不可避免的情况下出现接头时，要做好记录，并留够长度；每根电缆的起始端应预留足够接线长度，并挂牢电缆牌；当电缆需要直埋时，电缆表面距地面距离不小于 0.7m，并且埋在冻土层以下，直埋电缆的上下部应铺以不小于 100mm 厚的软土或沙层，并加盖保护板，其覆盖宽度应超过电缆两侧各 50mm，软土或沙子中不应有石块或其他硬质杂物；电缆在穿保护管时，应查看保护管是否畅通，交流单芯电缆不得单独穿入钢管内。

5．电缆头制作及接线

（1）电缆进盘整理：依据设计施工图纸电缆的接线位置整理排列电缆，接线位置较低的电缆排在盘内侧，接线位置较高的排在盘的外侧；电缆通过进盘固定支架按顺序排列，电缆的弯曲弧度应一致，不准有交叉、扭曲现象；铠装电缆钢带切段处端部应平滑，不得残留毛刺，钢带的剥口位置应力求一致；电缆帮扎间距一致并均匀，固定牢固，防止所接端子受到机械应力而损坏；电缆排列应美观。

（2）电缆头制作：剥除电缆护套时不能伤触芯线绝缘，芯线束应顺直，芯线排列整齐一致，帮扎间距一致；电缆开剥位置高度应一致；电缆芯线破束后应及时剪除中间的加强绳；芯线拉直时应略有伸长，切勿用力过大，以免影响导线截面；电缆头包扎长度应一致，美观大方，电缆头直径不大于电缆护套外径 2mm；电缆做头时将黄色塑料带对折后，紧密有序的缠绕在芯线上，成型后用黄色粘胶带封口；电缆屏蔽芯与黄绿接地线焊接后包在塑料带里面，黄绿接地线不小于 4mm²；电缆头位置应低于电缆最低接线位置 150～200mm，盘内电缆头高度视端子排高度而定，同一盘内电缆头高度尽量保持一致；按电缆芯线号或颜色穿号头，穿号头前必须用试灯查对正确，每根线芯导通良好，并保证每根线芯的两端号头相符，依次穿上号头，注意号头的方向要一致。

（3）电缆分线及压接：按图纸对照号头进行分线，分线位置应准确无误；备用芯长度应能保证接至本侧最远一个端子；盘内线芯绑扎统一使用白色尼龙扎带，扎带的结头应放在线束的里侧，同屏内使用同一规格的绑扎材料；当盘内线芯特别多时，应按单元或回路分束绑把，以方便施工接线、查线和检修方便，尽量避免出现特大把束；芯线的预留弯曲弧度应一致，芯线接入端子的位置必须符合图纸的要求，芯线的导体不能外露触接线端子，编号头的字体方向应一致；线头弯圈大小应适合接线螺丝直径，弯曲方向应顺应螺丝拧紧方向，每个端子接线根数不大于 2 根；芯线进入端子前应手工依次弯曲成弧度相同的线排，导线的弯曲半径大于 3 倍的导线直径，排列一致无交叉（圆弧半径约 20mm，线段周长约 120～150mm）；正确使用工具，芯线不能有咬痕及损伤现象，线芯压接应牢固可靠；紧固件应配置完好、齐全；编号头正确、齐全，方向一致；电气回路连接（压接、插紧）紧固可靠；多股软导线应使用与芯线截面相同的线鼻子，用压线钳压接牢固，导线不能有断股现象；对屏蔽电缆及其他有接地要求的电缆应将屏蔽层可靠接地；对于需要临时隔离的导线，需用绝缘胶带包好，并远离带电导体；线芯绑扎间距为 30mm，绑扎应松紧适当、均匀，且同一盘内绑扎间距应一致；电缆标示牌应统一悬挂，标示牌悬挂对应电缆正确，悬挂观感美观。

6．电缆防火与阻燃

设计院设计本期工程使用有机堵料、无机堵料、防火涂料、阻火包带进行防火封堵，应参照设计院防火封堵典型图进行施工。

九、电气设备交接试验

1．电力电缆试验项目

（1）测量绝缘电阻。

（2）直流耐压试验及测量泄漏电流测量。

（3）交流耐压试验。

（4）测量金属屏蔽层电阻和导体电阻比。

（5）检查电缆线路两端的相位。

2．真空断路器试验

（1）测量绝缘电阻。

（2）测量每相导体回路的电阻。

（3）交流耐压试验。

（4）测量断路器主触头的分、合闸时间，测量分合、闸的同期性，测量合闸时触头的弹跳时间。

（5）测量分、合闸线圈及合闸接触器线圈的绝缘电阻和直流电阻。

（6）断路器操作机构的试验。

3. 避雷器试验

（1）测量金属氧化物避雷器及基座绝缘电阻。

（2）测量金属氧化物避雷器的工频参考电压和持续电流。

（3）测量金属氧化物避雷器直流参考电压 0.75 倍直流参考电压下的泄露电流。

（4）工频放电电压试验。

4. 隔离开关试验

（1）测量绝缘电阻。

（2）交流耐压试验。

（3）操动机构的试验。

5. 绝缘油试验

击穿电压试验。

6. 低压电器试验

（1）测量低压电器连同所连电缆及二次回路的绝缘电阻。

（2）电压线圈动作值校验。

（3）低压电器动作情况检查。

（4）低压电器采用的脱扣器的整定。

（5）测量电阻器和变阻器的直流电阻。

（6）低压电器连同所连接电缆及二次回路的交流耐压试验。

7. 二次回路试验

（1）测量绝缘电阻。

（2）交流耐压试验。

8. 1kV 以下电压等级配电装置和馈电线路试验

（1）测量绝缘电阻。

（2）交流耐压试验。

十、电气回路调试

1. 电气系统调试

（1）依据施工图纸逐一检查开关柜、互感器柜至设备综保装置的接线、检查交流回路应正确，综保装置调试完毕恢复接线。

（2）电气保护定值正确，交直流回路检查正确。

（3）各开关本体远方/就地跳合闸正确，防跳试验符合要求，综合保护出口跳闸正确，低电压跳闸正确，高低压连锁跳闸及互为备用闭锁符合设计要求，逻辑自动回路动作正确。

（4）控制室计算机操作员站发布指令逐一传动各开关，各开关对应的动作、指示、音响及画面指示正确，逻辑关系正确；在集控室操作员站检查核对监控传输的参数应符合设计要求。

（5）进行 35kV、0.4kV、0.27kV 系统的断路器保护回路调试/保护定值的整定工作，保护出口动作正确；传动试验完好。

（6）做好各项调试记录，签证手续齐备。

2. 太阳能电池板组件直流汇集系统调试

（1）在太阳能电池板组件厂家现场技术人员的指导与监督下，逐一检测太阳能电池板组件的连接顺序和检测每板每一连接回路的电压情况应正确。

（2）检查检测每一个直流汇集箱的汇集电路连接正确，电压测试正确。

（3）检查每一区域每一对应单元逆变器的连接回路正确，电压检测正确。

（4）在逆变器厂家现场技术人员的指导与监督下，检查每一回路的逆变器内部接线正确，依照厂家使用说明书检测调试输出电压等符合厂家的技术资料的要求。

（5）做好各项调试记录，签证手续齐备。

十一、光伏系统调试

1. 光伏组串调试

光伏组串调试前具备下列条件：

（1）光伏组件调试前所有组件应按照设计文件数量和型号组串并接引完毕。

（2）汇流箱内防反二极管极性应正确。

（3）汇流箱内各回路电缆接引完毕，且标示清晰、准确。

（4）调试人员应具备相应电工资格或上岗证并配备相应劳动保护用品。

（5）确保各回路熔断器在断开位置。

（6）汇流箱及内部防雷模块接地应牢固、可靠，且导通良好。

监控回路应具备调试条件：辐照度宜大于 $700W/m^2$ 的条件下测试，最低不应低于 $400W/m^2$。

光伏组串调试检测应符合下列规定：

（1）汇流箱内测试光伏组串的极性应正确。

（2）同一时间测试的相同组串之间的电压偏差不应大于 5V。

（3）组串电缆温度应无超常温的异常情况，确保电缆无短路和破损。

（4）直接测试组串短路电流时，应由专业持证上岗人员操作并采取相应的保护措施防止拉弧。

（5）在并网发电情况下，使用钳形万用表对组串电流进行检测。相同组串间电流应无异常波动或差异。

（6）逆变器投入运行前，宜将逆变单元内所有汇流箱均测试完成并投入。

（7）光伏组串测试完成后，应根据规程要求填写相应记录。

2. 投、退顺序

逆变器在投入运行后，汇流箱内光伏组串的投、退顺序应符合下列规定：

汇流箱的总开关具备断弧功能时，其投、退应按下列步骤执行：

（1）先投入光伏组串小开关或熔断器，后投入汇流箱总开关。

（2）先退出汇流箱总开关，后退出光伏组串小开关或熔断器。

汇流箱总输出采用熔断器，分支回路光伏组串的开关具备断弧功能时，其投、退应按下列步骤执行：

（1）先投入汇流箱总输出熔断器，后投入光伏组串小开关。

（2）先退出箱内所有光伏组串小开关，后退出汇流箱总输出熔断器。

（3）汇流箱总输出和分支回路光伏组串均采用熔断器时，则投、退熔断器前，均应将逆变器解列。

3. 汇流箱的监控功能应符合的要求

（1）监控系统的通信地址应正确，通信良好并具有抗干扰能力。

（2）监控系统应实时准确的反映汇流箱内各光伏组串电流的变化情况。

十二、逆变器调试

（1）逆变器调试前，应具备下列条件：

1）逆变器控制电源应具备投入条件。

2）逆变器直流侧电缆应接线牢固且极性正确、绝缘良好。

3）逆变器交流侧电缆应接线牢固且相序正确、绝缘良好。

4）方阵接线正确，具备给逆变器提供直流电源的条件。

（2）逆变器调试前，应对其做下列检查：

1）逆变器接地应符合要求。

2）逆变器内部元器件应完好，无受潮、放电痕迹。

3）逆变器内部所有电缆连接螺栓、插件、端子应连接牢固，无松动。

4)如逆变器本体配有手动分合闸装置,其操作应灵活可靠、接触良好，开关位置指示正确。

5）逆变器临时标识应清晰准确。

6）逆变器内部应无杂物，并经过清灰处理。

（3）逆变器调试应符合下列规定：

1）逆变器的调试工作宜由生产厂家配合进行。

2）逆变器控制回路带电时，应对其做如下检查：工作状态指示灯、人机界面屏幕显示应正常；人机界面上各参数设置应正确；散热装置工作应正常。

3）逆变器直流侧带电而交流侧不带电时，应进行如下工作：测量直流侧电压值和人机界面显示值之间偏差应在允许范围内；检查人机界面显示直流侧对地阻抗值应符合要求。

4）逆变器直流侧带电、交流侧带电，具备并网条件时，应进行如下工作：测量交流侧电压值和人机界面显示值之间偏差应在允许范围内；交流侧电压及频率应在逆变器额定范围内，且相序正确；具有门限位闭锁功能的逆变器，逆变器盘门在开启状态下，不应做出并网动作。

5)逆变器并网后，在下列测试情况下，逆变器应跳闸解列：具有门限位闭锁功能的逆变器，开启逆变器盘门；逆变器网侧失电；逆变器直流侧对地阻抗高于保护设定值；逆变器直流输入电压高于或低于逆变器设定的门槛值；逆变器直流输入过电流；逆变器线路侧电压偏出额定电压允许范围；逆变器线路频率超出额定频率允许范围；逆变器交流侧电流不平衡超出设定范围。

6)逆变器的运行效率、防孤岛保护及输出的电能质量等测试工作，应由有资质的单位进行检测。

（4）逆变器调试时，还应注意以下几点：

1)逆变器运行后，需打开盘门进行检测时，必须确认无电压残留后才允许作业。

2)逆变器在运行状态下，严禁断开无断弧能力的汇流箱总开关或熔断器。

3)如需接触逆变器带电部位，必须切断直流侧和交流侧电源、控制电源。

4）严禁施工人员单独对逆变器进行测试工作。

（5）施工人员应按照规程要求的格式填写相关施工记录。

（6）逆变器的监控功能调试应符合下列要求：

1）监控系统的通信地址应正确，通信良好并具有抗干扰能力。

2)监控系统应实时准确的反映逆变器的运行状态、数据和各种故障信息。

3)具备远方启、停及调整有功输出功能的逆变器，应实时响应远方操作，动作准确可靠。

十三、电网系统倒送电

（1）系统倒送站用电前，各电气系统的单位工程、分部、分项工程已经安装/调试完毕，并且验收合格，验收技术资料正确齐全。

（2）报请有关单位部门现场验收完毕，所有安装的电气设备满足系统送电要求。

（3）系统倒送电顺序。

1）分别合35kV馈线断路器，向各光伏分区升压变压器的高压侧电缆冲击，检查高压电缆运行无异常。

2）合箱变高压侧负荷开关，再合35kV馈线断路器，向各光伏分区升压变压器送电冲击三次,检查变压器本体工作正常，无渗油和异常情况，检查低压侧电压、相序正确。

3）分别合各箱变低压开关柜出线断路器，向各分区光伏发电交流母线充电，分别检查各对应的逆变器交流侧母线电压/相序正确、相位正确。

4）作好各项送电记录，签证手续齐备。

十四、各区域太阳能电池板组件分路并网发电

（1）协助配合太阳能电池板和逆变器生产厂家的现场技术人员逐一检查各逆变器所属回路连接正确，符合设计图纸的要求。

（2）配合厂家现场技术人员测试逆变器的输入/输出测试，逆变器带负荷性能测试，监测逆变器各负载点测试符合出厂技术资料的要求。

（3）分别逐一进行各逆变器的并网发电测试工作。

3.4.2　季节性施工方案

一、雨季施工措施

（1）雨季施工主要考虑露天作业场地和零米以下的工程施工。

（2）对一般工程的露天作业，遇到大雨或暴雨时可暂时停工，待雨过后再进行施工。

（3）雨季前应仔细检查防雷、防风、防洪的工作情况，疏通排水沟，露天机械和主要设备要架好防雨罩，或用篷布覆盖。

（4）施工用电盘、闸箱要加防雨罩，漏电保护装置应灵敏有效，并要经常检查绝缘情况。

（5）暴风雨天气要停止一切高处作业。雨天、雾天必须作业时，要做好防雨、防滑及防触电的措施，停工一定要停施工用电。不能停工时，电工必须跟班并对线路及施工用电盘进行巡回检查。

（6）工程处及时向工地安监部门了解天气情况，以便安排施工，调整作业计划。

二、冬季施工措施

（1）入冬之前，厂房固定端、吊装孔（临时端）、扩建端、屋顶及门窗孔洞应及时封闭。

（2）现场通道以及脚手架、平台、走道应及时清除积水、霜雪，并采取可靠的防滑措施。

（3）安全网等防护设施必须到位，个人防护物品如防滑鞋、安全帽、安全带等要正确使用。

（4）大雾雨、霜雪及六级以上大风等恶劣天气，严禁露天高处作业。

（5）消防水等管道在上冻前要做好充分的保温防冻措施。

（6）施工现场严禁明火取暖。特殊情况如需采用明火作为临时措施，应经消防部门批准，做好防火措施，并设专人看护。

（7）露天管道的焊接工作容易受到大风天气的影响，在工作量集中区域，可搭设临时挡风棚。

（8）允许焊接的最低环境温度如下：碳素钢−20℃，低合金钢及普通低合金钢为−10℃，中高合金钢为 0℃。在−20℃以下及大风、沙尘暴天气停止施工。

（9）碳素结构钢在环境温度低于−16℃时，低合金钢在环境温度低于−12℃时不得进行冷校正。

（10）焊完的合金焊口焊完后如不马上进行热处理，须将焊口用保温材料包裹，使之缓冷。

（11)冬季所有在室外施工的焊口，如采用氩弧焊打底工艺，施工部位必须搭设焊接棚，以达到防风、防雨、防雪、保温的目的；必要时采取预热措施，从而保证所有管道焊接前温度至少为10℃。

（12）雨、雪天施工所有低氢型焊条，必须盛装在保温桶内，随用随取，不得裸露在空气中。

（13）冬季气候干燥、风大，焊工在现场进行作业时，应在焊前清理周围易燃物，有电缆线的地方注意用石棉布遮盖。高空作业时，下面要有专人看护，防止现场火灾的发生。

（14）冬季遇下雪天气，应及时将保温材料、已安装完的主保温层暴露部分的积雪清理干净，以确保保温材料的通风与干燥。

（15）凡遇雨、雪、大风、大雾、结露等恶劣天气及5℃以下气温时，均不应进行室外油漆防腐作业。

（16）露天布置的变送器、压力表、差压计等就地仪表，需安装在保温箱或专门的小间内，箱内或小间内应有取暖设备。露天布置的执行机构应有防雨罩，有防冻要求的电信号长行程气动执行机构则应安装在有取暖设备的小间内。

（17）冬季试运前应尽早投入试运设备的伴热。

（18）冬季试运的设备，停运后应尽快将冷却水疏掉，防止冻裂。

3.5 施工组织与管理

3.5.1 施工组织网络

施工组织机构是为保证生产任务按期完成，保证生产安全而设置的机构，它的协调与否，直接影响到生产进度及生产安全。本工程我公司施工组织机构主要有技术、安全、质量三方面组成。

3.5.2 施工任务分配

一、安装一班

各施工区域的支架、组件安装、电缆敷设与接线、电气设备安装工作。

二、安装二班

（1）负责各配电装置的控制电缆的敷设及其接线、调试及保护装置的校验。

（2）配合厂家进行系统安装及调试，包括机组分步试运及整组启动。

三、安装三班

（1）负责全厂电气设备的交接试验。

（2）各种仪表测量元件、监测仪表的调整、校验。

3.5.3 工期计划

工期计划见表3-5-1。

表3-5-1　　工期计划

序号	工程名称	开工时间/（月.日）	完工时间/（月.日）
一	光伏设备	10.3	11.23
1	固定支架安装	10.3	11.20
2	多晶硅组件安装	10.10	11.23
二	电气一次部分设备	10.13	11.30
1	逆变升压单元安装	10.15	11.15
2	升压变压器安装	10.15	11.15
3	直流汇流柜安装	10.13	11.24
4	并网逆变器安装	10.13	11.15
5	直流防雷汇流箱安装	10.15	11.15
6	就地电源箱安装	10.25	11.20

续表

序号	工程名称	开工时间/（月.日）	完工时间/（月.日）
7	太阳能草坪灯安装	11.20	11.30
8	太阳能庭院灯安装	11.20	11.30
三	二次设备	10.15	11.15
1	就地通信柜带通信管理机及光转换设备安装	10.15	11.10
2	通信电缆敷设	11.1	11.15
四	电缆工程	10.15	11.30
1	电缆管敷设	10.15	11.20
2	电缆敷设	10.15	11.20
3	电缆接线	10.20	11.25
4	防火封堵	11.1	11.30
五	防雷及接地	10.25	11.26
1	设备接地安装	11.10	11.26

3.6 重大交叉作业

一、专业间交叉

1. 接地与土建施工的交叉

室外接地部分在土建基础开挖后，及时进行施工并验收合格后，土建方可回填。已施工验收完的接地极、接地母线，土建基础开挖时要注意保护，切勿损伤。

2. 设备就位与土建基础的交叉施工

盘柜等设备基础施工完，标高、尺寸符合设计，然后土建再施工粗地面。配电室应在盘柜或变压器进入后再进行墙体封闭。

二、专业内部的交叉施工

1. 设备安装与电缆敷设

电缆敷设前，各班组应认真核对电缆清册及设备、盘柜的准确位置。原则上应在设备、盘柜就位后敷设，便于电缆的查找、整理、接线，未安装的应根据现场情况留出裕度。

2. 接线与试验调试的交叉作业

接线完成后，方可进行试验调试。调试过程中，根据实际情况进行隔离，带电的盘柜及调试完的盘柜应及时做好标识。

3.7 劳力计划

劳动力投入计划见表3-7-1。

表3-7-1　　劳动力投入计划

工种/时间	2012年	
安装专业	10月	11月
电气/光伏工程负责人	1	1
电气/光伏工程工程师	2	2
电气/光伏工程技术员	5	5
管理人员	10	10

续表

工种/时间	2012 年	
安装专业	10 月	11 月
电气/光伏设备安装工	200	200
电气试验/保护二次安装工	5	5
电缆安装工	100	100
电工	5	5
起重工	10	10
电焊工	20	20
机械操作工	10	10

3.8　新技术、新工艺、新材料的应用

为加快工程进度，提高劳动生产率，保证质量，降低工程成本，在本工程中采用以下新技术、新工艺。

（1）设备到货后，尽量直接运至现场，室外设备根据现场情况合理摆放，减少二次搬运及在搬运吊装过程中对盘柜、设备的损坏，降低成本，提高工效。

（2）推广应用逆变焊机，节省用电量。

（3）电缆接线号头采用一次输入、重复打印、自动切割新技术，提高施工质量，提高工效。

（4）技术及资料管理微机化、网络化，提高管理水平。

3.9　电气设备的储存与维护

（1）升压变压器到货时，应检查本体各处有无渗漏油现象。

（2）对到货附件进行清点，附件存放要集中，分区域存放。

（3）设备存放底座应牢固可靠。

（4）设备在安装前进行储存时不拆除外包装，且有防雨防潮措施。

（5）设备附件应在干燥的室内集中存放，且有明显标记。

（6）外层有热缩材料等保护膜的设备附件，存放与运输时应注意保护薄膜的完好。

（7）设备安装完善后，应及时组织验收，验收合格后应及时将盘门（罩）恢复，防止灰尘及其他异物进入盘柜。

（8）设备安装就位后，应及时将设备加热器投运，做好防潮措施。

3.10　工 程 管 理

3.10.1　质量管理

质量是施工企业的生命，在施工中以公司质量方针“一流的产品、一流的服务”为准则，以“为工程把关，对业主负责”为宗旨，以创精品为目标。

一、质量目标

（1）油浸变压器安装后无渗漏。

（2）分项工程优良率 100%。

（3）杜绝质量事故，严格工艺纪律，克服质量通病。

（4）倒送电一次成功。

（5）保护投入正确率 100%。

（6）仪表指示正确率 100%。

（7）全厂电缆编排整齐。标识齐全，规格、字迹统一，悬挂牢固美观。

二、质量保证措施

（1）全面贯彻 GB/T 19002 质量管理体系，严格执行质量保证手册。

（2）严格执行三级质量验收制度，对关键项目，薄弱环节设立 H（停工待检）点和 W（见证）点，加强质量管理。

（3）加强技术管理，特别是加强技术施工措施的编审批制度。

（4）认真做好图纸会审工作，严格交底制度。

（5）强化职工质量意识及技能的培训，强化工程质量监督，严格把关。

（6）设立样板工程项目，并实行挂牌制度。

（7）严把材料、设备关，坚决不用无合格证或不合格的材料设备。

（8）坚决执行工程一次成优制度，杜绝返工。

（9）坚持每月两次质量大检查，对查出问题定人限期整改。

（10）与班组签订质量承包责任书。

（11）制定质量通病根治措施、杜绝质量通病产生。

（12）制定施工质量奖惩条例，对施工质量好的班组、个人进行重奖，对工艺质量差的坚决进行处罚。

3.10.2　安全与文明施工

一、安全文明施工措施

（1）加强安全宣传教育，除新入厂的三级教育及年度全员考试外，对所有职工进行不定期抽考，考试情况与奖惩挂钩。按时召开安全会议，及时传达安全信息，每年开展“安全月活动”。

（2）按施工措施与施工计划做到“五同时”。严格措施交底签证制度，交底记录安监员存档。应办理安全施工作业票及一级动火作业票的项目必须办理并经批准后方可施工。

（3）加强班组管理，夯实安全基础。坚持每周一安全学习及站班会制度，做好“三查”“三交”，开展“结对子”互助活动，按月度评选安全先进班组。

（4）严格执行部颁施工机械安全管理的规定（1996 版）和我公司机械管理程序。遵守各项操作规程，保证各类施工机械在安装、使用、检修、拆除过程中的安全，杜绝机械事故的发生。加强机械的维修保养，安全操作规程挂牌并严格执行，进行检查并登记台账。

（5）坚持“防消结合，以防为主”的原则，加强管理，杜绝火灾。

（6）按照我公司《文明施工管理细则》严格现场文明施工管理，推广使用标准化安全高度。使现场规范、有序、文明、整洁。在安排施工任务时同时安排文明施工，成立文明施工检查小组，对现场进行全方位的监督，按工种划分区域，明确责任人，评选“文明小区”按阶段进行奖惩。

（7）加强外包管理，对外包人员除进行教育、培训外，实行动态管理，加强日常监护，对安全意识差的及时进行停工辞退。

（8）安全防护用品、用具、工器具严格按规定时间进行检验并做标示。

（9）所有安全防护设施必须挂牌，明确责任人，设施移交要办理签字制度，搞好安全设施规范化工作。

（10）施工电源、电动工具等装设漏电保护开关，孔洞、临空面、交叉作业等都必须采取有效防护措施，定人负责。对需

移动安全设施或临时性突击项目必须到安监部办理签证并由专人监护。

（11）遵守业主方规章制度，服从业主的安全管理，加强与外部各方的协作，保证安全目标的实现。

（12）建立安全管理体系，主任、班长是本单位第一责任者。

（13）坚持每周一的安全学习，不走形式，要针对当前生产任务的特点学习，有内容记录，制定每周的安全培训计划，并有专人负责实施。

（14）对重大施工项目制定专门的安全措施进行风险分析并组织实施安全培训和交底。

（15）对焊接、起重、电工等特殊工种实行持证上岗制度。

（16）搞好现场文明施工管理，做到施工现场“三无五清”。

（17）制定防止二次污染管理办法，加强成品保护。

（18）认真执行安全检查制度。

二、环境保护

（1）组织职工学习公司环境管理手册和程序文件，认真贯彻公司环境方针。

（2）工程处制定环保管理办法并在施工中认真落实。管理办法主要有：电消耗控制、废电池处置、生产节约用水、含油危险固体废弃物处理、焊材及其废弃物控制、厂区噪声排放控制、氧乙炔消耗控制、生产性废水废酸处置、危险化学品贮存与使用。

（3）接受质保等部门的监督，持续改进环境。

3.11 成本管理

（1）认真编制、审核材料计划，不留余量。

（2）加强施工机械的调度，合理使用。

（3）合理调配劳力，尽量减少零工、外包队，根据施工计划综合考虑，合理交叉。

（4）杜绝质量通病，避免返工现象发生。

（5）加强工具管理，减少不必要的购买，能调拨则调拨。

（6）加强材料管理，杜绝现场浪费。

（7）积极采用新工艺、新技术、新材料，提高劳动效率，节约材料机械费用。

（8）强化工程索赔，对重大设备缺陷处理、设计变更及时上报，配合公司做好索赔工作。

3.12 图纸会审

一、目的

使施工技术人员充分领会设计意图，熟悉设计内容，发现施工图纸中的差错及不合理部分，正确地按图纸施工，确保工程质量，避免返工浪费。

二、职责

（1）工程处专职工程师负责进行系统会审。

（2）班组技术员负责进行专业会审。

三、控制过程

1. 专业会审

（1）班组技术员组织本班人员对本班施工范围内的施工图纸进行会审。

（2）工程处技术负责人负责对提出的问题和需要说明的问题进行审核，会审签证和会审记录，以书面形式交工程部一份。

（3）工程处技术负责人负责对提出的问题进行落实，把反馈意见及时传达到相关技术人员。

2. 系统会审

（1）工程处技术负责人负责组织专工、技术员、班组长对系统图纸进行会审。

（2）系统会审时，邀请有关科室专业技术人员、工代、建设单位代表参加。

（3）工程处办理会审签证，记录会审问题、建议和需要澄清的问题，工程处技术负责人负责落实，以书面形式交工程部一份。

3. 会审重点

（1）施工图与设备、特殊材料的技术要求是否一致。

（2）设计与施工主要技术方案是否相适应。

（3）图纸表达深度能否满足施工需要。

（4）构件划分和加工要求是否符合施工能力。

（5）各专业之间设计是否协调。

（6）设计采用的新材料、新设备、新工艺、新技术在技术、机具和物资供应上有无困难。

（7）施工图之间和总、分图之间，有无矛盾。

（8）原理性、技术性有无错误或失误。

4. 会审时间

（1）专业会审应在接到图纸后两周内完成。

（2）系统会审应在专业会审后两周内完成。

四、其他要求

（1）专业会审时，由班组技术员按分项工程统计工程量及材料需用量，无分项工程的按分部工程统计工程量及材料需用量。

（2）会审后，工程处参加人员总结出本次会审的意见，施工注意事项等交技术组，由工程处技术负责人组织会审人员讨论、交流，并整理汇总。

3.13 附图

技术管理网络如图 3-13-1 所示。

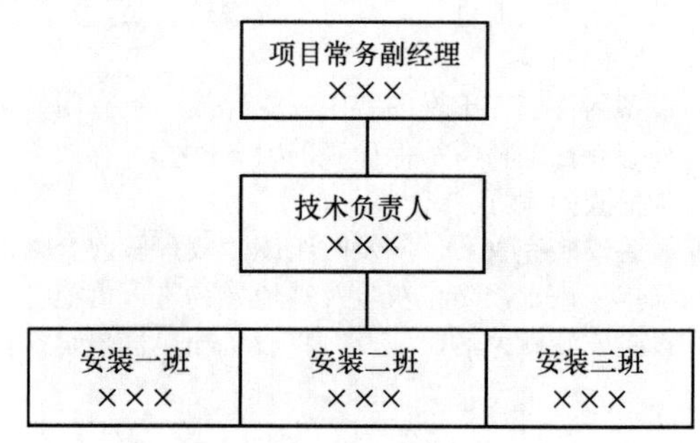

图 3-13-1 技术管理网络图

安全管理网络如图 3-13-2 所示。

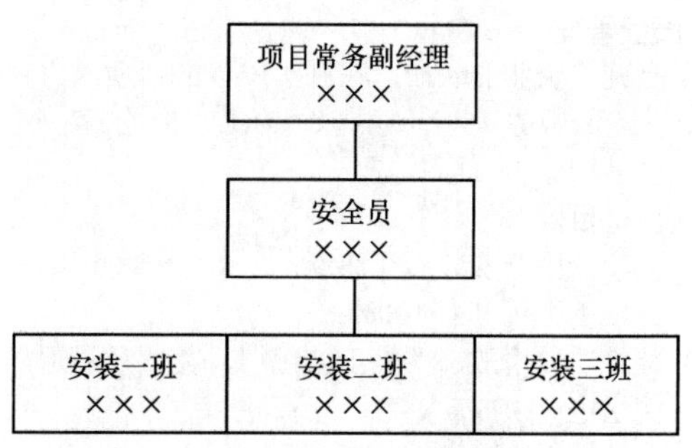

图 3-13-2 安全管理网络图

质量管理网络如图 3-13-3 所示。

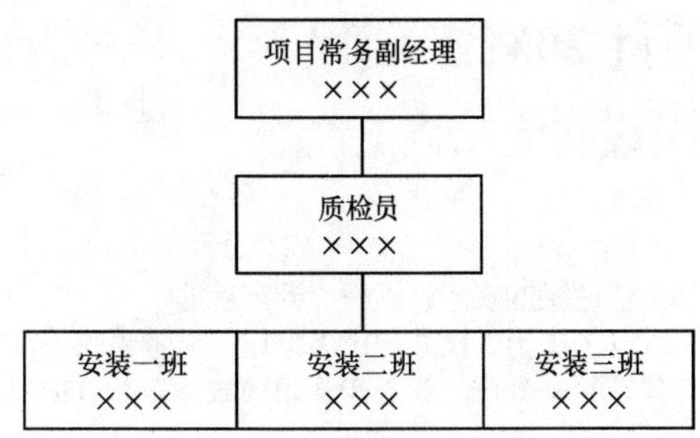

图 3-13-3　质量管理网络图

质保体系管理网络如图 3-13-4 所示。

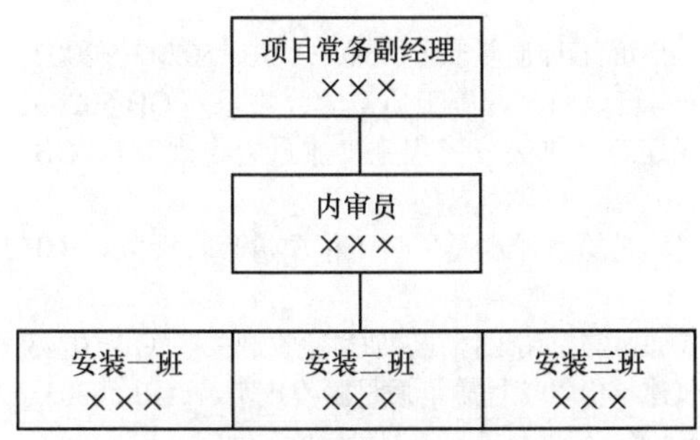

图 3-13-4　质保体系管理网络图

职业健康安全管理体系网络如图 3-13-5 所示。

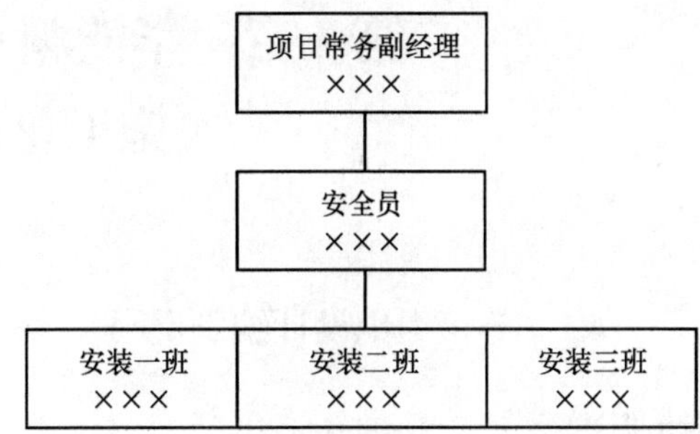

图 3-13-5　职业健康安全管理体系网络图

第4章　华能泗水光伏发电项目20MW工程施工总承包施工组织设计

4.1　施工组织设计编制说明

4.1.1　编制概述

根据华能泗水光伏并网发电项目 20MW 工程土建及电气工程施工总承包招标文件，我公司实地踏勘了施工现场，在此基础上认真研究施工图纸及有关资料，仔细分析了本工程的重点、特点、现场条件，以及影响工程质量、进度、施工安全等各种因素，采纳了我公司曾施工过类似工程的经验建议，编制了针对本工程的施工组织设计，作为工程施工的指导性文件。本工程中主要为设备基础及光伏支架、光伏组件安装、电缆敷设、调试等。

4.1.2　编制依据

（1）华能山东发电有限公司发布的华能泗水 20MWp 太阳能并网发电项目工程施工总承包招标文件及答疑文件。

（2）山东电力工程咨询院有限公司设计华能泗水 20MWp 太阳能并网发电项目工程中的建筑施工图、电气组件、建筑结构施工图及光伏支架线路图等。

（3）施工现场踏勘情况及勘察院提供的地质勘察报告。

（4）预算及工料分析：根据山东省及市定额及有关造价规定。

（5）有关施工操作规程、验收规范和验评标准。

（6）建筑规划总平面图和业主对本工程的有关要求。

4.1.3　组织施工的总原则及要求

（1）认真贯彻国家颁布的《劳动法》《建筑法》《合同法》及现行有关验收规范、操作规程，坚持我司的质量方针，全面负责项目的各项组织管理工作。

（2）坚持执行基本建设程序，根据招标文件及编制依据实施调查研究，严格按照合同工期和合理的施工程序组织施工，确保工程质量，发挥工程的投资效益。

（3）采用统筹法合理安排连续均衡施工，做好人、财、物的有机调配，确保工程进度。建立［PDCA］循环管理活动，加强质量管理，采用“流水施工方法”和“三级动态管理”安排工程施工进度。

（4）实行科学管理，按照工程特点，科学地确定施工方案，合理安排施工程序，加强施工总平面图管理，合理搭设临时建筑设施，减少材料或构件的二次运输。

（5）充分利用机械设备，努力提高劳动生产率，组织文明施工，在确保质量的基础上缩短工期，节约材料、降低成本，多快好省地完成施工任务。

（6）施工中严格按照施工组织设计中所确定的方法和要求施工，如与实际不符或有更改，应事先同有关部门商讨，按规定程序修改组织设计后再实施。

（7）本组织设计将结合工程特点，着重阐述项目管理和工程的各机构组织配置、施工步骤与形象进度、主要施工方法、先进技术的应用、机械设备配置、主要施工措施（质量、安全、文明、技术等保证措施），以后即成为工程施工的指导性文件。

4.1.4　施工应遵循的规范、规程、评定标准

（1）现行的中华人民共和国国家施工质量验收规范：

1）《建筑地基基础工程施工质量验收规范》（GB 50202—2002）。

2）《砌体工程施工质量验收规范》（GB 50203—2002）。

3）《混凝土结构工程施工质量验收规范》（GB 50204—2002）。

4）《屋面工程质量验收规范》（GBJ 50207—2002）。

5）《建筑地面工程施工质量验收规范》（GB 50209—2002）。

6）《建筑装饰装修工程施工质量验收规范》（GB 50210—2001）。

7）《建筑给水排水及采暖工程质量验收规范》（GB 50242—2002）。

8）《通风与空调工程施工质量验收规范》（GB 50243—2002）。

9）《建筑电气工程施工质量验收规范》（GB 50303—2002）。

10）电气专业有关厂家图纸及安装说明书。

11）《电力建设安全工作规程（火力发电厂部分）》（DL 5009.1—2002）。

12）《电气装置安装工程高压电器施工及验收规范》（GBJ 147—1990）。

13）《电气装置安装工程电力变压器、油浸电抗器、互感器施工及验收规范》（GBJ 148—1990）。

14）《电气装置安装工程母线装置施工及验收规范》（GBJ 149—1990）。

15）《电气装置安装工程电气设备交接试验标准》（GB 50150—2006）。

16）《电气装置安装工程电缆线路施工及验收规范》（GB 50168—2006）。

17）《电气装置安装工程接地装置施工及验收规范》（GB 50169—2006）。

18）《电气装置安装工程旋转电机施工及验收规范》（GB 50170—2006）。

19）《电气装置安装工程盘、柜及二次回路结线施工及验收规范》（GB 50171—1992）。

20）电力施工企业生产技术管理。

21）电力建设工程施工技术管理制度。

22）《工程建设标准强制性条文电力工程部分（2006年版）》。

23）中国电力投资集团公司《光伏发电站施工质量检查及验收规程》试行版。

（2）国家评定工程质量的验收统一标准：

《建筑工程施工质量验收统一标准》（GB 50300—2001）。

（3）山东省建筑施工技术操作规程及有关验收规范。

（4）中华人民共和国工程建设标准强制性条文（房屋建筑部分）。

4.1.5　公司对投标项目承诺

（1）通过实地踏看施工现场，认真学习研究招标文件、施工图纸及有关资料，在分析和综合了本工程有关的技术要点、难点、特点后，有针对性的编制了施工组织设计；我司有足够

的信心，能保证“优质、高速、文明、安全”全面完成招标文件规定范围内的各项施工任务。

（2）根据招标文件要求，在施工中将有针对性的采取一系列赶工措施，确保总工期要求。

（3）施工中严格遵守现行有关规范、规程、评定标准，并积极采纳业主、监理、质监、设计在施工期间提出的有益于工程施工的各项意见，使施工程序和组织更为合理。为工程早日交付使用，充分发挥工程投资效益和社会效益做出应有的贡献。

（4）为使工程能“优质、高速、文明、安全”完成施工任务，并更好地为业主服务，我司配备具有多年施工业绩的项目管理班子和长期固定的专业施工作业队组，同时配备相应的机械设备参与施工。

（5）我司在工程施工期间向业主提供满意的服务，我司一定全力以赴做到施工前的各项准备工作，保证工程在最短的时间内顺利开工。在施工中按审定的各项施工方案指导施工，充分发挥我司的管理和技术优势，强化科学的计划管理，对每道工序施工前进行科学分析，施工过程中严格检查，确保工程如期完成。

（6）我司将按当地建设主管部门颁发的有关建筑工程施工现场标准化管理规定组织文明创建施工，争创市级文明工地。

（7）本标段中的太阳能组件基础、箱变基础工程为主要方面，将由本公司精干技术力量负责施工，保质保量完成施工任务。

（8）我司在施工中加强对现场周围环境的保护。工程施工时间严格遵循省市有关规定，特殊情况须征得有关部门同意。在施工中应严格控制生活用水、用电、用火、垃圾、油烟对周围环境所产生的影响；减少施工噪音、灰尘、震动、泥浆等污染物对临近的影响；减少施工机械和车辆进出工地时所产生的车身污染对邻近道路污染。

4.2　工 程 概 况

4.2.1　工程建设概况

（1）建设单位：华能山东发电有限公司。

（2）工程名称：华能泗水 20MW 太阳能并网发电项目工程施工总承包。

（3）建设面积：约 650 亩。

（4）建设地点：山东省济宁市泗水县泉林镇大黄沟村。

（5）设计单位：山东电力工程咨询院有限公司。

（6）招标范围：详见招标文件。

（7）承包方式：包工包料。

（8）招标质量等级：合格。

（9）招标工期：详见招标文件。

4.2.2　工程设计概况及主要工程量

结构特征概况见表 4-2-1。

表 4-2-1　　结构特征概况表

设计概述		地震设防烈度为六度，框架抗震等级为三级； 建筑场地土类别为一类，不考虑地基土液化问题； 建筑结构的安全等级为二级，结构设计合理使用年限为 50 年
结构形式		综合楼采用框架结构
室内标高		室内地坪±0.000 相当于高程 181.800m 详见总平面图
地基基础形式		支架基础采用桩基础； 箱变基础采用独立基础
混凝土等级		基础垫层采用 C15 混凝土，基础（C30F50）、基础以上结构混凝土均采用 C30 混凝土
砌体及砂浆		外墙采用 370 厚加气混凝土砌块；内墙采用 240 厚多孔砖
钢筋及焊接	钢筋	HPB300 级钢筋、HRB400 级钢筋、Q235B 钢材
	焊接	HPB235 及 Q235 钢用 E43xx 型焊条

4.2.3　工程重点、特点

（1）本次投标的华能泗水光伏并网发电项目 20MW 工程土建施工总承包施工时应详细考虑施工方案和网络化管理。在施工中应统筹安排，采取分段、分期、分层次交叉流水施工的作业方法，同时做好各种前期准备工作，保证工程能持续、快速、均衡进行。

（2）根据泗水地区气候特点，工程施工时，将经历秋、冬季施工期，故需对工程施工期间的特殊气候制订好相应的技术措施和质量保证措施。

（3）施工现场场内四周较空旷，故应合理安排有关材料进场计划，机具、设备、临时设施的合理布置和材料的堆放整齐。在基础施工阶段土方的开挖、堆放和调配暂考虑就近堆放后作回填用土。

（4）本工程土方、混凝土工作量较大，挖出的大量土方堆放四周将影响场内施工道路的正常畅通，在此阶段我司采取分段留设泵车通道和材料运输通道。

（5）本工程中的水、电部分应在土建进度计划指导下与土建进度配合进行，由项目部编制月施工作业计划，由专业人员向施工班组做好技术交底，使班组人员明确工作目标。

（6）本工程垫层、找平、结构、基础均采用混凝土采用现场搅拌混凝土。

4.3　施工组织及部署

4.3.1　施工组织

（1）为确保本次土建工程“优质、高速、文明、安全”完成施工任务，结合我司在相关工程施工中的经验优势，挑选具有类似工程施工经验的优秀管理人员组成施工项目经理部，保证现场施工管理工作步步到位。现场施工严格按项目法组织施工，实行项目经理负责制的管理体制，以项目班子为核心，组建项目施工作业队伍。

（2）我司委派具有丰富现场管理和施工实践经验的项目经理担任本工程项目主要负责人，同时抽调公司内业务水平好、管理水平高、具有丰富施工经验的精干管理人员组成本工程项目经理部，来承担施工任务。

（3）项目部组织机构图。

项目部组织机构如图 4-3-1 所示。

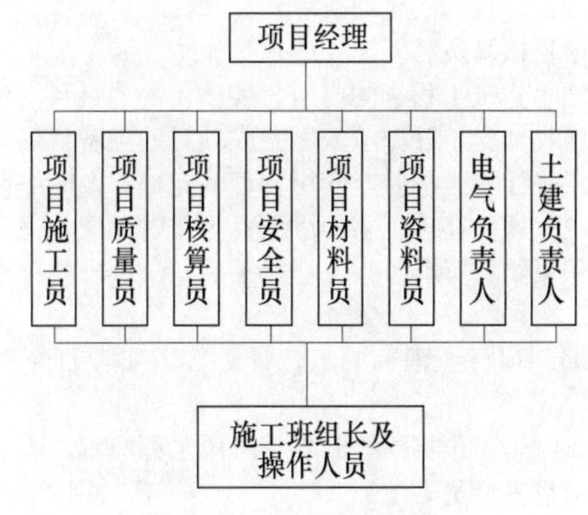

图 4-3-1　项目部组织机构图

4.3.2 项目部各人员的主要职能

一、项目经理

（1）全面负责项目经理部的施工管理，认真履行工程承包合同，确保项目顺利施工。

（2）严格执行公司的质量方针，实现工程质量目标。

（3）负责监督、协调现场的施工、物资供应、财务各方面的工作。

（4）负责与业主、监理、上级领导的联系协商。

（5）负责每月向业主、监理等提供合同要求的一些报告。

二、项目施工员

（1）协助项目经理履行对业主的承包合同，实现工程质量目标。

（2）负责公司质量管理规定在工程项目上的组织实施。

（3）参与编制组织设计，优化施工方案，负责落实各项技术节约措施，提供技术措施节约计划。

（4）负责向各专业工长进行技术交底，并按交底要求组织施工。

（5）根据工程实际情况进行编制与修订施工方案，负责组织专人连续跟踪、监督和记录施工方案的实施。

（6）组织本项目部有关人员审核图纸，并提交书面审图意见。

（7）负责本项目质量记录的汇总评定和编制各类施工进度计划及半成品加工计划，并参与对不合格材料和产品的报告、调查及处置工作。

（8）根据工程的特点，加强与业主、监理、设计单位的联系工作，及时解决工程中出现的问题。

三、项目质量员

（1）根据项目质量保证体系的展开要求和质量职能分配情况，负责指导、检查、监督、纠正、控制现场一切与产品有关的因素，保证工序与产品的一次验收合格或一次成优。

（2）在项目施工过程中，严格督促施工人员按工艺操作，力求达到施工工艺控制的标准化、规范化、制度化，对违反质量规定和有关质量法规的行为，有权暂停施工，并报告项目经理。

（3）监督各工种作业队做好每道工序的质量自检工作，并对分部分项予以全过程检验，检验合格后，经业主或监理工程师认可，填写隐蔽验收单并进行书面签证后方可进行下道工序施工。

（4）定期对项目施工人员进行规范、规程、标准、工艺、工序、计量、检验等质量管理基础知识的培训，开展质量方针、目标、意识的教育。根据项目计划，检查、监督、纠正或处置不合格品，并及时向项目经理反映。

（5）认真完成项目经理和项目工程师布置的其他各项工作。确保质量方针、目标的全面实现。

四、项目核算员

（1）熟悉建筑工程合同内所有条款，并通过科学管理、合理计算、增收节支、开源节流，完成项目的经济目标。

（2）正确计算工程量，套用合理的定额，及时编制工程预算书，对工程项目在施工中的增减变更及时办理签证手续。

（3）积累结算资料，为工程竣工后及时办理竣工结算手续创造条件。

（4）编制项目经理部的工作计划，落实项目经理的有关指令。

（5）编制施工预算，控制好分阶段工程成本。

五、项目安全员

（1）贯彻执行 JGJ 59—99 安全法规、条例、标准、规定，协助项目经理搞好项目的安全生产工作。

（2）做好安全生产的宣传教育和管理工作，总结交流先进经验。

（3）在施工现场，监督和指导各工种作业队安全工作，掌握项目安全生产情况及动态，提出改进意见和措施。

（4）定期组织安全活动和安全检查，在检查中贯彻边查边教，及时整改，不留隐患的原则，并督促落实限期解决。

（5）督促和检查上岗前和特种工种的安全技术交底，以及特种作业人员持证上岗工作。

（6）参加工伤事故的调查和处理，对违反安全规定和有关安全劳动法规的行为，有权暂停施工，并报告项目经理。

（7）负责各种安全记录资料的填制、收集和立卷工作，完成项目经理所交办的其他工作。

（8）经常检查各类机电设备的保护装置，督促作业队伍按规定执行维修保养制度，提高机电设备的完好使用率，确保安全事故为零。

（9）检查监督机操人员持证上岗的情况，杜绝无证违章作业。

（10）负责大中型机电设备进场的安全验收工作，对无质保书或出厂证明的施工机械不准投入使用，对违反操作规程的有权制止，并及时报告项目经理。

（11）确保质量方针、目标的全面实现。

六、项目资料员

（1）负责文件资料的登记、受控、分办、催办、签收、传递、立卷、归档及销毁等工作。

（2）来往文件资料收发应及时登记台账，视文件资料的内容和性质准确及时递交项目经理批阅，并及时送有关部门办理。

（3）负责做好各类资料积累、整理、处理、保管和归档立卷等工作，注意保密的原则。

（4）在工程竣工后，负责将文件资料、工程资料立卷移交公司。

（5）完成项目经理所交办的其他工作。

七、电气负责人

（1）全面负责电气分部工程的管理工作，并协调与土建的施工配合。

（2）负责按规范检查各道工序的施工质量，检查整改安全防护措施，做好水电的技术交底和材料供应工作等。

（3）督促施工人员按工艺操作，达到施工工艺标准化、规范化、制度化。

（4）协调好电气安装与调试工作，做到工程衔接有序。

4.3.3 施工部署

4.3.3.1 施工总体部署

本工程是华能泗水 20MW 太阳能并网发电项目工程施工总承包工程。20MW 项目占地约 650 亩，总投资 2470 万元。本次招标为土建工程、电气工程等总承包招标，招标的施工项目包括：土建（综合楼、综合水泵房、太阳能组件基础、逆变器基础、箱变基础、电缆沟、厂区道路、围墙基础等建筑工程的施工）、电气（设备安装、电缆敷设、调试、并网等）。整个工程施工中，各项目组由项目经理统一安排组织施工。届时，我司将组织多支专业施工队伍分组段进行专业流水施工作业，分期组织有效施工。

针对工程的施工进度、施工工期、质量要求和技术措施等方面综合考虑，要求在施工中组织足够的施工力量，科学合理地划分好施工段，使其在项目专业组间的施工中保持连续均衡施工，保证施工工期。

此外，我司在施工中服从建设单位安排，既要做好总体协调工作，又要根据具体情况，及时向建设单位提出合理化建议，尽量做到不重复施工，减少不必要的浪费。

根据对工程全面考虑和我司实际情况，确定现场设一项目经理部，其下设一个土建组、水电组，各项目组下设专业班组和班组作业人员。

电气工程纳入总承包管理，在土建进度计划指导下与土建协调配合，实现安装与土建同步，以保证总体控制目标。

4.3.3.2　施工部署及电气安装步骤

一、地基与基础施工阶段

在该施工阶段，土方开挖、独立基础、条形基础是本阶段施工的主要内容，也是本工程的重中之重。在该阶段施工中，各工种应保持连续均衡工作，做到快速、及时，满足总施工进度要求。在基础施工的同时，我公司将做好各种材料的计划、供应工作、机具设备的进场检测工作，为上部结构施工创造条件。

二、综合楼等主体施工阶段

在基础工程验收完毕，土方回填结束后，立即组织上部结构施工。在该阶段施工中，脚手架搭设、砖墙砌筑、模板安装、混凝土浇筑是主导工序。我们将采取合理的工序搭接，组织好分段流水、幢间流水，保证主导工序持续不间断施工，并坚持按拟定计划控制进度，保证计划工期。在主体施工中，现场施工布置随施工进度作相应的调整。施工机具设备作统一调整使用，以满足施工要求。在劳动力计划上，随工程进度情况随时调整施工力量，积极做好材料、设备的及时供应和主要材料要料计划。

三、综合楼装饰施工阶段

在主体施工阶段，将逐步做好已完成层面的装饰施工的准备工作（如门窗护角、混凝土毛化、水电配合、清理工作等），待主体验收后，进行屋面防水工程施工，组织粉刷工进行内外装饰。装饰宜先上而下，先外后内的开展施工，门窗应提前安装，楼地面在内粉结束后进行。

工程后期装饰均以工法实施，以样板房引路，对各幢楼实行统一做法、统一施工工艺、统一施作程序、统一验收标准要求。

四、防雷接地安装

1. 接地网安装范围及施工准备

（1）施工范围：逆变器室内设备接地。

（2）学习设计院接地图纸及《电气装置安装工程接地装置施工及验收规范》(GB 50169—2006)，编制并学习全场接地施工措施，对施工人员进行安全、技术交底。

（3）了解并熟悉接地网施工区域地下设施布置情况，检查接地施工现场应平整、无安全隐患，现场应具备接地施工条件。

（4）目测所领材料镀锌应完整，无漏镀或镀锌不均匀现象，用金属敲击镀锌层无脱落现象。

（5）测量接地材料宽度及厚度应符合图纸设计要求。

2. 设备接地安装

根据设计院图纸要求，使用镀锌扁钢作为设备接地线，采用焊接或螺接方式与设备支架牢固连接，接触面积应满足规程要求。

3. 检查电气设备外壳、底座等均已按照设计要求可靠接地并使用黄绿漆正确制作接地标示。

五、逆变器、箱变安装

1. 施工准备

（1）根据图纸提出型钢计划，并根据施工进度分期分批领用材料，检查到货的型钢应无严重锈蚀和弯曲，如有弯曲，应使用大锤进行平整。

（2）使用钢丝刷除去型钢表面铁锈，型钢各表面应呈现金属光泽。

（3）组织物资公司、监理、制造厂及电气专业人员参加设备开箱，设备型号、数量应符合图纸要求，设备应完好无损伤，设备附件、备品备件应齐全，产品出厂技术资料齐全。

（4）准备大小在 40mm×50mm、厚度约为 0.5mm～2mm 不等的铁板制作垫铁，准备 8 根 1500mm 长ϕ50 钢管作为滚杠。

（5）清扫地面，基础型钢上不得有焊渣、水泥等妨碍设备安装的杂物，检查运输路径，确定合适的设备吊装、安装方案。

2. 基础型钢制作

（1）根据图纸尺寸，用拐尺、细石笔在型钢表面划线，用砂轮锯切割下料。

（2）在施工现场将工件组合成型，先点焊，经检查符合图纸尺寸要求后，再施焊。

（3）刷防锈防腐漆。

3. 盘柜基础地面交接验收

用水准仪全面检查土建预埋件，并与地面零米标高对比，发现不符合要求处，通知土建专业人员处理。

4. 基础型钢安装

（1）依据施工图纸，用钢卷尺找出基础坐标，并拉好线绳，大型基础可打上墨线。

（2）将工件摆放到位，使用水准仪、水平尺找平，拉线找直，利用垫铁、大锤校正位置尺寸，经检查确认无误后施焊。安装要求：型钢安装应牢固，不得出现颤抖现象；基础中心线误差小于±5mm；水平度每米小于 1mm，全长小于 5mm；不直度每米小于 1mm，全长小于 5mm；固定式盘基础与地面标高差＋10mm。

（3）使用符合图纸尺寸要求的接地铜排，与基础型钢固定牢固。

接地要求：基础型钢接地点数每列不小于 2 点；扁钢搭接长度不小于 2 倍宽度，焊缝完整饱满，三面焊接；接地回路用试灯检查导通应良好。

（4）安装完毕将基础型钢焊接处焊口清理干净，并粉刷防锈漆。

（5）用水准仪在基础型钢上每隔 0.8m 测量标高具体数值，做好记录。

5. 基础型钢土建灌浆、抹地面

基础型钢安装完毕，验收合格后，应通知土建对基础型钢灌浆和地面抹平。

6. 电气设备吊装就位

（1）设备运至现场后，按安装顺序吊运。

（2）用专用拖车或滚杠将设备移至安装位置

（3）将设备端部第一块盘用小滚杠和撬棍移动，使其柜边与所打墨线完全重合；再用线坠测量其垂直度，不符合规范要求时，在柜底四角加垫铁整，达到要求后，将柜体与基础型钢焊接固定。

安装要求：柜体垂直度不大于 1.5/1000H，H 为柜高；柜底焊接四角焊缝长 20～40mm。

（4）用上述同样方法将本列盘柜末端柜找正，但先不要焊接牢固，在首末两柜前面中上部拉线，使线与柜距离在 40～50mm 左右，以线为基准，将成列柜找直；

安装要求：线绳严禁触动，一经触动，须重新核实；相邻两柜顶部水平度误差不大于 1.5mm，成列柜顶部水平度误差不大于 4mm；相邻两柜边不平度应为 0，成列柜面不平度不大于 4mm；柜间接缝间隙不大于 1.5mm；所有紧固件均采用镀锌件，螺栓露扣长度一致，在2～3扣之间。

7. 母线安装

（1）检查厂家供货母线规格、数量应符合图纸设计要求；母线工艺要求：搭接面应光滑、平整，严禁有毛刺、尖锐棱角出现；相序标示清晰。

（2）母线穿接要分清相序并按顺序穿接，穿母线时，用力要一致、均匀、柔缓，母线接合面要均匀涂抹电力复合脂。

（3）母线连接：紧固螺栓应为镀锌件，平垫、弹簧垫应齐全，规格、数量应符合规范要求；螺栓紧固力矩符合规程要求，并用力矩扳手逐个检查；螺栓露扣长度一致，在2～3扣之间。

（4）紧固母线固定金具及支柱绝缘子；安装要求：母线金具不构成闭合磁路；所有紧固螺栓应为镀锌件、螺栓露扣长度一致。

（5）检查母线相序正确，绝缘良好。

8. 设备接地

柜体与基础槽钢可靠连接，装有电器可开启门的接地用软导线将门上接地螺栓与柜体可靠连接。

9. 传动试验及全面检查

（1）开关柜外观检查：柜面无脱漆及锈蚀情况；所有紧固螺栓均齐全、完好、紧固；柜内照明装置齐全；盘上设备表计标示齐全。

（2）进出开关机械动作及闭锁情况检查，分合接地刀检查及动作及闭锁检查：开关滚轮与轨道配合间隙均匀，开关推拉轻便不摆动；安全隔离板开闭灵活，无卡涩；开关与接地刀闭锁正确；接地刀分合灵活；所有位置指示正确。

（3）检查各种电气触点接触紧密，通断顺序正确。

（4）检查设备带电部分对地距离应符合规范要求。

（5）对照施工图检查二次接线是否正确，元件配置是否符合设计要求。

（6）检查盘柜电缆一次/二次穿装孔洞应满足施工要求。

（7）箱式变压器现场就位后，分别检查铁芯、连线、绝缘、套管、密封圈、调压开关、瓦斯继电器、油位等应正常，且箱体无漏油现象。

六、通信、安防设备安装

1. 施工准备

（1）设备安装前检查配电室地面、门窗、吊顶装饰、沟道盖板施工完毕，室内卫生清洁，设备基础安装符合设计要求。

（2）开箱检查设备型号、规格、外形尺寸符合设计要求，设备外观良好，附件、备品备件齐全，产品的技术文件齐全。

（3）填写设备开箱纪要，并在设备上标示以备安装。

2. 盘柜搬运

（1）核实盘柜型号正确且无损坏。

（2）盘柜装运时应防止碰撞、摩擦，封车应牢固，车辆应缓慢平稳行驶，严禁倾倒损坏，必要时可将装置性设备和易损件拆下单独包装运输。

（3）工作时间应安排合理，设备不得在外露天过夜。

3. 盘柜就位安装

（1）盘柜安装：根据图纸要求将控制及保护盘柜安装就位，电气控制及保护盘柜与基础采用M10螺栓连接，紧固件应齐全，螺栓露扣长度2～3扣；盘柜垂直度、水平度、盘面误差应符合规范要求。

（2）盘柜接地：盘柜接地应导通良好，盘内二次接地铜排应与柜体绝缘。

（3）盘顶小母线安装：小母线标号应正确、清晰、不脱色，小母线名称应与图纸设计对应，小母线安装间距应一致且固定牢固、无扭曲现象；检查小母线绝缘大于1MΩ（用500V摇表）。

（4）盘柜附件安装检查：盘柜附件应齐全、固定牢固；盘上设备标签清晰齐全。

4. 其他控制设备安装

（1）按照施工图纸及厂家资料在安装监控主机、摄像机、红外对射装置等设备。

（2）按照厂家图纸要求布设网络连线。

七、太阳能电池组件支架安装

（1）检查每一区域的每列支架土建基础的纵横中心线、标高、几何尺寸、预埋铁件、平整度等符合设计图纸要求，并办理交付手续。

（2）根据支架安装位置要求，在基础上拉线，校核基础尺寸应正确。

（3）分段在基础支墩上组装热镀锌支架，安装镀锌螺栓，将分段镀锌支架逐一安装就位（或者使用电焊将粗找正组建支架点焊在基础的预埋铁件上，待整体找正后，再进行正式焊接，焊缝应密实，焊接应牢固，及时清理焊渣并防腐），待各分段支架均就位后，拉线检查支架的平行度、水平度、垂直度均符合设计要求时，逐一紧固镀锌螺丝，支架的斜撑、拉条安装齐全。

（4）拉线检查每行支架的斜梯形平面符合厂家技术要求。

（5）检查檩条间尺寸安装位置正确，逐一在支架的斜梯形平面上安装檩条，檩条固定附件安装齐全牢固，在每一列支架的所有檩条安装完毕后，检查整个檩条平面度符合厂家设计的技术要求。

（6）在每行支架檩条平面上根据设计位置，拉线检查每一行支架的所有檩条的位置尺寸正确后，逐一安装檩条，檩条安装附件齐全牢固，在每一列支架的所有檩条安装完毕后，检查整个檩条平面度符合厂家设计的技术要求。

（7）每一行支架接地符合设计要求，接地标识清晰、正确。

（8）每一行的直流汇流箱安装位置符合设计要求，电缆保护管符合接线位置要求。

（9）每一行支架的电线槽架安装符合设计要求，槽架固定牢固，满足布线/接线的要求。

（10）固定及手动可调支架安装的允许偏差应符合表4-3-1的规定。

表4-3-1 固定及手动可调支架安装的允许偏差

项　目	允许偏差/mm	
中心线偏差	≤2	
垂直度（每米）	≤1	
水平偏差	相邻横梁间	≤1
	东西向全长（相同标高）	≤10
立柱面偏差	相邻立柱间	≤1
	东西向全长（相同轴线）	≤5

八、太阳能电池板组件安装

（1）在每一区域每一行支架/分区域的檩条上根据太阳能电池板组件的排列位置拉线，检查每一行支架尺寸满足每一块太阳能电池板组装尺寸排列要求，检查对角线相等，满足太阳能电池板模块组装要求。

（2）根据每一区域每一列的设计图纸，确定太阳能电池板的规格型号符合设计要求。

（3）在每一列支架的檩条的平面上逐一安装太阳能电池板，安装顺序安装从上到下/从一侧到另一侧的原则进行。

（4）每一块太阳能电池板安装时背面的接线盒方向应一致，镀锌固定附件安装齐全牢靠。

（5）每一列太阳能电池板按照设计要求进行串联/并联接线，接线极性正确，接线盒密封良好。

（6）按照设计负荷分配要求，检查直流集电线路连接到对应规格型号/编号的逆变器。

（7）每一区域安装完毕后，检查验收应符合厂家技术要求，验收资料齐全，手续齐备。

（8）组件安装允许偏差应符合表 4-3-2 的规定。

表 4-3-2　　　　组件安装允许偏差

项　目	允许偏差	
倾斜角度偏差	≤1°	
组件边缘高差	相邻组件间	≤1mm
	东西向全长（相同标高）	≤10mm
组件平整度	相邻组件间	≤1mm
	东西向全长（相同轴线及标高）	≤5mm

（9）组件之间的接线应符合以下要求：

1）组件连接数量和路径应符合设计要求。

2）组件间接插件应连接牢固。

3）组串连接后开路电压和短路电流应符合设计要求。

4）组件间连接线应进行绑扎，整齐、美观。

（10）严禁在雨天进行组件的连线工作。

九、场内电缆线路安装

1. 施工准备

（1）对照图纸提材料计划，并根据施工进度分期分批领用槽钢、角钢、钢管、电缆终端头等材料。

（2）领用管材时，应做如下外观检查：保护管内外表面光滑、无铁屑、无毛刺；保护管外表面无穿孔、裂缝及显著锈蚀的凹凸不平现象；

（3）领用槽钢、角钢时，应做如下外观检查：按设计要求领取型钢；型钢表面无裂缝及显著锈蚀的凹凸不平现象。

（4）领取电缆检查：按所需电缆型号、规格、长度领取电缆，电缆外观应无损伤，端头密封严密，放置场地平整、无积水、运输方便；低压动缆及控缆使用 1000V 摇表，6kV 以上电缆用 2500V 摇表进行绝缘测试，其电阻值应符合规程规定。

2. 角钢支架制作安装

（1）熟悉施工图纸及要求，检查所领用的材料，是否符合图纸设计要求；检查角钢有无明显扭曲变形；检查角钢是否有严重锈蚀现象；检查角钢的平直度误差应不大于 $L/1000$（L 为型钢长度）。

（2）角钢支架制作：用切割机下料，下料时，切口应平正、无卷边、无毛刺；下料后，长短误差不大于 3mm；将下料完的角钢进行除锈，除锈后角钢应光滑、明亮；除锈后的角钢如仍有棱角、毛刺，需将其打磨光滑。

支架制作：对照图纸设计要求，组装符合规格型号的支架；组装支架时，档间距离偏差不大于 2mm；长度偏差不大于 3mm；宽度偏差不大于 2mm；支架焊接：支架焊接应焊接牢固，无显著变形、无砂眼、咬边、虚焊，焊缝饱满；制作成的电缆支架应横平竖直，并除净焊渣；防腐：支架制作完后粉刷防锈漆。

（3）电缆支架安装：角钢支架安装前，应将施工区域清理干净，检查预埋扁铁应符合设计要求；将支架运往施工现场，按图纸设计的标高，先安装两端支架，在两端支架上下层各拉一线绳，找出统一标高，再安装中间支架；电缆支架应固定牢固，横平竖直；电缆支架安装时，最上层横撑至沟顶距离不小于 150～200mm；最下层横撑至沟底距离不小于 50～100mm；电缆支架安装后，水平高低偏差不大于 5mm；垂直左右偏差不大于 5mm；在有坡度的电缆沟或构筑物上安装支架时，支架应与电缆沟或构筑物同坡度布置；电缆支架应与接地网有不小于 2 个明显的接地点并可靠连接；支架安装完后，除去焊渣，做防锈处理，并补刷面漆。

3. 电缆保护管制作及安装

（1）保护管的弯制：根据图纸要求，用电动液压弯管机按所量尺寸角度弯制电缆保护管；弯制模具应严格按管径尺寸选择；电缆管弯制后不应有裂缝或显著凹瘪现象。

（2）保护管组合：对照施工图纸，按照记录的现场尺寸，选择适当的保护管测量、画线；用无齿锯按照所画的线切割保护管；金属保护管的连接，必须使用套管连接；连接管口对准后，将套管两端焊接牢固、密封良好。

（3）保护管除锈防锈：焊口处除去焊渣，涂刷防锈漆和银粉漆。

（4）电缆保护管的安装：预埋电缆保护管时，要与建筑工程处配合，如需拆除模板、挖土打墙应先向有关部门申请，同意后方可动工；明敷电缆管安装时，用平尺或线坠测量，确保保护管横平竖直；敷设有倾斜度的保护管时，应与设备平行敷设。

（5）电缆保护管的接地：保护管必须确保有一可靠的接地点，可在电缆沟内焊接扁铁接地。

（6）刷漆：预埋保护管外露部分和明敷电缆保护管需补刷银粉漆；保护管接地扁铁露出地面部分应刷黄绿标志漆。

4. 电缆敷设

（1）电缆的运输与保管：对照图纸和清册领取所需电缆，检验电缆的型号与规格应符合设计要求；查看电缆盘有无机械损伤，包装是否完好；电缆运输时严禁人货同车，电缆盘不得平放于车上；严禁将电缆盘从车上直接推下；将电缆的头部封好，避免灌进雨水，以防受潮绝缘电阻下降。

（2）电缆牌的制作：电缆牌规格要统一；可用微机打印并压塑；不同区域、不同系统的电缆牌应分类放置。

（3）电缆敷设路径检查：核对电缆所经路径已完全沟通；电缆路径应完全清理干净；检查电缆路径是否有可能使电缆受损的地方，如有应及时处理，并在敷设时特别注意。

（4）电缆长度的测量确定：现场测量电缆路径，确定电缆长度，每根电缆敷设完后，记录电缆长度。

（5）电缆敷设人员配置：在电缆敷设起点应由一人专门负责安排，通知所放电缆顺序、起止点、规格、型号等事项；在电缆敷设终点，应由对现场比较熟悉的人负责，并做好电缆的长度预留。动力电缆预留长度不得超过接线母排 600mm，控制电缆预留长度不得超过接线端子排 500mm；在电缆易交叉的地段，应由专人负责整理电缆，以保证电缆敷设工艺。

（6）电缆绝缘检查：在电缆敷设前，先检查整盘电缆的绝缘，400V 电缆及控制电缆用 500V 兆欧表检查；35kV 电缆用 2500V 兆欧表检查，如绝缘有问题，及时汇报查找原因。

（7）电缆敷设：电缆敷设时环境温度应不低于－15℃；电缆敷设时，电缆应从盘的上端引出，不得使电缆在支架上及地面摩擦拖拉；电缆敷设时应排列整齐，不宜交叉，并加以固定；电缆敷设时，不同电压等级电缆应分层排布，支桥架由上到下依次为高压动缆、低压动缆、控制电缆、信号电缆；每施放完一根电缆后，将电缆固定好；在垂直敷设或超过 45°倾斜时电缆固定间距为 2m；水平敷设时，在电缆首末端及转弯处加以固定，除此之外电缆固定间距为 5～10m；电缆与热力管道、热力设备之间的净距平行时不应小于 1m，交叉时不应小于 0.5m，当受条件限制时，应采取隔热保护措施；电缆的最小弯曲半径应符合以下规定：聚氯乙烯绝缘电缆不小于 10*D*（*D* 为电缆直径）、交联聚氯乙烯绝缘电缆不小于 15*D*（*D* 为电缆直径）；不可避免的情况下出现接头时，要做好记录，并留够长度；每根电缆的起始端应预留足够接线长度，并挂牢电缆牌；当电缆需要直埋时，电缆表面距地面距离不小于 0.7m，并且埋在冻土层以下，直埋电缆的上下部应铺以不小于 100mm 厚的软土或沙层，并加盖保护板，其覆盖宽度应超过电缆两侧各 50mm，软土或沙子中不应有石块或其他硬质杂物；电缆在穿保护管时，应查看保护管是否畅通，交流单芯电缆不得单独穿入钢管内。

5. 电缆头制作及接线

（1）电缆进盘整理：依据设计施工图纸电缆的接线位置整理排列电缆，接线位置较低的电缆排在盘内侧，接线位置较高的排在盘的外侧；电缆通过进盘固定支架按顺序排列，电缆的弯曲弧度应一致，不准有交叉、扭曲现象；铠装电缆钢带切段处端部应平滑，不得残留毛刺，钢带的剥口位置应力求一致；电缆帮扎间距一致并均匀，固定牢固，防止所接端子受到机械应力而损坏；电缆排列应美观。

（2）电缆头制作：剥除电缆护套时不能伤触芯线绝缘，芯线束应顺直，芯线排列整齐一致，帮扎间距一致；电缆开剥位置高度应一致；电缆芯线破束后应及时剪除中间的加强绳；芯线拉直时应略有伸长，切勿用力过大，以免影响导线截面；电缆头包扎长度应一致，美观大方，电缆头直径不大于电缆护套外径 2mm；电缆做头时将黄色塑料带对折后，紧密有序的缠绕在芯线上，成型后用黄色粘胶带封口；电缆屏蔽芯与黄绿接地线焊接后包在塑料带里面，黄绿接地线不小于 4mm²；电缆头位置应低于电缆最低接线位置 150～200mm，盘内电缆头高度视端子排高度而定，同一盘内电缆头高度尽量保持一致；按电缆芯线号或颜色穿号头，穿号头前必须用试灯查对正确，每根线芯导通良好，并保证每根线芯的两端号头相符，依次穿上号头，注意号头的方向要一致。

（3）电缆分线及压接：按图纸对照号头进行分线，分线位置应准确无误；备用芯长度应能保证接至本侧最远一个端子；盘内线芯绑扎统一使用白色尼龙扎带，扎带的结头应放在线束的里侧，同屏内使用同一规格的绑扎材料；当盘内线芯特别多时，应按单元或回路分束绑把，以方便施工接线、查线和检修方便，尽量避免出现特大把束；芯线的预留弯曲弧度应一致，芯线接入端子的位置必须符合图纸的要求，芯线的导体不能外露触接线端子，编号头的字体方向应一致；线头弯圈大小应适合接线螺丝直径，弯曲方向应顺应螺丝拧紧方向，每个端子接线根数不大于 2 根；芯线进入端子前应手工依次弯曲成弧度相同的线排，导线的弯曲半径大于 3 倍的导线直径，排列一致无交叉（圆弧半径约 20mm，线段周长约 120～150mm）；正确使用工具，芯线不能有咬痕及损伤现象，线芯压接应牢固可靠；紧固件应配置完好、齐全；编号头正确、齐全，方向一致；电气回路连接（压接、插紧）紧固可靠；多股软导线应使用与芯线截面相同的线鼻子，用压线钳压接牢固，导线不能有断股现象；对屏蔽电缆及其他有接地要求的电缆应将屏蔽层可靠接地；对于需要临时隔离的导线，需用绝缘胶带包好，并远离带电导体；线芯绑扎间距为 30mm，绑扎应松紧适当、均匀，且同一盘内绑扎间距应一致；电缆标示牌应统一悬挂，标示牌悬挂对应电缆正确，悬挂观感美观。

6. 电缆防火与阻燃

设计院设计本期工程使用有机堵料、无机堵料、防火涂料、阻火包带进行防火封堵，应参照设计院防火封堵典型图进行施工。

十、电气设备交接试验

1. 电力电缆试验项目

（1）测量绝缘电阻。

（2）直流耐压试验及测量泄漏电流测量。

（3）交流耐压试验。

（4）测量金属屏蔽层电阻和导体电阻比。

（5）检查电缆线路两端的相位。

2. 真空断路器试验

（1）测量绝缘电阻。

（2）测量每相导体回路的电阻。

（3）交流耐压试验。

（4）测量断路器主触头的分、合闸时间，测量分合、闸的同期性，测量合闸时触头的弹跳时间。

（5）测量分、合闸线圈及合闸接触器线圈的绝缘电阻和直流电阻。

（6）断路器操作机构的试验。

3. 避雷器试验

（1）测量金属氧化物避雷器及基座绝缘电阻。

（2）测量金属氧化物避雷器的工频参考电压和持续电流。

（3）测量金属氧化物避雷器直流参考电压 0.75 倍直流参考电压下的泄露电流。

（4）工频放电电压试验。

4. 隔离开关试验

（1）测量绝缘电阻。

（2）交流耐压试验。

（3）操动机构的试验。

5. 绝缘油试验

击穿电压试验。

6. 低压电器试验

（1）测量低压电器连同所连电缆及二次回路的绝缘电阻。

（2）电压线圈动作值校验。

（3）低压电器动作情况检查。

（4）低压电器采用的脱扣器的整定。

（5）测量电阻器和变阻器的直流电阻。

（6）低压电器连同所连接电缆及二次回路的交流耐压试验。

7. 二次回路试验

（1）测量绝缘电阻。

（2）交流耐压试验。

8. 1kV 以下电压等级配电装置和馈电线路试验

（1）测量绝缘电阻。

（2）交流耐压试验。

十一、电气回路调试

1. 电气系统调试

（1）依据施工图纸逐一检查开关柜、互感器柜至设备综保装置的接线、检查交流回路应正确，综保装置调试完毕恢复接线。

（2）电气保护定值正确，交直流回路检查正确。

（3）各开关本体远方/就地跳合闸正确，防跳试验符合要求，综合保护出口跳闸正确，低电压跳闸正确，高低压连锁跳闸及互为备用闭锁符合设计要求，逻辑自动回路动作正确。

（4）控制室计算机操作员站发布指令逐一传动各开关，各开关对应的动作、指示、音响及画面指示正确，逻辑关系正确；在集控室操作员站检查核对监控传输的参数应符合设计要求。

（5）进行35kV系统的断路器保护回路调试/保护定值的整定工作，保护出口动作正确；传动试验完好。

（6）做好各项调试记录，签证手续齐备。

2. 太阳能电池板组件直流汇集系统调试

（1）在太阳能电池板组件厂家现场技术人员的指导与监督下，逐一检测太阳能电池板组件的连接顺序和检测每板每一连接回路的电压情况应正确。

（2）检查检测每一个直流汇集箱的汇集电路连接正确，电压测试正确。

（3）检查每一区域每一对应单元逆变器的连接回路正确，电压检测正确。

（4）在逆变器厂家现场技术人员的指导与监督下，检查每一回路的逆变器内部接线正确，依照厂家使用说明书检测调试输出电压等符合厂家的技术资料的要求。

（5）做好各项调试记录，签证手续齐备。

十二、光伏系统调试

1. 光伏组串调试

光伏组串调试前具备下列条件：

（1）光伏组件调试前所有组件应按照设计文件数量和型号组串并接引完毕。

（2）汇流箱内防反二极管极性应正确。

（3）汇流箱内各回路电缆接引完毕，且标示清晰、准确。

（4）调试人员应具备相应电工资格或上岗证并配备相应劳动保护用品。

（5）确保各回路熔断器在断开位置。

（6）汇流箱及内部防雷模块接地应牢固、可靠，且导通良好。

监控回路应具备调试条件：辐照度宜大于700W/m^{2}的条件下测试，最低不应低于400W/m^2。

光伏组串调试检测应符合下列规定：

（1）汇流箱内测试光伏组串的极性应正确。

（2）同一时间测试的相同组串之间的电压偏差不应大于5V。

（3）组串电缆温度应无超常温的异常情况，确保电缆无短路和破损。

（4）直接测试组串短路电流时，应由专业持证上岗人员操作并采取相应的保护措施防止拉弧。

（5）在并网发电情况下，使用钳形万用表对组串电流进行检测。相同组串间电流应无异常波动或差异。

（6）逆变器投入运行前，宜将逆变单元内所有汇流箱均测试完成并投入。

（7）光伏组串测试完成后，应根据规程要求填写相应记录。

2. 逆变器在投入运行后汇流箱内光伏组串的投、退顺序应符合的规定

汇流箱的总开关具备断弧功能时，其投、退应按下列步骤执行：

（1）先投入光伏组串小开关或熔断器，后投入汇流箱总开关。

（2）先退出汇流箱总开关，后退出光伏组串小开关或熔断器。

汇流箱总输出采用熔断器，分支回路光伏组串的开关具备断弧功能时，其投、退应按下列步骤执行：

（1）先投入汇流箱总输出熔断器，后投入光伏组串小开关。

（2）先退出箱内所有光伏组串小开关，后退出汇流箱总输出熔断器。

（3）汇流箱总输出和分支回路光伏组串均采用熔断器时，则投、退熔断器前，均应将逆变器解列。

3. 汇流箱的监控功能应符合的要求

（1）监控系统的通信地址应正确，通信良好并具有抗干扰能力。

（2）监控系统应实时准确的反映汇流箱内各光伏组串电流的变化情况。

十三、逆变器调试

1. 逆变器调试前应具备的条件

（1）逆变器控制电源应具备投入条件。

（2）逆变器直流侧电缆应接线牢固且极性正确、绝缘良好。

（3）逆变器交流侧电缆应接线牢固且相序正确、绝缘良好。

（4）方阵接线正确，具备给逆变器提供直流电源的条件。

2. 逆变器调试前应对其做的检查

（1）逆变器接地应符合要求。

（2）逆变器内部元器件应完好，无受潮、放电痕迹。

（3）逆变器内部所有电缆连接螺栓、插件、端子应连接牢固，无松动。

（4）如逆变器本体配有手动分合闸装置，其操作应灵活可靠、接触良好，开关位置指示正确。

（5）逆变器临时标识应清晰准确。

（6）逆变器内部应无杂物，并经过清灰处理。

3. 逆变器调试应符合的规定

（1）逆变器的调试工作宜由生产厂家配合进行。

（2）逆变器控制回路带电时，应对其做如下检查：工作状态指示灯、人机界面屏幕显示应正常；人机界面上各参数设置应正确；散热装置工作应正常。

（3）逆变器直流侧带电而交流侧不带电时，应进行如下工作：测量直流侧电压值和人机界面显示值之间偏差应在允许范围内；检查人机界面显示直流侧对地阻抗值应符合要求。

（4）逆变器直流侧带电、交流侧带电，具备并网条件时，应进行如下工作：测量交流侧电压值和人机界面显示值之间偏差应在允许范围内；交流侧电压及频率应在逆变器额定范围内，且相序正确；具有门限位闭锁功能的逆变器，逆变器盘门在开启状态下，不应做出并网动作。

（5）逆变器并网后，在下列测试情况下，逆变器应跳闸解列：具有门限位闭锁功能的逆变器，开启逆变器盘门；逆变器网侧失电；逆变器直流侧对地阻抗高于保护设定值；逆变器直流输入电压高于或低于逆变器设定的门槛值；逆变器直流输入过电流；逆变器线路侧电压偏出额定电压允许范围；逆变器线路频率超出额定频率允许范围；逆变器交流侧电流不平衡超出设定范围。

（6）逆变器的运行效率、防孤岛保护及输出的电能质量等测试工作，应由有资质的单位进行检测。

4. 逆变器调试时还应注意的事项

（1）逆变器运行后，需打开盘门进行检测时，必须确认无电压残留后才允许作业。

（2）逆变器在运行状态下，严禁断开无断弧能力的汇流箱总开关或熔断器。

（3）如需接触逆变器带电部位，必须切断直流侧和交流侧电源、控制电源。

（4）严禁施工人员单独对逆变器进行测试工作。

5. 填写施工记录

施工人员应按照规程要求的格式填写相关施工记录。

6. 逆变器的监控功能调试应符合的要求

（1）监控系统的通信地址应正确，通信良好并具有抗干扰

能力。

（2）监控系统应实时准确的反映逆变器的运行状态、数据和各种故障信息。

（3）具备远方启、停及调整有功输出功能的逆变器，应实时响应远方操作，动作准确可靠。

十四、电网系统倒送电

（1）系统倒送站用电前，各电气系统的单位工程、分部、分项工程已经安装/调试完毕，并且验收合格，验收技术资料正确齐全。

（2）报请有关单位部门现场验收完毕，所有安装的电气设备满足系统送电要求。

（3）系统倒送电顺序：

1）分别合35kV馈线断路器，向各光伏分区升压变压器的高压侧电缆冲击，检查高压电缆运行无异常。

2）合箱变高压侧负荷开关，再合35kV馈线断路器，向各光伏分区升压变压器送电冲击三次，检查变压器本体工作正常，无渗油和异常情况，检查低压侧电压、相序正确。

3）分别合各箱变低压开关柜出线断路器，向各分区光伏发电交流母线充电，分别检查各对应的逆变器交流侧母线电压/相序正确、相位正确。

4）做好各项送电记录，签证手续齐备。

十五、各区域太阳能电池板组件分路并网发电

（1）协助配合太阳能电池板和逆变器生产厂家的现场技术人员逐一检查各逆变器所属回路连接正确，符合设计图纸的要求。

（2）配合厂家现场技术人员测试逆变器的输入/输出测试，逆变器带负荷性能测试，监测逆变器各负载点测试符合出厂技术资料的要求。

（3）分别逐一进行各逆变器的并网发电测试工作。

十六、协调配合

在土建施工中，水电安装工程和各工种应密切配合施工，加强工作计划性，保证土建工程的正常施工，确保工程的工期和施工质量，做到一次成优。每月组织至少两次施工质量检查、评比、总结，认真贯彻业主、监理验收控制的精神，及时了解贯彻业主、监理关于施工质量方面的质量要求和建议，确保工程施工质量。

4.3.3.3 土建施工原则控制

一、土方工程

土方开挖：测量放线、验线→机械开挖→基坑护坡→修槽→验槽。

土方回填：分层回填压实→取样试验→至设计高程。

二、基础工程

测量放线→混凝土垫层→基础扎筋→基础支模→基础浇混凝土→拆模养护→水电预留、预埋→标高放线→基础土方回填。

三、主体工程

测量放线→墙、柱钢筋→水电预埋→墙、柱模板→墙、柱混凝土→拆模养护→标高放线→梁板模板→梁板钢筋→水电预留、预埋→梁板混凝土→养护。

四、装修工程

测量放线→立门窗口→内墙抹灰→楼地面→墙面踢脚→吊顶→涂料→地面面层→油漆。

4.3.4 劳动力组织

一、劳动力配置

现场施工劳动力的合理配备是保证安全生产、施工质量、工程进度的关键之一。根据本工程具体情况，我公司将配备具有多年施工经验的专业技术管理人员、固定的施工作业队伍，以保证工程从开工到竣工过程中处于正常的、高效的、持续的大规模生产，以求达到“用一流管理、创一流质量、保一流安全、争一流速度”。

工人作业时间依季节定，一般情况下早上6点至晚上8点为施工时间，由于泗水地区日照时间较长，昼夜温差大，中间可以避开高温时段，休息若干小时。根据总预算工日及招标工期合理决定工程总施工作业人数。

劳动力配备计划表见表4-3-3。

表4-3-3　　劳动力配备计划表　　单位：人

序号	主要工种	施工阶段				备注
		基础	主体	装饰	扫尾	
1	瓦工	15	15			
2	模板工	15	5			木工兼
3	钢筋工	5	5			专业
4	普工	5	5	10	10	专业
5	机操工	5	5	5		专业
6	水电工	5	5	5		专业
7	架子工	5	10	5		专业
8	防水工			5		专业
9	抹灰工			5		瓦工兼
10	油漆工			5		专业
11	管理人员	7	7	7	7	
12	后勤人员	2	2	2	2	专业
13	其他	5	5	5	5	
合计		99	64	54	24	

二、施工人员管理

（1）施工人员进场前必须进行遵纪守法教育，进入现场后要定期进行遵纪守法教育。所有现场施工人员按吴忠市的相关规定办好各种手续。

（2）管理人员及工人上班时一律佩戴好上岗证，穿戴好统一佩制的工作服。进入现场人员必须佩戴安全帽。

（3）全体施工管理人员实行岗位责任制，做到职责分明。

（4）对使用的外包队人员做到底细清楚，所须证件齐全。

（5）施工现场严禁赌博、酗酒、打架斗殴等违法行为。

（6）来访人员在门卫处执行来访签单制度。外部人员未经主管领导批准，不得在施工现场留宿。

（7）现场工人名单在门卫统一挂牌上墙，离开工地时摘下工作牌。

（8）配备工地保安人员，实行三班制值勤和夜间巡逻制度，设立门卫亭和门卫制度。

（9）特殊工种必须经过培训，取得资格证书后方能上岗，严禁无证上岗。

三、保障措施

（1）我公司有严格的管理制度及奖惩制度，能确保农忙期间正常施工。

（2）农忙期间针对部分农民工给予农忙补贴且统一组织机

械进行收割，打消农民工的后顾之忧，使他们能安心地在工地施工。

（3）针对有可能发生的各种传染疫情，我公司制定以下措施：

1）所有参与本工程的人员都必须经过防疫部门的检查，符合条件者必须登记在册，实现挂牌上岗。

2）本工程实现封闭式管理，严格控制人员流动。所有施工人员严禁随意进出工地。来访人员必须经门卫检查登记才可进出工地。

3）工地必须做好消毒措施，坚持专人定时消毒，并做好记录。工地食堂、职工宿舍等生活区必须重点消毒。

4.3.5　电气主要量具、工机具、劳动力组织

一、工器具、材料（均应校验合格，并且在有效期以内）

（1）临时电源盘 10 只。

（2）卷尺（3m、5m、20m）各 3 把。

（3）水平尺 5 把。

（4）线坠 5 只。

（5）平锉 5 把。

（6）大锤 2 把。

（7）手锤 5 把。

（8）木锤 5 把。

（9）磨光机 5 把。

（10）活口扳手（8″、10″）各 5 把。

（11）梅花扳手 6 套。

（12）内六角扳手 6 套。

（13）安全用具（安全帽、绝缘手套、防护眼镜、焊工手套）若干。

二、机械

（1）运输车辆 5 辆。

（2）柴油/汽油发电机 8 台。

（3）交流电焊机 8 台。

（4）无齿锯 3 台。

三、劳力组织

（1）安装工 80 名。

（2）焊工 8 名。

4.4　施工进度计划与工期保证措施

4.4.1　施工进度总体计划

一、工期目标

本工程招标工期待合同签订后确定，我司根据我们自身情况及图纸审查等确认我司投标工期。施工期间，加强工程施工期的三级动态管理，全面完成合同条款内的各项工作，按总进度计划来控制和加强工期目标管理。

二、施工进度总体计划

根据本工程的特点及本公司自身情况，编制总施工进度计划。工程计划开工日期为签订合同之日起。施工进度计划以各项目组施工内容、施工进度和网络化管理进行总安排。

三、施工计划进度主要施工内容

1. 前期准备

临时设施的搭设：钢筋操作间、木工操作间、工具间、仓库、职工宿舍、办公室、食堂、餐厅、厕所、值班室等。

技术和物资准备：管理人员对施工图纸的学习、研究，并做好图纸会审、技术交底等工作；有计划地组织工程所需用材料、机械设备等物资进场等。

（1）设备安装前检查配电室地面、门窗、吊顶装饰、沟道盖板施工完毕，室内卫生清洁，设备基础安装符合设计要求。

（2）开箱检查设备型号、规格、外形尺寸符合设计要求，设备外观良好，附件、备品备件齐全，产品的技术文件齐全。

（3）填写设备开箱纪要，并在设备上标示以备安装。

2. 地基与基础工程

主要为土方开挖、独立基础及条形基础施工等。

3. 主体工程

主体结构工程主要内容为支架的搭设、砖墙砌筑、构造柱/圈梁/现浇板施工、搅拌混凝土的供应、水电预埋配合等。

4. 装饰工程

装饰工程在主体结构施工结束后进行，主要有内容有屋面防水工程、门窗工程、室内外粉刷、楼地面工程等；总体顺序为从上向下，采用流水搭接施工顺序。

5. 水电工程配合

水电分部纳入总承包管理，在土建进度计划指导下与土建协调配合，实现安装与土建同步，以保证总体控制目标。

6. 电气安装、调试、并网

电气安装、调试、并网工作量大，总体工作要与土建衔接好，根据实际安排工作。

7. 收尾竣工

主要内容为室内外附属工程、清理场地及竣工收尾、资料整理等工作。

4.4.2　施工进度保证措施

为确保进度计划实施，拟采取如下主要措施：

一、做好施工准备，杜绝工期浪费

做好技术准备，尽量将施工图纸中的问题解决在施工之前：

（1）及时组织项目部全部技术管理人员认真熟悉和审查图纸，检查图纸是否完整和齐全，各图纸间的尺寸是否一致，有无矛盾，熟悉各部位做法，做到心中有数，减少和杜绝施工中的差错。

（2）项目部技术管理人员为主的图纸自审小组在领会设计意图、明确和讨论确定各部位做法的基础上，提前制定出各分部分项工程的详细施工技术方案。对比较重要和特殊的施工方案必须经过认真计算，经验算合格后必须报技术总负责人审批。

（3）详细编制施工预算，进行工料分析，为合理安排材料进场、人员进场、技术工人数量配备提供可靠的科学依据。

二、做好物资准备，为连续高强度的施工创造条件

（1）建筑材料准备，根据施工预算的材料分析和施工进度计划的要求编制建筑材料分阶段需求量计划，为施工备料、确定仓库和堆场以及组织运输提供依据。

（2）建筑机具准备，根据施工方案和进度的要求，编制机具需要量计划，按期或提早调配、租赁、购买到场，保证施工需要。

三、劳动力组织措施

（1）工程开工前按本工程的要求，按编制的项目部管理人员名单调配到位，开展工作。

（2）尽快组织施工力量进场，在开工前尽快做好施工准备工作，保证具备开工条件后可以迅速组织施工。

（3）对进场的职工及时做好进场前三级安全教育，特别是针对吴忠地区有关建筑工程方面的地方规定，组织学习和贯彻落实，同时落实施工计划和技术质量管理责任，并按管理体系逐级进行交底和检查。对工程施工进度计划和月、旬作业计划、

各项安全技术措施、降低施工成本措施、质量保证措施、质量标准、验收规范要求、设计变更和技术核定等事项做详细的交底，同时健全各项规章制度，加强遵纪守法的教育，使工程能顺利进行。

四、施工现场的准备

（1）及时按照业主提供的坐标控制点进行各个住宅栋号坐标控制点的定位，同时做好测量定位复核与验收。

（2）设置场区内永久性水准标志桩（点），为场区内各楼号水平引测做好准备。

（3）做好四通一平——施工现场的水通、电通、道路畅通、通信畅通和场地平整，并按照施工现场状况和施工需要及时布置各作业工棚和材料堆放场地。

（4）迅速搭建施工临时设施，按照施工现场平面布置图和施工设施需求情况，搭建各项临时设施，为正式开工和开工后的顺利施工创造条件。

五、管理保证措施

（1）组织以项目经理负责制为核心的管理层，全权负责该工程的管理，项目班子按项目法施工管理的模式配备，对工程的质量、安全、工期成本等有计划地组织协调和管理。

（2）为充分发挥管理效益高、施工速度快、施工有条有理的优势，组织施工队伍时对劳动力实行动态管理。

六、资金保证措施

项目财力的合理使用是工程按进度计划顺利施工的保障，做好项目成本的控制和使用是项目降低成本、提高综合效益的基础。

（1）合理收取工程款。

（2）合理使用工程款。

1）保证项目的资金使用是保证工程顺利进行的先决条件。为此公司在资金使用上坚决做到专款专用，不属于公司使用资金决不占用。

2）在抓计划的基础上做好调度工作，决不因计划不周导致物资积压，使资金无法发挥效益。抓好材料费用的控制使用是做好财力使用的基础。

（3）合理调度工程款。

七、强化工程管理

制定针对本工程的合理管理制度，调动一切可运用的劳动力，强化工程定额管理。

1. 组织流水施工

该工程劳动力需求量大，预先有计划组织、安排各不同施工阶段的劳动力布置，幢号和工序间合理组织流水作业。

2. 强化计量管理

加强计量器具管理，做到测量、称量准确，所有器具均经过法定计量单位的检定，并保证计量器具在有效使用期内。

3. 加强技术管理

基础、主体结构、装饰工程三个阶段施工前组织四次图纸会审。专业组内建立 QC 小组，不定期开展各项活动。针对工程特点和近年内各项科技成果的应用，合理将新技术、新工艺、新方法、新理念运用到工程中，通过 QC 小组的定期不定期开展活动，加强对四新科技成果在项目工程的应用和推广。

钢筋集中加工配料，采用闪光对焊、电渣焊压力焊工艺，每个钢筋料加工棚配备各一台碰焊机、弯曲机、切断机，保证钢筋制作质量和速度，便于现场钢筋的运输及工期进度的要求。

支模工具化、装配化，剪力墙模板、梁模板、板模板尽量定型配制，配制模板进行编号并按安装先后顺序分类堆放在模板成品堆场，模板成品堆场应尽量就近在靠近或覆盖在吊车运转范围内，以提高模板运输、安装的速度。

4. 加强现场文明施工管理

项目部配备一定的机动劳动力进行现场材料管理，包括整理、归堆、清理、垃圾的外运。配备专职人员负责警卫工作及场容场貌管理，督促安全生产的有序进行。

5. 强化施工节点进度控制

加墙施工节点进度控制，特别是挖土正式动工时间、基础完成时间、钢筋混凝土结构完成时间、主体结构完成时间、粗装修时间、门窗进场安装时间、外场市政道路开始和完成时间。

6. 施工进度控制措施

（1）总的工期控制：向关键工序要工期，向非关键工序要支援，以主体结构为主要的控制对象，力争快速均衡施工，确保合同工期如期实现。

（2）总进度计划分阶段落实，合理确定每个单位工程和分部、分项工程的施工持续时间，科学合理地安排分部、分项工程之间的搭接关系，通过组织保证措施，确保施工总进度计划按期完成。

（3）按时提供工程所需资金，建立项目部奖罚制度，明确各职能人员职责，利用奖罚制度调动项目部所有管理人员以及参建工人的积极性，通过经济手段在确保质量的前提下来保证总工期的实现。

（4）实施网络法施工，抓住主导工序，减少支模时间及起吊吊次，安排足够的劳力，组织多班循环作业，缩短施工周期。

（5）建立一个机动辅助班组，作为主导流水中薄弱环节工序的突出，补充与赶工兼用。

（6）装修收尾时，组织混合收尾小组，采取逐层逐间修补的办法，加快收尾进度。

（7）水、电气配管与土建穿插施工，土建施工为专为安装尽早投入创造施工条件，做好交叉施工的配合工作，定期召开专业协调会议，制定成品保护措施，解决配合中的有关事宜。

4.4.3 施工进度计划表

施工进度计划见表 4-4-1。

表 4-4-1 华能泗水 20MW 太阳能并网发电项目工程施工计划

	施工项目	开始日期/（年.月.日）	结束日期/（年.月.日）	备注
一	升压站建筑及安装			
1	综合楼基础施工	2015.1.5	2015.1.5	T0201、T0202 图纸不全，应于 2015.1.1 前出图
2	综合楼上部结构、地下设施施工	2015.1.31	2015.3.20	T0203、T0204 图纸未出，应于 2015.1.1 前出图
3	综合楼建筑装饰装修	2015.3.25	2015.4.20	图纸未出，应于 2015.2.25 前出图
4	附属工程建筑施工	2015.1.25	2015.4.15	图纸未出，应于 2015.1.20 前出图
5	升压站电气安装	2015.3.15	2015.4.20	需保证设备到货
二	箱变及逆变器建筑及安装			
1	箱变及逆变器基础施工	2015.3.1	2015.3.31	春节前设备招标完成，并出图
2	第一批并网箱变及逆变器安装	2015.3.15	2015.4.20	需保证设备到货

续表

	施　工　项　目	开始日期/（年.月.日）	结束日期/（年.月.日）	备　注
三	光伏区建筑及安装			
1	支架基础制作	2015.1.15	2015.5.15	第一批并网光伏组件基础3月31日完成
2	支架安装	2015.3.1	2015.5.31	第一批并网光伏支架安装4月5日完成
3	组件安装	2015.3.10	2015.5.10	第一批并网组件安装4月15日完成
4	电缆敷设及建设	2015.3.10	2015.5.20	第一批并网部分4月20日完成
四	电气试验、测试			
1	升压站电气调试	2015.3.20	2015.4.20	
2	光伏区电气调试	2015.4.1	2015.5.20	第一批并网部分4月20日完成
五	道路施工			
1	场内道路施工	2015.1.1	2015.5.25	
六	围墙			
1	围墙施工	2015.1.5	2015.5.10	Z0103图纸未出，应于2015.1.5前出图
七	防雷及接地			
1	接地施工	2015.1.20	2015.5.10	升压站区域及并网光伏组件部分4月20日完成

4.5　施工现场总平面布置

4.5.1　施工前期准备

（1）施工管理人员必须认真学习，熟悉施工设计图纸及相关的标准图，搞好图纸会审，编制施工方案，参加设计交底。

（2）准备有关的标准图集及施工规范、图表、工程定额、估价表、仪器设备。

（3）编制主要分部项工程的施工方案，制定工艺流程，做好技术交底。

（4）编制工程预算，提供详细的原材料、半成品供应计划及劳动力、机具设备组织计划。

（5）编制半成品加工及订货计划，做好搅拌混凝土的供应工作。

（6）做好施工前的材料试验，现场搅拌混凝土、砂浆的试配工作，钢材送样复试。

（7）做好测量控制总水准点的测设工作。

（8）做好原材料、机具、半成品加工计划。

（9）根据总进度计划编制分阶段作业计划。

（10）根据招标要求，编制针对性的技术质量要求和管理标准。

（11）按施工平面图埋设上下水管，挖好沉淀池，铺好车辆冲洗池场地。

（12）根据施工图纸，现场做好彩钢板围护。搭建临设，接通配电房电源。

1）脚手架搭设。脚手架分外墙脚手架和内墙脚手架，内墙装饰采用扣件式钢管脚手架搭设而成；外脚手架采用双排钢管脚手架，毛竹片脚手板；脚手架采用密目网或安全围护，封闭施工。

2）有关材料和构件运输采用汽车运至施工现场。

4.5.2　施工现场平面图设计

（1）设计原则：现场围挡按公司文明工地创建手册设置，临时道路硬化，办公、生活、生产临时设施布置紧凑美观。

（2）围墙：施工前根据创建手册砌筑砖墙围护，并符合济宁市有关标准和规定。

（3）施工场地排水：沿拟建建筑物四周施工道路旁砖砌排水沟，将污水和雨水引入沉淀池沉淀后排入市政污水管网。

（4）现场道路：场内主道路宽度按4m铺设，施工道路原则上沿建筑物转通；道路的基土用压路机碾压后铺250厚碎石，并浇200mm厚C20素混凝土；施工道路兼承担消防通道任务，形成环路，设置指示牌，确保消防车昼夜通行，各种施工材料禁止占用消防通道。

（5）场地硬化：场内钢管堆场、钢筋堆场、搅拌场地和大门出入口10m范围内及生活区域内在施工前均必须用混凝土硬化，确保文明施工。

（6）临水、临电：水管和电缆沿场地四周埋设部署。

（7）施工出入口：在施工西、南侧主出入口按创建规定设置公司标志、创建标语和创建标图牌等宣传栏。

（8）办公和生活设施：我们计划在将办公区、生活区设置在现场南侧，办公室、宿舍采用集装箱，施工人员宿舍采用彩钢板围护，形成独立的生活区。

（9）材料堆放：本工程垂直运输涉及的砖、砂浆、钢筋、模板等建筑用料由井架来承担，故建筑用材料的成品和半成品必须堆置在井架附近。

（10）现场照明：沿场地四周设置灯具，灯架间隔根据现场合理布置。

4.5.3　现场临时设施布置

（1）在业主的协调下做好现场临建的搭设，主要有宿舍、食堂、办公室、工具间、钢筋制作间、钢筋半成品堆场，钢管、木模板、木材等材料堆放场地。

（2）布置好现场临时供水、电及机械设备布置，为施工做好准备工作。设置好消防、保安设施，建立齐全的规章制度。

（3）施工道路场内的施工道路的铺设、施工区段内的彩钢板围护、出入的设置和创建标图牌的设置等。

（4）项目经理部及时落实组织进场准备工作，按照施工组织设计的规划要求进行现场总平面布置，包括搭设临建，现场水、电源的平面布置和加密铺设；施工场地局部做硬化处理，做好组织排水设施；场地配足消防器具，确保安全生产。同时积极做好施工方案、技术交底、安全交底等工作，并以书面形式层层落实。

第 5 章　华电肥城安临站风电场工程施工组织设计

5.1　工 程 概 况

5.1.1　编制依据

（1）华电肥城安临站风电场工程招标文件、投标文件。

（2）《中华人民共和国建筑法》2011 主席令第 46 号。

（3）《中华人民共和国建筑法》。

（4）《电力建设工程施工技术管理导则》国电电源〔2002〕896 号。

（5）本工程有关的国家及部颁设计、施工及验收技术规范、相关标准等。

（6）《电力建设施工质量验收及评定规程第一部分　土建工程》（DL/T 5201.1—2012）。

（7）安装工程施工与验收的主要技术规范、规程以及标准：

1）《风电发电场项目建设工程验收规程》（DL/T 5191—2004）。

2）《电力建设施工质量验收及评价规程》（DL/T 5210.4—2012）。

3）《电气装置安装工程质量检验及评定规程》（DL/T 5161.1～5161.17—2002）。

4）《电气装置安装工程电气设备交接试验标准及条文说明》（GB 50150—2006）。

5）《电气装置安装工程高压电器施工与验收规范》（GBJ 147）。

6）《电气装置安装工程低压电器施工与验收规范》（GB 50254—2014）。

7）《电气装置安装工程电缆线路施工与验收规范》（GB 50168—2006）。

8）《电气装置安装工程接地装置施工与验收规范》（GB 50169—2006）。

9）《电气装置安装工程电力变压器、油浸电抗器、互感器施工与验收规范》（GBJ 148）。

10）《电气装置安装工程母线装置施工与验收规范》（GBJ 149）。

11）《起重机试验规范和程序》（GB/T 5905—2011）。

12）《起重机械使用管理规则》（TSG Q5001—2009）。

13）《起重机械安装改造重大维修监督检验规则》（TSG Q7016—2008）。

14）《交流电能表检验装置检定规程》（DL/T 460—2005）。

15）《电力系继电保护及安全自动装置运行评价规程》（DL/T 623—2010）。

16）《配电变压器运行规程》（DL/T 1102—2009）。

17）《高压直流输电工程系统试验规程》（DL/T 1130—2009）。

18）《钢结构高强螺栓连接技术规程》（JGJ 82—2011）。

（8）《电力建设安全工作规程》电力线路部分（DL 5009.2—2013）。

（9）《电力建设安全工作规程　变电站》（DL 5009.3—2013）。

（10）《电力建设安全工作规程》新能源发电（DL 5009.4—2013）。

（11）《风力发电场高处作业安全规程》（NB/T 31052—2014）。

（12）《高压直流输电工程系统试验规程》（DL/T 1130—2009）。

（13）《中华人民共和国工程建设标准强制性条文　房屋建筑部分》2013 年版。

（14）《中华人民共和国工程建设标准强制性条文　电力工程部分》2011 年版。

（15）山东电力工程咨询院有限公司设计华电肥城安临站风电场工程施工图纸。

（16）《华电肥城安临站风电场勘察设计书》。

（17）华电肥城安临站风电场工程施工合同文件。

（18）建设单位华电肥城安临站风电场工程项目管理规划及安质环管理文件。

（19）公司有关类似机组的施工经验。

5.1.2　工程概述

一、概述

华电肥城安临站风电场位于山东省泰安地区肥城市境内，场址中心与肥城市城区运输距离约 10km，与济南市直线距离约 68.8km，规划面积 10.1km^2，地面高程在 260～420m 之间。肥城市隶属于山东省泰安市，地处山东中部、泰山西麓，北纬 35°53′～36°19′，东经 116°28′～116°59′之间。东与泰安市岱岳区接壤，西与东平县、济南市平阴县为邻，南与宁阳县、济宁市汶上县隔河相望，北与济南市长清区以山为界。全境南北最长 48km，东西最宽 37.5km，总面积 1277.3km^2。

二、风力资源

肥城市属温带季风气候，四季分明，光照充足，年日照时数为 2607h，气候温暖，年平均气温 13.2℃，无霜期 200d 左右，平均降雨量 659mm。安临站风电场位于低山丘上，周围大地形相对平坦，受地形影响，当气流向低山丘爬升过程中，风速增加较快，因此本风电场风能资源相对附近平坦区域较丰富。

安临站和安临站风电场工程区域内共建有 3 座测风塔，以 3 座测风塔测风资料为基础，结合数字化地形图，采用 Meteodyn WT 软件综合模拟计算本工程区域内 50m 高度可布机位点平均风速为 5.94m/s，风功率密度为 239.3W/m^2。根据《风电场风能资源评估方法》（GB/T 18710—2002）风功率密度等级评判标准，本风电场风功率密度等级为 2 级。

经分析，安临站风电场工程主风向和主风能方向基本一致，均以 SSE～S 向和 N 方向的风速风能频次相对较高，风向较为稳定。根据 1 号、2 号和 3 号测风塔推算到风机轮毂 80m 高度处的平均风速分别为 5.50m/s、6.09m/s 和 5.40m/s，平均风功率密度分别为 182.1W/m^2、230.1W/m^2 和 166.9W/m^2；风速分布主要集中在 2.00～8.00m/s 风速段，风能主要集中在 6.00～11.00m/s 风速段；全年有效风速段（3.0～25.0m/s）可发电小时为 7611～7977h，满发小时数为 601～974h。年内风速变化与参证气象站基本一致，均以秋末至夏初季较大，夏末至秋初季相对较小；日内风速变化以清晨至晚上相对较小，晚上至清晨相对较大。

安临站风电场工程 80m 高度各可布机位点年平均风速为 6.31m/s 和 6.19m/s，平均风功率密度为 285W/m^2 和 266.7W/m^2。根据测风塔实测最大风速计算和参证气象站历年最大风速相关推算相比较，安临站风电场 80m 高度 50 年一遇最大风速为

34.0m/s，50 年一遇极大风速为 47.6m/s。根据各代表塔资料推算 30m 以上高度层综合湍流强度在 0.095～0.129 之间，v=15m/s 时湍流强度在 0.103～0.115 之间，主风向湍流强度在 0.108～0.126 之间，各测风塔处湍流强度属偏弱湍流强度。根据代表测风塔资料采用 Meteodyn-WT 软件模拟计算风电场内各可布机位点强风状态下（v≥11.0m/s）的平均湍流强度在 0.095～0.129 之间，根据国际电工协会 IEC61400-1（2005）评判标准，本风电场工程属 IECIII 类安全等级标准，在风机选型时需选择适合 IECIII 类及以上安全等级的风力发电机组。

三、工程地质

风电场场址位于布山凸起北侧，地形地貌受构造和岩性控制，主要为低山、丘陵。风机大多布置山脊或山顶，场址区海拔 200m 以上的山峰主要有徐山、长山和肥猪山等山峰，场区内最高峰肥猪山，海拔高程 260～420m，山顶与沟谷相对高差 100～250m。

根据《中国地震动参数区划图》（GB 18306—2001）和国家标准 1 号修改单，拟建场地 50 年超越概率 10%的地震动峰值加速度 0.05g，相应的地震基本烈度Ⅵ度，设计特征周期为 0.45s。根据《建筑抗震设计规范》（GB 50011—2010），本工程地基土属中硬～坚硬场地土，场地覆盖层厚度小于 5m，建筑场地类别为Ⅱ1 类，设计地震分组为第一组，属抗震有利地段。

地下水可分为孔隙性潜水和岩溶裂隙潜水两种类型。地下水埋深一般大于 15m。鉴于风机位基本布置于位置较高的山脊、山丘，基础埋置深度远高于地下水位，初步分析认为：风塔基础可不考虑地下水的腐蚀性。

根据本工程建筑物特征及地基（岩）土层的分布与物理力学特性，建议本工程采用天然地基，强～中等风化基岩均可作为基础持力层。由于场区内基岩为灰岩，为可溶岩，可能存在岩溶塌陷问题，下阶段需进行详细的勘探工作。

各风机均分布于山顶、山脊处，局部地形高差变化大，公路和风机基础开挖后，局部形成的人工边坡，建议采用自然放坡处理，建议边坡开挖坡比：覆盖层为 1∶1.25～1∶1.5、强风化层为 1∶0.75～1∶1.0、弱风化层为 1∶0.25～1∶0.5，必要时加以防护。

工程区周边缺乏可作为混凝土骨料的砂砾料。各山体上灰岩石料广布，可作为块石和人工骨料料源储量丰富，野外初步判断，中等风化及以下岩体质量基本满足要求。鉴于风电工程砂石料用量不大，建议直接采购成品砂石料。若本工程配套生产，下阶段应作进一步勘察，选定具体料场，并补充必要的试验工作。

工程区位于场址区北部边缘部位虽分别发育有规模相对较大的肥城断裂、石横断裂，但均为非全新世活动断裂。风机布置区无可液化土层。不存在大的影响边坡整体稳定的地质因素，自然边坡整体稳定。场址及周边未发现滑坡、泥石流、危岩、坍塌等不良地质作用及地质灾害。根据本地区区域地质构造背景和拟建场地的工程地质条件，场地属较稳定场地，基本适宜本工程建设。

四、项目的任务和规模

根据华电山东肥城南部区域风电规划，安临站风电场工程规划场址范围总面积约 10.1km^2，电场设计安装 27×2MW＋1×1.9MW 的风力发电机组，相应装机容量为 55.9MW。

五、交通运输

安临站风电场位于山东省泰安地区肥城市中南部的安临站镇、安临站镇和王庄镇境内，距肥城市运输距离约 10.0km。风电场东侧有县道牛—孙公路、北部安—桃公路和南面王—边公路通过，场内有多条村级路连接，场内外交通均便利。本工程运输最重件为发电机舱。风机主设备和相关生活物资、建材及其他普通物资等都可经过乡镇道路运至各风机安装现场。

5.2　施 工 范 围

华电肥城安临站风电场工程（包括风电场征（租）地、林木青苗补偿及其他与工程事宜相关的赔偿、风电场设备的、接车、卸车、仓储保管、风力发电机建筑及安装工程、35KV 集电线路建筑安装工程、场内外道路办公和生活临建工程，并配合业主方达标创优。

5.3　施工组织机构设置和人力资源计划

5.3.1　组织机构

施工组织机构如图 5-3-1 所示。

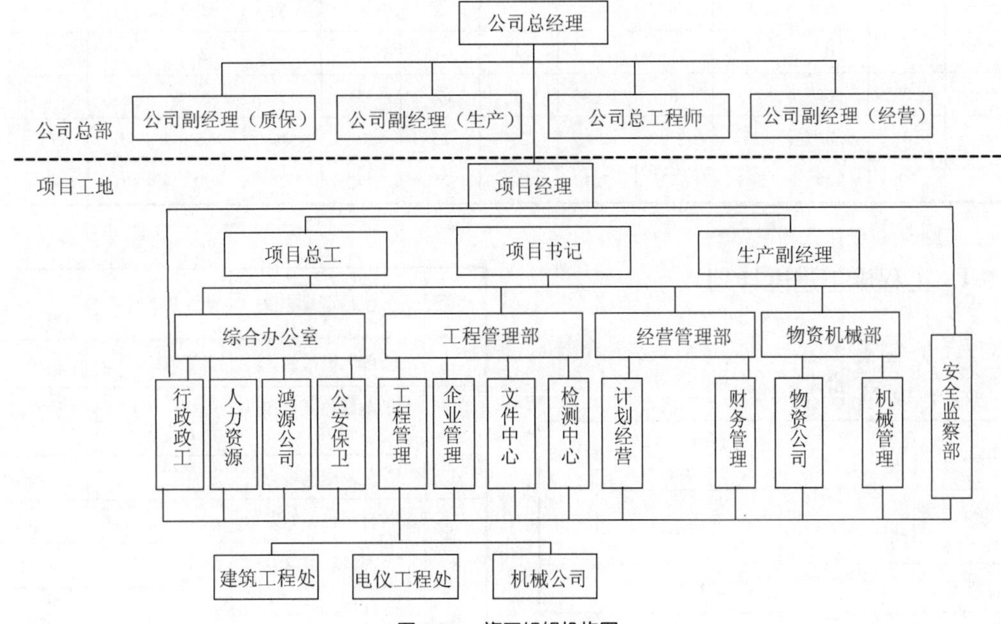

图 5-3-1　施工组织机构图

现场管理组织机构说明如下：

（1）工程管理部含计划、文件信息、质量检查、质量保证、档案管理、安全管理等工程技术方面的管理。

（2）经营管理部含计经、财务。

（3）物资机械部含物资公司、机械管理部。

（4）综合办公室含人力资源、现场保卫、消防、后勤保障、医务等。

5.3.2 劳动力计划

劳动力配备计划见表5-3-1。

表5-3-1 劳动力配备计划表

工种＼时间	2014年					2015年								
	8月	9月	10月	11月	12月	1月	2月	3月	4月	5月	6月	7月	8月	9月
技术人员、管理人员	11	11	11	11	11	11	11	11	13	13	13	13	11	11
建筑专业工人	33	99	163	175	171	125	92	93	132	145	112	132	99	76
钢筋工	10	15	50	50	25	10	3	3	15	15	15	15	15	15
混凝土工（瓦工）	12	10	30	30	30	15	15	5	10	10	10	10	10	10
木工	8	10	40	40	25	15	4	4	10	10	10	10	10	10
建筑安装工	1	8	10	10	10	6	6	6	8	8	8	8	8	8
装饰装修工	0	10	10	10	10	10	10	10	10	10	10	10	10	10
焊工	2	2	2	2	2	2	2	2	2	2	2	2	2	2
起架工	0	0	10	10	10	10	10	3	0	0	0	0	0	0
操作工	0	12	12	12	12	10	5	2	12	12	12	12	12	12
油漆防腐工	0	0	5	5	5	5	5	2	0	0	0	0	0	0
检修工	0	2	2	2	2	2	2	2	2	2	2	2	2	2
辅助工	0	30	40	40	40	40	30	3	30	30	30	30	30	30
安装专业	0	0	59	78	84	95	96	48	74	84	0	0	0	0
机务安装工	0	0	14	20	20	18	18	5	19	18	19	19	19	20
起架工	0	0	7	8	8	10	10	5	5	5	5	3	0	0
检修工	0	0	2	2	2	2	2	2	2	2	2	2	2	2
电气安装工	0	0	8	10	12	16	20	15	45	52	18	25	25	15
电工	0	0	2	2	2	2	2	2	8	8	8	4	2	2
操作工	0	0	5	8	8	10	8	4	3	3	3	4	3	3
焊工	0	0	3	4	4	4	4	2	2	2	2	2	2	2
试验/调试工	0	0	3	6	8	8	7	3	3	5	5	6	6	6
辅助工	0	0	15	18	20	25	25	10	15	15	15	15	15	10
合计	77	209	503	553	521	451	387	242	420	451	301	324	283	246

5.4 工程施工进度计划

一级网络计划见表5-4-1。

表5-4-1 一级网络计划

序号	里程碑标志	计划开工时间	计划竣工日期/（年.月.日）	工期
1	首台风机基础浇第一方混凝土		2014.11.4	
2	全部风机基础完工		2015.8.30	
3	首台风机开始吊装		2015.3.1	

续表

序号	里程碑标志	计划开工时间	计划竣工日期/（年.月.日）	工期
4	全部风机吊装完		2015.10.10	
5	集电线路及箱变安装完		2015.10.15	
6	首台风电机带电		2015.9.20	
7	首台风机并网发电		2015.9.26	
8	全部风机并网发电		2015.10.25	
9	全部风机通过240h考核		2015.10.30	

5.5　施工总平面布置

5.5.1　施工现场平面布置图

5.5.1.1　施工现场场地布置

5.5.1.1.1　场地布置依据

5.5.1.1.1.1　《电力建设安全技术规程》。

5.5.1.1.1.2　华电肥城安临站风电场工程施工招标文件。

5.5.1.1.1.3　施工现场条件及周围环境，项目施工范围及现场情况。

5.5.1.1.1.4　本工程的施工综合进度要求。

5.5.1.1.1.5　施工单位的施工能力及机械、人员状况。

5.5.1.1.2　场地布置原则

施工场地区域划分合理，施工平面布置紧凑。施工区域的划分和场地的确定应符合施工流程要求，尽量减少工种或工序之间的干扰，使之合理地进行交叉作业。

合理组织交通运输，使施工的各个阶段都能做到交通方便、运输通畅。减少二次搬运，降低运输费用，大宗器材或半成品堆置场布设要分析和选取经济合理的运输半径，使反向运输和二次搬运总量最少。

必须满足有关规程的防洪排水、防火、防雷、保卫、劳动保护和安全文明施工的要求。

精心安排各种物资的供货时间及存储计划，把堆放搁置时间压缩到最小限度，以节约材料及设备堆放场地。

针对本工程各施工点相对分散的特点，部分生产临时设施将根据施工进展情况流动式布置。

5.5.1.1.3　施工现场临建布置

本着“有利施工、节约用地、方便运输、减少污染、保证安全”的原则，减少施工平面上的交叉，确保施工期间交通顺畅，能为按期完成施工任务创造有利条件。根据我公司情况及现场要求，在现场附近布置工具室、停车场、设备材料堆放场、设备材料仓库；风机安装施工组合场布置在每台风机附近场地。现场办公室、工具室采用集装箱等形式，设备材料仓库采用简易房子。在西孙村附近租赁当地的民房作为项目部的办公区，其中包括业主及监理的办公室。

5.5.1.1.4　施工道路

肥城市的公路运输比较便利，皆可满足设备运输要求；现场施工道路采用碎石处理。

5.5.1.1.5　施工生活区

本工程施工工期短，人员多，施工生活区靠近项目部后侧集中布置，生活临建租用民房。

5.5.1.2　总平面管理

施工总平面是在符合有关规程、规范的前提下，合理规划施工现场、交通运输、各种生产临建、施工设施、力能配备和设备、材料、机器堆放等。

5.5.1.2.1　管理原则

施工总平面布置经项目总工批准并上报业主确认后，由业主统一协调和管理。

项目工程部为施工总平面布置的归口管理部门。

工程部根据各时期的不同需要，对总平面布置作适当平衡调整，重大调整需经项目总工批准并上报业主及监理工程师确认后实施，任何部门和个人均不得任意变更。

各施工单位必须在指定的区域进行施工作业和堆放器材，如遇到问题，及时提请项目工程部进行平衡调整。

施工道路、供水管路、通信线路等公用设施，时刻保持良好使用状态。如需临时切断、改路时，必须事先报请项目工程部批准并上报业主和监理确认后实施，由工程部协调具体施工时间。

5.5.1.2.2　公用设施的管理分工

变压器、供电线路、配电装置、公用照明设施、防雷接地设施、通信线路等由电仪工程处负责维护和管理。

项目部工程部主管供电、供水系统的调配工作。

施工现场的安全保卫、消防工作由项目部综合办公室统一负责。工程部有协助、检查、督促之责。

现场文明施工由工程部主管，施工中根据现场实际使用情况划分成若干部分，分配于各部室、各专业工程处包干管理。

5.5.2　临时用地表

临时设施用地表见表5-5-1。

表5-5-1　　临时设施用地表

用　途	面积/m^2	位　置	需用时间
钢筋加工	1200	在风场附近租地	整个施工时间
材料存放场	500	在风场附近租地	整个施工时间
设备材料仓库	100	在风场附近租地	整个施工时间
工具室	100	在风场附近租地	整个施工时间
机械停放场	400	在风场附近租地	整个施工时间
设备、材料临时堆放场	400	在风场附近租地	整个施工时间
周转性材料临时堆放场	200	在风场附近租地	整个施工时间
施工生活区	1200	在风场附近租地	整个施工时间
合　计	4100		

5.6　施工力能供应

5.6.1　施工用水

本工程施工用水，可以利用附近已建成的生产、生活、消防水，同时考虑现场打井，以满足搅拌站用水需要。

5.6.2　施工电源

风机基础及安装施工用电，考虑自购不少于6台30kW柴油发电机，并随着施工地点的变化而随之移动。备用一台75kW柴油发电机，作为停电时搅拌站连续工作的补充电源。

施工用电管理制度如下：

为切实保障项目部施工电源安全可靠地运行，保障工程的正常施工，结合项目部的自身特点，特制定本管理计划。

施工电源设专人统一维护管理，一机一闸一保护。

现场配电盘、箱应形式统一，颜色一致，并有明显的警示标志，电缆敷设横平竖直，禁止乱拉乱放。

坚持每周一次的现场安全巡视制度，做好现场施工电源雨季巡检工作，消除用电隐患。

5.6.3　施工用气

由于本标段工程工程量较小且较分散，施工用气量较少，氧气、乙炔、氮气等采用瓶装严格按规范要求摆放或分散供应。

5.6.4　施工通信

由于本工程工期短、人员多，距离分散采用移动电话作为主要通信手段，以满足施工联系的需要；对讲机10部，主要作为吊装现场指挥工具。

5.6.5 消防与保卫

在施工区域设备、材料仓库、集中办公区生活区等重点消防部位配备部分移动式消防器材，作为消防安全管理的重点。另外风场位于潮前地区，在施工过程中要最大限度地减少破坏，要采取严格的监督保护措施，做好防汛工作。各责任部门和工地及时将安全管理方案报综合办公室备案，综合办公室相关责任人协助实施并监督检查其实施效果。

5.6.6 施工照明

照明主要是采用在施工现场安装镝灯。局部照明采用小型管型镝灯，IP 型封闭射灯，自镇流汞灯等。

5.7 主要施工方案

5.7.1 施工总体组织

根据本工程的特点和总进度要求，结合当地自然条件和各建（构）筑物选型，土建工程施工工期较短。为加快施工进度，建筑工程采用分区域的施工组织方式，主要分为风机施工区及集电线路施工区域，两个区域可同时开工，总体施工采用流水作业法。

主要特点：风场内施工线路较长、点多面广较分散、工程量大。

根据本工程特点，施工难点主要是风场内风机基础，基础数量多、平面位置较分散且混凝土方量较大，安临站风电场总计 28 个基础，共约 12269m^3。为保证工程总体施工工期要求，风机及箱变基础施工组织 4 个钢筋、模板、混凝土专业施工组，集电线路设不少于 2 个专业施工组，均采用流水施工作业法。

5.7.2 总体施工方案

5.7.2.1 主要施工机械布置方案

一、建筑施工机械

混凝土采用自建站与商混相结合的方式保证供应。

混凝土运输及布料机械：采用混凝土罐车运输、泵车布料。

现场输送泵车浇灌混凝土，混凝土运输车 12～15 辆，现场布置 1 台（SY5290THB 型）45m 长臂杆泵车，并提前联系商混站 1 台泵车作为备用，充分满足混凝土浇筑的要求，并可根据工程量和现场施工状况适时增加、调整泵车数量，以满足施工要求。

土方开挖采用机械开挖，选用反铲式挖掘机，每台挖掘机配备 1～2 辆自卸车将多余土方及时清理至业主指定位置。

钢筋制作场内主要布置调直机、切断机、弯曲机、套丝机等钢筋加工机械，根据作业面的开展程度，增加相应配套机械，满足工程施工。

基础环吊装采取基坑内吊装并修理满足吊车行走的斜坡道。

二、风机吊装机械

主吊车选用 500t 履带吊。

辅助吊车用徐工 QAY200 汽车吊、浦沅 QY70H 汽车吊对机舱、塔筒、叶片等卸车和抬吊溜尾。

每个吊装工作面配置一套电动扳手、两套液压扳手进行高强螺栓的紧固。

运输机械采用运输公司专用车辆。

三、集电线路施工机械

采用 25t 汽车吊进行集电线路的组塔、卸车，如施工现场不具备机械行走条件，使用抱杆进行铁塔组立。

5.7.2.2 风机基础施工

风机基础施工工艺流程：定位放线→土方开挖→垫层→基础环安装→钢筋安装→预埋电器套管安装、防雷接地安装→模板安装→混凝土浇筑→拆模及养护→回填及吊装平台施工→（风机吊装）。

风机基础施工混凝土方量大，施工点较分散，为保证工程施工质量及施工进度，施工组织安排土石方、钢筋、模板、基础环安装、混凝土等专业施工班组，各专业施工班组采用流水施工作业法。风机基础模板选用定型专用钢模板，钢筋围檩支撑体系。

基础环吊装采取基坑内吊装并修理满足吊车行走的斜坡道，使用 50t 汽车吊将基础环吊装就位，坡道在基础土石方开挖时留出。

材料运输选用平板式运输车辆及平板拖拉机。

混凝土采用罐车运输，泵车布料。

5.7.2.3 箱式变压器基础施工

箱变基础在施工前与安装专业协商，统筹安排，在不影响风机吊装情况下，箱变基础与风机基础一同施工。

箱式变压器基础施工工艺流程：定位放线→土方开挖→垫层施工→混凝土结构施工（钢筋绑扎→模板安装→混凝土浇灌）→箱变拆模养护→（变压器安装）→栏杆安装。

5.7.2.4 吊装平台施工

在每台风机基础附近，依托施工道路修筑一个满足风机设备到货卸车存放、吊车组装、风叶组合及整台风机吊装施工作业的施工平台（40m×50m），另外结合道路及周边地势修复满足吊车组拆杆场地。平台要求：平台区域外 30m 空间内无障碍。场地平整后做到不积水，主吊站位场地必须平整压实，主吊区域地耐压力必须大于 16t/m^2，辅助吊车站位及行走地耐压力必须大于 12t/m^2。

5.7.2.5 风机吊装施工

设备按安装顺序依次运输至安装现场，风机塔筒吊装按照由下至上的顺序进行，风机主吊机械为 500t 履带吊，主吊机械和 70t 履带吊配合将塔筒各段分别安装。由 500t 履带吊将机舱吊装在塔筒顶端，在地面组装好轮毂和叶片后使用由主吊机械和 75t 汽车吊配合进行吊装。最后各机械、工具等进行转场。

5.7.2.6 集电线路施工

主要施工流程为基础施工—铁塔组立—附件安装—架线施工—线路试验—送电。

5.7.3 具体施工技术方案

5.7.3.1 风场区建筑工程施工方案

5.7.3.1.1 测量放线

依据业主提供的场区导线坐标点和场区的地形条件、场区总平面图等，根据便于使用和保存，不易破坏的原则，在场区内布置测设Ⅱ级方格网，方格网边长小于 300m，保证施工定位准确。

控制点的做法：控制点采用 C15 钢筋混凝土现浇而成，并且保证地基稳定不下沉。混凝土表面高于自然地坪 10cm，顶面埋设 200×200mm 埋件，埋件表面要求平整，埋件上焊接特制圆形不锈钢筋头。测准轴线后，用钢锯条在埋件顶面刻十字线，并在十字中心线用手摇钻钻眼，铆上铜焊条。高程系黄海高程体系。控制点的高程，根据建设方提供的高程点，返测到每个控制点预设的圆形钢筋头上。

为保证测设精度，测量仪器使用 RTK 技术，满足精度要求，如图 5-7-1 所示。高程及平整度控制使用 S3 水准仪。

在控制点标桩混凝土外侧 0.8m 处，用临时维护栏杆，并刷上红白相间的油漆标志。

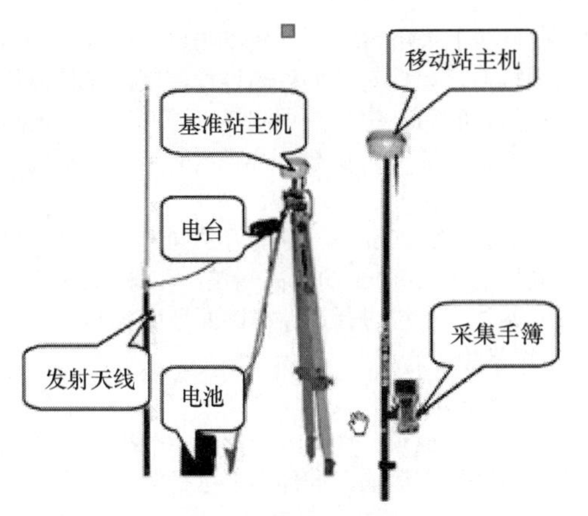

图 5-7-1　RTK 测量仪表

测量工作主要包括：定位轴线的侧设、地下工程轴线的测定、自然地坪以上轴线的测设、沉降观测等。

5.7.3.1.2　降排水施工

由于本工程主要为风机基础及箱变基础、集电线路基础施工，其基坑较浅，地下水位较深，在施工期间仅考虑雨季带来的雨水，采用明沟排水方案。

5.7.3.1.3　风场道路施工

施工道路 17.16km。施工道路参照四级公路标准、厂家对道路运输和吊装平台的要求，设计荷载等级为公路Ⅱ级，施工路基宽度一般为 5.5m，道路宽度为 5m，弯道适当加宽，最小转弯半径 30m，纵坡尽量控制在 14%以内，坡长不大于 200m 时，最大纵坡时并设置坡长不小于 60m，坡长不大于 7%的缓坡段，最小坡长 60m，小半坡曲线段坡度不大于 7%。并结合地形条件，在 300～500m 设错车带，错车带有效长度 20m，错车带处路基宽度控制在 6.5m。在风机运输和安装后做好施工道路路面和排水沟工程。

道路条件为路面足够坚硬和压实，并且路面材料足以避免卡车轮子打滑。部分道路需要换填、扩宽、推平、压实，换填部分路面应高出周围路面 15cm。同时在道路靠山的一侧设置排水沟，便于雨水流走防止冲刷路面。边沟采用土质，结合路基开挖进行，边沟采用梯形断面设计，底宽为 40cm，沟深 50cm。路基横向排水系统根据地形及原有沟渠设置，边沟沟底坡度以不小于 0.3%的纵坡接入过路涵洞或低洼处，将水排出路基范围内。几种不同型式的路基标准横断面图如图 5-7-2 所示。

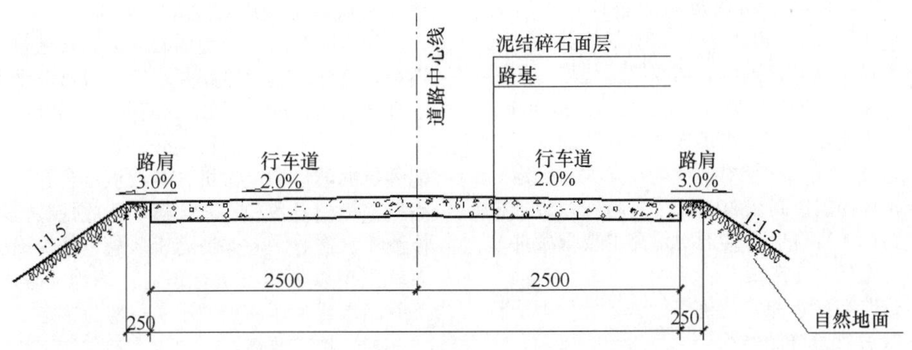

（a）填方路基标准横断面图

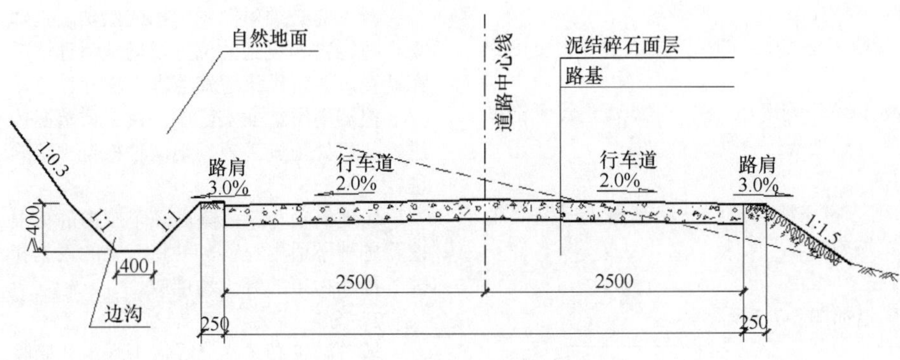

（b）半填半挖路基标准横断面图

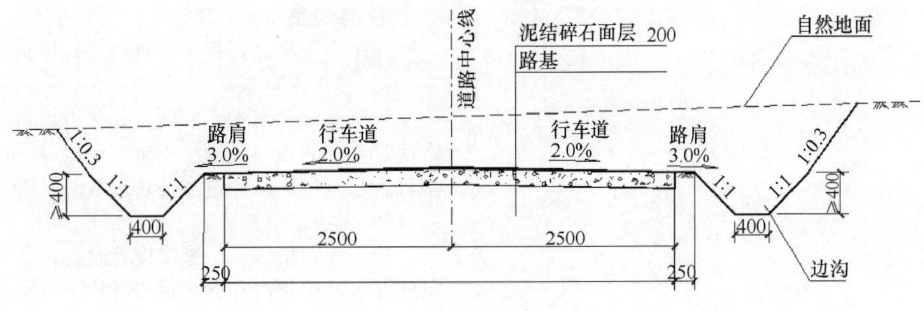

（c）挖方路基标准横断面图

图 5-7-2　不同型式的路基标准横断面图

一、路基施工方案

（1）路基挖方采用机械开挖，局部需要进行爆破，修坡或毛石砌筑处理。

（2）填方作业分层平行摊铺。不同土质的填料分层填筑。利用挖方的借土填筑路堤，不能含有腐殖土、树根、草泥或其他有害物质。

（3）碾压时，从低处向高处排压，前后两次轮迹须重叠二分之一轮宽，达到无漏压、无死角，确保碾压均匀。

（4）整修，路基填筑成型后，检查路基的路线位置、宽度、纵坡、横坡、边坡及相应的标高等进行整修。

（5）路面施工方案。道路面层为泥结石，厚度为20cm。石料等级不低于3～4级，石料颗粒的最大尺寸不宜超过200mm，且不得大于层厚的0.8倍，细长颗粒及扁平状（长细比大于2∶1）的含量不得大于20%，含土量不得大于30%。石料中不得含有机质。路面面层应防止雨天泥泞湿滑，以保证安全和满足恶劣天气状况下正常使用功能，以及延长路的耐久性和使用年限，压实系数应大于0.96。

（6）护坡。对挖填方比较大的路段，根据现场情况做护坡处理。当路面低于周围地址原貌时，应在道路两侧设置排水沟，结合路基开挖同时进行，边沟采用梯形断面设计，底宽为40cm，沟深50cm。边沟沟底坡度以不小于0.3%的纵坡接入过路涵洞或低洼处，将水排出路基范围内。道路路基边坡一般为1∶1.5，护坡采用M5水泥砂浆砌MU20片石，厚度约为300mm。

对于现场勘查有地表水流过或雨水形成地表径流的地方，埋设涵管以保证水流通过，涵管直径根据现场水量大小确定。

（7）道路最小转弯半径需控制在30m左右，特殊弯道处根据弯道半径适当加宽路面，保证叶片转弯对道路的要求条件，做到不扫尾，并具备一定的安全距离。

（8）道路保养。道路在雨水冲刷及重车行驶之后如不平整度达到或超过40mm时进行维修保养。

（9）道路路线选取。尊重设计及业主提供施工路线，但局部路段可适当优化。

（10）弃土处理。在施工过程中，如果产生大量弃土可由业主协调场地堆放。

（11）错车位设置。为不影响运输，在一定距离内设置错车位。设置原则为视线不开阔处或转弯处。

二、具体施工措施

具体施工工艺如下：道路测量放线→路基施工→路面施工→泥结碎石施工→护坡施工。

（一）道路测量放线

不同角度的道路弯道如图5-7-3所示。

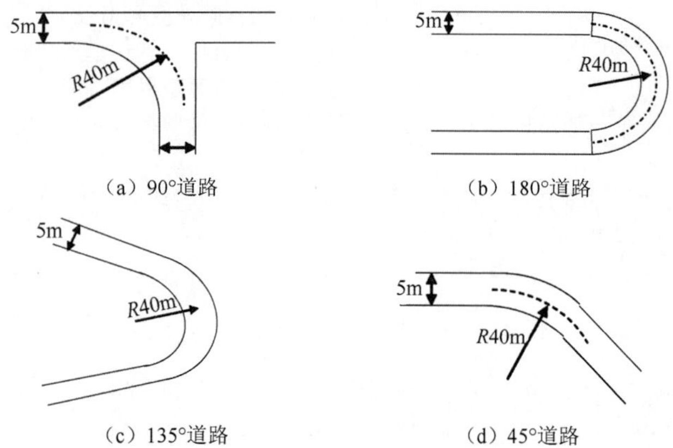

图5-7-3 不同角度的道路弯道

（1）在直线上采用50m设一桩的方法，在木桩上用红线标出道路路面标高，以此对路面标高进行控制，在具体施工中利用50m桩进行每10m桩的高程测量，进而可以对道路的纵向坡度进行控制；在每10m的横断面，道路中心和两边三个桩进行道路横断面坡度控制。

（2）曲线上采用20m为一桩的方法同样用红线标出道路中心标高，同样利用其10m的标高测量。在每10m的横断面，道路中心和两边三个桩进行道路横断面坡度控制。

（二）路基施工

1. 道路路基开挖

根据本工程的地理条件土方开挖作业时采用反铲式挖掘机进行挖方，自卸汽车运输，局部需要进行爆破。开挖过程中要严格控制场地标高。挖方时，所有车辆必须服从现场管理调度，严格依照调配图所规定的区域按照指定路线运输，按照现场管理人员的要求运送到指定位置。开挖施工方案参见土石方开挖。

2. 路基回填

公路路基压实采用重型压实标准，填方段，在路槽底面以下0～80cm范围压实度大于等于94%，80～150cm范围不小于93%；150cm以下大于等于90%，挖方或零填段，路槽底面以下0～30cm范围压实度大于94%。

填方路基填前原地面必须清除表层耕植土、淤泥和垃圾，再填筑路基，本道路路基填筑一般从取土场拉土填筑，填筑料应分层填筑，分层压实，路肩的填料和压实度要求与路基相同。

（1）施工工艺流程。分层碾压回填施工采用机械化作业，配置足够数量的挖掘机、装载机、自卸汽车、推土机、振动压路机等机械设备和检测仪器，形成挖装、运输、摊平、碾压、检测流水作业。为保证施工质量，加快施工进度，提高施工效率，采用以下流程进行作业：场地清理→分层填筑→摊铺整平→洒水或晾晒→机械压实→检验鉴定。

（2）施工要点。

1）场地清理。

开工前必须对图纸所示或监理工程师提供的各类现有建筑物、障碍物和设施的位置及场地清理情况，进行现场核对和补充调查，并将结果通知监理工程师核查。

根据现场地面实际条件及土质情况按施工规范及设计要求进行基底处理施工。场地清理根据填筑施工的需要，分期分批进行。

场地清理包括清除回填范围内的树根、草皮等植物根系，挖除各种不适用材料，并将清除的表土和不适用材料移运至监理工程师指定的弃土场堆放。

2）分层填筑。

填筑施工必须在已经清理场地经验收合格且监理工程师批准的地段进行。按要求粒径和铺土厚度进行。

3）摊铺整平。

先用推土机进行初平，再终平，控制层面平整、均匀。

4）洒水或晾晒。

根据最佳含水量要求确定是否对填料进行洒水或晾晒。对含水量不足的填料用洒水车进行洒水，洒水量要经过试验确定。填料含水量过大，超过最佳含水量时，进行晾晒。

5）压实。

采用压路机压实，密实度符合设计要求。碾压前，先对填层的厚度及平整度和含水量进行检查，确认符合要求后再进行碾压，压实遍数要根据实验确定，碾压施工中，采用“薄填慢驶、多次”的方法，碾压方向应从两边逐渐压向中间，碾迹每次重叠宽度约15～25cm，边坡地段，碾轮边距填土边缘应大于

500mm，以防止溜坡倾斜。边角、边坡、边缘压实不到之处，应采用打夯机夯实。压实作业做到无偏压、无死角、碾压均匀。

6）检验签订。

每层填筑压实后，及时进行检测，每层填筑检测合格，并经监理工程师认可后，才能进行上层填筑。

试验人员在取样或测试前先检查填料是否符合要求，碾压区段是否压实均匀，填筑层厚是否超过规定厚度。

3. 路基修整

（1）在路基工程填筑完毕后，开始路基整修施工工作，对路堤、路堑边坡进行修整，以达到符合图纸所示的线形、纵坡、边坡、边沟和路基断面。

（2）以各标桩为测量基准，按设计图纸要求检查路基的中线位置、宽度、纵坡、横坡、边坡及相应的标高等。根据检查结果，编制出整修计划。

（3）土质路基应用人工或机械刮土或补土的方法整修成型。深路堑边坡整修应按设计要求的坡度，自上而下进行刷坡，不得在边坡上以土贴补。

（4）在整修需加固的坡面时，应预留加固位置。当填土不足或边坡受雨水冲刷形成小冲沟时，应将原边坡挖成台阶，分层填补，仔细夯实。如填补的厚度很小（100～200mm），而又是非边坡加固地段时，可用种草整修的方法以种植土来填补。

（5）土质路基表面做到设计标高后应采用平地机或推土机刮平，铲下的土不足以填补凹陷时，应采用与路基表面相同的土填平夯实。石质路基表面应用石屑嵌缝紧密、平整，不得有坑槽和松石。修整的路基表层厚 150mm 以内，松散的或半埋的尺寸大于 100mm 的石块，应从路基表面层移走，并按规定填平压实。

（6）边沟的整修应挂线进行。对各种水沟的纵坡（包括取土坑纵坡）应用仪器检测，修整到符合图纸及规范要求。各种水沟的纵坡，应按图纸及规范要求办理，不得随意，用土填补。

（7）填土路基两侧超填的宽度应予切除，如遇边坡缺土时，必须挖成台阶，分层填补夯实。在路面铺筑完成后或铺筑时，应立即填筑土路肩，同时按设计要求进行加固。路基整修完毕后，堆于路基范围内的废弃土料应予清除。

（8）路基工程完工后路面未施工前及公路工程初验后至终验前，路基应保护不得有损毁，并保证路基排水设施完好，及时清除排水设施中淤积物、杂草等。

（9）对中途停工较长时间和暂时不做路面的路基，也应做好排水设施，复工前应对路基各分项工程予以修整。

（10）路基工程完成后，每当大雨、连日暴雨后，应控制施工机械和车辆在土质路基上通行。若不可避免时，应将碾压的坑槽中的积水及时排干，整平坑槽，对修复部分重新压实。

（三）泥结碎石施工

泥结碎石面层碎石的最大粒径不超过 40mm，嵌缝料的最大粒径不超过 20mm，针片状颗粒含量应不超过 20%。黏土用土量不超过 18%（按重量计）。在压实的路基上按松散铺厚度（压实厚度 1.2 倍）摊铺碎石，要求碎石大小颗粒均匀分布，厚度一致。碎石铺好后，用 12t 压路机碾压 3～4 遍，直至石料无松动为止，碾速宜慢，33～30m/min。泥结碎石面层施工方法用拌和法、碎石摊铺后，将规定的用土量，均匀地摊铺在碎石层顶上。然后拌和，拌和一遍后，随拌随洒水，一般翻拌 3～4 遍，以黏土成浆与碎石黏结在一起为止，然后用平地机械或铁锹等工具将路面整平，再用 12t 压路机洒水碾压，使泥浆上冒，表层石缝中有一层泥浆即停止碾压。过几小时后，再用 12t 压路机进行收浆碾压 1 遍后撒嵌缝石屑，再碾压 2 遍。

压实后的土体取样试验频次每 200m^3、厚 10cm，取样一次或由监理根据工程实际确定试验频率。

（四）护坡、挡土墙施工

（1）路基修整完毕后，在需要施工的区域内，按图纸所示整修成坡度整齐的新鲜坡面，坡面不应有树桩、有机质或废物。坡面修整后应立即进行护坡施工。砌体外露面的坡顶、进口应选用较平整的石块并加以修整。

（2）当挖方边坡有渗水之处的护面墙，应适当增加泄水孔。砌体的沉降缝、伸缩缝、泄水孔的设置应符合图纸要求。根据图纸规定的伸缩缝和沉降缝的长度，应分段砌筑，其泄水孔、耳墙、砂砾反滤层应与墙体同步进行。泄水孔采用直接 100mm PVC 管，反滤层应在砌高一层后即行填筑一层，当达到耳墙位置时，清理边坡后先进行耳墙砌筑。

（3）铺砌层的砂砾垫层材料，粒径一般不大于 50mm，含泥量不宜超过 5%，含砂量不宜超过 40%。垫层应与铺砌层配合铺砌，随铺随砌。软土地基的砌体工程应在预压沉降期后才可开始砌筑。

（4）砌体砌筑前应测量放样，施工时应立杆挂线或样板控制，并要经常复核验证，以保持线形顺适，砌体平整。修筑前应先清除边坡松动岩石，清出新鲜面，边坡上的凹陷部分挖成台阶后，应以墙体相同的圬工砌补，不可回填土石或干砌片石。墙背与坡面应密贴结合，砌体咬口紧密，错缝，砂浆饱满。不得有通缝、叠砌、贴砌和浮塞，砌体勾缝应牢固和美观。

（5）护面墙砌体应自下而上逐层砌筑，直至墙顶。当为多级墙时，上墙边坡清刷完后，可先砌上墙，有利于施工的安全和进度。

（五）边沟、排水沟、涵洞施工

（1）投标单位应熟悉图纸，根据工地特点、工期要求及施工条件，结合自己的设备能力，做出施工组织设计，在开始砌筑前 28d 报监理人，经监理人批准后，方可开始砌筑。

（2）当排水沟置于填土上，填土宜采用土石方混合填筑并压实，在经监理人检验同意后，方可开始砌筑，以防出现不均匀沉陷。当有渗透水时，应及时排除，以免基础在砂浆初凝前遭水浸害。

（3）排水沟的线形要求平顺，尽可能采用直线形，转弯处宜做成弧形。

（4）砌体应采用铺浆法分层坐浆砌筑，砂浆稠度应为 3～5cm。浆砌石铺砌时，砌缝砂浆应饱满，沟身不漏水。砌筑完成后，排水沟外表面应进行砂浆抹面。

（5）在砌筑过程中应经常校正线杆，以保证砌体各部尺寸符合图纸要求。砌石体尺寸和位置的允许偏差，不应超过规范的规定。

（6）管节安装从下游开始，使接头面向上游；每节涵管应紧贴于垫层或基座上，使涵管受力均匀；所有管节应按正确的轴线和图纸所示坡度敷设。如管壁厚度不同，应使内壁齐平。

（7）在敷设过程中，应保持管内清洁无脏物、无多余的砂浆及其他杂物。

（8）任何管节如位置设置不准确，投标单位应取出重新设置。

（9）涵管接缝宽度不应大于 10mm，禁止加大接缝宽度来满足涵长的要求，并应用沥青麻絮或其他具有弹性的不透水材料填塞接缝的内、外侧，以形成一柔性密封层。如图纸所示或监理工程师要求，应再用四层 150mm 宽的浸透沥青的麻布包缠并用铅丝绑扎接缝部位。

（10）在管节接缝填塞好后，应在其外部设置 C20 级混凝土箍圈。箍圈环绕接缝浇筑好后，应给予充分养生，以获得满意的强度而不产生裂缝、脱落。

施工注意事项如下：

1）边沟、排水沟及截水沟出水口位置可依据地形适当调整，以不冲毁路基、沟岸为原则。

2）仰斜式排水孔在路堑开挖后应依据出水部位及时调整位置，将排水孔部设在出水位置。

3）由于路基路面分期实施，路基完工到路面施工尚有一定时期，故边沟突出在路床顶上，因此边沟内边缘靠路一侧，应采用临时防排水措施，以免路床水流将边沟冲毁。

5.7.3.1.4 风电场道路及承台爆破

一、施工道路超过 2m 部分（深孔式爆破）

（1）定位放线。根据已知坐标点，按要求放出边线并使用白灰做出标识，为保证在施工过程中尽量挖填平衡，避免大挖大填。

（2）炮孔布孔。采取大区多排布孔方式，成三角形或长方形、正方形配置。

（3）钻孔工程设计及施工组织。炮孔直径 D=90mm。计划投入 6 部三角支架潜孔钻机，1 部/3 人，共配 18 名钻孔工，其中 1 人为组长。每部潜孔钻机钻孔 80m/台班，共需 20 个台班。

（4）装填结构。装药填塞时，共分 2 个作业组，每组 4 人，共 8 人组成。作业时，2 人装药，2 人填塞。将散装炸药直接装入炮孔内，根据炮孔深度每孔分别设置 1～2 个起爆药包，每个起爆药包由 1 枚非电毫秒雷管和 150g 管状炸药组成。设置 1 个起爆药包时，将其置于装药顶端的第二药包位置，2 个起爆药包分别置于装药长度的 1/3 和 2/3 处，正向起爆。装药顶端的剩余炮孔部分，使用岩屑或石粉进行填塞，直至填平炮口。预裂孔，将计算好的单孔装药量分段绑扎在导爆索且固定在竹片上，将其插入炮孔内后，余孔使用岩屑进行填塞。（根据本工程要求不采用预裂孔）视炮孔深度每个炮孔分别设置 1～2 枚高段位非电毫秒延时雷管，将各炮孔引出的导爆管分别汇集成数组，每组连接 2 枚低段位组合传爆非电毫秒延时雷管，并将各组分别连接成并、串联起爆网路或分段并、串联起爆网路。采用并、串联方式根据现场实际孔位数量现场确定。

（5）起爆网路敷设及其爆破站。起爆网路敷设组共 2 人组成，1 人为组长。敷设时，按设计先由爆破区最远端开始，依次向起爆站连接，起爆站选择在能通视全爆区的较高处。起爆网路连接完毕，应全面进行一次检查，以防错接、漏接等现象的发生。

（6）安全警戒与撤离区域及信号标志。在爆区的各方向 200m 外共设 5 个警戒点，每名岗哨持 1 部对讲机与指挥员保持联络，警戒点竖大红旗作为警戒信号标志。

清场时，由爆区开始，由里向外进行清场，凡危险区内的室内、室外人员必须全部撤至安全地点。

（7）主要设施与设备的安全防护。对距爆区较近的设施、设备，可在爆区与保护物之间搭设防护屏障，实行间接防护；对保护物，选用各种材料进行保护性防护；对地下需保护的光缆、煤气管道、自来水管道等，可在爆区与保护物之间开挖隔震沟。

1）爆破工程技术人员或爆破员按设计的孔网参数，在炮孔位置撒石灰粉作标记，并向钻孔工进行技术交底。

2）钻孔工按标定的炮孔位置进行钻孔作业。

3）钻孔完毕，应逐一将孔内的杂物和积水清除干净。

4）钻孔工、爆破员、爆破工程技术人员对全部炮孔进行三级验收，深度不足的要加钻，超深的要回填，不合格的要重新补钻。

5）爆破员按设计的装药结构、起爆药包位置进行装填作业，并边装边测量孔深，以防装药过长而造成填塞长度不足。

6）在距离建筑物或其他易破坏物较近的情况下爆破，爆破体应覆盖胶质炮被，对四周保护物采取保护性措施，防止飞石破坏。

7）无关人员撤离后，起爆网路连接人员由爆区最远端至起爆站依次连接起爆网路。

8）按规定实施清场、警戒、发出爆破信号、点火起爆和爆后检查现场。

9）发现盲炮，按制定的安全技术措施进行处理。

（8）爆破参数。一般采用深孔爆破（下深 4～8m）。其爆破参数如下：孔径 100mm，最小抵抗线 2.5～3m，挖深 4～8m，超深 0.4～0.8m，孔深 4.4～8.8m，孔距 3～5m，排距 2.5～4m，填塞长度：2.5～3m，炸药单耗 0.4～0.55kg/m³。

二、施工道路不超过 2m 部分（浅孔式爆破）

（1）平整工作面：施工前首先放出路堑边坡开挖线，并进行清理场地浮土、植被等。平整工作面采用风钻打眼，浅孔爆破推土机整平，台阶宽度以满足钻机安全作业、移动自如，并能按设计方向钻凿炮孔。

（2）孔位放线：根据设计图测量放出孔位，从台阶边缘开始布孔，为确保钻机安全作业，边孔与台阶边缘要保留一定的距离。炮孔要避免布置在松散岩层、节理发育或岩性变化大的岩石上。如果遇到这些情况时候，可以调整孔位。调整孔位时，要注意抵抗线、排距和孔距之间的相互关系。

（3）钻眼：采用风钻钻眼。

（4）孔位检查：装药之前，要对各个孔的深度和孔壁进行检查。孔深用测绳系上重锤测量，孔壁检查用长炮棍插入孔内检查堵塞是否，检查测量时候一定要做记录。孔深的实测最小抵抗线数值与设计数值不符或发现有新的地质构造时，应根据实际情况重新计算药量或调整装药结构。对装药量必须进行检查。检验误差标准：孔深为±0.5m，露天孔距和排距为±0.3m。如发现孔深不够，孔数不足，堵孔和透孔，必须进行补贴、补孔、清孔和堵塞孔。

（5）炸药及雷管运输：炸药运输由爆破公司采用专人、专车运输，运输量根据现场实际需求量确定，炸药和雷管分开单独运至现场，由专业爆破人员负责清点、装卸。每次剩余炸药和雷管由爆破公司负责清点再运回仓库。

（6）装药：装药为手工操作，可采用连续柱状装药、间隔装药结构。齐装药量、药包位置按设计要求。炸药可采用大直径包装硝铵类炸药。当炮孔中有水时，应将水排出干净，否则应改用防水炸药。孔中装的药要定量定位，防止卡孔。用人力搬运炸药时，每人每次搬运量不超过一箱，搬运工人行进中，应保持 1m 以上的间距，上下坡时应保持 5m 的间距。起爆体、起爆药包或已连接好的起爆雷管，只准爆破员携带运送。装药时严禁将起爆药包或敏感度较高的炸药包向下抛掷，起爆药包装入后，不准向下投掷炸药卷。装药若发生卡塞时，在雷管和起爆药品放入以前，可用铜质或金属长杆处理，按严禁强烈冲击炸药。照明线必须绝缘良好，灯泡应安装保护罩，从运入带有电雷管的起爆药包或起爆体时开始，必须停电，采用蓄电池灯、安全灯或绝缘的手电筒照明。

（7）起爆及起爆时间：起爆破网路敷设组共 2 人组成，1

人为组长。敷设时，按设计先由爆破区最远端开始，依次向起爆站连接，起爆站选择在能通视全爆区的较高处。起爆网路连接完毕，应全面进行一次检查，以防错接、漏接等现象的发生。爆破时间原则上定为中午12—14时，特殊情况根据现场实际另行通知（提前4h)。

（8）安民告示：爆破前提前在爆破区域明显位置张贴爆破通报，并且提前走访附近村民，对养殖户提前通知并做好协调工作。

5.7.3.1.5 土石方开挖施工

一、基坑开挖程序

熟悉图纸→编制施工作业指导书→测量放线→基坑开挖→修坡→整平→留足预留土层→清理基槽、验槽等。

二、基坑开挖

基坑土方开挖采用机械开挖，人工配合清槽的施工方法进行。选用反铲式挖掘机，每台挖掘机配备2～4辆自卸车将土方和建筑垃圾及时清理外运。对于部分小形基坑，如设备支架基坑可采用人工开挖。

基坑的坡道设置：根据现场情况在基坑侧方便施工的地方设坡道，坡道宽度为4m，放坡坡度为1∶8。必要时采取搭设斜坡道的方式满足现场施工。

风机基础土方开挖采用1台挖掘机开挖施工。

开挖前应先进行测量定位，抄平放线，定出开挖宽度，确定开挖宽度时充分考虑操作面的需要，按放线分块分层开挖。选用合理的开挖边坡。基坑开挖应尽量防止对地基土的扰动。采用机械开挖时，为避免破坏基底土，应在基底标高以上预留一层人工清理。

5.7.3.1.6 风机基础施工

5.7.3.1.6.1 垫层施工

基坑（槽）开挖清理完后，经过建设单位、监理单位、设计单位、地质勘察单位及施工单位5方验收合格后，办理地基验槽会签单后即可进行垫层施工。支好侧模，防止混凝土浇筑时偏位。用水准仪打上标高线，垫层浇混凝土应压实、压平。浇筑垫层混凝土之前，必须按照设计图纸要求把基础环支架安装的预埋件安装好，预埋件尺寸及安装位置符合设计要求并经验收合格后，方可进行垫层浇筑。

5.7.3.1.6.2 钢筋工程

（1）所有进入现场的钢筋必须具有出厂合格证，每批钢筋进场后，首先要核对出厂证是否与本批钢筋相符，经外观检查验收合格的每批钢筋均按国家现行有关规定取样做机械性能检验，合格后方准使用。

（2）钢筋工程施工前有专人对照图纸翻样，经审核后对钢筋采取集中统一配料。在现场加工场内用机械加工制作成半成品，分类垫高堆放，并挂牌标识清楚。钢筋水平运输场内利用拖拉机。

（3）钢筋直径大于25的风机基础钢筋，连接方式采取机械连接（直螺纹接头），必须符合设计和规范要求。钢筋接头的位置、同一连接区段内的钢筋接头百分率不得大于25%，以及绑扎接头的搭接长度必须符合国标GB 50204—2002规范规定和设计要求。

（4）钢筋保护层的控制。基础底板下部受力钢筋采用高标号混凝土垫块纵横间距不大于600mm予以控制保护层；基础底板上层钢筋采用钢筋桁架，间距不大于1500mm，并加设剪力撑，予以控制钢筋位移和保护层厚度。

5.7.3.1.6.3 模板工程

本工程风机基础较大，拟采用定型钢模板或复合型木模板；外部采用$\phi 48\times 3.5$（mm）钢管和100×100（mm）木方作为支撑系统，圆形基础模板外部使用钢丝绳或钢筋围檩方式加固。

5.7.3.1.6.4 混凝土工程

混凝土供应拟自行建设一座自动化集中搅拌站，罐车运输，混凝土泵车负责混凝土浇灌。

站内设1座$75m^3/h$（MA02250/1500SDYHO）全自动控制式集中搅拌系统，按日工作8h考虑可满足日供应混凝土约$600m^3$。砂石料场设一台ZL50B装载机，负责上料及堆方，另配备2台JS500型强制式混凝土搅拌机备用。

现场输送1台泵车布料，10～12辆搅拌运输车，充分满足混凝土浇筑的要求，并可根据工程量调整泵车数量，以满足施工要求。

一、混凝土施工前准备工作

（1）水泥优先选用有国家质量认证，质量免检的厂家产品，优先选用普通硅酸盐水泥和矿渣水泥。水泥要有出厂合格证和28天强度报告单，水泥进入现场要做抽样测试各项指标合格后方可使用。

（2）砂石材料。石子级配要良好，要严格控制石子中的针片状风化石的含量。含泥粉量要小于1%，砂子选用优质河砂。砂子含泥量要小于1.5%。砂石材料要抽样检查合格。

（3）外加剂。所使用的外加剂如高效减水剂、早强剂、膨胀剂等要有出厂合格证和抽样合格证。

（4）所有混凝土由检测中心试配，并出具配合比通知单，搅拌时严格按配合比通知单搅拌混凝土。

二、混凝土的浇筑

（1）混凝土浇灌前应检查并做到：模板的标高、位置、截面尺寸均符合设计要求，模板拼缝严密，支撑、木楔、垫板等牢固、稳定；钢筋的数量、间距、弯曲位置、构件同一截面接头数量及位置、钢筋保护层厚度等均符合规范及设计要求；埋设的铁件、水、电等管道预留孔洞及螺栓等的位置、数量等均正确无误，验收合格后，方可浇筑。

（2）混凝土浇灌前对混凝土的浇灌顺序、浇灌方法、施工缝的留置位置、配合比、质量要求等，对施工人员进行详细的技术交底。

混凝土施工时采用插入式振动器振捣密实，分层浇筑，在振捣过程中，应严格保持钢筋平直，钢筋的位置及保护层厚度正确，设专人观察模板、钢筋、预埋件、预埋螺栓等无移动、变形等现象，发现问题及时处理。

混凝土施工过程中经常使用坍落度桶对混凝土的水灰比进行测试、调整。

三、混凝土的养护

混凝土在初凝后即在基础表面覆盖塑料薄膜养护，保持混凝土表面湿润，保证混凝土强度的增长。普通混凝土养护时间不少于7d。掺有缓凝型外加剂或有抗渗要求的混凝土养护时间不少于14d。雨季施工时，执行雨季施工措施。混凝土强度达到规范要求时方可拆除模板，同时采取措施，保护成品，防止二次污染和损坏。

第 9 篇

送变电工程施工组织设计概论

张军柱　戴荣中　等　编著

第1章　施工组织设计简介

施工组织设计是组织电力建设施工的总体指导性文件，是指导一个拟建工程进行施工准备和组织实施施工的基本的技术经济文件。编制和贯彻好施工组织设计可在施工过程中体现国家方针政策、遵守合同规定，科学组织施工，从而达到预期的质量目标和工期目标，可以提高劳动生产率、降低消耗、保证安全，是不断地提高施工技术和施工管理水平的重要手段。

1.1　施工组织设计的任务、编制依据和原则

1.1.1　施工组织设计的任务

施工组织设计是对电力建设施工过程实行科学管理的重要手段，是编制施工预算和施工计划的重要依据，是电力施工企业施工管理的重要组成部分。施工组织设计应根据项目工程的特点，从人力、资金、材料、机械和施工方法这五个主要因素进行科学的安排，使之在一定的时间和空间内，得以实现有组织、有计划、有秩序的施工，以期在整个工程施工上达到相对的最优效果，即时间上耗工少、工期短，质量上精度高、功能好，经济上资金省、成本低。

1.1.2　施工组织设计的编制依据

（1）已经批准的初步设计和施工图纸及资料。

（2）工程相关的招、投标文件、施工合同、技术协议、会议纪要等文件。

（3）工程概算和主要工程量。

（4）设备清册和主要材料清册。

（5）主体设备技术和新产品的工艺性试验资料。

（6）施工定额资料。

（7）施工队伍情况和装备条件。

（8）GB/T 19001质量管理体系文件。

（9）现场内外环境条件调查资料。

（10）输变电工程施工组织设计有关规范、导则等。

1.1.3　施工组织设计的编制原则

（1）遵守和贯彻国家的有关法律、法规和规章。

（2）对项目工程的特点、性质、工程量、工作量以及施工企业的特点进行综合分析，确定本工程施工组织设计的指导方针和主要原则。

（3）符合施工合同约定建设期限和各项技术经济指标的要求。

（4）遵守基本建设程序，切实抓紧时间做好施工准备，合理安排施工顺序，及时形成工程完整的投产能力。

（5）在加强综合平衡、调整好各年的施工密度，在改善劳动组织的前提下，努力降低劳动力的高峰系数，做到连续均衡施工。

（6）运用科学的管理方法和先进的施工技术，努力推广应用“四新”，不断提高机械利用率和机械化施工的综合水平，不断降低施工成本，提高劳动生产率。

（7）在经济合理的基础上，充分发挥基地作用，提高工厂化施工程度，减少现场作业，压缩现场施工场地及施工人员数量。

（8）施工现场布置应紧凑合理，便于施工，符合安全、防火、环保和文明施工的要求，提高场地利用率，减少施工用地。

（9）加强质量管理，明确质量目标，消灭质量通病，保证施工质量，不断提高施工工艺水平。

（10）加强职业安全健康和环境保护管理，保证施工安全，实现文明施工。

（11）现场组织机构的设置，管理人员的配备，应力求精简、高效并能满足项目工程施工的需要。

（12）积极推行计算机信息网络技术在施工管理中的应用，不断提高现代化施工管理水平。

1.1.4　施工组织设计分类

电力工程建设施工组织设计通常分为三个部分，即施工组织设计纲要、施工组织总设计和施工组织专业设计。

目前输变电工程施工组织设计按阶段和编制对象不同，一般可以划分为两类：一类是为工程投标编制的施工组织设计，简称为标前设计；另一类是为签订工程施工承包合同而编制的施工组织设计，简称标后设计。后者又可分为三种，即施工组织总设计、分段（按线路长度分若干段）施工组织设计和单项施工组织设计。

标前设计是为了满足编制投标书和签订工程承包合同的需要而编制的，标后设计是为了满足施工准备和施工的需要而编制的。输变电工程施工单位为了使投标书具有竞争力，以实现中标，必须编制标前设计，对投标书的内容进行规划和决策，这是投标文件的重要内容之一。施工组织设计标前设计的水平既是能否中标的关键因素，又是总包单位招标和分包单位编制投标书的重要依据。同时，标前设计也是承包单位进行合同谈判、提出要约和进行承诺的依据，也是拟订合同文件中相关条款的基础资料。这两类施工组织设计的特点，见表1-1-1。

表1-1-1　两类施工组织设计的特点

种类	时间	编制者	服务范围	特性	目标
标前设计	投标者编制	投标者（经营管理者）	投标及签约	规划性（决策性）	中标和效益
标后设计	签约后开工前编制	管理者	施工准备至工程竣工	作业性	施工效率和效益

从表1-1-1中可以看出，输变电工程施工组织设计无论是标前设计、还是标后设计，工程实际建设中都是需要的。标前设计为达到中标和签约，取得工程承包权；而标后设计是为了指导工程施工，取得高效率和良好的经济效益。

施工组织总设计是以整个建设项目或单项（分段）工程为对象编制的，是整个建设项目或单项（分段）工程的全局性、指导性文件。

单项工程施工组织设计是施工组织总设计的具体化，用于指导单项工程的施工准备和施工，也是输变电工程施工单位编制月、旬作业计划的基础。

对于输变电工程施工难度大、技术复杂的单项工程，在编制单项工程施工组织设计时，要突出难度大工程的解决方案，

提出合适的施工计划和保证安全的技术措施。

本手册的编制，是以标后设计为准进行编制的，对于其他施工组织设计（包括标前设计）的编制仅供参考。

1.1.5 施工组织设计编制范围

新时期我国电力工业得到了规范化的长足发展，取得了辉煌成就，形成了符合国情的系列电压等级，造就了强大的电力网。随着我国西部大开发战略的实施和西电东送、西气东输工程的启动，目前正在全国范围内进行西电东送、南北互联，形成更大范围和供应能力的电力网络建设。经过半个多世纪的发展壮大，输变电工程建设者已经成为一支技术熟练、设备精良、值得信赖的优秀队伍，必将为国家做出更大的贡献。在这种情况下，编写《送变电工程施工组织设计手册》，既要考虑总结以往输变电工程的建设经验，又要考虑今后建设的任务。为此本手册的编制范围是：以国家规定的交流标准电压10kV、35kV、110kV、220kV、330kV、500kV、750kV及1000kV的输变电工程施工组织设计和±400kV、±500kV、±660kV及±800kV的直流输电线路工程施工组织设计为基本内容，并相应地介绍了这些工程施工阶段的监理规划和监理实施细则。对于电力电缆线路、串补线路串补站，直流输电背靠背换流站的施工组织设计和施工方案、安装方法等均以专章介绍。

1.2 施工组织设计的主要内容

当工程规模较小或计划安排要求紧迫，视具体情况，可对施工组织设计纲要、施工组织总设计和施工组织专业设计这三个部分内容进行适当调整与合并。

1.2.1 输变电工程施工组织设计纲要的内容

施工组织设计纲要依据初步设计和招标文件编制，为施工布局作出总体安排，适应投标的需要，并指导编制总设计和专业设计。

（1）编制依据。

（2）工程概况。

（3）工程特点及估算工程量。

（4）施工组织机构和人力资源计划。

（5）主要施工方案及措施的初步选择。

（6）总平面布置方案及占地面积。

（7）主要工程项目控制进度。

（8）施工准备工作安排。

（9）力能供应的需求和规划安排。

（10）大型机械设备和布置方案及工厂化、机械化施工方案。

（11）工程项目施工范围划分。

（12）临建数量及采用结构标准的规划。

（13）施工质量规划、目标和主要保证措施。

（14）施工安全、环境保护的规划、目标和保证措施。

（15）满足标书要求的其他内容。

1.2.2 输变电工程施工组织总设计的内容

施工组织总设计依据初步设计、主要施工图、施工合同和施工组织设计纲要编制，对项目工程做出全面安排。

（1）编制依据。

（2）工程概况。

（3）工程规模和施工项目划分及主要工程量。

（4）施工组织机构设置和人力资源计划。

（5）施工综合进度计划。

（6）施工总平面布置图及其文字说明。

（7）主要大型机械配备和布置以及主要施工机具配备清册。

（8）力能供应方式及系统布置（包括水、电源、气、汽等）。

（9）主要施工方案和重大施工技术措施（包括主要交叉配合施工方案、重大起吊运输方案、关键性和季节性施工措施）。

（10）外委加工配制量与工厂化加工量划分及现场加工规模的确定。

（11）技术和物资供应计划，其中包括：

1）施工图纸交付进度。

2）物资供应计划（包括设备、原材料、半成品、加工及配制品）。

3）力能供应计划。

4）机械及主要工器具配备计划。

5）运输计划。

6）技术检验计划。

7）施工质量规划、目标和保证措施。

8）生产和生活临建设施的安排。

9）安全文明施工和职业健康及环境保护目标和管理。

10）降低成本和推广应用“四新”等主要计划和措施。

11）技术培训计划。

12）竣工后完成的技术总结初步清单。

1.2.3 输变电工程施工组织专业设计的内容

施工组织专业设计依据总设计、技术合同、有关专业施工图和设备技术说明编制，指导专业施工项目的施工。

专业设计一般分以下专业进行编写：线路施工（基础施工、杆塔组立、线路架设）、变电施工（土建施工、电气安装、保护及系统调试）等。凡总设计中已经明确并足以指导施工的内容，可不必重新编写。专业设计的内容一般包括：

（1）编制依据。

（2）工程概况。

1）专业施工项目规模、工程量（包括分包和外委加工量）。

2）专业施工项目设备及设计特点。

3）专业施工项目的主要施工工艺说明等。

（3）施工组织和人力资源计划。

（4）施工平面布置（总平面布置中有关部分的具体布置）和临时建筑布置。

（5）主要施工方案（措施）。

1.3 施工组织设计的编审与贯彻

1.3.1 施工组织设计的编审

（1）新建、扩建电压220kV及以上的输变电工程的施工组织设计纲要由施工总承包公司总工程师组织编制；施工组织总设计由施工总承包公司或其项目部总工程师组织编制。上述两种设计均由施工总承包公司总工程师主持审批。

（2）电压110kV及以下输变电工程的施工组织设计纲要和总设计分别由施工总承包公司和其项目部总工程师组织编制，施工总承包公司技术管理部门审查（或组织审查），分别由施工总承包公司和其项目部总工程师主持审批。

（3）无施工总承包单位的输变电工程的施工组织总设计由建设单位负责组织和协调其编制工作。

各承包公司总工程师或其项目部总工程师负责组织本公司承包范围施工组织总设计的编制工作，由施工总承包公司总工程师主持审批。

（4）专业设计报施工总承包公司项目部技术管理部门审查，项目部总工程师审批，报施工总承包公司备案。

（5）输变电工程施工组织总设计一般应在施工准备和施工临时建筑开工以前编制并审核、批准完毕；施工组织专业设计一般应在主体施工项目开工以前编制并审批完毕。

（6）施工组织设计一经批准，施工单位和工程各相关单位应认真贯彻实施，未经审批不得修改。凡涉及增加临建面积，提高建筑标准、扩大施工用地、修改重大施工方案、降低质量目标等主要原则的重大变更，须履行原审批手续。

1.3.2　施工组织设计的交底

经过审核批准的施工组织设计，项目部应组织有关人员进行交底。交底内容包括讲解施工组织设计的内容、要求，施工的关键问题及保证措施，使各有关人员对施工组织设计有一个全面的了解，交底过程应进行记录。

1.3.3　施工组织设计的检查

在施工组织设计的实施过程中应进行中间检查。一般应在工程施工初期和中期各检查一次。检查的内容可包括工程进度、工程质量、材料消耗、机械使用与成本费用等。对检查中发现的问题，应及时进行原因分析，并进行改正，施工组织设计的中间检查记录可采用表 1-3-1 所示的格式。

施工组织设计的贯彻、检查与调整是一项经常性的工作，应贯穿于拟建工程的施工全过程。

表 1-3-1　　施工组织设计中间检查表

工程名称		施工组织设计名称	
施工单位		开工日期	
序号	检查项目	检查标准	检查记录
1	总体内容	无缺项、无漏项	
2	项目划分	项目齐全、划分合理，能促进施工、改进管理	
3	施工方法	符合实际情况，具有科学性和先进性	
4	大型施工机械选择	选择合理，台班及吊次合理	
5	施工总平面布置	平面布置合理，符合安全、环保、卫生等要求	
6	施工用水、用电方案	有计算书、设计图纸，措施得力	
7	质量、安全措施	措施得力，针对性强	
8	季节性施工方案	对冬季、雨季施工有明确的规定和要求	
9	材料管理	措施得力，责任到人	
10	质量管理体系	质量管理体系运转正常	
11	施工组织设计交底	应层层交底，有交底记录	
12	技术节约措施	措施明确，内容齐全	
13	方案变更	手续齐全，保存完整，有审批手续	
审核签字/日期		检查签字/日期	

第2章　送电线路工程施工组织设计

编制输送电线路工程施工组织设计，要根据送电线路电压高低、线路长短、工程大小和复杂程度，结合工程实际情况而编制。若工程是按总承包方式施工，应将施工单位先决保证条件写入施工组织设计的前言中。主要内容包括：施工工期：××××年××月××日至××××年××月××日；工程质量：工程竣工验收合格率 *H*%，优良率 *u*%，工程质量不低于达标投产、×××工程创一流标准；保修服务：工程竣工后保修期为 *x* 年；配合协作：在施工期间，在有条件的情况下，给协作单位人员提供方便（包括交通、工作、生活等方面）；其他承诺：凡招标文件中提出的所有问题、条款，公司都将接受和执行。

2.1　编制依据

（1）工程施工承包合同和招投标文件（包括文件提出的工程量、工期等要求）。

（2）工程施工图设计图纸和资料，以及会审纪要。

（3）工程初步设计及审批意见。

（4）工程有关的协议、合同、文件等。

（5）现场调查的实际资料。

（6）国家现行有关的技术标准和送电线路施工定额资料。

（7）国家电网公司颁发的《国家电网公司输变电工程达标投产考核办法（2011版）》。

（8）其他：如本公司的质量、安全、计划、文明等目标及考核办法。

2.2　工程概况及特点

2.2.1　工程概况

线路基本情况包括：工程名称、电压等级、输电容量、工程起点和终端位置、线路经过地区的行政归属、大跨越地点位置及跨越档距离、线路长度、施工标段划分等情况。工程的项目建设管理单位、设计单位、监理单位、施工单位。工程的计划开工日期、竣工日期、计划工期等。

按施工承包合同规定的施工段范围，起始位置（杆塔号）至终端位置（杆塔号），单双回路，是否同杆塔架设，沿线地形、地貌、地质、交通情况，沿线经过行政区域（省、市、县），重要村镇，有无少数民族，有无特殊风俗要求，沿线海拔高度，跨越河流、铁路、公路、电力线、通信线等，均应陈述清楚。

2.2.2　工程规模

本线路或标段线路的亘长（此长度应是施工单位复测桩后的实际线路长度），两条并行单回路，双回路同杆塔架设，导线型号和重量，地线型号和重量，架空复合光缆（OPGW）或良导体地线型号和重量，绝缘子型号和数量（包括串片数），杆塔基数，铁塔总吨位数，基础浇制混凝土总量，金具及接地用钢材吨位数。

2.2.3　工程施工承包范围

（1）送电线路起点和终点，标段起始杆塔号（包括杆塔及半侧挂线和引流线）至终端杆塔号（包括杆塔及半侧挂线和引流线），线路工程本体全部施工。

线路起点至终点是指两端变电所，变电和线路分界点是在变电所出线门型构架挂线环上，挂线环属于变电工程；挂线环挂着线路绝缘子串最后一个金具属线路工程。

（2）参加项目法人供应的材料到达项目部中心材料站的质量验收。项目法人供应的材料之外的其他材料的采购、运输、保管。

（3）负责项目法人供应的材料从交货地点至项目中心材料站的卸车、运输及现场保管。

（4）配合监理工程师完成项目法人供应的材料到项目部中心材料站的质量验收。

（5）障碍物的拆迁、青苗赔偿、树木砍伐、线路通道清理、采石场封闭、山顶危面处理、通信线干扰处理、施工临时占地等，以及为正常施工需要办理的一切手续。向项目法人移交拆迁、赔偿等必要的原始资料、凭证及协议。

（6）配合电力系统调试，保证线路畅通，移交验收前的维护。

（7）竣工移交后，*x* 年内质量保修。

（8）竣工图和资料移交。

上述工程承包范围共有8条，但不是说每个工程都套用，而是应根据工程具体情况使用，内容仅供使用者参考。

2.2.4　工程地形及地质状况

沿线地形情况应按高山大岭、一般山区、丘陵、平地划分。工程初步设计中均有详细的统计数据，即高山大岭占 *x*%；山地占 *y*%；丘陵占 *m*%；平地占 *n*%。对高山大岭、大跨越、大片洼地（湿地）要引起关注，详加说明在工程施工中采取的应对措施。

沿线地质状况。地层岩主要为砂土、粉土、黏土，均为土质；软质岩包括页岩、黏土岩、云母片岩等；硬质岩包括花岗岩、闪长岩、石英岩等。应按工程初步设计勘探及统计数据，即土质占 *x*%，软质岩占 *y*%，硬质岩占 *z*%。有时还把土质分为软塑——可塑状态，即松散——稍密等。对不良地质（包括滑坡、砂土液化、大孔性土、溶洞等），应按照设计文件进行施工。塔位处地下水为第四系孔隙水时，地下水埋藏深浅，其对混凝土及钢筋有无腐蚀性也应查清。

2.2.5　交通情况

沿线路各种公路（包括国道、省道、乡间道路、林区简易公路等）、铁路等可作为送电线路物资的大运道路，都应该充分利用。在高大山区交通困难时，可为施工修筑部分道路。

2.2.6　自然环境

送电线路所处行政地域、地貌概略叙述。气候属暖温带季风区大陆性气候，四季分明，雨热情况，年平均气温（℃），极端最低气温（℃），极端最高气温（℃），降水量（mm），雨季时间，无霜期，农作物（包括小麦、棉花、玉米、谷子、高粱、大豆等），树木（包括树种）。

2.2.7　设计特点

（1）导线型号及组合方式，地线型号［包括钢绞线和架空复合光缆（OPGW）及良导体地线型号］。

（2）悬垂绝缘子型号及串联方式，单串、双串、双串单联、双串双联等几种型式。耐张绝缘子型号及串联方式，有单串、双串、多串等多种组合方式。地线悬垂、耐张绝缘子型号及串片数。采用合成绝缘子进行防污，效果较好。

（3）本工程设计选用的主要气象参数，最大风速；覆冰厚度，最高、最低、平均气温等气象要素。

（4）杆塔型式。直线杆塔、耐张杆塔、转角杆塔、换位杆塔、终端杆塔采用“酒杯”形、“干”字形、“上”字形、“猫头”形等形式。直线塔采用“酒杯”形铁塔、“干”字形转角塔的中相导线直接挂在塔身上，结构比较简单，因而较为经济实用。

（5）基础。500kV送电线路基础型式，多采用斜插式基础、刚性基础、灌注桩基础三种。角钢斜插式基础取消塔脚板和地脚螺栓，将塔腿直接锚入基础底板中，基础主材与塔身主材之间的坡度，减少了作用于主柱正截面和底板的弯矩，节约材料，降低了造价。刚性基础通过主柱配筋达到适当加大基础埋深的效果，可充分利用基础顶部的土重。虽然加大了钢筋用量，但是减少了混凝土的用量和运输量，具有一定的经济效益。采用灌注桩基础解决了不良地质的土耐力问题。所选用基础型式与地质情况相适应，使基础合理受力，可达到较好的经济指标。

2.2.8　主要工程量

（1）土石方、基础、接地部分工程量见表2-2-1。

表2-2-1　土石方、基础、接地部分工程量表

工序	序号	名　称	单位	数量
土石方开挖	1	基面、风偏土石方	m^3	
	2	基坑土石方	m^3	
	3	接地土石方	m^3	
	4	合计	m^3	
基础浇制	1	拉线塔基础混凝土量	m^3	
	2	插入式基础混凝土量	m^3	
	3	斜柱型基础混凝土量	m^3	
	4	柔性基础混凝土量	m^3	
	5	复合式沉井基础混凝土量	m^3	
	6	灌注桩基础混凝土量	m^3	
	7	混凝土量合计	m^3	
	8	基础钢材	t	
接地工程	1	A3型接地装置	基	
	2	A5型接地装置	基	
	3	B5型接地装置	基	
	4	接地钢材	t	

（2）铁塔组立部分工程量，见表2-2-2。

表2-2-2　铁塔组立部分工程量表

工序	序号	塔　型	单位	数量
铁塔组立	1	LM型拉线塔	基	
	2	LV型拉线塔	基	
	3	ZB_1型直线塔	基	
	4	ZB_2型直线塔	基	
	5	ZB_3型直线塔	基	
	6	ZB_4型直线塔	基	
	7	ZBK型跨越塔	基	
	8	GJ_1型转角耐张塔	基	
	9	GJ_2型转角耐张塔	基	
	10	GJ_3型转角耐张塔	基	
	11	钢材总重	t	

（3）架线部分工程量，见表2-2-3。

表2-2-3　架线部分工程量表

工序	序号	名　称	单位	数量
架线施工	1	导线（LGJ-300/40）架设长度	km	
	2	地线（GJ-80）架设长度	km	
	3	地线（LGJ-95/55）架设长度	km	
	4	OPGW架设长度	km	
	5	直线塔附件安装	基	
	6	耐张塔附件安装	基	
重要交叉跨越	1	铁路跨越	处	
	2	等级公路跨越	处	
	3	高速公路	处	
	4	河流	处	
	5	500kV线路跨越	处	
	6	220kV线路跨越	次	
	7	110kV线路跨越	次	
	8	35kV线路跨越	次	
	9	10kV线路跨越	次	

2.3　施工现场管理机构设置及其职能

2.3.1　现场管理组织机构设置及关系图

送电线路施工现场管理机构，是根据线路长短、工程量大小、技术繁杂程度、交通状况等实际情况而拟订设置的。从各地情况来看，现场管理机构设置大同小异，有繁有简；机构设置应以“精简”为好。送电线路的一般工程施工现场管理机构设置项目经理部，其内部组织机构采用“三部一办”形式，“三部”即工程部、经营部、供应部，“一办”即办公室。然后下属施工队、材料站、汽车队等。如图2-3-1所示。

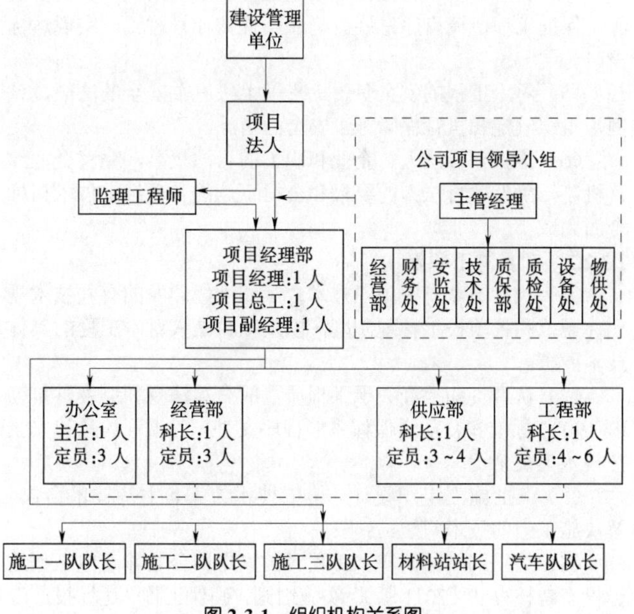

图2-3-1　组织机构关系图

注：实线表示直接领导关系，虚线表示业务上的指导、监督关系。

2.3.2 施工现场各组织机构职责

2.3.2.1 项目经理部职责

项目经理部是送变电工程公司的派出机构，由施工单位经理授权，全权代表公司组织指挥施工和处理与工程有关的事宜，在安全、质量、工期、文明施工、经济上对工程全面负责，搞好对外联络，协调对外关系，实行科学管理，确保工程安全、优质、低耗、按期完成任务。主要职责如下：

（1）传达贯彻上级及公司的指示，定期向上级、公司、发包单位、监理单位及其他有关单位汇报工程进度情况。

（2）接受建设单位和监理单位的监督、检查和技术指导。

（3）进行本工程的质量策划，制定质量保证计划，在工程施工中有效地实施本公司的质量体系及其形成文件的程序，进行采购和对招标方提供产品的控制、过程控制、检验和试验控制、不合格品控制等质量控制和质量保证手段。

（4）负责组织编制施工工艺标准或工艺手册、施工技术措施和安全技术措施，审定重要施工方案，督促做好各级技术交底，解决施工中的技术问题。

（5）领导组织本工程的安全施工，将安全施工列为首要的议事日程，做到安全工作“五同时”。

（6）编制施工网络计划，并经常调整和修正网络计划，确保按施工网络计划组织供应及施工。

（7）根据工程项目本身的动态过程，对工程实行动态管理，合理调度施工力量、机械设备、材料和资金。

（8）加强经营管理，负责处理好本工程一切经济事务，协助各施工部门认真贯彻实施各项经济责任制。

2.3.2.2 项目经理职责

（1）受公司总经理委托，代表公司处理与本工程有关的外部关系，决策本工程的重大事项，对工程全面负责。

（2）认真贯彻国家和上级有关方针、政策、法规和承包合同的要求。接受项目法人和监理工程师有关工程的各项指令，确保项目法人要求的安全、质量和进度目标全面实现。

（3）按照 ISO 9001 标准和公司的有关质保体系要求，建立本工程的质保体系，明确各部门的质量职责，审批项目部的各种管理制度。

（4）科学组织和合理调配参加工程施工的人、财、物等资源，保证工程协调有序进展。确保工程按计划竣工，实现达标投产。

（5）对本工程的安全负责，贯彻上级有关安全的法规、条例，组织制定和执行保障施工安全的措施。

（6）维护项目法人、企业和职工的合法权益，完善企业经营机制，确保项目法人的要求和公司下达的各项经济技术指标全面完成。

2.3.2.3 项目总工职责

（1）执行国家有关施工技术政策和上级颁发的有关技术规程、规范和各项技术管理制度，以及项目法人对本工程的具体技术要求。

（2）认真贯彻上级关于工程质量的有关法规和制度，贯彻 ISO 9001 标准和公司质保体系的程序文件。对工程质量和安全在技术上负全责。

（3）审批施工组织设计、施工技术方案，主持技术会议，解决施工中的技术问题。

（4）组织编制并落实本工程《国家电网公司输变电工程达标投产考核办法（2011 版）》实施细则，确保工程“达标投产”，满足项目法人的要求。组织编写和审核预防安全事故及质量事故的措施。

（5）负责向项目法人、监理工程师和设计工代反映施工过程发生的有关技术和质量问题，并跟踪落实。

（6）负责组织各施工队的劳动竞赛和 QC 小组活动。

2.3.2.4 项目副经理职责

项目副经理在项目经理领导下，协助项目经理工作，具体负责本工程的安全、质量、进度的管理工作。

2.3.2.5 各职能部室的职责

2.3.2.5.1 工程部

（1）工程设计要完整，施工技术资料要成套，负责编制、审核及分发到各分工程施工单位，并及时准确传达设计及有关技术变更。负责新工艺、新施工方法试点的组织与推广，负责进行特殊工种培训，负责竣工图编制和移交资料的汇总。

（2）编制施工组织设计、各种施工技术措施以及质量管理和安全管理制度，解决施工中出现的技术问题。预测影响工程质量、安全薄弱环节，并制定相应的预防措施。

（3）制定各工序、各分部工程的质量检查细则，建立完善的工程质量保证体系。完善三级管理分级责任制，深入施工现场掌握质量动态，负责组织分部工程的检查、验收及竣工验收工作，对隐蔽工程做好记录，并组织有关人员现场验收。

（4）建立安全管理体系，制定安全工作细则，负责全工程的安全教育、考核、检查，狠抓事故苗头，确保在施工中杜绝死亡及重大事故的发生；实现公司制定的安全目标，组织并参与各类事故的调查、分析、处理；并按业主及公司的要求，及时填报安全、质量报表。

（5）负责与设计代表、监理工程师的日常工作联系，配合监理工程师做好阶段性验评工作。

2.3.2.5.2 经营部

（1）负责与工程有关的合同管理，编制调整施工图预算，根据工程施工计划报表向业主结算，收取工程进度款。

（2）负责编制施工综合进度、网络计划，安排报月、季、年计划进度，并下达贯彻、检查完成情况，按期汇总填报各类报表，积累施工过程中有关人工、材料、机械等方面的资料。

（3）负责财务管理、成本核算，及时准确处理工程来往凭证、单据等，总结分析分部工程成本核算情况，控制工程成本。

（4）负责劳资管理及劳力配置。

2.3.2.5.3 供应部

（1）负责业主供料的接收、检验和管理及自购材料的加工、订货、发运、催交、驻厂监督等事宜，负责材料、设备运输及到货清点、缺件催交，收集装置性材料、设备的出厂合格证，并负责原材料及加工成品的质量验收。

（2）负责材料、设备清理及发放，并做到及时准确。建立健全工程材料、机械设备的各项管理制度，加强材料、设备管理，做好防火、防盗安全保卫工作。

（3）按照质量体系文件要求，编制材料、设备购置计划。材料、设备购置时，一般应“货比三家”，价格合理购置。

（4）做好材料及加工的成本核算、结算，编报材料、物资统计及三材核销报表。

2.3.2.5.4 办公室

（1）负责项目经理部的日常事务及办公、生活用品的管理。

（2）负责与当地政府联系，办理工程施工所有手续，取得当地政府的支持。负责对外关系协调，处理青苗赔偿、临时及永久占地，障碍物拆迁及林木砍伐中的手续办理。

（3）负责组织职工的业余文化生活，做好防火防盗、安全保卫工作，为文明施工创造条件。

2.3.2.5.5　施工队

（1）按计划工期规定完成项目经理部下达的各项施工任务。

（2）施工质量必须达到验收规范和达标投产的要求。

（3）施工过程中必须保证施工安全，不得发生责任事故。

（4）保护环境、文明施工，施工完毕后注意恢复地貌和植被。

2.3.2.5.6　汽车队

（1）负责工程设备材料的工地运输。

（2）确保行车安全，不得发生交通责任事故。

2.3.2.5.7　中心材料站

（1）负责工程设备材料的接收、保管和检验。

（2）负责工程设备材料的验收、配套和分供。

2.3.2.6　公司对施工现场的保障作用

从组织机构关系图 2-3-1 来看，现场项目经理部是送变电工程公司法人委托的派出机构，在公司内部设有公司项目主管经理和项目领导小组，而该领导小组对公司八个职能部门具有指导的作用。因此公司对现场项目经理部的领导，不但可直接领导，而且公司职能部门对现场项目经理部的职能部门可“对口”进行业务指导和监督。工程施工任务完成与公司有重要关系。故公司对施工现场要有保障作用，其条件如下：

（1）提供满足工程施工需要的人力资源。

（2）提供满足工程施工需要的机械、车辆、设备等。

（3）提供满足工程施工需要的材料、资金。

（4）配备满足工程施工需要的有经验的管理、技术、生产人员。

（5）做好后勤保障工作，为现场提供业余文化生活用品、用具，创造良好的现场生活、施工环境。

2.3.2.7　工程项目经理部负责人简历

工程项目经理部主要负责人及部门负责人简历介绍，只举一例供参考，见表 2-3-1。

表 2-3-1　　项目经理简历

姓名			性别	
出生年月			学历	
职称			职务	
手机			邮编	
从事送变电工作年限		年	地址	
从事项目经理工作年限				
一、主要资历、经验及承担的主要工程项目： 毕业于______学校，先后任______。熟练掌握了 500kV 及以下输电线路工程的施工技术、施工管理，有丰富的现场施工管理经验，已取得一级项目经理证书。主要承担的项目有： 二、担任项目经理时完成工程的安全、质量和施工成本情况及获得的荣誉： ______同志担任项目经理时完成工程，未发生任何安全和质量事故，工程质量优良，施工成本合理，注重现场文明施工，服务意识较强，得到了业主的高度评价。其中______送电线路工程获“______年度国家优质工程”，500kV ______送电线路工程被______评为“达标投产”工程，并在全线施工质量评比中被______评为“质量优胜奖”，220kV______送变电线路工程已通过“达标投产”复评，500kV______送电线路工程优良品率达______%。______年______月，被______评为“______基建工作先进个人”。				

2.3.2.8　500kV 送电线路施工组织机构

送电线路施工现场组织机构是多种多样的，图 2-3-1 的“三部一办”组织形式是基本形式之一。根据工程具体情况，有时为发挥公司职能部门作用，减少工地项目经理部内部编制，500kV 送电线路现场组织机构仅设置质安部、工程部、综合部三个部，通过实施也是可行的，见图 2-3-2。

该图各组织机构职能，可参照本手册 2.3.2 节，不再赘述。

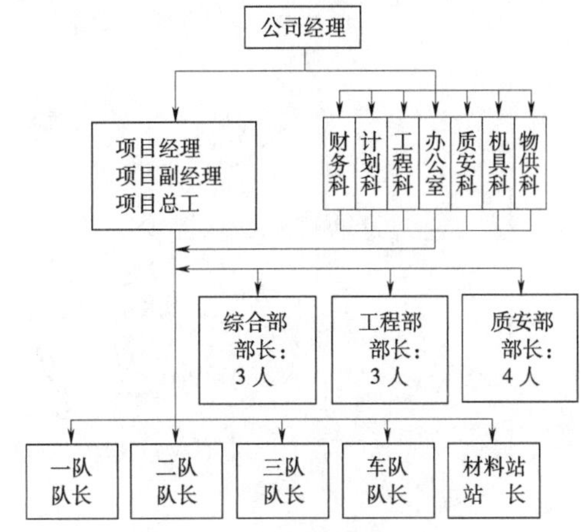

图 2-3-2　现场管理组织机构图

2.4　施工总平面布置

2.4.1　施工总平面布置图

送电线路施工总平面布置图是可直观表示工程基本情况和施工现场情况，不同于设计的路径图，用来统调各施工队伍施工步骤、保障工程施工任务顺利完成的重要工具图纸。在施工总平面图上，首先按图纸比例准确标注送电线路路径，变电所进出线终端杆塔位置，转角杆塔位置及杆塔型号、杆塔位号，沿线较大村镇，施工队居住地点，沿线铁路、公路（包括国道、省道、乡间道路）交通情况，跨越河流，特别标注河流上的桥梁位置，运输物资流向，交叉跨越的重要电力线路，以及需要绘入图中的其他情况。绘制施工总平面布置图时，要注意直观、一目了然，切忌繁杂、重点不清。

根据现场调查和收资，绘制施工现场总平面布置图。图 2-4-1 和图 2-4-2 为两张典型的输电线路施工总平面布置图，图上标注要求如下：

（1）沿线的市、县、乡、镇、村，铁路、公路、乡间大道，河流，高压电力跨越地点等标注图上。

（2）研究、优化、确定项目经理部驻点位置。

（3）根据沿线交通情况，确定中心材料站，划分交通运输流向。

（4）根据计划投入施工力量，划分施工队施工控制段。

（5）根据各施工队施工控制段，选择各施工队驻点位置。

（6）按规定图例、按图纸比例，将上述内容标注在线路路径图上，供施工中使用。

2.4.2　施工总平面布置包括的内容

2.4.2.1　项目部的设置及布置

（1）项目部的选定。应选择在交通便利，有水、电、通信条件的地点；房屋应能适应现代化管理要求和环境要求，有会议室和较为宽敞办公环境，场地能停放项目部车辆，而且有较为整洁、卫生的食堂和宿舍。

（2）项目部布置。会议室、办公室布置应简洁大方、实用经济，满足现代化管理需要，能体现企业精神和企业形象。

（3）项目部的主要配置。项目部配置指挥车、生活车、电视、卡拉 OK、电脑、复印机、电台、电话、传真机、洗澡车、洗衣机、炊具等必需的办公和生活用具。

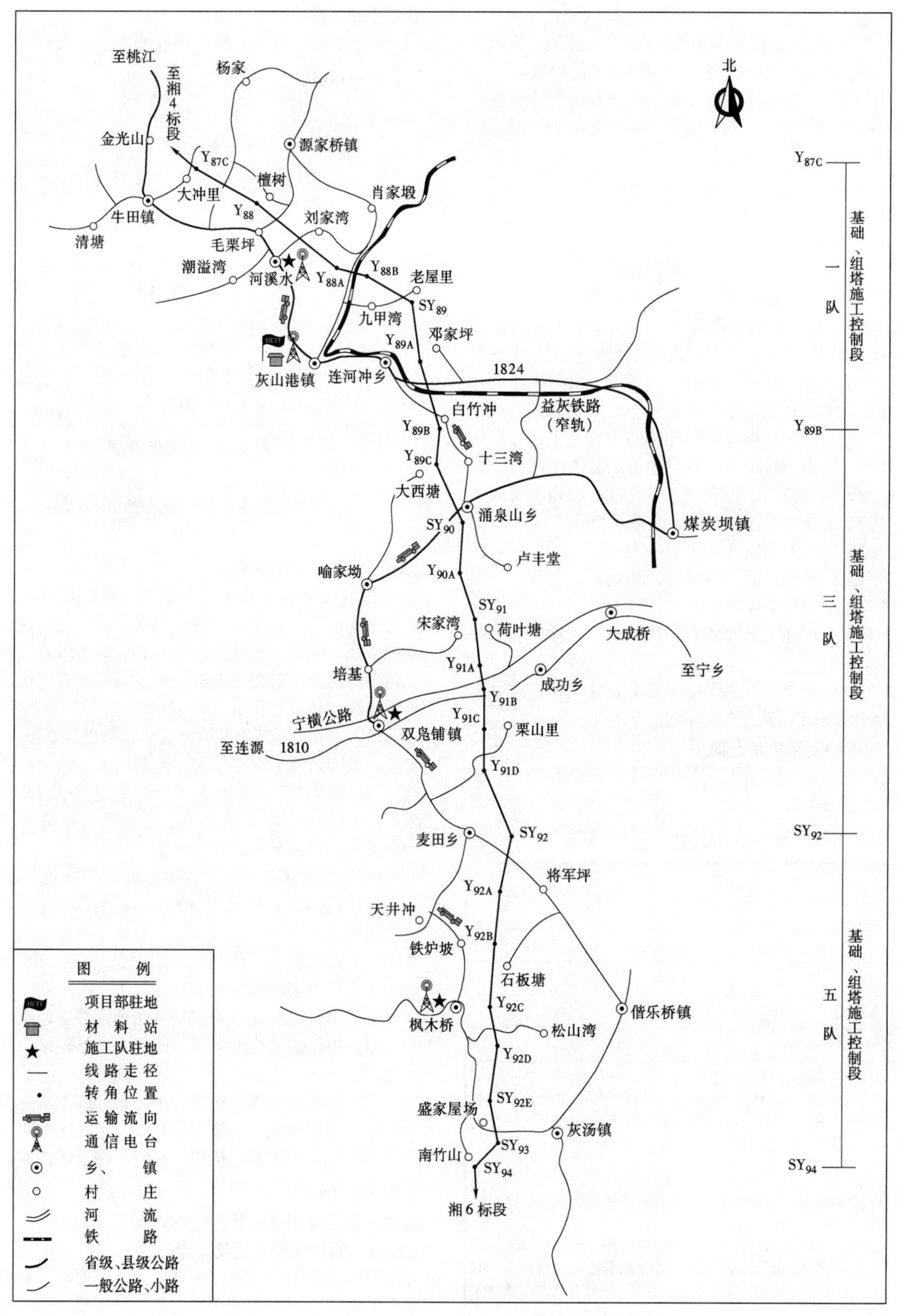

图 2-4-1　×××至×××±500kV 直流输电线路工程（××标段）总平面布置图

2.4.2.2　施工队驻地的设置与布置

（1）施工队驻地的选定。施工队驻地一般选择在施工控制段中央、交通较为方便地点，应有较宽敞伙房、职工活动室和卫生的职工宿舍，一般选用条件较好的民房。

（2）施工队驻地的布置。在职工活动室按公司班组建设及准军事化管理要求进行布置，目标上墙、制度上墙、公示上墙，体现企业精神和班组的温馨。

（3）施工队驻地的主要配置。包括电台、电脑、电视、卡

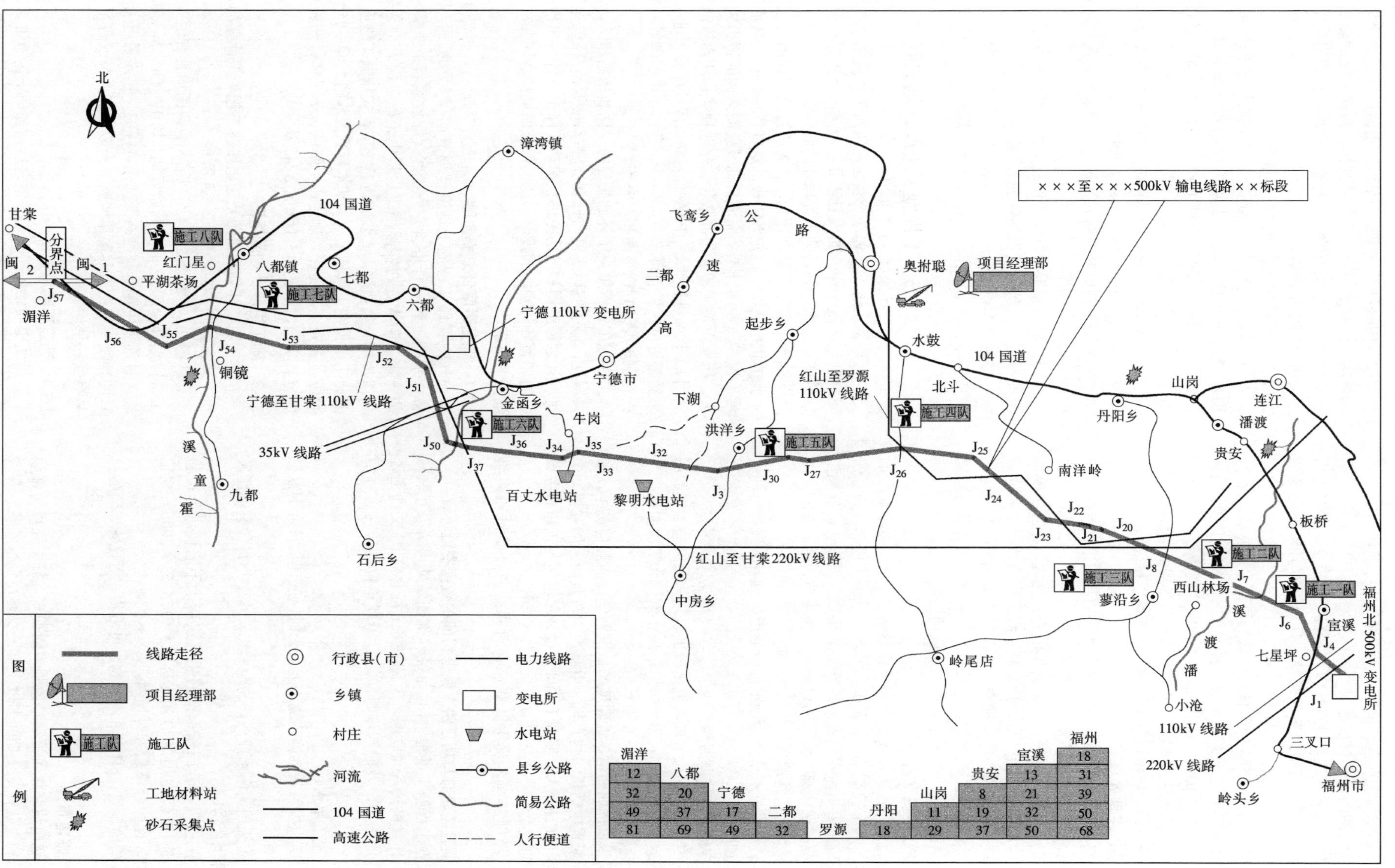

图2-4-2　×××至×××500kV输电线路工程××标段施工总平面布置图

拉 OK、洗澡车、洗衣机、炊具、各种施工手持工具。

2.4.2.3 材料站的设置与布置

（1）材料站的选定。材料站应选定在交通方便、能够进出大型车辆、有足够摆放材料的场地、环境适宜且较为安全的地点。

（2）材料站的布置。应为材料管理人员设置办公室、宿舍、设置 $100m^2$ 的库房 2～3 间，也可利用专用集装箱作为小型工具和金具的库房。另外，应为民工设置 2～3 间宿舍。

（3）材料站的主要配置。包括电话及汽车吊、卡车、钻床、电焊机、切割机、砂轮机等小型加工、维修机械。

2.4.2.4 临时用地处理

项目部、材料站、施工队临时用地采用租赁形式，应预先签订租赁合同，与当地群众搞好关系。

施工现场临时用地采用经济补偿的方式处理，在开工前取得当地政府的支持，召开市、县、乡三级工程协调会，和地方政府部门取得一致的补偿标准协议，对线路施工的临时占地和塔基永久性占地，按预先协议标准执行，执行后双方签订线路通道补偿结清报告，收入工程档案，以便以后查对。

2.4.2.5 施工控制地段

参加施工的各队伍按承担的工程量基本平衡、方便施工的原则，划分施工控制地段。基础、杆塔组立施工控制段包干进行。架线施工采用流水作业，各施工队负责专项作业，各施工队的驻点根据架线施工流程的进展，交换驻地、循环作业。

2.4.2.6 材料转运站的布置

材料转运站一般选在距施工标段最近，且有装卸能力的火车站或水运码头。

2.4.2.7 交通运输流向划界

根据中心材料站位置向各施工段的杆塔号供应施工工程材料，确定运输流向，划定界限范围，防止倒运和二次搬运。

2.4.2.8 通信设置

根据本单位的通信条件和现场情况而定，一般情况下，项目经理部配置电话机、传真机、电脑，项目负责人配置移动电话，实现与项目法人、监理工程师、设计单位等与工程有关单位的通信联络。

项目经理部与各施工队驻点、材料站通过手机和网络联系。

2.4.2.9 项目经理部与项目法人、公司间的数据交流

一般在工程施工过程中，项目经理部在当地申请上互联网账号，用计算机接入互联网，项目部将工程有关 P3 文件通过电子邮件的方式，及时与项目法人、监理单位、公司进行信息交流。

2.4.2.10 施工用水

（1）送电线路基础施工浇制混凝土时，应使用符合国家标准的饮用水。

（2）可采用河溪水或清洁的池塘水，水中不得含有油脂及其他有害化合物。

（3）除使用符合国家标准的生活饮用水不需要进行检验外，其他应按《混凝土拌合用水标准》（JGJ 63—2006）规定进行检验，化验合格后方可使用。

（4）检验项目：pH 值、不溶物、可溶物、氯化物、硫酸盐等 5 项。

2.4.2.11 临建布置

（1）送电线路施工流动性较强，周期短，施工驻点转移频繁，因而施工队在施工期间多以租赁民房解决食宿问题。有时还需搭建一部分活动房存放施工工具和线路金具。

（2）中心材料站房屋不足时，也需搭建一部分临时房或活动板房，供存放材料、工机具使用。搭建房屋的地点需要选择在地势较高，排水方便处。特别是存放水泥的房屋绝对不能漏水，并有防潮措施。

2.4.2.12 现场排水和消防安全措施

（1）送电线路施工现场杆塔位置周围要挖排水沟或修筑挡水坝，不能让塔位上山坡方向的水冲刷杆塔基础和接地装置，在杆塔位的下山坡方向还要修筑护坡，保护杆塔基安全。

（2）施工驻地及中心材料站都应做好排水工作，不能让雨水淹没施工驻地或材料站的施工器材。

（3）施工驻地及材料站要设置一定数量的灭火器和沙箱，做好防火灭火工作。

（4）材料站要做好安全保卫工作，白天黑夜都应有保卫人员值班巡逻，防止建设物资丢失被盗。

（5）爆炸物品仓库要远离居民区，按民用爆炸管理规定应加强管理和保卫工作，防止发生意外爆炸。

2.5 工程施工进度计划编制

工程施工进度计划是统领送电线路工程施工全过程，是保障顺利完成施工任务的重要环节。制定符合实际情况，切实可行的施工进度计划是施工领导者的职责。

编制工程施工进度计划，首先应按照工程的总进度及各种资源的供应情况，确定各阶段的进度目标要求，从而确定各分项工程或作业的开工、完成日期及它们之间的逻辑关系、负责人、所属单位工程、限制条件、作业种类、所需资源等；然后利用 P3 软件进行计算，P3 软件自动形成工程施工进度计划，绘出施工进度的关键环节，如路径、目标、里程碑等，并标注工程施工进度计划横道图和网络图。

在施工过程中由于外部条件的变化和初始施工计划编制的局限性，施工实际进度与计划进度存在差异，需要定期对施工进度计划横道图和网络图进行滚动式修正，针对出现的新问题不断调整各种资源的投入，达到保质保量按合同要求完成施工任务的目的。

2.5.1 施工进度计划横道图

送电线路工程施工进度计划基本有六大步骤，即施工准备→基础工程→杆塔组立→架线（即放紧线）工程→附件安装→竣工验收。在实际施工过程中无论工程大小、复杂程度如何，都必须按这六大步骤进行施工，安排施工进度计划。有的施工单位在工程施工六大基本步骤的基础上，再划分许多小的阶段，把施工进度计划制定得更细致、更具体，在施工过程中更容易实施，如图 2-5-1 和图 2-5-2 所示。

2.5.2 施工进度计划网络图

施工进度计划网络图是送电线路工程施工计划的另一种表示方式，如图 2-5-3 和图 2-5-4 所示。

从图 2-5-3 和图 2-5-4 可以看出，两图均具有轴线清楚、施工阶段划分合理、各阶段开始日期和用工时间非常明确的特点。施工过程采用哪一种网络图都是可行的，建议采用图 2-5-3 所示的轴线网络图，其简单清晰，一般工作人员（包括工人）容易接受和使用。

2.5.3 施工工序总安排

当送电线路施工计划确定之后，合理安排施工工序，保障施工按部就班是重要的环节。各施工单位实际使用的施工工序

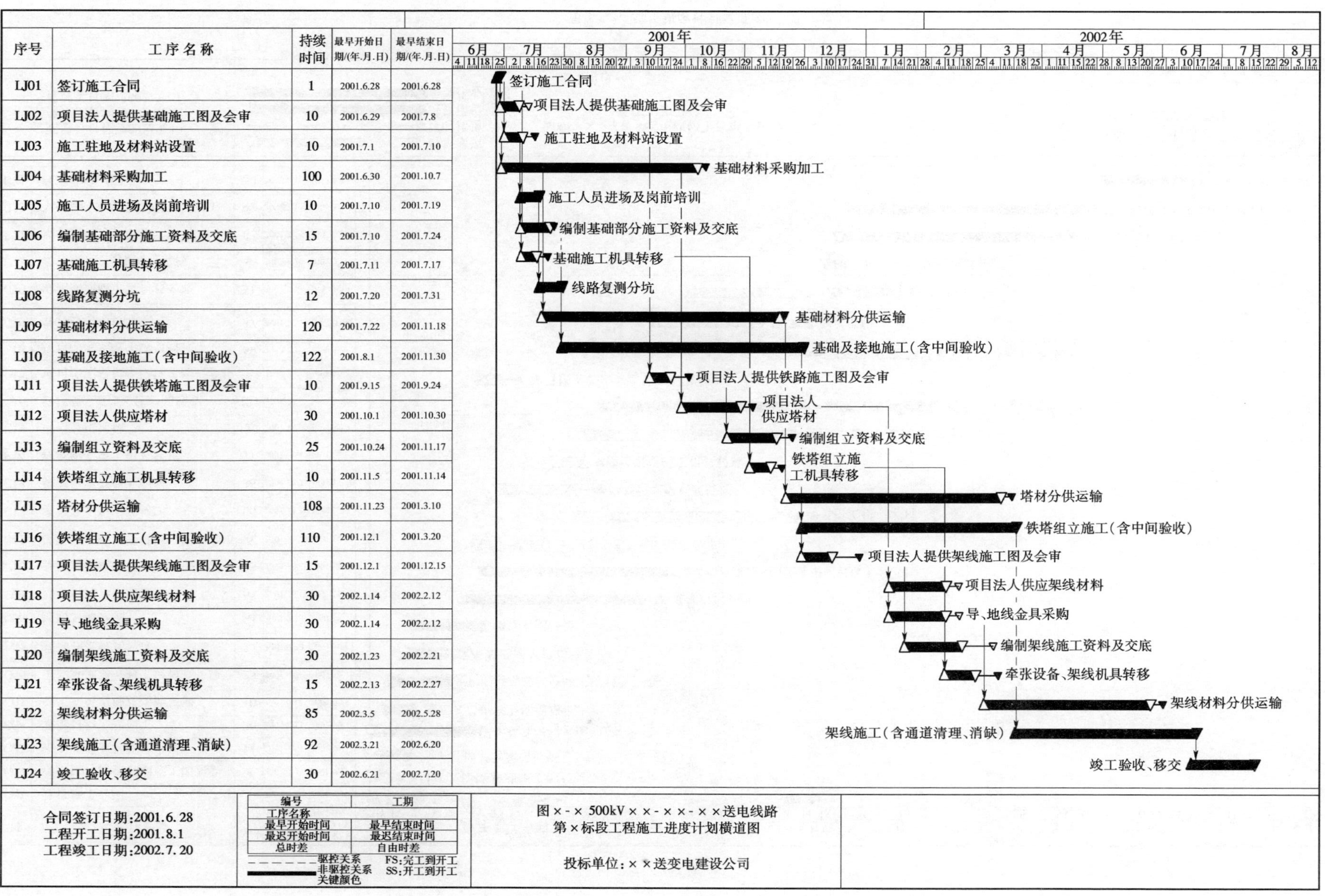

序号	工序名称	持续时间	最早开始日期/(年.月.日)	最早结束日期/(年.月.日)
LJ01	签订施工合同	1	2001.6.28	2001.6.28
LJ02	项目法人提供基础施工图及会审	10	2001.6.29	2001.7.8
LJ03	施工驻地及材料站设置	10	2001.7.1	2001.7.10
LJ04	基础材料采购加工	100	2001.6.30	2001.10.7
LJ05	施工人员进场及岗前培训	10	2001.7.10	2001.7.19
LJ06	编制基础部分施工资料及交底	15	2001.7.10	2001.7.24
LJ07	基础施工机具转移	7	2001.7.11	2001.7.17
LJ08	线路复测分坑	12	2001.7.20	2001.7.31
LJ09	基础材料分供运输	120	2001.7.22	2001.11.18
LJ10	基础及接地施工(含中间验收)	122	2001.8.1	2001.11.30
LJ11	项目法人提供铁塔施工图及会审	10	2001.9.15	2001.9.24
LJ12	项目法人供应塔材	30	2001.10.1	2001.10.30
LJ13	编制组立资料及交底	25	2001.10.24	2001.11.17
LJ14	铁塔组立施工机具转移	10	2001.11.5	2001.11.14
LJ15	塔材分供运输	108	2001.11.23	2001.3.10
LJ16	铁塔组立施工(含中间验收)	110	2001.12.1	2001.3.20
LJ17	项目法人提供架线施工图及会审	15	2001.12.1	2001.12.15
LJ18	项目法人供应架线材料	30	2002.1.14	2002.2.12
LJ19	导、地线金具采购	30	2002.1.14	2002.2.12
LJ20	编制架线施工资料及交底	30	2002.1.23	2002.2.21
LJ21	牵张设备、架线机具转移	15	2002.2.13	2002.2.27
LJ22	架线材料分供运输	85	2002.3.5	2002.5.28
LJ23	架线施工(含通道清理、消缺)	92	2002.3.21	2002.6.20
LJ24	竣工验收、移交	30	2002.6.21	2002.7.20

图 2-5-1 500kV××-××-××送电线路第×标段工程施工进度计划横道图

序号	工序名称	持续时间	最早开始日期/(年.月.日)	最早结束日期/(年.月.日)
LC01	签订施工合同	1	2001.9.10	2001.9.10
LC02	项目法人提供基础施工图及会审	5	2001.9.11	2001.9.15
LC03	施工驻地及材料站设置	11	2001.9.11	2001.9.21
LC04	基础材料采购加工	40	2001.9.11	2001.10.20
LC05	施工人员进场及岗前培训	10	2001.9.16	2001.9.25
LC06	编制基础部分施工资料及交底	25	2001.9.16	2001.10.10
LC07	基础施工机具转移	24	2001.9.22	2001.10.15
LC08	线路复测分坑	24	2001.9.26	2001.10.19
LC09	基础材料分供运输	68	2001.10.12	2001.10.19
LC10	基础及接地施工（含中间验收）	73	2001.10.20	2001.12.31
LC11	项目法人提供铁塔施工图及会审	6	2001.10.18	2001.10.25
LC12	项目法人供应塔材	90	2001.11.10	2002.2.07
LC13	编制组立资料及交底	26	2001.10.26	2001.11.20
LC14	铁塔组立施工机具转移	11	2001.11.15	2001.11.25
LC15	塔材分供运输	114	2001.11.27	2002.3.20
LC16	铁塔组立施工（含中间验收）	121	2001.12.1	2002.3.31
LC17	项目法人提供架线施工图及会审	8	2001.10.18	2001.10.25
LC18	项目法人供应架线材料	59	2002.2.1	2002.3.31
LC19	导、地线金具采购	37	2001.12.20	2002.1.25
LC20	编制架线施工资料及交底	51	2002.1.1	2002.2.20
LC21	牵张设备、架线机具转移	9	2002.2.20	2002.2.28
LC22	架线材料分供运输	87	2002.2.25	2002.5.22
LC23	架线施工（含通道清理、消缺）	92	2002.3.1	2002.5.31
LC24	竣工验收、移交	30	2002.6.1	2002.6.30

合同签订日期:2001. 9. 10
工程开工日期:2001. 10. 7
工程竣工日期:2002. 7. 31

500kV××-××送电线路工程第×标段
施工组织设计

施工单位:

日期	修订版本	校核	审定
2001.9.26	P3 V3.0制作		

图 2-5-2　施工进度计划横道图

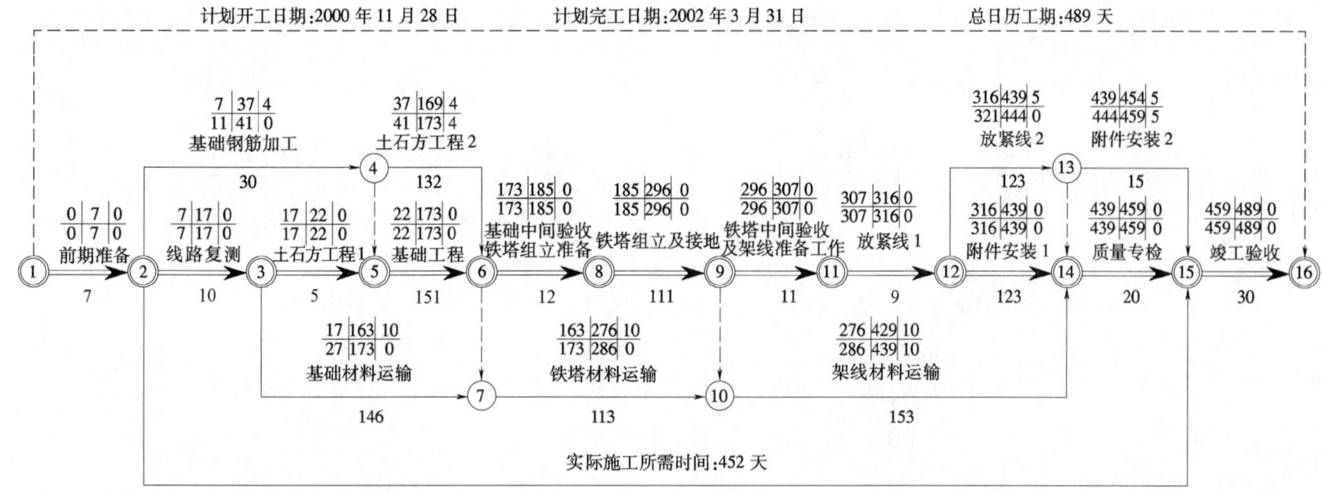

说明：1．各工序数字为所用时间，单位：天。

2．前期准备工作包括：①指挥部、施工点、材料站选点；②道路修筑；③基础钢材采购、加工；④地方性材料（砂、石、水泥）采购。

3．图中双线箭头表示为关键施工路径,单线箭头为次要施工路径，虚线箭头为虚工序路径。

4．图中：①FF为工作自由时差；②ES为最早开始时间；③EF为最早完成时间；④LS为最迟开始时间；⑤LF为最迟完成时间；⑥TF工作总时差。

图 2-5-3　×××至×××500kV 输电线路工程×××标段施工进度计划网络图

大同小异、相差不大，基本工序相同。表示方式有的用施工工序流程图表示，有的用工序表示。

2.5.3.1　施工工序流程图和施工工序表

2.5.3.1.1　施工工序流程图

从调查收集资料来看，多数施工单位在施工工序表示办法采用施工工序流程图表，这种表示工序相衔接，各工序段职责明确，明了清晰，具有一定的优越性。如图 2-5-4 所示。

2.5.3.1.2　施工工序排序表

表 2-5-1 是施工工序另一种表示办法，这种表示方法也是可行的，但没有图 2-5-4 清晰，比较繁杂，供使用参考。

表 2-5-1　　工序划分与排序（工程项目日历进度）表

工程名称：　×××至×××500kV 输电线路工程

项目名称：×Ⅰ标段　　依据：

××公司 IBM—PC CPM 运算 2000.11.10　　输入：计算开工日期：2000.11.28 CPM 数据文件：fjxl　　计划开工日期：2000.3.1

排序：按起点号排序　　输出：计算完工日期：2002.3.31　　计划完工日期：2001.11.20

责任码检索：第 0 字符　　计算总工期：265d　　CPM 盘修日期：2000.12.26

责任者名称：×××　　CPM 编制者：×××

序号	起点号	终点号	计划工期/d	尚需工期/d	工序名称	责任码	最早开工日期/（年.月.日）	最迟开工日期/（年.月.日）	总时差	最早完工日期/（年.月.日）	最迟完工日期/（年.月.日）	备注
1①	1	2	8	8	施工前期准备	FT	2001.2.20	2001.2.20	0	2001.2.28	2001.2.28	
2①	2	3	10	10	线路复测	FT	2001.3.1	2001.3.1	0	2001.3.10	2001.3.10	
3	2	4	31	31	基础钢筋加工	FT	2001.12.5	2001.12.9	4	2001.1.3	2001.1.7	
4①	3	5	5	5	土石方工程 1	FT	2001.3.10	2001.3.10	0	2001.3.15	2001.3.15	
5	3	7	102	102	基础材料运输	FT	2001.12.15	2000.12.25	10	2001.5.9	2001.5.9	
6	4	5	92	92	土石方工程 2	FT	2001.3.15	2001.3.15	4	2001.6.15	2001.6.15	
7①	5	6	92	92	基础工程	FT	2001.3.15	2001.3.15	0	2001.6.15	2001.6.15	
8①	6	8	5	5	基础中间验收及铁塔组立准备	FT	2001.6.15	2001.6.15	0	2001.6.20	2001.6.20	
9	7	10	71	71	铁塔材料运输	FT	2001.5.10	2001.5.20	10	2001.8.30	2001.9.9	
10①	8	9	61	61	铁塔组立及接地	FT	2001.6.20	2001.6.20	0	2001.8.20	2001.8.20	
11①	9	11	5	5	铁塔中间验收及架线准备	FT	2001.8.20	2001.8.20	0	2001.8.25	2001.8.25	
12	10	14	61	61	架线材料运输	FT	2001.8.31	2001.9.10	10	2001.1.30	2001.2.9	
13①	11	12	7	7	放紧线 1	FT	2001.8.25	2001.8.25	10	2001.9.1	2001.9.1	
14	12	13	49	49	放紧线 2	FT	2001.9.1	2001.9.1	0	2001.11.20	2001.11.20	
15①	12	14	49	49	附件安装 1	FT	2001.9.1	2001.9.1	5	2001.11.20	2001.11.20	
16	13	15	16	16	附件安装 2	FT	2001.10.20	2001.10.20	5	2001.11.5	2001.11.5	
17①	14	15	21	21	质量专检	FT	2001.10.20	2001.10.20	0	2001.11.10	2001.11.10	
18①	15	16	10	10	竣工验收	FT	2001.11.10	2001.11.10	0	2001.11.20	2001.11.20	

① 关键路线上的工序。

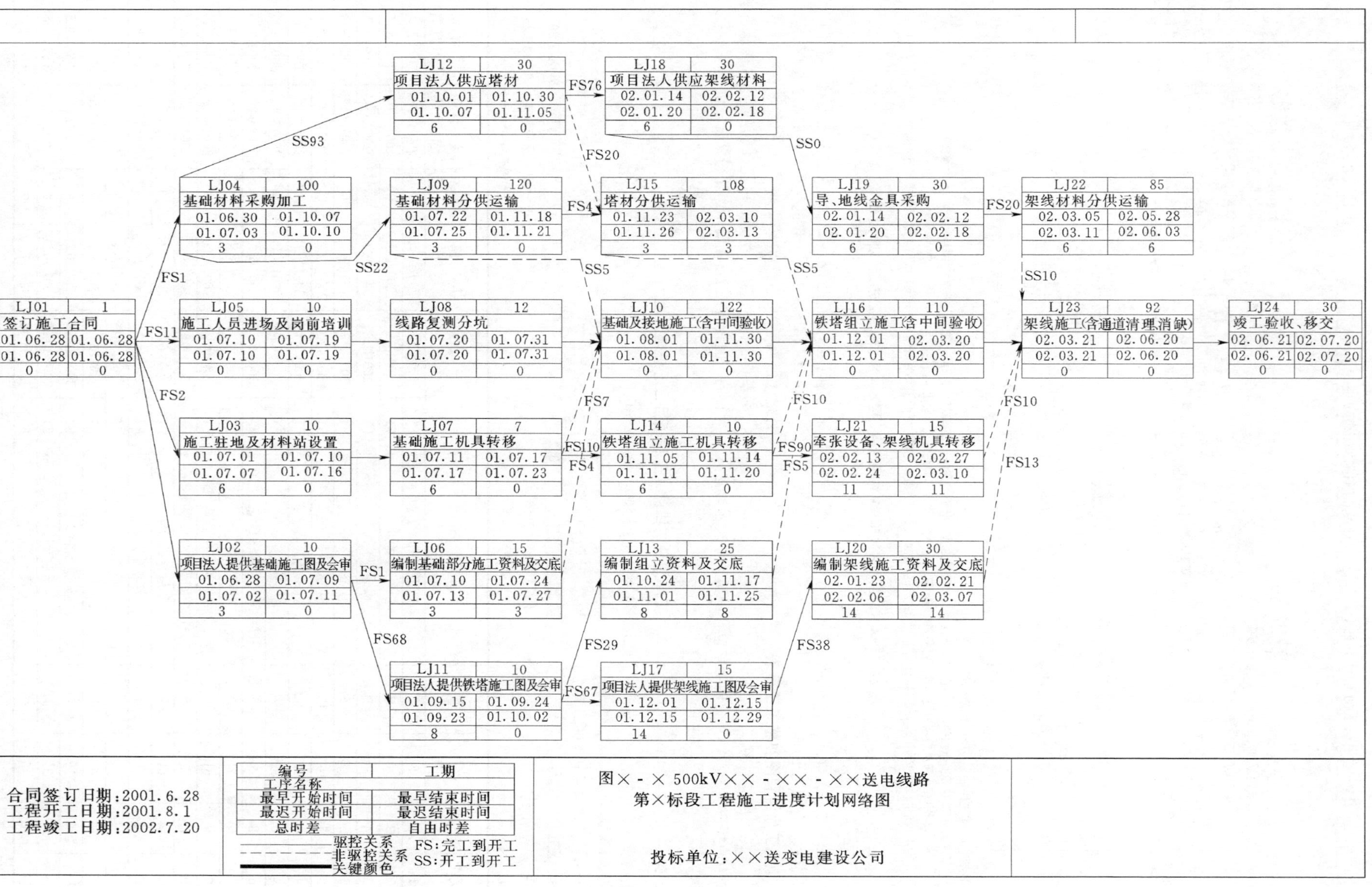

图 2-5-4 500kV××-××-××送电线路Ⅱ标段工程施工进度计划网络图

2.5.3.2　施工工序说明

图 2-5-5 和表 2-5-1 表示的施工工序，还需要进一步文字说明。

根据本工程工期要求：××××年××月××日开工，××××年××月××日竣工，及招标文件提供的施工图交付时间和材料的供货时间，编制施工进度网络计划和施工工序。

本工程施工工序分为线路桩位复测、土石方工程、基础工程、组立杆塔工程、架线工程和附件安装工程六大工序。

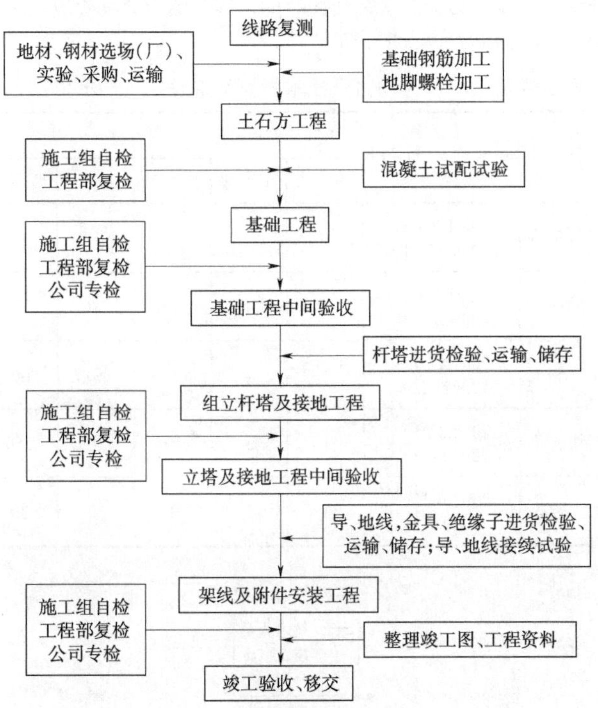

图 2-5-5　主要工序施工流程图

（1）线路桩位复测。安排测工对设计确定的杆塔位（包括档距、高差、降杆塔位基面等）进行复测，同时开展工地运输。汽车运输原则上以租用当地车辆为主，以减少调遣，降低工程成本。运输特别困难的地方，小件运距长的采用索道运输。

（2）土石方工程。由基础工程的 X 个施工队完成土石方作业。

（3）基础工程。有 X 个施工队均匀分布在沿线施工。

（4）组立杆塔工程。由 X 个施工队分段完成，具体施工段划分明确。

（5）架线工程。以排除障碍、展放导线引绳；放导、地线（包括 OPGW 的展放）为主，组成 X 个专业施工队。整个架线工程采用流水施工作业，每个工序都固定施工工作人员，以保证架线施工的工程质量。

（6）附件安装工程。导、地线附件为一个施工队施工。以紧线、直线杆塔附件（包括 OPGW 的附件制作）、耐张杆塔拉线（包括 OPGW 的耐张杆塔挂线）、引流线制作为主要工序。

2.6　施 工 资 源

施工资源是施工单位自身的施工“本钱”，即对施工单位自身的“人力、物力、财力”开发使用，在尽可能的情况下，充分发挥施工单位自身能力，完成更多送电线路工程建设任务，取得更大的经济效益。

2.6.1　劳动力和技术力量的配置

送电线路工程施工根据线路长短，即工程大小、工期长短配置劳动力和技术力量。从目前施工实际情况来看，一般施工是按照施工岗位和施工工序来配置劳动力和技术力量的。施工单位在施工配置劳动力方面各有各的巧妙，多有不同。现举几个工程实际劳动力配置情况的例子，供参考。

2.6.1.1　实例一：500kV×××至×××输电线路××标段

该标段线路长 49.3km，导线 4 根 LHBGJ—400/95，地线一根 GJ—150，另一根为 OPGW—146，共有 21 个耐张段，铁塔共计 96 基。

2.6.1.1.1　施工主要工序劳动力配置

施工主要工序劳动力配置表见表 2-6-1。

表 2-6-1　　施工主要工序劳动力配置表

工序	工作内容		人数	其中		备注
				技工	力工	
施工测量	复测分坑		12	4	8	
土石方	铲基面、挖坑、清理、检查		42	3	39	
基础施工	小运		41	1	40	按一个施工队计算，共投入 8 个施工队
	支模、找正		10	2	8	
	混凝土浇制	指挥	29	1		
		配合比		1		
		机手		1		
		供水泥			2	
		供砂			4	
		供石			8	
		供水			2	
		运混凝土			8	
		振捣		2		
	养护		4	1	3	
	回填夯实		18	1	17	
	小计		102	10	92	
组塔施工	指挥		1	1		
	小运		24	1	23	
	准备、配料		6	1	5	
	地面组装		16	2	14	
	组塔		22	8	14	
	检修		6	2	4	
	小计		75	15	60	
导地线架设	指挥		4	4		牵引场、张力场设指挥各 1 人，排障队、紧线队各设指挥一人，施工采取流水作业
	小运		39	2	37	
	排障、准备队	搭跨越架	20	2	18	
		放导引绳	52	6	46	
	放线队	张力场	66	8	12	
		牵引场		6	10	
		通信、护线		4	12	
		压接		4	10	
	紧线队	弛度观测	63	3	3	
		紧线		6	8	
		附件安装		8	12	
		压接		2	6	
		耐张塔挂线		6	9	
	小计		244	61	183	

2.6.1.1.2 施工技术力量配置

为保证工程目标的实现，工程抽调公司精干技术人员参加工程施工，表 2-6-2 列出了前期准备、土石方工程、基础工程、组塔工程、架线工程、附件工程、竣工验收和移交等各分部工程的技术人员和特殊工种人员的配备情况，配备按整体考虑，使人员配备满足工程需要。

表 2-6-2 施工技术力量配置表 单位：人

序号	分部工程名称	工程技术人员				特殊工种			
		高级	中级	初级	测量	焊接	爆破	起重	压接
1	前期准备	1	4	6	3				
2	土石方工程	1	10	18	10		16		
3	基础工程	1	12	18	18	17			
4	组塔工程	1	10	20	8	8		8	
5	架线工程	1	8	12	5	2		4	4
6	附件工程	1	8	12					2
7	竣工验收和移交	1	4	6	2				1

2.6.1.1.3 施工劳动力配置

本标段共分六个分部工程，即工地运输、土石方工程、基础工程、组塔工程、架线工程、附件工程。为科学地组织施工，避免资源浪费，使用工量经济合理，表 2-6-3 给出了六个分部工程的工程量、用工日（包括技工和普工）及平均用工量。

表 2-6-3 施工劳动力配置表

序号	名称	单位	工程量	用工数/工日			平均用工	
				技工	普工	合计	单位	数量
1	工地运输	t • km	207793	5339	132144	137483	工日/（t • km）	0.66
2	土石方工程	m^3	36388	3341	43329	46670	工日/m^3	1.28
3	基础工程	m^3	3453	6020	34780	40800	工日/m^3	11.8
4	组塔工程	t	2113.6	11951	31583	43534	工日/t	20.6
5	架线工程	km	49.3	11730	29028	40758	工日/km	826.7
6	附件工程	基	96	1991	2988	4979	工日/基	51.86
合计			49.3	40372	273852	314224	工日/km	6373

2.6.1.2 实例二：500kV××-××-××输电线路×标段

本标段线路长 48.228km，导线 4 根 LGJ—400/35。地线：南回两根均采用 GJ—80；北回一根为 OPGW 架空光缆，另一根采用 GJ—80，部分地段采用 LGJ—95/55。共有自立式铁塔 112 基。

2.6.1.2.1 劳动力配置

根据本标段施工工程量，为保证按期完成施工任务，公司安排投入 260 人，其中职工 110 人（内含管理 20 人，技工 90 人），合同工 150 人。承担包括材料站、汽车队、3 个施工队、工地运输、基础浇制、铁塔组立、导地线架设、接地安装等施工。要求首批人员于××××年××月××日进入现场，其以后按施工工序前进入施工现场。

2.6.1.2.2 技术力量配置

在项目总工的领导下，由工程科科长、项目工程师、技术员、质检员、安全员组成技术、质量及安全管理系统，其中工程师及以上职称 6 人，其他技术人员 10 人。负责施工技术管理、施工技术方案的编制和技术交底、质量管理和质保体系运行、安全管理和安全监督。

2.6.1.2.3 劳动力及技术力量配置表

劳动力及技术力量配置表见表 2-6-4。

2.6.1.2.4 劳动力与技术力量配置曲线图

劳动力与技术力量配置曲线图如图 2-6-1 所示。

从上述送电线路施工劳动力和技术力量配置的两个实例可见，两者相差较小，甚至说不同地方、不同单位配置的施工劳动力和技术力量相当一致，故按照此种模式配置劳动力和技术力量是可行的。对于 330kV 输电线路施工可参照此种模式配置，220kV 及以下输电线路施工可酌情减少，相对来说比较简单，这里不再赘述。从图 2-6-1 劳动力和技术力量配置曲线图可见，劳动力和技术力量二者是相配合的，例如图中架线阶段技术力量最多，劳动力也最多。

表 2-6-4 劳动力及技术力量配置表 单位：人

工程阶段	日期/（年.月.日）	技术力量			劳动力	
		高工	工程师	技术员	技工	合同工
工程准备	2001.7.1—2001.7.31	1	3	3	20	15
基础施工	2001.8.1—2001.11.30	1	4	5	30	120
组立施工	2001.12.1—2002.3.20	1	4	8	60	140
架线施工	2002.3.21—2002.6.20	1	5	10	90	150
竣工验收	2002.6.21—2002.7.20	1	2	3	20	20

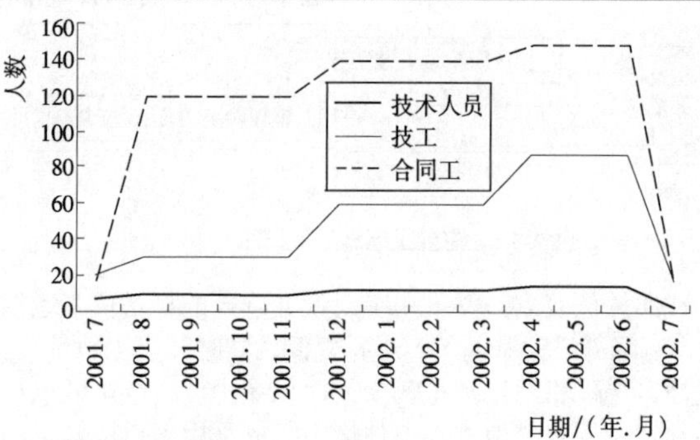

图 2-6-1 劳动力及技术力量曲线

有的施工单位将劳动力配置绘制成方框图，横坐标为工程整个施工工期，纵坐标为劳动工日，并将技工人数、普通工人人数、合计人数绘制成不同柱状图表示，如图 2-6-2 所示。

2.6.1.3 劳动效率计算

送电线路施工效率按净施工工日计算，准备期间工日和辅助工序工日均未计算在内。

2.6.1.3.1 实例一：××送电线路×标段工程

土石方总量为 36388m^3，需要 198 个工日，平均每个施工队日完成 22.97m^3，月工程完成 689.1m^3，项目经理部每日工程量为 8 个施工队之和。

浇制混凝土总量为 3453m^3，需要 178 个工日，平均每个施工日工程完成 2.43m^3，月工程量完成 72.9m^3，项目经理部每日工程量为 8 个施工队完成量之和。

组立铁塔总量为 2113.6t，需要 123 个工日，平均每个施工队日工程量完成 2.86t，月工程量完成 85.8t，项目经理部每日工程量为 6 个施工队之和。

架线工程总长为 49.3km，需要 132 个工日，平均每日工程

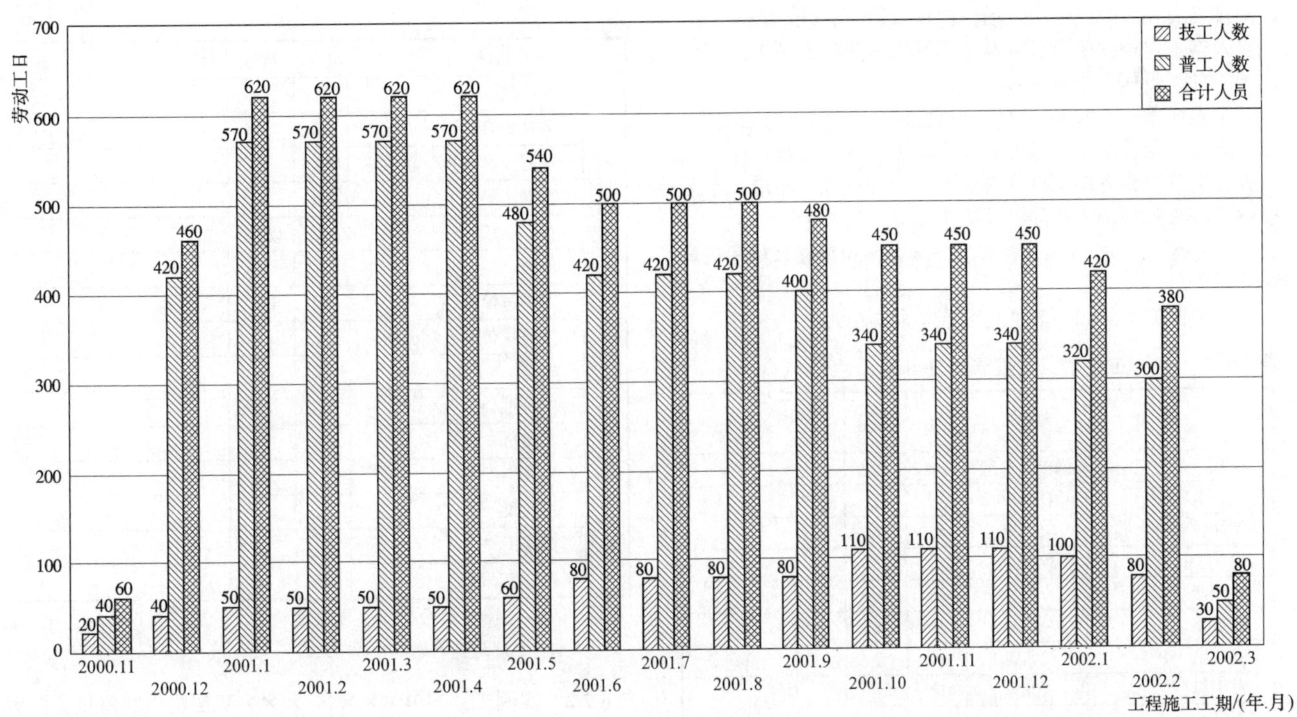

图 2-6-2　劳动力配置曲线图

量完成 0.37km，月工程量完成 11.2km，见表 2-6-5。

2.6.1.3.2　实例二：500kV×××至×××输电线路××标段

将主要施工工序、施工方法、劳动组织及施工效率绘制在表 2-6-6 中，看起来相当清晰，使用非常方便。

表 2-6-5　　　　**工 程 量 表**

分部工程	工程量	日效率			月效率		
		施工队		项目经理部	施工队		项目经理部
		单位	数量		单位	数量	
挖土石方	36388m³	m³/队	22.97	183.8	m³/队	689.1	5512.8
浇注基础	3453m³	m³/队	2.43	19.4	m³/队	72.9	583.2
组塔	2113.6t	t/队	2.86	17.2	t/队	85.8	514.8

表 2-6-6　施工工序、施工方法、劳动组织及劳动效率表

主要工序名称	施工方法及采取的措施	拟投入施工队数量	预计月施工效率
前期准备	编制《施工组织设计》《质量计划》《安全工作计划》及本工程质量、安全制度，《"达标投产、创一流"实施细则》《文明施工实施细则》《环境保护工作实施细则》《土石方及基础施工作业指导书》《土石方及基础施工质量安全保证措施》等技术文件并报监理工程师审批； 对参加本工程施工人员进行岗前培训； 调配工器具、机械设备； 基础材料采购、检验，钢筋加工； 参加施工图会审及设计交底； 组织对施工人员技术交底，并组织工序试点工作	技术部 质安部 供应部 加工队	基础开工前15d 完成各种文件编制审批

续表

主要工序名称	施工方法及采取的措施	拟投入施工队数量	预计月施工效率
线路复测	以施工队为单位分别进行，用经纬仪复核现有桩位、补定丢失桩和塔位桩；并进行分坑测量	8 个	271.8km/月
土石方工程	对一般土坑采用人工开挖（凿）；对一般石方采用机械配合人工打眼，静态破碎和非电毫秒爆破的方式	8 个	35.9 基/月
基础工程	采用钢模板成型，混凝土采用机械搅拌、捣固	8 个	32.6 基/月
立塔前期准备	编制《铁塔组立及接地施工作业指导书》《铁塔组立及接地施工质量安全保证措施》等技术文件并报监理工程师审批； 进行铁塔进货检验； 组织对施工人员进行技术交底、试点	技术部 质安部 供应部	立塔试点前15d 完成各种文件编制审批
铁塔组立及接地工程	铁塔采用 500mm×500mm 截面内悬浮抱杆分解组立；立塔前完成接地施工	6 个	44.3 基/月
架线准备	编制《架线及附件施工作业指导书》《架线及附件施工质量安全保证措施》等技术文件并报监理工程师审批； 进行材料进货检验；导、地线接续试验； 组织对施工人员进行技术交底	技术部 质安部 供应部	架线开工前15d 完成各种文件编制审批

2.6.2　施工机具配置

送电线路工程施工机具配置，与线路电压等级、工程大小、导线分裂根数，地线是否采用 OPGW 复合光缆、杆塔及基础、及施工单位"家底"机具情况有关。施工单位一般按施工工序配置施工机械和工器具，并按照施工机具供应计划，在不同时间、安排先后、及时发运至现场，由项目供应科统一调配。

投入施工现场的所有机械及工器具均应进行必要的维修保养，绝不准“带病”机具进入现场。

架空地线采用OPGW复合光缆设施的，为保证施工质量，应采用先进的全液压牵、张力放线设备进行张力展放。

施工机具配置各施工单位多有不同，没有统一标准。本手册按电压等级列举施工实际机具配置情况，供参考。

2.6.2.1 实例一：500kV××—××—××输电线路×标段机具配置

工程情况见2.6.1.2。其机具配置见表2-6-7。

表2-6-7 主要机具配置表（500kV）

工序	名称	规格	单位	数量	进场时间	备注
基础工程	模板	钢模板系列	m^2	1200		
	红外线测距仪	DM-81	台	1		
	经纬仪	J_2	台	6		
	混凝土搅拌机	JZC200	台	6		
	振捣器		个	12		
	潜水泵		台	6		
	发电机	20kW	台	2		
	发电机	10kW	台	6		
铁塔组立	铝镁合金抱杆	650×650	付	8		
	机动绞磨	5t	台	8		也用于架线
	电动扳手		把	24		
	轮胎式越野起重机	TR—500EX	台	1		
	吊车	8t	台	1		也用于架线
架线工程	自行式牵引机	P250—1H/1	辆	1		
	自行式张力机	T200—4H/4	辆	1		
	小牵引机	524/1	台	1		
	小张力机	513/1	台	1		
	导线尾车	154/4	个	4		
	牵引绳尾车	6811、6813	个	4		
	五轮放线滑车		个	130		
	液压机		台	6		
	平衡挂线台		套	3		
	导线卡线器		只	100		400导线用
	基地电台		台	4		
	报话机		台	30		
	接续管保护套		套	110		400导线用
	吊车	25t	台	2		
光缆工程	自行式牵引机	ZXQJ—8	台	1		
	自行式张力机	ZXZLJ—7	台	1		
	牵引绳	13	km	10		
	单轮滑车	650	个	50		尼龙
	专用牵引连接器		套	1		
	光时域反射仪	E6000A	台	1		
	光时域反射仪	MTS5000	台	1		
其他	小车（指挥车）		辆	4		
	汽车		辆	10		2辆有吊臂
	电焊机		台	4		
	摇臂钻床		台	1		
	砂轮机		台	1		
	切割机		台	1		
	钢筋弯曲机		台	1		

续表

	名称	单位	数量	投入现场时间	负责人
生活用品	液化气灶	套	4		
	各种炊具	套	4		
	电视及影碟机、功放等	套	4		
	移动洗澡车	部	4		
	行李、床	套	230		
	空调	台	10		
	各种医疗设备	套	1		
办公用品	微机（带调制解调器）	台	3		
	电话	部	4		
	对讲机	部	25		
	复印机	台	1		
	传真机	台	1		
	扫描仪	台	1		
	打印机	台	2		
	办公桌、椅	套	40		

注 表中进场时间是按照工程进度确定，一般机械设备应在使用前10～20d运到工地中心材料站。

2.6.2.2 实例二：330kV×××-×××双回输电线路机具配置

工程简况：线路全长2×284km，海拔高度为1300～2700m，导线2根LGJ—300/50，地线为1×19—9—1370—B型，铁塔1037基。施工机具配置见表2-6-8。

表2-6-8 主要施工机具配置表（330kV）

序号	名称	规格	单位	数量	进场时间	说明
1	工程指挥车		辆	15		
2	吊车	16t	辆	5		
3	吊车	8t	辆	10		
4	搅拌机	$0.2m^3$	台	30		
5	振捣器		台	65		
6	经纬仪	苏光J2	台	35		
7	发电机	2kW	台	30		
8	钢模板及附件		套	40		每施工队配一套
9	混凝土试块盒	150×150	套	30		
10	抽水机		台	10		
11	钢管	ϕ60×6500	t	25		用以基础支模
12	钢管扣件		套	2000		
13	台秤	300kg	台	30		
14	内悬浮抱杆	500×500	套	25		
15	钢地锚	3～15t	个	250		
16	地锚钻	1.5t	个	100		
17	起重滑车	3～8t	个	600		
18	钢丝绳	ϕ8.7～25.5	t	60		
19	电动扳手		套	30		
20	机动绞磨	3t	台	50		
21	手扳葫芦	3t/6t	个	300/200		
22	双钩	1.2～5t	个	250		
23	牵引机	SAQ-75	台	5		
24	张力机	SAZ—2×30	台	5		
25	轴架车	RS-25	台	20		

续表

序号	名称	规格	单位	数量	进场时间	说明
26	液压机	200t	台	20		配备钢模
27	导线放线滑车	3 轮	个	500		
28	接地滑车		个	60		
29	牵引绳	ϕ15.5	km	80		
30	卡线器	导/地	个	400/100		
31	牵引板	一牵二	个	10		
32	抗弯连接器	3t	个	150		
33	旋转连接器	3～5t	个	40		
34	高空作业平台		套	10		
35	地线放线滑车	1.5t	个	250		
36	木质脚手杆		根	若干		公司统一调配
37	铝合金跨越架	倒装式	套	6		公司统一调配
38	电焊机		台	10		
39	接地摇表		台	20		
40	兆欧表	5000V	台	10		
41	回弹仪		台	6		
42	车载电台		台	30		
43	对讲机		台	150		
44	微机		台	15		
45	摄像机	M9000	架	5		
46	照相机		架	10		

注　表中进场时间是按照工程进度计划确定，一般机械设备应在使用前10～20d 运到工地中心材料站。

2.6.2.3　实例三：220kV×××水电站—××输电线路Ⅱ标段施工机具配置

工程情况：Ⅱ标段线路全长为 41.969km，导线型号为 LGJ—400/50 和 LGJ—400/35，地线型号为 GJ—100 和 GJ—50，铁路 87 基。施工机具配置见表 2-6-9。

表 2-6-9　施工主要机具配置表（220kV）

名称	规格型号	单位	数量	
			1999 年	2000 年
指挥车		辆	4	4
载重汽车	5t	辆	6	6
载重汽车	8t	辆	2	2
汽车起重机	QY5	辆	1	1
汽车起重机	QY8	辆	2	2
随车吊	3t	辆		1
机动绞磨	J4	台	8	8
全自动全站仪		台	2	
经纬仪	J_2、J_6	台	10	6
水准仪	DS_3	台	6	
内燃凿岩机	YN-301	台	8	
风动凿岩机		台	8	
机动空压机	1.5m^3	台	16	
钢模板		m^2	1200	
轻型搅拌机	YJB—18	台	16	
汽油机振动棒	ZXX	台	32	
电焊机	250～500A	台	5	
发电机	10kW	台	5	
铝合金抱杆	500×500	m	220	220

续表

名称	规格型号	单位	数量	
			1999 年	2000 年
铝合金越线架	500×36×6	副		6
液压压接设备	100/200t	套		10
大牵引机	PV—134	台		1
小牵引机	PV—035	台		2
大张力机	TT_2—124	台		2
小牵张机	PT—096	台		2
地线放线滑车	SDZ—1	只		100
导线放线滑车	SWH—5	只		160
防捻钢丝绳	ϕ21.5	m		16000
防捻钢丝绳	ϕ11	m		25000
照相机		台	2	2
摄像机		台	1	1
计算机	HP D2825	台	2	2
打印机	HP 6L	台	2	2

2.6.3　主要材料设备供应

主要材料设备供应是保障送电线路工程顺利施工重要因素之一，在 20 世纪 80 年代，因材料设备供应不到位，引起停工误工现象并不少见。因此，对主要材料设备供应必须有周密的计划，要明确时间，材料设备供应质量、数量都应有严格检验的管理制度，并要求及时准确到达现场。

2.6.3.1　实例一：500kV××-××-××输电线路×标段

工程情况见 2.6.1.2。

2.6.3.1.1　供应主要材料设备计划

主要材料设备供应计划表见表 2-6-10。

表 2-6-10　主要材料设备供应计划表（500kV）

项目	供货单位	负责接收部门	开始时间/（年.月.日）	结束时间/（年.月.日）
水泥	物资设备部	材料站		
砂、石	物资设备部	材料站		
基础钢材	物资设备部	材料站		
地脚螺栓	物资设备部	材料站		
插入式角钢	物资设备部	材料站		
塔材	项目法人	物资设备部		
绝缘子	项目法人	物资设备部		
导、地线	项目法人	物资设备部		
OPGW 及其金具	项目法人	物资设备部		
导、地线金具	物资设备部	材料站		
接地网	物资设备部	材料站		

2.6.3.1.2　项目法人供应材料的接货方式

本工程由项目法人提供的导线、架空地线、OPGW 及金具、铁塔材料、绝缘子等物资，由物资设备部负责在中心材料站清点、检验、接收、保管以及从材料站到施工现场的分供等工作，有关材料的产品合格证及试验报告单应随材料设备一起交接，切实把好材料设备质量关，保证工程质量。

2.6.3.1.3　自购原材料的范围和要求

上述材料设备以外的砂、石、水泥、基础及接地钢材、插入角钢、地脚螺栓、金具等，由物管部根据合同文件、设计图纸和国家标准自行采购、加工。金具必须在项目法人指定供应厂家范围内采购。采购的水泥必须是经过项目法人同意的生产厂家，并按施工验收规范的要求制定水泥的采购、运输、保管、使用等管理办法，在工程中使用。

2.6.3.1.4 施工原材料的检验

本工程选定的砂、石、水、水泥、钢筋、混凝土试块等材料必须按规范规定抽样或制备，到至少是省建委批准的质量检验部门进行检验，工程中使用的材料必须与送检样品一致；检验合格并报监理工程师审查批准后方可批量使用。本工程采购的材料必须有完备的产品合格证、材质证明书，并向监理工程师提供复印件。

2.6.3.2 实例二：500kV×××—×××输电线路×标段

工程情况：标段全长 90.614km，导线 4×LLBJ—300/40，地线一根 LLBJ—95/55，另一根架设 OPGW 复合光缆，杆塔 164 基。主要材料设备供应计划见表 2-6-11。

该项目对主要材料设备供应采购、运输、保存、检验等管理，基本与 2.6.3.1 相同，这里不再赘述。

2.6.4 工程资金资源

近年来送电线路工程投资金额非常可观，资金资源开发就是严加管理，防止“灰色”支付，保证工程施工顺利进行，把工程投资每一元钱都使用得恰到“好处”，做到少花钱、多办事。

表 2-6-11 主要材料设备供应计划表（500kV）

名称	规格	单位	数量	最早供应日期/（年.月.日）	最迟供应日期/（年.月.日）
插入式角钢		t	113		
铁塔钢材		t	3336		
导线	4×LLBJ—300/40	t	1182.9		
地线	1×LLBJ—95/55	t	57.96		
	1×OPGW—90	t	57.99		
绝缘子	160kN 普通	片	15904		
	160kN 防污	片	5204		
	210kN 普通	片	9680		
	210kN 防污	片	1484		
	70kN	片	1440		
重锤		片	950		
防震锤	导线 FF—5	个	3072		
	地线 FD—3	个	682		
	OPGW	个	682		
间隔棒	JZF4—45300	套	4916		
	JTF4—45300	套	420		
	TJ2—12300	套	330		

续表

名称	规格	单位	数量	最早供应日期/（年.月.日）	最迟供应日期/（年.月.日）
其他金具		t	46.07		
均压环	JL—500XS	套	146		
	JL—500X	套	381		
	JPL—500N	套	330		
线夹	XGF—5K	个	196		
	XGF—5X	个	2248		
	XGF—9X	个	36		
	XGU—3	个	137		
	XT4—45300	个	48		
耐张线夹	NY—300/40BG	套	660		
	NY—95/55BG	套	56		
OPGW 线夹	悬垂	套	137		
	耐张	套	56		
地脚螺栓		t	51		
水泥	普硅 425 号	t	2093		
砂	中砂	m^3	2852		
碎石		m^3	4308		
块石		m^3	3275		
基础钢筋		t	347		
接地钢筋	ϕ10	t	44.62		

工程投资是送电线路工程建设控制全局的重要环节，没有资金是无法建设的。目前在施工组织设计中，很少有详细说明，甚至还有“保密”的情况，这种现象值得商榷。工程施工单位应根据签订的施工承包合同、工程投资总金额编制工程预算。根据编制工程预算做出工程资金流量计划，甚至绘出资金流量累计曲线，使施工有关单位遵照执行，使工程投资得到有力控制。

2.6.4.1 500kV×××—×××输电线路××标段资金流量估算

工程情况见 2.6.3.2。根据施工单位结合工程实际情况自己编制的施工预算，再归纳为施工工序的使用资金，使整个施工过程使用资金流量有个完整表示，见表 2-6-12。

表 2-6-12 500kV×××—×××输电线路××标段资金流量估算表 单位：万元

序号	工程名称	小计	2000 年	2001 年				2002 年
			4 季度	1 季度	2 季度	3 季度	4 季度	1 季度
	预付款	229.73	91.89	137.84				
1	基础工地运输	314.36	78.59	125.74	110.03			
2	土石方工程	506.38	101.27	227.87	177.24			
3	基础工程	606.76	60.63	303.38	242.75			
4	铁塔工地运输	239.15			71.74	167.41		
5	铁塔组立及接地	546.35			136.60	409.75		
6	架线材料工地运输	37.46				7.49	26.22	3.75
7	架线工程	604.18					120.83	483.35
8	附件工程	391.66					78.33	313.33
9	其他费用（含预备费）	752.28	163.42	70.91	70.91	70.91	163.41	212.72
10	竣工验收	31.80						31.80
	累计支出	4344.60	430.96	780.42	867.67	710.34	417.29	1137.92
11	创一流标准考评基金	44.68	3.94	7.50	8.34	7.26	3.79	13.85
12	质量保证金	44.68	3.94	7.50	8.34	7.26	3.79	13.85
13	保留金	224.86	19.17	37.52	41.72	40.26	20.92	65.27

从表 2-6-12 中可见，虽然有质量保证金，但不够详细。根据工程进展情况，适时配置质量、安监资源，见表 2-6-13。

表 2-6-13 质量和安监资源配置表

名称		单位	数量	进入现场时间	负责人
质量资源	质检人员	人			
	车辆	部			
	测量器具	套			
	望远镜	个			
	办公用品	套			
	施工标准	套			
	管理制度	套			
	生活用品	套			
安监资源	安监人员	人			
	车辆	台			
	安检用具	套			
	防护用具	套			
	办公用品	套			
	安全规程	套			
	管理制度	套			
	生活用品	套			

根据表 2-6-12 中资金累计支出项中所列数值与工期（即资金使用时间），可绘制 500kV×××至×××输电线路××标段资金流量图，如图 2-6-3 所示。

计划使用资金是送电线路工程施工单位的基本功。从表 2-6-13 中可见，工程施工中哪道工序什么时候用多少钱一目了然，给施工中的资金控制带来极大方便。从图 2-6-3 中，可直观看出资金流量和使用资金情况。施工中使用资金供应松了就会出现浪费现象，使用资金控制得太紧了，也会影响工程施工的顺利进行。表和图只是概略资金流量控制，各施工单位还应有完整的控制方法。

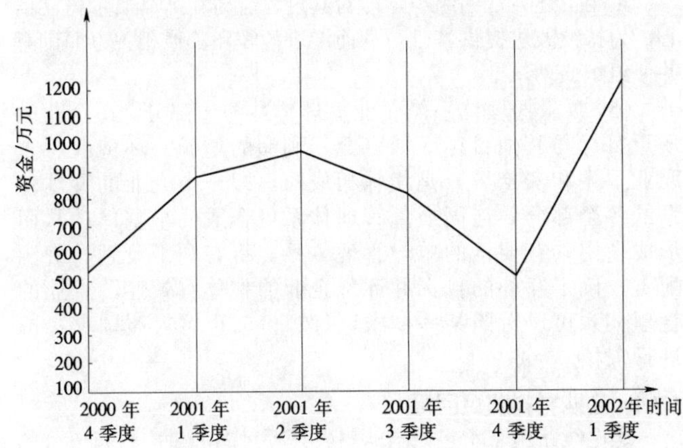

图 2-6-3 500kV×××至××输电线路××标段资金流量曲线图

2.6.4.2 工程成本控制措施

控制工程成本的关键在于保证施工进展，即施工过程中做到不窝工、不误工、不返工；另外提高劳动生产率，把好原材料的进货质量关，降低材料损耗也是降低成本的主要手段。因此可采取下列措施。

（1）严格执行施工定额，控制各项费用开支。

（2）严格执行经济责任制，充分发挥广大职工在施工中的主观能动性，是缩短工期、降低消耗、提高经济效益的重要保证。

（3）根据设计资料的交付和材料供应时间，抓好施工前期准备工作，做到现场设施齐备、机械到位、料到人到、同步进行，避免发生窝工。

（4）严把材料质量关，不让劣质、低质产品进入施工现场，降低原材料消耗率。

（5）配合项目法人及时做好铁塔、导地线、OPGW、绝缘子及配套材料设备供货，以满足施工需要。根据设备材料到货情况，优化性的安排施工进展。

（6）采用新工艺、新技术，提高劳动生产率，降低施工成本。

（7）采用先进的工器具和机械设备，提高施工效率。

（8）加强机械设备维修、管理，避免意外故障、损坏。

（9）采用 P3 项目管理系统软件实行动态计划管理，每月对计划执行情况进行一次盘点，并根据工程进展和材料到货情况，对没有按计划完成的项目及时制定出修正措施，使整个施工过程处于受控状态。

（10）安全出效益，杜绝质量等各种事故发生，做到防患于未然。

（11）质量出效益，杜绝质量事故的发生，严格工序质量检验制度；加强施工过程管理，严格执行三放质量检验制度，确保施工质量一次验收合格并尽量达到三峡工程“创一流”标准，降低检修消缺频次。

（12）实行项目成本目标考核，奖惩分明。

（13）合理安排施工进度，做到人员、机械设备与工期的最佳结合。

（14）取得地方政府的大力支持，减少外界干扰因素。

2.7 质量保证要点

施工质量是施工单位的生存大计，只有保证施工质量，施工单位才有生存价值。目前送电线路工程的施工单位对自己的施工质量都很重视，为了保证施工质量，都有一套详细、明确的规定和切实可行的管理制度。有些还提倡“一次成功”法，工程施工只做“一次”，不做“二次”，不返工。从当前各施工单位高超的技术水平来看，施工做到“一次成功”法亦是可行的。

2.7.1 工程质量方针

施工单位的质量方针是：顾客至上，质量第一，科学管理，精心施工，向顾客提供优质产品和优质服务。

2.7.2 质量目标

单位工程合格率 x%，优良品率不低于 x%；

分项工程合格率 x%，优良品率不低于 x%；

杜绝重大质量事故发生，确保工程“零”缺陷；

达到国家施工验收规范及质量检验标准规定的优良等级，确保“达标”投产。

2.7.3 质量管理组织机构及主要职责

2.7.3.1 质量管理组织机构图

质量管理组织机构图如图 2-7-1 所示。

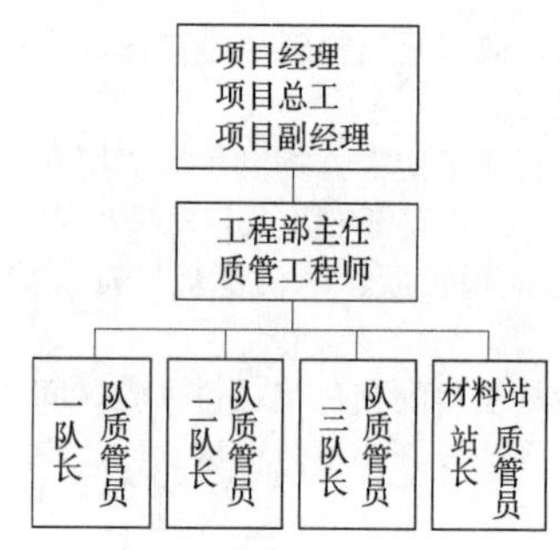

图 2-7-1 质量管理组织机构图

2.7.3.2 质量管理机构主要职责

（1）项目经理。按照工程目标和公司质保体系的规定，建立质保体系，明确各部门的职责和权限，为质保体系的正常运行配备充分的资源。支持质量管理人员的工作，接受项目法人、监理工程师的指令并贯彻执行。对贯彻实施投产达标负有全面领导责任。

（2）项目总工。贯彻工程的质量目标和公司质保体系文件，批准质量管理文件，审定工程的质量纠正措施和预防措施，掌握质量动态，分析质量趋势，解决工程中的重大质量问题，督促质量管理人员做好质量检查和质量记录。

（3）质管工程师。在项目经理和项目总工的领导下，负责质保体系运行的组织、协调、考核和奖惩。组织工程质量的日常检查，负责质量文件的贯彻落实，把“达标投产”标准进行具体的量化，分解到每道工序中。分阶段对工程质量进行检查、总结，对发现的问题及时采取措施予以纠正。参加中间验收和竣工验收。

（4）施工队队长和质管员。正确理解并贯彻工程的质量目标和质量标准，确保施工工艺要求、质量要求和质量管理制度在施工队能够有效执行，对不合格项目按要求做好纠正和预防措施工作。

负责工程质量目标和质保体系在施工队贯彻的组织、协调、监督、考核等管理工作，熟练掌握检验方法、质量标准和工作程序并严格执行。认真做好检验记录，控制不合格项的发生。

2.7.3.3 建立质量管理体系

（1）建立以项目经理为工程质量的第一责任人的工程质量管理体系。项目经理对工程施工质量全面负责，经常检查落实和监督质量管理体系的正常有效运行。

（2）按照 ISO9001—2000 标准建立质量体系，并通过质量体系认证。把质量管理体系文件中关于送电线路专业的程序文件和作业指导书，作为工程项目质量管理体系的程序文件执行。

（3）送电线路质量管理体系的程序文件。送电线路的不同企业组织质量体系认证，编制的程序文件名称、序号及内容是不一样的。本手册列出的程序文件是通用的“质量管理体系”“职业安全健康管理体系”“环境管理体系”等三个体系。

1）Q/TX001《质量方针》。
2）Q/TX002《质量目标》。
3）Q/TX003《质量手册》。
4）Q/TX004《质量计划》。
5）Q/TX101《法律、法规及文件管理控制程序》。
6）Q/TX102《教育培训管理程序》。
7）Q/TX103《协商与信息交流管理程序》。
8）Q/TX104《采购工作管理程序》。
9）Q/TX105《送电线路施工过程控制程序》。
10）Q/TX109《记录控制程序》。
11）Q/TX110《内部体系审核工作程序》。
12）Q/TX111《管理评审工作程序》。
13）Q/TX201《危害与环境因素辨认、评价及控制程序》。
14）Q/TX203《安全环境控制程序》。
15）Q/TX204《应急预案（准备与响应管理程序）》。
16）Q/TX205《绩效测量与监测管理程序》。
17）Q/TX206《事故、事件、不符合、纠正与预防措施控制程序》。
18）Q/TX301《消防工作管理程序》。
19）Q/TX302《与顾客有关要求的确定和评审程序》。
20）Q/TX303《监视和测量装置控制程序》。
21）Q/TX304《不合格、纠正和预防措施控制程序》。
22）Q/TX305《顾客满意度测量和质量信息分析管理程序》。
23）Q/TX401《送电线路基础施工作业指导书》。
24）Q/TX402《送电线路杆塔组立作业指导书》。
25）Q/TX403《送电线路架线施工作业指导书》。
26）Q/TX404《导、地线压接作业指导书》。
27）Q/TX405《光缆架设作业指导书》。
28）Q/TX406《光缆熔接作业指导书》。
29）Q/TX407《送电线路产品质量检验和试验计划》。
30）Q/TX408《送电线路灌注桩基础工程施工检验计划》。

工程施工过程中的各项活动和作业必须严格按照上述程序文件和作业指导书执行，程序文件要求的记录如实填写，妥善保管。

（4）建立和实施质量管理体系的方法如下：

1）确定顾客和其他相关方面的需求和期望。
2）建立组织（企业）的质量方针和质量目标。
3）确定实现质量目标必需的过程和职责。
4）确定和提供实现质量目标必需的资源。
5）规定测量每个过程的有效性和效率的方法。
6）应用这些测量方法确定每个过程的有效性和效率。
7）确定防止不合格并消除产生原因的措施。
8）建立和应用于持续改进质量管理体系的过程。

采用上述方法的组织，能对其过程能力和产品质量树立信心，为持续改进提供基础，从而增进顾客和其他相关方面满意并使组织成功。

（5）质量管理体系是企业管理体系的一部分。在企业中质量目标与其他目标（如资金、利润的增长，环境改善，职业卫生和安全等）是相辅相成的。即一个企业的管理体系的各个部分，连同质量管理体系可合成一个整体，从而形成使用共有要素的单一管理体系。将有利于策划、资源配置、确定互补的目标并评价企业的整体有效性。企业的管理体系可以对照某些要求进行评价，也可对照国家标准进行审核。

2.7.4 自购材料质量目标

送电线路施工承包商自购材料是项目法人供应材料以外的其他材料，如砂、石、水、水泥、接地钢材、基础插入角钢、地脚螺栓、金具等。这些自购材料的质量目标如下：

（1）砂、石、水检验、化验报告齐全、合格。

（2）钢材材质化验单、材质证明书、复检报告齐全、合格。

（3）水泥出厂日期、品种、标号、批号、厂家、袋装重量等满足工程需要。

（4）钢筋、地脚螺栓、插入角钢、混凝土预制件（拉线盘、底盘、卡盘）加工尺寸、规格、数量满足工程需要，合格证齐全。

（5）各种材料的外观质量良好，无受潮、受污染现象。

2.7.5　质量薄弱环节和预防措施

根据送电线路工程施工的特点，分析和预测在下列方面存在着影响工程施工质量的薄弱环节，应防患于未然，采取相应的技术措施，见表2-7-1。

表2-7-1　　施工质量薄弱环节和预防措施表

质量薄弱环节	原因	技术措施
个别职工质量意识淡薄	对质量认识不够；制度不健全，执行不严	1．加强质量意识教育； 2．完善质量管理及奖惩制度； 3．严格执法，奖罚分明
混凝土质量不稳定	对原材料质量控制不严；未严格按配合比投料；振捣不规范	1．砂、石、水泥、水应经检验合格，由专业试验室做配合比； 2．首基基础浇制应进行试浇，技术、质管人员到现场指导； 3．严格按配合比配料，按规定检查投料重量； 4．专人控制混凝土的振捣、搅拌
组装和起吊时铁塔构件容易变形	未严格按组立施工方案进行操作	1．组装时尽量将组装塔段的场地垫平，减少构件的不均匀受力； 2．增加吊点；在塔片上绑加强木； 3．吊点处垫小方木或麻包片隔垫
螺栓不易达到全紧和螺栓扭力达不到设计要求	疲劳、责任心不强，没有100%检查紧固力矩	1．实行责任承包； 2．用加长扳手复紧； 3．质管员用力矩扳手逐个检查
导线磨损	保护措施不到位；导线与地面和跨越架接触	1．装卸、运输过程中采取保护措施； 2．使用新型牵引设备，提高放线质量，避免导线与地面和跨越架接触； 3．严格操作工艺，在牵张场的操作易触及导线处都应隔垫； 4．展放线时，各塔位和跨越点加强监视
压接管弯曲	压接管保护套性能不良；转角塔、大跨越放线滑车设置数量少	1．适当提高放线张力（导线）； 2．使用压接管保护钢套，保护压接管； 3．合理设置双放线滑车
导线弧垂或子导线间距超差	目视观测时，因视力不好导致观测精度不够	使用经纬仪多点观测，采取粗调细调相结合的方法紧线
OPGW复合光缆架设过程中损伤	对产品或设计要求理解不够，未加强监护	1．放线滑车轮径和张力轮轮径满足产品要求； 2．采取低张力放线；加强放线过程中的监护； 3．安装光缆时，弯曲半径符合设计要求； 4．使用专用夹具紧线

2.7.6　关键与特殊工序的质量控制

为确保工程达到预定的质量目标，根据工程特点，把原材料质量、混凝土质量、灌注桩基础、螺栓紧固、导线防护、导线弛度、导地线压接、OPGW架设等作为关键控制项目进行质量控制。

2.7.6.1　材料质量控制措施

（1）按照程序文件的规定，对工程自购材料分供方进行资质评定。

（2）工程的砂、石、水、水泥、钢筋、混凝土试块等必须按规范规定抽样或制备，到具有资质的专业试验室进行检验。工程中使用的材料与送检样品必须一致；样品应在监理工程师的监督下取样和送检，其检验报告送监理工程师审查。工程的自购材料必须有完备的产品合格证、材质证明书、检验报告，并向监理工程师提供复印件。

（3）金具必须在项目法人指定供货厂家范围内采购。

（4）由项目法人提供的材料，由物资设备部按照公司程序文件中《顾客提供产品的控制程序》的要求进行控制，并按规定标识。发现不合格品要及时通知监理工程师，并做好隔离和妥善处置，做好书面记录。

（5）项目法人供应材料的产品合格证及试验报告单应随材料一起交接。

2.7.6.2　基础混凝土质量控制措施

（1）基础浇制前到具有资质的专业试验室进行配合比试配，确定各种强度等级的混凝土配合比。

（2）应采用机械搅拌，搅拌时间不少于1.5min，其投料顺序为砂、水泥、碎石、水，应边搅拌边投料，投料量严格按照配合比。按规定进行坍落度试验、检查配合比。

（3）控制混凝土的下落高度，当混凝土的下落高度超过2m时使用溜槽。

（4）振捣时应“快插慢拔”，插点要均匀排列，逐点移动，不得遗漏，达到均匀振实。

（5）按规程规定对混凝土进行养护。

2.7.6.3　灌注桩基础施工质量控制措施

（1）对于分承包单位在资质、设备、技术、业绩等多方面进行综合评价，通过招标择优选择施工单位，并经监理工程师和项目法人认可。

（2）施工前，严格审查分包单位的施工组织设计、施工方案等技术资料，审查未通过不准施工。

（3）灌注桩施工的全过程，项目部派质管人员会同监理工程师直接参加检查施工的每个环节，严格控制孔径、孔深、钢筋笼制作（焊接、绑扎）、混凝土浇灌等关键点的施工质量。

（4）为防止塌孔和缩径，应按规定控制泥浆比重，焊接时间不宜过长，下钢筋笼时尽量减少对孔壁的扰动。

（5）为防止断桩，在水下灌注混凝土时，要注意每次灌注的混凝土量和混凝土标高的上升值，以此控制导管的提升量。

2.7.6.4　螺栓紧固质量控制措施

（1）为了保证螺栓的紧固力矩达到设计要求，应预先对力矩扳手进行检验，以保证其准确性。

（2）为保证铁塔螺栓的紧固率和构件起吊过程中不变形，在地面组装的构件，必须在地面将螺栓全部紧固并用力矩扳手检测。

（3）组立完成后用力矩扳手逐个进行复检，保证紧固力矩一致性，达到设计要求。

（4）架线完工后，对铁塔螺栓全部复紧一遍。

2.7.6.5　导线防护的措施

（1）为避免导线在装卸和运输过程中被碰伤和损坏，必须用道木、钢丝绳等将线轴在车上固定好。在装卸运输过程中，不得拆除线轴的外包装。

（2）合理选择放线段长度，以减少导线过滑车次数。

（3）转角塔放线滑车要预偏，上扬塔设压线滑车，防止导线掉槽；掉槽后要及时停车处理。

（4）导线展放临锚时，应调整子导线张力，使各子导线上下错开（不在同一平面），以防导线鞭击损伤。按照设计规范要求不需采取防震措施的条件来控制临锚张力，防止导线振动造成导线损伤。

（5）全放线段在架设过程中，导线不能触地，特别要防止导线磨跨越架。

（6）进行压接施工时，在压接点导线触地范围内，应铺设线轴木板等物，防止导线磨伤。

（7）合理的布置工器具，避免与导线产生碰、磨、挤、压。无法避免时，在接触位置用柔软物进行隔离防护。锚线时防止卡线器在导线上滑动。

2.7.6.6　导线弛度控制措施

（1）按照施工及验收规范的规定合理选择观测档，根据不同观测档不同情况选择合适的观测方法。

（2）观测弧垂时的温度要在观测挡内实测。

（3）为提高观测精度，采用弛度观测仪进行弛度观测。

2.7.6.7　地线压接控制措施

（1）编制《导、地线压接施工工艺措施》，进行导地线压接试验、培训和技术交底。

（2）切割导、地线时应与轴线垂直，穿管前划好定位印记，保证压接位置正确。

（3）为避免压后压接管产生弯曲，应选配大功率液压机和压口较长的模具，加大每模的施压长度和相临两模的重叠量。

（4）施压时应将管、线放置水平，并与液压机轴心保持一致。

（5）为保证握着力，施压的方向和施压的压力应符合规程和液压施工方案的要求，每模都要达到规定的压力，压好第一模后应检查对边距，合格后方能继续施压。

2.7.6.8　OPGW 架设质量控制措施

光缆（OPGW）施工具有两个特点：一是对自身弯曲半径有明确规定；二是接续点不能承受张力。故架设安装时要求如下：

（1）必须采用张力放线工艺。

（2）牵张机、放线滑车轮径必须满足规定要求。

（3）必须单盘敷设，中间不允许有接头。

（4）编制《OPGW 架设施工技术方案》和《OPGW 弧垂表》。

（5）组织施工人员接受督导组织的技术培训，包括设备要求、架设要求及附件安装等，并对施工人员进行专项技术交底。

（6）附件安装。OPGW 应在放线完成后 48h 内完成紧线及附件安装。当两端耐张挂好，并做好临时接地后即可开始在各直线塔上划印、安装附件。

根据技术督导要求及悬垂线夹预绞丝长度及操作余度要求，制作 OPGW 附件安装专用双吊点提线器，提线器的提线钩采用 LGJ—500 大截面导线提线钩，内衬胶垫。提线器示意图如图 2-7-2 所示。

提升 OPGW 后按设计图纸要求安装悬垂金具，并按规定尺寸、螺栓扭力矩安装防震金具。

安装完悬垂线夹后，应及时将 OPGW 的专用接地线与塔身连接，以防 OPGW 遭雷击后发热损伤内部光纤。接地引下线安装应圆滑、美观，螺栓连接应牢固。

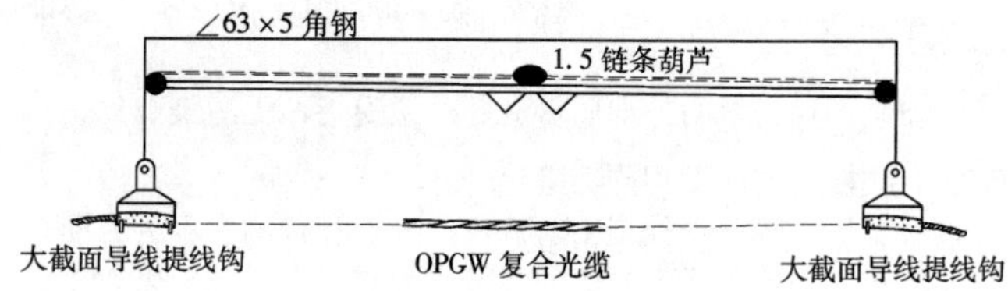

图 2-7-2　双吊点提线器示意图

（7）OPGW 复合光缆及其配套金具在装卸、运输、安装过程中不得碰伤，破损和丢失；临时存放应存放于洁净处，在施工前及施工过程中避免浸水。

（8）复合光缆运到中心材料站后，应进行单盘测试，经检测合格，且无机械损伤后，方可运至张力场，OPGW 光缆盘在运输过程中要保持竖直位置，坚决杜绝侧面放置；光缆盘的外包装护板在开始展放前才可拆除，拆除时要小心进行，严禁蛮力拆除，以免损伤光缆。

（9）直线通过的转角塔滑车的悬挂位置，应根据现场实际，选择可行的悬挂方式和位置。

（10）放线过程中，严禁出现打死弯现象，并保证光缆的弯曲半径不小于产品或设计要求弯曲半径，在紧线操作及光缆处理过程中要避免损伤 OPGW 光缆，安装中要避免光缆过度弯曲并防止挤压。

（11）展放过程中应经常检查张力和弯曲半径是否超过最大牵引张力和最小弯曲半径的推荐值。

（12）安装过程中，若有供货方的施工现场督导，要按施工督导的指导进行。

（13）牵放过程中每个塔位均需设监护人，同时保证信号畅通，沿线护线人员要尽职尽责，严防光缆掉槽，损伤光缆，山区施工还应采取在凸出地方加垫木杠或软物等措施防止 OPGW 的磨损。

（14）在紧线完毕，牵张场两侧耐张塔上安装完耐张线夹后，处理余缆时要小心进行，将接续塔上的 OPGW 引下余缆盘好放置于塔上安全位置，并用遮雨布包裹线盘，用尼龙绳捆好临时固定于塔上，防止人为损坏、偷盗，缆盘直径应大于厂方规定值。放于塔上的缆盘要采取防磨损措施，光缆头应做防水处理，可用专用橡胶皮罩罩住光缆头并用防水胶布缠牢。

（15）牵放过程中在满足控制张力要求的同时，应尽量降低牵张力，牵张力越低越好。

（16）OPGW 复合光缆的附件安装若不能及时进行，应用尼龙绳将 OPGW 绑在滑轮上（如图 2-7-3 所示），以防止 OPGW 在滑轮上移动磨损。

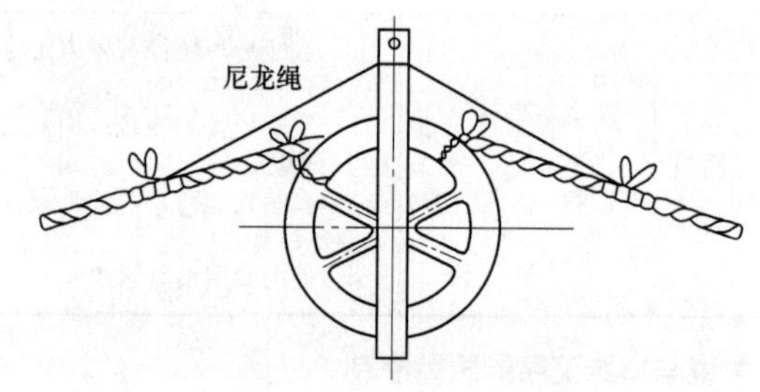

图 2-7-3　尼龙绳绑滑轮示意图

（17）OPGW 复合光缆有关张力展放的其他施工过程与一般线路张力架设施工基本相同，有关施工细节按张力展放施工要求进行。

2.7.7　质量管理措施及其他

2.7.7.1　质量管理措施

（1）结合工程情况，按照《输变电工程达标投产考核办法（2011 年版）》制定《质量保证措施》，进一步明确各级人员质量职责。

（2）加强对员工的质量意识教育，组织学习《110～500kV 架空电力线路施工及验收规范》（GB 50233—2005）、《国家电网公司输变电工程达标投产考核办法（2011 版）》及与工程质量有关的其他现行国家标准或电力行业标准。

（3）在整个施工过程中，坚持“顾客至上，质量第一”的方针，为顾客做好施工前、施工中、竣工后服务。

（4）成立以项目经理为组长和项目总工为副组长的“达标投产”领导小组。

（5）由项目法人提供的导线、架空地线、OPGW 及其金具、塔材、绝缘子等实物的产品合格证及试验报告单应随材料一起交接，切实把好材料质量关，以保证工程质量。

（6）自购的材料、原材料，要有完整的产品合格证、材质证明书、检验报告等足以证明其质量的文件，并妥善保管。待竣工时向项目法人移交。检验中发现不合格品应及时隔离作出标识，严禁在工程中使用。

（7）自购原材料分供方的选择，按《采购工作管理程序》对分供方评价的有关规定，应对分供方的资质、生产能力、质保体系等通过评审后方能成为合格分供方。

所有自购材料均应符合设计文件要求的相应等级并符合国家质量标准的要求，应按监理工程师要求随时在制造或准备地点，或工地或项目法人规定的其他地点对材料进行试验，并为监理工程师提供检验、测试及试验任何材料通常所需的劳力、燃料、储藏室、仪器及仪表等。在这些材料用于工程之前，按电力行业规程规范及监理工程师的选择和要求，进行材料样品试验。

（8）制定施工方案时从技术上保证质量满足设计及规范要求。

（9）严格执行质量三级管理的规定，分列质量保证金专款，实行质量预留金制，依照责权利相结合的原则，把个人的经济利益与工程质量联系起来，对施工质量奖罚分明，同时强化工序控制，加强质量保证的现场监督和管理，落实三级检查验收制度，确保质量目标的实现。

（10）特殊工序作业人员需经专业培训，考试合格，执证上岗，确保特殊工序的施工质量。

（11）施工及质量记录，坚持谁施工谁填写，填写人和审核人对施工记录的及时性、真实性、准确性负责。

（12）按照《110～500kV 架空电力线路施工及验收规范》（GB 50233—2005）、《输变电工程达标投产考核办法（2011 年版）》及与工程质量有关的其他现行国家标准或电力行业标准、设计的要求和监理工程师依据合同签发的指令施工，随时接受并积极配合监理工程师和其代表对工程的质量检查，认真听取意见并及时改进质量管理工作，为检查、检验提供便利条件。

（13）隐蔽工程具备覆盖条件或达到中间验收部位，自检合格后，在隐蔽或进行中间验收 48h 前通知监理工程师，准备验收记录。通知包括自检记录、隐蔽验收的内容、验收时间和地点，并为监理工程师的检查提供必要的手段和工具。验收合格，监理工程师在验收记录上签字后，方可进行隐蔽或继续施工。导、地线的连接试验和施工时必须有监理工程师在场旁站监理。

（14）对已完工且具备验收条件的单位、分部工程，应提前书面通知监理工程师验收，并准备验收记录，通知包括验收的内容、验收时间和地点并附上自检记录。经验收合格，需经监理工程师在验收记录上签字后方能进行下一工序的施工。

（15）配合监理工程师做好工程的阶段性验评，并提供必要的检测器具、施工记录和有关资料。

（16）在基础施工、组立施工、架线施工工序完成后，结合工序间的中间检查验收，对照《国家电网公司输变电工程达标投产考核办法（2011 版）》进行工序间的自我测评，符合要求后，方可申请监理工程师验评。

（17）工程竣工时，工程部应组织各专业人员按照《110～500kV 架空电力线路施工及验收规范》（GB 50233—2005）的规定和项目法人的规定，整理好全部竣工资料及施工记录，在整套启动、试运、验收、移交、试生产后，将完整的竣工资料及施工记录移交给项目法人或项目法人指定的代表。

2.7.7.2　质量控制程序图

质量控制程序图如图 2-7-4 所示。

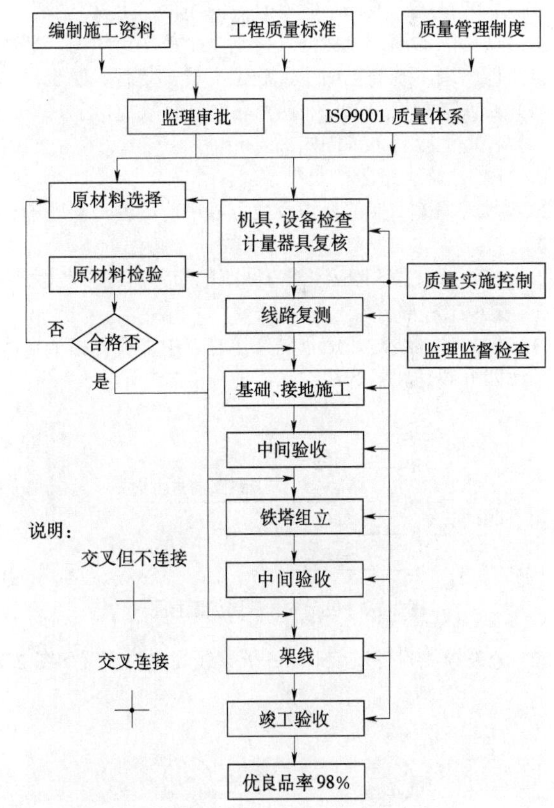

图 2-7-4　施工质量控制程序图

2.7.8　工艺质量要求

送电线路施工安装工艺质量要求有：①工艺质量必须符合施工验收规范和设计施工图纸规定的标准；②每个工程项目的各施工标段工艺质量应统一、一致。

为实现工艺质量的统一，设计单位在施工图设计时，应对线路的送电端、受电端（或小号侧、大号侧）及线路的左侧、右侧作出明确规定。施工单位在做施工技术资料编制时，对部分工程工艺质量作出明确规定，施工中遵照执行。

为“达标投产”和运行创造条件，对工程工艺质量作出统一规定如下。

2.7.8.1 基础、地面部分

（1）铁塔基础保护帽的外观尺寸、形状及要求。

（2）基坑、接地沟防沉层的规格和要求。

（3）接地引下线的敷设工艺要求。

（4）地面平整及环境保护要求标准。

（5）拉线棒露出地面一端的回头朝向应有规定。

2.7.8.2 杆塔工程部分

（1）杆塔各构件的组装应牢固，交叉处有空隙的应加装相应厚度的垫圈和垫板。

（2）当采用螺栓连接构件时，应符合下列规定：

1）螺栓应与构件面垂直，螺栓头平面与构件间不应有空隙。

2）螺母拧紧后，螺杆露出螺母的长度，对单螺母不应小于两个螺距，对于双螺母可与螺母口相平。

3）必须加垫的，每端不宜超过两个垫片。

（3）螺栓的穿入方向应符合下列规定：

1）对立体结构。水平方向由内向外，垂直方向由下向上。

2）对平面结构。①顺线路方向，由送电侧穿入或按统一方向穿入；②横线路方向，两侧由内向外，中间由左向右（指面向受电侧）或按统一方向；③垂直方向由下向上。

注：铁塔的各部螺栓穿向，可画一个铁塔单线图，把各部螺栓穿向标出来，既简单明了，施工人员安装时又便于识别。

（4）对铁塔螺栓的放松、防盗范围作出规定。

（5）杆塔上应有下列固定标志：

1）杆塔号及线路名称或代号。

2）耐张型杆塔、换位杆塔及换位杆塔前后各一基塔应有相位标志。

3）在多回路杆塔上应注明每回路的布置和线路名称。

2.7.8.3 架线工程部分

（1）展放导地线时，应预先规定左、中、右各相子导线的编号，如四分裂导线的导线编号，如图 2-7-5 所示。

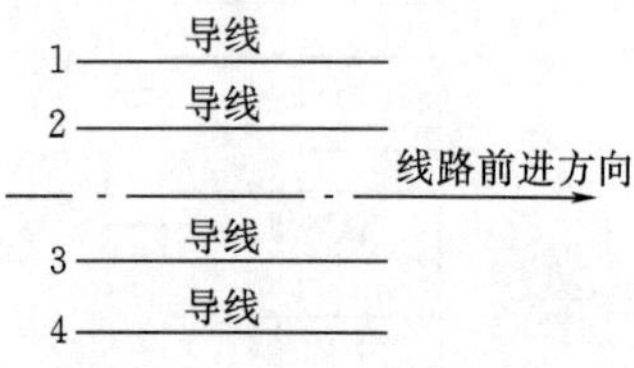

图 2-7-5 四分裂导线展放编号图

（2）分裂导线附件安装时，各子导线规定的位置如图 2-7-6 所示。

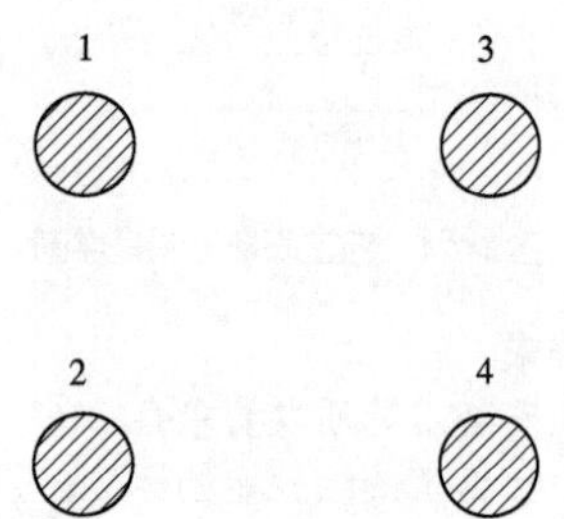

图 2-7-6 导线附件安装子导线规定位置图

（3）一个档距内每根导线或地线上只允许有一个连续管和三个补修管，规定如下：

1）各类管与耐张线夹间的距离不应小于 15m。

2）接续管或补修管与悬垂线夹的距离不应小于 5m。

3）接续管或补修管与间隔棒的距离不宜小于 0.5m。

（4）悬垂线夹安装后，绝缘子串应垂直地平面。个别情况其顺线路方向与垂直位置的位移不应超过 5°，且最大偏移值不应超过 200mm。

（5）绝缘子串、导线及地线的各种金具上的螺栓、穿钉及弹簧销子除有固定的穿向外，其余穿向应统一，并应符合下列规定：

1）悬垂串上的弹簧销子一律向受电侧穿入。螺栓及穿钉凡能顺线路方向穿入者一律宜向受电侧穿入。特殊情况（如带电作业需要）两边线由内向外、中线由左向右穿入。

2）耐张绝缘子串上的弹簧销子、螺栓及穿钉一律由上向下穿，特殊情况由内向外、由左向右穿入。

3）分裂导线上的穿钉、螺栓一律由线夹外侧向内穿入。

4）当穿入方向与当地运行单位要求不一致时，可按当地运行单位的要求，但应在开工前确定。

（6）各种类型的铝质绞线，在与金具的线夹夹具夹紧时，应在铝股外缠绕铝包带，缠时应符合下列规定：

1）铝包带应紧密缠绕，其缠绕方向与外层铝股的绞方向一致。

2）所缠绕的铝包带可露出夹口，但不应超过 10mm，其端头应回夹于线夹内压住。

（7）引流线应呈近似悬链线状自然下垂，其对杆塔及拉线的电气间隙必须符合设计规定。使用螺栓式耐张线夹时宜采用连引。使用压接引流线夹时其中间不得有接头。

（8）铝制引流连板及并沟线夹的连接面应平整、光洁，其安装应符合下列规定：

1）安装前应检查连接面是否平整，耐张线夹引流连板的光洁面必须与引流线夹连板的光洁面接触。

2）应使用汽油清洗连接面及导线表面污垢，并应涂上一层导电脂。用细钢丝刷清除涂有导电脂的表面氧化膜。

3）保留导电脂，并应逐个均匀的拧紧连接螺栓。螺栓的扭矩应符合产品说明书所列数值。

2.7.9 质量管理及检验标准

送电线路施工中必须执行以下质量规范、标准：

（1）《普通混凝土配合比设计技术规程》（JGJ/T 55—2006）。

（2）《混凝土强度检验评定标准》（GBJ 107—2006）。

（3）《工业与民用建筑灌注桩基础设计与施工规程》（SDJ 226—87）。

（4）《建筑桩基技术规范》（JGJ 94—2008）。

（5）《混凝土结构工程施工质量验收规范》（GB 50204—2002）。

（6）《建筑钢结构焊接规程》（JGJ 81—2002）。

（7）《钢结构工程施工及验收规范》（GB 50205—2001）。

（8）《土方与爆破工程施工及验收规范》（GBJ 201—83）。

（9）《架空送电线路导线及避雷线液压施工工艺规程》（SDJ 266—87）。

（10）《高压绝缘子瓷件技术条件》（GB 772—2005）。

（11）《超高压架空输电线路张力架线施工工艺导则》（SDJ JS2—87）。

（12）《110～500kV 架空输电线路施工及验收规范》（GB 50233—2005）。

（13）《建筑地基基础工程施工质量验收规范》（GB 50202—2002）。

（14）《110kV 及以上送变电线路基本建设工程启动验收规范》（水电基字 83 第 4 号）。

（15）《输变电工程达标投产考核评定标准（2011 版）》。

（16）《110～500kV 架空电力线路工程施工质量及评定规程》（DL/T 5168—2002）。

（17）项目法人关于《工程质量验评奖惩管理办法》。

2.8 安全保证要点

安全保证就是施工单位在送电线路工程施工过程中杜绝事故，不发生事故，特别是不能发生重大及以上事故。事故影响牵动工程施工全局，不但会造成经济损失和人身伤害，而且对施工人员会造成精神影响。目前送电线路工程施工单位都有一套完整的安全保证措施。

2.8.1 安全方针

安全工作指导思想是：坚持“安全第一、预防为主”的方针，认真执行国家及部颁有关安全生产的政策、法规及项目法人、监理工程师的安全指令，严格遵照《电力建设安全施工管理规定》和《电力建设安全工作规程（架空电力线路部分）》《国家电网公司输变电工程达标投产考核办法（2011 年版）》和原国家电力公司国电网工〔2000〕24 号文《关于加强送变电施工安全工作的若干意见》等现行关于电力建设施工安全的规程、规定、文件进行施工，落实各级安全责任制，确保工程安全。

企业必须贯彻执行国家、行业及国电公司有关安全健康与环境保护的方针、政策、法律、法规及标准。尊重人、关心人、爱护人作为企业经营理念，不断完善职业安全卫生条件，规范职工安全行为，在确保从业人员安全与健康的前提下，开展送电线路施工，提高劳动生产率。

2.8.2 安全管理目标

（1）电力建设安全工作总体目标是努力实现人身死亡事故“零目标”。杜绝以下五种事故：

1）重大人身伤亡事故。

2）重大机械、设备损坏事故。

3）重大火灾事故。

4）重大交通事故。

5）重大环境污染事故和重大垮（坍）塌事故。

（2）电力系统要求送变电工程项目安全施工目标包括：

1）不发生人身死亡事故。

2）不发生重大机械、设备损坏事故。

3）不发生重大火灾事故。

4）不发生负主要责任的重大交通事故。

5）不发生环境污染事故和重大垮（坍）塌事故。

（3）项目经理部制定的安全管理目标：

1）杜绝重伤及死亡事故，消灭群伤事故。

2）杜绝重大设备事故和负主要责任的重大交通事故。

3）杜绝高空坠落、触电、土石方坍塌、淹溺、倒塌、跑线事故。

4）轻伤事故频率不超过 7 次/（千人·年）。

5）一般交通事故频率不超过 5 次/（年·百台车）。

努力实现“零”事故指标，进行安全管理。

2.8.3 安全管理体系

2.8.3.1 安全管理组织机构图

如图 2-8-1 所示。

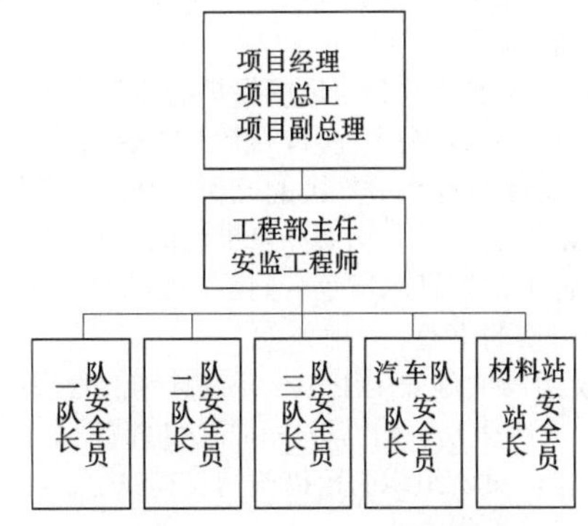

图 2-8-1　安全管理组织机构图

工程施工现场建立以项目经理为第一责任人，项目总工、安监工程师和各部门负责人、安全员组成的安全保证管理体系，对全工程实施安全管理、检查、监督。

从图 2-8-1 可见，项目经理是工程施工安全的第一责任者，对项目工程施工安全负全面领导责任。在第一责任人的领导下，按照安全工作协调配合最佳、工作效率最好的原则，指定安监部门牵头和有关部门参加，组成政治思想保证——抓宣传教育；施工技术工作保证——抓技术进步、技术方案、技术培训；后勤工作保证——抓资金投入、机具、设备、物资的配备；群众利益工作保证——对安全、卫生、环境进行跟踪监督。把整个项目部的干部、职工动员起来，形成一个安全生产（施工）保证体系。大家同心同德、齐心协力，认真落实安全职责，努力做到层层把关、分兵把守，加上到岗到位的安全监督，这样就能筑起一道安全施工的“铜墙铁壁”，保证安全目标的实现。

2.8.3.2 各部门主要职责

（1）项目经理职责。

1）主持本单位安全施工委员会的工作，直接主管本单位安全监督部门。

2）批阅上级有关安全健康与环境保护的重要文件并组织落实，及时协调解决在贯彻落实中出现的问题。

3）审定本单位年度安全工作目标计划。主持本单位安全工作例会、及时研究解决安全工作中存在的问题。

4）保证安全技术措施经费的提取和使用，确保现场具备完善的安全文明施工条件。

5）保证本单位安全奖金的建立和使用，确保本单位安全工作重奖重罚办法的实施。

6）保证承发包合同中有安全文明施工的要求和奖罚措施，并严格按合同执行。

7）组织并参加本单位安全大检查工作。

8）按“四不放过”（事故原因分析不清不放过，事故责任者及群众没有受到教育不放过，没有防范措施不放过，事故责任者没有受到严肃处理不放过）的原则，组织并主持人身重伤事故的调查处理工作。参加人身死亡事故和重大机械、设备、火灾事故的调查处理工作。

（2）项目副经理职责。

1）领导和协调各职能部门对安全文明施工的管理，在本单位的生产调度会上布置、安排安全文明施工工作。

2）督促计划部门将安全技术措施计划与施工计划一起同时下达，同等考核，确保现场具备完善的安全文明施工条件。

3）负责组织对重大危险性施工项目开工前的安全文明施工条件进行检查、落实并签证确认。对重大的危险性施工项目，应亲临现场监督施工。

4）负责组织安全健康与环境保护的教育工作。

5）组织并参加安全大检查，组织实施整改措施。

6）组织对频发性事故原因的分析，督促防范措施的落实。

7)负责组织实施并协调对分包单位的安全文明施工管理工作。在与分包单位签订承发包合同前，必须组织对其进行施工资质和安全资质的审查。

8）负责组织实施安全工作与经济挂钩的管理办法。

9）参加人身重伤、死亡事故和重大机械设备、火灾事故的调查处理工作，负责组织防范措施的贯彻执行。

（3）项目总工程师职责。

1）对本单位安全技术和环境保护技术工作负领导责任。

2）组织编制年度安全技术措施计划。

3）组织安全工作规程、规定的学习与考试。负责组织安全技术教育工作。

4)负责组织编制施工组织设计中的安全文明施工措施和环境保护措施。负责组织编制和审批程序中规定的重大施工项目安全施工措施；审批安全施工作业票；对重大的危险性施工项目，应亲临现场监督指导。

5）组织技术革新及施工新技术、新工艺中安全施工措施的编制、审核和报批。

6)负责组织施工安全设施的研制及安全设施标准化的推行工作。

7）参加安全大检查，负责解决存在的安全技术问题。

8）参加人身重伤、死亡事故和重大机械、设备、火灾事故的调查处理工作，提出技术性防范措施。

（4）工程项目部专责安监工程师职责。

1）负责本工地（队）的安全技术和环境保护技术工作。

2）组织并主持安全工作规程、规定的学习与考试，组织并实施安全技术教育工作。

3)负责编制专业施工组织设计中安全文明施工措施和环境保护措施。负责编制重要工程项目的安全施工措施；办理重要工程项目安全施工作业票的报审并亲自进行交底。

4）负责布置、检查与指导班组（施工队）技术员编制分项工程的安全施工措施和交底工作。

5）组织编制本工地（队）技术革新和施工新技术、新工艺中的安全施工措施。

6）负责组织本工地（队）施工安全设施的研制和安全设施标准化的推行工作。

7)负责对分包单位施工的项目进行安全施工技术上的监督与指导。

8）参加本工地（队）的安全检查，解决存在的安全技术问题。

9)参加人身轻伤事故和记录事故中严重未遂事故的调查分析，提出技术性防范措施。

（5）施工队长的职责。

1）贯彻执行上级有关安全健康与环境保护的措施与规定，组织编制本工地安全健康与环境保护措施，经批准后组织实施。

2）在计划、布置、检查施工时，把安全文明施工工作贯穿到每个施工环节，在确保安全的前提下组织施工。

3）提出本工地安全技术措施计划项目，经上级批准后负责组织实施，确保本工地施工场所具备完善的安全文明施工条件。

4）负责组织对跨班组重要施工项目开工前的安全文明施工条件进行检查、落实并签证确认。对重要的施工项目，应亲临现场监督施工。

5）负责对本工地职工进行安全健康与环境保护的教育工作。认真组织与检查每周一次的安全日活动。

6）贯彻执行安全工作与经济挂钩的管理办法，严肃查处违章违纪行为。

7）负责对分包单位的施工项目进行安全监督与指导。

8）组织并主持人身轻伤事故和记录事故中严重未遂事故的调查分析，提出对事故责任者的处理意见。

（6）班组长职责。

1）对本班组人员在施工过程中的安全与健康负直接管理责任。

2）负责组织本班组人员学习与执行上级有关安全健康与环境保护的规程、规定、制度及措施。带头遵章守纪，及时纠正并查处违章违纪行为。

3）认真组织每周一次的安全日活动，及时总结与布置班组安全工作，并作好安全活动记录。

4）认真进行每天的“站班会”和班后安全小结。

5）每天检查施工场所的安全文明施工情况，督促本班组人员正确使用职业安全防护用品和用具。

6）在工程项目开工前，负责组织本班组参加施工的人员接受安全技术交底并签字。对未签字的人员，不得安排参加该项目的施工。

7）负责本班组施工项目开工前的安全文明施工条件的检查、落实并签证确认。对危险作业的施工点，必须设安全监护人。

8）督促本班人员进行文明施工，收工时及时清扫整理作业场所。

9）贯彻实施安全工作与经济挂钩的管理办法，做到奖罚严明。

10）组织本班组人员分析事故原因，吸取教训，及时改进班组安全工作。

（7）施工人员职责。

1）认真学习有关安全健康与环境保护的规程、规定、制度和措施，自觉遵章守纪，不违章作业。

2）正确使用职业安全防护用品、用具，并在使用前进行可靠性检查。

3）施工项目开工前，认真接受安全施工措施交底，并在交底书上签字。

4）作业前检查工作场所，做好安全防护措施，以确保不伤害自己，不伤害他人，不被他人伤害。下班前及时清扫整理作业场所。

5）不操作自己不熟悉的或非本专业使用的机械、设备及工器具。

6）正确使用与爱护安全设施，未经工地专职安全员批准，不得拆除或挪用安全设施。

7）施工中发现不安全问题应妥善处理或向上级报告。对无安全施工措施和未经安全交底的施工项目，有权拒绝施工并可越级报告。有权制止他人违章；有权拒绝违章指挥；对危害生命安全和健康的行为，有权提出批评、检举和控告。

8）认真参加安全活动，积极提出改进安全工作的建议。

9）发生人身事故时应立即抢救伤者，保护事故现场并及时报告；调查事故时必须如实反映情况；分析事故时应积极提出改进意见和防范措施。

（8）专职安全员职责。

1）监督、检查工地（队）施工场所的安全文明施工状况和职工的作业行为。有权制止和处罚违章作业及违章指挥行为；有权根据现场情况决定采取安全措施或设施；对严重危及人身安全的施工，有权指令先行停止施工，并立即报告领导研究处理。

2）参加本工地（队）重要施工项目和危险性作业项目开工前的安全交底，并检查开工安全文明施工条件，监督安全施工措施的执行。送变电公司的工地（队）专职安全员应参加审查安全施工措施。

3）参加工地（队）安全工作例会和生产调度会，协助工地（队）领导布置、检查、总结安全文明施工工作。

4）协助工地（队）领导布置与检查每周的安全日活动；监督检查班组每天的“三交”（交任务、交安全、交技术）站班会。

5）对本工地（队）施工现场和安全卫生责任区内文明施工、环境保护、环境卫生、成品保护措施执行情况以及生活卫生的管理进行监督、检查。

6）负责本地（队）施工机械（机具）和车辆交通安全监督工作。

7）负责本工地（队）防火防爆安全监督工作。

8）督促并协助工地（队）有关人员做好职业防护用品、用具和重要工器具的定期试验、鉴定工作。

9）组织开展安全健康与环境保护的宣传教育工作。负责对新入厂人员进行第二级安全教育。

10）参加工地（队）安全大检查，对发现的问题，按“三定”原则督促整改。

11）参加工程项目部安监部门组织的安全专业检查，参加安全员工作例会。

12）负责对分包单位的安全工作进行监督、检查与指导。

13）负责对班组安全文明施工进行考核与奖惩。

14）协助工地（队）领导组织人身轻伤事故、记录事故中严重未遂事故的调查处理工作。

（9）班组兼职安全员职责。

1）协助班组长组织学习、贯彻安全健康与环境工作规程、规定和上级有关安全工作的指示与要求。

2）协助班组长进行班组安全建设，开展各项安全活动。

3）协助班组长组织安全文明施工。有权制止和纠正违章作业行为。送变电公司的班组兼职安全员应协助班组长审查安全施工作业票。

4）检查作业场所的安全文明施工情况；检查和督促本班组人员做好安全施工措施及正确使用职业防护用品、用具。

5）协助班组长进行安全健康与环境保护的宣传教育。

6）协助班组长做好安全活动记录；保管好有关安全资料。

7）参加本班组事故的调查分析。

2.8.3.3 工程施工安全控制程序图

施工安全控制程序如图2-8-2所示。

2.8.4 安全管理办法及制度

2.8.4.1 安全管理办法

（1）建立以项目经理为第一安全负责人，项目总工为安全技术负责人、由各部门负责人和安全员组成的安全保证体系，实施对工程的安全管理、检查和监督。

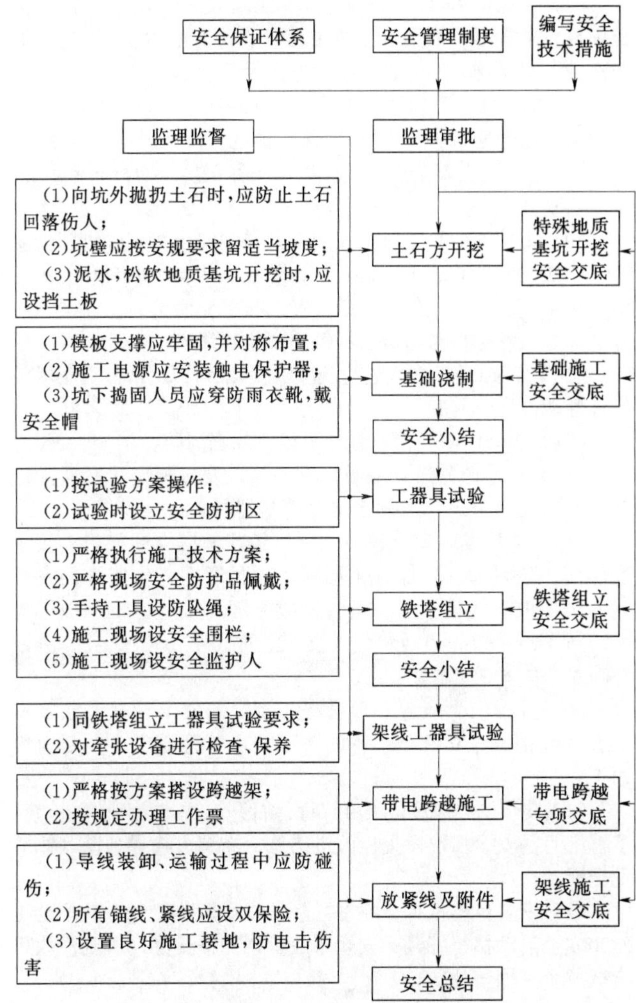

图2-8-2 施工安全控制程序图

（2）按照《国家电网公司输变电工程达标投产考核办法（2011版）》制定工程安全施工管理办法，建立健全各级安全责任制，做到层层抓安全、人人管安全、事事讲安全，坚决贯彻执行“安全第一，预防为主”综合治理的方针。

（3）正确处理进度、质量与安全的矛盾，在任何时候任何情况下，都必须坚持安全第一。以质量为根本，以安全为保证，在保证安全和质量的前提下求进度。

（4）工程开工前，参与施工的人员必须经身体健康检查，做好记录。进场的全部工器具和设备必须经过试验和维修保养，并对人员和工器具的情况进行登记，保留有关财产、人员福利、健康和安全的记录，并在监理工程师提出要求时呈递有关报告。

（5）项目经理部必须采取必要措施，保证职工的身体健康和安全；并与当地卫生部门协作，做好当地流行病的预防工作，在整个施工合同履行期间，自始至终在驻地配备医务人员、急需设备、备用品及适用的救护服务，向职工提供必要的福利卫生条件。

（6）安监工程师负责对施工队安全员进行业务指导，支持施工队安全员的工作。负责日常安全检查，并且定期开展安全检查，检查内容为：查领导、查管理、查隐患、查事故处理，发现问题，填写安全施工问题通知书，送有关单位限期整改。

（7）各大工序和特殊作业必须编制施工方案和安全措施，并经项目总工批准，按技术交底制度认真进行技术交底，施工时严格按方案实施。以先进的技术方案保障安全。

（8）加强安全教育和安全培训；杜绝违章指挥、违章操作，加大反习惯性违章工作力度；特殊工种没有合格证不允许上岗；强化安全意识，提高全员自我保护和相互保护能力，开展反“三违”活动。

（9）工程部应制定对参加施工人员的安全培训计划和安全管理办法，做好对职工、合同工、外包工的安全教育和管理工作，职工、合同工、外包工必须参加技术交底会、安规学习与考试，必须参加班前站班会和每周安全日活动。

（10）加强行车安全教育，遵守交通法规。经常检查车辆的各种性能，谨慎驾驶。

（11）成立消防、治安领导小组，加强消防、治安管理。

（12）对易燃易爆物品设专人看守，要按规定进行定期检查，发放要有记录，按规定配置消防器材。

（13）现场发生安全事故，项目经理部应立即报告上级主管部门，项目法人及监理工程师。项目经理、安监部门及有关人员组成事故调查组，查找事故原因，按“四不”放过原则，对事故单位、事故责任人进行处理。

2.8.4.2 安全管理制度

施工过程中，应遵守项目法人制定的安全管理办法及安全管理细则。建立健全工程的各项安全管理制度，主要内容如下：

（1）安全例会制度。项目部每月召开一次安全例会，检查、了解上月的安全情况，提出改进措施，布置、指导各队（站）安全活动。

（2）安全风险抵押金制度。建立安全风险机制，对安全工作和安全活动搞得好，无安全事故者，加倍奖励，否则没收风险抵押金并加倍处罚。

（3）安全活动日制度。各队（站）必须保证每周有两小时的安全活动时间，总结一周来的安全工作，分析有无事故苗头，制定下周安全工作须采取的措施。

（4）工作票制度。根据工作内容有针对性地提出安全措施。

（5）站班会制度。宣读工作票，讲解当天工作安全注意事项，消灭事故隐患，确保安全施工。

（6）安全检查制度。根据工程进展情况，开展定期和不定期的安全检查工作，促使施工班组和施工人员认真落实各项安全制度。

（7）安全培训制度。对入厂的新职工进行安全培训；对特殊工种（如炮工）进行专业安全知识培训；每项工序开工前，对参加施工人员进行安规学习和技术交底。

2.8.5 安全薄弱环节及改进措施

2.8.5.1 安全薄弱环节

施工安全薄弱环节见表 2-8-1。

2.8.5.2 施工安全改进措施

（1）在各分部工程和特殊施工项目施工前，必须编制完整的施工方案和安全技术措施，并进行技术交底。参加交底人员必须经考试合格后方可进行施工。

（2）工程中使用的工器具，使用前必须经过检查和试验，未经检查、试验的工器具，严禁在工程中使用；并在每次使用前进行外观检查。

表 2-8-1 施工安全薄弱环节表

项目	安全薄弱环节	改进措施
施工人员	1. 少数人员安全意识淡薄，不按安全规定要求进行操作； 2. 施工技术水平不高，或思想不稳定	1. 开工前组织学习安规并考试考核； 2. 施工中针对不安全因素，经常向职工进行安全教育
基础施工	1. 基础坑开挖中，坑壁未按安规要求适当放坡； 2. 挖坑时有掏岸挖土现象； 3. 泥水、松软地质基坑防洪、排水、防坍塌措施不充分； 4. 坑上未设安全监护人员； 5. 石坑开挖放炮时，有违规现象； 6. 施工电源不符合安规要求	1. 开工前进行技术交底； 2. 组织学习安规中的有关内容； 3. 制订安全技术组织措施方案； 4. 泥水、松软地质基坑开挖时设置挡土板并及时排水； 5. 充分作好物资、施工机具准备； 6. 施工电源应安装触电保护器
组塔施工	1. 组立中有超载起吊现象； 2. 地锚埋深没有达到施工设计要求； 3. 泥水、松软地质地带地锚易被拔出； 4. 未经技术部门同意，改变施工方案； 5. 使用未经检验试验的工器具； 6. 对机具检查维修保养不够； 7. 现场没设安全监护人员； 8. 老百姓围观现场、看热闹	1. 不准超载起吊； 2. 地锚埋深一定要符合施工设计要求； 3. 泥水坑中埋地锚时，在地锚前方加设挡土板； 4. 需要改变施工方案时，要经技术部门验算同意； 5. 所有工器具都要经试验合格，方能使用； 6. 经常加强对机具的维修保养； 7. 组塔现场设专职安全监护人员一名； 8. 劝阻老百姓远离施工现场，设置围栏
架线施工	1. 跨越架搭设不牢； 2. 停电手续不全、没按规定验电； 3. 雷雨季节，在高压线附近施工，接地设施不全； 4. 机械手没有完全掌握牵张机设备特性； 5. 高空作业多，战线长，施工人员分散	1. 跨越架要牢固可靠； 2. 按安规要求办理停电和带电作业手续； 3. 接地设施要完善，保护人身设备安全； 4. 加强对牵张机操作人员的培训； 5. 根据施工特点，建立健全安全监督系统，确保施工安全进行
其他	1. 有时天气太热、太冷、雨雪、雷雨、大风； 2. 工地运输中有超长、超宽、超高、客货混装； 3. 对新工艺、新材料不熟悉、没有完全掌握； 4. 易燃、易爆物品存放地点不当等	1. 恶劣天气尽量不安排野外作业施工，可组织学习； 2. 运输有超长、超宽、超高构件时，用红布设立标志； 3. 装卸人员用专车接送或采取安全措施； 4. 对新工艺新技术要认真学习，充分掌握； 5. 易燃易爆物品按规定存放在远离居民区，加强看管

（3）在组立施工方案中，应对起吊重量进行准确、合理的计算，明确不同情况下的允许起吊重量，严禁超负荷起吊。

（4）施工现场的地锚坑深度必须达到施工方案规定深度尺寸，地锚规格符合要求。软弱地质地带可用地锚钻群代替地锚。

（5）工程部和各施工队应经常组织合同工、外包工进行安规的学习与考试，提高他们的安全保护意识，考试不合格者严禁上岗。

（6）在施工现场设立明显的施工标志，并在施工场地周围设置围栏和警告标志，提醒施工人员注意安全，防止与施工无关的人员进入现场。

（7）在基坑开挖时，应加强监护检查，采取有效措施，防止基坑坍塌。

（8）铁塔组立安全过程控制。

1）参加组立施工的所有人员必须参加技术安全交底。

2）施工现场布置和工器具的使用必须严格按照技术方案执行。

3）进入施工现场人员必须佩戴安全帽，塔上作业人员必须佩戴安全带、速差器，穿软底鞋。

4）升抱杆必须统一指挥，四侧临时拉线应均匀放出并由技工操作。抱杆垂直下方不得有人。

5）主材和侧面大斜材未全部连接牢固前，不得在吊件上作业。

6）高温或严寒天气严禁高处作业人员超时连续作业，防止因疲劳产生的安全隐患。

7）组装铁塔时，带铁的螺帽应出扣；当角铁的自由端朝上时，应绑扎牢固。

8）铁件及工具严禁浮搁在杆塔及抱杆上，防止坠落伤人。

9）手持工器具应设防坠落绳，防止工器具从塔上坠落伤人。

10）高塔组立时，塔上、塔下均应配置对讲机，以便清楚的传递信息。

（9）导线架设安全过程控制。

1）架线前，编制详细的架线施工技术方案，并进行技术交底，使参加架线施工的人员了解导线架设工艺流程，熟悉本岗位的工作内容、作业方法及安全、质量注意事项。

2）连接网套、牵引板、各种连接器、导引绳和牵引绳的插接式绳扣是张力放线受力体系中的薄弱环节，每次用前均应严格检查，按规定方式安装和使用。按《电力建设安全工作规程（架空电力线路部分）》（DL 5009.2—2004）的规定，定期做荷载试验。

3）导线的尾线或牵引绳的尾绳在线盘或绳盘上的盘绕圈数均不得少于 6 圈。

4）当放线段跨越带电线路时，应在牵、张机下铺设绝缘垫，牵、张机本体、牵引绳和导线上的接地滑车均应使用接地线可靠接地。人站在绝缘垫上，方可操作牵、张机。

（10）复合光缆（OPGW）架设安全过程控制。

1）按照设计要求和督导提供的《OPGW 安装手册》编制《OPGW 架设施工技术方案》。

2）组织施工人员接受督导组织的技术培训，并对施工人员进行专项的技术交底，明确安全注意事项。

3）对所用的工器具进行试验和检验，确保工器具使用的安全可靠。

4）放线张力应尽可能低，这对机械设备和放线系统的安全、避免上扬、OPGW 的防震均有好处。放线张力应小于 OPGW 标称断裂强度的 25%。

5）用专用连接器连接牵引绳和光缆进行牵引展放。

6）开始牵引速度控制在 15～20m/min，正常牵引后不应超过 40m/min，并按规定值控制张力。

7）光缆在运输过程中要保持竖直位置，坚决杜绝侧面放置。

（11）跨越等级公路的安全过程控制。

1）施工前认真做好现场调查，编制跨越施工方案，经项目总工批准后，按方案做好人员、工器具的准备工作。

2）正式施工前与公路管理部门取得联系，将施工方案报送给对方。请对方提出安全要求。

3）按照公路管理部门提出的安全要求，准备好各种施工标志。按照施工方案搭设跨越架，在搭设跨越架的过程中必须指定专人进行安全监护。

4）放线过程中必须由专人监护跨越架和过往行人及车辆，发现异常，及时处理。

5）架线完成后，在安全员的监护下拆除跨越架。并将施工结束的信息通知公路管理部门。

2.9　文明施工及环境保护

2.9.1　文明施工

文明施工是现代化企业在进行送电线路工程施工时必须具备的条件，全国各地施工单位都对文明施工非常重视。

2.9.1.1　文明施工的目标

（1）讲文明、讲礼貌，杜绝违纪现象发生。

（2）办公、生活设施齐全、秩序井然。

（3）施工现场布置规范，工具、材料摆放整齐、标示明确。

（4）循序作业、按章操作。

2.9.1.2　文明施工组织机构

建立以项目经理为组长，以项目总工、党支部书记、工会主席为副组长，由各施工队、汽车队、材料站的队（站）长参加的文明施工领导小组。组织机构图如图 2-9-1 所示。

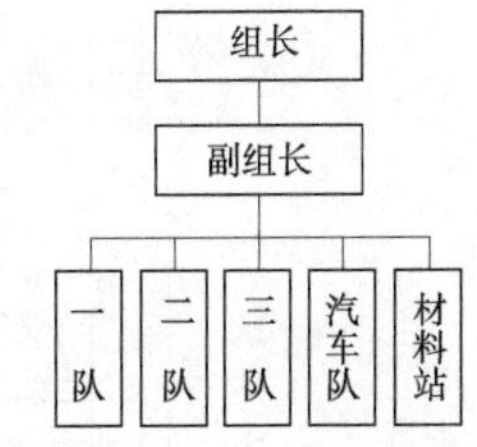

图 2-9-1　文明施工组织机构图

2.9.1.3　文明施工实施要求

（1）认真贯彻执行国家电网公司《输变电工程安全文明施工标准》（Q/GDW 250—2009）。

（2）提高施工管理水平，创造安全文明的劳动环境，使施工管理科学化、规范化。

（3）工程开工阶段，要制定文明施工的办法，在施工阶段要加强文明施工的管理与监督，防止参与施工的人员发生任何违法和妨害社会治安的行为，并保护工程附近的个人和财产免遭不良行为的破坏。实现对工程全过程的文明施工管理。

（4）材料、设备等放置合理，各种材料标识清楚，排放有序，并符合安全防火标准。

（5）施工用机械设备完好、清洁，安全操作规程齐全，操作人员持证上岗，并熟悉机械性能和工作条件。

（6）驻地卫生责任区划分明确，无死角，并设有明确标记，便于检查、监督。

（7）施工图纸、措施、记录、验收材料等各类资料齐全，技术资料归类明确，目录查阅方便，保管妥善，字迹工整。

（8）食堂卫生、伙食管理由专人负责。建立职工活动室，活跃职工业余文化生活。

（9）经常开展各级安全与文明施工活动，要有实效，内容充实，有详细齐全的活动记录。项目经理部各部门要对施工现场文明施工情况进行分级检查。

（10）建立健全党、工、团组织，充分发挥其政治核心作用和党团员的先锋模范作用。开展爱国主义、社会主义、集体主义、社会公德、职业道德、民主法制教育。

（11）教育职工尊重当地民俗民规，严守群众纪律，与当地群众搞好关系。

（12）严格遵守现行法律、法规及政府的规章或命令，不向职工供应任何酒精饮料，教育职工远离毒品。

（13）加强职工的政治思想工作，大力提倡讲道德、讲文明的时代新风，使职工真正成为一个有理想、有修养的现代工人。

（14）文明施工的考核、管理办法如下。

1）要建立和健全文明施工管理制度和实施办法，建立明确的奖惩制度。坚持经常检查、定期评比、奖惩分明、层层落实责任制，使现场保持在一个较高的文明施工水平上。

2）主管施工的领导必须抓文明施工，要明确文明施工的责任部门。施工负责人要把文明施工与安全施工放在同等重要位置上来抓，认真贯穿于施工全过程。

3)会同项目法人及监理工程师对本工程的文明施工情况进行经常性检查和监督，发现问题及时处理。

4）工程施工过程中，按基础、杆塔组立、架线三大部分对各施工队（班）进行文明施工考核评比，奖优罚劣，对低于90分的单位受罚，高于 95 分的奖励。文明施工考核项目见表2-9-1。

2.9.1.4 文明施工过程控制图

文明施工过程控制程序如图 2-9-2 所示。

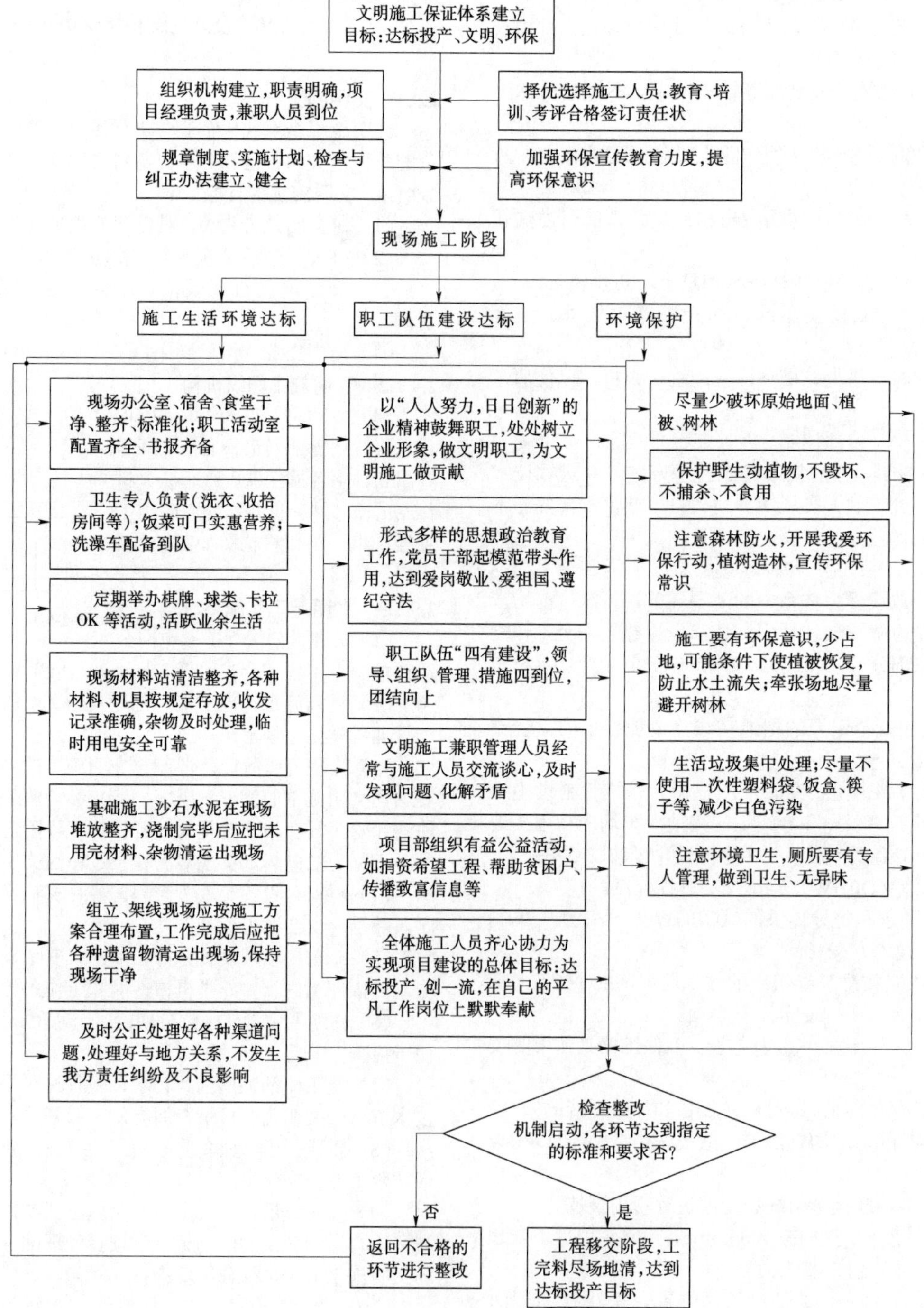

图 2-9-2 文明施工过程控制程序图

表 2-9-1　　文明施工考核表

序号	文明施工考核内容	分数	备注
1	施工准备	20	
1.1	文明施工组织落实，制度健全	5	未按要求建立扣1分
1.2	有关职责制度规定上墙	5	每缺一项扣1分
1.3	操作规程齐全，人员持证上岗	5	一处扣1分
1.4	工器具设备状况良好，表面清洁	5	一处扣1分
2	现场管理	40	
2.1	职工着装整齐，举止文明	6	一人扣1分
2.2	材料土方堆放合理，符合安全防火标准	8	一处扣2分
2.3	场区道路通畅无杂物	6	一处扣1分
2.4	施工器具完好、清洁、布置合理	8	一处扣2分
2.5	文明施工责任区明确、清洁	6	一处扣2分
2.6	工作面工完料尽，场地清洁	6	一基扣1分
3	施工工艺	40	
3.1	基础混凝土表面平整、无麻面、蜂窝、狗洞，回填土无沉陷、防沉层整齐美观	10	一基扣2分
3.2	铁塔螺栓匹配使用，螺栓与构件面接触紧密，穿向符合规范，强度等级符合设计要求	10	一基发现三处扣1分
3.3	导、地线弧垂误差符合优良级标准	10	一处扣2分
3.4	引流线呈近似悬链状自然下垂。附件安装无歪损，符合设计和规范要求	10	一基扣2分

2.9.2　环境保护

2.9.2.1　环境保护的要求

在施工过程中，应遵守国家现行的有关文明施工、环境保护、文物保护方面的有关规定。全面分析施工过程中可能引起的环境保护方面的问题，把保护生态环境作为一项重要工作来抓。

施工中影响环境保护的因素：

（1）土石方开挖、出土破坏周围环境。

（2）基础施工材料数量计划过多，堆放不合理，造成清理困难。

（3）铁塔组立和架线时，所占用的施工场地过大。

（4）施工场地有暗藏的古墓、化石、文物和其他有地质和考古价值的物品。

（5）施工后清场不彻底，一些材料的包装物和施工废弃物没有统一回收处置。

2.9.2.2　加强施工管理，严格保护环境

2.9.2.2.1　环境保护的目标

（1）保护植被，防止水土流失，保护野生动物。

（2）保护好文物和化石。

（3）做到工完、料净、场清。

2.9.2.2.2　环境保护的措施

（1）加强对施工人员的宣传教育，增强环境保护意识。

（2）基坑开挖时将上层熟土与下层生土分开堆放，回填时先回填下层生土再回填上层熟土，以保持地表层土壤的肥力。

（3）为了做到工完、料清、场净，基础施工时砂、石、水泥堆放处敷隔离布；并定量供应，达到少占地、避免浪费、场地容易清理的目的。

（4）在施工过程中，应保持现场不出现不必要的障碍，排除雨水和污水，并将任何设备和多余材料储存并作出妥善安排，从现场清除并运走任何废料、垃圾及不再需要的临时工程。

（5）与当地环保部门取得联系，在施工中注意搞好野生动物、文化古迹和文物保护工作。

（6）按照项目法人对工程环保工作的要求，配合监理工程师做好环保工作。

（7）所有在工地被发掘的化石、硬币及有价值的物品，或文物、及有地质考古价值的其他遗迹和物品，应被视为国家的绝对财产。应采取合理措施，严禁施工人员或其他人移动、损害这类物品，应立即停止施工，通知监理工程师并按监理工程师的指令处理这些物品。

（8）在项目法人发出任何移交证书后，项目经理部将立即从已签发了移交证书的那部分工地上将我们所有的设备、多余材料、垃圾及各种临时工程清除、移走，并使这部分工程及工地保持清洁，使监理工程师满意。

2.10　计划、统计和信息管理

送电线路工程施工单位，要达到高标准的管理水平，就应该把施工计划做得符合工程实际，把统计工作做得准确无误，把信息管理做得“灵通”和准确。这样一来才能把工程施工做的有条不紊，有顺序地开展。

2.10.1　计划、统计报表的编制与传递

工程项目经理部设专职经济师，负责计划、统计报表的编制与传递，每月按规定时间向公司本部、监理工程师及项目法人单位提交各类统计报表。

（1）工程开工前（一般在开工7d前），应向项目法人或监理工程师提交下列文件：

1）综合的和详细的进度计划。该进度计划应符合监理工程师提出的一级或二级网络进度计划要求。

2）拟用于该工程的施工机具清单。

3）现场管理组织和关键人员安排。

4）劳动力和管理人员需求计划。

5）《质量保证大纲》和《质量保证手册》。

6）安全保证措施计划。

7）工程资金需求估算表。

（2）每月按时向公司本部、监理工程师及项目法人单位报送以下各表：

1）当月工程形象进度表。

2）施工实物工程量完成情况统计表。

3）完成投资额统计表。

4）施工质量报表，综合反映报告期内的施工质量状况、存在问题和采取的措施。

5）提出下一月的工程计划和要求。

6）价款结算单。

7）物资统计报表，各种材料订货、加工、运输、到货情况，是否满足施工需求及存在问题。

（3）配合有关部门对工程进行项目审计和竣工决算。

2.10.2　信息管理

2.10.2.1　信息管理的目标

保证信息可靠、快速、准确的流通和传递，充分发挥信息的引导作用，提高工程质量和服务质量，提高企业信誉。

2.10.2.2 信息管理的措施

设专岗、专人和计算机，向项目法人提供报表，也可利用计算机通过电话线联网，直接向项目法人传递数据。所提供的报表应符合下述要求：

（1）按国家统计局和国家电网公司的规定，提供投资计划完成情况统计报表。

（2）施工实物工程量完成情况统计报表，形象进度情况应与投资统计报表相一致。

（3）施工质量状况报表，应反映报告期内的施工质量状况、存在的问题和采取的措施。

（4）物资统计报表，除符合国家物资管理部门的统计要求外，还应反映各种材料订货、加工、运输、到货情况、质量状况，是否满足施工要求以及存在的问题。

各种计划、统计资料均实行计算机管理，书面资料和软盘同时提交给项目法人。

2.10.2.3 对工程实行项目微机管理

利用 P3 软件作为项目管理的工具，对进度、资源、费用等实行动态管理。用网络计划适时控制工期，定期根据实际进度修正网络计划，用微机管理系统建立实物工程量统计、材料供应计划、设备管理台账等数据库并产生相应报表，建立工程技术、质量等各方面文件的索引目录。

2.10.3 竣工资料及施工记录移交

竣工资料及施工记录的移交，按照 GB/T 19001 和 ISO9001 质量体系文件《竣工资料编制交付程序》进行，并编制竣工资料光盘一套移交给工程项目法人（或运行单位）。

2.10.3.1 工程竣工资料及施工记录

（1）工程竣工资料。

1）工程开工、竣工报告。

2）竣工图纸及施工图会审纪要。

3）设计变更通知单，材料代用清单及签订。

4）自购材料的供货商资质证明、出厂质量合格证明及试验报告。

5）项目法人供应材料的资质证明、产品合格证及试验报告。

6）工程试验报告及试验记录。

7）未按设计施工的明细表及附图。

8）施工缺陷处理明细表及附图。

9）工程遗留问题记录。

10）项目法人、监理工程师与项目部来往文件。

11）建设用地许可证、工程用地一次性赔偿及付款收据复印件。

12）房屋及其他障碍物拆迁（包括通信线、电力线拆迁及改建）、跨越赔偿协议书、赔偿清单及付款收据复印件。

13）青苗赔偿协议书、赔偿清单及付款收据复印件。

14）树木砍伐许可证、赔偿协议及清单、付款收据复印件。

（2）施工记录。

1）基础施工检查记录表。

2）铁塔（杆）施工检查记录表。

3）导地线压接、补修施工检查记录表。

4）导地线、光缆弛度施工记录表。

5）跳线安装记录表。

6）附件安装记录表。

7）接地施工、接地电阻摇测记录表。

8）交叉跨测量记录表。

上述所有施工记录表应签字，手续齐全，并有监理工程师签证。

2.10.3.2 资料验收移交程序和要求

（1）资料验收移交程序。

1)竣工资料和施工记录的移交工作由项目经理部工程部门负责，物资设备部、工程协调部门配合。

2）分部、分项工程完工后，由施工队质管员负责将原始施工记录收集、检查、整理、上交给项目经理部质管工程师审核、汇总，然后提交监理工程师审验。

3）监理工程师审验后，按照原始施工记录把数据输入计算机，并打印四份，再对照原始记录签字和经监理工程师签证。

4）工程全部完工后，由质检工程师按《国家电网公司输变电工程达标投产考核办法（2011 版）》及国家档案管理要求，把竣工资料、施工记录分别装订成册，一式四份（项目法人三份，施工单位存档一份），并刻录成光盘。

5）所有承包范围内的全部工程达到《国家电网公司输变电工程达标投产考核办法（2011 版）》的规定后，将竣工验收申请报告报给监理工程师，监理工程师复核确认具备竣工验收条件后，签署意见，并报项目法人批准。

6）竣工验收现场核查结束后，根据验收组提出的工程缺陷及修改意见，立即组织人员消除缺陷。消缺工作完成后，向项目法人提出复检申请。

7）工程复检合格后，由项目经理部向项目法人（或运行单位）交付全部工程资料，办理工程竣工资料移交手续。

（2）对资料整理的要求。

1）竣工图的整理。

a．施工中没有变动的图纸，直接在图纸右下角盖工程竣工章，并填写相应的栏目和签名。

b．一般性设计更改应在收到设计变更后及时在原图上修改补充，并在变更旁加盖设计变更章，填写变更单号码、图纸修改人、修改日期。竣工资料内附上设计变更单，加盖工程竣工章。

c．较大的设计变更不能用原图修改时，与设计部门联系重新绘制竣工图，并加盖工程竣工图章。

2）施工记录和检验记录的编制整理。

a．项目经理部技术部门将审校后的施工记录和检验记录分类装订成册，加装封面并签字。

b．项目经理、技术负责人复审施工记录和检验记录，确认无误后在相关位置签名，并加盖分公司公章。

3）产品合格证和试验报告的编制整理。

a．材料的产品合格证及原材料试验、化验报告分类整理并装订成册。

b．工程所做的各种试验的试验报告整理并装订。

c．项目经理部负责现场购置材料的产品合格证的收集、整理和装订。

4）其他竣工资料的整理。

a．根据工程项目《质量计划》对竣工移交资料的规定，对应移交的其他竣工资料进行分类整理并装订成册。

b．对各类资料分册装订按《国家电网公司输变电工程达标投产考核办法（2011 版）》规定的分册目录进行。

2.11 工程分包管理

2.11.1 工程分包的范围

送电线路基础工程中桩式基础，如灌注桩基础、打桩基础等，需要由具有这种专业技术的施工队伍用专门的施工机械进行施工。根据工程施工承包合同，将这些分部工程项目分包给具有这种专业资质的分包商。

2.11.2　分包商的选择条件

对于分包商在资质、设备、技术、业绩、荣誉等多方面进行综合评定，择优选择施工单位；并将分包商的资质、资信等证明文件提交给项目法人审查，经项目法人批准后方可分包。

2.11.3　对分包工程的管理措施

项目部对于分包工程的质量、安全、进度负全责，并对分包商的工作人员的行为，违约及疏忽负责。

与分包商签订的分包合同，必须经监理工程师批准。合同的签订必须依据《中华人民共和国合同法》，在合同中明确规定分包单位不得将任务再行转包。根据施工进度和施工质量分阶段拨付工程款，严格执行合同，用法律保证工程的正常进行。

2.11.3.1　工期管理

施工前，应审查分包单位的施工组织设计、施工方案和施工技术措施等技术资料，未经审批不准开工。把施工质量、工期同经济挂钩，奖惩条款明确。

2.11.3.2　质量管理

项目部对分包出去的工程质量负责管理。施工时，由项目部派出质管人员，会同监理工程师直接参加检查施工的每个环节，控制各关键部位的施工质量，工程中使用的主要材料（如钢筋、水泥）由项目部供应，所有原材料必须经有资质的工程质量监督检验测试中心的质量检验单位化验合格，并经项目部和监理工程师认可方能使用。按规范要求制作试块，并与基础同条件养护。施工过程必须在项目部质管人员和监理工程师（或代表）的监督下进行。

所有施工项目的质量应符合设计和《110～500kV 架空电力线路施工及验收规范》（GB 50233—2005）、《工业与民用建筑灌注桩基础设计与施工规程》（JGJ 4—1980）及《建筑桩基技术规范》（JGJ 94—2008）的要求，并经现场监理工程师签字认可。各种施工记录必须齐全、完整、真实、准确。

2.11.3.3　安全管理

分包商必须牢固树立“安全第一、预防为主”的思想，建立安全组织机构，制定安全组织措施，项目部派出专责安全员深入现场，对分包工程的关键环节进行监督管理，确保人身和设备安全。

督促分包商对其雇用的工人进行意外伤害的保险。

2.11.3.4　文明施工管理

分包商必须执行制定的《文明施工管理及考核办法》，按照项目部的文明施工要求，设置各种标示和安全围栏。规范泥浆的循环排放，砂、石、水泥的堆放尽量少占田地，保护环境。

2.12　主要工序和特殊工序的施工方法

2.12.1　送电线路工地运输

根据现场交通条件，利用国道、省道、县际、乡间公路进行汽车运输。对原有道路稍加修筑可通汽车或小型拖拉机的，应尽量利用，少损青苗。尽量利用汽车把施工材料运至杆塔位。当汽车难以到达或修路费用太高时，采用人力运输或其他运输方式，把材料运至杆塔位。

2.12.2　基础施工工序的施工方法

（1）土石方开挖方法。

1）一般土质（包括黏土、砂土等），采用人工挖掘和机械挖掘相结合的开挖方法。

2）泥水坑、流砂坑采用挡土板或井点抽水，人力与机械挖掘并用进行开挖。

3）沉井式基础采用人工掏挖，配合水泵排水。

4）岩石地质采用机械打孔，爆破松动，人工掏挖。

（2）基础混凝土浇制。

1）基础混凝土浇制采用搅拌机搅拌和振动棒捣固浇注混凝土，个别塔位搅拌机难以运到时，采用人工搅拌混凝土和振动棒捣固的方式浇注混凝土。

2）灌注桩基础采用专用机械钻孔，泥浆护壁，水下连续灌筑混凝土成桩。

2.12.3　杆塔组立工序的施工方法

杆塔组立应根据杆塔型式、现场条件和机具、技术力量确定杆塔组立方法。

（1）自立式铁塔采用内抱杆外拉线（或内拉线）方式分解组立；塔位自然条件不佳时，可用一根小抱杆零散吊装塔材。

（2）拉线杆塔采用倒落式“人字”抱杆整体起立。

2.12.4　架线工序的主要施工方法

根据业主对工程施工要求和施工单位机械装备水平，确定架线施工方法。

330～500kV 线路使用牵张机械设备进行张力放线，直线塔紧线、耐张塔高空平衡挂线、导地线头采用集中压接的施工工艺进行架线施工。

220kV、110kV 线路使用小型牵张力低张力放线，提高线路施工质量。

2.12.5　OPGW 复合光缆架设施工

采用满足设计及制造厂商技术条件要求的大轮径放线滑车、牵张机及无绞向编织牵引钢丝绳，进行张力放线；使用专用工具进行紧线和附件安装；使用专用仪器进行光缆接续熔接和测试。

2.13　交叉跨越的施工方法及安全技术措施

2.13.1　停电跨越的施工方法及安全技术措施

2.13.1.1　停电跨越的施工方法

（1）停电前的施工准备。

1）做好施工现场调查，研究确定停电施工技术方案。

2）停电作业前，施工单位应制定停电工作计划，向电力运行单位提出停电申请，并办理工作票等。

3）向施工人员进行技术交底，明确工作任务，提出质量、安全注意事项，并对人员进行分工，责任到人。

4）准备停电现场所需工具、材料。如工作接地线、验电器、绝缘手套、登杆脚扣、踩板、滑车、传递绳、保护被停电力线用的塑料套管等。若被停电线路需要临时拉线时，还应挖好临时地锚坑，准备临时拉线材料。

5）把所建线路的导地线线头或导引绳头展放到被停电线路下方。

（2）停电施工程序。

1）现场作业负责人接到停电工作命令票后，立即向现场施工人员进行传达，明确安全注意事项。

2）对被停电线路进行验电。

3）验明线路确无电压，立即在作业范围的两端挂工作接地线。同时将三相短路，凡有可能送电线路到停电线路的分支线路，也必须挂上工作接地线。

4）被停电线路需要落线时，应对有关杆塔装设临时拉线，确保摘线后的杆塔稳定。

5）在线路交叉点处，给被停电的导、地线套上塑料保护套管，防止汇线和放线过程中磨损导线。

6）把已展放的导、地线头（或导引绳头）汇过停电线路并联接通。先汇地线导引绳，后汇导线导引绳。

7）通知牵张场开始牵引导引绳，先牵引地线导引绳，后牵引导线牵引绳。地线先展放、紧线、附件安装，导线后展放、紧线、附件安装，防止展放、紧线过程中出现混搅现象。

8）附件安装人员把交叉跨越档的线夹、防震锤、间隔棒及时安装上去，即紧线完成一相就附件安装一相，尽量缩短停电工作时间。

（3）停电施工结束工作。

交叉跨越，挡内的导、地线展放、紧线及附件安装完毕之后，立即派人登上停电线路。

1）拆除导、地线上的塑料保护套管。

2）将导线、地线恢复到原始位置。

3）拆除有关杆塔上的临时拉线。

4）拆除全部工作临时接地线。

5）测量交叉跨越距离。

6）现场施工人员全面检查一下停电线路，确认工作全部结束，登杆人员全部撤离现场，即可在工作票上签字。

7）立即派停电联系人把停电工作命令票交回签发单位，恢复送电。

2.13.1.2　安全技术措施

（1）停电、送电工作必须指定专人负责，严禁采用口头或约时停电、约时送电的方式进行任何工作。

（2）未接到停电工作命令前，严禁任何人接近带电体。

（3）验电必须使用相应电压等级的合格的验电器。验电时，必须戴绝缘手套并逐相进行；验电必须设专人监护。

同杆塔设有多层电力线时，应先验低压、后验高压，先验下层、后验上层。挂工作接地线时，也是先挂低压、后挂高压，先挂下层、后挂上层。

（4）若有感应电压反映在停电线路上时，应加挂接地线，同时要注意在拆除接地线时，防止感应电触电。

（5）挂接地线时，应先挂接地端、后接导线端，接地线连接要可靠，不准缠绕。拆接地线时程序与此相反。装、拆接地线时，工作人员应使用绝缘棒或戴绝缘手套，人体不得碰触接地线。

若杆塔无接地引下线时，需采用临时接地棒，接地棒在地面下深度不得小于 0.6m。

(6)工作接地线应有接地和短路导线构成的成套接地线。成套接地线必须用多股软铜线组成，其截面不得小于 25mm^2。如利用铁塔接地时，允许每相个别接地，但铁塔与接地线连接部分应清除油漆，接触良好。

严禁使用其他导线作接地线和短路线。

（7）工作过程中要采取保护措施，不得损伤停电线路的各种设备。

2.13.2　带电跨越的施工方法及安全技术措施

2.13.2.1　带电跨越施工方法

展放导、地线过程中与电力线有交叉跨越时，为使导线不受损伤，又不影响被跨电力线路的安全运行，一般采取搭设跨越架的方法，使导、地线从跨越架上方通过。

（1）跨越架材料及要求。

搭设跨越架用的材料有松木杆、毛竹、钢管等，根据具体情况选取。

木质越线架立杆有效部分的小头直径不得小于 7cm；横杆有效部分的小头直径不得小于 8cm；6～8cm 的可以双杆合并或单杆加密使用。

毛竹越线架立杆、大横杆、剪刀撑和支杆有效部分的小头直径不得小于 7.5cm。小横杆有效部分的小头直径不得小于 9cm；6～9cm 的可双杆合并或单杆加密使用。

钢管越线架宜用外径 48～51mm 的钢管。

（2）跨越架的搭设。

跨越架立杆间距一般约为 1.5m，横杆上下距离 1.2～1.5m，以便于上下攀登为宜。立柱及支撑杆应埋入土内不少于 0.5m。跨越架上部需封顶。被跨电力线高度大于一根杉木杆的高度（一般在 6m 以上）需要搭接时，上边的一根应大头朝上、小头朝下。

跨越架的搭设应由下向上，拆除时由上向下，要有专人递杆或接杆，不准任意掷杆，登杆人员应绑带腰绳。带电搭跨越架时，上下传递物件应严加注意，且勿触碰带电体；架上作业人员不得在跨越架内侧攀登或作业，严禁从封顶架上通过；现场设专人监护。对于单面跨越架必须加设临时补强措施，根据地形和跨越高度，可增设支柱或斜撑予以补强，也可以加设临时拉线。跨越架的形状如图 2-13-1 所示。

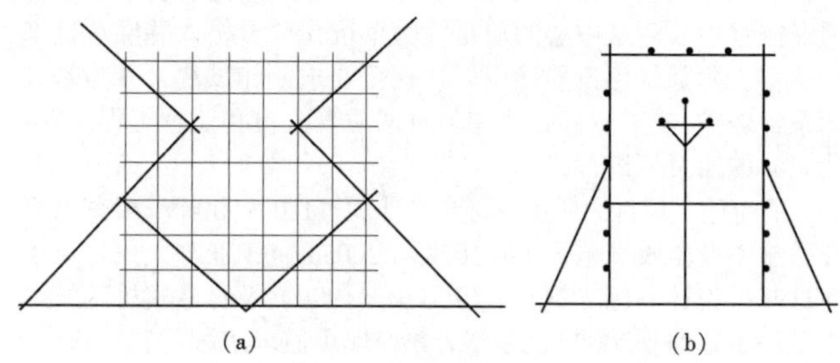

图 2-13-1　跨越架图

（3）跨越架的宽度及高度。

跨越架的宽度应按 DL 5106—1999《跨越电力线路架线施工规程》第 5.1.12 条执行。

跨越架的高度应根据被跨越物的高度及跨越架与被跨越物之间的最小安全距离决定，跨越架的高度为

$$H=h_1+h_2 \tag{12-13-1}$$

式中　H——跨越架高度，m；

h_1——被跨越物的高度，m；

h_2——跨越架与被跨越物之间的最小安全距离，m。

跨越架与带电体的最小安全距离见表 2-13-1，跨越架与被跨越物的最小安全距离见表 2-13-2。

（4）跨越施工。

1）跨越架搭设完毕，经验收合格即可投入使用。

2）用干燥绝缘尼龙绳从架顶上汇过跨越架，再用尼龙绳的一端连上导引绳，架子两边人员互相配合，带张力将导引绳从架顶引渡过跨越架，与另一边的导引绳头一一对应连接。

3）发出信号通知牵张场牵引导引绳。

4）利用导引绳牵放牵引绳或地线。

5）利用牵引钢绳展放导线。

表 2-13-1　跨越架与带电体的最小安全距离

跨越架部位 \ 被跨电力线电压等级/kV	≤10	35	63～110	220	330
架面与导线的水平距离/m	1.5	1.5	2.0	2.5	3.5
无地线时，封顶网（杆）与带电体的垂直距离/m	1.5	1.5	2.0	2.5	3.5
有地线时，封顶网（杆）与架空地线的垂直距离/m	0.5	0.5	1.0	1.5	2

表 2-13-2　跨越架与被跨越物的最小安全距离　单位：m

跨越架部位 \ 被跨越物名称	铁路	公路	通信线
与架面水平距离	至路中心 3.0	至路边 0.6	0.6
与封顶杆垂直距离	至轨顶 6.5	至路面 5.5	1.0

6）紧线。

7）安装附件，直至带电跨越架线施工结束。

8）展放导引绳、牵引绳、地线、导线过程中，牵张场应设置良好可靠的接地线。

9）被跨越的带电线路在施工期间，其自动重合闸装置必须退出运行，发生故障时严禁强行送电。

10）施工期间，请被跨越的带电线路运行单位派人到现场监督施工。

11）遇浓雾、雨、雪以及风力在 5 级以上天气时应停止施工，但要加强监护跨越架。

12）施工过程中，跨越架设专人监护，遇有情况及时处置。

2.13.2.2　安全技术措施

（1）跨越架的型式应根据被跨越物大小、现场自然条件及重要性确定。重要的跨越架及高度超过 15m 的跨越架应由施工技术部门制定搭设方案，经审批后实施。

（2）搭设或拆除跨越架应设安全监护人。

（3）搭设跨越重要设施的跨越架，应事先与被跨越设施的单位取得联系，必要时应请其派员现场监督检查。

（4）跨越架的立杆应垂直，埋深不应小于 50cm，杆坑底部应夯实；遇松土或无法挖坑时应绑扫地杆。跨越架的横杆应与立杆成直角搭设。

（5）跨越架两端及每隔 6～7 根立杆应设剪刀撑、支杆或拉线。剪刀撑、支杆或拉线与地面的夹角不得大于 60°。支杆埋入地下的深度不得小于 30cm。

（6）跨越架上应悬挂醒目的警告标志。

（7）重要跨越架应经验收，合格后方可使用。

（8）强风、暴雨过后应对跨越架进行检查，确认合格方可使用。

（9）拆除跨越架应自上而下逐根进行，架材应有人传递，不得抛扔；严禁上下同时拆架或将跨越架整体推倒。

（10）搭设或拆除跨越 35kV、110kV、220kV 线路的跨越架，当进行到距带电体最小安全距离时，应在被跨越电力线停电后继续进行。

（11）跨越架的宽度超出新建线路两边线的距离应按《跨越电力线路架线施工规程》（DL 5106—1999）第 5.1.12 条执行；跨越电气化铁路和 35kV 及以上电力线的跨越架，应使用绝缘尼龙绳（网）封顶。

（12）跨越电气化铁路时，跨越架与带电体的最小安全距离必须满足 35kV 电压等级的有关规定。

（13）不停电跨越 220kV 及以下高压线路，必须编制施工方案报上级批准，并征得运行单位同意，按规定履行手续；施工期间应请运行单位派人到现场监督施工。

（14）临近带电体作业时，上下传递物件必须使用绝缘缆绳，作业全过程应设专人监护。

（15）绝缘工具必须定期进行绝缘试验，其绝缘性能应符合规定要求（见表 2-13-3），并每次使用前进行外观检查。

表 2-13-3　常用电气绝缘工具试验一览表

序号	名称	电压等级 / kV	周期	交流电压 / kV	时间 / min	泄漏电流 / mA	附注
1	绝缘棒	6～10	1 年	44	5		
		35～110		4 倍相电压			
		220		3 倍相电压			
2	验电笔	6～10	6 个月	40	5		发光电压不高于额定电压的 25%
		35		105			
3	绝缘手套	高压		8	1	≤8	
		低压		2.5		≤2.5	
4	橡胶绝缘靴	高压		15	1	≤7.5	
5	绝缘绳	高压		105/0.5m	5		

2.13.2.3　使用承力索带电跨越网施工

（1）承力索带电跨越网。

为减少停电施工给供电、用电及施工企业带来的经济损失，施工企业多年来研制出了多种型式的带电跨越架，其社会经济效益非常显著。承力索式带电跨越网就是其中较好的一种型式。

承力索式带电跨越网是以跨越档两端的铁塔横担为支撑，每相用两根高强度纺纶作为主承力索，该种纺纶承力索具有强度高（破断力 25t）、高绝缘性能、低弹性模量、受力后塑性伸长量小等优点；在主承力索上布置绝缘网，形成一套绝缘隔离系统，实现新建线路带电跨越高压线路的目的。承力索带电跨越网布置如图 2-13-2 所示。

（2）承力索带电跨越网搭设施工。

1）施工准备。

①按跨越架平面布置图准确设置拉网地锚，并根据现场跨越档档距、承力索的实际长度、两端钢绞线的长度准确定出承力索地锚的位置。

②将跨越档两边新建线路的两边线滑车向塔身内侧预偏 2m，并用预偏绳牢固固定。

③在两端新建铁塔横担用专用挂具分别挂好承力索滑车、及拉网滑车。

④将承力索、绝缘网等工器具在两端杆塔处连接好。

2）展放承力索。

①承力索展放前应测量绝缘电阻，两极间距 2cm，绝缘电阻不小于 700MΩ。粗、细引渡绳的绝缘电阻也要达到 700MΩ。

②在跨越档两端选择有地形的一端作为操作塔，承力索线盘放在跨越档操作塔外，并将承力索一端汇过承力索滑车。

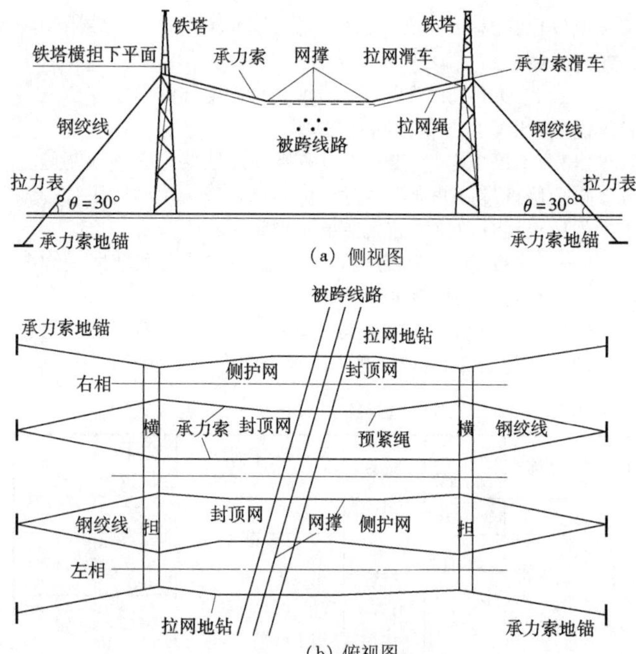

（a）侧视图

（b）俯视图

图 2-13-2　承力索带电跨越网布置图

③用专用射绳器将细绝缘引渡绳汇过被跨线路，利用细绝缘引渡绳带张力先引渡粗绝缘引渡绳过被跨线路。

④利用粗绝缘引渡绳两端配合带张力引渡承力索越过被跨线路。

⑤在汇承力索的过程中，要防止承力索与带电线路的导线相碰，避免灼伤承力索。

⑥承力索汇过被跨线路后，两端连好，利用机动绞磨将承力索紧起来，带上一定张力。

3）安装封顶绝缘网。

①封顶网用专用小滑车连在承力索下，在一端操作塔上塔，操作塔端侧面护网最后上塔，另一端侧面护网从对端上塔。

②封顶网上塔前，应在地面用拉网绳连好封顶网、网撑和小滑车，利用机动绞磨将整个封顶网吊到塔上。

③塔上每根承力索下上一人，配合另一端人员利用引渡绳将封顶网及本段侧面护网拉到设计位置。

④从另一端操作塔拉本端侧面护网到封顶网处接头。

⑤安装两侧面护网的同时，带上两端的预紧绳。

⑥封顶网、侧面护网安装完毕后，利用机动绞磨调整承力索的弧垂，并利用预紧绳配合进行，同时按预定的预紧力利用预紧绳对两侧面护网进行固定。

⑦调整完毕后的护网最下部考虑施工操作 0.5m 余度，应满足表 2-13-4 的要求。

表 2-13-4　　顶网与带电体垂直距离表

跨越架部位	被跨电力线路电压等级	
	110kV	220kV
无地线时封顶网与带电体的垂直距离/m	2.5	3.0
有地线时封顶网与架空地线的垂直距离/m	1.5	2.0

（3）跨越施工。

1）展放导引绳时，先用干燥绝缘尼龙绳从封顶网上汇过，再将尼龙绳的一端连上导引绳，带张力两边配合将导引绳引渡过封顶网，任何绳索过封顶网时都必须带张力。

2）在施工过程中及展放导引绳过程，牵张场，导引绳均应设置良好可靠的接地。

3）任何绳索、导、地线不得在封顶网上过久停留。

4）施工过程中，信号传递必须畅通，必须设专人监视跨越封顶网系统，发现异常情况及时通知牵张场停车处理。

5）施工现场超过 5 级风应停止放线作业，并将所有导地线临时锚固好。

（4）封顶网、承力索的拆除。

当放线段内两段耐张挂好后，跨越档两侧塔附件安装完毕，尚未安装跨越档间隔棒时，利用已架好的导线做支撑逐步拆除封顶网、承力索。

（5）安全施工注意事项。

1）各种绝缘工具和绳索必须进行耐压试验，在现场使用前必须对各种绝缘工具和绳索进行绝缘电阻测量，使用 5000V 的兆欧表测量绝缘电阻时，当兆欧表的两极间距 2cm 时，测得的绝缘电阻不得小于 700MΩ。

2）潮湿天气禁止搭设承力索护网，也不要进行承力网的拆除工作。

3）承力索和各种绝缘绳索不得放置在潮湿的地面上，现场应使用塑料棚布做铺垫。

4）搭设及拆除绝缘网时，塔上及带电线路下必须分别设置安全监护人。

5）承力索汇过被跨线路后，在没有锚固时，操作人员禁止上承力索。没有特殊情况亦不要上承力索操作，特别是不要在被跨带电线路正上方作业。

6）通过调整封顶网下的拉网绳使每相护网中线应与对应相的中线保持在同一垂直面内。

7）导线没有平衡挂线以前，承力索护网不得拆除，人员不能上导线作业。

8）跨越档安装线夹时，应用一挂胶钢丝绳把四根导线兜住挂在横担上，作为预防在安装过程中防止导线意外下落的措施。

9）由于放、紧线作业时，被跨越线路带电运行，因此，在放线过程中要时刻注意封顶绝缘网与被跨线路间的距离及封顶绝缘网的受力情况，发现隐患及时进行处理。

10）被跨越的带电线路在施工期间，其自动重合闸装置必须退出运行，发生故障时严禁强行送电。

11）遇浓雾、雨、雪以及风力在 5 级以上天气时应停止作业，但对承力索带电跨越网要加强监护，出现情况及时处置。

2.13.3　跨越高速公路的施工方法及安全技术措施

2.13.3.1　施工方法

（1）新建线路跨越高速公路施工时，应先现场测量交叉点的跨越宽度和交叉角度，确定跨越架的位置。

（2）用ϕ50 钢管（脚手架）在公路两侧及公路中心隔离带内分别搭设双排跨越架，跨越架布置图见图 2-13-3。

（3）跨越架在架顶用钢丝绳相连接（连档绳），公路两侧的跨越架向公路外侧装设拉线，保证跨越架的稳定性。

（4）跨越架上端用钢丝绳和竹竿封顶。

（5）跨越架立杆间距 1.5～2.0m，横杆间距为 1.5m，立杆和大横杆应错开搭接，搭接长度不得小于 50cm，架子底部加设扫地杆。

（6）跨越架最上层钢管上面每相导线下方各安装一个专用护线滚筒，用以保护导线。

（7）跨越架的中心应在线路中心线上，宽度应保证导线两

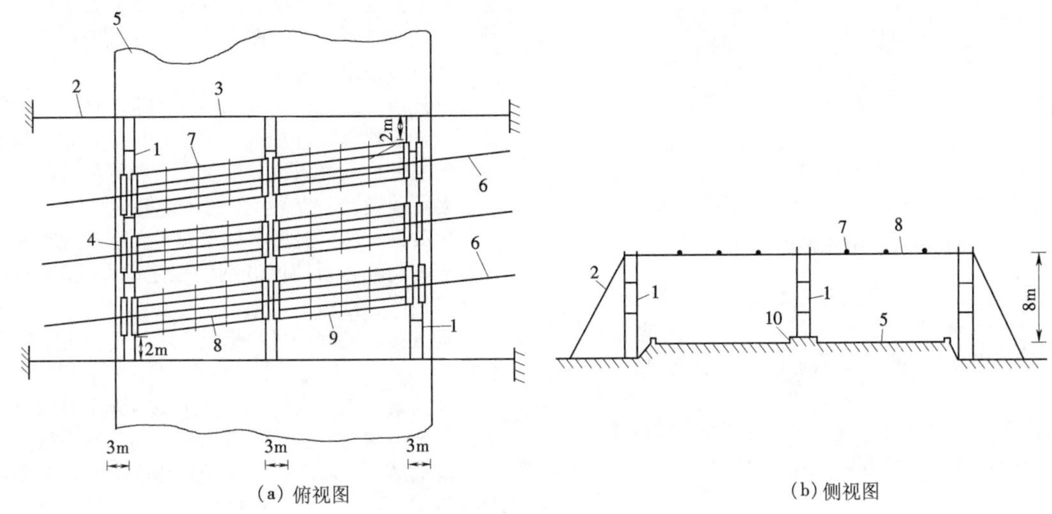

图 2-13-3　跨越高速公路的跨越架布置图

1—跨越架；2—拉线；3—连挡绳；4—专用护线滚筒；5—公路路面；6—新建电力线路；7—封顶竹竿；8—封顶网；9—封顶尼龙绳（或钢丝绳）；10—公路隔离带

边线外各有 2m 的裕度，且架顶两侧应装设外伸羊角。

（8）跨越架的封顶绳（网）最低点距离路面不得小于 6m。

（9）跨越架搭设好后，应经验收合格后方可投入使用。

2.13.3.2　安全技术措施

（1）根据现场测量、调查情况编制搭设跨越架的施工方案，并经总工程师批准。

（2）与公路管理部门联系，征得其同意，跨越施工的准备和施工过程中都应邀请监理工程师及有关部门人员参加监督指导工作。

（3）作业前进行安全、技术交底，人员分工，各负其责，服从指挥，密切配合，确保施工安全顺利进行。

（4）高速公路车速高、流量大，在搭设和拆除跨越架时，公路跨越点两侧设监护人，并设置明显的施工标志要求车辆缓行通过。监护人员根据两端汽车的远近情况，时刻提醒架上、架下人员抓紧间隙时间进行工作，既保证车辆安全通过，又保证施工工作顺利进行。

（5）上、下传递钢管要使用绳子传递，不许直接抛扔。

（6）跨越架搭设时，扣件螺丝应紧固，架构连接紧密，整体稳定性强。

（7）跨越架应日夜有人看护，防止构件被盗或被破坏。

（8）放线过程中应设专人监护，如发现导地线有拖挂架子等异常现象，立即发出信息，通知牵引场停止牵引，并采取措施加以处理。

（9）施工期间应注意保护好公路的各种设施不受损坏，施工完毕要将路基恢复原状，并按要求夯实。

（10）施工场地应清洁、整齐，公路内不准堆放任何物品，做到文明施工。

（11）架线施工完毕应及时拆除跨越物，并认真清理现场，以保证车辆安全通行。

（12）拆除跨越架应自上而下逐根进行，架材使用传递绳传递，不得抛扔，严禁上下同时拆除或将跨越架整体推倒。

（13）遇有浓雾、雨、雪和风力在 5 级以上的天气，应停止工作，但要对跨越架加强监护，出现情况及时处理，确保车辆安全通行。

（14）施工中应严格执行《电力建设安全工作规程（第 2 部分：架空电力线路）》（DL 5009.2—2004）的有关条款，严禁违章作业。

2.13.4　跨越国道的施工方法及安全技术措施

（1）根据每一个跨越交叉现场的具体情况，搭设满足需要和符合安全规程要求的跨越架，既保证工程施工顺利进行，又保证交通车辆安全通行。

（2）施工方法及安全技术措施。与跨越高速公路的施工方法及安全技术措施要求相同。另外，根据各个跨越点的不同特点提出一些特殊要求，满足工程需要。

2.14　《国家电网公司输变电工程达标投产考核办法（2011 版）》实施细则

2.14.1　目标

根据施工企业的总体目标和项目法人的要求制定工程项目的达标投产目标。如某工程项目经理部制定的达标投产目标是：

（1）确保工程质量目标达到项目法人的规定。

（2）确保工程竣工交付达到“达标投产”的要求。

（3）确保工程质量目标的实现。

2.14.2　组织机构

成立以项目经理为组长，项目总工、项目副经理为副组长，项目部工程技术、物资设备、工程协调及各施工队负责人参加的工程达标投产领导小组，负责工程项目的达标投产考核办法的贯彻落实、检查评审工作。组织机构如图 2-14-1 所示。

2.14.3　实施方法

（1）认真落实投产达标各级责任制。

（2）组织全体施工人员学习《国家电网公司输变电工程达标投产考核办法（2011 版）》中的各项内容、意义和实施细则。

（3）按照《国家电网公司输变电工程达标投产考核办法（2011 版）》标准编制各分部工程的《质量及文明施工控制标准》。

（4）送电线路工程“达标投产”的必要条件。

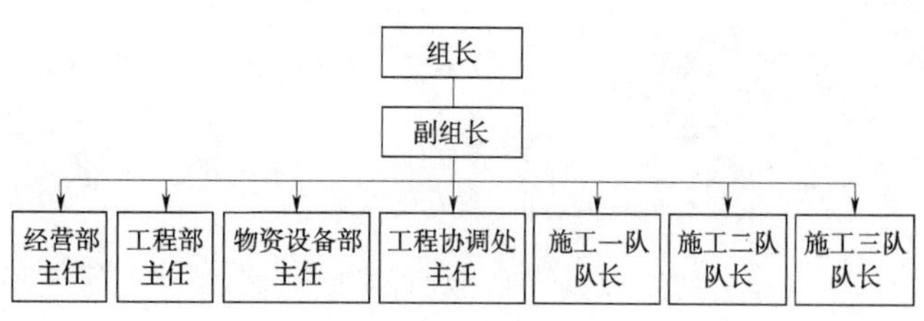

图 2-14-1 组织机构图

1）已按设计完成施工、交接验收、试运行并移交生产，满足国家、电力行业有关输变电工程施工及交接验收规范及有关施工质量、验收标准、质量验收及评定标准等规定的要求。

2）在施工、调试及试运行期间，未发生人身伤害或重伤事故、重大设备事故、施工质量事故、火灾事故及负主要责任的重大交通事故。

3）达标考核期间（投产后 3 个月）未发生因施工造成的人身伤害事故及其他重大事故。

4）未超过合同工期。

5）按《国家电网公司输变电工程达标投产考核办法（2011版）》进行考核，各考评项目得分率均不小于 90。

（5）定期由项目经理组织召开“达标投产考核评定”会议，评审达标投产各项实施情况，并填写“达标投产”考核评定表。考核评定内容如下：

1）安全管理及文明施工：如有安全管理及文明施工方面达不到要求的，则下达“达标投产”安全管理及文明施工不符合项通知单，通知责任部门限期整改。

2）施工工艺、质量管理及技术标准如某项工作达不到要求的，按质量体系运行表格下达《返工、返修记录单》（ZJ043）或《不合格品处置单》（ZJ044），通知责任部门限期整改。

3）工程档案管理。对工程档案管理达不到要求的地方，下达“达标投产”档案管理不符合项通知单，通知责任部门限期整改。

4）邀请监理工程师参加评审会议，听取监理工程师的意见和建议，限期完成监理意见联系单中提出的各项要求。

（6）以上各项的具体要求均按《输变电工程达标投产考核评定标准（2011 版）》中对送电线路部分的考评项目和评分规定进行。

2.14.4 附件

（1）《国家电网公司输变电工程达标投产考核办法（2011版）》，见附件Ⅰ。

（2）《送电工程达标投产考评项目及评分标准表》，见附件Ⅱ。

附件Ⅰ

《国家电网公司输变电工程达标投产考核办法（2011 版）》

第一条 为实现国家电网公司（以下简称“公司”）建设“一强三优”的战略目标，贯彻基建管理以“安全为基础、质量为中心”的指导思想，强化输变电工程建设过程质量控制，全面提升基建管理标准化、专业化水平，向生产移交“建设管理规范、设计合理、功能完备、运行可靠”的工程项目，制定本办法。

第二条 公司系统投资建设的 110（66）kV 及以上新建变电站（换流站、开关站、串补站，下同）工程或输电线路工程项目，均应进行达标投产考核。折单长度在 20km 以下的输电线路工程可不组织考核。

第三条 工程建设应以国家、电力行业、公司颁发的有关输变电工程建设现行规程、规范、标准、制度和主管部门审查批准的文件、最终版设计图纸、资料等为依据。严禁借达标投产之名更改设计、提高工程建设标准。

第四条 达标投产考核单位为工程建设管理单位，批复单位为公司特高压及跨区联网工程建设管理部门/区域电网公司/省（自治区、直辖市）电力公司。

第五条 工程项目达标投产考核期为工程投产移交生产后2 个月。

第六条 工程项目应按附录 B《国家电网公司输变电工程达标投产考核表》（以下简称“考核表”）进行检查考核。

第七条 工程项目应在投产移交生产后 3 个月内，由考核单位组织设计、施工、调试、运行、监理等单位，按考核表内容完成达标投产考核工作。

第八条 考核单位向批复单位提出申请（见附表 A-1 或附表 A-2 及附表 B）。批复单位对申报资料审核确认后批复，必要时可进行现场确认，每年 12 月 30 日前将批复汇总表（见附表 A-3）报送公司及区域电网公司。

第九条 达标投产考核重点核查：工程项目投产时满足国家、行业法律法规及规程规范标准的要求；满足公司建设体系管理要求；项目竣工验收、启动验收发现问题的整改情况；工程项目主要技术经济指标、档案资料及投运初期生产运行状况。

第十条 工程项目达标投产考核的必备条件：

1．工程立项审批核准文件齐全，按设计要求完成全部建筑和安装工程，并经验收合格（满足规范或合同规定）。

2．按现行规程和相关规定，完成工程整套启动试运调试工作及全部性能试验项目，并移交生产。

3．工程建设期间及投运后，未发生人身死亡、三人及以上人身重伤事故；未发生因工程质量原因（设计、施工、调试、设备等方面）引起的责任事故；无影响安全稳定运行的永久性质量缺陷。

4．达标投产考核得分率在 85%及以上。

第十一条 批复单位对通过达标投产考核的工程项目以文件形式批复。

第十二条 工程项目达标投产考核不满足第十条规定，考核不予通过。

批复单位在后期检查中发现工程项目考核结果严重偏离工程实际的，取消该项目达标投产，并进行通报。

第十三条 公司系统内工程项目不参加公司系统外单位组织的达标投产考核活动。

第十四条 本办法由公司基建部负责解释并监督执行。

第十五条 本办法自发布之日起执行，原《国家电网公司输变电工程达标投产考核办法（2005 版）》（国家电网工〔2005〕255 号）即行废止。

附录 A：达标投产考核批复申请表、考核情况汇总表：

附表 A-1 ______变电站工程达标投产考核批复申请表

附表 A-2 ______输电线路工程达标投产考核批复申请表

附表 A-3 ______年输变电工程达标投产考核情况汇总表

附录 B：《国家电网公司输变电工程达标投产考核表》：

附表 B-1 变电站工程达标投产考核表

附表 B-2 输电线路工程达标投产考核表

附表 A－1

________变电站工程达标投产考核批复申请表

申请单位：（盖公章）

报送日期：年　月　日

1. 工程概况					
项目法人			建设单位		
设计单位			施工单位		
监理单位			运行单位		
申请联系人			联系方式		
工程规模	变电容量	kVA	电压等级	kV	
变电主要设备及制造厂	设备名称	制造厂名称			
	主变压器				
	组合电器（断路器）				
	控制系统				
工程概算	批准概算/万元	批准单位	批准文号		
工程结算	结算费用/万元：				
工程进度	开工日期	投产日期	合同工期		

2. 工程主要特点：

（工程建设管理特点，以及在投资、进度、安全、质量、环保、效益等方面取得的主要成绩等。）

注　申请时附考核表，申请表、考核表电子及纸质文档各1份。

附表 A－2

______输电线路工程达标投产考核批复申请表

申请单位：　　　　　　　　　　（盖公章）

报送日期：　　　　　　　　　　年　月　日

<table>
<tr><td colspan="7">1. 工程概况</td></tr>
<tr><td>项目法人</td><td colspan="3"></td><td>建设单位</td><td colspan="2"></td></tr>
<tr><td>设计单位</td><td colspan="3"></td><td>施工单位</td><td colspan="2"></td></tr>
<tr><td>监理单位</td><td colspan="3"></td><td>运行单位</td><td colspan="2"></td></tr>
<tr><td>申请联系人</td><td colspan="3"></td><td>联系方式</td><td colspan="2"></td></tr>
<tr><td>工程规模</td><td>线路长度</td><td colspan="2">km</td><td>电压等级</td><td colspan="2">kV</td></tr>
<tr><td>线路起止点</td><td colspan="6"></td></tr>
<tr><td>基础型式</td><td colspan="6"></td></tr>
<tr><td>杆塔型式</td><td colspan="6"></td></tr>
<tr><td>导地线型号</td><td colspan="6"></td></tr>
<tr><td rowspan="2">工程概算</td><td colspan="2">批准概算/万元</td><td colspan="2">批准单位</td><td colspan="2">批准文号</td></tr>
<tr><td colspan="2"></td><td colspan="2"></td><td colspan="2"></td></tr>
<tr><td>工程结算</td><td colspan="6">结算费用/万元</td></tr>
<tr><td rowspan="2">工程进度</td><td colspan="2">开工日期</td><td colspan="2">投产日期</td><td colspan="2">合同工期</td></tr>
<tr><td colspan="2"></td><td colspan="2"></td><td colspan="2"></td></tr>
<tr><td colspan="7">2. 工程主要特点：
（工程建设管理特点，在投资、进度、安全、质量、环保、效益等方面取得的主要成绩等。）</td></tr>
</table>

注　申请时附考核表，申请表、考核表电子及纸质文档各 1 份。

附表 A-3　　　　　　　　　　年输变电工程达标投产考核情况汇总表

填报单位（公章）：

序号	工程项目名称	电压等级	建设规模/（km/kVA）	投产时间	建设单位	考核时间	考核结果	批复时间	批复结果	备注

注　本表由批复单位（特高压及跨区联网工程建设管理部门/区域电网公司/省电力公司）按电压等级和输变电项目类型归类填报。每年12月30日前将本年度达标投产考核情况，报送国家电网公司基建部及区域电网公司。

附表 B-1　　　　　　　　　　变电站工程达标投产考核表

序号	检查项目	分值	评分标准	检查要求	扣分
1	前期项目管理17分				
1.1	工程初步设计审查及批复	3	工程初步设计审查意见及批复文件、工程概算资料齐全。无审查或批复文件扣完，其余缺少1项扣1分	检查初步设计审查意见、批复文件和工程概算	
1.2	建设用地审批	3	建设用地审批及征地、拆迁合同、协议等文件资料齐全。缺1项扣1分，重要文件为复印件扣0.5分	检查相关文件、合同、协议	
1.3	工程建设专项许可文件	3	环境保护、水土保持、地质灾害等评价及审批文件资料齐全。缺1项扣1分，重要文件为复印件扣0.5分	检查相关文件	
1.4	组建业主项目部	3	按规定组建业主项目部。未按要求组建扣完，人员资格、数量不满足要求每项扣1分	检查项目部成立文件及人员数量、资格	
1.5	工程建设项目管理纲要	3	工程建设项目管理纲要齐全。未编制扣完，针对性差扣1分，无质量通病防治任务书扣1分	检查工程建设管理纲要	
1.6	质量监督申报书	2	质量监督申报书手续完备。未按规定办理扣完	检查质量监督申报书	
2	工程招标、投资管理12分				
2.1	设计、施工、监理招标，主要设备与材料的采购招标	4	设计、施工、监理招标，主要设备与材料的采购按规定实行招标。未招标每项扣2分，合同及协议不全每份扣1分	检查招标文件、合同及协议	
2.2	不得由于管理原因造成返工	4	返工造成的损失超过一万元扣0.5分/次	查结算文件及工程变更文件	
2.3	工程结算	4	工程按规定时间完成结算，不得超出批准概算的静态投资。未在规定时间内完成工程结算扣完，静态投资每超出1%扣1分	检查经审批的概算、结算报告	
3	工程设计管理42分				
3.1	施工图设计文件	6	施工图应符合初步设计批复文件、规程、规范及施工图设计深度要求，施工图设计文件完整、按计划出图。无出图计划或不按计划出图扣2分，其余1处不符合扣1分	检查施工图设计文件，抽查施工图目录及计划	
3.2	竣工图管理	4	竣工图应完整，图面应清晰，签字齐全，修改完整。1份不符合扣1分	检查竣工图纸及设计变更	
3.3	设计交底及图纸会检	4	进行设计交底及图纸会检。交底记录中缺少1卷（册）扣1分，会检不符合规定每次扣1分	检查设计交底记录和图纸会检纪要	
3.4	设计工代管理	4	按合同要求派驻设计工代，及时处理现场问题，工代管理制度备案。1项不符合扣1分	检查设计工代现场派驻情况及现场设计问题处理情况	

续表

序号	检查项目	分值	评分标准	检查要求	扣分
3.5	设计变更管理	7	按照规定要求进行设计变更管理。由设计原因造成的重大设计变更、未按规定要求批准而进行设计变更扣完，以会检纪要代替设计变更每份扣2分，设计变更报检不规范每份扣1分	检查设计变更、施工图会检纪要、竣工图	
3.6	重大工程变更	4	不发生由设计原因造成重大设计变更，按规定要求履行设计变更手续。1项不符合扣2分	检查设计变更文件	
3.7	变电站占地面积、建筑面积	6	占地面积、建筑面积不超过通用设计指标。1项不符合扣3分	检查竣工图	
3.8	建筑工程装饰	2	建筑工程装饰不超过审批文件控制标准。超过扣完	现场实物检查，查看施工图是否与审批文件一致	
3.9	设计标高及防洪	3	设计标高满足防洪要求，与初步设计对照，土方平衡工程量误差不超过±10%。设计标高不满足防洪要求扣完，土方平衡工程量误差超过±10%扣2分	根据施工图纸现场实际情况检查	
3.10	通用设计成果应用	2	工程设计充分使用通用设计成果。未采用扣完，没有充分采用扣1分	检查初步设计批复文件及设计文件	
4	工程施工管理23分				
4.1	组建施工项目部	3	按规定组建施工项目部。未按要求组建扣完，人员资格、数量不满足要求每项扣1分	检查项目部成立文件及人员数量、资格	
4.2	项目管理实施规划	6	项目管理实施规划编制、审批规范，按规定进行全员交底。缺项目管理实施规划扣完，未进行全员交底扣2分，引用标准不正确扣1分，编审批手续不规范扣1分，编制时间不符合要求扣1分，未针对本工程特点编制扣1分	检查项目管理实施规划（施工组织设计）及其三级交底记录	
4.3	工程开工报审	3	按规定进行工程开工报审。无开工报审表扣完，审批手续不全或不规范扣1分	检查工程开工报审表	
4.4	施工方案（措施）	5	按规定编制施工方案（措施）并进行交底。未对全部参加施工人员交底扣2分，每缺1份方案（措施）扣2分，针对性差每处扣1分，编审批手续不全、不规范每处扣1分	根据项目管理实施规划检查方案（措施）及交底记录	
4.5	特殊工种/特殊作业人员报审	3	按规定进行特殊工种/特殊作业人员报审。未报审扣完，人员资质不符合要求每处扣1分	检查报审资料及相关施工记录	
4.6	计量器具报审	3	按规定进行主要测量、计量器具报审。未报审扣完，计量器具不满足工程施工需要扣2分，不在有效期内使用每件扣1分	检查报审资料、项目管理实施规划	
5	工程监理管理30分				
5.1	组建监理项目部	3	监理项目部按要求成立，人员及数量满足工程要求。未按要求组建扣完，人员资格、数量不满足要求每项扣1分	监检查项目部成立文件及人员数量、资格	
5.2	监理规划	3	按规定编制监理规划。无监理规划扣完，审批不规范扣1分，针对性差扣1分	检查监理规划	
5.3	施工图会检	2	按规定进行施工图预检、会检。未进行预检扣1分，未参加会检扣1分	检查施工图预检记录及会检纪要	
5.4	文件审查	10	审核不严格、不规范每份扣1分	检查项目管理实施规划、管理制度、方案（措施）报审表，工程开工报审表，施工进度计划报审表、工程变更单，主要材料/设备/构配件进场报审表，开箱申请表，供货商、分包单位、试验（检测）单位资质报审表，主要施工机械/工器具/安全用具、主要测量计量器具/试验设备检验报审表，项目管理人员资质、特殊工种/特殊作业人员报审表，工程质量/安全事故报告表，处理方案及处理结果报审表，工程质量中间验收申请表、工程初检报告等	
5.5	工程款审批	2	按规定审核工程预付款、进度款报审资料及现场复核。1项不符合扣1分	检查工程预付款、进度款报审表	

续表

序号	检查项目	分值	评分标准	检查要求	扣分
5.6	监理工作联系单等文件	3	按规定编制及管理监理工程师通知单、工作联系单、监理月报、监理工程师通知回复单。监理月报缺1份扣1分，监理工程师通知单未闭环1份扣1分，不规范1份扣0.5分	检查监理工程师通知单、工作联系单、监理月报、监理工程师通知回复单	
5.7	安全质量监控点及旁站方案	3	按监理规划设置安全质量监控点（W、H、S点），编制监理旁站方案并审批，旁站监理记录齐全。1项不符合扣1分	按检查监理规划、旁站方案及其记录	
5.8	施工质量巡视	2	按规定进行施工质量巡视。记录不规范1份扣1分	检查质量巡视周报表	
5.9	平行检验	2	按规定配备必要的检测工具，开展平行检验工作。记录不规范1份扣1分，检测工具不齐全扣1分	检查检测工具配备记录及平行检验记录	
6	工程工期管理11分				
6.1	项目进度实施计划	4	各参建单位编制项目进度实施计划并实施动态管理。未编制计划扣完，未及时调整计划扣2分	检查项目进度实施计划及其调整内容	
6.2	合同工期管理	7	变更工期无手续、无措施扣完，变更工期每超过一个月扣3分	检查工程合同工期及其调整计划	
7	安全管理52分				
7.1	事故考核23分				
7.1.1	人身伤害事故	5	施工及达标考核期间不发生重伤事故。发生重伤一人次扣完	检查安全事故报告表	
7.1.2	一般施工安全事故	6	施工期间不发生因施工原因造成的一般机械设备事故、一般火灾事故、负主要责任的一般交通事故、不发生员工集体食物中毒事故。每发生一次扣2分	检查安全事故报告表	
7.1.3	电网非正常停运事件	4	施工期间不发生因工程建设引起电网非正常停运事件。发生扣完	检查安全事故报告表	
7.1.4	装置性误动事故	4	达标考核期内不发生装置性误动事故。每发生1次扣2分检查	运行管理台账	
7.1.5	重复发生事故	4	施工期内不重复发生性质相同的上述事故；考核期间运行单位不重复发生性质相同的上述事故。发生1起，扣完	检查安全事故报告表；检查运行管理台账	
7.2	安全管理及安全技术措施29分				
7.2.1	安全文明施工策划	4	各参建单位按规定编制安全文明施工策划。无安全文明施工实施细则扣1分，报审不规范扣0.5分；无应急预案扣1分，报审不规范扣0.5分；无安全监理工作方案扣2分；上述策划、细则、方案针对性差每处扣0.5分	检查施工单位安全文明施工实施细则、应急预案（处置方案）及报审，监理单位安全监理工作方案	
7.2.2	安全检查考核评价	3	按规定进行工程安全检查考核评价。未进行工程安全检查考核评价扣完，问题未闭环，每项扣1分	检查工程安全检查考核评价结果	
7.2.3	安全文明施工措施费管理	4	按规定进行安全文明施工措施费管理。未编制安全施工设施配置申报单扣2分；未编制文明施工措施申报单扣2分；未按规定使用安全文明施工措施费扣2分	检查安全施工设施配置申请单；检查文明施工措施及文明措施申报单；检查安全施工设施配置申报单	
7.2.4	安全管理网络及安全责任制落实	4	参建单位按国家电网公司基建安全管理规定健全安全制度，安全责任制落实到人，安全管理网络健全。安全制度不健全扣2分；安全管理网络不健全扣2分；安全责任落实不到位扣2分	检查参建单位安全管理制度及安全管理网络	
7.2.5	危险源辨识和预控	2	施工单位应在项目管理实施规划（施工组织设计）中，制定安全技术、文明施工措施，进行危险源辨识和预控，并报监理审核确认。每项不符合扣1分	检查项目管理实施规划	
7.2.6	分包管理	4	主体工程不得专业分包。施工单位与分包单位签订分包合同和安全协议，安全责任明确；分包单位应具备相应资质，资质须报监理、业主项目部审批。主体工程专业分包扣完；无分包合同或安全协议扣2分；分包单位资质不满足要求扣2分；未经监理、业主项目部审批扣1分	检查分包合同和安全协议	
7.2.7	起重机械安全管理	2	投入本项目主要的起重机械经相关部门检验合格并报监理审核确认。起重机械未经检验扣完，未报审每台扣1分	检查相关机械设备的合格证、监理报审	

续表

序号	检查项目	分值	评分标准	检查要求	扣分
7.2.8	安委会及其活动	2	项目建设单位按规定组建工程项目安委会，召开会议，开展安全检查活动，记录齐全。每项不符合扣1分	检查安委会成立文件及其活动记录	
7.2.9	站内照明以及事故照明	2	站内照明以及事故照明符合设计要求。每项不符合扣1分	检查站内照明和事故照明情况	
7.2.10	危险作业项目安全措施及方案	2	重大的起重、运输作业、特殊高处作业等危险作业项目安全措施及方案齐全。无方案扣2分，方案不完善每份扣1分，未按规定办理安全施工作业票每处扣1分	检查相关特殊作业项目	
8	质量控制与验收226分				
8.1	合同质量指标控制	5	工程应符合设计、规范及合同的要求。1项指标不符合扣2分	核对工程合同及质量评定统计表	
8.2	质量事故考核	5	施工及考核期不发生质量事故。发生一般质量事故扣完	检查质量事故报告	
8.3	质量监督活动	4	按质量监督大纲要求开展质监活动。每缺少1次扣2分	检查质量监督报告	
8.4	工程建设标准强制性条文执行	10	各单位按规定编制工程建设标准强制性条文管理制度；设计、施工单位编制工程建设标准强制性条文计划，设计、施工单位填写工程建设标准强制性条文执行记录，并签字齐全；监理单位填写分部工程检查表和工程项目汇总表。未编制每项扣2分，内容不全每项扣1分	检查相关文件资料	
8.5	质量通病防治	10	按照质量通病防治工作要求和技术措施要求开展质量通病防治工作。无质量通病防治任务书扣2分，无防治措施扣2分，无控制措施扣2分，无总结和评估报告扣2分	检查各参建单位质量通病防治相关文件	
8.6	土建工程质量记录及报告				
8.6.1	主要材料出厂资料及试验资料	30	主要材料合格证明及检测报告齐全；试验资料齐全。缺少1份扣2分，不完整或不规范每处扣1分	检查材料合格证、检测报告是否齐全完整、准确、有效	
8.6.2	隐蔽工程验收记录	10	隐蔽验收记录齐全。缺少1份扣1分，记录不完整、签证不规范每份扣0.5分	检查相关资料	
8.6.3	工程质量验评记录	15	工程质量验收及评定范围划分表满足规范要求；工程质量验收记录及评定表齐全。无划分表扣完，划分错误1项扣0.5分；缺少1份扣1分，填写不规范1份扣0.5分	检查相关资料	
8.6.4	安全和功能性控制资料及记录	10	试验记录齐全。缺少1份扣1分，记录填写不规范1份扣0.5分	检查相关资料	
8.7	电气安装工程质量记录及报告				
8.7.1	主要材料出厂资料及试验资料	30	材料合格证明及检测报告齐全。每缺少1份扣2分；不完整或不规范每处扣1分	检查材料合格证、检测报告是否齐全完整、准确、有效	
8.7.2	设备出厂试验报告	20	设备出厂试验报告齐全。缺试验报告扣完，技术参数不满足技术合同要求1处扣0.5分	检查相关资料	
8.7.3	施工试验报告或检测报告	25	试验报告齐全、规范。缺1份扣1分，报告不规范1份扣0.5分	检查相关资料	
8.7.4	隐蔽工程验收记录	10	隐蔽验收记录齐全。缺少1份扣1分，记录不完整、签证不规范每份扣0.5分	检查相关资料	
8.7.5	工程质量验评记录	20	工程质量验收及评定范围划分表满足规范要求；工程质量验收记录及评定表齐全。无划分表扣完，划分错误1项扣0.5分；缺少1份扣1分，填写不规范1份扣0.5分	检查相关资料	
8.8	工程数码照片	10	照片内容出现建筑结构裂缝、建筑屋面漏水为否决项。数码照片采集符合相关管理办法要求。不符合每张扣0.1分	检查反映工程实体质量的数码照片	
8.9	中间及竣工验收报告	4	中间验收报告、竣工验收报告齐全。缺1份扣2分	检查中间及竣工验收报告	
8.10	启动竣工验收证书	4	无启动竣工验收证书扣完，有未完项目且没有明确完成期限扣2分	检查启动竣工验收证书	
8.11	工程总结	4	建设、设计、监理、施工单位工程总结齐全，有针对性。未编写扣完，审批手续不规范扣1分，未总结经验教训及改进意见扣1分	检查建设、设计、监理、施工单位工程总结	

续表

序号	检查项目	分值	评分标准	检查要求	扣分
9	工程档案管理27分				
9.1	文件材料书写的字迹、载体	4	归档文件材料书写的字迹、载体应符合档案管理规定。文件材料书写的字迹不清晰或签字、印章不齐全1份扣0.5分，载体不合格1份扣0.5分	检查相关资料	
9.2	归档文件组卷	4	归档文件材料分类、组卷、排列、编号、卷内目录案、卷题名规范。1项不符合扣0.5分	检查相关资料	
9.3	案卷装订	4	文件、案卷装订符合档案要求。1项不符合扣0.5分	检查相关资料	
9.4	竣工图	6	竣工图相关资料齐全。没有编制竣工图总说明和分册说明的扣3分，编制不规范（包括图章、签字等）每处扣1分，发现设计变更与竣工图不符1处扣1分	检查竣工图总说明和分册说明随机检查竣工图3张 检查设计变更对应竣工图1处	
9.5	归档时间与范围	5	在项目竣工投产后3个月内移交工程档案，归档范围满足要求。1项不符合扣2分	检查移交记录	
9.6	移交案卷目录	4	移交案卷目录齐全。缺少目录扣完，目录不符合要求1处扣0.5分	检查本工程档案资料案卷目录（清册）和移交清单	
10	生产准备管理及主要技术经济指标60分				
10.1	生产准备管理20分				
10.1.1	运行编号、标牌、警示警	4	运行编号、标牌、警示牌整齐有序。1处不符合扣1分	检查运行编号、标牌、警示牌	
10.1.2	构架爬梯编号及防护、户外照明灯具编号	2	构架爬梯编号及防护、户外照明灯具编号齐全。1处不符合扣1分	检查构架爬梯编号、户外照明灯具编号	
10.1.3	安全工器具管理	4	安全工器具管理规范，器具均在检定有效期。不规范每项扣2分，未在规定时间内检定每项扣2分	检查安全工器具室	
10.1.4	消防器具管理	4	消防器具管理规范，器具均在检定有效期。不规范每项扣2分，未在规定时间内检定每项扣2分	检查消防器具管理记录、检查消防器具	
10.1.5	缺陷记录及处理	4	按规定进行缺陷记录及处理。不规范每项扣2分	检查缺陷记录	
10.1.6	红外测温	2	按照规定进行红外测温、记录。未进行红外测温扣完，每缺少1次扣1分。由于施工原因引起超温每发现1处扣1分	检查红外测温记录	
10.2	主要技术经济指标40分				
10.2.1	变压器非计划停运	2	不发生变压器非计划停运。发生1次扣2分	查运行记录	
10.2.2	GIS组合电器非计划停运	2	不发生GIS组合电器非计划停运。发生GIS组合电器非计划停运扣完	查运行记录	
10.2.3	断路器非计划停运	2	不发生断路器非计划停运。发生断路器非计划停运扣完	查运行记录	
10.2.4	重复计划停运	4	不发生主设备重复计划停运。变压器、GIS组合电器、断路器发生1次重复计划停运扣2分	查运行记录	
10.2.5	发生事故和一类障碍	6	不发生事故和一类障碍。发生事故扣完，发生一类障碍扣3分	查运行记录	
10.2.6	500kV（330kV）母线电量不平衡率	2	500kV（330kV）母线电量月不平衡率≤±1%。每超0.5%扣1分	查运行记录	
10.2.7	220kV（110kV）母线电量不平衡率	2	220kV（110kV）母线电量月不平衡率≤±1%。每超1%扣1分	查运行记录	
10.2.8	继电保护正确动作率	4	继电保护正确动作率100%。降1%扣2分	查运行记录	
10.2.9	远动装置投入率	4	远动装置投入率不小于98%。降1%扣2分	查运行记录	
10.2.10	遥测信号合格率	4	遥测信号合格率不小于98%。降1%扣2分	查运行记录	
10.2.11	遥信正确动作率	4	遥信正确动作率不小于98%。降1%扣2分	查运行记录	
10.2.12	变电主设备和线路的等效可用系数	4	变电主设备和线路的等效可用系数不小于95%。降1%扣2分	查运行记录	

附表 B-2　　　　输电线路工程达标投产考核表

序号	检查项目	分值	评分标准	检查要求	扣分
1	前期项目管理 15 分				
1.1	工程初步设计审查及批复	2	工程初步设计审查意见及批复文件、工程概算资料齐全。无审查或批复文件扣完，其余缺少 1 项扣 1 分	检查初步设计审查意见、批复文件和工程概算	
1.2	建设用地审批	3	建设用地审批及征地、拆迁、压覆矿合同、协议等文件资料齐全。缺 1 项扣 1 分，重要文件为复印件扣 0.5 分	检查相关文件、合同、协议	
1.3	工程建设专项许可文件	3	环境保护、水土保持、林勘、地质灾害等评价及审批文件资料齐全。缺 1 项扣 1 分，重要文件为复印件扣 0.5 分	检查相关文件	
1.4	组建业主项目部	2	按规定组建业主项目部。未按要求组建扣完，人员资格、数量不满足要求每项扣 1 分	检查项目部成立文件及人员数量、资格	
1.5	工程建设项目管理纲要	3	工程建设项目管理纲要齐全。未编制扣完，针对性差扣 1 分，无质量通病防治任务书扣 1 分	检查工程建设管理纲要	
1.6	质量监督申报书	2	质量监督申报书手续完备。未按规定办理扣完	检查质量监督申报书	
2	工程招标、投资管理 8 分				
2.1	工程招标	4	设计、施工、监理、主要设备与材料的采购按相关要求进行招标，签订合同及协议。未招标每项扣 2 分，合同及协议不规范每份扣 1 分	检查中标通知书、合同及协议	
2.2	工程返工控制	2	不得由于管理原因造成返工。返工造成的损失超过 5 万元，每项扣 1 分	查结算文件及工程变更文件	
2.3	工程结算	2	工程按规定时间完成结算，不得超出批准概算的静态投资。未在规定时间内完成工程结算扣完，静态投资每超出 1%扣 1 分	检查审批的概算、结算报告	
3	工程设计管理 33 分				
3.1	施工图设计文件	6	施工图应符合初步设计批复文件、规程、规范及施工图设计深度要求，施工图设计文件完整、按计划出图。无出图计划或不按计划出图扣 2 分，其余 1 处不符合扣 1 分	检查施工图设计文件，抽查施工图目录及计划	
3.2	路径协议	2	设计收资、协议齐全完备。因收资、协议等不齐全、不完备造成路径变更等扣完	检查初步设计总说明	
3.3	设计交底及图纸会检	3	进行设计交底及图纸会检。交底记录中缺少 1 卷（册）扣 1 分，会检不符合规定每次扣 1 分	检查设计交底记录和图纸会检纪要	
3.4	竣工图管理	4	竣工图完整，图面清晰，签字齐全，修改完整。1 份不符合扣 1 分	检查竣工图纸及设计变更	
3.5	设计工代管理	3	按合同要求派驻设计工代，及时处理现场问题，工代管理制度备案。1 项不符合扣 1 分	检查设计工代现场派驻情况及现场设计问题处理情况	
3.6	设计变更管理	7	按照规定要求进行设计变更管理。由设计原因造成的重大设计变更、未按规定要求批准而进行设计变更扣完，以会检纪要代替设计变更每份扣 2 分，设计变更报检不规范每份扣 1 分	检查设计变更、施工图会检纪要、竣工图	
3.7	工程变更费用	4	因设计差错、量差、漏项造成的工程变更费用不应超过基本预备费的 30%。超过扣完	检查设计变更文件	
3.8	工程防洪	2	工程设计满足防洪要求。不满足扣完	根据施工图纸现场实物检查	
3.9	通用设计成果应用	2	工程设计充分使用通用设计成果。未采用扣完，没有充分采用扣 1	分检查初步设计批复文件及设计文件	
4	工程施工管理 23 分				
4.1	组建施工项目部	2	按规定组建施工项目部。未按要求组建扣完，人员资格、数量不满足要求每项扣 1 分	检查项目部成立文件及人员数量、资格	
4.2	项目管理实施规划	6	项目管理实施规划编制审批规范，按规定进行全员交底。缺项目管理实施规划扣完，未进行全员交底扣 2 分，引用标准不正确扣 1 分，编审批手续不规范扣 1 分，编制时间不符合要求扣 1 分，未针对本工程特点编制扣 1 分	检查项目管理实施规划（施工组织设计）及其三级交底记录	
4.3	工程开工报审	2	按规定进行工程开工报审。无开工报审表扣完，审批手续不全或不规范扣 1 分	检查工程开工报审表	

续表

序号	检查项目	分值	评分标准	检查要求	扣分
4.4	施工方案（措施）	5	按规定编制施工方案（措施）并进行交底。未对全部参加施工人员交底扣2分，每缺1份方案（措施）扣2分，针对性差每处扣1分，编审批手续不全、不规范每处扣1分	根据项目管理实施规划检查方案（措施）及交底记录	
4.5	特殊工种/特殊作业人员报审	4	按规定进行特殊工种/特殊作业人员报审。未报审扣完，人员资质不符合要求每处扣1分	检查报审资料及相关施工记录	
4.6	计量器具报审	4	按规定进行主要测量、计量器具报审。未报审扣完，计量器具不满足工程施工需要扣2分，不在有效期内使用每件扣1分	检查报审资料、项目管理实施规划	
5	工程监理管理37分				
5.1	组建监理项目部	2	监理项目部按要求组建，人员及数量满足工程要求。未按要求组建扣完，人员资格、数量不满足要求每项扣1分	检查项目部成立文件及人员数量、资格	
5.2	监理规划	2	按规定编制监理规划。无监理规划扣完，审批不规范扣1分，针对性差扣1分	检查监理规划	
5.3	监理实施细则	3	按规定编制监理实施细则。无监理实施细则扣完，编制依据不符合要求扣2分，审批不规范扣1分，针对性差扣1分	检查监理实施细则	
5.4	监理进度控制	2	按规定编制工程一级网络进度计划并报审，审查施工进度计划，规范开展停、复工管理。无计划扣完，未及时调整扣1分，审批手续不规范扣1分，停、复工管理不规范扣1分	检查监理进度控制文件	
5.5	施工图会检	2	按规定进行施工图预检、会检。未进行预检扣1分，未参加会检扣1分	检查施工图预检记录及会检纪要	
5.6	文件审查	10	审核不严格、不规范每份扣1分	检查项目管理实施规划、管理制度、方案（措施）报审表，工程开工报审表，施工进度计划报审表、工程变更单，主要材料/设备/构配件进场报审表，开箱申请表，供货商、分包单位、试验（检测）单位资质报审表，主要施工机械/工器具/安全用具、主要测量计量器具/试验设备检验报审表，项目管理人员资质、特殊工种/特殊作业人员报审表，工程质量/安全事故报告表，处理方案及处理结果报审表，工程质量中间验收申请表、工程初检报告等	
5.7	工程款审批	2	按规定审核工程预付款、进度款报审资料及现场复核。不符合每项扣1分	检查工程预付款、进度款报审表	
5.8	工程索赔处理	2	工程索赔处理审核准确、及时。不符合每项扣1分	检查工程索赔相关资料	
5.9	监理工作联系单等文件	5	按规定编制及管理监理工程师通知单、工作联系单、监理月报、监理工程师通知回复单。监理月报缺1份扣1分，监理工程师通知单未闭环每份扣1分，不规范每份扣0.5分	检查监理工程师通知单、工作联系单、监理月报、监理工程师通知回复单	
5.10	安全质量监控点及旁站方案	3	按监理规划设置安全质量监控点（W、H、S点），编制监理旁站方案并审批，旁站监理记录齐全。不符合每项扣1分	检查监理规划、旁站方案及其记录	
5.11	施工质量巡视	2	按规定进行施工质量巡视。记录不规范每份扣1分	检查质量巡视周报表	
5.12	平行检验	2	按规定配备必要的检测工具，开展平行检验工作。记录不规范每份扣1分，检测工具不齐全扣1分	检查检测工具配备记录及平行检验记录	
6	工程工期管理10分				
6.1	项目进度实施计划	4	各参建单位编制项目进度实施计划并实施动态管理。未编制计划扣完，未及时调整计划扣2分	检查项目进度实施计划及其调整内容	

续表

序号	检查项目	分值	评分标准	检查要求	扣分
6.2	合同工期管理	6	变更工期无手续、无措施扣完，变更工期每超过一个月扣3分	检查工程合同工期及其调整计划	
7	安全管理52分				
7.1	事故考核21分				
7.1.1	人身伤害事故	3	施工及达标考核期间不发生重伤事故。发生重伤一人次扣完	检查安全事故报告表	
7.1.2	一般施工安全事故	6	施工期间不发生因施工原因造成的一般机械设备事故、一般火灾事故、负主要责任的一般交通事故、不发生员工集体食物中毒事故。每发生一次扣2分	检查安全事故报告表	
7.1.3	电网非正常停运事件	4	施工期间不发生因工程建设引起电网非正常停运事件。发生扣完	检查安全事故报告表	
7.1.4	重复发生事故	4	施工期内不重复发生性质相同的上述事故，考核期间运行单位不重复发生性质相同的上述事故。发生1起扣完	检查安全事故报告表，检查运行管理台账	
7.1.5	倒杆塔、倒跨越架、倒抱杆等事故	4	施工期间不发生倒杆塔、倒跨越架、倒抱杆等事故。发生1次扣完	检查安全事故报告表	
7.2	安全管理及安全技术措施31分				
7.2.1	安全文明施工策划	4	各参建单位按规定编制安全文明施工策划。无安全监理工作方案扣2分，无安全文明施工实施细则扣1分，无应急预案扣1分，报审不规范扣0.5分，上述策划、细则、方案针对性差每处扣0.5分	检查施工单位安全文明施工实施细则、应急预案（处置方案）及报审，监理单位安全监理工作方案	
7.2.2	安全检查考核评价	2	按规定进行工程安全检查考核评价。未进行工程安全检查考核评价扣完，问题未闭环每项扣1分	检查工程安全检查考核评价结果	
7.2.3	安全文明施工措施费管理	4	按规定进行安全文明施工措施费管理。未编制安全施工设施配置申报单扣2分，未编制文明施工措施申报单扣2分，未按规定使用安全文明施工措施费扣2分	检查安全施工设施配置申报单，检查文明施工措施及文明措施申报单，检查安全施工设施配置申报单	
7.2.4	安全管理网络及安全责任制落实	4	参建单位按国家电网公司基建安全管理规定健全安全制度，安全责任制落实到人，安全管理网络健全。安全制度不健全扣2分，安全管理网络不健全扣2分，安全责任落实不到位扣2分	检查参建单位安全管理制度及安全管理网络	
7.2.5	安全技术措施编制与报审	4	按照规定和程序进行安全技术措施编制与报审。缺安全技术措施扣完，不完善每份扣0.5分	检查一般施工方案（措施），特殊跨越、临近带电体施工、恶劣地形环境组立铁塔、大跨越等专项施工措施及报审资料	
7.2.6	分包管理	4	主体工程不得专业分包。施工单位与分包单位签订分包合同和安全协议，安全责任明确，分包单位应具备相应资质，资质须报监理、业主项目部审批。主体工程专业分包扣完，无分包合同或安全协议扣2分，分包单位资质不满足要求扣2分，未经监理、业主项目部审批扣1分	检查分包合同和安全协议	
7.2.7	起重机械安全管理	3	投入本项目主要的起重机械经相关部门检验合格并报监理审核确认。起重机械未经检验扣完，未报审每台扣1分	检查相关机械设备的合格证、监理报审表	
7.2.8	安委会及其活动	2	项目建设单位按规定组建工程项目安委会，召开会议，开展安全检查活动，记录齐全。不符合每项扣1分	检查安委会成立文件及其活动记录	
7.2.9	易燃、易爆品管理	2	按照规定建立易燃、易爆品管理制度。无保管记录扣完，管理不规范扣1分	检查保管、领用等记录	
7.2.10	杆塔安全设施	2	投入运行的杆塔安全设施应齐全。安装不符合设计及规范要求，每基扣1分	现场检查防松防卸措施，脚钉、爬梯及防坠落装置等	
8	质量控制与验收164分				
8.1	合同质量指标控制	4	工程应符合设计、规范及合同的要求。1项指标不符合扣2分	核对工程合同及质量评定统计表	
8.2	质量事故考核	4	施工及考核期不发生质量事故。发生一般质量事故扣完	检查质量事故报告	

续表

序号	检查项目	分值	评分标准	检查要求	扣分
8.3	质量监督活动	4	按质量监督大纲要求开展质监活动，每缺少 1 次扣 2 分	检查质量监督报告	
8.4	工程建设标准强制性条文执行	10	各单位按规定编制工程建设标准强制性条文管理制度。设计、施工单位编制工程建设标准强制性条文计划，设计、施工单位填写工程建设标准强制性条文执行记录，并签字齐全，监理单位填写分部工程检查表和工程项目汇总表。未编制每项扣 2 分，内容不全每项扣 1 分	检查相关文件资料	
8.5	质量通病防治	10	按照质量通病防治工作要求和技术措施要求开展质量通病防治工作。无质量通病防治任务书扣 2 分，无防治措施扣 2 分，无控制措施扣 2 分，无总结和评估报告扣 2 分	检查各参建单位质量通病防治相关文件	
8.6	证明材料及检测报告 84 分				
8.6.1	主要原材料合格证明及检测报告	50	砂、石、水、混凝土外加剂、预拌（商品）混凝土、水泥、钢筋、钢筋焊接（含试焊）接地模块、杆塔（含螺栓、铁附件、地脚螺栓、插入角钢、绝缘子、导线、地线、光缆、金具等）合格证明资料或检测报告齐全。每缺少 1 份扣 2 分，不完整或有差错每处扣 1 分	检查出厂合格证、检测报告、跟踪管理记录	
8.6.2	混凝土配合比报告、试块检验报告、桩基检测报告，强度检验评定	25	混凝土配合比报告、试块检验报告、桩基检测报告，强度检验评定应符合设计和规范要求。混凝土配合比报告不齐全每份扣 2 分，试块报告不齐全或有不符合项每份扣 1 分，强度未评定扣 2 分，桩基检测报告不规范每处扣 1 分	检查配合比报告、混凝土试块强度检测报告、同条件混凝土养护温度记录表、桩基检测报告、强度评定表	
8.6.3	导地线握着力试验报告	3	按规定进行导地线握着力试验。无报告扣完，报告时间晚于架线施工开始时间扣 2 分，报告不规范扣 1 分	检查试验报告及架线施工记录	
8.6.4	灰土地基检测报告	2	按设计要求做灰土地基检测。无报告扣完，报告不规范扣 1 分	检查试验报告或检测报告	
8.6.5	线路参数测试方案及报告	2	编制线路参数测试方案和报告。无方案、报告扣完，内容无针对性扣 0.5 分	检查测试方案和测试报告	
8.6.6	光缆接续测试	2	光缆接续损耗不超过 0.24dB/km。超损耗扣完	检查通信测试资料和光缆接续资料	
8.7	施工记录	18	记录齐全，填写、签字符合要求。填写、签字不符合要求每份扣 0.2 分	检查施工记录	
8.8	隐蔽工程监理签证	8	基础、接地、压接等隐蔽工程签证齐全，填写符合要求。缺项扣完，不符合要求每份扣 0.5 分	检查隐蔽工程签证单	
8.9	工程质量评级统计	3	单位、分部工程质量评级统计齐全，内容符合要求。缺项扣完，不符合要求每处扣 0.5 分	检查相关资料	
8.10	数码照片检查	8	数码照片采集符合相关管理办法要求。不符合每张扣 0.1 分	检查反映实体质量的数码照片	
8.11	中间及竣工验收报告	4	中间验收报告、竣工验收报告缺 1 份扣 2 分	检查中间及竣工验收报告	
8.12	启动竣工验收证书	3	无启动竣工验收证书扣完，有未完项目且没有明确完成期限扣 2 分	检查启动竣工验收证书	
8.13	工程总结	4	建设、设计、监理、施工单位工程总结齐全，有针对性。未编写扣完，审批手续不规范扣 1 分，未总结经验教训及改进意见扣 1 分	检查建设、设计、监理、施工单位工程总结	
9	工程档案管理 23 分				
9.1	文件材料书写的字迹、载体	4	归档文件材料书写的字迹、载体应符合档案管理规定。文件材料书写的字迹不清晰或签字、印章不齐全每份扣 0.5 分，载体不合格每份扣 0.5 分	检查相关资料	
9.2	归档文件组卷	4	归档文件材料分类、组卷、排列、编号、卷内目录案、卷题名规范。每项不符合扣 0.5 分	检查相关资料	
9.3	案卷装订	3	文件、案卷装订符合档案要求。每项不符合扣 0.5 分	检查相关资料	
9.4	竣工图	6	竣工图相关资料齐全。没有编制竣工图总说明和分册说明的扣 3 分，编制不规范（包括图章、签字等）每处扣 1 分，发现设计变更与竣工图不符每处扣 1 分	检查竣工图总说明和分册说明，随机检查竣工图 3 张，检查设计变更对应竣工图 1 处	

续表

序号	检查项目	分值	评分标准	检查要求	扣分
9.5	归档时间与范围	4	在项目竣工投产后 3 个月内移交工程档案，归档范围满足要求。每项不符合扣 2 分	检查移交记录	
9.6	移交案卷目录	2	移交案卷目录齐全，缺少目录扣完，目录不符合要求每处扣 0.5 分	检查本工程档案资料案卷目录（清册）和移交清单	
10	生产准备管理 35				
10.1	缺陷记录及处理	5	按规定进行缺陷记录及处理。处理不规范每项扣 2 分	检查缺陷记录	
10.2	红外测温	5	无测温记录扣完，超温 1 处扣 2 分	检查红外测温记录	
10.3	线路通道	8	线路通道符合设计及规范要求。不符合每处扣 2 分	检查竣工验收报告和运行记录	
10.4	线路本体异物	4	铁塔、导线无异物。有异物每处扣 1 分	检查竣工验收报告和运行记录	
10.5	一类障碍	5	不发生一类障碍。发生扣完	查运行记录	
10.6	线路非计划停运	5	不发生线路非计划停运。发生扣完	查运行记录	
10.7	线路重复计划停运	3	不发生线路重复计划停运。发生扣完	查运行记录	

注 每项（条）扣分时分值扣完为止，不超过设定分值。

附件 II

送电工程达标投产考评项目及评分标准表

送电工程达标投产考评项目及评分标准表

序号	考核项目	评分标准	责任单位	备注
一、	安全管理及文明生产	100 分		
1	事故考核			
1.1	施工及达标考核期间不发生人身伤害事故	重伤每一人次扣 7 分，轻伤每一人次扣 1 分	运行、施工单位	按计算公式一（见本表末说明）计算扣分，事故统计按规程
1.2	施工及达标考核期间不发生一般及以上设备事故、机械事故、火灾事故和责任交通事故	每发生一次扣 3 分	施工、运行单位	所扣分数为整个工程此项目的扣分，属于此种情况的，以下不再加以注释
1.3	施工期间不发生倒杆塔、倒跨越架、倒抱杆及大型塌方等事故；达标考核期间不得有倒杆塔、断线等事故	每发生一次扣 4 分		
1.4	同一现场不发生性质相同的事故	只要发生，除按上述 1.1～1.3 规定扣分外，另加扣 2 分/次	施工单位	
2	安全管理及措施			
2.1	参建单位安全机构健全，安全制度健全并执行严格、责任到人，安监及特殊工种人员持证上岗	只要有不符合要求项，扣 2.5 分	施工单位	
2.2	分包单位应具备相应资质，总包与分包单位安全责任明确，总包对分包单位的安全监督到位	只要有不符合要求项，扣 2.5 分	施工单位	
2.3	建设期内建设单位至少应组织二次安全大检查并进行相应安全分析，对查出的问题有整改措施，检查和整改记录齐全	只要有不符合要求项，扣 2.5 分	建设、施工单位	
2.4	安全工器具和防护用品齐全，符合安全规程；选用经鉴定合格的产品，定期进行检查和试验并有记录	只要有不符合要求项，扣 1.5 分	施工单位	
2.5	易燃易爆品应妥善保管、有专人看护并有记录	只要有不符合要求项，扣 1.5 分	施工单位	
2.6	施工组织设计应制定安全技术措施，措施应完善具体	只要有不符合要求项，扣 1.5 分	施工单位	
2.7	消防、治安保卫组织健全、配有专（兼）职消防治安保卫人员	只要有不符合要求项，扣 1.5 分	施工单位	
2.8	相位标志和防护标志应安装齐全，正确、醒目、牢靠	每一基不合格，扣 0.5 分	施工、运行单位	按计算公式二（见本表末说明）计算扣分，其中 $J=0.5$，最多扣 3 分
2.9	施工机械运行正常，有完善的操作规程，操作人员持证上岗；按规定保养机械并做好保养记录	只要未按规定全做到，扣 2 分	施工单位	

续表

序号	考核项目	评分标准	责任单位	备注
2.10	杆塔有放松、防盗措施，脚钉、爬梯的安装符合设计要求	不符合要求，每基扣0.2分	施工、运行单位	按计算公式二计算扣分，其中J=0.2，最多扣3分
2.11	重要跨越施工、特殊施工等必须有施工措施；关键工序必须有作业指导书，其内容必须要有完善的安全措施，并呈报批准备案	不符合要求每处扣2分，累加计算	施工单位	按计算公式三（见本表末说明）计算扣分，J为各处扣分之和，最多扣5分
2.12	定期开展安全活动，活动有具体内容、有目的、有记录	不符合要求，每项扣1分	施工、运行单位	
2.13	严格执行“两票三制”	执行有问题，每一项扣1分	施工、运行单位	
3	文明施工			
3.1	土石方开挖、混凝土浇筑等施工过程均应符合环境保护的要求	只要有不符合要求项，每基扣1分	施工单位	按计算公式二计算扣分，其中J=1，最多扣3分
3.2	工程竣工后，应做到工完料净，场地清	只要有不符合要求项，每基扣0.5分	施工单位	按计算公式二计算扣分，其中J=0.5，最多扣3分
二、	施工工艺、质量控制及技术指标	100分		
1	施工工艺			
1.1	基础混凝土施工应采用机械搅拌，受条件限制采用人工搅拌时，须经监理工程师或甲方质检人员同意并记录备案	只要有不符合要求项，每基扣0.5分	监理、施工单位	按计算公式二计算扣分，其中J=1.5，最多扣3分
1.2	基础混凝土表面平整，工艺美观	只要有不符合要求项，每基扣0.5分		
1.3	回填土防沉层整齐美观，工程移交时坑口回填土的上表面不低于原始地面	只要有不符合要求项，每基扣0.5分		
1.4	铁塔螺栓匹配使用，螺栓与构件面接触紧密，螺栓的穿向符合规范，螺栓强度等级字迹清晰符合设计要求	每基发现每处不符合要求，扣0.1分；每基扣分分数按发现处数累加计算。然后再各基累加	监理、施工单位	按计算公式三计算扣分，其中J为各基累计扣分之和，最多扣5分
1.5	引流线呈近似悬链线状自然下垂。铝包带应紧密缠绕，其缠绕方向与外层铝股绞制方向一致，端头应回夹于线夹内并压住	只要有不符合要求项，每基扣1.5分	监理、施工单位	按计算公式二计算扣分，其中J=1.5，最多扣3分
1.6	拉线与拉线棒成一直线；采用楔形线夹其尾线露出长度为300～500mm并与本线扎牢或压牢；同组拉线使用两个线夹，线夹尾端的方向应统一	只要有不符合要求项，每基扣0.5分	监理、施工单位	按计算公式二计算扣分，其中J=0.5，最多扣3分
1.7	导线相间或二避雷线间，弧垂允许偏差不大于200mm（110kV）及300mm（220kV及以上）；相分裂导线同相子导线的弧垂偏差，无间隔棒双分裂导线为0～+100mm、有间隔棒时为80mm（220kV）或50mm（330～500kV）	只要有不符合要求项，每个耐张段扣2分	监理、施工单位	按扣分计算公式二计算，J=2，抽查率η为耐张段的抽查率，最多扣4分
2	施工质量控制			
2.1	每个单位工程须编制《工程质量保证措施》，分部工程须编制《施工工艺手册》或《作业指导书》，并严格执行	未编制或执行不严，扣2分	监理、施工单位	
2.2	工程施工必须使用有出厂合格证明或经检验合格的原材料和装置性材料	提供的合格证明每缺少一种（一项），扣0.5分，累加计算	监理、施工单位	
2.3	混凝土试块强度检验合格，检验试验报告齐全、完整	不齐全不完整或有不合格组（批），扣3分		
2.4	施工技术记录齐全、完整，填写真实、准确，无差错，个别修改处应履行手续	不符合要求，每发现一处扣0.2分，累加计算	监理、施工单位	
2.5	隐蔽工程施工须有监理工程师或甲方质检人员在场检查并签证	只要不符合要求，扣2分	施工、运行、监理单位	
2.6	基础、组塔施工须进行中间工序交接验收检查，并有记录或纪要	只要不符合要求，扣2分	监理、施工单位	

续表

序号	考核项目	评分标准	责任单位	备注
3	主要技术指标			
3.1	基础			
3.1.1	混凝土强度、钢筋和地脚螺栓规格，符合设计要求	不符合要求，每基扣20分	施工、监理单位	按计算公式二计算扣分，其中$J=20$
3.1.2	（1）基础坑深允许偏差为＋100mm、－5mm；岩石基础成孔深度不应小于设计值。 （2）整基铁塔基础中心与中心桩间的位移（施工偏差），直线塔横线路方向及转角塔横、顺线路方向均不得大于30mm。 （3）立柱及各底座断面尺寸，最大允许偏差为－1%。 （4）基础根开及对角线尺寸施工允许偏差：地脚螺栓式±2‰、主角钢插入式±1‰、高塔基础±0.7‰。 （5）基础结构混凝土表面应光滑，无蜂窝、麻面及露筋等明显缺陷	在每基中，发现每处（项）不合格扣1分，累加计算；然后再各基累加	监理、施工单位	按计算公式三计算扣分，其中J为各基累计扣分之和。最多扣10分
3.2	杆塔			
3.2.1	相邻结点间主材弯曲不大于1/750；等截面拉线塔立柱弯曲允许偏差：1‰，最大30mm（500kV）、1.5‰（220～330kV）、2‰（110kV）	不符合要求，每基扣20分	施工、监理单位	按计算公式二计算扣分，其中$J=20$
3.2.2	架线后，直线杆塔结构倾斜允许偏差：3‰（110～500kV）、1.5‰（高塔）；转角、终端塔塔顶不应偏向受力侧；大跨越杆塔不应向跨越侧倾斜	不符合要求，每基扣20分		
3.2.3	（1）普通钢筋混凝土电杆不得有纵向裂缝、横向裂缝宽度不大于0.1mm；预应力混凝土电杆不得有纵、横向裂缝；杆顶应封堵。 （2）凡段与段连接的钢管杆或带钢圈的混凝土杆，其焊口质量要求是：不允许存在焊缝不足或表面裂缝的情况、母材咬边深度不大于0.5mm；接头处应进行防腐处理；焊口不正造成的弯曲度不大于2‰。 （3）镀锌质量符合规范要求，且锌层厚度均匀。 （4）铁塔下横担以上采取放松措施，基础顶面以上4m范围采取防御措施；螺栓紧固扭矩符合规范要求、紧固率达97%及以上（每基至少检查50只螺栓）	在每基中，发现每处不合格扣1分，累加计算；然后再各基累加	施工单位	按计算公式三计算扣分，其中J为各基累计扣分之和。最多扣10分
3.2.4	（1）采用NUT型线夹螺杆必须露出不小于1/2螺杆长度的螺纹，螺母上应装防盗罩，花篮螺栓应封固。 （2）拉线采用压接式线夹时，连接强度不小于线材的95%保证计算拉断力。 （3）X型拉线交叉点留有足够空隙；拉线对地夹角偏差不应大于1°。 （4）组合拉线的各根拉线受力应一致	在每基中，发现每处不合格扣1分，累加计算；然后再各基累加	施工单位	按计算公式三计算扣分，其中J为各基累计扣分之和。最多扣10分
3.3	架线			
3.3.1	导线、地线规格符合设计要求，质量合格并有相应的测试证明或报告	每耐张段不符合要求，该耐张段扣20分	施工、监理单位	按计算公式二计算扣分，其中$J=20$
3.3.2	（1）同一档内每根导（地）线上只允许有一个接续管和三个补修管（张力放线为两个补修管），各类管的安装部位应符合规范规定。 （2）导（地）线与接续管、耐张线夹连接，其握着强度不小于线材保证计算拉断力的95%。 （3）导（地）线弧垂的允许偏差：110kV为＋5%，－2.5%；对220kV及以上为±2.5%；大跨越为±1%且不大于1m。 （4）交叉跨越和对地距离符合设计规程要求	在每耐张段中，发现每处不合格扣1分，累加计算，然后再各耐张段累加	施工、监理单位	按计算公式三计算扣分，其中J为各基累计扣分之和。最多扣10分
3.4	附件安装			
3.4.1	金具及间隔棒规格、数量符合设计要求	不符合要求，每基扣20分	施工、监理单位	按计算公式二计算扣分，其中$J=20$

续表

序号	考核项目	评分标准	责任单位	备注
3.4.2	（1）金具上闭口销齐备，直径与孔径相互配合，且弹力适度。 （2）悬垂绝缘子串应垂直地平面，顺线路方向位移不大于5°（最大200mm）。 （3）防震锤及阻尼线应垂直地面，安装距离偏差不大于±30mm。 （4）间隔棒结构面与导线垂直，靠近杆塔的间隔棒安装距离偏差不大于±1.5%，其余不大于±3%，各相安装位置应一致。 （5）绝缘避雷线放电间隙的安装误差不大于±2mm。 （6）跳线及带电体对杆塔电气间隙符合规范或设计要求	在每基中，发现每处（项）不合格扣1分，累加计算	施工、监理单位	按计算公式三计算扣分，其中J为各基累计扣分之和。最多扣10分
3.5	接地工程			
3.5.1	接地电阻值符合设计要求	每基不符合要求，该基扣5分	施工、监理单位	按计算公式二计算扣分，其中$J=5$。最多扣20分
3.5.2	（1）接地体的规格及埋深不应小于设计规定。 （2）接地装置的连接应可靠，引下线与杆塔连接应接触良好	在每基中，发现每处（项）不合格扣0.5分，累加计算	施工单位	按计算公式三计算扣分，其中J为各基累计扣分之和。最多扣3分
3.6	防护设施： （1）基础护坡或防护堤应牢固可靠，整齐美观。 （2）排水沟、挡土墙符合设计要求。 （3）保护帽与主材结合紧密，整齐美观。 （4）线路通道障碍及通信保护处理，符合设计要求。 （5）塔腿不等高接地体连接，应有防护措施	在每基中，发现每处（项）不合格扣0.5分，累加计算	施工单位	按计算公式三计算扣分，其中J为各基累计扣分之和。最多扣3分
三、	工程档案管理100分			
1	工程建设依据性文件及资料： （1）可研报告和审批文件。 （2）工程初步设计审查意见及批复文件。 （3）路径审批文件及其合同、协议等（包括规划、土地、林业、公路、铁路、邮电、军事设施、环保、航道管理、建设等有关方面或部门）。 （4）工程基建年度投资计划。 （5）重要会议纪要、材料	文件和资料每缺一项（或一种）、重要文件为复印件或为无效文件，均分别扣0.5分，累加计算	建设、设计、施工单位	
2	工程设计文件资料： （1）初步设计及工程概算。 （2）施工图设计及工程预算	每缺少一项（或图纸一张）或虽不缺少但某项（某张）不合格、不完整，均分别扣0.5分，累加计算	建设、设计单位	
3	工程设计、施工、监理、调试以及设备、材料购货等合同、协议	每缺少一项（一种）或虽不缺少但某项不合格、不完整，均分别扣0.5分，累加计算	建设、施工单位	
4	工程施工文件、资料： （1）工程开工报告和施工组织设计。 （2）施工图交底及施工协调会议记录。 （3）施工原始技术记录。 （4）工程施工质量文件（原材料和器材出厂质量检验证明和试验报告、各阶段质量检查验收评定文件，不合格品处理报告等）。 （5）隐蔽工程记录及签证书。 （6）工程质量监督、建设监理文件、纪要，施工质量事故报告和永久性缺陷记录等。 （7）塔基占地、拆迁、林木砍伐等补偿性文件、协议或合同	每缺少一项（一种）或虽不缺少但某项不合格、不完整，均分别扣0.5分，累加计算	建设、设计、监理、施工单位	
5	工程竣工文件资料（移交生产后1～2个月内提交）： （1）线路参数测试方案、措施和试验报告。 （2）未完工程及需要改进工程清单（应明确设计和施工单位以及完成期限）。 （3）工程竣工报告、验收报告、交接证书。 （4）竣工图应齐全、完整、准确加盖竣工图章。 （5）全部设计变更联系单、施工联系单。 （6）工程竣工决算报告	每缺少一项（一种）或虽不缺少但某项不合格、不完整，以及某处涂改无手续，均分别扣0.5分，累加计算	建设、施工单位	

续表

序号	考核项目	评分标准	责任单位	备注
6	工程运行管理资料： （1）各类运行操作规程、事故处理规程、管理制度、措施等。 （2）工作票及各种运行台账。 （3）达标考核期运行记录。 （4）达标考核期间事故分析报告及处理意见	每缺少一项（一种）或虽不缺少但不准确、不规范，均分别扣0.5分，累加计算	运行单位	
四、	工程设计管理50分			
1	设计管理			
1.1	工程设计施行招投标制	未实行扣2分	建设单位	
1.2	施工图设计符合初设审批文件、现行标准、规范及施工图设计深度要求	只要不符合要求，每项扣2分	设计单位	
1.3	设计图纸资料交付及时，满足工程需要	只要不符合要求，每次扣1分		
2	设计成品质量			
2.1	各专业及专业内部或设计成品之间应相互配合协调一致，互相之间无有抵触或遗漏	只要不符合要求，每项扣2分	设计单位	
2.2	设计内容齐全完整，设计图纸符合统一制图规定，图面整洁美观，文字说明简练、清楚、正确，审批手续齐全	不符合要求，扣1分。累加计算		
2.3	施工图预算编制无差错	发现一处差错扣1分，累加计算		
3	工程造价管理			
3.1	因量差、漏项造成的设计变更不超过基本预备费的30%	每超过1%，扣0.5分	建设、设计单位	
3.2	设计中无有因设计不周造成的设计修改，未经批准不得进行重大设计变更	只要不符合，每次扣2分。合理变更设计，节省投资10万元及以上或取得明显安全技术效果，视情况给予适当加分奖励	设计单位	
4	设计服务：施工前认真进行施工图交底，施工中设计代表随时到现场解决施工中遇到的设计问题，投产后半年内应进行设计回访	只要未做到，每次扣1分	设计单位	
五、	工程综合管理50分			
1	工程造价控制			
1.1	工程设计、施工、监理、主要材料设备（导线、地线、杆塔、绝缘子、金具）的采购等实现招投标制	每项未实行招投标扣2分，累加计算	建设单位	
1.2	进口器材须经有关部门批准，并不得擅自扩大范围	只要不符合要求扣3分		
2	确保合理工期			
2.1	应编制工程建设计划并按时滚动修正	只要不符合要求扣2分	建设单位	
2.2	工程建设工期控制在合理工期	按《电力工程项目建设工期定额》考核，每超过一个月扣0.2分	建设、监理、施工单位	
3	按电力工程质监大纲要求开展质监工作	只要不符合要求扣2分	建设单位	
4	施工应实行监理制	只要不符合要求扣2分	建设、监理单位	
5	运行准备			
5.1	运行单位职责明确，运行人员须经岗位培训和安全专业知识考试，合格后上岗	不符合要求每一人次扣0.5分，累加计算	建设单位	
5.2	有关安全生产、运行维护等规章制度健全，并建立巡线维护、事故抢修等管理制度和相应台账	不符合要求，每项扣1分		

续表

<table>
<tr><th>序号</th><th>考核项目</th><th>评分标准</th><th>责任单位</th><th>备注</th></tr>
<tr><td>5.3</td><td>建立备品备件和生产用工器具入库台账，仓库应清洁，物品放置整齐有序</td><td>不符合要求，每项扣1分</td><td rowspan="2">建设单位</td><td rowspan="2"></td></tr>
<tr><td>5.4</td><td>交通工具、通信设备到位并使用正常、可靠</td><td>不符合要求，每项扣1分</td></tr>
<tr><td rowspan="3">说明</td><td>计算公式一：
（考核伤亡事故情况的扣分使用此式计算，以150km为基准，扣分分数与线路长度成反比）</td><td>总扣分分数：
$Z=150Js/l$
Z—总扣分分数；
J—基本扣分分数；
s—受到人身伤害的人次数；
l—线路长度，km</td><td rowspan="3"></td><td rowspan="3">关于施工工艺及主要技术指标的抽查率：
（1）基础、杆塔、附件安装、接地工程，按“基”抽查，正常每10km抽查1基，但最少不能少于6基，另大跨越、特殊杆塔必查；
（2）架线工程，根据耐张段的多少，抽查率为每30～60km抽查1段，但最少不能少于2个耐张段，另大跨越段必查</td></tr>
<tr><td>计算公式二：
若各基扣分相等按此式计算，即先按抽查样本的某基计算单基扣分分数，再计算考核项目总扣分（整个工程的扣分）</td><td>总扣分分数：
$Z=Jb/\eta$
Z—考核项目总扣分分数；
J—基本扣分分数；
b—不符合要求的杆塔基数（或耐张段数）；
η—抽查率</td></tr>
<tr><td>计算公式三：
若各基扣分不等按此式计算，即先计算抽查样本的扣分之和，并以此作为基本扣分分数，再计算考核项目总扣分（整个工程的扣分）</td><td>总扣分分数：
$Z=J/\eta$
Z—考核项目总扣分分数；
J—基本扣分分数；
η—抽查率</td></tr>
</table>

第3章　变电工程施工组织设计

3.1　工 程 概 况

3.1.1　编制依据

（1）国家关于工程建设现行的法律、法规及行业的规程、规范。

（2）施工组织设计纲要或者项目管理规划大纲。

（3）已经批准的计划任务书、初步设计和施工图、设备清册和材料清单。

（4）工程有关的协议、合同、文件。

（5）施工定额资料。

（6）现场情况调查及掌握的其他资料。

（7）类似工程的施工方案、施工经验和工作总结。

3.1.2　工程建设相关单位

3.1.2.1　建设单位

建设单位就是项目法人，也称为业主，有时建设单位会委托其下属部门或子公司代行业主职责。

3.1.2.2　设计单位

设计单位即受业主委托或根据合同要求对整个或部分工程项目进行勘测设计的项目承包人。

3.1.2.3　监理单位

监理单位即受业主委托或根据合同要求对整个或部分工程项目进行监理的项目承包人。

3.1.2.4　施工单位

施工单位即受业主委托或根据合同要求对整个或部分工程项目进行施工调试的项目承包人。一般来说就是施工组织设计的编写单位。

3.1.3　工程承包范围

施工合同中规定的由承包商完成的工作内容编写。

3.1.4　建设期限

建设期限应指明开工日期和竣工日期，并与施工计划网络中的开工、竣工时间相一致。

（1）开工日期：××××年××月××日。

（2）竣工日期：××××年××月××日。

3.1.5　工程概述

工程概述一般首先介绍本工程的建设背景和建设意义，然后再详细进行介绍。

3.1.5.1　建设规模

变电站的建设规模一般先介绍本变电站的远景规划和本期的施工规模，总体介绍完成后，再分各配电区介绍配电区的布置方式和主要设备数量，介绍二次系统的形式和主要设备数量，最后介绍主要建筑物以及构支架的形式、规模等。

3.1.5.2　地形、地质、地貌

主要介绍变电站的地形、地质、地貌等，一般包括工程地形和工程地质及其变化情况，工程水文地质及其变化状况，地震级别及其危害程度。

3.1.5.3　交通条件

主要介绍变电站周围的主要交通干道、交通站点，以及交通干道、站点等与所址的距离。主要交通干道包括公路、铁路、通航河流等。

3.1.5.4　现场自然条件

主要介绍站址所在地的气候特点，可以详细介绍当地的气温和降水情况，指明雨季和冬季的时间等。

3.1.5.5　项目管理总体要求

项目管理总体要求可以指明本工程项目的质量、安全等目标，以及管理上想要达到的目标等。

3.1.6　工程特点

3.1.6.1　设计特点

主要指工程设计原则以及设计上与普通设计和典型设计不一样的方面，以及采用的新设备、新材料等。

3.1.6.2　施工特点

主要指工程项目的管理及施工目标，施工管理与施工工艺中采用的新管理理念、新方法、新工具、新材料、新工艺，以及其他施工特点等。还包括地基处理、非常规工期、非常规施工条件、非常规设备，以及与常规土建、电气施工不一样等特点。

3.1.7　主要工程量

主要工程量一般分为土建部分和电气部分两部分来描述。

3.1.7.1　土建部分

土建部分的工程量一般包括施工项目中的构架、设备基础以及主要建筑物和其他建筑物，其他在合同中规定的土建工程量等。可以表明土石方工程量、混凝土工程量等。

3.1.7.2　电气部分

电气部分的工程量一般包括施工项目中的母线、一次设备、二次设备、电缆敷设安装等的工程量以及一次、二次设备的调试工程量，全所防雷接地、照明、远动通信、综合监控等的工程量，以及其他在合同中规定的电气安装调试工程量等。可以指明需要安装调试的母线、设备、电缆的具体数量。

3.2　施工现场组织机构

3.2.1　施工现场组织机构关系图

成立项目经理负责制的“××变电站工程项目经理部”，代表施工单位对工程项目实行全面管理。项目经理部服从项目法人的统一管理。项目经理部的规模可以根据工程规模来设立，如500kV及以上变电站等大型项目可以设立项目经理、副经理、总工以及五大部门（综合、工程、安监、计经、供应部），220kV、110kV变电站等中小型项目可以设立项目经理、副经理或总工以及五大员（技术、安全、质检、计经、材料员）。在施工现场组织机构关系图中，一般以实线表示隶属关系，以虚线表示合作关系。500kV施工现场组织机构关系图如图3-2-1所示，220kV施工现场组织机构关系图，如图3-2-2所示。

3.2.2　各部门（人员）管理职责及权限

3.2.2.1　项目经理

项目经理是施工单位的法定代表人在承包的建设工程项目中委托的代理人。主要具有以下职责：

（1）全面负责本项目工程的计划、组织、控制、协调、信息反馈等工作。

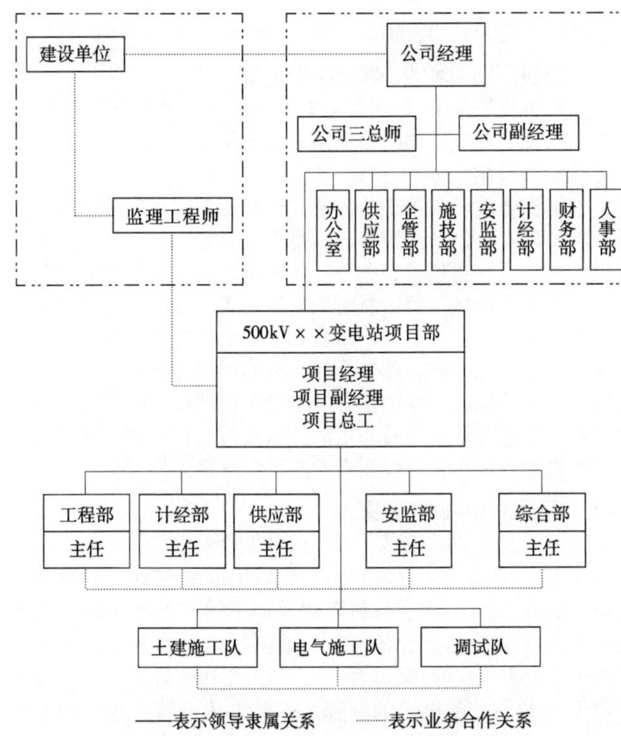

图 3-2-1　500kV 及以上变电站施工现场组织机构图

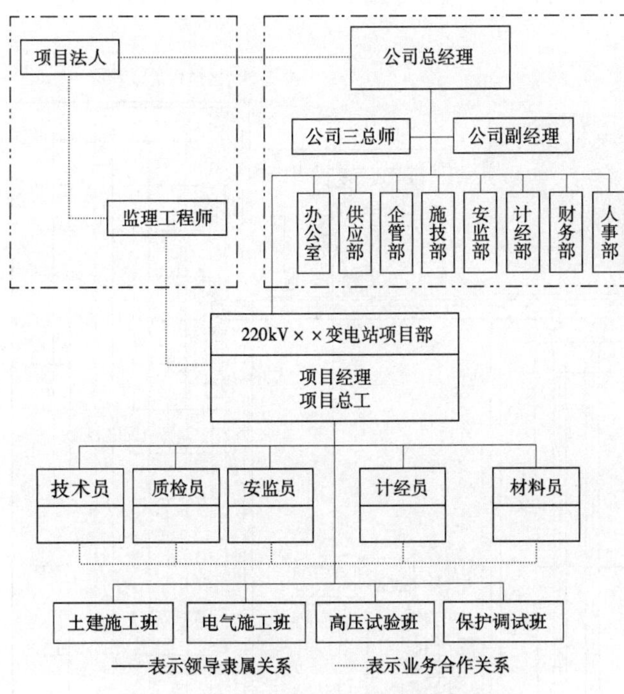

图 3-2-2　中小型变电站施工现场组织机构图

（2）合理配置资源，对工程安全、质量、工期目标全面负责。

（3）负责与项目法人协商制定工地规则。

（4）对施工期间项目法人或监理工程师提出的其他工作负责协调落实。

（5）坚持厂务公开，接受民主监督，开好民主生活会，搞好群众关系。

3.2.2.2　项目副经理

（1）根据项目经理的授权，协助项目经理进行工程施工管理工作。

（2）负责进度计划的控制，根据项目的总目标和阶段目标，对施工进度进行检查、调整，调配施工资源。

（3）执行有关技术规范和标准及各类控制措施，确保工程质量、安全目标的实现。

3.2.2.3　项目总工

项目总工是项目技术负责人，其主要职责如下：

（1）按照国家及地方有关标准、法规、规程和其他技术规定实施技术管理工作。

（2）组织编制质量计划、施工组织设计、工程施工方案、技术措施等。

（3）按照质量计划以及相关程序的要求组织施工的过程控制。

（4）参与项目法人组织的施工图会审。

（5）组织图纸审查、技术交底、设计变更、文件管理、培训等工作。

（6）负责组织开展项目新技术、新工艺、新材料、新设备的研究和推广工作。

3.2.2.4　项目工程部

（1）负责质量计划、施工组织设计和各类施工技术措施的编制、实施。

（2）按照质量体系程序要求指导施工，进行施工过程控制。

（3）按照项目法人、监理工程师的要求及质量管理标准对工程实施质量监督，向其提交质保体系、质保安保措施及事故报告等资料文件。

（4）负责对施工人员进行安全、质量技术措施交底。

（5）负责技术标准、施工图纸、作业指导书以及数码资料的管理。

（6）负责质量体系文件和工程检验、测量、试验资料的管理，以及检验、测量、试验及其设备的控制。

（7）负责制定文明施工实施细则，监督实施。

（8）根据环保部门的要求，制定施工的环保技术措施，负责项目施工的环境保护工作。

（9）做好机具、材料的供应，配合质监人员对施工质量进行监督和三级检验。

3.2.2.5　项目安监部

（1）贯彻执行工程安全工作目标计划代表项目工地与项目施工队签订安全目标合同。

（2）参与施工管理和技术管理措施中安全技术措施的审核。

（3）组织编制安全管理制度，建立健全安全风险机制，落实各级安全责任制。

（4）负责施工项目临建和施工现场的文明施工安全标识及安全监督工作。

（5）负责人员安全教育、安全检查认证，负责外用工安全管理。

（6）负责安全事故的调查处理，进行事故的分析、报告、登记和统计。

3.2.2.6　项目物资（供应）部

（1）负责按质量体系程序文件要求建立健全工地材料、机具设备的各项管理制度。

（2）负责工程材料的催交、采购、检验、运输、保管、标识工作。并按施工形象进度计划进行材料的供应。

（3）负责施工机具的管理以及计量器具的周期检验。

（4）负责采购、进货检验文件和资料的管理。

3.2.2.7　项目计经部

（1）负责具体的合同管理、各类计划的编制、统计等工作。

（2）负责项目工地的概预算管理、结算工作。

（3）负责项目工地的资金管理与核算工作，以及项目工地的承包结算工作。

3.2.2.8 项目综合部

（1）负责文件信息处理、文件的起草、地方关系协调，会务接待，车辆管理等工作。

（2）归口管理本项目工地的对外联络工作。

（3）负责组织开展各种形式的劳动竞赛、岗位练兵、技术比武等活动。

（4）负责抓好民主管理，组织职工参与项目管理。

（5）负责本项目工地宣传报道工作，加强职工的思想政治工作，开展丰富多彩的业余文化体育娱乐活动。

3.2.3 主要负责人简介

大型项目的主要负责人，如项目经理、副经理、总工应在施工组织设计中做简单介绍，介绍内容包括年龄、职称、职务、学历、工作年限、主要工作经历、主要工作业绩等，其他人员如各部主任也应对职称、主要工作经历等做简单介绍。中小型项目部的主要负责人也可以简单介绍职称、主要工作经历等情况。

3.3 施工现场总平面布置

一般来说，进行施工平面布置时，应遵循的原则是：在满足施工需要的前提下，尽量减少施工用地，不占或少占农田，施工现场布置要紧凑合理。

3.3.1 临建及施工场地、料场平面设置

在进行施工部署时，应优先安排为全场性服务的施工设施，如现场供水、供电、通信、道路和场地平整以及各项生产性和生活性施工设施。

根据变电站项目施工的需要，结合施工现场实际情况，按照布局紧凑合理、节约用地，满足生产需要，方便施工、便于管理的要求，布置项目部办公、生活临建及施工临建。临建布置尽量做到各个施工阶段能交通方便，运输通畅。总体布局满足有关规程对安全、防火、防洪等的要求。在施工组织设计中应说明项目部办公室、施工仓库、钢筋材料存放及加工场、木材场地、木工棚、混凝土搅拌站、设备材料存放区以及临时道路等各个临建的具体位置和做法。另外可以说明施工和生活用水、用电的管线布置，以及水龙头、配电箱的位置。

3.3.2 施工现场平面布置图

施工现场平面布置图一般包括以下内容：主要建筑物，设备支架、构架的位置，设备、母线的安装位置，项目部办公室、施工仓库、钢筋材料存放及加工场，木材场地，木工棚，混凝土搅拌站，设备材料存放区，以及临时道路等各个临建的具体位置。如果需要，可以在图中标明水电的管线布置以及水龙头、配电箱的位置。如果临建设施搭建在站外或在平面布置图中无法体现其内容，可以增加临建区平面布置图。500kV×××变电站施工现场平面布置图如图 3-3-1 所示，

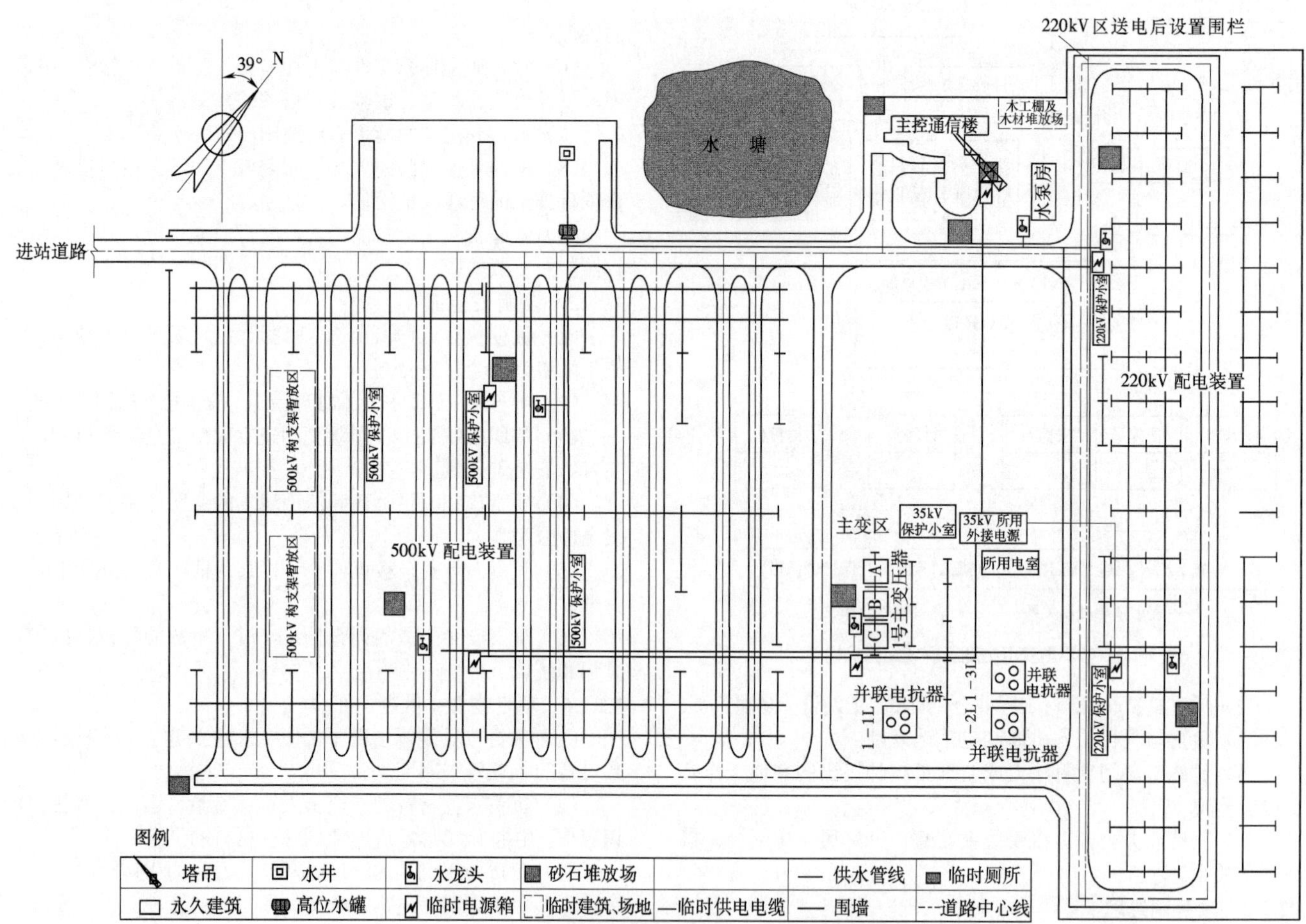

图 3-3-1 500kV×××变电站施工现场平面布置图

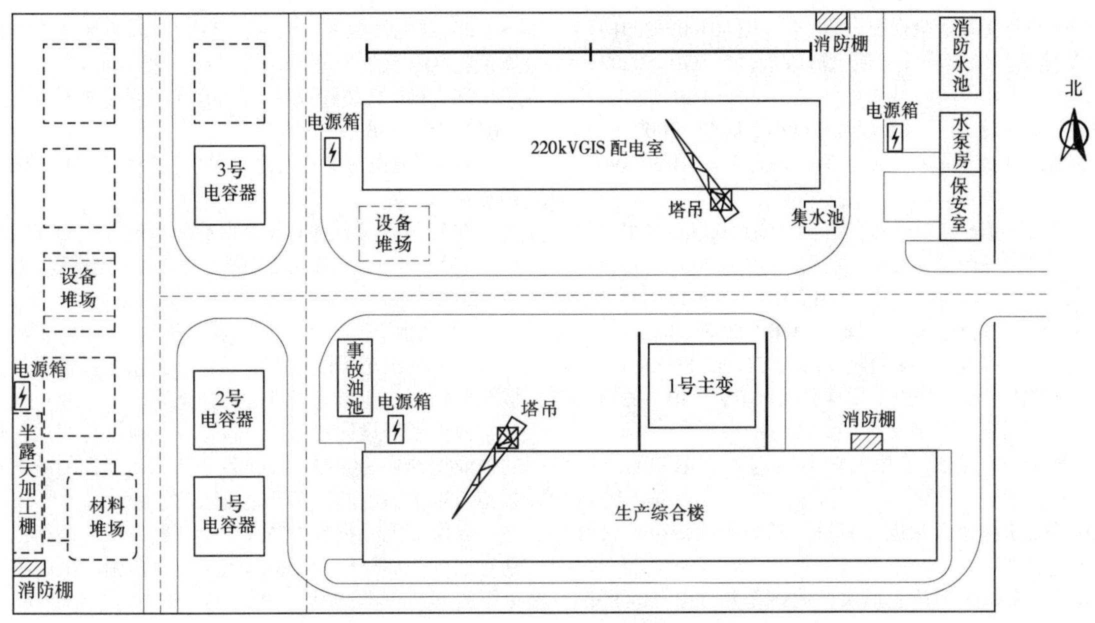

图 3-3-2　220kV×××变电站施工现场平面布置图

220kV 变电站施工现场平面布置图如图 3-3-2 所示，变电站临建区平面布置图如图 3-3-3 所示，变电站作业区布置图如图 3-3-4 所示。

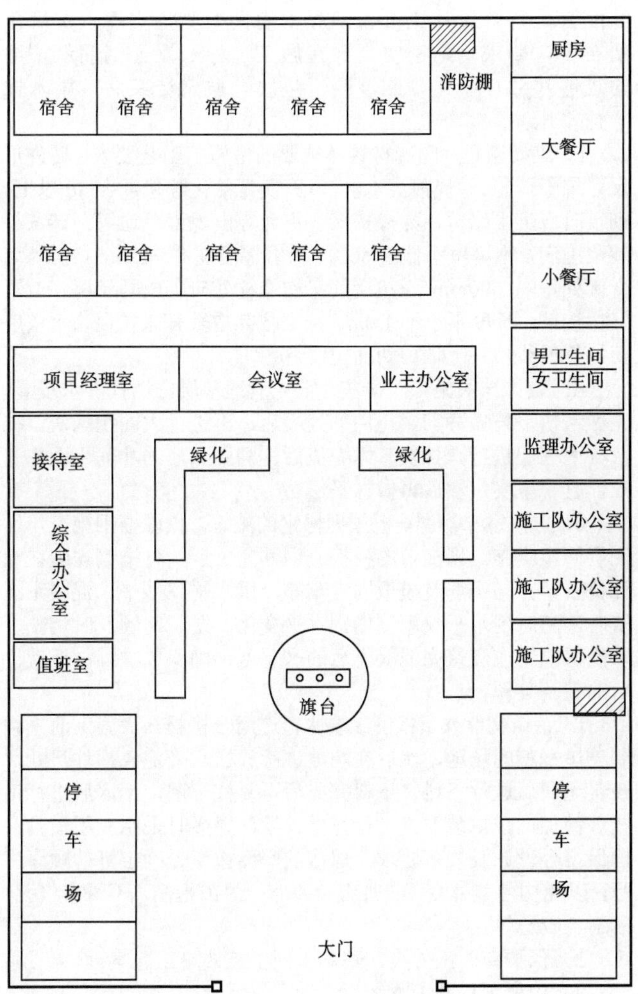

图 3-3-3　×××变电站临建布置图

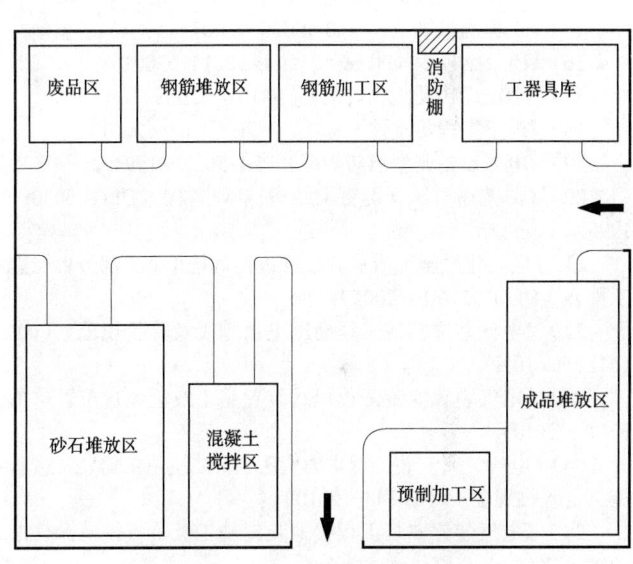

图 3-3-4　×××变电站作业区布置图

3.4　总体施工方案

3.4.1　施工准备工作内容

施工准备工作一般包括技术准备、材料设备供应准备、施工机具准备、办公用品及生活设施准备、施工通信准备、施工力量准备以及临建准备等方面。

3.4.1.1　施工技术准备

施工技术准备主要包括施工技术管理体系、施工规范规程、施工技术措施以及施工培训等方面。

（1）施工技术管理体系。项目部应该建立以项目总工（或项目工程师）为首的项目施工技术管理体系，以便有效地开展项目的技术管理。

（2）施工技术规范、规程。在项目开工前将需要的施工技术规范、规程准备齐全并列出清单，施工使用的规范规程如下：

1）《建筑工程施工质量验收统一标准》（GB 50300—2001）。

2）《建筑地基基础工程施工质量验收规范》（GB 50202—2002）。

3）《砌体工程施工质量验收规范》（GB 50203—2002）。

4）《混凝土结构工程施工质量验收规范》（GB 50204—2002）。

5）《钢结构工程施工质量验收规范》（GB 50205—2001）。

6）《木结构工程施工质量验收规范》（GB 50206—2002）。

7）《屋面工程质量验收规范》（GB 50207—2002）。

8）《地下防水工程质量验收规范》（GB 50208—2002）。

9）《建筑地面工程施工质量验收规范》（GB 50209—2002）。

10）《建筑装饰装修工程施工质量验收规范》（GB 50210—2001）。

11）《建筑电气工程施工质量验收规范》（GB 50303—2002）。

12）《建筑给水排水及采暖工程施工质量验收规范》（GB 50242—2002）。

13）《通风与空调工程施工质量验收规范》（GB 50243—2002）。

14）《电梯工程施工质量验收规范》（GB 50310—2002）。

15）《工程测量规范》（GB 50026—2007）。

16）《组合钢模板技术规范》（GB 50214—2001）。

17）《钢筋焊接及验收规范》（JGJ 18—2003）。

18）《地下工程防水技术标准》（GB 50108—2001）。

19）《电力设备典型消防规范》（DL 5027—1993）。

20）《薄壁离心钢管混凝土结构技术规程》（DL/T 5030—1996）。

21）《电力建设施工质量验收及评定规程（第1部分：土建工程）》（DL/T 5210.1—2005）。

22）《电气装置安装工程高压电器施工及验收规范》（GB 50417—2010）。

23）《电气装置安装工程母线装置施工及验收规范》（GB 50149—2010）。

24）《电气装置安装工程电力变压器、油浸电抗器、互感器施工及验收规范》（GB 148—2010）。

25）《电气装置安装工程接地装置施工及验收规范》（GB 50169—2006）。

26）《电气装置安装工程盘、柜及二次回路结线施工及验收规范》（GB 50171—92）。

27）《电气装置安装工程蓄电池施工及验收规范》（GB 50172—92）。

28）《电气装置安装工程旋转电机施工及验收规范》（GB 50170—2006）。

29）《电气装置安装工程电缆线路施工及验收规范》（GB 50168—2006）。

30）《电气装置安装工程电气设备交接试验标准》（GB 50150—2006）。

31）《电气装置安装工程低压电器施工及验收规范》（GB 50254—96）。

32）《电气装置安装工程电力变流设备施工及验收规范》（GB 50255—96）。

33）《电气装置安装工程起重机电气装置施工及验收规范》（GB 50256—96）。

34）《电气装置安装工程爆炸和火灾危险环境电气装置施工及验收规范》（GB 50257—96）。

35）《电气装置安装工程 1kV 及以下配线工程施工及验收规范》（GB 50258—96）。

36）《电气装置安装工程电气照明装置施工及验收规范》（GB 50259—96）。

37）《继电保护和安全自动装置技术规程》（GB/T 14285—2006）。

38）《电力系统微机继电保护技术导则》（DL/T 769—2001）。

39）《电气装置安装工程质量检验及评定规程》（DL/T 516.1～17—2002）。

40）《地下防水工程质量验收规范》（GB 50208—2002）。

（3）列出施工过程中需要执行的作业指导书，并根据施工情况对相应作业指导书进行补充完善。

根据工程设计特点、设备特点，根据有关规程规范和公司的作业指导书等编制、补充各分部分项工程的施工技术措施，各施工技术措施应包括开展施工的组织、技术、安全、质量措施，以保证工程按照程序施工。一般来说，根据工程情况，分别对以下分部分项工程编写施工技术措施，措施编写可以包括以下内容：

1）主控制楼施工方案。

a．土方工程施工。基础槽完工经隐蔽工程验收后，基础垫层土方分层回填、夯实（4～5遍）。环刀取样，测干容重。

b．基础工程施工。混凝土带型基础施工，对于超过450mm的基础分层施工，一次成型，不留施工缝。混凝土的配合比符合设计比例。混凝土的振捣要将实捣点按梅花状布置，要求均匀密实，并在施工过程中保证钢筋保护层的足够尺寸，事先预制混凝土垫块。振捣结束后，用木抹子抹平压光。

c．砌砖工程。砌砖材料必须要满足施工工艺要求，砖外形尺寸统一均匀，并提前浇水湿润。石灰膏熟化陈伏期在7d以上。砌筑时应上下错缝，内外搭接，不允许出现上下通缝；砖灰缝砂浆饱满，饱满率不低于80%，灰缝厚度在8～12mm，内外墙交接处每隔 500mm 设拉接筋；构造柱处砖砌成马牙槎，放置好拉接筋，长度不小于1.0m。标高依靠皮数杆来控制，平整度要拉好通线，三七墙要两面拉线。

d．装饰抹灰施工。抹灰之前先清理基层，墙体冲水浸湿，先做灰饼，再做冲筋，待冲筋处凝后，再进行大面积抹灰。抹灰分两三层进行，抹灰基本完成后，利用靠尺的冲筋平面作基准，赶平压实，然后再做抹平层。

e．主控室二次屏、柜预埋槽钢的施工。预埋槽钢施工与现浇层同步实施。现浇板的模板、钢筋完工后，将槽钢安装在设计位置，并与钢筋及模板固定牢靠，用水平仪抄平。混凝土浇筑时，随时用水平仪观测槽钢水平变化，发现问题及时调整，以确保槽钢在浇筑完混凝土后的水平度，确保二次屏、柜就位后的整齐美观。

f．钢结构制作。按图纸要求，选用合格材料。施工前先预制一块平整的场地，然后在场地进行放样，确定各杆件尺寸，核实无误后进行下料，下料完成后再复核一遍，无误后进行钻孔等精加工。拼装前先进行杆件预摆，焊接时采用专用模具，确保符合设计及规范要求。焊接顺序要按事先确定好的顺序进行，以免构件整体变形。焊缝要平直，焊肉饱满，不得有气孔、砂眼、咬边等。

2）保护室施工方案。基本上同主控楼施工方案。

3）构架工程施工方案。

a．构架在吊装地附近组装、螺栓紧固后，根据设计要求基础杯口构架钢管内灌注混凝土并封堵好。采用吊车起吊，吊装就位时，两侧用经纬仪找正并确认垂直，四侧扳线用倒链收紧并固定至地锚上。

b．构架找正后，根部用铁楔子挤正、固定牢固。待本轴线构架全部吊装完毕后，复检吊装的构架是否垂直，确认无误后按设计要求进行杯口二次浇灌，注意架构底部排水孔在保护帽上方。

c．基础保护帽施工前一定检查接地及电缆保护管是否齐全，以免造成返工。

4）建筑配套工程施工方案。可以根据具体情况编写施工方案。

5）接地施工方案。

a．施工前须编写具体的施工技术措施，严格按照施工验收规范和设计的深度、规格、数量埋设接地极和接地网。

b．接地线在穿过墙壁、楼板和地坪处，均应用管子和角钢加以保护。接地干线应在不同的两点或以上与接地网相连接。

c．凡需经过道路的接地线，在道路施工前一律将接地网预埋好，为后续的施工创造有利条件。

d．接地体敷设完后的土沟回填土内不应夹有石块和建筑垃圾等，回填土应分层夯实。

6）软母线安装施工方案。软母线施工方案一般来说包括以下内容：

a．材料检查。导线、金具、盘式绝缘子、支柱绝缘子规格符合设计要求，有厂家合格证。材料外观光滑平整，无损伤、无明显缺陷。导线、金具各部分尺寸、公差满足国家规定要求。盘式绝缘子耐压试验合格。

b．液压压接检查、试验。液压机运转正常，油压表合格并在定检周期内。压钳和钢模相匹配并无损伤，钢模应与被压管相匹配。按照规范的要求每种导线取两只耐张线夹作成一试件进行试验，试验合格后方可进行施工。

c．主母线组装。母线档距测量时，将钢卷尺拉直，逐相测量两挂线环在地面的坐标点之间的距离，作为实测档距。耐张绝缘子串组装时，弹簧销应有足够弹性，双串绝缘子并联时，应适当搭配，使每串受力均匀。放线时导线应从线盘上方引出，放线过程中导线不得与地面摩擦，应在地面上铺放草席。在下线处两侧用铁丝扎紧后，方可切断。导线、钢芯、线夹的接触面应用溶剂汽油清洗干净后，方可压接。液压时，每模都应达到规定压力，而不依合模为压好标准，相邻两模间重叠不应小于5mm，弯曲度不大于压接管长的2%，压后去倒刺、毛刺，外露钢管表面及压接管刷防锈漆，所有尾线口朝上的500kV线夹在下部钻一个ϕ5mm小孔，防止冬天雨雪水渗入线夹铝管后结冰胀破线夹。双导线按照设计间距配置间隔棒。架线时使用拖拉机绞磨紧线，双绝缘子串使用专用工具架线。母线弛度应符合设计要求，其允许误差为＋5%～－2.5%，同一档内三相母线的弛度保持一致。

d．母线跳线施工。用软绳索测量跳线长度，测量时使其各点与横梁下平面的各点间净距大于A_1（带电部分与接地部分距离）值。导线切割、接触面处理、压接要求同主母线施工要求。跳线线夹与耐张线夹连接时应把光面和光面相接，接触面涂以电力复合脂。跳线施工后，测量导线各点与横梁下平面的各点间净距应大于A_1值。引下线、设备引线的安装所使用金具、线夹应符合设计要求，铜铝接触面处理必须按规范施工。

7）主变压器安装施工方案。

a．到货检查，变压器箱体外观良好，器身压力正常，冲击记录仪记录值在正常范围内；变压器安装附件、备品及备件、安装专用工具齐全无损伤，制造商技术资料齐全，绝缘油出厂试验结论合格。

b．每批到达现场的绝缘油均应进行现场试验，合格后方可正式接收。

c．安装前套管、套管TA应进行高压绝缘试验，其绝缘电阻、励磁特性曲线、极性变比等试验项目均应符合规程、制造商的技术要求。

d．绝缘油经净化处理，达到合格注入油标准后，经脱气净油设备从变压器下部注入变压器，将氮气经顶部排出。

e．变压器进行器身检查时，遵照《电力变压器施工及验收规范》要求选择无雨、雪、雾、大风且湿度不大于75%的天气，器身检查人员应穿着不起绒毛、无金属纽扣的干净工作服和新塑料底布鞋，除使用的工具外，不得携带任何金属物品；工作人员使用工具必须用白布带系于手腕上，工具设专门工具管理员管理，工作结束时，所有工具必须全部交回。

f．抽真空应在干燥天气进行，500kV变压器真空度小于0.101MPa，维持真空时间不少于24h，应监视并记录油箱变形情况，检查变压器的密封情况。利用高真空滤油机加热从变压器底部阀门注油，注入油速度不大于100L/min。

g．进行热油循环，时间不少于48h，取油样化验达到合格标准即可结束，否则延长循环时间直至合格。

h．所有附件安装完毕后应按规程进行变压器本体交接试验，对试验结果有疑问须分析原因再次试验直至合格。变压器器身需补漆或重新喷漆并刷标志漆。

8）GIS安装施工方案。

a．开箱检查。检查箱内设备完好，清点附件、备件、专用工具以及技术资料和出厂证件齐全。

b．设备就位。检查设备基础合格，按基础中心线标记每组本体底架位置，并标记、测量每组本体在基础上四脚的水平度（可用插入垫片调整）；GIS就位时，各单元应按照间隔顺序排好，先在基础附近临时就位，安装时先就位某一间隔，将其点焊至基础上，再安装其他间隔，用铅锤检查设备水平。

c．母线连接。为减小安装积累误差，最好从中间间隔开始向两侧连接。连接时应严格按照厂家规定进行。

d．充SF_6气体。充气前安装真空表，利用真空泵进行抽真空作业，并进行真空检漏，充SF_6气体时严格按技术说明书的要求进行。

e．现场试验。GIS本体安装后需进行二次接线、安装附件、接地等工作，安装结束后必须经过严格的检查与试验，项目有：绝缘电阻检查、分合闸操作试验、主回路电阻测定、SF_6气体泄漏试验、微水试验以及TA、TV试验和耐压试验等，试验数据均合格才能移交业主。

9）隔离开关安装调整施工方案。

a．开箱检查，检查包装箱内设备完好，产品附件、安装专用工具、产品备件及技术资料齐全。

b．检查设备基础工程质量，核对设备本体尺寸与设计图纸、制造商技术资料有无差别。

c．将单相隔离开关安装在水平的基础上，并且调整使三相的转轴在同一中心，检查主闸刀中间触头情况是否良好。将主闸刀三相间的连杆装好，调整连杆长度，使合闸同期误差在要求范围内。

d．将接地开关的三相间连动杆装好，调整操作杆、机械联锁杠杆、扭力弹簧及固定环，接地刀合闸后，接触面应接触良好，并接触在中间位置。

e．将机构安装在支架上，用垂线法保证机构主轴与转轴中心相吻合。机构与隔离开关同时处于分闸或合闸状态，用连接头与联动杆连接隔离开关传动轴与机构主轴，固定连接头螺栓，操作3～5次后检查隔离开关是否符合要求。将接地静触头固定好，调整接地刀使合闸时正确插入静触头，检查主刀与接地刀的机械闭锁良好，对设备进行补漆工作。

f. 进行隔离开关直流电阻等现场试验项目，均应合格。

10）SF_6断路器安装施工方案。

a. 开箱检查。检查包装箱内设备及零部件齐全、完好，安装专用工具、技术资料齐全；灭弧室和绝缘支柱内预充的SF_6气体的压力值和含水量符合产品技术要求。

b. 安装设备。按照制造厂的部件编号和规定进行组装。

c. 现场试验。进行断路器电气交接试验项目，试验数据均应合格。

11）管母线安装施工方案。

a. 管母到货检查。每根铝合金管应平直、无划痕、色泽基本一致、无扭曲变形和机械损伤，单位长度（m）内的弯度小于2mm。存在问题的铝合金管应分析原因，经认定能处理的立即处理，处理后的铝合金管不作为管母线的主管段使用。

b. 坡口加工。采用专用坡口机械加工坡口，坡口角度在65°～75°，坡口平滑均匀、无毛刺和飞边，钝边厚度应为1.5mm。焊接前应将母线坡口两侧各50mm范围内清刷干净，不得有氧化膜、水分和油迹。

c. 管母焊接。管母焊接采用氩弧自动焊机，盘式焊丝根据管母材质成分和焊机设备选用符合现行国家标准的合格型号。

焊工必须经考试合格，持证上岗。现场每种管母焊接试验样品均应经过试验，试验合格后方可进行管母正式焊接。

全部计算各母线段焊口的数量和位置，A、B、C三相母线的焊缝位置搭配合理，在满足隔离开关静触头、接地刀闸引下线不处于焊口位置要求的基础上，保证刷漆后的管母线美观大方。

d. 绝缘子和金具的外观检查及试验。绝缘子和金具在组装前、吊装前全部进行严格的检查，并且对绝缘子进行交流耐压试验。

e. 悬垂式管母线吊装。管母线吊装采用多点吊装方式，在吊装前母线的刷漆应干透且通过项目部质检人员认可，花兰螺栓调整在中间长度位置。

吊装时应统一指挥，将分别联在管母线一端V形瓷瓶串两头的钢丝绳，通过分别固定在横梁两个挂点附近的定滑轮转向后与机动绞磨的牵引绳连接在一起，机动绞磨牵引时，V形瓷瓶串带动管母线的一端升起，管母线的另一端由人工拉住、扶稳保证管母线不被撞击、磨损，管母线的中间段通过吊车的多吊点起吊，防止管母线受伤、塌肚。

当管母线升起到适当高度、位置，将V形瓷瓶串上的挂线金具分别挂在横梁的永久挂点上。

按照同一方式安装管母线另一端V形瓷瓶串，在安装过程中，吊车应自始至终密切配合机动绞磨操作同时升降，防止管母线受伤、塌肚。

f. 管母就位后的调整和检查。管母线就位后，检查所有金具是否齐全完好，安装位置、方向是否正确，开口销是否全部打开，每段管母应平直无扭曲变形、表面光滑。

12）高压开关柜安装施工方案。

a. 高压开关柜在安装之前应先进行预埋槽钢平整度的检查和设备检查。

b. 规划好开关柜运输的路径，将所经途中所有障碍物清除，保证畅通无阻，并将开关柜本体按照已标记好的编号先后顺序运输。使用8t吊车、卡车将开关柜由存放区倒运至开关柜室入口处后，将开关柜本体吊装于运输平台上或平铺的滚杠上，运到安装位置粗略就位。运输过程中，行走平稳匀速，速度适中不宜太快。运输途中周围有人员保护，并相互协调，由专人指挥，避免在运输途中产生倾倒现象。

c. 运输到位的开关柜本体按照设计要求找好基准盘（一般以主变进线间隔为准），调整好后用电焊机将盘体点焊在预埋槽钢上。按照设计要求在基准盘的两侧依据事先已编好的编号将其余的开关柜依次固定好，有盘间螺栓的把盘间螺栓紧固好。开关柜单独或成列安装时，其垂直度、水平偏差以及柜面偏差和柜间接缝的允许偏差应符合有关规定。

13）电缆敷设施工方案。电缆敷设施工前，技术人员将电缆沟各个断面的电缆按层、按排布列出来，消除电缆的随意敷设，最大限度地减少电缆交叉，使电缆转向成排、成行整齐排列，增加工艺美观。

先敷设控制电缆，再敷设电力电缆然后敷设光缆和网线；先敷设长电缆，再敷设短电缆；控制电缆敷设，按配电装置区进行；严禁电缆与地面、屏、墙角摩擦。每敷设完一根电缆，立即沿线整理，排列整齐。

电缆接线必须在电缆已绑扎固定好、电缆头制作完毕、并通过项目部质检人员签字认可后方可进行。电缆进入电缆沟、保护屏柜、端子箱、保护管时，出入口应封堵严密，直埋地下电缆埋深不小于0.7m，沟底要求是良好软土层或铺厚度不小于100mm的沙或软土，上覆不小于100mm沙或软土，覆盖层上加盖砖块。

14）二次接线施工工艺要求。

a. 电缆头与地面距离统一确定。因特殊原因造成对地距离无法保证时，可以适当调整对封墙面的距离，但必须保证在同一屏、柜、端子箱、机构箱内，所有电缆头对封墙面距离协调一致。

b. 屏内电缆排列以设计图纸排列顺序为准。

c. 电缆芯绑扎距离统一确定，无拐弯的直段的绑扎距离必须为（80±10）mm。

d. 所有的屏柜、端子箱、机构箱内接线必须平直，弯曲部分弧度一致。所有备用芯平直等高，尽量靠近屏柜、端子箱、机构箱顶部，并分别标记清楚。

e. 屏柜、端子箱、机构箱内配线，能够清晰地看到走线方向及终点的可不用号头标注，否则必须用号头标明。进入屏柜、端子箱、机构箱内的配线必须两侧用号头标明。

f. 重点加强对TA、TAV、TV（即CT、CVT、PT）的二次线圈接线控制，采用双侧对线方式，即对线的两侧施工人员各自携带一套对线工具，一侧对线完毕后，另一侧复核。

g. 防止二次污染措施。屏柜、端子箱、机构箱封堵过程及防火涂料粉刷过程中，设专人负责卫生清扫工作，保证二次设备不受水泥、防火涂料等的污染。

h. 标签标注统一确定。

i. 施工人员在施工过程中，应注意对设计图纸、厂家资料、备品备件的爱护，严防丢失及损坏。

15）电气设备调试方案。工程所有调试项目试验数据应符合规范、规程的规定及制造商技术说明书的要求。对试验中发现的有争议的问题、试验项目，及时向工程监理单位汇报，与制造商技术人员协商解决，做好书面记录。

16）数码资料整理。

（4）做好岗位培训。培训的主要项目有：桩基础施工，混凝土施工，测量技术，焊工、起重工，大截面导线压接，变压器安装，高压试验，线路保护调试，P3软件应用等。

3.4.1.2　材料设备和图纸供应准备

首先根据施工合同、招标文件及协议的规定，确定材料设备的采购、运输、存放等的各方职责，简单介绍施工方的责任及实施措施，然后根据工程进度计划提出材料设备的供应计划，并提出图纸的提供计划，具体可以分为以下几部分来详细叙述：

（1）材料设备供应组织管理。

（2）设备供应方式。

（3）装置性材料供应方式及程序。

（4）消耗性材料采购与供应方式及程序。

（5）施工图纸提供计划。

3.4.1.3　施工机具配置及管理

确定施工机具的管理部门来负责施工机具的配置、采购、租赁、保管、维修、标识等工作，并制定施工机具管理办法。对所有投入的施工机械和工具以及施工车辆进行控制，工程施工工器具设备的报表清单在开工前提交监理工程师审查备案。随后应附有主要施工机械设备表（建筑安装部分）、主要施工工器具表（电气安装调试部分）。主要施工机械设备表（建筑安装部分）、主要施工工器具表（电气安装调试部分）可以分别参见表3-4-1和表3-4-2。

表3-4-1　主要施工机械设备表（建筑安装部分）

序号	名称	规格	数量	进场时间
1	吊车	8t、16t	2辆	
2	装载机	50D	1台	
3	风镐		4台	
4	机动翻斗车		4台	
5	自升式塔吊	QTZ—25	1台	
6	台钻		4台	
7	井架		2台	
8	载重汽车	5t	1辆	
9	轻型货车	1.5t	1辆	
10	绞磨		1辆	
11	卷扬机	3t	3台	
12	激光全站仪	STS—310	1台	
13	水准仪		3台	
14	经纬仪		2台	
15	强制立式搅拌机	JSC350	1套	
16	公路施工机械		1套	
17	钢筋弯钩机		1台	
18	钢筋调直机		2台	
19	钢筋切断机		1台	
20	液压弯管机		2台	
21	木工车床		2台	
22	木工平刨		2台	
23	木工圆锯		2台	

表3-4-2　主要工工器具表（电气安装调试部分）

序号	名称	规格	数量	备注
1	压钳	200t	2台	
2	砂轮机		1台	
3	钻机		1台	
4	铝材切割机		1台	
5	油耐压试验机	0～70kV	1台	
6	油介损仪	AI—6000A	1台	
7	油色谱试验仪	JC—4000A	1台	
8	氧化锌避雷器测试仪		1套	

续表

序号	名称	规格	数量	备注
9	直流高压发生器	KGS—200	1台	
10	开关测试仪	GDS	1台	
11	QS交流高压电桥	QS1	1台	
12	SF_6微水仪		1台	
13	SF_6检漏仪		2台	
14	微机继电保护试验仪		2台	高精度
15	试验变压器	200kV	1台	
16	电焊机		1台	
17	弯管机		1台	
18	干燥空气发生器		1台	
19	变比电桥		1台	
20	SF_6气体回收器		1台	
21	数字相位表		1台	
22	真空滤油机		1台	
23	氩弧焊设备		1套	

3.4.1.4　办公用品及生活设施管理

简单介绍办公及生活设施管理的准备情况，应以满足施工和生活需要为原则。如办公设施可以介绍准备的微机、打印机等办公设备和打印纸等办公耗材的储备情况，生活设施可以介绍职工食宿等的准备情况。

3.4.1.5　施工通信准备

为了便于施工和对外联系，项目部应配备满足使用要求的通信设施，如配备移动电话、固定电话、传真机等设施，对此配备情况要做简单介绍。

3.4.1.6　临建设施

可简单介绍临建的材料、布置以及搭建计划。

3.4.1.7　施工力量配置

施工力量是保证施工优质高效完成的决定因素，因此根据施工需要编制合理的施工力量配置计划是施工组织设计中很重要的一项内容。

（1）施工力量准备工作计划。简单介绍施工力量准备工作计划以及实施要求。

（2）施工劳动力配置（包括人力资源曲线图）。施工劳动力需要量计划是编制施工设施和组织工人进场的主要依据，根据施工总进度计划、概（预）算定额和有关经验资料，分别确定出每个单项工程专业工种、工人数量和进场时间，然后逐项汇总直至确定出整个建设项目的劳动力需要量计划并进行动态平衡调度。可以按施工进度分别列出土建施工力量配置图和电气安装施工力量配置图。土建施工力量配置图和电气安装施工力量配置图可分别如图3-4-1和图3-4-2所示。

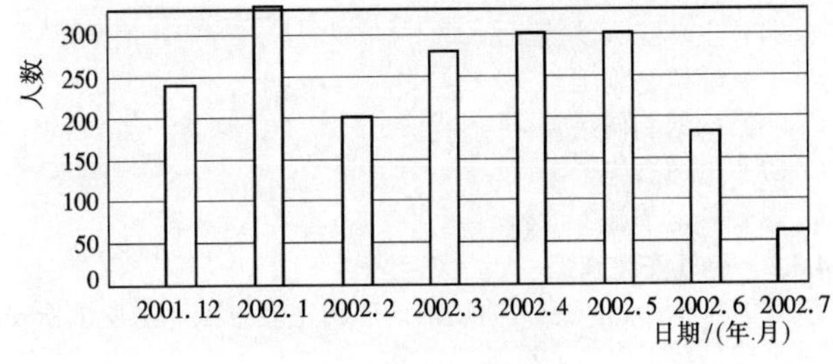

图3-4-1　土建施工力量配置图

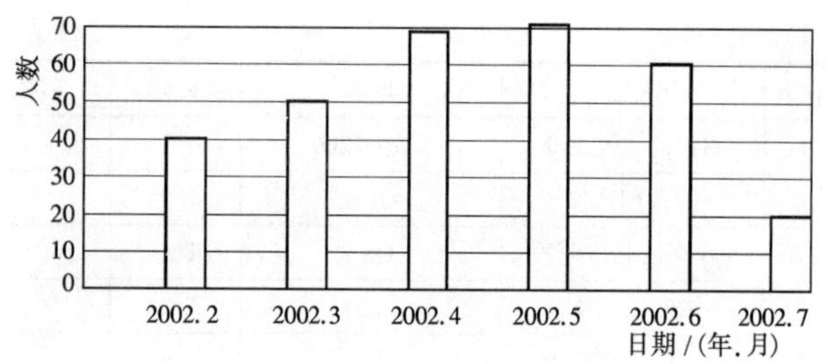

图 3-4-2 电气安装施工力量配置图

（3）技术力量和特殊工种的组织。技术力量是施工力量中最重要的因素，可以根据施工进度计划列出技术力量的配置计划，并根据施工特点和施工进度列出焊接、吊装等特殊工种的人力资源配置计划。

3.4.2 施工工序总体安排

3.4.2.1 施工流向和施工程序

通常建设项目都是由若干个相对独立的投产或交付使用的子系统组成，为了确定项目分期分批投产或交付使用的项目施工阶段界限，必须根据工程特点和进度要求确定施工流向，划分施工程序。

3.4.2.2 施工段划分

根据每个独立施工程序及其相关的辅助工程、附属工程的完成期限，合理划分每个单项工程的开竣工时间，划分施工段，保证先后投产或交付使用的子系统能够正常运行。

3.4.2.3 工序总体安排

根据工程设计、施工特点及现场实际情况，在保证预期计划目标得以实现的前提下，对主要施工工序进行合理安排是施工工期得以控制的重要因素。

安排施工工序时，应首先考虑施工用临时道路与设计道路的关系，以保证场内交通的畅通，并对道路下接地体的敷设、埋管以及跨路电缆沟提前进行考虑。

合理安排建筑物基础、构支架基础与建筑物等土建工程的施工顺序，并注意施工力量配置的平衡。在土建施工期间，电气技术人员要配合土建施工，特别是预埋件、预留孔洞等的留设。当土建具备电气安装条件时，经验收合格后，要充分让出工作面给电气安装施工，尽量减少电土交叉施工。电气安装应本着先高层、后低层的原则，按照配电区域来安排施工工序。

3.4.3 主要工序和特殊工序的施工方法

主要工序和特殊工序在施工前，应根据项目施工图纸、项目承包合同和施工部署要求，分别选择各分部分项工程的施工方法。在确定施工方法时，应努力提高机械化施工程度，减轻劳动强度，提高劳动生产率，保证工程质量，降低工程成本。一般来说，各主要工序和特殊工序主要包括下面几种。

3.4.3.1 建筑工程

（1）地基处理。

（2）测量控制网引测。

（3）构架及设备基础施工。

（4）主变防火墙施工。

（5）建筑物施工。

（6）构架制作吊装。

（7）电缆沟施工。

（8）冬雨季施工措施。

3.4.3.2 电气安装施工

（1）主变压器安装。简述油处理的主要方法，主变压器安装施工措施等。

（2）管母线安装。

（3）软母线安装。

（4）断路器安装调试。

（5）隔离开关安装调试。

（6）互感器安装。

（7）避雷器安装。

（8）电缆施工。

（9）二次接线。

（10）接地网施工。

（11）系统调试。

（12）主变局放试验。

（13）GIS 设备安装调试。

（14）GIS 设备耐压试验。

3.4.3.3 特殊工序控制

如焊接、压接等。

3.4.3.4 主要工序流程图

主要工序流程图一般包括以下几个：

（1）建筑物工序流程图，如图 3-4-3 所示。

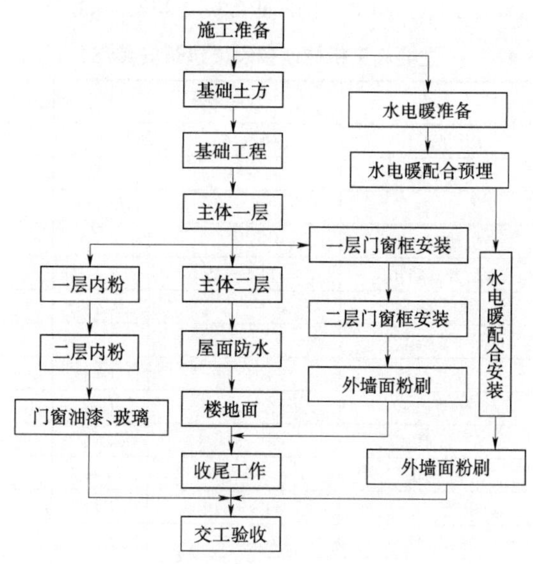

图 3-4-3 建筑物工序流程图

（2）主变压器安装工序流程图，如图 3-4-4 所示。

（3）GIS 和 SF_6 断路器安装工序流程图、软母线施工流程图，如图 3-4-5、图 3-4-6 所示。

（4）母线安装工序流程图（根据情况可以分为架空母线和管母线安装流程图两部分），管母线和悬吊式管母线安装流程图分别如图 3-4-7 和图 3-4-8 所示。

（5）电缆敷设及二次接线工序流程图，如图 3-4-9 所示。

3.4.4 承包方式与工程成本控制措施

3.4.4.1 承包方式

略。

3.4.4.2 工程成本控制措施

（1）人工费用成本控制措施。

1）用工管理实行严格的计划管理，工程开工前，依据施工图对工程量进行详细的核算，以此作为工程用工的依据，根据工程量的需要进行合理的施工组织，制定各分部工程、工序的用工计划。

2）人员的组织严格按施工组织设计的要求进行编排，根据用工计划安排，减少重复劳动和窝工现象，充分提高组织效率、优化工序。各作业点应综合考虑，综合协调，建立动态的

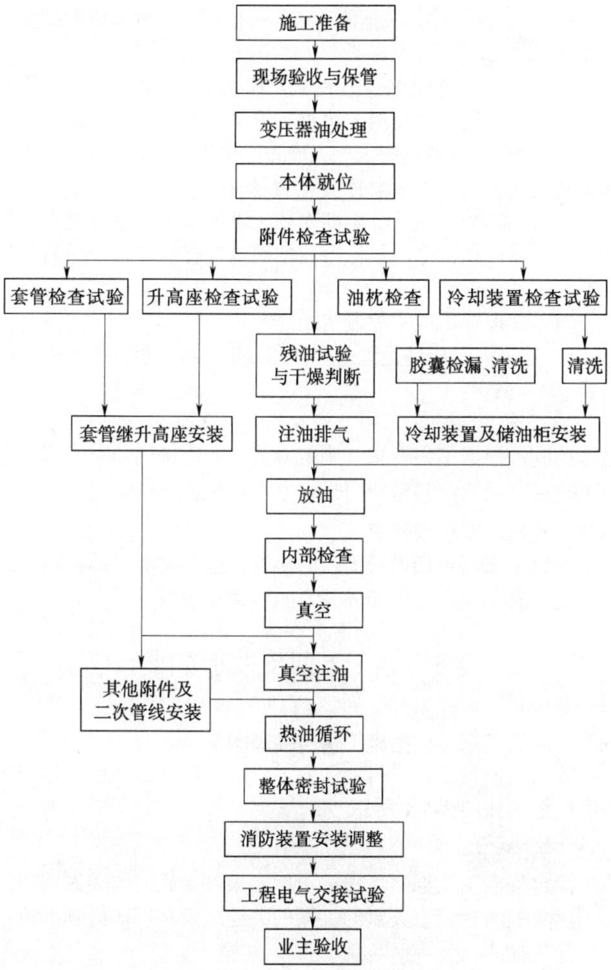

施工准备
现场验收与保管
变压器油处理
本体就位
附件检查试验
套管检查试验
升高座检查试验
油枕检查
冷却装置检查试验
残油试验与干燥判断
胶囊检漏、清洗
清洗
套管继升高座安装
注油排气
冷却装置及储油柜安装
放油
内部检查
真空
其他附件及二次管线安装
真空注油
热油循环
整体密封试验
消防装置安装调整
工程电气交接试验
业主验收

图 3-4-4　主变压器安装工序流程图

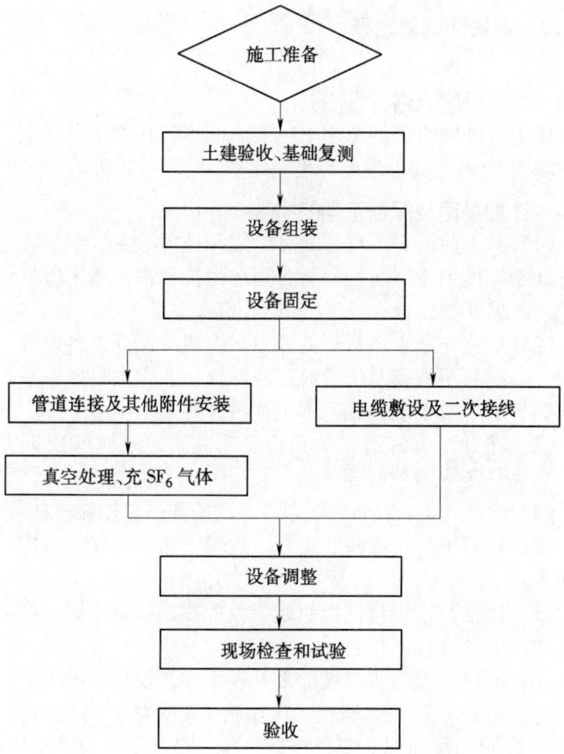

施工准备
土建验收、基础复测
设备组装
设备固定
管道连接及其他附件安装
电缆敷设及二次接线
真空处理、充 SF6 气体
设备调整
现场检查和试验
验收

图 3-4-5　GIS 组合电器安装工序流程图

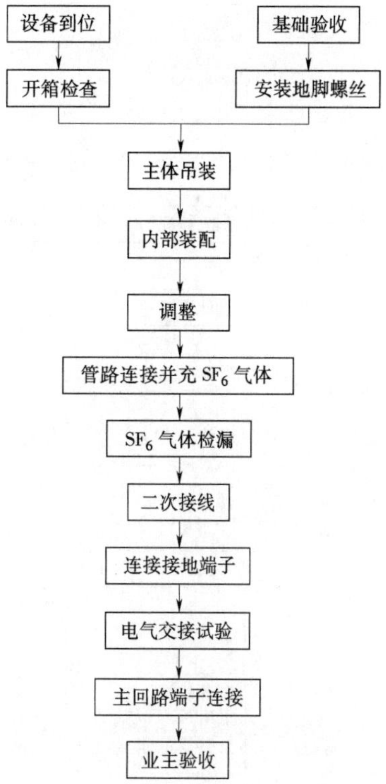

设备到位
基础验收
开箱检查
安装地脚螺丝
主体吊装
内部装配
调整
管路连接并充 SF6 气体
SF6 气体检漏
二次接线
连接接地端子
电气交接试验
主回路端子连接
业主验收

图 3-4-6　SF_6 断路器安装工序流程图

架构验收
施工准备
导线检查
绝缘子试验
金具检查
耐张线夹拉力试验
组装绝缘子串
跨距测量
下料长度计算
导线下料
导线压接
导线金具、绝缘子组装
母线架设
弧度调整
验收

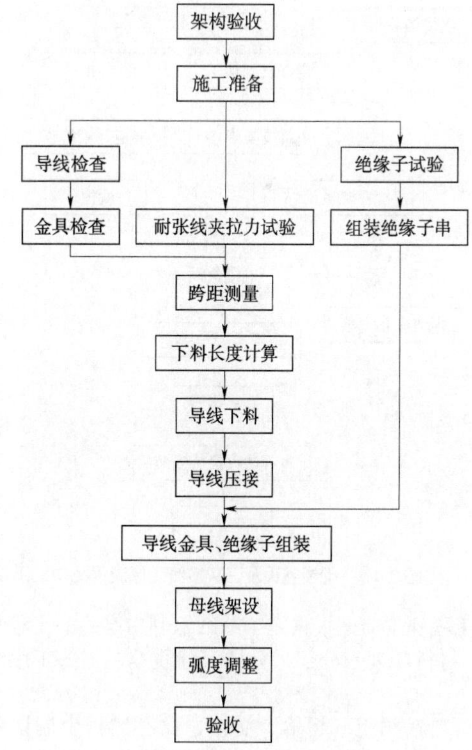

图 3-4-7　管母线安装流程图

用工管理组织形式。

3）以人为本，充分调动人员的工作积极性，保证工程施工的顺利进行。对于分部、分项、分工序工程用工，实施严格控制与奖惩相结合的管理办法。

（2）材料费用成本控制措施。

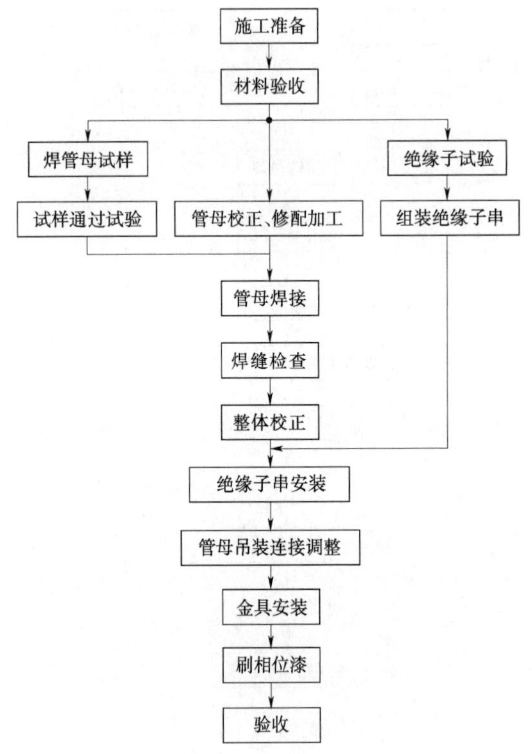

图 3-4-8　悬吊式管母线安装工序流程图

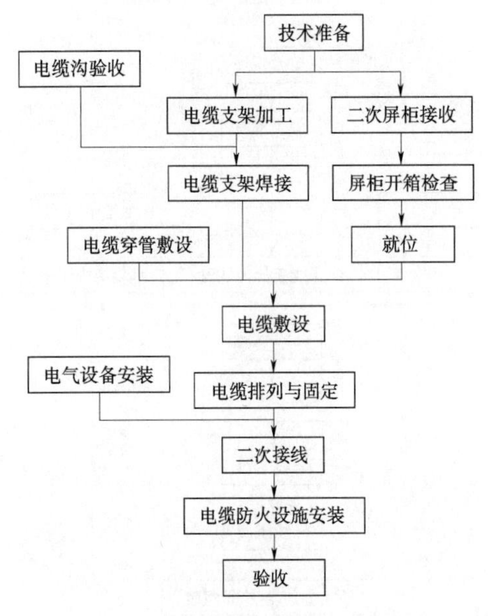

图 3-4-9　电缆敷设及二次接线工序流程图

1）工程开工前，根据施工图纸编制出准确的工程材料供应计划，材料计划应分部、分项、分段编制，各工序综合平衡考虑。

2）材料在领用、运输、交接、储存过程中制订防止损耗的措施；材料使用前、过程中都有详细的记录和标识；运输过程重点防止损坏，储存过程防止丢失，施工现场防止被盗。

3）材料供应减少中间环节，交通条件满足时，部分材料经验收后可直接运至施工现场，降低材料运输、周转费用。

4）加强材料管理，确保所用材料质量合格，防止因材料不合格造成的损失。

（3）机械费用成本控制措施。

1）工程开工前，根据施工组织设计要求，编制机械设备使用计划。

2）对于使用的各种工程机械，建立一套完善的使用、管理制度，使工程机械的使用、检查、维修、保养有章可循。

3）对于专用机械指定专人操作、专人维修，并备足配件，确保机械设备在施工中发挥应有的效能。

4）工程进行过程中，定期对施工机械按程序进行检查与校验，并作好标识，专用机械每次使用前进行检查，使用后进行保养。

（4）管理费用成本控制措施。

1）管理人员应满足管理工作高效率、编制少、一专多能的需要。

2）严格控制办公费用及差旅费用，对管理人员办公费采用用量控制，根据工程要求，确定办公车辆，做到一车多用；办公用品定量发放，差旅费用报销严格按规定进行。

3.4.5　地方协调组织管理

组织协调可包括内部关系的协调、近外层关系的协调、远外层关系的协调，甚至涉外关系的协调与管理。

3.5　施工工期及进度安排

3.5.1　施工工期（包括施工进度横道图）

施工工期包括开工日期和完工日期。某 500kV 变电站施工进度横道图如图 3-5-1 所示。

3.5.2　关键路径

确定好施工工期后，根据工期要求确定施工的关键路径，并列出关键路径就有关制约工期的关键因素和解决问题的途径进行简单描述。

3.5.2.1　制约工期的关键因素

略。

3.5.2.2　解决问题的途径

略。

3.5.3　施工进度网络计划图

施工进度网络计划图用 P3 或 project 等软件来进行编制。某 500kV 变电站施工进度计划网络图如图 3-5-2 所示。

3.5.4　计划管理及保证工期的措施

（1）开工前，对工程做充分组织和技术准备，编制完善的施工计划，做到工序流程科学合理，衔接紧密，施工人员分工明确，各尽其责，以保证工程顺利进行。

（2）加强与业主项目部的联系、沟通，保证设备供货，如出现设备材料不能及时供货时，应尽快与业主项目部联系，并合理调整工序及工期，保证本工程按时竣工。

（3）充分协调好地方关系，文明施工，及时解决地方矛盾，确保施工渠道的畅通无阻。

（4）保证人员、设备、资金等方面的需求，加强材料管理，及时安排材料采购、检验、提货、运输、储存，保障供应，避免误工。

（5）加强教培工作。组织职工分批参加技术培训，提高业务素质，使之胜任工程要求。

（6）严格按照施工进度计划开展工作，根据工程中实际情况，用网络计划控制、调整、指导施工，实行网络动态管理。建立完善的工程质量、安全控制系统，实行工作前、工作中、工作后的有效控制。

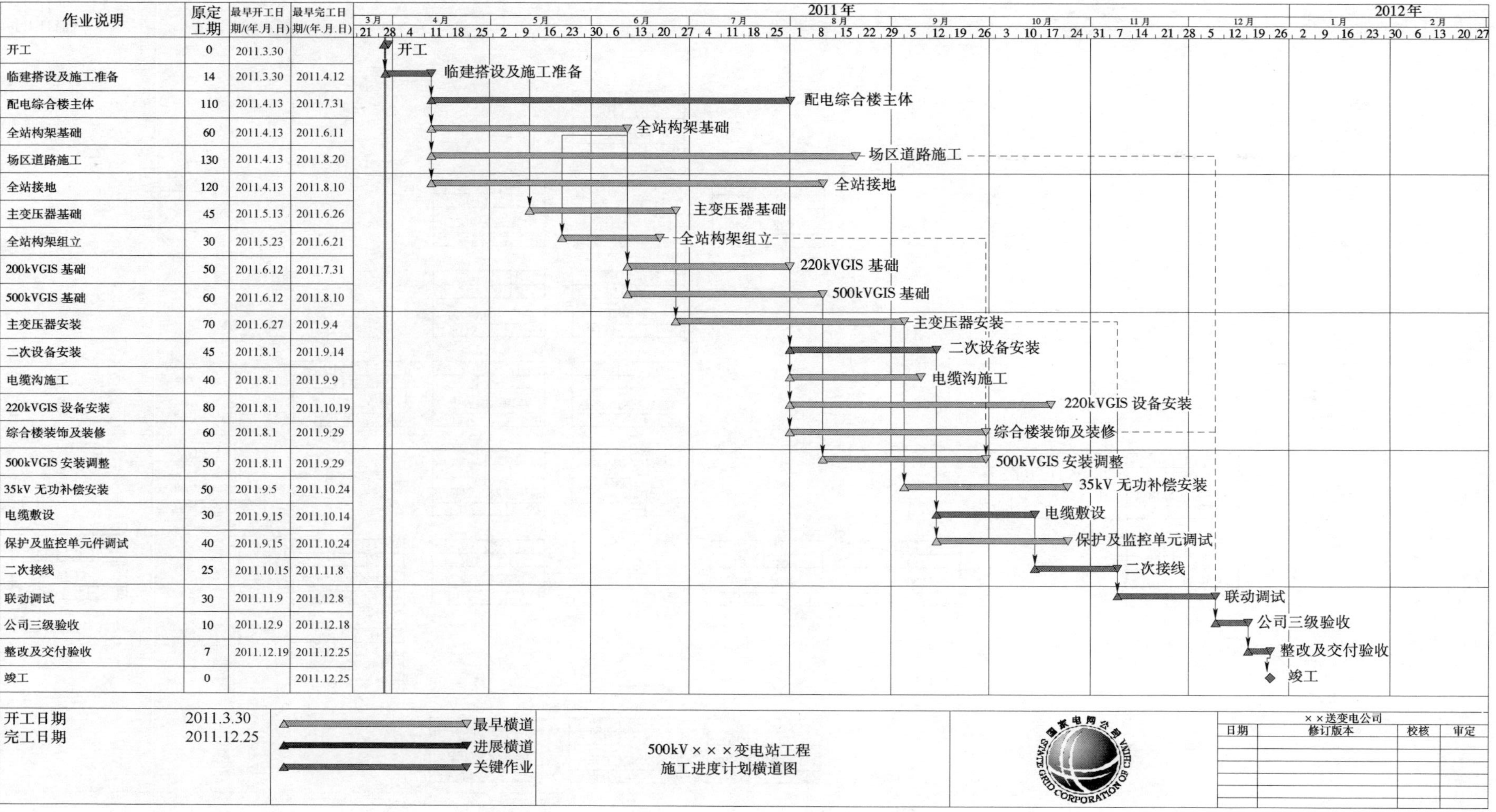

作业说明	原定工期	最早开工日期(年.月.日)	最早完工日期(年.月.日)
开工	0	2011.3.30	
临建搭设及施工准备	14	2011.3.30	2011.4.12
配电综合楼主体	110	2011.4.13	2011.7.31
全站构架基础	60	2011.4.13	2011.6.11
场区道路施工	130	2011.4.13	2011.8.20
全站接地	120	2011.4.13	2011.8.10
主变压器基础	45	2011.5.13	2011.6.26
全站构架组立	30	2011.5.23	2011.6.21
200kVGIS 基础	50	2011.6.12	2011.7.31
500kVGIS 基础	60	2011.6.12	2011.8.10
主变压器安装	70	2011.6.27	2011.9.4
二次设备安装	45	2011.8.1	2011.9.14
电缆沟施工	40	2011.8.1	2011.9.9
220kVGIS 设备安装	80	2011.8.1	2011.10.19
综合楼装饰及装修	60	2011.8.1	2011.9.29
500kVGIS 安装调整	50	2011.8.11	2011.9.29
35kV 无功补偿安装	50	2011.9.5	2011.10.24
电缆敷设	30	2011.9.15	2011.10.14
保护及监控单元件调试	40	2011.9.15	2011.10.24
二次接线	25	2011.10.15	2011.11.8
联动调试	30	2011.11.9	2011.12.8
公司三级验收	10	2011.12.9	2011.12.18
整改及交付验收	7	2011.12.19	2011.12.25
竣工	0		2011.12.25

图 3-5-1　500kV 变电站施工进度计划横道图

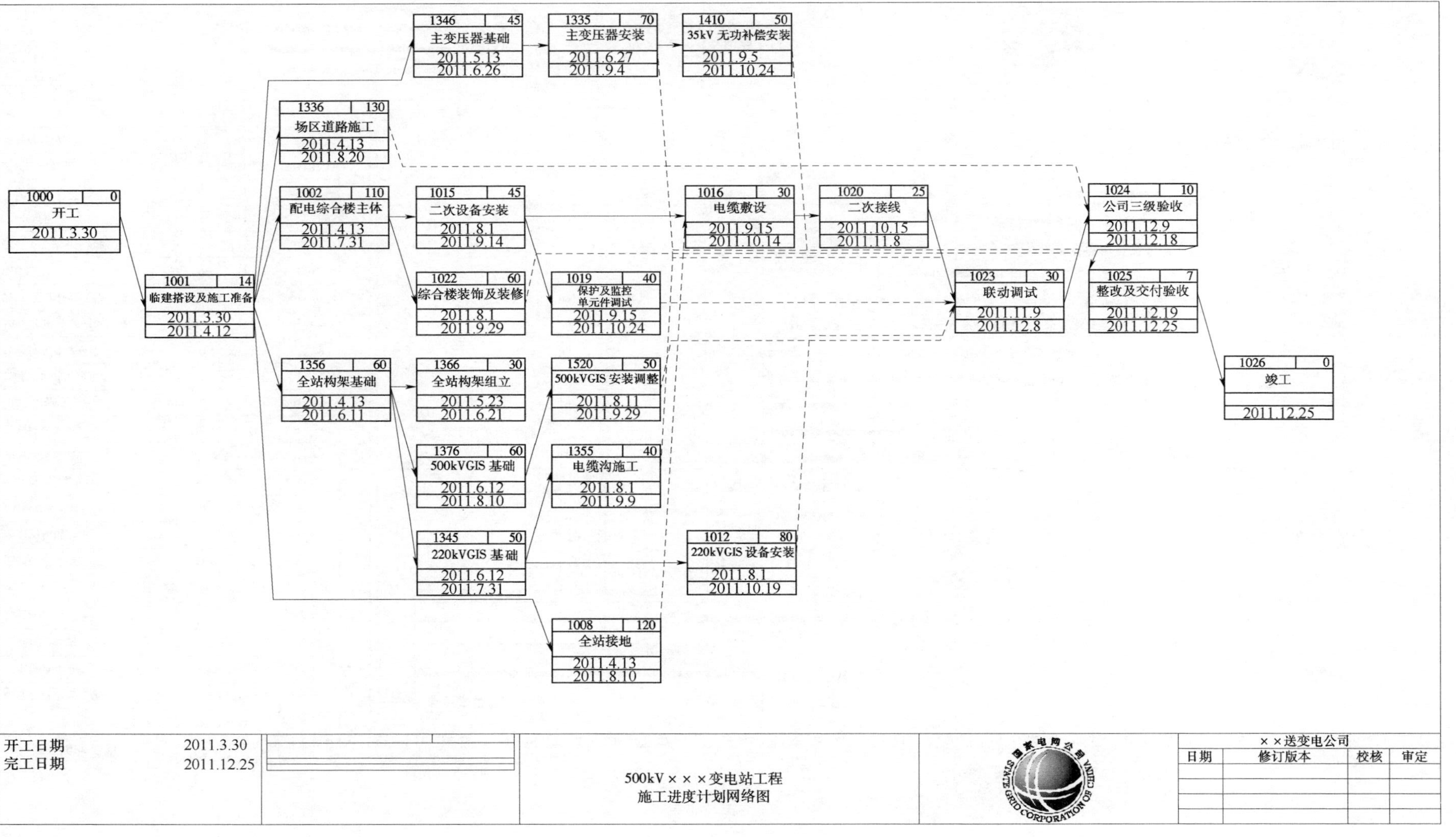

图 3-5-2 500kV 变电站施工进度计划网络图

（7）技术、质检、安监人员深入现场，解决施工中存在的问题，加快施工进度。

3.5.5　主要卷册施工图纸提供计划

根据施工进度要求，提出施工图纸提供计划。

3.5.6　主要安装设备供应计划

主要包括主变压器、断路器、隔离开关、GIS、互感器、控保屏柜、直流系统以及其他由建设单位提供的设备、装材等。

3.5.7　主要材料供应计划

主要包括水泥、钢材、木材、地材、构支架、铁件、导线、金具、电瓷、电缆等由施工单位订购的材料。

3.5.8　P3软件在工程进度控制中的应用

进行全过程进度动态控制，对施工过程中的人、财、物资源进行协调，可在工程进度控制过程中使用P3软件。在该软件环境下编制进度计划，并参照指导工程过程的实施。

3.6　质量管理及质量保证措施

3.6.1　质量方针

介绍施工单位的质量方针。

3.6.2　质量目标

介绍工程项目的质量目标。

3.6.3　质量管理组织机构

画出质量管理组织机构图，如图3-6-1所示。

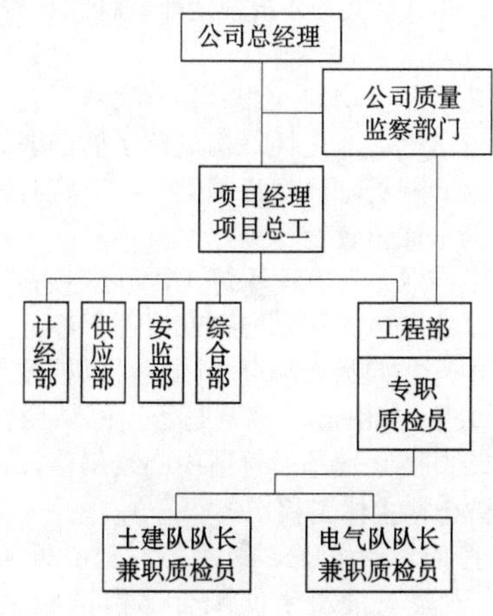

图3-6-1　质量管理组织机构图

3.6.4　质量管理主要职责

一般来说，项目各主要管理人员的质量管理职责包括以下内容。

3.6.4.1　项目经理

（1）贯彻执行国家和工程所在地政府的有关法律、法规和政策，执行行业、企业的各项管理规定。

（2）负责执行项目合同中的各项条款；负责组织和管理进入项目工地的人、财、物资源，负责组织修改、补充、完善项目工地各部门、各级人员的职责和各项规章制度。

（3）作为项目工程质量第一责任者，负责建立健全项目工地的质量管理网络。

（4）负责组织完成项目工程的各项经济技术指标；负责协调项目建设中的甲乙方、部门之间、项目工地与地方之间的关系。

（5）负责监督检查控制工期、质量、成本、技术、管理、执法等，发现问题及时通报业主或监理工程师，防止施工中出现重大反复。

3.6.4.2　项目副经理

（1）在项目经理领导下，作好自己分管的土建或电气安装工作，负责工程的计划、组织、控制、协调。

（2）协助项目经理落实、检查工程质量保证计划执行情况，确保工程质量和工期的圆满完成，实现质量目标。

（3）负责管理文明施工及环境保护工作。

3.6.4.3　项目总工

（1）在项目经理领导下，具体负责施工管理工作及生产的综合进度，在项目施工中落实有关的质量体系文件、技术标准、安全规程、质量规范，保证本工程质量达到质量目标的要求。

（2）定时召集项目部月度生产、安全会议、质量会议，组织工程验收。对工程的质量管理提供技术上的支持与保证。

（3）负责图纸会审，质量计划、施工组织设计的制订和组织实施。

（4）负责推广新技术、新工艺、新材料，并组织制订特殊施工方案。

3.6.4.4　工程部

（1）具体负责施工的全过程控制，为施工全过程受控提供技术保证。

（2）负责技术性文件、质量体系文件和资料，以及工程移交文件和资料的控制管理。

（3）配合安质部进行内部质量检查和由监理工程师主持的分部工程的中间验收，以及有关单位进行的阶段性质量验评工作。

3.6.4.5　质检员

（1）负责质量保证体系的综合管理工作。

（2）负责配合项目法人、监理工程师进行质量检查；对各单位实施质量体系的情况提出奖惩建议。

（3）具体组织执行质量计划及质量保证措施。

（4）深入施工现场，监督检查工程质量，并对存在的问题及时提出建议；协助施工队搞好自检互检。

（5）收集原始记录，分析质量动态；参加事故调查处理工作。

3.6.4.6　施工队（土建、电气）

（1）负责施工方案、措施的实施。

（2）定期召开质保、质检方面的质量会议，总结分析评比施工质量情况。

（3）组织自检、互检，保证不合格产品不转入下道工序。

（4）做好施工记录，注意施工原始资料的积累保管工作。

3.6.5　采用标准

采用国家及行业现行的质量标准、规程、规范及相关文件。

3.6.6　质量管理措施及关键工序质量控制

3.6.6.1　质量管理措施

（1）项目部可以按照GB/T 19001—2000 idt ISO 9001：2000标准要求建立质量保证体系，编制《质量保证计划大纲》及其他质量保证措施文件并提交项目法人和监理工程师，以便监理工程师在工程中监督检查实施情况。健全质量管理组织机构，配备足够和适任的质检人员。严格执行标准、规范、设计文件、项目法人制定的实施办法以及监理工程师依据合同签发的一切指令。

（2）积极配合并接受监理工程师按规定对工程进行的质量监督工作。分部、分项工程的质量检验应提前一段时间书面通知监理工程师，并按其规定的日期进行，认真听取意见并及时改进。按规定进行质量检查和中间验收，隐蔽工程和关键工序应对过程进行连续监控。

（3）施工过程按程序文件实行“三检制”，设立质量管理R（记录点）、H（停工待检点）、W（见证点）点，并对管理点实施有效控制。事故处理实行“三不放过”原则。特殊工序作业人员需经专业培训，考试合格后持证上岗。

（4）所有施工机械必须按程序经过认证检验，确认没有妨碍工程质量的隐患存在，并进行状态标识。各种材料按照其检验、试验标准和监理工程师的要求进行检验、试验，结果应记录并移交监理工程师和业主。

（5）定期向业主项目部、监理工程师提供质量报表，听取对质量工作的建议和要求，改进质量管理工作。

（6）施工人员必须按原始记录填写施工记录，填写人和审核人应对施工记录的及时性、真实性、准确性和完整性负责，并经监理工程师检查合格签署意见。

（7）对不合格分项、分部工程必须进行返工。严禁不合格分项工程流入下道工序，有关责任人要针对出现不合格的原因采取必要纠正和预防措施。

（8）加强后勤服务，创造良好的生活环境，使施工人员安心工作，保证施工的质量。

（9）实行严格的成品保护制度，成品保护的成功与否直接影响最终工程质量的核定。项目管理人员要合理安排施工工序，减少工序的交叉作业，明确各工序人员对成品保护的责任。上下工序之间必须进行交接工作，做好记录，并在下道工序施工过程中及工作完成后检查对上道工序成品损坏情况，造成的损失由下道工序操作者及管理人员负责。

3.6.6.2 关键工序的质量控制

质量控制按有关程序文件的规定进行，画出土建工程的质量控制流程图和电气安装工程的质量控制流程图。

（1）土建工程的质量控制流程图，如图 3-6-2 所示。

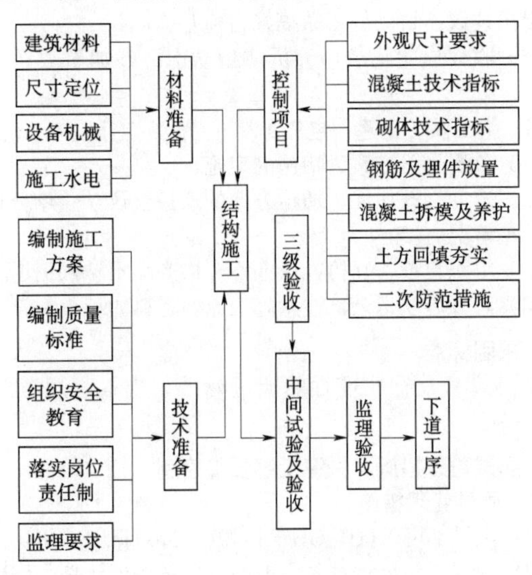

图 3-6-2　土建工程质量控制流程图

（2）电气安装工程的质量控制流程图，如图 3-6-3 所示。

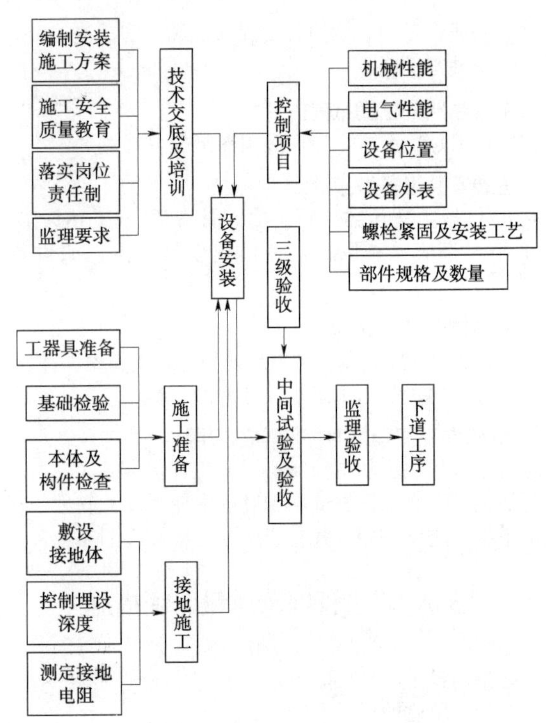

图 3-6-3　电气安装工程质量控制流程图

3.6.7 质量保证技术措施

3.6.7.1 基础工程

（1）土石方开挖必须开挖至设计深度，并按规范进行基槽钎探，是否有古井、墓穴，并按规定作好钎探记录，上报业主、监理工程师验收。

（2）基础垫层厚度均匀一致，且一次施工完成。

（3）浇条形基础前，先插好构造柱竖筋，绑好箍筋，并根据轴线尺寸调整好柱筋，浇杯口基础时，应将芯模支撑牢固，切实保证芯模的平面位置及标高。

（4）回填土应尽量避开雨季施工，并应预备专门的排水设施。回填时，基底杂物、积水应彻底清理干净。土方回填应分层回填夯实，由一端向另一端分层回填，以机械夯实为主，每层虚铺厚度不大于 300mm。墙基与管道回填应在其两侧用细土，人工夯实，并防止墙基及管道中心线偏移。

3.6.7.2 主控综合楼主体工程

（1）严格按照设计施工，所用原材料必须有出厂合格证及试验报告，砂浆、混凝土的配合比由试验室提供，现场搅拌。

（2）砌筑前，根据砖墙位置弹出墙身轴线及边线，砖砌体应上下错缝，内外搭接，并预先浸砖，第一皮砌体要搭底排砖，保证竖缝均匀，组砌合理。

（3）砖砌体水平缝的砂浆应饱满，且砂浆饱满度不得小于 80%，竖向灰缝宜采用挤浆或加浆方法，使其砂浆饱满，并注意砖砌体的水平灰缝的厚度、平直度。厚度应介于 8～12mm 之间。

（4）组砌时，砌 365 墙须双面拉线，且符合皮数杆数，并层层跟线，砖砌体转角和交接处应同时砌筑，不得留槎，如不能同时砌筑，接槎应留在转角点和交接点之外，并应先砌外墙，在内外墙接头处预留斜槎。

（5）构造柱与墙体的拉接筋不能遗漏，每八匹砖设两根长于 1m 的拉接筋，马牙槎应先退后，四进四出，上下对齐，施工洞顶应安混凝土过梁，且两侧应设置接筋，并注意管、洞的留设。

3.6.7.3　抹灰工程

（1）基层表面的灰尘、污垢、油渍、碱膜，砖墙面的耳灰等均应清除干净，并洒水湿润。砖墙上的脚手架孔洞应堵塞严密，水暖、通风管道的通墙洞和穿墙管道必须用 1:3 水泥砂浆堵严，混凝土圈梁、构造柱等凹凸太多的部位须剔平，或用 1:3 水泥砂浆分层补齐。

（2）预制混凝土楼板顶棚，在抹灰之前用混合砂浆勾缝，水刷石、水磨石的面层，应涂抹在硬化及粗糙的中层上，涂抹前，宜先刷一层水泥浆。

（3）抹天棚时，用混合灰打底，待 6～7 成干后再抹中层、罩面，罩面 2～3mm 厚，并保证平整度，墙面抹灰先做灰饼，再打底、抹灰、罩面，并进行垂直、方正、平整检查，做到阴阳角方正。

3.6.7.4　楼地面工程

对于水泥砂浆地面，施工前，先将基层清刷干净，洒水湿润一昼夜，并抹一层素水泥浆，根据地坪标高做好灰饼。先做底层，用木刮杆刮平，再用木抹子压实，待砂浆强度能上人时，方可抹面层。面层先用刮杆刮平，用木抹子搓平，再用钢抹子三遍压光。凡供排除液体使用的地面，应向地漏做出泛水。

3.6.7.5　变压器安装

变压器吊芯检查时要选择晴朗和无大风天气，铁芯暴露的时间应符合规程要求。安装油枕时，要严防碰坏套管。变压器油的处理和试验应严格按照国家有关规定进行。

3.6.7.6　二次电缆施工

二次电缆敷设应采取防损伤措施，发现损坏立即报告并采取措施处理或更换。敷设一根必须整理一根，绑扎要间距相等。电缆终端制作时，密封件须严密无缝隙。二次接线要整齐美观，压接牢固，编号正确，屏蔽电缆按设计要求接地良好。电缆牌按规程要求挂放并牢固、明显。

3.6.7.7　GIS 安装

GIS 安装前搭建防尘室控制浮尘不超过 0.2mg/m^3，环境湿度在 80%及以下；对接时要注意清洁对接面和密封垫，要更换新的密封垫；吸附剂在使用前要先烘干，烘干的吸附剂在空气中不能超过 10min；抽真空达到 133Pa 后，继续抽真空至少 1h，并能够保持真空度；充 SF_6 气体之前，应检测 SF_6 气瓶的水分，其水分含量小于 8μg/g，安装结束后应检漏，满足验收规范要求。

3.6.7.8　断路器安装

SF_6 断路器安装，应在晴天无风时进行，严格控制 SF_6 气体的微水含量，安装结束后要认真检漏，使满足要求。

3.6.7.9　接地装置安装

施工前检查钢材表面镀锌状况是否良好，挖沟深度应符合设计要求。接地极敷设时，应平直、牢固，跨越建筑物变形缝时有补偿装置。焊接连接的焊缝应平整、饱满、无明显气孔及咬肉缺陷，搭接时应四面焊接，搭接长度大于扁钢宽度的两倍。

所有电气设备的金属外壳应直接接地，不允许用水泥杆内部钢筋接地，接地线截面应符合设计。线路走向合理，色标准确。

所有接地工程的隐蔽部分应做好隐蔽工程记录，并经监理工程师验收合格后再埋设。

3.6.7.10　影响工程质量的薄弱环节分析和预测及预防措施

工程中影响质量的薄弱环节和预防措施见表 3-6-1。

表 3-6-1　质量薄弱环节预测及预防措施表

质量薄弱环节预测	预　防　措　施
个别职工质量意识淡薄	加强质量意识教育； 制订质量管理及奖惩办法； 严格执行，奖罚分明
砂、石、水泥质量不过关	加强采购人员质量意识教育，制定经济责任制； 精选供货方，严把进货关，加强材料检验； 材料未经检验不得用于施工
电缆盖板不整齐	固定盖板采取整体粉刷，采用钢管压槽，防止出现裂缝；活动盖板四周加角钢框，避免少角缺棱
混凝土出现麻面、跑浆、炸纹、水眼气泡、外观颜色差、掉角、损边现象	使用光滑表面模板，接缝处贴胶带纸； 控制好混凝土拆模时间，注意浇水养护； 严格按配合比拌料，控制水灰比和每层浇注厚度
道路工程表面粗糙、积水	严格控制混凝土配合比，保证混凝土达到设计强度； 表面压光及时，防止路面硬度不够，并进行划槽
装饰面层空鼓、污染成品	基层处理好，保证面层与基层结合紧密； 对材料进行认真挑选，选择颗粒均匀、无杂质的砂子； 合理安排工序，对门、窗、地面采取保护措施，喷水由上至下
电缆敷设不整齐、美观	电缆严禁交叉； 电力电缆和控制电缆严禁在同层支架上； 电缆弯曲半径大于 15*D*； 提高电缆穿管特别是端子箱和机构箱的电缆穿管工艺
二次回路接线不整齐、美观	盘柜内接线弯曲半径一致，美观、无交叉； 固定牢靠，不使端子排受力，编号清晰； 严禁端子和导线截面不配套； 线路标号采用异形管，用专用打号机打号
设备运输、保管时受损伤	设备运输时不得超高、超宽； 设备运输时，必须捆绑牢固，设专人监护； 设备就位时，找好重心，防止设备倾倒，造成事故； 设备暂放时，放置于坚硬地面
起吊构架变形	成立起吊小组，制定吊装技术措施；组织有关人员进行技术交底； 采用大吨位吊车，吊装就位时，两侧用经纬仪找正，确认垂直后，四侧板线用倒链收紧固定； 构架找正后，底部用铁契子挤正并固定牢固； 待轴线构架全部吊装完毕后，复检吊装的构架是否垂直，确认无误后进行杯口二次浇灌
电气安装过程中，螺丝紧固达不到规范	落实责任制，制定奖罚措施； 严把进货关，保证施工使用合格的螺丝； 使用力矩扳手； 落实三级验收制度

3.6.8　质量保证计划大纲

主要包括质量目标、管理职责、合同管理、文件和资料控制、采购供应、顾客提供产品、产品标识和可追溯性、施工过程、检验和试验、不合格品的控制、纠正和预防措施、搬运、储存、防护和交付、质量记录、培训、售后工程服务、统计技术、质量计划的修订、质量计划的贯彻执行等控制工作。

3.7 职业健康安全管理及保证措施

3.7.1 职业健康安全管理目标

介绍本工程要达到的职业健康安全管理目标。

3.7.2 职业健康安全管理组织机构

画出职业健康安全管理组织机构图，如图 3-7-1 所示。

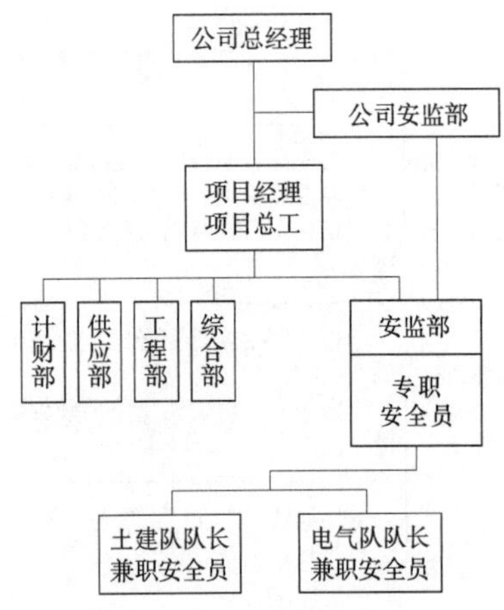

图 3-7-1 安全管理组织机构图

3.7.3 职业健康安全管理职责

3.7.3.1 项目经理

（1）项目经理是本工程职业健康安全施工的第一责任者，对工程安全目标全面负责。

（2）贯彻执行国家有关职业健康安全生产的方针、政策、法规、条例、规范和标准及公司的各项职业健康安全管理制度，结合工程特点建立项目工地的职业健康安全保证体系，落实安全生产责任制。

（3）加强对职工的安全教育，领导、组织施工现场定期的安全生产检查。主持召开安全生产例会，及时解决安全、文明施工中存在的问题，总结、推广安全、文明施工经验。

（4）审定职业健康安全施工措施和计划，并督促执行。

（5）确保承包合同中有关安全施工的要求和奖惩的规定得到落实，严格按合同执行。

3.7.3.2 项目副经理

（1）在项目经理的领导下，对分管的土建或电气安装工程的安全目标负责。

（2）领导和协调各职能部门对安全生产、文明施工的管理。对安全检查中发现的问题组织实施整改措施。

（3）组织安全施工检查，总结推广安全生产和文明施工的先进经验。

3.7.3.3 项目总工

（1）负责职业健康安全技术工作。

（2）组织安全培训、安全技术教育。

（3）负责编制施工组织设计中和专项施工方案中安全技术措施。

（4）监督指导项目专工、技术员编制分项工程的安全措施，技术交底。

（5）监督指导专职安全员的工作。

（6）参加安全检查、事故处理工作。

（7）负责对重要临时设施、重要施工工序、特殊作业、危险作业项目施工方案（含技术措施）进行技术交底。

3.7.3.4 安监部

（1）贯彻执行国家有关职业健康安全规程、规定，组织编制安全管理制度，建立健全安全风险机制，落实各级安全责任制。

（2）制定年度、月度安全工作目标计划并组织落实；组织安全规程、管理规定及安全技术措施的学习培训、考试取证工作。

（3）负责向项目法人提供安全管理制度、特殊施工技术措施、安全检查通报及事故报告等资料文件。

（4）负责审查施工安全技术措施；负责施工现场的安全标识及现场安全监督监护工作。

（5）加强外用工的安全管理；进行安全用具、用品、安全设施的检查和认证。

（6）根据安全奖惩办法，提出对施工人员的奖惩意见；协助项目经理召开安全工作例会；组织参加定期对施工项目的安全大检查。

（7）参加事故的调查处理工作，负责人身事故的统计、分析和上报。

3.7.3.5 专职安全员

（1）负责监督检查施工现场的安全施工。

（2）有权制止违章作业和违章指挥并相应进行经济处罚；参与审查施工安全技术措施并监督执行。

（3）参加安全工作例会及安全日活动，协助领导做好安全工作的布置、检查、总结。

（4）参加安质部组织的安全大检查，对安全隐患按“三定”原则监督整改；负责组织轻伤、未遂事故的调查处理工作。

3.7.3.6 施工人员安全职责

（1）认真学习并严格执行上级颁发的有关安全施工的规定、规程、制度。

（2）施工项目开工前，认真接受安全施工措施交底，并作好记录。

（3）作业前检查作业场所，按安全措施的要求完善安全设施，以确保不伤害自己、不伤害他人、不被他人伤害。作业过程中坚持文明施工，作业结束后及时清理现场。

（4）施工前发现不安全因素应妥善处理或向上级报告，并作好记录。爱护安全设施，不乱拆乱动。

（5）对无安全施工措施、未参加安全交底，或安全设施不完备、指挥性违章，施工人员有权拒绝施工，并可越级上报。

（6）尊重和支持安监人员的工作，服从安监人员的监督与指导。

（7）发生人身伤亡事故时，应立即抢救伤者，保护事故现场并尽快报告；调查事故时必须如实反映情况；分析事故时应积极提出改进意见和防范措施。

3.7.4 职业健康安全管理制度及办法

职业健康安全管理制度及办法可以包括以下内容：

（1）项目经理为工程第一安全责任人，对工程施工安全负全面领导责任，各施工队队长为该队第一安全责任人。认真贯彻执行《电力建设安全施工管理制度》《电力建设安全工作规程》等，正确处理进度、质量、安全的关系，坚持“安全第一，预防为主”的安全生产方针。

（2）项目总工对该工程安全技术负全面领导责任，由项目总工和各专业技术人员组成安全技术保证体系。

（3）由安质部、施工队兼职安全员和各作业组安全监护人组成工地安全监察网，形成安全监察体系。

（4）在施工现场认真落实各级安全责任制，做到：宣传到位、思想到位、责任到位、组织到位、措施到位、监护到位。安全管理网健全，联络正常，信息畅通，能正常行使职权。

（5）建立健全安全风险机制，签订内部安全合同，实行“安全风险抵押金”制，重奖重罚。安全工作搞得好，无安全事故者，加倍奖励，否则没收抵押金并加倍处罚。

（6）制定安全教育计划，各工序开工前组织全部施工人员学习《安规》等文件并进行考试，合格后方可持证上岗。

（7）制订月度安全技术措施计划，预测作业危险点，所有施工项目必须坚持“五同时”，有计划、有重点控制消除不安全因素。

（8）定期进行安全大检查，召开安全例会和进行安全活动。

（9）随时接受业主项目部、监理工程师对安全工作的监督检查，按监理工程师的指令要求改进安全工作。

（10）如发生安全事故，及时向项目法人或监理工程师提交详细的事故报告、事故分析及处理方案或意见，处理方案经项目法人、监理工程师、设计院书面确认后实施。若出现人员死亡或严重事故，应以最快方式通知项目法人、监理工程师。

（11）保留有关财产损失、人员福利健康和安全的记录，并按监理工程师的要求呈递有关报告。

（12）配备齐全的安全用具定期检验；各种安全记录、台账、报表、事故档案齐全完整。

3.7.5　安全组织技术措施

3.7.5.1　建筑物施工

（1）基础土方施工时应经常检查土方边坡及支撑，如有危险征兆，必须立即采取措施，消除隐患，注意基坑塌方，雨季应有防雨措施。

（2）模板工程应按工序进行，支撑不得使用腐朽、扭裂、劈裂的材料，高处安装与拆除模板必须遵守高处作业规定，防止高处坠落，严禁在高处独木或悬吊式模板上行走。

（3）混凝土搅拌系统开车前应进行检查，运行中严禁用铁铲深入滚筒内扒料，不得将异物深入传动部分，清理搅拌斗下的砂石，必须待送料斗提升固定稳妥后方可进行。

（4）严禁站在墙身上进行砌墙、勾缝、检查大角垂直度及清扫墙面等工作，防止落物伤人，不得随意抛掷物品，脚手架挂安全网，入场人员戴安全帽。

（5）使用移动式电动机具，须戴绝缘手套，穿胶靴。

3.7.5.2　构架吊装安全技术措施

（1）吊装前制订完善的吊装施工方案，明确吊装作业各主要环节的安全措施。

（2）吊装前必须对全体作业人员进行安全交底。

（3）对登高人员进行身体检查，身体不适及情绪不稳定的人员，不能进行高处作业。

（4）起重臂下严禁站人。

（5）吊装开始前，对吊装设备及所用索具、夹具、地锚等进行仔细检查，使其保持良好状态。

（6）吊装人员应戴安全帽，高处作业应系安全带、穿防滑鞋、带工具袋。

（7）禁止高处抛掷工具，上下传递工具用绳索。

3.7.5.3　施工临时用电安全技术措施

（1）采用金属配电箱，分级管理，采用三相五线制，以达到防火、防雨目的，装设漏电电流动作保护器。

（2）施工过程中，严禁将电线直接勾挂在闸刀上或直接插入插座内使用。

（3）闸刀开关和熔断器的容量应满足被保护设备的要求，熔丝应有保护罩，严禁用其他金属丝代替熔丝。

3.7.5.4　主要施工机具安全防护

（1）氧气瓶及乙炔瓶应存放在通风良好处，严禁和易燃易爆物混放在一起，严禁靠近热源，气瓶运输前旋紧瓶帽，严禁抛、滑或碰击。

（2）电焊机的外壳必须可靠接地或接零，不得多台串联接地，配备雨天防护罩。

（3）电锯应有防护罩、铁挡板、吸光器。

（4）砂轮切割机应有防护罩、托架、夹具。

（5）电刨（手压刨）应有护指链或防护装置、安全挡板、活动盖板，手压推板。

3.7.5.5　主变压器安装安全技术措施

（1）主变压器未经充分排氮（其气体含氧密度大于18%），严禁工作人员入内。变压器注油时，任何人不得在排气孔处停留。

（2）变压器进行内部检查时，通风和照明必须良好，并设专人监护，工作人员应穿无纽扣、无口袋的工作服、防油耐滑靴。

（3）进行热油循环时，变压器外壳必须可靠接地。

（4）变压器储油和油处理现场必须配备足够可靠的消防器材，必须制订明确的消防责任制，场地应平整、清洁，10m范围内不得有火种及易燃易爆物品。

3.7.5.6　母线安装安全技术措施

（1）进入施工现场必须戴安全帽，高空作业使用高空作业车，必须扎安全带。

（2）焊工上岗时，必须穿焊工工作服和戴必要的防护用品。

（3）电动机具外壳必须接地良好，固定牢靠，防止飞脱伤人，机械转动部分应有防护罩。

（4）使用切割机时，严禁操作人员站在锯片切线方向，严禁锯片在松动、偏心和破损的情况下使用。

（5）电源开关保护罩应齐全，严禁一个开关多路接线，电源线绝缘应良好，禁止将电源线绑扎在金属物上。

（6）露天安装的电动机具及开关，应有防雨措施。

（7）防止工器具损伤电气设备。

（8）吊车置放位置合适，应有足够的回转半径，四腿支撑牢固，应选用合格人员操作，操作应平稳，严禁速起速落。

（9）起吊工作必须有专人统一指挥。

（10）严禁人员在吊臂下穿行和停留。

3.7.5.7　职业健康安全管理体系规范

在工程中全面贯彻《职业健康安全管理体系规范》（GB/T 28001—2001），建立职业健康安全管理体系，提出职业健康危险源及预防措施，执行职业健康安全控制作业指导书，避免出现职业健康、安全等方面的问题，保证施工顺利进行。

（1）简单介绍环境管理体系及在公司和项目中的应用情况。

（2）工程的职业健康危险源及预防措施。列出施工中的职业健康危险源及其预防措施，见表3-7-1。

表 3-7-1　　职业健康安全危险源

序号	作业活动	危险源	判别依据					类别
			不合法	曾经发生	相关方抱怨	直接观察到的	LEC 法	
1	高空走线	高空坠落					▲	第二类危险源
2	附件安装	高空坠落					▲	第二类危险源
3	母线安装	高空坠落					▲	第二类危险源
4	设备安装与调试	高空坠落					▲	第二类危险源
5	铁塔组立	高空坠落					▲	第二类危险源
6	跨越架安装与拆除	高空坠落					▲	第二类危险源
7	塔吊组立、拆除及施工作业	高空坠落					▲	第二类危险源
8	构架安装	高空坠落					▲	第二类危险源
9	外脚手架组立、拆除及施工作业	高空坠落					▲	第二类危险源
10	带电设备作业	触电					▲	第二类危险源
11	带电搭设、拆除跨越架	触电					▲	第二类危险源
12	电动工具、设备作业	触电					▲	第二类危险源
13	附件安装落物	物体打击					▲	第二类危险源
14	跨越架安装与拆除	物体打击					▲	第二类危险源
15	塔吊组立、拆除及施工作业	物体打击					▲	第二类危险源
16	吊车作业落物	物体打击					▲	第二类危险源
17	外脚手架组立、拆除及施工作业	物体打击					▲	第二类危险源
18	铁塔组立落物	物体打击					▲	第二类危险源
19	土石方爆破	爆炸伤害	▲					第二类危险源
20	气焊作业	爆炸伤害					▲	第二类危险源
21	切割机、切断机作业	机械伤害					▲	第二类危险源
22	爆破物品运输	爆炸伤害	▲					第二类危险源
23	冲击钻、电锤作业	机械伤害					▲	第二类危险源
24	电锯作业	机械伤害					▲	第二类危险源
25	电焊机作业	触电伤害					▲	第二类危险源
26	卷扬机作业	机械伤害					▲	第二类危险源
27	长途运输	车辆交通伤害					▲	第二类危险源
28	材料、设备倒运	车辆交通伤害					▲	第二类危险源
29	仓库、食堂、办公、宿舍区及木工棚	火灾伤害					▲	第二类危险源
30	野外施工	中暑					▲	第二类危险源
31	电锯、切割机、搅拌机等机械作业	耳聋					▲	第二类危险源
32	油漆、涂料及喷漆作业	中毒					▲	第二类危险源
33	电、气焊作业	眼炎					▲	第二类危险源
34	电、气焊作业，水泥装卸	尘肺病					▲	第二类危险源

（3）职业健康安全控制作业指导书。列出已经编审完成的职业健康安全控制作业指导书和需要补充编写的职业健康安全控制作业指导书。

3.7.6　安全薄弱环节预测及预防措施

（1）长时间的作业使施工人员容易造成安全意识的麻痹，因此要长期坚持安全意识的教育，使安全始终在人的意识中占主导地位。

（2）所有施工人员必须做到：

1）签订用工合同；

2）进行体检及安全教育并考试合格；

3）纳入本企业职工范围进行安全管理。

（3）应加强职工和合同工安全用电教育，严格执行操作规定；规范临时电源箱的配置并安装漏电保护器；带电设备的外壳接地良好。

3.7.7　重要施工方案和特殊施工工序的安全过程控制

（1）所有施工机具设备和安全用具进场后应进行检验，施工工作前应进行外观检查，确认施工机具性能、状况良好，安全系数应满足要求，安全用具合格后方可使用。

（2）现场使用配电箱均配有空气开关、漏电保护器、刀闸及保险，配电箱要专人负责，禁止乱接电源。

（3）施工现场材料、设备运输较集中，应加强车辆管理及驾驶人员安全和法规教育，严防交通安全事故发生。

（4）进入施工现场必须戴安全帽，高空作业必须扎安全带，防止高空坠落。

（5）雨季施工安全施工方案。

1）雨季来临前做好防雷击、防洪、防风等准备工作。

2）施工现场排水系统提前整修通畅。

3）各种高大建筑及高架施工机具的避雷装置进行全面检

查，防汛器材及早准备。

4）暴雨、汛期后临建设施及高架机械机电设备、电源线路等均应进行检查，并及时修理加固。

3.7.8　主要危险点分析及预防措施

根据工程特点，分析和预测影响安全的薄弱环节，采取有效的预防措施，以保证施工安全，并根据各施工阶段列出危险点分析和预防措施的对应表格，见表3-7-2～表3-7-11。

（1）施工准备阶段。

（2）基础施工工序。

（3）建筑物主体施工。

（4）构支架组立工序。

（5）母线架设工序。

（6）设备安装调整工序。

（7）二次设备安装工序。

（8）蓄电池安装工序

（9）电缆敷设工序。

（10）工地运输工序。

表3-7-2　　施工准备阶段

序号	危　险　点	控制措施	负责人
1	临时电源电缆老化，接头过多，接头处理不当	施工现场及生活区电源必须用合格铜芯电缆，长度不够不可用老化电缆代替，接头处用高压绝缘胶带缠绕，做到防雨防潮	
2	现场集中控制的开关柜配电间堆放杂物，防雨、防潮不当	配电间设置在平整、干燥处，不得放材料、工具及杂物，绝缘必须良好，不被雨水浸湿，地面干燥	
3	用电设备电流引线过长，进出开关箱段不加绝缘处理，不采取固定措施（※电焊机一次接线过长）	引线长度不得大于5m，大于5m设流动刀闸箱，开关柜的配线应绝缘良好，排列整齐，绑扎束固定在盘内。导线进出开关柜线段压接要牢固，不得有带电体裸露，应加强绝缘并固定好	
4	电动机械刀闸开关残缺不全，不固定，电源负荷倒接	所有电动机械必须用合格刀闸开关，移动式机械（如砂轮锯，液压机），刀闸开关应有固定保护装置。上侧接电源，下侧接负荷，不可倒置	
5	接引线电源无工作票，不设监护人及警告标志	凡需接引线变动负荷时，必须认真填写工作票，设监护人，并应在两端挂“有人工作，禁止合闸”警告标志牌	
6	移动式、手提式电动机械接地不良，以及不接地线	所有电动机械必须用软铜线接地，接地导线不得小于1.5mm^{2}连接应采用压接或连接，严禁简单缠绕或勾挂	
7	生活区、餐厅、办公区、仓库、活动板房配线线路短路、接地	各活动板引进电源线必须做好防雨防潮，各板房设置多点接地，内部线路有问题不能解决的要改成明线	
8	施工现场及生活电源未统一布置，乱扯电源及不规范接线	施工用电专人负责，按工程计划的平面布置进行，专职电工负责。严格禁止将电线直接勾在刀闸上或直接插在插座内使用	

表3-7-3　　基础施工工序

序号	危　险　点	控制措施	负责人
1	土方坍塌	基坑开挖时严格按照规程要求进行放坡；土方堆放距基坑上边缘不少于1m；土方开挖过程中应随时检查土质变化情况，发现异常必须采取措施进行处理；雨季进行基坑开挖时，要做好防雨措施，及时进行排水	
2	落物伤人	基础施工时，周围要设立安全围栏绳及相应的安全警示标志；工器具、材料要用专用的传递工具进行传递，不得向基坑内抛物	
3	搭设探头板或探头板有缺陷（强度不够、裂纹、腐蚀等）	严禁使用不合格的材料搭设，使用过程中要仔细检查探头板及上料通道，探头板、跳板必须帮扎牢固，支撑牢固可靠	
4	上料平台不稳定	上料平台不得搭设悬臂结构，中间必须设支撑点	
5	推车或机械上料设备至跳板边缘翻车下料	必须经下料斗溜下；坑上、坑内人员必须配合密切，下料时坑内施工人员必须停止其他工作；下料地点必须设置挡板，避免运料机具翻入坑内伤人	
6	搅拌机没有安全保护接地	检查接地体埋设情况、接地体的材质及连接坚固性；检查电气接线、开关是否符合要求	
7	振捣器漏电	安装漏电保护器；操作人员戴绝缘手套、穿绝缘鞋操作，其他人不得随意使用；电机外壳应安装保护接地	
8	搅拌机提升钢丝绳断股、变形、严重锈蚀，料斗没有挂钩	经常检查设备的安全附件，不全及有隐患严禁使用；设备应按要求进行定期的维护保养，达不到使用要求时，及时进行淘汰	
9	水坑抽水时潜水泵漏电	抽水用的水泵要用绝缘良好的电缆，水下部分不得有接头	

表3-7-4　　建筑物主体施工

序号	危　险　点	控制措施	负责人
1	脚手架稳定性不好	严格按规程要求有专业人员搭设脚手架；脚手架搭设完成后，必须经检查验收合格后方可使用；雨季应经常检查脚手架的可靠性，发现问题及时进行处理。脚手板、探头板必须按规范搭设且帮扎牢固，堆物数量、高度要符合规范要求	

续表

序号	危　险　点	控　制　措　施	负责人
2	高空落物	按要求及时搭设安全网，安全网的质量要符合要求；施工作业人员必须遵守操作规程，不得随意抛掷物品，工器具、材料等必须用专用工具进行传递	
3	高空坠落	高空作业人员必须扎好安全带；大风或雨雪天气不得从事高空作业；预留孔洞必须设孔洞盖板并设警示标志	
4	起重作业违反操作规程	起重设备性能必须符合安全要求并定期进行检查、维护和保养；起重钢丝绳不得有破股、断股现象，并定期进行检验和试验，起重工必须持证上岗，其他人员不得使用；起重设备不得超载使用，吊物要帮扎牢固；吊臂范围内下方严禁人员逗留；起重信号要畅通设旗语和鸣哨；塔吊要做好避雷和防倾倒措施；电源线要绝缘良好，塔吊拆装必须有资质的人员进行拆装	
5	施工现场混乱	施工现场要清洁有序，做到“工完、料尽、场地清”，拆除后的模板、废料等要及时清理好，不得有朝天钉现象存在，避免其伤人	
6	夜间施工照明不足	工程在夜间施工时，必须保证有足够的照明，照明器具设专人管理；夜间施工时厂区及建筑物范围内的孔洞、沟道等要采取措施进行封闭，并设置醒目的安全标志	
7	施工工器具伤人	工程施工用的工器具、设备要保证安全性能良好，安全防护装置完好，机械应让有资格的人员进行操作，操作人员要熟悉机械、设备的性能和安全操作过程，设备要有可靠的接地保护，并及时地进行检查、维修和保养	

表 3-7-5　　构支架组立工序

序号	危　险　点	控　制　措　施	负责人
1	电焊工无证作业，不穿绝缘胶鞋、皮手套等防护用品	焊接、切割工作人员应经专业安全教育，考试合格，持证上岗。杆段除特殊工种操作证外，焊件试验合格后方可操作。作业时必须穿戴专用工作服、绝缘鞋、皮手套等符合要求的劳动防护用品	
2	电焊机摆放不合理，一次线过长，二次线接头过多，控制开关分散，电源装置不可靠，无安全使用负责人	电焊机要集中装设在遮蔽的干燥场所，中间留有调整电流的安全通道，一次接线要绝缘良好，长度不超过 5m，二次把线及接头应绝缘良好，固定牢靠，电焊机应设单独电源控制装置，直流电焊机应用启动器控制。电焊机有专人负责，外壳必须可靠接地	
3	角向机、手提电动工具无漏电保护器及电源不符合要求，无接地线	角向机、手提砂轮机要用橡胶软线，必须装漏电保护器和接地线，并检查外壳手柄开关及转动部分是否良好	
4	砂轮机、无齿锯缺防护罩及使用不当	使用前，检查机具是否有防护装置，在使用中人体站立位置应得当，操作者不应用力接触机具，以防砂轮片破损伤人，不得用无齿锯当砂轮机使用	
5	氧气瓶及乙炔瓶摆放不当	使用气焊时氧气瓶及乙炔瓶要按有关规定进行摆放和操作，以防回火伤人	
6	杆体滚动伤人，A 形杆头焊接时灼伤及触电	上杆、下杆及焊口转动位置时，工作中应站在杆体转动相反方向，并备木楔、垫块防止回滚。A 形杆头仰脸焊接时要挖足够人活动的深坑，坑内垫干木板	
7	组梁铁件挤手压脚，紧固时卡手	横梁组装前平整场地，铺设道木，主铁抬放要专人指挥，步调一致，同起同落，横梁在找正、起拱各支撑点牢固后方可紧螺栓，紧螺栓时，搬口间隙调整好，防止滑脱卡手，加力杆和扳手连接要紧固	
8	构架组立施工人员不明确措施，未签字，不知道自己所从事项目的危险点	施工前要制订详细的措施，反复交底，人员分工详细，所有参加作业人员均参加交底，未签字者不得参加施工作业，参加者按施工方案分配认真完成自己的工作	
9	拖拉绳绑扎点不牢，无专人紧固和松懈	拖拉绳绑扎必须坚固，两头端杆组立要挖专用地锚，不可用小型基础当做绑扎点、独立杆组立时下部要用链条葫芦松紧拉绳，松懈时由专人指挥，专人负责	
10	杆段倾斜，横梁摇晃	A 形杆、单柱杆、Ⅱ形杆在楔子放好、打牢，纵横拉线绑扎后，吊车吊钩方可脱钩，横梁吊装要水平，平稳两端调整方向，大绳要专人负责，全部螺栓带全后方可摘钩	
11	高空落物	高空作业人员必须带工具袋、传递绳，传递物品时严禁抛掷，不得在高空作业垂直下方从事作业或逗留	
12	高空坠落	高空作业人员安全带系牢（绑扎在上方牢固点）方可作业。严禁在梁上行走，不听劝阻者取消上岗资格	
13	找正调整	构架找正时，不可将楔子全部撤掉，根部调整时抱箍卡住千斤顶，着力后再松动楔子，打楔子用的大锤，应锤头牢固，打锤时不可正面对人打，防止楔碎片伤人	
14	设备支柱柱头跌落	设备支柱使用吊车组立，不准由人往基础坑里推，柱头焊接搭工作台或用专用靠梯	

表 3-7-6　　母线架设工序

序号	危险点	控制措施	负责人
1	横梁上悬挂软母线不系安全带	设立安全监护人，同时进行安全操作考核，并与经济挂钩	
2	准备工作不充分，工作时工器具出现故障	施工前重新检查所需工器具是否合格，电动设备要试运转，确保性能良好，卷扬机、液压机、泵、砂轮锯、其他滑轮、钢丝绳、绝缘子、卡具经检查无损伤	
3	横梁挂线点固定滑轮的钢丝绳扣断裂	母线架设前所有金具是否符合要求，检查构架、横梁是否牢固，测量瓷瓶串，检查绳扣在横梁上缠绕过程有无破损	
4	导线弹出伤人	放导线由班长指挥，线轴架设要平稳，导线由线轴下方引出，推转线轴人员不可站在线轴前面，放到终了时，轻轻转动，防止线头弹出	
5	地脚绳扣及滑轮脱扣	挂线时地面由专人用手旗指挥升降，母线着力后检查所有绳扣及滑轮，确保无误后方可起升	
6	铝管母线吊装弯曲，脱落	铝管母线吊装要用木杆绑扎，木杆长度超过两端吊点，防止弯曲脱落伤人和设备	
7	铝管母线骑线作业	管母线安装前应把剪刀式隔离开关静触头固定好，安装时管母线及支柱绝缘子上作业人员要先系好安全带，站在低于支柱绝缘子端面位置，调整静触头时，使用竹梯	
8	过绝缘子串不系腰绳，马拉杆、滑轮从母线上往下扔	安装跳引及设备连线过绝缘子串要先系好腰绳，以防绝缘子旋转坠落，骑马拉杆作业的 3 人要配合好，同时进返，安装后将马拉杆、滑轮用大绳系好缓慢放到地面，导线下不可站立或行走	
9	不按规程规定使用喷灯，钻孔戴手套，使用砂轮不戴手套和防护镜	铜、铝硬母线及设备线夹挂锡，钻孔使用喷灯，钻床、砂轮及砂轮锯要按规程要求去做： 喷灯：油面不得超过 3/4，喷嘴堵塞时，应灭火处理； 钻床：严禁戴手套，钻具、工件固定牢固，不可用手触动转动部分； 砂轮：戴手套、护目镜。砂轮片有裂纹及磨损到 1/3 必须更换	

表 3-7-7　　设备安装调整工序

序号	危险点	控制措施	负责人
1	安装设备时不清理包装物	安装各种设备首先要清理好现场，包装拆完后及时清理，清理干净后方可进行作业	
2	安装、调整开关不带安全带	必须系安全带，否则进行经济处罚	
3	带压调整开关	对于液压、气动及弹簧操作机构，必须释放压力后方可拆装、调整。在调整开关传动装置时，工作人员要保证有可移动部分的动作空间	
4	攀登套管绝缘子	调整断路器，隔离开关及安装引线时应用升降平台或梯子	
5	初次动作开关快分快合，电动分合开关不在中间位置	所有带有慢分、慢合开关，初次动作必须慢分慢合，先手动，后电动，电动前保证开关在中间位置，以确定电动反正转，开关上有人工作时严禁分合开关	
6	竹梯绑扎点不够，不合理	电流、电压互感器、避雷器、开关连线用竹梯时必须多点绑扎，长梯必须打好拉绳，拉绳稳固好后，经确认安全可靠，方可进行作业	

表 3-7-8　　二次设备安装工序

序号	危险点	控制措施	负责人
1	施工环境差	动力、控制、保护盘屏要在土建条件满足要求后才可安装，各种盘屏拆箱后要将箱板、杂物立即清理干净，避免阻塞通道或钉子扎脚	
2	稳盘人员不足，指挥不当	盘屏就位时，要保证有足够的人员，设专人指挥，防倾倒伤人及狭窄处挤伤，盘底加垫时不可将手伸入盘底，应用螺丝刀。单面盘并列安装靠盘时防止挤手，各类盘屏就位后必须用螺栓紧固好，作业人员相互协调配合好	
3	带电盘不符合规定，非指定人操作	带电的交流盘、直流盘必须有明显标志及可靠的隔断措施，确认带电盘与非带电盘无串电，用表测量无误，带电装置由专人管理，管理人员了解带电系统情况，设监护人	
4	电源负荷倒接	动力盘、控制盘、保护盘、端子箱内的各式熔断器及机构箱内的刀闸开关都保证上口接电源，下口接负荷	

表 3-7-9　　蓄电池安装工序

序号	危险点	控制措施	负责人
1	易燃气体引起火灾	畜电池室必须有良好的通风、照明设施，室内严禁烟火	
2	充放电值班巡视不够，记录不全	值班人员必须每一个小时测量一次温度及电流值，不可在值班时喝酒，打扑克、睡觉等	

表 3-7-10　　电缆敷设工序

序号	危险点	控制措施	负责人
1	放电缆前准备工作不当	电缆敷设前检查电缆管是否畅通、牢固，电缆支架焊接是否牢固，电缆沟道、夹层是否清理干净，做到无杂物、积水，并应有足够的照明	
2	电缆敷设指挥、监护不当，随意拉引	敷设电缆由二次班班长、技术员统一指挥，统一行动，联系信号明确，电缆通过孔洞时，管子或通道两侧设监护人，入口注意电缆卡住，出口人员不得正面接引	
3	电缆沟孔洞及拐弯处伤人	敷设电缆时，施工区域电缆沟、孔洞应设遮栏或标志，完工后立即封闭，施工人员进入隧道、电缆夹层及电缆沟必须戴好安全帽，拐弯处的施工人员要站在电缆外侧	

表 3-7-11　　工地运输工序

序号	危险点	控制措施	负责人
1	无证驾驶，酒后开车	按内部规定从重处罚	
2	载重车客货混装，物件捆绑不牢	严格按规定运输，由专业工人封车	
3	安全装置不健全或失灵，带病出车	每天出车前必须检查，不开带病车	
4	雷管、炸药同车运输	雷管、炸药要设标志分别运输，遇火源绕道行驶。在施工车辆不足的情况下，只允许同车携带炸药 10kg 和雷管 20 个，并做好防震防火措施	

3.8 工程分包管理

应符合招标文件及合同要求，说明是否进行分包，并讲明原因。

3.8.1 工程分包的原因及范围

如果没有分包，本节及下面两节均可以去掉。如果有分包，可以简单介绍分包原因以及分包的工程范围。

3.8.2 分包商选择条件

一般来说，分包商要符合以下条件：

（1）分承包商要具备有关部门颁发的营业执照和施工资质证书，要拿出施工简历和连续三年资质的评定等级及安全施工记录。

（2）要具备一定的施工力量、设备力量和具有技术职称的技术人员，有良好的工作业绩和信誉。

3.8.3 分包工程的管理

一般来说，分包工程管理要包括以下内容：

（1）由项目部负责对分包方的施工组织设计、施工技术措施、质量措施和安全措施进行审核，并经业主或监理工程师审核认可。

（2）项目部负责协调分包方施工项目与我方施工项目的接口工作方式。

（3）在制订与分包方的合同时，明确质量、安全、工期要求。

（4）跟踪监督分包方的施工全过程，做好验收记录。

（5）督促分包方对其安全措施的实施。

（6）分包方在现场的一切活动必须符合《安全工作规程》和工地规则。

（7）对劳务分包方，定期组织学习、考查、监督和指导。

（8）严格执行《电力建设包工队、临时工安全管理若干规定》。

3.9 环境保护及文明施工

3.9.1 施工可能引起的环保问题

一般来说，变电站工程可能引起的环境保护问题主要有：施工运输过程中，损坏道路、桥梁、涵洞等；施工及生活垃圾、污水、污油随意倾倒污染环境；废弃油料、SF_6气体污染环境；粉尘、施工噪声等。施工过程中如不严格控制，很容易造成环境污染，既破坏了环境，影响与当地村民的关系，又可能引起纠纷，最终影响工程的正常施工。

3.9.2 文明施工及环境保护目标

3.9.2.1 文明施工目标

简单介绍文明施工的目标。

3.9.2.2 环保目标

杜绝人为的环境污染，最大限度地减少或消除不可抗拒的污染，不发生违犯环境保护法的行为，始终保持施工现场合理的布局，营造一个清洁良好的工作环境，创“绿色环保工程”。

3.9.3 文明施工及环境保护管理机构

文明施工及环境保护管理机构，如图 3-9-1 所示。

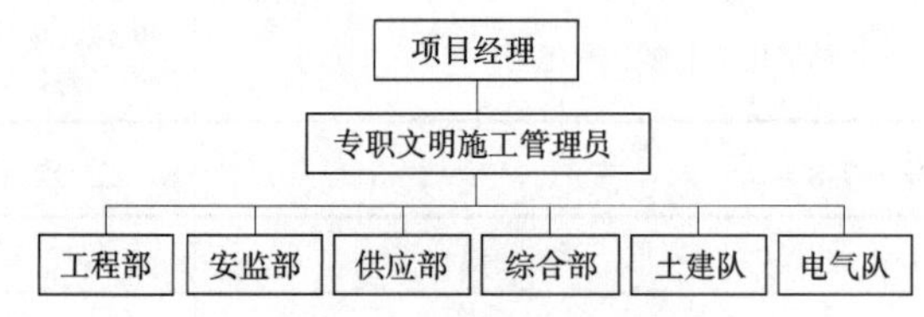

图 3-9-1　文明施工组织机构图

3.9.4 环境管理体系规范和使用指南

在工程中全面贯彻 GB/T 24001—2004 idt ISO14001：2004 标准要求，建立环境管理体系文件，列出环境保护危险源及预防措施，编制环境保护控制作业指导书。

（1）简单介绍环境管理体系及在公司和项目中的应用情况。

（2）环境保护危险源见表 3-9-1。

（3）环境保护控制作业指导书。列出已经编审完成的环境保护控制作业指导书和需要补充编写的环境保护控制作业指导书。

3.9.5 文明施工及环境保护措施

（1）遵守国家、地方的法律、法规及其他规章，树立为项目法人服务、保障施工运行、环境保护的思想意识，经常主动与项目法人或监理工程师、环境保护部门联系，征求意见，全

表 3-9-1　　环境保护危险源

序号	分项工程/活动点/工位	环境因素	排放去向	数量	频率	环境影响	时态	状态
1	变电站施工钢筋加工	切断机、调直机的噪声的排放	大气		间断	噪声污染	现在	正常
2	变电站施工木材加工	电锯电刨产生的噪声排放	大气		间断	噪声污染	现在	正常
3	装载机、绞磨、牵张机等机械设备	机械设备使用时产生的噪声排放	大气		间断	噪声污染	现在	正常
4	钢模板	模板的搬运、校正、拆除、清理、修复产生的噪声的排放	大气		间断	噪声污染	现在	正常
5	石坑开挖	爆破时产生的噪声排放	大气		间断	噪声污染	现在	正常
6	土方作业	基础开挖、土方回填产生的扬尘的排放	大气		经常	污染大气	现在	正常
7	混凝土搅拌	混凝土搅拌时产生的扬尘的排放	大气		经常	污染大气	现在	正常
8	现场道路	路面产生的扬尘的排放	大气		经常	污染大气	现在	正常
9	水泥、砂、石料装卸	水泥、砂、石装卸产生的扬尘的排放	大气		经常	污染大气	现在	正常
10	施工过程	施工过程的产生的施工渣土（废砖、瓦砂、石、混凝土碎块等）的排放	土地		经常	污染土地、水体	现在	正常
11	钢筋加工	产生的废钢筋头、电焊条头的排放	土地		间断	污染土地、水体	现在	正常
12	木工棚	木材加工产生的边角料、刨花的排放	土地		经常	污染土地、水体	现在	正常
13	办公室	废电池、废硒鼓、废墨盒、废磁盘的排放	土地		经常	污染土地、水体	现在	正常
14	施工过程	施工过程中有毒有害废弃物（废电缆皮、油手套、废油）的排放	土地		间断	污染土地、水体	现在	正常
15	工地的食堂、厕所	食堂、厕所的污水的排放	土地		经常	污染水体	现在	正常
16	油漆、易燃库房、木工房、电气焊作业点、氧气瓶库、乙炔瓶气库、食堂液化气瓶	火灾、爆炸的发生	大气土地		偶然	污染大气和土地	将来	紧急
17	现场渣土、混凝土、生活垃圾、原材料的运输	现场渣土、混凝土、生活垃圾、原材料的运输过程中的遗洒	土地		间断	污染路面	现在	正常
18	施工现场、办公室	生产用水的消耗			经常	资源浪费	现在	正常
19	施工现场、办公室	生产用电的消耗			经常	资源浪费	现在	正常

方位提高自身的文明施工、环境保护的意识和水平。

（2）工程部为文明施工及环境保护工作的技术主管部门，编制文明施工及环境保护技术措施。综合部、安质部为文明施工及环境保护实施的现场监督部门，负责按措施要求，监督、检查各项措施的实施。各施工队是实施部门，负责按技术措施的要求进行施工。

（3）加强对入场员工的文明施工及环境保护教育，让员工树立文明施工观念、环境保护观念，自觉按要求开展工作。项目工地在文明施工及环境保护方面进行合理投资。

（4）根据环境破坏的途径、来源等分别指定环境保护措施。

（5）编制文明施工及环境保护考核办法，与项目法人协商制定工地规则，包括安全防卫、工程安全、工地出入管理制度、环境卫生、防火措施、周围及近邻环境保护的附加规则等内容。

3.9.6　文明施工及环境保护考核管理办法

（1）项目经理按文明施工和环境保护考核办法定期组织文明施工检查考核。

（2）分部工程完毕进行一次文明施工及环境保护全面总结评价，评价结果作为对该分部工程施工人员的奖金分配和先进评比的依据。

3.10　计划、统计和信息管理

3.10.1　计划、统计报表的编制与传递

指定专人按规定时间向项目法人或监理工程师提交以下各类统计报表，各种计划、报表资料均利用计算机进行管理，在提交书面资料的同时提供电子文档文件。

3.10.2　信息管理的目标及措施

首先简单介绍信息管理的目标及措施，然后就如何进行信息管理提出措施，如确定信息管理的负责人和具体实施人，进行信息管理的工具等。

3.10.3　竣工资料及施工记录的移交

（1）竣工图的整理。按图施工没有变动的图纸，直接在图纸右下角盖工程竣工章，并填写相应的栏目和签名。

一般性设计更改应在收到设计变更后及时在原图上修改补

充，并在变更旁加盖设计变更章，填写变更单号码、图纸修改人、修改日期。竣工资料上附上设计变更单，加盖工程竣工章。

较大的设计变更，不能用原图修改的，与设计部门联系重新绘制竣工图，并加盖工程竣工章。

（2）施工记录和检验记录的编制。项目部将初审后的施工记录和检验记录分类装订成册，加装封面并签字。相关人员复审施工记录和检验记录，确认无误后在相应的位置签名，并加盖公章。

（3）产品合格证和试验报告的编制。产品合格证、原材料化验报告、各类试验报告等分类整理并装订成册。

（4）其他竣工资料的整理。根据对竣工移交资料的有关规定，对应移交的其他竣工资料进行分类整理并装订成册。

（5）审查。所有竣工图和竣工资料由技术部门负责审查。

（6）交付。根据合同要求列出清单，提交项目法人（或运行单位）。

（7）工程竣工资料。

1）工程开、竣工报告。

2）施工图会审纪要。

3）工程施工质量检验及评级记录。

4）设计变更通知。

5）材料代用清单及签证。

6）原材料、加工件出厂质量合格证明、试验报告、质保证书。

7）工程试验报告及试验记录。

8）未按设计施工的明细表及附图。

9）施工缺陷处理明细表及附图。

10）工程遗留问题记录。

11）隐蔽工程检查验收记录及签证，中间验收检查记录及签证；施工过程中，必须对隐蔽工程、关键工序、重要工序及重要活动按照档案管理要求进行过程拍照或摄像，通过录像、照片等形式形成支付资料，作为竣工验收资料的重要组成部分。

12）与项目法人、监理工程师往来文件。

（8）工程施工记录。

第4章　电力电缆线路工程施工组织设计

电缆工程施工组织设计一般包括以下10个部分：

（1）工程概况。
（2）施工现场组织机构。
（3）施工现场平面布置图。
（4）施工方案。
（5）施工工期及进度计划。
（6）质量管理及质量保证措施。
（7）职业健康安全管理及保证措施。
（8）工程分包管理。
（9）环境保护及文明施工。
（10）计划、统计和信息管理。

4.1　工程概况

4.1.1　编制依据

（1）项目管理规划大纲。
（2）建设工程项目管理规范。
（3）工程有关协议、合同、文件。
（4）与电气安装有关的行业技术标准及国家标准。
（5）工程计划文件。
（6）现场调查情况。
（7）已经批准的计划任务、初步设计和施工图。
（8）施工定额资料。
（9）项目管理目标责任书。
（10）类似工程的施工方案、施工经验和工程总结。

4.1.2　工程概况

4.1.2.1　工程简述

工程的建设位置，工程的电缆路径起止点及工程沿线的具体状况，工程的总体情况介绍。

4.1.2.2　工程规模

电缆电气部分使用的设备规格、型号及数量，电缆及附件主要参数、设备配置情况，电缆抱箍及橡胶垫选择及电缆盘长等。

4.1.2.3　工程施工依据及特点

（1）工程施工依据主要内容如下：

1）电缆接地方式。

2）电缆敷设要求主要包括电缆排列方式、蛇形敷设及其他敷设要求。

3）电缆附件安装：电缆接头安装及接地系统安装等。

4）防火设计要求。

5）防水设计要求。

6）现状隧道电缆支架改造。

7）站内夹层改造要求。

8）光纤测温部分施工要求。

（2）设计特点及工程特点。

1）设计特点。主要指本工程设计与普通工程设计或典型设计不一样的方面，重点描述采用的新设备、新材料、新技术、新工艺等情况。

2）工程特点。主要指工程施工管理及施工工艺两大内容，施工管理重点突出在新的管理方法上，而施工工艺管理针对新设备、新材料、新技术、新工艺、新工具提出工艺控制措施及特殊要求。

4.2　施工现场组织机构

4.2.1　施工现场组织机构关系图

成立以项目经理负责制的"××电缆线路工程项目部"，代表施工单位对工程项目实行全面管理。项目经理服从项目法人的统一管理。工程项目部的规模可根据工程规模的大小来设立，一般可设项目经理、副经理、总工程师及主要专业负责人，如：安全员、质检员、技术员、造价员等。在施工现场组织机构关系图中，以实线表示隶属关系，以虚线表示合作关系。施工现场组织机构如图4-2-1所示。

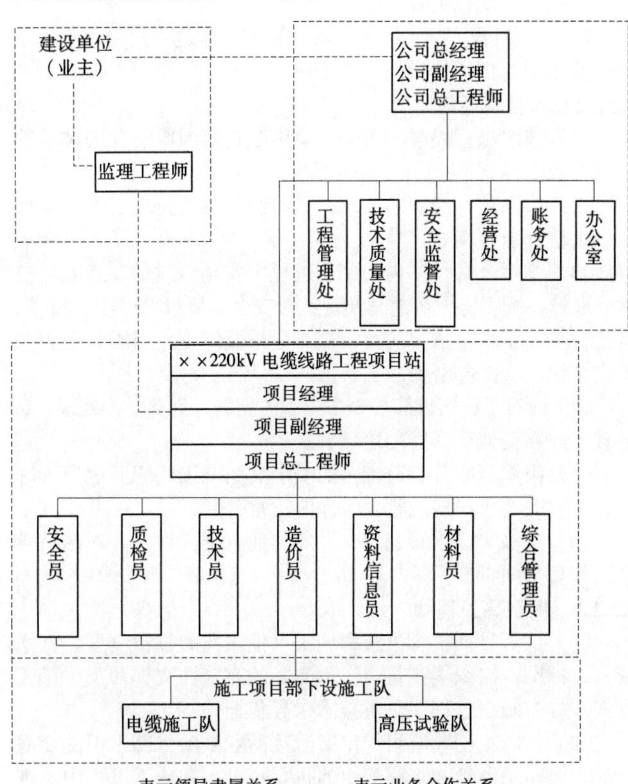

图4-2-1　施工现场组织机构框图

4.2.2　项目施工管理人员主要职责

4.2.2.1　项目经理

全权处理工程中的各项业务，是工程项目部安全生产第一负责人。组织项目部有关人员进行现场查活，参与编制工程项目管理实施规划和施工技术资料。随时掌握施工进度和现场情况，合理调度配置人力、物资、机械车辆，保证施工按计划进行，协调解决现场发生的设备、材料等问题。

（1）是落实施工现场管理职责的第一责任人。在授权范围内代表施工单位全面履行施工承包合同；对施工生产和组织调度实施全过程管理；确保工程施工顺利进行。

（2）组织建立相关施工责任制和各专业管理体系，组织落实各项管理组织和资源配备，并监督有效地运行；负责项目部员工管理职责的考核，进行利益合理分配。

（3）组织编制符合工程项目实际的《项目管理实施规划（施工组织设计）》《工程创优施工实施细则》《安全文明施工实施细则》《应急预案》和《输变电工程施工强制性条文执行计划》等实施性文件，并负责落实和监督。

（4）组织制订施工进度、安全、质量及造价管理实施计划；实时掌握施工过程中安全、质量、进度、技术、造价、组织协调等总体情况；组织召开项目部工作例会，安排部署施工工作计划。

（5）对施工过程中的安全、质量、进度、技术、造价等有关要求执行情况进行全面检查和分析，对检查中发现的一般问题应及时制定措施，及时修正。

（6）针对工程实施和检查中出现的重大问题，负责妥善处理，提请有关方协调解决，并制订纠正预防措施。

（7）合理安排工程资金使用；审核“安措费”使用计划。

（8）组织落实安全文明施工、职业健康和环境保护有关要求，促进工程项目各项管理活动的开展落实。

（9）组织工程内部验收和质量评定工作，申请工程验收，安排工程竣工后期相关管理工作。

（10）项目投产后，组织对项目管理工作进行总结；接受审计，安排项目部解体后的收尾工作。

4.2.2.2　项目副经理

（1）按照项目经理的要求，负责职责范围内的管理体系的正确有效地运行。

（2）按照项目经理的要求，负责组织各项管理工作，对施工班组进行业务指导。

（3）掌握分管范围内的施工过程中安全、质量、进度、技术、造价、组织协调等总体情况；对安全、质量、进度、技术、造价有关要求执行情况进行检查、分析及纠正；组织召开相关工作会议，安排部署相应工作。

（4）针对工程实施和检查中出现的问题，负责妥善处理，对于重大问题提请项目经理协调解决。

（5）组织落实分管范围内的安全文明施工、职业健康和环境保护有关要求，促进相关工作的正常开展。

（6）积极完成项目经理交办的其他管理工作，并对这些管理工作负全面责任。

4.2.2.3　项目总工程师

（1）认真贯彻执行上级和施工单位颁发的规章制度、技术规范、标准。组织编制符合工程实际的实施性文件和重大施工方案，并在施工过程中负责技术指导和把关。

（2）对施工图及时组织审阅，接受业主项目部组织的交底活动。对施工图纸和工程变更的执行负责；在施工过程中发现施工图纸中存在问题，负责向监理项目部提出书面报告。

（3）负责组织相关施工作业指导书、安全技术措施的编审工作；组织项目部安全、质量、技术及环保等专业交底工作。负责对施工方案进行技术经济分析与评价。

（4）组织编制设备、材料供货计划、大型机具配置计划、技术培训计划并督促实施。

（5）组织项目部开展全员安全、质量、技术及环保等相关法律、法规及有关要求的培训工作。

（6）定期组织项目专业管理人员，检查（或抽查）工程安全和质量。当工程项目发生安全和质量问题或隐患时，应及时提出解决技术措施和防范措施。

（7）主持日常项目施工管理工作，负责协调落实业主、监理项目部对工程技术方面的有关要求。

（8）负责组织项目部管理人员收集、整理及汇总施工过程资料；负责工程项目申请验收报告编制及竣工资料的交接工作。

（9）协助项目经理做好其他各项管理工作。

（10）负责施工新工艺、新技术的研究、试验、应用及总结。

4.2.2.4　技术员

（1）认真贯彻执行有关技术规范、标准及规定，积极协助项目经理和项目总工程师做好各项技术管理工作。

（2）认真阅读有关设计文件和施工图纸，在施工过程中发现设计文件和施工图纸存在问题应及时向项目总工程师汇报；施工过程中对设计文件等资料认真做到闭环管理。

（3）负责编写和印刷各工序施工作业指导书、安全技术措施等技术文件；在施工过程中负责落实有关要求和技术指导。

（4）在工程施工过程中随时进行检查和技术指导，当存在问题或隐患时，应及时提出解决问题的技术措施和防范措施，报请总工程师审批，并负责落实。

（5）负责组织施工队伍做好施工过程中的施工记录和签证。

（6）不断提高自身业务素质，认真做好分管的各项管理工作。

4.2.2.5　质检员

（1）积极协助项目经理和总工程师全面负责工程实施过程中的质量控制和管理工作。

（2）认真贯彻执行上级和公司颁发的规章制度、技术规范、质量标准；参与编制工程质量实施细则和措施，并在施工过程中监督落实和业务指导。

（3）组织项目部职工学习工程质量验收规范和产品质量标准。定期检查工程施工质量，参加质量事故调查，提出事故处理意见。

（4）按照有关要求或档案资料管理办法的规定，及时收集、审查、整理施工记录、试验报告等资料。

（5）组织进行隐蔽工程和关键工序检查，对不合格的项目应责成返工，督促班组做好质量自检和施工记录的填写工作。

（6）完成项目经理交办的其他管理工作。

4.2.2.6　安全员

（1）积极协助项目经理全面负责安全文明施工和安全管理工作，确保施工过程中的安全。

（2）认真贯彻执行上级和公司颁发的规章制度、安全文明施工规程、规范，结合项目特点制订安全健康环境管理制度，并监督指导施工现场落实。

（3）负责施工人员的安全教育和上岗培训，参加项目总工程师组织的安全交底。参与有关安全技术措施等实施文件编制，检查安全技术措施落实情况。

（4）负责制订工程项目安全工作目标计划。

（5）负责布置、检查、指导施工队伍安全施工措施的落实工作，并协助施工队伍提高专业技术水平。

（6）监督、检查施工场所的安全文明施工情况，组织召开安全专业工作例会，总结安全工作。

（7）认真调查事故，提交调查报告，提出整改意见和防范措施。有权制止和处罚违章作业和违章指挥行为。

（8）督促并协助施工班组做好劳动防护用品、用具和重要工器具的定期试验、鉴定工作。

（9）开展安全施工的宣传和推广安全施工经验。

4.2.2.7　造价员

（1）严格执行国家、行业和企业造价管理标准，贯彻落实主管单位有关造价管理和控制要求，负责项目施工过程中的造价管理与控制工作。

（2）负责施工图预算、工程变更费用计算和核实。按照规定及时送交业主和监理项目部等有关方报批。

（3）编制工程进度款支付申请和月度用款计划。

（4）负责编制工程竣工结算资料，按照规定送交业主和监理项目部等有关方报批。

（5）负责收集、整理工程实施中造价管理工作基础资料。

4.2.2.8　信息资料员

（1）负责对工程施工图纸、设计文件、施工信息及内、外的行政文件（资料）的接收、传递和保管；保证其安全性和有效性。

（2）负责施工方案（措施）的报批工作。

（3）负责有关会议纪要整理和资料翻译工作，以及音像资料的收集和整理工作。

（4）根据项目总工程师要求，建立文件资料管理台账，及时进行档案移交工作。

4.2.2.9　综合管理员

（1）负责项目的双文明建设管理和生活、后勤、安全保卫工作。

（2）负责现场的接待和各种会议的会务管理工作。

4.2.2.10　材料员

（1）严格遵守物资管理及验收制度，加强对设备、材料和危险品的保管，建立各种物资供应台账，做到账、卡、物相符。

（2）以审定后的设备、材料供应计划为依据，负责办理甲方供应设备、材料的催运、装卸、保管、发放及自购材料的供应、运输、发放、补充等工作。

（3）负责对到达现场（仓库）的设备、材料进行型号、数量、质量的核对与检查。收集项目设备、材料及机具的质保等文件。

（4）负责工程项目完工后多余材料的冲减退料工作。

（5）做好到场物资的跟踪管理，以实现质量可追溯性。

4.2.3　主要负责人简介

大型项目的主要负责人，如项目经理、副经理、总工程师应在施工组织设计中作简单介绍，介绍内容包括年龄、职称、职务、学历、工作年限、主要工作经历、主要工作业绩等，其他人员也应简单介绍职称、主要工作经历等情况。

4.3　施工现场平面布置图

施工现场平面布置图主要标明电缆路径的实际状况。根据电缆施工的特点、工作的内容，现场工作一般是当天去当天回，无住勤的必要；电缆到货后应将电缆运送到库存地；电缆附件、金具等材料存放于公司，要便于材料的码放和发放。项目经理部一般设在公司，运输车辆一般随施工队的任务情况提前安排，大型机械设备运输、转场考虑外雇车辆。

4.4　施 工 方 案

4.4.1　施工准备工作内容

施工准备工作一般包括技术准备、材料及设备供应准备、施工机具准备、办公用品及生活设施准备、施工通信、施工力量准备等方面。

4.4.1.1　施工技术和资料准备

（1）在接收甲方提供的施工图纸后，组织有关人员进行图纸审阅。

（2）编写项目管理实施规划。

（3）在各分部工序和特殊工序施工前，做好施工资料的编写、审核、下发。

（4）针对工程特点，对施工技术难点进行分析并提出解决办法。

（5）在施工前对施工人员进行技术交底。

4.4.1.2　材料供应准备

（1）材料供应方式。明确工程中电缆、中间接头、GIS 终端、户外终端、接地箱、接地线、交叉互联箱、交叉互联线、电缆金具、抱箍等供货方式。

（2）设备材料供应计划见表 4-4-1。

表 4-4-1　设备材料供应计划表

序号	设备及材料名称	计划到场时间	备注
1	电源电缆		
2	电缆附件		
3	交叉互联箱		
4	接地箱		
5	交叉互联线		
6	接地线		
7	固定金具		
8	其他		

（3）材料供应管理。工程材料的供应管理，包括采购、运输、半成品加工、保管、质量检查等，按照公司的体系管理文件的要求执行。工程开工前由项目经理部材料部门按照施工进度安排制定工程材料及器材的供应计划，由项目经理审批后实施。甲方供应的材料，必须保证资料齐全，进行开箱检验并做好记录。

（4）材料采购管理。

1）金具的采购应符合甲方及监理统一指定的供货厂家范围。

2）采购的材料质量必须符合国家标准、设计技术、电缆施工及验收规范的要求，必须有完整的产品合格证，材质证明书。

（5）甲方供应材料管理。

1）负责甲方供应材料的现场保管，在接货时应进行详细检查并对其规格、型号、数量等进行认真记录，如有问题应及时通知甲方。

2）甲方供应的材料必须出厂试验合格，外观质量检查项目必须齐全，技术指标应达到规范要求。材料运抵现场后必须有完整的产品合格证和材质报告，并向甲方代表（监理）提供复印件，经甲方代表（监理）确认合格后，方可在工程中使用。

3）在安装过程中如发现甲方提供的材料存在缺陷，要做好书面记录，并及时通知甲方，以便甲方与厂家协商处理。

（6）材料运输、保管、发放管理措施。

1）材料在搬运、装卸时，操作人员应按国家物资保管和公司管理文件的有关规定执行，保证其标记完好和材料质量的完好。

2）材料的储存环境、堆放要求、储存期按公司管理文件的有关规定执行，当储存环境发生变化（如风、雨影响）而对材料质量有怀疑或储存期超过规定时，应及时进行检验，并保存检验记录。

3）材料的发放按计划进行，领用手续符合规定，运输途中应采取有效的防护措施。

4）发出的材料必须是合格品，未经检验的或不合格的材料禁止使用。

4.4.1.3　施工机具配置

施工机械使用由项目经理部向公司机械设备和工器具管理部门提出配置计划，并负责落实计划执行情况。工程施工机具配置计划见表 4-4-2。

表 4-4-2　　机具设备使用计划表

序号	类别	名称	规格	单位	数量	进场时间	出场时间	解决办法
1	施工车辆	指挥车	切诺基	辆				
2		工程车	—	辆				
3		拖挂车	40t	辆				
4		吊车	40t	辆				
5		放缆机	5B	台				
6		滑车	—	个				
7		380V 动力线	$35mm^2$	m				
8		220V 照明线	$2.5mm^2$	m				
9		通信电话	—	部				
10	电缆接头	温湿度计	—	个				
11		加热调直设备	—	套				
12		拿弯器		套				
13		游标卡尺	—	个				
14		压钳	200t	套				
15		绝缘专用刀具	—	套				
16		液化气罐	—	个				
17		燃气喷枪	—	把				
18		力矩扳手	—	套				
19	接地系统	力矩扳手	—	套				
20		手动压钳	—	套				

4.4.1.4 施工力量配置

（1）分部工程劳动力计划见表 4-4-3。

表 4-4-3　　分部工程劳动力计划表

序号	工序名称	单位	工程量	用工数/工日		
				技工	普工	合计
1	电缆敷设	m				
2	中间接头	只				
3	终端接头	只				
4	接地系统	套				

（2）技术力量安排计划见表 4-4-4。

表 4-4-4　　技术力量安排计划

序号	工序项目名称	工程技术人员	工程量	特殊工种/人		
				安装工	焊接	质检
1	前期准备					
2	电缆敷设					
3	电缆接头					
4	接地系统安装					
5	竣工验收					

4.4.1.5 施工临时用电、用水配置

（1）电缆敷设、电缆附件安装临时用电统计。

1）电缆敷设计算条件。

PM：每台放缆机的功率，取××kW。

N1：放缆机台数，取××台。

PL：每盏照明灯的功率，取××kW。

N2：照明灯数量，取××盏。

PC：载波电话的总功率，取××kW。

PALL＝PM×N1＋PL×N2＋PC＝××kW。

考虑到电动机的起动电流、增加放缆机等因素，电源功率宜取 PALL（kW）的 1.5 倍。

2）电缆附件安装临时用电统计。

电缆附件安装计算条件如下：

电锯：××kW。

加热设备：××kW。

液压机：××kW。

电吹风：××kW。

照明灯：××kW。

打磨机：××kW。

总功率＝电锯＋加热设备＋液压机＋电吹风＋照明灯＋打磨机＝××kW。

电源宜取 1.5 倍裕度。

依据 1)、2）统计、计算结果，并适当考虑同时用电系数，最终确定临时用电容量。

（2）临时用水。电缆线路工程一般不涉及临时用水，如有临时用水时应符合相关规定。

4.4.1.6 施工现场消防设施总体配置

消防设施布置均匀、合理，重点部位要保证数量充足，并配置在不易碰撞又使用方便的位置。各施工作业区按规定配置灭火器，消防器材统计见表 4-4-5。

表 4-4-5　　项目部消防器材统计表

序号	区域	消防器材	数量
1	敷设、接头电源箱区域	灭火器	1 个/处
2	敷设指挥台区域	灭火器	1 个/处
3	户外终端区域	灭火器	1 个/组
4	GIS 终端区域	灭火器	1 个/组
5	中间接头区域	灭火器	3 个/组

4.4.2 施工工序总体安排

4.4.2.1 电缆敷设

（1）电缆隧道排水。

（2）施工及照明电源安装，及时供电。

（3）按设计要求加工电缆固定支架、金具，并及时组织验收。

（4）按施工方案确定好的电缆敷设点运送电缆、敷设机具。

（5）安装并固定敷设机具及通信系统，调试检查系统的运转情况。

（6）敷设电缆。

（7）一个电缆敷设点的电缆敷设完毕后，转移敷设机具及通信系统至下一个电缆敷设点，继续敷设工作。

（8）敷设完的电缆处理外护层。

（9）按设计要求将电缆放到最终位置并固定，在有可能因重物损伤电缆位置时，应采取有效技术措施对电缆加以保护。

（10）电缆外护层试验。

（11）敷设测温光纤。

（12）电缆敷设工序竣工验收。

4.4.2.2 电缆附件安装

（1）电缆中间接头安装。

（2）电缆终端头安装。

（3）电缆附件安装工序竣工验收。

4.4.2.3　其他

（1）交叉互联箱、接地箱安装。

（2）测温光纤系统安装、调试。

（3）电缆交接试验。

（4）施工收尾。

（5）申报工程竣工验收。

4.4.3　主要工序和特殊工序的施工方法

4.4.3.1　电缆敷设工序为工程的关键工序

（1）电缆敷设选择人力和机械混合的敷设方法。

（2）用人力牵引绳拖动电缆，配合电缆输送机牵引。每隔 20～25m 固定一台输送机；在隧道拐点牵引侧 10m 处固定一台输送机；电缆盘固定在距下井口 5～10m 处，如现场条件有限，可适当调整电缆盘柜下井口的距离，并在下井口 5～10m 处固定一台输送机；电缆滑车的间距应不大于 4m，以电缆不拖地为原则。

（3）电缆输送机应配置一台 80kW 发电机为其供电。

（4）电缆输送机的电源控制系统应将所有输送机的跳闸回路相连，当任意一台输送机发生故障，均可立刻切断电源，全部输送机停止运行。故障排除后，通知总指挥合闸送电。供电系统应做到安全、可靠。

（5）通信系统，采用低压载波电话，通信联系应做到可靠性高。

（6）电缆盘用专用拖车支撑，拖车制动装置应可靠有效。接好电缆牵引绳后开始敷设；在隧道内敷设时，尽量采用边敷设边调整电缆蛇形波幅的工作方法，电缆的波幅、波节应符合设计要求，并按设计要求固定好。

4.4.3.2　电缆头制作工序为工程的特殊工序

电缆接头及附件安装应按设计图纸、厂家工艺要求和相关国家标准执行。

4.4.4　工程成本控制措施

（1）优化施工组织结构，提高职工素质及业务水平，挖潜堵漏，增产节支。

（2）统一指挥，合理布局，周密安排，均衡施工。

（3）人工、材料、机械实行定额管理，超罚节奖。根据工程量和工序的要求合理调整劳动组织；施工人员持证上岗，资金实行计划管理、指标管理。

（4）技术、质量、安全保障措施具体，努力减少施工质量和安全隐患，杜绝重大质量事故和安全事故发生。

（5）施工队在组织施工时，合理选择施工道路，减少材料堆放场地和施工占地，把青苗损失降至最低程度，施工完毕迅速清理现场。

（6）项目经理部制定分项承包细则，明确工期、质量标准和安全要求。控制机械费用，提高使用效率，减少运输的中间环节，材料直接运到工地，降低机械使用成本。实行定额领料，减少材料的丢失、损坏和浪费。

4.5　施工工期及进度计划

4.5.1　工期规划及要求

开工日期：××××年××月××日。

竣工日期：××××年××月××日。

工序划分：工程分为 8 个工序，施工计划采用多工序交叉作业。

（1）敷设电缆。

（2）电缆外护层试验。

（3）终端接头安装。

（4）中间接头安装。

（5）接地系统安装。

（6）交接试验。

（7）敷设安装、调试测温光纤。

（8）竣工验收。

4.5.2　工期网络计划图

施工进度网络计划图可采用 P3 等软件来编制。某电缆工程的施工进度网络计划横道图参如图 4-5-1 所示。

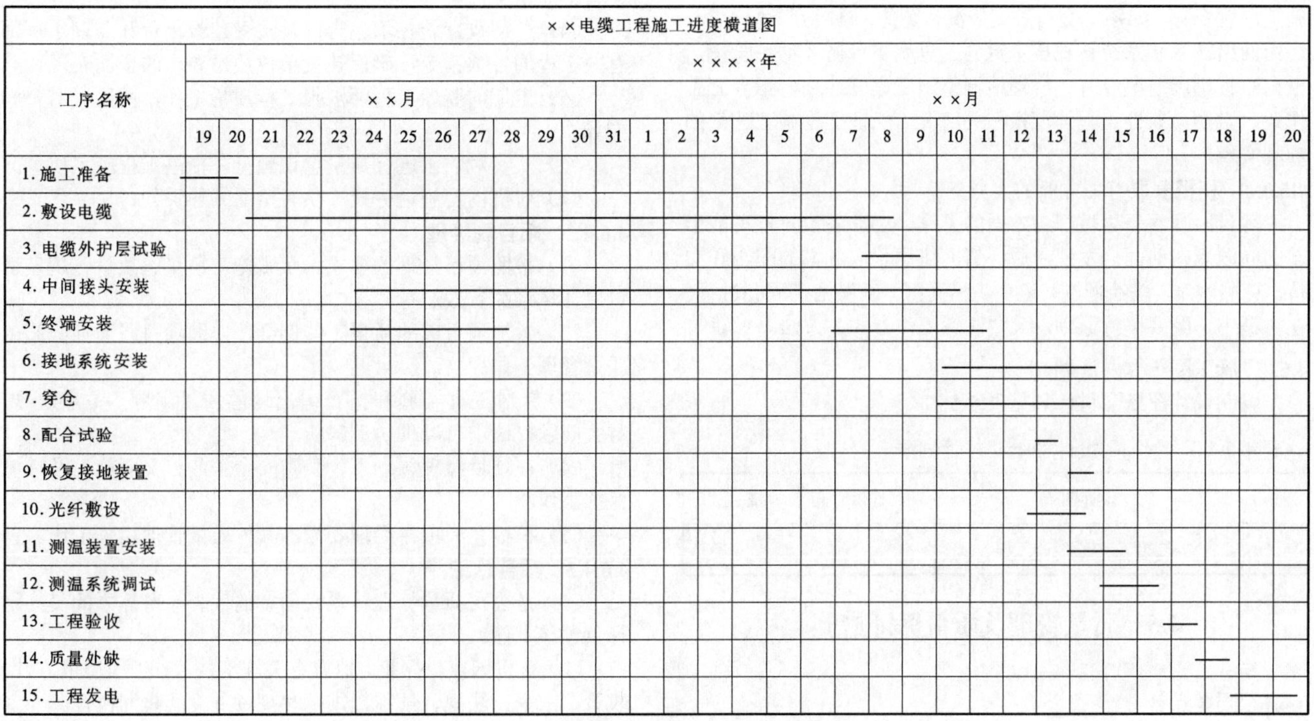

××电缆工程施工进度横道图

工序名称	××××年																																
	××月													××月																			
	19	20	21	22	23	24	25	26	27	28	29	30	31	1	2	3	4	5	6	7	8	9	10	11	12	13	14	15	16	17	18	19	20
1. 施工准备																																	
2. 敷设电缆																																	
3. 电缆外护层试验																																	
4. 中间接头安装																																	
5. 终端安装																																	
6. 接地系统安装																																	
7. 穿仓																																	
8. 配合试验																																	
9. 恢复接地装置																																	
10. 光纤敷设																																	
11. 测温装置安装																																	
12. 测温系统调试																																	
13. 工程验收																																	
14. 质量处缺																																	
15. 工程发电																																	

图 4-5-1　××电缆工程施工进度横道示意图

4.5.3 工期保证综合措施

4.5.3.1 采用先进的管理和施工方法

电缆线路工程项目经理部应由具有丰富城市变电站施工建设经验的技术人员和管理人员组成。项目经理部和专业施工队均应设专职安全员和质检员，深入现场开展工作，解决施工中存在的问题，杜绝质量事故和返工现象，加快施工进度，切实保证安全生产。工程采用的施工机械在国内同行业中应处于先进水平；采用的施工方法，应是经过多年工程实践检验，具有高度的可靠性和先进性。

4.5.3.2 以质量保证进度

严格执行各项质量管理文件，按照 GB/T 19001—2008 idt ISO9001:2008 质量管理体系的具体要求开展施工，做好施工过程的质量控制。开工前应做好充分的组织和技术准备，编制完善周密的施工作业计划和施工人员的培训计划，做到工序流程科学合理，衔接紧密，分工明确，各尽其责。提高全员的质量意识，确保无返工现象发生；同时制定减少和预防质量通病的措施，并对质量通病进行技术攻关；在施工过程中加强现场质量监督，同时加强材料到货检验工作，尽量避免因部分材料到货不及时或不合格而导致的窝工现象。

4.5.3.3 以安全保证进度

以先进、科学、严格的管理方法管理安全文明施工，真正做到以安全保进度。做好安全文明施工策划。实行设备分期、分批运输，避免作业面交叉，采取工序搭接施工，合理利用工日，缩短工期。同时加强机械、工器具的安全管理，提高机械、工器具的完好率，减少机械事故对施工进度的影响。

4.5.3.4 加强关键工序的控制保证进度

根据电缆工程施工网络计划，严格按照工艺流程与标准进行安装，明确分工、密切协作，将施工责任落实到人。对于隐蔽工程，施工过程中应加强过程控制，做好质检工作，确保关键工序的施工进度在总体进度的可控范围内。

4.5.3.5 加强信息管理保证进度

建立以项目总工程师为首的施工信息管理体系，不断收集施工进度资料，如图纸交付进度情况，设备、材料到货情况等，运用网络技术和系统管理技术对施工进度实行循环动态管理。根据工程进展情况及时、合理地调整施工进度计划，指导施工作业。定期向监理工程师汇报相关情况，保证工程施工计划的顺利实现。

4.5.3.6 积极争取有关方面的大力支持

项目经理部努力做好各方面的工作，主动进攻，把可能出现的问题想在前面。发现矛盾，努力协调争取各方的配合和支持，克服困难，解决问题，避免工程受阻，确保施工顺利进行。在协调中，既要坚持原则，又要注意工作方式、方法。

4.5.4 施工图纸提供计划

编制设计图纸交付计划见表 4-5-1。

表 4-5-1 设计图纸交付计划表

序号	设计图纸	计划提供时间	备注
1	××220kV 电缆线路工程图纸		—

4.6 质量管理及质量保证措施

4.6.1 质量方针

介绍公司的质量管理方针。

4.6.2 质量目标

介绍工程项目的质量目标。

4.6.3 质量管理组织机构

画出质量管理组织机构图如图 4-6-1 所示。

图 4-6-1 质量管理组织机构框图

4.6.4 质量管理主要人员职责

4.6.4.1 项目经理

（1）项目经理是工程质量管理工作的第一责任者。贯彻执行国家、行业、地方有关质量方针、政策、法令、法规、规程、规范和规章制度。审定工程项目部的质量目标和管理方案，并监督执行。组织修改、补充、完善各级人员的职责和各项规章制度。

（2）对施工质量、质量管理及质量保证体系在工程的有效运行负全责。

（3）主持项目部的质量工作例会，组织学习建设单位和公司有关质量文件。

（4）严格执行施工承包合同，接受建设单位和监理工程师有关工程的各项指令，确保建设单位质量要求的全面实现。

（5）定期向监理工程师汇报工程质量工作，并接受监督和指导。

（6）负责对职工进行质量意识教育，提高工程施工质量。

（7）对贯彻实施达标投产负有全面领导责任。

4.6.4.2 项目副经理

（1）按照项目经理的要求，负责施工质量、质量管理及质量保证体系的有效运行。

（2）参加项目部的质量工作例会，协助项目经理抓好施工质量管理工作。

（3）针对工程实施和检查中出现的质量问题，妥善处理；重大问题提请项目经理协调解决。

（4）在项目经理领导下，负责安全生产、文明施工及环境保护工作。

（5）积极完成项目经理委派的其他质量管理相关工作。

4.6.4.3 项目总工

（1）是公司质量管理体系管理者的代表，对体系的贯彻执行负领导责任。

（2）负责国家、行业、地方有关施工技术、工程质量方针、政策、法令、法规、规程、规范和规章制度的贯彻执行。

（3）严格执行公司质量管理体系，负责质量管理方案的贯彻执行，确保工程质量目标的实现。

（4）在项目经理的领导下，负责施工技术、质量管理和职工培训工作。

（5）负责组织编制、审核工程的施工组织设计、重大施工方案、安全技术措施、质量工艺要求；审批（不需上报公司的）施工技术措施，并对施工技术措施的执行情况进行监督；对重大危险性施工任务亲临现场监督指导，解决施工中的技术难题、安全隐患、质量问题。

（6）制定工程培训计划，负责开工前的技术培训和考核工作；组织相关质量文件的学习与考试。

（7）组织推广全面质量管理方法，在试验和推广新技术、新工艺、新材料、新设备的同时，组织制定相应的安全措施；组织各施工队的劳动竞赛技术革新和 QC 小组活动。

4.6.4.4　质检员

（1）负责落实工程质量目标的实现，负责施工现场质量管理体系的正常运行，监督及检查。

（2）编制工程质量工作计划，监督、检查安装工程质量。组织日常质量检查工作，及时消除质量缺陷；负责工程项目部级的专检，配合监理工程师的中间验收；设置质量控制检查点，对影响工程质量的关键部位进行全面检查。

（3）负责施工记录管理，对所有质量记录、表格进行收集、整理。负责整理工程竣工移交资料。全面落实质量管理体系的要求，确保工程质量目标的实现。

4.6.4.5　兼职质检员

（1）施工队兼职质检员，负责配合专职质检员做好质量管理工作。

（2）组织本队全体职工认真学习有关施工技术、质量文件和施工及验收规范，贯彻工程质量方针、目标，不断强化质量意识。牢固树立“质量第一”的思想。

（3）严格执行质量体系文件的有关规定，严格按照设计图纸、技术文件、验工及验收规范要求施工。

（4）认真组织本队施工质量自检工作，积极配合项目部、监理工程师及验收单位进行复检和终检，对检查中提出的质量改进要求认真组织实施。

（5）认真填写施工记录和质量记录。

（6）对未经检验或检验不合格的项目不得转入下道工序施工，对不合格的原材料有权拒绝使用。

4.6.5　质量管理措施及关键工序质量控制

4.6.5.1　质量管理措施

（1）本着“诚信为本，优质高效”的服务宗旨，在工程建设的全过程中严格按照质量管理体系文件中有关程序和有关施工工艺要求进行施工，以保证工程质量达标投产。

（2）实行全面质量管理，对关键工艺、薄弱环节、新的施工技术和安装工艺采用科学的管理方法和必要的管理措施，实行监控，保证工程质量。

（3）坚持两级技术交底制度，即施工前由设计单位和公司对项目经理部进行技术交底和项目经理部对全体施工人员进行技术交底工作。技术交底应对甲方要求、设计意图、技术要求、质量标准和施工方案等进行详细说明。

（4）牢固树立、强化上道工序是下道工序基础的观念，严格执行质量的三级检查制度，即公司、项目经理部、施工队检查；坚持自检不合格不移交，互检不合格不接受，未经有关人员检查验收签字，不准进入下道工序施工的“三检制”。

（5）按甲方代表（监理）大纲要求向甲方代表（监理）报告质量情况，提供质量检查结果和有关记录。积极配合甲方代表（监理）组织的各项检查和验收工作，同时提供必要的工作条件和检测设备。隐蔽工程、关键工序邀请甲方代表（监理）到场监督和检查。

（6）施工中与设计、甲方代表（监理）密切配合，互相协作，沟通思想，共同协商，解决实际疑难问题，共同把好质量关。

4.6.5.2　关键工序质量控制

（1）电缆敷设过程控制图如图 4-6-2 所示。

（2）电缆附件安装过程控制图如图 4-6-3 所示。

4.6.6　质量管理及检验标准

（1）《电气装置安装工程　电缆线路施工及验收规范》（GB 50168）。

（2）《电气装置安装工程　接地装置施工及验收规范》（GB 50169）。

（3）《电气装置安装工程　质量检验及评定规程》（DL/T 5161.1～9）。

（4）《质量、环境、职业健康安全管理手册》。

（5）《质量、环境、职业健康安全管理体系程序文件汇编》。

（6）《质量、环境、职业健康安全管理体系相关文件汇编》。

（7）《电缆专业作业指导书》。

4.6.7　质量保证技术措施

4.6.7.1　电缆敷设施工质量措施

（1）准备工作。

1）施工前施工负责人及有关施工人员进行现场勘察工作（查活），检查土建工程是否完工，是否符合设计和规程要求，是否具备敷设条件。

2）检查隧道内积水情况，并及时排水；清理妨碍施工的物品；清除石子等杂物以防硌坏电缆。

3）检查现场是否与施工图纸一致，施工前要核实隧道实长和所有井位，并逐一编号，在拐弯处应注意电缆弯曲半径是否符合设计要求，电缆放置位置是否与设计要求一致等。

4）依照设计要求，在隧道内和引上部分标明每条电缆的位置、相位。

5）根据电缆敷设分段长度选定电缆展放点，电缆接头必须在直线部位，应尽量避开积水潮湿地段并靠近施工电源。

6）准备好工程临时电源：自备发电机，敷设电缆用的动力线宜采用铜芯导线（或电缆），其截面应不小于 25mm^2。

7）在无照明的隧道，每台放缆机处应设置一个手把灯。

8）检查施工机具是否齐备，包括放缆机、滑车、牵引绳及其他必须设备等。

9）隧道内使用专用运输车移运放缆机、滑车时应注意不得刮碰周边电缆。直线段一般每隔 25m 放置一台放缆机，每隔 3～4m 放置一个滑车，并在转弯处和电缆的入井处，安装特制的电缆滑车，隧道内转弯滑车用胀管螺栓与步道固定。所有滑车的入口和出口处不得有尖锐棱角，以防刮伤电缆外护套。

10）电缆盘护板严禁在运到施工现场前拆除。电缆盘拖车要停放在距入线井口 5～10m 的地势平坦、高空无障碍处，如现场条件有限可适当调整电缆盘柜下井口的距离，找准水平，并对正井口；钢轴的强度和长度与电缆盘重量和宽度相匹配，并采取防止倒盘措施。

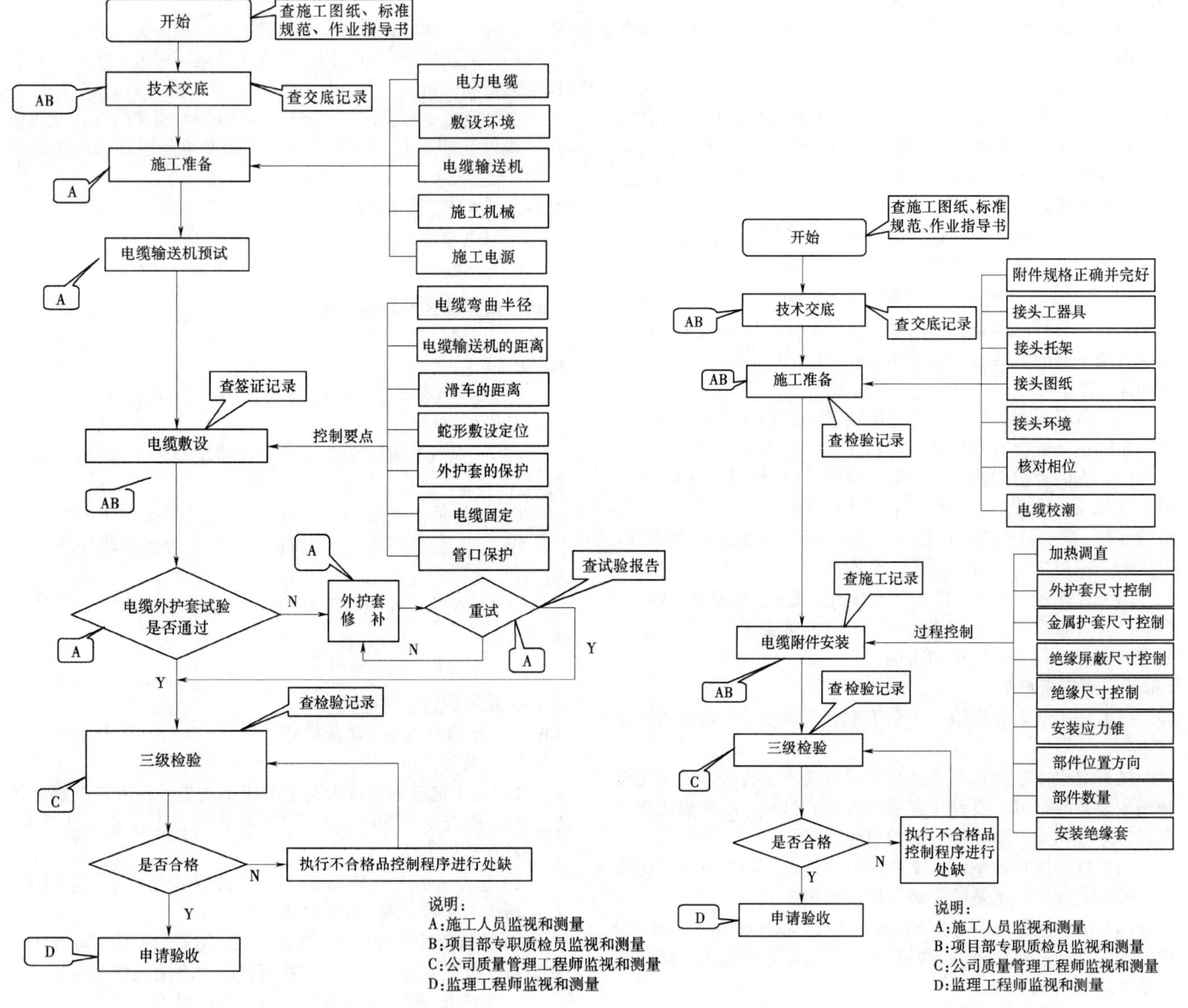

图 4-6-2　电缆敷设过程控制图

图 4-6-3　电缆附件安装过程控制图

11）电缆敷设前核对电缆型号、盘号、盘长及分段长度，必须检查线盘外观及电缆有无破损，及时粘贴检验状态标识，发现破损应保护现场，立即将破损情况报告有关部门解决。

（2）电缆敷设。

1）对参与电缆敷设的有关人员应进行一次技术交底和安全技术措施交底，放缆机应设专人看守。

2）电缆盘应安装有效刹车装置，并将电缆内出头加以固定。电缆敷设应由工作经验丰富的人员担任指挥，指挥做到令行禁止。通信畅通后方可空载试运行电缆输送机；展放电缆过程中，必须保持通信畅通，如果失去联系应立即停止敷设，通信恢复畅通后方可继续展放；线盘处专责看守人，有问题时应及时制动电缆盘并向总指挥进行汇报。

3）电缆展放时，电缆应从盘的上方引出，电缆本体不得有压扁、电缆绞拧、护层折裂等机械损伤。

4）电缆展放过程中，当电缆出现余度时，应立即停止敷设，将余度拉直后方可继续敷设，防止电缆弯曲半径过小损坏电缆。

5)在复杂地段、拐弯处要配备一名有经验的工人进行监视，检查电缆有无刮伤和余度情况，发现问题应及时停止敷设，妥善处理后方可继续敷设。

6）电缆穿管或穿孔时设专人监护，防止划伤电缆，敷设完成后应对管口进行严密封堵。

7）敷设过程中电缆的弯曲半径，应符合设计要求，并注意对运行电缆的保护。

8）当盘上电缆剩余约 2 圈时，应立即停止敷设，并在电缆尾端捆好牵引绳，用人力牵引将电缆缓缓放入井口，严禁电缆尾端自由落下，防止损坏电缆。

9）展放电缆后应检查电缆端头是否密封完好，有问题及时处理；电缆余度应满足设计要求。切断电缆后其端部应立即进行密封，防止进潮。

10）电缆就位要轻放，严禁磕碰支架端部和其他尖锐硬物。

11）调整电缆蛇形波幅时，严禁用有尖锐棱角铁器撬电缆，可用专用拿弯机具调整蛇形波幅，再用木块支撑或用圆抱箍固定，电缆蛇形敷设应符合设计要求。

12）电缆固定时，支点间的距离应符合设计规定，卡具牢固、美观。无特殊要求时，应按《电气装置安装工程电缆线路施工及验收规范》（GB 50168）要求执行。

13）敷设工作结束后，应对隧道进行彻底清扫，清除所有杂物和步道上的胀管螺栓。

14）现场质量负责人应组织有关人员对每一段敷设完的电缆质量进行检查验收，发现问题及时处理，并及时填写施工记录和检验记录。

15）交联聚乙烯电缆在敷设前 24h 内的平均温度及敷设时的温度不应低于 0℃，若低于 0℃，则必须进行加热。

16）电缆加热采取提高周围空气温度的方法：当温度为 5～10℃时，需 72h；如温度为 25℃时，则需加热 24～36h。

17）电缆加热人员要经过专门培训，经考试合格后方可参加电缆加热工作，每个加热点至少 2 名工作人员换班工作，每小时记录温度值。

4.6.7.2　电缆附件安装的施工质量控制

（1）附件安装准备工作。

1）接头图纸及工艺说明经审核后方可使用。

2）清除接头区域内的污水及杂物，保证接头工作环境的卫生清洁。

3）每个中间接头要求有不少于两个 150W 防爆照明灯。

4）终端头接头区域在不满足接头条件或现场环境复杂的情况下，应进行围挡隔离，以保证接头质量。

5）按规程规定对电缆外护套进行耐压试验，发现击穿点应及时修补，并详细记录击穿点位置及相位。外护套试验合格后方可进行接头工作。

6）电缆接头前应按设计要求加工并安装好接头固定支架，支架应良好接地。

7）组织接头人员进行接头技术交底。技术人员应了解设计原理、所用材料的参数及零配件的检验方法，熟练掌握附件的制作安装工艺及技术要求。施工人员应熟悉接头工艺要求，掌握所用材料及零配件的使用和安装方法，熟练掌握接头制作安装方法。

8）接头工作开始前，应清点、检查接头所需材料。开箱检查前应报请监理工程师共同检验，及时填写检查记录并上报，发现材料与接头工艺不相符时应及时上报。

9）在安装接头前，必须对端部一段电缆进行加热。通过加热校直的加热-冷却过程，消除电缆内因扭曲而产生的机械应力并校直电缆，避免电缆投运后因绝缘热收缩而导致的尺寸变化。

（2）附件安装。

1)接头工作应严格遵照厂家工艺要求及有关工艺规程规定执行，不得擅自更改。

2）安装交叉互联箱、接地箱时应严格遵照设计要求及有关工艺要求执行。

3）施工人员对安装的成品质量负责。施工后对安装的成品进行自检、互检，自检、互检中发现的问题应立即处理，不合格不能进行下道工序。

4）施工中要及时填写施工记录，记录内容做到准确真实，质检员随时审核施工记录。

5）中间接头要求在每相同一侧包缠相色带，相色牌应挂在接头的另一侧，路铭牌应挂在 B 相电缆接头上。

6）所有接头工作结束后，应及时按电缆规程要求挂路铭牌、相色牌。

4.6.7.3　常见质量问题与防范措施

根据以往工程的施工经验，针对容易出现的质量问题，制定相应的防范措施，见表 4-6-1。

表 4-6-1　　质量保证技术措施表

工序	常见质量问题	防范措施
电缆敷设施工的常见质量问题	外护套破损，金属护套受伤	1．由经验丰富的人员担任现场负责人，统一指挥、专人检查。 2．电缆敷设过程中注意保护电缆，特别是穿墙、穿管等地方，加保护并垫橡胶垫。 3．电缆就位要轻放，严禁磕碰支架端部和其他尖锐硬物
	电缆敷设过程中出现余度	1．保证通信畅通，牵引、制动动作协调，统一指挥。 2．专人看管放缆机，巡视，发现问题，及时处理
	弯曲半径不满足要求	1．施工前查明全线弯曲半径满足设计要求。 2．电缆盘要安装有效刹车装置。 3．大拐弯处转角滑车用胀管螺栓与步道固定
常见质量问题 电缆接头施工的	螺栓使用不规范、紧固达不到要求	1．严格按施工工艺要求执行，螺栓紧固使用力矩扳手，制定严格的考核办法，责任到人，层层把关。 2．螺栓不易紧固的部位采用特殊工具
	接头尺寸测量不够规范	按照接头图纸和工艺标准，精心测量、精心施工，并进行考核
常见质量问题 接地系统安装	接地电缆的制作不规范，感观质量差	加强技术培训，提高技术素质，对接地电缆的制作责任到人，严格进行考核
	接地箱、交叉互联箱方向、位置不规范	严格按照设计要求安装，统一安装位置和安装方向

4.7　职业健康安全管理及保证措施

4.7.1　职业健康安全管理目标

介绍工程要达到的职业健康安全管理目标。

4.7.2　安全管理组织机构

安全管理组织机构如图 4-7-1 所示。

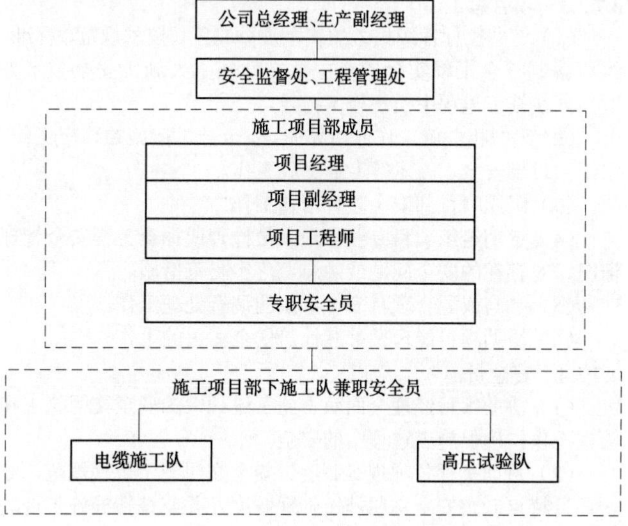

图 4-7-1　安全管理组织机构图

4.7.3 职业健康安全管理主要职责

4.7.3.1 项目经理

（1）负责施工项目部各项管理工作，是本项目部安全第一责任人。

（2）组织建立本项目部安全管理体系，保证其正常运行，主持项目部安全会议。

（3）组织确定本项目部的安全目标，制定保证目标实现的具体措施。

（4）组织编制符合工程项目实际的项目管理实施规划（施工组织设计）、安全文明施工实施细则、工程施工强制性条文执行计划、现场应急处置方案等项目管控文件，报监理项目部审查，业主项目部审批后，负责组织、实施。

（5）负责组织对分包商进场条件进行审查，对分包队伍实行全过程的安全管理。

（6）保证安全技术措施经费的提取和使用，确保现场具备完善的安全文明施工条件。

（7）定期组织开展安全检查、日常巡视检查，并对发现的问题组织整改落实，实现闭环管理。

（8）负责组织对重要工序、危险作业和特殊作业项目开工前的安全文明施工条件进行检查，落实并签证确认。

（9）组织落实安全文明施工标准化有关要求，促进相关工作的有效开展。

（10）参与或配合工程项目安全事故的调查处理工作。

4.7.3.2 项目副经理

（1）按照项目经理的要求，对职责范围内的安全管理体系正常有效运行负责。

（2）负责组织安全管理工作，对施工班组进行业务指导。

（3）掌握分管范围内的施工过程中安全管理的总体情况，对安全管理的有关要求执行情况进行检查、分析及纠偏；组织召开相关安全工作会议，安排部署相应工作。

（4）针对工程实施和安全检查中出现的问题，及时安排处理；重大问题提请项目经理协调解决。

（5）组织落实分管范围内的安全文明施工标准化有关规定，促进安全管理工作有效开展。

（6）完成项目经理委派的安全专项管理工作，并对工作负全面责任。

（7）参与或配合项目安全事故的调查处理工作。

4.7.3.3 项目总工

（1）贯彻执行各级相关的安全规章制度、技术规范、标准。组织编制符合工程实际的实施性文件和重大施工安全技术方案，并在施工过程中负责技术指导。

（2）组织相关施工作业指导书、安全技术措施的编审工作；组织项目部安全、技术等专业交底工作。

（3）组织项目部安全教育培训工作。

（4）定期组织项目专业管理人员检查或抽查工程安全管理情况，对存在的安全问题或隐患，落实防范措施。

（5）参与或配合项目安全事故的调查处理工作。

（6）协助项目经理做好其他与安全相关的工作。

4.7.3.4 安全员

（1）协助项目经理全面负责施工过程中的安全文明施工和管理工作，确保施工过程中的安全。

（2）贯彻执行各项规章制度、安全文明施工规程规范，结合项目特点制定安全文明施工管理制度，并监督指导施工现场落实。

（3）负责施工人员的安全教育和上岗培训，参加项目总工组织的安全交底。参与有关安全技术措施等实施文件的编制，检查安全技术措施落实情况。

（4）负责制定工程项目基建安全工作目标计划。负责编制安全防护用品和安全工器具的购置计划。负责建立项目安全管理台账。

（5）负责检查指导施工队、分包队伍安全施工措施的落实工作，并督促施工队、分包队伍提高专业工作水平。

（6）监督、检查施工场所的安全文明施工情况，组织召开安全专业工作例会，总结安全工作。

（7）参与或配合安全事故的调查处理工作，负责落实整改意见和防范措施。有权制止和处罚施工现场违章作业和违章指挥行为。

（8）督促并协助施工班组做好劳动防护用品、用具和重要工器具的定期试验、鉴定工作。

（9）开展安全文明施工的宣传和推广安全施工经验。

4.7.3.5 施工队

（1）设置兼职安全员，配合项目部安全员工作，遵守施工安全规程和公司各项安全管理制度。按照“三不伤害”的原则进行安全施工。

（2）在施工队长领导下认真做好现场安全施工保障措施，认真履行施工作业交底及签字制度。

（3）施工队定期参加安全学习和安全活动，杜绝施工过程中各种习惯性违章现象。

（4）作业前检查作业场所，按安全措施的要求完善安全设施，以确保不伤害自己、不伤害他人、不被他人伤害。作业过程中坚持文明施工，作业结束后及时清理现场。

（5）施工前发现不安全因素应妥善处理或向上级报告，并做好记录。爱护安全设施，不乱拆乱动。

（6）在无安全施工措施、未进行安全交底或安全设施不完备的情况下，施工人员有权拒绝施工，并可越级上报。

（7）服从安监人员的监督与管理。

4.7.4 安全管理制度及办法

职业健康安全管理制度及办法可以包括以下内容。

4.7.4.1 安全施工责任制度

建立以项目经理为组长，专业人员及施工队负责人参加的工地安全监察领导小组，从行政领导、职业健康安全管理思想、安全技术及生活后勤上为健康安全工作提供保障。实施全方位、全过程健康安全管理，将安全工作责任落实到人。

4.7.4.2 安全施工措施编审制度

各分部工程，重要施工安全技术措施，必须经公司安全监督处审核、总工批准并报甲方代表（监理）后实施。

4.7.4.3 安全用电管理程序

施工现场的临时电源和所用的用电设备在现场有专人进行经常性的检查和每周不少于一次的定期检查，必须有良好的接地保护，并在漏电保安器的保护之下工作。

4.7.4.4 安全施工检查制度

项目经理组织有关部门每周进行一次工地检查。安全员负责工地的日常安全监督、检查工作。

4.7.4.5 安全工作例会制度

项目经理部定期召开有关安全员、项目工程师、施工队长参加的安全工作例会，检查、了解工程的安全情况、安全问题及突出的安全事迹，提出改进措施和施工中的注意事项，并布置近期的安全工作。

4.7.4.6　安全施工教育培训制度

工程开工前，做好施工人员自保和互保和“三不伤害”的安全教育，组织全体施工人员开展安全施工的宣传教育工作，做好职业健康安全的培训，组织安全规程和技术措施的学习。施工期间，采用多种形式对职工进行经常性的安全教育，提高施工人员的职业健康安全意识。

4.7.4.7　事故、事件、不符合控制程序

在违章和事故处理中应查清原因，制定防范措施，并结合运用经济手段，以提高职工对安全工作的重视程度。

4.7.4.8　消防安全管理制度

施工负责人向全体施工人员进行防火教育、现场培训，配备防火器材，并进行定期检查，施工动火应制定明火作业动火工作票。

4.7.5　安全组织技术措施

长时间的作业容易造成施工人员安全意识的麻痹，因此要长期坚持安全思想教育，使安全意识在人的头脑中始终占主导地位。根据《职业健康安全管理体系规范》(GB/T 28001—2001)文件的要求，项目部应针对电缆工程的实际进度情况制定相应的安全组织措施，以实现安全生产目标，见表4-7-1。

表4-7-1　　安全薄弱环节预测及采取技术措施

工序	安全薄弱环节	预防措施
1	工程规模较大、工期较紧张，施工人员可能因工期、施工等因素忽视安全，从而导致事故的发生	1. 项目经理部要树立牢固的安全施工意识，根据工程进展情况开展有针对性的安全宣传教育活动，在驻地或施工现场书写安全标语或挂安全警示牌。认真落实各项安全措施，并严格进行安全考核。 2. 每周组织召开一次安全工作会议，研究施工中出现的安全问题及解决办法。根据工程进度提出具体安全措施，布置安全工作，并组织定期安全检查。 3. 施工队必须坚持每周一次有组织、有内容、有要求的安全活动日制度，并认真填写安全活动日记录，以备检查。所有参加施工的人员都必须参加安全活动日活动，任何人不准占用安全活动日进行其他活动。 4. 对民工队伍、委托施工队伍的各项施工作业必须选派责任心强的职工进行现场安全监护，发现不安全现象立即停止工作，直到隐患消除。 5. 工程在公路旁边，施工现场井口必须装设围栏保护，施工中设专人疏导交通，预防人员发生危险。 6. 进入隧道施工前，必须进行气体检测，确定无有害气体后方可进入隧道工作
2	近电作业的安全注意事项	注意勿登踏、磕碰运行电缆

4.7.6　重要施工过程和特殊施工工序的安全过程控制

重点介绍重要施工过程和特殊施工工序的安全过程措施内容。

4.7.6.1　通用安全控制措施

(1) 工程开工前对参与施工的人员进行一次安全技术交底及培训，进入施工现场应戴安全帽，系好帽带，穿工作服。

(2) 进入运行变电站中进行电缆工作时，应事先与运行单位取得联系。工作前应先与运行值班人员签订工作票，并认真听值班人员交代工作（停电）范围和注意事项，严禁超范围工作。

(3) 工作前检查隧道内有无积水和其他妨碍施工的物品并及时处理；检查隧道有无杂物、积水等，注意清除石子等能硌坏电缆的杂物。

(4) 工作前认真核对路名、开关调度号，在指定地点工作，不得乱动无关设备，并设专人监护。

(5) 工程开工前应对所使用的工器具的外观和规格进行仔细检查，确保工器具性能良好。

(6) 工程开工前应对工程所使用的测量仪表进行检验，保证其在有效期限内，且无损坏或失效。

(7) 工程所使用的电源为发电机或外接电源。当使用发电机时，发电机外壳应可靠接地，低压电源出口处必须安装漏电保护器。由专人负责电源，发电机上应设专责人标识牌，并写清专责人姓名及电话号码。使用220V、380V外接电源时，应设正规电源箱，电源出口处必须安装漏电保安器，接电源时，应停电进行，一人操作一人监护，电源箱要加锁，工作结束时应断开电源。

(8) 电缆隧道内照明若使用220V电源照明，要使用防爆灯具。隧道内每15m设手把灯一把。

(9) 施工用电源的安装及检修必须由专人负责，未经电源负责人许可其他人不得安装及检修施工用电设备及电源箱；有条件时电源应使用三相五线制，确保用电设备外壳可靠接地。

(10) 临时电源的使用：电源箱、发电机，要有防雨遮挡措施，电源线接头处要密封防雨，严禁浸泡在水中。

(11) 电缆隧道内严禁使用电暖设备及煤炉。

(12) 工程材料存放于公司库房，电缆放于临时电缆敷设点，保证每天24h设专人看守；现场指定专人负责交通、安全及保卫工作。

(13) 初次进入电缆沟道、夹层施工前，必须进行有害气体或氧气含量的检测，由工程负责人负责，并做好记录，确定无有害气体后方可入内工作。在隧道工作时，要随身带手电筒以备急用。

(14) 打开的井口四围设立围栏，并设红色警示灯，提醒行人及来往车辆。夜间要检查警示灯是否正常闪亮。上下隧道时注意扶稳抓牢，防止高摔。上下井前检查扶梯是否良好。

(15) 井上井下传递东西用两根$\phi16$丙纶绳拴牢，往井内运放缆机时井口上方应使用三脚架。下井前认真检查吊装带和钢丝绳是否完好，并由专人负责。传递东西时井口下严禁站人或有人通过。若井口下有运行电缆，先用电缆保护凳将运行电缆保护好方可传递东西，禁止向井下抛物。

(16) 夹层内照明要充分，必要时可增加照明设备，防止因照明不充分导致碰伤。

(17) 做好施工人员自保和互保的安全教育，人员之间互相照顾，以防误伤。

(18) 穿GIS仓工作，由工程管理处协调，变电专业配合，电缆安装公司实施，穿仓前各单位共同查活，明确施工电源。

(19) 穿GIS仓工作时先应确认所穿仓间隔号、相位是否正确。

(20) 在变电站内工作时，夹层孔洞处应装设围栏或遮挡做明显标示，以防止人员摔伤。

(21) 遇到人身伤害问题，应立即与120取得联系，就近就医，及时救治。

(22) 电缆施工完毕后应及时进行电缆孔洞封堵，尤其是进站电缆孔洞应及时封堵好。封堵好后由现场负责人进行检查验收。

4.7.6.2 电缆敷设安全控制措施

（1）敷设方式：使用电缆拖车、放缆机和人力协同敷设电缆。

（2）敷设电缆外协队伍应有营业执照、房屋建筑2级资质、安全许可证、法人委托书。

（3）每次吊装电缆盘时，必须先检查起重工具，如钢丝绳型号是否符合要求，钢丝绳套有无断股，轴承座及吊装环是否开裂等，认真检查钢丝绳型号，吊装时起重臂下严禁站人，设专人指挥，吊车要良好接地。

（4）确认工程中电缆与电缆盘的总重量，根据《起重工作安全技术手册》和《供电安全工作现场规程》，选用的直径合适的钢丝绳。

（5）根据工程分段电缆长度，确定放缆机数量。

（6）电缆拖车需占地 $120m^2$。电缆敷设时用围栏围挡好，防止无关人员入内，并设专人监护。

（7）电缆拖车应水平就位，若地面不平，可用方木垫平。线盘装车运输前先用卡盘将钢轴卡好，以防止线盘出现跑偏情况。

（8）电缆盘应安装有效刹车装置，并将电缆内出头固定。敷设电缆过程中，电缆敷设指挥与相关人员必须保持随时联系，通信畅通，如果失去联系应立即停止敷设，电缆敷设指挥要由工作经验丰富的人员担任，统一指挥。线盘设专人看守，电缆敷设前，每人配备一台载波电话，有问题及时停止转动进行处理；放缆机在使用前要用专用接地线接地，保证接地良好。电缆敷设时，控制箱外皮要接地并保证接地牢固可靠。

（9）刹车应采用直径不小于160mm、长度不小于3.5m的硬圆木或线盘专用刹车工具。

（10）电缆敷设前，应检查牵引绳有无断股，若有断股，及时更换。

（11）放缆机在隧道内接线时要检查电源线有无破损，敷设前检查控制箱跳闸线是否能正确动作，检查电话是否畅通，放缆机是否运行正常。每台放缆机要有专人经常检查，发现短缺或接触不良及时处理。

（12）线盘处设专人看守，敷设电缆过程中保持联系畅通。

（13）敷设电缆必须有明确的指挥信号，不得在无指挥信号情况下随意拉引。

（14）电缆敷设过程中，不许用手在滑车上游方向调整滑车或垫放东西。

（15）操作放缆机人员，要集中精力，严禁擅离职守，扶正电缆时要在来线方向远离放缆机1.5m处，防止手随电缆带入放缆机伤人，发现异常情况要及时向指挥报告情况，指挥允许时方可排除故障；每人看放缆机不能超过两台，重点部位一人一台。

（16）电缆敷设放时电缆下井口、隧道拐弯、上下坡、电缆交叉处、变电站夹层内设专人看护。

（17）电缆上、下支架时统一口令，注意电缆不要碰撞电缆支架。安装电缆加长支架时严禁磕碰其他电缆，一定要轻拿轻放，防止损伤运行电缆。

（18）在站内工作，施工时注意对临近设备的保护。

（19）每个电缆敷设点夜间设专人值班，每班不得少于2人，并配备足够的灭火器。

（20）工地加强安全保卫工作；施工注意来往车辆及行人，井口设围栏，必要时专人负责交通；电源井口必须设长明红色灯，围栏用铁线绑扎牢固，电源线用PVC带固定，不可用铁线。

（21）夜间施工注意来往车辆及行人，设专人负责指挥，井口设围栏，并使用远程方位灯，路面人员穿闪光服，井口来车方向50m设红灯。

（22）电源每日专人检查，工作中发现问题停电解决，每天工作结束后断开电源，清点人数并指派专人检查火源是否熄灭，无问题后才能盖好隧道井盖，无人看守时断开电源。

4.7.6.3 电缆附件安装安全控制措施

（1）进入站内与值班人员签订工作票，听值班人员交代工作范围和带电部位注意事项。

（2）工作前认真核对路名柜号，在指定地点工作，不得乱动无关设备，工作区用警示带围挡，并设“在此工作”警示牌，设专人监护。

（3）接头区临时电源连接牢固、可靠、布置合理，带电部位不得裸露，要有专人每天检查电源线连接情况。

（4）接头用电源箱必须加装漏电保护器，并能有效工作，电源箱外壳有良好接地，每日工作前检查一次是否正常。

（5）接头用电器设备使用时必须接地，有绝缘外壳的除外。

（6）接头区的照明良好，空气流通，必要时可加通风设备。

（7）动火工作前要填写动火票，每组接头有不少于3个合格灭火器，放在明显位置。

（8）进入施工现场禁止吸烟，严禁做与工作无关的事，因工作需要动用明火时，要先将工作点的所有易燃物清除，监护人到位。

（9）加热电缆时，工作人员严禁离开岗位，不加热时立即拉开电源。

（10）因施工需要使用煤气时，有专人每天检查煤气罐和喷枪接口，防止漏气，工作时有专人监护，工作完毕立即将煤气罐阀门关紧。喷枪点火时让火等气，并注意喷枪前不得有障碍物。

（11）穿电缆孔时注意电缆的弯曲半径，穿口处设专人监护、避免刮伤电缆，在指定地点工作。

（12）GIS穿仓时应检查倒链和吊装带合格后方可使用。

（13）工具材料要由本公司职工保管，电缆断头及下脚料要当日运回。每天工作完毕后，仔细清理现场，消除隐患，断开电源，清点人数，盖好井盖，防止失窃。

4.7.6.4 电缆外护套试验安全措施

（1）站内试验电缆，工作前认真核对路名柜号，在指定地点工作，不得乱动无关设备。

（2）接电源时，应停电进行，一人操作，一人监护，电器设备要接地，电源出口安装漏电保护器。

（3）分段试验电缆外护套时电缆外护套被擦拭的前端不能接地，使其保证对地距离。被试电缆的对端应有专人看护。

（4）多段电缆外护套在交接试验时，中间有交叉互联箱要拆除交叉互联板及互层保护器并用铜绑线将互联线的线芯和屏蔽短接，接地箱拆除接地线，将电缆两端终端头尾管处的地线及互层保护器拆除，加压线接在电缆终端头尾管上，并设专人看护。

（5）试验设备接完线后要认真检查，试验前要与工作人员联系好，看护人员到位，清场后方可开始试验。

（6）所有电器设备应接地牢固可靠，操作人员需两人以上。

（7）试验区要用红绳围挡，并悬挂警告牌，要派专人严格看守。看护人员要在被试验电缆头安全距离以外看护，要严守岗位，不准任何人进入试验区。

（8）在试验电缆前，确认电缆线路无人工作，防止感应电伤人，电缆线路上设专人监护。

（9）试验加压工作两人进行，一人操作，一人监护。

（10）电缆的试验过程中，作业人员戴好绝缘手套，更换试验引线时，先对设备充分放电。

（11）电缆试验结束，对被试电缆进行充分放电，并在被试电缆上加装临时接地线。

4.7.6.5　配合耐压试验安全要求

（1）电缆试验时试验区用警示带围挡，任何人不得进入。

（2）配合试验中心进行耐压试验，没有得到试验中心试验人员“试验完毕，可以进入施工现场”的通知，任何人不得进入试验区域。

4.7.6.6　消防、保卫的有关规定

（1）对于重要设备材料存放点，在选择工程设备、大量材料存放场时，对当地的治安环境进行了解，制定相应的消防、治安防范措施与可能发生突发事件的处置预案，安装照明设施，并根据存放设备、材料的性质配备足够的消防器材。

（2）对于重要设备材料存放点，自设备、材料进入存放场之日起，就要对存放点实施24h保卫工作，每班值班人数不得少于3人。

（3）对临时施工现场，当天不能完成任务的，需设备、材料过夜时，现场的值班人数每班不得少于2人。

（4）隧道看护人员不得使用220V电源。

（5）对值班人员的要求：每班要有负责人，有明确的分工；值班期间不准睡觉；不得撤离职守；不得饮酒；熟悉当地的地理位置与地名；熟悉当地派出所或当地报警电话；掌握处理突发事件的方法；遇有突发事件时，要注意保护自己，及时报警同时注意对方人数、说话口音、使用车辆的车型、颜色、号码及离开现场的方向。

（6）对已完工的工程，在未交付运行单位之前，要组织保卫巡视，直到交付运行单位接收。

4.7.6.7　焊接工作的一般规定

（1）施工前现场施工负责人及有关施工人员进行现场调查工作（查活）。

（2）工作区的照明应良好，空气流通，必要时可加照明设备及通风设备。

（3）工作前将工作点的所有易燃物清除，监护人到位；附近有运行电缆时需用防火布保护好运行电缆。

（4）进行焊接工作必须有动火票，每个工作点有不少于2个合格灭火器，放在明显位置，工作现场动火作业遵守《电力设备典型消防规程》(DL 5027)有关规定。

（5）焊架子所用电源箱必须加装漏电保护器，并能有效工作，电源箱外壳有良好接地。

（6）电焊机要保持外观及绝缘良好，接地可靠（有绝缘外壳除外），电焊线的接地端与被焊接件连接牢固，不可借用铁轨或承力的金属缆绳作接地体；电焊线不许浮放在铁轨和金属缆绳上。

（7）焊工及其助手在进行焊接工作时，戴有色防护眼镜、手套及帆布围裙或工作服，电焊工应戴帆布手套，穿绝缘鞋，戴防护面具，引弧时通知在场人员，必要时设置挡光屏。

（8）焊接和切割工作系明火作业，禁止在易燃、易爆物体或液体的房间内进行焊接工作，在易燃物附近焊接时其最小距离不小于5m。

（9）在金属容器内或潮湿地方电焊，站在绝缘垫上，设专人监护，并能随时切断电源。

（10）清理焊渣要戴眼镜，并不要对着在场人员敲打焊渣。

（11）移动、修理、调整分头时、工间休息、工作结束时断开电源。

（12）工作完毕后，施工负责人对工作地点周围进行检查，确认无遗漏火源后方可离开。

4.8　工程分包管理

应符合招标文件及合同要求说明是否进行分包并讲明原因。

4.8.1　工程分包的原因及范围

工程如果没有分包，本节及下面两节可去掉，如果有分包，可以简单介绍分包原因及分包的工程范围。

4.8.2　分包商选择条件

一般来说，分包商要符合以下条件：

（1）分承包商要具备有关部门颁发的营业执照和施工资质证书，要拿出施工简历和连续三年资质的评定等级及安全施工记录。

（2）要具备一定的施工力量、设备力量和具有技术职称的技术人员，有良好的工作业绩和信誉。

（3）须业主同意认可，方可与分包商订立合同。

4.8.3　分包工程的管理

一般来说，分包工程管理要包括以下内容：

（1）由项目部负责对分包方的施工组织设计、施工技术措施和安全措施进行审核，并经监理工程师审核认可。

（2）项目部负责协调分包方施工项目与我方项目的接口工作。

（3）在制订与分包方的合同时，明确质量、安全工期要求。

（4）跟踪监督分包方的施工全过程，做好验收记录。

（5）督促分包方对其安全措施的实施。

（6）分包方在现场的一切活动必须符合《安全工作规程》和工地规定。

（7）对劳务分包方，定期组织学习、考查、监督和指导。

（8）严格执行《电力建设包工队、临时工安全管理若干规定》。

4.9　环境保护及文明施工

4.9.1　施工可能引起的环保问题

电缆工程施工可能引起的环境保护问题主要有：施工运输过程中，损坏道路、桥梁等；破坏道路绿地植被，施工及生活垃圾、污水、污油随意倾倒污染环境；粉尘、施工噪声等。施工过程中如不严格控制，很容易造成环境污染，破坏了环境，影响与周围居民的关系，可能引起纠纷，最终影响工程的正常施工。

4.9.2　文明施工和环境保护目标

简单介绍文明施工和环境保护目标。

4.9.3　环境因素分析及控制措施

工程重要环境因素清单见表4-9-1。

表 4-9-1　　重要环境因素清单

序号	施工工序/地点	活动过程	环境因素	环境影响	影响程度	发生频次	时态	状态	相关法律法规要求	控制方法	责任部门
1	施工现场	电缆敷设/电缆头制作/接地系统	有毒、有害固体废弃物的排放	污染土地和大气	严重	间断	现在	正常	扬尘、道路遗撒、废水、废气、废油和噪声控制程序		项目部
2	施工现场	电缆敷设/电缆头制作	石油液化气泄漏	污染大气	严重	偶然	将来	异常	扬尘、道路遗撒、废水、废气、废油和噪声控制程序		项目部

注　有毒、有害固体废弃物主要包括：废工业棉布、废油手套、化学包装物（聚氯乙烯、聚苯乙烯）、油刷、抹布、漆桶、胶桶、汽车蓄电池、废电池、废灯泡、废油棉丝、复印机硒鼓、复印机墨盒、打印机硒鼓、打印机墨盒、旧色带、旧日光灯管、食品废弃物等。

4.9.4　施工管理和环境保护措施

（1）项目经理是环保工作的第一责任人，是施工现场环境保护的领导者和责任者。由项目经理组织实施环保目标责任制，把环保工作层层落实到每个单位和个人。

（2）按照国家有关环境保护以及施工图的有关技术要求进行施工作业，以减少工程施工对环境的影响程度。

（3）施工人员应自觉遵守公司环境管理体系要求的环境法律法规。

（4）职工上岗工作，着装整洁，做到文明施工。

（5）工程施工场所垃圾应及时清理，保持现场施工环境卫生；施工现场应整洁，道路畅通，各种材料、设备、工具存放整齐，有明显标志。

（6）加强环保的检查和监控工作，采取合理措施，保护工地及周围的环境，减少空气污染、粉尘污染、水源污染、噪声污染或由于施工方法不当造成对公共人员和财产的危害或干扰。

（7）施工过程中，注意保护土地植被、林地树木、做到少破坏植被，余土、弃渣妥善处理。

（8）注意做好土建成品的保护，不得任意在隧道内进行乱涂乱画，不得用粘有石墨的手触摸变电站的墙壁，对施工中临时做的施工标志在施工后应进行清除。

（9）注意做到节能降耗，减少办公、生产的消耗，将断头电缆和其他可回收材料进行回收，做好回收登记。

（10）对已敷设完的电缆摆放整齐；及时清理施工场地；杂物和包装物品要集中存放、及时运走。

（11）施工现场在施工完毕后，派专人进行清理，做到工完、料尽、场地清，恢复地貌。

（12）项目经理部积极听取甲方及环保部门对工程环境保护工作所提要求，配合甲方、环保部门做好工程环保的检查、评估工作。

4.9.5　安全文明施工目标、组织机构

（1）文明施工目标。简单介绍工程文明施工目标。

（2）文明施工组织机构如图 4-9-1 所示。

4.9.6　安全文明施工实施方法

（1）成立坚强有力的领导班子，坚决执行党和国家的各项方针政策。团结协作、作风正派、廉洁勤政、改革创新、奋力拼搏，在施工队伍中树立威望。

（2）为促进文明施工管理制度落实，项目经理部将进行文明管理达标活动，要求施工队对每个职工进行教育，强调文明施工的重要性。

（3）施工现场的工器具、材料、机械设备摆放整齐，标牌齐全。

（4）施工现场划分文明施工责任区，明确分工和注意事项。

（5）合理安排施工时间，杜绝夜间施工，防止噪声对周围环境的影响。

（6）关心职工生活，合理安排职工的休息，开展有益的文体活动，丰富职工业余文化生活。

（7）技术指导人员应自觉遵守现场的各项规章制度，搞好区域内的文明施工，否则现场负责人有权停止其工作。

（8）爱护现场的土建成品，采取必要的防护措施，尊重他人的劳动成果。

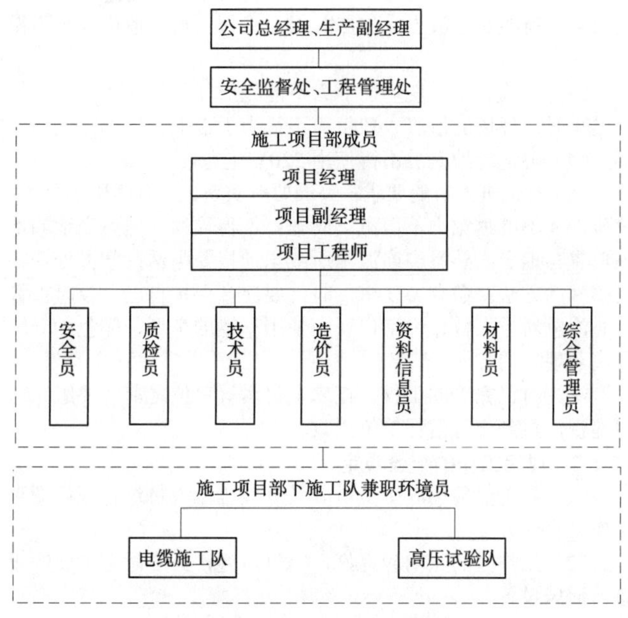

图 4-9-1　文明施工组织机构图

4.9.7　文明施工考核、管理方法

（1）按照上级有关输变电工程文明施工的规定执行。

（2）本着“管生产必须管文明施工”的原则，各级施工负责人直接对本施工范围的文明施工负责，把文明施工贯穿到施工的全过程。

（3）划分文明施工责任区做到有组织有领导，责任到人。

（4）成立文明施工考核小组，组长由项目经理担任，环境管理员任考核小组副组长，各队队长为组员，以施工队为单位进行考核，考核以月为阶段，设立文明施工奖。考核实行打分制，满分为 100 分，依据文明施工考核条例在 100 分基础上进行扣分。检查评分达 90 分以上，全额发放当月文明施工奖；评分在 80～89 分内，发放当月文明施工奖的 50%；评分在 70～79 分免去当月文明施工奖；70 分以下者，除免去当月文明施工奖，还扣罚当月生产奖的 30%，同时予以通报批评，并限期整改。文明施工考核表见表 4-9-2。

表 4-9-2　　　　文明施工考核表

序号	工 作 标 准	说 明	标准分	得分
1	项目部要按公司规定编写《项目管理实施规划》	没有按规定编制扣 5 分；内容不全，不能满足工程需要扣 1～3 分；已经编制但没按规定办理审批签字手续扣 2～4 分	5	
2	正式开工前项目部书面向公司提出开工申请	没有开工申请扣 2 分；申请不及时扣 1 分	2	
3	各分部工程施工时编写分部工程施工说明书；特殊工序编写具体施工方案	未按规定编写扣 3 分；编写内容不全，不能有效指导施工扣 1～3 分；未按规定程序审批，签字不全扣 1 分	3	
4	开工前对全体施工人员进行技术交底并按规定填写《技术交底登记表》	开工前未交底扣 3 分；交底内容不全扣 1 分	3	
5	现场施工要有有效的施工图纸或书面施工依据	施工现场没有施工图纸或其他技术依据的扣 3 分	3	
6	施工前按程序文件向生产部申请分部工程试点	没有申请分部工程试点扣 3 分，手续不全扣 1～2 分	3	
7	工程施工方案与制定施工方案不符须变动时，变动有合法手续	无合法手续的扣 3 分；手续不全（缺内容、少签字等）扣 1～2 分	3	
8	项目经理部墙上有施工综合进度表，施工队各类活动（质量、安全、会议纪要等）有记录	无施工综合进度表扣 1 分；无质量活动记录扣 1 分；无安全活动记录扣 1 分；无定期交回的安全工作票扣 1 分；无其他活动记录扣 1 分	3	
9	工程正式施工前，参加施工人员必须详细阅读学习有关施工图纸及各种施工技术资料，弄清工作内容，熟悉技术标准	参加施工人员对工作内容所涉及的技术要求不清楚扣 1～3 分	3	

4.10　计划、统计和信息管理

4.10.1　计划、统计报表的编制与递交

项目经理部负责工程的计划、统计和信息管理工作。在项目经理的领导下，由项目总工等负责。

以上各类报表需报送公司有关部门传阅，资料室存档。

4.10.2　计划、统计和信息管理职责

项目经理部负责工程的计划、统计和信息管理工作。在项目经理的领导下，由专人负责日常工作。

4.10.3　需报送的各类报表

按照发包商的要求，定期向发包商和监理工程师以书面形式报送以下各类报表：

（1）每月向公司、甲方和监理工程师报送下月度工程形象进度计划表。

（2）每周召开一次工程协调会，并向监理工程师报送工程进展情况，汇报实际形象进度。

（3）根据上月的实际施工进度，调整下月的施工进度网络计划，并通过监理报表报送监理单位。

（4）每周以电子邮件形式向发包商汇报有关工程进展（进度、质量、安全控制重点）情况，对重点分部、分项工程做到随时完成，随时上报。

（5）项目经理部要根据《项目管理实施规划》中的施工进度网络计划，制定月、旬施工进度计划，并统筹全局，把握施工动态，为项目经理进行工程施工管理提供一切信息服务。

（6）各施工队每周应向项目经理部汇报施工进度、施工质量情况、施工安全情况，由办公室进行信息统计并向项目经理及时汇报。

（7）项目经理部每周召开一次施工调度会，总结上周工作，布置下周计划，并核实各类统计信息。

（8）统计报表的内容包括：形象进度、实物工程量完成情况、物资统计、质量状况、安全状况等。

4.10.4　信息管理目标

加强信息的分类、开发和流通，及时、准确全面地获得信息，为施工生产服务。

4.10.5　信息管理采取措施

（1）项目经理部按照发包商要求的工程计划、统计工作管理办法，编制工程总体规划以确保月度形象进度计划的完成。

（2）通过对统计报表等各类信息的分析，查找施工过程中的失误和偏差，并及时予以纠正，诸如质量事故、安全隐患、施工进度延误、物资供应迟缓等。

（3）项目经理部在开工前做出目标成本，对各项费用进行分解，制定可行性措施，严格控制各项费用，降低成本。

（4）公司根据合同总价，编制施工预算及施工任务单，下达给项目经理部，项目经理部根据施工任务单，认真组织好施工并进行成本控制。

（5）项目经理部实行月度计划，施工队实行周作业计划。工程进度采取每日口头汇报，每月书面汇报，以便项目经理部根据工程进展情况及时进行工程调度。

（6）用系统思维的方法运用计算机网络，对各类信息进行收集、传递、处理、存储，为施工生产服务。

（7）自觉接受发包商和监理工程师对工程计划、统计和信息管理工作的监督，严格按照发包商和监理工程师的要求开展工作。

第 10 篇

220～500kV 送电线路工程施工组织设计范例

肖贵成　梁来先　曾生伟　韩学文　严得录　余孝勇
靳义奎　赵　凯　任凯超　史欢学　张筱建　等　编著

第 1 章　220kV 线路工程施工组织设计实例

1.1　编 制 依 据

（1）工程设计图纸、投标文件。

（2）规程、规范、标准与制度主要如下（但不限于）。

1）《110～500kV 架空输电线路施工及验收规范》（GB 50233—2005）。

2）《110～500kV 架空电力线路工程施工质量及评定规程》（DL/T 5168—2002）。

3）《建设项目管理规范》（GB/T 50326—2001）。

4）《电力建设安全工作规程 第 2 部分：架空电力线路》（DL 5009.2—2004）。

5）《电力建设安全健康与环境管理工作规定》（国家电网工〔2004〕488 号）。

6）《国家电网公司输变电工程安全文明施工标准》（Q/GDW 250—2009）。

7）《国家电网公司输变电工程达标投产考核办法》（国家电网基建〔2011〕146 号）。

8）《国家电网公司输变电优质工程评选办法（2012 版）》。

9）《国家电网公司输变电工程施工危险点辨识及预控措施》。

10）国家电网公司其他有关制度、规定。

（3）本工程线路现场调查、收集资料。

（4）我公司制定的符合 GB/T 19001—2008、GB/T 28001—2001、GB/T 24001—2004 标准的质量、安全、环境体系程序文件。

（5）我公司现有的施工资源、技术水平和管理模式。

1.2　项目概况与项目实施条件分析

1.2.1　工程概述

×××220kV 线路工程共包括 2 条线路，分别为×××变～×××牵引站 220kV 线路工程、×××开关站～××××牵引站 220kV 线路工程。

×××变～×××牵引站 220kV 线路路径长度 15.2km，全线单回路架设（出口除外），新建铁塔 50 基，导线型号为 2×LGJ-300/40 钢芯铝绞线，地线一根为 JLB40-150 铝包钢绞线，一根为 24 芯 OPGW 架空复合地线。

×××开关站～×××牵引站 220kV 线路路径长度 17.2km，全线单回路架设，新建铁塔 54 基，导线型号为 2×LGJ-300/40 钢芯铝绞线，地线为两根 GJ-80 镀锌钢绞线。

建设单位：×××。

设计单位：×××。

监理单位：×××。

1.2.2　工程特点与工程量

1.2.2.1　工程特点

（1）×××～×××牵引站 220kV 线路。

220kV 线路工程特点见表 1-2-1。

表 1-2-1　×××～×××牵引站 220kV 线路工程特点

序号	项目	特　点	依据
1	线路构造	（1）线路全长 15.2km，单回路架设，新建铁塔 50 基。 （2）导线采用 2×LGJ-300/40 钢芯铝绞线。 （3）地线一根为 JLB40-150 铝包钢绞线，一根为 24 芯 OPGW 架空复合地线	设计图纸
2	地形	全线位于平原地带，材料运输条件便利	
3	地质	沿线地质普通土占 70%，泥水坑占 20%，松砂石占 10%	
4	基础	（1）本线路基础采用台阶式基础。 （2）由于本工程地质岩性以普通土、松砂石、泥水坑为主，基础采用台阶式基础，并采用垫层	
5	铁塔	共有铁塔 50 基，采用 ZMC1、ZMC2、ZMC3、JC2、JC3、JC4、DZT 共 7 种塔型	设计图纸
6	接地	采用对称四引下线带射线接地型式	
7	导地线	（1）导线：采用 2×LGJ-300/40 钢芯铝绞线，每相两分裂，水平排列，采取间隔棒 FJQ-405、防振锤 FR-4 两种防振形式。 （2）地线：一根为 JLB40-150 铝包钢绞线，一根为 24 芯 OPGW 架空复合地线	
8	交叉跨越	（1）跨越 220kV 线路 2 次。 （2）跨越 35kV 线路 3 次、10kV 线路 20 次、380V 线路 10 次。 （3）通信线 15 次。 （4）在建高速铁路 1 次。 （5）国道 3 次、一般公路 10 次、高速公路 1 次。 （6）河流 3 次、水渠 10 次。 （7）地埋光缆 4 次、林带 4 次。 （8）房屋拆迁 3 处（350m^2）。 （9）蔬菜瓜果市场 1 处（1000m^2）、养殖场 3 处、大棚 20 处、果园 6 处	

（2）×××开关站～×××牵引站 220kV 线路。见表 1-2-2。

表 1-2-2　　　　×××开关站～×××牵引站 220kV 线路工程特点

序号	项目	特　点	依据
1	线路构造	（1）线路全长 17.2km，单回路架设，新建铁塔 54 基。 （2）导线采用 2×LGJ-300/40 钢芯铝绞线。 （3）地线为 JG-80 镀锌钢绞线	设计图纸
2	地形	全线位于平原地带，材料运输条件较好	
3	地质	沿线地质普通土占 60%，水坑占 20%，坚土占 20%	
4	基础	（1）本线路基础采用台阶式基础。 （2）由于本工程地质岩性以普通土、坚土、泥水坑为主，基础采用台阶式基础，并采用垫层	
5	铁塔	共有铁塔 54 基，采用 ZMC1、ZMC3、JC2、JC3、JC4、DZT 共 6 种塔型	设计图纸
6	接地	采用对称四引下线带射线接地型式	
7	导地线	（1）导线：采用 2×LGJ-300/40 钢芯铝绞线，每相两分裂，水平排列，采取间隔棒 FJQ-405、防振锤 FR-4 两种防振形式。 （2）地线：采用 JG-80 镀锌钢绞线	
8	交叉跨越	（1）跨越 500kV 线路 2 次、220kV 线路 2 次、110kV 线路 3 次。 （2）跨越 35kV 线路 6 次、10kV 线路 20 次、380V 线路 15 次。 （3）通信线 30 次。 （4）南水北调 1 次。 （5）国道 3 次、一般公路 15 次。 （6）河流 2 次、水渠 10 次。 （7）地埋光缆 8 次、林带 2 次。 （8）房屋拆迁 4 处（$250m^2$）。 （9）蔬菜瓜果市场 1 处（$1000m^2$）、养殖场 6 处、大棚 20 处、果园 3 处	

1.2.2.2　工程量

（1）×××变～×××牵引站 220kV 线路。

220kV 线路工程量见表 1-2-3。

表 1-2-3　×××变～×××牵引站 220kV 线路工程量

项目			单位	数量	依据
基础混凝土	1	垫层（C10）	m^3	123.26	设计图纸
	2	台阶式基础（C20）	m^3	889.8	
	3	台阶基础保护帽（C10）	基	50	
	混凝土量合计（无计入保护帽量）		m^3	1013.06	
基础钢材	1	基础钢材	t	151.60	
	2	地脚螺栓	t	18.42	
	合计		t	170.02	
铁塔	1	JC2	基	3	
	2	JC3	基	3	
	3	JC4	基	6	
	4	ZMC1	基	4	施工图纸
	5	ZMC2	基	2	
	6	ZMC3	基	28	
	7	DZT	基	4	
	铁塔数总计		基	50	
塔材总重			t	454.36	
架线施工	1	LGJ-300/40	t	106.5	施工图纸现场调查
	2	JLB40-150	t	12.1	
	3	OPGW	km	15.2	
	4	直线塔附件安装	基	34	
	5	耐张塔附件安装	基	16	
交叉跨越	1	220kV 电力线	次	2	
	2	35kV 电力线	次	3	
	3	10kV 电力线	次	20	
	4	380V 电力线	次	10	
	5	通信线	次	15	
	6	地下电缆	次	4	
	7	在建高速铁路	次	1	
	8	国道	次	3	
	9	一般公路	次	10	
	10	高速公路	次	1	
	11	河流	次	3	
	12	水渠	次	10	
	13	林带	次	4	
	14	房屋拆迁 3 处	m^2	350	
	15	蔬菜瓜果市场 1 处	m^2	1000	
	16	养殖场	处	3	
	17	大棚	处	20	
	18	果园	处	6	

（2）×××开关站～×××牵引站 220kV 线路。

220kV 线路工程量见表 1-2-4。

表 1-2-4　　×××开关站～×××牵引站 220kV 线路工程量

项　目			单位	数量	依据
基础混凝土	1	垫层（C10）	m^3	137.66	设计图纸
	2	台阶式基础（C20）	m^3	1972.3	
	3	台阶基础保护帽（C15）	m^3	21.79	
	混凝土量合计		m^3	2282.95	
基础钢材	1	基础钢材	t	143.77	
	2	地脚螺栓	t	17.75	
	合计		t	161.53	
塔型及基数	1	JC2	基	5	
	2	JC3	基	5	
	3	JC4	基	4	
	4	ZMC1	基	32	
	5	ZMC3	基	6	施工图纸
	6	DZT	基	2	
	铁塔数总计		基	54	
塔材总重			t	483.88	
架线施工	1	LGJ-300/40	t	122.5	施工图纸 现场调查
	2	GJ-80	t	22	
	3	直线塔附件安装	基	38	
	4	耐张塔附件安装	基	16	
交叉跨越	1	500kV 电力线	次	2	
	2	220kV 电力线	次	2	
	3	110kV 电力线	次	3	
	4	35kV 电力线	次	6	
	5	10kV 电力线	次	20	
	6	380V 电力线	次	15	
	7	通信线	次	30	
	8	地下电缆	次	8	
	9	南水北调	次	1	
	10	国道	次	3	
	11	一般公路	次	15	
	12	河流	次	2	
	13	水渠	次	10	
	14	林带	次	2	
	15	房屋拆迁 4 处	m^2	250	
	16	蔬菜瓜果市场 1 处	m^2	1000	
	17	养殖场	处	6	
	18	大棚	处	20	
	19	果园	处	3	

1.2.3　施工实施条件及自然环境特征

1.2.3.1　环境特征

一、作物

本工程沿线粮食作物主要有小麦、大豆、谷子、红薯、玉米等，经济作物以棉花、花生为主。

二、树木

本工程沿线树木、果树较多。公路及田间地头多种植杨树、桐树、柳树等树木，由于树木零星分散，无法集中跨越，采取砍伐措施。

三、气候

××市属暖温带大陆性季风气候，四季分明，冬寒夏热，秋凉春早。

年平均气温 14℃，年降水量 656mm，最大积雪厚度 395mm 无霜期 220d，全年日照时间约 2400h。

1.2.3.2　施工条件分析

一、交通运输条件分析

全线所经过地区属于平原地带，沿线可利用的公路较多，且公路多以水泥及沥青路为主，大型车辆可通行，交通运输条件便利。

个别基础和组塔阶段将组织地方农用车进行二次运输；架线时牵张场尽量选择交通条件好的地方。

二、现场作业条件分析

1．基础施工

本工程沿线均为平地，作业场地、砂石等材料堆置场地均能满足正常施工需要。

线路沿线地基土以普土和松砂石为主，基坑开挖和基础施工方便，但如遇水坑，需要采取井点和机井降水的措施。

砂、石的堆放应与地面隔离，水泥的堆放需采取防水和防潮措施，保证材料的质量。

基础施工应尽量避免在雨天浇制，作业中若突遇降雨，需采取搭设篷布遮盖等防雨措施。

本工程基础施工在冬季，混凝土浇筑要特别注意冬季防护。

2．铁塔组立

由于地形条件较好，杆塔组立施工方便，但在地下水较浅处，拉线锚固需采取组合式地钻。

3．架线施工

沿线地形平坦，交通方便，易于放线选场，牵张设备进场容易。在水坑地质地段牵张设备进场会受到影响，需采取铺垫措施。

本工程跨越电力线、公路等障碍物较多，需提前办理各项跨越许可证。

三、交叉跨越条件分析

1．电力线跨越

跨越 35kV 及以上电力线路，拟采用停电搭设跨越架停电跨越施工，不能停电时采用我公司研制的预紧式承力索网进行带电跨越施工，该方案已多次成功用于 35～220kV 线路带电跨越施工，可以避免受停电时间的限制而影响工期。

跨越 35kV 以下电力线时，导线一般距地面不高，跨越架搭设容易，可采用搭设每侧单排或双排跨越架的跨越施工方法。

2．公路跨越

本工程跨越公路多次。施工时可采取每侧搭设两排钢管跨越架的方法进行跨越施工。

3．林区跨越

如遇成片林、果园，为了避免常规人力展放导引绳需砍伐放线通道而造成对林木的破坏，做好文明、环保施工，计划全线采用我公司自行研制的遥控飞艇展放导引绳逐级牵引导线施工工艺。

4. 气候条件分析

(1) 降雨。根据本工程施工计划安排，本工程施工恰在冬春夏三季，该地区为温带大陆性气候，冬季寒冷多雨雪，因此，基础施工应采取防雨雪措施，对材料运输、施工影响较大。

(2) 雷电。本工程铁塔组立和架线施工时处于春夏两季，有较少雷雨，应采取预防雷电的措施，对施工有一定的影响。

(3) 气温。冬季气温较低，气候干燥，需合理安排工作和休息时间，充分利用气温较高时段工作，避免冻伤。

基础施工期在冬季，基础养护应根据气温情况采取必要的措施。

1.2.3.3 社会环境分析

一、政策环境

本工程是为满足×××牵引站供电需求，确保牵引站配套供电工程同期投运，实施配套 220kV 接入线路工程，沿线政府部门对本工程的建设比较重视，项目部应及时与地方政府取得联系，保持良好的沟通，取得地方政府的支持。但线路沿线可能有个别乡村干部政策水平不高、个别群众出于个人利益目的，施工时会遇到一些困难。

二、经济环境

××市工业经济基础较好，农业较发达，施工中对青苗补偿、临时占地、房屋拆迁等施工协调工作，要提前做好政策宣传，与当事人进行充分沟通，并按标准及时足额进行赔付，搞好地方关系，力争最大限度降低对施工的影响。

三、社会治安

经调查，沿线地区社会治安较好，工程材料和工器具被盗的可能性不大。但也不排除个别偷盗分子的存在，对工程造成一定影响。

1.3 项目施工管理组织结构

1.3.1 施工现场组织机构

我公司选派送电××工程公司参加本工程施工，该工程公司以注重科学管理、确保工程质量、施工作风顽强著称，对所承担的工程均能在确保质量、安全、控制工程成本等各项目标的前提下，均能顺利、按期完成施工任务。

本工程由送电第××工程公司抽调业务骨干组成项目经理部：项目经理、项目副经理、项目总工各 1 名，下设办公室、经营部、工程部、工程协调部 4 个职能部门。现场施工计划投入 4 个施工队、1 个汽车队和 1 个材料站。

1.3.2 项目关系图

如图 1-3-1 所示。

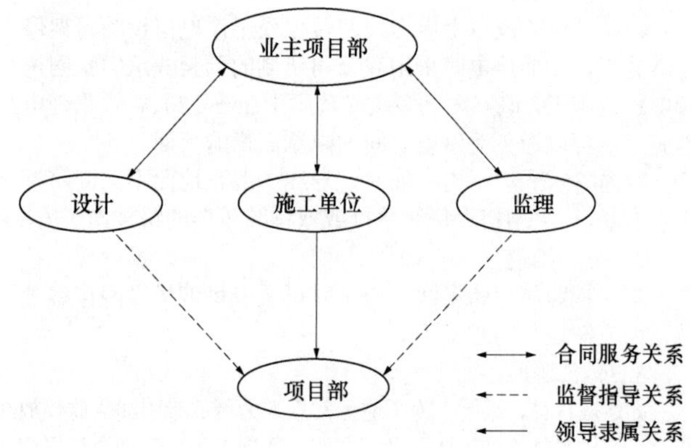

图 1-3-1 项目关系图

1.3.3 项目管理组织结构

本工程在施工现场设项目经理部，实行项目负责制，项目经理在施工现场对本工程的组织、实施、管理和协调全面负责。如图 1-3-2 所示。

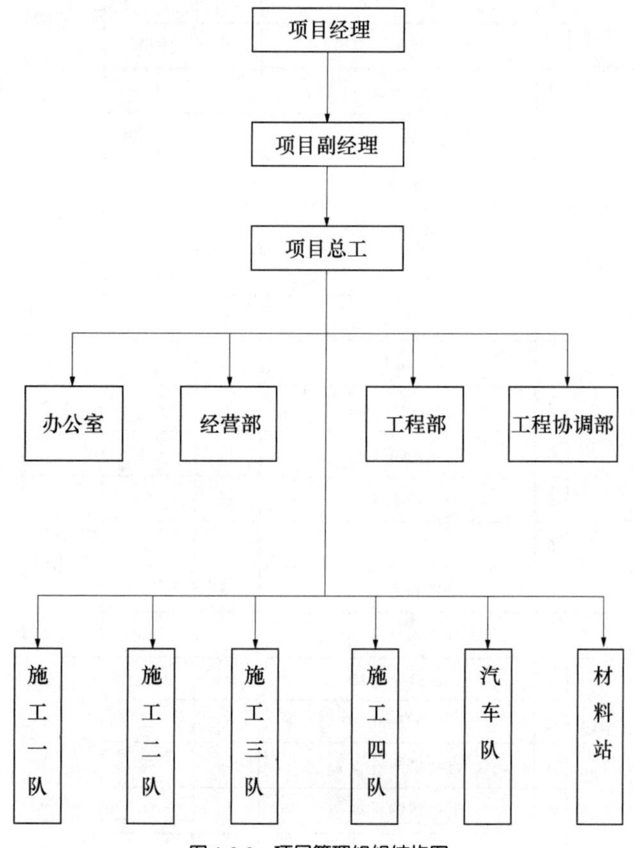

图 1-3-2 项目管理组织结构图

1.3.4 项目管理职责与分工

一、项目经理

(1) 是落实输电线路施工现场管理职责的第一责任人，在授权范围内代表施工单位全面履行施工承包合同；对施工生产和组织调度实施全过程管理；确保工程施工顺利进行。

(2) 组织建立相关施工责任制和各种专业管理体系并组织落实各项管理组织和资源配备，监督有效地运行，负责项目部员工管理职责的考核及奖惩，进行利益分配。

(3) 组织编制符合工程项目实际的《项目管理实施规划（施工组织设计）》《工程创优施工实施细则》《安全文明施工实施细则》《应急预案》和《输变电工程施工强制性条文执行计划》等实施性文件，并负责落实和监督。

(4) 组织制订施工进度、安全、质量及造价管理实施计划，实时掌握施工过程中安全、质量、进度、技术、造价、组织协调等的总体情况，组织召开项目部工作例会，安排部署施工工作。

(5) 对施工过程中的安全、质量、进度、技术、造价等有关要求执行情况进行检查、分析及纠偏。

(6) 针对工程实施和检查中出现的重大问题，负责妥善处理，提请有关方协调解决，并制订纠正预防措施。

(7) 合理安排工程资金使用；审核“安措费”使用计划。

(8) 组织落实安全文明施工、职业健康和环境保护有关要求，促进项目的各项管理活动的开展落实。

(9) 组织工程内部验收和质量评定工作，申请工程验收，安排工程竣工后期相关管理工作。

（10）项目投产后，组织对项目管理工作进行总结；接受审计，安排项目部解体后的收尾工作。

二、项目副经理

项目副经理在项目经理的领导下，协助项目经理工作。

三、项目总工

（1）认真贯彻执行上级和施工单位颁发的规章制度、技术规范、标准。组织编制符合输电线路工程实际的实施性文件和重大施工方案，并在施工过程中负责技术指导和把关。

（2）组织对施工图及时预审，接受业主项目部组织的交底活动。对施工图纸和工程变更的有效性执行负责，在施工过程中发现施工图纸中存在问题，负责向监理项目部提出书面资料。

（3）组织相关施工作业指导书、安全技术措施的编审工作，组织项目部安全、质量、技术及环保等专业交底工作。负责对承担的施工方案进行技术经济分析与评价。

（4）组织编制设备、材料供货计划、大型机具配置计划、技术培训计划并督促实施。

（5）定期组织项目专业管理人员，检查或抽查工程安全和质量。当工程项目安全和质量存在问题或隐患时，提出技术解决和防范措施。

（6）在项目经理的领导下，主持项目施工日常管理工作，负责落实业主、监理项目部对工程技术方面的有关要求。

（7）协助项目经理做好其他各项施工管理工作。

四、工程部

（1）负责技术、质量、安全文明施工及环保管理工作。

（2）编制工程施工组织设计、施工进度计划、各种施工技术措施以及质量和安全管理制度，解决施工中出现的技术问题。预测影响工程质量和安全的薄弱环节，并制定相应的预防措施。

（3）组织检查工程的安全和质量状况，组织质量复检，配合中间验收和竣工验收等工作。

（4）负责质量记录的整理、收集和归档，做好工程资料的管理。

（5）负责与监理工程师的联系和配合日常工作。

（6）负责工程移交工作。

五、经营部

（1）负责工程项目的各种合同管理。

（2）负责编制内部施工预算，对内进行工程结算。

（3）负责财务管理、劳资管理，成本控制、核算，制定降低成本措施。

（4）负责计划、统计报表的编制，并按规定及时向建设单位、监理单位和公司有关科室上报。

六、材料站

（1）负责自购材料的采购、检验、保管和发放。

（2）负责公司供应材料的验收、提货、运输、清点、保管以及管理。

（3）负责机械设备的运输、保管、维修。

七、工程协调部

（1）负责办理与工程有关的手续。

（2）开好各级工程协调会议，协调与地方的关系。

（3）负责施工现场准备和清理，处理好施工临时占地、施工道路和接地线铺设的青苗赔偿工作。

八、办公室

（1）负责项目部的日常事务、后勤保障和工程相关单位的接待工作。

（2）负责组织职工的业余文化生活，做好防火防盗、安全保卫工作，为文明施工创造条件。

（3）负责卫生防疫工作。

1.4　工期目标和施工进度计划

1.4.1　工期目标

1.4.1.1　工期目标

工期目标：2011 年 1 月 20 日开工，2011 年 6 月 30 日投产。

坚持以“工程进度服从质量”为原则，保证按照工期安排开工、竣工，施工过程中保证根据需要适时调整施工进度，积极采取相应措施，按时完成工程阶段性里程碑进度计划和验收工作。

1.4.1.2　工期目标分解

为全面实现本工程的工期目标，使工程进度目标在施工过程中便于考核和实施，结合本工程工程量、现场特点和我公司实际投入，对工期目标进行分解。

（1）按合同目标、项目部对开、竣工日期进行分解，见表 1-4-1。

表 1-4-1　　项 目 目 标 值

项目	目　标　值	
	开工日期/（年.月.日）	竣工日期/（年.月.日）
项目部目标	2011.1.20	2011.6.30

（2）按工序对项目部目标进行里程碑分解见表 1-4-2。

表 1-4-2　　项 目 里 程 碑

序号	工程阶段	开始日期/（年.月.日）	完成日期/（年.月.日）	工期/d
1	工程准备	2010.12.25	2011.1.15	22
2	开工资料报批	2011.1.15	2011.1.19	5
3	基础施工（含春节放假和中间验收）	2011.1.20	2011.3.31	70
4	铁塔组立（含中间验收）	2011.3.25	2011.5.15	52
5	架线施工	2011.5.10	2011.6.25	47
6	竣工验收（含消缺）	2011.6.26	2011.6.30	5

1.4.2　进度计划编制说明

1.4.2.1　计划编制依据

（1）施工招标文件及答疑文件。

（2）项目法人对工期的要求。

（3）招标工程量。

（4）对现场气候、地形、地质、交通等自然环境的调查。

（5）投入的施工资源，采用的施工方法和我公司的类似工程施工效率。

1.4.2.2　计划编制说明

（1）确定各分部工程工期时，考虑了天气、交叉跨越、渠道等因素的影响，留有一定的富余量，当影响发生时可调整计划。

（2）根据送电线路施工工艺决定各工序之间的衔接关系，各分部工程之间考虑交叉作业。

（3）各项准备工作（包括施工技术方案的编制及安全技术交底、材料的分供运输、施工机具设备进场等）至少在各分部工程开工 2 天前完成。

（4）本进度计划使用 P3 软件编制，并将各种施工资源予以加载，以便于施工过程中建立目标进度，将实际工程进度与目标进度进行对比，并对各种施工资源予以合理调配，确保施工工期。

（5）施工进度计划中项目法人供货时间暂由我方根据需要排定，施工过程中与项目法人协商确定具体到货进度。

1.4.2.3 计划的可调性

一、进度管理的手段与方法

本工程采用 P3 软件作为项目管理的工具，对进度、资源、费用等实行动态管理：

（1）在工程实施中，根据施工总体进度计划，确定分部工程进度、月进度计划，向施工队下达施工任务书。

（2）在施工进展过程中，每月将目标工程进度计划与实际计划进度进行比较，分析偏差产生的原因和对工期影响的程度，并在施工调度会上依据 P3 软件的分析结果布置下一阶段的计划实施，对存在的问题及时进行改正和调整。

二、计划调整分析

（1）在编制计划时，施工力量、设备等资源都未达饱和状态，而且各分部工程在工期安排上考虑一定的时间裕度，当施工进度受到材料供应、天气、地方关系等因素的影响较小时，项目部通过对投入的施工力量、设备等资源进行重新配置，仍能按原计划完成。

（2）当材料供应、天气、地方关系等因素影响较大或项目法人、监理工程师对进度目标要求调整时，可从公司抽调施工力量、设备等资源投入到本工程，保证能够完成各阶段的施工任务，使总体计划得以实现。

1.4.3 进度计划图表

略。

1.4.4 进度计划风险分析及控制措施

针对主要风险因素进行深入分析，并采取相应控制措施见表 1-4-3。

表 1-4-3　主要风险因素及控制措施

风险因素	风　险　分　析	控　制　措　施
材料供应	（1）砂、石场的存量不足，运输距离较远，影响砂石供应。 （2）国家实行节能减排，水泥厂供应问题	（1）基础材料选场时尽可能多选，以保证货源充足，供应及时。 （2）组织足够的车辆进行材料运输。 （3）在施工现场，砂石要有一定的储备。 （4）及时与水泥厂沟通，提前做好准备
基坑开挖	（1）如遇水坑和泥水坑，该类基坑开挖施工不便，速度慢。 （2）水坑开挖，坑壁易塌方	（1）对泥水坑采用降水、排水措施。 （2）充分利用当地劳动力，多开施工点。 （3）基坑开挖好后，立即进行钢筋绑扎和混凝土浇筑，避免坍塌。 （4）主要采用挖掘机进行开挖
地方关系	青苗赔偿时，部分沿线群众出于个人经济利益，提出不合理索赔事项而干扰、阻挡施工	（1）取得地方政府和相关部门的支持。 （2）工程协调人员有针对性的学习工程所在地的相关文件，提高政策水平和业务水平。 （3）做好地方宣传工作，依法办事。 （4）教育职工尊重地方民风民俗。 （5）提前办理树木砍伐许可证和各类赔偿协议。 （6）按照计划进度及时按标准足额进行赔偿、补偿，取得群众对工程的支持。 （7）对工期有影响时，及时增加施工力量，确保按期完成
天气影响	（1）冬季寒冷，降低作业效率。 （2）降雪造成有效作业时间减少，施工效率低	（1）做好冬季防寒保暖工作，保证职工的身体健康，提高作业效率。 （2）制定材料运输计划时考虑降雪等天气因素，天晴时加快材料运输。 （3）科学合理安排，尽量减少降雪影响。 （4）冬季时，合理安排工期，加快施工进度，尽可能避开最冷时间段。 （5）严冬过后，加大施工资源的投入，加快施工进度

1.5 质量管理体系

1.5.1 质量目标及分解

1.5.1.1 质量目标

本工程质量目标：

（1）满足《110～500kV 架空电力线路工程施工及验收规范》（GB 50233—2005）。

（2）确保工程质量一次验收合格率 100%，单位工程优良率 100%。

（3）实现达标投产、创精品示范工程要求。

（4）确保国网公司优质工程。

（5）杜绝重大施工质量事故和质量管理事故。

1.5.1.2 质量目标分解

为全面实现本工程的各项质量目标，使工程各项质量目标在施工过程中便于考核和实施，对合同质量目标按照项目部和施工队进行逐级分解（见表 1-5-1），并分工序进行细化、量化（见表 1-5-2）。

1.5.2 质量管理组织机构

建立有效的组织机构，明确各级质量管理职责，从组织上保证工程质量目标的实现。

质量管理组织机构图如图 1-5-1 所示。

表 1-5-1　　合同质量目标分解

目标子项	工程目标	项目部目标	施工队目标
一次验收合格率	100%		
单位工程优良率	100%		
质量标准	保证满足《110～500kV 架空电力线路工程施工及验收规范》（GB 50233—2005）的要求		
质量事故	杜绝重大施工质量事故		杜绝所有质量事故
质量管理事故	杜绝		
创　优	确保工程质量不低于达标投产、创精品示范工程要求。确保国网公司优质工程，争创国家级优质工程		

表 1-5-2　　工序项目质量标准

序号	分部分项工程		工序项目质量标准
1	原材料		合格率 100%
2	线路复测		（1）塔位桩横线路方向偏差不超过 40mm。 （2）档距偏差不超过设计档距的 0.8%。 （3）转角桩角度偏差不超过 1′12″
3	基础部分	基坑开挖	（1）坑深误差为 0～50mm。 （2）基坑底部断面尺寸符合设计要求
		基础浇制	（1）底板、台阶、立柱允许偏差－0.8%。 （2）地脚螺栓倾斜不大于 0.8%。 （3）地脚螺栓式基础根开及对角线允许偏差不大于±1.6‰。 （4）插入式基础根开及对角线允许偏差不大于±0.8‰。 （5）基础顶面间或主角钢操平印记间相对高差不大于 4mm。 （6）同组地脚螺栓中心对主柱中心偏移不大于 8mm。 （7）地脚螺栓露出基础顶面高度允许偏差-4～8mm。 （8）整基基础中心与中心桩间位移不大于 24mm。 （9）整基基础扭转不大于 8′
4	铁塔组立		（1）螺栓紧固率不小于 98%。 （2）节点间主材弯曲不超过节点间距的 1/800。 （3）直线塔整体结构倾斜不大于 2‰（高塔为 1‰），耐张塔不向内角倾斜。 （4）保护帽宽度大于塔脚板，高度应在地螺顶面 50mm 以上
5	接地施工		接地埋设方式、深度及实测电阻值必须符合设计要求
6	架线施工	导地线展放	（1）连续两档以上，每根导（地）线上只允许有一个接续管和一个补修管。 （2）各类管的位置应符合施工及验收规范规定
		压接	（1）导（地）线与接续管、耐张线夹连接，其握着强度不小于线材设计使用拉断力的 96%。 （2）接续管、耐张线夹压后弯曲度不大于 1.5%
		紧线	（1）弧垂允许偏差不大于±2.0%。 （2）相间弧垂相对偏差不大于 240mm。 （3）两上相之间允许偏差为±100mm，上相与下相之间允许偏差为＋200mm、0。 （4）同相子导线允许偏差不大于 40mm
		附件安装	（1）悬垂线夹顺线路方向位移不大于 4°，最大偏移不大于 100mm，三相应同向偏，相间差不大于 50mm。 （2）铝包带缠绕露出线夹口不应超过 8mm。 （3）防振锤安装位置偏差不超过±24mm。 （4）间隔棒安装：端次档距不大于±1.2%，次档距不大于±2.4%。 （5）引流线按照自然、美观、平滑的下垂，两悬点之间近似悬链状，弧垂和电气距离符合设计规定。 （6）地线绝缘间隙符合设计要求
7	通道清理及防护设施		通道清理符合设计和合同要求
8	档案移交及后续工作		（1）各种施工记录及竣工资料的整理与移交满足达标投产和国家电网公司优质工程的要求。 （2）按合同保修条款要求做好保修工作

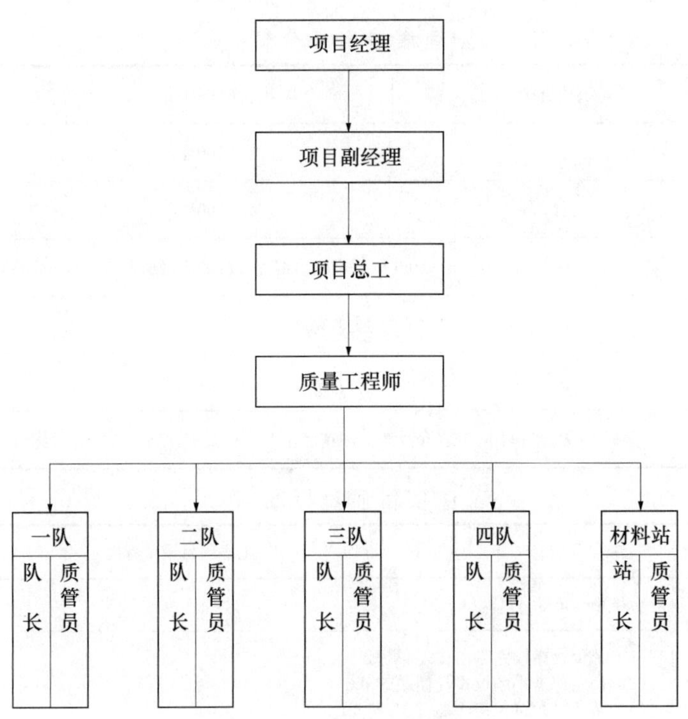

图 1-5-1　质量管理组织机构图

1.5.3　质量管理主要职责及分工

质量管理主要职责及分工见表 1-5-3。

表 1-5-3　质量管理主要职责及分工

序号	职务	职　责
1	项目经理	（1）建立本工程的质管体系，配备充分的资源，保证体系有效运行。 （2）明确项目部各部门的质量职责和权限。 （3）对实现工程零缺陷移交、达标投产、创精品示范工程的要求和国家电网公司优质工程负领导责任
2	项目副经理	（1）协助项目经理建立本工程的质管体系，配备充分的资源，保证体系有效运行。 （2）协助项目经理管理项目部各部门的质量职责和权限。 （3）完成项目经理交办的其他工作
3	项目总工	（1）在工程施工质量上负技术责任。 （2）为实现工程质量目标，进行策划并组织实施。 （3）贯彻执行设计技术原则和质量体系文件，掌握质量动态，分析质量趋势。 （4）审定工程的质量纠正措施和预防措施，解决工程中的重大质量技术问题。 （5）组织质量管理人员做好质量检查和验收工作。 （6）负责组织工程竣工档案文件编制、整理
4	质管工程师	（1）负责本工程质量管理体系运行的组织、协调、考核和奖惩。 （2）制定质量纠正措施和预防措施。 （3）负责工程质量的日常检查，分阶段对工程质量进行检查、总结，对发现的问题及时采取措施予以纠正
5	施工队队长	（1）严格执行工程质量标准和各项管理制度。 （2）正确的组织实施施工技术方案，对不合格项目按要求做好纠正和预防措施的实施工作
6	材料站站长	（1）严格执行产品到货验收管理制度，严把原材料检验关。 （2）做好现场材料保管、标识、防护，并严格领退料手续
7	施工队（材料站）质管员	（1）熟练掌握检验方法、质量标准和工作程序并严格执行。 （2）负责本队的施工质量检查，认真做好检验记录

1.5.4　质量控制措施

（1）质量计划：参照《国家电网公司输变电工程达标投产考核办法》（国家电网基建〔2011〕146 号）、《国家电网公司输变电优质工程评选办法（2012 年版）》，制定本工程的《质量计划》和《创优规划》，明确资源配置、职责划分、施工方法及控制措施等，确保施工有序、可控进行。

（2）质量管理制度：制定并严格执行本工程质量管理制度：《质量技术交底制度》《隐蔽工程检查制度》《技术复核制度》《三级质量检验制度》《质量过程控制制度》《材料检验制度》《计量管理制度》《工程档案资料管理制度》《质量奖惩制度》等。

（3）工艺措施：编制本工程的施工技术措施和作业指导书，

预先设立好质量控制点，对重要工序应明确进行首件检验点，以验证施工技术措施及作业指导书的可靠性，及时进行修改、补充、推广。

（4）材料管理：按程序文件的规定，对本工程自购材料分供方进行资质评定，所采购的材料及其制成品质量必须达到国家标准或专业部标准、施工验收规范以及设计技术要求，并将采购计划、采购合同副本提交监理工程师备案；水泥必须是经过监理工程师同意的生产厂家，项目法人供应材料的合格证及试验报告单应随材料一起交接。加强材料的检验，不合格品不得进入现场。

建立基础钢材、水泥使用部位可追溯记录。

（5）隐蔽工程控制：具备覆盖条件的隐蔽工程或达到约定的中间验收部位，自检合格后，在隐蔽或进行中间验收 48h 前通知监理工程师来验收，并准备验收记录。并对监理工程师的检查提供必要的手段和工具。验收合格，监理工程师在验收记录上签字后，方可进行隐蔽或继续施工。

（6）质量检验：本工程执行三级质量检验制，施工队自检，项目部复检，公司质管部专检。

施工中各级技术、质量管理人员应随时到现场巡视、检查，发现质量问题及时纠正和处理。

（7）计量管理：严格按照公司程序文件要求进行监视和测量装置管理（计量器具管理），定期进行检验。

（8）QC 活动：坚持开展 QC 活动，攻克工程中易发生质量问题的点，不断提高工程产品和质量保证能力。

1.5.5　技术保证措施

（1）工程部技术人员对施工图纸应认真审核，参加图纸会审会。

（2）根据施工图并结合现场情况，编制科学合理的施工方案，并制定完善的质量控制措施，按照公司《技术管理制度》的要求，严格遵守审、批程序。

（3）确定质量控制流程。

（4）针对本工程的特点，在工程开工前对施工人员进行培训。

（5）在各工序开工前，对所有参加施工人员进行技术交底，使施工人员了解施工操作的内容、操作方法和质量标准。

（6）首基试点。为确保施工方案的可行性，基础、组立工程首基施工和首次导地线展放，相关技术、管理、施工人员均到现场按照预定方案进行试验性作业，以对原方案进行补充、完善，确保工程质量。

1.5.6　经济保证措施

为充分调动员工的积极性、主动性，确保质量目标的实现，依照责权利相结合的原则，把个人的经济利益与工程质量联系起来，本工程采取以下经济保证措施：

（1）实行质量奖惩制度，制定质量奖惩实施细则，根据施工过程工作质量和工程质量状况及时奖惩。

（2）制定本工程的质量考核及评比办法，设立专项基金，在施工队之间进行质量竞赛，按基础、铁塔、架线三大工序对各施工的工程质量进行考核和评比，并对优胜单位进行奖励。

（3）实行质量预留金制：对项目部按规定预留一定比例质量保证金，工程竣工投运后，经公司考核符合公司规定条件，双倍返还，否则予以扣除。

（4）实行质量抵押金制：对与质量有关的主要岗位人员，开工前预收一定数额抵押金，工程竣工投运后，经考核符合公司规定条件，双倍返还，否则予以扣除。

本章其余内容见光盘。

第2章　玉树与青海主网330kV联网工程施工组织设计规划大纲

我公司地处青藏高原，长期在高海拔、重冰区、高山大岭地区进行超高压输电线路施工，积累了丰富的高海拔地区施工经验。具有中华人民共和国建设部颁发的“电力工程施工总承包壹级”资质证书。1996年通过ISO9001质量体系认证，2003年建立质量、职业健康安全和环境“三标一体”管理体系，并通过北京中电联认证中心认证。公司先后参建了我国第一条±400kV、±500kV、±660kV、750kV输变电示范工程、±800kV直流输电工程和1000kV同塔双回路输电线路工程，为青藏铁路、三峡送出、西电东送、青藏交直流联网等重点工程及青海电网建设做出了积极的贡献。

我公司在认真阅读领会本工程招标文件的基础上，根据我们对招标文件的理解和对本工程沿线情况的调查，经过认真分析并结合“±400kV青藏直流联网输变电工程”“班多水电站送出工程”“110kV囊谦输变电工程”等工程的经验，编制了本标段的《项目施工管理规划大纲》。如果我公司有幸中标，我们将依据本大纲，编制更为详细的《项目管理实施规划》及各项技术措施和各分项工程作业指导书，用于指导施工，确保我公司在《项目施工管理规划大纲》中承诺的各项目标的实现。最终实现业主的各项目标。

编制依据如下：

（1）玉树与青海主网330kV联网工程招标文件。

（2）《建设工程项目管理规范》（GB/T 50326—2006）。

（3）《110～500kV架空送电线路施工及验收规范》（GB 50233—2005）。

（4）《钢结构工程施工质量验收规范》（GB 50205—2001）。

（5）《地基与基础工程施工及验收规范》（GB 50202—2002）。

（6）《混凝土结构工程施工质量验收规范》（GB 50204—2002）。

（7）《混凝土强度检验评定标准》（GB/T 50107—2010）。

（8）《土方与爆破工程施工及验收规范》（GBJ 201—83）。

（9）《建筑钢结构焊接技术规程》（JGJ 81—2002）。

（10）《架空送电路导地线液压施工工艺规程》（SDJ 226—87）。

（11）《建筑桩基技术规范》（JGJ 94—2008）。

（12）《110～500kV架空电力线路工程施工质量及评定规程》（DL/T 5168—2002）。

（13）《输变电工程建设标准强制性条文实施管理规程》（Q/GDW 248—2008）。

（14）《输变电工程安全文明施工标准》（Q/GDW 250—2009）。

（15）《关于印发〈国家电网公司输变电工程质量通病防治工作要求及技术措施〉的通知》（基建质量〔2010〕19号）。

（16）《国家电网公司输变电工程施工现场安全通病防治工作的通知》。

（17）《国家电网公司输变电工程达标投产考核办法》（国家电网基建〔2011〕146号）。

（18）《国家电网公司输变电优质工程评选办法》（国家电网基建〔2011〕148号）。

（19）《国家电网公司输变电工程建设创优编制纲要》（基建质量〔2007〕89号）等7个指导文件的通知。

（20）《国家电网公司输变电工程施工工艺示范手册送电工程分册》。

（21）《国家电网公司输变电工程工艺标准库》（基建质量〔2010〕100号）。

（22）《国家电网公司施工项目部标准化工作手册（2010年版）》。

（23）《国家电网公司电力建设工程分包、劳务分包及临时用工管理规定（试行）》。

（24）《国家电网公司印发关于进一步加强施工分包安全管理的重点措施的通知》（国家电网基建〔2012〕340号）。

（25）《国家电网公司建设工程施工分包安全管理规定》（国家电网基建〔2010〕174号）。

（26）《国家电网公司电力建设起重机械安全管理重点措施（试行）》（国家电网基建〔2008〕696号）。

（27）《国家电网公司电网建设项目档案管理办法（试行）》（国家电网办〔2010〕250号）。

（28）《国家电网公司关于进一步提高工程建设安全质量和工艺水平》的决定（国家电网基建质量〔2011〕1515号）。

（29）《国家电网公司输变电工程工期与进度管理办法（试行）》（国家电网基建〔2011〕1750号）。

（30）《国家电网公司工程建设质量考核办法》（国家电网基建〔2011〕1751号）。

（31）《国家电网公司输变电工程施工工艺管理办法》（国家电网基建〔2011〕1752号）。

（32）《国家电网公司基建安全管理规定》（国家电网基建〔2011〕1753号）。

（33）《国家电网公司电网工程施工安全风险识别、评估及控制办法（试行）》（国家电网基建〔2011〕1758号）。

（34）《国家电网公司基建质量管理规定》（国家电网基建〔2011〕1759号）。

（35）关于做好《国家电网公司输变电工程标准工艺》配置和应用的通知（基建质量〔2011〕313号）。

（36）印发《关于深化“标准工艺”研究与应用工作的重点措施》（基建质量〔2012〕20号）和《关于加强工程创优工作的重点措施》的通知以及国家电网办〔2012〕61号国家电网公司关于开展“安全年”活动的通知”等相关文件。

（37）青海省电力公司青电基建〔2010〕762号《青海省电力公司输变电工程设计、施工、监理激励实施细则》。

（38）青海送变电工程公司质量、职业健康安全、环境管理体系文件。

（39）玉树与青海主网330kV联网工程设计说明书及图纸。

（40）我公司依据GB/T 19001—2008、GB/T 28001—2001、GB/T 24001—2004标准制订的质量、职业健康安全、环境体系程序文件。

（41）本工程的现场调查及收集资料。

2.1　工程概况与工程实施条件分析

2.1.1　工程特点与工程量

2.1.1.1　工程简介

本工程为玉树与青海主网330kV联网工程的唐乃亥-玛

多330kV输电线路。本工程线路起于海南藏族自治州兴海县城东约8km处的330kV唐乃亥变电站，终于果洛藏族自治州玛多新县城以南约1km处的玛多330kV开关站。线路途径海南藏族自治州兴海县，果洛藏族自治州玛多县。海拔在3200～4800m之间。

本线路地形复杂多样，包括高原平地、高原丘地、高原沼泽、高原一般山地、河流阶地、高原高山大岭等。与G214国道及新建共和～玉树高速公路交叉次数较多。

本工程标段6（274～464号杆塔；不包含274号和464号）施工标段线路长度约为81.9km，全部为单回路架设，导线采用3×JL/G1A-240/30-24/7钢芯铝绞线，一根普通地线为1×19-11.5-1270-A镀锌钢绞线，另一根为OPGW光缆（长86.1km）。共计190基铁塔。

本工程项目法人：青海省电力公司。

本工程建设管理单位：青海省电力公司基建部。

本工程设计单位：青海电力设计院。

本工程建设计划工期：2012年5月25日开工至2013年6月25日竣工投产。

本工程施工承包方式：包工、部分包料，采取总价与单价承包相结合承包方式。

本工程资金来源：自筹资金、银行贷款。

本工程建设地点：青海省海南藏族自治州兴海县和果洛藏族自治州玛多县境内。

2.1.1.2　工程特点

（1）设计特点见表2-1-1。

表2-1-1　　设计特点

序号	设计特点	内容说明
1	回路	330kV单回路交流线路
2	导线	导线采用3×JL/G1A-240/30-24/7钢芯铝绞线，子导线采用等腰倒三角布置，倒三角底边为350mm，腰长400mm
3	地线	一根地线采用镀锌钢绞线，选用1×19-11.5-1270-B镀锌钢绞线。另一根全线采用24芯OPGW光缆，型号为OPGW-120。OPGW采用逐塔接地运行方式
4	金具	三分裂金具部分需新做，其他金具主要采用97样本金具，部分金具采用企标。耐张塔跳线采用软跳线。三分裂间隔棒采用防晕防松阻尼型FJZ-335/22A，跳线使用FJQ-335/22A
5	绝缘子	本工程全线按C级区进行绝缘配置。 悬垂串考虑采用120kN、160kN级的单联及120kN级双联合成绝缘子串，大档距、跨35kV及以上送电线路及跨主要公路采用120kN级的双联合成绝缘子串；耐张串采用160kN级的双联瓷绝缘子串
6	基础型式	掏挖基础、刚性台阶基础、斜柱基础、锥柱基础、灌注桩基础，所有基础均为现浇基础。 为适应不同坡度的山地和台阶地，同时尽量减少对原地貌的破坏，设计时采用了高抬、深埋等措施。 根据全线地质初步勘测情况，本工程共设计5类基础型式：掏挖式基础、刚性台阶基础、斜柱式基础、锥柱基础、灌注桩基础，基础与铁塔连接方式推荐采用地脚螺栓连接。基础主柱主筋为HRB400级钢筋，其余HPB300级钢筋。混凝土为C25，基础保护帽混凝土为C15，桩基混凝土为C30，部分地段水泥采用抗硫酸盐水泥同时混凝土等级为C35
7	铁塔型式	直线塔推荐采用自立式酒杯型铁塔；耐张转角塔采用自立式干字塔型。共使用8种塔型，其中直线塔5种（包括1种换位塔）；耐张塔3种。铁塔钢材采用Q235、Q345、Q420，主要受力部件采用Q420。所有铁塔螺栓热镀锌后的强度为6.8级，螺栓采用扣紧螺母的防松措施，脚钉为6.8级。所有铁塔塔材料和螺栓都需热浸镀锌防腐处理
8	接地型式	铁塔逐基接地，采用水平方框加射线，接地体采用ϕ12圆钢。接地电阻较大的地段，接地装置适当考虑加装杆塔专用接地离子棒。存在腐蚀地段接地装置采用ϕ12钢筋并涂刷导电防腐涂料
9	沿线地形条件	平地占45.2%，低中山梁、丘陵地占54.8%。全线海拔在4090～4650m之间
10	气象条件	最高气温40℃，最低气温－40℃。基本风速27m/s，最大覆冰10mm，年平均气温50℃
11	地质区域分布	位于青藏高原腹地。线路以低中山山梁、斜坡、山前冲洪积扇、坡积连裙、湖积平原地貌为主，局部为沟谷阶地、小丘陵地貌，海拔4090～4650m。 共和二十一道班～花石峡四道班：地形起伏大，地表粉土相对湿润。本段路径沿线山梁、山坡整体稳定性良好。沿线基本不受洪水影响，局部山梁斜坡处有崩塌体及热融滑塌体分布，鄂拉山山顶垭口北侧一带分布约2.5～3km的冻土沼泽区，热融洼地和冻胀丘随处可见，对线路稳定有一定影响。 花石峡四道班～醉马滩：沿线草甸植被覆盖一般，沿线大部分地形相对平缓，局部略有起伏，本段线路沿线不良地质作用相对较少，影响线路塔位稳定的主要因素是多年冻土冻融影响
12	防冻胀措施	采取热棒，一次性玻璃钢模板为10mm，加强了混凝土的抗冻能力，降低了冻土对基础的影响

（2）工程特点见表2-1-2。

表2-1-2　　工程特点

序号	工程特点	内容说明
1	政策处理协调较难	环保问题较为突出，须依托业主方面的批文和各种手续以及得到当地政府部门的大力支持。本工程线路永久用地征（占）用及塔基永久用地征（占）用地范围内青苗赔偿、障碍物拆等通道清理工作由青海省电力公司负责。其他临时占地、工地运输道路占地等由我公司负责。我公司积极依靠当地政府和青海省电力公司的支持，派专人进行我公司负责的政策处理工作，为工程的顺利实施营造一条绿色施工通道
2	采用掏挖、锥柱基础、灌注桩基础	掏挖、锥柱基础施工工艺质量控制要求高，保证基坑的成形和垂直度以及对底部扩孔部位的尺寸控制，确保人员安全性。基础在浇制过程中严格控制石子粒径尺寸，并严格控制水灰比，确保混凝土的密实度。立柱出土部分采用大块钢模板或复合板，确保基础表面光洁度。少数岩石基础采用松动爆破进行开挖

续表

序号	工程特点	内 容 说 明
2	采用掏挖、锥柱基础、灌注桩基础	灌注桩基础施工施工严格控制质量通病，灌注桩基础施工分包给有资质、业绩好和有类似工程施工经验的单位施工，我方派质检人员进行全过程的质量监督和检查。灌注桩基础施工流程：分坑、成孔、清孔、钢筋笼制作及安装、混凝土灌注、桩检测 6 个重要环节。在施工过程中，我项目部将针对灌注桩基础施工流程，对易发生的质量缺陷提出合理的预防控制措施，保证施工质量。具体内容见《灌注桩基础施工专项方案》
3	斜柱基础浇制	在浇制过程中严格控制基础的斜率，保证火曲持地脚螺栓跟基础表面的垂直度，须采取相应预防控制措施
4	铁塔组立	铁塔单基重量较大，主要采用内悬浮抱杆分解组立。对个别塔位采用机械整体组立等措施
5	导地线架设施工工艺要求高	我公司已积累了导地线架设的施工经验，本工程三分裂导线放线采用一牵三张力放线方式，OPGW 光缆采用一牵一张方式。重点防止导线磨损及光缆损伤，合理选用机具，保证导地线施工工艺
6	自然环境十分恶劣	低氧环境使人容易疲劳，出现头昏、头痛、恶心、呕吐、心慌、气促、烦躁、食欲减退、睡眠障碍、乏力等；高海拔环境又使人员容易患感冒而引发肺水肿和脑水肿。防治高原病、传染病要求高难度大。要求配备一定数量的医务人员以及医疗器材，并配有救护车，补氧设备等
7	环境保护	由于塔基的开挖，会引起自然地表植被的破坏，造成土壤疏松，原有的植被和蓄水保土作用遭到破坏，使塔基四周环境失去原有状态，引发水土流失。在施工过程中应采取必要的防治和预防水土流失的措施。 对于砂石采集点、施工便道、弃土场、施工现场及施工驻地布置都需做出相应的环保措施并经有关管理部门审批后实施
8	牵涉环保方面的措施多	施工现场布置、生活驻地建设、施工便道等要规划审批；湿地、自然植被要有恢复措施；砂石要集中采集，弃土要集中堆放，野生动物迁徙必须停工让道。为减少架线施工对植被的破坏，减少人员在自然保护区的活动，架线施工拟采取张力架线
9	其他特点	线路所经地区，以藏族居民为主。要尊重少数民族的习俗及生活方式，搞好民族团结，处理好民族问题

（3）施工特点见表 2-1-3。

表 2-1-3　　施 工 特 点

序号	施工特点	内 容 说 明
1	冻土地区基坑开挖	（1）在开挖过程中保持冻土稳定是实现设计意图，确保施工质量的一个关键要素。 （2）提高冻土开挖效率，以保证工期是本项目工程施工中又一技术课题。 （3）按保持冻结原则设计的基础，在厚层地下冰、地表沼泽化或径流量大的地段基坑开挖尽量在寒季施工；在暖季施工时应采取遮阳防雨措施，选择在气温较低的时段快速施工。 （4）按容许融化原则设计的基础，也尽量选择在寒季开挖，对于不可避免的需在暖季施工的基坑，在做好遮阳防雨措施的同时，必要时还要做好抽水排水以及防止坑壁坍塌的防护措施
2	采用一次成型玻璃钢模板	一次性玻璃钢模板为 10mm，加强了混凝土的抗冻能力，降低了冻土对基础的影响。结合青藏直流线路工程施工经验，制定施工方法、技术措施。提高施工质量和工艺水平
3	采用热棒技术	热棒施工属新技术、新工艺，施工中结合青藏联网工程的施工方法、技术措施、检验标准，提升本工程质量水平
4	环境保护	保护对象较多，环保要求高，将给施工进度计划的执行带来一定的困难
5	交叉跨越较多	35kV 电力线拟采用带电跨越的方式。跨越电力线、公路（一级公路）的施工方案具体按照规程规范及现场具体情况编制跨越方案。具体内容见《架线跨越公路施工方案》
6	自然环境十分恶劣	低氧环境使人容易疲劳，出现头昏、头痛、恶心、呕吐、心慌、气促、烦躁、食欲减退、睡眠障碍、乏力等；高海拔环境又使人员容易患感冒而引发肺水肿和脑水肿。防治高原病、传染病要求高难度大。要求配备一定数量的医务人员以及医疗器材，并配有救护车，补氧设备及高压氧舱等
7	运输困难	（1）一般道路运输：大运采用汽车运输。小运采用拖拉机、人力运输。 （2）冬季冰雪道路运输：大运，选择晴好天气，汽车采用安装防滑链运输。小运，清除路面积雪采用拖拉机、链轨车和人力运输。 （3）高山大岭运输：采用索道和马队运输

2.1.1.3　工程量

（1）承包的工程范围为本工程对应的所有工作量并按规定办理各种施工手续所需费用。

（2）承包的工作内容为上述工程范围内的如下工作：

1）全部本体基础、组塔、架线施工工程的施工，配合运行单位标志牌、警示牌、相序牌的安装，工程相关试验、检测工作。

2）提供施工所需所有施工机具、人力及其他施工资源。

3）对发包方供应的材料进行保管和进场验收。

4)负责发包方供应的材料到承包方中心材料站的质量交接验收工作。

5)负责发包方供应的材料在招标文件指定交货地点的场地（车站等）协调及临时场地租赁，及至中心材料站的运输以及现场保管。

6)发包方供应的材料以外的其他材料的采购、运输、保管。

7）为保证施工安全、质量、进度所要采取的各种措施，以及为保证正常施工进行的各种协调工作。

8）包括设计范围内相关规程所要求的水土流失治理（如余土外运、泥浆外运、施工用地及周边环境的植被恢复等）。

9）电力线路的拆迁与补偿、三级及以下通信线的拆迁与赔偿、各级通信干扰处理、施工临时占地等，以及为了正常施工所需办理的一切手续。向发包方转交拆迁赔偿等必要的原始资料和凭证；线路通道技术要求按照《110～500kV 架空送电线路设计技术规程》及《110～500kV 架空送电线路施工及验收规范》及青海省电力公司相关规定。

10）进场后对线路走廊和工程本体进行看护和移交前的维护，并确保其在启动验收前满足设计规程要求。

11）配合中间验收、竣工预验收、竣工验收、线路参数测试、系统调试、启动验收、保证线路畅通。

12）声像资料、竣工资料的归档、组卷与移交。

13）保修期内的保修工作。

（3）主要工作量统计见表 2-1-4。

表 2-1-4　　　　主要工程量统计表

项　　目		单位	工作量
线路长度		km	81.9
导线	JL/G1A-240/30-24/7	km	3×3×81.9
地线	1×19-11.5-1270-B	km	81.9
	OPGW-120（24 芯）	km	86.1
土石方	尖峰、基面	m^3	8000
挡土墙、排水沟（浆砌块石）		m^3	1800
一般基础混凝土量	掏挖式基础	m^3	586.64
	刚性台阶基础	m^3	566.32
	斜柱板式基础 C25 混凝土（80%采用抗硫酸盐水泥）	m^3	773.92
特种基础	锥柱基础	m^3	5401.6
	灌注桩基础	m^3	2489.16
掏挖基础护壁		m^3	280
C10 混凝土（垫层及保护帽）		m^3	265
基础钢材	基础钢筋	t	863.1
	地脚螺栓	t	97.4
护壁钢材		t	6
10mm 玻璃钢		m^2	10600
热棒		根	660
碎石垫层		m^3	3800
渣油混粗砂		m^3	2400
阻锈剂		t	82
杆塔专用接地棒		根	750
防腐涂料		kg	70
铁塔		基/t	190/2514.3
交叉跨越	35kV 线路	处	6
	公路（一级公路）	处	6
	10kV 线路	处	8
	通信线	处	4
	低压电力线	处	6

续表

项　　目		单位	工作量
绝缘子金具串型号及数量	直线双串（合成绝缘子）	串	111
	直线单串（合成绝缘子）	串	390
	耐张串双串	串	138
	耐张跳线	串	56
	地线耐张串（含光缆）	串	98
	地线悬垂串（含光缆）	串	270
	地线悬垂双串（含光缆）	串	79
	地线绝缘耐张（含光缆）	串	4
	悬垂耐张金具（光缆）	串	30
间隔棒	FJZ-335/22A	个	4440
重锤片		片	800
防鸟刺		套	3300
柔性跳线		套	360
防振锤	防振锤（JL/G1A-240/30-24/7）（预绞式）	个	4750
	防振锤(1×19-11.5-1270-B)(预绞式)	个	640

2.1.2　建设地点及自然环境

2.1.2.1　建设地点

本工程线路位于青海省海南藏族自治州兴海县和果洛藏族自治州玛多县境内。

2.1.2.2　自然环境特征

兴海县地处青南高原东北部山地、沟谷地，西南高东北低。黄河在境东流经 140 多 km，大河坝河、曲什安河分别由西北至东南、西南向东北流入黄河。属高原大陆性气候，年均温 1～5℃，年降水量在 240～600mm。气候寒冷，年温差小，日温差大，是一个以牧为主，农牧结合的半农半牧县。位于玛多县境内，地形起伏不大，相对平坦，山间有平坦地、沙漠地、沼泽地。大地构造单元属巴颜喀拉褶皱带，构造线均作西北至东南走向，地貌轮廓明显地受构造控制。地貌类型是宽谷和河湖盆地，它们多为断陷作用所形成。在海拔 4500m 以上多为石质山地，表面为黑灰色盖土、黑柁土、沙壤土与沙质覆盖，一般厚度为 50mm，最厚达 1m 以上。属高寒草原气候，一年之中无四季之分，只有冷暖之别。冬季漫长而严寒，干燥多大风，夏季短促而温凉，多雨。白天日射强，地面接收热量多，升温快，散热量大，温度急剧下降，气温日差较大，年平均 14.0℃。全年无绝对无霜期。年均降水量 303.9mm，但年际变化大，最多的年份 434.8mm，最少的年份 84.0mm。

2.1.2.3　地形、地貌和地质情况

线路以低中山山梁、斜坡、山前冲洪积扇、坡积连裙、湖积平原地貌为主，局部为沟谷阶地、小丘陵地貌，海拔 4090～4650m。

共和二十一道班～花石峡四道班：地形起伏大，地表粉土相对湿润。本段路径沿线山梁、山坡整体稳定性良好。沿线基本不受洪水影响，局部山梁斜坡处有崩塌体及热融滑塌体分布，鄂拉山山顶垭口北侧一带分布约 2.5～3km 的冻土沼泽区，热融洼地和冻胀丘随处可见，对线路稳定有一定影响。

花石峡四道班～醉马滩：沿线草甸植被覆盖一般，沿线大部

分地形相对平缓，局部略有起伏，本段线路沿线不良地质作用相对较少，影响线路塔位稳定的主要因素是多年冻土冻融影响。

2.1.2.4 线路路径

线路自共和二十一道班，在此线路左转跨国 G214 并沿 G214 东侧继续向南走线，线路翻越鄂拉山口至花石峡一道班，花石峡一道班线路沿 G214 东侧向南走线至温泉乡南侧，在此线路需避让温泉乡及温泉乡附近神山，在温泉乡南侧线路右转跨过 G214 后在其北侧向西走线，经花石峡三道班、姜路岭、花石峡四道班、苦海、花石峡五道班、醉马滩（花石峡六道班）。本标段线路均在海南藏族自治州兴海县和玉树藏族自治州玛多县境内，线路长度约为 81.9km。

2.1.2.5 交通情况

主要沿 G214 国道走线，交通条件较好。

2.1.3 施工条件与社会环境分析

施工条件与社会环境分析见表 2-1-5。

表 2-1-5 施工条件与社会环境分析

序号	项目	施工条件	分析
1	地形地貌	沿线地貌以低中山山梁、斜坡、山前冲洪积扇、坡积连裙、湖积平原地貌为主，局部为沟谷阶地、小丘陵地貌，海拔 3100～4400m。本段线路局部为少冰冻土及富冰冻土及季节性冻土区	（1）一般道路运输：大运采用汽车运输。小运采用拖拉机、人力运输。 （2）冬季冰雪道路运输：大运，选择晴好天气，汽车采用安装防滑链运输。小运，清除路面积雪采用拖拉机、链轨车和人力运输。 （3）驮队运输
2	地质条件	地基土以第四系全新统冲洪积成因的细砂、角砾互层为主，稍密～中密，杂色，干，水平层理发育，微胶结，局部有第三系强风化泥岩	对于塔位开挖后易出现风化、剥落，采取必要的护坡保护，防止坑壁塌方。少数较坚硬岩石坑开挖以机械和人工开挖相结合，必要时采用松动爆破
3	气候条件	寒冷干燥，长年无夏，多大风天气，日温差大	进入高原体力劳动，施工人员必须解决生存关。必须考虑冬季严寒季节和大风沙尘暴对施工影响，冬季施工做好劳动防护的措施
4	社会资源	基于本工程所经区域的特殊性——社会化程度很低，没有现成社会共享资源可以利用	施工单位必须发挥自力更生的精神，系统规划。建一整套符合自身特点和实际需要的生活后勤保障体系，积极配合省公司建立医疗保障体系。在整个生活后勤保障和医疗保障体系的建设投入上，要与所担负的施工任务相适应
5	施工用电	根据线路调查，该线路工程施工沿线无可供利用的施工及生活用电电源	需要配备足够数量的小型发电机以满足施工生产及生活需要
6	医疗保障	高海拔、低气压、低氧、低温、干燥、风大、强日光辐射和自然疫源现象，是施工人员必须解决生存关	为克服青藏高原地理、气候环境和自然疫源性疾病对人体的危害，保护建设者与工作人员的身体健康，创造适宜的劳动、生活环境，保障该工程建设的顺利进行，需建立医疗保障体系、制定相应的高原劳动保护措施
7	通讯条件	经现场调查，沿线有地名的地区均有有线电话开通。受范围限制，超过范围均有盲区	根据上述情况，沿线各施工队和项目部以及材料站除配备电话和手机外，还需配置短波电台、超短波电台和对讲机
8	运输条件	运输困难	采取驮队进行材料及工器具的运输
9	环境保护	沿线自然环境独特、重要、脆弱。环保及动物保护要求高	对于砂石采集点、施工便道、弃土场、施工现场及施工驻地布置都需做相应的环保措施同时动物和植被保护是本段施工环保工作的主要内容
10	交叉跨越	跨越 G214 国道，有部分通信线、35kV、10kV 线路	G214 国道是由进入玉树地区的主要通道，35kV 线路是本地区供电的主网架，这些客观因素将给交叉跨越工作带来困难
11	机械装备	意大利牵张设备及配套的其他工器具，装备齐全，施工工艺成熟	各种主要设备均能满足施工要求，各项施工工艺成熟，并不断探索采用新工艺、新设备、新材料、新技术
12	地材供应	国家十分重视三江源头的环境保护问题，加之自然环境独特、脆弱，破坏后难以恢复。因而对砂石的开采管理十分严格，禁止乱挖乱采	通过线路调查，因玉树重建，项目多，砂、石料用量大，我们将根据实际情况落实砂石原材料，避免造成运输距离比较远而且费用较高
13	施工队伍	组织强有力的项目工程管理班子	派现任公司送电一分公司副经理许东同志为本工程项目经理，他具有 20 多年的送电线路施工及指挥多个大型送电线路工程的经验；选派的项目总工寇小军同志不仅有扎实的送电业务理论水平，曾在多条 500kV 线路工程中担任项目总工
14	组织保证	公司一名副总经理负责本工程的协调工作	副总经理将随时根据现场进度情况与项目经理的要求，对现场的技术力量、劳动力、资金、机械及工器具给予补充保证
15	施工技术	基础施工	地脚螺栓式基础采用井字形固定螺栓架施工。 灌注桩基础按桩型、钻孔深度、地质情况、泥浆排放及处理条件选用泥浆护壁旋挖成孔等施工方法，制定断桩、缩颈、混凝土离析和孔底虚土或沉渣过厚等质量通病治理措施。基础混凝土优先采用商品混凝土或集中搅拌站、机械振捣。为保证基础表面光洁度，模板采用加厚钢板制作，使用整块大模板，确保基础表面平整光洁无接缝
		铁塔组立	针对铁塔根开尺寸大、塔头尺寸大及地形等特点，我公司拟采用内悬浮抱杆分解组立的方法进行铁塔组立施工，现场根据作业面大小情况采用内拉线和外拉线两种方式
		架线施工	导线采用一牵三张力放线方式，地线及复合地线光缆架设采取一牵一张力放线的施工方法，架线工程重点控制导线的防磨损环节
			本段电力线跨越电压等级为 35kV、10kV 采用搭架或竹竿跨越架带电跨越施工措施。 跨越公路施工根据跨越点地形制定跨越方案，在公路管理部门的配合下搭设跨越架，进行架线跨越施工（详见附件：架线跨越公路施工方案）

2.1.4　项目管理特点及总体要求

2.1.4.1　项目管理特点

项目管理特点见表 2-1-6。

表 2-1-6　　项 目 管 理 特 点

序号	项　目		内　容
1	管理目标		完全响应项目法人在施工合同中对本工程质量、安全、进度、文明施工、成本等的目标。根据工程的各项目标要求，施工项目部与我公司签订“安全目标责任书、质量目标责任书、进度目标责任书、成本目标责任书、环境保护目标责任书”
2	管理模式		项目经理责任制
3	管理体系		健全项目管理组织机构，依据《建设工程项目管理规范》和业主的要求进行项目管理
4	管理软件		工程进度控制是管理的重点，用 P3 软件可以对工程全过程规划管理。与项目法人和监理工程师保持密切的联系，进一步提高管理水平
5	管理规范		贯彻执行《建设工程项目管理规范》（GB/T 50326—2006），并侧重项目经理责任制、项目管理目标责任书、项目成本核算制
6	主要管理内容	进度管理	坚持以“工程进度服从质量”为原则，保证按工期安排开竣工，按时完成工程阶段性里程碑进度计划和验收工作
		质量管理	以“科学管理，精心施工”为理念，以“施工是一阵子，运行是一辈子”为职业道德，奉行“质量第一、用户至上”的服务宗旨
		安全管理	坚持“安全第一，预防为主”的方针，落实国家及行业有关安全生产工作的法律法规，定期开展安全检查、安全学习活动
		劳务分包管理	按照《国家电网公司建设工程施工分包安全管理规定（2010 年版）》（国家电网基建〔2010〕174 号）规定执行。满足《国家电网公司电力建设工程分包、劳务分包及临时用工管理规定（试行）》
		环境管理	贯彻环境友好型理念，采取预防和减少不良环境影响的对策和措施，加强对环境的保护，消除对环境的不利因素
		成本控制	成本控制运用价值工程和赢得值法。成本核算坚持形象进度、产值统计、成本归集三同步的原则
		合同管理	严格按合同办事，落实到施工全过程中
		文明施工管理	进行驻地文化建设，规范施工现场场容，保持作业环境整洁卫生。创造有序生产的条件。减少对居民和环境的不利影响
		信息管理	充分利用网络和计算机，及时准确地获得信息，快捷、安全、可靠地使用信息、传输和互用信息

2.1.4.2　项目管理总体要求

我公司利用 P3&EXP 项目管理软件，对工程进行科学管理，对施工项目部进行监控，保证“三标一体”体系的有效运行，建立健全成本控制体系，实现成本控制目标，严格履行合同要求，组织科技攻关，不断进取，使施工管理提高到一个崭新的水平，让顾客满意。

将各项指标落实到各施工队，内容包括工程量、经营、安全、质量、进度、环境保护等内容。施工队将相关指标内容分解到每位施工人员，做到职责到人，任务到人，目标到人，切实做到保障安全、质量优良、按期完工。项目管理总体要求见表 2-1-7。

表 2-1-7　　项 目 管 理 总 体 要 求

管理内容	总 体 要 求
策划管理	依据《国家电网公司输变电工程建设创优规划编制大纲》，并依据业主的《建设管理纲要》和项目合同文件，我公司编制《项目管理实施规划》《输变电工程强制性条文执行计划》《项目管理制度》等前期策划文件，并报监理项目部和业主项目部审批。 工程施工阶段，认真执行经过审批的策划文件，在工程例会上向业主及监理汇报策划文件的执行情况，针对业主方、监理方、我公司或者项目部自身在执行中发现的相关问题，负责落实整改。认真填写施工日志
安全管理	建立健全安全管理网络和环境管理网络，确保各级各类管理人员在岗到位，按业主要求，加入项目安委会组织机构，建立健全安全制度汇编。编制施工项目部《安全文明施工实施细则》，履行编审批程序后组织执行。参与业主组织的安全技术交底并组织施工项目部全体人员进行安全培训，考试合格上岗；组织项目部职工按期进行身体健康检查；落实安全措施费资金，专款专用；对劳动保护用品采购、保管、发放、使用进行监督管理；组织施工机械和工器具安全检验；在施工项目管理全过程中组织落实各项安全措施；按照输电线路工程施工安全强制性条文执行计划表执行强执性条文，保证本工程安全目标的实现。 确保各项安全检查制度落实，进行危险源辨识、评价，制订预控措施，针对辨识出的重大危险源，编制本工程项目安全管理方案。落实施工项目部安全文明施工实施细则中的安全文明施工管理目标及保障措施，严格按照《国家电网公司输变电工程标准化施工作业手册》组织施工，确保文明施工目标的实现。 按照国家电网公司企业标准《输变电工程安全文明施工标准》布置项目部（包括生活区、工作区）、材料站（仓库）、施工队驻地、施工现场。创造清洁、卫生、安全的工作、生活场所。 开展“安全健康环境”自评价，建立健全应急救援体系，根据工程实际情况有针对性地制订《安全事故应急预案》，组织每月安全大检查，配合业主项目部等相关单位开展的春季、秋季安全检查和各类专项安全检查，对检查出的问题闭环管理
环境保护管理	保护生态环境不超标排放，不发生环境污染事故，落实环保措施；废弃物处理符合规定，力争减少施工现场和周边环境植被的破坏，减少水土流失，基地绿化，现场施工环境满足环保要求

续表

管理内容	总　体　要　求
质量管理	建立健全质量管理网络和质量管理制度，保证质量管理人员和质检员持证上岗，编写《工程创优施工实施细则》审批后严格执行。签订质量通病防止任务书，编写《线路工程质量通病预防措施》，加强质量通病预防措施的执行情况检查。进行项目部级全员技术、质量交底。加强工程重点环节、工序的质量控制，落实《输变电工程强制性条文执行计划》。施工现场使用的计量器具、检测设备，建立台账，并报审。对施工过程中所拟用的分包单位和试验室，将其资质进行报审。根据“乙供材料需求计划”，选择合格供货单位。开展每周一次的质量活动，工程完工后编写《质量通病的防治内容总结》采用随机和定期的检查方式进行质量检查，跟踪标准化工艺的落实情况，对质量缺陷进行闭环整改，按照基建管理信息系统中的质量工作要求做好项目质量信息管理工作，按照档案管理要求及时审查工程质量相关文件、资料及数码照片、影像资料，整理施工月度质量情况，汇同施工月报一起上报。按照工程验评范围划分，执行三级自检（班组自检、项目部复检、施工单位专检）制度，按合同规定实施项目投产后的质量回访及保修工作，全面实现本工程质量目标
进度管理	工程开工前，根据业主项目部下达的《基建进度实施计划》和监理项目部编制的一级网络计划，我公司编制《施工进度计划报审表》，并报报监理项目部和业主项目部审查。根据业主方下达的施工进度计划调整要求或实际情况，及时调整和上报《施工进度计划》。每月编制施工月报（包含各个专业本月工作情况、存在的困难和问题以及相应对策、下月进度计划），每月23日前报送监理项目部审查。 按照施工月报要求，每周编制施工周报，并落实执行。每周、每月检查进度计划执行情况，分析产生偏差的原因，及时纠偏，对进度计划进行动态管理，坚持以“工程进度服从质量”为原则，保证按照工期安排开工、竣工，施工过程中保证根据需要适时调整施工进度，积极采取相应措施，按时完成工程阶段性里程碑进度计划和验收工作
工作计划管理	设备、材料及施工机具供应计划管理：根据工程施工计划，编制甲供材料设备需求计划，报送监理项目部和业主项目部。根据工程施工情况，编制乙供材料需求计划。根据工程施工情况，编制施工机具需求计划。 进度计划管理：每月编制施工月计划，每周编制施工周计划。 例会管理。根据实际情况，由项目经理（总工）定期召开工程会议。 人员计划管理。根据实际施工情况，制订施工项目部的人员使用计划。 按照业主项目部要求，编制施工合同计划完成情况统计报表、年度建议计划及季度用款计划
合同管理	施工合同执行管理：接受工程项目交底，执行工程合同条款，及时协调合同执行过程中的问题。根据工程合同，办理进度款支付申请并按合同口径提供完成的实物工程量清单，报送监理项目部和业主项目部。按照业主项目部要求，完成工程变更的申报等相关手续。配合完成合同的阶段性结算工作。工程竣工后，参与工程合同结算。质保期满后，提交的质保金支付申请。 分包合同管理：根据网省公司提供的年度合格分包商名录，选择分包单位签订工程劳务分包合同，具体负责合同条款执行，并上报分包单位资质文件和拟签订的劳务分包合同、安全协议报监理审查。对劳务分包合同的执行进行过程管理，及时协调合同执行过程中的各种问题。 物资供应合同管理：根据工程实际情况，报送我公司物资供应计划（基础钢筋，水泥等），并上报供应商资质至监理审批。对物资采购合同的执行进行过程管理，确保物资及时到货，并做好物资到场检验工作。物资合同完成后，进行合同结算
投资控制配合	在建设过程中本着高度负责的主人翁意识和责任感，积极配合施工图设计优化工作，并及时主动反映有可能对工程投资造成影响的任何事宜，并承担因此造成的投资浪费的相应责任
施工协调管理	配合业主负责的工程开工协调工作，确保工程按时开工。组织召开例会或专题协调会，协调解决影响施工的相关问题；参加业主（监理）召开的工程例会或专题协调会，提出需要解决的工程重大问题和特殊施工技术方案。及时编制《停电申请联系单》，报送监理项目部和业主项目部。协调解决业主方以及监理方下达的需要施工项目部配合协调解决的影响工程施工的相关问题。配合办理各类地方施工许可手续。联系召开工程协调会议，协调地方关系。负责施工现场清理，组织做好房屋拆迁、青苗赔偿、塔基占地、树木砍伐、水保施工备案等工作。负责办理公路等施工跨越手续
施工队伍管理	填写建设管理人员资格报审表，上报监理和业主。提供满足工程需要的施工队伍承担施工任务。提供具有足够数量的合格特种工（特殊作业人员）的资质的人员，并报监理。施工过程中，把控施工人员的到位情况，确保施工力量满足工程施工的需要。人员不足时，及时做出应对措施。对作业人员进行上岗培训工作。对施工项目部机构人员及施工人员的绩效考评
信息与档案管理	负责文件的收发、整理、保管、归档工作。根据档案标准化管理要求，具体落实档案文件的收集工作，保证档案文件的完整性，及时完成对档案文件的汇总、组卷。工程施工阶段，报审相关文件资料。工程竣工投运后，按业主单位下发的档案归档要求，及时进行档案移交工作（工程投产后1个月内完成）。 向信息管理系统及时输入施工现场信息资料，维护好信息平台
总结与评价	项目投运后，编制工程总结，并报监理和业主。根据建设管理综合评价机制与评价标准进行自评工作，并报送监理项目部复评，最后接受业主项目部的考评

2.2 项目施工管理组织结构

我公司选派送电一分公司参加本工程施工，以科学管理、注重质量、作风顽强的作风进行项目管理。选择思想稳定、业务精、素质好、技术水平高、作风过硬的施工人员参加工程施工，在确保质量、安全、控制工程成本等各项目标的前提下，均能顺利、按期完成施工任务。

本工程由送电一分公司抽调业务骨干组成项目经理部，下设经营部、综合部、工程部、物资部四个职能部门，中心材料站一个，设项目经理1名、项目总工1名。项目部管理人员共计14人，其中专业技术人员8人，综合管理人员6人。

2.2.1 项目管理组织结构与职责分工

2.2.1.1 项目关系图

项目关系如图2-2-1所示。

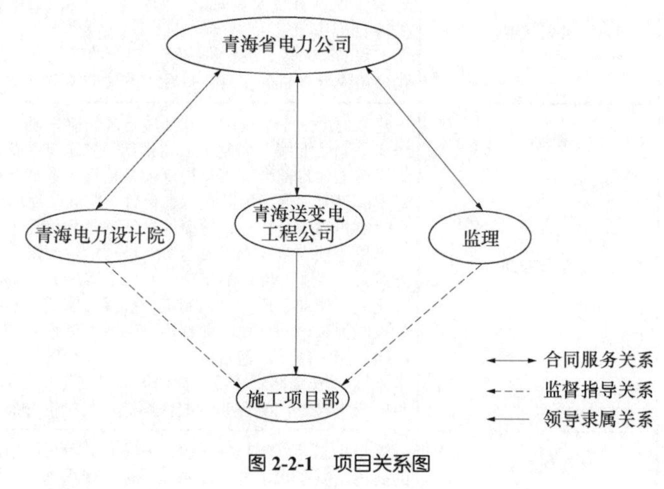

图2-2-1 项目关系图

2.2.1.2　施工现场管理组织机构图

施工现场管理组织机构图如图 2-2-2 所示。

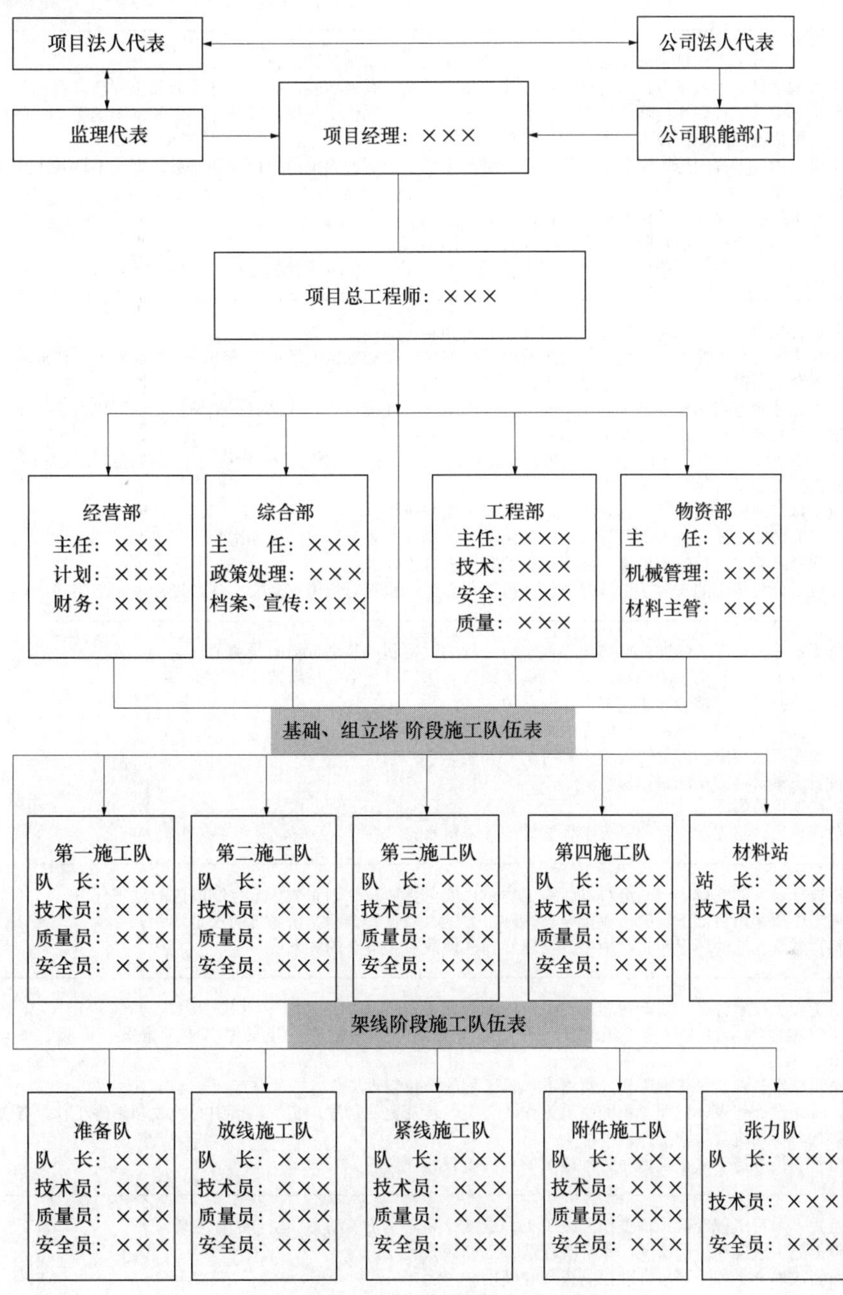

图 2-2-2　施工现场管理组织机构图

2.2.1.3　职责与分工

职责与分工见表 2-2-1。

表 2-2-1　　　　职 责 与 分 工

部门和岗位	职 责 与 分 工
项目经理	（1）公司法定代表人在本项目工程的委托代理人，代表公司处理本项目工程的对外关系，全面负责本工程施工组织实施与管理，对重大事宜作出决定。 （2）贯彻执行公司的质量、职业健康安全、环境管理方针，并对本项目工程的质量、安全、进度、环境和成本控制目标的实现负全面责任。 （3）负责组建本项目工程的质量管理体系、安全保障体系、环保和文明施工体系，明确职责和权限，监督指导体系的有效运行。 （4）负责现场劳动力、机械设备、材料等资源的安排工作。 （5）负责本项目工程经济责任制的制定和落实。 （6）负责本项目工程资金的调配和使用，保证工程的顺利进行。 （7）负责项目部机构及施工队的组织协调，确保工期按计划进行

续表

部门和岗位	职责与分工
项目总工程师	（1）负责本项目工程的技术质量管理工作，对技术质量重大事项有决策权。 （2）负责本项目工程质量方针的贯彻实施，确保质量体系的有效运转，确保各分项分部工程质量目标的实现。 （3）负责本项目工程现场的环境保护和安全文明施工工作，确保安全保障体系、环保和文明施工体系的有效运行。 （4）负责主持施工人员的技术培训和考核工作。 （5）主持本项目工程的施工图会审工作。主持编制本项目工程的施工组织设计和质量计划，审批各工序作业指导书、施工方案、质量安全保证措施。 （6）负责主持各工序开工条件的准备工作。 （7）负责本项目工程三级检验制度和工程检验计划的落实。 （8）协助项目经理处理一些日常事物，在项目经理外出期间，代表项目经理行使职责和权限
安全（环境）专责工程师	（1）监督、检查工地施工现场的安全文明施工状况和职工的作业行为。 （2）参加工地安全大检查，对发现的问题及时督促整改；参加施工现场重要施工项目和危险性工作业项目开工前的技术交底，并检查开工前安全文明施工条件，监督安全施工措施的执行情况。 （3）对本工地施工现场和安全区内文明施工、环境保护、环境卫生、成品保护措施执行情况以及生活卫生的管理进行监督、检查。协助工地领导布置与检查每周的安全日活动。 （4）参加工地安全工作例会，协助领导布置、检查、总结安全文明施工情况；协助工地领导组织人身轻伤事故等的记录、调查工作；负责对新入厂人员进行第二级安全教育。 （5）负责本工地施工机械（机具）和车辆交通安全监督工作。 （6）督促并协助工地有关人员做好劳动防护用品、用具和重要工器具的定期试验、鉴定工作。 （7）组织开展施工现场安全健康与环境保护的宣传教育工作。 （8）负责对分包单位的安全工作进行监督、检查与指导；负责对班组安全文明施工进行考核与奖罚
质检专责工程师	（1）负责按施工图纸、验评标准和程序规定对工程的过程和产品进行检验与测量。 （2）参与技术、质量措施的编制，深入现场组织落实施工过程中的质量控制和检验。 （3）负责外部检验与试验的送检工作并保存记录。 （4）负责授权的分项、分部工程的评级和合格品放行。 （5）负责施工过程中的质量控制和检验活动的开展。 （6）负责质量缺陷的处理和记录。 （7）参加工程验收活动。 （8）负责收集、整理、保存和审查工程质量竣工资料
施工队队长	（1）根据项目部的安排，合理组织本队施工力量，安全优质按计划完成指定控制段内的施工任务。 （2）施工中执行项目部下发的作业指导书、施工方案、质量安全和文明施工的规定。 （3）负责本队区域的环保和文明施工。处理好与驻地政府和群众的关系
工程部	（1）负责施工技术管理、质量管理、安全及环境管理工作。 （2）负责编制本项目工程施工组织设计和质量计划，组织编制作业指导书、施工方案、质量、安全技术措施和文明施工的保证措施。 （3）负责日常技术质量管理工作，负责本项目工程的计量管理工作。 （4）负责与设计代表、监理工程师联系工作，负责设计变更的管理，负责申请中间验收和转序工作，参加竣工验收。 （5）参加材料的进货检验工作。 （6）监督和指导施工队正确填写各种施工质量检验表和评级表
经营部	（1）负责本项目工程经营管理工作。按照工程进度计划，负责劳动力和资金的配置管理。 （2）根据施工进度和资源情况，负责阶段性计划的调整。 （3）负责成本分析和管理，合理控制资金的使用。 （4）负责用微机整理统计报表，按规定时间向项目法人、监理工程师以书面形式及网上传送的方式报出
物资部	（1）根据施工进度计划和施工方案，作出工器具和设备配置计划，并负责组织落实。 （2）负责与项目法人、供货厂家联系工程材料供货事宜。 （3）负责收集工程材料材质证明、试验报告。 （4）负责工程材料的采购、加工、接收、保管、发放管理工作。 （5）负责组织材料的进货检验工作。 （6）负责工程机械设备、车辆的管理工作，保证机械设备的完好
综合部	（1）负责项目部文件资料的收发、保管和存档工作。 （2）负责与当地各级政府、林业、土地管理部门的联系工作，协调与地方的关系，负责处理本项目工程施工中的青苗赔偿工作。 （3）负责本项目工程的宣传报道工作。 （4）负责本项目全体员工劳动保护工作，负责医疗、人身保险管理工作，负责后勤管理工作

本章其余内容见光盘。

第 3 章　330kV 榆横变—绥德变送电线路工程施工组织设计纲要

3.1　编 制 依 据

（1）《110～500kV 架空电力线路施工及验收规范》（GB 50233—2005）。

（2）《110～500kV 架空电力线路工程施工质量及评定规程》（DL/T 5168—2002）。

（3）《输变电工程建设标准强制性条文实施管理规程》（Q/GDW 248—2008）。

（4）《国家电网公司电网建设项目档案管理办法（试行）》（国家电网办〔2010〕250 号）。

（5）《国家电网公司输变电工程标准工艺（一）施工工艺示范手册（2011 版）》。

（6）《国家电网公司输变电工程标准工艺（二）标准工艺示范光盘（2011 版）》。

（7）《国家电网公司输变电工程标准工艺（三）工艺标准库（2011 版）》。

（8）《国家电网公司输变电工程标准工艺（四）典型施工工艺方法（2011 版）》。

（9）《国家电网公司工程建设质量责任考核办法》（国家电网基建〔2011〕1751 号）。

（10）《国家电网公司输变电工程施工工艺管理办法》（国家电网基建〔2011〕1752 号）。

（11）《国家电网公司关于进一步提高工程建设安全质量和工艺水平的决定》（国家电网基建〔2011〕1515 号）。

（12）《协调统一基建类和生产类标准差异条款》（国家电网科〔2011〕12 号）。

（13）《国家电网公司电力安全工作规程（线路部分）》（国家电网安监〔2009〕664 号）。

（14）《输变电工程安全文明施工标准》（Q/GDW 250—2009）。

（15）《国家电网公司基建安全管理规定》（国家电网基建〔2011〕1753 号）。

（16）《国家电网公司电网工程施工安全风险识别、评估及控制办法（试行）》（国家电网基建〔2011〕1758 号）。

（17）《国家电网公司电力建设工程施工技术管理导则》（国家电网工〔2003〕153 号）。

（18）《国家电网公司输变电优质工程评选办法》（2012 版）。

（19）《国家电网公司输变电工程项目管理流动红旗竞赛实施办法》（国家电网基建〔2011〕147 号）。

（20）《国家电网公司输变电工程达标投产考核办法》（国家电网基建〔2011〕146 号）。

（21）《国家电网公司基建质量管理规定》（国家电网基建〔2011〕1759 号）。

（22）《关于强化输变电工程施工过程质量控制数码采集与管理的工作要求》（基建质量〔2010〕322 号）。

（23）《关于利用数码照片资料加强输变电工程安全质量过程控制的通知》（基建安全〔2007〕25 号）。

（24）《国家电网公司施工现场安全管理条文汇编（输变电工程类）》。

（25）《电力建设安全工作规程（架空电力线路部分）》（DL 5009.2—2004）。

（26）《国家电网公司输变电工程质量通病防治工作要求及技术措施》（基建质量〔2010〕19 号）。

（27）《输电线路工程施工项目部标准化工作手册　330kV 及以上输电线路工程分册（2010 版）》。

（28）项目部根据《质量管理体系要求》（GB/T 19001—2008/ISO9001:2008）、《环境管理体系要求及使用指南》（GB/T 24001—2004/ISO14001:2004）、《职业健康安全管理体系规范》（GB/T 28001—2001）标准要求，建立的质量、环境和职业健康安全管理手册和程序文件。

（29）本线路现场调查报告。

（30）《国家电网公司输变电工程施工安全措施补助费、文明施工措施费管理规定（试行）》（国家电网基建〔2005〕534 号）。

3.2　工程概况与工程实施条件分析

3.2.1　工程概述

330kV 榆横变—绥德变送电线路工程始于 750kV 榆横变，止于 330kV 绥德变，全长 100.442km。其中单回路架设 99.586km，双回路架设 0.856km（绥德变进线段走廊紧张，考虑备用线路出线方便）。线路基本呈南北走向，由北向南依次经过榆林市榆阳区、横山县、米脂县、绥德县共一区三县。杆塔总数 222 基，其中直线塔 166 基，耐张塔 56 基。基础总方量为 4409.01m^3，平均单基为 19.86m^3。基础形式直线塔及小角度转角塔采用掏挖基础，对转角塔、终端塔及沙漠地段的基础采用现浇斜柱柔性台阶基础。铁塔总重量为 2692.714t，平均单基为 12.13t。其中单回路直线塔 165 基，单回路转角塔 50 基，单回路换位塔 3 基，双回路直线塔 1 基，双回路终端塔 3 基。导线采用 2×LGJ-300/40 型钢芯铝绞线，750kV 榆横变出线～D13 塔（长 4.518km）和 D220～绥德变进线（长 0.865km）采用两根 JLB40-120 铝包钢绞线，其余采用两根 GJ-80 镀锌钢绞线。

第 3 标段概况见表 3-2-1。

表 3-2-1　　第 3 标段概况表

项目	内　容
工程名称	330kV 榆横变—绥德变送电线路工程
业主单位	陕西省电力公司
建设单位	榆林市供电公司
监理单位	陕西诚信电力工程监理有限责任公司
建设地点	榆林市榆阳区、横山县、米脂县、绥德县
设计单位	陕西省电力设计院
施工承包方式	包工、部分包料，采取总价承包与单价承包相结合方式
建设工期	2012 年 4 月 25 开工，2013 年 8 月竣工
电压等级	330kV
输送方式	单回路架设
导线型号	2×LGJ-300/40
地线型号	JLB40-120　GJ-80

续表

项目	内容
交叉跨越情况	线路跨越较多，包括铁路 2 次，国道 2 次，330kV 1 次，110kV 10 次，35kV 8 次
地形地貌	线路走径范围内地貌已毛乌素沙漠和陕北黄土高原的黄土梁、峁地貌为主，局部为河流阶地。丘陵 5%，一般山地 95%
交通情况	线路与 210 国道基本平行走线，但 D13 以后塔位基本都在黄土梁、峁上，除个别基外，没有上山的大车路，运输材料存在二次倒运

3.2.2 工程特点与工程量

3.2.2.1 工程特点

工程设计特点见表 3-2-2。

3.2.2.2 主要工程量

3.2.2.2.1 承包方承包的工程范围及主要工程量

承包方承包的工程范围：如期完成专用条件和其他合同文件规定的承包工作内容，并达到要求的质量标准。本标段主要工程量详见表 3-2-3。

表 3-2-2　第 3 标段主要设计特点

序号	项目	主要特点				
1	气象条件	序号	项目	温度/℃	风速/（m/s）	冰厚/mm
		1	最高气温	40	0	0
		2	最低气温	−30	0	0
		3	覆冰厚度	−5	—	10
		4	设计最大风速	−5	27	0
2	导线型号	2×LGJ-300/40，导线的排列方式呈水平				
3	地线型号	JLB40-120　GJ-80				
4	污区分布	C 级污区				
5	绝缘子串	进线档门架采用瓷质防污绝缘子，其余耐张串采用玻璃绝缘子，所有直线悬垂串和耐张塔跳线串采用硅橡胶合成绝缘子				
6	间隔棒型号	型号 FJZ-405，跳线间棒采用间距为 400mm 的 FJQ-405 型				
7	悬垂线夹	型号 XGF-5X 防晕型				
8	耐张线夹和接续金具	导线耐张线夹为 NY-300/40 液压导线耐张线夹，地线 JLB40-120 采用 NY-120BG-40 型，GJ-80 采用 NX-2 楔形线夹				
9	均压环和屏蔽环	采用 FJP-330-N 型均压屏蔽环				
10	绝缘子串金具	除少数金具套用以往的工程外，其余均采用 1997 年电力工业部电力金具产品样本的金具				
11	铁塔型式	共使用 12 种塔形，单回路直线塔 5 种，单回路转角塔 4 种，单回路换位塔 1 种，双回路直线塔 1 种，双回路终端塔 1 种。直线塔采用 ZMC1、ZMC2、ZMC3、ZMC4、ZMCK；单回路转角塔采用 JC1、JC2、JC3、JG2G；单回路换位塔采用 HJG；双回路直线塔采用 SZC2；终端塔 SDC1				
12	基础型式	灌注桩基础和现浇板式柔性斜柱基础				
13	接地型式	方框射线型				

表 3-2-3　主要工程量表

项目		单位	数量	工程量	占总量/%	备注
基础形式	大开挖斜柱基础	基	50	222	22.5	5 基基础暂未定
	掏挖基础	基	167	222	75.2	
总方量		m^3	4409.01	4409.01	100	
地脚螺栓		t	50.17	50.17	100	
基础钢筋		t	218.25	218.25	100	
接地钢筋		t	40.6	40.6	100	
铁塔基数	直线塔	基	166	222	74.8	
	耐张、转角塔	基	56	222	25.2	
塔材总重		t	2692.714	2692.714	100	
导线	导线	km	607.068	（重量）t	711.96	
	地线（GJ-80/JLB40-120）	km	189.92/10.75	（重量）t	123.46/6.28	
绝缘子数量	悬垂绝缘子	串	654	1008	64.9	
	耐张绝缘子	串	354	1008	35.1	
绝缘子总重		t	—	—	—	
金具			—	—	—	
金具总重		t	—	—	—	

主要交叉跨越见表 3-2-4。

表 3-2-4　　　　主要交叉跨越表

交叉跨越	铁路	处	2
	国道	处	2
	公路	处	4
	乡村道路	处	20
	钻越 750kV 电力线	处	1
	330kV 电力线	处	1
	110kV 电力线	处	10
	35kV 电力线	处	8
	10kV 电力线	处	30
	380V、220V 电力线	处	16
	通信线	处	42
	河流	处	3
	水库	处	1
	地埋天然气管道	处	1
	石油管道	处	3
房屋及其他设备拆迁	民房	处	8
	树木砍伐	棵	暂定

3.2.2.2.2　承包方承包工程范围内的主要工作内容

（1）承包方承包的工程范围为本标段对应的所有工作量并配合发包人开展地方协调和线路通道的清理。

（2）承包方承包的工作内容为上述工程范围内的如下工作：

1）全部本体基础、组塔、架线施工工程的施工，配合运行单位标志牌、警示牌、相序牌的安装，工程相关试验、检测工作。

2）提供施工所需所有施工机具、人力及其他施工资源。

3）对发包方供应的材料进行保管和进场验收。

4）负责发包方供应的材料到承包方中心材料站的质量交接验收工作。

5）负责发包方供应的材料在招标文件指定交货地点的场地协调及临时场地租赁、装卸，及至各标段中心材料站的运输以及现场保管。

6）发包方供应的材料以外的其他材料的采购、运输、保管。

7）为保证施工安全、质量、进度所要采取的各种措施，以及为保证正常施工进行的各种协调工作。

8）电力线路的拆迁与补偿、三级及以下通讯线的拆迁与赔偿、青苗赔偿、塔基树木砍伐、因施工造成的树木砍伐、各级通讯干扰处理、施工临时占地等，以及为了正常施工所需办理的一切手续，配合线路通道清理。向发包方或发包方委托的单位转交拆迁赔偿等必要的原始资料和凭证。

9）承包方进场后应对线路走廊和工程本体进行看护和移交前的维护，并确保其在启动验收前满足设计规程要求。

10）配合中间验收、竣工预验收、专家验收、竣工验收、线路参数测试、系统调试、启动验收、保证线路畅通。

11）配合达标投产、优质工程评选以及环保、水保、劳动卫生、安全、档案等专项验收。

12）负责竣工资料（含电子版）、声像资料的收集、整理、组卷、归档与移交。

13）保修期内的保修工作。

3.2.3　施工实施条件及自然环境分析

3.2.3.1　建设地点

本标段建设地点：陕西省榆林市榆阳区、横山县、米脂县、绥德县。

3.2.3.2　自然环境

3.2.3.2.1　气象条件

西北 III 级气象区。

3.2.3.2.2　地形、地貌、地质及水文条件条件

线路走径范围内地貌已毛乌素沙漠和陕北黄土高原的黄土梁、峁地貌为主，局部为河流阶地。丘陵 5%，一般山地 95%。线路走向及地形地貌如图 3-2-1 所示；分述如下。

一、毛乌素沙漠地貌

750kV 榆横变跨无定河北岸段（D1～D13），线路穿越毛乌素沙漠的南边缘，属于毛乌素沙漠地貌。该段属固定～半固定沙丘，海拔一般在 982～999m。

二、黄土梁、峁地貌

无定河南岸～330kV 绥德变段（D13～D221），线路走径为陕北黄土高原的梁、峁地貌，梁多峁少，海拔高度一般在 1030～1620m。地形破碎，起伏较大，沟壑纵横，冲沟发育，剥蚀切割严重。相对切割深度在 120～180m。梁峁斜坡坡度在 10°～25°，沟谷坡度在 30°～60°，在沟谷中下部，滑坡及塌陷较发育，规模较小。各塔基附近微地形多呈梯田或缓坡，梯田土坎一般在 1～4m。

图 3-2-1　线路走向及地形地貌

3.2.3.2.3　交通运输情况

线路与 210 国道基本平行走线，但 D13 以后塔位基本都在黄土梁、峁上，除个别基外，没有上山的大车路，运输材料存在二次倒运。

3.2.3.3　施工条件与社会环境分析

3.2.3.3.1　施工条件分析

3.2.3.3.1.1　自然条件分析

气候条件：西北 III 级气象区。

地形、地貌条件：地形主要为毛乌素沙漠地貌和陕北黄土梁、峁地貌。对临时占用的场地，要合理规划，尽量少占，施工完毕后应及时进行清理，要恢复原有植被或采取复耕措施。

地质条件：本沿线所露出的地层岩性主要为黄土状粉土、粉细砂、中细砂、砾砂等。开挖出的多余弃土不得就地倾倒，做好相应的防护措施。

施工及生活用水、用电等条件：由于线路经过地区偏僻、人烟稀少，项目部、材料站可选择在运输交通较为发达的米脂县；施工班可根据线路塔位情况，就近选择民房租住。为保证施工现场用电、用水及可能出现的突发停电、停水情况，项目部将配备发电机、水箱来保障施工及生活用水、电。

3.2.3.3.1.2 施工条件分析

一、土石方及基础施工条件分析

本工程基础型式主要为：现浇柔性斜柱板式基础和人工掏挖基础，施工方法与一般常规线路工程类似。由于线路在毛乌素沙漠的南边缘，小号侧地面表层有沙化现象，为防止发生坑口、坑壁坍塌的危险，采取以下措施，如仍不满足要求时，停止开挖，通知项目部技术人员采取其他施工措施；

掏挖基础安全措施：

（1）由于基坑主柱断面较小，只允许 1 人进入坑内掏挖、测量、捣固作业，坑深超过 1.5m 时必须使用腰绳延长绳与坑外保持固定。上下坑使用梯子，坑外必须设有安全监护人，尤其是扩底施工，更要注意安全。施工现场必须正确佩戴安全帽。

（2）出土提升时，坑内人员停止作业，坑外人员将白棕绳可靠拴固，防止土块回落伤人。

（3）严禁坑内休息。

（4）在开挖过程中，为防止坑壁坍塌，采用井字分层对顶法。用木棍将木板支顶在坑壁上，坑深超过 1.8m 时，支顶第一层木板，然后继续掏挖，根据坑壁和坑深的情况，支顶第 2 层、第 3 层木板，以达到稳固的作用。如图 3-2-2 所示。

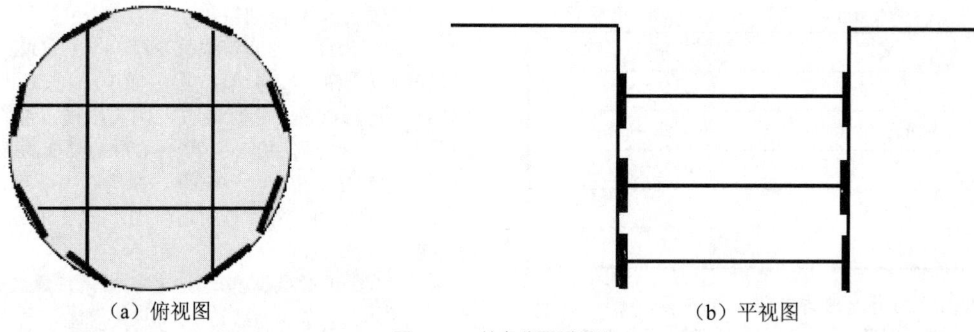

（a）俯视图　　（b）平视图

图 3-2-2　井字分层对顶法

二、铁塔组立施工条件分析

本工程铁塔塔采用典型的塔形设计，有 3 基 HJG 的换位塔型和 2 基 JG2G 新型塔形。

从本工程铁塔结构特点分析，本工程铁塔组立工程难点主要在于塔材的转运和塔腿段的组立。针对以上难点，项目部计划利用修路马帮运输和人字抱杆组立塔腿主材进行组立，抱杆规为 400mm×400mm×16m，可以满足本工程需要。

我们将充分参照以往线路铁塔组立施工中的施工经验，特别重视首基试点工作，各型号铁塔第一基进行试点组装，取得经验后再全面推广。

三、张力架线施工条件分析

330kV 输电线路属于超高压线路工程，用于远距离大功率输送电能，对施工质量要求高，特别是对导线施工质量要求更高，要尽可能地减小导线损伤，降低运行后的电晕损失和对环境的影响。

本工程采用 LGJ-300/40 型导线，GJ-80 地线，JLB40-120 型铝包钢地线；我们将根据以往众多 330kV 的施工经验，因地制宜的考虑架线施工方法、工器具配置。

本线路经过详细的现场调查，分别进行了牵引机选型计算、张力加爬坡牵引力计算、运用海拉瓦地图进行牵引力计算，经比较演算结果，并借鉴以往 330kV 线路工程的导线张力放线施工经验，本工程采用“1 牵 2”放线方案，同步展放同相 2 根子导线，每相导线挂 1 个 3 轮放线滑车。在放线过程中做到“三同步”，即放线的时间、速度、张力三同步。地线采用一牵一张力放线方案(即:用一台牵引机和一台张力机展放的施工方法)。

3.2.3.3.2 社会环境分析

3.2.3.3.2.1 土地征用、赔偿及政策性处理

沿线经济较落后，陕北近几年在铁路、高速公路、各种电力线路的大量建设，老百姓有丰富的与各个施工队伍打交道的经验，工程的征地、林木砍伐、青苗赔偿及通道清理可能会有一定难度。为此项目部将组建专门的政策处理与协调机构，配备专职人员和车辆，积极主动做好承包范围内的协调赔偿工作，并配合发包方开展地方协调和线路通道清理。施工过程中把群众的利益放在重要位置，积极主动的和当地群众搞好关系，加强与地方政府的沟通，取得地方政府对工程的支持和政策倾斜，为施工创造良好的外围环境，为构建和谐社会尽一份力量。

3.2.3.3.2.2 现场周围环境

做好现场的文明施工、环境保护工作。我们将加强管理，制定相应的管理措施，严格按照安全文明及环境保护的要求进行施工。土石方开挖严格按设计要求进行，注意环保，严禁随地弃土，尽量减少植被的破坏和不必要的树木砍伐；施工中多余的弃土妥善处置，不得就地倾倒。对临时占用的场地，施工完毕后及时进行清理。施工废弃物应妥善处理，以免对环境造成危害。

3.2.3.3.2.3 卫生条件

本工程经过地区经济较落后、医疗卫生条件较差。为保证参建本工程全部人员的身心健康，项目部还将在项目部设立专门的医务室，配备专业的医护人员常住现场，采购常规的医疗器械和常用药物。

项目部将根据当地的地方病发生情况，制定相应的应急预案，并与当地县级的专业医疗机构建立通畅的通信联系。

3.2.4 项目管理特点及总体要求

3.2.4.1 项目管理的特点

（1）本工程施工承包的方式：采用包工、部分包料，采用总价承包与单价承包相结合的方式。施工中应加强计划经营管理工作，合理组织施工用工。

（2）工程所用的导地线、绝缘子、金具、铁塔（包括与铁塔连接的螺栓、垫片）由发包方统一组织招标采购，向承包方

供应实物。施工中应加强发包方供应材料的管理和质量检验，确保材料质量，降低材料的损耗，节约工程成本。

（3）除发包方供应的材料外，其他所需的材料均由承包方自行采购。

（4）本工程的管理将严格执行公司项目制管理的要求，由公司聘任项目经理和项目总工程师，由项目经理聘任项目部管理人员。项目部对公司直接负责，与公司签订内部施工承包合同，按照项目制管理的要求，严格控制施工质量、安全、环境保护、进度及成本。

（5）根据本工程的设计特点、施工现场实际情况和要求，积极开展有针对性的 QC 小组活动，从基础、组塔、架线施工等方面入手，完善施工工艺方法，提高施工质量。

3.2.4.2　项目管理的总体要求

一、质量目标

（1）分项工程合格率 100%，分部工程优良率 100%，单位工程优良率 100%。

（2）不发生因施工原因造成的质量事故。

（3）满足国家及行业施工验收规范标准及质量检验评定标准的要求（优良级）。

（4）实现工程“零缺陷”移交。

（5）创国家电网公司优质工程。

二、安全目标

总体目标实现安全“零事故”。具体目标：不发生人身轻伤事故；不发生一般及以上施工机械设备损坏事故；不发生一般及以上火灾事故；不发生负主要责任的一般交通事故；不发生环境污染事故；不发生因工程建设而造成的一般及以上电网事故。除控制以上安全目标外，通过在本工程开展“三抓一巩固”基建安全主题活动、继续推行“日预控”工作，做到工程施工期间各项工作安全可靠，完成治理 5 项安全通病。

三、文明目标

依据《国家电网公司输变电工程安全文明施工标准化工作规定》中关于“设施标准、行为规范、施工有序、环境整洁” 的标准，严格遵循“安全管理制度化、安全设施标准化、现场布置条理化、机料摆放定置化、作业行为规范化、环境影响最小化”的安全文明施工“六化”管理目标要求，树立国家电网公司安全文明施工品牌的形象，规范本工程安全文明施工管理。

四、环保目标

环境污染事故为零。施工期间生活、建筑垃圾集中存放、妥善处理，符合环保规定；环保设施与主设备同时设计、同时施工、同时验收投入使用，实现“三同时”的规定；实现生活废水达标排放，噪声符合国家标准，主设备和主要辅助设备噪声达到厂家保证值，废气排放达到国家规定的标准，变电站电晕噪音对环境影响，符合国家规定的指标，通过环保、水利等行政部门的专项验收。减少对施工场地和周边环境植被的破坏，减少水土流失，水土保持工作按照批准的水土保持方案和审查意见全部实施。从施工管理等方面采取有效措施，全面落实环境保护和水土保持的要求，建设成资源节约型、环境友好型的绿色和谐工程。

五、进度承诺

确保工程开、竣工时间和工程各阶段性里程碑进度计划的按时完成。

六、信息、档案管理

（1）切实提高对工程档案管理重要性认识，采取有效措施加强工程档案管理。

（2）在工程开始前，事先对工程档案管理进行策划，明确档案归档原则、标准，立卷方法要求，文字、图片与电子版档案要求，明确档案移交对象单位，明确专人进行档案管理。

（3）在档案形成过程加强检查、指导，要求工程档案与工程进展同步形成。在档案的形成过程中，档案每分部工程组织阶段检查，现场监理部每月组织一次质量、安全专项检查的同时，进行信息及档案工作的检查，对档案编制发现的新问题，做到及时发现，及时解决。

（4）要严格按照《国家重大工程建设项目文件归档要求与档案整理规范》、国家及国网公司有关工程档案归档规定、达标投产考核要求、优质工程评价标准，加强档案管理；确保档案资料的真实性、有效性和完整性；及时完成竣工资料的收集、整理和移交工作，为工程创优营造良好的档案条件。

七、控制配合

在建设过程中本着高度负责的主人翁意识和责任感，积极配合施工图设计优化工作，并及时主动反映有可能对工程投资造成影响的任何事宜。

八、保修承诺

确保投标文件中所承诺的人力、机具及合理项目施工管理规划大纲的实现，按照合同约定完成在保修期内的质量保修责任。

九、其他承诺

关注全体施工人员的职业健康，设立外协工工资专用账户，在本工程中绝不拖欠员工（外协工）工资。

3.3　项目施工管理组织结构

为加强施工管理，公司成立“330kV 榆横变-绥德变送电线路工程施工项目部”，工程实行项目经理负责制，代表公司负责本段工程的全面管理。项目经理由陕送第三分公司副经理高波（一级建造师、工程师）同志担任，项目副经理由第三分公司康海伦、赵晓东同志担任，技术专家由公司技术专家田子恒项目总工程师由第三分公司技术员任凯超同志担任。

项目经理部下设经营部、技术部、质检部、安环部、器材部和办公室，按照其职责承担施工经营、技术、质量、安全、物资供应、后勤保障、双文明建设及地方关系协调等工作。公司组织技术专家组对工程进行技术指导。各部门主要人员均为从事送电线路施工管理工作多年，业务熟练、经验丰富。

施工期间项目经理、项目副经理、项目总工程师以及主要管理人员调令将调到项目部，长期坚持现场工作，不调换也不兼职，项目管理机构也仅负责本工程的管理，公司不再安排其他事务。

工程施工期间，公司副总经理董子晗主管本工程的协调工作，公司本部各职能部门按照项目经理的要求，积极为施工第一线服务，对现场出现的问题快速做出反应，确保工程顺利实施。

公司专家组对工程施工中的重大施工项目进行技术研究论证，并制定详细的施工方案，指导现场施工，为现场施工在技术方面提供强有力保障。

3.3.1　项目管理组织结构

项目管理组织机构图如图 3-3-1 所示。

3.3.2　项目管理职责

3.3.2.1　项目经理

项目经理由公司经理授权，全权负责本工程的施工管理工作，代表公司履行施工合同，在授权范围内处理和决策与本工程项目施工有关的一切事宜。

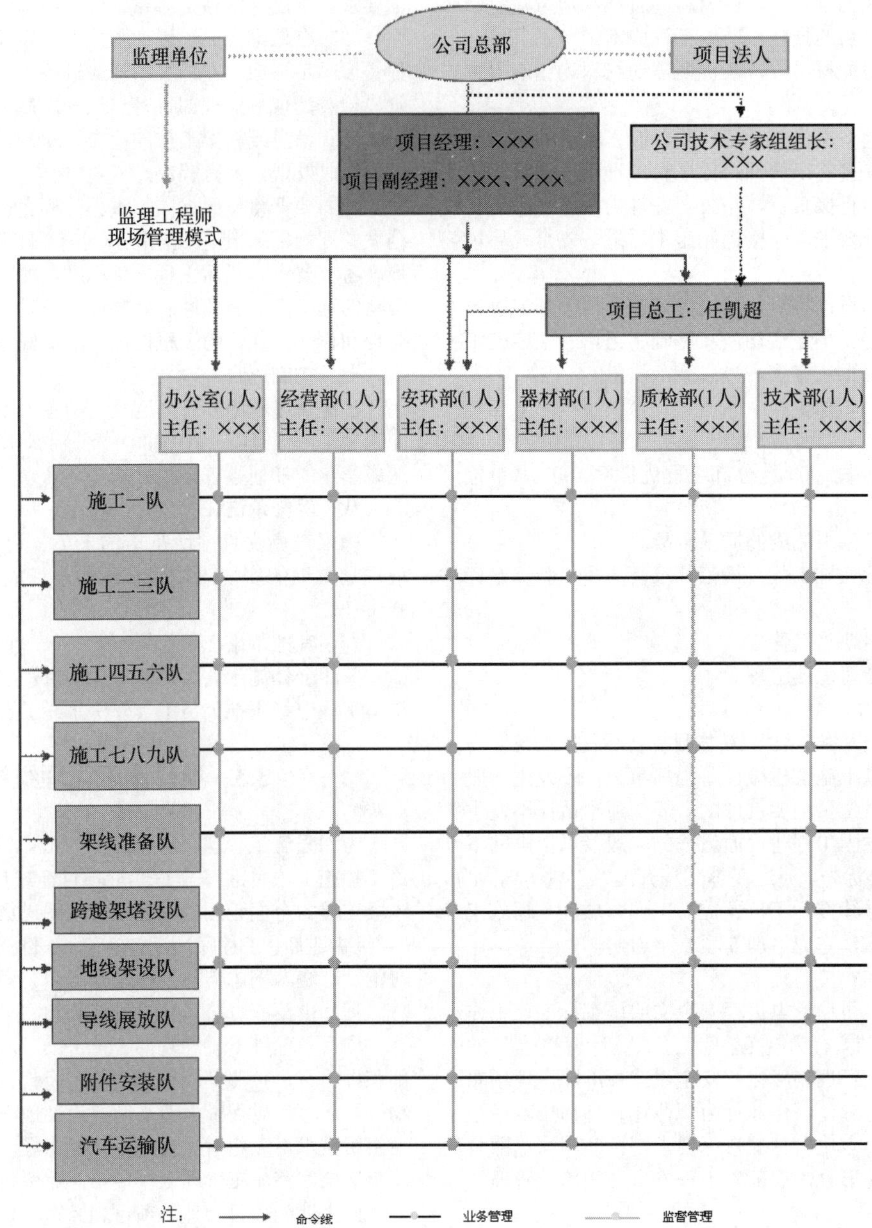

图 3-3-1　项目管理组织机构

（1）履行“项目管理目标责任书”规定的任务，组织编制项目管理实施规划，实施推进管理标准化；

（2）负责项目部的整体策划工作。严格按照《国家电网公司输变电工程安全文明施工标准化工作规定》《国家电网公司输变电工程安全文明施工标准化图册》等有关文件的规定进行项目现场布置及管理。确保实现合同规定的目标要求；

（3）协调项目部与工程建设管理单位、监理、设计、地方政府及工程运行单位之间关系，解决施工过程中存在的问题，科学组织、合理调配工程资源，确保本工程各项计划的顺利完成；

（4）主管工程的质量、环境、职业健康安全控制工作，负责组织有关部门严格贯彻安全法令、法规和措施，按《质量、环境、职业健康安全管理体系》的要求，确保安全文明施工和工程施工质量，确保工程安全事故“零目标”的实现；

（5）督促经营、工程部门按时向发包方、监理部门和公司本部报送各种管理统计报表；

（6）自觉维护业主、企业和职工的权益，完善企业的经营机制，搞好经济责任制，确保业主的要求和公司下达的各项经济技术指标的全面完成；

（7）向业主负责，施工过程中及时向业主、监理工程师、设计代表和公司本部反馈信息，确保工程建设有序进行。

3.3.2.2　项目副经理

在项目经理的领导下，协助项目经理制定项目部各职能部门的职责权限、各项管理制度、施工计划以及安全、质量等控制目标，全面组织施工生产并予以实施和现场监督管理。必要时受项目经理委托，行使项目经理职能。

3.3.2.3　项目总工程师

（1）在项目经理领导下，主管本工程的技术、质量和安全工作。

（2）负责解决施工中的技术问题，主持技术会议，制定技术措施并组织编制技术文件。经常深入现场检查和指导工作。

（3）参加施工图纸的会审和交底工作，组织编写施工组织设计，制定各项技术管理制度，审批各分项工程安全技术措施和质量保证措施。

（4）对施工质量全面管理，积极推进“零缺陷”管理等先进的质量控制方法。参与质量事故、安全事故的分析并制定防止事故发生的技术措施。

（5）经常与项目法人、设计、监理、运行代表联系，征求其对工程施工的意见和建议，促进施工项目安全、优质、按期完成。

（6）制定各项技术培训计划。对各类人员的技术教育培训、考核和资格确认、持证上岗负领导责任。

（7）运用工程项目管理软件（P3、EXP）对工程实行动态管理。对工程进度计划及时进行修正，使工程进度计划与实际进度相符合。

（8）负责新技术、新工艺、新材料、新设备的推广应用。

（9）配合项目经理做好项目部的整体策划工作。

3.3.2.4　经营部

（1）编制本工程施工经营计划。

（2）遵循统计法和项目法人要求，真实、及时报送各类统计报表。

（3）负责本项目的各类合同管理、施工预算的编制及经济承包责任制的实施。

（4）对工程的成本进行控制，对内、对外进行工程结算及成本核算。

（5）负责资金、劳动力管理。

3.3.2.5　技术部

（1）在项目总工的领导下负责技术管理工作。参加施工图审查和各项技术措施、施工工艺的交底工作，严格按图施工。

（2）编制各道工序施工的补充作业指导书和各项安全技术措施，并坚持现场指导和检查工作，解决施工中的技术问题。

（3）协助项目总工做好新技术、新工艺、新材料、新设备的推广应用，在技术方面确保工程质量符合规定要求。

（4）协助专职质检员、安监员进行各项质量、安全检查。

3.3.2.6　质检部

（1）贯彻执行《质量管理体系要求》（GB/T 19001—2008/ISO9001：2008）制定的程序文件，确保公司质量体系在本工程中有效运行。

（2）对工程质量实施监督检查，负责本工程质量计划的制定并在施工现场负责其实施，负责组织项目部一、二级质量检验工作。

（3）加强过程控制。对关键工序和影响质量的薄弱环节，制定预防措施。

（4）负责质量检查、检验，质量状况分析和统计工作，根据分析结果提出整改意见并制定防范措施，并对整改结果进行验证。

（5）配合项目法人及监理工程师对工程质量进行监督，接受其对质量的要求和意见，提出整改措施，确保工程优质建成投产。

（6）在施工全过程中负责执行公司《质量奖惩条例》，并确保公司各项质量制度在本工程得到有效的落实。

（7）认真执行国家电网公司做好工程资料的管理、控制。

（8）对设计质量、材料质量及施工质量严格把关，为项目法人移交一个优质工程。

（9）按时编制、上报质量月报表。

3.3.2.7　安全环保部

（1）认真贯彻执行公司颁发的《质量、环境、职业健康安全管理体系文件》，严格按照本工程的《工程建设安全管理协议》的要求，组织开展安全健康与环境保护的宣传、教育及管理工作。

（2）设立专职安监工程师和专职环境监督员，监督、检查本工程施工现场的安全文明施工、环境保护状况和职工的作业行为，有权制止和处罚违章作业和违章指挥行为，对严重危及人身安全的施工，有权勒令停工，并报告领导研究处理。

（3）对施工现场和安全卫生责任区内的文明施工、环境保护、环境卫生、成品保护措施及生活卫生的管理进行监督检查。

（4）参加开工前的安全交底工作，负责安全措施的编制并监督执行。负责现场施工机械、车辆交通、防火防爆安全监督工作，督促并协助有关人员做好职业防护用品、用具和重要工器具的定期试验和鉴定工作。

（5）在施工全过程中严格执行《安全奖惩细则》。

（6）分工序做好危险源辨识及预控工作，提高事故超前防范能力，确保施工安全可控、在控。

（7）按照项目法人和监理的要求及时、真实的统计上报安全报表。

（8）采取一切合理措施，保护工地及工地周围的环境，避免污染及噪音或其他由于施工原因造成对社会环境的干扰。

（9）在项目经理的领导下，具体负责实施项目部安全文明施工的整体策划和布置。

3.3.2.8　器材部

（1）建立健全器材管理的各项规章制度，按公司贯标程序文件要求，编制设备、材料购置和供应计划并具体实施。建立健全各种材料设备的台账。

（2）负责自供材料的采购、验收、运输、保管，严格按照国家有关标准及工程建设单位的要求保证材料质量。

（3）参加项目法人供应的材料在采购过程中的管理。

（4）负责所有材料的分类、标识、保管和发放。

（5）负责机械设备的运输、保养、维修，并确保其使用的有效性。

（6）负责工器具的检验、配置、维修和发放。

（7）负责计量器具的检验、配置，确保量值的准确性。

3.3.2.9　办公室

（1）负责办理承包范围内的工程施工的各种手续，负责工程项目有关的地方关系协调，临时用地、青苗赔偿、配合发包方开展地方协调和线路通道的清理。在工程开工前召开地方关系协调会，充分取得当地政府和群众的支持。

（2）为业主、设计单位、运行单位代表和监理工程师提供良好的生活条件和工作环境。

（3）负责项目部的日常事务、文书收发、保卫、接待等。

（4）对施工中发现的文物、化石等物品，及时进行现场保护并汇报监理工程师。

3.3.2.10　施工队长

严格执行项目经理部的决策和施工生产计划，合理安排本队的施工力量，安全优质地完成本队施工任务，严格过程控制，坚持文明施工，保护环境。

3.3.3　工程主要负责人简介

3.3.3.1　项目经理简历表

项目经理简历见表 3-3-1、表 3-3-2，相关任职资格如图 3-3-1 所示。

表 3-3-1　　　　项目经理简历表一

姓　名	××	年　龄	××	学　历	××
职　称	××	职　务	××	拟在本合同任何职	××
毕业学校	××				
主要工作经历					

日期/（年.月）	参加过的类似项目	担任职务	发包人及联系电话
1997.7—1998.12	500kV 阳淮线	项目技术员	阳淮建设处
2002.1—2002.12	500kV 新安邯	项目副经理	国家电网公司
2003.3—2004.2	500kV 贵广线	项目经理	南方电网公司
2007.4—2008.7	500kV 后泉Ⅱ回线	项目经理	福建省电力公司基建部

3.3.3.2 技术专家组组长简历

表 3-3-2　　　　项目经理简历表二

<table>
<tr><td>姓　名</td><td>××</td><td>性　别</td><td>××</td><td>年　龄</td><td>××</td></tr>
<tr><td>职　务</td><td>××</td><td>职　称</td><td>××</td><td>学　历</td><td>××</td></tr>
<tr><td>参加工作时间</td><td>××</td><td colspan="3">从事技术工作年限</td><td>××</td></tr>
<tr><td colspan="6">该同志参加过国内第一条 330kV 线路工程、第一条 500kV 交流线路工程、第一条±500kV 直流线路工程施工。1969—1970 年参加国内第一第 330kV 刘家峡—关中线路工程施工，时任班组技术员；1979—1981 年参加国内第一条 500kV 平顶山—武汉线路工程施工。
曾先后参加编制了 500kV 三峡—万州线路工程长江大跨越的立塔和架线施工方案、±500kV 龙—政线路 720mm² 大截面导线张力架线施工技术方案、500kV 新乡—安阳—邯郸线路的六分裂导线张力架线方案、飞艇和迪尼玛软索跨越用于张力放线和带电跨越技术方案等。2003—2005 年，参加国网 750 kV 架空电力线路施工规程编写小组，主编《750kV 架空送电线路张力架线施工工艺导则》，并完成了西方北电网公司委托的《750kV 输变电工程施工关键技术研究（线路部分）》科研项目，获西方北电网公司科技进步特等奖（证书号 2006-CG 特-D9）、国家电网公司科技进步特等奖（证书号 20061063-D14）。2005 年 5—9 月被邀在西北电网公司 750kV 示范工程现场指挥部工作。2005—2006 年参加国网 1000kV 架空送电线路施工规程编写工作和 1000kV 架空送电线路施工科研工作，主编《1000kV 架空送电线路工程施工质量检验及评定规程》，正在主持编写《1000kV 架空送电线路钢管施工及验收规范》</td></tr>
</table>

图 3-3-2　高级职称证复印件

3.3.3.3 项目总工程师简历

项目总工程师简历见表 3-3-3。

表 3-3-3　　　　项目总工程师简历表

姓　名	××	年　龄	××	学　历	××
职　称	××	职　务	××	拟在本合同任何职	××
毕业学校	××				
主要工作经历					

日期/（年.月）	参加过的类似项目	担任职务	发包人及联系电话
2008.8—2009.2	330kV 桥东线	实习	陕西省电力公司基建部
2009.3—2010.3	500kV 康崇线	项目技术员	四川省电力公司基建部
2010.4—2011.3	110kV 太中银线	项目总工	陕西省电力公司基建部
2011.4—2012.2	110kV 高七线	项目总工	陕西省电力公司基建部

3.3.3.4 其他管理人员

其他管理人员见表 3-3-4。

表 3-3-4 其 他 管 理 人 员 简 介

姓 名	职 务	职 称	工作年限	主要资历、经验及承担过的项目
陈小烨	经营部主任	助理经济师	6	30kV 榆神线任经营科长、500kV 新安邯线路经营科长，1000kV 晋南荆经营部主任
陆 也	技术部主任	工程师	5	500kV 沈大线技术专责、330kV 柞张线 500kV 德龙线、750kV 信秦线项目总工
黄 勇	质检部主任	工程师	6	330kV 榆神线任质检科长、330kV 南北联络线任质检员、330kV 罗商线任质检科长、500kV 新安邯线路质检科长、750kV 官兰线质检科长、750 信秦质检科长
黄 毅	安环部主任	工程师	13	500kV 二自三回任安环部主任、330kV 榆神线任安环科长、330kV 马汉线任安环科长、330kV 秦北庄任专职安全员、500kV 新安邯线路安环科长、750kV 官兰线安环科长，1000kV 晋南荆安环部主任
李玉何	器材部主任	技 师	15	330kV 陇马二回任材料科科长、500kV 新安邯线路材料员、750kV 信秦线器材部主任
雷志文	办公室主任	助理经济师	9	330kV 榆神线任办公室主任、330kV 马汉线任青苗主管、500kV 新安邯线路任办公室主任、500kV 天广四回任办公室主任、750kV 信秦线办公室主任
杨二伟	施工队长	技 师	5	500kV 阳淮线任施工队副队长、500kV 南郑线任施工队队长、330kV 马汉线任施工队队长、500kV 新安邯线路、750kV 信秦施工队长
李元甲	施工队长	技 师	6	500kV 南郑线任施工队队长、500kV 新安邯、750kV 官兰线路任施工队队长、750kV 信秦线施工队长
申长波	施工队长	技 师	6	500kV 南郑线任施工队队长、330kV 马汉线任施工队队长、500kV 新安邯、750kV 官兰线施工队队长、750kV 信秦线施工队长
李肖雄	施工队长	技 师	5	330kV 延榆线任施工队队长、500kV 新安邯、500kV 方牧敦包线路任施工队队长、750kV 官兰线施工队队长、750 信秦线施工队长
杜敏涛	施工队长	技 师	7	500kV 南郑线任施工队队长、330kV 马汉线任施工队队长、500kV 新安邯、750kV 官兰线施工队队长、750kV 信秦线施工队长
马建龙	施工队长	技 师	9	500kV 南郑线任施工队队长、330kV 马汉线任施工队队长、500kV 新安邯、750kV 官兰线施工队队长、750kV 信秦线施工队长
惠 耀	施工队长	技 师	6	500kV 阳淮线任施工队副队长、500kV 南郑线任施工队队长、330kV 马汉线任施工队队长、500kV 新安邯线路、750kV 信秦施工队长
李 超	施工队长	技 师	6	500kV 南郑线任施工队队长、500kV 新安邯、750kV 官兰线路任施工队队长、750kV 信秦线施工队长
史宇飞	施工队长	技 师	5	500kV 阳淮线任施工队副队长、500kV 南郑线任施工队队长、330kV 马汉线任施工队队长、500kV 新安邯线路、750kV 信秦施工队长

3.4 工期目标和施工进度计划

3.4.1 工期目标及分解

3.4.1.1 项目法人要求的建设工期目标

2012 年 4 月 25 日开工；2013 年 8 月竣工，具备带电条件。

3.4.1.2 目标分解

工期目标分解见表 3-4-1。

表 3-4-1 工 期 目 标 分 解

工序项目		项目法人	公司总部	项目部	施工队
施工准备开始日期/（年.月.日）		—	2012.4.25	2012.4.20	2012.4.20
开工日期/（年.月.日）		2012.4.25	2012.4.25	2012.4.25	2012.4.25
基础施工日期/（年.月.日）	开工 完工	—	—	2012.4.25 2012.9.30	2011.11.10 2012.9.30
组塔施工日期/（年.月.日）	开工 完工	—	—	2012.9.1 2013.3.30	2012.6.30 2012.5.1
架线施工日期/（年.月.日）	开工 完工	—	2013.4.1 2013.6.30	2013.4.1 2013.6.30	2013.4.1 2013.8.25
竣工验收/（年.月.日）		2013.8.30	2013.8.25 2013.8.28	2013.8.25 2013.8.26	2013.8.25 2013.8.26
具备带电条件/（年.月.日）		2013.8.30	2013.8.29	2013.8.29	2013.8.29

3.4.2 施工进度计划及编制说明

3.4.2.1 编制依据

（1）设计施工图交付进度见表 3-4-2。

表 3-4-2　　设计施工图交付进度

序号	施工图卷册名称	提交时间
1	定位图	2012 年 3 月 30 日以前
2	杆塔明细表	2012 年 3 月 30 日以前
3	拆房分幅图	2012 年 3 月 30 日以前
4	基础施工图	2012 年 3 月 30 日以前
5	铁塔加工图	2012 年 3 月 30 日以前
6	总说明书及附图	2012 年 3 月 30 日以前
7	架线施工图	2012 年 3 月 30 日以前
8	金具施工图	2012 年 3 月 30 日以前
9	通信保护设计卷册	2012 年 3 月 30 日以前

施工图交付时间根据施工招标工作量确定。

（2）项目法人提供材料进度见表 3-4-3。

表 3-4-3　　项目法人提供材料进度

材料名称	供货时间
铁塔材料	满足施工要求
导地线	满足施工要求
绝缘子及金具	满足施工要求

3.4.2.2 编制说明

（1）本施工进度计划是根据发包方要求的计划工期、施工图纸供应计划以及本工程的具体情况和初步拟定的施工技术方案进行编制，同时考虑了法定节假日的休息安排和各种风险等对施工制约的影响。

（2）在编制时参照了公司在以往 330kV 输电线路工程施工经验，以及本标段所处地区其他工程的具体情况、自然条件、外界因素及其他风险带来的影响。

（3）本标段工期安排是按《里程碑计划》要求的工期进行排定，当工程受材料供货等因素影响时，我们将按发包方和监理工程师的要求及时调整计划安排，确保施工工期。

（4）根据本标段的地形、气候等自然条件、工程特点和发包方对工期的要求，本标段土石方及基础、铁塔组立工程划分为 4 个施工段，对投入的施工人员组成 9 个施工队，每个施工队下分 2 个作业班，共 18 个作业班。在土石方及基础工程、铁塔组立工程进行分段包干。

（5）架线工程投入 1 套动力伞展放导引绳设备、2 套导线张力放线全液压牵张设备和 1 套 OPGW 光缆、地线张力放线专用牵张设备，分别进行导地线张力架线施工和 OPGW 光缆的张力展放。

（6）根据塔材供货情况，铁塔组立施工尽量按照基础浇制先后顺序进行，以保证基础混凝土强度满足分解立塔的规定，同时还要考虑能形成连续放线区段，为张力架线做好施工准备。

（7）架线施工队人员组织是由 6 个组塔施工队（12 个作业组）的人员重新组合而成，组合时主要按各架线作业组的工作内容和人员的技术特长进行搭配，同时配备相应的特殊工种及普工。

（8）本工程施工期间存在春节及其他节假日的影响，春节及其他节假日考虑安排换休或在现场休息。

（9）根据施工图纸的提供情况，要及时做好自购材料的采购工作，确保材料供货不受影响。同时要做好发包方供应材料的检验、运输等工作。

（10）在工程完工后应做好竣工移交及投运前的保管和维护工作，并做好配合发包方进行系统调试的各项工作。

3.4.3 进度计划图表

工程施工进度计划网络图见工程施工进度计划网络图和工程施工进度计划横道图见工程施工进度计划横道图（略）。

3.4.4 进度计划风险分析及控制措施

3.4.4.1 进度计划风险分析

3.4.4.1.1 本标段靠近绥德段跨越铁路、电力线路较多，且跨越点较高，不易搭设跨越架。停电和跨越手续不容易办理，将影响架线施工的正常进行。

3.4.4.1.2 本工程线路塔位绝大部分在山上，没有大车上山路，必须依靠马帮进行材料运输，材料运输也为制约施工进度的关键。

3.4.4.1.3 本线路跨越房屋需拆迁达 8 处之多，根据在陕北榆林地区施工经验，拆迁极为困难，预计将成为遗留问题。

3.4.4.1.4 由于陕北近年铁路、高速公路、电力线路的大量建设，赔偿标准也各不相同，对项目施工产生不利因素。另榆横变出线段及绥德变进线段几基塔位预计赔偿很高，否则会出现难以施工的局面。

3.4.4.1.5 甲供料部分必须积极跟业主项目部沟通联系，提前向业主询问材料供货的情况，如不能及时供货，向公司反映情况并向业主做好签证。

3.4.4.1.6 对距离塔位较近的坟的坟主，青赔专责需做好沟通思想工作及相关赔付上的工作。

3.4.4.2 进度计划控制措施

3.4.4.2.1 施工组织管理对施工进度影响的控制措施

（1）施工时应针对本工程线路的特殊情况，充分认识本工程的施工难度和干好工程的重要性，高度重视本工程的施工组织，因此项目部将投入精干、富有丰富施工经验的施工人员，工程开工后，公司将派技术专家组在每道工序施工前、施工过程中进行技术指导、咨询，公司将合理组织机械、材料的供应计划，精心安排、精心组织施工。

（2）施工期间，组建一流的项目部，抽调技术专家和技术骨干参加本工程的施工。同时公司本部要做好本工程的坚强后盾。

3.4.4.2.2 青苗协议及外界协调问题影响的控制措施

（1）根据本工程管理模式，一方面针对本标段存在的跨越、临时占地、零星树木砍伐等问题，加强政策协调和工作协调的力度；另一方面积极主动配合发包方开展协调工作和通道清理工作，由项目经理牵头，组织办公室政策协调员和其他相关人员，重点进行有关方面的外界协调工作。

（2）配备专车专人，负责青苗赔偿和拆迁等政策协调工作，降低政策协调对工期进度的影响。

（3）提前做好施工渠道的疏通工作，同时教育职工与当地群众搞好关系，取得当地群众的理解和支持，营造良好的外部施工环境。

（4）施工期间应树立环保意识，减少人为破坏，尽量减小场地的占用和不必要的踩踏，为政策协调工作创造良好的条件。

（5）线路下方跨越的经济作物架线施工全部采取搭设简易跨越架的方式进行施工。对林木、经济作物较多的放线区段及特殊跨越段的施工，项目部采用动力伞展放轻质高强引绳达到展放导引绳的目的。可以减少对生态环境的破坏、降低青苗补偿费用、提高放线施工效率。

（6）对存在的线路改迁，提前与业主单位联系，共同制定改迁方案，争取在组塔之前完成全部改迁工作，确保在架线之前完成所有线路改迁和房屋拆迁工程量。

3.4.4.2.3　交叉跨越施工影响的控制措施

（1）在进入现场以后，对沿线的交叉跨越进行详细的调查，尤其是对被跨越电力线附近的地形地貌，跨越高度等要进行详细的测量，提前考虑跨越方案。

（2）与被跨越电力线路的运行单位密切配合，共同协商跨越方案，提前制定跨越方案和停电计划，在运行单位的大力支持和配合下进行施工。按现场实际情况，制订分段分次停电跨越方案，在征得运行单位同意的情况下，采取停电跨越。

（3）跨越施工要尽量安排在停电检修期，根据停电计划，提前考虑安排特殊跨越段的架线施工。

（4）采取多种方案综合分析比较，选择最合理的跨越施工方案，确保施工进度。

（5）跨越高速公路、国道、公路等，应在当地公路主管部门提前办理跨越许可手续，并在其主管部门的配合下，采取可靠的安全保护措施，采取搭架跨越的方法进行跨越施工。

3.4.4.2.4　气候及季节变化影响的控制措施

（1）经常保持与气象部门的联系，掌握气象条件和汛期情况，做好对恶劣天气的预防措施，减小对工期的影响。

（2）根据本地区的特点，提前做好防汛措施，保证各工序按施工计划安排进行。

（3）根据气候情况，做好交通安全预防工作和材料运输工作。

（4）要做好洪涝、大风、雨雪等恶劣天气的预防工作，避免对施工进度造成影响。

3.4.4.2.5　节假日影响的控制措施

（1）做好后勤保障工作，合理安排职工的节假日休息时间，确保职工以充沛的精力投入施工生产。

（2）在施工进度紧张的情况下，应适当安排施工人员的换休、轮休。

（3）春节期间安排休假，同时要安排好现场的安全保卫工作。

3.4.4.2.6　其他控制措施

（1）本工程为重点项目管理，选派业务精、素质高的各类专业人员和复合型人才组成项目经理部；配置良好的施工设备和机具；保证资金使用；同时要求总公司各职能部门负责向项目部提供专业指导和服务；以足够的劳动力安排和施工机械设备来保证工期。

（2）加强与发包方、设计、监理、及材料供货厂家的联系，争取施工图纸、材料等按计划供应。并根据材料实际到货时间及时调整施工力量和进度计划，使进度计划始终处于受控状态。

（3）配合监理工程师及其代表对施工实行全过程控制，确保所有工序一次验收合格，杜绝返工对工期的影响，以一流的施工质量来保证工期。

（4）根据本工程特点分析影响工期因素，对关键工序开展预测、预控，确保施工按计划顺利进行。

（5）以合理的施工组织和切实可行的施工工艺方案，通过控制主要工序安装进度实现工期目标。

（6）抓好工程的前期准备工作，做到“组织、技术、资金、材料、机具供应”五落实，确保各分部工程按期开工、完工。

（7）严格执行作业指导书、施工图纸和质量控制标准，做到不返工，消灭质量事故，确保一次验收合格，达到优良级标准。

（8）抓安全，促进度，为各项工作的顺利进行奠定基础。

（9）提前安排特殊地质条件下的基础施工，取得控制工期的主动权；同时做好政策协调、房屋拆迁、通道清理等工作。

（10）铁塔组立施工中配备加力、电动扳手，并尽可能在地面组装时紧固螺栓，提高螺栓紧固一次合格率，提高施工的效率。

（11）做好架线施工前期准备，优化选取放线方案和牵张场的位置，合理组织施工人员，充分保证机械设备，制定详细的施工措施，保证施工按计划进行。

本章其余内容见光盘。

第4章　康定—崇州500kV线路工程施工组织设计

为了推进康定东部地区、大渡河中游、雅砻江的水电资源外送，四川省电力公司根据电网总体规划建设康定变—崇州（蜀州）变500kV线路新建工程。我公司负责施工的Ⅱ标线路亘长约2×15km，铁塔73基。

本工程总体施工难度较大，尤其是本标段，是整个工程的控制点。为了按照业主要求完成施工，我公司按照“项目经理负责制”成立了“500kV康崇线项目部”，全面负责康崇线工程的施工管理。项目部将建立完善的现场管理体系，精心组织施工，对工程进行详细的策划，在本设计的指导下，按照相关规范、规程及我公司《QEO体系文件》编制相应的创优实施细则、安全文明施工二次策划及质量、安全保证计划、施工作业指导书和质量、安全文明施工保证措施等施工指导文件，优质、安全、高效地完成施工任务。并确保在2008年12月30日前具备带电投运条件；工程质量达到国网公司优质工程，争创国家优质工程，确保安全、质量零事故。以“一流”的管理和服务质量竭诚为业主和用户服务，最终使本工程建设相关方达到共赢。

我们本着对项目法人、公司信誉高度负责的态度，严格按照本《施工组织设计》的要求，发扬“敢打硬仗，争创一流”的陕送企业精神，积极贯彻基建“以安全为基础，以质量为中心”的指导思想，采用先进的施工工艺和管理模式，确保本工程实现以“工期零距离为主导的“三零”目标，为四川电网的建设做出贡献。

编制依据如下：

（1）康定—崇州500kV送电线路工程施工合同。

（2）国家及国家电网公司、四川省电力公司有关规程、规范、技术标准及有关施工工艺导则《电力建设工程施工技术管理导则》。

（3）本标段现场调查报告。

（4）我公司历次在四川参加500kV线路工程施工的有关资料和经验。

（5）我公司根据《质量管理体系要求》（GB/T 19001—2000-idt ISO9001:2000）、《环境管理体系要求及使用指南》（GB/T 24001—2004/ISO14001:2004）、《职业健康安全管理体系规范》（GB/T 28001—2001）标准要求，建立的质量、环境和职业健康安全管理手册和程序文件。

4.1　项目概况与项目实施条件分析

4.1.1　工程特点与工程量

4.1.1.1　工程简介

项目名称：康定变—崇州（蜀州）变500kV线路新建工程（施工Ⅱ标 甘谷地—大井坪段）。

建设地点：四川省泸定县、天全县境内。

业主单位：四川省电力公司。

建设管理单位：四川电力设计咨询有限责任公司。

设计单位：西南电力设计院。

计划工期：2007年9月28日—2008年12月30日。

4.1.1.2　工程概况及技术特性

见表4-1-1。

4.1.1.3　工程量简介

4.1.1.3.1　基础工程

本标段基础共计73基，基础型式主要有掏挖基础、人工挖孔桩基础、斜柱基础，基础砼方量约为：13000m^3。

表4-1-1　　工程概况及技术特性

工程名称	康定变—崇州（蜀州）变500kV线路新建工程（施工Ⅱ标）			
起止点	泸定县甘谷地—天全县大井坪			
冰区	10mm冰区	20mm冰区	40mm冰区	60mm冰区
长度	2×11.493km	1.503km＋1.488km	2×2.3km	2×2.5km
杆塔数	31基	12基	13基	17基
换位方式	1次全换位（本标段N2011为耐张换位）			
导线	4×LGJ-630/45（10mm、20mm冰区）（GB 1179—83）			
	A3/S3A-732/92（40mm、60mm冰区）（GB 1179—1999）			
地线	OPGW复合光缆	OPGW-100（10mm冰区）		
		OPGW-140B、OPGW-190、OPGW-270（20mm以上冰区）		
	地线	LBGJ-80-20AC（10mm冰区）		
		GJ-100、GJ-190、GJ-21（20mm以上冰区）		
绝缘子	全线采用瓷质或钢化玻璃绝缘子		防振措施	防振锤
绝缘污秽等级	10mm冰区全为Ⅱ级污区，重冰区为Ⅰ级污区或清洁区		年平均雷电日	45
主要气象条件	覆冰：10mm、20mm、40mm、60mm冰区；最大设计风速：30m/s			
地震烈度	Ⅶ度		平均人力运距	2.0km

续表

标段地形	高山大岭 100%	
沿线地质	10mm 冰区	普通土：40%，坚土：30%，松砂石：15%，岩石：15%，泥水：3%
	20mm 冰区	普通土：15%，坚土：15%，松砂石：45%，岩石：25%
	40mm 冰区	普通土：15%，坚土：15%，松砂石：45%，岩石：25%
	60mm 冰区	普通土：15%，坚土：15%，松砂石：45%，岩石：25%

4.1.1.3.2　铁塔工程

本标段铁塔共计 73 基，铁塔吨位为 7662t。10mm 冰区铁塔采用同塔双回路自立式铁塔，重冰区（20mm、40mm、60mm）铁塔采用两个独立的单回路自立式铁塔，所有铁塔均按全方位长短腿设计。本工程规划的塔型见表 4-1-2。

表 4-1-2　　规 划 塔 型

冰区	塔型	海　拔		
		小于 1000m	1000～2000m	2000m 以上
轻冰区	直线塔	5G-SZC（1～5）	SZ61d～SZ65d	SZ61～SZ64
	直线转角塔	5G-SZCJ10	SZJ61d	
	耐张转角塔	5G-SCJ（1～4）、5G-SDCJ	SJ61d～SJ63d、SJD61d	SJ61、SJ62、SJ63
	耐张换位塔	SHJ61		
重冰区	直线塔	ZB12、ZB22、ZB14、ZB24、ZB16		
	耐张转角塔	JG12、JG22、JB14、JB16		

4.1.1.3.3　架线工程

本标段线路长度约 2×15km，其中 10mm 冰区长度：2×11.493km，20mm 冰区长度 1.503km＋1.488km，40mm 冰区长度 1.711km＋1.751km，60mm 冰区长度 1.407km＋1.515km。本工程 10mm 和 20mm 冰区导线采用 4×LGJ-630/45 钢芯铝绞线，相分裂间距 500mm；40mm、60mm 冰区推荐采用钢芯铝合金绞线 A3/S3A-732/92。

一根地线采用 24 芯 OPGW 复合光缆，其中 10mm 冰区段地线采用 OPGW-100，20mm 以上冰区段分别采用 OPGW-140B、OPGW-190、OPGW-270，重冰区两个单回路各架设一根 OPGW。

另一根地线：轻冰区段采用 LBGJ-80-20AC 铝包钢绞线。20mm 以上冰区段分别采用 GJ-100、GJ-190、GJ-210 钢绞线。

4.1.1.3.4　交叉跨越情况

沿线跨越情况见表 4-1-3。

表 4-1-3　　沿 线 跨 越 情 况

序号	跨越名称	单位	数量	备注
1	35kV 电力线	1 次	3	
2	380V、220V 电力线	次	2	
3	通信线	次	2	
4	318 国道	次	1	
5	林场道	次	3	

4.1.2　建设地点及环境特征

4.1.2.1　建设地点

本标段工程位于四川省甘孜州泸定县的泸桥镇、冷碛镇和雅安市天全县两路乡境内。

4.1.2.2　环境特征

一、施工地形、地质及地貌状况

本工程路径位于川西高原向成都平原过渡地带上。本标段穿越邛崃山山脉南段，经过地带为山高谷深、山势险峻、切割强烈、高差大。线路翻越的最高点——二郎山海拔高程约 3000m，山顶一般高程也在 2000m 以上，以陡峭险峻闻名。地形坡度在 30°～50°左右。

沿线地形分布：高山大岭 100%。

标段沿线地貌为构造侵蚀中高山地貌，沿线植被较发育，垂直分布明显。

线路沿线地层出露较为齐全。受构造影响，岩石节理裂隙发育，岩体较为破碎，多为强～中风化。沿线不良地质现象极为发育，主要有：滑坡、崩塌、泥石流、不稳定倾斜等。总体地形条件较差。

二、自然环境

本标段线路所经区域属康藏高原向四川盆地过渡地带，属山地亚热带气候区。特点是气候温和，冬无严寒，夏无酷暑，四季如春，年平均气温 15.5℃，干湿季节明显。河谷到谷岭气候、植被、土壤等明显的垂直递变，属典型的立体气候。

线路翻越二郎山及二郎山阴坡气候恶劣，全年 3/4 天为雨雪天，常年冰雪、暴雨、浓雾、泥石流、滑坡不断。

4.1.3　施工条件与社会环境分析

4.1.3.1　设计条件分析

（1）本工程基础型式主要为斜柱式基础和原状土基础，均采用全方位长短腿布置，基础型式均为线路常用设计型式，施工方法比较成熟，由于本工程采用大截面导线型号，地形条件差，地质条件复杂，基本为单基设计，采用了部分 N××××××WK 基础形式为首次使用，该基础为双桩基础，两桩中心只有 3m 左右，所以两桩不能同时开挖施工，导致这种基础施工周期较长。

（2）本工程轻冰区采用双回路鼓形塔，重冰区采用 ZB、JG、JB 型塔。双回路鼓型塔塔身断面为正方形，导线垂直排列，铁塔采用地线支架与上横担合并，直线塔呼称高在 24～61m，耐张转角塔呼称高 21～39m。重冰区塔型塔身断面为正方形，导线水平排列，呼称高 21～48m，可以采用比较成熟的 500mm 断面内悬浮铝合金抱杆施工方案。

（3）本工程同塔双回段采用的导线为 4×LGJ-630/45 钢芯铝绞线，重冰区单回路段采用 A3/S3A—732/92。地线一根为镀锌钢绞线和铝包钢绞线，另一根为 OPGW 复合光缆。导线可以采用一牵四（2＋2）张力架线施工方案，OPGW 复合光缆、地线采用一牵一放线施工。

4.1.3.2　自然环境条件分析

一、地形、地质及交通运输条件

本标段地形高山大岭占 100%，平均汽车运距 25km，人力运距 2.5km，汽车运输可以利用 318 国道甘谷地—二郎山—天全段及便道进行运输。线路翻越二郎山段公路弯多、坡大、路窄，特别是冬季，由积雪变成的冰层有一尺多厚，被人们称为“天堑”，当地有谚：“车过二郎山，像进鬼门关，侥幸不翻车，也要冻三天。”如图 4-1-1 所示，施工时可利用二郎山的老川藏公路运输，但需要修路距离较远，总体交通条件非常差。

图 4-1-1　从二郎山垭口看重冰区段地形

本标段地形陡峭，落差大，线路全部在高山上走线，部分区段走线距公路较远，且双回路铁塔和重冰区铁塔塔材重量大，人力运输非常困难。同时峡谷窄且有 318 国道，位置狭窄，张牵场位置选择异常困难（存在线型变换问题）。

本工程地质以岩石和松砂石为主，部分为普通土和坚土地质。岩石坑地段基坑开挖相对困难，目前政府部门对爆破物品管理很严格，爆破施工手续办理难度大。

沿线植被较发育，林木茂密，且距大熊猫栖息地外围保护区较近，环境保护尤为重要，可以采用我公司推广使用的动力伞高空展放导引绳架线施工工艺。

二、天气因素

二郎山气候恶劣，全年有 3/4 天为雨雪天，有效施工时间短。为了保证线路翻越二郎山，在准备阶段做好细致、充分的调查、物资、人力、技术准备工作，施工季节，加大人力、物力的投入，精细组织，紧凑安排，以抢抓有利的天气。

三、地方性材料资源

线路沿线有采石场、采砂场，砂石采购相对方便。施工用水一般可就地解决。

四、其他

本工程线路沿线位于高山大岭。

本标段大部分区段施工人员需要住在施工现场，山区尤其是二郎山段气候恶劣，多变，雨雪天较多，为无人聚居区，需要准备充足的生活物资和应急救援物资（保暖帐篷、氧气袋、发电机、常备药品等）。

4.1.3.3　社会环境条件分析

本标段所经地区为汉族、藏族、彝族、蒙古族等多民族聚居区，施工时需要熟悉当地民族政策、尊重各民族风俗习惯、做好民族团结工作，同时我们将派有丰富赔青和外协经验的人员专人负责，积极与地方政府、林区管理部门和有关乡镇等地方组织协调、沟通，签好协议保证施工正常进行。施工过程中把群众的利益放在重要位置，积极主动的和当地群众搞好关系，加强与地方政府的沟通，取得地方政府对工程的支持和政策倾斜，为施工创造良好的外围环境，为构建和谐社会做出贡献。

本工程沿线山势陡峭，植被较好，施工环境恶劣，现场的文明施工、水土保持、环境保护工作尤为重要。我们将加强管理，制定相应的技术措施，严格按照安全文明及环境保护的要求进行施工。土石方开挖严格按设计要求进行，注意环保，严禁随地弃土，尽量减少植被的破坏和不必要的树木砍伐；施工中多余的弃土妥善处置，不得就地倾倒。对临时占用的场地，施工完毕后及时进行清理。施工废弃物应妥善处理，以免对环境造成危害。

为保证本工程参建全体人员的身心健康，我公司将在项目部设立专门的医务室，配备专业的医护人员常住现场，采购常规的医疗器械和常用药物，并采取适当的安排以预防传染病。项目部根据实际情况制定各种应急预案，并与当地县级的专业医疗机构建立通畅的通讯联系。

4.1.4　总体施工特点

本工程地形条件差；气候恶劣；有效施工时间短；工作量大，且比较集中（长度、时间）。

4.1.5　项目管理特点及总体要求

4.1.5.1　项目管理的特点

（1）本工程施工承包的方式。本体部分以审定施工图预算自得价百分比和其他费用报总价的方式。施工中应加强技术、施工、计划经营管理工作，合理选择施工方案，加强质量和安全工作，缩短工期，实现本工程的工期目标。

（2）工程所用的导线、地线、铁塔、OPGW 光缆、金具由甲方供货。施工中应加强甲方供应材料的管理和质量检验，确保材料质量；在施工中应加强甲供材料供应的管理和质量检验，降低材料的损耗，节约工程成本。

（3）除甲方供应的材料外，其他所需的材料均由承包方自行采购。

（4）本工程的管理将严格执行公司项目制管理的要求，由公司聘任项目经理和项目总工程师，由项目经理聘任项目部管理人员，并优先选择施工人员组成项目部。项目部对公司直接负责，与公司签订内部施工承包合同，按照项目制管理的要求，严格控制施工质量、安全、进度及成本。

（5）根据本工程的设计特点、施工现场实际情况和要求，积极开展有针对性地 QC 小组活动，从基础、组塔、架线施工等工序入手，完善施工工艺方法，提高施工质量。

4.1.5.2　项目管理的总体要求

（1）质量目标。满足设计和验收规范要求，确保工程质量总评必须为优良，并满足分项工程合格率 100%，分部工程优良率 100%；必须达标投产，按国家电网基建〔2005〕255 号文《关于印发〈国家电网公司输变电工程达标投产考核办法（2005 版）〉的通知》的要求执行；创国家电网公司优质工程，按《国家电网公司输变电优质工程评选办法（2005 版）》的要求执行；争创国家优质工程。

（2）安全、环境目标。确保工程建设中文明施工、落实环保方案，并采取积极的安全措施，不发生人身死亡事故，不发生重大设备事故，不发生重大施工机械设备损坏事故，不发生重大火灾事故，不发生重伤事故，轻伤负伤率不大于 6‰，不发生因施工原因造成的电网停电事故，不发生重大环境污染事故。

（3）工期要求。坚持以“工程进度服从质量、安全”的原则，保证按照工期安排开工、竣工，施工过程中保证根据需要适时调整施工进度，合理安排施工计划、积极采取相应措施，按时完成工程阶段里程碑进度计划和验收工作。本工程计划于 2008 年 3 月 1 日开工，2009 年 11 月 30 日竣工。

（4）投资控制配合。在建设过程中本着高度负责的主人翁意识和责任感，积极配合施工图设计优化工作，及时主动反映有可能对工程投资造成影响的任何事宜，并承担因此造成的投资浪费的相应责任。

4.2　项目施工管理组织机构

为加强施工管理，公司成立“康定变—崇州（蜀州）变 500kV 线路新建工程（施工Ⅱ标）项目经理部”，工程实行项目经理负责制，代表公司负责本段工程的全面管理。项目经理由第三工程处副主任史欢学同志担任，项目总工程师由张筱建同志担任。

项目经理部下设经营部、技术部、质检部、安环部、器材部、财务部和办公室，按照其职责承担施工经营、技术、质量、安全、物资供应、后勤保障、双文明建设及地方关系协调等工作。项目部成员及各施工队队长多为参加过多条 500kV 线路施工的人员，具有丰富的线路施工经验。

施工期间项目部全部管理人员的人事关系将调到项目部，长期坚持现场工作，不调换也不兼职，项目管理机构也仅负责本工程的管理，公司不再安排其他事务。

工程施工期间，公司本部各职能部门按照项目经理的要求，积极为施工第一线服务，对现场出现的问题快速做出反应，确保工程顺利实施。

公司专家组对工程施工中的重大施工项目进行技术研究论证，并制定详细的施工方案，指导现场施工，为现场施工在技术方面提供强有力的保障。

4.2.1　计划投入的施工队伍

我公司计划投入曾参加过±500kV 葛（洲坝）—上（海）直流、500kV 聊长济、500kV 二（滩）—自（贡）线和 500kV 石雅线和 500kV 九石线等多条 500kV 线路施工，具有丰富的山区施工经验、作风顽强、敢于创新的第三工程处承担本工程的施工。项目经理由曾担任 220kV 冷蓉线、330kV 延榆神、330kV 勉汉项目经理，得到项目法人、工程建设单位、监理公司和设计单位一致好评的、现担任第三工程处副主任的史欢学同志担任。项目总工由第一工程处主任工程师，在送电线路施工经验丰富的张筱建同志担任。

4.2.1.1　分项工程施工队投入计划

施工队投入计划见表 4-2-1。

4.2.1.2　各施工队人员结构

施工队人员结构见表 4-2-2。

表 4-2-1　　施工队投入计划

序号	工序名称		施工队数	工作内容
1	基础施工		6	每个施工队负责 4～5 个施工班组
2	铁塔组立		6	每个施工队负责 4～5 个施工班组
3	架线施工	架线准备	1	负责绝缘子悬挂、越线架搭、拆及通道清理
		地线、OPGW 光缆架设	1	负责动力伞展放导引绳及地线、OPGW 光缆架设
		导线展放	1	负责张牵场的布置、沿线通信的设置及导线展放和锚固
		附件安装	1	负责张牵场导线升空、弧垂调整、耐张挂线、直线塔附件安装、耐张塔跳线制作及全线间隔棒安装

注　除上述主力施工队外，还计划投入汽车运输队、基础钢筋加工队、索道运输队、张牵机械操作队各一个配合现场施工。

表 4-2-2　　施工队人员结构

序号	施工队		每队人员结构									合计
			队长	技术员	质安员	测工	压接工	爆破工	机械工	送电工	普工	
1	基础施工队		1	5	1	5		5	2		100	119
2	组塔施工队		1	5	1				2	4	75	88
3	架线	架线准备队	1	1	1				1	2	40	46
		导、地线架设队	1	2	1	2	3		2	4	50	65
		断线、附件安装队	1	2	1	2	2		2	6	40	55

注　表中人数为一个施工队的编制。焊工二名，由项目部统一调配。

4.2.2　项目管理组织机构

4.2.3　职责与分工

4.2.3.1　项目经理

项目经理由公司经理授权，全权负责本工程的施工管理工作，代表公司履行施工合同，在授权范围内处理和决策与本工程项目施工有关的一切事宜。

（1）履行“项目管理目标责任书”规定的任务，组织编制项目管理实施规划，推进管理标准化。

（2）协调项目部与工程建设管理单位、监理、设计、地方政府及工程运行单位之间关系，解决施工过程中存在的问题，科学组织、合理调配工程资源，确保本工程各项计划的顺利完成。

（3）主管工程的安全和质量控制工作，负责组织有关部门严格贯彻安全法令、法规和措施，按《质量、安全、环境管理三合一 QEO 管理体系》的要求，确保安全文明施工和工程施工质量，安全事故和工期“三零目标”的实现。

（4）督促经营、工程部门按时向发包方、监理部门和公司本部报送各种管理统计报表。

（5）自觉维护业主、企业和职工的权益，完善企业的经营机制，搞好经济责任制，确保业主的要求和公司下达的各项经济技术指标的全面完成。

（6）向业主负责，施工过程中及时向业主、监理工程师、设计代表和公司本部反馈信息，确保工程建设有序进行。

（7）负责项目部的整体策划工作。严格按照《国家电网公司输变电工程安全文明施工标准化工作规定》、标准化图册、工程建设安全、质量管理制度等有关文件的规定进行项目现场布置及管理。确保实现合同规定的安全目标要求。

4.2.3.2 项目总工程师

（1）在项目经理领导下，主管本工程的技术、质量和安全工作，负责项目QEO体系贯标管理。

（2）负责解决施工中的技术问题，主持技术会议，制定技术措施并组织编制技术文件。经常深入现场检查和指导工作。

（3）参加施工图纸的会审和交底工作，组织编写施工组织设计，制定各项技术管理制度，审批安全技术措施和质量保证措施。

（4）对施工质量全面负责，积极推进“零缺陷”管理等先进的质量控制方法。参与质量事故、安全事故的分析并制定防止事故发生的技术措施。

（5）经常与项目法人、设计、监理、运行代表联系，征求其对工程施工的意见和建议，促进施工项目安全、优质、按期完成。

（6）制定各项技术培训计划。对各类人员的技术教育培训、考核和资格确认、持证上岗负领导责任。

（7）运用工程项目管理软件（P3）对工程实行动态管理。对工程进度计划及时进行修正，使工程进度计划与实际进度相符合。

（8）负责新技术、新工艺、新材料、新设备的推广应用。

（9）配合项目经理做好项目部的整体策划工作。

4.2.3.3 经营部

（1）编制本工程施工经营计划。

（2）遵循统计法和项目法人要求，真实、及时报送各类统计报表。

（3）负责本项目的各类合同管理、施工预算的编制及经济承包责任制的实施。

（4）对工程的成本进行控制，对内、对外进行工程结算及成本核算。

（5）负责资金、劳动力管理。

4.2.3.4 技术部

（1）负责技术管理工作。参加施工图审查和交底工作，严格按图施工。

（2）编制各道工序施工的补充作业指导书和各项安全技术措施，并坚持现场指导和检查工作，解决施工中的技术问题。

（3）协助项目总工做好新技术、新工艺、新材料、新设备的推广应用，在技术方面确保工程质量符合规定要求。

（4）协助专职质检员、安监员进行各项质量、安全检查。

4.2.3.5 质管部

（1）贯彻执行原部颁“质检大纲”和公司依据GB/T 19001质量管理标准制定的程序文件，确保公司质量体系在本工程中有效运行。

（2）对工程质量实施监督检查，负责本工程质量计划地制定并在施工现场负责其实施。

（3）加强过程控制。对关键工序和影响质量的薄弱环节，制定预防措施。

（4）负责质量检查、检验，质量状况分析和统计工作，根据分析结果提出整改意见并制定防范措施，并对整改结果进行验证。

（5）配合项目法人及监理工程师对工程质量进行监督，接受其对质量的要求和意见，提出整改措施，确保工程优质建成投产。

（6）在施工全过程中负责执行公司《质量奖惩条例》，并确保公司各项质量制度在本工程得到有效的落实。

（7）认真执行国家电网公司《工程档案管理实施细则》及电网内规〔2003〕1号文关于印发电网分公司《工程档案管理实施细则》补充规定的通知、四川省电力公司档案管理办法和达标投产有关规定，做好工程资料的管理、控制。

（8）对设计质量、材料质量及施工质量严格把关，为项目法人移交一个优质工程。

（9）按时编制、上报质量月报表。

4.2.3.6 安环部

（1）认真贯彻执行公司颁发的质量、环境、安全管理程序文件，严格按照本工程的《安全文明施工协议书》的要求，组织开展安全健康与环境保护的宣传、教育及管理工作。

（2）设立专职安监工程师和专职环境监督员，监督、检查本工程施工现场的安全文明施工、环境保护状况和职工的作业行为，有权制止和处罚违章作业和违章指挥行为，对严重危及人身安全的施工，有权勒令停工，并报告领导研究处理。

（3）对施工现场和安全卫生责任区内的文明施工、环境保护、环境卫生、成品保护措施及生活卫生的管理进行监督检查。

（4）参加开工前的安全交底工作，负责安全措施的编制并监督执行。负责现场施工机械、车辆交通、防火防爆安全监督工作，督促并协助有关人员做好职业防护用品、用具和重要工器具的定期试验和鉴定工作。

（5）在施工全过程中执行公司《安全奖惩条例》。

（6）分工序做好危险点辨识及预控工作，提高事故超前防范能力，确保施工安全可控、在控。

（7）按照项目法人和监理的要求及时、真实的统计上报安全报表。

（8）采取一切合理措施，保护工地及工地周围的环境，避免污染及噪声或其他由于施工原因造成对社会环境的干扰。

（9）在项目经理的领导下，具体负责实施项目部安全文明施工的整体策划和布置。

4.2.3.7 器材部

（1）建立健全器材管理的各项规章制度，按公司贯标程序文件要求，编制设备、材料购置和供应计划并具体实施。建立健全各种材料设备的台账。

（2）负责自供材料的采购、验收、运输、保管，严格按照国家有关标准及工程建设单位的要求保证材料质量。

（3）参加项目法人供应的材料在采购过程中的管理。

（4）负责所有材料的分类、标识、保管和发放。

（5）负责机械设备的运输、保养、维修，并确保其使用的有效性。

（6）负责工器具的检验、配置、维修和发放。

（7）负责计量器具的检验、配置，确保量值的准确性。

（8）负责工程爆破物品的采购、运输、储存、领退等工作的管理。

4.2.3.8 办公室

（1）负责办理工程施工的各种手续，负责工程项目有关的地方关系协调，临时用地、青苗赔偿、土地征用、拆迁改建和工程文明施工、环境保护等工作。在工程开工前召开地方关系协调会，充分取得当地政府和群众的支持。

（2）为业主、设计单位、运行单位代表和监理工程师提供良好的生活条件和工作环境。

（3）负责项目部的日常事务、文书收发、保卫、接待等。

（4）对施工中发现的文物、化石等物品，及时进行现场保护并汇报监理工程师。

4.2.3.9　施工队长

严格执行项目经理部的决策和施工计划，合理安排本队的施工力量，安全优质地完成本队施工任务，严格过程控制，坚持文明施工，保护环境。

（1）带电作业队。负责跨越带电电力线路的现场调查，负责跨越施工方案的编制和送审工作，按照现场项目经理部的工作安排和施工进度要求，负责跨越方案的实施工作，在整个放线过程中，对跨越现场实现封闭保护，负责对跨越绳网、架体和跨越物的监护工作，保证跨越过程的安全。

（2）张力放线队。按照项目经理部的工作计划安排，负责张力放线大型机械设备和专用工器具的配置、转运和保修工作，负责大型张力放线机械的操作、保修和转场工作，在施工现场遵守项目经理部的作息时间，听从张力放线现场总指挥的命令。

4.2.4　主要人员与经验

4.2.4.1　项目经理

项目经理简历见表 4-2-3。

表 4-2-3　　项 目 经 理 简 历

姓　名	张 筱 建	性别	男	年龄	32
职　务	机具公司主任工程师	职称	工程师	学历	本科
参加工作时间	2001 年	从事项目总工程师工作年限			5 年
已完工程项目情况					
项目名称	建设规模	开/竣工日期/（年.月.日）	担任职务	获奖情况	
110kV 磨锦线	15km，50 基	2003.9/2004.5	索道主管		
330kV 柞张线	120km，220 基	2005.7/2006.11	项目总工	达标投产国网优质	
500kV 九石线	34km，53 基	2006.7/2007.12	索道主管		
500kV 德龙线	30.2km，61 基	2007.03/2007.12	项目总工		

4.2.4.2　项目总工

项目总工简历见表 4-2-4。

表 4-2-4　　项 目 总 工 简 历

姓　名	史 欢 学	性别	男	年龄	33
职　务	工程处副主任	职称	工程师	学历	大学
参加工作时间	1999 年	从事项目经理工作年限			4 年
已完工程项目情况					
项目名称	建设规模	开/竣工日期/（年.月.日）	担任职务	获奖情况	
110kV 磨锦线	15km，40 基	2004.6/2005.4	项目总工		
330kV 延榆神	100km，185 基	2005.1/2005/12	项目经理	达标投产，国网优质	
330kV 略勉汉	70km，145 基	2006.10/2007.6	项目经理		

4.2.4.3　其他人员

其他人员简介见表 4-2-5。

表 4-2-5　　其 他 人 员 简 介

姓名	职务	职称	主要资历、经验及承担过的项目
陈天运	工地主任	技师	110kV 磨锦线任工地主任、500kV 九石线任工地主任，施工经验丰富，尤其在施工索道施工方面
王毅	经营部主任	工程师	330kV 柞张线任经营科长、500kV 九石线经营部主任、500kV 石雅输电线路工程（高山大岭）
姬广武	质检部主任	工程师	500kV 二自二回任质检科长、330kV 南北联络线任质检员、330kV 罗商线任质检科长、500kV 新安邯线路质管部长、±500kV 龙政线任质检科长、110kV 磨锦线（最高海拔达 4150m，最大冰区 60mm）、500kV 石雅输电线路工程（高山大岭）
阎国栋	安监部主任	工程师	500kV 漫昆线任安监部主任、500kV 二自二回线任安监科长、330kV 马汉线任安监科长、330kV 秦北庄任专职安全员、500kV 新安邯线路安监科长、±500kV 龙政线安监科长、110kV 磨锦线（最高海拔达 4150m，最大冰区 60mm）、500kV 九石输电线路工程安环部主任
井卫东	器材部主任	助理工程师	330kV 陇马一回任材料科科长、330kV 陇马二回任材料科科长、500kV 新安邯线路材料员、±500kV 龙政线任材料科科长、500kV 南洪线器材部主任
赵有亮	办公室主任	助理经济师	500kV 漫昆线任办公室主任、330kV 榆神线任办公室主任、330kV 马汉线任青苗主管、500kV 贵广线路任办公室主任、±500kV 龙政线任办公室主任、500kV 南洪线办公室主任

续表

姓名	职务	职称	主要资历、经验及承担过的项目
王保民	施工队长	技师	500kV 阳淮线任施工队副队长、500kV 南郑线任施工队队长、330kV 马汉线任施工队队长、500kV 新安邯线路任施工队队长、±500kV 龙政线任施工队队长
左文科	施工队长	助理工程师	500kV 南郑线任施工队队长、330kV 马汉线任施工队队长、500kV 新安邯线路任施工队队长、±500kV 龙政线任施工队队长、500 kV 南洪线任施工队队长
李应林	施工队长	助理工程师	500kV 南郑线任施工队队长、330kV 马汉线任施工队队长、500kV 新安邯线路任施工队队长、±500kV 龙政线任施工队队长、110 kV 磨锦线任施工队队长、500 kV 九石线任施工队队长
李正贵	施工队长	技师	330kV 延榆线任施工队队长、330kV 榆神线任施工队队长、500kV 贵广线路任施工队队长、500kV 方牧敦包任施工队长、±500kV 贵广二回任施工队队长

4.3 质量目标和施工方案

我公司长期奉行“质量第一，用户至上”的服务宗旨，遵循“提高全员素质，遵守法律法规；实现持续改进，构筑品牌工程。”的企业管理方针。为把本线路建成国家优质工程，我司将在本工程中全面贯彻 GB/T 19001—2000 标准要求，落实各项质量职责，确保公司质量体系有效运行，使工程质量管理科学化、规范化，工程质量在施工的全过程始终处于受控状态。

4.3.1 工程质量目标、创优计划及质量管理机构

4.3.1.1 工程质量目标

保证贯彻和实施工程设计的技术原则及国家、行业颁发的规程、规范；杜绝重大质量事故的发生，保证零缺陷移交生产。工程施工质量达到优良标准，分项工程合格率 100%，分部工程优良率 100%；满足《国家电网公司输变电工程达标投产考核办法（2005 版）》的要求。创国家电网公司优质工程；争创国家优质工程。

4.3.1.2 主要分项工程质量目标分解

主要分项工程质量目标分解见表 4-3-1。

4.3.1.3 工程质量目标在职能部门的分解

工程质量目标在职能部门的分解见表 4-3-2。

4.3.1.4 工程创优计划见《创优质工程实施细则》

4.3.1.5 质量管理组织机构及主要职责

一、质量管理组织机构

质量管理组织机构如图 4-3-1 所示。

表 4-3-1　　主要分项工程质量目标分解

分项工程	检查项目		规范及公司要求的质量标准	项目部质量控制标准
土石方及基础工程	线路复测	直线桩横线路偏移	50mm	40mm
		档距	1%L	0.8%L
		转角桩度数	1′30″	1′0″
		杆塔位及被跨越物高程	0.5m	0.4m
		被跨越物与临近杆距离	1%L	0.8%L
	基础坑深		≤+80mm，−0 mm	≤+80mm，−0mm
	基础根开及对角线		±1.6‰	±1.2‰
	基础顶面间或主角钢操平印记间的相对高差		4mm	4mm
	整基基础扭转		8′	6′
	土石方开挖		应尽量减少破坏原始的地面和植被，注意保护环境，防止水土流失	应尽量减少破坏原始的地面和植被，注意保护环境，防止水土流失
	基础断面尺寸允许偏差		不大于−0.8%，基础表面平整美观，符合优良级标准要求	不大于−0.8%，基础表面平整美观，符合优良级标准要求
	混凝土原材料		均应符合国家现行标准的规定，并在当地具有一级资质的试验室进行检验和复试，砂、石一般应选用中砂和 20～40 粒级的碎石	水泥必须在规模大、性能稳定的大厂采购，并在当地具有一级资质的试验室进行检验和复试，砂、石应选用中砂和 20～40 粒级的碎石
	混凝土强度		不小于设计值（试块与基础同条件养护，其龄期为 28d），施工采用钢模板或新型材料模板、机械搅拌和机械振捣	不小于设计值（试块与基础同条件养护，其龄期为 28d），施工采用钢模板或新型材料模板、机械搅拌和机械振捣
接地工程	接地体连接、埋深		接地引下线工艺美观，接地体埋深大于设计值	接地引下线工艺美观，接地体埋深大于设计值
	接地电阻		电阻小于设计值，符合优良级标准要求	电阻小于设计值，符合优良级标准要求
铁塔组立工程	节点间主材弯曲		不大于 1/800 节点间长度，主材无弯曲超标	不大于 1/800 节点间长度，主材无弯曲超标

续表

分项工程	检查项目	规范及公司要求的质量标准	项目部质量控制标准
铁塔组立工程	铁塔倾斜	整体结构的倾斜不应超过 2.4‰	整体结构的倾斜不应超过 2‰
	转角、终端塔	架线后不允许向受力侧倾斜	架线后不允许向受力侧倾斜
	架线后螺栓紧固率	达到 98%以上	达到 99%以上
架线工程	导、地线接续管试验强度	≥96%保证计算拉断力	≥98%保证计算拉断力
	同一档内接续管与补修管	每线只允许各有一个	每线只允许各有一个，无补修管
	导、地线弧垂允许偏差	±2%	±1.6%
架线工程	子导线弧垂偏差	50mm	50mm
	导地线的磨损	严格控制在规程范围内	导线保护，严格控制在规程范围内
	交叉跨越物对地距离	符合设计及规范要求	符合设计及规范要求
	金具及间隔棒规格、数量、跳线及带电体对铁塔电气间隙	符合设计要求	符合设计要求
	开口销及弹簧销	齐全并开口	齐全并开口
	防震锤安装尺寸	<±24mm	<±20mm
线路防护设施	基础护坡	工艺严格，整齐美观	工艺严格，整齐美观
	保坎、排水沟	有效、美观	有效、美观
档案管理	施工及评级纪录	真实、清晰、规范，满足档案管理要求	真实、清晰、规范，满足档案管理要求
	竣工图	完整、真实、规范、装订整齐	完整、真实、规范、装订整齐
	其他移交资料	真实、齐全、装订整齐	真实、齐全、装订整齐

表 4-3-2　　工程质量目标在职能部门的分解

序号	目　标　分　解	职能部门	职能部门负责人	总负责人
1	确保满足工程施工需要的业务熟练、经验丰富的技术管理人员及技工	办公室	任卫红	项目经理
2	确保提供施工所需的施工设备、车辆、工器具、计量仪器及其他施工资源	器材部	井卫东	
3	确保进入施工现场、材料站的各类材料（甲供、自供）100%合格（符合相关标准要求）	器材部	井卫东	项目总工
4	严格按照合同、设计文件、施工规范及质量验评规定进行工程施工，按合同要求及时提供相关文件，严格工序控制、质量检验制度，按施工方案、作业指导书的要求操作	质检部 技术部	姬广物 任甲东	

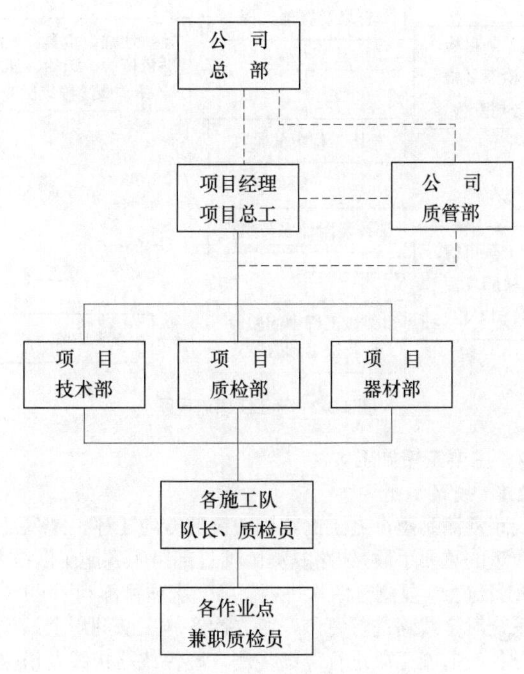

图 4-3-1　质量管理组织机构

建立公司、项目经理部、施工队三级质量检查的组织管理机构，全权行使本工程的质量监督检查和质量控制，同时配合工程建设管理单位、监理工程师抓好本工程的质量。

二、质量管理主要职责

（1）项目经理：是本工程质量的第一责任人，对工程质量全面负责。

（2）项目副经理：协助项目总工对现场质量管理工作负责。

（3）项目总工程师：代表项目经理主持质量管理工作。

（4）质检部：负责工程质量的监督、检查、控制、检验、考核及奖惩，并及时向项目经理、项目总工程师提供有关质量情况。

（5）技术部：配合质检部在施工技术措施方面保证质量。

（6）器材部：配合质检工程师在施工工器具及材料方面保证质量。

（7）施工队队长、质安员：负责本施工队的现场施工质量检查和控制，负责本队日常质量活动的开展及质量意识教育。

4.3.2　施工总体安排和分包计划

4.3.2.1　施工总体安排

根据本工程的线路调查及招标单位对施工进度的要求，结合我公司在 500kV 九石线等高大山区送电线路的施工经验，本线路工程的施工进度计划如下，由于本工程的特殊性，我项目部计划将施工总体分为两部分，轻冰区具备条件的施工段在开工后立即投入全部施工队开始施工，在重冰区段施工条件具备后立即投入大量人力、物力进场，详细的施工进度计划见后表：

工程开工日期：2008 年 3 月 1 日。

基础施工日期：2008 年 3 月 1 日—11 月 25 日。

铁塔组立日期：2008 年 7 月 15 日—2009 年 8 月 10 日。

架线施工日期：2009 年 3 月 15 日—9 月 20 日。

4.3.2.2 施工方式

施工方式见表 4-3-3。

表 4-3-3 施 工 方 式

序号	分项工程名称	作业方式	备注
1	土石方工程	专业分包	
2	基础工程	劳务分包	
3	铁塔组立及接地	劳务分包	
4	架线工程	劳务分包	

4.3.2.3 施工分段

一、基础、杆塔施工各施工队驻点及施工控制段

本标段翻越二郎山段山势陡峭，气候恶劣，全年有 3/4 的天气为雨雪天气，设计为 20～60mm 冰区，该区段施工难度大，条件艰苦，有效施工时间短。我们计划在基础、铁塔阶段根据不同的区段和气候条件组织施工，合理安排，以实现整个工程的进度目标：

(1)轻冰区段具备条件的每个施工队划分 1～2 基同时开展施工，力争在 4 月下旬完成基础施工，为重冰区储备队伍，同时赢得时间。

(2) 考虑到重冰区有效施工期短，工程量大，我们在重冰区段划分施工段时，加大了人力、物力投入，施工队设置比较密。

(3) 工程开工复测后（设计院定位后），立即着手对重冰区线路进行详细调查，抢修施工便道，确定索道运输点，尽快组织索道架设和材料运输，2008 年 7—11 月底基础和铁塔施工进行交叉作业。

二、牵、张场布置

本工程的导、地线均采用张力展放，接续管采取集中压接法。由于地形限制，张牵场选择难度非常大，为了确保导线在展放过程中不受损伤，结合现场地形，本工程计划分为 4～5 场进行导线展放，见表 4-3-4。

表 4-3-4 导 线 展 放 布 置

序号	张力场	牵引场	放线段长度	备注
1	N2001	N2009	5.91km	
2	N2009	N2025（二郎山垭口）	4.422km	
3	N2036A、N2037B	N2025（二郎山垭口）	2.796km	
4	N2036A、N2037B	N2052	4.424km	

由于本工程重冰区铁塔布置较密，重冰区放线时导线通过滑车数可能超过规程要求，为了较小滑车队导线的磨损，我们计划重冰区采用挂胶放线滑车。

4.3.2.4 施工方向

基础、杆塔施工各施工队在本队控制范围内根据材料供货、土石方开挖及工地材料运输等情况进行交叉作业。架线施工计划由小号侧向大号侧方向展放，遇到天气等因素时，可以随机调整。

4.3.2.5 分包计划

本工程全部由我公司独立完成，不再分包。

本工程在人力运输、土石方工程中使用的劳务工，将按照《关于印发国家电网公司电力建设工程分包、劳务分包及临时用工管理规定（试行）的通知》（国家电网基建〔2005〕531 号）和公司《工程分包和劳务工管理规定》中对劳务工管理要求，在质量方面加强管理：

（1）加强劳务工的质量教育培训，提高其质量意识。

（2）各工序开工前，劳务工必须参加施工技术方案的技术、质量交底和试点工作。

（3）劳务工必须在施工点负责人的带领和指导下进行作业。

（4）严格执行质量奖惩制度，做到奖罚分明。

（5）本工程所有相关的质量管理规定对劳务工具有同等的约束力。

4.3.3 施工方法

4.3.3.1 施工工序流程

施工工序流程如图 4-3-2 所示。

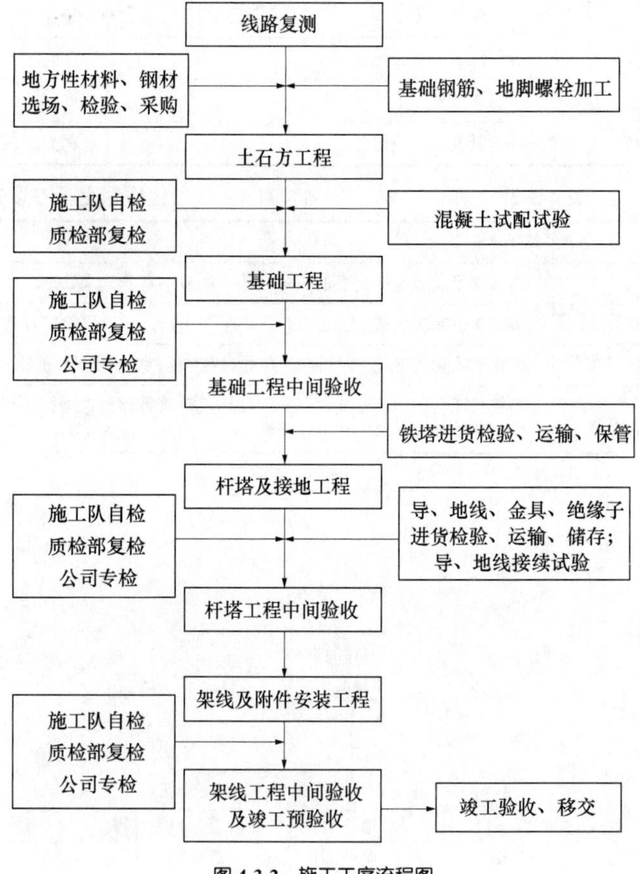

图 4-3-2 施工工序流程图

4.3.3.2 主要工序施工方法

4.3.3.2.1 线路复测

线路复测是整个施工的特别关键的专业工序，是保证工程施工质量的重要手段，线路复测由项目部组织各施工队技术员、测量人员进行。复测分两次进行，第一次项目部利用 GPS 全球定位系统对全线路进行复测，第二次各施工队利用全站仪或经纬仪对各自的施工段进行详细复测，确保线路定线及塔位的准确性。施工方法见表 4-3-5。

表 4-3-5　　施线路复测施工方法

序号	施工项目	施工方法	主要施工机械
1	直线方向	两点间定线法，倒镜反向延伸法、延长直线法等	J6 经纬仪
2	转角角度	采用测回法或方向法进行测量	J6 经纬仪
3	水平距离	一般地段采用经纬仪视距法测量，跨越档采用全站仪进行测距	J6 经纬仪 TOPCON-700 型全站仪
4	高程	采用三角高程测量的方法进行高程测量和计算	TOPCON-700 型全站仪
5	不通视情况下的复测	采用等腰三角形法、矩形法、任意辅助桩法进行复测。特殊情况下根据设计提供的塔位中心桩坐标，采用 GPS 定位系统进行坐标复核	TOPCON-700 型全站仪 GPS 定位系统
6	交叉跨越物	采用经纬仪综合测量的方法进行复测	J6 经纬仪 测高仪
7	地形凸起点高程	用经纬仪和塔尺按三角高程测量的方法进行综合测量	J6 经纬仪
8	危险点及风偏	用经纬仪和塔尺按三角高程测量的方法进行综合测量	J6 经纬仪

线路复测必须执行国家《工程测量规范》现行标准的有关规定，测量中要进行往返观测或多次复测进行相互校核，以免出错。误差必须满足验收规范的标准要求。

线路复测中，对线路直线方向、耐张塔转角度数、相邻杆塔的高差、档中被跨越物的标高、塔基断面、地面危险点的标高进行重点复核，同时还应对对地（含风偏）距离、对潜在的危险跨越物的距离、对运行通道中成片树林距离（含风偏和倒树距离）应满足少伐或不砍伐的原则，发现问题应及时通知监理工程师和业主进行处理。塔基断面复测还应检查塔基地质情况，稳定判断，尽量避免因设计考虑不周导致基础外露过高或塔腿埋入基坑以内情况，避免基础处于不良地质或不稳定滑坡地带。发现问题应报告监理工程师和业主处理。如偏差超过《规范》要求时，应通知设计单位查明原因，予以纠正。如发现设计图纸中没有的交叉跨越物，应及时通知设计单位协商处理。

对塔基断面复测时，要和设计提供的《基础明细表》进行对照，发现地形不符或基础配置有问题要及时和监理、设计取得联系妥善解决，以免出现塔腿被埋在土里等情况。

本章其余内容见光盘。

第11篇

750kV、±800kV送电线路工程施工组织设计范例

任佳东　史欢学　姚　晖　马小云　金晓兵　于舒涵
米和勇　张　鑫　于　勇　李大伟　曹　军　张继升
陈舒理　张小峰　谭小刚　焦　傲　常　成　栾　勇
杨启发　傅启光　等　编著

第 1 章　库车—巴音郭楞 750kV 输电线路工程施工组织设计

1.1　编 制 依 据

（1）《建设工程项目管理规范》（GB/T 50326—2006）。

（2）《电力建设工程施工技术管理导则》（2003）。

（3）《750kV 架空送电线路施工及验收规范》（GB 50389—2006）。

（4）《750kV 架空送电线路工程施工质量检验及评定规程》（Q/GDW 121—2005）。

（5）《750kV 架空送电线路张力架线施工工艺导则》（DL/T 5343—2006）。

（6）《电力建设安全工作规程》（DL 5009.2—2004）。

（7）《输变电工程安全文明施工标准》（Q/GDW 250—2009）。

（8）《建筑工程冬期施工规程》（JGJ/T 104—2011）。

（9）《国家电网公司基建安全管理规定》（国家电网基建〔2011〕1753）。

（10）《输变电工程达标投产考核办法》（国家电网基建〔2011〕146）。

（11）《中国电力优质工程奖评选办法》（国家电网基建〔2012〕1432 号）。

（12）《输变电工程建设标准强制性条文实施管理规程》（Q/GDW 248—2008）。

（13）《国家电网公司电网建设项目档案管理办法（试行）》（国家电网办〔2010〕250 号）。

（14）《关于进一步加强输变电工程施工过程控制数码照片采集与管理的有关要求》。

（15）《基建工程数码照片采集及使用管理、考核实施细则》试行。

（16）《国家电网公司输变电工程质量通病防治工作要求及技术措施》（基建质量〔2010〕19 号）。

（17）《施工库车—巴音郭楞 750kV 输电线路工程建设管理纲要》。

（18）《施工库车—巴音郭楞 750kV 输电线路工程强制性条文实施策划》。

（19）《库车—巴音郭楞 750kV 输电线路工程安全文明施工总体策划》。

1.2　工程概况与工程实施条件分析

1.2.1　工程概述

1.2.1.1　工程简介

项目名称：库车—巴音郭楞 750kV 输电线路工程。

建设地点：新疆维吾尔自治区巴音郭楞州境内。

建设单位：新疆电力公司。

设计单位：新疆电力设计院。

监理单位：新疆电力工程监理有限责任公司。

施工单位：陕西送变电工程公司。

建设工期：2012 年 10 月—2013 年 12 月。

1.2.1.2　工程概况

库车—巴音郭楞 750kV 输电线路工程施工Ⅳ标段，起自野云沟东北 1.5 公里处（线路桩号 J19），止于二十九团东北侧吉格代布拉克（线路桩号 J25），线路路径长度 60km，沿线海拔为 1050～1200m。

J19 塔库车变侧导、地线耐张串归施工Ⅲ标段，J19 塔的其余工程量（含铁塔、基础、接地装置、跳线、跳线串等）均归施工Ⅳ标段。吉格代布拉克处 J25 塔库车变侧导、地线耐张串归施工Ⅳ标段。

库车—巴音郭楞 750kV 输电线路工程施工Ⅳ标段导线型号：6×JL/LHA1-180/270 型铝合金芯铝绞线；地线采用 JLB23-120 型镀锌钢绞线，光缆采用 OPGW-120。杆塔采用自立式铁塔，基础采用直柱掏挖基础、斜柱板式基础等型式，线路设计为单回路架设。

1.2.2　工程设计特点、工程量

1.2.2.1　主要气象条件

本标段的设计气象条件组合见表 1-2-1。

表 1-2-1　　本标段设计气象条件组合表

参数条件	气温/℃	风速/（m/s）	覆冰/mm
最低气温	−30	0	0
平均气温	5	0	0
最大风速	−5	30	0
覆冰情况	−5	10	10
最高气温	40	0	0
安装	−15	10	0
大气过电压	15	10	0
操作过电压	10	17.2	0
雷暴日数/d	25		
冰的比重/（g/cm³）	0.9		

（1）设计冰厚：本标段全线覆冰 10mm。

（2）设计风速：本标段全线设计基本风速为 30m/s。

（3）水文条件：根据现场踏勘、调查，沿线部分区域分布有因暴雨洪水或冰雪融水冲刷而成的深 0.5～2.0m，宽度不定的冲沟。

（4）地质条件：本标段全线为平地。线路途经的地貌单元主要为山前冲洪积扇、山前冲洪积平原、低中山、剥蚀丘陵区等地貌单元。主要为戈壁荒漠景观，地势较平坦、开阔，总的地势表现南高北低，戈壁滩地段有小型冲沟发育。

1.2.2.2　路径情况

线路由野云沟北侧向东，总体平行于 220kV 库轮 I、II 线、库库高速公路和南疆铁路，在 220kV 线路、高速公路和铁路北侧走线，线路经过阿克敦、库尔楚，在库尔楚西北面开始平行于 110kV 西阳线至二十九团东北侧的吉格代布拉克。

1.2.2.3　地形分类

地形分类见表 1-2-2。

表 1-2-2　　地 形 分 类 表

地形	距离/比例
平地	60/100%

1.2.2.4 工程量简介

主要工程量见表 1-2-3。

表 1-2-3　主要工程量表

项　目		单位	数量	备注
线路长度		km	60	
地形	平地	%	100	
最大设计风速		m/s	30	
设计冰厚		mm	10	
导线	6×JL/LHA1-180/270	km	1112	
地线	OPGW-120	km	65	
	JLB23-120	km	62	
土石方	基面	m^3	270	
	接地槽	m^3	7050	
	基坑土石方	m^3	30160	
基础垫层	垫层（铺石灌浆 C20）	m^3	501	
基础混凝土量	基础（C30）	m^3	4436	
基础保护帽（C15）		m^3	155	
护坡、挡土墙、保坎、排水沟（浆砌块石）		m^3	2970	
基础钢材	一般基础钢筋（大开挖基础）	t	613	
	地脚螺栓（35 号钢）	t	105	
	基础钢材（合计）	t	613	
接地型式	JB10	基	72	
	JC20	基	50	
接地钢材		t	20.8	采用ϕ12 镀锌圆钢
降阻模块		块	720	
杆塔数量合计	直线塔	基	111	
	耐张塔	基	11	
塔材总重		t	4917.3	
绝缘子金具串型号及数量	210kN 单联合成绝缘子悬垂 I 串（代号：XDI21）	串	164	
	300kN 单联合成绝缘子悬垂 I 串（代号：XDI30）	串	54	
	2×210kN 单联合成绝缘子悬垂 V 串（代号：XDV21）	串	82	
	2×300kN 单联合成绝缘子悬垂 V 串（代号：XDV30）	串	27	
	2×420kN 双联盘式耐张串（代号：N2）	串	60	
	2×120kN 双联耐张串	串	2	
	跳线悬垂串（代号：XT）	串	30	
	地线悬垂串（代号：DX）	串	109	
	OPGW 悬垂串	串	109	
	地线耐张串（代号：DN）	串	20	
	OPGW 耐张串	串	44	

续表

项　目		单位	数量	备注
绝缘子金具串型号及数量	120kN 合成绝缘子	支	50	
	210kN 合成绝缘子	支	328	
	300kN 合成绝缘子	支	108	
	70kN 地线绝缘子	片	218	
	70kN 盘式绝缘子	片	40	
	120kN 盘型绝缘子	片	200	
	420kN 盘型绝缘子	片	6000	
线夹	导线悬垂线夹	个	2179	JL/LHA1-180/270 用
	导线耐张线夹	个	360	JL/LHA1-180/270 用
	地线预绞式悬垂线夹	个	111	
	地线耐张线夹	个	40	
	OPGW 预绞式悬垂线夹	个	100	
	OPGW 预绞式耐张线夹	个	44	
均压环	单联悬垂 I 串大均压环	个	218	
	单联悬垂 V 串大均压环	个	218	
	耐张均压屏蔽环	个	120	
间隔棒	导线间隔棒	个	3600	
	跳线间隔棒	个	405	
防振锤	导线防振锤	个	1296	
	地线防振锤	个	1032	含 OPGW 防振锤
鼠笼式刚性跳线		套	27	
导线重锤片		个	405	
其他金具		t	84	
交叉跨越	跨 110kV 线路	处	1	
	跨 10kV 线路	处	4	
	通信线	处	2	

1.2.3 施工实施条件及自然环境分析

1.2.3.1 建设地点

本工程位于新疆维吾尔自治区巴音郭楞蒙古族自治州境内，路径经过轮台县和库尔勒市。

1.2.3.2 环境特征

轮台县、库尔勒市位于天山南麓，塔里木盆地塔克拉玛干沙漠北缘，属暖温带大陆性干旱气候，年平均气温 10.9℃。平原区年平均降水量 52mm，年平均蒸发量 2077mm，年日照 2787h，无霜期 189d 左右；日照时间长，热量条件好，无霜期较长，降水稀少，蒸发旺盛，空气干燥。冬季气候寒冷，极端低温达到-25.5℃，夏季炎热，极端高温达到 41.4℃；工程所在区域为少数民族地区，有汉、蒙、维、回等 23 个民族，少数民族人口数量占总人口的 30%以上。

线路途经的地貌单元主要为山前冲洪积扇、山前冲洪积平原、低中山、剥蚀丘陵区等地貌单元，主要为戈壁荒漠景观，地势较平坦、开阔。

1.2.3.3 施工实施条件与自然环境分析

1.2.3.3.1 施工条件分析

（1）本标段基础型式采用斜柱板式基础和直柱掏挖型式基

础。基础型式为线路通用设计型式，施工方法比较成熟。

1）土石方开挖期间应注意塔基附近植被的保护，施工完毕后要根据情况适当植树种草进行绿化防护。

2）本标段部分基础大部分位于戈壁滩沙漠地区，设计为弱腐蚀地区，不需进行防腐处理。

3）针对基础自身的特点，在混凝土浇筑时，应注意模板的支模工艺，重点加强立柱模板的支护。浇制采用商品混凝土和机械振捣。

（2）本标段铁塔为 750kV 线路铁塔通用设计。采用成熟的 700mm 断面内悬浮抱杆施工方案或根据情况进行吊机组装；本工程大部分塔位处于戈壁滩之中，我公司正在推行机械化施工，将在塔位交通运输条件便利时采用吊机吊装进行铁塔组立，在部分山地地区采用内悬浮抱杆进行铁塔组立。

（3）本标段导地线型号。

导线型号：6×JL/LHA1-180/270 型铝合金芯铝绞线。

地线型号：JLB23-120 镀锌钢绞线、OPGW-120 光缆。

（4）铁塔组立采用内悬浮抱杆施工方案或根据情况进行吊机组装；架线施工阶段采用动力伞展放初导绳，以降低施工成本，提升工作效率。施工结束后，将对施工场地进行修复，努力恢复原有的地质地貌水平。

1.2.3.3.2　自然环境条件分析

一、地形、地质及交通运输条件

本标段主要为平地。地处塔克拉玛干沙漠北沿，主要地质地貌为戈壁和荒漠。

全线交通条件一般，平行于库库高速公路，并有 220kV 库轮线和 110kV 西阳线有施工和运维道路伴行，沿线由南向北分布有进出矿山的土路，线路主要交通道路均需要进行修筑。

二、主要交叉跨越

本标段交叉跨越较少，涉及跨越 110kV 电力线路 1 处，10kV 电力线路 4 处，通信线路 2 处。

三、地方性材料资源

基础浇制平原地区采用商品混凝土，施工所用水泥、砂、石、施工用水均采用当地材料，由商混站采购，项目部质检人员送检。山地地区采用机械搅拌，施工所用水泥、砂、石、均采用当地材料，施工用水需要外送，项目部在开工前要做好充分准备。

1.2.3.3.3　社会环境条件分析

本工程项目部将安排有青征经验的同志负责政策处理与协调机构，由于本工程地处少数民族地区，所以我们施工过程中要尊重当地的民族文化、风俗习惯，和当地群众搞好关系，和地方政府加强沟通、取得地方政府对工程的支持，为施工创造良好的外围环境。

做好现场的文明施工、环境保护工作。我们将加强管理，制定相应的技术措施，严格按照安全文明及环境保护的要求进行施工；对临时占用的场地，施工完毕后及时进行清理；施工废弃物应妥善处理，以免对环境造成危害。

1.3　项目施工管理组织结构

为实现本工程各项管理目标，公司成立“库车—巴音郭楞 750kV 输电线路工程施工Ⅳ标段项目部”，工程实行项目经理负责制，负责本标段工程的全面管理。项目经理由李全胜同志担任，项目总工程师由任甲东同志担任。

项目经理部下设经营部、技术部、质检部、安环部、器材部和办公室，按照其职责承担施工经营、技术、质量、安全、物资供应、后勤保障、双文明建设及地方关系协调等工作。

1.3.1　项目管理组织结构

项目管理组织机构图如图 1-3-1 所示。

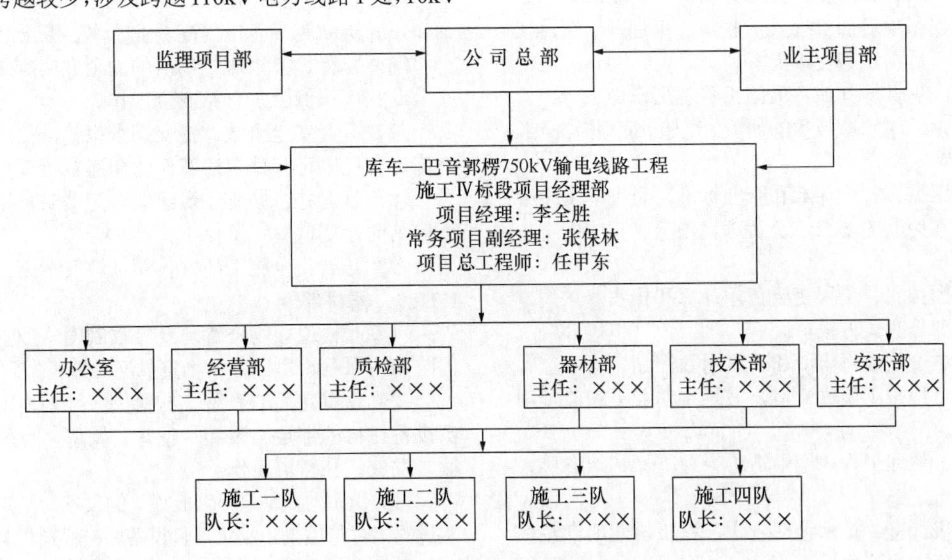

图 1-3-1　项目管理组织机构图

1.3.2　项目管理职责

1.3.2.1　项目经理

项目经理由公司经理授权，全权负责本工程的施工管理工作，代表公司履行施工合同，在授权范围内处理和决策与本工程项目施工有关的一切事宜。

(1)是落实电力线路工程施工现场管理职责的第一责任人，在授权范围内代表施工单位全面履行施工承包合同；对施工生产和组织调度实施全过程管理；确保工程施工顺利进行。

（2）组织建立相关施工责任制和各种专业管理体系并组织落实各项管理组织和资源配备，监督有效地运行，负责项目部员工管理职责的考核及奖惩，进行利益分配。

（3）组织编制符合工程项目实际的《施工组织设计》《工程创优施工实施细则》《安全文明施工实施细则》《应急预案》和《输变电工程施工强制性条文执行计划》等实施性文件，并负责落实和监督。

（4）对施工过程中的安全、质量、进度、技术、造价等有关要求执行情况进行检查、分析及纠偏。

（5）针对工程实施和检查中出现的重大问题，负责妥善处理，提请有关方协调解决，并制订纠正预防措施。

（6）合理安排工程资金使用；审核“安措费”使用计划。

（7）组织落实安全文明施工、职业健康和环境保护有关要求，促进项目的各项管理活动的开展落实。

（8）组织工程内部验收和质量评定工作，申请工程验收，安排工程竣工后期相关管理工作。

（9）项目投产后，组织对项目管理工作进行总结；接受审计，安排项目部解体后的收尾工作。

1.3.2.2　项目总工程师

（1）认真贯彻执行上级和施工单位颁发的规章制度、技术规范、标准。组织编制符合电力线路工程实际的实施性文件和重大施工方案，并在施工过程中负责技术指导和把关。

（2）组织对施工图及时预审，接受业主项目部组织的交底活动。对施工图纸和工程变更的有效性执行负责，在施工过程中发现施工图纸中存在问题，负责向监理项目部提出书面资料。

（3）组织相关施工作业指导书、安全技术措施的编审工作，组织项目部安全、质量、技术及环保等专业交底工作。负责对承担的施工方案进行技术经济分析与评价。

（4）组织编制设备、材料供货计划、大型机具配置计划、技术培训计划并督促实施。

（5）组织本项目部全员的安全、质量、技术及环保等相关法律、法规及其他要求等的培训。

（6）定期组织项目专业管理人员，检查或抽查工程安全和质量。当工程项目安全和质量存在问题或隐患时，提出技术解决和防范措施。

（7）在项目经理的领导下，主持项目施工日常管理工作，负责落实业主、监理项目部对工程技术方面的有关要求。

（8）负责及时组织项目部管理人员收集、整理及汇总施工过程资料，项目投产后组织移交竣工资料。

（9）协助项目经理做好其他各项施工管理工作。

（10）负责施工新工艺、新技术的研究、试验、应用及总结。

1.3.2.3　经营部

（1）严格执行国家、行业标准和企业标准，贯彻落实主管单位有关造价管理和控制的要求，负责项目施工过程中的造价管理与控制工作。

（2）负责施工图预算、工程变更费用计算和核实。按规定向业主和监理项目部等有关方报审。

（3）编制工程进度款支付申请和月度用款计划。

（4）负责编制工程竣工结算资料，按规定向业主和监理项目部等有关方报审。

（5）负责收集、整理工程实施中造价管理工作基础资料。

1.3.2.4　技术部

（1）认真贯彻执行有关技术管理规定，积极协助项目经理或项目总工做好各项技术管理工作。

（2）认真阅读有关设计文件和施工图纸，在施工过程中发现设计文件和施工图纸存在问题及时向项目总工提出。施工过程中加强对设计文件等资料做到闭环管理。

（3）编写和出版各工序施工作业指导书、安全技术措施等技术文件；并在施工过程中负责落实有关要求和技术指导。

（4）在工程施工过程中随时进行检查和技术指导，当存在问题或隐患时，提出技术解决和防范措施。

（5）负责组织施工队伍做好项目施工过程中的施工记录和签证。

（6）不断提高自身的业务素质，并从技术方面指导和支持项目部的各项管理工作。

1.3.2.5　质检部

（1）积极协助项目经理全面负责项目实施过程中的质量控制和管理工作。

（2）认真贯彻执行上级和公司颁发的规章制度、技术规范、质量标准，参与编制符合项目管理实际情况的质量实施细则和措施，并在施工过程中监督落实和业务指导。

（3）组织项目部职工学习工程质量验收规范和产品质量标准。定期检查工程施工质量情况，参加质量事故调查，提出事故处理意见。

（4）按照有关要求或档案资料管理办法，收集、审查、整理施工记录表格、试验报告等资料。

（5）组织进行隐蔽工程和关键工序检查，对不合格的项目应责成返工，督促班组做好质量自检和施工记录的填写工作。

（6）完成项目经理安排的其他各项施工管理工作。

（7）负责工程的数码照片收集工作，并存档备验。

1.3.2.6　安全环境部

（1）积极协助项目经理全面负责施工过程中的安全文明施工和管理工作，确保施工过程中的安全。

（2）认真贯彻执行上级和公司颁发的规章制度、安全文明施工规程规范，结合项目特点制订安全健康环境管理制度，并监督指导施工现场落实。

（3）负责施工人员的安全教育和上岗培训，参加项目总工组织的安全交底。参与有关安全技术措施等实施文件编制，审查安全技术措施落实情况。

（4）负责制订工程项目安全工作目标计划。负责编制安全防护用品和安全工器具的购置计划。负责建立并管理安全台账。

（5）负责布置、检查、指导施工队伍安全施工措施的落实工作，并协助施工队伍提高专业水平，开展各项业务工作。

（6）监督、检查施工场所的安全文明施工情况，组织召开安全专业工作例会，总结安全工作。

（7）调查安全事故，提交调查报告，提出整改意见和防范措施。有权制止和处罚违章作业和违章指挥行为。

（8）督促并协助施工班组做好劳动防护用品、用具和重要工器具的定期试验、鉴定工作。

（9）开展安全施工的宣传和推广安全施工经验。

1.3.2.7　器材部

（1）严格遵守物资管理及验收制度，加强对设备、材料和危险品的保管，建立各种物资供应台账，做到账、卡、物相符。

（2）以审定后的设备、材料供应计划为依据，负责办理甲供设备材料的催运、装卸、保管、发放，自购材料的供应、运输、发放、补料等工作。

（3）负责对到达现场（仓库）的设备、材料进行型号、数量、质量的核对与检查。收集项目设备、材料及机具的质保等文件。

（4）负责工程项目完工后多余材料的冲减退料工作。

（5）做好到场物资的跟踪管理，以实现质量可追溯性。

1.3.2.8　办公室

（1）负责对工程施工图纸、设计文件、施工信息及内、外的行政文件（资料）的接收、传递和保管；保证其安全性和有效性。

（2）负责向业主、监理项目部的方案（措施）报审工作。

（3）负责有关会议纪要整理和资料翻译工作；音像资料的收集和整理工作；负责现场网站的维护工作，P3&EXP 软件的加载工作。

（4）根据项目总工要求，建立文件资料管理台账，及时进行档案移交工作。

（5）负责基建管控模块系统资料报送的所有工作。

1.3.2.9　施工队长

严格执行项目部的决策和施工生产计划，合理安排本队的施工力量，安全优质地完成本队施工任务，严格过程控制，坚持文明施工，保护环境。

1.3.3　工程主要负责人简介

1.3.3.1　项目经理简介

项目经理简介见表 1-3-1。

表 1-3-1　　项目经理简介

姓名	×××	年龄	××	学历	大专
职称	工程师	职务	公司副总工程师	拟在本合同任何职	项目经理
毕业学校	1988 年毕业于西北电力职工大学输电工程专业				
主要工作经历					

日期/（年.月）	参加过的类似项目	担任职务	发包人及联系电话
2006.3—2007.2	500kV 石雅线	项目经理	×××
2007.3—2008.5	500kV 德龙线	项目经理	×××
2008.9—2009.8	750kV 彬乾线	项目经理	×××
2009.9—2010.10	750kV 永金线	项目经理	×××
2011.1—2011.9	750kV 秦岭电厂送出	项目经理	×××

1.3.3.2　项目总工简介

项目总工简介见表 1-3-2。

表 1-3-2　　项目总工简介

姓名	×××	年龄	××	学历	本科
职称	工程师	职务	分公司技术专责	拟在本项目任何职	项目总工
毕业学校	2005 年毕业于西安理工大学电力系统及其自动化专业				
主要工作经历					

日期/（年.月）	参加过的类似项目	担任职务	发包人
2007.12—2008.12	500kV 康崇线	项目总工	×××
2009.1—2009.10	330kV 硖汉线	项目总工	×××
2009.11—2010.11	±660kV 宁山线	项目总工	×××
2010.12—2012.7	分公司	技术专责	

本章其余内容见光盘。

第2章　吐鲁番—巴音郭楞750kV输电线路工程施工组织设计

编制依据如下：

（1）750kV吐鲁番—巴音郭楞输电线路工程《施工总说明书》及施工图纸。

（2）《建设工程项目管理规范》。

（3）《750kV架空送电线路施工及验收规范》。

（4）《750kV架空送电线路工程施工质量检验及评定规程》（Q/GDW 121—2005）。

（5）《输变电工程达标投产考核评定标准》。

（6）《国家电网公司安全生产规程规定》。

（7）《电力建设安全健康与环境管理工作规定》。

（8）《电力建设安全工作规程》（2009年版）。

（9）《电力建设工程施工技术管理制度》及国家有关规程、规范、技术标准及有关施工工艺导则。

（10）我公司750kV输电线路工程施工的有关资料和经验。

（11）我公司根据《质量管理体系要求》（GB/T 19001—2000 idt ISO9001:2000）、《环境管理体系要求及使用指南》（GB/T 24001—2004/ISO14001:2004）、《职业健康安全管理体系规范》（GB/T 28001—2001）标准要求，建立的质量、环境和职业健康安全管理手册和程序文件。

2.1　工程概况与工程实施条件分析

2.1.1　工程特点与工程量

2.1.1.1　工程概况

750kV吐鲁番—巴音郭楞输电线路工程，起自吐鲁番市葡萄沟乡的吐鲁番220kV开关站，止于库尔勒市东北约23km的库尔勒220kV开关站，单回架设，线路全长337km。

本线路途径新疆维吾尔自治区吐鲁番地区及巴音郭楞蒙古自治州，全线共涉及5个区县。线路总体呈由东向西南走线。本线路处于天山南北，吐鲁番盆地西南部边缘及柴达木盆地东北缘，地形以戈壁滩为主，翻越天山山脉时以山地为主，海拔在300～2500m之间。线路沿线村落稀少，道路有国道、省道及乡间公路可供利用，交通条件较为便利。

4标段工程概况见表2-1-1。

表2-1-1　　4标段工程概况表

项目	内　　容
项目名称	750kV吐鲁番—巴音郭楞输电线路工程
项目业主	新疆电力公司
招标代理机构	新疆新能监理有限责任公司
建设地点	新疆吐鲁番地区及巴州境内
监理单位	河南立新监理有限责任公司
设计单位	西北电力设计院、新疆电力设计院
资金来源	项目业主自有资金
施工承包方式	总价承包和单价承包相结合的方式
建设工期	2009年6月30日开工，2010年10月31日竣工，具备投运条件
电压等级	750kV
输送方式	交流，单回架设
导线型号	6×LGJ-400/50、LGJK-310/50，导线分裂间距400mm
地线、光缆	地线选用JLB20A-100铝包钢绞线，光缆型号：OPGW-120（24芯）
安全环保目标	不发生人身死亡事故；不发生重大火灾事故不发生负主要责任的重大交通事故；不发生重伤事故，轻伤负伤率不大于6‰；不发生环境污染事故和重大垮（坍）塌事故；不发生因工程建设而造成的电网意外停电或电网解裂事故。 设施标准、行为规范、施工有序、环境整洁、创建安全文明施工品牌形象。 降低施工对环境的影响，不发生环境污染事故，落实环保措施；废弃物处理符合规定，力争减少施工场地和周边环境的破坏，减少水土流失；施工区绿化，现场施工环境满足环保要求，杜绝因施工造成影响环保目标的实现，树立企业良好的社会形象
质量目标	承包方保证贯彻和顺利实施工程设计技术原则，满足国家施工验收规范和质量评定规程优良级标准的要求，确保工程零缺陷移交、达标投产和国家电网公司优质工程，争创国家优质工程。同时确保实现：输电线路工程：分项工程合格率：100%，分部工程优良率100%，单位工程优良率100%；杜绝重大质量事故和质量管理事故的发生
进度目标	承包方坚持以“工程进度服从质量”为原则，保证按照工期安排开工、竣工，施工过程中保证根据需要适时调整施工进度，积极采取相应措施，按时完成工程阶段性里程碑进度计划和验收工作
工程资料档案目标	严格按照《国家重大建设项目文件归档要求有与档案整理规范》（DA/T 28—2002）等相关规定的要求进行档案管理。将档案管理纳入整个现场管理程序，坚持归档与工程同步进行。确保实现：档案归档率100%，资料准确率100%，案卷合格率100%，保证档案资料的齐全、准确、系统；同时保证在合同规定的时间移交竣工档案
投资控制配合	承包方将在建设过程中本着高度负责的主人翁意识和责任感，积极配合施工图设计优化工作，及时主动反映有可能对工程投资造成影响的任何事宜，并承担因此造成的投资浪费的相应责任
其他要求	我方确保投标文件中所承诺的人力、机具及合理项目施工管理规划大纲的实现，并按照合同约定完成在保修期内的质量保修责任

2.1.1.2 本施工段主要工程量

本施工段主要工程量见表2-1-2。

表2-1-2 本施工段主要工程量

<table>
<tr><td>标段四</td><td>方家买里至榆树沟西口</td><td>线路全长</td><td>122.204km</td><td>施工范围</td><td>J132～J401
（不含J401，含J132）</td></tr>
<tr><td rowspan="8">基础工程</td><td colspan="2">接地槽</td><td>16009m³</td><td rowspan="2">基坑开挖量</td><td rowspan="2">92027m³</td></tr>
<tr><td colspan="2">垫层（铺石灌浆C10）</td><td>900m³</td></tr>
<tr><td colspan="3">掏挖基础（C20）</td><td colspan="2">7342m³</td></tr>
<tr><td colspan="3">斜柱基础（C20）</td><td colspan="2">6224m³</td></tr>
<tr><td colspan="3">基础保护帽（C10）</td><td colspan="2">155m³</td></tr>
<tr><td colspan="3">护坡、挡土墙、保坎、排水沟（浆砌块石）</td><td colspan="2">400m³</td></tr>
<tr><td colspan="3">基础防腐处理</td><td colspan="2">45%（需采用抗硫酸水泥、防腐漆涂刷）</td></tr>
<tr><td>基础钢材</td><td colspan="4">基础钢筋：1372t、地脚螺栓：248t、接地钢材：66.382t</td></tr>
<tr><td>接地工程</td><td colspan="5">接地形式：TB:30基、TC:98基 、TJ:140基；降阻模块：2300个（因图纸未到，是按招标量统计）</td></tr>
<tr><td rowspan="4">铁塔工程</td><td colspan="2">铁塔基数</td><td colspan="2">255基</td><td rowspan="2">平均单重44.4t</td></tr>
<tr><td colspan="2">塔材重量</td><td colspan="2">11325t</td></tr>
<tr><td colspan="2">塔型</td><td colspan="2">数量</td><td>合计</td></tr>
<tr><td colspan="2">直线塔\耐张塔</td><td colspan="2">221\34</td><td>255基</td></tr>
<tr><td rowspan="2">架线工程</td><td colspan="2">导线：6×LGJ－400/50钢芯铝绞线</td><td colspan="3">地线：一根地线采用JLB20A-100，另一根地线采用24芯OPGW光缆，型号为OPGW-120</td></tr>
<tr><td colspan="5">架线122.204km、附件安装255基</td></tr>
</table>

2.1.2 建设地点及自然环境

2.1.2.1 建设地点

本施工段起自方家买里经南湖村，线路左转从托克逊县南侧经过，避开该县规划的工业开发区，到干沟口进山。途径农二师农场向西到农二师二十五团场建材厂，从二十五团场建材厂再向西到榆树沟。干沟口—农二师农场是本工程要翻越的最大的山，海拔1800m，相对高差200m，山体陡峭，坡度30°左右，山顶多尖锥状，沟谷深呈V字形，远望去整个山顶呈指状，山体由西北向东南方向延伸，起伏多变。侵蚀切割强烈，山体表面无附着物，岩石外露，风化较严重，表面破碎，这一段线路基本沿G314国道的下行线，于道路有多次交叉，转角较多。如图2-1-1所示。

图2-1-1 建设地点

2.1.2.2 自然环境

托克逊县三面山地环绕，西、北面高而东部低，盆地自西北向东南倾斜的地貌特征，地势高低悬殊。有阿拉沟、白杨河等6条河流。属暖温带干旱荒漠气候，夏季气候炎热，昼夜温差大，多风，年均气温13.8℃，年均降水7mm。环境特征见表2-1-3。

一、地理位置特征

托克逊县位于新疆维吾尔自治区中东部，天山南麓，吐鲁番盆地西部。北纬41°21′14″～43°18′11″，东经87°14′05″～89°11′08″。东与吐鲁番市为邻，南与巴州尉犁县相接，西与巴州的和硕、和静县相连，北与乌鲁木齐市毗邻。县城托克逊镇距乌鲁木齐市公路里程162km。总面积16171.47km²。总人口107768人（2003年）。有维吾尔、汉、回等12个民族。

二、交通情况

托克逊县位于驰名中外的吐鲁番盆地西部，东距吐鲁番市50km，北距乌鲁木齐市160km，南疆铁路，312国道、314国道、吐乌大高等级公路穿境而过，交通十分便利。

表2-1-3 施工环境特征一览表

<table>
<tr><td rowspan="2">地形</td><td>高山</td><td>丘陵</td><td>平地</td><td>河网、泥沼</td><td colspan="2">合计</td></tr>
<tr><td>24</td><td>24.8</td><td>51.2</td><td>—</td><td colspan="2">100%</td></tr>
<tr><td rowspan="2">地质</td><td>岩石</td><td>坚土</td><td>松砂石</td><td>水坑</td><td>流沙</td><td>合计</td></tr>
<tr><td>50%</td><td>12%</td><td>38%</td><td>—</td><td>—</td><td>100%</td></tr>
<tr><td rowspan="6">交叉跨越</td><td colspan="2">380V/220V电力线</td><td colspan="2">处</td><td colspan="2">20</td></tr>
<tr><td colspan="2">35kV电力线</td><td colspan="2">处</td><td colspan="2">2</td></tr>
<tr><td colspan="2">10kV电力线</td><td colspan="2">处</td><td colspan="2">8</td></tr>
<tr><td colspan="2">一级公路</td><td colspan="2">处</td><td colspan="2">11</td></tr>
<tr><td colspan="2">其他公路</td><td colspan="2">处</td><td colspan="2">5</td></tr>
<tr><td colspan="2">通信线</td><td colspan="2">处</td><td colspan="2">16</td></tr>
</table>

2.1.3 750kV输电线路施工特点

主要施工特点见表2-1-4。

表 2-1-4　　　　主 要 施 工 特 点

序号	项目	主 要 特 点
1	工程前期协调	我公司有多条 750kV 线路工程施工经验，目前影响送电工程进度的最主要关键点是工程的人工小运、材料运输等方面。 本标段线路路径自托克逊县方家买里附近，经二十五团、止于榆树沟附近，预计本施工段的土地征用、人工小运、材料运输问题影响较大
2	线路复测	本施工段线路跨越的干沟沿线地貌为低山丘陵，我公司将组成技术过硬的技术和测量人员利用“GPS、全站仪”等先进的测量仪器进行复测，特别注意在山区复测钉桩时旁边应立有明显的标志，便于施工
3	750kV 线路铁塔组立	750kV 线路铁塔塔头尺寸大、塔高、单基重量较重，呼称高一般在 27～72m 之间，横担长，我公司将采取大截面抱杆并制订周密的安全技术措施
4	750kV 线路 六分裂导线张力展放	我公司有丰富的六分裂导线施工经验，针对 750kV 线路采用的导线形式及特殊的设计施工特点，组织技术人员对金具绝缘子串悬挂、张力架线、紧线、附件安装、跳线施工等进行技术攻关
5	机械运输（大运）路况好、但部分地段人力运输（小运）距离较远	本工程甲供材卸货点设在托克逊和库米什（卫生及生活设施配套齐全，交通便利）。 本施工段部分地段为低山丘陵，小运距离较远，需要大量人力进行倒运，要把材料运至塔位，还必须考虑自行拓宽、新建小运道路
6	基础施工	本标段根据地质情况，选取了掏挖基础、斜柱基础两种基础型式。精确控制基础施工的几何尺寸是确保工程质量的关键，对地脚螺栓高差、根开、倾斜、扭转等必须认真复核检查
7	交叉跨越	本工程主要交叉跨越有 35kV 电力线路、10kV 电力线路、公路、通信线。 所有电力线路均要考虑停电跨越
8	环境保护、水土保持 及安全文明施工	基础施工阶段的弃土、弃石、水泥、钢材、砂、石堆放，组立铁塔阶段的铁塔堆放、架线阶段的牵张场和施工沿途的现场的科学布置、文明施工以及运行通道清理、投运前的施工场地清理和恢复等，要求较高
9	工期	2009 年 6 月 30 日开工；2010 年 10 月 31 日竣工，具备投运条件

2.1.4　本施工段主要设计特点

Ⅱ标段主要设计特点见表 2-1-5。

表 2-1-5　　　　Ⅱ标段主要设计特点

<table>
<tr><th>序号</th><th>项目</th><th colspan="10">主 要 特 点</th></tr>
<tr><td rowspan="13">1</td><td rowspan="13">气象条件</td><td colspan="10">最高气温＋40℃，最低气温－30℃，年均气温 10℃，最大风速 35m/s，最大设计覆冰为 5mm、10mm</td></tr>
<tr><td>项目</td><td>温度/℃</td><td colspan="4">风速/（m/s）</td><td colspan="4">覆冰/mm</td></tr>
<tr><td>最低气温</td><td>－30</td><td colspan="4">0</td><td colspan="4">0</td></tr>
<tr><td>平均气温</td><td>10</td><td colspan="4">0</td><td colspan="4">0</td></tr>
<tr><td>最大风</td><td>－5</td><td>27</td><td>31</td><td>35</td><td>27</td><td colspan="4">31</td></tr>
<tr><td>覆冰</td><td>－5</td><td colspan="4">10</td><td>10</td><td>－5</td><td>10</td><td>10</td></tr>
<tr><td>最高气温</td><td>40</td><td colspan="4">0</td><td colspan="4">0</td></tr>
<tr><td>安装</td><td>－15</td><td colspan="4">10</td><td colspan="4">0</td></tr>
<tr><td>外过电压</td><td>15</td><td colspan="4">10</td><td colspan="4">15</td></tr>
<tr><td>内过电压</td><td>10</td><td>15</td><td>18</td><td>20</td><td>23</td><td colspan="4">18</td></tr>
<tr><td>雷电日数</td><td colspan="9">20 日/年</td></tr>
<tr><td>冰的密度</td><td colspan="9">0.9g/cm^3</td></tr>
<tr><td colspan="10"></td></tr>
<tr><td>2</td><td>导线型号</td><td colspan="10">本标段采用 6×LGJ-400/50 钢芯铝绞线</td></tr>
<tr><td>3</td><td>地线型号</td><td colspan="10">一根 JLB20A-100 铝包钢绞线，另一根为 OPGW-120 型光缆</td></tr>
<tr><td>4</td><td>间隔棒型号</td><td colspan="10">导线间隔棒型号 FJZ-640/400、跳线间隔棒型号 JTZ-640/400</td></tr>
<tr><td>5</td><td>导地线防振</td><td colspan="10">根据《110～750kV 架空输电线路设计规范》，分裂导线采用阻尼间隔棒时，档距在 500m 及以下可不再采用其他防振措施。档距大于 500m 时，则采用间隔棒和防滑型防振锤组合防振措施
地线采用防滑型防振锤防振</td></tr>
<tr><td>6</td><td>绝缘子串及金具型式</td><td colspan="10">直线塔导线悬垂绝缘子串组装型式采用 I 型串。按照荷载要求分别采用 210kN、300kN 绝缘子单、双联成串。
导线耐张绝缘子串组装型式采用双联 420kN 绝缘子成串，变电所出线档采用双联 210kN 绝缘子成串，耐张塔导线跳线串采用单联 100kN 合成绝缘子</td></tr>
<tr><td>7</td><td>污区划分</td><td colspan="10">本标段按 D、E 级污区考虑</td></tr>
<tr><td>8</td><td>铁塔型式</td><td colspan="10">直线塔：ZB127P、ZB127S、ZB131S、ZB135P、ZB135S、ZB227S、ZB227P、ZB231S、ZB235S、ZB235P、ZB327S、ZB327P、ZB331S、ZB335S 共 14 种；
耐张塔：JG131S、JG135S、JG141P、JG227S、JG231S、JG235S、JG327S、JG335S、HJG 共 9 种</td></tr>
</table>

续表

序号	项目	主 要 特 点
9	基础型式	针对本标段地形地质条件，选取了掏挖基础、斜柱基础 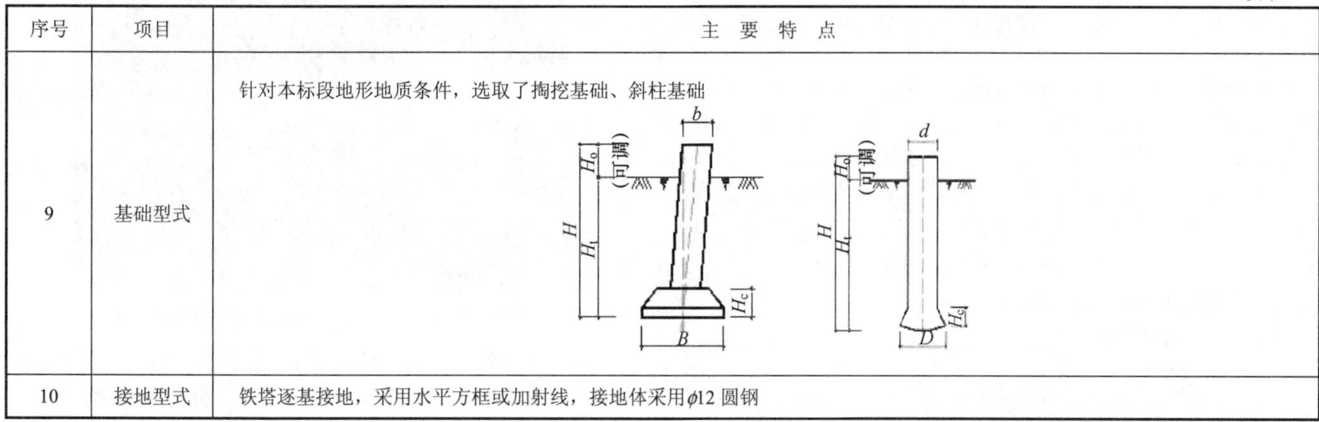
10	接地型式	铁塔逐基接地，采用水平方框或加射线，接地体采用ϕ12 圆钢

2.1.5　施工条件与社会环境分析

一、现场施工条件

本施工段内沿线村、镇比较少，现场施工驻点选择相对较困难，但沿线交通条件较好，可以选择靠近公路旁边的居民空房作为施工临时驻点。

施工段内沿线附近中砂、碎石资源较少，基础材料采购有一定距离。

施工段大部分地段运输条件相对较好，但在部分施工点是高山，运输困难，施工前要详细调查，做好必要的进场道路修筑工作，保证工程施工运输，特别是张力架线设备材料进场的需要。如图 2-1-2 所示。

图 2-1-2　高山施工点

施工段工程所在地具有冬季寒冷、夏季炎热、昼夜温差大的特点。施工中要采取必要的防护措施（如夏季预防作业人员中暑、作业人员的劳动保护等工作），以保证施工人员作业和生活安全。

二、基础施工条件

本施工段基础主要基础型式为掏挖式基础、阶梯式基础和斜柱式基础，施工时必须注意对原状土的保护，严格按照设计的要求施工，如图 2-1-3 所示。在施工中将进一步加强基础施工质量的控制和管理，确保基础分部工程一次验收合格率达到 100%，优良率 100%。

三、铁塔组立施工条件

本施工段直线铁塔为酒杯塔设计（如图 2-1-4 所示），750kV 铁塔的塔头尺寸相对较大，横担较宽，单基铁塔相对较重。施工时将采取 700m×700m×34m 内悬浮外拉线抱杆分解吊装组立方案进行组立铁塔，并严格论证施工方案，保证抱杆高度要和结构符合吊装要求，以满足曲臂和横担的就位安装和吊装安全。

图 2-1-3　对原状土的保护

图 2-1-4　酒杯塔

施工段内全线塔位除部分山岭拉线布置受到一定约束外，大部分塔位地形总体较好，视野开阔，无障碍物，能满足各种组立方法施工布置的需要。

四、架线施工条件

本施工段导线采用 6×LGJ-400/50 水平布置的常用型式，架线施工时，我项目部将根据该特点，选用 28t 大牵引机，张力机采用三台二线张力机组合，采用“一牵六”方式张力架线施工工艺展放导线，以保证导线架线施工质量。

五、我公司内部条件

本施工段的基础型式种类较多，均为 750kV 输电线路常用基础型式，我公司从施工资源、施工经验和施工技术储备等各方面都具有高质量完成基础工程的条件。

我公司具有多条 750kV 输电线路的施工业绩，因此对于

750kV 线路工程的施工经验丰富、施工资源充足，能根据各种地质情况制定施工方案，满足基础、铁塔组立和架线施工安全和质量要求。

铁塔组立施工：我公司具有各种地形条件组立各种类型铁塔的施工机具及经验，具有一批经验丰富的技术、指挥、作业人员，对本工程的组塔施工安全和施工质量具有保障能力。

架线施工：我公司曾完成过多条 750kV 六分裂导线的放线施工任务，具备六分裂导线架线施工机具及丰富的施工经验，对张力架线施工技术、质量和安全具有较高的保障能力。

2.1.6 项目管理特点及总体要求

2.1.6.1 项目管理特点

一、管理模式

本工程施工管理模式为项目管理制。项目部将全面承担合同规定承包范围内的施工组织协调、施工质量控制、施工安全控制、施工进度控制、施工成本控制、施工合同管理、施工信息管理等内容，并实现安全文明施工、环境保护施工。与项目法人和监理工程师的项目管理相协调，执行项目法人和监理工程师对本项目管理的指令。

二、管理体系

健全项目管理组织机构，按照《质量管理体系 要求》(GB/T 19001—2000)、《环境管理体系 要求及使用指南》(GB/T 24001—2004)、《职业健康安全管理体系规范》(GB/T 28001—2001)、《电力建设安全健康与环境管理工作规定》要求制定公司整合《管理手册》《程序文件》及针对本项目制定各项管理制度和办法。

三、管理规范

公司已开始贯彻执行《建设工程项目管理规范》(GB/T 50326—2006)，本工程亦将按公司统一部署贯彻执行。并根据本工程的实际情况，重点贯彻如下几点：

(1) 项目经理责任制。

(2) 施工安全管理责任制。

(3) 施工质量管理责任制。

(4) 环境保护责任制。

(5) 项目管理目标责任书。

(6) 安全、文明施工目标责任书。

(7) 项目成本核算制。

项目管理要求坚持与时俱进，持续提高，努力使本工程的管理成为我公司提高项目管理水平道路上的又一个里程碑。

四、安全、文明施工管理

为使本工程建设全过程的安全文明施工管理有一个最佳的局面并达到较高的水平，以塑造新疆电力公司输变电工程建设安全品牌形象，在本工程安全文明施工过程中将全面执行国家电网公司颁发的《国家电网公司输变电工程安全文明施工标准化工作规定（试行）》(国家电网基建〔2005〕403 号)，并根据本工程特点进行二次策划，加大安全文明施工和环境保护工作的资源投入和管理力度，精心的策划安全文明施工总体措施，保证在本工程中实现各种标识、标牌、着装等规范、统一，安全设施齐全，布局合理，管理规范。安全文明施工环境保护责任书签订仪式如图 2-1-5 所示。

图 2-1-5 安全文明施工环境保护责任书签定仪式

五、管理措施

组织措施：运用组织理论依据招标文件和合同要求，确定项目目标，建立与项目施工相一致的组织管理机构，做到组织分工明确，工作流程明确，责任权利明确。在项目实施中使组织合力得到充分发挥。

技术措施：严格执行行业技术管理的各项规定，在项目管理中建立以项目总工为首的技术管理体系，明确各级技术管理责任，一般工序应用成熟的技术工艺、措施。重要或关键工序必须有针对性地制定专项技术措施/方案，并做到安全、质量、环保措施与技术方案同时具有针对性、同时制定、同时实施的“三同时”原则。不断改进技术工艺，保证项目施工安全、优质、环保、顺利、高效地进行。

合同管理：严格执行签订的施工承包合同，做到诚实守信、全面履约；内部管理执行公司与项目部签订的《项目管理目标责任书》，项目实施中做到有“法”可依。

经济措施：确定项目目标，执行公司经济责任制，细化工作职责，做到责任到人，采取绩效考核制，奖罚分明，并确保落实到位。

信息管理：应用 P3&EXP 项目管理软件对进度计划、工程资源进行适应性编制和调整。利用 P3&EXP 项目管理软件实施跟踪记录已完成的施工进度、资源用量及相关费用等，用 P3&EXP 项目管理软件将实际的进度、资源用量、费用等与目标进行比较、分析，评估出计划执行情况，结合实际作出下一步计划安排，从而实现对工程的动态控制，做到科学管理，提高项目管理水平。建立项目部与公司本部的互联网沟通渠道，公司本部对项目部提供技术、安全、质量、工器具等施工资源及对外协调等全方位支持和服务。

2.1.6.2 总体要求

一、对本工程项目管理工作的总体要求

(1) 有全面、合理的实施规划。

(2) 有坚强、胜任的组织管理机构。

(3) 有行之有效的管理制度。

(4) 有切实可行的措施和周密的安排。

(5) 有真实、及时的记录。

(6) 有适时、畅通的信息交流。

(7) 安全文明施工设施、标志、标识全面符合《国家电网公司输变电工程安全文明施工标准化工作规定（试行）》《国家电网公司输变电工程安全文明施工标准化图册》要求，认真做好安全文明施工二次策划和实施工作，创造良好的文明施工环境。

二、对本工程项目管理结果的总体要求

工程安全、质量：确保实现合同规定的安全、质量和环保目标。

1. 安全目标

不发生人身死亡事故，不发生重大火灾事故不发生负主要责任的重大交通事故，不发生重伤事故，轻伤负伤率不大于 6‰，不发生环境污染事故和重大垮（坍）塌事故，不发生因工程建设而造成的电网意外停电或电网解裂事故。

“设施标准、行为规范、施工有序、环境整洁”创建全国电网建设安全文明施工一流水平，树立新疆电力公司输变电工程安全品牌形象。

按照发包方《750kV 输变电工程安全文明施工总体措施

概念设计纲要》，以及项目安全管理目标、安全文明施工规划及国家电网公司有关安全管理规定和相关管理制度。进行安全文明施工管理。根据施工组织设计、专项施工方案中的安全措施安排以及按相关规定作出的策划，列出安全措施补助费、文明施工措施费的使用计划，报监理人核准；在工程建设过程中，同时接受监理人对承包人施工组织设计及专项施工方案中的安全措施以及文明施工措施的落实情况的监督。对于安全目标的考核，将严格按照安全生产目标责任书有关内容进行。

2. 质量目标

承包方保证贯彻和顺利实施工程设计技术原则，满足国家施工验收规范和质量评定规程优良级标准的要求，确保工程零缺陷移交、达标投产和国家电网公司优质工程，争创国家优质工程。同时确保实现：输电线路工程：分项工程合格率：100%，分部工程优良率 100%，单位工程优良率 100%；杜绝重大质量事故和质量管理事故的发生。

3. 进度目标

坚持以“工程进度服从安全、质量”为原则，保证按照工期安排开工、竣工，施工过程中保证根据需要适时调整施工进度计划，积极采取相应措施，按时完成工程阶段性里程碑进度计划和验收工作。

4. 投资控制配合

在建设过程中本着高度负责的主人翁意识和责任感，积极配合施工图设计优化工作，并及时主动反映有可能对工程投资造成影响的任何事宜。

5. 环境目标

（1）加强企业管理，建立环保体系，施工过程中，加强对施工人员管理，增加环保意识，尽量减少因施工对周围环境的破坏；待工程完工后，尽可能恢复原植被。

（2）合同履行：无违约事件。

（3）过程管理：严格执行业主和监理工程师对本工程过程管理指令的事件。

（4）工程目标：达到项目规定要求（工程目标详见各相关章）。

2.1.6.3　施工承包范围

（1）全部本体基础、组塔、架线施工工程的施工，安装运行单位提供的标志牌、警示牌、相序牌，工程相关试验、检测工作，但不包括架空地线复合光缆（OPGW）的测试及接续工作。

（2）提供施工所需所有施工机具、人力及其他施工资源。

（3）对发包方供应的材料进行保管和进场验收。

（4）负责发包方供应的材料到承包方中心材料站的质量交接验收工作。

（5）负责发包方供应的材料在招标文件指定交货地点的场地（港口、车站等）协调及临时场地租赁、装卸，及至各标段中心材料站的运输以及现场保管。

（6）发包方供应的材料以外的其它材料的采购、运输、保管。

（7）为保证施工安全、质量、进度所要采取的各种措施，以及为保证正常施工进行的各种协调工作。

（8）青苗赔偿、施工临时树木砍伐（复测、塔基、放线及运输道路）、施工临时占地等，以及为了正常施工所需办理的一切手续。向发包方或发包方委托的单位转交拆迁赔偿等必要的原始资料；线路通道技术要求按照《750kV 架空送电线路设计暂行技术规定》及《750kV 架空送电线路施工及验收规范》（Q/GDW 115—2004），配合建设单位的达标投产及国家电网公司的创优工作。

（9）承包方进场后应对线路走廊和工程本体进行看护和移交前的维护，并确保其在启动验收前满足设计规程要求。

（10）配合中间验收、竣工预验收、竣工验收、线路参数测试、系统调试、启动验收、保证线路畅通。

（11）声像资料、竣工资料的归档、组卷与移交。

（12）保修期内的保修工作。

2.2　项目施工管理组织机构

2.2.1　项目管理组织结构与职责分工

2.2.1.1　项目管理组织结构

本工程设总指挥部、项目经理部，项目总指挥受公司总经理委托，对本工程项目的实施过程进行组织、管理和协调。施工现场项目管理组织机构如图 2-2-1 所示。

（1）如果我公司中标，将选派精兵强将和具有丰富施工经验的工程管理人员及技术人员组建“吐鲁番—库尔勒输变电工程指挥部”，公司副总经理刘建彬任总指挥、由潘金钟同志担任本标段的项目经理，项目总工许建。

（2）本标段的项目经理部下设三部一室，即工程部、计财部、供应部和办公室 4 个专业职能部门，在项目经理的全面领导下负责本工程建设的各项管理工作。

（3）为了实现工程总目标，适应市场需要，落实内部经济责任制，做到文明施工、安全生产，我公司对本工程的管理实施项目经理负责制，以便充分发挥项目组织的优势和提高项目组织的管理水平。

（4）项目部是公司的派出机构，由公司总经理授权，全权代表公司组织指挥施工和处理与工程有关的事宜，在安全、质量、工期、文明施工和经济上对工程全面负责，搞好对外联络，协调对外关系，实行科学管理，确保工程安全、优质、低耗、按期完成任务。其主要职责如下：

1）传达贯彻上级及公司的指示，定期向上级、公司、项目法人、项目管理单位、监理单位及其他有关单位汇报工程进度情况。

2）接受项目法人、项目管理单位和监理单位的监督、检查和技术指导；接受公司本部的领导。

3）进行本工程的质量策划和安全文明施工策划的实施，制定质量管理措施和职业健康安全保证措施，在工程施工中有效地实施本公司的质量体系、职业健康安全管理体系和环境管理体系及其形成的程序，进行采购和对招标方提供产品的控制、过程控制、检验和试验控制、不合格品控制，开展危险源辨识和控制，加强环境保护。

4）负责组织编制工程管理制度、施工作业指导书、安全技术措施，审定施工方案，督促做好各级技术交底，解决施工中的技术问题。

5）领导组织本工程的安全文明施工，将安全文明施工列入首要的议事日程，做到安全工作“五同时”。

6）编制施工网络计划，并定期检查和修正网络计划，确保按施工网络计划组织供应及施工。

7）根据工程项目本身的动态过程，对工程实行动态管理，合理调度施工力量、机械设备、材料和资金。

8）加强经营管理，负责处理好本工程一切经济事务，协助各施工部门认真贯彻落实和实施各项经济责任制。

（5）在工程施工过程中，公司本部将全力以赴做好各项保障工作，投入公司最优秀的技术人才和最先进的施工装备，进行工程的施工。主要保障条件如下：

1）提供满足工程施工需要的人力资源。

2）提供满足工程施工需要的机械、车辆、设备等。

3）提供满足工程需要的材料、资金。

4）配备满足工程需要的有经验、技术过硬的生产人员。

5）做好后勤保障工作，为现场提供业余文化生活用品、用具，创造良好的现场生活、施工环境。

6）审批重大技术方案和安全技术措施。

（6）职责与分工。项目经理部的人员由公司选派的骨干组成，在项目部中承担相应的工作，并在中标后坚持现场工作，完成合同规定的施工任务。

2.2.1.2 项目管理组织机构图

组织机构图如图 2-2-1 所示。

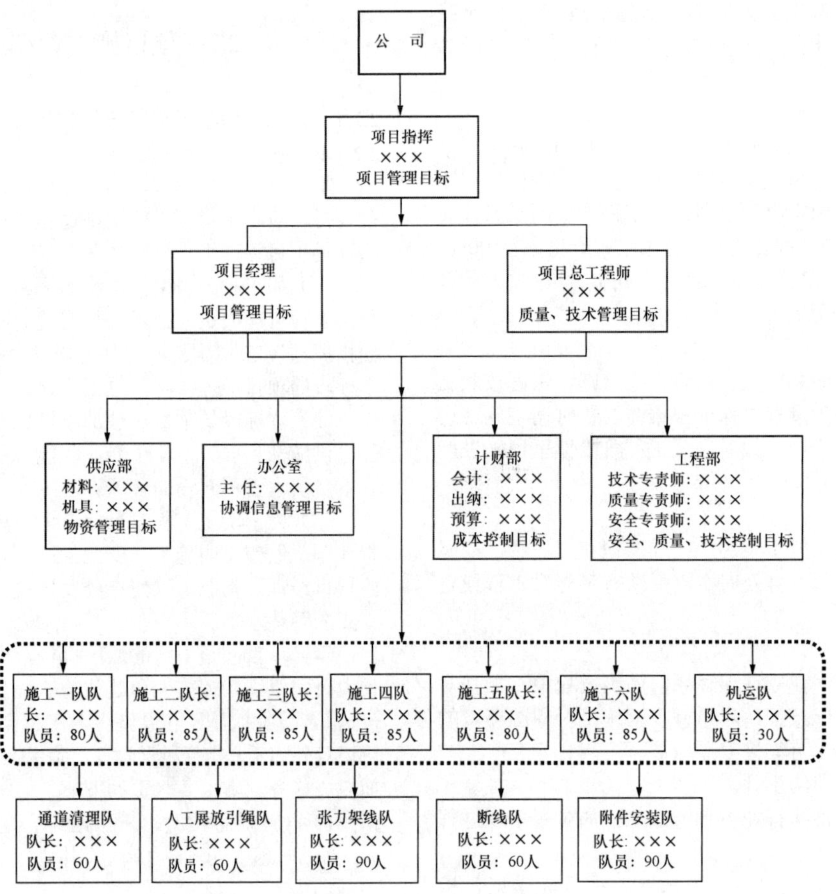

图 2-2-1 组织机构图

2.2.1.3 职责与分工

职责与分工见表 2-2-1。

表 2-2-1 职 责 与 分 工

部门或岗位	职 责 和 分 工
公司本部	1．根据本工程规模和特点，选派管理能力强业务熟练及经验丰富的项目经理和项目总工组建吐鲁番—库尔勒输变电工程项目经理部”（线路施工标段四）项目部。 2．审批《项目施工组织设计》《项目管理目标责任书》，明确项目经理及公司各职能部室在本工程中的义务、责任和权利。 3．公司各职能部室应按各自的职责范围，加强对项目经理部相应管理工作的督促、指导、服务和检查工作。 4．负责项目经理部的人力、物资、设备等各项施工资源的调配，保障项目实施的需要；保障项目所需资金的落实，对项目部提出的要求，公司及相关部门保证及时解决
项目经理	1．是公司法定代表人在本项目工程中的代理人，代表公司对本工程实施全过程管理，负责合同的全面履行。负责在工程施工中贯彻执行公司的质量、安全及环境管理方针，《质量手册》《职业安全健康及环境管理手册》及相关程序文件，按照合同规定的承包内容完成施工任务，接受业主/建设单位、监理工程师的检查和监督，处理和协调各方关系，为工程施工创造良好环境和条件，全面达到工程管理目标。 2．履行《项目管理目标责任书》规定的任务。 3．组织编制并实施《项目施工组织设计》。 4．按照公司的质量、安全及环保管理方针、本项目质量、安全、环保目标及公司质量、安全、环保管理体系文件的要求执行。 5．合理配置施工资源，对本工程安全、质量、工期目标全面负责。 6．负责施工质量监控、安全监察和文明、环保施工的组织管理。 7．掌握计划、财务和资金情况，根据施工进度计划和资金计划执行情况，指示计财部合理安排资金。 8．负责落实项目法人、业主、监理工程师有关工程质量、安全和施工进度等方面的指令在施工中有效地贯彻执行。 9．负责安全、文明施工和环境保护的各项管理工作的落实。 10．处理工程项目竣工后的善后工作

续表

<table>
<tr><th colspan="2">部门或岗位</th><th>职 责 和 分 工</th></tr>
<tr><td colspan="2">项目总工</td><td>1．项目总工是本工程的技术总负责人，负责按照国家有关的技术标准、法规、规程、设计图纸以及本公司的有关技术管理制度实施技术管理工作。
2．负责组织进行工程危险有害因素的辨识，编制本工程质量计划、施工组织设计，工程施工方案、技术及安全文明与环保施工总体措施概念策划等，并按公司规定的权限进行审查或批准。
3．代表本公司参与项目法人/建设单位组织的施工图纸会审，并负责与项目法人、监理工程师、设计部门等单位协调相关工作。
4．负责本工程开工前的技术培训和考核工作，并验证开工条件；按照质量计划以及公司有关管理体系程序文件组织实施施工过程控制。
5．对本工程质量负直接责任，对工程安全负技术责任。
6．对竣工验收资料的及时性、准确性负责</td></tr>
<tr><td rowspan="3">工程部</td><td>技术管理专责</td><td>1．负责施工图纸审查，认真阅读设计文件和施工图纸，了解设计意图，施工组织设计和施工技术。
2．负责编写和出版施工作业指导书和施工工艺手册，并负责发放和管理。
3．负责对施工人员进行施工技术交底，按相关程序文件指导施工。
4．负责接受并执行监理工程师有关设计变更及技术要求指令，并组织实施。
5．配合器材部做好机具、材料的供应计划编制，配合质检、安监人员对施工质量、安全进行监督、检查。
6．负责现场设计文件和施工图纸的管理和发放。
7．负责组织工程竣工资料的整理和移交</td></tr>
<tr><td>质量管理专责</td><td>1．协助项目经理对工程质量工作实施管理，编制质量计划、按照项目法人和监理工程师的要求以及相关质量管理标准对工程质量实施监督，组织并参加施工队和项目部的质量检验。
2．负责向监理工程师申请中间验收和竣工验收，并参加验收。
3．参加工程材料的进货检验。
4．组织落实项目质量管理工作，保证项目质量管理体系有效运行。
5．督促和指导施工队正确填写各种施工记录表。
6．负责整理和向项目经理提交质量监控工作报告。
7．受项目经理委托，主持质量事故调查，提交调查报告和处理意见</td></tr>
<tr><td>安全管理专责</td><td>1．负责施工安全管理工作，辨识工程危险有害因素及根据重大危险源编制安全施工措施。
2．负责施工人员的安全教育和上岗培训及安全交底。
3．负责组织工器具和机械设备检验试验。
4．组织落实项目安全健康与环境管理工作，保证项目职业安全健康与环境管理体系有效运行。
5．督促和指导施工队正确填写各种安全施工记录表格。
6．负责向项目经理提交安全监察工作报告。
7．受项目经理委托，主持安全事故调查，提交调查报告，提出整改意见</td></tr>
<tr><td colspan="2">计财部</td><td>计财部是项目工程计划、财务和劳资综合管理部门，主要职责有：
1．按照工程进度计划，负责对劳动力和资金等资源进行管理，负责工程的合同管理、预算管理和成本控制，制定项目用款计划，配合项目法人/建设单位进行项目审计和竣工结算工作。
2．负责地方政策性赔偿费用的计划和控制。
3．根据施工进度、资源使用和资金使用情况，进行实施记录的收集、分析和整理工作，做好阶段性调整计划。
4．整理和统计业主和监理工程师要求的各种报表，按规定时间向项目法人/建设单位、监理工程师和公司本部及时报送。
5．负责本工程财务、统计工作，编制财务和工程进度产值报表</td></tr>
<tr><td colspan="2">供应部</td><td>1．负责按相关质量体系程序文件要求建立健全工地材料、机具设备的各项管理制度，并实施工地材料及机具设备的管理。
2．根据施工进度计划和施工方案，制定工器具和设备的配置计划，负责组织实施。
3．根据施工组织设计的工程进度计划和项目法人/建设单位提供实物的供货时间，制定工程材料、物资供应计划并组织实施。
4．负责接收整理材料质量证明、试验报告。
5．负责组织工程材料的采购、加工。
6．负责材料的接收、保管、发放管理工作。
7．负责组织工程物资的进货检验。
8．负责完成工程材料和工器具的运输和转移，并对司机进行安全教育</td></tr>
<tr><td colspan="2">办公室</td><td>1．协助项目经理办理工地使用权和出入权手续。
2．负责项目部对内、外的行政文件/资料的配置、传递和保管。
3．负责协调地方关系，完成前期准备及施工中地方关系协调。
4．负责联系办理跨越电力线、通讯线、公路和河流的跨越施工手续。
5．负责协助工程技术部门办理相关的竣工资料移交。
6．负责该项目的双文明建设管理和行政、后勤、信息及保卫工作的管理</td></tr>
<tr><td colspan="2">施工队长</td><td>1．是本施工队的各项管理工作第一责任人，负责各岗位人员按《施工组织设计》和各项施工作业指导书要求组织施工，负责组织并做好自检工作，确保施工处于受控状态，对本队的施工质量、安全、进度、成本及文明施工等全面负责。
2．根据项目部的施工安排，组织完成指定施工段段内的施工任务。
3．施工中执行项目部下发和转发的各种作业指导书、安全、质量和文明施工的规定。
4．负责在施工过程中组织实施质量、安全活动，对施工中出现的问题及时进行纠正，并根据需要实施预防措施。
5．负责施工段内各项目达到工程管理目标</td></tr>
<tr><td colspan="2">施工人员</td><td>1．在施工队长的领导下按作业指导书的要求进行操作，遵守施工现场组织纪律和技术规定，确保各项作业符合项目施工要求。
2．参加质量、安全活动，参与班组民主管理，积极提出合理化建议</td></tr>
</table>

本章其余内容见光盘。

第3章　新疆与西北主网联网750kV第二通道线路工程施工组织设计

3.1 编制依据

有关法规、标准、规程、规范等，见表3-1-1。

表3-1-1　　有关法规、标准、规程、规范

序号	分类	法规、标准、规程、规范	文件号、标准号
1	法律法规管理条例	《中华人民共和国建筑法》	主席令第46号
		《中华人民共和国电力法》	主席令第60号
		《中华人民共和国合同法》	主席令第15号
		《中华人民共和国安全生产法》	主席令第70号（2009年修订）
		《建设工程质量管理条例》	国务院令第279号
		《建设工程安全生产管理条例》	国务院令第393号
		《建设项目环境保护管理条例》	国务院令第253号
		《中华人民共和国劳动法》	主席令第28号
		《中华人民共和国食品卫生法》	主席令第59号
		《中华人民共和国环境保护法》（2002年修订）	主席令第22号
		《中华人民共和国消防法》（2009年修订）	主席令第6号
		《中华人民共和国道路交通安全法》	主席令第47号
2	工程管理文件	《国家电网公司输变电工程达标投产考核办法》	国家电网基建〔2011〕146号
		《国家电网公司输变电优质工程评选办法》	国家电网基建〔2011〕148号
		《电力建设工程施工技术管理导则》	国家电网工（2003）153号
		《输变电工程建设标准强制性条文实施管理规程》	Q/GDW 248—2008
		《国家电网公司建设工程施工分包安全管理规定》	国家电网基建〔2010〕174号
		《国家电网公司输变电工程质量通病防治工作要求及技术措施》	基建质量〔2010〕19号
		关于印发“三强化三提升”质量提升年活动指导意见的通知	国家电网基建〔2011〕226号
		《国家电网公司电网建设项目档案管理办法（试行）释义》	国家电网办文档〔2010〕72号
		《国家电网公司输变电工程项目管理流动红旗竞赛实施办法》	国家电网基建〔2011〕147号
		《输变电工程施工过程质量控制数码照片采集与管理工作要求》	基建质量〔2010〕322号
		《国家重大建设项目文件归档要求与档案整理规范》	DA/T 28—2002
		《中国电力优质工程奖评选办法》	中电建协〔2011〕8号
		《国家优质工程审定办法（2010版）》	工质字〔2010〕9号
		《国家电网公司输变电工程建设创优规划编制纲要》	基建质量〔2007〕89号
		《中国建设工程鲁班奖（国家优质工程）评选办法》	2011版
		《国家电网公司输变电工程施工工艺管理办法》	国家电网基建〔2011〕1752号
		《电力建设安全健康与管理工作规定（试行）》	国家电网基建〔2005〕403号
		印发《关于深化“标准工艺”研究与应用工作的重点措施》和《关于加强工程创优工作的重点措施》的通知	基建质量〔2012〕20号
		《国家电网公司输变电工程标准工艺（二）施工工艺示范光盘（DVD）》	国家电网基建〔2011〕313号
		《国家电网公司输变电工程标准工艺（三）工艺标准库（2011版）》	国家电网基建〔2011〕313号
		《国家电网公司输变电工程标准工艺（一）施工工艺示范手册》	国家电网基建〔2011〕313号
		《国家电网公司输变电工程标准工艺（四）典型施工方法（第一辑）》	国家电网基建〔2011〕313号
		《国家电网公司施工项目部标准化工作手册　330kV及以上输电线路工程分册》	2010年版
		《电力建设工程质量监督检查典型大纲（火电、送变电部分）》	电建质监〔2005〕57号

续表

序号	分类	法规、标准、规程、规范	文件号、标准号
2	工程管理文件	《电力建设工程质量监督检查典型大纲（火电、送变电部分）增补版》	电建质监〔2007〕26 号
		《国家电网公司工程建设质量责任考核办法》	国家电网基建〔2011〕1751 号
		《国家电网公司输变电工程设计变更管理办法》	国家电网基建〔2011〕1755 号
		关于印发《输变电工程建设先行主要质量管理制度、施工与验收质量标准目录》的通知	基建质量〔2011〕79 号
		《国家电网公司关于进一步提高工程建设安全质量和工艺水平》	基建质量〔2011〕1515 号
		《国家电网公司输变电工程工期与进度管理办法（试行）》	国家电网基建〔2011〕1750 号
		《国家电网公司基建质量管理规定》	基建〔2011〕1759 号
3	设计规程规范	《110～750kV 架空输电线路设计技术规定》	Q/GDW 179—2008
		《混凝土结构设计规范》	GB 50010—2002
		《普通混凝土配合比设计规程》	JGJ/T 55—2011
		《架空送电线路基础设计技术规定》	DL/T 5219—2005
		《架空送电线路杆塔结构设计技术规定》	DL/T 5154—2002
		《输电线路对电信线路危险和干扰影响防护设计规程》	DL/T 5033—2006
		《输电线路施工机具设计、试验基本要求》	DL/T 875—2004
4	材料、产品质量管理	《通用硅酸盐水泥》	GB 175—2007
		《抗硫酸盐硅酸盐水泥》	GB 748—2005
		《水泥取样方法》	GB 12573—2008
		《混凝土用水标准》	JGJ 63—2006
		《钢筋混凝土用钢　第 1 部分：热轧光圆钢筋》	GB 1499.1—2008
		《钢筋混凝土用钢　第 2 部分：热轧带肋钢筋》	GB 1499.2—2007
		《钢筋焊接及验收规程》	JGJ 18—2003
		《普通混凝土用砂、石质量及检验方法标准》	JGJ 52—2006
		《高压绝缘子瓷件技术条件》	GB/T 772—2005
		《紧固件机械性能螺栓、螺钉和螺柱》	GB/T 3098.1—2000
		《光纤复合架空地线》	DL/T 832—2003
		《镀锌钢绞线》	YB/T 5004—2001
		《高压架空线路绝缘地线用盘形悬式瓷绝缘子》	JB/T 9680—1999
5	工程施工及验收规范	《工程测量规范》	GB 50026—2007
		《750kV 架空电力线路施工及验收规范》	GB 50389—2006
		《地基与基础工程施工及验收规范》	GB 50202—2002
		《建筑桩基技术规范》	JGJ 94—2008
		《基桩低应变动力检测规程》	JGJ/T 93—95
		《混凝土结构工程施工质量验收规范》	GB 50204—2002（2011 版）
		关于发布国家标准《混凝土结构工程施工质量验收规范》局部修订的公告	住房和城乡建设部公告（第 849 号）
		《750kV 架空送电线路铁塔组立施工工艺导则》	DL/T 5342—2006
		《750kV 架空送电线路张力架线施工工艺导则》	DL/T 5343—2006
		《钢结构高强度螺栓连接的设计、施工及验收规范》	JGJ 82—91
		《钢结构工程施工质量验收规范》	GB 50205—2011
		《建筑工程冬期施工规程》	JGJ 104—2011
		《110kV 及以上送变电工程启动及竣工验收规程》	DL/T 782—2001
6	工程质量检验评定	《混凝土质量控制标准》	GB 50164—2011
		《混凝土强度检验评定标准》	GB/T 50107—2010
		《750kV 架空送电线路工程施工质量检验及评定规程》	Q/GDW 121—2005
		《电力建设工程质量监督规定（暂行）》（2005 年版）	电质监〔2005〕52 号
7	安全、环保	《电力建设安全工作规程（架空送电线路部分）》	DL 5009.2—2004

续表

序号	分类	法规、标准、规程、规范	文件号、标准号
7	安全、环保	《施工现场临时用电安全技术规范》	JGJ 46—2005
		《建筑机械使用安全技术规程》	JGJ 33—2001
		《跨越电力线路架线施工规程》	DL 5106—1999
		《国家电网公司基建安全管理规定》	国家电网基建〔2011〕1753 号
		关于印发《国家电网公司十八项电网重大反事故措施》（修订版）的通知	国家电网生〔2012〕352 号
		《国家电网公司电力安全工作规程（线路部分）》	国家电网安监〔2009〕664 号
		《关于开展输变电工程施工现场安全通病防治工作的通知》	基建安全〔2010〕270 号
		《建筑施工高处作业安全技术规范》	JGJ 80—1991
		《国家电网公司输变电工程安全文明施工标准》	Q/GDW 250—2009
		《国家电网公司电网工程施工安全风险识别、评估及控制办法（试行）》	国家电网基建〔2011〕1758 号
		《国家电网公司安全事故调查规程》	国家电网安监〔2011〕2024 号
		《国家电网公司质量事件调查处理暂行办法》	国家电网安监〔2012〕230 号
		《国家电网公司应急管理工作规定》	国家电网安监〔2007〕110 号
		《国家电网公司输变电工程施工危险点辨识及预控措施（试行）》	基建安〔2005〕50 号
		《国家电网公司环境保护监督规定（试行）》	国家电网安监〔2005〕450 号
		《国家电网公司关于开展“安全年”活动的通知》	国家电网办〔2012〕61 号
		关于印发《绿色施工导则》的通知	建质〔2007〕223 号
		国家电网公司、地方电力公司的其他有关制度、规定	

3.2 工程概况与工程实施条件分析

3.2.1 项目相关方

（1）项目名称：新疆与西北主网联网 750kV 第二通道线路工程。

（2）项目法人：××省电力公司。

（3）建设管理代表：×××建设公司。

（4）监理：×××监理有限责任公司。

（5）设计：××电力设计院。

（6）施工：×××工程公司。

（7）计划工期：本工程 2012 年 6 月 25 日开工，2013 年 6 月 30 日竣工，具备带电条件。

3.2.1.1 工程概述

新疆与西北主网联网第二通道输变电工程 750kV 二通道（哈密—柴达木、沙州—敦煌）双回输电线路工程第 8 标段起自清墩峡（Ⅰ94 号、Ⅱ95 号），止于戈壁滩（Ⅰ221 号、Ⅱ221 号），Ⅰ回线路路径长度 45.048km，Ⅱ回线路路径长度 45.029km，沿线海拔为 1400～1650m。Ⅰ回铁塔共计 101 基，其中直线塔 93 基，耐张塔 8 基，平均档距 450m，平均耐张段长度为 5.631km；Ⅱ回铁塔共计 99 基，其中直线塔 92 基，耐张塔 7 基，平均档距 459m，平均耐张段长度为 6.433km。

3.2.1.2 工程管理

（1）建设管理总协调单位：×××有限公司。

（2）建设管理单位：×××省电力公司。

（3）监理总牵单位：×××监理有限公司。

（4）监理单位：×××监理有限责任公司。

（5）设计单位：×××电力设计院。

（6）施工单位：×××工程公司。

3.2.1.3 工期里程碑

计划开工日期：2012 年 6 月 25 日；计划竣工日期：2013 年 6 月 30 日。

3.2.2 工程设计特点、工程量

3.2.2.1 线路走径

本标段线路由清墩峡（转角 J4）开始，沿矿区道路向南走线，止于戈壁滩（转角 J8-1），沿线海拔为 1400～1650m。本标段设计桩位如图 3-2-1 所示。

图 3-2-1 本标段设计桩位

本标段线路是哈密—柴达木工程哈密南 750kV 变电站至沙州 750kV 变电站段的一部分，线路路径全部位于甘肃省敦煌市辖区内。

本标段转角Ⅰ、Ⅱ回 J4，小号侧耐张串及导地线归上一标段实施；铁塔、基础、跳线、跳线串、大号侧耐张串及导地线归本标段实施。转角 J8-1 塔小号侧耐张串及导地线归本标段实施；铁塔、基础、跳线、跳线串、大号侧耐张串及导地线归下一标段实施。

本标段设计风速为 31m/s，最大设计覆冰为 5mm。

本段线路采用两条单回路架设，长度 2×44.5km；新建铁塔 200 基，其中直线塔 185 基，耐张塔 15 基。

杆塔采用自立式铁塔，基础采用直柱掏挖基础、刚性台阶基

础、直柱柔性基础、人工挖孔桩基础、岩石嵌固基础等型式。

本标段导线采用 6×LGJ-400/50 钢芯铝绞线，地线 I 回线一根为 OPGW，另一根为 GJ-100 镀锌钢绞线，II 回为两根 GJ-100 镀锌钢绞线。

路径走向如图 3-2-2 所示，新疆与西北主网联网 750kV 第二通道工程 8 标段线路工程施工现场平面布置图如图 3-2-3 所示。

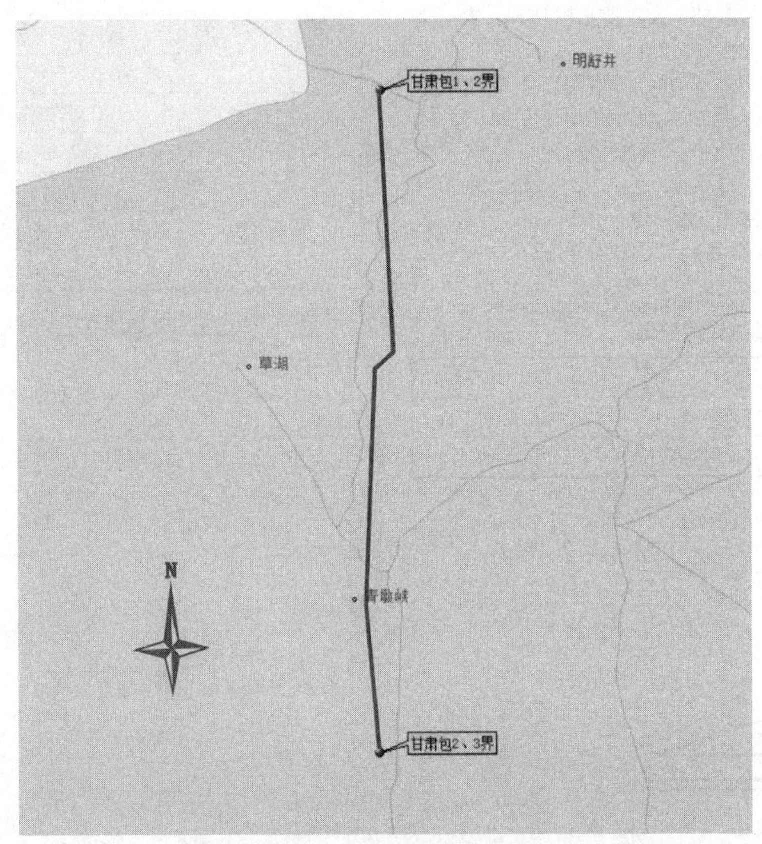

图 3-2-2　新疆与西北网联网 750kV 第二通道工程甘南线工程路径走向

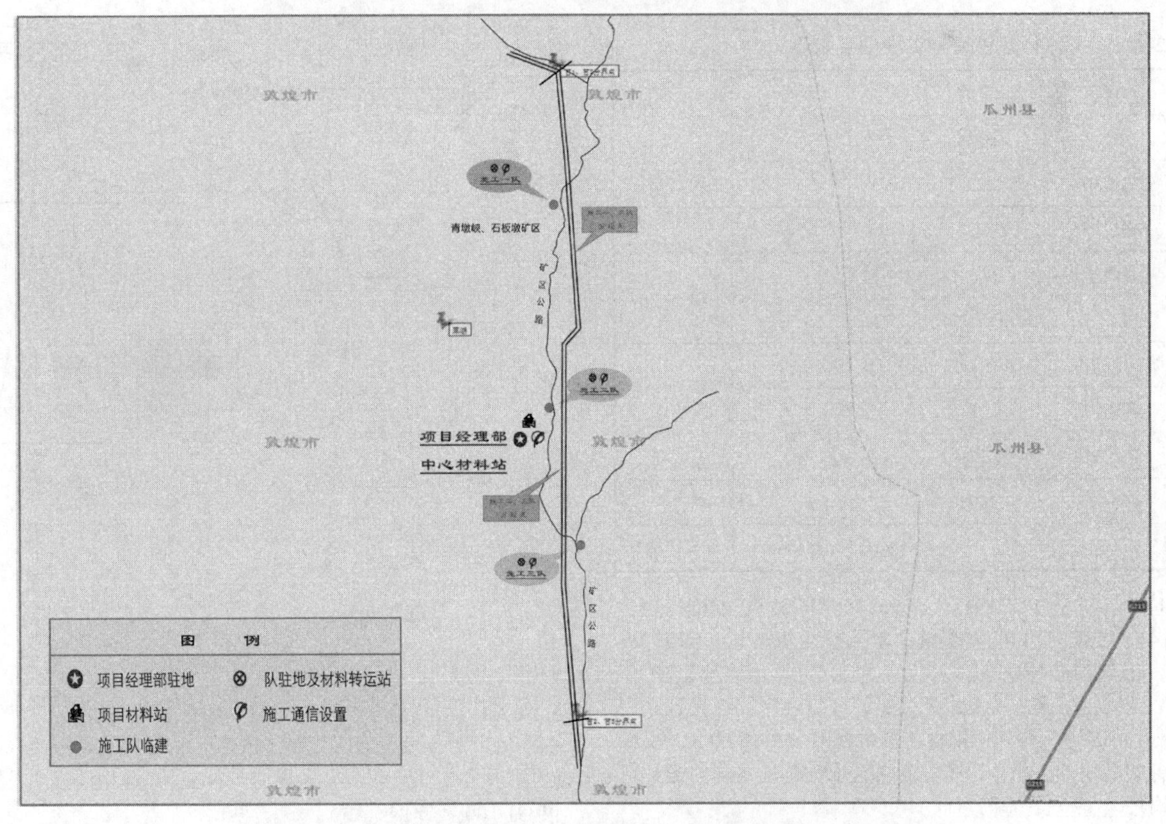

图 3-2-3　新疆与西北主网联网 750kV 第二通道工程甘肃段施工现场平面布置图

3.2.2.2 工程规模及设计特点

3.2.2.2.1 基础工程

（1）根据本标段地质情况和工程特点，选取如下基础型式：刚性台阶基础、直柱柔性基础、人工挖孔桩基础、岩石嵌固基础等型式。

（2）一般基础岩石嵌固基础采用C25混凝土，刚性台阶基础、直柱板式基础（中腐蚀）、人工挖孔桩基础均采用C35混凝土，C35混凝土采用中抗硫酸盐水泥；垫层采用C25混凝土，保护帽采用C15混凝土。基础钢筋主筋采用HRB-400，箍筋采用HPB-300。地脚螺栓使用35号优质碳素钢。中等腐蚀地区混凝土需使用一定比例的防腐材料。

（3）本标段线路基础详细配置见表3-2-1。

表3-2-1　　线路基础详细配置

项　目		单位	工程数量
基础防腐处理	环氧沥青	m^2	16320
	钢筋阻锈剂	t	44.68

续表

项　目		单位	工程数量
一般基础混凝土量	保护帽、垫层等（铺石灌浆C15）	m^3	3373.5
	直柱板式基础（C35）	m^3	90
	岩石嵌固基础（C25）	m^3	1120
特种基础混凝土量	人工挖孔桩基础（C30）	m^3	3000
	人工挖孔桩护壁（C30）	m^3	1800
基础钢材	地脚螺栓（35号钢）	t	178
	一般基础钢筋	t	691
	钢筋笼	t	252

本工程使用基础如图3-2-4所示。

3.2.2.2.2 铁塔工程

（1）本标段直线塔采用单回路中相V串酒杯塔，耐张转角塔采用干字型铁塔。

（2）本标段铁塔种类、塔型及数量见表3-2-2。

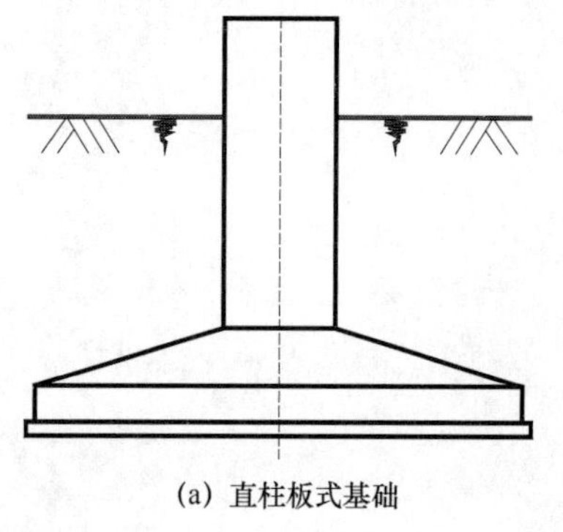

(a) 直柱板式基础

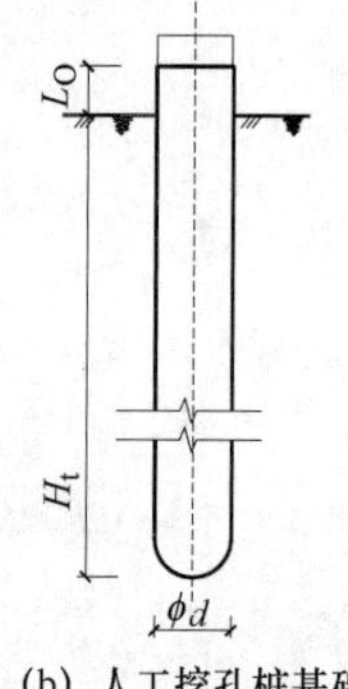

(b) 人工挖孔桩基础

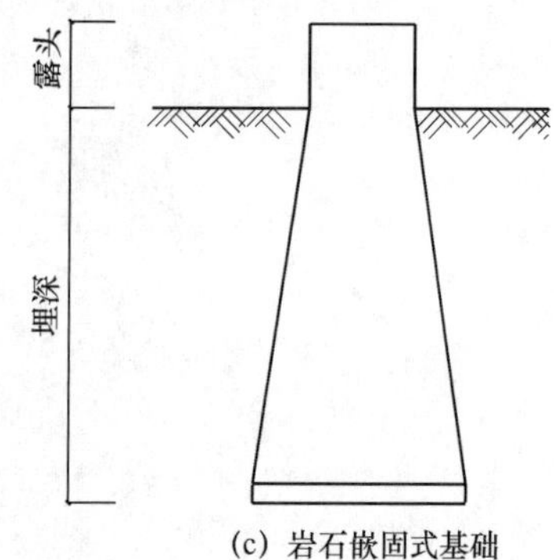

(c) 岩石嵌固式基础

图3-2-4　多种基础形式

表3-2-2　　本标段铁塔种类塔型及数量

序号	种类	塔型	基数	重量/t	备注
1	直线塔	ZB1313	86		
2	直线塔	ZB2313	13		
3	直线塔	ZB3313	1		
4	直线塔	ZBC1314	67		
5	直线塔	ZBC2314	14		
6	直线塔	ZBC3314	4		
7	转角塔	JC1314	7		
8	转角塔	JC3314	6		
9	换位塔	HJC231	2		
合计			200	7664.06	不含代用量

（3）直线塔采用ZB1313、ZB2313、ZB3313、ZBC1314、ZBC2314、ZBC3314 6种型塔；耐张转角塔采用JC1314、JC3314、HJC231 3种型塔。

（4）铁塔钢材采用Q420高强钢，强钢之间的连接件采用8.8级螺栓，高强钢与其他钢材连接时采用6.8级或8.8级螺栓，所有铁塔构件、螺栓、脚钉的露头部分等均采用热浸镀锌防腐。均按全方位长短腿设计。

本标段所使用塔型单线图如图3-2-5所示。

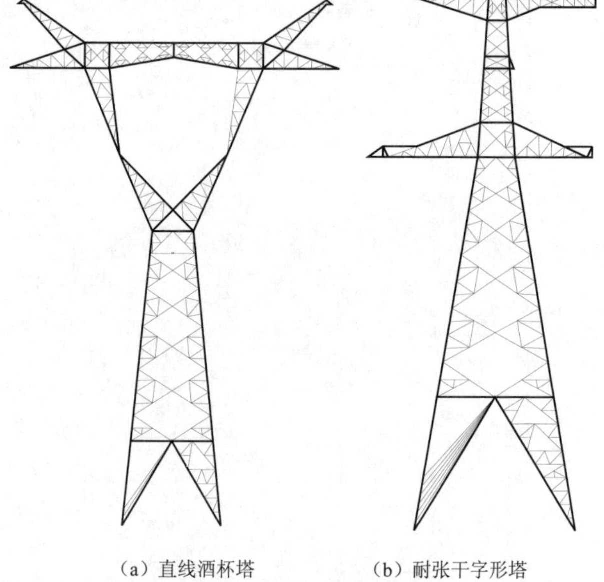

（a）直线酒杯塔　　（b）耐张干字形塔

图3-2-5　塔型单线图

3.2.2.2.3 本标段导、地线规格、型号及使用情况

（1）本标段导线采用6×LGJ-400/50钢芯铝绞线。地线Ⅰ回线一根为OPGW，另一根为GJ-100镀锌钢绞线，Ⅱ回为两根GJ-100镀锌钢绞线。

（2）本标段导、地线型号及使用情况见表3-2-3。

表 3-2-3　　本标段导、地线型号及使用情况

序号	种类	规格型号	使用范围	架设长度/km	备注
1	导线	6×LGJ-400/50	全标段	3×6×（45.048+45.029）	钢芯铝绞线，六分裂
2	地线	OPGW	Ⅰ回一侧	1×45.048	架空光缆
3	地线	GJ-100	Ⅰ回一侧，Ⅱ回两侧	3×45.029	镀锌钢绞线

（3）本工程使用导、地线及光缆性能参数见表 3-2-4、表 3-2-5。

表 3-2-4　　本工程使用导线性能参数

产品型号规格			钢芯铝绞线 LGJ-400/35	钢芯铝绞线 LGJ-400/50	铝合金芯铝绞线 JL/LHA1-220/230
结构根/mm	铝	股数/直径	48/3.22	54/3.07	18/3.94
	钢（铝合金）	股数/直径	7/2.5	7/3.07	19/3.94
计算截面积/mm^2	铝		390.88	400	219.46
	钢/铝合金		34.36	51.9	231.65
	合计		425.24	542	451.11
外径/mm			26.82	27.6	27.58
单位长度质量/（kg/km）			1349	1510.3	1244.2
计算拉断力/kN			103.9	123.04	104.43

表 3-2-5　　本工程使用地线性能参数

地线型号	GJ-100	JLB20A-120	JLB20A-150	OPGW-120
面积/mm^2	100.88	121.21	148.07	≤152
结构根数×直径/mm	19/2.60	19/2.85	19/3.15	24 芯
外径/mm	13.0	14.25	15.75	≤16
单位重量/（kg/m）	0.8389	0.810	0.9894	≤750
20℃直流电阻/（Ω/km）		0.7094	0.5807	≈0.53
弹性模量/MPa	185000	147200	147200	≈147200
线膨胀系数/（10^{-6}/℃）	11.5	13.0	13	≈13.0
拉断力/kN	115.0	146.18	178.57	≥95

3.2.2.3　设计特点

3.2.2.3.1　基础设计特点

（1）本标段结合本工程的地形、地质情况，并根据本工程基础作用力的特点，采用刚性台阶基础、人工挖孔桩基础、柔性直柱基础、岩石嵌固基础等型式等型式，同时最大限度的保护好自然环境，实现安全、环保、经济、合理的目的，有效降低工程造价，所有基础均为现浇基础。

（2）岩石嵌固式基础混凝土等级为 C25，人工挖孔桩桩基础混凝土等级为 C30，开挖式基础混凝土等级为 C35，基础保护帽为 C15，垫层为 C25，基础钢筋：基础主柱主筋采用 HRB400，其他钢筋采用 HPB300，中等腐蚀地质塔位的开挖式基础混凝土等级为 C35，水泥标号不低于 42.5 号，采用中抗硫酸盐水泥，最大水灰比 0.45，最小水泥用量 340kg/m^3。

开挖式基础表面及其垫层上平面涂高氯化聚乙烯（以下简称 HCPE）做防护，厚度不小于 300μm。

岩石嵌固式基础和人工挖孔桩基础在地表附近涂刷表面防腐涂层进行防护，涂刷范围：地面以下 500mm 及地面露出部分。地脚螺栓使用 35 优质碳素钢。

（3）本标段线路位于山区部分，使用的铁塔均配置了全方位长短腿，以达到少降基面，减少开方，避免由于大量开方造成的环境破坏。塔位有坡度时，为防止上山坡侧汇水面的雨水、山洪及其他地表水对基面冲刷影响，设置了排水沟。

（4）沿线大部分为戈壁地形，分布有荒漠草原，生态比较脆弱，施工进场及材料站的选择应注意对植被的保护并按标准进行赔偿。

3.2.2.3.2　铁塔设计特点

（1）直线塔采用单回路中相 V 串酒杯塔，耐张转角塔采用干字形铁塔。根据现场实际需要采用多种塔形。直线塔采用 ZB1313、ZB2313、ZB3313、ZBC1314、ZBC2314、ZBC3314 6 种型塔；耐张采用 JC1314、JC3314、HJC231 3 种型塔。

（2）铁塔设计考虑了全方位长短腿的方案，平地采用等长腿，丘陵和山地为保护环境，减少土石方开挖，防止水土流失，可根据地形情况，有条件时采用长短腿，其级差为 1.0m。

（3）铁塔钢材采用 Q420 高强钢，强钢之间的连接件采用 8.8 级螺栓，高强钢与其他钢材连接时采用 6.8 级或 8.8 级螺栓，所有铁塔构件、螺栓、脚钉的露头部分等均采用热浸镀锌防腐。

（4）铁塔逐基接地，采用水平方框加射线，接地体采用圆钢。接地电阻较大的地段，接地装置适当考虑加装降阻模块。

3.2.2.3.3　架线设计特点

（1）直线塔导线悬垂绝缘子串组装型式。边相 I 串，中相 V 串、L 串，如图 3-2-6 所示。按照荷载要求悬垂串采用单、双联 210kN、300kN 合成绝缘子，耐张串采用双联 120kN、210kN、420kN 瓷（或玻璃）绝缘子。跳线串采用鼠笼式刚性跳线，采用 120kN 合成绝缘子，地线串采用 70kN 瓷绝缘子。

（2）金具。联塔金具悬垂 V 串采用耳轴挂板。耐张串采用 GD 挂板或组合挂板。悬垂联板采用整体式联板，耐张联板推荐采用组合联板。悬垂线夹，推荐采用防晕型提包式悬垂线夹；地线推荐采用预绞式悬垂线夹。间隔棒采用普通间隔棒。跳线串采用鼠笼式刚性跳线。

（3）污区分布。参照甘肃电力系统污区分布图，线路所在的甘肃地区污秽等级均为 C 级，主要污染物为风沙灰尘，通过对线路沿线已有线路进行的调查，并参考已建成的 750kV 线路运行情况，考虑线路在矿区附近及矿区道路附近，确定本工程线路污区等级为 D 级。

（4）悬垂六分裂联板采用分体式组合连扳及整体连扳均可，悬垂联板强度等级与绝缘子串强度等级相匹配，采用 420kN、600kN、840kN。

（5）导线间隔棒为阻尼间隔棒，采用不等距安装。在间隔棒框架上预留防舞装置的安装孔。

架线总体设计如图 3-2-7 所示。

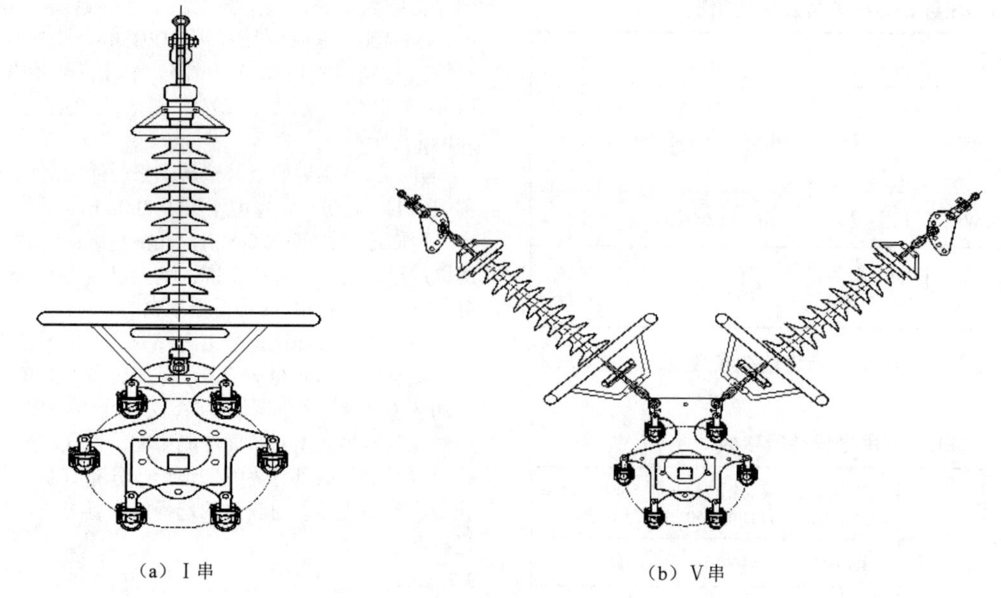

图 3-2-6　绝缘子串组装型式

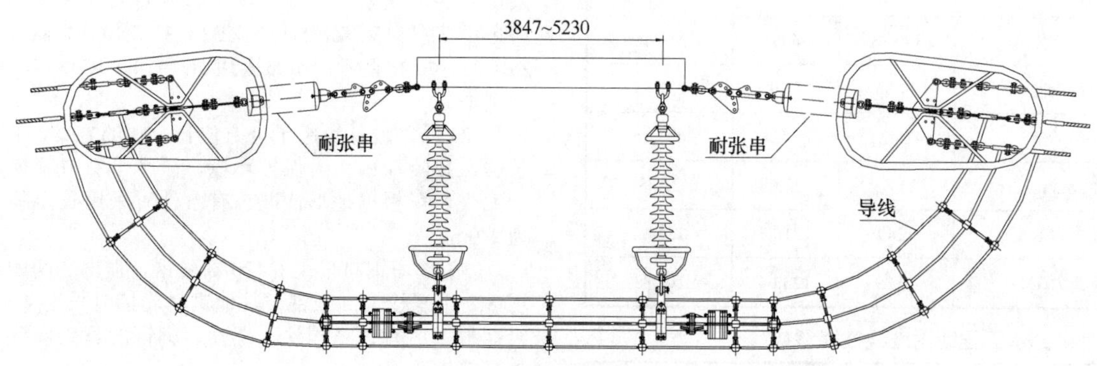

图 3-2-7　架线总体设计

3.2.2.4　工程承包范围和工作内容

一、工程承包范围

（1）全部承包项目工程施工、验收、移交、保修等。

（2）按规定办理的各种施工手续，为开展工作根据规定（包括地方文件规定）所缴纳的各种税费、工作协调费，工程质量监督、工程验收、环保、水保、档案等专项验收的自验和配合工作；配合完成申报环保部中华环境奖、水利部水土保持示范工程奖；配合完成国家电网公司优质工程奖、争创国家优质工程银奖等达标投产及评优、后评估等各项工作。

（3）水系、道路的恢复：施工范围严格控制在已补偿土地的范围内，不允许发生越范围施工或因越范围施工引起的一切矛盾和纠纷，否则引起的后果全部由施工单位负责；因工程建设引起，使周围耕种土地原有灌溉系统遭到破坏的恢复施工单位应认真、彻底、不遗留任何问题地解决好；

（4）施工单位负责采购的设备材料，应按要求将有关的采购计划、采购结果及时向设计单位、监理人报送。

（5）按要求提交完整的竣工资料（包括竣工草图的编制）。

（6）完成招标文件规定的其他工作。

二、线路工程工作内容

线路通道的树木砍伐赔偿、青苗赔偿、临时占地，线路复测、基础开挖和浇筑、业主供应的材料的验收、现场材料的保管和运输、铁塔组立、绝缘子和金具安装、架线、配合系统调试、工程档案及资料移交、工程竣工和保修。

（1）承包工程范围为本标段对应的所有工作量并按规定办理各种施工手续所需费用。

（2）全部本体基础、组塔、架线工序的施工，配合运行单位完成标志牌、警示牌、相序牌的安装，工程相关试验、检测工作，包括架空地线复合光缆（OPGW）的测试及接续工作。

（3）提供施工所需要的施工机具、人力及其其他施工资源。

（4）对业主供应的材料进行保管和进场验收。

（5）负责业主供应的材料到项目中心材料站的质量交接验收工作。

（6）负责业主供应的材料在指定交货地点的场地（港口、车站等）协调及临时场地租赁、装卸，及至标段中心材料站的运输以及现场保管。

（7）业主供应的材料以外的其他材料的采购、运输、保管。

（8）为保证施工质量、安全和进度所要采取的各种措施，以及为保证施工进行的各种协调工作。

（9）电力线路的拆迁与补偿、三级及以下通信线的拆迁与赔偿、青苗赔偿、树木砍伐（包含复测、塔基、放线及线路廊道等索赔）、施工临时占地、施工用枝岔道零星砍树、修桥筑路、张牵场地赔偿、各级通信干扰处理等，以及为了正常施工所需办理的一切手续。向业主或业主委托的单位转交拆迁赔偿等必要的原始资料和凭证，房屋拆迁由属地省电力公司负责，各等级电力线路改造费用为属地省公司负责。

（10）施工单位进场后应对线路走廊和工程本体进行看护和移交前的维护，并确保其在启动验收前满足设计规程要求。

（11）配合中间验收、竣工预验收、专家验收、竣工验收、线路参数测试、系统调试、启动验收、保证线路畅通。

（12）配合达标投产、优质工程评选以及环保、水保、劳动卫生、安全、档案等专项验收。

（13）负责竣工资料（含电子版）、声像资料的收集、整理、组卷、归档与移交；配合国网信息化管理系统进行相关数据录入工作。使用基建管控模块进行工程管理及相关数据录入工作。使用档案系统上线挂接模块进行竣工资料移交。

（14）保修期内的保修工作。

3.2.2.5　基本工程量

基本工程量见表 3-2-6。

表 3-2-6　　基 本 工 程 量

项　　目			单位	工程量	备　　注
线路长度			km	2×44.5	5mm 冰区
线材	导线	LGJ-400/50	t	2492.0	1650km
	地线	GJ-100	t	114.1	136km
	光缆	OPGW	km	47.5	
土石方	基面		m^3	986	
	接地槽		m^3	9867	
	排水沟		m^3	785	
基础混凝土材料	垫层（C25）		m^3	965	
	混凝土基础（C25）		m^3	1509.77	
	混凝土基础（C30）		m^3	1783.26	
	混凝土基础（C35）		m^3	6213.64	采用中抗硫酸盐水泥
防腐处理	环氧沥青		m^2	16320	
基础钢材	基础钢筋		t	943	
	地脚螺栓		t	178	
接地	TC15		基	127	
	TJ20		基	75	
	接地钢材		t	89.0	
	接地降阻模块		块	1500	
铁塔	直线塔		基	187	
	耐张塔		基	13	
	总基数		基	200	
	铁塔总重量		t	7664.06	不含代用量
绝缘子金具串型号及数量	210kN 单联合成绝缘子悬垂串		串	106	
	210kN 双联合成绝缘子悬垂串		串	14	
	300kN 单联合成绝缘子悬垂串		串	254	
	210kN 单联合成绝缘子 V 形悬垂串		串	53	
	300kN 单联合成绝缘子 V 形悬垂串		串	127	
	210kN 双联合成绝缘子 V 形悬垂串		串	7	
	笼式硬跳线（跳线串）		组	42	
	420kN 盘型绝缘子双联耐张串		串	90	
	地线双悬垂金具串		串	374	
	地线耐张双联金具串		串	60	
绝缘子	120kN 合成绝缘子		支	84	
	210kN 合成绝缘子		支	268	
	300kN 合成绝缘子		支	508	

续表

项　目		单位	工程量	备　注
绝缘子	420kN 盘型绝缘子	片	8820	
	XDP-70CN	片	60	
	XDP-70C	片	748	
绝缘子合计	合成绝缘子	支	860	
	盘型绝缘子	片	9628	
线夹	导线悬垂线夹	个	3366	
	导线耐张线夹	个	540	
	地线悬垂线夹	个	748	
	地线耐张线夹	个	60	
均压环	单联悬垂大均压环	个	374	
	双联悬垂大均压环	个	14	
	中均压环（合成绝缘子低压端）	个	187	
	耐张均压屏蔽环	个	180	
间隔棒	导线间隔棒	个	4950	
防震锤	导线防振锤	个	900	
	地线防振锤	个	808	
跳线重锤片		片	200	
鼠笼式刚性跳线		个	45	
其他金具		t	45	除鼠笼式刚性跳线金具、导线间隔棒、导地线防振锤外

注　本标段巡视便道土质平整扩宽施工 100m。

3.2.3　工程实施条件及自然环境分析

3.2.3.1　建设地点

本标段线路全部位于全部位于甘肃省酒泉市敦煌市辖区内。

敦煌是甘肃省酒泉市辖的一个县级市，中国的国家历史文化名城。敦煌位于古代中国通往西域、中亚和欧洲的交通要道——丝绸之路上，曾经拥有繁荣的商贸活动。以“敦煌石窟”（如图 3-2-8 所示）、“敦煌壁画”闻名天下，是世界遗产莫高窟和汉长城边陲玉门关、阳关的所在地。

图 3-2-8　敦煌石窟

具体建设地点如图 3-2-3 所示。

3.2.3.2　现场自然条件

本标段所在地区为暖温带极干旱气候区，四季分明，春季温暖多风，夏季酷暑炎热，秋季凉爽，冬季寒冷。年平均气温为 9.4℃，月平均最高气温为 24.9℃（7 月），月平均最低气温为−9.3℃（1 月），极端最高气温 43.6℃，最低气温−28.5℃。该地区干旱少雨，年降雨量只有 39.9mm，日照时间长，蒸发量高达 2400mm，气温昼夜温差大，无霜期 142d。大风天气多，风速大，持续时间长，沙尘天气频繁。

本标段设计最大风速 31m/s；导线覆冰厚度 5（10）mm；最高气温 40℃，最低气温−30℃。

设计气象条件见表 3-2-7。

表 3-2-7　　设 计 气 象 条 件

气象名称	气温/℃	风速/（m/s）	覆冰/mm
最低气温	−30	0	0
年平均气温	5	0	0
最大风速	−5	31	0
覆冰情况	−5	5	5（10）
最高气温	+40	0	0
安装	−15	10	0
大气过电压	+15	10	0
操作过电压	5	17.7	0
雷暴日数	20		

3.2.3.3　地形、地质及地貌

（1）地形、地貌：本标段所经地形为山地、丘陵及平地地形，平地有一定的冲刷情况，地质条件相对较好。

平地和丘陵地形交通条件较好，山区地形交通条件困难。

本标段地形、地貌及地形情况如图 3-2-9 所示。

图 3-2-9　本标段地形、地貌及地形情况

（2）水文、地质：本段地貌低山、丘陵约占 58%（0～1.2 为花岗岩、砂岩 强风化；1.2～4 为花岗岩、砂岩，中等风化；4～8 为花岗岩、砂岩，微风化）。平地约占 42%（地层 1 约占 38%：0.00～4.00，砾砂、角砾，稍密～中密，4.00～10.00，砾砂、角砾，中密～密实；地层 2 约占 38%：0.00～4.00，粉土、粉砂，稍密，4.00～10.00：粉土、粉砂，中密）。水文地质条件地下水位大于 7m，对塔基无影响。

本标段地质情况如图 3-2-10 所示，地形比例如图 3-2-11 所示。

大部分塔位可以不考虑地下水对基础的影响，对于位于灌溉区域内地势低洼处的个别塔位可考虑为地下水对混凝土结构和钢筋混凝土结构中钢筋具强腐蚀性。

沿线出露的地层主要表现为由第四系冲洪积作用形成的砾石、卵石，第四系风积作用形成的粉细砂。无河流，局部有汇水沟。

3.2.3.4　现场交通状况

本标段线路路径距离主干公路较远，但戈壁滩及土路可以保证车辆的正常通行。

当地铁路、公路交通十分方便，大宗货物可由铁路运至火车站货场卸车，再通过当地公路运输至材料站。

施工道路结合大件设备运输要求，利用现有道路和进站道路，可满足施工要求。

运输道路分布情况如图 3-2-3 所示。

3.2.3.5　交叉跨越情况

本标段沿线交叉跨越及障碍物拆除情况见表 3-2-8。

本标段跨越较少，但仍然要注意尽量走同一条道路，减少破坏戈壁滩植被。

图 3-2-10　本标段地质情况

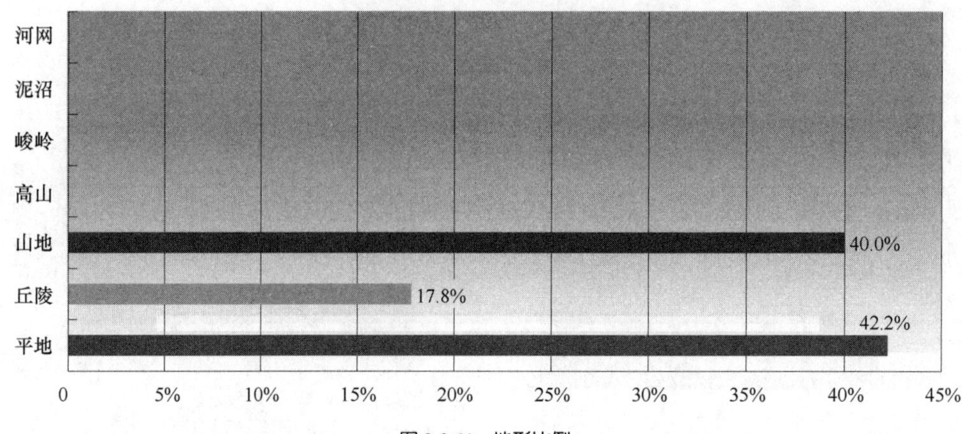

图 3-2-11 地形比例

表 3-2-8 本标段沿线交叉跨越及障碍物拆除情况

项目		单位	数量	备注
交叉跨越	35kV 电力线	处	1	
	大车路	处	8	

3.2.3.6 社会环境

敦煌市位于甘肃、青海、新疆三省（自治区）的交汇点，敦煌南枕气势雄伟的祁连山，西接浩瀚无垠的罗布泊，北靠嶙峋蛇曲的北塞山，东峙峰岩突兀的三危山。面积 3.12 万 km^2。在这个靠近沙漠戈壁的天然小盆地中，党河雪水滋润着肥田沃土，绿树浓荫挡住了黑风黄沙；粮棉旱涝保收，瓜果四季飘香；沙漠奇观神秘莫测，戈壁幻海光怪陆离；文化遗存举世闻名，社会安定民风古朴，人杰地灵，英才辈出……，美丽的敦煌，是块富饶、神奇、诱人的土地。“敦，大也；煌，盛也。”盛大辉煌的敦煌有着悠久的历史，灿烂的文化！

线路沿线聚居多个少数民族，他们有着独特的民族文化和生活方式。在施工过程中，项目部要研究和学习各少数民族在饮食、服饰、语言、礼仪、婚俗、丧葬、节日等方面的习俗，特别是他们非常忌讳的东西。开工前要专门与当地民族事务的专业人员进行交流学习，制定尊重民族习俗的措施，正确理解和执行党和国家的少数民族政策，充分尊重和理解少数民族的风俗习惯和民族感情，加强民族团结，取得当地政府和沿线群众的理解支持，促进工程建设的顺利开展。

据现场调查资料，各地当地政府都十分重视推进精神文明建设，坚持“打防结合，预防为主”方针，推进“警治联勤”措施，社会治安综合治理取得明显成效，营造了文明和谐的社会氛围。

各级地方政府切实加强自身建设，改进政府工作作风，加强廉政建设，树立“勤政、务实、廉洁、高效”的政府形象，进一步转变职能，增强解决实际问题的能力，以观念创新带动工作创新，整顿和规范市场经济秩序，创造了良好的经济环境。

3.2.3.7 通信环境

据现场调查，施工对外联系可采用公共移动通信网和当地电信部门程控电话网络，线路经过地区均有中国移动和中国联通的信号基站，移动通信信号基本实现了无缝覆盖；此外，当地宽带互联网络业务办理方便、快捷。总体而言，当地的通信条件能够满足现场施工需要。

3.2.3.8 其他制约条件

3.2.3.8.1 本标段所处地段 10 月就进入冬季，至来年 4 月，气温一直很低，对施工尤其是基础施工极其不利，避免在冬季从事施工，充分利用有限的黄金时间合理安排施工。

3.2.3.8.2 该地区是多风干旱地区，不仅大风日数多，且持续时间长，大风常带来沙暴和浮尘天气，狂风骤起，致交通和通信中断，影响施工。

3.2.3.8.3 线路塔高、塔重，使组塔工作难度增加，在保证进度的情况下，必须增加施工力量和优化施工方案。

3.2.3.8.4 由于地方政府和人民群众的环保意识增强，对施工环境保护提出很高的要求，而沿线地表植被较少，生态环境比较脆弱，地质情况复杂，因此施工中要合理布置，大力加强文明施工力度，从组织上、技术措施上着手，保护当地的环境。

本章其余内容见光盘。

第 4 章 某±800kV 特高压直流输电线路工程施工组织设计

4.1 编制依据

（1）国家电网公司集中招标《国家电网公司集中招标之××××±800kV 特高压直流输电线路工程施工招标文件（招标编号 0711-12OTL039）》。

（2）与业主签订的本工程施工承包合同。

（3）表 4-1-1 所列法规、标准、规程、规范等。

表 4-1-1 本工程遵循的主要法规、标准、规程、规范

序号	名 称	标准代号	实施日期/（年.月.日）
一	国家法律法规		
1	《中华人民共和国安全生产法》	主席令第 70 号	2002.11.1
2	《中华人民共和国电力法》	主席令第 60 号	1996.4.1
3	《中华人民共和国建筑法》	主席令第 46 号	2011.7.1
4	《中华人民共和国合同法》	主席令第 65 号	1999.10.1
5	《中华人民共和国招标投标法》	主席令第 21 号	2000.1.1
6	《中华人民共和国劳动法》	主席令第 28 号	1995.1.1
7	《中华人民共和国劳动合同法》	主席令第 65 号	2008.1.1
8	《中华人民共和国食品卫生法》	主席令第 59 号	1995.10.30
9	《中华人民共和国环境保护法》（2002 年修订）	主席令第 22 号	1989.12.26
10	《中华人民共和国环境噪声污染防治法》	主席令第 77 号	1997.3.1
11	《中华人民共和国大气污染防治法》	主席令第 32 号	2000.9.1
12	《中华人民共和国放射性污染防治法》	主席令第 6 号	2003.10.1
13	《中华人民共和国固体废物污染环境防治法》（2004 年修订）	主席令第 58 号	1996.4.1
14	《中华人民共和国水污染防治法》（2008 年修订）	主席令第 87 号	1984.11.1
15	《中华人民共和国档案法》（1996 年修订）	主席令第 71 号	1987.9.5
16	《中华人民共和国消防法》（2009 年修订）	主席令第 6 号	1998.9.1
17	《中华人民共和国宪法》（2004 年修正）	八二宪法	1982.12.4
18	《中华人民共和国刑法》（2009 年修正）	主席令第 41 号	1979.7.1
19	《中华人民共和国道路交通安全法》	主席令第 47 号	2004.5.1
20	《中华人民共和国治安管理处罚法》	主席令第 38 号	2006.3.1
二	国务院、部级法律法规		
1	《中华人民共和国工程建设标准强制性条文：电力工程部分》	2011 年版	
2	《建设工程质量管理条例》	国务院令第 279 号	2000.1.30
3	《建设项目环境保护管理条例》	国务院令第 253 号	1998.11.29
4	《建筑工程安全防护、文明施工措施费用及使用管理规定》	建办〔2005〕89 号	2005.9.1
5	《建筑起重机械安全监督管理规定》	建设部令第 166 号	2008.6.1
6	《劳动防护用品监督管理规定》	安全生产监督管理总局第 1 号	2005.9.1
7	《起重机械安全监察规定》	质量监督检验检疫总局第92号	2007.6.1

续表

序号	名　　称	标准代号	实施日期/（年.月.日）
8	《生产安全事故报告和调查处理条例》	国务院令第493号	2007.6.1
9	《自然灾害类突发公共事件专项应急预案》	国务院	2006.1.10
10	《关于印发〈危险性较大的分部分项工程安全管理办法〉的通知》	建质〔2009〕87号	2009.5.13
三	国家电网公司要求		
1	《国家电网公司基建安全管理规定》	国家电网基建〔2011〕1753号	2011.11.30
2	《电力建设工程施工技术管理导则》	国家电网工〔2003〕153号	2003.5.18
3	《国家电网公司环境保护管理办法（试行）》	国家电网科〔2004〕85号	2004.2.20
4	《国家电网公司电力安全工器具管理规定（试行）》	国家电网安监〔2005〕516号	2005.8.9
5	关于印发《国家电网公司十八项电网重大反事故措施》（修订版）的通知	国家电网生〔2012〕352号	2012.3.26
6	《国家电网公司输变电工程质量通病防治工作要求及技术措施》	基建质量〔2010〕19号	2010.1.26
7	《国家电网公司输变电工程达标投产考核办法（2011版）》	国家电网基建〔2011〕146号	2011.1.30
8	《国家电网公司输变电工程项目管理流动红旗竞赛实施办法（2011版）》	国家电网基建〔2011〕147号	2011.1.30
9	《国家电网公司输变电优质工程评选办法（2011版）》	国家电网基建〔2011〕148号	2011.1.30
10	《输变电工程施工安全措施补助费、文明施工措施费管理规定（试行）》	国家电网基建〔2005〕534号	2005.8.11
11	《国家电网公司输变电优质工程评选办法》	2012版初稿	
12	《国家电网公司电网工程施工安全风险识别、评估及控制办法（试行）》	国家电网基建〔2011〕1758号	2011.11.30
13	《国家电网公司输变电工程设计变更管理办法》	国家电网基建〔2011〕1755号	2011.11.30
14	《关于利用数码照片资料加强输变电工程安全质量过程控制的通知》	基建安全〔2007〕25号	2007.2.26
15	《关于强化输变电工程施工过程质量控制数码采集与管理的工作要求》	基建质量〔2010〕322号	2010.11.3
16	《国家电网公司输变电工程建设创优规划编制纲要》等7个指导文件的通知	基建质量〔2007〕89号	2007.6.11
17	《关于印发〈国家电网公司电网建设项目档案管理办法（试行）〉的通知》	国家电网办〔2010〕250号	2010.2.24
18	关于印发《国家电网公司电网建设项目档案管理办法（试行）释义》的通知	办文档〔2010〕72号	2010.9.14
19	《国家电网公司工程建设质量责任考核办法》	国家电网基建〔2011〕1751号	2011.11.30
20	《国家电网公司电力安全工作规程（线路部分）》2009版	国家电网安监〔2009〕664号	2009.7.6
21	《国家电网公司施工项目部标准化工作手册（330kV以上线路工程分册）	2010版	
22	《国家电网公司输变电工程标准工艺（二）施工工艺示范光盘（8DVD）》	国家电网基建〔2011〕313号	2011.12.30
23	《国家电网公司输变电工程标准工艺（三）工艺标准库（2011年版）》	国家电网基建〔2011〕313号	2011.12.30
24	《国家电网公司输变电工程标准工艺（一）施工工艺示范手册》	国家电网基建〔2011〕313号	2011.12.30
25	《国家电网公司输变电工程标准工艺（四）典型施工方法（第一辑）》	国家电网基建〔2011〕313号	2011.12.30
26	印发《关于深化“标准工艺”研究与应用工作的重点措施》和《关于加强工程创优工作的重点措施》的通知	基建质量〔2012〕20号	
27	《国家电网公司关于进一步提高工程建设安全质量和工艺水平的决定》	国家电网基建〔2011〕1515号	2011.12.30
28	《国家电网公司基建质量管理规定》	国网基建〔2011〕1759号	2011.12.30
29	《输变电工程建设现行主要质量管理制度、施工与验收质量标准目录》	基建质量〔2011〕79号	2011.3.17

续表

序号	名　　称	标准代号	实施日期/（年.月.日）
四	施工安全标准		
1	《建设工程施工现场供用电安全规范》	GB 50194—1993	1994.8.1
2	《电力建设安全工作规程　第2部分：架空电力线路》	DL 5009.2—2004	2005.6.1
3	《建筑机械使用安全技术规程》	JGJ 33—2001	2001.11.1
4	《施工现场临时用电安全技术规范》	JGJ 46—2005	2005.7.1
5	《建筑施工高处作业安全技术规范》	JGJ 80—1991	1992.8.1
6	《重大危险源辨识》	GB 28128—2009	
7	《建筑施工木脚手架安全技术规范》	JGJ 164—2008	2008.12.1
8	《建筑施工安全检查标准》	JGJ 59—1999	1999.3.30
9	《建筑施工碗扣式脚手架安全技术规范》	JGJ 166—2008	2008.11.4
10	《建筑施工高处作业安全技术规范》	JGJ 80—1991	1992.8.1
11	《输变电工程安全文明施工标准》	Q/GDW 250—2009	2009.2.7
12	《起重机械安全规程》	GB 6067—1985	
13	《建筑桩基技术规范》	JGJ 94—2008	2008.10.1
14	《基桩低应变动力检测规程》	JGJ/T 93—95	1995.12.1
五	施工质量标准		
1	《电气装置安装工程接地装置施工及验收规范》	GB 50169—2006	2006.11.1
2	《混凝土结构工程施工质量验收规范》	GB 50204—2002（2011版）	2011.8.1
3	《钢结构工程施工质量验收规范》	GB 50205—2001	2002.3.1
4	《建设工程项目管理规范》	GB/T 50326—2006	2006.6.21
5	《±800kV架空电力线路施工及验收规范》	Q/GDW 225—2008	2008.12.9
6	《±800kV架空送电线路施工质量检验及评定规程》	Q/GDW 226—2008	2008.12.9
7	《架空送电线路导线及避雷线液压施工工艺规程》	SDJ 226—1987	1987.9.1
8	《超高压架空输电线路张力架线施工工艺导则》	SDJJS2—1987	1987.11.11
9	《建筑边坡工程技术规范》	GB 50330—2002	2002.8.1
10	《110kV及以上送变电工程启动及竣工验收规程》	DL/T 782—2001	2002.2.1
11	《跨越电力线路架线施工规程》	DL 5106—1999	2000.7.1
12	《普通混凝土用砂、石质量及检验方法标准》	JGJ 52—2006	2007.6.1
13	《建筑基坑支护技术规程》	JGJ 120—1999	1999.1.1
14	《钢筋焊接及验收规程》	JGJ 18—2003	2003.5.1
15	《混凝土配合比设计规程》	JGJ 55—2011	2011.12.11
16	《混凝土强度检验评定标准》	GB/T 50107—2010	2010.12.1
17	《钢筋混凝土用钢　第1部分：热轧光圆钢筋》	GB 1499.1—2008	2008.9.1
18	《钢筋混凝土用钢　第2部分：热轧带肋钢筋》	GB 1499.2—2007	2008.3.1
19	《输变电工程建设标准强制性条文实施管理规程　第7部分：输电线路工程施工》	Q/GDW 248—2008	2009.6.30
六	档案信息标准		
1	《国家重大建设项目文件归档要求与档案整理规范》	DA/T 28—2002	2003.4.1

（4）本工程《建设管理纲要》。

（5）×××±800kV 特高压直流输电线路工程（××段）《建设管理纲要》。

（6）×××±800kV 特高压直流输电线路工程（××段）《安全文明施工总体策划》。

（7）×××±800kV 特高压直流输电线路工程施工现场资料整理手册。

（8）本公司的《质量环境职业健康安全管理体系》及相关程序文件。

（9）现场调查了解信息和资料。

4.2 工程概况与工程实施条件分析

4.2.1 工程概况

×××±800kV 特高压直流输电线路工程是目前世界上电压等级最高、输送容量最大、输送距离最远的特高压直流输电线路工程，是国家西电东送重点工程，途经新疆、甘肃、宁夏、陕西、山西、河南六省（自治区）。止于河南省郑州市中牟县大孟换流站，全线总长 2210.2km（含黄河大跨越 3.9km），航空直线长度为 1982km，曲折系数 1.12。沿线海拔在 80～2300m 之间。

本标段线路起自甘肃省金昌市永昌县红山窑乡花草滩（2051 号塔），止于金昌市永昌县朱王堡镇沙滩里（2259 号塔），线路路径长度 103.3km。

线路自金昌市永昌县红山窑乡花草滩附近包 9、包 10 的分界点起，进入永昌县国家重点公益林区内，在林区南边缘，平行于长沟山北侧走线，经花草滩、双山子、尤子山、宋家湾、在毛卜喇村的巴墙口跨越明代长城。线路为避让永昌县圣容寺景区（圣容寺塔及高昌王陵、西夏千佛阁），经大、小碱草沟，在红沙沟左转，在圣容寺塔南侧 2km 外走线，经大硷硅沟，避让开永昌县城规划区和金川峡水库，在尖墩庄左转向东走线。线路在土佛寺连续跨越 110kV 永宗线、S212 省道，在马祖湾连续跨越金昌—永昌高速公路和 110kV 宗夹线，经坟门山、大墩井，绕过青山农场特药种植基地，在青山堡站以北约 1.5km 处连续跨越兰新铁路、750kV 武河Ⅰ、Ⅱ回线路、330kV 河凉Ⅰ、Ⅱ回线路后，继续向东走线，经青山分场六队，在陈家庄跨越 110kV 宗水Ⅰ线，经水源镇林场，在水源镇北跨越 110kV 宗水Ⅱ线，在孙家上庄跨越在建金昌—武威高速公路。线路绕过房屋密集区，经祖先堂、梢里庄，线路在朱王堡镇沙滩里附近包 10、包 11 的分界点结束。

本施工标段导线使用 6×JL/G3A-1000/45 和 6×JL/G2A-1000/80 钢芯铝绞线，地线使用为：本标段起点—青山堡段，两根地线采用普通型 LBGJ-150-20AC 铝包钢绞线，青山堡段—本标段终点，一根地线采用 LBGJ-150-20AC，另一根地线采用 OPGW-150。

本工程相关方如下：

（1）工程名称：×××特高压直流输电线路工程。

（2）项目法人：×××。

（3）管理单位：×××。

（4）设计单位：×××。

（5）监理单位：×××。

（6）施工单位：×××。

（7）计划工期：2012 年 6 月 10 日开工；2013 年 12 月 31 日竣工。

4.2.2 工程设计特点、工程量

4.2.2.1 工程特点

4.2.2.1.1 本工程从项目管理的规范化操作及公司形象建设的重要性考虑，必须从思想上、制度上、行动上高度重视，在开工前与地方各级政府及有关部门密切接触，协调行动，制定合理可行的通道清理及关系协调计划，在施工中执行，保证工程进度的顺利进行。

4.2.2.1.2 本工程跨越（750kV、330kV、220kV、110kV、铁路、高速等）较复杂，必须针对跨越物的特点制定合理、科学的施工方案。

4.2.2.1.3 全线地形、地貌相对单一。线路所经地区大部分为河西走廊荒漠戈壁干旱区，风大沙多，干旱少雨，夏季炎热干燥，冬季寒冷漫长，植被较差，人烟稀少，因本段输电线路位于兰新铁路和公路之间走线及戈壁滩和绿洲上走线，交通相对较为便利。总体西高东低，海拔 1450～2330m，线路段最高处位于尤子山，高程约 2330m，最低处为线路最东段，高程约 1450m。

沿线林木主要分布在花草滩国家重点公益林区及绿洲，花草滩国家重点公益林区其主要树种以灌木为主，种类为红柳、骆驼刺、麻黄、白刺、红砂和沙拐枣。多年生长高度小于 1m，跨越灌木不影响线路的杆塔指标。绿洲内的树木主要是成片杨树和防风杨树（行道树），当地统称为防护林，杨树自然生长高度为 28m。

4.2.2.1.4 本工程铁塔多为全方位高低腿结构，现场地形复杂，作业面小，使组塔工作难度增加，在保证进度的情况下，必须增加施工力量和优化施工方案。

4.2.2.1.5 由于地形条件和交通现状，导致山区地段材料运输及基坑开挖非常困难；牵张场选场困难，架线施工任务艰巨。

4.2.2.1.6 施工用道路优先选择植被字少的地方开辟，进出一条道，运输材料时不得随意拖拉，破坏山坡植被。

4.2.2.1.7 按照公司环保施工的要求，对施工中环境保护提出很高的要求，因此处理好施工剩余的弃土是基础施工中的一个重要环节。

4.2.2.1.8 本工程线路跨越线路较多，所以应该切实注意感应电的预防，施工过程中应引起足够重视并编制专门措施。

4.2.2.2 工程量

4.2.2.2.1 本工程采用的基础工程见表 4-2-1。

掏挖基础、斜柱基础、人工挖孔桩基础、台阶式斜柱基础等型式。本工程基础混凝土为 C30 级，垫层采用 C20 级，采用普通硅酸盐水泥，对于具有中腐蚀塔位，基础混凝土为 C30，垫层采用 C20 级。保护帽采用 C15 级。基础主筋为 HRB400 级钢筋，其余为 HPB235 级或 HRB335 级钢筋。

本标段共采用了 4 种基础型式：分别为人工掏挖基础（38 基）、人工挖孔桩基础（116 基）、斜柱插入式基础（39 基）、斜柱斜顶基础（15 基）。其中中等腐蚀地区基础表面需刷防腐涂料进行防腐。

表 4-2-1　　本工程采用的基础工程

分部工程	分项内容	数　量
基础工程	基础方量 C30	19953.08m^3
	基础垫层 C20	516.74m^3
	基础护壁 C20	3238.5m^3
	水泥	9040t

续表

分部工程	分项内容	数量
基础工程	砂子	9819.84m³
	石子	21177.66m³
	基础钢筋	461.39t
	基础钢筋笼	1361.86t

4.2.2.2.2 本工程铁塔种类、塔型见表 4-2-2。

表 4-2-2 本工程铁塔种类、塔型

分部工程	杆塔种类	杆塔型式
铁塔工程	直线塔	Z33101A2
	直线塔	Z33102A2
	直线塔	Z33103A2
	直线塔	Z33104A2
	直线塔	ZC33105A2
	高跨直线塔	ZK33101A
	直线塔	Z3310AT
	直线转角塔	ZJ33101A
	直线转角塔	ZJ33102A
	耐张塔	J33101A
	耐张塔	J33103A
	耐张塔	J33104A
	直线塔	ZC33101B
	直线塔	ZC33102B
	直线塔	ZC33103B
	直线塔	ZC33104B
	直线塔	ZC3310BT
	直线转角塔	ZJC3310B
	耐张塔	JC3310B
	耐张塔	JC3310WB
	F 型耐张塔	JC33101B
	F 型直线塔	ZFC33101
		JFC33102

4.2.2.2.3 本工程导地线规格型号见表 4-2-3。

本施工标段导线使用 6×JL/G3A-1000/45 和 6×JL/G2A-1000/80 钢芯铝绞线，地线使用为：本标段起点—青山堡段，两根地线采用普通型 LBGJ-150-20AC 铝包钢绞线，青山堡段—本标段终点，一根地线采用 LBGJ-150-20AC，另一根地线采用 OPGW-150。

表 4-2-3 本工程导地线规格型号

名称	规格型号	使用范围	备注
钢芯铝绞线	6×JL/G3A-1000/45	86.723km	
钢芯铝绞线	6×JL/G2A-1000/80	16.557km	
地线	LBGJ-150-20AC	67.305km	
复合光缆	OPGW-150	39.975km	

4.2.3 施工实施条件及自然环境分析

4.2.3.1 施工实施条件

4.2.3.1.1 交通情况

本段输电线路位于兰新铁路和公路之间走线及戈壁滩和绿洲上走线，交通相对较为便利。

本段路径呈西北—东南走向。花草滩段有机耕道可利用，其余段均有平行公路及其支路，交通较好。

4.2.3.1.2 交叉跨越见表 4-2-4。

表 4-2-4 交叉跨越情况

序号	跨越物名称	跨越数量	备注
1	750kV 电力线	2	
2	330kV 电力线	2	
3	220kV 电力线	1	
4	110kV 电力线	6	
5	35kV 电力线	4	
6	10kV 电力线	28	
7	一般铁路	1	为电气化铁路
8	高速公路	2	其中金武高速在建
9	二级公路	1	
10	三级公路	9	
11	四级公路	22	
12	二级通信线	5	
13	三级通信线	35	
14	地埋光缆	8	
15	河流（非通航）	3	

本工程跨越部分电力线，跨越架搭设施工比较困难，施工前必须考察跨越现场，根据实际情况制定跨越施工方案。

4.2.3.2 现场自然环境

4.2.3.2.1 水文条件

本标段线路涉及的主要河流为金川河、东大河、西大河。各条河流的水量在线路上游已经完全被拦蓄引灌，下游河道平时都是干涸的，但是在发生大洪水时仍会承担泄洪作用。

本线路在金川峡水库上游侧跨越金川河（西大河已于跨越处上游与金川河汇流）老河道，有引自西大河的西金输水干渠位于河道一侧，跨越处为低山峡谷，塔位有地形利用，可一档跨过不受其洪水泄洪影响。

线路在水源镇西北侧附近跨越东大河北一岔河道，宽度约 250m，地形为开阔戈壁，线路塔位需注意避让，尽量远离河岸立塔。

线路在戈壁地形区跨越多处区间暴雨洪水冲刷形成的小河道或冲槽，汛期暴雨时会产生短历时洪水，建议线路尽量避让立塔；线路沿线跨越多处人工引水干支斗渠，需注意避让，都可一档跨越，立塔不受影响。

4.2.3.2.2 地质条件

标段地形分类如下：平地 63.3%、山地 16.0%、丘陵 20.7%。

本施工标段地质划分：坚土 6.2%、普通土 16.9%、松砂石 52%；岩石 24.9%。

沿线地质：总体上地基土以碎石、卵石为主。平原及山间盆地覆盖层厚度大，山区地段覆盖层厚度较小，基岩多裸露地表，整个线路段总体地基土条件良好。

全线汽车运距 35km，人力运距 0.4km。

本标段线路区域地基岩土以黄土、黄土状粉土和砂、卵砾石、碎石层为主，次为砂岩、泥岩，千枚岩、花岗岩、石英闪长岩等为主，砂、卵砾石、碎石及砂岩、泥岩、千枚岩、花岗岩、石英闪长岩物理力学性能较好，是良好塔基持力层。

个别塔位地基土对混凝土结构及钢筋混凝土结构中的钢筋具弱—中等腐蚀性。采用中等抗硫酸盐水泥，C30 混凝土、并满足水泥用量和最大水灰比要求。

4.3 项目施工管理组织机构

4.3.1 项目管理组织机构

4.3.1.1 组织机构设立

4.3.1.1.1 本工程实行项目管理施工，成立“×××特高压直流输电线路工程×标段”（以下简称项目部），充分发挥项目组织和项目管理的优势，代表总公司对本工程实行全面管理。项目部服从项目法人经理部和监理工程师的统一管理。

4.3.1.1.2 项目部项目经理，作为本公司法人代表在本工程的全权委托代理人，代表公司履行合同，负责工程项目管理等；项目部下设主要管理人员由分公司选派，服从项目经理的领导，各司其职；劳务人员由下属送电一公司调派。

4.3.1.2 组织结构图

施工现场组织机构及其与公司的组织结构如图 4-3-1 所示。

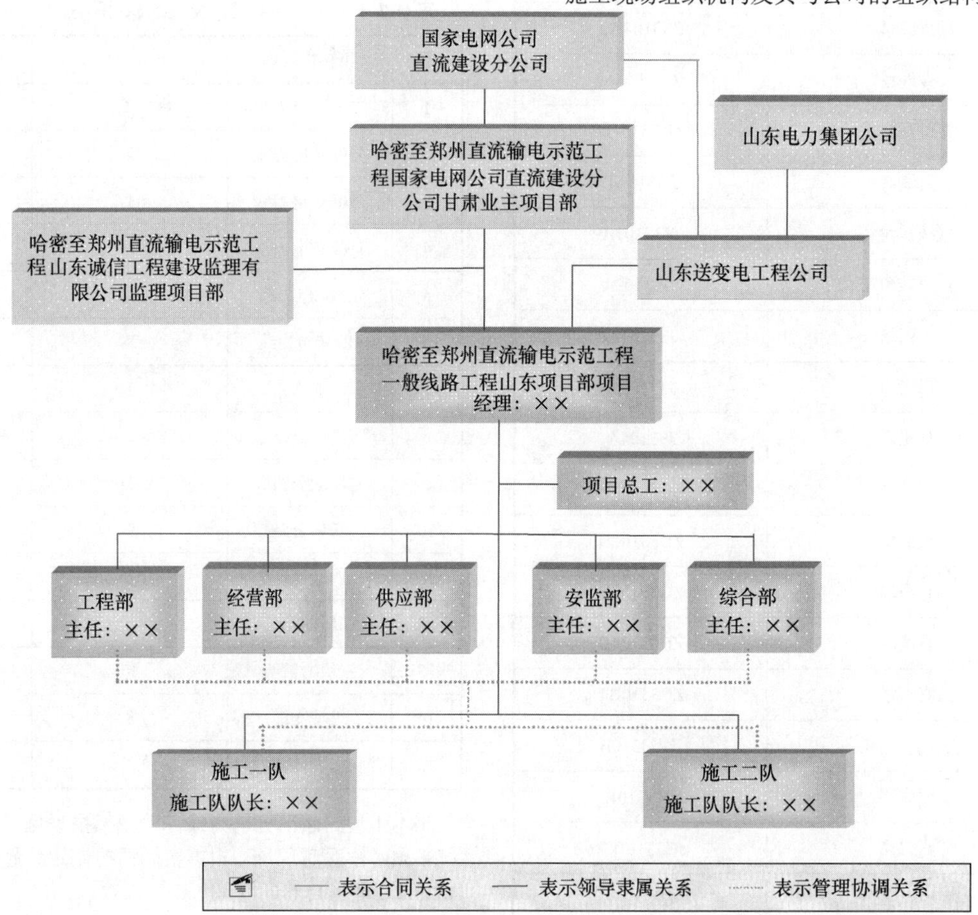

图 4-3-1 施工现场组织机构

4.3.1.3 项目管理特点及要求

4.3.1.3.1 实行目标控制管理：项目部建立项目工程质量、进度、职业健康安全和环境、成本控制的目标体系，将总目标分解落实到施工队、班组、人员，制定具体可操作的控制计划和措施，坚持“事先控制、事中控制、事后控制”的原则，利用 P3、EXP、质量图表等科学适用的控制方法，保证各项目标的实现。

4.3.1.3.2 坚持项目经理负责制：在公司层面上确立项目经理在本工程项目管理中的权威，保证项目经理在授权范围内各生产要素上最大限度的优化配置，以项目经理为核心，进行项目的策划、计划、组织、指挥、协调和控制，保证优质高效低耗地完成施工任务。

4.3.1.3.3 实行项目动态管理：由于送电线路施工的特殊和复杂，项目外在和内部的不规律性变化促使项目管理内容必须进行适势的动态控制调整，阶段性的检查实际值与计划目标值的差异，采取措施，纠正偏差，按控制目标调整计划。

4.3.1.3.4　项目实行成本核算制：采用可控责任成本的管理办法，建立和健全施工项目成本管理责任制，明确每个人的控制成本目标，使项目人员人人成为控制成本的主体，坚持工程成本最低、成本管理有效化的原则，以最少的人力物力投入，获得良好的工程质量和经济效益。

4.3.2　项目管理职责

4.3.2.1　项目经理

4.3.2.1.1　代表公司实施施工项目管理。贯彻执行国家法律、法规、方针、政策和强制性标准，执行公司的各项管理制度，维护公司的合法权益。

4.3.2.1.2　履行“项目管理目标责任书”规定的任务。

4.3.2.1.3　组织编制施工组织设计。以项目管理规划大纲和工程合同要求为出发点，结合本项目工程实际情况，提出本项目工程的方针、各项控制目标和要素管理等实施规划，经上级批准后组织实施。

4.3.2.1.4　对进入现场的生产要素进行优化配置和动态管理。

4.3.2.1.5　全面负责本项目工程职业健康安全管理体系的建立并确保其有效运转。积极贯彻“安全第一、预防为主、综合治理”的安全生产方针，健全本项目工程安全责任制，使本项目工程施工人员严格执行各级安全规章制度和劳动保护措施，做到安全生产、文明施工，降低事故频率，确保工程项目职业健康安全目标的实现。

4.3.2.1.6　全面负责本项目工程质量管理体系的建立并确保其有效运转。认真贯彻执行国家有关质量的方针、政策及上级的指示和要求，作为本项目工程质量管理的第一责任者，带头坚持公司“奉献精品、追求卓越、持续创新、开拓发展”的质量方针，确保工程质量目标的实现。

4.3.2.1.7　全面负责本项目工程环境管理体系的建立并确保其有效运转。认真贯彻执行国家有关环境保护的方针、政策及公司环境管理体系程序。进行现场文明施工管理，发现和处理突发事件，确保工程环境目标的实现。

4.3.2.1.8　在授权的范围内负责与公司各管理部室、分公司及施工队、各协作单位、发包人、分包人和监理工程师等的协调，解决项目中出现的问题。

4.3.2.1.9　按照“项目管理目标责任书”处理项目部与国家、公司、分包单位以及职工之间的利益分配。

4.3.2.1.10　参与工程竣工验收，准备结算资料和分析总结，接受工程审计。

4.3.2.1.11　处理项目部的善后工作。

4.3.2.1.12　协助公司进行项目的检查、鉴定和评奖申报。

4.3.2.1.13　完成公司、分公司交办的其他工作。

4.3.2.2　项目副经理

4.3.2.2.1　按照项目经理的要求，对职责范围内的管理体系正确有效运行负责，保障体系正常运行。

4.3.2.2.2　按照项目经理的要求，负责组织各项管理工作，对施工班组进行业务指导。

4.3.2.2.3　全面掌握分管范围内的施工过程中安全、质量、进度、技术、造价、组织协调等的总体情况，对安全、质量、进度、技术、造价有关要求执行情况进行检查、分析及纠偏；组织召开相关工作会议，安排部署相应工作。

4.3.2.2.4　针对工程实施和检查中出现的问题，负责妥善处理，重大问题提请项目经理协调解决。

4.3.2.2.5　组织落实分管范围内的安全文明施工、职业健康和环境保护有关要求，促进相关工作有效开展。

4.3.2.2.6　积极完成项目经理委派的其他各项管理工作，对这些管理工作负全面责任。

4.3.2.3　项目总工程师

4.3.2.3.1　在分公司及项目经理的领导下，认真贯彻执行党和国家的方针、政策、法令和规定以及上级和项目的管理制度。

4.3.2.3.2　坚持“安全第一、质量第一、综合治理、综合治理”的生产方针，协助项目经理健全项目各项规章制度，并负责全面实施。

4.3.2.3.3　协助项目经理健全生产指挥系统，积极运用现代化管理方法，科学地组织、领导项目的生产，全面完成或超额完成生产任务。

4.3.2.3.4　协助项目经理做好项目的经营管理工作。

4.3.2.3.5　负责对施工人员进行安全、质量、技术交底。

4.3.2.3.6　经常深入施工生产现场，组织平衡项目施工力量和工程进度，抓好项目工器具管理工作；监督检查项目各单位和人员贯彻执行各项安全生产的规章制度及公司程序文件，负责定期组织安全大检查以及组织工程三级验收工作。

4.3.2.3.7　坚持“四不放过”的原则，主持或参加事故的调查工作，制定事故对策，提出事故报告和对项目人员的奖惩意见。

4.3.2.3.8　贯彻国家关于职业健康安全的方针政策，实施公司职业健康安全管理体系，监督项目职业健康安全方针的落实。

4.3.2.3.9　协助项目经理组织开展项目经济活动分析，对影响经济效益的问题提出并落实改进意见。

4.3.2.2.10　认真执行公司体系文件，严格按程序办事，抓好创一流及“三创新”工作。

4.3.2.3.11　积极完成公司、项目经理安排的其他任务。

4.3.2.4　项目技术员

4.3.2.4.1　认真贯彻执行有关技术管理规定，积极协助项目经理或项目总工做好各项技术管理工作。

4.3.2.4.2　认真阅读有关设计文件和施工图纸，在施工过程中发现设计文件和施工图纸存在问题及时向项目总工提出。施工过程中加强对设计文件等资料做到闭环管理。

4.3.2.4.3　编写和出版各工序施工作业指导书、安全技术措施等技术文件；并在施工过程中负责落实有关要求和技术指导。

4.3.2.4.4　在工程施工过程中随时进行检查和技术指导，当存在问题或隐患时，提出技术解决和防范措施。

4.3.2.4.5　负责组织施工队伍做好项目施工过程中的施工记录和签证。

4.3.2.4.6　不断提高自身的业务素质，并从技术方面指导和支持项目部的各项管理工作。

4.3.2.5　专职质检员

4.3.2.5.1　积极协助项目经理全面负责项目实施过程中的质量控制和管理工作。

4.3.2.5.2　认真贯彻执行上级和公司颁发的规章制度、技术规范、质量标准，参与编制符合项目管理实际情况的质量实施细则和措施，并在施工过程中监督落实和业务指导。

4.3.2.5.3　组织项目部职工学习工程质量验收规范和产品质量标准。定期检查工程施工质量情况，参加质量事故调查，提出事故处理意见。

4.3.2.5.4　按照有关要求或档案资料管理办法，收集、审查、整理施工记录表格、试验报告等资料。

4.3.2.5.5　组织进行隐蔽工程和关键工序检查，对不合格的项目应责成返工，督促班组做好质量自检和施工记录的填写工作。

4.3.2.5.6　完成项目经理安排的其他各项施工管理工作。

4.3.2.6 专职安全员

4.3.2.6.1 积极协助项目经理全面负责施工过程中的安全文明施工和管理工作，确保施工过程中的安全。

4.3.2.6.2 认真贯彻执行上级和公司颁发的规章制度、安全文明施工规程规范，结合项目特点制订安全健康环境管理制度，并监督指导施工现场落实。

4.3.2.6.3 负责施工人员的安全教育和上岗培训，参加项目工程师组织的安全交底。参与有关安全技术措施等实施文件编制，审查安全技术措施落实情况。

4.3.2.6.4 负责制订工程项目安全工作目标计划。负责编制安全防护用品和安全工器具的购置计划。负责建立并管理安全台账。

4.3.2.6.5 负责布置、检查、指导施工队伍安全施工措施的落实工作，并协助施工队伍提高专业水平，开展各项业务工作。

4.3.2.6.6 监督、检查施工场所的安全文明施工情况，组织召开安全专业工作例会，总结安全工作。

4.3.2.6.7 调查安全事故，提交调查报告，提出整改意见和防范措施。有权制止和处罚违章作业和违章指挥行为。

4.3.2.6.8 督促并协助施工班组做好劳动防护用品、用具和重要工器具的定期试验、鉴定工作。

4.3.2.6.9 开展安全施工的宣传和推广安全施工经验。

4.3.2.7 材料员

4.3.2.7.1 负责按时保质保量地完成项目各项工器具、材料管理任务。

4.3.2.7.2 负责项目部施工生产用工器具、材料的发放、调度工作，保障全部工器具、材料能够准确、优质、及时到位。

4.3.2.7.3 负责编制执行项目部工器具、材料供应计划，并对该计划执行结果承担质量责任。

4.3.2.7.4 协助项目领导及时办理工器具租赁费用、材料费用的结算。

4.3.2.7.5 协助项目兼职计量员做好各项目工程所用工器具的计量检定工作。

4.3.2.7.6 在工作中严格执行公司规定按程序文件要求办事。

4.3.2.7.7 完成项目经理安排的其他工作。

4.3.2.8 造价员

4.3.2.8.1 遵照分公司承包责任制办法，搞好管理基础工作，建立健全各种原始记录和管理台账。

4.3.2.8.2 在项目经理的领导下，认真细致地搞好项目的成本核算，并努力提高工程的经济效益，降低工程成本。

4.3.2.8.3 协助项目经理制定各类外包合同、协议及经济承包办法，并负责文本的管理工作。

4.3.2.8.4 参与图纸会审，并根据工程施工图预算书和项目经济承包办法制定项目预算书。负责本项目承包办法及施工图预算书的解释和说明，并对各项经济指标进行分析和考核，发现问题后及时与有关部门联系解决。

4.3.2.8.5 深入实际，掌握“第一手”资料，作好预算调整及追加工作，协助项目经理搞好竣工后的承包兑现工作和外包项目及外用工的预决算工作。

4.3.2.8.6 完成项目经理安排的其他工作。

4.3.2.9 民事员

4.3.2.9.1 在项目经理的领导下，认真贯彻执行党和国家的方针、政策、法令和规定。

4.3.2.9.2 严格执行上级和本项目的管理制度。

4.3.2.9.3 协助项目经理作好地方工作，保障施工的顺利进行。

4.3.2.9.4 负责本项目发生的青赔管理工作。做到不留尾巴、不留后患。

4.3.2.9.5 做好本项目地方协调工作。

4.3.2.9.6 积极完成项目经理交给的其他任务。

4.3.2.10 施工队长

4.3.2.10.1 以全面完成或超额完成各项任务为出发点，结合本队实际情况，做好各项管理工作。

4.3.2.10.2 全面负责本队安全施工，积极贯彻“安全第一、质量第一、综合治理”的生产方针，带领全队职工严格执行各项安全、质量的规章制度，做到安全生产、文明施工。

4.3.2.10.3 严格执行公司程序文件，做好质量管理工作，强化“三检制”，组织并参加工程的“队级验收”工作。

4.3.2.10.4 坚持“四不放过”的原则，参加事故的调查处理工作。

4.3.2.10.5 针对本队实际，采取得力措施，不断提高工程质量，降低工程成本，提高经济效益及施工队的管理水平。

4.3.2.10.6 合理组织、计划本队承担的工程任务，分配本队职工工作，对本队的安全生产、施工质量、职工工地生活负全面责任，对本队的思想政治工作负有责任。

4.3.2.10.7 负责本队职工的奖金分配。

4.3.2.10.8 加强本队工器具、材料管理，全力支持工具材料员的工作，严格执行有关规定，确保正常施工。

4.3.2.10.9 协同地方政府及当地群众，做好工程材料的防盗工作。

4.3.2.10.10 协调处理与当地政府及群众的关系。

4.3.2.10.11 协同上级和项目部各职能人员的工作，并贯彻落实。

4.3.2.10.12 及时认真地传达公司、分公司及项目部的各类文件及规定。

4.3.2.10.13 积极完成领导交给的其他任务。

本章其余内容见光盘。

第 12 篇

1000kV 特高压输电线路工程施工组织设计范例

任佳东　任庆明　丁宝民　马凤臣　单　军　等　编著

第 1 章　皖电东送淮南至上海 1000kV 特高压输电线路工程项目管理实施规划

1.1　编 制 依 据

（1）皖电东送淮南至上海特高压交流输电示范工程一般线路工程第 3 标段施工承包合同。

（2）国家电网公司交流建设分公司《皖电东送淮南至上海特高压交流输电示范工程建设管理工作大纲》（SGAC-HS-10-01）。

（3）国家电网公司交流建设分公司《皖电东送淮南至上海特高压交流输电示范工程创优质精品工程规划》。

（4）国家电网公司交流建设分公司《皖电东送淮南至上海特高压交流输电示范工程安全文明施工总体策划》（SGAC-HS-11-01）。

（5）国家电网公司交流建设分公司《皖电东送淮南至上海特高压交流输电示范工程线路工程建设质量管理策划》SGAC-HS-12-12。

（6）《输变电工程建设标准强制性条文实施管理规程》（Q/GDW 248—2008）。

（7）《建设工程项目管理规范》（GB/T 50326—2006）。

（8）《1000kV 架空送电线路施工及验收规范》（Q/GDW 153—2006）。

（9）《1000kV 送电线路施工质量验收及评定规程》（Q/GDW 163—2007）。

（10）《1000kV 架空送电线路铁塔组立施工工艺导则》（Q/GDW 155—2006）。

（11）《1000kV 架空输电线路钢管塔组立施工工艺导则》（Q/GDW 346—2009）。

（12）《1000kV 架空送电线路张力架线施工工艺导则》（Q/GDW 154—2006）。

（13）《国家电网公司电网建设项目档案管理办法（试行）》（国家电网办〔2010〕250 号）。

（14）《〈国家电网公司电网建设项目档案管理办法（试行）〉释义》（办文档〔2010〕72 号）。

（15）《国家电网公司输变电工程标准工艺（一）施工工艺示范手册（2011 版）》。

（16）《国家电网公司输变电工程标准工艺（二）施工工艺示范光盘（2011 版）》。

（17）《国家电网公司输变电工程标准工艺（三）工艺标准库（2011 版）》。

（18）《国家电网公司输变电工程标准工艺（四）典型施工方法（2011 版）》。

（19）《国家电网公司工程建设质量责任考核办法》（国家电网基建〔2011〕1751 号）。

（20）《国家电网公司输变电工程施工工艺管理办法》（国家电网基建〔2011〕1752 号）。

（21）《国家电网公司基建质量管理规定》（国家电网基建〔2011〕1759 号）。

（22）《国家电网公司关于进一步提高工程建设安全质量和工艺水平的决定》（国家电网基建〔2011〕1515 号）。

（23）《关于印发协调统一基建类和生产类标准差异条款（输电线路部分）的通知》（办基建〔2008〕1 号）。

（24）《协调统一基建类和生产类标准差异条款》（国家电网科〔2011〕12 号）。

（25）《混凝土结构工程施工质量验收规范》（GB 50204—2002）。

（26）《钢结构工程施工质量验收规范》（GB 50205—2001）。

（27）《钢筋焊接及验收规程》（JGJ 18—2003）。

（28）《架空送电线路导地线液压施工工艺规程》（SDJ 226—87）。

（29）《国家电网公司电力安全工作规程（线路部分）》（国家电网安监〔2009〕664 号）。

（30）《输变电工程安全文明施工标准》（Q/GDW 250—2009）。

（31）《国家电网公司基建安全管理规定》（国家电网基建〔2011〕1753 号）。

（32）《国家电网公司电网工程施工安全风险识别、评估及控制办法（试行）》（国家电网基建〔2011〕1758 号）。

（33）《国家电网公司电力建设工程施工技术管理导则》（国家电网工〔2003〕153 号）。

（34）《国家电网公司输变电优质工程评选办法》（国家电网基建〔2011〕148 号）。

（35）《国家电网公司输变电工程项目管理流动红旗竞赛实施办法》（国家电网基建〔2011〕147 号）。

（36）《国家电网公司输变电工程达标投产考核办法》（国家电网基建〔2011〕146 号）。

（37）《关于强化输变电工程施工过程质量控制数码采集与管理的工作要求》（基建质量〔2010〕322 号）。

（38）《关于利用数码照片资料加强输变电工程安全质量过程控制的通知》（基建安全〔2007〕25 号）。

（39）《国家电网公司施工现场安全管理条文汇编（输变电工程类）》。

（40）《电力建设安全工作规程（架空电力线路部分）》（DL 5009.2—2004）。

（41）《国家电网公司输变电工程质量通病防治工作要求及技术措施》（基建质量〔2010〕19 号）。

（42）《国家重大建设项目文件归档要求与档案整理规范》（DA/T 28—2002）。

（43）《输电线路工程施工项目部标准化工作手册 330kV 及以上输电线路工程分册（2010 版）》。

（44）项目部根据《质量管理体系要求》（GB/T 19001—2008/ISO9001:2008）、《环境管理体系要求及使用指南》（GB/T 24001—2004/ISO14001:2004）、《职业健康安全管理体系规范》（GB/T 28001—2001）标准要求，建立的质量、环境和职业健康安全管理手册和程序文件。

（45）本标段现场调查报告。

1.2 工程概况与工程实施条件分析

1.2.1 工程概述

皖电东送淮南至上海特高压交流输电示范工程起自拟建的安徽淮南变电站，止于上海沪西变电站，线路总长度为2×647km（包括淮河大跨越 2.43km、长江大跨越 3.18km），铁塔 1411 基。其中，淮南—皖南段线路长度为 2×325.5km（不包括淮河大跨越 2.43km、长江大跨越 3.18km），皖南—浙北段线路长度为 2×152.4km，浙北—沪西段线路长度为 2×163.6km。线路途经安徽、浙江、江苏、上海等 4 省市。线路由 11 个设计院分段设计，共分为 21 个施工标段（不含大跨越）。

第 3 标段位于安徽省长丰县境内，线路长度 2×30.45km，铁塔 69 基。概况见表 1-2-1。

表 1-2-1　第 3 标段概况表

项目	内　　容
工程名称	皖电东送淮南至上海特高压交流输电示范工程一般线路工程（3 标）
项目法人	国家电网公司
建设管理单位	国家电网公司交流建设分公司
监理单位	江西诚达工程咨询监理有限公司
建设地点	安徽省合肥市长丰县
设计单位	河南省电力勘测设计院
资金来源	自有资金和银行贷款
施工承包方式	包工、部分包料，采取总价承包与单价承包相结合方式
建设工期	2011 年 10 月 30 开工，2013 年 10 月 20 日前竣工，具备带电条件
电压等级	交流 1000kV
输送方式	同塔双回路架设
导线型号	8×LGJ-630/45
地线型号	OPGW-240（光缆）；LBGJ-240-20AC（铝包钢绞线）
工程简介及线路走径	第 3 标段线路起自安徽省长丰县杨庙乡小甄郢东北约 500m 处 BJ01（BN01 号塔，含该塔及该塔跳线串安装、含该塔光缆接线及接线盒安装，不含该塔小号侧耐张串），止于长丰县岗集镇付南郢村东 BJ11（BN70 号塔，不含该塔、不含该塔跳线串及安装，含 BN70 塔小号侧耐张绝缘子串并负责挂上耐张串，光缆安装至该侧引下接线盒处，不含接线及接线盒），线路长度 2×30.45km。 线路全部位于安徽省长丰县境内，途经杨庙、吴山和岗集三个乡镇。线路经小甄郢东、华田铺东、南苏岗西向南，在冲东村西左转，平行平肥Ⅱ回向西北走线，经吴山砖瓦厂东、刘郢村西、河西村东，终点位于岗集镇付家郢村东北
交叉跨越情况	本标段重要交叉跨越相对较少，主要跨越合（肥）—六（安）高速公路一次，35kV 电力线路一处、10kV 电力线路 16 处、瓦东干渠 1 次
地形地貌	沿线途经地区主要为平地和丘陵，地势稍有起伏，海拔高度在 15～90m 之间，河网、圩子、鱼塘密布
交通情况	线路沿线交通运输条件便利，可以利用的道路有合淮铁路、合淮高速公路、合六高速公路等，线路走向与合肥—淮南公路走向大致平行，距该公路最远距离不超过 4km，并且乡村道路较多，路况良好

1.2.2 工程特点与工程量

1.2.2.1 工程特点

工程设计特点见表 1-2-2。

表 1-2-2　第 3 标段主要设计特点

<table>
<tr><th>序号</th><th>项目</th><th colspan="5">主　要　特　点</th></tr>
<tr><td rowspan="10">1</td><td rowspan="10">气象条件</td><td>序号</td><td>项目</td><td>温度/℃</td><td>风速/（m/s）</td><td>冰厚/mm</td></tr>
<tr><td>1</td><td>最高气温</td><td>40</td><td>0</td><td>0</td></tr>
<tr><td>2</td><td>最低气温</td><td>−20</td><td>0</td><td>0</td></tr>
<tr><td>3</td><td>覆冰厚度</td><td>−5</td><td>10</td><td>10（15）</td></tr>
<tr><td>4</td><td>设计最大风速</td><td>−5</td><td>27</td><td>0</td></tr>
<tr><td>5</td><td>平均气温</td><td>10</td><td>0</td><td>0</td></tr>
<tr><td>6</td><td>内过电压</td><td>10</td><td>16</td><td>0</td></tr>
<tr><td>7</td><td>外过电压</td><td>15</td><td>10</td><td>0</td></tr>
<tr><td>8</td><td>安装</td><td>−10</td><td>10</td><td>0</td></tr>
<tr><td>9</td><td>年平均雷电日数</td><td colspan="3">40</td></tr>
<tr><td>2</td><td>导线型号</td><td colspan="5">8×LGJ-630/45，导线的排列方式呈正八边形</td></tr>
</table>

续表

序号	项目	主　要　特　点
3	地线型号	OPGW-240（光缆）；LBGJ-240-20AC （铝包钢绞线）
4	污区分布	本标段全线为Ⅲ级
5	绝缘子串	直线塔悬垂串采用“I”串。耐张串采用三联绝缘子，双挂点组装形式。地线悬垂和耐张绝缘子串均采用双联型式
6	间隔棒型号	分裂间隔棒为柔性阻尼型，间隔棒本体采用双框架结构；线夹采用铰链式握紧；锁紧压盖处的销轴采用台阶形设计
7	悬垂线夹	导线使用提包式防晕型悬垂线夹，型号为 CGF-100-54、CGF-120-54；地线采用 XDU-240 型耐磨线夹
8	耐张线夹和接续金具	导线耐张线夹采用液压型 NY-630/45G 型，地线耐张线夹采用 NY-240BG； 导地线接续管均采用液压型，导线采用 JYD-630/45，LBGJ-240-20AC 地线采用 JY-240BG
9	均压环和屏蔽环	均压环和屏蔽环的支架与环体采用氩弧焊连接。均压环结构采用开口型式，并在开口处加装球体，球体与环体采用氩弧焊焊接
10	绝缘子串金具	直线塔的连塔金具采用耳轴挂板（EB）型式，耐张塔的连塔金具采用意大利饼（GD）型式，挂板与杆塔同时安装。GD 型连塔金具不需设计螺纹，但要保留闭口销
11	联板	悬垂联板和耐张联板均采用分体式组合联板。连接在联板上的金具在转动时不得与板相碰，安装有导线的悬垂线夹可在垂直导线的平面内自由摆动±15
12	钢性跳线	本工程采用鼓型耐张塔和单柱组合耐张塔的内角侧采用铝管式刚性跳线，单柱组合耐张塔两塔之间采用软跳线
13	防振锤	防振锤采用音叉式锤头，锤头对称布置。导线采用 FR-4 防振锤，LBGJ-240-20AC 地线采用 FR-2 防振锤
14	铁塔型式	本标段全线采用双回路钢管塔，每基钢管塔全高基本上都大于 100m，直线塔采用鼓型钢管塔，大部分耐张塔采用单柱组合耐张塔，个别耐张塔采用鼓型钢管塔。工程铁塔型式为：SZ271、SZ272、SZ273、SZ274、FJ1、FJ2、SJ322P 等 5 种塔型，共 69 基，其中直线塔 59 基，耐张塔 10 基，其中 FJ 型塔每基有两个相对独立的单柱塔组成
15	基础型式	大板直柱斜坡开挖基础
16	接地型式	共三种：T22-5A、T25-5A、T28-5A

1.2.2.2　主要工程量

1.2.2.2.1　承包方承包的工程范围及主要工程量

承包方承包的工程范围：如期完成专用条件和其他合同文件规定的承包工作内容，并达到要求的质量标准。本标段主要工程量详见表 1-2-3。

表 1-2-3　　**主 要 工 程 量 表**

项　　目		单位	工程数量	备注
线路长度		km	2×30.45	
地形	平丘	km	13.7（45%）	
	河网	km	16.75（55%）	
地质	普土	%	15	
	水坑	%	48	
	泥坑	%	37	
最大设计风速		m/s	30	
最大设计冰厚		mm	10（15）	括号内适用于地线
导线	LGJ-630/45	km	30.45×6×8	不含损耗
	软跳线	km	0.05×6×8×10	
地线	OPGW-240	km	30.45×1.12	含损耗
	LBGJ-240-20AC	km	30.45×1	不含损耗
土石方	基坑	m^3	199051.5	
	基面	m^3	800	
	接地槽	m^3	2000	
一般基础混凝土量	垫层（铺石灌浆 C10）	m^3	2358.56	
	大开挖基础（C25）	m^3	17229.29	
基础保护帽（C15）		m^3	98.24	

续表

项　　目		单位	工程数量	备注
护坡、挡土墙、保坎、排水沟（浆砌块石）		m^3	3500	
基础钢材	基础钢筋	t	1767.89	不含损耗
	地脚螺栓		206.069	
	涵管ϕ500	t	3.1	
接地型式	T22-5A	基	38	包含4基双接地
	T25-5A	基	32	
	T28-5A	基	3	
接地钢材		t	6.8	
塔型基数	SZ271-51	基	2	6
	SZ271-57	基	3	
	SZ271-60	基	1	
	SZ272-51	基	2	25
	SZ272-54	基	7	
	SZ272-57	基	13	
	SZ272-60	基	2	
	SZ272-63	基	1	
	SZ273-57	基	7	21
	SZ273-60	基	7	
	SZ273-63	基	5	
	SZ273-66	基	1	
	SZ273-72	基	1	
	SZ274-60	基	2	7
	SZ274-63	基	2	
	SZ274-66	基	3	
	SJ271-42	基	1	1
	SJ272-45	基	1	1
	SJ273-42	基	1	2
	SJ273-51	基	1	
	SJ274-39	基	1	2
	SJ274-48	基	1	
	FJ1-1 外侧 39	基	2	8（每个塔有两个相对独立的单柱塔组成）
	FJ1-1 外侧 42	基	1	
	FJ1-2 内侧 39	基	2	
	FJ1-2 内侧 42	基	1	
	FJ2-1 外侧 39	基	1	
	FJ2-2 外侧 39	基	1	
	总基数	基	69	59（直线）+10（耐张）
塔材总重		t	11003.43	
防坠落装置		套	69	每塔一套
绝缘子金具串型号及数量	导线悬垂串（2×FXBW-1000/300）	串	276	
	导线悬垂串（2×FXBW-1000/420）	串	78	

续表

项　　目		单位	工程数量	备注
绝缘子金具串型号及数量	软跳线悬垂串（2×FXBW-1000/160）	串	24	
	硬跳线悬垂串（2×FXBW-1000/210）	串	36	
	鼓型耐张塔用导线耐张串（3×XWP-1000/550（52））	串	72	
	单柱塔用导线耐张串（3×XWP-1000/550（52））	串	48	
	地线悬垂绝缘子串（2×XDP-100C）	串	59	
	地线耐张接地金具串	串	10	
	地线耐张绝缘子串（2×XDP-100CN）	串	10	
	合成绝缘子（FXBW-1000/160）	支	48	
	合成绝缘子（FXBW-1000/210）	支	72	
	合成绝缘子（FXBW-1000/300）	支	552	
	合成绝缘子（FXBW-1000/420）	支	156	
	耐张绝缘子（XWP-1000/550）	片	18720	
	地线绝缘子（XDP-100C）	片	118	
	地线绝缘子（XDP-100CN）	片	20	
间隔棒	导线间隔棒	个	3024	
	跳线间隔棒	个	8×6×10	
防震锤	导线 FR-4	个	0	
	地线 FR-2	个	273	
导线重锤		片	0	
跳线重锤（ZC-25）		片	2×6×2+2×3×8	硬跳线每相两组
跳线重锤（MC-150）		组	4×6×2+4×3×8	硬跳线每相四组
硬跳线（铝管）		组	36	每相一组
其他金具总重		t	391.5	
交叉跨越	通信线	处	36	
	380V、220V 电力线	处	29	
	10kV 电力线	处	16	
	35kV 电力线	处	1	
	等级公路（III级及以下）	处	13	
	土路	处	8	
	水库	处	3	
	合六高速	处	1	
	瓦东干渠	处	1	
	林区	m	100（杨树）、480（松树）	
房屋及其他设备拆迁	民房	户/m^2	56/9338.3	
	附属设施	m^2	2651	
	养鸽场	m^2	4825.9	
	养鸭场	m^2	1781	
	猪、牛圈	m^2	1536.8	
	塔位处树木砍伐	处/亩	1440 棵（约 4 亩）	
	档中树木砍伐	处/亩	6757 棵（约 17 亩）	

1.2.2.2.2 承包方承包工程范围内的主要工作内容

（1）承包方承包的工程范围为本标段对应的所有工作量并配合发包人开展地方协调和线路通道的清理。

（2）承包方承包的工作内容为上述工程范围内的如下工作：

1）全部本体基础、组塔、架线施工工程的施工，配合运行单位标志牌、警示牌、相序牌的安装，工程相关试验、检测工作，但不包括架空地线复合光缆（OPGW）的测试及接续工作。

2）提供施工所需所有施工机具、人力及其他施工资源。

3）对发包方供应的材料进行保管和进场验收。

4）负责发包方供应的材料到承包方中心材料站的质量交接验收工作。

5）负责发包方供应的材料在招标文件指定交货地点的场地（港口、车站等）协调及临时场地租赁、装卸，及至各标段中心材料站的运输以及现场保管。

6）发包方供应的材料以外的其他材料的采购、运输、保管。

7）为保证施工安全、质量、进度所要采取的各种措施，以及为保证正常施工进行的各种协调工作。

8）电力线路的拆迁与补偿、三级及以下通信线的拆迁与赔偿、青苗赔偿、塔基树木砍伐、因施工造成的树木砍伐、各级通讯干扰处理、施工临时占地等，以及为了正常施工所需办理的一切手续，配合线路通道清理。向发包方或发包方委托的单位转交拆迁赔偿等必要的原始资料和凭证。

9）承包方进场后应对线路走廊和工程本体进行看护和移交前的维护，并确保其在启动验收前满足设计规程要求。

10）配合中间验收、竣工预验收、专家验收、竣工验收、线路参数测试、系统调试、启动验收、保证线路畅通。

11）配合达标投产、优质工程评选以及环保、水保、劳动卫生、安全、档案等专项验收。

12）负责竣工资料（含电子版）、声像资料的收集、整理、组卷、归档与移交。

13）保修期内的保修工作。

1.2.3 施工实施条件及自然环境分析

1.2.3.1 建设地点

本标段建设地点：安徽省长丰县境内。

1.2.3.2 自然环境

1.2.3.2.1 气候条件

长丰县地处江淮丘陵北缘，气候受海洋影响较大，属亚热带季风性湿润气候。气候温和，降水充沛，日照充足，四季分明；年平均气温在15℃之间，年平均降雨量960mm。

1.2.3.2.2 地形、地貌、地质及水文条件

本段路径沿线所经区域地貌单元主要分布冲洪积平原、丘陵，沿线地基土为冲洪积的粉土、黏性土和砂土组成。在冲洪积平原地带及丘间洼地，沿线分布有较多沟渠、湖泊与河流。线路走径区域内地下水主要为第四系冲洪积层孔隙潜水，水位随季节性变化明显，平原地带受地表水影响较为明显。丘陵区主要受降水的影响，地下水水位埋藏较浅。

沿线村庄稠密。在杨庙镇境内主要为退耕还林的杨树林，岗集镇境内分布着较多的松树林。地面经济作物有油菜、小麦、水稻等。

本段地形情况为：平丘45%，河网55%。

本段地质情况为：普土15%、水坑48%、泥坑37%。

线路走向及地形地貌如图1-2-1所示。

1.2.3.2.3 交通运输情况

本标段线路通过地区交通运输条件便利，可以利用的道路有合淮铁路、合淮高速公路、合六高速公路等，线路走向与合肥—淮南公路走向大致平行，距该公路最远距离不超过4km，并且乡村道路较多，路况良好。206国道如图1-2-2所示。

图1-2-1 线路走向及地形地貌

图1-2-2 206国道

1.2.3.3 施工条件与社会环境分析

1.2.3.3.1 施工条件分析

1.2.3.3.1.1 自然条件分析

一、气候条件

属亚热带季风性湿润气候，气候温和，四季分明；常年平均气温在15℃，年平均降水量960mm。本标段设计最大风速27m/s，最大覆冰15mm。因此施工时应在各工序安排上考虑雨天及地下水对施工的影响。

二、地形、地貌条件

本标段主要地形主要为平地和丘陵，沿线村庄稠密，地面附着物较多，是美丽富饶的鱼米之乡，施工中要合理布置，最大限度地少占用农田。对临时占用的场地，要合理规划，尽量少占，施工完毕后应及时进行清理，要恢复原有植被或采取复耕措施。线路经过林区，按跨越设计，不应砍伐架线通道，架线施工必须采用腾空展放导引绳。塔基施工过程中，尽量少砍树木。

三、地质条件

本标段地质主要以水坑、泥坑和普土为主，基坑开挖较困难，基础施工正处于雨季，需要采取降水、排水措施、防基坑坍塌措施，开挖出的多余弃土不得就地倾倒，做好相应的防护措施，防止水土流失。

四、当地交通运输条件

沿线交通运输总体较好。尤其可利用的大运道路较多，乡村道路较多，路况良好，许多乡村道路为村村通混凝土路面。但由于本工程施工量大，钢管塔单件重量最重达5t，长12m，

现场转运困难，为了减少对当地道路的破坏，部分塔位需要拓修道路，部分塔位需要架设重型运输索道或采用炮车进行重件运输。

五、施工及生活用水、用电等条件

由于线路经过地区村庄稠密，经济相对发达，项目部、材料站可选择交通、通信便利、便于沟通协调的村镇；施工班可根据线路塔位情况，就近选择民房租住。为保证施工现场用电、用水及可能出现的突发停电、停水情况，项目部将配备发电机、水箱来保障施工及生活用水、电。

1.2.3.3.1.2　施工条件分析

一、土石方及基础施工条件分析

本工程基础型式主要为：直柱大板基础，施工方法与一般常规线路工程类似。在土石方及基础工程的施工中应重视以下问题：

（1）本标段地质主要以水坑和泥坑为主，地下水位较浅。

施工前根据设计图纸应该详细调查每一基的地质情况，制定切实可行的排降水方案，利用本标段地形及交通便利条件，主要采用机械开挖方法，尽可能使用机械开挖一次到位，采用打木桩和竹排（挡土板）防护措施，辅助采用井点降水和小型离心泥水泵（如图 1-2-3 所示）排降水措施，集中力量打歼灭战，提高施工工效。

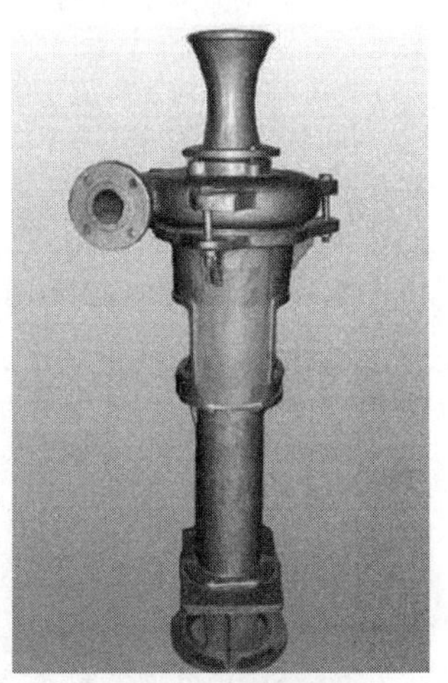

图 1-2-3　离心式泥浆泵

（2）本工程大部分塔位位于农田内。

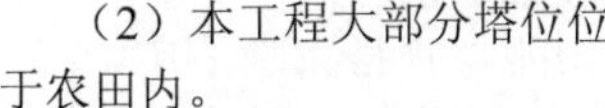

施工前要做好塔基平面布置，最大限度地减少临时占地，减少水土流失和植被破坏，提高工效，主要采用混凝土集中搅拌和混凝土管道泵送施工方法。

二、铁塔组立施工条件分析

本工程全线采用双回路钢管塔，直线塔采用鼓型。大部分耐张塔采用单柱组合耐张塔，个别耐张塔采用鼓型钢管塔。每基钢管塔全高基本上都大于 100m，单个构件重量达 4t，长度达 9m。SZ 型塔中横担长 17.7m，SJ 型塔中横担长 19.8m。

从本工程铁塔结构特点分析，本工程铁塔组立工程难点主要在于重件塔材的转运和塔腿段的组立。针对以上难点，项目部计划根据塔型和地形情况，对于能进吊车的塔位，采用汽车吊＋内悬浮外拉线抱杆分解组塔，对于吊车无法到位的塔位，采用内悬浮外拉线抱杆分解组塔，对于地形平坦，运输道路良好，因特殊原因不能打外拉线的塔位采用落地平臂抱杆分解组塔。

我们将充分参照以往线路铁塔组立施工中的施工经验，特别重视首基试点工作，各型号铁塔第一基进行试点组装，取得经验后再全面推广。

三、张力架线施工条件分析

1000kV 输电线路属于特高压线路工程，用于远距离大功率输送电能，对施工质量要求高，特别是对导线施工质量要求更高，要尽可能地减小导线损伤，降低运行后的电晕损失和对环境的影响。

本工程采用 LGJ-630/45 型导线，OPGW-240 型光缆，LBGJ-240-20AC 型铝包钢地线；我们将根据 1000kV 晋东南—南阳—荆门特高压交流试验示范工程的施工经验，总结完善 1000kV 架线施工方法、工器具配置。

本标段线路经过详细的现场调查，分别进行了牵引机选型计算、张力加爬坡牵引力计算、运用海拉瓦地图进行牵引力计算，经比较演算结果，并借鉴以往 750kV、1000kV 线路工程的导线张力放线施工经验，本工程第一方案（主方案）：“2×（一牵 4）”是用两套独立的“一牵 4”导线展放方式同时、同步、同张力展放同相 8 根子导线。第二方案（创新方案）：“一牵（4＋4）”方案，即一台大型牵引机与两台 4 线张力机配合，一次展放 8 根子导线（第八章　施工科技创新）。

1.2.3.3.2　社会环境分析

1.2.3.3.2.1　土地征用、赔偿及政策性处理

本标段沿线经济较发达，地面附着物丰富，运行线路较多，老百姓有丰富的与线路施工队伍打交道的经验，工程的征地、林木砍伐、青苗赔偿及通道清理可能会有一定难度。为此项目部将组建专门的政策处理与协调机构，配备专职人员和车辆，积极主动做好承包范围内的协调赔偿工作，并配合发包方开展地方协调和线路通道清理。施工过程中把群众的利益放在重要位置，积极主动的和当地群众搞好关系，加强与地方政府的沟通，取得地方政府对工程的支持和政策倾斜，为施工创造良好的外围环境，为构建和谐社会尽一份力量。

1.2.3.3.2.2　现场周围环境

做好现场的文明施工、环境保护工作。我们将加强管理，制定相应的管理措施，严格按照安全文明及环境保护的要求进行施工。土石方开挖严格按设计要求进行，注意环保，严禁随地弃土，尽量减少植被的破坏和不必要的树木砍伐；施工中多余的弃土妥善处置，不得就地倾倒。对临时占用的场地，施工完毕后及时进行清理。施工废弃物应妥善处理，以免对环境造成危害。

1.2.3.3.2.3　卫生条件

本工程经过地区经济较发达、医疗卫生条件较好。为保证参建本工程全部人员的身心健康，项目部还将在项目部设立专门的医务室，配备专业的医护人员常住现场，采购常规的医疗器械和常用药物。

项目部将根据当地的地方病发生情况，制定相应的应急预案，并与当地县级的专业医疗机构建立通畅的通信联系。

1.2.4　项目管理特点及总体要求

1.2.4.1　项目管理的特点

（1）本工程施工承包的方式：采用包工、部分包料，采用总价承包与单价承包相结合的方式。施工中应加强计划经营管理工作，合理组织施工用工。

（2）工程所用的导地线、绝缘子、金具、OPGW 光缆及配套金具、铁塔（包括与铁塔连接的螺栓、垫片、地脚螺栓）、防坠落装置由发包方统一组织招标采购，向承包方供应实物。施工中应加强发包方供应材料的管理和质量检验，确保材料质量，降低材料的损耗，节约工程成本。

（3）除发包方供应的材料外，其他所需的材料均由承包方自行采购。

（4）本工程的管理将严格执行公司项目制管理的要求，由公司聘任项目经理和项目总工程师，由项目经理聘任项目部管理人员。项目部对公司直接负责，与公司签订内部施工承包合同，按照项目制管理的要求，严格控制施工质量、安全、环境保护、进度及成本。

（5）根据本工程的设计特点、施工现场实际情况和要求，积极开展有针对性的 QC 小组活动，从基础、组塔、架线施工等方面入手，完善施工工艺方法，提高施工质量。

1.2.4.2 项目管理的总体要求

一、总体目标

建设“安全可靠、自主创新、经济合理、环境友好、国际一流”的优质精品工程。获得国家电网公司优质工程，创国家级优质工程。

二、质量目标

工程质量符合施工及验收规范要求，符合设计要求，实现工程零缺陷移交。工程质量总评为优良，单位工程优良率100%，分部工程合格率 100%。推进质量管理和施工工艺创新，争创质量管理流动红旗，确保达标投产，确保国家电网公司优质工程奖，确保中国电力优质工程奖，确保国家优质工程银质奖，力争国家级优质工程金质奖。

（1）安全目标。不发生人身死亡事故；不发生因基建导致的电网停电事故；不发生工程设备损坏事故；不发生一般施工机械设备损坏事故；不发生火灾事故；不发生环境污染事件；不发生负主要责任的重大交通事故。创建安全文明施工示范工地，争创安全管理流动红旗。

（2）文明目标。设施标准、行为规范、施工有序、环境整洁、创建全国电网工程建设安全文明施工一流水平、创建安全文明施工示范工地，挣创安全文明管理流动红旗。

（3）环保目标。完成环评报告批复中各项要求，确保通过水土保持设施验收。保护生态环境，不超标排放，不发生环境污染事故，落实环保措施；废弃物处理符合规定，力争减少施工场地和周边环境植被的破坏，减少水土流失；现场施工环境满足环保要求。

（4）进度承诺。确保工程开、竣工时间和工程各阶段性里程碑进度计划的按时完成。

（5）信息、档案管理。做到工程档案与工程建设同步形成，保证工程档案齐全、完整、规范、真实。确保通过国家档案验收。严格按照业主关于本工程计算机网络和《国家重大建设项目文件归档要求与档案整理规范》（DA/T 28—2002）和《工程档案管理实施细则》的要求进行管理，配备专人和设备，按照建设管理单位的要求实现工程计算机网络管理、质量验评标准统一、监理典型表式统一、施工记录及报审表格统一。将档案管理纳入整个现场管理程序，坚持归档与工程同步进行。确保实现：档案归档率 100%，资料准确率 100%，案卷合格率 100%，保证档案资料的齐全、准确、系统；同时保证在合同规定的时间移交竣工档案。

（6）控制配合。在建设过程中本着高度负责的主人翁意识和责任感，积极配合施工图设计优化工作，并及时主动反映有可能对工程投资造成影响的任何事宜，并承担因此造成的投资浪费的相应责任。

（7）保修承诺。确保投标文件中所承诺的人力、机具及合理项目施工管理规划大纲的实现，按照合同约定完成在保修期内的质量保修责任。

（8）其他承诺。关注全体施工人员的职业健康，设立外协工工资专用账户，在本工程中绝不拖欠员工（外协工）工资。

1.3 项目施工管理组织结构

为加强施工管理，公司成立“皖电东送淮南至上海特高压交流输电示范工程一般线路工程第 3 标段项目经理部”，工程实行项目经理负责制，代表公司负责本段工程的全面管理。项目经理由公司工程部主任张波（一级建造师、工程师）同志担任，项目副经理由第五分公司程学兵同志担任，技术专家组组长由我司技术专家田子恒（高级工程师）同志担任；项目总工程师由第四分公司主任工程师任庆明同志担任。

项目经理部下设经营部、技术部、质检部、安环部、器材部和办公室，按照其职责承担施工经营、技术、质量、安全、物资供应、后勤保障、双文明建设及地方关系协调等工作。公司组织技术专家组对工程进行技术指导。各部门主要人员均为从事送电线路施工管理工作多年，业务熟练、经验丰富。

施工期间项目经理、项目副经理、项目总工程师以及主要管理人员调令将调到项目部，长期坚持现场工作，不调换也不兼职，项目管理机构也仅负责本工程的管理，公司不再安排其他事务。

工程施工期间，公司副总经理主管本工程的协调工作，公司本部各职能部门按照项目经理的要求，积极为施工第一线服务，对现场出现的问题快速做出反应，确保工程顺利实施。

公司专家组对工程施工中的重大施工项目进行技术研究论证，并制定详细的施工方案，指导现场施工，为现场施工在技术方面提供强有力保障。

1.3.1 项目管理组织结构

项目管理组织机构图如图 1-3-1 所示。

1.3.2 项目管理职责

1.3.2.1 项目经理

项目经理由公司经理授权，全权负责本工程的施工管理工作，代表公司履行施工合同，在授权范围内处理和决策与本工程项目施工有关的一切事宜。

（1）履行“项目管理目标责任书”规定的任务，组织编制项目管理实施规划，实施推进管理标准化。

（2）负责项目部的整体策划工作。严格按照《国家电网公司输变电工程安全文明施工标准化工作规定》《国家电网公司输变电工程安全文明施工标准化图册》等有关文件的规定进行项目现场布置及管理。确保实现合同规定的目标要求。

（3）协调项目部与工程建设管理单位、监理、设计、地方政府及工程运行单位之间关系，解决施工过程中存在的问题，科学组织、合理调配工程资源，确保本工程各项计划的顺利完成。

（4）主管工程的质量、环境、职业健康安全控制工作，负责组织有关部门严格贯彻安全法令、法规和措施，按《质量、环境、职业健康安全管理体系》的要求，确保安全文明施工和工程施工质量，确保工程安全事故“零目标”的实现。

（5）督促经营、工程部门按时向发包方、监理部门和公司本部报送各种管理统计报表。

（6）自觉维护业主、企业和职工的权益，完善企业的经营机制，搞好经济责任制，确保业主的要求和公司下达的各项经济技术指标的全面完成。

（7）向业主负责，施工过程中及时向业主、监理工程师、设计代表和公司本部反馈信息，确保工程建设有序进行。

1.3.2.2 项目副经理

在项目经理的领导下，协助项目经理制定项目部各职能部门的职责权限、各项管理制度、施工计划以及安全、质量等控制目标，全面组织施工生产并予以实施和现场监督管理。必要时受项目经理委托，行使项目经理职能。

1.3.2.3 项目总工程师

（1）在项目经理领导下，主管本工程的技术、质量和安全工作。

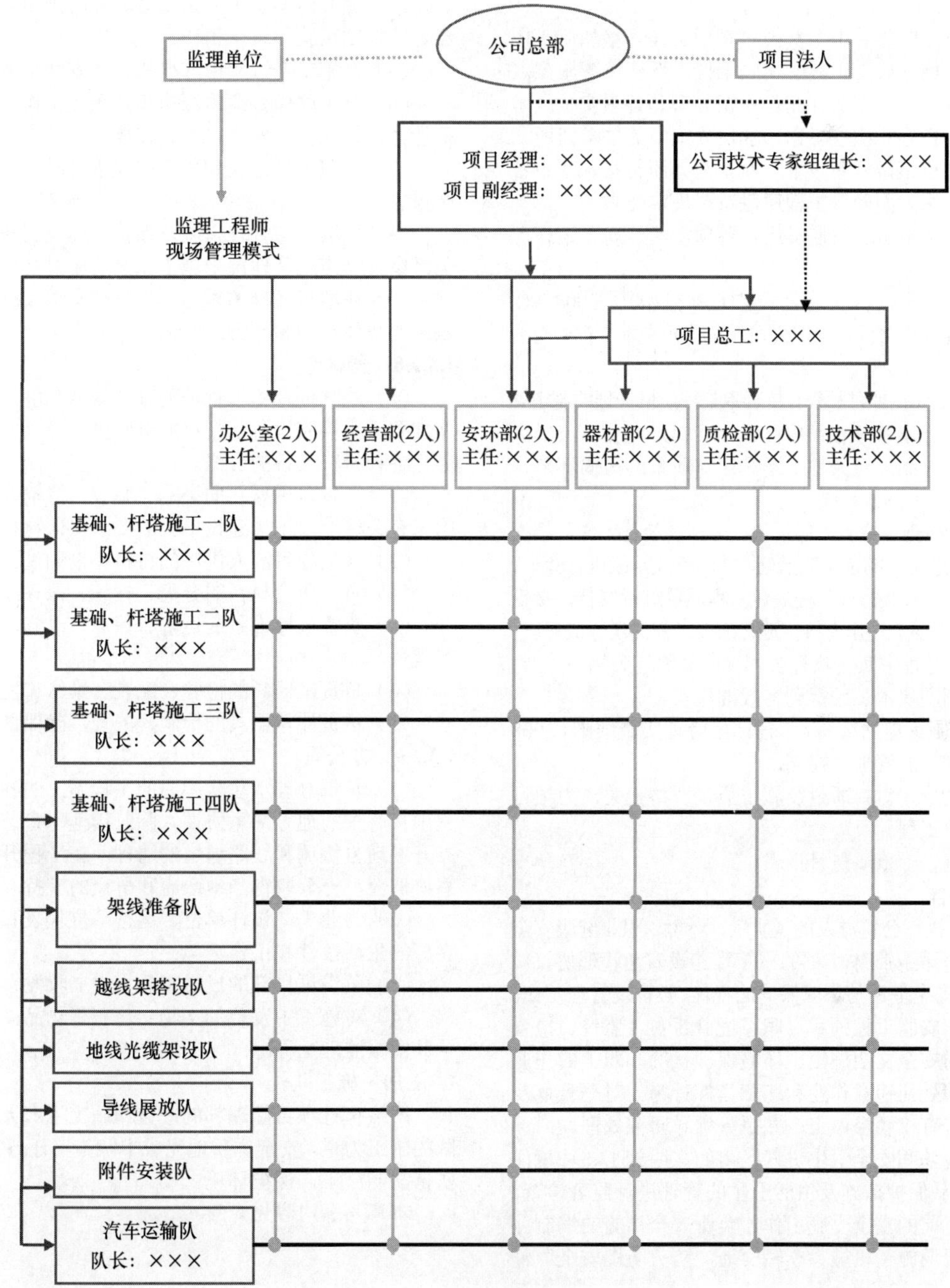

图 1-3-1 项目管理组织机构

（2）负责解决施工中的技术问题，主持技术会议，制定技术措施并组织编制技术文件。经常深入现场检查和指导工作。

（3）参加施工图纸的会审和交底工作，组织编写施工组织设计，制定各项技术管理制度，审批各分项工程安全技术措施和质量保证措施。

（4）对施工质量全面管理，积极推进“零缺陷”管理等先进的质量控制方法。参与质量事故、安全事故的分析并制定防止事故发生的技术措施。

（5）经常与项目法人、设计、监理、运行代表联系，征求其对工程施工的意见和建议，促进施工项目安全、优质、按期完成。

（6）制定各项技术培训计划。对各类人员的技术教育培训、考核和资格确认、持证上岗负领导责任。

（7）运用工程项目管理软件（P3、EXP）对工程实行动态管理。对工程进度计划及时进行修正，使工程进度计划与实际进度相符合。

（8）负责新技术、新工艺、新材料、新设备的推广应用。

（9）配合项目经理做好项目部的整体策划工作。

1.3.2.4 经营部

（1）编制本工程施工经营计划。

（2）遵循统计法和项目法人要求，真实、及时报送各类统计报表。

（3）负责本项目的各类合同管理、施工预算的编制及经济承包责任制的实施。

（4）对工程的成本进行控制，对内、对外进行工程结算及成本核算。

（5）负责资金、劳动力管理。

1.3.2.5　技术部

（1）在项目总工的领导下负责技术管理工作。参加施工图审查和各项技术措施、施工工艺的交底工作，严格按图施工。

（2）编制各道工序施工的补充作业指导书和各项安全技术措施，并坚持现场指导和检查工作，解决施工中的技术问题。

（3）协助项目总工做好新技术、新工艺、新材料、新设备的推广应用，在技术方面确保工程质量符合规定要求。

（4）协助专职质检员、安监员进行各项质量、安全检查。

1.3.2.6　质检部

（1）贯彻执行《质量管理体系要求》（GB/T 19001—2008/ISO 9001:2008）制定的程序文件，确保公司质量体系在本工程中有效运行。

（2）对工程质量实施监督检查，负责本工程质量计划的制定并在施工现场负责其实施，负责组织项目部一、二级质量检验工作。

（3）加强过程控制。对关键工序和影响质量的薄弱环节，制定预防措施。

（4）负责质量检查、检验，质量状况分析和统计工作，根据分析结果提出整改意见并制定防范措施，并对整改结果进行验证。

（5）配合项目法人及监理工程师对工程质量进行监督，接受其对质量的要求和意见，提出整改措施，确保工程优质建成投产。

（6）在施工全过程中负责执行公司《质量奖惩条例》，并确保公司各项质量制度在本工程得到有效的落实。

（7）认真执行国家电网公司《工程档案管理实施细则（2008版）》，做好工程资料的管理、控制。

（8）对设计质量、材料质量及施工质量严格把关，为项目法人移交一个优质工程。

（9）按时编制、上报质量月报表。

1.3.2.7　安全环保部

（1）认真贯彻执行公司颁发的《质量、环境、职业健康安全管理体系文件》，严格按照本工程的《工程建设安全管理协议》的要求，组织开展安全健康与环境保护的宣传、教育及管理工作。

（2）设立专职安监工程师和专职环境监督员，监督、检查本工程施工现场的安全文明施工、环境保护状况和职工的作业行为，有权制止和处罚违章作业和违章指挥行为，对严重危及人身安全的施工，有权勒令停工，并报告领导研究处理。

（3）对施工现场和安全卫生责任区内的文明施工、环境保护、环境卫生、成品保护措施及生活卫生的管理进行监督检查。

（4）参加开工前的安全交底工作，负责安全措施的编制并监督执行。负责现场施工机械、车辆交通、防火防爆安全监督工作，督促并协助有关人员做好职业防护用品、用具和重要工器具的定期试验和鉴定工作。

（5）在施工全过程中严格执行《安全奖惩细则》。

（6）分工序做好危险源辨识及预控工作，提高事故超前防范能力，确保施工安全可控、在控。

（7）按照项目法人和监理的要求及时、真实的统计上报安全报表。

（8）采取一切合理措施，保护工地及工地周围的环境，避免污染及噪声或其他由于施工原因造成对社会环境的干扰。

（9）在项目经理的领导下，具体负责实施项目部安全文明施工的整体策划和布置。

1.3.2.8　器材部

（1）建立健全器材管理的各项规章制度，按公司贯标程序文件要求，编制设备、材料购置和供应计划并具体实施。建立健全各种材料设备的台账。

（2）负责自供材料的采购、验收、运输、保管，严格按照国家有关标准及工程建设单位的要求保证材料质量。

（3）参加项目法人供应的材料在采购过程中的管理。

（4）负责所有材料的分类、标识、保管和发放。

（5）负责机械设备的运输、保养、维修，并确保其使用的有效性。

（6）负责工器具的检验、配置、维修和发放。

（7）负责计量器具的检验、配置，确保量值的准确性。

1.3.2.9　办公室

（1）负责办理承包范围内的工程施工的各种手续，负责工程项目有关的地方关系协调，临时用地、青苗赔偿、配合发包方开展地方协调和线路通道的清理。在工程开工前召开地方关系协调会，充分取得当地政府和群众的支持。

（2）为业主、设计单位、运行单位代表和监理工程师提供良好的生活条件和工作环境。

（3）负责项目部的日常事务、文书收发、保卫、接待等。

（4）对施工中发现的文物、化石等物品，及时进行现场保护并汇报监理工程师。

1.3.2.10　施工队长

严格执行项目经理部的决策和施工生产计划，合理安排本队的施工力量，安全优质地完成本队施工任务，严格过程控制，坚持文明施工，保护环境。

本章其余内容见光盘。

第 2 章　1000kV 特高压输电线路某标段施工组织设计

2.1　前　　言

2.1.1　编制依据

（1）中国建筑业协会编制的《建设工程项目管理规范》（GB/T 50326—2006）及××工程建设有限公司编制的《××特高压交流工程：一般线路工程施工管理规划大纲》。

（2）表 2-1-1 所列法规、标准、规程、规范等。

表 2-1-1　　法规、标准、规程、规范

序号	分类	法规、标准、规程、规范	标准号
1	法律法规管理条例	《中华人民共和国建筑法》	主席令第 91 号
		《中华人民共和国电力法》	主席令第 60 号
		《中华人民共和国合同法》	主席令第 15 号
		《中华人民共和国安全生产法》	主席令第 70 号
		《建设工程质量管理条例》	国务院令第 279 号
		《建设工程安全生产管理条例》	国务院令第 393 号
		《建设项目环境保护管理条例》	国务院令第 253 号
		《中华人民共和国工程建设标准强制性条文（电力工程部分）》	建标〔2006〕102 号
2	工程管理文件	《国家电网公司输变电工程达标投产考核办法》	国家电网基建〔2011〕146 号
		《国家电网公司输变电工程项目管理流动红旗竞赛实施办法》	国家电网基建〔2011〕147 号
		《国家电网公司输变电优质工程评选办法》	国家电网基建〔2011〕148 号
		《〈国家电网公司电网建设项目档案管理办法（试行）〉释义》	办文档〔2010〕72 号
		《国家电网公司电力建设工程施工技术管理导则》	国家电网工〔2003〕153 号
		《输变电工程建设标准强制性条文实施管理规程》	Q/GDW 248—2008
		《国家电网公司建设工程施工分包安全管理规定》	国家电网基建〔2010〕174 号
		《国家电网公司输变电工程质量通病防治工作要求及技术措施》	基建质量〔2010〕19 号
		《输变电工程施工质量控制数码照片采集与管理工作要求》	基建质量〔2010〕322 号
		《关于利用数码照片资料加强输变电工程安全质量过程控制的通知》	基建安全〔2007〕25 号
		关于印发《国家电网公司输变电工程建设创优规划编制纲要》等 7 个指导文件的通知	基建质量〔2007〕89 号
		《国家电网公司输变电工程典型施工方法管理规定》	国家电网基建〔2010〕165 号
		《国家重大建设项目文件归档要求与档案整理规范》	DA/T 28—2002
		《电力建设工程质量监督检查典型大纲（火电、送变电部分）增补版》	电建质监〔2007〕26 号
		《中国电力优质工程奖评选办法》（2011 版）	
		《建设工程项目管理规范》	GB/T 50326—2006
3	设计规程规范	《110～500kV 架空送电线路设计技术规程》	DL/T 5092—1999
		《混凝土结构设计规范》	GB 50010—2002
		《普通混凝土配合比设计规程》	JGJ 55—2000
		《架空送电线路基础设计技术规定》	DL/T 5219—2005
		《架空送电线路杆塔结构设计技术规定》	DL/T 5154—2002
		《钢结构设计规范》	GB 50017—2003

续表

序号	分类	法规、标准、规程、规范	标准号
3	设计规程规范	《输电线路施工机具设计、试验基本要求》	DL/T 875—2004
4	材料、产品质量管理	《通用硅酸盐水泥》国家标准第1号修改单	GB 175-2007/XG1—2009
		《抗硫酸盐硅酸盐水泥》	GB 748—2005
		《水泥取样方法》	GB 12573—2008
		《钢筋混凝土用钢　第1部分：热轧光圆钢筋》	GB 1499.1—2008
		《钢筋混凝土用钢　第2部分：热轧带肋钢筋》国家标准第1号修改单	GB 1499.2—2007/XG 1—2009
		《混凝土用水标准（附条文说明）》	JGJ 63—2006
		《普通混凝土用砂，石质量及检验方法标准（附条文说明）》	JGJ 52—2006
		《钢筋阻锈剂应用技术规程》	YB/T 9231—2009
		《混凝土外加剂》	GB 8076—2008
		《高压绝缘子瓷件技术条件》	GB/T 772—2005
5	工程施工及验收规范	《110～500kV 架空送电线路施工及验收规范》	GB 50233—2005
		《1000kV 架空送电线路施工及验收规范》	Q/GDW 153—2006
		《1000kV 架空输电线路铁塔组立施工工艺导则》	Q/GDW 155—2006
		《1000kV 架空输电线路张力架线施工工艺导则》	Q/GDW 154—2006
		《建筑桩基技术规范》	JGJ 94—2008
		《建筑边坡工程技术规范》	GB 50330—2002
		《建筑工程冬期施工规程》	JGJ 104—1997
		《混凝土结构工程施工质量验收规范》	GB 50204—2002
		《架空送电线路导线及避雷线液压施工工艺规程》	SDJ 226—1987
		《超高压架空输电线路张力架线施工工艺导则》	SDJJS 2—1987
		《钢结构工程施工质量验收规范》	GB 50205—2001
		《钢筋焊接及验收规范》	JGJ 18—2003
		《建筑钢结构焊接技术规程》	JGJ 81—2002
		《110kV 及以上送变电工程启动及竣工验收规程》	DL/T 782—2001
		《国家电网公司输变电工程标准工艺示范光盘》	
		《国家电网公司输变电工程工艺示范手册　送电工程分册》	
		《国家电网公司施工项目部标准化工作手册》	330kV 及以上输电线路工程分册
		《国家电网公司输变电工程工艺标准库》	送电线路工程部分
6	工程质量检验及评定	《建筑工程施工质量验收统一标准》	GB 50300—2001
		《混凝土质量控制标准》	GB 50164—1992
		《混凝土强度检验评定标准》	GB/T 50107—2010
		《110～500kV 架空送电线路工程施工质量检验及评定规程》	DL/T 5168—2002
		《电力建设工程质量监督规定（暂行）》（2005年版）	电建质监〔2005〕52号
		《国家电网公司工程建设质量管理规定（试行）》	国家电网基建〔2006〕699号
		《建筑基桩检测技术规范》	JGJ 106—2003

续表

序号	分类	法规、标准、规程、规范	标准号
6	工程质量检验及评定	《建筑结构检测技术标准》	GB/T 50344—2004
7	安全、环保	《电力建设安全工作规程（第二部分架空电力线路）》	DL 5009.2—2004
		《施工现场临时用电安全技术规范（附条文说明）》	JGJ 46—2005
		《建筑机械使用安全技术规程》	JGJ 33—2001
		《国家电网电业生产事故调查规程》	国家电网生〔2003〕406 号
		《跨越电力线路架线施工规程》	DL/T 5106—1999
		《起重机械安全规程》	GB 6067—1985
		关于印发《国家电网公司基建安全管理规定》的通知	国家电网基建〔2010〕1020 号
		《国家电网公司十八项电网重大反事故措施（试行）的通知》	国家电网重技〔2005〕400 号
		《国家电网公司输变电工程安全文明施工标准化图册》	
		《国家电网公司输变电工程施工危险点辨识及预控措施》	基建安〔2005〕50 号
		《国家电网公司电力建设工程重大安全生产事故预防与应急处理暂行规定》	国家电网工〔2004〕264 号
		《国家电网公司环境保护监督规定（试行）》	国家电网安监〔2005〕450 号
		《国家电网公司输变电工程安全文明施工标准》	Q/GDW 250—2009
		国网建设有限公司质量、环境和职业健康管理体系文件	

（3）现场调查了解信息和资料。

2.1.2　名词定义或解释

下列用词及词句，除根据上下文另有约定外，应具有如下所赋予它们的含义：

（1）发包方：即业主方，指建设项目的出资方，系指国家电网公司及其合法继承人和允许受让人国家电网公司特高压建设部。

（2）发包方：即建设管理方，指在合同中指定的受发包方委托负责合同的签定和执行，进行工程项目的建设管理和具体实施的一方，系指国网交流工程建设有限公司。

（3）承包方：即施工方，指其投标书被发包方接受的并在合同中指定的当事人或其合法资格继承人，但不包括其任何受让人。

（4）分包商：指在合同中提及的承担合同允许范围内部分工程施工的当事人或经发包方及监理工程师同意已分包了部分工程的任何当事人。

（5）建设监理：指招标文件指定或由发包方任命并书面通知承包方的为执行监理合同和本合同规定任务的监理单位（以下简称监理工程师），即代行监理工程师职权的当事人。

（6）监理工程师：由监理工程师任命并向监理工程师负责的个人，应履行和行使监理工程师按合同规定可能赋予他的职责和权利。

（7）承包方授权代表：是指由承包方任命，由发包方批准，在本合同项下代行承包方全权的个人，系指项目经理。

（8）合同：指合同条件、合同附录、规范、图纸、工程量清单、报价书、合同协议书及明确地包括在合同协议书中的其他文件。

（9）规范：指包括在合同中的工程规范或由承包方提供的并经监理工程师批准的规范，规范可根据合同相关条款变更、增加或减少。

（10）图纸：指由监理工程师根据合同向承包方提供的所有图纸、计算书和类似的技术资料，以及由承包方提供的经监理工程师批准的所有图纸、计算书和类似的其他技术资料。

（11）工程量清单：指包括所有根据合同规定的义务（包括有关货物、材料、设备及服务的提供及暂定金额下的意外项目）及所有为正确施工、完成工程并保修所必需的全部有关事宜的清单。

（12）开工日期：指承包方接到根据合同相关条款的规定发出的开工通知的日期。

（13）竣工日期：指合同中规定，并从开工日期开始计算的工程或任何区段或部分工程完工并通过竣工检验的时间，包括根据合同规定延长的时间。

（14）工程保留金、质量保证金、达标投产与对口竞赛工程考评基金：指由发包方保留的占合同总价一定比例的款项，该款项按相应合同规定条件支付。

（15）分部工程：是指在合同中特别规定的作为工程一部分的工程。

（16）书面函件：指任何手写、打印或印刷函件，包括电传、电报及传真通讯。

（17）工程质量监督：是指政府质监机构（电力工程质监站、电力质监中心站、电力质监中心总站）按规定对工程进行的质量监督活动。

（18）海拉瓦技术：海拉瓦全数字化摄影系统是目前世界上一种先进的地理测量技术，它借助卫星、飞机、GPS（全球定位系统）等高科技手段，通过高精度的扫描仪和计算机信息处理系统，将各种影像资料生成正射影像图、数字地面模型和具有立体图效果的三维景观图，并以标准格式输出输 像和数字信息，如图 2-1-1 所示。

（19）P3 项目管理软件：是大型项目管理软件 Primavera Project Planner 的简称，是美国 Primavera 公司开发的在微机上用来进行项目管理的计算机应用软件。P3 的精髓是广义网络计划技术与目标管理的有机结合，它在如何进行进度计划编制、优化以及进度跟踪反馈、分析、控制方面一直起到方法论的作用。

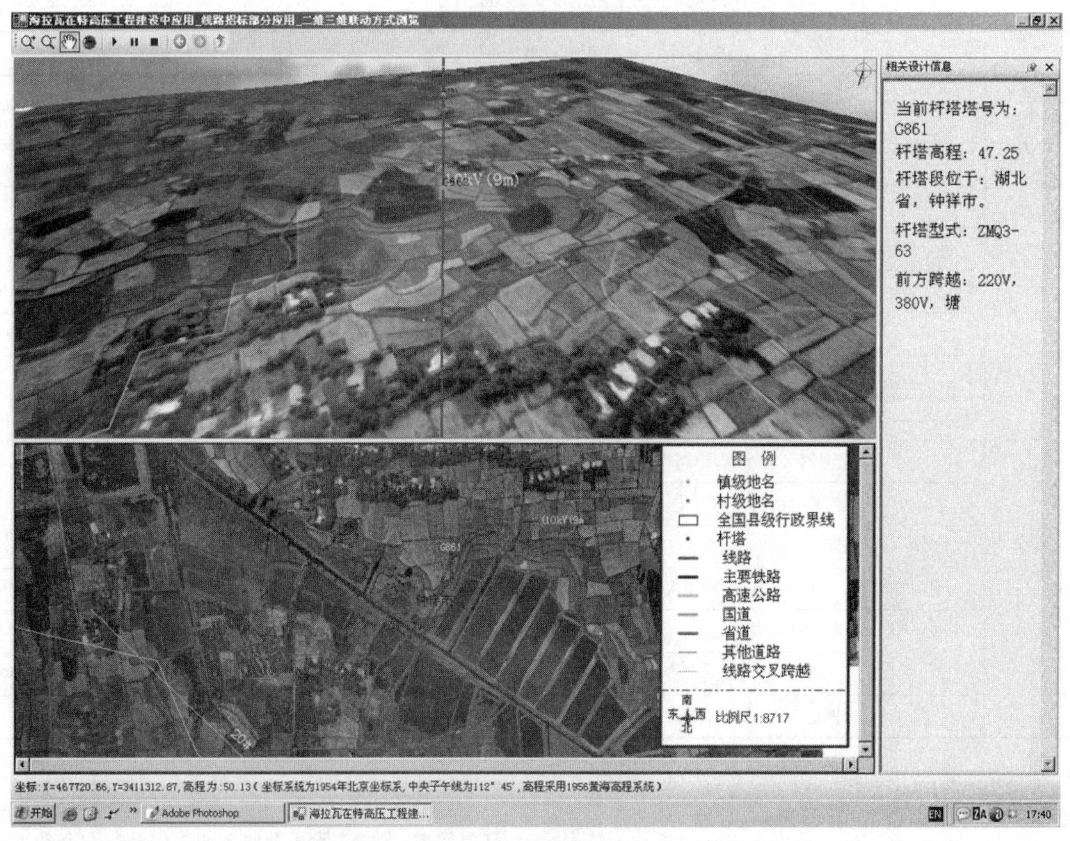

图 2-1-1　海拉瓦技术

2.2　工程概况与工程实施条件分析

2.2.1　工程整体概况

工程名称：1000kV××特高压交流工程输电线路工程。

一、线路路径

1000kV××特高压交流工程输电线路工程，本工程线路走径××。线路起点位于××。

本工程线路设计采用单回路架设，线路全长约××km，线路途径××境内。

二、工程设计施工资料

工程全线概况见表 2-2-1。

三、海拉瓦技术应用

本工程在线路设计中采用了国内先进的海拉瓦优化选线技术和地址遥感技术，全面改变传统电力线路勘测设计模式与作业流程（如图 2-2-1 所示）。

表 2-2-1　　工程全线概况

序号	项目	线路概况
1	气候条件	××省境内属暖温带季风气候，四季分明，雨热同季；年平均降水量一般为 620～680mm，年平均气温 7.9～11.7℃。 ××省境内属暖温带大陆性季风气候，四季分明，夏热多雨，冬寒少雪；常年平均气温在 14.1～15.7℃之间，降水量 600～1000mm。 ××省境内属北亚热带季风气候，平均气温一般均在 15～17℃之间，降水量 820～1100mm
2	途径地区	途经××省的××县、××县等共计××个行政区
3	地形	线路穿越××山、××山、××山、××山的余脉，地形地貌主要有中低山、低山、丘陵、山前平原、山间凹地、丘陵、垅岗、河流漫滩等，形态复杂，多崩塌、滑坡等不良地质现象
4	地质	线路路径沿线出露的地层岩性种类繁多，十分复杂。 山区的基岩主要为石英砂岩、灰岩、白云质灰岩、安山岩、玄武岩、花岗岩、片麻岩、大理岩、砂岩、砂砾岩、泥灰岩、泥岩、页岩、黏土岩。 平丘地区的地层岩性主要为黄土状粉土、黄土状粉质黏土、粉土、粉质黏土、新近沉积土、粉土、粉细砂、卵石
5	主要跨越	××等线路。 ××铁路。 ××等高速公路。 跨越××国道等。 跨越××等河流
6	林木及作物	树种主要有松树、杉树、杨树、桐树、柳树、山槐、椿树、樟树、核桃树、果树、杂树和灌木丛等。 农作物主要有小麦、水稻、玉米、高粱、红薯、谷子等，经济作物主要有花生、棉花、油菜、大豆、芝麻、烟叶、红黄麻、怀药等

续表

序号	项目	线　路　概　况
7	基础	采用岩石陶挖式基础、岩石嵌固式基础、直柱柔性基础、刚性台阶基础、柔性大板基础、板式插入式基础、灌注桩基础等基础型式
8	铁塔	山区地段直线塔采用中相V串ZB酒杯塔系列，其他走廊拥挤地段采用中相V串ZM猫塔系列，耐张转角塔均采用JT干字型塔系列
9	导线	采用××—××/××钢芯铝绞线，每相八分裂
10	地线	一根为××—××铝包钢绞线；另一根为××—××光缆

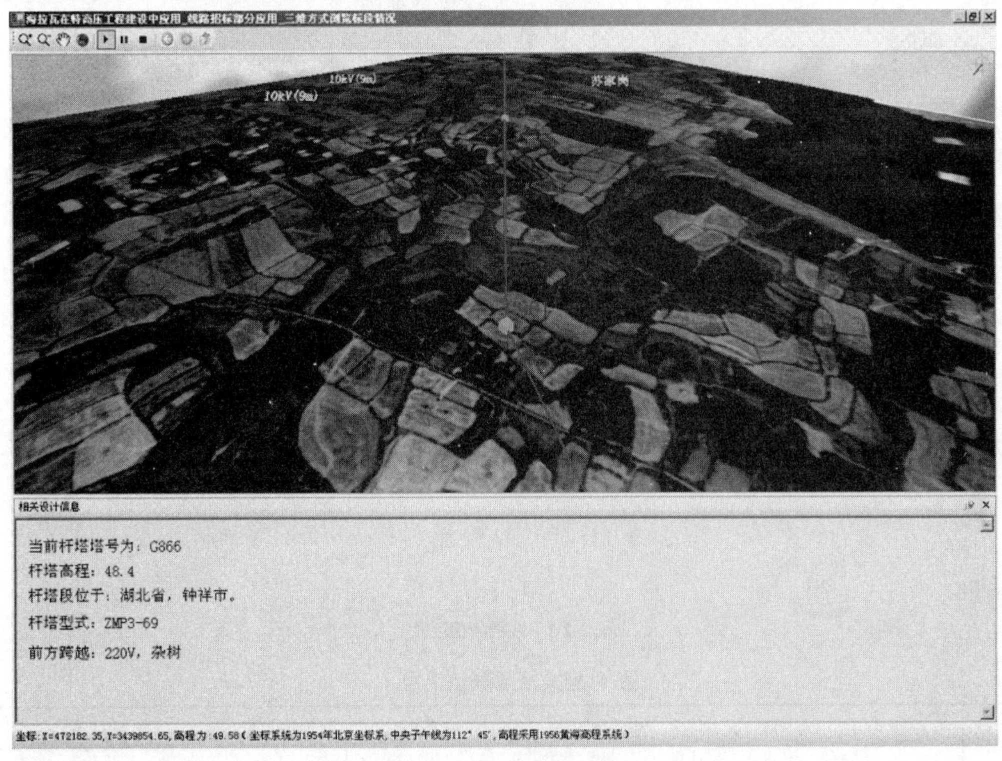

图2-2-1　海拉瓦技术应用

海拉瓦全数字化测量系统，是目前世界上一种先进的地理测量技术，海拉瓦系统可以对最新的航空摄影、卫星图片进行全数字化信息处理，形成完整的电子地图沙盘。工程设计人员可以充分应用GPS（全球卫星定位系统）、RS（高分辨率卫星影像）、4D（测绘数字化产品）、三维真实景观漫游技术、SLCAD（排杆软件）等多项新技术，精确测出线路路径走向、选定铁塔位置。并根据它们的特点与电力线路优化路径的需求，按照分级分层、逐步细化的原则，将各项新技术有机的结合，形成合理、快速、高效的综合优化系统。

运用这一技术，能够提高设计工作效率，并在减少房屋拆迁、减少耐张个数和其他赔偿（如采石场）等方面获得明显经济效益，在减少农田占用、减少森林砍伐量等方面有明显的社会效益，还可为后续数字化电网的建设提供基础数据。

四、参建各方

（1）项目法人：国家电网公司，国家电网公司特高压建设部代表项目法人对工程进行管理。

（2）发包方：国网交流工程建设有限公司受国家电网公司的委托，负责项目的工程施工合同的签订和执行，负责工程建设的具体实施。

国网交流工程建设有限公司的线路管理部为代表建设管理部门行使线路工程建设管理的职能部门，负责工程建设安全、质量、工期、投资控制的监督、检查、管理、指导工作，国网交流工程建设有限公司各相关工程建设部负责施工现场的组织协调、安全管理、质量管理、投资控制及工程合同的执行管理工作。

（3）监理工程师：××。

（4）设计单位：××××。

本工程计划××年××月××日开工，××年××月××日前全部建成，××年××月××日竣工，具备带电调试条件，××年××月××日投运。

2.2.2　工程特点与工程量

一、线路走径

本标段线路长度标段××km，铁塔××基，其中直线塔（含直转塔）××基，耐张转角塔××基。

线路跨越走径略图如图2-2-2所示，详细走径见1000kV××特高压交流工程输电线路工程施工现场平面布置图。

二、工程规模

1．基础工程

（1）本标段采用的基础型式有掏挖式基础、××等基础形式。

（2）基础混凝土基础均采用××，垫层采用××，保护帽采用××。基础钢筋使用Ⅰ或Ⅱ级钢筋，地脚螺栓使用××优质碳素钢。

（3）工程单基平均方量约××m^3，平均基础钢材量每基××t。

（4）本标段塔接腿型式采用××接腿型式（如：插入角钢和塔脚板式接腿型式），基础型式及所有混凝土用量见表2-2-2。

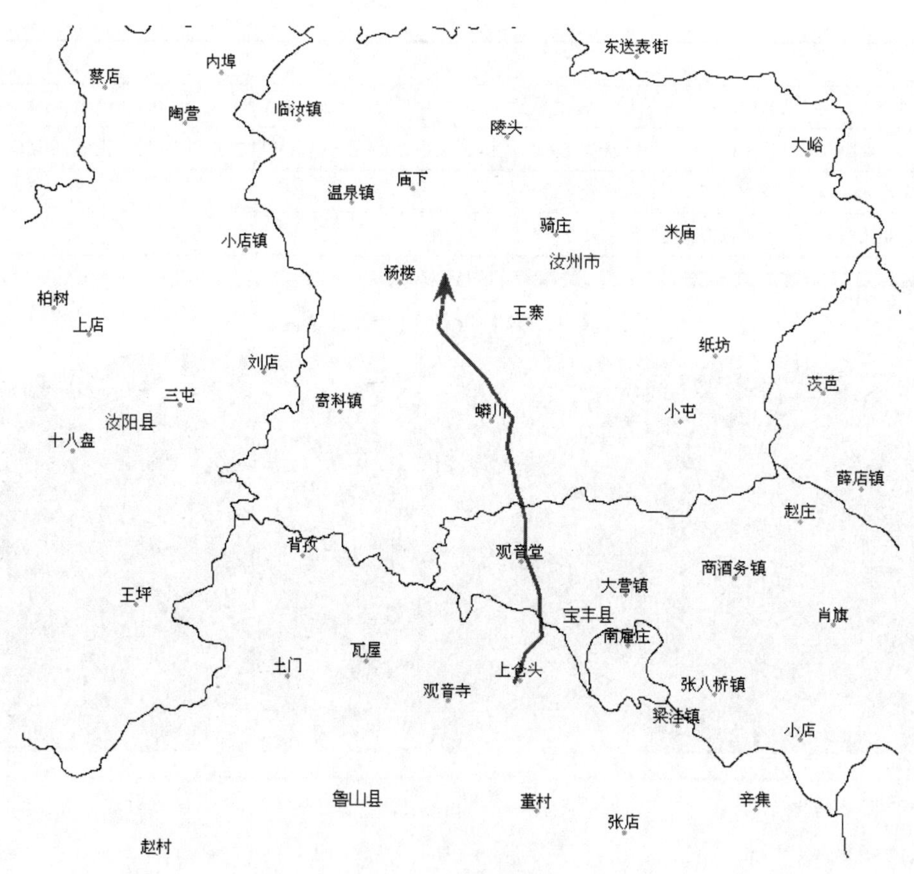

图 2-2-2 线路跨越走径

表 2-2-2 基础型式及混凝土用量

基础型式	掏挖式	斜柱式	岩石嵌固	直柱刚性	直柱加连梁	保护帽	合计
混凝土数量/m^3	617.3	2499.6	1552.3	1006.5	580.2	234.4	6490.3
基础钢材/t	钢筋 511.8		插入角钢 1.2		地脚螺栓 106.2		619.2

注 插入角钢量在铁塔重量中已经计入。

2. 铁塔工程

（1）单回路直线塔一般采用 ZMP1、ZMP2、ZMP3、ZMP4、ZMQ2、ZMQ3、ZMQ4 猫头型铁塔，和 ZBS1、ZBS2、ZBS3、ZBS4 酒杯形塔，此类塔中相导线采用 V 形串，两边相导线采用 I 形串，导线水平排列。直转塔采用 ZMQJ 猫头型铁塔，三相均采用双联 V 形串。耐张转角塔采用 JTP1、JTP3、JTS1、JTS2、JTS3 自立式干字形塔，导线三角形排列。

（2）本段单基平均塔重××t，具体铁塔种类、塔型及数量见表 2-2-3。

表 2-2-3 铁塔种类、塔型及数量

序号	种类	塔型	基数	重量/t	备注
1	猫头形直线塔	ZMP1、ZMP2、ZMP3、ZMP4	16	967.44	适用于平地
2	猫头形直线塔	ZMQ2、ZMQ3、ZMQ4	6	542.66	适用于丘陵
3	猫头形直转塔	ZMQJ	3	211.14	适用于丘陵
4	酒杯形直线塔	ZBS1、ZBS2、ZBS3、ZBS4	30	2210.84	适用于山地
5	干字形耐张转角塔	JTS1、JTS2、JTS3	6	576.05	适用于山地
6	干字形耐张转角塔	JTP1、JTP3	4	350.85	适用于平地
7	合计		65	4858.98	不含代用量

注 “P”代表适用平地，“Q”代表适用丘陵，“S”代表适用山地，“D”代表终端塔。

3. 本标段导地线规格、型号及使用情况

导地线规格、型号见表2-2-4。

表2-2-4　导地线规格、型号

种类	规格型号	使用范围	架设长度/km	数量/t	备 注
导线	LGJ-500/35	全标段	33.687×3×8	1327.537	钢芯铝绞线
地线	OPGW-175	全标段一侧	33.687	12盘	架空复合光缆
地线	JLB20A-170	全标段一侧	33.687	38.807	铝包钢绞线

注　本表中未计入地形系数。

4. 本工程使用导地线及光缆性能参数

导地线及光缆参数见表2-2-5。

表2-2-5　导地线及光缆参数

项目 \ 导地线型号		LGJ-500/35	JLB20A-170	OPGW-175
结构股数×直径/mm	钢	7×2.50	19×3.4	—
	铝	45×3.75	—	—
截面/mm^2	铝	497.01	43.13	44.125
	钢	34.36	129.37	132.375
	总	531.37	172.5	176.5
直径/mm		30.0	17.0	17.5
弹性模量/（$N/mm^2 \times 10^3$）		63.0	147.2	162
热膨胀系数/（$1/℃ \times 10^{-6}$）		20.9	13	13.0
计算重量/（kg/km）		1642	1152	1183
计算拉断力/kN		119.5	203.38	201.5
安全系数		2.50	—	—

三、设计特点

根据特高压电网系统规划要求，综合考虑施工、运行、交通条件和线路长度等因素，运用海拉瓦技术等进行方案选择，使线路路径更加安全可靠，经济合理。

1. 基础设计特点

（1）整基基础根开大，单腿基础尺寸较大、混凝土量较大，地脚螺栓规格和数量较大。

（2）位于山区岩石地基的基础采用岩石掏挖和岩石嵌固基础；平丘地区采用直柱柔性基础和主柱配筋刚性台阶基础；软弱地质和地下水埋深较浅处采用柔性大板基础；在煤矿采空区采用复合防护大板基础，以加长地脚螺栓和浇注整体大板来调整基础不均匀沉降和滑移后复位。

（3）山区和丘陵地区使用的铁塔均配置了全方位长短腿，基础使用加高立柱，以达到少降基面，减少开方，避免由于大量开方造成的环境破坏。塔位有坡度时，为防止上山坡侧汇水面的雨水、山洪及其他地表水对基面冲刷影响，设置了排水沟。

2. 铁塔设计特点

（1）直线塔高度增加，直线铁塔的全高在59～96m之间，根开约为13.5～23.43m，曲臂的高度约为21～25m，横担宽度约为37～44m，耐张塔呼称高35～41m。

（2）根据地形及地面覆盖物情况，山区地段直线塔采用中相V串酒杯塔系列，其他走廊拥挤地段采用中相V串猫塔系列，耐张转角塔均采用干字形塔系列。

（3）本工程猫头塔系列杆塔全高大部分超过70m，综合来看铁塔高度超过70m的所占比例约为68%，由于工程电压等级高，其导线相间的距离较大，使得铁塔塔头结构尺寸增大，尤其是酒杯型塔系列，其平均横担的长度超过40m，加大了铁塔组立的施工难度。

（4）铁塔钢材采用Q420B，耗钢量大幅度减少，可减少塔重9%～16%，由于本工程线路距离较长，可节省投量大，经济效益显著。

3. 架线设计特点

（1）采用LGJ-500/35导线，正八边形对称布置，分裂间距400mm。既能满足输送电能的要求，同时运行安全可靠；并且其合理的导线截面和多分裂布置，解决了由电晕引起的环境保护问题，初投资较小、年损耗费用也相对降低。

（2）导线悬垂串采用双联I形及V形串，Ⅲ级污区绝缘子采用300kN及420kN盘形绝缘子，Ⅲ级污区及以上污区采用300kN及420kN双联合成绝缘子。导线耐张串采用双联550kN耐张串及三联420kN耐张绝缘子串；地线采用双联绝缘串，并分段绝缘，单点接地；跳线串采用刚性跳线，绝缘子采用100kN合成绝缘子。

四、工程承包范围和工作内容

本工程采用包工、部分包料，采取总价承包与单价承包相结合的承包方式，承包范围和工作内容如下：

（1）××段的本体基础、组塔、架线施工工程的施工，包括××塔的基础、组塔和跳线等；不包括OPGW复合光缆的测试和接续工作。

分界处转角塔的小号侧只负责耐张串及防震锤安装，其他部分由大号侧负责施工。

（2）提供施工所需要的施工机具、人力及其他施工资源。

（3）对项目法人供应材料进行质量验收、保管和进场验收工作。

（4）负责项目法人供应材料在交货点的场地协调、场地租赁及从交货点到工地材料站的提货、清点、运输、现场保管。

（5）项目法人供应材料以外的其他材料的采购、运输和保管。

（6）为保证施工质量、安全和进度所要采取的各种措施，以及为保证施工进行的各种协调工作。

（7）塔基永久性征地、房屋等障碍物拆迁、电力线路的拆迁与补偿、三级及以下通信线的拆迁与赔偿、青苗赔偿、树木砍伐、线路通道清理、各级通信干扰处理、施工临时占地等，及为了正常施工所需办理的一切手续。并向相关单位转交拆迁赔偿等必要的原始资料和凭证。

（8）配合运行单位安装标志牌、警示牌、相序牌，配合工程相关试验、检测工作。

（9）配合中间验收、竣工预验收、专家验收、竣工验收、线路参数测试、系统调试、启动验收等，保证线路畅通。

（10）配合达标投产、优质工程评选以及环保、水保、劳动卫生、安全、档案等专项验收。

（11）负责声像资料、竣工资料（含电子版）的归档、组卷与移交。

（12）进场后对线路走廊和工程本体的看护和移交前的维护及竣工后一年内质量保证。

五、基本工程量

基本工程量见表2-2-6。

表 2-2-6　　基 本 工 程 量

序号	分部工程	分项内容	单位	数量	备注
1	工地运输	汽车运输	t·km	209500	
		人力运输	t·km	23558	
2	土石方工程	复测分坑	基	65	
		基坑	m^3	29164	
		其他挖方	m^3	3542	接地槽、排水沟、护坡、挡土墙、保坎等
3	基础工程	基础混凝土量	m^3	6255.9	C20
		垫层和保护帽	m^3	234.4	M10、C10
		水泥	t	2558	
		砂子	m^3	3821	
		石子	m^3	6778	
		碎石	m^3	100	
		一般基础钢材	t	511.8	
		插入角钢	t	1.2	
		地脚螺栓	t	106.2	
		接地钢材	t	17.2	
		降阻剂	t	35	
		接地降阻模块	块	240	GD-04Y
4	杆塔工程	基数	基	65	
		塔材	t	4858.98	
5	架线工程	线路长度	km	33.687	
		绝缘子总重	t	228.8	
		金具总重	t	161.3	

注　上表中架线金具中包括金具入线夹、均压屏蔽环、间隔棒及防振锤等的重量，不包括OPGW的配套金具的重量。

2.2.3 建设地点及自然环境

一、建设地点

具体见线路工程建设地点图及《1000kV××特高压交流工程输电线路工程标段××施工现场平面布置图》。

二、现场自然条件

经向当地气象部门了解，当地气象条件见表2-2-7。

表 2-2-7　　当 地 气 象 条 件

气象条件	数值	气象条件	数值
最高气温	40℃	年最小降水量	452mm（76年）
最低气温	−20℃	年平均降水量	1000mm
平均气温	15℃	最长连续降水日及量	7d，102mm（64年）
平均相对湿度	74%	最大积雪深度	26mm（89年）
最小相对湿度	8%	年平均雷暴日	40d
最大风速	30m/s	年平均雾日数	18d
平均风速	3.4m/s	年最多雾日数	32d
年最大降水量	1210mm（80年）		

本工程设计最高气温＋40℃，最低气温－20℃，年平均气温＋15℃，设计覆冰10mm，最大设计风速30m/s。

三、地形、地质及地貌

（1）地形。沿线所经地区大部分为低山、低丘地貌，部分地段为河流阶地貌，全线均在山地、丘陵和山谷中走线。

本工程部分有代表性的地形地貌情况见以下列图，标段地形比例如图1-7所示平地19.25%；丘陵23.41%，山地47.03%；高山10.31%。

（2）地质。沿线基岩土层分布主要有：第四系上全新冲洪积黏性土、砂土和碎石土；具有二元结构特点的第四系全新统薄层黄土状粉土、粉质黏土覆盖下的卵石等；岩石主要为碳酸盐类基岩，岩性主要为寒武系灰岩、白云质灰岩、泥质灰岩等。底层上部主要为第四系上更新至全新统粉土砂土，砂土层上部存在粉质黏土层。下伏卵砾石层厚大于10m。地质：普土7.7%；松砂石24.6%；岩石67.7%。地质比例图见1-8。

有代表性的地层情况具体见照片。

本段线路沿线无滑坡、崩塌、冲刷、泥石流、地面塌陷、采空区等地质灾害。

本段线路沿线有铝土矿矿产开采区，采石场较多。

（3）水文。本标段所经地区地下水主要为河流两岸一级阶地，含丰富的地下水，地下水类型主要为孔隙潜水和上层滞水，水位埋深较浅，多在0～3m；垅岗地貌区地下水主要以孔隙潜水为主，局部地段为承压水，地下水一般埋藏较冲积平原区深，多在6～10m左右，地下水对混凝土无腐蚀性，对钢结构具有弱腐蚀性。

（4）地貌状况。沿线所经地区大部分为山前剥蚀堆积垅岗低丘地貌，沿线农作物和经济作物主要有油菜、小麦等。

2.2.4 施工条件与社会环境分析

一、现场交通运输环境

此段路径大部分属于××县，沿途大部分为平丘地形，地质条件较差，村庄较密集，根据现场调查，此标段线路所通过地区交通条件较好，工程施工运输方便，主要可以利用的公路有××国道。但由于沿线大多为拢岗平丘和山地丘陵地形，至各具体塔位的交通就受到了很大的限制，施工中有必要进行修补道路。

二、线路交叉跨越及民事环境情况

本工程沿线交叉跨越及障碍物拆除情况见表2-2-8。

表 2-2-8　　跨 越 物 情 况

序号	跨越物名称	跨越数量	备注
1	等级公路	3处	
2	大车路	54次	
3	500kV电力线	3处	（拟建）
4	220kV电力线	3处	
5	110kV电力线	5处	
6	35kV电力线	2处	
7	10kV电力线	15处	
8	380V、220V电力线	21处	
9	通信线	34处	
10	河流	5处	
11	拆迁35kV电力线	500m	

续表

序号	跨越物名称	跨越数量	备注
12	拆迁 10kV 电力线	500m	
13	弱电线和通信线	5000m	
14	砖混楼房主房拆迁	$0m^2$	
15	砖瓦平房主房拆迁	$4200m^2$	
16	砖瓦辅房拆迁	$1000m^2$	
17	宅基地	11 户	
18	封闭采石场	9 处	
19	零星树木	3600 棵	
20	谷场搬迁	2 处	
21	通信保护	2 条 200 对	
22	道路迁改	2km	

本段需要关闭的采石场很多，届时可能会对施工造成一定影响。

三、社会环境

本标段基本位于××。

四、通信环境

据现场调查，施工对外联系可采用公共移动通信网和当地电信部门程控电话网络，线路经过地区均有中国移动和中国联通的信号基站，移动通信信号基本实现了无缝覆盖；此外，当地宽带互联网络业务办理方便、快捷。总体而言，当地的通信条件能够满足现场施工需要。

五、自行采购材料情况

经现场调查了解，需要自行采购的工程材料情况如下：

水泥厂家：××。

石子：沿线就有很多生产石子企业，大部分都可以用于本工程。

水：线路沿线的地下水或地面水可以使用。

黄砂：当地黄沙可以用于本工程，工程用砂沿线可用沙河的砂。

六、其他制约条件

（1）本工程是特高压示范工程的重要组成部分，新技术、新工艺、新思维等贯穿整个工程。

（2）特高压输电线路铁塔高、重量大、体积大，塔头的提升吊装具有一定的难度和施工危险性。八分裂导线架线施工在我国属于首例，施工方案的合理性、施工机具的配套性、施工措施的针对性将直接影响架线施工的安全顺利进行。

（3）本工程施工工期较长，雨季、冬期施工不可避免，据了解，因此要合理安排施工计划，完善冬雨季施工措施。

（4）本标段跨越采石场较多，必须提前与地方政府联系，做好有关关闭赔偿工作。

（5）由于地方政府和人民群众的环保意识增强，对施工环境保护提出很高的要求。因此施工中要大力加强文明施工力度，从组织上、技术措施上着手，注意保护当地的环境。

（6）本标段沿线经济较发达，沿线的跨越 220kV、110kV、35kV、10kV 电力线、Ⅲ级通信线较多，需要做好不停电架线的准备。

（7）本标段拆迁工作量较大，必须切实做好赔偿工作，否则对施工进度有很大的影响。

七、施工特点

综合分析设计特点和施工条件，本标段工程的施工特点主要有：

（1）本工程基础混凝土体积较大，平均单基混凝土近 $100m^3$，因此需要进行合理资源配置，有效的过程控制，包括充分考虑混凝土初凝时间内搅拌机出料量的保证、搅拌机机械故障等的应急预案、施工人员的安排、材料运输的组织、缓凝剂的使用等，确保混凝土施工质量， 在条件许可的情况下，采用商品混凝土，条件困难时尽可能设立搅拌站集中拌和，用混凝土罐车、输送泵运送、浇制混凝土。

（2）铁塔吊装方式尽可能统一，在满足安全、质量的前提下，尽可能采用内悬浮抱杆外拉线的方法组立铁塔。

2.2.5　项目管理特点及总体要求

一、实行目标控制管理

本工程国家电网公司的重点工程，也是我们国家电网建设的一大步，对本工程的管理也作为我们公司下步的重点工作，把本工程的管理提高到政治的高度和保证社会和谐的高度来认识。公司在管理方面将开展各种管理创新，以保证本工程按时、安全、环保、优质的完成。本工程为进度驱动型，项目部将建立项目工程质量、进度、职业健康安全和环境、成本控制的目标体系，将总目标分解落实到施工队、班组、人员，制定具体可操作的控制计划和措施，坚持“事先控制、事中控制、事后控制”的原则，利用 P3、EXP、质量图表等科学适用的控制方法，保证各项目标的实现。

二、坚持项目经理负责制

公司成立 1000kV 特高压工程领导小组，一名公司副经理作为常务组长主抓本工程。在公司层面上确立项目经理在本工程项目管理中的权威，保证项目经理在授权范围内各生产要素上最大限度的优化配置，以项目经理为核心，进行项目的策划、计划、组织、指挥、协调和控制，保证优质高效低耗地完成施工任务。

三、实行项目动态管理

由于送电线路施工的特殊和复杂，项目外在和内部的不规律性变化促使项目管理内容必须进行适势的动态控制调整，阶段性的检查实际值与计划目标值的差异，采取措施，纠正偏差，按控制目标调整计划。

四、项目实行成本核算制

采用可控责任成本的管理办法，建立和健全施工项目成本管理责任制，明确每个人的控制成本目标，使项目人员人人成为控制成本的主体，坚持工程成本最低、成本管理有效化的原则，以最少的人力、物力投入，获得良好的工程质量和经济效益。

五、项目管理总体要求

将项目部的管理纳入国网公司的项目施工管理体系。

项目施工管理执行《建设工程项目管理规范》(GB/T 50326—2006）及相关体系程序文件和项目法人的有关管理规定，切实做到“凡事有章可循，凡事有人负责，凡事有据可查，凡事有人监督”。利用项目管理思想和技术手段，加强项目管理组织、协调，正确处理质量、安全、进度、成本之间的关系，力争做到平衡统一，保证实现各项管理目标。

确保投标文件中所承诺的人力、机具及合理项目管理规划大纲的实现，并按照合同约定完成在保修期内的质量保修责任。

2.3　项目施工管理组织结构

2.3.1　项目管理组织结构与职责分工

一、特高压工程发包方管理组织结构

1．发包方组织机构图

发包方组织机构图如图 2-3-1 所示。

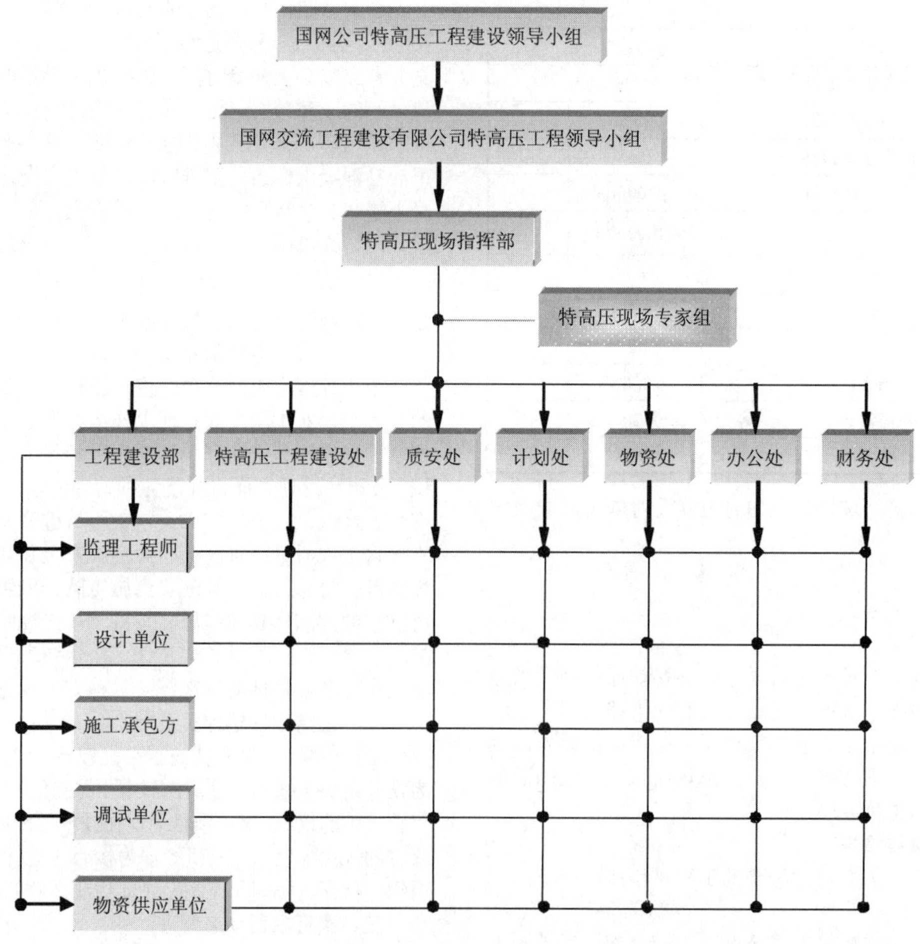

图 2-3-1 国网公司工程管理组织机构图

2. *施工承包方职责*

（1）施工承包商应根据合同的要求，为工程配置不低于投标承诺的资源，做好施工策划，并确保其落实到施工过程之中；在工程建设的全过程中，全方位地履行合同规定的义务，以确保顺利地实现工程目标。

（2）建立质量管理体系和安全文明施工监督体系，并保持其运转良好、有效；制定质量、安全、精神文明建设等各项管理制度，并确保其得到贯彻执行。

（3）根据合同要求，编制符合工程实际情况的项目管理实施规划（施工组织设计）、施工方案、技术措施和作业指导书，经批准后严格执行。

（4）组织技术培训和技术交底。

（5）严格按照国家和行业标准、规程、规范、设计文件、合同规定的质量要求组织施工，并积极提出合理化建议。

（6）积极配合监理工程师工作，自觉接受监督。

（7）遵照建设程序、工程建设管理办法的规定，及时上报各种统计数据、报表；提出开工报告、隐蔽工程、重要工序、中间验评和验收等申请。

（8）认真、如实填写施工原始记录，保存有关技术资料，确保工程资料的完整性和真实性。

（9）积极配合各阶段质量验收检查和质量评定、安全大检查、精神文明建设检查、系统调试、启动试运行和移交等有关工作；积极做好消缺、整改工作；配合工程质量事故和安全事故的调查和处理工作。

（10）负责整理、编制竣工资料。

（11）参加达标投产等检查等工作。

（12）参加工程总结工作。

（13）积极配合与其他承包方的接口工作。

（14）主动完成合同规定的附加服务和其他工作。

（15）有责任提供1～2名管理人员，根据工程建设的管理需要，参与工程建设管理。

（16）保证工程后期的通信畅通，参与发包方工程管理部门组织的工程抢修组，准备充足的人力、车辆、工器具、材料，确保工程系统调试工作的顺利进行，在工程启动调试前一天的12小时前，完成全线的最后一次巡查，确认线路施工临时接地线已拆除，沿线障碍物已处理完毕，无影响线路带电的任何因素，并以书面形式报监理工程师，由监理工程师复查、核实后报发包方，并由发包方向调度部门提交线路启动申请。

二、项目管理组织结构

1. *组织机构设立*

（1）本工程实行项目管理施工，成立“1000kV×××—××输电线路工程标段×项目部”，充分发挥项目组织和项目管理的优势，代表公司对本工程实行全面管理。项目部服从发包方的统一管理。

（2）项目部项目经理，作为本公司法人代表在本工程的全权委托代理人，代表公司履行合同，负责工程项目管理等；项目部下设部门主要人员由公司对口部室选派，服从项目经理的领导，各司其职；施工劳务人员由下属送电二公司调派。

2. *组织结构图*

施工现场组织机构及其与公司的组织结构如图 2-3-2 所示。

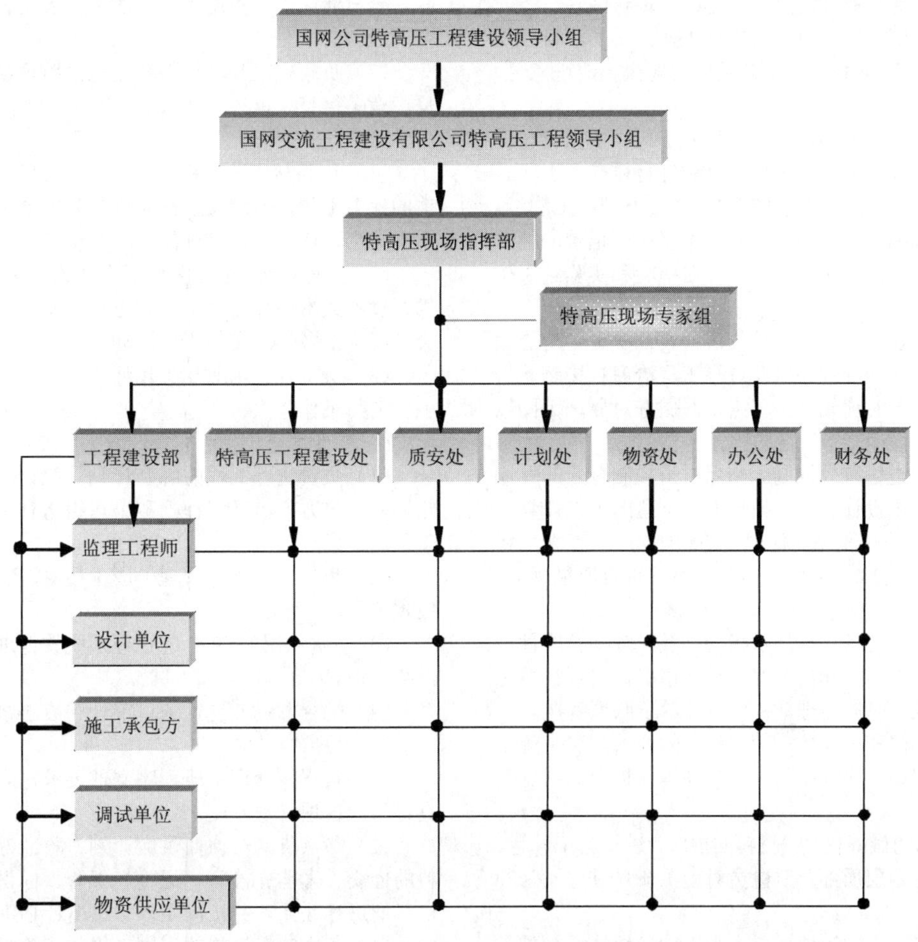

图2-3-2　国网公司工程管理组织机构图

3. 内部经济责任制划分

按照《××送变电工程公司承包责任制实施办法》，在本项目开工前与总公司签订项目承包责任书，承包费用按内部定额原则确定。制定并完善内部承包考核实施细则，把承包内容中包、保指标分解到施工项目、施工队和个人，并提出具体可行的完成措施，确保工程项目按工期、高质量竣工。

三、职责与分工

1. 项目经理

（1）确定项目部的组织机构的构成并配备人员，在制度上明确有关人员的职责，具有用人决策权。

（2）组织编制施工组织设计，组织制订项目规章制度，确定总目标和阶段性目标，主持项目调度会，优化配置人、财、物等资源，实行生产进度计划控制、调整并监督执行，确保完成各项目标。

（3）积极贯彻“安全第一，预防为主”安全生产方针，健全安全责任制，负责组织安全大检查，做到安全生产、文明施工，确保项目职业健康安全目标的实现；认真贯彻质量方针和环境保护方针，全面负责项目质量管理和环境管理体系的建立并确保其有效运转，确保工程质量和环境目标的实现。

（4）具有财务支付权，有权根据工程需要和施工计划的安排，对项目资金周转、使用进行决策，对项目工程成本进行控制。

（5）领导协调部及有关人员进行工程的外部协调，搞好与地方各级政府部门的公共关系处理。

（6）协调和处理与发包方、监理工程师及其他单位之间的关系，及时解决施工中出现的问题。

（7）负责组织“安全健康环境”自评价工作。对发包方、监理工程师提出的其他工作协调落实。

（8）作为项目负责人，签署或批准项目有关制度、文件、报告、总结和工程动工报审表、申报表等。

2. 项目总工程师

（1）按照国家有关技术标准、法规规程、设计图纸以及公司的技术规定实施技术管理工作，开展QC活动和创新活动。

（2）组织编制或审批项目工程施工方案、作业指导书、技术措施和环境管理方案、职业健康安全管理方案等，并负责报监理工程师、发包方审核，负责材料检验、设计变更等有关技术文件的签署，把好技术决策关。

（3）组织项目技术、质量、安全管理人员进行图纸审查、技术交底、变更设计和设计变更及工程洽商等工作，负责竣工资料的编制编写和整理，参与工程的移交工作。

（4）参加发包方或监理工程师组织的施工图会审和技术交底，与设计单位建立有效的沟通渠道，参加与发包方、监理工程师、设计院等单位的技术谈判，参加工程竣工预验收工作。

（5）协助项目经理健全生产指挥系统，科学地组织项目的生产工作，协助项目经理平衡施工力量，做好项目工程材料、工器具、机械设备的供应和管理，保证全面完成或超额完成生产任务。

（6）按照公司职业健康安全、质量管理和环境管理体系程序的要求，组织施工的过程控制，参加项目的安全大检查，深入施工生产现场进行监督检查，解决存在的安全技术问题，并组织项目部的工程质量检验和向监理工程师申报转序。

（7）协助项目经理做好项目经营管理工作，协助项目经理开展项目经济活动分析，对影响经济效益的问题提出改进意见。

3. 工程部

（1）审查施工图纸，编写项目施工技术资料。根据设计图纸，提出工程材料统计表报送有关单位，做好材料准备工作。

（2）进行技术管理工作，负责保管和修改、整理竣工图纸，进行竣工资料的编制编写和整理，配合技术资料、记录的档案管理；负责对工程实物质量进行送检，并对检验和实验结果资料进行收集和整理。

（3）与设计、监理、发包方等单位协商设计变更、变更设计和中间验评、签证的处理程序以及进行工程洽商。接到签署有效的设计变更后，及时通知施工班组，并做好对原施工图纸的修改工作。

（4）对施工过程进行有效控制，确保质量控制有效的控制信息和文件（施工组织设计、作业指导书、下达的施工计划、资源），施工过程按照公司程序文件规定的顺序施工。参加工程的项目部验收、公司级验收。协助项目经理召开每月质量例会，提出改进建议。

（5）经常深入施工现场进行技术指导，及时解决一般性技术问题。如遇重大技术问题和需要变更设计情况，向项目总工和项目经理汇报，以及时向监理单位、设计单位联系解决。

（6）根据环保部门和公司环境管理程序的要求，制定施工环保技术措施和文明施工实施细则，加强环境保护和文明施工管理，并监督实施。

（7）配合供应部门做好机具、材料的供应，进行施工计量、测量工具的管理，配合安质部及质检员对施工质量进行监督和检验。

（8）负责计算机网络的管理，负责利用 P3 软件编制施工进度网络计划，按规定向监理工程师、发包方报送施工进度计划和有关实物工程量统计报表。

（9）贯彻落实三检制度和三级验收制度，负责监督检查现场施工质量，针对存在的问题提出处理和整改意见；参与项目部和公司级验收。

（10）设置专职资料员，负责统一管理项目档案信息，做好工程移交资料管理。

4. 安监部

（1）在项目经理的领导下，负责项目施工安全和环境保护管理工作，并监督实施；在项目施工范围内进行职业健康安全评估，确定危险源清单，进行风险评价和“安全健康环境”自评价工作。

（2）按照发包方、监理工程师的要求及有关标准对工程安全文明施工实施监督，向监理工程师提交安保体系和措施。

（3）在项目经理的领导下，编制项目安全管理制度，落实有关安全管理法规、制度、规定，对项目各单位的落实情况进行监督、检查；负责安全管理的统计报告工作，向公司报送安全报表。

（4）负责项目安全管理的统计技术应用，编制或参与审核工程项目的安全保证措施，负责各分部分项工程开工前的安全交底，监督安全施工措施的执行。

（5）负责施工驻地和施工现场的安全标识及安全监督工作，负责环境检测与测量工作，对项目职业健康安全和环境管理体系的实施情况向项目经理提出奖惩建议。

（6）协助项目经理每月召开安全例会，协助项目经理组织每月安全大检查，负责进行不定期安全检查，检查和监督施工队安全日活动，负责施工人员的上岗安全教育，加强外用工安全管理。

（7）负责安全和环境保护记录的整理、收集和归档，及时反馈有关信息。审核工作票。

5. 综合部

（1）负责办公场所和工作环境的管理，负责施工现场和驻地的保卫工作，协助安质部做好消防安全工作，监督现场安全文明施工、环境保护措施的落实情况。

（2）负责劳动保护、医疗卫生和饮食条件等后勤保障工作，搞好食堂成本核算，负责购置办公设备、文化用品等，协助工会开展丰富多彩的文体娱乐活动。

（3）负责办公场所和工作环境管理，施工现场和驻地的保卫、消防工作。

6. 经营部

（1）负责进行工程的综合计划、统计、分析和记录工作，定期向发包方、监理工程师和公司报送有关的统计报表，负责工程结算事宜。

（2）负责工程预算管理，成本核算，制订项目用款计划、成本计划。

（3）负责利用 EXP 合同管理系统软件进行工程相关合同的网络管理。

（4）配合发包方进行项目审计和竣工结算工作。

7. 供应部

（1）负责按管理手册程序文件要求建立健全工地材料、机具设备的各项管理制度。

（2）与供货单位协商供应计划、验证方式等，负责工程材料的催交、采购、检验、运输、保管、标识工作，及时与甲方供货商进行联系，并按施工形象进度计划进行材料的供应。

（3）负责施工设施的识别、提供、验收和维护理以及计量器具的周期检验，填写检验、维护记录。

（4）负责物资的进货检验和物资相关文件及合格证、出厂质量证明等资料的管理。

（5）负责与基础分包商协商基础材料的供应、交接及各种物资材料的分包管理。

8. 协调部

（1）协助项目经理搞好公共关系，具体负责工程项目与当地政府及有关部门的工作协调，搞好施工建设场地的占用与清理工作和施工跨越停电的联系、协商工作。

（2）调查工程项目的涉及的行政区划，沿线植被、农作物的分布，现场环境、民俗等情况，及时反馈有关信息。

（3）与政府相关部门签定有关施工通道处理协议，办理施工所需的许可证、缴付相关费用；处理工程中所出现的各项民事问题，保证施工顺利进行。

（4）做好相关施工协议、通道处理明细、付款凭证等文件资料的收集、整理，做好移交资料管理。

9. 施工队

（1）按《施工组织设计》和各项施工作业指导书要求组织施工，负责组织并做好自检工作，确保施工处于受控状态，对本队质量、安全、进度、成本及安全文明施工负责。

（2）根据项目部的施工安排，完成指定施工任务，达到工程管理目标。

（3）执行下发和转发的各种作业指导书、安全、质量和安全文明施工的规定。

（4）组织实施质量、安全活动，对施工中出现的问题及时进行纠正，并根据需要实施预防措施。

（5）施工人员按作业指导书要求进行操作，遵守现场组织纪律和安全文明施工规定，确保各项作业符合规范要求；参加质量、安全活动，参与班组民主管理，积极提出合理化建议。

10. 工程部主任

（1）对国家及上级部门制定的技术标准、政策、条例负有宣传、贯彻、实施的责任。

（2）对工程施工、试验、技术管理、质量、安全管理负有实施总结及信息收集、整理、反馈的责任。

（3）对本供司的质量体系、技术标准有贯彻、落实的责任。

（4）对公司技术主管部门有配合其做好技术管理工作的责任。

（5）在项目经理的领导下，贯彻执行公司质量、环境方针、目标、指标，主持本部管理体系的保持和运行，使工程始终处于受控状态，保证项目目标指标的实现。

（6）组织项目部的图纸审核，办理工程洽商，编制施工组织设计、施工方案，并做好相关的技术交底工作。

（7）解决施工过程中存在的技术质量问题，深入现场组织隐蔽工程、分部工程检查，对不符合、不合格项提出整改及纠正预防措施，参加分部分项工程验收及竣工验收。

（8）负责制定本项目工地的环境因素的识别和评审。

（9）做好项目工地的环境绩效监视和测量工作。当达不到公司目标、指标或作业区地方政府要求时，参与制定管理方案，并限期达标。

11. 质量工程师

（1）在本项目建立健全各项工作的质量标准，监督落实。

（2）参加制定本工程的技术要求、质量标准，编制项目的质量奖惩办法。

（3）按照本工程的施工组织设计及相关程序要求，对施工过程进行质量控制，工程质量达到设计、规范标准。

（4）组织施工过程进行中间验评，对 H 点、W 点重点检验。组织本工程的三级验收，组织协调公司级验收。

（5）深入施工现场进行技术、质量指导工作，严格控制施工过程的质量标准，对一般性质量问题及时进行处理。

（6）负责对安装记录移交资料的整理，填写记录符合实际，达到产品的技术要求、质量标准。

（7）配合公司做好移交工程的质量回访工作。

（8）参与制定本项目工地的质量目标、质量管理制度。

（9）开工前，参与本项目工地的环境因素的识别和评审。

（10）协助项目工程部专工做好项目工地的环境绩效监视和测量工作。当达不到公司目标、指标或作业区地方政府要求时，参与制定管理方案，并限期达标。

12. 安监部主任

（1）负责制订工程项目安全工作目标计划，经审定后组织贯彻实施。汇总并参加编制安全技术措施计划，经批准后监督实施。

（2）组织开展安全健康与环境保护宣传教育工作。组织安全工作规程、规定的学习与考试。

（3）参加现场生产调度会，布置、检查安全文明施工工作，协调解决存在的问题。

（4）审查施工组织设计、重大施工项目、危险性作业以及特殊作业的安全施工措施，并监督措施的执行。

（5）研究制订防止职业病危害的措施，并对措施的执行情况进行监督检查。负责现场文明施工、环境保护执行情况的管理、监督与控制。

（6）深入施工现场掌握安全施工动态，监督、控制现场的安全文明施工条件和职工的作业行为，协助解决存在的问题。有权制止和处罚违章作业及违章指挥行为；有权根据现场情况决定采取安全措施或完善设施。

（7）对膳食、饮用水等生活卫生、环境卫生和现场医疗救护工作进行监督、检查。

（8）负责施工机械（机具）和车辆交通安全监督管理工作。负责防火防爆安全监督管理工作。

（9）监督职业防护用品、用具的定期试验工作。负责安全工器具的计划、购置并监督定期试验、鉴定工作。

（10）协助项目经理组织召开安全工作例会。协助项目经理组织安全大检查，对查出的问题，按“三定”（定人、定时间、定项目）原则督促整改。

（11）负责制订工程项目安全工作与经济挂钩的实施细则，严肃查处事故隐患和违章违纪行为。

（12）贯彻落实对分包单位安全管理规定，监督承发包项目有关安全文明施工与经济挂钩办法的实施。

（13）参加事故的统计、上报和调查工作。

13. 安全工程师

（1）在公司安监部、分公司和项目经理领导下，负责项目施工安全监督检查和管理工作。

（2）有权制止处罚违章作业和违章指挥行为；有权根据现场情况决定采取安全措施或设施；对严重危及人身安全的施工，有权指令先行停止施工，并立即报告领导研究处理。

（3）负责健全项目安全台账和安全管理台账。

（4）协助项目部搞好定期安全大检查，对检查发现的问题督促整改。

（5）负责监督检查本项目施工场所的安全施工、文明施工条件，督促安全施工措施的执行。

（6）参加本项目重要施工项目和危险性作业项目开工前的安全技术交底工作。

（7）参加项目安全例会和生产调度会，协助项目经理布置、检查、总结安全文明施工工作。

（8）参加工地安全大检查，发现问题按“三定”原则督促整改。

（9）协助工地领导布置与检查每周的安全活动；监督检查班组每天的“三交”（交任务、交安全、交技术）“三查”（查衣着、查“三宝”、查精神状态）班前会。

（10）组织好项目职工、外用工安全教育培训和考试工作。

（11）组织开展安全健康与环境保护的宣传教育工作。负责对新入厂人员进行第二级安全教育。

（12）负责项目安全报表、总结报告，施工安全情况及安全资料的收集和定期上报工作。

（13）监督、检查工地施工场所的安全文明施工状况和职工的作业行为。

（14）负责对外不包队伍的安全工作进行监督、检查与指导。

（15）负责对班组安全文明施工进行考核与奖励。

（16）负责本工地防火防爆安全监督工作。

（17）负责本工地施工机械和车辆交通安全监督工作。

（18）对本工地施工现场和安全卫生责任区内文明施工、环境保护、环境卫生、成品保护措施执行情况以及生活卫生的管理进行监督、检查。

（19）督促并协助项目有关人员做好职业防护用品、用具和重要工器具的定期试验、鉴定工作。

（20）协助项目经理组织轻伤事故，记录事故中严重未遂事故的调查处理工作。

14. 供应部主任

（1）负责仓库物资的接收和发放，负责供货物资发现不合格品的全过程管理。

（2）负责项目设备的全过程管理。

（3）对于已交付或开始使用后发现的不合格品，应按重大质量问题对待，及时上报工程科采取相应的纠正或预防措施。

（4）负责项目物资的管理工作并协同材料员按时保质保量地完成项目各项工器具、材料管理任务。

（5）负责项目部施工生产用工器具、材料的发放调度工作，保障全部工器具、材料能够准确、优质、及时到位。

（6）负责编制执行项目部工器具、材料供应计划，并对该计划执行结果承担质量责任。

（7）合理组织项目工程所需工器具、材料的租赁、提货、送货及运输。

（8）协助项目领导及时办理工器具租赁费用的结算。

（9）协助项目兼职计量员做好各项目工程所使用计量器具的检定工作。

（10）负责项目低置易耗品的采购，并填写如《低置易耗品的验收单》交公司有关部门保管。

15. 经营部主任

（1）组织贯彻公司及分公司主管部门的各项管理制度。

（2）搞好项目管理基础工作，建立健全各种原始记录和管理台账。

（3）协助项目经理参加各种经济合同或协议的谈判及签订。

（4）协助项目经理及时向分公司上报月度生产经营计划。

（5）组织协调所在项目的资金催缴工作。

（6）组织做好预算调整及追加索赔资料整理工作，做好外包项目及外用工的（预）结算工作。

（7）负责组织项目外包工程招投标工作。

（8）协助项目经理定期分析各项经济指标的完成情况，搞好经济分析，加强项目管理。

16. 协调部主任

（1）认真贯彻地方工作精神，严格执行国家关于施工占地、省外工程征地、地面附着物补偿政策及当地政府制定的赔偿政策。

（2）与地方政府和相关部门积极配合，认真细致地做好地方事务的组织协调工作。

（3）主动协调好与业主、监理及有关部门的工作关系，定期汇报地方事务工作信息，对突发意外事件及时汇报以取得各方的支持与协调。

（4）严格按照公司及项目部制定的地方工作事务程序开展工作。

（5）工程开工前，搜集准备好涉及地方民事、土地、青赔等国家及省市发布的文件、条令等。

（6）掌握工程概况及预算所列各项地方补偿费用金额。

（7）掌握落实线路途经的行政区划。

（8）联系召开各级开工前的地方会议，并准备好青赔政策、线路走径等应提供的各种资料。

（9）贯彻各级地方会议精神，明确地方民事工作原则。

（10）要深入现场，认真了解、解决地方问题，主动、及时的向各级地方政府及有关部门汇报工程进度及发生的民事问题，并负责落实解决措施。

（11）尊重沿线地方民风民俗，注重文明礼貌，处理好与当地居民的关系，妥善地做好各类赔偿事宜。

（12）积极配合施工队伍开展地方工作，进地前与有关村镇联系，要求落实到户并有记录，进地、进料应选择占地少的道路场地，施工出入必须一条道。

（13）施工中如有意外事件，如坟地、桥梁损坏、与地方老百姓发生冲突等应及时通知协调部主任、项目领导进行处理，处理情况存档记录。

（14）民事分管人员应热情积极地向工程沿线广大群众宣传工程意义及国家政策，以取得群众的支持与谅解。

（15）严格执行纪律，秉公办事，廉洁自律，树立良好的形象。地方事务工作的处理要坚持原则，工作人员应做到耐心细致，礼貌待人，工作中不许愿，不打白条，不留后遗症。

（16）在进行给付赔偿款项时要充分考虑广大群众的利益，合情合理，既不能坑农、害农，也不能无原则地满足少部分群众的漫天要价。

（17）工程竣工后要沿线征询意见，认真做好收尾工作，将所有青赔及其他资料收集整理后移交业主单位。

17. 综合部主任

（1）负责项目部日常的接待工作，往来文件的管理，项目部形象建设及管理。

（2）负责办公场所和工作环境的管理，负责施工现场和驻地的保卫工作，协助安质部做好消防安全工作，监督现场安全文明施工、环境保护措施的落实情况。

（3）负责劳动保护、医疗卫生和饮食条件等后勤保障工作，搞好食堂成本核算，负责购置办公设备、文化用品等，协助工会开展丰富多彩的文体娱乐活动。

（4）负责办公场所和工作环境管理，施工现场和驻地的保卫、消防工作。

18. 施工队长

（1）以全面完成或超额完成各项任务为出发点，结合本队实际情况，做好各项管理工作。

（2）全面负责本队安全施工，带领全队职工严格执行各项安全、质量的规章制度，做到安全生产、文明施工。

（3）严格执行公司管理体系文件，做好质量管理工作，强化“三检制”，组织并参加工程的“队级验收”工作。

（4）坚持“四不放过”的原则，参加事故的调查处理工作。

（5）针对本队实际，制订详细措施，确保工程质量，降低工程成本，提高经济效益及施工队管理水平。

（6）合理组织本队承担的工程任务，合理分配本队职工工作。对本队的施工、生产、职工工地生活的保障负全面责任。

（7）支持并督促工具材料员的严格管理，确保工程材料、工具消耗降至最低水平。

（8）与当地政府及群众密切联系，协同项目处做好地方群众工作。

（9）及时传达各级各类文件及规章制度，并做好记录。

（10）认真做好本施工队的统计核算工作。

本章其余内容见光盘。

第 3 章　某 1000kV 同塔双回路交流输电线路工程施工组织设计

编制依据如下：

（1）表 3-0-1 所列法规、标准、规程、规范等。

表 3-0-1　　　**法规、标准、规程、规范**

序号	分类	法规、标准、规程、规范	标准号
1	法律法规管理条例	《中华人民共和国建筑法》	主席令第 46 号
		《中华人民共和国电力法》	主席令第 60 号
		《中华人民共和国劳动合同法》	主席令第 65 号
		《中华人民共和国安全生产法》	主席令第 70 号
		《建设工程质量管理条例》	国务院令第 279 号
		《建设工程安全生产管理条例》	国务院令第 393 号
		《建设项目环境保护管理条例》	国务院令第 253 号
		《中华人民共和国工程建设标准强制性条文》（电力工程部分）	建标〔2006〕102 号
2	工程管理文件	《×××特高压交流输电示范工程建设管理纲要》	
		《国家电网公司输变电工程达标投产考核办法（2011 版）》	国家电网基建〔2011〕146 号
		《国家电网公司输变电优质工程评选办法（2011 版）》	国家电网基建〔2011〕148 号
		《建设工程项目管理规范》	GB/T 50326—2006
		《电力建设工程监理规范》	DL/T 5434—2009
		《国家重大建设项目文件归档要求与档案整理规范》	DA/T 28—2002
		《国家电网公司质量、环境和职业健康管理体系文件》	
		《中国电力优质工程奖评选办法（2011 年版）》	
		《中国建设工程鲁班奖（国家优质工程）评选办法》	建协〔2008〕17 号
		《国家优质工程审定办法》	工质字〔2010〕9 号
		《国家电网公司输变电工程项目管理流动红旗竞赛实施办法》	国家电网基建〔2011〕147 号
		《电力建设工程质量监督检查典型大纲（火电、送变电部分）》	电建质监〔2005〕57 号
		《电力建设工程质量监督检查典型大纲（火电、送变电部分）增补版》	电建质监〔2007〕26 号
		《关于利用数码照片资料加强输变电工程安全质量过程控制的通知》	基建安全〔2007〕25 号
		《国家电网公司输变电工程典型施工方法管理规定》	国家电网基建〔2010〕165 号
		《关于强化输变电工程过程质量控制数码采集与管理的工作要求》	基建质量〔2010〕322 号
		《国家电网公司施工项目部标准化工作手册 330kV 及以上输电线路工程分册（2010 版）》	
		《电力建设工程质量监督规定（2005 年版）》	电质监〔2005〕52 号
		《国家电网公司电网建设项目档案管理办法（试行）》	国家电网办〔2010〕250 号
		《建设工程文件归档整理规范》	GB/T 50328—2001
		《建设电子文件与电子档案管理规范》	CJJ/T 117—2007
		《科学技术档案案卷构成的一般要求》	GB/T 11822—2008
		《国家电网公司建设项目档案管理办法（试行）释义》	办文档〔2010〕72 号
		《国家电网公司输变电工程施工工艺示范手册》	
		《国家电网公司输变电工程标准工艺示范光盘》	
		《国家电网公司输变电工程标准化作业手册　送电工程分册》	
		《国家电网公司输变电工程工艺标准库》	基建质量〔2010〕100 号

续表

序号	分类	法规、标准、规程、规范	标准号
2	工程管理文件	《输变电工程建设标准强制性条文实施管理规程》	Q/GDW 248—2008
		《国家电网公司电力建设工程施工技术管理导则》	国家电网工〔2003〕153 号
		《国家电网公司工程建设质量管理规定》	国家电网基建〔2006〕699 号
		《工程质量监督工作导则》	建质〔2003〕162 号
		国网及项目法人企业标准	
3	设计规程规范	《1000kV 交流架空输电线路设计暂行技术规定》	Q/GDW 178—2008
		《混凝土结构设计规范》	GB 50010—2010
		《普通混凝土配合比设计规程》	JGJ 55—2000
		《架空送电线路基础设计技术规定》	DL/T 5219—2005
		《钢结构设计规范》	GB 50017—2003
		《架空送电线路钢管杆设计技术规定》	DL/T 5130—2001
		《输电线路施工机具设计、试验基本要求》	DL/T 875—2004
		《1000kV 交流架空输电线路铁塔结构设计技术规定》	Q/GDW 297—2009
		《1000kV 交流架空输电线路勘测技术规程》	Q/GDW 298—2009
		《架空送电线路杆塔结构设计技术规定》	DL/T 5154—2002
		《架空送电线路大跨越工程勘测技术规程》	DL/T 5049—2006
		《放线滑轮基本要求、检验规定及测试方法》	DL/T 685—1999
4	材料、产品质量管理	《通用硅酸盐水泥》	GB 175—2007
		《水泥取样方法》	GB 12573—2008
		《建筑用砂》	GB/T 14684—2001
		《建筑用卵石、碎石》	GB/T 14685—2001
		《紧固件机械性能螺栓、螺钉和螺柱》	GB/T 3098.1—2010
		《高压绝缘子瓷件技术条件》	GB/T 772—2005
		《混凝土用水标准》	JGJ 63—2006
		《钢筋混凝土用钢 第 1 部分：热轧光圆钢筋》	GB 1499.1—2008
		《钢筋混凝土用钢 第 2 部分：热扎带肋钢筋》	GB 1499.2—2007
		《混凝土外加剂》	GB 8076—2008
		《混凝土防冻剂》	JC 475—2004
		《用于水泥和混凝土中的粉煤灰》	GB 1596—2005
		《钢筋焊接接头试验方法》	JGJ/T 27—2001
		《输电线路铁塔制造技术条件》	GB 2694—2010
		《电力金具通用技术条件》	GB 2314—2008
		《电力金具制造质量》	DL/T 768—2002
		《电力金具 标称破坏载荷系列及连接型式尺寸》	GBT 2315—2008
		《电力金具试验方法 第 1 部分：机械试验》	GBT 2317.1—2008
		《1000kV 交流架空输电线路金具技术规范》	GB/T 24834—2009
		《圆线同心绞架空导线》	GB/T 1179—2008
		《光纤复合架空地线》	DL/T 832—2003
		《铝包钢绞线》	YB T 124—1997
		《输电线路铁塔及电力金具紧固用冷镦热浸镀锌螺栓与螺母》	DL/T 764.4—2002
5	工程施工及验收规范	《1000kV 架空送电线路施工及验收规范》	Q/GDW 153—2006
		《1000kV 架空送电线路铁塔组立施工工艺导则》	Q/GDW 155—2006

续表

序号	分类	法规、标准、规程、规范	标准号
5	工程施工及验收规范	《1000kV 架空输电线路双回路铁塔组立施工工艺导则》	（报批稿）
		《1000kV 架空送电线路钢管塔施工及验收规范》	（报批稿）
		《1000kV 架空送电线路钢管塔施工质量检验及评定规程》	（报批稿）
		《1000kV 架空送电线路张力架线施工工艺导则》	Q/GDW 154—2006
		《架空送电线路多分裂导线刚性跳线施工工艺导则》	（报批稿）
		《特高压复合绝缘子现场交接验收规程》	（报批稿）
		《1000kV 架空送电线路工程施工质量检验及评定规程》	Q/GDW 163—2007
		《建筑地基基础工程施工质量验收规范》	GB 50202—2002
		《建筑桩基技术规范》	JGJ 94—2008
		《混凝土结构工程施工质量验收规范》	GB 50204—2002（2011 年版）
		《架空送电线路导线及避雷线液压施工工艺规程》	SDJ 226—87
		《钢结构高强度螺栓连接技术规程》	JGJ 82—2011
		《钢结构工程施工质量验收规范》	GB 50205—2001
		《建筑钢结构焊接技术规程》	JGJ 81—2002
		《特高压光纤复合架空地线(OPGW)工程施工及竣工验收技术规范及编制说明》	QGDW 317—2009
		《电气装置安装工程接地装置施工及验收规范》	GB 50169—2006
		《工程测量规范》	GB 50026—2007
		《1000kV 交流输变电工程启动及竣工验收规程》	Q/GDW 285—2009
		《协调统一基建类和生产类标准差异条款》	国家电网科〔2011〕12 号
6	工程质量检验及评定	《混凝土质量控制标准》	GB 50164—92
		《混凝土强度检验评定标准》	GBJ 107—2010
		《建筑结构检测技术标准》	GB/T 50344-2004
		《1000kV 架空送电线路工程施工质量检验及评定规程》	Q/GDW 163—2007
		《早期推定混凝土强度试验方法标准》	JGJ/T 15—2008
		《国家电网公司输变电工程质量通病防治工作要求及技术措施》	基建质量〔2010〕19 号
		《普通混凝土力学性能试验方法标准》	GB/T 50081—2002
		《钢筋焊接及验收规程》	JGJ 18—2003
7	安全、环保	《电力建设安全工作规程（架空送电线路部分）》	DL 5009.2—2004
		《施工现场临时用电安全技术规范》	JGJ 46—2005
		《建筑机械使用安全技术规程》	JGJ 33—2001
		《国家电网公司安全生产工作规定》	国家电网总〔2003〕407 号
		《跨越电力线路架线施工规程》	DL 5106—1999
		《起重机械安全规程　第一部分：总则》	GB 6067—2010
		《国家电网公司十八项电网重大反事故措施（试行）》	国家电网生技〔2005〕400 号
		《输变电工程安全文明施工标准》	Q/GDW 250—2009
		《电力安全事故应急处置和调查处理条例》	国务院令第 599 号
		《国家电网公司电网建设工程安全管理评价办法》	国家电网基建〔2011〕1015 号
		《国家电网公司基建安全管理规定》	国家电网基建〔2010〕1020 号
		《国家电网建设工程施工分包安全管理规定》	国家电网基建〔2010〕174 号
		《国家电网公司电力建设起重机械安全监督管理办法》	国家电网基建〔2008〕891 号
		《国家电网公司安全生产反违章工作管理办法》	国家电网安监〔2011〕75 号

续表

序号	分类	法规、标准、规程、规范	标准号
7	安全、环保	《生产作业风险管控工作规范（试行）》	国家电网安监〔2011〕137 号
		《安全风险管理工作基本规范（试行）》	国家电网安监〔2011〕139 号
		《国家电网公司安全大检查纲要 100 条（试行）》	安监〔2011〕32 号
		《国家电网公司电力建设工程施工安全监理管理办法》	国家电网基建〔2007〕302 号
		《国家电网公司电网建设工程安全管理评价办法》	国家电网基建〔2011〕1015 号
		《国家电网公司基建安全管理体系介绍》	基建部安全质量处
		《国家电网公司电力建设起重机械安全管理重点措施（试行）》	国家电网基建〔2008〕696 号
		《“三抓一巩固”基建安全主题活动指导意见》	国家电网基建〔2011〕227 号
		《关于开展输变电工程施工现场安全通病防治工作的通知》	基建安全〔2010〕270 号
		《国家电网公司环境保护管理办法》	国家电网科〔2010〕1256 号
		《国家电网公司施工现场安全管理条文汇编（输变电工程类）》	基建安全〔2011〕35 号

（2）设计院提供的施工图纸。

（3）本公司的《质量环境职业健康安全管理手册》及相关程序文件。

（4）现场调查了解信息和资料。

（5）本公司参与施工多条国网公司输变电示范工程或一般工程及特高压杆塔试验基地经验等。

3.1 工程概况及特点

3.1.1 工程概况

×××特高压交流输电示范工程一般线路工程起点为××变电站，止于××变电站，线路总长度为 2×647km（包括淮河大跨越 2.43km、长江大跨越 3.18km）。

由×××工程公司负责施工的第××标段线路起由×××市 K28 塔（含 K28，含大号侧耐张绝缘子串，跳线，光缆施工至引下的接线盒，含接线盒）至 K95（不含该塔、不含该塔跳线串及安装，小号侧耐张绝缘子串，负责挂上耐张串，光缆安装至该侧引下接线盒处，不接线及接线盒），共 66 基铁塔，其中直线塔 47 基，转角塔 19 基，线路长度 28.33km。

本标段基础采用钻孔灌注桩基础等。本标段河网地段长，基础混凝土量大，平均 673m^3/基。

全线采用自立式双回路钢管铁塔，直线塔（悬垂转角塔）采用 I 串鼓型铁塔，耐张转角塔采用鼓型铁塔和单柱组合耐张塔，换位塔采用单柱组合耐张塔。平均塔高超过 100m，平均塔重约 200t，单件重量最大达 5t，直径约 1m，长度达 12m；采用 8.8 级高强螺栓。

本工程每相导线型号为 8×LGJ-630/45，两根地线分别为 OPGW-240 复合光缆和 JLB20A-240 铝包钢绞线。

工程相关方如下：

（1）项目法人：国家电网公司。

（2）建设管理单位：国家电网公司交流建设分公司。

（3）监理单位：×××监理有限公司。

（4）设计单位：×××电力设计院。

（5）施工单位：×××工程公司。

（6）计划工期：工程计划于 2011 年 10 月 31 日开工，2013 年 8 月 30 日前架通，2013 年 10 月 20 日竣工，具备带电条件。

3.1.2 工程特点与工程量

3.1.2.1 线路走径

本标段线路起由××市 K28 塔（含 K28，含大号侧耐张绝缘子串，跳线，光缆施工至引下的接线盒，含接线盒）至 K95（不含该塔、不含该塔跳线串及安装，小号侧耐张绝缘子串，负责挂上耐张串，光缆安装至该侧引下接线盒处，不接线及接线盒），线路长度 28.332km。线路途径浙江省湖州市德清县、南浔区，嘉兴市桐乡。线路自练市 K28 塔起，向东沿嘉兴、湖州边界、平行向—上线南侧走线，至乌镇西侧向北，绕开乌镇，经南浔进入吴江。

3.1.2.2 工程规模及设计特点

3.1.2.2.1 基础工程

（1）基础型式全部采用灌注桩基础。

（2）灌注桩均有承台，每个承台下的桩数量在 4～16 根，桩径 0.8～1.2m，桩深在 22～36m。地质以软土地基为典型代表，3～35m 范围内分布有多个软土层，土质以粉质黏土为主，多为流塑、软塑或可塑。桩及承台的混凝土强度需达到 C30。

（3）工程单基混凝土平均方量约 673m^3 左右，基础钢材量平均每基 90t 以上。

（4）本标段基础型式及混凝土用量见表 3-1-1。

表 3-1-1　基础型式及混凝土用量

基础型式	灌注桩式基础		人工挖孔桩基础		掏挖式基础	平板基础	垫层保护帽	合计
	桩基	承台	桩身	护壁				
数量/m^3	29624.7	13271.2	—	—	—	—	1540.3	44436.2

3.1.2.2.2 铁塔工程

（1）本标段直线塔和直线转角塔采用 SZ321、SZ322、SZ323、SK321、SK322 同塔双回鼓型塔，耐张塔采用 SJ322、SJ323、SJ324、SJ325、SJ326、SJ327 同塔双回鼓型塔，换位塔采用分体组合式耐张换位塔。铁塔 FHJ1-1 为分体式单柱耐张塔，每基 FJX 配置两基接地装置。

（2）所有铁塔均采用钢管塔，部分构件为角钢，平均塔高超过 100m，平均塔重约 200t，单件重量最大达 5t，直径约 1m，长度达 12m；采用 8.8 级高强螺栓。

（3）铁塔种类、塔型及数量见表 3-1-2。

表 3-1-2　铁塔种类、塔型及数量

序号	种类	塔　型	基数	重量/t
1	直线塔	SZ321、SZ322、SZ323、SK321、SK322	47	8709.6
2	耐张塔	SJ322、SJ323、SJ324、SJ325、SJ326、SJ327	18	3985.2
3	换位塔	FHJ1-1	1	400
4	合计		66	13094.8

3.1.2.2.3　本标段导、地线规格、型号及使用情况

（1）本工程导线采用 LGJ-630/45 钢芯铝绞线；地线一根采用 LBGJ-240-20A 铝包钢绞线，另一根采用 OPGW-240 光缆。

（2）本标段导、地线型号及使用情况见表 3-1-3。

3.1.2.2.4　本工程使用导、地线及光缆性能参数

导、地线及光缆参数见表 3-1-4。

3.1.2.3　设计特点

3.1.2.3.1　基础设计特点

（1）本标段采用灌注桩基础，共 66 基。根据塔型的不同，单个灌注桩基础桩数在 4～16 根之间；桩径 0.8～1.0m；桩深 22～36m；有承台。塘中立塔采用高桩承台桩基础，不设围堰。

表 3-1-3　导地线型号及使用情况

序　号	种　类	规 格 型 号	使 用 范 围	架设长度/km	备　注
1	导线	LGJ-630/45	全标段	2×3×8×28.33＝1359.8	钢芯铝绞线
2	软跳线	LGJ-630/45	耐张塔	0.05×6×8×18＝43.2	钢芯铝绞线
3	地线	OPGW-240	全标段一侧	28.5×1.12＝31.73	
4	地线	LBGJ-240-20A	全标段一侧	28.33	铝包钢绞线

表 3-1-4　导、地线及光缆参数

项　目 \ 导、地线型号		LGJ-630/45	LBGJ-240-20A	OPGW-240
结构股数×直径/mm	钢	7×2.80	19/4.00	—
	铝	45×4.20	—	—
截面/mm^2	铝	623.45	59.69	
	钢		179.07	
	总	666.55	238.76	236.6
直径/mm		33.60	20	20.3
弹性模量/（N/mm^2×10^3）		63.0	147.2	162.0
热膨胀系数/（1/℃×10^{-6}）		20.9	13	13.0
计算重量/（kg/km）		2060	1595.5	1614
计算拉断力/kN		148.70	260.01	288.6

（2）地质以软土地基为典型代表，3～35m 范围内分布有多个软土层，土质以粉质黏土为主，多为流塑、软塑或可塑。桩及承台的混凝土强度需达到 C30。

（3）铁塔采用钢管型，强度更好，稳定性更高，受风面积少，用材更为节约，为线路在对抗自然灾害时的稳定性和供电可靠性提供有力保证。

（4）塘中、荡中立塔 1 基，需做运行便桥，塘中立塔的基础外露高度应比基础周围较低塘梗高度高 300mm 以上。

3.1.2.3.2　铁塔设计特点

（1）所有铁塔均采用钢管塔，部分构件为角钢，平均塔高超过 100m，平均塔重约 200t，单件重量最大达 5t，直径约 1m，长度达 12m；采用 8.8 级高强螺栓。

（2）换位塔采用分体组合式耐张换位塔。铁塔 FHJ1-1 为分体式耐张塔，每基 FJX 配置两基接地装置。

（3）所有塔型均安装防坠落装置，横担需安装水平导轨，推荐横担采用水平拉索，前后面都设置，不需要连通。

（4）本工程铁塔设计已考虑线路走廊中的林木的自然生长高度，按跨越林木设计。

3.1.2.3.3　架线设计特点

（1）采用 LGJ-630/45 导线，正八边形对称布置，分裂间距 400mm。既能满足输送电能的要求，同时运行安全可靠；并且其合理的导线截面和多分裂布置，解决了由电晕引起的环境保护问题，初投资较小、年损耗费用也较省。

（2）本工程直线塔，采用 I 串；耐张串采用三联绝缘子，双挂点组装型式；地线悬垂和耐张绝缘子串均采用双联型式。

（3）软跳线采用 LGJ-630/45 钢芯铝绞线；硬跳线采用 ϕ150-16M，150kg×2。

（4）导线分裂间隔棒为阻尼间隔棒，间隔棒本体采用双框架结构；线夹采用铰链连接，线夹内设有橡胶或弹簧，采用不等距安装。在间隔棒框架上预留防舞装置的安装孔。

（5）悬垂线夹采用防晕悬垂线夹，悬垂线夹设计除考虑正常的张拉应力外，在线夹出口（包括线夹内）处还应考虑弯曲应力和挤压应力；OPGW 悬垂线夹采用预绞式悬垂-耐张线夹；耐张线夹采用液压型压接式；OPGW 耐张线夹采用双预绞式线夹。

（6）均压环和屏蔽环采用 120mm 直径的环管，均压环半径为 620mm。

（7）绝缘子串金具直线塔的连塔金具采用耳轴挂板（EB）型式，耐张塔的连塔金具采用意大利饼（GD）型式，挂板与杆塔同时安装。GD 型连塔金具不需设计螺纹，但要保留闭口销。

（8）悬垂八分裂联板采用分体式组合连扳及整体连扳均可，悬垂联板强度等级与绝缘子串强度等级相匹配，采用 420kN、640kN、840kN、1280kN；耐张八分裂联板通过联板组合先由二变四，再通过四个二联板变为八个挂点的联板型式。耐张用八分裂联板，强度等级为 1280kN。

3.1.2.4　工程工作内容

（1）全部本体基础、组塔、架线施工工程的施工，配合运行单位标志牌、警示牌、相序牌的安装，工程相关试验、检测工作，但不包括架空地线复合光缆（OPGW）的测试及接续工作。

（2）提供施工所需要的施工机具、人力及其他施工资源。

（3）对项目法人供应材料进行质量验收、保管和进场验收工作。

（4）负责项目法人供应材料在交货点的场地协调、场地租赁及从交货点到工地材料站的提货、清点、运输、现场保管。

（5）项目法人供应材料以外的其他材料的采购、运输和保管。

（6）为保证施工质量、安全和进度所要采取的各种措施，以及为保证施工进行的各种协调工作。

（7）电力线路的拆迁与补偿、三级及以下通信线的拆迁与赔偿、青苗赔偿、塔基树木砍伐、因施工造成的树木砍伐、各级通信干扰处理、施工临时占地等，以及为了正常施工所需办理的一切手续，配合线路通道清理。向项目法人或项目法人委托的单位转交拆迁赔偿等必要的原始资料和凭证。

（8）永久征地赔偿、建筑物及构筑物迁移补偿（含 10kV 及以上电压等级电力线、二级及以上通信线的拆迁）、档中及走廊内林木砍伐赔偿等通道赔偿处理及地方关系协调费、跨越电力线、公路、铁路、河流、林区等的协调费及相关费用属地省公司负责，施工单位配合；线路本体施工、线路走廊内的青苗赔偿由施工单位运输施工材料和施工产生的树木砍伐（含植被恢复）、施工临时占地及临时道路、电力线及通信线拆改 10kV 以下电压等级电力线、三级及以下通信线的拆迁与赔偿、各级通信干扰处理等由施工单位负责。

（9）配合中间验收、竣工预验收、专家验收、竣工验收、线路参数测试、系统调试、启动验收等，保证线路畅通。

（10）配合达标投产、优质工程评选以及环保、水保、劳动卫生、安全、档案等专项验收。

（11）负责竣工资料（含电子版）、声像资料的收集、整理、组卷、归档与移交。

（12）进场后对线路走廊和工程本体的看护和移交前的维护，确保在启动验收前满足设计规程要求；

（13）竣工后保修期内的保修工作。

3.1.2.5 基本工程量

基本工程量见表 3-1-5。

表 3-1-5　　基 本 工 程 量

项目			单位	工程量	备注
放线长度	导线	LGJ-630/45	t	2818	钢芯铝绞线
	地线	OPGW-240	km	31.92	
		LBGJ-240-20A	t	45.47	铝包钢绞线
土石方	基坑		m^3	49362	
	基面		m^3	428	
	接地槽		m^3	3149	
	护坡、挡土墙、保坎、排水沟		m^3	280	
	灌注桩桩基基础		m^3	29624.72	C30
	灌注桩承台基础		m^3	13271.2	C30
	垫层		m^3	1540.3	C15
	水泥		t	24142	
	砂子		m^3	22701	
	石子		m^3	43697	
	毛石		m^3	280	
基础保护帽			m^3	245	C15
基础钢材	一般基础钢筋		t	1477.53	
	钢筋笼		t	5872.47	

续表

项目		单位	工程量	备注
基础钢材	地脚螺栓	t	375	
	小计	t	7725	
接地	接地钢材	t	9.755	
	接地降阻模块	块	/	
铁塔	FHJ1-1、2	基	1	
	SJ322	基	4	
	SJ323	基	5	
	SJ324	基	3	
	SJ325	基	2	
	SJ326	基	1	
	SJ327	基	3	
	SK321	基	7	
	SK322	基	4	
	SZ321	基	8	
	SZ322	基	16	
	SZ323	基	12	
	总基数	基	66	直线塔 47 基，耐张塔 19 基
	总重量	t	13094.8	
绝缘子金具串型号及数量	420kN 双联悬垂绝缘子串（合成）	串	276	
	420kN 双联悬垂绝缘子串（直转）	串	0	
	跳线悬垂串	套	108+6＝114	
	550kN 导线耐张串	串	216	
	300kN 导线耐张串	串	0	
	地线悬垂绝缘子串	串	46	
	地线耐张金具串	串	38	
	合成绝缘子（420kN）	支	552	
	合成绝缘子（210kN）	支	228	
	550kN 瓷绝缘子	片	33696	
	地线绝缘子（XDP-100C）	片	92	
	地线绝缘子（XDP-100CN）	片	38	
间隔棒	导线间隔棒	个	3420	
	跳线间隔棒	个	912	
防震锤	导线 FR-4	个	2944	
	地线 FR-2	个	264	
跳线重锤组 1（MZC-150）		组	456	
跳线重锤组 2		组	228	
跳线重锤		片	4320	
挂线金具		t	421	含线夹、均压环等
硬跳线		组	114	

3.1.3　建设地点及自然环境

3.1.3.1　建设地点

本标段线路途径××省××市××区和×××乡市境内。

3.1.3.2　现场自然条件

本标段所处地区××市位于××省东北部、长江三角洲杭嘉湖平原腹心地带，是长江三角洲重要城市之一。市境介于北纬 30°21′～31°2′与东经 120°18′～121°16′之间，东临大海，南倚钱塘江，北负太湖，西接天目之水，大运河纵贯境内。

本标段所处××市东部为水乡平原，西部以山地、丘陵为主，属于亚热带季风气候，气温适中，四季分明，光照充足，雨量充沛，年平均气温 16.2℃，年平均降水量 1300 多 mm，年平均降水天数 133d，无霜期 224～240d。

本标段所经×××乡市境内地势平坦，河网密布，地壳较为稳定，无地震、地裂带。水文条件简单，地下水位在 5.5m 左右，随河道水位升降，常年水位在 3m 左右，无侵蚀性。桐乡市属亚热带季风气候，四季分明，年平均气温 15.8℃，年平均相对湿度 76%，年平均降水量 1193mm，无霜期 280d，全年主导风向为夏季东南风、冬季西北风。

××市境地势低平，平均海拔 3.7m（吴淞高程），其中秀洲区和嘉善北部最为低洼，其地面高程一般在 3.2～3.6m 之间，部分低地 2.8～3.0m。市境为太湖边的浅碟形洼地，地势大致呈东南向西北倾斜，由于数千年来人类的垦殖开发，平原被纵横交错的塘浦河渠所分割，田、地、水交错分布，形成“六田一水三分地”，旱地栽桑、水田种粮、湖荡养鱼的立体地形结构，人工地貌明显，水乡特色浓郁。

设计气象条件见表 3-1-6。

表 3-1-6　　设计气象条件

气象条件	气温	风速	覆冰
	℃	m/s	mm
最低气温	−15	0	0
年平均气温	15	0	0
最大风速	−5	32	0
覆冰情况	−5	10	10
最高气温	40	0	0
安装	−10	10	0
大气过电压	15	15	0
操作过电压	15	19	0
雷暴日数/d	40		

3.1.3.3　地形、地质及地貌

（1）地形。本标段线路沿线地形以平地、河网为主，地形比例如图 3-1-1 所示。

（2）水文地质。本标段地貌单元属长江三角洲相沉积，冲积平原及太湖湖沼相沉积地貌。线路穿越区河、塘、沟、渠，局部民房密布，地形平坦，局部可能分布着由于人类活动所造成的古河道及暗塘、暗浜，在这些地区可能存在淤泥质粉质黏土。

线路所经过的冲积平原及太湖湖沼相沉积地区，地下水类型主要为孔隙潜水，分布于第四纪黏性土层中，地下水的补给来源主要为大气降水、埋藏较浅，一般可按 0.5m 考虑。线路所经地区存在塘中、荡中立塔情况。

本段线路地处江南平地及河网、泥沼地区，地形较平坦，分布有较多河、沟渠、塘湖。1 基塔位在塘中需做运行便桥，其余塔位在农田、桑树、樟树、苗圃等平地上。本段线路跨越众多通航河流、一般河流及鱼塘。综合地质比例如图 3-1-2 所示。

（3）地貌状况：线路按跨越树木设计，除个别档内和塔基树木因需要需砍伐外，不砍伐架线通道及运行通道。

部分地段地形、地貌情况如图 3-1-3 所示。

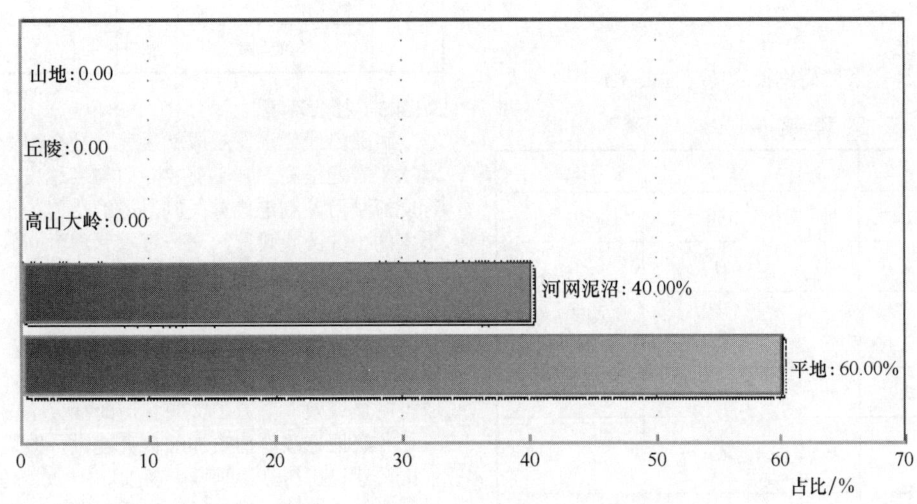

图 3-1-1　地形比例

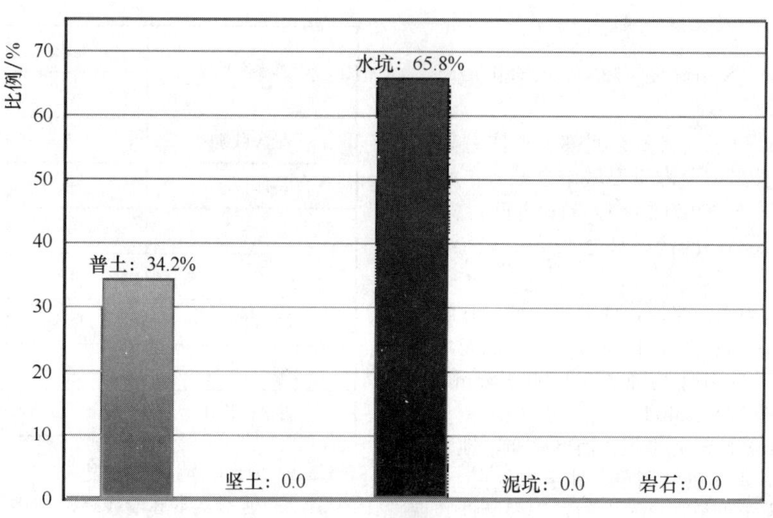

图 3-1-2　地质比例

图 3-1-3　地形、地貌情况

3.1.4　施工条件与社会环境分析

3.1.4.1　现场交通状况

本标段线路通过地区以平地河网为主，线路沿线交通干线多，路径附近虽可通行车辆的道路多，但周围河塘众多，运输和施工条件困难。

3.1.4.2　交叉跨越情况

本标段沿线交叉跨越及障碍物拆除情况见表 3-1-7。

表 3-1-7　　交 叉 跨 越 情 况

项　　目		单位	数量	备注
交叉跨越	380/220V 电力线	处	160	
	10kV 电力线	处	31	
	220kV 电力线	处	8	双回 7 处，单回 1 处
	500kV 电力线	处	1	双回
	等级公路（III级及以下）	处	6	
	高速公路	处	2	
	土路	处	29	
	规划铁路	处	1	
	等级通航运河	处	4	
	一般河流及小河	处	37	
	跨荡	处	2	
	输油管路	处	1	

3.1.4.3　社会环境

线路沿线经济发展成就显著，社会事业突飞猛进，人民生活水平普遍提高。开工前要专门与当地民族事务的专业人员进行交流学习，制定尊重民族习俗的措施，正确理解和执行党和国家的少数民族政策，充分尊重和理解回族和其他少数民族的风俗习惯和民族感情，加强民族团结，取得当地政府和沿线群众的理解支持，促进工程建设的顺利开展。

当地政府十分重视推进精神文明建设，坚持“打防结合，预防为主”方针，推进“警治联勤”措施，社会治安综合治理取得明显成效，营造了文明和谐的社会氛围。

各级地方政府切实加强自身建设，改进政府工作作风，加强廉政建设，树立“勤政、务实、廉洁、高效”的政府形象，进一步转变职能，增强解决实际问题的能力，以观念创新带动工作创新，整顿和规范市场经济秩序，创造了良好的经济环境。

3.1.4.4　通信环境

据现场调查，施工对外联系可采用公共移动通信网和当地电信部门程控电话网络，线路经过地区经济较为发达，移动通信信号基本实现了无缝覆盖；此外，当地宽带互联网络业务办理方便、快捷。总体而言，当地的通信条件能够满足现场施工需要。

3.1.4.5　其他制约条件

3.1.4.5.1　特高压输电线路铁塔高、重量大、体积大，塔头的提升吊装具有一定的难度和施工危险性。八分裂导线架线施工领域我国电力人刚刚进入，施工方案的合理性、施工机具的配套性、施工措施的针对性将直接影响架线施工的安全顺利进行。

3.1.4.5.2　本工程施工工期较长，雨季施工不可避免，据了解，工程当地在 4 月即进入多雨季节，基础施工受到影响，因此要合理安排施工计划，完善雨季施工措施。

3.1.4.5.3　特高压输电线路工程同塔双回钢管塔构件设计较长，最长可达 10m 左右，单个构件最大重量达 5t，在施工、运输方面存在极大的困难，在水田、山地、丘陵地区矛盾更为突出，修路、树木砍伐、平整作业面对环境造成很大的破坏。因此需要对钢管塔的运输施工技术进行研究。

3.1.4.5.4　由于地方政府和人民群众的环保意识增强，对施工环境保护提出很高的要求。因此施工中要大力加强文明施工力度，从组织上、技术措施上着手，保护当地的环境。

3.1.4.5.5　为保证灌注桩混凝土的施工质量，对分包单位和施工工艺的要求很高。

3.1.4.5.6　部分塔位交通困难，对基础特别是铁塔组立影响较大，必须开拓思路，科技创新，制定科学合理的运输、施工措施。

3.1.4.5.7　本工程大部分跨越由属地电力公司负责赔偿，如果与当地电力公司沟通不畅，势必影响施工的顺利开展。

3.1.4.5.8　本标有 1 基铁塔塔位在鱼塘中，基础须采取围堰施工。

3.1.4.6　施工特点

综合分析设计特点和施工条件，本标工程的施工特点如下。

3.1.4.6.1　本工程基础混凝土体积较大，平均单基混凝土达 640m^3，因此需要进行合理资源配置，有效的过程控制，包括充分考虑混凝土初凝时间内搅拌机出料量的保证、搅拌机机械故障等的应急预案、施工人员的安排、材料运输的组织、添加剂的使用等，确保混凝土施工质量，在条件许可的情况下，采用商品混凝土，条件困难时尽可能设立搅拌站集中拌和，用混凝土罐车、输送泵运送浇制混凝土。

3.1.4.6.2　铁塔吊装方式尽可能统一，在满足安全、质量的前提下，积极响应标书的采用内悬浮抱杆外拉线的方法组立铁塔。其他根据地形条件部分采用塔式起重机起吊铁塔。

3.1.4.6.3　线路走廊内（边导线外延 20m）所有与地面绝缘的导金属体（如架空导体、葡萄架上的导体、围栏上架设的导体、与地面绝缘的铁丝网等）均应接地。

3.1.4.6.4　要充分考虑本工程的特殊性和技术难点，采取合理有效、安全可靠的运输（钢管塔）、基础施工、立塔、架线等施工方案和安装工艺，配备必要的设备和工器具。

3.1.4.6.5　本工程导线展放采用 2×（一牵 4）方案，架线施工要求腾空展放导引绳，不砍伐通道下树木。并采取有效保证导线展放质量的措施。根据现场具体情况，开展技术创新活动，研究科学合理的施工方案，以响应 1000kV 特高压输电线路建设科技创新的需要。

3.1.5　项目管理特点及总体要求

3.1.5.1　实行目标控制管理

本工程为进度驱动型，项目部将建立项目工程质量、进度、职业健康安全和环境、成本控制的目标体系，将总目标分解落实到施工队、班组、人员，制定具体可操作的控制计划和措施，坚持“事先控制、事中控制、事后控制”的原则，利用 P3、EXP、质量图表等科学适用的控制方法，保证各项目标的实现。

3.1.5.2　坚持项目经理负责制

在公司层面上确立项目经理在本标段项目管理中的权威，保证项目经理在授权范围内各生产要素上最大限度的优化配置，以项目经理为核心，进行项目的策划、计划、组织、指挥、协调和控制，保证优质高效低耗地完成施工任务。

3.1.5.3　实行项目动态管理

由于送电线路施工的特殊和复杂，项目外在和内部的不规律性变化促使项目管理内容必须进行适势的动态控制调整，阶段性的检查实际值与计划目标值的差异，采取措施，纠正偏差，按控制目标调整计划。

3.1.5.4　项目实行成本核算制

采用可控责任成本的管理办法，建立和健全施工项目成本管理责任制，明确每个人的控制成本目标，使项目人员人人成为控制成本的主体，坚持工程成本最低、成本管理有效化的原则，以最少的人力物力投入，获得良好的工程质量和经济效益。

3.1.5.5　项目管理总体要求

将项目部的管理纳入××省电力公司的项目施工管理体系。

项目管理执行公司《质量环境职业健康安全管理手册》及相关体系程序文件和项目法人的有关管理规定，切实做到“凡事有章可循，凡事有人负责，凡事有据可查，凡事有人监督”。

利用项目管理思想和技术手段，加强项目管理组织、协调，正确处理质量、安全、进度、成本之间的关系，力争做到平衡统一，保证实现各项管理目标。

确保投标文件中所承诺的人力、机具及合理项目管理规划大纲的实现，并按照合同约定完成在保修期内的质量保修责任。

3.2　施工管理组织结构

3.2.1　项目管理组织结构与职责分工

3.2.1.1　项目部管理职责

（1）负责组织实施工程项目承包范围内的具体工作，履行施工合同约定的职责、权利和义务，执行施工单位规章制度，维护施工单位在项目上的合法权益，确保工程各项目标的实现。

（2）贯彻执行国家、行业建设的标准、规程和规范，落实国家电网公司、网省公司、业主项目部和监理项目部的各项管理规定，严格执行基建标准化建设相关要求。

（3）负责施工项目部成员的安全、质量培训和教育，提供必要的安全防护用品和检测、计量设备，负责项目部的危险源和环境因素的辨识、评价与控制，并形成文件加以实施和记录；对于重要危险源制定管理方案，并落实相应的人员和物资准备。

（4）建立健全安全、质量管理网络，落实安全、质量责任制。在项目安委会领导下，开展和配合现场各项检查活动，履行安全、质量管理职能，做好预控措施。参加安全、质量事故调查、分析和处理。按规定程序上报安全、质量事故。

（5）配合业主单位协调项目建设外部环境，重大问题报至监理、业主项目部，参与协调。

（6）参加各级管理部门的工程月度例会或专题协调会，协调解决工程中出现的问题。

（7）报审工程资金使用、进度款申请和支付等情况，配合工程结算和竣工决算、审计以及财务稽核工作。

（8）组织内部检查和质量评定工作，组织工程内部验收。

参加与配合各级管理部门的检查和工程验收工作，完善消缺整改闭环工作，配合工程移交。

（9）参加与配合电力质监中心站组织的质量监督活动，完善消缺整改闭环工作。

（10）负责工程投产后质保期内保修工作；参与项目投产达标和创优工作。

（11）负责工程信息与档案资料的收集、整理、上报、移交工作。

（12）完成各级管理部门布置的其他管理工作。

（13）项目部主要管理职责对应关系见表 3-2-1。

表 3-2-1　　主要管理职责对应关系

主要管理职责	所属专业子体系	施工单位责任部门	施工项目部责任人
项目管理实施策划	施工项目管理体系	工程管理部	项目经理 项目总工 供应部主任
进度管理			
工作计划管理			
施工队伍管理			
合同管理		经营管理部	计财部主任 线路施工协调员 综合部主任
施工协调管理			
信息与档案管理			
综合评价			
项目安全策划管理	施工安全管理体系	工程管理部 安全监察部	项目总工 工程部主任 安监部主任
项目安全风险管理			
项目安全文明施工管理			
项目安全性评价管理			
项目分包安全管理			
项目安全应急管理			
项目安全检查管理			
施工策划阶段质量管理	施工质量管理体系	工程管理部	项目总工 工程部主任 专职质检员
施工准备阶段质量管理			
施工阶段质量管理			
施工验收阶段质量管理			
施工总结评价阶段质量管理			
成本控制管理	施工造价管理体系	工程管理部 经营管理部	计财部主任 项目总工 工程部主任
施工图预算管理			
进度款管理			
工程变更预算管理			
工程索赔管理			
结算管理			
财务决算管理			
造价分析管理			
定额管理			
施工技术标准贯彻落实	施工技术管理体系	工程管理部	项目总工 工程部主任
施工技术管理			
施工科技管理			

项目管理过程中的信息资料管理由各管理专责各负其责，最终由资料信息员整理归档。

3.2.1.2　项目管理组织结构

3.2.1.2.1　组织机构设立

（1）本标段实行项目管理施工，成立“×××特高压交流输电示范工程一般线路工程×××工程公司施工项目部”，充分发挥项目组织和项目管理的优势，代表总公司对本工程实行全面管理。项目经理部服从项目法人的统一管理。

（2）项目经理部项目经理，作为本公司法人代表在本工程的全权委托代理人，代表公司履行合同，负责工程项目管理等；项目经理部下设部门主要人员由公司对口部室选派，服从项目经理的领导，各司其职；施工劳务人员由下属送电×公司调派。项目经理必须为本公司且具有一级注册建造师资格证书的单位职工，并具备担任过交流特高压或 500kV 及以上线路工程的施工管理经验的项目经理。

（3）本工程采用计算机网络管理，本项目调派精通项目管理系统及合同管理系统（P3 与 EXP）的优秀人员参与项目业主的施工过程管理。

3.2.1.2.2　组织结构图

施工现场组织机构及其与公司的组织结构如图 2-1 所示。

由公司一名生产副经理组织协调，正式挂牌成立经理部，开展工作，公司授权的项目经理及项目总工程师在开工前书面呈报项目法人、监理工程师批准后，全面负责项目施工管理，不再兼管其他工作。

3.2.1.2.3　内部经济责任制划分

送电×公司作为本公司的下属单位，按照《×××工程公司承包责任制实施办法》，在本项目开工前与总公司签订项目承包责任书，承包费用按内部定额原则确定。制定并完善内部承包考核实施细则，把承包内容中包、保指标分解到施工项目、施工队和个人，并提出具体可行的完成措施，确保工程项目按工期、高质量竣工。

3.2.1.3　职责与分工

3.2.1.3.1　项目经理

（1）项目经理是落实施工现场管理职责的第一责任人，在授权范围内代表公司全面履行施工承包合同；对施工生产和组织调度实施全过程管理；确保工程施工顺利进行。

（2）组织建立相关施工责任制和各种专业管理体系并组织落实各项管理组织和资源配备，监督有效地运行，负责项目部员工管理职责的考核及奖惩，进行利益分配。

（3）组织编制符合工程项目实际的《施工组织设计》《工程创优施工实施细则》《安全文明施工实施细则》《应急预案》和《输变电工程施工强制性条文执行计划》等实施性文件，并负责落实和监督。

施工现场组织机构如图 3-2-1 所示。

（4）组织制定施工进度、安全、质量及造价管理实施计划，实时掌握施工过程中安全、质量、进度、技术、造价、组织协调等的总体情况，组织召开项目部工作例会，安排部署施工工作。

（5）对施工过程中的安全、质量、进度、技术、造价等有关要求执行情况进行检查、分析及纠偏。

（6）针对工程实施和检查中出现的重大问题，负责妥善处理，提请有关方协调解决，并制订纠正预防措施。

（7）合理安排工程资金使用；审核“安措费”使用计划。

（8）组织落实安全文明施工、职业健康和环境保护有关要求，促进项目的各项管理活动的开展落实。

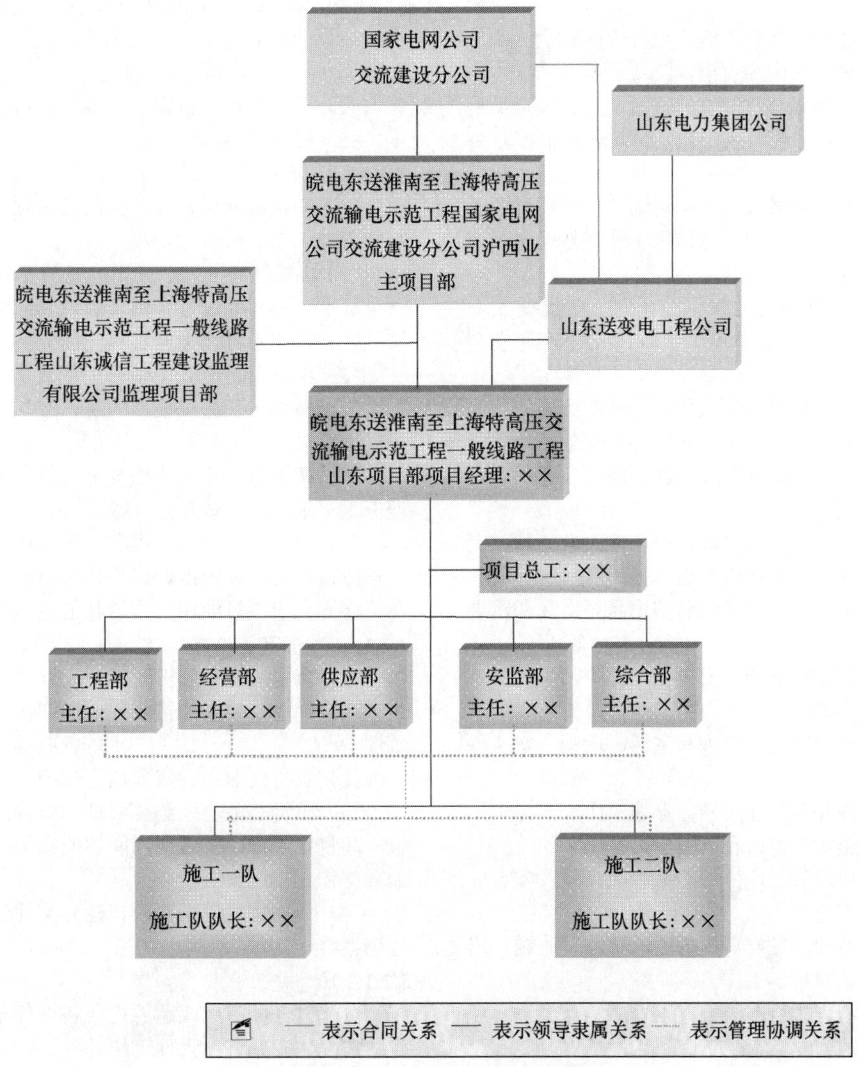

图3-2-1　施工现场组织机构图

（9）组织工程内部验收和质量评定工作，申请工程验收，安排工程竣工后期相关管理工作。

（10）项目投产后，组织对项目管理工作进行总结；接受审计，安排项目部解体后的收尾工作。

3.2.1.3.2　项目总工程师

（1）认真贯彻执行上级和公司颁发的规章制度、技术规范、标准。组织编制符合本工程实际的实施性文件和重大施工方案，并在施工过程中负责技术指导和把关。

（2）组织对施工图及时预审，接受业主项目部组织的交底活动。对施工图纸和工程变更的有效性执行负责，在施工过程中发现施工图纸中存在问题，负责向监理项目部提出书面资料。

（3）组织相关施工作业指导书、安全技术措施的编审工作，组织项目部安全、质量、技术及环保等专业交底工作。负责对承担的施工方案进行技术经济分析与评价。

（4）组织编制设备、材料供货计划、大型机具配置计划、技术培训计划并督促实施。

（5）组织本项目部全员的安全、质量、技术及环保等相关法律、法规及其他要求等的培训。

（6）定期组织项目专业管理人员，检查或抽查工程安全和质量。当工程项目安全和质量存在问题或隐患时，提出技术解决和防范措施。

（7）在项目经理的领导下，主持项目施工日常管理工作，负责落实业主、监理项目部对工程技术方面的有关要求。

（8）负责及时组织项目部管理人员收集、整理及汇总施工过程资料，项目投产后组织移交竣工资料。

（9）协助项目经理做好其他各项施工管理工作。

（10）负责施工新工艺、新技术的研究、试验、应用及总结。

3.2.1.3.3　工程部主任

（1）认真贯彻执行有关技术管理规定，积极协助项目经理或项目总工做好各项技术管理工作。

（2）认真阅读有关设计文件和施工图纸，在施工过程中发现设计文件和施工图纸存在问题及时向项目总工提出。施工过程中加强对设计文件等资料做到闭环管理。

（3）编写和出版各工序施工作业指导书、安全技术措施等技术文件；并在施工过程中负责落实有关要求和技术指导。

（4）在工程施工过程中随时进行检查和技术指导，当存在问题或隐患时，提出技术解决和防范措施。

（5）负责组织施工队伍做好项目施工过程中的施工记录和签证。

（6）不断提高自身的业务素质，并从技术方面指导和支持项目部的各项管理工作。

3.2.1.3.4 安监部主任

（1）积极协助项目经理全面负责施工过程中的安全文明施工和管理工作，确保施工过程中的安全。

（2）认真贯彻执行上级和公司颁发的规章制度、安全文明施工规程规范，结合项目特点制订安全健康环境管理制度，并监督指导施工现场落实。

（3）负责施工人员的安全教育和上岗培训，参加项目总工组织的安全交底。参与有关安全技术措施等实施文件编制，审查安全技术措施落实情况。

（4）负责制订工程项目安全工作目标计划。负责编制安全防护用品和安全工器具的购置计划。负责建立并管理安全台账。

（5）负责布置、检查、指导施工队伍安全施工措施的落实工作，并协助施工队伍提高专业水平，开展各项业务工作。

（6）监督、检查施工场所的安全文明施工情况，组织召开安全专业工作例会，总结安全工作。

（7）调查安全事故，提交调查报告，提出整改意见和防范措施。有权制止和处罚违章作业和违章指挥行为。

（8）督促并协助施工班组做好劳动防护用品、用具和重要工器具的定期试验、鉴定工作。

（9）开展安全施工的宣传和推广安全施工经验。

3.2.1.3.5 综合部主任

（1）负责该项目的双文明建设管理和生活、后勤、安全保卫工作。

（2）负责现场的接待和各种会议会务管理工作。

（3）协助办理有关施工许可证及其他相关手续。

（4）联系召开工程协调会议，协调与地方的关系。配合业主项目部做好相关协调工作。

（5）负责施工现场清理，做好房屋拆迁、青苗、跨越、塔基占地、树木砍伐等协调及赔偿工作。

（6）负责建设场地清理资料的收集、整理。

3.2.1.3.6 经营部主任

（1）严格执行国家、行业标准和企业标准，贯彻落实主管单位有关造价管理和控制的要求，负责项目施工过程中的造价管理与控制工作。

（2）负责施工图预算、工程变更费用计算和核实。按规定向业主和监理项目部等有关方报审。

（3）编制工程进度款支付申请和月度用款计划。

（4）负责编制工程竣工结算资料，按规定向业主和监理项目部等有关方报审。

（5）负责收集、整理工程实施中造价管理工作基础资料。

3.2.1.3.7 供应部主任

（1）严格遵守物资管理及验收制度，加强对设备、材料和危险品的保管，建立各种物资供应台账，做到账、卡、物相符。

（2）以审定后的设备、材料供应计划为依据，负责办理甲供设备材料的催运、装卸、保管、发放，自购材料的供应、运输、发放、补料等工作。

（3）负责对到达现场（仓库）的设备、材料进行型号、数量、质量的核对与检查。收集项目设备、材料及机具的质保等文件。

（4）负责工程项目完工后多余材料的冲减退料工作。

（5）做好到场物资的跟踪管理，以实现质量可追溯性。

3.2.1.3.8 专职质检员

（1）积极协助项目经理全面负责项目实施过程中的质量控制和管理工作。

（2）认真贯彻执行上级和公司颁发的规章制度、技术规范、质量标准，参与编制符合项目管理实际情况的质量实施细则和措施，并在施工过程中监督落实和业务指导。

（3）组织项目部职工学习工程质量验收规范和产品质量标准。定期检查工程施工质量情况，参加质量事故调查，提出事故处理意见。

（4）按照有关要求或档案资料管理办法，收集、审查、整理施工记录表格、试验报告等资料。

（5）组织进行隐蔽工程和关键工序检查，对不合格的项目应责成返工，督促班组做好质量自检和施工记录的填写工作。

（6）完成项目经理安排的其他各项施工管理工作。

3.2.1.3.9 信息资料员

（1）负责对工程施工图纸、设计文件、施工信息及内、外的行政文件（资料）的接收、传递和保管；保证其安全性和有效性。

（2）负责向业主、监理项目部的方案（措施）报审工作。

（3）负责有关会议纪要整理和资料翻译工作；音像资料的收集和整理工作；负责现场网站的维护工作，P3&EXP 软件的加载工作。

（4）根据项目总工要求，建立文件资料管理台账，及时进行档案移交工作。

3.2.1.3.10 施工队长

（1）以全面完成或超额完成各项任务为出发点，结合本队实际情况，做好各项管理工作。

（2）全面负责本队安全施工，带领全队职工严格执行各项安全、质量的规章制度，做到安全生产、文明施工。坚持“四不放过”的原则，参加事故的调查处理工作。

（3）严格执行公司管理体系文件，做好质量管理工作，强化“三检制”，组织并参加工程的“队级验收”工作。

（4）针对本队实际，制订措施，确保工程质量，降低工程成本，提高经济效益及施工队管理水平。

（5）合理组织本队承担的工程任务，合理分配本队职工工作。对本队的施工、生产、职工工地生活的保障负全面责任。

（6）支持并督促工具材料员的严格管理，确保工程材料、工具消耗降至最低水平。

（7）及时传达各级各类文件及规章制度，并做好记录。

（8）完成项目经理安排的其他各项施工管理工作。

本章其余内容见光盘。

第 13 篇

电力电缆线路工程施工组织设计范例

陈彦群　李学文　张文新　李　炎　编著

第 1 章　电力电缆线路工程施工

1.1 电 缆 敷 设

1.1.1 电缆直埋敷设

1.1.1.1 施工流程

施工流程主要包括施工准备、布置敷设机具、敷设电缆、电缆固定、质量检验，如图 1-1-1 所示。

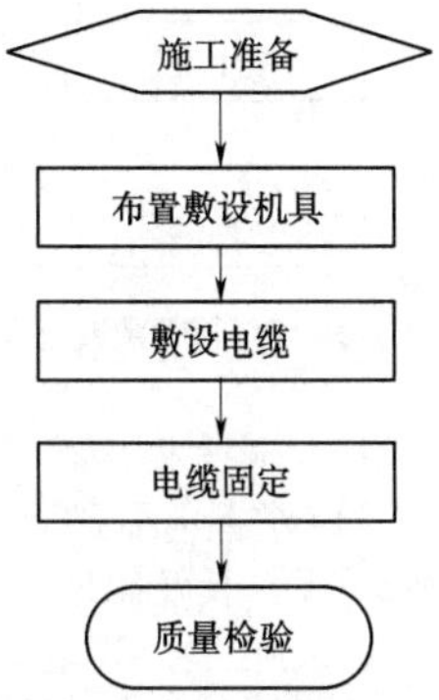

施工准备 → 布置敷设机具 → 敷设电缆 → 电缆固定 → 质量检验

图 1-1-1　电缆直埋敷设流程图

1.1.1.2 施工准备

（1）与有关城市管理部门事先办理好允许掘路手续，取得掘路许可证。

（2）挖掘公共行车道路时，应事先与公安局交通管理部门办理许可手续，获准后方可挖掘，并在施工时做好措施，确保交通畅通和安全。

（3）电缆线路穿越铁路时，应取得铁路部门的同意，并签订协议书。

（4）电缆线路在市政绿化带地下时，应事先与园林管理部门办理移植或砍伐的手续。

（5）电缆线路需占用农田时，应事先与有关部门办理征地或赔偿等手续。

（6）电缆与其他管线交叉或接近时，应在开工前通知有关单位，现场协商解决，必要时应签订协议或向有关单位办理申请迁移手续。

（7）电缆进入或穿越其他厂矿企业时，应事先与有关单位签订协议。

（8）需要外单位配合协作的工程，应事先办妥安装电缆工程的协议书，并开好工程协调会。

（9）挖样洞。由于城市地下管线很多，资料往往与现场实际情况有一定误差，所以挖掘的线路不可能直接正确确定。因此挖掘前必须在设计的线路上确定几个关键处试挖，先了解地下情况后，才能正确地确定挖掘的实际线路，这种做法的另一个作用是可了解一下土层情况，这样就可以事先采取解决方法，具体作法如下。

1）线路的直线部分每 40～50m 挖一个洞至电缆的埋设深度。

2）线路的转弯处、交叉路口及有可能遇到障碍处，均需挖样洞。

3）样洞的大小与敷设的电缆条数有关，一般情况在不使用机械挖沟时，其宽度为 0.4～0.5m，长度和深度均为 1m。

4）样洞挖好后，还需用铁棒向下试探是否有其他管线，避免电缆直接敷设在其他管线上。

（10）挖沟。根据设计和挖样洞作出的线路实际走向就可进行路面开挖，挖沟操作方法如下。

1）用白粉画线标出实际的电缆线路挖沟范围，以便分工同时进行挖沟。拐弯处应满足电缆弯曲半径的要求。

2）挖掘时应将挖出的土体分别放置在距沟边 0.3m 以外的两旁。

3）挖掘时还应考虑土质和周围设施情况，土质疏松或有建筑物的影响时，应做好支撑、加固措施。

4）挖掘时应根据交通安全设置隔离护栏、警告标志、夜间红灯等设施。

5）电缆线路穿越道路时，应尽可能不开挖路面而采用顶管的办法穿越。若顶管确有困难时，可按道路宽度分段预埋管道的施工方法或在夜间施工的办法解决，以免影响交通。

（11）检查施工机具是否齐备，包括放线支架、滑车、牵引钢丝绳、卷扬机及其他必须设备等。

（12）对参与电缆敷设的施工人员进行安全技术培训，考核不合格者不得上岗。

（13）掌握电缆到货情况，对已到货电缆进行到货检测试验，记录电缆盘长及盘号，排列敷设顺序。

（14）复测电缆路径长度及敷设位置，复核电缆接头位置。

（15）临时电源容量应满足施工需要，并且安全、可靠。

（16）电缆与架空线路相连接时，应核对电缆与架空线路相位一致。

（17）清理电缆沟。清除电缆沟内的石块、泥土和其他杂物。

1.1.1.3 布置敷设机具

（1）主要机具包括放线支架、卷扬机、直线滑车、拐弯滑车及一些配套的辅助工具，见表 1-1-1。

表 1-1-1　主要设备及器具（以电缆盘长 500m 为例）

序号	名称	单位	数量	备注
1	卷扬机	台	1	3t
2	对讲机	套	20	
3	直线滑车	台	100	
4	拐弯滑车	台	20	
5	钢丝绳	根	1	根据电缆截面选择
6	钢丝网套	个	1	
7	放线支架	套	1	
8	钢轴	根	1	ϕ160mm
9	壁纸刀	把	1	
10	盒尺	个	1	2m
11	皮尺	个	1	50m
12	活扳手	把	2	250mm
13	螺丝刀	套	1	一字 50mm、150mm
14	手据	把	2	300mm
15	尖嘴钳	把	1	125mm
16	克丝钳	把	1	200mm
17	电工刀	把	1	2 号
18	断线钳	把	1	根据电缆截面选择

（2）在电缆路径直线段每隔 4～5m 布置一台直线滑车，上下坡等地方应适当增加直线滑车。

（3）在拐弯处布置拐弯滑车。

1.1.1.4 敷设电缆

（1）一般采用卷扬机牵引的敷设方法。

（2）电缆盘运至施工现场后，检查电缆外观，无问题后方可敷设。

（3）敷设时应注意保持通信畅通，地上用步话机联络。在电缆盘、牵引端、转弯处等地方安排有经验的人员看护。

（4）电缆盘处设1～2名有丰富工作经验的人员负责施工，检查电缆外观有无破损。

（5）机械牵引敷设的速度应不大于15m/min。

（6）采用牵引头或钢丝网套牵引，最大牵引力以铜芯电缆70N/mm^2，铝芯电缆40N/mm^2，外护套7N/mm^{2}计算。

（7）机械牵引时，应在牵引头或钢丝网套与牵引钢线绳之间装设防捻器。

（8）机械牵引时，牵引端人员应为一名经验丰富的施工人员，敷设过程中若发现问题，及时处理。

（9）敷设过程中，注意电缆的弯曲半径，防止电缆弯曲半径过小损坏电缆。

（10）电缆就位应轻放。

（11）敷设后，应检查电缆密封端头是否完好，有问题及时处理。

（12）检查电缆外护套是否损伤，如有损伤采取修补措施。

（13）用记号笔在电缆两端做好路名标记，将相色带缠绕在电缆两端的明显位置。

（14）电缆裕度摆放合理，满足设计要求。

（15）电缆中间接头应选择在直线部分，尽量避免积水潮湿地段。接头处两条电缆重叠1.5m，终端处余度1～1.5m。

（16）电缆上表面距地面的距离不应小于0.7m，穿越农田时不应小于1m，电缆水平偏移不应超过设计值或有关规定。

（17）电缆与其他管道、道路、建筑物等之间平行和交叉时的最小净距，应符合设计要求或规程规定。严禁将电缆平行敷设于管道的上方或下方。

（18）电缆的上、下部应铺以不小于100mm厚的软土（不应有石块或其他硬质杂物）或沙层，并加盖保护板，其覆盖宽度应超过电缆两侧各50mm。在保护板上铺警示带。

（19）电缆在直线段每隔100m处、电缆接头处、转弯处、进入建筑物等处，应设置明显的方位标志或标桩。

（20）埋设回填土，注意及时清除土中的石块、砖头等杂物。

（21）现场清理。清理好施工现场，将敷设安装使用的工具和多余的材料收回。

1.1.1.5 电缆的固定

在电缆终端以下1.0m处用抱箍固定。固定电缆要牢固，抱箍应与电缆垂直。

1.1.1.6 质量检验

（1）电缆敷设位置、排列及固定应符合设计要求。牢固美观。

（2）电缆引上位置裕度应符合设计要求，端部密封良好。

（3）电缆路名及两端相色带应正确清晰。

（4）电缆的弯曲半径应符合要求。

（5）直埋电缆位置、沟深、沟宽、电缆间距应符合设计要求。

（6）回填土、电缆盖板应符合设计要求。

（7）电缆方位标志或标桩正确、齐全。

（8）电缆外护套绝缘电阻测试和直流耐压试验应合格，否则，应及时找出电缆外护套破损点，并对破损处进行绝缘密封处理，直到试验合格为止，出具电缆外护套耐压试验报告。

（9）敷设记录和相关资料齐全并整理归档作为工程竣工资料的一部分。

1.1.2 电缆排管敷设

1.1.2.1 施工流程

施工流程主要包括：施工准备、布置敷设机具、敷设电缆、电缆固定、质量检验，如图1-1-2所示。

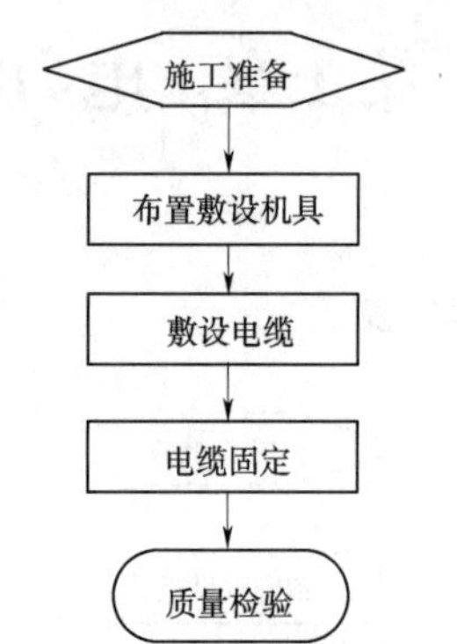

图1-1-2 电缆排管敷设流程图

1.1.2.2 施工准备

（1）检查施工机具是否齐备，包括放线支架、卷扬机、电缆输送机、滑车、牵引绳及其他必须设备等。

（2）对参与电缆敷设的施工人员进行安全技术培训，考核不合格者不得上岗。

（3）掌握电缆到货情况，对已到货电缆进行到货检测试验，记录电缆盘长及盘号，排列敷设顺序。

（4）施工前，现场施工负责人及有关施工人员应进行查活。检查路径情况是否与施工图纸一致，核实所有路径长度、井位，检查拐弯处的弯曲半径、排管内径大小是否符合设计要求，管口过渡是否平滑。

（5）进入管井前，检测管井内的有害及可燃气体含量；气体含量超标要进行通风处理。

（6）井口需设置围栏等保护设施。

（7）管井内有积水或阻碍路径畅通的废弃物及杂物，应及时清理。

（8）电缆穿管前，应用疏通器对管孔进行疏通检查，清理管孔内杂物。用直径比排管内径略小的钢丝刷刷光排管内壁。

（9）复测电缆路径长度及敷设位置，复核电缆接头位置。

（10）临时电源容量应满足施工需要，并且安全、可靠。

（11）电缆与架空线路相连接时，应核对电缆与架空线路相位一致。

1.1.2.3 布置敷设机具

（1）主要机具包括放线支架、卷扬机、电缆输送机、滑车及一些配套的辅助工具，见表1-1-2。

表1-1-2 主要设备及器具（以电缆盘长500m为例）

序号	名称	单位	数量	备注
1	卷扬机	台	1	3t
2	载波电话	套	10	
3	直线滑车	台	20	
4	放线支架	套	1	
5	钢轴	根	1	ϕ160mm
6	电缆输送机	台	10	根据电缆截面选择
7	钢丝网套	个	1	
8	壁纸刀	把	1	
9	盒尺	个	1	2m
10	皮尺	个	1	50m
11	活扳手	把	2	250mm
12	螺丝刀	套	1	一字50mm、150mm
13	手锯	把	2	300mm

续表

序号	名称	单位	数量	备注
14	尖嘴钳	把	1	125mm
15	克丝钳	把	1	200mm
16	电工刀	把	1	一用2号
17	手电筒	把	20	4.5V
18	断线钳	把	1	根据电缆截面选择
19	有害气体检测仪	台	1	PGM-2000
20	倒链	个	2	1t
21	穿管器	个	1	
22	疏通器	个	1	
23	上、下井口	个	各1	

（2）电缆盘应放在工作井底面较高的工作井外边，如果排管中间有弯曲部分，则应将电缆盘放在靠近排管弯曲一端的工作井口，以减少电缆所受的拉力。

（3）在管井内安装直线滑车。

（4）用穿管器将钢丝绳穿好。

（5）在保护管的进出口处安装管口喇叭口。

（6）对于大截面或较长的电缆，可在管井内放置电缆输送机辅助牵引。

1.1.2.4　敷设电缆

（1）一般采用卷扬机牵引的敷设方法，大截面或较长的电缆采用卷扬机＋电缆输送机组合牵引的敷设方法。

（2）电缆盘运至施工现场后，检查电缆外观，无问题后方可敷设。

（3）敷设时应注意保持通信畅通，采用载波电话通信方式。在电缆盘、管井等地方安排有经验的人员看护。

（4）电缆盘处设1～2名有丰富工作经验的人员负责施工，检查外观有无破损，并协助牵引人员把电缆端头顺利送到井口下。

（5）为了减少电缆和管壁间的摩擦力，在电缆进入保护管前，可在电缆表面涂上滑石粉等与其护套不起化学反应的材料来润滑。

（6）电缆穿管时，施工人员搬动电缆端头时，手应放在钢丝网套以外的电缆上用力。

（7）机械牵引敷设的速度要求不大于15m/min。

（8）采用牵引头或钢丝网套牵引，最大牵引力以铜芯电缆70N/mm^2，铝芯电缆40N/mm^2，外护套7N/mm^{2}计算。

（9）机械牵引时，应在牵引头或钢丝网套与牵引钢线绳之间装设防捻器。

（10）敷设过程中，注意电缆的弯曲半径，防止电缆弯曲半径过小损坏电缆。

（11）电缆就位应轻放，严禁磕碰支架端部和其他尖锐硬物。

（12）敷设后，应检查电缆密封端头是否完好，有问题及时处理。

（13）检查电缆外护套是否损伤，如有损伤采取修补措施。

（14）电缆裕度摆放合理，满足设计要求。

（15）接头处两条电缆重叠1.5m，终端处余度1～1.5m。

（16）用记号笔在电缆两端做好路名标记，将相色带缠绕在电缆两端的明显位置。

（17）将电缆保护管口封堵严实。

1.1.2.5　电缆的固定

（1）电缆在管井中每隔1.5m用挂钩吊挂一次或用固定金具在电缆支架上固定。

（2）在电缆终端以下1.0m处用抱箍固定。固定电缆要牢固，抱箍应与电缆垂直。

1.1.2.6　质量检验

（1）电缆敷设位置、排列及固定应符合设计要求。牢固美观。

（2）电缆引上位置裕度应符合设计要求，端部密封良好。

（3）电缆路名及两端相色带应正确清晰。

（4）电缆的弯曲半径应符合要求。

（5）保护管口密封应符合设计要求。

（6）电缆外护套绝缘电阻测试和直流耐压试验应合格，否则，应及时找出电缆外护套破损点，并对破损处进行绝缘密封处理，直到试验合格为止，出具电缆外护套耐压试验报告。

（7）敷设记录和相关资料齐全并整理归档作为工程竣工资料的一部分。

1.1.3　电缆隧道及电缆沟敷设

1.1.3.1　施工流程

施工流程主要包括：施工准备、搭建放线架、布置敷设机具、敷设电缆、电缆固定、质量检验，如图1-1-3所示。

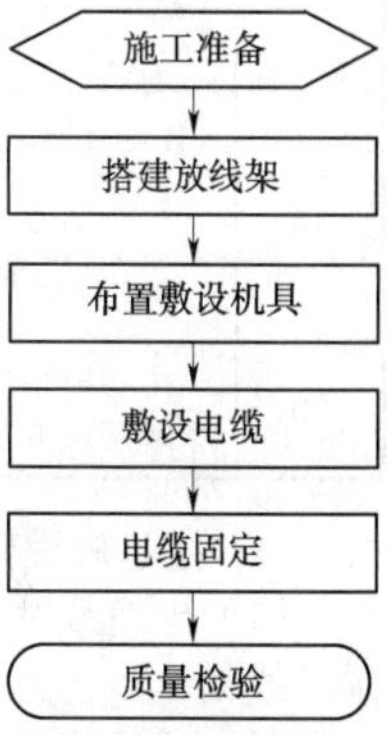

施工准备 → 搭建放线架 → 布置敷设机具 → 敷设电缆 → 电缆固定 → 质量检验

图1-1-3　施工流程图

1.1.3.2　施工准备

（1）对参与电缆敷设的施工人员进行安全技术培训，考核不合格者不得上岗。

（2）对敷设电缆的施工人员进行技术和安全交底。

（3）施工前与隧道运行管理部门办理进入隧道施工手续。

（4）进入隧道前，检测电缆隧道内的有害及可燃气体含量；气体含量超标要进行通风处理，合格后方可进入施工。

（5）电缆隧道内有积水或阻碍隧道畅通的废弃物，应及时清理。

（6）通信联络设备采用有线载波方式。

（7）复测电缆路径长度及敷设位置，复核电缆接头位置。

（8）施工前，办理各种施工许可手续。

（9）工作井口及地面保护严格按照与交通队办理的占地要求执行。井口设围栏等保护。

（10）计算施工用电设备的功率，暂设低压线路满足电气设备允许的电压损耗。

（11）申请安装施工动力及照明电源，临时电源容量应满足施工要求，并安全、可靠。

（12）电缆与架空线路相连接时，应在双方的施工图纸上核对相位，必要时在施工现场核对电缆与架空线路相位，确保相位正确。

（13）准备施工用相关工器具。主要机具包括放线支架、电缆输送机、滑车、拐弯滑车及一些配套的辅助工具，见表1-1-3。

表1-1-3　主要设备及器具（以电缆盘长500m为例）

序号	名称	单位	数量	备注
1	载波电话	套	20	
2	直线滑车	台	30	
3	放线支架	套	1	
4	钢轴	根	1	ϕ160mm
5	电缆输送机	台	20	根据电缆截面选择

续表

序号	名称	单位	数量	备注
6	壁纸刀	把	1	
7	盒尺	个	1	2m
8	皮尺	个	1	50m
9	活扳手	把	2	250mm
10	螺丝刀	套	1	一字 50mm、150mm
11	手锯	把	2	300mm
12	尖嘴钳	把	1	125mm
13	克丝钳	把	1	200mm
14	电工刀	把	1	一用 2 号
15	手电筒	把	40	4.5V
16	断线钳	把	1	根据电缆截面选择
17	有害气体检测仪	台	1	PGM-2000
18	倒链	个	2	1t
19	上、下井口	个	各 1	
20	中心控制箱及跳闸保护系统	套	1	

1.1.3.3 搭建放线架

（1）电缆敷设前根据实际情况需要，应在电缆盘处搭建电缆放线架。

（2）放线架应保证安全、牢固可靠。满足电缆弯曲半径要求。

1.1.3.4 布置敷设机具

（1）电缆输送机与滑车搭配使用，根据电缆型号、规格选取电缆输送机与滑车。

（2）一般每隔 20m 左右放置一台电缆输送机，每隔 3～4m 放置 1 个滑车。

（3）在隧道内拐弯、上下坡等处应额外增补电缆输送机，并加设专用的拐弯滑车。在比较特殊的敷设地点，应根据具体情况增加电缆输送机。

（4）全部机具布置完毕后，试运转应无问题。

1.1.3.5 敷设电缆

（1）采用人力＋电缆输送机组合的敷设方式。

（2）敷设时应注意保持通信畅通，在电缆盘、牵引端、转弯处、竖井、隧道进出口、终端、电缆输送机及控制箱等处的工作人员应配备通信工具。

（3）电缆盘运至施工现场后，拆盘，检查电缆的型号、规格、外观。无问题后方可敷设。

（4）电缆盘处设 1～2 名有丰富工作经验的人员负责施工，检查外观有无破损，并协助牵引人员把电缆端头顺利送到井口下。

（5）电缆盘应配备有效制动装置，保证在任何情况下能及时使电缆盘停止转动，以防止电缆受损伤。

（6）电缆允许的最大牵引力以铜芯电缆 70N/mm^2，铝芯电缆 40N/mm^2 计算。

（7）电缆敷设时的侧压力不应大于 3kN。

（8）电缆敷设的速度保持 6m/min 为宜。

（9）电缆线路的裕度按照设计要求预留。

（10）敷设过程中，局部电缆出现裕度过大情况，应立即停止敷设，处理后方可继续敷设，防止电缆弯曲半径过小或撞坏电缆。

（11）电缆的弯曲半径应满足有关规程和设计要求。

（12）对于截面不小于 1600mm^2 的 220kV 电缆，接头处两条电缆应重叠 3m，接头之间距离大于或等于 5m，终端处余度 1～1.5m。

（13）电缆就位应轻放，严禁磕碰支架端部和其他尖锐硬物。

（14）电缆制作蛇形弯时，严禁用有尖锐棱角铁器撬电缆，可用拿弯机具或手工拿弯，再用木块或拿弯卡子支撑。

（15）蛇形的波节、波幅应符合设计要求。

（16）检查电缆外电极是否损伤，如有损伤采取修补措施。

（17）每条电缆标识路名，并将相色带缠绕在电缆两端的明显位置。

（18）敷设后，应检查电缆密封端头是否完好，有问题应及时处理。

（19）充沙电缆沟埋设沙土。

1.1.3.6 电缆固定

（1）电缆敷设完毕后，应按设计要求将电缆固定在支架上或地面槽钢上。

（2）电缆固定的材料一般有：电缆固定金具、电缆抱箍、皮垫、防盗螺栓、尼龙绳等。

（3）按设计要求调整电缆的波幅，进行电缆的固定，波幅允许误差为±10mm。

（4）采用电缆抱箍固定电缆时，橡胶垫要与电缆贴紧，露出抱箍两侧的橡胶垫基本相等，抱箍两侧螺栓应受力均匀，直至橡胶垫与抱箍紧密接触，固定牢固。

（5）电缆抱箍或固定金应与电缆垂直。

（6）电缆悬吊固定应按设计要求执行。

（7）电缆引上固定应按设计要求执行。

（8）电缆固定完成，外护套试验合格后，再安装防盗螺母。

1.1.3.7 质量检验

（1）电缆敷设位置、排列方式及固定方法应符合设计要求。牢固、美观。

（2）蛇形敷设的尺寸应符合设计要求。

（3）电缆引上位置裕度应符合设计要求，端部密封良好。

（4）电缆路名及两端相色带应正确、清晰。

（5）电缆的弯曲半径应符合要求。

（6）电缆外护套绝缘电阻测试和直流耐压试验应合格，否则，应及时找出电缆外护套破损点，并对破损处进行绝缘密封处理，直到试验合格为止，出具电缆外护套耐压试验报告。

（7）敷设记录和相关资料齐全并整理归档作为工程竣工资料的一部分。

1.1.4 电缆敷设安全措施

（1）敷设前安全负责人向全体敷设人员交代安全措施和注意事项，安全负责人必须始终在现场，负责敷设全过程的监督指导。

（2）开工前，安全员检查所有起重用具、工器具是否符合安全要求，不合格者杜绝使用。

（3）敷设人员必须规范着装，正确佩戴安全帽。

（4）进入有限空间前，必须检测有害气体并通风合格。

（5）敷设电缆应明确专人指挥，统一信号，保持通信畅通。工作人员要明确分工、密切配合、服从指挥。

（6）施工电源必须采用 TN-S 保护系统，所有电源箱和设备的金属外壳必须可靠接零。

（7）敷设电缆前，应检查电缆盘是否支稳。滚动电缆盘时，应按电缆盘上标示的方向进行。

（8）敷设电缆时，工作人员应站在滑车下游方向，并站在弯角外侧。电缆移动时，不许用手在电缆输送机、滑车上游方向调整电缆输送机、滑车或垫放东西。

（9）在牵引过程中，应防止钢丝绳背花，或在尖硬的物体上刮磨。工作人员不许抚摸移动中的电缆或牵引绳。工作人员通过电缆输送机时，不许踩着电缆输送机通过。

（10）敷设穿越公路、桥梁的电缆应设专人指挥交通；敷设穿越铁路的电缆应注意路基的变化，发现问题及时处理。

（11）夜间占路施工时，应设专人指挥交通，指挥人员带反光安全帽和工作服，现场设发光警示灯和反光警示牌。

（12）在隧道、变电站夹层、竖井、电缆沟等封闭的场所敷设电缆，绝对禁止吸烟。

（13）在电缆敷设的同路径如果有运行电缆，必须采取悬吊、隔离、加保护凳等措施进行保护。

（14）在较深的电缆直埋沟处，工作人员不宜久留。

（15）冬季施工，当环境温度低于电缆敷设允许的温度时，应对电缆加热。使用火炉加热应注意防火。通电流加热时，通电电流不得大于电缆的允许电流，且升流器二次不得开路，并遵守高压电气试验的有关规定。

1.2　电缆附件安装

1.2.1　电缆户外终端安装

1.2.1.1　安装流程

安装流程主要包括施工准备、电缆加热调直，断电缆、剥除线芯绝缘、绝缘及屏蔽层处理，出线杆连接，套入组部件，应力锥安装及应力锥、出线杆外部绕包带材，瓷套（复合套）安装，密封处理、注入绝缘油、安装上端金具，质量检验。如图1-2-1所示。

图1-2-1　户外终端安装流程图

1.2.1.2　施工准备

（1）电缆户外终端的制作安装应由经过专业技术培训且熟悉工艺标准的人员进行（必须持证上岗）。

（2）安装人员应熟悉设计图纸及安装工艺资料，掌握安装工艺标准。

（3）确认电缆相位正确。

（4）保持环境清洁，避免污染绝缘表面。应设法防止尘埃、杂物落在绝缘表面上，必要时应搭建接头棚。

（5）严格控制安装区域环境相对湿度，一般要求70%及以下；相对湿度超过70%，安装前应进行去湿处理；如安装说明书另有规定，按安装说明书执行。

（6）户外终端施工安装时应有严格的防雨措施，严禁在雾或雨中安装。

（7）户外终端的架构必须焊接牢固。按终端架构的高度搭好工作台，工作台应稳固、可靠，方便施工安装。

（8）施工场地应有足够的照明器材，并备有足够的消防器材。

（9）查明电源的位置并接好临时电源。

（10）准备好工器具（见表1-2-1）。施工时可能与电缆导体、绝缘接触的工具，例如剥切半导电层刀具、卡尺、钢板尺、压钳和压模等，应清洁并保持干燥；检查加热调直设备，如有异常，及时修理。

表1-2-1　　　　工　器　具

序号	名称	单位	数量	备注
1	电锯	套	1	根据电缆截面选择
2	环形管刀	套	1	根据电缆截面选择
3	拿弯器	件	1	
4	电缆加热设备	套	1	
5	半导电剥削专用刀具	把	1	
6	打磨机	把	3	
7	压钳	套	1	100t或200t
8	压模	个	1	根据电缆截面选择
9	游标卡尺	个	1	0~200mm
10	钢板尺	个	3	300mm、500mm、1000mm
11	电烙铁	把	1	2000W
12	电吹风	把	1	800W
13	温湿度表	个	1	
14	力矩扳手	把	1	
15	套筒扳手	套	1	
16	电锤	个	1	
17	真空处理装置	套	1	
18	液化气罐及喷枪	套	1	

（11）消耗性材料齐备。清洁剂应符合安装说明书的要求。

（12）按附件产品的装箱单清点其零部件是否齐全，并检查有无损伤或其他缺陷，并对重要零部件进行检查：外包装密封应完好，应力锥内外表面应光滑，应力锥内径要符合电缆绝缘外径尺寸要求；出线杆内径要与电缆线芯外径尺寸相匹配；终端金属外壳、套管无任何破裂或其他质量缺陷。

（13）检查电缆封头是否严密，密封材料不得受潮、失效，电缆内应无潮气。终端安装前对电缆外护套进行试验。

（14）检查电缆各层结构尺寸是否与设计一致，电缆绝缘状况应良好。

（15）按安装工艺说明检查专用工具。

（16）附件和电缆型号匹配、数量齐全、质量良好。

1.2.1.3　电缆的加热调直

（1）按照施工图纸将电缆调整至永久位置，调直安装区域的电缆。

（2）核对相位，一般保留200mm余度后去掉多余电缆。

（3）加热调直过程中要对加热温度进行全过程监控。

（4）加热前，准备并检查加热工具是否处于良好状态，如温度自动控制器、加热带等。

（5）准备所需的材料，如聚四氟带、铝箔等。

（6）电缆的加热调直有一般加热方法和带护套加热方法。不论采用哪种方法，都必须将电缆加热到安装工艺说明书要求的温度并保持规定的时间，之后用角铝等绑扎固定，自然冷却至环境温度。最好冷却 24h。

1.2.1.4 断电缆、剥除线芯绝缘、绝缘及屏蔽层处理

（1）将电缆放至最终位置，量取断点位置并做好标记，然后将多余电缆锯掉，断口应平齐。按照图纸要求，用专用转刀剥除电缆线芯绝缘，并削“铅笔头”。

（2）去除半导电层。

1）严格按照图纸要求保留绝缘尺寸。

2）绝缘层与半导电层之间要平滑过渡不能出现台阶或凹坑。

3）绝缘层和半导电层要分开打磨，打磨绝缘层不能把半导电颗粒带入绝缘。用打磨机打磨电缆绝缘层时注意要均匀打磨，即电缆的四周均需打磨，先用高速打磨，再调至低速打磨；打磨过半导电层的砂布绝对不能再打磨绝缘层，打磨时先用粗砂布再用细砂布。

4）使用游标卡尺测量并记录绝缘外径尺寸。

5）清洗电缆绝缘表面应使用无水溶剂，从绝缘部分向半导电层方向擦拭。清洁纸只能单向擦拭，不能来回擦拭。擦过半导电屏蔽层的清洁纸绝对不能再擦绝缘层，用过的清洁纸不能重复使用，以防半导电颗粒和杂质污染电缆绝缘。

6）用涂半导电漆或模塑的方法处理半导电层断口。

1.2.1.5 出线杆连接

（1）连接前，电缆绝缘用保鲜膜临时保护。

（2）选用六角压模，一般按照出线杆压接区域的外径尺寸与压模对角线尺寸一致的原则。如安装说明书有特殊要求，按安装说明书要求执行。

（3）选用圆模按照安装说明书的要求执行。

（4）核对出线杆外径与压模尺寸是否匹配。

（5）去除线芯内部填充物，用砂布把线芯表面氧化膜去除。

（6）套入出线杆，电缆与出线杆在同一轴线上，线芯套入出线杆后，在线芯上做好标记，开始压接。

（7）压接顺序一般为由上至下。

（8）压力控制一般应到达 700kgf/cm^2，随后保持 10～15s，再松开压钳。

（9）压接完成后，打磨出线杆上的毛刺，表面应光滑。出线杆与电缆应保持同轴平直。

（10）对于螺栓连接的出线杆，按安装说明书的要求将拧紧螺母用扳手均衡拧断。

1.2.1.6 套入组部件

（1）套入尾管、O 形圈。

（2）安装 4 个支持绝缘子于支架上，安装底部法兰。

（3）套入紧压弹簧。

（4）套入环氧锥套底座，固定于底部法兰上，套入 O 形圈。

（5）注意检查套入部件的方向、次序和数量。

（6）根据不同厂家安装说明书的不同要求，部件的数量和安装方法略有不同。

1.2.1.7 应力锥安装及应力锥、出线杆外部绕包带材

（1）应力锥安装。

1）按照安装说明书要求擦拭应力锥、使用纸巾及允许的清洁剂彻底清洁预制应力锥，检查并确保表面没有划伤及灰尘。注意擦洗方向应从绝缘层至半导电层，纸巾不可重复使用。在应力锥内表面上均匀地涂抹硅油。

2）按照安装说明书尺寸，作应力锥定位标记。

3）用纸巾及允许的清洁剂擦洗电缆绝缘表面，确保没有损伤及灰尘。注意擦洗方向从绝缘层至半导电层。

4）安装应力锥之前，用电吹风吹电缆绝缘表面，使表面温度达到 60～80℃，去除暴露在空气中绝缘上残留的潮气。在绝缘表面均匀地涂抹一层硅油或硅脂。

5）手工或用专用的套锥工具将应力锥套至电缆上，在模塑半导电口，当应力锥下沿接近半导电带时，应与包带方向同向旋转使其慢慢滑下至最终位置。清洁电缆、应力锥外的硅油。

6）按照安装说明书尺寸要求，核实应力锥和标记的位置是否合适，若不合适，做适当调整，将应力锥精确调整至最终位置。

7）擦拭应力锥两端和电缆表面的硅油。

8）检查并确认没有影响终端质量的瑕疵，如划伤、灰尘，潮湿。

（2）应力锥、出线杆外部绕包带材。

1）按照安装说明书要求缠绕带材，主要的带材一般有绝缘带、半导电带、铜网、铅带、PVC 等。

2）缠绕带材后，从应力锥上部复核应力锥的位置。

1.2.1.8 瓷套（复合套）安装

（1）安装瓷套（复合套）及环氧件。

1）清洁并检查瓷套（复合套）及环氧件。确认没有裂纹、灰尘附着，若有，必须清洁干净。

2）在与环氧件内侧相接触的应力锥表面应涂抹硅油。

3）将与应力锥接触的环氧件内侧涂抹硅油，将环氧件套入电缆和应力锥上，并固定在环氧件底座上。

4）O 形圈涂硅脂，确保整个 O 形圈进入密封槽内，且保持清洁。

5）吊装瓷套（复合套）就位。

（2）安装压紧弹簧。

1）向上推压紧环，使应力锥向上滑动直至与环氧件内壁相接触。

2）用双头螺杆将压紧环固定在环氧件底座上。

3）压缩弹簧长度，在四个方向满足图纸要求的尺寸。

（3）安装尾管。

1）O 形圈涂硅脂，确保整个 O 形圈进入密封槽内，保持清洁。

2）用螺栓固定尾管。

3）在尾管与金属护套的间隙中填充铅条或橡胶带。绑扎并锡焊编织铜带，使之与尾管和金属护套良好接触。

1.2.1.9 密封处理、注入绝缘油、安装上端金具

（1）可采用以下三种密封方式。

1）搪铅、绕包带材、热缩管。

2）环氧树脂和玻璃丝带、绕包带材、热缩管。

3）环氧泥、绕包带材、热缩管。

（2）搪铅。

1）搪铅必须由技术熟练的工人操作。

2）搪铅前必须用钢丝刷用力擦去封铅处（包括电缆金属护套和尾管镀锡处）的金属氧化物，均匀烤热后用硬脂酸清洗。

3）加热时，火头必须不断移动，以免烧坏电缆绝缘。

4）搪铅时间不宜过长，一般分两次进行。第一次封堵，第二次成形和加强。

5）搪铅时宜测量金属护套的温度，温度不得超过规定要求，

当温度超过规定时，应立即停止工作，待温度下降后再继续工作。

6）成形的封铅要求表面光滑无毛刺，之后用硬脂酸冷却。

7）封铅未冷却前，不能立即调整电缆，需冷却一段时间后方可工作。

8）在封铅处缠绕防水带、绝缘带。

（3）焊接地线。

1）用钢丝刷清除金属护套的杂质及氧化物。

2）在（铝）金属护套上镀一层铝焊料。

3）在铝焊料上面镀一层封铅。

4）用铜绑线把地线分别与金属护套和尾管绑扎固定。

5）用电烙铁进行操作，把地线牢固地焊在金属护套和尾管上。

（4）注入绝缘油、安装上端金具。

1）根据安装说明书要求对电缆绝缘油进行加热、抽真空处理后注入或直接注入电缆终端，油面高度应符合说明书要求。

2）清洁上盖板、压紧环、O形圈等，安装上盖板及O形圈，安装压紧环，安装出线杆固定螺母和止退螺母。

3）核对出线杆尺寸。

4）安装屏蔽罩及出线端子。

1.2.1.10　质量检验

（1）安装尺寸应符合安装说明书要求。

（2）套管密封应良好，力矩符合安装说明书规定，表面无划伤。

（3）绝缘油应无渗漏。

（4）终端固定牢固、可靠。

（5）终端处电缆裕度处理应美观、一致。

（6）标志牌齐全、正确、字迹清晰，相色带明显、一致。

（7）终端外观美观一致。

（8）终端安装完成后，及时填写施工记录和收集相关资料，并整理归档作为工程竣工资料的一部分。

1.2.2　电缆GIS终端和变压器终端安装

1.2.2.1　安装流程

安装流程主要包括：施工准备，电缆加热调直，断电缆、剥除线芯绝缘、绝缘及屏蔽层处理，出线杆连接，套入组部件，应力锥安装及应力锥、出线杆外部绕包带材，环氧套安装，密封处理、注入绝缘油、安装上端金具，穿仓，质量检验。如图1-2-2所示。

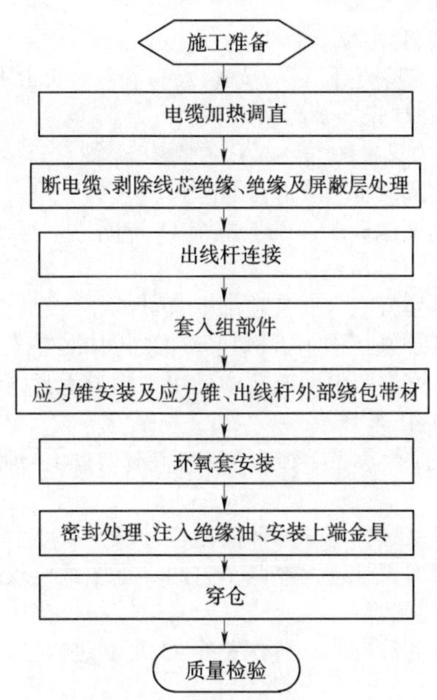

图1-2-2　GIS终端和变压器终端安装流程图

1.2.2.2　施工准备

（1）电缆GIS、变压器终端的制作安装应由经过专业技术培训且熟悉工艺标准的人员进行（必须持证上岗）。

（2）安装人员应熟悉设计图纸及安装工艺资料，掌握安装工艺标准。

（3）确认电缆相位正确。

（4）保持环境清洁，避免污染绝缘表面。应设法防止尘埃、杂物落在绝缘表面上，必要时应搭建接头棚。

（5）严格控制安装区域环境相对湿度，一般要求70%及以下；相对湿度超过70%，安装前应进行去湿处理；如安装说明书另有规定，按安装说明书执行。

（6）在运行的SF_6封闭式组合电器室内或在变压器室安装，应对室内空气进行有害气体含量检测。安装时保持室内通风良好。

（7）施工场地应有足够的照明器材，并备有足够的消防器材。

（8）查明电源的位置并接好临时电源。

（9）准备好工器具（见表1-2-2）。施工时可能与电缆导体、绝缘接触的工具，例如剥切半导电层刀具、卡尺、钢板尺、压钳和压模等，应清洁并保持干燥；检查加热调直设备，如有异常，及时修理。

表1-2-2　工器具

序号	名称	单位	数量	备注
1	电锯	套	1	根据电缆截面选择
2	量线器（杆）	件	1	
3	环形管刀	套	1	根据电缆截面选择
4	拿弯器	件	1	
5	电缆加热设备	套	1	
6	半导电剥削专用刀具	把	1	
7	打磨机	把	3	
8	压钳	套	1	100t或200t
9	压模	个	1	根据电缆截面选择
10	游标卡尺	个	1	0～200mm
11	钢板尺	个	3	300mm、500mm、1000mm
12	电烙铁	把	1	2000W
13	电吹风	把	1	800W
14	温湿度表	个	1	
15	力矩扳手	把	1	
16	套筒扳手	套	1	
17	电锤	个	1	
18	真空处理装置	套	1	
19	液化气罐及喷枪	套	1	

（10）消耗性材料齐备。清洁剂应符合安装说明书的要求。

（11）按附件产品的装箱单清点其零部件是否齐全，并检查有无损伤或其他缺陷，并对重要零部件进行检查：外包装密封应完好，应力锥内外表面应光滑，应力锥内径要符合电缆绝缘外径的尺寸要求；出线杆内径应与电缆线芯外径尺寸相匹配；终端金属外壳、环氧套无任何破裂或其他质量缺陷。

（12）检查电缆封头是否严密。密封材料不得受潮、失效，电缆内应无潮气。终端安装前对电缆外护套进行试验。

（13）检查电缆各层结构尺寸是否与设计一致，电缆绝缘状况应良好。

（14）按安装工艺说明检查专用工具。

（15）附件和电缆型号匹配、数量齐全、质量良好。

（16）制作 220kV 电压等级的终端时，要将 GIS、变压器设备仓体拆除。

1.2.2.3 电缆的加热调直

（1）核对电缆相位，使用量线器（杆）对电缆进入 GIS、变压器设备仓体内进行测量，留好电缆裕度，确定预断电缆长度。测量时确保电缆弯曲半径符合设计要求（地面引上部分）。

（2）按安装说明书将电缆末端预断，核对相位，一般保留 200mm 余度后去掉多余电缆。确保电缆末端符合 GIS、变压器终端安装的尺寸要求。将电缆临时固定，便于安装，调直安装部分电缆。

（3）加热调直过程中应对加热温度进行全过程监控。

（4）加热前，准备并检查加热工具是否处于良好状态，如温度自动控制器、加热带等。

（5）准备所需的材料，如聚四氟带、铝箔等。

（6）电缆的加热调直有一般加热方法和带护套加热方法。不论采用哪种方法，都必须将电缆加热到安装工艺说明书要求的温度并保持规定的时间，之后用角铝等绑扎固定，自然冷却至环境温度。最好冷却 24h。

1.2.2.4 断电缆、剥除线芯绝缘、绝缘及屏蔽层处理

（1）按安装说明书要求量取电缆最终位置断点，并做好标记，然后将多余电缆锯掉，断口应平齐。按照图纸要求，用专用转刀剥除电缆线芯绝缘，并削铅笔头。

（2）去除半导电层。

1）严格按照图纸要求保留绝缘尺寸。

2）绝缘层与半导电层之间要平滑过渡不能出现台阶或凹坑。

3）绝缘层和半导电层要分开打磨，打磨绝缘层不能把半导电颗粒带入绝缘。用打磨机打磨电缆绝缘层时注意要均匀打磨，即电缆的四周均需打磨，先用高速打磨，再调至低速打磨；打磨过半导电层的砂布绝对不能再打磨绝缘层，打磨时先用粗砂布再用细砂布。

4）使用游标卡尺测量并记录绝缘外径尺寸。

5）清洗电缆绝缘表面应使用无水溶剂，从绝缘部分向半导电层方向擦拭。清洁纸只能单向擦拭，不能来回擦拭。擦过半导电屏蔽层的清洁纸绝对不能再擦绝缘层，用过的清洁纸不能重复使用，以防半导电颗粒和杂质污染电缆绝缘。

6）用涂半导电漆或模塑的方法处理半导电层断口。

1.2.2.5 出线杆连接

（1）连接前，电缆绝缘用保鲜膜临时保护。

（2）选用六角压模，一般按照出线杆压接区域的外径尺寸与压模对角线尺寸一致的原则。如安装说明书有特殊要求，按安装说明书要求执行。

（3）选用圆模按照安装说明书的要求执行。

（4）核对出线杆外径与压模尺寸是否匹配。

（5）去除线芯内部填充物，用砂布把线芯表面氧化膜去除。

（6）套入出线杆，电缆与出线杆在同一轴线上，线芯套入出线杆后，在线芯上做好标记，开始压接。

（7）压接顺序一般为由上至下。

（8）压力控制一般应到达 700kgf/cm^2，随后保持 10～15s，再松开压钳。

（9）压接完成后，打磨出线杆上的毛刺，表面应光滑。出线杆与电缆应保持同轴平直。

（10）对于螺栓连接的出线杆，按安装说明书的要求将拧紧螺母用扳手均衡拧断。

1.2.2.6 套入组部件

（1）将尾管、O 形圈、法兰等部件依次套在电缆本体上。

（2）套入紧压弹簧。

（3）注意检查套入部件的方向次序和数量。

（4）根据不同厂家安装说明书的不同要求，部件的数量和安装方法略有不同。

1.2.2.7 应力锥安装及应力锥、出线杆外部绕包带材

（1）应力锥安装。

1）按照安装说明书要求擦拭应力锥、使用纸巾及允许的清洁剂彻底清洁预制应力锥，检查并确保表面没有划伤及灰尘。注意擦洗方向应从绝缘层至半导电层，纸巾不可重复使用。在应力锥内表面上均匀地涂抹硅油。

2）按照安装说明书尺寸，作应力锥定位标记。

3）用纸巾及允许的清洁剂擦洗电缆绝缘表面，确保没有损伤及灰尘。注意擦洗方向从绝缘层至半导电层。

4）安装应力锥之前，用电吹风吹电缆绝缘表面，使表面温度达到 60～80℃，去除暴露在空气中绝缘残留的潮气。在绝缘表面均匀地涂抹一层硅油或硅脂。

5）手工或用专用的套锥工具将应力锥套至电缆上，在模塑半导电口，当应力锥下沿接近半导电带时，应与包带方向同向旋转使其慢慢滑下至最终位置。清洁电缆、应力锥外的硅油。

6）按照安装说明书尺寸要求，核实应力锥和标记的位置是否合适，若不合适，做适当调整，将应力锥精确调整至最终位置。

7）擦拭应力锥两端和电缆表面的硅油。

8）检查并确认没有影响终端质量的瑕疵，如划伤、灰尘，潮湿。

（2）应力锥、出线杆外部绕包带材。

1）按照安装说明书要求缠绕带材，主要的带材一般有绝缘带、半导电带、铜网、铅带、PVC 等。

2）缠绕带材后，从应力锥上部复核应力锥的位置。

1.2.2.8 环氧套安装

（1）环氧套定位。

1）清洁并检查环氧套。确认没有裂纹、灰尘附着在环氧套上，环氧套必须完好、清洁。

2）将应力锥接触的环氧套内侧均匀涂抹硅油，将环氧套套入电缆和应力锥上，并临时固定好。

3）O 形圈涂硅脂，确保整个 O 形圈进入密封槽内，并保持清洁。

4）环氧套就位，安装顶部卡具。

5）测量导体上平面与环氧套端面之间尺寸应符合图纸要求。

6）按厂家安装说明书要求使用力矩扳手紧固螺母。

（2）安装压紧弹簧。

1）向上推压紧环，使应力锥向上滑动直至与环氧套内壁相接触。

2）用双头螺杆将压紧环固定在环氧套底座上。

3）压缩弹簧长度，在四个方向满足图纸要求的尺寸。

（3）安装尾管。

1）O 形圈涂硅脂，确保整个 O 形圈进入密封槽内，必须保持清洁。

2）用螺栓固定尾管。

3）在尾管与金属护套的间隙中填充铅条或橡胶带。绑扎并锡焊编织铜带，使之与尾管和金属护套良好接触。

1.2.2.9 密封处理、注入绝缘油、安装上端金具

（1）可采用以下三种密封方式：

1）搪铅、绕包带材、热缩管。

2）环氧树脂和玻璃丝带、绕包带材、热缩管。

3）环氧泥、绕包带材、热缩管。

（2）搪铅。

1）搪铅必须由技术熟练的工人操作。

2）搪铅前必须用钢丝刷用力擦去封铅处（包括电缆金属护套和尾管镀锡处）的金属氧化物，均匀烤热后用硬脂酸清洗。

3）加热时，火头必须不断移动，以免烧坏电缆绝缘。

4）搪铅时间不宜过长，一般分两次进行。第一次封堵，第二次成形和加强。

5）搪铅时宜测量金属护套的温度，温度不得超过规定要求，当温度超过规定时，应立即停止工作，待温度下降后再继续工作。

6）成形的封铅要求表面光滑无毛刺，之后用硬脂酸冷却。

7）封铅未冷却前，不能立即调整电缆，需冷却一段时间后方可工作。

8）在封铅处缠绕防水带、绝缘带。

（3）焊接地线。

1）用钢丝刷清除金属护套的杂质及氧化物。

2）在（铝）金属护套上镀一层铝焊料。

3）在铝焊料上面镀一层封铅。

4）用铜绑线把地线分别与金属护套和尾管绑扎固定。

5）用电烙铁进行操作，把地线牢固地焊在金属护套和尾管上。

（4）注入绝缘油、安装上端金具。

1）根据安装说明书要求对电缆绝缘油进行加热、抽真空处理后，注入电缆终端。

2）根据不同工艺要求，放出规定剂量的油。

1.2.2.10 穿仓

（1）根据不同的现场安装条件，与GIS、变压器设备安装人员协调后，确定GIS终端穿仓方案。

（2）穿仓前，注意核对电缆与GIS、变压器仓体的相位。

（3）穿仓前，要清洗环氧套表面，不得有污物。

（4）电缆GIS终端、变压器终端穿入仓体时，注意O形圈应进入密封槽内。螺栓对角紧固，受力均匀，力矩符合要求。

（5）尾管以下1m电缆保持竖直，并固定牢固。

1.2.2.11 质量检验

（1）安装尺寸应符合安装说明书要求。

（2）环氧套管密封应良好，力矩符合安装说明书规定。

（3）绝缘油应无渗漏。

（4）终端固定牢固、可靠。

（5）终端处电缆裕度处理应美观、一致。

（6）标志牌齐全、正确、字迹清晰，相色带明显、一致。

（7）终端露出仓体部分美观一致。

（8）终端安装完成后，及时填写施工记录和收集相关资料，并整理归档作为工程竣工资料的一部分。

1.2.3 电缆接头安装

1.2.3.1 安装流程

安装流程主要包括：施工准备，电缆加热调直，断电缆、剥除线芯绝缘、绝缘及屏蔽层处理，应力锥安装，导体连接，开槽、安装屏蔽罩，应力锥就位、绕包带材，铜壳组装及外部密封处理，组装防火设施，安装接头托架，质量检验。如图1-2-3所示。

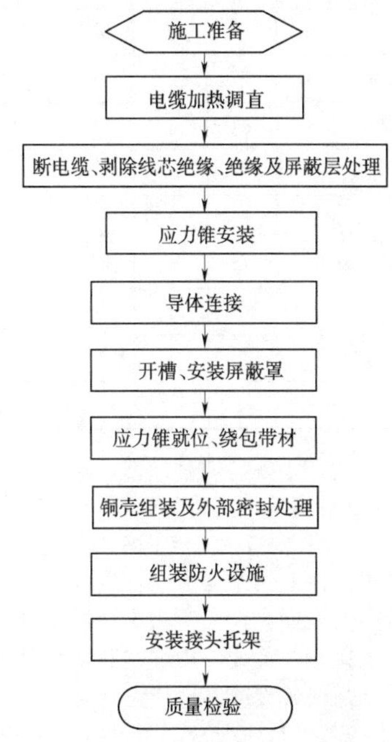

图1-2-3 电缆接头安装流程图

1.2.3.2 施工准备

（1）电缆接头的制作安装应由经过专业技术培训且熟悉工艺标准的人员进行（必须持证上岗）。

（2）安装人员应熟悉设计图纸及安装工艺资料，掌握安装工艺标准。

（3）确认电缆相位正确。

（4）保持环境清洁，避免污染绝缘表面。应设法防止尘埃、杂物落在绝缘表面上，必要时应搭建接头棚。

（5）严格控制安装区域环境相对湿度，一般要求70%及以下；相对湿度超过70%，安装前应进行去湿处理；如安装说明书另有规定，按安装说明书执行。

（6）查明电源的位置并接好临时电源。

（7）施工场地应有足够的照明器材和消防器材。

（8）准备好工器具（见表1-2-3）。施工时可能与电缆导体、绝缘接触的工具，例如剥切半导电层刀具、卡尺、钢板尺、压钳和压模等，应清洁并保持干燥。

表1-2-3 工 器 具

序号	名称	单位	数量	备注
1	电锯	套	1	根据电缆截面选择
2	环形管刀	套	1	根据电缆截面选择
3	拿弯器	件	1	
4	电缆加热设备	套	1	
5	半导电剥削专用刀具	把	1	
6	打磨机	把	3	
7	压钳	套	1	100t或200t
8	压模	个	1	根据电缆截面选择

续表

序号	名称	单位	数量	备注
9	游标卡尺	个	1	0～200mm
10	钢板尺	个	3	300mm、500mm、1000mm
11	电烙铁	把	1	2000W
12	电吹风	把	1	800W
13	温湿度表	个	1	
14	力矩扳手	把	1	
15	套筒扳手	套	1	
16	电锤	个	1	
17	液化气罐及喷枪	套	1	
18	其他专用工具			按照安装说明书

（9）检查加热调直设备，如有异常，及时处理。

（10）消耗性材料齐备。清洁剂应符合安装说明书的要求。

（11）按附件产品的装箱单清点其零部件是否齐全，并检查有无损伤或其他缺陷，并对重要零部件进行检查：外包装密封应完好，应力锥内外表面光滑，应力锥内径要符合电缆绝缘外径的尺寸要求；连接管内径要与电缆线芯外径尺寸相匹配；接头铜壳及绝缘子无任何破裂或其他质量缺陷。

（12）检查电缆封头是否严密，密封材料不得受潮、失效，电缆内应无潮气。安装前对电缆外护套进行试验。

（13）按安装工艺说明检查专用工具。

（14）附件和电缆型号匹配、数量齐全、质量良好。

1.2.3.3　电缆的加热调直

（1）按照施工图纸将电缆调整至永久位置，调直接头安装区域的电缆。

（2）核对相位，一般保留200mm余度后去掉多余电缆。

（3）加热调直过程中要对加热温度进行全过程监控。

（4）加热前，准备并检查加热工具是否处于良好状态，如温度自动控制器、加热带等。

（5）准备所需的材料，如聚四氟带、铝箔等。

（6）电缆的加热调直有一般加热方法和带护套加热方法。不论采用哪种方法，都必须将电缆加热到安装工艺说明书要求的温度并保持规定的时间，之后用角铝等绑扎固定，自然冷却至环境温度。最好冷却24h。

1.2.3.4　断电缆、剥除线芯绝缘、绝缘和屏蔽处理

（1）按安装说明书要求量取电缆最终位置断点，并做好标记，然后将多余电缆锯掉，断口应平齐。按照图纸要求，用专用转刀剥除电缆线芯绝缘。

（2）去除半导电层。

1）严格按照图纸要求保留绝缘尺寸。

2）绝缘层与半导电层之间要平滑过渡不能出现台阶或凹坑。

3）绝缘层和半导电层要分开打磨，打磨绝缘层不能把半导电颗粒带入绝缘。用打磨机打磨电缆绝缘层时注意要均匀打磨，即电缆的四周均需打磨，先用高速打磨，再调至低速打磨；打磨过半导电层的砂布绝对不能再打磨绝缘层，打磨时先用粗砂布再用细砂布。

4）使用游标卡尺测量并记录绝缘外径尺寸。

5）清洗电缆绝缘表面应使用无水溶剂，从绝缘部分向半导电层方向擦拭。清洁纸只能单向擦拭，不能来回擦拭。擦过半导电屏蔽层的清洁纸绝对不能再擦绝缘层，用过的清洁纸不能重复使用，以防半导电颗粒和杂质污染电缆绝缘。

6）用涂半导电漆或模塑的方法处理半导电层断口。

1.2.3.5　应力锥安装

应力锥安装前，在电缆上依此套入绝缘热缩管、铜外壳、绝缘子等。电缆接头应力锥的安装方法可分为拉入式、现场扩张式、冷缩式和插接式四种。

（1）拉入式应力锥安装。

1）清洗导引棒、电缆绝缘和外半导电层，确认电缆绝缘和外半导电层无划痕或缺陷。

2）安装导引棒，在导引棒、电缆绝缘和外半导电层上均匀地涂抹硅油。

3）擦拭应力锥，在应力锥内表面均匀地涂抹硅油。

4）均匀用力将应力锥通过引导棒拉至电缆的一端。

5）导体连接和屏蔽罩安装完毕后，按照安装说明书尺寸要求，作应力锥定位标记。

6）检查电缆绝缘层表面应无划痕或缺陷。

7）仔细清洗电缆绝缘和半导电层，在绝缘层表面均匀地涂一层硅油。

8）均匀用力，将应力锥拉至最终位置。

9）检查并调节应力锥的位置，使其符合安装说明书要求。

（2）现场扩张式应力锥安装。

1）扩张应力锥环境要求：扩锥要求在温度为5～30℃、相对湿度不大于70%、清洁无灰尘的环境中进行。若安装说明书有需搭建扩锥棚等特殊要求时，按要求执行。

2）扩锥准备组装、试运转。

3）用扩锥设备把应力锥内径扩张。

4）扩锥完毕后，用塑料套、布等将应力锥保护好，运至接头现场，一般需在4h内安装完毕。

5）把应力锥套入电缆的一端。

6）导体连接后，按照安装说明书尺寸要求，作应力锥定位标记。

7）检查、清洗电缆绝缘和外半导电层，并均匀地涂抹硅油。

8）用专用拔锥工具将应力锥内的扩张管拔出。

9）检查并调节应力锥的位置，使其符合安装说明书要求。

（3）冷缩式应力锥安装。

1）导体连接前，将应力锥进行保护并套在电缆的一端。

2）导体连接后，按照安装说明书尺寸要求，作应力锥定位标记。

3）在电缆绝缘层表面均匀地涂氟硅脂。

4）两人操作，一人确定位置，一人均匀拉出支撑管。

5）检查并调节应力锥的位置，使其符合安装说明书要求。

1.2.3.6　导体连接

（1）连接前，先检查套入组部件的数量、顺序和方向是否正确；将电缆绝缘用保鲜膜加以临时保护。

（2）导体连接选用六角压模，一般按照出线杆压接区域的外径尺寸与压模对角线尺寸一致的原则。如安装说明书有特殊要求，按要求执行；选用圆模按照安装说明书的要求执行。

（3）核对连接管外径与压模尺寸是否匹配。

（4）去除线芯内部填充物，用砂布把线芯表面氧化膜去除。

（5）套入连接管前，再次核对绝缘去除的尺寸是否符合要求，保证导体进入连接管内的尺寸符合规定。套入连接管后，电缆线芯与连接管应在同一轴线上，在线芯上做好标记，开始压接。

（6）压接顺序一般为由中间至两边。

（7）有连接屏蔽罩铜编织带的，铜编织带要随连接管一同套在导体上，和导体压接在一起。

（8）压力控制一般应到达 700kgf/cm^2，随后保持 10～15s，再松开压钳。

（9）压接完成后，打磨连接管上毛刺，表面应光滑。连接管与电缆应保持同轴平直。

（10）对于螺栓连接的连接管，按安装说明书将拧紧螺母用扳手均衡拧断。

（11）采用焊接，用防火布对电缆绝缘、应力锥和周围的电缆进行保护，并配备灭火器。焊接后，将多余的焊渣去除，并将焊接表面打磨光滑。

1.2.3.7　开槽、屏蔽罩安装

（1）根据安装说明书，用专用工具在电缆绝缘上开槽。

（2）开槽时，随时测量槽的外径，应符合安装说明书要求。

（3）增绕带材，并测量带材的外径，应小于屏蔽罩的内径。

（4）连接屏蔽罩和铜编织带，应连接紧固。

（5）安装屏蔽罩，两个屏蔽罩之间无缝隙，外部用 PVC 带固定。

1.2.3.8　应力锥就位、绕包带材

（1）将应力锥最终就位，两侧与定位标记之间的间距相等。固定之后，按照安装说明书要求缠绕带材，所用的带材一般有：绝缘带、半导电带、铜网、铅带、PVC 等。

（2）用力均匀、绕包美观无褶皱。

（3）绕包带材拉伸程度、搭接宽度应符合安装说明书要求。

（4）铜网与金属护套焊接前，先用砂布打磨焊接处，用电烙铁焊牢。

1.2.3.9　铜壳组装及外部密封处理

（1）组装铜壳时，O 形圈应涂硅脂，确保整个 O 形圈进入绝缘子的密封槽内，保持清洁。按照安装说明书的力矩要求对角紧固螺栓，盒体两端对称、美观。

（2）可采用以下三种密封方式。

1）搪铅、绕包带材、热缩管。

2）环氧树脂和玻璃丝带、绕包带材、热缩管。

3）环氧泥、绕包带材、热缩管。

（3）搪铅。

1）搪铅必须由技术熟练的工人操作。

2）搪铅前必须用钢丝刷用力擦去封铅处（包括电缆金属护套和铜壳镀锡处）的金属氧化物，均匀烤热后用硬脂酸清洗。

3）加热时，火头必须不断移动，以免烧坏电缆绝缘。

4）搪铅时间不宜过长，一般分两次进行。第一次封堵，第二次成形和加强。

5）搪铅时应测量金属护套的温度，温度不得超过规定要求，当温度超过规定时，应立即停止工作，待温度下降后再继续工作。

6）成形的封铅要求表面光滑无毛刺，之后用硬脂酸冷却。

7）封铅未冷却前不能立即调整电缆，需冷却一段时间后方可工作。

8）在封铅处缠绕防水带、绝缘带。

（4）焊接地线。

1）用钢丝刷清除金属护套的杂质及氧化物。

2）在（铝）金属护套上镀一层铝焊料。

3）在铝焊料上面镀一层封铅。

4）用铜绑线把地线分别与金属护套和铜壳绑扎固定。

5）用电烙铁进行操作，把地线牢固地焊在金属护套和铜壳上。

（5）注入防水胶、施加防火材料。

1）如安装说明书要求灌注防水胶，应将两种胶体混合并均匀搅拌，注入铜壳内，最少分两次注入，最后把注入口密封。

2）铜壳外护层如果是 PE 材料，应采取涂防火涂料或缠绕防火带等防火措施。

1.2.3.10　组装防火设施

按照设计要求组装防火槽盒、防火隔板和安装防火弹。

1.2.3.11　安装接头托架

（1）接头完毕后安装接头托架，要求水平、牢固。

（2）悬挂路铭牌和相色牌。

（3）清理施工现场。

1.2.3.12　质量检验

（1）安装尺寸应符合安装说明书要求。

（2）铜壳密封应良好，力矩符合安装说明书规定。

（3）防水胶应无渗漏。

（4）接头固定水平、牢固。

（5）标志牌齐全、正确、字迹清晰，相色带明显、一致。

（6）三相接头外观美观一致。

（7）防火设施安装位置正确。

（8）接头安装完成后，及时填写施工记录和收集相关资料，并整理归档作为工程竣工资料的一部分。

1.2.4　接地系统安装

1.2.4.1　安装流程

安装流程主要包括施工准备、箱体固定、交叉互联箱、接地箱接线、质量检验，如图 1-2-4 所示。

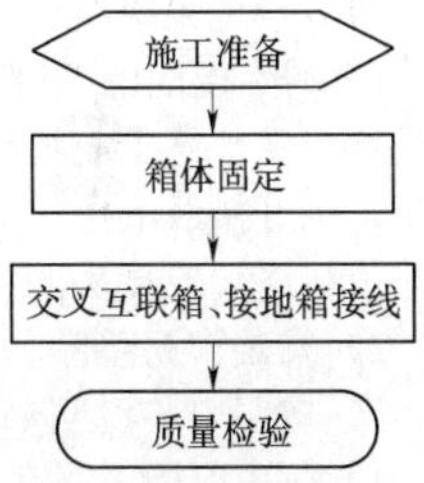

施工准备 → 箱体固定 → 交叉互联箱、接地箱接线 → 质量检验

图 1-2-4　接地系统安装流程图

1.2.4.2　施工准备

（1）安装应由经过培训的熟悉工艺的人员进行。

（2）仔细审核图纸，熟悉电缆金属护套交叉互联及接地方式。

（3）现场查活，检查现场应与图纸相符。终端及接头制作安装完毕后，根据图纸及现场情况测量交叉互联电缆和接地电缆的长度。

（4）准备工器具见表 1-2-4。

表 1-2-4　　工　器　具

序号	名称	单位	数量	备注
1	克丝钳	把	2	200mm
2	螺丝刀	把	2	平 150mm
3	活扳手	把	8	250mm
4	手电筒	把	4	4.5V
5	套筒扳手	套	1	
6	压接钳	台	1	25t
7	压模	套	1	根据电缆截面选择

（5）检查交叉互联箱、接地箱内零部件应齐全。

（6）确认交叉互联电缆和接地电缆符合设计要求。

1.2.4.3　箱体固定

（1）交叉互联箱、接地箱应按照图纸位置安装；螺栓紧固力均匀，箱体牢固、整洁、横平竖直。

（2）箱体的外壳与永久接地点应可靠连接。

1.2.4.4　交叉互联箱、接地箱接线

（1）交叉互联箱接线。

1）确认电压限制器的型号和规格符合设计要求且试验合格、完好无损。

2）剥除同轴电缆绝缘，压好芯线接线端子；根据接头的结构，剥除护层绝缘，压好屏蔽线接线端子；导体压接后，表面应光滑、无毛刺；与绝缘接头的接线端子连接。

3）将交叉互联电缆穿入交叉互联箱；剥除绝缘，按要求剥切线芯，表面要光滑、无毛刺，与接线端子连接；根据交叉互联箱内部尺寸，剥除护层绝缘，去除多余的屏蔽导体，固定屏蔽导体。

4）重复上述步骤，将A、B、C三相交叉互联电缆连接好，应一致美观。

5）安装密封垫圈和箱盖，螺栓对角紧固牢固。

6）按照安装说明书的要求密封出线孔。

7）在交叉互联箱出线孔外缠相色带（40mm 宽），高度一致美观。

8）接地电缆的接地点选择永久接地点，接触面应抹导电膏，连接应牢固。

9）接地引下线采用圆钢时，其焊接长度应为圆钢直径的6倍，采用扁钢应为扁钢宽度的2.5倍。

10）接地扁钢、圆钢表面按要求涂漆。

（2）接地箱接线。

1）剥除接地电缆的绝缘，压好一端的接线端子；接地电缆应一致美观，严禁电缆交叉；将电缆另一端穿入接地箱，剥除绝缘，压好接线端子；导体压接后，表面应光滑、无毛刺；与接地箱和终端或接头的接地端子连接牢固。

2）安装密封垫圈和箱盖，螺栓对角紧固牢固。

3）按照安装说明书的要求密封出线孔。

4）在接地箱出线孔外缠相色（40mm 宽），高度一致美观。

5）接地电缆的接地点选择永久接地点，接触面应抹导电膏，连接应牢固。

6）接地引下线采用圆钢时，其焊接长度应为直径的6倍，采用扁钢应为宽度的2.5倍。

7）接地扁钢、圆钢表面按要求涂漆。

1.2.4.5 质量检验

（1）接地电缆、交叉互联电缆应符合设计要求，布线美观。

（2）电压限制器应完好无损，试验合格。

（3）箱体内接线方式及相序排列符合设计要求。

（4）导体连接应牢固。

（5）箱体固定应符合设计要求、牢固，位置合理、整洁。

（6）相色应正确明显，位置符合要求。

（7）接地点应为永久接地点。

1.2.5 电缆附件施工安全措施

（1）安装前安全负责人向全体安装人员交代安全措施和注意事项。

（2）安装前，安全员检查所有起重用具、工器具是否符合安全要求，不合格者杜绝使用。

（3）安装人员必须规范着装，正确佩戴安全帽。

（4）进入有限空间前，必须检测有害气体并通风合格。

（5）在电缆隧道、易燃物附近或防火重点区工作，应配备数量充足的灭火器。

（6）传递加热容器应戴好长帆布手套，防止倾覆伤人。

（7）加注电缆胶时，工作人员应站在上风口，还应注意下风口过往行人。高处加注电缆胶时，下方不许站人。

（8）使用喷枪前，应认真检查管路连接是否紧密，有无脱落、漏气情况。喷枪点火时应让火等气，并注意喷枪前不要有障碍物。液化气罐应有专人操作。

（9）在超过 1.5m 高的终端平台上工作时，应遵守高处作业的安全规定。

第 2 章　北京某 220kV 电缆线路送电工程施工组织设计

本章包括以下 11 部分内容：

（1）编制依据。

（2）工程概述。

（3）工程现场组织机构。

（4）施工现场总平面布置图。

（5）施工方案。

（6）工期及进度计划。

（7）质量目标、质量保证体系及技术组织措施。

（8）安全目标、安全保证体系及技术组织。

（9）工程分包。

（10）环境保护及文明施工。

（11）计划、统计和信息管理。

2.1　编 制 依 据

（1）《××220kV 电缆送电工程设计说明书》。

（2）《××220kV 电缆送电工程设计图纸》。

（3）有关分部工程的协议、合同、文件。

（4）与电气安装有关的技术及国家标准。

（5）公司《质量手册》和公司质量、环境、职业健康安全体系程序及公司《电缆施工作业指导书》。

（6）《电力建设安全工作规程》。

（7）《电力建设工程预算定额》。

（8）《输变电工程达标投产考核评定管理办法》。

（9）建设单位对本工程的特殊要求、质量目标、工期目标。

2.2　工 程 概 述

2.2.1　工程概况

2.2.1.1　工程简述

工程名称：甲站至乙站 220kV 电缆线路送电工程。

本工程计划开工日期：2011 年 7 月 10 日，计划竣工日期：2011 年 9 月 28 日。

本工程自甲 220kV 变电站至乙 220kV 变电站新建双回电缆，全线电缆均敷设于电缆隧道和电缆夹层中。沿线大部分电缆隧道为现状隧道，乙站西侧现状隧道三通井至站内架构区段电缆隧道为新建隧道。

为掌握电缆的负荷变化、加强对电缆的运行监控，本工程双回电缆同时配置一根测温光纤敷设。

Ⅰ路电缆：自甲 220kV 变电站 2211 号间隔至乙 220kV 变电站 2211 号间隔，电缆长 8406×3m。

Ⅱ路电缆：自 220kV 变电站 2216 号间隔至乙 220kV 变电站 2216 号间隔，电缆长 8424×3m。

2.2.1.2　工程规模

（1）电缆电气部分见表 2-2-1。

表 2-2-1　　电气部分规格型号及数量一览表

名称	规格型号	数量
电缆（Ⅰ路）	ZC-YJLW$_{02}$-Z-220kV-1×1600mm^2	225218m
电缆（Ⅱ路）	ZC-YJLW$_{02}$-Z-220kV-1×1600mm^2	25272m
户外终端	220/1600	6 只
GIS 终端	220/1600	6 只
绝缘接头	220/1600	102 只
交叉互联箱	定型产品	24 只
六线接地箱	定型产品	10 只
三线接地箱	定型产品	4 只
交叉互联电缆	ZR-10kV-400mm^2/400mm^2	1700m
接地电缆	ZR-10kV-1×400mm^2	200m
护层保护器	残压值不大于 10kV	6 只

（2）光纤测温部分见表 2-2-2。

表 2-2-2　　光纤测温部分设备及数量一览表

名称	数量
测温光纤（2 芯多模光纤）	19000m（9500m×2）
光纤终端盒	2 套

（3）电缆及附件主要参数。

1）电缆型号：

ZC-YJLW$_{02}$-Z-127/220kV-1×1600mm^2。

2）附件型号：

甲站侧电缆终端选用 GIS 终端，型号为 220/1600。

乙站侧电缆终端选用户外终端，型号为 220/1600，爬电距离不小于 8064mm。

交叉互联箱、六线接地箱、三线接地箱均选用防水型不锈钢外壳产品。

护层保护器选用性能优越的无间隙氧化锌阀片，要求残压不大于 10kV。

接地电缆选用 10kV-1×400mm^2 电缆，交叉互联电缆选用 10kV-400/400mm^2 电缆。

（4）设备配置情况见表 2-2-3。

表 2-2-3　　设备配置情况表

名称	电缆	GIS 终端	空气终端	绝缘接头	交叉互联箱接地箱	交叉互联电缆接地电缆
Ⅰ路	宝胜普睿司曼	比瑞利	比瑞利	比瑞利	宝胜普睿司曼	宝胜普睿司曼
Ⅱ路	沈阳古河	沈阳古河	沈阳古河	沈阳古河	沈阳古河	沈阳古河

（5）抱箍及橡胶垫选择见表 2-2-4。

表 2-2-4　　抱箍及橡胶垫规格表

名称	型号	配用橡胶板
固定金具	R75	－5×120mm×1000mm
电缆抱箍	R75	－5×120mm×500mm

（6）电缆盘长。

Ⅰ路：467m/盘×54 盘。

Ⅱ路：468m/盘×54 盘。

2.2.2 工程施工依据及特点

2.2.2.1 工程施工依据

（1）电缆接地方式。

本工程双回电缆线路的接地方式选用交叉互联、两端直接接地的接地方式，全线共设置六组交叉互联。即甲站、乙站内电缆终端处电缆金属护层经三线接地箱直接接地；1 号、2 号、4 号、5 号、7 号、8 号、10 号、11 号、13 号、14 号、16 号、17 号绝缘接头处三相电缆金属护层间通过交叉互联箱使得电缆护层换位，再经过交叉互联箱内的护层保护器接地；3 号、6 号、9 号、12 号、15 号绝缘接头用作直通接头，三相电缆金属护层经六线接地箱接地。

（2）电缆敷设要求。

1）电缆排列方式。

本工程电缆在甲变电站夹层内水平排列、间距 300mm；电缆放置于地面槽钢或较高槽钢支架上（电缆支架）。

电缆隧道内双路电缆均品字形接触排列，在甲站至四环路段 2.4m×2.4m（2.9m）电缆隧道内本工程电缆放置于第三档电缆支架上；在四环路至乙站 2.0m×2.1m（2.3m）隧道内本工程电缆放置于地面第一档支架上。

2）蛇形敷设。

本工程电缆全线均需蛇形敷设。

根据本工程电缆敷设环境，全线蛇形敷设设置两种蛇形波节，即甲站夹层及甲站至四环路（电缆放置于第三档支架上）蛇形波节设置为 6m，蛇形波节均为 6m，即每隔 3m 硬固定一次，××站内为保证电缆牵引时在同一高度，非硬固处下垫 FRP 板（δ=25mm），蛇形波幅 W=100mm；四环路至××站蛇形波节设置为 8m，即每隔 4m 硬固定一次，蛇形波幅 W=115mm。

3）其他敷设要求。

电缆敷设时弯曲半径不小于 2.2m。

电缆在两端电缆引上处需用电缆抱箍连续固定 5 次，隧道转弯的两个切点处用固定金具各固定 5 次。

在甲站夹层内电缆敷设于背靠背槽钢上，每 3m 硬固定一次，每 1.5m 垫一次槽钢，与地面红寺电缆、220kV 联络电缆交叉时通过较高槽钢支架跨越。

在电力隧道内，敷设在底板上的电缆遇人孔井时每个井每路电缆加 3 套电缆板凳。

在电力隧道内，敷设在支架上的电缆遇三通、四通井无支架支撑时，每路电缆沿电缆走向放置 5 套过渡支架。

（3）电缆附件安装。

1）GIS 终端的安装。

GIS 终端与 GIS 设备相连，电缆引上孔位与 GIS 电缆进线仓对应。在 GIS 筒尾部法兰与电缆护层间安装护层保护器。

本工程电缆在甲站夹层内弯起引上段固定在电缆引上支架上。安装 GIS 终端时应核实 GIS 仓电缆进线相位及相间距，并保证终端尾管以下 1.0m 电缆直线段，并在 1.0m 处加设固定点。

三线接地箱安装于夹层内电缆引上支架上，且接地引线与变电站内接地网可靠连接，安装孔距Ⅰ路为 514mm×290mm，Ⅱ路为 370mm×320mm。

2）中间接头的安装。

每路电缆各制作 17 组中间接头（绝缘接头），每组接头中每只接头相距 8m。绝缘接头均安装于倒数第一档电缆支架上，接头两端分别连续固定 5 次。做头前三相电缆由品字形接触排列过渡到水平排列。

制作 3 号、6 号、9 号、12 号、15 号接头时需将绝缘接头两端金属护套通过六线接地箱实现连接后直接接地，用作直通接头。

交叉互联箱、六线接地箱安装于倒数第四或第二档电缆支架上，且接地引线与电力隧道内接地极可靠连接，安装孔距：Ⅰ路 530mm×300mm，Ⅱ路 420mm×420mm。

甲站至北四环段电缆接头放置在电缆支架上，该支架横担长度不满足放置接头要求，制作电缆接头时需加长接头所在支架横档。该段电缆隧道内共放置有 8 组接头（每路 4 组）共计 24 只绝缘接头，每只接头加长 5 档支架，双回电缆共需加长 120 档，加长支架时支架横铁需扳ϕ12 孔两个，共需扳孔 240 个。

3）户外终端的安装。

站内架构侧电缆自隧道地面弯起引上时用引上支架、角钢各固定 1 次，垂直引出地面后，经终端支架用抱箍固定三次，再垂直引上至户外终端。电缆出地面段用 PVC 管加以保护，管口加管塞封堵。户外终端安装在电缆终端支架上，安装孔距：Ⅰ路 460mm×460mm，Ⅱ路 566mm×566mm。

乙站户外终端在 A 型架下方，水平排列、相间距 3m，通过导线与 GIS 出线套管连接（乙站原为架空进线，本工程改为电缆进线）。

（4）防火设计。

全线电缆均采用阻燃外护套，故不需设置独立的防火分区设施。××站侧电缆引上孔需用防火板及防火堵料封堵。每只接头配一只防火弹，防火弹位于接头上方，悬吊于上数第一档电缆支架下；安装防火弹时需加长电缆支架，每只防火弹加长 1 档支架，双回电缆共需加长 102 档支架，加长支架时电缆支架横铁需扳ϕ12 孔两个，共需扳孔 204 个。

（5）防水设计。

电缆引入甲站后需在埋管迎水面安装橡胶阻水套管，管另一侧用防水腻子封堵，做到不渗不漏。

在乙站侧电缆自 PVC 管引出后需加管塞并用防水腻子封堵。

（6）现状隧道电缆支架改造。

现状甲站至北四环段电缆支架横担宽度为 50mm，为满足固定本工程 220kV 电缆要求，需在该横担上安装附加支架，每 3m 加装一套。

（7）站内夹层改造。

为满足本工程电缆在夹层内敷设要求，夹层内墙需开洞（240mm 厚蒸压灰砂砖墙）：1m×0.8m 洞 2 个，洞上设预制钢筋混凝土过梁 300mm×240mm×1200mm；0.8m×0.5m 洞 1 个，洞上设预制钢筋混凝土过梁 300mm×240mm×1000mm。

在现甲变电站电缆夹层外墙（400mm 厚钢筋混凝土墙）上开洞 3 个ϕ250mm。

（8）光纤测温部分。

测温光纤采用外置式、2 芯多模光纤。测温光纤绑扎固定方式为可拆卸式，分别与每路 B 相电缆紧密贴附，固定间距为 0.5m：在固定金具处采用跨越方式通过，固定金具两侧 100mm 处各用尼龙绳与 B 相电缆绑扎在一起，金具间每 0.5m 用尼龙绳与 B 相电缆绑扎一次。测温光纤在电缆接头处、电缆终端处需在每相接头铜壳表面或电缆终端表面分别双环形缠绕并用胶带固定，每组电缆接头或电缆终端双环形缠绕光纤展开总长为 45m。

2.2.2.2 工程特点及注意事项

（1）本电缆线路经北辰路、北四环、北辰西路、辛店村路、白庙路，交通运输条件较好。

（2）隧道：本工程新建电缆全线敷设在现状电缆隧道内，现状隧道内有运行电缆。

（3）地貌：以体育设施、商业建筑为主。

（4）交通：沿线主要运输道路条件较好，占地较为困难。

（5）本工程中除不锈钢件外均需做热浸锌防腐处理。

（6）每相电缆终端、电缆接头、进站埋管两侧、电力隧道转弯处均应挂路铭牌及相位标志，每三相加一个铭牌，一个铭牌配 3 个相色牌。

（7）在变电站电缆夹层内，所有电缆支架和支撑槽钢通过一根 50×5 接地扁铁相连，和不锈钢槽钢焊接时需用不锈钢焊条，接地扁铁两端与变电站接地网可靠连接；在电缆引上孔处，所有电缆引上支架均引两根 50×5 接地扁铁通过两个不同的接地网引出点与变电站接地网可靠连接。

（8）施工前，施工单位需组织有关单位进行设计交底。在施工过程中如遇到问题请及时与设计联系协商解决。

（9）施工及发电前核准相位。

2.3　工程现场组织机构

2.3.1　施工现场组织机构关系图

本工程实行项目管理，成立项目经理负责制的“甲站至乙站 220kV 电缆线路送电工程项目部”，充分发挥项目组织和项目管理的优势，代表公司对本工程实行全面管理。

公司成立工程项目部，为全面实现本工程优质、高效的施工目标，做到安全生产、文明施工、质量优良，并达到贯彻执行安全技术管理措施的目的。建立施工现场管理机构体系，严格执行项目经理负责制，项目经理代表公司对本工程的施工建设全面负责。项目经理部严格执行 GB/T 50326—2006 国标字母与数字间有空格《建设工程项目管理规范》及相关要求，科学组织、精心施工，塑造“精品工程”。

施工现场组织机构如图 2-3-1 所示。

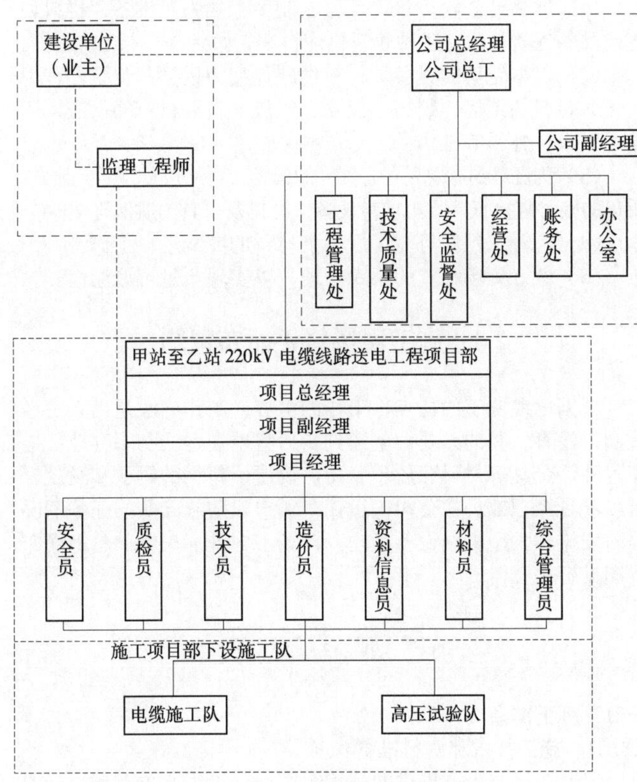

图 2-3-1　项目管理组织机构框图

2.3.2　项目施工管理人员主要职责

2.3.2.1　项目经理

全权处理本工程中的各项事务。组织项目部有关人员进行现场查活，参与编制工程项目管理实施规划和施工技术资料。随时掌握施工进度和现场情况，合理调度配置人力、物资、机械车辆，保证施工按计划进行，协调现场发生的设备材料等问题。

（1）是落实施工现场管理职责的第一责任人，在授权范围内代表施工单位全面履行施工承包合同；对施工生产和组织调度实施全过程管理；确保工程施工顺利进行。

（2）组织建立相关施工责任制和各种专业管理体系并组织落实各项管理组织和资源配备，监督有效地运行，负责项目部员工管理职责的考核及奖惩，进行利益分配。

（3）组织编制符合工程项目实际的《项目管理实施规划（施工组织设计）》《工程创优施工实施细则》《安全文明施工实施细则》《应急预案》和《输变电工程施工强制性条文执行计划》等实施性文件，并负责落实和监督。

（4）组织制订施工进度、安全、质量及造价管理实施计划，实时掌握施工过程中安全、质量、进度、技术、造价、组织协调等的总体情况，组织召开项目部工作例会，安排部署施工工作。

（5）对施工过程中的安全、质量、进度、技术、造价等有关要求执行情况进行检查、分析及纠偏。

（6）针对工程实施和检查中出现的重大问题，负责妥善处理，提请有关方协调解决，并制订纠正预防措施。

（7）合理安排工程资金使用；审核“安措费”使用计划。

（8）组织落实安全文明施工、职业健康和环境保护有关要求，促进项目的各项管理活动的开展落实。

（9）组织工程内部验收和质量评定工作，申请工程验收，安排工程竣工后期相关管理工作。

（10）项目投产后，组织对项目管理工作进行总结；接受审计，安排项目部解体后的收尾工作。

2.3.2.2　项目副经理

（1）按照项目经理的要求，对职责范围内的管理体系正确有效运行负责，保障体系正常运行。

（2）按照项目经理的要求，负责组织各项管理工作，对施工班组进行业务指导。

（3）全面掌握分管范围内的施工过程中安全、质量、进度、技术、造价、组织协调等的总体情况，对安全、质量、进度、技术、造价有关要求执行情况进行检查、分析及纠偏；组织召开相关工作会议，安排部署相应工作。

（4）针对工程实施和检查中出现的问题，负责妥善处理，重大问题提请项目经理协调解决。

（5）组织落实分管范围内的安全文明施工、职业健康和环境保护有关要求，促进相关工作有效开展。

（6）积极完成项目经理委派的其他各项管理工作，对这些管理工作负全面责任。

2.3.2.3　项目总工

（1）认真贯彻执行上级和施工单位颁发的规章制度、技术规范、标准。组织编制符合工程实际的实施性文件和重大施工方案，并在施工过程中负责技术指导和把关。

（2）组织对施工图及时预审，接受业主项目部组织的交底活动。对施工图纸和工程变更的有效性执行负责，在施工过程中发现施工图纸中存在问题，负责向监理项目部提出书面资料。

（3）组织相关施工作业指导书、安全技术措施的编审工作，组织项目部安全、质量、技术及环保等专业交底工作。负责对承担的施工方案进行技术经济分析与评价。

（4）组织编制设备、材料供货计划、大型机具配置计划、技术培训计划并督促实施。

（5）组织本项目部全员的安全、质量、技术及环保等相关法律、法规及其他要求等的培训。

（6）定期组织项目专业管理人员，检查或抽查工程安全和质量。当工程项目安全和质量存在问题或隐患时，提出技术解决和防范措施。

（7）在项目经理的领导下，主持项目施工日常管理工作，负责落实业主、监理项目部对工程技术方面的有关要求。

（8）负责及时组织项目部管理人员收集、整理及汇总施工过程资料，项目投产后组织移交竣工资料。

（9）协助项目经理做好其他各项施工管理工作。

（10）负责施工新工艺、新技术的研究、试验、应用及总结。

2.3.2.4 技术员

（1）认真贯彻执行有关技术管理规定，积极协助项目经理或项目总工做好各项技术管理工作。

（2）认真阅读有关设计文件和施工图纸，在施工过程中发现设计文件和施工图纸存在问题及时向项目总工提出。施工过程中加强对设计文件等资料做到闭环管理。

（3）编写和出版各工序施工作业指导书、安全技术措施等技术文件；并在施工过程中负责落实有关要求和技术指导。

（4）在工程施工过程中随时进行检查和技术指导，当存在问题或隐患时，提出技术解决和防范措施。

（5）负责组织施工队伍做好项目施工过程中的施工记录和签证。

（6）不断提高自身的业务素质，并从技术方面指导和支持项目部的各项管理工作。

2.3.2.5 质检员

（1）积极协助项目经理全面负责项目实施过程中的质量控制和管理工作。

（2）认真贯彻执行上级和公司颁发的规章制度、技术规范、质量标准，参与编制符合项目管理实际情况的质量实施细则和措施，并在施工过程中监督落实和业务指导。

（3）组织项目部职工学习工程质量验收规范和产品质量标准。定期检查工程施工质量情况，参加质量事故调查，提出事故处理意见。

（4）按照有关要求或档案资料管理办法，收集、审查、整理施工记录表格、试验报告等资料。

（5）组织进行隐蔽工程和关键工序检查，对不合格的项目应责成返工，督促班组做好质量自检和施工记录的填写工作。

（6）完成项目经理安排的其他各项施工管理工作。

2.3.2.6 安全员

（1）积极协助项目经理全面负责施工过程中的安全文明施工和管理工作，确保施工过程中的安全。

（2）认真贯彻执行上级和公司颁发的规章制度、安全文明施工规程规范，结合项目特点制订安全健康环境管理制度，并监督指导施工现场落实。

（3）负责施工人员的安全教育和上岗培训，参加项目总工组织的安全交底。参与有关安全技术措施等实施文件编制，审查安全技术措施落实情况。

（4）负责制订工程项目安全工作目标计划。

（5）负责布置、检查、指导施工队伍安全施工措施的落实工作，并协助施工队伍提高专业水平，开展各项业务工作。

（6）监督、检查施工场所的安全文明施工情况，组织召开安全专业工作例会，总结安全工作。

（7）调查安全事故，提交调查报告，提出整改意见和防范措施。有权制止和处罚违章作业和违章指挥行为。

（8）督促并协助施工班组做好劳动防护用品、用具和重要工器具的定期试验、鉴定工作。

（9）开展安全施工的宣传和推广安全施工经验。

2.3.2.7 造价员

（1）严格执行国家、行业标准和企业标准，贯彻落实主管单位有关造价管理和控制的要求，负责项目施工过程中的造价管理与控制工作。

（2）负责施工图预算、工程变更费用计算和核实。按规定向业主和监理项目部等有关方报审。

（3）编制工程进度款支付申请和月度用款计划。

（4）负责编制工程竣工结算资料，按规定向业主和监理项目部等有关方报审。

（5）负责收集、整理工程实施中造价管理工作基础资料。

2.3.2.8 信息资料员

（1）负责对工程施工图纸、设计文件、施工信息及内、外的行政文件（资料）的接收、传递和保管；保证其安全性和有效性。

（2）负责向业主、监理项目部的方案（措施）报审工作。

（3）负责有关会议纪要整理和资料翻译工作；音像资料的收集和整理工作。

（4）根据项目总工要求，建立文件资料管理台账，及时进行档案移交工作。

2.3.2.9 综合管理员

（1）负责该项目的双文明建设管理和生活、后勤、安全保卫工作。

（2）负责现场的接待和各种会议会务管理工作。

2.3.2.10 材料员

（1）严格遵守物资管理及验收制度，加强对设备、材料和危险品的保管，建立各种物资供应台账，做到账、卡、物相符。

（2）以审定后的设备、材料供应计划为依据，负责办理甲供设备材料的催运、装卸、保管、发放，自购材料的供应、运输、发放、补料等工作。

（3）负责对到达现场（仓库）的设备、材料进行型号、数量、质量的核对与检查。收集项目设备、材料及机具的质保等文件。

（4）负责工程项目完工后多余材料的冲减退料工作。

（5）做好到场物资的跟踪管理，以实现质量可追溯性。

2.4 施工现场总平面布置图

根据电缆施工的特点、工作的内容，工作一般是当天去当天回，没有住勤的必要；电缆到货后将电缆运送到库存地；电缆附件，金具等材料存放于公司，要便于材料的码放和发放。所以项目经理部设在公司，运输车辆一般随施工队的任务情况提前安排，大型机械设备运输、转场考虑外雇车辆。总平面布置图见有关资料。

2.5 施 工 方 案

2.5.1 施工准备

2.5.1.1 施工技术和资料准备

（1）在接收甲方提供的施工图纸后，组织有关人员进行图纸审核。

（2）编写项目管理实施规划。

（3）在各分部工序和特殊工序施工前，做好施工资料的编写、审核、下发。

（4）针对工程特点，对施工技术难点进行分析并提出解决办法。

（5）在施工前对施工人员进行技术交底。

（6）为了提高职工技术素质，培养具有专业化、现代化、科学化的电缆专业施工队伍，保障现场施工的需要，在开工前，根据体系文件的要求对分部工程做好技术交底工作，使现场施工人员职责明确、工艺清楚。

2.5.1.2　材料供应准备

（1）材料供应方式。

本工程电缆、中间接头、GIS 终端、户外终端、接地箱、接地线、交叉互联箱、交叉互联线由业主供货。

电缆金具、抱箍等由公司采购供货。

（2）设备材料供应计划见表 2-5-1。

表 2-5-1　　设备材料供应计划表

序号	设备及材料名称	计划到场日期/（年.月.日）	备注
1	电源电缆	2011.7.10	
2	附件	2011.7.10	
3	交叉互联箱	2011.8.1	
4	接地箱	2011.8.1	
5	交叉互联线	2011.8.1	
6	接地线	2011.8.1	
7	固定金具	2011.8.1	
8	金具	2011.8.1	
9	其他	2011.8.1	

（3）材料供应管理。

本工程材料的供应管理，包括采购、运输、半成品加工、保管、质量检查的控制等，按照公司的《质量、环境、职业健康安全管理体系程序文件汇编》及《质量、环境、职业健康安全管理体系相关文件汇编》中的要求执行。工程开工前由项目经理部材料部门按施工进度安排制定工程原材料及器材的供应计划，由项目经理审批后实施。甲方供应的材料，保证资料齐全，进行开箱检验并做好记录。

（4）采购材料管理。

1）金具的采购应符合甲方及监理统一协调组织的各类金具供货厂家范围。

2）采购的材料质量必须达到国家标准、电缆施工验收规范及设计技术要求，必须有完整的产品合格证，材质证明书。

（5）甲方供应材料管理。

1）负责甲方供应的材料在现场保管，并在交货时详细校对收货件数，对外观进行检查、记录；如有问题及时通知甲方和厂家。

2）甲方材料必须出厂试验合格，外观质量检查必须项目齐全，指标达到规范要求。材料运抵现场后必须有完整的产品合格证和材质报告，并向甲方代表（监理）提供复印件，经甲方代表（监理）确认合格后，方可在工程中使用。

3）在安装过程中如发现甲方提供的材料存在质量缺陷，要做好书面记录，并及时提供给甲方，以便甲方与厂家协商处理。

（6）材料运输、保管、发放管理措施。

1）材料在搬运、装卸时，操作人员按国家物资保管和公司管理体系文件《重物搬运和提升作业控制程序》的有关规定执行保证其标记的完好和质量的延续。

2）材料的储存环境、堆放要求、储存期按公司管理体系文件《物资管理制度》的有关规定执行，当储存环境发生变化（如风、雨影响）而对材料质量有怀疑或储存期超过规定时，应及时进行检验，并保存检验记录。

3）材料的发放按计划进行，领用手续齐备，运输途中的采取防护措施。

4）发出的材料必须是合格品，未经检验的或不合格的禁止使用。

2.5.1.3　施工机具配置

施工机械使用由项目经理部向公司机械设备和工器具管理部门提出配置计划，并负责落实计划执行情况。本工程施工机具配置计划见表 2-5-2 所示机具设备使用计划表。

表 2-5-2　　机具设备使用计划表

号类	类别	名称	规格	单位	数量	进场日期/（年.月.日）	出场日期/（年.月.日）	解决办法
1	施工车辆	指挥车	切诺基	辆	1	2011.7.10	2011.9.28	
2		工程车	—	辆	2	2011.7.10	2011.9.28	
3		拖挂车	40t	辆	2	2011.7.10	2011.9.28	
4		吊车	40t	辆	1	2011.7.10	2011.9.28	
5		放缆机	5B		30	2011.7.10	2011.9.28	
6		滑车	—	个	240	2011.7.10	2011.9.28	
7		380V 动力线	$35mm^2$	m	1500	2011.7.10	2011.9.28	
8		220V 照明线	$2.5mm^2$	m	2500	2011.7.10	2011.9.28	
9		通信电话	—	个	25	2011.7.10	2011.9.28	
10	电缆接头	温湿度计	—	个	2	2011.7.10	2011.9.28	
11		加热调直设备	—	套	1	2011.7.10	2011.9.28	
12		拿弯器	—	套	1	2011.7.10	2011.9.28	
13		游标卡尺	—	个	2	2011.7.10	2011.9.28	
14		压钳	200t	套	1	2011.7.10	2011.9.28	
15		绝缘专用刀具	—	套	3	2011.7.10	2011.9.28	
16		液化气罐	—	个	3	2011.7.10	2011.9.28	
17		燃气喷枪	—	把	3	2011.7.10	2011.9.28	
18		力矩扳手	—	套	1	2011.7.10	2011.9.28	
19	接地系统	力矩扳手	—	套	2	2011.7.10	2011.9.28	
20		手动压钳	—	套	2	2011.7.10	2011.9.28	

2.5.1.4　施工力量配置

（1）分部工程劳动力计划表见表 2-5-3。

表 2-5-3　　分部工程劳动力计划表

序号	工序名称	单位	工程量	用工数/工日		
				技工	普工	合计
1	电缆敷设	m	50490	2966	11863	14829
2	中间接头	只	102	3231	808	4039
3	终端接头	只	12	359	90	449
4	接地系统	套	38	635	159	794

（2）技术力量安排计划表见表 2-5-4。

表 2-5-4　　技术力量安排计划

序号	工程项目名称	工程技术人员	特殊工种/人		
			安装工	焊接	质检
1	前期准备	3	2	—	1
2	电缆敷设	3	6	1	1
3	电缆接头	3	9	1	1
4	接地系统安装	3	3	1	1
5	竣工验收	3	2	—	1

2.5.1.5　施工临时用电、用水配置

（1）电缆敷设、电缆附件安装临时用电统计。

1）电缆敷设计算条件。

P_M：每台放缆机的功率，取 1.5kW。

N_1：放缆机台数，取 20 台。

P_L：每盏照明灯的功率，取 0.1kW。

N_2：照明灯数量，取 10 盏。

P_C：载波电话的总功率，取 1kW。

$P_{ALL}=P_M\times N_1+P_L\times N_2+P_C=1.5\times25+0.1\times10+1=32$（kW）。

考虑到电动机的启动电流、增加放缆机的等因素，电源取 1.5 倍的裕度，所以选用 50kW 及以上的电源。

2）电缆附件安装临时用电统计。

计算条件如下：

电锯：0.7kW。

加热设备：3kW。

液压机：0.5kW。

电吹风：2kW。

照明灯：0.1kW。

打磨机：0.6kW。

总功率＝电锯×1＋加热设备×2＋液压机×2＋电吹风×3＋照明灯×10＋打磨机×3＝16.5（kW）。

电源取 1.5 倍的裕度，所以选用 25kW 及以上的电源。

（2）临时用水。本工程不涉及临时用水。

2.5.1.6　施工现场消防总体配置

消防设施布置均匀、合理，重点部位要保证数量充足，并配置在不易碰撞又使用方便的位置。各施工作业区按规定配置灭火器，消防器材统计表见表 2-5-5。

表 2-5-5　　项目部消防器材统计表

序号	区域	消防器材	数量
1	敷设、接头电源箱区域	灭火器	1 个/处
2	敷设指挥台区域	灭火器	1 个/处
3	户外终端区域	灭火器	1 个/组
4	GIS 终端区域	灭火器	1 个/组
5	中间接头区域	灭火器	3 个/组

2.5.2　施工工序总体安排

2.5.2.1　电缆敷设

（1）电缆隧道排水。

（2）安装好施工电源，接通照明。

（3）按设计要求加工电缆固定支架，验收电缆固定金具。

（4）按定好的放线点运送电缆、敷设机具。

（5）安装并固定敷设机具及通信系统，调试检查整个系统的运转情况。

（6）敷设电缆。

（7）一个放线点的电缆敷设完毕后，转移敷设机具及通信系统至下一个放线点，继续敷设工作。

（8）敷设完的电缆处理外护层。

（9）将电缆按设计要求放于最终位置并固定，在可能有重物损伤电缆地方，对电缆进行保护。

（10）电缆外护层试验。

（11）敷设测温光纤。

（12）电缆敷设分部工程验收。

2.5.2.2　电缆附件安装

（1）电缆中间接头安装。

（2）电缆终端头安装。

2.5.2.3　交叉互联箱、接地箱安装

略。

2.5.2.4　电缆附件安装分部工程验收

略。

2.5.2.5　测温光纤系统安装、调试

略。

2.5.2.6　电缆交接试验

略。

2.5.2.7　施工收尾

略。

2.5.2.8　竣工报验

略。

2.5.3　主要工序和特殊工序的施工方法

2.5.3.1　电缆敷设工序为本工程的关键工序

（1）电缆敷设选择人力和机械混合敷设电缆的方法。

（2）用人力拉牵引绳拖动电缆，配合电缆输送机牵引。每隔 20～25m 固定一台输送机；隧道拐点，在牵引侧 10m 处固定一台输送机；电缆盘固定在距下井口 5～10m 处，如现场条件有限，可适当调整电缆盘距下井口的距离，并在下井口 5～10m 处固定一台输送机；电缆滑车的间距不大于 4m。

（3）电缆输送机的供电方式，输送机动力是一台 80kW 发电机；电动机。

（4）电缆输送机的电源控制系统中将所有的输送机都与跳闸回路相连，当一台输送机发生故障，均可即刻切断电源，故障排除后，通知总指挥合闸送电，这是一个既安全又可靠的供电系统。

（5）通信系统，采用低压载波电话，通信联系可靠性高。

（6）敷设方法：电缆盘直接用专用拖车支撑，由拖车引至电缆入线井口进行敷设，敷设时刹车装置要可靠有效，接好电缆牵引线，再开始敷设；在隧道内敷设时，尽量采用边敷设边拿弯的工作方法，按设计要求拿出弯，并按设计要求固定好，尽量减少在隧道内来回走动的次数，减少窝工。

2.5.3.2　电缆头制作工序为本工程的特殊工序

电缆接头及附件安装均按设计图纸或工艺要求及有关国家标准执行。

2.5.4　工程成本的控制措施

（1）优化施工组织结构，提高职工素质及业务水平，挖潜堵漏，增产节支。

（2）统一指挥，合理布局，周密安排，均衡施工。

（3）人工、材料、机械实行定额管理，超罚节奖。人工根据工程量和工序的要求合理调整结构，施工人员持证上岗，资金实行计划管理、指标管理。

（4）技术、质量、安全措施具体，减少一般质量、安全事故，杜绝重大质量事故和安全事故的发生。

（5）施工队在组织施工时，合理选择施工道路，减少材料堆放的场地和施工占地，把青苗损失降至最低程度，施工完毕迅速清理现场。

（6）项目经理部制定分块承包细则，由各施工队进行承包，明确工期、质量标准和安全要求。控制机械费用，提高使用效率，减少运输的中间环节，使材料能够直接运到工地，降低机械使用成本。实行限额领料，超罚节奖，减少材料的丢失、损坏和浪费。

2.6　工期及进度计划

2.6.1　工期规划及要求

开工日期：2011 年 7 月 10 日。

竣工日期：2011 年 9 月 28 日。

工序划分：本工程划分为 8 个工序，计划采用多工序交叉作业。

（1）敷设电缆。

（2）电缆外护层试验。

（3）终端接头安装。

（4）中间接头安装。

（5）接地系统安装。

（6）交接试验。

（7）敷设测温光纤。

（8）竣工验收。

2.6.2　工期网络计划图

为对本工程进行全过程进度动态控制，对施工过程中的人、财、物资源进行协调，根据招标文件中对工期的要求及图纸进度、设备到货进度情况，编制横道示意图如图 2-6-1 所示。在编制计划初期，召开计划讨论会，保证计划的编制具有前瞻性、严肃性和可行性，并参照指导工程过程的实施。

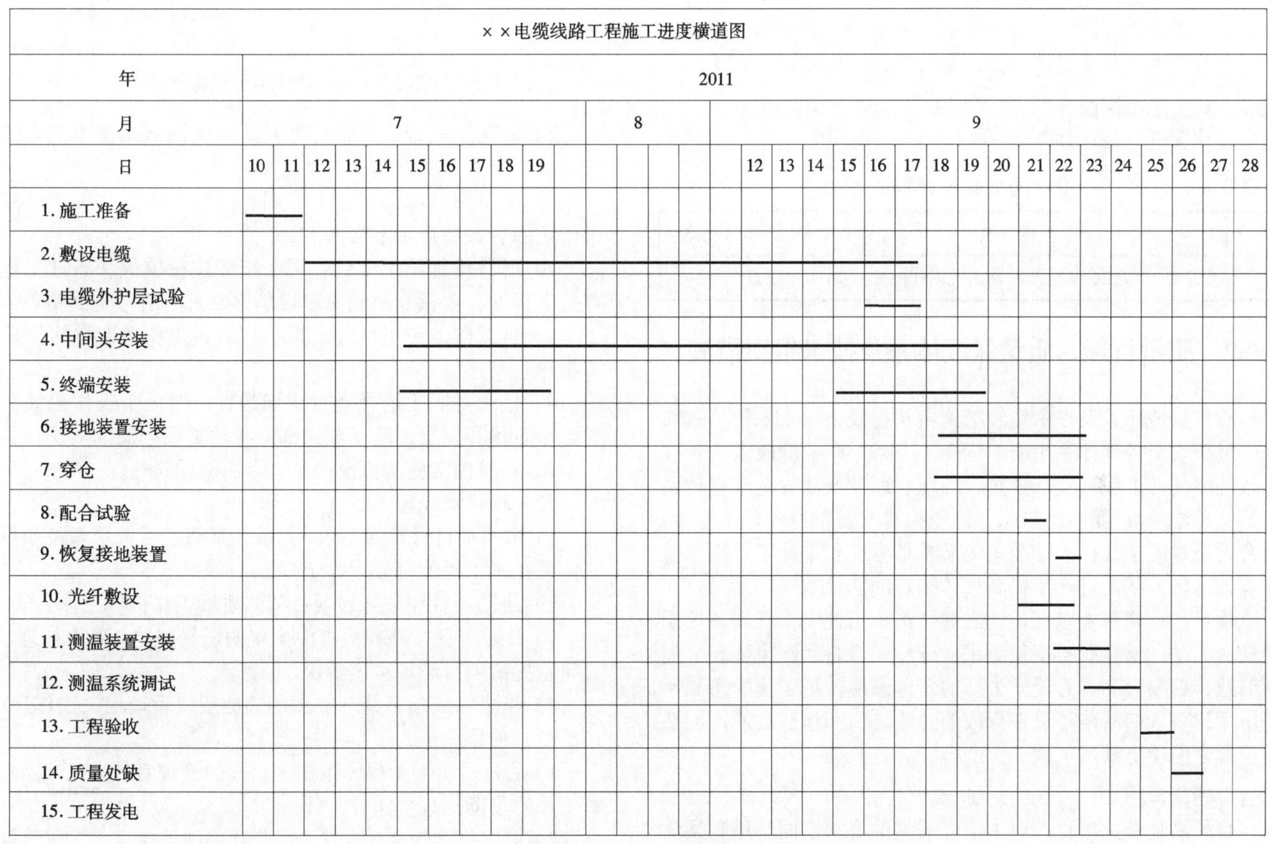

图 2-6-1　甲站至乙站电缆工程施工进度横道示意图

2.6.3　工期保证综合措施

2.6.3.1　采用先进的管理和施工方法

甲站至乙站 220kV 电缆送电工程项目经理部由具有丰富城市变电站施工经验的技术和管理骨干组建，现场项目经理部和专业施工队均设专人负责质量和安全监督工作，深入现场解决施工中存在的问题，杜绝质量事故和返工现象，加快施工进度，从而在组织上给予保证。本工程拟采用的施工机械在国内同行业中处于先进水平；拟采用的施工方法，经过多年的工程实际检验，具有可靠性和先进性。

2.6.3.2　以质量保证进度

严格执行各项质量管理文件，按照 GB/T 19001—2008 idt ISO 9001：2008 质量管理体系的具体要求开展施工。做好施工过程的质量控制，在开工前对工程做充分组织和技术准备，编制完善的施工计划和现场施工人员的培训计划，做到工序流程科学合理，衔接紧密，施工人员分工明确，各尽其责，提高全员的质量意识，确保无返工现象发生；同时制定减少和预防质量通病的措施，并对质量通病进行技术攻关；在施工过程中加强现场质量监督，同时加强材料到货检验工作，尽量避免因部分材料到货不及时或不合格而导致的窝工（非书面语言，建议更改）现象。

2.6.3.3　以安全保证进度

以先进、科学、严格的管理方法管理安全文明施工，真正做到以安全促进度。做好安全文明施工的策划。实行设备分期、分批运输，避免作业面交叉，采取工序搭接施工，合理利用工日，缩短工期。同时加强机械、工器具的安全管理，提高机械、工器具的利用率，减少机械事故对施工进度的影响。

2.6.3.4　加强对关键工序的控制保证进度

根据甲站至乙站220kV电缆送电工程施工网络计划，严格按照工艺流程与标准进行安装，明确分工、密切协作，将施工责任落实到人，对于隐蔽工程，施工过程中加强过程控制，做好质检工作，确保关键工序的施工进度在工程总体进度的可控范围内。

2.6.3.5　加强信息管理保证进度

建立以项目总工程师为首的施工信息管理体系，不断收集与施工实际进度有关的资料，如图纸交付进度情况，设备、材料到货情况等，运用网络技术和系统管理技术对施工进度实行循环动态管理，根据工程进展情况及时、合理的调整施工进度计划，指导施工作业。定期向监理工程师汇报相关情况，及时调整进度计划，保证总体计划的顺利实现。

2.6.3.6　积极争取有关方面的大力支持

项目经理部努力做好各方面的工作，把可能出现的问题想周全、想在前面，主动发现矛盾，解决问题，克服困难，避免在一些问题上卡壳，争取各方的配合和支持，确保施工顺利进行。在协调中，既要坚持原则，又要注意工作方式、方法。

2.6.4　施工图纸提供计划

设计图纸交付计划见表2-6-1。

表2-6-1　　设计图纸交付计划表

序号	设　计　图　纸	计划提供时间	备注
1	甲站至乙站220kV电缆线路送电工程图纸	2011年2月	—

2.7　质量目标、质量保证体系及技术组织措施

质量保证体系及技术组织措施将执行我公司《质量、环境、职业健康安全管理体系手册》《质量、环境、职业健康安全管理体系程序文件汇编》及《质量、环境、职业健康安全管理体系相关文件汇编》，同时严格执行作业指导书及甲方代表（监理）的有关质量要求文件，使公司的质量体系在整个施工过程中得以有效运转，从而进一步提高整体工程的质量水平。

项目部认真落实制度，建立健全岗位责任制，开展各项质量竞赛活动，增强职工质量意识，使职工具备"严肃认真、周到细致、稳妥可靠、万无一失"的工作态度，把工程隐患和不满足运行要求的缺陷消灭在形成的过程之中和运行之前，创造长期稳定的甲方满意工程。

2.7.1　质量目标

必须满足业主项目部对本工程质量的要求，同时还必须满足以下要求：

（1）工程合格率100%，单位工程优良率不小于95%。

（2）施工自检、互检率100%、专检率不小于30%，质量问题处置率100%。

（3）特殊作业人员持证上岗率100%。

（4）竣工资料按时移交、档案归档率100%。

（5）顾客意见回复率100%。

2.7.2　质量管理组织机构及主要职责

2.7.2.1　质量管理组织机构

质量管理组织机构如图2-7-1所示。

2.7.2.2　质量管理主要人员职责

（1）项目经理。

1）是本工程质量管理工作的第一责任者。贯彻执行国家、地方、行业有关质量方针、政策、法令、法规、规程、规范和规章制度。审定本工程项目部的质量目标和管理方案，并监督执行。组织修改、补充、完善各级人员的职责和各项规章制度。

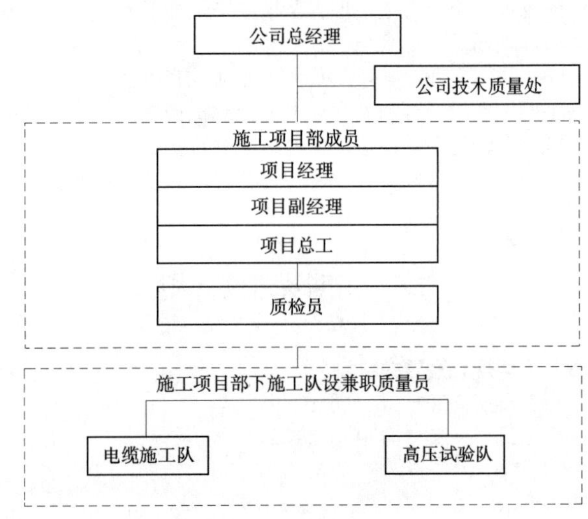

图2-7-1　质量管理组织机构框图

2）对施工质量、质量管理及质量保证体系在本工程的有效运行负全责。

3）主持项目部的质量工作例会，组织学习建设单位和公司传达的有关质量重要文件。

4）严格执行施工承包合同，接受建设单位和监理工程师有关工程的各项指令，确保建设单位要求的质量全面实现。

5）定期向监理工程师汇报工程质量工作情况并接受监督和指导。

6）负责对职工进行质量意识教育，对质量工作成绩突出者给予表扬和奖励。确保项目部的各项奖惩办法的实施。

7）对贯彻实施达标投产负有全面领导责任。

（2）项目副经理。

1）按照项目经理的要求，对施工质量、质量管理及质量保证体系在本工程的有效运行负责。

2）协助项目经理开展项目部的质量工作例会工作。

3）针对工程实施和检查中出现的质量问题，妥善处理，重大问题提请项目经理协调解决。

4）积极完成项目经理委派的其他质量管理相关工作。

（3）项目总工。

1）是公司质量管理体系在本工程的管理者代表，对体系在本工程的贯彻执行负领导责任。

2）贯彻执行国家、地方和行业有关施工技术、工程质量的方针、政策、法令、法规、规程、规范和规章制度。

3）严格执行公司质量管理体系，负责本工程项目部质量管理方案的贯彻执行，确保本工程质量目标的实现。

4）在项目经理的领导下，全面负责本工程中的施工技术、安全、质量、文明施工、环境保护和职工培训工作。

5）负责组织编制、审核本工程的施工组织设计、重大施工方案、安全技术措施、质量工艺要求；审批不需上报公司的施工技术措施；对施工技术措施的执行进行监督，对重大危险性施工任务亲临现场监督指导，解决施工中的技术难题、安全隐患、质量问题。

6）负责开工前的技术培训和考核工作，制定本工程的培训计划；组织质量、环境、职业健康安全体系文件的学习与考试。

7）组织技术革新，推广全面质量管理方法，推广施工新技术、新工艺、新材料、新设备，组织各施工队的劳动竞赛和QC小组活动。

（4）质检员。

1）负责落实本工程质量目标的实现，负责项目部及施工现场质量管理体系的正常运行，监督及检查。

2）编制工程质量工作计划，监督、检查所负责的安装工程，组织日常质量检查工作，及时消除质量缺陷；负责本工程项目部级的专检，配合监理工程师的中间验收；设置质量控制检查点，对影响工程质量的关键部位进行全面检查。

3）对所有质量记录、表格进行收集、整理，负责管理施工记录，整理工程质量竣工移交资料。全面落实本工程质量目标的实现，确保质量管理体系的有效运转。

（5）质检员。

1）施工队设兼职质检员，协调配合专职质检员做好质量管理工作。

2）组织本队全体职工认真贯彻本工程的质量方针、目标，学习有关设计图纸、技术、质量文件和验收规范，不断强化质量意识。牢固树立"质量第一"的思想。

3）在施工中严格执行质量体系文件的有关规定，严格遵照图纸、技术资料、验收规范等施工。

4）认真组织本队施工质量的自检工作，配合项目部、监理工程师及验收单位进行复检和终检，对其提出的质量改进要求认真组织实施。

5）认真填写施工记录和质量记录。

6）对未经检验或检验不合格的项目不得转入下道工序施工，对不合格的原材料有权拒绝使用。

2.7.3 质量管理措施及关键工序质量控制

2.7.3.1 质量管理措施

（1）本着"诚信为本，优质高效"的服务宗旨，在工程建设的全过程中严格按照质量体系程序文件中的有关程序和国家规程规范的有关施工工艺要求进行施工，以保证工程质量达标投产。

（2）实行全面质量管理，对关键工艺、薄弱环节、新的施工技术和安装工艺组织技术攻关、质量攻关和工艺改进活动，采用科学的管理方法和必要的管理措施，实行监控，不断提高工程质量。

（3）坚持两级技术交底制度，即施工前由设计和公司对项目经理部和项目经理部对全体施工人员进行技术交底工作，贯彻甲方要求、设计意图，对施工技术要求、质量标准、施工方案等进行详细说明。

（4）牢固树立上道工序是下道工序的基础的观念，严格执行质量的三级检查制度，即公司、项目经理部、施工队；以及自检不合格不移交，互检不合格不接受，未经有关人员检查验收签字，不准进入下道工序施工的"三检制"。

（5）按甲方代表（监理）大纲要求向甲方代表（监理）上报质量情况，提供质量检查结果和有关记录。积极配合甲方代表（监理）组织的各项检查和验收工作，同时提供必要的工作条件和检测设备。隐蔽工程、关键工序邀请甲方代表（监理）到场监督和检查。

（6）施工中与设计、甲方代表（监理）密切配合，互相协作，沟通思想，共同协商，解决实际疑难问题，共同把好质量关。

2.7.3.2 关键工序质量控制

（1）电力电缆敷设过程控制图如图2-7-2所示。

（2）电缆附件安装过程控制图如图2-7-3所示。

2.7.4 质量管理及检验标准

（1）《电气装置安装工程电缆线路施工及验收规范》（GB 50168—2006）。

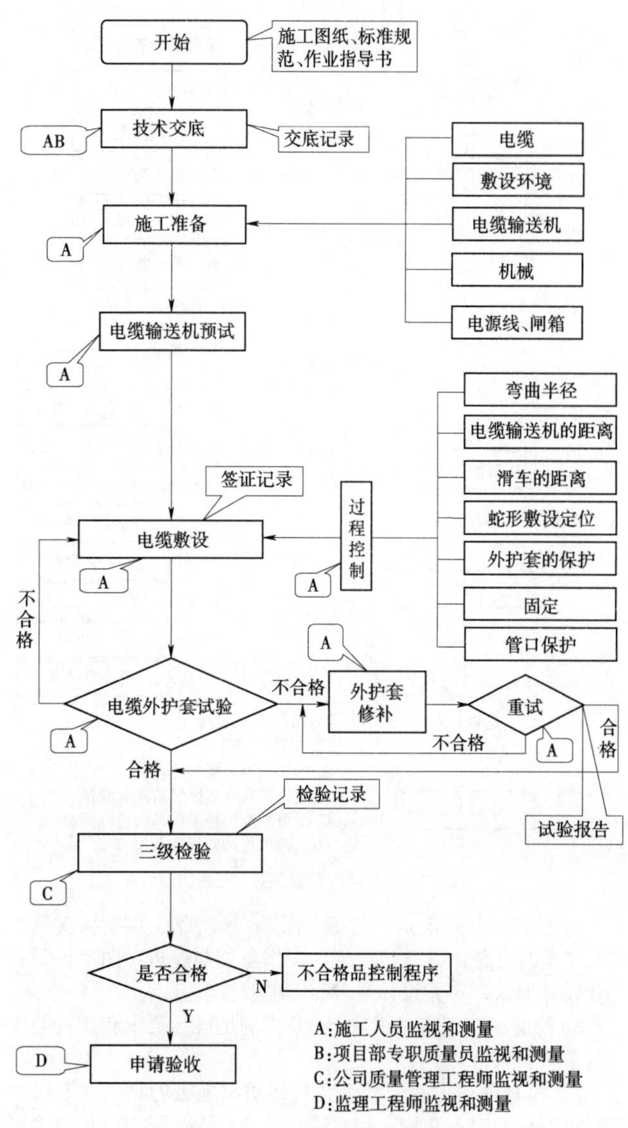

图2-7-2 电力电缆敷设过程控制图

（2）《电气装置安装工程接地装置施工及验收规范》（GB 50169—2006）。

（3）《电气装置安装工程质量检验及评定规程》（DL/T 5161.1～9—2002）。

（4）《质量、环境、职业健康安全管理手册》。

（5）《质量、环境、职业健康安全管理体系程序文件汇编》。

（6）《质量、环境、职业健康安全管理体系相关文件汇编》。

（7）《电缆专业作业指导书》。

2.7.5 质量保证技术措施

2.7.5.1 电缆敷设施工质量措施

（1）准备工作。

1）检查施工机具是否齐备，包括放缆机、滑车、牵引绳及其他必须设备等。

2）确定好临时电源：本工程临时电源为自备发电机。

3）施工前现场施工负责人及有关施工人员进行现场调查工作（查活）。

4）现状隧道内积水较多，施工前检查隧道内积水情况，并及时排水。

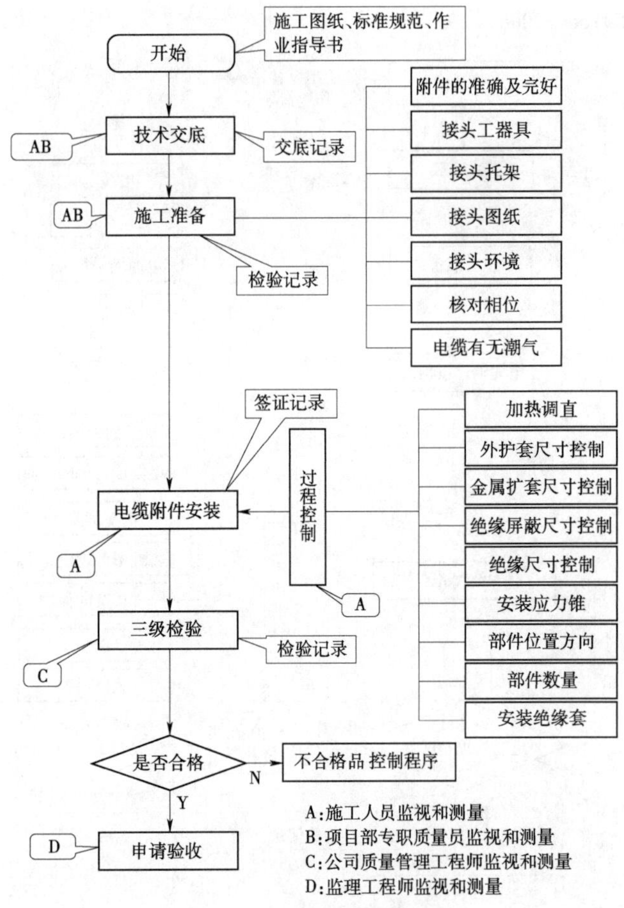

图 2-7-3 电缆附件安装过程控制图

5）检查现场情况是否与施工图纸一致，施工前要核实隧道实长和所有井位，并逐一编号，在拐弯处要注意弯曲半径是否符合设计要求，有无设计要求的电缆放置位置。

6）检查土建工程是否完工，是否满足设计要求和规程要求且具备敷设条件。

7）检查隧道内有无积水和其他妨碍施工的物品并及时处理；检查隧道有无杂物、积水等，注意清除石子等能将电缆硌坏的杂物。

8）依照设计要求， 在隧道内和引上部分标明每条电缆的位置、相位。

9）根据敷设电缆分段长度选定放线点，电缆搭接必须在直线部位，尽量避开积水潮湿地段并靠近电源。

10）电缆盘护板严禁在运到施工现场前拆除。电缆盘拖车要停在距入线井口的地势平坦处，高空无障碍，如现场条件有限可适当调整电缆盘距下井口的距离，找准水平，并对正井口；钢轴的强度和长度与电缆盘重量和宽度相配合并防止倒盘。

11）电缆敷设前核实电缆型号、盘号、盘长及分段长度，必须检查线盘外观有无破损及电缆有无破损，及时粘贴检验状态标识，发现破损保护现场，立即将破损情况报告有关部门解决。

12）在无照明的隧道，每台放缆机要保证有一个手把灯。

13）隧道内所有拐点和电缆的入井处，必须安装特制的电缆滑车，要求滑轮齐全，所有滑车的入口和出口处不得有尖锐棱角，不得刮伤电缆外护套。

14）摆放好放缆机，大拐弯及转角滑车用涨管螺栓与步道固定。

15）隧道内在每个大拐弯滑车电缆牵引侧 10m 内放置一台放缆机。

16）敷设电缆的动力线截面不小于 25mm^2。

（2）电缆敷设。

1）对参与放线的有关人员进行一次技术交底，尤其是看守放缆机的工作人员，保证专人看守。

2）电缆盘要安装有效刹车装置，并将电缆内出头固定，在电话畅通后方可空载试车；敷设电缆过程中，必须要保持电话畅通，如果失去联系立即停车，电话畅通后方可继续敷设，放线指挥要由工作经验丰富的人员担任，统一听从指挥。线盘设专人看守，有问题及时停止转动进行处理，并向有关负责人进行汇报。

3）电缆当盘上剩约 2 圈时，立即停车，在电缆尾端捆好绳，用人牵引缓慢放入井口，严禁线尾自由落下，防止摔坏电缆和弯曲半径过小。

4）电缆的弯曲半径，按设计要求不小于 2.2m 执行。

5）电缆余度按设计要求执行。电缆终端留够裕度；切断电缆后，立即采取措施密封端部，防止进潮，敷设电缆后检查电缆封头是否密封完好，有问题及时处理。

6）电缆敷设时，电缆从盘的上端引出，沿线码放滑车，不应使电缆在支架上及地面摩擦拖拉，避免损坏外护套，如严重损伤，必须按规定方法及时修补；电缆上不得有压扁、电缆绞拧、护层折裂等未消除的机械损伤。

7）敷设过程中，如果电缆出现余度立即停车将余度拉直后方可继续敷设，防止电缆弯曲半径过小或撞坏电缆。

8）在所有复杂地段、拐弯处要配备一名有经验的工人进行巡查，检查电缆有无刮伤和余度情况，发现问题要及时停车解决。

9）电缆穿管或穿孔时设专人监护，防止划伤电缆。

10）电缆就位要轻放，严禁磕碰支架端部和其他尖锐硬物。

11）电缆拿蛇形弯时，严禁用有尖锐棱角铁器撬电缆，可用手扳弯，再用木块（或拿弯器）支或用圆抱箍固定，电缆蛇形敷设按照设计要求执行。

12）电缆就位后，按设计要求固定、绑绳，支点间的距离符合设计规定，卡具牢固、美观，无特殊要求时，按电缆规程执行。

13）在电缆敷设中注意对运行电缆的保护。

14）电缆进入隧道、建筑物以及穿入管子时，出入口封闭，管口密封。

15）依据设计要求留裕度。

16）敷设工作结束后，应对隧道进行彻底清扫，清除所有杂物和步道上的胀管螺栓。

17）移运放缆机用专用放缆机运输车，移运放缆机、滑车时注意不得挂碰周围电缆。

18）现场质量负责人应定期组织有关人员对每一段敷设完的电缆质量进行检查验收，发现问题及时处理。

19）及时填写施工记录和有关监理资料。

20）交联聚乙烯电缆在敷设前 24h 内的平均温度及敷设时的温度不应低于 0℃，若低于 0℃，则必须进行加热。

21）电缆加热采取提高周围空气温度的方法：当温度为 5～10℃时，需 72h；如温度为 25℃时，则需加热 24～36h。

22）电缆加热人员要经过专门培训，经验证合格后方可参加电缆加热工作，每个加热点至少 2 名工作人员换班工作，每小时记录温度值。

2.7.5.2 电缆附件安装的施工质量控制

（1）附件安装准备工作。

1）接头图纸及工艺说明经审核后方可使用。

2）清除接头区域内的污水及杂物，保持接头环境的清洁卫生。

3）每个中间接头要求有不少于两个 150W 防爆照明灯。

4)终端头接头区域在不满足接头条件或现场环境复杂的情况下，进行围挡隔离，以保证接头质量。

5）对电缆外护套按设计要求进行耐压试验，发现击穿点要及时修补，并详细记录所在位置及相位，外护套试验合格后方可进行接头工作。

6）电缆接头前应按设计要求加工并安装好接头固定支架，支架良好接地。

7）组织接头人员进行接头技术交底。技术人员了解设计原理、所用材料的参数及零配件的检验方法，熟练掌握附件的制作安装工艺及技术要求。施工人员熟悉接头工艺要求，掌握所用材料及零配件的使用和安装方法，掌握接头操作方法。

8）在接头工作开始前，清点接头料，开箱检查时报请监理工程师共同检验，及时填写检查记录并上报，发现与接头工艺不相符时及时上报。

9）在安装终端和接头前，必须对端部一段电缆进行加热，通过加热校直的加热—冷却过程，消除电缆内因扭曲而产生的机械应力并校直电缆，避免电缆投运后因绝缘热收缩而导致的尺寸变化。

（2）制作安装。

1）接头工作要严格遵照厂家工艺要求及有关工艺规程，不得擅自更改。

2）安装交叉互联箱、接地箱时要严格按照设计要求及有关工艺要求。

3）施工现场的施工人员对施工安装的成品质量负责，施工后对安装的成品进行自检、互检后填写施工记录，并由施工人员在记录上签字。自检、互检中发现的问题立即处理，不合格不能进行下道工序。

4）施工中要及时填写施工记录，记录内容做到准确真实。

5）质检员随时审核施工记录。

6）每相中间接头要求在负荷侧缠相色带，相色牌拴在接头的电源侧，路名牌拴在 B 相电缆接头上。

7）所有接头工作结束后，应及时按电缆规程要求挂路铭牌、相色牌。

2.7.5.3 质量薄弱环节的技术保证措施

根据以往工程的施工经验，分析了容易出现质量问题的薄弱环节，制定了相应的技术措施，见表 2-7-1。

表 2-7-1　　质量保证技术措施表

工序	质量薄弱环节	技术保证措施
电缆敷设施工的薄弱环节	外护套破损，金属护套受伤	1. 经验丰富的施工人员现场负责，专人检查。 2. 电缆敷设过程中注意保护电缆，特别是穿墙、穿管等地方，加保护并垫橡胶垫。 3. 电缆就位要轻放，严禁磕碰支架端部和其他尖锐硬物
	电缆敷设过程中出现裕度	1. 如果电缆敷设过程中出现余度，应立即停车将余度拉直后方可继续敷设。 2. 专人看管放缆机，巡视，发现问题，及时处理
	弯曲半径不满足要求	1. 施工前查明全线弯曲半径是否满足设计要求。 2. 电缆盘要安装有效刹车装置。 3. 大拐弯处转角滑车用胀管螺栓与步道固定
电缆接头施工的薄弱环节	螺栓使用不规范、紧固达不到要求	1. 严格按施工工艺要求执行，制定严格的考核办法，责任到人，层层把关。 2. 螺栓不易紧固的部位采用特殊工具
	接头尺寸测量不够规范	按照接头图纸和接头记录严格执行，并进行考核
接地系统安装	接地电缆的制作不规范，感观质量差	对接地电缆的制作责任到人，严格进行考核
	接地箱、交叉互联箱方向、位置不规范	严格按照设计要求进行，无要求时规定安装方向

2.8 安全目标、安全保证体系及技术组织

2.8.1 安全管理目标

甲站至乙站 220kV 电缆线路送电工程的安全目标：

（1）不发生人身重伤事故，控制人身轻伤和重大人身未遂事故。

（2）不发生一类障碍电网事故，控制未遂电网事故。

（3）不发生人员责任的一般施工机械设备损坏事故。

（4）不发生责任性各类火灾、信息安全事故，消除火灾、信息安全隐患。

(5)不发生责任重复计划停运事件和责任非计划停运事件。

2.8.2 安全管理组织机构及主要职责

“安全第一、预防为主、综合治理”是电力工业企业生产和建设的基本方针，为了甲站至乙站 220kV 电缆送电工程能够顺利按时竣工投产，并达到预定的质量目标，本工程项目将认真贯彻执行国家及部委颁布有关安全生产的方针、政策、法规、法令，严格遵照《电力建设安全施工管理规定》《电力建设安全工作规程》及《输变电工程达标投产考核评定标准》进行施工，落实各级安全责任制，加强安全管理工作，搞好安全生产。

2.8.2.1 安全管理组织机构

建立有效的安全管理体系，即公司、项目经理部、施工队三级安全管理组织机构，全面负责本工程的安全监督检查和安全控制，同时配合建设单位、监理工程师开展安全监控工作，使本工程满足施工承包合同和建设单位的安全要求，并且实现“安全管理制度化、安全设施标准化、安全行为规范化”的管理目标，营造安全施工的良好氛围，保障从业人员的安全和健康，树立电力施工新形象。安全管理组织机构如图 2-8-1 所示。

2.8.2.2 安全管理主要职责

（1）项目经理。

1）负责施工项目部各项管理工作，是本项目部安全第一责任人。

2）组织建立本项目部安全管理体系，保证其正常运行，并主持项目部安全会议。

3）组织确定本项目部的安全目标，制定保证目标实现的具体措施。

4）组织编制符合工程项目实际的项目管理实施规划（施工组织设计）、安全文明施工实施细则、工程施工强制性条文执行计划、现场应急处置方案等项目管控文件，报监理项目部审查，业主项目部审批后，负责组织、实施。

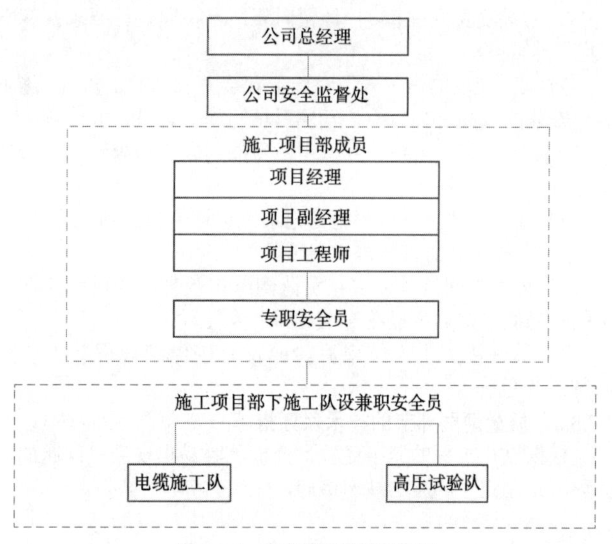

图 2-8-1　安全管理组织机构图

5）负责组织对分包商进场条件进行检查，对分包队伍实行全过程的安全管理。

6）保证安全技术措施经费的提取和使用，确保现场具备完善的安全文明施工条件。

7）定期组织开展安全检查、日常巡视检查，并对发现的问题组织整改落实，实现闭环管理。

8）负责组织对重要工序、危险作业和特殊作业项目开工前的安全文明施工条件进行检查，落实并签证确认。

9）组织落实安全文明施工标准化有关要求，促进相关工作的有效开展。

10）参与或配合工程项目安全事故的调查处理工作。

（2）项目副经理。

1）按照项目经理的要求，对职责范围内的安全管理体系正常有效运行负责。

2）按照项目经理的要求，负责组织安全管理工作，对施工班组进行业务指导。

3）掌握分管范围内的施工过程中安全管理的总体情况，对安全管理的有关要求执行情况进行检查、分析及纠偏；组织召开相关安全工作会议，安排部署相应工作。

4）针对工程实施和安全检查中出现的问题，及时安排处理；重大问题提请项目经理协调解决。

5）组织落实分管范围内的安全文明施工标准化有关规定，促进安全管理工作有效开展。

6）完成项目经理委派的安全专项管理工作，并对工作负全面责任。

7）参与或配合项目安全事故的调查处理工作。

（3）项目总工。

1）贯彻执行公司、网省公司和施工企业颁发的安全规章制度、技术规范、标准。组织编制符合工程实际的实施性文件和重大施工安全技术方案，并在施工过程中负责技术指导。

2）组织相关施工作业指导书、安全技术措施的编审工作；组织项目部安全、技术等专业交底工作。

3）组织项目部安全教育培训工作。

4）定期组织项目专业管理人员检查或抽查工程安全管理情况，对存在的安全问题或隐患，落实防范措施。

5）参与或配合项目安全事故的调查处理工作。

6）协助项目经理做好其他与安全相关的工作。

（4）安全员。

1）协助项目经理全面负责施工过程中的安全文明施工和管理工作，确保施工过程中的安全。

2）贯彻执行公司、网省公司和施工企业颁发的规章制度、安全文明施工规程规范，结合项目特点制定安全文明施工管理制度，并监督指导施工现场落实。

3）负责施工人员的安全教育和上岗培训，参加项目总工组织的安全交底。参与有关安全技术措施等实施文件的编制，审查安全技术措施落实情况。

4）负责制定工程项目基建安全工作目标计划。负责编制安全防护用品和安全工器具的购置计划。负责建立项目安全管理台账。

5）负责检查指导施工队、分包队伍安全施工措施的落实工作，并督促施工队、分包队伍提高专业工作水平。

6）监督、检查施工场所的安全文明施工情况，组织召开安全专业工作例会，总结安全工作。

7）参与或配合安全事故的调查处理工作，负责落实整改意见和防范措施。有权制止和处罚施工现场违章作业和违章指挥行为。

8）督促并协助施工班组做好劳动防护用品、用具和重要工器具的定期试验、鉴定工作。

9）开展安全文明施工的宣传和推广安全施工经验。

（5）施工队（施工配合企业或者劳务分包队伍）。

1）设置兼职安全员，配合项目部安全员工作，遵守施工安全规程和公司各项安全管理制度。按照“三不伤害”的原则进行安全施工。

2）在施工队长领导下认真做好现场安全施工保障措施，认真履行施工作业交底及签字制度。

3）定期参加安全学习和安全活动，杜绝施工过程中各种习惯性违章现象。

4）作业前检查作业场所，按安全措施的要求完善安全设施，以确保不伤害自己、不伤害他人、不被他人伤害。作业过程中坚持文明施工，作业结束后及时清理现场。

5）施工前发现不安全因素应妥善处理或向上级报告，并做好记录。爱护安全设施，不乱拆乱动。

6）在无安全施工措施、未进行安全交底或安全设施不完备的情况下，施工人员有权拒绝施工，并可越级上报。

7）服从安监人员的监督与管理。

本章其余内容见光盘。

第 3 章　北京某 220kV 电缆线路工程施工组织设计

3.1　编 制 依 据

（1）《××220kV 电缆线路工程设计说明书》。

（2）《××220kV 电缆线路工程设计图纸》。

（3）有关分部工程的协议、合同、文件。

（4）与电气安装有关的技术及国家标准。

（5）公司《质量手册》、公司质量、环境、职业健康安全体系程序及公司《电缆施工作业指导书》。

（6）《电力建设安全工作规程》。

（7）《电力建设工程预算定额》。

（8）《输变电工程达标投产考核评定管理办法》。

（9）建设单位对本工程的特殊要求、质量目标、工期目标。

（10）类似工程的施工方案、施工经验和工程总结。

3.2　工 程 概 述

3.2.1　工程概况

一、工程简述

工程名称：××电缆线路工程。

本工程计划开工日期：2014 年 8 月 20 日，计划竣工日期：2014 年 11 月 30 日。

本工程自××电厂引双回双分裂 JLHA3-425 型中强度铝合金绞线至××500kV 电缆小间东北侧新建 220kV 电缆终端塔 B21，然后转 ZC-YJLW$_{02}$-127/220kV-1×1600mm^2 至××220kV 变电站 2213 号、2212 号间隔。本工程电缆部分自 220kV 电缆终端塔东侧户外终端至××变电站，新建电缆全线敷设在新建电缆隧道与现状隧道内。

本工程沿新建双回 220kV 电缆 B 相敷设一根测温光缆，长度共 2×12700m。测温光缆沿电缆敷设至××220kV 变电站后沿防火槽盒接入温度监测主机；测温光缆敷设至 220kV 电缆终端塔户外终端处时预留 20m 裕度，盘起并用扎带扎紧放置于终端盒内，终端盒固定于电缆支架上。

Ⅰ路电缆：自 220kV 电缆终端塔东侧户外终端至××220kV 变电站 2213 号间隔，电缆长 11400m×3。

Ⅱ路电缆：自 220kV 电缆终端塔西侧户外终端至××220kV 变电站 2212 号间隔，电缆长 11394m×3。

二、工程规模

1. 电缆电气部分

电气部分规格型号及数量一览表见表 3-2-1。

表 3-2-1　　电气部分规格型号及数量一览表

名称	规 格 型 号	数量
电缆（Ⅰ路）	ZC-YJLW$_{02}$-127/220kV-1×1600mm^2	11400m×3
电缆（Ⅱ路）	ZC-YJLW$_{02}$-127/220kV-1×1600mm^2	11394m×3
测温光缆		12700m×2
GIS 终端	220/1600	6 只

续表

名称	规 格 型 号	数量
户外终端	220/1600，爬电距离 7812mm	6 只
氧化锌避雷器	Y10W1-216/562W，爬电距离 7812mm	6 台
绝缘接头	220/1600	120 只
交叉互联箱		28 套
六线接地箱		12 套
三线接地箱		4 套
护层保护器	残压不大于 10kV	6 只
交叉互联电缆	ZC-XLPE-10kV-400/400mm^2	2000m
接地电缆	ZC-XLPE-10kV-1×400mm^2	200m
光缆终端盒	定型产品	2 套
电缆支架	SJ792S-D11-15	12296 套

2. 光纤测温部分

光纤测温部分设备及数量一览表见表 3-2-2。

表 3-2-2　　光纤测温部分设备及数量一览表

名称	规格型号	数量
测温光纤	2 芯多模式	12700m×2

3. 电缆及附件主要参数

（1）电缆型号：ZC-YJLW$_{02}$-127/220kV-1×1600mm^2。

（2）附件型号：GIS 终端 220/1600；户外终端 220/1600。

（3）护层保护器：性能优越的无间隙氧化锌避雷器，残压值不大于 10kV。

（4）电缆接头：绝缘接头，型号为 220/1600。

（5）交叉互联箱、六线接地箱和三线接地箱：防水型不锈钢壳体定型产品。

（6）接地电缆：10kV、铜芯、交联聚乙烯绝缘、单芯 400mm^2 电缆。

（7）交叉互联电缆：10kV、铜芯、交联聚乙烯绝缘、单芯同轴 400/400mm^2 电缆。

4. 设备配置情况

设备配置情况见表 3-2-3。

表 3-2-3　　设备配置情况表

回路名称	电缆	GIS 终端	绝缘接头	光纤在线测温系统
Ⅰ路	浙江	湖南	湖南	北京××公司
Ⅱ路	浙江	广东	广东	

5. 抱箍及橡胶垫选择

抱箍及橡胶垫规格表见表 3-2-4。

表 3-2-4　　抱箍及橡胶垫规格表

回路名称	金具	配用橡胶板
Ⅰ路	电缆抱箍	－5×120×500
Ⅱ路	电缆抱箍	－5×120×500

6. 电缆盘长

Ⅰ路：539m/盘×9 盘＋580m/盘×9 盘＋559m/盘×18 盘＋521m/盘×27 盘。

Ⅱ路：537m/盘×9 盘＋580m/盘×9 盘＋559m/盘×18 盘＋521m/盘×27 盘。

3.2.2 工程施工依据及特点

一、工程施工依据

（一）电缆接地方式

本工程双回电缆均采用七组交叉互联、两端直接接地的接地方式，即 220kV 电缆终端塔户外终端处、远大变电站 GIS 终端处电缆金属护套经直接接地箱接地，1 号、2 号、4 号、5 号、7 号、8 号、10 号、11 号、13 号、14 号、16 号、17 号、19 号、20 号绝缘接头处三相电缆金属护层间通过交叉互联箱使得电缆护层换位，再经过交叉互联箱内的护层保护器接地，3 号、6 号、9 号、12 号、15 号、18 号绝缘接头处三相电缆金属护层通过六线接地箱直接接地。3 号绝缘接头两端的金属护套用交叉互联电缆连接并通过六线接地箱接地，作用相当于直通接头。

（二）电缆敷设要求

1. 电缆排列方式

本工程双回电缆在电力隧道内全线均采用品字形排列、间距 200mm。

2. 蛇形敷设

电缆在运行过程中，由于负荷和环境温度的变化，电缆内部发热不均，为避免电缆由于热胀冷缩而产生的电缆内应力对电缆接头的损伤，电缆沿线要求蛇形敷设。

本工程电缆在电力隧道内均需蛇形敷设，波幅 W 为 115mm，波节为 3m。电缆每 3m 用固定金具固定一次硬固定点之间每米加装电缆分隔块，下垫 FRP 垫块，并用橡胶板及双股尼龙绳绑扎一次。

3. 其他敷设要求

（1）电缆弯曲半径：敷设时 2.9m；运行时 2.2m。

（2）在电力隧道内，电缆遇人孔井时每个井每路电缆加 3 套电缆护凳；在经过三、四通井及盾构井内无预留支架处需要沿电缆走向加设电缆过渡支架，在里程 0＋180 及 6＋317 附近井内无法支撑处每米用悬吊金具悬吊一次；电缆在转弯处两切点、引上等有较大蠕动变形处连续固定五次；在电缆接头两侧需连续固定五次。

（3）在远大变电站侧电缆经进站穿管引入后，先用电缆抱箍在电缆支架上固定一次，之后每 2m 用电缆支架或槽钢支撑一次且用固定金具固定，90° 转角两切点各固定五次，两切点间用槽钢支撑一次，电缆引上前连续固定五次。

（4）所有与电缆接触的槽钢及电缆支架均需通过一根－50×5 接地扁铁相连，接地扁铁两端与接地装置可靠连接；夹层内引上支架需通过两根－50×5 接地扁铁与变电站地网可靠连接。

（5）安装防火弹时需在接头上方安装角钢，每只防火弹安装 1 根，共需安装 120 根角钢，安装角钢时电缆支架横铁需扳 ϕ14 孔 2 个，共需扳孔 240 个。

（6）在里程 0＋169～0＋796 双孔隧道及里程 0＋796～6＋317 的 ϕ5.4m 盾构上层无支架，本工程需补装，共补装电缆支架 12296 套。利用现状预埋螺栓，每米安装一套电缆支架，并加装接地扁铁，接地扁铁与现状隧道内现有接地扁铁有效焊接，扁铁搭接长度不小于 100mm，焊接处需刷防锈漆。

（三）电缆附件安装

1. 户外终端及避雷器的安装

户外终端及避雷器安装在 220kV 电缆终端塔平台预留槽钢上，户外终端安装孔 ϕ800mm；避雷器安装孔距 270mm×270mm。

电缆在电力隧道内引上弯起段固定在电缆引上支架上，自 PVC 管引出地面后在预留支架上连续固定四次后垂直引上至相应的户外终端。

需保证终端尾管以下 0.8m 电缆直线段。

2. ××220kV 站 GIS 终端安装

电缆在远大变电站地下三层在电缆引上支架上连续固定两次后进入 GIS 设备间，在 GIS 设备间底板角钢上固定一次后垂直引上至相应的 GIS 终端。GIS 终端与 GIS 设备相连，在 GIS 筒尾部法兰与电缆护层间安装护层保护器，安装 GIS 终端前应核实 GIS 仓电缆进线相位及相间距，并保证终端尾管以下 0.8m 电缆直线段，安装 GIS 终端时需对 GIS 设备拆仓并恢复。

3. 中间接头安装

共制作 40 组中间接头，每组接头中每只接头相距 10m。绝缘接头均安装于倒数第一、三档电缆支架上，接头两端连续固定五次。

（四）防火设计

本工程电缆均采用阻燃电缆，故不需设置独立的防火分区。每只接头配一只防火弹，防火弹位于接头上方，悬吊于第一档电缆支架下。××220kV 变电站内电缆引上孔待电缆放线后均需用防火板及防火堵料进行封堵。

（五）防水设计

电缆引入变电站后需在进站埋管处双侧安装不锈钢阻水法兰，并用防水腻子封堵，做到不渗不漏。

（六）光纤测温部分

本工程沿新建双回 220kV 电缆 B 相敷设一根测温光缆，长度共 2×12700m。测温光缆沿电缆敷设至远大变电站后沿防火槽盒接入温度监测主机；测温光缆敷设至 220kV 电缆终端塔户外终端处时预留 20m 裕度，盘起并用扎带扎紧放置于终端盒内，终端盒固定于电缆支架上。测温光缆采用外置式、2 芯多模光纤。

二、工程特点及注意事项

（1）本电缆线路经定河引水渠北路、三府路、巨山东路、旱河路、杏石口路、长青路等，交通运输条件较好。

（2）隧道：本工程新建电缆全线敷设在新建及现状电缆隧道内，现状隧道内有运行电缆。

（3）地貌：沿线以居民住宅、商业建筑为主。

（4）交通：沿线主要运输道路条件较好，占地较为困难。

（5）本工程中铁件均需做热浸锌防腐处理（不锈钢材质除外）。

（6）电缆终端及接头处、每段电缆中间、夹层上下、进站口两侧均应挂路铭牌及相位标志，每三相加一个铭牌，一个铭牌配 3 个相色牌。

（7）××变电站侧电缆引上前均应留两米裕度。

（8）本工程所有支架均需现场核实无误后方可加工。

（9）在××变电站侧电缆经穿管引入后，穿线孔应用阻水法兰进行封堵，做到不渗不漏；在220kV电缆终端塔侧电缆引出PVC管后，管上口安装管塞、管下口用防水腻子封堵，做到不渗不漏。

（10）本工程仅加工电缆支架（SJ792S-D11-14）时局部使用奥氏体304L材质型钢。

（11）施工及发电前需核准相位。

3.3　工程现场组织机构

3.3.1　施工现场组织机构关系图

本工程实行项目管理，成立项目经理负责制的“××220kV电缆线路工程项目部”，充分发挥项目组织和项目管理的优势，代表公司对本工程实行全面管理。

公司成立工程项目部，为全面实现本工程优质、高效的施工目标，做到安全生产、文明施工、质量优良，并达到贯彻执行安全技术管理措施的目的。建立施工现场管理机构体系，严格执行项目经理负责制，项目经理代表我公司对本工程的施工建设全面负责。项目经理部严格执行《建设工程项目管理规范》（GB/T 50326）及相关要求，科学组织、精心施工，塑造“精品工程”。

施工现场组织机构如图3-3-1所示。

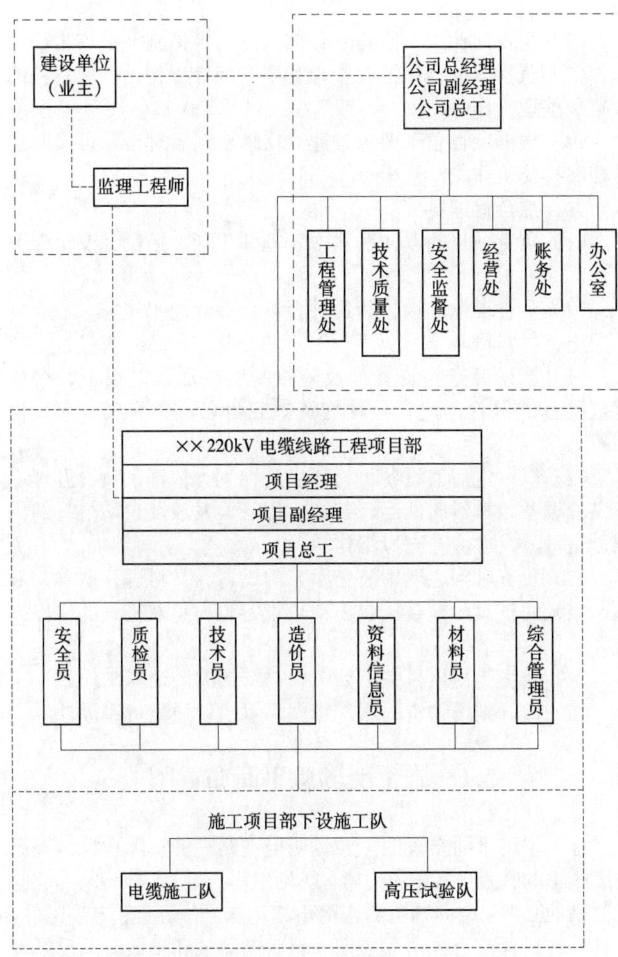

注：—— 表示领导隶属关系；-----表示业务合作关系

图3-3-1　项目管理组织机构框图

3.3.2　项目施工管理人员主要职责

一、项目经理

全权处理工程中的各项业务。组织项目部有关人员进行现场查活，参与编制工程项目管理实施规划和施工技术资料。随时掌握施工进度和现场情况，合理调度配置人力、物资、机械车辆，保证施工按计划进行，协调现场发生的设备、材料等问题。

（1）是落实施工现场管理职责的第一责任人。在授权范围内代表施工单位全面履行施工承包合同；对施工生产和组织调度实施全过程管理；确保工程施工顺利进行。

（2）组织建立相关施工责任制和各专业管理体系，组织落实各项管理组织和资源配备，并监督有效地运行；负责项目部员工管理职责的考核，进行利益合理分配。

（3）组织编制符合工程项目实际的《项目管理实施规划（施工组织设计）》《工程创优施工实施细则》《安全文明施工实施细则》《应急预案》和《输变电工程施工强制性条文执行计划》等实施性文件，并负责落实和监督。

（4）组织制订施工进度、安全、质量及造价管理实施计划；实时掌握施工过程中安全、质量、进度、技术、造价、组织协调等总体情况；组织召开项目部工作例会，安排部署施工工作计划。

（5）对施工过程中的安全、质量、进度、技术、造价等有关要求执行情况进行全面检查和分析，对检查中发现的一般问题应及时制定措施，及时修正。

（6）针对工程实施和检查中出现的重大问题，负责妥善处理，提请有关方协调解决，并制订纠正预防措施。

（7）合理安排工程资金使用；审核“安措费”使用计划。

（8）组织落实安全文明施工、职业健康和环境保护有关要求，促进项目的各项管理活动的开展落实。

（9）组织工程内部验收和质量评定工作，申请工程验收，安排工程竣工后期相关管理工作。

（10）项目投产后，组织对项目管理工作进行总结；接受审计，安排项目部解体后的收尾工作。

二、项目副经理

（1）按照项目经理的要求，对职责范围内的管理体系正确有效地运行负责，保障体系正常运行。

（2）按照项目经理的要求，负责组织各项管理工作，对施工班组进行业务指导。

（3）全面掌握分管范围内的施工过程中安全、质量、进度、技术、造价、组织协调等总体情况；对安全、质量、进度、技术、造价有关要求执行情况进行检查、分析及纠正；组织召开相关工作会议，安排部署相应工作。

（4）针对工程实施和检查中出现的问题，负责妥善处理，重大问题提请项目经理协调解决。

（5）组织落实分管范围内的安全文明施工、职业健康和环境保护有关要求，促进相关工作有效开展。

（6）积极完成项目经理委派的其他各项管理工作，对这些管理工作负全面责任。

三、项目总工

（1）认真贯彻执行上级和施工单位颁发的规章制度、技术规范、标准。组织编制符合工程实际的实施性文件和重大施工方案，并在施工过程中负责技术指导和把关。

（2）对施工图及时组织审阅，接受业主项目部组织的交底活动。对施工图纸和工程变更的有效性执行负责，在施工过程中发现施工图纸中存在问题，负责向监理项目部提出书面资料。

（3）组织相关施工作业指导书、安全技术措施的编审工作，组织项目部安全、质量、技术及环保等专业交底工作。负责对施工方案进行技术经济分析与评价。

（4）组织编制设备、材料供货计划、大型机具配置计划、技术培训计划并督促实施。

（5）组织项目部全员的安全、质量、技术及环保等相关法律、法规及其他要求等的培训。

（6）定期组织项目专业管理人员，检查或抽查工程安全和质量。当工程项目安全和质量存在问题或隐患时，提出解决技术措施和防范措施。

（7）在项目经理的领导下，主持项目施工日常管理工作，负责落实业主、监理项目部对工程技术方面的有关要求。

（8）负责及时组织项目部管理人员收集、整理及汇总施工过程资料，项目投产后组织移交竣工资料。

（9）协助项目经理做好其他各项施工管理工作。

（10）负责施工新工艺、新技术的研究、试验、应用及总结。

四、技术员

（1）认真贯彻执行有关技术管理规定，积极协助项目经理和项目总工做好各项技术管理工作。

（2）认真阅读有关设计文件和施工图纸，在施工过程中发现设计文件和施工图纸存在问题应及时向项目总工汇报；施工过程中加强对设计文件等资料做到闭环管理。

（3）编写和印刷各工序施工作业指导书、安全技术措施等技术文件；并在施工过程中负责落实有关要求和技术指导。

（4）在工程施工过程中随时进行检查和技术指导，当存在问题或隐患时，提出解决问题的技术措施和防范措施。

（5）负责组织施工队伍做好项目施工过程中的施工记录和签证。

（6）不断提高自身的业务素质，并从技术方面指导和支持项目部的各项管理工作。

五、质检员

（1）积极协助项目经理和项目总工全面负责工程实施过程中的质量控制和管理工作。

（2）认真贯彻执行上级和公司颁发的规章制度、技术规范、质量标准，参与编制符合项目实际情况的质量实施细则和措施，并在施工过程中监督落实和业务指导。

（3）组织项目部职工学习工程质量验收规范和产品质量标准。定期检查工程施工质量情况，参加质量事故调查，提出事故处理意见。

（4）按照有关要求或档案资料管理办法的规定，及时收集、审查、整理施工记录、试验报告等资料。

（5）组织进行隐蔽工程和关键工序检查，对不合格的项目应责成返工，督促班组做好质量自检和施工记录的填写工作。

（6）完成项目经理安排的其他各项施工管理工作。

六、安全员

（1）积极协助项目经理全面负责施工过程中的安全文明施工和安全管理工作，确保施工过程中的安全。

（2）认真贯彻执行上级和公司颁发的规章制度、安全文明施工规程、规范，结合项目特点制订安全健康环境管理制度，并监督指导施工现场落实。

（3）负责施工人员的安全教育和上岗培训，参加项目总工组织的安全交底。参与有关安全技术措施等实施文件编制，检查安全技术措施落实情况。

（4）负责制订工程项目安全工作目标计划。

（5）负责布置、检查、指导施工队伍安全施工措施的落实工作，并协助施工队伍提高专业水平，开展各项业务工作。

（6）监督、检查施工场所的安全文明施工情况，组织召开安全专业工作例会，总结安全工作。

（7）认真调查事故，提交调查报告，提出整改意见和防范措施。有权制止和处罚违章作业和违章指挥行为。

（8）督促并协助施工班组做好劳动防护用品、用具和重要工器具的定期试验、鉴定工作。

（9）开展安全施工的宣传和推广安全施工经验。

七、造价员

（1）严格执行国家、行业和企业造价管理标准，贯彻落实主管单位有关造价管理和控制要求，负责项目施工过程中的造价管理与控制工作。

（2）负责施工图预算、工程变更费用计算和核实。按照规定及时向业主和监理项目部等有关方报审。

（3）编制工程进度款支付申请和月度用款计划。

（4）负责编制工程竣工结算资料，按照规定向业主和监理项目部等有关方报审。

（5）负责收集、整理工程实施中造价管理工作基础资料。

八、信息资料员

（1）负责对工程施工图纸、设计文件、施工信息及内、外的行政文件（资料）的接收、传递和保管；保证其安全性和有效性。

（2）负责向业主、监理项目部的方案（措施）报审工作。

（3）负责有关会议纪要整理和资料翻译工作；音像资料的收集和整理工作。

（4）根据项目总工要求，建立文件资料管理台账，及时进行档案移交工作。

九、综合管理员

（1）负责项目的双文明建设管理和生活、后勤、安全保卫工作。

（2）负责现场的接待和各种会议会务管理工作。

十、材料员

（1）严格遵守物资管理及验收制度，加强对设备、材料和危险品的保管，建立各种物资供应台账，做到账、卡、物相符。

（2）以审定后的设备、材料供应计划为依据，负责办理甲方供应设备、材料的催运、装卸、保管、发放及自购材料的供应、运输、发放、补充等工作。

（3）负责对到达现场（仓库）的设备、材料进行型号、数量、质量的核对与检查。收集项目设备、材料及机具的质保等文件。

（4）负责工程项目完工后多余材料的冲减退料工作。

（5）做好到场物资的跟踪管理，以实现质量可追溯性。

3.4 施工现场总平面布置图

施工现场平面布置图主要标明电缆路径的实际状况。根据电缆施工的特点、工作的内容，现场工作一般是当天去当天回，无住勤的必要；电缆到货后应将电缆运送到库存地；电缆附件，金具等材料存放于公司，要便于材料的码放和发放。项目经理部一般设在公司，运输车辆一般随施工队的任务情况提前安排，大型机械设备运输、转场考虑外雇车辆。××电缆线路工程平面布置如图 3-4-1 所示。

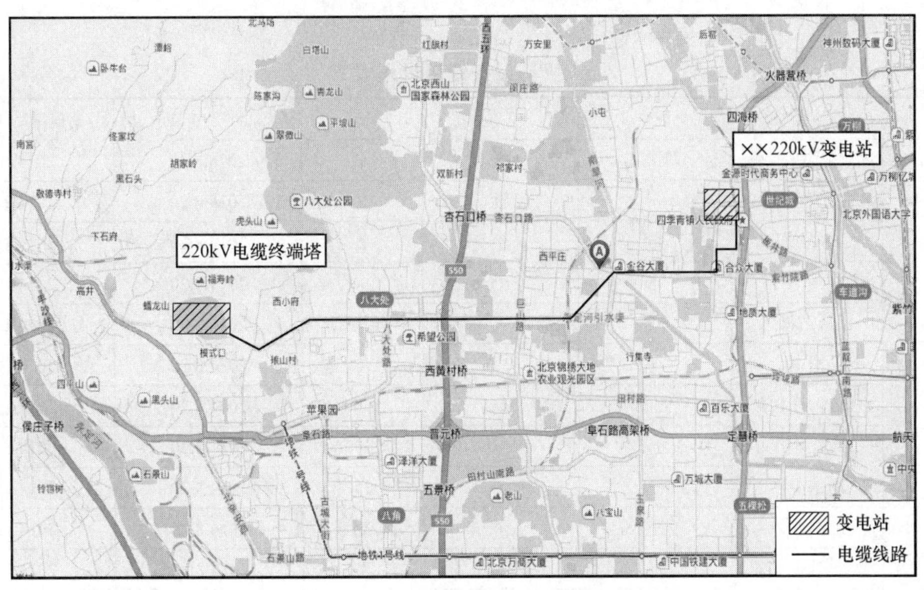

图 3-4-1　××电缆线路工程平面布置图

3.5　施 工 方 案

3.5.1　施工准备

施工准备工作一般包括技术准备、材料及设备供应准备、施工机具准备、办公用品及生活设施准备、施工通信、施工力量准备等方面。

一、施工技术和资料准备

（1）在接收甲方提供的施工图纸后，组织有关人员进行图纸审阅。

（2）编写项目管理实施规划。

（3）在各分部工序和特殊工序施工前，做好施工资料的编写、审核、下发。

（4）针对工程特点，对施工技术难点进行分析并提出解决办法。

（5）在施工前对施工人员进行技术交底。

二、材料供应准备

1. 材料供应方式

明确工程中电缆、中间接头、GIS 终端、户外终端、接地箱、接地线、交叉互联箱、交叉互联线、电缆金具、抱箍等供货方式。

2. 设备材料供应计划

设备材料供应计划表见表 3-5-1。

表 3-5-1　　　设备材料供应计划表

序号	设备及材料名称	计划到场日期/(年.月.日)	备注
1	电源电缆	2014.8.18	
2	电缆附件	2014.8.18	
3	交叉互联箱	2014.8.18	
4	接地箱	2014.8.18	
5	交叉互联线	2014.8.18	
6	接地线	2014.8.18	
7	固定金具	2014.8.18	
8	其他	2014.8.18	

3. 材料供应管理

工程材料的供应管理，包括采购、运输、半成品加工、保管、质量检查的控制等，按照公司的体系管理文件中的要求执行。工程开工前由项目经理部材料部门按施工进度安排制定工程材料及器材的供应计划，由项目经理审批后实施。甲方供应的材料，保证资料齐全，进行开箱检验并做好记录。

4. 采购材料管理

（1）金具的采购应符合甲方及监理统一指定的供货厂家范围。

（2）采购的材料质量必须符合国家标准、设计技术、电缆施工及验收规范的要求，必须有完整的产品合格证，材质证明书。

（3）甲方供应材料管理。

（4）负责甲方供应材料的现场保管，在接货时应进行详细核检查并对其规格、型号、数量等进行认真记录；如有问题及时通知甲方和厂家。

（5）甲方供应的材料必须出厂试验合格，外观质量检查必须项目齐全，技术指标达到规范要求。材料运抵现场后必须有完整的产品合格证和材质报告，并向甲方代表（监理）提供复印件，经甲方代表（监理）确认合格后，方可在工程中使用。

（6）在安装过程中如发现甲方提供的材料存在质量缺陷，要做好书面记录，并及时提供给甲方，以便甲方与厂家协商处理。

5. 材料运输、保管、发放管理措施

（1）材料在搬运、装卸时，操作人员应按国家物资保管和公司管理文件的有关规定执行保证其标记完好和材料质量的完好。

（2）材料的储存环境、堆放要求、储存期按公司管理文件的有关规定执行，当储存环境发生变化（如风、雨影响）而对材料质量有怀疑或储存期超过规定时，应及时进行检验，并保存检验记录。

（3）材料的发放按计划进行，领用手续符合规定，运输途中应采取有效的防护措施。

（4）发出的材料必须是合格品，未经检验的或不合格的材料禁止使用。

三、施工机具配置

施工机械使用由项目经理部向公司机械设备和工器具管理

部门提出配置计划，并负责落实计划执行情况。工程施工机具　　设备使用计划表见表 3-5-2。

表 3-5-2　　机具设备使用计划表

序号	类别	名称	规格	单位	数量	进场日期/（年.月.日）	出场日期/（年.月.日）	解决办法
1	施工车辆	指挥车	切诺基	辆	1	2014.8.20	2014.11.30	
2		工程车	—	辆	2	2014.8.20	2014.11.30	
3		拖挂车	40t	辆	2	2014.8.20	2014.11.30	
4		吊车	75t	辆	1	2014.8.20	2014.11.30	
5	电缆敷设	放缆机	5B		30	2014.8.20	2014.11.30	
6		滑车	—	个	240	2014.8.20	2014.11.30	
7		380V 动力线	$35mm^2$	m	1500	2014.8.20	2014.11.30	
8		220V 照明线	$2.5mm^2$	m	2500	2014.8.20	2014.11.30	
9		通信电话	—	个	25	2014.8.20	2014.11.30	
10	电缆接头	温湿度计	—	个	2	2014.8.20	2014.11.30	
11		加热调直设备	—	套	1	2014.8.20	2014.11.30	
12		拿弯器	—	套	1	2014.8.20	2014.11.30	
13		游标卡尺	—	个	2	2014.8.20	2014.11.30	
14		压钳	200t	套	1	2014.8.20	2014.11.30	
15		绝缘专用刀具	—	套	3	2014.8.20	2014.11.30	
16		液化气罐	—	个	3	2014.8.20	2014.11.30	
17		燃气喷枪	—	把	3	2014.8.20	2014.11.30	
18		力矩扳手	—	套	1	2014.8.20	2014.11.30	
19	接地系统	力矩扳手	—	套	2	2014.8.20	2014.11.30	
20		手动压钳	—	套	2	2014.8.20	2014.11.30	

四、施工力量配置

1. 分部工程劳动力计划表

分部工程劳动力计划表见表 3-5-3。

表 3-5-3　　分部工程劳动力计划表

序号	工序名称	单位	工程量	用工数/工日		
				技工	普工	合计
1	电缆敷设	m	68382	4017	16067	20084
2	中间接头	只	120	3802	950	4752
3	终端接头	只	12	359	90	449
4	接地系统	套	44	736	184	920

2. 技术力量安排计划表

技术力量安排计划表见表 3-5-4。

表 3-5-4　　技术力量安排计划表

序号	工程项目名称	工程技术人员	特殊工种/人		
			安装工	焊接	质检
1	前期准备	3	2	—	1
2	电缆敷设	3	6	1	1
3	电缆接头	3	8	2	1
4	接地系统安装	3	3	1	1
5	竣工验收	3	2	—	1

五、施工临时用电、用水配置

（一）电缆敷设、电缆附件安装临时用电统计

1. 电缆敷设计算条件

P_M：每台放缆机的功率，取 1.5kW。

N_1：放缆机台数，取 30 台。

P_L：每盏照明灯的功率，取 0.1kW。

N_2：照明灯数量，取 60 盏。

P_C：载波电话的总功率，取 1kW。

$P_{ALL}=P_M\times N_1+P_L\times N_2+P_C=1.5\times 30+0.1\times 60+1=52$（kW）。

考虑到电动机的启动电流、增加放缆机的等因素，电源取 1.5 倍的裕度，所以选用 80kW 及以上的电源。

2. 电缆附件安装临时用电统计计算条件

电锯：0.7kW。

加热设备：3kW。

液压机：0.5kW。

电吹风：2kW。

照明灯：0.1kW。

打磨机：0.6kW。

总功率＝电锯×1＋加热设备×2＋液压机×2＋电吹风×3＋照明灯×10＋打磨机×3＝16.5（kW）。

电源取 1.5 倍的裕度，所以选用 25kW 及以上的电源。

（二）临时用水

本工程不涉及临时用水。

六、施工现场消防总体配置

消防设施布置均匀、合理，重点部位要保证数量充足，并

配置在不易碰撞又使用方便的位置。各施工作业区按规定配置灭火器，消防器材统计表见表 3-5-5。

表 3-5-5 项目部消防器材统计表

序号	区域	消防器材	数量
1	敷设、接头电源箱区域	灭火器	1 个/处
2	敷设指挥台区域	灭火器	1 个/处
3	GIS 终端区域	灭火器	1 个/组
4	中间接头区域	灭火器	3 个/组

3.5.2 施工工序总体安排

一、电缆敷设

（1）电缆隧道排水。

（2）安装好施工电源，接通照明，保证施工范围隧道明亮。

（3）按设计要求加工电缆固定支架，验收电缆固定金具。

（4）按定好的放线点运送电缆、敷设机具；电缆的运输按放缆进度进行，电缆先由芦城库房运至现场库房，当平均气温低于 0℃时，按敷设情况陆续对电缆进行加热，加热好的电缆再运输到放缆井口，由吊车把电缆盘放置到放缆支架上，然后用加热温室罩住电缆盘，在放缆同时继续对电缆进行加热。

（5）安装并固定敷设机具及通信系统，调试检查整个系统的运转情况；敷设机具安放好之后要将地线与跳闸线、电源线正确连接好，连接完毕要对敷设机具进行空走试车，保证敷设机具和通信系统各项功能运转良好。

（6）敷设电缆。

（7）一个电缆敷设点的电缆敷设完毕后，转移敷设机具及通信系统至下一个电缆敷设点，继续电缆敷设工作。敷设机具转移过程中注意成品保护，防止碰伤电缆。

（8）敷设完的电缆处理外护层。

（9）将电缆按设计要求放于最终位置并固定，在可能有重物损伤电缆地方，对电缆进行保护。摆放电缆统一口号，防止电缆碰伤。电缆敷设完毕按照图纸要求对电缆进行固定、拿弯。

（10）电缆外护层试验。

（11）敷设测温光纤。

（12）电缆敷设分部工程验收。

二、电缆附件安装

（1）电缆中间接头安装。

（2）电缆终端头安装。

（3）交叉互联箱、接地箱安装。

（4）电缆附件安装分部工程验收。

（5）测温光纤系统安装、调试。

（6）电缆交接试验。

（7）施工收尾。

（8）竣工报验。

3.5.3 主要工序和特殊工序的施工方法

（1）电缆敷设工序为工程的关键工序。

1）电缆敷设选择人力和机械混合的敷设方法。

2）用人力拉牵引绳拖动电缆，配合电缆输送机牵引。每隔 20～25m 固定一台输送机；隧道拐点，在牵引侧 10m 处固定一台输送机；电缆盘固定在距下井口 5～10m 处，如现场条件有限，可适当调整电缆盘距下井口的距离，并在下井口 5～10m 处固定一台输送机；电缆滑车的间距应不大于 4m，以电缆不拖地为原则。

3）电缆输送机的供电方式，输送机动力应配置一台 80kW 发电机。

4）电缆输送机的电源控制系统中应将所有的输送机都与跳闸回路相连，当任意一台输送机发生故障，均可立刻切断电源。故障排除后，通知总指挥合闸送电。供电系统应做到安全、可靠。

5）通信系统，采用低压载波电话，通信联系可靠性高。

6）电缆盘用专用拖车支撑，由拖车引至电缆入线井口进行敷设，拖车制动装置应可靠有效。接好电缆牵引绳，再开始敷设；在隧道内敷设时，尽量采用边敷设边调整电缆蛇形波幅的工作方法，电缆的波幅、波节应符合设计要求，并按设计要求固定好。

（2）电缆头制作工序为工程的特殊工序。

电缆接头及附件安装应按设计图纸和厂家工艺要求和相关国家标准执行。

3.5.4 工程成本的控制措施

（1）优化施工组织结构，提高职工素质及业务水平，挖潜堵漏，增产节支。

（2）统一指挥，合理布局，周密安排，均衡施工。

（3）人工、材料、机械实行定额管理，超罚节奖。根据工程量和工序的要求合理调整劳动组织；施工人员持证上岗，资金实行计划管理、指标管理。

（4）技术、质量、安全保障措施具体，努力减少施工质量和安全隐患，杜绝重大质量事故和安全事故的发生。

（5）施工队在组织施工时，合理选择施工道路，减少材料堆放场地和施工占地，把青苗损失降至最低程度，施工完毕迅速清理现场。

（6）项目经理部制定分块承包细则，明确工期、质量标准和安全要求。控制机械费用，提高使用效率，减少运输的中间环节，材料直接运到工地，降低机械使用成本。实行定额领料，减少材料的丢失、损坏和浪费。

3.6 工期及进度计划

3.6.1 工期规划及要求

开工日期：2014 年 8 月 20 日。

竣工日期：2014 年 11 月 30 日。

工序划分：本工程划分为 8 个工序，计划采用多工序交叉作业。

（1）敷设电缆。

（2）电缆外护层试验。

（3）终端接头安装。

（4）中间接头安装。

（5）接地系统安装。

（6）交接试验。

（7）敷设安装、调试测温光纤。

（8）竣工验收。

3.6.2 工期网络计划图

为对本工程进行全过程进度动态控制，对施工过程中的人、财、物资源进行协调，根据招标文件中对工期的要求及图纸进度、设备到货进度情况，编制横道示意图如图 3-6-1 所示。在编制计划初期，召开计划讨论会，保证计划的编制具有前瞻性、严肃性和可行性，并参照指导工程过程的实施。

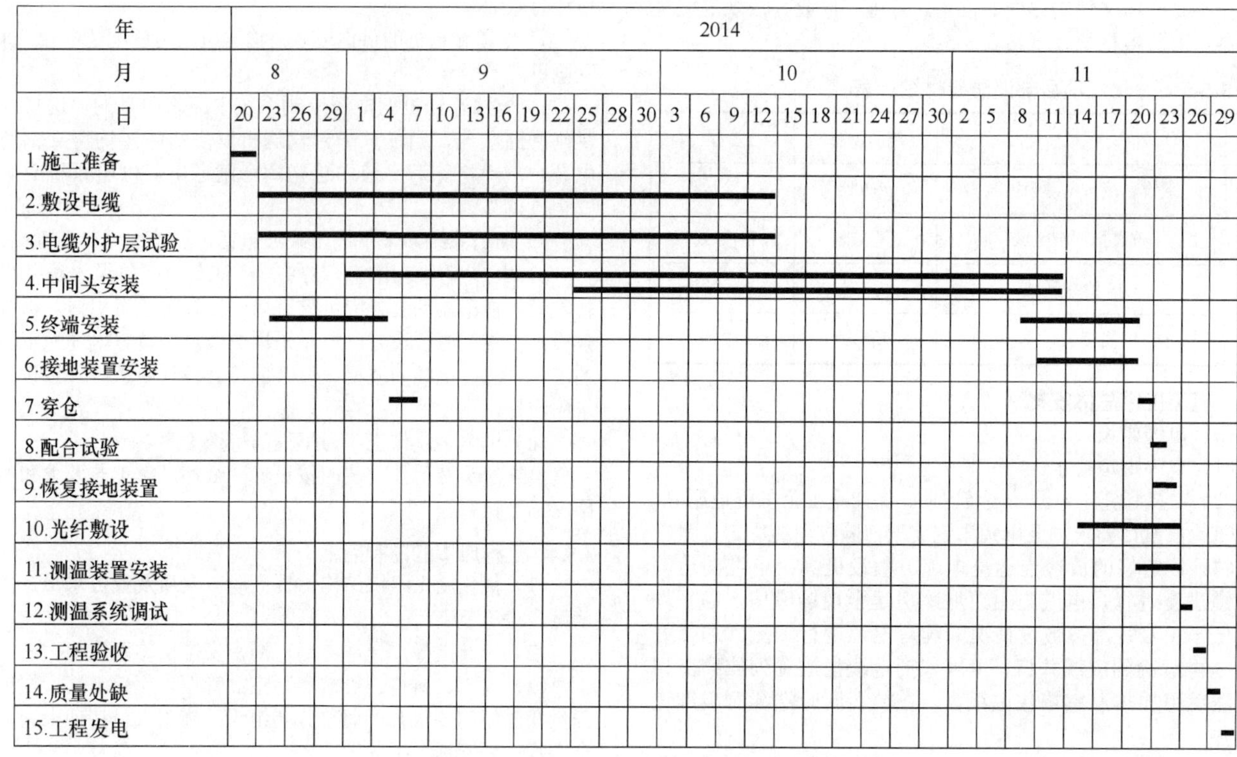

图 3-6-1 ××电缆线路工程施工进度横道示意图

3.6.3 工期保证综合措施

一、采用先进的管理和施工方法

电缆线路工程项目经理部应由具有丰富城市变电站施工经验的技术和管理骨干组建，现场项目经理部和专业施工队均设专人负责质量和安全监督工作，深入现场解决施工中存在的问题，杜绝质量事故和返工现象，加快施工进度，从而在组织上给予保证。工程拟采用的施工机械在国内同行业中处于先进水平；拟采用的施工方法，经过多年的工程实践检验，具有可靠性和先进性。

二、以质量保证进度

严格执行各项质量管理文件，按照 GB/T 19001—2008 idt ISO 9001：2008 质量管理体系的具体要求开展施工。做好施工过程的质量控制，在开工前对工程做充分组织和技术准备，编制完善的施工计划和现场施工人员的培训计划，做到工序流程科学合理，衔接紧密，施工人员分工明确，各尽其责，提高全员的质量意识，确保无返工现象发生；同时制定减少和预防质量通病的措施，并对质量通病进行技术攻关；在施工过程中加强现场质量监督，同时加强材料到货检验工作，尽量避免因部分材料到货不及时或不合格而导致的窝工现象。

三、以安全保证进度

以先进、科学、严格的管理方法管理安全文明施工，真正做到以安全促进度。做好安全文明施工的策划。实行设备分期、分批运输，避免作业面交叉，采取工序搭接施工，合理利用工日，缩短工期。同时加强机械、工器具的安全管理，提高机械、工器具的利用率，减少机械事故对施工进度的影响。

四、加强对关键工序的控制保证进度

根据电缆线路工程施工网络计划，严格按照工艺流程与标准进行安装，明确分工、密切协作，将施工责任落实到人，对于隐蔽工程，施工过程中加强过程控制，做好质检工作，确保关键工序的施工进度在工程总体进度的可控范围内。

五、加强信息管理保证进度

建立以项目总工程师为首的施工信息管理体系，不断收集与施工实际进度有关的资料，如图纸交付进度情况，设备、材料到货情况等，运用网络技术和系统管理技术对施工进度实行循环动态管理，根据工程进展情况及时、合理的调整施工进度计划，指导施工作业。定期向监理工程师汇报相关情况，及时调整进度计划，保证总体计划的顺利实现。

六、积极争取有关方面的大力支持

项目经理部努力做好各方面的工作，把可能出现的问题想周全、想在前面，主动发现矛盾，解决问题，克服困难，避免在一些问题上卡壳，争取各方的配合和支持，确保施工顺利进行。在协调中，既要坚持原则，又要注意工作方式、方法。

3.6.4 施工图纸提供计划

设计图纸交付计划见表 3-6-1。

表 3-6-1 设计图纸交付计划表

序号	设计图纸	计划提供日期/(年.月)	备注
1	××220kV 电缆线路工程图纸	2014.8	—

3.7 质量目标、质量保证体系及技术组织措施

质量保证体系及技术组织措施将执行我公司《质量、环境、职业健康安全管理体系手册》《质量、环境、职业健康安全管理体系程序文件汇编》及《质量、环境、职业健康安全管理体系相关文件汇编》，同时严格执行作业指导书及甲方代表（监理）的有关质量要求文件，使公司的质量体系在整个施工过程中得以有效运转，从而进一步提高整体工程的质量水平。

项目部认真落实制度，建立健全岗位责任制，开展各项质量竞赛活动，增强职工质量意识，使职工具备“严肃认真、周

到细致、稳妥可靠、万无一失”的工作态度，把工程隐患和不满足运行要求的缺陷消灭在形成的过程之中和运行之前，创造长期稳定的甲方满意工程。

3.7.1　质量目标

必须满足业主项目部对本工程质量的要求，同时还必须满足以下要求：

（1）不发生七级及以上工程建设质量事件。

（2）不发生因施工质量未能实现分公司安全目标的事件。

（3）不发生因施工质量导致工程试运行中断或延误发电。

（4）35kV 及以上工程“标准工艺”应用率 100%。

（5）年度重点整治的质量通病消除率 100%。

（6）110kV 及以上工程达标投产率 100%。

（7）110kV 及以上工程达到优质工程标准，优质工程率 100%。

（8）工程合格率 100%，单位工程优良率 100%。

（9）北京地区 220kV 及以上工程质量监督检查次数不小于 6 次，110kV 及以上工程质量监督检查次数不小于 3 次，外埠工程质量监督检查次数每季度不小于 1 次，改扩建工程质量监督检查次数不小于 1 次。

（10）施工自检、复检率 100%，专检率不小于 30%，质量问题处置率 100%。

（11）工程实现“零缺陷”投运。

（12）工程竣工验收不发生严重施工质量缺陷。

（13）工程竣工验收一般质量缺陷：110、220kV 电缆工程项目，每公里（单回）一般缺陷不大于 5 项；路径长度低于 0.5km，一般缺陷不大于 20 项。

（14）特殊作业人员持证上岗率 100%。

（15）培训计划完成率不小于 90%。

（16）大型施工设备完好率不小于 98%。

（17）采购产品进场检验率 100%、不合格品处置率 100%。

（18）竣工资料按时移交、档案归档率 100%。

（19）顾客意见回复率 100%。

（20）不发生因本单位质量责任引起的顾客不满意事件。

3.7.2　质量管理组织机构及主要职责

一、质量管理组织机

质量管理组织机构框图如图 3-7-1 所示。

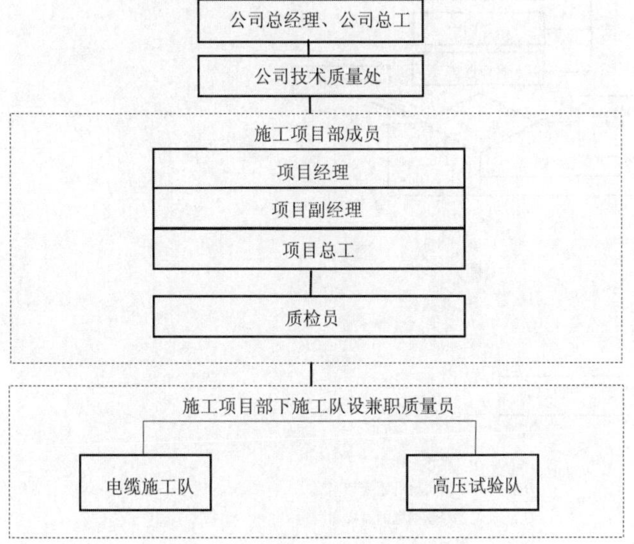

图 3-7-1　质量管理组织机构框图

二、质量管理主要人员职责

1. 项目经理

（1）是工程质量管理工作的第一责任者。贯彻执行国家、行业、地方有关质量方针、政策、法令、法规、规程、规范和规章制度。审定工程项目部的质量目标和管理方案，并监督执行。组织修改、补充、完善各级人员的职责和各项规章制度。

（2）对施工质量、质量管理及质量保证体系在工程的有效运行负全责。

（3）主持项目部的质量工作例会，组织学习建设单位和公司有关质量文件。

（4）严格执行施工承包合同，接受建设单位和监理工程师有关工程的各项指令，确保建设单位质量要求的全面实现。

（5）定期向监理工程师汇报工程质量工作，并接受监督和指导。

（6）负责对职工进行质量意识教育，提高工程施工质量。

（7）对贯彻实施达标投产负有全面领导责任。

2. 项目副经理

（1）按照项目经理的要求，对施工质量、质量管理及质量保证体系有效地运行负责。

（2）参加项目部的质量工作例会，协助项目经理抓好施工质量工作。

（3）针对工程实施和检查中出现的质量问题，妥善处理，重大问题提请项目经理协调解决。

（4）在项目经理领导下，负责安全生产、文明施工及环境保护工作。

（5）积极完成项目经理委派的其他质量管理相关工作。

3. 项目总工

（1）是公司质量管理体系管理者的代表，对体系在工程中的贯彻执行负领导责任。

（2）贯彻执行国家、行业、地方有关施工技术、工程质量方针、政策、法令、法规、规程、规范和规章制度。

（3）严格执行公司质量管理体系，负责质量管理方案的贯彻执行，确保工程质量目标的实现。

（4）在项目经理的领导下，负责施工技术、质量管理和职工培训工作。

（5）负责组织编制、审核工程的施工组织设计、重大施工方案、安全技术措施、质量工艺要求；审批不需上报公司的施工技术措施；对施工技术措施的执行进行监督，对重大危险性施工任务亲临现场监督指导，解决施工中的技术难题、安全隐患、质量问题。

（6）负责开工前的技术培训和考核工作，制定工程的培训计划；组织质量体系文件的学习与考试。

（7）组织技术革新，推广全面质量管理方法，推广施工新技术、新工艺、新材料、新设备，组织各施工队的劳动竞赛和 QC 小组活动。

4. 质检员

（1）负责落实工程质量目标的实现，负责施工现场质量管理体系的正常运行，监督及检查。

（2）编制工程质量工作计划，监督、检查所负责的安装工程质量，组织日常质量检查工作，及时消除质量缺陷；负责工程项目部级的专检，配合监理工程师的中间验收；设置质量控制检查点，对影响工程质量的关键部位进行全面检查。

（3）对所有质量记录、表格进行收集、整理，负责管理施工记录，整理工程竣工移交资料。全面落实工程质量目标的实现，确保质量管理体系的有效运转。

5. 兼职质检员

（1）施工队设兼职质检员，协调配合专职质检员做好质量管理工作。

（2）组织本队全体职工认真学习贯彻工程质量方针、目标，学习有关设计图纸、施工技术、质量文件和验收规范，不断强化质量意识。牢固树立“质量第一”的思想。

（3）在施工中严格执行质量体系文件的有关规定，严格遵照图纸、技术文件、验收规范等施工。

（4）认真组织本队施工质量的自检工作，配合项目部、监理工程师及验收单位进行复检和终检，对其提出的质量改进要求认真组织实施。

（5）认真填写施工记录和质量记录。

对未经检验或检验不合格的项目不得转入下道工序施工，对不合格的原材料有权拒绝使用。

3.7.3 质量管理措施及关键工序质量控制

一、质量管理措施

（1）本着“诚信为本，优质高效”的服务宗旨，在工程建设的全过程中严格按照质量管理体系文件中有关程序和有关施工工艺要求进行施工，以保证工程质量达标投产。

（2）实行全面质量管理，对关键工艺、薄弱环节、新的施工技术和安装工艺采用科学的管理方法和必要的管理措施，实行监控，保证工程质量。

（3）坚持两级技术交底制度，即施工前由设计单位和公司对项目经理部进行技术交底和项目经理部对全体施工人员进行技术交底工作。贯彻甲方要求、设计意图、技术要求、质量标准和施工方案等进行详细说明。

（4）牢固树立上道工序是下道工序基础的观念，严格执行质量的三级检查制度，即公司、项目经理部、施工队；以及自检不合格不移交，互检不合格不接受，未经有关人员检查验收签字，不准进入下道工序施工的“三检制”。

（5）按甲方代表（监理）大纲要求向甲方代表（监理）上报质量情况，提供质量检查结果和有关记录。积极配合甲方代表（监理）组织的各项检查和验收工作，同时提供必要的工作条件和检测设备。隐蔽工程、关键工序邀请甲方代表（监理）到场监督和检查。

（6）施工中与设计、甲方代表（监理）密切配合，互相协作，沟通思想，共同协商，解决实际疑难问题，共同把好质量关。

二、关键工序质量控制

（1）电力电缆敷设过程控制图如图 3-7-2 所示。

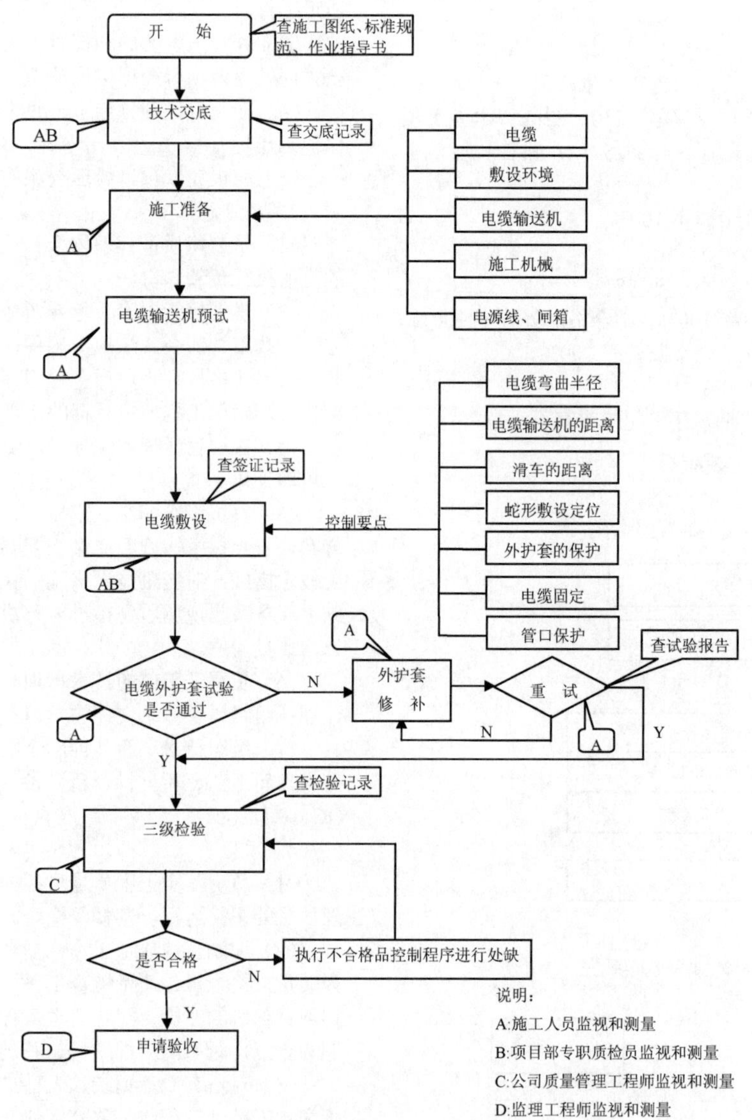

图 3-7-2 电力电缆敷设过程控制图

（2）电缆附件安装过程控制图如图3-7-3所示。

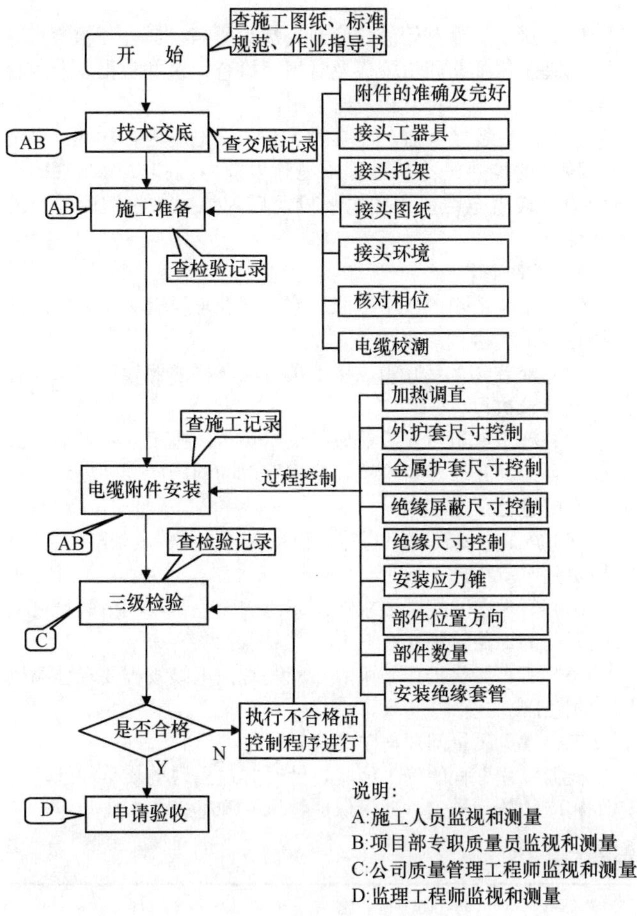

图3-7-3　电缆附件安装过程控制图

3.7.4　质量管理及检验标准

（1）《电气装置安装工程电缆线路施工及验收规范》（GB 50168）。

（2）《电气装置安装工程接地装置施工及验收规范》（GB 50169）。

（3）《电气装置安装工程质量检验及评定规程》（DL/T 5161.1～9）。

（4）《质量、环境、职业健康安全管理手册》。

（5）《质量、环境、职业健康安全管理体系程序文件汇编》。

（6）《质量、环境、职业健康安全管理体系相关文件汇编》。

（7）《电缆专业作业指导书》。

3.7.5　质量保证技术措施

一、电缆敷设施工质量措施

1. 准备工作

（1）施工前现场施工负责人及有关施工人员进行现场调查工作（查活），检查土建工程是否完工，是否满足设计要求和规程要求且具备敷设条件。

（2）检查隧道内积水情况，并及时排水，清理妨碍施工的物品杂物，注意清除石子等杂物以防硌坏电缆。

（3）检查现场情况是否与施工图纸一致，施工前要核实隧道实长和所有井位，并逐一编号，在拐弯处要注意弯曲半径是否符合设计要求，有无设计要求的电缆放置位置。

（4）依照设计要求，在隧道内和引上部分标明每条电缆的位置、相位。

（5）根据敷设电缆分段长度选定电缆敷设点，电缆搭接必须在直线部位，尽量避开积水潮湿地段并靠近电源。

（6）准备好工程临时电源：自备发电机，敷设电缆的动力线截面应不小于25mm^2。

（7）在无照明的隧道，每台放缆机处应设置一个手把灯。

（8）检查施工机具是否齐备，包括放缆机、滑车、牵引绳及其他必须设备等。

（9）隧道内使用专用运输车移运放缆机、滑车时注意不得刮碰周围电缆，直线段一般每隔25m放置一台放缆机，每隔3～4m放置一个滑车，并在转弯处和电缆的入井处，安装特制的电缆滑车，所有滑车的入口和出口处不得有尖锐棱角，不得刮伤电缆外护套，隧道内转弯滑车用涨管螺栓与步道固定。

（10）电缆盘护板严禁在运到施工现场前拆除。电缆盘拖车要停在距入线井口的地势平坦、高空无障碍处，如现场条件有限可适当调整电缆盘距下井口的距离，找准水平，并对正井口；钢轴的强度和长度与电缆盘重量和宽度相配合并防止倒盘。

（11）电缆敷设前核实电缆型号、盘号、盘长及分段长度，必须检查线盘外观有无破损及电缆有无破损，及时粘贴检验状态标识，发现破损保护现场，立即将破损情况报告有关部门解决。

2. 电缆敷设

（1）对参与电缆敷设的有关人员应进行一次技术交底和安全技术措施交底，放缆机设应设专人看守。

（2）电缆盘应安装有效刹车装置，并将电缆内出头固定，在通信畅通后方可空载试运电缆输送机；展放电缆过程中，必须保持通信畅通，如果失去联系应立即停止敷设，通信畅通后方可继续展放，敷设指挥要应由工作经验丰富的人员担任，统一指挥做到令行禁止。线盘处设专人看守，有问题及时制动电缆盘并向总指挥进行汇报。

（3）电缆展放时，电缆从盘的上端引出，电缆本体上不得有压扁、电缆绞拧、护层折裂等未消除的机械损伤。

（4）电缆展放过程中，如果电缆出现余度应立即停止敷设将余度拉直后方可继续敷设，防止电缆弯曲半径过小或损坏电缆。

（5）在复杂地段、拐弯处要配备一名有经验的工人进行巡查，检查电缆有无刮伤和余度情况，发现问题要及时停止敷设解决问题。

（6）电缆穿管或穿孔时设专人监护，防止划伤电缆，敷设完成后对管口进行密封。

（7）敷设过程中电缆的弯曲半径，按设计要求不得小于2.2m执行，并注意对运行电缆的保护。

（8）当盘上电缆剩约2圈时，立即停止敷设，在电缆尾端捆好牵引绳，用人牵引将电缆缓慢放入井口，严禁电缆尾端自由落下，防止摔坏电缆和弯曲半径过小。

（9）电缆余度应满足设计要求。切断电缆后其端部应立即进行密封，防止进潮；展放电缆后应检查电缆端头是否密封完好，有问题及时处理。

（10）电缆就位要轻放，严禁磕碰支架端部和其他尖锐硬物。

（11）调整电缆蛇形波幅时，严禁用有尖锐棱角铁器撬电缆，可用专用拿弯机具调整蛇形波幅，再用木块支撑或用圆抱箍固定，电缆蛇形敷设应符合设计要求。

（12）电缆固定时，支点间的距离应符合设计规定，卡具牢固、美观。无特殊要求时，应按《电气装置安装工程　电缆线路施工及验收规范》（GB 50168）要求执行。

（13）敷设工作结束后，应对隧道进行彻底清扫，清除所有杂物和步道上的胀管螺栓。

（14）现场质量负责人应定期组织有关人员对每一段敷设完的电缆质量进行检查验收，发现问题及时处理，并及时填写施工记录和检验记录。

（15）交联聚乙烯电缆在敷设前24h内的平均温度及敷设时的温度不应低于0℃，若低于0℃，则必须进行加热。

（16）电缆加热采取提高周围空气温度的方法：当温度为5～10℃时，需72h；如温度为25℃时，则需加热24～36h。

（17）电缆加热人员要经过专门培训，经考试合格后方可参加电缆加热工作，每个加热点至少2名工作人员换班工作，每小时记录温度值。

二、电缆附件安装的施工质量控制

1. 附件安装准备工作

（1）接头图纸及工艺说明经审核后方可使用。

（2）清除接头区域内的污水及杂物，保证接头工作环境的卫生清洁。

（3）每个中间接头要求有不少于两个150W防爆照明灯。

（4）终端头接头区域在不满足接头条件或现场环境复杂的情况下，应进行围挡隔离，以保证接头质量。

（5）按规程规定对电缆外护套进行耐压试验，发现击穿点应及时修补，并详细记录击穿点位置及相位。外护套试验合格后方可进行接头工作。

（6）电缆接头前应按设计要求加工并安装好接头固定支架，支架应良好接地。

（7）组织接头人员进行接头技术交底。技术人员应了解设计原理、所用材料的参数及零配件的检验方法，熟练掌握附件的制作安装工艺及技术要求。施工人员应熟悉接头工艺要求，掌握所用材料及零配件的使用和安装方法，掌握接头操作方法。

（8）接头工作开始前，应清点接头所需材料。开箱检查时报请监理工程师共同检验，及时填写检查记录并上报，发现材料与接头工艺不相符时应及时上报。

（9）在安装接头前，必须对端部一段电缆进行加热。通过加热校直的加热—冷却过程，消除电缆内因扭曲而产生的机械应力并校直电缆，避免电缆投运后因绝缘热收缩而导致的尺寸变化。

2. 附件安装

（1）接头工作应严格遵照厂家工艺要求及有关工艺规程规定执行，不得擅自更改。

（2）安装交叉互联箱、接地箱时应严格遵照设计要求及有关工艺要求执行。

（3）施工人员对安装的成品质量负责。施工后对安装的成品进行自检、互检，自检、互检中发现的问题应立即处理，不合格不能进行下道工序。

（4）施工中要及时填写施工记录，记录内容做到准确真实，质检员随时审核施工记录。

（5）每相中间接头要求在同一侧缠相色带，相色牌拴在接头的另一侧，路铭牌拴在B相电缆接头上。

（6）所有接头工作结束后，应及时按电缆规程要求挂路铭牌、相色牌。

三、常见质量问题与防范措施

根据以往工程的施工经验，针对容易出现的质量问题，制定了相应的防范措施，质量保证技术措施见表3-7-1。

表3-7-1　质量保证技术措施表

工序	常见质量问题	防范措施
电缆敷设施工的常见质量问题	外护套破损，金属护套受伤	1. 由经验丰富的人员担任现场负责人，统一指挥、专人检查。 2. 电缆敷设过程中注意保护电缆，特别是穿墙、穿管等地方，加保护并垫橡胶垫。 3. 电缆就位要轻放，严禁磕碰支架端部和其他尖锐硬物
	电缆敷设过程中出现余度	1. 保证通信畅通，牵引、制动动作协调，统一指挥。 2. 专人看管放缆机，巡视，发现问题，及时处理
	弯曲半径不满足要求	1. 施工前查明全线弯曲半径满足设计要求。 2. 电缆盘要安装有效刹车装置。 3. 大拐弯处转角滑车用胀管螺栓与步道固定
电缆接头施工的常见质量问题	螺栓使用不规范、紧固达不到要求	1. 严格按施工工艺要求执行，螺栓紧固使用扭矩扳手，制定严格的考核办法，责任到人，层层把关。 2. 螺栓不易紧固的部位采用特殊工具
	接头尺寸测量不够规范	按照接头图纸和工艺标准，精心测量、精心施工，并进行考核
接地系统安装常见质量问题	接地电缆的制作不规范，感观质量差	加强技术培训，提高技术素质，对接地电缆的制作责任到人，严格进行考核
	接地箱、交叉互联箱方向、位置不规范	严格按照设计要求安装，统一安装位置和安装方向

本章其余内容见光盘。

第 4 章　北京某 220kV 电缆线路工程施工组织设计

4.1　编 制 依 据

（1）《××220kV 电缆线路工程设计说明书》。

（2）《××220kV 电缆线路工程设计图纸》。

（3）有关分部工程的协议、合同、文件。

（4）与电气安装有关的技术及国家标准。

（5）公司《质量手册》、公司质量、环境、职业健康安全体系程序及公司《电缆施工作业指导书》。

（6）《电力建设安全工作规程》。

（7）《电力建设工程预算定额》。

（8）《输变电工程达标投产考核评定管理办法》。

（9）建设单位对本工程的特殊要求、质量目标、工期目标。

（10）类似工程的施工方案、施工经验和工程总结。

4.2　工 程 概 述

4.2.1　工程概况

一、工程简述

工程名称：××电缆线路工程。

本工程计划开工日期：2014 年 8 月 20 日，计划竣工日期：2014 年 10 月 27 日。

本工程自××500kV 变电站新建双回 ZC-YJLW$_{02}$-127/220kV-1×2500mm^2 电缆至××220kV 变电站，本工程新建电缆全线敷设在新建电缆隧道与现状隧道内。

沿新建双回电缆分别敷设一条测温光纤，测温光纤在××站内接入“××500kV 送电工程”安装的温度监测主机，实现信号上传至电缆集中监控中心。

Ⅰ路电缆：自××500kV 变电站 2213 号间隔至××220kV 变电站 2214 号间隔，电缆长 5064m×3。

Ⅱ路电缆：自××500kV 变电站 2214 号间隔至××220kV 变电站 2211 号间隔，电缆长 5052m×3。

二、工程规模

（一）电缆电气部分

电气部分规格型号及数量一览表见表 4-2-1。

表 4-2-1　电气部分规格型号及数量一览表

名称	规格型号	数量
电缆（Ⅰ路）	ZC-YJLW$_{02}$-127/220kV-1×2500mm^2	5064m×3
电缆（Ⅱ路）	ZC-YJLW$_{02}$-127/220kV-1×2500mm^2	5052m×3
GIS 终端	220kV/2500	12 只
护层保护器	残压不大于 10kV	12 只
绝缘接头	220kV/2500	66 只
交叉互联箱	整体密封式	16 只
六线接地箱	整体密封式	6 只
三线接地箱	整体密封式	4 只
接地电缆	ZC-10kV-1×400mm^2	160m
交叉互联电缆	ZC-10kV-1×400mm^2	1100m

（二）光纤测温部分

光纤测温部分设备及数量一览表见表 4-2-2。

表 4-2-2　光纤测温部分设备及数量一览表

名称	规格型号	数量
测温光纤	2 芯多模式	6000m×2

（三）电缆及附件主要参数

1．电缆型号

ZC-YJLW$_{02}$-127/220kV-1×2500mm^2。

2．附件型号

GIS 终端：220/2500。

护层保护器：性能优越的无间隙氧化锌避雷器，残压值不大于 10kV。

电缆接头：绝缘接头，型号为 220/2500。

交叉互联箱、六线接地箱和三线接地箱：防水型不锈钢壳体定型产品。

接地电缆：10kV、铜芯、交联聚乙烯绝缘、单芯 400mm^2 电缆。

交叉互联电缆：10kV、铜芯、交联聚乙烯绝缘、单芯同轴 400/400mm^2 电缆。

（四）设备配置情况

设备配置情况见表 4-2-3。

表 4-2-3　设备配置情况表

回路名称	电缆	GIS 终端	绝缘接头	光纤在线测温系统
Ⅰ路	新疆	新疆	新疆	北京××公司
Ⅱ路	湖南	湖南	湖南	

（五）抱箍及橡胶垫选择

抱箍及橡胶垫规格见表 4-2-4。

表 4-2-4　抱箍及橡胶垫规格表

回路名称	金具	型号	配用橡胶板
Ⅰ路	电缆抱箍	R85	−5×120×560
Ⅱ路	电缆抱箍	R85	−5×120×560

（六）电缆盘长

Ⅰ路：422m/盘×36 盘；Ⅱ路：421m/盘×36 盘。

本章其余内容见光盘。

第 14 篇

110kV 和 220kV 变电站（换流站）工程施工组织设计范例

张青波　戴荣中　晋　毅　吕　念　邢东华　侯曼丽　等　编著

第 1 章　多巴 110kV 变电站工程施工组织设计

编制依据如下：

（1）多巴 110kV 变电站工程设计施工蓝图。

（2）《中华人民共和国建筑法》《中华人民共和国招投标法》《中华人民共和国合同法》等及相关法律、法规和条例。

（3）《国家电网公司工程建设质量管理规定（试行）》。

（4）《国家电网公司工程建设质量责任考核办法》（基建〔2011〕1751 号）。

（5）《国家电网公司基建安全管理规定》。

（6）《电气装置安装工程质量检验及评定规程》（DL/T 5161—2002）。

（7）《电气装置安装工程电气交接试验标准》（GB 50150—2006）。

（8）《国家电网公司输变电工程标准化作业施工手册（变电分册）》。

（9）《国家电网公司输变电工程工艺标准库》（2011 版）。

（10）《国家电网公司输变电工程施工工艺示范手册变电工程分册》。

（11）《国家电网公司输变电工程达标投产考核办法》（国家电网基建〔2011〕146 号）。

（12）《国家电网公司输变电优质工程评选办法》（国家电网基建〔2012〕1432 号）。

（13）《输变电工程建设标准强制性条文实施管理规程》（Q/GDW 248—2008）。

（14）《输变电工程安全文明施工标准》（Q/GDW 250—2009）。

（15）《关于印发〈国家电网公司输变电工程质量通病防治工作要求及技术措施〉的通知》（基建质量〔2010〕19 号）。

（16）《国家电网公司输变电工程项目管理流动红旗竞赛实施办法》（国家电网基建〔2011〕147 号）。

（17）《国家电网公司施工项目部标准化工作手册》（2010 年版）。

（18）《国家电网公司输变电工程工期与进度管理办法（试行）》（国家电网基建〔2011〕1750 号）。

（19）《国家电网公司工程建设质量考核办法》（国家电网基建〔2011〕1751 号）。

（20）《国家电网公司关于进一步提高工程建设安全质量和工艺水平的决定》（国家电网基建质量〔2011〕1515 号）。

（21）《国家电网公司输变电工程施工工艺标准工艺管理办法》（国家电网基建〔2011〕1587 号）。

（22）《国家重大建设项目文件归档要求与档案整理规范》（DA/T 28—2002）。

（23）《国家电网公司输变电工程安全文明施工标准化管理办法》（国家电网基建〔2011〕1377 号）。

（24）《国家电网公司基建安全管理规定》（国家电网基建〔2011〕1753 号）。

（25）《国家电网公司电网工程施工安全风险识别评估及控制办法（试行）》（国家电网基建〔2011〕1758 号）。

（26）《国家电网公司基建质量管理规定》（国家电网基建〔2011〕1759 号）。

（27）《国家电网公司输变电工程施工工艺管理办法》（国家电网基建〔2011〕1752 号）。

（28）关于做好《国家电网公司输变电工程标准工艺》配置和应用的通知（基建质量〔2011〕313 号）。

（29）《工程建设施工企业质量管理规范》（GB/T 50430—2007）。

（30）印发《关于深化“标准工艺”研究与应用工作的重点措施》（基建质量〔2012〕20 号）和《关于加强工程创优工作的重点措施》的通知以及国家电网办〔2012〕61 号国家电网公司关于开展“安全年”活动的通知”等相关文件。

（31）《混凝土结构工程施工质量验收规范》（GB 50204—2011）。

（32）《钢结构工程施工质量验收规范》（GB 50205—2001）。

（33）《混凝土强度检验评定标准》（GB/T 50107—2010）。

（34）《建筑结构检测技术标准》（GB/T 50344—2004）。

（35）《钢筋焊接及验收规范》（JGJ 18—2012）。

（36）青海送变电工程公司质量、职业健康安全、环境管理体系文件。

（37）青海送变电公司管理手册体系文件。

1.1　施 工 设 计

1.1.1　工程概况及特点

1.1.1.1　工程概况

1.1.1.1.1　工程简述

本项目工程名称为多巴 110kV 变电站工程施工，站址位于湟中县多巴镇黑嘴村，黑嘴—双寨公路以西，湟水河以北约 180m 处，交通便利。结构较简单。多巴 110kV 变电站为 110/35/10kV 三个电压等级；主变终期 2×50MVA，本期建设容量 1×50MVA。110kV 终期出线 4 回，单母线分段接线；本期 2 回，单母线接线。35kV 终期出线 8 回，单母线分段接线；本期 4 回，单母线接线。10kV 终期出线 12 回，单母线分段接线；本期 9 回，单母线分段接线。无功补偿装置终期 2×（2×4000）kvar，本期建设容量 2×4000kvar。

工程名称：多巴 110kV 变电站工程施工。

项目建设单位：西宁供电公司。

设计单位：天润电力设计院。

监理单位：青海智鑫电力监理咨询有限公司。

施工单位：青海送变电工程公司。

合同工期：2013 年 5 月 30 日至 2014 年 4 月 30 日。

1.1.1.1.2　工程规模

一、电气部分

（1）主变终期 2×50MVA，本期建设容量 1×50MVA。

（2）110kV 终期出线 4 回，单母线分段接线；本期 2 回，单母线接线。

（3）35kV 终期出线 8 回，单母线分段接线；本期 4 回，单母线接线。

（4）10kV 终期出线 12 回，单母线分段接线；本期 9 回，单母线分段接线。

（5）无功补偿装置终期 2×（2×4000）kvar，本期建设容量 2×4000kvar。

二、建筑部分

全站设综合配电室1座，110kV GIS布置于站区南侧，向南出线，35kV、10kV开关柜布置于35/10kV配电室内，全部电缆出线。消弧线圈室内布置，站用变布置于配电室内。主变压器布置于综合配电室与110kV配电区之间。站内设环形道路，大门设置在变电站东侧，进站道路由北侧县级公路（黑嘴—双寨）引接，进站道路长度约为55m。综合配电室采用钢框架结构。站区电缆沟，事故油池，大门、围墙、站内道路，户外构支架、GIS设备基础，主变设备基础，生活污水处理装置基础，地基处理等。

1.1.1.1.3 工程施工范围

（1）施工蓝图范围内的土建、电气安装、调试工程。

（2）受项目法人委托，参加项目法人供应的材料在采购过程中的管理。

（3）负责建设单位供应的材料到施工现场的质量验收及现场保管工作。

（4）建设单位供应的材料以外的其他材料的采购、运输、保管。

（5）工程移交前的维护。

（6）竣工资料的移交。

（7）竣工移交后保修期内的质量保证。

1.1.1.1.4 地质及地貌状况

（1）本场地地形呈南高北低，地面高程介于2318.12～2321.51m之间，最大相对高差约为3.39m，场地地貌属湟水河北岸一级阶地，地貌类型单一。

（2）根据钻孔揭露证实，地层成因时代Q4al＋pl，拟建场地由①素填土、①-1杂填土、②卵石组成，现将岩土层特征分述如下：

①素填土：黑褐色-黄褐色，以粉土为主，上部含大量植物根系，少量细砂，下部多含砾石颗粒，稍密，稍湿。该层厚度0.5～1.1m，平均厚度为0.68m。

①-1杂填土：杂色，砂质均匀、以后期堆放的砂石料为主，密实度依据野外鉴别为松散，孔壁有坍塌现象，该层厚度为2.7～2.8m，平均厚度为2.72m，仅在场地南侧堆积。

②卵石：杂色、青灰，粒径大于20mm的颗粒质量超过总质量的51.3%～63.2%之间，卵石含量占59.02%，砾石含量占25.69%，砂砾含量占6.13%细粒及粉土成分占9.16%，一般粒径为20～80mm，骨架颗粒，排列混杂，卵石颗粒成分以花岗岩、石英岩、砂岩、变质岩为主，多呈亚圆形，磨圆度中等；充填物为各级砂、砾石及粉土，占全重的35%以上。卵石颗粒表面为强风化程度，稍湿～饱水，稍密～中密，不均匀系数C_u＝109.487～154.161，曲率系数C_c＝6.794～11.103，孔壁有坍塌现象，该层未穿透。

（3）本次勘察控制深度内在－1.7～－4.3m遇见地下水，场地勘探深度内有地下水分布，水位埋深较浅，地下水对基坑工程施工影响较大。

（4）对于第①层素填土、①-1杂填土处于表层，堆积时间短，欠压密，且处于开挖深度，故不作承载能力的评价。

当基础宽度b≤3.0m、埋深d≤0.50m时，②层卵石根据野外描述、重探试验及结合地区经验综合确定承载力的特征值f_{ak}及变形模量E_0按下值为：③卵石f_{ak}＝350kPa，E_0＝25.0MPa。

（5）湟中地区抗震设防烈度为七度，设计基本地震加速度值为0.10g。设计地震分组为第三组、设计特征周期值为0.45s。水平地震影响系数最大值α_{max}＝0.08。根据《建筑抗震设计规范》（GB 50011—2010）属丙类建筑。场地土层剪切波速分别为①层素填土v_s＝100m/s、②层卵石v_s＝370m/s，计算深度按20.0m考虑，计算的场地土层等效剪切波速值为v_{se}≈338m/s，根据邻近勘察资料证实场地覆盖层厚度约为25m，建筑场地类别为Ⅱ类，场地无液化土层分布，场地属建筑抗震可进行建设的一般地段。

（6）水对混凝土结构具有弱腐蚀性，对钢筋混凝土中的钢筋在干湿交替作用条件下具有微腐蚀性、长期浸水作用条件下均具有微腐蚀性。场地土对混凝土结构具微腐蚀性，Cl^-＝40.00～80.00mg/kg场地土对钢筋混凝土结构中钢筋具微腐蚀性，根据该场地土层视电阻率（Ω·m）值均大于100，因此场地土对钢结构具有微腐蚀性。

（7）湟中地区为季节性冻土区，标准冻深为1.25m。①素填土冻胀等级为Ⅱ级，因此冻胀类型为弱胀冻。②层卵石，按不冻胀考虑。

1.1.1.1.5 交通情况

站址周边交通便利，进站道路由站址东侧的黑嘴—双寨公路接引，所经道路路况良好。路宽、转弯半径、桥梁、涵洞均满足大件设备运输要求，大件设备可在西宁火车站卸车后经103省道运至站内，运距约为22km。

1.1.1.2 工程特点

1.1.1.2.1 工程特点

一、设计特点

多巴110kV变电站工程为新建工程。设计特点为：

（1）主变采用容量为50MVA油浸有载调压自冷变压器，短路阻抗采用高阻抗，变比为110/35/10kV，接线组别为YNyn0d11。

（2）110kV设备采用户外GIS设备。

（3）35kV设备采用户内SF_6充气柜。

（4）10kV设备采用户内开关柜设备。

（5）10kV电容器采用户内框架式成套装置。

（6）110kV配电装置采用户外GIS布置，35kV、10kV配电装置为户内开关柜双列布置形式。

（7）全站设综合配电室1座，110kV GIS布置于站区南侧，向南出线，35kV、10kV开关柜布置于35/10kV配电室内，全部电缆出线。消弧线圈室内布置，站用变布置于配电室内。主变压器布置于综合配电室与110kV配电区之间。

二、工程特点

（1）站址高海拔、昼夜温差大、属高寒地区，施工难度大。

（2）工程实际有效施工时间短，本工程合同工期：2013年5月30日至2014年4月30日。

（3）工程需横跨冬季，需制定详细的冬季施工方案，确保本工程的各项目标得以实现。

1.1.1.2.2 自然环境

一、水文条件

场地南侧约130m处为湟水河，河水水涯线高程介于2315.89～2316.99m，与场地最低点高差约为1.13m，该段湟水河道内现无正规的混凝土石砌防洪设施，湟水河洪水水位据了解最大升幅为1.5～2.5m，考虑河水对变电站的影响，将变电站标高适当抬高。

二、气象条件

湟中县基本气象要素如下：

站址：湟中县鲁沙尔镇。

北纬：36°31′。

东经：101°34′。
平均气压：（mbar）：737.7。
平均气温（℃）：3.7。
极端最高气温（℃）：33.4。
极端最低气温（℃）：－31.7。
平均相对湿度（%）：61。
年降水量（mm）：537.8。
年蒸发量（mm）：1245.6。
平均风速（m/s）：1.5。
最大风速（m/s）：20。
主导风向：NE。
大风日数：13.3。
沙尘暴日数：5。
雷暴日数：42.1。
日照百分（%）：58。
最大冻土深度（cm）：1.25。
最大积雪深度（cm）：2.3。
资料年限（年）：30。

1.1.2　施工方案

1.1.2.1　施工现场组织机构

1.1.2.1.1　组织机构关系图

多巴110kV变电站工程施工组织机构关系图如图1-1-1所示。

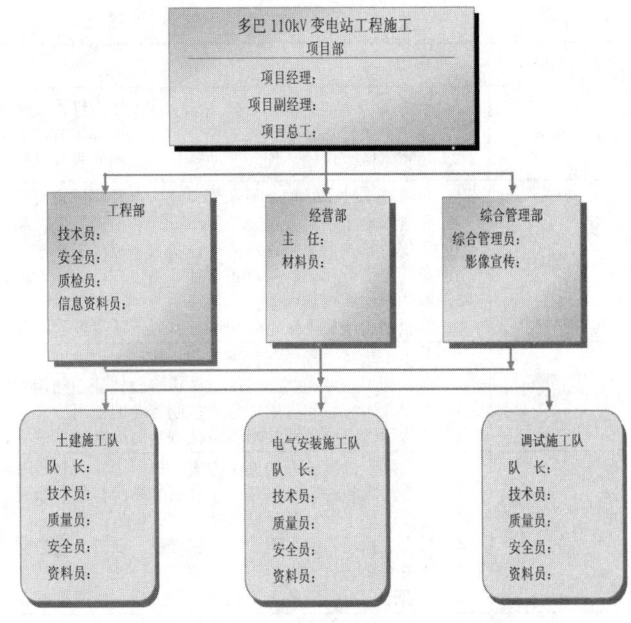

图1-1-1　多巴110kV变电站工程施工组织机构关系图

1.1.2.1.2　职责与分工

职责与分工见表1-1-1。

表1-1-1　**职责与分工**

部门和岗位	职责与分工
项目经理	1．公司法定代表人在本项目工程的委托代理人，代表公司处理本项目工程的对外关系，全面负责本工程施工组织实施与管理，对重大事宜作出决定。 2．贯彻执行公司的质量、职业健康安全、环境管理方针，并对本项目工程的质量、安全、进度、环境和成本控制目标的实现负全面责任。 3．负责组建本项目工程的质量管理体系、安全保障体系、环保和文明施工体系，明确职责和权限，监督指导体系的有效运行。 4．负责现场劳动力、机械设备、材料等资源的安排工作。 5．负责本项目工程经济责任制的制定和落实。 6．负责本项目工程资金的调配和使用，保证工程的顺利进行。 7．负责项目部机构及施工队的组织协调，确保工期按计划进行
项目总工程师	1．负责本项目工程的技术质量管理工作，对技术质量重大事项有决策权。 2．负责本项目工程质量方针的贯彻实施，确保质量体系的有效运转，确保各分项分部工程质量目标的实现。 3．负责本项目工程现场的环境保护和安全文明施工工作，确保安全保障体系、环保和文明施工体系的有效运行。 4．负责主持施工人员的技术培训和考核工作。 5．主持本项目工程的施工图会审工作。主持编制本项目工程的施工组织设计和质量计划，审批各工序作业指导书、施工方案、质量安全保证措施。 6．负责主持各工序开工条件的准备工作。 7．负责本项目工程三级检验制度和工程检验计划的落实。 8．协助项目经理处理一些日常事物，在项目经理外出期间，代表项目经理行使职责和权限
安全（环境）专责工程师	1．监督、检查工地施工现场的安全文明施工状况和职工的作业行为。 2．参加工地安全大检查，对发现的问题及时督促整改；参加施工现场重要施工项目和危险性工作业项目开工前的技术交底，并检查开工前安全文明施工条件，监督安全施工措施的执行情况。 3．对本工地施工现场和安全区内文明施工、环境保护、环境卫生、成品保护措施执行情况以及生活卫生的管理进行监督、检查。协助工地领导布置与检查每周的安全日活动。 4．参加工地安全工作例会，协助领导布置、检查、总结安全文明施工情况；协助工地领导组织人身轻伤事故等的记录、调查工作；负责对新入厂人员进行第二级安全教育。 5．负责本工地施工机械（机具）和车辆交通安全监督工作。 6．督促并协助工地有关人员做好劳动防护用品、用具和重要工器具的定期试验、鉴定工作。 7．组织开展施工现场安全健康与环境保护的宣传教育工作。 8．负责对分包单位的安全工作进行监督、检查与指导；负责对班组安全文明施工进行考核与奖罚
质检专责工程师	1．负责按施工图纸、验评标准和程序规定对工程的过程和产品进行检验与测量。 2．参与技术、质量措施的编制，深入现场组织落实施工过程中的质量控制和检验。 3．负责外部检验与试验的送检工作并保存记录。 4．负责授权的分项、分部工程的评级和合格品放行。 5．负责施工过程中的质量控制和检验活动的开展。 6．负责质量缺陷的处理和记录。 7．参加工程验收活动。 8．负责收集、整理、保存和审查工程质量竣工资料

续表

部门和岗位	职 责 与 分 工
施工队队长	1．根据项目部的安排，合理组织本队施工力量，安全优质按计划完成指定控制段内的施工任务。 2．施工中执行项目部下发的作业指导书、施工方案、质量安全和文明施工的规定。 3．负责本队区域的环保和文明施工。处理好与驻地政府和群众的关系
工程部	1．负责施工技术管理、质量管理、安全及环境管理工作。 2．负责编制本项目工程施工组织设计和质量计划，组织编制作业指导书、施工方案、质量、安全技术措施和文明施工的保证措施。 3．负责日常技术质量管理工作，负责本项目工程的计量管理工作。 4．负责与设计代表、监理工程师联系工作，负责设计变更的管理，负责申请中间验收和转序工作，参加竣工验收。 5．参加材料的进货检验工作。 6．监督和指导施工队正确填写各种施工质量检验表和评级表
经营部	1．负责本项目工程经营管理工作。按照工程进度计划，负责劳动力和资金的配置管理。 2．根据施工进度和资源情况，负责阶段性计划的调整。 3．负责成本分析和管理，合理控制资金的使用。 4．负责用微机整理统计报表，按规定时间向项目法人、监理工程师以书面形式及网上传送的方式报出
物资部	1．根据施工进度计划和施工方案，作出工器具和设备配置计划，并负责组织落实。 2．负责与项目法人、供货厂家联系工程材料供货事宜。 3．负责收集工程材料材质证明、试验报告。 4．负责工程材料的采购、加工、接收、保管、发放管理工作。 5．负责组织材料的进货检验工作。 6．负责工程机械设备、车辆的管理工作，保证机械设备的完好
综合部	1．负责项目部文件资料的收发、保管和存档工作。 2．负责与当地各级政府、林业、土地管理部门的联系工作，协调与地方的关系，负责处理本项目工程施工中的青苗赔偿工作。 3．负责本项目工程的宣传报道工作。 4．负责本项目全体员工劳动保护工作，负责医疗、人身保险管理工作，负责后勤管理工作

1.1.2.1.3 项目管理机构人员简介

1.1.2.1.3.1 项目经理简介

项目经理简介见表1-1-2。

表1-1-2　项 目 经 理 简 介

姓名		年龄		学历	
职业		职务		拟在本合同任职	项目经理
毕业学校					
主要工作经历					
时间	参加过类似项目			担任职务	
建造师注册证书					
身份证					
学历证					
职称证					

1.1.2.1.3.2 项目副经理简介

项目副经理简介见表1-1-3。

表1-1-3　项目副经理简介

姓名		年龄		学历	
职业		职务		拟在本合同同任职	项目经理
毕业学校					
主要工作经历					
时间	参加过类似项目			担任职务	
建造师注册证书					
身份证					
学历证					
职称证					

1.1.2.1.3.3 项目总工简介

项目总工简介见表 1-1-4。

表 1-1-4　　项 目 总 工 简 介

姓名		年龄		学历	
职业		职务		拟在本合同任职	项目经理
毕业学校					
主要工作经历					
时间	参加过类似项目			担任职务	
建造师注册证书					
身份证					
学历证					
职称证					

1.1.2.1.4 劳动力组织计划

（1）我公司选派了优秀、精干的施工管理人员、技术骨干组成“多巴 110kV 变电站工程项目部”。

（2）该项目部大部分工程管理及施工人员都参与过省内多座 110kV 变电站的建设和世界海拔最高的青藏铁路Ⅱ期 110kV 输配电工程五道梁变与沱沱河变电站的施工，积累了相当丰富的高海拔变电站工程施工有关职业健康安全、质量、进度、成本、环境保护、医疗保障等内容的先进的施工与管理经验，为保证多巴 110kV 变电站工程的顺利施工打下了坚实的基础。

（3）保证投入本工程的所有管理、技术人员在施工期间只负责本工程的工作，不兼管其他工作。

（4）项目部下设工程、经营、综合管理部三个职能部门，对本工程的安全、质量、进度、成本、环境保护、文明施工、医疗保障等内容进行严格的管理和控制。

（5）项目部下设三个施工队，分别为：土建施工队、电气安装施工队、调试施工队。各施工队根据不同施工阶段分期、分批进入施工现场。

（6）计划投入施工队伍组成见表 1-1-5。

表 1-1-5　　施工队伍组成表

施工队伍	土建施工队	电气安装施工队	调试施工队
主要管理人员	队　长：	队　长：	队　长：
	技术员：	技术员：	技术员：
	质量员：	质量员：	质量员：
	安全员：	安全员：	安全员：
	资料员：	资料员：	资料员：

1.1.2.2 施工准备

1.1.2.2.1 施工准备工作进度计划

施工准备工作进度计划见表 1-1-6。

表 1-1-6　　施工准备工作进度计划表

项目	主要工作内容	责任人（部门）		时间
开工前期准备（现场准备）	人员调配及进场、前期施工机具调配及进场、施工现场布置及生活设施投入	项目副经理	项目经理	工程开工前完成
技术准备	技术资料编制、人员培训	项目总工		分部工程开工前 10d 完成
材料准备	材料检验、加工、材料运输	综合部		分部工程开工前 10d 完成
施工机具准备	机具购置、机具运输、机具检修和保养	综合部		分部工程开工前 20d 完成
工程资金准备	工程预付款、工程进度款申请或公司提供资金	经营部		按合同要求时间申请工程款

1.1.2.2.2 开工前准备

（1）我公司接到中标通知后，在 10d 内办理好相关手续以保证工程顺利开工。

（2）施工现场布置，施工人员、设备材料进入施工现场应得到监理工程师的许可。投入的施工队伍、施工机械在任务结束后，获得监理工程师同意后退场。

1.1.2.2.3 技术准备

一、施工技术攻关

组建施工技术攻关小组，根据本工程设计特点和站址所在地的气候及环境特点开展技术攻关，为本工程施工进行技术储备和科技创新。施工技术攻关项目见表 1-1-7。

表 1-1-7　　施工技术攻关项目一览表

序号	项目名称	责任部门	完成日期/（年.月）
1	GIS 设备基础表面裂纹防止	工程管理部	2013.5
2	寒冷地区混凝土道路（地坪）裂纹防止		2013.5
3	GIS 组合电器施工方法		2013.5
4	高海拔、超高压电气设备安装防电晕施工方法		2013.5

二、分部工程开工前应完成的工作

（1）图纸会审、技术交底、技术资料编制。

（2）施工人员的技术培训和考核。

（3）施工人员的安全培训和考核。

（4）主要技术资料编制计划表（一次性使用的作业指导书）。见表1-1-8。

表1-1-8　主要技术资料编制计划

技术资料名称	完成日期/（年.月.日）	备注
施工组织设计	2013.5.30	
安全文明施工二次策划	2013.5.30	
创“国家电网公司优质工程”实施细则	2013.5.30	
工程信息管理制度	2013.5.30	
工程资料管理制度	2013.5.30	
环境因素分析及控制措施	2013.5.30	
危险源辨识和风险评价控制措施	2013.5.30	
应急准备及控制措施	2013.5.30	
工程施工用电方案	2013.5.30	
工程质量检验计划	2013.5.30	
材料检验作业指导书	2013.5.30	
安全作业指导书	2013.5.30	
工程技术交底大纲	2013.5.30	
达标投产实施细则考评责任表	2013.5.30	
全所接地施工及测试方案	2013.5.30	
地基处理方案	2013.5.30	
110kVGIS设备基础混凝土施工方案	2013.5.30	
冬雨季施工措施	2013.5.30	
母线施工方案	2013.5.30	
110kV设备安装方案	2013.8.20	
二次设备安装方案	2013.8.20	
电缆敷设方案及电缆排列图	2013.9.20	
二次接线施工质量保证措施	2013.9.20	
电气设备调试方案	2013.9.20	
保护调试、传动方案	2013.9.20	
设备及高压电缆耐压试验方案	2013.9.20	

（5）技术及安全培训和考核计划。随着高新技术应用于电力行业、施工设备的更新换代越来越快，对建筑施工、电气安装工艺的要求越来越高，在施工过程中不断地把成熟的新技术、新工艺、新材料、新方法运用于施工的生产实践中是提高生产效率和社会综合效益的最佳途径。项目部针对工程施工特点及工艺安装要求，在施工前将安排有关人员进行培训学习，并邀请有关专家进行新技术、新工艺、新材料、新方法应用的指导和培训。技术培训和考核计划见表1-1-9。

表1-1-9　技术培训和考核计划

培训考核内容	参加人员	完成日期/（年.月.日）
构支架施工吊装	技术员、质量员、技工	2013.5.30
混凝土施工		2013.5.30
焊接工艺	技术员、质量员、焊工、技工、施工人员	2013.5.30
母线施工工艺		2013.8
一次设备安装工艺	技术员、质量员、技工	2013.8
二次接线施工工艺	技术员、质量员、施工人员	2013.8

安全培训和考核计划见表1-1-10。

表1-1-10　安全培训和考核计划

培训考核内容	参加人员	完成时间
安全教育	全体施工人员	依据工程实际进度提前一周分期分批进行
驾驶安全教育	驾驶人员	
构支架吊装安全教育	技术员、质量员、安全员、高空作业人员、施工人员	
设备吊装安全教育		

1.1.2.2.4　现场通信

项目部设两部电话、二部传真机，微机上网。项目部与公司项目法人、监理工程师、设计单位、供货厂家及公司本部可以通过以下方式联系：①电话和传真；②信函；③网络通信。

1.1.2.2.5　施工力量的配置

（1）为保证安全、优质、按期完成本工程施工任务，我公司在施工管理、施工技术、施工力量安排上、选派曾多次担负过省内外工程施工经验丰富的、技术过硬的施工队伍来承担本次施工任务。

（2）本工程工作量及计划进度的安排，施工过程将投入足够的施工力量，以确保工程按期完成。同时项目部根据工程进度及施工要求对施工力量按计划进行调整，合理安排各个时期各工种施工人员进退场时间。

（3）技术力量的安排：以项目总工为首的技术管理人员，根据各阶段的施工计划安排进入施工现场，在工程施工紧张，技术人员不够时，可随时向各公司本部要求增派。特殊工种人员可根据工程施工进展具体情况投入。

（4）作业队伍及管理人员在上岗前，应完成岗位职责教育，安全、技术培训考核，对危险岗位作业人员办理人身意外伤害保险。

（5）施工时项目部在当地医疗机构对全体施工人员的身体状况进行体检，确保进入现场的人员身体健康。

1.1.2.2.6　生活设施准备

（1）生活、办公临建原用一期工程项目部的活动彩板房。主要有办公室、会议室、食堂、餐厅、宿舍、停车场、花坛等。

（2）生活用水：取自所内一期已建成的给水系统。

（3）污水排放：项目部排放的生活、生产污水量较少，可设一座10m^{3}的临时污水调节池，经污水调节池排入渗井内渗排，不影响环境。

1.1.2.2.7　施工机械准备

根据多巴110kV变电站工程施工工序的安排，提前准备和配置施工所需的主要施工机械及设施。施工机械及设施应根据变电站施工情况合理调配分期分批按施工进度计划分别进场。

本章其余内容见光盘。

第 2 章　220kV 某变电站工程施工组织设计

2.1　项目概况和特点

2.1.1　工程概况

220kV××变电站建成投运后，将缓解××区供电压力，满足负荷发展需要，并优化××区 110kV 电网结构。

220kV××变电站位于××县××镇西部。站址东侧紧邻××路，相距约 150m，东北距果园村约 200m，西北距小寨村约 500m。变电站总占地 1.06hm^2，站区围墙内占地面积 0.88hm^2。

工程项目法人为×××××××。

建设管理单位为×××××××。

2.1.2　工程性质和特点

2.1.2.1　设计特点

220kV 采用双母线接线；110kV 采用双母线接线；10kV 采用单母线接线。

本站为城市户内 GIS 变电站，按照无人值班、智能变电站进行设计。

2.1.2.2　工程特点

本工程要求确保移交零缺陷、达标投产、确保国家电网公司优质工程（达到创优规模的工程），争创国家优质工程。

本站为智能化变电站，技术要求高。

2.1.3　工程规模

主变压器：规划容量 3×240MVA；本期 2×240MVA。

220kV 出线：远期规划 6 回，本期出线 2 回。

110kV 出线：远期规划 12 回，本期出线 5 回。

10kV 出线：远规划期 36 回，本期出线 10 回。

10kV 无功补偿：10kV 无功补偿装置容量远期规划 12×8Mvar，本期 8×8Mvar。

2.1.4　工期要求

电气工程开工日期为 2013 年 5 月 10 日，竣工日期为 2013 年 10 月 10 日。

2.1.5　工程涉及的主要单位

建设单位：×××。

设计单位：×××。

监理单位：×××。

施工单位：×××。

2.1.6　电气施工依据及内容

本工程依据工程招标文件、施工承包合同、施工图及国家标准、规范施工。具体工作内容如下：

（1）发包人供应的设备和材料的验收和保管、现场设备和材料的二次搬运、一次和二次设备的安装和试验、系统试验及调试、工程档案及资料移交、工程竣工和保修。

（2）承包人负责的设备材料采购，应按进度计划及时开展，并将有关的采购结果及时向设计单位、监理人报告，以便设计单位及时开展施工图设计。如采购延误承包人应全权负责。

（3）配合消防系统设备的报审、验收和办理验收合格证明。

（4）承包人的临建设施：

1）所（站）内。机具、材料、办公等用房，设备及材料堆场。所（站）内临建设施占地须经监理人批准。

2）所（站）外。按《国家电网公司输变电工程安全文明施工标准》在站外搭建统一的办公、会议和生活临建设施。

（5）承包人在施工准备及施工过程中，应密切关注工程周边的财产、工程建设等情况，对有可能造成发包人方损失或对本工程建设有影响的情况及时通过监理人向发包人报告。因承包人盲目施工或未充分考虑外部环境因素造成损失的，视情况由承包人承担损失费用的 25%～100%。

2.2　施工现场组织机构

2.2.1　施工现场组织机构图

施工现场组织机构如图 2-2-1 所示。

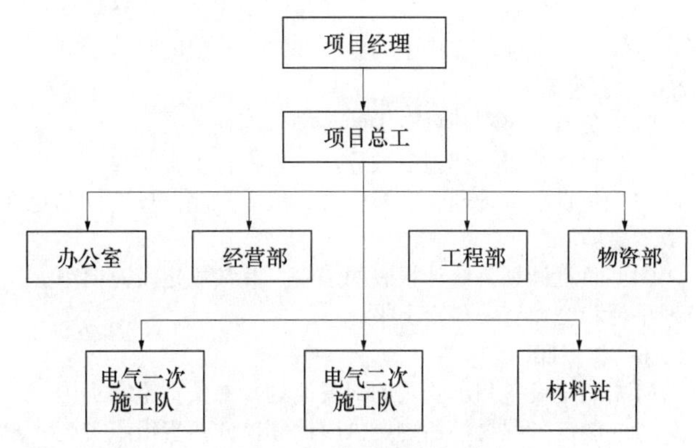

图 2-2-1　施工现场组织机构

2.2.2　施工现场组织

为确保工期，我公司委派××同志担任项目经理，同时组织具有丰富智能变电站施工经验的管理人员和技术人员组成精干、高效、踏实的 220kV××变电站工程电气安装工程项目部。

项目部设项目经理、项目总工各 1 名；下设办公室、经营、工程、物资部四个职能部门。各部门均由各相关专业的业务骨干组成。

2.2.3　项目管理机构人员及部门职责

2.2.3.1　项目经理

（1）代表公司按照承包合同和投标文件的要求，科学地组织各种资源，协调各方关系，及时处理施工中的重大问题，保证工程按期完工，实现达标投产，实现零缺陷移交，争创优质工程。

（2）建立本工程的质量管理体系，明确各部门的质量管理职责。审批项目部的各种管理制度。

（3）本工程第一安全责任人，对现场安全健康和环境管理工作的执行负全面责任，贯彻上级有关安全的法规、条例，组织制定和执行保障施工安全的措施。

（4）负责落实项目法人、建设单位、监理工程师的指令在施工中的贯彻执行。确保建设单位的要求和公司下达的各项经济技术指标全面完成。

2.2.3.2　项目总工

（1）主持技术管理工作。执行国家有关施工技术规范、标准；负责审核施工组织设计、质量计划和施工技术方案，解决施工中的技术难题。

（2）认真贯彻上级关于工程质量的法规和制度，贯彻“三个体系”标准和公司的程序文件。

（3）对工程质量、安全、文明施工和环境管理在技术上负全责。

2.2.3.3 办公室

（1）负责前期准备工作及地方关系的协调。

（2）负责项目部日常事务、后勤保障和工程相关单位的接待工作。

（3）负责项目部对内、对外的行政文件/资料的发放、传递和保管。负责项目部所有会议记录、纪要整理。

2.2.3.4 工程部

（1）负责技术、安全、质量、文明施工和环境保护管理工作。

（2）编制工程施工组织设计、施工进度计划、各种施工技术措施以及质量、安全、文明施工和环境保护管理制度，解决施工中出现的技术问题。

（3）预测影响工程质量的环节与安全风险因素，制定相应的预防措施。

（4）组织检查工程的安全、质量、文明施工、环境保护状况，组织质量复检，安排中间验收和竣工验收的具体事宜。

2.2.3.5 经营部

（1）负责与工程项目有关的各类合同管理。

（2）负责编制内部施工预算，对内进行工程结算。

（3）负责财务管理、劳资管理、成本控制、核算，制定降低成本措施。

（4）负责计划、统计报表的编制，并按规定及时向甲方、监理单位和公司有关科室上报。

2.2.3.6 物资部

（1）制定设备和工器具的配置计划，并负责组织实施。

（2）制定工程材料和物资供应计划，并负责组织实施。

（3）负责自购材料的采购、检验、保管和发放。

（4）负责机械设备的运输、保管、维修。

2.3 施工现场平面布置

2.3.1 施工现场总体平面布置

2.3.1.1 施工现场平面布置原则

（1）统一规划、统一安排。

（2）保证运输方便，减少二次搬运。

（3）符合环境保护、劳动保护、防火、防盗要求。

2.3.1.2 施工总平面管理

（1）制订施工现场总平面管理制度，由项目经理负责，严格按制度进行管理。对施工平面实行动态管理，保证施工的顺利进行。

（2）进出现场的重要出入口，悬挂工程简介、场区管理条例、出入制度、安全警示牌、安全文明施工条例及现场总平面布置图。设专职门卫值班管理。

（3）现场各种材料及设备按平面布置图所示位置存放、保管。废品废料单独设置存放区域。

（4）进入现场的车辆按指定路线进行行驶和停放，服从现场的统一管理。

（5）施工人员进入现场必须佩戴安全帽、胸卡，统一着装上岗。

2.3.2 施工现场临时用电、临时用水总体布置

（1）施工现场临时电源箱设专用配电箱，分级布置，电源和电路由专职电工负责管理，杜绝私拉乱扯，根据工程需要在变压器旁及材料库内分别设置一级及二级电源箱，电源箱上锁并派专人负责，定期巡视并测试电源空开性能，做好检查记录，严格按安全用电规章制度进行动态管理，保证安全用电。

（2）上下水管道由专职管道工负责维修、管理，杜绝跑、冒、滴、漏，节约用水。

2.3.3 施工现场消防总体布置

堆放现场的各种材料及设备按规划存放、保管，在附近合理位置配置消防器材。在变压器及其油罐旁放置便携式灭火器，施工现场禁止抽烟，禁止焚烧废弃物。在材料库旁设值班室，派专人值守。

2.4 施工方案

2.4.1 施工技术和资料准备

开工前，项目经理组织召开施工管理预备会，针对本工程电气施工特点进行内部管理协调，明确分工，确保施工过程的顺畅进行。同时召集各专业骨干，总结以往数字化变电站的施工经验，结合本期工程特点，集思广益，提出具有针对性的施工方案及措施。

施工技术资料准备包括施工图纸会审和施工方案编制两方面。

2.4.1.1 图纸会审

从项目法人或监理工程师处领取施工图纸后，专人管理，统一发放。由项目经理组织项目总工及各有关专业技术人员分专业审阅图纸，对其中的问题进行书面汇总，并提交图纸审核会。

2.4.1.2 编写施工技术方案

由项目总工组织各专业技术人员，在熟悉图纸的基础上编写各分部工程的施工技术方案。

所有技术方案报监理工程师批准，在工序开始施工前完成。

2.4.2 材料准备

在认真审阅图纸的基础上，提供详细的材料供应计划。

电气工程材料表包括项目法人规定由承包方购买的绝缘子、管母、金具、导线、电缆等其他装置性材料，材料表要求标示清楚，应具体到设备的安装间隔及主要金具的安装位置。

物资部根据材料计划采取招标方式，完成厂家选择、合同签订、技术准备、安排加工等工作。

项目法人供应的设备和材料，物资管理部按照设计图纸的型号、数量及时做好接收、清点和质量验收工作，并及时向业主提供反馈清单，做好缺料的补货工作，确保工程按期施工。

2.4.3 施工机具准备

主要施工机械设备表见表 2-4-1。

表 2-4-1 主要施工机械设备表

序号	机械设备名称	单位	数量
1	吊车 25t	台	2
2	运输车	辆	2
3	高空作业车 28m	台	1
4	砂轮机	台	2
5	电焊机	台	4
6	液压机	台	2
7	机动绞磨 5t	台	1

续表

序号	机械设备名称	单位	数量
8	弯管机	台	1
9	真空泵	台	1
10	滤油机	台	1

所有机械、设备严格按照设备配置表配置和供应。投入施工前进行全面检验和保养，设备必须在相应的分部工程计划开工前 5d 运至现场，充分做好使用前的准备。

2.4.4　施工力量配置

电气工程高峰时计划投入 40 人，其中技师 5 人，技工 20 人，普工 25 人；共设 5 个施工班组，即：一次班、二次班、高压试验班、继电保护班、通信班。

2.4.5　施工工序总体安排

一次设备安装原则上先高处后地面。

二次部分先安装电缆支架、屏、柜，再进行电缆、光缆敷设和接线及光缆熔接。

高压试验根据设备到货情况和安装需要，及时进行。

系统调试：先进行单装置校验，然后进行回路检查及就地传动，再进行二次系统各 IED 之间的通信调试和虚端子验证，最后进行系统联调。

2.4.6　主要工序和特殊工序的施工方法

2.4.6.1　主要工序施工方法

一、主变安装

（1）到货检查。本体外观良好，冲击记录仪、器身压力正常，附件、备件、专用工具及技术资料齐全，绝缘油化验合格。

（2）对套管 TA 进行试验，其绝缘电阻、励磁特性曲线、极性变比均应符合要求；套管介损试验，其值 $\text{tg}\delta \leqslant 0.7\%$；电容型套管的实测电容量值与产品铭牌数值或出厂试验值相比，其差值应在±10%范围内；测量小套管绝缘电阻不小于 1000MΩ。

（3）主变压器进行器身检查时，应选择无雨、雪、雾、大风的天气，且湿度不大于 75%，检查人员应着无纽扣的干净工作服和新橡胶鞋，除使用的工具外，不得携带任何物品；所用工具必须用白布带系于手腕上，工具设专门工具管理员管理，工作结束时，所有工具必须由专人清点，全部交回。

（4）抽真空在干燥空气下进行，真空度小于 133Pa（若厂家有规定，按厂家规定值），维持真空时间不少于 24h，并监视油箱是否变形，检查其密封情况。注油利用高真空净油机加热，注油速度不大于 100L/min。

（5）进行热油循环，时间不小于 48h，取油样化验，达到合格标准即可结束，否则延长循环时间直至合格。

（6）所有附件安装完毕后应按规程进行高压试验，对试验结果有疑问须分析原因再次试验直至合格。变压器本体须补漆或重新喷漆并刷标志漆。

二、GIS 安装

（1）首先确定安装基准，即最先就位的单元。

（2）以基准单元为基准，由中间向两端依次连接其他间隔。

（3）间隔的对接。

（4）瓷套管应在各部分安装完成后进行安装，连接处采用滑动触头连接，触头中心装有导向杆，便于连接时对正，安装时要保证触头连接处可靠接触，吊装瓷套管时一定小心，防止瓷套管碰伤。

（5）辅助安装。各元件组装完成后，再依次安装下列零部件。

1）装配断路器，隔离开关、接地开关、电流互感器等二次控制线，用蜂鸣器、万用表检查配线，确认接线正确，连接部分紧固情况良好。

2）装配各气室单元的 SF_6 充气管道。

3）装配气动操动机构的空气管道。

4）使封闭式组合电器的外壳可靠接地，盒式绝缘子两侧法兰之间的导电连接板要连接好。在底座的接地螺栓处接好地线。

（6）封装吸附剂，抽真空。

（7）充 SF_6 气体并检查气密性。

（8）在 SF_6 气体充入后放置 24h 后测定 SF_6 气体中的水分含量。

（9）各种特性试验（配合）：断路器、隔离开关等的操作特性试验；压力开关的动作试验；电流互感器的极性试验、变比、准确度；回路电阻，绝缘电阻测量；联锁试验；耐压试验。

三、电缆敷设

（1）敷设前，先做好临时电缆标牌，并标明电缆编号、规格、走向。

（2）电缆敷设要按区域进行，先敷设集中电缆，再敷设分散电缆；先敷设动力电缆，再敷设控制电缆；先敷设长电缆，再敷设短电缆，电缆两端余度不大于 0.3m。

（3）电缆敷设时，每敷设完一根，立即沿线整理，排列整齐，绑扎牢固，并在要求位置挂好临时电缆标牌。严禁电缆与地面、屏、墙角摩擦。

（4）电缆进入沟道、保护管、建筑物、端子箱、控保屏柜时，出入口应封堵严密。

（5）户外的电缆穿管若长度不够，套丝对接。

（6）所有户外电缆不外露，穿管与设备接线端子盒连接部分加波纹软管密封。

2.4.6.2　特殊工序的施工方法

一、焊前准备

（1）根据选择构件的焊接工艺、焊缝尺寸要求，选择施焊方法；施工技术负责人对焊工进行技术交底，并进行试件操作。

（2）焊缝组装间隙和坡口尺寸应符合图样要求。

（3）用钢丝刷、锉刀等清除焊缝边缘左右 10～15mm 范围内的油污、锈、水等污物。

二、操作方法

（1）操作时要压低电弧，底层要保证焊透。选用$\phi 3.2$ 焊条，焊层要薄，中间各层电流要适当增大，保证把第一层产生的焊缝熔渣赶出来。

（2）表面一层，电流适当减小，使焊道饱满，成型美观。

（3）运条手法以沿焊道方向（向前）摆动运条法最好。

（4）每根焊条不要剩得过短，以免药皮发红，蒸发水解，失去保护作用，防止气孔产生，应连续施焊，接头处停焊时间要短，换焊条要快。

（5）第一层焊完要认真清理，不但要清除焊渣，而且要把肉眼看见的气孔、砂眼一律铲除。

（6）第二遍焊接方向应与第一遍相反，接头应互相错开。在保证焊透的情况下，焊缝间隙小，可减少气孔。

（7）焊后按标准进行检验，检查外观是否符合质量要求，合格后，检查人员要做好记录。

2.4.7　工程成本的控制措施

（1）加强调度，合理安排，精心组织，科学管理，均衡施工。

（2）编制先进、可靠、经济合理的施工方案，合理组织人力、物力，提高施工效率。

（3）加强工程材料采购、供应管理。验收后可从接收处直接运至施工现场，以减少周转次数，降低材料运输、周转费用。

（4）加强技术培训，合理组织施工，减少直至杜绝返工返修，做到一次施工即达到要求。

（5）采用先进的施工设备及试验设备，提高劳动生产率。

（6）加强质量管理，严格质量预控措施，不出质量事故，努力提高施工质量水平。

（7）加强安全管理和监督，严格执行关于安全工作的决定和各种安全规章制度和措施，确保人身和设备安全。

（8）建立完善的经营管理制度，按经济规律办事，合理开支。严格定额管理，控制投入产出比，提高管理水平。

2.5 工期及施工进度计划

2.5.1 工期规划

工程进度必须满足合同要求，保证按照工期安排开工、竣工，在施工过程中保证根据需要适时调整施工进度，积极采取相应措施，按时完成工程阶段性计划和验收工作。

电气工程 2013 年 8 月 6 日开工，保证 2013 年 12 月 31 日电气工程全部完工（竣工验收完成，具备带电条件）。

2.5.2 施工进度横道图

施工进度横道图如图 2-5-1 所示。

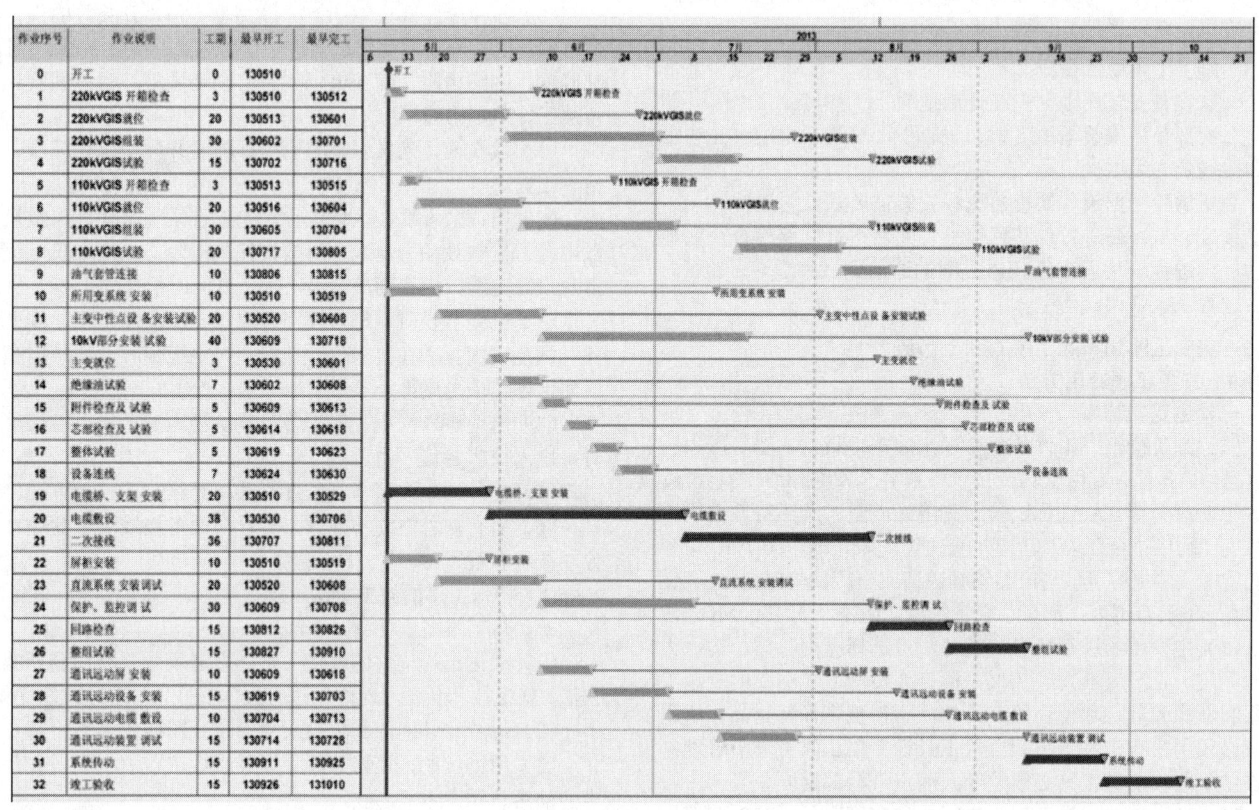

作业序号	作业说明	工期	最早开工	最早完工
0	开工	0	130510	
1	220kVGIS 开箱检查	3	130510	130512
2	220kVGIS就位	20	130513	130601
3	220kVGIS组装	30	130602	130701
4	220kVGIS试验	15	130702	130716
5	110kVGIS 开箱检查	3	130513	130515
6	110kVGIS就位	20	130516	130604
7	110kVGIS组装	30	130605	130704
8	110kVGIS试验	20	130717	130805
9	油气套管连接	10	130806	130815
10	所用变系统 安装	10	130510	130519
11	主变中性点设 备安装试验	20	130520	130608
12	10kV部分安装 试验	40	130609	130718
13	主变就位	3	130530	130601
14	绝缘油试验	7	130602	130608
15	附件检查及 试验	5	130609	130613
16	芯部检查及 试验	5	130614	130618
17	整体试验	5	130619	130623
18	设备连线	7	130624	130630
19	电缆桥、支架 安装	20	130510	130529
20	电缆敷设	38	130530	130706
21	二次接线	36	130707	130811
22	屏柜安装	10	130510	130519
23	直流系统 安装调试	20	130520	130608
24	保护、监控调 试	30	130609	130708
25	回路检查	15	130812	130826
26	整组试验	15	130827	130910
27	通讯远动屏 安装	10	130609	130618
28	通讯远动设备 安装	15	130619	130703
29	通讯远动电缆 敷设	10	130704	130713
30	通讯远动装置 调试	15	130714	130728
31	系统传动	15	130911	130925
32	竣工验收	15	130926	131010

图 2-5-1 施工进度横道图

2.5.3 工程综合进度保证措施

2.5.3.1 保证工期的组织措施

（1）每周由项目经理组织召开一次协调会，要统筹考虑，合理安排，统一指挥，确保工期。

（2）在项目经理、项目总工的领导下实施工程管理，建立严格的责任制。按岗位分工明确、责任到人、统一协调，加强监督检查。

（3）每周以班组为单位组织职工讨论确定科学的班组工序安排及施工方法，以提高工作效率，减轻劳动强度。

（4）技术、安全、质管等部门经常深入现场配合施工，解决工程实际问题，以加快施工进度。

（5）加大文明施工管理力度，改善劳动环境，发挥工会的作用，组织职工搞好文娱活动，使职工保持良好的工作状态。

（6）采用机械化施工来保证工期。

（7）尽早开始电缆桥、支架的安装，保证盘柜安装及二次接线的时间，为继电保护及自动装置的调试留足时间裕度。

（8）采用自动化程度高的高压试验设备及数字化继电保护校验装置。

2.5.3.2 保证工期的技术措施

技术工作是各项工作的指导，应在各项工作开始之前完成。针对影响工期的几个方面，侧重技术方面采取以下措施：

（1）施工准备。认真做好、作细工程的前期准备工作，熟悉图纸、设备，编制施工技术方案，做到施工时心中有数。尽早图纸审核，及时发现图纸中存在的问题，在图纸会审会上提出，力争将问题在电气开工前解决。

（2）影响设备安装的主要因素一是设备到货情况，二是电气与建筑接口部分的问题。针对第一个因素，物资部随时了解设备生产及到货情况，及时与项目法人、监理工程师和设备厂家沟通，避免因设备到货原因影响工程进度。针对第二个因素，工序间实施超前服务，核对电气与建筑接口图纸，及早发现电气与建筑不符之处，特别重视基础预埋螺栓与设备底座安装孔的对照，杆头板安装孔与设备底座安装孔尺寸的核对，避免因建筑返工而影响工期。

（3）影响电缆、光缆敷设和二次接线及光缆熔接的主要因素：一是二次图纸出图时间，二是针对数字化合智能化变电站的二次图纸特别是虚端子图，没有依据可循，甚至有的虚端子图连虚端子之间的对应关系都没有表示。针对第一个因素，现场二次技术负责人应与设计人员紧密联系，对已出的二次图纸尽快核对，对有疑问的地方及时与设计联系，避免二次图纸出图太晚影响二次施工；针对第二个因素，现场二次技术负责人在二次接线前核对图纸本身、图纸与设备不符之处，提前与监理和设计联系解决，把问题解决在施工前。

（4）细化材料供应计划，并在施工过程中经常检查修正，满足施工进度要求。对自购材料选派有经验的人员作为驻厂代表，对材料认真检查验收，发现不合格品及时与厂家联系解决；对业主供应的材料，到货后认真进行质量检查，发现问题及时与项目法人和监理联系进行处理。

2.5.4　主要施工设备及材料供应计划

按《采购工作管理程序》做好对分供方的评价，只有通过对分供方的资质、生产能力、质保体系等的评审后才能确认为合格分供方。

采购的依据是设计图纸、国家标准、规范及合同文件。其产品必须具有合格证，经现场检验合格后才能发放使用。

若项目法人提供设备与材料时间与计划安排有不一致，将根据实际情况，动态调整，合理安排，保证按时完工。

2.5.4.1　电气工程主要设备材料供应计划

项目部及时向业主索要取得业主采购的主要设备订购供应计划，并根据现场工期安排，及早准备设备接收保管。

2.5.4.2　设备、材料管理

供至现场的设备材料，随时向监理工程师提供合格证或材质证明。

设备材料管理按照质量体系中的程序文件要求执行。

材料站由专人负责管理，由物资部制定本工程的材料管理规章制度。

2.5.4.3　防火、防盗

存放设备材料的仓库、场地要按规定配置灭火器材，并留出消防通道。设保安值班，防止盗窃。

2.6　质量管理目标、质量保证体系及技术组织措施

2.6.1　质量目标、管理组织机构及职责

2.6.1.1　工程质量目标

（1）工程质量优良，实现工程达标投产。

（2）分项及分部工程合格率 100%，单位工程优良率 100%。电气安装工艺优良，工程一次启动成功。

（3）消除质量通病；不发生设计、施工质量事故。

（4）实现“零缺陷”工程移交条件。

（5）在达标投产的基础上，确保国家电网公司“输变电优质工程”。

（6）施工全过程杜绝重大质量事故的发生，工程无永久性缺陷。

（7）合同规定的其他质量目标。

2.6.1.2　质量管理组织机构图

质量管理组织机构如图 2-6-1 所示。

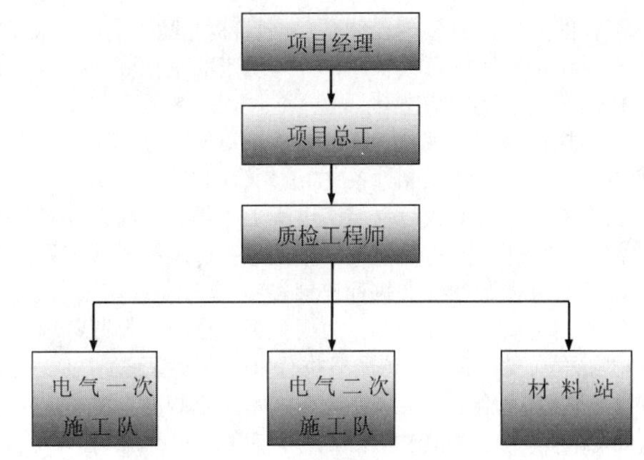

图 2-6-1　质量管理组织机构

2.6.1.3　质量管理部门的主要职责

2.6.1.3.1　项目经理的质量职责

（1）贯彻执行公司的质量方针，制订本工程的质量目标，负责质量体系在本工程有效运行，批准本工程的各种质量文件。

（2）支持专职质管员独立行使职能和权限。

（3）组织贯彻国家、行业、地方及企业技术标准、规范。

（4）深入现场，检查指导施工人员按标准施工，有权制止不合格项目的进行。

2.6.1.3.2　项目总工的质量职责

（1）参与制订工程的质量目标，负责在技术领域内贯彻质量方针和目标。

（2）掌握工程的质量动态，分析质量趋势，采取相应措施。

（3）负责审批各种技术文件。

（4）负责组织参加项目部过程检验、公司三级验收和竣工验收。

2.6.1.3.3　质检工程师的质量职责

（1）负责本工程质量管理体系运行的组织、协调、考核和奖惩。

（2）组织工程质量的日常检查，分阶段对工程质量进行检查、总结，对发现的问题及时采取措施予以纠正。

（3）负责各种质量文件贯彻的组织、监督和检查。

（4）组织中间验收工作，参加试运，组织竣工移交工作。

2.6.1.3.4　施工队长的质量职责

（1）负责本公司质量体系在本队运行和组织、协调、监督、考核等管理工作。

（2）负责组织本队职工学习公司有关质量文件，提高全体职工质量意识，并对临时合同工的质量教育负有责任。

（3）负责本队的质量自检，配合工程公司的复检；支持本队质管人员的工作，严格按质量标准施工，保证质量责任制在本队的层层落实。

2.6.1.3.5　班长（兼职质管员）的质量职责

（1）严格执行公司制定的质量管理办法、措施及质量奖惩条例。

（2）负责质量体系及其文件、记录在基层的有效执行。

（3）负责本班组的质量检查和监督工作。

2.6.2　质量管理措施

2.6.2.1　质量管理保证措施

（1）制订质量计划。结合本工程情况按照《国家电网公司输变电优质工程评选办法》《输变电优质工程考核评定标准》，制定本工程的《质量计划》，明确各级人员质量职责和权限，严格在本工程中贯彻执行。按照公司质量管理体系相关要求，建

立本工程的文件化质量管理体系，项目部将工程质量目标进行细化、量化，分解到每项工序，并与员工的工作任务挂钩，确保工程质量处于受控状态。

（2）执行强制性条文。开工前，按单位、分部、分项工程明确本项目所涉及的强制性条文，编制《强制性条文执行计划》，严格在本工程中贯彻执行。施工过程中，相关责任人及时将强制性条文实施计划的落实情况，根据工程进展按分项工程据实记录、填写《强制性条文执行记录表》，并报监理审核。

（3）制定质量管理制度。为规范施工作业，保证各项工作质量和工程质量，本工程须严格执行以下主要管理制度：岗位质量责任制度、施工图会审制度、技术交底制度、质量培训制度、材料检验制度、原材料跟踪管理制度、计量器具管理制度、隐蔽工程检验制度、三级质量检验制度、质量事故报告制度。

（4）工艺措施。编制本工程关键工序和薄弱环节的质量保证技术措施，并明确专项工作现场负责人，预先设立好质量控制点，严格按照《创优策划》的要求施工。做好施工技术交底工作，所有施工人员都必须参加技术交底，使每个施工人员对技术难点、工艺要求、质量保证措施有详细的了解，并经考试合格后方可上岗。加强对全体施工人员特别是特殊工种人员的技能考核工作，使其能严格按照施工技术措施的要求进行施工。

（5）材料检验。自购原材料分供方的选择，按《采购工作管理程序》对供方进行评价，对供方的资质、生产能力、质管体系等通过评审后方能成为合格供方。自购的材料、原材料，要有完整的产品合格证、材质证明书、检验报告等足以证明其质量的文件，并妥善保管。

项目法人/建设单位供应材料的合格证及试验报告单应随材料一起交接。原材料、半成品、成品都必须严格把好工地材料站、施工班组和施工现场三道检验关，对检验中发现的不合格品应及时隔离并作出标示，严禁在工程中使用。

（6）隐蔽工程控制。具备覆盖条件的隐蔽工程或达到约定的中间验收部位，自检合格后，及时通知监理工程师来验收，并准备验收记录，验收合格，监理工程师在验收记录上签字后，方可进行隐蔽或继续施工。此外，还要配合监理工程师做好隐蔽工程的复查工作。

（7）质量检验。本工程执行三级质量检验制，施工班组自检，项目部复检，公司质管部专检。施工中，各级技术、质量管理人员应随时到现场巡视、检查，发现质量问题及时纠正和处理。对监督检查情况要求予以记录，与目标进行比较，对出现的问题加以总结。

（8）计量管理。严格按公司计量器具管理程序文件要求进行监视和测量装置管理。

（9）质量通病防治。加强质量通病的预防力度，工程开工前认真编写《质量通病防治措施》，将批准后的措施对施工人员进行技术交底，并确保措施落实到位。

（10）质量奖惩。严格质量奖惩制度，分列质量保证金和创优质工程竞赛专款，实行质量预留金制，依照责权利相结合的原则，把个人的经济利益与工程质量联系起来，奖罚分明，确保质量目标的实现。

2.6.2.2 质量管理技术保证措施

（1）工程部技术人员要认真查看施工图纸，认真做好施工图纸会审，制定科学合理的施工方案。

（2）在各工序开工前，对所有参加施工人员进行技术交底，使施工人员了解施工和操作的内容、操作方法和质量标准。

（3）特殊工序作业人员需经专业培训，考试合格，持证上岗，确保特殊工序的施工质量。

2.6.3 质量体系及管理方针

我公司的质量管理和质量保证体系，已于1996年通过了认证，目前正在持续有效地运行。

本工程的质量管理工作在项目法人、监理工程师和工程质量监督单位的监督下进行，质量管理工作的依据是合同文件、国家标准、规范和监理工程师的有关指令。

2.6.4 质量管理及检验的标准

2.6.4.1 质量管理的标准

公司质量体系文件中的下列关于变电站施工的程序文件和作业指导书，作为本工程的质量管理和质量保证体系的程序文件执行。

2.6.4.2 质量检验的标准

本工程施工中必须执行表2-6-1技术规范、标准。

表2-6-1 质量检验标准

序号	标准名称	标准号
1	《110kV及以上送变电工程启动及竣工验收规程》	DL/T 782—2001
2	《电气装置安装工程高压电器施工及验收规范》	GB 50147—2010
3	《电气装置安装工程接地装置施工及验收规范》	GB 50169—2006
4	《电气装置安装工程盘柜及二次回路施工及验收规范》	GB 50171—2012
5	《电气装置安装工程蓄电池施工及验收规范》	GB 50172—2012
6	《电气装置安装工程电缆线路施工及验收规范》	GB 50168—2006
7	《电气装置安装工程电力变压器、油浸电抗器、互感器施工及验收规范》	GB 50148—2010
8	《电气装置安装工程母线装置施工及验收规范》	GB 50149—2010
9	《电气装置安装工程电气设备交接试验标准》	GB 50150—2006
10	《继电保护和电网安全自动装置检验规程》	DL/T 995—2006
11	国家电网公司、省电力公司有关制度、规定	

2.6.5 质量保证技术措施

根据本工程的特点，分析和预测在表2-6-2所列方面存在有影响工程质量的薄弱环节，应防患于未然，采取预防措施，以保证施工质量。

表2-6-2 工程薄弱环节采取的预控措施

质量薄弱环节预测	预防措施
变压器渗油	法兰螺栓要把对角均匀拧紧，橡胶密封垫的压缩量应不少于厚度的25%，最大不宜超过厚度的1/3。 安装前检查密封圈/垫，清除异物，压缩量不足的密封圈/垫严禁使用。 紧固时，使用校验合格的力矩扳手，紧固到规定力矩
二次接线不准确	严格按图接线。实行接线质量责任卡制度，一盘（柜、箱）一卡。接线人及检验人签字齐全。 防止接线线鼻、螺栓压接不牢，接触不良。 如遇图纸与实际不符应报告工程师处理，不得擅自修改。 二次技术负责人发现图纸与现场设备不符时，及时向监理工程师和设计人员反映
绝缘油处理	滤油机的性能应符合工程要求，安全可靠。 油罐内壁及附件等应清除氧化层。 管路阀门应保持清洁。 油处理完后应取样试验，合格后方可注入设备

本章其余内容见光盘。

第 3 章　舟山多端柔性直流输电示范工程衢山±220kV 换流站施工组织设计

3.1　工程概况和特点

3.1.1　工程概述

3.1.1.1　站址概述

舟山多端柔性直流输电示范工程衢山换流站新建工程站址，行政隶属于舟山市岱山县衢山镇打水村。站址北距衢山镇中心 3.3km，东北 650m 为已建村建土路，南、北侧为海洋。本工程的土地性质土地性质属未利用土地，待置换为建设用地，用地政策符合规划、国土部门要求。进站道路从村建海堤公路上引接，其中从村堤至新建道路接口处约 350m，目前已有路基，不考虑征地，仅考虑路面建设的工程量和政策补偿，其余 650m 为新建进站道路，引接道路总长度为 800m，道路应当地政府的要求，跨海通过，再沿山体盘行至站址，坡度小于 5.3%，路面宽度为 6m。站址位置如图 3-1-1 所示。

站址位于岱山县衢山镇外打水村西侧滨海的丘陵山脊上，丘陵山梁由东向西延伸，站址布置地段，山脊狭窄，南北向宽约 44～50m，两侧为陡崖。站址南、北两侧为陡崖，西侧为断头山坡，东侧山脊与丘陵山地相连，坡顶标高 24～31m，坡下为海滩，地面标高在 0m 左右。山坡地形不完整，南西侧有长约 60m 的海沟向站址内延伸。场地狭小，站址地形条件相对较差，站址东侧约 75m 为已投入运行的 110kV 海缆登陆点；站址西侧围墙侧为 35kV 线路终端塔，站区场地自然标高为－0.48～8.50m（1956 黄海高程），站址原始状态如图 3-1-2 所示。

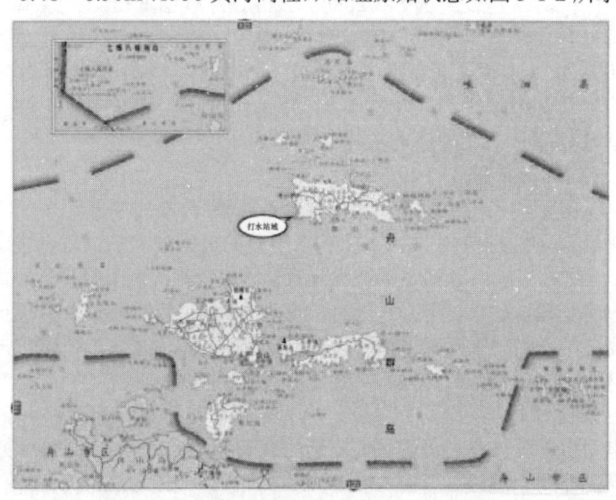

图 3-1-1　衢山换流站外打水站址区域位置图

图 3-1-2　站址原始状态

3.1.1.2 施工范围

本工程施工范围为换流站土建施工工程（含地基处理）、换流站电气设备安装工程（含直流集中监控、安全稳定控制设备、含分系统调试、站系统调试、端对端系统调试、特殊项目调试）。土建工程主要为地基处理、站内全所接地、给排水工程、电缆沟工程、站内道路、通风空调采暖系统、围墙大门及标示牌、综合楼、阀厅联合建筑、交流屋外配电装置建筑、综合泵房等工程。电气工程主要为一台115/208kV 120MVA联结变压器；换流系统一套，阀直流侧电压等级为±200kV，额定直流输送功率为100MW；直流电缆出线1回；交流110kV为线变组接线，1回电缆出线。

3.1.2 工程性质及特点

换流站建设一台115/208kV 120MVA联结变压器；换流系统一套，阀直流侧电压等级为±200kV，额定直流输送功率为100MW；本期远景直流电缆出线1回；交流110kV本期远景均为线变组接线，本期远景1回电缆出线。联结变阀侧中性点通过隔离开关连接接地装置。

3.1.2.1 换流器

本工程采用半桥式模块化多电平换流器。桥臂中的每个子模块可以独立控制，每相上、下两个桥臂的电压和等于直流母线电压。交流电压由每相中两个桥臂的子模块旁路比例来控制，桥臂中的子模块越多，交流电压的谐波越小。每个桥臂装设桥臂电抗器，直流侧发生双极短路故障时，桥臂故障电流最大，桥臂电抗抑制这一电流上升速度。换流阀是组成换流器的基本组件，是交流系统和直流系统的分界点和转换器。本工程中换流阀中使用的电力电子器件是普通模块式封装的IGBT（绝缘栅双极晶体管）。换流器为空气绝缘、内冷为水冷却的多电平户内支撑式IGBT阀。

3.1.2.2 联结变压器

本工程共设置一台三相三绕组联结变压器，采用Ynyd接线组别。

3.1.2.3 直流场接线

多端柔性直流输电系统直流侧采用并联树枝式。

本换流站直流场主接线采用双极直流接线（双极单联结变接线），直流电压等级为±200kV，采用户内直流场布置。本期远景直流电缆出线共1回。

直流侧不设直流接地极，直流侧运行方式仅考虑双极方式。

3.1.2.4 交流110kV电气主接线

交流110kV采用户外GIS，本期及远景1回电缆出线。110kV电气主接线本期及远景均为线变组接线。

3.1.2.5 阀厅采用直膨式风冷热泵机组＋空气处理机组的全空气空调通风系统辅以自动控制系统、火灾后排烟系统，并保持阀厅内的微正压5～10Pa。阀厅所有通风空调设备及附件（包括自控系统）均一用一备，确保阀厅设备的安全运行环境。直流开关场为户内布置，换气次数不小于2次/h，维持室内微正压，机械进风机械排风，进风设过滤，保持。联结区为户内布置，设自然进风、机械排风系统。综合楼空调采用风冷热泵多联机系统，冬、夏季运行。其他辅助建筑物采用分体式空调系统。

3.1.3 工程规模

舟山多端柔性直流输电示范工程衢山换流站新建工程规模见表3-1-1。

表3-1-1　衢山换流站的建设规模

序号	项目名称	本期	远期	备注
1	额定输送功率	100MW	100MW	
2	直流额定电压	±200kV	±200kV	
3	交流网侧标称电压	110kV	110kV	
4	直流出线	直流双极线路1回	直流双极线路1回	
5	交流出线	1回	1回	
6	直流额定电流	250A	250A	直流系统
7	直流接线	双极单联结变接线	双极单联结变接线	
8	阀组接线	半桥式模块化多电平换流器	半桥式模块化多电平换流器	
9	交流接线	线变组接线	线变组接线	
10	联结变容量	120MVA	120MVA	
11	直流平波电抗器	2×20mH	2×20mH	

3.1.4 工期要求

计划2013年9月6日开工；　2014年6月30日竣工。

3.1.5 布置形式

根据周围的地理环境及线路的出线方向要求，同时考虑各站的设计方案的通用性，全站布置一个总平方案，围墙内具体布置如下：一幢阀厅联合建筑、一幢综合楼和一幢综合消防泵房，阀厅联合建筑布置于站区中心，纵向南北布置，综合楼紧贴阀厅联合建筑的北面，面朝大海布置，综合水泵房布置于站区东侧；站内的主要构筑物为联结变压器及主变构架、事故油池、冷却水池、化粪池，均呈一列布置，布置于站区北侧，事故油池、综合消防泵房和综合水池一列布置于站区的东侧。结合工艺布置的调整，总平面布置进一步优化，围墙内占地面积由1.4110hm^{2}调整为1.2177hm^2，根据地方政府要求，站址总用地面积按发改委核准文件1.5126hm^{2}控制，核准之外的工程用地列入征地补偿范围。

3.1.6 工程涉及的主要单位

（1）项目法人：×××××××。

（2）EPC总承包：×××××××。

（3）招标代理机构：×××××××。

（4）设计单位：×××××××。

（5）建设指挥部：×××××××。

（6）监理公司：×××××××。

（7）施工单位：×××××××。

3.1.7 施工依据及内容

3.1.7.1《关于浙江舟山多端柔性直流输电重大科技示范工程可行性研究的评审意见》（经研直流〔2012〕677号）。

3.1.7.2《关于±200千伏舟山多端柔性直流输电示范工程初步设计的内审意见》（浙电经研规〔2012〕382号）。

3.1.7.3《舟山多端柔性直流黑启动、自启动和运行方式讨论会会议纪要》（浙电会纪〔2012〕128号）。

3.1.7.4 ×××××××《舟山多端柔性直流输电示范工程可行性研究报告》。

3.1.7.5《国网北京经济技术研究院关于印发舟山多端柔性直流输电示范工程初步设计评审会议纪要的通知》（经研直流〔2012〕1211号）。

3.1.7.6 相关标准、规范及规定

一、管理类执行标准

管理类执行标准见表3-1-2。

表3-1-2　　管理类执行标准

序号	名　称	文号
1	关于印发《国家电网公司电力建设工程施工技术管理导则》的通知	国家电网工〔2003〕153号
2	关于印发《国家电网公司输变电工程施工工艺示范手册》的通知	基建质量〔2006〕135号
3	关于印发《国家电网公司输变电工程建设创优规划编制纲要》等7个指导文件的通知	基建质量〔2007〕89号
4	关于印发变电站工程和输电线路工程监理表式（2007年版）的通知	基建质量〔2007〕11号
5	关于印发协调统一基建类和生产类标准差异条款（输电线路部分）的通知	办基建〔2008〕1号
6	关于印发协调统一基建类和生产类标准差异条款（变电部分）的通知	办基建〔2008〕20号
7	关于印发《110～1000kV变电（换流）站土建工程施工质量验收及评定统一表式》等3类表式的通知	基建质量〔2008〕75号
8	《国家电网公司输变电工程施工工艺示范》光盘	2011版
9	关于印发《输变电工程建设标准强制性条文实施管理规程》的通知	国家电网科〔2009〕642号
10	关于印发《国家电网公司输变电工程质量通病防治工作要求及技术措施》的通知	基建质量〔2010〕19号
11	关于印发《国家电网公司输变电工程典型施工方法管理规定》的通知	国家电网基建〔2010〕165号
12	关于印发《国家电网公司工程建设施工质量监理管理办法》的通知	国家电网基建〔2010〕166号
13	关于印发《国家电网公司电网建设项目档案管理办法（试行）》的通知	国家电网办〔2010〕250号
14	关于印发《国家电网公司输变电工程试运行工作有关规定》的通知	国家电网基建〔2010〕613号
15	《国家电网公司输变电工程工艺标准库》	2011版
16	关于强化输变电工程施工过程质量控制数码照片采集与管理的工作要求	基建质量〔2010〕322号
17	关于印发《国家电网公司电网建设项目档案管理办法（试行）释义》的通知	办文档〔2010〕72号
18	关于印发《协调统一基建类和生产类标准差异条款》的通知	国家电网科〔2011〕12号
19	关于印发《国家电网公司输变电工程达标投产考核办法》的通知	国家电网基建〔2011〕146号
20	关于印发《国家电网公司输变电工程项目管理流动红旗竞赛实施办法》的通知	国家电网基建〔2011〕147号
21	《国家电网公司输变电优质工程评选办法》	2012版
22	关于应用《国家电网公司输变电工程典型施工方法》的通知	基建质量〔2011〕78号
23	关于印发《输变电工程建设现行主要质量管理制度、施工与验收质量标准目录》的通知	基建质量〔2011〕79号
24	关于印发《国家电网公司工程建设质量责任考核办法》的通知	国家电网基建〔2011〕1751号
25	关于印发《国家电网公司基建质量管理规定》的通知	国家电网基建〔2011〕1759号
26	关于印发《关于深化“标准工艺”研究与应用工作的重点措施》和《关于加强工程创优工作的重点措施》的通知	基建质量〔2012〕20号
27	国家电网公司科技项目管理规定	国家电网科〔2006〕560号
28	关于调整输变电工程达标投产考核及批复程序的通知	国家电网基建〔2009〕281号
29	国家电网公司输变电工程设计施工监理激励约束评价办法	国家电网基建〔2010〕172号
30	国家电网公司输变电工程设计变更管理办法	基建〔2007〕303号
31	国家电网公司跨区电网换流站（变电站）工程启动及竣工验收管理办法（试行）	建设工二〔2010〕48号
32	国家电网公司跨区电网换流站场平工程交接验收管理办法（试行）	建设工二〔2010〕55号
33	国家电网公司跨区电网建设项目标准化开工管理办法（试行）	建设工一〔2009〕116号
34	国家电网公司跨区电网线路工程竣工验收办法（试行）	建设工一〔2009〕118号
35	工程质量监督导则	建质〔2003〕162号
36	电力建设工程质量监督规定（暂行）	电建质监〔2005〕52号
37	变电站土建工程质量监督检查典型大纲	电建质监〔2005〕57号
38	变电站工程投运前电气安装调试质量监督检查典型大纲	电建质监〔2005〕57号
39	换流站工程电气安装调试质量监督检查典型大纲	电建质监〔2007〕26号
40	送电线路工程质量监督检查典型大纲	电建质监〔2005〕57号
41	工程建设标准强制性条文（电力工程部分）	建标〔2006〕102号

续表

序号	名　　称	文号
42	工程建设标准强制性条文（工业建筑部分）	建标〔2000〕40 号
43	工程建设标准强制性条文（房屋建筑部分）	建标〔2002〕219 号
44	建设电子文件与电子档案管理规范	CCJ/T 117—2007
45	国家重大建设项目文件归档要求与档案整理规范	DA/T 28—2002
46	电力工程竣工图文件编制规定	DL/T 5229—2005
47	建设工程文件归档整理规范	GB/T 50328—2001
48	建设工程监理规范	GB 50319—2000
49	建设工程项目管理规范	GB/T 50326—2006
50	电力建设工程监理规范	DL/T 5434—2009
51	±800kV 及以下换流站换流阀施工及验收规范	GB/T 50775—2012
52	±800kV 及以下直流换流站土建工程施工质量验收规范	GB 50729—2012
53	±800kV 及以下换流站干式平波电抗器施工及验收规范	GB 50774—2012
54	±800kV 及以下换流站换流变压器施工及验收规范	GB 50776—2012
55	±800kV 及以下换流站构支架施工及验收规范	GB 50777—2012

二、现行主要安全管理规定清单

主要安全管理规定见表 3-1-3。

表 3-1-3　　主要安全管理规定

序号	名　　称	文号
1	《中华人民共和国安全生产法》	主席令第 70 号（2009 年修正本）
2	《中华人民共和国消防法》	主席令第 6 号
3	《中华人民共和国道路交通安全法》	国务院令第 405 号
4	《中华人民共和国突发事件应对法》	主席令第 69 号
5	《中华人民共和国劳动法》	主席令第 65 号
6	《中华人民共和国职业病防治法》	主席令第 52 号
7	《中华人民共和国电力法》	主席令第 60 号
8	《电力设施保护条例》	国务院令第 239 号
9	《国务院关于特大安全事故行政责任追究的规定》	国务院令第 302 号
10	《使用有毒物品作业场所劳动保护条例》	国务院令第 352 号
11	《建设工程安全生产管理条例》	国务院令第 393 号
12	《安全生产许可证条例》	国务院令第 397 号
13	《电力监管条例》	国务院令第 432 号
14	《生产安全事故报告和调查处理条例》	国务院令第 493 号
15	《国务院关于修改〈特种设备安全监察条例〉的决定》	国务院令第 549 号
16	《自然灾害救助条例》	国务院令第 577 号
17	《危险化学品安全管理条例》	国务院令第 591 号
18	《电力安全事故应急处置和调查处理条例》	国务院令第 599 号
19	《电力设施保护条例实施细则》	经贸委、公安部令第 8 号
20	《关于加强电力安全生产工作的通知》	国办发〔2003〕98 号
21	《国务院关于进一步加强企业安全生产工作的通知》	国发〔2010〕23 号
22	《中央企业安全生产禁令》	国资委令第 24 号
23	《国家电力监管委员会安全生产令》	电监会令第 1 号

续表

序号	名　　称	文号
24	《电力生产事故调查暂行规定》	电监会令第4号
25	《电力安全生产监管办法》	电监会令第2号
26	《建筑施工企业安全生产许可证管理规定》	建设部令第128号
27	《建筑业企业资质管理规定》	建设部令第159号
28	《国家突发公共事件总体应急预案》	
29	《国家处置电网大面积停电事件应急预案》	国办函〔2005〕44号
30	《国务院关于全面加强应急管理工作的意见》	国发〔2006〕24号
31	《生产安全事故应急预案管理办法》	安监总局令17号
32	《电力二次系统安全防护规定》	电监会令第5号
33	《电力可靠性监督管理办法》	电监会令第24号
34	《生产安全事故信息报告和处置办法》	安监总局令第21号
35	《关于做好电力安全信息报送工作的通知》	办安全〔2011〕74号
36	《关于深入开展电力安全生产标准化工作的指导意见》	电监安全〔2011〕21号
37	《电力安全生产标准化达标评级管理办法（试行）》	电监安全〔2011〕28号
38	《电力安全生产标准化达标评级实施细则（试行）》	办安全〔2011〕83号
39	《生产安全事故档案管理办法》	安监总办〔2008〕202号
40	《安全生产事故隐患排查治理暂行规定》	安监总局令第16号
41	《关于规范重大危险源监督与管理工作的通知》	安监总协调字〔2005〕125号
42	《国家电网公司关于开展“安全年”活动的通知》及《“安全年”活动重点措施三十条》	国家电网办〔2012〕61号
43	《国家电网公司安全工作奖惩规定》	国家电网安监2012年印发
44	《国家电网公司安全事故调查规程》	国家电网安监〔2011〕2024号
45	《国家电网公司电力安全工作规程（变电部分）、（线路部分）》	国家电网安监〔2009〕664号
46	《国家电网公司电力建设安全工作规程（变电站部分）》	国家电网科〔2011〕1738号
47	《电力建设安全工作规程》（变电所部分）	DL 5009·3—1997
48	《国家电网公司重特大生产安全事故预防与应急处理暂行规定》	国家电网生〔2003〕389号
49	《国家电网公司人身伤亡统计管理暂行规定》	国家电网安监〔2007〕111号
50	《国家电网公司安全技术劳动保护七项重点措施（试行）》	国家电网安监〔2006〕618号
51	《国家电网公司安全生产反违章工作管理办法》	国家电网安监〔2011〕75号
52	《生产现场领导干部和管理人员到岗到位标准（试行）》	国家电网安监〔2010〕278号
53	《国家电网公司安全风险管理体系实施指导意见》	国家电网安监〔2007〕206号
54	《安全风险管理工作基本规范（试行）》	国家电网安监〔2011〕139号
55	《生产作业风险管控工作规范（试行）》	国家电网安监〔2011〕137号
56	《国家电网公司建设工程安全管理评价办法》	国家电网基建〔2011〕1015号
57	《国家电网公司电力建设起重机械安全监督管理办法》	国家电网安监〔2008〕891号
58	《国家电网公司电力建设工程分包安全协议范本》	国家电网安监〔2008〕1057号
59	《国家电网公司安全生产事故隐患排查治理管理办法》	国家电网安监〔2009〕575号
60	《国家电网公司安全生产事故隐患排查治理管理办法条文解释》	安监二〔2009〕58号
61	《国家电网公司安全技术劳动保护措施计划管理办法（试行）》	国家电网安监〔2006〕1114号
62	《国家电网公司电力安全工器具管理规定（试行）》	国家电网安监〔2005〕516号
63	《国家电网公司安全设施标准》	国家电网科〔2010〕362号
64	《国家电网公司突发事件总体应急预案》	国家电网安监〔2010〕1406号

续表

序号	名　　称	文号
65	《国家电网公司电网大面积停电事件处置应急预案》(2010年修订版)	国家电网安监〔2010〕1482号
66	《国家电网公司突发事件信息报告与新闻发布应急预案》	国家电网安监〔2006〕15号
67	《国家电网公司应急管理工作规定》	国家电网安监〔2007〕110号
68	《国家电网公司应急预案评审管理办法（试行）》	国家电网安监〔2010〕414号
69	《国家电网公司应急预案编制规范》	国家电网安监〔2007〕98号
70	《国家电网公司十八项电网重大反事故措施》(修订版)	国家电网生机〔2012〕352号
71	《国家电网公司电力设施保护工作管理办法（试行）》	国家电网生技〔2005〕389号
72	《直流换流站安全生产检查管理办法（试行）》	建运运行〔2009〕218号
73	《输变电工程安全文明施工标准》	国家电网科〔2009〕211号
74	《国家电网公司输变电工程安全文明施工标准化管理办法》	国家电网基建〔2012〕1377号
75	《国家电网公司电网工程施工安全风险识别、评估及控制办法（试行）》	国家电网基建〔2011〕1758号
76	《国家电网公司输变电工程安全措施补助费、文明施工措施费管理规定》	国家电网基建〔2005〕534号
77	《国家电网公司基建安全管理规定》	国家电网基建〔2011〕1753号
78	《国家电网公司电力建设工程施工安全监理管理办法》	国家电网基建〔2007〕302号
79	《国家电网公司建设工程分包安全管理规定》	国家电网基建〔2010〕174号
80	《国家电网公司电力建设起重机械安全管理重点措施（试行）》	国家电网基建〔2008〕696号
81	《国家电网公司电网建设工程安全管理评价办法》	国家电网基建〔2011〕1015号
82	《关于开展输变电工程施工现场安全通病防治工作的通知》	国家电网基建〔2010〕270号
83	国家电网公司施工现场安全管理条文汇编（输变电工程类）	
84	基建安全管理工作手册（2012版）	

三、本公司内部管理文件

内部管理文件见表3-1-4。

表3-1-4　　内部管理文件

序号	标准名称	标准号
1	×××××××质量环境职业健康安全管理手册	Q/SBD—MM—2011
2	×××××××质量环境职业健康安全管理通用程序	Q/SBD—MP—2011
3	×××××××环境职业健康安全管理共用程序	Q/SBD—EOP—2011
4	×××××××质量管理专用程序	Q/SBD—QP—2011
5	×××××××环境管理专用程序	Q/SBD—EP—2011
6	×××××××职业健康安全管理专用程序	Q/SBD—OP—2011

3.2　施工现场组织机构

3.2.1　组织机构

本工程我公司任命×××同志为项目经理，×××同志为项目执行经理，孙丰义同志担任本工程项目总工程师。

我公司变电工程施工本着“用户至上”的原则，以注重科学管理、确保工程质量、施工作风顽强而著称，曾承建××××××××××××××××等工程的施工，在确保质量、安全、控制工程成本等各项目标的前提下，均顺利、按期完成施工任务。

本章其余内容见光盘。

第 15 篇

330kV 和 500kV 变电站工程施工组织设计范例

林立庭　戴荣中　晋　毅　等　编著

第 1 章　咸林 330kV 变电站工程施工组织设计

编制依据如下：

（1）《建设工程项目管理规范》（GB/T 50326—2006）。

（2）《国家电网公司基建质量管理规定》（国家电网基建〔2011〕1759 号）。

（3）《电力建设安全工作规程（变电站部分）》（Q/GDW 665—2011）。

（4）《国家电网公司基建安全管理规定》（国家电网基建〔2011〕1753 号）。

（5）《国家电网公司输变电工程质量通病防治工作要求及技术措施》（基建质量〔2010〕19 号）。

（6）《国家电网公司输变电工程施工工艺管理办法》（国家电网基建〔2011〕1752 号）。

（7）《关于开展输变电工程施工现场安全通病防治工作的通知》（基建安全〔2010〕270 号）。

（8）《输变电工程建设标准强制性条文实施管理规程》（Q/GDW 248—2008）。

（9）《国家电网公司施工项目部标准化工作手册》（330kV 及以上变电工程分册 2010 版）。

（10）《国家电网公司电力建设工程施工技术管理导则》（国家电网工〔2003〕153 号）。

（11）《国家电网公司工程建设质量责任考核办法》（国家电网基建〔2011〕1751 号）。

（12）《国家电网公司输变电工程安全文明施工标准》（Q/GDW 250—2009）。

（13）《国家电网公司电网工程施工安全风险识别、评估及控制办法（试行）》（国家电网基建〔2011〕1758 号）。

（14）关于做好《国家电网公司输变电工程标准工艺》配置和应用工作的通知（基建质量〔2011〕313 号）。

（15）《国家电网公司输变电工程标准工艺（一）施工工艺示范手册》（2011 版）。

（16）《国家电网公司输变电工程标准工艺（二）施工工艺示范光盘》（2011 版）。

（17）《国家电网公司输变电工程标准工艺（三）工艺标准库》（2011 版）。

（18）《国家电网公司输变电工程标准工艺（四）典型施工工艺方法（第一辑）》（2011 版）。

（19）《国家电网公司安全生产工作规定》（国家电网总〔2003〕407 号）。

（20）《国家电网公司输变电工程达标投产考核办法》（国家电网基建〔2011〕146 号）。

（21）《关于深化“标准工艺” 研究与应用工作的重点措施》和《关于加强工程创优工作的重点措施的通知》（基建质量〔2012〕20 号）。

（22）《国家电网公司输变电工程典型施工方法管理规定》（国家电网基建〔2011〕78 号）。

（23）《国家电网公司电网建设项目档案管理办法（试行）》（国家电网〔2010〕250 号）。

（24）《国家电网公司输变电优质工程评选办法》（2012 版）。

（25）《国家电网公司输变电工程项目管理流动红旗竞赛实施办法》（国家电网基建〔2011〕147 号）。

（26）《关于强化输变电工程施工过程质量控制数码采集与管理的工作要求》（基建质量〔2010〕322 号）。

（27）《关于利用数码照片资料加强输变电工程安全质量过程控制的通知》（基建安全〔2007〕25 号）。

（28）《国家电网公司施工现场安全管理条文汇编（输变电工程类）》（基建安全〔2011〕35 号）。

（29）《国家电网公司输变电工程典型施工方法》（基建质量〔2011〕78 号）。

（30）《绿色施工导则》（建质〔2007〕223 号）。

（31）咸林 330kV 变电站工程建设管理单位《工程建设管理纲要》。

（32）咸林 330kV 变电站工程施工合同。

（33）陕西省电力设计院咸林 330kV 变电站工程设计施工图纸。

（34）《质量管理体系要求》（GB/T 19001—2008　idt ISO 9001：2008）、《环境管理体系要求及使用指南》（GB/T 24001—2004/ISO 14001：2004）、《职业健康安全管理体系规范》（GB/T 28001—2001）标准要求，建立的质量、环境和职业健康安全管理手册和程序文件。

1.1　工程概况和特点

1.1.1　工程简述

咸林 330kV 变电站位于陕西省渭南市华县瓜坡镇华县开发区（工业园）境内，距华县约 7km，距渭南市约 19km。站址位于 310 国道 1605km 处，南临陇海铁路，西临石堤峪河，交通较便利。进站道路由站址北侧 310 国道引接，进站道路长约 80m。

1.1.2　工程性质及特点

1.1.2.1　工程性质

本工程为新建工程，咸林变的建设主要是为了缓解渭南南部电网的供电压力，满足秦岭一厂和联变退役后罗敷地区的用电需求，并为渭南城区提供第二电源。

1.1.2.2　工程特点

（一）土建设计特点

（1）站区建筑物。站区建有主控通信楼、电气联合建筑、330kV 继电器室、110kV 继电器室等建筑。总建筑面积 1572.96m^2。主控通信楼面积 598.62m^2。主控通信楼、330kV 继电器室、110kV 继电器室为框架结构，其余均为单层砖混结构。建筑装修方案基本符合国家电网公司“两型一化”变电站设计建设导则要求。本站主控通信楼、330kV 继电器室、110kV 继电器室抗震构造措施为 9 度，其余均为 8 度。

（2）屋外配电装置。站内构支架柱均采用钢管杆，构架梁采用型钢组成的钢桁架梁，梁断面为三角形，螺栓连接，冷喷锌防腐。

（3）地基处理。本工程地基基础方案采用天然地基，以②层卵作为场地建（构）筑物的天然地基或地基持力层。由于场地采石坑平整时填方厚度较大，且主控楼、部分 330kV 构架及 HGIS 基础均位于填方区，为了避免场地及建（构）筑物基础不均匀沉降，考虑在场地平整时在填方区逐层增加土工格栅，提高填方区整体稳定性。

（二）电气设计特点

1. 变压器

主变压器本期规模为2×240MVA，远期为3×360MVA本期主变压器采用三相三线圈、油浸风冷、有载调压、降压型自耦变压器，容量比为：240/240/80MVA。电压为345±8×1.25%/121/35kV。

2. 330kV电气主接线

330kV采用一个半断路器接线，本期出线8回，远期出线10回。主变压器，本期为2×240MVA，远期为3×360MVA。330kV本期8回，即渭南750kV变电站2回、姚家寨牵引变2回、罗敷2回、东郊1回、代王1回，采用悬吊式管型母线、HGIS布置。

3. 110kV电气主接线

110kV本期及最终均采用双母线双分段接线，最终18回出线，本期10回出线。即毕家1回、闫村1回、陕化2回、城东2回，石堤峪2回、备用2回。110kV配电装置布置为GIS全封闭电器屋外布置，采用电缆出线。

4. 35kV电气主接线

35kV采用单元式单母线接线，变压器低压侧各接一段35kV母线。主变35kV进线侧装设总断路器。35kV配电装置采用屋内高压开关柜单列布置。

5. 无功补偿装置

主变压器低压侧35kV采用单母线接线，母线各自独立，远期加装3×1×30Mvar并联电抗器，和3×2×20Mvar并联电容器。本期装设2×1×30Mvar并联电抗器，和2×2×20Mvar并联电容器。35kV并联电容器组和35kV并联电抗器布置于屋外。

1.1.3 工程规模

工程规模见表1-1-1。

表1-1-1　工程规模

序号	项目	本期规模	远期规模
1	主变压器	2×240MVA	3×360MVA
2	330kV出线	8回	10回
3	110kV出线	10回	18回
4	35kV并联电抗器	2×1×30Mvar	3×1×30Mvar
5	35kV并联电容器	2×2×20Mvar	3×2×20Mvar

1.1.4 工期要求

（1）开工日期：2012年6月1日。

（2）竣工日期：2013年9月30日。

（3）日历工期为：487d。

1.1.5 布置形式

土建总平面根据总体规划、电气总平面要求并结合国家电网公司通用设计方案进行布置。变电站围墙为矩形，整个站区东西长190.50m，南北宽131.20m。330kV户外HGIS配电装置布置在站区北侧向四个方向出线，110kV户外GIS配电装置布置在站区南侧向南出线。主控制楼布置在站区东侧。变电站围墙内用地面积2.423hm^2，总用地面积4.0887hm^2，其中代征地面积1.4688hm^2。

电气设备布置：330kV配电装置布置在站区北侧，向东南西北四个方向架空出线；110kV配电装置布置在站区南侧，采用电缆出线；主变压器、35kV配电装置、35kV并联电容器组及站用配电室均布置在330kV与110kV配电装置之间，主控通信楼布置在站区东侧。

1.1.6 工程涉及的主要单位

（1）项目法人：陕西省电力公司。

（2）建设单位：渭南供电局。

（3）监理单位：陕西诚信电力工程监理有限责任公司。

（4）设计单位：陕西省电力设计院。

（5）施工单位：陕西送变电工程公司。

（6）运行单位：陕西省检修公司渭南分部。

1.2 施工现场组织机构

1.2.1 施工现场组织机构

施工现场组织机构如图1-2-1所示。

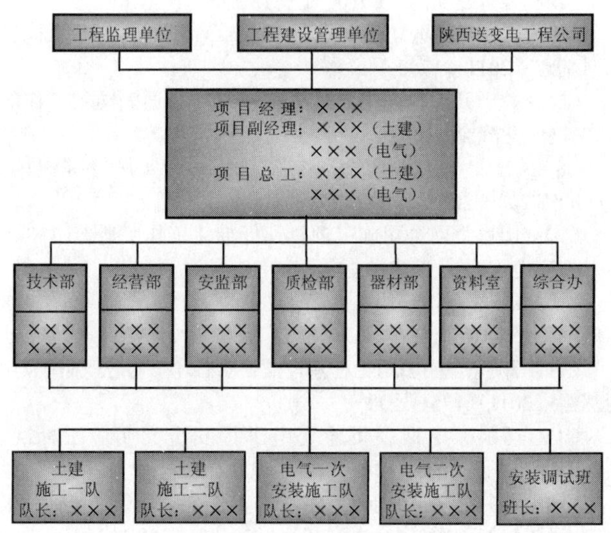

图1-2-1　施工现场组织机构

1.2.2 施工现场组织原则

为加强施工管理，公司成立咸林330kV变电站工程项目经理部，工程实行项目经理负责制，代表公司负责本工程的全面管理。项目经理由杨崇涛同志担任，建筑部分项目副经理由李双余同志担任，项目总工由李健同志担任；电气部分项目副经理由米晓峰同志担任，项目总工由马理同志担任。

咸林330kV变电站工程项目经理部下设经营部、技术部、质检部、安监部、器材部、综合办和资料室，按照其职责承担施工经营、技术、质量、安全、物资供应、后勤保障、双文明建设及地方关系协调等工作。各部门主要人员均为从事变电站施工管理工作多年，业务熟练、经验丰富。

施工期间项目经理、项目总工程师将长期坚持现场工作，不调换也不兼职，项目管理机构也仅负责本工程的管理，公司不再安排其他事务。

工程施工期间，公司本部各职能部门按照项目经理的要求，积极为施工第一线服务，对现场出现的问题快速做出反应，确保工程顺利实施。

公司成立技术专家组对工程施工中的重大施工项目进行技术研究论证，并制定详细的施工方案，指导现场施工，为现场施工在技术方面提供强有力的保障。

1.2.3 项目管理机构人员及部门职责

1.2.3.1 项目经理

（1）是落实变电站施工现场管理职责的第一责任人，在授权范围内代表施工单位全面履行施工承包合同；对施工生产和组织调度实施全过程管理；确保工程施工顺利进行。

（2）组织建立相关施工责任制和各种专业管理体系并组织落实各项管理组织和资源配备，监督有效地运行，负责项目部员工管理职责的考核及奖惩，进行利益分配。

（3）组织编制符合工程项目实际的《施工组织设计》《创优施工实施细则》《安全文明施工实施细则》《应急处置方案》和《输变电工程施工强制性条文执行计划》等实施性文件，并负责落实和监督。

（4）组织制订施工进度、安全、质量及造价管理实施计划，实时掌握施工过程中安全、质量、进度、技术、造价、组织协调等的总体情况，组织召开项目部工作例会，安排部署施工工作。

（5）对施工过程中的安全、质量、进度、技术、造价等有关要求执行情况进行检查、分析及纠偏。

（6）针对工程实施和检查中出现的重大问题，负责妥善处理，提请有关方协调解决，并制订纠正预防措施。

（7）合理安排工程资金使用；审核“安措费”使用计划。

（8）组织落实安全文明施工、职业健康和环境保护有关要求，促进项目的各项管理活动的开展落实。

（9）组织工程内部验收和质量评定工作，申请工程验收，安排工程竣工后期相关管理工作。

（10）项目投产后，组织对项目管理工作进行总结；接受审计，安排项目部解体后的收尾工作。

1.2.3.2　项目副经理

（1）按照项目经理的要求，对职责范围内的管理体系正确有效运行负责，保障体系正常运行。

（2）按照项目经理的要求，负责组织各项管理工作，对施工班组进行业务指导。

（3）全面掌握分管范围内的施工过程中安全、质量、进度、技术、造价、组织协调等的总体情况，对安全、质量、进度、技术、造价有关要求执行情况进行检查、分析及纠偏；组织召开相关工作会议，安排部署相应工作。

（4）针对工程实施和检查中出现的问题，负责妥善处理，重大问题提请项目经理协调解决。

（5）组织落实分管范围内的安全文明施工、职业健康和环境保护有关要求，促进相关工作有效开展。

（6）积极完成项目经理委派的其他各项管理工作，对这些管理工作负全面责任。

1.2.3.3　项目总工

（1）认真贯彻执行上级和施工单位颁发的规章制度、技术规范、标准。组织编制符合变电站工程实际的实施性文件和重大施工方案，并在施工过程中负责技术指导和把关。

（2）组织对施工图及时预审，接受业主项目部组织的交底活动。对施工图纸和工程变更的有效性执行负责，在施工过程中发现施工图纸中存在问题，负责向监理项目部提出书面资料。

（3）组织相关施工作业指导书、安全技术措施的编审工作，组织项目部安全、质量、技术及环保等专业交底工作。负责对承担的施工方案进行技术经济分析与评价。

（4）组织编制设备、材料供货计划、大型机具配置计划、技术培训计划并督促实施。

（5）组织本项目部全员的安全、质量、技术及环保等相关法律、法规及其他要求等的培训。

（6）定期组织项目专业管理人员，检查或抽查工程安全和质量。当工程项目安全和质量存在问题或隐患时，提出技术解决和防范措施。

（7）在项目经理的领导下，主持项目施工日常管理工作，负责落实业主、监理项目部对工程技术方面的有关要求。

（8）负责及时组织项目部管理人员收集、整理及汇总施工过程资料，项目投产后组织移交竣工资料。

（9）协助项目经理做好其他各项施工管理工作。

（10）负责施工新工艺、新技术的研究、试验、应用及总结。

1.2.3.4　技术员

（1）认真贯彻执行有关技术管理规定，积极协助项目经理或项目总工做好各项技术管理工作。

（2）认真阅读有关设计文件和施工图纸，在施工过程中发现设计文件和施工图纸存在问题及时向项目总工提出。施工过程中加强对设计文件等资料做到闭环管理。

（3）编写和出版各工序施工作业指导书、安全技术措施等技术文件；并在施工过程中负责落实有关要求和技术指导。

（4）在工程施工过程中随时进行检查和技术指导，当存在问题或隐患时，提出技术解决和防范措施。

（5）负责组织施工队伍做好项目施工过程中的施工记录和签证。

（6）不断提高自身的业务素质，并从技术方面指导和支持项目部的各项管理工作。

1.2.3.5　质检员

（1）积极协助项目经理全面负责项目实施过程中的质量控制和管理工作。

（2）认真贯彻执行上级和公司颁发的规章制度、技术规范、质量标准，参与编制符合项目管理实际情况的质量实施细则和措施，并在施工过程中监督落实和业务指导。

（3）组织项目部职工学习工程质量验收规范和产品质量标准。定期检查工程施工质量情况，参加质量事故调查，提出事故处理意见。

（4）按照有关要求或档案资料管理办法，收集、审查、整理施工记录表格、试验报告等资料。

（5）组织进行隐蔽工程和关键工序检查，对不合格的项目应责成返工，督促班组做好质量自检和施工记录的填写工作。

（6）完成项目经理安排的其他各项施工管理工作。

1.2.3.6　安全员

（1）积极协助项目经理全面负责施工过程中的安全文明施工和管理工作，确保施工过程中的安全。

（2）认真贯彻执行上级和公司颁发的规章制度、安全文明施工规程规范，结合项目特点制订安全健康环境管理制度，并监督指导施工现场落实。

（3）负责施工人员的安全教育和上岗培训，参加项目总工组织的安全交底。参与有关安全技术措施等实施文件编制，审查安全技术措施落实情况。

（4）负责制订工程项目安全工作目标计划。负责编制安全防护用品和安全工器具的购置计划。负责建立并管理安全台账。

（5）负责布置、检查、指导施工队伍安全施工措施的落实工作，并协助施工队伍提高专业水平，开展各项业务工作。

（6）监督、检查施工场所的安全文明施工情况，组织召开安全专业工作例会，总结安全工作。

（7）调查安全事故，提交调查报告，提出整改意见和防范措施。有权制止和处罚违章作业和违章指挥行为。

（8）督促并协助施工班组做好劳动防护用品、用具和重要工器具的定期试验、鉴定工作。

（9）开展安全施工的宣传和推广安全施工经验。

1.2.3.7 造价员

（1）严格执行国家、行业标准和企业标准，贯彻落实主管单位有关造价管理和控制的要求，负责项目施工过程中的造价管理与控制工作。

（2）负责施工图预算、工程变更费用计算和核实。按规定向业主和监理项目部等有关方报审。

（3）编制工程进度款支付申请和月度用款计划。

（4）负责编制工程竣工结算资料，按规定向业主和监理项目部等有关方报审。

（5）负责收集、整理工程实施中造价管理工作基础资料。

1.2.3.8 信息资料员

（1）负责对工程施工图纸、设计文件、施工信息及内、外的行政文件（资料）的接收、传递和保管；保证其安全性和有效性。

（2）负责向业主、监理项目部的方案（措施）报审工作。

（3）负责有关会议纪要整理和资料翻译工作；音像资料的收集和整理工作；负责现场网站的维护工作，P3&EXP 软件的加载工作。

（4）根据项目总工要求，建立文件资料管理台账，及时进行档案移交工作。

1.2.3.9 综合管理员

（1）负责该项目的双文明建设管理和生活、后勤、安全保卫工作。

（2）负责现场的接待和各种会议会务管理工作。

1.2.3.10 材料员

（1）严格遵守物资管理及验收制度，加强对设备、材料和危险品的保管，建立各种物资供应台账，做到账、卡、物相符。

（2）以审定后的设备、材料供应计划为依据，负责办理甲供设备材料的催运、装卸、保管、发放，自购材料的供应、运输、发放、补料等工作。

（3）负责对到达现场（仓库）的设备、材料进行型号、规格、数量、质量的核对与检查。收集项目设备、材料及机具的质保等文件。

（4）负责工程项目完工后多余材料的冲减退料工作。

（5）做好到场物资的跟踪管理，以实现质量可追溯性。

1.2.3.11 各职能部门职责

各职能部门职责见表 1-2-1。

表 1-2-1　　各职能部门职责

序号	部门名称	部　门　职　责
1	技术部	（1）确认在设计文件、技术标准、技术规范及国家和上级规定的其他技术文件、政策法令的有效版本。 （2）负责各种技术资料的报批工作。编制各工序施工作业指导书，编制特殊施工措施或特殊工序作业指导书。编制工程材料预算，要求供货时间应在满足施工进度要求的同时，考虑采购、加工的合理时间。 （3）指导、监督施工单位严格实施国家和上级的技术政策法规及质量体系文件，协调施工中的有关事宜。做好本工程的技术交底工作。 （4）监督、检查、指导施工作业指导书的贯彻、执行，尤其是关键工序及停止点的控制。从技术角度确保项目工程质量符合规定要求。参加不合格品的确认评审，负责编写一般不合格项的纠正措施。 （5）严格执行质量体系文件中的有关规定和要求，做好并保存有关部门质量记录。 （6）对工程实行动态管理。 （7）在项目总工的领导下，参加设计图纸会审工作。参加施工现场调查。 （8）编制竣工图、施工技术资料、质量记录等竣工资料。 （9）在项目经理或项目总工的领导下，参加工程试运、交付工作。 （10）对施工队技术人员进行业务指导
2	经营部	（1）编制施工经营计划管理程序，对工程和施工计划安排进行控制。 （2）真实、及时按统计法和业主要求报送各类统计报表。 （3）负责与工程项目有关的各类合同管理、施工预算的编制及经济承包责任制的实施。参加施工图会审，对工程合同定期检查。 （4）对内、对外进行工程结算及成本核算。负责资金收支管理及劳动分配
3	安监部	（1）负责制定工程项目安全管理措施和安全责任制划分。制定安全奖惩细则；组织现场安全“双十项”活动。 （2）坚持现场巡查，及时发现和制止一切不安全因素和违章作业，消除一切事故隐患。严格执行安全奖惩制度。 （3）负责安全风险抵押金和兑现工作。 （4）组织调查、分析事故责任，如实填写事故报告上报业主和公司，并按“四不放过”原则，对事故进行处理，提出预防措施并督促按期实施。 （5）加强管理，确保工程安全目标的实现。 （6）定期向项目经理汇报安全施工管理情况
4	质检部	（1）编制项目工程的质量计划、达标实施细则；参加质量、安全、技术交底工作。 （2）负责工程质量管理工作，抓好过程检验、工序交接及三级验收评级工作；配合业主对工程质量进行中间和竣工验收。 （3）负责不合格品的确认及纠正和预防工作。 （4）负责工程原材料的质量检验认定和参加设备开箱检查工作。 （5）负责各项材质报告、质量记录的管理工作。 （6）在项目经理、项目总工的领导下，负责工程质量保证体系的正常运行
5	器材部	（1）建立健全器材管理的各项规章制度，编制设备、材料购置计划并具体实施。 （2）负责自供设备材料的采购、验收、运输、保管。 （3）负责业主供应设备材料的验收、运输、保管。 （4）组织开箱检查工作，对开箱资料、工器具要有交接手续。 （5）负责所有材料的分配、发放。 （6）负责机械设备的运输、保管。 （7）负责工器具的检查、配置和发放。 （8）认真贯彻公司质量体系文件

续表

序号	部门名称	部　门　职　责
6	综合办	（1）负责工程信息的收集管理工作。 （2）及时与公司沟通、传递有关施工情况及业主、地方政府、企业在管理、工程项目建设规划等方面的信息。 （3）负责工程文明施工，环境保护等工作。 （4）协调外围关系，负责青苗赔偿等工作。 （5）负责项目部日常文书、打印、保卫、接待等事务工作
7	资料室	（1）按公司信息管理要求进行微机软硬件配置。 （2）负责工程信息的收集管理工作。收集整理齐全工程施工资料并与工程进度同步各种资料。 （3）按照文明工地的要求、及时整理齐安全文明工地资料。 （4）在技术组指导下负责竣工资料的收集、整理、建册等工作。登记保管好项目部各种书籍、资料表格。收集上级下发的各类文件。及时做好资料的审查备案工作

1.3　施工现场平面布置

1.3.1　施工现场总体平面布置

施工总平面布置是对整个工程施工作出的全面部署安排，是合理使用场地，保证现场交通道路和物流系统畅通、施工机械和临时设施布置合理、人力合理分配、安全文明施工的主要措施。施工现场的布置是以施工总平面布置为依据的，由项目经理和项目总工程师主持规划、安排，项目部办公室和工程技术人员参与协调。根据整个工程场地情况和对现场的实际勘测，按照工程规模，对项目经理部、材料站、工程设备、人力安排、通信安排等项目进行统筹分析、全局规划，因时因宜、合理分析、全面平衡、动态布置的原则布置施工现场。

1.3.1.1　平面布置依据及原则

（1）便于施工管理和工序组织。

（2）便于工程设备、材料妥善保管、安全保卫。

（3）便于有效利用场地资源，确保现场有序整洁。

1.3.1.2　施工现场平面布置图

施工总平面布置，机具、材料等用房，设备及材料场及钢筋加工棚布置在变电站外，办公、生活的临建设施由项目部统一规划，按《国家电网公司输变电工程安全文明施工标准》（Q/GDW 250—2009）的标准灵活布置搭建。

施工总平面布置图在正式进场后按实际情况做适当调整，报监理批准后实施。在工程移交的同时必须不遗问题的恢复原貌、不留临建痕迹。

1.3.2　施工现场临时用电、临时用水总体布置

1.3.2.1　施工电源

35kV 施工电源、变压器由发包方提供并在开工前建成，从变压器低压侧引出的施工用电的配套设施由施工单位负责，施工用电的 380V 低压配电由项目部负责按照用电方案，分别送至各施工点；所区用电系统一律采用三相五线制标准（TN-S 系统），所有用电设备均实行保护接零（PE 线）。沿途分设电源箱，箱内设漏电保护型空气开关及插座等。

1.3.2.2　施工水源

本工程施工用水由项目部派专人负责管理。施工用水源按永临结合的原则考虑，施工用水由站区内的深井提供，为了保证水压和水量，可适当设置高位水箱、蓄水池和增压泵。所区生活用水，计划安装水净化装置，努力改善现场生活用水质量。

1.3.3　施工现场消防总体布置

施工现场和生活驻地树立消防标识，并配备消防器材定期检查维护确保消防器材合格有效，通过培训使施工人员熟练掌握消防器材的正确使用方法。

具体方法如下：

（1）施工现场的消防管理根据“以防为主，防消结合”的方针，做好施工现场工地的防火工作。

（2）建立消防保卫领导小组和义务消防队。

（3）现场消防道路畅通，标志明显，器材设备符合规定。严禁吸烟，不准随便动用消防器材，违者按消防条例处罚。

（4）易燃易爆物品单独存放，严格执行领退料手续。

（5）特殊工程持证上岗，明火作业要有用火证，专人看火并配灭火器。

（6）电工、焊工从事电气设备安装和电、气焊切割作业，要有操作证和用火证。并配备看火人员和灭火工具。

（7）使用电器设备和易燃易爆物品，必须制定防火负责人，配备灭火器材。

（8）因施工需要搭设临时建筑，应符合防盗、防火要求、不得使用易燃材料。

（9）在安全技术交底中要坚持防火安全交底制度。

（10）施工材料的存放、保管，应符合防火安全要求，库房应用非燃材料支搭。易燃易爆物品，应专库储存，分类单独存放，保持通风，用电符合防火规定。不准在工程内、库房内调配油漆、稀料。

（11）定期进行防盗防火教育，经常进行检查及时消除隐患。

（12）编制施工消防应急预案，并施工演练，做好演练记录。

本章其余内容见光盘。

第2章　500kV 某变电站工程施工组织设计

2.1　工程概况和特点

2.1.1　工程简述

为增加××供电区 500kV 变电容量，满足负荷发展需要；加强、优化××城市 220kV 网架及西部电网结构需要，建设 500kV××变电站非常必要。

2.1.2　工程性质及特点

2.1.2.1　工程性质

为了满足××、××、××、××市区负荷发展需要及供电可靠性，××市北部新增 500kV 变电站。该站建成后，可为××城区 220kV 电网及城区西南部 220kV 电网提供有力的电源支撑，提高城市环网供电安全可靠性，同时可为××县、××县新建的 220kV 变电站提供电源接入点。

2.1.2.2　设计特点

设计特点见表 2-1-1。

表 2-1-1　　设 计 特 点

设 计 特 点	
构支架	500kV：采用新型钢架结构，高单杆柱、人字柱及塔架柱和梁纵横连接框架结构，人字柱和塔架柱结构复杂、单基重量重，高单杆柱对吊装的精度要求高。构架柱辅材连接为 U 形卡连接
	220kV：进出线构架采用大跨度，单跨跨度为 24m，跨度大，重量重
	全站构支架均采用钢结构热镀锌防腐
电气主接线	500kV：一个半断路器接线
	220kV：双母双分段
	66kV：单母线
配电装置形式	500kV：户外悬吊管母分相中型布置，户外 HGIS
	220kV：户外 GIS 设备
	66kV：户外 AIS、敞开式设备
控制方式	计算机监控
变电站系统通信方式	双数字通道/网、省、地网光通信系统各一套

2.1.2.3　工程特点

工程特点见表 2-1-2。

表 2-1-2　　工 程 特 点

工 程 特 点	拟采取措施
本工程包括构支架及电气安装两部分。需要施工单位统筹管理，合理安排施工	公司选派具有综合施工经验的项目经理，对构架及电气安装工程进行综合管理，统筹安排。各专业之间合理交叉、紧密衔接施工以保证工期
确保工程零缺陷移交，（达到规模要求的项目）确保达标投产、确保国网优质工程、争创国家优质工程	采用现代化的项目管理手段，严格过程控制；采用科学合理的施工方案，在确保进度的前提下保证工程的内在质量和外在工艺

2.1.3　工程规模

工程规模见表 2-1-3。

表 2-1-3　　工 程 规 模

单元名称	本期	远期
主变压器	2×1200MVA	4×1200MVA
500kV 出线	4 回	8 回
220kV 出线	8 回	16 回
66kV 出线	无	无
无功补偿	4×60Mvar 电容器，2×60Mvar 电抗器	6×60Mvar 并联电容器，4×60Mvar 并联电抗器

2.1.4　工期要求

2012 年 12 月 15 日开工，2013 年 6 月 30 日竣工。

2.1.5　布置形式

全站按功能分四个区，即 500kV 配电装置区、主变压器及无功补偿装置区、220kV 配电装置区、站前区。按照总体规划要求，站区自东向西依次布置 500kV 配电装置—主变压器及 35kV 无功补偿装置—220kV 配电装置。主控制楼布置于主变区及无功补偿区域北侧，形成变电站的站前区。进站道路从站区北侧引入站区。

2.1.6　工程涉及的主要单位

（1）项目法人：×××。

（2）建设管理单位：×××。

（3）设计单位：×××。

（4）监理单位：×××。

（5）施工单位：×××。

2.1.7　电气施工依据及内容

本工程依据工程招标文件、施工承包合同、施工图及国家标准、规范施工。具体工作内容如下：

（1）发包人供应的设备和材料的验收和保管、现场设备和材料的二次搬运、一次和二次设备的安装和试验、系统试验及调试、工程档案及资料移交、工程竣工和保修。

（2）承包人负责的设备材料采购，应按进度计划及时开展，并将有关的采购结果及时向设计单位、监理人报告，以便设计单位及时开展施工图设计。如因承包人原因引起的采购延误由承包人全权负责。

（3）配合消防系统设备的报审、验收和办理验收合格证明。

（4）承包人的临建设施：所（站）内：机具、材料、办公等用房，设备及材料堆场，临建设施占地须经监理批准；所（站）外：按《国家电网公司输变电工程安全文明施工标准》搭建统一的办公、会议和生活临建设施。

2.2　施工现场组织机构

2.2.1　施工现场组织机构

本工程从具有 500kV 变电站施工经验的管理、技术队伍中选拔优秀人员，组成精干、高效、务实的 500kV××变电站工程项目部。

组织机构图如图 2-2-1 所示。

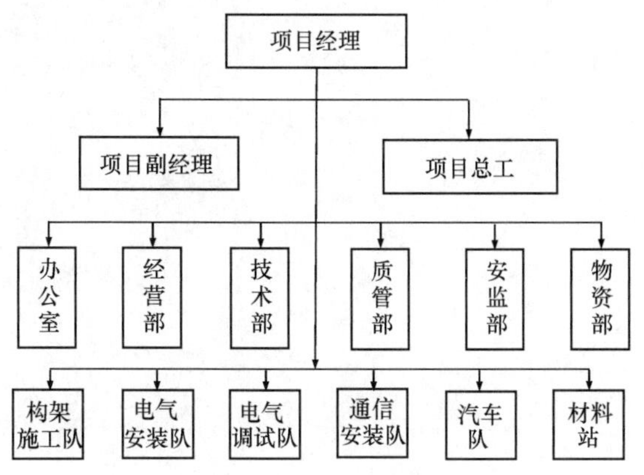

图 2-2-1　组织机构图

2.2.2　施工现场组织原则

（1）施工项目部包括构架、电气两个专业。

（2）抽调具有 500kV 变电站施工经验的优秀专业人员组成项目部。

（3）项目部各职能部门职权分明、各司其职。

（4）各职能部门要相互协作、有力发挥组织整体功能，确保工程各项管理指标的实现。

2.2.3　项目管理机构人员及部门职责

2.2.3.1　人员职责

（1）项目经理。代表公司按照承包合同和投标文件的要求，科学地组织各种资源，协调各方面关系，及时处理施工中的重大问题，保证工程按期完工，实现达标投产，实现零缺陷移交，确保国家级优质工程银质奖，争创国家级优质工程金质奖。审批项目工程的各项管理制度。确保建设单位的要求和公司下达的各项经济技术指标全面完成。落实项目法人、建设单位、监理工程师的指令在施工中的贯彻执行。

（2）项目副经理。项目副经理在项目经理的领导下，协助项目经理工作。负责本工程相关专业的安全、质量、进度、文明施工及环境保护的管理工作。

（3）项目总工。主持技术管理工作。执行国家有关施工技术规范、标准；负责审核施工组织设计、质量计划和施工技术方案，解决施工中的技术问题。贯彻“三个体系”标准和公司的程序文件。对工程质量、安全、文明施工和环境管理在技术上负全责。

（4）施工队队长。组织本队严格按施工方案、管理制度要求施工。组织本施工队质量自检，接受项目部、公司及监理、业主组织的质量检验，并对检查提出的问题及时整改。本队安全施工的第一责任人，对本队人员在施工过程中的安全健康、文明施工和环境保护负责。组织每周的安全日活动、每天的班前会和班后会，支持施工队安全员的监察工作。采取措施保证本施工队施工进度符合项目部整体要求。

（5）汽车队队长。负责工地材料运输。负责车辆的调度、维修。负责运输队交通安全。

2.2.3.2　部门职责

（1）办公室。负责项目部日常事务、后勤保障和工程相关单位的接待工作。负责项目部所有会议记录、纪要整理。负责项目部对内、对外的行政文件/资料的发放、传递和保管。配合业主开好各级工程协调会议，负责卫生防疫工作。

（2）技术部。负责技术管理工作。编制工程施工组织设计、施工进度计划、各种施工技术措施，解决施工中出现的技术问题。为工程的安全、质量提供技术保障。指导和监督技术方案、措施的执行。

（3）质管部。负责质量、档案管理工作。编制工程质量管理制度，并监督执行。预测影响工程质量的环节，并制定相应的预防措施。组织检查工程的质量状况，组织质量复检，安排中间验收和竣工验收的具体事宜。负责质量记录的整理、收集和归档，做好工程资料的管理。负责与监理工程师的联系和配合日常工作。负责工程移交工作。

（4）安监部。负责安全、文明施工和环境保护管理工作。编制安全、文明施工和环境保护管理制度，并监督执行。预测影响工程安全风险因素，并制定相应的预防措施。组织检查工程的安全文明施工状况、环境保护情况。

（5）经营部。负责与工程项目有关的各类合同管理。负责编制内部施工预算，对内进行工程结算。负责财务管理、劳资管理、成本控制、核算，负责计划、统计报表的编制，并按规定及时上报。

（6）物资管理部。根据施工进度计划和施工方案，制定设备和工器具的配置计划、工程材料和物资供应计划，并负责组织实施。负责自购材料的采购、检验。负责发包人供应材料交货地点的场地协调及临时场地租赁、装卸，材料的验收、运输、保管以及管理。

（7）材料站。负责自购材料的检验、保管和发放。负责业主供应材料交货地点的场地协调及临时场地租赁、装卸，材料的验收、运输、保管以及管理。负责机械设备的运输、保管、维修。

本章其余内容见光盘。

第 16 篇

750kV、1000kV 变电站和 ± 800kV 换流站工程施工组织设计范例

李　强　樊哲云　胡　兵　张青波　李继征　骆　鹏
王爱洁　吕　念　邢东华　迟玉龙　侯曼丽　等　编著

第 1 章　哈密南 750kV 变电站工程（项目管理实施规划）施工组织设计

1.1　工程概况和特点

1.1.1　工程简述

哈密南 750kV 变电站位于哈密市东南约 72km，站址东面约 630m 处为至雅满苏的 X091 县道，征地面积 14.1972hm^2，站区 12.9802hm^2。站址位于吐哈盆地的戈壁沙丘平原区，海拔约 700m，地貌单元分类为剥蚀准平原，微地貌为砂砾戈壁。站址地形较为平坦开阔，局部略有起伏。地表植被不发育，自然坡降约为 2‰，出线走廊宽敞，站址用地为戈壁荒地，站址范围内无建筑物。

站址东侧为 X091 县道，进站道路由该县道引接，进站道路新建长度约 650m。

站址处于地质构造相对稳定地带，属抗震有利地段。本场地的基本烈度为Ⅵ度，设计基本地震加速度值为 0.05*g*，动反应谱特征周期为 0.40s。地层上部主要为第四系冲洪积的角砾、砂类土，下伏第三系砾岩、砂岩和泥岩。场地土属盐渍土。场地土对混凝土结构具有强腐蚀性，对钢筋混凝土结构中的钢筋具有强腐蚀性，对钢结构具有强腐蚀性。

哈密南 750kV 变电站工程是国家电网公司“十二五”规划重点建设项目，是新疆与西北主网联网二通道工程“6 站 12 线”的重要组成部分，是实现疆电外送 3000 万 kW 的重要通道。本工程建设将为±800kV 哈密—郑州直流工程提供坚强的网架支撑，满足新疆向西北主网送电的需求，对敦煌、柴达木地区新能源开发、提高青藏直流送电的可靠性，促进新疆跨越式发展，实现资源优势转换战略具有重要政治意义。

工程投运后疆电外送能力将由目前的 100 万 kW 提升至 500 万 kW，可兼顾甘肃风电、青海太阳能等新能源大规模接入，解决青海“十二五”缺电问题，对实现“低碳、绿色、环保”的电网建设理念起到重大引领作用。

1.1.2　工程性质及特点

哈密南 750kV 变电站是新建变电站。其主要特点有：

（1）工程地位特殊。本工程是疆电外送通道的重要组成部分，是实现国家电网公司“煤从空中走，电送全中国”战略的重要举措，对敦煌、柴达木地区新能源开发、提高青藏直流送电的可靠性，促进新疆跨越式发展，实现资源优势转换战略具有重要政治意义。

（2）环境条件恶劣。夏季酷热，冬季严寒，极值温差达到 38℃，春秋多风沙，瞬时风力达 31.6m/s。

（3）科技含量高。设计方案和设备选型先进，新技术、新工艺、新材料应用广泛，工艺复杂、技术攻关课题多。

（4）低碳环保项目多。本工程突出对电磁辐射、噪声、节能环保设计方案的优化与研究，注重设备、材料节能选型，绿色施工理念贯穿全过程。

（5）管理目标高。工程质量目标为“国家优质工程银奖”。

（6）创新管理模式。国网公司西北分部成立工程指挥部，新疆、甘肃、青海省电力公司分别成立工程分指挥部，以“六统一”（统一规划设计、统一技术标准、统一建设管理、统一招标采购、统一资金管理、统一调试验收）为原则开展建设管理工作。

1.1.3　工程规模

工程规模见表 1-1-1。

表 1-1-1　　工 程 规 模

序号	项目	本期	远景
一	主变压器/MVA	1×1500	3×1500
二	750kV 出线/回	4	8
三	750kV 高压电抗器/Mvar	2×300	2×300＋2 组容量待定
四	220kV 出线/回	8	16
五	66kV 低压电抗器/Mvar	4×90	3×（4×90）
六	66kV 低压电容器/Mvar	—	3×（4×90）

1.1.4　工期要求

2012 年 6 月 10 日开工，2013 年 9 月 22 日投产。

1.1.5　布置形式

哈密南 750kV 变电站由南到北依次为 750kV 配电装置、主变及 66kV 配电装置、220kV 配电装置的三列式布置。站前辅助生产区及主入口均在站区中部，主变压器区以东。

1.1.6　工程涉及的主要单位

项目法人（投资方）：江苏省电力公司。

建设单位：新疆电力公司。

项目管理单位：新疆电力公司 750 工程建设公司。

设计单位：西北电力设计院。

监理单位：东北电力建设监理有限公司。

施工单位：新疆送变电工程公司。

1.1.7　土建、电气施工依据及内容

（1）关于印发《国家电网公司输变电工程达标投产考核办法》的通知（国家电网基建〔2011〕146 号）。

（2）《国家电网公司安全生产工作规定》（国家电网总〔2011〕407 号）。

（3）《国家电网公司基建安全管理规定》（国家电网基建〔2011〕1753 号）。

（4）《国家电网公司电力建设安全工作规程（变电部分）》（国家电网科〔2011〕1738 号）。

（5）《电力建设工程施工技术管理制度》及国家有关规程、规范、技术标准及有关施工工艺导则。

（6）《电气装置安装工程电力变压器、油浸电抗器、互感器施工及验收规范》。

（7）《电气装置安装工程高压电器施工及验收规范》（GB 50147—2010）。

（8）《电气装置安装工程电缆线路施工及验收规范》（GBJ 50168—2006）。

（9）《电气装置安装工程母线装置施工及验收规范》（GB 50149—2010）。

（10）《电气装置安装工程接地装置施工及验收规范》（GBJ 50169—2006）。

（11）《电气装置安装工程盘、柜及二次回路结线施工及验收规范》（GB 50171—2012）。

（12）《电气装置安装工程电气设备交接试验标准》（GB 50150—2006）。

（13）《继电保护和安全自动装置技术规程》。

（14）《继电保护设备信息接口配套标准》。

（15）《工程测量规范》。

（16）《建设工程施工现场供用电安全规范》。

（17）《750kV 变电站电气设备施工质量检验及评定规程》（QGDW 120—2008）。

（18）《110～1000kV 变电（换流）站土建工程施工质量验收及评定规程》（Q/GDW 183—2008）。

（19）《750kV 电力变压器、油浸电抗器、互感器施工及验收规范》（Q/GDW 192—2008）。

（20）《标准工艺策划》。

（21）《输变电工程建设标准强制性条文管理规程》（Q/GDW 248—2008）。

（22）《750kV 变电所构支架制作安装及验收规范》（Q/GDW 119—2005）。

（23）《电力工程地下金属构筑物防腐技术导则》（DL/T 5394—2007）。

（24）《交流电气装置的接地》（DL/T 621—1997）。

（25）《钢筋混凝土结构工程验收规范》（GB 50204—2002〔2011〕版）。

（26）《电力设备典型消防规程》（DL 5027—1993）。

（27）《电气装置安装工程　蓄电池施工及验收规范》（GB 50172—92）。

（28）《电气装置安装工程　起重机电气装置施工及验收规范》（GB 50256—96）。

（29）《电气装置安装工程 电气照明装置装置施工及验收规范》（GB 50259—96）。

（30）《建筑工程施工质量验收统一标准》（GB 50300—2002）。

（31）《建筑电气工程施工质量验收规范》（GB 50310—2002）。

（32）《给水排水构筑物及采暖工程施工质量验收规范》（GB 50141—2008）。

（33）《建筑给水、排水及采暖工程施工质量验收规范》（GB 50242—2002）。

（34）《智能建筑工程质量验收规范》（GB 50339—2003）。

（35）《电子信息系统机房施工及验收规范》（GB 50462—2008）。

（36）《建设电子文件与电子档案管理规范》（CJJ/T 117—2007）。

（37）《变电站工程投运前电气安装调试质量监督检查典型大纲》（电建质监〔2005〕第 57 号）。

（38）《钢筋焊接及验收规范》（JGJ 18—2003）。

（39）《750kV 电气设备预防性试验规程》（Q/GDW 158—2007）。

（40）《质量管理体系要求》（GB/T 19001—2008/ISO 9001：2008）。

（41）《环境管理体系要求及使用指南》（GB/T 24001—2004/ISO 14001：2004）。

（42）《职业健康安全管理体系规范》（GB/T 28001—2001）。

（43）工程中标通知书（2012CET1T-V-5-2）及建设单位与我单位签订的工程施工合同。

（44）《哈密南 750kV 变电站工程建设管理纲要》。

（45）《输变电工程建设标准强制性条文实施管理规划》（Q/GDW 248—2008）。

（46）《质量通病防治措施》[国网基建〔2011〕第 19 号]。

（47）《国家发展改革委关于新疆与西北主网联网 750kV 第二通道输变电工程项目核准的批复》（发改能源〔2012〕1319 号）。

（48）《关于印发新疆与西北主网联网 750kV 第二通道输变电工程初步设计预评审意见的通知》（电规电网〔2012〕211 号）。

1.1.7.1　建筑工程量（土建部分）

土建部分建筑工程量见表 1-1-2。

表 1-1-2　　　　土建部分建筑工程量

序号	名称	项目特征	备注
一	主辅生产工程		
（一）	主要生产工程		
1	主要生产建筑		
1.1	主控通信楼	含土方、基础、钢筋混凝土柱、梁、砌体、吊顶、装饰、通风及空调、照明等	
1.2	750kV 继电器室	含土方、基础、钢筋混凝土柱、梁、砌体、装饰、通风及空调、照明等	
1.3	1 号 220kV 继电器室	含土方、基础、钢筋混凝土柱、梁、砌体、装饰、通风及空调、照明等	
1.4	2 号 220kV 继电器室	含土方、基础、钢筋混凝土柱、梁、砌体、装饰、通风及空调、照明等	
1.5	综合配电室	含土方、基础、钢筋混凝土柱、梁、砌体、装饰、通风及空调、照明等	
2	屋外配电装置建筑		
2.1	主变压器系统	土方开挖量 1200m^3	
2.1.1	构支架及基础		
2.1.2	主变压器设备基础		
2.1.3	主变油坑及卵石		
2.1.4	防火墙		
2.1.5	事故油池	土方开挖量 127m^3	
2.2	750kV 架构及基础	结构形式：格构柱、格构梁	
2.3	750kV 设备支架及基础		
2.4	高抗系统		
2.4.1	高抗及中性点设备基础		
2.4.2	高抗油坑及卵石		
2.4.3	防火墙		
2.4.4	事故油池		
2.5	220kV 构架及设备基础	结构形式：钢管柱、钢管梁	
2.5.1	220kV 架构及基础		
2.5.2	220kV 设备支架及基础		
2.6	66kV 构架及设备基础	结构形式：钢管柱	
2.6.1	66kV 构架及基础		

续表

序号	名称	项目特征	备注
2.6.2	66kV 设备支架及基础		
2.7	站用变压器系统		
2.7.1	站用变压器设备基础		
2.7.2	防火墙		
2.7.3	电缆沟道		
2.7.4	绝缘地坪		
3	供水系统建筑		
（二）	辅助生产工程		
1	辅助生产建筑		
1.1	汽车库		
1.2	警传室		
2	站区性建筑		
2.1	场地平整		
2.2	站区道路及广场		
2.3	站区排水		
2.4	围墙及大门		
2.5	配电区地面		
3	消防系统		
3.1	泡沫消防间		
3.2	站区消防管路及普通消防设备		
3.3	特殊消防系统		
二	与站址有关的单项工程		
1	地基处理		
2	站外道路		
3	站外挡土墙		
4	站外蒸发池		
5	站外排水管		
6	站外补给水管线		
7	站外排水沟		

1.1.7.2　电气安装工程量

电气安装工程量见表 1-1-3。

表 1-1-3　　　　电气安装工程量

序号	名称	项目特征	备注
1	主变压器系统		
1.1	主变压器	户外、单相、三线圈铜绕组、自耦、无励磁调压油浸式 500/500/150MVA 765/ $\sqrt{3}$ /242/ $\sqrt{3}$ /±2×2.5%/63kV	
2	配电装置		

续表

序号	名称	项目特征	备注
2.1	屋内配电装置		
2.2	屋外配电装置		
2.2.1	750kV 配电装置		
2.2.2	220kV 配电装置		
2.2.3	66kV 配电装置		
3	无功补偿		
3.1	高压电抗器	100Mvar 单相油浸、并联、间隙铁芯、户外额定电压：800/ $\sqrt{3}$ kV	
3.2	低压电抗器	BKGL-30000/63/ $\sqrt{3}$ 单组容量：90Mvar	
4	控制及直流系统		
4.1	自动化系统		
4.2	在线监测系统		
4.3	继电保护		
4.4	直流系统		
4.5	智能辅助控制系统		
5	站用电系统		
5.1	站用变压器	SZ11-1250/66kV 1250kVA	
5.2	站用配电装置		
5.3	站区照明		
6	电缆及接地		
6.1	全站电缆		
6.2	全站接地		
7	通信及远动系统		
8	通信系统		

1.2　施工现场组织机构

1.2.1　施工现场组织机构

施工现场组织机构图如图 1-2-1 所示。

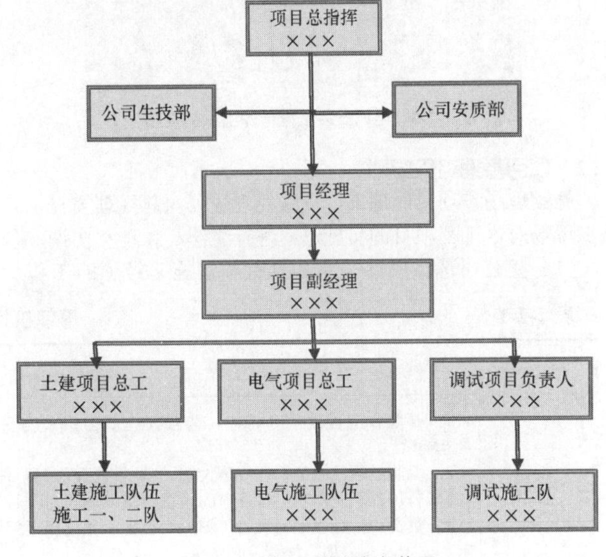

图 1-2-1　施工现场组织机构图

建筑工程管理组织机构如图1-2-2所示。

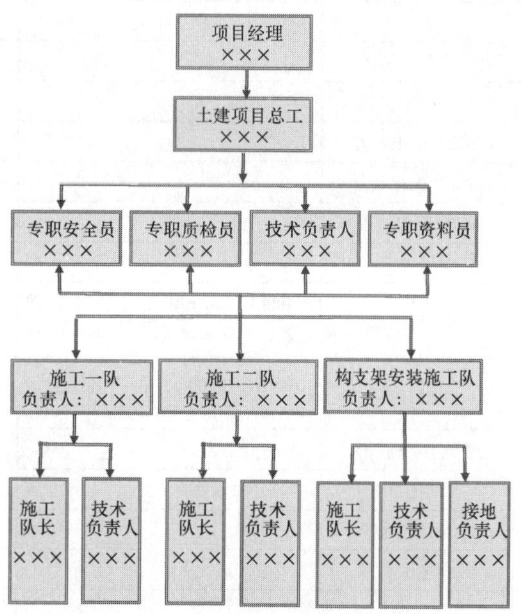

图1-2-2　建筑工程管理组织机构图

电气安装工程管理组织机构如图1-2-3所示。

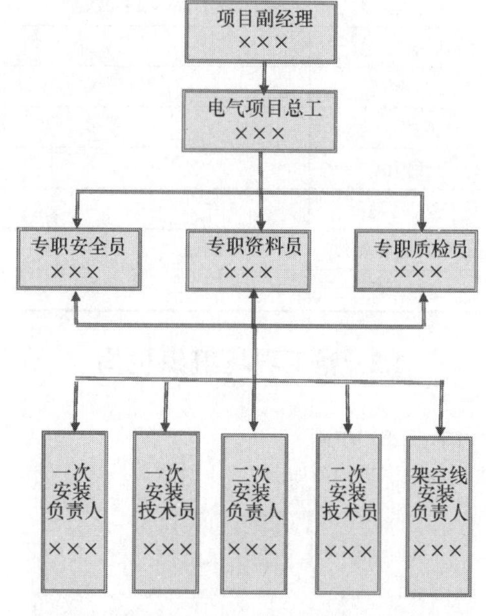

图1-2-3　电气安装工程管理组织机构图

1.2.2　项目管理组织原则

施工现场设项目经理部，项目经理受公司总经理委托，在施工现场对本工程项目的实施过程进行组织、管理和协调。

（1）我公司选派精兵强将和具有丰富施工经验的工程管理人员及技术人员组建"哈密南750kV变电站工程项目经理部"，考虑到本工程的重要性、特殊性，我公司计划由施工管理经验丰富的国家一级建造师樊哲云同志担任本工程的项目经理，由施工经验丰富的××同志担任主管电气专业的项目副经理。

（2）为了实现工程总目标，适应市场需要，落实内部经济责任制，做到文明施工、安全生产，我公司对本工程的管理实施项目经理负责制，以便充分发挥项目组织的优势和提高项目组织的管理水平。

（3）项目经理部是公司的派出机构，由公司经理授权，全权代表公司组织指挥施工和处理与工程有关的事宜，在安全、质量、工期、文明施工和经济上对工程全面负责，搞好对外联络，协调对外关系，实行科学管理，确保工程安全、优质、低耗、按期完成任务。其主要职责如下：

1）传达贯彻上级及公司的指示，定期向上级、公司、项目法人、项目管理单位、监理单位及其他有关单位汇报工程进度情况。

2）接受项目法人、项目管理单位和监理单位的监督、检查和技术指导；接受公司本部的领导。

3）进行本工程的质量策划和安全文明施工策划的实施，制定质量保证措施和职业健康安全保证措施，在工程施工中有效地实施本公司的质量体系、职业健康安全管理体系和环境管理体系及其形成的程序，进行采购和对施工方提供产品的控制、过程控制、检验和试验控制、不合格品控制，开展危险源辨识和控制，加强环境保护。

4）负责组织编制工程管理制度、施工作业指导书、安全技术措施，审定施工方案，督促做好各级技术交底，解决施工中的技术问题。

5）领导组织本工程的安全文明施工，将安全文明施工列入首要的议事日程，做到安全工作"五同时"。

6）编制施工网络计划，并定期检查和修正网络计划，确保按施工网络计划组织供应及施工。

7）根据工程项目本身的动态过程，对工程实行动态管理，合理调度施工力量、机械设备、材料和资金。

8）加强经营管理，负责处理好本工程一切经济事务，协助各施工部门认真贯彻落实和实施各项经济责任制。

（4）在工程施工过程中，公司本部将全力以赴做好各项保障工作，投入公司最优秀的技术人才和最先进的施工装备，进行本工程的施工。

主要保障条件如下：

1）提供满足工程施工需要的人力资源。

2）提供满足工程施工需要的机械、车辆、设备等。

3）提供满足工程需要的材料、资金。

4）配备满足工程需要的有经验、技术过硬的生产人员。

1.2.3　项目管理机构人员及部门职责

管理机构人员及职责见表1-2-1。

表1-2-1　　管理机构人员及职责

部门或岗位	职责和权限
公司本部	1．根据本工程规模和特点，选派管理能力强业务熟练及经验丰富的项目经理和项目总工组建"哈密南750kV变电站工程项目经理部"。 2．编制《项目施工管理规划大纲》《项目管理目标责任书》，明确项目经理及公司各职能部室在本工程中的义务、责任和权利。 3．公司各职能部室应按各自的职责范围，加强对项目经理部相应管理工作的督促、指导、服务和检查工作。 4．负责项目经理部的人力、物资、设备等各项施工资源的调配，保障项目实施的需要；保障项目所需资金的落实，对项目部提出的要求，公司及相关部门保证及时解决

续表

部门或岗位	职 责 和 权 限
项目经理	1．是公司法定代表人在本项目工程中的代理人，代表公司对本工程实施全过程管理，负责合同的全面履行。负责在工程施工中贯彻执行公司的质量、安全及环境管理方针，《质量手册》《职业安全健康及环境管理手册》及相关程序文件，按照合同规定的承包内容完成施工任务，接受业主/建设单位、监理工程师的检查和监督，处理和协调各方关系，为工程施工创造良好环境和条件，全面达到工程管理目标。 2．履行《项目管理目标责任书》规定的任务。 3．组织编制并实施《项目管理实施大纲》。 4．按照公司的质量、安全及环保管理方针、本项目质量、安全、环保目标及公司质量、安全、环保管理体系文件的要求执行。 5．合理配置施工资源，对本工程安全、质量、工期目标全面负责。 6．负责施工质量监控、安全监察和文明、环保施工的组织管理。 7．掌握计划、财务和资金情况，根据施工进度计划和资金计划执行情况，指示计财部合理安排资金。 8．负责落实项目法人、业主、监理工程师有关工程质量、安全和施工进度等方面的指令在施工中有效地贯彻执行。 9．负责安全文明施工和环境保护的各项管理工作的落实。 10．处理工程项目竣工后的善后工作
项目总工	1．项目总工是本工程的技术总负责人，负责按照国家有关的技术标准、法规、规程、设计图纸以及本公司的有关技术管理制度实施技术管理工作，负责本工程 P3&EXP 软件的管理及应用。 2．负责组织编制本工程质量计划、施工组织设计，工程施工方案、技术及安全文明与环保施工总体措施概念策划等，并按公司规定的权限进行审查或批准。 3．代表本公司参与项目法人/建设单位组织的施工图纸会审，并负责与项目法人、监理工程师、设计部门等单位协调相关工作。 4．负责本工程开工前的技术培训和考核工作，并验证开工条件；按照质量计划以及公司有关管理体系程序文件组织实施施工过程控制。 5．对本工程质量负直接责任，对工程安全负技术责任。 6．对竣工验收资料的及时性、准确性负责
质量管理专责	1．协助项目经理对工程质量工作实施管理，按照项目法人和监理工程师的要求以及相关质量管理标准对工程质量实施监督，组织并参加施工队和项目部的质量检验。 2．负责向监理工程师申请中间验收和竣工验收，并参加验收。 3．参加工程材料的进货检验。 4．组织落实项目质量管理工作，保证项目质量管理体系有效运行。 5．督促和指导施工队正确填写各种施工记录表。 6．负责整理和向项目经理提交质量监控工作报告。 7．受项目经理委托，主持质量事故调查，提交调查报告和处理意见
安全管理专责	1．负责施工安全管理工作。 2．负责施工人员的安全教育和上岗培训。 3．负责组织工器具和机械设备检验试验。 4．组织落实项目安全健康与环境管理工作，保证项目职业安全健康与环境管理体系有效运行。 5．督促和指导施工队正确填写各种安全施工记录表格。 6．负责向项目经理提交安全监察工作报告。 7．受项目经理委托，主持安全事故调查，提交调查报告，提出整改意见
供应部	1．负责按相关质量体系程序文件要求建立健全工地材料、机具设备的各项管理制度，并实施工地材料及机具设备的管理。 2．根据施工进度计划和施工方案，制定工器具和设备的配置计划，负责组织实施。 3．根据施工组织设计的工程进度计划和项目法人/建设单位提供实物的供货时间，制定工程材料、物资供应计划并组织实施。 4．负责接收整理材料质量证明、试验报告。 5．负责组织工程材料的采购、加工。 6．负责材料的接收、保管、发放管理工作。 7．负责组织工程物资的进货检验。 8．负责完成工程材料和工器具的运输和转移，并对司机进行安全教育
施工队长	1．是本施工队的各项管理工作第一责任人，负责各岗位人员按《施工组织设计》和各项施工作业指导书要求组织施工，负责组织并做好自检工作，确保施工处于受控状态，对本队的施工质量、安全、进度、成本及文明施工等全面负责。 2．根据项目部的施工安排，组织完成指定施工段段内的施工任务。 3．施工中执行项目部下发和转发的各种作业指导书、安全、质量和文明施工的规定。 4．负责在施工过程中组织实施质量、安全活动，对施工中出现的问题及时进行纠正，并根据需要实施预防措施。 5．负责施工段内各项目达到工程管理目标
施工人员	1．在施工队长的领导下按作业指导书的要求进行操作，遵守施工现场组织纪律和技术规定，确保各项作业符合项目施工要求。 2．参加质量、安全活动，参与班组民主管理，积极提出合理化建议

1.2.4　工程主要负责人简介

1.2.4.1　项目经理

项目经理简介见表 1-2-2。

表 1-2-2　　　　项目经理简介

姓名	×××	性别	男	年龄	33
职务	项目经理	职称	助工	学历	专科
本工程中拟担任职务		项目经理		参加工作时间	2002 年

已完工程项目情况

项目名称	建设规模	担负的行政及技术职务	获奖情况	备注
小草湖风电场一期工程	—	项目总工	优良	
铁厂沟 220 变电所	1×120MVA	项目总工	优良	
钢东 220kV 变电所	1×120MVA 2×150MVA	项目经理	优良	
乌北 750kV 变电站工程	3×1500MVA	项目总工	优良	
瑶池 220kV 变电所工程	1×120MVA	项目总工	优良	
奇台 220kV 变电所工程	2×180MVA	项目经理	优良	
米东工业园 220kV 变电站	1×180MVA	项目经理	优良	

参加工作主要经历：

自 2002 年参加工作以来参与施工 220kV 及以的变电站十多所。历任项目总工、项目副经理等职。

在参与的多座变电站施工中，他工作兢兢业业，取得了优良的成绩，他不仅有丰富的施工经验，且具备较强的现代管理能力。在施工条件困难的米东工业园 220kV 变电站工程中，率领项目全体员工，克服重重困难，圆满完成施工任务。在他领导施工的工程中无一例安全、质量事故，多次荣获先进工作者称号。工程管理方面亦有独到之处，在他作为项目项目经理的几个工程中均得了较高成绩，各项指标均圆满完成，并有所提高

1.2.4.2　项目部主要管理及技术人员简介

主要管理及技术人员简介见表 1-2-3。

表 1-2-3　　　　主要管理及技术人员简介

姓名	职务	职称	主要资历及承担的项目
×××	项目副经理	工程师	1986 年参加工作以来一直奋战在变电现场。参与施工 220kV 变电站十几座。历任技术员、专责等职、项目总工，项目副经理。在参与的多项的变电所工程施工中，他工作兢兢业业，取得了优良的成绩，参加施工的八钢 220kV 变电所工程工程、锦华 220kV 变电所工程评为达标投产工程。他不仅有丰富的施工经验，且具备较强的现代管理能力，多次获公司表彰
×××	电气项目总工	工程师	2000 年参加工作，在诸多 220kV 变电站工程中担任工作负责人，在锦华、阿克苏、达风 220kV 变电站工程中在项目部担任安全、质量专责，在惠宁、龙岗 220kV 变电站中担任项目经理，在工作中能积极学习理论和实践知识，业务水平有很大的提高，具有丰富的施工经验
×××	土建项目总工	助理工程师	2006 年 7 月参加工作，曾任 220kV 石河子变工程质量专责、220kV 芳东变技术专责师、220kV 塔中变项目总工、220kV 十三间房变电站项目经理，对工作认真负责，发现问题及时解决，保证了施工质量和安全，贯彻执行质量认证程序文件，确保工程质量
×××	质量专责	助工	2009 年参加工作以来一直奋战在变电现场。参与施工 220kV 变电站几座。在参与的多项的变电所工程施工中，他工作兢兢业业，取得了优良的成绩
×××	电气施工队长	助工	2006 年参加工作，在诸多工程中担任工作负责人，在工作中能积极学习理论和实践知识，业务水平有很大的提高，担任施工队长 3 年
×××	调试班施工队长	工程师	2002 年参加工作，在诸多工程中担任工作负责人，在多座 220kV 变电站工程中担任调试总负责人，在工作中能积极学习理论和实践知识，业务水平有很大的提高，担任施工队长 4 年
×××	安全专责师	助理工程师	2009 年 7 月参加工作，自担安全员以来，对工作认真负责，并参加 220kV、750kV 变电站施工，能很好地做好施工现场的安全工作，得到了公司领导的一致好评

1.3　施工平面布置

1.3.1　施工现场总体平面布置

本工程施工现场总平面布置应参照国家电网公司编写的《输变电工程安全文明施工标准》及《哈密南 750kV 变电站工程施工现场总平面布置图》进行布置。

1.3.1.1　施工现场平面布置的基本原则

（1）施工区和生活区分开，办公区和住宿区分开。

（2）管理人员生活区和作业人员生活区分开。

（3）施工区平面布置应尽量减少二次搬运，减少运输距离，水电应合理敷设到各施工点，降低成本。

（4）生活区布置应体现人性化原则，注重提高职工的生活质量，生活区包含宿舍、食堂、餐厅、淋浴间、会议室、办公室、厕所、停车场等设施。项目经理、项目副经理的宿舍为套间，外间为办公室，里间为宿舍，配 1.5 匹冷暖壁挂式空调；会议室配 3 匹冷暖柜式空调，休息室配 1.5 匹冷暖壁挂式空调；管理人员宿舍按 2 人一间考虑，厕所为水冲式。

（5）项目部将对生活垃圾和施工废品设置分类回收设施，分类回收。规划分类存放的场所和统一存放设施样式。办公区域、生活区域制作统一样式的垃圾箱、垃圾桶。废料的回收设施采用市场购置的蓝色垃圾桶。施工现场配备垃圾袋。定期进

行清运和处理。

（6）项目部在办公区、生活区及施工现场利用宣传栏和黑板报，开展形式多样的以安全、质量、文明施工为主要内容宣传教育活动，并悬挂各种安全、质量标语，以警示职工严格遵守安全操作规程和质量规范。同时悬挂彩旗增强文明施工氛围，在公路边通往站址的路口用红油漆标识站址及箭头指示方位，便于各参建单位人员识别站址位置；在站址内道路设置施工区域指示标志；在站址主干道两侧应设置国家标准式样的路标、交通标志、限速标志和区域警戒标识；通往项目部路口设置统一的指示标志。

（7）项目部办公区、现场施工区分别设置若干块大型标志牌，分别喷绘：工程项目名称；工程鸟瞰图；工程建设、设计、监理、施工单位名称；职业安全健康与环境管理、质量管理方针目标、安全文明施工的纪律、工程组织结构图；施工总平面布置和安全文明施工区划图等。

1.3.1.2　办公设施

（1）项目部配备台式电脑 3 台，笔记本电脑 2 台，投影机一台，以满足办公设施电子化、信息化的需要。

（2）项目部配备传真电话一台、手机若干部、打印机 2 台、复印机 1 台。电话、传真应设专人值班看守，并要求做好通信记录，有关信息随时进行反馈。

（3）确保一台微机与 INTERNET 网连接并注册专用的 E－mail 地址或通过企业 MIS 系统的远程登录功能，实现远程数据传输，确保工程项目部与建设单位、监理单位的图文信息传递。

1.3.1.3　旗台

（1）项目部办公区修筑旗台，分别升挂国旗、企业标识和彩色劳动保护旗，旗杆一律使用不锈钢管材。

（2）施工现场悬挂标准彩旗和青年文明号旗等旗类，旗杆一律使用不锈钢杆统一制作。

1.3.1.4　生活设施

（1）项目部配备员工食堂、食品间及淋浴间。

（2）食堂、食品间配备抽油烟机、灭蝇器、消毒柜等设施必须符合卫生防疫要求。定期对食品、饮用水卫生进行检查，对食堂、食品间定期进行清扫和消毒，预防肠道疾病的发生，严防食品中毒。

（3）食堂配备不锈钢厨具、冰柜、消毒柜、储物柜、餐桌、餐椅以及灭蝇器和消灭老鼠的卫生设施。

（4）职工宿舍居住条件应良好，保持通风畅通，宿舍干净整洁。配备空调设备。指派专人负责管理。

（5）淋浴间配备电热水器，职工盥洗设置盥洗间和洗衣间，配备消毒设备。

（6）生活区定期消毒，每日清扫。生活垃圾定期清运，预防各种传染疾病的发生。并有消灭蚊、蝇、老鼠的措施。

（7）生活区活动室配备电视、VCD 等文化娱乐活动设施。

（8）办公区、生活区、施工现场设置有较高卫生洁具标准的水冲式厕所，专人负责管理，保证厕所内无异味。

（9）对于外协工项目部积极安排好住宿和餐饮等后勤保障工作。保证劳动防护条件。外协工住宿实行一人一床、一被褥、并配备空调等必需的生活、办公用品及设施，指派专人负责管理，定期检查，严格控制。

1.3.1.5　施工区布置

（1）施工区包含库房、周转材料堆置区、钢筋加工棚、木工棚、水泥库、集中搅拌站、配电室、易燃易爆危险品库房、预制厂、机械设备停置区、成品半成品堆置区、地材堆场、垃圾站等，集中搅拌站的布置应便于混凝土运输和减少运输距离，所用设施应按国网公司标准化手册的要求来搭设。施工现场的各种标识均应清楚、美观、规范。

（2）各种材料应标明名称、产地、数量、规格和使用位置等。机具设备应标明设备名称、设备完好情况等。各种标志牌、标识牌以及上墙图表一律采用美观、规范的标志牌或喷绘、打印图文。施工现场应设置悬挂机械设备操作规程、分工牌、混凝土配合比牌等标志牌。标志牌、标识牌框架、立柱均采用钢结构；标牌使用不锈钢制成。对于工程简介、企业简介、施工进度计划等重要的标识牌采用太金/塑铝板制成。施工现场严禁一切不规范的手写文字和不规范的悬挂、摆设、埋设和制作，在综合楼及传达室主体施工中采用高密度安全网进行安全维护。

（3）对大门外区域进行专项设计规划，道路使用混凝土硬化，确保此区域整洁、美观、排水畅通。

（4）施工现场大门采用 6m 宽钢制大门，一侧带人员通行的侧门，用灰色油漆涂刷，油漆面层应完好、美观。

（5）在大门内侧修建警卫室一座，安排专人负责施工现场的安全保卫工作，检查登记进出施工现场的车辆和人员。

（6）在大门前进站道路两侧设立国家电网公司工程标识牌、本企业标识牌、参建单位标识牌等。

1.3.1.6　机具、工具房

（1）进入现场的机械设备、工器具、脚手管等必须经过修整、油漆，统一色标标识，确保完好、美观。

（2）机械设备安全操作规程牌悬挂应美观规范。

（3）中、小型机具应保持清洁、润滑和表面油漆完好，标识统一，并悬挂美观、规范的操作规程标牌。

（4）中、小型机具在现场露天使用，应有牢固美观适用的防雨设施。

（5）现场机具摆放整齐美观。

1.3.1.7　其他力能设施

（1）氧气瓶、乙炔瓶、电焊机、卷扬机罩棚采用统一形式钢制箱棚，涂刷油漆，并喷绘标识。

（2）现场配备专用开水锅炉和保温水桶，施工人员配备不锈钢保温壶，为施工人员提供方便的饮水环境。

（3）施工现场禁止流动吸烟，现场在安全地带划定专门的吸烟区域，设置工棚式吸烟区标志确并设专人管理。办公区、生活区设置吸烟室。

（4）施工人员进入施工现场，必须正确佩戴安全帽，着装符合安全作业要求。安全帽要求分类佩戴，区别明显。公司级管理人员佩戴白色玻璃钢安全帽；项目部管理人员佩戴红色玻璃钢安全帽；施工队人员戴浅黄色玻璃钢安全帽；外用工统一佩戴蓝色安全帽。

1.3.1.8　施工场地

（1）施工场地应自始至终保持平整、整洁、无积水。土方、机具、材料按定置图放置；材料堆放应铺垫隔离；场地是耕地的，存土要求按生土、熟土分别成形整齐堆放，弃土必须立即清理运走；施工用电统一配备标准的电源箱（配电盘），电源电缆线用红白相间的标志杆架设。

（2）现场混凝土（砂浆）搅拌采用商品混凝土搅拌站集中搅拌。

（3）垂直运输机械：现场配置两台 25 吊车，负责综合楼和传达室基础及主体阶段的垂直运输。钢筋加工：钢筋现场集中加工。Ⅰ级、Ⅱ级钢筋分别摆放，加工场地均硬化处理。各类钢材按不同规格堆放整齐，树立标识牌。

（4）设备材料堆场：设备材料堆放区设置在提升架附近，木料、模板、竹胶合板堆放整齐。

（5）砌体堆场：砌块垛顺着建筑物四周堆放，砌体按垛码放整齐，长、宽、高统一，以便验收和搬运。

（6）水泥库：现场水泥采用封闭式水泥棚存放，水泥库的地面进行硬化处理，并应有防雨、防潮措施，库内地面高于室外地坪 300mm，使用时做到先进先出，散灰及时清理。

（7）砂、石料场与预制场：砂料堆场与预制场均设在搅拌机附近，挡墙围堵、归方，场地地坪硬化。

（8）设备材料堆放场场地应坚实、平整、无积水，地面进行硬化处理。

1.3.1.9 道路

（1）按设计要求先修筑进站混凝土路面主干道和站区内环形混凝土路面，以保证车辆的畅通，满足施工生产要求。道路及两侧必须保证排水畅通，无积水。

（2）材料加工场的人行便道路面要硬化，硬化宽度不得小于 1m。

（3）车辆行驶严禁超速、超载、超限。文明驾驶，遵守交通规定。

（4）道路混凝土面层浇注后，必须采取以下有效措施进行成品保护。

1）严禁在路面上拌和砂浆和混凝土。

2）严禁在路面上堆放材料。

3）每天进行路面清扫（不得少于一次），对于车辆进场频繁和污染严重的路面随时进行清扫。

4）严禁吊车直接在路面上以及圆弧处支腿，如果必须支腿，每个支腿必须垫以牢靠的方木。

5）严禁漏油车辆在道路上行驶。

6）严禁履带式吊车在路面上行驶，如果必须行驶时应在路面上覆盖草袋以保证路面不受损坏。

7）严禁油渍、污渍污染路面。

8）严禁直接在路面上进行焊接操作。

9）严禁使用撬杠在路面上移动电杆等。

10）严禁在路面上拖拉铁锹等利器，以免路面受损。

1.3.2 施工现场临时用电、临时用水总体布置

1.3.2.1 施工用水：外接中铁十五局临时非承压水源。

1.3.2.2 施工用电：35kV 临时专线，配备 500kVA 变压器布置于变电站围墙外。施工用电按文明施工要求在站外沿围墙外侧布置地埋 300mm 厚，每间隔 0.5m 装备警示桩。

（1）全站围墙区域内及办公区、生活区一律采用电缆敷设。办公区和生活区等室内电源采用白色 BVV 护套线。要求布线整齐、规范、美观，符合安全标准。

（2）施工用电设施要符合安全设施标准化，采用三相五线制、四级配电箱、三级保护的要求。

（3）现场使用符合国家标准的配电箱，由专业厂家要求统一定做和标识。配电箱要规格、颜色统一，符合标准要求，取消闸刀式开关。

（4）施工电源线禁用硬质塑套线，施工及生活电源布线必须整齐、安全、规范。严禁私拉乱扯。电源线的线径应与所用负荷匹配。

（5）现场的配电箱必须有漏电保安器。

（6）电焊机使用的二次线必须使用软橡套电缆，每个作业项目结束时应及时收回。

（7）施工现场采用投光灯集中广式照明，用桅杆式固定照明灯塔。局部照明采用移动式金属灯架。

1.3.3 施工现场消防总体布置

（1）仓库、木工加工区、办公区和生活区、车辆必须配备符合消防要求的消防器材和用品。

（2）消防灭火装置按规定配置及设置，摆放得当。

（3）易燃易爆物品按规定放置，并配有灭火器材。

1.4 施工方案

1.4.1 施工技术和资料准备

（1）开工前做好各项准备工作，包括编制技术资料、建造临建设施，组织人员和机具进场、材料采购进场等，争取早日开工。

（2）在工程开工后及时编制本工程施工方案编制计划，计划严格按照要求区分特殊施工方案与一般施工方案，并参照《国家电网公司施工项目部标准化工作手册》及《国家电网公司基建安全管理规定》中的编审批流程进行编审，并在单项工程开工前完成并报监理及建设管理单位审批后方可作业。

（3）合理安排各分项工程、分部工程、单位工程的施工顺序，划分施工层、施工段，配置劳动力，组织有节奏、均衡、连续、有序的流水施工。

（4）开工前进行施工图纸会审，施工中积极与设计代表联系，及时向设计代表反映出现问题，尽早解决设计变更问题。

（5）根据各工序施工进度目标，编制详细的材料、设备、机具进场计划，指导采购、加工、运输等各项工作，确保及时到位。

（6）施工中要根据工程实际进度情况，围绕关键线路，及时调整施工进度计划，必要时考虑部分工序交叉施工。

（7）土建施工要充分利用站内工作面较多，采取积极措施，多采用机械施工。

（8）做好雨季施工防护措施，减少天气对施工进度的影响。

（9）开展 QC 小组活动，集思广益，采取新工艺、新技术、新措施来缩短工期。

（10）加强工程施工质量和安全管理，确保施工质量和安全，避免出现质量和安全事故，造成工程返工，延误工期。

本章其余内容见光盘。

第 2 章　日月山 750kV 变电站工程施工组织设计

2.1　编制依据

（1）日月山 750kV 变电站工程施工合同。

（2）日月山 750kV 变电站工程施工图纸。

（3）《中华人民共和国电力法》。

（4）《中华人民共和国建筑法》。

（5）《中华人民共和国计量法》。

（6）《建筑工程质量管理条例》（国务院令 279 号）。

（7）国家颁发的现行电气安装和建筑工程施工及验收规范。

（8）《建设工程项目管理规范》（GB/T 50326—2006）。

（9）《国家电网公司输变电工程达标投产考核办法（2005 版）》（国家电网基建〔2005〕255 号）。

（10）《国家电网公司输变电优质工程评选办法（2008 版）》（国家电网基建〔2008〕288 号）。

（11）《送变电工程质量监督站质量监督检查典型大纲（火电　送变电部分）》（电建建质〔2005〕57 号）。

（12）《国家电网公司输变电工程安全质量管理流动红旗竞赛实施办法》（国家电网基建〔2010〕167 号）。

（13）《输变电工程建设标准强制性条文实施管理规程》（Q/GDW 248—2008）。

（14）《建设项目（工程）档案验收办法》（国档发〔1992〕8 号）。

（15）《国家重大建设项目文件归档要求与档案整理规范》（DA/T 28—2008）。

（16）关于《利用数码照片资料加强输变电工程安全质量过程控制》的通知（基建安全〔2007〕25 号）。

（17）《电力建设工程施工技术管理导则》（国电电源〔2002〕896 号）。

（18）《国家电网公司工程建设质量管理规定》（国家电网基建〔2006〕699 号）。

（19）《国家建设质量责任考核办法（试行）》（国家电网基建〔2006〕674 号）。

（20）《国家电网公司输变电工程施工工艺示范手册》（基建质量〔2006〕135 号）。

（21）《国家电网公司输变电工程施工危险点辨识预控措施》（基建安〔2005〕50 号）。

（22）《电力建设安全健康环境评价标准》（国家电网〔2004〕488 号）。

（23）《电力建设安全健康与环境管理工作规定》（国电电源〔2002〕49 号）。

（24）《国家电网公司电力建设安全健康与环境管理工作规定》（国家电网工〔2003〕168 号）。

（25）《国家电网公司输变电工程安全文明施工标准化工作规定（试行）》（国家电网基建〔2005〕403 号）。

（26）《国家电网公司电力安全工作规程（变电站和发电厂电气部分）（试行）》（国家电网安监〔2005〕83 号）。

（27）《110～1000kV 变电（换流）站土建工程施工质量验收及评定统一表式》（基建质量〔2008〕75 号）。

（28）《750kV 变电所电气设备施工质量检验及评定规程》（Q/GDW 120—2005）。

（29）《电气装置安装工程质量检验及评定规程》（DL/T 5161.1～5161.17—2002）。

（30）青海送变电公司“三标一体”管理体系文件。

（31）未列出部分相见《标准、规范清单》。

2.2　工程概况与工程特点

本工程由于技术含量高，工作量大，质量要求高（创“鲁班奖”），施工工期紧，施工投入大，成本较难控制等因素，结合我公司的实际情况，决定本项目由管理能力强并从事过官亭、西宁 750kV 变电站工程建设，具备丰富施工经验的项目领导班子组成，以确保本工程安全、优质、高效地完成各项建设目标。

2.2.1　工程概况

2.2.1.1　工程简述

日月山 750kV 变电站是青海境内的第三个 750kV 电压等级的新建变电站工程，是根据西北电网公司“十一五”电网规划，为配合青海—西藏±500kV 直流联网工程以及满足西宁新增负荷的发展要求，主要任务是缓解西宁甘河工业园区的供电负荷以及逐步完善青海 750kV 骨干网架结构的国家重点工程项目。

本工程项目法人：青海省电力公司。

本工程项目建设管理单位：青海省电力公司超高压及跨区电网筹建处。

本工程设计单位：西北电力设计院。

本工程监理单位：中国电力建设工程咨询公司。

本工程施工单位：青海送变电工程公司。

本工程计划工期：计划 2009 年 5 月 28 日开工，2010 年 9 月 15 日竣工。

本工程建设地点：本工程位于西宁市湟中县通海镇以西约 1km，G109 国道 K1987 里程碑以南侧约 0.7km。站址东距西宁市约 24km，南距湟中县城约 18km，西北距湟源县城约 20km。

本工程资金来源：自有资金及银行贷款。

出资比例：自有资金 20%，银行贷款 80%。

本工程施工承包方式：综合单价与总价承包相结合。

2.2.1.2　工程规模

（1）建筑部分。站址总占地面积为 165450m^2，站区围墙内占地面积为 148071m^2，主要建（构）筑物有：主控通信楼一座，建筑面积 427.77m^2；750kV 屋外构支架配电装置区、750kV 主变压器及备用相基础、750kV 高压并联电抗器及备用相基础、750kV GIS 设备基础；750kV 继电器室两座，建筑面积 306.36m^2；330kV 继电器室三座，建筑面积 408.24m^2、330kV 屋外构支架配电装置区；主变及 66kV 继电器室一座，建筑面积 108m^2；站用交直流配电室、蓄电池室、泡沫消防设备间、事故油池等；53m 独立避雷针 3 座、站内主电缆沟长 3720m、站内道路地坪面积 18154m^2、地埋式污水处理装置、污水调节池等。

（2）电气部分。1 号主变压器选用天威保变电气股份有限公司生产的单相、三线圈、自耦、无励磁调压变压器，单相容量 700MVA。750kV 设备选用新东北电气（沈阳）高压开关有限公司制造的 GIS 设备，主接线形式为 1 个半断路器接线，本期共 9 台断路器形成 1 个完整串，3 个不完整串。330kV 采用 1 个半断路器接线形式，共 19 台断路器（杭州西门子高压开关有限公司），组成 3 个完整串和 5 个不完整串；66kV 采用单母接线形式，无对外接线，为站用变及无功补偿装置。二次部分采用南瑞继保电气有限公司生产的微机综合自动化系统。

电气部分建设规模见表 2-2-1。

表 2-2-1　　电气部分建设规模

序号	项　目	本期建设规模	最终建设规模
1	主变压器（MVA）	1×2100	3×2100
2	750kV 出线（回）	4	10
3	750kV 电抗器（Mvar）	2×420	2×420+4×360
4	330kV 出线（回）	10	18
5	66kV 低压电抗器（Mvar）	2×120	3×（4×120）
6	66kV 低压电容器（Mvar）	2×120	3×（4×120）

2.2.1.3　地质地貌及气象条件

一、地质地貌

日月山 750kV 变电站站址地处湟水河南Ⅱ级阶地，地形开阔，高程在 2413.00～2418.93m 之间。总的趋势是由北向南呈阶梯状逐渐增高，站址中部有一东西向的沟，沟宽约 10m，深 2～5m，且自西向东由浅变深，沟内多数地段经人工平整后现为耕地；站址区场地主要种植农作物，经现场踏勘，每级台地边见有零星落水洞，且场地南北、东西向皆分布有灌溉水渠；G109 国道以南约 100m 处发育高边坡，边坡高 5～8m，距站址区 300m 左右，不会对站址区造成影响，距站址北边 70～80m 处有在建的西宁—格尔木铁路复线；另站址西北部见有数座现代坟墓，经调查，不具文物价值，除此外未见其他不良地质作用。

二、地层岩性及其分布特征

站址地层岩性主要为黄土状粉土、卵砾石等，根据试桩结果，地质分层变化较大。

①-1 黄土状粉土：黑褐色，稍湿，稍密，可塑。表层富含植物根须。可见大孔隙及针状孔隙。该层厚度一般为 1.1～2.8m，层底高程为 2413.26～2416.19m。

①黄土状粉土：褐黄色，稍湿～湿，松散～稍密，可塑。可见少量孔隙及针状孔隙，该层土质不均匀，局部地段夹薄层状褐红色黏性土，局部地段夹薄层粉细砂。该层厚度一般为 5.5～15.0m，层底高程为 2399.88～2408.86m。

①-2 粉细砂：棕红色，稍湿，稍密，一般场地中北部地段该层砂质纯净，场地南部地段砂质不纯净，混较多的砾石，含量约 20%～30%。该层厚度一般为 0.3～2.2m，分布不稳定且不连续。

②圆砾：呈杂色，稍湿，中密～密实，岩石成分以岩浆岩、变质砂岩和砂岩为主，呈亚浑圆形，磨圆较好。一般粒径 5～20mm，最大粒径可达 200mm。充填物以中、粗砂、砾砂及少量的黏性土为主。上部 2～3m 以内中粗砂、砾砂含量较高，内混少量的砾石，下部卵砾石粒径较大，多以卵石、圆砾为主，考虑其力学性能差异不甚大且从安全角度出发，将该层合并统称为圆砾，本次勘察深度为 1.0～6.8m，未穿透此层。

三、气象条件

站址所在区域地处内陆，属高原大陆性气候，主要气候特点是：日照时间长，太阳辐射强。春季干旱多风，夏季短促凉爽，秋季阴湿多雨，冬季漫长干燥；气温日较差大，垂直变化明显；冻结期长，无霜期短；夏多夜雨，冰雹频繁。各基本气象要素统计见表 2-2-2。

表 2-2-2　　各基本气象要素统计

项　目	数值	单位	备注
平均气压	740.2	hPa	
年平均气温	3.1	℃	
极端最高气温	32.7	℃	
极端最低气温	−30.9	℃	
最大日温差	33.5	℃	1977 年 3 月 7 日
平均水汽压	5.7	hPa	
平均相对湿度	61	%	
最小相对湿度	0	%	
年平均风速	1.5	m/s	
实测最大风速及风向	21.3	m/s	
平均年降水量	405.5	mm	
一日最大降水量	48.1	mm	
平均年蒸发量	1325.5	mm	
最大冻土深度	134	cm	采用西宁气象站观测数据
最大积雪深度	22	cm	
平均大风日数	22	d	
最多大风日数	58	d	
平均雷暴日数	41.6	d	
最多雷暴日数	59	d	
平均降水日数	109.8	d	
最多降水日数	140	d	
平均降雪日数	51.7	d	
平均积雪日数	28.8	d	
最多积雪日数	65	d	
平均沙尘暴日数	1.2	d	
最多沙尘暴日数	15	d	
沙尘暴持续最长时间	4.8	h	1957 年 3 月 1 日 12：32—17：20
平均雾日数	1	d	
最多雾日数	6	d	
平均冰雹日数	4.4	d	
最多冰雹日数	15	d	
年平均冻融循环次数	63	次	
年最多冻融循环次数	77	次	
湟源气象站主导风向，频率（%）	E，12		
西宁气象站主导风向，频率（%）	SE，24		

2.2.1.4　站用电源及水源

一、水源

根据区域地质资料，站址地下水位埋深大于 28m，地下水位年变幅为 1.0m 左右。本工程站内采用深井取水，设井深 63m，扬程 93.5m 型号为 150QRJ12-8.5 的深井泵一台，作为站区施工及永久用水。

二、电源

日月山 750kV 变电站本期新建一台站用变作为工作电源，由 66kV 母线上引接；站用备用电源从 110kV 通海变电站内引接 35kV 线路，线路长度为 5km。

2.2.1.5　交通状况

日月山 750kV 变电站工程所在地公路、铁路交通便利，可满足变电站施工要求。

地理位置示意图如图 2-2-1 所示。

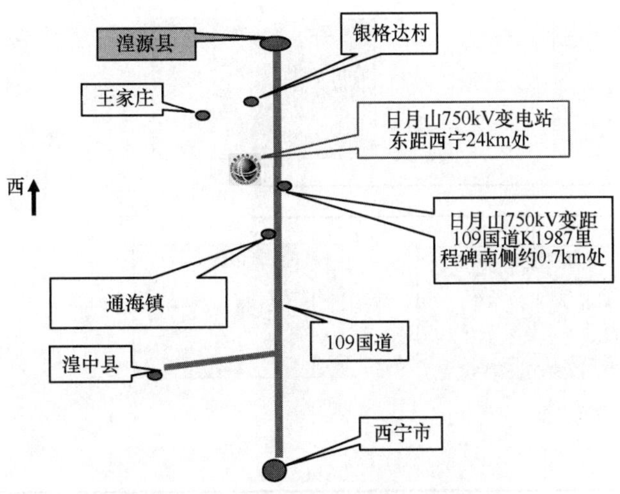

图 2-2-1　日月山 750kV 变电站地理位置示意图

2.2.1.6　地材供应调查

砖：西宁地区有两家砖厂，规模较大质量可靠，能满足工程施工高峰期需求。

砂石：湟中县通海镇附近有三家砂石厂，生产能力能满足工程需求。砂、石颗粒级配均匀，含泥量符合规范用料要求。

水泥：西宁地区附近有两家规模较大质量可靠的水泥厂可以满足本工程用量的需求。

本工程采用青海祁连山水泥厂“大通河”牌 P.O 32.5 级普通硅酸盐水泥。

2.2.2　工程特点

2.2.2.1　设计特点

（1）变电站主控楼结构形式为二层钢筋混凝土框架结构。750kV/330kV 继电器室、主变及 66kV 继电器室、站用交直流配电室及泡沫消防设备间均为单层砌体结构，屋面均采用钢筋混凝土现浇板，外墙采用 370mm 厚烧结普通砖或烧结多孔砖，内墙采用 240mm 厚烧结普通砖或烧结多孔砖。地基处理采用沉管夯扩钢筋混凝土灌注桩，混凝土方量约 24000m^3，柱下独立桩基承台；750kVGIS 设备基础为大体积现浇混凝土基础，主变、高抗基础为现浇混凝土基础。750kV、330kV、主变及 66kV 等屋外配电装置部分采用镀锌全联合钢管构支架。750kV 主变门型架采用 π 形结构，形式新颖。750kV 构架具有高跨、大吨位的特点，吊装工艺要求高。

（2）电气设备选型。主变压器采用户外、单相、三线圈铜绕组、自耦无载调压油浸式变压器。750kV 电气设备采用 GIS 设备；330kV 电气设备采用常规敞开式设备，断路器选用 SF$_6$ 柱式断路器；66kV 采用敞开式户外配电装置，断路器选用 SF$_6$ 柱式断路器。

（3）导线选择。750kV 导线分别选用扩径空心钢铝绞线主材 JLHN58K-1600；热铝合金扩径导线 NAHLGJQ-1440；软母线采用 2×1400mm^2；330kV 母线选用 ϕ250/236 管型母线；软导线主材为 NAHLGIQ-1400 和 NRL58GI-100；66kV 母线选用 6063－ϕ170/154 管型母线。

（4）750kV 配电装置，呈一字形东西向布置在变电站的北侧，接线方式采用一个半断路器接线，远期共有出线 10 回，即西宁 2 回、乌兰 2 回、河西 2 回、龙羊峡上游 2 回、华电大通 1 回、预留 1 回；本期 4 回，即西宁 2 回、乌兰 2 回；主变压器进线本期 1 回，远期 3 回。

（5）750kV 高压并联电抗器布置在相应出线的下方，线路高抗采用一字形排开布置于站区北部和中西部；各单相电抗器及中性点小电抗与邻近的单相电抗器之间均设防火墙，靠近站区围墙设高抗运输环行道路。

（6）330kV 配电装置为 3/2 断路器接线的户外中型布置，断路器为三列式布置，母线为悬吊式管型母线，配电装置内采用瓷柱式断路器加独立 CT，串间隔离开关采用组合型隔离开关。远期共有出线 18 回，本期 10 回，分别为湟源 2 回、再生铝 2 回、大石门 2 回、康城 2 回、203 项目 2 回。

（7）主变压器和 66kV 配电装置以及无功补偿装置，布置在 750kV 配电装置、330kV 配电装置之间，位于变电站的中东部区域。

（8）变电站二次部分采用微机综合自动化系统。综合考虑变电站的信息采集、监测、监控、计量、保护、电源等设备，形成一个有机的整体。

2.2.2.2　施工特点

（1）本工程是西北电网公司“十一五”电网规划的国家电网公司重点工程，主要任务是配合青藏直流联网工程，满足地区新增负荷及进一步完善青海 750kV 骨干网架结构发展要求的新建工程。

（2）本工程地处青藏高原，环境条件恶劣，最大日温差 33.5℃，最低气温－30.9℃；年大风日数约 58d，年最多沙尘天数 15d，最大风速 21.3m/s。具有海拔高、昼夜温差大、极端气温低、风沙大等不利因素。

（3）科技含量高。设计方案和设备选型先进，新技术、新工艺、新材料应用广泛，工艺复杂、技术攻关课题多。

（4）设备外绝缘水平高。由于本工程海拔高，750kV 部分设备绝缘水平达到或超过 1000kV 电压等级。

（5）节能环保项目多。本工程突出对电磁辐射、噪声、节能环保设计方案的优化与研究，同时着力落实设备、材料节能的选型，建筑物节能、太阳能和雨雪水的利用以及植被保护等。

2.2.2.3　施工项目管理特点

（1）工程管理要求高。该工程为国家电网公司重点工程，本工程总体目标是确保“达标投产”和国网公司优质工程，创建“鲁班奖”。

（2）严格按项目法组织施工，项目部与公司签定“职业健康安全、质量、进度、成本等目标责任书”，并由公司职能部室对项目部各项目标进行考核。

（3）项目部利用 ERP-基建管控模块及 P3&EXP 项目管理软件对工程进行科学管理和监控。项目部将各项目标细化后逐级分解落实到各施工班组及每位施工人员，做到责任到人、任务到人、目标到人，确保工程各项目标的实现。

（4）设立工程创优小组，借鉴西宁 750kV 变电站工程创建“鲁班奖”的成功经验，积极推进成熟施工工艺、工法的应用及实施。

2.3 施工项目组织机构

2.3.1 项目部组织机构

本工程选派管理能力强并从事过750kV电压等级及高海拔变电站工程建设，具备丰富施工经验的人员组成项目领导班子。本工程的所有管理、技术人员在施工期间只负责本工程的工作，不兼管其他工作。

人员组织机构图如图2-3-1所示。

2.3.2 职责和分工

职责和分工见表2-3-1。

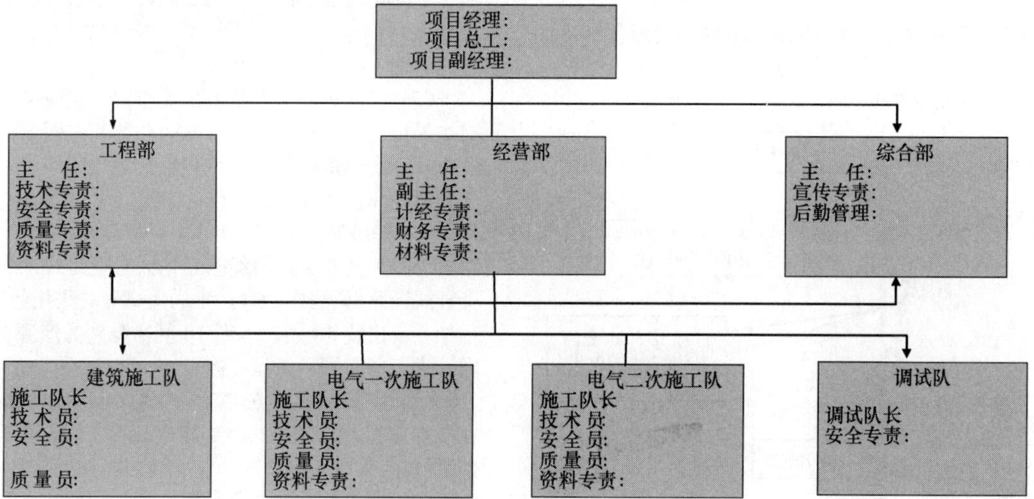

图2-3-1 人员组织机构图

表2-3-1 职责和分工

部门和岗位	职责和权限
项目经理	1. 公司法定代表人在本项目工程的委托代理人，代表公司处理本项目工程的对外关系，全面负责本工程施工组织实施与管理，对重大事宜可决定。 2. 贯彻执行国家法律、法规、方针、政策和强制性标准。贯彻执行公司的质量、职业健康安全、环境方针、医疗保障等措施，并对本项目工程的质量、安全、进度、环境目标、安全文明施工的实现员全面责任。 3. 贯彻执行公司"三标一体"管理体系，负责组建本项目工程的质量管理体系、职业健康安全管理体系、环境管理体系，明确职责和权限，监督指导体系的有效运行。 4. 负责本项目工程经济责任制、奖惩条例的制定和落实。 5. 负责本项目工程资金的调配和使用，保证工程的顺利进行。 6. 负责项目部机构及施工队的组织协调，确保工期按计划进行。 7. 负责建立本项目工程的重大疫情控制管理体系。 8. 负责建立本项目工程创优策划；强条的贯彻实施
项目副经理	1. 负责现场施工调度工作，确保现场均衡施工。 2. 负责现场劳动力、机械设备、材料等施工资源的安排工作。 3. 负责本项目工程现场的环境保护和安全文明施工工作，确保职业健康安全管理体系、环境管理体系的有效运行。 4. 协助项目经理工作，项目经理外出期间，代表项目经理行使职责和权限
项目总工程师	1. 负责本项目工程的技术质量管理工作，对技术质量重大事项有决策权。 2. 负责本项目工程质量方针的贯彻实施，确保质量体系的有效运转，确保各分项分部工程质量目标的实现。 3. 负责主持施工人员的技术培训和考核工作。 4. 主持本项目工程的施工图会审工作。主持编制本项目工程的施工组织设计和质量计划，审批各工序作业指导书、施工方案、质量安全保证措施。 5. 负责主持各工序开工条件的准备工作。 6. 负责本项目工程三级质量检验制度和工程质量检验计划的落实。 7. 组织开展本项目工程的"QC"活动及施工工法推广。 8. 负责工程施工有关资料的整理及移交工作。 9. 负责本项目工程创优策划的编制；督察强条的贯彻和实施
工程管理部	1. 负责施工技术管理、质量管理、安全管理工作。 2. 负责编制本项目工程施工组织设计和质量计划，组织编制作业指导书、施工方案、质量、安全技术措施和文明施工的保证措施。 3. 负责监督"三标一体"管理体系的执行情况。 4. 负责日常技术质量管理工作，负责本项目工程的计量管理工作。 5. 负责与设计代表、监理工程师联系工作，负责设计变更的管理，负责申请中间验收和转序工作，参加竣工验收。 6. 参加材料的进货检验工作，负责收集工程材料材质证明、试验报告。 7. 负责项目信息管理工作。 8. 监督和指导施工队正确填写各种施工质量检验表和评定表。 9. 根据本项目工程的特点编制创优策划并指导实施，对强条的贯彻和实施进行检查。 10. 负责开展实施本项目工程的"QC"活动及施工工法推广

续表

部门和岗位	职责和权限
经营管理部	1. 负责本项目工程经营管理工作。按照工程进度计划，负责资金的配置和财务管理工作。 2. 根据施工进度和资源情况，负责阶段性计划的调整。 3. 负责成本分析和管理，合理控制资金的使用。 4. 负责用微机整理统计报表，按规定时间向项目法人、监理工程师以书面形式及网上传送的方式报出。 5. 负责与项目法人、供货厂家联系工程材料供货事宜。 6. 负责工程材料的采购、加工、接收、保管、发放管理工作。 7. 负责组织工程物资的进货检验工作
综合管理部	1. 根据施工进度计划和施工方案，作出设备配置计划，并负责组织落实。 2. 负责工程机械设备、车辆的管理工作，保证机械设备的完好。 3. 负责与当地各级政府、林业、土地管理部门的联系工作，协调处理与驻地政府和群众的关系工作。 4. 负责本工程的宣传报道工作。 5. 负责劳动保护工作，负责劳动与卫生及医疗保障、人身保险管理、疾病预防等工作，负责后勤管理工作。 6. 负责本项目工程的政策处理和外部协调、各种施工手续的办理工作
安全环境专责	1. 监督、检查工地施工现场的安全文明施工状况和职工的作业行为。 2. 参加工地安全大检查，对发现的问题及时督促整改；参加施工现场重要施工项目和危险性作业项目开工前的技术交底，并检查开工前安全文明施工条件，监督安全施工措施的执行情况。 3. 对工地施工现场和安全区内文明施工、环境保护、环境卫生、成品保护措施执行情况以及生活卫生的管理进行监督、检查。协助工地领导布置与检查每周的安全日活动。 4. 参加工地安全工作例会，协助领导布置、检查、总结安全文明施工情况；协助工地领导组织人身轻伤事故等的记录、调查工作；负责对新入厂人员进行第二级安全教育。 5. 负责本工地施工机械（机具）和车辆交通安全监督工作。 6. 督促并协助工地有关人员做好劳动防护用品、用具和重要工器具的定期试验、鉴定工作。 7. 组织开展施工现场安全健康与环境保护的宣传教育工作。 8. 负责对施工队伍的安全工作进行监督、检查与指导；负责对班组安全文明施工进行考核与奖罚。 9. 负责消防的管理工作
质检专责	1. 负责按施工图纸、验评标准和程序规定对工程的过程和产品进行检验与测量。 2. 参与技术、质量措施的编制，深入现场组织落实施工过程中的质量控制和检验。 3. 负责外部检验与试验的送检工作并保存记录。 4. 负责授权的分项、分部工程的评级和合格品放行。 5. 负责施工过程中的质量控制和检验活动的开展。 6. 负责质量缺陷的处理和记录。 7. 参加工程验收工作；负责收集、整理、保存和审查工程质量竣工资料
施工队队长	1. 根据项目部的安排，合理组织本队施工力量，安全优质按计划完成指定控制段内的施工任务。 2. 施工中执行项目部下发的作业指导书、施工方案、质量安全和文明施工的规定。 3. 负责本队区域的环保和文明施工

2.3.3　工程主要负责人简介

项目经理简介见表 2-3-2。

表 2-3-2　　项 目 经 理 简 历

姓名		性别		年龄		
职称		职务		学历		
参加工作时间		从事项目管理的年限		项目经理级别		
已完工程项目情况						
建设单位	项目名称		项目职务	开竣工日期		工程质量

项目总工简介见表 2-3-3。

表 2-3-3　　项 目 总 工 简 历

姓名		性别		年龄		
职称		职务		学历		
参加工作时间		从事项目经理的年限		项目经理级别	一级	
已完工程项目情况						
建设单位	项目名称		项目职务	开竣工日期		工程质量

2.4　施工现场总平面布置图

2.4.1　施工现场总平面布置图

详见附图《日月山 750kV 变电站施工现场平面布置图》。

2.4.2　基本的布置原则

2.4.2.1　本着“规范、紧凑、合理、方便”的原则进行规划，利用站内空地布置施工场地。

2.4.2.2　施工现场总平面布置必须符合安全文明施工的要求，生活区、办公区、施工区均相互隔开。

2.4.2.3　租用站区大门西侧湟中县通海镇城西西村 5.6 亩耕地作为项目部临建用地，临时设施的搭建按《国家电网公司输变电工程安全文明施工标准》进行搭建和验收。

2.4.2.4　生活、办公区布置：生活区和办公区相对独立，办公区主要有办公室、会议室、医务室、接待室、学习室、洗漱室；生活区主要有宿舍、娱乐室、厨房、餐厅、洗澡间；办公区及生活区共用水冲厕所，设置用于排污的化粪池并配备消防及卫生器具；在办公区对面设置 250m^2 停车场，地面硬化处理，方便来往车辆停放；项目部办公区及生活区采用天利牌 5t 煤锅炉集中供暖方式，锅炉房设置在生活区西侧。

2.4.2.5　生产临建：由于工程工期较紧及对成本、环境、文明施工等因素的综合考虑，将生产临时建筑设在所内远期预留用地，主要设：集中搅拌站（混凝土搅拌机、砂浆搅拌机、水泥库、混凝土泵站、砂、石堆场等）3 座、钢筋棚（堆放、加工）3 间、木工棚 3 间、模板堆场、砖堆场、土建库房 2000m^2、电气库房 600m^2、设备堆放场 1000m^2，电气加工棚 2 间、值班室、临时配电箱，吸烟休息室 3 间等，土方堆场设置在站区 750 配电装置区西侧。

2.4.2.6 污水排放：项目部生活、生产污水量较少，在项目部西侧设立一座 40m^3 左右的临时化粪池，污水经化粪池沉淀后委托西宁保捷清洁公司集中收集处理，做到不影响环境。

2.4.2.7 施工力能供应。

2.4.2.7.1 变电站生产、生活等用水由本站深井取水，在生活区西侧设置 250m^3 蓄水池一座，采用 2 台 15m^3/h 的潜水泵变频系统供水。按站内 3 个主要施工区划分将施工用水接入泵站等用水点，主供水管采用 DN80 镀锌钢管，分支供水管采用 DN50PPR 管敷设，项目部用水采用 DN25PPR 管供水。

2.4.2.7.2 施工用电：从通海 110kV 变架设长度为 5km 的 35kV 线路一条，在所址东侧设置容量为 1600kVA 变压器一台，电源从低压侧引出并设一级配电箱 3 个，各施工、生活区的用电从低压配电箱采用 35mm^2 架空绝缘铝芯线（配线方式为三相五线制）引接至各施工点及生活区，形成环网，各施工点共设置 56 个二、三级配电箱，16 盏投光灯，便于施工用电及照明。

2.4.2.7.3 施工用气主要有氧气、乙炔；施工用油主要有柴油、汽油。生活用气考虑从临近采购成品罐装天然气，用专用车运输；施工用油就近从中石油金山加油站购买。施工现场分别搭设氧气、乙炔、油料棚，并设消防灭火装置。

2.4.2.7.4 施工道路：执行永临结合的原则，站区施工道路可利用所内设计永久性道路位置，按设计要求对道路地基进行硬化处理，并按设计混凝土强度等级浇筑 10cm 厚的混凝土，形成站区主要施工环路。

2.4.2.7.5 施工排水：站区内场地水采用分散排水方式排出所外，集中用水及混凝土搅拌站设置集水坑，采用明沟排水。

2.4.2.7.6 消防设施：在临建设施处按照消防规定备有专供消防用的积水桶（池）、黄砂池和消防器材。施工区在主控楼、主变、高抗、750kV 配电装置区、330kV 配电装置区、66kV 配电装置区、各保护小室每 100m^2 配备 2 只 10L 灭火器；木工棚、土建库房、电气库房等施工场地临时设施按消防设施规定每 25m^2 配备一只种类合适的灭火器；消防用水与施工用水管网共享。

2.5 施工方案

2.5.1 施工准备

2.5.1.1 施工准备工作进度计划

准备工作进度计划表见表 2-5-1。

表 2-5-1　　准备工作进度计划表

项目	主要工作内容	责任人（部门）		时间
开工前期准备（现场准备）	人员调配及进场、前期施工机具调配及进场、施工现场布置及生活设施投入	项目副经理	项目经理	工程开工前完成
技术准备	技术资料编制、人员培训	项目总工		分部工程开工前 10d 完成
材料准备	材料检验、加工、材料运输	综合部		分部工程开工前 10d 完成

续表

项目	主要工作内容	责任人（部门）		时间
施工机具准备	机具购置、机具运输、机具检修和保养	综合部	项目经理	分部工程开工前 20d 完成
工程资金准备	工程预付款、工程进度款申请或公司提供资金	经营部		按合同要求时间申请工程款

2.5.1.2 开工前准备

（1）我公司接到中标通知后，在 10d 内办理好相关手续以保证工程顺利开工。

（2）施工现场布置，施工人员、设备材料进入施工现场应得到监理工程师的许可。投入的施工队伍、施工机械在任务结束后，获得监理工程师同意后退场。

2.5.1.3 技术准备

一、施工技术攻关

组建施工技术攻关小组，根据本工程设计特点和日月山的气候及环境特点开展技术攻关，为本工程施工进行技术储备和科技创新。施工技术攻关项目见表 2-5-2。

表 2-5-2　　施工技术攻关项目一览表

序号	项目名称	责任部门	完成日期/（年.月）
1	750kVGIS 设备基础表面裂纹防治	工程管理部	2009.10
2	高寒地区混凝土道路（地坪）裂纹防治		2010.4
3	750kV GIS 组合电器施工方法		2010.5
4	高海拔、超高压电气设备安装防电晕施工方法		2010.5

二、分部工程开工前应完成以下工作

（1）图纸会审、技术交底、技术资料编制。

（2）施工人员的技术培训和考核。

（3）施工人员的安全培训和考核。

（4）主要技术资料编制计划表（一次性使用的作业指导书），见表 2-5-3。

表 2-5-3　　主要技术资料编制计划

技术资料名称	完成日期/（年.月）	备注
施工组织设计	2009.5	
安全文明施工二次策划	2009.5	
创“国家优质工程”实施细则	2009.5	
工程信息管理制度	2009.5	
工程资料管理制度	2009.5	
环境因素分析及控制措施	2009.5	
危险源辨识和风险评价控制措施	2009.5	
应急准备及控制措施	2009.5	
日月山 750kV 变电站施工用电方案	2009.5	
工程质量检验计划	2009.5	
材料检验作业指导书	2009.5	
安全作业指导书	2009.5	
工程技术交底大纲	2009.5	
达标投产实施细则考评责任表	2010.9	
全站接地施工及测试方案	2009.6	
地基处理方案	2009.5	
750kV GIS 设备基础混凝土施工方案	2009.8	
主变压器、750kV 电抗器基础施工方案	2009.9	

续表

技术资料名称	完成日期/（年.月）	备注
构支架吊装施工方案	2009.11	
主控楼施工及装饰、装修方案	2010.5	
站内道路施工方案	2010.5	
雨季施工措施	2009.6	
管母及软母线施工方案	2010.5	
主变压器、750kV电抗器安装方案	2010.5	
750kV GIS设备安装方案	2010.5	
330kV设备安装方案	2010.5	
66kV及35kV设备安装方案	2010.5	
二次设备安装方案	2010.5	
电缆敷设方案及电缆排列图	2010.5	
二次接线施工质量保证措施	2010.5	
电气设备调试方案	2010.7	
保护调试、传动方案	2010.8	
设备及高压电缆耐压试验方案	2010.8	

（5）技术及安全培训和考核计划。

随着高新技术应用于电力行业、施工设备的更新换代越来越快，对建筑施工、电气安装工艺的要求越来越高，在施工过程中不断地把成熟的新技术、新工艺、新材料、新方法运用于施工的生产实践中是提高生产效率和社会综合效益的最佳途径。项目部针对工程施工特点及工艺安装要求，在施工前将安排有关人员进行培训学习，并邀请有关专家进行新技术、新工艺、新材料、新方法应用的指导和培训。技术培训和考核计划见表2-5-4。

表2-5-4　　技术培训和考核计划

培训考核内容	参加人员	完成日期/（年.月）
构支架吊装	技术员、质量员、技工	2009.11
混凝土施工工艺		2009.6
焊接工艺	技术员、质量员、焊工、技工、施工人员	2009.6
管母及母线施工工艺		2009.10
一次设备安装工艺	技术员、质量员、技工	2009.10
二次接线施工工艺	技术员、质量员、施工人员	2010.5

安全培训和考核计划见表2-5-5。

表2-5-5　　安全培训和考核计划

培训考核内容	参加人员	完成时间
安全教育	全体施工人员	依据工程实际进度提前一周分期分批进行
驾驶安全教育	驾驶人员	
构支架吊装安全教育	技术员、质量员、安全员、高空作业人员、施工人员	
设备吊装安全教育		

2.5.1.4　现场通信

项目部设两部电话、一部传真机，微机上网。项目部与公司项目法人、监理工程师、设计单位、供货厂家及公司本部可以通过以下方式联系：①电话和传真；②信函；③网络通信。

本章其余内容见光盘。

第3章　浙江金华±800kV换流站土建工程施工组织设计

3.1　工程概况及特点

3.1.1　工程简述

3.1.1.1　工程全貌

工程名称：浙江金华±800kV换流站土建B包工程。

浙江金华±800kV换流站工程起自四川双龙换流站，止于浙江金华换流站，途经四川、贵州、湖南、江西、浙江五省区，电压等级±800kV，直流线路全长1679.9km，额定输送容量800万kW。工程的建设可将西部水电送往华东负荷中心，有利于推动西部水电加快开发，促进清洁的能源资源在更大范围优化配置，对于实现区域经济均衡发展，减轻负荷中心地区土地、环保压力具有重要意义。

3.1.1.2　本工程地理位置

浙江金华±800kV换流站站址位于浙江省金华市武义县城西约8.5km。进站道路从正新屋村东侧乡间道路引接，长度约775m，乡间道路距离44省道3.5km。

3.1.1.3　地形地貌

站址位于丘陵与河谷平原交接地带，山丘与沟塘交替分布，主要为茶田、另有部分鱼塘和农田。总体呈现西高东低的地形趋势，坡度为6%左右，但南北方向地形呈现“四高三低”的特点，中间有3条冲沟穿过，地形破碎。自然场地标高在104～136.5m，地形起伏较大。站址内主要为茶园和若干鱼塘，无民房和工厂。

3.1.1.4　交通条件

大件设备可通过44省道转入乡间水泥道路再通过进站道路到站，交通运输方便。

3.1.1.5　水文气象条件

武义属中亚热带季风气候区。气候温和，热量充足，雨量充沛，四季分明，寒暑温差较小。根据浙江省武义气象站气象资料，其特征值（统计年限1962—2004年）见表3-1-1。

表3-1-1　浙江省武义气象站累年基本气象要素统计值表

序号	项　目	浙江金华换流站
1	气温	
2	极端最高气温/℃	41.9
3	极端最低气温/℃	−12.3
4	年均气温/℃	16.9
5	最热月份的月平均气温/℃	33.9
6	湿球温度/℃	27.7
7	气压	
8	多年平均气压/hPa	1003.8
9	相对湿度	
10	平均相对湿度/%	80
11	最小相对湿度/%	7
12	风向、风速	
13	多年平均风速/（m/s）	2.3
14	实测10min平均最大风速/（m/s）	22.3

续表

序号	项　目	浙江金华换流站
15	50年一遇离地面10m高的10min平均最大风速	23.7
16	100年一遇离地面10m高的10min平均最大风速	25.3
17	经常性风向	SW
18	降水量	
19	年降雨量/mm	1522.2
20	24h最大降雨量/mm	133.5
21	其他	
22	累年最大积雪深度/cm	30
23	多年平均日照强度/（kW/m^2）	1
24	多年平均日照百分率/%	44
25	冬季采暖/℃	0
26	冬季空调/℃	−3
27	夏季通风/℃	34
28	夏季空调/℃	36.4
29	100年一遇洪涝水位/m	<90
30	设计覆冰/mm	10

3.1.1.6　工程地质条件

依据调查，本场地稳定地下水位埋深一般在现地面以下0.0～9.5m，平均埋深为3.2m，平均标高为115.57m。场地回填后地下水位可能会产生变化，一般情况应有所抬高。

地下水、土对混凝土有微腐蚀性，对钢筋混凝土结构中的钢筋具有微腐蚀性。

根据场地电阻率测试情况，判定土对钢结构腐蚀性如下：

场地表层视电阻率一般在50～100Ω·m，判定土对钢结构具有弱腐蚀性。

工程场地50年超越概率10%水准下的基岩地震水平峰值加速度为0.0287g，工程场地相应的地震基本烈度为小于Ⅵ度。

本场地地基土类型为中硬土，基岩埋藏深度0.3～8.0m，在基岩深度小于5m的地段工程建筑场地类别为Ⅱ类，在基岩深度大于等于5m的地段工程建筑场地类别为Ⅱ类。

3.1.2　工程性质及特点

3.1.2.1　工程性质

“十二五”期间，国家电网公司将建设12回特高压直流工程，相比以往的直流工程，新建工程将实现工程输送容量和送电距离进一步提高，特高压输电工程技术水平和建设质量将提升一个新水平。浙江金华±800kV换流站工程将是“十二五”期间首先开工的特高压直流工程之一，建设任务明确，全面提升设备制造水平、建设管理水平、工程质量水平，创建国家优质工程。

3.1.2.2　工程特点

（1）质量标准要求高。本工程要确保达标投产和国家电网公司优质工程，创建国家优质工程金奖，建设国际一流精品工程。公司定将本工程作为第一重点工程对待，选派具有特高压施工经验的管理人员和技术骨干组成参建队伍，工程采用P3动态管理，严格过程控制，采用科学合理的施工方案，在确保进度的前提下保证工程的内在质量和外在工艺，圆满完成工程施工任务。

（2）技术能力要求高。金华换流站的电气设备是技术含量很高的超高压电力设备，制作精度高，同时对安装工艺的要求也很高，这就要求在土建施工中，对各种设备基础及架构基础的尺寸、标高进行严格控制，为了保证预埋件的埋设精度，考虑采用新技术、新工艺。由于工作量大，技术要求高，这就对施工企业的装备水平、技术能力、工序安排以及创新能力提出了新的挑战。

施工前组织专业技术人员学习培训、调研交流，搜集相关技术资料，为项目实施做好充分的技术准备。施工技术方案的编写要经过公司本部讨论审核，通过后交监理、业主批准方可进行施工。

（3）工期要求紧。计划 2013 年 5 月开工；2014 年 2 月底前，极 1 高端主体工程竣工，交付安装。考虑到冬、雨季施工的影响，本工程土建施工工期相对比较紧张。

（4）安全目标高。本工程必须达到以下安全目标：不发生人员重伤及以上事故、造成较大影响的人员群体轻伤事件。不发生因工程建设引起的电网及设备事故。不发生一般施工机械设备损坏事故。不发生火灾事故。不发生环境污染事件。不发生负主要责任的一般交通事故。不发生对公司造成影响的安全事件。

（5）文明施工要求严。设施标准、行为规范、施工有序、环境整洁、创建全国电网工程建设安全文明施工一流水平。

（6）环境保护责任重大。保护生态环境，不超标排放，不发生环境污染事故，落实环保措施；废弃物处理符合规定，力争减少施工场地和周边环境植被的破坏，减少水土流失；站区绿化、现场施工环境满足环保要求。

3.1.3　工程规模

一、金华换流站工程规模

换流输送功率 8000MW，换流阀接线每极 2 个 12 脉动阀组串联接线（400kV＋400kV）考虑，脉动阀组带旁路回路，换流变压器容量(24＋5)×382MVA；换流变压器交流侧标称电压为 500kV。500kV 采用 1 个半断路器接线，交流滤波器大组作为一个元件接入串中。本期和远景 500kV 出线均为 10 回，换流变压器回路 4 回，交流滤波器 4 大组，组成 9 个完整串。站用变从交流主母线引接。全站围墙内占地面积 15.73 公顷，建筑面积 27360m^2。

浙江金华±800kV 换流站工程土建 B 包施工工作范围见表 3-1-2。

表 3-1-2　　施 工 工 作 范 围

序号	项目名称	备注
1	极 1 高端换流器	
1.1	极 1 高端阀厅的上部结构及基础	钢结构和压型钢板为甲供
1.2	极 1 高端换流变基础及防火墙	包括卵石、钢格栅等，含 1 台备用换流变基础及构架基础
1.3	极 1 辅控楼上部结构及基础	钢结构和压型钢板为甲供；土建工程量中包括电梯
1.4	一个阀外冷泵房（极 1 高端）的上部结构及基础、一个阀冷却塔平台及基础	钢结构为甲供
2	RB1 继电器室及 10kV 站用电室	
3	RB2 继电器室	
4	RB3 继电器室	
5	500kV GIS 室	钢结构和压型钢板为甲供
6	综合楼及车库	
7	警卫室及大门	含标识墙
8	备用平波电抗器室	
9	特种材料库	
10	全站消防小室	
11	户外停车场地	
12	500kV 交流场	
12.1	500kV 交流场构架、避雷线塔及设备支架基础	
12.2	GIS 设备基础、GIS 管线支架基础	
12.3	高抗基础及防火墙	
12.4	500kV 站用变基础	
13	500kV 交流滤波器场	
13.1	500kV 交流滤波器场构架、避雷线塔及设备支架基础	
13.2	交流滤波器围栏基础	
14	全站事故排油系统	
14.1	高抗和 500kV 站用变事故排油	包括事故油池及排油管道
15	全站的雨水排水系统	
15.1	其余雨水排水系统	雨水主管道随道路分包
16	区域范围内桩基的桩头处理	
17	区域范围内站内道路	
18	区域范围内电缆沟	
18.1	区域范围内预埋管	
18.2	区域范围内配电装置场地操作地坪	
19	区域范围内主接地网	

二、工作内容

承包人应按照合同规定完成的工作内容为：

（1）全部承包项目工程施工、验收、移交、保修等。

（2）按规定办理的各种施工手续，为开展工作根据规定（包括地方文件规定）所缴纳的各种税费、工作协调费，工程质量监督、工程验收、环保、水保、档案等专项验收、达标投产及评优、后评估等各项工作配合。

（3）水系、道路的恢复：如施工中发现此情况，由承包人解决。施工范围严格控制在已补偿土地的范围内，不允许发生越范围施工或因越范围施工引起的一切矛盾和纠纷，否则引起的后果全部由承包人负责；因换流站建设引起，使周围耕种土地原有灌溉系统遭到破坏的恢复是承包人的承包范围，应认真、彻底、不遗留任何问题地解决好；承包人的临建设施的建设、使用和拆除由承包人负责，由此引起的纠纷由承包人自行解决。

（4）承包人负责的设备材料采购，应按进度计划及时开展，并将有关的采购结果及时向设计单位、监理人报告，以便设计单位及时开展施工图设计。如采购延误承包人应全权负责。

（5）创建国家优质工程金奖所需取得的由地方政府部门出具的相关证书统一由土建承包人（浙江金华±800kV 换流站工程为土建 B 包）负责办理，包括但不限于：①建设项目职业卫生专项验收(地方卫生部门)；②建设项目安全设施竣工验收(地方安全生产监察部门)；③建设期未发生四级（含四级）安全事故的证明(地方安全生产监察部门)；④劳动保障专项验收证书(地方劳动保障部门)。

（6）综合楼、保护小室、所用电室、泵房等建筑物装修整体应属于国内中档以上水平。在进行主控楼等建筑物装修前，首先承包人按照发包人在招标时提出的装修标准和主要装饰性材料进行承诺，然后由承包人作出设计方案及样板间，经发包人和监理人共同审查同意后，再由承包人实施。

（7）承包人的临建设施。

所（站）内：施工生产临建包括机具、材料、办公等用房，设备及材料堆场等原则上不允许在站内搭设，承包人应考虑在站外搭设。

所（站）外：为保证全站安全文明施工形象，发包人将按《国家电网公司输变电工程安全文明施工标准化图册》的标准在站外搭建统一的办公、会议的临建设施。

（8）承包人在施工准备及施工过程中，应以高度的责任心和主人翁意识密切关注工程周边的财产、工程建设等情况，对有可能造成发包人方损失或对本工程建设有影响的情况及时通过监理人向发包人报告。因承包人盲目施工或未充分考虑外部环境因素造成损失的，视情况由承包人承担损失费用的25%～100%。

施工场地周围建筑物和地下管线的保护要求：承包人必须采取措施加以保护。

（9）承包人应按《国家电网公司施工项目部标准化工作手册》要求管理、组织工程建设。

（10）承包人应严格执行国家有关规定，不得拖欠工程款、农民工工资。

（11）各承包人应配合发包人，完成工程在建期间的安全保障工作。

（12）甲供材料到场后，均由负责施工的单位卸车并保管，相应费用自行测算进入报价。

（13）其他服务。

其他服务费（包括由发包人组织或受益的协调会、调度会、安全质量专项检查、安全教育培训、设计联络会、调试、调度、技术方案审查会、科技创新应用、输变电工程建设管理系统使用维护、工程预验收、验收、环保、水保、档案等专项验收、启委会及启动调试、工程总结、达标投产、创优、后评估等受发包人委托的其他工作的费用等）由发包人根据现场实际情况决定使用和支付。

（14）在工程建设期间，全面执行国家、电力行业、国家电网公司、国家电网公司直流建设分公司、浙江省电力公司现行的法律、法规、规程规范相关文件。

（15）配合国网信息化管理系统（SG 186）进行相关数据录入工作。

（16）配合工程构筑物沉降观测的相关工作。

3.1.4 工期要求

计划2013年5月开工；2014年2月底前，极1高端主体工程竣工，交付安装。

3.1.5 布置形式

根据电气平面布置及工艺要求，控制楼、高端阀厅、低端阀厅和换流变区域布置在站区中央，高端阀厅、换流变和低端阀厅、换流变面对面布置。直流场布置在站区南侧，由南面进线。共设四大组十七小组交流滤波器组，布置在站区西侧。500kV交流配电装置场地布置在站区北侧，向北出线。高、低端换流变中间及北侧场地布置运输轨道，便于换流变的搬运和检修。

辅助生产区均主要布置在站区东侧，辅助建筑主要有警卫室、综合楼、户外停车场、35kV及400V站用电室、综合泵房、消防泵房、工业消防水池、备品备件库、露天备品场地。继电器室、10kV配电室、备用平波电抗器室、特种材料库等布置在500kV配电装置场地和交流滤波器场地空余位置。

3.1.6 工程涉及的主要单位

（1）项目法人：××××××××。

（2）建设管理单位：××××××××。

（3）设计单位：××××××××。

（4）监理单位：××××××××。

（5）施工单位：××××××××。

3.1.7 施工依据及内容

（1）《建设工程质量管理条例》（中华人民共和国国务院令第279号）。

（2）《建设工程安全生产管理条例》（中华人民共和国国务院令第393号）。

（3）《建设项目环境保护管理条例》（中华人民共和国国务院令第253号）。

（4）《中华人民共和国工程建设标准强制性条文（工业建筑部分）》（建标〔2000〕40号）。

（5）《中华人民共和国工程建设标准强制性条文（电力工程部分）》（建标2011版）。

（6）《中华人民共和国工程建设标准强制性条文（房屋建筑部分）》（2009年版）。

（7）《建设工程施工现场供用电安全规范》（GB 50194—93）。

（8）《建筑工程施工质量验收统一标准》（GB 50300—2001）。

（9）《建筑电气工程施工质量验收规范》（GB 50303—2002）。

（10）《工程测量规范》（GB 50026—2007）。

（11）《建筑地基基础工程施工质量验收规范》（GB 50202—2002）。

（12）《混凝土结构工程施工质量验收规范》（GB 50204—2002）。

（13）《混凝土结构工程施工质量验收规范》（GB 50204—2002）（2011版）。

（14）《砌体工程施工质量验收规范》（GB 50203—2011）。

（15）《建筑装饰装修工程质量验收规范》（GB 50210—2001）。

（16）《给水排水构筑物工程施工及验收规范》（GB 50141—2008）。

（17）《建筑给水排水及采暖工程施工质量验收规范》（GB 50242—2002）。

（18）《给水排水管道工程施工及验收规范》（GB 50268—2008）。

（19）《屋面工程质量验收规范》（GB 50207—2012）。

（20）《屋面工程技术规范》（GB 50345—2012）。

（21）《建筑物防雷工程施工与质量验收规范》（GB 50601—2010）。

（22）《建筑地面工程施工质量验收规范》（GB 50209—2010）。

（23）《地下防水工程质量及验收规范》（GB 50208—2011）。

（24）《建筑电气照明装置施工与验收规范》（GB 50617—2010）。

（25）《通风与空调工程施工质量验收规范》（GB 50243—2011）。

（26）《混凝土质量控制标准》（GB 50164—2011）。

（27）《通用硅酸盐水泥》（GB 175—2007/XG1—2009）。

（28）《烧结普通砖》（GB 5101—2003）。

（29）《钢筋混凝土用钢　第1部分：热轧光圆钢筋》（GB 1499.1—2008）。

（30）《钢筋混凝土用钢　第2部分：热轧带肋钢筋》（GB 1499.2—2007/XG1—2009）。

（31）《起重设备安装工程施工及验收规范》（GB 50278—2010）。

（32）《电气装置安装工程 接地装置施工及验收规范》（GB 50169—2006）。

（33）《预拌砂浆》（GB/T 25181—2010）。

（34）《聚氨酯防水卷材》（GB/T 19250—2003）。

（35）《聚氯乙烯防水卷材》（GB/T 12952—2003）。

（36）《普通混凝土力学性能试验方法标准》（GB/T 50081—2002）。

（37）《混凝土强度检验评定标准》（GB/T 50107—2010）。

（38）《建筑用砂》（GB/T 14684—2011）。

（39）《建筑用卵石、碎石》（GB/T 14685—2011）。

（40）《建设工程项目管理规范》（GB/T 50326－2006）。

（41）《建筑结构检测技术标准》（GB/T 50344—2004）。

（42）《水泥混凝土路面施工及验收规范》（GBJ 97—87）。

（43）《电力建设工程质量监督规定》（电建质监〔2005〕52 号）。

（44）关于印发《电力建设工程质量监督检查典型大纲（火电、送变电部分）》的通知（电建质监〔2005〕57 号）。

（45）关于印发《电力建设房屋工程质量通病防治工作规定》的通知（电建质监〔2004〕18 号）。

（46）《建设电子文件与电子档案管理规范》（CJJ/T 117—2007）。

（47）《国家重大建设项目文件归档要求与档案整理规范》（DA/T 28—2002）。

（48）《电力工程竣工图文件编制规定》（DL/T 5229—2005）。

（49）《大体积混凝土施工规范》（GB 50496—2009）。

（50）《建筑工程冬期施工规程》（JGJ 104—2011）。

（51）《钢筋焊接及验收规范》（JGJ 18—2012）。

（52）《混凝土中钢筋检测技术规程》（JGJ/T 152—2008）。

（53）《钢结构高强度螺栓连接的设计、施工及验收规范》（JGJ 82—2011）。

（54）《建筑涂饰工程施工及验收规程》（JGJ/T 29—2003）。

（55）《泵送混凝土施工技术规程》（JGJ/T 10—2011）。

（56）《建筑工程饰面砖粘贴强度检验标准》（JGJ 110—2008）。

（57）《砌筑砂浆配合比设计规程》（JGJ/T 98—2010）。

（58）《普通混凝土用砂、石质量及检验方法标准》（JGJ 52—2006）。

（59）《混凝土用水标准》（JGJ 63—2006）。

（60）《普通混凝土配合比设计规程》（JGJ 55—2011）。

（61）《施工现场临时用电安全技术规范》（JGJ 46—2005）。

（62）《建筑施工现场环境与卫生标准》（JGJ 146—2004）。

（63）《施工现场机械设备检查技术规程》（JGJ 160—2008）。

（64）《建筑施工模板安全技术规范》（JGJ 162—2008）。

（65）《建筑机械使用安全技术规程》（JGJ 33—2001）。

（66）《建筑施工高处作业安全技术规范》（JGJ 80—91）。

（67）《国家电网公司电力建设安全工作规程（变电站部分）》（Q/GDW 665—2011）。

（68）《输变电工程安全文明施工标准》（Q/GDW 250—2009）。

（69）《输变电工程建设标准强制性条文实施管理规程》（Q/GDW 248—2008）。

（70）《变电工程落地式钢管脚手架搭设安全技术规范》（Q/GDW 274—2009）。

（71）《110～1000kV 变电（换流）站土建工程施工质量验收及评定规程》（Q/GDW 183—2008）。

（72）《国家电网公司施工项目部标准化工作手册》（2010 版）。

（73）《电力建设工程施工技术管理导则》（国家电网工〔2003〕153 号）。

（74）《国家电网公司基建质量管理规定》（国家电网基建〔2011〕1759 号）。

（75）《国家电网公司输变电工程达标投产考核办法》（国家电网基建〔2011〕146 号）。

（76）《国家电网公司输变电优质工程评定办法》（〔2012〕1432 号）。

（77）《国家电网公司输变电工程项目管理流动红旗竞赛实施办法》（国家电网基建〔2011〕147 号）。

（78）《关于利用数码照片资料加强输变电工程安全质量过程控制的通知》（基建安全〔2007〕25 号）。

（79）《关于强化输变电工程施工过程质量控制数码采集与管理的工作要求》（基建质量〔2010〕322 号）。

（80）关于印发《国家电网公司输变电工程建设创优规划编制纲要》等 7 个指导文件的通知（基建质量〔2007〕89 号）。

（81）《国家电网公司输变电工程质量通病防治工作要求及技术措施》（基建质量〔2010〕19 号）。

（82）《国家电网公司电网建设项目档案管理办法（试行）》（国家电网办〔2010〕250 号）。

（83）《国家电网公司电网建设项目档案管理办法（试行）释义》（办文档〔2010〕72 号）。

（84）关于印发《国家电网公司输变电工程施工工艺管理办法》的通知（国家电网基建〔2011〕1752 号）。

（85）《国家电网公司关于进一步提高工程建设安全质量和工艺水平的决定》（国家电网基建〔2011〕1515 号）。

（86）关于印发《国家电网公司十八项电网重大反事故措施》（修订版）的通知（国家电网生技〔2012〕352 号）。

（87）《国家电网公司输变电工程标准工艺（一）施工工艺示范手册》（2011 版）。

（88）《国家电网公司输变电工程标准工艺（二）施工工艺示范光盘》（2011 版）。

（89）《国家电网公司输变电工程标准工艺（三）工艺标准库》（2012 版）。

（90）《国家电网公司输变电工程标准工艺（四）典型施工方法》（第二辑）。

（91）《国家电网公司输变电工程标准工艺（六）标准工艺设计图集（变电土建工程部分）》。

（92）《关于印发协调统一基建类和生产类标准差异条款（变电部分）的通知》（办基建〔2008〕20 号）。

（93）《关于印发协调统一基建类和生产类标准差异条款的通知》（国家电网科〔2011〕12 号）。

（94）《关于开展输变电工程施工现场安全通病防治工作的通知》（基建安全〔2010〕270 号）。

（95）《国家电网公司基建安全管理规定》（国家电网基建〔2011〕1753 号）。

（96）《质量环境职业健康安全管理手册》（Q/SBD—MM—2012）、《质量环境职业健康安全管理体系程序文件》（Q/SBD—2012）。

（97）《浙江金华±800kV 换流站工程招标文件》。

（98）《浙江金华±800kV 换流站工程施工承包合同》及有关工程的协议、合同、文件。

（99）《浙江金华±800kV 换流站工程建设管理纲要》。

（100）《浙江金华±800kV 换流站工程创优规划》。

（101）浙江金华±800kV 换流站工程设计图纸。

3.2 施工现场组织机构

3.2.1 施工现场组织机构

公司成立以公司生产经理×××为组长、分公司经理×××为副组长的浙江金华±800kV 换流站工程领导小组，并成立特高压施工技术专家组，攻克施工中的技术难题。

我公司任命×××同志为本工程项目经理，由×××同志担任本工程项目副经理兼项目总工。

我公司变电工程施工以注重科学管理、确保工程质量、施工作风顽强而著称，曾承建×××××××××××××等工程的施工，在确保质量、安全、控制工程成本等各项目标的前提下，均顺利、按期完成施工任务。

施工现场组织机构关系图如图 3-2-1 所示。

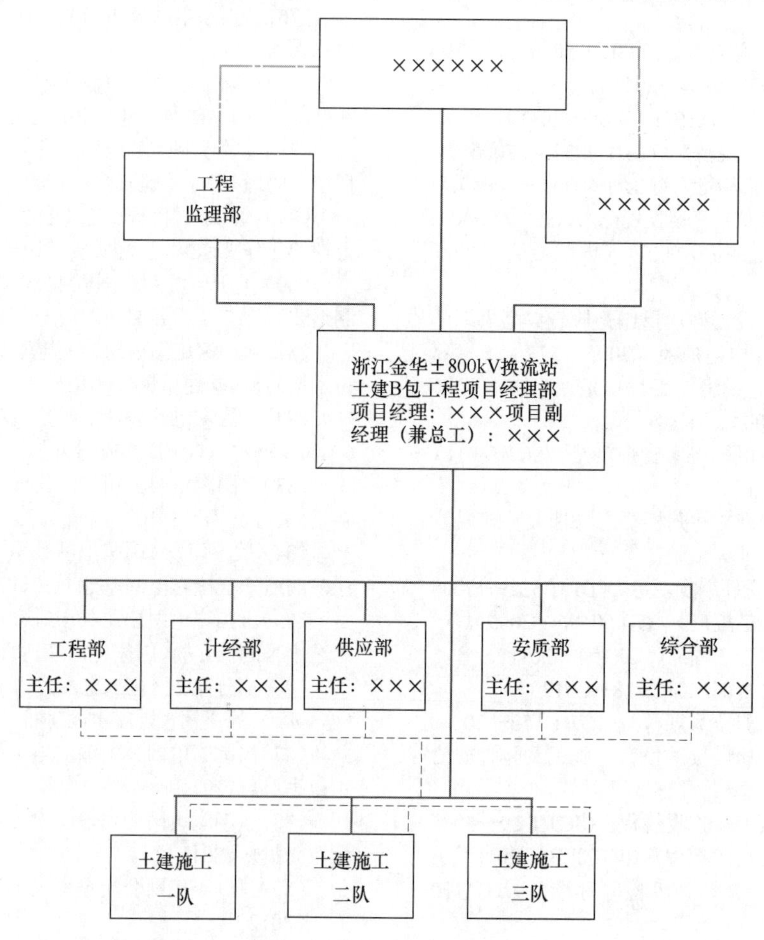

图 3-2-1 施工现场组织机构图

3.2.2 施工现场组织原则

3.2.2.1 本工程实行项目法管理，成立项目经理负责制的“浙江金华±800kV 换流站土建施工工程（B 包）项目经理部”，充分发挥项目组织和项目管理的优势，代表总公司对本工程实行全面管理。项目经理部服从项目法人的统一管理。

3.2.2.2 本公司施工现场组织机构设置的原则是：“人必胜任，做必精品”，本工程我们将配备××××××××具有丰富施工经验的最强的施工管理队伍、最精干的现场施工人员，保证队伍满员并足额投入，他们将一如既往发挥山东电力“铁军”精神，竭尽全力为实现本工程的质量、安全、工期目标而努力。

3.2.2.3 项目经理部设项目经理一名，作为公司法人代表在本工程的全权委托代理人，代表公司履行合同，负责工程的合同管理等；设项目总工程师一名，负责本工程的施工技术、质量管理；项目经理部下设工程部、安监部、供应部、计经部和综合部五个部门，主要人员由分公司对口部室选派，服从项目经理的领导，各司其职；由变电分公司调派足够胜任的土建施工队，负责本工程的施工。

3.2.2.4 成立××××××××“浙江金华±800kV 换流站土建工程 B 包”领导小组，由公司生产经理任组长，分公司经理任副组长，工程部、安监部、供应部、档案信息中心、变电分公司等部门负责人为组员，全面协调、指导本工程的施工工作；同时成立浙江金华±800kV 换流站土建工程 B 包项目经理部并正式挂牌，公司授权的项目经理及项目总工程师在开工前书面呈报项目法人、监理工程师批准后，全面负责工程的施工管理，不再兼管其他工作。

本章其余内容见光盘。

第 4 章　某±800kV 换流站电气安装工程施工组织设计

4.1　工程概况和特点

4.1.1　工程概述

4.1.1.1　工程全貌

工程名称：××—××±800kV 特高压直流输电工程换流站电气安装工程。

××—××±800kV 特高压直流工程起自××换流站，止于××换流站，途径新疆、甘肃、陕西、宁夏、山西、河南六省区，电压等级±800kV，直流线路全长 2210.2km，额定输送容量 800 万 kW。工程的建设将有利于充分利用××地区丰富的煤炭和风能资源，促进××能源基地煤电、风电的开发。工程建设可加快××资源优势向经济优势转化，促进地区经济社会发展，满足××电网负荷增长和促进经济健康发展的需要。

××—××±800kV 特高压直流输电工程换流站电气安装工程共有 2 个新建换流站。其中，××±800kV 换流站电气安装工程具体信息见表 4-1-1。

表 4-1-1　××±800kV 换流站电气安装工程信息

序号	工程名称	工程地点	承包方式	招标范围	工期要求
1	×××±800kV 换流站电气安装工程	×××	×××	×××	计划××××年××月××日开工；×××kV 区域××××年××月××日投运，双极低端××××年××月××日投运，双极高端××××年××月投运

4.1.1.2　本工程地理位置

××换流站位于××市的南偏西，北距离××市约 24km，站址西侧 1.5km、3.5km 为大南湖乡道及××省道，站址西南距大南湖村约 3km，站址南侧约 2.3km 为在建的××铁路。

4.1.1.3　地形地貌

站址位于山上平原，局部分布有微丘，地形较为平坦开阔。目前场地为戈壁滩，地表覆盖一层碎石，无植被生长。场地西侧为××河，站址西侧距离河谷主河道约 1km。场地中心部位较高，高程约为 593m，两侧地势较低，高程约为 589m。

4.1.1.4　交通条件

××换流站站址西侧 1.5km 为大南湖乡道，3.5km 为××省道，交通运输比较方便。

4.1.1.5　水文气象条件

××属温带极干旱气候。其主要特点是夏季燥热，冬季寒冷，常年少雨；年、日温差大。蒸发量大，光照强；盛行东北风，风向日变化明显；湿度较小，冬季湿度大，春季湿度最小，清晨湿度大，午后湿度小。

春季：通常在 3 月上、中旬开春，持续 75～80d。春季风多且大，空气湿度小、干燥，降水较少。

夏季：5 月下旬至 8 月下旬。夏季高温酷热，可出现气温高于 35℃以上、日平均相对湿度小于 30%的干热日，多达 35 天。夏季降水明显多于其他三季，占全年总降水量的一半以上。

秋季：9 月上旬至 11 月中下旬。秋季降水明显减少；气温日较差大，多在 15～20℃，有时日温差大于 20℃。

冬季：通常在 11 月中下旬入冬。冬季寒冷，降雪少，积雪很不稳定，一般无积雪，即使出现短暂积雪，多不超过 10～15cm。

××市气象站建立于 1951 年 1 月，曾多次迁站。1961—2006 年期间又先后 2 次迁站，因其距离较近，海拔高度变化很小，常规气象要素值变化不大，经气象部门分析论证，可将 1961—2006 年气象资料系列合并统计分析。气象站地理位置：北纬 42°49′，东经 93°31′，拔海高度 737.2m。

根据××市气象站多年实测资料，统计出各项基本气象要素见表 4-1-2。

表 4-1-2　××气象站累年基本气象要素统计值表

项目	单位	数值
平均气压	hPa	930.9
最高气压	hPa	933.4
最低气压	hPa	928.0
平均气温	℃	10
最热月平均气温	℃	26.6
最冷月平均气温	℃	−10.4
极端最高气温	℃	43.9（1952.7.15）
极端最低气温	℃	−32.0（1952.12.2）
平均水汽压	hPa	6.1
平均相对湿度	%	44
最大月平均相对湿度	%	87
最小相对湿度	%	0
年平均降水量	mm	38.6
年最大降水量	mm	71.7（1992 年）
年最小降水量	mm	9.3（1997 年）
最大一日降水量	mm	55.7
年平均蒸发量	mm	2639.7
年最大蒸发量	mm	4169.1（1956 年）
年最小蒸发	mm	211.4（1996 年）
平均风速	m/s	2.0
最大风速	m/s	26（定时 1952.4.30）
主导风向		NE
最大积雪深度	cm	18
最大冻土深度	cm	127
平均雷暴日数	d	6.6
最多雷暴日数	d	16
平均降水日数	d	23.3
平均沙尘暴日数	d	5.2

续表

项目	单位	数值
最多沙暴日数	d	43（1953 年）
平均雹日数	d	0.1
平均霜日数		69.8
平均大风日数	d	12.1
最多大风日数	d	49（1956 年）
平均雾日数	d	1.7
最多雾日数	d	21
平均降雪日数	d	6.5
平均积雪日数		41.3
最多积雪日数		92
年平均日照百分率	%	76
年平均晴天日数	d	302.4
年平均阴天日数	d	2.8
最大覆冰厚度	mm	5
最多冻融循环次数	次	56

50 年一遇 10m 高 10min 平均最大风速设计采用 31m/s，相应风压为 0.60kN/m^2，100 年一遇 10m 高 10min 平均最大风速设计采用 33.5m/s，相应风压为 0.70kN/㎡。

4.1.1.6 工程地质条件

依据《中国地震动峰值加速度区划图》(GB 18306—2001)，站址位于地震动峰值加速度 0.10g 与 0.05g 的分界线附近，位于 0.05g 一侧。根据××地区地震局提供的资料，××市一般工业与民用建筑采取的地震动峰值加速度为 0.10g。换流站地层主要由第四系中更新统冲洪积（Q3al＋pl）粉细砂和角砾，以及上第三系渐新～中新统桃树园组泥质砂岩（E3-N1）t 组成，地层均为密实状态，且根据调查，场地所在区域百米无地下水。

建筑场地类别为Ⅱ类，场地土类型属中硬土。场地属于对建筑抗震有利地段。

地基土对混凝土结构具有微～强等腐蚀性，按强腐蚀性考虑；对钢筋混凝土结构中的钢筋具有弱～强腐蚀性，按强腐蚀性考虑；对钢结构具有微腐蚀性。

根据勘测的浸水试验结果，0～2m 地基土存在Ⅰ级溶陷，2m 以下的地基土，可以不考虑溶陷问题，按照一般地基土进行地基基础设计，但应注意防止盐分的动态变化，造成次生灾害，为此，应防止生活用水和工业用水的渗漏、积水或无序排放。

地基土自然地面 0～2.5m 深度按盐胀性土考虑，设计应采取适宜的防盐胀措施或结构措施；对于 2.5m 深度以下的深基础基本上可以不考虑地基土的盐胀性。

建设场地内地下水类型主要为第四系孔隙潜水，主要接受大气降水和区域侧向径流的补给，以侧向径流和地面蒸发为主要排泄方式。

地下水位埋深大于 12.5m，基坑开挖一般无需考虑地下水的影响。

4.1.2 工程性质及特点

4.1.2.1 工程性质

××－××±800kV 特高压直流输电工程，是国家“十二五”规划 3000 万 kW 疆电外送的首条特高压直流工程，工程的建设是落实中央新疆开发战略、促进新疆资源优势转化成经济优势、同时满足华中地区用电需要的重要举措。

4.1.2.2 工程特点

4.1.2.2.1 工程建设意义大。该工程的建成将构筑疆电外送的“高速路”，真正实现“煤从空中走、电送全中国”的宏伟构想。进而破解新疆丰富的煤炭资源转换的瓶颈制约，推动新疆煤炭资源的大开发、大建设、大发展，从而带动新疆社会经济的跨越式发展，工程意义非常重大。

4.1.2.2.2 质量标准要求高。本工程要确保达标投产、××公司优质工程和中国电力优质工程奖，创建国家优质工程金奖，建设国际一流精品工程。××送变电工程公司定将本工程作为第一重点工程对待，选派具有特高压施工经验的管理人员和技术骨干组成参建队伍，工程采用 P3 动态管理，严格过程控制，采用科学合理的施工方案，在确保进度的前提下保证工程的内在质量和外在工艺，圆满完成工程施工任务。

4.1.2.2.3 技术能力要求高。××换流站的电气设备是技术含量很高的特高压电力设备，制造精度高，同时对安装工艺的要求也很高，为了保证设备的运行可靠性，做好质量二次策划和质量全过程控制，考虑采用新技术、新工艺、新方法，确保安装工艺标准高。由于工作量大，技术要求高，这对施工企业的装备水平、技术能力、工序安排以及创新能力提出了新的挑战。

4.1.2.2.4 建设工期要求紧。计划 2012 年 12 月 1 日开工；2013 年 6 月 10 日前，××换流站 750kV 区域先期投运；2013 年 11 月，双极低端投运；2014 年 4 月 30 日前，双极高端投运。确保××换流站一次送电成功，电气安装工程施工工期相对比较紧张。

4.1.2.2.5 安全目标要求高。本工程必须达到以下安全目标：不发生人员重伤及以上事故、造成较大影响的人员群体轻伤事件。不发生因工程建设引起的电网及设备事故。不发生一般施工机械设备损坏事故。不发生火灾事故。不发生环境污染事件。不发生负主要责任的一般交通事故。不发生对公司造成影响的安全事件。

4.1.2.2.6 文明施工要求严。设施标准、行为规范、施工有序、环境整洁、创建全国电网工程建设安全文明施工一流水平。

4.1.2.2.7 环境保护责任大。保护生态环境，不超标排放，不发生环境污染事故，落实环保措施；废弃物处理符合规定，力争减少施工场地和周边环境植被的破坏，减少水土流失；站区绿化、现场施工环境满足环保要求。

4.1.3 工程规模

××±800kV 换流站电气安装工程规模见表 4-1-3。

表 4-1-3 ××±800kV 换流站电气安装工程规模

建设内容	远期规模	本期规模
额定输送容量	8000MW	8000MW
额定直流电压	±800kV	±800kV
换流变压器	24 台工作变、4 台备用变	24 台工作变、4 台备用变
750kV 配电装置	3/2 断路器接线，出线 6 回	3/2 断路器接线，出线 4 回
500kV 配电装置	3/2 断路器接线，出线 6 回	3/2 断路器接线，出线 6 回
750kV/500kV 联络变压器	单台容量 2100MVA	单台容量 2100MVA
500kV 交流滤波器和电容器组	11×225 Mvar＋5×270Mvar	11×225 Mvar＋5×270Mvar
500kV 高压并联电抗器	1×420Mvar	2×420Mvar

4.1.3.1　750kV 配电装置

远景 6 回出线，出线方向向东或西；2 回出线至 750kV ××变电站，2 回出线至 750kV ××变电站，2 回出线至 750kV ××变电站。交流 750kV 配电装置采用户内敞开式 AIS 设备，3/2 断路器接线型式。本期 4 回出线，2 回联络变进线，1 组母线高抗进串，共 3 个半完整串。750kV 配电装置与 500kV 配电装置通过 2 台 750/500kV 联络变压器连接。

4.1.3.2　500kV 配电装置

本期 6 回均连接至周围电厂。500kV 交流滤波器和电容器组：11 小组交流滤波器（小组容量为 225Mvar）和 5 小组并联电容器（小组容量 270Mvar）分为 4 大组，每大组作为一个电气单元接入 500kV 交流 3/2 断路器接线串中。交流 500kV 配电装置采用户内 GIS 设备，6 回 500kV 出线、4 回换流变压器进线、4 回大组交流滤波器进线、2 回联络变进线组成 8 个完整串。

4.1.3.3　直流系统设备：直流开关场主接线采用双极直流典型接线，不考虑直流线路融冰措施。每极两个 12 脉动阀组串联。每极安装 Yo-Y-12 及 Yo-Δ-11 各 2 组，每组换流变由 3 台 406.1MVA 单相双绕组换流变压器组成，换流变压器采用 BOX-IN 的封闭安装形式，以达到降噪的效果。每极安装 2 组直流双调谐无源滤波器（三塔支撑式），2 组双调谐无源滤波器共用 1 组接地开关。每极配置 6 台 50mH 的干式平波电抗器，平均分置于极母线和中性母线上。直流±800kV 的双极线路一回，双极输送功率 8000MW。

4.1.3.4　站用电系统采用一回外引、两回站内引接的接线方式，形成三路独立电源供电。外接电源为 35kV 级，通过站内 35kV/10kV 变压器降到 10kV；站内电源分别从两台联络变压器低压测 66kV/10kV 站用变引接。

4.1.3.5　全站围墙内占地面积 24.6hm^2，建筑面积约 26296m^2。

4.1.3.6　××±800kV 换流站电气安装（××包）工程施工范围见表 4-1-4。

表 4-1-4　××±800kV 换流站电气安装（××包）工程施工范围

序号	项 目 名 称	备 注
1	阀厅内设备安装	
2	阀厅冷却设备安装（包括内冷、外冷及补给水预处理设备）	
3	换流变高压套管均压环安装	设备连线及均压环
4	主控楼控制系统	
5	继电保护系统	
6	通信系统	包括站内通信
7	远动和安稳系统	
8	全站直流系统	包括蓄电池、充电器和直流屏
9	全站电缆工程	
9.1	控制保护部分动力电缆	
9.2	全站控制电缆和光缆	除交流场联络变和 750kV 继电器室区域之外
9.3	所安装设备要求的厂供电缆的敷设及埋管	安装施工范围内设备
9.4	所有电缆桥架和支架（包括槽盒）	
9.5	所有电缆的屏蔽和防火及封堵	包括电缆沟内的屏蔽线、所有箱体的封堵，除交流场和联络变之外
9.6	全站控制电缆、光缆埋管	安装施工范围内设备
10	全站户外端子箱和二次电源箱	不包括检修箱、户外照明配电箱、换流变 BOX-IN 风机动力箱和 BOX-IN 照明配电箱
11	全站防雷	
11.1	阀厅区域防雷	不包括阀厅顶部避雷线塔
12	全站接地	
12.1	控制楼内接地，包括阀厅的 RFI 及阀厅避雷线塔引下线	不包括阀厅避雷线引线
12.2	换流建筑物区域室外所安装设备的接地	安装施工范围内设备
12.3	所安装设备及构支架的接地（含箱体）	安装施工范围内设备
12.4	电缆及电缆桥架和灯具等的接地	
12.5	Roxtec 框架接地	Roxtec 框架土建预埋
12.6	全站二次等电位网	
13	全站智能辅助系统配合厂家安装	厂家安装，施工配合
14	全站图像监视系统、大屏幕、阀厅红外测温系统	
15	全站门禁和安防系统	
16	环境监测系统	
17	全站呼叫系统	
18	全站的综合布线	
19	配合厂家全站火灾报警系统	厂家安装，施工配合
20	一体化在线监测系统	
20.1	一次设备本体在线监测传感器安装	安装施工范围内设备
20.2	一体化在线监测系统集成	
21	全站防鼠板	
22	全站分系统调试	
23	750kV 配电装置先期投运	涉及相应屏柜搬迁
24	换流变及平抗试运时临时租用消防车	
25	先期投运区域隔离	

4.1.3.7　承包人按照合同规定应完成的工作内容

（1）全部承包项目安装施工、设备单体、维护、保修、验收、移交，配合站系统调试、系统调试和参加联合试运行等。

（2）按规定办理的各种施工手续，为开展工作根据规定（包括地方文件规定）所缴纳的各种税费、工作协调费，工程质量监督、工程验收、环保、水保、档案等专项验收、达标投产及评优、后评估等各项工作配合。

（3）水系、道路的恢复：发包人提供的进站道路和站内主要道路，如果使用损坏，由承包人赔偿。如施工中发现此情况，由承包人解决。施工范围严格控制在已补偿土地的范围内，不允许发生越范围施工或因越范围施工引起的一切矛盾和纠纷，否则引起的后果全部由承包人负责；因换流站建设引起，使周围耕种土地原有灌溉系统遭到破坏的恢复是承包人的承包范围，应认真、彻底、不遗留任何问题地解决好；承包人的临建设施的建设、使用和拆除由承包人负责，由此引起的纠纷由承包人自行解决。

（4）承包人负责的设备材料采购，应按进度计划及时开展，并将有关的采购结果及时向设计单位、监理人报告，以便设计单位及时开展施工图设计。如采购延误承包人应全权负责。发包人供货设备、材料的接货、卸货、存放保管及安装转运按“谁安装、谁负责”原则执行。承包人采购的材料和设备，由各承包人自行采购订货、运输及保管。

（5）承包人配合消防系统设备的报审、验收和办理验收合格证明。

（6）承包人在现场加工的预制件，必须先征得监理工程师同意，严格按图加工制作并有相应的材料检验合格证明。

（7）承包人的临建设施：

所（站）内：所（站）内临建设施占地须经监理工程师批准。

所（站）外：机具、材料、办公等用房，设备及材料堆场。为保证全站安全文明施工形象，发包人将按《输变电工程安全文明施工标准》（××科〔2009〕211号文 Q/GDW 250—2009）的标准在站外搭建统一的办公、会议的临建设施。

（8）承包人在施工准备及施工过程中，应以高度的责任心和主人翁意识密切关注工程周边的财产、工程建设等情况，对有可能造成发包人方损失或对本工程建设有影响的情况及时通过监理人向发包人报告。因承包人盲目施工或未充分考虑外部环境因素造成损失的，视情况由承包人承担损失费用的25%～100%。

施工场地周围建筑物和地下管线的保护要求：承包人必须采取措施加以保护。

（9）承包人应提供符合税法相关规定的营业税发票（例如：按属地原则开票）。开票信息以出资人相关信息为准。

（10）承包人应按《××公司施工项目部标准化工作手册》要求管理、组织工程建设。

（11）承包人应严格执行国家有关规定，不得拖欠工程款、农民工工资。

（12）各承包人应配合发包人，完成工程在建期间的安全保障工作。

（13）其他服务，包括由发包人组织或受益的协调会、调度会、安全质量专项检查、安全教育培训、设计联络会、调试、调度、技术方案审查会、科技创新应用、输变电工程建设管理系统使用维护、工程预验收、验收、环保、水保、档案等专项验收、启委会及启动调试、工程总结、达标投产、创优、后评估等受发包人委托的其他工作。

（14）在工程建设期间，全面执行国家、电力行业、××公司、××送变电工程公司现行的法律、法规、规程规范相关文件。

（15）配合国网信息化管理系统（SG186）进行相关数据录入工作。

（16）承包人负责各自安装范围内国内供货合同厂家技术服务人员的现场就餐。

（17）承办人负责以下工作：全站分系统调试、聘请专业公司阀厅清扫（阀厅设备安装前及投运前）、施工用电及工程投运前站用电系统的运行维护、施工水/电费代缴、工程分期投运所需的二次系统隔离措施。

（18）若工程竣工验收完成后不能投产、移交的，承包人免费保管工程的期限为：6个月。

4.1.4 工期要求

计划计划 2012 年 12 月 1 日开工；××750kV 区域 2013 年 6 月 10 日投运，××双极低端 2013 年 11 月投运，双极高端 2014 年 4 月投运。

4.1.5 布置形式

根据电气平面布置及工艺要求，控制楼、高端阀厅、低端阀厅和换流变区域布置在站区中央，高端阀厅、换流变和低端阀厅、换流变面对面布置。总体建筑格局按：“750kV 交流开关场—750/500kV 联络变—500kVGIS 配电装置（西）、阀厅及换流变压器广场（中）、直流开关场（东）—交流滤波器”由北向南布置；750kV 交流配电装置采用户外 AIS，布置在站区北侧，750kV 交流线路向东和西出线；±800kV 直流线路向东出线；500kV 交流配电装置采用户内 GIS，布置在站区西侧，向西出线；换流变压器和阀厅、控制楼布置在站区中部；直流场布置在站区东侧，向东出线后再折向南；4 大组交流滤波器采用“田”字型集中布置在换流变广场区域的南侧；备班楼、综合消防泵房、车库等布置于站前区；进站道路从站区西面进站，备班楼南北布置，便于通风，并尽量远离交流滤波器组噪声源为备班楼创造良好的工作环境。高、低端换流变中间及北侧场地布置运输轨道，便于换流变的搬运和检修。

4.1.6 工程涉及的主要单位

（1）项目法人：××省电力公司。

（2）发包人：××公司××分公司。

（3）建设管理单位：××公司××分公司。

（4）招标代理机构：××物资有限公司。

（5）设计单位：××电力设计院、××电力设计院、××电力设计院。

本章其余内容见光盘。

第 5 章　锡盟—山东特高压 1000kV 济南变电站土建工程施工组织设计

5.1　编 制 依 据

5.1.1　招标文件

《国家电网公司集中招标锡盟—山东特高压交流输变电工程施工招标文件》及补遗文件。

5.1.2　相关标准、规范及规定

一、管理类执行标准

管理类执行标准见表 5-1-1。

表 5-1-1　管 理 类 执 行 标 准

分类	序号	名　称	备　注
法律法规	1	《中华人民共和国建筑法》	中华人民共和国主席令 11 届第 46 号 2011 年修正颁布
	2	《中华人民共和国合同法》	中华人民共和国主席令 9 届第 15 号 1999 年颁布
	3	《中华人民共和国招投标法》	中华人民共和国主席令 9 届第 21 号 1999 年颁布
	4	《中华人民共和国电力法》	中华人民共和国主席令 11 届第 18 号 2009 年修正颁布
	5	《中华人民共和国环境保护法》	中华人民共和国主席令 7 届第 22 号 1989 年颁布
	6	《建设项目环境保护管理条例》	中华人民共和国国务院令第 253 号 1998 年颁布
	7	《中华人民共和国安全生产法》	中华人民共和国主席令 13 号（2014 年版）
	8	《建设工程安全生产管理条例》	中华人民共和国国务院令第 393 号 2003 年颁布
	9	《生产安全事故报告和调查处理条例》	中华人民共和国国务院令第 493 号 2007 年颁布
	10	《中华人民共和国水土保持法》	中华人民共和国主席令 11 届第 39 号 2010 年修订颁布
	11	《建设工程质量管理条例》	中华人民共和国国务院令第 279 号 2000 年颁布
	12	《建筑工程施工发包与承包计价管理办法》	住建部令第 16 号 2013 年发布
	13	《电力安全事故应急处置和调查处理条例》	中华人民共和国国务院令第 599 号 2011 年颁布
	14	《关于印发电力安全事件监督管理暂行规定的通知》	电监安全〔2012〕11 号
国家现行标准及文件	1	《建设工程监理规范》	GB 50319—2013
	2	《电力工程建设监理规范》	DL/T 5434—2009
	3	《国家重大建设项目文件归档要求与档案整理规范》	DA/T 28—2002
	4	《建设工程文件归档整理规范》	GB/T 50328—2001
	5	《建设工程施工现场供用电安全规范》	GB 50194—2014
	6	《建筑施工高处作业安全技术规范》	JGJ 80—1991
	7	《施工现场临时用电安全技术规范》	JGJ 46—2005
	8	《工程建设标准强制性条文（电力工程部分）》	中电联标准〔2011〕16 号
	9	《危险性较大的分部分项工程安全管理办法》	建质〔2009〕87 号
	10	《普通混凝土用砂、石质量及检验方法标准》	JGJ 52—2006
	11	《混凝土用水标准》	JGJ 63—2006
	12	《110kV 及以上送变电工程启动及竣工验收规程》	DL/T 782—2001
	13	《建设工程价款结算暂行办法》	中华人民共和国建设部、财政部财建〔2004〕369 号
	14	《建筑施工模板安全技术规范》	JGJ 162—2008
	15	《电力建设安全工作规程（变电站）》	DL 5009.3—2013
	16	《通用硅酸盐水泥》	GB 175—2007
	17	《通用硅酸盐水泥（国家标准第 1 号修改单）》	GB 175—2007/XG1—2009
	18	《水泥取样方法》	GB 12573—2008

续表

分类	序号	名　　称	备　　注
国家现行标准及文件	19	《钢筋混凝土用钢 第二部分：热轧带肋钢筋》	GB 1499.2—2007
	20	《钢筋混凝土用钢 第一部分：热轧光圆钢筋》	GB 1499.1—2008
	21	《钢筋混凝土用钢 第2部分热轧带肋钢筋（国家标准第1号修改单）》	GB 1499.2—2007/XG1—2009
	22	《建筑用砂》	GB/T 14684—2011
	23	《建筑用卵石、碎石》	GB/T 14685—2011
	24	《烧结普通砖》	GB 5101—2003
	25	《烧结空心砖和空心砌块》	GB 13545—2003
	26	《用于水泥和混凝土中的粉煤灰》	GB 1596—2005
	27	《砌体工程现场检测技术标准》	GB/T 50315—2011
	28	《普通混凝土用砂、石质量标准及检验方法标准》	JGJ 52—2006
	29	《混凝土用水标准》	JGJ 63—2006
	30	《混凝土外加剂》	GB 8076—2008
	31	《混凝土防冻剂》	JC 475—2004
	32	《钢筋焊接接头试验方法标准》	JG/T 27—2001
	33	《预拌砂浆》	GB/T 25181—2010
	34	《建筑地基基础设计规范》	GB 50007—2011
	35	《建筑抗震设计规范》	GB 50011—2010
	36	《混凝土结构设计规范》	GB 50010—2010
	37	《抹灰砂浆技术规程》	JGJ/T 220−2010
	38	《普通混凝土配合比设计规程》	JGJ 55—2011
	39	《钢结构设计规范》	GB 50017—2003
	40	《建筑工程冬期施工规程》	JGJ 104—2011
	41	《工程测量规范》	GB 50026—2007
	42	《建筑钢结构焊接技术规程》	JGJ 81—2002
	43	《泵送混凝土施工技术规程》	JGJ/T 10—2011
	44	《钢筋机械连接通用技术规程》	JGJ 107—2010
	45	《混凝土小型空心砌块建筑技术规程》	JGJ/T 14—2011
	46	《建筑地基处理技术规范》	JGJ 79—2012
	47	《建筑变形测量规程》	JGJ 8—2007
	48	《建筑玻璃应用技术规程》	JGJ 113—2009
	49	《公路水泥混凝土路面施工技术规范》	JTGF 30—2003
	50	《预拌砂浆应用技术规程》	JGJT 223—2010
	51	《大体积混凝土施工规范》	GB 50496—2009
	52	《塑料门窗安装及验收规程》	JGJ 103—96
	53	《外墙外保温工程技术规程》	JGJ 144—2008
	54	《玻璃幕墙工程技术规范》	JGJ 102—2003
	55	《地下工程防水技术规范》	GB 50108—2008
	56	《建筑边坡工程技术规范》	GB 50330—2002
	57	《薄壁离心钢管混凝土结构技术规程》	DL/T 5030—1996
	58	《建筑施工模板安全技术规范》	JGJ 162—2008
	59	《组合钢模板技术规范》	GB 50214—2001
	60	《建筑施工扣件式钢管脚手架安全技术规范》	JGJ 130—2011

续表

分类	序号	名　　称	备　　注
国家现行标准及文件	61	《变电工程落地式钢管脚手架搭设安全技术规范》	Q/GDW 274—2009
	62	《回弹法检测混凝土抗压强度技术规程》	JGJ/T 23—2011
	63	《钢结构高强度螺栓连接技术规程》	JGJ 82—2011
国家电网公司规定及标准	1	《国家电网公司电力建设工程施工技术管理导则》	国家电网工〔2003〕153 号
	2	《国家电网公司十八项电网重大反事故措施》（修订版）	国家电网生〔2012〕352 号
	3	《国家电网公司基建管理通则》	国网（基建/1）92—2014
	4	《国家电网公司基建项目管理规定》	国网（基建/2）111—2014
	5	《国家电网公司基建质量管理规定》	国网（基建/2）112—2014
	6	《国家电网公司基建队伍管理规定》	国网（基建/2）113—2014
	7	《国家电网公司基建安全管理规定》	国网（基建/2）173—2014
	8	《国家电网公司输变电工程建设监理管理办法》	国网（基建/3）190—2014
	9	《国家电网公司所属设计施工监理队伍专业管理办法》	国网（基建/3）191—2014
	10	《国家电网公司输变电工程施工分包管理办法》	国网（基建/3）181—2014
	11	《关于利用数码照片资料加强输变电工程安全质量过程控制的通知》	国家电网基建安全〔2007〕25 号
	12	《国家电网公司安全事故调查规程》	国家电网安监〔2011〕2024 号
	13	《国家电网公司安全工作奖惩规定》	国家电网安监〔2012〕41 号
	14	《国家电网公司输变电工程施工安全风险识别评估及预控措施管理办法》	国网（基建/3）176—2014
	15	《国家电网公司安全生产工作规定》	国家电网企管〔2014〕1117 号
	16	《输变电工程建设标准强制性条文实施管理规程》	国家电网科〔2009〕642 号
	17	《国家电网公司输变电工程安全文明施工标准化管理办法》	国网（基建/3）187—2014
	18	《国家电网公司输变电工程验收管理办法》	国网（基建/3）188—2014
	19	《国家电网公司输变电工程标准化施工作业手册》	中国电力出版社出版
	20	《国家电网公司电力安全工器具管理规定》	国网（电监 14）289—2014
	21	《国家电网公司关于进一步规范电力建设工程安全生产费用提取与使用管理工作的通知》	国家电网基建〔2013〕1286 号
	22	《关于印发〈国家电网公司电力建设起重机械安全管理重点措施（试行）〉的通知》	国家电网基建〔2008〕696 号
	23	《关于印发〈国家电网公司电力建设起重机械安全监督管理办法〉的通知》	国家电网基建〔2008〕891 号
	24	《关于应用〈电力建设起重机械安装拆卸工艺指导手册〉的通知》	基建安全〔2009〕233 号
	25	《国家电网公司质量事件调查处理暂行办法》	国家电网安监〔2012〕230 号
	26	《国家电网公司关于进一步提高工程建设安全质量和工艺水平的决定》	国家电网基建〔2011〕1515 号
	27	《国家电网公司输变电工程施工工艺管理办法》	国家电网基建〔2011〕1752 号
	28	《转发国资委关于加强中央企业建筑施工领域工程承包管理有关事项的通知》	国家电网基建〔2012〕110 号
	29	《国家电网公司输变电优质工程评定管理办法》	国网（基建/3）182—2014
	30	《国家电网公司输变电工程施工工艺示范手册》	中国电力出版社出版
	31	《国家电网公司输变电工程标准工艺示范光盘》	中国电力出版社出版
	32	《国家电网公司输变电工程标准工艺管理办法》	国网（基建/3）186—2014
	33	《国家电网公司业主项目部标准化工作手册》	2014 版
	34	《国家电网公司施工项目部标准化管理手册》	2014 版
	35	《国家电网公司输变电工程进度计划管理办法》	国网（基建/3）179—2014

续表

分类	序号	名　　称	备　　注
国家电网公司规定及标准	36	《国家电网公司输变电工程流动红旗竞赛管理办法》	国网（基建/3）189—2014
	37	《国家电网公司输变电工程质量通病防治工作要求及技术措施》	国家电网基建〔2010〕19号
	38	《国家电网公司基建技术管理规定》	国网（基建/2）174—2014
	39	《国家电网公司基建技经管理规定》	国网（基建/2）175—2014
	40	《国家电网公司输变电工程设计变更与现场签证管理办法》	国网（基建/3）185—2014
	41	《国家电网公司输变电工程结算管理办法》	国网（基建/3）114—2014
	42	《国家电网公司特高压交流输变电工程设计考核激励实施细则（试行）》	交流变电〔2012〕26号
	43	《国家电网公司知识产权管理办法》	国家电网科〔2008〕1132号
	44	《国家电网公司特高压及跨区交流工程建设管理办法（试行）》等12项规章制度	国家电网交流〔2013〕105号
	45	《国家电网公司电网建设项目档案管理办法（试行）》	国家电网办〔2010〕250号
	46	国家电网公司纸质档案数字化技术规范	Q/GDW 135—2006
	47	《国家电网公司输变电工程设计施工监理承包商资信及调试单位资格管理办法》	国网（基建/3）116—2014
	48	《国家电网公司基建新技术研究及应用管理办法》	国网（基建/3）178—2014

二、特高压工程国家电网公司企业标准

特高压工程国家电网公司企业标准见表5-1-2。

表5-1-2　特高压工程国家电网公司企业标准

序号	标准名称	标准号
1	《110～1000kV变电（换流）站土建工程施工质量验收及评定规程》	Q/GDW 1183—2012
2	《1000kV变电站接地装置施工工艺导则》	Q/GDW 191—2008

三、本公司内部管理文件

内部管理文件见表5-1-3。

表5-1-3　内部管理文件

序号	标准名称	标准号
1	《质量环境职业健康安全管理体系程序文件》	Q/SBD—2012

四、其他

国家电网公司（含交流建设分公司、山东省电力公司）其他有关制度、规定（如有新版本则按最新版本执行）。

五、现场调查了解的信息和资料

略。

5.2　工程概况与工程实施条件分析

5.2.1　工程概述

5.2.1.1　工程规模

本期装设2组300万kVA主变（终期4组）；1000kV出线2回（至北京东2回，终期8回），一个半断路器接线，组成4个不完整串，安装8台断路器，采用GIS设备；500kV出线4回（至闻韶黄渡、博兴各2回，终期8回），一个半断路器接线，本期按4台断路器计列工程量，采用GIS设备。本期至北京东站2回出线各装设1组72万kvar高抗；变压器低压侧110kV单母线接线，每组主变110kV侧装设2组24万kvar低抗和2组21万kvar低容。

5.2.1.2　布置形式

一、站区布置

1000kV配电装置布置在站区西侧，向西出线；500kV配电装置布置在站区东侧，向东出线；主控通信楼布置在站区南侧，从南侧进站。

二、竖向设计

站址位于冲积平原地带，地形平坦，地势开阔，地面平均标高15.9m。低于百年一遇内涝水位17.1m。

5.2.1.3　工程涉及的主要单位

（1）项目法人：国家电网公司。

（2）建设管理单位：国网山东省电力公司。

（3）设计单位：中南电力设计院。

（4）监理单位：安徽电力监理有限公司。

5.2.1.4　工期要求

济南变电站新建工程2014年12月土建工程开工，2015年6月30日电气安装工程开工，2015年11月30日土建工程完工，2016年7月25日工程建成投运。

本章其余内容见光盘。

第6章　锡盟—山东特高压1000kV济南变电站电气工程施工组织设计

6.1　编制依据

6.1.1　招标文件

《国家电网公司集中招标锡盟—山东特高压交流输变电工程施工招标文件》及补遗文件。

6.1.2　相关标准、规范及规定

一、管理类执行标准

管理类执行标准见表6-1-1。

表6-1-1　　管理类执行标准

分类	序号	名　　称	备　　注
法律法规	1	《中华人民共和国建筑法》	中华人民共和国主席令11届第46号2011年修正颁布
	2	《中华人民共和国合同法》	中华人民共和国主席令9届第15号1999年颁布
	3	《中华人民共和国招投标法》	中华人民共和国主席令9届第21号1999年颁布
	4	《中华人民共和国电力法》	中华人民共和国主席令11届第18号2009年修正颁布
	5	《中华人民共和国环境保护法》	中华人民共和国主席令7届第22号（2014修订）
	6	《建设项目环境保护管理条例》	中华人民共和国国务院令第253号1998年颁布
	7	《中华人民共和国安全生产法》	中华人民共和国主席令13号（2014年版）
	8	《建设工程安全生产管理条例》	中华人民共和国国务院令第393号2003年颁布
	9	《生产安全事故报告和调查处理条例》	中华人民共和国国务院令第493号2007年颁布
	10	《中华人民共和国水土保持法》	中华人民共和国主席令11届第39号2010年修订颁布
	11	《建设工程质量管理条例》	中华人民共和国国务院令第279号2000年颁布
	12	《建筑工程施工发包与承包计价管理办法》	住建部令第16号 2013年发布
	13	《电力安全事故应急处置和调查处理条例》	中华人民共和国国务院令第599号2011年颁布
	14	《关于印发电力安全事件监督管理暂行规定的通知》	电监安全〔2012〕11号
国家现行标准及文件	1	《建设工程监理规范》	GB 50319—2013
	2	《电力工程建设监理规范》	DL/T 5434—2009
	3	《国家重大建设项目文件归档要求与档案整理规范》	DA/T 28—2002
	4	《建设工程文件归档整理规范》	GB/T 50328—2001
	5	《建设工程施工现场供用电安全规范》	GB 50194—2014
	6	《建筑施工高处作业安全技术规范》	JGJ 80—1991
	7	《施工现场临时用电安全技术规范》	JGJ 46—2005
	8	《工程建设标准强制性条文（电力工程部分）》	中电联标准〔2012〕16号
	9	《危险性较大的分部分项工程安全管理办法》	建质〔2009〕87号
	10	《110kV及以上送变电工程启动及竣工验收规程》	DL/T 782—2001
	11	《建设工程价款结算暂行办法》	中华人民共和国建设部、财政部财建〔2004〕369号
	12	《建筑施工模板安全技术规范》	JGJ 162—2008
	13	《电力建设安全工作规程（变电所部分）》	DL 5009.3—2013
	14	《钢结构高强度螺栓连接技术规程》	JGJ 82—2011
	15	《交流输变电工程系统调试规程》	DL/T 5292—2013
	16	《1000kV构支架施工及验收规范》	GB 50834—2013

续表

分类	序号	名　　称	备　　注
国家现行标准及文件	17	《1000kV 电力变压器、油浸电抗器、互感器施工及验收规范》	GB 50835—2013
	18	《1000kV 高压电器（GIS、HGIS、隔离开关、避雷器）施工及验收规范》	GB 50836—2013
	19	《1000kV 变电站监控系统技术规范》	GB/T 24833—2009
	20	《1000kV 变电站监控系统验收规范》	GB/T 25737—2010
	21	《1000kV 系统电气装置安装工程电气设备交接试验标准》	GB/T 50832—2013
	22	《1100kV 气体绝缘金属封闭开关设备技术规范》	GBZ 24836—2006
	23	《1100kV 高压交流断路器技术规范》	GBZ 24838—2009
	24	《1000kV 交流系统用套管技术规范》	GBZ 24840—2009
	25	《1000kV 交流系统用电容式电压互感器技术规范》	GBZ 24841—2009
	26	《1000kV 交流系统用无间隙金属氧化物避雷器技术规范》	GBZ 24845—2009
国家电网公司规定及标准	1	《国家电网公司电力建设工程施工技术管理导则》	国家电网工〔2003〕153 号
	2	《国家电网公司十八项电网重大反事故措施》（修订版）	国家电网生〔2012〕352 号
	3	《国家电网公司基建管理通则》	国网（基建/1）92—2015
	4	《国家电网公司基建项目管理规定》	国网（基建/2）111—2015
	5	《国家电网公司基建质量管理规定》	国网（基建/2）112—2015
	6	《国家电网公司基建队伍管理规定》	国网（基建/2）113—2015
	7	《国家电网公司基建安全管理规定》	国网（基建/2）173—2015
	8	《国家电网公司输变电工程建设监理管理办法》	国网（基建/3）190—2015
	9	《国家电网公司所属设计施工监理队伍专业管理办法》	国网（基建/3）191—2015
	10	《国家电网公司输变电工程施工分包管理办法》	国网（基建/3）181—2015
	11	《关于利用数码照片资料加强输变电工程安全质量过程控制的通知》	国家电网基建安全〔2007〕25 号
	12	《国家电网公司安全事故调查规程》	国家电网安监〔2011〕2024 号
	13	《国家电网公司安全工作奖惩规定》	国家电网安监〔2015〕41 号
	14	《国家电网公司输变电工程施工安全风险识别评估及预控措施管理办法》	国网（基建/3）176—2015
	15	《国家电网公司安全工作规定》	国家电网企管〔2014〕1117 号
	16	《输变电工程建设标准强制性条文实施管理规程》	国家电网科〔2009〕642 号
	17	《国家电网公司输变电工程安全文明施工标准化管理办法》	国网（基建/3）187—2015
	18	《国家电网公司输变电工程验收管理办法》	国网（基建/3）188—2015
	19	《国家电网公司输变电工程标准化施工作业手册》	中国电力出版社出版
	20	《国家电网公司电力安全工器具管理规定》	国网（电监 14）289—2014
	21	《国家电网公司关于进一步规范电力建设工程安全生产费用提取与使用管理工作的通知》	国家电网基建〔2013〕1286 号
	22	《关于印发〈国家电网公司电力建设起重机械安全管理重点措施（试行）〉的通知》	国家电网基建〔2008〕696 号
	23	《关于印发〈国家电网公司电力建设起重机械安全监督管理办法〉的通知》	国家电网基建〔2014〕891 号
	24	《关于应用〈电力建设起重机械安装拆卸工艺指导手册〉的通知》	基建安全〔2009〕233 号
	25	《国家电网公司质量事件调查处理暂行办法》	国家电网安监〔2012〕230 号
	26	《国家电网公司关于进一步提高工程建设安全质量和工艺水平的决定》	国家电网基建〔2011〕1515 号
	27	《国家电网公司输变电工程施工工艺管理办法》	国家电网基建〔2011〕1752 号
	28	《转发国资委关于加强中央企业建筑施工领域工程承包管理有关事项的通知》	国家电网基建〔2012〕110 号
	29	《国家电网公司输变电优质工程评定管理办法》	国网（基建/3）182—2015
	30	《国家电网公司输变电工程施工工艺示范手册》	中国电力出版社出版

续表

分类	序号	名　　称	备　　注
国家电网公司规定及标准	31	《国家电网公司输变电工程标准工艺示范光盘》	中国电力出版社出版
	32	《国家电网公司输变电工程标准工艺管理办法》	国网（基建/3）186—2014
	33	《国家电网公司业主项目部标准化工作手册》	2014 版
	34	《国家电网公司施工项目部标准化管理手册》	2014 版
	35	《国家电网公司输变电工程进度计划管理办法》	国网（基建/3）179—2015
	36	《国家电网公司输变电工程流动红旗竞赛管理办法》	国网（基建/3）189—2015
	37	《国家电网公司输变电工程质量通病防治工作要求及技术措施》	国家电网基建〔2010〕19 号
	38	《国家电网公司基建技术管理规定》	国网（基建/2）174—2015
	39	《国家电网公司基建技经管理规定》	国网（基建/2）175—2015
	40	《国家电网公司输变电工程设计变更与现场签证管理办法》	国网（基建/3）185—2015
	41	《国家电网公司输变电工程结算管理办法》	国网（基建/3）114—2015
	42	《国家电网公司特高压交流输变电工程设计考核激励实施细则(试行)》	交流变电〔2012〕26 号
	43	《国家电网公司知识产权管理办法》	国家电网科〔2008〕1132 号
	44	《国家电网公司特高压及跨区交流工程建设管理办法（试行）》等 12 项规章制度	国家电网交流〔2013〕105 号
	45	《国家电网公司电网建设项目档案管理办法（试行）》	国家电网办〔2010〕250 号
	46	国家电网公司纸质档案数字化技术规范	Q/GDW 135—2006
	47	《国家电网公司输变电工程设计施工监理承包商资信及调试单位资格管理办法》	国网（基建/3）116—2015
	48	《国家电网公司基建新技术研究及应用管理办法》	国网（基建/3）178—2015
	49	《特高压交流工程安全文明施工费使用管理指导意见》	交流输电〔2014〕42 号

二、特高压工程国家电网公司企业标准

特高压工程国家电网公司企业标准见表 6-1-2。

表 6-1-2　　特高压工程国家电网公司企业标准

序号	标 准 名 称	标准号
1	《1000kV 配电装置构支架制作、施工及验收规范》	Q/GDW 164—2007
2	《1000kV 交流变电站构支架组立施工工艺导则》	Q/GDW 165—2007
3	《1000kV 变电站电气设备施工质量检验及评定规程》	Q/GDW 189—2008
4	《1000kV 变电站二次接线施工工艺导则》	Q/GDW 190—2008
5	《1000kV 变电站接地装置施工工艺导则》	Q/GDW 191—2008
6	《1000kV 电力变压器、油浸电抗器、互感器施工及验收规范》	Q/GDW 192—2008
7	《1000kV 电力变压器、油浸电抗器施工工艺导则》	Q/GDW 193—2008
8	《1000kV 电容式电压互感器、避雷器、支柱绝缘子施工工艺导则》	Q/GDW 194—2008
9	《1000kV 高压电器（GIS、HGIS、隔离开关、避雷器）施工及验收规范》	Q/GDW 195—2008
10	《1000kV 气体绝缘金属封闭开关设备施工工艺导则》	Q/GDW 199—2008
11	《1000kV 变电站接地技术规范》	Q/GDW 278—2009
12	《1000kV 交流输变电工程系统调试规程》	Q/GDW 284—2009
13	《1000kV 交流输变电工程启动及竣工验收规程》	Q/GDW 285—2009
14	《1000kV 交流电流互感器技术规范》	Q/GDW 295—2009
15	《1000kV 变电站用支柱绝缘子技术规范》	Q/GDW 303—2009
16	《1000kV 系统用油浸式并联电抗器技术规范》	Q/GDW 306—2009
17	《1000kV 系统用无间隙金属氧化物避雷器技术规范》	Q/GDW 307—2009

续表

序号	标 准 名 称	标准号
18	《1000kV 系统用套管技术规范》	Q/GDW 308—2009
19	《1000kV 系统用电容式电压互感器技术规范》	Q/GDW 309—2009
20	《1000kV 电气装置安装工程电气设备交接试验规程》	Q/GDW 310—2009
21	《1000kV 系统用气体绝缘金属封闭开关设备技术规范》	Q/GDW 315—2009
22	《1000kV 交流电气设备监造导则》	Q/GDW 320—2009
23	《1000kV 级交流电气设备现场试验设备技术条件》	Q/GDW 321—2009
24	《1000kV 交流电气设备预防性试验规程》	Q/GDW 322—2009
25	《1000kV 电抗器保护装置技术要求》	Q/GDW 326—2009
26	《1000kV 线路保护装置技术要求》	Q/GDW 327—2009
27	《1000kV 母线保护装置技术要求》	Q/GDW 328—2009
28	《1000kV 断路器保护装置技术要求》	Q/GDW 329—2009
29	《1000kV 系统继电保护装置及安全自动装置检测技术规范》	Q/GDW 330—2009
30	《1000kV 继电保护及电网安全自动装置运行管理规程》	Q/GDW331—2009
31	《大面积导线压接工艺导则》	Q/GDW 1517—2014
32	《气体绝缘金属封闭开关设备的特快速瞬态过电压测量系统通用技术条件》	Q/GDW 11219—2014

三、本公司内部管理文件

内部管理文件见表 6-1-3。

表 6-1-3　　内 部 管 理 文 件

序号	标 准 名 称	标准号
1	《山东送变电工程公司质量环境职业健康安全管理手册》	Q/SBD—MM—2012
2	《山东送变电工程公司质量环境职业健康安全管理通用程序》	Q/SBD—MP—2012
3	《山东送变电工程公司环境职业健康安全管理共用程序》	Q/SBD—EOP—2012
4	《山东送变电工程公司质量管理专用程序》	Q/SBD—QP—2012
5	《山东送变电工程公司环境管理专用程序》	Q/SBD—EP—2012
6	《山东送变电工程公司职业健康安全管理专用程序》	Q/SBD—OP—2012

四、其他

国家电网公司（含交流建设分公司、山东省电力公司）其他有关制度、规定（如有新版本则按最新版本执行）。

五、现场调查了解的信息和资料

略。

6.2　工程概况与工程实施条件分析

6.2.1　工程概述

6.2.1.1　工程规模

本期装设 2 组 300 万 kVA 主变（终期 4 组）；1000kV 出线 2 回（至北京东 2 回，终期 8 回），一个半断路器接线，组成 4 个不完整串，安装 8 台断路器，采用 GIS 设备；500kV 出线 4 回（至闸韶黄渡、博兴各 2 回，终期 8 回），一个半断路器接线，本期按 4 台断路器计列工程量，采用 GIS 设备。本期至北京东站 2 回出线各装设 1 组 72 万 kvar 高抗；变压器低压侧 110kV 单母线接线，每组主变 110kV 侧装设 2 组 24 万 kvar 低抗和 2 组 21 万 kvar 低容。

工程规模见表 6-2-1。

表 6-2-1　　工 程 规 模

建设内容	远期规模	本期规模
主变压器	4×3000MVA	2×3000MVA
1000kV 配电装置	2/3 接线，出线 8 回	2/3 接线，出线 2 回
500kV 配电装置	2/3 接线，出线 8 回	2/3 接线，出线 4 回
110kV 并联电容器	4×（4×210Mvar）	2×（2×210Mvar）
110kV 并联电抗器	4×（2×240Mvar）	2×（2×240Mvar）

6.2.1.2　布置形式

1000kV 配电装置布置在站区西侧，向西出线；500kV 配电装置布置在站区东侧，向东出线；主控通信楼布置在站区南侧，从南侧进站。

本章其余内容见光盘。